Martin Mittag

Baukonstruktionslehre

Aus dem Programm Bauingenieurwesen

Gekonnt planen, richtig bauen
von P. Neufert und L. Neff

Bauentwurfslehre
von E. Neufert

Bauentwurfslehre – Allgemeiner Bauentwurf (CD-ROM)
von P. Neufert

Baukonstruktionslehre
von M. Mittag

VOB Gesamtkommentar
von W. Winkler und P. J. Fröhlich

VOB Bildband
von W. Winkler und P. J. Fröhlich

Stahlbau
von Ch. Petersen

Statik und Stabilität der Baukonstruktionen
von Ch. Petersen

Dynamik der Baukonstruktionen
von Ch. Petersen

Praxiswissen Bausanierung
von M. Stahr (Hrsg.)

Kranbahnträger aus Walzprofilen
von P. Osterrieder und St. Richter

Lehmbau Regeln
Dachverband Lehm e. V. (Hrsg.)

vieweg

Martin Mittag

Baukonstruktions-lehre

Ein Nachschlagewerk für den Bauschaffenden
über Konstruktionssysteme, Bauteile und Bauarten

18., vollständig überarbeitete Auflage

Die Deutsche Bibliothek – CIP-Einheitsaufnahme
Ein Titeldatensatz für diese Publikation ist bei
Der Deutschen Bibliothek erhältlich.

1. Auflage – 14. Auflage C. Bertelsmann Verlag, Gütersloh
15. Auflage – 17. Auflage Institut für Bauplanung und Bautechnik, Detmold
18. vollständig überarbeitete Auflage 2000

Der Verlag Vieweg ist ein Unternehmen der Fachverlagsgruppe BertelsmannSpringer.

http://www.vieweg.de

Konzeption und Layout des Umschlags: Ulrike Weigel, www.CorporateDesignGroup.de

Gedruckt auf säurefreiem Papier

ISBN 978-3-322-83020-3   ISBN 978-3-322-83019-7 (eBook)
DOI 10.1007/978-3-322-83019-7

VORWORT zur ersten Auflage (Auszug)

Dieses Lehr- und Handbuch hat den Zweck, dem Bauschaffenden eine Übersicht über das umfangreiche Gebiet der Baukonstruktionen zu geben. Diese Übersicht beschränkt sich nicht auf eine kritiklose Zusammenstellung der in der Praxis anzutreffenden Konstruktionen. Durch Gegenüberstellung von FALSCH - MÖGLICH - RICHTIG - Beispielen wird gezeigt, worauf es beim dauerhaften und stoffehrlichen Bauen ankommt.

Die außerordentliche Vielfalt der Rohbau- und Ausbauarbeiten zwang zu einer straffen Gliederung des Buches unter Verzicht auf ausführlichen Text. Dafür wurde um so mehr von der zeichnerischen Darstellung und Zusammenfassung in Tabellen Gebrauch gemacht, die dem Techniker ohne viele Worte verständlich sind.

Die Zusammenstellung der Beispiele erfolgte nach ausführlicher Sichtung der neueren in- und ausländischen Veröffentlichungen. Ein ausführliches Schrifttumsverzeichnis befindet sich auf den Seiten 573 bis 576 des Buches. Zum Teil erfolgt Qellenangabe auch in den Texten zu den Zeichnungen.

Bei der Bearbeitung des Buches hatte ich die freundliche Unterstützung einer großen Zahl von Kollegen, Fachverbänden und Firmen; bei der drucktechnischen Bearbeitung und Korrektur half mir meine Frau, *Brigitte Mittag*. Ihnen allen gilt mein aufrichtiger Dank.

Martin Mittag

Vorwort zur 18. vollständig überarbeiteten Auflage

Seit dem Erscheinen der ersten Auflage sind nahezu 50 Jahre vergangen. Die Baukonstruktionslehre hat sich seitdem zu einem Standardwerk mit einer Gesamtauflage von mehr als 200.000 Exemplaren und zusätzlichen Ausgaben in mehreren Fremdsprachen entwickelt.

Die Entwicklung der Baukonstruktionen und der Technischen Baubestimmungen erforderte eine erhebliche Erweiterung des Umfanges der Kapitel Baukonstruktionen und Bautenschutz um ca. 300 Seiten und die Verlagerung des Kapitels Technische Anlagen in einen zweiten Band.

Der Bereich Baustoffe und Bauprodukte wurde ausgegliedert und in einem aktuellen Ergänzungsband mit CD-ROM übernommen. Die Baukonstruktionslehre mit Standard-Details und der Ergänzungsband mit CD-ROM sind miteinander vernetzt. Durch diese Erweiterung mit ca. 6.000 ausführlichen Produktinformationen von. ca. 500 Firmen ist ein Netzwerk entstanden, das eine enge Verbindung von Lehre und Praxis ermöglicht.

Die Inhaltsgliederung erfolgte in Übereinstimmung mit den Kostengruppen nach DIN 276.

Die Bearbeitung der 18. Auflage erfolgte unter Mitwirkung des Institutes für Dokumentation und Information in Bauplanung, Bautechnik und Bauökonomie an der Technischen Universität Prag, Fakultät für Bauwesen, mit einem Autorenteam unter Leitung von Prof. Dr. J. Witzany.

Die Standard-Details wurden von den Herren Dipl.-Ing. Vilhar und Dipl.-Ing. Rihar bearbeitet.

Den DIP-Satz bearbeitete Frau Helga Gerersdorfer.

Allen Mitarbeitern gilt mein aufrichtiger Dank.

Die lektoratsmäßige Bearbeitung und Korrektur hat wiederum meine Frau, Brigitte Mittag, übernommen, insbesondere auch die Umstellung auf die neuen Regeln 2000 der deutschen Rechtschreibung. Ihrem unermüdlichen Einsatz gebührt mein besonderer Dank.

Maria Rain, im Februar 2000   Martin Mittag

Inhaltsverzeichnis nach Kostengruppen DIN 276

Inhaltsverzeichnis nach Kostengruppen DIN 276

300 Bauwerk – Baukonstruktion

Inhaltsverzeichnis nach Kostengruppen DIN 276

300 Bauwerk – Baukonstruktion

Inhaltsverzeichnis nach Kostengruppen DIN 276

300 Bauwerk – Baukonstruktion

Gründungen

Übersicht

Gründungen, Allgemeines:

Gewachsener Boden, der sich bei 1,5 bis 3 kg/cm² Belastung um nicht mehr als 3–4 mm setzt, wird als mittlerer bis guter Baugrund bezeichnet. Die Pressung auf den Baugrund verteilt sich mit zunehmender Tiefe auf größere Flächen → **1 bis 3**. Die Wirkung benachbarter Gründungen kann sich in tiefer gelegenen Schichten überlagern (Schiefstellung der Belastungsfläche!). Bei Wohnhäusern ≤ 2 Vollgeschossen genügen bei mittlerem Baugrund einfache Streifenfundamente (sog. Bankette). Bei mehrgeschossigen Wohnhäusern (besonders mit dünnen Wänden) auf ausreichende Fundamentbreite und -tiefe achten! Annahmen für überschlägige Entwürfe → Tafel 1. Gründung muss frostfrei (0,8 bis 1,5 m unter Gelände) ausgeführt werden, damit Bewegungen des Baugrundes durch Frieren und Wiederauftauen keine Risse verursachen (bei reinen Kiesböden besteht keine Frostgefahr!). Bei sehr schweren Belastungen und ungünstigen Baugrundverhältnissen Schwellenrost → **12**, Grundgewölbe → **13**, Senkbrunnen → **14**, Fundamentplatten → **9** oder Pfahlgründungen → **10** üblich.

Die Fundamente können die Setzung des Baukörpers nicht verhindern, sie sollen aber gleichmäßige Setzung gewährleisten und Rissebildung verhüten. Gleiche Setzungen verschieden großer Einzelgrundwerke eines Bauwerks werden nur erreicht, wenn die größeren Grundflächen eine geringere Einheitsbelastung erhalten als die kleineren. Bei verschieden schweren Baukörpern **T r e n n f u g e n** anordnen → **18 bis 24**. Im Fundament angelegte Bewegungsfugen müssen durch das ganze Gebäude hindurchgehen, zusätzliche Fugen dürfen nur in den höheren Geschossen angeordnet werden. Die Beweglichkeit darf nicht in einzelnen Geschossen herabgesetzt werden.

Tafel 1. Erforderliche **Fundamentbreiten** und -höhen für mehrgeschossige Wohnbauten bei mittelmäßigem Baugrund (zul. Bodendruck 2 kg/cm²), **Richtwerte** [1]

Zahl der Vollgeschosse		2	3	4	5	6
Tragende Umfassungswand:						
Grundkörpersohle, Breite	mm	400	500	600	700	800
Grundkörper, Höhe	mm	400	500	600	700	800
Tragende Mittelwand:						
Grundkörpersohle, Breite	mm	500	625	750	875	1000
Grundkörper, Höhe	mm	500	625	750	875	1000

[1] Schwankungen je nach Rohwichte des Mauerwerks! Statischer Nachweis erforderlich.

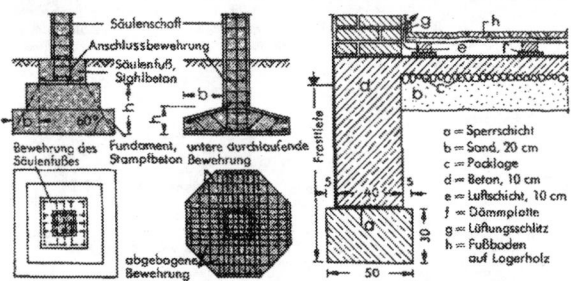

15 Säulenfundament, unbewehrter Stampfbeton **16** Säulenfundament, Stahlbetonplatte **17** Frostfreie Gründung nicht unterkellerter Wohnräume

Fundamente an Trenn- und Dehnungsfugen (nach Lit. 62, 64)

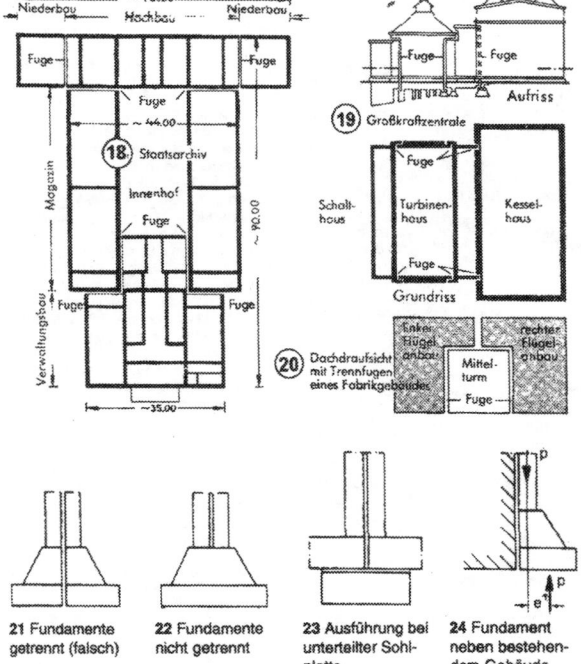

18 Trennfugen bei verschieden schweren Baukörpern

21 Fundamente getrennt (falsch) **22** Fundamente nicht getrennt **23** Ausführung bei unterteilter Sohlplatte **24** Fundament neben bestehendem Gebäude

Bodendruckverteilung unter Fundament (nach Lit. 64)

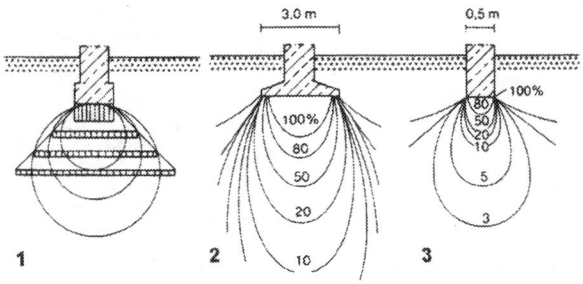

1 Verteilung der Bodenpressung, **2, 3** Breite Fundamente ergeben bei gleicher Sohlenpressung größere zusätzliche Spannungen als schmale Fundamente.

Fundamentarten (nach Lit. 64)

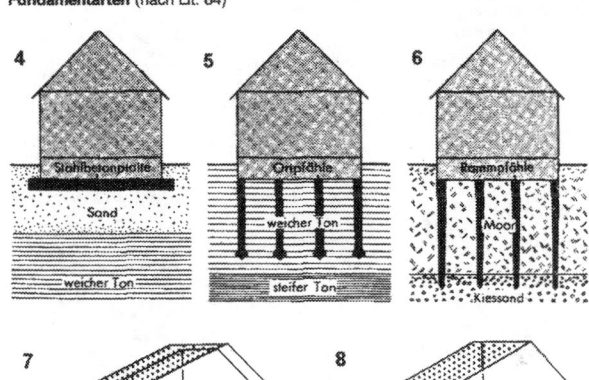

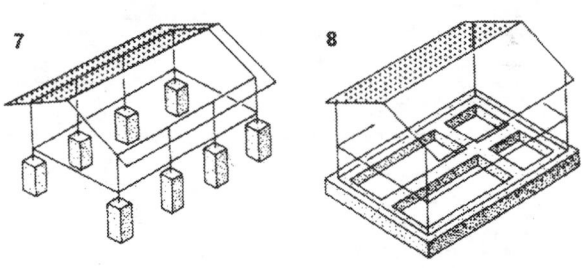

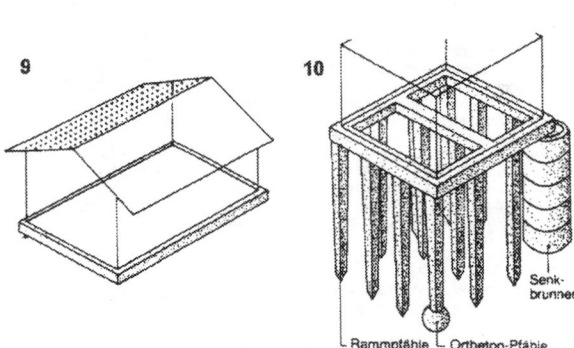

4 Flachgründung, **5, 6** Pfahlrostgründungen, **7** Einzelfundamente für Gebäude ohne Keller, **8** Streifenfundamente (häufigste Gründungsart), **9** Plattenfundament, **10** Pfahlrost, **11** Senkbrunnen.

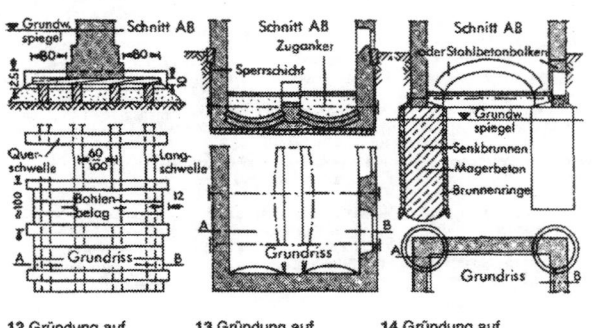

12 Gründung auf Schwellenrost **13** Gründung auf Grundgewölben **14** Gründung auf Senkbrunnen

Baugrund

Baugrund nach DIN 1054

2.1 Arten des Baugrunds
Der Baugrund wird wegen seines unterschiedlichen Verhaltens bei der Belastung durch Bauwerke für die Zwecke dieser Norm in gewachsenen Boden (Lockergestein), in Fels (Festgestein) und in geschütteten Boden unterteilt.

2.1.1 Gewachsener Boden
Ein Boden wird als gewachsen bezeichnet, wenn er durch einen abgeklungenen, erdgeschichtlichen Vorgang entstanden ist. Folgende Hauptgruppen sind zu unterscheiden:

2.1.1.1 Nichtbindige Böden, wie Sand, Kies, Steine und ihre Mischungen, wenn der Gewichtsanteil der Bestandteile mit Korngrößen unter 0,06 mm 15 % nicht übersteigt. Dem entsprechen die grobkörnigen Böden (GE, GW, GI, SE, SW, SI) und die gemischtkörnigen Böden (GU, GT, SU) nach DIN 18196, Tabelle 1.

2.1.1.2 Bindige Böden, wie Tone, tonige Schluffe und Schluffe sowie ihre Mischungen mit nichtbindigen Böden (gemischtkörnige Böden mit größerem Feinanteil), wenn der Gewichtsanteil der bindigen Bestandteile mit Korngrößen unter 0,06 mm größer als 15 % ist (z.B. sandiger Ton, sandiger Schluff, Lehm, Mergel).

2.1.1.3 Organische Böden wie Torf oder Faulschlamm und anorganische Böden der in den Abschnitten 2.1.1.1 und 2.1.1.2 genannten Gruppen mit organischen Beimengungen tierischer oder pflanzlicher Herkunft, wenn deren Gewichtsanteil bei nichtbindigen Böden mehr als 3 %, bei bindigen mehr als 5 % beträgt (z.B. humoser Sand, Faulschlamm oder torfhaltiger Sand, organischer Schluff oder Ton, Klei).

2.1.2 Fels
Im Rahmen dieser Norm werden alle Festgesteine mit dem Sammelbegriff "Fels" benannt.

2.1.3 Geschütteter Boden
Ein Boden wird als geschüttet bezeichnet, wenn er durch Aufschütten oder Aufspülen entstanden ist. Zu unterscheiden sind:

2.1.3.1 Unverdichtete Schüttungen beliebiger Zusammensetzung.

2.1.3.2 Verdichtete Schüttungen aus nichtbindigen oder bindigen Bodenarten oder aus anorganischen Schüttgütern (z.B. Bauschutt, Schlacke, Erzrückstände), wenn die Schüttungen ausreichend verdichtet worden sind (siehe Abschnitt 4.2.3).

2.2 Lasten
Der Baugrund wird durch ständige Lasten und durch Verkehrslasten beansprucht.
Zu den ständigen Lasten zählen unter anderem die Eigenlast des Bauwerks, ständig wirkende Erddrücke, Erdlasten und Wasserdrücke (z.B. auch Strömungsdruck aus Grundwassergefälle).
Zu den Verkehrslasten zählen unter anderem Lasten nach DIN 1055 Teil 3 und DIN 1072, wechselnde Erd- und Wasserdrücke und Eisdruck.
Lasten, die durch Veränderungen der Umgebung des Bauwerks, z.B. durch Baumaßnahmen, durch Belastungsänderungen oder durch Grundwassersenkungen entstehen, zählen je nach ihrer Dauer zu den ständigen Lasten oder zu den Verkehrslasten.
Folgende Lastfälle können unterschieden werden, wobei die Wahrscheinlichkeit ihres Auftretens in voller rechnerischer Größe und die Dauer und Häufigkeit ihrer Ursache maßgebend sind:
Außerdem in Sonderfällen
Lastfall 1:
Ständige Lasten und regelmäßig auftretende Verkehrslasten (auch Wind)
Lastfall 2:
Außer den Lasten des Lastfalls 1 gleichzeitig, aber nicht regelmäßig auftretende große Verkehrslasten; Belastungen, die nur während der Bauzeit auftreten.
Lastfall 3:
Außer den Lasten des Lastfalls 2 gleichzeitig mögliche außerplanmäßige Lasten (z.B. durch Ausfall von Betriebs- und Sicherungsvorrichtungen oder bei Belastung infolge von Unfällen).

2.3 Baugrundverhalten
Der Baugrund verformt sich durch die von der Last des Bauwerks hervorgerufenen Kräfte entsprechend seiner Zusammendrückbarkeit und Scherfestigkeit. Lotrechte Fundamentlasten verursachen zunächst vor allem lotrechte Verschiebungen (Setzungen).
Mit zunehmender Last wird der Boden auch seitlich verdrängt, bis das Fundament schließlich beim Erreichen der Bruchlast im Boden versinkt, wobei es auch seitlich ausweichen kann (Grundbruch).
Wandert der Punkt, in dem die Resultierende der äußeren Kräfte die Sohle trifft, über den Rand des Kerns (siehe Bild 1) hinaus, so entsteht eine "klaffende Fuge" und eine rasch anwachsende Sohlspannung im Druckbereich, die zum Grundbruch führen kann.

Im theoretischen Grenzfall des unnachgiebigen Untergrunds dreht sich das Fundament ohne vorausgehende Bodenverformung und Grundbruch um seine Kante, sobald die Resultierende sie überschreitet (Kippen).
Bei zu starker Neigung der Resultierenden gegen die Lotrechte tritt durch Überwinden des Widerstandes zwischen Sohle und Boden Gleiten ein.

2.3.1 Setzungen
Infolge der Lasten entstehen bei ausreichender Grundbruchsicherheit Setzungen überwiegend durch Zusammendrücken der Bodenschichten. Auch waagerechte Lasten können Setzungen verursachen.

Gleichmäßige Setzungen gefährden die Standsicherheit und Nutzung eines Bauwerks im allgemeinen nicht und führen auch zu keinen Setzungsschäden. Diese können jedoch bei ungleichmäßigen Setzungen von Bauwerksteilen auftreten, die bei Spannungsüberlagerungen, bei ungleichmäßiger Bodenzusammensetzung, unterschiedlicher Dichte und ungleichmäßiger Schichtenausbildung und bei unregelmäßigen Fundamentformen, unterschiedlichen Gründungstiefen, unterschiedlicher und ausmittiger Belastung im Untergrund zu erwarten sind.

2.3.1.1 Setzungen bei nichtbindigen Böden nach Abschnitt 2.1.1.1
Das Korngerüst wird je nach der vorhandenen Lagerungsdichte durch Umlagerung der Bodenteilchen zusammengedrückt. Die Setzungen treten deshalb nahezu voll beim Aufbringen der Last, d.h. während der Bauzeit, auf. Sie sind meist kleiner als bei bindigen Böden. Durch dynamische Einflüsse oder durch aufsteigendes Grundwasser kann der durch innere Reibung bedingte Widerstand des Bodens gegen die Kornumlagerung beträchtlich vermindert werden.

Erläuterungen zu Abschnitt 2.3.1.1
Ein Sonderfall der Setzung kann bei Sanden auftreten, die im erdfeuchten Zustand geschüttet wurden. Es bildet sich infolge scheinbarer Kohäsion ein großporiges Korngerüst, das beim Überfluten durch Wasser zusammenbricht. Eine einwandfrei und nach den einschlägigen Regeln des Erdbaus verdichtete Schüttung setzt sich beim Überfluten nicht mehr nennenswert.
Bei den natürlichen schwachbindigen Bodenarten hat der echte Löss ein in diesem Sinne labiles Korngerüst. Besonders empfindlich gegenüber dynamischen Kräften sind locker gelagerte, nichtbindige Böden. Auch bei schwachbindigen Böden wie Schluffen mit Plastizitätszahlen I_p < 10 können dynamische Kräfte Setzungen verursachen.
Bei einmaligen, kurzzeitigen Stoßbelastungen sind nur in sehr locker gelagerten nichtbindigen Böden Kornumlagerungen zu erwarten. Schwachbindige Böden – ausgenommen Löss – zeigen hierbei im allgemeinen keine Setzungsreaktion.

2.3.1.2 Setzungen bei bindigen Böden nach Abschnitt 2.1.1.2
Das Maß der Setzung hängt von der Verformbarkeit des Korngerüstes ab. Der Verlauf der Setzung wird je nach der Zeit, die für das Verdrängen des Porenwassers erforderlich ist, verzögert (Konsolidierung) und kann je nach Durchlässigkeit des Bodens lange über die Bauzeit hinausreichen. Dabei tritt ein Porenwasserüberdruck auf, dessen Abklingen bei gleichzeitiger Porenwasserabgabe ein Maß für die Konsolidierung des Bodens ist.
Dynamische Kräfte verursachen in bindigen Böden um so geringere Setzungen, je größer die Konsistenzzahl und die Plastizitätszahl des Bodens sowie die Belastungsgeschwindigkeit sind. Ihr Einfluss auf die Setzungen kann deshalb im allgemeinen außer Betracht bleiben, jedoch nicht der Einfluss der Baugrundelastizität auf die Schwingungen bei Schornsteinen und Türmen.

2.3.2 Grundbruch
Die Grundbruchgefahr wächst mit abnehmender Breite und Einbindetiefe der Fundamente, mit abnehmender Scherfestigkeit des Bodens sowie mit zunehmender Exzentrizität und Neigung der Last. Sie nimmt bei steigendem Grundwasserspiegel und abnehmender Wichte des Bodens zu.
Die Grundbruchgefahr wird bei bindigen Böden mit hohem Wassersättigungsgrad außerdem dadurch erhöht, dass die Scherfestigkeit bei schneller Belastung der Fundamente infolge des Porenwasserüberdrucks nicht entsprechend der Zunahme der Druckspannungen anwächst.
Bei Bauwerken an einem Geländesprung bzw. in oder auf einer Böschung kann der Grundbruch als Gelände- bzw. Böschungsbruch eintreten.

2.3.3 Kippen
Das Kippen von Fundamenten wird durch die Festlegungen über die Ausmittigkeit der Last nach Abschnitt 4.1.3.1 und die geforderte Grundbruchsicherheit vermieden, wenn alle Einflüsse zutreffend berücksichtigt sind. Unter diesen Voraussetzungen ist z.B. bei Fundamenten mit geschlossener Sohlfläche, die einen doppelt-symmetrischen Querschnitt haben, kein zusätzlicher Nachweis erforderlich. Die Kippsicherheit des Gesamtbauwerks oder der oberhalb des Fundaments befindlichen Bauteile bleibt davon unberührt.

Bei Baukörpern, bei denen eine relativ kleine Veränderung der Belastung die Exzentrizität der Resultierenden erheblich vergrößern kann, sind besondere Untersuchungen erforderlich. Bei Baukörpern großer Schlankheit oder mit weit über die Sohlfläche auskragenden Bauteilen kann die ursprünglich vorhandene Kippsicherheit durch eine Schwerpunktverschiebung des Bauwerks infolge ungleichmäßiger Setzung vermindert werden.

Erläuterungen zu Abschnitt 2.3.3

Der Nachweis einer Kippsicherheit über ein Momentenverhältnis ist bei exzentrischen vertikalen Lasten nicht eindeutig. Außerdem tritt bei Gründungen das Versagen – anders als bei starren Körpern – durch eine fortschreitende Plastifizierung des Bodens unter dem am stärken beanspruchten Sohlflächenbereich auf.
Als einfache Regel für die Praxis hat sich im Grundbau seit 1940 der Nachweis über die "klaffende Fuge" in Verbindung mit einer Begrenzung der Sohlspannung im am stärksten beanspruchten Sohlflächenbereich bewährt. Diese Art des Nachweises wird im Grundsatz beibehalten.
Auf einige Sonderfälle ist hinzuweisen:

1. Fundamente mit aufgelöster Sohlfläche (Bild E 1 a, b, c): Bei diesen Sohlflächen liegt der Schwerpunkt der Druckfläche weiter von der Symmetrieachse entfernt als bei einem geschlossenen Rechteck. Wenn man z.B. das Verhältnis

   $\frac{b}{2e}$ als "Kippsicherheit η_k" bezeichnet, lässt sich keine von der geometrischen Form der Sohlfläche unabhängige Beziehung zwischen dem Klaffen der Fuge und η_k angeben (*e*–Exzentrizität der Resultierenden).

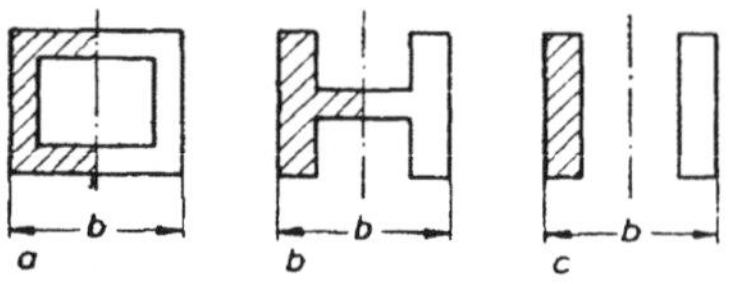

Bild E 1: Druckzonen bei aufgelöster Grundrißformen von Flächenfundamenten

2. Einzelfundamente von leichten Turmbauwerken (Bild E 2): Die Standsicherheit des Fundaments ist nicht die gleiche wie die Standsicherheit des Bauwerks, die nicht zum Gegenstand dieser Norm gehört.
3. Blockfundamente von Bauwerken mit auskragenden Massen oder von Bauwerken, die gegen Veränderungen der angesetzten Horizontalkräfte empfindlich sind (Bild E 3 a, b)

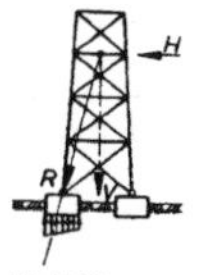

Bild E 2: Kippempfindliches Bauwerk auf kippsicherer Flächengründung

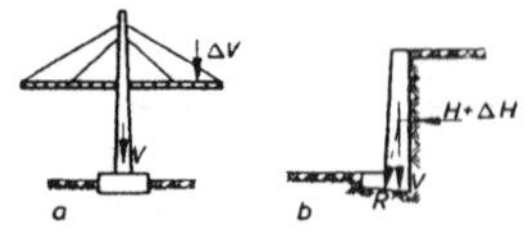

Bild E 3: Beispiele für kippempfindliche Flächengründung

Die Standsicherheit des Fundaments hängt von der zuverlässigen Bestimmung der angreifenden Kräfte ab und wird zweckmäßig durch Berechnung von Zusatzkräften ΔV, ΔH bewertet, die zum Umkippen führen würden.

2.3.4 Gleiten
Das Bauwerk gleitet, wenn die waagerechte Komponente der in der Sohlschnittfläche oder in einer darunter befindlichen Schnittfläche angreifenden resultierenden Kraft größer ist als die entgegenwirkende Scherkraft. Die Gleitgefahr wird durch den Endwiderstand vor dem Bauwerk vermindert.

Erläuterungen zu Abschnitt 2.3.4
Die Definition beschränkt den Begriff des Gleitens nicht auf den Fall, dass die Scherfestigkeit in der Grenzschicht B – C an der Fundamentsohle überschritten wird (Bild E 4 a). Auch der in Bild E 4 b dargestellte Fall, bei dem sich die kritische Fuge unterhalb von B – C in einer Schicht D – E von geringer Scherfestigkeit einstellen wird, kann mit einbezogen werden. Tatsächlich stellt dieser Fall den Übergang zu einer Sonderform des Grundbruchs mit einer Bruchfläche C – E – D – A dar. Da die übliche Grundbruchberechnung nach DIN 4017 Teil 2 auf diesen Sonderfall nicht anwendbar ist, muss auch für diese Art des Versagens die Gefahr des Abgleitens überprüft werden, wobei dem Erdwiderstand eine um so größere relative Bedeutung als Reaktionskraft zukommt, je tiefer D – E unter B – C liegt.
Ein reiner Gleitvorgang ist nur in seltenen Fällen – bei geringer Einbindetiefe in den Baugrund und glatter Fundamentsohle – möglich. Der Widerstand in der Fuge A – B bzw. A – D kann unter Beachtung der Einschränkungen nach Abschnitt 4.1.2 als Erdwiderstand in Rechnung gestellt werden.

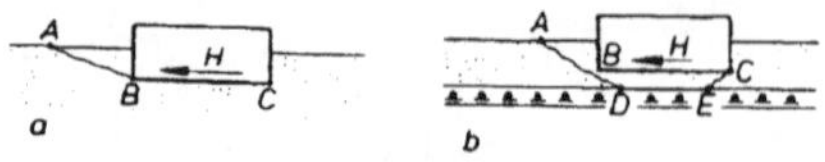

Bild E 4: Beispiele zur Definition des Gleitens
Die Fuge B – C kann auch geneigt sein

Flachgründungen

4 Flächengründungen (Auszug aus DIN 1054)

Als Flächengründungen werden Gründungen bezeichnet, die in der Sohlfläche senkrechte, geneigte, mittige und ausmittige Kräfte abtragen, und zwar sowohl bei Flach- als auch bei Tiefgründungen.

Die zulässige Belastung des Baugrunds durch Flächengründungen ist bei lotrechter Belastung begrenzt durch die für das Bauwerk erträglichen Setzungen bzw. Setzungsunterschiede und durch die Grundbruchsicherheit unter Beachtung der Ausmittigkeit und Neigung der Resultierenden sowie der Belastungsgeschwindigkeit. Bei Schrägbelastung muss außerdem eine ausreichende Sicherheit gegen Gleiten vorhanden sein.

Im Regelfall kann die zulässige Belastung des Baugrunds durch Flächengründungen mit Hilfe von Tabellenwerten nach Abschnitt 4.2 ermittelt werden, wobei eine Grundbruchberechnung entfällt. Eine Setzungsberechnung wird nur dann erforderlich, wenn der Einfluss benachbarter Fundamente zu berücksichtigen ist. Wenn die Voraussetzungen nach Abschnitt 4.2 nicht gegeben sind oder die Werte für die zulässigen Bodenpressungen nach Abschnitt 4.2 überschritten werden sollen, ist ein genauerer Nachweis nach Abschnitt 4.3 erforderlich.

Beim heutigen Stand der Gründungstechnik gibt es keine eindeutige Grenze zwischen Flächen- und Pfahlgründungen. Daher werden zu den Flächengründungen alle Gründungskörper gerechnet, die in ihrer Sohlfläche außer Normalkräften auch Momente in den Baugrund einleiten. Da die Exzentrizität der Normalkraft infolge des Erdwiderstands und seiner Einspannwirkung mit der Tiefe abklingt, kann z.B. ein Brunnen statisch wie eine Flächengründung (Brunnen dreht sich als starrer Körper im Baugrund) oder wie ein Pfahl (Brunnen als elastischer Körper im Baugrund eingespannt) wirken.

Soweit Zugkräfte von der Gründung zu übertragen sind, müssen sie entweder durch Eigenlast, Auflast (Flächengründung) oder durch Scherkräfte aufgenommen werden, die im Baugrund mobilisiert werden (Pfahlgründungen und Zuganker).

Regelfälle sind durch die im Abschnitt 4.2 aufgezählten Voraussetzungen beschrieben. Dabei muss die Gefahr eines Gelände- oder Böschungsbruchs gegebenenfalls vorweg geprüft und ausgeschaltet werden.

Wegen des wechselseitigen Setzungseinflusses verbietet es sich beispielsweise, die Gründungen eines Hochbaus unmittelbar neben Häusern von niedrigerer Bauhöhe oder die Flächengründung eines setzungsunempfindlichen Bauwerks neben Pfahlgründungen als Regelfall anzusehen.

4.1 Allgemeines

4.1.1 Lage und Ausbildung der Gründungssohle

Die Gründungssohle muss frostfrei liegen, mindestens aber 0,8 m unter Gelände.

Hiervon darf abgewichen werden

a) bei Bauwerken von untergeordneter Bedeutung (z.B. Einzelgaragen, einstöckige Schuppen, Bauwerke für vorübergehende Zwecke u.ä.) und geringer Flächenbelastung
b) bei Gründungen auf nicht angewittertem Fels in gleichmäßig fest gelagertem Verband.

Der Baugrund muss gegen Auswaschen oder Verringerung seiner Lagerungsdichte durch strömendes Wasser gesichert sein.

Bindiger Boden muss während der Bauzeit gegen Aufweichen und Auffrieren gesichert sein.

Erläuterungen zu 4.1

Die Mindestforderung nach der frostfreien Gründungstiefe (Abstand zu der dem Frost ausgesetzten Oberfläche) wird gegebenenfalls nach örtlicher Erfahrung überschritten werden müssen. Bei Unterschreitung dieser Erfahrungswerte muss bei frostgefährdetem Baugrund mit Setzungs- und Hebungsrissen und gewissen Verwerfungen gerechnet werden, die aber nicht die Nutzung des Bauwerks zu beeinträchtigen brauchen.

Die Herausnahme der Bauwerke von untergeordneter Bedeutung aus der sonst zwingenden Forderung bedeutet nicht, dass solche Bauwerke nicht in gleicher Weise frostgefährdet wären. Es besteht aber kein Grund, einem Bauherrn die Übernahme dieses Risikos zu verbieten.

Gründungen für vorübergehende Zwecke (Gerüste, fliegende Bauten), die nicht überwintern, können auch flach auf die Oberfläche gesetzt werden.

Die Forderung nach Sicherung eines bindigen Bodens wird auf die Bauzeit, d.h. die Zeit bis zur Übergabe des Bauwerks an den Bauherrn, beschränkt, weil die öffentlich-rechtliche Verantwortung damit endet.

Es ist möglich, dass auch andere nichtstatische Gesichtspunkte die Lage der Gründungssohle bestimmen; etwa eine tiefreichende Schrumpfneigung des Bodens neben dem Bauwerk in längeren Trockenperioden oder tiefreichende Baumwurzeln, die zum einseitigen Wasserentzug unter der Gründungssohle und damit zu ungleichmäßigen Setzungen Anlass geben können.

Strömendes Grundwasser beeinträchtigt die Tragfähigkeit des Baugrunds nur dann, wenn der Strömungsdruck die Stabilität einer Böschung gefährdet, auf der gegründet wird, oder wenn aufsteigendes Grundwasser neben einem Fundament die Sicherheit gegen hydraulischen Grundbruch vermindert.

4.1.2 Lastannahmen

Beim Entwurf der Gründungskörper ist die Verteilung der Bodenpressungen infolge der unter Abschnitt 2.2 genannten Lasten wie folgt anzunehmen:

a) beim Nachweis der zulässigen Bodenpressungen nach Abschnitt 4.2 sowie bei einem Grundbruchnachweis als gleichmäßig verteilt;
b) bei Ermittlung der Schnittkräfte sowie beim Setzungsnachweis als geradlinig verteilt;
c) bei der Bemessung von biegeweichen Gründungsplatten und Gründungsbalken nach DIN 4018.

Stoßzahlen und Schwingbeiwerte brauchen nur bei der Schnittkraftermittlung unmittelbar befahrener Fundamente in die Verkehrslasten eingerechnet zu werden.

Bei der Bestimmung der resultierenden Kraft in der Gründungssohle darf auch die lotrecht wirkende Komponente des aktiven Erddrucks berücksichtigt werden.

Der Erdwiderstand darf nur dann als Reaktionskraft waagerechter Kräfte oder eines Drehmoments herangezogen werden, wenn das Fundament ohne Gefahr eine Verschiebung erfahren kann, die hinreicht, den erforderlichen Erdwiderstand wachzurufen. Der für die Mobilisierung des Erdwiderstands in Anspruch genommene gewachsene Boden muss eine mindestens mittlere Lagerungsdichte oder steife Konsistenz haben. Für geschüttete Böden gelten die Forderungen zu Abschnitt 4.2.3 sinngemäß. Der Boden darf weder vorübergehend noch dauernd entfernt werden, solange die ursächlichen Kräfte wirken.

Erläuterungen zu 4.1.2

Die Vereinfachung der in Wirklichkeit ungleichmäßigen Sohldruckverteilung durch eine Gerade ist bei starren Fundamentkörpern erfahrungsgemäß zulässig. Die wirkliche Verteilung ist in erster Linie von der Grundbruchsicherheit abhängig: bei großer Sicherheit, also geringer Fundamentbelastung, treten Spannungsmaxima in der Nähe der Fundamentkanten auf. Mit zunehmender Belastung füllt sich die Sohlspannungsmulde und nähert sich asymptotisch einer Verteilung mit dem Höchstwert in Fundamentmitte (Bild 5).

Die geradlinige Sohldruckverteilung liegt in Bezug auf die Bemessung der Fundamente etwas auf der unsicheren Seite, und ist für die Tragfähigkeit des Baugrunds ohne praktische Bedeutung.

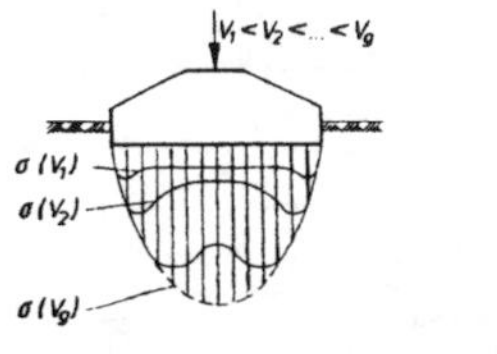

Bild 5: Schematische Darstellung der Entwicklung der Bodenpressungen bei wachsender Belastung eines Flächenfundaments

Bei Fundamenten oder Gründungsplatten, die weit auskragen (Bild 6 a) oder sich über mehrere Stützen spannen (Bild 6 b), verlagert sich die Sohlspannung zu den Stützen. Diese Tendenz wird gegebenenfalls durch das Kriechen des Fundamentbetons noch unterstützt.

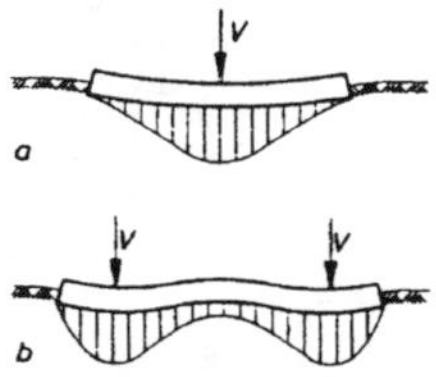

Bild 6: Beispiele für die Verteilung der Bodenpressungen unter biegeweichen Flächengründungen

Der Verzicht auf die Einrechnung dynamischer Beiwerte im Regelfall geht von der Überlegung aus, dass die Amplituden der dynamischen Anteile der äußeren Kräfte auf dem Wege vom Erregerort bis zum Fundament stark gedämpft werden. Eine Ausnahme bilden flach gegründete, unmittelbar befahrene Bankette oder Platten (Fabrikhallen, Verkehrsanlagen) oder Maschinenfundamente.

Wird bei Stützmauern mit dem aktiven Erddruck gerechnet, dann verringert sich das auf die Sohlfuge bezogene Erddruckmoment bei Berücksichtigung des Wandreibungswinkels. Die Scherspannungen zwischen Wand und Boden werden durch eine geringfügige Kippung ausgelöst. Der für den aktiven Erddruck erforderliche Drehwinkel ist sehr klein und dürfte nach den bisher bekannt gewordenen Messungen für Sand je nach Lagerungsdichte der Hinterfüllung in der Größenordnung von 10^{-3} bis 10^{-4} liegen. Dabei sinkt der Erddruck vom Ruhedruck allein schon durch die elastische Entspannung des Bodens auf den aktiven Erddruck ab.

Die zur Mobilisierung des vollen Erdwiderstands erforderlichen Verschiebungen liegen – z.B. bei Sand je nach Lagerungsdichte – im Zentimeter- bis Dezimeterbereich. Der Ansatz des halben Erdwiderstands, wie er im Abschnitt 4.1.3.3 festgelegt wird, bezweckt die Verschiebungen klein zu halten und ist keine zusätzliche Sicherheitsforderung.

Der Wandreibungswinkel ($\delta_p = \frac{2}{3}\varphi$) sollte nur bei Fußpunktdrehung der Wand und bei überwiegend statischer Belastung angesetzt werden; dynamische Störungen des Spannungszustands können die Scherspannungen an der Wand abbauen.

Bei der Erdwiderstandsberechnung vor Einzelfundamenten sollte vorläufig keine mitwirkende Breite angesetzt werden, da hier zu wenige gesicherte Erfahrungen vorliegen.

Wenn der Erdwiderstand in die Gleichgewichtsbetrachtung einbezogen wird, muss der Boden vor dem Fundament, vor allem wenn er verfüllt worden ist, verdichtet werden. Da die zum Erdwiderstand gehörigen Aktionskräfte nicht ständig wirken, sind spätere bauliche Maßnahmen (z.B. Leitungsverlegung, Unterfangung) innerhalb des vom Erdwiderstand beanspruchten Bodenvolumens bei entsprechendem Nachweis möglich.

Bei tief einbindenden Flächengründungen nimmt der Erdwiderstand nur in der oberen Verdrängungszone linear zu, in den tieferen Zonen entsprechend den Theorien der elastischen Einspannung (Bild 7).

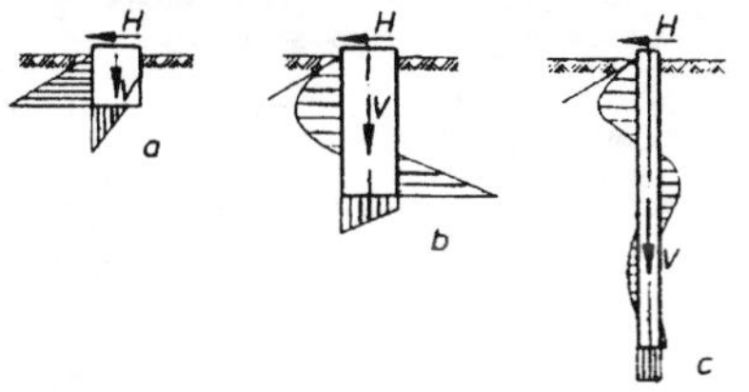

Bild 7: Einspannung im Baugrund bei abnehmender Steifigkeit des Gründungskörpers

4.1.3 Standsicherheit

4.1.3.1 Die aus den ständigen Lasten resultierende Kraft muss die Sohlfläche im Kern schneiden, so dass keine klaffende Fuge auftritt.

Die aus der Gesamtlast resultierende Kraft darf in begrenztem Umfang ein Klaffen der Sohlfuge verursachen, und zwar höchstens bis zum Schwerpunkt der Sohlfläche. Bei Fundamenten, deren Grundriss einen rechteckigen oder kreisförmigen Vollquerschnitt hat, muss sie die Sohle innerhalb eines Bereichs schneiden, der begrenzt ist durch:

a) für den rechteckigen Vollquerschnitt (siehe Bild)

$$\left(\frac{x_e}{b_x}\right)^2 + \left(\frac{y_e}{b_y}\right)^2 = \frac{1}{9}$$

b) für den kreisförmigen Vollquerschnitt

$$\frac{r_e}{r} = 0{,}59$$

Hierbei sind e_x und e_y die Ausmittigkeiten der Kraft in Richtung der Fundamentachsen x und y mit den höchstzulässigen Werten x_e und y_e, b_x und b_y die dazugehörigen Fundamentbreiten, r der Radius bei kreisförmigen Fundamenten.

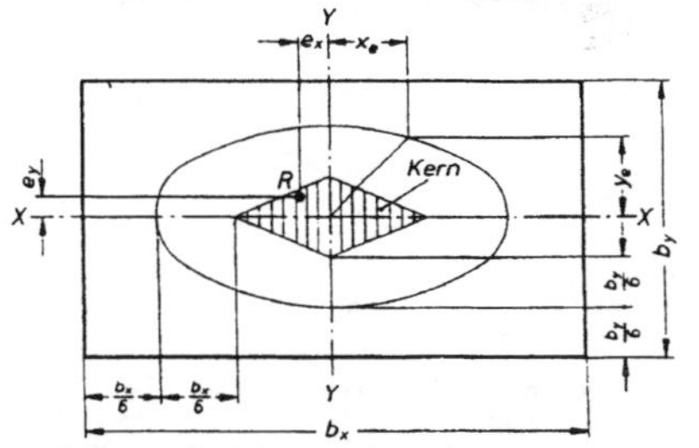

Grundriss eines rechteckigen Fundaments; Bezeichnungen bei zweiachsiger Verkantung

Erläuterungen zu 4.1.3.1

Die Forderung im ersten Absatz soll gewährleisten, dass die Standsicherheit von Stützmauern (Erddruck als ständige Last) nicht durch Kriechverformungen des Baugrunds beeinträchtigt wird; unabhängig vom Grundbruch- und Setzungsnachweis besteht die Gefahr, dass der Baugrund unter dauernd hochbelasteten Fundamentkanten ausweicht. Die Forderung beschränkt sich auf die ständigen Lasten des Lastfalls 1 und ist im allgemeinen konstruktiv leicht erfüllbar. Dabei ist zu beachten, dass die Forderung nicht dadurch umgangen werden kann, dass ein Teil der Fundamentbreite statisch unberücksichtigt bleibt.

Die angegebene Formel a) für die zulässige Exzentrizität der Gesamtlast ist eine Näherung, die um maximal 6 % auf der sicheren Seite liegt. (Formel b) ist genau.

Für Kreisringquerschnitte lautet die entsprechende Bedingung:

$$\frac{v_e}{r_a} = \frac{3\pi}{16} \cdot \frac{1 - r'^4}{1 - r'^3}$$

worin $r' = \frac{r_i}{r_a}$ das Verhältnis des inneren zum äußeren Radius ist.

Flachgründungen

Es wird empfohlen, keine unsymmetrischen Sohlflächenformen (Dreieck, Trapez oder dergleichen) zu wählen, da hierfür keine anerkannten Erfahrungen vorliegen.

Gegebenenfalls ist der Nachweis für eine unsymmetrische Sohlfläche in der Weise zu führen, dass man den zugehörigen Schwerpunkt und die Hauptträgheitsachsen ermittelt und dann die Fläche in ein flächengleiches Rechteck mit gleicher Schwerpunktlage und gleichen Hauptrichtungen umwandelt..

4.1.3.2 Die Grundbruchsicherheit η_p eines Fundaments muss mindestens sein:

Lastfall	1	2	3
η_p	2	1,5	1,3

Bei Ringfundamenten ist die Ringbreite für die Ermittlung der Grundbruchsicherheit maßgebend.

Bei Fundamentgrundrissen mit durchbrochener Sohlfläche sind die äußeren Abmessungen maßgebend, solange die Summe der Aussparungen nicht mehr als 20 % der gesamten umrissenen Sohlfläche ausmacht (Richtwert).

Bei Bauwerken der in Abschnitt 2.3.3, Absatz 3, beschriebenen Art oder mit überwiegend waagerechter Beanspruchung des Gründungskörpers ist nachzuweisen, dass bei einer Schiefstellung des Bauwerks mit $\tan \alpha = \dfrac{W}{h_s \cdot A}$ für den Lastfall 1 noch eine Sicherheit von $\eta_p = 1{,}5$, für den Lastfall 2 noch eine Sicherheit von $\eta_p = 1{,}3$ vorhanden ist. Hierbei ist:

W Widerstandsmoment
A Inhalt der Sohlfläche
h_s Höhe des Bauwerksschwerpunkts über der Sohlfuge

Erläuterungen zu 4.1.3.2

Das Verfahren des Grundbruchnachweises ist in DIN 4017 Teil 1 und Teil 2 angegeben.

Ergänzend wird auf folgende Sonderfragen hingewiesen.

Bei den in Bild E 8 a) bis d) dargestellten Querschnitten sind b als maßgebende Breite und t als maßgebende Einbindetiefe einzusetzen.

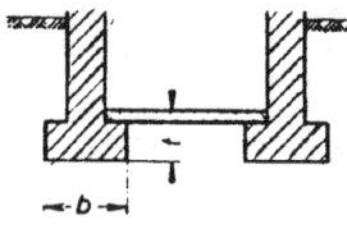

a

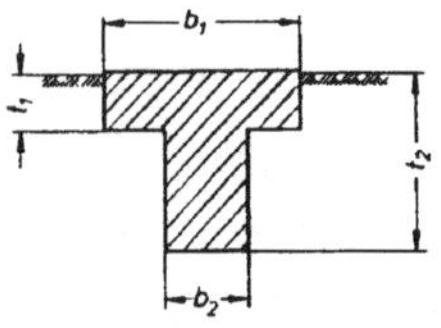

c

Nachweis für beide Kombinationen b_1 und t_1 sowie b_2 und t_2 erforderlich.

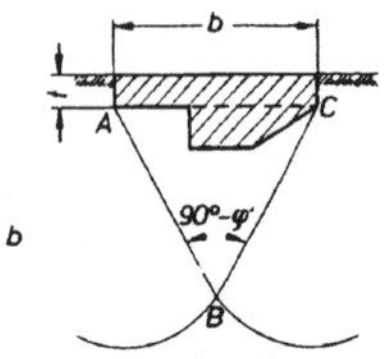

b

Maßgebende Einbindetiefe: t für alle Verspringungen der Sohlfläche innerhalb des stabilen Bodenkeils ABC und zugehörige maßgebende Breite b (φ' innerer Reibungswinkel des dränierten Bodens).

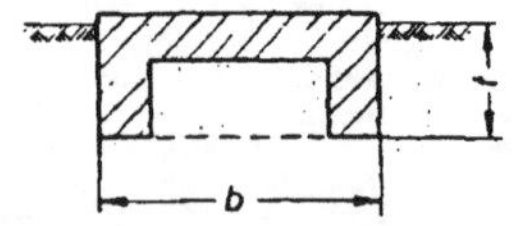

Bild E 8: Maßgebende Längen für den Grundbruchnachweis bei unregelmäßigen Fundamentformen

Bei den in Bild E 9 gezeigten Grundrissen sind die äußeren Abmessungen maßgebend, solange die Summe der Aussparungen nicht mehr als etwa 20 % der gesamten umrissenen Sohlfläche ausmacht (Richtwert).

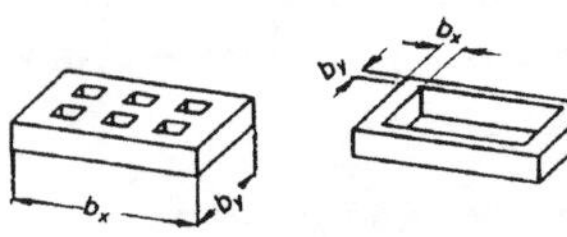

Bild E 9: Maßgebende Breiten für den Grundbruchnachweis bei durchbrochenen Fundamentgrundrissen

4.1.3.3 Die Gleitsicherheit η_g eines Fundaments ist das Verhältnis der Resultierenden der horizontalen Reaktionskräfte (Sohlwiderstandskraft H_s und, gegebenenfalls, ein Teil E_{pr} der Erdwiderstandskraft E_p) zur Resultierenden H der horizontalen Aktionskräfte:

$$\eta_g = \frac{H_s + E_{pr}}{H}$$

Falls der Horizontalschub H nach zwei Richtungen x und y gleichzeitig wirkt, wird

$H = \sqrt{H_x^2 + H_y^2}$ als Kraftgröße eingesetzt.

Für H_s ist einzusetzen:

a) wenn in dem Boden, in dem das Gleiten auftritt, keine Porenwasserdrücke wirken (Boden konsolidiert; kein Sohlwasserdruck),

$H_s = V \cdot \tan \delta_{sf}$

wobei δ_{sf} der Sohlreibungswinkel im Grenzzustand ist, für den bei Ortbetonfundamenten $\delta_{sf} = \varphi'$ (φ' nach DIN 18137 Teil 1), bei den Sohlflächen von Betonfertigteilen

$\delta_{sf} = \dfrac{2}{3} \cdot \varphi'$ eingesetzt werden darf;

dabei darf eine Kohäsion c' nicht berücksichtigt werden,

b) wenn in dem Boden, in dem das Gleiten auftritt, Porenwasserdrücke wirken (Boden nicht konsolidiert; Sohlwasserdruck),

$H_s = V' \tan \delta_{sf}$

wobei V' die in der Sohlfläche oder kritischen Schnittfläche (siehe Abschnitt 2.3.4) wirksame Normalkraft ist, die sich aus der äußeren Normalkraft nach Abzug der Kraftresultierenden aus dem Porenwasserüberdruck ergibt; δ_{sf} wie unter a);

oder

$H_s = A \cdot c_u$

wobei A die für die Kraftübertragung in Frage kommende Fläche, gegebenenfalls unter Berücksichtigung der Reduktion nach Abschnitt 4.2.1 und c_u der Scherparameter des undränierten Bodens bei vollem Porenwasserüberdruck nach DIN 18137 Teil 1 sind.

Die Gleitsicherheit η_g muss mindestens sein:

Lastfall	1	2	3
η_g	1,5	1,35	1,2

Erläuterungen zu 4.1.3.3

Wenn der Erdwiderstand zur Aufnahme einer nicht seitenparallelen Horizontalkraft herangezogen wird, muss er auf dieselbe Kraftrichtung bezogen werden.

Wenn die resultierende Horizontalkraft exzentrisch angreift, kann man vereinfachend, beispielsweise analog zum Grundbruchnachweis bei exzentrischer Last (siehe DIN 4017 Teil 2) so vorgehen, dass bei der Ermittlung der Sohlschubkraft nur diejenige Teilfläche der Sohlfläche angesetzt wird, durch deren Schwerpunkt die Kraftwirkung von H hindurchgeht. Entsprechend sind dann für V die gleichzeitig möglichen kleinsten Vertikalkräfte anzusetzen, die auf diese Teilfläche wirken.

Der Sohlreibungswinkel wird auf den Scherparameter (innerer Reibungswinkel) φ' bezogen. Richtwerte dafür können DIN 1055 Teil 2 entnommen werden. Auch für den unkonsolidierten Zustand findet man dort Angaben für den Wert c_u der Scherfestigkeit.

Im konsolidierten Zustand ist beim Gleitsicherheitsnachweis der Ansatz der effektiven Kohäsion c' nicht zugelassen, weil sie durch die unvermeidlichen Störungen der Baugrubensohle vor dem Einbringen des Fundamentbetons häufig verloren geht.

Falls der Erdwiderstand und die Sohlreibung gemeinsam in Rechnung gestellt werden, muss berücksichtigt werden, dass die beiden Kräfte ihren Größtwert bei verschieden großen Verschiebungen erreichen.

4.1.3.4 Die Sicherheit η_a eines Gründungskörpers gegen Auftrieb muss mindestens sein:

Lastfall	1	2	3
η_a	1,1	1,1	1,05

Dabei ist vorausgesetzt, dass diese Sicherheit allein auf der Wirkung der Eigenlasten über der Gründungssohle beruht (siehe DIN 1055 Teil 1) und der maßgebende Grundwasserspiegel festliegt. Bei Berücksichtigung der seitlichen Bodenreaktion muss in den Lastfällen 1 und 2 eine um 0,3, im Lastfall 3 um eine 0,15 erhöhte Sicherheit nachgewiesen werden.

4.2 Ermittlung der zulässigen Bodenpressung für Regelfälle mit Hilfe von Tabellenwerten

Können die Eigenschaften des Bodens auf Grund von Baugrunderkundungen nach Abschnitt 3 zuverlässig eingeschätzt werden, so dürfen die zulässigen Bodenpressungen nach den Abschnitten 4.2.1 und 4.2.2 bestimmt werden, wenn

a) die Baugrundverhältnisse mindestens bis in eine Tiefe unter Gründungssohle annähernd gleichmäßig sind, die der zweifachen Fundamentbreite entspricht und Geländeoberfläche und Schichtgrenze annähernd waagerecht verlaufen;

b) das Fundament nicht überwiegend oder regelmäßig dynamisch beansprucht wird.

Ist die Einbindetiefe auf allen Seiten des Gründungskörpers größer als 2 m, so darf die Bodenpressung um die Spannung erhöht werden, die sich aus der der Mehrtiefe entsprechenden Bodenbelastung ergibt. Dabei gilt Abschnitt 4.1.2, letzter Satz, sinngemäß.

Sind die Voraussetzungen a) und b) nicht gegeben, so ist nach Abschnitt 4.3 zu verfahren, sofern es sich nicht um Fels handelt.

Erläuterungen zu 4.2

Auf die grundsätzliche Forderung, die zulässige Belastung von Flächengründungen durch eine Berechnung der Grundbruchsicherheit sowie der Werte der voraussichtlichen Setzungen und Setzungsunterschiede in jedem einzelnen Fall nachzuweisen, kann verzichtet werden, wenn es sich um Streifen- und Einzelfundamente mit begrenzten und häufig vorkommenden Abmessungen einerseits und um häufig vorkommende typische Bodenarten andererseits handelt. Diese sogenannten Regelfälle sind Flächengründungen, die die in den Tabellen 1 bis 6 genannten Abmessungen besitzen und auf den in diesen Tabellen genannten typischen Bodenarten ausgeführt werden.

Für diese Regelfälle sind die zulässigen Bodenpressungen in den Tabellen 1 bis 6 zusammengestellt. Sie dürfen im allgemeinen unmittelbar angewendet werden, wenn die in Abschnitt 4.2 unter a) bis c) gestellten Bedingungen erfüllt sind.

Bei den in den Tabellen genannten Bodenpressungen ist ein etwaiger Einfluss von belasteten Nachbarfundamenten nicht besonders berücksichtigt, doch sind die Bodenpressungen so gewählt, dass bei den üblicherweise vorkommenden Fundamentabständen und Fundamentbreiten eine merkbare Setzungsbeeinflussung nicht zu befürchten ist. Nur bei ungewöhnlich dichtem Fundamentabstand und höheren Bodenpressungen ist deshalb – sofern der Größe der Setzungen überhaupt eine Bedeutung zukommt – eine besondere Setzungsberechnung zum Erfassen der gegenseitigen Beeinflussung notwendig. Voraussetzung hierfür ist allerdings, dass im Einflussbereich des Bauwerks keine stark setzungsfähigen bindigen Böden vorkommen, da in ihnen selbst sehr geringe zusätzliche Spannungen Setzungen hervorrufen können und dadurch auch die Frage der gegenseitigen Beeinflussung des Setzungsverhaltens der einzelnen Fundamente (Spannungsüberlagerung) Bedeutung gewinnen kann.

Die unter a) geforderte Mindesttiefe $t = 2b$ mit gleichmäßigen Baugrundverhältnissen berücksichtigt, dass die den Grundbruch auslösende Gleitfläche bis in diese Tiefe hinunterreichen kann und die vom Fundament auf den Baugrund übertragenen zusätzlichen Spannungen hinreichend abgeklungen sind (auf ungefähr 10 % bei Einzelfundamenten, siehe Bild 10, und 30 % bei Streifenfundamenten).

Die unter b) erwähnten dynamischen Beanspruchungen sind vor allem bei nicht dicht gelagerten nichtbindigen Böden von Bedeutung. Flächengründungen mit überwiegenden oder regelmäßigen dynamischen Beanspruchungen sind aber auch in allen anderen Bodenarten nach anderen Gesichtspunkten zu entwerfen als die im Abschnitt 4 behandelten Regelfälle mit überwiegend statischer Beanspruchung.

Zum Begriff der Einbindetiefe wird auf die Erläuterungen zu Abschnitt 4.1.3.2 und Bild E 8 verwiesen.

Mit wachsender Einbindetiefe nimmt die zulässige Bodenpressung wegen des größeren seitlichen Bodengegengewichts erheblich zu (siehe Tabellen 1 bis 6). Wenn man die dadurch gegebene höhere Tragfähigkeit nicht nach Abschnitt 4.3 voll ausnutzen will, ist bei Einbindetiefen über 2 m nur die verhältnismäßig geringe Steigerung der zulässigen Bodenpressung um $\Delta p_s = \gamma \cdot \Delta t$ in kN/m² möglich (Δt die über 2 m hinausgehende Einbindetiefe in m).

4.2.1 Zulässige Bodenpressung bei nichtbindigem Baugrund

Die Angaben gelten für nichtbindigen Boden bei einer Tragfähigkeit, die vorhanden ist bei

a) einer Lagerungsdichte $D \geq 0{,}3$ in
   - eng gestuften grobkörnigen Böden (Bodengruppe SE und GE nach DIN 18196), mit einem Ungleichförmigkeitsgrad $U \leq 3$ sowie
   - gemischtkörnigen Böden mit geringem Feinkornanteil, d.h. mit bis zu 15 Gew.-% Körnern ≤ 0,06 mm (Bodengruppen SU, GU, GT nach DIN 18196), mit einem Ungleichförmigkeitsgrad $U \leq 3$;

b) einer Lagerungsdichte $D \geq 0{,}45$ in
   - eng–, weit– und intermittierend gestuften grobkörnigen Böden (Bodengruppen SE, SW, SI, GE, GW, GI nach DIN 18196) mit $U > 3$ sowie
   - gemischtkörnigen Böden mit geringem Feinkornanteil, d.h. mit bis zu 15 Gew.-% Körnern ≤ 0,06 mm (Bodengruppen SU, GU, GT nach DIN 18196) mit einem Ungleichförmigkeitsgrad $U > 3$.

Der Nachweis hierzu ist nach örtlicher Erfahrung, durch Sondieren oder durch Probenahme und Laborversuche zu erbringen.

Die Werte der Tabellen 1 und 2 gelten ferner nur für Fundamente mit lotrechtem und mittigem Lastangriff. Bei außermittigem Lastangriff ist die Fundamentfläche auf eine Teilfläche A' zu verkleinern, deren Schwerpunkt der Lastangriffspunkt ist. Bei Rechteckfundamenten sind die Seitenlängen dieser Teilfläche den Fundamentseiten parallel und gegenüber den Fundamentseitenlängen um die doppelte Größe der Lastexzentrizität verkleinert. Die zulässige Sohlpressung ist dann auf die kleinere der reduzierten Seitenlängen b' zu beziehen.

Die zulässige Bodenpressung ist nach Abschnitt 4.3 zu bestimmen, wenn:

c) bei Fundamenten, bei denen außer lotrechten Lasten V auch waagerechte Lasten H angreifen ($H/V = \tan \delta_s$), die Einbindetiefe $t < 1{,}4\, b \tan \delta_s$ (b Fundamentbreite) ist,

d) der maßgebende Grundwasserspiegel höher als die Fundamentsohle liegt und die kleinste Einbindetiefe t < 0,8 m bzw. $t < b$ ist.

Flachgründungen

Erläuterungen zu 4.2.1

Die Tragfähigkeit hängt bei nichtbindigen Böden sehr stark von der Lagerungsdichte, aber auch vom Kornaufbau ab. Bei geringerer Lagerungsdichte kann z.B. die Tragfähigkeit eines nichtbindigen Bodens auf 1/6 der Tragfähigkeit bei dichter Lagerung abfallen (siehe Bild 11).

Bei gleicher Lagerungsdichte D weisen enggestufte, d.h. gleichkörnige Böden, eine größere Tragfähigkeit auf als weitgestufte, ungleichförmig aufgebaute Böden (siehe Bild 12). Deshalb müssen bei weitgestuften Böden die Anforderungen an die Lagerungsdichte für die Anwendung der Tabellen höher angesetzt werden.

Ähnlich wie bei nichtbindigen Böden kann die Tragfähigkeit auch bei gemischtkörnigen Böden mit geringem Feinkornanteil beurteilt werden.

Ein gutes Maß für die Tragfähigkeit liefert der Spitzenwiderstand einer Drucksonde. Die für die Anwendung der Tabellenwerte geforderte Mindesttragfähigkeit des Bodens ist vorhanden, wenn mit der Drucksonde nach DIN 4094 Teil 1 in 2 m Tiefe unter Geländeoberfläche ein Spitzendruck $\geq 7{,}5$ MN/m² gemessen wird. Drucksondierungen lassen sich nur bei Böden mit einem Größtkorn bis etwa 4 mm ausführen. Der Nachweis der geforderten Mindesttragfähigkeit durch Rammsonden setzt wegen der Abhängigkeit des Rammwiderstands von der Korngrößenverteilung und der Kornform örtliche Erfahrungen voraus.

Durch Sondierungen kann der Nachweis für die ausreichende Tragfähigkeit in der Regel ohne Schwierigkeiten bis in die in Abschnitt 4.2 a) und Abschnitt 4.2.1.3 b) geforderte Tiefe gleich der zweifachen Fundamentbreite geführt werden. Ein Nachweis der Tragfähigkeit über die Bestimmung der Dichte des Bodens muss sich dagegen in der Regel auf die Gründungssohle beschränken, es sei denn, dass tieferreichende Schürfe außerhalb des unmittelbaren Fundamentbereichs ausgehoben werden. Die nach DIN 18125 Teil 2 ermittelte Trockendichte des Bodens wird entweder auf die Grenzen der Lagerungsdichte nach DIN 18126, wobei je nach Korngrößenverteilung die im Normentext genannten Lagerungsdichten D von 0,30 bzw. 0,45 erbracht sein müssen oder auf die Proctordichte ρ_{Pr} nach DIN 18127 bezogen.

Bei Böden mit mehr als 5 % Feinkorn unter 0,06 mm lassen sich die Kenngrößen n_0 und n_d und damit auch die Lagerungsdichte D prüftechnisch zunehmend schwierig oder überhaupt nicht mehr ermitteln.

Das genannte Verfahren liefert dabei entweder zu günstige Ergebnisse oder lässt sich nicht mehr anwenden. In diesem Fall ist es daher bei der Überprüfung der Lagerungsverhältnisse zweckmäßig, anstelle der Lagerungsdichte D den aus dem Proctorversuch ermittelten Verdichtungsgrad D_{Pr} zu Grunde zu legen. Dabei kann von der in Tabelle A angegebenen Zuordnung zwischen Lagerungsdichte D und dem Verdichtungsgrad D_{Pr} ausgegangen werden.

Der Nachweis der Tragfähigkeit über Dichtebestimmungen in Verbindung mit Korngrößenanalysen und den Grenzen der Lagerungsdichte bzw. der Proctordichte verlangt wegen der Fehlerempfindlichkeit der Verfahren stets Parallelmessungen und ist daher vergleichsweise aufwendig.

Tabelle A: Voraussetzungen für die Anwendung der zulässigen Bodenpressungen nach Abschnitt 4.2.1

Bodengruppe nach DIN 18196	Ungleichförmigkeitszahl U	Lagerungsdichte D	Verdichtungsgrad D_{Pr}	Spitzenwiderstand der Drucksonde q_s MN/m²
SE, GE SU, GU GT	≤ 3	$\geq 0{,}3$	≥ 95 %	$\geq 7{,}5$
SE, SW SI, GE GW, GT SU, GU	> 3	$\geq 0{,}45$	≥ 98 %	$\geq 7{,}5$

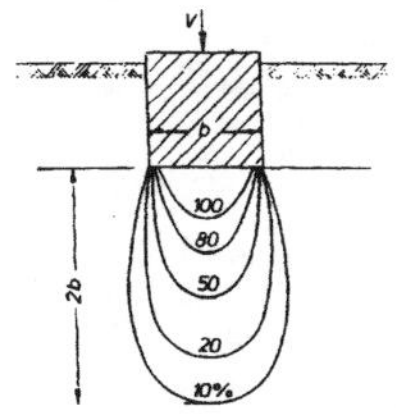

Bild 10: Abbau der Bodenpressung unter einem Einzelfundament

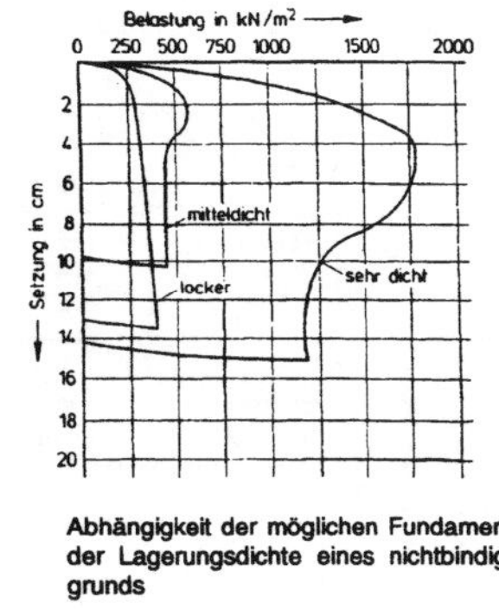

Bild 11: Abhängigkeit der möglichen Fundamentlast von der Lagerungsdichte eines nichtbindigen Baugrunds

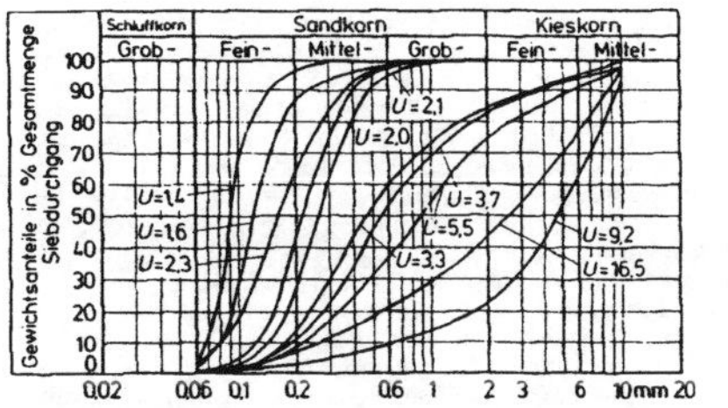

Bild 12: Ungleichförmigkeitszahlen bei typischen nichtbindigen Böden

In homogenen Schüttungen ist die Bestimmung der Wichte mit der Isotopensonde anwendbar, wenn die Ergebnisse stichprobenweise in situ kontrolliert werden können.

Die für die Anwendung der Tabellen 1 und 2 der Norm geforderte Mindesttragfähigkeit, die durch die verschiedenen Verfahren nachgewiesen werden kann, ist bei einer etwa mitteldichten Lagerung gegeben.

Erfahrungsgemäß besitzen gewachsene Sand– oder Kiesablagerungen infolge des natürlichen Sedimentationsvorgangs im allgemeinen diese Lagerungsdichte. Vorsicht ist geboten, wenn eine lockere Lagerung des Sandes infolge seiner Entstehungsgeschichte erwartet werden muss (Dünensand, Ablagerungen aus Rutschungen o.ä.) oder wenn die Gründungssohle innerhalb eines früheren menschlichen Einwirkungsbereiches liegt (alte Abfallgruben, verfüllte ältere Baulichkeiten, Gräben oder Baugruben, Bombentrichter u.ä.). Nichtbindige Böden, in die ein Stabstahl von ≈ 20 mm Durchmesser ohne Anstrengung 0,5 m tief eingedrückt werden kann, sind mit Sicherheit locker gelagert.

Für dicht bis sehr dicht gelagerte nichtbindige Böden, die in der Natur seltener vorkommen, lässt Abschnitt 4.2.1.3 eine Erhöhung der Tabellenwerte zu.

4.2.1.1 Zulässige Bodenpressung für setzungsempfindliche Bauwerke (siehe Tabelle 1)

Bei Bauwerken, deren Fundamente sich nicht unabhängig voneinander setzen können, sondern die in ihrem Setzungsverhalten durch den Überbau wechselseitig beeinflusst werden (statisch unbestimmt gelagerte Konstruktionen, z.B. Wohn- und Geschäftshäuser), oder bei denen ungleichmäßige Setzungen schädlich sind oder die Nutzung beeinträchtigen, sind für Streifenfundamente die zulässigen Bodenpressungen nach Tabelle 1 zu verwenden.

Zwischenwerte dürfen in der Tabelle geradlinig eingeschaltet werden. Wenn bei ausmittiger Belastung die kleinere reduzierte Seitenlänge $b' < 0{,}5$ m wird, dürfen die Tabellenwerte hierfür geradlinig extrapoliert werden.

Die angegebenen Bodenpressungen können zu Setzungen führen, die bei Fundamentbreiten bis 1,5 m ein Maß von etwa 1 cm, bei breiteren Fundamenten ein Maß von etwa 2 cm nicht übersteigen. Bei wesentlicher gegenseitiger Beeinflussung benachbarter Fundamente können sich die Setzungen vergrößern.

Bei Fundamentbreiten zwischen 3 m und 5 m müssen die Werte in der letzten Spalte der Tabelle 1 um 10 % je Meter zusätzlicher Fundamentbreite vermindert werden, falls solche Fundamente überschläglich mit Hilfe von Werten nach der Tabelle bemessen werden. Die so ermittelten Werte für Erhöhungen und Abminderungen gelten als Tabellenwerte.

Bei größeren Fundamentbreiten als 5 m ist nach Abschnitt 4.3 vorzugehen.

Tabelle 1: **Nichtbindiger Baugrund und setzungsempfindliches Bauwerk**

Kleinste Einbindetiefe des Fundaments	Zulässige Bodenpressung in kN/m² [1)] bei Streifenfundamenten mit Breiten b bzw. b' von					
m	0,5 m	1 m	1,5 m	2 m	2,5 m	3 m
0,5	200	300	330	280	250	220
1	270	370	360	310	270	240
1,5	340	440	390	340	290	260
2	400	500	420	360	310	280
bei Bauwerken mit Gründungstiefen t ab 0,3 m und mit Fundamentbreiten b ab 0,3 m	150					

1) Für Kraftgrößen wird nach DIN 1301 die Einheit kN (Kilonewton) 1 kN = 10^3N verwendet (1 kN = 1000/9,80665 kp, 1 kN ≈ 100 kp bzw. 1 kN/m² = 0,010 kp/cm²

Erläuterungen zu 4.2.1.1

Die beiden grundsätzlichen Forderungen nach ausreichender Grundbruchsicherheit und Einhaltung einer zulässigen Setzung sind in Bild 13 schematisch dargestellt. Danach dürfen Fundamente von Bauwerken, bei denen die eintretende – und in nichtbindigen Böden auch immer begrenzte – Setzung ohne Bedenken in Kauf genommen werden kann, allein nach der Grundbruchtheorie (Linie a in Bild 13) entworfen werden, d.h. mit großen zulässigen Bodenpressungen unter breiten Fundamenten.

Demgegenüber sind die Fundamentlasten setzungempfindlicher Bauwerke durch die Linie b in Bild 13 begrenzt. Dieser Erkenntnis entspricht die getrennte Festlegung der zulässigen Bodenpressung für diese beiden Fälle in den Abschnitten 4.2.1.1 und 4.2.1.2 bzw. in den Tabellen 1 und 2.

In der Tabelle 1 entsprechen die in der 2. und 3. Spalte angegebenen zulässigen Bodenpressungen der Linie a im Bild 13, während die in der 4. bis 7. Spalte angegebenen Werte und die Vorschriften im letzten Absatz dieses Abschnittes der Linie b entsprechen, d.h. das Auftreten von nur geringen Setzungsunterschieden sicherstellen.

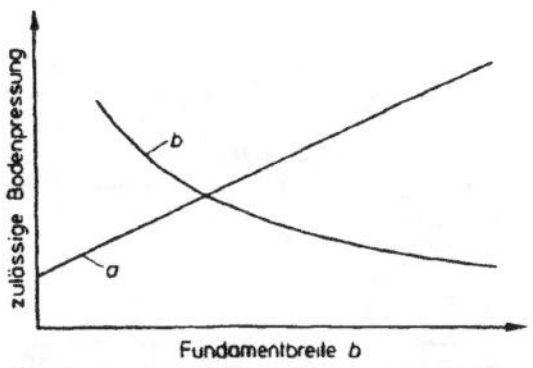

Bild 13: Schematische Darstellung der statischen Forderungen a) nach ausreichender Grundbruchsicherheit und b) bei Einhaltung einer zulässigen Setzung

Bei gleichzeitigem Vorkommen verschiedener Fundamentbreiten unter dem Bauwerk bleiben die auftretenden Setzungsunterschiede also in der Größenordnung von 0,5 bis 1 cm, was nach allen Erfahrungen auch für setzungsempfindliche Bauwerke, wie sie die aufgegliederten Wohn– und Geschäftshäuser darstellen, bei den üblichen Wand– oder Stützenabständen von mindestens 4 bis 5 m keine Gefahr bedeutet und zu keinen Setzungsschäden führt.

4.2.1.2 Zulässige Bodenpressung für setzungsunempfindliche Bauwerke (siehe Tabelle 2)

Die Werte nach Tabelle 2 dürfen für Streifenfundamente verwendet werden, deren Setzung für die Konstruktion des Bauwerks unschädlich ist.
Zwischenwerte dürfen geradlinig eingeschaltet werden. Wenn bei ausmittiger Belastung die kleinere reduzierte Seitenlänge $b' < 0{,}5$ m wird, dürfen die Tabellenwerte geradlinig extrapoliert werden. Die Werte für die Fundamentbreite 2 m dürfen auch bei größeren Breiten angewendet werden.
Die genannten Bodenpressungen können bei Fundamentbreiten bis 1,5 m zu Setzungen von etwa 2 cm, bei breiteren Fundamenten zu wesentlich größeren Setzungen führen.
Bei wesentlicher gegenseitiger Beeinflussung benachbarter Fundamente können sich die Setzungen vergrößern.
Die nach Abschnitt 4.2.1.2 ermittelten Werte gelten als Tabellenwerte für Erhöhungen nach Abschnitt 4.2.1.3 oder Abminderungen nach Abschnitt 4.2.1.4.

Tabelle 2: **Nichtbindiger Baugrund und setzungsunempfindliches Bauwerk**

Kleinste Einbindetiefe des Fundaments	Zulässige Bodenpressung in kN/m² [1)] bei Streifenfundamenten mit Breiten b bzw. b' von			
m	0,5 m	1 m	1,5 m	2 m
0,5	200	300	400	500
1	270	370	470	570
1,5	340	440	540	640
2	400	500	600	700
bei Bauwerken mit Gründungstiefen t ab 0,3 m und mit Fundamentbreiten b ab 0,3 m	150			

1) 1 kN/m² = 0,010 kp/cm²

Erläuterungen zu 4.2.1.2

Die in Tabelle 2 genannten Bodenpressungen entsprechen der Linie a in Bild 13. Unter verschieden breiten oder verschieden tief gegründeten Fundamenten sind diese Bodenpressungen mit zum Teil recht großen Setzungsunterschieden verbunden, die ohne besonderen Nachweis einer Unschädlichkeit für die jeweilige Konstruktion nicht zulässig sind.

4.2.1.3 Erhöhung der Werte der Tabellen 1 und 2

a) Bei Rechteckfundamenten mit einem Seitenverhältnis unter 2 und bei Kreisfundamenten dürfen die Werte der Tabellen 1 und 2 um 20 % erhöht werden. Die Werte der Tabelle 2 und die Werte in den beiden ersten Spalten der Tabelle 1 dürfen jedoch nur erhöht werden, wenn die Einbindetiefe mindestens das 0,6-fache der Fundamentbreite b bzw. b' beträgt.

b) Die in den Tabellen 1 und 2 angegebenen Werte dürfen bis zu 50 % erhöht werden, wenn durch Untersuchungen bis in eine Tiefe entsprechend der doppelten Länge der kleineren Fundamentseite, jedoch nicht weniger als 2 m unter der Gründungssohle, zuverlässig und in angemessenem Umfang eine Tragfähigkeit des Bodens nachgewiesen wird, die bei einer Lagerungsdichte $D > 0{,}5$ für Böden nach Abschnitt 4.2.1, a) bzw. bei einer Lagerungsdichte $D > 0{,}65$ für Böden nach Abschnitt 4.2.1, b) vorhanden ist.
Anmerkung: Die Entscheidung hierüber erfolgt durch Sondierungen oder durch den Nachweis an Sonderproben.

Die Erhöhungen der Tabellenwerte sind nur für Fundamentbreiten $b \geq 0{,}5$ m und Einbindetiefen $t \geq 0{,}5$ m zulässig. Sie beziehen sich stets nur auf die Werte in den Tabellen 1 und 2, bzw. auf die für größere Fundamentbreiten daraus abgeleiteten Tabellenwerte, und sind gegebenenfalls zu addieren.

Erläuterungen zu 4.2.1.3

Die nach a) zulässige Vergrößerung der mittleren Bodenpressung bei gedrungenen Einzelfundamenten berücksichtigt die räumliche Tragwirkung bei derartigen Fundamenten gegenüber den beim Streifenfundament oder bei gestreckten Einzelfundamenten vorliegenden Verhältnissen des "ebenen Falls". Bei Einbindetiefen von $t \geq 0{,}8$ m ist beim "räumlichen Fall" die Tragfähigkeit gegenüber dem "ebenen Fall" nach neueren Untersuchungen stets größer, und zwar um so mehr, je gedrungener das Fundament, d.h. je kleiner sein Seitenverhältnis ist.
Die nach b) mögliche Erhöhung der zulässigen Bodenpressungen nach Tabellen 1 und 2 bis maximal 50 % trägt der in den Erläuterungen zu Abschnitt 4.2.1 behandelten und aus dem Bild 11 hervorgehenden wesentlich besseren Tragfähigkeit dicht gelagerter nichtbindiger Böden Rechnung. Diese relativ große Erhöhung setzt aber voraus, dass die zum Nachweis der dichten Lagerung durchgeführten Untersuchungen ein einwandfreies und nicht durch widersprüchsvolle Versuchswerte beeinträchtigtes Ergebnis liefern. Da die Lagerungsverhältnisse nichtbindiger Böden infolge des Sedimentationsvorgangs selten einheitlich sind, ist der Nachweis für eine dichte Lagerung auch "in angemessenem Umfang" zu erbringen, d.h., der Nachweis an nur einer Stelle genügt in keinem Fall, sondern es sind stets Untersuchungen an verschiedenen Stellen des Bauwerksgrundrisses erforderlich.

Flachgründungen

Tabelle B: **Voraussetzungen für die Erhöhung der zulässigen Bodenpressungen nach Abschnitt 4.2.1.3 b)**

Bodengruppe nach DIN 18196	Ungleichförmigkeitszahl U	Lagerungsdichte D	Verdichtungsgrad D_{Pr}	Spitzenwiderstand der Drucksonde q_s MN/m²
SE, GE SU, GU GT	≤ 3	≥ 0,5	≥ 98 %	≥ 15
SE, SW SI, GE GW, GT SU, GU	> 3	≥ 0,65	≥ 100 %	≥ 15

Hinsichtlich der geforderten unterschiedlichen Werte D bzw. D_{Pr} für die Lagerungsdichte bei gleichförmigem bzw. ungleichförmigem Boden, siehe Erläuterungen zu Abschnitt 4.2.1, ebenso hinsichtlich der Untersuchungsmöglichkeiten.

Für eine dichte Lagerung gelten die Werte der Tabelle B.
Falls beide Erhöhungen nach Abschnitt 4.2.1.3 a) und b) ausgenutzt werden sollen, sind sie zu addieren.

4.2.1.4 Herabsetzung der Werte der Tabelle 2

a) Ist der Abstand d zwischen maßgebendem Grundwasserspiegel und Gründungssohle kleiner als die maßgebende Fundamentbreite b bzw. b', dann sind die Werte der Tabelle 2 zu verringern, und zwar um 40 %, wenn der Grundwasserspiegel das Fundament berührt (d = 0). Zwischenwerte (d/b zwischen 0 und 1) sind geradlinig einzuschalten. Liegt der Grundwasserspiegel über der Gründungssohle, gelten die Werte für d = 0, solange die Gründungstiefe t größer als 0,8 m und außerdem größer als die Fundamentbreite b ist.

b) Wirken auf einen Gründungskörper außer lotrechten Kräften V auch waagerechte Kräfte H ein, so sind die Werte in Tabelle 2 bzw. die erhöhten oder herabgesetzten Tabellenwerte mit dem Abminderungsfaktor

$$\left(1 - \frac{H}{V}\right)^2 \text{ zu multiplizieren.}$$

Wirkt H parallel zur langen Fundamentseite, darf mit dem Abminderungsfaktor

$$\left(1 - \frac{H}{V}\right)$$ multipliziert werden, sofern das Seitenverhältnis größer als 2 ist.

Hierin ist H die Summe der angreifenden Horizontalkräfte ohne Berücksichtigung des Erdwiderstands.

Die Werte nach Tabelle 1 dürfen unverändert verwendet werden, solange sie nicht größer sind als die herabgesetzten Werte der Tabelle 2. Andernfalls sind letztere maßgebend.

Erläuterungen zu 4.2.1.4

Die unter a) vorgeschriebene Ermäßigung der zulässigen Bodenpressung bei hohem Grundwasserstand berücksichtigt annähernd den Einfluss des Auftriebs auf die Grundbruchsicherheit.

Bei Grundwasserständen zwischen Gründungssohle und dem Abstand $d = b$ unter Gründungssohle sind die aus der Forderung nach einer ausreichenden Grundbruchsicherheit abgeleiteten zulässigen Bodenpressungen der Tabelle 2 um 40 % (bei d/b = 0) oder dem Verhältnis d/b entsprechend zu ermäßigen, jedoch auch die in Spalte 2 oder 3 von Tabelle 1 angegebenen Werte, die ebenfalls auf der erforderlichen Grundbruchsicherheit beruhen (siehe Erläuterungen zu Abschnitt 4.2.1.1).

Bei Grundwasserständen oberhalb der Gründungssohle wird bei geringer Einbindetiefe der Fundamente die Grundbruchsicherheit beeinträchtigt. Deshalb wird für diese Fälle ein Nachweis nach Abschnitt 4.3 gefordert.

Liegt der Grundwasserspiegel in einem Abstand unter der Gründungssohle, der gleich oder größer als die Fundamentbreite ist, kann die Verringerung der Bodenlast durch den Auftrieb in den tiefer liegenden Schichten vernachlässigt und mit den unverminderten zulässigen Bodenpressungen für den erdfeuchten Boden gerechnet werden.

Die Abminderungen nach b) berücksichtigen die sowohl theoretisch wie durch Versuche belegte Tatsache, dass eine Neigung der Last die Grundbruchlast vermindert.

Die Versuche haben aber gezeigt, dass mindestens im Bereich der Gebrauchslasten die theoretischen Abminderungsfaktoren nach DIN 4017 Teil 2 zu große Reduzierungen hervorrufen.

Bei stark geneigten Belastungen sollte darüber hinaus stets auf eine ausreichende Gleitsicherheit geachtet werden. Bei kleinen Einbindetiefen ist nach Abschnitt 4.2.1 c) ein Grundbruchnachweis erforderlich.

4.2.2 Zulässige Bodenpressungen bei bindigem Baugrund

Die Werte in den Tabellen 3 bis 6 gelten für Streifenfundamente auf einem bindigen Boden von steifem (0,75 < I_C < 1,0), halbfestem (I_C ≥ 1) oder festem Zustand, der durch die Baumaßnahmen nicht beeinträchtigt werden darf. Dabei darf das Verhältnis von $H : V$ nicht größer als 1 : 4 sein.

Anmerkung: Die Zustandsform eines bindigen Bodens kann im Feldversuch wie folgt ermittelt werden:

a) Breiig ist ein Boden, der beim Pressen in der Faust zwischen den Fingern hindurchquillt.
b) Weich ist ein Boden, der sich leicht kneten lässt.
c) Steif ist ein Boden, der sich schwer kneten, aber in der Hand zu 3 mm dicken Röllchen ausrollen lässt, ohne zu reißen oder zu zerbröckeln.
d) Halbfest ist ein Boden, der beim Versuch, ihn zu 3 mm dicken Röllchen auszurollen, zwar bröckelt und reißt, aber doch noch feucht genug ist, um ihn erneut zu einem Klumpen formen zu können.
e) Fest (hart) ist ein Boden, der ausgetrocknet ist und dann meist heller aussieht. Er lässt sich nicht mehr kneten, sondern nur zerbrechen. Ein nochmaliges Zusammenballen der Einzelteile ist nicht mehr möglich.

Bei einem Untergrund von steifer Konsistenz setzt die Anwendung der Tabellenwerte voraus, dass die Fundamentbelastung nur allmählich wächst. Wird das Fundament innerhalb sehr kurzer Zeit voll belastet oder ist die Konsistenz des Baugrunds weicher als steif, so ist die zulässige Bodenpressung nach Abschnitt 4.3 und unter Berücksichtigung des auftretenden Porenwasserüberdrucks zu bestimmen. Für breiige und weiche bindige Böden können hier keine allgemeinverbindlichen Werte angegeben werden.

Die Werte in den Tabellen 3 bis 6 sind ferner nicht auf Bodenarten anwendbar, bei denen ein plötzlicher Zusammenbruch des Korngerüstes zu befürchten ist.

Die Werte der Tabellen 3 bis 6 gelten nur für Fundamente mit mittigem Lastangriff. Bei außermittigem Lastangriff ist die Fundamentfläche wie in Abschnitt 4.2.1 auf eine Teilfläche A' zu verkleinern, deren Schwerpunkt der Lastangriffspunkt ist. Die zulässige Sohlpressung ist dann auf die kleinere der reduzierten Seitenlängen zu beziehen.

Die in Tabellen 3 bis 6 angegebenen Bodenpressungen können bei mittig belasteten Fundamenten zu Setzungen in der Größenordnung von 2 bis 4 cm führen. Bei außermittig belasteten Fundamenten treten Verkantungen auf, deren Betrag erforderlichenfalls nachgewiesen werden muss.

Bei wesentlicher gegenseitiger Beeinflussung benachbarter Fundamente können sich für die Setzungen größere Werte ergeben.

Bei Fundamentbreiten zwischen 2 und 5 m müssen die Werte der Tabellen 3 bis 6 um etwa 10 % je Meter zusätzlicher Fundamentbreite vermindert werden, falls solche Fundamente überschläglich nach den Werten dieser Tabellen bemessen werden. Bei größeren Fundamentbreiten ist nach Abschnitt 4.3 vorzugehen.

Bei Rechteckfundamenten mit einem Seitenverhältnis unter 2 und bei Kreisfundamenten dürfen die Werte der Tabellen 3 bis 6 bzw. die für größere Fundamentbreiten ermittelten Tabellenwerte um 20 % erhöht werden.

Die in Abhängigkeit von der Einbindetiefe genannten Werte in den Tabellen 3 bis 6 können bei anderen Einbindetiefen durch geradlinig eingeschaltete Zwischenwerte ergänzt werden.

In Ergänzung zu den Tabellen 3 bis 6 darf für kleinere Bauten (siehe Abschnitt 4.1.1) bei Streifenfundamenten mit Breiten von b ≥ 0,2 m und Einbindetiefen t ≥ 0,5 m mit einer zulässigen mittleren Bodenpressung von 80 kN/m² gerechnet werden.

Erläuterungen zu 4.2.2

In den Tabellen 3 bis 6 werden für Regelfälle die zulässigen Belastungen bindigen Baugrunds angegeben. Bei der Ermittlung dieser Tabellenwerte für bindigen Baugrund war fast ausschließlich das Setzungsverhalten maßgebend; eine Ausnahme bildete lediglich die Tabelle 3 für Schluff, bei der bei kleinen Fundamentbreiten das Grundbruchverhalten zu kleineren Bodenpressungen führt.

Da Flächengründungen auf weichem Untergrund nicht häufig ausgeführt werden und nicht als Regelfälle anzusehen sind, wurde die Aufstellung von Tabellen auf die Konsistenzen "steif", "halbfest" und "fest" beschränkt. Die für "festen" Baugrund angegebenen Tabellenwerte dürfen nur dann verwendet werden, wenn die feste Konsistenz durch eine größere Anzahl von Proben nachgewiesen ist, deren Zustand den Bedingungen im Baugrund entspricht.

Die anstehenden bindigen Bodenarten werden nach DIN 4022 Teil 1 benannt. Liegt die Benennung oder die ermittelte Konsistenz zwischen den Angaben der Tabellen 3 bis 6, so ist aus diesen der ungünstigere Wert zu entnehmen. So gilt z.B. für einen stark tonigen Schluff mit steifer bis halbfester Konsistenz der für steifen Ton in Tabelle 6 angegebene Wert.

Auf die Angabe einer zulässigen Bodenpressung für bindige Böden weicherer Konsistenz wurde verzichtet, weil diese Fälle sich einer verallgemeinerungsfähigen, einfachen Beurteilung entziehen (keine Regelfälle). Soweit die bisher schon verwendeten Bodenpressungen nach übereinstimmender örtlicher Erfahrung zu keinen oder zu erträglichen Setzungsschäden geführt haben, stehen dieser Praxis die Bestimmungen in DIN 1054 nicht entgegen.

Die in den Tabellen 3 bis 6 aufgeführten Werte gelten unabgemindert auch für schräge Lasten, da die mittleren Fundamentsetzungen – solange die Gleitsicherheit nach Abschnitt 4.1.3.3 gewährleistet ist – von der Horizontalkraft kaum beeinflusst werden.

Für außermittige Lasten gilt das zu Abschnitt 4.2.1 Gesagte. Auf die Beachtung der in Abschnitt 4.1.3.1 genannten Voraussetzungen wird noch einmal hingewiesen.

Ferner ist zu beachten, dass in bindigen Böden von nur steifer Konsistenz bei schneller Belastung Porenwasserüberdrücke auftreten können. Die Tabellenwerte sind bei Bauzeiten, die in weniger als 15 Tagen die Höchstbelastung erreichen, nicht anwendbar (kein "Regelfall").

Für die Bemessung von Fundamenten auf Löss können die Werte der Tabelle 3 verwendet werden. Steht echter (primär abgelagerter) Löss an, muss jedoch durch Untersuchungen oder örtliche Erfahrungen nachgewiesen sein, dass ein plötzlicher Zusammenbruch des Korngerüsts durch eindringendes Wasser oder durch die Fundamentbelastung nicht auftreten kann.

Vorausgesetzt ist bei der Ermittlung der Setzungen für die in den Tabellen 3 bis 6 angegebenen Bodenpressungen ein nicht zu enger Abstand von Einzelfundamenten, der 3,0 m oder das 3,5-fache der Fundamentbreite nicht unterschreiten soll.

Die Werte der Tabellen 3 bis 6 sind bei Fundamentbreiten zwischen 0,5 und 2,0 m anwendbar. Sollen breitere Fundamente überschläglich mit den Tabellen bemessen werden, so müssen die Werte um etwa 10 % je m zusätzlicher Fundamentbreite verringert werden, um die Setzungen in den angegebenen Grenzen zu halten.

Die Erhöhung der zulässigen Bodenpressung für gedrungene Fundamente entspricht der Tatsache, dass diese Fundamente bei gleicher Sohlspannung und gleicher kleinerer Breite eine geringere Setzung haben.

4.2.3 Zulässige Bodenpressung bei Schüttungen

Erfüllen Schüttungen die in den Abschnitten 4.2.1 bzw. 4.2.2 genannten Voraussetzungen und ist für die bindigen Böden eine Proctordichte von 100 % nach DIN 18127 vorhanden, so dürfen die Werte nach den Tabellen 1 bis 6 bei der Bemessung der auf ihnen zu gründenden Fundamente verwendet werden.

4.2.4 Zulässige Bodenpressungen bei Flächengründungen auf Fels

Besteht der Baugrund aus gleichförmigem beständigem Fels in ausreichender Mächtigkeit, so dürfen die Bodenpressungen bei Flächengründungen die in Tabelle 7 angegebenen Werte erreichen, sofern das Gestein die dort angegebenen Eigenschaften aufweist, eine einwandfreie Ableitung der Lasten in tiefere Schichten gewährleistet ist und eine Verschlechterung der Felseigenschaften infolge von Baumaßnahmen ausgeschlossen ist.

Zwischenwerte dürfen entsprechend den örtlichen Erfahrungen eingeschaltet werden.

Die zulässigen Bodenpressungen sind im Einvernehmen mit einem sachverständigen Institut festzulegen, wenn

a) die Einstufung des Baugrunds als Fels unklar ist;
b) geologisch unübersichtliche Verhältnisse vorliegen;
c) der Fels stark gestört ist;
d) an Hängen die Neigung der Gebirgsschichtung und –klüftung nur wenig von der des Geländes abweicht;
e) die Felsoberfläche mehr als 30 ° geneigt ist;
f) höhere Bodenpressungen als in der Tabelle 7 angegeben zu Grunde gelegt werden sollen.

Ein sachverständiges Institut ist auch immer dann hinzuzuziehen, wenn die Gefahr eines Grundbruchs nicht ausgeschlossen werden kann, z.B. bei Gründungen an Felskanten.

Tabelle 3: **Reiner Schluff** [1)]

Kleinste Einbindetiefe des Fundaments m	Zulässige Bodenpressung in kN/m² [2)] bei Streifenfundamenten mit Breiten b bzw. b' von 0,5 bis 2 m und steifer bis halbfester Konsistenz
0,5	130
1	180
1,5	220
2	250

[1)] Entspricht der Bodengruppe UL nach DIN 18196
[2)] 1 kN/m² = 0,010 kp/cm²

Tabelle 4: **Gemischtkörniger Boden, der Korngrößen vom Ton– bis in den Sand–, Kies– oder Steinbereich enthält** (z.B. Sand– oder Geschiebemergel, Geschiebelehm) [1)]

Kleinste Einbindetiefe des Fundaments	Zulässige Bodenpressung in kN/m² [2)] bei Streifenfundamenten mit Breiten b bzw. b' von 0,5 bis 2 m und einer Konsistenz		
m	steif	halbfest	fest
0,5	150	220	330
1	180	280	380
1,5	220	330	440
2	250	370	500

[1)] Entspricht den Bodengruppen SU, ST, ST, GU, GT nach DIN 18196
[2)] 1 kN/m² = 0,010 kp/cm²

Tabelle 5: **Tonig schluffiger Boden** [1)]

Kleinste Einbindetiefe des Fundaments	Zulässige Bodenpressung in kN/m² [2)] bei Streifenfundamenten mit Breiten b bzw. b' von 0,5 bis 2 m und einer Konsistenz		
m	steif	halbfest	fest
0,5	120	170	280
1	140	210	320
1,5	160	250	360
2	180	280	400

[1)] Entspricht den Bodengruppen UM, TL und TM nach DIN 18196
[2)] 1 kN/m² = 0,010 kp/cm²

Tabelle 6: **Fetter Ton** [1)]

Kleinste Einbindetiefe des Fundaments	Zulässige Bodenpressung in kN/m² [2)] bei Streifenfundamenten mit Breiten b bzw. b' von 0,5 bis 2 m und einer Konsistenz		
m	steif	halbfest	fest
0,5	90	140	200
1	110	180	240
1,5	130	210	270
2	150	230	300

[1)] Entspricht der Bodengruppe TA nach DIN 18196
[2)] 1 kN/m² = 0,010 kp/cm²

Tabelle 7: **Fels**

Lagerungszustand	Zulässige Bodenpressung in kN/m² [1)] bei Flächengründungen und dem Zustand des Gesteins	
	nicht brüchig, nicht oder nur wenig angewittert	brüchig oder mit deutlichen Verwitterungsspuren
Fels in gleichmäßig festem Verband	4000	1500
Fels in wechselnder Schichtung oder klüftig	2000	1000

[1)] 1 kN/m² = 0,010 kp/cm²

Tiefgründungen

Pfahlgründungen nach DIN 1054

5.1 Begriffe

5.1.1 Arten der Pfahlgründung

Stehende Pfahlgründungen sind Pfahlgründungen, bei denen die Bauwerkslasten durch die Pfähle auf tiefer liegende, tragfähige Bodenschichten übertragen werden.

Schwebende (schwimmende) Pfahlgründungen sind Pfahlgründungen, bei denen die Bauwerkslast nicht unmittelbar auf den tiefer liegenden tragfähigen Baugrund, sondern auf stark zusammendrückbare Schichten übertragen wird.

5.1.2 Pfahlarten

5.1.2.1 Nach der Art des Einbaus und Herstellungsverfahrens unterscheidet man:

Fertigpfähle. Sie werden in ihrer ganzen Länge oder in Teillängen vorgefertigt bzw. geliefert und in den Untergrund gerammt, gespült, gerüttelt, gepresst, geschraubt oder in vorbereitete Bohrlöcher eingestellt. (Rammpfähle siehe DIN 4026.)

Ortpfähle. Sie werden an Ort und Stelle in einem im Untergrund vorbereiteten Hohlraum hergestellt. Je nach der Art des Herstellens gibt es z.B. Bohrpfähle (siehe DIN 4014 Teil 1 und DIN 4014 Teil 2), Ortbeton-Rammpfähle, Pressrohrpfähle und Rüttelpfähle.

Mischgründungspfähle. Sie werden aus vorgefertigten und örtlich hergestellten Teilen zusammengesetzt.

5.1.2.2 Nach der Art, wie die Pfahllasten in den Baugrund eingeleitet werden, unterscheidet man:

Spitzendruckpfähle. Sie übertragen die Pfahllast vorwiegend durch den Druck der Pfahlspitze auf den Baugrund, während die Mantelreibung keine wesentliche Rolle spielt.

Reibungspfähle. Sie übertragen die Pfahllast vorwiegend durch die Mantelreibung am Pfahlumfang auf die tragfähigen Schichten.

5.1.2.3 Nach der Art des Pfahlbaustoffs unterscheidet man Beton-, Stahlbeton-, Spannbeton-, Stahl- und Holzpfähle.

5.1.2.4 Nach der Formgebung unterscheidet man Pfähle mit wechselnder Schaft- und Fußausbildung.

5.1.2.5 Nach der Art der Beanspruchung unterscheidet man axial, auf Biegung oder auf beide Arten beanspruchte Pfähle.

5.1.2.6 Nach der Wirkung auf den umgebenden Boden unterscheidet man Pfähle, bei denen der Boden durch den Arbeitsvorgang entweder verdichtet, verdrängt oder aufgelockert werden kann.

Anmerkung: Verdichtungspfähle, die lockeren, verdichtungsfähigen Baugrund verdichten sollen, gehören nicht zu den hier behandelten Pfahlgründungen.

Erläuterungen zu 5.1

Bei einer Pfahlgründung werden die Bauwerkslasten in Pfähle eingeleitet und von diesen an die tragfähigen Schichten des Baugrunds abgegeben. Das Verhältnis von Länge zu Durchmesser ist bei einem Pfahl gewöhnlich so groß, dass der Pfahl statisch als Gelenkstab angesehen werden kann. Das schließt nicht aus, dass der Pfahlschaft in begrenztem Maß (siehe Erläuterungen zu den Abschnitten 5.2.1 und 5.2.5) Biegemomente aufnimmt und Querkräfte an den Boden abgibt.

Bei großen Pfahldurchmessern, wie z.B. bei Großbohrpfählen oder bei Pfählen mit großer Fußverbreiterung, werden in der Sohlfläche des Pfahlfußes unter Umständen auch Momente übertragen. Derartige Tiefgründungen stellen den Übergang zu Brunnen- und Pfeilergründungen dar, auf die dann sowohl die **Bestimmungen des Abschnitts 4 als auch die von Abschnitt 5** sinngemäß anzuwenden sind.

Die „stehende Pfahlgründung" ist bei der Anwendung von Pfählen der Regelfall. Zu den „schwebenden Pfahlgründungen" siehe Erläuterungen zu Abschnitt 5.2.4.

5.2 Allgemeines zum Entwurf

5.2.1 Pfahlgründungen sind im allgemeinen so zu bemessen, dass die Kräfte aus dem Bauwerk allein durch die Pfähle auf den Baugrund übertragen werden.

Wesentliche waagerechte Kraftanteile können außer durch Schrägstellung der Pfähle (Schrägpfähle, Pfahlböcke) auch durch flachliegende Verankerungskonstruktionen, z.B. Ankerpfähle, Ankerplatten oder Ankerwände, sowie durch biegesteife Ausbildung der Pfähle aufgenommen werden. Die möglichen waagerechten Verschiebungswege sind dabei zu berücksichtigen.

5.2.2 Bei der Ermittlung der auf die einzelnen Pfähle eines statisch unbestimmten Pfahlrosts wirkenden Kräfte ist der Einfluss der Formänderungen der Pfähle und des Baugrunds zu berücksichtigen. In einfachen Fällen dürfen auch geeignete Näherungsverfahren angewendet werden.

5.2.3 Bei Pfahlgruppen darf die Summe der Druckkräfte den Baugrund im Mittel nicht höher beanspruchen, als es nach Abschnitt 4.3 für eine Flächengründung in der für die Aufnahme der Druckkräfte maßgebenden Tiefe zulässig wäre. Dabei ist zu beachten, dass sich die Setzung einer durch Pfähle gestützten Konstruktion aus der Setzung dieser Flächengründung und der Setzung des Einzelpfahls zusammensetzt. Die für den Vergleich zu Grunde zu legende Fläche ist durch eine Linie zu umgrenzen, die um den dreifachen Pfahlschaftdurchmesser außerhalb der Achsen der Randpfähle verläuft. Schrägpfähle werden dabei nur insoweit mit einbezogen, als ihre Spitzen nicht weiter von den Spitzen der lotrechten Randpfähle nach außen hin entfernt sind, als dem mittleren Abstand der Lotpfähle entspricht.

5.2.4 Schwebende Pfahlgründungen sind nach Möglichkeit zu vermeiden; oft ist es zweckmäßig, sie durch Flächengründungen zu ersetzen. Sie können angewendet werden, wenn die nachgiebigen Schichten mit zunehmender Tiefe allmählich fester, d.h. weniger zusammendrückbar werden, so dass geringere Setzungen zu erwarten sind als bei einer Flächengründung.

5.2.5 Gründungspfähle sollen überwiegend in Richtung ihrer Achse beansprucht werden. Die Überleitung der Kräfte vom Bauwerk in die Pfähle ist nachzuweisen.

5.2.6 Die Dicke der Gründungspfähle ist von ihrer Länge und von der gewünschten Tragfähigkeit, der Pfahlbauart und dem Einbringungsverfahren abhängig. Druckpfähle herkömmlicher Bauart sollen mindestens 20 cm dick sein.

5.2.7 Die Pfähle müssen ausreichend tief im tragfähigen Boden stehen, z.B. in Kies- und Sandböden im allgemeinen etwa 3 m, sofern nicht aus anderen Gründen eine größere Einbindelänge erforderlich oder in sehr tragfähigen Böden eine kleinere Einbindelänge ausreichend oder empfehlenswert ist.

Eine möglichst gleichmäßige Gründungstiefe ist anzustreben. Ist eine Tiefenstaffelung benachbarter Pfähle nicht zu vermeiden, so sollen die tieferen Pfähle vor den flacheren Pfählen eingebracht werden.

5.2.8 Gleichgerichtete Pfähle müssen einen Achsabstand haben, der so groß ist, dass beim Einbringen keine schädlichen Rückwirkungen auf benachbarte Pfähle auftreten können. Bei gespreizten Pfählen gilt diese Regel sinngemäß.

5.2.9 Innerhalb einer Pfahlgründung sind für die gleiche statische Aufgabe (z.B. Übertragung von Druck- oder Zugkräften) Pfähle zu verwenden, die auf Grund ihres Herstellungsverfahrens, ihrer Länge und ihres Pfahlbaustoffs annähernd die gleichen Verformungs- und Setzungseigenschaften aufweisen. Dies gilt besonders bei statisch unbestimmten Pfahlsystemen.

5.2.10 Frei stehende Pfähle sind auf Knicksicherheit zu untersuchen, wobei darauf zu achten ist, dass Knicklängen und Auflagerbedingungen richtig angenommen werden. Selbst breiige Bodenschichten verhindern das Ausknicken.

Erläuterungen zu 5.2

Bei kurzzeitig wirkenden Kräften wird auch die Pfahlkopfplatte einen Anteil der auf sie vom Bauwerk übertragenen Last unmittelbar an den Baugrund abgeben können. Ein zuverlässiger Nachweis, um welchen Anteil es sich dabei im Einzelfall handelt, ist nach dem gegenwärtigen Stand der technischen Kenntnis nicht möglich.

Die Bestimmung schließt aber nicht aus, durch Fugen getrennte Bauwerksteile flach zu gründen (Beispiel: Stützen einer Halle auf Pfählen gegründet, Stapellasten unmittelbar auf den Baugrund gesetzt).

Waagerechte Kräfte sind entweder durch Schrägpfähle, durch Anker und Stützen oder durch Erdwiderstand aufzunehmen. Dabei ist zu beachten, dass Schrägpfähle bei steiler Pfahlstellung unter Umständen die ihnen zugeteilte äußere Kraft eher über Biegung als durch Normalkräfte abtragen. Die Verschiebungswege und Drehungen können dann größer sein, als sie sich aus der biegespannungsfreien Pfahlbockberechnung ergeben. Sofern die auf einen in ganzer Länge im Boden stehenden senkrechten Pfahl oder Pfahlrost wirkende waagerechte Kraft nicht mehr als 3 % im Lastfall 1 und 5 % der lotrechten Kraft im Lastfall 2 beträgt, kann im allgemeinen auf einen besonderen Nachweis verzichtet werden.

5.3 Maßgebende Einflüsse auf die Tragfähigkeit der Pfähle

Die Tragfähigkeit eines Pfahls hängt ab von den Bodenarten und ihren Eigenschaften, den Grundwasserverhältnissen, der Einbindelänge in die tragfähigen Schichten und deren Mächtigkeit, der Pfahlform und -querschnittsfläche, dem Pfahlbaustoff, der Beschaffenheit der Mantelfläche und der Ausbildung des Pfahlfußes, der Pfahlstellung und dem Pfahlabstand sowie der Einbringungsart. Auch die Mächtigkeit und Festigkeit der Deckschichten ist von Bedeutung.

Außerdem sind die Einflüsse der Zeit, der negativen Mantelreibung, der seitlichen Flächenbelastung und der dynamischen Beanspruchung gegebenenfalls zu beachten.

5.3.1 Einfluss der Zeit

Die Tragfähigkeit gerammter Pfähle, bei denen die Mantelreibung einen entscheidenden Anteil am Tragvermögen hat, kann besonders in feinsandigen, schluffigen und tonigen Böden noch längere Zeit nach dem Rammen anwachsen.

5.3.2 Negative Mantelreibung

Ein Pfahl kann durch negative Mantelreibung zusätzlich beansprucht werden, wenn sich die oberen Bodenschichten setzen. Die Auswirkung negativer Mantelreibung auf das Bauwerk kann durch entsprechende Ausbildung der Pfähle und durch Wahl größerer Pfahlabstände verringert werden.

Erläuterungen zu 5.3.2

Als Richtwert kann nach Erfahrungen im norddeutschen Raum für Sandschüttungen mit 20 kN/m² für die betroffene abgewickelte Pfahlmantelfläche gerechnet werden.

Bei erstbelasteten bindigen Böden muss im unsolidierten Zustand die Kohäsion c_u und im konsolidierten Zustand diejenige Schubspannung angesetzt werden, die man aus der Vertikalspannung im Boden erhält, wenn man sie mit dem Ruhedruckbeiwert K_0 und dem Tangens des Scherparameters (inneren Reibungswinkels) tan φ' des entwässerten Bodens multipliziert.

5.3.3 Einfluss seitlicher Flächenbelastung

Wird neben einer Pfahlgründung auf einer weichen Bodenschicht oberhalb des tragfähigen Baugrunds eine ausgedehnte Flächenbelastung (etwa in Form einer Aufschüttung) ungleichmäßig aufgebracht, können waagerechte Bewegungen des weichen Bodens ausgelöst werden. Die Pfähle werden dabei zusätzlich auf Biegung beansprucht.

5.3.4 Einfluss von dynamischen Beanspruchungen

Nennenswerte Schwingungen oder Erschütterungen können eine Abnahme der Pfahltragfähigkeit bzw. Zunahme der Setzungen bewirken.

Erläuterungen zu 5.3.4

Durch Einleitung dynamischer Kräfte wie Stöße oder Schwingungen können bei nichtbindigen oder schwachbindigen Böden innere Spannungen gelöst werden. Die dadurch bewirkten Kornumlagerungen führen zu Verdichtungen des Bodens, die dann zu zusätzlichen Setzungen der Pfähle Anlass geben können. Besondere Untersuchungen sind erforderlich, wenn solche Kräfte durch die Pfähle selbst in den Untergrund eingeführt werden, wie etwa bei Maschinengründungen. Gelangen die Kräfte dagegen auf anderem Wege in den Boden, dann treten wegen der großen Baugrunddämpfung kaum nennenswerte Erschütterungen in den pfahltragenden Schichten auf (von Erdbeben und ähnlichen Stoßwellen abgesehen). Erschütterungen aus dem Einsatz von Baugeräten sind örtlich begrenzt und können bei Pfahlgründungen erfahrungsgemäß vernachlässigt werden.

In bindigen Böden sind Schwingungs- oder Stoßbelastungen von Pfählen im allgemeinen ohne Bedeutung, da hierbei eine wesentliche Vergrößerung des Steifemoduls bzw. des Bettungsmoduls eintritt. Werden dagegen Pfähle in bindigen Böden statischen Wechselbelastungen unterzogen, muss u.U. mit einer erheblichen Verschlechterung der Konsistenz um die Pfähle herum und auch der Bettungsreaktionen gerechnet werden.

5.3.5 Auftriebssicherheit

Die Auftriebskraft eines Baukörpers, die durch Zugpfähle oder andere Zugelemente aufgenommen wird, muss nach Abschnitt 4.1.3.4 mit den erhöhten Werten η_a = 1,4 in den Lastfällen 1 und 2 und η_a = 1,2 im Lastfall 3 nachgewiesen werden.

5.4 Zulässige Belastung von Pfählen aus Probebelastungen (Ermittlung der Grenzlast)

Probebelastungen von Druckpfählen sind, falls keine vergleichbaren Belastungsergebnisse vorliegen, immer dann durchzuführen, wenn

a) die Pfähle höher belastet werden sollen, als es die Bestimmungen über die zulässige Belastung von Rammpfählen (nach DIN 4026) oder von Bohrpfählen (nach DIN 4014 Teil 1 und DIN 4014 Teil 2) zulassen;
b) der tragfähige Baugrund nicht in ausreichender Mächtigkeit ansteht;
c) beim Einbringen der Pfähle in der vorgesehenen Gründungstiefe Zweifel an der Belastbarkeit der Pfähle bzw. der Tragfähigkeit des Baugrunds auftauchen.

Die Tragfähigkeit von Zugpfählen und Ankerpfählen ist – abgesehen von Fällen geringfügiger Beanspruchung – immer durch Probebelastungen nachzuweisen.

Erläuterungen zu 5.4

Die unter a) genannten Kriterien für die Festigkeit der tragfähigen Schicht entsprechen den Forderungen der DIN 4026 und DIN 4014 Teil 1. Danach ist ein nichtbindiger Baugrund ausreichend tragfähig, wenn – mit den Bezeichnungen in Abschnitt 4.1 dieser Norm – die Lagerungsdichte

$$D \geq \begin{cases} 0{,}4 \text{ für Böden mit } U < 3 \\ 0{,}55 \text{ für Böden mit } U \geq 3 \end{cases}$$

ist. Die Forderung nach annähernd halbfester Konsistenz des bindigen Baugrunds entspricht der des Abschnitts 4.2.2 bei Flächengründungen.

Bei nichtbindigen tragenden Schichten muss die Lagerungsdichte im Fall der Pfahlgründung größer als im Regelfall der Flächengründung sein.

5.4.1 Kriterien zur Festlegung der zulässigen Belastung

Bei der Ermittlung der zulässigen Belastung durch eine Probebelastung sind die in den Abschnitten 5.4.1.1 bis 5.4.1.4 genannten Bedingungen zu berücksichtigen.

5.4.1.1 Die Sicherheit eines Pfahls wird auf die Grenzlast Q_g bezogen. Die Grenzlast ist die Last, unter der ein Druckpfahl bei einer Probebelastung merkbar versinkt bzw. ein Zugpfahl sich merkbar hebt. In der Last-Setzungs- bzw. -Hebungslinie bezeichnet die Grenzlast diejenige Stelle, bei welcher der flache Ast nach einem Übergangsbereich mit zunehmend größer werdenden Setzungen bzw. Hebungen in den steil abfallenden Ast übergeht (siehe Bild 2).

Nur wenn der Verlauf der Last-Setzungslinie keinen eindeutigen Aufschluss über die Lage der Grenzlast Q_g gibt, kann als Grenzlast bei Bohrpfählen nach DIN 4014 Teil 1 die Last bei einer Gesamtsetzung s von rund 2 cm (siehe DIN 4014 Teil 1), bei Rammpfählen die Last bei bleibender Setzung s_{bl} von 0,025 des Pfahldurchmessers d (siehe DIN 4026) festgelegt werden. Bei Großbohrpfählen nach DIN 4014 Teil 2 darf nach Abschnitt 5.4.3 verfahren werden.

Tiefgründungen

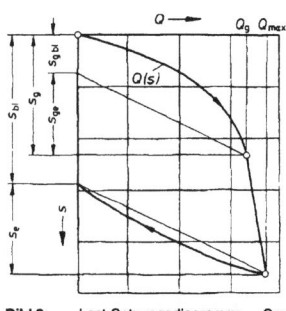

Bild 2: Last-Setzungsdiagramm: Grenzlast Q_g und erreichte höchste Last Q_{max}

Kann bei einem Versuch die Grenzlast nicht erreicht werden, so gilt die aufgebrachte höchste Last Q_{max} als Grenzlast. Wird die Probebelastung nach einiger Zeit wiederholt und ergibt dann eine höhere Grenzlast, so gilt diese.

Erläuterungen zu 5.4.1.1

Durch die Definition und die bildliche Darstellung der Grenzlast wird klargestellt, dass der Übergangsbereich der Lastsetzungslinie bei der Bestimmung der Grenzlast einbezogen wird.

Die angegebenen Hilfskriterien stellen einfache Möglichkeiten für die Grenzlastbestimmung dar, ohne Anspruch auf Ausschließlichkeit zu erheben. Ihre einheitliche Anwendung erleichtert aber die vergleichende Auswertung von Probebelastungsergebnissen. Sie sind nicht abhängig von der Anzahl der Be- und Entlastungen unterhalb der Grenzlast.

Bei Flügelpfählen wird empfohlen, als maßgebenden Pfahldurchmesser d den Mittelwert aus Fuß- und Schaftdurchmesser zu nehmen.

Mit der Bestimmung, dass die bei einer wiederholten Probebelastung sich ergebende Grenzlast zu Grunde zu legen ist, wird zugestanden, dass ein nachgewiesener Tragfähigkeitszuwachs des Pfahls wirtschaftlich genutzt werden darf.

5.4.1.2 Die zulässige Pfahlbelastung ergibt sich, indem die Grenzlast Q_g durch die Sicherheit η (nach Abschnitt 5.4.2) dividiert wird.

5.4.1.3 Die nach Abschnitt 5.4.1.2 ermittelte zulässige Pfahlbelastung darf nicht zu einer Setzung (bzw. Hebung) oder zu Setzungsunterschieden führen, die die Konstruktion oder die Nutzung des Bauwerks beeinträchtigen.

Erläuterungen zu 5.4.1.3

Durch diese Bestimmung soll darauf hingewiesen werden, dass eine Probebelastung nicht nur nach der Grenzlast, sondern auch nach der Setzung des Pfahls unter Gebrauchslast zu beurteilen ist.

5.4.1.4 Die nach Abschnitt 5.4.1.2 ermittelte zulässige Pfahlbelastung darf nicht zu einer Überbeanspruchung der Pfahlbaustoffe führen, was vor allem bei Pfählen mit großer freier Knicklänge Bedeutung hat.

Bei Bauwerkspfählen, die für eine Probebelastung vorgesehen sind, ist darauf zu achten, dass die Pfähle für die Aufnahme der erwarteten oder nachzuweisenden Grenzlast ausreichend bemessen werden.

5.4.2 Sicherheit η

5.4.2.1 Die in Abschnitt 5.4.1.2 geforderte Sicherheit η eines Pfahls gegen ein Nachgeben unter Druck oder Zug muss mindestens die in Tabelle 8 angegebenen Werte haben. Bei Anwendung der bei mehr als einer Probebelastung herabgesetzten Sicherheiten ist Voraussetzung, dass die Probebelastungen an gleichen Pfählen und unter gleichen Baugrundverhältnissen (Schichtenfolge, Festigkeit) durchgeführt werden. Als Grenzlast darf der Mittelwert aus den Probebelastungen genommen werden, sofern der kleinste und der größte Wert nicht mehr als 30 % vom Mittelwert abweichen. Andernfalls ist der 1,2-fache kleinste Wert anzusetzen.

5.4.2.2 Die Sicherheiten η nach Tabelle 8 für Zugpfähle gelten nur für alleinstehende Pfähle. Bei Zugpfählen, die in Gruppen nahe zusammenstehen, ist die Überschneidung der durch den Pfahlzug beeinflussten Erdkörper zu berücksichtigen und die zulässige Last entsprechend zu verringern.

5.4.2.3 In den im Abschnitt 5.3.4 genannten Fällen ist der Sicherheitswert vorsichtiger anzusetzen oder im Zusammenwirken mit anerkannten Fachleuten oder Baugrund-Instituten festzulegen.

5.4.3 Zulässige Belastung von Pfählen nach dem Setzungsverhalten

Bei Pfählen größeren Durchmessers, bei denen erfahrungsgemäß (siehe Abschnitt 5.4.1.3) die Setzung für die Begrenzung der zulässigen Pfahlkraft maßgebend ist, kann die Probebelastung häufig nicht bis zu einer Belastung gesteigert werden, die als Grenzlast im Sinne von Abschnitt 5.4.1.1 angesprochen werden kann. In solchen Fällen braucht die Probebelastung nur bis zu einer Pfahlkopfsetzung durchgeführt zu werden, die der vierfachen zulässigen Setzung im Gebrauchszustand entspricht.

Erläuterungen zu 5.4.3

Die Bestimmung bezieht sich insbesondere auf Großbohrpfähle, für die DIN 4014 Teil 2 maßgebend ist. Die zulässige Belastung dieser Pfähle wird nur selten unmittelbar durch Probebelastung bestimmt; gewöhnlich wird sie unter Verwendung der Ergebnisse anderer Probebelastungen durch Vergleiche ermittelt.

5.5 Zulässige Belastung von Druckpfählen aus Erfahrungswerten

Bei einfachen Bodenverhältnissen und häufig verwendeten Pfahlarten gelten die in DIN 4014 Teil 1 für Bohrpfähle, in DIN 4014 Teil 2 für Großbohrpfähle und in DIN 4026 für Rammpfähle zusammengestellten Belastungen.

Bei Pfahlgründungen auf Fels dürfen, soweit in den vorgenannten Normen nichts anderes angegeben ist, die rechnerischen Pressungen in den Pfahlaufstandflächen die Werte der Tabelle 7 in Abschnitt 4.2.4 bis zu 100 % überschreiten.

5.6 Zulässige Belastung von Pfählen aus Berechnungsverfahren

Die zulässige Belastung von Pfählen darf im allgemeinen nicht mit erdstatischen oder empirischen Berechnungsverfahren ermittelt werden.

Empirische Verfahren können nur dann zugelassen werden, wenn sie auf Grund örtlicher Erfahrungen unter genau festgelegten Voraussetzungen anerkannt oder auf Grund von Probebelastungen als zuverlässig nachgewiesen sind.

5.7 Standsicherheit von pfahlgegründeten Bauwerken an einem Geländesprung

Bei Bauwerken, die an einem Geländesprung oder einer Böschung auf einer Pfahlgründung errichtet werden, ist die Sicherheit des gesamten Bauwerks einschließlich des Pfahlrosts gegen Gelände- bzw. Böschungsbruch nachzuweisen (siehe DIN 4084 Teil 1 und Teil 2).

Tabelle 8. Sicherheit η

Pfahlart	Anzahl der unter gleichen Verhältnissen ausgeführten Probebelastungen	Sicherheit bei Lastfall		
		1	2	3
		mindestens		
Druckpfähle	1	2	1,75	1,5
	≥ 2	1,75	1,5	1,3
Zugpfähle mit Neigungen bis 2 : 1 [1]	1	2	2	1,75
	≥ 2	2	1,75	1,5
Zugpfähle mit einer Neigung von 1 : 1 [1]	≥ 2	1,75	1,75	1,5
Pfähle mit größerer Wechselbeanspruchung (Zug und Druck)	≥ 2	2	2	1,75

[1] Bei Zugpfählen mit Neigungen zwischen 2 : 1 und 1 : 1 ist die Sicherheit in Abhängigkeit vom Neigungswinkel geradlinig zwischen den Werten der Zeilen 4 und 5 zu interpolieren.

Bohrpfähle nach DIN 4014 (Auszug)

7 Ermittlung des äußeren Tragverhaltens in nichtbindigen und bindigen Böden

7.1 Axialer Widerstand von Druckpfählen

7.1.1 Allgemeines

Die Widerstandsetzungslinie für Druckpfähle soll aufgrund von Probebelastungen (siehe DIN 1054) ermittelt werden. Sie darf auch auf der Grundlage von Erfahrungen mit anderen, unter vergleichbaren Verhältnissen durchgeführten Probebelastungen festgelegt werden.

Soweit solche Erfahrungen nicht vorliegen und keine Probebelastungen ausgeführt werden, darf die Widerstandsetzungslinie eines Einzelpfahls beim Vorliegen einfacher Bodenverhältnisse mit den Werten nach den Tabellen 1, 2, 4 und 5 nach Abschnitt 7.1.4 ermittelt werden.

Als einfache Bodenverhältnisse nach DIN 1054 werden hier solche definiert, für welche die Festigkeit in nichtbindigen Böden durch den Sondierspitzenwiderstand q_s, in bindigen Böden durch die Kohäsion im undränierten Zustand c_u hinreichend genau festgelegt werden kann.

Es wird vorausgesetzt, dass die Mächtigkeit der tragfähigen Schicht unterhalb der Pfahlsohle drei Pfahlfußdurchmesser, mindestens aber 1,5 m beträgt. Wenn die genannten Werte unterschritten werden, ist ein Nachweis gegen Durchstanzen zu führen. Außerdem ist nachzuweisen, dass der darunter liegende Boden das Setzungsverhalten nicht beeinträchtigt.

7.1.2 Spitzenwiderstand des Einzelpfahls in Abhängigkeit von den Setzungen nach den Tabellen 1 und 2

Die Angaben gelten für normgerecht hergestellte Bohrpfähle, die mindestens 2,5 m in eine tragfähige Schicht einbinden.

Bei nichtbindigen Böden nach DIN 1054, Abschnitt 2.1.1.1, ist diese Bedingung durch Sondierungen nachzuweisen. Vorzugsweise ist dafür die Spitzendrucksonde nach DIN 4094 zu verwenden, mit der ein Sondierspitzenwiderstand $q_s \geq 10$ MN/m² in dem Tiefenbereich nachgewiesen werden muss, der im Abschnitt 7.1.1 für die erforderliche Mächtigkeit der tragfähigen Schicht unter dem Bohrpfahl angegeben ist.

Tabelle 1: Pfahlspitzenwiderstand σ_s in MN/m² in Abhängigkeit von der auf den Pfahl(fuß)durchmesser bezogenen Pfahlkopfsetzung s/D bzw. s/D_F und dem mittleren Sondierspitzenwiderstand in nichtbindigen Böden

bezogene Pfahlkopfsetzung s/D bzw. s/D_F	Pfahlspitzenwiderstand σ_s MN/m² *)			
	bei einem mittleren Sondierspitzenwiderstand q_s MN/m²			
	10	15	20	25
0,02	0,7	1,05	1,4	1,75
0,03	0,9	1,35	1,8	2,25
0,10 = s_g	2,0	3,0	3,5	4,0

*) Zwischenwerte dürfen linear interpoliert werden. Bei Bohrpfählen mit Fußverbreiterung sind die Werte auf 75 % abzumindern.

Tabelle 2: Pfahlspitzenwiderstand σ_s in Abhängigkeit von der auf den Pfahl(fuß)durchmesser bezogenen Pfahlkopfsetzung s/D bzw. s/D_F in bindigen Böden

bezogene Pfahlkopfsetzung s/D bzw. s/D_F	Pfahlspitzenwiderstand σ_s MN/m² *)	
	bei einer Kohäsion im undränierten Zustand c_u MN/m²	
	0,1	0,2
0,02	0,35	0,9
0,03	0,45	1,1
0,10 = s_g	0,8	1,5

*) Zwischenwerte dürfen linear interpoliert werden. Bei Bohrpfählen mit Fußverbreiterung sind die Werte auf 75 % abzumindern.

Voraussetzung für die Anwendung der in Tabelle 2 angegebenen Pfahlspitzenwiderstands ist eine Fließgrenze $w_L < 80$ % (siehe DIN 18122 Teil 1). Als Eingangswerte nach Tabelle 2 wird die Kohäsion im undränierten Zustand c_u des bindigen Bodens verwendet, deren Ermittlung in der Regel Laborversuche erfordert.

Falls die Sondierergebnisse der schweren Rammsonde durch Gestängereibung beeinflusst werden können, wird die Anwendung der Standard-Sonde SPT nach DIN 4094 empfohlen. Zur Umrechnung der Ergebniswerte siehe Tabelle 3.

Tabelle 3: Umrechnungsfaktoren zwischen dem Sondierspitzenwiderstand q_s der Spitzendrucksonde und der Schlagzahl N_{30} (Schläge je 30 cm eindringung) beim Standard-Penetration-Test

Bodenart	q_s/N_{30} MN/m²
Fein- bis Mittelsand oder leicht schluffiger Sand	0,3 bis 0,5
Sand oder Sand mit etwas Kies	0,5 bis 0,6
Weitgestufter Sand	0,5 bis 1,0
Sandiger Kies oder Kies	0,8 bis 1,0

7.1.3 Mantelreibung des Einzelpfahls nach den Werten 4 und 5

Der Bruchwert der Mantelreibung für den Einzelpfahl ist nach den Tabellen 4 und 5 anzunehmen. Bis zu dem bei der Setzung s_g nach Gleichung (7) erreichten Bruchwert der Mantelreibung ist mit linearem Verlauf des Pfahlmantelwiderstands zu rechnen (siehe Bild 3). Für die Ermittlung von c_u in Tabelle 5 gilt Abschnitt 7.1.2. Die Tabellenwerte gelten nicht in Pfahlschaftbereichen, die durch Hülsen geschützt sind und über die Höhe des Pfahlfußes.

Tiefgründungen

Tabelle 4: Bruchwert τ_{mf} der Mantelreibung in nichtbindigen Böden

Festigkeit des nichtbindigen Bodens bei einem mittleren Sondierspitzenwiderstand q_s MN/m²	Bruchwert τ_{mf} der Mantelreibung MN/m² *)
0	0
5	0,04
10	0,08
≥ 15	0,12

*) Zwischenwerte dürfen linear interpoliert werden

Tabelle 5: Bruchwert τ_{mf} der Mantelreibung in bindigen Böden

Festigkeit des bindigen Bodens bei einer Kohäsion im undränierten Zustand c_u MN/m²	Bruchwert τ_{mf} der Mantelreibung MN/m² *)
0,025	0,025
0,1	0,04
≥ 0,2	0,06

*) Zwischenwerte dürfen linear interpoliert werden

7.1.4 Ermittlung der Widerstandsetzungslinie nach Tabellenwerten

Auf der Grundlage der Tabellenangaben nach den Abschnitten 7.1.2 und 7.1.3 ist nach Bild 3 eine Widerstandsetzungslinie $Q(s)$ zu ermitteln.

Dabei werden statt der Bruchwerte s_f und Q_f deren Ersatzwerte s_g und s_{rg} bzw. Q_g, Q_{eg} und Q_{rg} verwendet, von denen an die Widerstandsetzungslinien senkrecht verlaufen, siehe Bild 3.

Für den Pfahlspitzenwiderstand gilt:

$$s_g = 0{,}1\ D \text{ bzw. } s_g = 0{,}1\ D_F \tag{6}$$

mit D Pfahlschaftdurchmesser
     D_F Pfahlfußdurchmesser

Für die Mantelreibung gilt:

$$s_{rg} = 0{,}5\ Q_{rg} \text{ (in MN)} + 0{,}5 \leq 3 \text{ cm} \tag{7}$$

$$Q(s) = Q_e(s) + Q_r(s) = A_F\ \sigma_e(s) + \sum_1^i A_{mi} \cdot \tau_{mi}(s) \tag{8}$$

Hierin bedeuten:

$Q_e(s)$ Pfahlfußwiderstand in Abhängigkeit von der Pfahlkopfsetzung s

$Q_r(s)$ Pfahlmantelwiderstand in Abhängigkeit von der Pfahlkopfsetzung s

$Q_{rg}(s) = \sum_1^i A_{mi} \cdot \tau_{mf,i}$

A_F Pfahlfußfläche
$\sigma_e(s)$ Pfahlspitzenwiderstand in Abhängigkeit von der Pfahlkopfsetzung s
A_{mi} Pfahlmantelfläche im Bereich der Bodenschicht
$\tau_{mi}(s)$ Mantelreibung in Abhängigkeit von der Pfahlkopfsetzung s
i Nummer der Bodenschicht

Bei dieser Ermittlung darf die Eigenlast der Pfähle vernachlässigt werden.

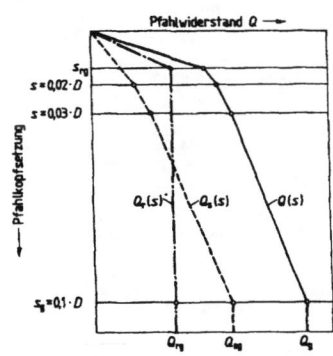

Bild 3: Konstruktion der Widerstandsetzungslinie unter Verwendung der Tabellen 1, 2, 4 und 5

7.1.5 Abminderungsfaktoren für nicht kreisförmige Bohrpfähle (Schlitzwandelemente)

Für die Mantelreibung sind die Werte nach den Tabellen 4 und 5 maßgebend. Beim Pfahlspitzenwiderstand sind die Werte der Tabellen 1 und 2 mit den vom Seitenverhältnis abhängigen Abminderungsfaktoren v nach Tabelle 6 abzumindern.

Bei vertikal belasteten Bohrpfahlwänden ist sinngemäß zu verfahren, wobei als Grundfläche die Summe der Pfahlfußflächen und als Mantelfläche die umhüllende Fläche einzuführen ist.

Tabelle 6: Abminderungsfaktor v für den Pfahlspitzenwiderstand σ_s bei nicht kreisförmigen Bohrpfählen (Schlitzwandelementen)

Seitenverhältnis [1]	1	≥ 5
v	1	0,6

*) Zwischenwerte dürfen linear interpoliert werden

7.2 Ermittlung der Widerstandhebungslinie für Zugpfähle

Die Widerstandhebungslinie für Zugpfähle darf – wenn abweichend voon DIN 1054 keine Probebelastungen vorliegen – mit den für Druckpfähle in den Tabellen 4 und 5 angegebenen Werten für den Bruchwert der Mantelreibung nach Abschnitt 7.1 ermittelt werden. Der Bruchwert der Mantelreibung darf bei s_{rg} nach Gleichung (9) angenommen werden.

$$s_{rg\ zug} = 1{,}3 \cdot s_{rg} \tag{9}$$

wobei s_{rg} nach Gleichung (7) zu ermitteln ist.
Die allgemeinen Festlegungen nach Abschnitt 7.1.1 gelten hierbei sinngemäß.

7.3 Gruppenwirkung bei Einwirkungen in axialer Richtung

Die Wechselwirkung zwischen Einzelpfählen in Pfahlgruppen bei Einwirkungen in axialer Richtung ist nach DIN 1054 zu berücksichtigen.

7.4 Horizontale Einwirkungen auf Vertikalpfähle

7.4.1 Allgemeines

Die in den Abschnitten 7.4.2 und 7.4.3 enthaltenen Festlegungen gelten auch bei Einwirkungen quer zum Bohrpfahl für bis 4 : 1 geneigten Schrägpfählen.

7.4.2 Einzelpfähle

Der Pfahlwiderstand gegen Horizontalverschiebung soll aufgrund von horizontalen Probebelastungen festgelegt werden. Er darf auch auf der Grundlage von Erfahrungen mit anderen, unter vergleichbaren Verhältnissen durchgeführten Probebelastungen festgelegt werden.

7.4.3 Pfahlgruppen

In Pfahlgruppen, bei denen alle Bohrpfähle näherungsweise die gleiche horizontale Kopfverschiebung aufweisen, beteiligen sich die einzelnen Bohrpfähle in unterschiedlichem Maße an der Aufnahme der auf die Pfahlgruppe wirkenden horizontalen Einwirkung H_G. Bei doppeltsymmetrischen Gruppen aus gleichen Bohrpfählen wird die Verteilung der Einwirkung auf die i Gruppenpfähle errechnet mit:

$$\frac{H_i}{H_G} = \frac{\alpha_i}{\sum \alpha_i} \tag{11}$$

wobei $\alpha_i = \alpha_L \cdot \alpha_Q$ (12)

ist. Die Faktoren α_L und α_Q hängen vom Pfahlabstand a_L in Kraftrichtung und a_Q quer zur Kraftrichtung und der Lage des Bohrpfahls in der Gruppe (siehe Bild 6) ab.

Den Abminderungsfaktoren α_i für einen Bohrpfahl in der Gruppe entsprechen folgende Abminderungen der Bettungsmoduln:

a) Bei linear mit der Tiefe z zunehmendem Bettungsmodul (näherungsweise anwendbar bei Bohrpfählen in normal konsolidierten und in nichtbindigen Bodenarten)

$$k_e\ (z) = n_{hE} \cdot z/D \tag{13}$$

gilt mit der elastischen Länge L des Einzelpfahls

$$L = \left(\frac{E \cdot I}{n_{HE}}\right)^{0{,}2} \tag{14}$$

für $I/L \geq 4$: $n_{hi} = \alpha_i^{1{,}67}\ n_{hE}$ (15)

$I/L \leq 2$ $n_{hi} = \alpha_i\ n_{hE}$ (16)

Für Werte 4 > I/L > 2 darf linear interpoliert werden.

Hierin bedeuten:
$E \cdot I$ Biegesteifigkeit des Bohrpfahls
n_{hE} Bettungsmodul des Einzelpfahls in der Tiefe $z = D$
n_{hi} Bettungsmodul des Bohrpfahls in der Gruppe in der Tiefe $z = D$
I Länge des Bohrpfahls

b) Bei über die Tiefe konstantem Bettungsmodul (als obere Grenze für Pfähle in überkonsolidierten bindigen Bodenarten)

$$k_e\ (z) = k_e = \text{const}$$

gilt mit der elastischen Länge L des Einzelpfahls und dem Bettungsmodul des Einzelpfahls k_{sE}

$$L = \left(\frac{E \cdot I}{k_{sE} \cdot D}\right)^{0{,}25} \tag{17}$$

für $I/L \geq 4$: $k_{si} = \alpha_i^{1{,}33}\ k_{sE}$ (18)

$I/L \leq 2$ $k_{si} = \alpha_i\ k_{sE}$ (19)

Für Werte 4 > I/L > 2 darf linear interpoliert werden.

Die Gleichungen (11) bis (19) gelten für gelenkig an eine Pfahlkopfplatte angeschlossene Pfähle und für teilweise oder voll in eine Pfahlkopfplatte eingespannte Pfähle

Im Falle von eingespannten Pfahlköpfen braucht die Einspannung bei Probebelastungen nicht nachgeahmt zu werden.

Da für die Biegebemessung die Längssteifigkeit der Bohrpfähle (Pfahlwiderstand/Setzung des Pfahlkopfes) wesentlichen Einfluss haben kann, wird empfohlen, die Schnittkraftermittlung auch mit oberen und unteren Grenzwerten durchzuführen.

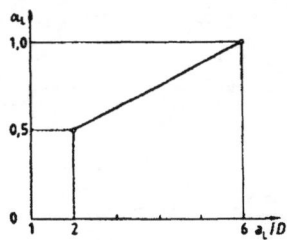

Bild 4: Abminderungsfaktor α_L für das Verhältnis Pfahlachsabstand a_L in Kraftrichtung zum Pfahlschaftdurchmesser D: bei a_L/D < 2 ist $\alpha_L = 0$ zu setzen

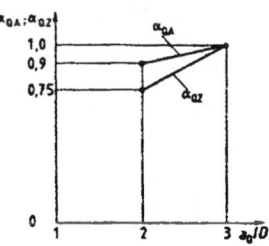

Bild 5: Abminderungsfaktoren α_{QA} und α_{QZ} für das Verhältnis Pfahlachsabstand a_Q quer zur Kraftrichtung zum Pfahlschaftdurchmesser D: bei a_Q/D < 2 gelten die Bedingungen einer durchgehenden Wand (siehe z. B. DIN 4085)

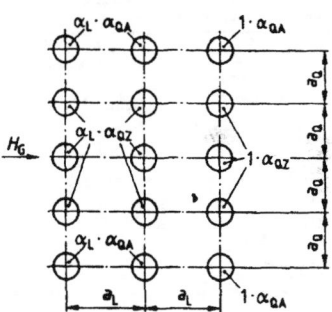

Bild 6: Abminderungsfaktoren α_i in Abhängigkeit von der Lage des Bohrpfahls innerhalb der Gruppe

Bei Pfahlgruppen mit unregelmäßig verteilten Bohrpfählen dürfen die α_i-Werte unter sinngemäßer Anwendung der Bilder 4 und 5 ermittelt werden.

Bei Pfahlgruppen mit unterschiedlicher Biegesteifigkeit der Bohrpfähle darf die Verteilung von H_G auf die Einzelpfähle näherungsweise mit den α-Werten nach den Bildern 4 und 5 mit:

$$\frac{H_i}{H_G} = \frac{C_i}{\sum C_i} \tag{20}$$

ermittelt werden. Dabei ist

$$C_i = H_0/y_0 \tag{21}$$

mit H_0 horizontale Einwirkung am Pfahlkopf (beliebig)
y_0 Pfahlkopfverschiebung

unter Berücksichtigung der Verformungsbedingung am Pfahlkopf mit dem Bettungsmodulm nach den Gleichungen (15) und (16) bzw. (18) und (19) zu errechnen.

Begriffe und Stoffe

Stoffe für Bauwerksabdichtungen nach DIN 18195 Teil 2 und 3

Bitumen–Voranstrichmittel

		1	2	3	4	5	6	7
		Auslaufzeit (Flüssigkeitsgrad) s	Flammpunkt °C	Staubtrockenzeit [1] h	Massenanteil an Festkörper %	Erweichungspunkt des Festkörpers [2] °C	Massenanteil an Asche bezogen auf Festkörper %	
1	Bitumenlösung	≥ 15	> 21	≤ 3	30 bis 50	54 bis 72 [2]	≤ 5	
2	Bitumenemulsion	≥ 15	–	≤ 5	≥ 30	≥ 45	≤ 5	
3	Prüfung nach	DIN ISO 2431	DIN 53213 Teil 1	DIN 53150	DIN 53215	DIN 52011 [3]	DIN 52005	

[1] Trockengrad 1 auf Glas mit 250 g/m²
[2] Geprüft wird der nach DIN 53215 ermittelte Festkörper.
[3] Bei Bitumenemulsion nach DIN 52041.

Klebemassen und Deckaufstrichmittel, heiß zu verarbeiten

			1	2	3	4
			Massenanteil an löslichem Bindemittel %	Erweichungspunkt des Bindemittels [1] °C	Erweichungspunkt des Festkörpers [1] °C	
1	Bitumen nach	ungefüllt	≥ 99	54 bis 80	54 bis 80	
2	DIN 1995	gefüllt [3]	≥ 50	54 bis 80	≥ 60	
3	Geblasenes	ungefüllt	≥ 99	80 bis 125	80 bis 125	
4	Bitumen [2]	gefüllt [3]	≥ 50	80 bis 125	≥ 90	
5	Prüfung nach		DIN 1996 Teil 6	DIN 52011	DIN 52011	

[1] Bei gefüllten Massen am extrahierten Bindemittel ermittelt.
[2] Eine Norm über geblasenes Bitumen befindet sich in Vorbereitung.
[3] Art der mineralischen Füllstoffe: Nicht quellfähige Gesteinsmehle und/oder mineralische Faserstoffe.

Deckaufstrichmittel, kalt zu verarbeiten

			1	2	3	4	5	6	7
			Auslaufzeit (Flüssigkeitsgrad) s	Flammpunkt °C	Staubtrockenzeit [2] h	Massenanteil an löslichem Bindemittel %	Massenanteil an Füllstoffen u. unlösl. Org. %	Erweichungspunkt des Festkörpers °C	
1	Bitumen-	ungefüllt	> 70	> 21	≤ 3	≥ 55	–	54 bis 72	
2	lösung	gefüllt [1]	> 70	> 21	≤ 3	30 bis 50	25 bis 40	≥ 60	
3	Bitumenemulsion		> 70		≤ 5	≥ 30	≤ 20	≥ 60	
4	Prüfung nach		DIN ISO 2431	DIN 53213 Teil 1	DIN 53150	DIN 1996 Teil 6	DIN 1996 Teil 6	DIN 52011 [3]	

[1] Der Massenanteil an Füllstoffen darf den des Bindemittels nicht überschreiten.
[2] Trockengrad 1 mit 300 g/m².
[3] Für Bitumenemulsion ferner nach DIN 52041.

Asphaltmastix, heiß zu verarbeiten

		1	2	3	4	5	6
		Massenanteil an löslichem Bindemittel %	Massenanteil an Füller %	Massenanteil an Sand [2] %	Erweichungspunkt des Bindemittels [3] °C	Erweichungspunkt des Festkörpers °C	
			bezogen auf 100 % Mineralstoffe				
1	Asphaltmastix [1] (Spachtelmasse 13/16)	13 bis 16	≥ 25	≤ 75	45 bis 80	85 bis 120	
2	Asphaltmastix [1] (Spachtelmasse 18/22)	18 bis 22	≥ 25	≤ 75	45 bis 80	≤ 90	
3	Prüfung nach	DIN 1996 Teil 6	DIN 1996 Teil 14	DIN 1996 Teil 14	DIN 52011	DIN 1996 Teil 15	

[1] Bitumensorte: Destillationsbitumen nach DIN 1995.
[2] Kornabgestuft, Korngröße 0,09 bis 2 mm einschließlich Faserstoffe.
[3] Am extrahierten Bindemittel ermittelt.

Spachtelmassen, kalt zu verarbeiten

		1	2	3	4	5
		Flammpunkt °C	Massenanteil an löslichem Bindemittel %	Massenanteil an Füllstoffen u. unlösl. Org. %	Erweichungspunkt des Festkörpers °C	
1	Bitumenlösung	> 21	25 bis 70	< 65	≥ 90	
2	Bitumenemulsion	–	> 35	< 40	≥ 90	
3	Prüfung nach	DIN 53213 Teil 1	DIN 1996 Teil 6	DIN 1996 Teil 6	DIN 52011 [1]	

[1] Für Bitumenemulsion nach DIN 52041.

3.8 Kalottengeriffelte Metallbänder [1]

Allgemeine Anforderungen: Poren- und rissefrei, plan- und geradegereckt.
Lieferart: 600 mm breite Rollen, bei Kupferband bis höchstens 100 mm breit.

		1	2	3	4	5	6	7
	Band	Kurzzeichen	Werkstoff Werkstoffnummer	DIN-Nummer	Dicke des unprofilierten Bandes [2] mm	Kalottenhöhe	Zugfestigkeit des unprofilierten Bandes N/mm²	
1	Kupferband	SF-Cu	2.0090	DIN 1708	0,1	1,0 bis 2,5	200 bis 260	
2					0,2			
3	Aluminiumband	Al 99,5	3.0255	DIN 1712 Teil 3	0,2	1,0 bis 2,5	60 bis 90	
4	Edelstahlband	X 5 CrNiMo 1810	1.4401	DIN 17440	0,05 bis 0,065	1,0 bis 1,3	500 bis 600	

[1] In Sonderfällen auch unprofiliert.
[2] Bei profilierten Blechen ist die Dicke des unprofilierten Bandes über die flächenbezogene Masse zu bestimmen. Diese ist für Kupferband DIN 1791, für Aluminiumband DIN 1784 und für Edelstahlband DIN 17440 zu entnehmen.

Stoff für Schutzlagen

Bahn aus PVC halbhart, mindestens 1 mm dick.

Stoffe zum Verfüllen von Fugen in Schutzschichten

a) Vergussmassen aus Bitumen, heiß und kalt zu verarbeiten,
b) Kunststoff–Bänder,
c) Bänder und Profilstäbe.

Abdichtungen schützen das Bauwerk gegen Feuchtigkeit. Im Gegensatz zu den Dämmungen, die das Bauwerk gegen Wärmeverluste, Wärmestrahlung oder Schall schützen. Abdichtende Bauteile nennt man **Sperrschichten**, dämmende Bauteile **Dämmschichten**.

Abdichtungen, Anwendungsbeispiele

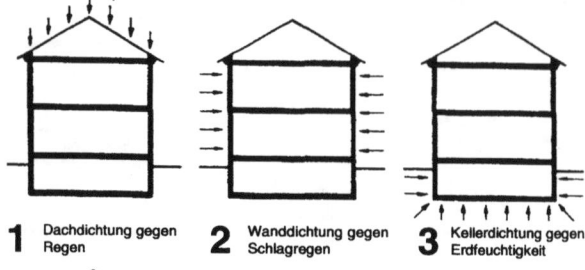

1 Dachdichtung gegen Regen

2 Wanddichtung gegen Schlagregen

3 Kellerdichtung gegen Erdfeuchtigkeit

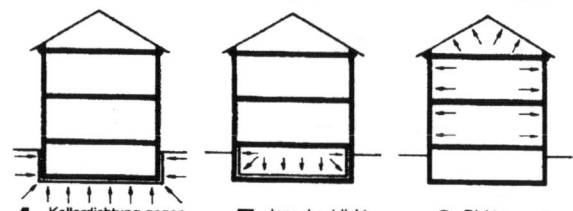

4 Kellerdichtung gegen Grund- und Druckwasser

5 Innenhautdichtung gegen Innendruck

6 Dichtung gegen Wasserdampf

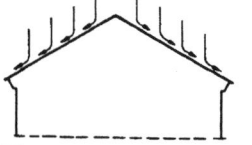

7 Wasserableitende Dachdeckung
Vorteil: Wasserdampfableitung → 13 möglich.
Nachteil: Geneigter Dachraum erforderlich, der aber für Nebenräume genutzt werden kann.

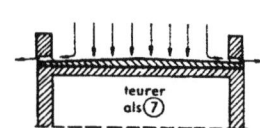

8 Abdichtende Dachdeckung
Vorteil: Dachraum wird eingespart. Nebenraum muss evtl. durch besonderes Geschoss geschaffen werden.
Nachteil: Wasserdampfableitung → 13 nicht möglich. Einwandfreie Dachdeckenkonstruktionen sind schwierig.

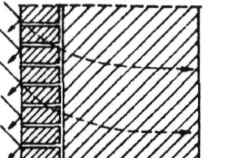

9 Wasserableitende Wandbekleidung, Außenputz, Verblendung
Vorteil: Wasserdampfableitung → 13 möglich.
Nachteil: Bei anhaltendem Regen allmählich Durchfeuchtung der Wand. Verschlechterung des Wärmeschutzes. Eingebaute Stahlbauteile sind rostgefährdet.

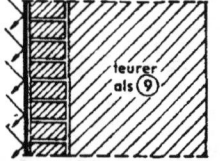

10 Abdichtende Wandbekleidung, eingebaute Schlagregensperre
Vorteil: Absolute Dichtung der Wand, für Stahlskelettbau u.U. notwendig.
Nachteil: Wasserdampfableitung → 13 nicht möglich. Ausführung ist schwierig und teuer.

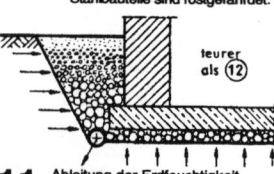

11 Ableitung der Erdfeuchtigkeit durch Drainage
Vorteil: Baukörper wird gut gesichert, bes. bei Rissgefahr, aggressiven Wässern.
Voraussetzung: Entwässerung (Vorflut) muss möglich sein.
Nachteil: Pack- und Schotterlagen können mit der Zeit verschlammen.

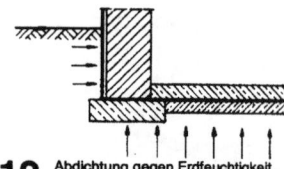

12 Abdichtung gegen Erdfeuchtigkeit, Grundwasser und Druckwasser
Vorteil: Einfache Dichtungsart, kann allen Erfordernissen angepasst werden.
Nachteil: Bei Erschütterungen, Setzungen usw. rissempfindlich.

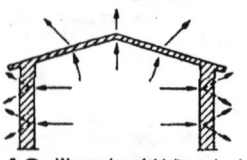

13 Wasserdampfableitung durch poröse Baustoffe und Entlüftung
Vorteil: Einf. Ableitung des Wasserdampfes, Wand wird Regenfeuchteregler.
Nachteil: Bei starkem Wasserdampfanfall und Regenwetter kann Wasseraufnahmefähigkeit der Wand überschritten, Wärmeschutz verschlechtert werden.

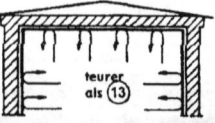

14 Wasserdampfsperren durch Baustoffe mit großem Dampfwiderstand
Vorteil: Raumklima kann genau geregelt werden.
Voraussetzung: Anderweitig geregelte Entlüftung oder Raumklimaregelung.
Nachteil: Bei fehlender Voraussetzung können schwere Feuchtigkeitsschäden auftreten.

Anwendungsgebiete, Stoffe

Bitumenbahnen

	1		2
	Bahn		nach
1	Nackte Bitumenbahn	R 500 N	DIN 52129
2	Bitumendachbahn	R 500	DIN 52128
3	Dachbahn	V 13	DIN 52143
4	Dichtungsbahn	J 300 D	DIN 18190 Teil 2
5	Dichtungsbahn	G 220 D	DIN 18190 Teil 3
6	Dichtungsbahn	Cu 0,1 D	DIN 18190 Teil 4
7	Dichtungsbahn	Al 0,2 D	DIN 18190 Teil 4
8	Dichtungsbahn	PETP 0,03 D	DIN 18190 Teil 5
9	Dachdichtungsbahn	J 300 DD	DIN 52130
10	Dachdichtungsbahn	G 200 DD	DIN 52130
11	Bitumen-Schweißbahn	J 300 S 4	DIN 52131
12	Bitumen-Schweißbahn	J 300 S 5	DIN 52131
13	Bitumen-Schweißbahn	G 200 S 4	DIN 52131
14	Bitumen-Schweißbahn	G 200 S 5	DIN 52131
15	Bitumen-Schweißbahn	V 60 S 4	DIN 52131
16	Bitumen-Schweißbahn mit 0,1 mm dicker Kupferbandeinlage in Anlehnung an DIN 52131		–

Kunststoff-Dichtungsbahnen

	1	2
	Bahn	nach
1	Polyisobutylen-(PIB-)Bahn	DIN 16935
2	PVC weich (Polyvinylchlorid weich)-Bahn, bitumenbeständig	DIN 16937
3	PVC weich (Polyvinylchlorid weich)-Bahn, nicht bitumenbeständig	DIN 16938
4	Ethylencopolymerisat-Bitumen (ECB)-Bahn	DIN 16729

Stoffe für Trennschichten/Trennlagen
Benennung, flächenbezogene Masse und sonstige Anforderungen:

a) Ölpapier, min. 50 g/m²;
b) Rohglasvlies nach DIN 52141, 60 bis 100 g/m²;
c) Vliese aus Chemiefasern, min. 150 g/m²;
d) Polyethylen-(PE-)Folie, 140 bis 180 g/m²;
e) Lochglasvlies-Bitumenbahn einseitig grob besandet, min. 150 g/m²; Lochanzahl: 120 bis 140 Stück/m²; Lochdurchmesser: 16 bis 20 mm; Lochanordnung: in Bahnenlängsrichtung versetzt; Lochabstände: in Bahnenlängsrichtung 90 bis 120 mm, untereinander 70 bis 100 mm.

Verarbeitung der Stoffe nach DIN 18195 Teil 3

3 Bitumen-Voranstrichmittel und Deckaufstrichmittel, kalt zu verarbeiten
Bitumen-Voranstrichmittel und kalt zu verarbeitende Deckaufstrichmittel sind z.B. durch Streichen, Rollen oder Spritzen zu verarbeiten. Bevor andere oder weitere Schichten auf sie aufgebracht werden, müssen sie ausreichend durchgetrocknet bzw. abgelüftet sein.
Deckaufstrichmittel müssen in zusammenhängender Schicht aufgebracht werden.

4 Spachtelmassen, kalt zu verarbeiten
Kalt zu verarbeitende Spachtelmassen sind mit Kelle, Spachtel, Schieber oder durch Streichen oder Spritzen zu verarbeiten. Bevor weitere oder andere Schichten auf sie aufgebracht werden, müssen sie ausreichend durchgetrocknet bzw. abgelüftet sein. Bei jedem Arbeitsgang ist eine zusammenhängende Schicht aufzutragen.

5 Klebemassen und Deckaufstrichmittel, heiß zu verarbeiten
Heiß zu verarbeitende Klebemassen und Deckaufstrichmittel sind soweit zu erhitzen, dass ihre Viskosität (Gießbarkeit) verarbeitungsgerecht ist.
Anmerkung: Anhaltswerte für die dazu notwendigen Temperaturen in Abhängigkeit von der verwendeten Bitumensorte enthält Tabelle 1.

Tabelle 1:

Verwendete Bitumensorte	B 25 ¹⁾	85/25 ²⁾	100/25 ²⁾	105/15 ²⁾
Verarbeitungstemperatur in °C	150 bis 160	180	190 bis 200	über 200 bis 210

¹⁾ Nach DIN 1995
²⁾ Nach den Analysentabellen der Bitumenindustrie

Bei der Aufbereitung sollen Temperaturen über 240 °C vermieden werden.
Klebemassen sind zusammen mit den zu verklebenden Bitumenbahnen nach einem der im Abschnitt 7.2 bis Abschnitt 7.4 festgelegten Verfahren zu verarbeiten. Deckaufstrichmittel sind in der Regel durch Streichen zu verarbeiten.

6 Asphaltmastix, heiß zu verarbeiten
Asphaltmastix, heiß zu verarbeiten, ist mit Kelle, Spachtel oder Schieber zu verarbeiten.

7 Bitumenbahnen und Metallbänder

7.1 Allgemeines
Bitumenbahnen sind nach einem der in den Abschnitten 7.2 bis 7.6 festgelegten Verfahren vollflächig miteinander zu verkleben. Das Flämmverfahren nach Abschnitt 7.5 darf jedoch nicht bei nackten Bitumenbahnen angewendet werden. Das Schweißverfahren nach Abschnitt 7.6 darf nur für Schweißbahnen angewendet werden. Metallbänder sind grundsätzlich im Gieß- und Einwalzverfahren nach Abschnitt 7.4 zu verarbeiten.
Die Bitumenbahnen und Metallbänder sind gegeneinander versetzt und in der Regel in der gleichen Richtung einzubauen.

7.2 Bürstenstreichverfahren
7.2.1 Auf waagerechten oder schwach geneigten Bauwerksflächen
Die Bitumenbahnen sind untereinander durch einen vollflächigen Aufstrich aus Klebemasse zu verkleben. Dabei ist vor die aufgerollte Bitumenbahn die Klebemasse in ausreichender Menge aufzutragen. Die Bitumenbahn ist dann unmittelbar anschließend so in die Klebemasse einzurollen, dass sie möglichst hohlraumfrei aufgeklebt werden kann. Die Ränder der aufgeklebten Bitumenbahnen sind anzubügeln.
7.2.2 Auf senkrechten oder stark geneigten Bauwerksflächen
Die Bitumenbahnen sind mit dem Untergrund und untereinander durch zwei vollflächige Aufstriche aus Klebemasse zu verkleben. Dabei ist die Unterseite der aufzuklebenden Bitumenbahn mit jeweils einem Aufstrich zu versehen. Es darf jedoch nur so viel Fläche mit Klebemasse bestrichen werden, dass bei dem Aufkleben der Bitumenbahn beide Aufstriche noch ausreichend flüssig sind, damit eine einwandfreie Verklebung sichergestellt ist. Die aufgeklebten Bitumenbahnen sind von der Bahnmitte aus zu den Rändern hin anzubügeln.

7.3 Gießverfahren
Beim Gießverfahren werden die Bitumenbahnen in die ausgegossene Klebemasse eingerollt. Hierzu sind ungefüllte Klebemassen zu verwenden.
Auf waagerechten und schwach geneigten Bauwerksflächen ist die Klebemasse aus einem Gießgefäß so auf den Untergrund vor die aufgerollte Bitumenbahn zu gießen, dass sie beim Ausrollen satt in die Klebemasse eingebettet wird.
Auf senkrechten und stark geneigten Bauwerksflächen ist die Klebemasse in den Zwickel zwischen Untergrund und angedrückter Bahnenrolle zu gießen. Beim Ausrollen der Bitumenbahn muss der Bahnenrolle in ganzer Breite ein Klebemassewulst vorlaufen und die Klebemasse muss an den Rändern der Bitumenbahn austreten. Die ausgetretene Klebemasse ist sofort flächig zu verteilen.

7.4 Gieß- und Einwalzverfahren
Beim Gieß- und Einwalzverfahren werden die Bitumenbahnen in die ausgegossene Klebemasse eingewalzt. Hierzu darf nur gefüllte Klebemasse verwendet werden.
Das Einbauverfahren ist sinngemäß wie in Abschnitt 7.3 durchzuführen, jedoch müssen die aufzuklebenden Bitumenbahnen straff auf einen Kern aufgewickelt sein und beim Ausrollen in die Klebemasse fest eingewalzt werden.
Auf senkrechten oder stark geneigten Flächen sollen nur Bitumenbahnen mit einer Breite bis zu 0,7 m verwendet werden, es sei denn, dass ein maschinelles Verarbeitungsverfahren eine größere Breite zulässt.

7.5 Flämmverfahren
Beim Flämmverfahren wird die in ausreichender Menge auf dem Untergrund vorhandene Klebemasse durch Wärmezufuhr aufgeschmolzen und die fest aufgewickelte Bitumenbahn darin ausgerollt. Für die Bahnenbreite bei senkrechten oder stark geneigten Flächen gilt Abschnitt 7.4
Bei der Verlegung von Bitumen-Dichtungsbahnen im Flämmverfahren ist im Überdeckungsbereich der Bahnen zusätzlich Klebemasse aufzubringen.

7.6 Schweißverfahren
Beim Schweißverfahren sind die dem Untergrund zugewandte Seite der fest aufgewickelten Schweißbahn und der Untergrund zum Zwecke einer einwandfreien Verbindung ausreichend zu erhitzen. Die Bitumenmasse der Schweißbahn muss dabei so weit aufgeschmolzen werden, dass beim Ausrollen der Bitumenbahn ein Bitumenwulst in ganzer Breite vorläuft und die Bitumenmasse an den Rändern der ausgerollten Bitumenbahn austritt. Die ausgetretene Bitumenmasse ist sofort flächig zu verteilen. Für die Bahnenbreite bei senkrechten oder stark geneigten Flächen gilt Abschnitt 7.4.

8 Kunststoff-Dichtungsbahnen

8.1 Allgemeines
Kunststoff-Dichtungsbahnen sind nach einem der nach Abschnitt 8.2 und Abschnitt 8.3 festgelegten Verfahren zu verarbeiten, werkseitig vorgefertigte Planen aus Kunststoff-Dichtungsbahnen jedoch nur nach Abschnitt 8.3. Naht- und Stoßverbindungen sind nach Abschnitt 8.4 herzustellen.

8.2 Verlegung mit heiß zu verarbeitender Klebemasse
Für die Verlegung mit heiß zu verarbeitender Klebemasse dürfen nur bitumenverträgliche Kunststoff-Dichtungsbahnen verwendet werden.
Die Kunststoff-Dichtungsbahnen sind im Bürstenstreichverfahren nach Abschnitt 7.2 oder im Flämmverfahren nach Abschnitt 7.5 zu verarbeiten. Soweit die Naht- und Stoßverbindungen nicht mit Bitumen verklebt werden, ist sicherzustellen, dass die zu überlappenden Teile der Kunststoff-Dichtungsbahnen frei von Klebemasse bleiben.
Anmerkung: Sollen Kunststoff-Dichtungsbahnen vollflächig mit Bitumen verklebt werden, ist gegebenenfalls durch eine entsprechende Untersuchung die Verträglichkeit der verwendeten Stoffe untereinander zu überprüfen.

8.3 Lose Verlegung
8.3.1 Lose Verlegung mit mechanischer Befestigung
Die Kunststoff-Dichtungsbahnen oder daraus werkseitig vorgefertigte Planen sind lose auf dem Untergrund zu verlegen und stellenweise durch mechanische Befestigungsmittel mit dem Untergrund zu verbinden.
Art, Lage und Anzahl der Befestigungsmittel sind auf die Art des Untergrundes und der Kunststoff-Dichtungsbahnen sowie auf die zu erwartenden Beanspruchungen abzustimmen. Sie dürfen die Kunststoff-Dichtungsbahnen auf Dauer weder chemisch noch mechanisch schädigen. Als Montagehilfe dürfen bei der Verarbeitung auch kunststoffverträgliche Kaltklebestoffe verwendet werden.
Anmerkung: Als Befestigungsmittel für Kunststoff-Dichtungsbahnen eignen sich z.B. Flachbänder oder Halteteller aus Metall, kunststoffbeschichtetem Metall oder aus Kunststoff, die mit Nieten, Schrauben oder Dübeln am Untergrund befestigt werden, sowie Profile zum Einbetonieren aus Kunststoff oder kunststoffbeschichtetem Metall.
8.3.2 Lose Verlegung mit Auflast
Die Kunststoff-Dichtungsbahnen oder daraus werkseitig vorgefertigte Planen sind lose auf dem Untergrund zu verlegen und mit einer dauernd wirksamen Auflast zu versehen. Zwischen Kunststoff-Dichtungsbahnen und Auflast sind Schutzbahnen anzuordnen.

8.4 Naht- und Stoßverbindungen
8.4.1 Allgemeines
Für die Herstellung der Naht- und Stoßverbindungen auf der Baustelle dürfen in Abhängigkeit von den Werkstoffen der Kunststoff-Dichtungsbahnen Verfahren nach Tabelle 2 angewendet werden.
Für die Anfertigung von Planen und Formteilen aus PVC weich im Werk darf daneben auch das Hochfrequenzschweißen (HF-Schweißen) angewendet werden. Die Schweißbreite muss hierbei mindestens 5 mm betragen.
Zur Herstellung der Verbindungen müssen die Verbindungsflächen trocken und frei von Verunreinigungen sein. Falls Kaschierungen oder andere Beschichtungen das Herstellen der Verbindungen behindern, sind sie zu entfernen. Bei Kunststoff-Dichtungsbahnen ab 1,5 mm Dicke sind im Bereich von T-Stößen die Kanten der unteren Kunststoff-Dichtungsbahnen mechanisch oder thermisch anzuschrägen.

Tabelle 2:

Verfahren	Werkstoff der Kunststoff-Dichtungsbahnen ¹⁾		
	PIB	PVC weich	ECB
Quellschweißen	X	X	
Warmgasschweißen		X	X
Heizelementschweißen		X	X
Verkleben mit Bitumen	X		X

¹⁾ Kurzzeichen nach DIN 7728 Teil 1

8.4.2 Quellschweißen
Beim Quellschweißen sind die sauberen Verbindungsflächen mit einem geeigneten Lösungsmittel (Quellschweißmittel) oder Lösungsmittelgemisch anzulösen und unmittelbar danach durch Druck zu verbinden. Für die Schweißbreite gilt Tabelle 3.
8.4.3 Warmgasschweißen
Beim Warmgasschweißen sind die sauberen Verbindungsflächen durch Einwirkung von Warmgas (Heißluft) zu plastifizieren und unmittelbar danach durch Druck zu verbinden. Für die Schweißbreite gilt Tabelle 3.
8.4.4 Heizelementschweißen
Beim Heizelementschweißen sind die sauberen Verbindungsflächen durch einen Heizkeil zu plastifizieren und unmittelbar danach durch Druck zu verbinden. Für die Schweißbreite gilt Tabelle 3.

Tabelle 3:

Verfahren	Werkstoff ¹⁾	Einfache Naht mm	Doppelnaht je Einzelnaht mm
Quell-schweißen	PIB	30	–
	PVC weich	30	–
Warmgas-schweißen	PVC weich	20	15
	ECB	30	20
Heizelement-schweißen	PVC weich	20	15
	ECB	30	15

¹⁾ Kurzzeichen nach DIN 7728 Teil 1.

8.4.5 Verkleben mit Bitumen
Beim Verkleben sind die sauberen Verbindungsflächen vollflächig mit heiß zu verarbeitender Bitumenklebemasse zu verbinden. Die Nahtüberdeckung muss dabei mindestens 100 mm betragen.
8.4.6 Prüfung
Auf der Baustelle ausgeführte Naht- und Stoßverbindungen nach Abschnitt 8.4.2 bis Abschnitt 8.4.4 sind auf ihre Dichtigkeit zu prüfen. Hierfür ist in der Regel eine Kombination aus den nachstehend aufgeführten Prüfverfahren anzuwenden.
8.4.7 Nachbehandlung
Die nach den Abschnitten 8.4.2 bis 8.4.4 hergestellten Nahtverbindungen sind wie folgt nachzubehandeln:
T-Stöße von Abdichtungen mit PIB- oder PVC weich-Dichtungsbahnen sind durch Injizieren von PIB- bzw. PVC-Lösung nachzubehandeln. Ferner sollten die Nähte von PVC weich-Dichtungsbahnen nach dem Quell- oder Warmgasschweißen durch Überstreichen der äußeren Nahtkanten mit PVC-Lösung nachbehandelt werden.

Abdichtungen gegen Feuchtigkeit, Grundwasser und Druckwasser

Abdichtungen mit Naturasphalt (Asphaltmaxtix)

Werkstoffe

Asphaltmastix ist ein Gemisch aus gemahlenen Asphaltfelsen (z. T. auch aus reinem Gesteinsmehl) und 22 Gew.-% (seltener 12 %, 16 %) bitumen (B 45 DIN 1995); z.T. auch unter Zusatz von Trinidad Asphalt Epuré.

Anwendungsgebiete

Naturasphaltdichtungen sind besonders für Bauten geeignet, die in Grundwasser stehen, außerdem als Innenhautdichtung für Wasserbehälter usw. Wichtig für die Wirtschaftlichkeit dieser Dichtungsart sind größere zu dichtende Flächen, wo sich der Einsatz von Mastixkochern lohnt. Das wird meist bei größeren Grund- und Druckwasserdichtungen (→ 15, 16) der Fall sein; dann können aber auch die einfacheren Dichtungen der Baustelle (→ 5, 8) mit Asphaltmastix gedichtet werden. Bei säurehaltigem Grundwasser ist deutscher Naturasphalt lt. AIB nicht zu verwenden.

Dichtungsarten, Ausführung

Feuchtigkeitssperrende Naturasphaltdichtungen werden ein- oder zweilagig in 10 bis 12 mm Gesamtdicke, grund- und druckwasserdichte Naturasphaltdichtungen zwei- oder dreilagig in 15 bis 20 mm Gesamtdicke aufgespachtelt. Ein kaltflüssiger Voranstrich bewirkt eine bessere Haftung der Asphaltschicht an den Wänden, ist aber nach der AIB nicht gefordert. Wo Rissgefahr besteht (z. B. im Bergsenkungsgebiet) ist eine Lage getränkter 333er Pappe auf die trockenen Wand- und Bodenflächen aufzulegen. Bei starker Rissgefahr ist die Schutzschicht mit einem punktgeschweißten Metallnetz (0,5 mm Drahtdicke, 12,5 mm Maschenweite) zu bewehren. Eine hochwertige wasserdruckhaltende Dichtung wird durch eine 1/2 Stein dicke Vorsatzmauer aus Hartbrandziegeln oder Klinkern (säurebeständig!) erreicht, die 2 cm vor der abzudichtenden Wand trocken im Verband gemauert und mit heißflüssigem Naturasphalt beim Hochführen hintergossen wird. Der Asphalt dringt dabei auch in die Fugen der Vorsatzmauer ein und verkittet sie (→ 10, 11). Sofern die Dichtungsschicht mechanischen Beanspruchungen unterliegt, sind Schutzschichten erforderlich. Für Ingenieurbauwerke wird nach der AIB eine 25 mm dicke Schutzschicht aus 2 Gew.-Teilen Naturasphaltmastix + 1 Gew.-Teil Mineralien (1/3 Sand + 1/3 Splitt, 1 bis 3 mm + 1/3 Splitt, 3 bis 5 mm) gefordert. Ecken und Übergänge sind zu verstärken (→ 12 bis 14).
Der Naturasphalt muss auf ca. 180° C erhitzt und gekocht werden (Kochzeit für 300-l-Kessel 4 bis 5 Std.). Beim Aufbringen auf die abzudichtenden Flächen Dampfpolster vermeiden!

Einfacher Feuchtigkeitsschutz gegen aufsteigende Feuchtigkeit

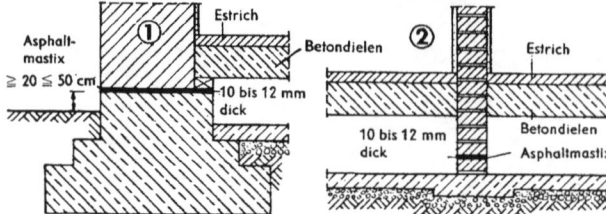

1, 2 Anordnung der Sperrschichten aus Asphaltmastix bei nichtunterkellerten Bauten. Eine Lagerfuge wird statt mit Mörtel mit Asphaltmastix in 10 bis 12 mm Dicke ausgeführt. Diese Anordnung ist n i c h t bei Holzfußböden zulässig!

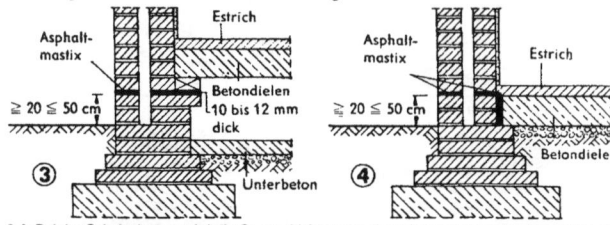

3,4 Bei der Schalenbauart wird die Sperrschicht durch die Luftschicht unterbrochen. Liegt der Unterbeton des Fußbodens über der Erdgleiche, ist es zweckmäßig, das aufgehende Mauerwerk vom Unterbeton durch eine senkrechte Asphaltmastixschicht zu trennen → 4.

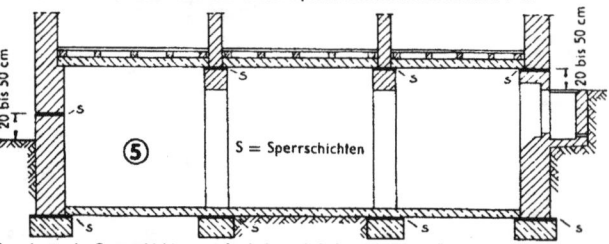

Anordnung der Sperrschichten aus Asphaltmastix bei unterkellerten Bauten

Verbesserter Feuchtigkeitsschutz gegen aufsteigende Feuchtigkeit

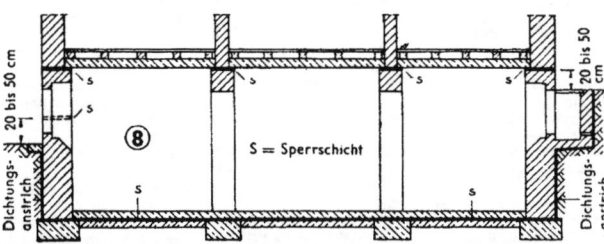

6, 7 Durch eine durchgehende, waagerechte, 10 bis 15 mm dicke Sperrschicht aus Asphaltmastix wird ein verbesserter Feuchtigkeitsschutz erreicht. Diese Anordnung m u s s bei nichtunterkellerten Räumen mit Holzfußboden gewählt werden.

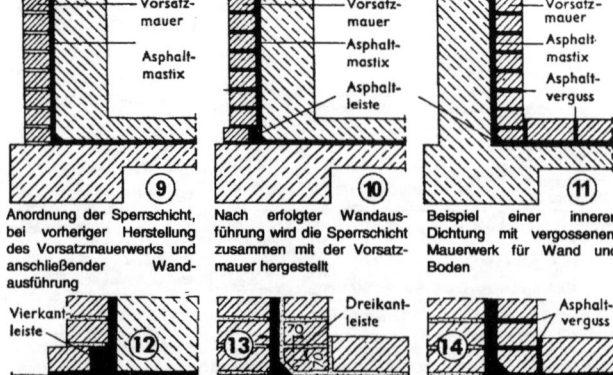

Vollständige Absperrung der waagerechten und senkrechten Kellerteile gegen aufsteigende und seitlich eindringende Bodenfeuchtigkeit

Abdichtung gegen Grundwasser und Druckwasser

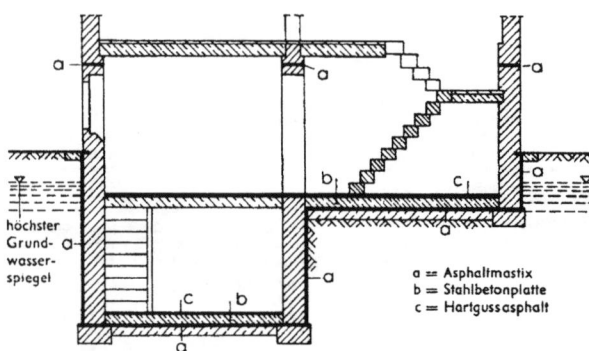

a = Asphaltmastix
b = Stahlbetonplatte
c = Hartgussasphalt

15 Vollständige Absperrung der waagerechten und senkrechten Kellerteile gegen Grundwasser und Druckwasser

Abdichtung gegen Grundwasser und Druckwasser

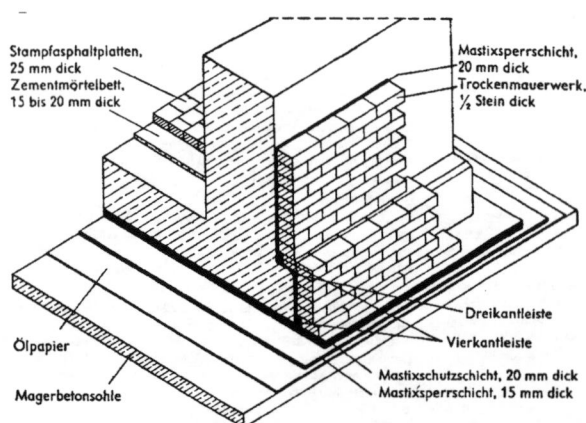

9 Anordnung der Sperrschicht, bei vorheriger Herstellung des Vorsatzmauerwerks und anschließender Wandausführung

10 Nach erfolgter Wandausführung wird die Sperrschicht zusammen mit der Vorsatzmauer hergestellt

11 Beispiel einer inneren Dichtung mit vergossenem Mauerwerk für Wand und Boden

12 bis 14 Die Anschlüsse sind besonders sorgfältig und verstärkt als Dreikant- oder Vierkantleisten auszuführen.

16 Isometrische Darstellung einer Asphaltmastix-Druckwasserdichtung in der Trogausführung.

Stampfasphaltplatten, 25 mm dick
Zementmörtelbett, 15 bis 20 mm dick
Mastixsperrschicht, 20 mm dick
Trockenmauerwerk, ½ Stein dick
Dreikantleiste
Vierkantleiste
Mastixschutzschicht, 20 mm dick
Mastixsperrschicht, 15 mm dick
Ölpapier
Magerbetonsohle

Abdichtung gegen Bodenfeuchtigkeit

Ausführung von Abdichtungen gegen Bodenfeuchtigkeit nach DIN 18336 (VOB/C)

Waagerechte Abdichtung in Wänden

Die Abdichtung ist einlagig mit lose verlegten Bitumen-Dachdichtungsbahnen G 200 DD nach DIN 52130 "Bitumen-Dachdichtungsbahnen – Begriffe, Bezeichnung, Anforderungen" auszuführen.

Abdichtung von Außenwandflächen

Auf den Abdichtungsuntergrund ist ein Voranstrich aus lösungsmittelhaltigem Bitumen-Voranstrichmittel aufzubringen.

Bauwerksabdichtungen gegen Bodenfeuchtigkeit nach DIN 18195, Teil 4

Die Abdichtung ist einlagig mit Bitumen-Schweißbahnen V 60 S4 nach DIN 52131 "Bitumen-Schweißbahnen – Begriffe, Bezeichnung, Anforderungen" auszuführen.

Abdichtung von Fußbodenflächen

Die Abdichtung ist einlagig mit Bitumen-Schweißbahnen V 60 S4 nach DIN 52131 auszuführen. Die Überdeckungen der Bahnen sind miteinander zu verschweißen.

Im übrigen gilt DIN 18195-4 "Bauwerksabdichtungen – Abdichtungen gegen Bodenfeuchtigkeit – Bemessung und Ausführung".

1 Anwendungsbereich und Zweck

1.1 Diese Norm gilt für die Abdichtung von Bauwerken und Bauteilen mit Bitumenwerkstoffen und Kunststoff-Dichtungsbahnen gegen im Boden vorhandenes, kapillargebundenes und durch Kapillarkräfte auch entgegen der Schwerkraft fortleitbares Wasser (Bodenfeuchtigkeit, Saugwasser, Haftwasser, Kapillarwasser).

1.2 Sie gilt ferner auch gegen das von Niederschlägen herrührende und nicht stauende Wasser (Sickerwasser) bei senkrechten und unterschnittenen Wandbauteilen.

1.3 Mit dieser Feuchtigkeitsbeanspruchung darf nur gerechnet werden, wenn das Baugelände bis zu einer ausreichenden Tiefe unter der Fundamentsohle und auch das Verfüllmaterial der Arbeitsräume aus nichtbindigen Böden, z.B. Sand, Kies, bestehen.

2 Begriffe siehe 326.01.01

3 Stoffe siehe 326.01.01

4 Anforderungen

Abdichtungen gegen Bodenfeuchtigkeit müssen Bauwerke und Bauteile gegen von außen angreifende Bodenfeuchtigkeit und unterirdische Wandbauteile nach Abschnitt 1.1 auch gegen nichtstauendes Sickerwasser schützen. Sie müssen gegen natürliche oder durch Lösungen aus Beton oder Mörtel entstandene Wässer unempfindlich sein.

5 Anordnung

Das Prinzip einer fachgerechten Anordnung von Abdichtungen gegen Bodenfeuchtigkeit ist in den nachfolgenden Abschnitten an Gebäuden dargestellt, sie gilt sinngemäß jedoch auch für andere Bauwerke.

5.1 Abdichtung nichtunterkellerter Gebäude

5.1.1 Bei nicht unterkellerten Gebäuden sind Außen- und Innenwände durch eine waagerechte Abdichtung gegen das Aufsteigen von Feuchtigkeit zu schützen. Bei Außenwänden soll die Abdichtung etwa 30 cm über dem Gelände angeordnet sein.

5.1.2 Ferner sind alle vom Boden berührten, äußeren Flächen der Umfassungswände gegen das Eindringen von Feuchtigkeit abzudichten. Die Abdichtung muss unten bis zum Fundamentabsatz und oben bis an die waagerechte Abdichtung nach Abschnitt 5.1.1 reichen (siehe Bilder 1 bis 4). Oberhalb des Geländes darf sie entfallen, wenn dort ausreichend wasserabweisende Bauteile verwendet werden; anderenfalls ist die Abdichtung hinter der Sockelbekleidung hochzuziehen.

5.1.3 Wird der Fußboden mit belüftetem Zwischenraum zum Erdboden ausgeführt (siehe Bild 1), so ist eine besondere Abdichtung des Fußbodens nicht erforderlich. In diesem Fall muss die Unterfläche der Fußbodenkonstruktion mindestens 5 cm über der waagerechten Wandabdichtung angeordnet werden, damit diese Abdichtung gegen Beschädigung beim Einbau der Fußbodenkonstruktion geschützt wird.

5.1.4 Ist ein tiefliegender Fußboden in Höhe der umgebenden Geländeoberfläche vorgesehen, so ist die Abdichtung nach Bild 2 auszuführen. Dabei ist der Fußboden durch eine Abdichtung nach Abschnitt 6.4 zu schützen, die an eine zusätzliche, etwa in Höhe der Fußbodenabdichtung angeordnete, waagerechte Wandabdichtung heranreichen muss.

5.1.5 Bei Gebäuden mit geringen Anforderungen an die Raumnutzung darf die Abdichtung auch nach Bild 3 oder Bild 4 ausgeführt werden. In diesem Fall ist der Fußboden durch eine kapillarbrechende, grobkörnige Schüttung von mindestens 15 cm Dicke gegen das Eindringen von Feuchtigkeit zu schützen. Die Schüttung ist nach Möglichkeit in der Höhenlage der waagerechten Wandabdichtung anzuordnen. Ist diese Ausführung nicht möglich, weil der Fußboden in Höhe der Geländeoberfläche angeordnet werden soll (siehe Bild 4), so wird eine gewisse Durchfeuchtung der Wände unterhalb der waagerechten Abdichtung in Kauf genommen. Bei dieser Ausführungsart müssen die Innenflächen der Wände vom Fußboden bis zur waagerechten Abdichtung unverputzt bleiben.

Um die kapillarbrechende Wirkung der Schüttung nicht zu beeinträchtigen, ist sie z.B. mit einer Folie abzudecken, bevor der Beton des Fußbodens aufgebracht wird.

5.2 Abdichtung unterkellerter Gebäude

5.2.1 Gebäude mit Wänden aus Mauerwerk auf Streifenfundamenten

5.2.1.1 Bei Gebäuden mit gemauerten Kellerwänden sind in den Außenwänden mindestens zwei waagerechte Abdichtungen vorzusehen. Die untere Abdichtung soll etwa 10 cm über der Oberfläche des Kellerfußbodens und die obere etwa 30 cm über dem umgebenden Gelände angeordnet werden. Bei Innenwänden darf die obere Abdichtung entfallen.

5.2.1.2 Alle vom Boden berührten Außenflächen der Umfassungswände sind gegen seitliche Feuchtigkeit nach Abschnitt 5.1.2 abzudichten (siehe Bilder 5 und 6).

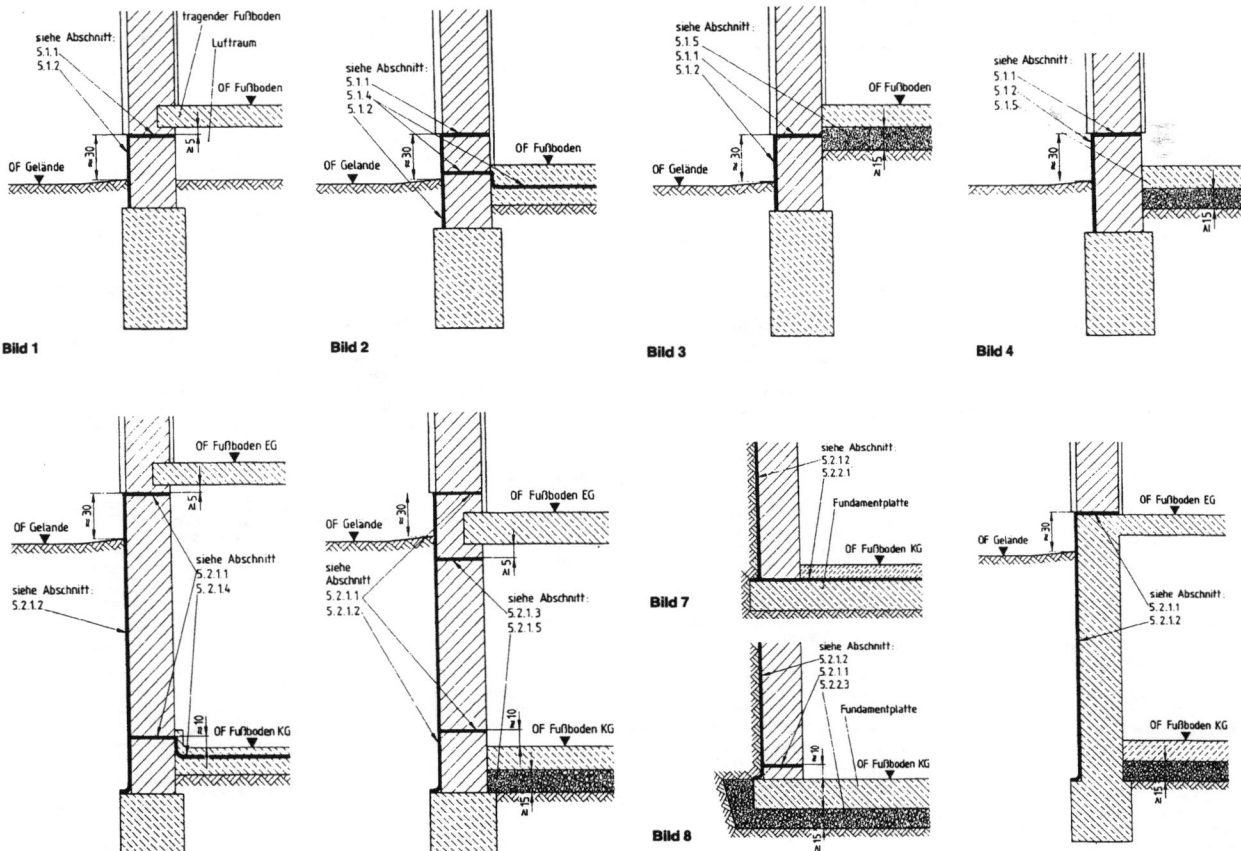

Bild 1   Bild 2   Bild 3   Bild 4

Bild 5   Bild 6   Bild 7   Bild 8   Bild 9

Abdichtung gegen Bodenfeuchtigkeit

5.2.1.3 Kellerdecken sind mit ihren Unterflächen mindestens 5 cm über der oberen waagerechten Abdichtung der Außenwände anzuordnen. Muss die Kellerdecke tiefer liegen, so ist eine dritte waagerechte Abdichtung der Außenwände mindestens 5 cm unter der Unterfläche der Kellerdecke vorzusehen (siehe Bild 6).

5.2.1.4 Kellerfußböden sind nach Bild 5 gegen aufsteigende Feuchtigkeit durch eine Abdichtung nach Abschnitt 6.4 zu schützen, die an die untere waagerechte Abdichtung der Wände heranreichen muss.

5.2.1.5 Bei Gebäuden mit geringen Anforderungen an die Nutzung der Kellerräume darf der Schutz des Kellerfußbodens auch durch die Anordnung einer grobkörnigen Schüttung sinngemäß wie Abschnitt 5.1.5 vorgenommen werden (siehe Bild 6).

5.2.2 Gebäude mit Wänden aus Mauerwerk auf Fundamentplatten

5.2.2.1 Bei Gebäuden auf Fundamenplatten ist der Kellerfußboden durch eine Abdichtung nach Abschnitt 6.4 auf der gesamten Fundamentplatte zu schützen.

5.2.2.2 Die Abdichtung der Kellerwände ist nach Abschnitt 5.2.1 vorzusehen, wobei die untere waagerechte Abdichtung entfallen darf, da sie durch die Abdichtung der Fundamentplatte ersetzt wird (siehe Bild 7). Bei dieser Ausführungsart ist eine seitliche Verschiebung des Mauerwerks durch die Einwirkung von Horizontalkräften, z.B. Erddruck, mit geeigneten Maßnahmen zu verhindern.

5.2.2.3 Bei Gebäuden mit geringen Anforderungen an die Nutzung der Kellerräume darf der Kellerfußboden auch durch eine kapillarbrechende, grobkörnige Schüttung von mindestens 15 cm Dicke gegen das Eindringen von Feuchtigkeit geschützt werden. In diesem Fall muss die untere waagerechte Abdichtung der Außenwände jedoch ausgeführt werden (siehe Bild 8).

Um die kapillarbrechende Wirkung der Schüttung nicht zu beeinträchtigen, ist sie z.B. mit einer Folie abzudecken, bevor der Beton des Fußbodens aufgebracht wird.

5.2.3 Gebäude mit Wänden aus Beton

Die Abdichtung der Außenwandflächen ist nach Abschnitt 5.1.2 vorzusehen. Die Fußböden sind in Abhängigkeit von den Anforderungen an die Nutzung der Kellerräume nach 5.2.1.4 oder Abschnitt 5.2.1.5 zu schützen.

Da wegen des monolithischen Gefüges des Betons die Anordnung von waagerechten Abdichtungen in den Wänden in der Regel nicht möglich ist, sind zum Schutz gegen das Aufsteigen von Feuchtigkeit im Einzelfall besondere Maßnahmen erforderlich (siehe Bild 9).

6 Ausführung

6.1 Allgemeines

Bei der Ausführung von Abdichtungen gegen Bodenfeuchtigkeit gelten
- DIN 18195 Teil 3 für das Verarbeiten der Stoffe,
- DIN 18195 Teil 8 für das Herstellen der Abdichtungen über Bewegungsfugen,
- DIN 18195 Teil 9 für das Herstellen von Durchdringungen, Übergängen und Anschlüssen,
- DIN 18195 Teil 10 für Schutzschichten und Schutzmaßnahmen.

6.2 Waagerechte Abdichtungen in Wänden

Für waagerechte Abdichtung in Wänden sind

- Bitumendachbahnen nach DIN 52128,

- Dichtungsbahnen nach DIN 18190 Teil 2 bis Teil 5,

- Dachdichtungsbahnen nach DIN 52130,

- Kunststoff-Dichtungsbahnen nach DIN 16936, DIN 16937 oder DIN 16729 zu verwenden.

Kunststoff-Dichtungsbahnen nach DIN 16938 dürfen verwendet werden, wenn die anschließende Abdichtung nicht aus Bitumenwerkstoffen bestehen.

Die Abdichtungen müssen aus mindestens einer Lage bestehen. Die Auflagerflächen für die Bahnen sind mit Mörtel der Mörtelgruppen II oder III nach DIN 1053 Teil 1 so dick abzugleichen, dass eine waagerechte Oberfläche ohne Unebenheiten entsteht, die die Bahnen durchstoßen könnten.

Die Bahnen dürfen nicht aufgeklebt werden. Sie müssen sich an den Stößen um mindestens 20 cm überdecken. Die Stöße dürfen verklebt werden. Wenn es aus konstruktiven Gründen notwendig ist, sind die Abdichtungen in den Wänden stufenförmig auszuführen, damit waagerechte Kräfte übertragen werden können. Die Abdichtungen dürfen hierbei nicht unterbrochen werden.

6.3 Abdichtungen von Außenwandflächen

6.3.1 Allgemeines

Zur Abdichtung von Außenwandflächen dürfen alle in DIN 18195 Teil 2 genannten Abdichtungsstoffe unter Berücksichtigung der baulichen und abdichtungstechnischen Erfordernisse verwendet werden.

Die Abdichtungen müssen über ihre gesamte Länge an die waagerechten Abdichtungen nach Abschnitt 6.2 herangeführt werden, so dass keine Feuchtigkeitsbrücken (Putzbrücken) entstehen können.

Je nach Art der Hinterfüllung des Arbeitsraumes und der gewählten Abdichtung sind für die abgedichteten Wandflächen Schutzmaßnahmen oder Schutzschichten vorzusehen. Beim Hinterfüllen ist darauf zu achten, dass die Abdichtung nicht beschädigt wird. Unmittelbar an die abgedichteten Wandflächen dürfen daher Bauschutt, Splitt oder Geröll nicht geschüttet werden.

6.3.2 Abdichtungen mit Deckaufstrichmitteln

Zur Aufnahme von Deckaufstrichmitteln sind Mauerwerksflächen voll und bündig zu verfugen; Betonflächen müssen eine ebene und geschlossene Oberfläche aufweisen. Falls erforderlich, z.B. bei porigen Baustoffen, sind die Flächen mit Mörtel der Mörtelgruppen II oder III nach DIN 1053 Teil 1 zu ebnen und abzureiben.

Vor dem Herstellen der Aufstriche müssen Mörtel oder Beton ausreichend erhärtet sein. Der Untergrund muss trocken sein, sofern nicht für feuchten Untergrund geeignete Aufstrichmittel verwendet werden. Verschmutzungen der zu streichenden Flächen, z.B. durch Sand, Staub oder ähnliche lose Teile, sind zu entfernen.

Die Aufstriche sind aus einem kaltflüssigen Voranstrich und mindestens zwei heiß- oder drei kaltflüssig aufzubringenden Deckaufstrichen herzustellen. Bei heißflüssigen Aufstrichen ist der nachfolgende Aufstrich unverzüglich nach dem Erkalten des vorhergehenden herzustellen; bei kaltflüssigen Aufstrichen darf der nachfolgende erst nach dem Trocknen des vorhergehenden aufgebracht werden.

Die Aufstriche müssen eine zusammenhängende und deckende Schicht ergeben, die auf dem Untergrund fest haftet; die nach Abschnitt 7 aufzubringenden Mindestmengen müssen eingehalten werden.

6.3.3 Abdichtungen mit Spachtelmassen, kalt zu verarbeiten

Zur Aufnahme von kalt zu verarbeitenden Spachtelmassen sind die Wandflächen wie in Abschnitt 6.3.2 vorzubereiten und mit einem kaltflüssigen Voranstrich zu versehen.

Die Spachtelmassen sind in der Regel in zwei Schichten aufzubringen, wobei die Mindestmengen nach Abschnitt 7 eingehalten werden müssen.

6.3.4 Abdichtung mit Bitumenbahnen

Zur Abdichtung mit Bitumenbahnen dürfen alle in DIN 18195 Teil 2 genannten Bitumenbahnen verwendet werden. Dazu sind die Wandflächen wie in Abschnitt 6.3.2 vorzubereiten und mit einem kaltflüssigen Voranstrich zu versehen.

Die Bahnen sind einlagig mit Klebemasse aufzukleben. Bei Verwendung von nackten Bitumenbahnen nach DIN 52129 ist außerdem ein Deckaufstrich vorzusehen. Bitumen-Schweißbahnen nach DIN 52131 dürfen auch im Schweißverfahren aufgebracht werden.

Die Bahnen müssen sich an Nähten, Stößen und Anschlüssen um 10 cm überdecken.

6.3.5 Abdichtungen mit Kunststoff-Dichtungsbahnen

Für Abdichtungen mit Kunststoff-Dichtungsbahnen sind die Wandflächen wie in Abschnitt 6.3.2 vorzubereiten und, falls bitumenverträgliche Bahnen aufgeklebt werden sollen, mit einem kaltflüssigen Voranstrich zu versehen.

Bei der Abdichtung mit PIB-Bahnen nach DIN 16935 sind die Wandflächen zusätzlich einem Aufstrich aus Klebemasse zu versehen und die Bahnen im Flämmverfahren aufzukleben.

Nicht bitumenverträgliche PVC weich-Bahnen nach DIN 16938 sind mit mechanischer Befestigung lose einzubauen; sie dürfen nicht mit Bitumen in Berührung kommen. Die Art der mechanischen Befestigung richtet sich nach den baulichen Gegebenheiten.

ECB-Bahnen nach DIN 16729 und bitumenverträgliche PVC weich-Bahnen nach DIN 16937 dürfen sowohl mit Klebemasse aufgeklebt als auch lose mit mechanischer Befestigung eingebaut werden.

Die Bahnen müssen sich an Nähten, Stößen und Anschlüssen um 5 cm überdecken.

6.4 Abdichtungen von Fußbodenflächen

6.4.1 Allgemeines

Zur Abdichtung von Fußbodenflächen dürfen Bitumenbahnen, Kunststoff-Dichtungsbahnen oder Asphaltmastix verwendet werden. Als Untergrund für die Abdichtungen ist eine Betonschicht oder ein gleichwertiger standfester Untergrund erforderlich. Kanten und Kehlen sind, falls erforderlich, zu runden. Die fertiggestellten Abdichtungen sind vor mechanischen Beschädigungen zu schützen, z.B. durch Schutzschichten nach DIN 18195 Teil 10.

6.4.2 Abdichtungen mit Bitumenbahnen

Zur Abdichtung mit Bitumenbahnen dürfen alle in DIN 18195 Teil 2 genannten Bitumenbahnen verwendet werden. Die Abdichtungen sind aus mindestens einer Lage herzustellen. Die Bahnen sind lose oder punktweise oder vollflächig verklebt auf den Untergrund aufzubringen. Nackte Bitumenbahnen nach DIN 52129 müssen auf ihrer Unterseite eine voll deckende, heiß aufzubringende Klebemasseschicht erhalten und einem gleichartigen Deckaufstrich versehen werden.

Die Bahnen müssen sich an Nähten, Stößen und Anschlüssen um 10 cm überdecken, die Überdeckungen müssen vollflächig verklebt, bzw. bei Schweißbahnen verschweißt werden.

6.4.3 Abdichtungen mit Kunststoff-Dichtungsbahnen aus PIB oder ECB

Die Abdichtungen sind aus mindestens einer Lage herzustellen. Die Bahnen sind lose zu verlegen oder auf den Untergrund aufzukleben.

Die Bahnen müssen sich an Nähten, Stößen und Anschlüssen um 5 cm überdecken, die Überdeckungen sind bei PIB mit Quellschweißmittel und bei ECB mit Warmgas oder mit Heizelement zu verschweißen. Nähte, Stöße und Anschlüsse dürfen auch mit Bitumen verklebt werden, wenn die Überdeckungen 10 cm breit sind.

Abdichtungen aus PIB-Bahnen sind mit einer Trennschicht aus geeigneten Stoffen nach DIN 18195 Teil 2 abzudecken.

6.4.4 Abdichtungen mit Kunststoff-Dichtungsbahnen aus PVC weich

Die Abdichtungen sind aus mindestens einer Lage Bahnen oder werkseitig vorgefertigter Planen herzustellen. Die Bahnen oder Planen sind lose zu verlegen, bei Verwendung von bitumenverträglichem PVC weich dürfen sie auf dem Untergrund aufgeklebt werden.

Auf der Baustelle ausgeführte Nähte, Stöße und Anschlüsse müssen sich um 5 cm überdecken, wenn sie mit Quellschweißmittel verschweißt werden; sie müssen sich um 3 cm überdecken, wenn sie mit Warmgas verschweißt werden. Bei bitumenverträglichem PVC weich-Bahnen, die mit Klebemasse aufgeklebt werden, müssen die Überdeckungen 10 cm breit sein.

6.4.5 Abdichtungen mit Asphaltmastix

Abdichtungen aus Asphaltmastix sind in einer Mindestdicke von 0,7 cm auf einer Unterlage nach Abschnitt 6.4.1 herzustellen.

7 Mindestmengen für Einbau bzw. Verbrauch von streich- und spachtelfähigen Abdichtungsstoffen

Die erforderlichen Mindestmengen für streich- und spachtelfähige Abdichtungsstoffe sind in der folgenden Tabelle aufgeführt. Die Mengen sind mit der in Spalte 5 angegebenen Anzahl von Arbeitsgängen aufzubringen. Die Festkörpermengen gelten für mittlere Arbeitstemperatur und für eine mittlere Schichtdicke von 0,1 cm bei kalt zu verarbeitenden, von 0,25 cm bei heiß zu verarbeitenden Massen und von 0,7 cm bei Asphaltmastix.

	1	2	3	4	5
	Abdichtungsstoff	Dichte des Festkörpers kg/dm³	Verbrauchsmenge kg/dm²	Festkörpermenge kg/dm²	Arbeitsgänge, Anzahl
Voranstrichmittel					
1	Bitumenlösung	1,0	0,2 bis 0,3	–	1
2	Bitumenemulsion	1,0 bis 1,1	0,2 bis 0,3	–	1
Deckaufstrichmittel, kalt zu verarbeiten					
3	Bitumenlösung	1,0 bis 1,6	–	1,0 bis 1,6	3
4	Bitumenemulsion	1,1 bis 1,3	–	1,1 bis 1,3	3
Deckaufstrichmittel, heiß zu verarbeiten					
5	Bitumen, gefüllt oder ungefüllt	1,0 bis 1,8	–	2,5 bis 4,0	2
Spachtelmassen, kalt zu verarbeiten					
6	Bitumenlösung oder –emulsion	1,3 bis 2,0	–	1,3 bis 2,0	2
Asphaltmastix					
7	Asphaltmastix	1,3 bis 1,8	–	9 bis 13	1

Abdichtung gegen nichtdrückendes Wasser

Ausführung von Abdichtungen gegen nichtdrückendes Wasser nach DIN 18336 (VOB/C)

Mäßige Beanspruchung

Bitumenbahnen

Auf den Abdichtungsuntergrund ist ein Voranstrich aus lösungsmittelhaltigem Bitumen-Voranstrichmittel aufzubringen.

Die Abdichtung ist einlagig mit Bitumen-Schweißbahnen G 200 S 4 nach DIN 52131 vollflächig verklebt auszuführen.

Kunststoff-Dichtungsbahnen

Die Abdichtung ist einlagig mit Kunststoff-Dichtungsbahnen PVC-P-NB nach DIN 16938 "Kunststoff-Dichtungsbahnen aus weichmacherhaltigem Polyvinylchlorid (PVC-P), nicht bitumenverträglich – Anforderungen", mindestens 1,2 mm dick und mit einer Schutzlage aus mindestens 2 mm dicken und mindestens 300 g/m² schweren Bahnen aus synthetischem Vlies auszuführen.

Hohe Beanspruchung

Bitumenbahnen

Auf den Abdichtungsuntergrund ist ein Voranstrich aus lösungsmittelhaltigem Bitumen-Voranstrichmittel aufzubringen.

Die Abdichtung ist zweilagig mit Bitumen-Dichtungsbahnen mit einer Lage G 200 DD nach DIN 52130 und einer Lage PV 200 DD nach DIN 52130, auf der dem Wasser zugewandten Seite vollflächig aufgeklebt, mit einem Deckaufstrich auszuführen.

Kunststoff-Dichtungsbahnen

Die Abdichtung ist einlagig mit Kunststoff-Dichtungsbahnen PVC-P-NB nach DIN 16938, mindestens 1,5 mm dic, zwischen Schutzlagen aus mindestens 2 mm dicken und mindestens 300 g/m² schweren Bahnen aus synthetischem Vlies auszuführen.

Im übrigen gilt DIN 18195-5 "Bauwerksabdichtungen – Abdichtungen gegen nichtdrückendes Wasser; Bemessung und Ausführung".

Bauwerksabdichtungen gegen nichtdrückendes Wasser nach DIN 18195 Teil 5

1 Anwendungsbereich und Zweck

1.1 Diese Norm gilt für die Abdichtung von Bauwerken und Bauteilen mit Bitumenwerkstoffen, Metallbändern und Kunststoff-Dichtungsbahnen gegen nichtdrückendes Wasser, d.h. gegen Wasser in tropfbar–flüssiger Form, z.B. Niederschlags–, Sicker– oder Brauchwasser, das auf die Abdichtung keinen oder nur vorübergehend einen geringfügigen hydrostatischen Druck ausübt.

1.2 Diese Norm gilt nicht für die Abdichtung der Fahrbahntafeln von Brücken, die zu öffentlichen Straßen gehören.
Hinweis: Diese Norm gilt für die Abdichtung von genutzten Dachflächen. Für die Abdichtung von nicht genutzten Dachflächen gilt DIN 18531.

2 Begriffe siehe 326.01.01

3 Stoffe siehe 326.01.01

4 Anforderungen

4.1 Abdichtungen nach dieser Norm müssen Bauwerke oder Bauteile gegen nichtdrückendes Wasser schützen und gegen natürliche oder durch Lösungen aus Beton oder Mörtel entstandene Wässer unempfindlich sein.

4.2 Die Abdichtung muss das zu schützende Bauwerk oder den zu schützenden Bauteil in dem gefährdeten Bereich umschließen oder bedecken und das Eindringen von Wasser verhindern.

4.3 Die Abdichtung darf bei den zu erwartenden Bewegungen der Bauteile, z.B. durch Schwingungen, Temperaturänderungen oder Setzungen, ihre Schutzwirkung nicht verlieren. Die hierfür erforderlichen Angaben müssen bei der Planung einer Bauwerksabdichtung vorliegen.

4.4 Die Abdichtung muss Risse in dem abzudichtenden Bauwerk, die z.B. durch Schwinden entstehen, überbrücken können. Durch konstruktive Maßnahmen ist jedoch sicherzustellen, dass solche Risse zum Entstehungszeitpunkt nicht breiter als 0,5 mm sind und dass durch eine eventuelle weitere Bewegung die Breite der Risse auf höchstens 2 mm und der Versatz der Risskanten in der Abdichtungsebene auf höchstens 1 mm beschränkt bleiben.

5 Bauliche Erfordernisse

5.1 Bei der Planung des abzudichtenden Bauwerkes oder der abzudichtenden Bauteile sind die Voraussetzungen für eine fachgerechte Anordnung und Ausführung der Abdichtung zu schaffen. Dabei ist die Wechselwirkung zwischen Abdichtung und Bauwerk zu berücksichtigen und gegebenenfalls die

Beanspruchung der Abdichtung durch entsprechende konstruktive Maßnahmen in zulässigen Grenzen zu halten.

5.2 Das Entstehen von Rissen im Bauwerk, die durch die Abdichtung nicht überbrückt werden können (siehe Abschnitt 4.4), ist durch konstruktive Maßnahmen, z.B. durch Anordnung von Bewehrung, ausreichender Wärmedämmung oder von Fugen, zu verhindern.

5.3 Dämmschichten, auf die Abdichtungen unmittelbar aufgebracht werden sollen, müssen für die jeweilige Nutzung geeignet sein. Sie dürfen keine schädlichen Einflüsse auf die Abdichtung ausüben und müssen sich als Untergrund für die Abdichtung und deren Herstellung eignen. Falls erforderlich, sind unter Dämmschichten Dampfsperren und gegebenenfalls auch Ausgleichsschichten einzubauen.

5.4 Durch bautechnische Maßnahmen, z.B. durch die Anordnung von Gefälle, ist für eine dauernd wirksame Abführung des auf die Abdichtung einwirkenden Wassers zu sorgen. Bei der Abdichtung von Bauwerken oder Bauteilen im Erdreich sind, falls erforderlich, Maßnahmen nach DIN 4095 zu treffen.

5.5 Bauwerksflächen, auf die die Abdichtung aufgebracht werden soll, müssen fest, eben, frei von Nestern, klaffenden Rissen und Graten und dürfen nicht nass sein. Kehlen und Kanten sollen fluchtrecht und gerundet sein.

Anordnung wasserhaltender Dichtungen (nach Lit. 61)

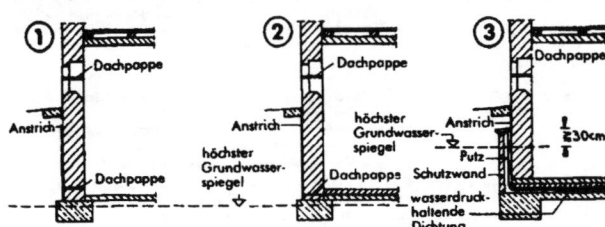

→ **1** Einfacher Feuchtigkeitsschutz, → **2** Verbesserter Feuchtigkeitsschutz → **3** Schutz gegen Druckwasser

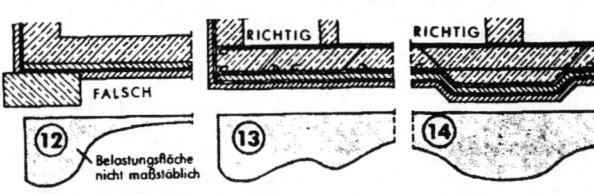

→ **12 bis 14** Sohleneinpressung vermeiden, Belastungssprung in der Sohle → **12** durch biegefeste Ausbildung der Sohlplatte ausgleichen → **13, 14.** Bei hohem Stützendruck wannenartige Vertiefung anordnen → **14.** Auch gegen Auftrieb (durch Stauwasser!) bewehren (auf Oberseite der Sohlplatte!).

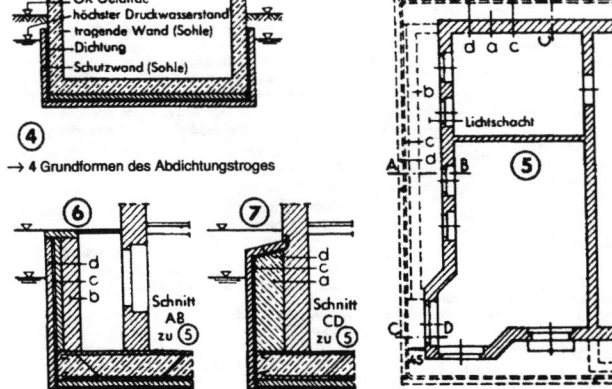

→ **4** Grundformen des Abdichtungstroges

→ **5 bis 7** Ecken im Abdichtungstrog vermeiden! a = Magerbeton, b = Mauerwerk, 24 cm dick, c = Dichtung, d = Schutzwand und -sohle.

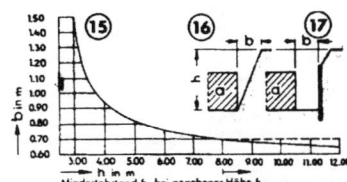

a = abgedichtetes Bauwerk; b = Ausschachtungsbreite bzw. Mindestabstand von Körpern, die Erddruck abhalten; h = Höhe zwischen Sohle und Gelände

b nicht kleiner als 0,70

→ **15 bis 17** Mindestdruck durch Erdhinterfüllung zur Erzielung einer ausreichenden Wandeinpressung (→ Grundregel 4).

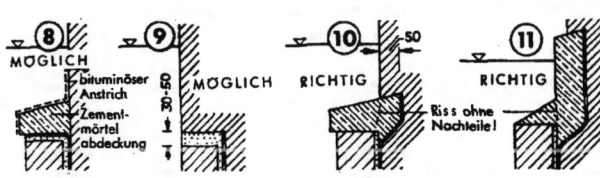

→ **8 bis 11** Oberer Abschluss der Wanddichtung, bei wasserdurchlässiger Hinterfüllung unter OK Gelände → **8 bis 10,** bei wasserundurchlässiger Hinterfüllung über OK Gelände → **11.**

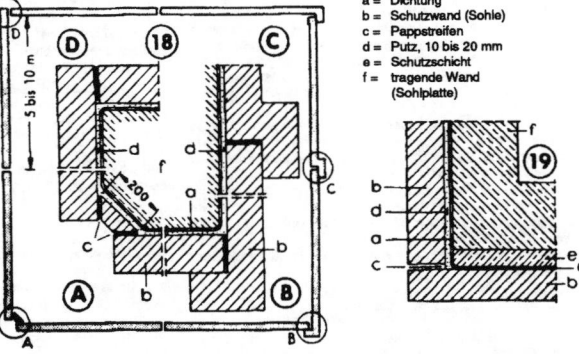

a = Dichtung
b = Schutzwand (Sohle)
c = Pappstreifen
d = Putz, 10 bis 20 mm
e = Schutzschicht
f = tragende Wand (Sohlplatte)

→ **18, 19** Schutzwand (-Sohle) so ausbilden, dass Dichtung allen Bewegungen des Bauwerks folgen kann, ohne dass Einpressung durch Erddruck vermindert oder aufgehoben wird. Aufteilung der Schutzwand in 5 – 10 m lange Felder. Stöße mit Falz → **18 B, C:** stumpf → **18 D, 19** oder mit Einlagen → **18 A** ausführen.

Abdichtung gegen nichtdrückendes Wasser

5.6 Beim Nachweis der Standsicherheit für das zu schützende Bauwerk oder Bauteil darf der Abdichtung keine Übertragung von planmäßigen Kräften parallel zu ihrer Ebene zugewiesen werden. Sofern dies in Sonderfällen nicht zu vermeiden ist, muss durch Anordnung von Widerlagern, Ankern, Bewehrung oder durch andere konstruktive Maßnahmen dafür gesorgt werden, dass Bauteile auf der Abdichtung nicht gleiten oder ausknicken.

5.7 Entwässerungsabläufe, die die Abdichtung durchdringen, müssen sowohl die Oberfläche des Bauwerkes oder Bauteils als auch die Abdichtungsebene dauerhaft entwässern.

6 Arten der Beanspruchung

6.1 Je nach Größe der auf die Abdichtung einwirkenden Beanspruchungen durch Verkehr, Temperatur und Wasser werden mäßig und hoch beanspruchte Abdichtungen unterschieden. Die Beanspruchung von Abdichtungen auf Dämmschichten durch Verkehrslasten ist besonders zu beachten; zur Vermeidung von Schäden durch Verformungen sind Dämmstoffe zu wählen, die den statischen und dynamischen Beanspruchungen genügen.

6.2 Abdichtungen sind mäßig beansprucht, wenn
- die Verkehrslasten vorwiegend ruhend nach DIN 1055 Teil 3 sind und die Abdichtung nicht unter befahrenen Flächen liegt,
- die Temperaturschwankung an der Abdichtung nicht mehr als 40 K beträgt,
- die Wasserbeanspruchung gering und nicht ständig ist.

6.3 Abdichtungen sind hoch beansprucht, wenn eine oder mehrere Beanspruchungen die in Abschnitt 6.2 angegebenen Grenzen überschreiten. Hierzu zählen grundsätzlich alle waagerechten und geneigten Flächen im Freien und im Erdreich.

7 Ausführung

7.1 Allgemeines

7.1.1 Bei der Ausführung von Abdichtungen gegen nichtdrückendes Wasser gelten
- DIN 18195 Teil 3 für das Verarbeiten der Stoffe,
- DIN 18195 Teil 8 für das Herstellen der Abdichtung über Bewegungsfugen,
- DIN 18195 Teil 9 für das Herstellen von Durchdringungen, Übergängen und Abschlüssen, sowie
- DIN 18195 Teil 10 für Schutzschichten und Schutzmaßnahmen.

7.1.2 Abdichtungen dürfen nur bei Witterungsverhältnissen hergestellt werden, die sich nicht nachteilig auf sie auswirken, es sei denn, dass schädliche Wirkungen durch besondere Vorkehrungen mit Sicherheit verhindert werden.

7.1.3 Auf einem Untergrund aus Einzelelementen, z.B. Fertigteilplatten, sind vor dem Aufbringen der Abdichtung, falls erforderlich, geeignete Maßnahmen zur Überbrückung der Plattenstöße zu treffen.

7.1.4 Die Abdichtungen sind je nach Untergrund und Art der ersten Abdichtungslage vollflächig verklebt, punktweise verklebt oder lose aufliegend herzustellen.

7.1.5 Die zu erwartenden Temperaturbeanspruchungen der Abdichtungen, z.B. durch Teile von Heizungsanlagen, sind bei der Planung zu berücksichtigen. Die Temperatur an der Abdichtung muss um mindestens 30 °C unter dem Erweichungspunkt nach Ring und Kugel (siehe DIN 52011) der Klebemassen und Deckaufstrichmittel aus Bitumen bleiben.

7.1.6 Die Abdichtung von waagerechten oder schwach geneigten Flächen ist an anschließenden, höher gehenden Bauteilen in der Regel 15 cm über die Oberfläche der Schutzschicht, des Belages oder der Überschüttung hochzuführen und dort zu sichern (siehe DIN 18195 Teil 9). Beim Abschluss der Abdichtung von Decken überschütteter Bauwerke ist die Abdichtung mindestens 20 cm unter die Fuge zwischen Decke und Wänden herunterzuziehen und gegebenenfalls mit der Wandabdichtung zu verbinden.

7.1.7 Abdichtungen von Wandflächen müssen im Bereich von Wasserentnahmestellen mindestens 20 cm über die Wasserentnahmestelle hoch geführt werden.

7.1.8 Die Abdichtungen sind in der Regel mit Schutzschichten nach DIN 18195 Teil 10 zu versehen. Solche Schutzschichten, die auf die fertige Abdichtung aufgebracht werden, sind möglichst unverzüglich nach Fertigstellung der Abdichtung herzustellen. Im anderen Fall sind Schutzmaßnahmen gegen Beschädigungen nach DIN 18195 Teil 10 zu treffen.

7.1.9 Für die zulässige Druckbelastung einzelner Abdichtungsarten gelten die entsprechenden Werte von DIN 18195 Teil 6.

7.2 Abdichtungen für mäßige Beanspruchungen

7.2.1 Abdichtung mit nackten Bitumenbahnen und/oder Glasvlies–Bitumendachbahnen
Die Abdichtung ist aus mindestens zwei Lagen herzustellen, die mit Klebemasse untereinander zu verbinden und mit einem Deckaufstrich zu versehen sind. Bei Verwendung von nackten Bitumenbahnen muss die Abdichtung eingepresst sein, der Flächendruck darf jedoch geringer sein als in Abschnitt 7.3.1 angegeben.
Falls erforderlich, ist der Untergrund mit einem Voranstrich zu versehen. Werden für die erste Lage nackte Bitumenbahnen verwendet, so sind sie auch an ihren Unterseiten vollflächig mit Klebemasse einzustreichen.
Die Klebemassen sind im Bürstenstreich–, im Gieß– oder im Gieß– und Einwalzverfahren aufzubringen. Dabei sind die Mindesteinbaumengen für Klebeschichten und Deckaufstrich entsprechend der Tabelle einzuhalten.
Die Bahnen müssen sich an Nähten, Stößen und Anschlüssen um 10 cm überdecken.

Tabelle.

Art der Klebe- und Deckaufstrichmasse	Klebeschichten: Bürstenstreich- oder Flämmverfahren	Klebeschichten: Gießverfahren	Klebeschichten: Gieß– und Einwalzverfahren	Deckaufstrich
	Mindesteinbaumengen in kg/m²			
Bitumen, ungefüllt	1,5	1,3	–	1,5
Bitumen, gefüllt ($\gamma = 1,5$)	–	–	2,5	–

7.2.2 Abdichtung mit Bitumen–Dichtungsbahnen, –Dachdichtungs– oder –Schweißbahnen
Die Abdichtung ist aus mindestens einer Lage Bahnen mit Gewebe– oder Metallbandeinlage herzustellen. Bitumen–Dichtungsbahnen und –dachdichtungsbahnen sind im Bürstenstreich–, im Gieß– oder im Flämmverfahren aufzubringen, Bitumen–Schweißbahnen sind im Schweißverfahren ohne Verwendung zusätzlicher Klebemasse oder im Gießverfahren einzubauen. Bitumen– Dichtungsbahnen und –Dachdichtungsbahnen sind mit einem Deckaufstrich zu versehen.

Für die Massemengen und die Überdeckung der Bahnen gilt Abschnitt 7.2.1.

7.2.3 Abdichtung mit Kunststoff–Dichtungsbahnen aus PIB oder ECB
Die Abdichtung ist aus mindestens einer Lage mindestens 1,5 mm dicker Kunststoff–Dichtungsbahnen herzustellen, die mit Klebemasse im Bürstenstreich– oder im Flämmverfahren aufzubringen sind.

Auf der Abdichtung ist eine Trennlage mit ausreichender Naht– und Stoßüberdeckung, z.B. aus lose verlegter Polyethylenfolie, oder eine Trenn– und Schutzlage aus nackten Bitumenbahnen mit Klebe– und Deckaufstrich vorzusehen.

Die Kunststoff–Dichtungsbahnen müssen sich an Nähten, Stößen und Anschlüssen um 5 cm überdecken, sie sind bei PIB mit Quellschweißmittel und bei ECB mit Warmgas oder mit Heizelement zu verschweißen. Sie dürfen auch mit Bitumen verklebt werden, wenn sie sich um 10 cm überdecken. In diesem Fall darf auch das Gießverfahren angewendet werden.

7.2.4 Abdichtung mit Kunststoff–Dichtungsbahnen aus PVC weich
Die Abdichtung ist aus mindestens einer Lage mindestens 1,2 mm dicker Kunststoff-Dichtungsbahnen herzustellen, die lose zu verlegen oder mit einem geeigneten Klebstoff – bei bitumenverträglichen Kunststoff–Dichtungsbahnen auch mit Klebemasse – aufzubringen sind. Auf der Abdichtung ist eine Schutzlage aus geeigneten Bahnen, z.B. mindestens 1 mm dicke PVC weich–Bahnen, halbhart, oder mindestens 2 mm dicke und mindestens 300 g/m² schwere Bahnen aus synthetischem Vlies, vorzusehen. Bei bitumenverträglichen PVC weich–Bahnen darf die Schutzlage auch aus nackten Bitumenbahnen mit ausreichender Naht– und Stoßüberdeckung und Klebe– und Deckaufstrich bestehen.

In Sonderfällen darf die Abdichtung auch aus mindestens 0,85 mm dicken Kunststoff–Dichtungsbahnen bestehen, wenn eine zusätzliche, wie oben beschriebene Schutzlage auch unterhalb der Abdichtung angeordnet wird.

Die Kunststoff–Dichtungsbahnen müssen sich an Nähten, Stößen und Anschlüssen bei Quellverschweißung um 5 cm, bei Verschweißung mit Warmgas oder Heizelement um 3 cm überdecken. Bei Verwendung von Kunststoff–Dichtungsbahnen unter 1,2 mm Dicke darf nur die Quellverschweißung angewendet werden.

7.2.5 Abdichtung mit Asphaltmastix
Die Abdichtung ist aus einer Lage Asphaltmastix (Spachtelmasse 13/16) mit unmittelbar darauf angeordneter Schutzschicht aus Gussasphalt oder aus zwei Lagen Asphaltmastix herzustellen. Diese Abdichtung darf nur auf waagerechten oder schwach geneigten Flächen angewendet werden. Zwischen der Abdichtung und dem Untergrund ist eine Trennlage, z.B. aus Rohglasvlies, vorzusehen.

Einlagiger Asphaltmastix muss im Mittel 10 mm, darf jedoch an keiner Stelle unter 7 mm oder über 15 mm dick sein. Zweilagiger Asphaltmastix muss insgesamt im Mittel 15 mm, darf jedoch an keiner Stelle unter 12 mm oder über 20 mm dick sein.

Die Schutzschicht aus Gussasphalt bei einlagigem Asphaltmastix muss mindestens 20 mm dick sein.

7.3 Abdichtungen für hohe Beanspruchungen

7.3.1 Abdichtung mit nackten Bitumenbahnen
Die Abdichtung ist aus mindestens drei Lagen herzustellen, die mit Klebemasse untereinander zu verbinden und mit einem Deckaufstrich zu versehen sind. Sie darf nur dort angewendet werden, wo eine Einpressung der Abdichtung mit einem Flächendruck von mindestens 0,01 MN/m² sichergestellt ist.

Die Unterseiten der Bitumenbahnen der ersten Lage sind vollflächig mit Klebemasse einzustreichen. Falls erforderlich, ist auf dem Untergrund ein Voranstrich aufzubringen. Die Klebemassen sind im Bürstenstreich–, im Gieß– oder im Gieß– und Einwalzverfahren aufzubringen. Dabei sind die Mindesteinbaumengen für Klebeschichten und Deckaufstrich entsprechend der Tabelle einzuhalten.

Die Bitumenbahnen müssen sich an Nähten, Stößen und Anschlüssen um 10 cm überdecken.

7.3.2 Abdichtung mit Bitumen–Dichtungsbahnen, –Dachdichtungs– und/oder –Schweißbahnen
Die Abdichtung ist aus mindestens zwei Lagen Bahnen mit Gewebe– oder Metallbandeinlage herzustellen. Falls erforderlich, ist auf dem Untergrund ein Voranstrich aufzubringen. Bitumen–Dichtungsbahnen und –Dachdichtungsbahnen sind mit Klebemasse im Bürstenstreich–, im Gieß– oder im Flämmverfahren aufzubringen, Bitumenschweißbahnen sind im Schweißverfahren ohne Verwendung zusätzlicher Klebemasse oder im Gießverfahren einzubauen. Obere Lagen aus Bitumen–Dichtungsbahnen oder –Dachdichtungsbahnen sind mit einem Deckaufstrich zu versehen.

Für die Massemengen und die Überdeckung der Bahnen gilt Abschnitt 7.3.1.

7.3.3 Abdichtung mit Kombinationen von Bitumen–Dichtungsbahnen, –Dachdichtungs– oder –Schweißbahnen mit Glasvlies–Bitumen–Dachbahnen oder nackten Bitumenbahnen
Die Abdichtung ist aus mindestens zwei Lagen herzustellen, wobei mindestens eine Lage aus Bahnen mit Gewebe– oder Metallbandeinlage bestehen muss, die an der Wasserseite anzuordnen ist, sofern nackte Bitumenbahnen für die zweite Lage verwendet werden.

Im übrigen gelten entsprechend der verwendeten Bahnen die Abschnitte 7.3.1 und 7.3.2 sinngemäß.

7.3.4 Abdichtung mit Kunststoff–Dichtungsbahnen aus PIB oder ECB
Die Abdichtung ist aus einer Lage Kunststoff–Dichtungsbahnen – bei PIB mindestens 1,5 mm, bei ECB mindestens 2,0 mm dick – herzustellen, die mit Klebemasse zwischen zwei Lagen aus nackten Bitumenbahnen vollflächig einzukleben sind. Die Abdichtung ist mit einem Deckaufstrich zu versehen.

Bei waagerechten und schwach geneigten Flächen darf die obere Lage aus nackten Bitumenbahnen durch eine geeignete Schutzlage mit Trennfunktion ersetzt werden, wenn unmittelbar nach Herstellung der Abdichtung die Schutzschicht aufgebracht wird.

Die Kunststoff–Dichtungsbahnen sind im Bürstenstreich– oder im Flämmverfahren einzubauen. Für die Verarbeitung der nackten Bitumenbahnen gilt Abschnitt 7.3.1 sinngemäß. Die Mindesteinbaumengen für Klebeschichten und Deckaufstrich entsprechend der Tabelle sind einzuhalten.

Die Kunststoff–Dichtungsbahnen müssen sich an Nähten, Stößen und Anschlüssen um 5 cm überdecken, sie sind bei PIB mit Quellschweißmittel und bei ECB mit Warmgas oder mit Heizelement zu verschweißen. Sie dürfen auch mit Bitumen verklebt werden, wenn sie sich um 10 cm überdecken. In diesem Fall darf auch das Gießverfahren angewendet werden.

7.3.5 Abdichtung aus bitumenverträglichen Kunststoff–Dichtungsbahnen aus PVC weich
Die Abdichtung ist aus einer Lage mindestens 1,5 mm dicker Kunststoff–Dichtungsbahnen herzustellen, die mit Klebemasse zwischen zwei Lagen aus nackten Bitumenbahnen vollflächig einzukleben sind. Die Abdichtung ist mit einem Deckaufstrich zu versehen.

Die Kunststoff–Dichtungsbahnen sind im Bürstenstreich– oder im Flämmverfahren einzubauen. Für die Verarbeitung der nackten Bitumenbahnen gilt Abschnitt 7.3.1 sinngemäß. Die Mindesteinbaumengen für Klebeschichten und Deckaufstrich entsprechend der Tabelle sind einzuhalten.

Die Kunststoff–Dichtungsbahnen müssen sich an Nähten, Stößen und Anschlüssen bei Quellverschweißung um 5 cm, bei Verschweißung mit Warmgas oder mit Heizelement um 3 cm überdecken.

7.3.6 Abdichtung mit nicht bitumenverträglichen Kunststoff–Dichtungsbahnen aus PVC weich
Die Abdichtung ist aus mindestens einer Lage mindestens 1,5 mm dicker Kunststoff–Dichtungsbahnen herzustellen, die lose zu verlegen oder mit einem geeigneten Klebstoff aufzubringen sind. Die Abdichtung ist zwischen Schutzlagen aus geeigneten Bahnen, z.B. mindestens 1 mm dicke PVC weich–Bahnen, halbhart, oder mindestens 2 mm dicke und mindestens 300 g/m² schwere Bahnen aus synthetischem Vlies, einzubauen. Besteht die obere Schutzlage aus PVC weich–Bahnen, halbhart, so sind ihre Nähte und Stöße zu verschweißen.

Für die Überdeckung von Nähten, Stößen und Anschlüssen der Abdichtungslage gilt Abschnitt 7.3.5. Die Nähte sind nach DIN 18195 Teil 3 zu prüfen.

7.3.7 Abdichtung mit Metallbändern in Verbindung mit Gussasphalt
Die Abdichtung ist aus mindestens einer Lage kalottengeriffelter Metallbänder aus Kupfer oder Edelstahl herzustellen, die mit Klebemasse aus gefülltem Bitumen im Gieß– und Einwalzverfahren einzubauen sind. Die Mindesteinbaumengen für die Klebeschichten entsprechend der Tabelle sind einzuhalten.

Die Metallbänder müssen sich an Nähten um 10 cm, an Stößen und an Anschlüssen bei Arbeitsunterbrechungen um 20 cm überdecken.

Auf die Metallbandlage ist eine 20 mm dicke Schicht aus Gussasphalt aufzubringen.

Falls erforderlich, ist der Untergrund mit einem Voranstrich zu versehen und unter den Metallbändern eine Trenn– und Dampfdruckausgleichschicht anzuordnen.

7.3.8 Abdichtung mit Metallbändern in Verbindung mit Bitumenbahnen
Die Abdichtung ist aus einer Lage kalottengeriffelter Metallbänder aus Kupfer oder Edelstahl und aus einer Schutzlage aus Glasvlies–Bitumenbahnen oder nackten Bitumenbahnen herzustellen. Im übrigen gelten für die Verarbeitung der Metallbänder Abschnitt 7.3.7 und für die Verarbeitung der Bitumenbahnen Abschnitt 7.3.1 sinngemäß.

Falls erforderlich, ist der Untergrund mit einem Voranstrich zu versehen und unter den Metallbändern eine Trenn– und Dampfdruckausgleichschicht anzuordnen.

7.3.9 Abdichtung mit Asphaltmastix in Verbindung mit Gussasphalt
Die Abdichtung ist aus einer Lage Asphaltmastix (Spachtelmasse 13/16) mit unmittelbar darauf angeordneter Schutzschicht und im übrigen nach Abschnitt 7.2.5 herzustellen. Diese Abdichtung darf bei hohen Beanspruchungen nur angewendet werden, wenn Durchdringungen, Übergänge und Abschlüsse aus anderen Bitumenwerkstoffen oder bitumenverträglichen Werkstoffen entsprechend den Abschnitten 7.3.2 bis 7.3.8 hergestellt werden.
Die Festlegungen in DIN 18195 Teil 10, Abschnitt 3.2.2 und Abschnitt 3.3.6 sind besonders zu beachten.

Abdichtung gegen drückendes Wasser

Ausführung von Abdichtungen gegen drückendes Wasser nach DIN 18336 (VOB/C)

Abdichtung gegen von außen drückendes Wasser

Die Abdichtung ist mehrlagig aus mindestens 3 Lagen mit nackten Bitumenbahnen R 500 N nach DIN 52129 "Nackte Bitumenbahnen – Begriff, Bezeichnung, Anforderungen" im Gießverfahren auszuführen und mit einem Deckaufstrich zu versehen.

Auf senkrechten und mehr als 1 : 1 geneigten Flächen ist ein Voranstrich aus lösungsmittelhaltigem Bitumenvoranstrichmittel aufzubringen.

Bei Abdichtungen aus nackten Bitumenbahnen R 500 N nach DIN 52129 mit Kupferriffelbändern sind die Kupferriffelbänder im Gieß- und Einwalzverfahren einzubauen.

Bauwerksabdichtungen gegen von außen drückendes Wasser nach DIN 18195, Teil 6

1 Anwendungsbereich und Zweck
Diese Norm gilt für die Abdichtung von Bauwerken mit Bitumenwerkstoffen, Metallbändern und Kunststoff-Dichtungsbahnen gegen von außen drückendes Wasser, d.h. gegen Wasser, das von außen auf die Abdichtung einen hydrostatischen Druck ausübt.

2 Begriffe siehe 326.01.01

3 Stoffe siehe 326.01.01

4 Anforderungen

4.1 Wasserdruckhaltende Abdichtungen müssen Bauwerke gegen von außen hydrostatisch drückendes Wasser schützen und gegen natürliche oder durch Lösungen aus Beton oder Mörtel entstandene Wässer unempfindlich sein.

4.2 Die Abdichtung ist in der Regel auf der dem Wasser zugekehrten Bauwerksseite anzuordnen; sie muss eine geschlossene Wanne bilden oder das Bauwerk allseitig umschließen. Die Abdichtung ist bei nichtbindigem Boden mindestens 300 mm über den höchsten Grundwasserstand zu führen, darüber ist das Bauwerk durch eine Abdichtung gegen Bodenfeuchtigkeit nach DIN 18195 Teil 4 oder gegen nichtdrückendes Wasser nach DIN 18195 Teil 5 zu schützen. Bei bindigem Boden ist die Abdichtung mindestens 300 mm über die geplante Geländeoberfläche zu führen.

Der höchste Grundwasserstand ist aus möglichst langjährigen Beobachtungen zu ermitteln. Bei Bauwerken im Hochwasserbereich ist der höchste Hochwasserstand maßgebend.

4.3 Die Abdichtung darf bei den zu erwartenden Bewegungen der Bauteile durch Schwinden, Temperaturänderungen und Setzungen ihre Schutzwirkung nicht verlieren. Die hierfür erforderlichen Angaben müssen bei der Planung einer Bauwerksabdichtung vorliegen.

4.4 Die Abdichtung muss Risse, die z.B. durch Schwinden entstehen, überbrücken können. Durch konstruktive Maßnahmen ist jedoch sicherzustellen, dass solche Risse zum Entstehungszeitpunkt nicht breiter als 0,5 mm sind und dass durch eine eventuelle weitere Bewegung die Breite des Risses auf höchstens 5 mm und der Versatz der Risskanten in der Abdichtungsebene auf höchstens 2 mm beschränkt bleibt.

5 Bauliche Erfordernisse

5.1 Bei der Planung des abzudichtenden Bauwerks sind die Voraussetzungen für eine fachgerechte Anordnung und Ausführung der Abdichtung zu schaffen. Dabei ist die Wechselwirkung zwischen Abdichtung und Bauwerk zu berücksichtigen und gegebenenfalls die Beanspruchung der Abdichtung durch entsprechende konstruktive Maßnahmen in den zulässigen Grenzen zu halten.

Im übrigen gilt DIN 18195-6 "Bauwerksabdichtungen – Abdichtungen gegen von außen drückendes Wasser – Bemessung und Ausführung".

Abdichtung gegen von innen drückendes wasser

Die Abdichtung ist einlagig mit Kunststoff-Dichtungsbahnen PVC-P-NB nach DIN 16938, mindestens 1,5 mm dick, auszuführen.

Im übrigen gilt DIN 18195-7 "Bauwerksabdichtungen – Abdichtungen gegen von innen drückendes Wasser; Bemessung und Ausführung".

5.2 Beim Nachweis der Standsicherheit für das zu schützende Bauwerk darf der Abdichtung keine Übertragung von planmäßigen Kräften parallel zu ihrer Ebene zugewiesen werden. Sofern dies in Sonderfällen nicht zu vermeiden ist, muss durch Anordnung von Widerlagern, Ankern, Bewehrung oder durch andere konstruktive Maßnahmen dafür gesorgt werden, dass Bauteile auf der Abdichtung nicht gleiten oder ausknicken.

5.3 Bauwerksflächen, auf die die Abdichtung aufgebracht werden soll, müssen fest, eben, frei von Nestern, klaffenden Rissen oder Graten und dürfen nicht nass sein. Kehlen und Kanten sollten fluchtrecht und mit einem Halbmesser von 40 mm gerundet sein.

5.4 Die zulässigen Druckspannungen senkrecht zur Abdichtungsebene sind für die einzelnen Abdichtungsarten in Abschnitt 6 angegeben.

5.5 Vor- und Rücksprünge der abzudichtenden Flächen sind auf die unbedingt notwendige Anzahl zu beschränken.

5.6 Bei einer Änderung der Größe der auf die Abdichtung wirkenden Kräfte ist eine belastungsbedingte Rissbildung der Baukonstruktion zu vermeiden.

Anordnung wasserhaltender Dichtungen (nach Lit. 61)

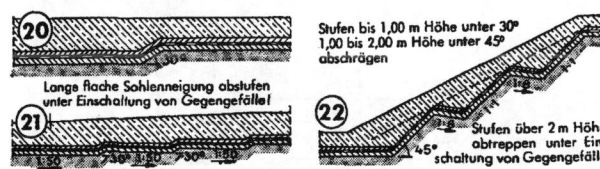

Höhenunterschiede in der Gründungssohle: Verschiedene Sohlendicken nicht senkrecht, sondern durch Schrägen unter 30° überbrücken → 20. Lange Sohlenneigungen können abrutschen, deshalb Abtreppung mit Gegengefälle anordnen → 21, 22.

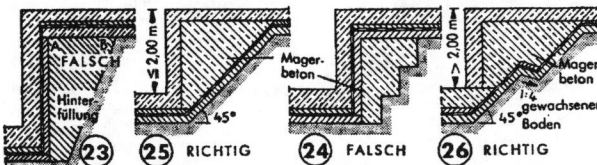

Bei senkrechten Absätzen Dichtung ausreichend andrücken! Bei Hinterfüllung nach → 23 wird Stück AB beim Setzen der Hinterfüllung entspannt; nach → 24 wird Entspannung zwar vermieden, nach Abbinden des Betons aber Druck auf senkrechte Dichtung vollkommen aufgehoben. Richtig sind → 25, 26.

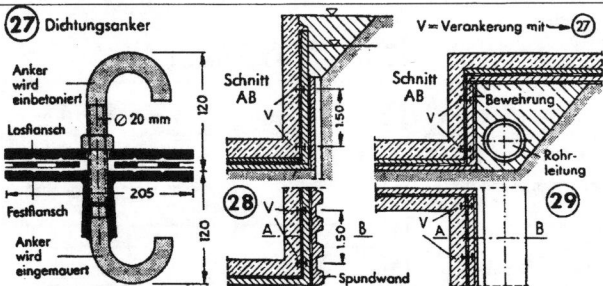

Wo Ausführungen nach 15 bis 17, 20 bis 26 nicht möglich, muss Schutzwand durch Verankerung an tragende Wand gepresst werden. Dies wird z.B. erforderlich, wenn Spundwand Erddruck von Schutzwand abhält → 28 oder durch Rohrleitungen usw. Lösungen wie → 25, 26 nicht möglich → 29.

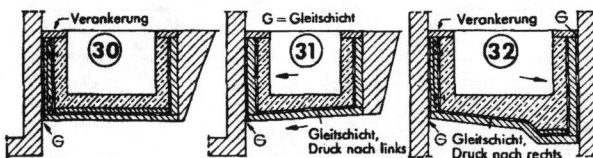

Anpressen der Dichtung bei Heizkanälen usw.: 30 Verankerung der Schutzwand bei Anbau an bestehende Wand; 31 Verankerung kann entbehrt werden, wenn Sohlendichtung als Gleitschicht benutzt wird; 32 bei Einbau zwischen zwei Wänden links Verankerung notwendig, rechts Anpressen durch Eigengewicht des Kanals infolge Benutzung der Sohlendichtung als Gleitschicht.

Ausführung wasserhaltender Dichtungen

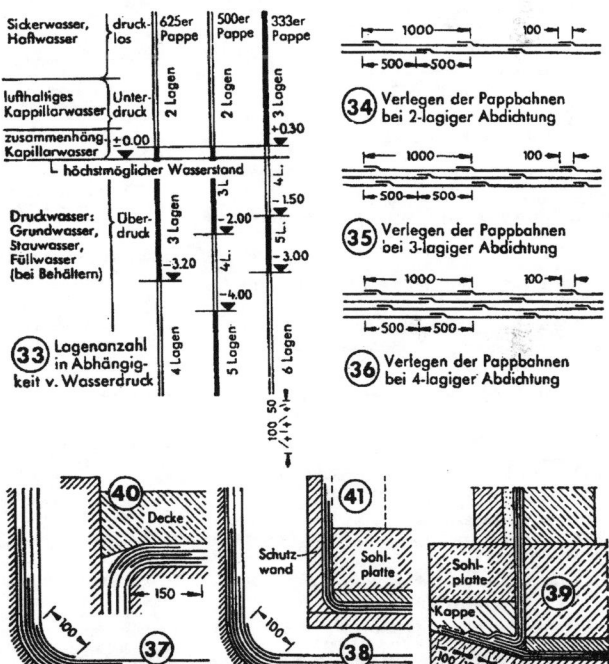

Stöße und Anschlüsse durch gegenseitiges Überdecken der Wand- und Sohlbahnen → 37, 38 herstellen. Im Bereich von Schrägen rückläufigen Stoß → 39 anwenden. Bei Übergang Wand-Decke umgelegter Stoß nach → 40 üblich. Bei Abdichtung des Bauwerks von innen her Überdeckung nach → 41.

Anordnung von Dichtung und Bewehrung

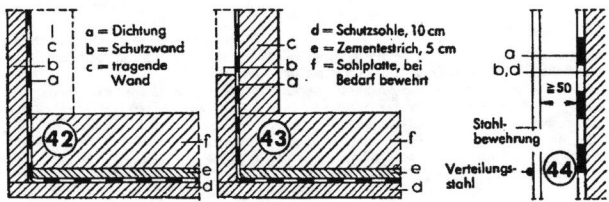

Einbau der Wanddichtung von innen → 42, von außen → 43. Mindestabstand der Bewehrung bei Einbau der Abdichtung von innen → 44.

Abdichtung gegen drückendes Wasser

5.7 Ein unbeabsichtigtes Ablösen der Abdichtung von ihrer Unterlage ist durch konstruktive Maßnahmen auszuschließen.

5.8 Bei statisch unbestimmten Tragwerken ist der Einfluss der Zusammendrückung der Abdichtung zu berücksichtigen.

5.9 Die zu erwartenden Temperaturbeanspruchungen der Abdichtung sind bei der Planung zu berücksichtigen. Die Temperatur an der Abdichtung muss um mindestens 30 °C unter dem Erweichungspunkt nach Ring und Kugel (siehe DIN 52011) der Klebemassen und Deckaufstrichmittel bleiben.

5.10 Für Bauteile im Gefälle sind konstruktive Maßnahmen gegen Gleitbewegungen zu treffen, z.B. Anordnung von Nocken. Auch bei waagerechter Lage der Bauwerkssohle müssen Maßnahmen getroffen werden, die eine Verschiebung des Bauwerks durch Kräfte ausschließen, die durch den Baufortgang wirksam werden können.

5.11 Bei Einwirkung von Druckluft sind Abdichtungen durch geeignete Maßnahmen gegen das Ablösen von der Unterlage zu sichern. Bei Abdichtungen, die ausschließlich aus Bitumenwerkstoffen bestehen, sind außerdem Metallbänder einzukleben.

5.12 Gegen die Abdichtung muss hohlraumfrei gemauert oder betoniert werden. Insbesondere sind Nester im Beton an der wasserabgewandten Seite der Abdichtung unzulässig. Dies gilt uneingeschränkt für alle in dieser Norm behandelten Abdichtungsarten.

6 Ausführung

6.1 Allgemeines

6.1.1 Bei der Ausführung von wasserdruckhaltenden Abdichtungen gelten

- DIN 18195 Teil 3 für das Verarbeiten der Stoffe,
- DIN 18195 Teil 8 für das Herstellen der Abdichtung über Bewegungsfugen,
- DIN 18195 Teil 9 für das Herstellen von Durchdringungen, Übergängen und Abschlüssen, sowie
- DIN 18195 Teil 10 für Schutzschichten und Schutzmaßnahmen.

6.1.2 Abdichtungen dürfen nur bei Witterungsverhältnissen hergestellt werden, die sich nicht nachteilig auf sie auswirken, es sei denn, dass schädliche Wirkungen durch besondere Vorkehrungen mit Sicherheit verhindert werden.

6.1.3 Die Abdichtungen sind mit Schutzschichten nach DIN 18195 Teil 10 zu versehen. Solche Schutzschichten, die auf die fertige Abdichtung aufgebracht werden, sind möglichst unverzüglich nach Fertigstellung der Abdichtung herzustellen. Im anderen Fall sind Schutzmaßnahmen gegen Beschädigungen nach DIN 18195 Teil 10 zu treffen.

6.2 Abdichtung mit nackten Bitumenbahnen R 500 N

6.2.1 Die Abdichtung ist mindestens aus den in Tabelle 1 angegebenen Lagen herzustellen, die durch Bitumenklebemasse miteinander zu verbinden sind. Die Abdichtung ist mit einem Deckaufstrich zu versehen, falls erforderlich, ist auf dem Untergrund ein Voranstrich aufzubringen. Die erste Lage muss an ihrer Unterseite vollflächig mit Klebemasse eingestrichen werden.

6.2.2 Die Abdichtung muss grundsätzlich eingepresst sein, wobei der auf sie ausgeübte Flächendruck mindestens 0,01 MN/m² betragen muss. Falls bei Abdichtungen auf senkrechten Flächen in der Nähe der Geländeoberfläche dieser Wert nicht erreichbar ist, muss die Abdichtung zumindest vollflächig eingebettet sein.

Bei der Ermittlung der Einpressung darf der hydrostatische Druck des angreifenden Wassers nicht in Rechnung gestellt werden. Abdichtungen, die keinen Einpressdruck benötigen, behandeln die Abschnitte 6.3 bis 6.8.

6.2.3 Die Klebemasseschichten der Abdichtung sind im Bürstenstreich–, im Gieß– oder im Gieß– und Einwalzverfahren aufzubringen.

6.2.4 Die Massemengen von Klebeschichten und Deckaufstrich müssen Tabelle 2 entsprechen.

6.2.5 Werden gefüllte Massen mit einer anderen Rohdichte als nach Tabelle 2 verwendet, so muss das Gewicht der je m² einzubauenden Klebemasse dem Verhältnis der Rohdichten entsprechend umgerechnet werden.

6.2.6 Die Bahnen der einzelnen Lagen müssen sich an Nähten, Stößen und Anschlüssen um 10 cm überdecken.

6.2.7 Abdichtungen aus nackten Bitumenbahnen dürfen nach Tabelle 1 höchstens mit 0,6 MN/m² belastet werden. Bei höheren Belastungen ist die Abdichtung entweder nach Abschnitt 6.3 auszubilden oder die Auswirkung der Belastung auf die Abdichtung ist nachzuweisen.

6.3 Abdichtung mit nackten Bitumenbahnen R 500 N und Metallbändern

6.3.1 Wird in der Abdichtung mit nackten Bitumenbahnen nach Abschnitt 6.2 eine Lage aus 0,1 mm dickem Kupferband oder aus 0,05 mm dickem Edelstahlband angeordnet, ist die nach Abschnitt 6.2.2 verlangte Mindesteinpressung nicht erforderlich. Das Metallband ist als zweite Lage, von der Wasserseite gezählt, einzubauen. Die erforderliche Gesamtanzahl der Lagen und die zulässige Druckbelastung für diesen Abdichtungsaufbau richtet sich nach Tabelle 3. Das Metallband ist mit gefülltem Bitumen im Gieß– und Einwalzverfahren aufzukleben, auch wenn die Bitumenbahnen im Bürstenstreich– oder Gießverfahren eingebaut werden. Die Einbaumengen richten sich nach Tabelle 1 und Abschnitt 6.2.5.

6.3.2 Werden in der Abdichtung mit nackten Bitumenbahnen nach Abschnitt 6.2 zwei Lagen aus 0,1 mm dickem Kupferband oder aus 0,05 mm dickem Edelstahlband angeordnet, darf die Abdichtung bis 1,5 MN/m² belastet werden. Da die Metallbandlagen grundsätzlich zwischen Lagen aus Bitumenbahnen einzubauen sind, ist jedoch in diesem Fall eine mindestens vierlagige Ausführung erforderlich. Die erforderliche Gesamtanzahl richtet sich nach Tabelle 4.

6.3.3 Die Bitumenbahnen der einzelnen Lagen müssen sich an Nähten, Stößen und Anschlüssen um 10 cm, die Metallbänder an Nähten um 10 cm, an Stößen und Anschlüssen um 20 cm überdecken.

6.4 Abdichtung mit Bitumen–Schweißbahnen

6.4.1 Die Abdichtung ist mindestens aus den in Tabelle 5 angegebenen Lagen herzustellen. Die Bitumen–Schweißbahnen sind im Schweißverfahren aufzubringen und miteinander zu verbinden. Falls erforderlich, ist auf dem Untergrund ein Voranstrich aufzutragen.

Anmerkung: Abdichtungen mit Bitumen–Schweißbahnen werden vorzugsweise bei Arbeiten im Überkopfbereich und an unterschnittenen Flächen angewendet.

6.4.2 Die Einpressung der Abdichtung ist nicht erforderlich. Für die zulässige Druckbelastung gilt Tabelle 5.

6.4.3 An unterschnittenen Flächen sowie im oberen Gewölbe- und Ulmenbereich ist die Abdichtung stets nach den Zeilen 4 oder 5 der Tabelle 5 auszuführen.

6.4.4 Die Bahnen der einzelnen Lagen müssen sich an Nähten, Stößen und Anschlüssen um 10 cm überdecken.

6.5 Abdichtung mit Bitumen–Dichtungsbahnen

6.5.1 Die Abdichtung ist mindestens aus den in Tabelle 6 angegebenen Lagen herzustellen, die durch Bitumenklebemasse miteinander zu verbinden sind. Die Abdichtung ist mit einem Deckaufstrich zu versehen, falls erforderlich, ist auf dem Untergrund ein Voranstrich aufzubringen.

6.5.2 Die Einpressung der Abdichtung ist nicht erforderlich. Für die zulässige Druckbelastung gilt Tabelle 6.

6.5.3 Die Bahnen sind im Gieß–, im Flämm– oder im Gieß– und Einwalzverfahren einzubauen.

6.5.4 Die Massemengen von Klebeschichten und Deckaufstrich müssen Tabelle 7 entsprechen.

6.5.5 Wird die Abdichtung mit gefülltem Bitumen im Gieß– und Einwalzverfahren hergestellt, gilt Abschnitt 6.2.5 sinngemäß.

6.5.6 Die Bahnen der einzelnen Lagen müssen sich an Nähten, Stößen und Anschlüssen um 10 cm überdecken.

6.6 Abdichtung mit PIB–Bahnen und nackten Bitumenbahnen

6.6.1 Die Abdichtung ist aus einer Lage PIB–Bahnen in der nach Tabelle 8 angegebenen Mindestdicke herzustellen, die zwischen zwei Lagen nackter Bitumenbahnen mit Bitumenklebemasse einzukleben ist. Die Abdichtung ist mit einem Deckaufstrich zu versehen, falls erforderlich, ist auf dem Untergrund ein Voranstrich aufzubringen.

6.6.2 Die Einpressung der Abdichtung ist nicht erforderlich. Für die zulässige Druckbelastung gilt Tabelle 8.

6.6.3 Die PIB–Bahnen sind im Bürstenstreich– oder im Flämmverfahren, die nackten Bitumenbahnen sind im Bürstenstreich– oder im Gießverfahren einzubauen.

6.6.4 Die Massemengen, die die Klebeschichten und der Deckaufstrich mindestens enthalten müssen, sind je nach Einbauverfahren in den Tabellen 2 und 7 angegeben.

6.6.5 PIB–Bahnen, die quellverschweißt werden, müssen sich an Nähten, Stößen und Anschlüssen um mindestens 5 cm überdecken, sie sind mit einem Quellschweißmittel nach DIN 16935 zu verschweißen.
PIB–Bahnen, die mit Bitumen verklebt werden und die nackten Bitumenbahnen müssen sich an Nähten, Stößen und Anschlüssen um 10 cm überdecken.

6.7 Abdichtung mit PVC weich–Bahnen und nackten Bitumenbahnen

6.7.1 Die Abdichtung ist aus einer Lage PVC weich–Bahnen nach DIN 16937 in der nach Tabelle 9 angegebenen Mindestdicke herzustellen, die zwischen zwei Lagen nackter Bitumenbahnen mit Bitumenklebemasse einzukleben ist. Die Abdichtung ist mit einem Deckaufstrich zu versehen, falls erforderlich, ist auf dem Untergrund ein Voranstrich aufzubringen.

6.7.2 Die Einpressung der Abdichtung ist nicht erforderlich. Für die zulässige Druckbelastung gilt Tabelle 9.

6.7.3 Die PVC weich–Bahnen sind im Bürstenstreich– oder im Flämmverfahren, die nackten Bitumenbahnen sind im Bürstenstreich– oder im Gießverfahren einzubauen.

6.7.4 Die Massemengen, die die Klebeschichten und der Deckaufstrich mindestens enthalten müssen, sind je nach Einbauverfahren in den Tabellen 2 und 7 angegeben.

6.7.5 Die PVC weich–Bahnen müssen sich an Nähten, Stößen und Anschlüssen um mindestens 5 cm überdecken, wenn sie mit Tetrahydrofuran (THF) quellverschweißt werden. Sie müssen sich um mindestens 3 cm überdecken, wenn sie mit Warmgas heißverschweißt werden. Die nackten Bitumenbahnen müssen sich an Nähten, Stößen und Anschlüssen um mindestens 10 cm überdecken.

6.8 Abdichtung mit ECB–Bahnen und nackten Bitumenbahnen

6.8.1 Die Abdichtung ist aus einer Lage mindestens 2,0 mm dicker ECB–Bahnen herzustellen, die zwischen zwei Lagen nackter Bitumenbahnen mit Bitumenklebemasse einzukleben ist. Die Abdichtung ist mit einem Deckaufstrich zu versehen, falls erforderlich, ist auf dem Untergrund ein Voranstrich aufzubringen.

6.8.2 Die Einpressung der Abdichtung ist nicht erforderlich. Die zulässige Druckbelastung beträgt höchstens 1,0 MN/m².

6.8.3 Es dürfen nur ECB–Bahnen mit einer Breite bis zu 1 m verwendet werden. Sie sind im Bürstenstreich– oder im Flämmverfahren einzubauen, die Bitumenbahnen sind im Bürstenstreich– oder im Gießverfahren einzubauen.

6.8.4 Die Massemengen, die die Klebeschichten und der Deckaufstrich mindestens enthalten müssen, sind je nach Einbauverfahren in den Tabellen 2 und 7 angegeben.

6.8.5 ECB–Bahnen, die mit Warmgas heißverschweißt werden, müssen sich an Nähten, Stößen und Anschlüssen um mindestens 5 cm überdecken.

ECB–Bahnen, die mit Bitumen verklebt werden, und die nackten Bitumenbahnen müssen sich an Nähten, Stößen und Anschlüssen um 10 cm überdecken.

Tabelle 1: Anzahl der Lagen bei Abdichtungen nach Abschnitt 6.2

	1	2	3	4
1	Eintauchtiefe m	zul. Druckbelastung MN/m² max.	Bürstenstreich- oder Gießverfahren	Gieß- und Einwalzverfahren
			Lagenanzahl, mindestens	
2	bis 4	0,6	3	3
3	über 4 bis 9		4	3
4	über 9		5	4

Tabelle 2: Einbaumengen bei Abdichtungen nach Abschnitt 6.2 und Abschnitt 6.3

	1	2	3	4	5
1	Art der Klebe- und Aufstrichmasse	Klebeschichten im			
		Bürstenstreichverfahren	Gießverfahren	Gieß- und Einwalzverfahren	Deckaufstrich
		Mindesteinbaumengen in kg/m²			
2	Bitumen, ungefüllt	1,5	1,3	–	1,5
3	Bitumen, gefüllt ($\gamma = 1,5$)	–	–	2,5	–

Tabelle 3: Anzahl der Lagen bei Abdichtungen nach Abschnitt 6.3.1

	1	2	3	4
1	Eintauchtiefe m	zul. Druckbelastung MN/m² max.	Bürstenstreich- oder Gießverfahren	Gieß- und Einwalzverfahren
			Lagenanzahl, mindestens	
2	bis 4	1,0	3	3
3	über 4 bis 9		3	3
4	über 9		4	3

Tabelle 4: Anzahl der Lagen bei Abdichtungen nach Abschnitt 6.3.2

	1	2	3	4
1	Eintauchtiefe m	zul. Druckbelastung MN/m² max.	Bürstenstreich- oder Gießverfahren	Gieß- und Einwalzverfahren
			Lagenanzahl, mindestens	
2	bis 4	1,5	4	4
3	über 4 bis 9		4	4
4	über 9		5	4

Abdichtung gegen drückendes Wasser

Tabelle 5: Anzahl der Lagen und Art der Einlagen bei Abdichtungen nach Abschnitt 6.4

	1	2	3
1	Eintauchtiefe m	zul. Druckbelastung MN/m² max.	Lagenanzahl, min. und Art der Einlage der Bitumen-Schweißbahnen
2	bis 4		2 - Gewebeeinlage
3		bei Einlagen aus Jutegewebe: 1,0 Glasgewebe: 0,8	3 - Gewebeeinlage
4	über 4 bis 9		1 - Gewebeeinlage + 1 - Kupferbandeinlage
5	über 9		2 - Gewebeeinlage + 1 - Kupferbandeinlage

Tabelle 6: Anzahl der Lagen und Art der Einlagen bei Abdichtungen nach Abschnitt 6.5

	1	2	3
1	Eintauch-tiefe m	zul. Druckbe-lastung MN/m² max.	Lagenanzahl, min. und Art der Einlage der Bitumen-Dichtungsbahnen
2	bis 4		2 - Gewebeeinlage oder Kupfer-bandeinlage oder PETP-Einlage
3		bei Einlagen aus Glas-gewebe: 0,8 bei allen anderen Einlagen: 1,0	2 - Gewebeeinlage + 1 - PETP-Einlage
4	über 4 bis 9		3 - Gewebeeinlage
5			1 - Gewebeeinlage + 1 - Kupferbandeinlage
6	über 9		2 - Gewebeeinlage + 1 - Kupferbandeinlage
7			2 - PETP-Einlage + 1 - Kupferbandeinlage

Tabelle 8: Dicke der PIB-Bahnen bei Abdichtungen nach Abschnitt 6.6

	1	2	3
1	Eintauchtiefe m	zul. Druck-belastung MN/m² max.	PIB-Bahnen Mindestdicke mm
2	bis 4		1,5
3	über 4 bis 9	0,6	2,0
4	über 9		2,0

Tabelle 9: Dicke der PVC weich-Bahnen bei Abdichtungen nach Abschnitt 6.7

	1	2	3
1	Eintauchtiefe m	zul. Druck-belastung MN/m² max.	PVC-weich-Bahnen Mindestdicke mm
2	bis 4		1,5
3	über 4 bis 9	1,0	1,5
4	über 9		2,0

Tabelle 7: Einbaumengen bei Abdichtungen nach Abschnitt 6.5

	1	2	3	4	5
1	Art der Klebe- und Aufstrich-masse	Gieß-ver-fahren	Flämm-ver-fahren	Gieß- und Ein-walzver-fahren	Deck-auf-strich
		Klebeschichten im			
		Mindesteinbaumengen in kg/m²			
2	Bitumen, ungefüllt	1,3	1,5	–	1,5
3	Bitumen, gefüllt (γ = 1,5)	–	–	2,5	–

Ausführung der Abdichtung gegen von innen drückendes Wasser nach DIN 18195, Teil 7

1 Anwendungsbereich

Diese Norm gilt für die Abdichtung von Bauwerken mit Bitumenwerkstoffen, Metallbändern und Kunststoff-Dichtungsbahnen gegen von innen drückendes Wasser, d.h. gegen Wasser, das von innen auf die Abdichtung einen hydrostatischen Druck ausübt, z.B. bei Trinkwasserbehältern, Wasserspeicherbecken, Schwimmbecken, Regenrückhalte-becken, im folgenden Behälter genannt.

Diese Norm gilt nicht für die Abdichtung von Erdbauwerken und nicht für Abdichtungen im Chemieschutz.

2 Begriffe siehe 326.01.01

3 Stoffe siehe 326.01.01

4 Anforderungen

4.1 Abdichtungen gegen von innen drückendes Wasser (Behälterabdichtungen) müssen ein unbeabsichtigtes Ausflie-ßen des Wassers aus dem Behälter verhindern und das Bauwerk gegen das Wasser schützen. Sie müssen sich gegenüber dem zur Aufnahme bestimmten Wasser neutral verhalten und beständig sein.

4.2 Die Abdichtung ist auf der dem Wasser zugekehrten Bauwerksseite anzuordnen. Sie muss eine geschlossene Wanne bilden und in der Regel mindestens 300 mm über den höchsten Wasserstand geführt und gegen Hinterlaufen gesichert werden, sofern das Hinterlaufen der Abdichtung nicht auf andere Weise verhindert wird, z.B. bei Schwimmbecken.

4.3 Die Abdichtung darf bei den zu erwartenden Bewegungen der Bauteile, z.B. durch Befüllen und Entleeren, Schwinden, Temperaturänderungen, Setzungen, ihre Schutzwirkung nicht verlieren. Die Angaben über Größe und Art der aufzunehmen-den Bewegungen müssen bei der Planung der Bauwerksab-dichtung vorliegen.

4.4 Die Abdichtung muss Risse im Bauwerk, die z.B. durch Schwinden entstehen, überbrücken können. Durch konstrukti-ve Maßnahmen ist jedoch sicherzustellen, dass solche Risse zum Entstehungszeitpunkt nicht breiter als 0,5 mm sind und dass durch eine eventuelle weitere Bewegung der Breite ein Risse auf höchstens 5 mm und der Versatz der Risskanten auf höchstens 2 mm beschränkt bleiben.

5 Bauliche Erfordernisse

5.1 Bei der Planung des abzudichtenden Bauwerkes sind die Voraussetzungen für eine fachgerechte Anordnung und Ausführung der Abdichtung zu schaffen. Dabei ist die Wech-selwirkung zwischen Abdichtung und Bauwerk zu berücksichti-gen und gegebenenfalls die Beanspruchung der Abdichtung durch entsprechende konstruktive Maßnahmen in den zulässi-gen Grenzen zu halten. Eine eventuelle Kondensatbildung auf der dem Wasser abgewendeten Seite ist planerisch zu berücksichtigen.

5.2 Wird ein Behälterbauwerk außer von innen auch von außen durch Wasser beansprucht, ist es auch von außen der Beanspruchungsart entsprechend nach DIN 18195 Teil 4, Teil 5 oder Teil 6 abzudichten.

5.3 Die zu erwartenden Temperaturbeanspruchungen der Abdichtung sind bei der Planung zu berücksichtigen. Bei aufgeklebten Abdichtungen muss die Temperatur um mindes-tens 30 K unter dem Erweichungspunkt Ring und Kugel nach DIN 52011 der verwendeten Bitumenwerkstoffe bleiben.

5.4 Durch die Planung darf der Abdichtung keine Übertragung von Kräften parallel zur Abdichtungsebene zugewiesen werden. Gegebenenfalls muss durch Anordnung von Widerla-gern, Ankern, Bewehrung oder durch andere konstruktive Maßnahmen sichergestellt werden, dass Bauteile auf der Abdichtung nicht gleiten oder ausknicken.

5.5 Bauwerksflächen, auf die die Abdichtung aufgebracht werden soll, müssen fest, frei von Nestern, Unebenheiten, klaffenden Rissen oder Graten sein. Sie müssen ferner frei sein von schädlichen Stoffen, die die Abdichtung in ihrer Funktion beeinträchtigen können.
Bei aufgeklebten Abdichtungen müssen Kehlen mit einem Halbmesser von mindestens 40 mm ausgerundet und Kanten mindestens 30 mm x 30 mm abgefast sein.

5.6 Wird gegen die Abdichtung gemauert oder betoniert, muss dies hohlraumfrei erfolgen.

6 Ausführung

6.1 Allgemeines

6.1.1 Bei der Ausführung von Abdichtungen gegen von innen drückendes Wasser gilt für das Verarbeiten der Stoffe DIN 18195 Teil 3.

6.1.2 Die Abdichtungen dürfen nur bei Witterungsverhältnis-sen hergestellt werden, die sich nicht nachteilig auf sie auswirken, es sei denn, dass schädliche Wirkungen durch besondere Vorkehrungen mit Sicherheit verhindert werden.

6.2 Aufgeklebte Abdichtungen
Aufgeklebte Abdichtungen sind in einer der folgenden Bauwei-sen herzustellen:
a) Mit nackten Bitumenbahnen DIN 52129 – R 500 N und Metallbändern,
b) mit Bitumen-Dichtungsbahnen nach DIN 18190 Teil 2 bis Teil 5 oder Bitumen-Dachdichtungsbahnen nach DIN 52130,
c) mit nackten Bitumenbahnen DIN 52129 – R 500 N und Bahnen nach Aufzählung b),
d) mit Bitumen-Schweißbahnen nach DIN 52131,
e) mit PIB-Bahnen nach DIN 16935 und nackten Bitumen-bahnen DIN 52129 – R 500 N,
f) mit PVC-P-Bahnen nach DIN 16937 und nackten Bitumenbahnen DIN 52129 – R 500 N,
oder
g) mit ECB-Bahnen nach DIN 16729 und nackten Bitumen-bahnen DIN 52129 – R 500 N.

Für die Ausführung der Abdichtungen im einzelnen gelten die Regeln nach DIN 18195 Teil 6.

6.3 Lose verlegte Abdichtungen

6.3.1 Lose verlegte Abdichtungen sind aus jeweils einer Lage
a) ECB-Bahnen nach DIN 16729,
b) PVC-P-Bahnen nach DIN 16730,
c) PVC-P-Bahnen nach DIN 16734,
d) PVC-P-Bahnen nach DIN 16937
oder
e) PVC-P-Bahnen nach DIN 16938
herzustellen.

Die Bahnen müssen bei Wassertiefen (Eintauchtiefen) bis 9 m mindestens 1,5 mm dick und darüber mindestens 2 mm dick sein.

Wenn mit schädlichen Einflüssen aus dem Abdichtungsunter-grund zu rechnen ist, ist die Abdichtung auf einer Trenn- oder Schutzlage, z.B. aus Chemiefaservlies, herzustellen.

6.3.2 Die Abdichtung ist an Kehlen, Kanten und Ecken mit Formstücken oder Zulagen aus dem Bahnenmaterial zu verstärken, die mit der Abdichtungslage zu verschweißen sind.

6.3.3 Die Abdichtung ist am oberen Rand und in der Regel auch an Kehlen, Kanten und Ecken mechanisch auf dem Untergrund zu befestigen. Bei senkrechten oder stark geneig-ten Flächen über 4 m Höhe sind außerdem Zwischenbefesti-gungen vorzusehen.

Zur Befestigung sind kunststoffkaschierte Bleche, kunst-stoffkaschierte Metallprofile oder Kunststoffprofile zu verwen-den, die auf dem Abdichtungsuntergrund angebracht und an denen die Kunststoffbahnen angeschweißt werden.

Werden zur Befestigung der Abdichtung Befestigungsmittel eingesetzt, die die Abdichtung durchdringen, so müssen sie mit Bahnenmaterial überdeckt werden, das mit der Abdichtung wie die Nahtverbindungen der Bahnen zu verschweißen ist. Die Befestigungsmittel müssen korrosionsbeständig, mit dem Abdichtungsstoff verträglich und so ausgebildet sein, dass eine Beschädigung der Abdichtung ausgeschlossen ist.

6.3.4 Die obere Befestigung der Abdichtung ist so auszubil-den, dass bei Inbetriebnahme des abgedichteten Bauwerks (Behälterfüllung) die zwischen Abdichtung und Abdichtungs-untergrund eingeschlossene Luft entweichen kann.

6.3.5 Wenn eine Schutzschicht auf der Abdichtung angeord-net werden soll, ist eine feste Schutzschicht nach DIN 18195 Teil 10 vorzusehen. Falls erforderlich, ist eine Trenn- oder Schutzlage zwischen Schutzschicht und Abdichtung anzuord-nen (siehe Abschnitt 6.3.1, letzter Absatz).

Abdichtung gegen drückendes Wasser

Ausführung von Abdichtungen über Bewegungsfugen nach DIN 18336 (VOB/C)

Für Abdichtungen über Bewegungsfugen mit einem resultierenden Bewegungsmaß von max. 10 mm gilt:

3.5.1 Bodenfeuchtigkeit
Die Flächenabdichtung nach Abschnitt 3.2 ist über den Fugen durchzuführen; beide Seiten der Abdichtung sind durch je eine Lage Polymerbitumen-Schweißbahnen PYE-PV 200 S5 nach DIN 52133 "Polymerbitumen-Schweißbahnen – Begriffe, Bezeichnung, Anforderungen", mindestens 30 cm breit, mittig über der Fuge angeordnet, zu verstärken.

3.5.2 Nichtdrückendes Wasser

3.5.2.1 Bitumenbahnen
Die Flächenabdichtung nach den Abschnitten 3.3.1.1 oder 3.3.2.1 ist über den Fugen durchzuführen, beide Seiten der Abdichtung sind durch je eine Lage Polymerbitumen-Schweißbahnen PYE-PV 200 S 5 nach DIN 52133, mindestens 30 cm breit, mittig über der Fuge angeordnet, zu verstärken.

3.5.2.2 Kunststoff-Dichtungsbahnen
Die Flächenabdichtung nach den Abschnitten 3.3.1.2 oder 3.3.2.2 ist über den Fugen durchzuführen; vorher sind die Fugen mit einem einseitig befestigten, kunststoffbeschichteten Blech, mindestens 0,5 mm dick und mindestens 20 cm breit, abzudecken.

3.5.3 Drückendes Wasser

3.5.3.1 Von außen drückendes Wasser
Die Flächenabdichtung nach Abschnitt 3.4.1 ist über den Fugen durchzuführen; beide Seiten der Abdichtung sind durch Kupferriffelbänder, 0,2 mm dick, mindestens 30 cm breit, mittig über der Fuge angeordnet, zu verstärken.
Die Kupferriffelbänder sind durch Zulagen aus nackten Bitumenbahnen R 500 N nach DIN 52129, mindestens 50 cm breit, auf ihren Außenseiten zu schützen.

3.5.3.2 Von innen drückendes Wasser
Die Flächenabdichtung nach Abschnitt 3.4.2 ist über den Fugen durchzuführen; vorher sind die Fugen mit einem einseitig befestigten, kunststoffbeschichteten Blech, mindestens 0,5 mm dick und mindestens 20 cm breit, abzudecken.

3.5.4 Im übrigen gilt DIN 18195-8 "Bauwerksabdichtungen – Abdichtungen über Bewegungsfugen".

Abdichtung von Bewegungsfugen (nach Lit. 61, 62)

51 bis 54 Verschiedene Dichtungsarten mit zusätzlichen Pappeinlagen (a); Bleiblech, 3 mm (b); *Alcuta*-Riffelblech 0,2 mm, (c); Kupferblech, 1 mm (d).

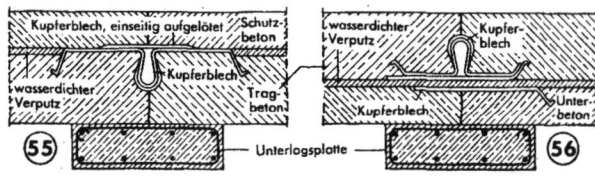

55, 56 Unterstützung der Fuge durch bewehrte Unterlagsplatte

Bauwerksabdichtungen über Bewegungsfugen nach DIN 18195, Teil 8

1 Anwendungsbereich und Zweck
Diese Norm gilt im Zusammenhang mit Abdichtungen gegen
- Bodenfeuchtigkeit nach DIN 18195 Teil 4,
- nichtdrückendes Wasser nach DIN 18195 Teil 5 und
- von außen drückendes Wasser nach DIN 18195 Teil 6
für die Abdichtung über Bewegungsfugen von Bauwerken (im folgenden kurz Fugen genannt).

2 Begriffe siehe 326.01.01

3 Stoffe siehe 326.01.01

4 Anforderungen

4.1 Abdichtungen über Fugen müssen das Eindringen von Bodenfeuchtigkeit bzw. Wasser durch die Fugen in das Bauwerk verhindern.

4.2 Die Abdichtungen müssen beständig sein gegen natürliche und durch Lösungen aus Beton oder Mörtel entstandene bzw. aus der Bauwerksnutzung herrührende Wässer. Sie müssen ferner die Beanspruchungen aus Fugenbewegungen, Temperaturveränderungen und gegebenenfalls Wasserdruck schadlos aufnehmen.

5 Bauliche Erfordernisse

5.1 Die erforderlichen Angaben über die zu erwartenden Beanspruchungen der Abdichtungen über Fugen müssen bei der Planung der Bauwerksabdichtung vorliegen.

5.2 Die Ausbildung der Fugen in der Bauwerkskonstruktion muss auf das Abdichtungssystem sowie auf die Art, Richtung und Größe der aufzunehmenden Bewegungen abgestimmt sein.

5.3 Die Fugen sollen möglichst gradlinig und ohne Vorsprünge verlaufen. Der Schnittwinkel von Fugen untereinander und mit Kehlen oder Kanten soll nicht wesentlich vom rechten Winkel abweichen.

5.4 Die Bauwerksabdichtung soll zu beiden Seiten der Fugen in derselben Ebene liegen. Der Abstand der Fugen von parallel verlaufenden Kehlen und Kanten sowie von Durchdringungen muss mindestens die halbe Breite der Verstärkungsstreifen (siehe Tabelle) zuzüglich der erforderlichen Anschlussbreite für die Flächenabdichtung betragen. Wenn dies im Einzelfall bei Abdichtungen gegen nichtdrückendes Wasser nicht eingehalten werden kann, sind Sonderkonstruktionen, z.B. Stützbleche, erforderlich.

5.5 Fugen müssen auch in angrenzenden Bauteilen, z.B. Schutzschichten, an der gleichen Stelle wie in dem abzudichtenden Bauteil ausgebildet werden. Von dieser Regel darf nur bei Dehnungsfugen, d.h. bei Fugen, die ausschließlich Bewegungen parallel zur Abdichtungsebene aufzunehmen haben, unter der Geländeoberfläche abgewichen werden.

5.6 Die Verformung der Abdichtung, die sich aus ihrer mechanischen Beanspruchung ergibt, muss bei der Ausbildung der abzudichtenden und angrenzenden Bauteile berücksichtigt werden, z.B. durch die Anordnung von Fugenkammern (siehe Tabelle).

5.7 Fugenfüllstoffe müssen mit den vorgesehenen Abdichtungsstoffen verträglich sein.

6 Ausführung

6.1 Allgemeines

6.1.1 Im folgenden wird die Ausführung der Abdichtung über Fugen angegeben, bei denen das Maß von
- 40 mm bei Bewegungen ausschließlich senkrecht zur Abdichtungsebene,
- 30 mm bei Bewegungen ausschließlich parallel zur Abdichtungsebene und
- 25 mm bei einer Kombination beider Bewegungsarten
nicht überschritten wird.

6.1.2 Es ist zwischen Fugen des Typs I und II zu unterscheiden.

Fugen Typ I sind Fugen für langsam ablaufende und einmalige oder selten wiederholte Bewegungen, z.B. Setzungsbewegungen oder Längenänderungen durch jahreszeitliche Temperaturschwankungen. Diese Fugen befinden sich in der Regel unter der Geländeoberfläche.

Fugen Typ II sind Fugen für schnellablaufende oder häufig wiederholte Bewegungen, z.B. Bewegungen durch wechselnde Verkehrslasten oder Längenänderungen durch tageszeitliche Temperaturschwankungen. Diese Fugen befinden sich in der Regel oberhalb der Geländeoberfläche.

6.1.3 Abdichtungen über Fugen, deren Bewegungen die Maße nach Abschnitt 6.1.1 überschreiten, sind grundsätzlich mit Hilfe von Los- und Festflanschkonstruktionen nach DIN 18195 Teil 9, erforderlichenfalls in Doppelausführung, herzustellen. Dabei ist auf beiden Seiten der Fugen eine Los- und Festflanschkonstruktion anzuordnen, an denen sowohl die Flächenabdichtungen als auch das verbindende Dichtungsprofil wasserdicht anzuschließen sind.

6.2 Bei Abdichtungen gegen Bodenfeuchtigkeit

6.2.1 Fugen Typ I mit Bewegungen bis 5 mm
Bei Flächenabdichtungen aus Bitumenwerkstoffen sind die Fugen durch mindestens 1 Lage Bitumen-Dichtungs- oder Schweißbahnen, 500 mm breit, mit Gewebe- oder Metallbandeinlage abzudichten.

Bei Flächenabdichtungen aus Kunststoff-Dichtungsbahnen sind die Abdichtungen ohne weitere Verstärkung über den Fugen durchzuziehen.

6.2.2 Fugen Typ I mit Bewegungen über 5 mm und Fugen Typ II
Die Abdichtungen über den Fugen ist nach Abschnitt 6.3 auszuführen.

6.3 Bei Abdichtungen gegen nichtdrückendes Wasser

6.3.1 Fugen Typ I
Bei Flächenabdichtungen aus Bitumenwerkstoffen sind die Abdichtungen über den Fugen durchzuziehen und durch mindestens 2, mindestens 300 mm breite Streifen zu verstärken, die bestehen können aus
- Kupferband, mindestens 0,2 mm dick,
- Edelstahlband, mindestens 0,05 mm dick,
- Elastomer-Bahnen, mindestens 2 mm dick,
- Kunststoff-Dichtungsbahnen, mindestens 1,5 mm dick oder
- Bitumenbahnen mit Polyestervlieseinlage, mindestens 3,0 mm dick.
Für ebene Verstärkungen sind die erforderliche Anzahl der Verstärkungsstreifen und ihre Breite in Abhängigkeit von der Fugenbewegung sowie die Größe der erforderlichen Fugenkammer in der Tabelle angegeben.

Die Verstärkungsstreifen sind so anzuordnen, dass sie voneinander jeweils durch eine Abdichtungslage oder durch eine zusätzliche Lage (Zulage) getrennt sind. Werden Metallbänder aus den Außenseiten der Abdichtung angeordnet, so sind sie jeweils durch eine weitere Zulage zu schützen.
Bei Flächenabdichtungen aus lose verlegten Kunststoff-Dichtungsbahnen sind die Abdichtungen über den Fugen durchzuziehen, wobei die Bahnen im Fugenbereich zu unterstützen sind.
Diese Unterstützung ist vorzunehmen durch
- etwa 0,5 mm dicke und etwa 0,2 mm breite kunststoffbeschichtete Bleche, auf einer Seite der Fuge an der Abdichtungsunterlage befestigt sein dürfen, oder durch
- einzubetonierende, außenliegende Profilbänder.
Ausführungen nach Abschnitt 6.3.2 dürfen ebenfalls verwendet werden.

6.3.2 Fugen Typ II
Unter Berücksichtigung der Größe und Häufigkeit der Fugenbewegungen sowie der Art der Wasserbeanspruchung ist die Art der Abdichtung im Einzelfall festzulegen, z.B. durch Unterbrechen der Flächenabdichtung und schlaufenartige Anordnung geeigneter Abdichtungsstoffe oder mit Hilfe von Los- und Festflanschkonstruktionen.

6.4 Bei Abdichtungen gegen von außen drückendes Wasser

6.4.1 Fugen Typ I
Die Flächenabdichtung ist über den Fugen durchzuziehen und durch mindestens 2, mindestens 300 mm breite Streifen zu verstärken, die bestehen können aus
- Kupferband, mindestens 0,2 mm dick,
- Edelstahlband, mindestens 0,05 mm dick oder
- Kunststoff-Dichtungsbahnen, mindestens 1,5 mm dick.
Für die Anzahl, die Größe und die Anordnung der Verstärkungen sowie die Fugenkammer gilt Abschnitt 6.3.1.
Werden nur 2 Verstärkungsstreifen eingebaut, so müssen sie immer aus Metallband bestehen, an den Außenseiten der Abdichtung angeordnet und jeweils durch eine Zulage aus Bitumenbahnen geschützt werden. Weitere Verstärkungsstreifen dürfen auch aus Kunststoff-Dichtungsbahnen bestehen. Ihre Dicke muss den für die Flächenabdichtung verwendeten Kunststoffbahnen in Abhängigkeit von der Eintauchtiefe nach DIN 18195 Teil 6 entsprechen.

6.4.2 Fugen Typ II
Die Abdichtung über den Fugen ist grundsätzlich mit Sonderkonstruktionen, z.B. mit Los- und Festflanschkonstruktionen nach DIN 18195 Teil 9, erforderlichenfalls in Doppelausführung, herzustellen.

Tabelle. Verstärkungsstreifen und Fugenkammern für Fugen Typ I

Bewegung zur Abdichtungsebene ausschließlich		kombinierte Bewegung	Verstärkungsstreifen		Fugenkammer in waagerechten und schwach geneigten Flächen	
senkrecht	parallel		Anzahl	Breite	Breite[1]	Tiefe
mm	mm	mm		mm	mm	mm
10	10	10	2	≥ 300	–	–
20	20	15	2	≥ 500	–	–
30	30	20	3	≥ 500	100	50 bis 80
40	–	25	4	≥ 500		

[1] Gesamtbreite einschließlich Fugenbreite.

Abdichtung gegen drückendes Wasser

Ausführung von Abdichtungen im Bereich Durchdringungen, Übergänge, Abschlüsse nach DIN 18336 (VOB/C)

3.6 Durchdringungen, Übergänge, Abschlüsse

3.6.1 Bodenfeuchtigkeit

Anschlüsse an Durchdringungen und Übergänge sind mit Klebeflanschen auszuführen.

3.6.2 Nichtdrückendes Wasser
3.6.2.1 Bitumenbahnen

Anschlüsse an Durchdringungen und Übergänge sind mit Klebeflanschen auszuführen.

Anschlüsse an aufgehende Bauteile sind mit Klemmschienen auszuführen.

3.6.2.2 Kunststoff-Dichtungsbahnen

Anschlüsse an Durchdringungen und Übergänge sind mit Anschweißflanschen auszuführen.

Anschlüsse an aufgehenden Bauteilen sind mit kunststoffbeschichteten Blechen auszuführen.

3.6.3 Drückendes Wasser

Anschlüsse an Durchdringungen und Übergänge sind mit Los- und Festflanschkonstruktionen auszuführen; die Abdichtung ist gleichmäßig einzuspannen.

Abschlüsse sind bei innerem Einbau der Abdichtung durch Umlegen der Abdichtung auf die Wandschutzschicht herzustellen, bei äußerem Einbau der Abdichtung mit Klemmschienen auszuführen.

3.6.4 Im übrigen gilt DIN 18195-9 "Bauwerksabdichtungen – Durchdringungen, Übergänge, Abschlüsse".

Bauwerksabdichtungen, Durchdringungen, Abschlüsse nach DIN 18195 Teil 9

1 Anwendungsbereich und Zweck
Diese Norm gilt im Zusammenhang mit Abdichtungen gegen
- Bodenfeuchtigkeit nach DIN 18195 Teil 4,
- nichtdrückendes Wasser nach DIN 18195 Teil 5 und
- von außen drückendes Wasser nach DIN 18195 Teil 6
für das Herstellen von Durchdringungen, Übergängen und Abschlüssen.
Diese Norm gilt nicht bei Dachabdichtungen und nicht bei der Abdichtung der Fahrbahntafeln von Brücken, die zu öffentlichen Straßen gehören (siehe auch DIN 18195 Teil 1).

2 Begriffe siehe 326.01.01

3 Anforderungen
Durchdringungen, Übergänge und Abschlüsse müssen, erforderlichenfalls mit Hilfe von Einbauteilen, so hergestellt sein, dass sie den verwendeten Abdichtungsstoffen und der jeweiligen Wasserbeanspruchung entsprechen.
Sie dürfen auch bei zu erwartenden Bewegungen der Bauteile ihre Funktion nicht verlieren. Soweit erforderlich, sind dafür besondere Maßnahmen zu treffen, z.B. die Anordnung von Mantelrohrkonstruktionen mit Stopfbuchsen für Rohr- und Kabeldurchführungen.
Durchdringungen, Übergänge und Abschlüsse müssen so angeordnet werden, dass die Bauwerksabdichtung fachgerecht angeschlossen werden kann.

4 Ausführung
4.1 Bei Abdichtungen gegen Bodenfeuchtigkeit
Anschlüsse an Durchdringungen von Aufstrichen und Spachtelmassen aus Bitumen sind mit spachtelbaren Stoffen oder mit Manschetten auszuführen.
Abdichtungsbahnen sind in der Regel mit Klebeflansch, Anschweißflansch oder mit Manschette und Schelle anzuschließen.
Abschlüsse von Abdichtungen mit bahnenförmigen Stoffen sind durch Verwahrung der Bahnenränder herzustellen, z.B. durch Einziehen in eine Nut oder durch Anordnung von Klemmschienen.
Enden auf der Anschlussfläche mehrere Lagen, so sind sie gestaffelt anzuschließen.
Bei Verwendung von Anschweißflanschen im Zusammenhang mit Abdichtungen aus Hochpolymerbahnen sind die Schweißnahtbreiten nach DIN 18195 Teil 3 einzuhalten.
Die Abdichtungen müssen auf den Anschlussflächen von Klebeflanschen, Anschweißflanschen und Manschetten enden und dürfen nicht aufgekantet werden.

4.2 Bei Abdichtungen gegen nichtdrückendes Wasser
Anschlüsse an Durchdringungen sind durch Klebeflansche, Anschweißflansche, Manschetten, Manschetten mit Schellen oder durch Los- und Festflanschkonstruktionen auszuführen.
Übergänge sind durch Klebeflansche, Anschweißflansche, Klemmschienen oder Los- und Festflanschkonstruktionen herzustellen. Übergänge zwischen Abdichtungssystemen aus verträglichen Stoffen dürfen auch ohne Einbauteile ausgeführt werden.
Anschlüsse an aufgehenden Bauteilen sind zu sichern, indem der Abdichtungsrand in Nuten eingezogen oder mit Klemmschienen versehen oder konstruktiv abgedeckt wird. Die Abdichtung ist in der Regel mindestens 150 mm über die Oberfläche eines über der Abdichtung liegenden Belages hochzuziehen.

4.3 Bei Abdichtungen gegen drückendes Wasser
Anschlüsse an Durchdringungen sind mit Los- und Festflanschkonstruktionen auszuführen.
Übergänge sind mit Los- und Festflanschkonstruktionen herzustellen; bei der Verbindung von unterschiedlichen Abdichtungssystemen als Doppelflansche mit Trennleiste auszuführen (siehe Bild 3).
Abschlüsse sind wie in Abschnitt 4.2 auszuführen.

5 Ausbildung und Anordnung von Einbauteilen
5.1 Allgemeines
Einbauteile müssen gegen natürliche und/oder durch Lösungen aus Beton bzw. Mörtel entstandene Wässer unempfindlich und mit den anzuschließenden Abdichtungsstoffen verträglich sein. Grundsätzlich ist bei der Stoffwahl für Einbauteile die Gefahr der Korrosion, z.B. infolge elektrolytischer Vorgänge, zu beachten. Erforderlichenfalls sind nichtrostende Stoffe zu verwenden oder geeignete Korrosionsschutzmaßnahmen zu treffen.
Die der Abdichtung zugewandten Kanten von Einbauteilen müssen frei von Graten sein.
Abläufe als Einbauteile bei Abdichtungen gegen nichtdrückendes Wasser müssen DIN 19599 entsprechen. Bei Abläufen mit Los- und Festflansch müssen die Losflansche zum Anschluss der Abdichtung aufschraubbar sein.

5.2 Klebeflansche, Anschweißflansche, Manschetten
Klebeflansche, Anschweißflansche und Manschetten müssen der Abdichtungsart entsprechend aus geeigneten Metallen, Kunststoffen oder kunststoffbeschichteten Metallen bestehen. Sie müssen sauber, in ihrer Lage ausreichend gesichert und, soweit erforderlich, mit einem Voranstrich versehen sein. Sie selbst und ihr Anschluss an durchdringende Bauteile müssen wasserdicht sein.
Klebeflansche, Anschweißflansche und Manschetten sollen so angeordnet werden, dass ihre Außenkanten mindestens 150 mm von Bauwerkskanten und -kehlen sowie mindestens 500 mm von Bauwerksfugen entfernt sind.
Bei Abdichtungen aus Bitumenbahnen oder aus aufgeklebten Hochpolymerbahnen müssen die Anschlussflächen mindestens 100 mm breit sein. Die Abdichtungen sind an den Anschlüssen erforderlichenfalls zu verstärken.
Alle Schweißnähte, die den Wasserweg unterbinden sollen, müssen wasserdicht und nach Möglichkeit zweilagig ausgeführt sein. Die Stumpfstöße der Festflansche sind voll durchzuschweißen und auf der Abdichtungsfläche plan zu schleifen. Die Losflansche dürfen nicht steifer ausgebildet sein als die Festflansche. Ihre Länge darf 1,50 m nicht übersteigen und muss so gewählt werden, dass sie passgerecht ohne Beschädigung der Bolzen eingebaut werden können. Der Zwischenraum zwischen zwei Losflanschen darf in der Regel nicht mehr als 4 mm betragen. Über den Stoßstellen der Festflansche sollen auch die Losflansche gestoßen sein. Für die Bolzen sind aufgeschweißte Gewindebolzen oder durchgesteckte und verschweißte Sechskantschrauben zu verwenden. Bei aufgeschweißten Gewindebolzen ist die Schweißnaht nötigenfalls statisch nachzuweisen. Die Bolzenlänge ist so zu bemessen, dass nach Aufsetzen der Schraubmutter im ungepressten Zustand der Abdichtung mindestens zwei Gewindegänge am Bolzenende frei sind.
Ändern sich die Neigungen der Abdichtungsebenen bezogen auf die Längsrichtung von Los- und Festflanschkonstruktionen um mehr als 45 °, so sind sie an diesen Stellen mit einem Radius von mindestens 200 mm auszubilden, wobei in der Winkelhalbierenden ein Bolzen anzuordnen ist. Die Losflansche sind als Passstücke mit Langlöchern hergestellt (siehe Bild 4). Wegen der Langlöcher sind beim Anschrauben Unterlegscheiben zu verwenden (siehe Bild 4).
Los- und Festflanschkonstruktionen sind so anzuordnen, dass ihre Außenkanten mindestens 300 mm von Bauwerkskanten und -kehlen sowie mindestens 500 mm von Bauwerksfugen entfernt sind. Sie sind im Bauwerk zu verankern und die Festflansche so einzubauen, dass ihre Oberflächen mit den angrenzenden abzudichtenden Bauwerksflächen eine Ebene bilden. Der der Abdichtung zugewandten Flanschflächen sind unmittelbar vor Einbau der Abdichtung zu säubern und erforderlichenfalls mit einem Voranstrich zu versehen. Zum Einbau der Abdichtung in Los- und Festflanschkonstruktionen müssen die Löcher zum Durchstecken der Bolzen in die einzelnen Abdichtungslagen mit dem Locheisen eingestanzt werden. Notwendige Stöße und Nähte der Abdichtungslagen in den Flanschbereichen sind stumpf zu stoßen und gegeneinander versetzt anzuordnen.

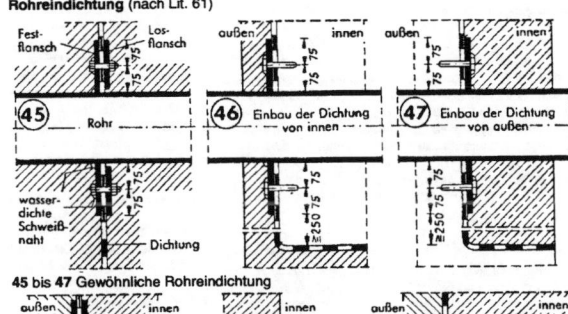

45 bis 47 Gewöhnliche Rohreindichtung

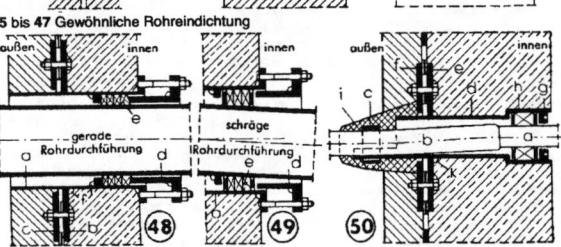

48, 49 Bei größeren Rohrdurchmessern und zu erwartenden Rohrbewegungen Anschluss mit Mantelrohr und Stopfbuchse: a = Mantelrohr, b = Festflansch, c = Losflansch, d = Stopfbuchse, e = Dichtungspackungen, f = Schweißnähte.
50 Dichtung einer Kabeleinführung: a = Kabel, b = bewehrtes Kabel, c = Schelle zur Einspannung des Kabels, d = Mantelrohr, e = Festflansch, f = Losflansch, g = Gewindering, h = Dichtungspackungen, i = Dichtungskappe aus Binden und Wickeln, k = wasserdichte Schweißnähte.

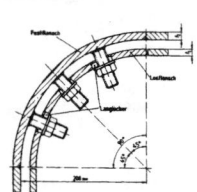

Bild 2: Los- und Festflanschkonstruktion aus Flach- und Winkeleisen

Bild 4: Los- und Festflanschkonstruktion bei Richtungsänderung der Abdichtungsebene, Längsschnitt

Bild 5: Telleranker für Bitumen-Abdichtungen, Mindestmaße

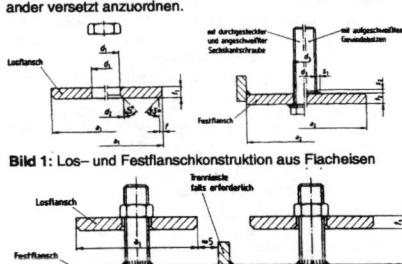

Bild 1: Los- und Festflanschkonstruktion aus Flacheisen

Bild 3: Los- und Festflanschkonstruktion in Doppelausführung für Übergänge

Tabelle. Regelmaße für Klemmschienen und Los- und Festflanschkonstruktionen

Art der Maße (siehe Bild 1 bis Bild 4)	Klemmschienen	Los- und Festflanschkonstruktionen	
	Für Bauwerksabdichtungen gegen		
	nichtdrückendes Wasser [1]	nichtdrückendes Wasser	von außen drückendes Wasser
1	*2*	*3*	*4*
Klemmschiene bzw. Losflansch			
1 Breite a_1	≥ 50	≥ 60	≥ 150
2 Dicke t_1	5 bis 7	≥ 6	≥ 10
3 Kantenabfasung f	≈ 1	≈ 2	≈ 2
Festflansch			
4 Breite a_2	–	≥ 70	≥ 160
5 Dicke t_2	–	≥ 6, ≥ t_1	≥ 10, ≥ t_1
6 **Schraube bzw. Bolzen** Durchmesser d_1	≥ 8	≥ 12	≥ 20
Schweißnaht bei Gewindebolzen			
7 Breite s_1	–	≈ 2,0	≈ 2,5
8 Höhe s_2	–	≈ 3,2	≈ 5,0
9 **Schraub- bzw. Bolzenlochdurch-** messer d_2	≥ 10	≥ 14	≥ 22
10 **Erweiterung bei Gewindebolzen** Durchmesser d_3	–	$d_1 + 2 \cdot s_1$	$d_1 + 2 \cdot s_1$
11 **Schraub- bzw. Bolzenabstand untereinander**	150 bis 200	75 bis 150	75 bis 150
12 **Schraubenabstand vom Ende der Klemmschienen bzw. Bolzenabstand vom Ende der Losflansche**	≤ 75	≤ 75	≤ 75

[1] Klemmschienen für Abdichtungen gegen nichtdrückendes Wasser im Bereich mäßiger Beanspruchung und für Abdichtungen gegen Bodenfeuchtigkeit mit kleineren Maßen müssen eine solche Biegesteifigkeit aufweisen, dass eine einwandfreie Verwahrung der Abdichtung sichergestellt wird.

Schutzschichten

Dies gilt auch für die bei Kunststoffabdichtungen erforderlichen Dichtungsbeilagen. Die Bolzen müssen bis zum Aufsetzen der Schraubmuttern vor Verschmutzung und Beschädigung geschützt werden. Die Schraubmuttern sind mehrmals anzuziehen, gegebenenfalls letztmalig unmittelbar vor dem Einbetonieren oder Einmauern der Konstruktion. Der Anpressdruck der Schraubmuttern ist auf die Flanschkonstruktion und auf die Art der Abdichtung abzustimmen.
Bei Bitumen–Abdichtungen ist am freien Ende das Ausquetschen der Bitumenmasse zu begrenzen. Hierzu ist erforderlichenfalls eine Stahlleiste anzuordnen (siehe Bild 1). Bei Übergängen von Abdichtungssystemen mit unverträglichen Stoffen sind stählerne Trennleisten vorzusehen (siehe Bild 3).

5.3 Schellen
Schellen müssen in der Regel aus Metall bestehen und mehrfach nachspannbar sein. Soweit für den Einbau erforderlich, dürfen sie mehrteilig sein. Ihre Anpressflächen müssen mindestens 25 mm breit sein.
Der Anpressdruck ist in Abhängigkeit von den verwendeten Abdichtungsstoffen so zu bemessen, dass die Abdichtung nicht abgeschnürt wird.

5.4 Klemmschienen
Die Maße von Klemmschienen und der zu ihrer Befestigung zu verwendenden Sechskantschrauben müssen den Werten der Tabelle, Spalte 2, entsprechen. Die Einzellängen von Klemmschienen sollen 2,50 m nicht überschreiten.
Klemmschienen sind mit Sechskantschrauben in Dübeln an ausreichend ebenen Bauwerksflächen zu befestigen, wobei die Abdichtungsränder wasserdicht zwischen Klemmschienen und Bauwerksflächen eingeklemmt werden. An Bauwerkskanten und –kehlen sind Klemmschienen so zu unterbrechen, dass sie sich bei temperaturbedingter Ausdehnung nicht gegenseitig behindern.

5.5 Los– und Festflanschkonstruktionen
Los– und Festflanschkonstruktionen müssen in der Regel aus schweißbarem Stahl bestehen und ihre Maße müssen den Werten der Tabelle, Spalte 3 bzw. Spalte 4 entsprechen. Ihre Formen müssen in Abhängigkeit von ihrer Anordnung den Bildern 1 bis 4 entsprechen.

5.6 Telleranker
Telleranker zur Verwendung bei Bitumen–Abdichtungen müssen in der Regel in Form und Mindestmaßen Bild 5 entsprechen. Die Form der Anker für Los– und Festplatten sind den jeweiligen konstruktiven Erfordernissen entsprechend auszubilden, z.B. als Platten anstelle von Haken. Falls Telleranker mit abweichenden Formen und Maßen verwendet werden, müssen sie jedoch den nachfolgenden Anforderungen entsprechen.

Die Los– und Festplatten von Tellerankern sind im allgemeinen mit gleichem Durchmesser kreisrund auszubilden. Werden Festplatten mit quadratischen Formen verwendet, so müssen ihre Kantenlängen mindestens 10 mm größer als die Durchmesser der Losplatten sein. Für die Schweißnähte von Tellerankern gilt Abschnitt 5.5 sinngemäß.
Die Gewindehülse der Festverankerung ist vor Verschmutzung zu schützen und für den Einbau von Losverankerung in ihrer Lage zu kennzeichnen. Beim Einbau der Losverankerung muss ihr Gewinde mindestens um das Maß des Bolzendurchmessers in die Gewindehülse eingeschraubt werden.
Zur Verwendung bei Kunststoffabdichtungen sind Telleranker in Sonderausführungen mit im allgemeinen geringeren Maßen als in Bild 5 einzusetzen.

Bauwerksabdichtungen, Schutzschichten und Schutzmaßnahmen DIN 18195, Teil 10

1 Anwendungsbereich und Zweck
Diese Norm gilt für Schutzschichten auf Bauwerksabdichtungen gegen
- Bodenfeuchtigkeit nach DIN 18195 Teil 4,
- nichtdrückendes Wasser nach DIN 18195 Teil 5 und
- von außen drückendes Wasser nach DIN 18195 Teil 6

sowie für Schutzmaßnahmen, die vorzusehen sind, um Bauwerksabdichtungen bis zur Fertigstellung des Bauwerks vor Beschädigungen zu schützen.

2 Begriffe siehe 326.01.01

3 Schutzschichten

3.1 Stoffe
Stoffe für Schutzschichten müssen mit der Bauwerksabdichtung verträglich und gegen die auf sie einwirkenden Beanspruchungen mechanischer, thermischer und chemischer Art widerstandsfähig sein.

3.2 Anforderungen

3.2.1 Schutzschichten müssen Bauwerksabdichtungen dauerhaft vor schädigenden Einflüssen statischer, dynamischer und thermischer Art schützen. Sie können in Einzelfällen Nutzschichten des Bauwerks bilden.

3.2.2 Bewegungen und Verformungen der Schutzschichten dürfen die Abdichtung nicht beschädigen. Schutzschichten für Bauwerksabdichtungen nach DIN 18195 Teil 5 sind erforderlichenfalls von der Abdichtung zu trennen und durch Fugen aufzuteilen. Darüber hinaus müssen in diesem Fall an Aufkantungen und Durchdringungen der Abdichtung in der Schutzschicht ausreichend breite Fugen vorhanden sein.
In festen Schutzschichten sind ferner Fugen im Bereich von Neigungswechseln, z.B. beim Übergang von schwach zu stark geneigten Flächen, anzuordnen, sofern die Neigungen mehr als 2 m lang sind.

3.2.3 Bei Bauwerksfugen sind in festen Schutzschichten Fugen an gleicher Stelle anzuordnen; für die Einzelheiten gilt DIN 18195 Teil 8.

3.2.4 Fugen in waagerechten oder schwach geneigten Schutzschichten müssen verschlossen sein, für Fugen über Bauwerksfugen sind dafür Einlagen und/oder Verguss vorzusehen.

3.3 Ausführung

3.3.1 Allgemeines

3.3.1.1 Die Art der Schutzschicht ist in Abhängigkeit von den zu erwartenden Beanspruchungen und den örtlichen Gegebenheiten auszuwählen. Schutzschichten, die auf die fertige Abdichtung aufgebracht werden, sind möglichst unverzüglich nach Fertigstellung der Abdichtung herzustellen. Im anderen Fall sind Schutzmaßnahmen gegen Beschädigungen nach Abschnitt 4 zu treffen.

3.3.1.2 Beim Herstellen von Schutzschichten dürfen die Abdichtungen nicht beschädigt werden; Verunreinigungen auf den Abdichtungen sind vorher sorgfältig zu entfernen.

3.3.1.3 Schutzschichten auf geneigten Abdichtungen sind, sofern sie nicht aus Bitumen–Dichtungsbahnen bestehen, vom tiefsten Punkt nach oben und in solchen Teilabschnitten herzustellen, dass sie nicht abrutschen können.

3.3.1.4 Senkrechte Schutzschichten, die vor Herstellung der Abdichtung ausgeführt werden und als Abdichtungsrücklage dienen, müssen in jedem Bauzustand standsicher sein. Senkrechte Schutzschichten, die nachträglich hergestellt werden, müssen abschnittsweise hinterfüllt oder abgestützt werden.

3.3.1.5 Auf waagerechte oder schwach geneigte Schutzschichten dürfen Lasten oder lose Massen nur dann aufgebracht werden, wenn die Schutzschichten belastbar und erforderlichenfalls gesichert sind.

3.3.2 Schutzschichten aus Mauerwerk

3.3.2.1 Schutzschichten aus Mauerwerk sind 11,5 cm dick unter Verwendung von Mörtel der Mörtelgruppe II oder III nach DIN 1053 Teil 1 herzustellen. Dabei sind senkrechte Schutzschichten von waagerechten oder geneigten Flächen durch Fugen mit Einlagen zu trennen. Senkrechte Schutzschichten sind durch senkrechte Fugen im Abstand von höchstens 7 m zu unterteilen und von den Eckbereichen zu trennen.

3.3.2.2 Freistehende Schutzschichten, die vor Herstellung der Abdichtung ausgeführt werden und als Abdichtungsrücklage dienen, dürfen mit höchstens 12,5 cm dicken und 24 cm breiten Vorlagen verstärkt werden.

3.3.2.3 Die abdichtungsseitige Fläche des Mauerwerks ist mit einem glatt geriebenen, etwa 1 cm dicken Putz der Mörtelgruppe II nach DIN 18550 zu versehen. Alle Ecken und Kanten sind zu runden, die Ecke am Fuß des Mauerwerks ist als Kehle mit etwa 4 cm großem Halbmesser auszubilden. Die Einlagen der senkrechten Fugen nach Abschnitt 3.3.2.1 müssen auch den Kehlenbereich erfassen.

3.3.2.4 Bei senkrechten Schutzschichten, die nach Herstellung der Abdichtung ausgeführt werden, ist eine, in der Regel 4 cm dicke Fuge zwischen Abdichtung und Mauerwerk vorzusehen, die hohlraumfrei mit Mörtel nach Abschnitt 3.3.2.1 auszufüllen ist.

3.3.3 Schutzschichten aus Beton

3.3.3.1 Schutzschichten aus Beton müssen mindestens in der Betongüte B 10, bei Anordnung von Bewehrung mindestens in B 15 nach DIN 1045 hergestellt werden. Die Bewehrung muss die nach dieser Norm erforderliche Betonüberdeckung aufweisen. Als Zuschlag für den Beton darf nur Kies mit einer Korngröße bis zu 8 mm verwendet werden.

3.3.3.2 Die Schutzschichten sollen mindestens 5 cm dick sein; werden sie auf Flächen mit einem größeren Neigungswinkel als 18 ° (etwa 33 %) angeordnet, sind sie in der Regel zu bewehren.

3.3.3.3 Senkrechte Schutzschichten sind von waagerechten oder geneigten durch Fugen mit Einlagen zu trennen. Sie sind durch senkrechte Fugen im Abstand von höchstens 7 m zu unterteilen und von den Eckbereichen zu trennen.

3.3.4 Schutzschichten aus Mörtel
Schutzschichten aus Mörtel dürfen nur auf nicht begeh– oder befahrbaren, vorzugsweise senkrechten Flächen oder auf Flächen, die mehr als 18 ° (etwa 33 %) geneigt sind, hergestellt werden. Sie müssen mindestens 2 cm dick sein und aus Mörtel der Mörtelgruppe II oder III nach DIN 1053 Teil 1 bestehen. Sofern sie durch Drahtgewebe bewehrt werden, ist Mörtelgruppe III zu verwenden. Schutzschichten aus Mörtel sind erforderlichenfalls gegen Ausknicken zu sichern.

3.3.5 Schutzschichten aus Platten

3.3.5.1 Schutzschichten aus B e t o n p l a t t e n, z.B. großformatigen Betonfertigteilen, die vor Herstellung der Abdichtung ausgeführt werden und als Abdichtungsrücklage dienen, sind während des Bauzustandes unverschieblich anzuordnen. Fugen sind mit Mörtel der Mörtelgruppe III nach DIN 1053 Teil 1 bündig zu schließen, so dass die abdichtungsseitigen Flächen der Schutzschichten stetige Abdichtungsrücklagen bilden.

3.3.5.2 Schutzschichten aus Betonplatten auf waagerechten oder schwach geneigten Abdichtungen müssen unter Verwendung von Mörtel der Mörtelgruppe II oder III nach DIN 1053 Teil 1 hergestellt werden. Die Platten sind vollflächig im Mörtelbett zu lagern. Die Gesamtdicke der Schutzschicht muss mindestens 5 cm, die des Mörtelbettes mindestens 2 cm betragen. Die Fugen sind erforderlichenfalls mit Vergussmasse zu füllen.
Bei Schutzschichten für die Abdichtung von Terrassen und ähnlichen Flächen mit Neigungen bis zu 2 ° (etwa 3 %) dürfen Betonplatten auch in einem mindestens 3 cm dicken ungebundenen Kiesbett aus Kies der Korngröße 4/8 mm verlegt werden.

3.3.5.3 Schutzschichten aus K e r a m i k – oder W e r k s t e i n p l a t t e n müssen für die jeweiligen besonderen Beanspruchungen geeignet sein, z.B. durch Widerstandsfähigkeit gegen chemische Einwirkungen oder durch hohe Abriebfestigkeit. Nach diesen Beanspruchungen richtet sich die Art der zu verwendenden Platten, des Mörtelbettes und der Fugenverfüllung.

3.3.6 Schutzschichten aus Gussasphalt

3.3.6.1 Schutzschichten aus Gussasphalt sind mindestens 2 cm dick herzustellen, der Gussasphalt muss der Beanspruchung der Schutzschicht entsprechend zusammengesetzt sein.

3.3.6.2 Wird eine Schutzschicht aus Gussasphalt auf einer Abdichtung aus Bitumenwerkstoffen hergestellt, so ist zwischen ihnen eine geeignete Trennschicht aus Stoffen nach DIN 18195 Teil 2 anzuordnen. Wird die Schutzschicht auf blanken Metallbändern oder auf Abdichtungen aus Asphaltmastix angeordnet, ist eine Trennschicht nicht erforderlich.

3.3.7 Schutzschichten aus Bitumen–Dichtungsbahnen

3.3.7.1 Schutzschichten aus Bitumen–Dichtungsbahnen dürfen nur an senkrechten Flächen in Tiefen über 3 m unter der Geländeoberfläche und nur dort angeordnet werden, wo nachträgliche Beschädigungen, z.B. durch Erdaufgrabungen, ausgeschlossen sind. Sie sind aus Dichtungsbahnen für Bauwerksabdichtungen nach DIN 18190 Teil 4 herzustellen, die im Bürstenstreich–, im Gieß– oder im Gieß– und Einwalzverfahren einzubauen sind.

3.3.7.2 Die Bahnen müssen sich an den Längs– und Querseiten um mindestens 5 cm überdecken.

3.3.7.3 Nach der Herstellung einer Schutzschicht aus Bitumen–Dichtungsbahnen muss die erforderliche Verfüllung der Baugrube oder des Arbeitsraumes lagenweise in einer Schichtdicke ausgeführt werden, die von der Art der Verfüllung abhängig ist, jedoch nicht mehr als 30 cm betragen soll. Das Verfüllmaterial sollte bis zu einem Abstand von 50 cm von der Schutzschicht aus Sand mit der überwiegenden Korngruppe 0/4 mm bestehen.

3.3.8 Schutzschichten aus sonstigen Stoffen
Sofern Schutzschichten aus anderen Stoffen als nach Abschnitt 3.3.2 bis Abschnitt 3.3.7 hergestellt werden, z.B. aus Kunststoffen oder Schaumkunststoffen, müssen diese Stoffe den Anforderungen des Abschnittes 3.1 und die Schutzschichten den Anforderungen des Abschnittes 3.2 entsprechen sowie für die besonderen Beanspruchungen des Einzelfalls geeignet sein.

4 Schutzmaßnahmen

4.1 Schutzmaßnahmen dienen im Gegensatz zu Schutzschichten dem vorübergehenden Schutz der Abdichtung während der Bauarbeiten. Sie müssen auf die Dauer des maßgebenden Bauzustandes, z.B. einer Arbeitsunterbrechung, abgestimmt sein.

4.2 Auf ungeschützten Abdichtungen dürfen keine Lasten, z.B. Baustoffe oder Geräte, gelagert werden. Sie dürfen ferner nicht mehr als unbedingt notwendig und nur mit geeigneten Schuhen betreten werden.

4.3 Abdichtungsanschlüsse sind während der Bauzeit durch geeignete Maßnahmen vor Beschädigung und schädlicher Wasseraufnahme zu schützen. Dieser Schutz und eventuell dazu erforderliche Aussteifungen dürfen erst unmittelbar vor Weiterführung der Abdichtungsarbeiten entfernt werden.

4.4 Abdichtungen sind bis zur Fertigstellung des Bauwerks gegen mögliche schädigende Beanspruchungen durch Grund-, Stau– und Oberflächenwasser zu schützen. Dabei ist insbesondere darauf zu achten, dass in jedem Bauzustand eine ausreichende Sicherung gegen Auftrieb vorhanden ist. Oberflächenwasser darf die Abdichtung nicht von ihrer Unterlage abdrücken.

4.5 Abdichtungen sind während der Bauzeit ferner gegen die Einwirkungen schädigender Stoffe, z.B. Schmier– und Treibstoffe, Lösungsmittel oder Schalungsöl, zu schützen.

4.6 Werden vor senkrechten oder stark geneigten Abdichtungen, die keine Schutzschichten benötigen, Bewehrungseinlagen einschließlich Montage– und Verteilereisen verlegt, so muss ihr lichter Abstand von der Abdichtung mindestens 5 cm betragen. Unvermeidliche Abstandshalter dürfen sich nicht schädigend in die Abdichtung eindrücken.
Abdichtungen aus Bitumenwerkstoffen sind vor Einbau von Bewehrungen mit einem Anstrich aus Zementmilch zu versehen, um mechanische Beschädigungen der Abdichtungen beim Einbau der Bewehrung erkennen zu lassen.

4.7 Wird auf der wasserabgewandten Seite einer senkrechten Abdichtung konstruktives Mauerwerk erstellt, so ist zwischen Abdichtung und Mauerwerk ein 4 cm breiter Zwischenraum zu belassen, der beim Aufmauern mit Mörtel der Mörtelgruppe III nach DIN 1053 Teil 1 auszufüllen und sorgfältig mit Stampfern zu verdichten ist.

4.8 Beim Ausbau von Baugrubenumschließungen, z.B. beim Ziehen von Bohlträgern, ist durch geeignete Maßnahmen sicherzustellen, dass die Schutzschicht der Abdichtung nicht bewegt oder beschädigt wird.
Verbleiben Baugrubenumschließungen ganz oder teilweise im Boden, muss sichergestellt sein, dass sich das Bauwerk einschließlich der Schutzschicht der Abdichtung unabhängig davon bewegen kann.

4.9 Senkrechte und stark geneigte Abdichtungen sind gegen Wärmeeinwirkung, z.B. Sonneneinstrahlung, zu schützen, z.B. durch Zementmilchanstrich, Abhängen mit Planen oder Wasserberieselung, damit die Gefahr des Abrutschens vermieden wird.

Bauwerksabdichtungen, Standard-Details

Kelleraußenwand - Fußpunkt

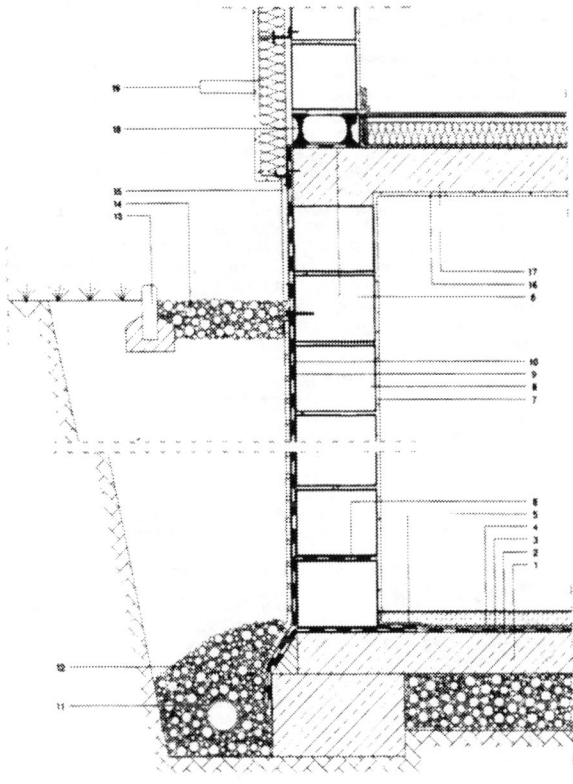

- Einschalige Kelleraußenwand aus Mauerziegeln
- Abdichtung von Kelleraußenwandfläche gegen Bodenfeuchtigkeit mit 2-Komp.-Polymerbitumen-Abdichtmasse
- Entwässerung mit Dränageplatte aus Verbundelement und flexiblem Dränagerohr aus PVC-U
- Wärmedämmelement als wärmedämmende Verbindung zwischen Keller- und Erdgeschossaußenwand

1 – Kiesschüttung, Grobkiesbett 20 cm
2 – Stahlbetonbodenplatte, 15 cm
3 – Abdichtung von Bodenflächen – *Deitermann - Superflex-2000 W, 2-Komp.-Polymerbitumen-Abdichtmasse*
4 – Trennschicht – *Cowaplast - Estrichfolie Cowadi B 11, 0,3 mm*
5 – Horizontalsperre gegen aufsteigende Feuchtigkeit – *Cowaplast - Mauerwerksfolie Cowadi BM 20, 1,2 mm, Breite 60 cm*
6 – Trennschicht – *Cowaplast - Mauerwerksfolie Cowadi BM 20, 1,2 mm, Breite 30 cm*
7 – Innenwandputzsystem – *Epple - Kalk-Zement-Maschinenputze MK*
8 – Mauerwerk der tragenden Kelleraußenwand – *BTS - Schwerziegel, HLz A, Wanddicke 30 cm*
9 – Abdichtung von Außenwandflächen – *Deitermann - Superflex-2000 W, 2-Komp.-Polymerbitumen-Abdichtmasse*
10 – Dränschicht aus Verbundelement – *Dörken - DELTA - GEO - DRAIN*
11 – Dränrohre – *Drossbach - AGROFLEX-F, flexible PVC-Dränrohre, aus PVC-U, DN 125*
12 – Filterschicht aus Kiessand
13 – Betonrasenstein – *Basaltin - Tiefboard, 6x20 cm*
14 – Grobkiesschüttung
15 – Sockelputz als Außenwandputzsystem – *Epple - Kalk-Zement-Maschinenputze MK*
16 – Innendeckenputzsystem – *Epple - Kalk-Zement-Maschinenputze MK*
17 – Tragwerk Deckenplatte
18 – Wärmedämmelement – *Schöck - ISOMUR Typ 8-24*
19 – Wärmedämm–Verbundsystem – *Heidelberger Dämmsysteme - Mechanisches System Frigolit FM, Dicke 120 mm*

Produkthinweise	Firmen-CODE
Basaltin GmbH	BASALTIN
BTS Baukeramik GmbH & Co. Holding KG	BTS
Cowaplast Coswig GmbH	COWAPLAS
Deitermann Chemiewerk GmbH + Co. KG	DEITERM
Max Drossbach GmbH & Co. KG	DROSSBAC
Ewald Dörken AG	DOERKEN
KARL EPPLE Trockenmörtel GmbH & Co. KG	EPPLE
Heidelberger Dämmsysteme GmbH	HEIDELD
Schöck Bauteile GmbH	SCHOECK

Wärmedämmende Kelleraußenwand - Fußpunkt

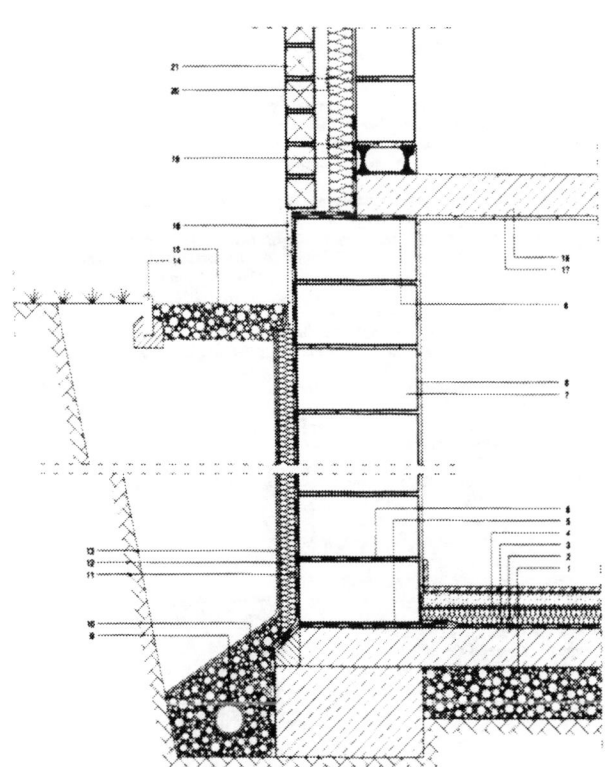

- Einschalige Kelleraußenwand aus Mauerziegeln, wärmedämmend mit Perimeter- und Drainageplatte aus extrudiertem Polystyrol
- Abdichtung von Kelleraußenwandfläche gegen Bodenfeuchtigkeit mit 2-Komp.-Kunststoff-Bitumenabdichtmasse
- Entwässerung mit Dränageplatte aus aus extrudiertem Polystyrol, Filterschicht aus Geotextilien und flexiblem Dränagerohr aus PVC-U
- Wärmedämmelement als wärmedämmende Verbindung zwischen Keller- und Erdgeschossaußenwand

1 – Kiesschüttung, Grobkiesbett 20 cm
2 – Stahlbetonbodenplatte, 15 cm
3 – Abdichtung von Bodenflächen – *Hydrolan - Hydrolan-SDM, 2-Komp.-Kunststoff-Bitumenabdichtmasse*
4 – Trennschicht – *Cowaplast - Estrichfolie Cowadi B 11, 0,3 mm*
5 – Horizontalsperre gegen aufsteigende Feuchtigkeit – *Cowaplast - Mauerwerksfolie Cowadi BM 20, 1,2 mm, Breite 80 cm*
6 – Trennschicht – *Cowaplast - Mauerwerksfolie Cowadi BM 20, 1,2 mm, Breite 50 cm*
7 – Mauerwerk der tragenden Kelleraußenwand – *BTS - unipor-Ziegel HLz W, Wanddicke 49 cm*
8 – Innenwandputzsystem – *Koch MARMORIT - PC 190 Feinputz PICO*
9 – Dränrohre – *Böhm - flexible PVC-Dränrohre, aus PVC-U, DN 125*
10 – Filterschicht aus Kiessand
11 – Abdichtung von Außenwandflächen – *Hydrolan - Hydrolan-SMD, 2-Komp.-Kunststoff-Bitumenabdichtmasse*
12 – Perimeterdämmung – *Dow - Perimate DI Dämm- und Dränplatten, WS-B2, 60 mm*
13 – Filterschicht, vertikal – *Huesker - HaTe®-Gewebe*
14 – Betonrasenstein
15 – Grobkiesschüttung
16 – Sockelputz als Außenwandputzsystem – *Koch MARMORIT - PC 190 Feinputz PICO*
17 – Innendeckenputzsystem – *Koch MARMORIT - PC 190 Feinputz PICO*
18 – Tragwerk Deckenplatte
19 – Wärmedämmelement – *Schöck - ISOMUR Typ 8-24*
20 – Wärmedämmschicht Kerndämmung – *Heidelberger Dämmsysteme - Kerndämmplatte, PS-15-B1, Dicke 100 mm*
21 – Verblendschalenmauerwerk mit Luftschicht – *Dennert - Kalksandsteine - KSL, 11,5x11,5 cm*

Produkthinweise	Firmen-CODE
Böhm Kunststoffe GmbH	BOEHM
BTS Baukeramik GmbH & Co. Holding KG	BTS
Cowaplast Coswig GmbH	COWAPLAS
Veit Dennert KG	DENNERT
Dow Deutschland Inc.	DOW_DEU
Heidelberger Dämmsysteme GmbH	HEIDELD
HUESKER Synthetic GmbH & Co.	HUESKER
Koch MARMORIT GmbH	KOCH
Schöck Bauteile GmbH	SCHOECK

Bauwerksabdichtungen, Standard-Details

Wärmedämmende Kelleraußenwand - Fußpunkt

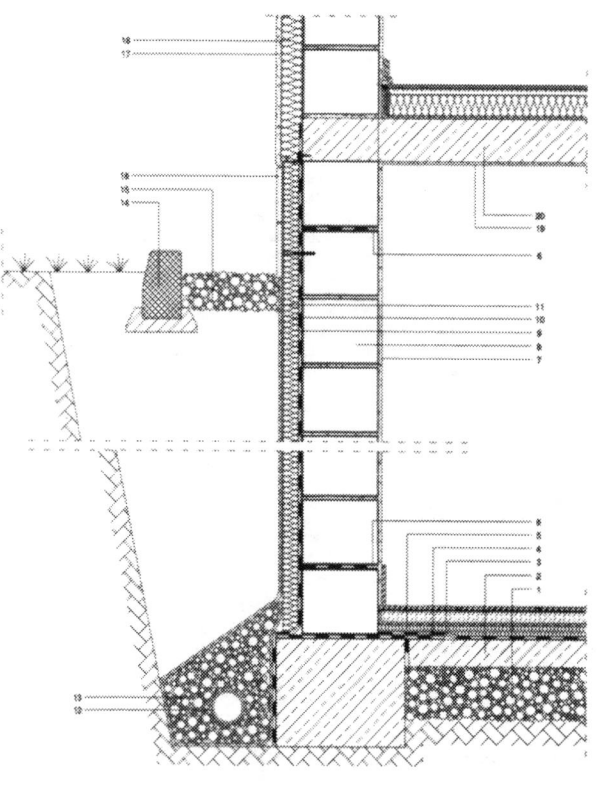

– Einschalige Kelleraußenwand aus Leichtbeton (Blähton), wärmedämmend mit Dämm- und Drainplatte aus Polystyrol-Partikelschaum
– Abdichtung von Kelleraußenwandfläche gegen nichtdrückendes Wasser mit Spezial-Abdichtung-System auf Zementbasis und Alkalidisilikatlösung
– Entwässerung mit Dränageplatte aus Polystyrol, Filterschicht aus Geotextilien und flexiblem Dränagerohr aus PVC-U

1 – Kiesschüttung, Grobkiesbett 20 cm
2 – Stahlbetonbodenplatte, 10 cm
3 – Abdichtung von Bodenflächen – *Deutsche Hey´di - Dickbeschichtung 2K, Zwei-Komponenten-Bitumen-Emulsion*
4 – Horizontalsperre gegen aufsteigende Feuchtigkeit – *Deutsche Hey´di - Kiesey, wässrige Lösung von Organosilikaten und Alkalidisilikaten*
5 – Abdichten von Fugen.– *Deutsche Hey´di - SK-Coating, Fugenvergussmasse aus thermoplastischem Kautschuk*
6 – Horizontalsperre gegen aufsteigende Feuchtigkeit – *Deutsche Hey´di - Kiesey, wässrige Lösung von Organosilikaten und Alkalidisilikaten*
7 – Innenwandputzsystem – *Epple - Gips-Kalk-Feinputz FP 200*
8 – Mauerwerk der tragenden Kelleraußenwand – *Dennert - Hohlblocksteine aus Leichtbeton, HBL 2, 20 DF, Wanddicke 30 cm*
9 – Abdichtung von Außenwandflächen gegen nichtdrückendes Wasser – *Deutsche Hey´di - Spezial-Abdichtung-System (Dichtungsschlämme - Puder-Ex - Isolier-flüssig)*
10 – Dränschicht vertikal – *IsoBouw - DRAIN-Sickerplatten, 65 mm*
11 – Filterschicht, vertikal, aus Geotextilien
12 – Dränrohre – *Drossbach - AGROFLEX-F, flexible PVC-Dränrohre, aus PVC-U, DN 125*
13 – Filterschicht aus Kiessand
14 – Borfsteine aus Beton – *Schwenk - Hochbordstein, 15x25x100 cm*
15 – Grobkiesschüttung
16 – Sockelleiste aus Naturwerkstein
17 – Außenwandputzsystem – *Epple - Kalk-Zement-Maschinenputze MK*
18 – Wärmedämmschicht – *IsoBouw - Fassaden-Dämmplatten W-VWS, WD-20-B1, 100 mm*
19 – Innendeckenputzsystem – *Epple - Gips-Kalk-Feinputz FP 200*
20 – Tragwerk Deckenplatte

Produkthinweise	**Firmen-CODE**
Max Drossbach GmbH & Co. KG	DROSSBAC
Veit Dennert KG	DENNERT
KARL EPPLE Trockenmörtel GmbH & Co. KG	EPPLE
Deutsche Hey´di GmbH, Chemische Baustoffe	HEYDI
IsoBouw Dämmtechnik GmbH	ISOBOUW
E. Schwenk Betontechnik GmbH & Co. KG	SCHWENKB

Wärmedämmende Kelleraußenwand - Fußpunkt

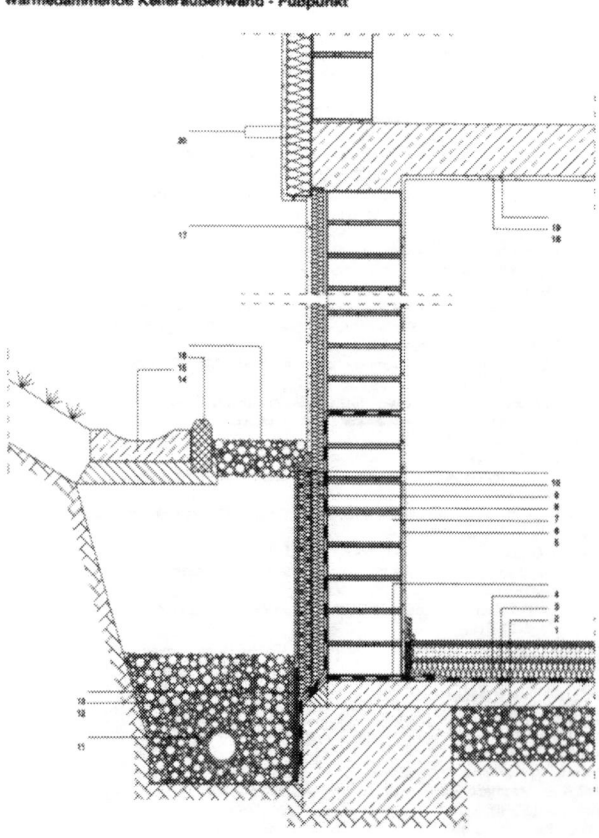

– Einschalige Kelleraußenwand aus Mauerziegeln, wärmedämmend mit Perimeterdämmung aus extrudiertem Polystyrol
– Abdichtung von Kelleraußenwandfläche gegen Bodenfeuchtigkeit mit Bitumen-Schweißbahnen
– Entwässerung mit Dränageplatte aus aus extrudiertem Polystyrol, Filterschicht aus Geotextilien und Dränagerohr aus PVC-U

1 – Kiesschüttung, Grobkiesbett 20 cm
2 – Stahlbetonbodenplatte, 10 cm
3 – Abdichtung von Bodenflächen – *Klewa - KLEWABIT G 200 S4, 4,0 mm*
4 – Horizontalsperre gegen aufsteigende Feuchtigkeit – *Klewa - KLEWA-Mauersperrbahn, Breite 70 cm*
5 – Innenwandputzsystem
6 – Mauerwerk der tragenden Kelleraußenwand – *Gimghuber - Hochlochziegel HLz W, Wanddicke 30 cm*
7 – Abdichtung von Außenwandflächen gegen Bodenfeuchtigkeit – *Klewa - KLEWABIT G 200 S4, 4,0 mm*
8 – Perimeterdämmung – *Dow - Perimate INS Dämmplatten, WD-B1, 50 mm*
9 – Dränschicht, vertikal – *Dow - Perimate DI Dränplatten, WS-B2, 50 mm*
10 – Filterschicht, vertikal – *Huesker - HaTe®-Vlies und Verbundstoffe*
11 – Dränrohre, DN 125
12 – Filterschicht aus Kiessand
13 – Schutzlage – *Dow - Perimate INS Dämmplatten, WD-B1, 20 mm*
14 – Entwässerungsrinne aus Betonformsteinen – *Franz Carl Nüdling - Muldensteine*
15 – Bordsteine aus Beton– *Franz Carl Nüdling - VIABORD Tiefbordsteine*
16 – Grobkiesschüttung
17 – Sockelputz als Außenwandputzsystem
18 – Innendeckenputzsystem
19 – Tragwerk Deckenplatte
20 – Wärmedämm–Verbundsystem – *Heidelberger Dämmsysteme - Dünnschicht-System Frigolit MP, Dicke 120 mm*

Produkthinweise	**Firmen-CODE**
Dow Deutschland Inc.	DOW_DEU
FRANZ CARL NÜDLING	FCN
Gimghuber GmbH & Co. KG	GIMA
Heidelberger Dämmsysteme GmbH	HEIDELD
HUESKER Synthetic GmbH & Co.	HUESKER
KLEWA Dachbaustoffe	KLEWA

Bauwerksabdichtungen

Bauwerksabdichtungen, Standard-Details

Wärmedämmende Kelleraußenwand - Fußpunkt

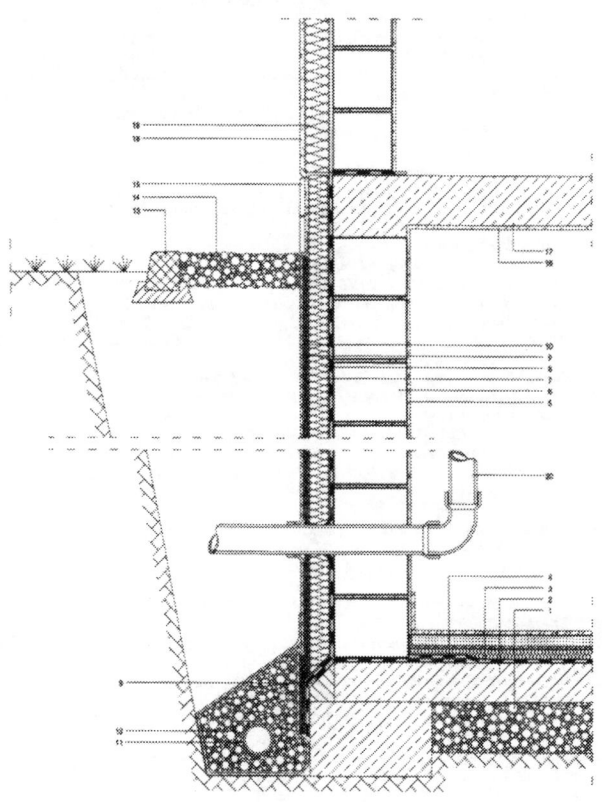

- Einschalige Kelleraußenwand aus Leichtbeton (Blähton), wärmedämmend mit Dämmplatte aus extrudiertem Polystyrol
- Durchbruch in Kelleraußenwand für Abwasserleitung aus PVC-U, DN 125
- Abdichtung von Kelleraußenwandfläche gegen nichtdrückendes Wasser mit 2-Komp.-Bitumenabdichtmasse
- Entwässerung mit Dränageplatte aus extrudiertem Polystyrol, Filterschicht aus Geotextilien und flexiblem Dränagerohr aus PVC-U

1 – Kiesschüttung, Grobkiesbett 20 cm
2 – Stahlbetonbodenplatte, 16 cm
3 – Abdichtung von Bodenflächen – *Quandt - Qualitekt PV 200 DD, 4,0 mm*
4 – Horizontalsperre gegen aufsteigende Feuchtigkeit – *Quandt - Qualitekt R 500*
5 – Innenwandputzsystem
6 – Mauerwerk der tragenden Kelleraußenwand – *Dennert - Hohlblocksteine aus Leichtbeton, HBL 2, 20 DF, Wanddicke 30 cm*
7 – Abdichtung gegen nichtdrückendes Wasser – *Deitermann - Plastikol-UDM 2 S, 2-Komp.-Bitumenabdichtmasse*
8 – Perimeterdämmung – *Dow - Perimate INS Dämmplatten, WD-B1, 60 mm*
9 – Dränschicht, vertikal – *Dow - Perimate DS Dränplatten, B2, 20 mm*
10 – Filterschicht, vertikal, aus Geotextilien
11 – Dränrohre, aus PVC-U, DN 125
12 – Filterschicht aus Kiessand
13 – Bordsteine aus Beton – *Schwenk - BINAB-Bordstein, Hochbordprofil Bi 1, 15x12x16 cm*
14 – Grobkiesschüttung
15 – Sockelleiste aus Naturwerkstein – *Boizenburg Gail Inax - Combi-Color-Steinzeugplatten, glasiert KERASYSTEM, 240x115x10 mm*
16 – Innendeckenputzsystem
17 – Tragwerk Deckenplatte
18 – Außenwandputzsystem, als Kratzputz
19 – Wärmedämmschicht – *IsoBouw - Fassaden-Dämmplatten W-VWS, WD-20-B1, 100 mm*
20 – Abwasserleitung mit Steckmuffe – *Wavin - WAVIN KG, aus PVC-U, DN 125 mm*

Produkthinweise	Firmen-CODE
Boizenburg Gail Inax AG	BGI
Deitermann Chemiewerk GmbH + Co. KG	DEITERM
Veit Dennert KG	DENNERT
Dow Deutschland Inc.	DOW_DEU
IsoBouw Dämmtechnik GmbH	ISOBOUW
W. Quandt Dachbahnen - Fabrik	QUANDT
E. Schwenk Betontechnik GmbH & Co. KG	SCHWENKB
Wavin GmbH	WAVIN

Wärmedämmende Kelleraußenwand - Fußpunkt

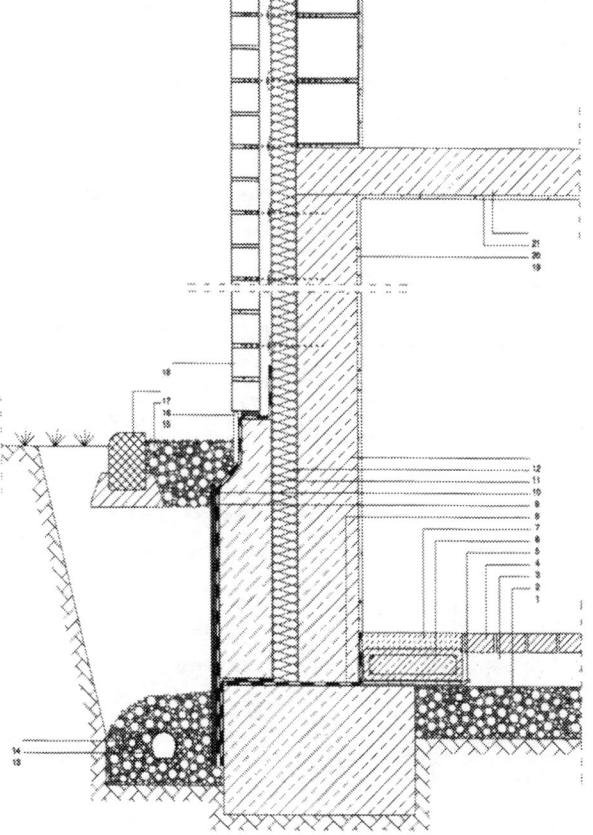

- Einschalige Kelleraußenwand aus Stahlbeton, wärmedämmend mit Dämmplatte aus extrudiertem Polystyrol
- Vormauer aus Sperrbeton
- Abdichtung von Kelleraußenwandfläche und Vormauerfläche gegen Bodenfeuchtigkeit mit selbstklebender Kunststoff/Bitumen-Dichtungsbahn
- Entwässerung mit Perimeterdämmung aus extrudiertem Polystyrol, Filterschicht aus Kiessand und Grobkiesschüttung und Dränagerohr aus PVC-U

1 – Kiesschüttung, Grobkiesbett 20 cm
2 – Kiestragschicht, 12 cm
3 – Klinkerpflaster – *Girnghuber - Pflasterklinker, Rechteckformate 240x115x71 mm*
4 – Trennlage – *Quandt - Qualitekt R 500*
5 – Stahlbetonriegel, 40x12 cm
6 – Zementestrich als Verbundestrich
7 – Waagerechte Abdichtung gegen Bodenfeuchtigkeit – *Köster - KSK-BIKUPLAN SY 15, selbstklebende Kunststoff/Bitumen-Dichtungsbahn, 1,5 mm*
8 – Perimeterdämmung – *Isofoam - FINA-X 3 l, WD+WS-B1, 20 mm*
9 – Abdichtung von Außenwandflächen gegen Bodenfeuchtigkeit – *Köster - KSK-BIKUPLAN SY 15, selbstklebende Kunststoff/Bitumen-Dichtungsbahn, 1,5 mm*
10 – Stahlbetonwand aus Sperrbeton, 20 cm
11 – Wärmedämmschicht – *Isofoam - FINA-X R, WD-30-b1, 100 mm*
12 – Stahlbetonwand, 24 cm
13 – Dränrohre – *Drossbach - AGROSIL 1000, PVC-Sickerrohr, tunnelförmig, aus PVC-U, DN 100*
14 – Filterschicht aus Kiessand
15 – Sockel aus Klinkerplatten, 240x115x25 mm
16 – Grobkiesschüttung
17 – Bordsteine aus Beton – *Schwenk - Rundbordstein, 15x22x100 cm*
18 – Verblendmauerwerk, an vorhandenen Drahtankern mit Luftschicht – *Girnghuber - Klinker-Vormauerziegel, KMz, 2 DF (240x115x113 cm)*
19 – Innenwandputzsystem
20 – Innendeckenputzsystem
21 – Tragwerk Deckenplatte, 18 cm

Produkthinweise	Firmen-CODE
Max Drossbach GmbH & Co. KG	DROSSBAC
Girnghuber GmbH & Co. KG	GIMA
Isofoam S.A	ISOFOAM
Köster Bauchemie GmbH	KOESTER
W. Quandt Dachbahnen - Fabrik	QUANDT
E. Schwenk Betontechnik GmbH & Co. KG	SCHWENKB

Bauwerksabdichtungen, Standard-Details

Wärmedämmende Kelleraußenwand mit Lichtschacht - Fußpunkt

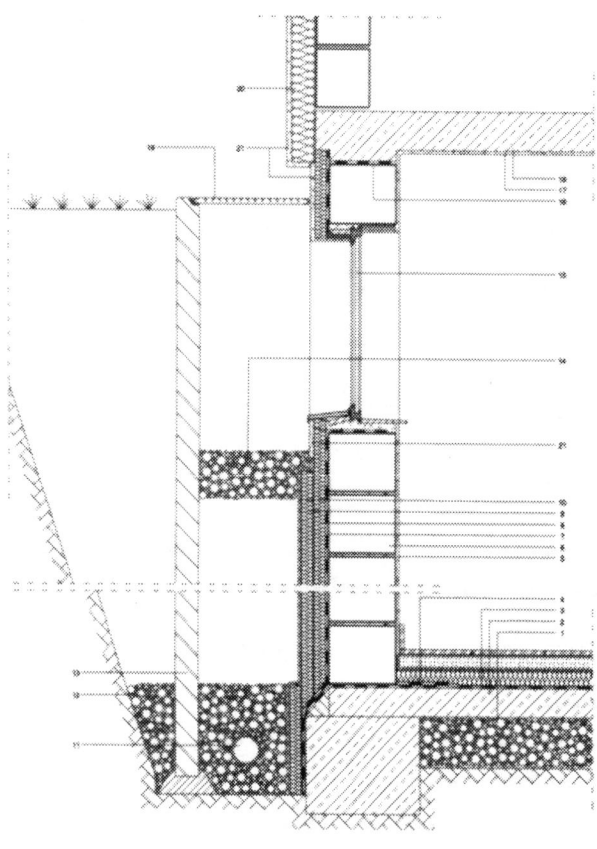

– Einschalige Kelleraußenwand aus Warmmauerziegel, wärmedämmend mit Perimeterdämmung aus Polystyrol
– Abdichtung von Kelleraußenwandfläche gegen nichtdrückendes Wasser mit Polymerbitumen-Schweißbahnen
– Entwässerung mit Dränageplatte aus Polystyrol, Filterschicht aus Geotextilien und flexiblem Dränagerohr aus PVC-U
– Kellerkippfenster aus PVC-U mit Kellerlichtschacht als Betonfertigteil aus Leichtbeton mit Gitterrost

1 – Kiesschüttung, Grobkiesbett 20 cm
2 – Stahlbetonbodenplatte, 12 cm
3 – Abdichtung von Bodenflächen – *Kebulin - Original kebu Polyflex, PYP PV 200 S 4, 4,0 mm*
4 – Horizontalsperre gegen aufsteigende Feuchtigkeit – *Kebulin - Original kebu Polyflex, PYP PV 200 S 4, 4,0 mm, Breite 70 cm*
5 – Innenwandputzsystem – *ALLIGATOR - Innen-Edelputz*
6 – Mauerwerk der tragenden Kelleraußenwand – *Meindl - Thermopor R, Wanddicke 30 cm*
7 – Abdichtung gegen nichtdrückendes Wasser – *Kebulin - Original kebu Polyflex, PYP PV 200 S 4, 4,0 mm*
8 – Perimeterdämmung – *AlgoStat - AlgoTile, WS+WD-B1, 50 mm*
9 – Dränschicht, vertikal – *AlgoStat - AlgoDrain bit, 50 mm*
10 – Filterschicht, vertikal
11 – Dränrohre – *UNICOR - EUROFLEX, flexible PVC-Dränrohre, DN 125*
12 – Filterschicht aus Kiessand
13 – Kellerlichtschacht als Betonfertigteil - Leichtbeton, 1200x500 mm, Tiefe 2400 mm
14 – Grobkiesschüttung
15 – Kellerfenster – *MEA Meisinger - MEADUR - Drehkippfenster in Holzschalung, aus Polyurethan, 990x790 mm*
16 – Trennschicht – *Dörken - DELTA - PVC - Mauerwerksperre, 1,2 mm, Breite 30 cm*
17 – Innendeckenputzsystem – *ALLIGATOR - Innen-Edelputz*
18 – Tragwerk Deckenplatte
19 – Gitterrost mit Quadratmaschen – *MEA Meisinger - Pressgitterrost Masche 30x10 mm, 1200x500 mm*
20 – Wärmedämmung für Außenwandbekleidung – *Pfleiderer-URSA-Fassadenkassettendämmplatte FKP, Dicke 100 mm*
21 – Außenwandputzsystem – *ALLIGATOR - Reibeputz R*

Produkthinweise	Firmen-CODE
AlgoStat GmbH & Co.KG	ALGOSTAT
ALLIGATOR Farbwerke	ALLIGATO
Ewald Dörken AG	DOERKEN
Kebulin Gesellschaft Kettler & Co.KG	KEBULIN
MEA Meisinger	MEA_MEI
Josef Meindl GmbH - Mauerziegel	MEINDL_M
Pfleiderer Dämmstofftechnik GmbH & Co.	PFLEIDER
UNICOR Rohrsysteme GmbH	UNICOR

Wärmedämmende Kelleraußenwand mit Lichtschacht - Fußpunkt

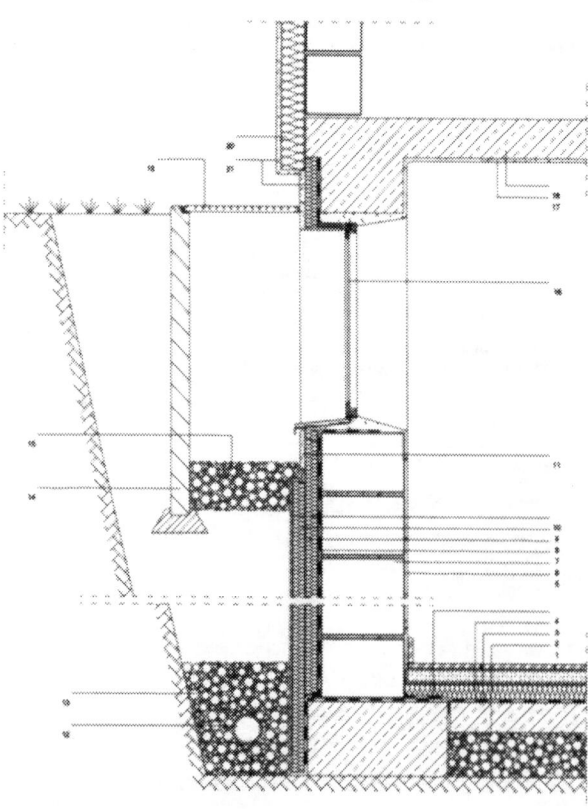

– Einschalige Kelleraußenwand aus Warmmauerziegeln, wärmedämmend mit Perimeterdämmung aus Polystyrol
– Abdichtung von Kelleraußenwandfläche gegen nichtdrückendes Wasser mit Bitumen-Schweißbahnen
– Entwässerung mit Dränageplatte aus Polystyrol, Filterschicht aus Geotextilien und flexiblem Dränagerohr aus PVC-U
– Kellerkippfenster aus Polyurethan mit Kellerlichtschacht aus Beton mit Gitterrost

1 – Kiesschüttung, Grobkiesbett 20 cm
2 – Stahlbetonbodenplatte, 12 cm
3 – Abdichtung von Bodenflächen – *Glaser - Bitumenschweißbahn Bitufix G 200 S 4, 4,0 mm*
4 – Horizontalsperre gegen aufsteigende Feuchtigkeit – *Glaser - Bitumenschweißbahn Bitufix G 200 S 4, 4,0 mm, Breite 80 cm*
5 – Innenwandputzsystem – *ALLIGATOR - Innen-Carraraputz RK*
6 – Mauerwerk der tragenden Kelleraußenwand – *Meindl - Thermopor R N+F, Wanddicke 36,5 cm*
7 – Abdichtung gegen nichtdrückendes Wasser – *Glaser - Bitumenschweißbahn Bitufix G 200 S 4, 4,0 mm*
8 – Perimeterdämmung – *AlgoStat - AlgoTile, WS+WD-B1, 50 mm*
9 – Dränschicht, vertikal – *AlgoStat - AlgoDrain th, 50 mm*
10 – Filterschicht, vertikal – *Huesker - HaTe®-Vlies und Verbundstoffe*
11 – Sockelputz als Außenwandputzsystem – *ALLIGATOR - Artoflex Calcitputz K*
12 – Dränrohre – *UNICOR - EUROFLEX, flexible PVC-Dränrohre, DN 125*
13 – Filterschicht aus Kiessand
14 – Kellerlichtschacht aus Ortbeton, 1200x500 mm, Tiefe 1200 mm
15 – Grobkiesschüttung
16 – Kellerfenster – *MEA Meisinger - MEADUR - Kippfenster, aus Polyurethan, 990x790 mm*
17 – Innendeckenputzsystem – *ALLIGATOR - Innen-Carraraputz RK*
18 – Tragwerk Deckenplatte
19 – Gitterrost mit Quadratmaschen – *MEA Meisinger - Pressgitterrost, Masche 30x30 mm, 1200x500 mm*
20 – Wärmedämmung für Außenwandbekleidung – *Pfleiderer - URSA-Fassadendämmplatte FDP 1/V, Dicke 100 mm*
21 – Außenwandputzsystem – *ALLIGATOR - Artoflex Calcitputz K*

Produkthinweise	Firmen-CODE
AlgoStat GmbH & Co.KG	ALGOSTAT
ALLIGATOR Farbwerke	ALLIGATO
Jakob Glaser GmbH & Co. KG,	GLASER
HUESKER Synthetic GmbH & Co.	HUESKER
MEA Meisinger	MEA_MEI
Josef Meindl GmbH - Mauerziegel	MEINDL_M
Pfleiderer Dämmstofftechnik GmbH & Co.	PFLEIDER
UNICOR Rohrsysteme GmbH	UNICOR

Bauwerksabdichtungen, Standard-Details

Wärmedämmende Kelleraußenwand mit Lichtschacht - Fußpunkt

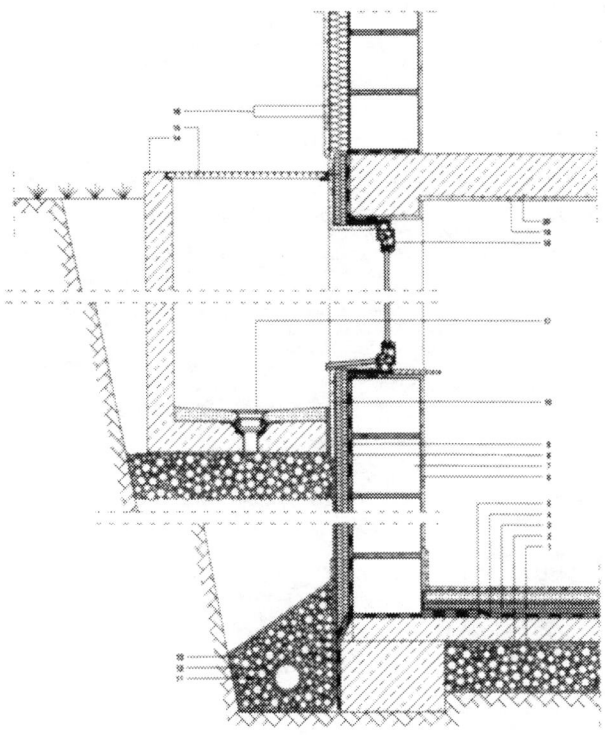

- Einschalige Kelleraußenwand aus Mauerziegeln, wärmedämmend mit Perimeter-dämmung aus Polystyrol
- Abdichtung von Kelleraußenwandfläche gegen nichtdrückendes Wasser mit Bitumen-Schweißbahnen
- Entwässerung mit Perimeterdämmplatte aus Polystyrol, Filterschicht aus Geotextilien und Dränagerohr aus PVC
- Keller-Drehkippfenster aus Kunststoff, mit Kellerlichtschacht aus Ortbeton mit Gitterrost aus GFK und Ablauf aus PUR mit Terrassenbausatz

1 – Kiesschüttung, Grobkiesbett 20 cm
2 – Trennlage – *Quandt - Qualitekt R 500*
3 – Stahlbetonbodenplatte, 15 cm
4 – Abdichtung gegen nichtdrückendes Wasser – *Quandt - Jumbo Elefantenhaut V 60 S4, 4,0 mm*
5 – Horizontalsperre gegen aufsteigende Feuchtigkeit – *Quandt - Jumbo Elefantenhaut V 60 S4, 4,0 mm, Breite 70 cm*
6 – Innenwandputzsystem – *quick-mix - Kalk-Zement-Maschinenputz MK 4*
7 – Mauerwerk der tragenden Kelleraußenwand – *Ziegelwerk Gleinstätten - POROTON 30 K, Wanddicke 30 cm*
8 – Abdichtung gegen nichtdrückendes Wasser – *Quandt - Jumbo Elefantenhaut V 60 S5, 5,0 mm*
9 – Perimeterdämmung, WS-B1, 60 mm
10 – Sockelputz als Außenwandputzsystem – *quick-mix - Kalk-Zement-Maschinenputz MK 4*
11 – Dränrohre – *UNICOR - EUROFLEX, flexible PVC-Dränrohre, DN 100*
12 – Grobkiesschüttung
13 – Filterschicht, vertikal, aus Geotextilien
14 – Kellerlichtschacht aus Ortbeton, 1200x500 mm, Tiefe 1500 mm
15 – Gitterrost mit Quadratmaschen –*Fibrolux - GFK Gitterrost, gepresst, Masche 30x30 mm, 1200x600 mm*
16 – Wärmedämm–Verbundsystem für Außenwände – *Heraklith - Tektalan-Fassadendämmsystem, Dicke 100 mm*
17 – Hofablauf aus Kunststoff – *Grumbach - Klemmflansch-Gully, aus PUR, DN 100, mit Terrassenbausatz*
18 – Kellerfenster – *Stöckel - TWINSTEP einflügeliges Drehkippfenster, flächenversetzt, aus Kunststoff, 1000x800 mm*
19 – Innendeckenputzsystem – *quick-mix - Kalk-Zement-Maschinenputz MK 4*
20 – Tragwerk Deckenplatte

Produkthinweise	Firmen-CODE
Fibrolux GmbH	FIBROLUX
Karl Grumbach GmbH & Co.KG	GRUMBACH
Deutsche Heraklith AG	HERAKLIT
quick - mix Gruppe GmbH & Co. KG	QUICK_M
W. Quandt Dachbahnen - Fabrik	QUANDT
G. Stöckel GmbH	STOECKEL
UNICOR Rohrsysteme GmbH	UNICOR
Ziegelwerke Gleinstätten GesmbH.& Co. KG	ZGW_GLE

Wärmedämmende Kelleraußenwand mit Lichtschacht - Fußpunkt

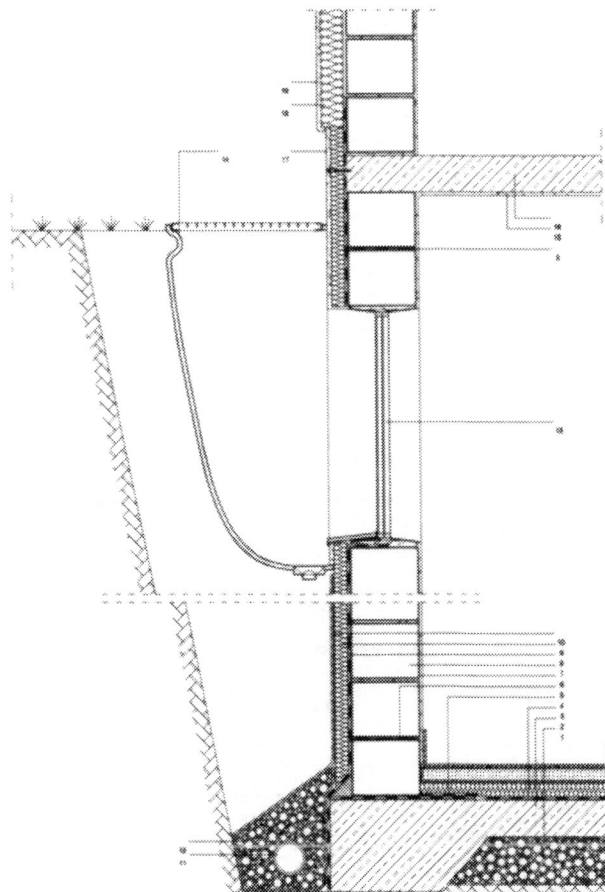

- Einschalige Kelleraußenwand aus Warmmauerziegeln, wärmedämmend mit Perimeter- und Drainageplatte aus Polystyrol
- Abdichtung von Kelleraußenwandfläche gegen nichtdrückendes Wasser mit 2-Komp.-Bitumenabdichtmasse
- Entwässerung mit Dränageplatte aus Polystyrol, Filterschicht aus Geotextilien und flexiblem Dränagerohr aus PVC-U
- Keller-Drehkippfenster aus Kunststoff mit Kellerlichtschacht aus Polyester mit Gitterrost

1 – Kiesschüttung, Grobkiesbett 20 cm
2 – Stahlbetonbodenplatte, 12 cm
3 – Abdichtung von Bodenflächen – *Deitermann - Plastikol-UDM 2 S, 2-Komp.-Bitumenabdichtmasse, mit Glasseidengewebe Nr.2*
4 – Horizontalsperre gegen aufsteigende Feuchtigkeit, Bitumen-Schweißbahn V 60 S 4, 4,0 mm, Breite 70 cm
5 – Trennschicht – *Dörken - DELTA - PVC - Mauerwerksperre, 1,2 mm, Breite 30 cm*
6 – Innenwandputzsystem – *Märker - Kalk-Gips-Maschinenputz MP-F*
7 – Mauerwerk der tragenden Kelleraußenwand – *Gimghuber - klimaton® ST, Leichthochlochziegel HLz, mit Nut und Feder, Wanddicke 30 cm*
8 – Abdichtung gegen nichtdrückendes Wasser – *Deitermann - Plastikol-UDM 2 S, 2-Komp.-Bitumenabdichtmasse*
9 – Dränschicht, vertikal – *Unidek - Unidek EPS-DR Drainageplatte, 65 mm*
10 – Filterschicht, vertikal – *Huesker - HaTe®-Vlies und Verbundstoffe*
11 – Dränrohre – *Böhm - Teilsickerrohr, aus PVC-U, DN 150*
12 – Filterschicht aus Kiessand
13 – Kellerfenster –*SCHÖCK - INSET-Kellerfenster, Dreh-Kipp, aus Kunststoff, 100x100 cm*
14 – Kellerlichtschacht – *SCHÖCK - Maxi-Lichtschacht, aus Polyester, 1500x1500 mm*
15 – Innendeckenputzsystem – *Märker - Kalk-Gips-Maschinenputz MP-F*
16 – Tragwerk Deckenplatte
17 – Sockelputz als Außenwandputzsystem – *Märker - Zementputz ZP 2 Sockelputz*
18 – Wärmedämmung für Außenwandbekleidung – *Unidek - Unidek EPS-GI Fassadendämmung, Dicke 100 mm*
19 – Außenwandputzsystem – *Märker - Struktur-/Grundputz SP 2 plus*

Produkthinweise	Firmen-CODE
Böhm Kunststoffe GmbH	BOEHM
Deitermann Chemiewerk GmbH + Co. KG	DEITERM
Ewald Dörken AG	DOERKEN
Gimghuber GmbH & Co. KG	GIMA
HUESKER Synthetic GmbH & Co.	HUESKER
Märker Zementwerk GmbH	MAERKER
Schöck Bauteile GmbH	SCHOECK
Unidek Vertriebsgesellschaft mbH	UNIDECK

Bauwerksabdichtungen, Standard-Details

Wärmedämmende Kelleraußenwand mit Stützwand - Fußpunkt

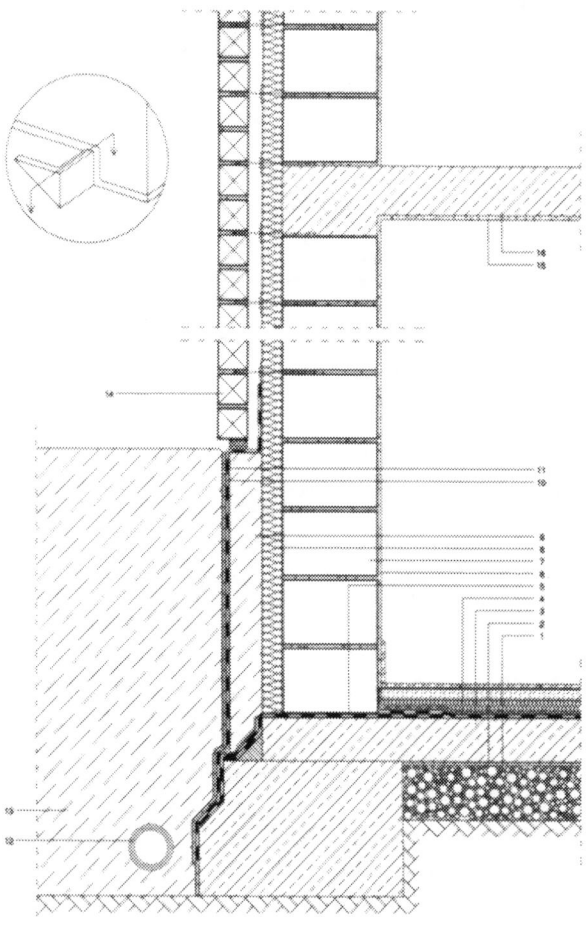

- Einschalige Kelleraußenwand aus Kalksandstein, wärmedämmend mit Dämmplatte aus Polystyrol
- Vormauer aus Sperrbeton
- Stützmauer aus Ortbeton im Kontakt mit Kelleraußenwand
- Abdichtung von Kelleraußenwandfläche gegen nichtdrückendes Wasser mit Bitumen-Schweißbahnen
- Verblendmauerwerk aus Kalksandstein an vorhandenen Ankern mit Luftschicht

1 – Kiesschüttung, Grobkiesbett 20 cm
2 – Trennlage – *A.W. Andernach - awa GKV 100*
3 – Stahlbetonbodenplatte, 16 cm
4 – Abdichtung gegen nichtdrückendes Wasser – *A.W. Andernach - ELASTITEKT GKV 100 S 4, 4,0 mm*
5 – Horizontalsperre gegen aufsteigende Feuchtigkeit – *A.W. Andernach - ELASTITEKT GKV 100 S 4, 4,0 mm, Breite 80 cm*
6 – Innenwandputzsystem – *quick-mix - Kalk-Zement-Maschinenputz MK 4*
7 – Mauerwerk der tragenden Kelleraußenwand – *Dennert - Leichte Kalksandsteine ERGO-Blocks, Wanddicke 36,5 cm*
8 – Wärmedämmung für Außenwandbekleidung – *Rygol - Fassadendämmplatten (System vorgehängte Fassade), WD-20-B1, Dicke 80 mm*
9 – Stahlbetonwand aus Sperrbeton, 14 cm
10 – Abdichtung gegen nichtdrückendes Wasser – *A.W. Andernach - ELASTITEKT GKV 100 S 4, 4,0 mm*
11 – Trennschicht – *A.W. Andernach - ELASTITEKT GKV 100 S 4, 4,0 mm*
12 – Dränrohre, aus PVC, DN 150
13 – Stützwand aus Ortbeton
14 – Verblendmauerwerk, an vorhandenen Ankern mit Luftschicht – *Dennert - Kalksandsteine - KS, 2 DF (240x115x113 cm)*
15 – Innendeckenputzsystem – *quick-mix - Kalk-Zement-Maschinenputz MK 4*
16 – Tragwerk Deckenplatte

Produkthinweise	Firmen-CODE
A.W. ANDERNACH Dachbaustoffe	AWA
Veit Dennert KG, Baustoffbetriebe	DENNERT
quick - mix Gruppe GmbH & Co. KG	QUICK_M
RYGOL-Dämmstoffwerk W. Rygol KG	RYGOL

Wärmedämmende Kelleraußenwand mit Luftdränage - Fußpunkt

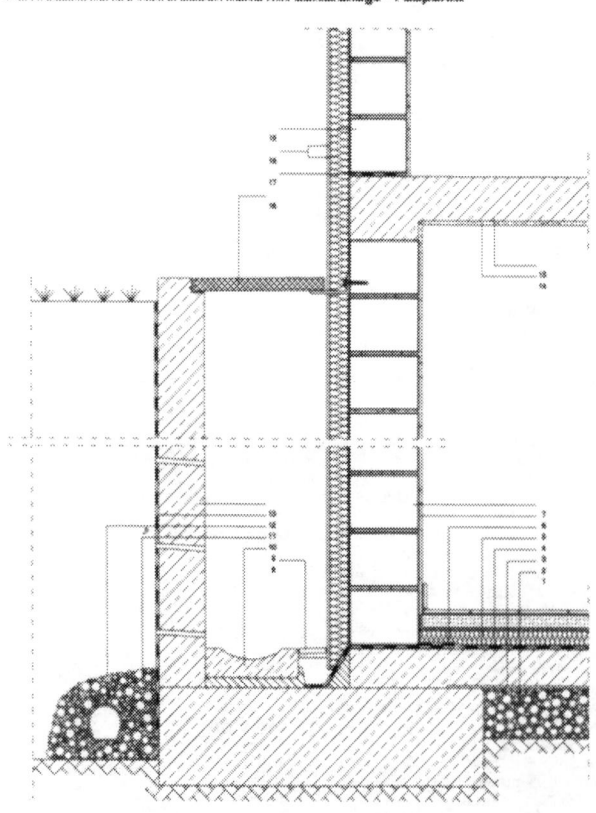

- Einschalige Kelleraußenwand aus Mauerziegeln, wärmedämmend mit Wärmedämmung aus Polystyrol
- Abdichtung von Kellerboden gegen Bodenfeuchtigkeit mit Polymerbitumen-Schweißbahnen
- Luftdränage aus Stahlbetonwand (Ortbeton) mit Durchbrüchen für Wasser, geschützt mit 2-Komp.-Polymerbitumen-Abdichtmasse, Entwässerung innen mit Entwässerungsrinne aus Betonfertigteil, gedeckt mit Terrassenplatten aus Betonwerkstein

1 – Kiesschüttung, Grobkiesbett 20 cm
2 – Trennlage aus nackten Bitumenbahnen R 500 N
3 – Stahlbetonbodenplatte, 15 cm
4 – Abdichtung von Bodenflächen – *Kebulin - Original kebu Polymer GW4, 4,0 mm*
5 – Horizontalsperre gegen aufsteigende Feuchtigkeit – *Kebulin - Original kebu Polymer GW4, 4,0 mm, Breite 70 cm*
6 – Innenwandputzsystem – *Raab - UEP - Universal-Edelputz*
7 – Mauerwerk der tragenden Kelleraußenwand – *Ziegelwerk Gleinstätten - HOCHLOCHZIEGEL 30, Wanddicke 30 cm*
8 – Boden aus Klinkerplatten, 240x115x25 mm
9 – Entwässerungsrinne aus Betonfertigteilen – *Schwenk - Muldensteine, 40x12x50 cm*
10 – Grobkiesschüttung
11 – Dränrohre – *Böhm - Teilsickerrohr, aus PVC-U, Form F, mit angeformter Muffe, DN 150*
12 – Abdichtung von Außenwandflächen gegen Bodenfeuchtigkeit – *Deitermann - Superflex-2000 W, 2-Komp.-Polymerbitumen-Abdichtmasse*
13 – Stahlbetonwand, 20 cm
14 – Innendeckenputzsystem – *Raab - UEP - Universal-Edelputz*
15 – Tragwerk Deckenplatte
16 – Plattenbelag – *Schwenk - Terrassenplatten, Serie Europa, 50x50 cm*
17 – Trennschicht – *Dörken - DELTA-PVC-MAUERWERKSPERRE, aus PVC-P, 1,2 mm, Breite 50 cm*
18 – Wärmedämm–Verbundsystem – *Correcta - Poresta®-Fassade, Fassadendämmplatten mit Putz, Dicke 85 mm*
19 – Mauerwerk der tragenden Außenwand – *Ziegelwerk Gleinstätten - HOCHLOCHZIEGEL 25, Wanddicke 25 cm*

Produkthinweise	Firmen-CODE
Böhm Kunststoffe GmbH	BOEHM
Correcta GmbH	CORRECTA
Deitermann Chemiewerk GmbH + Co. KG	DEITERM
Ewald Dörken AG	DOERKEN
Kebulin Gesellschaft Kettler & Co.KG	KEBULIN
Joseph Raab GmbH & Cie. KG	RAAB
E. Schwenk Betontechnik GmbH & Co. KG	SCHWNKB
Ziegelwerke Gleinstätten GesmbH.& Co. KG	ZGW_GLE

Bauwerksabdichtungen, Standard-Details

Wärmedämmende Kelleraußenwand mit Eingangstor

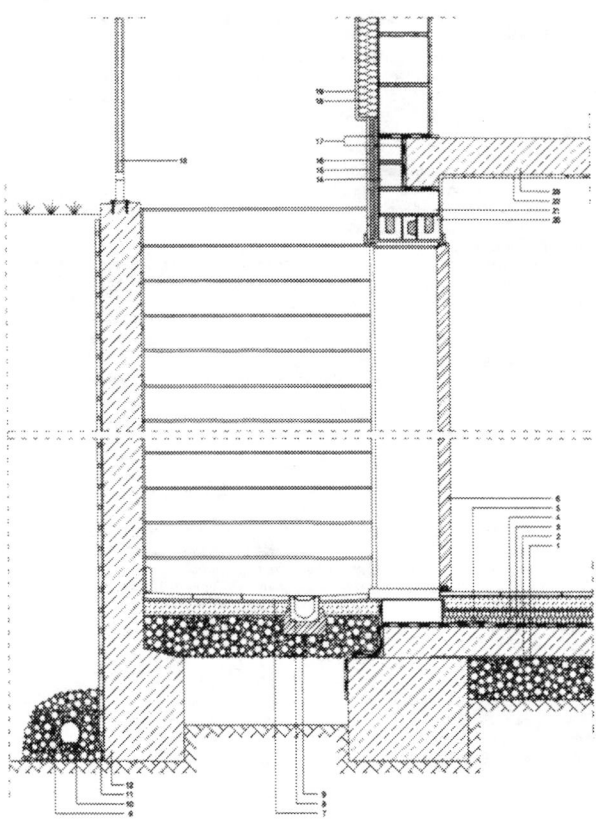

- Einschalige Kelleraußenwand aus Mauerziegeln, wärmedämmend mit Perimeterdämmung aus Polystyrol
- Abdichtung von Kellerboden gegen Bodenfeuchtigkeit mit Bitumen-Schweißbahnen
- Kellereingang durch Stahlbetontreppen und Eingangstor aus Holz
- Entwässerung vor dem Kellereingang mit Entwässerungsrinne aus Betonfertigteil, gedeckt mit Stegrost

1 – Kiesschüttung, Grobkiesbett 20 cm
2 – Trennlage – *Dico isolierstoff - Bitumenbahn R 500*
3 – Stahlbetonbodenplatte, 14 cm
4 – Abdichtung von Bodenflächen – *Dico isolierstoff - Bitumen-Schweißbahn V 60 S 4*
5 – Horizontalsperre gegen aufsteigende Feuchtigkeit – *Dico isolierstoff - Bitumen-Schweißbahn V 60 S 4*
6 – Außentür – *Moralt - Moralt Vollspantür V57, 57/58 mm, aus Holz*
7 – Bodenklinkerplatten (frostbeständig) – *Dörentrup - Klinker-Elemente (240x115x25 mm)*
8 – Entwässerungsrinne Klasse A – *Hauraton - FASERFIX Standard Rinnen, aus Glasfaserbeton, mit Stegrost*
9 – Grobkiesschüttung
10 – Dränrohre – *Böhm - Teilsickerrohr, aus PVC-U, DN 125*
11 – Dränschicht, vertikal – *Dörken - DELTA-GEO-DRAIN System*
12 – Treppenhauswand aus Ortbeton, Dicke 20 cm
13 – Geländer mit Füllungen – *Müssig - WMS 140101 Aussengeländer, aus Stahl*
14 – Mauerwerk der nichttragenden Ausfachung von Stahlbetonskeletten, aus Kalksandstein
15 – Perimeterdämmung – *IsoBouw - Perimeter-Dämmsystem W-PER, WS+WD-30-B1, 50 mm*
16 – Sockelputz als Außenwandputzsystem
17 – Trennschicht – *Dörken - DELTA-PVC-MAUERWERKSPERRE, aus PVC-P, 1,2 mm, Breite 50 cm*
18 – Wärmedämmschicht – *IsoBouw - Fassaden-Dämmplatten W-VWS, WD-20-B1, Dicke 100 mm*
19 – Außenwandputzsystem
20 – Überdeckung der Öffnung – *Kalksandstein - KS-Sichtmauersturz*
21 – Mauerwerk der tragenden Außenwand – *Girnghuber - Hochlochziegel HLz, 5 DF, Wanddicke 30 cm*
22 – Innendeckenputz
23 – Tragwerk Deckenplatte

Produkthinweise	Firmen-CODE
Böhm Kunststoffe GmbH	BOEHM
dico isolierstoff industrie GmbH	DICO_I
Ewald Dörken AG	DOERKEN
Dörentrup Klinkerplatten GmbH	DOEREN
Girnghuber GmbH & Co. KG	GIMA
HAURATON GmbH & Co.KG	HAURATON
IsoBouw Dämmtechnik GmbH	ISOBOUW
Kalksandstein Bauberatung Dresden GmbH	KALKSAND
MORALT Fertigelemente GmbH & Co.	MORALT
Wilhelm Müssig GmbH	MUESSIG

Wärmedämmende Kelleraußenwand - Fußpunkt - Kopfpunkt

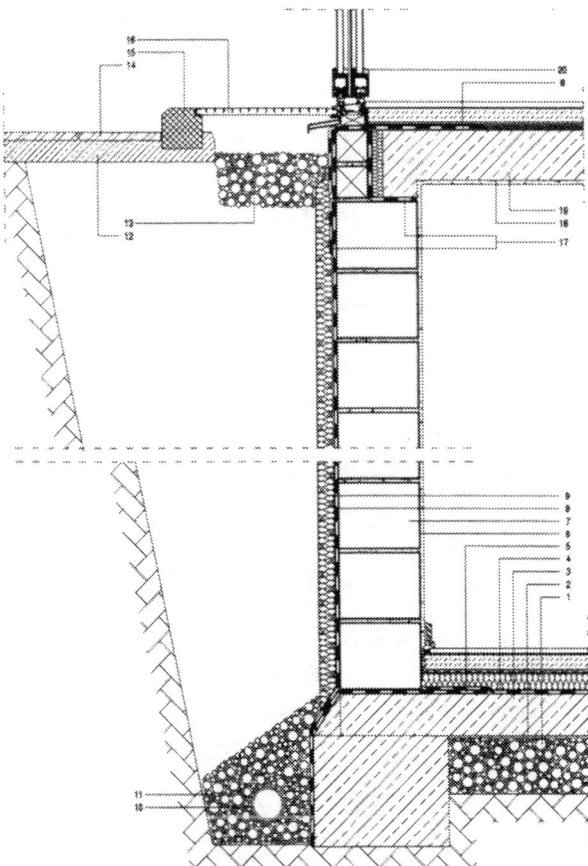

- Einschalige Kelleraußenwand aus Mauerziegeln, wärmedämmend mit Perimeterdämmung aus extrudiertem Polystyrol
- Abdichtung von Kelleraußenwandfläche gegen nichtdrückendes Wasser mit 2-Komp.-Bitumen-Dickbeschichtung
- Entwässerung mit Dränageplatte aus extrudiertem Polystyrol, Filterschicht aus Kiesschüttung und flexiblem Dränagerohr aus PVC-U
- Abschluss Kelleraußenwand (Kopfpunkt) mit Fensterschiebetür aus Kunststoff und Gitterrost aus verzinktem Stahl

1 – Kiesschüttung, Grobkiesbett 20 cm
2 – Trennlage aus nackten Bitumenbahnen R 500 N
3 – Stahlbetonbodenplatte, 14 cm
4 – Abdichtung von Bodenflächen – *Schomburg - AQUAFIN-2K flexible Dichtungsschlämme*
5 – Horizontalsperre gegen aufsteigende Feuchtigkeit – *Schomburg - AQUAFIN-2K, flexible Dichtungsschlämme*
6 – Innenwandputzsystem – *Epple - Gips-Kalk-Feinputz FP 200*
7 – Mauerwerk der tragenden Kelleraußenwand – *Meindl - Marktheidenfelder HOCHLOCHZIEGEL, 10 DF, Wanddicke 30 cm*
8 – Abdichtung gegen nichtdrückendes Wasser – *Schomburg - Combiflex-C2, 2-Komp.-Bitumen-Dickbeschichtung*
9 – Dränschicht, vertikal – *Dow - Perimate DI Dränplatten, WS-B2, 50 mm*
10 – Dränrohre – *Böhm - Flexible PVC-Dränrohre, aus PVC-U, DN 125*
11 – Grobkiesschüttung
12 – Ortbeton der Ausgleichsschicht, 10 cm
13 – Filterschicht aus Kiessand
14 – Bodenbelag aus Naturwerkstein auf Terrassen auf vorhandenem Beton – *JUMA - Porphyr-Bodenplatten, 30x30x3 cm*
15 – Blockstufe aus Naturwerkstein, als Gegenlager des Rostes
16 – Gitterrost mit Quadratmaschen – *Künstler - TOP STAR Karo-Gitterroste, aus Stahl verzinkt, Masche 30x30 mm, 1000x500 mm*
17 – Abdichtung von Außenwandflächen gegen Bodenfeuchtigkeit – *Schomburg - Combiflex-C2, 2-Komp.-Bitumen-Dickbeschichtung*
18 – Innendeckenputzsystem – *Epple - Gips-Kalk-Feinputz FP 200*
19 – Tragwerk Deckenplatte
20 – Fenstertür – *Gebr. Kömmerling - Schiebetür Eurodur® SF2, aus PVC-hart*

Produkthinweise	Firmen-CODE
Böhm Kunststoffe GmbH	BOEHM
Dow Deutschland Inc.	DOW_DEU
KARL EPPLE Trockenmörtel GmbH & Co. KG	EPPLE
JUMA Natursteinwerke	JUMA
Gebr. Kömmerling Kunststoffwerke GmbH	KOEMMERL
Eisenwerk Künstler GmbH	KUENSTLE
Josef Meindl GmbH - Mauerziegel	MEINDL_M
Schomburg Systembaustoffe GmbH	SCHOMBUR

Bauwerksabdichtungen, Standard-Details

Wärmedämmende Kelleraußenwand - Garageneingang

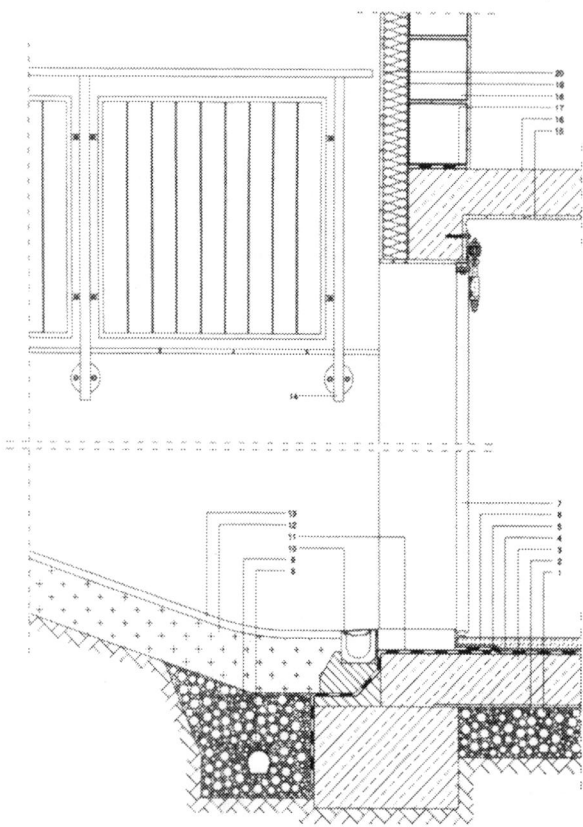

- Einschalige Kelleraußenwand aus Mauerziegeln, wärmedämmend mit Perimeterdämmung
- Abdichtung von Kellerboden gegen Bodenfeuchtigkeit mit Bitumen-Schweißbahnen
- Garagentor als Faltschiebetor aus Stahl, wärmedämmend
- Asphaltrampe auf Tragschicht mit bituminösen Bindemitteln und Entwässerung vor dem Garageneingang mit Entwässerungsrinne aus Betonfertigteil, gedeckt mit Gussrost

1 – Kiesschüttung, Grobkiesbett 20 cm
2 – Trennlage – *Dico isolierstoff - Bitumenbahn R 500*
3 – Stahlbetonbodenplatte, 20 cm
4 – Abdichtung von Bodenflächen – *Dico isolierstoff - Bitumen-Schweißbahn V 60 S 4*
5 – Trennschicht – *Dico isolierstoff - Bitumenbahn R 500*
6 – Zementestrich
7 – Rahmentor für Einfachverglasung – *DMW Schwarze - Monotherm-50-FST Faltschiebetor, Höhe 200 cm, wärmedämmend*
8 – Dränrohre – *Böhm - Teilsickerrohr, aus PVC-U, DN 150*
9 – Grobkiesschüttung
10 – Entwässerungsrinne Klasse A – *Hauraton - FASERFIX Standard Rinnen, aus Glasfaserbeton, mit Gussrost*
11 – Horizontalsperre gegen aufsteigende Feuchtigkeit – *Dico isolierstoff - Bitumen-Schweißbahn V 60 S 4*
12 – Tragschicht mit bituminösen Bindemitteln, Dicke 20 cm, Gefälle 1:3
13 – Gussasphaltdeckschicht TV bit 6/75, 3 cm
14 – Geländer mit Füllungen – *Müssig - Balkongeländer BG 90 „MODULAR" - Typ Exakt*
15 – Innendeckenputzsystem – *Märker - Kalk-Gips-Maschinenputz MP-F*
16 – Tragwerk Deckenplatte
17 – Trennschicht, Mauerwerkssperre, aus PVC-P, 1,2 mm, Breite 25 cm
18 – Mauerwerk der tragenden Außenwand, Hochlochziegel HLz, Wanddicke 24 cm
19 – Wärmedämmschicht – *Endele - Endal-Wabendämmplatte, WD-B2, Dicke 100 mm*
20 – Außenwandputzsystem – *Märker - Struktur-/Grundputz SP 2*

Produkthinweise	**Firmen-CODE**
Böhm Kunststoffe GmbH	BOEHM
dico isolierstoff industrie GmbH	DICO_I
Endele Kunststoff GmbH	ENDELE
HAURATON GmbH & Co.KG	HAURATON
Wilhelm Müssig GmbH	MUESSIG
Märker Zementwerk GmbH	MAERKER
DMW Schwarze GmbH & Co.	SCHWARZE

Wärmedämmende Kelleraußenwand - Garageneingang

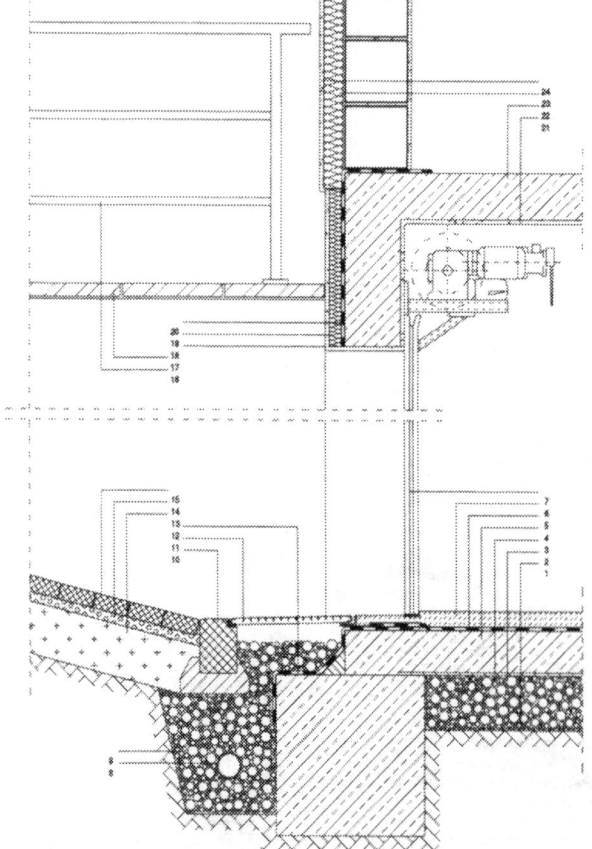

- Einschalige Kelleraußenwand aus Mauerziegeln, wärmedämmend mit Perimeterdämmung
- Abdichtung von Kelleraußenwandfläche gegen Bodenfeuchtigkeit mit Bitumen-Schweißbahnen
- Abdichtung von Kellerboden gegen Bodenfeuchtigkeit mit Bitumen-Schweißbahnen
- Garagentor als Rolltor aus Aluminium, mit Elektroantrieb
- Rampe auf Tragschicht ohne Bindemittel mit Fahrbahndecken aus Natursteinpflaster im Sandbett
- Entwässerung vor dem Garageneingang mit Dränage aus Grobkiesschüttung und Gitterrost

1 – Filterschicht, horizontal, aus Filtervlies
2 – Kiesschüttung, Grobkiesbett 20 cm
3 – Trennlage – *Klewa - KLEWA-STD Lochglasvlies*
4 – Stahlbetonbodenplatte, 16 cm
5 – Abdichtung von Bodenflächen – *Klewa - KLEWABIT PV 200 S5, 5,0 mm*
6 – Gussasphaltestrich DIN 18560
7 – Rolltor DIN 18073 – *Hit Industrie Torbau - Rolltor, Profil R 110, Alu-doppelwandig, mit Elektroantrieb*
8 – Dränrohre – *Drossbach - AGROFLEX-F, flexible PVC-Dränrohre, aus PVC-U, DN 125*
9 – Grobkiesschüttung
10 – Blockstufe aus Naturwerkstein, als Gegenlager des Rostes
11 – Gitterrost mit Quadratmaschen – *MEA Meisinger - Pressgitterrost Masche 30x10 mm, 1200x500 mm*
12 – Horizontalsperre gegen aufsteigende Feuchtigkeit – *Klewa - KLEWA-Mauersperrbahn, Breite 100 cm*
13 – Tragschicht ohne Bindemittel (Brechsand–Splitt–Schotter–Gemisch), Dicke 20 cm, Gefälle 1:4
14 – Tragschicht ohne Bindemittel (Sandbett)
15 – Großpflaster – *Rinn - Color Pflaster La Casa, 14x25 cm, Dicke 6 cm*
16 – Stabgeländer – *Müssig - MÜSSIG G 140 Außengeländer, aus Stahl, horizontale Füllstäbe*
17 – Bodenbelag aus Betonwerkstein auf Terrassen auf vorhandenem Beton – *Rinn - Eurolux-Platten feingeschliffen, 40x40 cm, Dicke 4,8 cm*
18 – Sockelputz als Außenwandputzsystem – *Porphyr - Porphyr 703 Münchner Rauputz*
19 – Perimeterdämmung, Dicke 50 mm
20 – Abdichtung von Außenwandflächen gegen Bodenfeuchtigkeit – *Klewa - KLEWABIT PV 200 S5, 5,0 mm*
21 – Innendeckenputzsystem – *Porphyr - Porphyr 700 Kratzputz*
22 – Tragwerk Deckenplatte
23 – Wärmedämmschicht für Außenwände – *Heraklith - Heratekta-FP, PS-20-B1, Dicke 75 mm*
24 – Außenwandputzsystem – *Porphyr - Porphyr 703 Münchner Rauputz*

Produkthinweise	**Firmen-CODE**
Max Drossbach GmbH & Co. KG	DROSSBAC
Deutsche Heraklith AG	HERAKLIT
Hit Industrie Torbau GmbH	HIT
Wilhelm Müssig GmbH	MUESSIG
KLEWA Dachbaustoffe	KLEWA
MEA Meisinger	MEA_MEI
Porphyr - Werke GmbH	PORPHYR
RINN Beton- u. Naturstein GmbH & Co. KG	RINN

Bauwerksabdichtungen, Standard-Details

Wärmedämmende Kelleraußenwand - Garageneingang

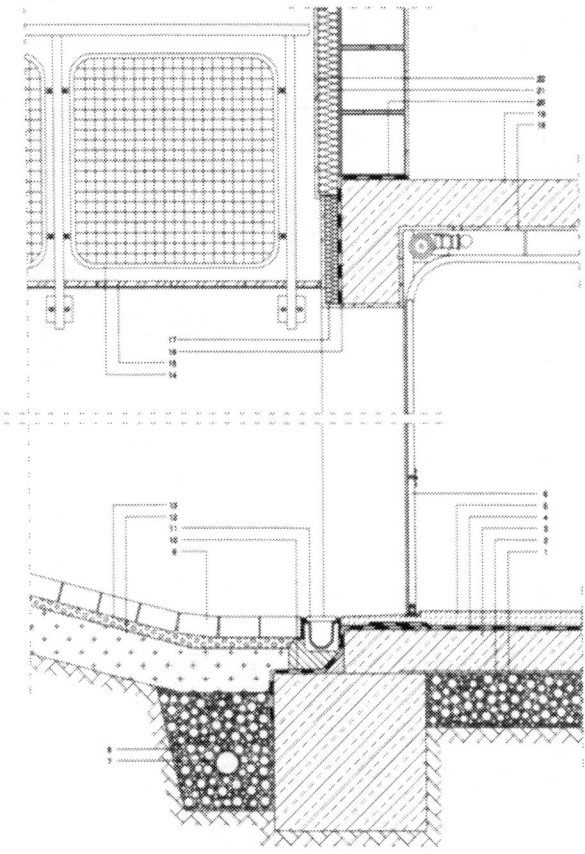

- Einschalige Kelleraußenwand aus Hohlblock aus Beton, wärmedämmend mit Perimeterdämmung
- Abdichtung von Kelleraußenwandfläche gegen Bodenfeuchtigkeit mit Bitumen-Schweißbahnen
- Abdichtung von Kellerboden gegen Bodenfeuchtigkeit mit Bitumen-Schweißbahnen
- Garagentor als Sektionaltor aus Stahl, wärmedämmend, mit Elektro-Antrieb
- Rampe auf Tragschicht ohne Bindemittel mit Fahrbahndecken aus Betonpflastersteinen im Sandbett

1 – Kiesschüttung, Grobkiesbett 20 cm
2 – Trennlage aus nackten Bitumenbahnen R 500 N
3 – Stahlbetonbodenplatte, 15 cm
4 – Abdichtung von Bodenflächen – Kebulin - Original kebu GV 4, V 60 S 4, 4,0 mm
5 – Zementestrich
6 – Sektionaltor – Hit Industrie Torbau - Sektionaltor HIT, aus Stahlpaneelen, Polyurethan ausgeschäumt, Höhe 200 mm, mit Elektro-Antrieb
7 – Dränrohre – UNICOR - EUROFLEX, flexible PVC-Dränrohre, DN 100
8 – Grobkiesschüttung
9 – Großpflaster – Basaltin - Urico®-Pflaster, 24x16 cm, Dicke 8 cm
10 – Horizontalsperre gegen aufsteigende Feuchtigkeit – Kebulin - Original kebu GV 4, V 60 S 4, 4,0 mm, Breite 80 cm
11 – Entwässerungsrinne Klasse C – MEA Meisinger - MEARIN - Entwässerungsrinne 100, Nenngröße 100, mit Maschenrost 30x10 feuerverzinkt
12 – Tragschicht ohne Bindemittel (Schotter), Dicke 20 cm, Gefälle 1:4
13 – Tragschicht ohne Bindemittel (Sandbett)
14 – Geländer mit Füllungen – Müssig - Balkongeländer BG 90 „MODULAR" - Typ Facette
15 – Bodenbelag aus Betonwerkstein auf Terrassen auf vorhandenem Beton, 30x30 cm, Dicke 2 cm
16 – Sockelputz als Außenwandputzsystem – Märker - Zementputz ZP 2 Sockelputz
17 – Perimeterdämmung – IsoBouw - Perimeter-Dämmsystem W-PER, WS+WD-30-B1, 60 mm
18 – Innendeckenputzsystem – Märker - Kalk-Gips-Maschinenputz MP-F
19 – Tragwerk Deckenplatte
20 – Abdichtung von Außenwandflächen gegen Bodenfeuchtigkeit – Kebulin - Original kebu GV 4, V 60 S 4, 4,0 mm
21 – Mauerwerk der tragenden Außenwand, Hochlochziegel HLz, Wanddicke 24 cm
22 – Wärmedämmschicht – IsoBouw - Fassaden-Dämmplatten W-VWS, WD-20-B1, 80 mm
23 – Außenwandputzsystem – Märker - Struktur-/Grundputz SP 2 plus

Produkthinweise	Firmen-CODE
Basaltin GmbH	BASALTIN
Hit Industrie Torbau GmbH	HIT
IsoBouw Dämmtechnik GmbH	ISOBOUW
Kebulin Gesellschaft Kettler & Co.KG	KEBULIN
MEA Meisinger	MEA_MEI
Wilhelm Müssig GmbH	MUESSIG
Märker Zementwerk GmbH	MAERKER
UNICOR Rohrsysteme GmbH	UNICOR

Wärmedämmende Kelleraußenwand - Garageneingang

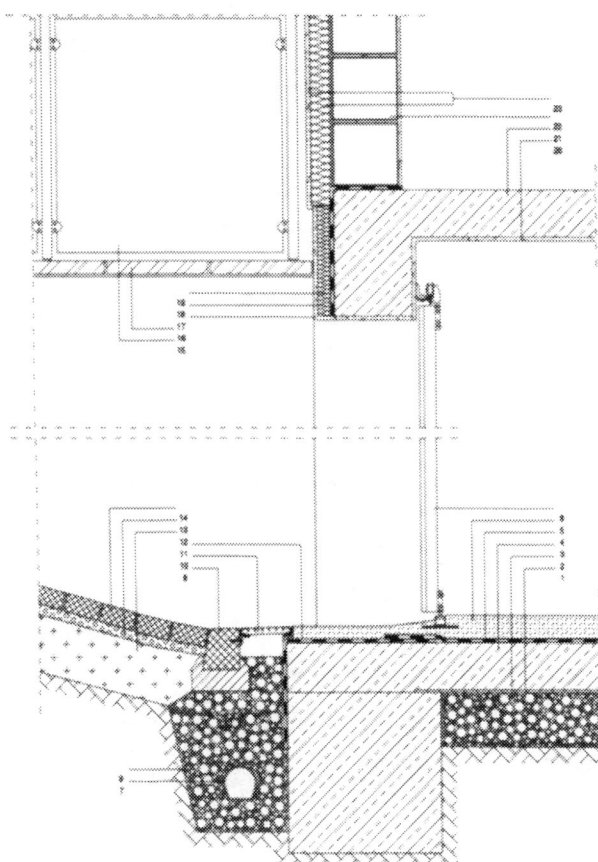

- Einschalige Kelleraußenwand aus Hohlblock aus Beton, wärmedämmend mit Perimeterdämmung
- Abdichtung von Kelleraußenwandfläche gegen Bodenfeuchtigkeit mit Bitumen-Deckaufstrich
- Abdichtung von Kellerboden gegen Bodenfeuchtigkeit mit Bitumen-Isolieranstrich
- Garagentor als Seiten-Sektionaltor aus Stahl, mit Elektro-Antrieb
- Rampe auf Tragschicht ohne Bindemittel mit Fahrbahndecken aus Natursteinpflaster im Sandbett mit Bindemittel
- Entwässerung vor dem Garageneingang mit Dränage aus Grobkiesschüttung und Gitterrost

1 – Kiesschüttung, Grobkiesbett 20 cm
2 – Trennlage aus nackten Bitumenbahnen R 500 N
3 – Stahlbetonbodenplatte, 18 cm
4 – Abdichtung von Bodenflächen – sandroplast SANDROCK - SANDROPLAST Bitumen-Isolieranstrich
5 – Gussasphaltestrich DIN 18560
6 – Sektionaltor – NORMSTAHL - Seiten-Sektionaltore, aus Aluminium-Hohlprofilen, mit Elektro-Antrieb, Höhe 200 mm
7 – Dränrohre – Böhm - Teilsickerrohr, aus PVC-U, DN 150
8 – Grobkiesschüttung
9 – Bordsteine aus Beton – Schwenk - BINAB-Bordstein, Hochbordprofil Bi 1, 15x12x16 cm
10 – Gitterrost mit Quadratmaschen – MEA Meisinger - MEA - Garagen-Gitterrost, Masche 30x30 mm, 2000x200 mm
11 – Horizontalsperre gegen aufsteigende Feuchtigkeit – sandroplast SANDROCK - SANDROPLAST Bitumen-Isolieranstrich
12 – Tragschicht ohne Bindemittel (Brechsand–Splitt–Gemisch), Dicke 20 cm, Gefälle 1:4
13 – Hydraulisch gebundene Tragschicht
14 – Großpflaster – Schwenk - CARTAGO-Rechteckpflaster, Steintyp 1, 14x21 cm, Dicke 7 cm
15 – Geländer mit Füllungen – Kömmerling - Balkonsystem Kömabord plus, Füllung Glas
16 – Bodenbelag aus Betonwerkstein auf Terrassen auf vorhandenem Beton – Schwenk - Terrassenplatten, Serie Europa, 40x40 cm, Dicke 5 cm
17 – Sockelputz als Außenwandputzsystem
18 – Perimeterdämmung – Heidelberger Dämmsysteme - Perimeterdämmplatte, Dicke 50 mm
19 – Abdichtung von Außenwandflächen gegen Bodenfeuchtigkeit – sandroplast SANDROCK - SANDROPLAST 2000 Mauerschutzanstrich
20 – Innendeckenputzsystem
21 – Tragwerk Deckenplatte
22 – Mauerwerk der tragenden Außenwand – FRANZ CARL NÜDLING - Liapor Mauerblock, Hohlblock (Hbl) aus Leichtbeton, Wanddicke 24 cm
23 – Wärmedämm-Verbundsystem – Heidelberger Dämmsysteme - Mineralisches Dickschicht-System, Typ D7, Dicke 80 mm

Produkthinweise	Firmen-CODE
Böhm Kunststoffe GmbH	BOEHM
FRANZ CARL NÜDLING	FCN
Heidelberger Dämmsysteme GmbH	HEIDELD
Gebr. Kömmerling Kunststoffwerke GmbH	KOEMMERL
MEA Meisinger	MEA_MEI
NORMSTAHL-Werk E. Döring GmbH	NORMSTAHL
sandroplast SANDROCK GmbH	SANDROPL
E. Schwenk Betontechnik GmbH & Co. KG	SCHWENKB

Wandbauarten nach ökologischen Gesichtspunkten (nach Lit. 029)

Außenwände unter Terrain (gegen Erdreich)

Betonwand mit Perimeterdämmung Schaumglas und Betonsickerplatten

	Dicke [cm]	Masse [kg/m²]	Nutzungsdauer [a]	Treibhauseffekt [g CO₂/m² a]	Versäuerung [g SO₂/m² a]
a Betonstein	6,0	96,0	80	143	0,57
b Bitumenklebemasse kalt		1,5	80	9	0,07
c Schaumglas, λ = 0,04 W/mK	12,0	14,4	80	664	4,13
d Bitumenklebemasse kalt		3,8	80	23	0,19
e Beton PC300	20,0	480,0	80	741	2,43
f Bewehrungsstahl		12,0	80	71	0,27
Total		**608**		**1651**	**7,65**

Technische Daten
k-Wert [W/m²K] 0,27
Ökologische Gesamtbeurteilung
Großer Treibhauseffekt. Große Versäuerung. Bei guter technischer Gestaltung lange Lebensdauer der Abdichtung. Mittleres Schadenpotential bei unsorgfältiger Detailplanung. Großes Schadenpotential bei unsorgfältiger Ausführung. Mittlerer Entsorgungsaufwand.

Betonwand mit Perimeterdämmung aus extrudiertem Polystyrolschaum

	Dicke [cm]	Masse [kg/m²]	Nutzungsdauer [a]	Treibhauseffekt [g CO₂/m² a]	Versäuerung [g SO₂/m² a]
a Polystyrol expandiert λ = 0,036 W/mK	12,0	3,8	80	91	0,83
b Bitumenklebemasse kalt		1,4	80	9	0,07
c Beton PC300	20,0	480,0	80	741	2,43
d Bewehrungsstahl		12,0	80	71	0,27
Total		**497**		**912**	**3,60**

Technische Daten
k-Wert [W/m²K] 0,27
Ökologische Gesamtbeurteilung
Kleiner Treibhauseffekt. Kleine Versäuerung. Ökologisch / toxikologisch relevante Bestandteile vorhanden. Bei guter technischer Gestaltung lange Lebensdauer der Abdichtung. Mittleres Schadenpotential bei unsorgfältiger Detailplanung. Geringes Schadenpotential bei unsorgfältiger Ausführung. Mittlerer Entsorgungsaufwand.

Betonwand mit Perimeterdämmung Schaumglas und EPS-Sickerplatten

	Dicke [cm]	Masse [kg/m²]	Nutzungsdauer [a]	Treibhauseffekt [g CO₂/m² a]	Versäuerung [g SO₂/m² a]
a Polystyrol expandiert	6,0	1,2	80	29	0,26
b Bitumenklebemasse kalt		1,5	80	9	0,07
c Schaumglas	12,0	14,4	80	664	4,13
d Bitumenklebemasse kalt		3,8	80	23	0,19
e Beton PC300	20,0	480,0	80	741	2,43
f Bewehrungsstahl		12,0	80	71	0,27
Total		**513**		**1537**	**7,34**

Technische Daten
k-Wert [W/m²K] 0,27
Ökologische Gesamtbeurteilung
Mittlerer Treibhauseffekt. Große Versäuerung. Ökologisch / toxikologisch relevante Bestandteile vorhanden. Bei guter technischer Gestaltung lange Lebensdauer der Abdichtung. Mittleres Schadenpotential bei unsorgfältiger Detailplanung. Großes Schadenpotential bei unsorgfältiger Ausführung. Mittlerer Entsorgungsaufwand.

Kalksandstein-Mauerwerk mit Perimeterdämmung aus Schaumglas und EPS-Sickerplatten

	Dicke [cm]	Masse [kg/m²]	Nutzungsdauer [a]	Treibhauseffekt [g CO₂/m² a]	Versäuerung [g SO₂/m² a]
a Polystyrol expandiert	6,0	1,2	80	29	0,26
b Bitumenklebemasse kalt		1,5	80	9	0,07
c Schaumglas, λ = 0,04 W/mK	12,0	14,4	80	664	4,13
d Bitumenklebemasse kalt		3,8	80	23	0,19
e konventioneller Außenputz	2,0	47,5	80	108	0,37
f Kalksandsteinmauerwerk	25,0	351,5	80	335	1,12
g verlängerter Mörtel MG II		97,5	80	203	0,62
Total		**517**		**1372**	**6,77**

Technische Daten
k-Wert [W/m²K] 0,27
Ökologische Gesamtbeurteilung
Mittlerer Treibhauseffekt. Mittlere Versäuerung. Ökologisch / toxikologisch relevante Bestandteile vorhanden. Bei guter technischer Gestaltung lange Lebensdauer der Abdichtung. Mittleres Schadenpotential bei unsorgfältiger Detailplanung. Großes Schadenpotential bei unsorgfältiger Ausführung. Mittlerer Entsorgungsaufwand.

Betonwand mit Innendämmung aus Schaumglas und Vormauerung

	Dicke [cm]	Masse [kg/m²]	Nutzungsdauer [a]	Treibhauseffekt [g CO₂/m² a]	Versäuerung [g SO₂/m² a]
a Betonstein	6,0	96,0	80	143	0,57
b Bitumenklebemasse kalt		1,5	80	9	0,07
c Beton PC300	20,0	480,0	80	741	2,43
d Bewehrungsstahl		12,0	80	71	0,27
e Schaumglas, λ = 0,04 W/mK	12,0	12,6	80	581	3,61
f Bitumenklebemasse kalt		3,8	80	23	0,19
g Ziegelmauerwerk	10,0	93,5	80	264	0,95
h verlängerter Mörtel MG II		34,2	80	71	0,22
i Einschicht – Gipsputz	1,0	10	40	26	0,23
Total		**744**		**1929**	**8,53**

Technische Daten
k-Wert [W/m²K] 0,28
Luftschalldämmmaß R'w [dB] > 55
Ökologische Gesamtbeurteilung
Großer Treibhauseffekt. Große Versäuerung. Bei guter technischer Gestaltung lange Lebensdauer der Oberflächen. Kleines Schadenpotential bei unsorgfältiger Detailplanung. Kleines Schadenpotential bei unsorgfältiger Ausführung. Kleiner Entsorgungsaufwand.

Außenwände über Terrain (über Erdreich)

Ziegelmauerwerk mit Steinwolle-Außendämmung, Faserzementschindeln

	Dicke [cm]	Masse [kg/m²]	Nutzungsdauer [a]	Treibhauseffekt [g CO₂/m² a]	Versäuerung [g SO₂/m² a]
a Faserzementschiefer		16,0	40	466	1,71
b Bretter / Latten CO2n		3,2	40	22	0,12
c Alublech		0,7	40	207	1,66
d Steinwolle λ = 0,035 W/mK	12,0	7,2	40	188	0,76
e Ziegelmauerwerk	15,0	137,0	80	386	1,39
f verlängerter Mörtel MG II		48,6	80	101	0,31
g konventioneller Innenputz	1,5	22,5	40	102	0,34
Total		**235**		**1471**	**6,29**

Technische Daten
k-Wert [W/m²K] 0,28
Luftschalldämmmaß R'w [dB] 52
Ökologische Gesamtbeurteilung
Kleiner Treibhauseffekt. Kleine Versäuerung. Auch bei guter technischer Gestaltung kurze Lebensdauer der Oberflächen. Mittleres Schadenpotential bei unsorgfältiger Detailplanung. Kleines Schadenpotential bei unsorgfältiger Ausführung. Kleiner Entsorgungsaufwand.

Kalksandstein-Mauerwerk mit Glaswolle-Außendämmung, Holzverkleidung

	Dicke [cm]	Masse [kg/m²]	Nutzungsdauer [a]	Treibhauseffekt [g CO₂/m² a]	Versäuerung [g SO₂/m² a]
a Bretter / Latten CO2n	2,7	15,4	30	141	0,79
b Bretter / Latten CO2n		4,7	35	37	0,21
c Glaswolle λ = 0,036 W/mK	12,0	3,4	35	155	1,19
d Kalksandstein-Mauerwerk	15,0	203,0	80	194	0,65
e verlängerter Mörtel MG II		52,2	80	109	0,33
f Kalkputz	0,5	7,0	40	47	0,12
Total		**286**		**683**	**3,28**

Technische Daten
k-Wert [W/m²K] 0,25
Luftschalldämmmaß R'w [dB] > 60
Ökologische Gesamtbeurteilung
Kleiner Treibhauseffekt. Kleine Versäuerung. Bei guter technischer Gestaltung lange Lebensdauer der Oberflächen. Großes Schadenpotential bei unsorgfältiger Detailplanung. Großes Schadenpotential bei unsorgfältiger Ausführung. Kleiner Entsorgungsaufwand.

Kalksandstein-Sichtmauerwerk zweischalig mit Steinwolle

	Dicke [cm]	Masse [kg/m²]	Nutzungsdauer [a]	Treibhauseffekt [g CO₂/m² a]	Versäuerung [g SO₂/m² a]
a Kalksandstein-Mauerwerk	12,0	167,0	80	159	0,53
b Zementmörtel MG III		57,0	80	148	0,54
c Stahl niedriglegiert		0,1	80	4	0,02
d Steinwolle λ = 0,35 W/mK	12,0	7,2	80	94	0,38
e Kalksandstein-Mauerwerk	15,0	202,8	80	194	0,65
f verlängerter Mörtel MG II		61,0	80	127	0,39
g konventioneller Innenputz	1,5	25,5	40	116	0,39
Total		**521**		**841**	**2,89**

Wandbauarten nach ökologischen Gesichtspunkten (nach Lit. 029)

Außenwände über Terrain (über Erdreich)

Ziegelmauerwerk zweischalig mit Steinwolle, innen verputzt

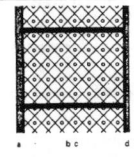

		Dicke [cm]	Masse [kg/m²]	Nutzungs-dauer [a]	Treibhauseffekt [g CO₂/m² a]	Versäuerung [g SO₂/m² a]
a	Ziegelmauerwerk	15,0	148,0	80	417	1,50
b	verlängerter Mörtel MG II		59,0	80	123	0,38
c	Stahl niedriglegiert		0,5	80	18	0,09
d	Steinwolle λ = 0,035 W/mK	12,0	7,2	80	94	0,38
e	Ziegelmauerwerk	15,0	133,0	80	375	1,34
f	verlängerter Mörtel MG II		62,7	80	131	0,40
g	Einschicht – Gipsputz	1,0	10,0	40	26	0,23
	Total		**420**		**1184**	**4,32**

Technische Daten
k-Wert [W/m²K] 0,24
Luftschalldämmmaß R'ʷ [dB] 59

Ökologische Gesamtbeurteilung
Mittlerer Treibhauseffekt.
Kleine Versäuerung.
Bei guter technischer Gestaltung lange Lebensdauer der Oberflächen.
Großes Schadenpotential bei unsorgfältiger Detailplanung.
Großes Schadenpotential bei unsorgfältiger Ausführung. Kleiner Entsorgungsaufwand.

Ziegelmauerwerk mit Außendämmung aus Steinwolle verputzt

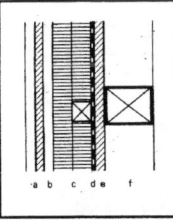

		Dicke [cm]	Masse [kg/m²]	Nutzungs-dauer [a]	Treibhauseffekt [g CO₂/m² a]	Versäuerung [g SO₂/m² a]
a	Konventioneller Außenputz	0,2	15,5	25	113	0,39
b	Kunstfaser Vlies / Filz		0,3	25	41	0,27
c	Stahl niedriglegiert		0,3	25	35	0,16
d	Steinwolle λ = 0,04 W/mK	12,0	12,5	25	521	2,11
e	Kleber		0,3	4,0	25	47	0,17
f	Ziegelmauerwerk	17,5	157,0	80	443	1,59
g	verlängerter Mörtel MG II		58,0	80	121	0,37
h	Einschicht – Gipsputz	1,0	10,0	40	26	0,23
	Total		**258**		**1348**	**5,28**

Technische Daten
k-Wert [W/m²K] 0,27
Luftschalldämmmaß R'ʷ [dB] 52

Ökologische Gesamtbeurteilung
Großer Treibhauseffekt. Mittlere Versäuerung.
Bei guter technischer Gestaltung mittlere Lebensdauer der Oberflächen.
Großes Schadenpotential bei unsorgfältiger Detailplanung.
Großes Schadenpotential bei unsorgfältiger Ausführung.
Mittlerer Entsorgungsaufwand.

Porenbetonstein-Mauerwerk verputzt

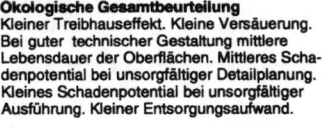

		Dicke [cm]	Masse [kg/m²]	Nutzungs-dauer [a]	Treibhauseffekt [g CO₂/m² a]	Versäuerung [g SO₂/m² a]
a	konventioneller Außenputz	2,5	24,0	35	125	0,43
b	Porenbeton	32,5	130,0	80	723	2,16
c	Dünnbettmörtel		7,5	80	38	0,11
d	Einschicht – Gipsputz	1,5	21,0	40	56	0,48
	Total		**183**		**940**	**3,18**

Technische Daten
k-Wert [W/m²K] 0,30
Luftschalldämmmaß R'ʷ [dB] 50

Ökologische Gesamtbeurteilung
Mittlerer Treibhauseffekt. Kleine Versäuerung.
Bei guter technischer Gestaltung mittlere Lebensdauer der Oberflächen. Kleines Schadenpotential bei unsorgfältiger Detailplanung.
Mittleres Schadenpotential bei unsorgfältiger Ausführung. Kleiner Entsorgungsaufwand.

Holzständer mit Glaswolle-Außendämmung, Holzverkleidung

		Dicke [cm]	Masse [kg/m²]	Nutzungs-dauer [a]	Treibhauseffekt [g CO₂/m² a]	Versäuerung [g SO₂/m² a]
a	Bretter / Latten CO2n	2,7	15,0	30	137	0,77
b	Bretter / Latten CO2n		4,7	35	37	0,21
c	Glaswolle λ = 0,036 W/mK	12,0	3,8	35	174	1,32
d	PE – Folie		0,2	80	7	0,05
e	Hartfaserplatte CO2n (MDF)	2,5	18,3	80	211	0,70
f	Kantholz CO2n		2,5	80	9	0,05
	Total		**45**		**574**	**3,10**

Technische Daten
k-Wert [W/m²K] 0,27
Luftschalldämmmaß R'ʷ [dB] 35

Ökologische Gesamtbeurteilung
Kleiner Treibhauseffekt. Kleine Versäuerung.
Bei guter technischer Gestaltung mittlere Lebensdauer der Oberflächen. Mittleres Schadenpotential bei unsorgfältiger Detailplanung.
Kleines Schadenpotential bei unsorgfältiger Ausführung. Kleiner Entsorgungsaufwand.

Holzständer mit Cellulosefaser-Dämmung, Faserzementplatten großformatig

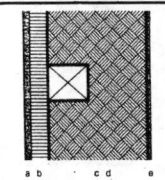

		Dicke [cm]	Masse [kg/m²]	Nutzungs-dauer [a]	Treibhauseffekt [g CO₂/m² a]	Versäuerung [g SO₂/m² a]
a	Faserzementplatten	1,0	19,0	40	363	1,52
b	Bretter / Latten CO2n		1,6	40	11	0,06
c	Weichfaser bitumengeb. CO2n	2,2	6,8	80	52	0,18
d	Kantholz CO2n		24,5	80	86	0,46
e	Celluloseflocken λ = 0,04 W/mK	16,0	6,9	80	10	0,12
f	PE – Folie		0,2	35	16	0,12
g	Gipskartonplatten CO2n	2,0	18,0	35	182	1,00
	Total		**77**		**719**	**3,46**

Technische Daten
k-Wert [W/m²K] 0,27
Luftschalldämmmaß R'ʷ [dB] 35

Ökologische Gesamtbeurteilung
Kleiner Treibhauseffekt. Kleine Versäuerung.
Ökologisch / toxikologisch relevante Bestandteile vorhanden. Bei guter technischer Gestaltung lange Lebensdauer der Oberflächen.
Kleines Schadenpotential bei unsorgfältiger Detailplanung.
Kleines Schadenpotential bei unsorgfältiger Ausführung. Mittlerer Entsorgungsaufwand.

Holzständer mit Leichtlehmausfachung und Schilfplatte

		Dicke [cm]	Masse [kg/m²]	Nutzungs-dauer [a]	Treibhauseffekt [g CO₂/m² a]	Versäuerung [g SO₂/m² a]
a	Lehmputz / –mörtel CO2n	2,0	34,0	25	170	0,57
b	Schilfrohrplatte CO2n λ = 0,06 W/m² K	5,0	9,5	25	114	0,69
c	Leicht – Lehmausfachung	30,0	190,0	80	5	0,06
d	Kantholz CO2n		11,3	80	40	0,21
e	Lehmputz / –mörtel CO2n	2,0	34,0	40	106	0,36
	Total		**279**		**435**	**1,89**

Technische Daten
k-Wert [W/m²K] 0,4
Luftschalldämmmaß R'ʷ [dB] > 57

Ökologische Gesamtbeurteilung
Kleiner Treibhauseffekt. Kleine Versäuerung.
Bei guter technischer Gestaltung lange Lebensdauer der Oberflächen.
Kleines Schadenpotential bei unsorgfältiger Detailplanung.Hohes Schadenpotential bei unsorgfältiger Ausführung. Kleiner Entsorgungsaufwand.

Holzständer mit Lehmblockausfachung, Steinwolle-Außendämmung, Holzverkleidung

		Dicke [cm]	Masse [kg/m²]	Nutzungs-dauer [a]	Treibhauseffekt [g CO₂/m² a]	Versäuerung [g SO₂/m² a]
a	Bretter / Latten CO2n	2,7	10,8	30	99	0,56
b	Bretter / Latten CO2n	4,7	4,5	30	41	0,23
c	Steinwolle λ = 0,035 W/mK	12,0	7,2	35	214	0,87
d	Kantholz CO2n		11,3	80	40	0,21
e	Voll – Lehmstein CO2n	12,0	95,2	80	240	1,00
f	Lehmputz / –mörtel CO2n		14,5	80	23	0,08
g	Lehm – Fertigputz	0,8	10,3	40	1	0,01
	Total		**154**		**657**	**2,96**

Technische Daten
k-Wert [W/m²K] 0,3
Luftschalldämmmaß R'ʷ [dB] 48

Ökologische Gesamtbeurteilung
Kleiner Treibhauseffekt. Kleine Versäuerung.
Bei guter technischer Gestaltung lange Lebensdauer der Oberflächen.
Kleines Schadenpotential bei unsorgfältiger Detailplanung.
Mittleres Schadenpotential bei unsorgfältiger Ausführung. Kleiner Entsorgungsaufwand.

Holzständer mit Leichtlehmstein

		Dicke [cm]	Masse [kg/m²]	Nutzungs-dauer [a]	Treibhauseffekt [g CO₂/m² a]	Versäuerung [g SO₂/m² a]
a	Lehm – Fertigputz	2,5	23,7	40	2	0,02
b	Leicht – Lehmstein CO2n	47,0	376,0	80	837	3,70
c	Lehmputz / –mörtel CO2n		51,6	80	81	0,27
d	Stahl niedriglegiert		0,6	80	22	0,10
e	Lehm – Fertigputz	1,5	15,0	40	1	0,01
f	Kantholz CO2n	10,0	11,7	80	41	0,22
	Total		**479**		**984**	**4,33**

Technische Daten
k-Wert [W/m²K] 0,4
Luftschalldämmmaß R'ʷ [dB] > 57

Ökologische Gesamtbeurteilung
Mittlerer Treibhauseffekt. Mittlere Versäuerung.
Bei guter technischer Gestaltung lange Lebensdauer der Oberflächen. Kleines Schadenpotential bei unsorgfältiger Detailplanung.
Mittleres Schadenpotential bei unsorgfältiger Ausführung. Kleiner Entsorgungsaufwand.

Wärmebrücken nach DIN 4108, Beiblatt 2

Tabelle A.1: Übersicht 1

Art des Anschlusses / Regelquerschnitt	M	A	K	S	H
			Bild		
1	Bild B.1 und Bild B.2	Bild B.3 und Bild B.4	–	Bild B.5 und Bild B.6	–
2	Bild B.7 bis Bild B.9	Bild B.10 und Bild B.11	Bild B.12 bis Bild B.14		Bild B.15 bis Bild B.17
3	Bild B.18	Bild B.19	Bild B.20		Bild B.21
4	Bild B.22	Bild B.23	Bild B.24		Bild B.25
5	Bild B.26	Bild B.27	Bild B.28		Bild B.29
6	Bild B.30	Bild B.31	Bild B.32		
7	Bild B.33 und Bild B.34	Bild B.35 und Bild B.36			–
8	Bild B.37				
9	Bild B.38 und Bild B.39	Bild B.40	Bild B.41		Bild B.42
10	Bild B.43	Bild B.44			–
11	Bild B.45	Bild B.46			

Tabelle A.2: Übersicht 2

	M	A	K	S	H
Ortgang					
12	Bild B.47	Bild B.48			–
13					–
Pfettendach					
14	Bild B.49	Bild B.50			–
15					–
Sparrendach					
16	Bild B.51	Bild B.52			–
17					

Aus Gründen der Behaglichkeit ist es wünschenswert, möglichst gleichmäßige innere Oberflächentemperaturen zu erhalten. Wärmebrücken sind dabei die Schwachstellen, da sich an ihnen die tiefsten raumseitigen Oberflächentemperaturen einstellen.

Tauwasserbildung setzt überall dort ein, wo die örtliche Oberflächentemperatur die Taupunkttemperatur des jeweiligen Wasserdampfdruckes unterschreitet. Tauwasserschäden treten deshalb zuerst im Bereich von Wärmebrücken auf. Schimmelpilzbildung kann bereits bei Luftfeuchten erfolgen, die noch keine Tauwasserbildung zur Folge haben. Je nach Oberflächenmaterial kann bei relativen Luftfeuchten über etwa 80 %, bezogen auf die dazugehörige Oberflächentemperatur, auf dem Wege der Kapillarkondensation Feuchte aufgenommen werden und bei entsprechender Dauer zur Schimmelpilzbildung führen.

1 Anwendungsbereich

Dieses Beiblatt zu DIN 4108 enthält Planungs- und Ausführungsbeispiele zur Verminderung von Wärmebrückenwirkungen. Das Beiblatt stellt Wärmebrückendetails aus dem Hochbau dar, jedoch keine Konstruktionsbeispiele für Gebäude mit einer Innentemperatur unter 19 °C.

Bemessungswerte der Wärmebrückenverlustkoeffizienten und die Werte von Mindest-Oberflächentemperatur können Wärmebrückenkatalogen entnommen oder nach E DIN EN ISO 10211 berechnet werden.

2 Planungsbeispiele

Allgemeine Planungsbeispiele zur Reduzierung von Wärmebrücken sind:
– Vermeidung stark gegliederter Baukörper;
– Wärmetechnische Trennung auskragender Bauteile (Balkonplatten, Attiken, Tragkonsolen usw.) vom angrenzenden Baukörper;
– Durchgehende Dämsstoffebene, z.B. Wärmedämmverbundsystem auf einer Außenwand, Kelleraußenwand mit Außenwanddämmung.

3 Ausführungsbeispiele

3.1 Gliederung und Darstellungstechnik

Die in diesem Beiblatt aufgeführten Beispiele betreffen Ausführungsarten von Anschlussausbildungen. Die Anschlussausbildungen sind als Übersichtsmatrix in den Bildern der Tabellen A.1 bis A.3 als Piktogramme dargestellt. Zur Erleichterung der Auffindbarkeit der einzelnen Details sind darin die Bildnummern der Anschlüsse eingetragen. Anschlussdetails, die nicht in diesem Beiblatt aufgeführt sind, deren Ausführung aber grundsätzlich ähnlich ist, werden in dieser Matrix gekennzeichnet.

3.2 Außenbauteile

Die betrachteten Außenbauteile stellen derzeit übliche Konstruktionen dar. Da die verwendeten Materialien unterschiedliche Wärmeleitfähigkeiten aufweisen und geringe Abweichungen der Schichtdicken möglich sind, werden keine Angaben zu den Wärmedurchgangskoeffizienten gemacht. Die dargestellten Maße sind Ungefährangaben, die im Einzelfall variiert werden können. Die in den Bildern B.1 bis B.6 angegebene Dämmschichtdicke im Bereich der Bodenplatte mit d = 60 mm gilt nur für den Kantenbereich (Abstand von der Kante $\leq$ 5 m). Bei größeren Abständen von der Kante wird der Wärmedurchgangskoeffizient der Bodenplatte nach der entsprechenden Norm zur Wärmeübertragung über das Erdreich berechnet und daraus die erforderliche Dämmschichtdicke ermittelt.

3.3 Hinweise zu Bauteilanschlüssen

Anhang B gibt Beispiele für Ausführungsarten verschiedener Bauteilanschlüsse.

Balkonplatten werden im vorliegenden Beiblatt nur als wärmetechnisch getrennte Konstruktionen behandelt. Andere Ausführungen unterschreiten in vielen Fällen die Mindestanforderungen nach DIN 4108–2.

Bei den Fensteranschlussdetails sind Abdichtungen, Befestigungen, Unterfütterungen für Trittfestigkeit im Bereich der Fenstertüren usw. nicht detailliert dargestellt.

3.4 Abweichende Ausführungen

Bei Einhaltung des dargestellten Konstruktionsprinzips und der Wärmedurchgangskoeffizienten der Außenbauteile gelten andere Ausführungen als gleichwertig.

Weitere bauliche Anforderungen, die an die Konstruktionen gestellt werden, sind in den vorliegenden Beispielen nicht aufgeführt.

Tabelle 2: Erläuterung des Schlüssels zum Auffinden der Anschlussausbildungen

lfd Nr.	Kurzbezeichnung	Anschlussverbindung	
		Bauteile	Anschlussbauteil
1	A1	Bodenplatte	ausgedämmtes Mauerwerk
1	A2	Bodenplatte	außengedämmtes Mauerwerk
1	M1	Bodenplatte	monolithisches Mauerwerk
1	M2	Bodenplatte	monolithisches Mauerwerk
1	S1	Bodenplatte	außengedämmter Stahlbeton
1	S2	Bodenplatte	außengedämmter Stahlbeton

Wärmebrücken nach DIN 4108, Beiblatt 2

Attika-Anschluss

18		Bild B.53	Bild B.54	Bild B.55		–

Tabelle A.3: Übersicht

Art des Anschlusses	Regelquerschnitt	DZ	DA	Art des Anschlusses	Regelquerschnitt	DZ	DA
19		Bild B.56		21		Bild B.58	
20		Bild B.57					

Tabelle B.1: Zeichenerklärung für die dargestellten Materialien

Nummer des Bildelements	Zeichnerische Darstellung	Material	Wärmeleitfähigkeit λ_R (W/(m · K))
1		Wärmedämmung	0,04 [1]
2			< 0,21
3		Mauerwerk	0,21 < λ_R < 1,0
4			> 1,0
5		Stahlbeton	–
6		Estrich	–
7		Gipskartonplatte	–
8		Spanplatte	–
–		Holz	–
–		unbewehrter Beton	–
–		Putz	–
–		Erdreich	–

[1] Den Maßangaben liegt eine Wärmeleitfähigkeit λ_R = 0,04 W/(m · K) zugrunde.

Tabelle 2: Erläuterung des Schlüssels zum Auffinden der Anschlussausbildungen

2	A1	Kellerdecke	außengedämmtes Mauerwerk
2	A2	Kellerdecke	außengedämmtes Mauerwerk
2	H1	Kellerdecke	Holzbauart
2	H2	Kellerdecke	Holzbauart
2	H3	Kellerdecke	Holzbauart
2	K1	Kellerdecke	kerngedämmtes Mauerwerk
2	K2	Kellerdecke	kerngedämmtes Mauerwerk
2	K3	Kellerdecke	kerngedämmtes Mauerwerk
2	M1	Kellerdecke	monolithisches Mauerwerk
2	M2	Kellerdecke	monolithisches Mauerwerk
2	M3	Kellerdecke	monolithisches Mauerwerk
3	A	Fensterbrüstung	außengedämmtes Mauerwerk
3	H	Fensterbrüstung	Holzbauart
3	K	Fensterbrüstung	kerngedämmtes Mauerwerk
3	M	Fensterbrüstung	monolithisches Mauerwerk
4	A	Fensterlaibung	außengedämmtes Mauerwerk
4	H	Fensterlaibung	Holzbauart
4	K	Fensterlaibung	kerngedämmtes Mauerwerk
4	M	Fensterlaibung	monolithisches Mauerwerk
5	A	Fenstersturz	außengedämmtes Mauerwerk
5	H	Fenstersturz	Holzbauart
5	K	Fenstersturz	kerngedämmtes Mauerwerk
5	M	Fenstersturz	monolithisches Mauerwerk
6	A	Rolladenkasten	außengedämmtes Mauerwerk
6	K	Rolladenkasten	kerngedämmtes Mauerwerk
6	M	Rolladenkasten	monolithisches Mauerwerk
7	A1	Terrasse	außengedämmtes Mauerwerk
7	A2	Terrasse	außengedämmtes Mauerwerk
7	M1	Terrasse	monolithisches Mauerwerk
7	M2	Terrasse	monolithisches Mauerwerk
8	A	Balkonplatte	außengedämmtes Mauerwerk
9	H	Geschossdecke	Holzbauart
9	K	Geschossdecke	kerngedämmtes Mauerwerk
9	M1	Geschossdecke	monolithisches Mauerwerk
9	M2	Geschossdecke	monolithisches Mauerwerk
10	K	Pfettendach	kerngedämmtes Mauerwerk
10	M	Pfettendach	monolithisches Mauerwerk
11	K	Sparrendach	kerngedämmtes Mauerwerk
11	M	Sparrendach	monolithisches Mauerwerk
12	K	Ortgang	kerngedämmtes Mauerwerk
12	M	Ortgang	monolithisches Mauerwerk
14	K	Pfettendach, ausgebaut	kerngedämmtes Mauerwerk
14	M	Pfettendach, ausgebaut	monolithisches Mauerwerk
16	K	Sparrendach, ausgebaut	kerngedämmtes Mauerwerk
16	M	Sparrendach, ausgebaut	monolithisches Mauerwerk
18	M	Flachdach	monolithisches Mauerwerk
18	A	Flachdach	außengedämmtes Mauerwerk
18	K	Flachdach	kerngedämmtes Mauerwerk
19	DZ	Dachfenster	–
20	DZ	Gaubenanschluss	–
21	IW	Dach	Innenwand

Anhang C (Auszug)

Literaturhinweise

1 Brunner, C.U. und Nänni, J.: Wärmebrückenkatalog, Neubaudetails, SIA-Dokumentation 99, Zürich 1985;
2 Mainka, G.W. und Paschen, H.: Wärmebrückenkatalog, Teubner-Verlag, Stuttgart (1986);
3 Brunner, C.U. und Nänni, J.: Wärmebrückenkatalog 2, Verbesserte Neubaudetails, SIA-Dokumentation D 078, Zürich;
4 Brunner, C.U. und Nänni, J.: Wärmebrückenkatalog 3, Altbaudetails, SIA-Dokumentation D 0107, Zürich 1993;
5 Hauser, G. und Stiegel, H.: Wärmebrückenatlas für den Mauerwerksbau, Bauverlag Wiesbaden 1990, 3. durchgesehene Auflage 1997;
6 Hauser, G. und Stiegel, H.: Wärmebrücken-Atlas für den Holzbau, Bauverlag Wiesbaden 1992;
7 Hauser, G.; Schulze, H.: Stiegel, H.: Anschlussdetails von Niedrigenergiehäusern, Fraunhofer IRB Verlag 1996.

Anhang B

Beispiele für Ausführungsarten von Anschlussdetails

Die für die Anschlussausbildungen maßgeblichen Materialien mit den zu Grunde gelegten Wärmeleitfähigkeiten sind in Tabelle B.1 dargestellt.

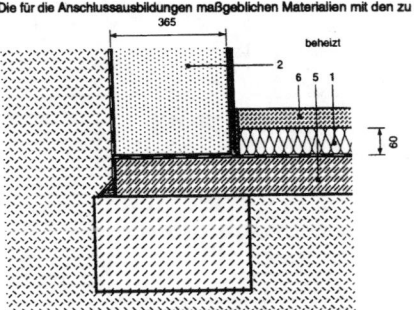

Bild B.1: Bodenplatte – monolithisches Mauerwerk (1/M1)

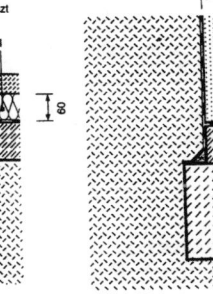

Bild B.2: Bodenplatte – monolithisches Mauerwerk (1/M2)

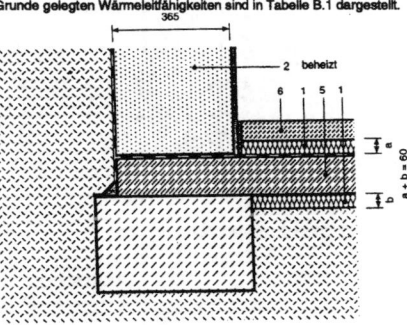

Bild B.3: Bodenplatte – außengedämmtes Mauerwerk (1/A1)

Wärmebrücken nach DIN 4108, Beiblatt 2

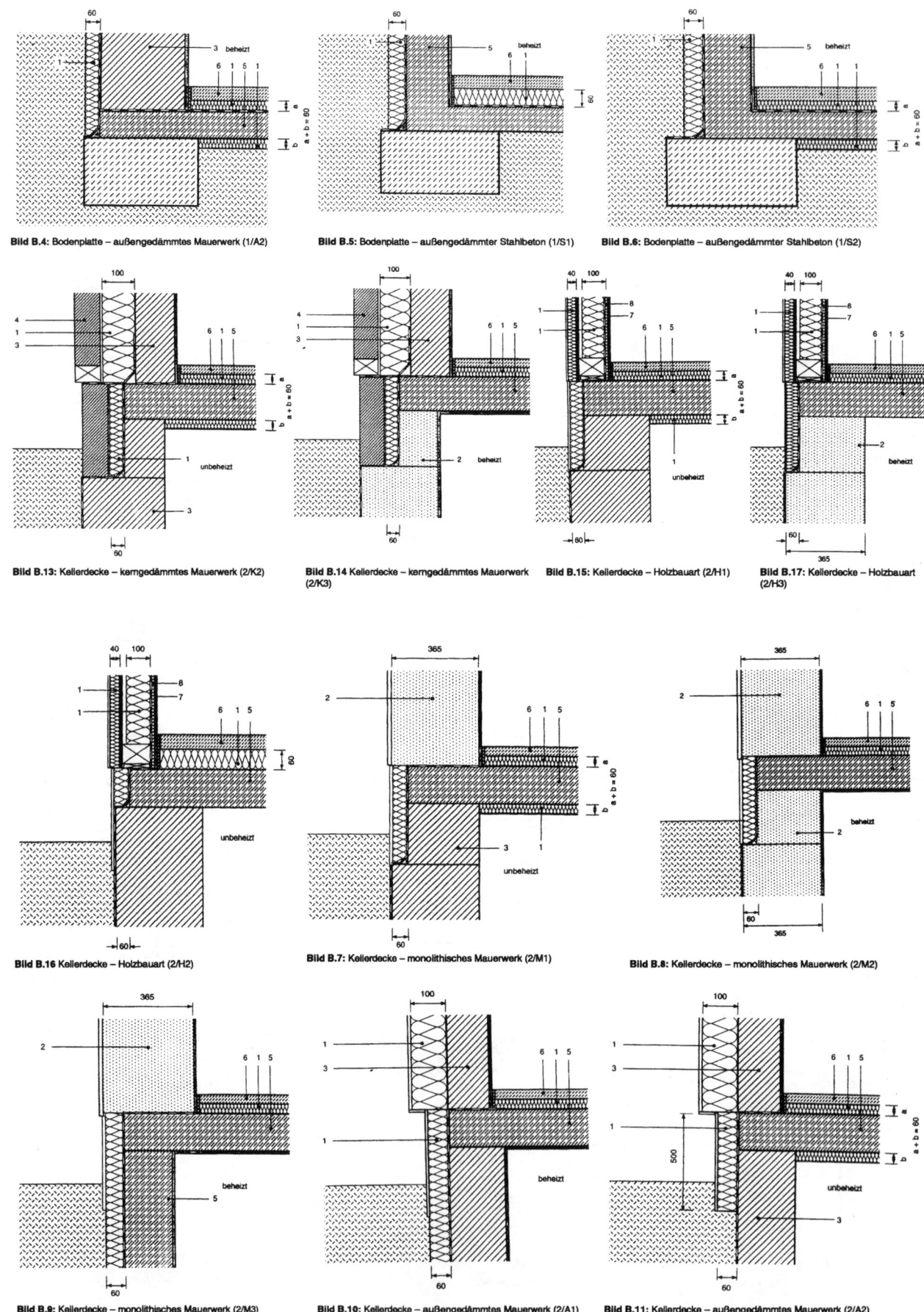

Bild B.4: Bodenplatte – außengedämmtes Mauerwerk (1/A2)

Bild B.5: Bodenplatte – außengedämmter Stahlbeton (1/S1)

Bild B.6: Bodenplatte – außengedämmter Stahlbeton (1/S2)

Bild B.13: Kellerdecke – kerngedämmtes Mauerwerk (2/K2)

Bild B.14 Kellerdecke – kerngedämmtes Mauerwerk (2/K3)

Bild B.15: Kellerdecke – Holzbauart (2/H1)

Bild B.17: Kellerdecke – Holzbauart (2/H3)

Bild B.16 Kellerdecke – Holzbauart (2/H2)

Bild B.7: Kellerdecke – monolithisches Mauerwerk (2/M1)

Bild B.8: Kellerdecke – monolithisches Mauerwerk (2/M2)

Bild B.9: Kellerdecke – monolithisches Mauerwerk (2/M3)

Bild B.10: Kellerdecke – außengedämmtes Mauerwerk (2/A1)

Bild B.11: Kellerdecke – außengedämmtes Mauerwerk (2/A2)

Wärmebrücken nach DIN 4108, Beiblatt 2

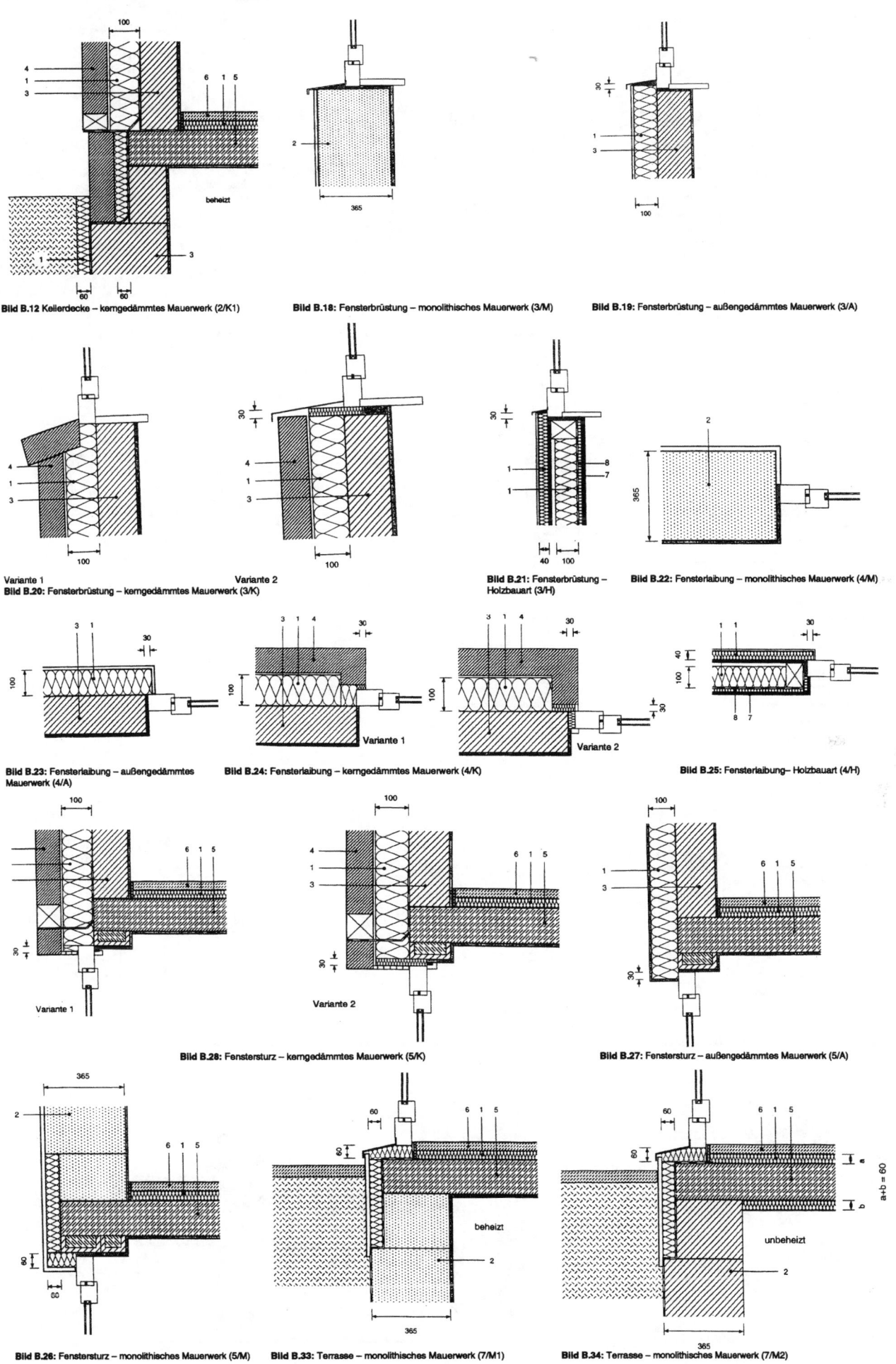

Bild B.12 Kellerdecke – kerngedämmtes Mauerwerk (2/K1)

Bild B.18: Fensterbrüstung – monolithisches Mauerwerk (3/M)

Bild B.19: Fensterbrüstung – außengedämmtes Mauerwerk (3/A)

Variante 1

Variante 2

Bild B.20: Fensterbrüstung – kerngedämmtes Mauerwerk (3/K)

Bild B.21: Fensterbrüstung – Holzbauart (3/H)

Bild B.22: Fensterlaibung – monolithisches Mauerwerk (4/M)

Bild B.23: Fensterlaibung – außengedämmtes Mauerwerk (4/A)

Variante 1

Variante 2

Bild B.24: Fensterlaibung – kerngedämmtes Mauerwerk (4/K)

Bild B.25: Fensterlaibung– Holzbauart (4/H)

Variante 1

Variante 2

Bild B.28: Fenstersturz – kerngedämmtes Mauerwerk (5/K)

Bild B.27: Fenstersturz – außengedämmtes Mauerwerk (5/A)

beheizt

unbeheizt

Bild B.26: Fenstersturz – monolithisches Mauerwerk (5/M)

Bild B.33: Terrasse – monolithisches Mauerwerk (7/M1)

Bild B.34: Terrasse – monolithisches Mauerwerk (7/M2)

Wärmebrücken nach DIN 4108, Beiblatt 2

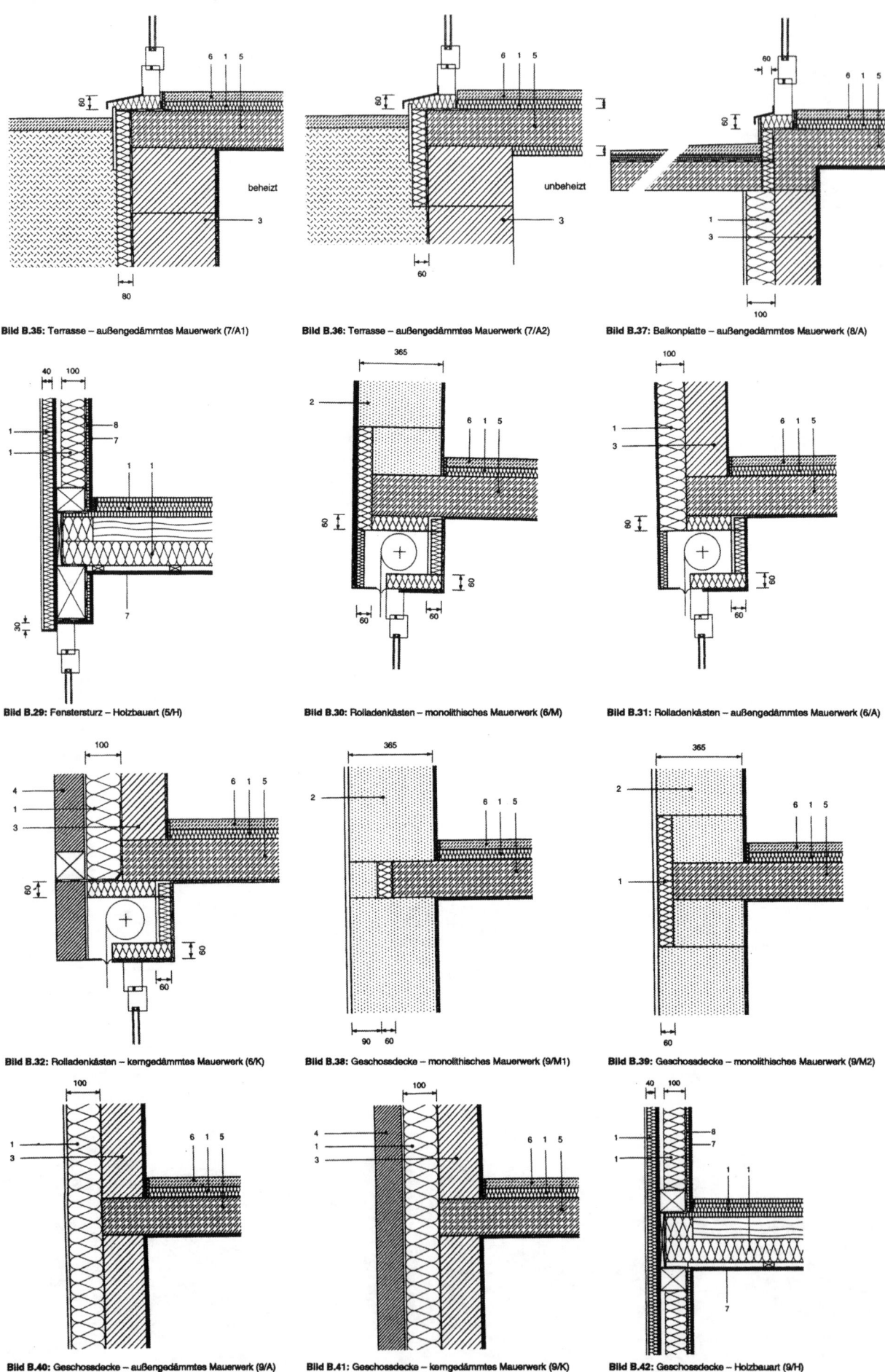

Bild B.35: Terrasse – außengedämmtes Mauerwerk (7/A1)

Bild B.36: Terrasse – außengedämmtes Mauerwerk (7/A2)

Bild B.37: Balkonplatte – außengedämmtes Mauerwerk (8/A)

Bild B.29: Fenstersturz – Holzbauart (5/H)

Bild B.30: Rolladenkästen – monolithisches Mauerwerk (6/M)

Bild B.31: Rolladenkästen – außengedämmtes Mauerwerk (6/A)

Bild B.32: Rolladenkästen – kerngedämmtes Mauerwerk (6/K)

Bild B.38: Geschossdecke – monolithisches Mauerwerk (9/M1)

Bild B.39: Geschossdecke – monolithisches Mauerwerk (9/M2)

Bild B.40: Geschossdecke – außengedämmtes Mauerwerk (9/A)

Bild B.41: Geschossdecke – kerngedämmtes Mauerwerk (9/K)

Bild B.42: Geschossdecke – Holzbauart (9/H)

Wärmebrücken nach DIN 4108, Beiblatt 2

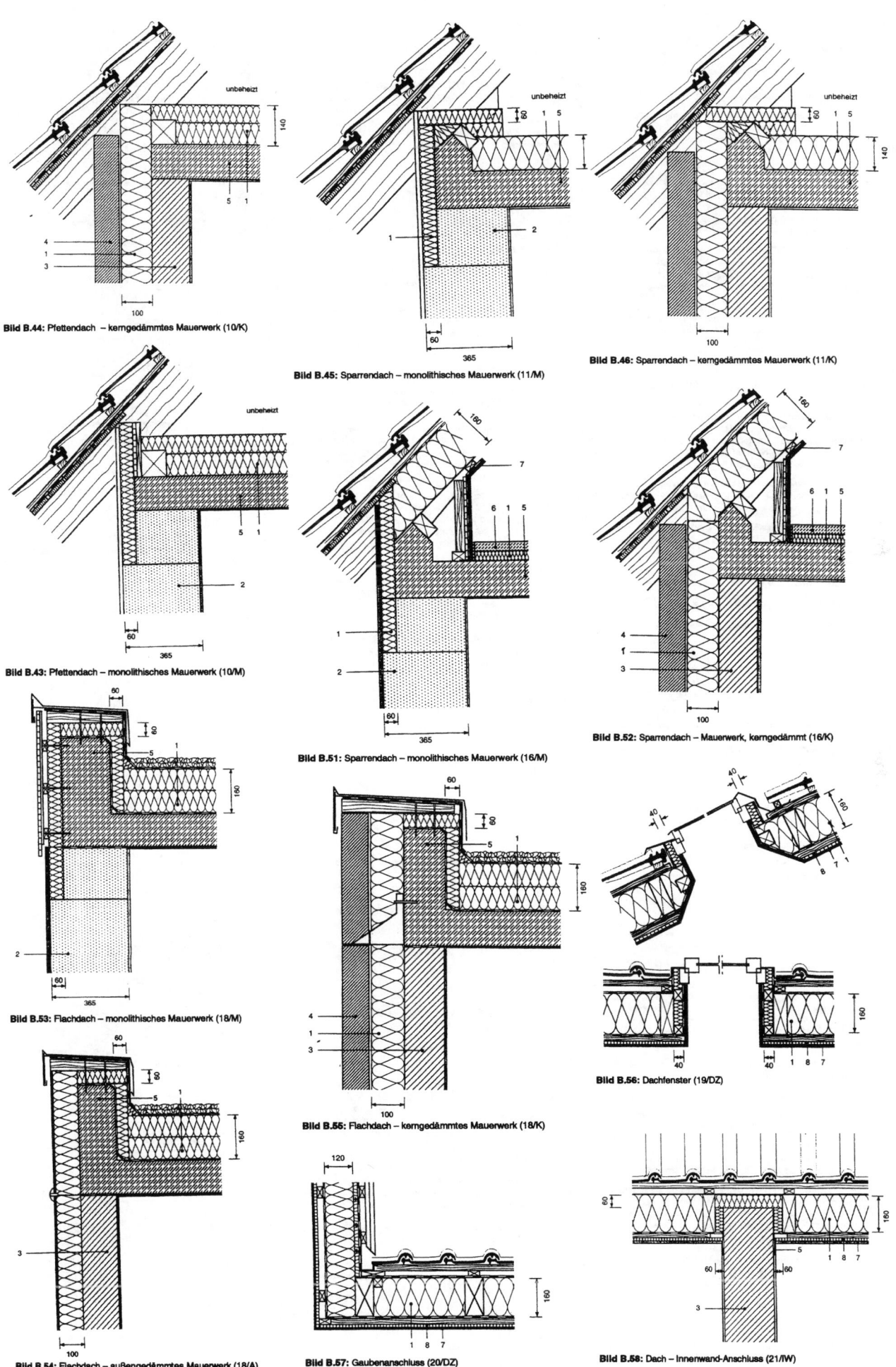

Bild B.44: Pfettendach – kerngedämmtes Mauerwerk (10/K)

Bild B.45: Sparrendach – monolithisches Mauerwerk (11/M)

Bild B.46: Sparrendach – kerngedämmtes Mauerwerk (11/K)

Bild B.43: Pfettendach – monolithisches Mauerwerk (10/M)

Bild B.51: Sparrendach – monolithisches Mauerwerk (16/M)

Bild B.52: Sparrendach – Mauerwerk, kerngedämmt (16/K)

Bild B.53: Flachdach – monolithisches Mauerwerk (18/M)

Bild B.55: Flachdach – kerngedämmtes Mauerwerk (18/K)

Bild B.56: Dachfenster (19/DZ)

Bild B.54: Flachdach – außengedämmtes Mauerwerk (18/A)

Bild B.57: Gaubenanschluss (20/DZ)

Bild B.58: Dach – Innenwand-Anschluss (21/IW)

Klassifizierte Wände nach DIN 4102, Teil 4 (Brandschutz) aus Beton, Mauerwerk

Hinweis: Nach DIN 4102, Teil 4, klassifizierte Decken und Treppen → 351.02.01.
Klassifizierte Dächer → 361.03.01

4.1 Grundlagen zur Bemessung von Wänden

4.1.1 Wandarten, Wandfunktionen

4.1.1.1 Aus der Sicht des Brandschutzes wird zwischen nichttragenden und tragenden sowie zwischen raumabschließenden und nichtraumabschließenden Wänden unterschieden, vergleiche DIN 1053 Teil 1.

4.1.1.2 Nichttragende Wände sind scheibenartige Bauteile, die auch im Brandfall überwiegend nur durch ihr Eigengewicht beansprucht werden und auch nicht der Knickaussteifung tragender Wände dienen; sie müssen aber auf ihre Fläche wirkende Windlasten auf tragende Bauteile, z.B Wand– oder Deckenscheiben, abtragen.

Die im folgenden angegebenen Klassifizierungen gelten nur dann, wenn auch die die nichttragenden Wände aussteifenden Bauteile in ihrer aussteifenden Wirkung ebenfalls mindestens der entsprechenden Feuerwiderstandsklasse angehören.

4.1.1.3 Tragende Wände sind überwiegend auf Druck beanspruchte scheibenartige Bauteile zur Aufnahme vertikaler Lasten, z.B. Deckenlasten, sowie horizontaler Lasten, z.B. Windlasten.

Aussteifende Wände sind scheibenartige Bauteile zur Aussteifung des Gebäudes oder zur Knickaussteifung tragender Wände; sie sind hinsichtlich des Brandschutzes wie tragende Wände zu bemessen.

4.1.1.4 Als **raumabschließende Wände** gelten z.B. Wände in Rettungswegen, Treppenraumwände, Wohnungstrennwände und Brandwände. Sie dienen zur Verhinderung der Brandübertragung von einem Raum zum anderen. Sie werden nur einseitig vom Brand beansprucht.

Als raumabschließende Wände gelten ferner Außenwandscheiben mit einer Breite > 1,0 m. Raumabschließende Wände können tragende oder nichttragende Wände sein.

4.1.1.5 Nichtraumabschließende, tragende Wände und tragende Wände, die zweiseitig – im Fall teilweise oder ganz freistehender Wandscheiben auch drei– oder vierseitig – vom Brand beansprucht werden.

Als **Pfeiler** und **kurze Wände** aus Mauerwerk gelten Querschnitte, die aus weniger als zwei ungeteilten Steinen bestehen oder deren Querschnittsfläche < 0,10 m² ist.

Als **nichtraumabschließende Wandabschnitte** aus Mauerwerk gelten Querschnitte, deren Fläche ≥ 0,10 m² und deren Breite ≤ 1,0 m ist.

4.1.1.6 2-schalige Außenwände mit oder ohne Dämmschicht oder Luftschicht aus Mauerwerk sind Wände, die durch Anker verbunden sind und deren innere Schale tragend und deren äußere Schale nichttragend ist.

4.1.1.7 2-schalige Haustrennwände bzw. **Gebäudeabschlusswände** mit oder ohne Dämmschicht bzw. Luftschicht aus Mauerwerk sind Wände, die nicht miteinander verbunden sind und daher keine Anker besitzen. Bei tragenden Wänden bildet jede Schale für sich jeweils das Endauflager einer Decke bzw. eines Daches.

4.1.1.8 Stürze, Balken, Unterzüge usw. über Wandöffnungen sind für eine ≥ dreiseitige Brandbeanspruchung zu bemessen.

4.1.2 Wanddicken, Wandhöhen

4.1.2.1 Die im folgenden angegebenen Mindestdicken d beziehen sich, soweit nichts anderes angegeben ist, immer auf die unbekleidete Wanddicke oder auf eine unbekleidete Wandschale.

4.1.2.2 Die maximalen Wandhöhen ergeben sich aus den Normen DIN 1045, DIN 1052 Teil 1 und Teil 2, DIN 1053 Teile 1 bis 4, DIN 4103 Teile 1 bis 4 und DIN 18183.

4.1.3 Bekleidungen, Dampfsperren

Bei den in Abschnitt 4 klassifizierten Wänden ist die Anordnung von zusätzlichen Bekleidungen – Bekleidungen aus Stahlblech ausgenommen –, z.B. Putz oder Verblendung erlaubt; gegebenenfalls sind bei Verwendung von Baustoffen der Klasse B jedoch bauaufsichtliche Anforderungen zu beachten.

Dampfsperren beeinflussen die in Abschnitt 4 angegebenen Feuerwiderstandsklassen – Benennungen nicht.

4.1.4 Anschlüsse, Fugen

4.1.4.1 Die Angaben von Abschnitt 4 gelten für Wände, die sich von Rohdecke bis Rohdecke spannen.

Anmerkung: Werden raumabschließende Wände z.B. an Unterdecken befestigt oder über Doppelböden gestellt, so ist die Feuerwiderstandsklasse durch Prüfungen nachzuweisen.

4.1.4.2 Anschlüsse nichttragender Massivwände müssen nach DIN 1045, DIN 1053 Teil 1 und DIN 4103 Teil 1 (z.B. als Verbandsmauerwerk oder als Stumpfstoß mit Mörtelfuge ohne Anker) oder nach den Angaben von Bild 17 bzw. Bild 18 ausgeführt werden.

4.1.4.3 Anschlüsse tragender Massivwände müssen nach DIN 1045 oder DIN 1053 Teil 1 (z.B. als Verbandsmauerwerk) oder nach den Angaben von Bild 19 bzw. Bild 20 ausgeführt werden.

4.1.5 Zweischalige Wände

Die Angaben nach Tabelle 45 für zweischalige Brandwände beziehen sich nicht auf den Feuerwiderstand einer einzelnen Wandschale, sondern stets auf den Feuerwiderstand der gesamten, zweischaligen Wand

Stützen, Riegel, Verbände usw., die zwischen den Schalen zweischaliger Wände angeordnet werden, sind für sich allein zu bemessen.

4.1.6 Einbauten und Installationen

4.1.6.1 Abgesehen von den Ausnahmen nach den Abschnitten 4.1.6.2 bis 4.1.6.4 beziehen sich die Feuerwiderstandsklassen der nachfolgend klassifizierten Wände stets auf Wände ohne Einbauten.

4.1.6.2 Steckdosen, Schalterdosen, Verteilerdosen usw. dürfen bei raumabschließenden Wänden nicht unmittelbar gegenüberliegend eingebaut werden; diese Einschränkung gilt nicht für Wände aus Beton oder Mauerwerk mit einer Gesamtdicke = Mindestdicke + Bekleidungsdicke ≥ 140 mm. Im übrigen dürfen derartige Dosen an jeder beliebigen Stelle angeordnet werden; bei Wänden aus Beton, Mauerwerk oder Wandbauplatten mit einer Gesamtdicke < 60 mm dürfen nur Aufputzdosen verwendet werden.

Bei Wänden in Montage– oder Tafelbauart dürfen brandschutztechnisch notwendige Dämmschichten im Bereich derartiger Dosen auf 30 mm zusammengedrückt werden.

4.1.6.3 Durch die in Abschnitt 4 klassifizierten raumabschließenden Wände dürfen vereinzelt elektrische Leitungen durchgeführt werden, wenn der verbleibende Lochquerschnitt mit Mörtel nach DIN 18550 Teil 2 oder Beton nach DIN 1045 vollständig verschlossen wird.

Anmerkung: Für die Durchführung von gebündelten elektrischen Leitungen sind Abschottungen erforderlich, deren Feuerwiderstandsklasse durch Prüfungen nach DIN 4102 Teil 9 nachzuweisen ist; es sind weitere Eignungsnachweise, z.B. im Rahmen der Erteilung einer allgemeinen bauaufsichtlichen Zulassung erforderlich.

4.1.6.4 Wenn in raumabschließenden Wänden mit bestimmter Feuerwiderstandsklasse Verglasungen oder Feuerschutzabschlüsse mit bestimmter Feuerwiderstandsklasse eingebaut werden sollen, ist die Eignung dieser Einbauten in Verbindung mit der Wand nach DIN 4102 Teil 5 bzw. Teil 13 nachzuweisen; es sind weitere Eignungsnachweise erforderlich – z.B. im Rahmen der Erteilung einer allgemeinen bauaufsichtlichen Zulassung. Ausgenommen hiervon sind die in den Abschnitten 8.2 bis 8.4 zusammengestellten Konstruktionen, für deren Einbau die einschlägigen Norm– oder Zulassungsbestimmungen zu beachten sind.

4.2 Feuerwiderstandsklassen von Beton– und Stahlbetonwänden aus Normalbeton

4.2.1 Anwendungsbereich

4.2.1.1 Die Angaben von Abschnitt 4.2 gelten für Beton– und Stahlbetonwände aus Normalbeton nach DIN 1045.

4.2.1.2 Bei tragenden Wänden gelten die Angaben jedoch nicht für Wände mit einer Breite b ≤ 0,40 m bzw. ≤ 5 d, wobei d die nach Tabelle 35 brandschutztechnisch notwendige Dicke ist. Derartige Wände sind wie Stützen nach Abschnitt 3.13 bzw. gegliederte Wände aus Stahlbeton nach Abschnitt 4.3 zu bemessen.

4.2.1.3 Wegen der Bemessung von Brandwänden siehe Abschnitt 4.8.

4.2.2 Randbedingungen

4.2.2.1 Beton– und Stahlbetonwände aus Normalbeton müssen unter Beachtung der Bedingungen von Abschnitt 4.2.2 die in den Tabellen 35 und 36 angegebenen Bedingungen erfüllen. Hinsichtlich des Ausnutzungsfaktors α_1 gilt Abschnitt 3.13.2.2 sinngemäß.

4.2.2.2 Fugen zwischen Fertigteilen müssen nach Bild 21, Ausführung 1, so mit Mörtel nach DIN 1053 Teil 1 oder Beton nach DIN 1045 ausgefüllt sein, dass die Mörtel– oder Betontiefe der Mindestwanddicke nach Tabelle 35, Zeile 1.2.2.1, entspricht. Gefaste Kanten dürfen unberücksichtigt bleiben, wenn die Fasung ≤ 3 cm bleibt. Bei Fasungen > 3 cm ist die Mindestwanddicke auf den Endpunkt der Fasung zu beziehen.

Bei Fugen mit Nut– und Feder–Ausbildung nach Bild 21, Ausführung 2, genügt eine Vermörtelung der Fugen in den äußeren Wanddritteln.

Fugen mit einer Mineralfaser–Dämmschicht müssen den Angaben von Bild 21, Ausführung 3 a) oder 3 b), entsprechen.

Die Fasungen und die Abschlüsse von Mineralfaser–Dämmschichten dürfen mit Fugendichtstoffen nach DIN EN 26927 geschlossen werden.

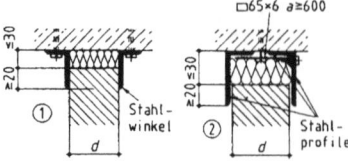

▨▨▨ Dämmschicht nach Abschnitt 4.5.2.6

Bild 17: Anschlüsse Wand – Decke nichttragender Massivwände, Ausführungsmöglichkeiten 1 und 2

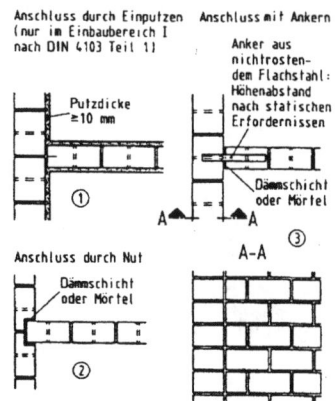

▨▨▨ Dämmschicht nach Abschnitt 4.5.2.6

Bild 18: Anschlüsse Wand (Pfeiler/Stütze) – Wand nichttragender Massivwände (Beispiel Mauerwerk, Ausführungsmöglichkeiten 1 bis 3)

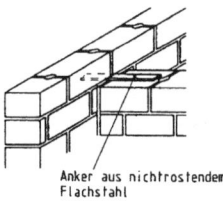

Bild 19: Stumpfstoß Wand – Wand tragender Wände, Beispiel Mauerwerk

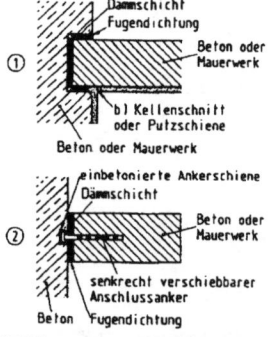

▨▨▨ Dämmschicht nach Abschnitt 4.5.2.6

Bild 20: Gleitender Stoß Wand (Stütze) – Wand tragender Wände, Ausführungsmöglichkeiten 1 und 2

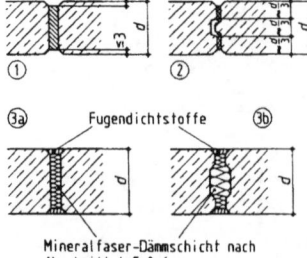

Bild 21: Wandfugen
(Schema–Skizzen für die Ausführungen 1 bis 3 b)

Klassifizierte Wände nach DIN 4102, Teil 4 (Brandschutz) aus Beton, Mauerwerk

Tabelle 35: Tragende und nichttragende, raumabschließende Beton- und Stahlbetonwände aus Normalbeton (**1-seitige** Brandbeanspruchung)

Zeile	Konstruktionsmerkmale		Feuerwiderstandsklasse–Benennung				
			F 30–A	F 60–A	F 90–A	F 120–A	F180–A
1	Unbekleidete Wände						
1.1	Zulässige Schlankheit = Geschosshöhe / Wanddicke = h_s/d		entsprechend DIN 1045				
1.2	Mindestwanddicke d in mm bei						
1.2.1	nichttragenden Wänden		80 [1]	90 [1]	100 [1]	120	150
1.2.2	tragenden Wänden						
1.2.2.1	Ausnutzungsfaktor $\alpha = 0,1$		80 [1]	90 [1]	100 [1]	120	150
1.2.2.2	Ausnutzungsfaktor $\alpha = 0,5$		100 [1]	110 [1]	120	150	180
1.2.2.3	Ausnutzungsfaktor $\alpha = 1,0$		120	130	140	160	210
1.3	Mindestachsabstand u in mm der Längsbewehrung bei						
1.3.1	nichttragenden Wänden		10	10	10	10	35
1.3.2	tragenden Wänden bei einer Beanspruchung nach DIN 1045 von						
1.3.2.1	Ausnutzungsfaktor $\alpha = 0,1$		10	10	10	10	35
1.3.2.2	Ausnutzungsfaktor $\alpha = 0,5$		10	10	20	25	45
1.3.2.3	Ausnutzungsfaktor $\alpha = 1,0$		10	10	25	35	55
1.4	Mindestachsabstände u und u_s in mm in Wandbereichen über Öffnungen mit						
1.4.1	einer lichten Weite ≤ 2,0 m		10	15	25	35	55
1.4.2	einer lichten Weite > 2,0 m		10	25	35	45	65
2	Wände mit beidseitiger Putzbekleidung nach den Abschnitten 3.1.6.1 bis 3.1.6.5		nach DIN 1045				
2.1	Zulässige Schlankheit = Geschosshöhe / Wanddicke = h_s/d						
2.2	Wanddicke d nach Zeile 1.2; Abminderungen nach Tabelle 2 sind möglich; Mindestwanddicke d in mm jedoch bei						
2.2.1	nichttragenden Wänden		60				
2.2.2	tragenden Wänden		80				
2.3	Achsabstände u der Längsbewehrung sowie Achsabstände u und u_s in Wandbereichen über Öffnungen nach den Angaben der Zeilen 1.3 und 1.4; Abminderungen nach Tabelle 2 sind möglich; u und u_s jedoch nicht kleiner als 10 mm						

[1] Bei Betonfeuchtegehalten, angegeben als Massenanteil, > 4 % (siehe Abschnitt 3.1.7) sowie bei Wänden mit sehr dichter Bewehrung (Stababstände < 100 mm) muss die Wanddicke wenigstens 120 mm betragen.

Tabelle 36: Tragende nichtraumabschließende Beton- und Stahlbetonwände aus Normalbeton (**mehrseitige** Brandbeanspruchung)

Zeile	Konstruktionsmerkmale		Feuerwiderstandsklasse–Benennung				
			F 30–A	F 60–A	F 90–A	F 120–A	F180–A
1	Unbekleidete Wände						
1.1	Mindestwanddicke d in mm						
1.1.1	Ausnutzungsfaktor $\alpha = 0,1$		120	120	120	140	170
1.1.2	Ausnutzungsfaktor $\alpha = 0,5$		120	120	140	160	200
1.2.3	Ausnutzungsfaktor $\alpha = 1,0$		120	140	170	220	300
1.2	Mindestachsabstand u in mm der Längsbewehrung bei						
1.2.1	Ausnutzungsfaktor $\alpha = 0,1$		10	10	10	10	35
1.2.2	Ausnutzungsfaktor $\alpha = 0,5$		10	10	10	25	45
1.2.3	Ausnutzungsfaktor $\alpha = 1,0$		10	10	25	35	55
1.3	Mindestachsabstände u und u_s in mm in Wandbereichen über Öffnungen mit						
1.3.1	einer lichten Weite ≤ 2,0 m		10	15	25	35	55
1.3.2	einer lichten Weite > 2,0 m		10	25	35	45	65
2	Wände mit beidseitiger Putzbekleidung nach den Abschnitten 3.1.6.1 bis 3.1.6.5						
2.1	Wanddicke d nach Zeile 1.1; Abminderungen nach Tabelle 2 sind möglich; Mindestwanddicke d in mm jedoch		80				
2.2	Achsabstände u der Längsbewehrung sowie Achsabstände u und u_s in Wandbereichen über Öffnungen nach den Angaben der Zeilen 1.2 und 1.3; Abminderungen nach Tabelle 2 sind möglich; u und u_s jedoch nicht kleiner als 10 mm						

Tabelle 37: Aufnehmbare zentrische Last zul. $N_{c,t}$ allseitig beflammter Wandteile nach 90 min Brandbeanspruchung nach DIN 4102 Teil 2

b/d cm	Systemlänge l_1, l_2 oder l_3		
	1,50 m	2,50 m	3,50 m
20/20	– 526 kN	– 299 kN	– 162 kN
40/20	– 1389 kN	– 863 kN	– 412 kN
60/20	– 2243 kN	– 1446 kN	– 680 kN
80/20	– 3086 kN	– 2021 kN	– 980 kN
100/20	– 3928 kN	– 2601 kN	– 1257 kN
20/18	– 408 kN	– 216 kN	– 117 kN
40/18	– 1097 kN	– 587 kN	– 291 kN
55/18	– 1613 kN	– 888 kN	– 450 kN
70/18	– 2128 kN	– 1179 kN	– 581 kN
90/18	– 2760 kN	– 1534 kN	– 731 kN
20/16	– 294 kN	– 152 kN	– 83 kN
40/16	– 790 kN	– 386 kN	– 203 kN
60/16	– 1281 kN	– 608 kN	– 330 kN
80/16	– 1773 kN	– 854 kN	– 450 kN
20/14	– 195 kN	– 97 kN	– 52 kN
45/14	– 595 kN	– 292 kN	– 162 kN
70/14	– 986 kN	– 475 kN	– 255 kN
20/12	– 123 kN	– 58 kN	– 27 kN
40/12	– 292 kN	– 127 kN	– 62 kN
60/12	– 460 kN	– 200 kN	– 98 kN

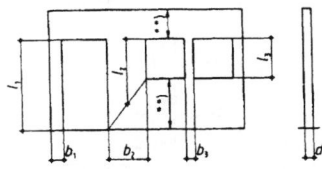

Bild 22: Schematische Darstellung der Wandabmessungen: Dicke, Breite, Systemlänge

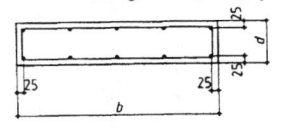

Bild 23: Mindestachsabstände der tragenden Längsbewehrung allseitig brandbeanspruchter Wandelemente zur Einstufung in die Feuerwiderstandsklasse F 90 nach DIN 4102 Teil 2

4.3 Gegliederte Stahlbetonwände

4.3.1 Anwendungsbereich

4.3.1.1 Die Angaben von Abschnitt 4.3 gelten für tragende Wände aus Stahlbeton nach DIN 1045 mit Öffnungen für Türen und Fenster.

4.3.1.2 Die Wände gelten als tragende nichtraumabschließende Wände, die zunächst nach Tabelle 36 zu bemessen sind; lediglich die Wandteile zwischen den Öffnungen sind nach Tabelle 37 zu dimensionieren.

4.3.1.3 Die Angaben von Abschnitt 4.3 gelten nur für Wände der Feuerwiderstandsklasse F 90 (Benennung F 90–A).

4.3.2 Randbedingungen

4.3.2.1 Die Wände sind jeweils vollflächig an die Geschossdecken anzuschließen, so dass keine freie Verdrehbarkeit im Bereich der Deckenanschlüsse möglich ist.

4.3.2.2 Die zugehörigen Systemlängen l und die Querschnittsabmessungen sind Bild 22 zu entnehmen.

4.3.2.3 Mindestens eine Seite ober– oder unterhalb der jeweiligen Öffnung muss eine Höhe ≥ 3 d, in jedem Fall ≥ 50 cm, aufweisen.

4.3.2.4 In Tabelle 37 wird eine Ausführung der Wände aus Beton B 45 zu Grunde gelegt. Die Bewehrung ist stützenähnlich über die gesamte Wandhöhe zu führen mit
7,0 cm² /m je Seite BSt 420 S bzw.
6,5 cm² /m je Seite BSt 500 S oder M
und einem Achsabstand der tragenden Längsbewehrung von u ≥ 25 mm nach Bild 23.

4.3.3 Zulässige Belastung

4.3.3.1 In Abhängigkeit von der Systemlänge und den Querschnittsabmessungen können die in Tabelle 37 angegebenen zentrischen Druckkräfte aufgenommen werden.

4.3.3.2 Zwischenwerte dürfen linear interpoliert werden. Eine Extrapolation ist nicht zulässig.

4.3.3.3 Werden in Wandelemente Normalkräfte mit einer planmäßigen Endexzentrizität eingeleitet, ist die aufnehmbare exzentrische Last nach Gleichung (8) zu ermitteln:

$$\text{zul } N_{e,t} = \frac{\text{zul } N_{e,o}}{\text{zul } N_{c,o}} \cdot \text{zul } N_{c,t} \qquad (8)$$

Hierin bedeuten:

$\text{zul } N_{c,o}$ — zulässige zentrische Last nach DIN 1045

$\text{zul } N_{e,o}$ — zulässige exzentrische Last nach DIN 1045

$\text{zul } N_{c,t}$ — aufnehmbare zentrische Last nach 90 min Brandeinwirkung nach Tabelle 37

$\text{zul } N_{e,t}$ — aufnehmbare exzentrische Last nach 90 min Brandeinwirkung

4.4 Feuerwiderstandsklassen von Wänden aus Leichtbeton mit geschlossenem Gefüge nach DIN 4219 Teil 1 und Teil 2

4.4.1 Die Abschnitte 4.1 und 4.2 gelten nur unter den Randbedingungen der Abschnitte 4.4.2 bis 4.4.6.

4.4.2 Die Randbedingungen nach Abschnitt 4.4 gelten für unbekleidete Wände.

4.4.3 Die im folgenden klassifizierten Wände dürfen nur eingebaut werden, wenn die Umweltbedingungen DIN 1045, Abschnitt 13, Tabelle 10, Zeilen 1 oder 2, entsprechen.

4.4.4 Bei tragenden und nichttragenden Wänden nach den Angaben der Tabellen 35 und 36 dürfen die jeweils angegebenen Mindestwanddicken folgendermaßen verringert werden:

– Rohdichteklasse 2,0 um 5 %;
– Rohdichteklasse 1,0 um 20 %;
– geradlinige Interpolation ist zugelassen.

Hierbei darf jedoch eine Mindestwanddicke von 150 mm nicht unterschritten werden.

4.4.5 Der Mindestachsabstand der Bewehrung nach den Tabellen 35 und 36 darf folgendermaßen verringert werden:

– Rohdichteklasse 2,0 um 5 %;
– Rohdichteklasse 1,0 um 20 %;
– geradlinige Interpolation ist zugelassen.

Bei dieser Verringerung dürfen folgende Werte nicht unterschritten werden:

F 30–A: min u siehe DIN 4219 Teil 2
≥ F 60–A: min u = 30 mm

4.4.6 Bei nichtraumabschließenden, tragenden Wänden dürfen entweder die Wanddicke oder der Achsabstand der Bewehrung nach den vorstehenden Regeln abgemindert werden.

Klassifizierte Wände nach DIN 4102, Teil 4 (Brandschutz) aus Beton, Mauerwerk

Tabelle 38: Mindestdicke *d* nichttragender, raumabschließender Wände aus Mauerwerk oder Wandbauplatten (1-seitige Brandbeanspruchung)
Die ( ) – Werte gelten für Wände mit beidseitigem Putz nach Abschnitt 4.5.2.10

Zeile	Konstruktionsmerkmale Wände mit Mörtel [1] [2] [3]	Mindestdicke *d* in mm für die Feuerwiderstandsklasse–Benennung				
		F 30–A	F 60–A	F 90–A	F 120–A	F 180–A
1	Porenbeton–Blocksteine und Porenbeton–Plansteine nach DIN 4165	75 [4]	75	100 [5]	115	150
	Porenbeton–Bauplatten und Porenbeton–Planbauplatten nach DIN 4166	(50)	(75)	(75)	(75)	(115)
2	Hohlwandplatten aus Leichtbeton nach DIN 18148					
	Hohlblöcke aus Leichtbeton nach DIN 18151					
	Vollsteine und Vollblöcke aus Leichtbeton nach DIN 18152	50	70	95	115	140
	Mauersteine aus Beton nach DIN 18153	(50)	(50)	(70)	(95)	(115)
	Wandbauplatten aus Leichtbeton nach DIN 18162					
3	Mauerziegel nach					
3.1	DIN 105 Teil 1 Voll– und Hochziegel,	115	115	115	140	175
	DIN 105 Teil 2 Leichthochlochziegel,	(70)	(70)	(100)	(115)	(140)
	DIN 105 Teil 3 hochfeste Ziegel und hochfeste Klinker,					
	DIN 105 Teil 4 Keramikklinker,					
3.2	Mauerziegel nach					
	DIN 105 Teil 5 Leichtlanglochziegel und Leichtlanglöch–Ziegelplatten	115 (70)	115 (70)	140 (115)	175 (140)	190 (175)
4	Kalksandsteine nach					
	DIN 106 Teil 1 Voll–, Loch–, Block– und Hohlblocksteine	70	115 [6]	115	115	175
	DIN 106 Teil 1 A1 (z.Z. Entwurf) Voll–, Loch–, Block– Hohlblock– und Plansteine	(50)	(70)	(100)	(115)	(140)
	DIN 106 Teil 2 Vormauersteine und Verblender					
5	Mauerwerk nach	115	115	115	165	165
	DIN 1053 Teil 4 Bauten aus Ziegelfertigbauteilen	(115)	(115)	(115)	(140)	(140)
6	Wandbauplatten aus Gips nach DIN 18163 für Rohdichten ≥ 0,6 kg/dm³	60	80	80	80	100

[1] Normalmörtel [3] Leichtmörtel [5] Bei Verwendung von Dünnbettmörtel: *d* ≥ 75 mm
[2] Dünnbettmörtel [4] Bei Verwendung von Dünnbettmörtel: *d* ≥ 50 mm [6] Bei Verwendung von Dünnbettmörtel: *d* ≥ 70 mm

Tabelle 39: Mindestdicke *d* tragender, raumabschließender Wände aus Mauerwerk (1-seitige Brandbeanspruchung) Die ( ) – Werte gelten für Wände mit beidseitigem Putz nach Abschnitt 4.5.2.10

Zeile	Konstruktionsmerkmale Wände	Mindestdicke *d* in mm für die Feuerwiderstandsklasse–Benennung				
		F 30–A	F 60–A	F 90–A	F 120–A	F 180–A
1	Porenbeton–Blocksteine und Porenbeton–Plansteine nach DIN 4165 Rohdichteklasse ≥ 0,5 unter Verwendung von [1] [2]					
1.1	Ausnutzungsfaktor α_2 = 0,2	115 (115)	115 (115)	115 (115)	115 (115)	150 (115)
1.2	Ausnutzungsfaktor α_2 = 0,6	115 (115)	115 (115)	150 (115)	175 (150)	200 (175)
1.3	Ausnutzungsfaktor α_2 = 1,0	115 (115)	150 (115)	175 (150)	200 (175)	240 (200)
2	Hohlblöcke aus Leichtbeton nach DIN 18151, Vollsteine und Vollblöcke aus Leichtbeton nach DIN 18152 Mauersteine aus Beton nach DIN 18153, Rohdichteklasse ≥ 0,6 unter Verwendung von [1] [3]					
2.1	Ausnutzungsfaktor α_2 = 0,2	115 (115)	115 (115)	115 (115)	140 (115)	140 (115)
2.2	Ausnutzungsfaktor α_2 = 0,6	140 (115)	140 (115)	175 (115)	175 (140)	190 (175)
2.3	Ausnutzungsfaktor α_2 = 1,0	175 (140)	175 (140)	175 (140)	190 (175)	240 (190)
3	Mauerziegel nach					
3.1	DIN 105 Teil 1 Voll– und Hochlochziegel; Lochung: Mz, HLz A, Hlz B unter Verwendung von [1]					
3.1.1	Ausnutzungsfaktor α_2 = 0,2	115 (115)	115 (115)	115 (115)	115 (115)	175 (140)
3.1.2	Ausnutzungsfaktor α_2 = 0,6	115 (115)	115 (115)	140 (115)	175 (115)	240 (140)
3.1.3	Ausnutzungsfaktor α_2 = 1,0 [4]	115 (115)	115 (115)	175 (115)	240 (140)	240 (175)
3.2	Mauerziegel nach DIN 105 Teil 2 Leichthochlochziegel Rohdichteklasse ≥ 0,8 unter Verwendung von [1] [3]					
3.2.1	Lochung A und B					
3.2.1.1	Ausnutzungsfaktor α_2 = 0,2	(115)	(115)	(115)	(115)	(140)
3.2.1.2	Ausnutzungsfaktor α_2 = 0,6	(115)	(115)	(115)	(115)	(140)
3.2.1.3	Ausnutzungsfaktor α_2 = 1,0	(115)	(115)	(115)	(140)	(175)
3.2.2	Leichthochlochziegel W					
3.2.2.1	Ausnutzungsfaktor α_2 = 0,2	(115)	(115)	(140)	(175)	(240)
3.2.2.2	Ausnutzungsfaktor α_2 = 0,6	(115)	(140)	(175)	(300)	(300)
3.2.2.3	Ausnutzungsfaktor α_2 = 1,0	(115)	(175)	(240)	(300)	(365)
4	Kalksandsteine nach DIN 106 Teil 1 Voll–, Loch–, Block– und Hohlblocksteine DIN 106 Teil 1 A1 (z.Z. Entwurf) Voll–, Loch–, Block– Hohlblock– und Plansteine DIN 106 Teil 2 Vormauersteine und Verblender unter Verwendung von [1] [2]					
4.1	Ausnutzungsfaktor α_2 = 0,2	115 (115)	115 (115)	115 (115)	115 (115)	175 (140)
4.2	Ausnutzungsfaktor α_2 = 0,6	115 (115)	115 (115)	115 (115)	140 (115)	200 (140)
4.3	Ausnutzungsfaktor α_2 = 1,0 [4]	115 (115)	115 (115)	115 (115)	200 (140)	240 (175)
5	Mauerwerk nach DIN 1053 Teil 4 Bauten aus Ziegelfertigbauteilen	115 (115)	165 (115)	165 (115)	190 (165)	240 (190)

[1] Normalmörtel [3] Leichtmörtel [4] Bei 3,0 N/mm² < vorh σ ≤ 4,5 N/mm² gelten die Werte nur für
[2] Dünnbettmörtel   Mauerwerk aus Voll–, Block– und Plansteinen.

4.5 Feuerwiderstandsklassen von Wänden aus Mauerwerk und Wandbauplatten einschließlich von Pfeilern und Stürzen

4.5.1 Anwendungsbereich

4.5.1.1 Die folgenden Angaben gelten für Wände und Pfeiler aus Mauerwerk und Wandbauplatten nach folgenden Normen:
DIN 1053 Teil 1 Mauerwerk; Rezeptmauerwerk
DIN 1053 Teil 2 Mauerwerk; Mauerwerk nach Eignungsprüfung; Berechnung und Ausführung, Abschnitte 6 bis 8
DIN 1053 Teil 3 Mauerwerk; Bewehrtes Mauerwerk; Berechnung und Ausführung, Abschnitte 1, 2 b, 2 d, 2 e, 3 bis 8, Anhänge
DIN 1053 Teil 4 Mauerwerk; Ziegelfertigbauteile
DIN 4103 Teil 1 Nichttragende innere Trennwände; Anforderungen, Nachweise
DIN 4103 Teil 2 Nichttragende innere Trennwände; Trennwände aus Gips–Wandbauplatten
Wird Mauerwerk auf Grund der Eignungsprüfung nach DIN 1053 Teil 2 bemessen, so ist eine Beurteilung im Einzelfall nach DIN 4102 Teil 2 erforderlich.
Der Bereich des "bewehrten Mauerwerks" nach DIN 1053 Teil 3, Abschnitt 2a und 2c, ist im Einzelfall durch Beurteilung nach DIN 4102 Teil 2 nachzuweisen, siehe jedoch Ausnahme in Abschnitt 4.5.4.3.

4.5.1.2 Die Angaben von Abschnitt 4.5 enthalten außerdem Bestimmungen für die Bemessung von Stürzen, unter anderem für Stürze nach den Richtlinien für die Bemessung und Ausführung von Flachstürzen.

4.5.1.3 Wegen der Bemessung von Brandwänden siehe Abschnitt 4.8.

4.5.2 Randbedingungen

4.5.2.1 Wände und Pfeiler aus Mauerwerk und Wandbauplatten müssen unter Beachtung der folgenden Abschnitte die in Tabellen 38 bis 41 angegebenen Mindestdicken besitzen.

4.5.2.2 Der Ausnutzungsfaktor α_2 ist das Verhältnis der vorhandenen Beanspruchung zu der zulässigen Beanspruchung nach DIN 1053 Teil 1 (vorh σ / zul σ).
Bei Bemessung nach DIN 1053 Teil 2 ist bei planmäßig ausmittig gedrückten Pfeilern bzw. nichtraumabschließenden Wandabschnitten für die Ermittlung von α_2 von einer über die Wandhöhe konstanten Ausmitte nach DIN 1053 Teil 1 auszugehen.

4.5.2.3 Für die Ermittlung der Druckspannungen σ gilt DIN 1053 Teil 1 bzw. Teil 2.

4.5.2.4 Die Angaben der Tabellen 38 bis 41 decken Exzentrizitäten nach DIN 1053 Teil 1 und Teil 2 bis *e* ≤ *d*/6 ab. Bei Exzentrizitäten *d*/6 ≤ *e* ≤ *d*/3 ist die Lasteinleitung konstruktiv zu zentrieren.

4.5.2.5 Lochungen von Steinen oder Wandbauplatten dürfen nicht senkrecht zur Wandebene verlaufen.

4.5.2.6 Dämmschichten in Anschlussfugen, die aus schalltechnischen oder anderen Gründen angeordnet werden, müssen aus mineralischen Fasern nach DIN 18165 Teil 2, Abschnitt 2.2 bestehen, der Baustoffklasse A angehören, einen Schmelzpunkt ≥ 1000 °C nach DIN 4102 Teil 17 besitzen und eine Rohdichte ≥ 30 kg/m³ aufweisen; gegebenenfalls vorhandene Hohlräume müssen dicht ausgestopft werden. Fugendichtstoffe im Sinne von DIN EN 26927 auf der Außenseite der Dämmschichten beeinflussen die Feuerwiderstandsklasse und Benennung nicht.

4.5.2.7 Kunstharzmörtel (Dispersions–Klebemörtel), die zur Verbindung von Fertigteilen im Lagerfugenbereich in einer Dicke ≤ 3 mm verwendet werden, beeinflussen die Feuerwiderstandsklasse und Benennung nicht.

4.5.2.8 Sperrschichten gegen aufsteigende Feuchtigkeit beeinflussen die Feuerwiderstandsklasse und Benennung nicht.

4.5.2.9 Aussteifende Riegel und Stützen müssen mindestens derselben Feuerwiderstandsklasse wie die Wände angehören; ihre Feuerwiderstandsklasse ist nach den Abschnitten 3, 6 oder 7 nachzuweisen.

4.5.2.10 Als Putze zur Verbesserung der Feuerwiderstandsdauer können Putze der Mörtelgruppe P IV nach DIN 18550 Teil 2 oder Putze aus Leichtmörtel nach DIN 18550 Teil 4 verwendet werden.
Voraussetzung für die brandschutztechnische Wirksamkeit ist eine ausreichende Haftung am Putzgrund. Sie wird sichergestellt, wenn der Putzgrund die Anforderungen nach DIN 18550 Teil 2 erfüllt.
Der Putz kann durch eine zusätzliche Mauerwerksschale oder eine Verblendung aus Mauerwerk ersetzt werden. Bei 2-schaligen Trennwänden ist Putz jeweils nur auf den Außenseiten der Schalen – nicht zwischen den Schalen – erforderlich.
Wenn ein Wärmedämmverbundsystem bei Außenwänden aufgebracht wird, darf bei Verwendung
– einer Dämmschicht aus Baustoffen der Baustoffklasse B kein Putz angesetzt werden,
– einer Dämmschicht aus Baustoffen der Baustoffklasse A (z.B. Mineralfaserplatten oder Foamglas) der Aufbau als Putz angesetzt werden.

4.5.2.11 Die Werte der Tabellen 38 bis 41 und 45 gelten für alle Stoßfugenausbildungen nach DIN 1053 Teil 1.

Klassifizierte Wände nach DIN 4102, Teil 4 (Brandschutz) aus Beton, Mauerwerk

Tabelle 40: Mindestdicke d tragender, nichtraumabschließender Wände aus Mauerwerk (mehrseitige Brandbeanspruchung)
Die ( ) – Werte gelten für Wände mit beidseitigem Putz nach Abschnitt 4.5.2.10

Zeile	Konstruktionsmerkmale	F 30–A	F 60–A	F 90–A	F 120–A	F180–A
		Mindestdicke d in mm für die Feuerwiderstandsklasse–Benennung				
1	Porenbeton–Blocksteine und Porenbeton–Plansteine nach DIN 4165, Rohdichteklasse ≥ 0,5, unter Verwendung von [1][2]					
1.1	Ausnutzungsfaktor α_2 = 0,2	115 (115)	150 (115)	150 (115)	150 (115)	175 (115)
1.2	Ausnutzungsfaktor α_2 = 0,6	150 (115)	175 (150)	175 (150)	175 (150)	240 (175)
1.3	Ausnutzungsfaktor α_2 = 1,0	175 (150)	175 (150)	240 (175)	300 (240)	300 (240)
2	Hohlblöcke aus Leichtbeton nach DIN 18151, Vollsteine und Vollblöcke aus Leichtbeton nach DIN 18152, Mauersteine aus Beton nach DIN 18153, Rohdichteklasse ≥ 0,6, unter Verwendung von [1][3]					
2.1	Ausnutzungsfaktor α_2 = 0,2	115 (115)	140 (115)	140 (115)	140 (115)	175 (115)
2.2	Ausnutzungsfaktor α_2 = 0,6	140 (115)	175 (140)	190 (175)	240 (190)	240 (240)
2.3	Ausnutzungsfaktor α_2 = 1,0	175 (140)	175 (175)	240 (175)	300 (240)	300 (240)
3	Mauerziegel nach					
3.1	DIN 105 Teil 1 Voll– und Hochlochziegel, Lochung: Mz, HLz A, HLz B, unter Verwendung von [1]					
3.1.1	Ausnutzungsfaktor α_2 = 0,2	115 (115)	115 (115)	175 (115)	240 (115)	240 (175)
3.1.2	Ausnutzungsfaktor α_2 = 0,6	115 (115)	115 (115)	175 (115)	240 (115)	300 (200)
3.1.3	Ausnutzungsfaktor α_2 = 1,0 [4]	115 (115)	115 (115)	240 (115)	365 (175)	490 (240)
3.2	DIN 105 Teil 2 Leichthochlochziegel, Rohdichteklasse ≥ 0,8, unter Verwendung von [1][3]					
3.2.1	Lochung A und B					
3.2.1.1	Ausnutzungsfaktor α_2 = 0,2	(115)	(115)	(115)	(115)	(175)
3.2.1.2	Ausnutzungsfaktor α_2 = 0,6	(115)	(115)	(115)	(115)	(200)
3.2.1.3	Ausnutzungsfaktor α_2 = 1,0	(115)	(115)	(115)	(175)	(240)
3.2.2	Leichthochlochziegel W					
3.2.2.1	Ausnutzungsfaktor α_2 = 0,2	(175)	(175)	(175)	(175)	(240)
3.2.2.2	Ausnutzungsfaktor α_2 = 0,6	(175)	(175)	(240)	(240)	(300)
3.2.2.3	Ausnutzungsfaktor α_2 = 1,0	(240)	(240)	(240)	(300)	(365)
4	Kalksandsteine nach DIN 106 Teil 1 Voll–, Loch–, Block– und Hohlblocksteine; DIN 106 Teil 1 A1 (z.Z. Entwurf) Voll–, Loch–, Block–, Hohlblock– und Plansteine; DIN 106 Teil 2 Vormauersteine und Verblender, unter Verwendung von [1][2]					
4.1	Ausnutzungsfaktor α_2 = 0,2	115 (115)	115 (115)	115 (115)	140 (115)	175 (140)
4.2	Ausnutzungsfaktor α_2 = 0,6	115 (115)	115 (115)	140 (115)	175 (115)	200 (175)
4.3	Ausnutzungsfaktor α_2 = 1,0 [4]	115 (115)	115 (115)	140 (115)	200 (175)	240 (190)
5	Mauerwerk nach DIN 1053 Teil 4 Bauten aus Ziegelfertigbauteilen	115 (115)	165 (115)	165 (165)	190 (165)	240 (190)

[1] Normalmörtel
[2] Dünnbettmörtel
[3] Leichtmörtel
[4] Bei 3,0 N/mm² < vorh σ ≤ 4,5 N/mm² gelten die Werte nur für Mauerwerk aus Voll–, Block– und Plansteinen.

4.5.3 Stürze

4.5.3.1 Stürze im Bereich von Mauerwerkswänden sind entweder vorgefertigte Stürze, z.B. bewehrte Normal– oder Leichtbetonstürze, Stahlstürze, die als Einfeldträger angeordnet werden, oder Ortbetonstürze im Bereich von Ringbalken oder Unterzügen, z.B. Stahlbetonstürze mit und ohne U–Schalen.

4.5.3.2 Die Breite von Stürzen aus Stahlbeton oder bewehrtem Porenbeton muss der geforderten Mindestwanddicke entsprechen; anstelle eines Sturzes dürfen auch nebeneinander verlegte Stürze verwendet werden.

Anmerkung: Stürze aus bewehrtem Porenbeton bedürfen zur Zeit einer allgemeinen bauaufsichtlichen Zulassung; die dort angegebenen Bedingungen sind zu beachten.

4.5.3.3 Die Achsabstände u und u_s der Sturzbewehrung müssen bei Stahlbetonstürzen mindestens den Angaben von Tabelle 35, Zeile 1.4, entsprechen.

4.5.3.4 Stahlstürze sind zu ummanteln und nach den Angaben von Abschnitt 6.2 zu bemessen.

4.5.3.5 Flachstürze sind die Richtlinien für die Bemessung und Ausführung von Flachstürzen (schlaff bewehrt), Stürze aus vorbetonierten U–Schalen und Porenbetonstürze sind nach den Angaben von Tabelle 42 zu bemessen.

4.5.4 Bewehrtes Mauerwerk

4.5.4.1 Die Dicke von bewehrten Mauerwerkswänden nach DIN 1053 Teil 3, Abschnitte 2 b, 2 d und 2 e, muss den Werten nach den Tabellen 39 bis 41 entsprechen.

4.5.4.2 Die Betondeckung der Bewehrung, bezogen auf die Betonquerschnitte, muss mindestens den Angaben der Richtlinien für die Bemessung und Ausführung von Flachstürzen (siehe Fall 2 b) bzw. Tabelle 31 (siehe Fall 2 d, 2 e) entsprechen.

4.5.4.3 Die Dicke von bewehrten Mauerwerkswänden nach DIN 1053 Teil 3, Abschnitte 2 a und 2 c, muss mindestens den Werten der Tabellen 39 und 40 entsprechen; die Mörtelüberdeckung muss mindestens jeweils ≥ 50 mm betragen. Diese Angaben gelten nur bis zur Feuerwiderstandsklasse F 90, im übrigen siehe Abschnitt 4.5.1.1

Bei Anordnung der Bewehrung nach Abschnitt 2 a darf die Dicke einer Putzschicht als Mörtelüberdeckung mit angerechnet werden.

4.6 Feuerwiderstandsklassen von Wänden aus Leichtbeton mit haufwerksporigem Gefüge

4.6.1 Anwendungsbereich

4.6.1.1 Die Angaben von Abschnitt 4.6 gelten für Wände und Pfeiler aus Leichtbeton mit haufwerksporigem Gefüge nach DIN 4232 mit Rohdichteklassen ≥ 0,8.

4.6.1.2 Wegen der Bemessung von Brandwänden siehe Abschnitt 4.8.

4.6.2 Randbedingungen

4.6.2.1 Wände aus Leichtbeton mit haufwerksporigem Gefüge müssen nach Tabelle 43 bei nichttragenden Wänden mindestens die in Zelle 1 und bei tragenden Wänden mindestens die in Zeilen 2 bis 2.3 angegebenen Mindestwanddicken besitzen.

4.6.2.2 Hinsichtlich des Ausnutzungsfaktors α_2 gilt Abschnitt 3.13.2.2 sinngemäß.

4.6.2.3 Bei beidseitig angeordnetem Putz nach DIN 18550 Teil 2 gelten die in denselben Zeilen angegebenen ()–Werte sowie die Randbedingungen von Abschnitt 4.5.2.10.

4.6.2.4 Pfeiler bzw. Wandscheiben aus Leichtbeton mit haufwerksporigem Gefüge müssen mindestens die in Tabelle 43, Zeilen 3 bis 3.2, angegebenen Dicken d und die Mindestpfeilerbreite b besitzen.

4.6.2.5 Stürze sind entsprechend den Angaben von Abschnitt 4.5.3 auszubilden. Bei Stürzen aus Leichtbeton mit haufwerksporigem Gefüge gelten hinsichtlich der Achsabstände u und u_s der Sturzbewehrung die in Tabelle 6 für Stahlbetonbalken wiedergegebenen Mindestwerte.

4.7 Feuerwiderstandsklassen von Wänden aus bewehrtem Porenbeton

4.7.1 Anwendungsbereich

4.7.1.1 Die Angaben von Abschnitt 4.7 gelten für Wände aus bewehrtem Porenbeton.

Anmerkung: Wände aus Porenbeton–Wandplatten bedürfen zur Zeit einer allgemeinen bauaufsichtlichen Zulassung; die dort angegebenen Bedingungen sind zu beachten.

4.7.1.2 Wegen der Bemessung von Brandwänden siehe Abschnitt 4.8.

4.7.2 Randbedingungen

4.7.2.1 Wände aus bewehrtem Porenbeton müssen unter Beachtung von Abschnitt 4.7.2 die in Tabelle 44 angegebenen Bedingungen erfüllen.

4.7.2.2 Für die Bemessung der Wände gelten die Bedingungen der allgemeinen bauaufsichtlichen Zulassungen. Hinsichtlich des Ausnutzungsfaktors α_2 gilt Abschnitt 4.5.2.2 sinngemäß.

4.7.2.3 Als Putz zur Verbesserung der Feuerwiderstandsdauer können Putze der Mörtelgruppe P IV nach DIN 18550 Teil 2 oder Putze aus Leichtmörtel nach DIN 18550 Teil 4 verwendet werden.

Voraussetzung für die brandschutztechnische Wirksamkeit ist eine ausreichende Haftung am Putzgrund. Sie wird sichergestellt, wenn der Putzgrund die Anforderungen nach DIN 18550 Teil 2 erfüllt.

4.7.2.4 Wandbereiche über Öffnungen bzw. Stürze müssen dieselbe Breite wie die Wände besitzen. Wegen der Betondeckung c der Sturzbewehrung gelten die Randbedingungen von Tabelle 42.

Für die Bemessung von Stahlbeton– und Stahlstürzen gelten die Bestimmungen von Abschnitt 4.5.3.

4.7.2.5 Bei Verwendung von Kunstharzmörtel (Dispersions–Klebemörtel) gilt Abschnitt 4.5.2.7 sinngemäß.

4.8 Brandwände

4.8.1 Anwendungsbereich

Die Angaben von Abschnitt 4.8 gelten für Wände aus
a) Normalbeton nach DIN 1045,
b) Leichtbeton mit haufwerksporigem Gefüge nach DIN 4232,
c) bewehrtem Porenbeton und
d) Mauerwerk nach DIN 1053 Teil 1 sowie Teil 2, Abschnitte 6 bis 8, und Teil 4,

die die Anforderungen an Brandwände nach DIN 4102 Teil 3 erfüllen.

Anmerkung: Wände aus Porenbeton–Wandplatten bedürfen zur Zeit einer allgemeinen bauaufsichtlichen Zulassung; die dort angegebenen Bedingungen sind zu beachten.

4.8.2 Randbedingungen

4.8.2.1 Aussteifungen von Brandwänden – z.B. aussteifende Querwände, Decken, Riegel, Stützen oder Rahmen – müssen mindestens der Feuerwiderstandsklasse F 90 entsprechen; Stützen und Riegel aus Stahl, die unmittelbar vor einer Brandwand angeordnet werden, müssen darüber hinaus die in den Bildern 27 bis 29 angegebenen Randbedingungen erfüllen.

4.8.2.2 Wandbereiche bzw. Stürze über Öffnungen, sofern diese nach bauaufsichtlichen Bestimmungen gestattet werden, müssen ebenfalls mindestens der Feuerwiderstandsklasse F 90 angehören – siehe Abschnitte 1.3.1 sowie 4.1.6.4 und 4.2 bis 4.7.

4.8.2.3 Brandwände müssen weitere, im folgenden nicht aufgeführte allgemeine Anforderungen erfüllen; sie sind den bauaufsichtlichen Bestimmungen der Länder zu entnehmen.

4.8.3 Zulässige Schlankheit, Mindestwanddicke und Mindestachsabstand der Längsbewehrung

4.8.3.1 Brandwände müssen hinsichtlich Schlankheit, Wanddicke und Achsabstand der Längsbewehrung die in Tabelle 45 angeführten Bedingungen erfüllen.

4.8.3.2 Bekleidungen dürfen nicht zur Verminderung der in Tabelle 45 angegebenen Mindestwanddicken in Ansatz gebracht werden. Soweit Wandbauarten in der Praxis, z.B. aus bauphysikalischen Gründen, nicht ohne Putz ausgeführt werden, sind in der Tabelle auch Werte für Wände mit Putz angegeben.

4.8.4 Anschlüsse von Ortbeton– und Mauerwerkswänden an angrenzende Massivbauteile

Statisch erforderliche Anschlüsse (Anschlüsse, die die Stoßbeanspruchung nach DIN 4102 Teil 3 aufzunehmen haben) an angrenzende Massivbauteile bei Wänden aus Stahlbeton oder Mauerwerk vollfugig mit Mörtel nach DIN 1053 Teil 1 oder Beton nach DIN 4232 oder nach den Angaben der Bilder 19, 20 und 24 ausgeführt werden.

Statisch erforderliche Anschlüsse können nach den Angaben der Bilder 17 und 18 ausgeführt werden.

4.8.5 Anschlüsse von nichttragenden, liegend angeordneten Wandplatten an angrenzende Stahlbetonbauteile

4.8.5.1 Anschlüsse von nichttragenden, liegend angeordneten Wandplatten aus Stahlbeton nach DIN 1045 oder bewehrtem Porenbeton an angrenzende Stahlbetonstützen oder –wandscheiben können z.B. nach den Angaben von Bild 25, Ausführungsmöglichkeiten 1, 3, 4 und 5, gestaltet werden; Wandplatten aus bewehrtem Porenbeton dürfen auch nach Ausführungsmöglichkeit 2 angeschlossen werden. Bei Anschlüssen an Eckstützen gelten die Angaben von Bild 26.

Klassifizierte Wände nach DIN 4102, Teil 4 (Brandschutz) aus Beton, Mauerwerk

Tabelle 41: **Mindestdicke** d **und Mindestbreite** b **t r a g e n d e r** Pfeiler bzw. nichtraumabschließender Wandabschnitte aus Mauerwerk (**mehrseitige Brandbeanspruchung**)
Die ( ) – Werte gelten für Pfeiler mit allseitigem Putz nach Abschnitt 4.5.2.10
Der Putz kann 1– oder mehrseitig durch eine Verblendung ersetzt werden.

Zeile	Konstruktionsmerkmale	Mindest-dicke d mm	Mindestbreite b in mm für die Feuerwiderstandsklasse–Benennung F 30–A				
			F 30–A	F 60–A	F 90–A	F 120–A	F180–A
1	Porenbeton–Blocksteine und Porenbeton–Plansteine nach DIN 4165 Rohdichteklasse ≥ 0,5 unter Verwendung von 1) 2)						
1.1	Ausnutzungsfaktor α_s = 0,6						
1.1.1		175	365	365	490	490	615
1.1.2		200	240	365	365	490	615
1.1.3		240	240	240	300	365	615
1.1.4		300	240	240	240	300	490
1.1.5		365	240	240	240	240	365
1.2	Ausnutzungsfaktor α_s = 1,0						
1.2.1		175	490	490	– 8)	– 8)	– 8)
1.2.2		200	365	490	– 8)	– 8)	– 8)
1.2.3		240	300	490	615	730	730
1.2.4		300	240	300	490	490	615
1.2.5		365	240	240	365	490	615
2	Hohlblöcke aus Leichtbeton nach DIN 18151, Vollsteine und Vollblöcke aus Leichtbeton nach DIN 18152 Mauersteine aus Beton nach DIN 18153, Rohdichteklasse ≥ 0,6 unter Verwendung von 1) 3)						
2.1	Ausnutzungsfaktor α_s = 0,6						
2.1.1		175	240	365	490	– 8)	– 8)
2.1.2		240	175	240	300	365	490
2.1.3		300	190	240	240	300	365
2.2	Ausnutzungsfaktor α_s = 1,0						
2.2.1		175	365	490	– 8)	– 8)	– 8)
2.2.2		240	240	300	365	– 8)	– 8)
2.2.3		300	240	240	300	365	490
3	Mauerziegel nach						
3.1	DIN 105 Teil 1 Voll– und Hochlochziegel Lochung: Mz, HLz A, HLz B unter Verwendung von 1)						
3.1.1	Ausnutzungsfaktor α_s = 0,6						
3.1.1.1		115	615 5)	730 5)	990 5)	– 8)	– 8)
3.1.1.2		175	490	615	730 5)	990 5)	– 8)
3.1.1.3		240	200	240	300	365	490
3.1.1.4		300	200	200	240	365	490
3.1.2	Ausnutzungsfaktor α_s = 1,0 4)						
3.1.2.1		115	990 5)	990 5)	– 8)	– 8)	– 8)
3.1.2.2		175	615	730	990 5)	– 8)	– 8)
3.1.2.3		240	365	490	615	– 8)	– 8)
3.1.2.4		300	300	365	490	– 8)	– 8)
3.2	Mauerziegel nach DIN 105 Teil 2 Leichthochlochziegel Lochung A und B Rohdichteklasse ≥ 0,8 unter Verwendung von 1) 3)						
3.2.1	Ausnutzungsfaktor α_s = 0,6						
3.2.1.1		115	(365)	(490)	(615)	(730)	– 8)
3.2.1.2		175	(240)	(240)	(240)	(300)	– 8)
3.2.1.3		240	(175)	(175)	(175)	(240)	(300)
3.2.1.4		300	(175)	(175)	(175)	(175)	(240)
3.2.2	Ausnutzungsfaktor α_s = 1,0						
3.2.2.1		115	(490)	(615)	(730)	– 8)	– 8)
3.2.2.2		175	(240)	(240)	(365)	(365)	– 8)
3.2.2.3		240	(175)	(175)	(240)	(240)	(365)
3.2.2.4		300	(175)	(175)	(200)	(240)	(300)
3.3	Mauerziegel nach DIN 105 Teil 2 Leichthochlochziegel W Rohdichteklasse ≥ 0,8 unter Verwendung von 1) 3)						
3.3.1	Ausnutzungsfaktor α_s = 0,6						
3.3.1.1		240	(240)	(240)	(240)	(240)	– 8)
3.3.1.2		300	(175)	(175)	(175)	(240)	(240)
3.3.1.3		365	(175)	(175)	(175)	(240)	(240)
3.3.2	Ausnutzungsfaktor α_s = 1,0						
3.3.2.1		240	(240)	(240)	(300)	– 8)	– 8)
3.3.2.2		300	(240)	(240)	(240)	(240)	– 8)
3.3.2.3		365	(240)	(240)	(240)	(240)	(240)
4	Kalksandsteine nach DIN 106 Teil 1 Voll–, Loch–, Block– und Hohlblocksteine DIN 106 Teil 1 A1 (z.Z. Entwurf) Voll–, Loch–, Block–, Hohl-block– und Plansteine DIN 106 Teil 2 Vormauersteine und Verblender unter Verwendung von 1) 2)						
4.1	Ausnutzungsfaktor α_s = 0,6						
4.1.1		115	365	490	(615)	(990)	– 8)
4.1.2		175	240	240	240	240	365
4.1.3		240	175	175	175	175	300
4.2	Ausnutzungsfaktor α_s = 1,0 4)						
4.2.1		115	(365)	(490)	(730)	– 8)	– 8)
4.2.2		175	240	240	300 6) 7)	300 7)	490
4.2.3		240	175	175	175	240	365

1) Normalmörtel
2) Dünnbettmörtel
3) Leichtmörtel
4) Bei 3,0 N/mm² < vorh σ ≤ 4,5 N/mm² gelten die Werte nur für Mauerwerk aus Vollsteinen, Block– und Plansteinen.
5) Nur bei Verwendung von Vollziegeln.
6) Bei h/d ≤ 10 darf b = 240 mm betragen.
7) Bei Verwendung von Dünnbettmörtel, h/d ≤ 15 und vorh σ ≤ 3,0 N/mm², darf b = 240 mm betragen.
8) Die Mindestbreite ist b > 1,0 m; Bemessung bei Außenwänden daher als raumabschließende Wand nach Tabelle 39 – sonst als nichtraum-abschließende Wand nach Tabelle 40.
9) Die ( ) – Werte nach Zeile 3.2 gelten auch für Zeile 3.1

4.8.5.2 Bei Verwendung von Wandplatten aus Stahlbeton darf der Anschluss auch durch Anschweißen von Stahllaschen ≥ 5x 20 erfolgen. Die Stahllaschen sind im Querschnittsinnern der Wandplatten mit einer Länge l ≥ 400 mm im Bereich zwischen der beidseitig verlegten Wandbewehrung zu verankern. Die Betondeckung der Stahllaschen muß im eingebauten Zustand allseitig ≥ 50 mm sein.

4.8.5.3 Die Stahlbetonstützen müssen eine Mindestdicke von d = 240 mm besitzen; Wandscheiben (Breite der Wandscheibe b > 5 d nach DIN 1045) müssen eine Mindestdicke d = 170 mm aufweisen. Die Stützen bzw. Wandscheiben sind im übrigen nach den Abschnitten 3.13 bzw. 4.2 für ≥ F 90 zu bemessen.

4.8.6 Anschlüsse von nichttragenden, liegend ange-ordneten Wandplatten an angrenzende Stahl– und Verbundstützen

4.8.6.1 Anschlüsse von nichttragenden, liegend angeordneten Wandplatten aus Stahlbeton nach DIN 1045 oder bewehrtem Porenbeton an angrenzende Stahl– oder Verbundstützen können z.B. nach den Angaben von Bild 27, Ausführungsmöglichkeiten 1 bis 4, konstruiert werden; bei Anschlüssen an Eckstützen gelten die Angaben von Bild 28.

4.8.6.2 Bei Verwendung von Wandplatten aus Stahlbeton darf der Anschluss auch entsprechend den Angaben von Abschnitt 4.8.5.2 erfolgen; die Stahllaschen sind mit den Stahlstützen zu verschweißen.

4.8.6.3 Stahlstützen sind nach den Angaben der Abschnitte 6.3.3 oder 6.3.4 dreiseitig – bei Eckstützen zweiseitig – für ≥ F 90 zu ummanteln. Darüber hinaus sind die raumseitigen Flächen zwischen den Flanschen auszumauern oder auszu-betonieren. Die Bekleidungen sind durch Bügel, Durchmesser ≥ 5 mm in Abständen a ≤ 250 mm nach den Angaben der Bilder 27, Ausführungsmöglichkeiten 1 und 2, sowie 28, Ausführungsmöglichkeit 1, zu sichern; dabei sind die Bügel-den am wandseitigen Stützenflansch anzuschweißen oder durch Umbiegen zwischen den Flanschen zu verankern.

Stahlstützen mit Bekleidungen aus Gipskartonplatten nach Abschnitt 6.3.5 müssen eine Ummantelungsdicke für ≥ F 90 aufweisen und darüberhinaus die Randbedingungen von Bild 29, Ausführungsmöglichkeiten 1, 2 oder 3, erfüllen.

4.8.7 Anschlüsse von nichttragenden, stehend ange-ordneten Wandplatten an angrenzende Stahlbe-ton– und Stahlbauteile

4.8.7.1 Anschlüsse von nichttragenden, stehend angeordne-ten Wandplatten aus Stahlbeton nach DIN 1045 oder bewehr-tem Porenbeton an angrenzende Stahlbeton–Riegel und –Deckenscheiben bzw. Sockel– und Fundamentteile können z.B. nach den Angaben von Bild 30 ausgeführt werden.

Anschlüsse entsprechender Wandplatten an angrenzende Stahl–Riegel– oder –Deckenträger sind sinngemäß auszuführ-ren; die Ankerlaschen oder Ankerschienen sind dabei an den Stahlbauteilen anzuschweißen.

4.8.7.2 Bei Verwendung von Wandplatten aus Stahlbeton darf der Anschluss auch entsprechend den Angaben der Ab-schnitte 4.8.5.2 bzw. 4.8.6.2 ausgeführt werden.

4.8.7.3 Stahlbetonriegel müssen eine Mindestbreite von b = 240 mm besitzen. Die Achsabstände der Riegelbewehrung sind nach den Angaben von Tabelle 6 für ≥ F 90 zu bemessen.

4.8.7.4 Stahlriegel sind nach den Angaben von Abschnitt 6.2 dreiseitig für ≥ F 90 zu ummanteln. Darüber hinaus sind die in Bild 29, Ausführungen 5 bis 7, gekennzeichneten Flächen zwischen den Flanschen auszumauern oder auszubetonieren; alternativ darf sinngemäß anstelle der Ausmauerung bzw. Ausbetonierung auch eine Blechbekleidung nach Bild 29, Ausführung 3, verwendet werden.

4.8.7.5 Stahlbeton–Stützen und –Wandscheiben sind nach den Angaben von Abschnitt 4.8.5.3, Stahlstützen nach den Angaben von Abschnitt 4.8.6.3 auszuführen.

4.8.8 Ausbildung der Fugen zwischen Wandplatten

4.8.8.1 Horizontalfugen zwischen liegend angeordneten Wandplatten aus Stahlbeton müssen nach den Angaben von Bild 31, Ausführung 1 (Nut– und Federfuge) oder Ausführung 2 (glatte Fuge mit Verbindungsdollen) ausgeführt werden. Horizontalfugen zwischen liegend angeordneten Wandplatten aus bewehrtem Porenbeton sind nach den Angaben von Bild 31, Ausführung 1, auszuführen.

4.8.8.2 Vertikalfugen zwischen stehend angeordneten Wandplatten aus Stahlbeton müssen nach den Angaben von Bild 31, Ausführung 1, oder Bild 30 ausgeführt werden. Vertikalfugen zwischen stehend angeordneten Wandplatten aus bewehrtem Porenbeton können nach den Angaben von Bild 30 (isometrische Darstellung) ausgeführt werden.

4.8.8.3 Bei Horizontal– und Vertikalfugen kann statt Mörtel auch Kunstharzmörtel (Dispersions–Klebemörtel) zur Verbin-dung im Fugenbereich in einer Dicke ≤ 3 mm verwendet werden.

4.8.8.4 Platten–Anschlüsse können nach den Angaben der Bilder 25 bis 28 und 30 ausgeführt werden.

4.8.8.4 Gefaste Kanten mit einer Fasung ≤ 3 cm beeinflussen die Klassifizierung nicht. Die Fasungen dürfen mit Fugendicht-stoffen nach DIN EN 26927 geschlossen werden.

4.8.9 Bewehrung von Wandplatten aus Porenbeton Die Bewehrung von Wandplatten aus Porenbeton muss den Angaben von Bild 32 entsprechen.

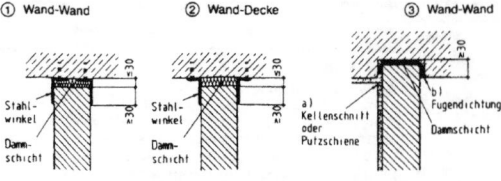

① Wand-Wand   ② Wand-Decke   ③ Wand-Wand

Stahl-winkel / Dämm-schicht / Stahl-winkel / Dämm-schicht / a) Kellerschnitt oder Putzscheine / b) Fugendichtung / Dämmschicht

Dämmschicht nach Abschnitt 4.5.2.6

Bild 24: Statisch erforderliche An-schlüsse von Brandwänden aus Mauerwerk oder Stahlbe-ton an angrenzende Stahlbe-tonbauteile (Beispiele)

Klassifizierte Wände nach DIN 4102, Teil 4 (Brandschutz) aus Beton, Mauerwerk

Tabelle 42: Mindestbreite *b* und Mindesthöhe *h* von vorgefertigten Flachstürzen, aus betonierten U–Schalen und Porenbetonstürzen nach Abschnitt 4.5.3.5
Die ( ) – Werte gelten für Stürze mit 3-seitigem Putz nach Abschnitt 4.5.2.10. Auf den Putz an der Sturzunterseite kann bei Anordnung von Stahl– oder Holz–Umfassungszargen verzichtet werden.

Zeile	Konstruktionsmerkmale	Mindest-betondeckung mm	Mindest-höhe *h* mm	Mindestbreite *b* in mm für die Feuerwiderstandsklasse–Benennung				
				F–30 A	F–60 A	F–90 A	F–120 A	F–180 A
1 1.1	Vorgefertigte Flachstürze Mauerziegel nach DIN 105 Teil 1 bis Teil 5	–	71	(115)	(115)	(115)	–	–
			113	115	115	175 (115)		
1.2	Kalksandsteine nach DIN 106 Teil 1 und Teil 2	–	71	115	115	175	(175)	–
			113	115	115	115	(175)	
1.3	Leichtbeton	–	71	115	115	175	–	–
			113	115	115	115		
2 2.1	Ausbetonierte U–Schalen aus Porenbeton	–	240	175	175	175	–	–
2.2	Leichtbeton	–	240	175	175	175	–	–
2.3	Mauerziegeln	–	240	115	115	175	–	–
2.4	Kalksandsteinen	–	240	115	115	175	–	–
3 3.1	Porenbetonstürze (Mindeststabzahl *n* = 3)	10	240	175 (175)	240 (200)	–	–	–
3.2		20	240	175 (175)	240 (200)	300[1] (240)	–	–
3.3		30	240	175 (175)	175 (175)	200 (175)	–	–

[1] Mindeststabzahl *n* = 4

Tabelle 43: Mindestdicke und Mindestbreiten von tragenden[1] und nichttragenden Wänden sowie von tragenden Pfeilern aus Leichtbeton mit haufwerkporigem Gefüge
Die ( ) – Werte gelten für Wände mit beidseitigem Putz nach Abschnitt 4.5.2.10

Zeile	Konstruktionsmerkmale	Feuerwiderstandsklasse–Benennung				
		F 30–A	F 60–A	F 90–A	F 120–A	F180–A
1	Mindestdicke *d* in mm nichttragender Wände[3]	75[2] (60)[2]	75[2] (75)[2]	100 (100)	125 (100)	150 (125)
2	Mindestdicke *d* in mm tragender[1] Wände bei einem					
2.1	Ausnutzungsfaktor α_s = 0,2	115[2] (115)[2]	150 (115)[2]	150 (115)[2]	150 (115)[2]	175 (125)[2]
2.2	Ausnutzungsfaktor α_s = 0,5	150 (115)[2]	175 (150)	200 (175)	240 (200)	240 (200)
2.3	Ausnutzungsfaktor α_s = 1,0	175 (150)	200 (175)	240 (175)	300 (200)	300 (240)
3 3.1	Mindestquerschnittsabmessungen *d/b* in mm/mm tragender Pfeiler bzw. nichtraumabschließender Wandabschnitte bei einem					
3.2	Ausnutzungsfaktor α_s = 0,5	240/240[2]	240[2]/300	240[2]/365	300/365	365/365
	Ausnutzungsfaktor α_s = 1,0	240/240[2]	300/365	365/365	365/365	365/365

[1] Die Angaben gelten sowohl für tragende, raumabschließende als auch für tragende, nicht raumabschließende Wände.
[2] Die Mindestmaße nach DIN 4232 sind zu beachten.
[3] Die Angaben gelten auch für Wände aus stehenden Wandplatten aus Stahlbetonhohldielen aus Leichtbeton aus haufwerksporigem Gefüge nach DIN 4028.

Tabelle 44: Tragende[1] und nichttragende Wände aus bewehrtem Porenbeton
Die ( ) – Werte gelten für Wände mit beidseitigem Putz nach Abschnitt 4.7.2.3

Zeile	Konstruktionsmerkmale	Feuerwiderstandsklasse–Benennung				
		F 30–A	F 60–A	F 90–A	F 120–A	F180–A
1 1.1	Wände aus nichttragenden Wandplatten Zulässige Schlankheit = Geschoßhöhe/Wanddicke = h_s / *d*	nach Zulassungsbescheid				
1.2	Mindestwanddicke *d* in mm	75 (75)	75 (75)	100 (100)	125 (100)	150 (125)
2 2.1	Wände aus tragenden[1] Wandtafeln[2] Zulässige Schlankheit = Geschoßhöhe/Wanddicke = h_s / *d*	nach Zulassungsbescheid				
2.2	Mindestwanddicke *d* in mm bei einem					
2.2.1	Ausnutzungsfaktor α_s = 0,5	150 (125)	175 (150)	200 (175)	225 (200)	240 (225)
2.2.2	Ausnutzungsfaktor α_s = 1,0	175 (150)	200 (175)	225 (200)	250 (225)	300 (250)
2.3 2.3.1	Mindestachsabstand *u* in mm der Längsbewehrung bei einem					
2.3.2	Ausnutzungsfaktor α_s = 0,5	10	10	20	30	50
	Ausnutzungsfaktor α_s = 1,0	10	20	30	40	60

[1] Die Angaben gelten sowohl für tragende, raumabschließende als auch für tragende, nicht raumabschließende Wände.
[2] Die Mindestwanddicken gelten auch für unbewehrte Wandtafeln.

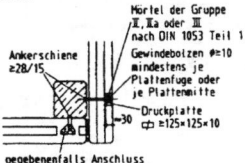

Bild 25: Ausführungsmöglichkeiten 1 bis 5 von Anschlüssen von nichttragenden, liegend angeordneten Wandplatten an Stahlbetonstützen bzw. –wandscheiben; die Ausführungsschnitte 1 bis 4 sind mit Wandplatten aus Porenbeton dargestellt.

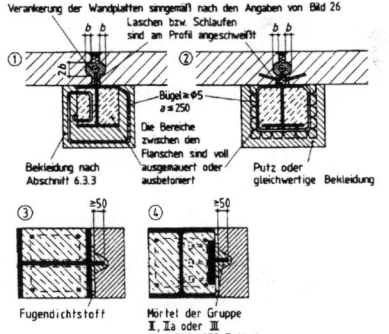

Bild 26: Ausführungsmöglichkeit eines Anschlusses von nichttragenden, liegend angeordneten Wandplatten an Stahlbeton–Eckstützen (Darstellung mit Wandplatten aus Porenbeton)

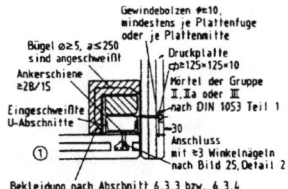

Bild 27: Ausführungsmöglichkeiten 1 bis 4 von Anschlüssen von nichttragenden, liegend angeordneten Wandplatten an Stahl– und Verbundstützen

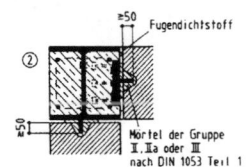

Bild 28: Ausführungsmöglichkeiten 1 und 2 von Anschlüssen von nichttragenden, liegend angeordneten Wandplatten an Stahl– und Verbund–Eckstützen; der Ausführungsschnitt 1 ist mit Wandplatten aus Porenbeton dargestellt.

Klassifizierte Wände nach DIN 4102, Teil 4 (Brandschutz) aus Beton, Mauerwerk

Tabelle 45. Zulässige Schlankheit, Mindestwanddicke und Mindestachsabstand von ein- und zweischaligen Brandwänden 1-seitige Brandbeanspruchung) Die ( )-Werte gelten für Wände mit Putz nach Abschnitt 4.5.2.10

Zeile		Schemaskizze für bewehrte Wände / Schemaskizze für Wände aus Mauerwerk	Zulässige Schlankheit h_s/d	Mindestdicke d in mm bei einschaliger Ausführung	Mindestdicke d in mm bei zweischaliger [10] Ausführung	Mindestachsabstand u in mm
1	Wände aus Normalbeton nach DIN 1045					
1.1	Unbewehrter Beton		Bemessung nach DIN 1045	200	2 x 180	nach DIN 1045
1.2	Bewehrter Beton		Bemessung nach DIN 1045			
1.2.1	Nichttragend			120	2 x 100	nach DIN 1045
1.2.2	Tragend		25	140	2 x 120 [1]	25
2	Wände aus Leichtbeton mit haufwerksporigem Gefüge nach DIN 4232 der Rohdichteklasse		Bemessung nach DIN 4232			
2.1		≥ 1,4		250	2 x 200	entfällt
2.2		≥ 0,8		300	2 x 200	
3	Wände aus bewehrtem Porenbeton					
3.1	Nichttragende Wandplatten der Festigkeitsklasse 4.4, Rohdichteklasse ≥ 0,7		nach Zulassungs-bescheid	175	2 x 175	20
3.2	Nichttragende Wandplatten der Festigkeitsklasse 3.3, Rohdichteklasse ≥ 0,6			200	2 x 200	30
3.3	Tragende, stehend angeordnete Wandtafeln der Festigkeitsklasse 4.4 Rohdichteklasse ≥ 0,7			200 [2]	2 x 200 [2]	20 [2]
4	Wände aus Ziegelfertigbauteilen nach DIN 1053 Teil 4					
4.1	Hochlochtafeln mit Ziegeln für vollvermörtelbare Stoßfugen		25	165	2 x 165	nach DIN 1053 Teil 4
4.2	Verbundtafeln mit zwei Ziegelschichten		25	240	2 x 165	
5	Wände aus Mauerwerk [8] nach DIN 1053 Teil 1 und Teil 2					
5.1	unter Verwendung von Normalmörtel der Mörtelgruppe II, IIa oder III, IIIa Steine nach DIN 105 Teil 1 der Rohdichteklasse	≥ 1,4 [3]	Bemessung nach DIN 1053 Teil 1 [3], Teil 2 [3]	240	2 x 175	entfällt
		≥ 1,0		300 (240)	2 x 200 (2 x 175)	
	DIN 105 Teil 2 der Rohdichteklasse	≥ 0,8		365 [6] (300) [6]	2 x 240 (2 x 175)	
5.2	Steine nach DIN 106 Teil 1 und Teil 1 A1 [4] (z.Z. Entwurf) sowie Teil 2 der Rohdichteklasse	≥ 1,8		240 [5]	2 x 175 [9]	
		≥ 1,4		240	2 x 175	
		≥ 0,9		300 (300)	2 x 200 (2 x 175)	entfällt
		= 0,8	Bemessung nach DIN 1053	300	2 x 240 (2 x 175)	
5.3	Steine nach DIN 4165		Teil 1 [3], Teil 2 [3]			
5.3.1	der Rohdichteklasse	≥ 0,6		300	2 x 240	
5.3.2		≥ 0,6 [7]		240	2 x 175	entfällt
5.3.3		≥ 0,5 [11]		300	2 x 240	
5.4	Steine nach DIN 18151, DIN 18152, DIN 18153					
5.4.1	der Rohdichteklasse	≥ 0,8		240 (175)	2 x 175 (2 x 175)	entfällt
5.4.2		≥ 0,6		300 (240)	2 x 240 (2 x 175)	

[1] Sofern infolge hohen Ausnutzungsfaktors nach Tabelle 35 keine größeren Werte gefordert werden.
[3] Sofern infolge hohen Ausnutzungsfaktors nach Tabelle 44 keine größeren Werte gefordert werden.
[3] Exzentrizität $e \leq d/3$.
[4] Auch mit Dünnbettmörtel.
[5] Bei Verwendung von Dünnbettmörtel und Plansteinen $d = 175$ mm.
[6] Bei Verwendung von Leichtmauermörtel; Ausnutzungsfaktor $\alpha_s \leq 0,6$.
[7] Bei Verwendung von Dünnbettmörtel und Plansteinen mit Vermörtelung der Stoß- und Lagerfugen.
[8] Weitere Angaben siehe z.B. [5].
[9] Bei Verwendung von Dünnbettmörtel und Plansteinen: $d = 150$ mm.
[10] Hinsichtlich des Abstandes der beiden Schalen bestehen keine Anforderungen.
[11] Bei Verwendung von Dünnbettmörtel und Plansteinen mit Nut und Feder nur bei Vermörtelung der Stoß- und Lagerfugen.

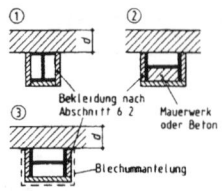
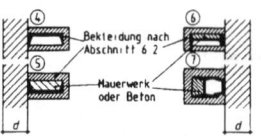

Bild 29: Bekleidung (Schema) von Stahlstützen (Ausführungen 1 bis 3) und Stahlriegeln (Ausführungen 4 bis 7)

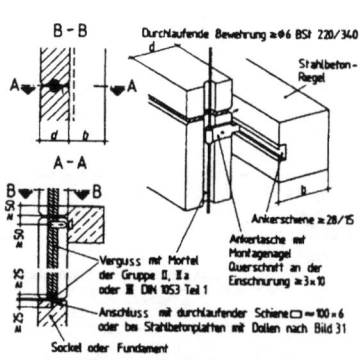

Bild 30: Ausführungsmöglichkeiten von Anschlüssen von nichttragenden, stehend angeordneten Wandplatten an Stahlbeton-Riegeln; die Schnitte sind mit Wandplatten aus Porenbeton dargestellt

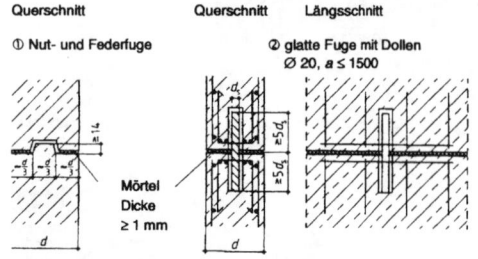

Ausführung 1: Stahlbeton- oder Porenbeton-Wandplatten
Ausführung 2: Stahlbeton-Wandplatten

Bild 31: Längsfugen zwischen Wandplatten

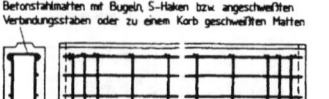
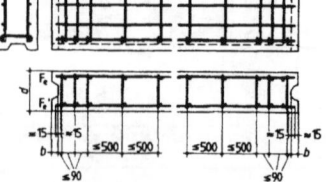

Bild 32: Bewehrung von Wandplatten aus Porenbeton für Brandwände

Plattenstützweite	$F_0 = F_u$ [1]
1010 bis 2000	≥ 4 Ø 8 je m
2010 bis 3000	≥ 5 Ø 8 je m
3010 bis 4000	≥ 6 Ø 8 je m
4010 bis 5000	≥ 7 Ø 8 je m
5010 bis 6000	≥ 8 Ø 8 je m
6010 bis 7500	≥ 9 Ø 8 je m

[1] Anstelle von Durchmesser 8 mm dürfen auch Stäbe mit Durchmesser 7,5 mm verwendet werden, wenn der Stahlquerschnitt je m und Seite gleichbleibt.

Klassifizierte Wände nach DIN 4102, Teil 4 (Brandschutz), aus Holzbauteilen

4.11 Feuerwiderstandsklassen von Fachwerkwänden mit ausgefüllten Gefachen

4.11.1 Anwendungsbereich

4.11.1.1 Die Angaben von Abschnitt 4.11 gelten für tragende und nichttragende Wände entsprechend DIN 1052 Teil 1 und DIN 4103 Teil 1 aus abgebundenen Ständern, Riegeln, Streben usw. aus Holz, einer Ausfüllung der Fachwerkfelder und einer mindestens einseitigen Bekleidung.

4.11.1.2 Die folgenden Angaben gelten nur für Wände der Feuerwiderstandsklasse F 30 (Benennung F 30-B).

4.11.1.3 Angaben über Wände in Holztafelbauart sind in Abschnitt 4.12 enthalten.

4.11.2 Fachwerk

Die Ständer, Riegel, Streben und sonstigen Hölzer müssen Querschnittsabmessungen von mindestens 100 mm x 100 mm bei 1-seitiger Brandbeanspruchung bzw. von mindestens 120 mm x 120 mm bei 2-seitiger Brandbeanspruchung besitzen; im übrigen gilt für die Bemessung DIN 1052 Teil 1.

Bei nichtraumabschließenden Wänden ist eine Bekleidung nach Abschnitt 4.11.4 nicht erforderlich.

4.11.3 Ausfüllung der Gefache

Die Fachwerkfelder müssen vollständig mit Lehmschlag, Holzwolle-Leichtbauplatten nach DIN 1101 oder Mauerwerk nach DIN 1053 Teil 1 ausgefüllt sein.

4.11.4 Bekleidung

4.11.4.1 Mindestens eine Wandseite ist mit einer geschlossenen Bekleidung zu versehen, entweder
a) mit ≥ 12,5 mm dicken Gipskarton-Feuerschutzplatten (GKF) DIN 18180 oder
b) mit ≥ 18 mm dicken Gipskarton-Bauplatten (GKB) DIN 18180 oder
c) mit ≥ 15 mm dickem Putz nach DIN 18550 Teil 2 oder
d) mit ≥ 25 mm dicken Holzwolle-Leichtbauplatten nach DIN 1101 mit Putz nach DIN 18550 Teil 2 oder
e) mit ≥ 16 mm dicken Holzwerkstoffplatten mit einer Rohdichte ≥ 600 kg/m³ oder
f) mit einer Bretterschalung (gespundet oder mit Federverbindung nach Bild 39 mit d_W ≥ 22 mm).

4.11.4.2 Für die Befestigung der Bekleidungen gelten die einschlägigen Normen wie DIN 18181, DIN 18550 Teil 2, DIN 1102 und DIN 1052 Teil 1.

4.12 Feuerwiderstandsklassen von Wänden in Holztafelbauart

4.12.1 Anwendungsbereich

4.12.1.1 Die Angaben von Abschnitt 4.12 gelten für einschalige tragende und nichttragende Wände in Holztafelbauart. Die Beplankungen und Bekleidungen der Rippen bestehen aus Holzwerkstoffplatten, Brettern, Gipskarton-Bauplatten oder anderen Bauplatten – siehe Abschnitt 4.11.4; zwischen den Beplankungen bzw. Bekleidungen ist bei raumabschließenden Wänden eine Dämmschicht angeordnet – siehe Abschnitt 4.12.5.

4.12.1.2 Angaben über nichttragende Wände mit Holzrippen und Beplankungen aus Gipskarton-Bauplatten sind auch in Abschnitt 4.10 enthalten.

4.12.1.3 Die Angaben von Abschnitt 4.12 gelten auch für 2-schalige Wandkonstruktionen nach Tabelle 49, sofern die Ständer- oder Rippenquerschnitte, die Angaben für die Dämmschicht nach Tabelle 49 bzw. Tabelle 51 und die Beplankungsdicken nach Tabelle 51 eingehalten sind.

4.12.2 Holzrippen

4.12.2.1 Die Rippen müssen aus Bauschnittholz nach DIN 1052 Teil 3 bzw. DIN 4074 Teil 1, bestehen.

Bei nichttragenden Wänden dürfen die Rippen auch aus Spanplatten nach DIN 68763 mit einer Rohdichte ≥ 600 kg/m³ bestehen, wenn die Beplankungen ebenfalls aus Spanplatten bestehen und mit den Rippen nach DIN 1052 Teil 1, Abschnitt 11.1.3, verleimt sind.

4.12.2.2 Die Mindestmaße b_1 x d_1 sind den Angaben der Tabellen 50 bis 54 zu entnehmen.

4.12.2.3 Bei Verwendung von Laubhölzern anstelle von Nadelhölzern gilt Abschnitt 5.5.1.4 sinngemäß.

4.12.3 Zulässige Spannungen in den Holzrippen

Bei tragenden Wänden dürfen die in den Tabellen 50 bis 54 angegebenen Spannungen σ_D nicht überschritten werden; σ_D ist jeweils die vorhandene Druckspannung in den Holzrippen, wobei der Druckanteil aus einer Biegebeanspruchung nicht berücksichtigt zu werden braucht. Im übrigen gelten die Bestimmungen von DIN 1052 Teil 1 und Teil 3.

4.12.4 Beplankungen/Bekleidungen

4.12.4.1 Es dürfen verwendet werden:
1. Beplankungen/Bekleidungen
   a) Sperrholz nach DIN 68705 Teil 3 oder Teil 5,
   b) Spanplatten nach DIN 68763,
   c) Holzfaserplatten nach DIN 68754, Teil 1,
   d) Gipskarton-Bauplatten GKB und GKF nach DIN 18180,
2. Bekleidungen
   e) Faserzementplatten,
   f) Fasebretter aus Nadelholz nach DIN 68122,
   g) Stülpschalungsbretter aus Nadelholz nach DIN 68123,
   h) Profilbretter mit Schattennut nach DIN 68126 Teil 1,
   i) gespundete Bretter aus Nadelholz nach DIN 4072 und
   k) Holzwolle-Leichtbauplatten nach DIN 1101.

4.12.4.2 Alle Platten und Bretter sind auf Holzrippen – z.B. auf Ständern (Stielen) und Riegeln – dicht zu stoßen. Eine Ausnahme hiervon bilden dicht gestoßene Längsränder von gespundeten oder genuteten Brettern sowie die Längsränder von Holzwolle-Leichtbauplatten mit Putz, wenn die Stöße durch Drahtgewebe oder ähnliches überbrückt sind. Bei mehrlagigen Beplankungen oder Bekleidungen sind die Stöße zu versetzen. Beispiele für Stoßausbildungen sind in Bild 38 wiedergegeben.

Tabelle 50: Tragende, nichtraumabschließende [1] Wände in Holztafelbauart

Zeile	Konstruktionsmerkmale	Holzrippen		Beplankung(en) und Bekleidung(en) Mindestdicke von			Feuerwiderstandsklasse-Benennung
		Mindestmaße	zul. Spannung	Holzwerkstoffplatten (Mindestrohdichte ρ = 600 kg/m³)	Gipskarton-Feuerschutzplatten (GKF)		
		nach Abschnitt 4.12.2	nach Abschnitt 4.12.3	nach Abschnitt 4.12.4			
		b_1 x d_1 mm x mm	zul. σ_D N/mm²	d_2 mm	d_2 mm	d_3 mm	
1		50 x 80	2,5	25 oder 2 x 16 [5]			
2		100 x 100	1,25	16 [5]			
3		40 x 80	2,5		18		
4		50 x 80	2,5		15 [2]		
5		100 x 100	2,5		12,5 [2]		F 30-B
6		40 x 80	2,5	8		12,5 [3]	
7		40 x 80	2,5	13		9,5 [4]	
8		40 x 80	2,5		12,5	9,5 [4]	
9		40 x 80	2,5	22		18 [2]	F 60-B
10		50 x 80	2,5		15	12,5 [3]	

[1] Wegen tragender oder nichttragender, jeweils raumabschließender Wände siehe Tabellen 51 bis 54 (siehe auch "Wandarten, Wandfunktionen" in Abschnitt 4.1.1).
[2] Anstelle von 15 mm dicken GKF-Platten dürfen auch GKB-Platten mit d ≥ 18 mm verwendet werden.
[3] Anstelle von 12,5 mm dicken GKF-Platten dürfen auch GKB-Platten mit d ≥ 15 mm oder d ≥ 2 x 9,5 mm verwendet werden.
[4] Anstelle von GKF-Platten dürfen auch GKB-Platten verwendet werden.
[5] 1-seitig ersetzbar durch Bretterschalung nach Abschnitt 4.12.4.1, Aufzählung f) bis i), mit einer Dicke nach Bild 39 von d_W ≥ 22 cm.

Anmerkung: In Wänden in Holztafelbauart nach den Angaben von Tabelle 50 ist brandschutztechnisch keine Dämmschicht notwendig. Es bestehen daher hinsichtlich Dämmschicht-Art, -Dicke, -Befestigung usw. keine Bedingungen. Die klassifizierten Wände dürfen mit und ohne Dämmschicht ausgeführt werden. Sofern eine Dämmschicht angeordnet wird, muss diese mindestens der Baustoffklasse B 2 angehören.

Tabelle 51: Raumabschließende [1] Wände in Holztafelbauart

Zeile	Konstruktionsmerkmale	Holzrippen		Beplankung(en) und Bekleidung(en) Mindestdicke von		Dämmschicht			Feuerwiderstandsklasse-Benennung
	Abkürzungen: MF = Mineralfaser-Platten oder -Matten	Mindestmaße nach Abschnitt 4.12.2	zul. Spannung nach Abschnitt 4.12.3	Holzwerkstoffplatten (Mindestrohdichte ρ = 600 kg/m³)	Gipskarton-Feuerschutzplatten (GKF)	dicke von Mineralfaser-Platten oder -Matten	rohdichte	dicke von Holzwolle-Leichtbauplatten	
	HWL = Holzwolle-Leichtbauplatten			nach Abschnitt 4.12.4		nach Abschnitt 4.12.5			
		b_1 x d_1 mm x mm	zul. σ_D N/mm²	d_2 mm	d_3 mm	D mm	ρ kg/m³	D mm	
1			2,5	13 [3]		80	30		
2			2,5	13 [3]		40	50		
3			1,25	8 [3]		60	100		F 30-B
4			2,5	13 [3]				25	
5			1,25	8 [3]				50	
6		40 x 80 [2]	2,5	2 x 16 [4]		80	30		
7			2,5	2 x 16 [4]		60	50		
8			1,25	19 [5]		80	100		F 60-B
9			1,25	19 [5]				50	
10			0,5	2 x 19 [6]		100	100		F 90-B
11			0,5	2 x 19 [6]				75	
12			2,5	0	12,5 [7]	40	30		F 30-B
13			2,5	0	12,5 [7]			25	
14		40 x 80 [2]	1,25	13	12,5 [7]	60	50		F 60-B
15			0,5	8	12,5 [7]	80	100		
16			1,25	13	12,5 [7]			50	
17			0,5	8	12,5 [7]			50	
18			0,5	2 x 16 [4]	15 [8]	60	50		F 90-B
19			0,5	19	15 [8]	100	100		
20			0,5	19	15 [8]			75	

[1] Wegen tragender, nichtraumabschließender Wände siehe Tabelle 50 (siehe auch "Wandarten, Wandfunktionen" in Abschnitt 4.1.1).
[2] Bei nichttragenden Wänden muss b_1 x d_1 ≥ 40 mm x 40 mm sein.
[3] Einseitig ersetzbar durch GKF-Platten mit d ≥ 12,5 mm oder GKB-Platten mit d ≥ 18 mm oder d ≥ 2 x 9,5 mm oder Bretterschalung nach Abschnitt 4.12.4.1, Aufzählung f) bis i), mit einer Dicke nach Bild 39 d_W ≥ 22 mm.
[4] Die jeweils raumseitige Lage darf durch Gipskarton-Bauplatten entsprechend Fußnote 3 ersetzt werden.
[5] Einseitig ersetzbar durch GKF-Platten mit d ≥ 18 mm.
[6] Die jeweils raumseitige Lage darf durch Gipskarton-Feuerschutzplatten (GKF) mit d ≥ 16 mm ersetzt werden.
[7] Anstelle von 12,5 mm dicken GKF-Platten dürfen auch GKB-Platten mit d ≥ 18 mm oder d ≥ 2 x 9,5 mm verwendet werden.
[8] Anstelle von 15 mm dicken GKF-Platten dürfen auch 12,5 mm dicke GKF-Platten in Verbindung mit ≥ 9,5 mm dicken GKB-Platten verwendet werden.

4.12.4.3 Gipskarton-Bauplatten sind nach DIN 18181 mit Schnellbauschrauben, Nägeln oder Klammern zu befestigen, vergleiche Abschnitt 4.10.2.3

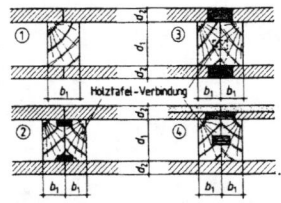

Bild 38: Beispiele für Stöße von Beplankungen und Bekleidungen (Schema-Skizze)

Klassifizierte Wände nach DIN 4102, Teil 4 (Brandschutz), aus Holzbauteilen

Tabelle 52: Raumabschließende [1] Außenwände in Holztafelbauart F 30–B

Zeile	Konstruktionsmerkmale	Holzrippen nach den Abschnitten 4.12.2 und 4.12.3 b_1 x d_1 u. zul. σ_D	Innen-Beplankung(en) oder Bekleidung(en) nach Abschnitt 4.12.4 aus Holzwerkstoffplatten (Mindestrohdichte ρ = 600 kg/m³) Mindestdicke d_2 mm	Gipskarton-Feuerschutzplatten (GKF) d_2 mm	d_3 mm	Dämmschicht nach Abschnitt 4.12.5 aus Mineralfaser-Platten oder -Matten dicke D mm	rohdichte ρ kg/m³	Holzwolle-Leichtbauplatten dicke D mm	Außen-Beplankung oder Bekleidung nach Abschnitt 4.12.4 aus Brettern oder Holzwerkstoffplatten mit ρ = 600 kg/m³ Mindestdicke d_4 mm	Faser-zementplatten d_4 mm	Putz auf Holzwolle-Leichtbauplatten d ≥ 25 mm d_4 mm
1	innen		13			80	30		13 [2]		
2			13			40	50		13 [2]		
3			13				25		13 [2]		
4				12,5 [4]		80	30		13 [2]		
5	außen MF			12,5 [4]		40	50		13 [2]		
6				12,5 [4]			25		13 [2]		
7		b_1 x d_1 ≥ 40 mm x 80 mm[6] σ_D ≤ 2,5 N/mm²	16			80	100				6
8			16					50			6
9				15 [4]		80	100				6
10				15 [4]				50			6
11	innen		13			80	30				15 [3]
12			13			40	50				15 [3]
13			13				25				15 [3]
14	außen HWL			12,5 [4]		80	30				15 [3]
15				12,5 [4]		40	50				15 [3]
16				12,5 [4]			25				15 [3]
17	innen		10		9,5	80	30		13 [2]		
18			10		9,5	40	50		13 [2]		
19			10		9,5		25		13 [2]		
20				12,5	9,5 [5]	80	30		13 [2]		
21	außen MF			12,5	9,5 [5]	40	50		13 [2]		
22				12,5	9,5 [5]		25		13 [2]		
23		b_1 x d_1 ≥ 40 mm x 80 mm[6] σ_D ≤ 2,5 N/mm²	13		9,5	80	100				6
24			13		9,5			50			6
25				12,5	9,5 [5]	80	100				6
26				12,5	9,5 [5]			50			6
27	innen		8		12,5	80	30				15 [3]
28			8		12,5	40	50				15 [3]
29			8		12,5		25				15 [3]
30				12,5	9,5 [5]	80	30				15 [3]
31	außen HWL			12,5	9,5 [5]	40	50				15 [3]
32				12,5	9,5 [5]		25				15 [3]

[1] Wegen tragender, nichtraumabschließender Außenwände (Außenwände – auch Bereiche zwischen zwei Öffnungen – mit einer Breite ≤ 1,0 m) siehe Tabelle 50.
[2] Bei Verwendung von vorgesetztem Mauerwerk nach DIN 1053 Teil 1 mit d ≥ 115 mm dürfen auch Holzwerkstoffplatten mit d_4 ≥ 4 mm verwendet werden. Bei Bretterschalung siehe Bild 39.
[3] d_4 = Mindestputzdicke; der Putz muss DIN 18550 Teil 2 entsprechen.
[4] Es dürfen auch GKB–Platten mit d ≥ 18 mm oder d ≥ 2 x 9,5 mm verwendet werden.
[5] Es dürfen auch GKB–Platten verwendet werden.
[6] Bei nichttragenden Wänden muss b_1 x d_1 ≥ 40 mm x 40 mm sein.

Tabelle 53: Raumabschließende [1] Außenwände in Holztafelbauart F 60–B

Zeile	Konstruktionsmerkmale	Holzrippen nach den Abschnitten 4.12.2 und 4.12.3 b_1 x d_1 u. zul. σ_D	Innen-Beplankung(en) oder Bekleidung(en) nach Abschnitt 4.12.4 aus Holzwerkstoffplatten (Mindestrohdichte ρ = 600 kg/m³) Mindestdicke d_2 mm	Gipskarton-Feuerschutzplatten (GKF) d_2 mm	d_3 mm	Dämmschicht nach Abschnitt 4.12.5 aus Mineralfaser-Platten oder -Matten dicke D mm	rohdichte ρ kg/m³	Holzwolle-Leichtbauplatten dicke D mm	Außen-Beplankung oder Bekleidung nach Abschnitt 4.12.4 aus Brettern oder Holzwerkstoffplatten mit ρ = 600 kg/m³ Mindestdicke d_4 mm	Faser-zementplatten d_4 mm	Putz auf Holzwolle-Leichtbauplatten d ≥ 25 mm d_4 mm
1			22		12,5	80	100		13 [2]		
2			22		12,5			50	13 [2]		
3				12,5	12,5	80	100		13 [2]		
4				12,5	12,5			50	13 [2]		
5	innen		22		12,5	80	100				6
6			22		12,5			50			6
7				12,5	12,5	80	100				6
8	außen MF	b_1 x d_1 ≥ 40 mm x 80 mm[5] σ_D ≤ 1,25 N/mm²		12,5	12,5			50			6
9			22		12,5	80	30				15 [3]
10			22		12,5	40	50				15 [3]
11			22		12,5		25				15 [3]
12	innen			12,5	12,5	80	30				15 [3]
13				12,5	12,5	40	50				15 [3]
14				12,5	12,5		25				15 [3]
15			19		12,5	80	100				15 [3]
16			19		12,5			50			15 [3]
17	außen HWL			15	9,5 [4]	80	100				15 [3]
18				15	9,5 [4]			50			15 [3]

[1] Wegen tragender, nichtraumabschließender Außenwände (Außenwände – auch Bereiche zwischen zwei Öffnungen – mit einer Breite ≤ 1,0 m) siehe Tabelle 50.
[2] Bei Verwendung von vorgesetztem Mauerwerk nach DIN 1053 Teil 1 mit d ≥ 115 mm dürfen auch Holzwerkstoffplatten mit d_4 ≥ 4 mm verwendet werden. Bei Bretterschalung siehe Bild 39.
[3] d_4 = Mindestputzdicke; der Putz muss DIN 18550 Teil 2 entsprechen.
[4] Es dürfen auch GKB–Platten verwendet werden.
[5] Bei nichttragenden Wänden muss b_1 x d_1 ≥ 40 mm x 40 mm sein.

4.12.4.4 Die Mindestdicke der Beplankungen und Bekleidungen ist aus den Angaben der Tabellen 50 bis 54 zu entnehmen. Bei profilierten Brettern ist die Dicke d_w nach Bild 39 maßgebend.

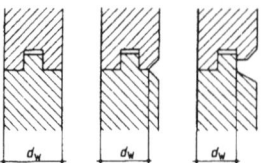

Bild 39: Maßgebende Dicke d_w bei profilierten Brettern

4.12.5 Dämmschicht

4.12.5.1 In allen raumabschließenden Wänden sind Dämmschichten zur Erzielung des Feuerwiderstands notwendig. Sie müssen aus Mineralfaser–Dämmstoffen nach DIN 18165 Teil 1, Abschnitt 2.2, bestehen, der Baustoffklasse A angehören und einen Schmelzpunkt ≥ 1000 °C nach DIN 4102 Teil 17 besitzen. Anstelle derartiger Mineralfaser–Dämmschichten können auch Holzwolle–Leichtbauplatten nach DIN 1101 verwendet werden.

4.12.5.2 Plattenförmige Mineralfaser–Dämmschichten sind durch strammes Einpassen – Stauchung bis etwa 1 cm – zwischen den Rippen gegen Herausfallen zu sichern; der lichte Rippenabstand muss ≤ 625 mm sein.

Mattenförmige Mineralfaser–Dämmschichten dürfen verwendet werden, wenn sie auf Maschendraht gesteppt sind und durch Nagelung (Nagelabstände ≤ 100 mm) an den Holzrippen zu befestigen ist. Dämmschichten aus Holzwolle–Leichtbauplatten sind an allen Rippenrändern durch Holzleisten ≥ 25 mm x 25 mm zu befestigen – siehe Bild 40.

4.12.5.3 Fugen von stumpf gestoßenen Dämmschichten müssen dicht sein. Brandschutztechnisch am günstigsten sind ungestoßene oder zweilagig mit versetzten Stößen eingebaute Dämmschichten. Mattenförmige Dämmschichten müssen eine Fugenüberlappung ≥ 10 cm besitzen.

4.12.5.4 Die Mindestdicke (Nenndicke) und Mindestrohdichte (Nennmaß) der Dämmschichten sind den Angaben der Tabellen 50 bis 54 zu entnehmen.

4.12.6 Anschlüsse

4.12.6.1 Anschlüsse an angrenzenden Massivbauteilen sind dicht nach den Angaben von Bild 41 auszuführen.

4.12.6.2 Anschlüsse an angrenzenden Holztafeln sind dicht nach den Angaben von Bild 42 auszuführen. Sofern Wände in Holztafelbauweise, die nach bauaufsichtlichen Vorschriften raumabschließend sein müssen, an durchlaufenden Decken in Holztafelbauart angeschlossen werden sollen, sind zur Vermeidung eines Durchbrandes oberhalb der oberen Holzrippe (Rähm) dicht anschließende Querbalken anzuordnen – siehe Bild 42 Ausführungen 3 und 4.

4.12.7 Dampfsperren und hinterlüftete Fassaden

4.12.7.1 Dampfsperren beeinflussen die in Abschnitt 4.12 angegebenen Feuerwiderstandsklassen nicht.

4.12.7.2 Hinterlüftete Fassaden (Vorsatzschalen) verbessern je nach Art, Dicke und Ausführung den Feuerwiderstand der klassifizierten Wände.

Da die Verbesserung im allgemeinen gering ist, werden hinterlüftete Fassaden jedoch nicht berücksichtigt. Sofern die Verbesserung des Feuerwiderstandes berücksichtigt werden soll, sind Prüfungen nach DIN 4102 Teil 2 erforderlich.

4.12.8 Gebäudeabschlusswände (F 30–B) + (F 90–B)

4.12.8.1 Gebäudeabschlusswände, die nach bauaufsichtlichen Anforderungen einen Feuerwiderstand von (F 30–B) + (F 90–B) aufweisen müssen, sind nach den Angaben von Bild 43 und Tabelle 54 zu konstruieren.

4.12.8.2 Die Holzrippen müssen einen Querschnitt von b x d ≥ 40 mm x 80 mm aufweisen. Die vorhandene Spannung in den Holzrippen muss σ_D ≤ 2,5 N/mm² sein.

4.12.8.3 Die Dämmschicht muss aus Mineralfasern bestehen und eine Dicke D ≥ 80 mm aufweisen; die Rohdichte muss ρ ≥ 30 kg/m³ betragen. Die Dämmschicht muss im übrigen den Angaben von Abschnitt 4.12.5 entsprechen.

Tabelle 55: Mindestdicken von raumabschließenden und nichtraumabschließenden tragenden Wänden aus Vollholz–Blockbalken der Feuerwiderstandsklasse-Benennung F 30–B nach den Bildern 44 und 45

Zeile	Wandkonstruktion nach Bild	Belastung zul q kN/m	erf d_1 in mm bei einem Abstand aussteifender Bauteile ≤ 3,0 m und einer Wandhöhe ≤ 2,6 m	≤ 6,0 m ≤ 3,0 m
1	44	10	70 [1]	80 [1]
2		20	90	100
3		30	120	140
4		35	140	180
5	45	15	–	50

[1] Bei einer Bekleidung mit d_2 = d_w ≥ 13 mm (siehe Bild 39) darf d_1 = ≥ 65 mm gewählt werden.

Klassifizierte Wände, Balken und Stützen nach DIN 4102, Teil 4 (Brandschutz), aus Holzbauteilen

Tabelle 54: Raumabschließende Gebäudeabschlusswände (F 30–B) + (F 90–B)

Zeile	Innen-Beplankung oder – Bekleidung nach Abschnitt 4.12.4 aus		Außen-Beplankungen oder Bekleidungen nach Abschnitt 4.12.4 aus				
	Holzwerkstoffplatten Mindestrohdichte $\rho = 600$ kg/m³	Gipskarton-Feuerschutzplatten (GKF)	Holzwerkstoffplatten Mindestrohdichte $\rho = 600$ kg/m³	Gipskarton-Feuerschutzplatten (GKF)		Holzwolle-Leicht-bauplatten nach DIN 1101	Putz der Mörtelgruppe II nach DIN 18550
	d_1 mm	d_1 mm	d_2 mm	d_3 mm	d_4 mm	d_2 mm	d_3 bis d_4 mm
1	13 [1]		13 [1]	18	18		
2	16 + 9,5					35	15
[1]	Ersetzbar durch ≥ 12,5 mm dicke Gipskarton–Feuerschutzplatten (GKF) nach DIN 18180.						

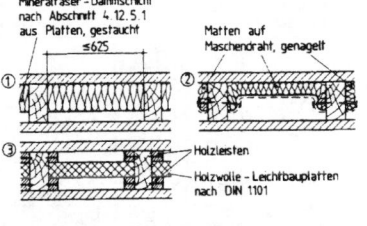

Bild 40: Dämmschicht–Befestigungen (Schema–Skizze)

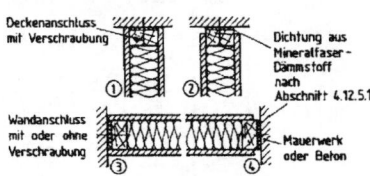

Bild 41: Anschlüsse an Massivbauteilen (Schema–Skizze)

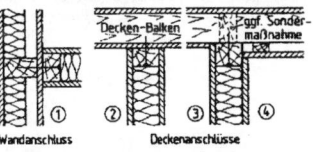

Bild 42: Ansschlüsse an Holzbauteilen (Schema–Skizze)

5.5 Feuerwiderstandsklassen von Holzbalken

5.5.1 Anwendungsbereich, Brandbeanspruchung

5.5.1.1 Die Angaben von Abschnitt 5.5 gelten für statisch bestimmt oder unbestimmt gelagerte, freiliegende, auf Biegung oder Biegung mit Längskraft beanspruchte Holzbalken mit Rechteckquerschnitt nach DIN 1052 Teil 1 mindestens der Sortierklasse S 10 bzw. MS 10 nach DIN 4074 Teil 1. Es wird unterschieden zwischen maximal 3-seitiger und 4-seitiger Brandbeanspruchung.

5.5.1.2 Eine maximal 3-seitige Brandbeanspruchung liegt vor, wenn die Oberseite der Balken durch
a) Betonbauteile nach den Abschnitten 3.4 oder 3.5,
b) Beplankungen bzw. Schalungen aus Holz oder Holzwerkstoffen nach den Abschnitten 5.2.3.2 bzw. 5.4.4 oder
c) Decken aus Holztafeln nach Tabelle 56
jeweils mindestens der geforderten Feuerwiderstandsklasse abgedeckt ist.

Eine 4-seitige Brandbeanspruchung liegt vor, wenn die Oberseite der Balken andere Abdeckungen – z.B. aus Stahl, Holz und Holzwerkstoffen kleinerer Dicken als jeweils angegeben oder aus Kunststoff – erhält oder freiliegt.

5.5.1.3 Die Angaben gelten außerdem nur für Balken ohne Aussparungen; Zapfen– und Bolzenlöcher gelten nicht als Aussparungen. Wegen Aussparungen (Öffnungen) siehe Abschnitt 5.5.2.5.

5.5.1.4 Die Angaben gelten für Nadelhölzer nach DIN 1052 Teil 1, Tabelle 1, Zeile 1, sowie für Buche; bei Laubhölzern (außer Buche) mit einer Rohdichte $\rho > 600$ kg/m³ nach Zeile 3 derselben Tabelle dürfen alle Werte der Tabellen 74 bis 83 mit 0,8 multipliziert werden.

Tabelle 74: Mindestbreite b unbekleideter Stützen und Balken aus Vollholz aus Nadelholz mit einem Seitenverhältnis h/b = 1,0 und 2,0 und 3-seitiger Brandbeanspruchung für F 30–B

Zeile	Brand-beanspruchung	Statische Beanspruchung Druck σ_{DI} zul σ_x	Statische Beanspruchung Biegung σ_B zul σ^*_B [1]	Mindestbreite b in mm bei einem Seitenverhältnis h/b = 1,0 und einem Abstützungsabstand s bzw. einer Knicklänge s_k in m					Mindestbreite b in mm bei einem Seitenverhältnis h/b = 2,0				
				2,0	3,0	4,0	5,0	6,0	2,0	3,0	4,0	5,0	6,0
1	3-seitig	1,0	0	163	181	194	203	206	151	169	182	190	185
2		0,8	0	144	159	168	171	171	135	149	157	157	157
3		0,8	0,2	155	171	182	188	188	144	159	168	173	173
4		0,6	0	127	136	143	143	143	120	130	132	132	132
5		0,6	0,4	148	160	168	171	171	135	147	154	154	154
6		0,4	0	110	117	117	117	117	104	110	110	110	110
7		0,4	0,6	139	148	153	153	153	125	134	137	137	139
8		0,2	0	91	93	93	93	93	87	88	88	88	88
9		0,2	0,8	128	133	135	135	135	113	118	122	125	128
10		0	0,2	80	80	80	80	83	80	80	80	80	83
11		0	1,0	114	114	114	114	114	96	103	109	114	120
[1]	zul $\sigma^*_B = 1,1 \cdot k_B \cdot$ zul σ_x mit $1,1 \cdot k_B \leq 1,0$.												

Tabelle 75: Mindestbreite b unbekleideter Stützen und Balken aus Vollholz aus Nadelholz mit einem Seitenverhältnis h/b = 1,0 und 2,0 und 4-seitiger Brandbeanspruchung für F 30–B

Zeile	Brandbeanspruchung	Statische Beanspruchung Druck σ_{DI} zul σ_x	Statische Beanspruchung Biegung σ_B zul σ^*_B [1]	Mindestbreite b in mm bei einem Seitenverhältnis h/b = 1,0 und einem Abstützungsabstand s bzw. einer Knicklänge s_k in m					Mindestbreite b in mm bei einem Seitenverhältnis h/b = 2,0				
				2,0	3,0	4,0	5,0	6,0	2,0	3,0	4,0	5,0	6,0
1	4-seitig	1,0	0	187	204	219	229	237	161	179	193	202	202
2		0,8	0	164	179	189	196	196	143	158	167	170	170
3		0,8	0,2	182	197	209	217	222	154	170	180	187	187
4		0,6	0	143	151	161	161	161	126	137	142	142	142
5		0,6	0,4	177	189	198	204	205	146	159	167	169	169
6		0,4	0	123	131	133	133	133	110	116	116	116	116
7		0,4	0,6	172	180	186	190	190	138	147	152	152	152
8		0,2	0	102	105	105	105	105	91	92	92	92	92
9		0,2	0,8	166	171	174	175	175	127	132	134	135	138
10		0	0,2	86	86	86	86	87	80	80	80	82	84
11		0	1,0	160	160	160	160	160	113	113	118	123	128
[1]	zul $\sigma^*_B = 1,1 \cdot k_B \cdot$ zul σ_x mit $1,1 \cdot k_B \leq 1,0$.												

Tabelle 76: Mindestbreite b unbekleideter Stützen und Balken aus Brettschichtholz aus Nadelholz mit einem Seitenverhältnis h/b = 1,0 und 2,0 und 3-seitiger Brandbeanspruchung für F 30–B

Zeile	Brandbeanspruchung	Statische Beanspruchung Druck σ_{DI} zul σ_x	Statische Beanspruchung Biegung σ_B zul σ^*_B [1]	Mindestbreite b in mm bei einem Seitenverhältnis h/b = 1,0 und einem Abstützungsabstand s bzw. einer Knicklänge s_k in m					Mindestbreite b in mm bei einem Seitenverhältnis h/b = 2,0				
				2,0	3,0	4,0	5,0	6,0	2,0	3,0	4,0	5,0	6,0
1	3-seitig	1,0	0	148	168	169	169	169	139	158	158	158	158
2		0,8	0	132	146	146	146	146	124	134	134	134	134
3		0,8	0,2	141	157	157	157	157	132	147	147	147	147
4		0,6	0	116	119	119	119	119	110	110	110	110	110
5		0,6	0,4	134	146	146	146	146	124	131	131	131	131
6		0,4	0	100	100	100	100	100	95	95	95	95	95
7		0,4	0,6	125	131	131	131	131	114	116	116	116	116
8		0,2	0	80	80	80	80	83	80	80	80	80	83
9		0,2	0,8	115	116	116	116	116	102	102	104	108	111
10		0	0,2	80	80	80	80	83	80	80	80	80	83
11		0	1,0	100	100	100	100	100	84	90	95	100	105
[1]	zul $\sigma^*_B = 1,1 \cdot k_B \cdot$ zul σ_x mit $1,1 \cdot k_B \leq 1,0$.												

Bild 43: Gebäudeabschlusswände (F 30–B) + (F 90–B) (Beispiel mit Bezeichnungen)

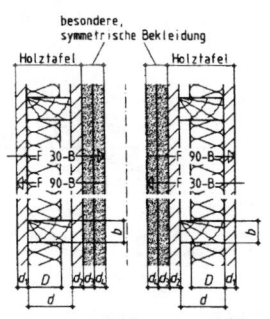

4.13 Wände F 30–B aus Vollholz–Blockbalken

4.13.1 Anwendungsbereich

Die folgenden Angaben gelten für 1-schalige (siehe Bild 44) und 2schalige (siehe Bild 45) tragende und nichttragende Wände aus Vollholz–Blockbalken.

4.13.2 Vollholz–Blockbalken

Die Vollholz–Blockbalken mit ein– oder zweifacher Spundung (Beispiele siehe Bilder 44 und 45) müssen die in Tabelle 55 wiedergegebenen Mindestdicken aufweisen.

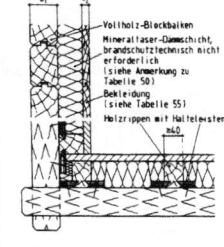

Bild 44: Tragende, raum-abschließende Wand aus Vollholz–Blockbalken (Beispiel mit einfacher Spundung, Querschnitt der Ecke/Längsschnitt der Balkenspundung)

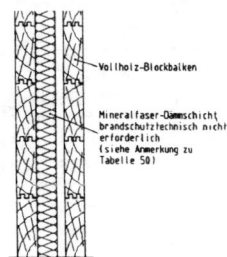

Bild 45: Tragende, raumabschließende bzw. nichtraumab-schließende Wand aus Vollholz–Blockbalken (Beispiel mit zweifacher Spundung)

Klassifizierte Wände, Balken und Stützen nach DIN 4102, Teil 4 (Brandschutz), aus Holzbauteilen

Tabelle 77: Mindestbreite b unbekleideter Stützen und Balken aus Brettschichtholz aus Nadelholz mit einem Seitenverhältnis h/b = 4,0 und 6,0 und 3-seitiger Brandbeanspruchung für F 30–B

Zeile	Brandbeanspruchung	Druck σ_D / zul σ_x	Biegung σ_B / zul σ_B [1]	Mindestbreite b in mm bei einem Seitenverhältnis h/b und einem Abstützungsabstand s bzw. einer Knicklänge s_k in m									
				h/b = 4,0					h/b = 6,0				
				2,0	3,0	4,0	5,0	6,0	2,0	3,0	4,0	5,0	6,0
1	3-seitig	1,0	0	135	153	153	153	153	134	151	151	151	151
2		0,8	0	121	128	128	128	128	120	126	126	126	126
3		0,8	0,2	127	142	142	142	142	127	143	143	143	143
4		0,6	0	107	107	107	107	107	106	106	106	106	106
5		0,6	0,4	119	128	128	130	134	121	132	135	139	142
6		0,4	0	92	92	92	92	92	91	91	91	91	91
7		0,4	0,6	111	117	121	126	132	114	124	132	139	143
8		0,2	0	80	80	80	80	83	80	80	80	80	83
9		0,2	0,8	102	109	116	123	130	107	119	130	138	145
10		0	0,2	80	80	80	80	83	80	80	80	80	83
11		0	1,0	92	102	111	120	129	101	115	128	138	146

[1] zul $\sigma_B^* = 1,1 \cdot k_B \cdot$ zul σ_B mit $1,1 \cdot k_B \le 1,0$.

Tabelle 78: Mindestbreite b unbekleideter Stützen und Balken aus Brettschichtholz aus Nadelholz mit einem Seitenverhältnis h/b = 1,0 und 2,0 und 4-seitiger Brandbeanspruchung für F 30–B

Zeile	Brandbeanspruchung	Druck σ_D / zul σ_x	Biegung σ_B / zul σ_B [1]	Mindestbreite b in mm bei einem Seitenverhältnis h/b und einem Abstützungsabstand s bzw. einer Knicklänge s_k in m									
				h/b = 1,0					h/b = 2,0				
				2,0	3,0	4,0	5,0	6,0	2,0	3,0	4,0	5,0	6,0
1	4-seitig	1,0	0	169	188	202	202	202	147	167	168	168	168
2		0,8	0	148	164	164	164	164	131	145	145	145	145
3		0,8	0,2	164	180	190	190	190	140	157	157	157	157
4		0,6	0	130	139	139	139	139	116	118	118	118	118
5		0,6	0,4	158	171	173	173	173	133	145	145	145	145
6		0,4	0	112	112	112	112	112	100	100	100	100	100
7		0,4	0,6	153	162	162	162	162	125	130	130	130	130
8		0,2	0	90	90	90	90	90	80	80	80	80	83
9		0,2	0,8	147	151	151	151	151	114	115	115	116	119
10		0	0,2	80	80	80	80	83	80	80	80	80	83
11		0	1,0	140	140	140	140	140	99	99	103	108	112

[1] zul $\sigma_B^* = 1,1 \cdot k_B \cdot$ zul σ_B mit $1,1 \cdot k_B \le 1,0$.

Tabelle 79: Mindestbreite b unbekleideter Stützen und Balken aus Brettschichtholz aus Nadelholz mit einem Seitenverhältnis h/b = 4,0 und 6,0 und 4-seitiger Brandbeanspruchung für F 30–B

Zeile	Brandbeanspruchung	Druck σ_D / zul σ_x	Biegung σ_B / zul σ_B [1]	Mindestbreite b in mm bei einem Seitenverhältnis h/b und einem Abstützungsabstand s bzw. einer Knicklänge s_k in m									
				h/b = 4,0					h/b = 6,0				
				2,0	3,0	4,0	5,0	6,0	2,0	3,0	4,0	5,0	6,0
1	4-seitig	1,0	0	139	157	157	157	157	136	154	154	154	154
2		0,8	0	124	134	134	134	134	122	130	130	130	130
3		0,8	0,2	131	146	146	146	146	130	145	145	145	145
4		0,6	0	110	110	110	110	110	108	108	108	108	108
5		0,6	0,4	123	128	133	134	137	123	135	137	142	145
6		0,4	0	95	95	95	95	95	93	93	93	93	93
7		0,4	0,6	114	121	125	129	135	116	127	134	141	146
8		0,2	0	80	80	80	80	83	80	80	80	80	83
9		0,2	0,8	105	112	119	126	133	109	121	132	140	147
10		0	0,2	80	80	80	80	83	80	80	80	80	83
11		0	1,0	95	105	114	123	131	103	117	130	140	148

[1] zul $\sigma_B^* = 1,1 \cdot k_B \cdot$ zul σ_B mit $1,1 \cdot k_B \le 1,0$.

Tabelle 80: Mindestbreite b unbekleideter Stützen und Balken aus Brettschichtholz aus Nadelholz mit einem Seitenverhältnis h/b = 1,0 und 2,0 und 3-seitiger Brandbeanspruchung für F 60–B

Zeile	Brandbeanspruchung	Druck σ_D / zul σ_x	Biegung σ_B / zul σ_B [1]	Mindestbreite b in mm bei einem Seitenverhältnis h/b und einem Abstützungsabstand s bzw. einer Knicklänge s_k in m									
				h/b = 1,0					h/b = 2,0				
				2,0	3,0	4,0	5,0	6,0	2,0	3,0	4,0	5,0	6,0
1	3-seitig	1,0	0	230	259	284	307	324	214	243	269	290	306
2		0,8	0	207	233	255	272	282	194	220	242	257	258
3		0,8	0,2	224	249	272	291	305	206	232	255	273	284
4		0,6	0	187	209	226	236	236	177	199	214	219	219
5		0,6	0,4	217	239	258	272	281	198	221	239	252	252
6		0,4	0	167	184	195	195	195	159	176	184	184	184
7		0,4	0,6	210	226	241	251	251	188	206	220	226	226
8		0,2	0	145	155	156	156	156	139	149	149	149	149
9		0,2	0,8	201	211	220	223	223	176	188	196	196	197
10		0	0,2	120	120	120	120	121	120	120	120	121	124
11		0	1,0	189	189	189	189	189	156	158	164	170	176

[1] zul $\sigma_B^* = 1,1 \cdot k_B \cdot$ zul σ_B mit $1,1 \cdot k_B \le 1,0$.

5.5.2 Unbekleidete Balken

5.5.2.1 Für unbekleidete Balken F 30–B können in Abhängigkeit von der Spannungsausnutzung bei Verwendung von Vollholz aus Nadelholz die in den Tabellen 74 und 75 und bei Verwendung von Brettschichtholz aus Nadelholz die in den Tabellen 76 bis 79 angegebenen Mindestquerschnittsabmessungen entnommen werden. Für unbekleidete Balken F 60–B aus Brettschichtholz können die entsprechenden Werte den Tabellen 80 bis 83 entnommen werden.

5.5.2.2 Die Kippaussteifung der Balken muss entsprechend der geforderten Feuerwiderstandsklasse ausgeführt werden; andernfalls muss das Seitenverhältnis h/b ≤ 3 sein – wegen der Bemessung von Kippsteifen siehe die Tabellen 74 bis 83.

5.5.2.3 Die Auflagertiefe von Balken auf Beton oder auf Mauerwerk muss bei der Feuerwiderstandsklasse F 30 ≥ 40 mm und bei der Feuerwiderstandsklasse F 60 ≥ 80 mm betragen. Die Mindestauflagertiefen auf Holzbauteilen sowie die Mindestanforderungen an Verbindungen sind den Angaben nach Abschnitt 5.8 zu entnehmen.

5.5.2.4 Bei Balken, bei denen nach DIN 1052 Teil 1 bei der Bemessung die Schub– bzw. Scherspannung gegenüber dem Nachweis auf Biegung oder Biegung mit Längskraft maßgebend ist, muss die Bedingungsgleichung (9) eingehalten werden:

$$\frac{\alpha_Q \cdot b \cdot h}{1,5 \cdot b(t_f) \cdot h(t_f)} \le 1,0 \qquad (9)$$

wobei

α_Q Ausnutzungsgrad der Schub– bzw. Scherspannung nach DIN 1052 Teil 1 und

$b(t_f)$, $h(t_f)$ Breite bzw. Höhe des Restquerschnitts in Abhängigkeit von der Abbrandgeschwindigkeit ($v_{Vollholz} = 0,8$ mm/min, $v_{BSH} = 0,7$ mm/min) und Feuerwiderstandsdauer t_f ist.

$b(t_f)$ und $h(t_f)$ sind bei 4-seitiger Brandbeanspruchung:

$$b(t_f) = b - 2 v \cdot t_f \qquad (10)$$
$$h(t_f) = h - 2 v \cdot t_f \qquad (11)$$

Bei 3-seitiger Brandbeanspruchung gilt:
$b(t_f)$ = siehe Gleichung (10)

$$h(t_f) = h - v \cdot t_f \qquad (12)$$

5.5.2.5 Die Randbedingungen der Tabellen 76 bis 83 gelten auch für Balken bis zu einem Normalkraftanteil von 20 % mit Öffnungen (Durchbrüchen), wenn die Randbedingungen nach Bild 48 eingehalten werden. Die Verstärkungen sind aus Bau-Furniersperrholz aus Buche nach DIN 68705 Teil 5 BFU–BU 100 mit geeigneten Pressvorrichtungen oder mit Nagel–Pressleimung anzubringen.

Die Gesamtverstärkungsdicke t in mm (je Seite t/2) muss in Abhängigkeit von der in Durchbruchsmitte vorhandenen Schubspannung τ_Q in MN/m^2 und der Trägerbreite b in mm

$$t \ge (0,15 + 0,4 \cdot \tau_Q) \cdot b \qquad (13)$$

betragen, mindestens jedoch 40 mm.

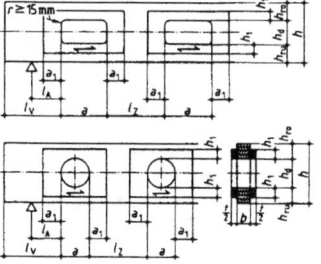

Bild 48: Abmessungen von Öffnungen mit Verstärkungen

$l_A \ge \dfrac{h}{2}$; l_v und $l_z \ge h$; $a \le h$;

$a_1 \ge 0,25$ a und $\ge h_1$; h_{ro} und $h_{ru} \ge 0,3$ h;

$h_d \le 0,4$ h; $h_1 \ge 0,25$ h_d und $\ge 0,1$ h; ≤ 220 mm

5.5.2.6 Für den Gesamtquerschnitt verdübelter Rechteckbalken aus Vollholz gelten die Angaben der Tabellen 74 und 75; hinsichtlich der Dübelverbindungen sind keine Randbedingungen zu beachten, vergleiche Abschnitt 5.8.4.5.

5.5.2.7 Für Balken mit Gerbergelenken gelten die Angaben der Tabellen 74 bis 79; hinsichtlich der Gerbergelenke sind die Randbedingungen von Abschnitt 5.8.10.2 zu beachten.

5.5.3 Bekleidete Balken

5.5.3.1 Bekleidete Balken müssen unabhängig von der Spannungsausnutzung und der Holzart die in Tabelle 84, Zeile 1.1, angegebenen Bekleidungsdicken besitzen.

Klassifizierte Wände, Balken und Stützen nach DIN 4102, Teil 4 (Brandschutz), aus Holzbauteilen

Tabelle 81: Mindestbreite b unbekleideter Stützen und Balken aus Brettschichtholz aus Nadelholz mit einem Seitenverhältnis h/b =4,0 und 6,0 und 3-seitiger Brandbeanspruchung für F 60–B

Zeile	Brandbeanspruchung	Druck σ_{bl} / zul σ_k	Biegung σ_B / zul σ_B^{*} [1]	4,0 / 2,0	3,0	4,0	5,0	6,0	6,0 / 2,0	3,0	4,0	5,0	6,0
1	3-seitig	1,0	0	207	236	262	282	298	205	234	259	280	295
2		0,8	0	189	215	236	250	250	187	213	234	248	248
3			0,2	199	225	248	265	273	198	225	248	266	275
4		0,6	0	173	194	209	212	212	171	193	208	209	209
5			0,4	190	213	233	247	247	190	215	236	251	257
6		0,4	0	156	172	179	179	179	155	171	177	177	177
7			0,6	180	201	216	225	228	183	205	223	237	244
8		0,2	0	137	146	146	146	146	136	145	145	145	145
9			0,8	170	186	199	206	213	176	195	211	224	235
10		0	0,2	120	125	130	135	139	125	132	138	143	146
11			1,0	158	170	181	191	201	168	184	200	214	228

[1] zul $\sigma_B^{*} = 1,1 \cdot k_B \cdot$ zul σ_B mit $1,1 \cdot k_B \leq 1,0$.

Tabelle 82: Mindestbreite b unbekleideter Stützen und Balken aus Brettschichtholz aus Nadelholz mit einem Seitenverhältnis h/b = 1,0 und 2,0 und 4-seitiger Brandbeanspruchung für F 60–B

Zeile	Brandbeanspruchung	Druck σ_{bl} / zul σ_k	Biegung σ_B / zul σ_B^{*} [1]	1,0 / 2,0	3,0	4,0	5,0	6,0	2,0 / 2,0	3,0	4,0	5,0	6,0
1	4-seitig	1,0	0	269	296	320	342	362	228	257	283	305	323
2		0,8	0	238	262	284	302	317	206	232	254	271	280
3			0,2	268	291	311	330	347	222	248	271	289	303
4		0,6	0	211	232	250	264	267	186	208	225	235	235
5			0,4	268	285	302	318	330	216	237	257	271	279
6		0,4	0	186	204	217	221	221	166	184	195	195	195
7			0,6	268	280	292	303	312	208	225	240	250	250
8		0,2	0	159	172	176	176	176	144	155	156	156	156
9			0,8	267	274	281	287	291	199	210	219	222	222
10		0	0,2	146	146	146	146	146	120	120	124	128	131
11			1,0	267	267	267	267	267	188	188	188	188	192

[1] zul $\sigma_B^{*} = 1,1 \cdot k_B \cdot$ zul σ_B mit $1,1 \cdot k_B \leq 1,0$.

Tabelle 83: Mindestbreite b unbekleideter Stützen und Balken aus Brettschichtholz aus Nadelholz mit einem Seitenverhältnis h/b = 4,0 und 6,0 und 4-seitiger Brandbeanspruchung für F 60–B

Zeile	Brandbeanspruchung	Druck σ_{bl} / zul σ_k	Biegung σ_B / zul σ_B^{*} [1]	4,0 / 2,0	3,0	4,0	5,0	6,0	6,0 / 2,0	3,0	4,0	5,0	6,0
1	4-seitig	1,0	0	213	242	268	290	306	209	238	264	285	300
2		0,8	0	194	220	241	257	258	190	216	237	252	252
3			0,2	206	232	255	272	285	202	229	252	270	283
4		0,6	0	176	198	214	219	219	174	195	211	214	214
5			0,4	197	220	239	254	257	194	219	240	256	263
6		0,4	0	159	176	184	184	184	157	173	181	178	178
7			0,6	187	207	223	234	236	187	209	227	242	248
8		0,2	0	139	149	149	149	149	137	147	147	147	147
9			0,8	176	192	205	213	219	179	199	215	228	238
10		0	0,2	121	127	132	137	141	126	133	140	145	148
11			1,0	164	175	186	196	206	171	188	202	217	230

[1] zul $\sigma_B^{*} = 1,1 \cdot k_B \cdot$ zul σ_B mit $1,1 \cdot k_B \leq 1,0$.

Tabelle 84: Bekleidete Balken, Stützen und Zugglieder aus Voll- oder Brettschichtholz

Zeile		Balken, Stützen und Zuggliedern (Ausführung bei 3-seitiger Bekleidung) 1-lagige Bekleidung ① / 2-lagige Bekleidung ②	Stützen (Ausführung bei 4-seitiger Bekleidung) 1-lagige Bekleidung ③		F 30–B	F 60–B
1	Mindestdicke d der Bekleidung bei					
1.1	Balken, Stützen und Zuggliedern (Ausführungs-Schemaskizzen 1 und 2) bei Verwendung von					
1.1.1	Gipskarton–Feuerschutzplatten (GKF) nach DIN 18180			mm	12,5	2 x 12,5
1.1.2	Sperrholz nach DIN 68705 Teil 3 [1]			mm	19	
1.1.3	Sperrholz nach DIN 68705 Teil 5 [1]			mm	15	
1.1.4	Spanplatten nach DIN 68763 [1]			mm	19	
1.1.5	gespundeten Brettern aus Nadelholz nach DIN 4072			mm	24	
1.2	Stützen (Ausführungs–Schemaskizze 3) bei Verwendung von Wandbauplatten aus Gips mit Rohdichten von ≥ 0,6 kg/dm³			mm	50	50

Bildbeschriftung ①: Gipskarton–Feuerschutzplatten (GKF) nach DIN 18 180 mit geschlossener Fläche (Zeile 1.1.1), Holzwerkstoffplatten oder Bretter (Zeilen 1.1.2 bis 1.1.5)

[1] Bei Holzwerkstoffplatten der Baustoffklasse B 1 darf die Mindestdicke um 10 % verringert werden.

5.5.3.2 Die Balken sind vollständig, mit Ausnahme der Auflagerflächen, mit Gipskarton-Feuerschutzplatten (GKF) nach DIN 18180 nach den Angaben der Ausführungsnungen in Tabelle 84 zu bekleiden. Bei zweilagiger Bekleidung sind die Stöße zu versetzen. Im übrigen gilt für die Befestigung sowie für die Verspachtelung der Fugen DIN 18181. Bei vierseitiger Bekleidung ist die Oberseite entsprechend der Unterseite zu bekleiden.

5.5.3.3 Anstelle einer Bekleidung aus Gipskarton-Feuerschutzplatten (siehe Tabelle 1.1.1) können auch Holzwerkstoffplatten oder gespundete Bretter (siehe Tabelle 84, Zeilen 1.1.2 bis 1.1.5) entsprechend verwendet werden. Diese Bekleidungen sind mit Schrauben oder Nägeln zu befestigen; die Einbindetiefe der Befestigungsmittel muss mindestens 6 d_n entsprechen. Holzwerkstoffplatten dürfen auch angeleimt werden.

5.5.3.4 Die Abschnitte 5.5.2.2 bis 5.5.2.6 gelten sinngemäß.

5.6 Feuerwiderstandsklassen von Holzstützen

5.6.1 Anwendungsbereich, Brandbeanspruchung

5.6.1.1 Die Angaben von Abschnitt 5.6 gelten für Holzstützen nach DIN 1052 Teil 1 mindestens der Sortierklasse S 10 bzw. MS 10 nach DIN 4074 Teil 1. Es wird unterschieden in
- 4-seitig beanspruchte Stützen
  a) unbekleidete Stützen aus Brettschichtholz F 30–B und F 60–B (siehe Abschnitt 5.6.2),
  b) unbekleidete Stützen aus Vollholz F 30–B (siehe Abschnitt 5.6.2) und
  c) bekleidete Stützen (siehe Abschnitt 5.6.3),
- 3-seitig beanspruchte Stützen, deren vierte Seite so abgedeckt ist – z.B. durch Mauerwerk –, dass die Stützen nur 3-seitig vom Brand beansprucht werden (die Abdeckung muss daher eine Feuerwiderstandsdauer aufweisen, die mindestens der Feuerwiderstandsklasse der Stütze entspricht), sowie
- 2-seitig beanspruchte, in Holzwänden eingebundene Stützen aus Brettschichtholz.

5.6.1.2 Die Angaben gelten für Stützen ohne Aussparungen, Ausfräsungen, Stöße usw.; wegen der Bemessung derartiger Details siehe die Mindestanforderungen an Verbindungen in Abschnitt 5.8.

5.6.1.3 Hinsichtlich der Verwendung von Nadel- bzw. Laubhölzern gilt Abschnitt 5.5.1.4 sinngemäß.

5.6.2 Unbekleidete Stützen

5.6.2.1 Für unbekleidete Stützen können in Abhängigkeit von der Spannungsausnutzung bei Verwendung von Brettschichtholz aus Nadelholz die in den Tabellen 76 bis 83 und bei Verwendung von Vollholz aus Nadelholz die in den Tabellen 74 und 75 angegebenen Mindestquerschnittsabmessungen entnommen werden.

5.6.2.2 Bei Stützen, bei denen nach DIN 1052 Teil 1 bei der Bemessung der Schub- bzw. Scherspannung gegenüber dem Nachweis auf Druck mit Biegung maßgebend ist, muss die Bedingungsgleichung gemäß Abschnitt 5.5.2.4 eingehalten werden.

5.6.2.3 Für unbekleidete Stützen aus Brettschichtholz mit Kreuz- oder I-Querschnitt ist der flächengleiche, rechteckförmige Ersatzquerschnitt nach Bild 49 zu bestimmen. Für den Rechteckersatzquerschnitt können in Abhängigkeit von der Spannungsausnutzung die in den Tabellen 76 bis 83 angegebenen Mindestbreiten ermittelt werden. Die Enden der Stützen müssen mit ihrer ganzen Querschnittsfläche kraftschlüssig angeschlossen sein. Die Querschnitte können auch durch Nagel–Pressleimung hergestellt werden.

5.6.3 Bekleidete Stützen

Bekleidete Stützen müssen unabhängig von der Spannungsausnutzung und der Holzart nach den Angaben von Abschnitt 5.5.3 ausgeführt werden; die Mindestdicke der Bekleidung ist aus Tabelle 84 zu entnehmen.

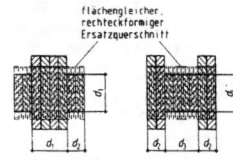

Bild 49: Flächengleicher, rechteckförmiger Ersatzquerschnitt bei BSH–Stützen mit Kreuz- oder I-Querschnitt

5.7 Feuerwiderstandsklassen von Holz–Zuggliedern

5.7.1 Anwendungsbereich, Brandbeanspruchung

5.7.1.1 Die Angaben von Abschnitt 5.7 gelten für 3– oder vierseitig beanspruchte Holz–Zugglieder nach DIN 1052 Teil 1 mit Zuggliedern mindestens der Sortierklasse S 10 bzw. MS 10 nach DIN 4074 Teil 1.

5.7.1.2 Die Angaben gelten für Zugglieder ohne Aussparungen, Ausfräsungen, Stöße, Anschlüsse usw.; wegen der Bemessung derartiger Ausführungen siehe die Mindestanforderungen an Verbindungen in Abschnitt 5.8.

5.7.2 Unbekleidete Zugglieder

5.7.2.1 Unbekleidete Zugglieder müssen in Abhängigkeit von der Spannungsausnutzung die in der Tabelle 85 wiedergegebenen Mindestbreiten besitzen.

5.7.2.2 Hinsichtlich der Verwendung von Nadel- bzw. Laubhölzern gilt Abschnitt 5.5.1.4 sinngemäß.

5.7.3 Bekleidete Zugglieder

Bekleidete Zugglieder müssen unabhängig von der Spannungsausnutzung und der Holzart nach den Angaben von Abschnitt 5.5.3 ausgeführt werden; die Mindestdicke der Bekleidung ist aus Tabelle 84 zu entnehmen.

Klassifizierte Wände, Balken und Stützen nach DIN 4102, Teil 4 (Brandschutz), aus Holzbauteilen

Tabelle 85: Mindestbreite b unbekleideter Zugglieder

Zeile	Statische Beanspruchung		Vollholz F 30–B				Nadelholz Brettschichtholz							
							F 30–B				F 60–B			
			Mindestbreite b in mm											
			Brandbeanspruchung											
			3-seitig		4-seitig		3-seitig		4-seitig		3-seitig		4-seitig	
	Zug $\sigma_{z\parallel}$ zul $\sigma_{z\parallel}$	Biegung σ_B zul σ^*_B	Seitenverhältnis h/b				Seitenverhältnis h/b				Seitenverhältnis h/b			
		[1)]	1,0	2,0	1,0	2,0	1,0	2,0	1,0	2,0	1,0	2,0	1,0	2,0
1	1,0	0	89	80	110	88	80	80	96	80	149	134	188	149
2	0,8	0	81	80	99	80	80	80	87	80	135	123	168	134
3	0,8	0,2	96	97	123	103	84	85	107	90	158	151	208	163
4	0,6	0	80	80	89	80	80	80	80	80	123	120	149	122
5	0,6	0,4	102	105	133	112	89	92	117	98	167	159	225	173
6	0,4	0	80	80	80	80	80	80	80	80	120	120	134	120
7	0,4	0,6	106	111	143	118	93	97	125	103	175	166	240	180
8	0,2	0	80	80	80	80	80	80	80	80	120	120	120	120
9	0,2	0,8	110	116	151	124	96	101	132	108	182	171	254	186
10	0	0,2	80	81	87	84	80	80	80	80	121	127	146	131
11	0	1,0	114	120	160	128	100	105	140	112	189	176	267	192

[1)] zul $\sigma^*_B = 1,1 \cdot k_B \cdot$ zul σ_B mit $1,1 \cdot k_B \leq 1,0$.

Tabelle 86: Randbedingungen für unbekleidete Gerbergelenke F 30–B

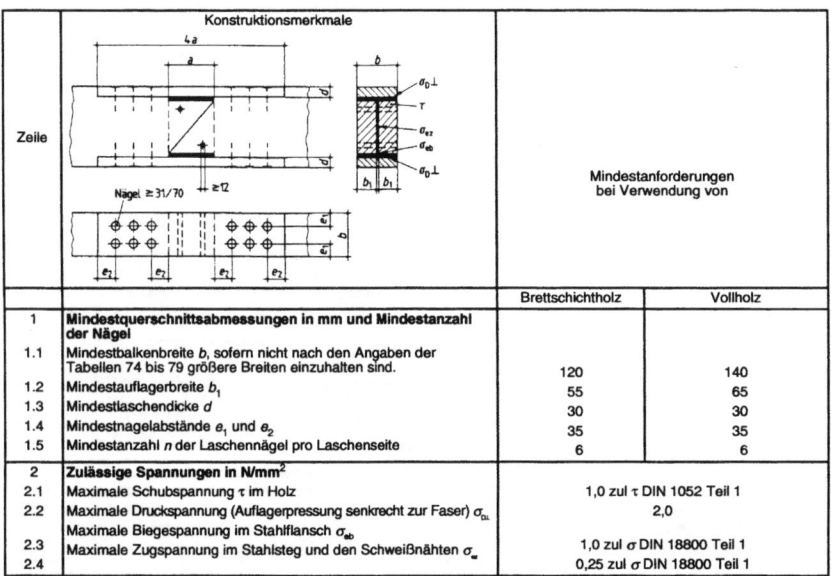

Zeile	Konstruktionsmerkmale	Mindestanforderungen bei Verwendung von	
		Brettschichtholz	Vollholz
1	**Mindestquerschnittsabmessungen in mm und Mindestanzahl der Nägel**		
1.1	Mindestbalkenbreite b, sofern nicht nach den Angaben der Tabellen 74 bis 79 größere Breiten einzuhalten sind.	120	140
1.2	Mindestauflagerbreite b_1	55	65
1.3	Mindestlaschendicke d	30	30
1.4	Mindestnagelabstände e_1 und e_2	35	35
1.5	Mindestnagelzahl n der Laschennägel pro Laschenseite	6	6
2	**Zulässige Spannungen in N/mm²**		
2.1	Maximale Schubspannung τ im Holz	1,0 zul τ DIN 1052 Teil 1	
2.2	Maximale Druckspannung (Auflagerpressung senkrecht zur Faser) $\sigma_{D\perp}$	2,0	
2.3	Maximale Biegespannung im Stahlflansch σ_{ab}	1,0 zul σ DIN 18800 Teil 1	
2.4	Maximale Zugspannung im Stahlsteg und den Schweißnähten σ_z	0,25 zul σ DIN 18800 Teil 1	

Bild 50: Senkrecht zur Kraftrichtung symmetrische Verbindung, Darstellung der Stabdübel ohne Überstand

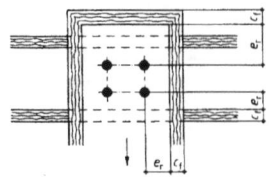

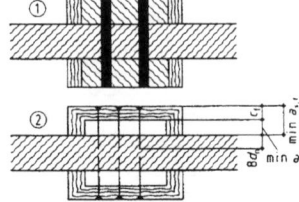

min a bei Nägeln

Bild 51: Randabstände (e) und Seitenholzdicken (a) nach Abschnitt 5.8.2.1 (Beispiele für die Ausführungen 1 und 2), Darstellung der Stabdübel ohne Überstand

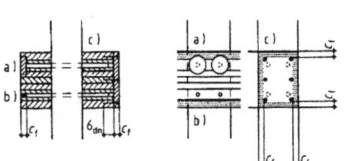

a) eingeleimte Holzscheibe
b) eingeleimter Propfen
c) vorgeheftete Decklasche (Abdeckung)

Bild 52: Schutz der Verbindungsmittel

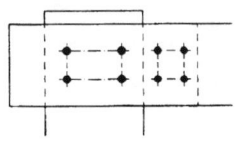

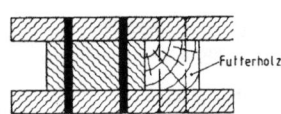

Bild 53: Zangenanschluss (Beispiel mit Futterholz), Darstellung der Stabdübel ohne Überstand (Nägel: glatte Nägel)

5.8 Feuerwiderstandsklassen von Verbindungen nach DIN 1052 Teil 2

5.8.1 Anwendungsbereich

5.8.1.1 Die Angaben von Abschnitt 5.8 gelten für mechanische Verbindungen zwischen Holzbauteilen nach DIN 1052 Teil 2. Die Angaben gelten nur für den Verbindungs-, Anschluss- oder Stoßbereich. Die anzuschließenden Bauteile sind nach den Abschnitten 5.2 bis 5.7 zu bemessen.

5.8.1.2 Die Angaben gelten für auf Druck, Zug oder Abscheren beanspruchte Verbindungen. Die Angaben gelten nicht für Verbindungen, bei denen die Verbindungsmittel in Axialrichtung beansprucht werden. Sie gelten nur für Verbindungen, bei denen die Kräfte symmetrisch übertragen werden (z.B. nicht für 1-schnittige Verbindungen) – siehe Bild 50.

5.8.2 Allgemeine Regeln, Holzanschlüsse

5.8.2.1 Sofern im Abschnitt 5.8.2 keine Zusatzangaben gemacht werden, sind für tragende Verbindungen und Verbindungen zur Lagesicherung folgende Holzabmessungen einzuhalten – siehe Bild 51:

Randabstände der Verbindungsmittel vom beanspruchten bzw. unbeanspruchten Rand:

$$\min e_{r,f} = e_r + c_f \text{ mm} \qquad (14)$$

Hierin bedeuten:

e_r Randabstand (∥ oder ⊥ zur Kraftrichtung) nach DIN 1052 Teil 2

$c_f = 10$ mm für F 30
$c_f = 30$ mm für F 60

Für Stabdübel und Bolzen mit einem Durchmesser ≥ 20 mm genügt für F 30 der Randabstand nach DIN 1052 Teil 2 und für F 60 eine Vergrößerung um 20 mm.

Für gegenüber Brandeinwirkung geschützte Ränder gelten die Abstände nach DIN 1052 Teil 2.

Seitenholzdicke:

$\min a_{s,f} = 50$ mm für F 30
$\min a_{s,f} = 100$ mm für F 60

Für Verbindungen, für die nach DIN 1052 Teil 1 Mindestholzdicken (min a) vorgegeben sind, ist für das Seitenholz zusätzlich einzuhalten:

$$\min a_{s,f} = \min a + c_f \text{ mm} \qquad (15)$$

5.8.2.2 Der Randabstand von Verbindungsmitteln, die zur Befestigung von Decklaschen dienen, muss mindestens c_f nach Abschnitt 5.8.2.1 betragen.

5.8.2.3 Werden Verbindungsmittel durch eingeleimte Holzscheiben, Propfen oder Decklaschen nach Bild 52 geschützt, so muss die Dicke der Scheiben, Propfen bzw. Laschen mindestens c_f nach Abschnitt 5.8.2.1 betragen.

5.8.2.4 Werden innenliegende Stahl- und Stahlblechformteile durch Holz mit der Dicke c_f nach Abschnitt 5.8.2.1 überdeckt, gelten sie als brandschutztechnisch ausreichend bekleidet (siehe auch Abschnitt 5.8.7).

5.8.2.5 Die Einschlagtiefe von Nägeln zur Befestigung von Decklaschen muss mindestens 6 d_n betragen. Es ist je 150 cm² Decklasche ein Befestigungsmittel vorzusehen. Für die Randabstände der zu schützenden Verbindungsmittel gilt Abschnitt 5.8.2.1; Mindestseitenholzdicken dürfen unter Einbeziehung der Scheiben- bzw. Laschendicke nachgewiesen werden.

5.8.2.6 Bei Verbindungen zur Lagesicherung, z.B. bei Auflagern und Kontaktstößen der Feuerwiderstandsklasse F 30 auf F 60, sind nur die Holzabmessungen nach Abschnitt 5.8.2.1 nachzuweisen.

5.8.2.7 Wird bei biegebeanspruchten Zangen ein Kippen oder Abwölben der Zangen nicht durch konstruktive Maßnahmen (z.B. durch aufgenagelte Bohlen oder Anordnung von Klemmbolzen) behindert, so sind zum Schutz der Verbindung Futterhölzer nach Bild 53 anzuordnen.

Ein Futterholz ist nicht erforderlich bei einer Beanspruchung von weniger als $0,5 \cdot$ zul N nach DIN 1052 Teil 1 und bei Verbindungen mit Bolzen und Sondernägeln.

5.8.3 Dübelverbindungen mit Dübeln besonderer Bauart

5.8.3.1 Dübel, die unter geschützten Sondernägeln lagegesichert sind, bei Anschlüssen der Feuerwiderstandsklasse F 30:

Es ist keine Lastabminderung erforderlich, wenn die Sondernägel eine Einschlagtiefe ins Mittelholz von mindestens 8 d_n haben.

5.8.3.2 Dübel mit ungeschützten Schraubenbolzen bzw. Sechskantschrauben oder Sechskantholzschrauben bei Anschlüssen der Feuerwiderstandsklasse F 30:

a) Mit zusätzlichen Sondernägeln
Es ist keine Lastabminderung erforderlich, sofern
– die Bedingung von Abschnitt 5.8.3.1 eingehalten wird und
– mindestens die Hälfte der Nägel, die für eine Verbindung nach Abschnitt 5.8.3.1 (ungeachtet des verwendeten Dübels) erforderlich wären, zusätzlich angeordnet werden; bei einem Dübel sind jedoch mindestens 4 Nägel und bei zwei Dübeln mindestens 6 Nägel erforderlich.

b) Ohne zusätzliche Sondernägel
Für die Belastung N je Dübel ist nachzuweisen, dass
$$N \leq 0,25 \cdot \text{zul } N \cdot a_s / \min a_{s,f} \qquad (16)$$
$$\leq 0,5 \cdot \text{zul } N$$

ist, wobei

$\min a_{s,f}$ (min a_s + c_f) die Mindestseitenholzdicke nach Abschnitt 5.8.2.1 und

zul N die nach DIN 1052 Teil 2, Tabellen 4, 6 und 7, zulässige Belastung je Dübel ist.

Bei Anordnung von Klemmbolzen nach DIN 1052 Teil 2, Abschnitt 4.1.3, darf grundsätzlich $N = 0,5 \cdot$ zul N gesetzt werden.

5.8.3.3 Dübel mit Schraubenbolzen bzw. Sechskantschrauben oder Sechskantholzschrauben mit Schutz der Schrauben nach Abschnitt 5.8.2.3 bei Anschlüssen der Feuerwiderstandsklasse F 30 oder F 60:

Die Bedingungen von Abschnitt 5.8.3.2 brauchen nicht eingehalten zu werden.

5.8.3.4 Bei verdübelten Balken der Feuerwiderstandsklassen F 30 und F 60 sind nur die Holzabmessungen nach Abschnitt 5.8.2.1 einzuhalten.

Klassifizierte Verbindungen von Holzbauteilen nach DIN 4102, Teil 4 (Brandschutz)

5.8.4 Stabdübel- und Passbolzenverbindungen nach DIN 1052 Teil 2, Abschnitt 5

5.8.4.1 Ungeschützte Stabdübel, bei Anschlüssen der Feuerwiderstandsklasse F 30 – **mit innenliegenden Stahlblechen:**

Für die Stahlbleche gilt Abschnitt 5.8.7.

Für die Belastung N je Stabdübel ist nachzuweisen, dass

$$N \le 1{,}25 \cdot \text{zul } \sigma_l \, (a_s - 30 \cdot \upsilon) \cdot d_{st} \cdot 1{,}25 \cdot \eta \cdot \left(1 - \frac{\alpha}{360}\right) \quad (17)$$

ist.

Hierin bedeuten:

υ Abbrandgeschwindigkeit nach Abschnitt 5.5.2.4

$$\eta = \frac{(d_{st} / a_s)}{\min (d_{st} / a_s)} \le 1{,}0 \quad (18)$$

Wegen der anderen Formelzeichen siehe DIN 1052 Teil 2, Abschnitt 5.8

Anmerkung: Bei Verbindungen mit innenliegenden Stahlblechen dürfen die zulässigen Belastungen nach DIN 1052 Teil 2, Abschnitt 5.10, um 25 % erhöht werden. Der weitere Faktor von 1,25 berücksichtigt das unterschiedliche Sicherheitsniveau bei der brandschutztechnischen Bemessung gegenüber einer Bemessung nach DIN 1052 Teil 1.

Es ist keine (weitere) Lastabminderung erforderlich, sofern die folgenden Bedingungen eingehalten werden:

–   Länge des Stabdübels

lst $= 2 \cdot as + am \ge 120$ mm   (Stabdübel ohne Überstand)
lst $= 2 \cdot as + am + 2 \cdot \ddot{u} \ge 200$ mm   (Stabdübel mit Überstand)
$\ddot{u} \le 20$ mm

Eine Fase von max. 5 mm am Ende des Stabdübels gilt nicht als Überstand.

– $d_{st} / a_s \ge \min (d_{st} / a_s)$
wobei

$$\min (d_{st} / a_s) = 0{,}08 \left(1 + \left[\frac{110}{r_{st}}\right]^4\right) \cdot \left(1 - \frac{\alpha}{360}\right) \quad (19)$$

ist, mit

α Winkel zwischen Kraftangriff und Faserrichtung des Mitten- oder Seitenholzes ($\alpha \le 90$ °C)

r_{st} $= l_{st}$ (Stabdübel ohne Überstand) bzw. 0,6 l_{st} (Stabdübel mit Überstand)

5.8.4.2 Ungeschützte Stabdübel bei Anschlüssen der Feuerwiderstandsklasse F 30 – **ohne Stahlbleche:**

Für die Belastung N je Stabdübel ist nachzuweisen, daß

$$N \le 1{,}25 \cdot \text{zul } \sigma_l \, (a_s - 30 \cdot \upsilon) \cdot d_{st} \cdot \eta \cdot \left(1 - \frac{\alpha}{360}\right) \quad (20)$$

ist (Formelzeichen siehe Abschnitt 5.8.4.1).

Es ist keine (weitere) Lastabminderung erforderlich, sofern die folgenden Bedingungen eingehalten werden:

–   Länge des Stabdübels
$l_{st} = 2 \cdot a_s + am \ge 120$ mm   (Stabdübel ohne Überstand)
$l_{st} = 2 \cdot a_s + a_m + 2 \cdot \ddot{u} \ge 200$ mm   (Stabdübel mit Überstand)
$\ddot{u} \le 20$ mm

Eine Fase von max. 5 mm am Ende des Stabdübels gilt nicht als Überstand.

– $d_{st} / a_s \ge \min (d_{st} / a_s)$
wobei

$$\min (d_{st}/a_s) = 0{,}16 \sqrt{a_m/a_s} \cdot \left(1 + \left[\frac{110}{r_{st}}\right]^4\right) \cdot \left(1 - \frac{\alpha}{360}\right) \quad (21)$$

ist, mit

α und r_{st} wie in Abschnitt 5.8.4.1.

5.8.4.3 Für $d_{st} / a_s < \min (d_{st} / a_s)$ ist für ungeschützte Stabdübel die zulässige Belastung je Stabdübel im Verhältnis $(d_{st} / a_s)/\min (d_{st} / a_s)$ nach Abschnitt 5.8.4.1 abzumindern.

5.8.4.4 Nach Abschnitt 5.8.2.3 geschützte Stabdübel bei Anschlüssen der Feuerwiderstandsklassen F 30 und F 60:

a)   Die Bedingungen nach den Abschnitten 5.8.4.1 bzw. 5.8.4.3 brauchen nicht eingehalten zu werden, oder

b)   Verbindungen, für die nach Abschnitt 5.8.2.7 ein Futter erforderlich ist, dürfen ohne Futter ausgeführt werden, sofern die Bedingungen nach den Abschnitten 5.8.4.1 bzw. 5.8.4.2 eingehalten werden.

5.8.4.5 Bei verdübelten Balken der Feuerwiderstandsklassen F 30 und F 60 sind nur die Holzabmessungen nach Abschnitt 5.8.2.1 einzuhalten.

5.8.4.6 Für Passbolzenverbindungen dürfen nur maximal 25 % der entsprechenden zulässigen Stabdübelbelastungen nach den Gleichungen (17) und (20) angesetzt werden.

5.8.5 Bolzenverbindungen nach DIN 1052 Teil 2, Abschnitt 5

5.8.5.1 Ungeschützte Bolzen bei Anschlüssen der Feuerwiderstandsklasse F 30:

a)   Mit zusätzlichen Sondernägeln
Es ist keine Lastabminderung erforderlich,sofern
–   die Bedingung von Abschnitt 5.8.3.1 eingehalten wird und
–   mindestens die Hälfte der Nägel, die bei einem Anschluss nur mit Sondernägeln erforderlich wären, angeordnet werden; bei einem Bolzen sind jedoch mindestens 4 Nägel und bei zwei Bolzen mindestens 6 Nägel erforderlich.

b)   Ohne zusätzliche Sondernägel
Für die Belastung N je Bolzen ist nachzuweisen, dass

$$N \le 0{,}25 \cdot \text{zul } N \quad (22)$$

mit zul N nach DIN 1052 Teil 2, Abschnitt 5.8, ist.

5.8.5.2 Nach Abschnitt 5.8.2.3 geschützte Bolzen bei Anschlüssen der Feuerwiderstandsklassen F 30 und F 60:
Die Bedingungen von Abschnitt 5.8.5.1 brauchen nicht eingehalten zu werden.

5.8.6 Nagelverbindungen nach DIN 1052 Teil 2, Abschnitte 6 und 7

5.8.6.1 Ungeschützte Nägel bei Anschlüssen der Feuerwiderstandsklasse F 30 – mit innenliegenden Stahlblechen:
Es sind folgende Bedingungen einzuhalten:
–   Nagellänge $l_n \ge 90$ mm
–   für die Bleche siehe Abschnitt 5.8.7.

5.8.6.2 Ungeschützte Nägel bei Anschlüssen der Feuerwiderstandsklasse F 30 – ohne Stahlbleche:
Es sind folgende Bedingungen einzuhalten:
–   Einschlagtiefe $\ge 8 \, d_n$
– $d_n / a_s \ge \min (d_n / a_s)$,
wobei

$$\min (d_n / a_s) = 0{,}05 \left(1 + \left[\frac{110}{l_n}\right]^4\right) \quad (23)$$

ist.

Für $d_n / a_s < \min (d_n / a_s)$ ist die zulässige Belastung je Nagel im Verhältnis $(d_n / a_s) / \min (d_n / a_s)$ abzumindern.

Für Sondernägel genügt es, nur die Bedingung
–   Einschlagtiefe $\ge 8 \, d_n$
einzuhalten.

5.8.6.3 Nach Abschnitt 5.8.2.3 geschützte Nägel bei Anschlüssen der Feuerwiderstandsklassen F 30 und F 60:
Die Bedingungen nach den Abschnitten 5.8.6.1 bzw. 5.8.6.2 brauchen nicht eingehalten zu werden.

5.8.6.4 Für Nagelverbindungen zur Lagesicherung, z.B. bei Auflagern und Kontaktstößen der Feuerwiderstandsklassen F 30 und F 60, ist ergänzend zu Abschnitt 5.8.2.6 eine Einschlagtiefe von 8 d_n einzuhalten.

5.8.7 Bedingungen für Stahlbleche bei Verbindungen mit innenliegenden Stahlblechen (≥ 2 mm) bei Anschlüssen der Feuerwiderstandsklassen F 30 und F 60

5.8.7.1 Bei Blechen mit ungeschützten Rändern darf folgendes Blechmaß nach Bild 54 nicht unterschritten werden:

F 30: $D = 200$ mm
F 60: $D = 440$ mm

5.8.7.2 Sofern nur ein Rand oder zwei gegenüberliegende Ränder ungeschützt sind, braucht nur folgendes Blechmaß eingehalten zu werden:

F 30: $D = 120$ mm
F 60: $D = 280$ mm

5.8.7.3 Werden die Blechmaße nach Abschnitt 5.8.7.1 nicht eingehalten, müssen die Blechränder geschützt werden. Blechränder gelten als geschützt, sofern

–   bei Blechen bis 3 mm Dicke, die nach Bild 55 b) nach innen versetzt sind, folgende Holzüberstände eingehalten werden:

F 30: $\Delta s \ge 20$ mm
F 60: $\Delta s \ge 60$ mm

–   bei Blechen im allgemeinen, die durch stehengelassenes Holz oder eingeleimte Holzleisten nach Bild 55 c) bzw. vorgeheftete Decklaschen nach Bild 55 d), folgende Holzüberdeckungen eingehalten werden.

F 30: $\Delta s \ge 10$ mm
F 60: $\Delta s \ge 30$ mm

5.8.7.4 Verbindungen mit freiliegenden, ungeschützten Blechflächen sind durch diese Regelungen nicht abgedeckt.

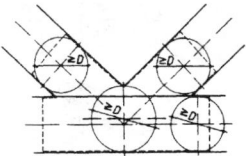

Bild 54: Blechmaß D bei Verwendung von Blechen mit ungeschützten Rändern

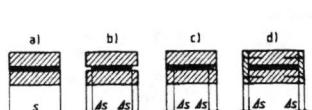

Erläuterungen:
a)   bündig, das heißt ungeschützt
b)   nach innen versetzt und somit geschützt
c)   mit eingeleimten Holzleisten und somit geschützt
d)   mit vorgehefteten Decklaschen und somit geschützt

Bild 55: Anordnung innenliegender Stahlbleche

5.8.8 Verbindungen mit außenliegenden Stahlteilen

5.8.8.1 Sofern außenliegende Stahlteile nur der Lagesicherung dienen, genügt es, für die Feuerwiderstandsklassen F 30 und F 60 nur die Holzabmessungen nach Abschnitt 5.8.2.1 einzuhalten.

5.8.8.2 Auflager aus Stahlschuhen mit Blechdicken ≥ 10 mm können in die Feuerwiderstandsklasse F 30 eingestuft werden, wenn sie nach den Angaben von Bild 56 an einer Stahlbetonstütze oder –wand angeschlossen werden.

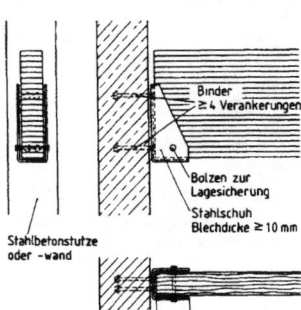

Bild 56: Auflager aus einem Stahlschuh mit einer Blechdicke $\ge$ 10 mm (Beispiel)

Anmerkung: Die Brauchbarkeit von Balkenschuhen (Stahlschuhe mit einer Blechdicke < 10 mm) kann nicht allein nach DIN 4102 Teil 2 beurteilt werden; es sind weitere Eignungsnachweise zu erbringen – z.B. im Rahmen der Erteilung einer allgemeinen bauaufsichtlichen Zulassung.

Es ist nachzuweisen, daß

$$F \le \alpha_s \cdot \text{zul } F \cdot 0{,}8 \quad (24)$$

ist, wobei zul F die zulässige Kraft der anzuschließenden Strebe oder von ähnlichem bei Bemessung der Versätze nach DIN 1052 Teil 1 ist und

$$\alpha_s = \begin{bmatrix} (t_v - \upsilon t_v)\,(b - 2\,\upsilon t_v)\,/\,t_v \cdot b) \\ \text{für ungeschützte Versätze nach Bild 57 a),} \\ \text{wobei } t_v \text{ die statisch erforderliche Versatztiefe} \\ \text{ist,} \\ (b - 2\,\upsilon t_v)\,/\,b \\ \text{für Versätze mit Decklasche nach Bild 57 b),} \\ 1{,}0 \\ \text{für Versätze mit allseitigen Decklaschen nach} \\ \text{Bild 57 c} \end{bmatrix} \quad (25)$$

ist. Der Versatz muss mit mindestens 3 Befestigungsmitteln lagegesichert werden. Wegen der Formelzeichen in Gleichung (25) siehe Abschnitt 5.5.2.4.

5.8.9 Holz–Holz–Verbindungen
Versätze der Feuerwiderstandsklassen F 30 und F 60 (siehe Bild 57).

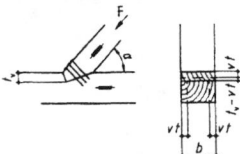

a)   Ungeschützter Stirnversatz

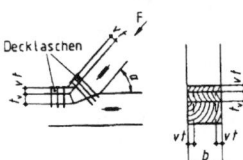

b)   Stirnversatz mit Decklasche

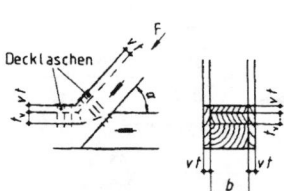

c)   Stirnversatz mit allseitigen Decklaschen
(Jeweils mindestens 3 Befestigungsmittel zur Lagesicherung)

Bild 57: Mindestabmessungen bei Stirnversätzen der Feuerwiderstandsklassen F 30 und F 60

Klassifizierte Verbindungen von Holzbauteilen nach DIN 4102, Teil 4 (Brandschutz)

5.8.10 Nicht allgemein regelbare Verbindungen

5.8.10.1 Firstgelenke können in die Feuerwiderstandsklassen F 30 und F 60 eingestuft werden, wenn sie nach den Angaben von Bild 58 ausgeführt werden.

5.8.10.2 Gerbergelenke können in die Feuerwiderstandsklasse F 30 eingestuft werden, wenn sie nach den Angaben von Tabelle 86 ausgeführt werden.

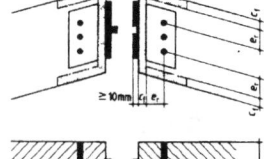

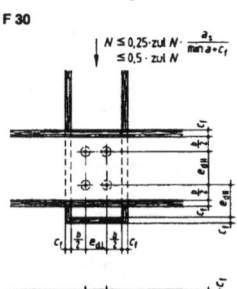

Bild 58: Mindestabmessungen bei Firstgelenken der Feuerwiderstandsklassen F 30 und F 60, Darstellung der Stabdübel ohne Überstand

5.8.11 Beispiele

5.8.11.1 Nach den Kriterien der Abschnitte 5.8.1 bis 5.8.9 ergeben sich die in Abschnitt 5.8.11 zusammengestellten Abmessungen. Bei anderen Verbindungen sind die Mindestabmessungen nach den Abschnitten 5.8.1 bis 5.8.9 zu ermitteln.

5.8.11.2 Für Dübelverbindungen mit Dübeln besonderer Bauart ergeben sich nach Abschnitt 5.8.3.2 b) die Abmessungen nach Bild 59.

5.8.11.3 Für Stabdübelverbindungen ergeben sich nach Abschnitt 5.8.4 die Abmessungen nach den Bildern 60 bis 63.

5.8.11.4 Für Nagelverbindungen ergeben sich nach Abschnitt 5.8.6 die Abmessungen nach den Bildern 64 bis 67.

F 30

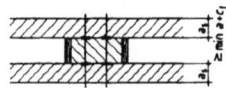

$c_f = 10$ mm
$e_{d\perp}$; $e_{d\parallel}$ b und min a sowie zul N
nach DIN 1052 Teil 2, Tabellen 4, 6 und 7

Bild 59: Mindestabmessungen und zulässige Belastung für Verbindungen mit Dübeln besonderer Bauart bei Anschlüssen der Feuerwiderstandsklasse F 30 nach Abschnitt 5.8.3.2 b) (Beispiel)

F 30

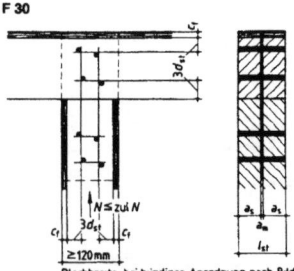

Blechbreite bei bündiger Anordnung nach Bild 55a)

a_s ≥ 50 mm
a_m ≥ 2 mm
c_f ≥ 10 mm
l_{st} ≥ 120 mm
d_{st} nach nebenstehender Zusammenstellung

Seitenholzdicke mm	Stabdübeldurchmesser mm
60 und 80	8
100	10
120 und 140	12
160 und 180	16
200 und 220	20

Seitenholzdicken a_s und zugehörige Stabdübeldurchmesser d_{st} unter Berücksichtigung von Vorzugsmaßen für $N \leq$ zul N

Bild 60: Mindestabmessungen für Stabdübelverbindungen mit innenliegenden Stahlblechen bei Anschlüssen der Feuerwiderstandsklasse F 30 nach Abschnitt 5.8.4.1 (Beispiel), Darstellung der Stabdübel ohne Überstand

---

F 60:

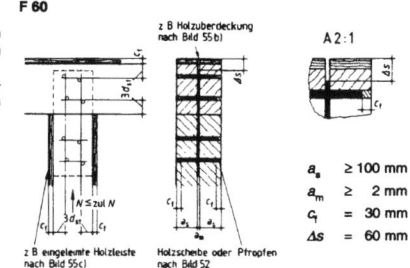

a_s ≥ 100 mm
a_m ≥ 2 mm
c_f $= 30$ mm
Δs $= 60$ mm

Bild 61: Mindestabmessungen für Stabdübelverbindungen mit innenliegenden Stahlblechen bei Anschlüssen der Feuerwiderstandsklasse F 60 nach Abschnitt 5.8.4.4 (Beispiel)

F 30

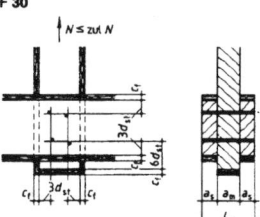

a_s ≥ 50 mm
c_f ≥ 10 mm
l_{st} ≥ 120 mm
d_{st} in Abhängigkeit von a_s und a_m nach untenstehenden Zusammenstellungen

Seitenholzdicke a_s mm	Mittelholzdicke a_m mm								
	40	60	80	100	120	140	160	180	200
60	10	12							
80	10	12	16						
100		16	16	20	20	20			
120		16	16	20	20	24	24	24	28
140			20	20	24	24	28	28	28
160			20	24	24	28	28	28	32
180				24	24	28	28	32	32
200				24	28	28	32	32	36

Erforderliche Stabdübeldurchmesser d_{st} (Vorzugsmaße) in Abhängigkeit von den Holzdicken a_s und a_m für $\alpha = 0°$, bei denen eine Abminderung der maximal zulässigen Belastung zul N nicht erforderlich ist.

Seitenholzdicke a_s mm	Mittelholzdicke a_m mm								
	40	60	80	100	120	140	160	180	200
60	8	10							
80	8	10	12	12					
100		10	12	16	16	16	16	20	20
120		12	12	16	16	20	20	20	20
140			16	16	16	20	20	20	24
160			16	16	20	20	20	24	24
180				20	20	20	24	24	24
200				20	20	24	24	24	28

Erforderliche Stabdübeldurchmesser d_{st} (Vorzugsmaße) in Abhängigkeit von den Holzdicken a_s und a_m für $\alpha = 90°$, bei denen eine Abminderung der maximal zulässigen Belastung zul N nicht erforderlich ist.

Bild 62: Mindestabmessungen für Stabdübelverbindungen ohne Stahlbleche bei Anschlüssen der Feuerwiderstandsklasse F 30 nach Abschnitt 5.8.4.2 (Beispiel), Darstellung der Stabdübel ohne Überstand

F 60

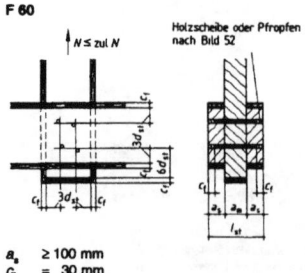

a_s ≥ 100 mm
c_f $= 30$ mm

Bild 63: Mindestabmessungen für Stabdübelverbindungen ohne Stahlbleche bei Anschlüssen der Feuerwiderstandsklasse F 60 nach Abschnitt 5.8.4.4 (Beispiel)

F 30

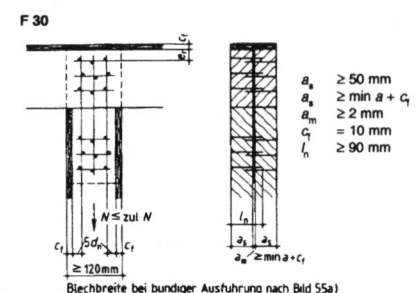

a_s ≥ 50 mm
a_s $\geq$ min $a + c_f$
a_m ≥ 2 mm
c_f $= 10$ mm
l_n ≥ 90 mm

Blechbreite bei bündiger Ausführung nach Bild 55a)

Bild 64: Mindestabmessungen für Nagelverbindungen mit innenliegenden Stahlblechen bei Anschlüssen der Feuerwiderstandsklasse F 30 nach Abschnitt 5.8.6.1 (Beispiel)

F 60

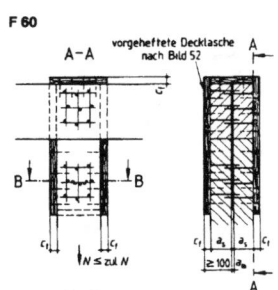

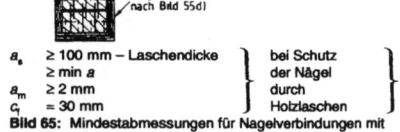

a_s ≥ 100 mm – Laschendicke } bei Schutz
  $\geq$ min a } der Nägel
a_m ≥ 2 mm } durch
c_f $= 30$ mm } Holzlaschen

Bild 65: Mindestabmessungen für Nagelverbindungen mit innenliegenden Stahlblechen bei Anschlüssen der Feuerwiderstandsklasse F 60 nach Abschnitt 5.8.6.3 (Beispiel)

F 30

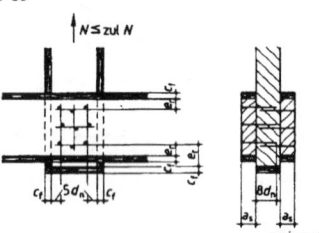

a_s ≥ 50 mm
a_s $\geq$ min $a + c_f$
c_f $= 10$ mm
d_n nach untenstehender Zusammenstellung
Einschlagtiefe: 8 d_n

a_s mm	Mindest–Nagelgröße $d_n \times l_s$
60	46 × 130
80	55 × 140
100	60 × 180
120	70 × 210
160	88 × 260

Seitenholzdicken a_s und zugehörige Mindest–Nagelgrößen unter Berücksichtigung von Vorzugsmaßen für $N \leq$ zul N

Bild 66: Mindestabmessungen für Nagelverbindungen ohne Stahlbleche bei Anschlüssen der Feuerwiderstandsklasse F 30 nach Abschnitt 5.8.6.2 (Beispiel)

F 60

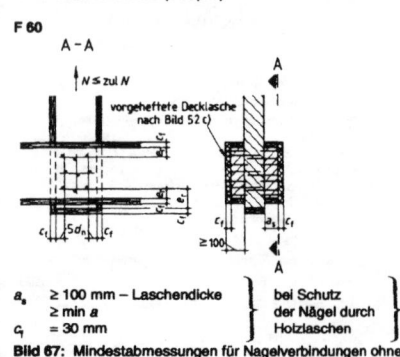

a_s ≥ 100 mm – Laschendicke } bei Schutz
  $\geq$ min a } der Nägel durch
c_f $= 30$ mm } Holzlaschen

Bild 67: Mindestabmessungen für Nagelverbindungen ohne Stahlbleche bei Anschlüssen der Feuerwiderstandsklasse F 60 nach Abschnitt 5.8.6.3 (Beispiel)

Klassifizierte Träger und Stützen nach DIN 4102, Teil 4 (Brandschutz), Stahlbauteile

6 Klassifizierte Stahlbauteile

6.1 Grundlagen zur Bemessung von Stahlbauteilen

6.1.1 Kritische Stahltemperatur crit T, Stahlsorte

6.1.1.1 Die kritische Temperatur crit T des Stahls ist die Temperatur, bei der die Streckgrenze des Stahls auf die im Bauteil vorhandene Stahlspannung absinkt. Die kritische Temperatur ist bei den im folgenden klassifizierten Bauteilen aus St 37 und St 52 nach DIN EN 10025 mit Bemessung nach DIN 18800 Teil 1 bis Teil 4 von verschiedenen Parametern abhängig.

6.1.1.2 Sofern bei der Bemessung nach DIN 18800 Teil 1 bis Teil 4 geringere Ausnutzungen als die maximal zulässigen gewählt werden, darf crit T in Abhängigkeit vom Ausnutzungsgrad der Stähle

$$\frac{f_{y,k}(T)}{f_{y,k}(20\,°C) \cdot \alpha_u} \qquad (26)$$

vereinfachend nach der Kurve in Bild 68 bestimmt werden.

In Gleichung (26) bedeuten:

$f_{y,k}(T)$ temperaturabhängige Streckgrenze des Stahls zum Versagenszeitpunkt

$f_{y,k}(20\,°C)$ Streckgrenze des Stahls bei 20 °C Raumtemperatur

α_u Formfaktor nach Tabelle 87
Der Formfaktor gilt nur für Profile mit Biegebeanspruchung bei Bemessung nach der Elastizitätstheorie. In allen anderen Fällen ist $\alpha_u = 1$.

Bei der Ermittlung der kritischen Temperatur nach Gleichung (26) darf die Mindestbekleidungsdicke von Putzbekleidungen

a) bei auf Biegung beanspruchten Trägern nach den Angaben von Abschnitt 6.2.2 für die Feuerwiderstandsklassen F 30 bis F 180 und

b) bei auf Druck beanspruchten Stützen nach den Angaben von Abschnitt 6.3.4 für die Feuerwiderstandsklassen F 30 und F 60

um den in Tabelle 88 jeweils angegebenen Betrag Δ d abgemindert werden.

6.1.1.3 Die kritische Temperatur von Baustählen, die nicht in Bild 68 erfasst sind, ist durch Warmkriechversuche in Abhängigkeit vom Ausnutzungsgard zu bestimmen.

6.1.1.4 Um zu erreichen, dass sich Stahlbauteile bei Brandbeanspruchung nur auf eine Stahltemperatur < crit T erwärmen, ist im allgemeinen die Anordnung einer Bekleidung erforderlich. Ihre Bemessung richtet sich nach dem Verhältniswert U/A in m⁻¹ – d.h. nach dem Verhältnis von beflammtem Umfang zu der zu erwärmenden Querschnittsfläche, siehe Abschnitt 6.1.2.

6.1.2 Berechnung des Verhältniswertes U/A in m⁻¹

6.1.2.1 Bei **vierseitiger** Beflammung und **profilfolgender** Bekleidung ist

$$U/A = \frac{Abwicklung}{A} \qquad (27)$$

wenn
A die Querschnittsfläche des Profils ist.

6.1.2.2 Bei **vierseitiger** Beflammung und **kastenförmiger** Bekleidung ist

$$U/A = \frac{2h + 2b}{A} \qquad (28)$$

wenn
h und b die Querschnittshöhe und -breite, z.B. von I-Profilen darstellen.

6.1.2.3 Bei **dreiseitiger** Beflammung und **profilfolgender** Bekleidung ergibt sich

$$U/A = \frac{Abwicklung - b}{A} \qquad (29)$$

wobei b und A die schon erläuterten **Kennwerte** darstellen.

Im allgemeinen wird der dem Feuer zugekehrte Flansch bzw. das dem Feuer zugekehrte Profilteil am schnellsten erwärmt. Ein Versagen des gesamten Profils erfolgt im allgemeinen aufgrund der Erhitzung eines solchen Profilteils. Für das sich am schnellsten erhitzende Profilteil ist ein modifizierter U/A-Wert zu berechnen:

Tabelle 87: Formfaktor für unterschiedliche Profilformen bei Biegebeanspruchung

Profil	I	⬜1:1	▭1:2	◯	▨	⬭
α_u	1,14	1,18	1,26	1,27	1,50	1,70

Tabelle 88: Abminderungsbetrag Δ d zur Bekleidungsdicke d bei Putzbekleidungen nach den Angaben von Abschnitt 6.1.1.2 für crit Δ T = 100 K

Zeile	Feuerwider- standsklasse	U/A nach Abschnitt 6.1.2 m⁻¹	Δd in mm bei einer Bekleidung nach Abschnitt 6.2.2 [1] bei Verwendung von		
			Putz nach DIN 18550 Teil 2 der Mörtelgruppe		
			P II oder P IVc	P IVa oder P IVb	Vermiculite- oder Perlite-Putz nach Abschnitt 3.1.6.5
1	F 30 bis F 90 [1]	< 90	0	0	5
2		90 bis 300	0	5	5
3	F 120 bis F 180	< 90	0	5	5
4		90 bis 300	5	5	5

[1] Die Δd-Werte nach den Zeilen 1 und 2 dürfen auch bei Putzbekleidungen von Stützen nach Abschnitt 6.3.4 bei den Feuerwiderstandsklassen F 30 und F 60 angewendet werden.

$$(U/A)_{mod} = \frac{200}{t} \qquad (30)$$

t ist die Dicke des in Frage stehenden Profilteils in cm.

Für die Ermittlung der Mindestbekleidungsdicke ist der sich aus den Gleichungen (29) und (30) ergebende größere U/A-Wert zu verwenden.

6.1.2.4 Bei **dreiseitiger** Beflammung und **kastenförmiger** Bekleidung ist

$$U/A = \frac{2h + b}{A} \qquad (31)$$

6.1.2.5 Bei **einseitiger** Beflammung – dieser Fall liegt praktisch bei eingemauerten oder einbetonierten I-Trägern vor, bei denen nur die Flanschaußenflächen erwärmt werden – ist

$$U/A = \frac{100}{t} \qquad (32)$$

wenn t auch hier die Dicke des in Frage stehenden Profilteils (Flansches) in cm ist.

6.1.2.6 Beispiele für U/A-Berechnungen können Tabelle 89 entnommen werden.

In Tabelle 89 sind außerdem die Umrisse der Bekleidungen schematisch dargestellt. Für die Ausführung (Putzträger-Art und -Anordnung sowie Befestigung und Mindestputzdicke) gelten die Angaben nach Abschnitt 6.2.2 für Trägerbekleidungen und Abschnitt 6.3.4 für Stützenbekleidungen.

6.1.3 Begrenzung des Verhältniswertes U/A

Bei allen nachfolgend klassifizierten Stahlbauteilen ist der U/A-Wert mit ≤ 300 m⁻¹ begrenzt.

Sofern Stahlbauteile mit U/A-Werten > 300 m⁻¹ zu beurteilen sind, sind zur Klassifizierung Prüfungen nach DIN 4102 Teil 2 notwendig.

6.1.4 Konstruktionsgrundsätze

6.1.4.1 Werden an tragenden oder aussteifenden Stahlbauteilen mit bestimmter Feuerwiderstandsklasse Stahlbauteile angeschlossen, die keiner Feuerwiderstandsklasse angehören müssen, so sind die Anschlüsse und angrenzenden Stahlbauteile auf einer Länge, gerechnet vom Rand des zu schützenden Stahlbauteils, bei den Feuerwiderstandsklassen

a) F 30 bis F 90 von mindestens 30 cm und

b) F 120 bis F 180 von mindestens 60 cm

in Abhängigkeit vom U/A-Wert der anzuschließenden Stahlbauteile zu bekleiden.

6.1.4.2 Verbindungsmittel wie Niete, Schrauben und HV-Schrauben müssen in derselben Dicke wie die angeschlossenen Profile bekleidet werden.

6.1.4.3 Ränder von Aussparungen – z.B. in Stegen von I-Trägern – müssen in derselben Dicke wie die übrigen Profilteile geschützt werden.

6.1.4.4 Werden Leitungen – z.B. Rohre, Kabel oder Kabeltrassen – durch Aussparungen oder durch die Felder von Fachwerkträgern geführt, so muss durch ihre Feuerwiderstandsdauer sichergestellt werden, dass diese Leitungen die Bekleidung bei Brandbeanspruchung nicht beschädigen.

Leitungen sind daher im Bereich von Aussparungen bzw. im Bereich von Durchführungen durch Fachwerkfelder durch Abhängung und/oder Auflagerung mit Konstruktionsteilen der Baustoffklasse A so zu befestigen, dass sie keine ungünstig wirkenden Verformungen erfahren oder ganz versagen.

6.1.4.5 Die den Abschnitten 6.2 und 6.3 sowie 6.5 beschriebenen Putzbekleidungen werden durch Putzträger wie Rippenstreckmetall, Drahtgewebe o.ä. am Bauteil gehalten. Putzbekleidungen ohne derartige Putzträger sind ohne besondere Nachweise der Brauchbarkeit nicht gestattet.

Anmerkung: Die Brauchbarkeit von Putzbekleidungen, die brandschutztechnisch notwendig sind und die nicht durch Putzträger (Rippenstreckmetall, Drahtgewebe o.ä.) am Bauteil gehalten werden, ist besonders nachzuweisen, zum Beispiel durch eine allgemeine bauaufsichtliche Zulassung.

Bild 68: Abfall der bezogenen Streckgrenze von Baustählen in Abhängigkeit von der Temperatur

Tabelle 89: Beispiele für U/A-Berechnungen

Zeile	Konstruktionsmerkmale b, h und t in cm Fläche A in cm²		Brand- bean- spru- chung	U/A m⁻¹
1	Flachstahl		4-seitig	$\frac{200}{t}$
2	Flansch		4-seitig	$\frac{200}{t}$
3	Flansch	Beton oder Mauerwerk	~1-seitig	$\frac{100}{t}$
4	Winkel		4-seitig	$\frac{200}{t}$
5	Winkel		4-seitig	$\frac{2b + 2h}{A} \cdot 10^2$
6	Doppel- winkel		4-seitig	$\frac{2b + 2h}{A} \cdot 10^2$
7	Hohlprofile , Stützen		4-seitig	$\frac{100}{t}$
8	Hohlprofile , Stützen		4-seitig	$\frac{4b}{A} \cdot 10^2$
9	Träger oder Stütze		4-seitig	$\frac{2b + 2h}{A} \cdot 10^2$
10	Träger oder Stütze		4-seitig	$\frac{2b + 2h}{A} \cdot 10^2$
11	Abwicklung, Fläche A Träger oder Stütze		4-seitig	$\frac{Abwicklg.}{A} \cdot 10^4$ oder [1] $\frac{200}{t}$
12	Träger oder Stütze		4-seitig	$\frac{2b + 2h}{A} \cdot 10^2$
13	Träger oder Stütze		4-seitig	$\frac{2b + 2h}{A} \cdot 10^2$
14	Träger		3-seitig	Abw. $\frac{b}{A} \cdot \frac{10^3}{} \cdot 10^4$ oder [1] $\frac{200}{t_1}$
15	Träger		3-seitig	$\frac{2h + b}{A} \cdot 10^2$
16	Träger		3-seitig	$\frac{2h + b}{A} \cdot 10^2$
17	Träger		3-seitig	$\frac{2h + b}{A} \cdot 10^2$

[1] Der größere Wert ist maßgebend.

[2] Bei Trägerhöhen > 600 mm kann auch $\frac{U}{A} = \frac{200}{t_2}$ maßgebend werden.

Klassifizierte Träger und Stützen nach DIN 4102, Teil 4 (Brandschutz), Stahlbauteile

Tabelle 90: Mindestdicken von Putzen bekleideter Stahlträger ohne Ausmauerung

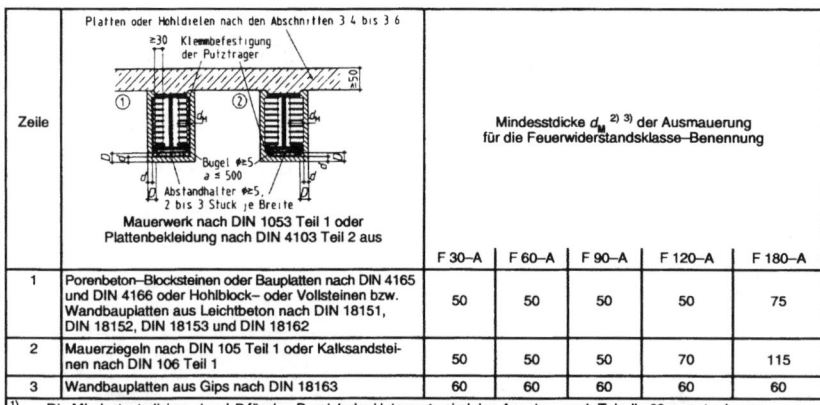

U/A nach Abschnitt 6.1.2	Mindestputzdicke [2] d in mm über Putzträger (Rippenstreckmetall, Streckmetall oder Drahtgewebe) nach nebenstehender Schema–Skizze – Gesamtputzdicke $D \geq d + 10$ mm – bei Verwendung von Putz [1] aus														
	Mörtelgruppe P II oder P IVc nach DIN 18550 Teil 2					Mörtelgruppe P IVa oder P IVb nach DIN 18550 Teil 2					Vermiculite– oder Perlite–Mörtel nach Abschnitt 3.1.6.5				
m^{-1}	F 30	F 60	F 90	F 120	F 180	F 30	F 60	F 90	F 120	F 180	F 30	F 60	F 90	F 120	F 180
< 90	5	15	–	–	–	5	5	15	15	25	5	5	15	15	25
90 bis 119	5	15	–	–	–	5	5	15	25	–	5	5	15	25	–
120 bis 179	5	15	–	–	–	5	15	15	25	–	5	5	15	25	–
180 bis 300	5	15	–	–	–	5	15	25	–	–	5	5	25	25	–

[1] Die Benennungen lauten jeweils F 30–A, F 60–A, F 90–A, F 120–A und F 180–A.
[2] Sofern eine brandschutztechnische Bemessung nicht möglich ist, sind die betreffenden Fälle mit " – " gekennzeichnet.

Tabelle 91: Mindestdicke d_M in mm der Ausmauerung von Stahlträgern mit Putzbekleidung der Untergurte [1]

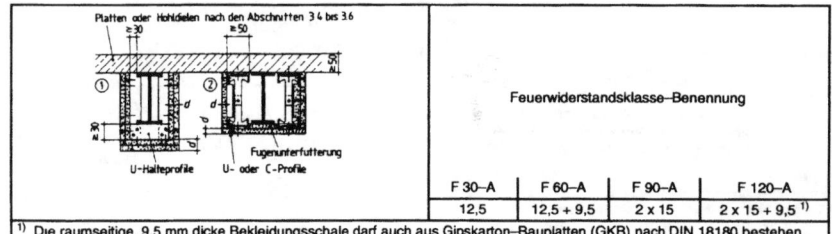

Zeile	Mauerwerk nach DIN 1053 Teil 1 oder Plattenbekleidung nach DIN 4103 Teil 2 aus	Mindestdicke d_M [2] [3] der Ausmauerung für die Feuerwiderstandsklasse–Benennung				
		F 30–A	F 60–A	F 90–A	F 120–A	F 180–A
1	Porenbeton–Blocksteinen oder Bauplatten nach DIN 4165 und DIN 4166 oder Hohlblock– oder Vollsteinen bzw. Wandbauplatten aus Leichtbeton nach DIN 18151, DIN 18152, DIN 18153 und 18162	50	50	50	50	75
2	Mauerziegeln nach DIN 105 Teil 1 oder Kalksandsteinen nach DIN 106 Teil 1	50	50	50	70	115
3	Wandbauplatten aus Gips nach DIN 18163	60	60	60	60	60

[1] Die Mindestputzdicken d und D für den Bereich der Untergurte sind den Angaben nach Tabelle 90 zu entnehmen.
[2] Bei hohen Trägern können aus Gründen der Standsicherheit gegebenenfalls größere Dicken notwendig werden.
[3] Lochungen von Steinen oder Ziegeln dürfen nicht senkrecht zum Trägersteg verlaufen.

Tabelle 92: Mindestbekleidungsdicke d in mm von Stahlträgern mit $U/A \leq 300$ mm^{-1} mit einer Bekleidung aus Gipskarton–Feuerschutzplatten (GKF) nach DIN 18180 mit geschlossener Fläche

	Feuerwiderstandsklasse–Benennung			
	F 30–A	F 60–A	F 90–A	F 120–A
	12,5	12,5 + 9,5	2 x 15	2 x 15 + 9,5 [1]

[1] Die raumseitige, 9,5 mm dicke Bekleidungsschale darf auch aus Gipskarton–Bauplatten (GKB) nach DIN 18180 bestehen.

Tabelle 93: Mindestbekleidungsdicke d in mm von Stahlstützen mit $U/A \leq 300$ mm^{-1} mit einer Bekleidung aus Beton, Mauerwerk oder Platten
Die ( )–Werte gelten für Stützen aus Hohlprofilen, die vollständig ausbetoniert sind, sowie für Stützen mit offenen Profilen, bei denen die Flächen zwischen den Flanschen vollständig ausbetoniert, vermörtelt oder ausgemauert sind.

Zeile	Bekleidung aus	Feuerwiderstandsklasse–Benennung				
		F 30–A	F 60–A	F 90–A	F 120–A	F 180–A
1	Stahlbeton nach DIN 1045 oder bewehrtem Porenbeton nach DIN 4223	50 (30)	50 (30)	50 (40)	60 (50)	75 (60)
2	Mauerwerk oder Wandbauplatten nach DIN 1053 Teil 1 bzw. DIN 4103 Teil 1 unter Verwendung von					
2.1	Porenbeton–Blocksteinen oder –Bauplatten nach DIN 4165 und DIN 4166 oder Hohlblock– oder Vollsteinen bzw. Wandbauplatten aus Leichtbeton nach DIN 18151, DIN 18152, DIN 18153 und DIN 18162	50 (50)	50 (50)	50 (50)	50 (50)	70 (50)
2.2	Mauerziegeln nach DIN 105 Teil 1 oder Kalksandsteinen nach DIN 106 Teil 1 und Teil 2	50 (50)	50 (50)	70 (50)	70 (70)	115 (70)
2.3	Wandbauplatten aus Gips nach DIN 18163	60 (60)	60 (60)	80 (60)	100 (80)	120 (100)

6.2 Feuerwiderstandsklassen bekleideter Stahlträger

6.2.1 Anwendungsbereich, Brandbeanspruchung

6.2.1.1 Die Angaben von Abschnitt 6.2 gelten für statisch bestimmt oder unbestimmt gelagerte, auf Biegung beanspruchte, bekleidete Stahlträger nach DIN 18800 Teil 1 mit max. dreiseitiger Brandbeanspruchung. Letztere liegt vor, wenn die Oberseite der Träger durch Platten oder Hohldielen nach den Angaben der Abschnitte 3.4 bis 3.6 jeweils mindestens der geforderten Feuerwiderstandsklasse vollständig abgedeckt ist – siehe Schema-Skizzen in den Tabellen 90 bis 92.

6.2.1.2 Die Angaben von Abschnitt 6.2 gelten unter Berücksichtigung des U/A–Wertes auch für entsprechende Träger mit vierseitiger Brandbeanspruchung, wenn die Träger vierseitig entsprechend der beschriebenen Bekleidungsart ummantelt sind. Eine vierseitige Brandbeanspruchung liegt vor, wenn die Oberseite der Träger andere Abdeckungen – z.B. aus Stahl, Holz oder Kunststoff – erhält oder frei liegt.

6.2.1.3 Die Angaben von Abschnitt 6.2 gelten auch für Fachwerkträger, wenn die einzelnen Stäbe, Knotenbleche usw. unter Berücksichtigung der U/A–Werte entsprechend der beschriebenen Bekleidungsart ummantelt sind.

6.2.1.4 Für alle bekleideten Träger wird vorausgesetzt, dass auch Kippverbände und sonstige statisch erforderliche Aussteifungen unter Berücksichtigung der U/A–Werte entsprechend der beschriebenen Bekleidungsart ummantelt sind. Ausgenommen hiervon sind Verbände, die nur für den Montagezustand erforderlich sind.

6.2.1.5 Bei den klassifizierten Trägern ist die Anordnung von zusätzlichen Bekleidungen – Bekleidungen aus Stahlblech ausgenommen – erlaubt; gegebenenfalls sind bei Verwendung von Baustoffen der Klasse B jedoch bauaufsichtliche Anforderungen zu beachten.

6.2.2 Putzbekleidungen

6.2.2.1 Putzbekleidungen von Trägern ohne Ausmauerung der Flächen zwischen den Flanschen müssen die in Tabelle 90 angegebenen Mindestputzdicken besitzen.

Die nichtbrennbaren Putzträger aus Rippenstreckmetall, Streckmetall oder Drahtgewebe müssen die in den Schema-Skizzen von Tabelle 90 angegebenen Abstandhalter aufweisen, damit der Putz den Putzträger ≥ 10 mm durchdringen kann. Anstelle der abstandhaltenden Bügel dürfen auch entsprechend wirksame Trägerklammern, Blechprofile, Schellen o.ä. verwendet werden.

Die Putzträger sind z.B. mit Klemm– oder Schraubbefestigung ausreichend zu verankern oder bei vierseitiger Bekleidung wie beim Untergurt um den Obergurt herumzuführen.

6.2.2.2 Für Putzbekleidungen von Trägern mit Ausmauerung der Flächen zwischen den Flanschen gelten die Angaben von Abschnitt 6.2.2.1 sinngemäß; die Mindestputzdicken nach Tabelle 90 brauchen jedoch nur im Bereich des Untergurts eingehalten zu werden. Die Mindestdicke der Ausmauerung geht aus den Angaben von Tabelle 91 hervor.

6.2.3 Gipskartonplattenbekleidungen

Gipskartonplattenbekleidungen müssen hinsichtlich der Platten–Anordnung und –Mindestdicke die in Tabelle 92 angegebenen Bedingungen erfüllen. Die Spannweite der Platten – d.h. die Abstände der Stahlhalteprofile – muss ≤ 400 mm sein. Fugen einlagiger Bekleidungen sind mit Gipskartonplattenstreifen zu hinterfüttern. Fugen mehrlagiger Bekleidungen sind ≥ 400 mm zu versetzen. Jede Bekleidungslage ist für sich an der Unterkonstruktion zu befestigen und zu verspachteln. Im übrigen gilt für die Befestigung und Verspachtelung der Fugen DIN 18181.

6.3 Feuerwiderstandsklassen bekleideter Stahlstützen einschließlich Konsolen

6.3.1 Anwendungsbereich, Brandbeanspruchung

6.3.1.1 Die Angaben von Abschnitt 6.3 gelten für bekleidete Stahlstützen nach DIN 18800 Teil 1 und Teil 2 mit ≤ vierseitiger Brandbeanspruchung.

6.3.1.2 Die Angaben gelten auch für Stahlstützen mit Konsolen, sofern die Konsolen unter Berücksichtigung des U/A–Wertes entsprechend ummantelt sind.

6.3.1.3 Druckstäbe in Fachwerkträgern sind nach den Angaben von Abschnitt 6.2 zu bemessen.

6.3.2 Randbedingungen

6.3.2.1 Alle Bekleidungen müssen von Oberkante Fußboden – bei Fußböden, die ganz oder teilweise aus Baustoffen der Klasse B bestehen, von Oberkante Rohdecke – auf ganzer Stützenlänge bis Unterkante Rohdecke angeordnet werden. Diese Forderung ist auch dann zu erfüllen, wenn eine Unterdecke mit bestimmter Feuerwiderstandsdauer angeordnet wird – d.h. die Stützen sind auch im Zwischendeckbereich entsprechend der geforderten Feuerwiderstandsklasse zu bekleiden.

6.3.2.2 Stahlstützen mit geschlossenem Querschnitt mit Beton– oder Mörtelfüllung müssen im Abstand von höchstens 5 m sowie am Kopf und Fuß der Stütze jeweils mindestens zwei Löcher besitzen, die nicht beide auf einer Querschnittsseite liegen dürfen.

Der Öffnungsquerschnitt muss je Lochpaar ≥ 6 cm^2 betragen. Mit Beton oder Mörtel verstopfte Löcher müssen vor dem Bekleiden der Stützen wieder vollständig geöffnet werden. Die Bekleidung der Stützen muss an allen Lochstellen gleichgroße Öffnungen aufweisen.

Klassifizierte Träger und Stützen nach DIN 4102, Teil 4 (Brandschutz), Stahlbauteile

Tabelle 94: Mindestdicken von Putzen bekleideter Stahlstützen

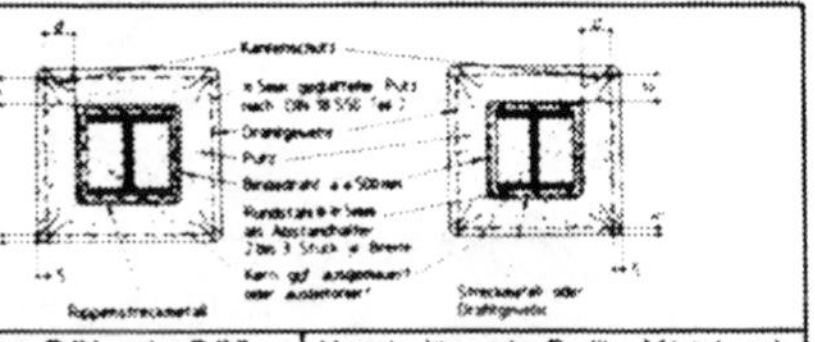

U/A nach Abschnitt 6.1.2	Mindestputzdicke *d* in mm über Putzträger (Rippenstreckmetall, Streckmetall oder Drahtgewebe) nach nebenstehender Schema–Skizze bei Verwendung von Putz [1] aus														
	Mörtelgruppe P II oder P IVc nach DIN 18550 Teil 2					Mörtelgruppe P IVa oder P IVb nach DIN 18550 Teil 2					Vermiculite– oder Perlite–Mörtel nach Abschnitt 3.1.6.5 [2]				
m^{-1}	F 30	F 60	F 90	F 120	F 180	F 30	F 60	F 90	F 120	F 180	F 30	F 60	F 90	F 120	F 180
< 90	15	25	45	45	65	10	10	35	35	45	10	10	35	35	45
90 bis 119	15	25	45	55	65	10	20	35	45	60	10	20	35	45	55
120 bis 179	15	25	45	55	65	10	20	45	45	60	10	20	35	45	55
180 bis 300	15	25	55	55	65	10	20	45	60	60	10	20	45	45	55

[1] Die Benennungen lauten jeweils F 30–A, F 60–A, F 90–A, F 120–A und F 180–A.
[2] Der in Abschnitt 3.1.6.5 geforderte 5 mm dicke Vermiculite– bzw. Perlite–Oberputz darf durch einen Putz nach DIN 18550 Teil 2 ersetzt werden.

Tabelle 95: Mindestbekleidungsdicke *d* in mm von Stahlstützen mit $U/A \leq 300$ mm $^{-1}$ mit einer Bekleidung aus Gipskarton–Feuerschutzplatten (GKF) nach DIN 18180 mit geschlossener Fläche

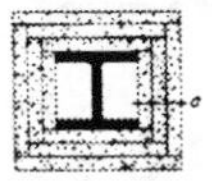

Konstruktionsmerkmale	Feuerwiderstandsklasse–Benennung				
	F 30–A	F 60–A	F 90–A	F 120–A	F 180–A
	12,5 [1]	12,5 + 9,5	3 x 15	4 x 15	5 x 15

[1] Ersetzbar durch ≥ 18 mm Gipskarton–Bauplatten (GKB) nach DIN 18180.

Tabelle 103: Mindestquerschnittsabmessungen und erforderliche Verhältnisse von Zulagebewehrung zur Untergurtfläche für Verbundträger mit ausbetonierten Kammern nach den "Richtlinien für Stahlverbundträger", Stahlgüte: St 52–3, Beton ≥ B 25, Betonstahl BSt 500 S

Bei Verwendung von Stahlprofilen der Stahlgüte St 37 darf die erforderliche Bewehrung auf 70 % der angegebenen Werte reduziert werden. α_s: siehe Abschnitt 7.2.2.3. *b* ist die Profil– oder Kammerbetonbreite; der kleinere Wert ist maßgebend.

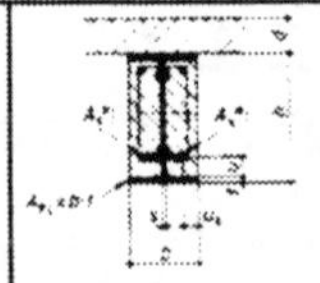

Zeile	Voraussetzungen: $b/s \geq 18$; $t/s \leq 2$; Plattendicke $d \geq 15$ cm; Bewehrungsverhältnis des Kammerbetons ≤ 0,05; Betongüte ≥ B 25; u, u_s nach Bild 69	Feuerwiderstandsklasse–Benennung [1]				
		F 30–A	F 60–A	F 90–A	F 120–A	F 180–A
1	Mindestquerschnittsabmessungen bei gewähltem Ausnutzungsfaktor $\alpha_s = 0{,}4$ Mindestbreite min *b* in mm/erforderliche Bewehrung im Verhältnis zur Flanschhöhe (A_s / A_{FL})					
1.1	bei zugehöriger Profilhöhe $h \geq 0{,}9$ · min *b*	70/0,0	120/0,0	180/0,0	220/0,0	380/0,3
1.2	bei zugehöriger Profilhöhe $h \geq 1{,}5$ · min *b*	60/0,0	100/0,0	150/0,0	200/0,0	280/0,2
1.3	bei zugehöriger Profilhöhe $h \geq 2{,}0$ · min *b*	60/0,0	100/0,0	150/0,0	180/0,0	260/0,0
2	Mindestquerschnittsabmessungen bei gewähltem Ausnutzungsfaktor $\alpha_s = 0{,}7$ Mindestbreite min *b* in mm/erforderliche Bewehrung im Verhältnis zur Flanschhöhe (A_s / A_{FL})					
2.1	bei zugehöriger Profilhöhe $h \geq 0{,}9$ · min *b*	80/0,0	200/0,2	250/0,7	300/0,7	–
2.2	bei zugehöriger Profilhöhe $h \geq 1{,}5$ · min *b*	80/0,0	200/0,0	200/0,6	300/0,4	300/1,0
2.3	bei zugehöriger Profilhöhe $h \geq 2{,}0$ · min *b*	70/0,0	150/0,0	200/0,4	300/0,3	300/0,8
2.4	bei zugehöriger Profilhöhe $h \geq 3{,}0$ · min *b*	60/0,0	120/0,0	190/0,2	270/0,3	300/0,6
3	Mindestquerschnittsabmessungen bei gewähltem Ausnutzungsfaktor $\alpha_s = 1{,}0$ Mindestbreite min *b* in mm/erforderliche Bewehrung im Verhältnis zur Flanschhöhe (A_s / A_{FL})					
3.1	bei zugehöriger Profilhöhe $h \geq 0{,}9$ · min *b*	80/0,0	300/0,7	–	–	–
3.2	bei zugehöriger Profilhöhe $h \geq 1{,}5$ · min *b*	80/0,0	300/0,4	300/0,7	–	–
3.3	bei zugehöriger Profilhöhe $h \geq 2{,}0$ · min *b*	70/0,0	300/0,3	300/0,6	300/0,8	350/1,0
3.4	bei zugehöriger Profilhöhe $h \geq 3{,}0$ · min *b*	70/0,0	240/0,2	300/0,4	300/0,6	350/0,8

[1] Sofern eine brandschutztechnische Bemessung nicht möglich ist, sind die betreffenden Fälle mit " – " gekennzeichnet.

Tabelle 104: Mindestquerschnittsabmessungen und erforderliche Verhältnisse von Zulagebewehrung zur Untergurtfläche für Verbundträger mit ausbetonierten Kammern nach den "Richtlinien für Stahlverbundträger", Stahlgüte: St 52–3, Beton ≥ B 25, Betonstahl BSt 500 S, bei Beachtung der konstruktiven Maßnahmen nach Abschnitt 7.2.2.1

Bei Verwendung von Stahlprofilen der Stahlgüte St 37 darf die erforderliche Bewehrung auf 70 % der angegebenen Werte reduziert werden. α_s: siehe Abschnitt 7.2.2.3. *b* ist die Profil– oder Kammerbetonbreite; der kleinere Wert ist maßgebend.

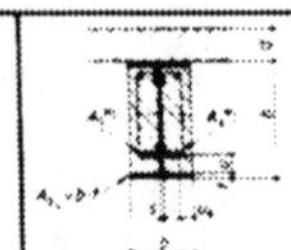

Zeile	Voraussetzungen: $b/s \geq 18$; $t/s \leq 2$; Plattendicke $d \geq 12$ cm; Bewehrungsverhältnis des Kammerbetons ≤ 0,05; Betongüte ≥ B 25; u, u_s nach Bild 69	Feuerwiderstandsklasse–Benennung [1]				
		F 30–A	F 60–A	F 90–A	F 120–A	F 180–A
1	Mindestquerschnittsabmessungen bei gewähltem Ausnutzungsfaktor $\alpha_s = 0{,}4$ Mindestbreite min *b* in mm/erforderliche Bewehrung im Verhältnis zur Flanschhöhe (A_s / A_{FL})					
1.1	bei zugehöriger Profilhöhe $h \geq 0{,}9$ · min *b*	70/0,0	100/0,0	170/0,0	200/0,0	260/0,0
1.2	bei zugehöriger Profilhöhe $h \geq 1{,}5$ · min *b*	60/0,0	100/0,0	150/0,0	180/0,0	240/0,0
1.3	bei zugehöriger Profilhöhe $h \geq 2{,}0$ · min *b*	60/0,0	100/0,0	150/0,0	180/0,0	240/0,0
2	Mindestquerschnittsabmessungen bei gewähltem Ausnutzungsfaktor $\alpha_s = 0{,}7$ Mindestbreite min *b* in mm/erforderliche Bewehrung im Verhältnis zur Flanschhöhe (A_s / A_{FL})					
2.1	bei zugehöriger Profilhöhe $h \geq 0{,}9$ · min *b*	80/0,0	170/0,0	250/0,4	270/0,5	–
2.2	bei zugehöriger Profilhöhe $h \geq 1{,}5$ · min *b*	80/0,0	150/0,0	200/0,2	240/0,3	300/0,5
2.3	bei zugehöriger Profilhöhe $h \geq 2{,}0$ · min *b*	70/0,0	120/0,0	180/0,2	220/0,3	280/0,3
2.4	bei zugehöriger Profilhöhe $h \geq 3{,}0$ · min *b*	60/0,0	100/0,0	170/0,2	200/0,3	250/0,3
3	Mindestquerschnittsabmessungen bei gewähltem Ausnutzungsfaktor $\alpha_s = 1{,}0$ Mindestbreite min *b* in mm/erforderliche Bewehrung im Verhältnis zur Flanschhöhe (A_s / A_{FL})					
3.1	bei zugehöriger Profilhöhe $h \geq 0{,}9$ · min *b*	80/0,0	270/0,4	300/0,6	–	–
3.2	bei zugehöriger Profilhöhe $h \geq 1{,}5$ · min *b*	80/0,0	240/0,3	270/0,4	300/0,6	–
3.3	bei zugehöriger Profilhöhe $h \geq 2{,}0$ · min *b*	70/0,0	190/0,3	210/0,4	270/0,5	320/1,0
3.4	bei zugehöriger Profilhöhe $h \geq 3{,}0$ · min *b*	70/0,0	170/0,2	190/0,4	240/0,5	300/0,8

[1] Sofern eine brandschutztechnische Bemessung nicht möglich ist, sind die betreffenden Fälle mit " – " gekennzeichnet.

6.3.2.3 Stahlstützen mit offenem Querschnitt, bei denen die Flächen zwischen den Flanschen vollständig mit Mörtel, Beton oder Mauerwerk ausgefüllt sind, dürfen zusätzlich zur brandschutztechnisch notwendigen Ummantelung beliebig bekleidet werden. Stahlstützen mit offenem Querschnitt, bei denen die Flächen zwischen den Flanschen nicht vollständig mit Mörtel, Beton oder Mauerwerk ausgefüllt sind, dürfen nicht mit zusätzlichen Blechbekleidungen versehen werden.

6.3.3 Bekleidungen aus Beton, Mauerwerk oder Platten

6.3.3.1 Bekleidungen aus Beton müssen konstruktiv bewehrt sein und die in Tabelle 93 angegebenen Mindestdicken besitzen. Die Betonbekleidung darf unmittelbar am Stahl anliegen.

Sofern vorgefertigte Bekleidungsteile verwendet werden, ist die Eignung von Fugen, Anschlüssen und Verbindungsmitteln durch Prüfungen nach DIN 4102 Teil 2 nachzuweisen.

6.3.3.2 Bekleidungen aus Mauerwerk oder Platten müssen im Verband errichtet werden und die in Tabelle 93 angegebenen Mindestdicken besitzen. Lochungen von Steinen dürfen nicht senkrecht zur Stützenlängsachse verlaufen. Die Bekleidung darf unmittelbar am Stahl anliegen.

Die Bekleidungen sind durch eingelegte Stahlbügel mit einem Durchmesser ≥ 5 mm mindestens in Abständen von 250 mm in der Bekleidungsmitte zu bewehren. Diese Bewehrung ist nicht notwendig, wenn die Stützen in ganzer Höhe in Wände nach den Abschnitten 4.5 bis 4.9 eingebaut werden und die an den Stützen vorbeigeführten Wandteile mit der in Tabelle 93 angegebenen Mindestdicke durch Verband mit den angrenzenden Wandteilen verbunden sind; die Bewehrung ist außerdem nicht bei Verwendung von Wandbauplatten aus Gips nach DIN 18163 notwendig.

6.3.4 Putzbekleidungen

6.3.4.1 Putzbekleidungen von Stützen müssen die in Tabelle 94 angegebenen Mindestputzdicken besitzen.

6.3.4.2 Die Anordnung und Befestigung der Putzträger aus Baustoffen der Baustoffklasse A, der Kantenschutzschienen und des nahe der Bekleidungsoberfläche liegenden Drahtgewebes müssen den Angaben der Schema–Skizzen von Tabelle 94 entsprechen. Putzträger und Drahtgewebe sind durch Verrödeln sorgfältig zu befestigen; Längs– und Querstöße sind zu verknüpfen und versetzt anzuordnen.

6.3.5 Gipskartonplattenbekleidungen

6.3.5.1 Gipskartonplattenbekleidungen müssen die in Tabelle 95 angegebenen Mindestdicken besitzen.

6.3.5.2 Die Gipskarton–Bauplatten sind auf einer Unterkonstruktion aus Stahlblechschienen mit einem Abstand ≤ 400 mm anzuordnen. Alle Fugen sind zu versetzen. Jede Bekleidungslage ist für sich an der Unterkonstruktion zu befestigen und zu verspachteln. Im übrigen gilt für die Befestigung und Verspachtelung der Fugen DIN 18181.

6.3.5.3 Alternativ zur Anordnung nach Abschnitt 6.3.5.2 dürfen die Gipskarton–Bauplatten auch unmittelbar an den Stützen angesetzt werden. In derartigen Fällen ist jede Bekleidungslage durch Stahlbänder oder Rödeldrähte im Abstand ≤ 400 mm zu halten. Bei mehrlagigen Bekleidungen darf diese Halterung bei der raumseitigen Bekleidungslage durch eine Befestigung nach DIN 18181 ersetzt werden. Alle Fugen sind zu versetzen und zu verspachteln. Die Stahlbänder und Rödeldrähte sind ebenfalls zu verspachteln.

6.3.5.4 Zum Schutz der Ecken sind stets Eckschutzschienen anzubringen und einzuspachteln.

6.4 Feuerwiderstandsklassen von Stahlzuggliedern

6.4.1 Die Feuerwiderstandsklassen von Stahlzuggliedern einschließlich ihrer Anschlüsse sind auf der Grundlage von Prüfungen nach DIN 4102 Teil 2 zu ermitteln.

6.4.2 Für die Erzielung einer bestimmten Feuerwiderstandsklasse müssen Stahlzugglieder eine Bekleidung und gegebenenfalls bestimmte Querschnittsabmessungen besitzen. Einer Klassifizierung liegt im allgemeinen der Bruchzustand ($T \rightarrow$ crit T mit ε > 10 ‰) zugrunde. Sofern die Dehnung begrenzt werden soll, müssen die ermittelten Mindestwerte vergrößert werden.

6.4.3 Die Feuerwiderstandsklassen von Stahlzugstäben in Fachwerkträgern sind nach den Angaben von Abschnitt 6.2 zu bestimmen.

6.5 Feuerwiderstandsklassen von Stahlträger– und Stahlbetondecken mit Unterdecken

6.5.1 Anwendungsbereich, Brandbeanspruchung

6.5.1.1 Die Angaben von Abschnitt 6.5 gelten für von unten (Unterseite der Unterdecke) oder von oben (Oberseite der tragenden Decke) beanspruchte **Stahlträgerdecken** mit Unterdecken sowie für gleichzustellende Dächer mit nachfolgend beschriebenen Merkmalen.

Die **Stahlträger** nach DIN 18800 Teil 1 liegen im Zwischendeckenbereich zwischen Unterdecke und Abdeckung; sie bilden mit der Abdeckung die tragende Decke und dürfen aus Vollwandträgern, Fachwerkträgern oder auch Gitterträgern bestehen, sofern die Träger und Fachwerk– oder Gitterstäbe nach Abschnitt 6.1.3 einen U/A–Wert ≤ 300 m^{-1} besitzen.

Die **Unterdecke** nach DIN 18168 Teil 1 schützt die Stahlträger vor raumseitiger Brandbeanspruchung von unten – d.h. vor Brandbeanspruchung von der Unterdeckenseite. Die Unterdecke selbst kann so ausgebildet sein, dass sie allein bei Brandbeanspruchung von unten einer Feuerwiderstandsklasse angehört – siehe Abschnitt 6.5.7.

Klassifizierte Träger und Stützen nach DIN 4102, Teil 4 (Brandschutz), Stahlbauteile

Tabelle 105: Mindestquerschnittsabmessungen für Verbundstützen aus betongefüllten Hohlprofilen nach DIN 18806 Teil 1 (d/s bzw. D/s ≥ 25) Stahlsorte des Hohlprofils St 37, Beton ≥ B 25, Bewehrung aus BSt 500 S
Bei Verwendung von St 52 darf die zulässige Beanspruchung nur mit β_S = 240 N/mm² ermittelt werden. α_k: siehe Abschnitt 7.3.2.2

Zeile	Konstruktionsmerkmale	F 30-A	F 60-A	F 90-A	F 120-A	F 180-A
1	Mindestquerschnittsabmessungen bei gewähltem Ausnutzungsfaktor α_k ≈ 0,4					
1.1	Mindestdicken d und b bzw. –durchmesser D in mm	160	200	220	260	400
1.2	Zugehöriges Mindestbewehrungsverhältnis A_s / $(A_a + A_b)$ in %	0	1,5	3,0	6,0	6,0
1.3	Zugehöriger Mindestachsabstand u der Längsbewehrung in mm	2)	30	40	50	60
2	Mindestquerschnittsabmessungen bei gewähltem Ausnutzungsfaktor α_k ≈ 0,4					
2.1	Mindestdicken d und b bzw. –durchmesser D in mm	260	260	400	450	500
2.2	Zugehöriges Mindestbewehrungsverhältnis A_s / $(A_a + A_b)$ in %	0	3,0	6,0	6,0	6,0
2.3	Zugehöriger Mindestachsabstand u der Längsbewehrung in mm	2)	40	40	50	60
3	Mindestquerschnittsabmessungen bei gewähltem Ausnutzungsfaktor α_k ≈ 0,4					
3.1	Mindestdicken d und b bzw. –durchmesser D in mm	260	450	550	–	–
3.2	Zugehöriges Mindestbewehrungsverhältnis A_s / $(A_a + A_b)$ in %	3,0	6,0	6,0	–	–
3.3	Zugehöriger Mindestachsabstand u der Längsbewehrung in mm	25	30	40	–	–

1) Sofern eine brandschutztechnische Bemessung nicht möglich ist, sind die betreffenden Fälle mit " – " gekennzeichnet.
2) Betondeckung siehe DIN 18806 Teil 1.

Tabelle 106: Mindestquerschnittsabmessungen für Verbundstützen aus vollständig einbetonierten Stahlprofilen nach DIN 18806 Teil 1, Bewehrung aus BSt 500 S, Beton ≥ B 25

Zeile	Konstruktionsmerkmale	F 30-A	F 60-A	F 90-A	F 120-A	F 180-A
	Mindestquerschnittsabmessungen					
1.1	Mindestdicken d und b in mm	150	180	220	300	350
1.2	Zugehörige Mindestbetondeckung c des Stahlprofils in mm	40	50	50	75	75
1.3	Zugehöriger Mindestachsabstand u der Längsbewehrung in mm	20	30	30	40	50
	Oder alternativ:					
2.1	Mindestdicken d und b in mm	siehe Zeilen 1.1 bis 1.3	200	250	350	400
2.2	Zugehörige Mindestbetondeckung c des Stahlprofils in mm		40	40	50	60
2.3	Zugehöriger Mindestachsabstand u der Längsbewehrung in mm		20	20	30	40

Tabelle 107: Mindestquerschnittsabmessungen für Verbundstützen aus Stahlprofilen mit ausbetonierten Seitenteilen nach DIN 18806 Teil 1 (t bzw. s ≤ min (d/10, 40 mm)), Beton ≥ B 25; Bewehrung BSt 500 S
α_k: siehe Abschnitte 7.3.2.2 und 7.3.5.1
b ist die Profil– oder Kammerbetonbreite; der kleinere Wert ist maßgebend.

Zeile	Konstruktionsmerkmale	F 30-A	F 60-A	F 90-A	F 120-A	F 180-A
1	Mindestquerschnittsabmessungen bei gewähltem Ausnutzungsfaktor α_k ≈ 0,4					
1.1	Mindestdicken d und b in mm	160	260	300	300	400
1.2	Zugehöriger Mindestachsabstand u der Längsbewehrung in mm	40	40	50	60	60
1.3	Zugehöriges Mindestverhältnis Steg–/Flansch–Dicke s/t	0,6	0,5	0,5	0,7	0,7
2	Mindestquerschnittsabmessungen bei gewähltem Ausnutzungsfaktor α_k ≈ 0,7					
2.1	Mindestdicken d und b in mm	200	300	300	–	–
2.2	Zugehöriger Mindestachsabstand u der Längsbewehrung in mm	35	40	50	–	–
2.3	Zugehöriges Mindestverhältnis Steg–/Flansch–Dicke s/t	0,6	0,6	0,7	–	–
3	Mindestquerschnittsabmessungen bei gewähltem Ausnutzungsfaktor α_k ≈ 1,0					
3.1	Mindestdicken d und b in mm	250	300	–	–	–
3.2	Zugehöriger Mindestachsabstand u der Längsbewehrung in mm	30	40	–	–	–
3.3	Zugehöriges Mindestverhältnis Steg–/Flansch–Dicke s/t	0,6	0,7	–	–	–

1) Sofern eine brandschutztechnische Bemessung nicht möglich ist, sind die betreffenden Fälle mit " – " gekennzeichnet.

Tabelle 108: Mindestquerschnittsabmessungen für Verbundstützen aus Stahlprofilen mit ausbetonierten Seitenteilen nach DIN 18806 Teil 1 (t bzw. s ≤ min (d/10, 40 mm)), bei einem Mindestbewehrungsverhältnis A_s / $(A_a + A_b)$ = 3,0 % und einer maximalen Stützenlänge von 7,50 m für α_k = 0,4 Beton ≥ B 25; Bewehrung BSt 500 S
α_k: siehe Abschnitte 7.3.2.2 und 7.3.5.1
b ist die Profil– oder Kammerbetonbreite; der kleinere Wert ist maßgebend.

Zeile	Konstruktionsmerkmale	F 30-A	F 60-A	F 90-A
	Mindestquerschnittsabmessungen bei gewähltem Ausnutzungsfaktor α_k ≈ 0,4			
1.1	Mindestdicken d und b in mm	140	180	220
1.2	Zugehöriger Mindestachsabstand u der Längsbewehrung in mm	40	40	50
1.3	Mindestverhältnis s/t von Steg–/Flansch–Dicke	0,7	0,7	0,7
	Oder alternativ:			
2.1	Mindestdicken d und b in mm	150	200	240
2.2	Zugehöriger Mindestachsabstand u der Längsbewehrung in mm	40	40	50
2.3	Mindestverhältnis s/t von Steg–/Flansch–Dicke	0,6	0,6	0,6
	Oder alternativ:			
3.1	Mindestdicken d und b in mm	160	240	280
3.2	Zugehöriger Mindestachsabstand u der Längsbewehrung in mm	40	40	50
3.3	Mindestverhältnis s/t von Steg–/Flansch–Dicke	0,5	0,5	0,5

Die **Abdeckung** nach DIN 1045, DIN 4028 oder DIN 4223 ist mindestens 5 cm dick und schützt die Stahlträger vor Brandbeanspruchung von oben. Die Abdeckung beeinflusst das Brandverhalten der Unterdecke. Es wird unterschieden in:

a) Abdeckung aus **Leichtbeton** (Bauart I) und
b) Abdeckung aus **Normalbeton** (Bauart II).

Entsprechend dem Prüfverfahren nach DIN 4102 Teil 2 gelten die Feuerwiderstandsklassen von Stahlträgerdecken mit Unterdecken mit einer Abdeckung aus Leichtbeton auch für Stahlbeton– und Spannbetondecken bzw. –dächer mit Zwischenbauteilen aus Leichtbeton oder Ziegeln nach

DIN 4028 und DIN 4223, DIN 4159, DIN 4158 und DIN 4160 und DIN 278

jeweils mit einer Unterdecke der beschriebenen Art.

Entsprechend dem Prüfverfahren gelten die Feuerwiderstandsklassen von Stahlträgerdecken mit Unterdecken mit einer Abdeckung aus Normalbeton auch für **Stahlbeton– und Spannbetondecken bzw. –dächer** aus Normalbeton mit und ohne Zwischenbauteilen aus Normalbeton (Bauart III) jeweils mit einer Unterdecke der beschriebenen Art. Wegen des günstigeren Brandverhaltens von Stahlbetondecken gegenüber Stahlträgerdecken kann die Bemessung der Unterdecke in bestimmten Fällen jedoch mit geringeren Abmessungen erfolgen – siehe Abschnitte 6.5.2 bis 6.5.6.

Für die Bemessung der Abdeckungen bzw. tragenden Decken gelten die Abschnitte 3.4 bis 3.11.

Für die Bemessung der Unterdecke gelten die Abschnitte 6.5.2 bis 6.5.7.

6.5.1.2 Die Angaben von Abschnitt 6.5 gelten nicht für eine **Brandbeanspruchung des Zwischendeckenbereichs**; sie gelten deshalb auch nicht für eine Klassifizierung der Unterdecken bei Brandbeanspruchung von oben.

Die Angaben setzen daher voraus, dass sich im Zwischendeckenbereich zwischen Rohdecke und Unterdecke mit Ausnahme der Teile, die zur Unterdeckenkonstruktion gehören, keine brennbaren Bestandteile befinden.

Als unbedenklich gelten außerdem Kabelisolierungen oder Baustoffe, sofern die dadurch entstehende Brandlast möglichst gleichmäßig verteilt und ≤ 7 kW h/m² ist.

Sofern Kabelbündel, Rohrisolierungen, Leitungen, Dämmschichten usw. aus Bestandteilen der Baustoffklasse B mit einer Brandlast > 7 kW h/m² vorhanden sind oder sofern die Unterdecke bei Brandbeanspruchung von oben einer Feuerwiderstandsklasse angehören soll, ist die Eignung der Unterdecken durch Prüfungen nach DIN 4102 Teil 2, siehe Abschnitte 4.1, 6.2.2.5 und 7.2.1, nachzuweisen.

6.5.1.3 Die Angaben von Abschnitt 6.5 gelten nur für **unbelastete Unterdecken** – d.h. abgesehen vom Eigengewicht dürfen die nachfolgend beschriebenen Unterdecken, auch im Brandfall, nicht belastet werden.

Im Zwischendeckenbereich verlegte Leitungen – z.B. Kabel und Rohre –, sonstige Installationen usw. müssen an der tragenden Decke (Rohdecke) mit Baustoffen der Baustoffklasse A daher so befestigt werden, dass die beschriebenen Unterdecken im Klassifizierungszeitraum nicht belastet werden.

6.5.1.4 Die Angaben von Abschnitt 6.5 gelten nur für **Unterdecken ohne Einbauten**. Einbauten wie z.B. Einbauleuchten, klimatechnische Geräte oder andere Bauteile, die in der Unterdecke angeordnet sind und diese aufteilen oder unterbrechen, heben die brandschutztechnische Wirkung der Unterdecken auf.

6.5.1.5 Durch die klassifizierten Decken dürfen **einzelne elektrische Leitungen** durchgeführt werden, wenn der verbleibende Lochquerschnitt mit Gips o.ä. oder im Fall der Rohdecke mit Beton nach DIN 1045 vollständig verschlossen wird.

Anmerkung: Für die Durchführung von gebündelten elektrischen Leitungen sind Abschottungen erforderlich, deren Feuerwiderstandsklasse durch Prüfungen nach DIN 4102 Teil 9 nachzuweisen ist; es sind weitere Eignungsnachweise, z.B. im Rahmen der Erteilung einer allgemeinen bauaufsichtlichen Zulassung, erforderlich.

6.5.1.6 Die Klassifizierung der Rohdecken mit Unterdecken (Bauarten I bis III) geht nicht verloren, wenn durch die Unterdecken **Abhänger** – z.B. für Lampen – durchgeführt werden und der Durchführungsquerschnitt für den Abhänger an der Unterdecke nicht wesentlich größer als der Abhängequerschnitt ist.

Erlaubt ist auch die Durchführung von Rohren für Sprinkler.

Bei Unterdecken, die bei Brandbeanspruchung von unten allein einer Feuerwiderstandsklasse angehören (siehe Abschnitt 6.5.7), ist die Durchführung von Abhängern nur erlaubt, wenn ausreichende Maßnahmen gegen eine Überschreitung der maximal zulässigen Temperaturerhöhung auf der dem Feuer abgekehrten Seite getroffen werden. Die Feuerwiderstandsklasse ist in diesen Fällen durch Prüfungen nach DIN 4102 Teil 2 nachzuweisen.

6.5.1.7 Die Angaben von Abschnitt 6.5 gelten nur für geschlossene, **an Massivwände angrenzende Unterdecken**, deren Anschlüsse dicht ausgeführt werden.

Sofern die Unterdecken an leichte Trennwände angrenzen oder sofern leichte Trennwände von unten oder oben – d.h. raumseitig oder vom Zwischendeckenbereich – angeschlossen werden sollen, ist die Eignung der Unterdecken und Anschlüsse durch Prüfungen nach DIN 4102 Teil 2, Abschnitte 4.1, 6.2.2.3, 7.1 und 7.2, nachzuweisen.

Klassifizierte Träger und Stützen nach DIN 4102, Teil 4 (Brandschutz), Stahlbauteile

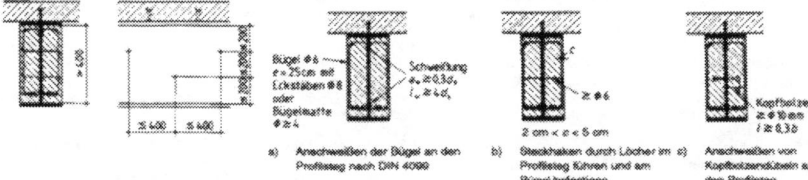

Bild 70: Konstruktive Maßnahmen zur Sicherung des Kammerbetons bei Profilhöhen zwischen den Flanschen ≤ 400 mm nach Abschnitt 7.3.3.3

a) Anschweißen der Bügel an den Profilsteg nach DIN 4099
b) Steckhaken durch Löcher im Profilsteg führen und an Bügeln befestigen
c) Anschweißen von Kopfbolzendübeln an den Profilsteg

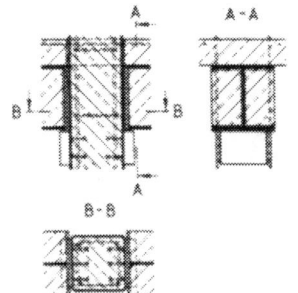

Bild 69: Mindestachsabstände für die Zulagebewehrung von Verbundträgern bei Anwendung von Tabelle 103 bzw. Tabelle 104

Profil-breite b	Mindest-achs-abstand	Feuerwiderstandsklasse			
mm	mm	F 60	F 90	F 120	F 180
170	u	100	120	–	–
	u_s	45	60	–	–
200	u	80	100	120	–
	u_s	40	55	60	–
250	u	60	75	90	120
	u_s	35	50	60	60
300	u	40	50	70	90
	u_s	25	45	60	60

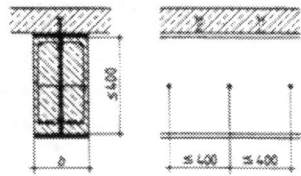

Bild 71: Abstände der Verankerungsmittel zur Sicherung des Kammerbetons bei Profilhöhen zwischen den Flanschen > 400 mm (Steckhaken oder Kopfbolzen) nach Abschnitt 7.3.3.3

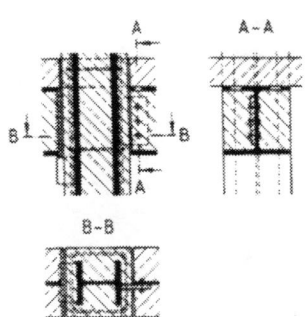

a) Knagge mit Rückverankerung durch Kopfbolzen
b) Durchgestecktes Laschenblech

Bild 72: Beispiele für geeignete Anschlüsse bei Stützen aus betongefüllten Hohlprofilen

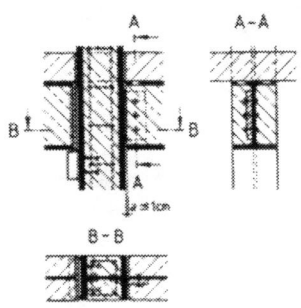

Bild 73: Beispiele für geeignete Anschlüsse an ein vollständig einbetoniertes Walzprofil

Bild 74: Beispiele für geeignete Anschlüsse an eine Verbundstütze aus einem Stahlprofil mit ausbetonierten Seitenteilen

---

6.5.1.8 Die Klassifizierungen gelten nur für nicht **zusätzlich bekleidete Unterdecken.** Zusätzliche Bekleidungen der Unterdecken – insbesondere Blechbekleidungen – können die brandschutztechnische Wirkung der nachfolgend beschriebenen Unterdecken aufheben.

6.5.1.9 Die Klassifizierungen werden durch übliche **Anstriche oder Beschichtungen** sowie **Dampfsperren** bis zu etwa 0,5 mm Dicke nicht beeinträchtigt. Bei dickeren Beschichtungen kann die brandschutztechnische Wirkung der Unterdecken verloren gehen.

Stahlträgerbekleidungen nach Abschnitt 6.2 und die Anordnung von Fußbodenbelägen oder Bedachungen auf der Oberseite der tragenden Decken bzw. Dächern sind bei den nachfolgend klassifizierten Decken bzw. Dächern ohne weitere Nachweise erlaubt; gegebenenfalls sind bei Verwendung von Baustoffen der Klasse B jedoch bauaufsichtliche Anforderungen zu beachten.

6.5.1.10 Dämmschichten im Zwischendeckenbereich können die Feuerwiderstandsdauer der nachfolgend klassifizierten Decken beeinflussen; es wird im folgenden daher zwischen

a) Decken o h n e Dämmschicht und
b) Decken m i t Dämmschicht

im Zwischendeckenbereich unterschieden.

6.5.2 Decken der Bauarten I bis III mit hängenden Drahtputzdecken nach DIN 4121
Stahlträgerdecken und Stahlbeton– bzw. Spannbetondecken der Bauarten I bis III nach den Angaben von Abschnitt 6.5.1 jeweils mit hängenden Drahtputzdecken nach DIN 4121, müssen die in Tabelle 96 angegebenen Bedingungen erfüllen.

Trennstreifen – z.B. Papierstreifen – müssen ≤ 0,5 mm dick sein.

7 Klassifizierte Verbundbauteile

7.1 Grundlagen zur Bemessung von Verbundbauteilen

Die Ausführungshinweise von Abschnitt 7 berücksichtigen die Verwendung handelsüblicher Walzprofile aus Stahlsorten der Werkstoffnummern 1.0037, 1.0116 und 1.0570 nach DIN EN 10025 und von Schweißprofilen, sofern die in den Tabellen 103 bis 108 angegebenen Randbedingungen (z.B. Mindestquerschnittsabmessungen) eingehalten werden. Der Beton muss mindestens die Anforderungen an Normalbeton der Festigkeitsklasse B 25 nach DIN 1045 erfüllen.

7.2 Feuerwiderstandsklassen von Verbundträgern mit ausbetonierten Kammern

7.2.1 Anwendungsbereich, Brandbeanspruchung

7.2.1.1 Die folgenden Angaben gelten für Verbundträger mit ausbetonierten Kammern ohne Vorspannung nach den "Richtlinien für die Bemessung und Ausführung von Stahlverbundträgern" bei 3-seitiger Brandbeanspruchung unabhängig vom Verdübelungsgrad in der Verbundfuge. Eine 3-seitige Brandbeanspruchung liegt vor, wenn die Oberseite der Stahlträger durch Stahlbetonplatten aus Normalbeton ohne Hohlräume nach Abschnitt 3.4 oder durch Verbunddecken nach allgemeinen bauaufsichtlichen Zulassungen, jeweils mindestens der geforderten Feuerwiderstandsklasse, abgedeckt ist.

Bei Verwendung von Verbunddecken muss der Träger vor direktem Brandangriff von oben geschützt werden. Dies ist sichergestellt, wenn 90 % der Obergurtfläche brandschutztechnisch wirksam geschützt sind.

7.2.1.2 Statisch bestimmt gelagerte Verbundträger sind nach Abschnitt 7.2.2 zu bemessen.

7.2.1.3 Statisch unbestimmt gelagerte Verbundträger sind im Bereich positiver Momente ebenfalls nach Abschnitt 7.2.2 zu bemessen. Für den Bereich negativer Momente ist der Nachweis durch Prüfungen nach den Normen der Reihe DIN 4102 zu führen.

7.2.2 Randbedingungen

7.2.2.1 Verbundträger müssen unter Beachtung der Angaben von Abschnitt 7.2 die in Tabelle 103 bzw. Tabelle 104 angegebene Mindestbreite und die erforderliche Bewehrung des Kammerbetons im Verhältnis zur Flanschfläche in Abhängigkeit vom Ausnutzungsfaktor α_s besitzen.

Bei Anwendung der Tabelle 104 sind bei der Bemessung der Schubbewehrung nach der Richtlinie für Stahlverbundträger zusätzlich folgende Regeln zu beachten:

1. Abweichend von DIN 4227 Teil 1, Abschnitt 12.4, ist der Scheibenschub im Plattenanschnitt I–I nach Bild 69 immer vollständig durch Bewehrung abzudecken. Dabei darf die Neigung der Druckstreben nach DIN 4227 Teil 1, Abschnitt 12.4.2, Absatz 3, bzw. Abschnitt 12.4.2, Absatz 5, angenommen werden.

2. Bei gleichzeitigem Auftreten von Scheibenschub und Querbiegung in der Deckenplatte darf die zur Aufnahme der Querbiegung erforderliche Bewehrung zu 40 % auf die Schubbewehrung angerechnet werden.

3. Für die Mindestbewehrung der Gurtscheiben gilt DIN 4227 Teil 1, Abschnitt 6.7.3. Bei Verbunddecken ohne Biegebewehrung ist die erforderliche Schwindbewehrung oben anzuordnen.

Klassifizierte Träger und Stützen nach DIN 4102, Teil 4 (Brandschutz), Stahlbauteile

4. Die erforderliche Schubbewehrung ist ungestaffelt bis an den Rand des Bereichs der für den brandschutztechnischen Nachweis gewählten mitwirkenden Plattenbreite zu führen. Hinsichtlich der erforderlichen Mindestachsabstände der Plattenbewehrung gelten die Angaben in Abschnitt 3.4, Tabelle 12.

7.2.2.2 Die Tabellenwerte wurden für Stahlprofile der Stahlgüte St 52 ermittelt. Bei Verwendung von Stahlprofilen der Stahlgüte St 37 darf die erforderliche Bewehrung auf 70 % der angegebenen Werte reduziert werden. Die Profile müssen zur Anwendung der Tabellen so gestaltet sein, dass die Stegdicke nicht größer als 1/18 der Trägerbreite und die Dicke des Trägeruntergurts nicht mehr als das Zweifache der Stegdicke ist. Die Dicke der Platte muss mindestens 15 cm bzw. 12 cm bei Anwendung der Tabelle 104 betragen. Die bei der Ermittlung der zulässigen Gebrauchslast gewählte mitwirkende Breite der im Verbund liegenden Deckenplatte bei Raumtemperatur darf höchstens 5 m betragen. Das Bewehrungsverhältnis A_s / (A_s + A_b) des Kammerbetons darf 5 % nicht überschreiten.

7.2.2.3 Zur Bestimmung des Ausnutzungsfaktors α_s der Verbundträger ist die vorhandene Bemessungslast mit der zulässigen Beanspruchung (1/γ -fache rechnerische Traglast) nach den "Richtlinien für Stahlverbundträger", Lastfall II (γ = 1,7), ins Verhältnis zu setzen (α_s = vorh M/((pl M/γ)).

7.2.2.4 Die erforderliche Zulagebewehrung des Kammerbetons nach der Tabelle 103 bzw. Tabelle 104 ist eine Brandschutzmaßnahme und darf bei der Bestimmung des Ausnutzungsfaktors α_s nicht in Rechnung gestellt werden.

Bei zurückgesetztem Kammerbeton dürfen die überstehenden Flanschteile bei der Bestimmung des Ausnutzungsfaktors α_s nicht berücksichtigt werden; für b ist die reduzierte Flanschbreite einzusetzen.

7.2.2.5 Bei von den Tabellenwerten abweichenden Lastausnutzungsfaktoren darf zwischen den Mindestbreiten und dem Verhältnis der erforderlichen Bewehrung zur Untergurtfläche linear interpoliert werden. Dabei sind zu dem jeweiligen Ausnutzungsfaktor die zugehörige Mindestbreite und das zugehörige Verhältnis A_s / A_{FL} zu ermitteln.

7.2.3 Konstruktionsgrundsätze für Verbundträger mit ausbetonierten Kammern

7.2.3.1 Tabelle 103 gibt die Mindestquerschnittsabmessungen und die erforderlichen Verhältnisse von Zulagebewehrung zur Flanschfläche wieder.

Tabelle 104 gibt die Mindestquerschnittsabmessungen und die erforderlichen Verhältnisse von Zulagebewehrung zur Flanschfläche wieder, wenn die in Abschnitt 7.2.2.1 aufgeführten konstruktiven Maßnahmen bei der Bewehrung der Deckenplatte berücksichtigt werden.

7.2.3.2 Der Kammerbeton ist nach Bild 70 bzw. Bild 71 an den Trägersteg anzuschließen. Hierzu sind

– Bügel mit dem Profilsteg zu verschweißen oder durch Bohrungen durch den Steg zu führen oder
– Steckhaken durch Bohrungen durch den Steg zu führen und mit der Bewehrung zu verbinden oder
– Kopfbolzen am Steg anzuschweißen.

7.2.3.3 Die Verankerungsmittel können auch alternierend eingesetzt werden. Ihr Abstand längs der Trägerachse darf nicht größer als 40 cm gewählt werden. Bei Profilen mit einem lichten Abstand der Flanschinnenkanten von mehr als 40 cm sind die Verankerungsmittel 2- oder mehrreihig anzuordnen, siehe Bilder 70 und 71. Der Kammerbeton ist, auch wenn keine zusätzliche Längsbewehrung angeordnet wird, durch eine oberflächennahe Schutzbewehrung mit einem Stabdurchmesser d_s ≥ 4,0 mm und einer Maschenweite zwischen 150 mm x 150 mm und 500 mm x 500 mm sowie durch zusätzliche Eckstäbe d_s ≥ 8 mm zu sichern, siehe Bilder 70 und 71. Alternativ können auch Bügelkorbe als geschweißten Betonstahlmatten (ohne zusätzliche Eckstäbe) verwendet werden.

7.2.3.4 Die erforderliche Längsbewehrung in den Kammern ist ungestaffelt über die volle Länge des Verbundträgers bis mindestens 5 cm vor das Trägerende zu führen, wenn kein anderer Nachweis geführt wird.

7.2.3.5 Aussparungen in Verbundträgern mit ausbetonierten Kammern dürfen vernachlässigt werden, wenn sie den Angaben des Abschnitts 3.2.2.5 sinngemäß entsprechen (min b siehe Tabelle 103, Zeilen 1.1, 1.2 oder 1.3).

7.2.3.6 Die Verbundträger sind in geeigneter Weise an Stützen oder Anschlussträger anzuschließen, z.B. nach den Angaben der Bilder 72 bis 74.

7.3 Feuerwiderstandsklassen von Verbundstützen

7.3.1 Anwendungsbereich, Brandbeanspruchung

Die folgenden Angaben gelten für Verbundstützen nach DIN 18806 Teil 1 mit 4-seitiger Brandbeanspruchung.

7.3.2 Randbedingungen

7.3.2.1 Verbundstützen müssen unter Beachtung von Abschnitt 7.3 die in den Tabellen 105 bis 108 angegebenen Mindestquerschnittsabmessungen (Mindestdicke, Mindestachsabstände, Mindestbetondeckung, Mindestverhältnis von Steg-/Flansch-Dicke) in Abhängigkeit vom Ausnutzungsfaktor α_s besitzen.

7.3.2.2 Zur Bestimmung des Ausnutzungsfaktors α_s der Stützen ist die 1,0-fache Bemessungslast mit der zulässigen Beanspruchung (1/γ –fache rechnerische Traglast nach DIN 18806 Teil 1, Lastfall HZ (γ = 1,5), unter der Annahme beidseitig gelenkiger Lagerung (Euler–Fall 2), mit zentrischer oder exzentrischer Belastung) ins Verhältnis zu setzen.

7.3.2.3 Die Tabellen 105 bis 108 sind bei ausgesteiften Gebäuden anwendbar, sofern die Stützenenden, wie in der Praxis üblich, rotationsbehindert gelagert sind (siehe Bilder 72 bis 74). Läuft eine Stütze über mehrere Geschosse durch, so gilt der entsprechende Endquerschnitt im Brandfall ebenfalls als an seiner freien Rotation wirksam gehindert.

7.3.2.4 Die Knicklänge der Stützen zur Bestimmung der zulässigen Beanspruchung nach Abschnitt 7.3.2.2 entspricht der Knicklänge bei Raumtemperatur, jedoch ist sie mindestens so groß wie die Stützenlänge zwischen zwei Auflagerpunkten (Geschosshöhe).

Sofern die Stützenenden konstruktiv als Gelenk ausgebildet sind (z.B. Auflagerung auf Zentrierleisten), dürfen die Tabellen 105 bis 108 nur angewendet werden, wenn die Knicklänge bei Raumtemperatur zur Berechnung des Ausnutzungsfaktors α_s verdoppelt wird; bei anderen Lagerungsbedingungen ist sinngemäß zu verfahren.

7.3.2.5 Die Längsbewehrung muss der Betonstahlgüte BSt 500 S (1.0438) entsprechen.

7.3.2.6 Bei von den Tabellenwerten abweichenden Lastausnutzungsfaktoren darf zwischen den Mindestquerschnittsdicken und Mindestbewehrungsverhältnissen linear interpoliert werden. Dabei sind zu dem jeweiligen Ausnutzungsfaktor die zugehörigen Mindestquerschnittsdicken und das zugehörige Mindestbewehrungsverhältnis zu ermitteln. Die Achsabstände der Längsbewehrung sind als Mindestwerte vorgeschrieben und nicht reduzierbar.

7.3.3 Konstruktionsgrundsätze für Verbundstützen aus betongefüllten Hohlprofilen

7.3.3.1 Tabelle 105 gibt die Mindestquerschnittsdicke sowie das Mindestbewehrungsverhältnis und die Mindestachsabstände der Längsbewehrung von Verbundstützen aus betongefüllten Hohlprofilen wieder. Die aus dem angegebenen Mindestbewehrungsverhältnis zu bestimmende Querschnittsfläche der Bewehrung ist auf mindestens vier Längsbewehrungsstäbe zu verteilen.

7.3.3.2 Die Wandungen der Hohlprofile sind mit Löchern nach Abschnitt 6.3.2.2 zu versehen.

7.3.3.3 Bewehrte Betonkerne sind so zu verbügeln, dass die Stäbe während des Betoniervorgangs in ihrer Lage fixiert sind. Die Bügel haben im Brandfall keine statischen Funktionen.

7.3.3.4 Die Tabellenwerte gelten für Verbundstützen aus betongefüllten Hohlprofilen nach DIN 18806 Teil 1 mit Verhältniswerten d/s bzw. D/s ≥ 25, Stahlsorte des Hohlprofils St 37, Betongüte ≥ B 25 und Bewehrung BSt 500 S. (Bei Verwendung von St 52 darf die zulässige Beanspruchung nur mit β_s = 240 N/mm² ermittelt werden.)

7.3.4 Konstruktionsgrundsätze für Verbundstützen aus vollständig einbetonierten Stahlprofilen

7.3.4.1 Tabelle 106 gibt die Mindestquerschnittsdicken sowie die zugehörigen Mindestbetondeckungen der Stahlprofile und die zugehörigen Mindestachsabstände der Längsbewehrung von Verbundstützen aus vollständig einbetonierten Stahlprofilen ohne Abminderung der zulässigen Last wieder.

7.3.4.2 Die konstruktiven Anforderungen von DIN 18806 Teil 1 sind zu beachten. Darüber hinausgehende Anforderungen werden nicht gestellt.

7.3.5 Konstruktionsgrundsätze für Verbundstützen aus Stahlprofilen mit ausbetonierten Seitenteilen (Kammern)

7.3.5.1 Tabelle 107 gibt die Mindestquerschnittsdicken sowie die zugehörigen Mindestachsabstände der Längsbewehrung und die zugehörigen Mindestverhältnisse von Steg-/Flansch-Dicke von Verbundstützen aus Stahlprofilen mit ausbetonierten Seitenteilen wieder.

Bei zurückgesetztem Kammerbeton dürfen die überstehenden Flanschteile bei der Bestimmung des Ausnutzungsfaktors α_s nicht berücksichtigt werden; für b ist die reduzierte Flanschbreite einzusetzen.

7.3.5.2 Für Stützenquerschnitte bei einer Stützenlänge ≤ 7,50 m mit einer Bewehrung von mindestens A_s /(A_s + A_b) = 3 % gelten die erforderlichen Mindestquerschnittsdicken, die zugehörigen Mindestachsabstände der Längsbewehrung und die zugehörigen Mindestverhältniswerte von Steg-/Flansch-Dicke nach Tabelle 108.

7.3.5.3 Um den Kammerbeton gegen Herausfallen zu sichern, muss er mit dem Profilsteg verbunden werden.
Hierzu sind
– Bügel mit dem Profilsteg zu verschweißen oder durch Bohrungen durch den Steg zu führen oder
– Steckhaken durch Bohrungen im Steg zu führen und mit der Bewehrung zu verbinden oder
– Kopfbolzen am Steg anzuschweißen.

Die Verankerungsmittel können auch alternierend eingesetzt werden. Ihr Abstand längs der Stützenachse darf nicht größer als 500 mm gewählt werden.

Die nach DIN 18806 Teil 1 für die Beanspruchung bei Raumtemperatur erforderliche Befestigung der Bügel (Anschweißen bzw. Durchstecken durch den Profilsteg) darf für die im Brandfall geforderte Verankerung des Kammerbetons angerechnet werden.

Der Kammerbeton ist auch dann zu verankern, wenn nach DIN 18806 Teil 1, Abschnitt 7.2, auf die rechnerische Berücksichtigung der Längsbewehrung verzichtet wird. Die in diesem Fall nach DIN 18806 Teil 1 einzulegende Oberflächenbewehrung ist aus Gründen des Brandschutzes erforderlich.

7.3.5.4 In Knotenbereichen sind die Abstände der Verankerungsmittel auf einer Länge von 500 mm auf etwa 100 mm zu verkleinern.

7.3.5.5 Bei Profilen mit einem lichten Abstand der Flanschinnenkanten von mehr als 400 mm sind die Verankerungsmittel 2- oder mehrreihig anzuordnen, siehe sinngemäß die Bilder 70 und 71.

Klassifizierte Sonderbauteile (Fenster, Türen) nach DIN 4102, Teil 4 (Brandschutz)

8 Klassifizierte Sonderbauteile

8.1 Feuerwiderstandsklassen nichttragender Außenwände

8.1.1 Raumabschließende Außenwände
Raumabschließende nichttragende Außenwände, die nach DIN 4102 Teil 3 in die Feuerwiderstandsklassen W 30 bis W 180 (Benennungen W...-A, W...-AB und W...-B) einzustufen sind, sind unabhängig von ihrer Breite wie raumabschließende bzw. nichttragende Wände der Feuerwiderstandsklassen F 30 bis F 180 (Benennungen F...-A, F...-AB und F...-B) nach Abschnitt 4 zu bemessen.

8.1.2 Brüstungen und Schürzen

8.1.2.1 Brüstungen, die auf einer Stahlbetonkonstruktion ganz aufgesetzt und nach DIN 4102 Teil 3 in die Feuerwiderstandsklassen W 30 bis W 180 (Benennungen W...-A, W...-AB und W...-B) einzustufen sind, sind unabhängig von ihrer Höhe wie raumabschließende Wände der nichttragende Wände der Feuerwiderstandsklassen F 30 bis F 180 (Benennungen F...-A, F...-AB und F...-B) nach Abschnitt 4 zu bemessen.

8.1.2.2 Brüstungen, die nicht Abschnitt 8.1.2.1 entsprechen – z.B. teilweise oder ganz vorgesetzte Brüstungen – sowie Schürzen und Brüstungen in Kombination mit Schürzen sind zum Nachweis der Feuerwiderstandsklasse nach DIN 4102 Teil 3 zu prüfen.

8.2 Feuerwiderstandsklassen von Feuerschutzabschlüssen

Als Feuerschutzabschlüsse mit bestimmter Feuerwiderstandsklasse nach DIN 4102 Teil 5 gelten Stahltüren nach
- DIN 18082 Teil 1 (Bauart A) und
- DIN 18082 Teil 2 (Bauart B) .
Anmerkung: die Brauchbarkeit nicht genormter Bauarten von Feuerschutzabschlüssen kann nicht allein durch Prüfzeugnisse nach DIN 4102 Teil 5 und Teil 18 beurteilt werden; es sind weitere Eignungsnachweise zu erbringen – z.B. im Rahmen der Erteilung einer allgemeinen bauaufsichtlichen Zulassung. [12]

8.3 Feuerwiderstandsklassen von Abschlüssen in Fahrschachtwänden der Feuerwiderstandsklasse F 90
Als Abschlüsse in Fahrschachtwänden der Feuerwiderstandsklasse F 90 nach DIN 4102 Teil 5 gelten
- Flügel- und Falttüren nach DIN 18090,
- Horizontal- und Vertikal-Schiebetüren nach DIN 18091 und
- Vertikal-Schiebetüren nach DIN 18092.

Anmerkung: Die Brauchbarkeit nicht genormter Bauarten von Abschlüssen in Fahrschachtwänden der Feuerwiderstandsklasse F 90 kann nicht allein durch Prüzeugnisse nach DIN 4102 Teil 5 beurteilt werden, es sind weitere Eignungsnachweise zu erbringen – z.B. im Rahmen der Erteilung einer allgemeinen bauaufsichtlichen Zulassung. [12]

8.4 Feuerwiderstandsklassen von G–Verglasungen

8.4.1 Anwendungsbereich

8.4.1.1 Die folgenden Angaben gelten für Verglasungen aus Glasbausteinen nach DIN 18175 der Maße $l \times b \times h$ = 190 mm x 190 mm x 80 mm, Betongläser nach DIN 4243 und für Verglasungen aus Drahtglas (Gussglas oder Spiegelglas).

8.4.1.2 Die Angaben gelten nicht für Verglasungen mit anderen Maßen oder anderen Glasbausteinen bzw. Scheiben und nicht für den geneigten oder waagerechten Einbau mit Ausnahme der in Abschnitt 8.4.2 genannten Verglasungen.

8.4.1.3 G–Verglasungen nach den Angaben von Abschnitt 8.4 verhindern den Flammen– und Brandgasdurchtritt, jedoch nicht den Durchtritt der Wärmestrahlung.

Anmerkung: Nach bauaufsichtlichen Vorschriften dürfen G–Verglasungen nur an Stellen eingebaut werden, an denen wegen des Brandschutzes keine Bedenken bestehen (z.B. als Lichtöffnung in Flurwänden, wenn die Unterkante der G–Verglasungen mindestens 1,8 m über Oberfläche Fertigfußboden (OFF) angeordnet ist).

8.4.2 Randbedingungen für waagerecht angeordnete Verglasungen aus Glasbausteinen

8.4.2.1 Als Glasbausteine sind Betongläser nach DIN 4243 zu verwenden.

8.4.2.2 Für die Bemessung von waagerecht angeordneten Verglasungen aus Glasbausteinen (Betongläsern) gilt DIN 1045, Abschnitt 20.3

8.4.3 Randbedingungen für senkrecht angeordnete Verglasungen aus Glasbausteinen

8.4.3.1 Die zulässige Größe der Verglasung beträgt maximal 3,5 m^2, wahlweise im Quer– oder Hochformat angeordnet.

8.4.3.2 Die Aufmauerung der Glasbausteine muss mit Zementmörtel, bestehend aus scharfkantigem Sand (Körnung: 0 mm bis 3 mm) und Portlandzement (PZ 35 F) im Mischungsverhältnis 1 : 4 (nach Raumteilen), erfolgen (siehe Bild 75).

8.4.3.3 In allen horizontalen und vertikalen Fugen ist wechselseitig je 1 Bewehrungsstab, Durchmesser 6 mm, aus Betonstabstahl anzuordnen (siehe Bild 75).

8.4.3.4 In allen waagerechten und senkrechten Randstreifen sind je 2 Bewehrungsstäbe, Durchmesser 6 mm, anzuordnen (siehe Bild 75).

8.4.3.5 Die Dehnungsfuge zwischen dem Randstreifen und dem angrenzenden Mauerwerk oder der angrenzenden Betonwand muss aus etwa 15 mm dicken Mineralfaserplatten der Baustoffklasse A bestehen.

8.4.3.6 Der Sturz über der Verglasung muss statisch und brandschutztechnisch so bemessen werden, dass die Verglasung außer ihrem Eigengewicht keine zusätzliche vertikale Belastung erhält.

8.4.3.7 Die angrenzende Wand muss aus mindestens 240 mm dickem Mauerwerk nach DIN 1053 Teil 1 mit Steinen mindestens der Festigkeitsklasse 12 und Mörtel mindestens der Mörtelgruppe II oder aus mindestens 240 mm dickem Beton bestehen. Stahlbeton nach DIN 1045 mit Beton mindestens der Festigkeitsklasse B 10 bzw. B 15 bestehen.

8.4.3.8 Pfeiler aus Mauerwerk oder Stützen aus Beton zwischen den Verglasungen müssen Querschnittsmaße von mindestens 240 mm x 240 mm aufweisen.

8.4.3.9 Der Randstreifen der Verglasung muss 40 mm tief durch einen Anschlag aus Mauerwerk oder Beton abgedeckt sein (siehe Bild 75).

8.4.4 Feuerwiderstandsklassen von Verglasungen aus Glasbausteinen

8.4.4.1 Waagerecht angeordnete Verglasungen nach Abschnitt 8.4.2 gehören zur Feuerwiderstandsklasse G 30.

8.4.4.2 1-schalige senkrechte Verglasungen nach Abschnitt 8.4.3 gehören zur Feuerwiderstandsklasse G 60.

8.4.4.3 2-schalige senkrechte Verglasungen nach Abschnitt 8.4.3 gehören unter Beachtung der folgenden Punkte zur Feuerwiderstandsklasse G 120:
a) Der lichte Abstand zwischen den einzelnen Schalen muss ≥ 30 mm betragen.
b) Der Zwischenraum zwischen den Randstreifen ist umlaufend mit ≥ 30 mm dicken Mineralfaserplatten der Baustoffklasse A so zu füllen, dass die Randstreifen jeweils abgedeckt sind.
c) Wegen der Zweischaligkeit muss die Wanddicke aus Mauerwerk oder Beton mindestens 365 mm betragen.

8.4.5 Randbedingungen für senkrechte Verglasungen aus Drahtglas

8.4.5.1 Die an die Verglasung angrenzenden Wände müssen aus mindestens 115 mm dickem Mauerwerk nach DIN 1053 Teil 1 mit Steinen mindestens der Festigkeitsklasse 12 und Mörtel mindestens der Mörtelgruppe II oder aus 100 mm dickem Beton bzw. Stahlbeton nach DIN 1045 mit Beton mindestens der Festigkeitsklasse B 10 bzw. B 15 bestehen.

8.4.5.2 Pfeiler aus Mauerwerk oder Stützen aus Beton zwischen den Verglasungen müssen mindestens 240 mm breit sein.

8.4.5.3 Hinsichtlich des Sturzes über der Verglasung gilt Abschnitt 8.4.3.6.

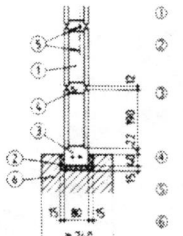

Bild 75: Verglasung aus Glasbausteinen

① Glasbausteine, 190 mm x 190 mm x 80 mm, nach DIN 18175
② Dehnungsfuge, etwa 15 mm, Mineralfaserplatten (Klasse DIN 4102–A)
③ Zementmörtel–Randstreifen, etwa 60 mm hoch, Mörtelgruppe III, Bewehrung 2, Durchmesser 6 mm, BSt 420/500 RU
④ Zementmörtelfugen, etwa 12 mm, Mörtelgruppe III
⑤ Fugenbewehrung 1, Durchmesser 6 mm, BSt 420/500 RU
⑥ Mauerwerk oder Beton

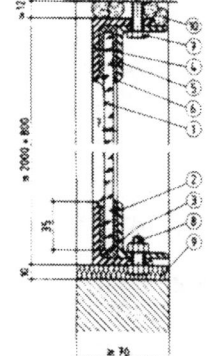

Bild 76: Verglasung aus Drahtglas

1 Drahtglas (Gussglas oder Spiegelglas), 7 mm dick (Nenndicke); Maschenweite der mittig angeordneten Drahteinlage ≈ 12,5 mm; Stabdurchmesser 0,5 mm oder 0,6 mm, punktverschweißt
2 Dichtungsstreifen aus Keramikfaser, Baustoffklasse A, angeklebt mit Kleber der Baustoffklasse A
3 Verklotzung aus Calcium-Silikat 25 x 7 x 5, Baustoffklasse A; 2-mal am unteren Rand
4 Trägerrahmen, Stahlprofil 45 x 45 x 5
5 Abdeckrahmen, Stahlprofil 40 x 40 x 4
6 Versiegelung mit Dichtstoff auf Silikonbasis
7 Stahlschraube M 8 x 80 und metallische Spreizdübel, Abstände ~ 350 mm
8 Stahlschraube M 8 x 20, Abstände ~ 350 mm
9 Mineralfaserplatte, Baustoffklasse A
10 Mineralwolle, Baustoffklasse A

8.4.6 Senkrechte Verglasung mit Drahtglas der Feuerwiderstandsklasse G 30

8.4.6.1 Die Verglasung muss aus einer Scheibe nach Abschnitt 8.4.6.3 und aus einem aus Stahlprofilen zusammengesetzten Rahmen nach Abschnitt 8.4.6.4 bestehen.

8.4.6.2 Die zulässigen Maße der Verglasung betragen 80 cm x 200 cm (Außenmaße des Rahmens). Die Verglasung darf wahlweise im Hoch– oder Querformat angeordnet werden.

8.4.6.3 Die Scheiben für die Verglasung müssen aus Drahtglas (Gussglas oder Spiegelglas) bestehen, dessen Dicke 7 mm (Nenndicke nach DIN 1249 Teil 4) betragen muss. Die Maschenweite der punktverschweißten und mittig angeordneten Drahteinlagen muss etwa 12,5 mm x 12,5 mm, die Einzeldrahtdurchmesser müssen 0,5 mm oder 0,6 mm betragen.

8.4.6.4 Der Rahmen der Verglasung muss sich aus einem Träger– und einem Abdeckrahmen zusammensetzen, die mit Hilfe von Stahlschrauben M 8 x 20 in Abständen von etwa 350 mm miteinander verbunden werden. Der Trägerrahmen muss aus Stahlprofilen L 45 x 45 x 5 und der Abdeckrahmen aus Stahlprofilen L 40 x 40 x 4 mm zusammengesetzt sein, die jeweils in den Rahmenecken miteinander stumpf verschweißt sein müssen (siehe Bild 76).
Die beiden Rahmen müssen so ineinandergefügt werden, dass sie eine umlaufende, 12 mm breite Nut zur Aufnahme der Glasscheibe und der beidseitig aufgeklebten, 35 mm breiten und 3 mm dicken Dichtungsstreifen bilden.

8.4.6.5 Die Scheibe ist auf zwei 5 mm hohen und 25 mm langen Klötzen aus Calcium-Silikat-Platten der Baustoffklasse A abzusetzen. Der Glaseinstand der Scheibe im Rahmen muss längs aller Ränder mindestens 35 mm betragen (siehe Bild 76).

8.4.6.6 Die 3 mm dicken Dichtungsstreifen müssen aus Mineralfaser der Baustoffklasse A bestehen und mit Hilfe von Kleber der Baustoffklasse A mit der Scheibe verbunden werden.

8.4.6.7 Der Abdeckrahmen ist mit dem Trägerrahmen so zu verschrauben, dass er gegen die in den Dichtungsstreifen gelagerte Scheibe presst. Die Versiegelung der Verglasung muss mit einem Dichtstoff auf Silikonbasis erfolgen.

8.4.6.8 Der Rahmen ist an allen Seiten mit Stahlschrauben M 8 x 80 und gleichmäßig bauaufsichtlich zugelassenen metallischen Spreizdübeln in Abständen von etwa 350 mm mit der Wand zu verbinden (siehe Bild 76).

8.4.6.9 Die Fugen zwischen dem Rahmen und der angrenzenden Wand sind mit Mineralwolle der Baustoffklasse A mit einem Schmelzpunkt ≥ 1000 °C nach DIN 4102 Teil 17 auszustopfen. Der Rahmen ist beidseitig einzuputzen oder mit anderen Baustoffen der Baustoffklasse A abzudecken.

---

[12] Genormte oder allgemein bauaufsichtlich zugelassene Bauarten von Feuerschutzabschlüssen, Abschlüssen in Fahrschachtwänden der Klasse F 90 und Verglasungen der Feuerwiderstandsklasse F und G dürfen nur in Wände bestimmter Bauarten mit bestimmten Mindestdicken und -festigkeiten sowie unter Beachtung bestimmter konstruktiver Details eingebaut werden, siehe auch [2] und [3].
Abschlüsse in Fahrschachtwänden dürfen nur unter Beachtung von Anforderungen an die Fahrkörbe und nur in entlüfteten Fahrschächten eingebaut werden. Einzelheiten sind den Normen und Zulassungen zu entnehmen.

Schalldämmung nach DIN 4109, Beiblatt 1

10 Außenbauteile

10.1 Nachweis ohne bauakustische Messungen

10.1.1 Außenwände, Decken und Dächer

Für bauakustisch einschalige Außenwände, Decken und Dächer kann das bewertete Schalldämm–Maß $R'_{w,R}$ in Abhängigkeit von der flächenbezogenen Masse aus Abschnitt 2.2 entnommen werden. Bei der Ermittlung der flächenbezogenen Masse eines Daches darf auch das Gewicht der Kiesschüttung berücksichtigt werden.

Bei zweischaligem Mauerwerk mit Luftschicht nach DIN 1053 Teil 1 darf das bewertete Schalldämm–Maß $R'_{w,R}$ aus der Summe der flächenbezogenen Massen der beiden Schalen – wie bei einschaligen, biegesteifen Wänden – nach Abschnitt 2.2 ermittelt werden.

Hierbei darf das ermittelte bewertete Schalldämm–Maß $R'_{w,R}$ um 5 dB erhöht werden. Wenn die flächenbezogene Masse der auf die Innenschale der Außenwand anschließenden Trennwände größer als 50 % der flächenbezogenen Masse der inneren Schale der Außenwand beträgt, darf das Schalldämm–Maß $R'_{w,R}$ um 8 dB erhöht werden.

Tabelle 37: Ausführungsbeispiele für Außenwände in Holzbauart (Rechenwerte) (Maße in mm)

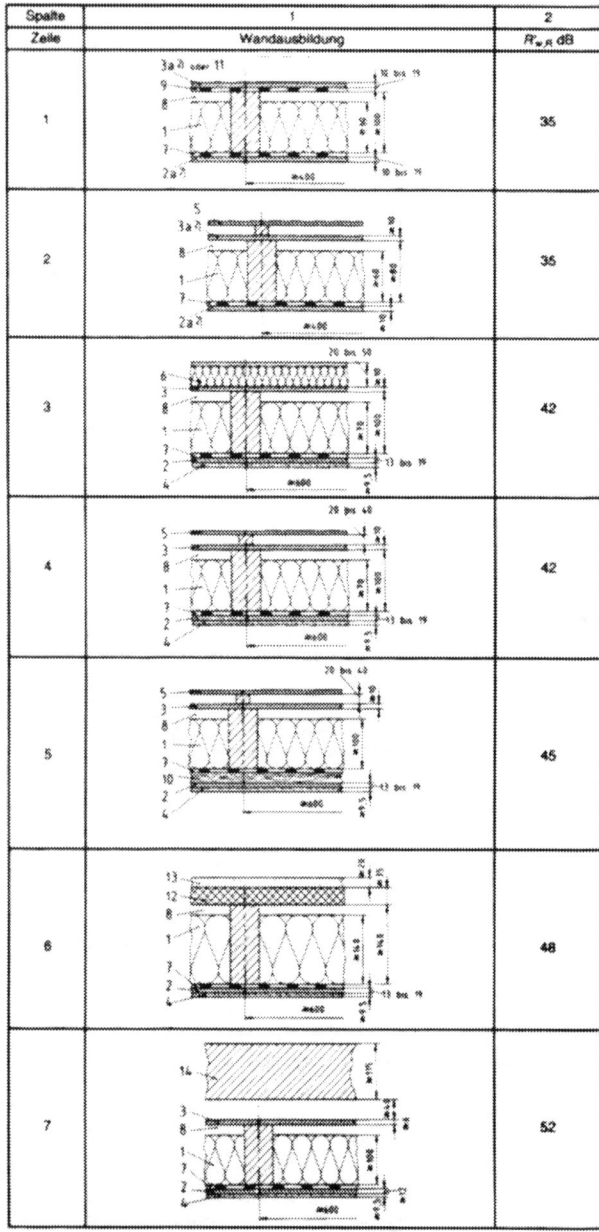

Spalte	1	2
Zeile	Wandausbildung	$R'_{w,R}$ dB
1		35
2		35
3		42
4		42
5		45
6		48
7		52

Erklärungen zu Tabelle 37:
1. Faserdämmstoff nach DIN 18165 Teil 1, längenbezogener Strömungswiderstand $\Xi \geq 5$ kN · s/m⁴
2. Spanplatten nach DIN 68763, Bau–Furniersperrholz nach DIN 68705 Teil 3 und Teil 5, Gipskartonplatten nach DIN 18180 mit $m' \geq 8$ kg/m²
2 a Wie 2 oder 18 mm Nut–Feder–Bretterschalung
3. Spanplatten, Bau–Furniersperrholz mit $m' \geq 8$ kg/m²
3a Wie 3 oder 18 mm Nut–Feder–Bretterschalung
4. Bekleidung, $m' \geq 8$ kg/m²
5. Vorhangschale, $m' \geq 10$ kg/m²
6. Hartschaumplatten mit Dünn– oder Dickputz
7. Dampfsperre, bei zweilagiger, raumseitiger Bekleidung kann die Dampfsperre auch zwischen den Bekleidungen angeordnet werden
8. Hohlraum, nicht belüftet
9. Wasserdampfdurchlässige Folie, nur bei Bretterschalung erforderlich
10. Zwischenlattung
11. Faserzementplatten, $d \geq 4$ mm
12. Holzwolle–Leichtbauplatten nach DIN 1101
13. Mineralischer Außenputz nach DIN 18550 Teil 1 und Teil 2
14. Mauerwerk–Vorsatzschale

Tabelle 38: Ausführungsbeispiele für belüftete oder nicht belüftete Flachdächer in Holzbauart (Rechenwerte) (Maße in mm)

Spalte	1	2	3	4
Zeile	Dachausbildung	Verbindungs-mittel	Erforderliche Kiesauflage h_s mm	$R'_{w,R}$ dB
1		beliebig	—	35
2			≥ 30	40
3		mechanisch	≥ 30	45
4		mechanisch	≥ 30	50

Erklärungen zu Tabelle 38:
1. Faserdämmstoff nach DIN 18165 Teil 1, längenbezogener Strömungswiderstand $\Xi \geq 5$ kN · s/m⁴
2. Spanplatten nach DIN 68763, Bau–Furniersperrholz nach DIN 68705 Teil 3 und Teil 5, Gipskartonplatten nach DIN 18180, Nut–Feder–Bretterschalung
2 a Wie 2, jedoch mit Zwischenlattung
2 b Spanplatten, Bau–Furniersperrholz, Nut–Feder–Bretterschalung
3. Spanplatten, Gipskartonplatten, Bretterschalung mit $m' \geq 8$ kg/m²
4. Hohlraum belüftet / nicht belüftet
5. Dachabdichtung
6. Kiesauflage
7. Dampfsperre

Tabelle 39: Ausführungsbeispiele für belüftete oder nichtbelüftete, geneigte Dächer in Holzbauart (Rechenwerte) (Maße in mm)

Spalte	1	2	3
Zeile	Dachausbildung	Dachdeckung nach Ziffer	$R'_{w,R}$ dB
1		8	35
2		8	40
3		8 a	45
4		8 a	45
5		8	37

Erklärungen zu Tabelle 39:
1. Faserdämmstoff nach DIN 18165 Teil 1, längenbezogener Strömungswiderstand $\Xi \geq 5$ kN · s/m⁴
1 a Hartschaumplatten nach DIN 18164 Teil 1, Anwendungstyp WD oder WS und WD
2. Spanplatten oder Gipskartonplatten
2 a Spanplatten oder Gipskartonplatten ohne/mit Zwischenlattung
2 b Rauspundschalung mit Nut und Feder, 24 mm
3. Zusätzliche Bekleidung aus Holz, Spanplatten oder Gipskartonplatten mit $m' \geq 6$ kg/m²
4. Zwischenlattung
5. Dampfsperre, bei zweilagiger, raumseitiger Bekleidung kann die Dampfsperre auch zwischen den Bekleidungen angeordnet werden
6. Hohlraum belüftet/nicht belüftet
7. Unterspannbahn oder ähnliches, z.B. harte Holzfaserplatten nach DIN 68754 Teil 1, mit $d \geq 3$ mm
8. Dachdeckung auf Querlattung und erforderlichenfalls Konterlattung
8 a Wie 8, jedoch mit Anforderungen an die Dichtheit (z.B. Faser-zementplatten auf Rauspund ≥ 20 mm, Falzdachziegel nach DIN 456 bzw. Betondachsteine nach DIN 1115, nicht verfalzte Dachziegel bzw. Dachsteine in Mörtelbettung).

Schalldämmung nach DIN 4109, Beiblatt 1

Bei Sandwich–Elementen aus Beton mit einer Dämmschicht aus Hartschaumstoffen nach DIN 18164 Teil 1 ergibt sich das bewertete Schalldämm–Maß $R'_{w,R}$ nach Abschnitt 2.2 aus den flächenbezogenen Massen beider Schalen abzüglich 2 dB.

Bei Außenwänden mit Außenwandbekleidung nach DIN 18516 Teil 1 oder Fassadenbekleidung nach DIN 18515 wird nur die flächenbezogene Masse der inneren Wand berücksichtigt. Gleiches gilt sinngemäß auch für vergleichbare belüftete Dächer.

Außenbauteile aus biegeweichen Schalen gelten ohne besonderen Nachweis im Sinne der erforderlichen Luftschalldämmung nach Abschnitt 2.5 als geeignet, wenn ihre Ausführung den in den Tabellen 37 bis 39 aufgeführten Ausführungsbeispielen entspricht.

Hinweis:
Schallschutz Außenwände mit Tabelle 37 siehe KG 331.05.1.
Tabelle 3 siehe KG 331.05.1, Seite 1

10.1.2 Fenster und Glaseinwände

Fenster bis 3 m² Glasfläche (größte Einzelscheibe) gelten ohne besonderen Nachweis im Sinne der erforderlichen Luftschalldämmung nach DIN 4109, Tabelle 8, als geeignet, wenn ihre Ausführungen Tabelle 40 entsprechen.

Glasbaustein–Wände nach DIN 4242 mit einer Wanddicke $\geq$ 80 mm aus Glasbausteinen nach DIN 18175 gelten ohne besonderen Nachweis als geeignet, die Anforderung erf. $R'_w \leq$ 35 dB zu erfüllen.

Bei Fenstern mit Glasflächen > 3 m² (größte Einzelscheibe) dürfen die Tabellen ebenfalls angewendet werden, jedoch ist das bewertete Schalldämm–Maß $R_{w,R}$ nach Tabelle 40 um 2 dB abzumindern.

Tabelle 40 gilt nur für einflügelige Fenster oder mehrflügelige Fenster[1] mit festem Mittelstück. Die in Tabelle 40 den einzelnen Fensterbauarten zugeordneten bewerteten Schalldämm–Maße $R_{w,R}$ werden nur eingehalten, wenn die Fenster ringsum dicht schließen. Fenster müssen deshalb Falzdichtungen (siehe Tabelle 40, Fußnote 1, mit Ausnahme von Fenstern nach Zeile 1) und ausreichende Steifigkeit haben. Bei Holzfenstern wird auf DIN 68121 Teil 1 und Teil 2 hingewiesen.

Um einen möglichst gleichmäßigen und hohen Schließdruck im gesamten Falzbereich sicherzustellen, muss eine genügende Anzahl von Verriegelungsstellen vorhanden sein (wegen der Anforderungen an Fenster siehe auch DIN 18055).

Zwischen Fensterrahmen und Außenwand vorhandene Fugen müssen nach dem Stand der Technik abgedichtet sein.

Tabelle 40: Ausführungsbeispiele für Dreh–, Kipp– und Drehkipp–Fenster (–Türen) und Fensterverglasungen mit bewerteten Schalldämm–Maßen $R_{w,R}$ von 25 dB bis 45 dB (Rechenwerte)

Spalte	1	2	3	4	5	6
Zeile		Anforderungen an die Ausführung der Konstruktion verschiedener Fensterarten				
			Einfachfenster [1]	Verbundfenster [1]		Kastenfenster [1][3] mit 2 Einfach–
			mit Isolierverglasung [2]	mit 2 Einfach-scheiben	mit 1 Einfachscheibe und 1 Isolierglasscheibe	bzw. 1 Einfach– und 1 Isolierglasscheibe
Zeile	$R_{w,R}$ dB	Konstruktions-merkmale				
1	25	Verglasung: Gesamtglasdicken Scheibenzwischenraum $R_{w,R}$ Verglasung Falzdichtung:	$\geq$ 6 mm $\geq$ 8 mm $\geq$ 27 dB nicht erforderlich	$\geq$ 6 mm keine – nicht erforderlich	keine keine – nicht erforderlich	– – – nicht erforderlich
2	30	Verglasung: Gesamtglasdicken Scheibenzwischenraum $R_{w,R}$ Verglasung Falzdichtung:	$\geq$ 6 mm $\geq$ 12 mm $\geq$ 30 dB 1 erforderlich	$\geq$ 6 mm $\geq$ 30 mm – 1 erforderlich	keine $\geq$ 30 mm – 1 erforderlich	– – – nicht erforderlich
3	32	Verglasung: Gesamtglasdicken Scheibenzwischenraum $R_{w,R}$ Verglasung Falzdichtung:	$\geq$ 8 mm $\geq$ 12 mm $\geq$ 32 dB 1 erforderlich	$\geq$ 8 mm $\geq$ 30 mm – 1 erforderlich	$\geq$ 4 mm + 4/12/4 $\geq$ 30 mm – 1 erforderlich	– – – 1 erforderlich
4	35	Verglasung: Gesamtglasdicken Scheibenzwischenraum $R_{w,R}$ Verglasung Falzdichtung:	$\geq$ 10 mm $\geq$ 16 mm $\geq$ 35 dB 1 erforderlich	$\geq$ 8 mm $\geq$ 40 mm – 1 erforderlich	$\geq$ 6 mm + 4/12/4 $\geq$ 40 mm – 1 erforderlich	– – – 1 erforderlich
5	37	Verglasung: Gesamtglasdicken Scheibenzwischenraum $R_{w,R}$ Verglasung Falzdichtung:	$\geq$ 37 dB 1 erforderlich	$\geq$ 10 mm $\geq$ 40 mm – 1 erforderlich	$\geq$ 6 mm + 6/12/4 $\geq$ 40 mm – 1 erforderlich	$\geq$ 8 mm bzw. $\geq$ 4 mm + 4/12/4 $\geq$ 100 mm – 1 erforderlich
6	40	Verglasung: Gesamtglasdicken Scheibenzwischenraum $R_{w,R}$ Verglasung Falzdichtung:	$\geq$ 42 dB 1 + 2 [4] erforderlich	$\geq$ 14 mm $\geq$ 50 mm – 1 + 2 [4] erforderlich	$\geq$ 8 mm + 6/12/4 [4] $\geq$ 50 mm – 1 + 2 [4] erforderlich	$\geq$ 8 mm bzw. $\geq$ 6 mm + 4/12/4 $\geq$ 100 mm – 1 + 2 [4] erforderlich
7	42	Verglasung: Gesamtglasdicken Scheibenzwischenraum $R_{w,R}$ Verglasung Falzdichtung:	$\geq$ 45 dB 1 + 2 [4] erforderlich	$\geq$ 16 mm $\geq$ 50 mm – 1 + 2 [4] erforderlich	$\geq$ 8 mm + 8/12/4 $\geq$ 50 mm – 1 + 2 [4] erforderlich	$\geq$ 10 mm bzw. $\geq$ 8 mm + 4/12/4 $\geq$ 100 mm – 1 + 2 [4] erforderlich
8	45	Verglasung: Gesamtglasdicken Scheibenzwischenraum $R_{w,R}$ Verglasung Falzdichtung:	– – –	$\geq$ 18 mm $\geq$ 60 mm – 1 + 2 [4] erforderlich	$\geq$ 8 mm + 8/12/4 $\geq$ 60 mm – 1 + 2 [4] erforderlich	$\geq$ 12 mm bzw. $\geq$ 8 mm + 6/12/4 $\geq$ 100 mm – 1 + 2 [4] erforderlich
9	$\geq$ 48	Allgemein gültige Angaben sind nicht möglich; Nachweis nur über Eignungsprüfungen nach DIN 52210				

[1] Sämtliche Flügel müssen bei Holzfenstern mindestens Doppelfalze, bei Metall– und Kunststoff–Fenstern mindestens zwei wirksame Anschläge haben. Erforderliche Falzdichtungen müssen umlaufend, ohne Unterbrechung angebracht sein; sie müssen weichfedernd, dauerelastisch, alterungsbeständig und leicht auswechselbar sein.

[2] Das Isolierglas muss mit einer dauerhaften, im eingebauten Zustand erkennbaren Kennzeichnung versehen sein, aus der das bewertete Schalldämm–Maß $R_{w,R}$ und das Herstellwerk zu entnehmen sind. Jeder Lieferung muss eine Werksbescheinigung nach DIN 50049 beigefügt sein, der ein Zeugnis über eine Prüfung nach DIN 52210 Teil 3 zu Grunde liegt, das nicht älter als 5 Jahre sein darf.

[3] Eine schallabsorbierende Leibung ist sinnvoll, da sie durch Alterung der Falzdichtung entstehende Fugenundichtigkeiten teilweise ausgleichen kann.

[4] Werte gelten nur, wenn keine zusätzlichen Maßnahmen zur Belüftung des Scheibenzwischenraumes getroffen werden.

11 Resultierendes Schalldämm–Maß $R'_{w,R, res}$ eines aus Elementen verschiedener Schalldämmung bestehenden Bauteils, z.B. Wand mit Tür oder Fenster

Für das resultierende Schalldämm–Maß $R'_{w,R, res}$ gilt:

$$R'_{w,R,res} = -10 \lg \left(\frac{1}{S_{ges}} \cdot \sum_{i=1}^{n} S_i \cdot 10^{-\frac{R_{w,R,i}}{10}} \right) dB \qquad (15)$$

Hierin bedeuten:

$S_{ges} = \sum_{i=1}^{n} S_i$ Fläche des gesamten Bauteils

S_i Fläche des i–ten Elements des Bauteils

$R_{w,R,i}$ bewertetes Schalldämm–Maß (Rechenwert) des i–ten Elements des Bauteils

Anmerkung: Je nach vorliegendem Messergebnis kann für das einzelne Element entweder R'_w (z.B. für Wände) oder $R_{w,R}$ (z.B. für Fenster, Türen) verwendet werden.

Ist zur Kennzeichnung der Schalldämmung eines Elementes des Bauteils die bewertete Norm–Schallpegeldifferenz angegeben, z.B. für eine schallgedämmte Lüftungsöffnung (siehe DIN 52210 Teil 3), so ist für dieses Element zunächst das bewertete Schalldämm–Maß $R_{w,R}$ nach Gleichung (14) zu berechnen.

Im Regelfall kann die Auswertung nach Gleichung (15) mit den bewerteten Schalldämm–Maßen $R_{w,R}$ bzw. bewerteten Norm–Schallpegeldifferenzen $D_{n,w,P}$ durchgeführt werden. In einzelnen Fällen, z.B., wenn ausgeprägte Resonanzeinbrüche in der Schalldämmung sind, kann es erforderlich sein, bei der Auswertung nach Gleichung (15) statt der bewerteten Schalldämm–Maße R_w die Schalldämm–Maße R bzw. Norm–Schallpegeldifferenzen D_n je Terz einzusetzen.

Besteht das Bauteil aus nur zwei Elementen, gilt für das resultierende Schalldämm–Maß $R'_{w,R,res}$ die vereinfachte Beziehung:

$$R'_{w,R,res} = R_{w,R,1} - 10 \lg \left[1 + \frac{S_2}{S_{ges}} \left(10^{\frac{R_{w,R,1} - R_{w,R,2}}{10}} - 1 \right) \right] dB$$

$$(16)$$

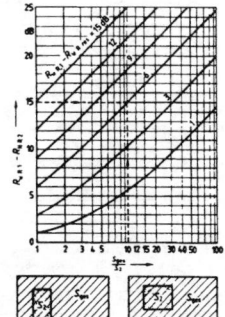

Bild 20. Einfluss von Flächen geringer Schalldämmung auf die resultierende Luftschalldämmung eines Bauteils (z.B. Tür oder Fenster in einer Wand)

---

[1] Bis zum Vorliegen abgesicherter Prüfergebnisse ist das bewertete Schalldämm–Maß $R_{w,R}$ nach Tabelle 40 für mehrflügelige Fenster ohne festes Mittelstück um 2 dB abzumindern.

Schalldämmung nach DIN 4109, Beiblatt 1

10.1.3 Rolladenkästen

Für Rolladenkästen gelten die bewerteten Schalldämm–Maße $R_{w,R}$ in Tabelle 41. Für Rolladenkasten mit $R_{w,R} \geq 45$ dB können keine allgemeingültigen Ausführungsbeispiele angegeben werden. Wird für Rolladenkästen als kennzeichnende Größe der Schalldämmung die bewertete Norm-Schallpegeldifferenz $D_{n,w,P}$ angegeben, so wird der Rechenwert $R_{w,R}$ wie folgt berechnet:

$$R_{w,R} = D_{n,w,P} - 10 \lg \frac{A_0}{S_{Prü}} - 2 \text{ dB} \qquad (14)$$

Hierin bedeuten:

$R_{w,R}$ Rechenwert des bewerteten Schalldämm-Maßes in dB

$D_{n,w,P}$ bewertete Norm–Schallpegeldifferenz nach DIN 52210 Teil 4 in dB, im Prüfstand gemessen

A_0 Bezugs–Absorptionsfläche 10 m²

$S_{Prü}$ lichte Fläche, die der Prüfgegenstand in der Prüfwand zum bestimmungsgemäßen Betrieb benötigt.

Tabelle 41: Ausführungsbeispiele für Rolladenkästen mit bewerteten Schalldämm–Maßen $R_{w,R} \geq 25$ dB bis ≥ 40 dB (Rechenwerte)

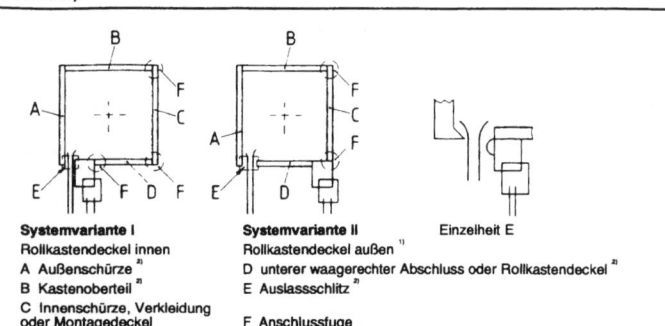

Systemvariante I
Rollkastendeckel innen
A Außenschürze [2]
B Kastenoberteil [2]
C Innenschürze, Verkleidung oder Montagedeckel

Systemvariante II
Rollkastendeckel außen [1]
D unterer waagerechter Abschluss oder Rollkastendeckel [2]
E Auslassschlitz [2]
F Anschlussfuge

Einzelheit E

(Die erforderliche Wärmedämmung ist in diesen Ausführungsbeispielen nicht enthalten).

Materialien für die Spalten 3 bis 5:
Innenschürze (C) oder Rollkastendeckel (D)
1 Kunststoff–Stegdoppelplatten oder Holzwerkstoffplatten, Dicke ≥ 10 mm
2 wie 1, jedoch mit Blechauflage mit $m' \geq 8$ kg/m²
3 Holzwerkstoffplatten, z.B. Spanplatten nach DIN 68763, Dicke ≥ 10 mm, mit erhöhter innerer Dämpfung
4 Putzträger (z.B. Holzwolle–Leichtbauplatte nach DIN 1101), Dicke ≥ 50 mm, Putz ≥ 5 mm
5 Platten aus Beton, Gasbeton, Ziegel oder Bims, Dicke ≥ 50 mm oder $m' \geq 30$ kg/m²
Dichtung der Anschlussfuge (F):
6 Umlaufender Falz bzw. Nut
7 Schnapp– und Steckverbindungen mit Auflage am Kopfteil
8 Zusätzliche Abdichtung aller Anschlussfugen mit Dichtprofilen, Dichtbändern oder bei feststehenden Teilen mit Dichtstoffen

Spalte	1	2	3	4	5
Zeile	$R_{w,R}$ dB	Systemvariante [3]	Innenschürze, Verkleidung oder Montagedeckel (C)	Unterer waagerechter Abschluss oder Rollkastendeckel (D)	Anschlussfuge (F)
1	25	I/II	1, 2 oder 3	1, 2 oder 3	6 oder 7
			4 oder 5		6
2	30	I/II	1, 2 oder 3	1, 2 oder 3	7 oder 6 mit 8
			4 oder 5		8
3	35	I	4 oder 5	3 oder 4	6 oder 7 mit 8
		II	2, 3, 4 oder 5	siehe Fußnote [4]	
4	40	I	2, 3, 4 oder 5	2 oder 3	6 oder 7 mit 8
		II		siehe Fußnote [4]	

[1] An A, B und D (nur bei Systemvariante II) des Rolladenkastens werden keine besonderen Anforderungen gestellt. Die Breite des Auslassschlitzes (E) abzüglich der Dicke des Panzers muss ≤ 10 mm sein.

[2] Bei Rolladenkästen mit einem bewerteten Schalldämm–Maß ≥ 40 dB ist an einer oder mehreren Innenflächen schallabsorbierendes Material (z.B. Mineralfaserplatten, Dicke ≥ 20 mm) anzubringen.

[3] Die Anforderungen an die Wärmedämmung sind gesondert zu erfüllen (siehe DIN 4108 Teil 2).

[4] Mit einer Vergrößerung des Abstandes zwischen Rollpanzer und Glasfläche ergibt sich bei herabgelassenem Rollpanzer eine höhere Schalldämmung des Fensters mit Rolladen.

Tabelle 42.

Spalte	1	2	3	4	5	6	7
Zeile		Leichthochlochziegel Hohlblocksteine aus Leichtbeton			Gasbetonblocksteine		
1	$R'_{w,R}$ (Wand) in dB		48			50	
2	$R'_{w,R}$ (Fenster) in dB		32			32	
3	Fensterfläche in %	22	23	24	22	23	24
4	$R'_{w,R,res}$ in dB	38,2 ≥ 38	38,0	37,9 < 38	38,3	38,1 ≥ 38	38,0

Bei Leichthochlochziegeln und Hohlblocksteinen aus Leichtbeton darf der Fensterflächenanteil max. 23 % betragen; bei Gasbetonblocksteinen darf der Fensterflächenanteil max. 24 % betragen.

DIN 4109 Tabelle 8: Anforderungen an die Luftschalldämmung von Außenbauteilen (gilt nicht für Fluglärm)

Spalte	1	2	3	4	5
Zeile	Lärmpegelbereich	"Maßgeblicher Außenlärmpegel"	Raumarten		
			Bettenräume in Krankenanstalten und Sanatorien	Aufenthaltsräume in Wohnungen, Übernachtungsräume in Beherbergungsstätten, Unterrichtsräume und ähnliches	Büroräume [1] und ähnliches
		dB(A)	erf. $R'_{w,res}$ des Außenbauteils in dB		
1	I	bis 55	35	30	–
2	II	55 bis 60	35	30	30
3	III	61 bis 65	40	35	30
4	IV	66 bis 70	45	40	35
5	V	71 bis 75	50	45	40
6	VI	76 bis 80	[2]	50	45
7	VII	> 80	[2]	[2]	50

[1] An Außenbauteile von Räumen, bei denen der eindringende Außenlärm aufgrund der in den Räumen ausgeübten Tätigkeiten nur einen untergeordneten Beitrag zum Innenraumpegel leistet, werden keine Anforderungen gestellt.

[2] Die Anforderungen sind hier aufgrund der örtlichen Gegebenheiten festzulegen.

Beispiel 1: Wand mit Tür

Gegeben: Wand $S_1 = 20$ m² $R'_{w,R,1} = 50$ dB
          Tür $S_2 = 2$ m² $R_{w,R,2} = 35$ dB
Gesucht: $R'_{w,R,res}$

$$R'_{w,R,res} = -10 \lg \left[\frac{1}{22} (20 \cdot 10^{-5} + 2 \cdot 10^{-3,5}) \right]$$

$$= -10 \lg \left[\frac{1}{22} (0,0002 + 0,00063) \right]$$

$$= -10 \lg 0,000038$$

$$R'_{w,R,res} \approx 44 \text{ dB}.$$

$$R'_{w,R,res} = 50 - 10 \lg \left[1 + \frac{2}{22} \left(10^{\frac{50-35}{10}} - 1 \right) \right]$$

$$= 50 - 10 \lg \left[1 + \frac{1}{11} (10^{1,5} - 1) \right]$$

$$= 50 - 10 \lg (1 + 2,78)$$

$$= 50 - 10 \lg 3,78$$

$$= 50 - 5,8$$

$$R'_{w,R,res} \approx 44 \text{ dB}.$$

$$\frac{S_{ges}}{S_2} = 11 \qquad R_{w,R,1} - R_{w,R,2} = 15 \text{ dB}$$

aus dem Diagramm abgelesen: $R_{w,R,1} - R'_{w,res} = 6$ dB,
daraus errechnet sich:
$R'_{w,R,res} = R_{w,R,1} - 6$ dB
$R'_{w,R,res} = 44$ dB

Hierin bedeuten:
$S_{ges} = S_1 + S_2$ Fläche der Wand mit Tür oder Fenster
S_1 Fläche der Wand
S_2 Tür– oder Fensterfläche (bei Türen lichte Durchgangsfläche, bei Fenstern Fläche des Fensters einschließlich Rahmen)
$R_{w,R,1}$ bewertetes Schalldämm–Maß (Rechenwert) der Wand allein
$R_{w,R,2}$ bewertetes Schalldämm–Maß (Rechenwert) von Tür oder Fenster
$\frac{S_{ges}}{S_2}$ Verhältnis der gesamten Wandfläche $S_{ges} = S_1 + S_2$ einschließlich Tür– oder Fensterfläche, zur Tür– oder Fensterfläche S_2
$R_{w,R,1} - R_{w,R,2}$ Unterschied zwischen dem bewerteten Schalldämm–Maß der Wand $R_{w,R,1}$ und dem bewerteten Schalldämm–Maß von Tür oder Fenster $R_{w,R,2}$
$R_{w,R,1} - R'_{w,R,res}$ Unterschied zwischen dem bewerteten Schalldämm–Maß der Wand allein $R_{w,R,1}$ und dem resultierenden Schalldämm–Maß $R'_{w,R,res}$ der Wand mit Tür und Fenster

12 Beispiel für die Anwendung der DIN 4109, Tabelle 8

Aufenthaltsraum einer Wohnung:
Lage im Lärmpegelbereich IV;
maßgeblicher Außenlärmpegel 66 dB(A) bis 70 dB(A)

Raumhöhe von etwa 2,5 m,
Raumtiefe von etwa 4,5 m
Korrekturwert nach DIN 4109, Tabelle 9 – 2 dB

Anforderung an die Luftschalldämmung nach DIN 4109, Tabellen 8 und 9 40 dB – 2 dB = 38 dB

Wandkonstruktion: 30 cm dick, beidseitig 15 mm Putz PII, Steinrohdichte 700 kg/m² (Steinmaterial, wahlweise Leichthochlochziegel nach DIN 105 Teil 2, Hohlblocksteine aus Leichtbeton nach DIN 18151, Gasbetonblocksteine nach DIN 4165)
Wandrohdichte nach Tabelle 3 730 kg/m²,
Flächenbezogene Masse, einschl. Putz 269 kg/m²,

Schalldämm–Maß $R'_{w,R}$ nach Tabelle 1
– für Ziegel und Bims 48 dB,
– für Gasbeton 50 dB

Das resultierende Schalldämm–Maß wird nach Gleichung (15) berechnet. Setzt man die Gesamtfläche $S_{ges} = 100$ % und den Fensterflächenanteil x %, so lautet die Gleichung für die beiden Teilflächen Wand/Fenster wie folgt:

$$R'_{w,R,res} = -10 \lg \left[\frac{1}{100} (100 - x) \cdot 10^{\frac{-R'_{w,R}(Wand)}{10}} + x \cdot 10^{\frac{-R'_{w,R}(Fenster)}{10}} \right]$$

Daraus ergeben sich die Werte in Tabelle 42.

Mauerwerk nach DIN 1053, Bildkommentar

Standsicherheit von Mauerwerk

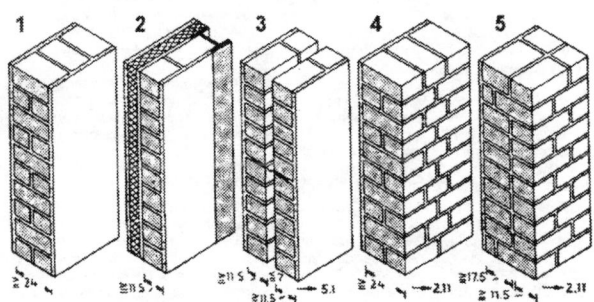

1 Gemauerte belastete Außenwand, 2 Ausfachung einer Fachwerkwand, 1/2 Stein dick mit Wärmedämmschicht, 3 Wand mit durchgehender Luftschicht, 4 Außenwand mit Verblendung, die durch werkgerechten Verband zum tragenden Querschnitt gehört, 5 Außenwand, deren Verblendung nicht zum tragenden Querschnitt gehört.

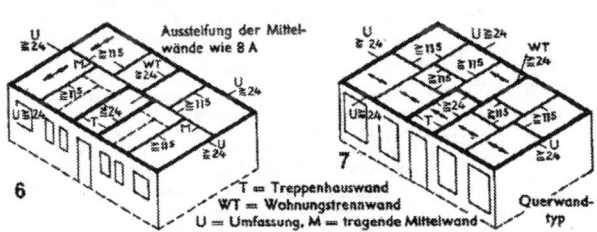

Bei nur 11,5 cm dicken belasteten Innenwänden reichen Treppenhausumfassungen und Wohnungstrennwände nicht als Aussteifung der Mittelwand aus → 6. Auch bei Querwandtypen sind Aussteifungen ≤ 4,5 m Abstand erforderlich → 7.

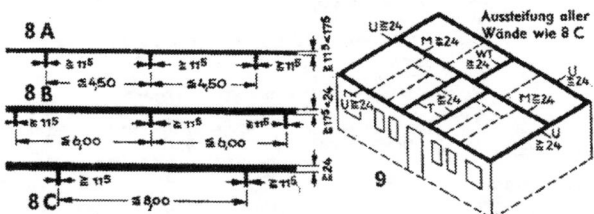

Maximale Abstände aussteifender Querwände → 8. Sind auch die belasteten Innenwände ≥ 24 cm dick, unterliegen die weiteren Wände innerhalb der Wohnung keinerlei Maßbegrenzungen mehr und können als leichte Trennwände ausgeführt werden → 9.

Türen in aussteifenden Querwänden müssen mind. 50 cm Abstand von der auszusteifenden Wand haben → 10. Da diese Vorschrift mit Rücksicht auf die Windbelastung entstand, wird man bei belasteten Innenwänden davon absehen können (Wohnungstüren neben Mittelwand!). Bei beiderseitiger Wandaussteifung darf Verzahnung ohne Verankerung → 11, bei einseitiger Verzahnung überhaupt nicht oder nur mit Verankerung → 12 ausgeführt werden.

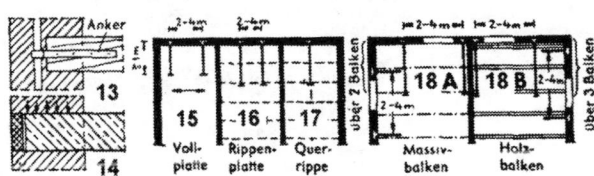

Auf gute Verankerung von Wänden und Decken ist besonders zu achten → 13 bis 18.

Bildkommentar

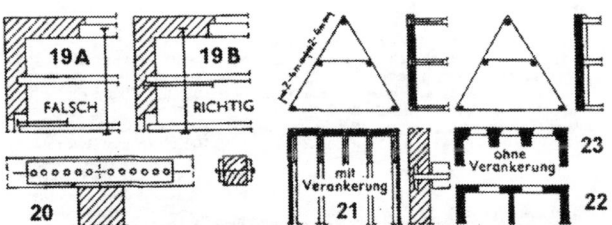

Anker nur unter vollem Mauerwerk anordnen. → 19. Mit Umfassung verankerte und auf Mittelwand gestoßene Balken zugfest miteinander verbinden → 20. Dachpfetten mit Giebel nur verankern, wenn Wandaussteifung fehlt → 21 bis 23.

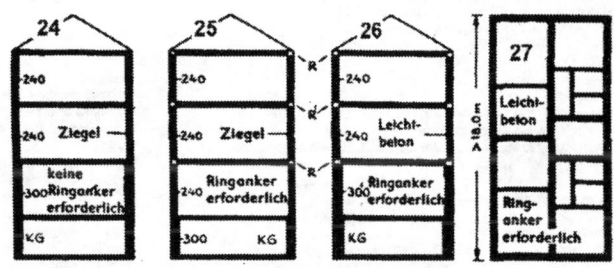

24 bis 27 Anordnung von Ringankern: Werden mehr als 2 Vollgeschosse mit 24 cm Außenwanddicke → 24, 25 und Bauten aus Leichtbetonsteinen (DIN 18151, 18152, 4165) mit mehr als 2 Vollgeschossen → 26 oder > 18 m Länge → 27 ausgeführt, sind Ringanker einzubauen.

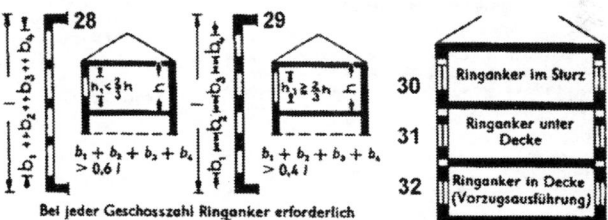

Ringanker sind auch bei besonders breiten → 28 und besonders hohen Fenstern → 29 notwendig. Die Ringanker können mit dem Sturz vereinigt → 30 unter der Decke angeordnet → 31 oder als Randbalken von Massivdecken ausgeführt werden → 32.

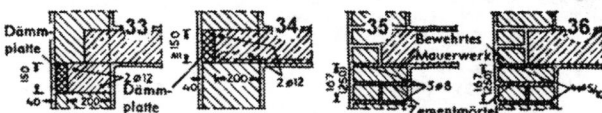

Ringanker aus Schwerbeton sind Kältebrücken und bedürfen einer zusätzlichen Wärmedämmung → 33, 34. Ringanker aus bewehrtem Mauerwerk → 35, 36 bedürfen dieser zusätzlichen Wärmedämmung nicht.

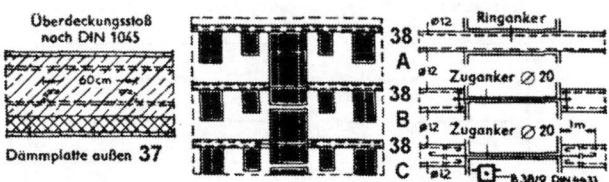

37 Überdeckungsstoß für Rundstahlbewehrung ⌀ 12 → 38. Ringanker müssen auch durch das Treppenhaus hindurchgeführt werden. Wenn der Stahlbetonanker → 38 A nicht durchgeführt werden kann, Zuganker einbauen → 38 B, C.

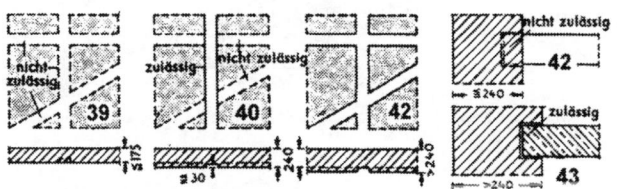

Schlitze sind in ≤ 17,5 cm dicken Wänden nicht zulässig → 39. In 24 cm dicken Wänden dürfen nur ≤ 3 cm tiefe senkrechte Schlitze angeordnet werden → 40, 42. Schräge, waagerechte und > 3 cm tiefe senkrechte Schlitze sind nur in Wanddicken > 24 cm → 41, 43 zulässig.

Mauerwerk nach DIN 1053

Mauerwerk nach dieser Norm darf entweder nach dem vereinfachten Verfahren (Voraussetzungen siehe 6.1) oder nach dem genaueren Verfahren (siehe Abschnitt 7) berechnet werden.

Innerhalb eines Bauwerkes, das nach dem vereinfachten Verfahren berechnet wird, dürfen einzelne Bauteile nach dem genaueren Verfahren bemessen werden.

Bei der Wahl der Bauteile sind auch die Funktionen der Wände hinsichtlich des Wärme-, Schall-, Brand- und Feuchteschutzes zu beachten. Bezüglich der Vermauerung mit und ohne Stoßfugenvermörtelung siehe 9.2.1 und 9.2.2.

2 Begriffe

2.1 Rezeptmauerwerk (RM)

Rezeptmauerwerk ist Mauerwerk, dessen Grundwerte der zulässigen Druckspannungen σ_o in Abhängigkeit von Steinfestigkeitsklassen, Mörtelarten und Mörtelgruppen nach den Tabellen 4a und 4b festgelegt werden.

2.2 Mauerwerk nach Eignungsprüfung (EM)

Mauerwerk nach Eignungsprüfung ist Mauerwerk, dessen Grundwerte der zulässigen Druckspannungen σ_o aufgrund von Eignungsprüfungen nach DIN 1053-2 und nach Tabelle 4c bestimmt werden.

2.3 Tragende Wände

Tragende Wände sind überwiegend auf Druck beanspruchte, scheibenartige Bauteile zur Aufnahme vertikaler Lasten, z. B. Deckenlasten, sowie horizontaler Lasten, z. B. Windlasten. Als "Kurze Wände" gelten Wände oder Pfeiler, deren Querschnittsflächen kleiner als 1 000 cm² sind. Gemauerte Querschnitte kleiner als 400 cm² sind als tragende Teile unzulässig.

2.4 Aussteifende Wände

Aussteifende Wände sind scheibenartige Bauteile zur Aussteifung des Gebäudes oder zur Knickaussteifung tragender Wände. Sie gelten stets auch als tragende Wände.

2.5 Nichttragende Wände

Nichttragende Wände sind scheibenartige Bauteile, die überwiegend nur durch ihre Eigenlast beansprucht werden und auch nicht zum Nachweis der Gebäudeaussteifung oder der Knickaussteifung tragender Wände herangezogen werden.

2.6 Ringanker

Ringanker sind in Wandebene liegende horizontale Bauteile zur Aufnahme von Zugkräften, die in den Wänden infolge von äußeren Lasten oder von Verformungsunterschieden entstehen können.

2.7 Ringbalken

Ringbalken sind in Wandebene liegende horizontale Bauteile, die außer Zugkräften auch Biegemomente infolge von rechtwinklig zur Wandebene wirkenden Lasten aufnehmen können.

Für die Beurteilung und Ausführung des Mauerwerks sind in den bautechnischen Unterlagen mindestens Angaben über

a) Wandaufbau und Mauerwerksart (RM oder EM),
b) Art, Rohdichteklasse und Druckfestigkeitsklasse der zu verwendenden Steine,
c) Mörtelart, Mörtelgruppe,
d) Aussteifende Bauteile, Ringanker und Ringbalken,
e) Schlitze und Aussparungen,
f) Verankerungen der Wände,
g) Bewehrungen des Mauerwerks,
h) verschiebliche Auflagerungen

erforderlich.

4 Druckfestigkeit des Mauerwerks

Die Druckfestigkeit des Mauerwerks wird bei Berechnung nach dem vereinfachten Verfahren nach 6.9 charakterisiert durch die Grundwerte σ_o der zulässigen Druckspannungen. Sie sind in Tabelle 4a und 4b in Abhängigkeit, von den Steinfestigkeitsklassen, den Mörtelarten und Mörtelgruppen, in Tabelle 4c in Abhängigkeit von der Nennfestigkeit des Mauerwerks nach DIN 1053-2 festgelegt.

Wird nach dem genaueren Verfahren nach Abschnitt 7 gerechnet, so sind die Rechenwerte β_R der Druckfestigkeit von Mauerwerk nach Gleichung (10) zu berechnen.

Für Mauerwerk aus Natursteinen ergeben sich die Grundwerte σ_o der zulässigen Druckspannungen in Abhängigkeit von der Güteklasse des Mauerwerks, der Steinfestigkeit und der Mörtelgruppe aus Tabelle 14.

5 Baustoffe

5.1 Mauersteine

Es dürfen nur Steine verwendet werden, die DIN 105-1 bis DIN 105-5, DIN 106-1 und DIN 106-2, DIN 398, DIN 1057-1, DIN 4165, DIN 18151, DIN 18152 und DIN 18153 entsprechen.

5.2 Mauermörtel

5.2.3.2 Normalmörtel (NM)
a) Mörtelgruppe I:
   – Nicht zulässig für Gewölbe und Kellermauerwerk, mit Ausnahme bei der Instandsetzung von altem Mauerwerk, das mit Mörtel der Gruppe I gemauert ist.
   – Nicht zulässig bei mehr als zwei Vollgeschossen und bei Wanddicken kleiner als 240 cm; dabei ist als Wanddicke bei zweischaligen Außenwänden die Dicke der Innenschale maßgebend.
   – Nicht zulässig für Vermauern der Außenschale nach 8.4.3.
   – Nicht zulässig für Mauerwerk EM
b) Mörtelgruppen II und IIa:
   – Keine Einschränkung.
c) Mörtelgruppen III und IIIa:
   – Nicht zulässig für Vermauern der Außenschale nach 8.4.3. Abweichend davon darf MG III zum nachträglichen Verfugen und für diejenigen Bereiche von Außenschalen verwendet werden, die als bewehrtes Mauerwerk nach DIN 1053-3 ausgeführt werden.

5.2.3.3 Leichtmörtel (LM)
– Nicht zulässig für Gewölbe und der Witterung ausgesetztes Sichtmauerwerk (siehe auch 8.4.2.2 und 8.4.3).

5.2.3.4 Dünnbettmörtel (DM)
– Nicht zulässig für Gewölbe und für Mauersteine mit Maßabweichungen der Höhe von mehr als 1,0 mm (Anforderungen an Plansteine).

6 Vereinfachtes Berechnungsverfahren

6.1 Allgemeines

Der Nachweis der Standsicherheit darf mit dem gegenüber Abschnitt 7 vereinfachten Verfahren geführt werden, wenn die folgenden und die in Tabelle 1 enthaltenen Voraussetzungen erfüllt sind:
– Gebäudehöhe über Gelände nicht mehr als 20 m. Als Gebäudehöhe darf bei geneigten Dächern das Mittel von First- und Traufhöhe gelten.
– Stützweite der aufliegenden Decken $l \le 6{,}0$ m, sofern nicht die Biegemomente aus dem Deckendrehwinkel durch konstruktive Maßnahmen, z. B. Zentrierleisten, begrenzt werden; bei zweiachsig gespannten Decken ist für l die kürzere der beiden Stützweiten einzusetzen.

Beim vereinfachten Verfahren brauchen bestimmte Beanspruchungen, z. B. Biegemomente aus Deckeneinspannung, ungewollte Exzentrizitäten beim Knicknachweis, Wind auf Außenwände usw., nicht nachgewiesen zu werden, da sie im Sicherheitsabstand, der zu den zulässigen Spannungen zu berücksichtigen sind.

Ist die Gebäudehöhe größer als 20 m, oder treffen die in diesem Abschnitt enthaltenen Voraussetzungen nicht zu, oder soll die Standsicherheit des Bauwerkes oder einzelner Bauteile genauer nachgewiesen werden, ist der Standsicherheitsnachweis nach Abschnitt 7 zu führen.

6.2 Ermittlung der Schnittgrößen infolge von Lasten

6.2.1 Auflagerkräfte aus Decken

Die Schnittgrößen sind für die während des Errichtens und im Gebrauch auftretenden, maßgebenden Lastfälle zu berechnen. Bei der Ermittlung der Stützkräfte, die von einachsig gespannten Platten und Rippendecken sowie von Balken und Plattenbalken auf das Mauerwerk übertragen werden, ist die Durchlaufwirkung bei der ersten Innenstütze stets, bei den übrigen Innenstützen dann zu berücksichtigen, wenn das Verhältnis benachbarter Stützweiten kleiner als 0,7 ist. Alle übrigen Stützkräfte dürfen ohne Berücksichtigung einer Durchlaufwirkung unter der Annahme berechnet werden, dass die Tragwerke über allen Innenstützen gestoßen und frei drehbar gelagert sind. Tragende Wände unter einachsig gespannten Decken, die parallel zur Deckenspannrichtung verlaufen, sind mit einem Deckenstreifen angemessener Breite zu belasten, so dass eine mögliche Lastabtragung in Querrichtung berücksichtigt ist. Die Ermittlung der Auflagerkräfte aus zweiachsig gespannten Decken darf nach DIN 1045 erfolgen.

6.2.2 Knotenmomente

In Wänden, die als Zwischenauflager von Decken dienen, brauchen die Biegemomente infolge des Auflagerdrehwinkels der Decken unter den Voraussetzungen des vereinfachten Verfahrens nicht nachgewiesen zu werden. Als Zwischenauflager in diesem Sinne gelten:

a) Innenauflager durchlaufender Decken
b) Beidseitige Endauflager von Decken
c) Innenauflager von Massivdecken mit oberer konstruktiver Bewehrung im Auflagerbereich, auch wenn sie rechnerisch auf einer oder auf beiden Seiten der Wand parallel zur Wand gespannt sind.

In Wänden, die als einseitiges Endauflager von Decken dienen, brauchen die Biegemomente infolge des Auflagerdrehwinkels der Decken unter den Voraussetzungen des vereinfachten Verfahrens nicht nachgewiesen zu werden, da dieser Einfluss im Faktor k_3 nach 6.9.1 berücksichtigt ist.

6.3 Wind

Der Einfluss der Windlast rechtwinklig zur Wandebene darf beim Spannungsnachweis unter den Voraussetzungen des vereinfachten Verfahrens in der Regel vernachlässigt werden, wenn ausreichende horizontale Halterungen der Wände vorhanden sind. Als solche gelten z. B. Wände mit Scheibenwirkung oder statisch nachgewiesene Ringbalken im Abstand der zulässigen Geschosshöhen nach Tabelle 1.
Unabhängig davon ist die räumliche Steifigkeit des Gebäudes sicherzustellen.

6.4 Räumliche Steifigkeit

Alle horizontalen Kräfte, z. B. Windlasten, Lasten aus Schrägstellung des Gebäudes, müssen sicher in den Baugrund weitergeleitet werden können. Auf einen rechnerischen Nachweis der räumlichen Steifigkeit darf verzichtet werden, wenn die Geschossdecken als steife Scheiben ausgebildet sind bzw. statisch nachgewiesene, ausreichend steife Ringbalken vorliegen und wenn in Längs- und Querrichtung des Gebäudes eine offensichtlich ausreichende Anzahl von genügend langen aussteifenden Wänden vorhanden ist, die ohne größere Schwächungen und ohne Versprünge bis auf die Fundamente geführt sind.

Ist bei einem Bauwerk nicht von vornherein erkennbar, dass Steifigkeit und Stabilität gesichert sind, so ist ein rechnerischer Nachweis der Standsicherheit der waagerechten und lotrechten Bauteile erforderlich. Dabei sind auch Lotabweichungen des Systems durch den Ansatz horizontaler Kräfte zu berücksichtigen, die sich durch eine rechnerische Schrägstellung des Gebäudes um den im Bogenmaß gemessenen Winkel

$$\varphi = \pm \frac{1}{100\sqrt{h_G}} \tag{1}$$

ergeben. Für h_G ist die Gebäudehöhe in m über OK Fundament einzusetzen.

Bei Bauwerken, die aufgrund ihres statischen Systems eine Umlagerung der Kräfte erlauben, dürfen bis 15 % des ermittelten horizontalen Kraftanteils einer Wand auf andere Wände umverteilt werden.

Bei großer Nachgiebigkeit der aussteifenden Bauteile müssen darüber hinaus die Formänderungen bei der Ermittlung der Schnittgrößen berücksichtigt werden. Dieser Nachweis darf entfallen, wenn die lotrechten aussteifenden Bauteile in der betrachteten Richtung die Bedingungen der folgenden Gleichung erfüllen:

$$h_G \sqrt{\frac{N}{EI}} \le 0{,}6 \text{ für } n \ge 4 \tag{2}$$

$$\le 0{,}2 + 0{,}1 \cdot n \text{ für } \le n < 4$$

Tabelle 1: Voraussetzungen für die Anwendung des vereinfachten Verfahrens

	Bauteil	Voraussetzungen		
		Wanddicke d mm	lichte Wandhöhe h_s	Verkehrslast p kN/m²
1	Innenwände	≥ 115 < 240	≤ 2,75 m	
2		≥ 240	–	
3	einschalige Außenwände	≥ 175 [1] < 240	≤ 2,75 m	≤ 5
4		≥ 240	≤ 12 d	
5	Tragschale zweischaliger Außenwände und zweischalige Haustrennwände	≥ 115 [2] < 175 [2]	≤ 2,75 m	≤ 3 [3]
6		≥ 175 < 240		≤ 5
7		≥ 240	≤ 12 d	

[1] Bei eingeschossigen Garagen und vergleichbaren Bauwerken, die nicht zum dauernden Aufenthalt von Menschen vorgesehen sind, auch $d \ge 115$ mm zulässig.

[2] Geschosszahl maximal zwei Vollgeschosse zuzüglich ausgebautes Dachgeschoss; aussteifende Querwände im Abstand ≤ 4,50 m bzw. Randabstand von einer Öffnung ≤ 2,0 m.

[3] Einschließlich Zuschlag für nichttragende innere Trennwände.

Mauerwerk nach DIN 1053, Bildkommentar

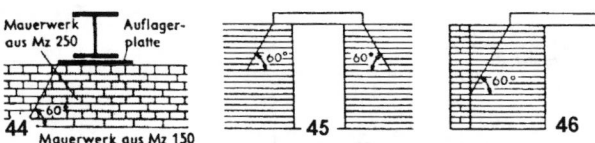

44 Mauerwerk aus Mz 150   **45**   **46**

Die Lastverteilung im Auflagermauerwerk darf unter 60° angenommen werden → **44, 45, 46**. Reicht die zul. Mauerwerksspannung unter dem Auflager nicht aus, ist ein Übergang auf Mauerwerk höherer Festigkeit möglich → **44**.

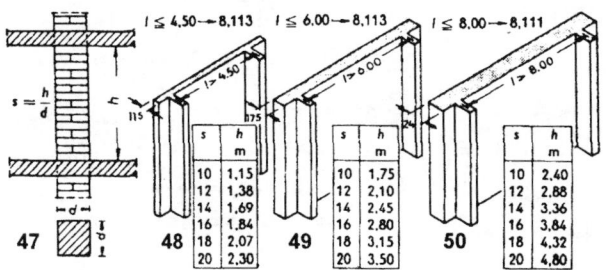

47 Ermittlung des Schlankheitsgrades. **48** bis **50** Wird die Wandaussteifung nicht eingehalten sind die entsprechenden Wandteile wie Pfeiler zu behandeln und nur in Schlankheiten bis zu s = 20 unter Abminderung der zul. Druckspannung zulässig.

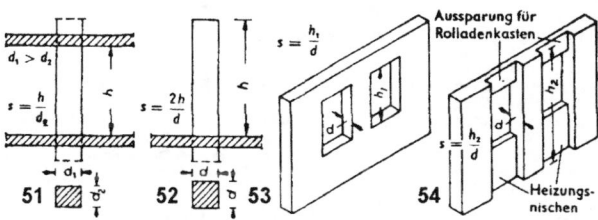

51   **52**   **53**   **54**

Ermittlung des Schlankheitsgrades bei rechteckigen Pfeilern → **51**, bei Pfeilern mit freiem Ende → **52**. Lichte Fensterpfeilerhöhe nur einsetzen, wenn Brüstung und Stürze in voller Wanddicke ausgeführt werden → **53, 54**.

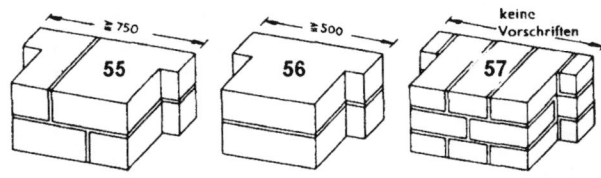

55   **56**   **57**

Pfeilerbreiten sind bei Baustoffen mit > 50 kg/cm² Steinfestigkeit nur an die statischen Erfordernisse gebunden → **57**. Bei Steinfestigkeiten ≤ 50 kg/cm² Mindestbreite 50 cm bei durchgehenden Steinen → **56**. 75 cm bei im Verband gemauerten Pfeilern → **55**.

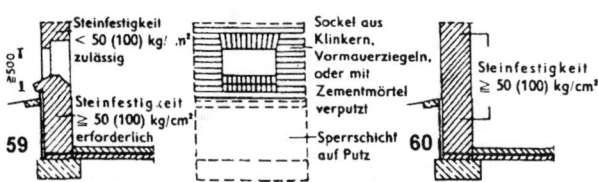

59   **60**

59, 60 Kellermauerwerk darf nur mit Steinen der Festigkeit ≥ 50 kg/cm² (Leichtbetonsteine) bzw. ≥ 100 kg/cm² (andere Steinarten) hergestellt werden. Steine geringerer Festigkeiten sind nur ab > 50 cm über Terrainhöhe zulässig.

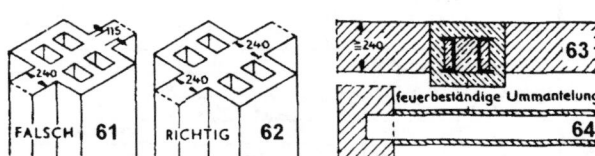

FALSCH 61   **RICHTIG 62**   **63**   **64**

Schornsteine, Nischen usw. dürfen die Brandwände auf nicht mehr als 24 cm schwächen → **61, 62**, Stahlbauteile müssen feuerbeständig ummantelt sein, wenn sie in Brandwände eingreifen → **63, 64**.

Verbandsregeln

Neben dem Verband mit Dreivierteln ist eine geringe Fugendeckung zulässig. Danach darf auch der Viertelverband ausgeführt werden, für den folgende Regeln gelten:

	Regeln für den Mauerwerks-verband mit Dreivierteln	Regeln für den Mauerwerks-verband mit Vierteln
Schnitt-fugen Regeln	Schnittfuge der Binderschicht geht von der Innenecke aus und liegt einen ganzen Stein vom Mauerende entfernt.	Schnittfuge der Läuferschicht geht von der Innenecke aus und liegt einen ganzen Stein vom Mauerende entfernt.
	Schnittfuge der Läuferschicht liegt 1/4 bzw. 3/4 Stein von der Innenecke und vom Mauerende entfernt.	Schnittfuge der Binderschicht 1/4 bzw. 3/4 Stein von der Innenecke und vom Mauerende entfernt.
Endungs-Regeln	Läuferschichten enden mit so viel Läuferdreivierteln, wie die endende Mauer Köpfe dick ist.	Läuferschichten enden mit ganzen Steinen. In ≥ vierköpfig dicken Mauern liegt neben jedem Eckläufer ein Paar Läufer-viertel.
	Binderschichten enden mit einem Paar Binderdreivierteln (nicht, wie bisher, mit 2 Paar Binderdreivierteln!).	Binderschichten enden mit ganzen Bindern und dahinterliegenden Bindervierteln.

Die Grundregeln des Mauerwerksverbandes gelten unverändert weiter. Nur die Regel "Niemals Fuge über Fuge mauern" wird durch folgende Fugendeckungsregel (zulässige Stoßfugendeckung) ersetzt:

Fugendeckungsregel

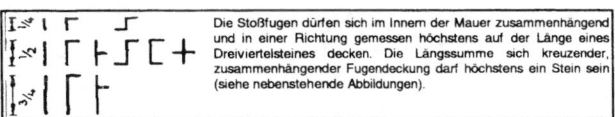

Die Stoßfugen dürfen sich im Innern der Mauer zusammenhängend und in einer Richtung gemessen höchstens auf der Länge eines Dreiviertelsteines decken. Die Längssumme sich kreuzender, zusammenhängender Fugendeckung darf höchstens ein Stein sein (siehe nebenstehende Abbildung).

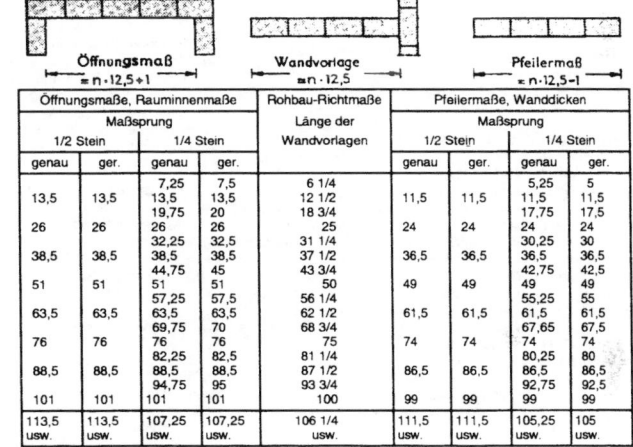

Öffnungsmaße, Rauminnenmaße				Rohbau-Richtmaße	Pfeilermaße, Wanddicken			
Maßsprung				Länge der Wandvorlagen	Maßsprung			
1/2 Stein		1/4 Stein			1/2 Stein		1/4 Stein	
genau	ger.	genau	ger.		genau	ger.	genau	ger.
		7,25	7,5	6 1/4			5,25	5
13,5	13,5	13,5	13,5	12 1/2	11,5	11,5	11,5	11,5
		19,75	20	18 3/4			17,75	17,5
26	26	26	26	25	24	24	24	24
		32,25	32,5	31 1/4			30,25	30
38,5	38,5	38,5	38,5	37 1/2	36,5	36,5	36,5	36,5
		44,75	45	43 3/4			42,75	42,5
51	51	51	51	50	49	49	49	49
		57,25	57,5	56 1/4			55,25	55
63,5	63,5	63,5	63,5	62 1/2	61,5	61,5	61,5	61,5
		69,75	70	68 3/4			67,65	67,5
76	76	76	76	75	74	74	74	74
		82,25	82,5	81 1/4			80,25	80
88,5	88,5	88,5	88,5	87 1/2	86,5	86,5	86,5	86,5
		94,75	95	93 3/4			92,75	92,5
101	101	101	101	100	99	99	99	99
113,5 usw.	113,5 usw.	107,25 usw.	107,25 usw.	106 1/4 usw.	111,5 usw.	111,5 usw.	105,25 usw.	105 usw.

65 Mauermaße nach DIN 4172 "Maßanordnung im Hochbau".

1 bis **3** Vermörtelung der Mauersteine. Grundsätzlich ist vollfugig zu vermauern → **1**, unterbrochene Fugen nur dort, wo durch Steinform vorgesehen → **2, 3**.

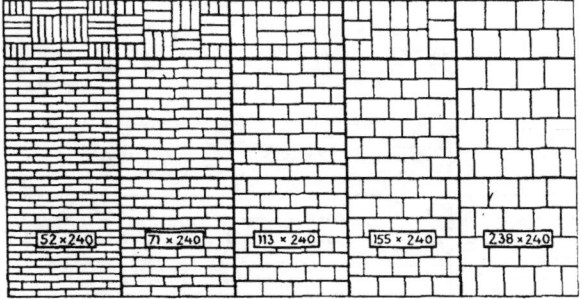

66 Zusammenpassen der neuen Mauersteinformate.

Mauerwerk nach DIN 1053

Hierin bedeuten:

h_G Gebäudehöhe über OK Fundament
N Summe aller lotrechten Lasten des Gebäudes
$E\,I$ Summe der Biegesteifigkeit aller lotrechten aussteifenden Bauteile im Zustand I nach der Elastizitätstheorie in der betrachteten Richtung (für E siehe 6.6)
n Anzahl der Geschosse

6.5 Zwängungen

Aus der starren Verbindung von Baustoffen unterschiedlichen Verformungsverhaltens können erhebliche Zwängungen infolge von Schwinden, Kriechen und Temperaturänderungen entstehen, die Spannungsumlagerungen und Schäden im Mauerwerk bewirken können. Das gleiche gilt bei unterschiedlichen Setzungen. Durch konstruktive Maßnahmen (z. B. ausreichende Wärmedämmung, geeignete Baustoffwahl, zwängungsfreie Anschlüsse, Fugen usw.) ist unter Beachtung von 6.6 sicherzustellen, dass die vorgenannten Einwirkungen die Standsicherheit und Gebrauchsfähigkeit der baulichen Anlage nicht unzulässig beeinträchtigen.

6.6 Grundlagen für die Berechnung der Formänderung

Als Rechenwerte für die Verformungseigenschaften der Mauerwerksarten aus künstlichen Steinen dürfen die in der Tabelle 2 angegebenen Werte angenommen werden.
Die Verformungseigenschaften der Mauerwerksarten können stark streuen. Der Streubereich ist in Tabelle 2 als Wertebereich angegeben; er kann in Ausnahmefällen noch größer sein. Sofern in den Steinnormen der Nachweis anderer Grenzwerte des Wertebereichs gefordert wird, gelten diese. Müssen Verformungen berücksichtigt werden, so sind die der Berechnung zu Grunde liegende Art und Festigkeitsklasse der Steine, die Mörtelart und die Mörtelgruppe anzugeben.
Für die Berechnung der Randdehnung ε_R nach Bild 3 sowie der Knotenmomente nach 7.2.2 und zum Nachweis der Knicksicherheit nach 7.9.2 dürfen vereinfachend die dort angegebenen Verformungswerte angenommen werden.

6.7 Aussteifung und Knicklänge von Wänden

6.7.1 Allgemeine Annahmen für aussteifende Wände

Je nach Anzahl der rechtwinklig zur Wandebene unverschieblich gehaltenen Ränder werden zwei-, drei- und vierseitig gehaltene sowie frei stehende Wände unterschieden. Als unverschiebliche Halterung dürfen horizontal gehaltene Deckenscheiben und aussteifende Querwände oder andere ausreichend steife Bauteile angesehen werden. Unabhängig davon ist das Bauwerk als Ganzes nach 6.4 auszusteifen.
Bei einseitig angeordneten Querwänden darf unverschiebliche Halterung der auszusteifenden Wand nur angenommen werden, wenn Wand und Querwand aus Baustoffen annähernd gleichen Verformungsverhaltens gleichzeitig im Verband hochgeführt werden und wenn ein Abreißen der Wände infolge stark unterschiedlicher Verformung nicht zu erwarten ist, oder wenn die zug- und druckfeste Verbindung durch andere Maßnahmen gesichert ist. Beidseitig angeordnete Querwände, deren Mittelebenen gegeneinander um mehr als die dreifache Dicke der auszusteifenden Wand versetzt sind, sind wie einseitig angeordnete Querwände zu behandeln.
Aussteifende Wände müssen mindestens eine wirksame Länge von 1/5 der lichten Geschosshöhe und eine Dicke von 1/3 der Dicke der auszusteifenden Wand, jedoch mindestens 115 mm, haben.
Ist die aussteifende Wand durch Öffnungen unterbrochen, muss die Länge der Wand zwischen den Öffnungen mindestens so groß wie nach Bild 1 sein. Bei Fenstern gilt die lichte Fensterhöhe als h_1 bzw. h_2.
Bei beidseitig angeordneten, nicht versetzten Querwänden darf auf das gleichzeitige Hochführen der beiden Wände im Verband verzichtet werden, wenn jede der beiden Querwände den vorstehend genannten Bedingungen für aussteifende Wände genügt. Auf Konsequenzen aus unterschiedlichen Verformungen und aus bauphysikalischen Anforderungen ist in diesem Fall besonders zu achten.

6.7.2 Knicklängen

Die Knicklänge h_k von Wänden ist in Abhängigkeit von der lichten Geschosshöhe h_s wie folgt in Rechnung zu stellen:

a)   Zweiseitig gehaltene Wände:

Im Allgemeinen gilt

$$h_k = h_s$$

Bei Plattendecken und anderen flächig aufgelagerten Massivdecken darf die Einspannung der Wand in den Decken durch Abminderung der Knicklänge auf

$$h_k = \beta \cdot h_s$$

berücksichtigt werden.
Sofern kein genauerer Nachweis für β nach 7.7.2 erfolgt, gilt vereinfacht:

$\beta = 0,75$ für Wanddicke $d \leq 175$ mm
$\beta = 0,90$ für Wanddicke 175 mm $< d \leq 250$ mm
$\beta = 1,00$ für Wanddicke $d > 250$ mm

Als flächig aufgelagerte Massivdecken in diesem Sinn gelten auch Stahlbetonbalken- und -rippendecken nach DIN 1045 mit Zwischenbauteilen, bei denen die Auflagerung durch Randbalken erfolgt.
Die so vereinfacht ermittelte Abminderung der Knicklänge ist jedoch nur zulässig, wenn keine größeren horizontalen Lasten als die planmäßigen Windlasten rechtwinklig auf die Wand wirken und folgende Mindestauflagertiefen a auf den Wänden der Dicke d gegeben sind:

$d \geq 240$ mm $a \geq 175$ mm
$d < 240$ mm $a = d$

b)   Drei- und vierseitig gehaltene Wände:

Für die Knicklänge gilt $h_k = \beta \cdot h_s$. Bei Wänden der Dicke d mit lichter Geschosshöhe $h_s \leq 3,50$ m darf β in Abhängigkeit von b und b' nach Tabelle 3 angenommen werden, falls kein genauerer Nachweis für β nach 7.7.2 erfolgt. Ein Faktor β ungünstiger als bei einer zweiseitig gehaltenen Wand braucht nicht angesetzt zu werden. Die Größe b bedeutet bei vierseitiger Halterung den Mittenabstand der aussteifenden Wände, b' bei dreiseitiger Halterung den Abstand zwischen der Mitte der aussteifenden Wand und dem freien Rand (siehe Bild 2). Ist $b > 30 \cdot d$ bei vierseitiger Halterung bzw. $b' > 15 \cdot d$ bei dreiseitiger Halterung, so sind die Wände wie zweiseitig gehaltene zu behandeln. Ist die Wand in der Höhe des mittleren Drittels durch vertikale Schlitze oder Nischen geschwächt, so ist für d die Restwanddicke einzusetzen oder ein freier Rand anzunehmen. Unabhängig von der Lage eines vertikalen Schlitzes oder einer Nische ist an ihrer Stelle eine Öffnung anzunehmen, wenn die Restwanddicke kleiner als die halbe Wanddicke oder kleiner als 115 mm ist.

6.7.3 Öffnungen in Wänden

Haben Wände Öffnungen, deren lichte Höhe größer als 1/4 der Geschosshöhe oder deren lichte Breite größer als 1/4 der Wandbreite oder deren Gesamtfläche größer als 1/10 der Wandfläche ist, so sind die Wandteile zwischen Wandöffnung und aussteifender Wand als dreiseitig gehalten, die Wandteile zwischen Wandöffnungen als zweiseitig gehalten anzusehen.

6.8 Mitwirkende Breite von zusammengesetzten Querschnitten

Als zusammengesetzt gelten nur Querschnitte, deren Teile aus Steinen gleicher Art, Höhe und Festigkeitsklasse bestehen, die gleichzeitig im Verband mit gleichem Mörtel gemauert werden und bei denen ein Abreißen von Querschnittsteilen infolge stark unterschiedlicher Verformung nicht zu erwarten ist. Querschnittsschwächungen durch Schlitze sind zu berücksichtigen. Brüstungs- und Sturzmauerwerk dürfen nicht in die mitwirkende Breite einbezogen werden. Die mitwirkende Breite darf nach der Elastizitätstheorie ermittelt werden. Falls kein genauer Nachweis geführt wird, darf die mitwirkende Breite beidseits zu je 1/4 der über dem betrachteten Schnitt liegenden Höhe des zusammengesetzten Querschnitts, jedoch nicht mehr als die vorhandene Querschnittsbreite, angenommen werden.
Die Schubtragfähigkeit des zusammengesetzten Querschnitts ist nach 7.9.5 nachzuweisen.

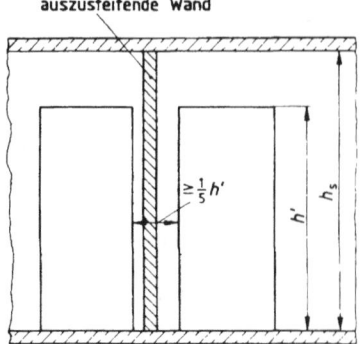

Bild 1: Mindestlänge der aussteifenden Wand

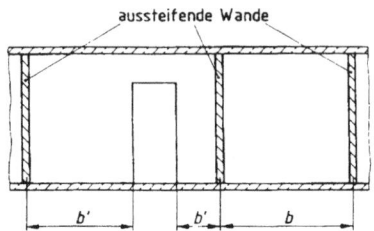

Bild 2: Darstellung der Größen b und b'

Tabelle 3: Faktor β zur Bestimmung der Knicklänge $h_k = \beta \cdot h_s$ von drei- und vierseitig gehaltenen Wänden in Abhängigkeit vom Abstand b der aussteifenden Wände bzw. vom Randabstand b' und der Dicke d der aussteifenden Wand

dreiseitig gehaltene Wand					vierseitig gehaltene Wand				
Wanddicke			b'	β	b	Wanddicke			
240	175	115	m		m	115	175	240	300
			0,65	0,35	2,00				
			0,75	0,40	2,25				
			0,85	0,45	2,50				
			0,95	0,50	2,80				
			1,05	0,55	3,10				
			1,15	0,60	3,40	$b \leq$			
			1,25	0,65	3,80	3,45 m			
			1,40	0,70	4,30				
			1,60	0,75	4,80				
	$b' \leq$ 1,75 m		1,85	0,80	5,60	$b \leq$ 5,25 m			
			2,20	0,85	6,60				
$b' \leq$ 2,60 m			2,80	0,90	8,40	$b \leq$ 7,20 m			
$b' \leq$ 3,60 m						$b \leq$ 9,00 m			

Tabelle 2: Verformungskennwerte für Kriechen, Schwinden, Temperaturänderung sowie Elastizitätsmoduln

Mauersteinart	Endwert der Feuchtedehnung (Schwinden, chemisches Quellen) [1] $\varepsilon_{f\infty}$ [2]		Endkriechzahl σ_∞ [2]		Wärmedehnungskoeffizient α_T		Elastizitätsmodul E [3]	
	Rechenwert	Wertebereich	Rechenwert	Wertebereich	Rechenwert	Wertebereich	Rechenwert	Wertebereich
	mm/m				10^{-6}/K		MN/m²	
1	2	3	4	5	6	7	8	9
Mauerziegel	0	$+ 0,3$ bis $- 0,2$	1,0	0,5 bis 1,5	6	5 bis 7	3500 σ_0	3000 bis 4000 σ_0
Kalksandsteine [4]	$- 0,2$	$- 0,1$ bis $- 0,3$	1,5	1,0 bis 2,0	8	7 bis 9	3000 σ_0	2500 bis 4000 $\cdot \sigma_0$
Leichtbetonsteine	$- 0,4$	$- 0,2$ bis $- 0,5$	2,0	1,5 bis 2,5	10 / 8 [5]	8 bis 12	5000 σ_0	4000 bis 5500 $\cdot \sigma_0$
Betonsteine	$- 0,2$	$- 0,1$ bis $- 0,3$	1,0	—	10	8 bis 12	7500 σ_0	6500 bis 8500 σ_0
Porenbetonsteine	$- 0,2$	$+ 0,1$ bis $- 0,3$	1,5	1,0 bis 2,5	8	7 bis 9	2500 σ_0	2000 bis 3000 $\cdot \sigma_0$

[1]   Verkürzung (Schwinden): Vorzeichen minus; Verlängerung (chemisches Quellen): Vorzeichen plus
[2] $\varphi_\infty = \varepsilon_{k\infty}/\varepsilon_{el}$; ε_{el} Endkriechdehnung; $\varepsilon_{el} = \sigma/E$
[3] E Sekantenmodul aus Gesamtdehnung bei etwa 1/3 der Mauerwerksdruckfestigkeit; σ_0 Grundwert nach Tabellen 4a, 4b und 4c.
[4]   Gilt auch für Hüttensteine
[5]   Für Leichtbeton mit überwiegend Blähton als Zuschlag

Mauerwerk nach DIN 1053, Bildkommentar

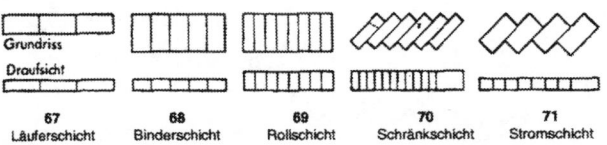

67 Läuferschicht   **68** Binderschicht   **69** Rollschicht   **70** Schränkschicht   **71** Stromschicht

Grundriss / Draufsicht

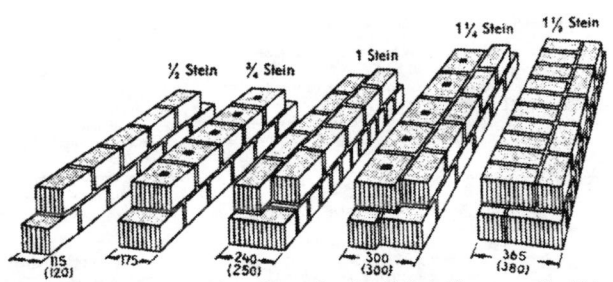

89 Wanddicken nach den modularen Mauersteinmaßen (Maße in Klammern = Wanddicken der alten Formate)

½ Stein   ¾ Stein   1 Stein   1¼ Stein   1½ Stein

115 (120)   175   240 (250)   300 (300)   365 (380)

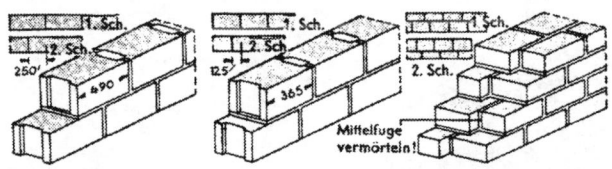

72 Mittiger Läuferverband für Hohlblöcke   **73** Schleppender Läuferverband für Hohlblöcke   **74** Läuferverband aus 175 + 115 mm breiten Steinen

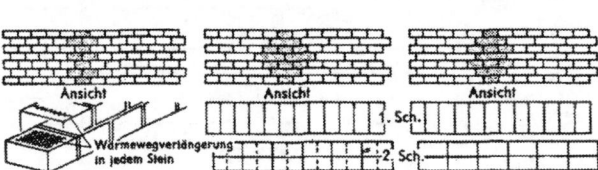

75 Binderverband (Gitterziegel 240/175/113 mm)   **76** Kreuzverband   **77** Blockverband

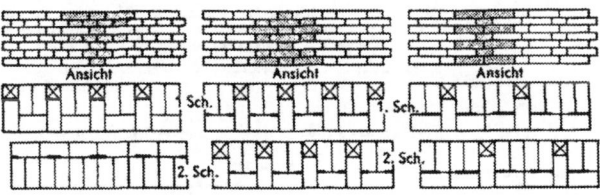

78 Holländischer Verband   **79** Gotischer Verband   **80** Märkischer Verband

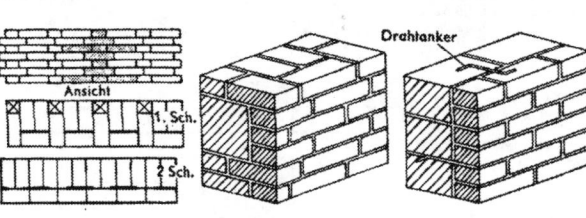

81 Tannenberg-Denkmal-Verband   **82** Verblendmauerwerk mit Verzahnung   **83** Verblendmauerwerk mit Drahtanker

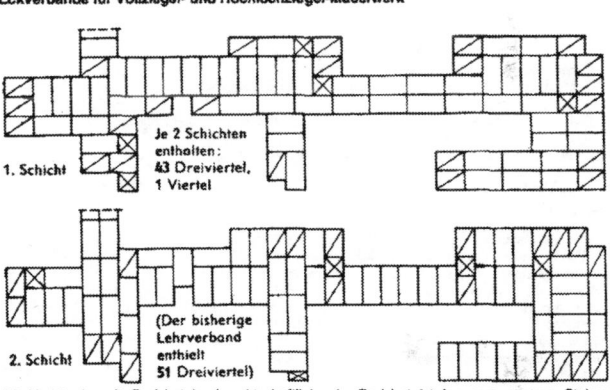

Je 2 Schichten enthalten: 43 Dreiviertel, 1 Viertel

(Der bisherige Lehrverband enthielt 51 Dreiviertel)

1. Schicht / 2. Schicht

90 Verbände mit Dreivierteln (unwirtschaftlich, da Dreiviertelsteine aus ganzen Steinen geschlagen werden müssen).

<table>
<tr><td>75 Binder-(Kopf)-Verband</td><td>128</td><td>79 Gotischer Verband</td><td>84</td></tr>
<tr><td>76 Kreuzverband</td><td>96</td><td>80 Märkischer Verband</td><td>78</td></tr>
<tr><td>77 Blockverband</td><td>96</td><td>81 Tannenberg-Denkmal-Verband</td><td>76</td></tr>
<tr><td>78 Holländischer Verband</td><td>108</td><td>72 Läuferverband</td><td>64</td></tr>
</table>

82 Anzahl der erforderlichen Verblender/m² bei Steinformat 240/115/52 mm, für Verbände nach **72, 75 bis 81**

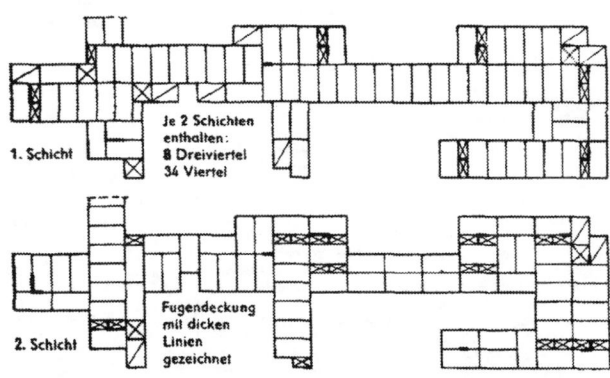

Je 2 Schichten enthalten: 8 Dreiviertel, 34 Viertel

Fugendeckung mit dicken Linien gezeichnet

1. Schicht / 2. Schicht

91 Verbände mit Vierteln (wirtschaftlicher als **90**, da Viertelsteine aus Transport-Bruch geschlagen werden können).

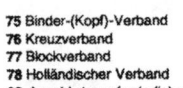
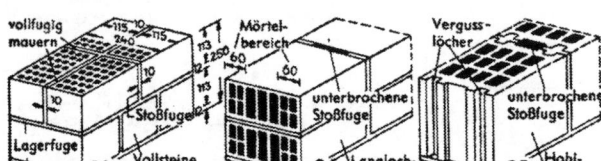

83 Vollsteine, Hochlochziegel   **84** Langlochziegel   **85** Hohlblöcke

vollfugig mauern / Mörtelbereich / Verguss-löcher / unterbrochene Stoßfuge / unterbrochene Stoßfuge / Lagerfuge / Stoßfuge

Mauerenden

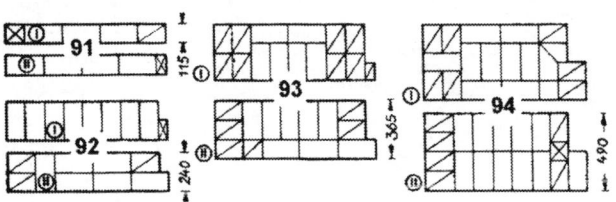

91   **93**   **94**   **92**

115 / 240 / 365 / 490

91 bis **94** Mauerverband (Mitte), gerades Mauerende (links), Tür- und Fensteranschläge (rechts).

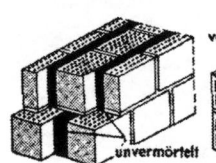
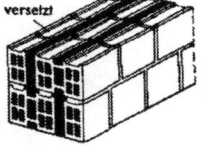

86 Verbund-Hohlwand, Bauart *Delta*   **87** Verbund-Hohlwand, Bauart *Wöhl*   **88** Langlochziegelwand, Bauart *Ludowici*

versetzt / unvermörtelt / Lagerfugen unterbrochen

Mauerwerk nach DIN 1053

6.9 Bemessung mit dem vereinfachten Verfahren

6.9.1 Spannungsnachweis bei zentrischer und exzentrischer Druckbeanspruchung

Für den Gebrauchszustand ist auf der Grundlage einer linearen Spannungsverteilung unter Ausschluss von Zugspannungen nachzuweisen, dass die zulässigen Druckspannungen

$$\text{zul. } \sigma_D = k \cdot \sigma_0 \tag{3}$$

nicht überschritten werden.

Hierin bedeuten

σ_0 Grundwerte nach Tabellen 4a, 4b oder 4c.

k Abminderungsfaktor:
- Wände als Zwischenauflager: $k = k_1 \cdot k_2$
- Wände als einseitiges Endauflager: $k = k_1 \cdot k_3$ oder $k = k_1 \cdot k_2$, der kleinere Wert ist maßgebend.

k_1 Faktor zur Berücksichtigung unterschiedlicher Sicherheitsbeiwerte bei Wänden und "kurzen Wänden"

$k_1 = 1{,}0$ für Wände

$k_1 = 1{,}0$ für "kurze Wände" nach 2.3, die aus einem oder mehreren ungetrennten Steinen oder aus getrennten Steinen mit einem Lochanteil von weniger als 35 % bestehen und nicht durch Schlitze oder Aussparungen geschwächt sind.

$k_1 = 0{,}8$ für alle anderen "kurzen Wände".
Gemauerte Querschnitte, deren Flächen kleiner als 400 cm² sind, sind als tragende Teile unzulässig. Schlitze und Aussparungen sind hierbei zu berücksichtigen.

k_2 Faktor zur Berücksichtigung der Traglastminderung bei Knickgefahr nach 6.9.2.

$$k_2 = 1{,}0 \quad \text{für} \quad h_K/d \leq 10$$

$$k_2 = \frac{25 - h_K/d}{15} \quad \text{für } 10 < h_K/d < 25$$

mit h_K als Knicklänge nach 6.7.2. Schlankheiten $h_K/d > 25$ sind unzulässig.

k_3 Faktor zur Berücksichtigung der Traglastminderung durch den Deckendrehwinkel bei Endauflagerung auf Innen- oder Außenwänden.
Bei Decken zwischen Geschossen:

$k_3 = 1$ für $l \leq 4{,}20$ m

$k_3 = 1{,}7 - l/6$ für $4{,}20$ m $< l \leq 6{,}00$ m

mit l als Deckenstützweite in m nach 6.1

Bei Decken über dem obersten Geschoss, insbesondere bei Dachdecken:

$k_3 = 0{,}5$ m für alle Werte von l. Hierbei sind rechnerisch klaffende Lagerfugen vorausgesetzt.

Wird die Traglastminderung infolge Deckendrehwinkel durch konstruktive Maßnahmen, z. B. Zentrierleisten, vermieden, so gilt unabhängig von der Deckenstützweite $k_3 = 1$.

Falls ein Nachweis für ausmittige Last zu führen ist, dürfen die Fugen sowohl bei Ausmitte in Richtung der Wandebene (Scheibenbeanspruchung) als auch rechtwinklig dazu (Plattenbeanspruchung) rechnerisch höchstens bis zum Schwerpunkt des Querschnitts öffnen. Sind Wände als Windscheiben rechnerisch nachzuweisen, so ist bei Querschnitten mit klaffender Fuge infolge Scheibenbeanspruchung zusätzlich nachzuweisen, dass die rechnerische Randdehnung aus der Scheibenbeanspruchung auf der Seite der Klaffung den Wert $\varepsilon_R = 10^{-4}$ nicht überschreitet (siehe Bild 3). Der Elastizitätsmodul für Mauerwerk darf hierfür zu $E 3000 \cdot \sigma_0$ angenommen werden.

Bei zweiseitig gehaltenen Wänden mit $d < 175$ mm und mit

Schlankheiten $\dfrac{h_K}{d} > 12$ und Wandbreiten $< 2{,}0$ m ist der

Einfluss einer ungewollten, horizontalen Einzellast $H = 0{,}5$ kN, die in halber Geschosshöhe angreift und über die Wandbreite gleichmäßig verteilt werden darf, nachzuweisen. Für diesen Lastfall dürfen die zulässigen Spannungen um den Faktor 1,33 vergrößert werden. Dieser Nachweis darf entfallen, wenn Gleichung (12) eingehalten ist.

6.9.2 Nachweis der Knicksicherheit

Der Faktor k_2 nach 6.9.1 berücksichtigt im vereinfachten Verfahren die ungewollte Ausmitte und die Verformung nach Theorie II. Ordnung. Dabei ist vorausgesetzt, dass in halber Geschosshöhe nur Biegemomente aus Knotenmomenten nach 6.2.2 und aus Windlasten auftreten. Greifen größere horizontale Lasten an oder werden vertikale Lasten mit größerer planmäßiger Exzentrizität eingeleitet, so ist der Knicksicherheitsnachweis nach 7.9.2 zu führen. Ein Versatz der Wandachsen infolge einer Änderung der Wanddicken gilt dann nicht als größere Exzentrizität, wenn der Querschnitt der dickeren tragenden Wand den Querschnitt der dünneren tragenden Wand umschreibt.

6.9.3 Auflagerpressung

Werden Wände von Einzellasten belastet, so muss die Aufnahme der Spaltzugkräfte sichergestellt werden. Dies kann bei sorgfältig ausgeführtem Mauerwerksverband als gegeben angenommen werden. Die Druckverteilung unter Einzellasten darf dann innerhalb des Mauerwerks unter 60° angesetzt werden. Der höher beanspruchte Wandbereich darf in höherer Mauerwerksfestigkeit ausgeführt werden. Es ist 6.5 zu beachten.

Unter Einzellasten, z. B. unter Balken, Unterzügen, Stützen usw., darf eine gleichmäßig verteilte Auflagerpressung von $1{,}3 \cdot \sigma_0$ nach Tabellen 4a, 4b oder 4c angenommen werden, wenn zusätzlich nachgewiesen wird, dass die Mauerwerksspannung in halber Wandhöhe den Wert zul σ_0 nach Gleichung (3) nicht überschreitet.

Teilflächenpressungen rechtwinklig zur Wandebene dürfen den Wert $1{,}3 \cdot \sigma_0$ nach Tabellen 4a, 4b oder 4c nicht überschreiten. Bei Einzellasten $F \geq 3$ kN ist zusätzlich die Schubspannung in den Lagerfugen der belasteten Steine nach 6.9.5, Gleichung (6), nachzuweisen. Bei Loch- und Kammersteinen ist z. B. durch Unterlagsplatten sicherzustellen, dass die Druckkraft auf mindestens zwei Stege übertragen wird.

6.9.4 Zug- und Biegezugspannungen

Zug- und Biegezugspannungen rechtwinklig zur Lagerfuge dürfen in tragenden Wänden nicht in Rechnung gestellt werden.
Zug- und Biegezugspannungen σ_z parallel zur Lagerfuge in Wandrichtung dürfen bis zu folgenden Höchstwerten in Rechnung gestellt werden:

$$\text{zul } \sigma_z = 0{,}4 \cdot \sigma_{oHS} + 0{,}12 \cdot \sigma_D \leq \max \sigma_z \tag{4}$$

Hierin bedeuten:

zul σ_z zulässige Zug- und Biegezugspannung parallel zur Lagerfuge

σ_D zugehörige Druckspannung rechtwinklig zur Lagerfuge

σ_{oHS} zulässige abgeminderte Haftscherfestigkeit nach Tabelle 5

$\max \sigma_z$ Maximalwert der zulässigen Zug- und Biegezugspannung nach Tabelle 6.

6.9.5 Schubnachweis

Ist ein Nachweis der räumlichen Steifigkeit nach 6.4 nicht erforderlich, darf im Regelfall auch der Schubnachweis für die aussteifenden Wände entfallen.
Ist ein Schubnachweis erforderlich, darf für Rechteckquerschnitte (keine zusammengesetzten Querschnitte) das folgende vereinfachte Verfahren angewendet werden:

$$\tau = \frac{c \cdot Q}{A} \leq \text{zul } \tau \tag{5}$$

Scheibenschub:

$$\text{zul } \tau = \sigma_{oHS} + 0{,}2 \cdot \sigma_{Dm} \leq \max \tau \tag{6a}$$

Plattenschub:

$$\text{zul } \tau = \sigma_{oHS} + 0{,}3 \, \sigma_{Dm} \tag{6b}$$

Hierin bedeuten:

Q Querkraft

A überdrückte Querschnittsfläche

c Faktor zur Berücksichtigung der Verteilung von τ über den Querschnitt. Für hohe Wände mit H/L ≥ 2 gilt $c = 1{,}5$; für Wände mit H/L $\leq 1{,}0$ gilt $c = 1{,}0$; dazwischen darf linear interpoliert werden. H bedeutet die Gesamthöhe, L die Länge der Wand. Bei Plattenschub gilt $c = 1{,}5$.

σ_{oHS} siehe Tabelle 5

σ_{Dm} mittlere zugehörige Druckspannung rechtwinklig zur Lagerfuge im ungerissenen Querschnitt A

$\max \tau = 0{,}010 \cdot \beta_{NSt}$ für Hohlblocksteine
$= 0{,}012 \cdot \beta_{NSt}$ für Hochlochsteine und Steine mit Grifföffnungen oder –löchern
$= 0{,}014 \cdot \beta_{NSt}$ für Vollsteine ohne Grifföffnungen oder –löcher

β_{NSt} Nennwert der Steindruckfestigkeit (Steinfestigkeitsklasse).

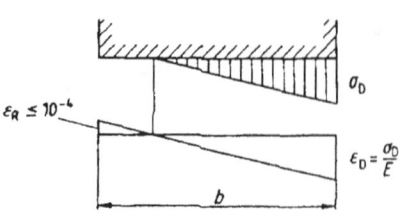

b Länge der Windscheibe
σ_D Kantenpressung
ε_D rechnerische Randstauchung im maßgebenden Gebrauchs-Lastfall

$$\varepsilon_R \leq 10^{-4}$$

$$\varepsilon_D = \frac{\sigma_D}{E}$$

Bild 3: Zulässige rechnerische Randdehnung bei Scheiben

Tabelle 4a: Grundwerte σ_0 der zulässigen Druckspannungen für Mauerwerk mit Normalmörtel

Steinfestigkeitsklasse	Grundwerte σ_0 für Normalmörtel Mörtelgruppe				
	I MN/m²	II MN/m²	IIa MN/m²	III MN/m²	IIIa MN/m²
2	0,3	0,5	0,5 [1)	–	–
4	0,4	0,7	0,8	0,9	–
6	0,5	0,9	1,0	1,2	–
8	0,6	1,0	1,2	1,4	–
12	0,8	1,2	1,6	1,8	1,9
20	1,0	1,6	1,9	2,4	3,0
28	–	1,8	2,3	3,0	3,5
36	–	–	–	3,5	4,0
48	–	–	–	4,0	4,5
60	–	–	–	4,5	5,0

[1)] $\sigma_0 = 0{,}6$ MN/m² bei Außenwänden mit Dicken ≥ 300 mm. Diese Erhöhung gilt jedoch nicht für den Nachweis der Auflagerpressung nach 6.9.3.

Tabelle 4b: Grundwerte σ_0 der zulässigen Druckspannungen für Mauerwerk mit Dünnbett- und Leichtmörtel

Steinfestigkeitsklasse	Grundwerte σ_0		
	Dünnbettmörtel [1)] MN/m²	Leichtmörtel	
		LM 21 MN/m²	LM 36 MN/m²
2	0,6	0,5 [2)]	0,5 [2) 3)]
4	1,1	0,7 [4)]	0,8 [4)]
6	1,5	0,7	0,9
8	2,0	0,8	1,0
12	2,2	0,9	1,1
20	3,2	0,9	1,1
28	3,7	0,9	1,1

[1)] Anwendung nur bei Porenbeton–Plansteinen nach DIN 4165 und bei Kalksand–Plansteinen. Die Werte gelten für Vollsteine. Für Kalksand–Lochsteine und Kalksand–Hohlblocksteine nach DIN 106 Teil 1 gelten die entsprechenden Werte der Tabelle 4a bei Mörtelgruppe III bis Steinfestigkeitsklasse 20.

[2)] Für Mauerwerk mit Mauerziegeln nach DIN 105 Teil 1 bis Teil 4 gilt $\sigma_0 = 0{,}4$ MN/m².
$\sigma_0 = 0{,}6$ MN/m² bei Außenwänden mit Dicken ≥ 300 mm. Diese Erhöhung gilt jedoch nicht für den Fall der Fußnote [2)] und nicht für den Nachweis der Auflagerpressung nach 6.9.3.

[3)] Für Kalksandsteine nach DIN 106 Teil 1 der Rohdichteklasse $\geq 0{,}9$ und für Mauerziegel nach DIN 105 Teil 1 bis Teil 4 gilt $\sigma_0 \leq 0{,}5$ MN/m².

[4)] Für Mauerwerk mit den in Fußnote [4)] genannten Mauersteinen gilt $\sigma_0 = 0{,}7$ MN/m².

Tabelle 5: Zulässige abgeminderte Haftscherfestigkeit σ_{oHS} in MN/m²

Mörtelart, Mörtelgruppe	NM I	NM II	NM IIa LM 21 LM 36	NM III DM	NM IIIa
σ_{oHS}	0,01	0,04	0,09	0,11	0,13

[1)] Für Mauerwerk mit unvermörtelten Stoßfugen sind die Werte σ_{oHS} zu halbieren. Als vermörtelt gilt in diesem Sinn eine Stoßfuge, bei der etwa die halbe Wanddicke oder mehr vermörtelt ist.

Tabelle 6: Maximale Werte max σ_z der zulässigen Biegezugspannungen

Steinfestigkeitsklasse	2	4	6	8	12	20	≥ 28
max σ_z	0,01	0,02	0,04	0,05	0,10	0,15	0,20

Tabelle 4c: Grundwerte σ_0 der zulässigen Druckspannungen für Mauerwerk nach Eignungsprüfung (EM)

Nennfestigkeit β_M [1)] in N/mm²	1,0 bis 9,0	11,0 und 13,0	16,0 bis 25,0
σ_0 in MN/m² [2)]	0,35 β_M	0,32 β_M	0,30 β_M

[1)] β_M nach DIN 1053–2

[2)] σ_0 ist auf 0,01 MN/m² abzurunden.

Mauerwerk nach DIN 1053, Bildkommentar

Vorlagen, Rücklagen

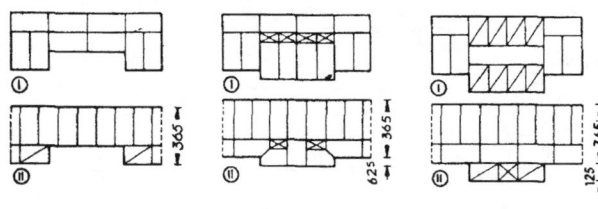

95 Mauerrücklage, 1/2 Stein   96 Mauervorlage, 1/4 Stein   97 Mauervorlage, 1/2 Stein

Ecken, Kreuzungen

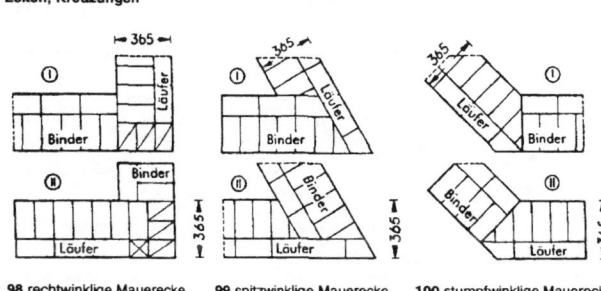

98 rechtwinklige Mauerecke   99 spitzwinklige Mauerecke   100 stumpfwinklige Mauerecke

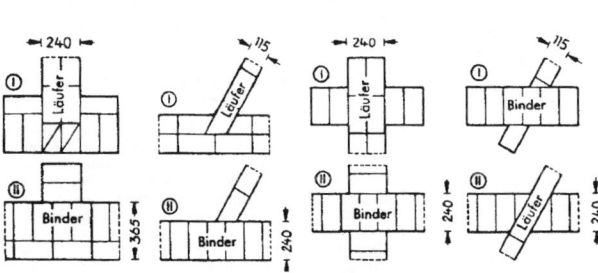
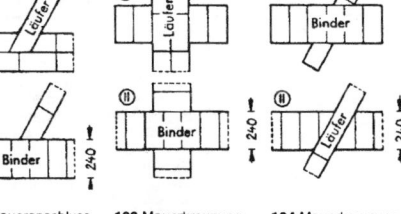

101 Maueranschluss, rechtwinklig   102 Maueranschluss, schräg   103 Mauerkreuzung, rechtwinklig   104 Mauerkreuzung, schräg

Pfeilerverbände für Vollziegel- und Hochlochziegel-Mauerwerk

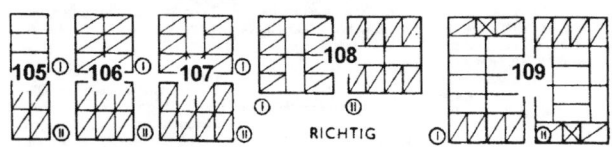

105 bis 109 Verbände mit Dreiviertelsteinen. Umwerfen des Verbandes → 109.

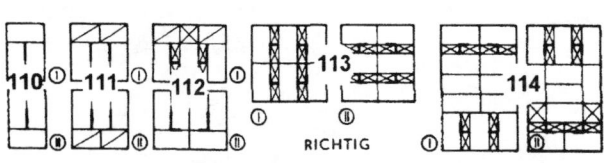

110 bis 114 Verbände mit Viertelsteinen. Umwerfen des Verbandes → 114.

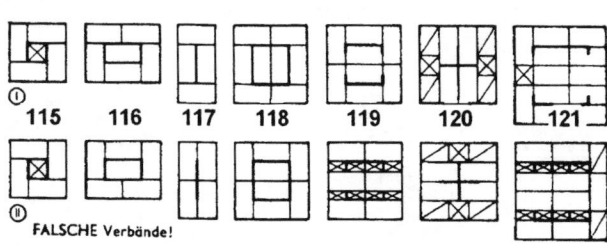

FALSCHE Verbände!

115 bis 121 Diese Verbände genügen nicht der Fugendeckungsregel und sind für tragendes Mauerwerk nicht zulässig!

Verbände für Pfeiler besonderer Form

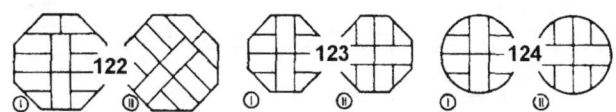

122 bis 124 Der Verband wird von den verwendeten Formsteinen bestimmt; i.d. Regel kommt der Verband mit Dreivierteln zur Anwendung

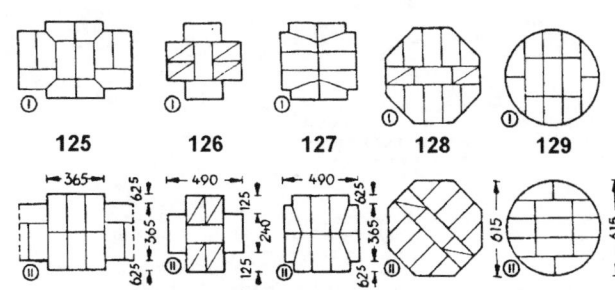

125 bis 129 Verbände vieleckiger und runder Pfeiler

Schalenwände

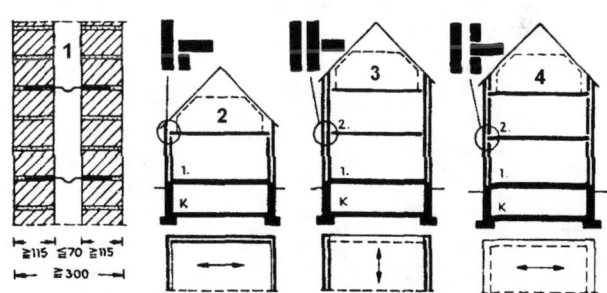

1 Lage der Luftschicht und Anker. 2 Eingeschossiger Bau mit Deckenauflager auf Innenschale. 3 Zweigeschossiger Bau mit Deckenauflager auf den Querwänden (Schottenbauart). 4 Zweigeschossiger Bau mit Deckenauflager auf Innen- und Außenschale. Die Luftschicht muss in diesem Fall über jedem Geschossfußboden belüftet und unter jeder Decke entlüftet werden.

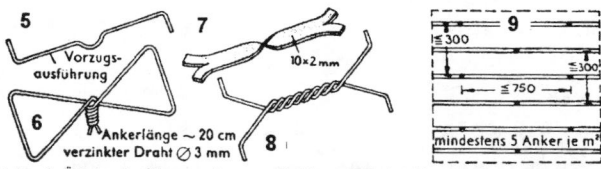

5 bis 8 Übliche Ausführungsarten von Draht- und Flachstahlankern für Schalenwände. 9 Übliche Ankerabstände. Es dürfen auch keine Bedenken dagegen bestehen, die senkrechten Ankerabstände bei großformatigen Steinen auf 37,5 cm zu vergrößern; der waagerechte Ankerabstand verringert sich dann auf ca. 65 cm.

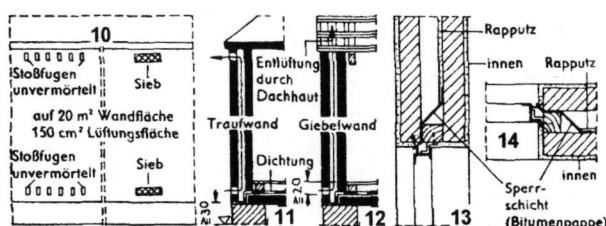

10 Anordnung und Größe der Be- und Entlüftungsöffnungen für die Luftschicht. Anordnung der Be- und Entlüftung in einer Traufwand → 11 und Giebelwand → 12. An den Berührungen der Innen- und Außenschale sind Sperrschichten mit Gefälle nach außen einzubauen → 13, 14.

Wände

Mauerwerk nach DIN 1053

7 Genaueres Berechnungsverfahren

7.1 Allgemeines
Das genauere Berechnungsverfahren darf auf einzelne Bauteile, einzelne Geschosse oder ganze Bauwerke angewendet werden.

7.2 Ermittlung der Schnittgrößen infolge von Lasten

7.2.1 Auflagerkräfte aus Decken
Es gilt 6.2.1.

7.2.2 Knotenmomente
Der Einfluß der Decken-Auflagerdrehwinkel auf die Ausmitte der Lasteintragung in die Wände ist zu berücksichtigen. Dies darf durch eine Berechnung des Wand-Decken-Knotens erfolgen, bei der vereinfachend ungerissene Querschnitte und elastisches Materialverhalten zu Grunde gelegt werden können. Die so ermittelten Knotenmomente dürfen auf 2/3 ihres Wertes ermäßigt werden.
Die Berechnung des Wand-Decken-Knotens darf an einem Ersatzsystem unter Abschätzung der Momenten-Nullpunkte in den Wänden, im Regelfall in halber Geschosshöhe, erfolgen. Hierbei darf der halbe Verkehrslast wie ständige Last angesetzt und der Elastizitätsmodul für Mauerwerk zu $E = 3000\ \sigma_.$ angenommen werden.

7.2.3 Vereinfachte Berechnung der Knotenmomente
Die Berechnung des Wand-Decken-Knotens darf durch folgende Näherungsrechnung ersetzt werden, wenn die Verkehrslast nicht größer als 5 kN/m² ist:
Der Auflagerdrehwinkel der Decken bewirkt, dass die Deckenauflagerkraft A mit einer Ausmitte e angreift, wobei e zu 5 % der Differenz der benachbarten Deckenspannweiten, bei Außenwänden zu 5 % der angrenzenden Deckenspannweite angesetzt werden darf.
Bei Dachdecken ist das Moment $M_D = A_D \cdot e_D$ voll in den Wandkopf, bei Zwischendecken ist das Moment $M_Z = A_Z \cdot e_Z$ je zur Hälfte in den angrenzenden Wandkopf und Wandfuß einzuleiten. Längskräfte N_o infolge Lasten aus darüber befindlichen Geschossen dürfen zentrisch angesetzt werden (siehe auch Bild 4).

Bei zweiachsig gespannten Decken mit Spannweitenverhältnissen bis 1 : 2 darf als Spannweite zur Ermittlung der Lastexzentrizität 2/3 der kürzeren Seite eingesetzt werden.

7.2.4 Begrenzung der Knotenmomente
Ist die rechnerische Exzentrizität der resultierenden Last aus Decken und darüber befindlichen Geschossen infolge der Knotenmomente am Kopf bzw. Fuß der Wand größer als 1/3 der Wanddicke d, so darf sie zu 1/3 d angenommen werden. In diesem Fall darf eine Berechnung des Wand-Decken-Knotens erfolgen, bei der vereinfachend ungerissene Querschnitte und elastisches Materialverhalten zu Grunde gelegt werden können.
In diesem Fall sind Schäden infolge von Rissen in Mauerwerk und Putz durch konstruktive Maßnahmen, z. B. Fugenausbildung, Zentrierleisten, Kantennut usw. mit entsprechender Ausbildung der Außenhaut entgegenzuwirken.

7.2.5 Wandmomente
Der Momentenverlauf über die Wandhöhe infolge Vertikallasten ergibt sich aus den anteiligen Wandmomenten der Knotenberechnung (siehe Bild 4). Momente infolge Horizontallasten, z. B. Wind oder Erddruck, dürfen unter Einhaltung des Gleichgewichts zwischen den Grenzfällen Volleinspannung und gelenkige Lagerung umgelagert werden; dabei ist die Begrenzung der klaffenden Fuge nach 7.9.1 zu beachten.

7.3 Wind
Momente aus Windlast rechtwinklig zur Wandebene dürfen im Regelfall bis zu einer Höhe von 20 m über Gelände vernachlässigt werden, wenn die Wanddicke $d \geq 240$ mm und die lichten Geschosshöhen $h_s \leq 3,0$ m sind. In Wandebene sind die Windlasten jedoch zu berücksichtigen (siehe 7.4).

7.4 Räumliche Steifigkeit
Es gilt 6.4.

7.5 Zwängungen
Es gilt 6.5.

7.6 Grundlagen für die Berechnung der Formänderungen
Es gilt 6.6. Für die Berechnung der Knotenmomente darf vereinfachend der E-Modul $E = 3000\ \sigma_.$ angenommen werden. Beim Nachweis der Knicksicherheit gilt der ideelle Sekantenmodul $E_i = 1100 \cdot \sigma_.$

7.7 Aussteifung und Knicklänge von Wänden

7.7.1 Allgemeine Annahmen für aussteifende Wände
Es gilt 6.7.1.

7.7.2 Knicklängen
Die Knicklänge h_K von Wänden ist in Abhängigkeit von der lichten Geschosshöhe h_s wie folgt in Rechnung zu stellen:
a) Frei stehende Wände:

$$h_K = 2 \cdot h_s \sqrt{\frac{1 + 2N_o/N_u}{3}} \qquad (7)$$

Hierin bedeuten:

N_o Längskraft am Wandkopf,
N_u Längskraft am Wandfuß.

b) Zweiseitig gehaltene Wände:
Im allgemeinen gilt

$$h_K = h_s \qquad (8a)$$

Bei flächig aufgelagerten Decken, z. B. Massivdecken, darf die Knicklänge wegen der Einspannung der Wände in den Decken nach Tabelle 7 reduziert werden, wenn die Bedingungen dieser Tabelle eingehalten sind. Hierbei darf der Wert β nach Gleichung (8b) angenommen werden, falls er nicht durch Rahmenrechnung nach Theorie II. Ordnung bestimmt wird:

$$\beta = 1 - 0,15 \cdot \frac{E_b\ I_b}{E_{mw}\ I_{mw}} \cdot h_s \left(\frac{1}{l_1} + \frac{1}{l_2}\right) \geq 0,75 \qquad (8b)$$

Hierin bedeuten:

E_{mw}, E_b E-Modul des Mauerwerks nach 6.6 bzw. des Betons nach DIN 1045
I_{mw}, I_b Flächenmoment 2. Grades der Mauerwerkswand bzw. der Betondecke
l_1, l_2 Angrenzende Deckenstützweiten; bei Außenwänden gilt
$$\frac{1}{l_2} = 0.$$

Bei Wanddicken ≤ 175 mm darf ohne Nachweis β 0,75 gesetzt werden. Ist die rechnerische Exzentrizität der Last im Knotenanschnitt nach 7.2.4 größer als 1/3 der Wanddicke, so ist stets $\beta = 1$ zu setzen.

c) Dreiseitig gehaltene Wände (mit einem freien vertikalen Rand):

$$h_K = \frac{1}{1 + \left(\dfrac{\beta \cdot h_s}{3\ b}\right)^2} \cdot \beta \cdot h_s \geq 0,3 \cdot h_s \qquad (9a)$$

d) Vierseitig gehaltene Wände:
für $h_s \leq b$:

$$h_K = \frac{1}{1 + \left(\dfrac{\beta \cdot h_s}{b}\right)^2} \cdot \beta \cdot h_s \qquad (9b)$$

für $h_s > b$:

$$h_K = \frac{b}{2} \qquad (9c)$$

Hierin bedeuten:

b Abstand des freien Randes von der Mitte der aussteifenden Wand, bzw. Mittenabstand der aussteifenden Wände
β wie bei zweiseitig gehaltenen Wänden

Ist $b > 30\ d$ bei vierseitig gehaltenen Wänden, bzw. $b > 15\ d$ bei dreiseitig gehaltenen Wänden, so sind diese wie zweiseitig gehaltene zu behandeln. Hierin ist d die Dicke der gehaltenen Wand. Ist die Wand im Bereich des mittleren Drittels durch vertikale Schlitze oder Nischen geschwächt, so ist für d die Restwanddicke einzusetzen oder ein freier Rand anzunehmen. Unabhängig von der Lage eines vertikalen Schlitzes oder einer Nische an ihrer Stelle ein freier Rand anzunehmen, wenn die Restwanddicke kleiner als die halbe Wanddicke oder kleiner als 115 mm ist.

7.7.3 Öffnungen in Wänden
Es gilt 6.7.3.

7.8 Mittragende Breite von zusammengesetzten Querschnitten
Es gilt 6.8.

Tabelle 7: Reduzierung der Knicklänge zweiseitig gehaltener Wände mit flächig aufgelagerten Massivdecken

Wanddicke d mm	Erforderliche Auflagertiefe a der Decke auf der Wand
< 240	d
≥ 240 ≤ 300	$\geq \dfrac{3}{4}\ d$
> 300	$\geq \dfrac{2}{3}\ d$
Planmäßige Ausmitte e [1]) der Last in halber Geschosshöhe (für alle Wanddicken)	Reduzierte Knicklänge h_K [2])
$\leq \dfrac{d}{6}$	$\beta\ h_s$
$\dfrac{d}{3}$	$1,00\ h_s$

[1]) Das heißt Ausmitte ohne Berücksichtigung von f_1 und f_2 nach 7.9.2, jedoch gegebenenfalls auch infolge Wind.
[2]) Zwischenwerte dürfen geradlinig eingeschaltet werden.

7.9 Bemessung mit dem genaueren Verfahren

7.9.1 Tragfähigkeit bei zentrischer und exzentrischer Druckbeanspruchung
Auf der Grundlage einer linearen Spannungsverteilung und ebenbleibender Querschnitte ist nachzuweisen, dass die γ-fache Gebrauchslast ohne Mitwirkung des Mauerwerks auf Zug im Bruchzustand aufgenommen werden kann. Hierbei ist β_R der Rechenwert der Druckfestigkeit des Mauerwerks mit der theoretischen Schlankheit Null. β_R ergibt sich aus

$$\beta_R = 2,67 \cdot \sigma_. \qquad (10)$$

Hierin bedeutet:
$\sigma_.$ Grundwert der zulässigen Druckspannung nach Tabellen 4a, 4b oder 4c.

Der Sicherheitsbeiwert ist $\gamma_w = 2,0$ für Wände und für "kurze Wände" (Pfeiler) nach 2.3, die aus einem oder mehreren ungetrennten Steinen oder aus getrennten Steinen mit einem Lochanteil von weniger als 35 % bestehen und keine Aussparungen oder Schlitze enthalten. Für alle anderen "kurzen Wände" gilt $\gamma_p = 2,5$. Gemauerte Querschnitte mit Flächen kleiner als 400 cm² sind als tragende Teile unzulässig.
Im Gebrauchszustand dürfen klaffende Fugen infolge der planmäßigen Exzentrizität e (ohne f_1 und f_2 nach 7.9.2) rechnerisch höchstens bis zum Schwerpunkt des Gesamtquerschnitts entstehen. Bei Querschnitten, die vom Rechteck abweichen, ist außerdem eine mindestens 1,5-fache Kippsicherheit nachzuweisen. Bei Querschnitten mit Scheibenbeanspruchung und klaffender Fuge ist zusätzlich nachzuweisen, dass die rechnerische Randdehnung auf der Seite der Klaffung unter Gebrauchslast den Wert $\varepsilon_R = 10^{-4}$ nicht überschreitet (siehe Bild 3). Bei exzentrischer Beanspruchung darf im Bruchzustand die Kantenpressung den Wert $1,33\ \beta_R$, die mittlere Spannung den Wert β_R nicht überschreiten.

7.9.2 Nachweis der Knicksicherheit
Bei der Ermittlung der Spannungen sind außer der planmäßigen Exzentrizität e die ungewollte Ausmitte f_1 und die Stabauslenkung f_2 nach Theorie II. Ordnung zu berücksichtigen. Die ungewollte Ausmitte darf bei zweiseitig gehaltenen Wänden sinusförmig über die Geschosshöhe mit dem Maximalwert

$$f_1 = \frac{h_K}{300}$$

(h_K = Knicklänge nach 7.7.2) angenommen werden.

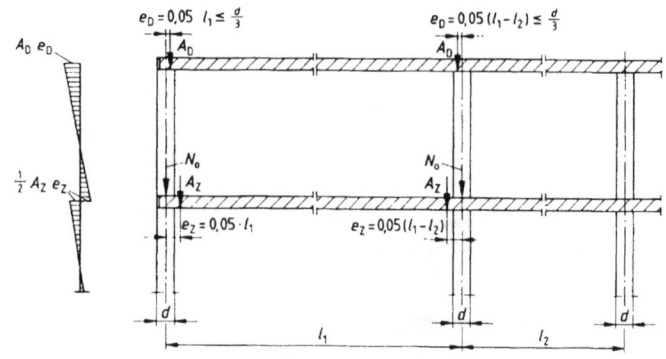

Bild 4: Vereinfachende Annahmen zur Berechnung von Knoten- und Wandmomenten

Mauerwerk nach DIN 1053

Die Spannungsdehnungsbeziehung ist durch einen ideellen Sekantenmodul E_i zu erfassen. Abweichend von Tabelle 2 gilt für alle Mauerwerksarten $E_i = 1100 \cdot \sigma$.
An Stelle einer genaueren Rechnung darf die Knicksicherheit durch Bemessung der Wand in halber Geschosshöhe nachgewiesen werden, wobei außer der planmäßigen Exzentrizität e an dieser Stelle folgende zusätzliche Exzentrizität $f = f_1 + f_2$ anzusetzen ist.

$$f = \bar{\lambda} \cdot \frac{1 + m}{1800} \cdot h_K \qquad (11)$$

Hierin bedeuten:

$\bar{\lambda} = \dfrac{h_K}{d}$ Schlankheit der Wand

h_K Knicklänge der Wand

$m = \dfrac{6 \cdot e}{d}$ bezogene planmäßige Exzentrizität in halber Geschosshöhe

In Gleichung (11) ist der Einfluss des Kriechens in angenäherter Form erfasst.
Wandmomente nach 7.2.5 sind mit ihren Werten in halber Geschosshöhe als planmäßige Exzentrizitäten zu berücksichtigen.

Schlankheiten $\bar{\lambda} > 25$ sind nicht zulässig.

Bei zweiseitig gehaltenen Wänden nach 6.4 mit Schlankheiten $\bar{\lambda} > 12$ und Wandbreiten $< 2,0$ m ist zusätzlich nachzuweisen, dass unter dem Einfluss einer ungewollten, horizontalen Einzellast $H = 0,5$ kN die Sicherheit γ mindestens 1,5 beträgt. Die Horizontalkraft H ist in halber Wandhöhe anzusetzen und darf auf die vorhandene Wandbreite b gleichmäßig verteilt werden.
Dieser Nachweis darf entfallen, wenn

$$\bar{\lambda} \leq 20 - 1000 \cdot \frac{H}{A \cdot \beta_R} \qquad (12)$$

Hierin bedeutet:
A Wandquerschnitt $b \cdot d$.

7.9.3 Einzellasten, Lastausbreitung und Teilflächenpressung

Werden Wände von Einzellasten belastet, so ist die Aufnahme der Spaltzugkräfte konstruktiv sicherzustellen. Die Spaltzugkräfte können durch die Zugfestigkeit des Mauerwerksverbandes, durch Bewehrung oder durch Stahlbetonkonstruktionen aufgenommen werden.
Ist die Aufnahme der Spaltzugkräfte konstruktiv gesichert, so darf die Druckverteilung unter konzentrierten Lasten innerhalb des Mauerwerkes unter 60° angesetzt werden. Der höher beanspruchte Wandbereich darf in höherer Mauerwerksfestigkeit ausgeführt werden. 7.5 ist zu beachten.
Wird nur die Teilfläche A_1 (Übertragungsfläche) eines Mauerwerksquerschnittes durch eine Druckkraft mittig oder ausmittig belastet, dann darf A_1 mit folgender Teilflächenpressung σ_i beansprucht werden, sofern die Teilfläche $A_1 \leq 2 \cdot d^2$ und die Exzentrizität des Schwerpunktes der Teilfläche $e < \dfrac{d}{6}$ ist:

$$\sigma_i = \frac{\beta_R}{\gamma}\left(1 + 0,1 \cdot \frac{a_1}{l_1}\right) \leq 1,5 \cdot \frac{\beta_R}{\gamma} \qquad (13)$$

Hierin bedeuten:
a_1 Abstand der Teilfläche vom nächsten Rand der Wand in Längsrichtung
l_1 Länge der Teilfläche in Längsrichtung
d Dicke der Wand
γ Sicherheitsbeiwert nach 7.9.1

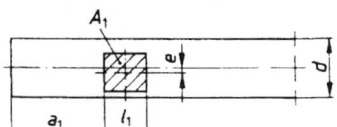

Bild 5: Teilflächenpressungen

Teilflächenpressungen rechtwinklig zur Wandebene dürfen den Wert $0,5 \cdot \beta_R$ nicht überschreiten. Bei Einzellasten $F \geq 3$ kN ist zusätzlich die Schubspannung in den Lagerfugen der belasteten Einzelsteine nach Abschnitt 7.9.5 nachzuweisen. Bei Loch- und Kammersteinen ist z.B. durch Unterlagsplatten sicherzustellen, dass die Druckkraft auf mindestens 2 Stege übertragen wird.

7.9.4 Zug- und Biegezugspannungen

Zug- und Biegezugspannungen rechtwinklig zur Lagerfuge dürfen in tragenden Wänden nicht in Rechnung gestellt werden.
Zug- und Biegezugspannungen σ_z parallel zur Lagerfuge in Wandrichtung dürfen bis zu folgenden Höchstwerten im Gebrauchszustand in Rechnung gestellt werden:

$$\text{zul } \sigma_z \leq \frac{1}{\gamma}\left(\beta_{RH} + \mu \cdot \sigma_D\right)\frac{\bar{u}}{h} \qquad (14)$$

$$\text{zul } \sigma_z \leq \frac{\beta_{RZ}}{2\gamma} \leq 0,3 \text{ MN/m}^2 \qquad (15)$$

Der kleinere Wert ist maßgebend.
Hierin bedeuten:
$\text{zul } \sigma_z$ zulässige Zug- und Biegezugspannung parallel zur Lagerfuge
σ_D Druckspannung rechtwinklig zur Lagerfuge
β_{RH} Rechenwert der abgeminderten Haftscherfestigkeit nach 7.9.5
β_{RZ} Rechenwert der Steinzugfestigkeit nach Abschnitt 7.9.5
μ Reibungsbeiwert = 0,6
$\bar{u}$ Überbindemaß nach 9.3
h Steinhöhe
γ Sicherheitsbeiwert nach Abschnitt 7.9.1

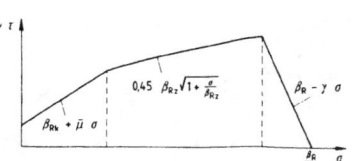

Bild 6: Bereich der Schubtragfähigkeit bei Scheibenschub

7.9.5 Schubnachweis

Die Schubspannungen sind nach der technischen Biegelehre bzw. nach der Scheibentheorie für homogenes Material zu ermitteln, wobei Querschnittsbereiche, in denen die Fugen rechnerisch klaffen, nicht in Rechnung gestellt werden dürfen.
Die unter Gebrauchslast vorhandenen Schubspannungen τ und die zugehörige Normalspannung σ in der Lagerfuge müssen folgenden Bedingungen genügen:
Scheibenschub:

$$\gamma \cdot \tau \leq \beta_{RH} + \bar{\mu} \cdot \sigma \qquad (16a)$$

$$\leq 0,45 \cdot \beta_{RZ} \cdot \sqrt{1 + \sigma/\beta_{RZ}} \qquad (16b)$$

Plattenschub:

$$\gamma \cdot \tau \leq \beta_{RH} + \mu \cdot \sigma \qquad (16c)$$

Hierin bedeuten:
β_{RH} Rechenwert der abgeminderten Haftscherfestigkeit. Es gilt $\beta_{RH} = 2 \cdot \sigma_{OH}$ mit σ_{OH} nach Tabelle 5. Auf die erforderliche Vorbehandlung von Steinen und Arbeitsfugen entsprechend 9.1 wird besonders hingewiesen.
μ Rechenwert des Reibungsbeiwertes. Für alle Mörtelarten darf $\mu = 0,6$ angenommen werden.
$\bar{\mu}$ Rechenwert des abgeminderten Reibungsbeiwertes. Mit der Abminderung wird die Spannungsverteilung in der Lagerfuge längs eines Steins berücksichtigt. Für alle Mörtelgruppen darf $\bar{\mu} = 0,4$ gesetzt werden.
β_{RZ} Rechenwert der Steinzugfestigkeit. Es gilt
β_{RZ} = 0,025 $\cdot \beta_{Nst}$ für Hohlblocksteine
= 0,033 $\cdot \beta_{Nst}$ für Hochlochsteine und Steine mit Grifföffnungen oder Grifflöchern
= 0,040 $\cdot \beta_{Nst}$ für Vollsteine ohne Grifföffnungen oder Grifflöcher
β_{Nst} Nennwert der Steindruckfestigkeit (Steindruckfestigkeitsklasse)
γ Sicherheitsbeiwert nach Abschnitt 7.9.1

Bei Rechteckquerschnitten genügt es, den Schubnachweis für die Stelle der maximalen Schubspannung zu führen. Bei zusammengesetzten Querschnitten ist außerdem der Nachweis am Anschnitt der Teilquerschnitte zu führen.

8 Bauteile und Konstruktionsdetails

8.1 Wandarten, Wanddicken

8.1.1 Allgemeines

Die statisch erforderliche Wanddicke ist nachzuweisen. Hierauf darf verzichtet werden, wenn die gewählte Wanddicke offensichtlich ausreicht. Die in den folgenden Abschnitten festgelegten Mindestwanddicken sind einzuhalten.
Innerhalb eines Geschosses soll zur Vereinfachung von Ausführung und Überwachung das Wechseln von Steinarten und Mörtelgruppen möglichst eingeschränkt werden (siehe auch 5.2.3).
Steine, die unmittelbar der Witterung ausgesetzt bleiben, müssen frostwiderstandsfähig sein. Sieht die Stoffnorm hinsichtlich der Frostwiderstandsfähigkeit unterschiedliche Klassen vor, so sind bei Schornsteinköpfen, Kellereingangs-, Stütz- und Gartenmauern, stark strukturiertem Mauerwerk und ähnlichen Anwendungsbereichen Steine mit der höchsten Frostwiderstandsfähigkeit zu verwenden.

Unmittelbar der Witterung ausgesetzte, horizontale und leicht geneigte Sichtmauerwerksflächen, wie z. B. Mauerkronen, Schornsteinköpfe, Brüstungen, sind durch geeignete Maßnahmen (z. B. Abdeckung) so auszubilden, dass Wasser nicht eindringen kann.

8.1.2 Tragende Wände

8.1.2.1 Allgemeines

Wände, die mehr als ihre Eigenlast aus einem Geschoss zu tragen haben, sind stets als tragende Wände anzusehen. Wände, die der Aufnahme von horizontalen Kräften rechtwinklig zur Wandebene dienen, dürfen auch als nichttragende Wände nach 8.1.3 ausgebildet sein.
Tragende Innen- und Außenwände sind mit einer Dicke von mindestens 115 mm auszuführen, sofern aus Gründen der Standsicherheit, der Bauphysik oder des Brandschutzes nicht größere Dicken erforderlich sind.

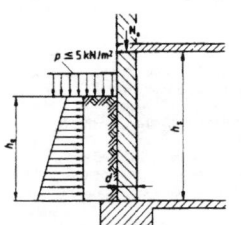

Bild 7: Lastannahmen für Kellerwände

Tabelle 8: Min N_o für Kellerwände ohne rechnerischen Nachweis

Wanddicke d	min N_o in kN/m bei einer Höhe der Anschüttung h_e von			
mm	1,0 m	1,5 m	2,0 m	2,5 m
240	6	20	45	75
300	3	15	30	50
365	0	10	25	40
490	0	5	15	30

Zwischenwerte sind geradlinig zu interpolieren.

Die Mindestmaße tragender Pfeiler betragen 115 mm x 365 mm bzw. 175 mm x 240 mm.
Tragende Wände sollen unmittelbar auf Fundamente gegründet werden. Ist dies in Sonderfällen nicht möglich, so ist auf ausreichende Steifigkeit der Abfangkonstruktion zu achten.

8.1.2.2 Aussteifende Wände

Es ist 8.1.2.1, zweiter und letzter Absatz, zu beachten.

8.1.2.3 Kellerwände

Bei Kellerwänden darf der Nachweis auf Erddruck entfallen, wenn die folgenden Bedingungen erfüllt sind:

a) Lichte Höhe der Kellerwand $h_s \leq 2,60$ m, Wanddicke $d \geq 240$ mm.
b) Die Kellerdecke wirkt als Scheibe und kann die aus dem Erddruck entstehenden Kräfte aufnehmen.
c) Im Einflussbereich des Erddrucks auf die Kellerwände beträgt die Verkehrslast auf der Geländeoberfläche nicht mehr als 5 kN/m², die Geländeoberfläche steigt nicht an, und die Anschütthöhe h_e ist nicht größer als die Wandhöhe h_s.
d) Die Wandlängskraft N_1 aus ständiger Last in halber Höhe der Anschüttung liegt innerhalb folgender Grenzen:

$$\frac{d \cdot \beta_R}{3\gamma} \geq N_1 \geq \min N \text{ mit } \min N = \frac{\rho_e \cdot h_s \cdot h_e^2}{20 \cdot d} \qquad (17)$$

Hierin und in Bild 7 bedeuten:
h_s lichte Höhe der Kellerwand
h_e Höhe der Anschüttung
d Wanddicke
ρ_e Rohdichte der Anschüttung
β_R, γ nach 7.9.1

Anstelle von Gleichung (17) darf nachgewiesen werden, dass die ständige Auflast N_o der Kellerwand unterhalb der Kellerdecke innerhalb folgender Grenzen liegt:

$$\max N_o \geq N_o \geq \min N_o \qquad (18)$$

mit
$\max N_o = 0,45 \cdot d \cdot \sigma_z$
$\min N_o$ nach Tabelle 8
σ_z siehe Tabellen 4a, 4b oder 4c

Ist die dem Erddruck ausgesetzte Kellerwand durch Querwände oder statisch nachgewiesene Bauteile im Abstand b ausgesteift, so dass eine zweiachsige Lastabtragung in der Wand stattfinden kann, dürfen die unteren Grenzwerte N_o und N_1 wie folgt abgemindert werden:

$$b \leq h_s: N_1 \geq \frac{1}{2}\min N; \quad N_o \geq \frac{1}{2}\min N_o \qquad (19)$$

$$b \geq 2 h_s: N_1 \geq \min N; \quad N_o \geq \min N_o \qquad (20)$$

Zwischenwerte sind geradlinig zu interpolieren.

Wände

Mauerwerk nach DIN 1053

Die Gleichungen (17) bis (20) setzen rechnerisch klaffende Fugen voraus.

Bei allen Wanden, die Erddruck ausgesetzt sind, soll eine Sperrschicht gegen aufsteigende Feuchtigkeit aus besandeter Pappe oder aus Material mit entsprechendem Reibungsverhalten bestehen.

8.1.3 Nichttragende Wände

8.1.3.1 Allgemeines
Nichttragende Wände müssen auf ihre Fläche wirkende Lasten auf tragende Bauteile, z. B. Wand- oder Deckenscheiben, abtragen.

8.1.3.2 Nichttragende Außenwände
Bei Ausfachungswänden von Fachwerk-, Skelett- und Schottensystemen darf auf einen statischen Nachweis verzichtet werden, wenn
a) die Wände vierseitig gehalten sind (z. B. durch Verzahnung, Versatz oder Anker),
b) die Bedingungen nach Tabelle 9 erfüllt sind und
c) Normalmörtel mindestens der Mörtelgruppe IIa oder Dünnbettmörtel oder Leichtmörtel LM 36 verwendet werden.

In Tabelle 9 ist ε das Verhältnis der größeren zur kleineren Seite der Ausfachungsfläche.

Bei Verwendung von Steinen der Festigkeitsklassen ≥ 20 und gleichzeitig bei einem Seitenverhältnis $\varepsilon = h/l \geq 2,0$ dürfen die Werte der Tabelle 9, Spalten 3, 5 und 7, verdoppelt werden (h, l Höhe bzw. Länge der Ausfachungsfläche).

8.1.3.3 Nichttragende innere Trennwände
Für nichttragende innere Trennwände, die nicht durch auf ihre Fläche wirkende Windlasten beansprucht werden, siehe DIN 4103-1.

8.1.4 Anschluss der Wände an die Decken und den Dachstuhl

8.1.4.1 Allgemeines
Umfassungswände müssen an die Decken entweder durch Zuganker oder durch Reibung angeschlossen werden.

8.1.4.2 Anschluss durch Zuganker
Zuganker (bei Holzbalkendecken Anker mit Splinten) sind in belasteten Wandbereichen, nicht in Brüstungsbereichen, anzuordnen. Bei fehlender Auflast sind erforderlichenfalls Ringanker vorzusehen. Der Abstand der Zuganker soll im allgemeinen 2 m, darf jedoch in Ausnahmefällen 4 m nicht überschreiten. Bei Wänden, die parallel zur Deckenspannrichtung verlaufen, müssen die Mauerwerke mindestens einen 1 m breiten Deckenstreifen und mindestens zwei Deckenrippen oder zwei Balken, bei Holzbalkendecken drei Balken, erfassen oder in Querrippen eingreifen.

Werden mit den Umfassungswänden verankerte Balken über einer Innenwand gestoßen, so sind sie hier zugfest miteinander zu verbinden.

Giebelwände sind durch Querwände oder Pfeilervorlagen ausreichend auszusteifen, falls sie nicht kraftschlüssig mit dem Dachstuhl verbunden werden.

8.1.4.3 Anschluss durch Haftung und Reibung
Bei Massivdecken sind keine besonderen Zuganker erforderlich, wenn die Auflagertiefe der Decke mindestens 100 mm beträgt.

8.2 Ringanker und Ringbalken

8.2.1 Ringanker
In alle Außenwände und in die Querwände, die als vertikale Scheiben der Abtragung horizontaler Lasten (z. B. Wind) dienen, sind Ringanker zu legen, wenn mindestens eines der folgenden Kriterien zutrifft:
a) bei Bauten, die mehr als zwei Vollgeschosse haben oder länger als 18 m sind,
b) bei Wänden mit vielen oder besonders großen Öffnungen, besonders dann, wenn die Summe der Öffnungsbreiten 60 % der Wandlänge oder bei Fensterbreiten von mehr als 2/3 der Geschosshöhe 40 % der Wandlänge übersteigt,
c) wenn die Baugrundverhältnisse es erfordern.

Die Ringanker sind in jeder Deckenlage oder unmittelbar darunter anzubringen. Sie dürfen aus Stahlbeton, bewehrtem Mauerwerk, Stahl oder Holz ausgebildet werden und müssen unter Gebrauchslast eine Zugkraft von 30 kN aufnehmen können.

In Gebäuden, in denen der Ringanker nicht durchgehend ausgebildet werden kann, ist die Ringankerwirkung auf andere Weise sicherzustellen.

Ringanker aus Stahlbeton sind mit mindestens zwei durchlaufenden Rundstäben zu bewehren (z. B. zwei Stäben mit mindestens 10 mm Durchmesser). Stöße sind nach DIN 1045 auszubilden und möglichst gegeneinander zu versetzen. Ringanker aus bewehrtem Mauerwerk sind gleichwertig zu bewehren. Auf diese Ringanker dürfen dazu parallel liegende durchlaufende Bewehrungen mit vollem Querschnitt angerechnet werden, wenn sie in Decken oder in Fensterstürzen im Abstand von höchstens 0,5 m von der Mittelebene der Wand bzw. der Decke liegen.

8.2.2 Ringbalken
Werden Decken ohne Scheibenwirkung verwendet oder werden aus Gründen der Formänderung der Dachdecke Gleitschichten unter den Deckenauflagern angeordnet, so ist die horizontale Aussteifung der Wände durch Ringbalken oder statisch gleichwertige Maßnahmen sicherzustellen. Die Ringbalken und ihre Anschlüsse an die aussteifenden Wände sind für eine horizontale Last von 1/100 der vertikalen Last der Wände und gegebenenfalls aus Wind zu bemessen. Bei der Bemessung von Ringbalken unter Gleitschichten sind außerdem Zugkräfte zu berücksichtigen, die den verbleibenden Reibungskräften entsprechen.

8.3 Schlitze und Aussparungen
Schlitze und Aussparungen, bei denen die Grenzwerte nach Tabelle 10 eingehalten werden, dürfen ohne Berücksichtigung bei der Bemessung des Mauerwerks ausgeführt werden.
Vertikale Schlitze und Aussparungen sind auch dann ohne Nachweis zulässig, wenn die Querschnittsschwächung, bezogen auf 1 m Wandlänge, nicht mehr als 6 % beträgt und die Wand nicht drei- oder vierseitig gehalten gerechnet ist. Hierbei müssen eine Restwanddicke nach Tabelle 10, Spalte 8, und ein Mindestabstand nach Spalte 9 eingehalten werden. Alle übrigen Schlitze und Aussparungen sind bei der Bemessung des Mauerwerks zu berücksichtigen.

8.4 Außenwände

8.4.1 Allgemeines
Außenwände sollen so beschaffen sein, dass sie Schlagregenbeanspruchungen standhalten. DIN 4108-3 gibt dafür Hinweise.

8.4.2 Einschalige Außenwände

8.4.2.1 Verputzte einschalige Außenwände
Bei Außenwänden aus nicht frostwiderstandsfähigen Steinen ist ein Außenputz, der die Anforderungen nach DIN 18550-1 erfüllt, anzubringen oder ein anderer Witterungsschutz vorzusehen.

8.4.2.2 Unverputzte einschalige Außenwände (einschaliges Verblendmauerwerk)
Bleibt bei einschaligen Außenwänden das Mauerwerk an der Außenseite sichtbar, so muss jede Mauerschicht mindestens zwei Steinreihen gleicher Höhe aufweisen, zwischen denen eine durchgehende, schichtweise versetzte, hohlraumfrei vermörtelte, 20 mm dicke Längsfuge verläuft (siehe Bild 8). Die Mindestwanddicke beträgt 310 mm. Alle Fugen müssen vollfugig und haftschlüssig vermörtelt werden.
Bei einschaligem Verblendmauerwerk gehört die Verblendung zum tragenden Querschnitt. Für die zulässige Beanspruchung ist die im Querschnitt verwendete niedrigste Steinfestigkeitsklasse maßgebend.
Soweit kein Fugenglattstrich ausgeführt wird, sollen die Fugen der Sichtflächen mindestens 15 mm tief flankensauber ausgekratzt und anschließend handwerksgerecht ausgefugt werden.

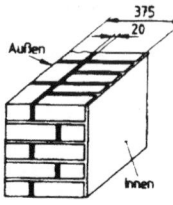

Bild 8: Schnitt durch 375 mm dickes einschaliges Verblendmauerwerk (Prinzipskizze)

8.4.3 Zweischalige Außenwände

8.4.3.1 Konstruktionsarten und allgemeine Bestimmungen für die Ausführung
Nach dem Wandaufbau wird unterschieden nach zweischaligen Außenwänden
– mit Luftschicht,
– mit Luftschicht und Wärmedämmung,
– mit Kerndämmung,
– mit Putzschicht.

Tabelle 9: Größte zulässige Werte der Ausfachungsfläche von nichttragenden Außenwänden ohne rechnerischen Nachweis

1	2	3	4	5	6	7
Wand-dicke d	Größte zulässige Werte[1] der Ausfachungsfläche in m² bei einer Höhe über Gelände von					
	0 bis 8 m		8 bis 20 m		20 bis 100 m	
mm	$\varepsilon = 1,0$	$\varepsilon \geq 2,0$	$\varepsilon = 1,0$	$\varepsilon \geq 2,0$	$\varepsilon = 1,0$	$\varepsilon \geq 2,0$
115 [2]	12	8	8	5	6	4
175	20	14	13	9	9	6
240	36	25	23	16	16	12
≥ 300	50	33	35	23	25	17

[1] Bei Seitenverhältnissen $1,0 < \varepsilon < 2,0$ dürfen die größten zulässigen Werte der Ausfachungsflächen geradlinig interpoliert werden
[2] Bei Verwendung von Steinen der Festigkeitsklassen ≥ 12 dürfen die Werte dieser Zeile um 1/3 vergrößert werden.

Tabelle 10: Ohne Nachweis zulässige Schlitze und Aussparungen in tragenden Wänden

1	2	3	4	5	6	7	8	9	10
Wand-dicke	Horizontale und schräge Schlitze [1] nachträglich hergestellt		Vertikale Schlitze und Aussparungen nachträglich hergestellt			Vertikale Schlitze und Aussparungen in gemauertem Verband			
	Schlitzlänge		Schlitztiefe [4]	Einzelschlitz-breite [5]	Abstand der Schlitze und Aussparungen von Öffnungen	Schlitzbreite [6]	Restwanddicke	Mindestabstand der Schlitze und Aussparungen	
	unbeschränkt Schlitztiefe [3]	$\leq 1,25$ m lang [2] Schlitztiefe						von Öffnungen	untereinander
≥ 115	–	–	≤ 10	≤ 100		–	–		
≥ 175	0	≤ 25	≤ 30	≤ 100		≤ 260	≥ 115	$\geq$ 2fache Schlitzbreite bzw. ≥ 240	$\geq$ Schlitzbreite
≥ 240	≤ 15	≤ 25	≤ 30	≤ 150	≥ 115	≤ 385	≥ 115		
≥ 300	≤ 20	≤ 30	≤ 30	≤ 200		≤ 385	≥ 175		
≥ 365	≤ 20	≤ 30	≤ 30	≤ 200		≤ 385	≥ 240		

[1] Horizontale und schräge Schlitze sind nur zulässig in einem Bereich $\leq 0,4$ m ober- oder unterhalb der Rohdecke sowie jeweils an einer Wandseite. Sie sind nicht zulässig bei Langlochziegeln.
[2] Mindestabstand in Längsrichtung von Öffnungen ≥ 490 mm, vom nächsten Horizontalschlitz zwei-fache Schlitzlänge.
[3] Die Tiefe darf um 10 mm erhöht werden, wenn Werkzeuge verwendet werden, mit denen die Tiefe genau eingehalten werden kann. Bei Verwendung solcher Werkzeuge dürfen auch in Wänden ≥ 240 mm gegenüberliegende Schlitze mit jeweils 10 mm Tiefe ausgeführt werden.
[4] Schlitze dürfen bis maximal 1 m über den Fußboden reichen, dürfen bei Wanddicken ≥ 240 mm bis 80 mm Tiefe und 120 mm Breite ausgeführt werden.
[5] Die Gesamtbreite von Schlitzen nach Spalte 5 und Spalte 7 darf je 2 m Wandlänge die Maße in Spalte 7 nicht überschreiten. Bei geringeren Wandlängen als 2 m sind die Werte in Spalte 7 proportional zur Wandlänge zu verringern

Mauerwerk nach DIN 1053

Bei Anordnung einer nichttragenden Außenschale (Verblendschale oder geputzte Vormauerschale) vor einer tragenden Innenschale (Hintermauerschale) ist folgendes zu beachten:

a) Bei der Bemessung ist als Wanddicke nur die Dicke der tragenden Innenschale anzunehmen. Wegen der Mindestdicke der Innenschale siehe 8.1.2.1. Bei Anwendung des vereinfachten Verfahrens ist 6.1 zu beachten.

b) Die Mindestdicke der Außenschale beträgt 90 mm. Dünnere Außenschalen sind Bekleidungen, deren Ausführung in DIN 18515 geregelt ist. Die Mindestlänge von gemauerten Pfeilern in der Außenschale, die nur Lasten aus der Außenschale zu tragen haben, beträgt 240 mm.
Die Außenschale soll über ihre ganze Länge und vollflächig aufgelagert sein. Bei unterbrochener Auflagerung (z. B. auf Konsolen) müssen in der Abfangebene alle Steine beidseitig aufgelagert sein.

c) Außenschalen von 115 mm Dicke sollen in Höhenabständen von etwa 12 m abgefangen werden. Sie dürfen bis zu 25 mm über ihr Auflager vorstehen. Ist die 115 mm dicke Außenschale nicht höher als zwei Geschosse oder wird sie alle zwei Geschosse abgefangen, dann darf sie bis zu einem Drittel ihrer Dicke über ihr Auflager vorstehen. Diese Überstände sind beim Nachweis der Auflagerpressung zu berücksichtigen. Für die Ausführung der Fugen der Sichtflächen von Verblendschalen siehe 8.4.2.2.

d) Außenschalen von weniger als 115 mm Dicke dürfen nicht höher als 20 m über Gelände geführt werden und sind in Höhenabständen von etwa 6 m abzufangen. Bei Gebäuden bis zwei Vollgeschossen darf ein Giebeldreieck bis 4 m Höhe ohne zusätzliche Abfangung ausgeführt werden. Diese Außenschalen dürfen maximal 15 mm über ihr Auflager vorstehen. Die Fugen der Sichtflächen von diesen Verblendschalen sollen in Glattstrich ausgeführt werden.

e) Die Mauerwerksschalen sind durch Drahtanker aus nichtrostendem Stahl mit den Werkstoffnummern 1.4401 oder 1.4571 nach DIN 17440 zu verbinden (siehe Tabelle 11). Die Drahtanker müssen in Form und Maßen Bild 9 entsprechen. Der vertikale Abstand der Drahtanker soll höchstens 500 mm, der horizontale Abstand höchstens 750 mm betragen.

An allen freien Rändern (von Öffnungen, an Gebäudeecken, entlang von Dehnungsfugen und an den oberen Enden der Außenschalen) sind zusätzlich zu Tabelle 11 drei Drahtanker je m Randlänge anzuordnen.
Werden die Drahtanker nach Bild 9 in Leichtmörtel eingebettet, so ist dafür LM 36 erforderlich. Drahtanker in Leichtmörtel LM 21 bedürfen einer anderen Verankerungsart.
Andere Verankerungsarten der Drahtanker sind zulässig wenn durch Prüfzeugnis nachgewiesen wird, dass diese Verankerungsart eine Zug- und Druckkraft von mindestens 1 kN bei 1,0 mm Schlupf je Drahtanker aufnehmen kann. Wird einer dieser Werte nicht erreicht, so ist die Anzahl der Drahtanker entsprechend zu erhöhen.

Die Drahtanker sind unter Beachtung ihrer statischen Wirksamkeit so auszufahren, dass sie keine Feuchte von der Außen- zur Innenschale leiten können (z. B, Aufschieben einer Kunststoffscheibe, siehe Bild 9).
Andere Ankerformen (z. B. Flachstahlanker) und Dübel im Mauerwerk sind zulässig, wenn deren Brauchbarkeit nach den bauaufsichtlichen Vorschriften nachgewiesen ist, z. B. durch eine allgemeine bauaufsichtliche Zulassung.
Bei nichtflächiger Verankerung der Außenschale, z. B. linienförmig oder nur in Höhe der Decken, ist ihre Standsicherheit nachzuweisen.
Bei gekrümmten Mauerwerksschalen sind Art, Anordnung und Anzahl der Anker unter Berücksichtigung der Verformung festzulegen.

f) Die Innenschalen und die Geschossdecken sind an den Fußpunkten der Zwischenräume der Wandschalen gegen Feuchtigkeit zu schützen (siehe Bild 10). Die Abdichtung ist im Bereich des Zwischenraumes im Gefälle nach außen, im Bereich der Außenschale horizontal zu verlegen. Dieses gilt auch bei Fenster- und Türstürzen sowie im Bereich von Sohlbänken.
Die Aufstandsfläche muss so beschaffen sein, dass ein Abrutschen der Außenschale auf ihr nicht eintritt. Die erste Ankerlage ist so tief wie möglich anzuordnen. Die Dichtungsbahn für die untere Sperrschicht muss DIN 18195-4 entsprechen. Sie ist bis zur Vorderkante der Außenschale zu verlegen, an der Innenschale hochzuführen und zu befestigen.

g) Abfangekonstruktionen, die nach dem Einbau nicht mehr kontrollierbar sind, sollen dauerhaft gegen Korrosion geschützt sein.

h) In der Außenschale sollen vertikale Dehnungsfugen angeordnet werden. Ihre Abstände richten sich nach der klimatischen Beanspruchung (Temperatur, Feuchte usw.), der Art der Baustoffe und der Farbe der äußeren Wandfläche. Darüber hinaus muss die freie Beweglichkeit der Außenschale auch in vertikaler Richtung sichergestellt sein.
Die unterschiedlichen Verformungen der Außen- und Innenschale sind insbesondere bei Gebäuden mit über mehrere Geschosse durchgehender Außenschale auch bei der Ausführung der Türen und Fenster zu beachten. Die Mauerwerksschalen sind an ihren Berührungspunkten (z. B. Fenster- und Türanschlägen) durch eine wasserundurchlässige Sperrschicht zu trennen.
Die Dehnungsfugen sind mit einem geeigneten Material dauerhaft und dicht zu schließen.

8.4.3.2 Zweischalige Außenwände mit Luftschicht
Bei zweischaligen Außenwänden mit Luftschicht ist folgendes zu beachten:

a) Die Luftschicht soll mindestens 60 mm und darf bei Verwendung von Drahtankern nach Tabelle 11 höchstens 150 mm dick sein. Die Dicke der Luftschicht darf bis auf 40 mm vermindert werden, wenn der Fugenmörtel mindestens an einer Hohlraumseite abgestrichen wird. Die Luftschicht darf nicht durch Mörtelbrücken unterbrochen werden. Sie ist beim Hochmauern durch Abdecken oder andere geeignete Maßnahmen gegen herabfallenden Mörtel zu schützen.

b) Die Außenschalen sollen unten und oben mit Lüftungsöffnungen (z. B. offene Stoßfugen) versehen werden, wobei die unteren Öffnungen auch zur Entwässerung dienen. Das gilt auch für die Brüstungsbereiche der Außenschale. Die Lüftungsöffnungen sollen auf 20 m² Wandfläche (Fenster und Türen eingerechnet) eine Fläche von jeweils etwa 7500 mm² haben.

c) Die Luftschicht darf erst 100 mm über Erdgleiche beginnen und muss von dort bzw. von Oberkante Abfangkonstruktion (siehe 8.4.3.1, Aufzählung c)) bis zum Dach bzw. bis Unterkante Abfangkonstruktion ohne Unterbrechung hochgeführt werden.

8.4.3.3 Zweischalige Außenwände mit Luftschicht und Wärmedämmung
Bei Anordnung einer zusätzlichen matten- oder plattenförmigen Wärmedämmschicht auf der Außenseite der Innenschale ist zusätzlich zu 8.4.3.2 zu beachten:

a) Bei Verwendung von Drahtankern nach Tabelle 11 darf der lichte Abstand der Mauerwerksschalen 150 mm nicht überschreiten. Bei größerem Abstand ist die Verankerung durch andere Verankerungsarten gemäß 8.4.3.1, Aufzählung e), 4. Absatz, nachzuweisen.

b) Die Luftschichtdicke von mindestens 40 mm darf nicht durch Unebenheit der Wärmedämmschicht eingeengt werden. Wird diese Luftschichtdicke unterschritten, gilt 8.4.3.4.

c) Hinsichtlich der Eigenschaften und Ausführung der Wärmedämmschicht ist 8.4.3.4, Aufzählung a), sinngemäß zu beachten.

8.4.3.4 Zweischalige Außenwände mit Kerndämmung
Zusätzlich zu 8.4.3.2 gilt:
Der lichte Abstand der Mauerwerksschalen darf 150 mm nicht überschreiten. Der Hohlraum zwischen den Mauerwerksschalen darf ohne verbleibende Luftschicht verfüllt werden, wenn Wärmedämmstoffe verwendet werden, die für diesen Anwendungsbereich genormt sind oder deren Brauchbarkeit nach den bauaufsichtlichen Vorschriften nachgewiesen ist, z. B. durch eine allgemeine bauaufsichtliche Zulassung.
In Außenschalen dürfen glasierte Steine oder Steine mit Oberflächenbeschichtungen nur verwendet werden, wenn deren Frostwiderstandsfähigkeit unter erhöhter Beanspruchung geprüft wurde. 1)

Auf die vollfugige Vermauerung der Verblendschale und die sachgemäße Verfugung der Sichtflächen ist besonders zu achten. Entwässerungsöffnungen in der Außenschale sollen auf 20 m² Wandfläche (Fenster und Türen eingerechnet) eine Fläche von mindestens 5000 mm² im Fußpunktbereich haben.
Als Baustoff für die Wärmedämmung dürfen z. B. Platten, Matten, Granulate und Schüttungen aus Dämmstoffen, die dauerhaft wasserabweisend sind, sowie Ortschäume verwendet werden.

Bei der Ausführung gilt insbesondere:

a) Platten- und mattenförmige Mineralfaserdämmstoffe sowie Platten aus Schaumkunststoffen und Schaumglas als Kerndämmung sind an der Innenschale so zu befestigen, dass eine gleichmäßige Schichtdicke sichergestellt ist.
Platten- und mattenförmige Mineralfaserdämmstoffe sind so dicht zu stoßen, Platten aus Schaumkunststoffen so auszubilden und zu verlegen (Stufenfalz, Nut und Feder oder versetzte Lagen), dass ein Wasserdurchtritt an den Stoßstellen dauerhaft verhindert wird.
Materialausbruchstellen bei Hartschaumplatten (z. B. beim Durchstoßen der Drahtanker) sind mit einer lösungsmittelfreien Dichtungsmasse zu schließen.
Die Außenschale soll so dicht, wie es das Vermauern erlaubt (Fingerspalt), vor der Wärmedämmschicht errichtet werden.

b) Bei lose eingebrachten Wärmedämmstoffen (z. B. Mineralfasergranulat, Polystyrolschaumstoff-Partikeln, Blähperlit) ist darauf zu achten, dass der Dämmstoff den Hohlraum zwischen Außen- und Innenschale vollständig ausfüllt. Die Entwässerungsöffnungen am Fußpunkt der Wand müssen funktionsfähig bleiben. Das Ausrieseln des Dämmstoffes ist in geeigneter Weise zu verhindern (z. B. durch nichtrostende Lochgitter).

c) Ortschaum als Kerndämmung muss beim Ausschäumen den Hohlraum zwischen Außen- und Innenschale vollständig ausfüllen. Die Ausschäumung muss auf Dauer in ihrer Wirkung erhalten bleiben.
Für die Entwässerung gilt Aufzählung b) sinngemäß.

---

1) Mauerziegel nach DIN 52252-1, Kalksandsteine nach DIN 106-2

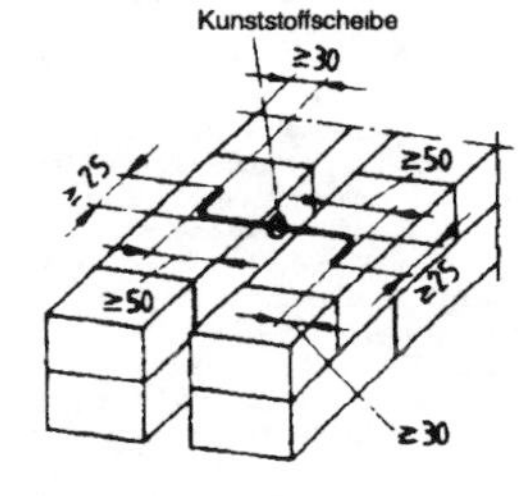

Bild 9: Drahtanker für zweischaliges Mauerwerk für Außenwände

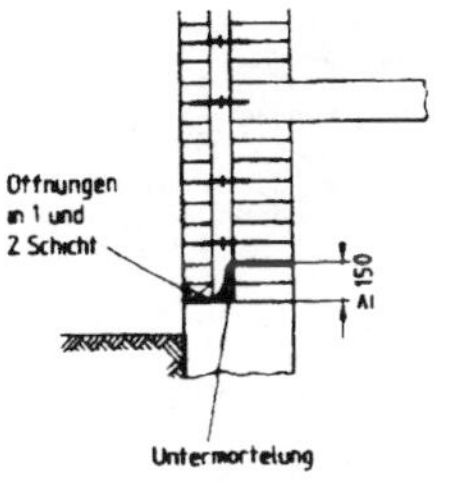

Bild 10: Fußpunktausführung bei zweischaligem Verblendmauerwerk (Prinzipskizze)

Tabelle 11: Mindestanzahl und Durchmesser von Drahtankern je m² Wandfläche

		Drahtanker	
		Mindest-anzahl	Durch-messer
1	mindestens, sofern nicht Zeilen 2 und 3 maßgebend	5	3
2	Wandbereich höher als 12 m über Gelände oder Abstand der Mauerwerks-schalen über 70 bis 120 mm		4
3	Abstand der Mauerwerksschalen über 120 bis 150 mm	7 oder 5	4 5

8.4.3.5 Zweischalige Außenwände mit Putzschicht
Auf der Außenseite der Innenschale ist eine zusammenhängende Putzschicht aufzubringen. Davor ist die Außenschale (Verblendschale) so dicht, wie es das Vermauern erlaubt (Fingerspalt), vollfugig zu errichten.
Wird statt der Verblendschale eine geputzte Außenschale angeordnet, darf auf die Putzschicht auf der Außenseite der Innenschale verzichtet werden.
Für die Drahtanker nach 8.4.3.1, Aufzählung e), genügt eine Dicke von 3 mm.
Bezüglich der Entwässerungsöffnungen gilt 8.4.3.2, Aufzählung b), sinngemäß. Auf obere Entlüftungsöffnungen darf verzichtet werden.
Bezüglich der Dehnungsfugen gilt 8.4.3.1, Aufzählung h).

8.5 Gewölbe, Bogen und Gewölbewirkung

8.5.1 Gewölbe und Bogen
Gewölbe und Bogen sollen nach der Stützlinie für ständige Last geformt werden. Der Gewölbeschub ist durch geeignete Maßnahmen aufzunehmen. Gewölbe und Bogen größerer Stützweite und stark wechselnder Last sind nach der Elastizitätstheorie zu berechnen. Gewölbe und Bogen mit günstigem Stichverhältnis, voller Hintermauerung oder reichlicher Überschüttungshöhe und mit überwiegender ständiger Last dürfen nach dem Stützlinienverfahren untersucht werden, ebenso andere Gewölbe und Bogen mit kleineren Stützweiten.

8.5.2 Gewölbte Kappen zwischen Trägern
Bei vorwiegend ruhender Verkehrslast nach DIN 1055-3 ist für Kappen, deren Dicke erfahrungsgemäß ausreicht (Trägerabstand bis etwa 2,50 m), ein statischer Nachweis nicht erforderlich. Die Mindestdicke der Kappen beträgt 115 mm.
Es muss im Verband gemauert werden (Kuff oder Schwalbenschwanz).
Die Stichhöhe muss mindestens 1/10 der Kappenstützweite sein.

Mauerwerk nach DIN 1053

Die Endfelder benachbarter Kappengewölbe müssen Zuganker erhalten, deren Abstände höchstens gleich dem Trägerabstand des Endfeldes sind. Sie sind mindestens in den Drittelpunkten und an den Trägerenden anzuordnen. Das Endfeld darf nur dann als ausreichendes Widerlager (starre Scheibe) für die Aufnahme des Horizontalschubes der Mittelfelder angesehen werden, wenn seine Breite mindestens ein Drittel seiner Länge ist. Bei schlankeren Endfeldern sind die Anker über mindestens zwei Felder zu führen. Die Endfelder als Ganzes müssen seitliche Auflager erhalten, die in der Lage sind, den Horizontalschub der Mittelfelder auch dann aufzunehmen, wenn die Endfelder unbelastet sind. Die Auflager dürfen durch Vormauerung, dauernde Auflast, Verankerung oder andere geeignete Maßnahmen gesichert werden.

Über den Kellern von Gebäuden mit vorwiegend ruhender Verkehrslast von maximal 2 kN/m² darf ohne statischen Nachweis davon ausgegangen werden, dass der Horizontalschub von Kappen bis 1,3 m Stützweite durch mindestens 2 m lange, 240 mm dicke und höchstens 6 m voneinander entfernte Querwände aufgenommen wird, wobei diese gleichzeitig mit den Auflagerwänden der Endfelder (in der Regel Außenwände) im Verband zu mauern sind oder, wenn Loch- bzw. stehende Verzahnung angewendet wird, durch statisch gleichwertige Maßnahmen zu verbinden sind.

8.5.3 Gewölbewirkung über Wandöffnungen

Voraussetzung für die Anwendung dieses Abschnittes ist, dass sich neben und oberhalb des Trägers und der Lastflächen eine Gewölbewirkung ausbilden kann, dort also keine störenden Öffnungen liegen, und der Gewölbeschub aufgenommen werden kann.

Bei Sturz- oder Abfangträgern unter Wänden braucht als Last nur die Eigenlast des Teils der Wände eingesetzt zu werden, der durch ein gleichseitiges Dreieck über dem Träger umschlossen wird.

Gleichmäßig verteilte Deckenlasten oberhalb des Belastungsdreiecks bleiben bei der Bemessung der Träger unberücksichtigt. Deckenlasten, die innerhalb des Belastungsdreiecks als gleichmäßig verteilte Last auf das Mauerwerk wirken (z. B. bei Deckenplatten und Balkendecken mit Balkenabständen ≤ 1,25 m), sind nur auf der Strecke, in der sie innerhalb des Dreiecks liegen, einzusetzen (siehe Bild 11a).

Für Einzellasten, z. B. von Unterzügen, die innerhalb oder in der Nähe des Lastdreiecks liegen, darf eine Lastverteilung von 60° angenommen werden. Liegen Einzellasten außerhalb des Lastdreiecks, so brauchen sie nur berücksichtigt zu werden, wenn sie noch innerhalb der Stützweite des Trägers und unterhalb einer Horizontalen angreifen, die 250 mm über der Dreiecksspitze liegt.

Solchen Einzellasten ist die Eigenlast des im Bild 11b horizontal schraffierten Mauerwerks zuzuschlagen.

9 Ausführung

9.1 Allgemeines

Bei stark saugfähigen Steinen und/oder ungünstigen Umgebungsbedingungen ist ein vorzeitiger und zu hoher Wasserentzug aus dem Mörtel durch Vornässen der Steine oder andere geeignete Maßnahmen einzuschränken, wie z. B.
a) durch Verwendung von Mörtel mit verbessertem Wasserrückhaltevermögen,
b) durch Nachbehandlung des Mauerwerks.

9.2 Lager-, Stoß- und Längsfugen

9.2.1 Vermauerung mit Stoßfugenvermörtelung

Bei der Vermauerung sind die Lagerfugen stets vollflächig zu vermauern und die Längsfugen satt zu verfüllen bzw. bei Dünnbettmörtel der Mörtel vollflächig aufzutragen. Stoßfugen sind in Abhängigkeit von der Steinform und vom Steinformat so zu verfüllen bzw. bei Dünnbettmörtel der Mörtel vollflächig aufzutragen, dass die Anforderungen an die Wand hinsichtlich des Schlagregenschutzes, Wärmeschutzes, Schallschutzes sowie des Brandschutzes erfüllt werden können. Beispiele für Vermauerungsarten und Fugenausbildung sind in den Bildern 12a bis 12c angegeben.

Die Dicke der Fugen soll so gewählt werden, dass das Maß von Stein und Fuge dem Baurichtmaß bzw. dem Koordinierungsmaß entspricht. In der Regel sollen die Stoßfugen 10 mm und die Lagerfugen 12 mm dick sein. Bei Vermauerung der Steine mit Dünnbettmörtel muss die Dicke der Stoß- und Lagerfuge 1 bis 3 mm betragen.

Wenn Steine mit Mörteltaschen vermauert werden, sollen die Steine entweder knirsch verlegt und die Mörteltaschen verfüllt werden (siehe Bild 12a) oder durch Auftragen von Mörtel auf die Steinflanken vermauert werden (siehe Bild 12b). Steine gelten dann als knirsch verlegt, wenn sie ohne Mörtel so dicht aneinander verlegt werden, wie dies wegen der herstellungsbedingten Unebenheiten der Stoßfugenflächen möglich ist. Der Abstand der Steine soll im allgemeinen nicht größer als 5 mm sein. Bei Stoßfugenbreiten > 5 mm müssen die Fugen beim Mauern beidseitig an der Wandoberfläche mit Mörtel verschlossen werden.

9.2.2 Vermauerung ohne Stoßfugenvermörtelung

Soll bei Verwendung von Normal-, Leicht- oder Dünnbettmörtel auf die Vermörtelung der Stoßfugen verzichtet werden, müssen hierzu die Steine hinsichtlich ihrer Form und Maße geeignet sein. Die Steine sind stumpf oder mit Verzahnung durch ein Nut- und Federsystem ohne Stoßfugenvermörtelung knirsch zu verlegen bzw. ineinander verzahnt zu versetzen (siehe Bild 12c). Bei Stoßfugenbreiten > 5 mm müssen die Fugen beim Mauern beidseitig an der Wandoberfläche mit Mörtel verschlossen werden. Die erforderlichen Maßnahmen zur Erfüllung der Anforderungen an die Bauteile hinsichtlich des Schlagregenschutzes, Wärmeschutzes, Schallschutzes sowie des Brandschutzes sind bei dieser Vermauerungsart besonders zu beachten.

9.2.3 Fugen in Gewölben

Bei Gewölben sind die Fugen so dünn wie möglich zu halten. Am Gewölberücken dürfen sie nicht dicker als 20 mm werden.

9.3 Verband

Es muss im Verband gemauert werden, d. h., die Stoß- und Längsfugen übereinanderliegender Schichten müssen versetzt sein. Das Überbindemaß ü (siehe Bild 13) muss ≥ 0,4 h bzw. ≥ 45 mm sein, wobei h die Steinhöhe (Sollmaß) ist. Der größere Wert ist maßgebend.

Die Steine einer Schicht sollen gleiche Höhe haben. An Wandenden und unter Stürzen ist eine zusätzliche Lagerfuge in jeder zweiten Schicht zum Längen- und Höhenausgleich gemäß Bild 13c) zulässig, sofern die Aufstandsfläche der Steine mindestens 115 mm lang ist und Mörtel mindestens gleiche Festigkeit wie im übrigen Mauerwerk haben. In Schichten mit Längsfugen darf die Steinhöhe nicht größer als die Steinbreite sein. Abweichend davon muss die Aufstandsbreite von Steinen der Höhe 175 und 240 mm mindestens 115 mm betragen. Für das Überbindemaß gilt Absatz 2. Die Absätze 1 und 3 gelten sinngemäß auch für Pfeiler und kurze Wände.

9.4 Mauern bei Frost

Bei Frost darf Mauerwerk nur unter besonderen Schutzmaßnahmen ausgeführt werden. Frostschutzmittel sind nicht zulässig; gefrorene Baustoffe dürfen nicht verwendet werden. Frisches Mauerwerk ist vor Frost rechtzeitig zu schützen, z. B. durch Abdecken. Auf gefrorenem Mauerwerk darf nicht weitergemauert werden. Der Einsatz von Salzen zum Auftauen ist nicht zulässig. Teile von Mauerwerk, die durch Frost oder andere Einflüsse beschädigt sind, sind vor dem Weiterbau abzutragen.

10 Eignungsprüfungen

Eignungsprüfungen sind nur für Mörtel notwendig, wenn dies nach Anhang A, A.5, gefordert wird.

11 Kontrollen und Güteprüfungen auf der Baustelle

11.1 Rezeptmauerwerk (RM)

11.1.1 Mauersteine

Der bauausführende Unternehmer hat zu kontrollieren, ob die Angaben auf dem Lieferschein oder dem Beipackzettel mit den bautechnischen Unterlagen übereinstimmen. Im übrigen gilt DIN 18200 in Verbindung mit den entsprechenden Normen für die Steine.

11.1.2 Mauermörtel

Bei Verwendung von Baustellenmörtel ist während der Bauausführung regelmäßig zu überprüfen, dass das Mischungsverhältnis nach Anhang A, Tabelle A.1, oder nach Eignungsprüfung eingehalten ist.

Bei Werkmörteln ist der Lieferschein oder der Verpackungsaufdruck daraufhin zu kontrollieren, ob die Angaben über Mörtelart und Mörtelgruppe sowie die Sortennummer und das Lieferwerk mit der Bestellung übereinstimmen und das Übereinstimmungszeichen ausgewiesen ist.

Bei allen Mörteln der Gruppe IIIa ist an jeweils drei Prismen aus drei verschiedenen Mischungen je Geschoss, aber mindestens je 10 m³ Mörtel, die Mörteldruckfestigkeit nach DIN 18555-3 nachzuweisen; sie muss dabei die Anforderungen an die Druckfestigkeit nach Anhang A, Tabelle A.2, Spalte 3, erfüllen. Bei Gebäuden mit mehr als sechs gemauerten Vollgeschossen ist die geschossweise Prüfung, mindestens aber je 20 m³ Mörtel, auch bei Normalmörteln der Gruppen II, IIa und III sowie bei Leicht- und Dünnbettmörteln durchzuführen, wobei bei den obersten drei Geschossen darauf verzichtet werden darf.

11.2 Mauerwerk nach Eignungsprüfung (EM)

11.2.1 Einstufungsschein, Eignungsnachweis des Mörtels

Vor Beginn jeder Baumaßnahme muss der Baustelle der Einstufungsschein und gegebenenfalls der Eignungsnachweis des Mörtels (siehe DIN 1053-2, 6.4, letzter Absatz) zur Verfügung stehen.

11.2.2 Mauersteine

Jeder Mauersteinlieferung ist ein Beipackzettel beizufügen, aus dem neben der Norm-Bezeichnung des Steines einschließlich der EM-Kennzeichnung die Steindruckfestigkeit nach Einstufungsschein, die Mörtelart und -gruppe, die Mauerwerksfestigkeitsklasse, die Einstufungsschein-Nr und die ausstellende Prüfstelle ersichtlich sind. Das bauausführende Unternehmen hat zu kontrollieren, ob die Angaben auf dem Lieferschein und dem Beipackzettel mit den bautechnischen Unterlagen übereinstimmen und den Angaben auf dem Einstufungsschein entsprechen.

Im übrigen gilt DIN 18200 in Verbindung mit den entsprechenden Normen für die Steine.

11.2.3 Mörtel

Bei Verwendung von Baustellenmörtel ist während der Bauausführung regelmäßig zu überprüfen, dass das Mischungsverhältnis nach dem Einstufungsschein eingehalten wird.

Bei Werkmörtel ist der Lieferschein daraufhin zu kontrollieren, ob die Angaben über die Mörtelart und -gruppe, das Herstellwerk und die Sorten-Nr den Angaben im Einstufungsschein entsprechen.

Bei Verwendung von Austauschmörteln nach DIN 1053-2, 6.4, letzter Absatz, ist entsprechend zu verfahren.

Bei allen Mörteln ist an jeweils 3 Prismen aus 3 verschiedenen Mischungen die Mörteldruckfestigkeit nach DIN 18555-3 nachzuweisen. Sie muss dabei die Anforderungen an die Druckfestigkeit nach Tabellen A.2, A.3 und A.4 bei Güteprüfung erfüllen. Diese Kontrollen sind für jeweils 10 m³ verarbeiteten Mörtels, mindestens aber je Geschoss, vorzunehmen.

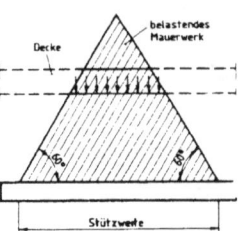

Bild 11a: Deckenlast über Wandöffnungen bei Gewölbewirkung

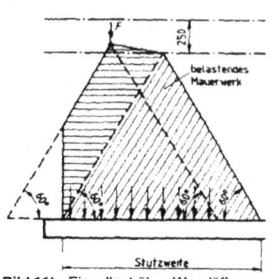

Bild 11b: Einzellast über Wandöffnungen bei Gewölbewirkung

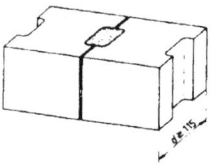

Bild 12a: Vermauerung von Steinen mit Mörteltaschen bei Knirschverlegung (Prinzipskizze)

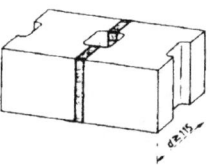

Bild 12b: Vermauerung von Steinen mit Mörteltaschen durch Auftragen von Mörtel auf die Steinflanken (Prinzipskizze)

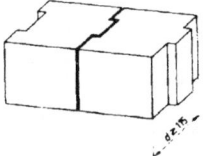

Bild 12c: Vermauerung von Steinen ohne Stoßfugenvermörtelung (Prinzipskizze)

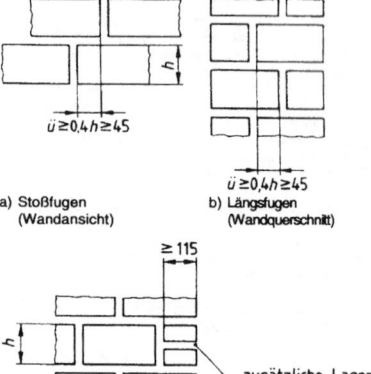

a) Stoßfugen (Wandansicht) b) Längsfugen (Wandquerschnitt)

c) Höhenausgleich an Wandenden und Stürzen

Bild 13: Überbindemaß und zusätzliche Lagerfugen

Ziegel-Sichtmauerwerk

Einschaliges Ziegel–Sichtmauerwerk - Standarddetails der Ziegel–Bauberatung des Bundesverbandes der Deutschen Ziegelindustrie (nach Lit. 31)

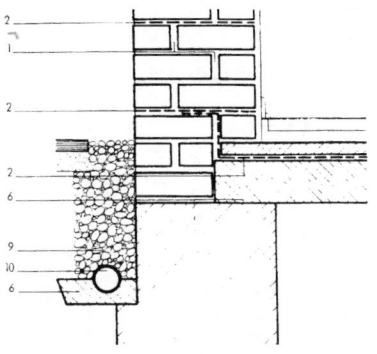
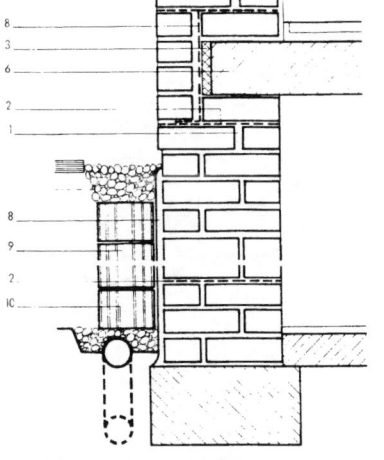
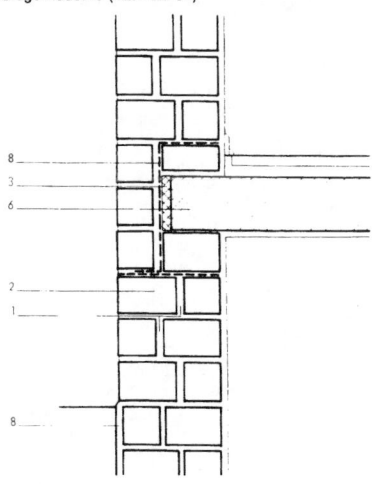

Beispiel 1
Fußpunkt Ziegelsichtmauerwerk
Nicht unterkellerter Bauteil – Abdichtung des Mauerwerks
nach DIN 4117

Beispiel 2
Fußpunkt Ziegelsichtmauerwerk
Unterkellerter Bauteil mit senkrechter Abdichtung und
Dränage unter Terrain – Deckenauflager gegen Feuchte-
einwirkung durch Abdichtung geschützt

Beispiel 3
Deckenauflager Ziegelsichtmauerwerk
Ausführung bei nominell 30 cm Wanddicke – Abdichtung
im Bereich des geschwächten Wandquerschnitts

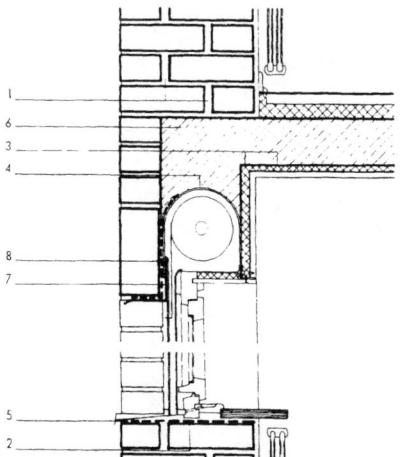
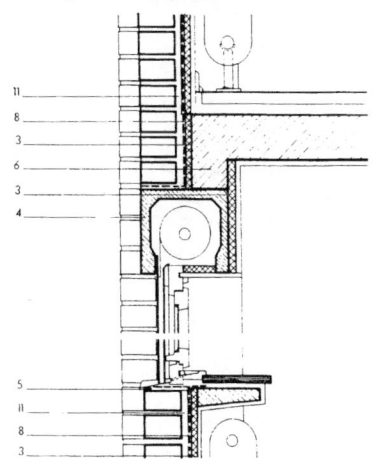
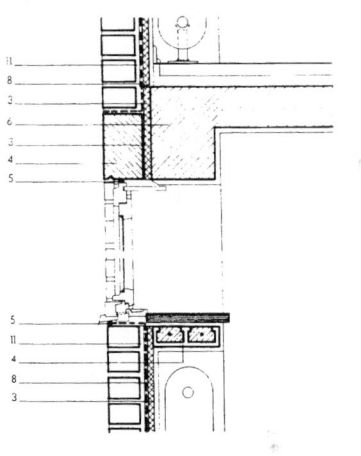

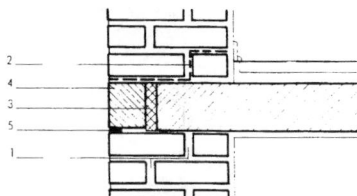
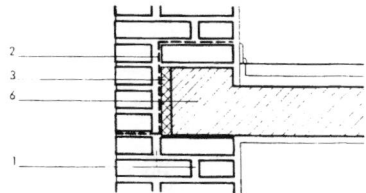
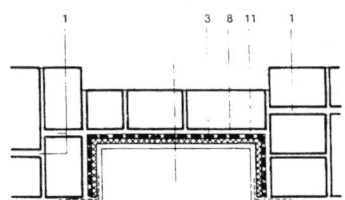

Beispiel 4
Detail Ziegelsichtmauerwerk mit Rollladeneinbau
Rollladenkasten – Fertigteil als verlorene
Schalung – Fensterbrüstung voll durchmauert

Beispiel 5
Detail in Ziegelsichtmauerwerk mit Heizkörpernische und Rollladenkasten
Brüstungsmauerwerk im Läuferverband
gegenüber Gebäudeflucht zurückgesetzt

Beispiel 6
Detail in Ziegelsichtmauerwerk mit Brüstung
und Heizkörpernische
Sichtbetonfertigteil als Aufstandsfläche für ein Brü-
stungsmauerwerk im Läuferverband – Überdeckung der
Heizkörpernische mit Flachziegelsturz

Beispiel 7
Deckenauflager bei Ziegelsichtmauerwerk
mit Sichtbeton
Sichtmauerwerk in der Fassade durch Fertigteil unterbrochen – wegen der unterschiedlichen Wärmedehnung von
Beton und Mauerwerk sind
die Trennfugen im Sichtbetonband mit
elastischem Kitt zu schließen

Beispiel 8
Deckenauflager Ziegelsichtmauerwerk
Sichtmauerwerk in Fassade nicht unterbrochen – Abdichtungsbahnen zur Vermeidung von Durchfeuchtungen
im geschwächten Wandbereich

Beispiel 9
Brüstung und Heizkörpernische in einem Ziegelsichtmau-
erwerk
Horizontalschnitt zu Beispiel 5

Legende zu den Beispielen
1 Vollvermörtelte Innenfuge
2 Waagerechte Abdichtung
3 Dämmschicht
4 Fertigteil
5 Elastische Fuge
6 Beton
7 Korrosionsbeständiges Metall
8 Senkrechte Abdichtung
9 Sickerpackung
10 Dränrohr
11 Sperrputz
Überlappungen an Abdichtungsbahnen sind zu verkleben.

Beispiel 10
Brüstung und Heizkörpernische in einem Ziegelmauer-
werk
Brüstung im Läuferverband – Horizontalschnitt zu Beispiel 6

Ziegel-Sichtmauerwerk

Zweischalige Ziegelverblendmauer mit Schalenfuge - Standarddetails der Ziegel–Bauberatung des Bundesverbandes der Deutschen Ziegelindustrie (nach Lit. 31)

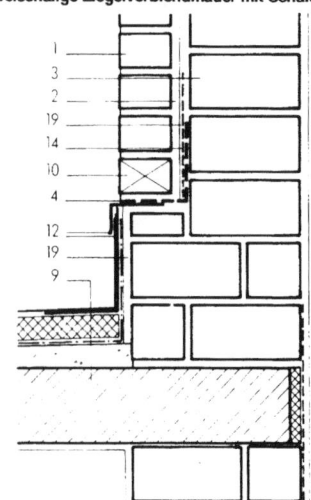

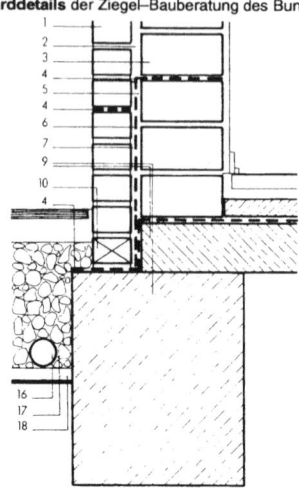

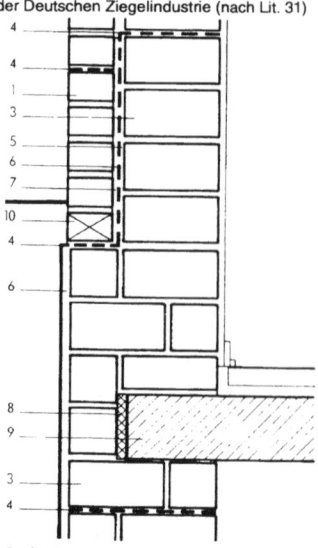

Beispiel 1
Anschluss Flachdach an Verblendmauerwerk
Kappleiste beim Aufmauern einlegen und mit
waagerechter Abdichtung verkleben

Beispiel 2
Fußpunkt Ziegelverblendmauerwerk
Nicht unterkellerter Bauteil

Beispiel 3
Fußpunkt Ziegelverblendmauerwerk
Kellerdecke unter Gelände

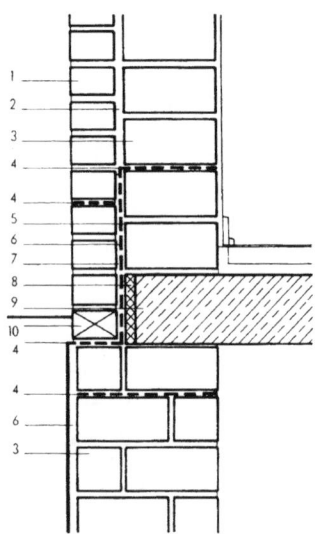

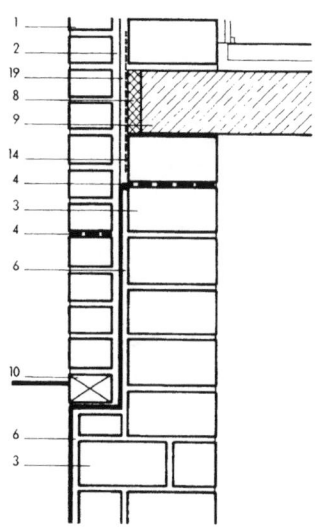

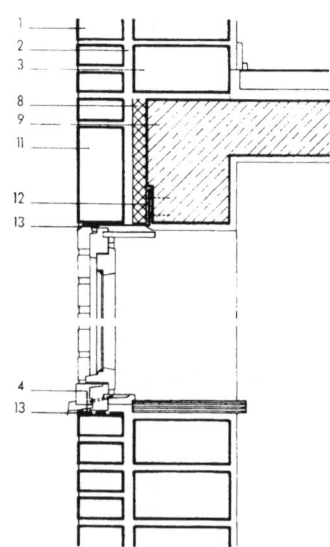

Beispiel 4
Fußpunkt Ziegelverblendmauerwerk
Kellerdecke in Höhe Gelände

Beispiel 5
Fußpunkt Ziegelverblendmauerwerk
Kellerdecke über Gelände

Beispiel 6
Öffnung in Ziegelverblendmauerwerk
Fensteranschluss – tragender Sturz in
Verblendung Dämmschicht dreiseitig kaschiert

Legende zu den Beispielen
1 Verblendung
2 Schalenfuge
3 Ziegelmauerwerk
4 Waagerechte Abdichtung
5 Ausgleichmörtel
6 Senkrechte Abdichtung
7 Offene Schalenfuge
8 Dämmschicht
9 Beton
10 Offene Stoßfugen
11 Scheitrechter Ziegelsturz oder Betonsturz
12 Korrosionsbeständiges Metall
13 Elastische Fuge
14 Putzträger
15 Korrosionsbeständiges Winkelprofil
16 Drähnrohr
17 Grobkies
18 Feinkies
19 Sperrputz

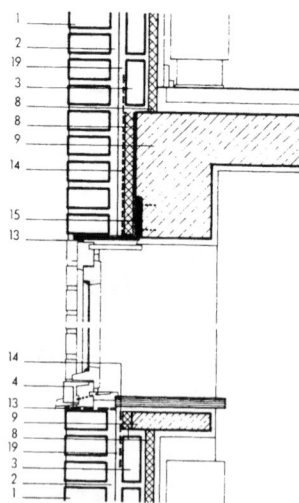

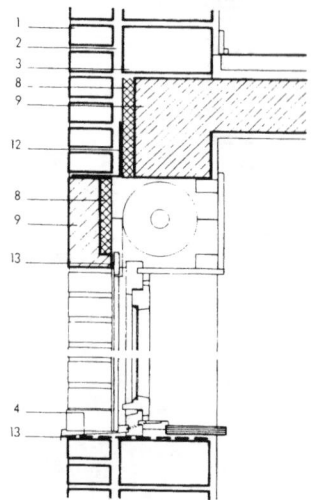

Beispiel 7
Öffnung in Ziegelverblendmauerwerk
Fensteranschluss – über Öffnung abgefangenes
durchlaufendes Verblendmauerwerk –
Beispiel für Ausbildung einer Nische

Beispiel 8
Öffnung in Ziegelverblendmauerwerk
Fensteranschluss mit Rollladeneinbau –
tragender Sturz in Verblendung
Dämmschicht vor Deckenbeton zweiseitig kaschiert

Ziegel-Sichtmauerwerk

Konstruktive Ausbildung von zweischaligem Mauerwerk mit Luftschicht - Standarddetails der Ziegel–Bauberatung des Bundesverbandes der Deutschen Ziegelindustrie (nach Lit. 31)

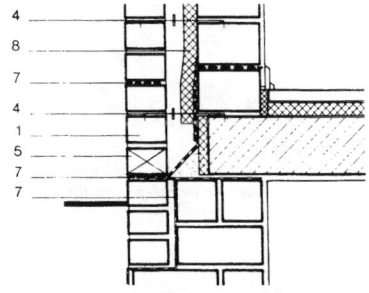

Beispiel 1
Fußpunktausbildung
Hintermauerung mit zusätzlicher Dämmschicht

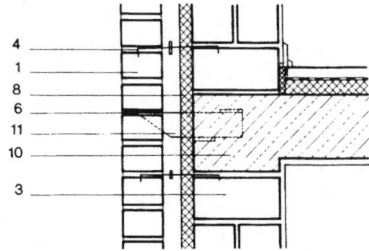

Beispiel 2
Geschossweise Abfangung der Verblendschale auf Edelstahl–Konsole
Hintermauerung mit zusätzlicher Dämmschicht

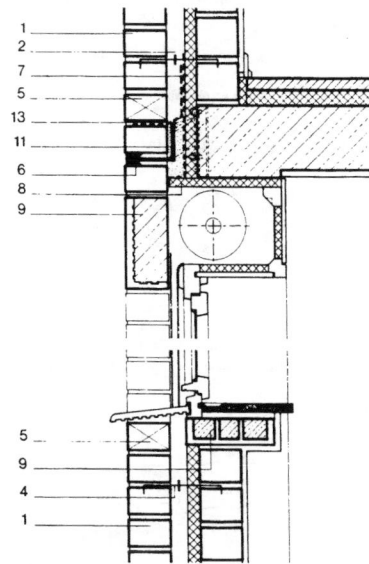

Beispiel 3
Fensterausbildung mit Fertigteil als Rollladenschürze
Geschossweise Auflagerung der Verblendschale auf Winkelprofil–Konsole

Legende zu den Beispielen
1 Verblendung
2 Luftschicht
3 Ziegelmauerwerk
4 Luftschichtanker
5 Offene Stoßfugen
6 Elastische Fugen
7 Sperrschichten
8 Dämmschicht
9 Fertigteil
10 Beton
11 Korrosionsbeständiges Metall
12 Gleitlager
13 Ausmörtelung
Überlappungen an den Abdichtungsbahnen
sind zu verkleben.

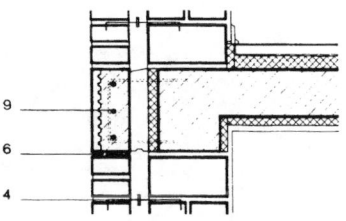

Beispiel 4
Zwischenauflagerung der Verblendschale auf vorgefertigten Beton–Streifenkonsolen
Fertigteile mit Bekleidung aus Ziegelschalen und ausgesparter Luftschicht

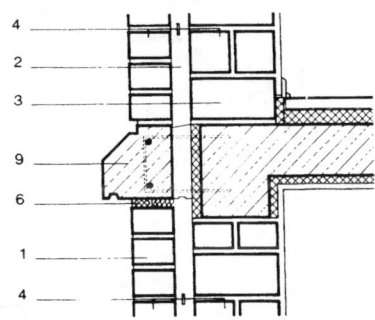

Beispiel 5
Zwischenauflagerung der Verblendschale auf Sichtbeton–Fertigteil
Luftschicht im Bereich des Fertigteils ausgespart – Auflagerung der Verblendschale geschossweise

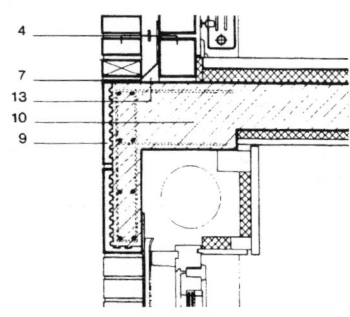

Beispiel 6
Fensterausbildung mit Rollladenschürze
Bekleidung der Rollladenschürze mit Ziegelschalen – ggf. Vorfertigung der Schürze

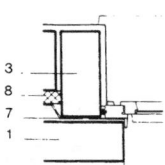 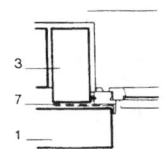

Beispiel 7
Fensterlaibung mit Anschlag hinter der Verblendschale
Ausführung mit Dämmschicht

Beispiel 8
Fensterlaibung mit Anschlag hinter der Verblendschale
Ausführung ohne Dämmschicht

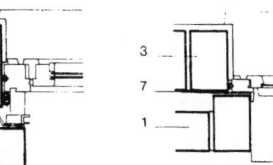 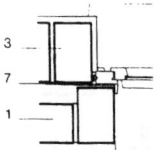

Beispiel 9
Fensterlaibung mit Anschlag hinter der Verblendschale
Horizontalschnitt zu Beispiel 6

Beispiel 10
Fensterlaibung mit Anschlag hinter der Luftschicht
Ausführung ohne Dämmschicht

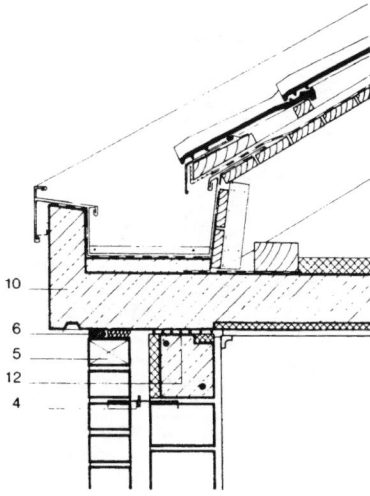

Beispiel 11
Traufabschluss mit verdeckter Rinne
Sichtbetonstreifen gegenüber Gebäudeflucht vorgezogen

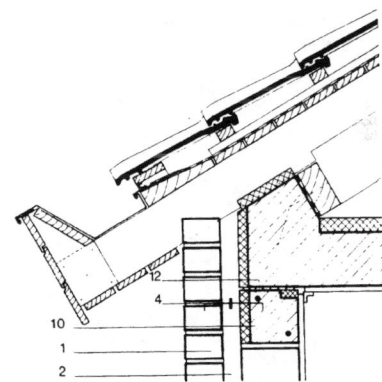

Beispiel 12
Traufpunkt mit Dachüberstand
Einmündung der Luftschicht in Sparrenzwischenraum

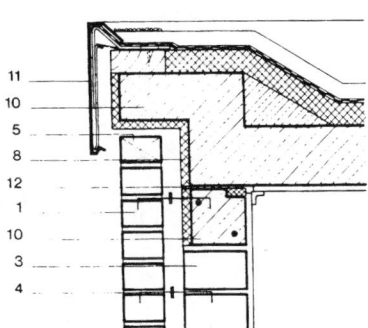

Beispiel 13
Anschluss Verblendschale an Flachdach
Entlüftung über offene Fugen

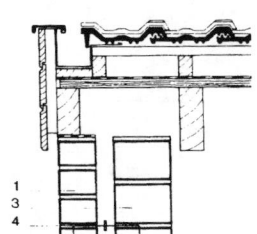

Beispiel 14
Ortgangausbildung zu Beispiel 9

Ziegel-Sichtmauerwerk

Fensteröffnungen bei Ziegelsichtmauerwerk - **Standarddetails** der Ziegel–Bauberatung des Bundesverbandes der Deutschen Ziegelindustrie (nach Lit. 31)

Einschaliges Mauerwerk ohne Anschlag, kleine Spannweite

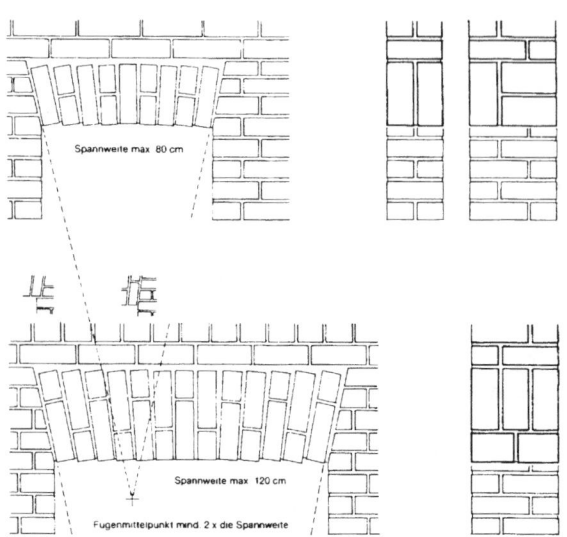

Tür– und Fensteröffnungen in der Mauer werden in der alten handwerklichen Technik mit gemauerten Bögen oder scheitrechten Stürzen überspannt. Wenn keine keilförmigen Formziegel verwendet werden, ist die Fuge keilförmig auszubilden. Dabei darf die Fuge nicht kleiner als 5 mm und nicht größer als 20 mm sein. Aus optischen Gründen sollte die Unterkante eines scheitrechten Bogens um 1/50 der Spannweite angehoben werden.

An allen freien Rändern (von Öffnungen, an Gebäudeecken, entlang von Dehnungsfugen und an den oberen Enden der Außenschalen) sind zusätzlich drei Drahtanker je m Randlänge anzuordnen.

Die Drahtanker sind unter Beachtung ihrer statischen Wirksamkeit so auszuführen, dass sie keine Feuchte von der Außen– zur Innenschale leiten können (z. B. Aufschieben einer Kunststoffscheibe).

Bei nichtflächiger Verankerung der Außenschale, z. B. linienförmig oder nur in Höhe der Decken, ist ihre Standsicherheit nachzuweisen.

Einschaliges Ziegelsichtmauerwerk ohne Anschlag, große Spannweite

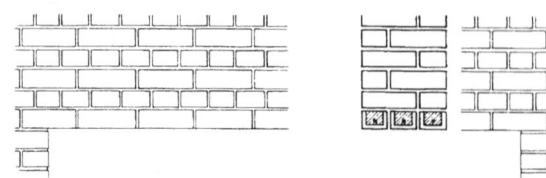

Fenster– und Türöffnungen bis zu einer Spannweite von max. 250 cm können durch bewehrte Flachziegelstürze überdeckt werden. Bei Sichtmauerwerk sind die U–Schalen der Stürze in gleicher Farbe und Struktur der verwendeten Vormauerziegel oder Klinker erhältlich.

Einschaliges Mauerwerk mit Anschlag, große Spannweite

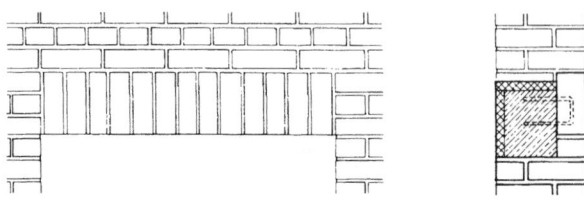

Bei größeren Spannweiten muss die Vormauerung mit Stahlbügel mit dem allein tragenden Stahlbetonsturz verbunden werden.

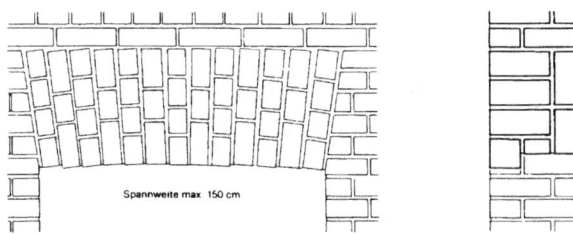

Der Verband gemauerter Stürze entspricht einem Pfeilerverband.

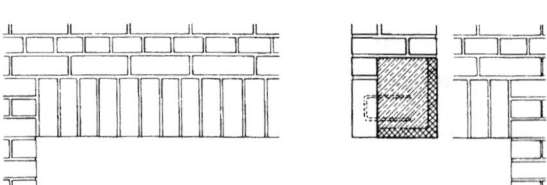

Die vorgeblendete Sichtmauer kann als Schalung für den Stahlbetonsturz verwendet oder an diesen nachträglich angemauert werden. Die im Stahlbeton einbindenden Stahlbügel müssen sorgfältig in den senkrechten Mauersturzfugen mit Mörtel der MG III verfüllt werden.

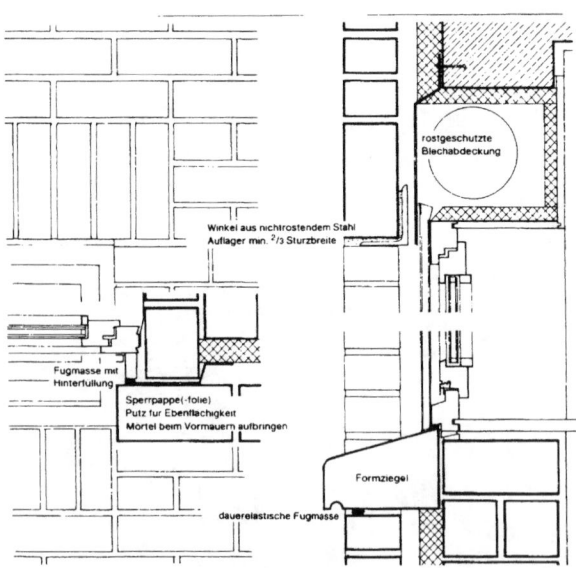

Beispiel 1
Zweischaliges Mauerwerk mit Luftschicht mit Stahlwinkelsturz und Rollladen

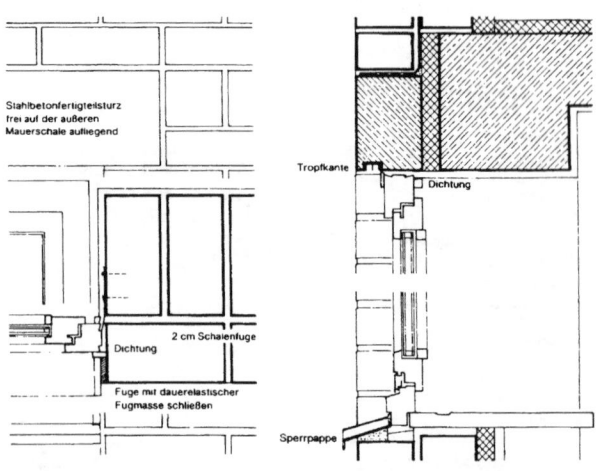

Beispiel 2
Zweischaliges Mauerwerk ohne Luftschicht mit Sichtbetonsturz

Ziegel-Sichtmauerwerk

Fensteröffnungen bei Ziegelsichtmauerwerk - **Standarddetails** der Ziegel–Bauberatung des Bundesverbandes der Deutschen Ziegelindustrie (nach Lit. 31)

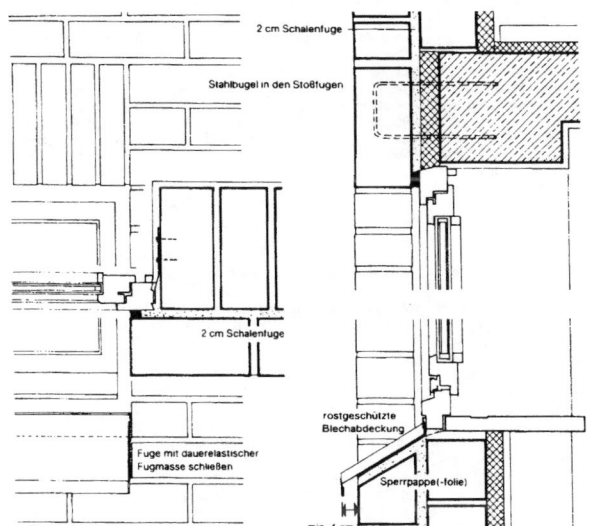

Beispiel 3
Zweischaliges Mauerwerk ohne Luftschicht mit anbetoniertem Sturz

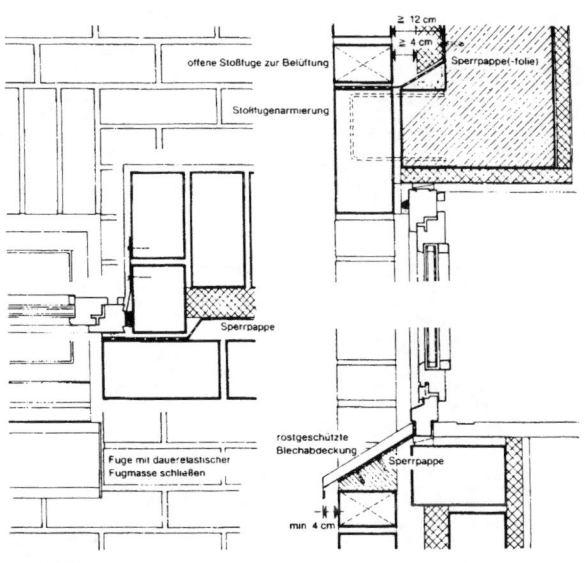

Beispiel 4
Zweischaliges Mauerwerk mit Luftschicht mit anbetoniertem Sturz

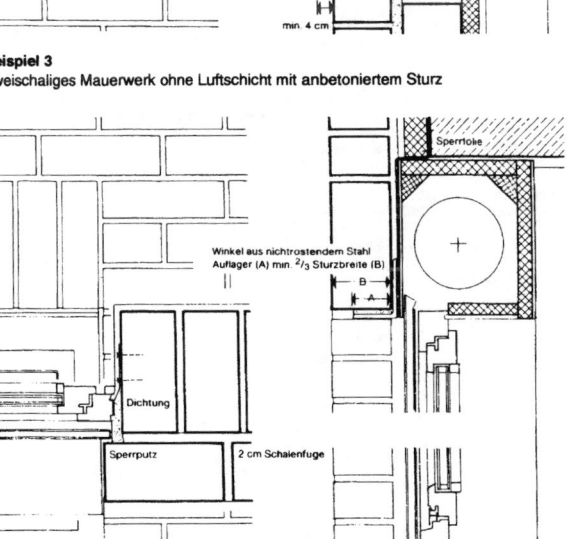

Beispiel 5
Zweischaliges Mauerwerk ohne Luftschicht mit Rollladen Betonfertigteil

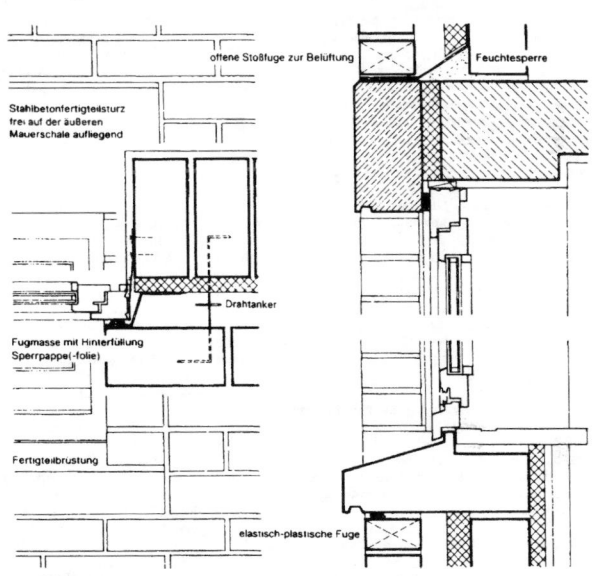

Beispiel 6
Zweischaliges Mauerwerk mit Luftschicht mit Sichtbetonsturz

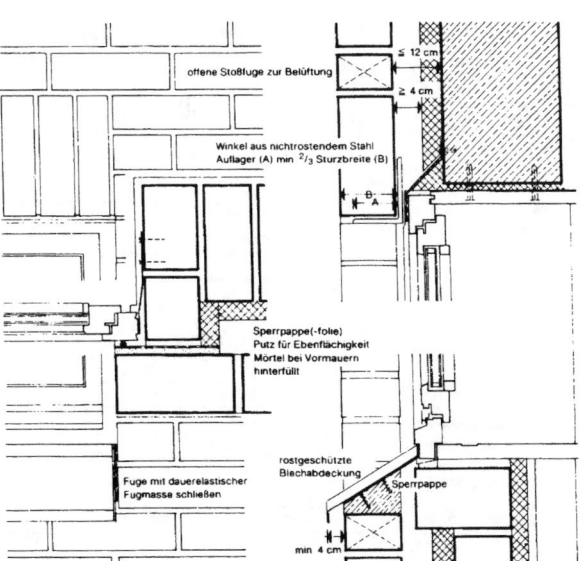

Beispiel 7
Zweischaliges Mauerwerk mit Luftschicht mit Stahlwinkelsturz

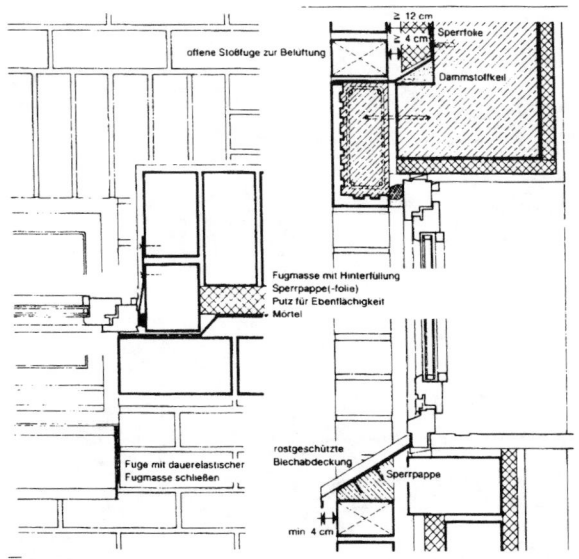

Beispiel 8
Zweischaliges Mauerwerk mit Luftschicht mit Ziegelfertigteil

Natursteinmauerwerk nach DIN 1053

12 Natursteinmauerwerk

12.1 Allgemeines

Natursteine für Mauerwerk dürfen nur aus gesundem Gestein gewonnen werden. Ungeschützt dem Witterungswechsel ausgesetztes Mauerwerk muss ausreichend witterungswiderstandsfähig gegen diese Einflüsse sein.
Geschichtete (lagerhafte) Steine sind im Bauwerk so zu verwenden, wie es ihrer natürlichen Schichtung entspricht. Die Lagerfugen sollen rechtwinklig zum Kraftangriff liegen. Die Steinlängen sollen das vier- bis fünffache der Steinhöhen nicht über- und die Steinhöhe nicht unterschreiten.

12.2 Verband

12.2.1 Allgemeines

Der Verband bei reinem Natursteinmauerwerk muss im ganzen Querschnitt handwerksgerecht sein, d. h., dass

a) an der Vorder- und Rückfläche nirgends mehr als drei Fugen zusammenstoßen,
b) keine Stoßfuge durch mehr als zwei Schichten durchgeht,
c) auf zwei Läufer mindestens ein Binder kommt oder Binder- und Läuferschichten miteinander abwechseln,
d) die Dicke (Tiefe) der Binder etwa das 1 1/2 fache der Schichthöhe, mindestens aber 300 mm, beträgt,
e) die Dicke (Tiefe) der Läufer etwa gleich der Schichthöhe ist,
f) die Überdeckung der Stoßfugen bei Schichtenmauerwerk mindestens 100 mm und bei Quadermauerwerk mindestens 150 mm beträgt und
g) an den Ecken die größten Steine (gegebenenfalls in Höhe von zwei Schichten) nach Bild 17 und Bild 18 eingebaut werden.

Lassen sich Zwischenräume im Innern des Mauerwerks nicht vermeiden, so sind sie mit geeigneten, allseits von Mörtel umhüllten Steinstücken so auszuzwickeln, dass keine unvermörtelten Hohlräume entstehen. In ähnlicher Weise sind auch weite Fugen auf der Vorder- und Rückseite von Zyklopenmauerwerk, Bruchsteinmauerwerk und hammerrechtem Schichtenmauerwerk zu behandeln. Sofern kein Fugenglattstrich ausgeführt wird, sind die Sichtflächen nachträglich zu verfugen. Sind die Flächen der Witterung ausgesetzt, so muss die Verfugung lückenlos sein und eine Tiefe mindestens gleich der Fugendicke haben. Die Art der Bearbeitung der Steine in der Sichtfläche ist nicht maßgebend für die zulässige Druckbeanspruchung und deshalb hier nicht behandelt.

12.2.2 Trockenmauerwerk (siehe Bild 14)

Bruchsteine sind ohne Verwendung von Mörtel unter geringer Bearbeitung in richtigem Verband so aneinanderzufügen, dass möglichst enge Fugen und kleine Hohlräume verbleiben. Die Hohlräume zwischen den Steinen müssen durch kleinere Steine so ausgefüllt werden, dass durch Einkeilen Spannung zwischen den Mauersteinen entsteht.
Trockenmauerwerk darf nur für Schwergewichtsmauern (Stützmauern) verwendet werden. Als Berechnungsgewicht dieses Mauerwerks ist die Hälfte der Rohdichte des verwendeten Steines anzunehmen.

12.2.3 Zyklopenmauerwerk (siehe Bild 15) **und Bruchsteinmauerwerk** (siehe Bild 16)

Wenig bearbeitete Bruchsteine sind im ganzen Mauerwerk im Verband und in Mörtel zu verlegen.
Das Bruchsteinmauerwerk ist in seiner ganzen Dicke und in Abständen von höchstens 1,50 m rechtwinklig zur Kraftrichtung auszugleichen.

12.2.4 Hammerrechtes Schichtenmauerwerk (siehe Bild 17)

Die Steine der Sichtfläche erhalten auf mindestens 120 mm Tiefe bearbeitete Lager- und Stoßfugen, die ungefähr rechtwinklig zueinander stehen.
Die Schichtdicke darf innerhalb einer Schicht und in den verschiedenen Schichten wechseln, jedoch ist das Mauerwerk in seiner ganzen Dicke in Abständen von höchstens 1,50 m rechtwinklig zur Kraftrichtung auszugleichen.

12.2.5 Unregelmäßiges Schichtenmauerwerk (siehe Bild 18)

Die Steine der Sichtflächen erhalten auf mindestens 150 mm Tiefe bearbeitete Lager- und Stoßfugen, die zueinander und zur Oberfläche rechtwinklig stehen.
Die Fugen der Sichtfläche dürfen nicht dicker als 30 mm sein. Die Schichthöhe darf innerhalb einer Schicht und in den verschiedenen Schichten in mäßigen Grenzen wechseln, jedoch ist das Mauerwerk in seiner ganzen Dicke in Abständen von höchstens 1,50 m rechtwinklig zur Kraftrichtung auszugleichen.

12.2.6 Regelmäßiges Schichtenmauerwerk (siehe Bild 19)

Es gelten die Festlegungen nach Abschnitt 12.2.5. Darüber hinaus darf innerhalb einer Schicht die Höhe der Steine nicht wechseln; jede Schicht ist rechtwinklig zur Kraftrichtung auszugleichen. Bei Gewölben, Kuppeln und dergleichen müssen die Lagerfugen über die ganze Gewölbedicke hindurchgehen. Die Schichtsteine sind daher auf ihrer ganzen Tiefe in den Lagerfugen zu bearbeiten, während bei den Stoßfugen eine Bearbeitung auf 150 mm Tiefe genügt.

12.2.7 Quadermauerwerk (siehe Bild 20)

Die Steine sind nach den angegebenen Maßen zu bearbeiten. Lager- und Stoßfugen müssen in ganzer Tiefe bearbeitet sein.

12.2.8 Verblendmauerwerk (Mischmauerwerk)

Verblendmauerwerk darf unter den folgenden Bedingungen zum tragenden Querschnitt gerechnet werden:

a) Das Verblendmauerwerk muss gleichzeitig mit der Hintermauerung im Verband gemauert werden,
b) es muss mit der Hintermauerung durch mind. 30 % Bindersteine verzahnt werden,
c) die Bindersteine müssen mind. 240 mm dick (tief) sein und mind. 100 mm in die Hintermauerung eingreifen,
d) die Dicke von Platten muss gleich oder größer als 1/3 ihrer Höhe und mind. 115 mm sein,
e) bei Hintermauerungen aus künstlichen Steinen (Mischmauerwerk) darf außerdem jede dritte Natursteinschicht nur aus Bindern bestehen.

Besteht der hintere Wandteil aus Beton, so gelten die vorstehenden Bedingungen sinngemäß.
Bei Pfeilern dürfen Plattenverkleidungen nicht zum tragenden Querschnitt gerechnet werden.
Für die Ermittlung der zulässigen Beanspruchung des Bauteils ist das Material (Mauerwerk, Beton) mit der niedrigsten zulässigen Beanspruchung maßgebend.
Verblendmauerwerk, das nicht die Bedingungen der Aufzählung a) bis e) erfüllt, darf nicht zum tragenden Querschnitt gerechnet werden. Geschichtete Steine dürfen dann auch gegen ihr Lager vermauert werden, wenn sie parallel zur Schichtung eine Mindestdruckfestigkeit von 20 MN/m² besitzen. Nichttragendes Verblendmauerwerk ist nach Abschnitt 8.4.3.1, Aufzählung e) zu verankern und nach Aufzählung d) desselben Abschnittes abzufangen.

12.3 Zulässige Beanspruchung

12.3.1 Allgemeines

Die Druckfestigkeit von Gestein, das für tragende Bauteile verwendet wird, muss mindestens 20 MN/m² betragen. Abweichend davon ist Mauerwerk der Güteklasse N4 aus Gestein mit der Mindestdruckfestigkeit von 5 MN/m² zulässig, wenn die Grundwerte σ_o nach Tabelle 14 für die Steinfestigkeit β_{st} = 20 MN/m² nur zu einem Drittel angesetzt werden. Bei einer Steinfestigkeit von 10 MN/m² sind die Grundwerte σ_o zu halbieren.
Erfahrungswerte für die Mindestdruckfestigkeiten einiger Gesteinsarten sind in Tabelle 12 angegeben.
Als Mörtel darf nur Normalmörtel verwendet werden.
Das Natursteinmauerwerk ist nach seiner Ausführung (insbesondere Steinform, Verband und Fugenausbildung) in die Güteklassen N1 bis N4 einzustufen. Tabelle 13 und Bild 21 geben einen Anhalt für die Einstufung. Die darin aufgeführten Anhaltswerte Fugenhöhe/Steinlänge, Neigung der Lagerfuge und Übertragungsfaktor sind als Mittelwerte anzusehen. Der Übertragungsfaktor ist das Verhältnis von Überlappungsflächen der Steine zu Wandquerschnitt im Grundriss. Die Grundeinstufung nach Tabelle 13 beruht auf üblichen Ausführungen.
Die Mindestdicke von tragendem Natursteinmauerwerk beträgt 240 mm, der Mindestquerschnitt 0,1 m².

12.3.2 Spannungsnachweis bei zentrischer und exzentrischer Druckbeanspruchung

Die Grundwerte σ_o der zulässigen Spannungen von Natursteinmauerwerk ergeben sich in Abhängigkeit von der Güteklasse, der Steinfestigkeit und der Mörtelgruppe nach Tabelle 14.
In Tabelle 14 bedeutet β_{st} die charakteristische Druckfestigkeit der Natursteine (5 % Quantil bei 90 % Aussagewahrscheinlichkeit), geprüft nach DIN 52105.
Wände der Schlankheit h_K / d > 10 sind nur in den Güteklassen N3 und N4 zulässig. Schlankheiten h_K / d > 14 sind nur bei mittiger Belastung zulässig. Schlankheiten h_K / d > 20 sind unzulässig.
Bei Schlankheiten $h_K / d \leq 10$ sind als zulässige Spannungen die Grundwerte σ_o nach Tabelle 14 anzusetzen. Bei Schlankheiten h_K / d > 10 sind die Grundwerte σ_o nach Tabelle 14 mit dem Faktor

$$\frac{25 - h_K / d}{15}$$ abzumindern.

12.3.3 Zugspannungen

Zugspannungen sind im Regelfall in Natursteinmauerwerk der Güteklassen N1, N2 und N3 unzulässig.
Bei Güteklasse N4 gilt Abschnitt 7.2.4 sinngemäß mit max σ_Z = 0,20 MN/m².

12.3.4 Schubspannungen

Für den Nachweis der Schubspannungen gilt 6.9.5 mit dem Höchstwert max τ = 0,3 MN/m².

Tabelle 12: Mindestdruckfestigkeiten der Gesteinsarten

Gesteinsarten	Mindestdruckfestigkeit MN/m²
Kalkstein, Travertin, vulkanische Tuffsteine	20
Weiche Sandsteine (mit tonigem Bindemittel) und dergleichen	30
Dichte (feste) Kalksteine und Dolomite (einschl. Marmor), Basaltlava und dergleichen	50
Quarzitische Sandsteine (mit kieseligem Bindemittel), Grauwacke und dergleichen	80
Granit, Syenit, Diorit, Quarzporphyr, Melaphyr, Diabas und dergleichen	120

Tabelle 13: Anhaltswerte zur Güteklasseneinstufung von Natursteinmauerwerk

Güteklasse	Grundeinstufung	Fugenhöhe/ Steinlänge h/l	Neigung der Lagerfuge $\tan \alpha$	Übertragungsfaktor η
N1	Bruchsteinmauerwerk	≤ 0,25	≤ 0,30	≥ 0,5
N2	Hammerrechtes Schichtenmauerwerk	≤ 0,20	≤ 0,15	≥ 0,65
N3	Schichtenmauerwerk	≤ 0,13	≤ 0,10	≥ 0,75
N4	Quadermauerwerk	≤ 0,07	≤ 0,05	≥ 0,85

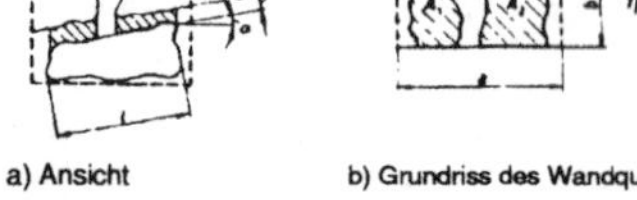

$$\eta = \frac{\Sigma A_i}{a \cdot b}$$

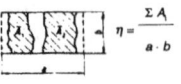

a) Ansicht b) Grundriss des Wandquerschnittes

Tabelle 14: Grundwerte σ_o der zulässigen Druckspannungen für Natursteinmauerwerk mit Normalmörtel

Güteklasse	Steinfestigkeit β_{st} MN/m²	Grundwerte σ_o [1)] Mörtelgruppe I MN/m²	II MN/m²	IIa MN/m²	III MN/m²
N1	≥ 20	0,2	0,5	0,8	1,2
	≥ 50	0,3	0,6	0,9	1,4
N2	≥ 20	0,4	0,9	1,4	1,8
	≥ 50	0,6	1,1	1,6	2,0
N3	≥ 20	0,5	1,5	2,0	2,5
	≥ 50	0,7	2,0	2,5	3,5
	≥ 100	1,0	2,5	3,0	4,0
N4	≥ 20	1,2	2,0	2,5	3,0
	≥ 50	2,0	3,5	4,0	5,0
	≥ 100	3,0	4,5	5,5	7,0

[1)] Bei Fugendicken über 40 mm sind die Grundwerte σ_o um 20 % zu vermindern.

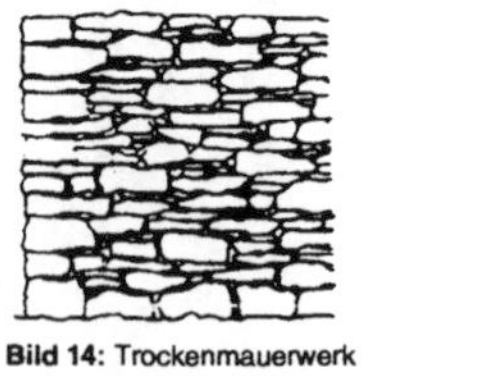

Bild 14: Trockenmauerwerk

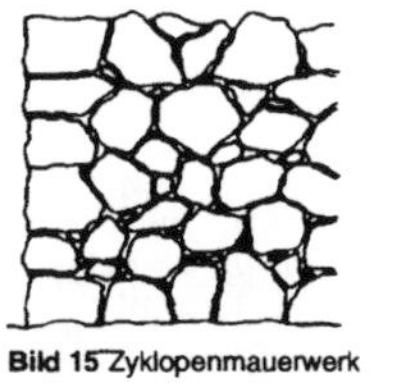

Bild 15 Zyklopenmauerwerk

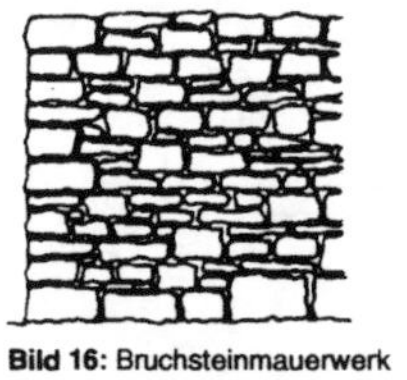

Bild 16: Bruchsteinmauerwerk

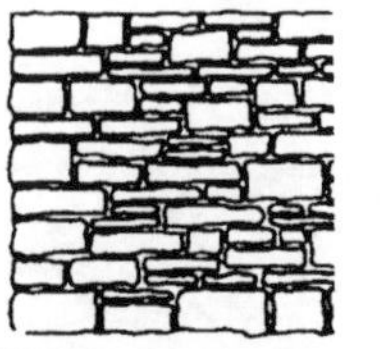

Bild 17: Hammergerechtes Schichtenmauerwerk

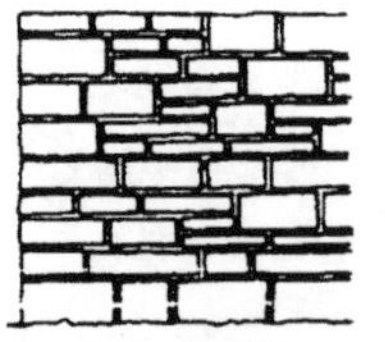

Bild 18: Unregelmäßiges Schichtenmauerwerk

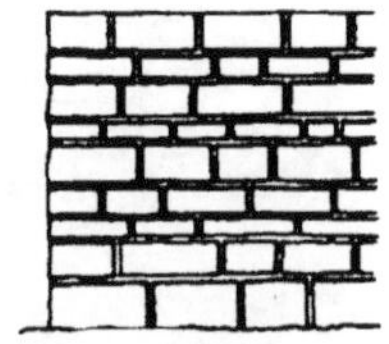

Bild 19: Regelmäßiges Schichtenmauerwerk

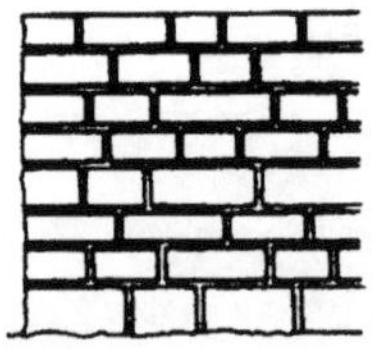

Bild 20: Quadermauerwerk

Natursteinmauerwerk nach DIN 1053, Bildkommentar

Steinarten

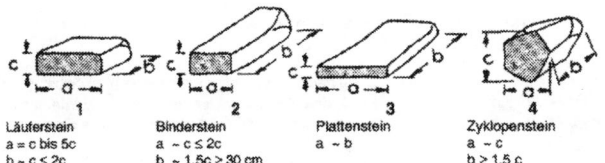

Läuferstein
a = c bis 5c
b ~ c ≤ 2c

Binderstein
a ~ c ≤ 2c
b ~ 1,5c ≥ 30 cm

Plattenstein
a ~ b

Zyklopenstein
a ~ c
b ≥ 1,5 c

1   2   3   4

Lagerhafte Steine sind im Bauwerk so zu verwenden, wie es ihrer natürlichen Schichtung entspricht. Die Lagerfugen sollen rechtwinklig zum Kraftangriff liegen. Die Steinlängen sollen das vier- bis fünffache der Steinhöhe nicht über- und die Stienhöhe nicht unterschreiten → 1 bis 4.

Steingrößen i.M. 45 x 22 x 18 cm; Mauerdicken 45, 50, 60, 70, 80 cm.

Werkstoffbedarf

Wanddicke (häuptiges Mauerwerk)	45	50	60	70	80	cm
Steinbedarf je m³ Fertigmauer	1,20	1,15	1,10	1,05	1,00	m³
Mörtelbedarf je m³ Fertigmauer	0,35	0,35	0,30	0,30	0,30	m³

Verband

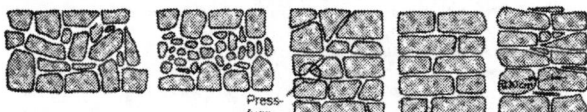

Pressfuge

5 RICHTIG   6 FALSCH   7 FALSCH   8 RICHTIG   9 RICHTIG

5, 6 Grundriss   7 bis 11 Schnitt

Auch bei dicken Mauern durchgehenden Steinverband einhalten → 5! Es ist falsch, Randsteine zu versetzen und diese ohne Verband auszufüllen → 6. Pressfugen und nach außen abgleitende Fugen vermeiden → 7. Möglichst parallele Steine im Verband vermauern → 8 oder unregelmäßige Steine mit Schrägen nach innen gerichtet vermauern und gut auszwickeln → 9.

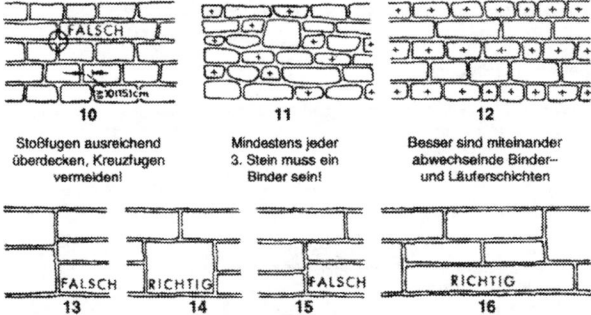

10   11   12

Stoßfugen ausreichend überdecken, Kreuzfugen vermeiden!

Mindestens jeder 3. Stein muss ein Binder sein!

Besser sind miteinander abwechselnde Binder- und Läuferschichten

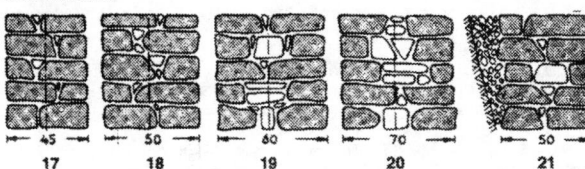

FALSCH   RICHTIG   FALSCH   RICHTIG

13   14   15   16

Schichtenwechsel mit durchgehender Stoßfuge → 13 ist unzulässig und sieht schlecht aus. Umkehrung der Schichthöhen durch Sprungstein → 14 sieht besser aus als ohne Sprungstein → 15. Gut sieht auch der Schichtenwechsel mit versetzten Sprungsteinen aus → 16.

Mauerwerksarten

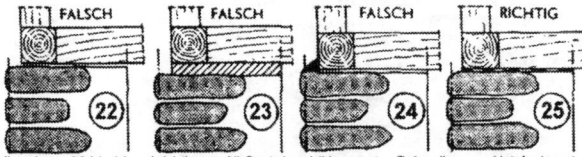

45   50   60   70   50

17   18   19   20   21

17 bis 20 Doppelhäuptiges Mauerwerk. 21 Einhäuptiges Mauerwerk.

Man unterscheidet einhäuptiges und zweihäuptiges Mauerwerk. Beim einhäuptigen Mauerwerk ist die Front gegen das Erdreich überzählig → 21. Hinterfüllung mit unvermörteltem Steinabfall oder grobem Kies erforderlich, um Wasser von Mauer abzuhalten. Zweihäuptiges (doppelhäuptiges) Mauerwerk ist beiderseits bündig → 17 bis 20. Soll Mauerwerk verputzt werden, möglichst wenig glatte Steine in die Front verlegen. Größere ausgezwickelte Mörtelfugen verbessern Putzhaltung.

Sockel

FALSCH   FALSCH   FALSCH   RICHTIG

22   23   24   25

Falsche → 22 bis 24 und richtige → 25 Sockelausbildung unter Schwellen von Holzfachwerk

Sockel: Es ist darauf zu achten, dass durch richtige Schichteneinteilung zu hohe → 22 oder gepresste Mörtelfugen vermieden werden. Auch die Fuge unter der Schwelle darf nicht zu dick werden → 23. Auf keinen Fall darf der Eckwinkel zwischen oberster Steinschicht und Schwelle mit Mörtel verstrichen werden! Durch das Arbeiten des Holzes wird diese Mörtelkante abgesprengt und undicht und es dringt Wasser ein (Fäulnisgefahr!) → 24. Bei richtiger Ausführung ist die Fuge unter der Schwelle einschl. Sperrschicht 10 bis 20 mm dick → 25.

Sichtflächenbearbeitung

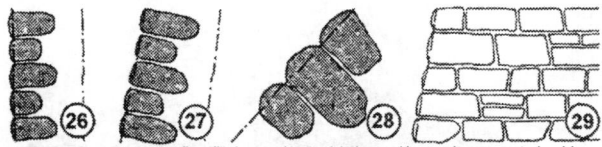

26   27   28   29

26 bis 28: Bossierung der Sichtflächen in Abhängigkeit vom Verwendungszweck des Mauerwerks. Angezogene Mauerecken stets mit horizontalen Lagerfugen herstellen → 29.

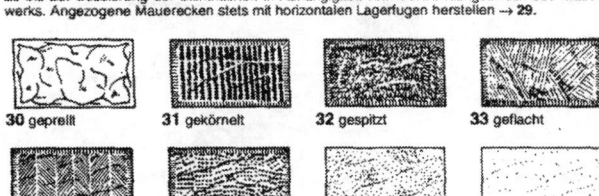

30 gepreßt   31 gekörnelt   32 gespitzt   33 geflacht

34 scharriert   35 gestockt   36 gesandelt   37 geschliffen

Sichtflächenbearbeitung nach konstruktiven Gesichtspunkten → 26 bis 29 und formalen Gesichtspunkten → 30 bis 37. Starken mechanischen Beanspruchungen ausgesetzte Steine werden je nach Art und Zweck des Mauerwerks bossiert (gepreßt). Fassadenverkleidungen erfordern kleine Bossen → 26, an Stütz- und Futtermauern können die Bossen etwas größer sein → 27. Mauerwerk für Wildbachverbauungen, Brückenpfeiler usw. soll möglichst raue Oberflächen erhalten und grob bossiert sein → 28.

Öffnungen, Sturz und Sohlbank: Werkgerechte Ausführungen 38 bis 51

Fenster und Türen, Sturz und Sohlbank

38 Fensteröffnung in Feldsteinmauerwerk   39 Fensteröffnung in Polygonalmauerwerk

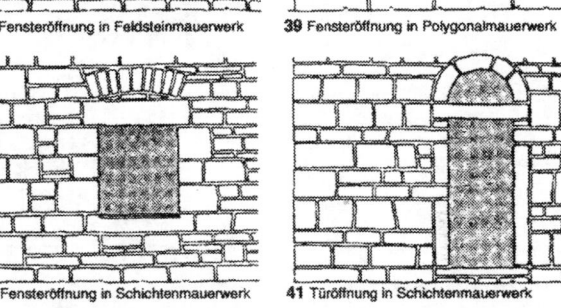

40 Fensteröffnung in Schichtenmauerwerk   41 Türöffnung in Schichtenmauerwerk

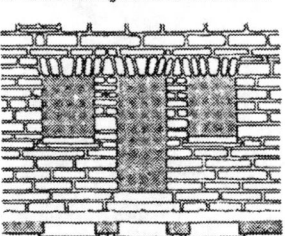 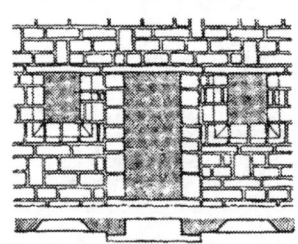

42 Tür- und Fenstereinfassung in unregelmäßigem Schichtmauerwerk mit scheitrechten Bögen   43 Tür- und Fenstereinfassung in unregelmäßigem Schichtmauerwerk mit Sturzplatten

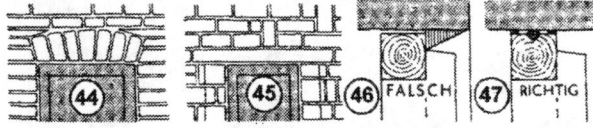

44   45   46 FALSCH   47 RICHTIG

Scheitrechte Entlastungsbögen über Holzzarge → 44. Gut aufgelagerte Sturzplatte bei kleiner Fensterstützweite → 45. Holzzargen müssen frei in der Leibung stehen und gegen das Mauerwerk mit Teerstrick und Kitt gedichtet werden → 46, 47.

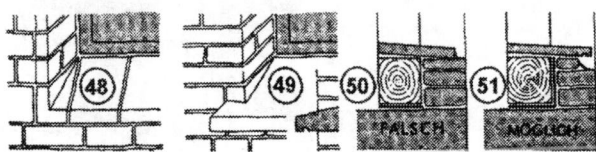

48   49   50 FALSCH   51 MÖGLICH

Sauber ausgearbeitete Sohlbankecke mit starkem Gefälle → 48. Vorspringende Sohlbank mit Wassernase und seitlich hochgezogenen Wangen (beste Ausführung!) → 49. Bei Zargenfenstern darauf achten, dass kein Wasser eindringen kann. → 50, 51.

Mischmauerwerk

Mauerwerksarten, Verband

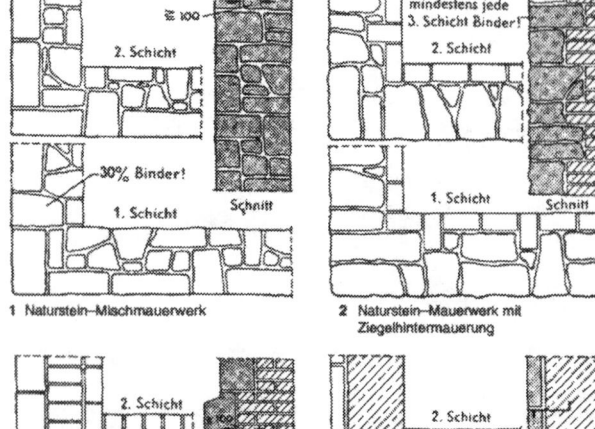

1 Naturstein-Mischmauerwerk

2 Naturstein-Mauerwerk mit Ziegelhintermauerung

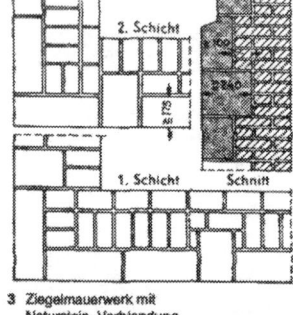

3 Ziegelmauerwerk mit Naturstein-Verblendung

4 Werkstein-Bekleidung vor Schüttbetonwand

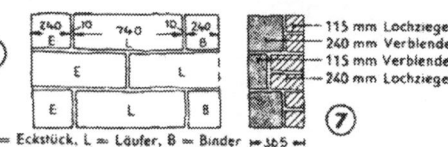

- 115 mm Lochziegel
- 240 mm Verblender
- 115 mm Verblender
- 240 mm Lochziegel

E = Eckstück, L = Läufer, B = Binder ⊢365⊣
Bei Eckstücken zur Länge evtl. Sockelvorsprung hinzurechnen!

Tiefe der Fugen → 5, Lage der Unterlagsplättchen → 6, Stein- und Fugenmaße in Ansicht und Schnitt → 7.

NF = Normalformat, 71 mm hoch
LZ = Lochziegel, 113 mm hoch

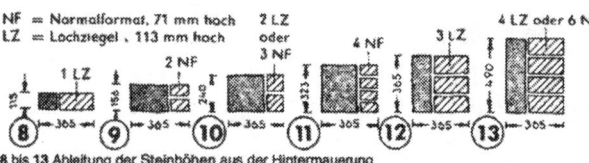

8 bis 13 Ableitung der Steinhöhen aus der Hintermauerung

Verankerung

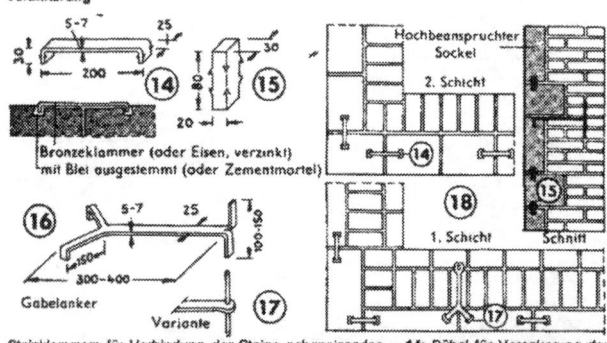

Bronzeklammer (oder Eisen, verzinkt) mit Blei ausgestemmt (oder Zementmörtel)

Gabelanker

Variante

Hochbeanspruchter Sockel

Steinklammern für Verbindung der Steine nebeneinander → 14; Dübel für Verankerung der Steine übereinander → 15; Gabelanker für Verankerung der Verblendung mit der Hintermauerung → 16, 17; Anwendungsbeispiel → 18.

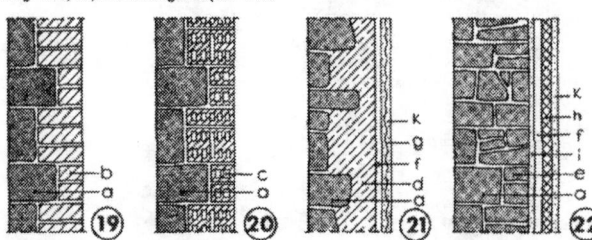

19 20 21 22

Hintermauerung mit Hochlochziegeln
Hintermauerung mit Langlochziegeln
Innenputz auf Streckmetall
Innenputz auf Dämmplatte

a = Werkstein-Verblendung, b = Hochlochziegel, c = Langlochziegel, d = Stampfbeton, e = Naturstein-Hintermauerung, f = 24 mm Luft, g = Streckmetall auf verzinkten Abstandhaltern, h = Holzwolle-Leichtbauplatten auf Latten 24/48 mm, i = Rappputz, k = Innenputz

Begriffsbestimmung

Man unterscheidet Naturstein-Mischmauerwerk aus regelmäßigen Verblender- und unregelmäßigen Hintermauersteinen → 1, Mischmauerwerk aus Naturstein-Verblendern und Hintermauerung aus natürlichen Steinen (z.B. Ziegel, Kalksandsteine) → 2 und Mauerwerk aus natürlichen Steinen mit Werksteinverblendung (meist plattenförmige Werksteine ≥ 115 mm dick) → 3. Bei allen drei Mauerwerksarten sind Verblendung und Hintermauerung im Verband herauszustellen und rechnen zum tragenden Querschnitt.

Werden Werksteinplatten ohne Verband vor die tragende Wand oder Tragkonstruktion gestellt, handelt es sich um eine Werkstein-Bekleidung → 4. Der Plattenquerschnitt rechnet dann nicht mehr zum tragenden Querschnitt. Der tragende Querschnitt muss vielmehr dazu in der Lage sein, das Gewicht der Bekleidung zusätzlich mit aufnehmen zu können.

Werkstoffe

Die Steine müssen wetterbeständig sein und aufgenommenes Wasser gut wieder abgeben. Sie dürfen keine Risse, Brüche, Nester oder Tongallen, Kohleeinsprengungen, Blätterungen, schiefrige Absonderungen o. dgl. enthalten. Für dünne äußere Plattenbekleidungen sollen Steinarten mit großen offenen Stellen, Adern und Löchern nicht verwendet werden. Wenn sie doch verlangt werden (z.B. Travertin) muss auf der Rückseite der Platte evtl. eine wasserundurchlässige Schicht angebracht werden.

Als Mörtel darf Zementmörtel nur verwendet werden, wenn die Steinart gegen Zement unempfindlich ist. Verschiedene Kalk- und Sandsteinarten (z.B. Jurakalksteinplatten) können bei Verwendung von Zement durchschlagen! Isolierung der Platten auf der Rückseite ist zu empfehlen.

Anker und Dübel sollen bei hygroskopischen Steinarten (z.B. Sandstein, Kalksteine) bei Außenverblendungen und -bekleidungen nicht aus Eisen bestehen (Rostgefahr!). Möglichst Kupfer oder Bronze verwenden. Steht nur Eisen zur Verfügung, muss es gut verzinkt sein; auch Anstriche mit Schellack, Bitumen oder Zementmilch verhindern Rosten. Anker und Klammern möglichst einbleien. Es haben sich auch imprägnierte schwalbenschwanzförmige Hartholzstücke, bei kleineren Arbeiten auch Knochen, als Dübel bewährt.

Unterlagsplättchen sollen aus Zink, Blei oder Teerpappe bestehen.

Oberflächenbearbeitung

Hartgesteine werden bruchrau, gespitzt, gestockt, geschliffen oder poliert; Weichgesteine außerdem gekörnt, geflächt, gebeilt, scharriert, aufgeschlagen, gerillt, gezahnt und gesandet verarbeitet.

Maße

Werksteinverblendungen aus Quadern: Steinhöhen 115, 156, 240, 323, 365, 490 mm (entsprechend der Maßordnung bei 10 mm Lagerfugendicke); Steinlängen 2,5- bis 3-fache Steinhöhe; Einbindetiefe

bei Putzvorsprung	115	178	240	365	428 mm
Sockel, 2 cm Vorsprung	135	198	260	385	448 mm

Wandplatten (Plattenverkleidung) nach baulichen Erfordernissen. 20, 25, 30 mm dick (die Gatter-Sägeblöcke sind i.d. Regel 1 m breit, 1 m hoch, 1,5 bis 2,5 m lang; daraus ergeben sich maximale Plattenmaße von etwa 1 x 1,5 bis 2,5 m). Abdeckplatten 50 bis 100 mm dick, Plattenlänge nach Bedarf.

Wanddicke	240	365	490 mm
Plattenbreite ohne Wandputz	300	425	550 mm
Plattenbreite mit Wandputz	365	490	615 mm

Fensterbänke, Gewände: äußere Sohlbank 30, 40, 60, 100 mm dick (Wassernasen anordnen!); innere Sohlbank 20, 25, 30 mm dick; Gewändequerschnitt vorzugsweise 135 x 135 mm.

Verarbeitung

Die Steine sollen nach dem Versetzen möglichst ihr natürliches Lager haben. Sie müssen scharfkantig, fluchtrecht und rechtwinklig bearbeitet sein. Die Lager- und Stoßfugen sollen gleichmäßig und bei feinkörnigem Sandstein nicht über 5 mm, bei Muschelkalk, Granit, Basalt, Porphyr und anderen grobkörnigen Steinen nicht über 10 mm dick sein. Die Stoßfugen sollen sich von der Ansichtsfläche 50 mm tief gleichmäßig eng schließen und sich von da ab zum besseren Verfüllen etwas erweitern → 5. Unterlagsplättchen sind mindestens 10 mm hinter der Steinaußenkante zu verlegen → 6. Fehlerhafte Werkstücke dürfen nicht durch Einsetzen von Stücken ausgebessert werden. Bei geringer Kantenbeschädigung kann mit Zustimmung des Auftraggebers eine sorgfältige Verkittung vorgenommen werden.

Verband

Mittragendes Verblendmauerwerk nach → 1 muss mit der Hintermauerung oder mit dem Beton durch mind. 30 % Bindersteine verzahnt werden. Bei Hintermauerung aus künstlichen Steinen nach → 2 muss jede dritte Natursteinschicht nur aus Bindern bestehen. Bei Verblendung mit mittragenden Platten nach → 3 müssen diese gleich oder größer als ein Drittel ihrer Höhe und mindestens 115 mm dick sein. Die Binder müssen mind. 240 mm dick (tief) sein und mindestens 100 mm in die Hintermauerung eingreifen.

Mischmauerwerk

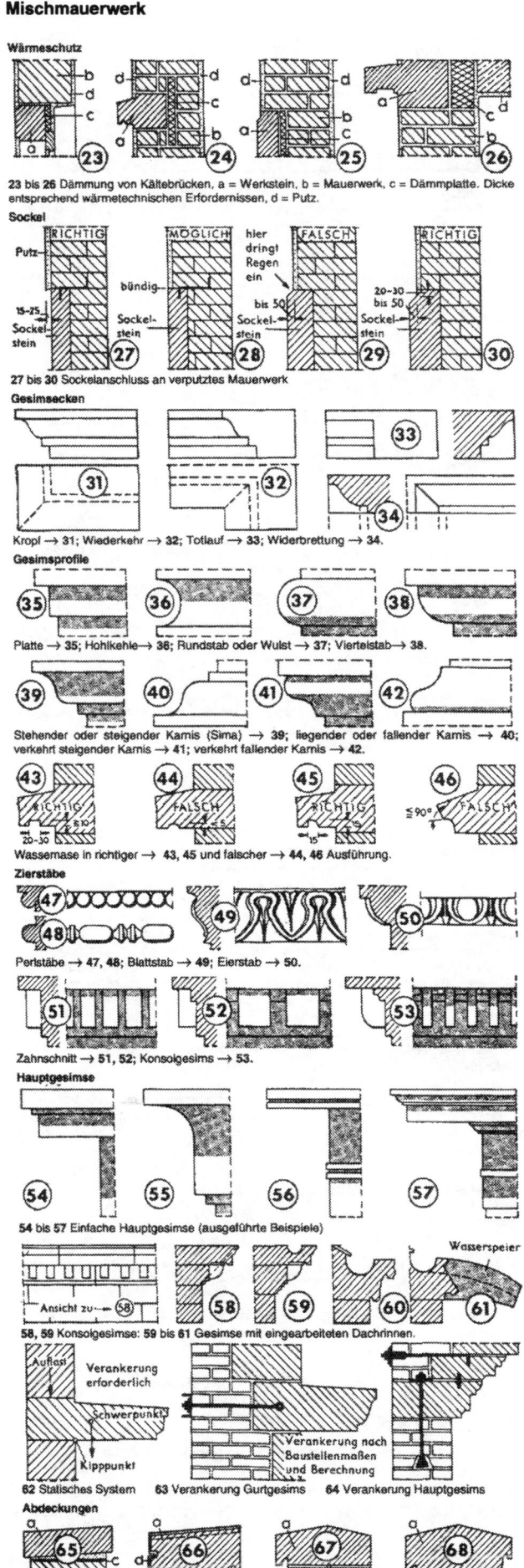

Wärmeschutz

23 bis 26 Dämmung von Kältebrücken, a = Werkstein, b = Mauerwerk, c = Dämmplatte. Dicke entsprechend wärmetechnischen Erfordernissen, d = Putz.

Sockel

27 bis 30 Sockelanschluss an verputztes Mauerwerk

Gesimsecken

Kropf → 31; Wiederkehr → 32; Totlauf → 33; Widerbrettung → 34.

Gesimsprofile

Platte → 35; Hohlkehle → 36; Rundstab oder Wulst → 37; Viertelstab → 38.

Stehender oder steigender Karnis (Sima) → 39; liegender oder fallender Karnis → 40; verkehrt steigender Karnis → 41; verkehrt fallender Karnis → 42.

Wassernase in richtiger → 43, 45 und falscher → 44, 46 Ausführung.

Zierstäbe

Perlstäbe → 47, 48; Blattstab → 49; Eierstab → 50.

Zahnschnitt → 51, 52; Konsolgesims → 53.

Hauptgesimse

54 bis 57 Einfache Hauptgesimse (ausgeführte Beispiele)

58, 59 Konsolgesimse; 59 bis 61 Gesimse mit eingearbeiteten Dachrinnen.

62 Statisches System   63 Verankerung Gurtgesims   64 Verankerung Hauptgesims

Abdeckungen

a = Werkstein, b = Mauerwerk, c = Sperrschicht, d = Zinkblechabdeckung

---

Die Dicken von Verblendung und Hintermauerung sollen so aufeinander abgestimmt sein, dass sie durch Ziegelbreiten teilbar sind. Verblendung und Hintermauerung müssen in ihren Höhen so aufeinander abgestimmt werden, dass gemeinsame Lagerfugen in gleicher Ebene durch die ganze Wanddicke hindurchgehen. Die Höhe der Verblender ergibt sich deshalb aus den Höhen der Hintermauerungssteine → 7 bis 13.

Verankerung

Mischmauerwerk bedarf außer der Vermörtelung keiner besonderen Verankerung. Mit Klammern, Dübeln oder Anker sind nur solche Steine zu sichern, die besonders dem Verschieben ausgesetzt sind (z.B. Ecksteine, Gewände, Gesimse, Sockelsteine). Gebräuchliche Ankerformen → 14 bis 17. Anordnung der Anker → 18.

Zulässige Beanspruchung

Verblendmauerwerk nach → 1 bis 3 darf nur zum tragenden Querschnitt gerechnet werden, wenn es gleichzeitig mit der Hintermauerung in regelrechtem Verband aufgeführt wird. Für die zul. Beanspruchung gilt der niedrigste zu den verwendeten Steinen gehörende Wert (Hintermauerung oder Verblendung).

Wärmeschutz

Natursteine bieten relativ geringen Wärmeschutz. Bei geringen Wanddicken (≤ 45 cm) ist deshalb ein besonderer Wärmeschutz erforderlich. Er kann durch Hintermauerung mit leichten (aber festen) Mauersteinen (z.B. Hochlochziegeln → 19 oder Langlochziegeln → 20, duch Putzträger vor einer Luftschicht → 21 oder durch Anbringen von Dämmplatten (z.B. Holzwolle-Leichtbauplatten) an der Innenseite der Wand → 22 erreicht werden. Werksteine in dünnen Wänden sind Kältebrücken und bedürfen besonderer Dämm-Maßnahmen → 23 bis 26.

Besondere Bauteile

Der Sockel soll aus möglichst dichten wasserundurchlässigen und harten Steinarten bestehen (z.B. Granit). Bei hygroskopischen Steinarten ist Sperrschicht gegen aufsteigende Feuchtigkeit erforderlich.

Am günstigsten ist ein zurückspringender Sockel → 27, der das an der Hausoberfläche ablaufende Regenwasser abtropfen lässt. Ist aus gestalterischen Gründen kein zurückspringender Sockel erwünscht, kann er bündig → 28 oder vorspringend → 29, 30 ausgeführt werden. Vorsprünge sollen höchstens 50 mm ausladen. Liegen über dem Sockel saugende Baustoffe (z.B. Putz, weicher Sandstein, Ziegelmauerwerk), muss das härtere Sockelgestein einige Zentimeter über den Vorsprung hochgeführt werden → 30, damit stehenbleibendes Regen- und Spritzwasser den saugenden Baustoff nicht erreicht.

Glieder und Gesims haben den Zweck, das Regenwasser nicht die ganze Wand herablaufen zu lassen (soll vorher abtropfen) und die Wand optisch aufzuteilen. Man unterscheidet Sockelgesimse, Gurtgesimse (in Höhe der Balkenlage), Fensterbankgesimse und Hauptgesimse. Bezeichnung der Ecken der Gesimse → 31 bis 34.

Die Profile bauen auf den Grundformen nach → 35 bis 42 auf. Einfache gerade Profile stehen in der heutigen Baugestaltung im Vordergrund. Wichtig für die Wirksamkeit der Gesimse ist eine ausreichend große und richtig geformte Wassernase → 43 bis 46.

Zierstäbe beleben die Gesimse. Als historische Formen sind Perlstäbe → 47, 48, Blattstab → 49 und Eierstab → 50 zu nennen. Der sog. Zahnschnitt → 51 bis 53 wird auch heute noch (vereinzelt) verwendet.

Hauptgesimse sind der Trauf- oder Giebelabschluss der Dachhaut (der Dachplatte), sie sollen die Außenwände vor Durchfeuchtung von oben schützen. Durch Auskragen können außerdem die Außenflächen der Umfassungen in einem gewissen Umfang vor Schlagregen und die Fenster vor (Mittags-)Sonneneinstrahlung geschützt werden. In Werkstein werden klar gegliederte Hauptgesimse bevorzugt! → 54 bis 57. Eine Belebung ist durch Zahnschnitt → 51, 52 oder Konsole → 53, 58 möglich. Während heute das Dachwasser über Regenrinnen und Fallrohre abgeleitet wird, war früher (besonders in den südlichen Ländern) die Regenrinne oft in das Hauptgesims eingearbeitet → 59 bis 61 und an Wasserspeier angeschlossen → 61. Bei weitausladenden Hauptgesimsen liegt der Schwerpunkt des Gesimses oft außerhalb der Mauer → 62. Es ist deshalb ausreichende Auflast und Verankerung vorzusehen → 63, 64.

Abdeckplatten schützen Brüstungen und frei stehende Mauern vor Durchfeuchtung von oben. Ausführung mit einseitiger → 65, 66 oder zweiseitiger → 67, 68 dachförmiger Wasserschräge. Bei hohen Mauern ausreichend Überstand mit Tropfnase anordnen → 66 bis 68. Bei niedrigen Mauern genügt Tropfkante → 65, oft auch bündige Ausführung → 67 (z.B. für Brüstungen von Flachdächern). Unter Abdeckung Sperrschicht anordnen!

Werkplan (Steinschnitt)

Der Steinmetz benötigt für seine Arbeit einen besonderen Werkplan (Steinschnitt), in dem jeder einzelne Stein eingetragen und nummeriert ist → 60.

Werksteinbekleidungen

Gesimsverankerung für Mischmauerwerk

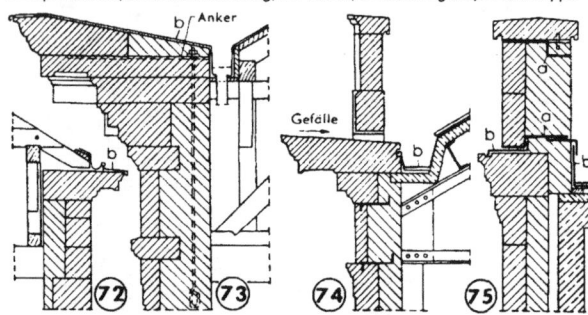

a = Sperrschicht, b = Metallabdeckung, c = Mörtel, d = Dichtungskitt, e = Bleikappe

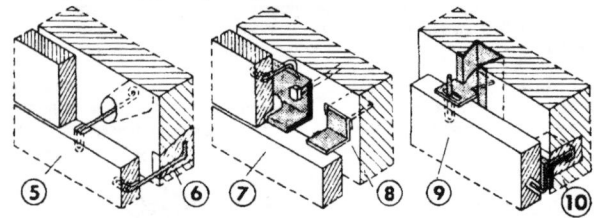

69 bis **75** Historische Ausführungsbeispiele für Werkstein-Hauptgesimse und -Brüstungen an ausgeführten Bauten (nach Lit. 32, 33)
76 bis **79** Fugendichtung auf Abdeckungen

Werkstein-Plattenbekleidung (Naturwerkstein, Betonwerkstein, großformatige Gipsplatten)
Verankerung der Platten

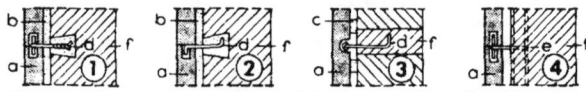

1 bis **4** Verankerungsarten. a = Platte, b = Mörtelfuge, c = Mörtelpuffer (Kalkmörtel), d = Anker, e = Ankerschiene, f = tragende Wand.

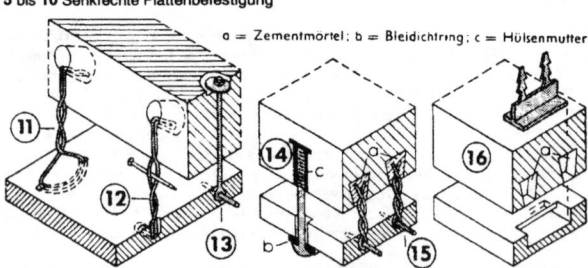

5 bis **10** Senkrechte Plattenbefestigung

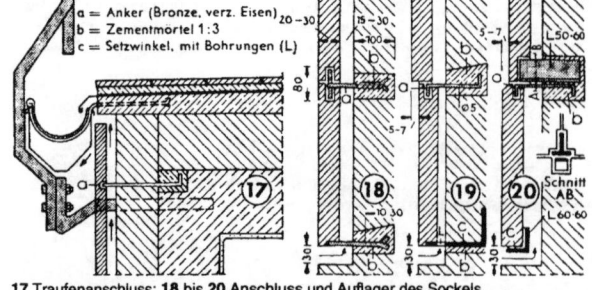

a = Zementmörtel; b = Bleidichtring; c = Hülsenmutter

11 bis **16** Senkrechte Plattenbefestigung (untergehängte Platten)

a = Anker (Bronze, verz. Eisen)
b = Zementmörtel 1:3
c = Setzwinkel, mit Bohrungen (L)

17 Traufenanschluss; **18** bis **20** Anschluss und Auflager des Sockels

---

Werkstein (Steinschnitt

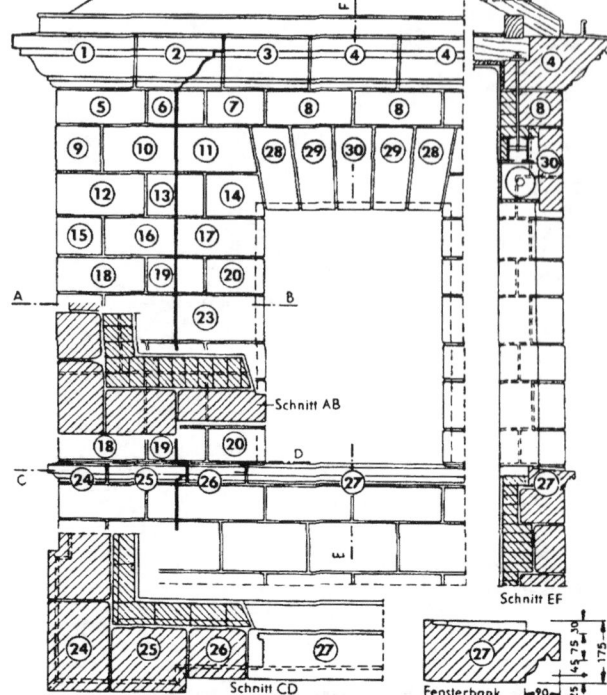

Schnitt AB

Schnitt CD

Schnitt EF

Fensterbank

80 Ausführungsbeispiel für einen Werkplan für Mischmauerwerk (nach Lit. 34). Die Maße wurden der Übersichtlichkeit wegen weggelassen.

Erläuterungen zu **69** bis **75**: Auskragende Gesimse möglichst so weit einbinden, dass der Schwerpunkt innerhalb der Wand bleibt → **69, 70, 72**; sonst starke, tief ins Mauerwerk geführte Verankerung notwendig → **71, 73** (berechnen!). Keinesfalls Dachstuhl benutzen, um Gesims im Gleichgewicht zu halten → **73, 74**. Brüstungen gegen Durchfeuchtung schützen → **75**.

Begriffsbestimmung, Werkstoffe, Oberflächenbearbeitung, Befestigung der Platten-Bekleidung: Die Platten werden durch Anker mit der tragenden Wand verbunden. Durch die Anker und Ankerschienen muss das Plattengewicht auf die Wand übertragen werden. Zwischen Wand und Platte 15 – 30 mm Abstand. Bei Flächen < 5 m² kann Hohlraum mit Kalkzementmörtel ausgegossen werden → **1, 2** (Vorsicht! Zement greift manche Gesteinsarten an!) Bei größeren Flächen können Kalkmörtelpuffer als Abstandhalter angebracht werden → **3**, besser ist aber ein vollkommen frei belüfteter Zwischenraum → **4**. Als Anker und Abstandhalter werden gebogene Haken → **5, 6** verwendet. Die Plattenlast wird durch Metallwinkel → **7, 8, 10** aufgenommen. Vorteilhaft sind in die Wand einbetonierte Stahlprofile mit eingeschobenen Haften → **9** (in USA üblich). Platten mit durchgehenden Lager- und Stoßfugen versetzen. Fugendicke 2 bis 4 mm. An die Untersicht von Decken, Gesimsen usw. werden die Platten angehängt. Verankerung durch gerödelten Draht → **11, 12, 15**, Bolzen → **13, 14** oder Metallwinkel mit Ankerdollen → **16**. Sichtbare Verschraubungen → **14** gut dichten!

An Traufe → **16** und Sockel → **18** bis **20** durchgehender Luftschlitz erforderlich. Unterer Abschluss durch Flachanker → **18**, besser Winkel → **19, 20**. Bei Lösung nach → **19** regelbare Belüftung durch Löcher in Setzwinkel möglich. **Eckstoß** → **21** bis **26**; **Tür-** und **Fensteranschluss** → **27** bis **32**.

Säulenbekleidung → **33** bis **51**; **Gesimse** → **52** bis **64**.

Der Eckenstoß kann auf Gehrung → **21, 22**, stumpf → **23, 25**, mit Versatz → **24** oder mit einem Zwischenteil → **26** hergestellt werden.

Der Seitenanschluss wird meist stumpf gestoßen hergestellt → **27** bis **32**. Profilierung zweckmäßig durch Versatz → **29** oder eingesetzte Plattenstücke → **31, 32**.

Die Säulenbekleidung kann auf Gehrung → **33** oder stumpf → **34** bis **37** gestoßen werden. Profilierung durch Versatz → **36, 37**.

Wände

Werksteinbekleidungen

Bekleidung von Betonsäulen in der Außenwand

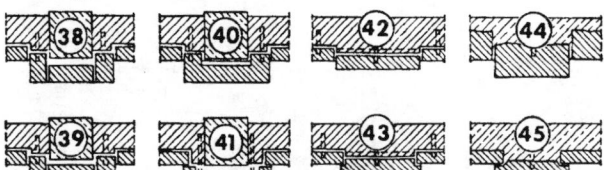

Bekleidung aus Einzelteilen → 38, 39 oder eine Deckplatte → 40 bis 45 mit stumpfem Stoß → 38 bis 42, gefälzt → 48 oder einbetoniert → 44, 45 möglich.

Bekleidung von Stahlsäulen in der Außenwand

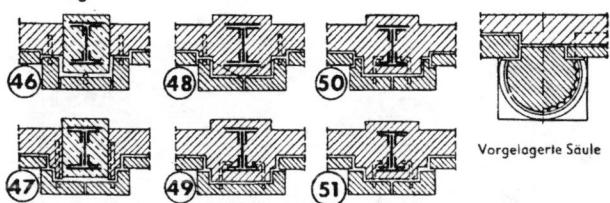

Bekleidung bei großen Profilen aus Einzelteilen → 46 bis 48, 50, 51; bei kleinen Profilen aus einer Deckplatte → 49 mit stumpfem Stoß oder gefälzt.

Plattenbekleidung, Ausführungsbeispiel

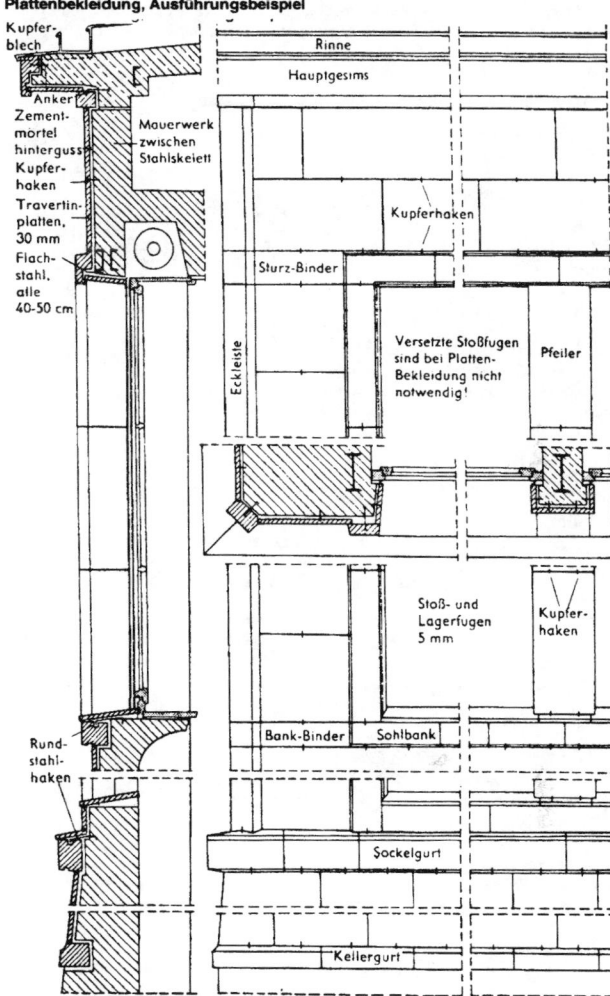

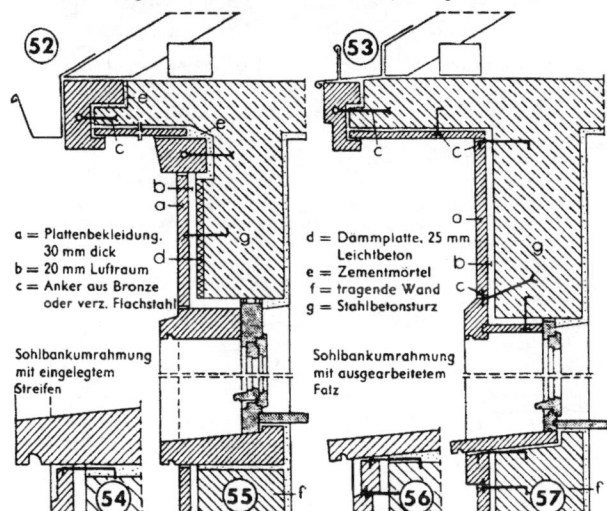

a = Plattenbekleidung, 30 mm dick
b = 20 mm Luftraum
c = Anker aus Bronze oder verz. Flachstahl
d = Dammplatte, 25 mm Leichtbeton
e = Zementmörtel
f = tragende Wand
g = Stahlbetonsturz

Hauptgesimse → 52, 53; Fenstereinfassungen → 54 bis 57

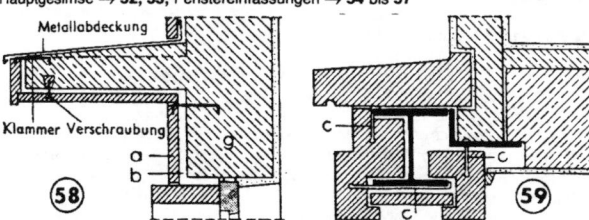

Gesimse an Vordächern, z.B. von Hauseingängen → 58, 59

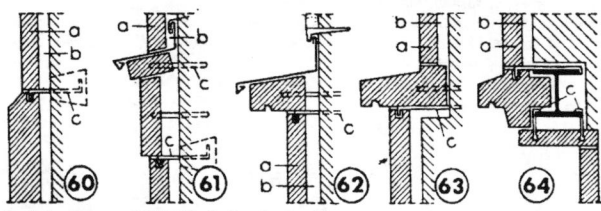

Sockelgesimse → 60 bis 63; Gurtgesims → 64.

65 Werksteinfassade des IG-Farben-Verwaltungsgebäudes, Frankfurt (nach Lit. 35).

Plattenbekleidung, Ausführungsbeispiel

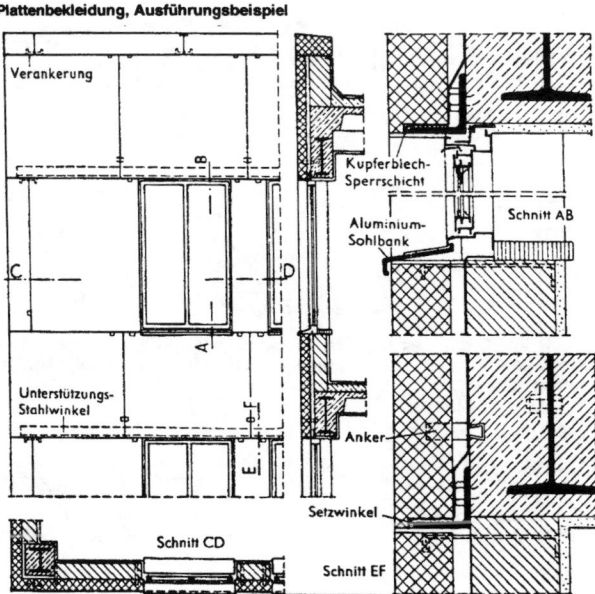

66 Glatte Werksteinfassade eines Bankgebäudes in New York (nach Lit. 33)

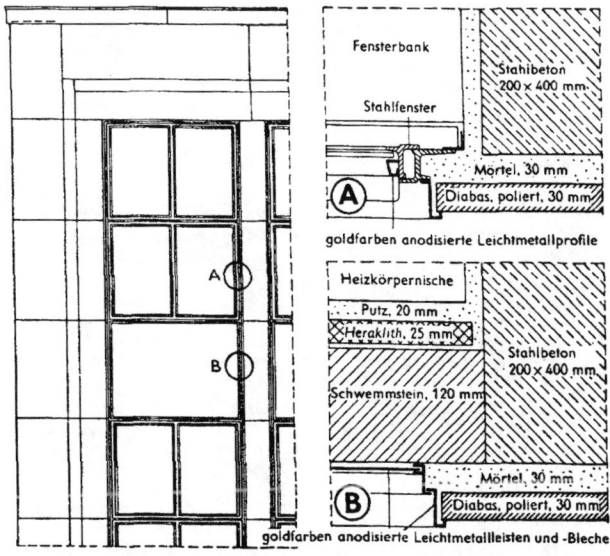

67 Werksteinfassade eines Geschäftshauses (Hanemann-Haus), Düsseldorf (nach Lit. 36).

Werkstein-Umrahmungen

Werkstein-Fensterumrahmung in Ziegelrohbau

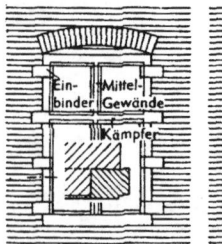 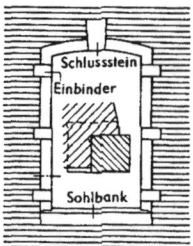 

1 Werksteingewände mit Werkstein-Fensterkreuz, Sturz durch Bogen entlastet

2 Werksteingewände mit Einbindern, gebogenes Sturzgewände mit Schlussstein

3 Stark profiliertes Werksteingewände. Sturz durch gemauerten Bogen entlastet

Werkstein-Türumrahmungen in Ziegelrohbau und Putzbau

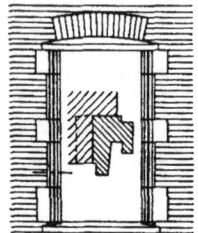 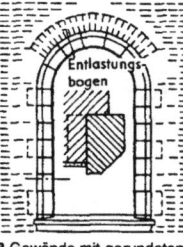 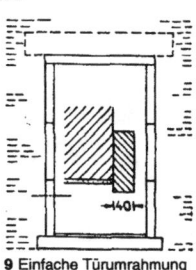

7 Stark profiliertes Werksteingewände mit flacher Sturzplatte

8 Gewände mit gerundetem Türsturz aus einzelnen Werksteinen, in Verband gemauert

9 Einfache Türumrahmung mit Werksteinplatten, Betonsturz-Entlastung

Einzelheiten, Anschluss der Sohlbank

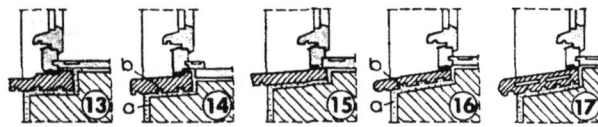

13 bis 17 Sohlbankabdeckungen mit keramischen Platten
Die Platten werden in Zementmörtel verlegt (a); Rillen an der Unterseite (b) erhöhen die Plattenhaftung

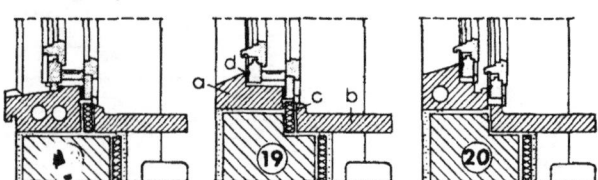

18 bis 20 Fenstersohlbänke aus Betonwerk nach (nach *Rettig*)
Gewände mit Wassernase → **18** sind günstiger als bündige Gewände → **19, 20**.
a = äußere Sohlbank, b = innere Sohlbank, c = Dämmplatte, d = Dichtung

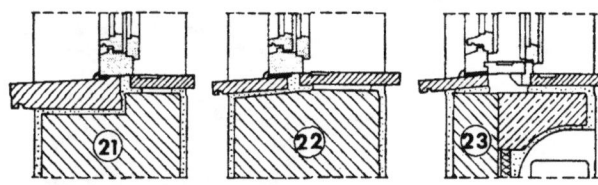

21 bis 23 Fenstersohlbank aus Naturwerkstein (nach Lit 37).
a = Werksteinsohlbank (Maße → Text), b = innere Fensterbank, c = Zementmörtel, d = Dichtungskitt

Einzelheiten, Anschluss seitlicher Anschlag und Sturz (→ Text) (z. T. nach Lit. 37)

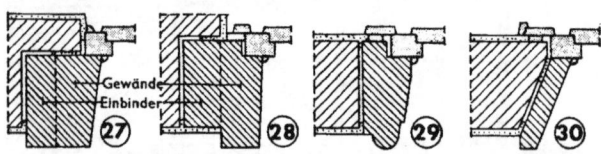

27 bis 30 Tiefe Fenster- und Türgewände mit breiter Gewändewirkung aus Vollprofilen. Verankerung bei Verwendung von Einbindern nicht erforderlich. Bei durchlaufenden Gewänden sind Anker notwendig.

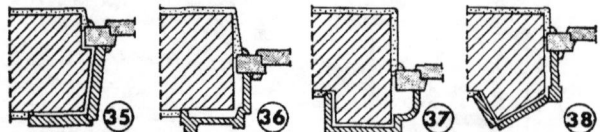

35 bis 38 Flachere Fenster- und Türgewände mit breiter Gewändewirkung aus Natursteinplatten → **35**, Klinkerplatten → **38** und keramischen Profilen → **36, 37**. Verankerung durch Klammern notwendig.

Fensterumrahmungen in Putzbauten und Werkstein-bekleidungen

4 Einfaches Werksteingewände. Sturz durch gemauerten Bogen entlastet

5 Keramische Formstücke als Gewände zusammengefügt. Betonsturz-Entlastung

6 Fensterumrahmung mit Werksteinplatten

Besondere Ausführungshinweise

Die Fenstergewände und -bekleidungen bedürfen einer guten Verankerung und Abdichtung mit der Hintermauerung. Bei Verwendung von Einbindern (→ **1, 2, 27, 28**) sind keine besonderen Anker notwendig. Bei dicken Steinquerschnitten und leichten Wandbaustoffen muss innen Ausgleich der Wärmedurchlasszahl der Wand durch Dämmplatten hergestellt werden → **24 bis 26**.
Sohlbänke, bei hohen Fenstern auch Stürze, mit Wassernasen versehen. Durch reichliches Ausladen dafür sorgen, dass Tropfwasser nicht gegen Wand schlägt. Sohlbank mit reichlich Aufstand für Leibungsgewände versehen, damit kein Wasser in die Fugen eindringt → **51, 52, 57**.

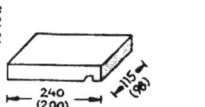 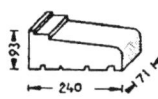 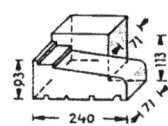

10 Klinkerplatte mit Wassernase

11 Fenstersohlbankklinker

12 Fenstersohlbank-Eckklinker

Verfugen von Verblendmauerwerk

Poröse Steine (Vormauerziegel) müssen mit einem porösen Mörtel (Kalkmörtel, Mörtelgruppe I) gefugt werden. Farbzusätze oder unbrauchbare Sande ergeben minderwertigen Fugenmörtel, der bald vom Regen ausgewaschen wird.
Bei Verwendung **gesinterter Steine** (Klinker, Baukeramik) ist zu beachten:
1) Verblendung und Hintermauerung in Mauermörtel der Mörtelgruppe II mauern.
2) Mauerwerk gegen Feuchtigkeit schützen; Mauervorsprünge, Abdeckungen usw. regenabweisend anordnen (Wassernasen!).
3) Fugen 2–3 cm tief auskratzen, abbürsten.
4) Fugen mit Zementmörtel 1 : 3 (möglichst unter Zusatz eines bewährten Dichtungsmittels) ausstreichen.
5) Fugenmörtel in 2 Lagen einstreichen, jede Lage 10–15 mm tief, die Stoßenden versetzt. Bei innerer Lage erst Stoßfugen, dann Lagerfugen, bei äußerer Lage erst Lagerfugen, dann Stoßfugen verstreichen.
6) Fugenmörtel bündig in alle Unebenheiten des Klinkers hineinbügeln.

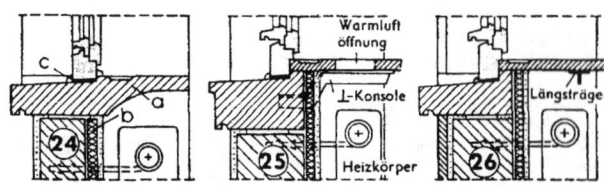

24 bis 26 Fenstersohlbänke aus Naturwerkstein mit Heizkörpernische unter dem Fensterbrett (nach Lit. 37). a = Sohlbank, b = Dämmplatte, c = Dichtungskitt

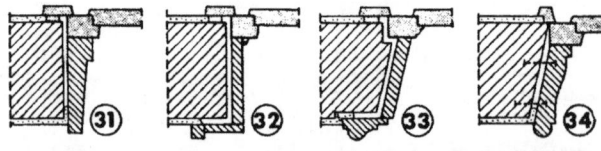

31 bis 34 Tiefe Fenster- und Türgewände mit schmaler Gewändewirkung aus Plattenprofilen. Verankerung mit Hintermauerung durch Zementmörtel-Hafter und Klammern notwendig.

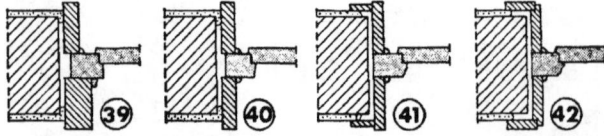

39 bis 42 Flachere Fenster- und Türgewände mit schmaler Gewändewirkung als Natursteinplatten-Bekleidung außen und innen. Die Platten müssen verankert werden.

Werkstein-Umrahmungen

Ausführungsbeispiele für Baukeramik-Fensterumrahmungen

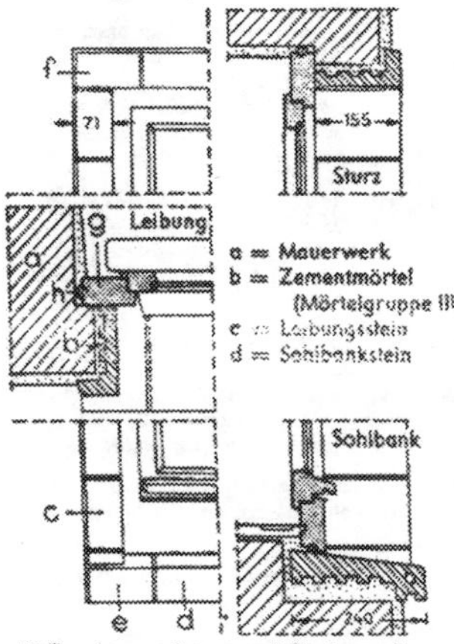

43 Fensterumrahmung mit Baukeramik (nach Lit. 38)

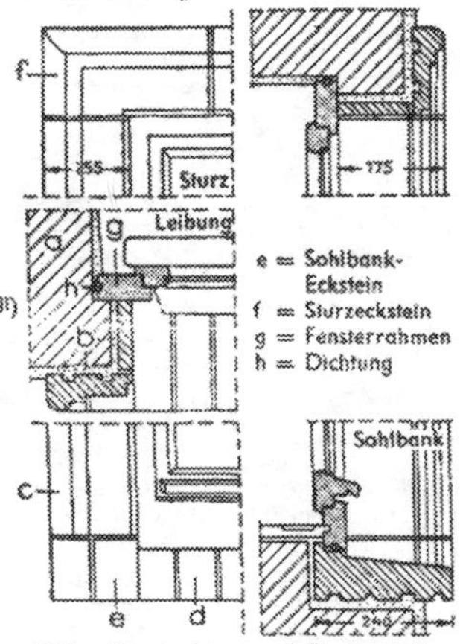

a = Mauerwerk
b = Zementmörtel (Mörtelgruppe III)
c = Leibungsstein
d = Sohlbankstein

e = Sohlbank-Eckstein
f = Sturzeckstein
g = Fensterrahmen
h = Dichtung

44 Fensterumrahmung mit Baukeramik (nach Lit. 39)

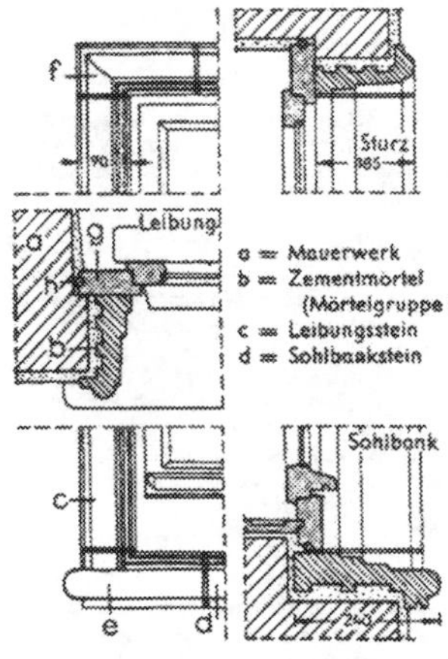

45 Fensterumrahmung mit Baukeramik (nach Lit. 39)

a = Mauerwerk
b = Zementmörtel (Mörtelgruppe III)
c = Leibungsstein
d = Sohlbankstein

e = Sohlbank-Eckstein
f = Sturzeckstein
g = Fensterrahmen
h = Dichtung

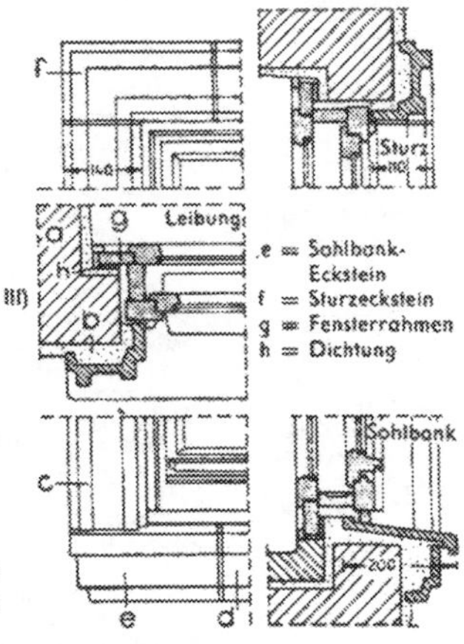

46 Fensterumrahmung mit Baukeramik (nach Lit. 40)

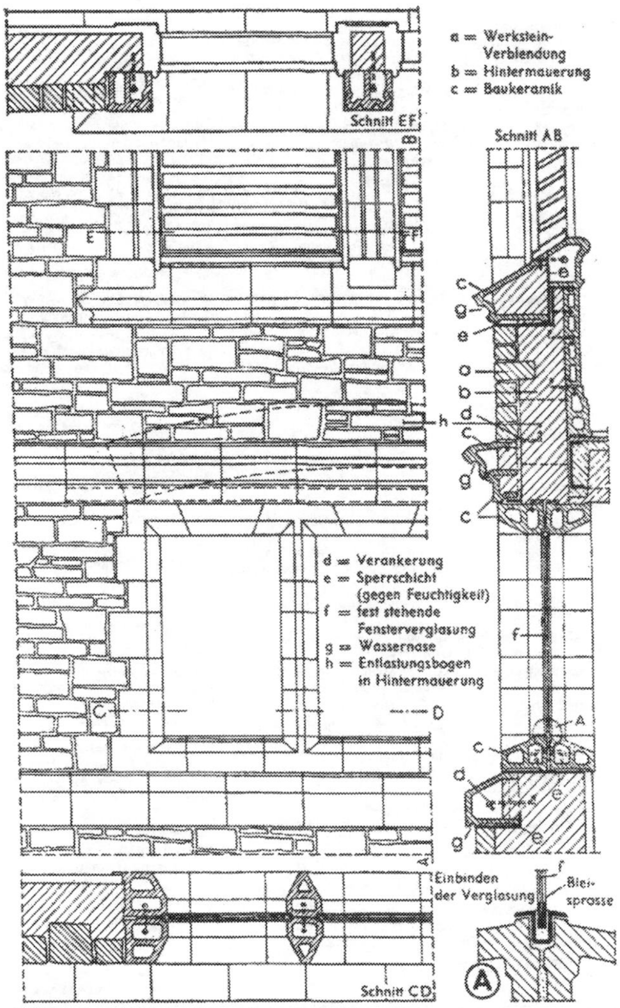

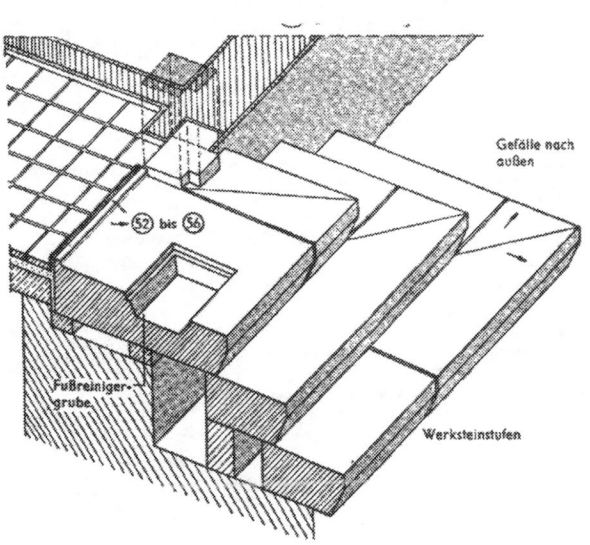

a = Werkstein-Verblendung
b = Hintermauerung
c = Baukeramik

Schnitt EF
Schnitt AB

d = Verankerung
e = Sperrschicht (gegen Feuchtigkeit)
f = fest stehende Fensterverglasung
g = Wassernase
h = Entlastungsbogen in Hintermauerung

Einbinden der Verglasung
Bleisprosse

Schnitt CD

47 Baukeramik in Werksteinfassade (nach Lit. 33)

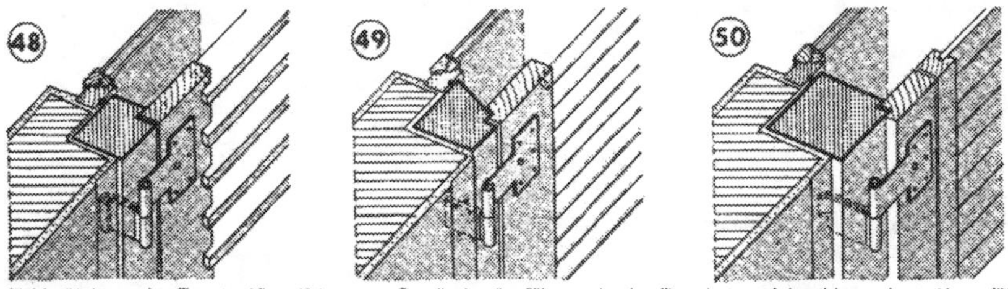

48 **49** **50**

48 bis 50 Lage der Fenster-Klappläden zum Gewände. Ausführung in der Regel stumpfeinschlagend → **48**, gefälzt einschlagend → **49** oder überfälzt → **50**

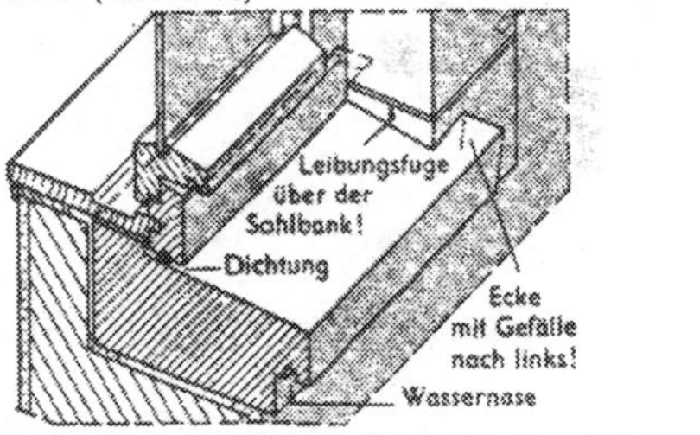

Leibungsfuge über der Sohlbank!
Dichtung
Ecke mit Gefälle nach links!
Wassernase

51 Anschluss der Werkstein-Sohlbank an das Leibungs-Gewände

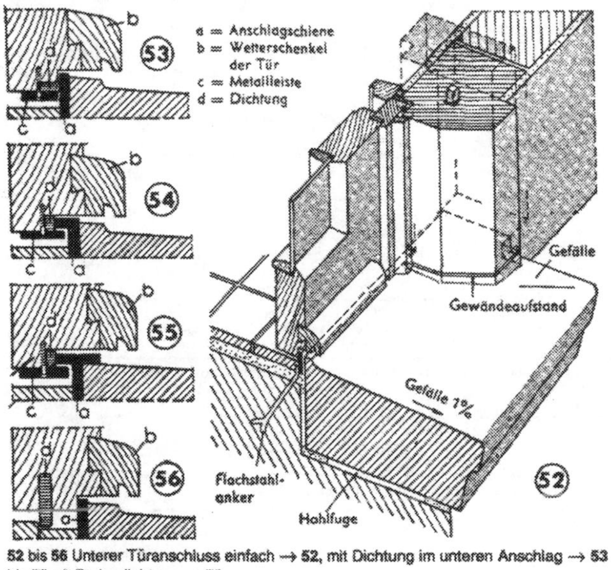

53
a = Anschlagschiene
b = Wetterschenkel der Tür
c = Metalleiste
d = Dichtung

54

55

56

Flachstahlanker
Hohlfuge

Gefälle
Gewändeaufstand
Gefälle 7%

52

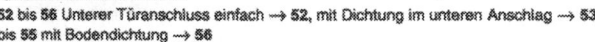

Gefälle nach außen

52 bis 56

Fußreinigergrube
Werksteinstufen

52 bis 56 Unterer Türanschluss einfach → **52**, mit Dichtung im unteren Anschlag → **53** bis **55** mit Bodendichtung → **56**

57 Werkstein-Freitreppe (Vorlegestufen) mit Türanschluss.

Bewehrtes Mauerwerk nach DIN 1053, Teil 3

1 Anwendungsbereich

Diese Norm gilt für tragende Bauteile aus bewehrtem Mauerwerk, bei dem die Bewehrung statisch in Rechnung gestellt wird.

Anforderungen hinsichtlich des Wärme–, Schall–, Brand– und Feuchteschutzes sind zu beachten.

Anmerkung: Die Richtlinien für die Bemessung und Ausführung von Flachstürzen dürfen innerhalb ihres Anwendungsbereiches weiterhin angewendet werden.

2 Bewehrungsführung

Es werden folgende Arten der Bewehrungsführung im Mauerwerk, die auch kombiniert werden dürfen, unterschieden:
a) horizontale Bewehrung in den Lagerfugen (siehe Bild 1)
b) horizontale Bewehrung in Formsteinen (siehe Bilder 2 und 3)
c) vertikale Bewehrung in Formsteinen mit kleiner Aussparung (siehe Bild 4)
d) vertikale Bewehrung in Formsteinen mit großer Aussparung (siehe Bild 5)
e) Bewehrung in ummauerten Aussparungen (siehe Bilder 6 und 7)

3 Baustoffe

3.1 Mauersteine

Es dürfen nur Steine nach DIN 105 Teil 1 bis Teil 5, DIN 106 Teil 1 und Teil 2, DIN 398, DIN 4165, DIN 18151, DIN 18152, DIN 18153 und Formsteine verwendet werden.

Zusätzlich gelten die Anforderungen nach Anhang A, Abschnitt A.1.

Lochanteil und Druckfestigkeit von Formsteinen sind nach Anhang A, Abschnitt A.2.2, zu ermitteln.

Bei Formsteinen für vertikale Bewehrung wird zwischen "kleinen" und "großen" Aussparungen unterschieden. Kleine Aussparungen (siehe Bild 4) müssen in jeder Richtung ein Mindestmaß von 60 mm, große Aussparungen (siehe Bild 5) in jeder Richtung ein Mindestmaß von 135 mm aufweisen.

Bei Formsteinen für horizontale Bewehrung darf die Höhe der Aussparung wegen des hinzukommenden Lagerfugenmörtels auf 45 mm verringert werden (siehe Bilder 2 und 3).

Bei Ringankern nach DIN 1053 Teil 1 darf auf die Anforderungen an die Mauersteine nach Anhang A, Abschnitt A.1, verzichtet werden.

3.2 Mauermörtel

Es darf nur Mauermörtel nach DIN 1053 Teil 1 mit Ausnahme von Normalmörtel der Mörtelgruppe I verwendet werden.

Die Bewehrung darf nur in Normalmörtel der Mörtelgruppen III und III a nach DIN 1053 Teil 1 eingebettet werden.

Der Zuschlag muss dichtes Gefüge aufweisen und DIN 4226 Teil 1 entsprechen.

3.3 Beton zum Verfüllen von Aussparungen mit ungeschützter Bewehrung

Zum Verfüllen ist Beton mindestens der Festigkeitsklasse B 15 nach DIN 1045 zu verwenden, soweit nicht hinsichtlich des Korrosionsschutzes der Bewehrung eine höhere Festigkeitsklasse erforderlich ist. Das Größtkorn darf 8 mm nicht überschreiten.

3.4 Betonstahl

Es ist gerippter Betonstahl nach DIN 488 Teil 1 zu verwenden.

4 Bemessung

4.1 Allgemeines

Unter Beachtung der folgenden Abweichungen ist die Bemessung der bewehrten Querschnitte nach DIN 1045 durchzuführen.

4.2 Lasteinleitung

Die Auflagerkräfte von bewehrtem Mauerwerk sollen in direkter Lagerung auf Druck eingeleitet werden. Falls dies nicht möglich ist, müssen die Auflagerkräfte durch ausreichend verankerte Bewehrung aufgenommen werden.

Bei Balken und wandartigen Trägern, die außer ihrer Eigenlast Lasten abzutragen haben, müssen diese Lasten im Bereich der Biegedruckzone oder oberhalb davon eingetragen werden, wenn keine ausreichende Aufhängebewehrung zur Übertragung dieser Lasten bis in die Höhe der Biegedruckzone vorhanden ist.

4.3 Bemessung für Biegung, Biegung mit Längskraft und Längskraft allein

4.3.1 Begrenzung der Biegeschlankheit

Die Biegeschlankheit l/d von biegebeanspruchten Bauteilen darf nicht größer als 20 sein.

Bei wandartigen Trägern darf die statische Nutzhöhe h nur bis zur Hälfte der Stützweite l angesetzt werden.

4.3.2 Bemessungsquerschnitt

Der Bemessungsquerschnitt ist das tragende Mauerwerk. Aussparungen, die mit Mörtel oder Beton verfüllt sind, zählen zum Bemessungsquerschnitt.

4.3.3 Rechenwerte der Mauerwerksfestigkeit

Als Rechenwert β_R ist für Vollsteine und Lochsteine bei Druck in Lochrichtung β_R nach DIN 1053 Teil 1 bzw. Teil 2 anzusetzen. Bei Druck quer zur Lochrichtung ist β_R bei gelochten Vollsteinen und bei Lochsteinen auf die Hälfte abzumindern.

Liegt bei Querschnitten mit verfüllten Aussparungen der Rechenwert der Festigkeit des Betons oder Mörtels unter dem Rechenwert der Mauerwerksfestigkeit, ist für den Gesamtquerschnitt der Rechenwert der Festigkeit des Verfüllmaterials maßgebend. Wird mit Mörtel verfüllt, ist als Rechenwert für Mörtel der Gruppe III 4,5 MN/m² und für Mörtel der Gruppe III a 10,5 MN/m² anzusetzen. Für die Rechenwerte von Beton gilt DIN 1045.

4.3.4 Nachweis der Knicksicherheit

Bei Druckgliedern mit mäßiger Schlankheit ($\bar{\lambda} \leq 20$) darf der Einfluss der ungewollten Ausmitte und der Stauauslenkung nach Theorie II. Ordnung näherungsweise durch Bemessung im mittleren Drittel der Knicklänge unter Berücksichtigung einer zusätzlichen Ausmitte f nach Gleichung (1) erfasst werden.

$$f = \frac{h_K}{46} - \frac{d}{8} \tag{1}$$

Hierin bedeuten:
h_K Knicklänge
d Querschnittsdicke in Knickrichtung
$\bar{\lambda}$ Schlankheit = h_K/d.

Bei Druckgliedern mit großer Schlankheit ($\bar{\lambda} > 20$) ist ein genauerer Nachweis nach DIN 1045 zu führen.

Schlankheiten $\bar{\lambda} > 25$ sind unzulässig.

4.4 Bemessung für Querkraft

4.4.1 Allgemeines

Bei der Bemessung für Querkraft ist zu unterscheiden zwischen einer Schubbeanspruchung des Mauerwerks aus einer Last parallel zur Mauerwerksebene (Scheibenschub) und rechtwinklig zur Mauerwerksebene (Plattenschub).

4.4.2 Scheibenschub

Der Schubnachweis darf im Abstand 0,5 h (h Nutzhöhe des Trägers) von der Auflagerkante geführt werden. Bei überdrückten Rechteckquerschnitten genügt es, die Stelle der maximalen Schubspannung zu untersuchen. Bei gerissenen Querschnitten darf der Nachweis in Höhe der Nullinie im Zustand II geführt werden. Die an dieser Stelle anzusetzende rechnerische Normalspannung σ in der Lagerfugenebene darf vereinfachend aus der Auflagerkraft F_A abgeschätzt werden zu

$$\sigma = \frac{2\,F_A}{b \cdot l} \tag{2}$$

Hierin bedeuten:
b Querschnittsbreite des Trägers
l Stützweite des Trägers bzw. doppelte Kraglänge bei Kragträgern

Es ist nachzuweisen, dass die Schubspannungen die aufnehmbaren Werte nach DIN 1053 Teil 2, Abschnitt 7.5, einhalten. Ergänzend dazu gilt für die Rechenwerte der Kohäsion β_{RK}:

Mörtel der Gruppe II: $\beta_{RK} = 0{,}08$ MN/m²
Leichtmörtel: $\beta_{RK} = 0{,}18$ MN/m²
Dünnbettmörtel: $\beta_{RK} = 0{,}22$ MN/m²

4.3.3 Plattenschub

Die Bemessung für Querkraft aus Plattenbiegung ist nach DIN 1045 durchzuführen. Abweichend davon gilt aber für die Grenzen der Grundwerte der Schubspannungen $\tau_{011} = 0{,}015$ β_R mit β_R nach DIN 1053 Teil 1 bzw. Teil 2. Dieser Grenzwert gilt auch bei gelochten Vollsteinen und Lochsteinen unabhängig von der Beanspruchungsrichtung.

Die angegebenen Grenzwerte τ_{011} gelten für nicht gestaffelte Biegebewehrung und den Schubbereich 1 ohne Schubbewehrung. Gestaffelte Biegezugbewehrung ist nicht zulässig. Die Wirkung einer Schubbewehrung darf nicht in Ansatz gebracht werden.

4.5 Zusammenwirken von Mauerwerk und Beton

Ein Zusammenwirken von Mauerwerk und Beton darf nur angenommen werden, wenn keine extremen Zwängungen aus unterschiedlichem Verformungsverhalten zu erwarten sind. Es muss gegen das unverputzte Mauerwerk betoniert werden.

Der Gesamtquerschnitt darf dann so bemessen werden, als bestünde er einheitlich aus dem Material mit der geringeren Festigkeit.

Treten in der Verbundfuge aus planmäßigen Beanspruchungen größere Schubspannungen als τ_{011} nach Abschnitt 4.4.3 auf, so sind die Schubkräfte voll durch Bewehrung abzudecken.

Überwiegt der Betonquerschnitt, darf auch er allein als Stahlbetonquerschnitt nach DIN 1045 bemessen werden.

5 Bewehrungsregeln

5.1 Allgemeines

Auf das Bewehren von Bauteilen oder Teilen von Mauerwerk sind sinngemäß die Regeln für Stahlbeton nach DIN 1045 anzuwenden. Die Feldbewehrung ist jedoch ungestaffelt über die volle Stützweite zu führen.

5.2 Mindestbewehrung

Zur Vermeidung breiter Risse müssen Mindestwerte des Bewehrungsgrades eingehalten werden. Die Mindestwerte für reine Lastbeanspruchung sind in Tabelle 1 angegeben. Wenn lastunabhängige Zwängungen sehr breite Risse befürchten lassen, wird ein Bewehrungsgehalt von mind. 0,2 % des Gesamtquerschnittes in oder annähernd in Richtung des Zwanges empfohlen. Überwiegt der Betonquerschnitt, gilt für die Mindestbewehrung des Betonquerschnitts DIN 1045.

Die Tabellenwerte gelten für BSt 420 S und BSt 500 S.

5.3 Stababstände in plattenartig beanspruchten Bauteilen

Für den Mindestabstand zwischen Bewehrungsstäben gilt DIN 1045.

Der Höchstwert der Stababstände darf bei der Hauptbewehrung 250 mm, bei der Querbewehrung 375 mm betragen. Wird die Bewehrung nach Bild 5 angeordnet, so ist sie nach DIN 1045 zu verbügeln. In diesem Fall darf der Mittenabstand der Bewehrungskörbe 750 mm nicht überschreiten.

5.4 Verankerung der Bewehrungsstäbe

Die Verankerung der Bewehrungsstäbe ist nach DIN 1045 nachzuweisen.

Für Bewehrungsstäbe im Mörtel sind aber abweichend davon die zulässigen Grundwerte der Verbundspannung zul τ_1 Tabelle 2 zu entnehmen.

Tabelle 3: Anforderungen und Einschränkungen bei der Ausführung

		Horizontale Bewehrung			Vertikale Bewehrung		
		in der Lagerfuge	in Formsteinen		in Formsteinen mit kleiner Aussparung	in Formsteinen mit großer Aussparung oder in ummauerten Aussparungen	
		nach Bild 1	nach den Bildern 2 oder 3		nach Bild 4	nach den Bildern 5, 6 oder 7	
Füllmaterial		Mörtel der Gruppe III oder IIIa	Mörtel der Gruppe III oder IIIa	Beton ≥ B 15	Mörtel der Gruppe III oder IIIa	Mörtel der Gruppe III oder IIIa	Beton ≥ B 15
Verfüllen der vertikalen Aussparungen		–			in jeder Steinlage	mindestens nach jedem Meter Wandhöhe	
maximaler Stabdurchmesser		8	14		14		nach DIN 488 Teil 1
Überdeckung		zur Wandoberfläche ≥ 30	allseitig mindestens das 2-fache des Stabdurchmessers, zur Wandoberfläche ≥ 30	nach DIN 1045	allseitig mindestens das 2-fache des Stabdurchmessers, zur Wandoberfläche ≥ 30		nach DIN 1045
Korrosionsschutz	bei dauernd trockenem Raumklima	keine besonderen Anforderungen			keine besonderen Anforderungen		
	in allen anderen Fällen	Feuerverzinken oder andere dauerhafte Maßnahmen [1]		nach DIN 1045	Feuerverzinken oder andere dauerhafte Maßnahmen [1]		nach DIN 1045
Mindestdicke des bewehrten Mauerwerks		115					

[1] Die Brauchbarkeit ist z. B. durch eine allgemeine bauaufsichtliche Zulassung nachzuweisen.

Bewehrtes Mauerwerk nach DIN 1053, Teil 3

6. Korrosionsschutz der Bewehrung

6.1 Ungeschützte Bewehrung in Mauermörtel
Eine ungeschützte Bewehrung darf in den Mauermörtel nur bei Bauteilen eingelegt werden, die einem dauernd trockenen Raumklima (Umweltbedingungen nach DIN 1045, Tabelle 10, Zeile 1) ausgesetzt sind, z. B. in Innenwänden.

6.2 Ungeschützte Bewehrung in betonverfüllten Aussparungen
Ungeschützte Bewehrung darf nur in betonverfüllten Aussparungen verwendet werden, wenn die Anforderungen nach den Abschnitten 7.4 und 7.5 eingehalten werden.

6.3 Geschützte Bewehrung
Wenn nicht die Abschnitte 6.1 oder 6.2 zutreffen, ist die Bewehrung durch besondere Maßnahmen gegen Korrosion (z. B. durch Feuerverzinkung oder Kunststoffbeschichtung) zu schützen, deren Brauchbarkeit z. B. durch eine allgemeine bauaufsichtliche Zulassung nachgewiesen ist.

6.4 Einwirkung korrosiver Medien
Bei Verwendung feuerverzinkter Bewehrung ist der Gehalt an zinkaggressiven Bestandteilen, insbesondere Sulfaten und Chloriden, im Mörtel und in den Mauersteinen zu begrenzen. Der Sand muss den Anforderungen nach DIN 4226 Teil 1 genügen. Für Zusatzstoffe und Zusatzmittel im Mörtel gilt DIN 1053 Teil 1, Anhang A, Abschnitte A.2.3 bzw. A.2.4. Für Zusatzstoffe und Zusatzmittel im Füllbeton gilt DIN 1045, Abschnitt 6.3. Für hydraulisch gebundene Wandbausteine ist der Gehalt an Sulfat und Chlorid nach DIN 4226 Teil 1 und Teil 2 zu begrenzen.
Bei äußerer Einwirkung von aggressiven Medien, wie Sulfaten und Chloriden, ist eine feuerverzinkte Bewehrung nicht zulässig. Die Bewehrung ist durch andere Maßnahmen zu schützen.

7 Ausführung

7.1 Allgemeines
Für die Ausführung gilt DIN 1053 Teil 1, sofern im folgenden nichts anderes festgelegt ist.
Tabelle 3 gibt einen Überblick über Anforderungen und Einschränkungen, die zu beachten sind.

7.2 Mindestdicke
Bewehrtes Mauerwerk muss mindestens 115 mm dick sein.

7.3 Fugen
Lagerfugen sind stets vollfugig zu mauern. Stoßfugen sind bei horizontaler Spannrichtung und Bewehrungsführung vollfugig auszuführen. Bei vertikaler Spannrichtung und Bewehrungsführung sind knirsch gestoßene Steine mit unvermörtelter Stoßfuge zulässig.
Fugen mit Bewehrung nach Bild 1 dürfen bis 20 mm dick werden; als Richtmaß für die Fugendicke gilt der zweifache Stabdurchmesser.

7.4 Bewehrung
Die Bewehrung ist in den Mörtel einzubetten, so dass dieser sie allseitig dicht umschließt. In Aussparungen mit ungeschützter Bewehrung nach den Bildern 2, 3, 5, 6 oder 7 muss durch Abstandhalter oder andere Maßnahmen sichergestellt werden, dass die Bewehrung planmäßig liegt und allseitig von Beton umhüllt wird.
In die Fugen nach Bild 1 dürfen höchstens 8 mm dicke Stäbe oder Bewehrungselemente eingelegt werden, in Aussparungen jedoch bis zu einem Stabdurchmesser von 14 mm. Stäbe mit Durchmessern größer als 14 mm sind nur in betonverfüllten Aussparungen zulässig.
Bei Ausführung nach Bild 7 sind die Mauerwerksschalen in jedem Fall durch Anker zu verbinden, z. B. Drahtanker nach DIN 1053 Teil 1.

Tabelle 1: Mindestbewehrung

Lage der Hauptbewehrung	Mindestbewehrung, bezogen auf den Gesamtquerschnitt	
	Hauptbewehrung min μ_H	Querbewehrung min μ_Q
Horizontal in Lagerfugen oder Formsteinen nach den Bildern 1 bis 3	mindestens vier Stäbe mit einem Durchmesser von 6 mm je m	–
Vertikal in Aussparungen oder Sonderverbänden nach den Bildern 4 bis 6	0,1 %	falls $\mu_H < 0,5$ %: $\mu_Q = 0$ Zwischenwerte geradlinig interpolieren falls $\mu_H > 0,6$ % $\mu_Q = 0,2 \mu_H$
in durchgehenden, ummauerten Aussparungen nach Bild 7	0,1 %	0,2 μ_H

Tabelle 2: Zulässige Grundwerte der Verbundspannung zul τ_1 für gerippten Betonstahl nach DIN 488 Teil 1

Mörtelgruppe	Grundwerte zul τ_1	
	in der Lagerfuge MN/m²	in Formsteinen [1] und Aussparungen MN/m²
III	0,35	1,0
IIIa	0,70	1,4

[1] Bezüglich der Überdeckung siehe Abschnitt 7.5

7.5 Überdeckung
Bei ungeschützter Bewehrung in betonverfüllten Aussparungen nach den Bildern 2, 3, 5, 6 oder 7 sind die Mindestwerte der Überdeckung nach DIN 1045 einzuhalten. Mauersteine dürfen nicht angerechnet werden.
Der Abstand zwischen Stahl- und Wandoberfläche muss mindestens 30 mm betragen.
Die Mörteldeckung in Formsteinen muss allseitig mindestens das Zweifache des Stabdurchmessers betragen.

7.6 Verfüllen der Aussparungen
Formsteine mit kleiner Aussparung nach Bild 4 dürfen nur mit Mörtel der Gruppe III oder IIIa in jeder Steinlage verfüllt werden. Große Aussparungen zur Aufnahme einer vertikalen Bewehrung müssen mindestens nach jedem Meter Wandhöhe verfüllt und verdichtet werden.

8 Kontrollen und Güteprüfungen auf der Baustelle
Jeder Mauersteinlieferung ist ein Lieferschein oder ein Beipackzettel beizufügen, aus dem neben der Normbezeichnung des Mauersteins und der zusätzlichen Kennzeichnung BM ersichtlich ist, dass die Mauersteine den Anforderungen für bewehrtes Mauerwerk (BM) genügen. Der bauausführende Unternehmer hat zu kontrollieren, ob die Angaben auf dem Lieferschein oder dem Beipackzettel mit den bautechnischen Unterlagen übereinstimmen. Im übrigen gilt DIN 18200 in Verbindung mit den entsprechenden Normen für die Mauersteine.

Bewehrungsführung nach 2 a bis 2 e

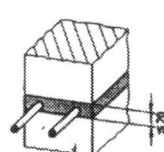
Bild 1: Horizontale Bewehrung in der Lagerfuge (Prinzipskizze)

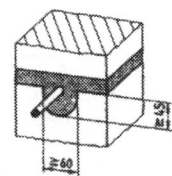
Bild 2: Horizontale Bewehrung in Formsteinen (Prinzipskizze)

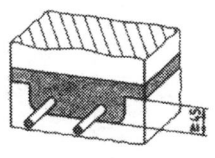
Bild 3: Horizontale Bewehrung in trogförmigen Formsteinen (Prinzipskizze)

Bewehrtes Mauerwerk

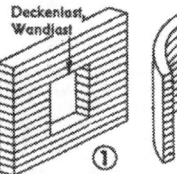
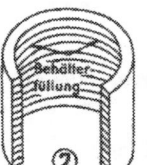
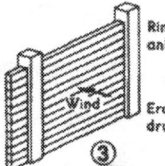

1 bis 4 Anwendungsgebiete des bewehrten Mauerwerks

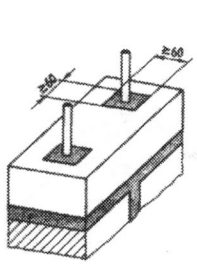
Bild 4: Vertikale Bewehrung in Formsteinen mit kleiner Aussparung (Prinzipskizze)

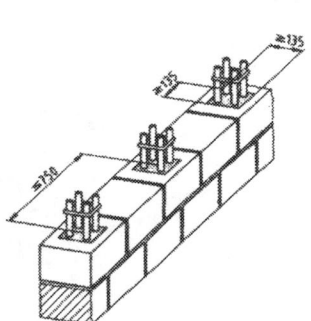
Bild 5: Vertikale Bewehrung in Formsteinen mit großer Aussparung (Prinzipskizze)

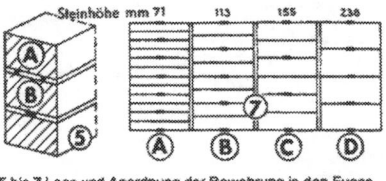
5 bis 7 Lage und Anordnung der Bewehrung in den Fugen

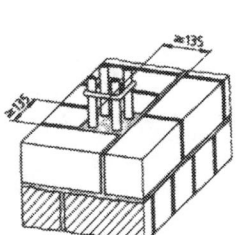
Bild 6: Bewehrung in ummauerten Aussparungen (Prinzipskizze)

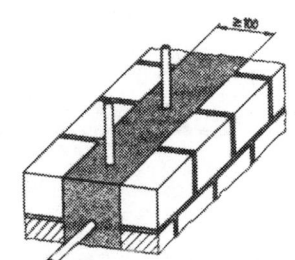
Bild 7: Bewehrung in durchgehenden, ummauerten Aussparungen (Prinzipskizze)

8 bis 10 Lage der Lochziegel zur Bewehrung, 11, 12 Ringanker

$P_1 > P_2 \geq 150$ kg/cm² $\cdot P_2 > P_1 \geq 150$ kg/cm²

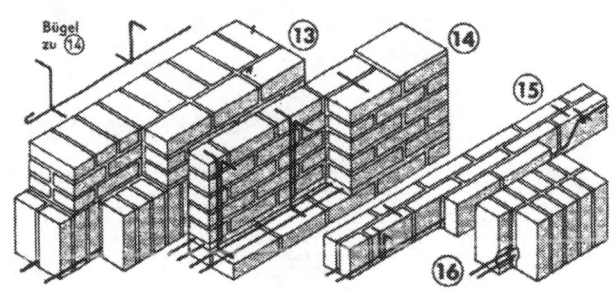
13 bis 16 Tür- und Fensterstürze aus bewehrtem Mauerwerk

Mauerwerk aus Porenbeton

Standarddetails (nach Lit. 69)

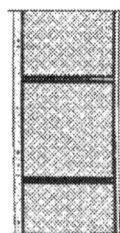

Plansteine verputzt

Konstruktionsaufbau
(von innen nach außen)

Glättputz
Plansteine

Außenputz WA · Struktur

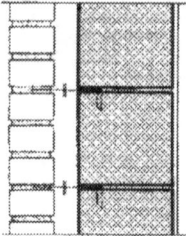

**Plansteinwand
mit Verblendschale und
Außenputz**

Konstruktionsaufbau
(von innen nach außen)

Glättputz
Plansteine
Außenputz WA · Fein

Luftschicht (Fingerspalt)
KSVm 2,0 oder VMz 1,4

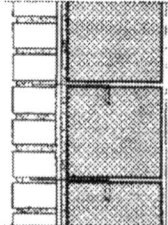

**Plansteinwand
mit Verblendschale und
Luftschicht**

Konstruktionsaufbau
(von innen nach außen)

Glättputz
Plansteine

Luftschicht (ca. 6 cm)
KSVm 2,0 oder VMz 1,4

Einschalige und zweischalige Außenwände

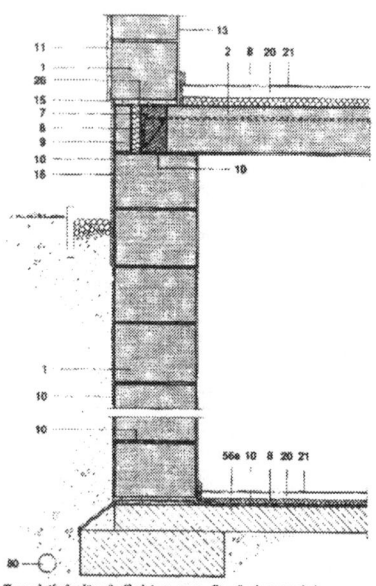

Feuchtigkeitsabdichtungen, Sockel geputzt.
Kellerwand aus Plansteinen.

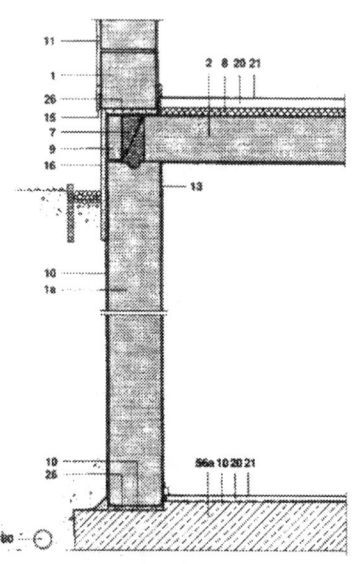

Feuchtigkeitsabdichtungen.
Kellerwand aus Wandtafeln oder Elementen.

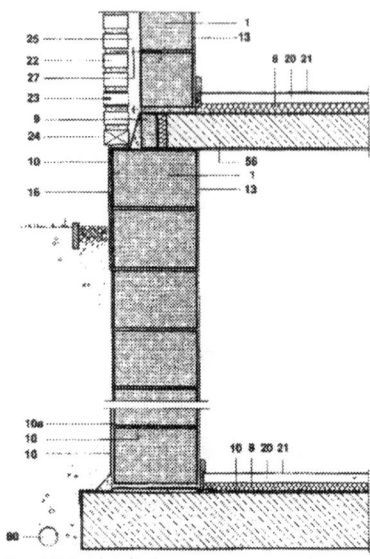

Feuchtigkeitsabdichtungen, Sockel geputzt.
Kellerwand aus Plan- bzw. Blocksteinen.

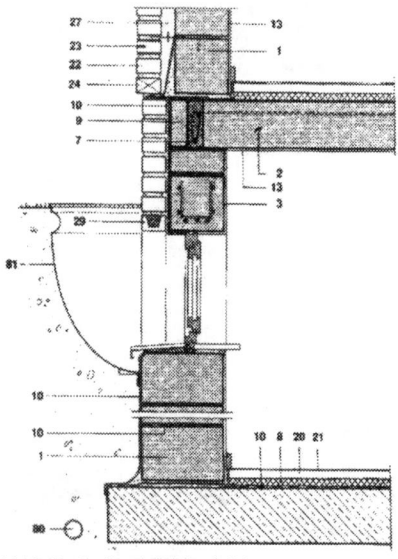

Lichtschacht, Feuchtigkeitsabdichtungen.
Sturzausbildung.
Kellerwand aus Plansteinen.

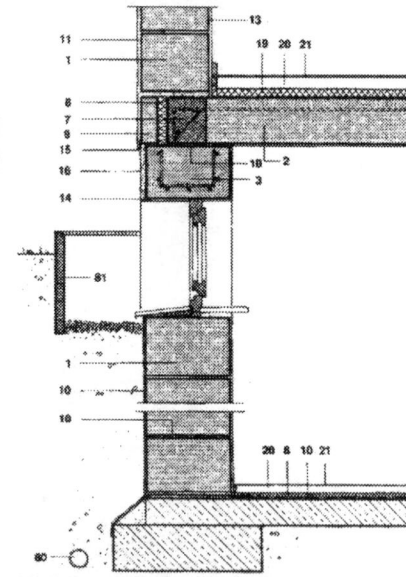

Lichtschacht, Feuchtigkeitsabdichtungen.
Sockel geputzt.
Kellerwand aus Plansteinen.

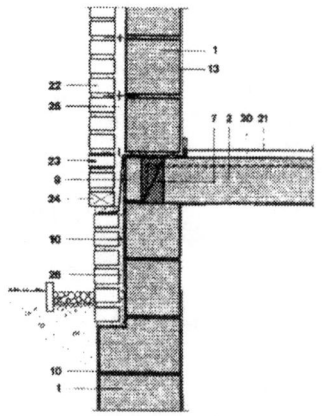

Sockel verblendet, Feuchtigkeitsabdichtungen.
Kellerwand aus Plansteinen.

1	Plan- bzw. Blocksteine	11	Außenputz WA · Struktur	24	Offene Stoßfuge
1a	Wandtafeln, bewehrt,	13	Glättputz	25	Luftschicht 4 – 6 cm
	oder Elemente	14	Eckschutzschiene	26	Mörtelausgleich
2	Deckenplatten	15	Sockelabschlussschiene	27	Verblendsturz
3	Sturz (tragend)	16	Sockelputz	29	Verblendsturz
7	Ringanker	19	Trittschalldämmung	56	Stahlbetondecke
8	Zusatzdämmung	20	Bodenbelag	56a	Betonbodenplatte
9	Deckenabstellstein	21	Bodenbelag	80	Drainage falls erforderlich
10	Feuchtigkeitsabdichtung	22	Verblendschale	81	Kellerlichtschacht
10a	Putz nach DIN 18550	23	Lüftungsstein		(Kunststoff- bzw. Betonfertigteil)
	(nur bei Blockstein-Mauerwerk)				

**Außenwände
aus Porenbeton-Plansteinen, Porenbeton-Blocksteinen
und Porenbeton-Wandtafeln/-Elementen**

Mauerwerk aus Porenbeton

Standarddetails (nach Lit. 69)

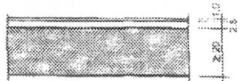
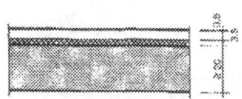

Außenwände und Decken
aus Porenbeton-Plansteinen,
Porenbeton-Blocksteinen
und Porenbeton-Wandtafeln/-
Elementen

Keller- und Geschossdecken

a) ohne Trittschallschutz
Konstruktionsaufbau
z.B. Teppichboden o.ä.
Spachtelmasse kunststoffvergütet
Deckenplatten GB 4,4

oder z.B. Parkett
Estrich
Deckenplatten GB 4,4

b) mit Trittschallschutz
z.B. Teppichboden
Zement- oder Anhydritestrich
Trittschalldämmung
Deckenplatten GB 4,4

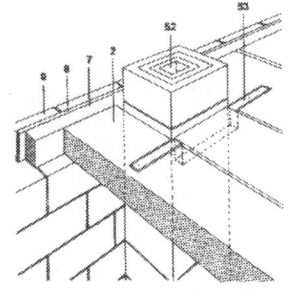
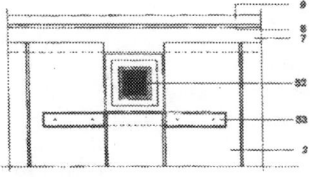

Kamin. Deckenaussparungen.
Plan- bzw. Blocksteine, Deckenplatten

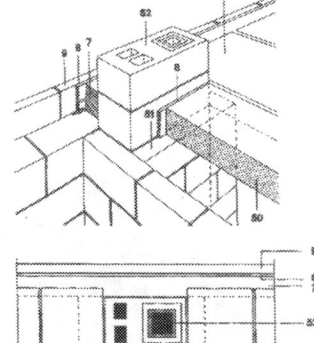

Kamin. Deckenaussparung.
Plan- bzw. Blocksteine, Deckenplatten

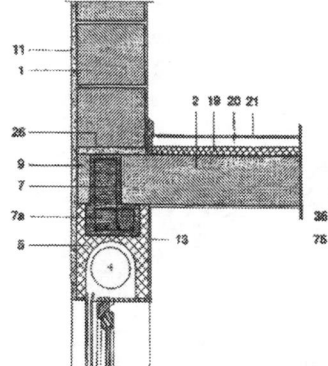

Rolladenkasten tragend mit Sturz- und Ringankerausbildung.
Außenwand aus Plan- bzw. Blocksteinen

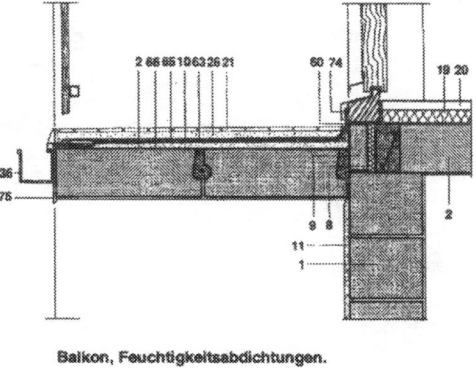

Balkon, Feuchtigkeitsabdichtungen.
Deckenplatten

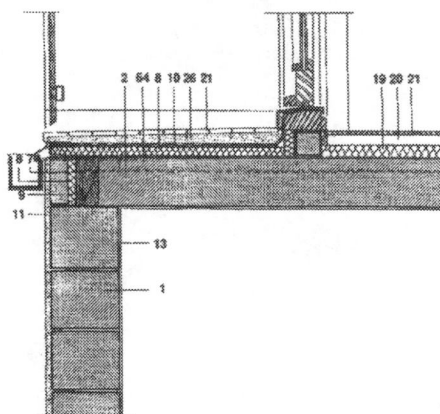

Loggia, Feuchtigkeitsabdichtungen.
Deckenplatten.

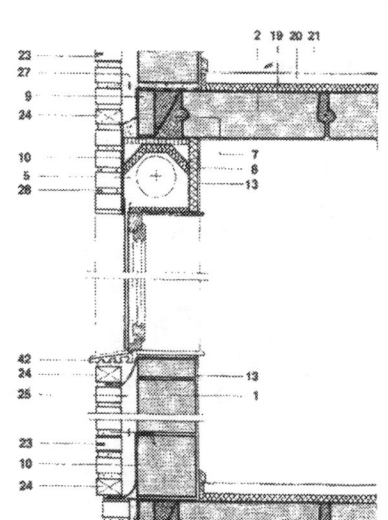

Rolladenkasten tragend, Ringankerausbildung.
Zweischalige Außenwand aus Plan- bzw. Blocksteinen.

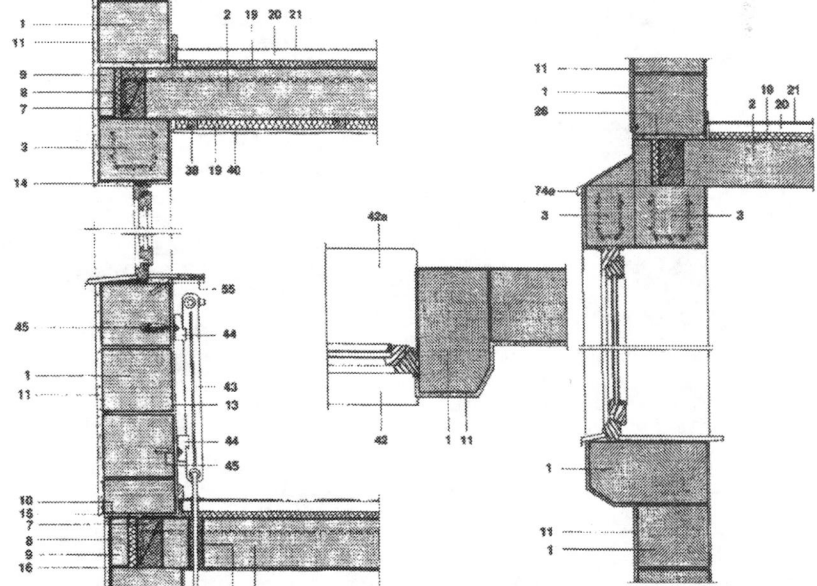

Heizkörperbefestigung, Sturzausbildung, Ringankerausbildung. Außenwand aus Plan- bzw. Blocksteinen.
Geschossdecke mit erhöhtem Schallschutz

Blumenfenster.
Ausführungsbeispiel mit Plansteinen und Stürzen.

Legende

1	Plan- bzw. Blocksteine	10	Feuchtigkeitsabdichtung	21	Bodenbelag	38	Konterlattung	51	Auflagerwand d ≥ 11,5 cm	64	Dampfsperre
2	Deckenplatten	11	Außenputz WA · Struktur	23	Lüftungsstein	40	Verblendung	52	Kamin	65	Ölpapier
3	Sturz (tragend)	13	Glättputz	24	Offene Stoßfuge	42	Sohlbank (Fensterblech)	53	Wechselbügel	66	Gefälle-Estrich
5	Rolladenkasten tragend	14	Eckschutzschiene	25	Luftschicht 4 – 6 cm	42a	Fensterbank	55	T-Profil (Konsole)	74	Anschlussblech
7	Ringanker	15	Sockelabschlussschiene	26	Mörtelausgleich	43	Heizkörper	60	Elastische Fugendichtungs-	74a	Abdeckblech auf
7a	Sturzausbildung	16	Sockelputz	27	Maueranker	44	Heizkörperhalterung		masse		Bitumenpappe
8	Zusatzdämmung	19	Trittschalldämmung	28	Fugenbewehrung	45	Schraube mit Dübel	63	Trenn- bzw. Kunststofffolie	75	Randprofil
9	Deckenabstellstein	20	Estrich	36	Regenrinne	50	Passplatten				

Mauerwerk aus Porenbeton

Standarddetails (nach Lit. 69)

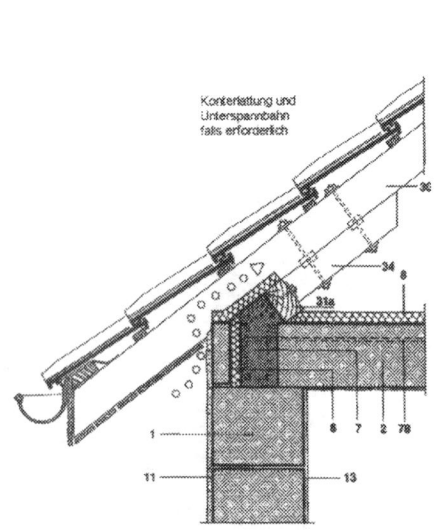

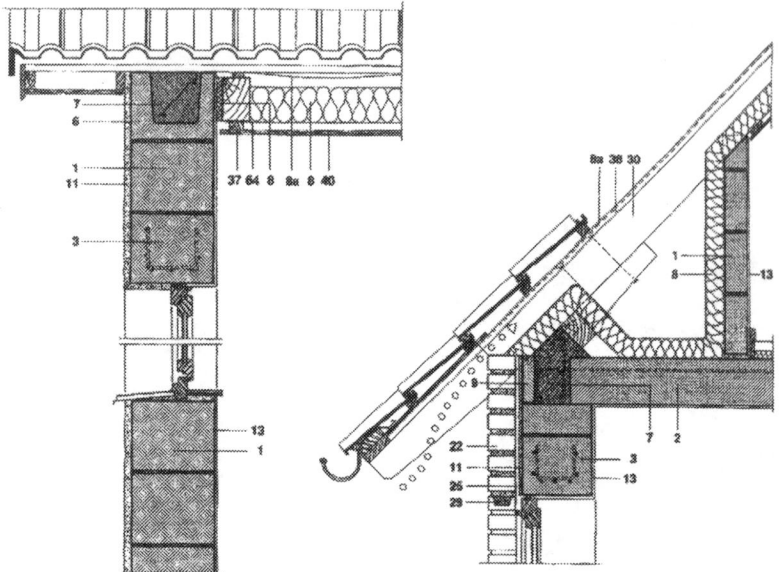

Kehlbalkendach – Traufe, Ringankerausbildung.
Plan- bzw. Blocksteine.
Deckenplatten

Ortgang.
Außenwand mit Plan- bzw. Blocksteinen.

Kehlbalkendach – Traufe, Sturzausbildung, Ringankerausbildung.
Plan- bzw. Blocksteine mit Verblendschale.

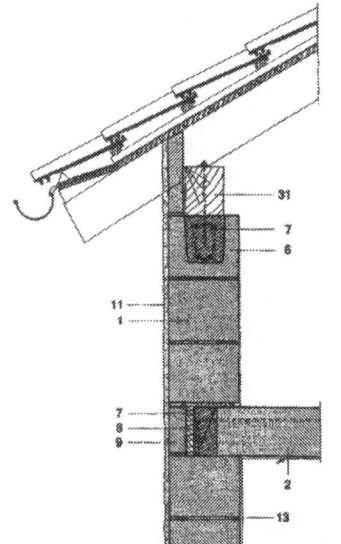

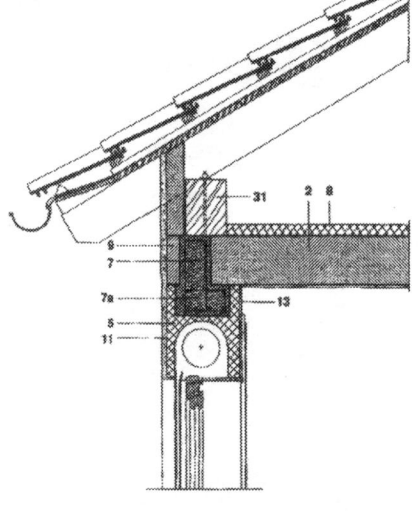

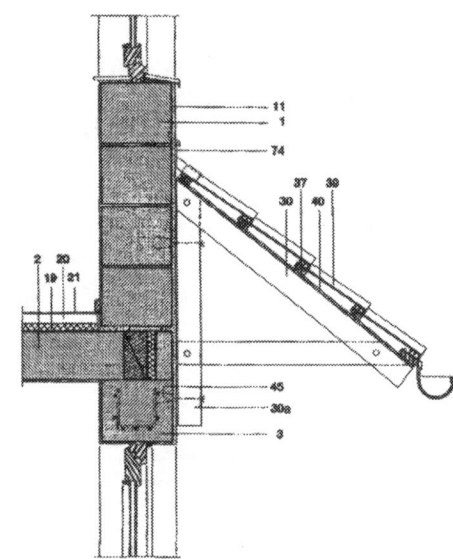

Pfettendach – Traufe, U-Schale, Kniestock.
Plan- bzw. Blocksteine.
Deckenplatten

Pfettendach – Traufe, Rolladenkasten, tragend.
Deckenplatten

Vordach.
Holzkonstruktion im Eingangsbereich.

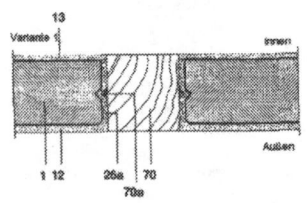

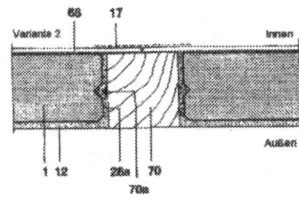

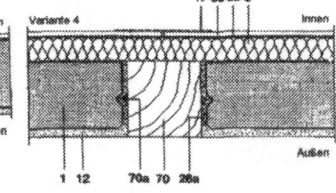

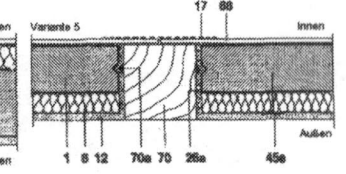

Fachwerksausmauerungen, Blocksteine

Legende

1	Plan- bzw. Blocksteine	17	Armierungsgewebe	37	Lattung
2	Deckenplatten	18	Armierungsgewebe	38	Konterlattung
3	Sturz (tragend)	19	Trittschalldämmung	39	Dachdeckung
5	Rolladenkasten	20	Estrich	40	Holzverblendung
6	U-Schale	21	Bodenbelag	45	Schraube mit Dübel
7	Ringanker	22	Verblendschale	55a	Tellerdübel
7a	Sturzausbildung	25	Luftschicht 1 cm	55a	Winkellasche V4A
8	Zusatzdämmung	26a	Leicht-Mörtel	64	Dampfsperre
8a	Unterspannbahn	29	Verblendschutz	68	Gipskartonplatte
9	Deckenabstellstein	30	Sparren	70	Holzbalken (Holzkonstruktion,
11	Außenputz WA · Struktur	30a	Stützbalken		Fachwerk)
		31	Fußpfette	70a	Dreikantleiste, Hartholz
12	Außenputz WA · Fein	31a	Fußholz	78	Zugeisen
13	Glättputz	34	Knagge	85	Dampfsperre

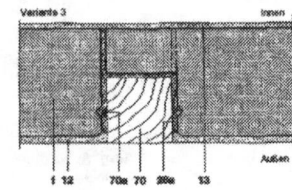

Horizontalschnitt Anschluss. Blocksteine

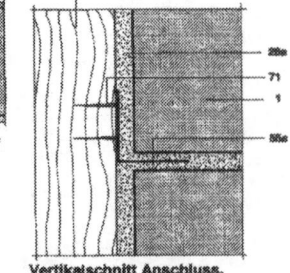

Vertikalschnitt Anschluss. Blocksteine

Außenwände aus Porenbeton-Plansteinen, Porenbeton-Blocksteinen und Porenbeton-Elementen

Mauerwerk aus Porenbeton

Standarddetails (nach Lit. 69)

Flachdach (unbelüftet)
Konstruktionsaufbau
Kiesschüttung
dreilagige Bitumenpappe
Zusatzdämmung
ohne Dampfsperre
Dachplatten GB 3,3/0,5
Glättputz

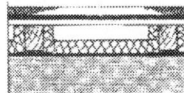
Flachdach (belüftet)
Konstruktionsaufbau
Kiesschüttung
dreilagige Bitumenpappe
Bretter- oder Spanplatten-
verschalung
Zusatzdämmung
Balkenlage
Dachplatten GB 3,3/0,5 oder
Deckenplatten GB 4,4/0,7
Glättputz

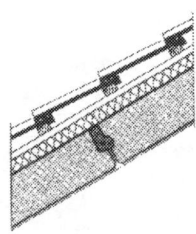
Massivdach
Konstruktionsaufbau
Dachdeckung
Lattung
Konterlattung
Zusatzdämmung
Dachplatten GB 3,3/0,5 oder
Deckenplatten GB 4,4/0,7
Glättputz

Dachkonstruktionen.
Dachplatten.

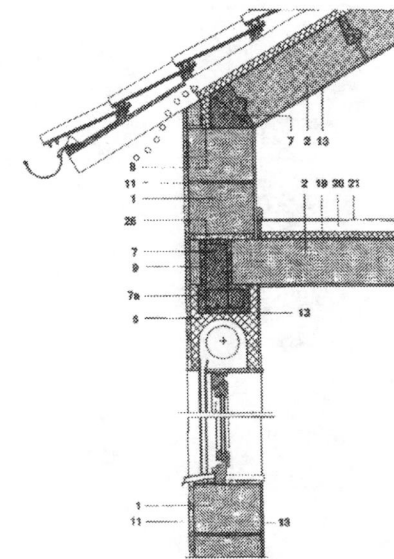

Massivdach – Traufe, Rollladenkasten, tragend.
Plan- bzw. Blocksteine.
Dach- und Deckenplatten.

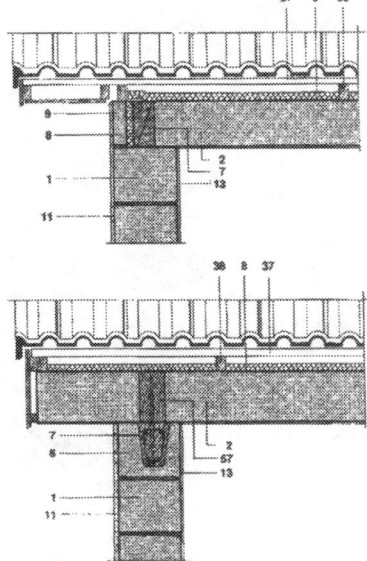

Massivdach – Ortgang, U-Schale, Auskragung.
Plan- bzw. Blocksteine.
Dachplatten.

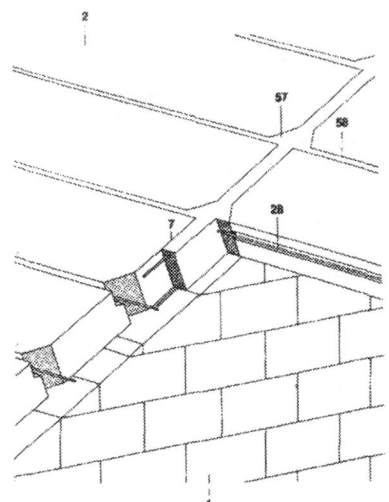

Massivdach, Auflager Dachplatten.
Verankerung von Dachplatten auf Mittelschotte.

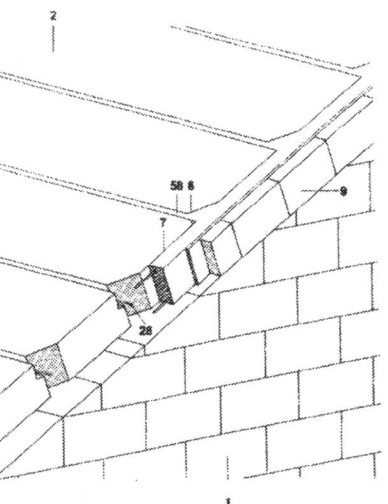

Massivdach, Auflager Dachplatten.
Verankerung von Dachplatten am Ortgang.

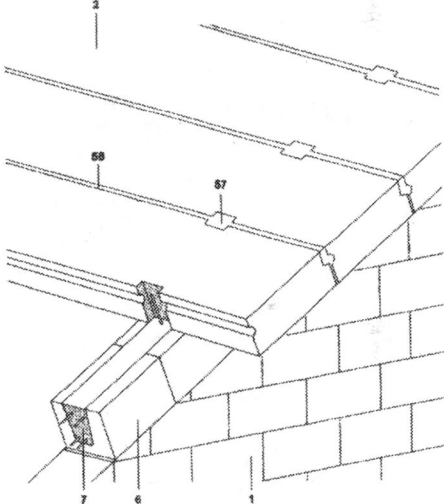

Massivdach, Auskragung, U-Schale.
Verankerung von Dachplatten am Ortgang.

Legende
1   Plan- bzw. Blocksteine
2   Deckenplatten
5   Rollladenkasten
6   U-Schale
7   Ringanker
7a Sturzausbildung
8   Zusatzdämmung
8a Unterspannbahn
9   Deckenabstellstein
11 Außenputz WA · Struktur
13 Glättputz
19 Trittschalldämmung
20 Estrich
21 Bodenbelag
26 Mörtelausgleich
28 Fugenbewehrung
37 Lattung
38 Konterlattung
39 Dachdeckung
40 Holzverblendung
40a Holzverschalung
74a Blechabdeckung
57 Betondübel
58 Mörtelverguss

**Außenwände und Decken
aus Porenbeton-Plansteinen,
Porenbeton-Blocksteinen
und Porenbeton-Elementen**

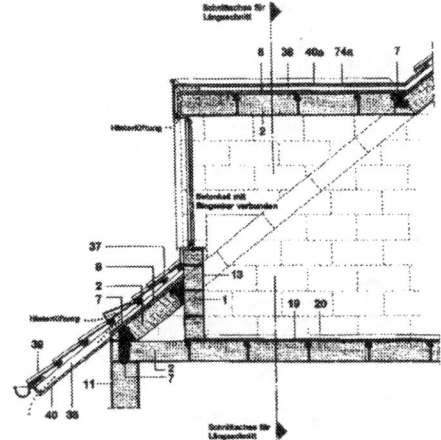

Massivdach, Dachgaube, (Querschnitt).
Plan- bzw. Blocksteine.
Dach- bzw. Deckenplatten.

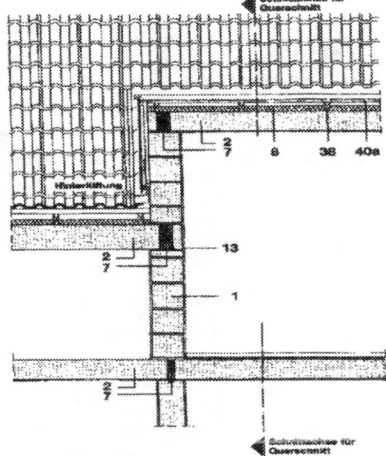

Massivdach, Dachgaube, (Längsschnitt).
Plan- bzw. Blocksteine.
Dach- bzw. Deckenplatten.

Mauerwerk aus Porenbeton

Standarddetails (nach Lit. 69)

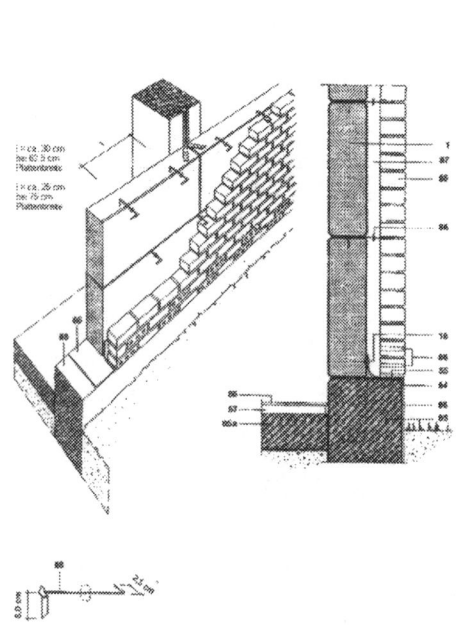

Vorsatzschale.
Zweischalige Konstruktion, Wandplatten
mit Verblendschale.

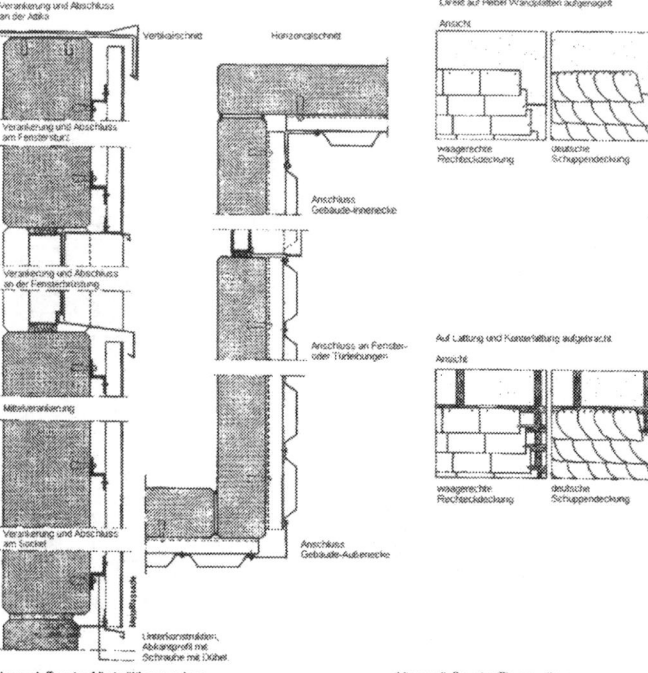

Vorgehängte Metallfassaden.

Vorgehängte Fassaden.
Kleinformatige Elemente.

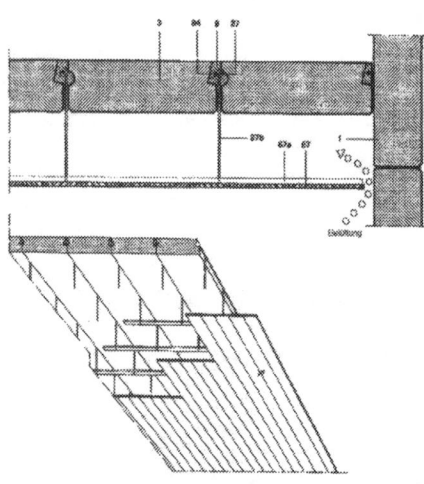

**Wände und Decken
aus Porenbeton
Fassadenbekleidungen,
Fenster,
Unterdecken**

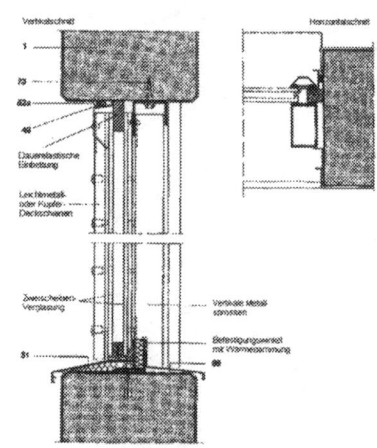

**Normale Senkrechtverglasung, kittlose Verglasung –
Industriefensterausführung.**

Abgehängte Decke.
Konstruktionsbeispiel: bereits bei Montage eingebaute
Abhängekonstruktion (z.B. Schlitzbandeisen)

Legende

1 Wandplatten
3 Deckenplatten (Dachplatten)
9 Mörtelverguss MG III/DIN 1053
18 Vierkantnagel (verzinkt)
27 Rundstahl Ø 6 mm/IV S
(als durchlaufende Fugenbewehrung)
27b Abhängerundstahl Ø 5 mm mit gebogenem
Ende oder Schlitzbandeisen (verzinkt)
33 Auflagerkonsole bauseits angeschweißt
49 PE-Rundschnur, offenporig,
nicht wassersaugend
51 Hinterfüllmaterial, z. B. Mineralwolle
52a Verfugung
55 Mörtelausgleich
57 Estrich
58 Beschichtung
64 Sockelputz
65 Fertigteilsockel
65a Bodenplatte
66 Feuchtigkeitsabdichtung
67 abgehängte Decke
67a Tragschiene
71 Vierkantnagel
73 Schraube mit Dübel
84 Abstandhalter
85 Verblendschale
86 Lüftungssteine (versetzt angeordnet)
87 Luftschicht 4 – 6 cm
88 Maueranker mit Kunststoffscheibe.
93 Lattung
94 Konterlattung

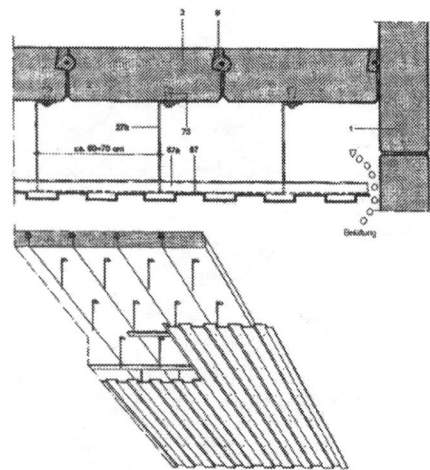

Abgehängte Decke.
Konstruktionsbeispiel: nachträglicher Einbau mit
zugelassenem Dübel und Schlitzbandeisen.

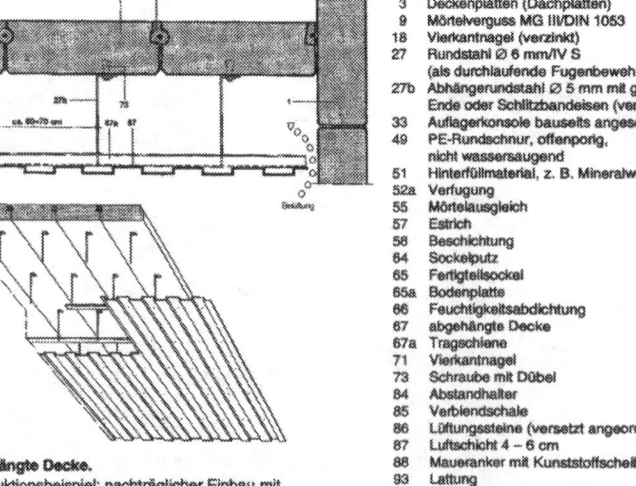

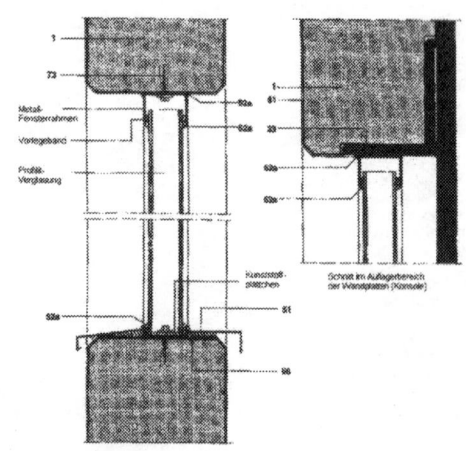

Profilit-Verglasung.

Mauerwerk aus Porenbeton

Standarddetails (nach Lit. 69)

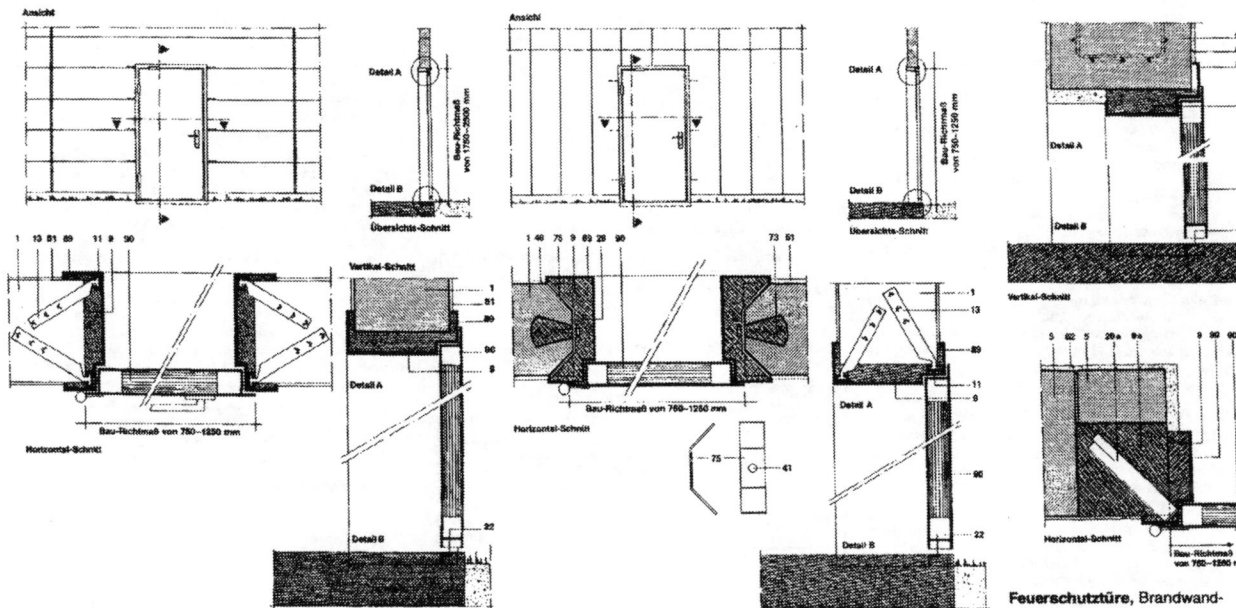
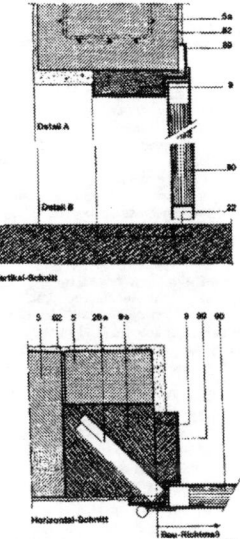

Feuerschutztüre, Brandwand-Konstruktion
T 90-1, Riexinger Typ G in liegenden Wandplatten

Feuerschutztüre, Brandwand-Konstruktion
T 90-1, Riexinger Typ G in stehenden Wandplatten

Feuerschutztüre, Brandwand-Konstruktion
T 90-1, Riexinger Typ G in Plan- bzw. Blocksteinwand

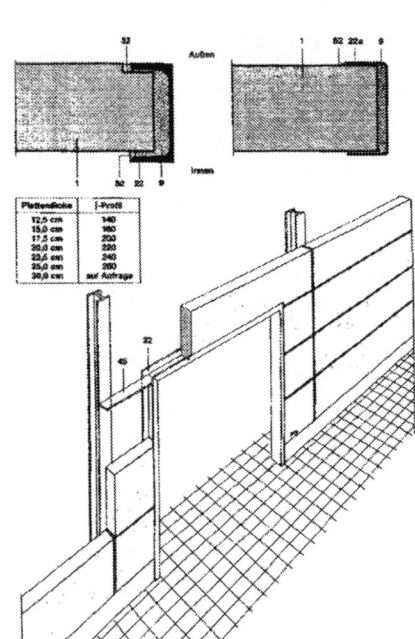

Tor- oder Türrahmenverankerung an Stahlkonstruktion.

Wände aus Porenbeton
Türen und Tore,
Feuerschutztüren

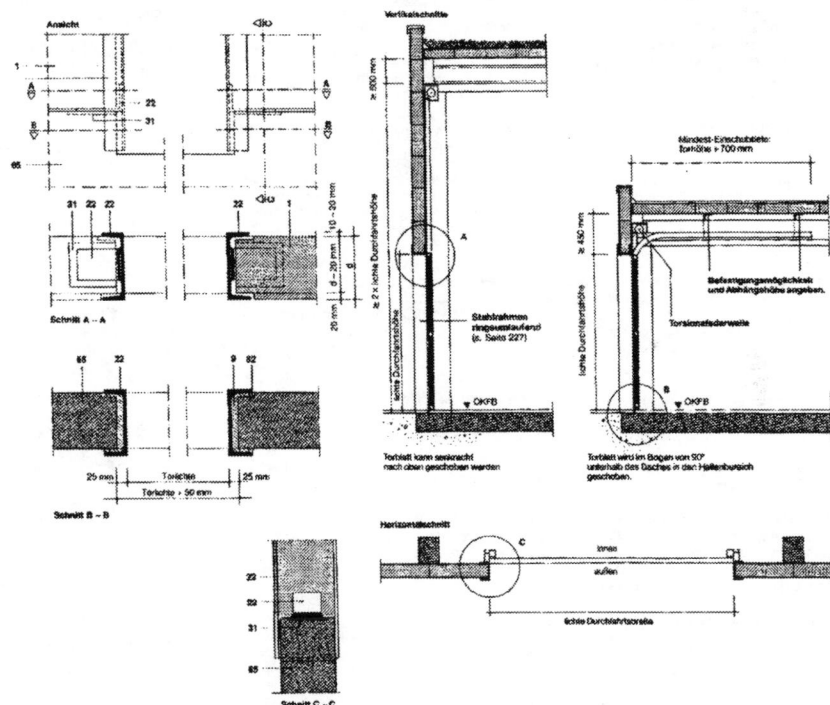

Tor- oder Türrahmenverankerung an Stahlbetonsockel.

Legende

1	Wandplatten
5	Plan- bzw. Blocksteine
5a	Sturz (tragend)
9	Mörtelverguss MG III/DIN 1053
9a	Aussparung (mit Mörtel MG III/DIN 1053 verfüllt)
11	Ankerschiene 28/15 G bzw. 38/17 G
13	Zuglasche, Werkstoff-Nr. 1.4571
22	L-Profil, Schwellenwinkel
22a	abgekantetes Blechprofil, rostgeschützt
29	Verankerungsblech
29a	Verankerungseisen 35/2 mm (Enden geschlitzt und abgebogen)
31	Kontaktplatte bauseits einbetoniert)
40	Schweißnaht
41	Bohrung
45	Aussteifung
52	Fugendicht W, elastisch
61	Beschichtung
65	Fertigteilsockel
73	Dübel mit Fischer Injektions-Anker
75	Abkantprofil 50/5 mm
62	Kalk-Zement-Putz
89	Eckzarge (Stahl)
89	Umfassungszarge (Stahl)
90	Türblatt

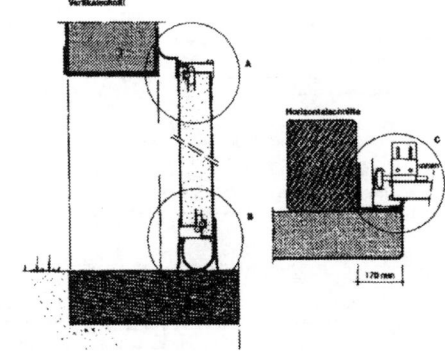

Rolltor, Sectionaltor.

Tragende Wände

Ortbetonwände

Ortbetonwände nach DIN 1045, Abs. 25.5

Wände

(1) Wände im Sinne dieses Abschnitts sind überwiegend auf Druck beanspruchte, scheibenartige Bauteile, und zwar
a) tragende Wände zur Aufnahme lotrechter Lasten, z.B. Deckenlasten; auch lotrechte Scheiben zur Abtragung waagerechter Lasten (z.B. Windscheiben) gelten als tragende Wände;
b) aussteifende Wände zur Knickaussteifung tragender Wände, dazu können jedoch auch tragende Wände verwendet werden;
c) nichttragende Wände werden überwiegend nur durch ihre Eigenlast beansprucht, können aber auch auf ihre Fläche wirkende Windlasten auf tragende Bauteile, z.B. Wand- oder Deckenscheiben, abtragen.

Aussteifung tragender Wände

(1) Je nach Anzahl der rechtwinklig zur Wandebene unverschieblich gehaltenen Ränder werden zwei-, drei- und vierseitig gehaltene Wände unterschieden. Als unverschiebliche Halterung können Deckenscheiben und aussteifende Wände und andere ausreichend steife Bauteile angesehen werden. Aussteifende Wände und Bauteile sind mit den tragenden Wänden gleichzeitig hochzuführen oder mit den tragenden Wänden kraftschlüssig zu verbinden. Aussteifende Wände müssen mindestens eine Länge von 1/5 der Geschosshöhe haben, sofern nicht für den zusammenwirkenden Querschnitt der ausgesteiften und aussteifenden Wand ein besonderer Knicknachweis geführt wird.

(2) Haben vierseitig gehaltene Wände Öffnungen, deren lichte Höhe größer als 1/3 der Geschosshöhe oder deren Gesamtfläche größer als 1/10 der Wandfläche ist, so sind die Wandteile zwischen Öffnung und aussteifender Wand als dreiseitig gehalten und die Wandteile zwischen Öffnungen als zweiseitig gehalten anzusehen.

Leichtbetonwände nach DIN 4232

Allgemeines: Entwurf von Gebäuden mit geschütteten Leichtbetonwänden erfordert Rücksicht auf Festigkeit und Herstellungsverfahren: Gesamtbreite von Türen und Fenstern beschränken, Anhäufung von Öffnungen an einzelnen Stellen vermeiden, Zahl verschiedener Öffnungsgrößen beschränken → 1, 2. Entwurf und Ausführung erfordern besondere Sachkenntnis dieser Bauart.

Anwendungsbereich: Schüttbau nur dann wirtschaftlich, wenn Schalung oft ohne Änderung und Verschnitt wieder verwendet werden kann (Bauvorhaben von > 100 Wohnungen) und Wände ≥ 20 cm dick sind. Schüttbeton für beliebige Geschosszahl entsprechend stat. Nachweis, beginnend ≥ 0,50 m über Gelände, zul. → 3. Regelwanddicken: Umfassungswände 30–35 cm (je nach Beton-Rohwichte), belastete Mittelwände 20–25 cm, Wohnungstrenn- und Brandwände 25 cm. Anwendung besonders bei Bauten mit tragenden Querwänden und innerer Längsaussteifung → 4 bis 6 (sog. Schottenbau) zu empfehlen.

Anforderungen Wanddicken → 4 bis 6, belastete Wände unter 25 cm Dicke zur zulässig bei Geschosshöhen ≤ 3,50 m und ausreichender Querversteifung durch Zwischenwände (mind. 1,50 m lang und ≥ 12 cm dick, in 6 m Abstand bei Wanddicken ≤ 15 cm, in 8 m Abstand bei Wanddicken > 15 m → 7, 8. Tür- und Fensterpfeiler bei Wanddicken ≤ 30 cm mind. 75 cm breit → 9, bei Wanddicken > 30 cm mind. 60 cm breit → 10.

Konstruktive Maßnahmen

Maßnahmen gegen Schwind- und Setzrisse: Trennfugen im Abstand von höchstens 35 m anordnen → 4. Ringanker (bei jeder Geschosszahl) in Außen- und Wohnungstrennwänden etwa in Höhe jeder Geschossdecke (auch Kellerdecke!) mit folgender Bewehrung einbauen:

Gebäudelänge höchstens	10 m	18 m	35 m	unter Fenster
Rundstahl-Ringanker	2Ø10	2Ø12	2Ø14	2Ø10

Anordnung → 11. Bewehrung zwischen den Trennfugen nicht unterbrechen, auch nicht durch Fenster der Treppenhäuser → 12, 13. Die Ringanker können mit den Massivdecken oder Stahlbetonfensterstürzen vereinigt werden. Außerdem unmittelbar unter den Fensterbänken 2Ø10 → 11. Baugrund besonders sorgfältig untersuchen, Gründung sorgfältig ausführen. Betondeckung bei porigem Gefüge ≥ 5 cm.

Tür- und Fensterstürze dürfen bis 1,20 m Lichtweite in Leichtbeton ausgeführt werden und unbewehrt bleiben, wenn sie bei Belastung durch eine Decke ≥ 40 cm, (bei eingebundenen Massivdecken bis OK Decke, sonst und bei Holzbalkendecken bis UK Decke gerechnet), sonst ≥ 30 cm hoch sind → 14, 15. Bei Lichtweite > 1,20 m ≤ 1,50 m Bewehrung, die im Schüttbeton verlegt werden darf, erforderlich; bei Lichtweite > 1,50 m Schwerbetonstürze erforderlich → 16 bis 18. Wird Ringbewehrung mit Fensterstürzen verbunden, darf ihr Querschnitt zur Hälfte auf die Sturzbewehrung angerechnet werden. Einbau von Fenstern → 19 bis 22, von Türen → 23 bis 26.

Schornsteine, Entlüftungsrohre dürfen nicht in Schüttbeton ausgeführt werden. Am zweckmäßigsten Schornsteine (gemauert oder aus Formsteinen) frei vor die Wand stellen → 27. Sollen Rohre aus dünnwandigen, feuerfesten Bustoffen oder aus Ton eingeschüttet werden, Betonüberdeckung ≥ 6 cm, Betonwangendicke ≥ 20 cm, Sicherung durch Längs- und Querbewehrung erforderlich → 28. Heizungsrohre vor der Wand in ausgesparten Schlitzen verlegen, keinesfalls einbetonieren!

Geschossdecken als Massivdecken ausführen, auf ausreichende Querversteifung achten. Holzbalkendecken sind für Schüttbau ungeeignet.

Außenputz, zweilagig, in ≥ 20 mm Dicke, erforderlich. Wohnungstrennwände mind. 10 mm dick verputzen. Innenputz kann dünner sein, wenn Schalung glatt war. Erfahrung zeigt aber, dass Putzmörtelbedarf im Schüttbau relativ hoch ist.

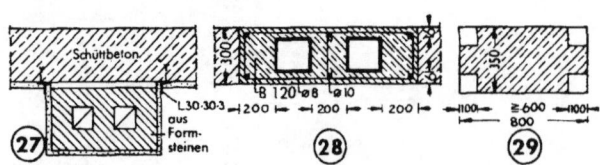

27 Schornstein vor Seitenwand, 28 Schornstein in einer Schüttwand mit Sicherung durch Bewehrung. 29 Durch Holzdübel geschwächter Wandpfeiler.

Mindestwanddicke

(1) Für die Mindestwanddicke tragender Wände gilt Tabelle 33. Die Werte der Tabelle 33, Spalten 4 und 6, gelten auch bei nicht durchlaufenden Decken, wenn nachgewiesen wird, dass die Ausmitte der lotrechten Last kleiner als 1/6 der Wanddicke ist oder wenn Decke und Wand biegesteif miteinander verbunden sind; hierbei muss die Decke unverschieblich gehalten sein.

(2) Aussteifende Wände müssen mindestens 8 cm dick sein.

(3) Die Mindestwanddicken der Tabelle 33 gelten auch für Wandteile mit b < 5 d zwischen oder neben Öffnungen oder für Wandteile mit Einzellasten, auch wenn sie wie bügelbewehrte, stabförmige Druckglieder ausgebildet werden.

(4) Bei untergeordneten Wänden, z.B. von vorgefertigten eingeschossigen Einzelgaragen, sind geringere Wanddicken zulässig, soweit besondere Maßnahmen bei der Herstellung, z.B. liegende Fertigung, dieses rechtfertigen.

Tabelle 33: Mindestwanddicken für tragende Wände

	1	2	3	4	5	6
			Mindestwanddicken für Wände aus			
			unbewehrtem Beton		Stahlbeton	
	Festigkeits- klasse des Betons	Her- stellung	Decken über Wänden		Decken über Wänden	
			nicht durch- laufend cm	durch- laufend cm	nicht durch- laufend cm	durch- laufend cm
1	bis B 10	Ortbeton	20	14	–	–
2	ab B 15	Ortbeton	14	12	12	10
3		Fertigteil	12	10	10	8

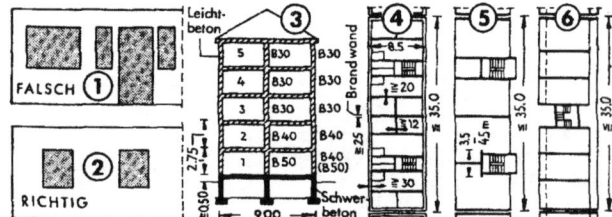

1, 2 Falsche → 1 und richtige → 2 Anordnung der Wandöffnungen. 3 Erforderliche Betongüte in 5-geschossigem Wohnhaus. 4 bis 6 Querwandtypen mit Längsaussteifung, Abstand der Trennfugen.

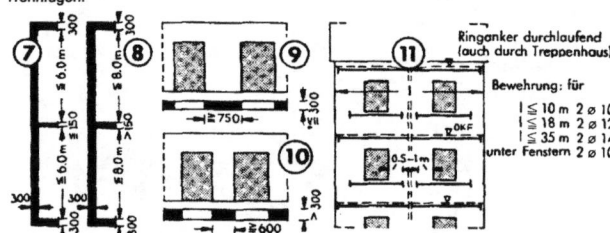

7, 8 Abstand aussteifender Wände. 9, 10 Mindest-Pfeilerbreite im Schüttbau. 11 Anordnung der Ringanker in geschütteten Wänden.

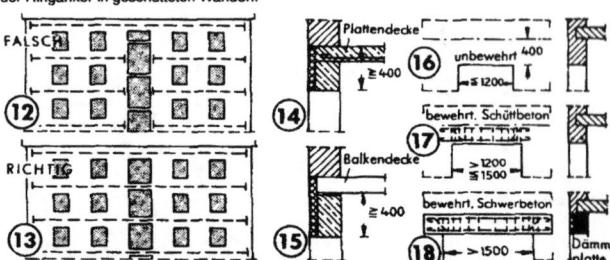

12, 13 Ringanker nicht unterbrechen 14, 15 Sturzhöhe bei Plattendecken → 14, Balkendecken → 15, 16 bis 18 Öffnung. Ohne → 16 u. mit → 17, 18 bewehrtem Sturz.

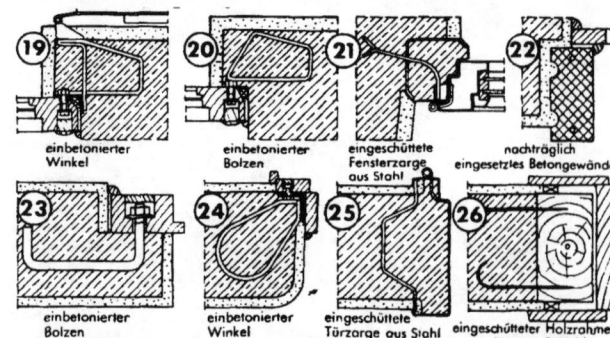

19 bis 22 Einbau der Fenster; 23 bis 26 Einbau der Türen. Die Einbauarten 19, 20, 23, 24 erlauben trockenes Einsetzen der Fenster und Türen ohne Nachputzarbeiten. Auch bei den Stahlzargen → 21, 25 (Rostschutz beachten!) ist kein Nachputz erforderlich.

Unbewehrte Wände

(1) Die Ableitung der waagerechten Auflagerkräfte der Deckenscheiben in die Wände ist nachzuweisen.

(2) In die Außen-, Haus- und Wohnungstrennwände sind etwa in Höhe jeder Geschoss- oder Kellerdecke zwei durchlaufende Bewehrungsstäbe von mindestens 12 mm Durchmesser (Ringanker) zu legen. Zwischen zwei Trennfugen des Gebäudes darf diese Bewehrung nicht unterbrochen werden, auch nicht durch Fenster der Treppenhäuser.

(3) Auf diese Ringanker dürfen dazu parallel liegende durchlaufende Bewehrungen angerechnet werden:
a) mit vollem Querschnitt, wenn sie in Decken oder in Fensterstürzen im Abstand von höchstens 50 cm von der Mittelebene der Wand bzw. der Decke liegen;
b) mit halbem Querschnitt, wenn sie mehr als 50 cm, aber höchstens im Abstand von 1,0 m von der Mittelebene der Decke in der Wand liegen, z.B. unter Fensteröffnungen.

(4) Aussparungen, Schlitze, Durchbrüche und Hohlräume sind bei der Bemessung der Wände zu berücksichtigen, mit Ausnahme von lotrechten Schlitzen bei Wandanschlüssen und von lotrechten Aussparungen und Schlitzen, die den nachstehenden Vorschriften für nachträgliches Einstemmen genügen.

(5) Das nachträgliche Einstemmen ist nur bei lotrechten Schlitzen bis zu 3 cm Tiefe zulässig, wenn ihre Tiefe höchstens 1/6 der Wanddicke, ihre Breite höchstens gleich der Wanddicke, ihr gegenseitiger Abstand mindestens 2,0 m und die Wand mindestens 12 cm dick ist.

Bewehrte Wände siehe DIN 1045, Abs. 25.5.5.2.

Tragwerke aus Betonfertigteilen

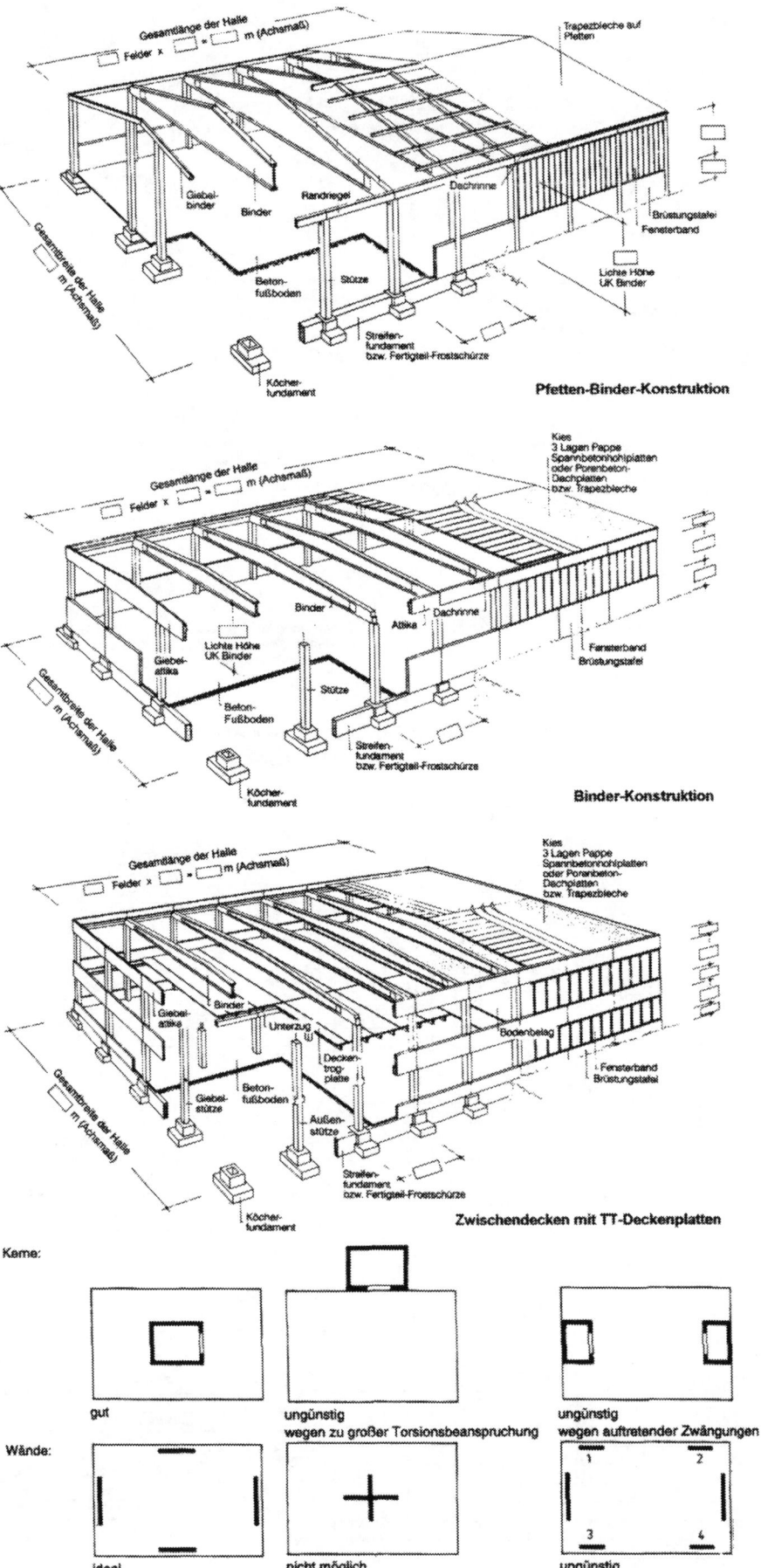

Pfetten-Binder-Konstruktion

Binder-Konstruktion

Zwischendecken mit TT-Deckenplatten

Kerne:

gut	ungünstig wegen zu großer Torsionsbeanspruchung	ungünstig wegen auftretender Zwängungen

Wände:

ideal	nicht möglich wegen fehlender Aussteifung gegen Verdrehung	ungünstig wegen Zwängungen zwischen 1 und 2 bzw. 3 und 4

Anordnung vertikal aussteifender Bauteile

Tragwerksysteme für Bauwerke aus Betonfertigteilen (nach Lit. 59)

Vertikale Lastabtragung bei Skelettbauten

Wesentliche Bauteile für diese Aufgabe sind Deckenplatten, Unterzüge, Stützen. Deckenplatten werden fas immer einachsig gespannt. Kennzeichnend für ein Tragwerk sind die Verbindungen von

a) Deckenplatte – Unterzug

b) Unterzug – Stütze sowie

c) Stützenstoß

Während für a) und b) zahlreiche Varianten üblich sind, hat sich für c) die über möglichst viele Geschosse durchlaufende Stütze als Standardlösung herausgebildet.

Horizontale Lastabtragung bei Skelettbauten

Für die Weiterleitung der Horizontallatten an die vertikal aussteifenden Bauteile und für das Zusammenwirken dieser Bauteile sind Deckenscheiben notwendig. Einzeldeckenelemente müssen durch zusätzliche Maßnahmen zu einer Scheibe zusammengefasst werden.

Kerne, Wände und eingespannte Stützen (üblicherweise bis zwei Geschosse hoch) können ebenfalls horizontale Lasten abtragen. Für die Anordnung sind zu beachten:

a) Steifigkeit gegen Verschiebungen und Verdrehungen des Baukörpers,

b) Zwängungen, die zwischen den aussteifenden Bauteilen entstehen (aus Längenänderungen der Deckenscheibe infolge Schwindens des Betons und Temperaturänderungen),

c) ausreichende Auflast, da sonst zu große Fundamente notwendig werden.

Vertikale Lastabtragung bei Hallen

Für diese Aufgabe stehen im wesentlichen Dachplatten, Pfetten, Binder und Stützen zur Verfügung.

Kommt zu dem Standardfall der eingeschossigen Halle eine Zwischendecke hinzu, werden Deckenplatten und Unterzüge notwendig.

Die Pfetten-Binder-Konstruktion wird bei großem Binderabstand bzw. bei kleiner Dachplattenspannweite zur Anwendung kommen.

Eine "reine" Binderkonstruktion ergibt sich bei großer Dachplattenspannweite mit geringem Eigengewicht.

TT-Deckenplatten, Elementplatten mit Aufbeton oder Hohiplatten (schlaff bewehrt oder vorgespannt) werden bei Zwischendeckenlösungen für die vertikale Lastabtragung verwendet.

Horizontale Lastabtragung bei Hallen

Für die horizontale Lastabtragung werden vorwiegend

a) eingespannte Stützen

b) Scheiben

c) Rahmen (Zwei- oder Dreigelenkrahmen)

herangezogen.

Eine Aussteifung gegen Horizontallasten über eingespannte Stützen stellt im Hallenbau den Normalfall dar und wird im allgemeinen für Hallenhöhen bis 10 m verwendet.

Tragwerke aus Betonfertigteilen

Tragwerksysteme für Bauwerke aus Betonfertigteilen (nach Lit. 59)

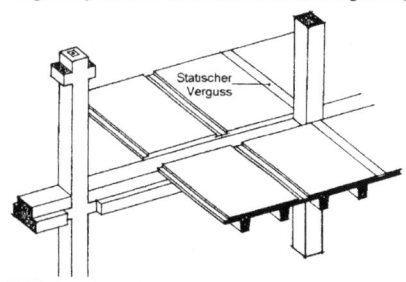

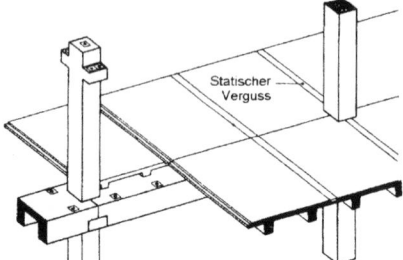

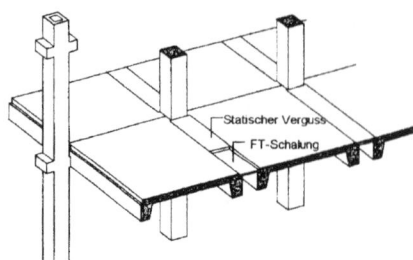

TT-Deckenplatte, Unterzug mit Linienkonsole und ausgeklinktem Auflager. Zweigeschossige Stütze mit Einzelkonsolen. Verguss vor Ort zwischen Deckenplatten und über Unterzug.

TT-Deckenplatten mit ausgeklinktem Auflager, Unterzug als Π-Querschnitt mit ausgeklinktem Auflager. Eingeschossige Stütze mit Einzelkonsolen. Verguss vor Ort zwischen Deckenplatten.

Trogdeckenplatten mit direkter Auflagerung und ausgeklinktem Auflager auf den Stützkonsolen. Verguss vor Ort zwischen Deckenplatten.

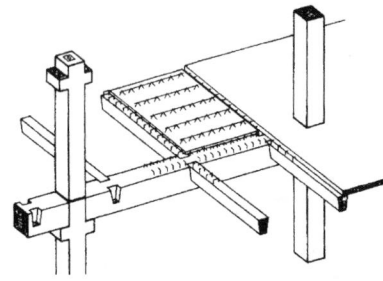

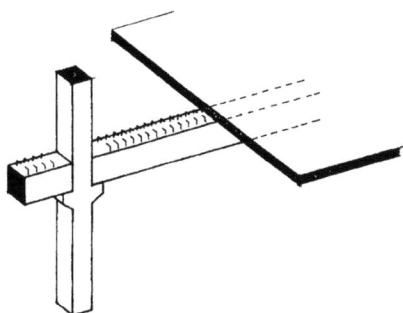

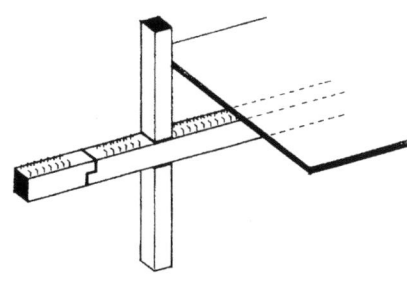

Unterzug als Rechteckquerschnitt mit Taschen für Nebenunterzüge. Deckenplatten als vorgefertigte, mindestens 5 cm dicke Elementplatten mit herausstehenden Gitterträgern. Ortbetonverguss über die gesamte Deckenfläche. Stützen ein- oder mehrgeschossig mit Einzelkonsolen.

Nichtausgeklinkter Unterzug. Stütze > 2 Geschosse. Deckenplatten.

Durchlaufender Unterzug. Stütze geschossweise gestoßen. Stoß des Unterzuges mit Gerbergelenk in ausreichendem Abstand vor der Stütze.

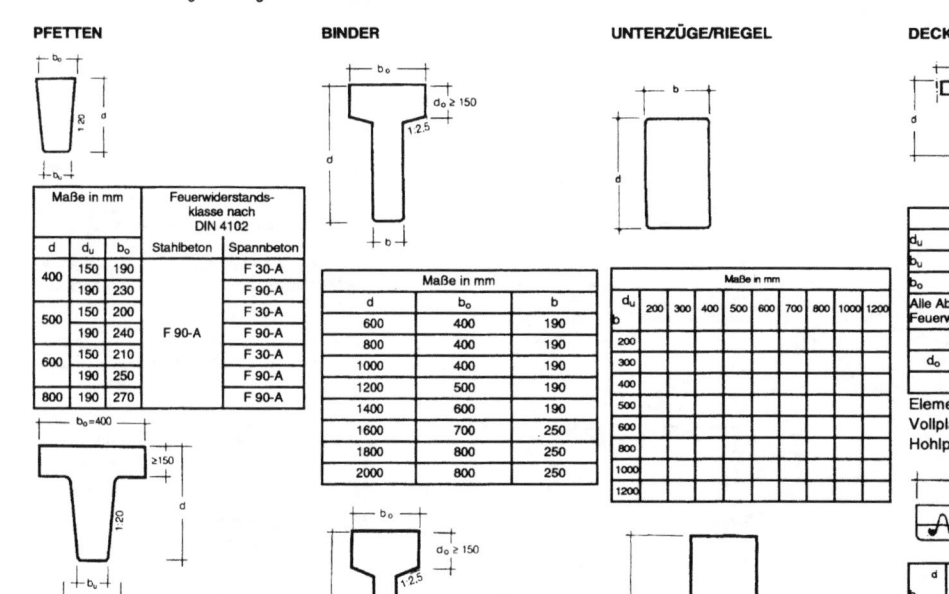

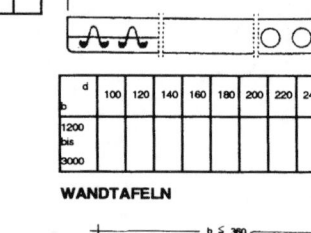

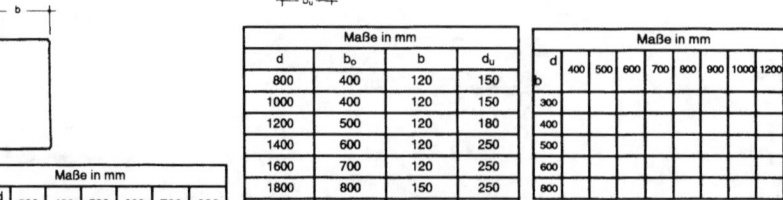

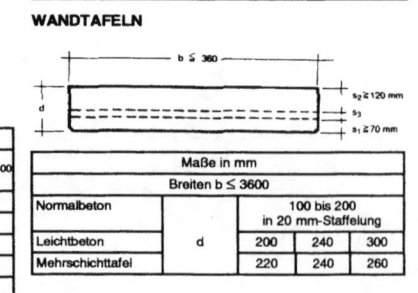

PFETTEN

Maße in mm			Feuerwiderstandsklasse nach DIN 4102	
d	d_u	b_o	Stahlbeton	Spannbeton
400	150	190		F 30-A
	190	230		F 90-A
500	150	200		F 30-A
	190	240	F 90-A	F 90-A
600	150	210		F 30-A
	190	250		F 90-A
800	190	270		F 90-A

$b_o = 400$

Maße in mm			Feuerwiderstandsklasse nach DIN 4102	
d	b_u	b_m	Stahlbeton	Spannbeton
850	190	250	F 90-A	F 90-A
950	190	270		

STÜTZEN

Maße in mm						
b \ d	300	400	500	600	700	800
300						
400						
500						
600						
700						
800						

BINDER

$d_o \geq 150$

Maße in mm		
d	b_o	b
600	400	190
800	400	190
1000	400	190
1200	500	190
1400	600	190
1600	700	250
1800	800	250
2000	800	250

$d_o \geq 150$

Maße in mm			
d	b_o	b	d_u
800	400	120	150
1000	400	120	150
1200	500	120	180
1400	600	120	250
1600	700	120	250
1800	800	150	250
2000	800	150	350
2200	800	150	350
2400	800	150	350

$b_u = 300$ bis 400 mm

UNTERZÜGE/RIEGEL

Maße in mm								
b \ d_u	200	300	400	500	600	700	800	1000	1200
200								
300								
400								
500								
600								
800								
1000								
1200								

$d \geq 200$

Maße in mm								
b \ d	400	500	600	700	800	900	1000	1200	1400
300								
400								
500								
600								
800								

DECKENPLATTEN

B (Systemmaß)

Maße in mm							
d_u	200	300	400	500	600	700	800
b_u	190						
b_o	210	220	230	240	250	260	270

Alle Abmessungen ausreichend für Feuerwiderstandsklasse F 90-A nach DIN 4102

d_o	≥ 60	F 30-A
	≥ 100	F 90-A
	üblich von 60 bis ca. 250	

Elementplatte mit Aufbeton
Vollplatten
Hohlplatten

B (Systemmaß)

Maße in mm											
b \ d	100	120	140	160	180	200	220	240	260	280	300	320
1200 bis 3000											

WANDTAFELN

$b \leq 360$

$s_2 \geq 120$ mm
s_3
$s_1 \geq 70$ mm

Maße in mm				
Breiten b $\leq$ 3600				
Normalbeton		100 bis 200 in 20 mm-Staffelung		
Leichtbeton	d	200	240	300
Mehrschichttafel		220	240	260

Tragwerke aus Betonfertigteilen

Tragwerksysteme für Bauwerke aus Betonfertigteilen (nach Lit. 59)

Dachtragwerk Binder (Hauptträger) T-Profil

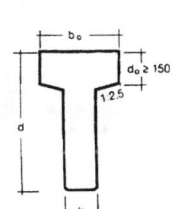

Maße in mm			Spannweite
d	b_o	b	l max. (m)
600	400	190	15,00
800	400	190	20,00
1000	400	190	25,00
1200	500	190	25,00
1400	600	190	30,00
1600	700	250	35,00
1800	800	250	35,00
2000	800	250	40,00

$d = l/20 - l/16$
$b_o = l/50 - l/40$

Parallelbinder

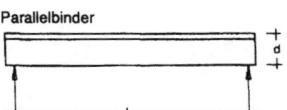

Satteldachbinder

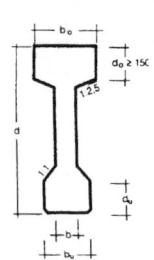

Satteldachbinder

Neigung %	Bemessungs- schnittstelle x_o	Firsthöhe d_s
bis 5,0	0,40 l	1,05 d
5,0 - 10,0	0,33 l	1,10 d
10,0 - 15,0	0,25 l	1,25 d

Beispiel 1:

leichte Eindeckung	$g_2 = 0,50$ kN/m²
Schneelast	$s = 1,00$ kN/m²
Dachlast	$q = 1,50$ kN/m²
	$\approx 1,50$ kN/m²
Spannweite	$l = 20,00$ m
Abstand	$a = 6,0$ m
abgelesen	$d/b_o = 800/400$ mm

Beispiel 2:

Porenbeton-Dach	$g_2 = 2,00$ kN/m²
Schneelast	$s = 0,75$ kN/m²
Leitungen etc.	0,25 kN/m²
Dachlast	$q = 3,00$ kN/m²
Spannweite	$l = 25,00$ m
Abstand	$a = 5,00$ m
abgelesen	$d/b_o = 1200/500$ mm

Spann- weite l	Ab- stand a	Binderhöhe d (mm) bei Dachlast q (kN/m²)								
(m)	(m)	1,0	1,5	2,0	2,5	3,0	3,5	4,0	4,5	5,0
15,0	5,0	600					800			1000
	6,0					1000				
	7,5	800				1000		1200		
	10,0			1000		1200		1400		1600
20,0	5,0	800		1000						
	6,0							1200	1400	
	7,5	1000			1200		1400		1600	
	10,0			1200	1400		1600		1800	2000
25,0	5,0	1000		1200					1600	
	6,0					1400		1600	1800	
	7,5	1200			1400	1600	1800		2000	
	10,0			1400	1600	1800	2000			
30,0	5,0		1400						1800	2000
	6,0				1600		1800	2000		
	7,5		1600		1800	2000				
	10,0			1800	2000					
35,0	5,0					1800	2000			
	6,0	1600			1800	2000				
	7,5			1800	2000					
	10,0		1800	2000						
40,0	5,0	2000								
	6,0									
	7,5									
	10,0									

☐ I-Binderprofil wählen

Lasten:
Wenn wegen der Dachkonstruktion (z.B. bei Stahltrapezblechen mit Spannweiten ab 7,50 m, bei Porenbetonplatten mit Spannweiten ab 6,0 m) zusätzlich Pfetten angeordnet werden, sind diese mit ca. 0,75 kN/m² bei der Dachlast zu berücksichtigen.
– in der Tabelle eingearbeitet: Eigenlast g_1 Binder
– frei wählbar: Dachlast q

Dachtragwerk Binder (Hauptträger) I-Profil

Maße in mm				Spannweite
d	b_o	b	d_u	l max. (m)
800	400	120	150	20,00
1000	400	120	150	25,00
1200	500	120	160	30,00
1400	600	120	250	35,00
1600	700	120	250	40,00
1800	800	150	250	40,00
2000	800	150	350	40,00
2200	800	150	350	40,00
2400	800	150	350	40,00

$d = l/20 - l/16$
$b_o = l/50 - l/40$
$d_u = 150 - 350$
$b_u = 300 - 400$

Parallelbinder

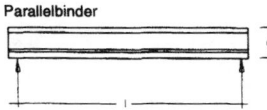

Satteldachbinder

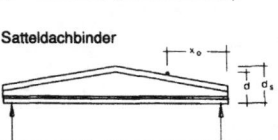

Satteldachbinder

Neigung %	Bemessungs- schnittstelle x_o	Firsthöhe d_s
bis 5,0	0,40 l	1,05 d
5,0 - 10,0	0,33 l	1,10 d
10,0 - 15,0	0,25 l	1,25 d

Beispiel 1:

leichte Eindeckung	$g_2 = 0,50$ kN/m²
Schneelast	$s = 1,00$ kN/m²
Dachlast	$q = 1,50$ kN/m²
Spannweite	$l = 25,00$ m
Abstand	$a = 6,0$ m
abgelesen	$d/b_o = 1000/400$ mm

Beispiel 2:

Porenbeton-Dach	$g_2 = 2,00$ kN/m²
Schneelast	$s = 0,75$ kN/m²
Leitungen etc.	= 0,25 kN/m²
Dachlast	$q = 3,00$ kN/m²
Spannweite	$l = 30,00$ m
Abstand	$a = 6,00$ m
abgelesen	$d/b_o = 1400/600$ mm

Spann- weite l	Ab- stand a	Binderhöhe d (mm) bei Dachlast q (kN/m²)								
(m)	(m)	1,0	1,5	2,0	2,5	3,0	3,5	4,0	4,5	5,0
15,0	5,0	800				1000		1200		
	6,0									1400
	7,5									
	10,0		1000			1200		1400		1600
25,0	5,0			1000	1200		1400			
	6,0	1000								1600
	7,5					1400		1600		
	10,0			1200	1400	1600			1800	
30,0	5,0			1400					1600	
	6,0				1600					1800
	7,5	1200					1800		2000	
	10,0			1400	1600	1800		2000	2200	
35,0	5,0				1600		1800			
	6,0	1400							2000	
	7,5				1800					2200
	10,0		1600	1800	2000		2200	2400		
40,0	5,0									2200
	6,0		1600		1800		2000			
	7,5				2000		2200	2400		
	10,0			2000	2200	2400				

▨ Andere Konstruktion wählen

Lasten:
Wenn wegen der Dachkonstruktion (z.B. bei Stahltrapezblechen mit Spannweiten ab 7,50 m, bei Porenbetonplatten mit Spannweiten ab 6,0 m) zusätzlich Pfetten angeordnet werden, sind diese mit ca. 0,75 kN/m² bei der Dachlast zu berücksichtigen.
– in der Tabelle eingearbeitet: Eigenlast g_1 Binder
– frei wählbar: Dachlast q

Tragwerke aus Betonfertigteilen

Tragwerksysteme für Bauwerke aus Betonfertigteilen (nach Lit. 59)

Dachtragwerk Pfetten (Nebenträger)

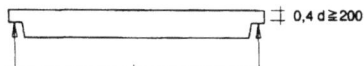

	Maße in mm			Spannweite
d	b_u	b_o		max. l (m)
400	150	190		7,50
	190	230		10,00
500	150	200		10,00
	190	240		12,50
600	150	210		11,00
	190	250		15,00
800	190	270		17,50

	Maße in mm			Spannweite
d	b_u	b_m		max. l (m)
850	190	250		20,00
950	190	270		20,00

$0,4\ d \geqq 200$

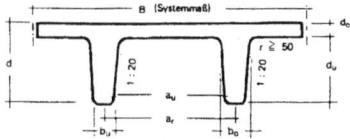

Beispiel 1:

leichte Eindeckung	g_2	= 0,50 kN/m²
Schneelast	s	= 0,75 kN/m²
Dachlast	q	= 1,25 kN/m²
		≈ 1,50 kN/m²
Spannweite	l	= 10,00 m
Abstand	a	= 5,0 m
abgelesen	d/b_u	= 500/150 mm

Beispiel 2:
Porenbeton-Dach

Belag und Schnee		= 1,0 kN/m²
Eigenlast Porenbeton (d = 150 mm)	g_2	= 1,1 kN/m²
Dachlast	q	= 2,1 kN/m²
		≈ 2,0 kN/m²
Spannweite	l	= 12,00 m
		≈ 12,50 m
Abstand	a	= 4,0 m
abgelesen	d/b_u	= 600/190 mm

Dachdeckenplatten TT-Profil vorgespannt

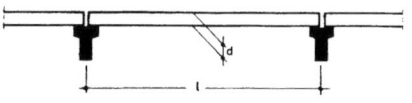

	Maße in mm						
d_u	200	300	400	500	600	700	800
b_u	190						
b_o	210	220	230	240	250	260	270

Alle Abmessungen ausreichend für Feuerwiderstandsklasse F 90-A nach DIN 4102

	≥ 60	F 30-A
d_o	≥ 100	F 90-A
	üblich von 60 bis 250	

B = ca. 1500 bis max. 3000 mm
a_r = Rippenabstand = $a_u + b_u$
a_u = lichte Weite zwischen den Rippen, in der Regel 1000 mm

L System	Deckenhöhe d (mm) bei Auflast q (kN/m²)						
(m)	1,0	1,5	2,0	2,5	3,0	3,5	5,0
6,00	260						
7,50							
10,00			360				
12,50			460				
15,00						560	
17,50		560			660		
20,00	760						
22,50				860			
25,00	860						
Spiegel	d_o = 60 mm						

Lasten:
– in der Tabelle eingearbeitet: Eigenlast g_1 TT-Platte mit d_o = 60 mm
– frei wählbar: Auflast q Systemmaß B = 2,50 m

Beispiel

leichte Eindeckung	g_2	= 0,50 kN/m²
Schnee	s	= 0,75 kN/m²
Dachlast	q	= 1,25 kN/m²
	L	= 20,00 m
Systemmaß	d	= 760 mm
abgelesen:	d_u	= 760 – 60 = 700 mm

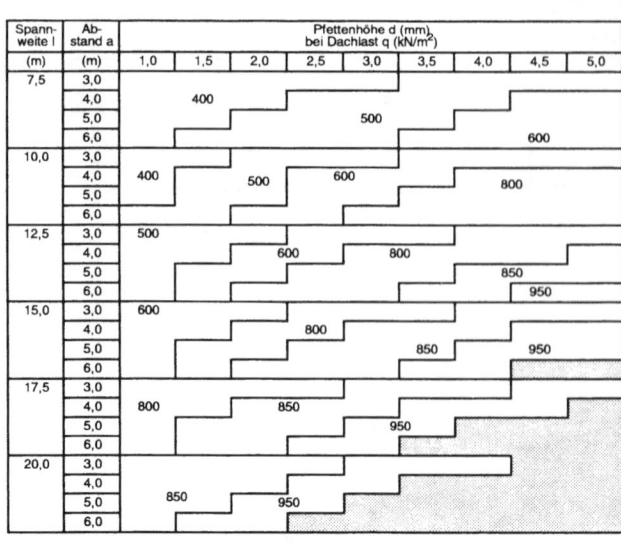

Spann-weite l	Ab-stand a	Pfettenhöhe d (mm) bei Dachlast q (kN/m²)								
(m)	(m)	1,0	1,5	2,0	2,5	3,0	3,5	4,0	4,5	5,0
7,5	3,0									
	4,0	400								
	5,0			500						
	6,0							600		
10,0	3,0									
	4,0	400		500	600			800		
	5,0									
	6,0									
12,5	3,0	500								
	4,0			600		800				
	5,0							850		
	6,0							950		
15,0	3,0	600								
	4,0			800						
	5,0						850		950	
	6,0									
17,5	3,0									
	4,0	800		850						
	5,0					950				
	6,0									
20,0	3,0									
	4,0	850		950						
	5,0									
	6,0									

▢ Binderprofil wählen

Lasten:
– in der Tabelle eingearbeitet: Eigenlast g_1 Pfette
– frei wählbar: Dachlast q

Porenbeton-Dach- und Deckenplatten

Spannweite l	Plattendicke d [mm] bei Dachlast q oder Auflast q (kN/m²)							
[m]	1,0	1,5	2,0	2,5	3,0	3,5	5,0	6,0 [1]
3,0	100 (125)			125 (130)			150 (175)	
4,0	125 (150)	(150)	150 (175)			175 (200)	200 (200)	(225)
5,0	150 (175)		175 (200)		200 (225)		250 (250)	(300)
6,0	200 (200)	225 (225)		250 (250)	(275)	(300)		

( ) - Werte für Feuerwiderstandsklasse F 90 nach DIN 4102

[1] Mit einem konstruktiven bewehrten Überbeton ≥ 40 mm (mind. B 15) sind Verkehrslasten bis zu 5 kN/m² zulässig.

Lasten:
– in der Tabelle eingearbeitet: Eigenlast g_1 Platte
– frei wählbar: Dachlast q oder Auflast q

Dächer:
leichte Eindeckung, z.B. 3 Lagen Bitumenbahnen + Wärmedämmung   0,35 kN/m²
schwere Eindeckung,
z.B. 3 Lagen Bitumenbahnen + Wärmedämmung + Kiesschüttung   1,3 kN/m²

Beispiel Dachplatte:

leichte Eindeckung	g	= 0,35 kN/m²
Schneelast	s	= 0,75 kN/m²
Dachlast	q	= 1,1 kN/m²
		≈ 1,0 kN/m²
Spannweite	l	= 5,0 m
abgelesen	d	= 150 mm

Beispiel Deckenplatte F 90:

Estrich	g_2	= 1,10 kN/m²
Verkehrslast	p	= 3,50 kN/m²
Auflast	q	= 4,80 kN/m²
		≈ 5,0 kN/m²
Spannweite	l	= 4,0 m
abgelesen	d	= 200 mm

Tragwerke aus Betonfertigteilen

Tragwerksysteme für Bauwerke aus Betonfertigteilen (nach Lit. 59)

Geschossdeckenplatten TT-Profil vorgespannt

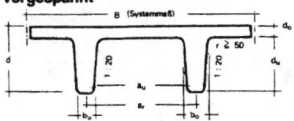

Maße in mm							
d_u	200	300	400	500	600	700	800
b_u	190						
b_o	210	220	230	240	250	260	270

Alle Abmessungen ausreichend für Feuerwiderstandsklasse F 90-A nach DIN 4102

d_o	≥ 60	F 30-A
	≥ 100	F 90-A
	üblich von 60 bis ca. 250	

B = ca. 1500 bis max. 3000
a_r = Rippenabstand $a_u + b_u$
a_u = lichte Weite zwischen den Rippen, in der Regel 1000 mm

Anmerkung: Die Elemente sind durch Vorspannung überhöht. Aufbetonergänzte Spiegel d_o min = 50 + 70 = 120 mm. Überhöhungsausgleich durch Estrich oder Aufbeton

Beispiel:
Auflast   q = 10 kN/m²
Systemmaß L = 15,00 m
abgelesen: d = 750 mm
            d_o = 150 mm
            d_u = 750 – 150 = 600 mm

Geschoßdeckenplatten TT-Profil schlaff bewehrt

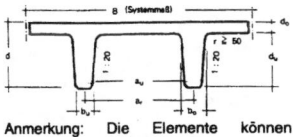

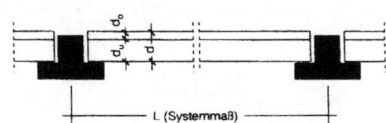

Maße in mm							
d_u	200	300	400	500	600	700	800
b_u	190						
b_o	210	220	230	240	250	260	270

Alle Abmessungen ausreichend für Feuerwiderstandsklasse F 90-A nach DIN 4102

d_o	≥ 60	F 30-A
	≥ 100	F 90-A
	üblich von 60 bis ca. 250	

B = ca. 1500 bis max. 3000
a_r = Rippenabstand $a_u + b_u$
a_u = lichte Weite zwischen den Rippen, in der Regel 1000 mm

Anmerkung: Die Elemente können überhöht hergestellt werden. Aufbetonergänzte Spiegel d_o min = 50 + 70 = 120 mm. Höhenausgleich durch Estrich oder Aufbeton

Beispiel:
Auflast   q = 10 kN/m²
Systemmaß L = 12,50 m
abgelesen: d = 850 mm
            d_o = 150 mm
            d_u = 850 – 150 = 700 mm

Lasten:
– in der Tabelle eingearbeitet: Eigenlast g_1 TT-Platte
– frei wählbar: Auflast q Systemmaß B = 2,50 m

L System (m)	Deckenhöhe d (mm) bei Auflast q (kN/m²)						
	3,5	5,0	7,5	10	15	20	25
6,00	320		350			400	
7,50	420		450			500	
10,00		520		550		600	
12,50	520	620	650		750	800	
15,00	620	720	750		850	900	1000
17,50	720	820	850	950			
20,00		920	950				
Spiegel	d_o = 120		d_o = 150			d_o = 200	

ACHTUNG: Aufstehende Trennwände können Zusatzmaßnahmen erfordern.

Lasten:
– in der Tabelle eingearbeitet: Eigenlast g_1 TT-Platte
– frei wählbar: Auflast q Systemmaß B = 2,50 m

L System (m)	Deckenhöhe d (mm) bei Auflast q (kN/m²)						
	3,5	5,0	7,5	10	15	20	25
6,00	320		350		450		500
7,50		420		450		550	600
10,00		520		650			700
12,50		720		750	850		900
15,00		820		850	950		1000
17,50		920	950				
20,00							
Spiegel	d_o = 120		d_o = 150			d_o = 200	

ACHTUNG: Aufstehende Trennwände können Zusatzmaßnahmen erfordern.

Deckenplatten (schlaff bewehrt): Elementplatten mit Aufbeton, Voll- und Hohlplatten

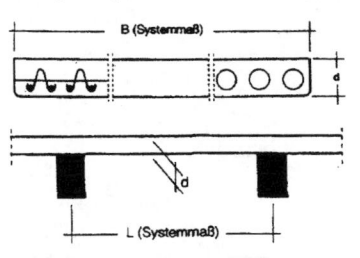

Lasten:
– in der Tabelle eingearbeitet: Eigenlast g_1 Deckenplatten
– frei wählbar: Auflast q

Systemmaß L (m)	Deckendicke d (mm) vgl. Tab. 6.2) bei durchlaufenden Systemen [1] bei Auflast q kN/m²													
	1,0	1,5	2,0	2,5	3,0	3,5	4,0	4,5	5,0	7,5	10	15	20	25
3,0	120						120				140		160	
4,0	140						140				160		180	
5,0 [2]	180								200				220	
6,0 [2]	220									240				
7,5 [2]	240						260				280		300	
10,0														
12,5														

[1] Bei einfeldrigen Platten d ca. 15 % dicker
[2] Bei aufstehenden Trennwänden können zusätzliche Maßnahmen erforderlich sein
(z. B. rissesichere Trennwände, größere Deckendicke)

Maße in mm											
d	100	120	140	160	180	200	220	240	260	280	300	320
B 1200 bis 3000												

Alle Abmessungen ausreichend für Feuerwiderstandsklasse F 90-A nach DIN 4102

Beispiel:
Auflast   q = 3,5 kN/m²
Spannweite l = 5,0 m
abgelesen: d = 180 mm

Lasten:
– in der Tabelle eingearbeitet: Eigenlast g_1 Deckenplatten
– frei wählbar: Auflast q

Systemmaß L (m)	Deckendicke d (mm) bei Auflast q (kN/m²)													
	1,0	1,5	2,0	2,5	3,0	3,5	4,0	4,5	5,0	7,5	10	15	20	25
3,0	120										140	160		
4,0	120									140		160		
5,0	120					140			160	180	220			
6,0	120	140	160		180			200		220	260			
7,5	180			200		220			240	300				
10,0	260								280	320				
12,5	260	280	300	320										

Deckenplatten: vorgespannte Hohlplatten

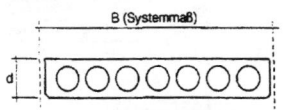

Maße in mm											
d	100	120	140	160	180	200	220	240	260	280	300	320
B 1200												

Alle Abmessungen ausreichend für Feuerwiderstandsklasse F 90-A nach DIN 4102
(F 60-A bei Hohlplatten d = 100 mm)

Bei Feuerwiderstandsklasse F 30-A sind größere Spannweiten möglich

Beispiel:
Auflast   q = 3,5 kN/m²
Spannweite l = 5,0 m
abgelesen: d = 240 mm

Tragwerke aus Betonfertigteilen

Tragwerksysteme für Bauwerke aus Betonfertigteilen (nach Lit. 59)

Deckentragwerk Unterzug L-, ⊥-und I-Profil

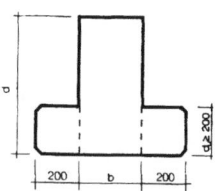

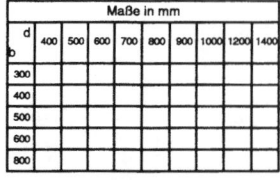

Maße in mm									
d \ b	400	500	600	700	800	900	1000	1200	1400
300									
400									
500									
600									
800									

Alle Abmessungen ausreichend für Feuerwiderstandsklasse F 90-A nach DIN 4102

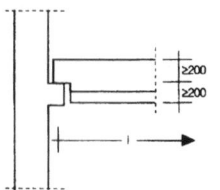

Deckentragwerk Unterzug Plattenbalken

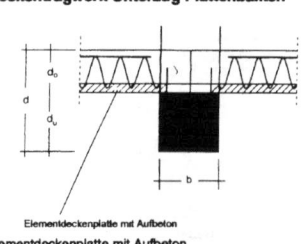

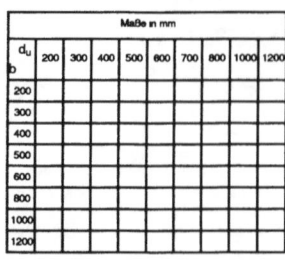

Maße in mm									
d_u \ b	200	300	400	500	600	700	800	1000	1200
200									
300									
400									
500									
600									
800									
1000									
1200									

Elementdeckenplatte mit Aufbeton

Alle Abmessungen ausreichend für Feuerwiderstandsklasse F 90-A nach DIN 4102

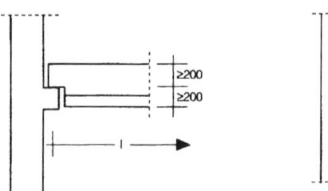

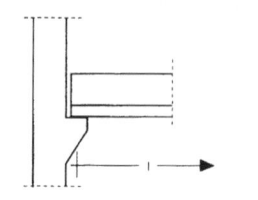

Lasten:
in der Tabelle eingearbeitet:
Eigenlast TT-Platte + Eigenlast ⊥-Profil
frei wählbar: Auflast q

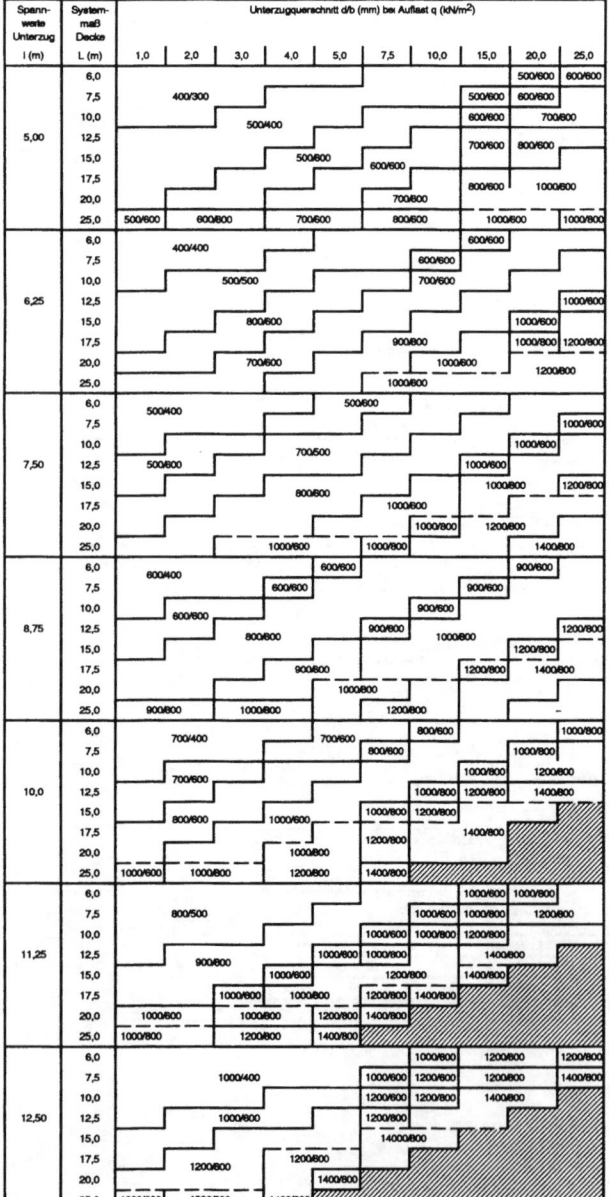

Lasten:
in der Tabelle eingearbeitet:
Eigenlast Decke + Unterzug
frei wählbar: Auflast q

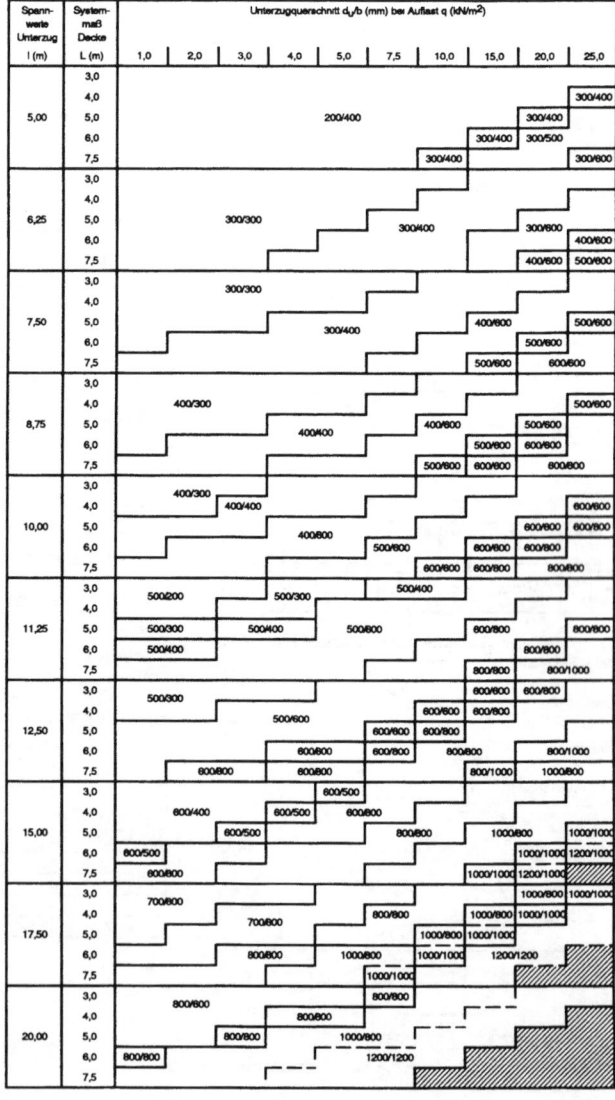

Beispiel:
Spannweite Unterzug $l = 7,50$ m
Systemmaß Decke $L = 10,0$ m
Auflast $q = 5,0$ kN/m²
abgelesen: $d/b_o = 700/500$ mm

_ . _ . _
Querschnitte unterhalb dieser Linie
erst nach Rücksprache mit dem
Fertigteilwerk vorsehen

Beispiel:
Systemmaß Decke $L = 10,0$ m
Auflast $q = 3,5$ kN/m²
$d_o = 180$ mm
Spannweite Unterzug $l = 10,0$ m
abgelesen: $d_u/b = 400/400$ mm
$d = 180 + 400 = 580$ mm

_ . _ . _
Querschnitte unterhalb dieser
Linie erst nach Rücksprache
mit dem Fertigteilwerk vorsehen

Tragwerke aus Betonfertigteilen

Tragwerksysteme für Bauwerke aus Betonfertigteilen (nach Lit. 59)

Gebäude-Stützen

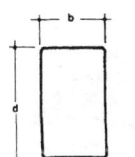

Lasten:
in der Tabelle eingearbeitet: Eigenlasten der Deckentragwerke + Stützen
frei wählbar: Auflast q

Grundfläche = Spannweite Unterzug l x Systemmaße Decke L

Grundfläche	Innenstützen Stützenquerschnitt b/d (mm) bei Auflast q (kN/²) beider Decken								Randstützen Stützenquerschnitt b/d (mm) bei Auflast q (kN/²) beider Decken							
(m²)	3,0	5,0	7,5	10,0	15,0	20,0	25,0	30,0	3,0	5,0	7,5	10,0	15,0	20,0	25,0	30,0
50								300/400								
75								400/400								
100						400/400	400/500				300/400					300/400
125						400/500	500/500						300/400			
150			400/400		400/500	500/500	500/600					300/400				
175					500/500		600/600									
200		400/500			500/600						300/400			400/500		
225					600/600											
250		500/600		600/600	600/800						400/400	400/500	500/500			
275			500/600		700/800									500/600		
300																
325	500/600		600/600	700/800	800/800						400/500		500/600	600/600		

Alle Abmessungen ausreichend für Feuerwiderstandsklasse F-90 A nach DIN 4102

Beispiel:

Spannweite Unterzug l = 15,0 m
Systemmaß Decke L = 7,50 m
} 15,0 x 7,50 = 112,5 m² Grundfläche

Auflast Dach = 2,50 kN/m²
Auflast Decke = 5,0 kN/m²
} $q = 2,5 + 5,0 = 7,5$ kN/m²

abgelesen: Innenstützen b/d = 300/400 mm, Randstützen b/d = 300/400 mm

Geschoßzahl n = 2

Gebäude durch Treppenhaus, Wandscheiben o. ä. ausgesteift

Die angegebenen Stützenabmessungen sind Richtwerte bei mittlerem Bewehrungsanteil.

$H \leq 4$ m

Maße in mm

b \ d	300	400	500	600	700	800
300						
400						
500						
600						
700						
800						

Hallenstützen

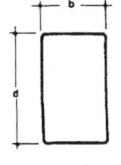

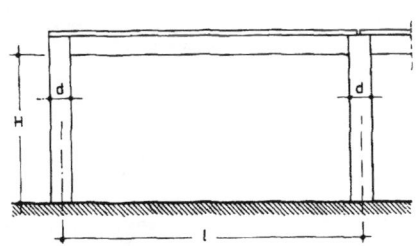

Hallenstützen mit Kranbahn

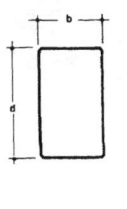

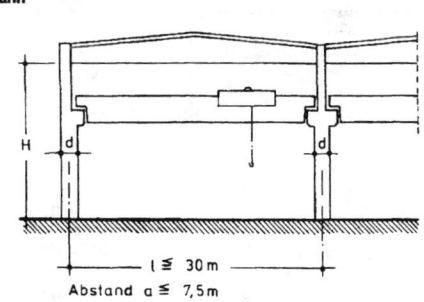

l ≦ 30 m
Abstand a ≦ 7,5 m

Maße in mm

b \ d	300	400	500	600	700	800
300						
400						
500						
600						
700						
800						

Alle Abmessungen ausreichend für Feuerwiderstandsklasse F 90-A nach DIN 4102

Beispiel:

Spannweite	l	= 25,0 m
Abstand	a	= 6,0 m
Höhe	H	= 7,0 m
Schneelast	s	= 1,5 kN/m²
Porenbeton- platten (d = 250 mm)	g	= 2,1 kN/m²
Dachlast	q	= 3,5 kN/m² → 5,0

abgelesen:
Randstützen b/d = 500/600 mm
Innenstützen b/d = 500/700 mm

oder bei höherem Bewehrungsgehalt

Randstützen b/d = 400/500 mm
Innenstützen b/d = 400/600 mm

Maße in mm

b \ d	300	400	500	600	700	800
300						
400						
500						
600						
700						
800						

Alle Abmessungen ausreichend für Feuerwiderstandsklasse F 90-A nach DIN 4102

Lasten:
in der Tabelle berücksichtigt: Eigenlast Binder + Stützen + Wind
frei wählbar: Dachlast q

Binder- spann- weite l (m)	Binder- Abstand a (m)	Stützenquerschnitt b/d (mm) bei					
		Dachlast q = 2,5 kN/m²			Dachlast q = 5,0 kN/m²		
		H = 4,0 (m)	H = 7,0 (m)	H = 10,0 (m)	H = 4,0 (m)	H = 7,0 (m)	H = 10,0 (m)
Randstützen							
bis 25,0	5,0 6,0 7,5 10,0	400/400	400/500	400/600	Vergrößerung der Stützenabmessungen um jeweils 10 cm oder: höherer Bewehrungsgehalt		
über 25,0	5,0 6,0	400/500	400/600	500/600			
bis 40,0	7,5 10,0	400/600	500/600	600/700			
Innenstützen							
bis 25,0	5,0 6,0 7,5 10,0	400/500	400/600	400/700	Vergrößerung der Stützenabmessungen um jeweils 10 cm oder: höherer Bewehrungsgehalt		
über 25,0	5,0 6,0	400/600	500/600	600/600			
bis 40,0	7,5 10,0	500/600	600/700	600/800			

Lasten:
in der Tabelle berücksichtigt: Eigenlast Konstruktion + Eigenlast Kran + Schnee + Wind
frei wählbar: Krannutzlast

Höhe H [m]	Lage	Stützenquerschnitt b/d [mm] bei Krannutzlast [kN]		
		50	100	200
6,0	Randstütze	400/400	400/500	400/500
	Mittelstütze	400/500	400/500	400/600
9,0	Randstütze	500/500	500/600	500/600
	Mittelstütze	500/600	500/700	500/800
12,0	Randstütze	500/600	600/600	600/700
	Mittelstütze	500/700	600/800	600/1000 *)

*) Sonderabmessungen

Stahlbau, Bausysteme

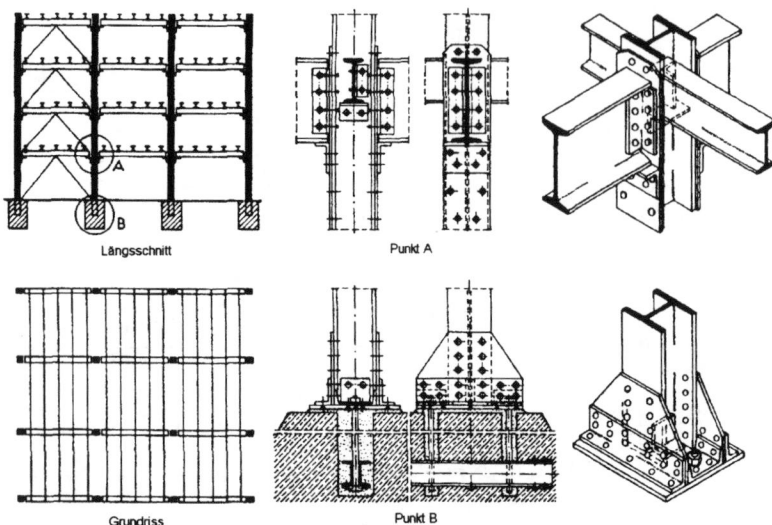

Längsschnitt

Punkt A

Grundriss

Punkt B

1 eingliedrige Stützen durchgehend, eingliedrige Unterzüge von Feld zu Feld, Decken aufgelegt

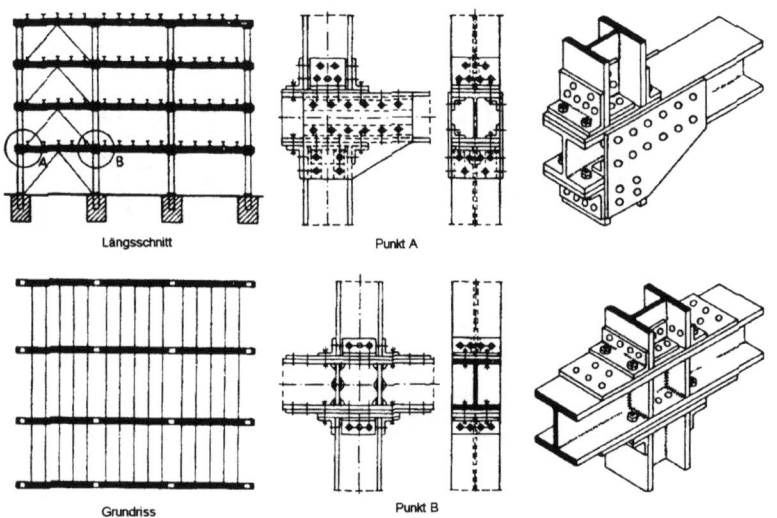

Längsschnitt

Punkt A

Grundriss

Punkt B

2 eingliedrige Stützen von Geschoss zu Geschoss, eingliedrige Unterzüge durchgehend, Decke aufgelegt

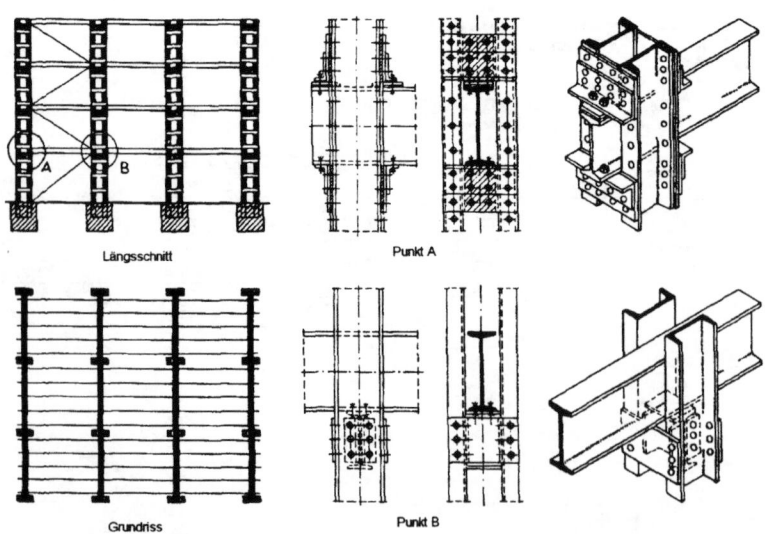

Längsschnitt

Punkt A

Grundriss

Punkt B

3 zweigliedrige Stützen durchgehend, eingliedrige Unterzüge durchgehend, Decke aufgelegt

Gerippebauten, Bausysteme

Gelenkrahmen mit durchgehenden Stützen

Die Stützen laufen von unten nach oben mit oder ohne Stoß durch. Eingliedrige Riegel (Unterzüge) werden in eingliedrige Stützen eingehängt → **1**, bei zweigliedrigen Stützen ungestoßen durch die Stützen geführt → **3**. Zweigliedrige Riegel werden an eingliedrigen Stützen vorbeigeführt → **4**. Die Riegel übertragen dabei ihre Auflagerkraft mittig auf die Stützen. Die versteifende Wirkung des Riegelanschlusses wird dabei nicht berücksichtigt, der Anschluss wird als frei aufliegend (Gelenkknoten) betrachtet. Biegemoment, Querschnitt und Durchbiegung des Riegels werden größer als bei Steifknoten. Säulen erhalten reine Druckbeanspruchung, der Säulenquerschnitt wird deshalb geringer als bei Steifknoten. Wenn Verhältnis Riegelstützweite : Geschosshöhe klein, Gelenkrahmen leichter als Vollsteifrahmen. Ausführungen **3** und **4** mit durchgehenden Riegeln (Träger auf 4 Stützen) wirtschaftlicher als Ausführung **1**. Riegelanschluss bei Montage einfach, statische Berechnung der Säulen einfach (statisch bestimmt). Nachteil: Höhere Riegelprofile bedingen größere Geschosshöhen und damit größere Gesamtlasten.

Gelenkrahmen mit Pendelstützen und durchgehenden Riegeln

Die Riegel laufen über die Stützen hinweggehend über die gesamte Rahmenbreite mit oder ohne Stoß durch → **2**. Die Stützen werden als Pendelstützen bzw. lotrecht gestellte einfache Balken aufgefasst. Wirtschaftlichkeit ähnlich **3** und **4**.

Vollsteifrahmen

Stützen und Riegel sind biegefest miteinander verbunden. Die Stützenfüße sind im Fundament eingespannt, alle Knoten sind Steifknoten → **5, 6**. System mehrfach statisch unbestimmt. Wenn Verhältnis Riegelstützweite : Geschosshöhe groß, ist der Vollsteifrahmen leichter als der Gelenkrahmen. Riegelprofil und damit Geschosshöhe und Gesamtlasten niedriger als beim Gelenkrahmen.

Noch wirtschaftlicher als der ebene Vollsteifrahmen → **5** ist der räumliche Vollsteifrahmen → **6**.

Zur Profil- und Knotenausbildung

In **1** bis **6** sind Beispiele für die Profil- und Knotenausbildung in Ansicht und Isometrie gezeigt. **Gelenkknoten** werden durch einfache Anwinklung der Riegel an die Stützen gebildet. Es ist darauf zu achten, dass die Auflagerlast zentrisch übertragen wird (→ Punkt B in **3**).

Die Hauptaufgabe der **Steifknoten** besteht in der Umlenkung des Riegelmomentes in das Stützenmoment. Dies kann durch Eckbleche erfolgen (→ Punkt B in **5**), wenn über und unter dem Riegel Wände liegen. Meist ist es aber notwendig, Decke und Fußboden bis in die Rahmenecke zu führen, so dass für den Anschluss nur das Rechteck zwischen den waagerechten Riegelflanschen und den lotrechten Stützenflanschen zur Verfügung steht (→ Punkt A in **6**).

An Knoten ankommende **Decken- und Ringträger** (für die Wandlasten der Gefache) werden an die Stützen einfach angewinkelt (in den Beispielen **1** bis **6** wegen Übersichtlichkeit weggelassen). Zur Erhöhung der Einspannwirkung (und damit Verbesserung des Längsverbandes) werden Ringträger oft mit Konsolen oder Eckblechen angeschlossen, die nicht stören, da sie in die Wand fallen.

Stahlbau, Bausysteme

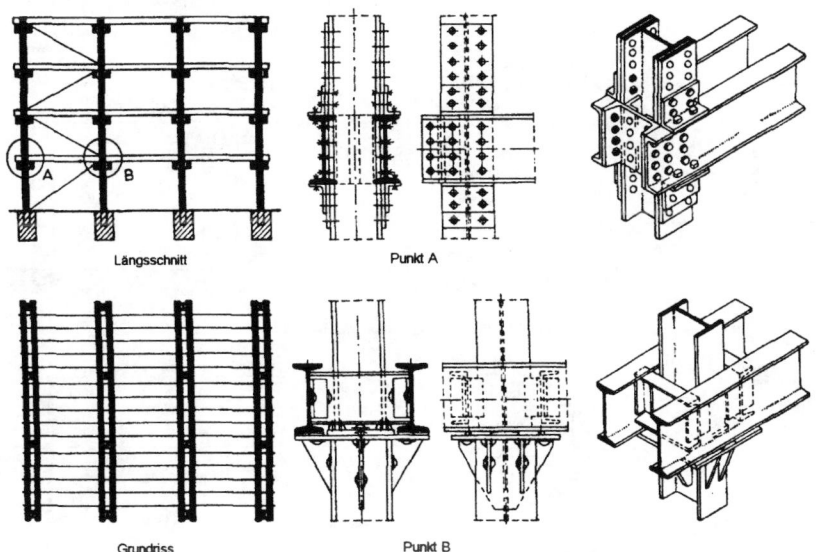

Längsschnitt   Punkt A

Grundriss   Punkt B

4 eingliedrige Stützen durchgehend, zweigliedrige Unterzüge durchgehend, Decken aufgelegt

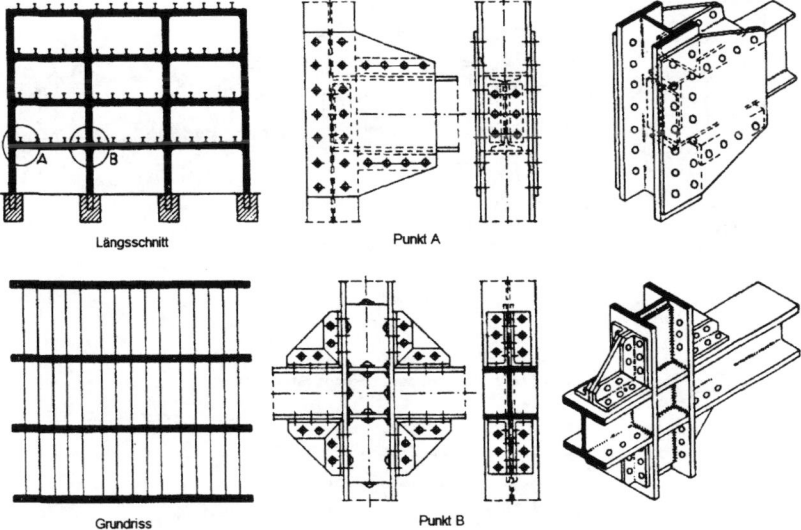

Längsschnitt   Punkt A

Grundriss   Punkt B

5 Stützen und Unterzüge durchgehend (allseitig biegefest verbunden), Decken aufgelegt

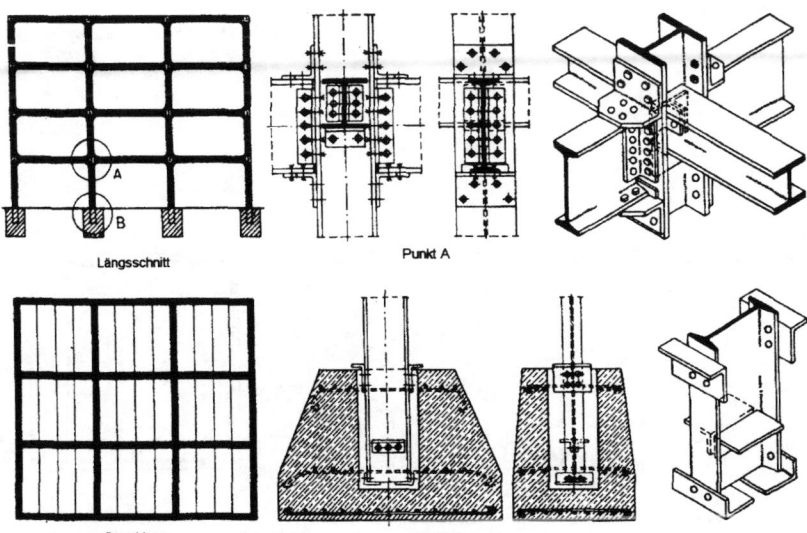

Längsschnitt   Punkt A

Grundriss   Punkt B

6 Stützen, Unterzüge und Decken durchgehend (allseitig biegefest verbunden), räumliches Tragwerk

Der **Stahlgerippebau** hat gegenüber dem Massivbau eine Reihe Vorzüge, die ihn für bestimmte Bauaufgaben qualifizieren.

1.	Die Umfassungswände können in gleicher Dicke über eine große Geschosszahl ausgeführt werden. Die geringen Stützenquerschnitte erlauben eine weitgehende Verglasung der Außenwände. Die Baustoffe für die Ausfachung können ohne Rücksicht auf deren Festigkeit den Anforderungen des Wärme-, Wetter- und Schallschutzes bestmöglichst angepasst werden.

2.	Beim Gerippebau lässt sich eine echte Übereinstimmung zwischen statischer Berechnung und praktischer Kräftewirkung erzielen. Die Werkstoffeigenschaften sind gütemäßig gleichbleibend, die Stahlbauteile durch weitgehende Vorfertigung maßgenau und passgerecht.

3.	Die weitgehende Vorfertigung erlaubt eine kurzfristige Montage und damit kurze Bauzeiten. Es kann unter Ausnutzung der oft längere Zeit in Anspruch nehmenden Gründungsarbeiten vorgearbeitet werden. Ein Werk- und Lagerplatz ist meist entbehrlich. Ausfachung, Zwischenwände, Decken usw. können geschossweise ohne Behinderung durch Abbindezeiten usw. ausgeführt werden.

4.	Die gegenüber dem Massivbau geringeren Gesamtlasten (Eigengewichte) lassen geringere Fundament- und Bausohlmassen zu. Durch entsprechende Ausbildung des Traggerippes und der Gründung lassen sich Fundamentsenkungen leicht abfangen bzw. ausgleichen.

5.	Stahlgerippebauten können leicht verändert, ergänzt oder abgebrochen werden. Ausgebaute Stahlbauteile lassen sich wieder verwenden.

6.	Bei richtiger und ausreichender Ummantelung der stählernen Tragteile ist Stahlgerippebau gegen Feuereinwirkung nahezu unempfindlich.

Aufbau der Stahlgerippe

Stahlgerippebauten sind als räumliche Tragwerke aufzufassen, die im allgemeinen in Flächentragwerke (Rahmenbinder) aufgelöst → **1 bis 5,** in besonderen Fällen aber auch als Raumtragwerk behandelt werden → **6.**

Rahmenbinder können zwei- und mehrstielig sein und als Steifrahmen oder Gelenkrahmen ausgebildet werden. Steifrahmen sind Rahmen mit Steifknoten, das sind biegefeste Anschlüsse von Riegel und Stütze. Gelenkrahmen sind Rahmen mit Gelenkknoten, das sind gelenkartige Anschlüsse der Riegel an die Stützen. Als Gelenkanschluss gilt auch der Anschluss durch geschraubte Stegwinkel, obgleich die Gelenkwirkung solcher Anschlüsse unvollkommen ist. Lässt man Riegel und Stützen am Knoten durchlaufen → **3, 4,** erhält man sog. Kreuzgelenke, bei denen die **Riegel** nur auf Zentrierleisten gesetzt werden.

Die **Aussteifung der Stahlgerippe in der Längsrichtung** erfolgt durch Massivdecken und in den Frontwänden. In der Regel werden nebeneinanderstehende Rahmenbinder durch Fachwerkträger in den Frontwänden zu rahmenartigen Gebilden zusammengefasst.

117

Stahlbau, Bausysteme

Hallenbauten, Systeme

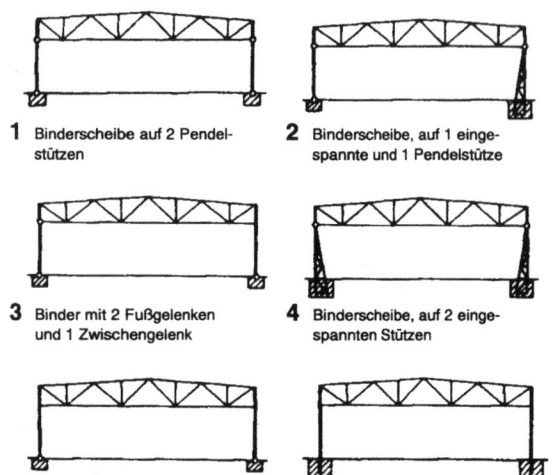

1 Binderscheibe auf 2 Pendelstützen

2 Binderscheibe, auf 1 eingespannte und 1 Pendelstütze

3 Binder mit 2 Fußgelenken und 1 Zwischengelenk

4 Binderscheibe, auf 2 eingespannten Stützen

5 Binder als Zweigelenkrahmen

6 Binder als eingespannter Rahmen

Mehrgeschossbauten, Systeme

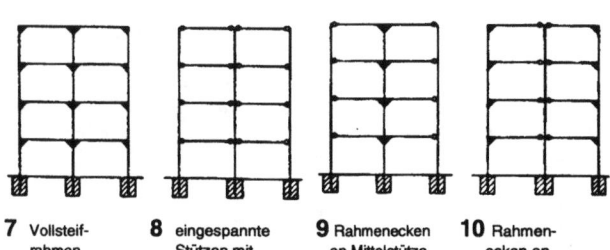

7 Vollsteifrahmen

8 eingespannte Stützen mit Gelenkdecken

9 Rahmenecken an Mittelstütze

10 Rahmenecken an Außenstützen

Hallen mit Gelenkstützen: Langer Windverband

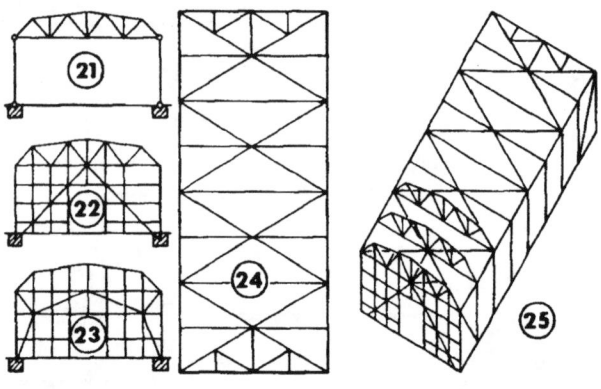

21 bis 25: Aussteifung der Giebelwände → 22, 23; Windverband in Untergurtebene → 24; Versteifung im Längswandfeld, Zusammenwirken des Windverbandes → 25.

Hallen mit eingespannten Stützen: Kurzer Windverband

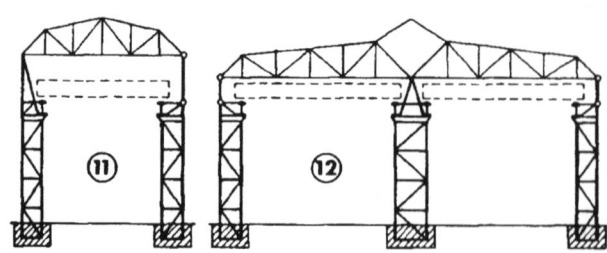

11 einschiffige, 12 zweischiffige Halle, mit Kranbahnen

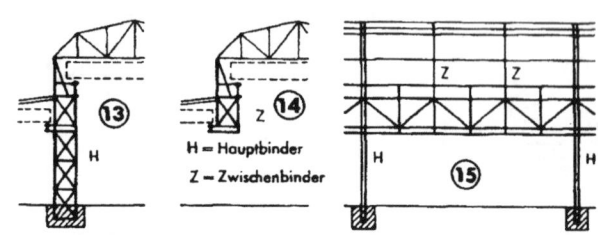

H = Hauptbinder
Z = Zwischenbinder

In großen mehrschiffigen Hallen lässt sich mehr freie Flurfläche dadurch gewinnen, dass nur jede 2. bis 3. Stütze vom Flur aus hochgeht → 13, 15 und die Zwischenbinder auf kurzen Stützen ruhen, die im Fachwerk–Kranträger gelagert sind → 14, 15.

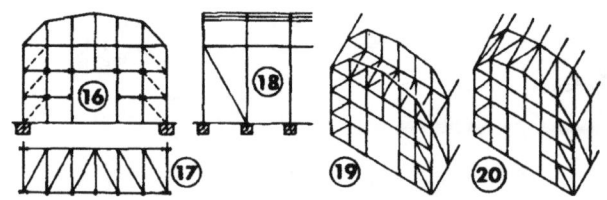

16 bis 20: Windverband in Untergurtebene → 16, 17, 19; Windverband in Dachebene → 16, 20; zusätzlicher Windverband in Längswand → 18, 19, 20.

Mehrgeschossbauten, Aussteifung und Windverband

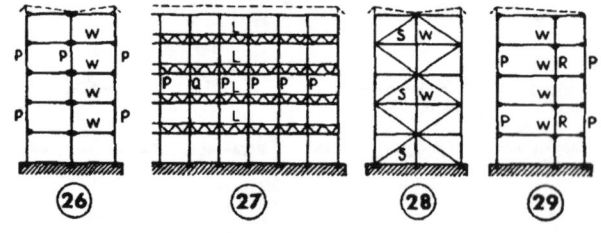

Zwischendecken als waagerechte Aussteifträger (Windscheiben W) → 26, 29; Windaussteifung der Giebelwände durch Strebenkreuze (S) → 28; Längsaussteifung in den Frontwänden durch über den Fensterbändern liegende Fachwerkträger (L) → 27. P = Pendelstützen, Q = Steifrahmen (z.B. im Treppenhaus), R = rahmenartige Mittelstütze.

Wind– und Längsverband der Stahldächer

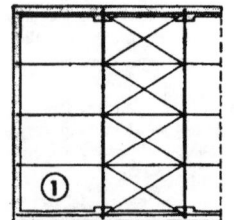 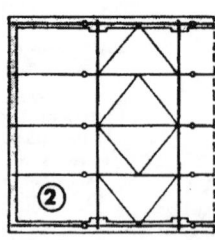 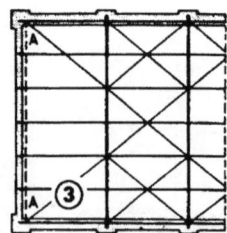 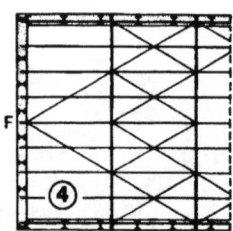 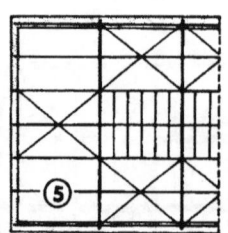

1 bis 5 Windverband in der Dachebene durch Fachwerkträger: 1 = Windverband bei Balkenpfetten, 2 = Windverband bei Gerberpfetten (im gelenklosen Feld!). Bei geringen Pfettenabständen können die Zugbänder je eine Pfette überspringen → 3, 4. Bei massiven Umfassungen wird der Winddruck auf die dem Wind zugekehrten Wandecken (A) → 3, bei Stahlfachwerkwänden auf den Firstpunkt (F) → 4 übergeleitet. 5 = Windverband eines Daches mit Oberlicht.

Stahlbau, Bausysteme

Konstruktionsdetails, Anschlüsse (nach Lit. 25)

Wandkonstruktionen

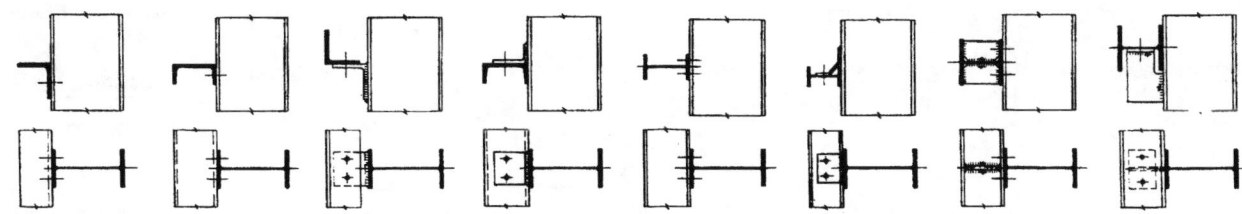

Wandriegelanschlüsse

Anschlüsse von Dach- und Deckenträgern an Binder

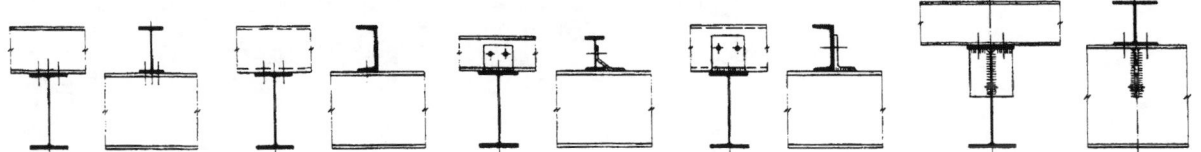

Träger über Binder durchlaufend

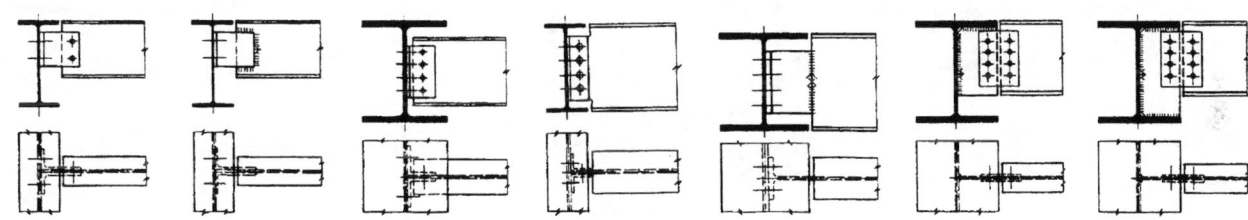

Träger in Binder eingesattelt, einfache Balken

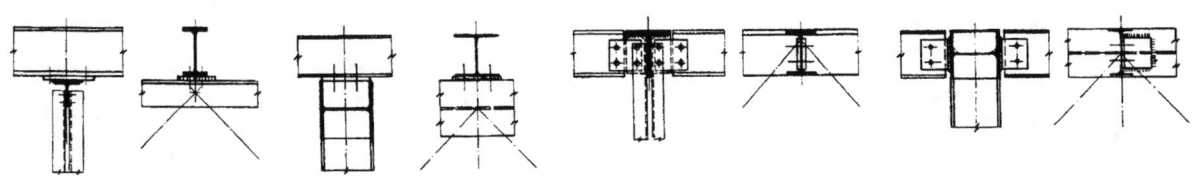

Trägeranschlüsse an Fachwerkbinder

Unterspannungen zu vollwandigen Bindern

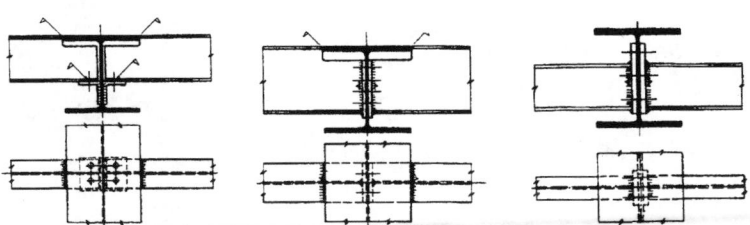

Eingesattelte Durchlaufträger

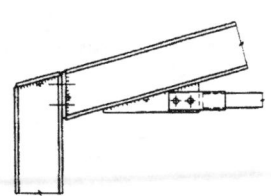

Geschraubte Zugbandanschlüsse

First- und Knickpunkte bei Bindern

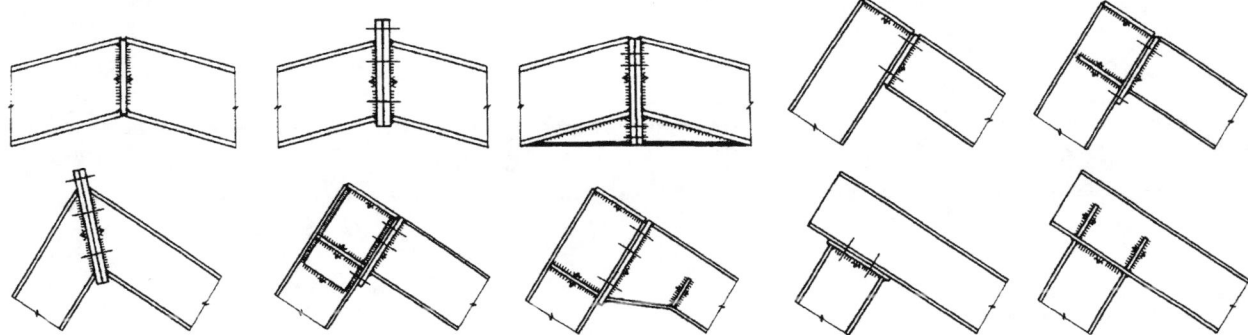

Stahlbau, Bausysteme

Konstruktionsdetails, Anschlüsse (nach Lit. 25)

Kopfstreben zu Pfetten und Bindern

Zugstangen zu Pfetten

Geschraubte Rohranschlüsse

Geschraubte Zugbandanschlüsse

Anschlüsse von Trägern und Bindern an Stützen

Gelenkige Anschlüsse

Gelenkige Anschlüsse

Biegesteife Deckenträger- und Stützenanschlüsse

Biegesteife Rahmenecken

Träger über Stützen durchlaufend

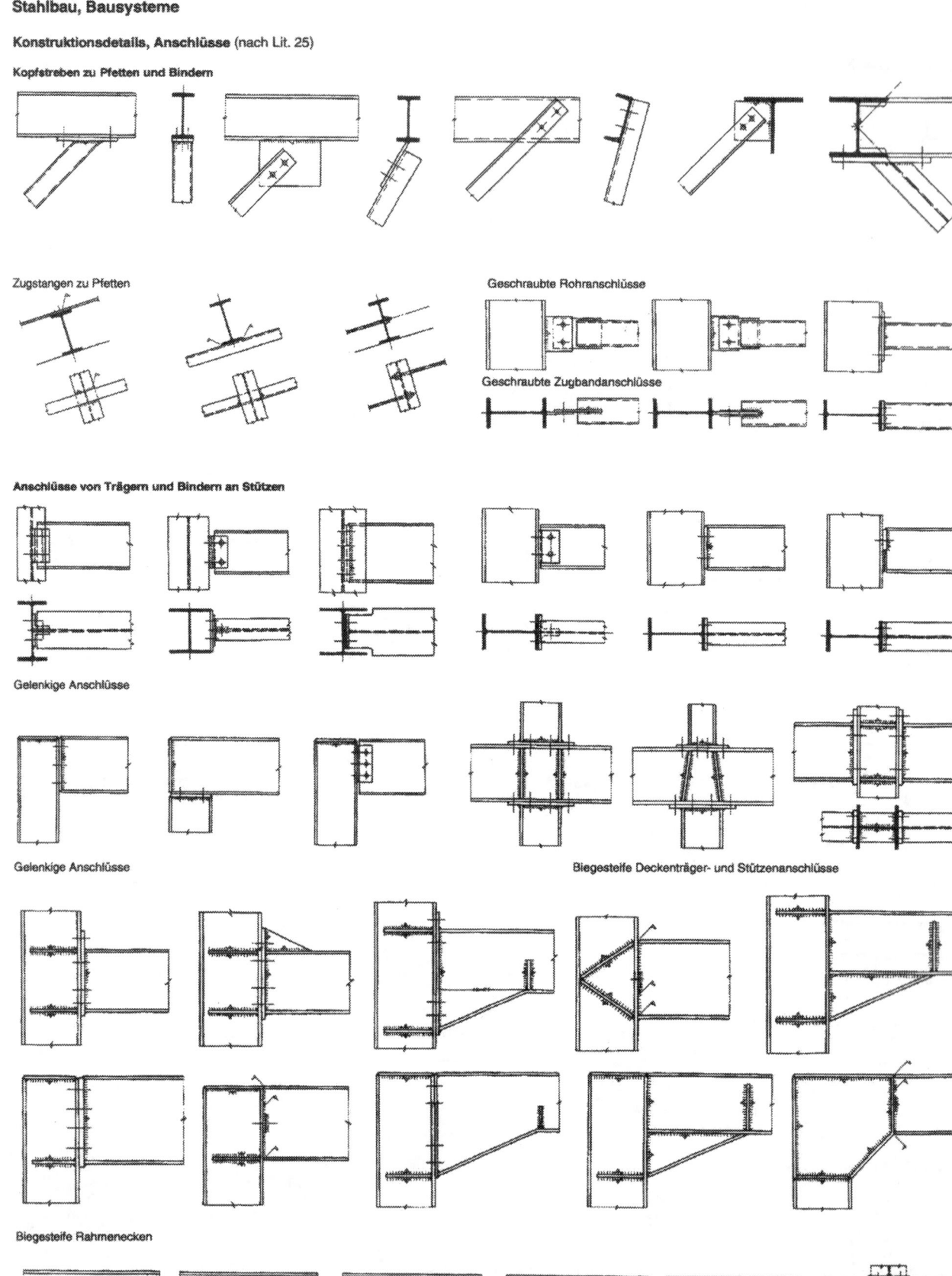

Stahlbau, Bausysteme

Konstruktionsdetails, Anschlüsse (nach Lit. 25)

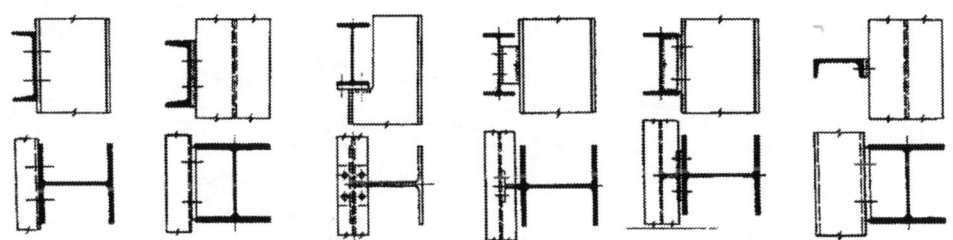

Verankerungen von Trägern, Zugbändern und Zugstangen in betonierten Wänden

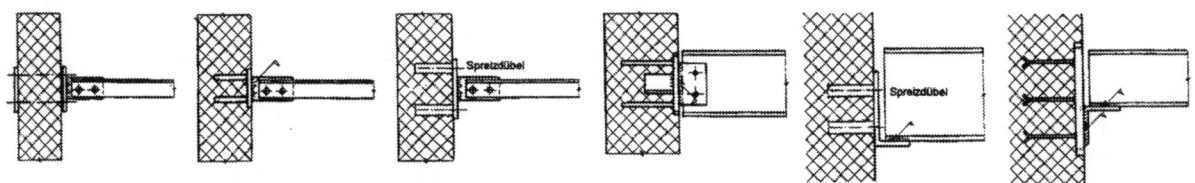

Zusätzliche Rippen und Aussteifungen für Träger, Binder und Stützen   Stegverstärkungen

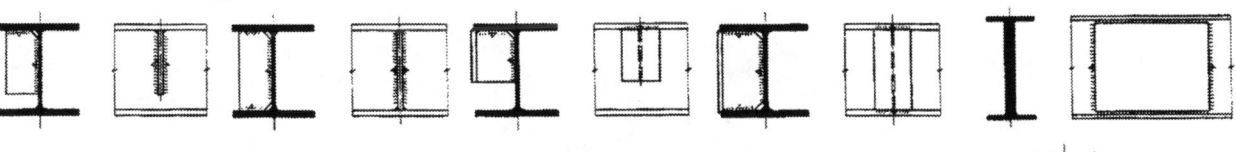

Abgesetzte Stützenprofile   Anschlüsse von Stützen auf Abfangträgern

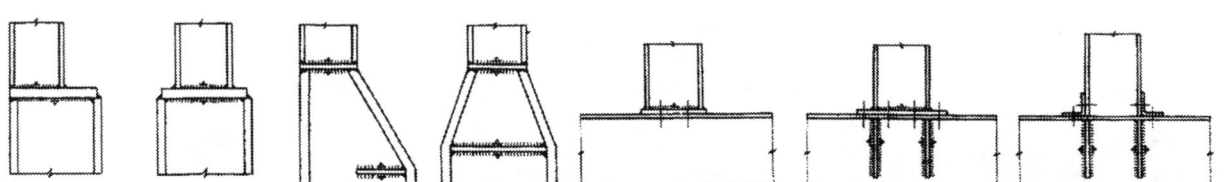

Kranbahnkonsolen

Kranbahnkonsolen bei abgesetzten Stützen

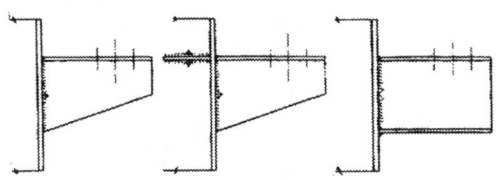
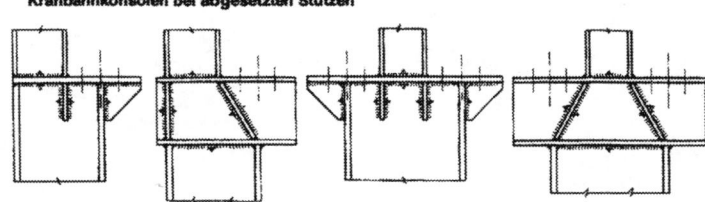

Auflager- und Verankerungs-Konstruktionen

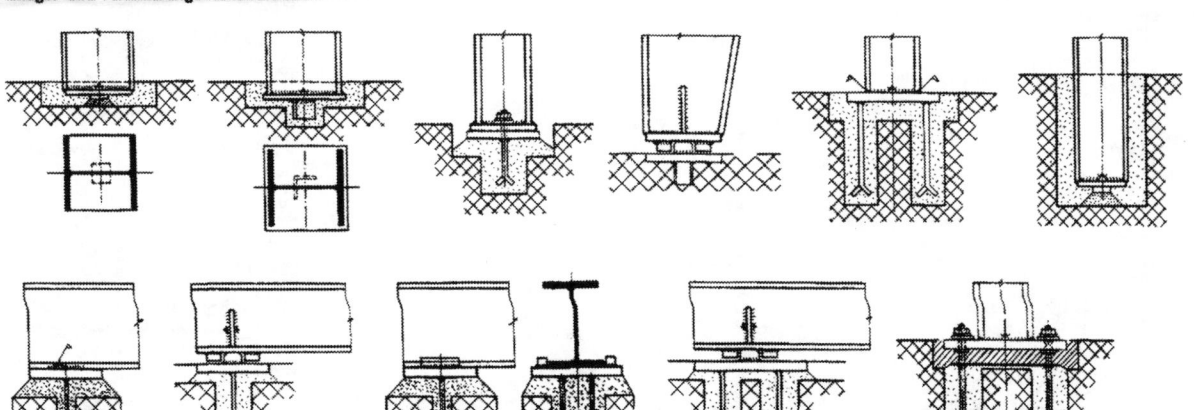

Stahlbau, Bausysteme

Standarddetails Bekleidungen für Stahlbauten (nach Lit. 25)

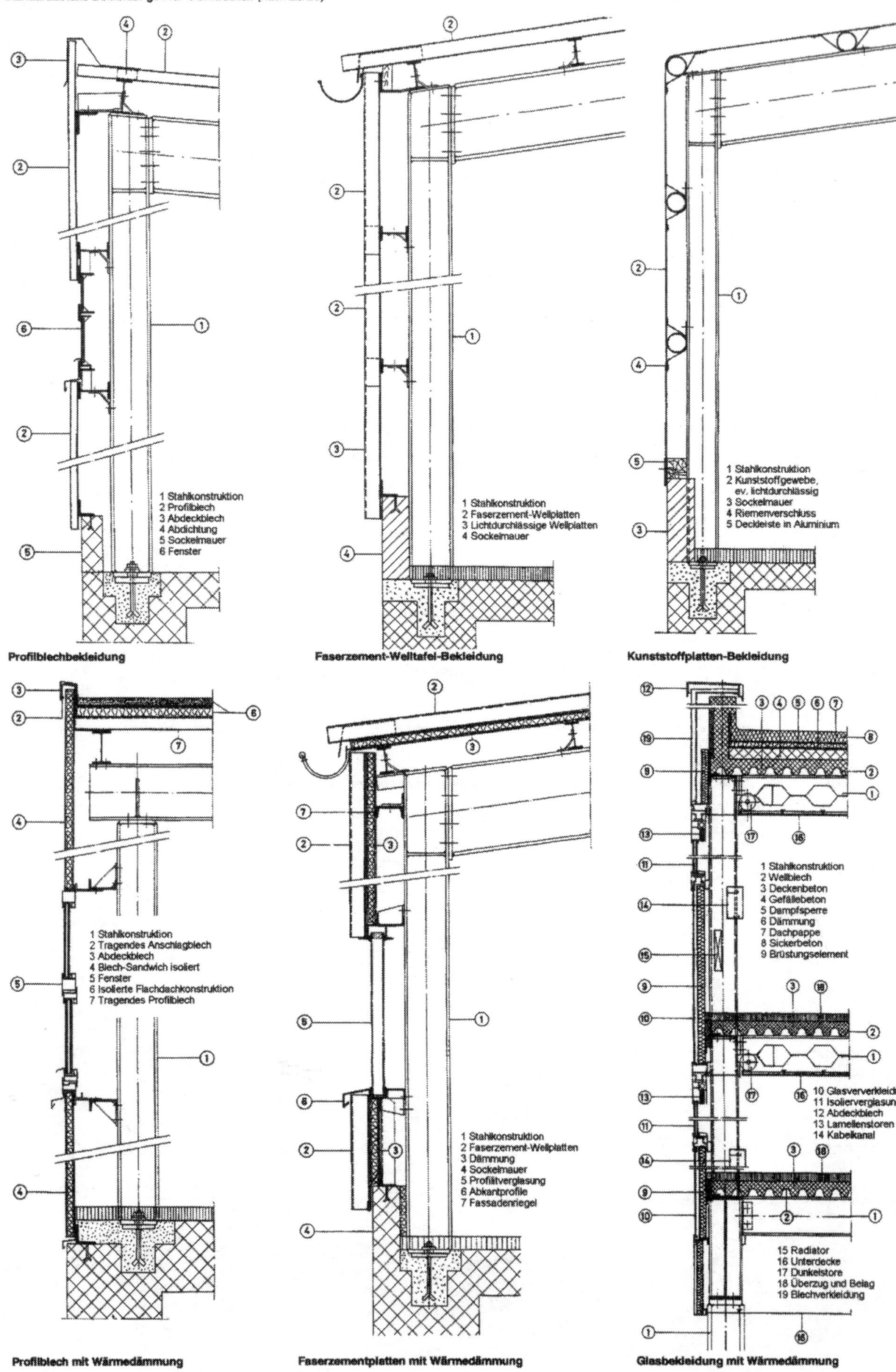

Profilblechbekleidung

1 Stahlkonstruktion
2 Profilblech
3 Abdeckblech
4 Abdichtung
5 Sockelmauer
6 Fenster

Faserzement-Welltafel-Bekleidung

1 Stahlkonstruktion
2 Faserzement-Wellplatten
3 Lichtdurchlässige Wellplatten
4 Sockelmauer

Kunststoffplatten-Bekleidung

1 Stahlkonstruktion
2 Kunststoffgewebe, ev. lichtdurchlässig
3 Sockelmauer
4 Riemenverschluss
5 Deckleiste in Aluminium

Profilblech mit Wärmedämmung

1 Stahlkonstruktion
2 Tragendes Anschlagblech
3 Abdeckblech
4 Blech-Sandwich isoliert
5 Fenster
6 Isolierte Flachdachkonstruktion
7 Tragendes Profilblech

Faserzementplatten mit Wärmedämmung

1 Stahlkonstruktion
2 Faserzement-Wellplatten
3 Dämmung
4 Sockelmauer
5 Profilitverglasung
6 Abkantprofile
7 Fassadenriegel

Glasbekleidung mit Wärmedämmung

1 Stahlkonstruktion
2 Wellblech
3 Deckenbeton
4 Gefällebeton
5 Dampfsperre
6 Dämmung
7 Dachpappe
8 Sickerbeton
9 Brüstungselement
10 Glasverkleidung
11 Isolierverglasung
12 Abdeckblech
13 Lamellenstoren
14 Kabelkanal
15 Radiator
16 Unterdecke
17 Dunkelstore
18 Überzug und Belag
19 Blechverkleidung

Stahlbau, Bausysteme

Standarddetails Fassadenkonstruktionen für Stahlbauten (nach Lit. 25)

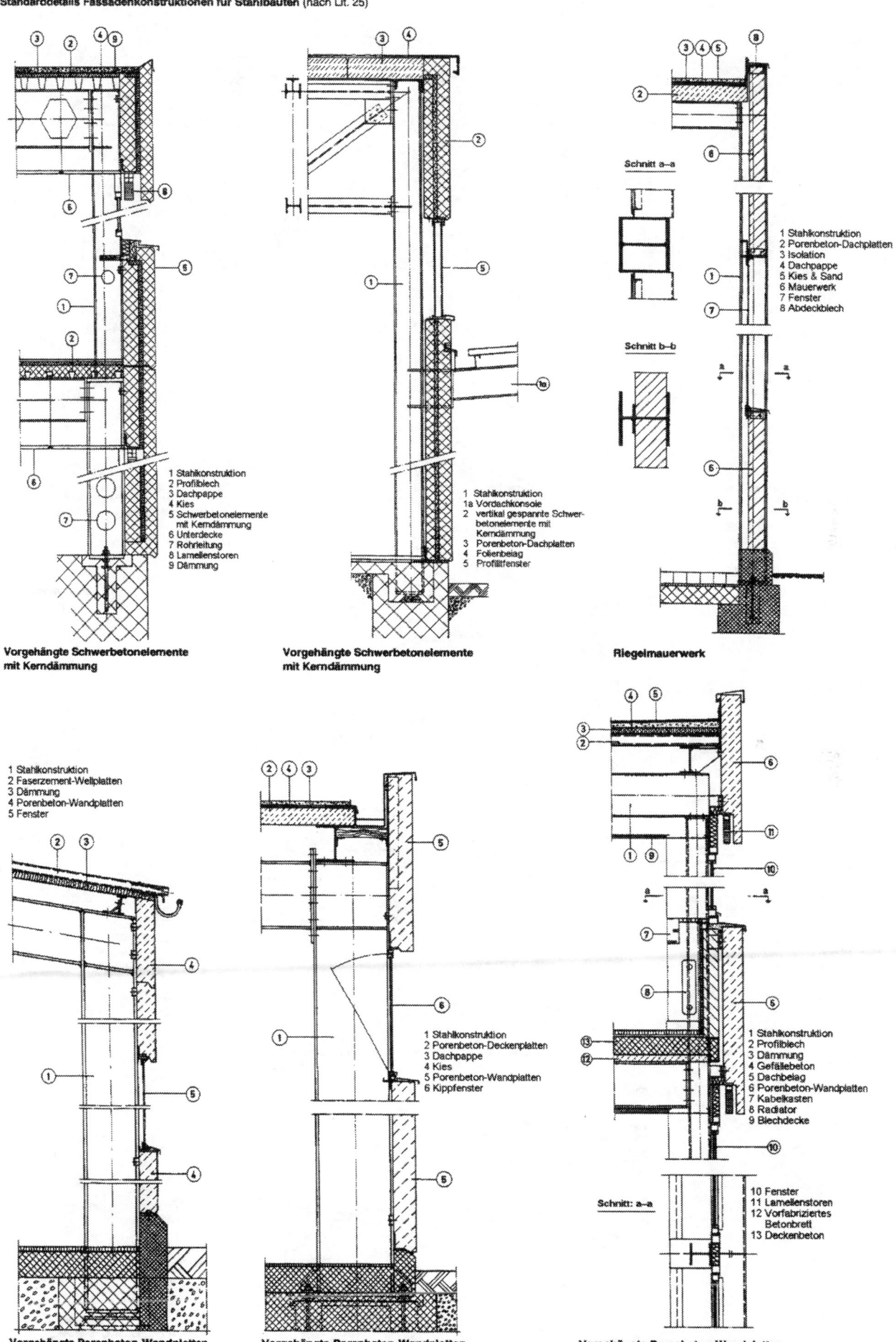

Vorgehängte Schwerbetonelemente mit Kerndämmung

1 Stahlkonstruktion
2 Profilblech
3 Dachpappe
4 Kies
5 Schwerbetonelemente mit Kerndämmung
6 Unterdecke
7 Rohrleitung
8 Lamellenstoren
9 Dämmung

Vorgehängte Schwerbetonelemente mit Kerndämmung

1 Stahlkonstruktion
1a Vordachkonsole
2 vertikal gespannte Schwerbetonelemente mit Kerndämmung
3 Porenbeton-Dachplatten
4 Folienbelag
5 Profilitfenster

Riegelmauerwerk

Schnitt a–a

Schnitt b–b

1 Stahlkonstruktion
2 Porenbeton-Dachplatten
3 Isolation
4 Dachpappe
5 Kies & Sand
6 Mauerwerk
7 Fenster
8 Abdeckblech

1 Stahlkonstruktion
2 Faserzement-Wellplatten
3 Dämmung
4 Porenbeton-Wandplatten
5 Fenster

Vorgehängte Porenbeton-Wandplatten

1 Stahlkonstruktion
2 Porenbeton-Deckenplatten
3 Dachpappe
4 Kies
5 Porenbeton-Wandplatten
6 Kippfenster

Vorgehängte Porenbeton-Wandplatten

Schnitt: a–a

1 Stahlkonstruktion
2 Profilblech
3 Dämmung
4 Gefällebeton
5 Dachbelag
6 Porenbeton-Wandplatten
7 Kabelkasten
8 Radiator
9 Blechdecke

10 Fenster
11 Lamellenstoren
12 Vorfabriziertes Betonbrett
13 Deckenbeton

Vorgehängte Porenbeton-Wandplatten mit Brüstungselement, Außenstoren

Ausfachung Stahltragwerk mit Wandplatten aus Porenbeton

Standarddetails (nach Lit. 69)

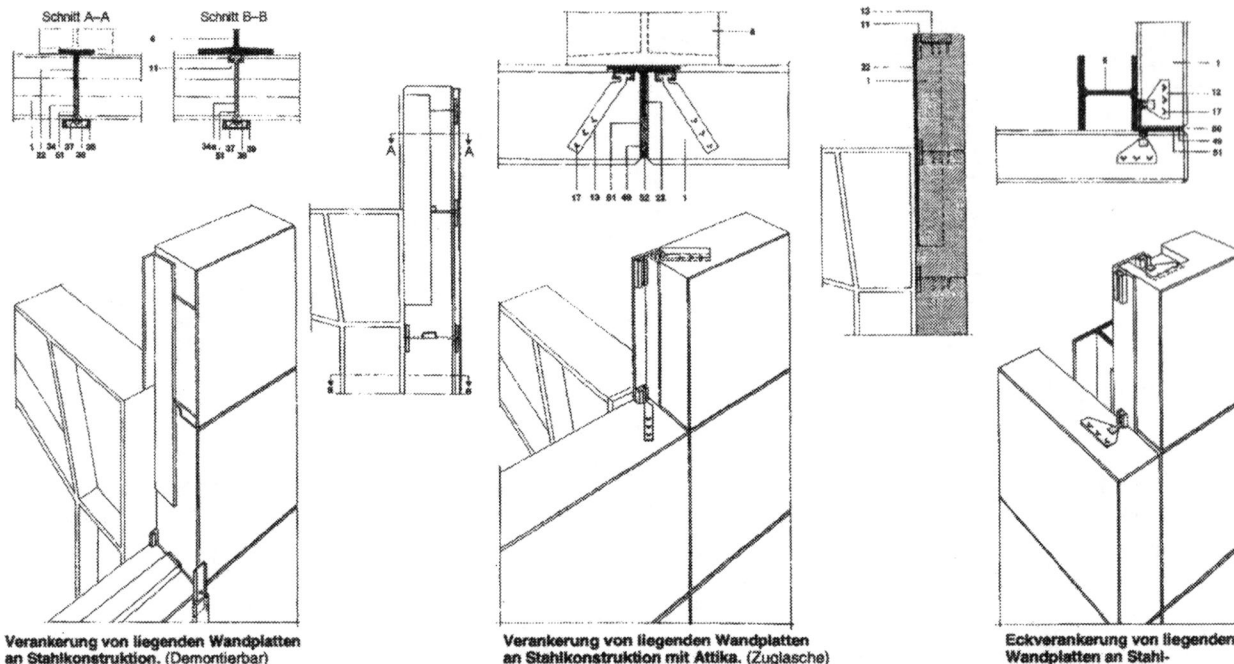

Verankerung von liegenden Wandplatten an Stahlkonstruktion. (Demontierbar)

Verankerung von liegenden Wandplatten an Stahlkonstruktion mit Attika. (Zuglasche)

Eckverankerung von liegenden Wandplatten an Stahlkonstruktion mit Attika.

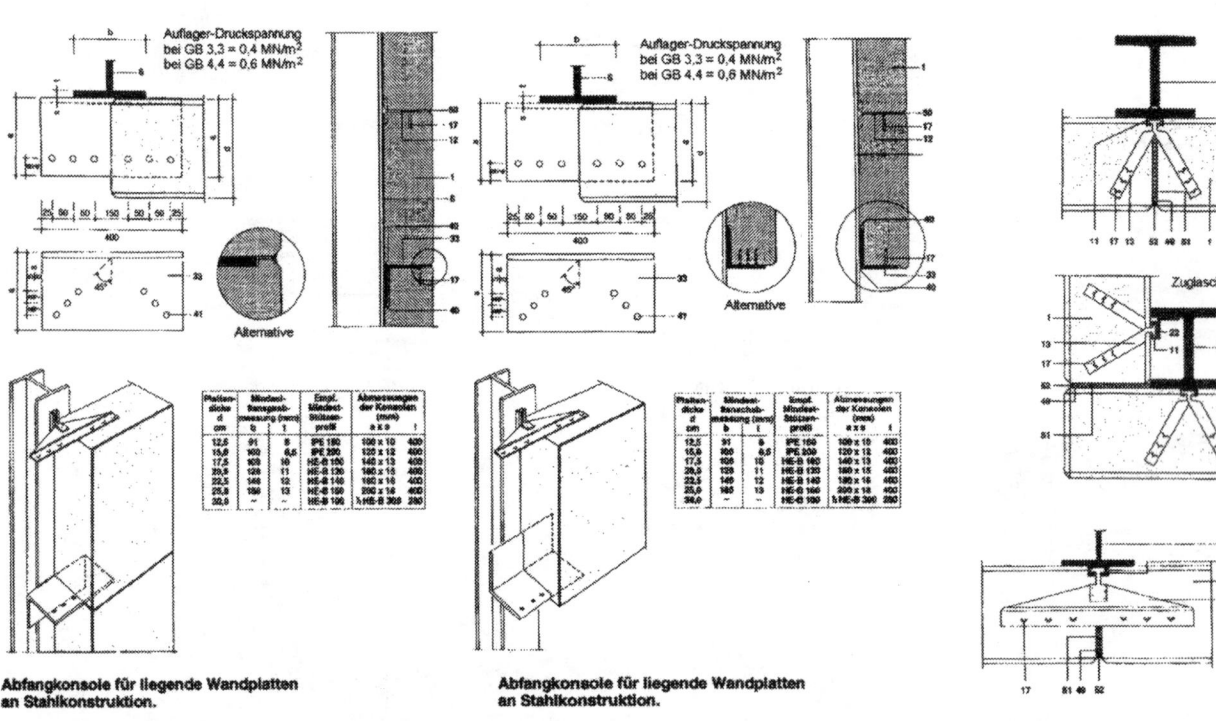

Abfangkonsole für liegende Wandplatten an Stahlkonstruktion.

Abfangkonsole für liegende Wandplatten an Stahlkonstruktion.

Tragwerk Stahl
Wände aus Porenbetonplatten

Verankerung von liegenden Wandplatten an Stahlkonstruktion.

Legende:
1   Wandplatten
6   Stahlkonstruktion
9   Mörtelverguss MG III/DIN 1053
11 Ankerschiene 28/15 G bzw. 38/17 G, bauseits angeschweißt (a = 3 mm; 100 mm lang)
12 Nagellasche, Werkstoff-Nr. 1.4571
13 Zuglasche, Werkstoff-Nr. 1.4571
17 Winkelnagel, 140 mm, Werkstoff-Nr. 1.4571
22 T-Profil, lt. Statik, bauseits angeschweißt
33 Auflagerkonsole lt. Tabelle, bauseits angeschweißt
34 Gewindestange mit Mutter M 8, Werkstoff-Nr. 1.4571, bauseits angeschweißt
34a Gewindestab M 8 mit Gleitmutter und Mutter M 8, Werkstoff-Nr. 1.4571
37 Bundhülse BDA M 8
38 Alu-Grundprofil 82 mm, 300 mm lang oder durchlaufend
39 Alu-Deckprofil
40 Schweißnaht a = 4 mm Länge lt. Statik
41 Bohrung, Durchmesser 12 mm für Winkelnagel
49 PE-Rundschnur, offenporig, nicht wassersaugend
50 Kleber und Fugenfüller
51 Hinterfüllmaterial, z. B. Mineralwolle
52 Fugendicht W, elastisch

Ausfachung Stahltragwerk mit Wandplatten aus Porenbeton

Standarddetails (nach Lit. 69)

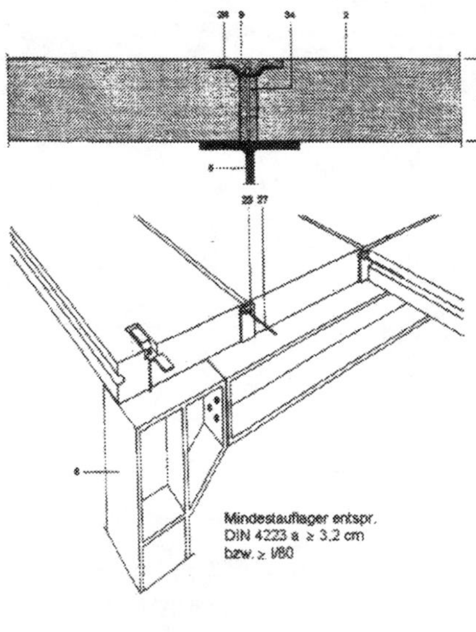

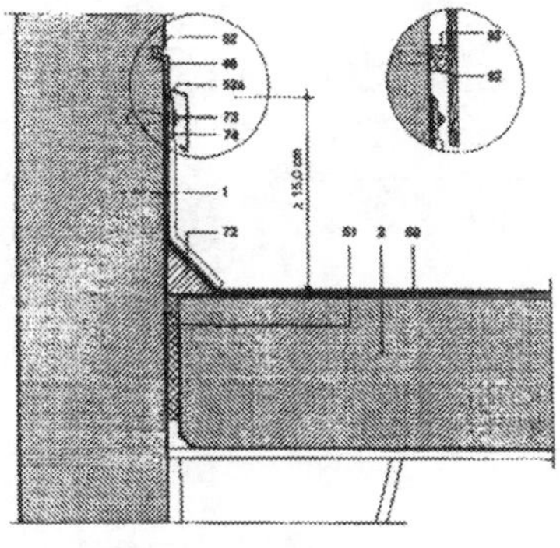

Dach- und Wandanschluss.

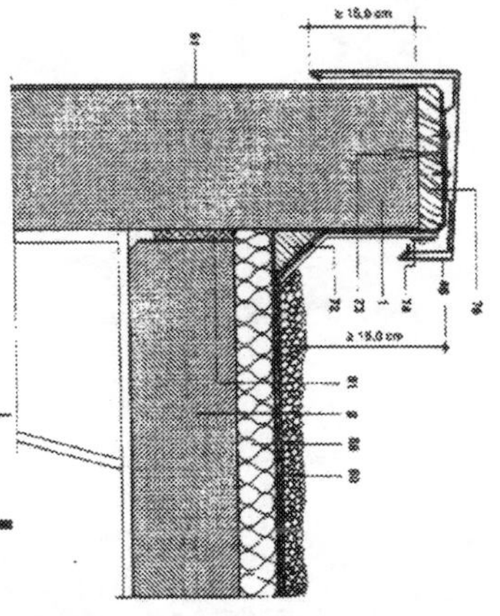

Mindestauflager entspr.
DIN 4223 a ≥ 3,2 cm
bzw. ≥ l/80

Randverankerung von Dachplatten gegen Abheben, auf Stahlkonstruktion

Dachplatten-Ausklinkung auf der Baustelle. Mindestauflager entspr. DIN 4223, a ≥ 3,2 cm bzw. ≥ l/80

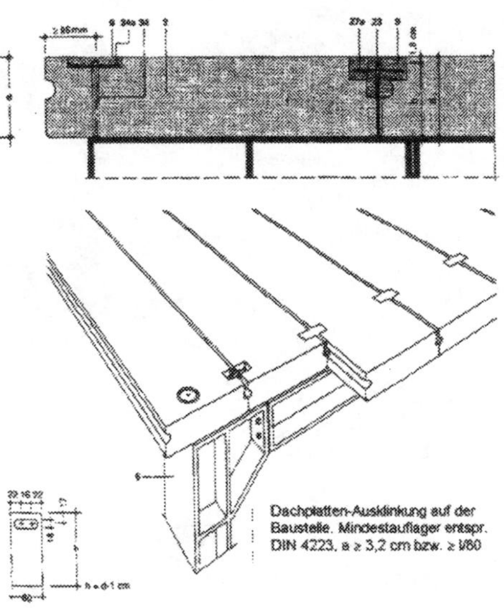

Endverankerung von Dachplatten auf Stahlkonstruktion. Mit oder ohne Ortgangüberstand.

Attikaabschluss mit Abdeckung.

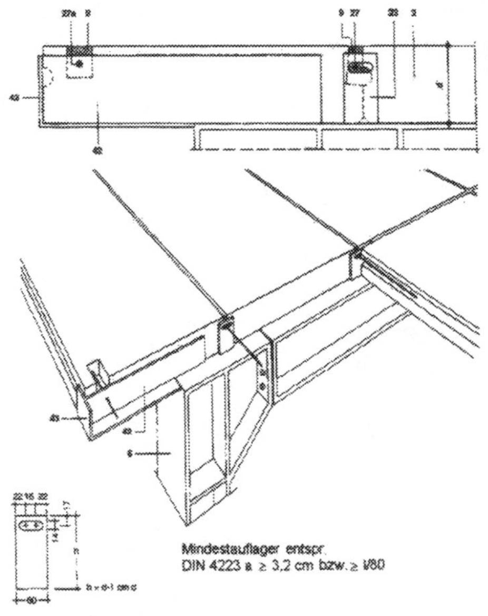

Randverankerung von längsseitig überstehenden Dachplatten auf Stahlkonstruktion.

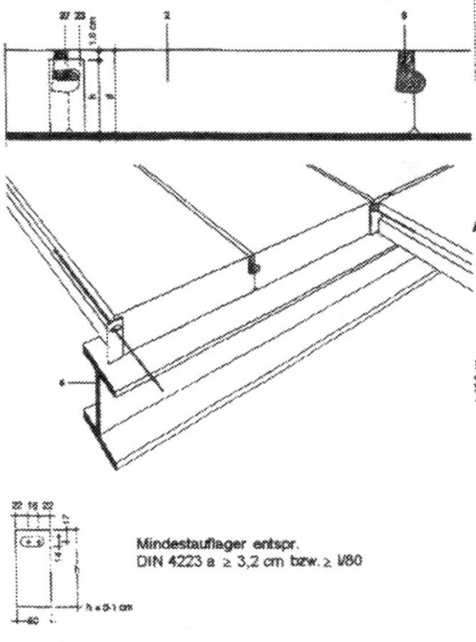

Mindestauflager entspr.
DIN 4223 a ≥ 3,2 cm bzw. ≥ l/80

Mindestauflager entspr.
DIN 4223 a ≥ 3,2 cm bzw. ≥ l/80

Verankerung von Dachplatten auf Stahlkonstruktion, Mittelverankerung.

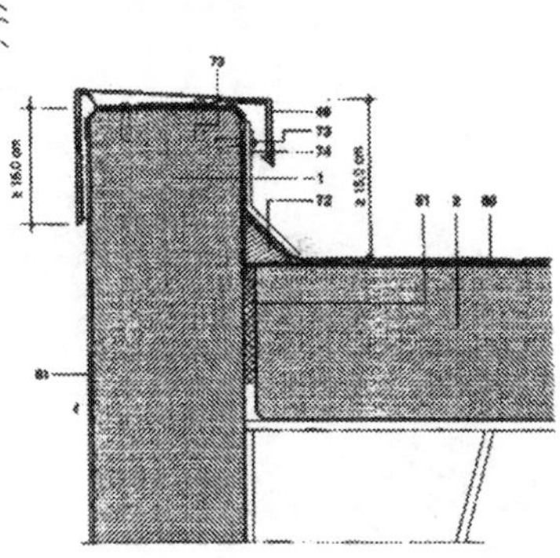

Attikaabschluss mit Abdeckung.

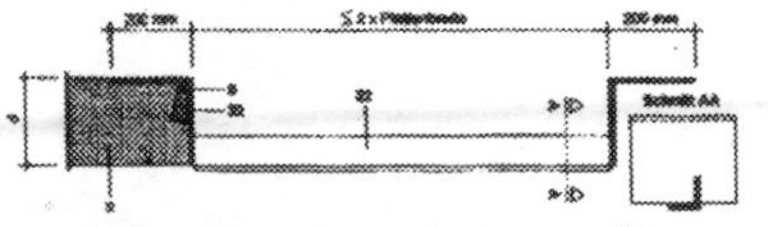

Stahlauswechselung bei Dachplatten für Öffnungen ≤ 2 x Plattenbreite

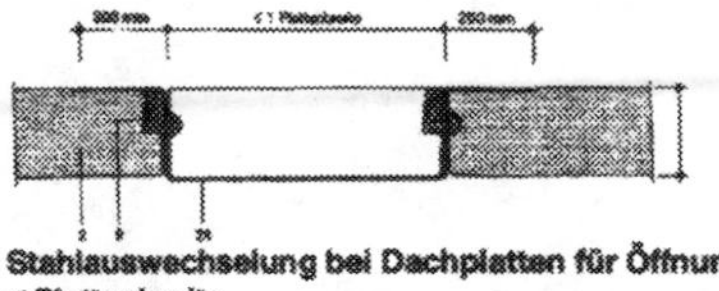

Stahlauswechselung bei Dachplatten für Öffnungen ≤ Plattenbreite

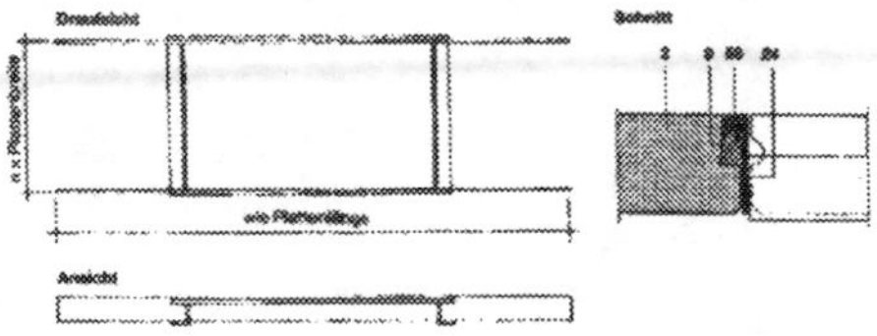

Legende:

1	Wandplatten
2	Dachplatten
6	Stahlkonstruktion
9	Mörtelverguss MG III/DIN 1053
22	L-Profil
23	Halteblech 5 mm in jeder zweiten Fuge, bauseits angeschweißt
24	Flachstahl 100/60/6 mm mit Bohrung, Durchmesser 9 mm
24a	Scheibe Durchmesser 70 mm mit Bohrung, Durchmesser 9 mm
27	Rundstahl Durchmesser 6 mm/IV S, l = 100 cm, in jeder zweiten Fuge
27a	Rundstahl Durchmesser 12 mm/IV S, l = 20 cm, als Abhubsicherung
34	Gewindestange mit Mutter M 8 (l = d – 0,5 cm) mit Beilagscheibe und Mutter, bauseits angeschweißt
42	Kragträger (nach Statik)
43	Stirnblech (ab 6 Grad Dachneigung) als Abrutschsicherung
45	Aussteifung im Öffnungsbereich
46	Abdeckprofil
51	Hinterfüllmaterial, z.B. Mineralwolle, mechanisch befestigt
52	Fugendicht W, elastisch
52a	Verfugung
56	Zusatzdämmung
60	Dachabdichtung gem. technischen Regeln des Dachdeckerhandwerks, mit Oberflächenschutz
61	Beschichtung
72	Keil ≥ 60/60 mm
73	Schraube mit Dübel
74	Flachschiene 4/50 mm bzw. biegesteife Profilschiene
78	Holzbohle
92	Profilbretter
93	Lattung

Tragwerk Stahl
Dachdecken aus Porenbetonplatten

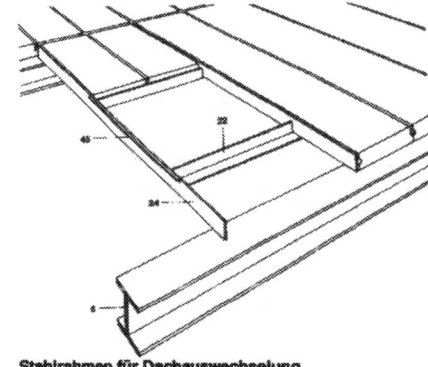

Stahlrahmen für Dachauswechselung.
Auflager auf Tragkonstruktion.

125

Ausfachung Stahlbeton-Tragwerk

Ausfachung mit Platten aus Porenbeton (nach Lit. 69)

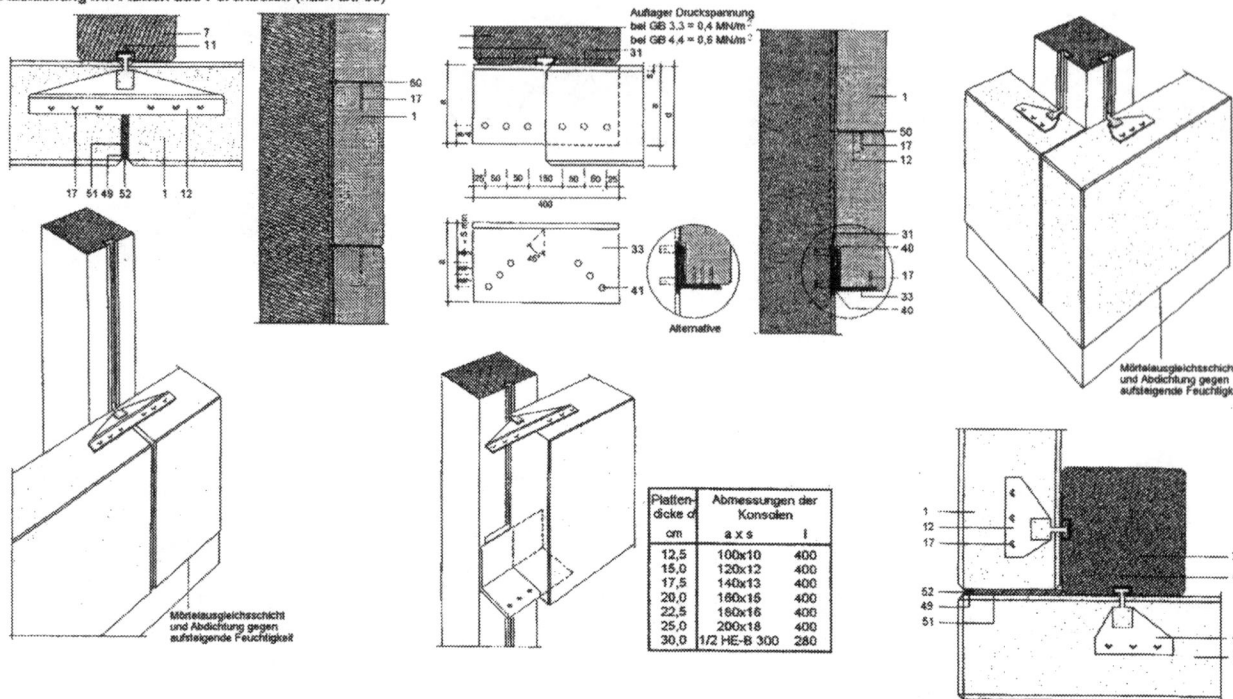

Platten-dicke d	Abmessungen der Konsolen	
cm	a x s	l
12,5	100x10	400
15,0	120x12	400
17,5	140x13	400
20,0	160x15	400
22,5	180x16	400
25,0	200x18	400
30,0	1/2 HE-B 300	280

Verankerung von liegenden Wandplatten an Stahlbetonkonstruktion

Auflagerkonsole für liegende Wandplatten an Stahlbetonkonstruktion

Eckverankerung von liegenden Wandplatten an Stahlbetonkonstruktion

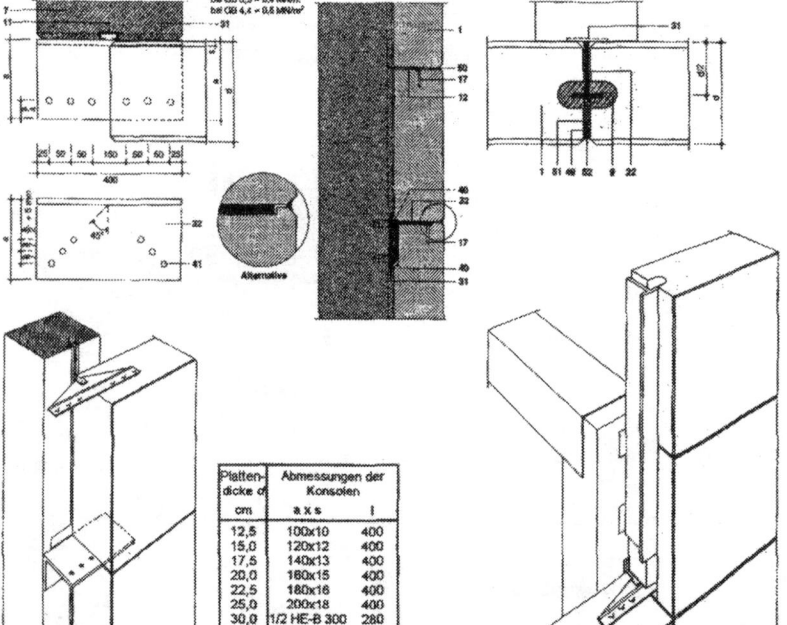

Platten-dicke d	Abmessungen der Konsolen	
cm	a x s	l
12,5	100x10	400
15,0	120x12	400
17,5	140x13	400
20,0	160x15	400
22,5	180x16	400
25,0	200x18	400
30,0	1/2 HE-B 300	280

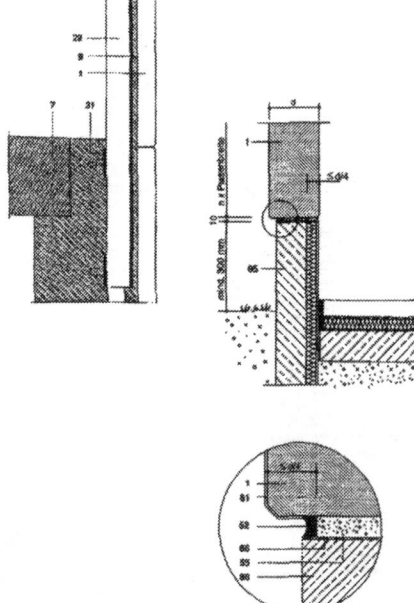

Abfangkonsole für liegende Wandplatten an Stahlbetonkonstruktion

Attika-Befestigung für liegende Wandplatten an Stahlbetonkonstruktion

Sockelausbildung

Legende

1 Wandplatten
7 Stahlbetonkonstruktion
9 Mörtelverguss MG III/DIN 1053
11 Ankerschiene 28/15 bzw. 38/17 bauseits einbetoniert
12 Nagellasche, Werkstoff-Nr. 1.4571
17 Winkelnagel, 140 mm, Werkstoff-Nr. 1.475
22 T-Profil lt. Statik, bauseits angeschweißt
31 Kontaktplatte, bauseits einbetoniert
32 Abfangkonsole lt. Tabelle bauseits angeschweißt
33 Auflagerkonsole lt. Tabelle bauseits angeschweißt

40 Schweißnaht a ≈ 4 mm, Länge lt. Statik
41 Bohrung, Ø 12 mm, für Winkelnagel
49 PE-Rundschnur, offenporig, nicht wassersaugend
50 Kleber und Ffugenfüller
51 Hinterfüllmaterial, z. B. Mineralwolle
52 Fugendicht W, elastisch
55 Mörtelausgleich, 10 mm
61 Beschichtung
64 Sockelputz
65 Fertigteilsockel, wärmegedämmt
66 Feuchtigkeitsabdichtung

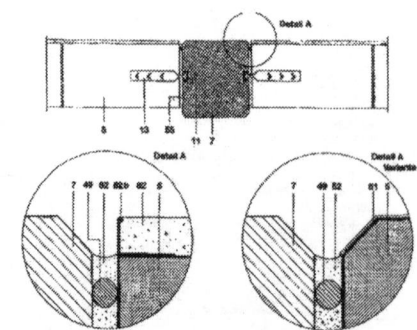

Wandanschlüsse von Steinen zwischen Stahlbeton- bzw. Stahlstützen

Ausfachung Stahlbeton-Tragwerk

Ausfachung mit Platten aus Porenbeton (nach Lit. 69)

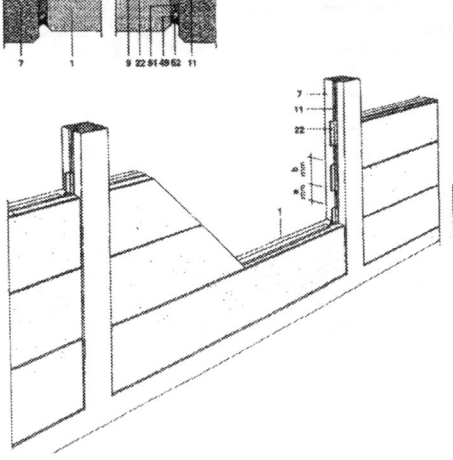

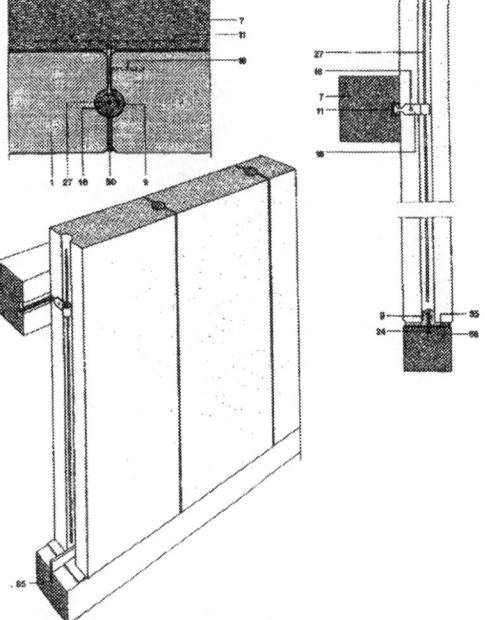

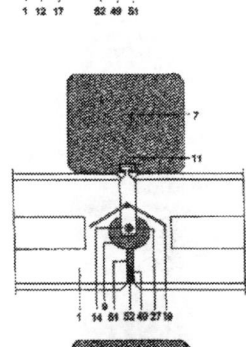

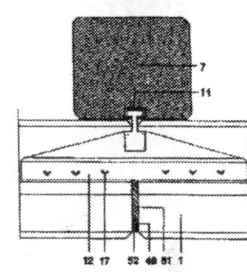

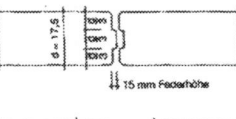

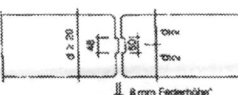

a) ≤ 200 ≥ 300 Brandwand
b) ≤ 100 ≥ 400 Komplextrennwand

Brandwände / Komplextrennwände.
Anschlüsse von nichttragenden, liegend angeordneten
Wandplatten an Stahlbetonkonstruktion.

Brandwände / Komplextrennwände.
Verankerung von nichttragenden, stehend angeordneten
Wandplatten an Stahlbetonkonstruktion.

Brandwände / Komplextrennwände.
Anschlüsse von nichttragenden, liegend
angeordneten Wandplatten an Stahlbetonkonstruktion.

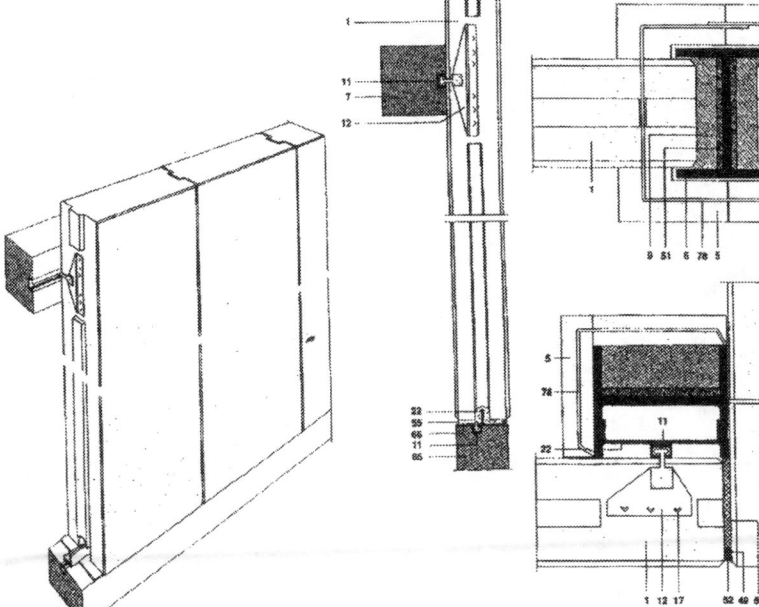

Federhöhe abweichend von DIN 4102 Teil 4
Abschnitt 4.7.81 und Bild 21 Detail 1 nach
Zulassung Z 2.1 - 10.3 Abschnitt 11.2.4 und
dazugehöriger Anlage 1

Brandwände / Komplextrennwände.
Verankerung von nichttragenden, stehend angeordneten
Wandplatten mit Nut und Feder an Stahlbetonkonstruktion.

Brandwände / Komplextrennwände.
Anschlüsse von nichttragenden, liegend angeordneten
Wandplatten an Stahlbetonkonstruktion.

Mörtelfugen mit zugelassenem Dünnbettmörtel (Baustoffklasse A1, DIN 4102)
ausführen.

Legende

1 Wandplatten
7 Stahlbetonkonstruktion
9 Mörtelverguss MG III/DIN 1053
11 Ankerschiene 28/15 bzw. 38/17 bauseits einbetoniert
12 Nagellasche, Werkstoff-Nr. 1.4571
14 Verankerungslasche, Werkstoff-Nr. 1.4571
16 Verankerungsschlaufe, Werkstoff-Nr. 1.4571
17 Winkelnagel, 140 mm, Werkstoff-Nr. 1.475
18 Vierkantnagel (verzinkt)
19 Montageklammern, Werkstoff-Nr. 1.4571
22 L-Profil; T-Profil (T 60 wechselseitig angedübelt)
24 duchlaufende Schiene, Flacheisen 100x6 mm

27 Rundstahl Ø 12 mm/IV S, durchlaufend
34 Gewindestange Ø 10 mm
36 Druckplatte, 125 x 125 x 10 mm
49 PE-Rundschnur, offenporig, nicht wassersaugend
50 Kleber und Ffugenfüller
51 Hinterfüllmaterial, z. B. Mineralwolle
52 Fugendicht W, elastisch
55 Mörtelausgleich, MG III, 2 cm
56 Zusatzdämmung
57 Estrich (Verbundestrich ≥ 4,5 cm)
57a Estrich (schwimmend)
65 Fertigteilsockel, wärmegedämmt
66 Feuchtkeitsabdichtung

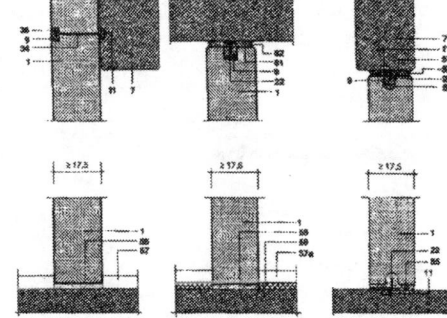

Brandwände / Komplextrennwände.
Fußpunkt und Deckenanschluss bei nichttragenden,
stehend angeordneten Wandplatten.

Ausfachung Stahlbeton-Tragwerk

Ausfachung mit Platten aus Porenbeton (nach Lit. 69)

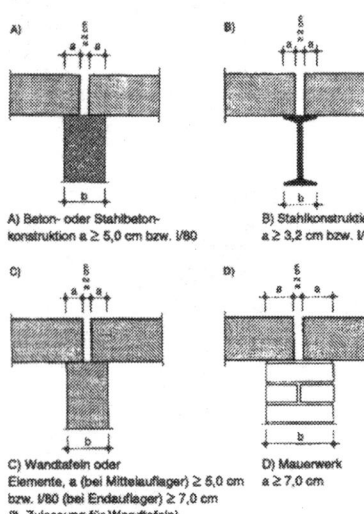

A) Beton- oder Stahlbetonkonstruktion a ≥ 5,0 cm bzw. l/80

B) Stahlkonstruktion a ≥ 3,2 cm bzw. l/80

C) Wandtafeln oder Elemente, a (bei Mittelauflager) ≥ 5,0 cm bzw. l/80 (bei Endauflager) ≥ 7,0 cm (lt. Zulassung für Wandtafeln)

D) Mauerwerk a ≥ 7,0 cm

Mindestauflager a für Dach- und Deckenplatten

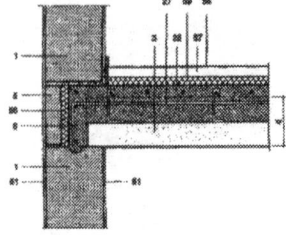

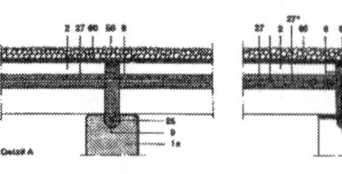

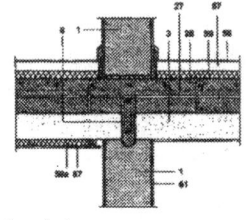

Geschossdecken
Mögliche Verkehrslasten ≤ 3,5 kN/m²

Verankerung von Dachplatten

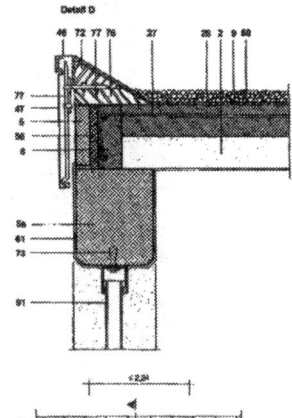

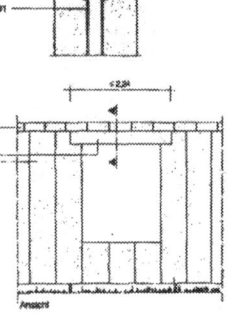

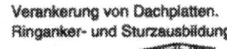

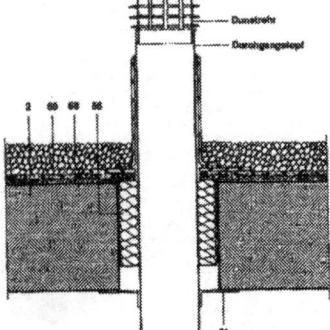

Verankerung von Dachplatten.
Ringanker- und Sturzausbildung

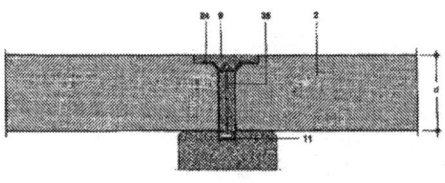

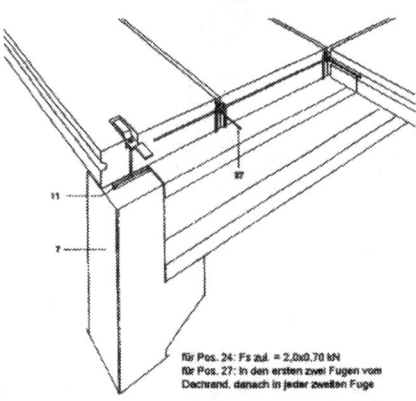

für Pos. 24: Fs zul. = 2,0x0,70 kN
für Pos. 27: In den ersten zwei Fugen vom Dachrand, danach in jeder zweiten Fuge

Mindestauflager entspr. DIN 4123
a ≥ 5,0 cm bzw. ≥ l/80
Randverankerung von Dachplatten gegen Abheben,
auf Stahlbetonkonstruktion.

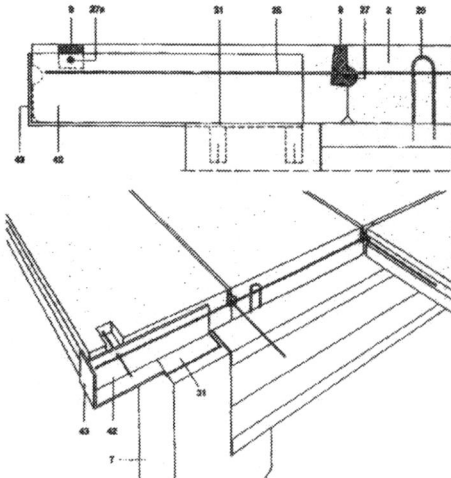

für Pos. 27:1
In den ersten zwei Fugen vom Dachrand,
danach in jeder zweiten Fuge

Mindestauflager entspr. DIN 4123
a ≥ 5,0 cm bzw. ≥ l/80
Randverankerung von längsseitig überstehenden
Dachplatten, auf Stahlbetonkonstruktion.

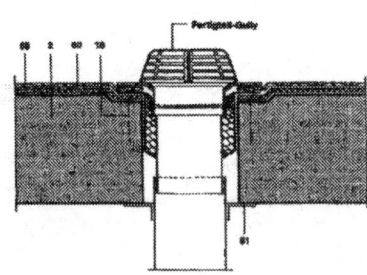

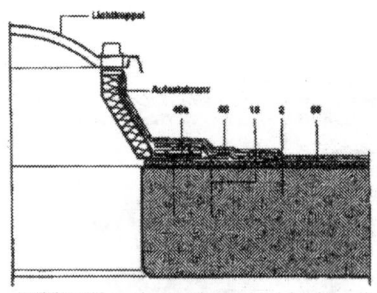

Dachplatten-Rohrdurchführungen.
Dunstabzug

Dachablauf.
Gully

Lichtkuppel

Legende
- 1a Wandtafeln
- 2 Dachplatten
- 5 Deckenabstellstein
- 5a Sturz (tragend)
- 7 Stahlbetonkonstruktion
- 8 Ringanker (Bewehrung mind. 2 x Ø ≥ 10 mm)
- 9 Mörtelverguss MG III/DIN 1053
- 11 Ankerschiene 28/15 bzw. 38/17 bauseits einbetoniert
- 18 Vierkantnagel (verzinkt)
- 24 Flachstahl 100/60/6 mm mit Bohrung Ø 9 mm
- 25 Rundstahlbügel Ø 6 mm, bauseits einbetoniert
- 26 Drucklaufstab, Rundstahl Ø 6 mm/IV S

- 27 Rundstahl Ø 6 mm/IV S
- 27a Rundstahl Ø 12 mm/IV S, l = 20 cm als Abhubsicherung
- 31 Ankerplatte (nach Statik), bauseits einbetoniert
- 35 Hammerkopfschraube M 8 (l=d – 0,5 cm) mit Beilagscheibe und Mutter
- 40 Schweißnaht
- 42 Kragträger (nach Statik), bauseits angeschweißt
- 43 Stirnblech (ab 6° Dachneigung) als Abrutschsicherung
- 46 Abdeckprofil
- 46a Anschlußblech
- 47 Blende
- 56 Zusatzdämmung
- 57 Estrich 4 cm

- 58 Bodenbelag
- 59 Trittschalldämmung nach DIN 18164 bzw. 18165
- 60 Dachabdichtung gem. techn. Regeln des Dachdeckerhandwerks, mit Oberflächenschutz
- 61 Beschichtung
- 67 Holzdecke, angeneigt
- 68 Ausgleichsschicht
- 72 Keil
- 73 Schraube mit Dübel
- 76 Holzbohle
- 77 Blendenhalterung
- 83 Betondübel (nur bei Dachscheibenausbildung)
- 91 Fensterelement (Profilit)

Holzbauwerke

Blockbau aus Rundholz (nach Lit. 42)

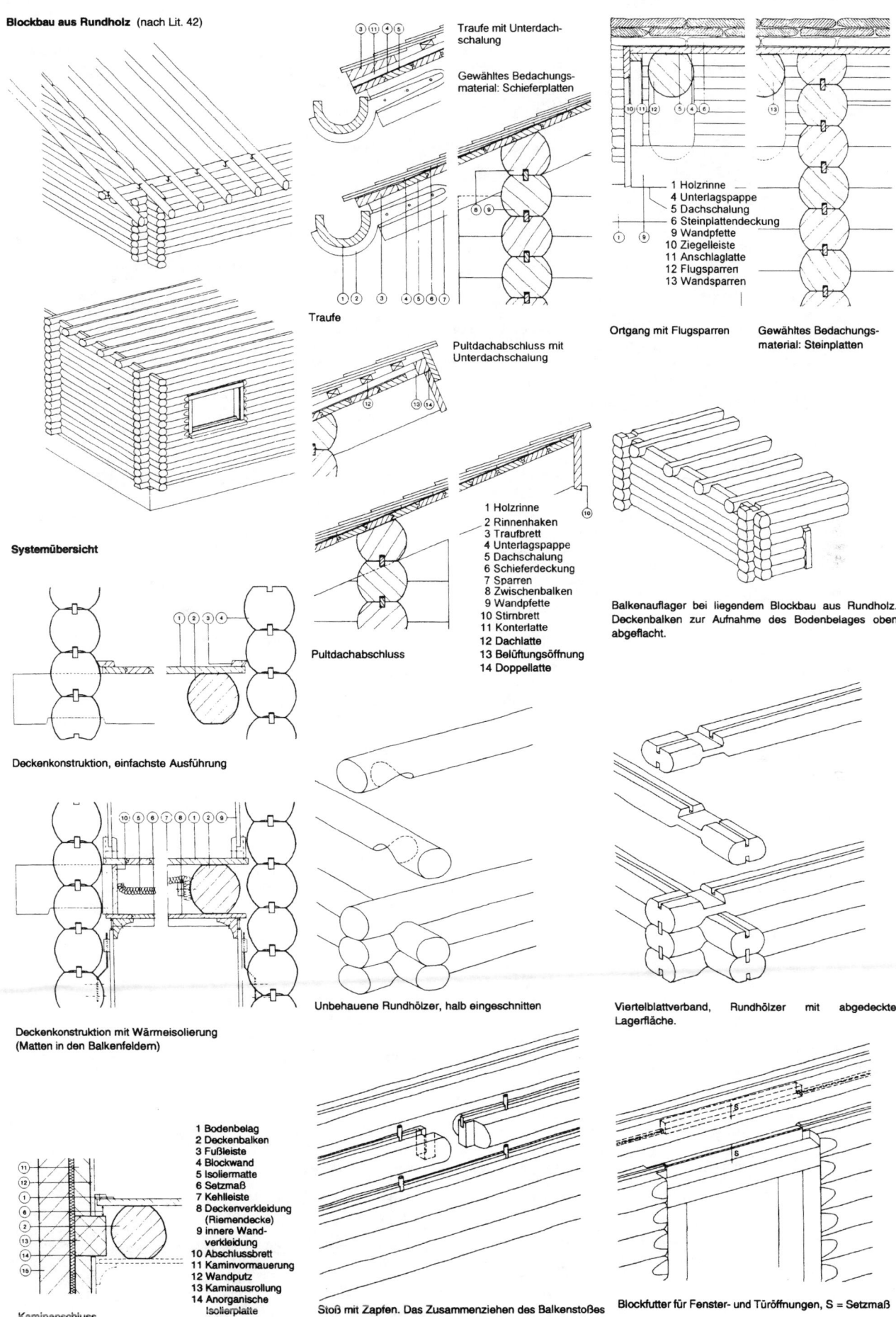

Systemübersicht

Traufe mit Unterdach-
schalung

Gewähltes Bedachungs-
material: Schieferplatten

Traufe

Pultdachabschluss mit
Unterdachschalung

1 Holzrinne
2 Rinnenhaken
3 Traufbrett
4 Unterlagspappe
5 Dachschalung
6 Schieferdeckung
7 Sparren
8 Zwischenbalken
9 Wandpfette
10 Stirnbrett
11 Konterlatte
12 Dachlatte
13 Belüftungsöffnung
14 Doppellatte

Pultdachabschluss

1 Holzrinne
4 Unterlagspappe
5 Dachschalung
6 Steinplattendeckung
9 Wandpfette
10 Ziegelleiste
11 Anschlaglatte
12 Flugsparren
13 Wandsparren

Ortgang mit Flugsparren   Gewähltes Bedachungsmaterial: Steinplatten

Balkenauflager bei liegendem Blockbau aus Rundholz.
Deckenbalken zur Aufnahme des Bodenbelages oben
abgeflacht.

Deckenkonstruktion, einfachste Ausführung

Deckenkonstruktion mit Wärmeisolierung
(Matten in den Balkenfeldern)

Unbehauene Rundhölzer, halb eingeschnitten

Viertelblattverband, Rundhölzer mit abgedeckter
Lagerfläche.

1 Bodenbelag
2 Deckenbalken
3 Fußleiste
4 Blockwand
5 Isoliermatte
6 Setzmaß
7 Kehlleiste
8 Deckenverkleidung
  (Riemendecke)
9 innere Wand-
  verkleidung
10 Abschlussbrett
11 Kaminvormauerung
12 Wandputz
13 Kaminausrollung
14 Anorganische
   Isolierplatte
15 Kaminmauerwerk

Kaminanschluss

Stoß mit Zapfen. Das Zusammenziehen des Balkenstoßes
wird durch leichtes Versetzen der Dübellöcher erreicht.
(Dübel Durchmesser 20–25 mm)

Blockfutter für Fenster- und Türöffnungen, S = Setzmaß

Holzbauwerke

Blockbau aus Kantholz (nach Lit. 42)

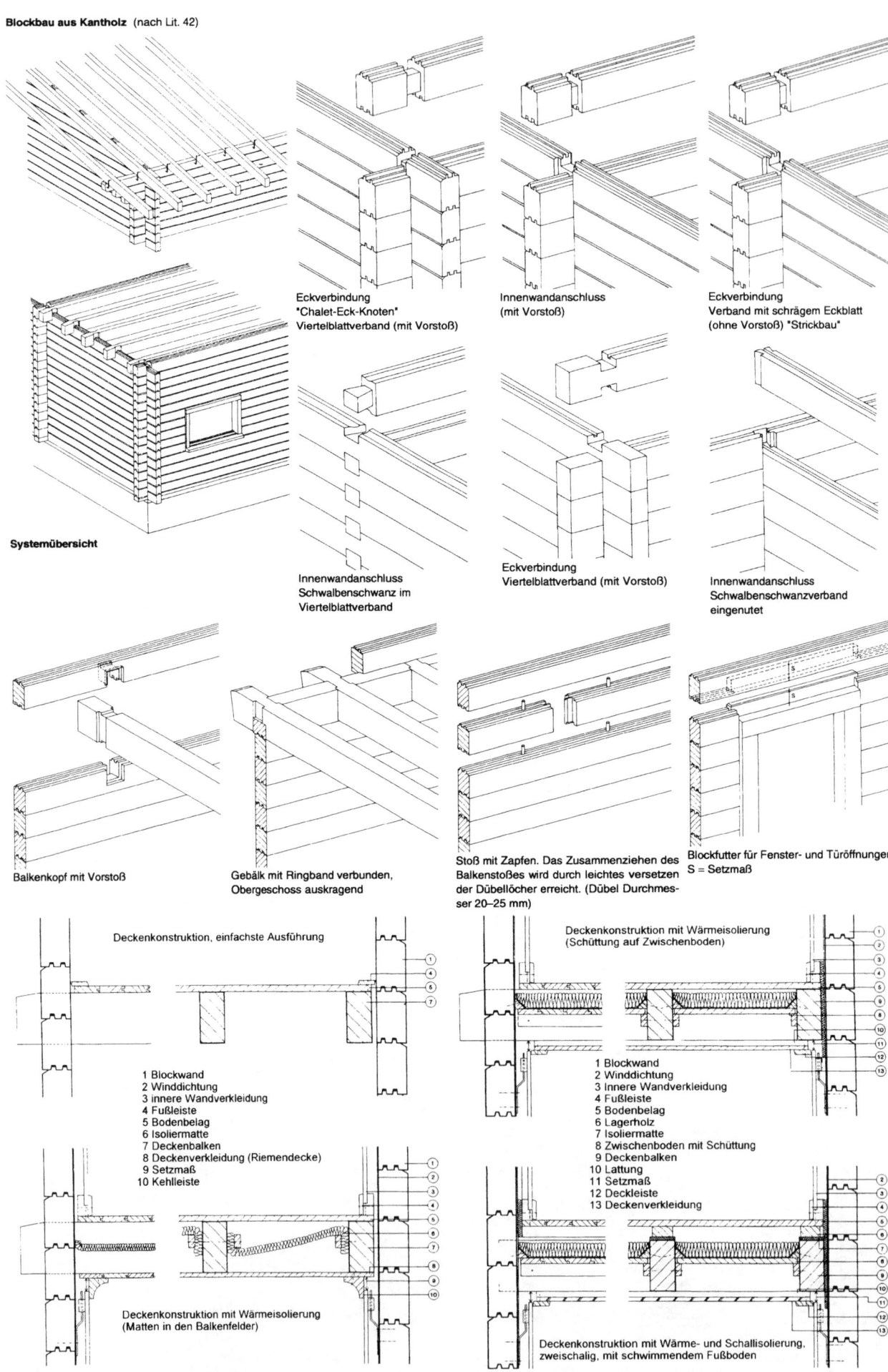

Eckverbindung
"Chalet-Eck-Knoten"
Viertelblattverband (mit Vorstoß)

Innenwandanschluss
(mit Vorstoß)

Eckverbindung
Verband mit schrägem Eckblatt
(ohne Vorstoß) "Strickbau"

Systemübersicht

Innenwandanschluss
Schwalbenschwanz im
Viertelblattverband

Eckverbindung
Viertelblattverband (mit Vorstoß)

Innenwandanschluss
Schwalbenschwanzverband
eingenutet

Balkenkopf mit Vorstoß

Gebälk mit Ringband verbunden,
Obergeschoss auskragend

Stoß mit Zapfen. Das Zusammenziehen des
Balkenstoßes wird durch leichtes versetzen
der Dübellöcher erreicht. (Dübel Durchmesser 20–25 mm)

Blockfutter für Fenster- und Türöffnungen.
S = Setzmaß

Deckenkonstruktion, einfachste Ausführung

1 Blockwand
2 Winddichtung
3 innere Wandverkleidung
4 Fußleiste
5 Bodenbelag
6 Isoliermatte
7 Deckenbalken
8 Deckenverkleidung (Riemendecke)
9 Setzmaß
10 Kehlleiste

Deckenkonstruktion mit Wärmeisolierung
(Matten in den Balkenfelder)

Deckenkonstruktion mit Wärmeisolierung
(Schüttung auf Zwischenboden)

1 Blockwand
2 Winddichtung
3 Innere Wandverkleidung
4 Fußleiste
5 Bodenbelag
6 Lagerholz
7 Isoliermatte
8 Zwischenboden mit Schüttung
9 Deckenbalken
10 Lattung
11 Setzmaß
12 Deckleiste
13 Deckenverkleidung

Deckenkonstruktion mit Wärme- und Schallisolierung,
zweischalig, mit schwimmendem Fußboden

Holzbauwerke

Ständerbau aus Kantholz (nach Lit. 42)

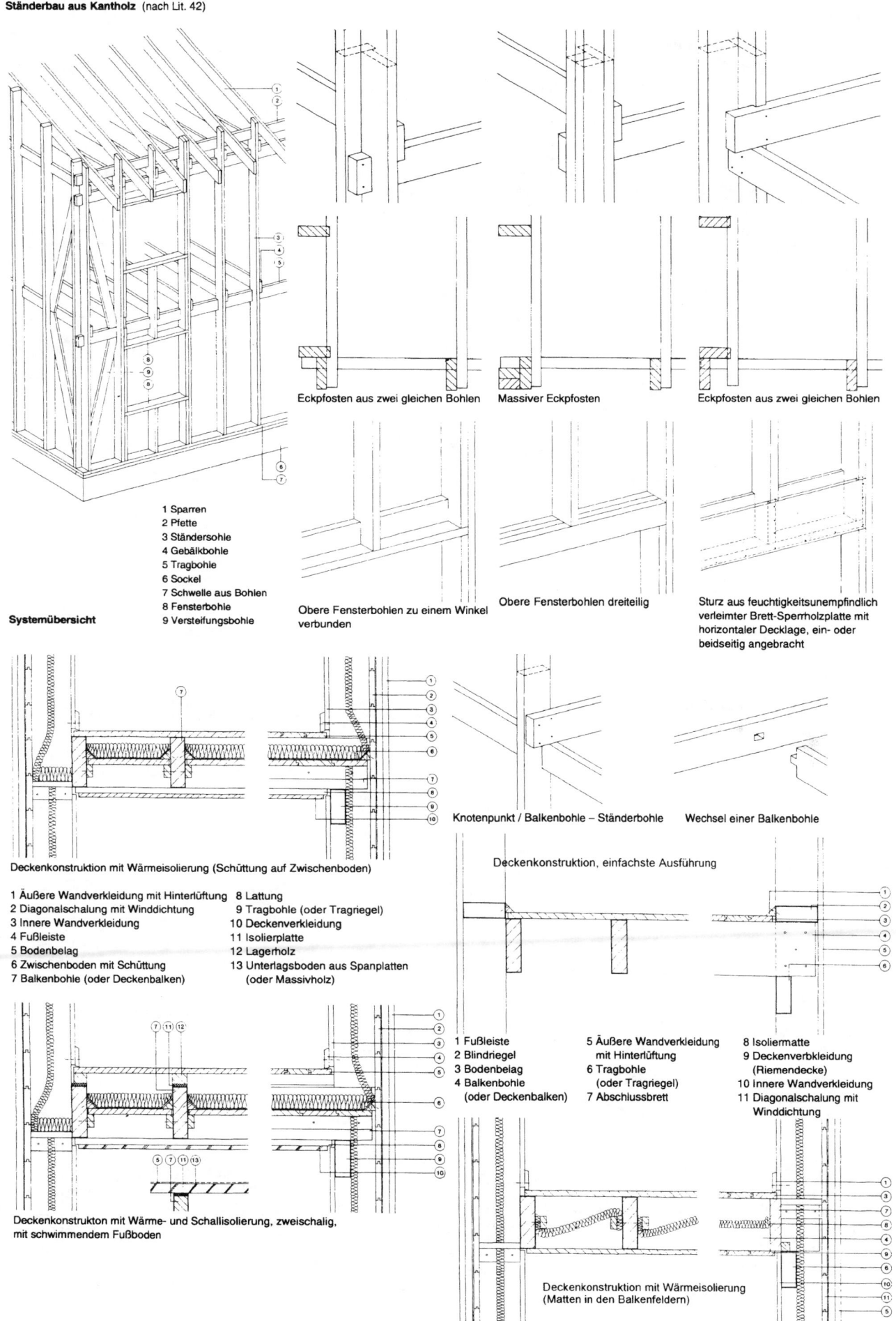

Systemübersicht

1 Sparren
2 Pfette
3 Ständersohle
4 Gebälkbohle
5 Tragbohle
6 Sockel
7 Schwelle aus Bohlen
8 Fensterbohle
9 Versteifungsbohle

Eckpfosten aus zwei gleichen Bohlen   Massiver Eckpfosten   Eckpfosten aus zwei gleichen Bohlen

Obere Fensterbohlen zu einem Winkel verbunden

Obere Fensterbohlen dreiteilig

Sturz aus feuchtigkeitsunempfindlich verleimter Brett-Sperrholzplatte mit horizontaler Decklage, ein- oder beidseitig angebracht

Deckenkonstruktion mit Wärmeisolierung (Schüttung auf Zwischenboden)

Knotenpunkt / Balkenbohle – Ständerbohle   Wechsel einer Balkenbohle

Deckenkonstruktion, einfachste Ausführung

1 Äußere Wandverkleidung mit Hinterlüftung
2 Diagonalschalung mit Winddichtung
3 Innere Wandverkleidung
4 Fußleiste
5 Bodenbelag
6 Zwischenboden mit Schüttung
7 Balkenbohle (oder Deckenbalken)

8 Lattung
9 Tragbohle (oder Tragriegel)
10 Deckenverkleidung
11 Isolierplatte
12 Lagerholz
13 Unterlagsboden aus Spanplatten
   (oder Massivholz)

Deckenkonstrukton mit Wärme- und Schallisolierung, zweischalig, mit schwimmendem Fußboden

1 Fußleiste
2 Blindriegel
3 Bodenbelag
4 Balkenbohle
   (oder Deckenbalken)

5 Äußere Wandverkleidung
   mit Hinterlüftung
6 Tragbohle
   (oder Tragriegel)
7 Abschlussbrett

8 Isoliermatte
9 Deckenverbkleidung
   (Riemendecke)
10 Innere Wandverkleidung
11 Diagonalschalung mit
   Winddichtung

Deckenkonstruktion mit Wärmeisolierung
(Matten in den Balkenfeldern)

131

Holzbauwerke

Riegelbau (Fachwerkbau) aus Kantholz (nach Lit. 42)

Konstruktion bei sichtbar bleibendem Fachwerk

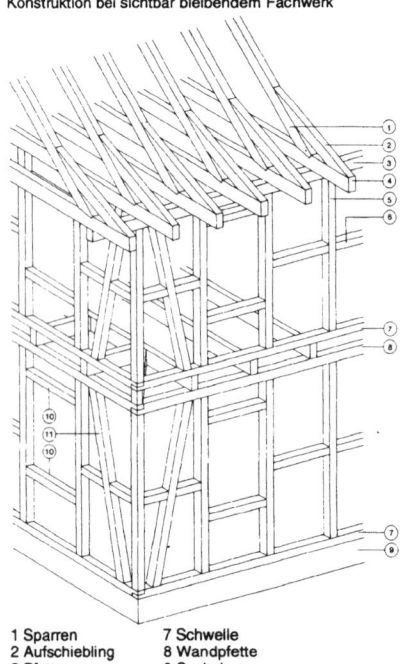

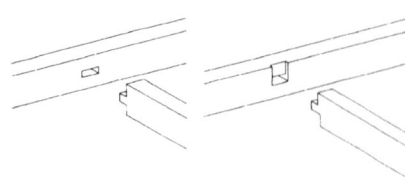

Verbindung Riegel/Pfosten
Einfacher Zapfen

Verbindung Riegel/Strebe
Einfacher Zapfen

Gebälkverbindungen

Gerader Brustzapfen

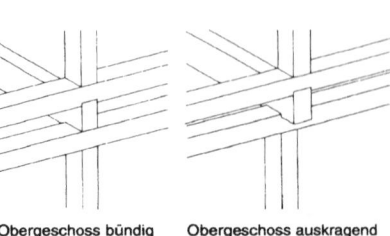

Dübel

Einfache Verkämmung
und Dübel

Obergeschoss bündig

Obergeschoss auskragend

1 Sparren	7 Schwelle
2 Aufschiebling	8 Wandpfette
3 Pfette	9 Sockel
4 Gebälk	10 Fensterriegel
5 Pfosten	11 Strebe
6 Riegel	

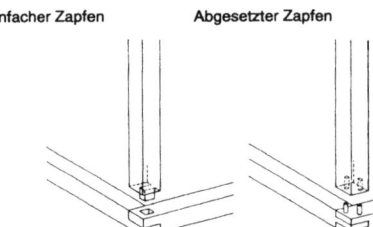

Einfacher Zapfen

Abgesetzter Zapfen

Strebenverbindung

Zapfen mit Überblattung

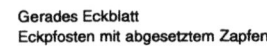

Konstruktion bei Verschalung des Fachwerkes

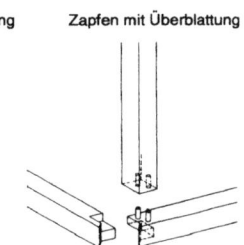

Gerades Eckblatt
Eckpfosten mit abgesetztem Zapfen

Scherzapfen
Eckpfosten mit Dübel verbunden

Eckblatt mit Gehrung
Eckpfosten mit Dübel verbunden

Systemübersicht

Deckenkonstruktion, einfachste Ausführung

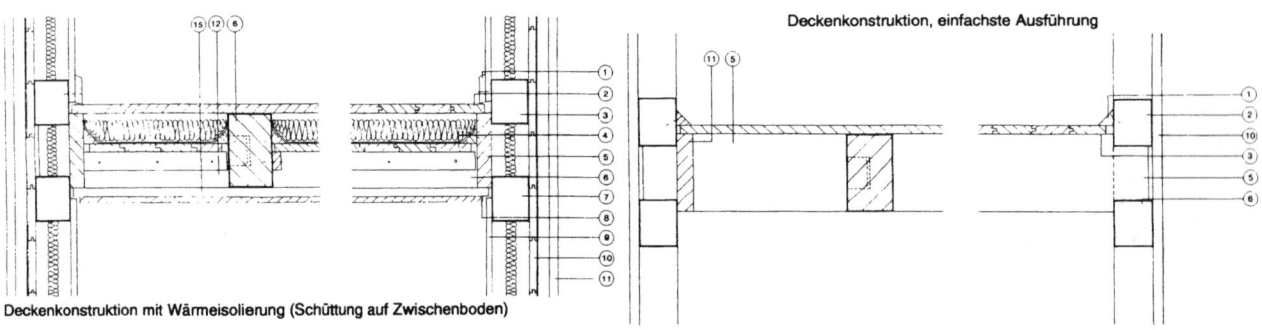

Deckenkonstruktion mit Wärmeisolierung (Schüttung auf Zwischenboden)

1 Fußleiste	10 Diagonalschalung mit Winddichtung
2 Bodenbelag	11 Äußere Wandverkleidung mit Hinterlüftung
3 Schwelle	12 Stichbalken
4 Zwischenboden mit Schüttung	13 Lagerholz
5 Abschlussbrett	14 Isoliermatte
6 Deckenbalken	15 Lattung
7 Wandpfette	16 Unterlagsboden aus Spanplatten
8 Deckenverkleidung	(oder Massivholz)
9 Innere Wandverkleidung	

1 Fußleiste	7 Deckenverkleidung (Riemendecke)
2 Blindriegel	8 Innere Wandverkleidung
3 Bodenbelag	9 Diagonalschalung mit Winddichtung
4 Isoliermatte	10 Äußere Wandverkleidung mit Hinterlüftung
5 Deckenbalken	11 Abschlussbrett
6 Wandpfette	

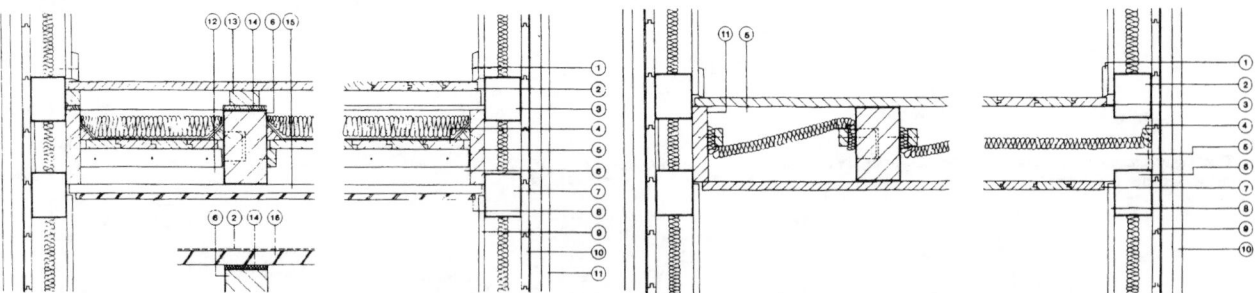

Deckenkonstrukton mit Wärme- und Schallisolierung, zweischalig,
mit schwimmendem Fußboden

Deckenkonstruktion mit Wärmeisolierung (Matten in den Balkenfeldern)

Holzbauwerke

Standard-Details für Außenwände zum Ständerbau, Riegelbau (nach Lit. 42)

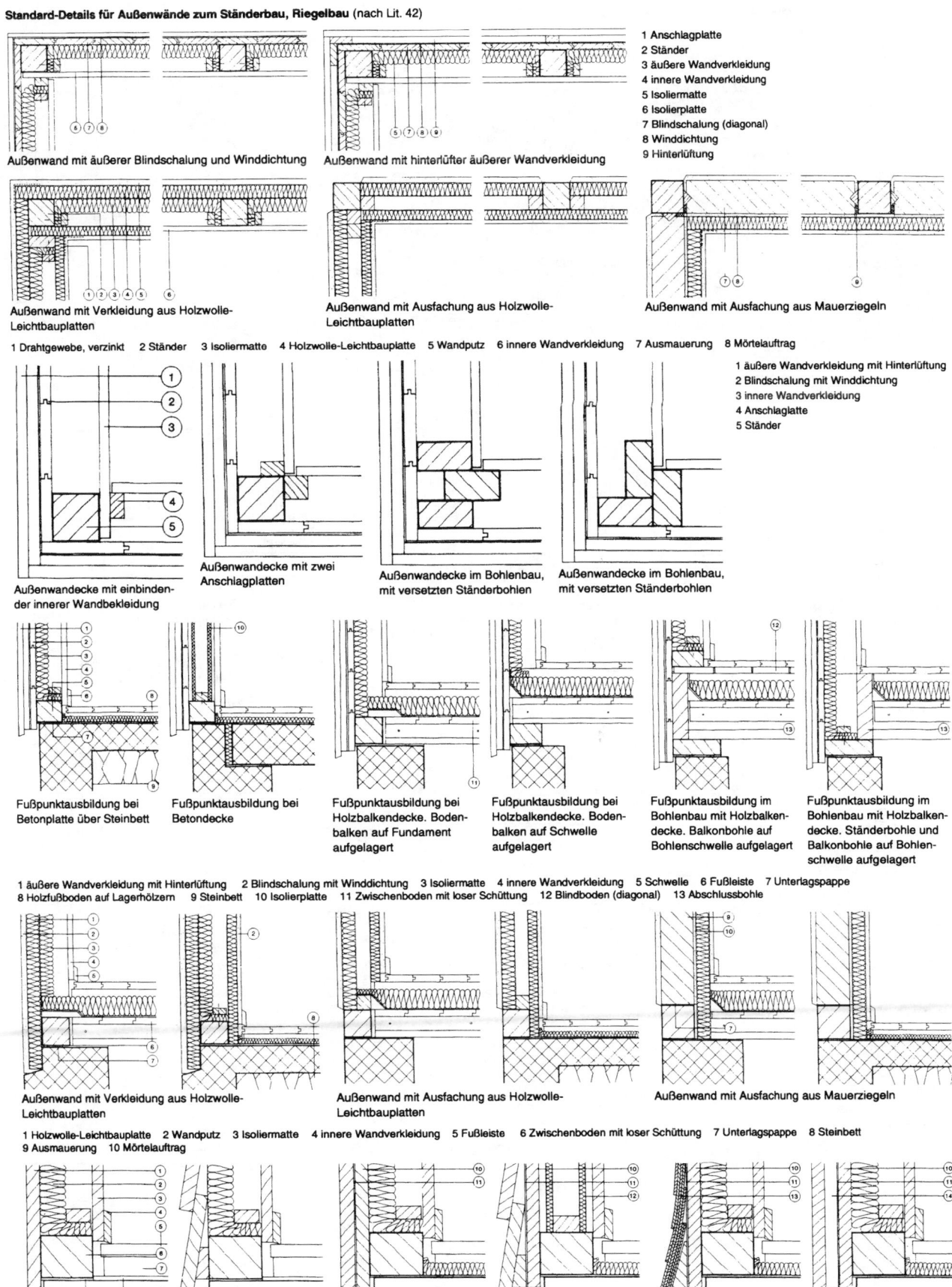

1 Anschlagplatte
2 Ständer
3 äußere Wandverkleidung
4 innere Wandverkleidung
5 Isoliermatte
6 Isolierplatte
7 Blindschalung (diagonal)
8 Winddichtung
9 Hinterlüftung

Außenwand mit äußerer Blindschalung und Winddichtung

Außenwand mit hinterlüfter äußerer Wandverkleidung

Außenwand mit Verkleidung aus Holzwolle-Leichtbauplatten

Außenwand mit Ausfachung aus Holzwolle-Leichtbauplatten

Außenwand mit Ausfachung aus Mauerziegeln

1 Drahtgewebe, verzinkt 2 Ständer 3 Isoliermatte 4 Holzwolle-Leichtbauplatte 5 Wandputz 6 innere Wandverkleidung 7 Ausmauerung 8 Mörtelauftrag

1 äußere Wandverkleidung mit Hinterlüftung
2 Blindschalung mit Winddichtung
3 innere Wandverkleidung
4 Anschlaglatte
5 Ständer

Außenwandecke mit einbindender innerer Wandbekleidung

Außenwandecke mit zwei Anschlagplatten

Außenwandecke im Bohlenbau, mit versetzten Ständerbohlen

Außenwandecke im Bohlenbau, mit versetzten Ständerbohlen

Fußpunktausbildung bei Betonplatte über Steinbett

Fußpunktausbildung bei Betondecke

Fußpunktausbildung bei Holzbalkendecke. Bodenbalken auf Fundament aufgelagert

Fußpunktausbildung bei Holzbalkendecke. Bodenbalken auf Schwelle aufgelagert

Fußpunktausbildung im Bohlenbau mit Holzbalkendecke. Balkonbohle auf Bohlenschwelle aufgelagert

Fußpunktausbildung im Bohlenbau mit Holzbalkendecke. Ständerbohle und Balkonbohle auf Bohlenschwelle aufgelagert

1 äußere Wandverkleidung mit Hinterlüftung 2 Blindschalung mit Winddichtung 3 Isoliermatte 4 innere Wandverkleidung 5 Schwelle 6 Fußleiste 7 Unterlagspappe
8 Holzfußboden auf Lagerhölzern 9 Steinbett 10 Isolierplatte 11 Zwischenboden mit loser Schüttung 12 Blindboden (diagonal) 13 Abschlussbohle

Außenwand mit Verkleidung aus Holzwolle-Leichtbauplatten

Außenwand mit Ausfachung aus Holzwolle-Leichtbauplatten

Außenwand mit Ausfachung aus Mauerziegeln

1 Holzwolle-Leichtbauplatte 2 Wandputz 3 Isoliermatte 4 innere Wandverkleidung 5 Fußleiste 6 Zwischenboden mit loser Schüttung 7 Unterlagspappe 8 Steinbett
9 Ausmauerung 10 Mörtelauftrag

Außenwand, einfache Ausführung

Außenwand mit horizontaler Stülpschalung, einfache Ausführung

Außenwand mit äußerer Blindschalung

Außenwand mit horizontaler Stülpschalung und äußerer Blindschalung

Außenwand mit Schindelschirm

Außenwand mit hinterlüfteter äußerer Wandverkleidung

1 äußere Wandverkleidung 2 Isoliermatte 3 innere Wandverkleidung 4 Fußleiste 5 Holzfußboden 6 Schwelle 7 Lagerholz 8 Isolierplattenstreifen oder Schiftung 9 Unterlagspappe
10 Blindschalung 11 Winddichtung 12 Isolierplatte 13 Schindelschirm 14 Hinterlüftung

Holzbauwerke

Standard-Details für Außenwände zum Ständerbau, Riegelbau (nach Lit. 42)

Gewähltes Bedachungsmaterial:
Biberschwanzziegel.
Sparrenuntersicht nicht verkleidet.

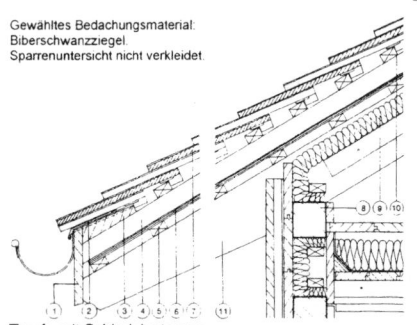

Gewähltes Bedachungsmaterial:
Falzziegel.
Sparrenuntersicht verkleidet.

Gewähltes Bedachungsmaterial:
Faserzementschiefer.
Traufvorsprung verkleidet.

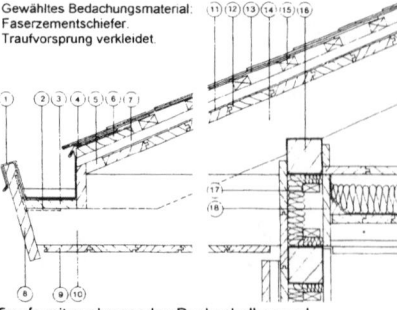

Traufe mit Schindelunterzug

Traufe mit verdeckter Rinne

Traufe mit auskragenden Deckenbalken und
verdeckter Rinne

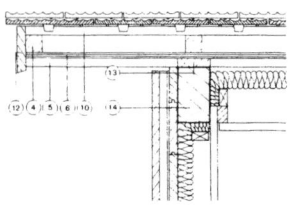

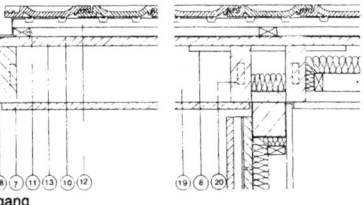

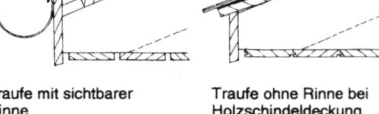

Traufe mit sichtbarer
Rinne

Traufe ohne Rinne bei
Holzschindeldeckung

Ortgang

Ortgang

1 Stirnbrett	9 Isoliermatte
2 Einlaufblech	10 Ziegellatte
3 Traufbrett	11 Sparren
4 Konterlatte	12 Ziegelleiste
5 Schindellatte	13 Füllbrett
6 Schindelunterzug	14 Wandsparren
7 Biberschwanz-Doppeldeckung	15 Dachschalung
8 Schwelle	16 Unterlagspappe

1 Rinnenblech	10 Unterlagspappe
2 Falzziegeldeckung	11 Konterlatte
3 Einlaufblech	12 Ziegellatte
4 Stirnbrett	13 Dachschalung
5 abgewinkeltes Flacheisen, verzinkt	14 Sparren
	15 Wandpfette
6 Rinnenboden	16 Isoliermatte
7 Untersichtschalung mit Zuluftöffnungen	17 Dachverkleidung
	18 Abschlussbohle
8 Belüftungsöffnung	19 Stichsparren
9 Traufbohle	20 Zwischenhöhe

1 Rinnenblech	10 Deckenbalken
2 abgewinkeltes Flacheisen, verzinkt	11 Unterlagspappe
	12 Dachschalung
3 Rinnenboden	13 Faserzementschiefer-Doppeldeckung
4 Einlaufblech	
5 Belüftungsöffnung	14 Sparren
6 Traufbrett	15 Dachlatte
7 Konterlatte	16 Schwelle
8 Stirnbrett	17 Isoliermatte
9 Untersichtschalung mit Zuluftöffnungen	18 Zwischenbrett
	19 Holzschindeldeckung

Gewähltes Bedachungsmaterial:
Pfannenziegel, Sparrenuntersicht nicht verkleidet

Gewähltes Bedachungsmaterial:
Dachpappe mit Bekiesung als Schutzschicht

Gewähltes Bedachungsmaterial:
Pfannenziegel, Sparrenuntersicht verkleidet

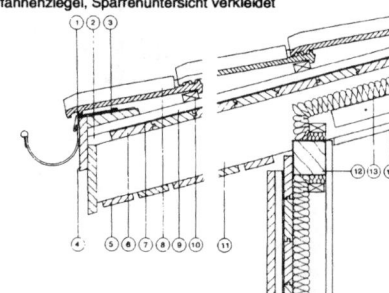

Traufe

Dachabschluss mit verdeckter Rinne und überschobenem
Stirnbrett

Traufe

Dachabschluss mit verdeckter
Rinne und Stirnbrett aus
wetterfest-verleimter Holzwerkstoffplatte

Dachabschluss mit verdeckter
Rinne und gestaffelten Untersichten

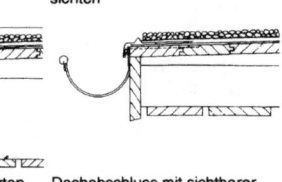

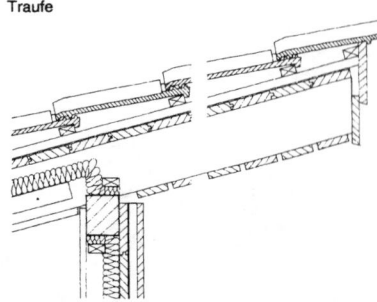

Pultdachabschluss

Dachabschluss mit geneigtem,
überschobenem Stirmbrett

Dachabschluss mit sichtbarer
Rinne

Pultdachabschluss

Flachdach

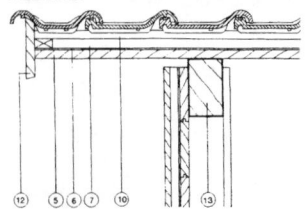

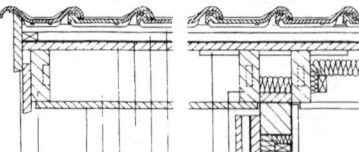

Ortgang

Dachabschluss mit gestaffelten
Untersichten
(bei Innenentwässerung)

Dachabschuss mit geneigtem,
überschobenem Stirnbrett
(bei Innenentwässerung)

Ortgang

1 Einlaufblech	8 Pfannenziegeldeckung
2 Traufbrett	9 Sparren
3 Stirnbrett	10 Ziegellatte
4 Belüftungsöffnung	11 Schwelle
5 Dachschalung	12 Ziegelleiste
6 Unterlagspappe	13 Wandsparren
7 Konterlatte	

1 Blechhaube	10 Gefälleschiftung
2 Rinnenblech	11 Dachschalung (Nut u. Kamm)
3 Einlaufblech	12 Unterlagspappe
4 Überlauf	13 Dachpappenabdichtung
5 Stirnbrett	14 Bekiesung
6 abgewinkeltes Flacheisen, verz.	15 Isoliermatte
7 Rinnenboden	16 Abschlussbohle
8 Untersichtschalung m. Zuluftöffnungen	17 Wandpfette
9 Dachbalken	18 Deckenverkleidung

1 Einlaufblech	10 Ziegellatte
2 Belüftungsöffnung	11 Sparren
3 Traufbrett	12 Wandpfette
4 Stirnbrett	13 Dachverkleidung
5 Untersichtschalung m. Zuluftöffnungen	14 Dachverkleidung
6 Dachschalung	15 Ziegelleiste
7 Unterlagspappe	16 Abschlussbohle
8 Pfannenziegeldeckung	17 Stichsparren
9 Konterlatte	18 Zwischenbohle

Holzbauwerke

Standard-Details für Außenwände zum Ständerbau, Riegelbau (nach Lit. 42)

Sattel- und Walmdach, Pultdach

Gewähltes Bedachungsmaterial:
Falzziegel
Sparrenuntersicht verkleidet

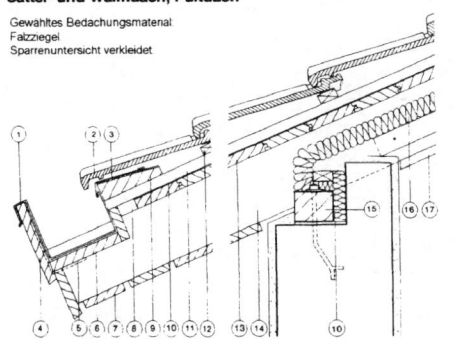
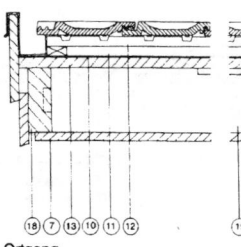
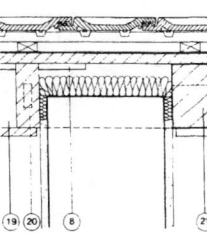

Traufe mit sichtbarer Rinne

1 Rinnenblech
2 Falzziegeldeckung
3 Einlaufblech
4 Stirnbrett
5 abgewinkeltes Flacheisen, verzinkt
6 Rinnenboden
7 Untersichtschalung mit Zuluftöffnungen

Ortgang

8 Belüftungsöffnung
9 Traufbohle
10 Unterlagspappe
11 Konterlatte
12 Ziegellatte
13 Dachschalung
14 Sparren

15 Schwelle
16 Isoliermatte
17 Dachverkleidung
18 Abschlussbohle
19 Stichsparren
20 Zwischenbohle
21 Wandsparren

Traufe mit verdeckter Rinne

Gewähltes Bedachungsmaterial:
Faserzementschiefer
Traufvorsprung verkleidet.

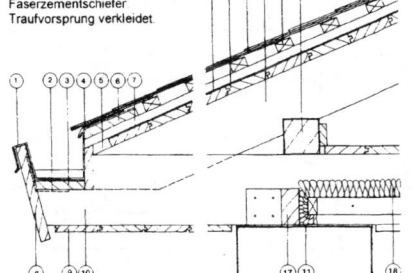

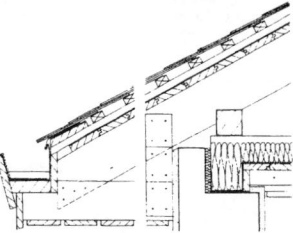

Traufe mit sichtbarer Rinne

1 Rinnenblech
2 abgewinkeltes Flacheisen, verzinkt
3 Rinnenboden
4 Einlaufblech
5 Belüftungsöffnung
6 Traufbrett
7 Konterlatte
8 Stirnbrett
9 Untersichtsschalung mit Zuluftöffnung
10 Deckenbalken

Traufe ohne Rinne bei
Holzschindeldeckung

11 Unterlagspappe
12 Dachschalung
13 Faserzementschiefer-
   Doppeldeckung
14 Sparren
15 Dachlatte
16 Schwelle
17 Zwischenbohle
18 Isoliermatte
19 Holzschindeldecke

Traufe mit auskragendem Deckenbalken und verdeckter
Rinne

Traufe ohne auskragendem Deckenbalken und
verdeckter Rinne

Gewähltes Bedachungsmaterial:
Faserzement-Wellplatten.
Sparrenuntersicht
nicht verkleidet.

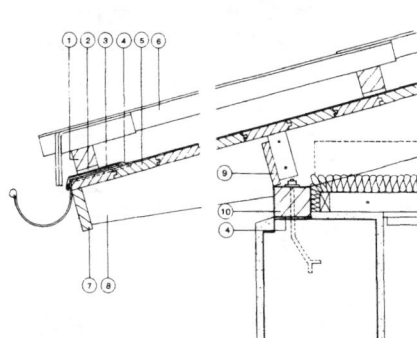
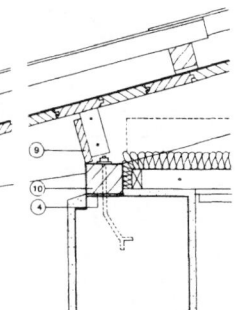
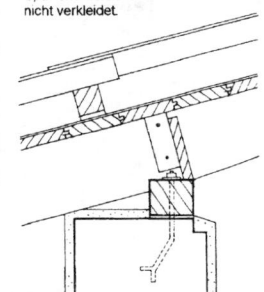
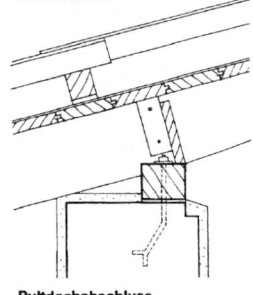
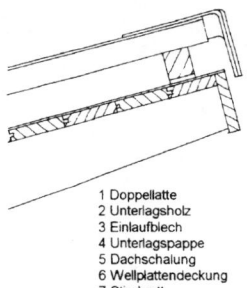
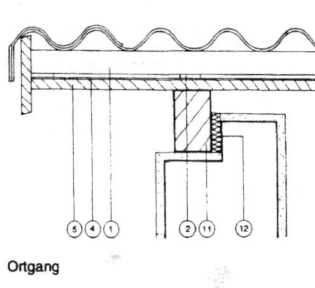

1 Doppellatte
2 Unterlagsholz
3 Einlaufblech
4 Unterlagspappe
5 Dachschalung
6 Wellplattendeckung
7 Stirnbrett
8 Sparren
9 Zwischenbrett
10 Schwelle
11 Wandsparren
12 Isoliermatte

Ortgang

Traufe

Pultdachabschluss

Gewähltes Bedachungsmaterial:
Biberschwanzziegel.
Sparrenuntersicht nicht verkleidet.

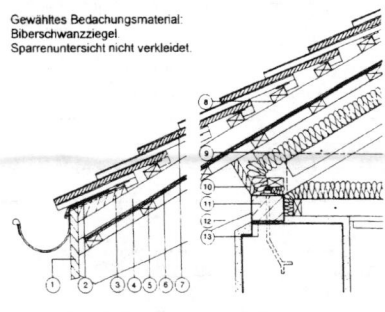
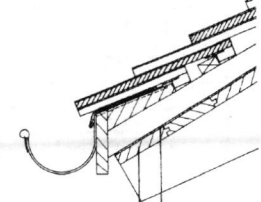
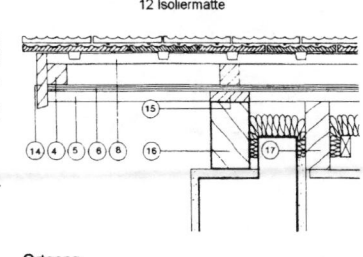

1 Stirnbrett
2 Einlaufblech
3 Traufbrett
4 Konterlatte
5 Schindellatte
6 Schindelunterzug
7 Biberschwanz-Doppeldeckung
8 Ziegellatte
9 Isoliermatte
10 Zwischenbrett
11 Schwelle
12 Sparren
13 Unterlagspappe
14 Ziegelleiste
15 Füllbrett
16 Wandsparren
17 Zwischensparren
18 Dachschalung

Ortgang

Traufe (Variante) mit Unterdachschalung

Traufe mit Schindelunterzug

Flachdach

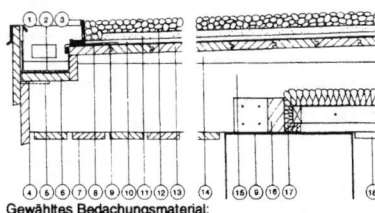
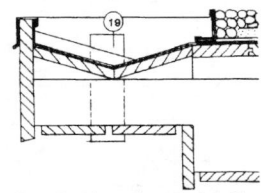
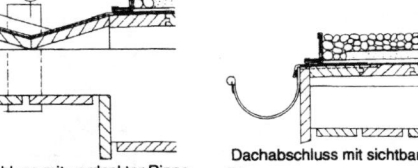

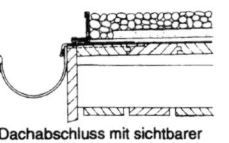
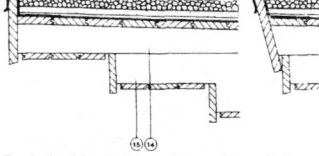

Gewähltes Bedachungsmaterial:
Dachpappe mit Kiesschüttung als Schutzschicht.

Dachabschluss mit verdeckter Rinne und überschobenem Stirnbrett

Dachabschluss mit verdeckter Rinne
und gestaffelten Untersichten

Dachabschluss mit sichtbarer
Rinne

Dachabschluss mit geneigtem, überschobenem Stirnbrett (bei Innenentwässerung)

1 Blechhaube
2 Rinnenblech
3 Winkeleisen, verzinkt
4 Stirnbrett
5 abgewinkeltes Flacheisen, verzinkt
6 Rinnenboden

7 Untersichtschalung mit Zuluft.
   öffnungen
8 Einlaufblech
9 Unterlagspappe
10 Dachpappenabdichtung
11 Sandlage
12 Kiesschüttung

13 Dachschalung (Nut und Kamm)
14 Gefälleschiftung
15 Dachbalken
16 Abschlussbohle
17 Isoliermatte
18 Deckenverkleidung
19 Oberlauf

Holzwände für Vollwärmeschutz (DIN 4108)

Standarddetails für Niedrigenergiehäuser, Bereich Außenwand (nach Lit. 41)

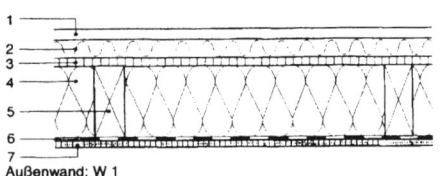

Außenwand: W 1

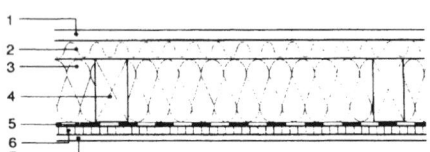

Außenwand: W 2

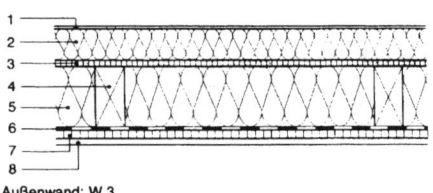

Außenwand: W 3

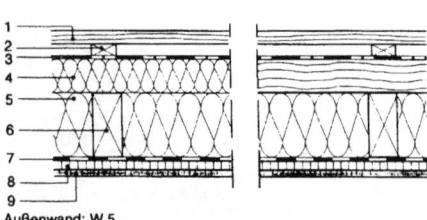

Außenwand: W 4

Außenwand: W 5

Nr.	Baustoff	s [mm]	λ_R [W/(m · K)]	s_d [m]
1	Außenputz	25,0	0,87	0,88
2	Holzwolleleichtbauplatte	35,0	0,093	0,18
3	Holzwerkstoffplatte	16,0	0,13	1,6
4	Wärmedämmung	120,0	0,04	0,12
5	Ständer 6/12 (Achsmaß 625)	120,0	0,13	4,8
6	PE-Folie	0,2	0,20	20,0
7	Gipskarton–Bauplatte	12,5	0,21	0,1
	Gesamtdicke:	208,7 mm		

Feuerwiderstandsklasse gemäß DIN 4102	F 30–B
Wärmedurchgangskoeffizient gemäß DIN 4108	$k_m = 0,30$ W/(m² · K)
Feuchtetechnische Einordnung gemäß DIN 4108	Fall a

Nr.	Baustoff	s [mm]	λ_R [W/(m · K)]	s_d [m]
1	Außenputz	25,0	0,87	0,88
2	Holzwolleleichtbauplatte	35,0	0,093	0,18
3	Wärmedämmung	120,0	0,04	0,12
4	Ständer 6/12 (Achsmaß 625)	120,0	0,13	4,8
5	PE-Folie	0,2	0,20	20,0
6	Holzwerkstoffplatte	16,0	0,13	0,8
7	Gipskarton–Bauplatte	12,5	0,21	0,1
	Gesamtdicke:	208,7 mm		

Feuerwiderstandsklasse gemäß DIN 4102	F 30–B
Wärmedurchgangskoeffizient gemäß DIN 4108	$k_m = 0,30$ W/(m² · K)
Feuchtetechnische Einordnung gemäß DIN 4108	Fall a

Nr.	Baustoff	s [mm]	λ_R [W/(m · K)]	s_d [m]
1	Außenputz	3,0	0,70	0,6
2	Wärmedämmung	60,0	0,04	0,06
3	Gipsfaserplatte	12,5	0,36	0,14
4	Wärmedämmung	120,0	0,04	0,12
5	Ständer 6/12 (Achsmaß 625)	120,0	0,13	4,8
6	PE-Folie	0,2	0,20	20,0
7	Holzwerkstoffplatte	16,0	0,13	0,8
8	Gipskarton–Bauplatte	12,5	0,21	0,1
	Gesamtdicke:	224,2 mm		

Feuerwiderstandsklasse gemäß DIN 4102	F 30–B
Wärmedurchgangskoeffizient gemäß DIN 4108	$k_m = 0,22$ W/(m² · K)
Feuchtetechnische Einordnung gemäß DIN 4108	Fall a

Nr.	Baustoff	s [mm]	λ_R [W/(m · K)]	s_d [m]
1	Außenputz	25,0	0,87	0,88
2	Holzwolleleichtbauplatte	35,0	0,093	0,18
3	Wärmedämmung	60,0	0,04	0,06
3'	Lattung 4/6 (Achsmaß 500)	60,0	0,13	2,4
4	Wärmedämmung	120,0	0,04	0,12
5	Ständer 6/12 (Achsmaß 625)	120,0	0,13	4,8
6	PE-Folie	0,2	0,20	20,0
7	Holzwerkstoffplatte	16,0	0,13	0,8
8	Gipskarton–Bauplatte	12,5	0,21	0,1
	Gesamtdicke:	268,7 mm		

Feuerwiderstandsklasse gemäß DIN 4102	F 30–B
Wärmedurchgangskoeffizient gemäß DIN 4108	$k_m = 0,21$ W/(m² · K)
Feuchtetechnische Einordnung gemäß DIN 4108	Fall a

Nr.	Baustoff	s [mm]	λ_R [W/(m · K)]	s_d [m]
1	Stülpschalung (DIN 68123)	19,5		
2	Lattung	24,0		
3	Unterspannbahn	0,2	0,20	≤ 0,5
4	Wärmedämmung	60,0	0,04	0,06
4'	Lattung 4/6 (Achsmaß 500)	60,0	0,13	2,4
5	Wärmedämmung	120,0	0,04	0,12
6	Ständer 6/12 (Achsmaß 625)	120,0	0,13	4,8
7	PE-Folie	0,2	0,20	20,0
8	Holzwerkstoffplatte	16,0	0,13	0,8
9	Gipskarton–Bauplatte	12,5	0,21	0,1
	Gesamtdicke:	312,4 mm		

Feuerwiderstandsklasse gemäß DIN 4102	–
Wärmedurchgangskoeffizient gemäß DIN 4108	$k_m = 0,22$ W/(m² · K)
Feuchtetechnische Einordnung gemäß DIN 4108	Fall a

Holzwände für Vollwärmeschutz (DIN 4108)

Standarddetails für Niedrigenergiehäuser, Bereich Außenwand (nach Lit. 41)

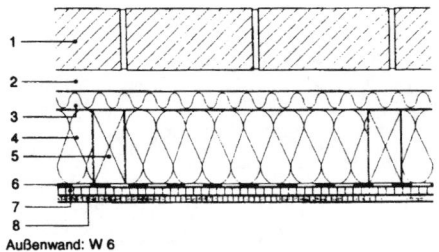

Außenwand: W 6

Nr.	Baustoff	s [mm]	λ_R [W/(m·K)]	s_d [m]
1	Vormauerstein	115,0	0,96	11,5
2	Luftschicht (gem. DIN 1053)	40,0	–	–
3	Holzwolleleichtbauplatte	35,0	0,093	0,18
4	Wärmedämmung	120,0	0,04	0,12
5	Ständer 6/12 (Achsmaß 625)	120,0	0,13	4,8
6	PE-Folie	0,2	0,20	20,0
7	Holzwerkstoffplatte	16,0	0,13	0,8
8	Gipskarton–Bauplatte	12,5	0,21	0,1
	Gesamtdicke:	326,2 mm		
Feuerwiderstandsklasse gemäß DIN 4102		F 30–B		
Wärmedurchgangskoeffizient gemäß DIN 4108		k_m = 0,28 W/(m²·K)		
Feuchtetechnische Einordnung gemäß DIN 4108		Fall b		

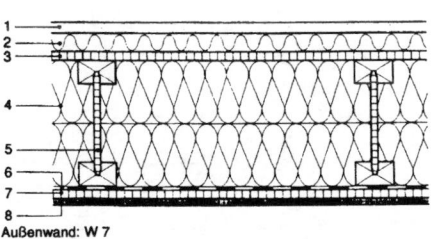

Außenwand: W 7

Nr.	Baustoff	s [mm]	λ_R [W/(m·K)]	s_d [m]
1	Außenputz	25,0	0,87	0,88
2	Holzwolleleichtbauplatte	35,0	0,093	0,18
3	Holzwerkstoffplatte	16,0	0,13	1,6
4	Wärmedämmung	240,0	0,04	0,24
5	Träger (Achsmaß 625)	240,0	0,13	9,6
6	PE-Folie	0,2	0,20	20,0
7	Holzwerkstoffplatte	16,0	0,13	0,8
8	Gipskarton–Bauplatte	12,5	0,21	0,1
	Gesamtdicke:	344,7 mm		
Feuerwiderstandsklasse gemäß DIN 4102		F 30–B		
Wärmedurchgangskoeffizient gemäß DIN 4108		k_m = 0,16 W/(m²·K)		
Feuchtetechnische Einordnung gemäß DIN 4108		Fall a		

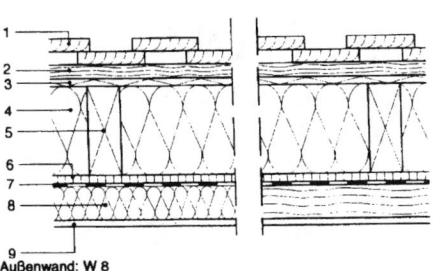

Außenwand: W 8

Nr.	Baustoff	s [mm]	λ_R [W/(m·K)]	s_d [m]
1	Bodendeckelschalung	44,0		
2	Traglattung (Achsmaß 625)	24,0		
3	Weichfaserplatte	16,0	0,06	0,08
4	Wärmedämmung	160,0	0,04	0,16
5	Ständer 6/16 (Achsmaß 625)	160,0	0,13	6,4
6	Holzwerkstoffplatte	16,0	0,13	0,8
7	PE-Folie	0,2	0,20	20,0
8	Wärmedämmung	60,0	0,04	0,06
8'	Lattung 4/6 (Achsmaß 500)	60,0	0,13	2,4
9	Gipskarton–Bauplatte	12,5	0,21	0,1
	Gesamtdicke:	332,7 mm		
Feuerwiderstandsklasse gemäß DIN 4102		–		
Wärmedurchgangskoeffizient gemäß DIN 4108		k_m = 0,18 W/(m²·K)		
Feuchtetechnische Einordnung gemäß DIN 4108		Fall a		

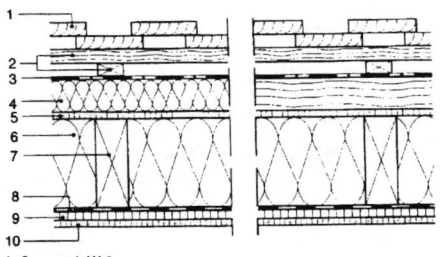

Außenwand: W 9

Nr.	Baustoff	s [mm]	λ_R [W/(m·K)]	s_d [m]
1	Bodendeckelschalung	44,0		
2	Lattung 2 x 24	24 + 24		
3	Unterspannbahn	0,2	0,20	≤ 0,5
4	Wärmedämmung	60,0	0,04	0,06
4'	Lattung 4/6 (Achsmaß 625)	60,0	0,13	2,4
5	Gipsfaserplatte	12,5	0,36	0,14
6	Wärmedämmung	160,0	0,04	0,16
7	Ständer 6/16 (Achsmaß 625)	160,0	0,13	6,4
8	PE-Folie	0,2	0,20	20,0
9	Holzwerkstoffplatte	16,0	0,13	0,8
10	Gipskarton–Bauplatte	12,5	0,21	0,1
	Gesamtdicke:	353,4 mm		
Feuerwiderstandsklasse gemäß DIN 4102		F 30–B		
Wärmedurchgangskoeffizient gemäß DIN 4108		k_m = 0,19 W/(m²·K)		
Feuchtetechnische Einordnung gemäß DIN 4108		Fall a		

Holzwände für Vollwärmeschutz (DIN 4108)

Standarddetails für Niedrigenergiehäuser, Bereich Außenwand (nach Lit. 41)

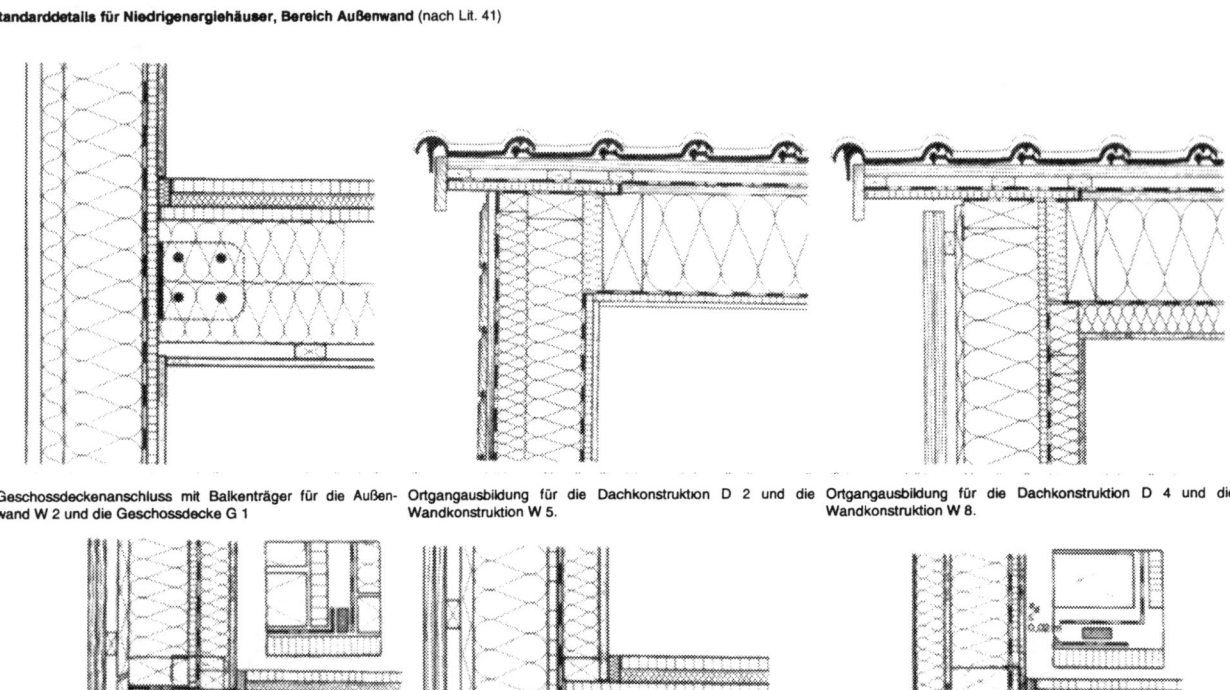

Geschossdeckenanschluss mit Balkenträger für die Außenwand W 2 und die Geschossdecke G 1

Ortgangausbildung für die Dachkonstruktion D 2 und die Wandkonstruktion W 5.

Ortgangausbildung für die Dachkonstruktion D 4 und die Wandkonstruktion W 8.

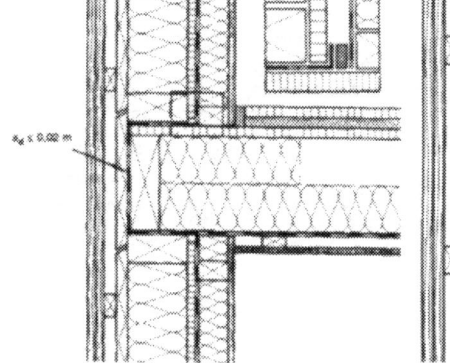

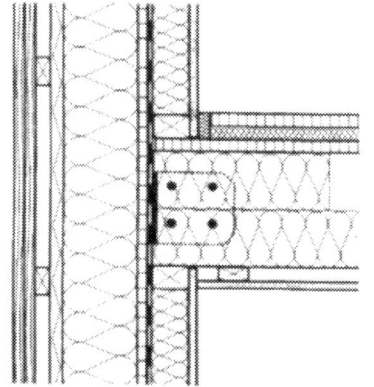

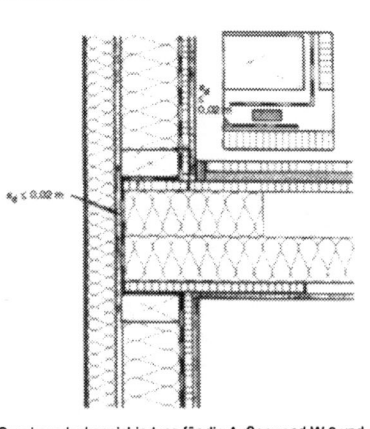

Geschossdeckeneinbindung für die Außenwand W 8 und die Geschossdecke G 1

Geschossdeckenanschluss mit Balkenträger für die Außenwand W 8 und die Geschossdecke G 1

Geschossdeckeneinbindung für die Außenwand W 3 und die Geschossdecke G 1

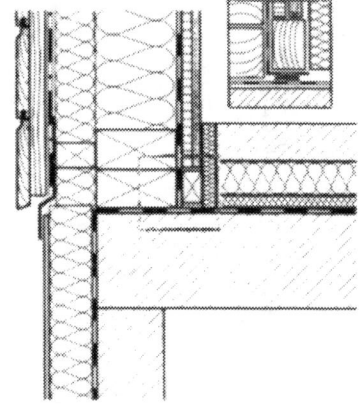

Sockelausbildung für die Außenwand W 8

Sockelausbildung für die Außenwand W 5

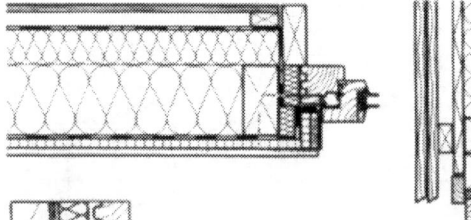

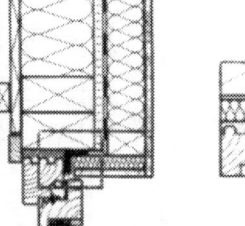

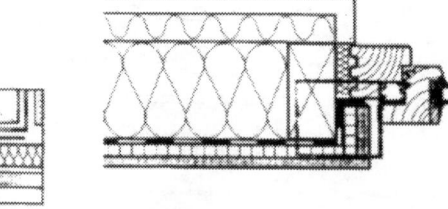

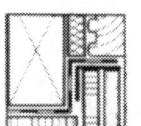

Fensterlaibung mit zusätzlicher Wärmedämmung für die Außenwand W 5

Fenstersturz für die Außenwand W 8

Fensterlaibung für die Außenwand W 3

Holzwände für Vollwärmeschutz (DIN 4108)

Standarddetails für Niedrigenergiehäuser, Bereich Außenwand (nach Lit. 41)

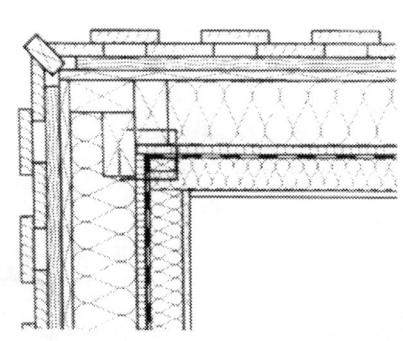
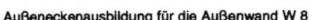

Außeneckenausbildung für die Außenwand W 8

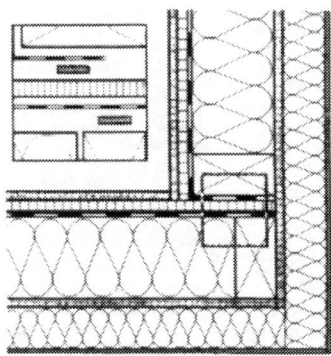

Außeneckenausbildung für die Außenwand W 3

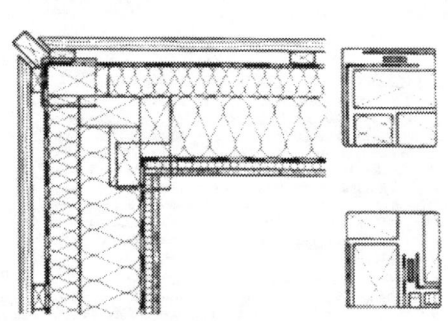

Außeneckenausbildung für die Außenwand W 5

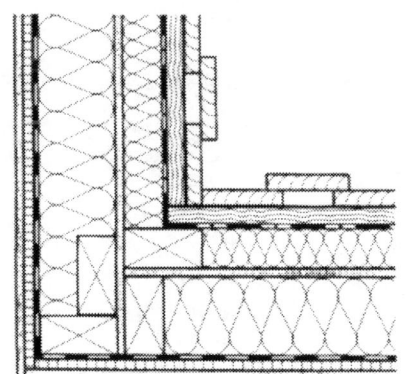

Inneneckenausbildung für die Außenwand W 9

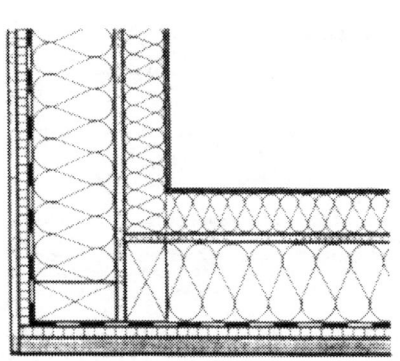

Inneneckenausbildung für die Außenwand W 3

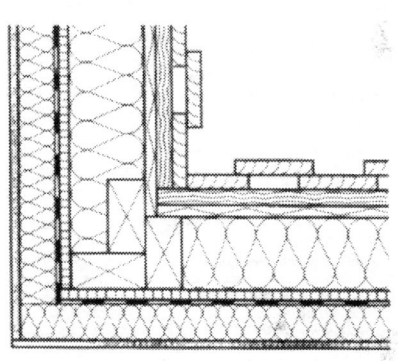

Inneneckenausbildung für die Außenwand W 8

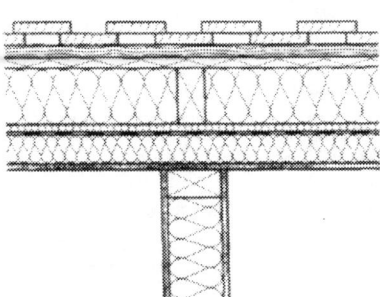

Trennwandanschluss für die Außenwand W 9 und die Trennwand IW 2.

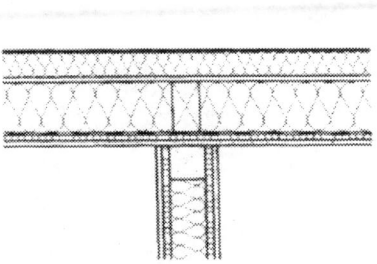

Trennwandanschluss für die Außenwand W 3 und die Trennwand IW 3

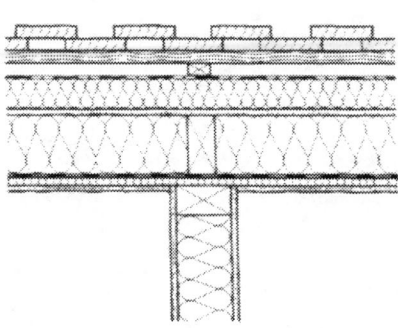

Trennwandanschluss für die Außenwand W 8 und die Trennwand IW 2.

Allgemeine Grundlagen, Funktionseigenschaften

Bauarten nichttragender Außenwände

Nichttragende Außenwände sind Montagekonstruktionen, die den Innenraum des Gebäudes vom Außenraum abtrennen und deren Flächenmasse weniger als 100 kg/m² beträgt. Die Bemühungen um eine industrielle Fertigung dieser Bauteile und deren leichtere Ausführung führt zur Orientierung auf Baustoffe, die diesen Anforderungen entsprechen, wie z.B. Metalle (insbesondere Leichtmetalle), Holz, Holzwerkstoffe, Kunststoffe, Glas. Bei deren Anwendung verliert in der Mehrzahl der Fälle die Außenwand ihre Funktion als tragende Vertikalkonstruktion. Deshalb sind nichttragende Außenwände typisch für Gebäude, bei denen die vertikale Tragkonstruktion zum Teil oder vollkommen außerhalb der Fassadenebene liegt, z.B. bei Ständerkonstruktionen, bei Konstruktionen mit tragenden Quersystemen. Aus der funktionellen Trennung der nichttragenden Außenwand von den übrigen Vertikalkonstruktionen des Gebäudes ergibt sich folglich auch deren konstruktive Trennung, so dass die unabhängig von der tragenden Vertikalkonstruktion montierten nichttragenden Außenwände den Charakter einer nicht tragenden Ergänzungskonstruktion annehmen.

Nichttragende Außenwände werden nach verschiedenen Gesichtspunkten in einzelne Typen unterteilt. Entsprechend ihrer Beziehung zur Tragkonstruktion des Gebäudes werden zwei Grundtypen nichttragender Außenwände unterschieden:
- zwischengestellte Wände (Ausfachungswände) (Bild 1),
- Vorhangwände (Bild 2).

Zwischengestellte Wände werden zwischen die Deckenkonstruktionen eingesetzt. Daraus ergibt sich, dass die zwischengestellten Wände stets durch die Belastung aus ihrem Eigengewicht, das als Druck direkt in die Deckenkonstruktion übertragen wird, und durch horizontale Biegung mittels Druck- oder Sogwirkung des Windes beansprucht werden.

Je nach der Lage der zwischengestellten Wand zur vertikalen Tragkonstruktion eines Gebäudes werden grundsätzlich drei Möglichkeiten unterschieden (Bild 1):
- Die Wand wird zwischen die vertikale Tragkonstruktion eingesetzt (a),
- die Wand wird vor eine vertikale Tragkonstruktion entweder durchlaufend (b) oder unterbrochen (c) vorgehängt,
- die Wand wird hinter die vertikale Tragkonstruktion zurückgesetzt (d).

Die Vorhangwände sind nichttragende Außenwände, deren Bauelemente vor die Deckenkonstruktion gesetzt und an der tragenden Konstruktion des Gebäudes aufgehängt sind.

Vom statischen Gesichtspunkt aus tritt bei den Vorhangwänden infolge der horizontalen Belastung durch Winddruck oder -sog stets eine Biegebeanspruchung ein. Je nach der baulichen Gestaltung der vorgehängten Wand und der Aufhängeposition wird die Tragkonstruktion durch das Eigengewicht der Vorhangwand entweder durch Zug oder Druck beansprucht.

Nach der Position der vorgehängten Wand zur vertikalen Tragkonstruktion des Gebäudes werden grundsätzlich zwei Möglichkeiten unterschieden (Bild 2):
- Die Wand ist vor die vertikale Tragkonstruktion des Gebäudes gesetzt und die Vertikalkonstruktion spiegelt sich im Fassadenbild wieder (a_1) oder nicht (a_2).

Nichttragende Außenwände vom Gesichtspunkt der mechanischen Beständigkeit und der Volumenbeständigkeit aus

1.1 Statische Anforderungen
Die Konstruktion der nichttragenden Außenwände werden beansprucht durch
- ständige Lasten,
- nicht ständige Lasten.

Zu den ständigen Lasten gehört die Belastung durch die nichttragenden Wandausfachungen bzw. Vorhangwände. Das Gewicht einer nichttragenden Außenwand beträgt in der Regel zwischen 30 und 100 kg/m².

Zu den nicht ständigen Lasten gehören die kurzzeitige Belastung durch Wind, die Belastung infolge kurzzeitiger Temperaturänderungen und die Belastungen, die bei der Manipulation mit den Wandelementen beim Transport und bei der Montage entstehen.

Für die Windlast werden die Winddruckwerte W (kNm⁻²) aus der auf eine ungeschützte Fläche einwirkenden Windgeschwindigkeit nach Langzeitmessungen in Abhängigkeit von der Bauhöhe h (m) über Gelände bestimmt (siehe Tabelle 1).

Bei Konstruktionen, die höher als 20 m sind, kann die 20 m überschreitende Höhe in Zonen nach Tabelle 1 aufgeteilt werden. Bis zu 20 m hohe Konstruktionen werden nicht in Zonen unterteilt.

Die Windbelastung wird an der Verankerungsstelle der nichttragenden Außenwand in die tragenden Teile des Baues übertragen. Die einzelnen Wandelemente, die vom statischen Gesichtspunkt aus in statisch bestimmte Einfeldträger bzw. statisch unbestimmte Durchlaufträger sind, werden von Wind auf Biegung beansprucht.

Das Eigengewicht der Wand bewirkt eine Beanspruchung der Konstruktion auf Zug oder Druck. Zugbeanspruchung entsteht bei Vorhangwänden mit vertikal orientierten Elementen, die den Aufhängepunkt in der oberen Deckenkonstruktion haben. Die Druckbeanspruchung entsteht bei Konstruktionstypen, deren Auflagerung sich in der unteren Deckenkonstruktion befindet, d.h. praktisch bei allen zwischengestellten Wandtypen. Bei der Druckbeanspruchung muss insbesondere bei Gebäuden mit größerer Bauhöhe und bei Elementen eines über mehrere Etagen verlaufenden Traggerippes unbedingt mit dem Druck bei der Knickfestigkeit gerechnet werden (Bild 3, 4).

Bei Vorhangwänden in Sprossenkonstruktion mit horizontal orientierten Tragelementen entsteht Biegebeanspruchung: aus der Winddruckbelastung resultiert eine Biegung in horizontaler Ebene, aus der Belastung durch das Eigengewicht eine Belastung in vertikaler Ebene.

Als Kriterium für die Beurteilung der Beanspruchung nichttragender Wandelemente müssen zwei statische Bedingungen erwogen werden:
- die Beibehaltung der rechnerischen Beanspruchung des Materials gemäß dem I. Grenzzustand

$$\sigma_{max} \qquad (Pa)$$

- die Beibehaltung der maximalen zulässigen Durchbiegung, die beim Einfeldträger gegeben ist durch die Beziehung

$$y = \frac{5}{384} E^{-1} J_x^{-1} W \, l^4 \qquad (m)$$

Als optimaler Wert kann eine Durchbiegung angesehen werden, deren $y_{max} = 1/300$ ist.

1.2 Beständigkeit gegenüber Formänderungen
Die Belastung der Konstruktion nichttragender Außenwände infolge Temperaturänderung ist, insbesondere bei nach Süden, Südosten und Westen orientierten Fassaden relativ bedeutsam. Erhöhte Temperaturen verursachen Längenänderungen der Bauteile und erhöhte Wärmespannungen des Materials.

Im Hinblick auf den häufigen Einsatz von Metallen, bei denen die Wärmedehnzahl a_1 relativ hoch ist, muss die Konstruktion so bemessen werden, dass die Normalspannungen sich nicht erhöhen und keine Deformation der Konstruktion eintritt.

Die Längenänderungen der Teile kann aus der Abhängigkeit ermittelt werden

$$l = l_0(1 + \alpha_1 \Delta T) \qquad (m)$$

Dabei ist
l die Länge des Elements bei der Temperatur T (m)
l_0 die Länge des Elements bei der Temperatur 20 °C (m)
ΔT die Temperatur T (°C)
α_1 die Wärmedehnzahl (K⁻¹) (siehe Tabelle 2)

Mit Rücksicht auf die mögliche Verlängerung des Bauteils muss eine nachträgliche Ausdehnungsmöglichkeit gewährleistet werden. Aus der angeführten Längen- und Temperaturabhängigkeit kann die Verlängerungsgröße bestimmt werden:

$$\Delta l = \alpha_1 \Delta T \qquad (m)$$

Die berechneten Werte der Spannung a_t sind theoretisch und gelten bei Konstruktionen, die z.B. geschweißt sind. Die übrigen Verbindungsarten ermöglichen einen teilweisen Ausgleich der Längenänderungen, und damit wird die Materialspannung geringer.

Bei festem Einspannen, bei dem nicht mit Dilatation gerechnet werden kann, darf die berechnete Materialbeanspruchung vom Gesichtspunkt des I. Grenzzustandes aus nicht überschritten werden. Die durch Temperaturänderung verursachte Spannung wird ermittelt aus der Beziehung

$$\sigma = E \, \alpha_1 \Delta T \qquad (Pa)$$

Die Werte der Wärmeausdehnungskoeffizienten a_1 (K⁻¹) des Elastizitätsmoduls für Zug (Druck) E (Mpa) und die Wärmespannung σ_t bei $\Delta T = 1$ K bei den am meisten verwendeten Materialien sind in Tabelle 2 angeführt.

1.3 Beständigkeit gegen mechanische Stöße
Neben den primären statischen Anforderungen müssen nichttragende Außenwände den Wirkungen zufälliger Stöße, und zwar weicher und harter Art bzw. durch die Gebäudenutzung verursachten Erschütterungen standhalten.

Aus Sicherheitsgründen muss die Beständigkeit gegen die Wirkungen der Stöße durch weiche Körper, (der dem Aufprall eines Menschen oder eines Tieres mit einer Energie von 1000 J oder 1000 Pa · m⁻¹ entspricht) gewährleistet sein. Deshalb muss bei allen Stockwerken eine Stoßfestigkeit in Richtung vom Gebäudeinneren nach außen von einer Energie gleich 1000 J und im ersten Obergeschoss auch noch in Richtung von außen nach dem Gebäudeinneren von der gleichen Energie von 1000 J erreicht werden.

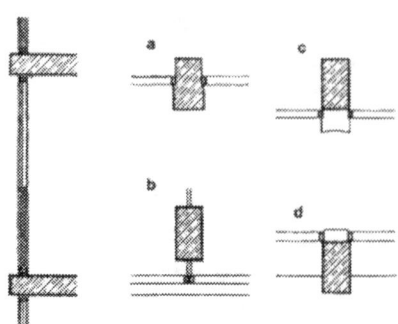

1 Lage der zwischengestellten Wand zur Vertikalkonstruktion

a = die zwischengestellte Wand ist zwischen die Vertikalkonstruktion versetzt, b = die zwischengestellte Wand ist vor die Vertikalkonstruktion versetzt und nicht unterbrochen, c = die zwischengestellte Wand ist vor die Vertikalkonstruktion versetzt und unterbrochen, d = die zwischengestellte Wand ist hinter die Vertikalkonstruktion zurückgesetzt und unterbrochen

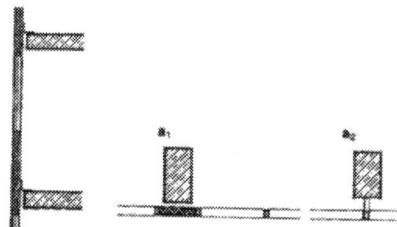

2 Lage einer Vorhangwand zur vertikalen Tragkonstruktion

a = durchlaufende Vorhangwand: a_1 = mit Widerspiegelung der vertikalen Tragkonstruktion in der Fassade, a_2 = die vertikale Tragkonstruktion zeichnet sich in der Fassade nicht ab.

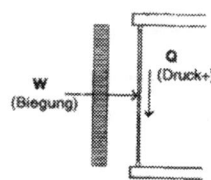

3 Statische Wirkungsweise einer zwischengestellten Wand (Ausfachungswand)

Q = Druck, W = Biegung

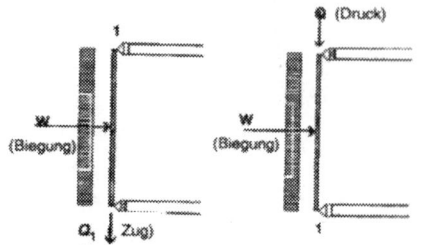

4 Statische Wirkungsweise einer vorgehängten Wand (curtain wall)

Q_1 = Zug, Q = Druck, W = Biegung, 1 = Aufhängepunkt

Tabelle 1: Winddruckwerte in Abhängigkeit von der Bauhöhe

Höhe über Gelände m	Staudruck q w (Pa)	Höhe über Gelände m	Staudruck q w (Pa)
5	600	40	1 300
10	800	45	1 350
15	900	50	1 400
20	1 000	75	1 500
25	1 100	100	1 550
30	1 200	200	1 700
35	1 250	300	1 800

Tabelle 2: Spezifische Masse, Lineare Wärmedehnzahl, Elastizitätsmodul in Zug und Druck und Wärmespannung ausgewählter Materialien

Stoff	Spezifische Dichte (kg m⁻³)	Lineare Wärmedehnzahl t(K⁻¹)	Elastizitätsmodul bei Druck $E/10^{-3}$ (Mpa)	Wärmespannung α_1 bei $\Delta T = 1$ °C (Pa)
Stahl	7 860	$1,2 \cdot 10^{-6}$	210	252
Aluminium	2 700	$2,4 \cdot 10^{-6}$	70	161
Zink	7 130	$2,9 \cdot 10^{-6}$	100	290
Kupfer	8 930	$1,7 \cdot 10^{-6}$	120	204
Zinn	7 280	$2,7 \cdot 10^{-6}$		
Chrom	7 200	$0,8 \cdot 10^{-6}$		
Nickel	8 900	$1,3 \cdot 10^{-6}$	200	260
Bronze	8 600	$1,8 \cdot 10^{-6}$	110	198
nichtrostender Stahl	7 800	$1,6 \cdot 10^{-6}$	210	336
Glas	2 400 2 600	$0,8 \cdot 10^{-6}$	60 – 80	64
Holz	600 800	$0,5 \cdot 10^{-6}$	10	5

Allgemeine Grundlagen, Funktionseigenschaften

2 Nichttragende Außenwände vom Gesichtspunkt des Wärmeschutzes aus

Vom Gesichtspunkt des Wärmeschutzes aus muss die nichttragende Außenwand am geforderten Zustand des Mikroklimas des Innenraums beteiligt sein, das entscheidend ist für die Gewährleistung der

- physiologischen Anforderungen des Menschen an die Umgebung
- technischen Anforderungen aus der gewerblichen Nutzung des Gebäudes

2.1 Undurchsichtige (geschlossene) Bauteile vom Gesichtspunkt des Wärmedurchgangs im stationären Zustand aus

Grundkriterium für den Wärmedurchgang ist der Wärmedurchgangswiderstand der nichttragenden Außenwand. Es hängt von der Beurteilung des Energieaufwandes (z.B. Energiespartechnik) ab, welche Werte gewählt werden.

Als wichtiges Kriterium eines optimalen Mikroklimas wird die innere Oberflächentemperatur der Außenwandkonstruktion angesehen, die folgendes beeinflusst:

- die Gesamtwärmebehaglichkeit
- die Kaltstrahlung (die lokale Wärmebehaglichkeit)
- die Tauwasserbildung an der Innenoberfläche der Konstruktion

Für den stationären Temperaturzustand kann die innere Oberflächentemperatur bestimmt werden aus der Beziehung

$$t_{i,p} = t_i - \frac{t_i - t_e}{R_o \cdot \alpha_i} = t_i - \frac{k(t_i - t_e)}{\alpha_i} \quad (°C)$$

Darin ist

t_i die Temperatur der Innenluft (°C)

t_e die Temperatur der Außenluft (°C)

R_o der Wärmedurchgangswiderstand ($m^2\,K\,W^{-1}$)

$R_o = R_i + R = R_e$

α_i der Wärmeübergangskoeffizient an der Innenseite der Konstruktion

Im Hinblick darauf, dass die nichttragenden Außenwände durch niedrige Werte für die Wärmeaufnahme charakterisiert sind, ist es zweckmäßig höhere Werte für die Wärmedurchgangswiderstände zu wählen.

In der Regel soll die summarische Temperatur eines Raumes folgenden Wert erreichen:

$$t_M = t_i + t_p = 38\ °C$$

2.2 Wärmebrücken in den undurchsichtigen Teilen und ihr Einfluss auf die Wärmeverluste

Bei nichttragenden Außenwänden ist die Temperatur der Innenoberflächen an den Stellen der Tafelrahmen oder der Sprossen (=Wärmebrücken) in der Regel niedriger als an der Oberfläche der Wandelemente. Vom Standpunkt der Senkung der Wärmeverluste aus muss die Forderung eingehalten werden, dass die niedrigste Temperatur auch an der Stelle einer Wärmebrücke wenigstens gleich der Taupunkttemperatur ist:

$$t_p = t_e + \Delta t_{e1} + \Delta t_{e2} \quad [°C]$$

Dabei ist

t_e die Taupunkttemperatur in °C

Δt_{e1} ein Sicherheitszuschlag [K], abhängig von der Heizweise

Δt_{e2} ein Sicherheitszuschlag [K], der den Einfluss ungenügender Wärmeakkumulation der Konstruktion einbezieht.

Diese Forderung muss durch eine effektive Gestaltung der Konstruktion entsprechend dem Typ der Außenwandkonstruktion erfüllt werden, z.B. durch Anbringung einer Wärmedämmschicht. Unwirtschaftlich und energetisch sehr aufwendig ist die Erhöhung der Temperatur der Innenoberfläche durch Anbringung von Wärmequellen an der Außenwand.

Bei einer Analyse der Temperaturfelder an den Stellen der Wärmebrücken zeigt sich, dass die Temperatur der inneren Oberfläche zwar den Anforderungen entspricht, aber der Wärmedurchgangskoeffizient wesentlich höher ist. Deshalb ist hier auch der Wärmeverlust wesentlich höher als an Stellen des typischen Querschnitts ohne stärker wärmeleitende Teile.

In den üblichen öffentlichen und gewerblichen Gebäuden mit Zentralheizung liegt die relative Luftfeuchte der Raumluft im Winter größtenteils weit unter dem Wert X = 60 %, also ist auch die Taupunkttemperatur in Wirklichkeit wesentlich niedriger. Die niedrige Temperatur der Innenoberfläche äußert sich i.d.R. nicht durch Schwitzwasserbildung, sondern beeinflusst die lokale Wärmebehaglichkeit ungünstig. Es tritt kalte Strahlung auf, welche die Nutzer in der Nähe der Außenwand empfinden.

2.3 Durchsichtige (transparente) Bauteile

Bei transparenten Bauteilen beeinflussen zwei grundlegende Forderungen die Ausbildung des Innenklimas:

- die wärmetechnischen Anforderungen an minimale Wärmeverluste und an die örtliche Wärmebehaglichkeit in der Nähe dieser Bauteile sowie eine regelbare Durchlässigkeit der Sonnenstrahlung bei voller Besonnung,
- die durch den Austausch der Innenluft mittels Lüften charakterisierte Hygiene der Umgebung.

2.4 Wärmestabilität von Räumen

Die Wärmestabilität von Räumen ist ein Kriterium, an dem eine Reihe von Konstruktionen und zum erheblichen Teil auch die nichttragende Außenwand ihren Anteil haben.

Die Bewertung der Wärmestabilität von Räumen erfolgt bei nichtstabilisiertem Temperaturzustand:

- für den Winter in den Heizpausen,
- im Sommer für Gebäude ohne Klimaanlage.

Wärmestabilität für den Winter

Für die Wärmestabilität eines Raumes im Winter ist Δt_i entscheidend – also das Absinken der resultierenden Temperatur während des Abkühlens, das durch die Differenz der resultierenden Innentemperatur zu Beginn des Abkühlens und der resultierenden Temperatur im Prüfzeitraum des Erkaltens; diese wird als Summe der Lufttemperatur und der Durchschnittstemperatur aller Oberflächen im Raum am Ende einer achtstündigen Heizpause ermittelt. Für die Berechnung wird eine Reihe von Rechenprogrammen oder speziellen Nomogrammen verwendet.

Wenn die Wärmestabilität der Räume des zu beurteilenden Gebäudes vom Gesichtspunkt des Winters aus den Anforderungen nicht gerecht wird, muss entweder die Wärmeaufnahmefähigkeit der Innen- bzw. Außenkonstruktionen mit eventueller Erhöhung des Wärmedurchgangswiderstands der Außenkonstruktionen verbessert werden, oder es muss auf ein ununterbrochenes Heizen, das mit verstellbarem Thermostat geregelt wird, übergegangen werden.

Außer der Untersuchung der summarischen Temperatur eines Raumes kann mit den Berechnungen die Außenlufttemperatur bestimmt werden, bei der das Gebäude beheizt werden muss. Je geringer das Wärmespeichervermögen der Innen- und Außenbauteile ist, desto schwieriger kann die vorgeschriebene summarische Temperatur eingehalten werden und desto höher ist die Außenlufttemperatur, bei der mit der Heizung begonnen werden muss. Für massive, traditionelle Gebäude mit angemessen großen Fenstern ist die Temperatur für den Beginn der Heizsaison t_e = 12 °C.

Wärmestabilität für den Sommer

Der ständige Wärmegewinn der Innenlufttemperatur wird als Summe des Wärmegewinns durch die durchsichtigen Bauteile infolge der Sonnenstrahlung und des Wärmegewinns durch die undurchsichtigen Bauteile bestimmt.

Entscheidenden Einfluss haben die durchsichtigen Bauteile, insbesondere vom Gesichtspunkt der wünschenswerten Einstrahlung im Frühjahr, im Herbst und vor allem im Winter, aber auch aus der Sicht einer unerwünschten übermäßigen Sonneneinstrahlung im Sommer.

Die undurchsichtigen Teile der Außenwände sollten vom Gesichtspunkt des Sommers aus eine helle Oberflächengestaltung aufweisen, damit sie die Sonnenstrahlung gut reflektieren. Das ist allerdings der auf den Gesichtspunkt der Wärmestabilität im Sommer beschränkte Aspekt. Vom Gesichtspunkt des ganzjährigen Betriebs und des Energieaufwandes aus ist jede Erwärmung des Gebäudes durch die Sonnenstrahlung erwünscht.

Eine Kompromisslösung ist eine graue oder dunklere Oberfläche mit einem Absorptionsgrad von a = 0,7 und darüber und die Schaffung eines Lüftungsspalts an der Außenseite der Außenwand, so dass im Sommer die Luft im Zwischenraum strömt und die Wand kühlt, während im Winter die Strömung wesentlich eingeschränkt oder gänzlich ausgeschlossen wird.

Einfluss einer Zwangslüftung

Der Einfluss der Wärmespeicherfähigkeit der Innenbauteile kann für die Wärmestabilität im Sommer durch Nutzung einer automatisch gesteuerten Nachtlüftung wesentlich erhöht werden. Der Betrieb der Nachtlüftung sollte aufgenommen werden, wenn die Außenluft bereits kühl genug ist. Der Energieaufwand für diese Lüftung ist annehmbar, denn die Anlagen arbeiten mit dem billigen Nachtstrom. Gelüftet werden muss solange, bis im ganzen Gebäude eine Temperatur von ungefähr 18 °C erreicht ist. Die Einrichtung der Nachtlüftung setzt eine automatische Regelung voraus, am Besten unter Nutzung von Mikroprozessoren mit Messgebern, die an den charakteristischen Stellen des Gebäudes angebracht werden. Die Ableitung der Lüftungsluft kann mit Überdruckklappen in den Außenwänden mit eventueller Nutzung der Luftableitung durch den Zwischenraum einer Dreifachverglasung gelöst werden.

2.5 Tauwasserbildung und das Verdunsten der Feuchte

Nichttragende Außenwände sollen so konstruiert werden, dass in ihnen Wasserdampf kondensieren kann.

Konstruktionen nichttragender Außenwände mit außenliegender Dampfbremse bzw. -sperre oder mit einer Schicht mit hohem Diffusionswiderstand müssen auch von innen eine dampfdichte Schicht erhalten. Die Feuchte der eingebauten Werkstoffe darf vor deren Einbau nicht höher als die Gleichgewichts–Sorptionsfeuchte bei einer Temperatur von 5 °C liegen; die relative Feuchte darf maximal 85 % betragen. Dort, wo beide Bedingungen nicht erfüllt werden können, wird eine sichere Lösung durch die Ausbildung einer offenen Luftschicht hinter der äußeren dampfdichten Schicht erreicht. Die Luftschicht ist so zu dimensionieren, dass der Zustand der Luft im Zwischenraum über dem Taupunkt liegt und in den übrigen Teilen der Konstruktion kein Wasserdampf kondensiert.

3 Nichttragende Außenwände vom Gesichtspunkt der Aerodynamik der Gebäude aus

Die Luftdurchlässigkeit einer nichttragenden Außenwand wird als genügend angesehen, wenn der Fugendurchlasskoeffizient die folgende Anforderung erfüllt:

$$i \cdot 10^4 \leq 0{,}5\ [m^2 s^{-1} Pa^{-0{,}67}]$$

Die Fugendurchlässigkeit einer nichttragenden Außenwand in Gebäuden ohne künstliche Lüftung soll nicht größer sein als vom Gesichtspunkt des geforderten Luftaustauschs im Raum aus erforderlich ist, also

$$Q_V \leq 0{,}2\ Q_P$$

Dabei ist

Q_V der Volumenstrom der durch die Fugen (einschließlich Türen) strömenden Luft

Q_P der geforderte Luftaustausch im Raum aus hygienischen Gründen und zur Erreichung der minimalen Luftwechselzahl L = $0{,}5^{-1}$.

Die Luftdurchlässigkeit der Fugen einer nichttragenden Außenwand in Gebäuden mit künstlicher Lüftung soll so gering wie möglich sein.

Die Konstruktionsfugen und Stöße zwischen den einzelnen Wandteilen sowie die Anschlussbereiche von Außenfenstern und Türen, müssen luftdicht sein.

4 Nichttragende Außenwände vom Gesichtspunkt der Hydrodynamik der Gebäude aus

Wichtig ist, dass die Konstruktionsfugen und Stoßverbindungen der nichttragenden Außenwand gegen die gemeinsame Einwirkung von Wind und Regen (Schlagregen) beständig sind.

Bei der Beurteilung einer Außenwand wird von folgenden Grenzbedingungen ausgegangen:

- Schlagregendichte bei Gebäuden mit
  bis zu 10 Geschossen 17,01 $m^{-2}h^{-1}$
  bis zu 20 Geschossen 18,01 $m^{-2}h^{-1}$
- gleichmäßige Windgeschwindigkeit $w_z = 5{,}0\ ms^{-1}$
- Windgeschwindigkeit bei Windböen $w_{Bö} = 15{,}0\ ms^{-1}$
- Dichte des gleichmäßigen Wasserstroms
  $Q_{rechn.gleichm} = 100{,}01\ m^{-1}h^{-1}$
- Luftdruckdifferenz für Gebäude mit
  bis zu 10 Geschossen X = 700 Pa
  bis zu 20 Geschossen X = 100 Pa

Während der Schlagregenwirkung (T = 1 Stunde) muss die Fläche der nichttragenden Außenwand folgenden Bedingungen entsprechen:

- Wasserpenetration an der Innenoberfläche
  Q penetrierend = 0
- die Kriterien der Wasserdurchlässigkeit der Konstruktion werden nicht beeinträchtigt, d.h. bei gleichzeitiger Einwirkung des vom Wind getriebenen Regens kommt das Wasser nicht in Berührung mit dem Windbrecher
  Q des Windbrechers = 0

5 Nichttragende Außenwände vom Gesichtspunkt des bautechnischen Schallschutzes aus

Die Schallausbreitung in Gebäuden mit Leichtbaukonstruktionen gehört zu den schwierigsten Problemen der Bausysteme. Das gilt in vollem Maße auch bezüglich der Konstruktionen nichttragender Außenwände.

5.1 Die schalldämmenden Eigenschaften der Außenwände

Der Schutz gegen die Schallübertragung betrifft drei grundlegende Gesichtspunkte, und zwar:

- das Vermögen der Außenwände, die direkte Schallübertragung von außen (vom Freien) in den Innenraum (abgeschlossenen Raum) abzumindern, also ihre Luftschalldämmung.
- das Vermögen der Außenwände, die durch Wind, Regen und derartige Faktoren verursachten Erschütterungen zu dämpfen und dadurch der Schallausbreitung in den Innenraum zuvorzukommen – also ihre Körperschalldämmung.
- das Vermögen der Außenwände und der inneren Trennkonstruktionen (Trennwände und Decken) in den Stößen die Schallübertragung zwischen den Innenräumen abzumindern, also die Schalldämpfung auf den Nebenwegen.

Luftschalldämmung

Vom Gesichtspunkt der Luftschalldämmung genügt eine Außenwand den Anforderungen, wenn das Bau–Schalldämm–Maß wenigstens gleich dem niedrigstzulässigen Wert R'_w ist. (Siehe DIN 4109, Tab. 3.

Die Größe des geforderten Wertes R'_w ist insbesondere vom Zweck des Innenraums, von der Stärke des Lärms außerhalb des Gebäudes (ausgedrückt durch den äquivalenten Schallpegel L_pA_{eq} 2 m vor der Fassade) und von der Tageszeit abhängig. Der Wert L_pA_{eq} wird durch Messen oder durch Berechnung bestimmt oder in begründeten Fällen durch den Wert des höchstzulässigen äquivalenten Geräuschpegels $L_pA_{eq,p}$ ersetzt (siehe Tabelle 3).

Körperschalldämmung

Vom Gesichtspunkt der Körperschalldämmung aus genügt eine Außenwand den Anforderungen, wenn bei ihrer Beanspruchung durch natürliche Faktoren, d.h. durch Regen oder Graupelschlag im Inneren keine höheren Geräuschwerte als die zulässigen erreicht werden (Tabelle 3). Unter diesem Aspekt ist es zweckmäßig, die dynamisch beanspruchten Schichten einer nichttragenden Außenwand mit Antidröhnanstrichen zu versehen bzw. für diese Schichten Werkstoffe mit einem hohen Schalldämpfungsfaktor zu verwenden.

Tabelle 3: Höchstzulässige Schallpegelwerte in Wohnbauten, Beherbergungseinrichtungen und öffentl. Gebäuden

Raumart	$L_{aeq\,p}$ (dB/A)	$L_{amax\,p}$ (dB/A)
Krankenhauszimmer 6 – 22 Uhr	35	35 + K
Operationssäle, spezielle Untersuchungsräume, Konzertsäle, Theater– und Kinozuschauerräume (während der Benutzung)	35	25 + K
Wohnräume einschließlich Wohnküchen, Hotelzimmer 6 – 22 Uhr	40	40 + K
22 – 6 Uhr	30	30 + K
Sprechstundenzimmer, Leseräume (während der Benutzung)	40	40 + K
Vortragssäle, Lehrräume, Hörsäle (während der Benutzung)	45	45 + K
Kulturzentren, Konferenzräume, Gerichtssäle, ruhige Cafés (während der Benutzung)	50	50 + K
Warteräume, Vestibüls öffentlicher Ämter und Kultureinrichtungen, Cafés und Restaurants (während der Benutzung)	55	55 + K
Verkaufsstätten, Sporthallen (während der Benutzung)	60	60 + K

Korrekturwerte

Charakter des Geräuschs		K(dB)
A. Impulsgeräusch, sich wiederholende Impulse	über 100 mal pro Stunde	+ 5
	10 bis 100 mal pro Stunde	+ 10
	1 bis 9 mal pro Stunde	+ 15
	unter 1 mal pro Stunde	+ 20
B. unterbrochener Lärm, sich wiederholend	über 10 mal pro Stunde	0
	6 bis 10 mal pro Stunde	+ 5
	2 bis 5 mal pro Stunde	+ 10
	1 mal pro Stunde	+ 15
	unter 1 mal pro Stunde	+ 20
	unter 1 mal in 8 Stunden	+ 25

Allgemeine Grundlagen, Funktionseigenschaften

Körperschallquellen werden größtenteils durch zwei Größen beschrieben:

- durch den Pegel der Schwinggeschwindigkeit L_V an der Erregungsstelle (dB),
- durch den Modul der inneren Quellenimpedanz Z_m (kg^{-1}).

Für die Beschreibung der Witterungsfaktoren als Körperschallquelle in nichttragenden Außenwänden kommt ähnlich wie bei Geräuschquellen der Pegel der Schwingungsleistung L_{wA} an der Erregerstelle (dB/A) in Betracht.

Geräuschdämpfung auf Nebenwegen

Vom Gesichtspunkt der Geräuschdämpfung auf Nebenwegen genügt eine Außenwand den Anforderungen, wenn das Schalldämmaß der Bauteile (Trennwände und Decken) zwischen den Innenräumen längs der Außenwand wenigstens gleich dem niedrigstzulässigen Wert R_w bzw. R°_w ist.

Die Wirkung des Außenraums auf die Außenwände

Die akustischen Eigenschaften des äußeren Raumes werden beschrieben:

- durch die äquivalenten Schalldruckpegel A, $L_p A_{eq}$ (dB) in den gegebenen Zeitabschnitten (gewöhnlich in einer durchschnittlichen Tages- und in einer durchschnittlichen Nachtbetriebsstunde der Geräuschquelle).
- durch Angaben über den Charakter des Geräusches (stetig, veränderlich, impulsartig).

Die akustischen Eigenschaften der Geräuschquellen werden durch die Größen der Geräuschemission beschrieben:

- minimal durch die Schall-Leistungspegel L_{WA} (dB)
- durch Richtungsfaktoren Γ (-).

Maßnahmen im Außenraum

In direkter Abhängigkeit vom Wert des äquivalenten Schalldruckpegels A, L_p A_{eq} (dB) steigt der geforderte Mindestwert für das Schalldämm-Maß R_w, R°_w (dB) der nichttragenden Außenwand.

Soll der Wert R_w, R°_w die zulässige Grenze nicht überschreiten, ist es zweckmäßig, Maßnahmen zur Senkung des Wertes L_pA_{eq} vorzunehmen.

Zu den zweckmäßigen Maßnahmen gehört insbesondere:

- die Vergrößerung des Abstandes zwischen der Geräuschquelle und der Außenwand,
- die Senkung der Intensität und Richtungsänderung unerwünschter Schallreflexionen durch entsprechende Geländegestaltung des Umfelds,
- eine Schallabschirmung,
- bei beweglichen Quellen eine Senkung der Bewegungsgeschwindigkeit,
- Begradigung der Fahrbahnoberfläche.

5.2 Konstruktive Durchbildung nichttragender Außenwände vom Gesichtspunkt der Luftschalldämmung aus

Der Ausgangswert für die Konstruktion nichttragender Außenwände vom Gesichtspunkt der Luftschalldämmung ist der Mindestwert für das bewertete Schalldämm-Maß R°_w (dB), der abhängig ist:

- vom Zweck des durch die nichttragende Außenwand gegenüber dem Außenraum abgetrennten Innenraumes,
- vom Wert des äquivalenten A-Schalldruckpegels im Außenraum an der Stelle der Schallimmission 2,0 m vor der Fassade.

Nichttragende Außenwände sind in der Regel Konstruktionen, die aus undurchsichtigen und aus durchsichtigen (Fenster)Teilen zusammengesetzt sind, bei denen über den Gesamtwert des Schalldämm-Maßes der Teil mit dem größten Flächeninhalt und dem kleinsten Schalldämm-Maß entscheidet. Dieser Teil der Außenwände sind in der Regel die Fenster.

Vom Gesichtspunkt der Luftschalldämmung aus werden die nichttragenden Außenwände beurteilt als

- einschalige Wände,
- mehrschalige Wände,
- zusammengesetzte Wände.

5.2.1 Einschalige nichttragende Außenwände

Einschalige Außenwände sind mehrschichtige Konstruktionen mit einer äußeren Wetterschutzschicht, einer inneren Schutzschicht gegen mechanische Beschädigung (äußere und innere Deckschicht) und einem relativ massearmen Kern (z.B. aus Schaumpolystyrol).

Der Entwurf einschaliger Außenwände wird vor allem von wärmetechnischen und statischen Gesichtspunkten bestimmt. Zur vorläufigen Bewertung der einschaligen Wände vom Gesichtspunkt der Luftschalldämmung aus sind die Materialkonstanten aus Tabelle 2 und die Koeffizienten n_1 (m^2s^{-1}), n_2 (-) aus Tabelle 4 zu entnehmen:

Bei einer Dicke der Außenwand h $\leq h_1 = n_1/c$ (m)

$$R_w = 20 \log ph + 10$$

Bei einer Dicke h = $\geq h_1$, aber h $\leq h_2 = h_1 n_2$

$$R_w = 20 \log (ph_1) + 10 (\log n_2)^{-1} \log (h/h_1) + 10$$

und bei einer Dicke h $\geq h_2$

$$R_w = 20 \log (ph/n_2) + 20$$

Analog können auch einschalige mehrschichtige Außenwände bewertet werden.

5.2.2 Mehrschalige nichttragende Außenwände

Die einfachste mehrschalige Konstruktion stellt eine zweischalige Wand dar. Als zweischalig wird eine aus zwei einschaligen Konstruktionen bestehende Konstruktion angesehen:

- biegesteif, ohne gegenseitigen Verbund,
- biegeweich, höchstens mit vier punktförmigen Verbindungen je m^2 Fläche,
- kombiniert aus einer biegesteifen und einer biegeweichen Konstruktion, auch mit geraden Parallelverbindungen in mindestens 0,5 m Entfernung.

Der Luftspalt ist mit einem porösen Absorber (Mittel zum Ausschluss der Halbwellenresonanz) ausgelegt.

Bei der vereinfachten Bewertung kann das Schalldämm-Maß einer zweischaligen Konstruktion durch folgende Gleichung ausgedrückt werden.

$$R_w = 20 \log (10^{0,05 Rw_1} + 10^{0,05 Rw_2}) + \Delta R_w$$

Dabei sind R_{w1}, R_{w2} die Werte für das Schalldämm-Maß beider einfacher Konstruktionen (dB).

ΔR_w ist die Änderung des Indexes der Luftschalldämmung der zweischaligen Konstruktion (dB) bei einer Luftspaltdicke, die sich Null nähert.

5.2.3 Zusammengesetzte nichttragende Außenwände

Wenn die Außenwände flächig heterogen sind, setzen sie sich aus n Teilen mit dem Flächeninhalt S_i (m^2) und dem Schalldämm-Maß R_{wi} (dB) zusammen. Das Schalldämm-Maß der zusammengesetzten Konstruktion R_w (dB) kann ausgedrückt werden durch die Gleichung

$$R_w = 10 \log \sum_{i=1}^{n} S_i - 10 \log \sum_{i=1}^{n} S_i \cdot 10^{-0,1R_{wi}}$$

Die am wenigsten wirksamen Teile zusammengesetzter Konstruktionen sind die Füllungen von Öffnungen. Die Zusammensetzung der übrigen Teile ist in der Regel durch andere als akustische Gesichtspunkte gegeben. Der niedrigstzulässige Wert für das Schalldämm-Maß (der Füllung) einer Öffnung R_{wo} (dB) ist vom niedrigstzulässigen Wert des Schalldämm-Maßes der ganzen Wand R_w (dB), vom Anteil des Flächeninhaltes der Wand p = S_o : ... S_i (-) und vom Schalldämm-Maß des restlichen (undurchsichtigen) Teils der Wand R_{wm} (dB) abhängig.

$$R_{wo} = \geq R_w - 10 \log [p^{-1} (p^{-1} - 1) \cdot 10]^{0,1R_w - R_{wm})}$$

Kann die Konstruktion (der Füllung) der Öffnung nicht gewählt werden, wird der höchstzulässige Flächeninhalt der Öffnung aus dem berechneten höchstzulässigen Wert p bestimmt:

$$p \leq \frac{1 - 10^{0,1R_{wm} - R_w)}}{1 - 10^{0,1R_{wm} - R_{wo})}}$$

Das Ergebnis muss vom Gesichtspunkt der übrigen Funktionen der Füllungen für die Öffnungen (Beleuchtung, Lüftung) kontrolliert werden.

5.3 Körperschalldämmung

5.3.1 Mittel zur Körperschalldämmung

Vom Gesichtspunkt der Körperschalldämmung sollten die nichttragenden Außenwände aus Werkstoffen mit einem hohen Wert für den Verlustfaktor (z.B. aus Kunststoffen) projektiert werden. Von anderen praktischen Gesichtspunkten (z.B. von statischen Gesichtspunkten aus) ist es vorteilhaft, diese Werkstoffe mit traditionellen Baustoffen so zu kombinieren, dass die resultierende kombinierte Konstruktion einen höheren Wert des Verlustfaktors hat.

Zu den Mitteln zur Vergrößerung des Verlustfaktors von Konstruktionen aus traditionellen Baustoffen gehören insbesondere:

- Antidröhnanstriche
- Mehrschichtbauart.

5.3.2 Antidröhnanstriche

Antidröhnanstriche sind insbesondere zur Vergrößerung des Verlustfaktors dünner Bleche geeignet. Sie werden mit Pinsel, Spachtel oder Spritzpistole aufgetragen. Die festgewordene Anstrichschicht deformiert sich bei Biegeschwingungen, und die Schallenergie wird bei periodischen Deformationen verbraucht, bevor sie in die Luft abgestrahlt werden kann.

Beim Auftragen von Antidröhnanstrichen auf Blech ist es wichtig, folgenden Arbeitsablauf einzuhalten:

- vor dem Auftragen einen Grundanstrich auftragen,
- die Dicke der aufgetragenen Schicht mindestens zweimal größer als die Blechdicke wählen,
- den Anstrich nur auf einer Seite auftragen,
- die gesamte Fläche des vibrierenden Bleches mit dem Anstrich bedecken.

Kennwert für die Qualität der Antidröhnanstriche ist das Produkt des Elastizitätsmoduls des Anstrichs E(Pa) für Zug mit dem Verlustfaktor des Anstrichs d (-), das so groß wie möglich sein soll. Anstriche auf Asphaltbasis werden bei Temperaturen um annähernd 25 °C weich und verlieren die Antidröhneigenschaften.

5.3.3 Mehrschichtbauart

Der Wert des Verlustfaktors dünnwandiger Konstruktionen aus traditionellen Materialien kann auch mit zwei aufgeklebten Zusatzschichten erhöht werden. Die innere (dämpfende) Schicht ist gewöhnlich aus Gummi oder Kork, die äußere (Deck-)Schicht ist eine dünne, aber steife Folie, gewöhnlich eine Metallfolie. Durch die Deformationen der resultierenden Mehrschichtbauart mit perfekt verklebten Schichten treten bei Biegeschwingungen im Unterschied zu den Antidröhnanstrichen nur in einem bestimmten Frequenzbereich Schallenergieverluste ein. Von Vorteil ist die Anwendungsmöglichkeit auf Bleche unbegrenzter Dicke.

Es wird empfohlen, die gesamte Fläche des vibrierenden Bleches mit zusätzlichen Schichten zu bedecken. Die äußeren Schichten sollten nur mit der Dämmschicht verbunden sein.

5.3.4 Die Nebenwirkungen der Körperschalldämmung

Durch eine Vergrößerung des Wertes für den Verlustfaktor einer dünnwandigen Konstruktion durch beide Verfahren zur Körperschalldämmung wird der Elastizitätsmodul für Zug der resultierenden kombinierten Konstruktion verringert. Die Verringerung des Elastizitätsmoduls äußert sich durch eine Verringerung der Geschwindigkeit der Ausbreitung der Längsschallwellen.

Bei der Erhöhung der Körperschalldämmung durch Mehrschichtbauweise vergrößert sich das Trägheitsmoment der ursprünglichen dünnwandigen Konstruktionen, die dadurch biegesteife Konstruktionen werden.

5.4 Schalldämpfung

5.4.1 Schalldämpfung auf Nebenwegen

Unter Schallausbreitung auf Nebenwegen wird die Ausbreitung der Schallwellen auf alle anderen Weisen als direkt durch die Konstruktion verstanden. Dazu gehören insbesondere:

- die direkte Ausbreitung der Schallwellen durch die Luft – durch Ritzen, Risse und andere nicht vorausgesetzte Öffnungen in der gegebenen Konstruktion,
- die indirekte Ausbreitung der Schallwellen durch die Luft – durch zufällige Schalleitungen in den anschließenden Konstruktionen – durch Kombination der indirekten Ausbreitung der Schallwellen durch die Luft und mittels der anschließenden Konstruktionen.

5.4.2 Innenfugen

Die Fugen in den Stößen der vorgehängten Außenwände mit den Innenwänden und Decken ermöglichen die Ausbreitung der Schallwellen durch die Luft direkt zwischen Räumen, die durch die gegebenen Wände oder Decken vollständig (luftdicht) abgeteilt werden sollen. Sie entstehen insbesondere dann, wenn die anstoßenden Konstruktionen unterschiedlichen Temperaturen ausgesetzt sind oder wenn sie aus Baustoffen mit unterschiedlicher Längenausdehnung bestehen. Durch ihr Vorhandensein wird die schalldämmende Funktion der Innenwände und Decken ernsthaft beeinträchtigt.

Mit der Entstehung von Fugen betrachtet man die Innenwände und Decken als kombinierte Konstruktionen. Der neue Teil der betrachteten Innenkonstruktion ist eine freie Öffnung – eine Fuge vom Querschnitt S_o = dl (m^2), von der Tiefe h (m) gleich der Wand- oder Deckendicke und mit dem Absorptionsgrad der Innenwände = ca. 0,02 (-).

5.5 Schallabschirmung

Unter einer Schallabschirmung wird im allgemeinen eine Konstruktion verstanden, welche die Schallübertragung zum Immissionsort durch die Beugung um seine Kanten mindert. Die Schalldämpfung durch die Schallabschirmung D_b (dB) bis zum Wert von 15 dB kann annähernd beziffert werden aus der Beziehung

$$D_b = 10 \log (0,12\, f\, \delta + 3)$$

Dabei ist

f die Frequenz der maximalen Durchflusskomponente LpAeq an der Immissionsstelle des Einflusses der Schallabschirmung (Hz);

δ die Bahndifferenz des durch Beugung zur Immissionsstelle hin ausgebreiteten Schalls nach Bild 5 gegenüber dem direkten Schall (ohne Einfluss der Schallabschirmung).

Eine besondere Art von Schallabschirmung ist eine sog. zweite Fassade vor der eigentlichen Außenwand eines Gebäudes.

Der Raum der Schallabschirmung, d.h. der Raum zwischen einer Schallabschirmung aus Glas und der eigentlichen Außenwand des Gebäudes ermöglicht insbesondere bei geöffneten Fenstern eine indirekte Übertragung der Schallwellen zwischen den Räumen durch die Luft.

Man nehme eine akustische Glasblende in der Entfernung d vor der Außenwand eines Gebäudes nach dem Schema in Bild 5 an. Das Schema stellt einen horizontalen oder vertikalen Schnitt durch einen Gebäudeabschnitt dar. Die ungünstige Wirkung des Raumes der Schallabschirmung kann durch Abminderung des Wertes des Bau-Schalldämm-Maßes ΔR_w der inneren Trennkonstruktion infolge des Einflusses des Vorhandenseins der Schallabschirmung folgendermaßen ausgedrückt werden:

$$\Delta R_w = R'_{wd} - R'_w$$

Dabei ist

R'_{wd} das Bau-Schalldämm-Maß der inneren Trennkonstruktion im Gebäude ohne Schallabschirmung (dB),

R'_w das Bau-Schalldämm-Maß derselben Konstruktion im Gebäude mit Schallabschirmung (dB), berechnet nach der Gleichung

$$R'_w = - 10 \log 10^{-(R'_{wd}/10)} + 10^{-(R'_{wa}/10)}$$

Tabelle 4: Die Koeffizienten n_1 und n_2 in Abhängigkeit vom Wert des Verlustfaktors des Materials d für die vorläufige Bewertung des Schalldämm-Maßes R_w einschaliger Wände

d (-)	$n_1(m^2 \cdot s^{-1})$	n_2 (-)
0,1	20,25	2,38
0,09	20,04	2,43
0,08	19,80	2,49
0,07	19,54	2,56
0,06	19,24	2,65
0,05	18,89	2,77
0,04	18,48	2,92
0,03	17,95	3,13
0,02	17,24	3,48
0,01	16,09	4,23
0,009	15,92	4,36
0,008	15,73	4,52
0,007	15,52	4,72
0,006	15,28	4,95
0,005	15,01	5,26
0,004	14,68	5,67
0,003	14,26	6,28
0,002	13,69	7,30
0,001	12,78	9,67
0,0009	12,64	10,12

Allgemeine Grundlagen, Funktionseigenschaften

Dabei ist R_{wa} das Schalldämm–Maß der inneren Trennkonstruktion bei der Schalldämmübertragung durch den Raum der Schallabschirmung (dB), berechnet nach der Gleichung

$$R_{wa} = R_{w1} + R_{w2}\,(+\,R_{w12}) + 10 \log \frac{A_1 A_2 S_d}{S_1 S_2 S_{12}}$$

Darin ist

R_{w1} bzw. R_{w2} das Schalldämm–Maß der Außenwand des Sende– bzw. Empfangsraumes (dB),

R_{w12} Schalldämm–Maß einer eventuellen Zwischenwand im Raum der Blende (dB), fehlt die Zwischenwand, ist er gleich Null,

A_1 bzw. A_2 die gesamte Schallabsorption des Raumteils der Blende vor dem Sende– bzw. Empfangsraum (m^2) im Frequenzbereich 500 Hz,

S_d der Flächeninhalt der Konstruktion, die den Senderaum vom Empfangsraum trennt (m^2)

S_1 bzw. S_2 Flächeninhalt der Außenwand des Sende– bzw. Empfangsraums (m^2)

S_{12} der Flächeninhalt einer eventuellen Zwischenwand im Raum der Abschirmung vor dem Sende– und Empfangsraum einschließlich eventueller Öffnungen in der Zwischenwand bzw. der Flächeninhalt des Raumquerschnitts der Schirmwand vor dem Sende– und Empfangsraum in vertikaler Richtung zur erwogenen Ausbreitungsrichtung des Schalls durch den Raum (m^2).

Der Einfluss des Raums der Schallabschirmung auf die Luftschalldämmung der inneren Trennkonstruktionen ist um so günstiger, je höher der Wert R'_w ist bzw. um so weniger er vom Wert R'_{wd} abweicht. Der Wert ist um so höher, je höher der Wert R_{wa} ist.

Starre Stoßverbindung

Der Gesichtspunkt des Ausschlusses innerer Fugen kann zusammen mit anderen Gesichtspunkten zu einer ausgefüllten und verfestigten Verbindung der Außenwand mit den Innenwänden und Decken führen. Außenwände in starrer Stoßverbindung mit den Innenwänden und Decken vermitteln eine Schall–Längsleitung zwischen den Räumen. Die Schall–Längsleitung (genauer Längsleitung von Körperschall) äußert sich stets durch eine Senkung der baulichen Luftschalldämmung dieser Innenbauteile.

In der starren Stoßverbindung wird die Energie im Verhältnis der Flächenmassen der aufeinandertreffenden Konstruktionen geteilt. In einer T–förmigen Stoßverbindung treten nach dem Schema in Bild 6 neben dem Übertragungsweg 1 drei Flankenübertragungswege 2, 3, 4 auf, die durch die Außenwand vermittelt werden. Das Schema stellt einen horizontalen oder senkrechten Schnitt durch den Gebäudeabschnitt dar. R'_{wd} (dB) bezeichnet das Bau–Schalldämm–Maß der Innenwand oder Decke ohne Berücksichtigung der Schall–Längsleitung durch die Stoßverbindung mit der Außenwand. Die Größe der Schall–Längsleitung für jede der Nebenwege kann ausgedrückt werden durch die Schalldämm–Maße R_{wi} (dB), wobei i = 2, 3, 4 ist.

$$R_{wi} = R_{wai} + D_i$$

Darin ist

R_{wai} das Schalldämm–Maß der Konstruktion, die an der seitlichen Übertragung der Schallwelle nur auf der Sendeseite beteiligt ist (dB),

D_i die Dämpfung der Stoßverbindung auf den entsprechenden seitlichen Übertragungswegen 2, 3, 4 (dB).

Für einfache Konstruktionen gilt:

$$D_2 = 10 \log (p^2c^3h^5 + 4\,pc^{1,5}h^{2,5} + 5)$$

$$D_3 = 10 \log \left(p^2c^3h^4 + 4\,pc^{0,5}h^{1,5} + \frac{5}{ch}\right)$$

$$D_4 = 10 \log (2p^{-2}c^{-2}h^{-4} + 4\,p^{-1c-0,5}h^{-1,5} + 4ch)$$

Darin ist

$$\rho = \frac{\rho_d}{\rho_a},\; c = \frac{c_d}{c_a},\; h = \frac{h_d}{h_a}$$

Der Index a entspricht der Außenwand,

der Index d entspricht der inneren Trennkonstruktion,

p, c entsprechen der Dichte und der Ausbreitungsgeschwindigkeit des Schalls im Material der Konstruktion,

h entspricht der Konstruktionsdicke, in beliebigen Einheiten (übereinstimmend für beide Indizes a, d)

h entspricht der Konstruktionsdicke, in beliebigen Einheiten (übereinstimmend für beide Indizes a, d).

6 Die nichttragenden Außenwände vom Gesichtspunkt der Raumausleuchtung mit Tageslicht aus

Die Tagesbeleuchtung soll für die Benutzer günstige Sehbedingungen für die einzelnen Arbeits– und Tätigkeitsarten schaffen. Das Licht beeinflusst unser Sehen und hat außerdem auch einen großen Einfluss auf den Verlauf der vegetativen Funktionen des Organismus. Der periodische Wechsel der natürlichen Beleuchtung (Tag und Nacht) hat einen wesentlichen Einfluss auf den Tagesrhythmus verschiedener Funktionen. Das Tageslicht hat nicht nur optisch–visuelle Bedeutung, sondern auch eine wichtige vegetative und regulierende Wirkung.

Im Zusammenhang mit der Energiesituation tauchte erneut die Frage auf, bis zu welchem Grade das Tageslicht für den Menschen unerlässlich ist und in welchem Ausmaße es durch künstliche Beleuchtung ersetzt werden kann. Nach den bisherigen Forschungsergebnissen ist offenbar, dass trotz des technischen Fortschritts das Tageslicht bei der Einwirkung auf den Menschen über lange Zeit unbestreitbare Vorteile hat. Als Hauptursache für die weniger günstige Wirkung von künstlichem Licht haben sich insbesondere die abweichende spektrale Zusammensetzung, die Monotonie und in manchen Fällen auch die Pulsation erwiesen. Ähnlich hat es sich gezeigt, dass für den Menschen die völlige Stetigkeit der künstlichen Beleuchtung, die früher als ihr Vorzug angesehen wurde, ungünstig ist. Demgegenüber wirkt die natürliche Dynamik der Tageslichtbeleuchtung (die Fotoperiodizität) auf manche Teile des vegetativen Systems und des Nerven systems stimulierend.

Es ist bekannt, dass die Wärmeverluste der Gebäude oft in entscheidendem Maße von den durchsichtigen Teilen der Außenwände beeinflusst werden. Die Lösung der Tageslichtbeleuchtung steht deshalb in engem Zusammenhang mit dem wirtschaftlichen Umgang mit der Energie, insbesondere mit der Wärmeenergie. Aus diesen Gründen und im Zusammenhang mit der heutigen Energiesituation und mit dem Bemühen, mit allen Energiearten bestmöglichst zu wirtschaften, tritt auch die Frage in den Vordergrund, wie die Beleuchtung der Räume im Gebäude mit Tageslicht am zweckmäßigsten gelöst werden kann.

Die üblichen Konstruktionen der Beleuchtungsöffnungen haben zwar einen niedrigeren Wärmedurchgangswiderstand, aber durch sie dringt auch direkte Sonnenstrahlung ein. In den Energiebilanzen wird in der Regel mit Wärmeverlusten im Winter und mit Wärmebelastung im Sommer gerechnet. Es muss allerdings respektiert werden, dass auch im Winter gestreute Sonneneinstrahlung in den Innenraum eindringt. Die Beleuchtungsöffnungen der Gebäude können also als sehr effektive Sonnenkollektoren wirken.

Aus den Ergebnissen von Versuchen, bei denen der Einfluss der künstlichen, kombinierten und Tageslichtbeleuchtung untersucht worden ist, ergibt sich, dass das Tageslicht für den Menschen in vielen Richtungen günstiger und vom Gesichtspunkt der Sehkraftleistung aus um ein Mehrfaches vorteilhafter ist. Die Möglichkeit einer besseren Sehkraftleistung mindert die Ermüdung, und das ermöglicht eine höhere Arbeitsproduktivität und eine bessere Qualität der Arbeit. Auch diese Tatsache sollte in den Gesamtenergiebilanzen in Betracht gezogen werden.

Vom Standpunkt der Energiewirtschaft aus ist die Tageslichtbeleuchtung eine der wenigen Energieformen, die dem **Menschen direkt und ohne weitere Aufbereitung zur Verfügung** steht. Es wäre also unökonomisch, diese Energie nicht zu nutzen und das Tageslicht auch dort durch künstliches Licht zu ersetzen, wo dies nicht durch andere ernsthafte Gründe motiviert ist.

Für die Bewertung der Beleuchtung eines Innenraums mit Tageslicht sind Kriterien festgelegt worden, die von der Tätigkeit, die im gegebenen Raum ausgeführt werden soll, abhängig sind. Die Tätigkeiten sind in sechs lichttechnische Klassen eingeteilt, und zwar nach der relativen Entfernung der zu beobachtenden Einzelheit (siehe Tabelle 5).

Tabelle 5: Klassifizierung von Sehaufgaben und die Werte des Tageslichtquotienten

Klasse der Sehaufgaben	Charakteristik der Sehaufgaben	Relative Beobachtungsentfernung (mm)	Beispiele für Sehaufgaben und Beobachtungstätigkeit	Werte des Tageslichtquotienten (%)	
				D_{min}	$D_{durchschn}$
I	außerordentlich genau	3300 und größer	genaueste Beobachtungstätigkeit mit beschränkter Möglichkeit der Benutzung von Vergrößerungen mit der Forderung nach Ausschluss von Unterscheidungsfehlern, schwierigste Kontrolle	3,5	10
II	sehr genau	1670 bis 3300	sehr genaue Tätigkeiten in Fertigung und Kontrolle, sehr genaues Zeichnen, manuelles Gravieren mit sehr kleinen Details, sehr feine künstlerische Arbeiten	2,5	7
III	genau	1000 bis 1670	Präzisionsfertigung und Kontrolle, Zeichnen, technisches Zeichnen, komplizierte Laborarbeiten, anspruchsvolle Untersuchungen, feine Näharbeiten, Sticken	2	6
IV	mittelgenau	500 bis 1000	mittelmäßig präzise Fertigung und Kontrolle, Lesen, Maschinen– und Handschrift, gewöhnliche Laborarbeiten, Untersuchungen, Maschinenbedienung, gröbere Näharbeiten, Stricken, Bügeln, Speisenzubereitung	1,5	5
V	gröber	100 bis 500	gröbere Arbeiten Umfang mit Gegenständen und Material, Esseneinnahme und Bedienung, Entspannungstätigkeiten, Körperübungen einschließlich Fitnesstätigkeit, Warten	1	3
VI	sehr grob	unter 100	Sauberhaltung von Räumen, Duschen und Waschen, Umziehen, Gehen auf öffentlichen Wegen	0,5	2
VII	Gesamtorientierung	–	Gehen, Materialtransport, Lagerung von grobem Material, Gesamteinblick	0,25	1

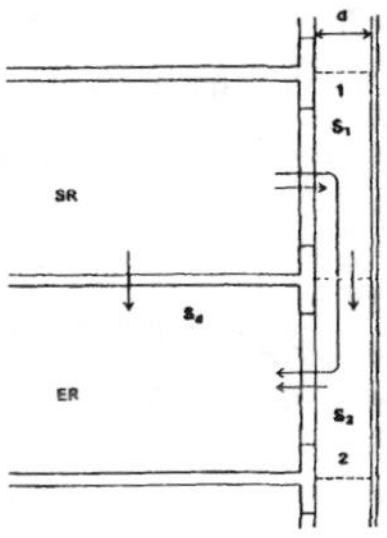

5 Querschnitt (horizontal oder vertikal) des Senderaums und des Empfangsraums in einem Gebäude mit Schallabschirmung vom Typ Zweite Fassade

SR = Senderaum, ER = Empfangsraum, d (m) = Abstand der Abschirmung von der Außenwand, S_1, S_2 (m^2) = Fläche der Außenwand des Senderaums (Empfangsraums), S_d (m^2) = Fläche des den Sende– vom Empfangsraum abtrennenden Bauteils

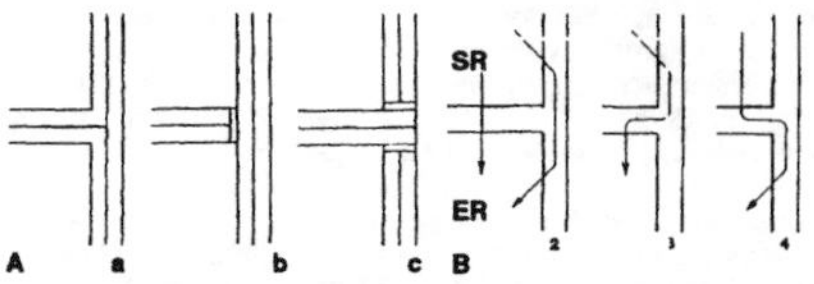

6 Durch die Außenwand vermittelte Flankenübertragungswege von Schallwellen

SR – Senderaum, ER – Empfangsraum, A – Möglichkeiten der Stoßausbildung: a – starre Stoßverbindung, b – durchlaufende dehnungsmäßig abgeteilte Vorhangwand, c – ideal dehnungsmäßig abgeteilte Vorhangwand B – durch die Außenwand vermittelte Flankenübertragungswege von Schallwellen: 1 – direkter Übertragungsweg, 2, 3, 4 – Flankenübertragungswege

Quantitative Grundkriterien für die Bewertung der Tageslichtbeleuchtung sind der Wert des Tageslichtquotienten D und die Gleichmäßigkeit der Tageslichtbeleuchtung.

Der Tageslichtquotient wird bei Gebäuden mit nichttragenden Außenwänden durch Berechnung oder Messung am Modell bestimmt. Bei der Bewertung der Tageslichtbleuchtung eines Innenraums mit Fenstern in den Außenwänden wird der Minimalwert des Tageslichtquotienten D_{min} der im sog. kritischen Punkt festgestellt, der von der Seiten– und Rückwand des Raumes 1 m entfernt ist.

Bei Oberlicht und kombinierter Beleuchtung gilt im Hinblick auf die Gleichmäßigkeit der Durchschnittswert des Tageslichtquotienten $D_{durchsch}$.

Die Gleichmäßigkeit der Tageslichtbeleuchtung wird bei seitlicher Beleuchtung als Verhältnis des in einer Vergleichsebene festgestellten Mindest– und Höchstwertes des Tageslichtquotienten bestimmt, und bei Oberlicht oder kombinierter Beleuchtung als Verhältnis des Mindestwertes zum Durchschnittswert.

Für Verglasungen sollte hochdurchlässiges Glas verwendet werden, das die spektrale Zusammensetzung des Tageslichts nicht verändert, mit Ausnahme der Fälle, in denen diese Eigenschaften aus funktionellen Anforderungen direkt vorgeschrieben sind.

Die Glasfüllung muss einer Beschädigung durch äußere Einflüsse und die Reinigung standhalten, sie darf ihre Eigenschaften durch Alterung so wenig wie möglich ändern und, sofern es gefordert wird, darf sie beim Durchblick kein verzerrtes Bild geben.

Der Lichtverlustfaktor infolge Abschirmung durch die undurchsichtigen Teile der Fensterkonstruktion, gegeben durch das Verhältnis der lichtdurchlässigen Glasfläche zur Rohbauöffnungsfläche der Fensteröffnung, wird im Wert von mindestens 0,8 empfohlen, im Einklang mit dem Bemühen, eine größtmögliche Effektivität der Beleuchtungsöffnungen zu gewährleisten.

Erhebliche Tageslichtverluste treten auch infolge der Verunreinigung der Oberflächen der Fensterscheiben ein (siehe Tabelle 6). Zur Verringerung dieser Verluste muss die Fensterkonstruktion so gelöst sein, dass die Möglichkeit einer ausreichenden Reinigung der Fenster gewährleistet ist, insbesondere bei Fensterflächen, die sich nicht öffnen lassen. Bei Mehrfachverglasung müssen auch die Innenflächen leicht zugänglich sein, sofern der Zwischenraum nicht hermetisch verschlossen ist. Der Werkstoff der Konstruktion soll eine leicht zu reinigende Oberfläche haben.

Der Faktor der gradierten Leuchtdichteverteilung des Himmels wird aus dem Elevationswinkel des effektiven Schwerpunkts der Beleuchtungsöffnung bestimmt. Bei üblichen öffentlichen und gewerblichen Bauten ist es am vorteilhaftesten, die Fenster so hoch wie möglich anzuordnen und die Sturzhöhe möglichst gering zu halten (wobei im kritischen Punkt der höchste Wert für den Tageslichtfaktor erreicht wird). Nur bei hohen Innenräumen (z.B. bei Hallenbauten) muss das nicht der Fall sein. Dient die Beleuchtungsöffnung dem Ausblick in die Umgebung, muss die untere Kante des durchsichtigen Teils niedriger als die Augenhöhe einer sitzenden Person sein (bei der üblichen Sitzflächenhöhe bei erwachsenen Personen unter 1250 mm).

Tabelle 6: Verunreinigungsfaktoren

Neigung der Beleuchtungsöffnung	Luftverunreinigung	Lichtminderungsfaktor durch Scheibenverschmutzung	
		Außenseite	Innenseite
senkrecht 90°	gering mittel stark	0,95 0,90 0,85	0,95 0,85 0,65
schräg 45°	gering mittel groß	0,80 0,70 0,60	0,95 0,90 0,80
waagerecht 0°	gering mittel stark	0,70 0,60 0,50	0,95 0,90 0,80

Allgemeine Grundlagen, Funktionseigenschaften

Bei der Neigungswahl der Beleuchtungsöffnung sollten folgende Umstände berücksichtigt werden:
- das photometrische Strahlungsäquivalent der Beleuchtungsöffnung ist bei vertikaler Position am geringsten;
- die Verunreinigung der Außenfläche ist bei vertikaler Position am geringsten und nimmt mit der Verringerung des Neigungswinkels zu (siehe Tabelle 6):
- je größer der Neigungswinkel, desto besser ist die Gleichmäßigkeit der Beleuchtung;
- bei Beleuchtungsöffnungen mit geringer Neigung ist der Schutz gegen das Eindringen von Niederschlagswasser und der direkten Sonneneinstrahlung schwieriger.

Die Größe der inneren reflektierten Komponente kann, und zwar sehr erheblich, durch das Reflexionsvermögen der Innenoberflächen beeinflusst werden. Im allgemeinen werden für die Innenoberflächen ein Reflexionsgrad von mindestens 0,4 im unteren Wandbereich unter der Vergleichsebene und von 0,5 darüber gefordert. Der Reflexionsgrad der den Beleuchtungsöffnungen unmittelbar benachbarten Flächen (Fensterstürze, Rahmen, Fensterbretter, Pfeiler zwischen den Fenstern u.a.) sollte mindestens 0,75 betragen.

Gleichzeitig sollten Bauten, welche die umgebenden Bauten beschatten, helle und gut zu reinigende Oberflächen mit einem Reflexionsgrad von mindestens 0,4 haben. Die durchschnittlichen Reflexionsgrade für einige Baustoffe sind in Tabelle 7 angeführt.

Beleuchtungsöffnungen, durch die direktes Sonnenlicht ins Gebäude eindringt, müssen bei Bedarf mit Sonnenschutzvorrichtungen versehen werden. Die Schutzvorrichtungen sind in der Regel gleichzeitig ein Schutz gegen das Eindringen von Wärme aus der direkten Sonnenbestrahlung.

Die Innenoberflächen von Blenden, Rolläden, Rollos und Vorhängen sollen mindestens einen ebenso großen Reflexionsgrad haben wie die umgebenden Wände, Gardinen, welche die Einsicht von außen ins Gebäude verhindern sollen, sollen einen höchstmöglichen Wärmedurchgangskoeffizienten haben.

Tabelle 7: Durchschnittlicher Reflexionsgrad

Art der Oberfläche	Reflexionsgrad
poliertes eloxiertes Aluminium	0,75 bis 0,85
glänzendes Chrom	0,62 bis 0,68
glänzendes Nickel	0,55 bis 0,65
weiß emaillierte Metalle	0,60 bis 0,75
Stahl	0,28
Gips	0,80
weißer Marmor	0,50 bis 0,80
helles Holz	0,35 bis 0,50
dunkles Holz	0,10 bis 0,20
Wandoberflächen:	
weiß	0,75 bis 0,85
cremefarben	0,65 bis 0,70
dunkelgelb	0,50 bis 0,60
hellrot	0,40 bis 0,50
dunkelrot	0,15 bis 0,30
hellgrün	0,45 bis 0,65
hellblau	0,40 bis 0,60
dunkelblau	0,05 bis 0,20
braun	0,12 bis 0,25
schwarz	0,01

7 Nichttragende Außenwände vom Gesichtspunkt des Brand- und Blitzschutzes aus

7.1 Anforderungen und Kriterien hinsichtlich des Brandschutzes

Die an die Konstruktion nichttragender Außenwände vom Gesichtspunkt des Brandschutzes aus gestellte Grundforderung ist die Lokalisierung eines Brandes auf den Raum, in dem er entstanden ist. Die Problematik der Feuerwiderstandsfähigkeit der Außenwände betrifft insbesondere die Ausbreitung des Brandes in die oberen Geschosse des betreffenden Gebäudes. Ausgedehnte verglaste Flächen machen in den nichttragenden Außenwänden die völlige Isolierung der Geschosse vom Gesichtspunkt des Brandschutzes aus praktisch unmöglich, insbesondere, wenn der Brand in der Nähe der Außenwand entsteht. Nach der Zerstörung der durchsichtigen Füllungen in dem Geschoss, in dem der Brand entstanden ist, schlagen die Flammen hoch und biegen sich zur Fassade zurück, so dass sich das Feuer in relativ kurzer Zeit durch die Öffnungen der durchgebrannten durchsichtigen Füllungen in die oberen Geschosse ausbreiten kann. Im Hinblick darauf, dass die Brandsicherheit der durchsichtigen Füllungen praktisch nicht erhöht werden kann, muss der Brandschutz auf die maximale Erhöhung der Sicherheit der Konstruktion im Bereich der undurchsichtigen Außenwandteile konzentriert werden.

Der Feuerwiderstand nichttragender Außenwände und der Brennbarkeitsgrad der verwendeten Baustoffe sind in Tabelle 8 angeführt.

Die in Tabelle 9 angeführten Feuerwiderstandswerte müssen gewährleistet sein und die Konstruktionen der nichttragenden Außenwände müssen aus unbrennbaren Stoffen bestehen, wenn:
- es sich um Brandwände von geschützten Rettungswegen handelt, einschließlich der Bauteile, die die Stabilität dieser Brandwände gewährleisten;
- es sich um Brandzonen in Außenwänden handelt, die an den Stoßverbindungen einer Branddecke oder von Brandwänden mit den Außenwänden gefordert werden;
- es sich um Außenwände handelt, die in brandgefährdete Räume ragen oder die abgeschlossene Brandflächen bilden sollen (d.h. Flächen, die eine Ausbreitung des Brandes verhindern sollen).

Wenn die Konstruktionen nichttragender Außenwände die in Tabelle 9 angeführten Bedingungen nicht erfüllen und wenn sie nicht aus unbrennbaren Materialien ausgeführt sind, werden sie als teilweise oder völlig offene Brandflächen beurteilt.

7.2 Blitzschutz nichttragender Außenwände

Der Schutz der Gebäude mit nichttragenden Außenwänden vor den Wirkungen der atmosphärischen Elektrizität geschieht durch entsprechende Auffangvorrichtungen. Sofern die eigentlichen Metallkonstruktionen der nichttragenden Außenwände als Ableitungen benutzt werden, muss der untere Rand geerdet werden. In einem solchen Fall wird eine leitende Verbindung der einzelnen Metallteile der Wände untereinander mit einer Kontaktfläche der einzelnen leitenden Verbindungen von mindestens 1000 mm^2 gefordert.

8 Sprossentragwerke

Charakteristik und Funktionseigenschaften

Sprossentragwerke von nichttragenden Außenwänden sind Konstruktionen, welche die Belastung der Außenwand und deren Eigengewicht in die tragende Konstruktion des Gebäudes übertragen. Sie werden als Gitterwerk ein- oder zweidimensional ausgebildet und bestehen aus einzelnen Stabelementen oder aus vorgefertigten Rahmenteilen. Die einzelnen Füllungen oder Paneele werden zwischen die das Gitterwerk bildenden Elemente eingesetzt oder an diesen befestigt.

Aus dieser Charakteristik ergibt sich, dass das Sprossenwerk einer nichttragenden Außenwand folgende Funktionen erfüllen muss:
- die statische Funktion,
- die konstruktive Funktion,
- die wärmetechnische Funktion,
- die architektonische Funktion.

Die **statische Funktion,** d.h. die Fähigkeit, vertikale und horizontale Lasten zu übertragen, ist die Grundfunktion des Sprossenwerks. Deshalb müssen die einzelnen Elemente mit Rücksicht auf diese Belastung so dimensioniert werden, dass ihre zulässige Durchbiegung bzw. die zulässige Beanspruchung des verwendeten Werkstoffes nicht überschritten wird.

Die **konstruktive Funktion:** Dadurch, dass das Sprossentragwerk zur Aufnahme der Ausfüllungen dient und deren gegenseitigen Anschluss und die Verbindung gewährleistet, wird es zum Hauptkonstruktionselement, das die Geschlossenheit der Außenwand gewährleistet. Die einzelnen Elemente des Sprossenwerks müssen deshalb so projektiert werden, dass sie die Ausführung sicherer Verbindungen zwischen den Füllungen und den Sprossen im Einklang mit dem Typ und der Dicke der Füllung ermöglichen und durch die Wahl der Fassadengestaltung auch die Anforderungen an deren architektonische Lösung erfüllen.

Die **wärmetechnische Funktion:** Das Sprossenwerk bewirkt zusammen mit den Rahmen der durchsichtigen Füllungen den heterogenen Aufbau der nichttragenden Außenwand, woraus sich eine Reihe ungünstiger Konsequenzen ergibt, sofern diese nicht in geeigneter Weise verhindert werden. Im Hinblick auf die hohe Wärmeleitfähigkeit der verwendeten Baustoffe gehört zu den Hauptmängeln die Gefahr der Ausbildung von Wärmebrücken.

Die **architektonische Funktion:** Die bauliche Gestaltung und Modulierung des Sprossenwerks der nichttragenden Außenwand, die sich nach außen hin in der Aufgliederung der Außenwandfläche äußert, ist einer der bestimmenden Faktoren des architektonischen Ausdrucks. Nicht weniger bedeutsame Faktoren sind aus der Sicht der architektonischen Lösung die Anordnung der Sprossenelemente in Bezug zur Fassadenebene (Anbringung außen und innen), ihre Breite und Dicke, die Beziehung der Breiten- und Tiefenausmaße der Vertikal- und Horizontalsprossen bzw. auch weiterer sekundärer Sprossenelemente, ihre Form, Oberflächenbehandlung und Farbe. Aus den angeführten Gesichtspunkten hängt es vom Entwurf des Sprossenwerks ab, ob das Ergebnis eine originelle, ästhetisch wirkende Lösung darstellt oder im Gegenteil einen monotonen Raster, wie es den nichttragenden Außenwänden so oft vorgehalten wird.

Tabelle 8: Feuerwiderstand nichttragender Außenwände und Brennbarkeitsgrad der verwendeten Baustoffe

Nichttragende Außenwand	Brandschutzklasse des Brandabschnitts						
	I	II	III	IV	V	VI	VII
	Feuerwiderstand der nichttragenden Außenwand und höchste Entflammbarkeitsstufe der verwendeten Baustoffe.						
Gewährleistet nicht die Stabilität des Gebäudes oder Gebäudeteils	15	15	30	30	45	60A	90A
wirkt bei der Stabilität des Gebäudes oder Gebäudeteils mit	15	30	45	60	90	120A	180A

Tabelle 9: Feuerwiderstandsklassen von Feuerschutzabschlüssen nach der Brandsicherheitsstufe des Brandabschnitts

Feuerschutzabschlüsse in Brandwänden	Brandschutzklasse des Brandabschnitts						
	I	II	III	IV	V	VI	VII
	Feuerwiderstand in Minuten und höchste Entflammbarkeitsstufe						
oberirdische Geschosse	15C2	15C2	30C2	30B	45B	60A	90A
letztes Obergeschoss	15C2	15C2	15C2	30C2	30B	45A	60A

8.1 Grundsätze für die Planung der Sprossenelemente, verwendete Werkstoffe

Der Entwurf der Sprossenelemente für die nichttragenden Außenwände stimmt grundsätzlich mit den Entwurfsgrundsätzen für biegebeanspruchte tragende Metallkonstruktionen überein. Das Bemühen um die maximale Entlastung der Konstruktion beim Bestreben, das größtmögliche Trägheitsmoment zu erreichen, führt auch hier zu sparsamen Profilen, von denen am häufigsten verwendet werden:
- rechteckige Hohlprofile,
- I-Profile in den Grundformen oder verschiedenen breiteren, schmaleren oder dünnwandigen Modifikationen.

Nicht immer ist allerdings der statische Gesichtspunkt entscheidend. Die Besonderheit der Problematik der tragenden Konstruktion nichttragender Außenwände kann darin gesehen werden, dass die Form der Profile ihrer einzelnen Elemente die bauliche und architektonische Funktion beeinflussen. So entstehen nicht selten auch sehr komplizierte Profile, die unter den gegebenen Bedingungen den an das Sprossenwerk gestellten Anforderungen der Konstruktion und Architektur am Besten entsprechen, obwohl es sich vom statischen Gesichtspunkt aus oftmals nicht gerade um die wirtschaftlichsten Profile handelt.

Die Elemente von Sprossentragwerken nichttragender Außenwände werden in überwiegendem Maße aus Kohlenstoffstahl und Aluminiumlegierungen hergestellt. In geringerem Maße werden auch Edelstahl und Kupferlegierungen verwendet. Diese Werkstoffe können entweder durchgehend verwendet werden, so dass sie homogene Konstruktionen bilden, oder in gegenseitigen Kombinationen, in der Regel Kohlenstoffstähle mit anderen Werkstoffen. Die Homogenität der Konstruktion erbringt gegenüber den kombinierten Konstruktionen eine Reihe unbestreitbarer Vorteile, vor allem hinsichtlich der Probleme der spezifischen Wärmeausdehnung der kombinierten Werkstoffe und der Gefahr der galvanischen Korrosion. Die kombinierten Konstruktionen sind allerdings vielerorts ökonomischer, denn sie ermöglichen die Ausnutzung der vorteilhaften Eigenschaften verschiedener Werkstoffe, von denen im Wesen keiner allein als idealer Werkstoff angesehen werden kann. Die gängigste Lösung ist eine Kombination von Elementen aus Kohlenstoffstahl als relativ billiges und sehr tragfähiges Material mit Elementen aus Aluminiumlegierungen.

8.2 Elemente aus Kohlenstoffstahl

Vom statischen Gesichtspunkt ebenso wie vom Gesichtspunkt der Baukosten aus ist Kohlenstoffstahl für Sprossenkonstruktionen relativ vorteilhaft. Ernsthafte Nachteile sind allerdings die geringe Beständigkeit gegenüber atmosphärischer Korrosion, die relativ schwierige Formbarkeit, die erhebliche Masse und die erschwerte Möglichkeit der Unterbrechung von Wämebrücken. Die Anwendung einer reinen Stahlkonstruktion ohne äußere Deckprofile mit nichtkorrodierendem Werkstoff oder ohne Vorsetzen der Füllungen vor die Sprossen ist nur bei Bauten mit geringerer Geschosszahl wirtschaftlich, bei denen die periodische Erneuerung der Anstriche weniger kostenaufwendig ist, oder dann, wenn an die ästhetische Wirkung der Fassade nicht allzu hohe Ansprüche gestellt werden.

Für die üblichen Spannweiten und Belastungen der Sprossen sind dünnwandige Stahlprofile wegen ihrer geringen Masse am vorteilhaftesten. Vom statischen Gesichtspunkt aus sind Hohlprofile, die sich maximal der Rechteckform nähern, am wirtschaftlichsten (**Bild 7**).

Von den warmgewalzten Profilen sind zur Ausbildung von Tragsprossen mit größerer Spannweite oder mit größerer Belastung vor allem I-Profile geeignet (**Bild 8**).

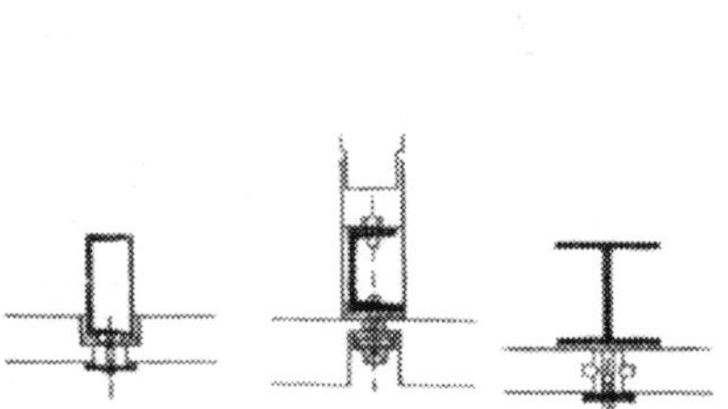

7 Anwendungsbeispiele für warmgewalzte Stahlprofile für die Tragkonstruktion einer Außenwand

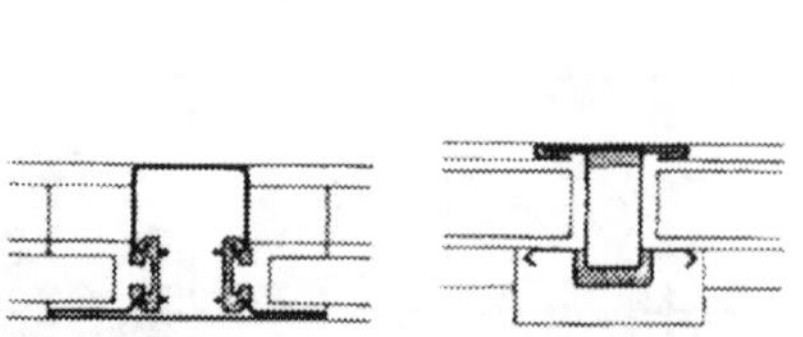

8 Beispiel für Sprossenelemente des Tragskeletts einer Außenwand aus dünnwandigen Stahlprofilen

Allgemeine Grundlagen, Funktionseigenschaften

8.3 Elemente aus Aluminiumlegierungen

Aluminiumlegierungen sind vor allem wegen ihrer leichten Formbarkeit, ihrer Korrosionsbeständigkeit und wegen ihres ästhetischen Aussehens vorteilhaft. Die relativ niedrigen Kosten für die Herstellung nicht standardgemäßer Profile ermöglichen, Skelettelemente in beliebigen Formen und so auszubilden, dass sie am Besten den spezifischen, statischen, baulichen, architektonischen und wärmetechnischen Anforderungen entsprechen, die unter den gegebenen Bedingungen an die Konstruktion der Außenwand gestellt werden. Die Beispiele in Bild 9 zeigen einige charakteristische Muster für die Formgebungsmöglichkeiten, die dieser Werkstoff gewährt.

8.4 Aus Kohlenstoffstahl und Aluminiumlegierungen kombinierte Elemente

Der Nachteil von Aluminiumlegierungen ist außer dem höheren Preis auch das niedrigere Elastizitätsmodul im Vergleich zu Kohlenstoffstahl. Der größere Werkstoffverbrauch, der eine natürliche Folge davon ist, führt bei stark belasteten Sprossen zur Kombination von Aluminiumlegierung mit Kohlenstoffstahl. Hier können kombinierte Konstruktionen entweder als Stahlskelett mit äußerem (bzw. auch innerem) Besatz von Profilen aus Aluminiumlegierung oder Verbundkonstruktion gewählt werden (siehe Bild 10).

Das Problem der Verbundkonstruktionen ist die relativ verschiedene Wärmeausdehnung der Aluminiumlegierung und des Stahls. Deshalb muss die Verbindung so gelöst werden, dass sie deren gegenseitige Verschiebung zulässt.

8.5 Die Unterbrechung von Wärmebrücken

Die Elemente des Sprossentragwerks sind im Hinblick auf die hohe Wärmeleitfähigkeit der eingesetzten Werkstoffe Hauptursache für die nichthomogene Ausbildung nichttragender Außenwände. Kann ihr Wärmedurchlasswiderstand nicht in geeigneter Weise erhöht werden, entstehen Wärmebrücken, die in negativer Weise die Funktion der Außenwände beeinträchtigen.

Die Frage der Unterbrechung der Wärmebrücken muss entsprechend den gegebenen Bedingungen jeweils individuell gelöst werden. Entscheidend ist insbesondere die vorausgesetzte Innentemperatur, die relative Luftfeuchte und die Heizungs- und Lüftungsweise. Ebenso muss der Charakter des Gebäudes berücksichtigt werden und die Notwendigkeit das entstehende Tauwasser aufzufangen und abzuleiten, ohne dass es an der Innenoberfläche der Wand herabläuft. Wärmebrücken müssen unbedingt unterbrochen werden, diese Unterbrechung erhöht wesentlich die Kompliziertheit der Konstruktionsdetails.

Wärmebrücken können auf dreierlei Art unterbrochen werden:
- durch eine Wärmedämmeinlage in den konstruktiv nicht gegliederten Profilen,
- durch eine wärmedämmende Einlage in den konstruktiv gegliederten Sprossenelementen,
- durch innenseitige Bekleidung der Sprossen.

8.6 Wärmedämmeinlage in den konstruktiv nicht gegliederten Profilen

Dieses für Profile aus Aluminiumlegierungen angewendete Verfahren ist aus Beispielen in Bild 11 ersichtlich. Das Profil ist in zwei Teile geteilt, die konstruktiv zum Einsetzen der Wärmedämmeinlage angepasst sind. Als Wärmedämmeinlage werden verschiedene Werkstoffe verwendet (synthetischer Kautschuk, Weich-PVC, Reaktoplaste bzw. Schaumstoffe). Die gegenseitige Verbindung wird entweder durch Ausnutzung der mechanischen Festigkeit der Wärmedämmeinlage oder mittels Verbindungsmittel erreicht.

8.7 Wärmedämmeinlage in konstruktiv gegliederten Sprossen

Vom technologischen Gesichtspunkt aus ist das durch zwei charakteristische Beispiele in Bild 12 dargestellte Verfahren einfacher. Sein Prinzip beruht auf der konstruktiven Aufgliederung der Sprossenprofile in zwei Teile, zwischen die die Wärmedämmeinlage gelegt wird. Die Teilung der Profile wird gleichzeitig zum Anbringen der Füllungen genutzt.

8.8 Innenbekleidung der Sprossen

Die Belegung der Sprossen mit Wärmestreifen ist eine selten praktizierte Lösung. Größtenteils kann sie als technologisch ungeeignet angesehen werden, denn sie erfordert eine zusätzliche Operation bei der Wandmontage. Das Muster einer gelungenen Applikation dieser Lösung ist die in Bild 13 dargestellte Konstruktion, bei der die Bekleidung zur Unterbrechung der Wärmebrücken in den Fensterteilen genutzt wurde.

9 Füllungen

Die Füllungen der nichttragenden Außenwand sind einfache oder kombinierte Flächenelemente, die in die vorher gebildeten Sprossenrahmen eingesetzt werden (bei Sprossenkonstruktion) oder in die Rahmen der Fassadenplatten (beim Tafel- oder kombinierten Typ), und so bilden sie die eigentliche Außenwand.

Die Konstruktion der undurchsichtigen Füllungen muss folgende Grundanforderungen erfüllen:
- mechanische Beständigkeit,
- Beständigkeit gegenüber Witterungseinflüssen,
- Wärmedämmvermögen,
- Beherrschung der Wasserdampfdiffusion und Verhinderung von Tauwasserbildung,
- Schallschutz,
- Feuerwiderstand.

9.1 Mechanische Beständigkeit.
Die Konstruktion der undurchsichtigen Füllung muss in der Lage sein, durch Winddruck eingetragene Lasten und durch Stöße von außen und von innen bewirkte dynamische Belastungen in das Sprossentragwerk der Außenwand zu übertragen. Die Erwärmung infolge der Sonnenbestrahlung oder eine jähe Abkühlung der Außenoberfläche (starker Regen) darf die Geschlossenheit der Verbindungen mit den übrigen Konstruktionen (d.h. zwischen den einzelnen Füllungen, zwischen Füllungen und Sprossen) nicht beeinträchtigen. Die Befestigung der Füllungen muss so gewählt werden, dass die Verbindungen durch Bewegungen und Deformationen in der tragenden Konstruktion selbst nicht beeinträchtigt werden.

9.2 Beständigkeit gegenüber Witterungseinflüssen.
Die Konstruktion und das Material der Füllung müssen so gewählt werden, dass in ihrer Fläche kein Regen, Schnee, Wind und Staub in den Innenraum eindringen können, bzw. dass auch die Füllung selbst nicht durch Witterungseinflüsse beschädigt werden kann.

9.3 Wärmedämmvermögen.
Werkstoff und Zusammensetzung der Füllungen müssen der Anforderung entsprechen, dass die Wärmedurchgangskoeffizient k nicht den maximal zulässigen Wert überschreitet. Im Hinblick auf das reduzierte Wärmespeichervermögen der undurchsichtigen Füllungen und im Hinblick darauf, dass die große Fläche undurchsichtiger Füllungen das Gesamtwärmedämmvermögen der Wand erheblich herabsetzt, ist es erforderlich, dass die undurchsichtigen Füllungen in angemessener Weise zum gewählten Heizverfahren die angeführten Mängel ausgleichen.

9.4 Beherrschung der Wasserdampfdiffusion und Verhinderung von Tauwasserbildung.
Die Konstruktion der undurchsichtigen Füllungen muss so gewählt werden, dass in der Füllung kein Wasserdampf kondensieren kann. Dort, wo mit einer Tauwasserbildung in der Füllung gerechnet wird, muss unbedingt die Tauwasserableitung gewährleistet sein, damit die eigentliche Konstruktion nicht beeinträchtigt wird (Lösen der Klebeverbindungen, Quellen), oder die Wärmedämmwirkung abnimmt. Sehr wichtig ist auch die Verhinderung der Tauwasserbildung an der Innenoberfläche der Füllung. Diese Gefahr tritt besonders bei Konstruktionen mit Wärmebrücken auf, bei denen eine lokale Tauwasserbildung eintreten kann, wenn die gleichmäßige Oberflächentemperatur beeinträchtigt wird.

9.5 Schallschutz.
Werkstoff und Konstruktion der undurchsichtigen Füllungen müssen so gewählt werden, dass die Schalldämmung ausreichend ist, damit im Inneren eine akustische Behaglichkeit erreicht wird. Die Schalldämmung muss auch gegen die Übertragung des durch Windstöße, auffallende Regentropfen u.a. Geräusche verursachten Schalls ausreichend sein.

9.6 Feuerwiderstand.
Die undurchsichtigen Füllungen müssen so konstruiert werden, dass sie unbrennbar sind und im Falle eines Brandes das Ausbreiten des Feuers in die übrigen Geschosse des Gebäudes verhindern. Deshalb muss für die Konstruktion ein Werkstoff gewählt werden, der den Feuerwiderstand für die durch die Löschvorschriften festgesetzte Zeit gewährleistet, ohne dass es seine mechanischen Grundeigenschaften verändert.

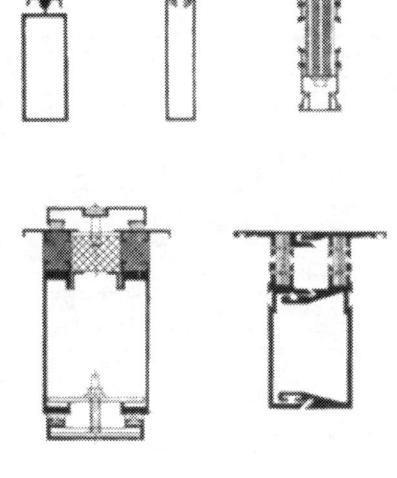

11 Arten der Unterbrechung von Wärmebrücken mit Hilfe einer Wärmedämmeinlage in konstruktiv ungeteilten Profilen

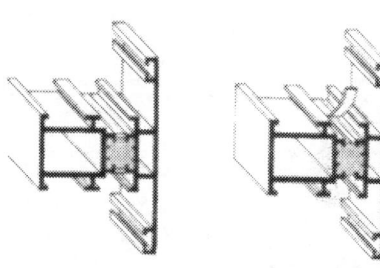

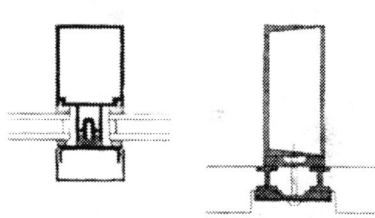

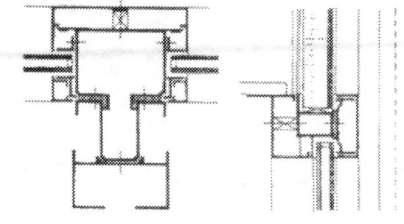

12 Arten der Unterbrechung von Wärmebrücken mit Hilfe einer Wärmedämmeinlage in konstruktiv geteilten Profilen

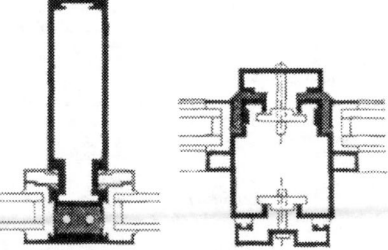

9 Beispiele für Elemente des Sprossentragwerks aus Aluminiumlegierungen mit unterbrochenen Wärmebrücken

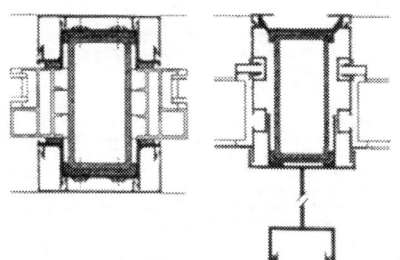

10 Beispiele für aus einer Kombination von geschlossenen Profilen aus Kohlenstoffstahl und Aluminiumlegierungen bestehende Elemente des Sprossentragwerks

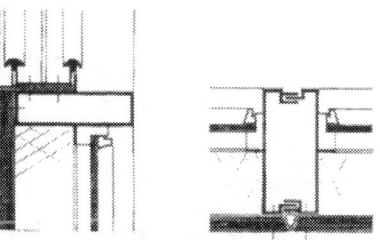

13 Arten der Unterbrechung von Wärmebrücken durch eine innenseitige Bekleidung der Sprossen

Allgemeine Grundlagen, Funktionseigenschaften

9.7 Allgemeine Problematik

Das Bemühen um eine größtmöglich leichte Ausführung der Füllungen nichttragender Außenwande und um die Reduzierung ihrer Dicke auf ein Minimum führt dazu, dass Werkstoffe mit niedriger Masse und niedriger Wärmeleitfähigkeit eingesetzt werden. Die größte Bedeutung haben Werkstoffe mit einer Masse bis 500 kgm^{-3}, die auch die effektivsten Wärmedämmstoffe sind. Im Vergleich zu den Stoffen auf mineralischer Basis, die in Form einfacher einschichtiger Elemente verwendet werden können, zeichnen sich die Wärmedämmstoffe durch eine Reihe Mängel aus, die eine völlig abweichende Konzeption bei der Struktur der Teile erfordern. Zu den Mängeln gehören vor allem die niedrige mechanische Festigkeit, die niedrige Beständigkeit gegen mechanischen Verschleiß und Witterungseinflüsse und eine hohe Wasseraufnahme. Die leichten Wärmedämmstoffe müssen deshalb in Kombination mit anderen Werkstoffen, welche die angeführten Mängel kompensieren können, eingesetzt werden. Erst die resultierende mehrschichtige Konstruktion kann alle an die Eigenschaften der undurchsichtigen Füllungen gestellten Anforderungen erfüllen.

Ein charakteristisches Merkmal einer undurchsichtigen Füllung und der Wärmedämmfunktion ist deshalb ihre zusammengesetzte Konstruktion, die im allgemeinen aus drei Bestandteilen gebildet wird, von denen jeder eine bestimmte Funktion erfüllt und ein– oder mehrschichtig sein kann. Die einzelnen Bestandteile sind:

- die Außenschale, die vor allem für die Witterungseinflüsse ein Hindernis bildet (Regen, Wind, Sonneneinstrahlung u.a.), gegen äußere dynamische Belastungen (Stöße) schützt und in dominierendem Maße an der architektonischen Gestaltung des Fassadenbildes beteiligt ist;
- die Wärmedämmschicht, die oft nur die Dämmfunktion erfüllt, manchmal aber auch an der Gewährleistung der Gesamtsteifigkeit der Füllung beteiligt ist;
- die Innenschale, die vor allem den Schutz gegen innere dynamische Belastungen (Stöße) bildet, das Eindringen des Wasserdampfes in die Konstruktion verhindert und Anteil an der architektonischen Gestaltung des Innenraums hat.

Die Gestaltungsvarianten der einzelnen Schichten in den undurchsichtigen Außenwandteilen sind in **Bild 14** dargestellt.

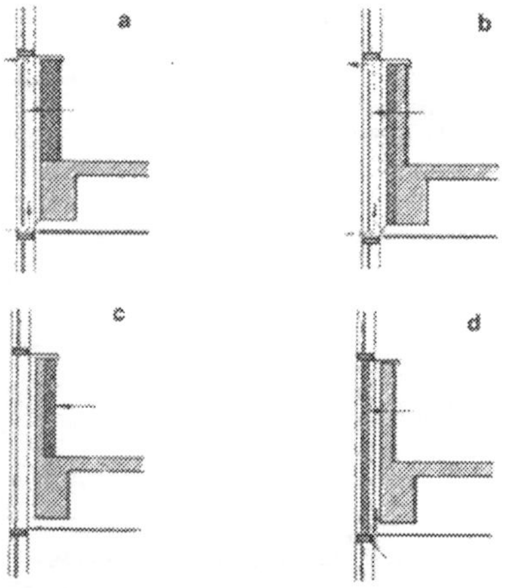

14 Varianten von Vorhangwänden mit massiver Brüstung

a – einschichtige undurchsichtige Füllung mit Brüstungsausmauerung mit ausreichender Wärmedämmung, b – einschichtige undurchsichtige Füllung mit massiver Brüstung mit äußerer zusätzlicher Wärmedämmschicht, c – einschichtige undurchsichtige Füllung mit massiver Brüstung mit innerer zusätzlicher Wärmedämmschicht, d – mehrschichtige wärmegedämmte undurchsichtige Füllung mit unzureichend wärmegedämmter massiver Brüstung (erfüllt die Brandschutzfunktion)

9.8 Struktur der undurchsichtigen Füllungen

Einschichtige Füllungen

Einschichtige undurchsichtige Füllungen nichttragender Außenwände werden aus Werkstoffen mit ausreichender Witterungsbeständigkeit und mit entsprechenden mechanischen Eigenschaften gefertigt. Am häufigsten werden folgende Werkstoffe oder Erzeugnisse aus ihnen eingesetzt.

- Opakglas bzw. undurchsichtiges Drahtglas,
- emailliertes oder verzinktes Stahlblech (mit entsprechender Oberflächenbehandlung) in Form von Press– oder Profilplatten, gewölbten oder flachen Tafeln mit innerer Versteifung,
- anodisch oxidiertes oder emailliertes Aluminiumblech in Form von Profil– oder Pressplatten, Mulden oder Flachtafeln mit oder ohne innerer Versteifung,
- stranggepresste Profile aus Aluminiumlegierungen als Teilelemente der undurchsichtigen Füllungen,
- dekorative Gussplatten aus Aluminiumlegierungen,
- Blech aus korrosionsbeständigem Stahl in Form gepresster oder profilierter Platten,
- gepresste oder profilierte Kunststoffplatten.

9.10 Mehrschichtige Füllungen

Die mehrschichtigen undurchsichtigen Füllungen nichttragender Außenwände können in drei Grundgruppen unterteilt werden:

- Undurchsichtige Füllungen vom Sandwichtyp,
- undurchsichtige Füllungen vom Kassettentyp,
- undurchsichtige geteilte Füllungen

9.11 Undurchsichtige Füllungen vom Sandwichtyp

Ein charakteristisches Merkmal von Sandwichfüllungen ist der steife Dämmkern, welcher die Schubspannung bei der Biegebeanspruchung der Füllung übertragen und damit das Zusammenwirken der Innen– und Außenschale gewährleisten kann. Die Füllung kann so als sehr einfaches, in der Regel dreischichtiges, Element gelöst werden, ohne dass eine innere oder äußere Versteifungskonstruktion erforderlich ist. Die Geschlossenheit der Füllung entsteht durch Verkleben der einzelnen Schichten miteinander. Der steife Dämmkern trägt zur flächigen Versteifung der Oberflächenschichten des Sandwiches bei **(Bild 15)**.

Die älteste Form steifer Sandwichkerne sind Waben, die aus dem Flugzeugbau übernommen wurden. Am weitesten verbreitet sind mit thermoaktivem synthetischem Harz imprägnierte Papierwaben, die sehr feuchtebeständig sind. An die Waben werden von beiden Seiten Deckschichtplatten verschiedenen Typs geklebt und warmgepresst. Undurchsichtige Füllungen dieses Typs sind relativ billig und zeichnen sich durch beträchtliche Schub– und Biegesteifigkeit aus.

Für die Wärmedämmschicht der Sandwichfüllungen werden am häufigsten Schaumkunststoffe verwendet, und zwar vor allem Schaumpolystyrol, –polyurethan und geschäumte Phenolharze, die sich durch einen sehr niedrigen Wärmedurchgangskoeffizienten und befriedigende mechanische Eigenschaften hinsichtlich der statischen Funktionen auszeichnen.

Diese günstigen Eigenschaften hat auch Schaumglas. Außerdem zeichnet sich Schaumglas noch durch seinen Feuerwiderstand aus, den Schaumkunststoffe nicht haben, und durch einen hohen Wasserdampfdiffusionswiderstand.

Außer den genannten Werkstoffen sind noch weitere Wärmedämmstoffe für den Kern von Sandwichelementen geeignet, die durch ihre ausreichende Schlagzähigkeit und Schubsteifigkeit den statischen Erfordernissen der Sandwichkonstruktionen entsprechen. Das sind z.B. Stoffe auf der Basis von Ligninzellulоseabfällen, Korkplatten und Perlitfaserplatten.

Zu den bevorzugten Werkstoffen für die Deckschichten der Sandwichfüllungen gehören:

Für die Wetterschutzschicht:

- emailliertes Stahlblech,
- anodisch oxidiertes oder emailliertes Aluminiumblech,
- auf Unterlagsplatte geklebtes dünnes Edelstahlblech,
- Faserzementplatten,
- gehärtetes emailliertes Glas,
- wasserfestes Sperrholz,
- Kunststoffplatten.

Für die innere Deckschicht:

- verzinktes Stahlblech mit verschiedener Oberflächenbehandlung,
- Holzspan– und Holzfaserplatten, Sperrholz,
- Gipskartonplatten.

Eine eingehendere Analyse erfordert die Anwendung von Blech. Auch sehr dünne Bleche können die statische Funktion von Sandwichwänden zuverlässig erfüllen, sofern es sich um flächige Beanspruchung handelt, d.h. Belastung infolge Winddrucks. Wesentlich höher sind die Ansprüche an die Blechdicke mit Rücksicht auf Längskräfte, insbesondere deshalb, weil die für den Sandwichkern verwendeten Werkstoffe keine ausreichend harte Aufstandsfläche bilden. Bei der Verwendung sehr dünner Bleche sollten besser zweischichtige Deckschichten eingesetzt werden, mit versteifenden Unterlagsplatten aus genügend festen Werkstoffen, z.B. Holzspanplatten. Die Oberflächenschicht aus dünnem Blech wird dann im wesentlichen auf die Oberflächengestaltung der Sandwichwand reduziert.

Die Sandwichkonstruktion wird bei manchen Sandwichelementen durch einen druckfesten Randumleimer ergänzt **(Bild 15b)**. Randumleimer, meistens aus imprägniertem Holz, werden bei Füllungen mit Schaumkunststoffen angewendet.

Ein besonderer Typ undurchsichtiger Sandwichfüllungen sind Bauteile, in denen die Wärmedämmschicht durch Ausschäumen der als Schalung dienenden Deckschichten hergestellt wird.

Verbreitet sind auch schichtweise geklebte Sandwichfüllungen mit speziell ausgeführten Rändern, die am tragenden Sprossenrahmen befestigt werden **(Bild 15c)**.

9.12 Undurchsichtige Füllungen vom Kassettentyp

Die undurchsichtigen Füllungen vom Kassettentyp werden durch mechanische Verbindung, Schweißen oder umlaufende Verklebung der einzelnen Teile hergestellt. Charakteristisches Merkmal der Füllungen dieses Typs ist, dass sie über die gesamte Fläche selbsttragend sind. Der Wärmedämmstoff erfüllt nur seine Grundfunktion und nimmt nicht an der Gesamtsteife der Füllung teil. Die Kassettenkonstruktion ist dann unerlässlich, wenn die geforderte Profilierung oder Sickung der Außenschale die Sandwichbildung ausschließt. Gefertigt werden sie auf zweierlei Art:

- bei Deckmaterial aus Nichtmetallen wird die Deckschicht gewöhnlich an einem Aussteifungsrahmen am Bauteilrand befestigt **(Bild 16a)**
- bei Ganzmetallkonstruktionen erfolgt die direkte Verbindung der entsprechend geformten Ränder der Außen– und Innendeckschicht ohne Einsatz eines versteifenden umlaufenden Rahmens **(Bild 16b)**.

Als Wärmedämmstoff für die undurchsichtigen Füllungen vom Kassettentyp wird mit nicht steifer Wärmedammschicht werden in der Regel Mineralfasern verwendet. Die ungenügende Schubfestigkeit der Erzeugnisse aus Mineralfasern, sowohl in Form gestopfter Dämmung als auch in Form von Filzen oder Platten stellen ebenso wie ihre Wasserdampfdurchlässigkeit erhebliche Ansprüche an die Deckschichtkonstruktion.

Die Forderung nach höherer mechanischer Beständigkeit der Deckschichten äußert sich vor allem hinsichtlich der Erhöhung der Ansprüche an ihre Dicke im Vergleich zu den Deckschichten der Sandwichfüllungen. Der am meisten verbreitete Werkstoff für die Deckschichten bei Kassettentypfüllungen ist Blech, vor allem Stahlblech. Die Steifigkeit der Deckschichten kann, ohne dass sie profiliert oder gesickt werden müssen, mittels innerer Aussteifungen oder flächiger Versteifung mit Unterlagsplatten erhöht werden.

Ein besonderes Problem der undurchsichtigen Füllungen vom Kassettentyp in Ganzmetallkonstruktion ist die Frage der Warmeausdehnung der äußeren Deckschicht (der Wetterschutzschicht). Das unkontrollierte Dehnungsvermögen kann bei nichtversteifter Wetterschutzschicht im Hinblick auf ihre geringe Knicksteifigkeit und Beulfestigkeit relativ leicht eine Beeinträchtigung seiner Ebenheit bewirken, die sehr störend wirkt, insbesondere bei glänzenden Oberflächen. Grundvoraussetzung zur Verhinderung der negativen Folgen dieser Einflüsse ist eine relative Verschiebung der äußeren und inneren Deckschicht entlang der Peripherie durch Ausbildung biegsamer Ränder zuzulassen.

Im Zusammenhang mit der Problematik der Dehnung der Wetterschutzschicht bei Füllungen vom Kassettentyp ist es also unbedingt erforderlich, sich mit der Frage der detaillierten Lösung ihrer Ränder zu befassen. Eine oder auch beide Deckschichten werden in der Regel zu schalenartigen Gebilden geformt, gewöhnlich direkt oder mittels Zusatzprofil verbunden **(Bild 17)**.

Mit der Lösung der Verbindungen zwischen den einzelnen Elementen, welche die Kassettenkonstruktion bilden, steht die Frage der Entstehung der Wärmebrücken durch die Verbindung der Innen– und Außenoberfläche der Füllung im Zusammenhang. Die häufigste Art der Unterbrechung der Wärmebrücken ist das Einlegen von Kunststoff–Trennprofilen oder Kittbändern zwischen die verbundenen Blechteile. Obwohl der direkte Kontakt beider Oberflächen im Hinblick auf die gegenseitige Verbindung durch Schrauben nicht völlig ausgeschlossen werden kann, werden auf diese Weise befriedigende Ergebnisse erreicht.

9.13 Undurchsichtige geteilte Füllungen

Die geteilte Anordnung der einzelnen Schichten bei undurchsichtigen Füllungen ist dann erforderlich, wenn die verwendeten Werkstoffe die Möglichkeit ausschließen, die Füllung als Sandwichtyp oder Kassettentyp zu bilden. Das Prinzip der geteilten Füllungen besteht im getrennten Einsetzen der einzelnen Füllungsschichten in den tragenden Rahmen der Wandplatte (beim Tafeltyp) oder in den tragenden Rost (bei Sprossenkonstruktion). Bedingung für diese Gestaltungsweise ist die Ausbildung einer Wetterschutzschicht mit ausreichender Steifigkeit, denn in diesem Falle überträgt die Wetterschutzschicht sämtliche äußere Lasten ohne Mitwirkung der übrigen Schichten in die tragende Konstruktion **(siehe Bild 18)**.

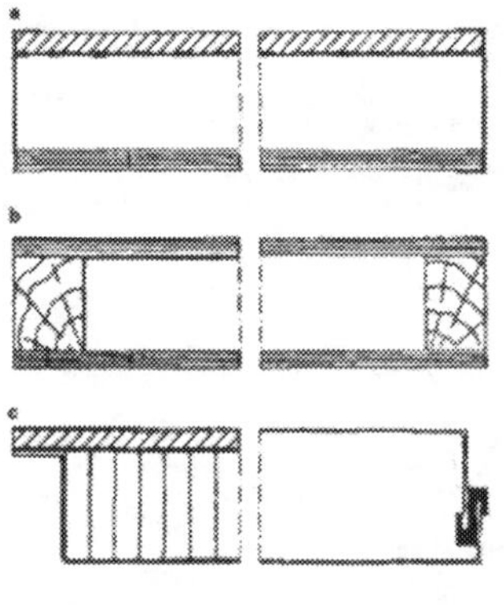

15 Undurchsichtige Füllungen vom Sandwichtyp

a – ohne umlaufenden Rahmen, b – mit umlaufendem Rahmen, c – mit vor Ort eingeschäumter Wärmedämmschicht

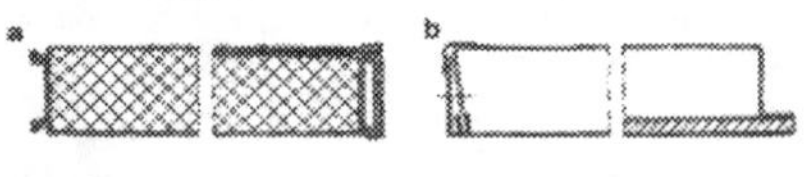

16 Undurchsichtige Füllung vom Kassettentyp

a – mit aussteifendem Rahmen, b – ohne aussteifenden Rahmen

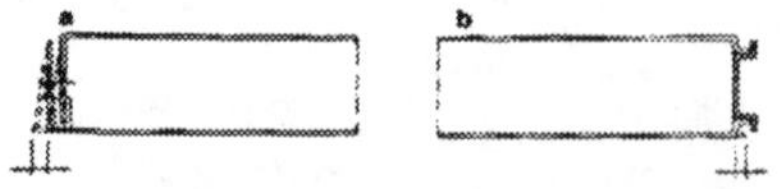

17 Beispiele für die Gewährleistung der Wärmedehnung entlang der Peripherie undurchsichtiger Füllungen mit vollständiger Kassettenfüllung

Allgemeine Grundlagen, Funktionseigenschaften

Die geteilte Gestaltung der Schichten ist vor allem bei undurchsichtigen Füllungen erforderlich, welche die Ausbildung einer Hinterlüftung der Wetterschutzschicht mit Rücksicht auf die physikalischen Eigenschaften der eingesetzten Baustoffe erfordern. Ein typisches Beispiel ist die Kombination aus dunkel gefärbtem Opakglas mit Schaumpolystyrol.

Die Möglichkeit eines beliebigen Abstands der einzelnen Schichten voneinander und die Ausbildung von Lüftungsspalten im oberen und unteren Teil ist die Voraussetzung für die Bildung von belüfteten Hohlräumen, die zwischen die Wetterschutzschicht und der Wärmedämmschicht angebracht werden.

Ein analoges Prinzip wird auch bei Füllungen mit einer Wetterschutzschicht aus Werkstoffen angewendet, bei denen die Hinterlüftung vom Gesichtspunkt des Schutzes gegen Wasserdampfdiffusion unerlässlich ist.

Sehr oft wird der Wärmedämmteil der geteilten Füllung mit einer Wetterschutzschicht aus Glastafeln als komplettes Bauteil vom Sandwich- und Kassettentyp gelöst. Diese Art geteilter Füllung kann im Wesen als Füllung vom Sandwich- oder Kassettentyp mit äußerer Bekleidung aus Glastafeln charakterisiert werden. Die Verdoppelung der Außenwand mit dazwischenliegendem belüftetem Hohlraum bietet einen wirksamen Schutz gegen unerwünschten Wärmegewinn der eigentlichen undurchsichtigen Füllung damit auch gegen die Erwärmung des Innenraums des Gebäudes im Sommer.

9.14 Verbindungsweisen der einzelnen Teile undurchsichtiger Füllungen zu einem Ganzen

Wie sich aus der Beschreibung der Grundtypen undurchsichtiger Füllungen ergibt, können die einzelnen Teile durch drei Verfahren zu einem Ganzen verbunden werden:
- durch Kleben,
- durch Schweißen,
- mechanisch.

Verbindung durch Kleben. Nach der Ausführungstechnologie der Klebverbindungen unterscheidet man zwei Klebverfahren:
- Kleben mit Hilfe einer zusätzlichen Adhäsionsschicht (Klebstoff),
- Kleben ohne Verwendung einer zusätzlichen Adhäsionsschicht (Kleben durch Autoadhäsion).

Verbindung durch Schweißen. Das Schweißen ist ein relativ bedeutsames Verbindungsverfahren für Metallelemente undurchsichtiger Füllungen, das insbesondere bei der Ausbildung undurchsichtiger Füllungen vom Kassettentyp Anwendung findet. Am bedeutsamsten ist das Widerstandsschweißen in Form von Punkt- oder Nahtschweißen, das typisch für die Arbeit mit dünnen Blechen ist. Von den weiteren Verfahren ist auch das Autogenschweißen und in jüngster Zeit das Hochfrequenzschweißen verbreitet.

Außer Metallen werden auch Kunststoffe (Thermoplaste) durch Schweißen verbunden. Am weitesten verbreitet ist das Schweißen mit heißem Gas und das Induktions- oder Hochfrequenzschweißen.

Mechanische Verbindung. Zu ihren Grundarten gehören:
- Schraubverbindung (**Bild 19**)
- Klemmverbindung (**Bild 20**)
- Fixieren am umlaufenden Rahmen

9.15 Schutz undurchsichtiger Füllungen gegen physikalische Einflüsse, Schutz der undurchsichtigen Füllungen gegen Tauwasserbildung

Der Schutz gegen Wasserdampfdiffusion und -kondensation ist einer der wichtigsten Faktoren, welche die Zusammensetzung der undurchsichtigen Füllungen beeinflussen. Die Konstruktion der undurchsichtigen Füllungen muss so beschaffen sein, dass sich keinesfalls im Inneren eines Bauteils Tauwasser ansammeln kann. Dieses Ziel kann auf einem der folgenden drei Wege erreicht werden:
- die Zusammensetzung der einzelnen Schichten ist so vorzusehen, dass kein Kondensationsgebiet innerhalb des Bauteils entstehen kann;
- beim Einsatz von Werkstoffen mit hohem Diffusionswiderstand ist an der Oberfläche des Bauteils eine hermetisch abgeschlossene Konstruktion auszubilden;
- Wenn die Tauwasserbildung innerhalb des Bauteils nicht verhindert werden kann, muss die Ableitung des Tauwassers in geeigneter Weise und ohne ungünstige Beeinflussung der mechanisch-physikalischen Eigenschaften der Baustoffe der einzelnen Schichten gewährleistet werden.

Die Gewährleistung eines wirksamen Schutzes der undurchsichtigen Füllungen gegen die Tauwasserbildung innerhalb des Bauteils ist gegeben durch ein geeignetes Verhältnis zwischen den Diffusionswiderständen der Innenhaut und der Wetterschutzschicht. Im Hinblick darauf, dass für die Wetterschutzschicht undurchsichtiger Füllungen in der Regel stets Werkstoffe mit sehr hohem Diffusionswiderstand bzw. vollkommen dampfdichte Stoffe (Metall, Glas) eingesetzt werden, sind zur Gewährleistung des Schutzes gegen Tauwasserbildung vor allem der Schichtenaufbau und die Wahl der Baustoffe für die übrigen Schichten, d.h. der Innenhaut und der Wärmedämmschicht, entscheidend. Unter diesem Aspekt werden drei Typen undurchsichtiger Füllungen unterschieden (**Bild 21**):
- hinterlüftete Füllungen,
- atmende Füllungen,
- dampfdichte Füllungen.

9.16 Hinterlüftung der Füllung

Die Belüftung des Raumes zwischen Wärmedämmschicht und Wetterschutzschicht ist dann erforderlich, wenn der geringe Diffusionswiderstand innerhalb des Bauteils eine andere Schutzweise gegen die Entstehung von Tauwasser im Bauteil ausschließt. Durch die Trennung der Wetterschutzschicht von der eigentlichen Konstruktion des hinterlüfteten Hohlraums wird ein sehr vorteilhaftes gegenseitiges Verhältnis der Diffusionswiderstände der übrigen Schichten des Bauteils erreicht. Ein günstiges Verhältnis der Diffusionswiderstände wird auch dort leicht erreicht, wo bautechnische Gründe oder die Eigenschaften des Wärmedämmstoffes die Bildung einer äußeren Schutzschicht erfordern, die den direkten Kontakt der Wärmedämmschicht mit der Außenluft im Hohlraum durch geeignete Werkstoffwahl und deren Oberflächenbehandlung verhindert.

Dieses Prinzip ist in beschränktem Maße auch bei undurchsichtigen Füllungen vom Kassettentyp anwendbar. Die durch die innere Deckschicht und die Wärmedämmschicht eingedrungenen Wasserdämpfe werden durch die Luftumwälzung im Hohlraum abgeleitet, der zu diesem Zweck durch ein System von Luftlöchern mit der äußeren Umgebung verbunden ist. Die Zirkulation wird auch zur Beseitigung übermäßiger Wärme infolge Sonnenstrahlung genutzt.

Die Luftlöcher werden im unteren und oberen Teil an der Füllungsperipherie angebracht (siehe **Bild 22**).

Ist die Wärmedämmschicht nicht durch eine geeignete Schutzschicht vom Hohlraum abgeteilt, darf als Wärmedämmung kein feuchteempfindliches Material verwendet werden.

Die Wärmedämmschicht muss steif sein und ihre Form behalten, denn Volumenänderungen infolge Setzung können die Breite des hinterlüfteten Hohlraums verringern. Bei Verwendung von nicht genügend steifem Werkstoff, z.B. unversteifter Erzeugnisse aus Mineralfasern, muss die Wärmedämmschicht mit Hilfe eines Netzes, gespannter Drähte, Geflechts oder durch Verwendung einer äußeren Schutzschicht aus steifen Werkstoffen in der richtigen Position gehalten werden.

9.17 Atmende Füllungen

Prinzip der atmenden Füllung ist die Erreichung eines geeigneten Verhältnisses zwischen dem Diffusionskoeffizienten der Wetterschutzschicht und der inneren Deckschicht, das den Durchgang der diffundierenden Dämpfe durch den Bauteil ermöglicht, ohne dass diese Dämpfe kondensieren. Es wird empfohlen, den Diffusionswiderstand der inneren Deckschicht mindestens dreimal größer als den Diffusionswiderstand der Wetterschutzschicht zu wählen. Auf die Innenseite der Wärmedämmung wird eine Schicht mit hohem Diffusionswiderstand angebracht, die für den Wasserdampfdurchgang ein Hindernis bildet und als Dampfsperre wirkt.

Von den zu diesem Zweck verwendeten Werkstoffen müssen vor allem die dreischichtigen Erzeugnisse angeführt werden, die aus beidseitig mit Papier aus Natronzellulose (Kraft) beklebter Polyäthylenfolie gebildet werden. Häufig wird auch Chlorkautschuk in Form eines dünnen Films verwendet, der an der Außenoberfläche der Innendeckschicht in Aufspritztechnik aufgebracht wird. Mit Aluminiumfolie kann eine Innendeckschicht gebildet werden, die fast keinen Wasserdampf durchlässt. Der Atmungscharakter des Bauteils wird dann praktisch nur auf die mögliche Ableitung des in den Lufthohlräumen im Wärmedämmstoff eingeschlossenen Wasserdampfes beschränkt.

Die Wahl eines geeigneten Schutzes der atmenden Füllungen gegen die Bildung von Tauwasser ist vor allem davon abhängig, welcher Werkstoff für die Wärmedämmschicht verwendet wird. Z.B. erfordert eine Wärmedämmschicht aus Schaumglas keine Erhöhung des Diffusionswiderstandes der inneren Deckschicht. Demgegenüber ist die Bildung einer Dampfsperre an der Innenseite der Wärmedämmschicht bei Baustoffen mit niedrigem Diffusionswiderstand, z.B. bei Erzeugnissen aus Mineralfasern, unbedingt erforderlich.

9.18 Dampfdichte Füllungen

Die Anwendung von wasserdampfundurchlässigen Werkstoffen an der Außenoberfläche einer undurchsichtigen Füllung führt oft dazu, dass auch die innere Deckschicht dampfdicht ausgebildet werden muss.

Eine Bedingung für die zuverlässige Funktion dieser Konstruktionen ist die Gewährleistung eines perfekten Schutzes gegen die Entstehung von Tauwasser während der ganzen Zeit ihrer Lebensdauer. Die Voraussetzung einer dauerhaften Dampfdichtheit ist gegeben, wenn als Wärmedämmung Werkstoffe mit hohem Diffusionswiderstand eingesetzt werden, z.B. Schaumglas, Schaumpolystyrol und Schaumpolyurethan oder imprägnierte Papierwaben mit Dämmfüllung. Da ihre Eigenschaften selbst die Konstruktion gegen übermäßiges Eindringen von Feuchtigkeit am Rand des Bauteils sichern.

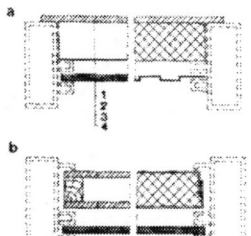

18 Geteilte undurchsichtige Füllungen

a – mit getrennter Anordnung aller Schichten, b – geschlossene Füllung mit Außenbekleidung
1 – Innere Deckschicht, 2 – Wärmedämmschicht, 3 – Lüftungsspalt, 4 – Wetterschutzschicht

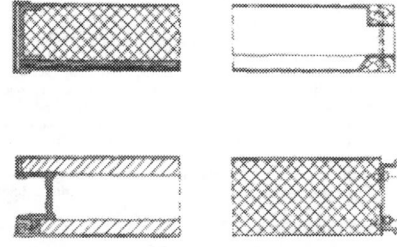

20 Beispiele für den Gebrauch von Schweißverbindungen bei der Konstruktion von undurchsichtigen Füllungen

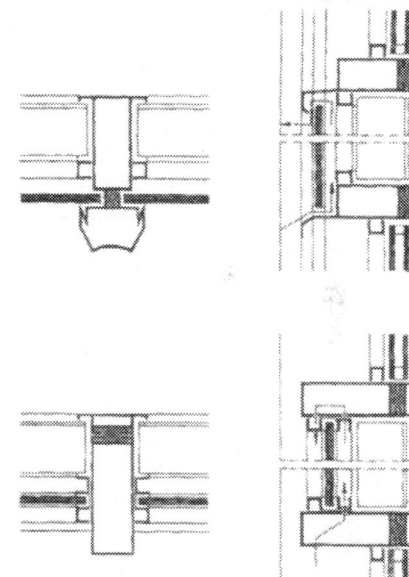

21 Beispiele für die Ausbildung von Lüftungsöffnungen bei hinterlüfteten Füllungen und deren Anordnung

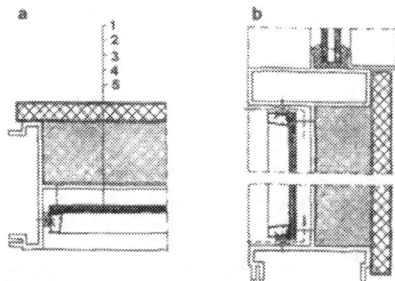

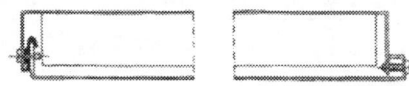

19 Beispiele für den Gebrauch von Schraubverbindungen bei der Konstruktion von undurchsichtigen Füllungen vom Kassettentyp mit Deckschicht aus steifen Blechen

22 Beispiel für die Herausführung von Lüftungsöffnungen bei Ganzmetall-Kassettenfüllungen

a – Horizontalschnitt, b – Vertikalschnitt
1 – innere Deckschicht, 2 – Schaumpolystyrol, 3 – Aluminiumfolie, 4 – Lüftungshohlraum, 5 – emailliertes Glas

Allgemeine Grundlagen, Funktionseigenschaften

9.19 Schutz undurchsichtiger Füllungen gegen Sonneneinstrahlung

Die Strahlenenergie im Sommer wird von der Außenoberfläche der undurchsichtigen Füllungen absorbiert und die Füllungen werden erwärmt. Von der erwärmten Wetterschutzschicht wird die Wärme in den Innenraum übertragen, so dass sich zwischen äußerer und innerer Oberfläche ein Wärmegefälle bildet.

Die Höhe der Oberflächentemperatur der Außenwand ist dann von der absorbierten Wärmemenge und vor allem vom Werkstoff und der Anordnung der hinter der Wetterschutzschicht liegenden Schichten abhängig.

Das Absorptionsvermögen des Werkstoffes ist vor allem von der Farbe und der Qualität seiner Oberfläche abhängig und wird durch den Absorptionsgrad charakterisiert.

Tabelle 11 gibt die Absorptionsgrade α an. Aus der Tabelle ergibt sich, dass bei Verwendung von Blechen mit glänzender, hochreflektierender Oberfläche (z.B. eloxiertes Aluminium oder nichtrostender Stahl) oder bei Oberflächen in hellen Farbtönen der Wärmegewinn der undurchsichtigen Füllung relativ gering ist, während bei dunklerer Farbgebung der äußeren Oberfläche der überwiegende Teil der auftreffenden Strahlungsenergie absorbiert wird. Bei der Anwendung von Glas für die Wetterschutzschicht wird ebenfalls der überwiegende Teil der Strahlungsenergie in das Füllungsinnere durchgelassen.

Ist hinter der Wetterschutzschicht eine Schicht angebracht, die eine schnelle Wärmeableitung in das Gebäudeinnere verhindert, sammelt sich die Wärme an der Oberfläche an, und damit wird die Wetterschutzschicht überhitzt. Praktische Erfahrungen zeigen, dass die äußeren Oberflächentemperaturen undurchsichtiger Füllungen mit dunkelgefärbter Oberfläche, bei denen sich hinter der Wetterschutzschicht ein hochwirksamer Wärmedämmstoff befindet, 80 °C und darüber erreichen können. Befindet sich dagegen hinter der Wetterschutzschicht ein gelüfteter Hohlraum, wird die Wärme infolge der Luftumwälzung teilweise abgeleitet, und damit wird auch eine zu hohe Erwärmung der Außenoberfläche der undurchsichtigen Füllung verhindert.

Dem Auftreten hoher Oberflächentemperaturen der Außenwand undurchsichtiger Füllungen ist gebührende Aufmerksamkeit zu widmen, denn:

- Bei Temperaturerhöhung der Wetterschutzschicht dehnt sich diese aus. Wenn die Konstruktion der Füllung oder ihre Einsetzungsweise in das Tragwerk der Außenwand die Ausdehnung nicht ermöglicht, entsteht eine innere Spannung, welche die Wetterschutzschicht deformieren oder eine Verwerfung der ganzen Füllung bewirken kann. Bei manchen Baustoffen mit niedrigem Elastizitätsmodul kann die Füllung auch Risse bekommen.
- Die übermäßige Erwärmung der äußeren Oberfläche der Wärmedämmschicht kann beim Einsatz von Werkstoffen mit niedrigem Erweichungspunkt oder mit niedriger Beständigkeit gegenüber erhöhten Temperaturen auch ernsthafte Funktionsstörungen der Füllung infolge thermischen Abbaus des Wärmedämmstoffes verursachen.

Die Kombination der einzelnen Schichten der undurchsichtigen Füllung wird in erheblichem Maße von der Anwendung ungehärteten Glases für die Wetterschutzschicht beeinflusst, insbesondere beim Einsatz von Glas mit dunkler Farbe. Die hohen Oberflächentemperaturen, die beim unmittelbaren Aufbringen der Wetterschutzschicht auf die Wärmedämmschicht infolge der beschriebenen Erscheinung eintreten, vertragen diese Glasarten praktisch nicht und zerspringen infolge der inneren Spannungen.

Gehärtetes Glas dagegen hält Temperaturen von über 100 °C aus.

Eine analoge Erscheinung tritt längs der Ränder undurchsichtiger Füllung ein, wobei ein Teil der sonnenbestrahlten und intensiv erwärmten Wetterschutzschicht hinter den kühlen Befestigungs- oder Deckleisten aus Metall verdeckt ist. Durch die Erwärmung der Oberfläche dehnt sich die Wetterschutzschicht aus, allerdings mit Ausnahme der am Bauteilrand liegenden Bestandteile, so dass die Gefahr der Rissbildung entlang der Ränder entsteht.

Die Einlasstiefe der in das Tragwerk eingelassenen Glastafeln soll deshalb so gering wie möglich sein, damit infolge der Temperaturdifferenz im sonnenbestrahlten und beschatteten Teil keine zu hohe innere Spannung auftreten kann. Als maximale Einlasstiefe der Glastafeln werden 9,5 mm empfohlen.

Vom Gesichtspunkt der Gewährleistung der Wärmebehaglichkeit im Innenraum werden im Sommer oft wesentlich höhere Ansprüche an die Wärmedämmfunktion gestellt als im Winter, insbesondere, wenn die Wände nach Westen und Südwesten orientiert sind. Der Wärmegewinn kann gesenkt werden durch:

- Abkühlung der angestrahlten Fläche,
- Erhöhung des Reflexionsvermögens der undurchsichtigen Füllung,
- Abschattung der Fläche vor dem direkten Auftreffen von Sonnenstrahlen.

Tabelle 11: Werte des Absorptionsgrades

Farbe und Zustand der Oberfläche	Absorptionsgrad α
dunkel (dazu gehört auch dunkelblau, dunkelrot, dunkelbraun und dunkelgrün)	0,9
grau (dazu gehört auch rot, grün, hellbraun, naturfarbener Beton, nicht angestrichenes Holz)	0,7
hell (dazu gehört weiß, sofern es nicht dunkel wird)	0,5
eloxiertes Aluminium	0,45
polierte Metalle	0,2

10 Stoßverbindungen

Die Stoßverbindungen zwischen den Außenwandelementen können in zwei Gruppen eingeteilt werden:

- Starre Stoßverbindungen, welche die Dichtheit der Fassade gegen Witterungseinflüsse gewährleisten sollen,
- bewegliche Verbindungen am Rand der zu öffnenden Bauteile.

Die Fugen von Baukonstruktionen können nach der Funktion in fünf Gruppen unterteilt werden:

- Montage- und technologische Fugen, die sich aus dem Erfordernis der Gliederung der Konstruktion in kleinere Teile aus produktion-, transport- und montagesicheren Gründen ergeben,
- Konstruktionsfugen zwischen verschiedenen Werkstoffarten und am Rand der Öffnungs- oder abnehmbaren Teile,
- bewegliche Stoßverbindungen am Rand der Öffnungsteile,
- Dehnungsfugen, die zum Ausgleich von Volumen- oder Positionsänderungen in der Konstruktion dienen,
- Kompensationsfugen zum Ausgleichen von Herstellungs- oder baulichen Ungenauigkeiten,
- architektonisch bedingte Fugen.

An die Ausbildung einer Stoßverbindung werden folgende Anforderungen gestellt:

- Sie muss der Wand einen dauerhaften Schutz gegen die Witterungseinflüsse bieten,
- sie muss der Beständigkeit gegen alle Arten mechanischer Beanspruchung, denen die Wetterschutzschicht während ihrer Lebensdauer ausgesetzt wird, gewährleisten,
- sie darf das Wärmedämmvermögen der Wand nicht verschlechtern,
- sie soll einfach und aus einer möglichst geringen Anzahl von Einzelteilen bestehen,
- sie muss Ungenauigkeiten des Rohbaus bzw. auch Ungenauigkeiten der Montage der nichttragenden Außenwand selbst ausgleichen,
- sie muss eine einfache Montage und Demontage der einzelnen Elemente der nichttragenden Außenwand ermöglichen.

Stoßverbindungen müssen folgende Funktionen erfüllen:

- Gewährleistung eines ständigen Schutzes gegen Witterungseinflüsse;
- Beständigkeit gegen mechanische Beanspruchung;
- Qualität der Stoßverbindung vom Gesichtspunkt der Wärmedämmung aus;
- geringe Teilezahl für eine Stoßverbindung;
- Gewährleistung der Maßtoleranzen;
- leichte Montier- und Demontierbarkeit.

Eine Stoßverbindung von Bauteilen nichttragender Außenwände besteht im allgemeinen aus drei primären Elementen:

- Die Form der Stoßverbindung, d.h. die Ausbildung der Ränder der zu verbindenden Elemente und eventueller Ergänzungsteile,
- die Dichtung, d.h. das in Form der Fugenfüllung verwendete Material zum Schutz der Stoßverbindung gegen Witterungseinflüsse,
- Verbindungs- und Befestigungsglieder, d.h. Teile, welche die Geschlossenheit der Stoßverbindung, das Einklemmen der Dichtungseinlage und Vermögen, den mechanischen Beanspruchungen standzuhalten, gewährleisten, sofern diese Eigenschaften nicht bereits durch die Form der Stoßverbindung selbst vorhanden sind.

Nicht jede Stoßverbindung besteht aus allen drei angeführten Elementen. Durch Anwendung einer geeigneten Form der Stoßverbindung kann bereits ein ständiger Schutz gegen Witterungseinflüsse ohne Einsatz einer Dichtung erzielt werden, ebenso wie eine geschlossene Stoßverbindung ohne Sicherung der Festigkeit durch Verbindungs- oder Befestigungselemente erzielt werden kann.

10.1 Die Form der Stoßverbindung

Starre Stoßverbindungen können nach der Art und Weise ihrer Gestaltung in zwei Hauptgruppen eingeteilt werden:

- Integrierte Stoßverbindungen, bei denen die Ränder der zu verbindenden Teile die Konstruktion der Stoßverbindung ohne ergänzende Bestandteile bilden,
- zusammengesetzte Stoßverbindungen, die zu ihrer Bildung Ergänzungsteile erfordern, die entweder selbständig oder in Verbindung mit den Befestigungs- oder Verbindungsgliedern die Geschlossenheit der Stoßverbindung herstellen.

Zu den typischen Beispielen integrierter Stoßverbindungen gehören das Überlappen **(Bild 23a)**, die Verbindung mit Nut und Feder **(Bild 23b)** bzw. der Stumpfstoß **(Bild 23c)**.

Als zusammengesetzte Stoßverbindungen werden Klemmstöße mit einseitiger oder beiderseitiger frontaler Befestigungsleiste **(Bild 24a)**, Stöße mit seitlichen Befestigungsleisten an einem Sprossenelement **(Bild 24b)** und Stöße mit Zusatzelementen zur Verbindung mit Nut und Feder **(Bild 24c)** angewendet.

10.2 Dichtungen

Vom Gesichtspunkt der verwendeten Materialien und der sich daraus ergebenden Gewährleistung der Dichtung des Stoßes und der hinsichtlich der Ausführungstechnologie werden folgende Dichtungstypen unterschieden:

- Kitte,
- stranggepresste Kunststoffprofile,
- Profile und Bänder aus komprimierten porösen Werkstoffen.

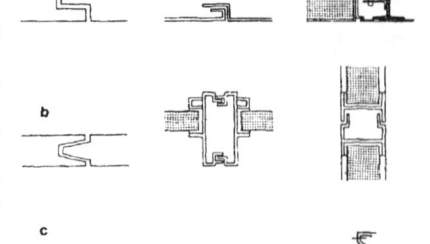

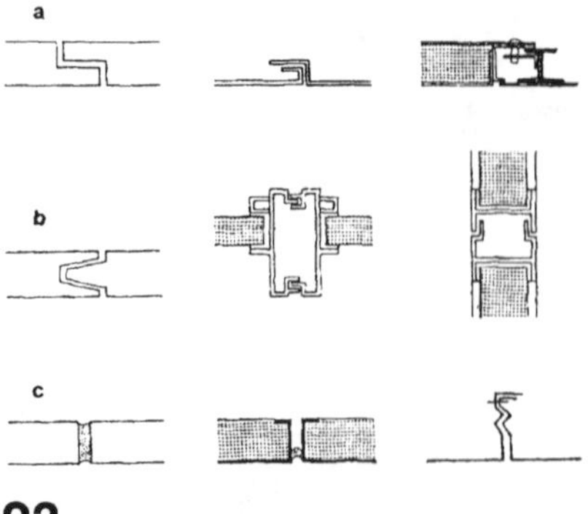

23 Beispiel für integrierte Verbindungen

a – Überlappung, b – Nut-Feder-Verbindung, c – Stumpfstoß-Verbindung

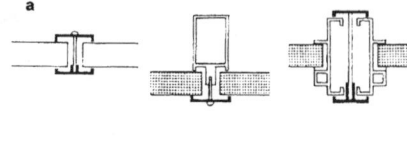

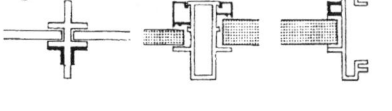

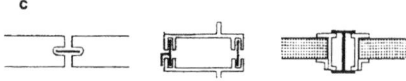

24 Beispiele für zusammengesetzte Verbindungen

Stoßverbindungen: a – als Klemmleiste,
b – mit seitlichen Befestigungsleisten,
c – mit eingelegter Feder

25 Strangpressprofile aus Kunststoffen

a – Materialien plastomeren Charakters,
b – Materialien elastomeren Charakters,
c – Profile tragenden Charakters

10.3 Kitte

Dichtungskitte und Stoffe amorphen Charakters, die in die Fugen gedrückt oder im plastischen bis halbflüssigen Zustand auf die Oberflächen der verbundenen Teile aufgetragen werden. Die Fähigkeit der Kitte, die Dichtheit der Verbindungen zu gewährleisten, beruht auf ihrer Adhäsion an den Oberflächen der zu verbindenden Teile und auf deren Kohäsion, womit bestimmte Deformationen der Dichtungseigenschaft überwunden werden können, die der Kitt beim Auftragen hat.

Nach den physikalischen und chemischen Eigenschaften können die Dichtungskitte in drei primäre Gruppen unterteilt werden:

- austrocknende Kitte,
- teigartige Kitte,
- chemisch aushärtbare Kitte.

10.4 Stranggepresste Kunststoffprofile

Die Profile werden im Strangpressverfahren hergestellt. Die zu diesem Zweck verwendeten Kunststoffe können nach ihren mechanisch-physikalischen Eigenschaften in zwei Hauptgruppen unterteilt werden:

- Materialien plastomeren Charakters, z.B. PVC **(Bild 25a)**,
- Materialien elastomeren Charakters, z.B. Naturgummi, Polychloropren **(Bild 25b)**,
- tragende Profile **(Bild 25c)**.

Allgemeine Grundlagen, Funktionseigenschaften

10.5 Profile und Bänder aus komprimierbaren porösen Stoffen

Charakteristische Merkmale dieser Stoffe sind die geringe Rohdichte und eine hohe Komprimierbarkeit als Folge des Vorhandenseins zahlreicher Poren. Die Poren können entweder offen oder geschlossen sein (Moosgummi, Polyurethan–Weichschaum).

10.6 Verbindungs– und Befestigungsglieder

Eine sehr verbreitete, oft vor allem bei Konstruktionen aus Aluminiumlegierungen angewendete Fassungsweise der seitlichen Befestigungsleisten ist das direkte Einklemmen ohne Befestigungsglieder.

Bild 26 zeigt Beispiele dieses Verbindungstyps. Trotz erheblicher Formunterschiede der Glas– und Befestigungsleisten können die Fassungsweisen zu drei Grundprinzipien verallgemeinert werden, die schematisch dargestellt sind.

10.7 Stoßverbindungen zwischen Elementen des Tragwerks der Außenwand und der Rahmenteile

Es werden unterschieden:
- Stoßverbindungen zwischen zu vorgefertigten Rahmen zusammengestellten Elementen,
- Stoßverbindungen zwischen den Tragwerkselementen, die auf dem Bauplatz bei der eigentlichen Montage ausgeführt werden.

10.8 Stoßverbindungen zwischen zu vorgefertigten Rahmen zusammengefügten Elementen:

Stoßverbindungen dieses Typs sind durch folgende Merkmale charakterisiert:
- Charakteristisches Merkmal der vorgefertigten Rahmen sind feste, unnachgiebige Verbindungen.
- Die Vorfertigung der Rahmenteile ermöglicht es, die Ausführung der Verbindungen unter Verwendung von Technologien zu mechanisieren, die eine spezielle Ausstattung des Arbeitsplatzes erfordern.
  Der Montageablauf wird nicht von äußeren Faktoren beeinflusst. Die Reihenfolge der schrittweisen Verbindung der einzelnen Rahmenelemente kann so gewählt werden, dass die Ausführung der Verbindungen vom Gesichtspunkt der gewählten Technologie aus am günstigsten ist.

Die Rahmenelemente können durch Schweißen, Schrauben, Nieten, Kleben oder auf andere spezielle Weise verbunden werden.

10.9 Schweißen. Die Rahmenelementen werden in der Regel elektrisch verschweißt.

Der Hauptvorteil des Schweißens ist die Wasserdichtigkeit der Verbindungen, ihre Festigkeit, das günstige ästhetische Aussehen und beim automatischen Schweißen auch der geringe Arbeitsaufwand und eine maximale Mechanisierung. Nachteil sind die hohen Investitions– und Betriebskosten und die fehlende Möglichkeit, vor der eigentlichen Montage des Rahmens die leicht handzuhabenden Sprossenelemente gegen Korrosion zu schützen. Der Korrosionsschutz der Oberflächen kann erst an den fertigen Rahmen, nach der Schweißung, vorgenommen werden.

10.10 Verschrauben. Die Verbindung mittels Schrauben erfolgt entweder mit Verbindungselementen oder unmittelbar durch direktes Verschrauben.

Typische Beispiele für die Schraubverbindung mittels Einlagestücken sind in **Bild 27** dargestellt.

10.11 Verbindung mittels Stiften. Die Verbindung mit Hilfe spezieller Stifte basiert auf einem ähnlichen Prinzip wie die Schraubverbindung mittels Verbindungseinlageteilen. Ein Beispiel für eine Stiftverbindung ist in **Bild 28** dargestellt.

10.12 Kleben. Bei der Ausführung geklebter Verbindungen genügen in der Regel kalthärtbare Klebstoffe, denn in den Verbindungen können stets ausreichend große Klebflächen geschaffen werden. Die Verbindung wird mittels Verbindungseinlegestücken oder Beilagen ausgeführt (siehe **Bild 29**).

10.13 Am Bau ausgeführte Verbindungen der Elemente von Sprossenkonstruktionen

Die Hauptunterschiede der Stoßverbindungen zwischen den Stabelementen der Außenwände in Sprossenkonstruktion im Vergleich zu den Verfahren der vorgefertigten Rahmen können in drei Punkten zusammengefasst werden:

- Die Stoßverbindungen zwischen den Sprossen müssen so konstruiert sein, dass sie auf einfachste Weise und mit möglichst einfacher Ausstattung ausgeführt werden können. Ein bedeutsame Aufgabe hat der Umstand, dass die Stoßverbindungen in der Regel unter wesentlich ungünstigeren Bedingungen ausgeführt werden als die vorgefertigten Rahmen.

- Die Stoßverbindungen haben größtenteils Dilatationscharakter. Das bedeutet, dass sie so auszubilden sind, dass die Verbindungselemente in der Fassadenebene verschoben werden können und dabei die Elemente die auf sie in vertikaler Richtung wirkende Belastung aushalten.

Im Hinblick darauf, dass die Ausführung der Stoßverbindungen zwischen den Sprossen stets an deren schrittweiser Befestigung an der Tragkonstruktion des Bauwerks gebunden ist, muss ein bestimmter Montageablauf der einzelnen Elemente eingehalten werden. Dieser Grundsatz ist vor allem bei Außenwänden zu beachten, deren Sprossenkonstruktion als vollkommener Rost gelöst ist. Bei der Montage des Rostes muss unterschieden werden, welche Elemente zunächst eingesetzt werden und welche erst im nachhinein an die Reihe kommen. Das äußert sich notwendigerweise auch in der Konzeption der Verbindungen. Deshalb können von diesem Gesichtspunkt aus zwei Typen Stoßverbindungen zwischen den Sprossenelementen unterschieden werden:
- – Stoßverbindungen zwischen den Elementen des Haupttragwerks,
- – Stoßverbindungen zwischen den Elementen des Haupttragwerks und untergeordneten Elementen.

10.14 Stoßverbindungen zwischen Elementen des Tragwerks. Der Charakter der Stoßverbindungen zwischen Elementen des Haupttragwerks mit vertikaler Anordnung ist bestimmt durch deren Verankerungsweise. Sofern das vom baulichen und statischen Gesichtspunkt aus möglich ist, führt das Bemühen um vereinfachte Ausführung und Verdecken der Verbindungsteile zu solchen Stoßtypen, bei denen die Einstellung der Stabelemente durch einfaches gegenseitiges Aufschieben ihrer entsprechend angepassten Enden erreicht wird. Eine solche Einstellungsweise genügt vom Gesichtspunkt der Funktionseigenschaften der Stöße aus vollkommen, denn sie ermöglicht eine Längenausdehnung der Profile und überträgt gleichzeitig die Belastung in horizontaler Richtung (siehe **Bild 30**).

10.15 Stoßverbindungen zwischen Elementen des Tragwerks und untergeordneten Elementen.

Die untergeordneten Elemente werden erst nach Verlegung des Haupttragwerks montiert. Die Stoßverbindungen sind so zu gestalten, dass sie das Einsetzen der untergeordneten Elemente von der Seite oder von oben aus ermöglichen.

Wie **Bild 31** als typisches Anschlussbeispiel nachträglich angesetzter Horizontalsprossen an eine tragende Vertikalsprosse zeigt, sind die untergeordneten Tragwerksglieder zu diesem Zweck mit Aussparungen versehen, die das seitliche Aufsetzen auf vorher befestigte Verbindungselemente erreichen. Werden Profile aus Aluminiumlegierungen verwendet, muss die Befestigung der Sprossen so gelöst sein, dass der Dilatationscharakter der Stoßverbindung bewahrt bleibt. Im Hinblick darauf, dass die Dehnungen bei den Sprossen im Bereich von + 0,5 bis 0,8 mm liegen, genügt es, zu diesem Zweck in den mit Sprossen angeschlossenen Wänden Löcher mit etwas größerem Durchmesser als dem Nennmaß der Schraube anzubringen. Dem gleichen Zweck dienen auch ovale Löcher.

Bei Außenwänden mit seitlich angesetzten Sprossen können diese oft ohne Schraubverbindungen mit Hilfe der Füllung selbst fixiert werden, die sich auch auf die an der Vertikalsprosse angebrachten Befestigungsleisten stützt. Die Bedingung dafür ist allerdings eine ausreichende Steifigkeit der Füllung und ein ausreichend steifer Anschluss der Befestigungsleisten an den Wandungen der Vertikalsprosse. Ebenso muss durch entsprechende Formgebung eine genügende Reibung zwischen den Wandungen des Sprossenprofils und dem Verbindungselement gewährleistet werden, damit die Sprossen während der Montage nicht herausfallen können. In dem Falle verlieren die Sprossen ihren tragenden Charakter und nehmen den Charakter einer Verbindungsleiste an, welche die Verbindung zweier übereinanderliegender Füllungen versteift. Ein derartiger Anschluss der Sprossen ist in **Bild 32** dargestellt.

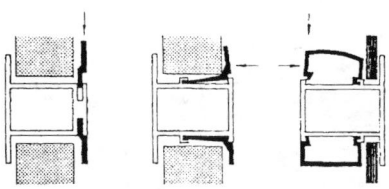

26 Halterung der Befestigungsleisten ohne Befestigungsglieder.

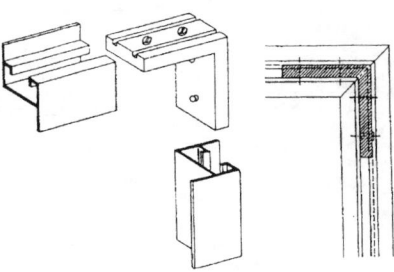

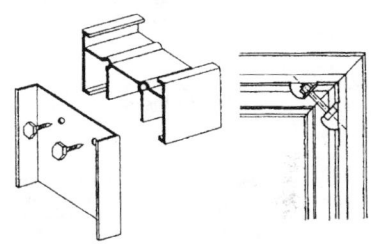

27 Verbindung von Rahmenelementen durch Schraubverbindungen

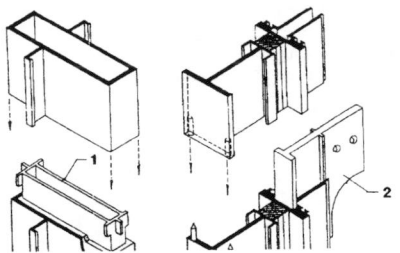

30 Beispiele von Verbindungen von Vertikalsprossen des Tragskeletts
1 – Gussteil aus Aluminiumlegierung, 2 – Einlegeteil zur Verbindung und Verankerung

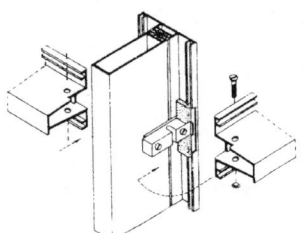

31 Beispiel einer Verbindung zwischen Vertikal– und Horizontalsprossen des Tragskeletts

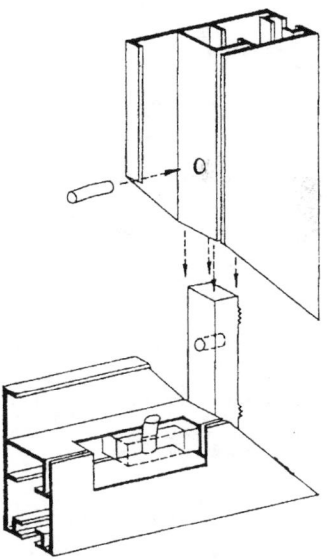

28 Beispiel einer Verbindung von Rahmenelementen mit Stiften

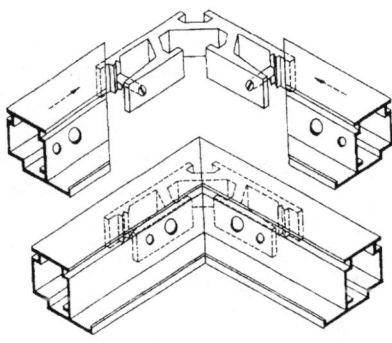

29 Beispiel einer Verbindung von Rahmenelementen durch Kleben

Allgemeine Grundlagen, Funktionseigenschaften

Bei Außenwänden in Sprossenkonstruktion mit vollständiger Vergitterung können unter bestimmten Umständen die Stoßverbindungen zwischen den Haupt- und untergeordneten Skelettelementen auch durch frontales Aufschieben hergestellt werden. Das ist z.B. bei vertikal gegliederten Einbauwänden der Fall, deren Skelett unmittelbar vor der Montage in horizontaler Position zusammengefügt und nach dem Aufrichten versetzt wird. Im Grundprinzip kann dieses Verfahren auch bei Vorhangwänden angewendet werden. Die Wand wird in Form vorher zusammengesetzter Rahmen von der Höhe eines Stockwerks und in einer mehrere Modulfelder umfassenden Breite montiert. Die Montage in Form vorher zusammengesetzter Rahmen wird so mit der nachträglichen Befestigung der Sekundärelemente kombiniert. Auf dem gleichen Prinzip basierend können Ausfachungswände montiert werden, die wegen ihrer beträchtlichen Länge abschnittsweise aufgerichtet werden müssen.

Bei Außenwänden mit einer Sprossenkonstruktion aus Stahlhohlprofilen vereinfacht sich die Problematik der Stoßverbindungen im Hinblick auf die relativ geringe Wärmeausdehnung von Stahl. Zur Vereinfachung der Stoßdetails zwischen den Vertikal- und Horizontalsprossen lohnt es sich in der Regel, die Verbindungen unverschieblich zu lösen und die Wand in Dehnungsabschnitte zu gliedern. Bei weniger breiten Wänden genügt es in der Regel, ein ausreichendes Dilatationsspiel in der Ecke oder am Giebel zu belassen (siehe **Bild 33a**).

Durch Ausschluss einer Dehnungsfuge in den Stößen können Stoßverbindungen zwischen Vertikal- und Horizontalsprossen als geschweißte Verbindungen gelöst werden. An Stellen, an denen die Anbringung der Verbindungsteile auf der Oberfläche der Skelettelemente aus ästhetischen Gründen möglich ist, kann auch die Verbindung an einer Frontplatte angewendet werden (siehe **Bild 33b**).

Bild 34 stellt drei grundlegende Möglichkeiten zur Herstellung des Dilatationsvermögens der Stoßverbindungen zwischen Haupt- und Sekundärelementen des Tragwerks dar.

11 Verankerung

Die Verankerung der Konstruktion dient zur Halterung der Tragglieder der Außenwand und zur Übertragung ihrer Belastung in die tragenden Teile des Baues. Damit sie diese Funktion zuverlässig ausführen kann, muss die Verankerung folgenden Anordnungen entsprechen: Sie muss
- durch ausreichende mechanische Festigkeit der statischen und mechanischen Belastung standhalten,
- eine einfache Montage und den Ausgleich von Maßungenauigkeiten seitens des Rohbaus in den drei Grundrichtungen ermöglichen,
- eine infolge Wärmeausdehnung der Außenwandkonstruktion bewirkte Verschiebung in der Verankerung ermöglichen,
- sie muss korrosionsbeständig sein,
- sie muss vibrationsbeständig sein.

11.1 Mechanische Festigkeit und Beständigkeit gegenüber statischer und dynamischer Belastung

Vom statischen Gesichtspunkt aus sind die Tragelemente der Außenwand in der Regel einfache Träger oder statisch bestimmte Durchlaufträger. Das Erfordernis der Gleitlagerung, die eine Ausdehnung des Traggliedes ermöglicht, wird stets durch das Erfordernis der Konstruktion bedingt, die Konstruktion gegen die Einflüsse von Temperaturänderungen abzusichern. Ein typisches Beispiel für die Gleitlagerung ist das Aufschieben eines fest im oberen Teil gehaltenen Bauteils auf den unteren bereits aufgesetzten Bauteil, und zwar mit so ausreichendem Spiel, dass es eine Verschiebung ermöglicht. Dieses Verfahren ist bei Vorhangwänden vom Tafeltyp (z.B. Hakenverbindung) und auch bei Vorhangwänden in Sprossenkonstruktion (Verstellung der Stabelemente mittels Einlagen in Hohlprofilen) möglich. Die als bewegliche Verankerung im Tragwerk des Baues ausgeführte Gleitauflagerung wird überall dort angewendet, wo das Tragglied in Richtung der Spannweite mittels der eigentlichen Ankerkonstruktion in zwei und mehr Punkten verankert ist.

Beispiele für die Anbringung der beweglichen und festen Verankerungen zeigen die Schemata in **Bild 35**. Wie aus den Beispielen ersichtlich ist, gewährleisten die beweglichen Verankerungen Verschiebungen nur in den Richtungen, in denen die Ausdehnungskräfte wirken.

Ein typisches Merkmal der Verankerung sind Schraubverbindungen in ovalen Löchern.

11.2 Gewährleistung der Justierung in den drei Grundrichtungen und einer einfachen Montage

Die Größe der Ungenauigkeiten, mit denen bei der Ausbildung der Ankerelemente gerechnet werden muss, ist vom Charakter und der Ausführungstechnologie der tragenden Baukonstruktion abhängig.

Die einfache Montage der Fassadenteile ist zu einem erheblichen Grade durch die Wahl der möglichst einfachen Justierung bedingt, mit minimaler Ankerelementenzahl der Konstruktion mit niedrigster Anzahl Schraubenverbindungen und mit Positionswahl der Verankerung an leicht zugänglichen Stellen. Die Frage nach Einfachheit der Verankerung tritt insbesondere bei Vorhangwänden vom Tafeltyp in den Vordergrund. Hier ist eine Lösung der Ankerkonstruktion zweckmäßig, welche die Justierung zum überwiegenden Teil (oder auch gänzlich) im voraus ermöglicht, so dass die Tafeln in Laufe der eigentlichen Montage nur eingehängt und an die Ankerkonstruktion befestigt werden.

Ein Beispiel für eine derartige Lösung ist die Ankerkonstruktion in **Bild 36**. Ihr Prinzip beruht auf der Anbringung durchgehender Winkeleisenkränze mit vorgebohrten Löchern in genauen Abständen, so dass der eigentliche Verankerungsprozess der Fassadentafeln sich auf deren einfaches Anschrauben an die vorher justierte Ankerkonstruktion reduziert.

11.3 Verschiebungsmöglichkeit in der Verankerung

Die einfachste Art einer verschieblichen Verankerung ist die Anwendung ovaler Öffnungen. Die Einschränkung einer vorausgesetzten Verschieblichkeit der Verbindung ergibt sich oft aus einem allzu festen Anziehen der Schrauben, so dass die Dilatationsmöglichkeit durch Reibung an der Berührungsfläche eingeschränkt ist.

Eine andere Ausbildung einer verschieblichen Verankerung mit einer Reihe analoger charakteristischer Merkmale ist die Halterung der Paneele im oberen Teil mittels Aufhanghaken, die mit Schrauben blockiert werden können. Ein Ausführungsbeispiel für eine derartige Verankerung zeigt **Bild 37**.

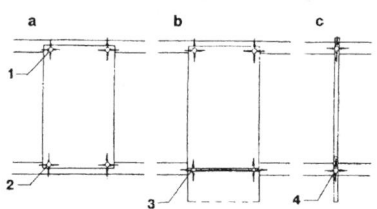

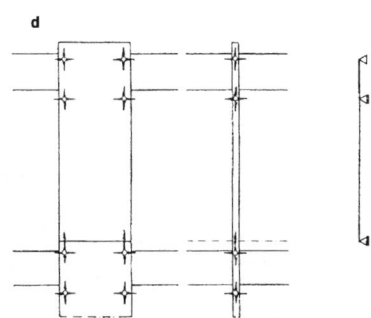

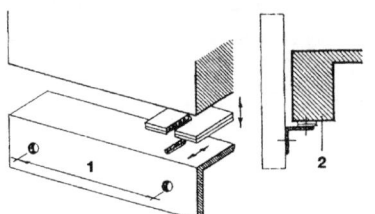

35 Verteilung fester und nachgiebiger Verankerungen
a – Verankerung in vier Punkten, b – Verankerung durch Aufeinanderschieben, c – Verankerung eines Sprossenelements, d – Verteilung der Auflagerungen bei großen Spannweiten
1 – feste Verankerung, 2 – nachgiebige Verankerung, Aufschieben auf das untere bereits versetzte Blech, 4 – Aufeinanderschieben

36 Beispiel für Verankerung in einem Winkelkranz
1 – genauer Abstand, 2 – durchlaufender Kranz

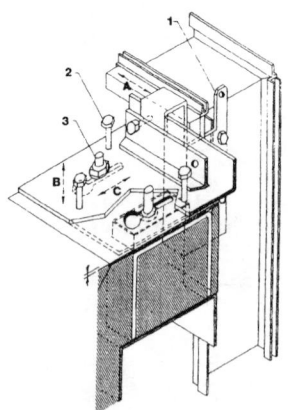

37 Verankerung einer Vorhangwand vom Tafeltyp mittels Aufhanghaken
A, B, C – Justierung in den drei Grundrichtungen
1 – Aufhanghaken, 2 – Stellschraube, 3 – Ankerschraube

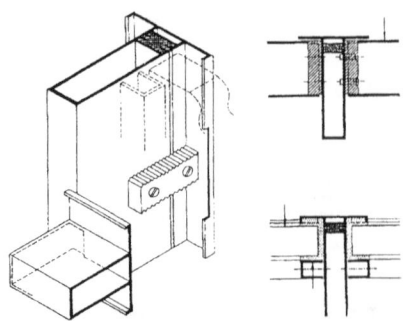

32 Beispiel für den Anschluss der Horizontalsprosse an das Vertikalstabelement mittels der Füllung

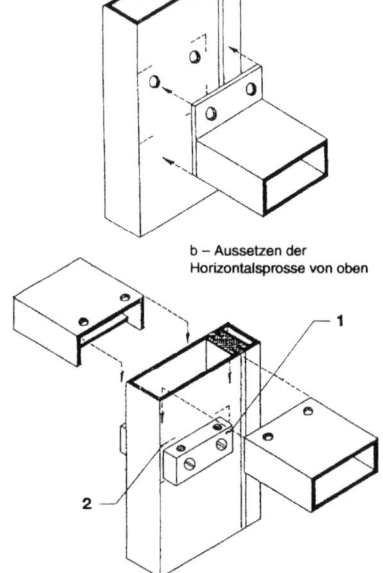

a – stirnseitiger Anschluss der Horizontalsprosse

b – Aussetzen der Horizontalsprosse von oben

33 Beispiele für den Anschluss der Horizontalsprossen an die Vertikalsprossen mit Hilfe eines Verbindungsteils
1 – Verbindungsteil, 2 – Ausschnitt zum Aufsetzen

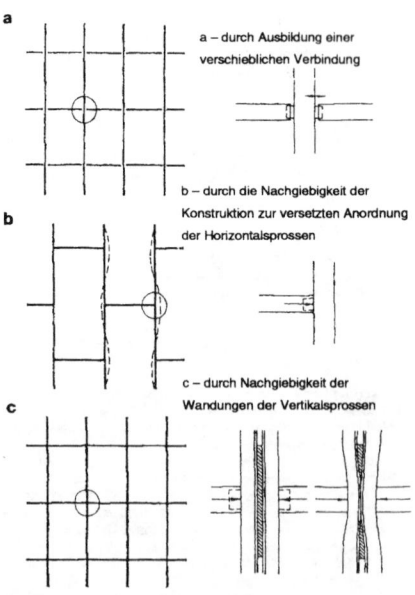

a – durch Ausbildung einer verschieblichen Verbindung

b – durch die Nachgiebigkeit der Konstruktion zur versetzten Anordnung der Horizontalsprossen

c – durch Nachgiebigkeit der Wandungen der Vertikalsprossen

34 Möglichkeiten der Lösung der Wärmedehnung in den Verbindungen zwischen den Haupt- und Nebensprossen des Tragskeletts

Allgemeine Grundlagen, Funktionseigenschaften

11.4 Korrosionsbeständigkeit

Aus der Bedeutung der Verankerungskonstruktionen als Stützglieder der Wand ergibt sich die Notwendigkeit, sie gegen atmosphärische und galvanische Korrosion zu schützen. Der dauerhafte Schutz gegen atmosphärische Korrosion ist wichtig, weil die Verankerung sich in der Regel an Stellen befindet, die nach der Baufertigstellung schwer zugänglich sind.

Die Möglichkeit galvanischer Korrosion muss in Betracht gezogen werden, wenn Stahl mit Aluminium kombiniert wird, z.B. beim Einsatz einer Ankerkonstruktion aus Stahl für eine Außenwand mit Tragprofilen aus einer Aluminiumlegierung. In dem Falle müssen beide Materialien durch Schutzeinlagen oder Anstriche voneinander getrennt werden.

11.5 Vibrationsbeständigkeit

Die Verankerung muss so ausgebildet werden, dass Vibrationen, denen die Wand ausgesetzt wird, die Steifigkeit der Verbindungen nicht beeinflusst und auch kein Lösen der Schrauben verursacht.

Ein Beispiel für eine derartige Lösung, die auf einer Unterbrechung der Stoßverbindung zwischen der Ankerkonstruktion durch eine elastische Einlage beruht, ist in **Bild 38** dargestellt.

11.6 Die Lage der Ankerkonstruktion

Bei der üblichen Verankerung in den Decken sind drei Grundpositionen für die Ankerkonstruktion möglich:
- Die Verankerung im oberen Teil des Deckenquerschnitts (siehe **Bild 39**) ermöglicht eine einfache und leicht zu beherrschende Montage.

11.7 Beispiele für die Verankerung

Die Verankerung vorgehängter Wände in Sprossenkonstruktion ist in den **Bildern 42 und 43** dargestellt.

12 Grundtypen nichttragender Außenwände

12.1 Vorhangwände in Sprossenkonstruktion

12.1.1 Vorgesetzte Wände in Sprossenkonstruktion mit vertikal orientiertem Tragwerk

Die Haupttragelemente der Vorhangwände mit vertikal orientiertem Tragwerk sind Vertikalsprossen, die gewöhnlich in den Deckenkonstruktionen verankert sind. Die Länge der Vertikalsprossen wird gewöhnlich übereinstimmend mit der Geschosshöhe gewählt. Im Hinblick auf die erhebliche Wärmeausdehnung werden die Vertikalsprossen an einem festen Punkt gehalten. Bei Hohlprofilen erfolgt die gegenseitige Verbindung mittels Einlagen, bei Vollprofilen mittels Beilageplatten.

Die häufigste Form von Sprossenkonstruktionen ist das vollständige Skelett, d.h. eine Konstruktion mit Vertikalsprossen und untergeordneten Quersprossen, deren Schema in **Bild 46** dargestellt ist. Die Quersprossen werden mittels Haltekonsolen befestigt: In das ausgebildete Skelett werden die einzelnen durchsichtigen und undurchsichtigen Füllungen eingesetzt.

Eine vereinfachte Form des Tragwerks ist das unvollständige Skelett, das nur aus Vertikalsprossen (oder nur aus Horizontalsprossen) gebildet wird. Schematische Beispiele für Skelette mit Vertikalsprossen zeigen **Bilder 47, 48 und 49**.

Im Beispiel entsprechend **Bild 47** sind die durchsichtigen und undurchsichtigen Füllungen als selbsttragende Füllungen mit umlaufendem Rahmen gelöst. Die Verbindung in den horizontalen Fugen wird durch gegenseitiges Aufschieben der Skelettrahmen oder mittels Zusatzprofil gelöst. Der Vorteil dieser Lösung ist die Einheitlichkeit der Baudetails und die leichte Demontierbarkeit der Füllungen im Falle ihrer Beschädigung.

Die Möglichkeiten, die Fläche einer vorgehängten Wand in Sprossenkonstruktion mit vertikalen Tragelementen zu gliedern, sind durch die vertikale Orientierung beschränkt. Trotzdem bringt der Skelettyp sehr umfangreiche architektonische Gestaltungsmöglichkeiten. Der Charakter der Konstruktion einer vorgehängten Wand in Sprossenkonstruktion ermöglicht die beliebige Anbringung von Tragwerkssprossen und eine veränderliche Achsentfernung der Haupttragglieder. Die einzelnen Felder können weiter durch untergeordnete Senkrechtglieder mit überwiegender Tragfunktion gegliedert werden. Die Bedingung für solche Lösungen, deren charakteristische Beispiele **Bild 50** zeigt, ist nur eine passend gewählte Maßreihe der Füllungsteile, die garantiert, dass das für die Bildung der vorgehängten Außenwand erforderliche Sortiment eine wirtschaftlich erträgliche Grenze nicht überschreitet.

Eine vom architektonischen Gesichtspunkt aus beträchtliche Variabilität kann bei Sprossenkonstruktionen mit frontal befestigten Füllungen erreicht werden. Durch die Wahl der Formen und Größen der äußeren Deckleisten kann das Aussehen der Sprossenelemente bei Beibehaltung des unveränderten Grundkonstruktionsschemas im breiten Umfang verändert werden. Nach den architektonischen Anforderungen können die Bauelemente der vorgehängten Wand hervorgehoben oder unterdrückt werden, ohne dass die eigentliche Konstruktion beeinflusst wird. Bei Vorhangwänden dieses Typs können Konstruktionssysteme zu verschiedensten Zwecken mit unterschiedlichen architektonischen Anforderungen eingesetzt werden.

Die Anwendung von Sprossenkonstruktion mit horizontal orientiertem Tragwerk ist in der Regel entweder an einen geringen Abstand der Bauteile der vertikalen Tragkonstruktion des Gebäudes in der Fassadenebene oder an eine spezielle architektonische Absicht gebunden, welche die Hervorhebung der Horizontalen oder eine Gliederung der Fassade in fortlaufende horizontale Zonen verfolgt. Die horizontale Orientierung der Haupttragglieder ist nur dann angebracht, wenn der Abstand der Glieder der Vertikalkonstruktion des Rohbaus in der Fassadenebene 2 bis 3 m nicht überschreitet. Bei größeren Spannweiten ist diese Lösung nur dann wirtschaftlich, wenn die tragenden Horizontalen in Zwischenauflagerungen befestigt werden.

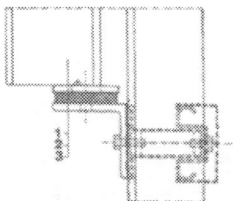

38 Beispiel für die Ausführung einer elastischen Lagerung

1 – an Unterzug abgehängtes Profil, 2 – angeschweißte Platte, 3 – kreisförmige Unterlage aus synthetischem Kautschuk

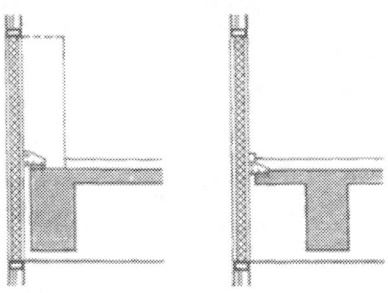

39 Schema der Verankerung vorgehängter Wände im oberen Teil der Deckenkonstruktion

- Die Verankerung im unteren Teil der Deckenkonstruktion (siehe **Bild 40**)

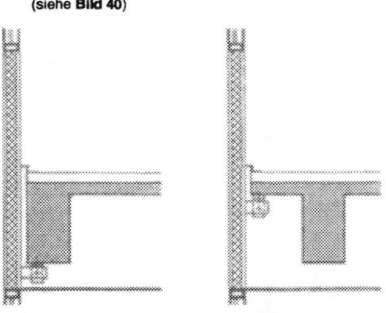

40 Schema der Verankerung vorgehängter Wände im unteren Teil der Deckenkonstruktion

- Die Verankerung in der Stirnfläche der Deckenkonstruktion (siehe **Bild 41**)

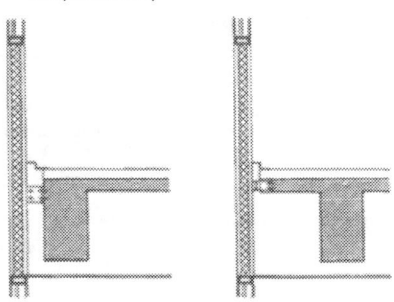

41 Schema der Verankerung vorgehängter Wände in der Stirnfläche der Deckenkonstruktion

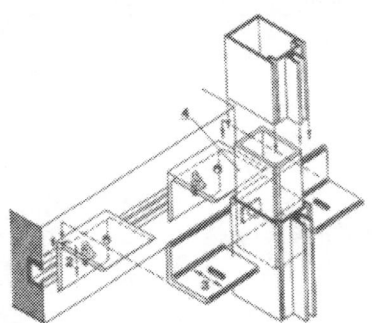

43 Beispiel der Verankerung einer Vorhangwand in Sprossenkonstruktion in der Stirnfläche der Deckenkonstruktion

1, 2, 3 – Justierung in den drei Grundrichtungen

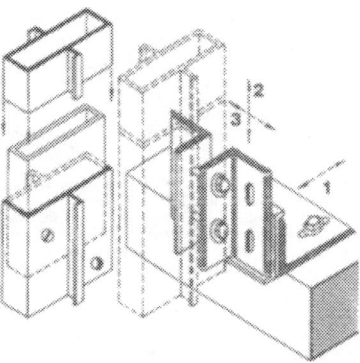

42 Beispiel der Verankerung einer Vorhangwand in Sprossenkonstruktion im oberen Teil der Deckenkonstruktion

1, 2, 3 – Justierung in den drei Grundrichtungen

Die Verankerung vorgehängter Wände vom Tafeltyp zeigen die **Bilder 44 und 45**

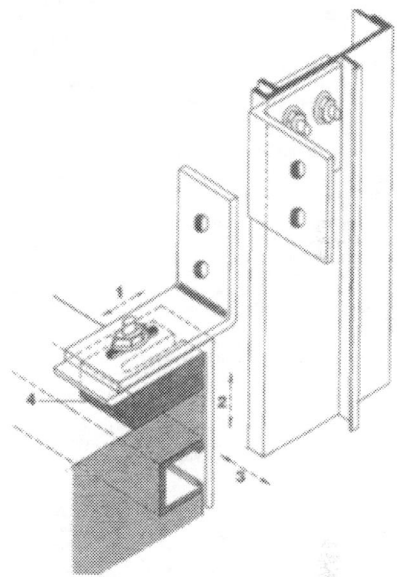

44 Beispiel der Verankerung einer Vorhangwand vom Tafeltyp mit Hilfe von Justierplättchen

1, 2, 3 – Justierung in den drei Grundrichtungen, 4 – Jusberplättchen

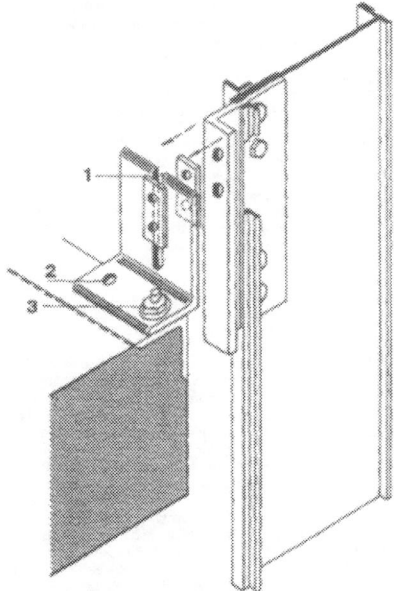

45 Beispiel der Verankerung einer Vorhangwand vom Tafeltyp mit Hilfe eines senkrechten Schlitzes mit erweiterten Rundlöchern für die Verankerung mit Schrauben

1 – auf 1 "erweiterter Schlitz, 2 – Öffnung Ø 1", 3 – Schraube 1/2"

Allgemeine Grundlagen, Funktionseigenschaften

12.1.2 Vorgesetzte Wände in Sprossenkonstruktion mit horizontal orientiertem Tragwerk

Sprossenkonstruktionen mit horizontalen Traggliedern sind relativ wenig verbreitet. Eine größere Bedeutung hat die in **Bild 51** dargestellte Variante, bei der zur Spannweitenverkürzung der Tragglieder vertikale Konsolen dienen, die in den erforderlichen Abständen das horizontale Brüstungs- und Sturzsprossenelement abfangen. Ein Mangel dieser Variante ist das Erfordernis, die Hilfskonsolen zu verkleiden oder in anderer Weise in die Innenkonstruktion der Brüstung einzubeziehen. Eine andere Möglichkeit die Spannweite der horizontalen Elemente durch Zwischenauflagerungen zu verkürzen, bietet sich bei Außenwänden mit gemauerten Innenbrüstungen an, an denen die tragenden Horizontalen in beliebigen Entfernungen befestigt werden können (siehe **Bild 52**).

Die Grundprinzipien zur Ausbildung eines Fassadenrostes mit horizontal orientiertem Tragwerk sind die gleichen wie im Falle der vertikalen Orientierung der Haupttragglieder. Wie aus den Schemata in **Bild 53** ersichtlich ist, basiert die Gliederung der Fassadenfläche auf dem ununterbrochenen Verlauf der horizontalen Glieder, die an der Fassade die waagerechten Bänder begrenzen. Diese Bänder können verschieden breit sein und durch untergeordnete Vertikalelemente beliebig gegliedert werden. Die Gliederung der Fläche unterliegt also im Wesentlichen ähnlichen Grundsätzen beim vertikal orientierten Tragwerk, aber mit dem Unterschied, dass die Orientierung der Hauptglieder des Fassadenrasters um 90 Grad gedreht ist.

Die horizontalen Elemente werden in der Regel gegenüber den vertikalen Elementen nicht nur durch ihren durchlaufenden Charakter, sondern auch durch den massiveren Querschnitt hervorgehoben. Ein charakteristisches Merkmal vorgehängter Wände in Sprossenkonstruktion mit horizontalen Tragelementen ist vom architektonischen Gesichtspunkt ihre Gliederung in horizontale, sich mit undurchsichtigen Bändern abwechselnde Fensterbänder.

12.2 Vorhangwände vom Tafeltyp

12.2.1 Vorhangwände vom Tafeltyp mit tragender Rahmenkonstruktion

Die Grundkonstruktion einer Fassadentafel mit tragender Rahmenkonstruktion bildet der umlaufende Rahmen, der in der Regel von der erforderlichen Anzahl innerer Sprossen ergänzt wird. In den so gebildeten Rahmen werden in der Produktionsstätte die einzelnen Füllungen eingesetzt, so dass die Tafel fertig komplettiert zum Bauplatz gebracht wird.

Die Höhe der Tafel entspricht in der Regel der Geschosshöhe. Zweigeschossige bzw. dreigeschossige Fassadentafeln werden trotz der sich aus der schnelleren Montage und reduzierten Fugenzahl ergebenden Vorteile nur relativ selten angewendet, denn sie stellen höhere Anforderungen an den Transport und das Umsetzen der Elemente und die Lagerräume. Die Breite der Tafeln entspricht meistens den üblichen Abständen der vertikalen Tragglieder der Vorhangwände im Bereich von 1200 bis 1500 mm.

Größere Tafelbreiten, die in der Regel 3 m überschreiten, sind an Einzelfälle gebunden, bei denen eine solche Lösung vom baulichen oder architektonischen Gesichtspunkt aus vorteilhaft ist.

Die Problematik der Vorhangwände vom Tafeltyp mit tragender Rahmenkonstruktion ergibt sich im Vergleich zu den Vorhangwänden in Sprossenkonstruktion aus der Unterteilung des Tragwerks in flächige Dilatationsabschnitte und aus der unterschiedlichen Herstellungs- und Montagetechnologie. Diese Tatsachen spiegeln sich insbesondere in der Lösung der gegenseitigen Verbindungen zwischen den Fassadentafeln und der Verankerungsweise wider.

Die gegenseitigen Verbindungen zwischen den Fassadentafeln mit tragender Rahmenkonstruktion, welche die Dilatation im Tragwerk der Außenwand gewährleisten, können auf dreierlei Art gebildet werden:
- durch gegenseitiges Ineinanderschieben der Tafelränder mittels sogenannter Schlossverbindungen,
- durch gegenseitige Verbindung der Tafelrahmen mittels Zusatzgliedern, gewöhnlich sind das eingelegte Federn,
- ohne gegenseitige konstruktive Verbindung mit belassener Dehnungsfuge, die in der Regel auf beiden Seiten mit Deckleisten abgeschlossen wird.

Die Verbindungen der letzten Gruppe werden in den senkrechten Fugen als Klemmverbindungen mit beidseitiger Überdeckung durch Deckleisten gelöst. In den horizontalen Fugen sind überlappte Verbindungen am besten geeignet.

Die Konstruktion der Verbindungen und Verankerungen beeinflussen sich gegenseitig. Vereinfacht werden kann die Montage der Fassadentafeln durch entsprechendes Anschließen an die benachbarten Tafeln, die sie in den Stellen stabilisieren, an denen sie anderenfalls durch direkte Verankerung im Tragwerk des Gebäudes fixiert werden müßten. Diese Möglichkeit bringen insbesondere die Schlossverbindungen. Das ist die einfachste Verankerungsweise der Fassadenplatten, denn die Anzahl der zu einer Tafel gehörigen Ankerkonstruktionen ist auf einen Aufhängepunkt beschränkt. Stabilisiert wird die Bauplatte einerseits durch das gegenseitige Aufschieben der benachbarten Blindrahmen, andererseits durch die gegenseitige Verbindung der Vertikalsprossen des Rahmens. Die Ankerkonstruktion wird an einer der Vertikalsprossen des umlaufenden Plattenrahmens angebracht, und zwar so nahe wie möglich am oberen Rand, mit Rücksicht auf den in der Regel aufsteigenden Montageablauf.

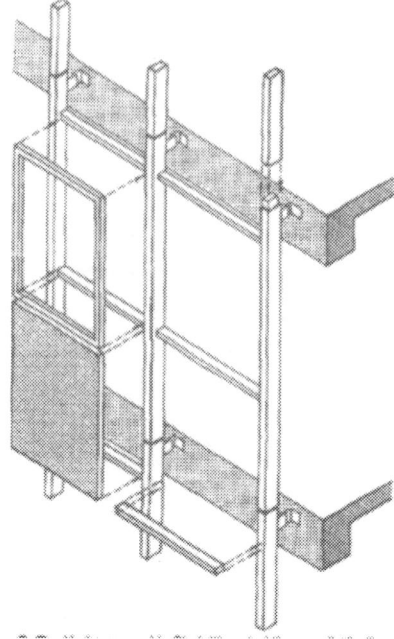

46 Vorhangwand in Skelettkonstruktion – vollständiges Skelett, vertikal orientiert

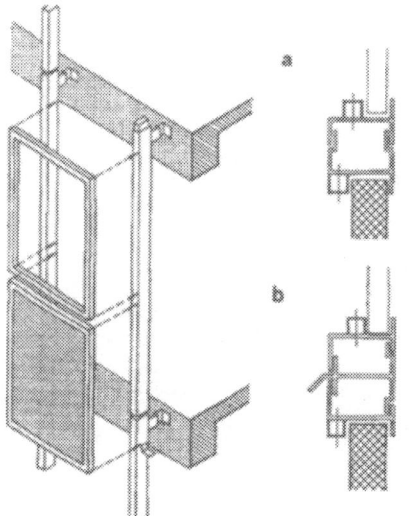

47 Vorhangwand in Skelettkonstruktion – unvollständiges Skelett mit selbsttragenden undurchsichtigen und durchsichtigen Füllungen
a – Verbindung von durchsichtigen und undurchsichtigen Füllungen durch Aufeinanderschieben, b – Verbindung von durchsichtigen und undurchsichtigen Füllungen mit Hilfe eines Beilageprofils

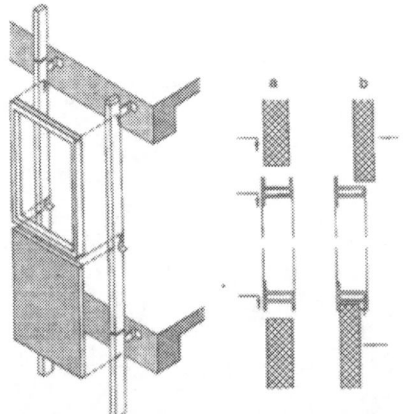

48 Vorhangwand in Skelettkonstruktion – unvollständiges Skelett, durchsichtige Füllungen als sekundäre Tragelemente
a – schrittweise Montage der Wand, b – direkte Montage der Wand

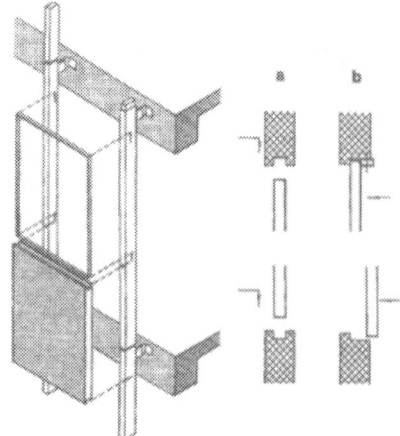

49 Vorhangwand in Skelettkonstruktion – unvollständiges Skelett, durchsichtige Füllungen als sekundäre Tragelemente
a – schrittweise Montage der Wand, b – direkte Montage der Wand

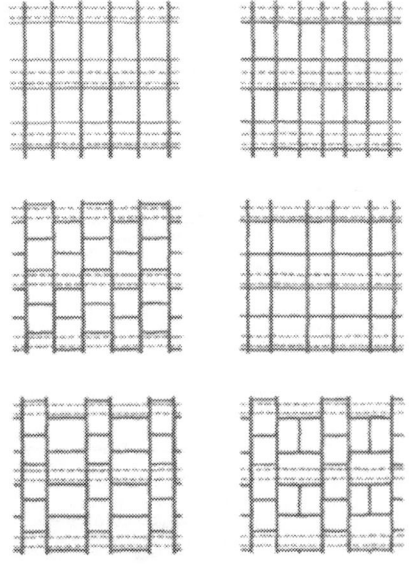

50 Beispiel für die Flächengliederung von Vorhangwänden in Sprossenkonstruktion mit vertikal orientiertem Skelett

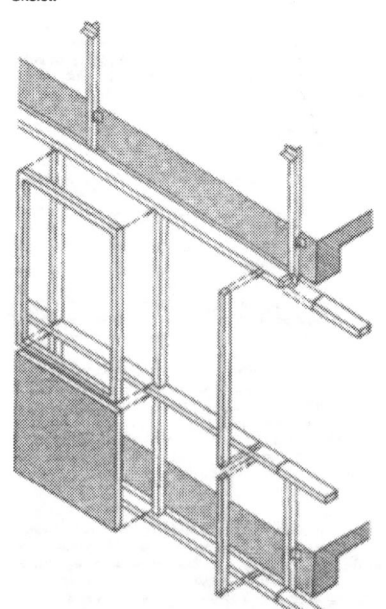

51 Vorhangwand in Sprossenkonstruktion – vollständiges Skelett, horizontal orientiert (Verankerung in der Deckenkonstruktion mit Hilfe von vertikalen Konsolen)

Allgemeine Grundlagen, Funktionseigenschaften

Der Konstruktionscharakter dieser Verankerungsweise nähert sich in vieler Hinsicht der Verankerung bei Vorhangwänden vom Sprossentyp. Die hinsichtlich der einseitigen Verankerung von sich aus unstabilen einzelnen Tragglieder sind vom konstruktiven Gesichtspunkt aus miteinander zu einem Ganzen verbunden und als Ganzes an der Tragkonstruktion des Gebäudes befestigt. Erforderliche Voraussetzung der sicheren Halterung der Tafeln ist allerdings, dass eine Einschubtiefe in den Verbindungen vorgesehen wird, die gewährleistet, dass keine Tafel herausfallen kann, wenn eine Ankerkonstruktion versagt.

In der Praxis werden die Fassadentafeln meistens in zwei Aufhängepunkten verankert. Stabilisiert werden die Tafeln durch Einschieben der freien Rahmenenden in die Rahmen der benachbarten Tafeln. Eingeschoben werden die freien Rahmenenden untereinander entweder in Form von Schlossverbindungen oder durch gegenseitige Verbindung der vertikalen Rahmenprofile mit Verbindungseinlagen bzw. in Kombination beider Verfahren. Die Ankerkonstruktionen werden gewöhnlich an den Vertikalsprossen der umlaufenden Rahmen angebracht. **Bild 54** stellt Anbringungsbeispiele in Bezug auf die horizontalen Fugen zwischen den Fassadentafeln schematisch dar. Vom technologischen Gesichtspunkt aus ist es allerdings am günstigsten, die Ankerpunkte so nahe als möglich am oberen Tafelrand anzubringen.

Ein charakteristisches Merkmal der Fassadentafeln als flächig ausgedehnter Elemente ist ihre Ausdehnung in zwei Richtungen infolge von Temperaturänderungen. Ist die Platte in mehr als einem Punkt verankert, muss diese Tatsache bei der Ausbildung der Haupt- und Nebenankerkonstruktionen berücksichtigt werden, indem Voraussetzungen zur Gewährleistung der erforderlichen Verschiebungen geschaffen werden. **Bild 55** stellt die Verschiebungen in den Platten im Falle dreier typischster Anordnungen der Hauptaufhängepunkte dar. Aus der Abbildung ist offensichtlich, dass mindestens in einer Ecke der Platten eine diagonale Verschiebung eintritt.

Die Verlagerung der Dehnungsfugen des Tragwerks außerhalb der eigentlichen Tafelkonstruktion beeinflusst bis zu einem gewissen Grade auch die Möglichkeiten deren innerer konstruktiven Durchbildung. Im Unterschied zu den Sprossenkonstruktionen werden die Verbindungen zwischen den Rahmenelementen stets als feste Verbindung gelöst, z.B. durch Schweißen oder Schrauben. Die Unverschieblichkeit der Verbindungen und die Bedingungen, unter denen derartige Verbindungen ausgeführt werden, lassen Erzeugnisse mit hoher Genauigkeit erreichen. Erlaubt es der Charakter der Tragkonstruktion der Tafel und die Form der tragenden Rahmenprofile, können die durchsichtigen Füllungen, die sich öffnen lassen, direkt in den Tafelrahmen gehängt werden. Eventuelle Modifikationen, die für den Anschlag der Fensterflügel erforderlich sind, können durch Anschließen von Profilen erzielt werden.

Die Grundform der Vorhangwände mit tragender Rahmenkonstruktion sind Tafeln mit einem geschlossenen am Rand umlaufenden Tragrahmen (**Bild 56**).

Der Rahmen der Fassadentafel kann analog wie bei Vorhangwänden in Sprossenkonstruktion mit vertikalen Traggliedern entweder mit betonten Vertikalsprossen oder mit vertikalen und horizontalen Profilen gelöst werden. Bei den Vorhangwänden mit nachträglich überdeckten Dehnungsfugen kann die Fassadengliederung deutlich von der Form der verwendeten Deckleisten beeinflusst werden.

Die Möglichkeit der architektonischen Gliederung einer Vorhangwand ist in beträchtlichem Maße von ihrer Verankerungsweise abhängig. Die Position der Aufhängepunkte in der Nähe des oberen Randes der Tafel erfordert, dass die waagerechte Fuge zwischen den Tafeln in die Nähe der Oberkante der Deckenkonstruktion zu bringen. Die Folge ist eine horizontale Gliederung. Ist eine solche Gliederung aus architektonischen Gründen nicht erwünscht, kann die obere Aufhängung nur dann angewendet werden, wenn die Fuge zwischen den Fassadentafeln auf das Niveau des Sturzbereichs der durchsichtigen Füllungen gebracht werden kann. Diese Lösung ist dort möglich, wo der Sturz sich in unmittelbarer Nähe der Deckenkonstruktion oder einer abgehängten Unterdecke befindet oder dort, wo die Ankerkonstruktion in geeigneter Weise verdeckt werden kann (z.B. mit einem Rollladenkasten).

Der Einfluss der Position der Verankerung auf die Möglichkeit einer architektonischen Gliederung der Vorhangwände verdeutlichen die Schemata in **Bild 57**. Die Fassade kann ähnlich wie bei den Vorhangwänden in Sprossenkonstruktion durch versetzte Anordnung der Tragprofile belebt werden. Die Möglichkeit einer gegenseitigen Verschiebung der Tafeln ist in beträchtlichem Maße von der Form der Profile ihres umlaufenden Rahmens abhängig.

Das horizontale Verschieben der Fassadentafeln erfordert die Ausbildung einer Querverstrebung des umlaufenden Rahmens von gleicher Tiefe wie die Vertikale. Ein etwaiges Verschieben der Fassadentafeln ist an die Grundrissgestaltung des Gebäudes gebunden, vor allem was die Position der Zwischenwände betrifft. Eine gegenseitige vertikale Verschiebung der Fassadentafeln ist für Schlossverbindungen und Verbindungen mit von Leisten überdeckten Fugen angebracht.

12.2.2 Vorhangwände vom Tafeltyp mit Plattentragwerk

Vorhangwände vom Tafeltyp mit Plattentragwerk bestehen aus Tafeln ohne sichtbares Tragwerk. In der Regel werden sie in der Höhe eines Geschosses direkt an der Tragkonstruktion des Gebäudes befestigt (**Bild 58**). Die Konstruktion dieser Fassadentafeln ist im Grunde von den Konstruktionen der Fassadenbekleidung und der undurchsichtigen Füllungen vom Sandwich- oder Kassettentyp abgeleitet. Der Funktion nach können sie entweder als volle Tafeln oder als Tafeln mit ausgelassener Fensteröffnung und eingebauter Fensterkonstruktion gelöst werden. Die charakteristischen Konstruktionsmerkmale der Tafeln und bis zu einem beträchtlichen Grade auch ihre Verankerungs- und gegenseitigen Verbindungsweisen unterscheiden sich je nachdem, auf welche Weise die Tafelkonstruktion gebildet wird.

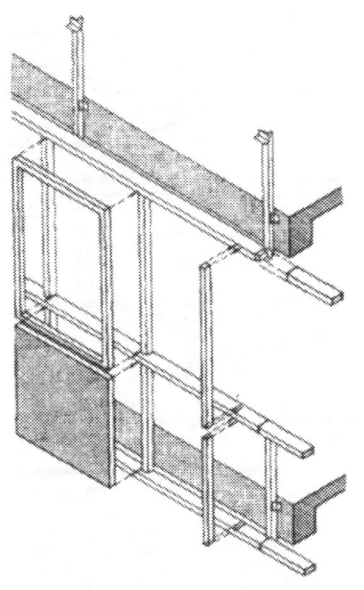

52 Vorhangwand in Sprossenkonstruktion – vollständiges Skelett, horizontal orientiert (Verankerung in Massivbrüstung)

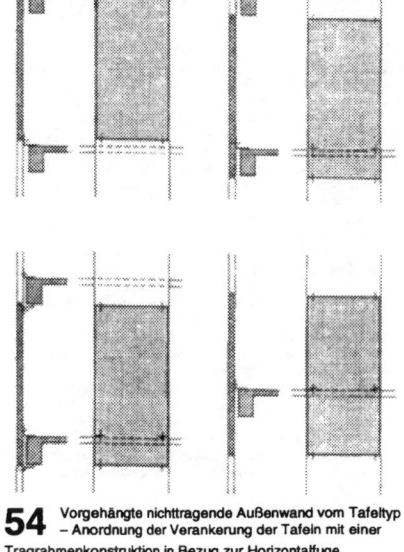

54 Vorgehängte nichttragende Außenwand vom Tafeltyp – Anordnung der Verankerung der Tafeln mit einer Tragrahmenkonstruktion in Bezug zur Horizontalfuge

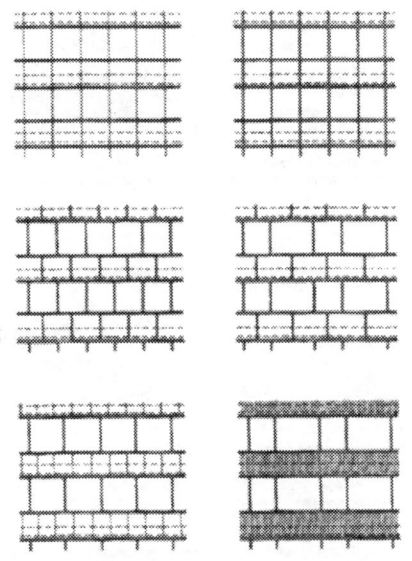

53 Beispiele für die Flächengliederung von horizontal orientierten nichttragenden Außenwänden in Sprossenkonstruktion

55 Vorhangwand vom Tafeltyp – schematische Darstellung der Verschiebungen in den Dehnungsfugen zwischen den Tafeln

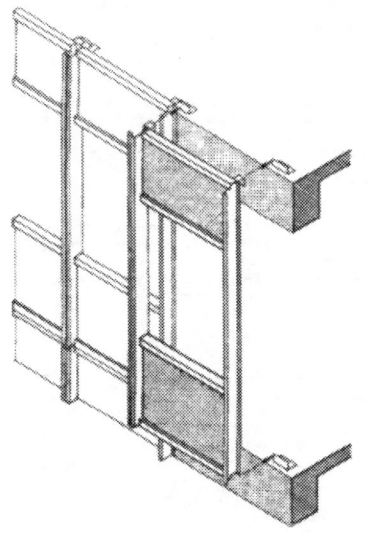

56 Vorhangwand vom Tafeltyp mit Tragrahmenkonstruktion

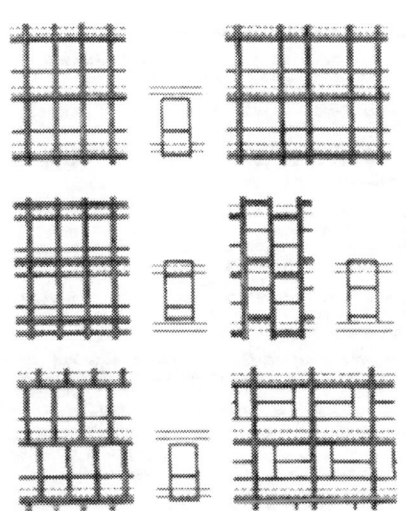

57 Beispiele für die Flächengliederung von nichttragenden Außenwänden vom Tafeltyp mit Tragrahmenkonstruktion

Allgemeine Grundlagen, Funktionseigenschaften

12.2.3 Tafeln vom Karosserietyp

Die Konstruktion der Karosserietafeln bildet eine räumlich geformte Tafel, die in der Regel aus Aluminiumblech gefertigt ist. Die Bezeichnung dieser Fassadentafeln rührt von der Ähnlichkeit ihrer Konstruktion und Fertigung mit der Herstellung von Autokarosserien her. Die flächige Versteifung des Blechs wird durch dessen räumliche Formung z.B. durch diagonale Sicken erreicht. Die räumliche Steife und die Übertragung der Belastung in die Auflager gewähren die gebogenen Ränder bzw. verstärkte Zusatzprofile. Im Hinblick auf die räumliche Formung der Blechtafel sind Karosserietafeln nicht als komplette Fassadenelemente einschließlich Wärmedämmung und innerer Schutzschicht geeignet. Die eigentliche Konstruktion sind nur geformte Blechtafeln, in die die Fensterkonstruktionen eingesetzt werden. Es handelt sich um eine Spezialform der Fassadenbekleidung, die vor der Ausbildung der nachträglich auszuführenden Wärmedämmung und inneren Schutzschicht montiert wird.

Die Verankerungsweisen der Fassadentafeln vom Karosserietyp basieren auf analogen Grundsätzen wie die Verankerung der Fassadentafeln mit tragender Rahmenkonstruktion. Die ungenügende Steife der gegenseitigen Verbindungen der Tafeln untereinander erfordert in der Regel, die Tafel stets in vier Punkten zu verankern. Eine bewährte Lösung für die Vertikalfugen sind Stumpfstöße mit angefaster Fuge, die wegen ihrer Form keine Dichtung erfordert. Eine andere Möglichkeit ist die Überdeckung der Fugen mit nachträglich befestigten Deckleisten. Waagerechte Fugen sind in der Regel stets nach dem Prinzip überlappter Verbindungen gelöst.

Vorhangwände aus Karosserietafeln sind relativ wenig verbreitet.

12.2.4 Tafeln vom Sandwichtyp

Das Prinzip der Fassadentafel in Sandwichkonstruktion stützt sich auf die Entwurfsgrundsätze undurchsichtiger Füllungen vom Sandwichtyp. Die Konstruktion ist jedoch der Größe des Bauteils, seiner Schwächung durch die Fensteröffnung und der Übertragungsweise der Belastung in die Auflagerung angepasst. Die Fensteröffnung ist ringsherum mit einem Metallrahmen versteift, der gleichzeitig die Funktion des Fensterrahmens übernimmt. Bei zu geringem Abstand des Fensteranschlags zum vertikalen Paneelrand sollte im Hinblick auf die erhebliche Abschwächung der Konstruktion der Fensterrahmen mit dem umlaufenden Rahmen des Paneels durch kurze innere Sprossen verbunden werden.

Zur Ausbildung der Oberflächenschichten sind bei der Sandwichkonstruktion außer Glas alle Baustoffe geeignet, die bei undurchsichtigen Füllungen verwendet werden und in der Lage sind, Zug- und Druckkräfte zu übertragen. Für die Wetterschutzschicht sind Bleche am besten geeignet, weil sie eine gute Formbarkeit und entsprechende mechanisch-pyhsikalische Eigenschaften aufweisen. Den Wärmedämm- und Versteifungskern bildet ein Schaumstoff, der oft auf der Baustelle eingeschäumt wird, oder Wabenmaterial mit Füllung.

Die Verankerungsweisen und die Bildung der Verbindungen werden von der Form des umlaufenden Rahmens beeinflusst. Das konstruktiv am besten geeignete Verfahren für die Verbindungen ist das Überdecken mit Deckleisten in Vertikalrichtung und die Überlappung in horizontaler Richtung.

Die Sandwichkonstruktion bringt eine Reihe baulicher und technologischer Vorteile, die sich insbesondere im hohen Komplettierungsgrad und der maximalen Reduzierung der Fugenzahl äußert.

12.2.5 Tafeln vom Kassettentyp

Fassadentafeln als Tafeln vom Kassettentyp ähneln in ihrer Konstruktion den Sandwichtafeln. Die flächige Versteifung mit Wärmedämmkern ist durch eine geradlinige Versteifung mittels eines inneren Metallrosts ersetzt worden. Die Wärmedämmfunktion wird durch eine weiche Dämmfüllung gewährleistet.

12.2.6 Kombinierte Vorhangwände

Die Kombination des Sprossen- und des Tafelsystems geht von den Tafelkonstruktionen aus. Das Haupttragwerk bildet ein einfaches Skelett, das aus in einer Richtung orientierten vertikalen oder horizontalen Sprossen gebildet wird. In das Skelett werden einzelne Tafeln eingesetzt. Der grundsätzliche Unterschied zwischen dem kombinierten und dem Tafelsystem beruht darauf, dass die Tafeln indirekt am Tragwerk der Gebäude verankert werden.

Die tragende Tafelkonstruktion ist meistens vom Rahmentyp und kommt als sekundäres Tragelement zur Geltung, das die Belastung aus der Tafelfläche in die Tragwerkselemente der Außenwand überträgt. Bei Vorhangwänden mit vertikal orientiertem Tragwerk kann durch Kopplung der Vertikalsprossen der umlaufenden Plattenrahmen mit den Tragwerkselementen deren Konstruktion auch für die Übertragung der Lasten in das Tragwerk des Gebäudes genutzt werden.

Der Vorzug des kombinierten Systems gegenüber dem Tafelsystem äußert sich insbesondere darin, dass die arbeitsaufwendige Verankerung der Tafeln entfällt und die architektonische Variabilität der Vorhangwände erhöht wird.

Die größere Variabilität des kombinierten Systems ergibt sich insbesondere aus der Möglichkeit, verschiedene Profiltypen für die Tragwerksglieder und deren eventuelle Überdeckung wählen zu können und aus der Möglichkeit, die Fassadentafeln in den durch das Tragwerk begrenzten Streifen beliebig anbringen zu können.

Vorhangwände des kombinierten Typs können nach ihrer konstruktiven Gestaltung in zwei Gruppen unterteilt werden:
- Vorhangwände mit vertikalen Tragwerksgliedern
- Vorhangwände mit horizontalen Tragwerksgliedern.

12.2.7 Kombinierte Vorhangwände mit vertikalen Tragwerksgliedern

Das kombinierte System mit vertikaler Orientierung der Tragwerksglieder bringt eine Reihe Prinzipien der Sprossenkonstruktion mit vertikalen Traggliedern zur Geltung, wobei es ohne untergeordneten Sprossen auskommt. Fassadentafeln, die den Charakter von zwischen die Tragwerksglieder in Höhe eines Geschosses eingesetzten Füllungen haben, werden in der Regel auf Stützkonsolen gesetzt und mittels Befestigungsschellen oder Befestigungsleisten fixiert. Je nach den konkreten Bedingungen werden sie von außen oder innen versetzt. Die Verbindung der übereinander liegenden Fassadentafeln in den horizontalen Fugen erfolgt in der Regel durch Ineinanderschieben ihrer Ränder oder sie werden mittels Zusatzprofilen verbunden (siehe **Bild 59**).

Ein charakteristisches Merkmal der Vorhangwände kombinierten Typs mit vertikalen Tragwerksgliedern ist eine deutlich vertikale Gliederung der Fassadenfläche. Die Fassadentafeln können völlig unabhängig von der Position der Deckenkonstruktionen zwischen den Tragwerksgliedern eingesetzt werden. Werden Fassadentafeln mit gleicher Grundkonstruktion des Tragrahmens verwendet, ist es deshalb kein Problem, einen Sprossenversatz des Fassadenrasters zu erreichen. Die Fassadenfläche kann auch wie übrigens jede Tafel- oder Skelettkonstruktion durch abwechselnde Abstände der senkrechten Tragwerkselemente erreicht werden (siehe **Bild 60**).

12.2.8 Kombinierte Vorhangwände mit horizontalen Tragwerkselementen

Das Tragwerk der Außenwand bilden sogenannte Sattelsprossen, die in der Regel in der Deckenkonstruktion verankert werden. Auf die tragenden Quersprossen werden die geschosshohen Fassadentafeln gesetzt und in entsprechender Weise in ihrer Position in der Fassadenflucht gesichert. Der obere Plattenrand wird frei in die Quersprosse des darüberliegenden Geschosses geschoben und gegen vertikalen Verschub gesichert, der durch Wärmeausdehnung eintreten kann.

Vom konstruktiven Gesichtspunkt aus unterscheiden sich die für die Vorhangwände kombinierten Typs mit Sattelsprossen verwendeten Fassadentafeln im Grunde nicht von den direkt in der Tragkonstruktion des Gebäudes verankerten Fassadentafeln. Die vertikalen Fugen zwischen den Fassadentafeln werden in analoger Weise wie bei den Vorhangwänden vom Tafeltyp mit tragender Rahmenkonstruktion gelöst. Die Form der horizontalen Verbindungen, die eine Variante der Verbindungen zwischen den Fassadentafeln mittels zusätzlicher Verbindungsprofile sind, wird von der Form der Sattelsprossen bestimmt.

Das Versetzen der Fassadentafeln an die vorher befestigten und justierten Horizontalsprossen vereinfacht die eigentliche Montage der vorgehängten Wand. Dagegen ist die Verankerung der Horizontalsprossen und ihr Justieren eine hoch anspruchsvolle Arbeitsoperation.

Im Hinblick auf die hohe Belastung und die nicht allzu günstige Querschnittsform (meistens liegendes Z-Profil) müssen die Horizontalsprossen in relativ kurzen Abständen verankert werden. Deshalb beschränkt sich die Wahl ihrer Position auf die unmittelbare Umgebung der Deckenenden. Ein heikles Detail ist die Längsverbindung der Sprossen. Die Stöße werden gewöhnlich gerade mit Unterlegen und bzw. auch Auskitten der Fugen ausgeführt (siehe **Bild 61**).

Vom architektonischen Gesichtspunkt aus kommen die Sattelstreben im Vergleich zu den vertikal orientierten Skelettstreben weniger deutlich als betonendes Element zur Geltung, sie geben aber der vorgehängten Wand eine klare horizontale Gliederung. Ein charakteristisches Merkmal der auf diese Weise gelösten vorgehängten Wände ist die Möglichkeit, die Fassadentafeln in allen von den Sattelsprossen begrenzten Bahnen ohne Rücksicht auf die Position der Fassadentafeln in den benachbarten Streifen beliebig anzuordnen. Wenn es die Grundrisslösung des Gebäudes zulässt, kann die Gliederung der Fassadenfläche durch versetzte Lage der Vertikalen in den einzelnen Geschossen erreicht werden. Analog wie bei den übrigen vorgehängten Wandtypen kann die Fassadenfläche auch durch wechselweises Anbringen von verschieden breiten Fassadentafeln belebt werden (siehe **Bild 62**).

12.2.9 Zwischengestellte nichttragende Außenwände (Ausfachungswände)

Der Unterschied zwischen zwischengestellten und vorgehängten Außenwänden beruht auf ihrer unterschiedlichen Anordnung in Bezug auf die Deckenkonstruktionen. Die Verankerung einer zwischengestellten Wand in der Flucht der Deckenstirnflächen, bringt das Erfordernis mit sich, in jeder Moduleinheit den Anschluss der Außenwand an die Deckenkonstruktion zu lösen.

Analog wie die vorgehängten Außenwände können die zwischengestellten Wände (Ausfachungswände) auf dreierlei Art ausgebildet werden, als:
- zwischengestellte Wände in Sprossenkonstruktion,
- zwischengestellte Wände vom Tafeltyp,
- kombinierte zwischengestellte Wände.

12.2.10 Zwischengestellte Außenwände in Sprossenkonstruktion

Die zwischengestellten Wände (Ausfachungswände) in Sprossenkonstruktion gehen von den traditionellen Typen nichttragender Außenwände aus. Das sind verglaste Wände und Schaufenster mit am Ort aus einzelnen Sprossenelementen zusammengesetztem Skelett. Analog wie bei den Vorhangwänden bietet sich für deren Lösung eine Reihe konstruktiver Varianten an.

Am häufigsten vertreten sind zwischengestellte Wände mit vollständigem Rost, mit vertikaler Orientierung der Haupttragglieder und ein in einer Richtung ausgerichtetes vertikales Skelett, in das die selbsttragenden durchsichtigen und undurchsichtigen Füllungen eingesetzt werden. Bei geringem Abstand der vertikalen Tragkonstruktionen, die durch ihre Lage die Unterstützung des Außenwandskeletts ermöglichen, kann auch ein Skelett mit horizontaler Orientierung der Hauptsprossen vorteilhaft sein.

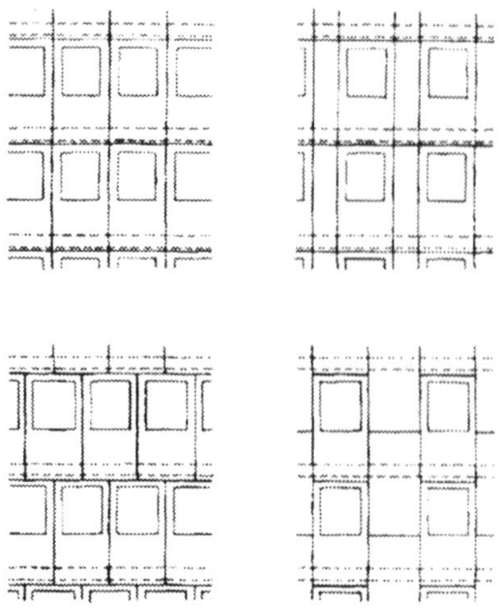

58 Beispiele für die Flächengliederung von vorgehängten nichttragenden Außenwänden vom Tafeltyp mit Plattentragwerk

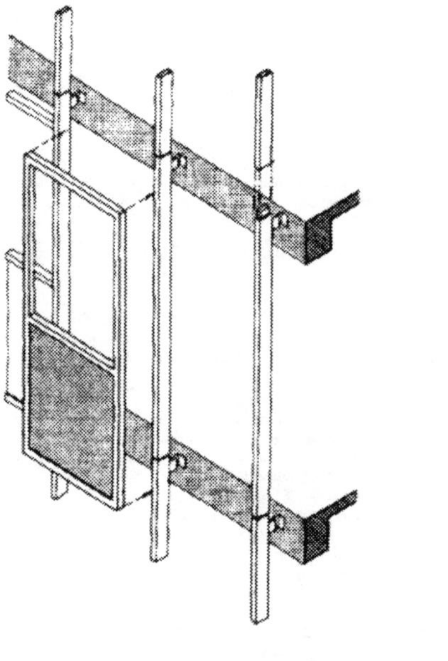

59 Vorhangwand des kombinierten Typs mit vertikalen Tragwerkselementen

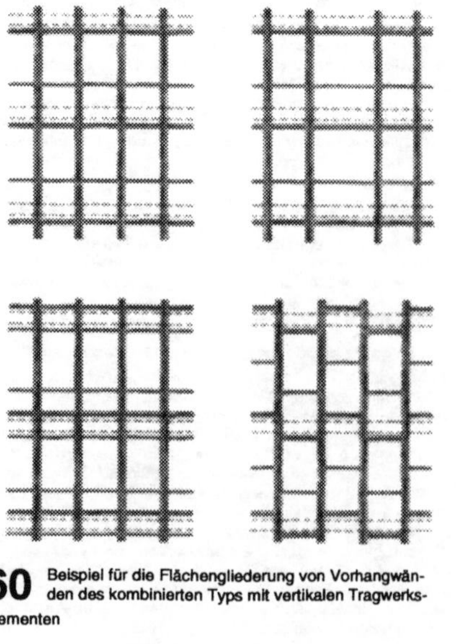

60 Beispiel für die Flächengliederung von Vorhangwänden des kombinierten Typs mit vertikalen Tragwerkselementen

Allgemeine Grundlagen, Funktionseigenschaften

Ein spezifisches Problem der zwischengestellten Außenwände in Sprossenkonstruktion ist ihre Anschlussweise an das Tragwerk des Baues, das vor die Fassadenebene heraustritt. Die vertikalen Sprossen können entweder durch Auflegen auf vorher befestigte Leitprofile oder direkte Befestigung mittels selbständiger Ankerelemente an den Tragkonstruktionen des Gebäudes verankert werden. Vom Gesichtspunkt der Dichtheit der Verbindungen aus kann das Anschließen der zwischengestellten Wand an die umgebenden Konstruktionen durch entsprechende Formgebung der Bekleidungsteile, die die Stirnfläche vor der Fassadenebene hervortretenden Konstruktionen verdecken, vereinfacht werden. Sind die Bekleidungsteile steif genug, können sie vor der eigentlichen Montage der Ausfachungswand versetzt werden, und ihre Konstruktion kann zur Ausbildung der Verzahnungen dienen, die die Verbindungen erleichtern. Die Konstruktion der Bekleidungen kann auch zur Verankerung der zwischengestellten Wand direkt benutzt werden.

12.2.11 Zwischengestellte Außenwände (Ausfachungswände) vom Tafeltyp

Ein spezifisches Problem der zwischengestellten Außenwände vom Tafeltyp im Vergleich zu den Vorhangwänden ist ihre Befestigungsweise. Der Anschluss an die umgebenden Konstruktionen basiert grundsätzlich auf dem gleichen Prinzip wie das Einsetzen der Metallfenster. Die Fassadentafeln werden analog wie die Fenster entweder zwischen die umgebenden Konstruktionen direkt eingesetzt und mit Schellen verankert, die nach der Montage in der Regel durch den Putz verdeckt oder eingegossen werden, oder sie werden mittels Einsetzprofile angeschlossen. Der zweite Fall ist verbreiteter. Die Fassadentafeln werden durch Einschieben, Aufschieben oder Festklemmen mittels Halteleisten an den Einsetzprofilen befestigt. Bei einer Gliederung der zwischengestellten Wand durch vertikale Tragkonstruktionen des Gebäudes in kürzere Abschnitte nehmen die Einsetzprofile den Charakter von Einsetzrahmen an, die am Rand der auszufüllenden Öffnung verlaufen. Ähnlich wie im vorhergehenden Fall können die Umfangfugen der zwischengestellten Wand durch Bekleidungselemente gebildet werden, die die Stirnflächen der hervortretenden Konstruktionen verdecken. Sind die Bekleidungen steif genug, können sie auch zur Verankerung der Fassadentafeln dienen und so gleichzeitig die Funktion der Einsetzprofile ausfüllen.

12.2.12 Kombinierte zwischengestellte Außenwände (kombinierte Ausfachungswände)

Der kombinierte Typ der zwischengestellten Außenwände bringt vom Gesichtspunkt der Spezifik aus keine bedeutsameren Unterschiede im Vergleich zu den beiden vorher angeführten Systemen.

Seine Vorzüge beruhen analog wie bei den Vorhangwänden auf der Möglichkeit, die Montage der Fassadentafeln zu vereinfachen. Durch die Übertragung der horizontalen Belastung in die vertikal orientierten Tragelemente muss die Ausfachungswand nicht mehr mit Schellen an der Deckenkonstruktion verankert oder mit starren Einsetzprofilen oder Rahmen befestigt werden. Die Lösung der oberen und unteren horizontalen Fuge zwischen Tafelrahmen und Deckenkonstruktionen reduziert sich so auf ein bloßes Überdecken, und deshalb wird nur die ausreichende Dichtigkeit der Stoßverbindung betrachtet.

13 Ganzglas–Außenwände

Ganzglasfassaden unter der Bezeichnung Silikon–Strukturverglasung wurden in den USA beim Bau großräumiger Büro– und öffentlicher Gebäude entwickelt. Unter der genannten Bezeichnung wurde damit begonnen, ein Verfahren der Verklebung von Spiegelglasflächen an die Außenwandskelette mit Hilfe von Silikonklebstoffen anzuwenden. Diese Klebstoffe gewährleisten eine dauerhafte Verbindung zwischen dem Metallskelett der Außenwand und Glasscheiben bestimmter Größe. Zur Zeit der ersten Anwendung dieser Art von Fassaden in den USA handelte es sich in der Regel um eine Verglasung mit einfachem Glas, da keine Anforderungen an erhöhte wärmedämmende Eigenschaften der Fassade gestellt wurden.

Bei der Ausbreitung der Silikon–Strukturverglasung nach Europa war es notwendig, diese Konstruktionslösung unter Berücksichtigung wesentlich höherer Anforderungen an den Wärmeschutz der Gebäude und damit an die Außenwand anzuwenden. Zu diesem Zweck werden speziell modifizierte Gläser verwendet, bzw. eine Kombination für die Herstellung von Zweifachverglasung. Für die Außenscheibe wird sogenanntes Sonnenschutzglas mit Spiegelschicht verwendet, die das gesamte Tragsystem des Außenwandskeletts unsichtbar macht. Durch die Scheibenkombination bei der Herstellung von Isolier–Doppelscheiben wird eine ganze Skala von Eigenschaften erzielt, die durch bestimmte Werte wie die Energiedurchlässigkeit, den Wärmedurchgangskoeffizienten, Lichttransmissionsgrad, die Reflexion, Schalldämmung usw. charakterisiert sind.

Die genannten Glassorten bzw. Sorten von Doppelscheiben werden an die entsprechend vorbereiteten Oberflächen des Außenwandskeletts geklebt. Unter mitteleuropäischen Bedingungen wird in der Regel für die sogenannte "Warmfassade" Doppelscheiben–Isolierglas kombiniert mit einem Wärmedämmelement und emailliertem Glas in den Brüstungsteilen verwendet.

Die genannten Glaselemente werden im Grunde in zwei konstruktiven Ausführungen an das Außenwandskelett geklebt:
– in Direktverklebung
– in sogenannten Adapterrahmen.

13.1 Direktverklebung der Glaselemente

Die vorgefertigten Glaselemente mit bestimmten Eigenschaften werden am Bau direkt an das Außenwandskelett geklebt. Dieses Verfahren wird für weniger umfangreiche Konstruktionen angewandt, da es einigermaßen günstige Witterungsverhältnisse (mindestens 16 °C) und eine zeitweilige Befestigung mit Spezialbändern (z.B. Polyethylen–, Polyurethanbänder und mit Acrylatkleber) verlangt.

Ein Beispiel einer Außenwand mit Doppelglaselementen ist in Axonometrie in Bild 63 und im Längsschnitt in Bild 64 dargestellt.

13.2 Verklebung der Glaselemente in sogenannten Adapterrahmen

In einem verbreiteten Verfahren der "Silikon–Strukturverglasung" werden die Glaselemente bereits in einem Vorfertigungswerk in feingliedrige Aluminiumrahmen gefasst.

Ein solchermaßen vorbereitetes Modul wird am Bau an das Tragskelett der Außenwand geklebt. Neben der festen Glasfassade können nach außen als Kippflügel zu öffnende Module eingesetzt werden. Ein schematisches Beispiel dieser Art Ganzglasfassade ist in Axonometrie in Bild 65 und im Längsschnitt in Bild 66 dargestellt.

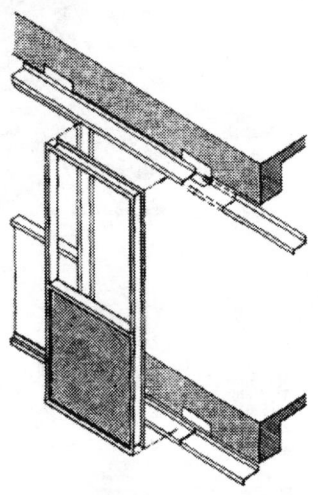

61 Vorhangwand des kombinierten Typs mit horizontalen Tragwerkselementen

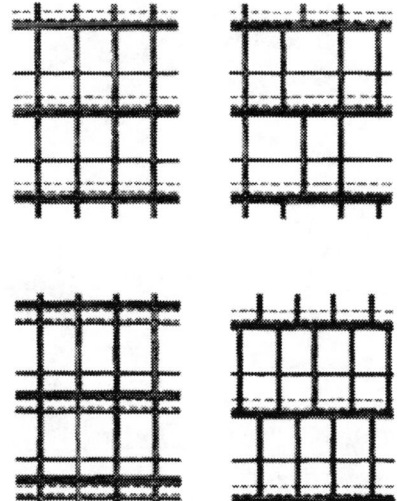

62 Beispiel für die Flächengliederung von nichttragenden vorgehängten nichttragenden Außenwänden des kombinierten Typs – Tragwerk horizontal orientiert

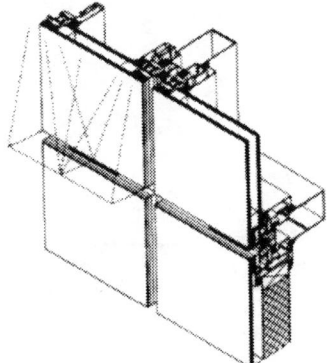

63 Axonometrie eines Ausschnittes eines Ganzglassystems unter Anwendung der Technologie der Verklebung von Isolierglas–Doppelscheiben auf die Stabelemente des Außenwandskeletts (ein Feld offen, Brüstungsebene wärmegedämmt)

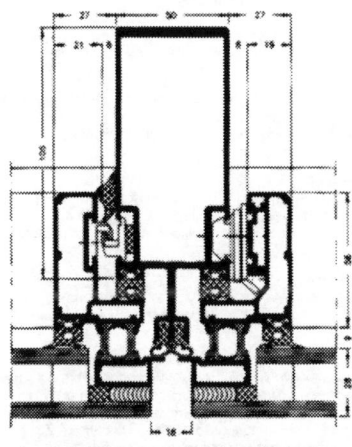

64 Ganzglasfassadensystem unter Anwendung der Technologie der Verklebung von Isolierglas–Doppelscheiben an die Stabelemente des Außenwandskeletts

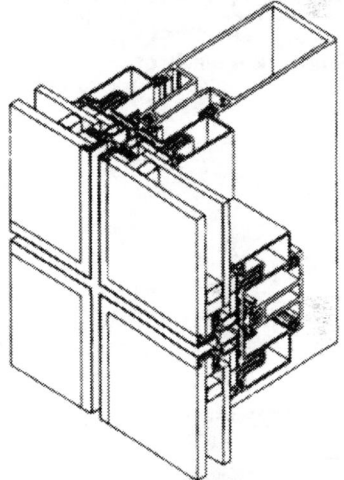

65 Axonometrie eines Ausschnittes eines Ganzglassystems unter Anwendung der Technologie der Verklebung von Isolierglas–Doppelscheiben mit feingliedrigem Rahmen an die Stabelemente des Außenwandskeletts

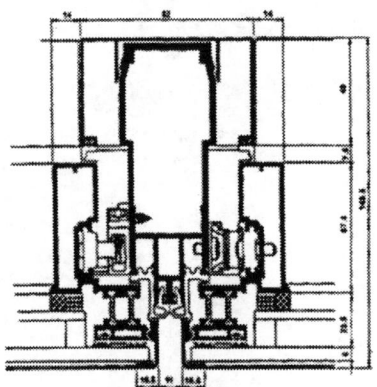

66 Beispiel eines Ganzglasfassadensystems unter Anwendung der Technologie der Verklebung von Isolierglas–Doppelscheiben mit Adapterrahmen an die Stabelemente des Außenwandskeletts

Aluminium-Fassadenkonstruktion, Ganzglasfassade

Wärmegedämmte Ganzglasfassade Serie HUECK GF 60
Konstruktionsbeschreibung

Wärmegedämmte Glasfassade
in Aluminium-Pfosten-Riegelbauweise mit werkseitig spezial verklebten und zusätzlich mechanisch gesicherten Isolierscheiben. Flächenbündige äußere Ganzglasebene aus verspiegelten Isolierglas-Modulen mit umlaufenden Schattenfugen ohne außen sichtbare Metallstruktur. Montageablauf witterungsunabhängig.

Zulassung
Allgemeine bauaufsichtliche Zulassung bis 100 Meter Gebäudehöhe durch das Institut für Bautechnik, Berlin, Zulassungs-Nr. Z-36.3-3. Herstellungsüberwachung nach DIN 18200.

Wärmedämmung
Einstufung des Profilsystems in Rahmenmaterialgruppe 2.1 nach DIN 4108, Teil 4, Tabelle 3 gemäß Bescheid R 02/90 vom 30.03.1990

Aufbau
Pfosten-Riegel-Tragwerk in 60 mm Innenansicht mit eingesetztem Isolierglas- oder Brüstungs-Füllelement. Gleitbefestigung der in die Pfosten einstehenden Riegel. Riegelausnehmung im Pfosten mit inneren EPDM-Manschetten; dadurch knackgeräuschfreier und dichter Riegelanschluss.

Füllelement
Füllelement bestehend aus Trageprofil, Halteprofil (Adapter) und geklebter Stufenisolierglasscheibe mit Sicherungsprofil. Durch gelenkartige Halterungen der Füllelemente an den tragenden Pfosten werden mechanische Belastungen der Klebefugen vermieden.

Dichtungen
Schlagregensicherheit und Fugendichtheit durch 3 Dichtprofilebenen im Halteprofil, im Trageprofil und zwischen Füllelementen und Pfosten-Riegel-Tragwerk.

Glaselement
Isolierglaselement in 30 mm Gesamtdicke, mit 8 mm ESG-Außenscheibe, reflexionsbeschichtet, 16 mm SZR und 6 mm Innenscheibe. Stufenfalz mit 15 mm überstehender Außenscheibe. Kantenausnehmung 4 x 4 mm am Rand der Außenscheibe. Umlaufende Verklebung der inneren und äußeren Scheibe an das Halteprofil (Adapter) mit speziellem Zweikomponenten-Silikon-Dichtstoff. Zusätzliche Sicherung durch in die Kantenausnehmung eingreifendes LM-Sicherungsprofil.

Senkklappfenster
Senkklapp-Lüftungs-Fenster als von außen und innen mit den Isolierglas-Modulen der Fassade identische Füllelemente einsetzbar. Max. Flügelgröße 1250 x 1800 mm, max. Flügelgewicht 100 kg. Handhebel mittig auf horizontalem Flügelprofil angeordnet.

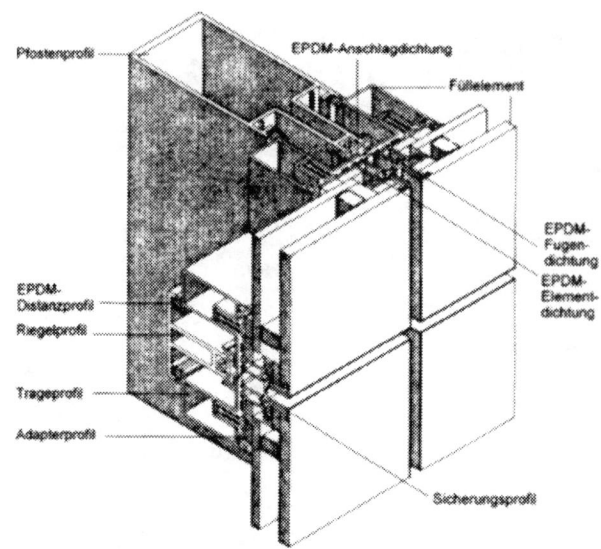

Die wärmegedämmte Aluminium-Ganzglasfassade (Structural glazing) in Pfosten-Riegel-Bauweise ist geeignet zum Bau von Senkrechten Fassadenwänden.

Profilübersicht Serie HUECK GF 60

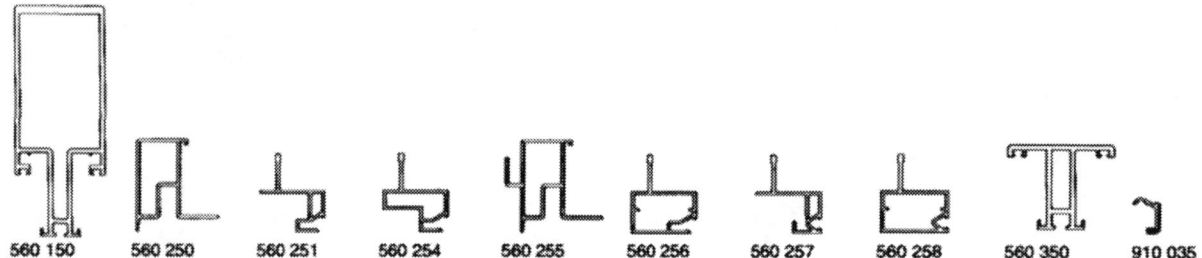

560 150   560 250   560 251   560 254   560 255   560 256   560 257   560 258   560 350   910 035

Sturz- und Brüstungsanschluss

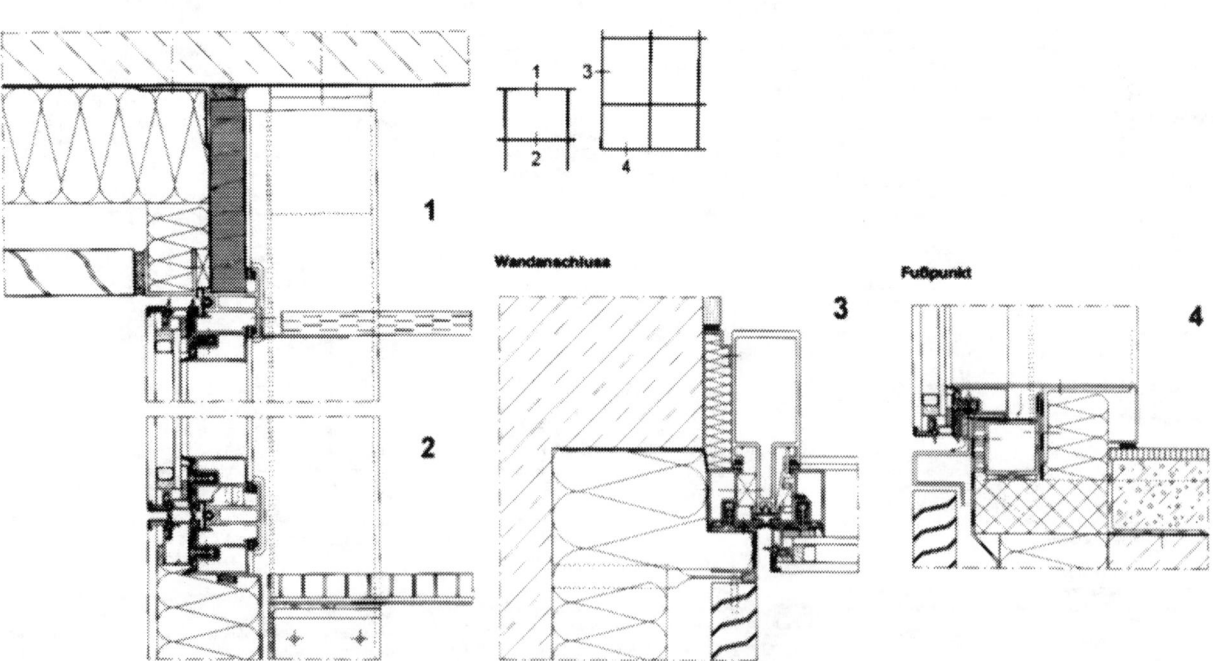

Aluminium-Fassadenkonstruktion, Ganzglasfassade

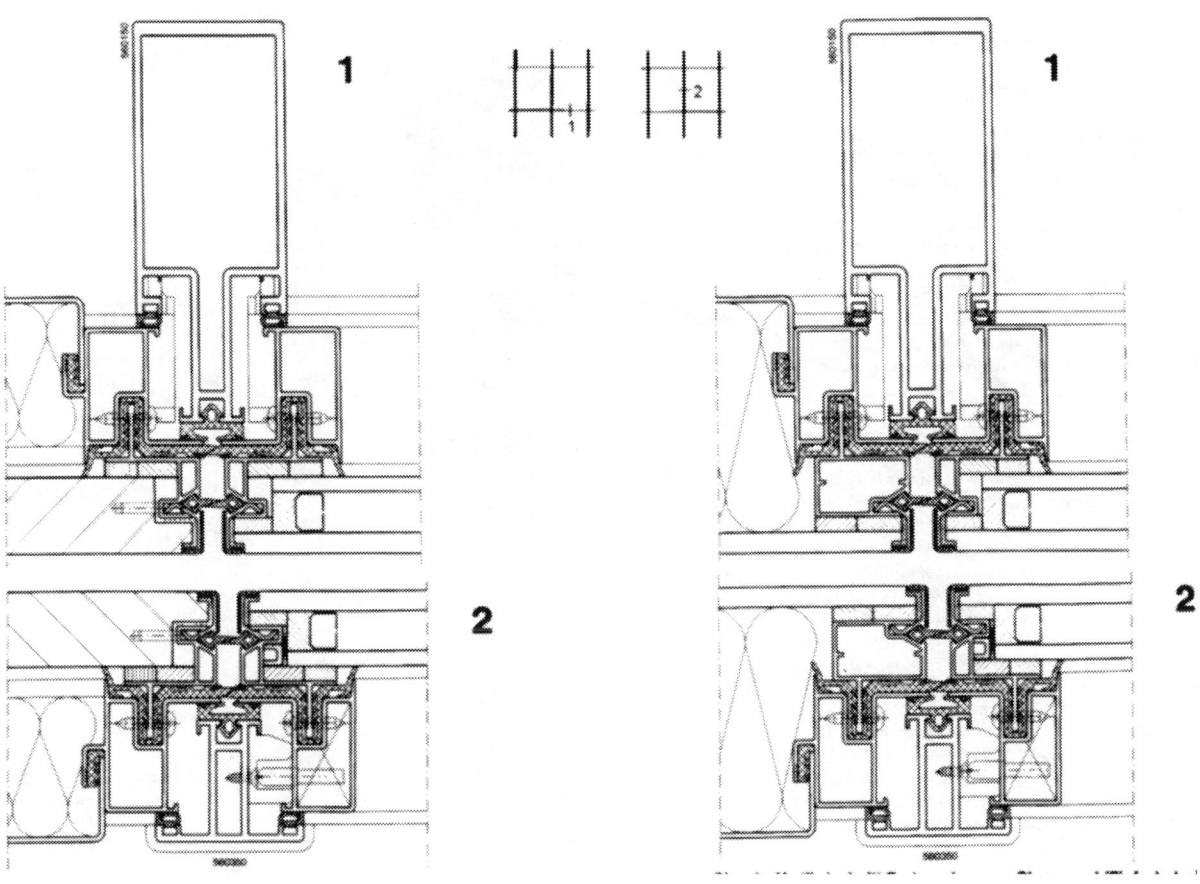

Riegel – Vertikalschnitt Festverglasung – Steinpaneel

Riegel – Vertikalschnitt Festverglasung – Glaspaneel (Einfachglas)

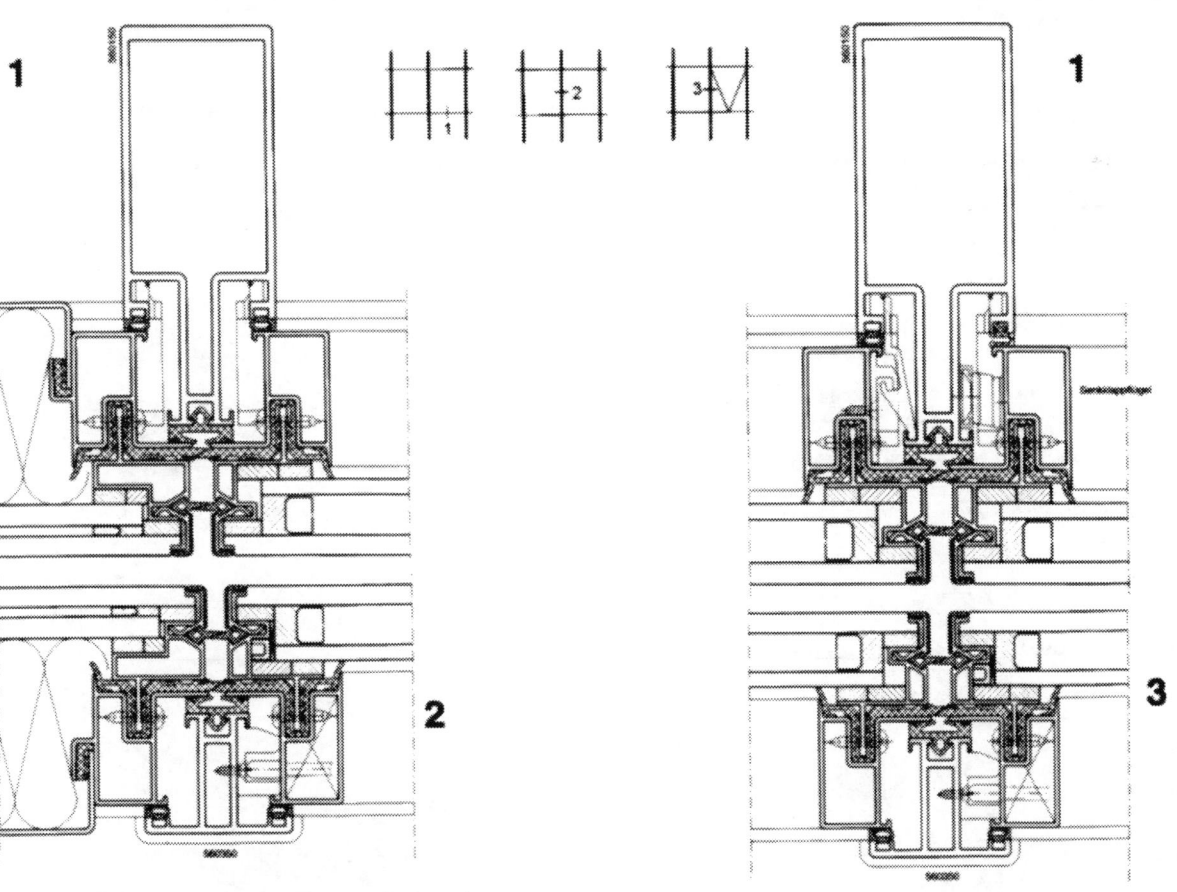

Riegel – Vertikalschnitt Festverglasung – Glaspaneel (Isolierglas)

Pfosten – Horizontalschnitt Festverglasung – Senk-Klappflügel

Aluminium-Fassadenkonstruktion, Pfosten-Riegelbauweise

**Wärmegedämmte Aluminium-Fassadenkonstruktion,
Serie HUECK 1.0 KF 50
Konstruktionsbeschreibung**

Konstruktionsmerkmale
Wärmegedämmte Aluminium-Fassadenkonstruktion in Pfosten-Riegelbauweise zum Bau von Vorhangfassaden und Schrägdächern. Abgewinkelte Fassadenwände (Polygone) und Lichtdächer mit speziellen Profilen.

Wärmedämmung
Einstufung des Profilsystems in Rahmenmaterialgruppe 1 nach DIN 4108, Teil 4, Tabelle 3 gemäß Bescheid R 21/94 vom 25.10.1994.

Isolierzone
Durchlaufendes KS-Isolierprofil am Pfosten. Riegelprofil mit 2-stegiger Isolierzone aus glasfaserverstärkten Polyamid-6.6-Leisten, Schalenabstand 30 mm, Hohlraum mit Schaum geringer Wärmeleitzahl ausgefüllt, fertig verbunden, zur nachträglichen Einbrennlackierung mit 170 °C/15 Min. geeignet.

Abmessungen
Pfosten- und Riegel-Ansichtsbreite 50 mm. Äußere Abdeckprofile für Riegel 7 bzw. 14,5 mm, für Pfosten 21,5 mm hoch. Innere Pfostenbautiefen 76,5 bis 166 mm je nach statischen Erfordernissen. Wahlweise Pfostenprofil 38 mm tief zur Montage auf statisch tragender Unterkonstruktion.

Pfosten-Riegelanschluss
Aufnahme der temperaturbedingten horizontalen Längenänderung durch Gleitbefestigung der in die Pfosten einstehenden Riegel. Riegelausnehmung im Pfosten mit inneren EPDM-Manschetten; dadurch knackgeräuschfreier und dichter Riegelanschluss.

Verglasung
Die Verglasung erfolgt von außen mit einteiligen hohlkammerbildenden EPDM-Dichtprofilen und Aluminium-Andruckleisten, die mit dem tragenden Profil im Abstand von 250 mm verschraubt werden. Innere EPDM-Verglasungsdichtungen mit kammerbildenden Falzstegen in verschiedenen Stärken entsprechend den eingesetzten Glasdicken.

Entwässerung, Belüftung
Beidseitig im Pfosten angeordnete Dränagenuten zur Entwässerung. Verdecktliegende Dampfdruckausgleichsöffnungen im Pfosten.

Verbindungselemente
Sämtliche Verbindungselemente, Schrauben und Zubehörteile bestehen aus nichtrostendem Stahl.

Die wärmegedämmte Aluminium-Fassadenkonstruktion in Pfosten-Riegelbauweise sowie Elementbauweise ist geeignet zum Bau von senkrechten Fassadenwänden mit Innen- und Außenecke und Schrägdächern als Normalkonstruktion sowie für abgewinkelte Fassadenwände (Polygonkonstruktion)

Profilübersicht Serie HUECK 1.0 KF 50

Pfostenprofile

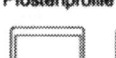

550 104   550 103   550 102   550 101   450 100   550 105

Adapterprofile zum Pfosten 550 105

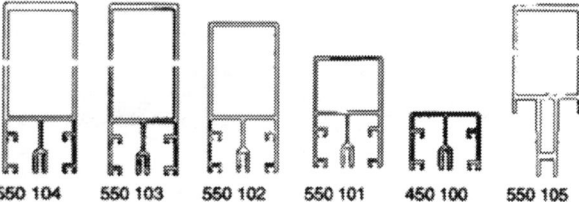

450 106   450 107   450 108   450 109   450 110

Pfosten-, Riegel- und Zusatzprofile

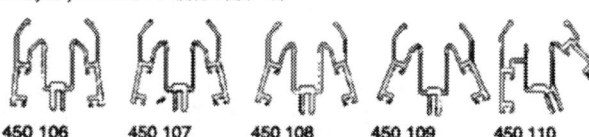

460 110   460 903   560 913   450 402   450 600

450 602   450 601   450 400   450 401   910 055

Riegelprofile

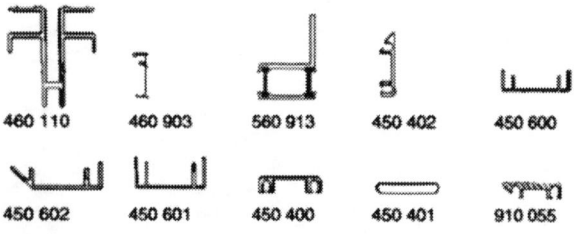

550 310   550 311   460 371   460 902

Riegel-Ergänzungsprofile

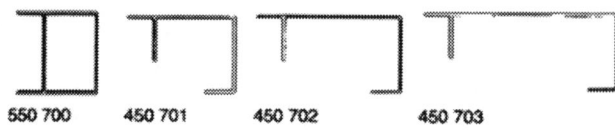

550 700   450 701   450 702   450 703

Pfostenzusatzprofile

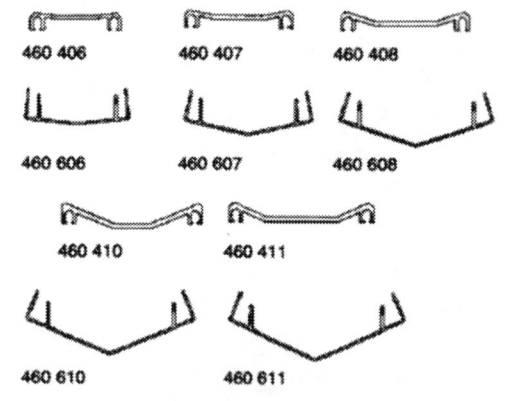

460 406   460 407   460 408

460 606   460 607   460 608

460 410   460 411

460 610   460 611

Blendrahmenprofile

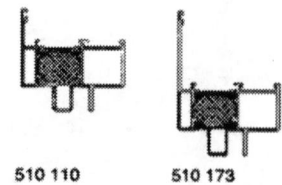

510 110   510 173

Aluminium-Fassadenkonstruktion, Pfosten-Riegelbauweise

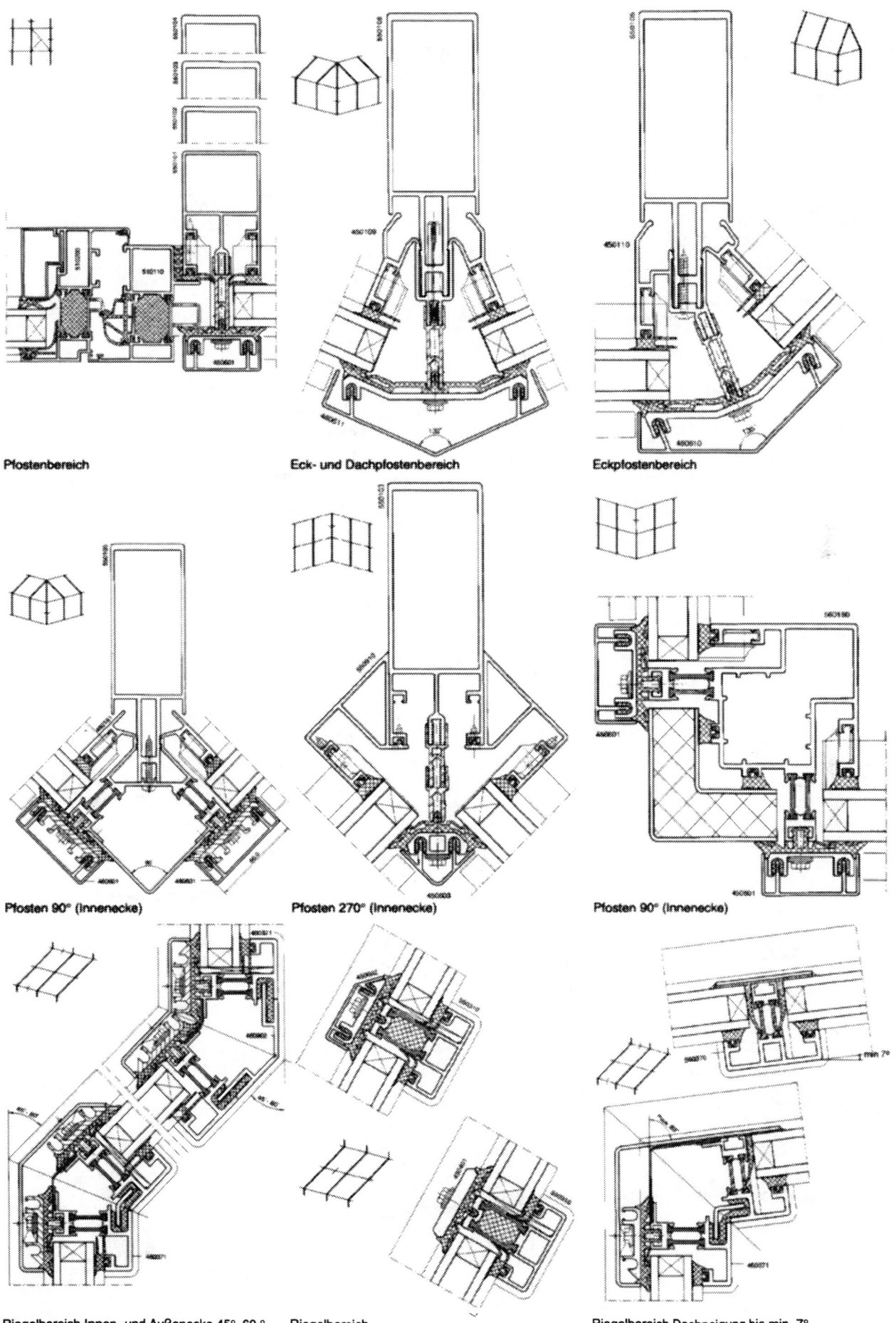

Pfostenbereich

Eck- und Dachpfostenbereich

Eckpfostenbereich

Pfosten 90° (Innenecke)

Pfosten 270° (Innenecke)

Pfosten 90° (Innenecke)

Riegelbereich Innen- und Außenecke 45°–60 °
(Innenecke)

Riegelbereich

Riegelbereich Dachneigung bis min. 7°

Aluminium-Fassadenkonstruktion, Pfosten-Riegelbauweise

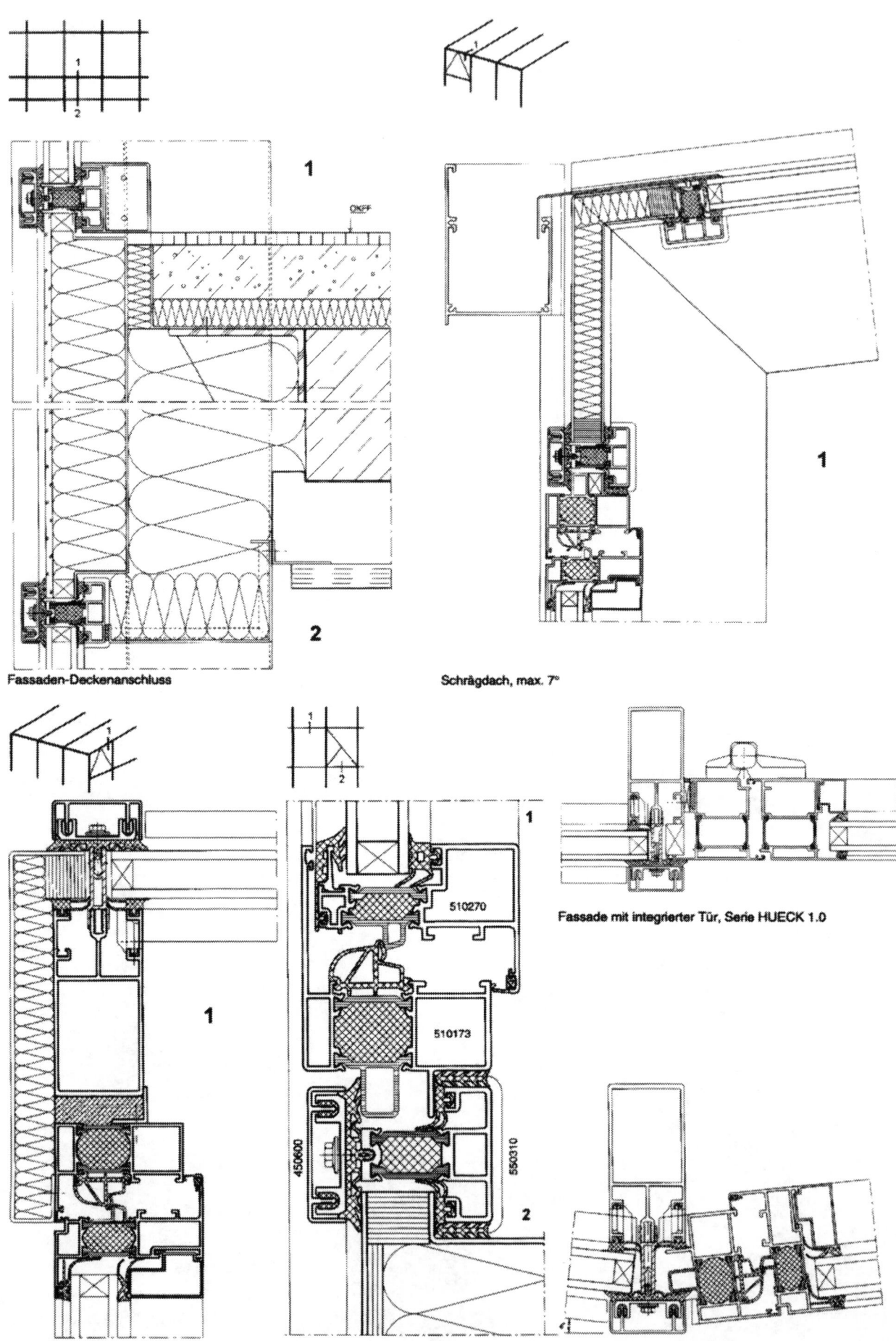

Fassaden-Deckenanschluss

Schrägdach, max. 7°

Fassade mit integrierter Tür, Serie HUECK 1.0

Schrägdach-Seitenteil

Riegelbereich mit Fensterelement HUECK 1.0   Achspfosten für Rundbau in Segmenten

Aluminium-Fassadenkonstruktion, Pfosten-Riegelbauweise

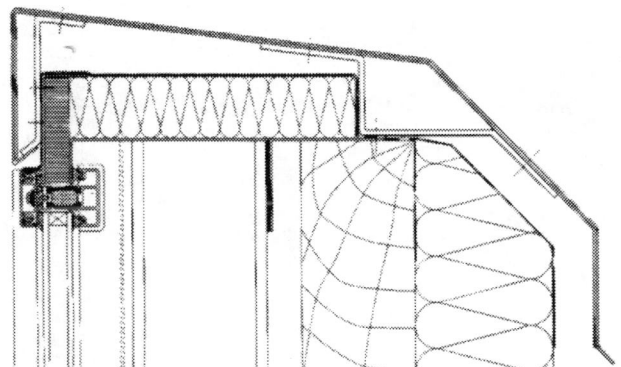

Fassade Attika

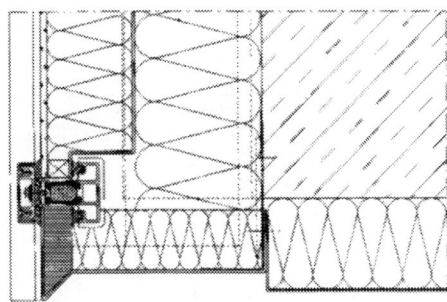

Fassade unterer freier Abschluss

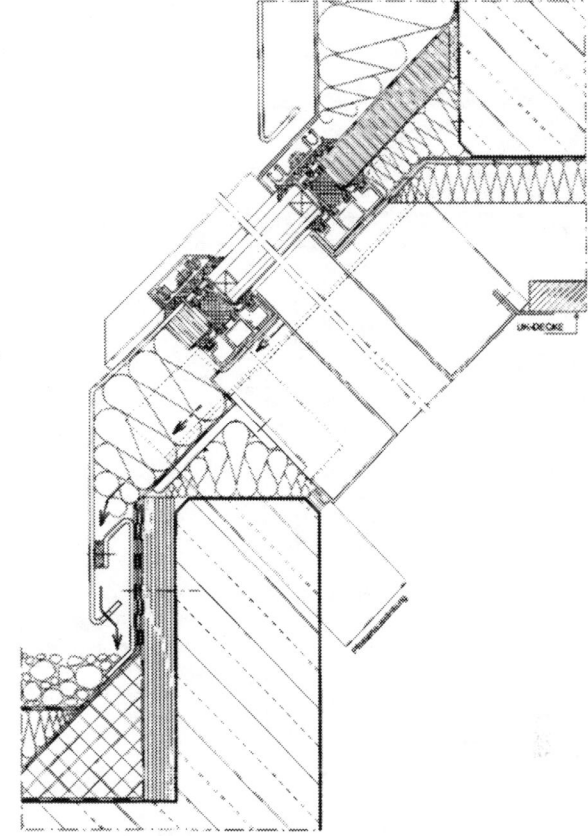

Anschluss Schrägdach

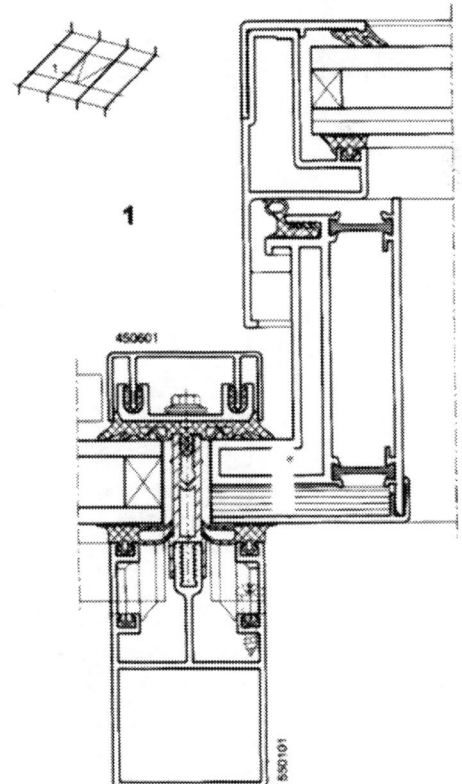

1

Dachlüftungsfenster
als Klappflügel, vorgerichtet zum Einbau in die Pfosten-Riegelkonstruktionen
Serien HUECK 1.0 KF 60/HUECK KF 60
Serien HUECK 1.0 KF 50/HUECK KF 50

Wärmedämmung im Blendrahmen
mit Polyamid-Stegverbund, fertig verbunden, geeignet zur nachträglichen
Einbrennlackierung mit 200 °C/15 Min.

Profilabmessungen
Flügelprofil in 41 mm Außenansicht, Bautiefe 95 mm mit 40 mm Außenüber-
schlag. Blendrahmen in 46,5 mm Innenansicht, Bautiefe 102 mm, mit auf 26
mm abgesetztem Rand zum Einbau in die Fassadenkonstruktion HUECK KF
60.

EPDM-Dichtung
zur Abdichtung des Flügels gegen den Blendrahmen. Anordnung im Blendrahmenprofil. Zur Gewährleistung der Wasserabführung Konstruktion 131
mm nach außen über die Verglasungsebene der Fassade überstehend.

Verglasung
Verglasung mit von außen verschraubter, flacher Alu-Winkelleiste. EPDM-
Verglasungsdichtungen.

Glasfalzbe- und -entlüftung
durch Bohrungen 8 mm Ø und versetzt angeordneten Schlitzen 5 x 20 mm
außerhalb der Flügeldichtung.

Aluminium-Fassadenkonstruktion, Pfosten-Riegelbauweise

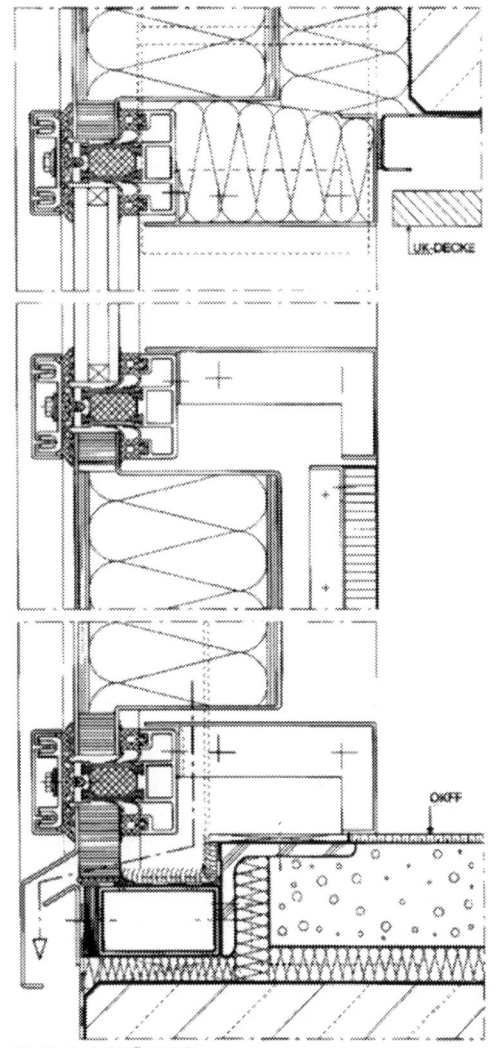

Vertikalschnitt Fassade

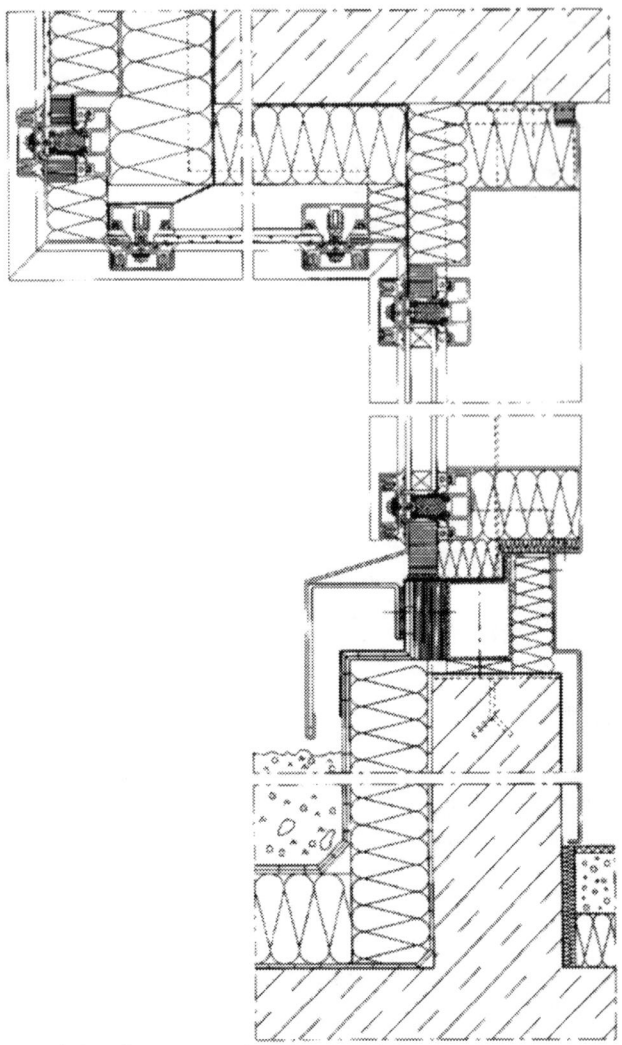

Vertikalschnitt Fassadenanschluss, Sturz- und Fußpunkt

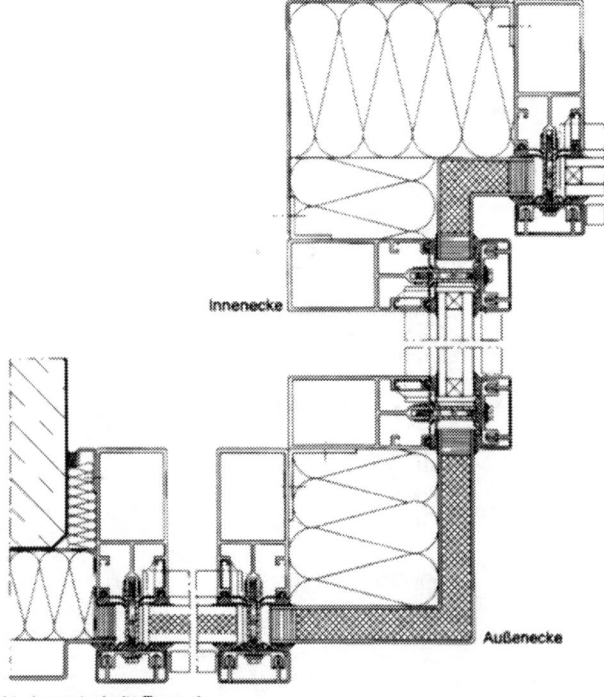

Innenecke

Außenecke

Horizontalschnitt Fassade

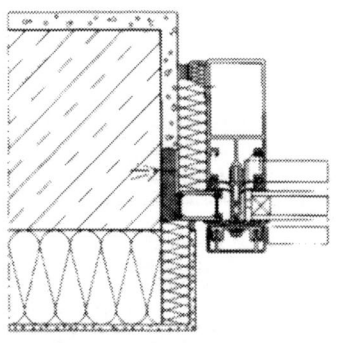

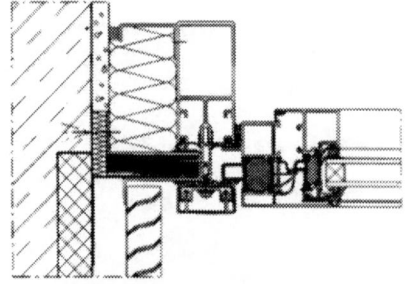

Anschlüsse seitlich

Allgemeine Grundlagen

Vorschriften über Fenster und Türen in der Musterbauordnung –MBO'93– § 35

Fenster, Türen, Kellerlichtschächte

(1)   Können die Fensterflächen nicht gefahrlos vom Erdboden, vom Innern des Gebäudes oder von Loggien und Balkonen aus gereinigt werden, so sind Vorrichtungen wie Aufzüge, Halterungen oder Stangen anzubringen, die eine Reinigung von außen ermöglichen.

(2)   Glastüren und andere Glasflächen, die bis zum Fußboden allgemein zugänglicher Verkehrsflächen herabreichen, sind so zu kennzeichnen, dass sie leicht erkannt werden können. Für größere Glasflächen können Schutzmaßnahmen zur Sicherung des Verkehrs verlangt werden.

(3)   Gemeinsame Kellerlichtschächte für übereinanderliegende Kellergeschosse sind unzulässig.

(4)   Öffnungen und Fenster, die als Rettungswege dienen, müssen im Lichten mindestens 0,9 x 1,2 m groß und nicht höher als 1,2 m über der Fußbodenoberkante angeordnet sein. Liegen diese Öffnungen in Dachschrägen oder Dachaufbauten, so darf ihre Unterkante oder ein davorliegender Austritt von der Traufkante nur so weit entfernt sein, dass Personen sich bemerkbar machen und von der Feuerwehr gerettet werden können.

Fensterarten: Die Fensterart ist abhängig von den Aufgaben, die dem Fenster gestellt werden: Entsprechend den wärmetechnischen Anforderungen wählt man einfache oder mehrfach hintereinander liegende Verglasung. Von der Wandbauart und Anschlagsart hängt die Konstruktion des festen Rahmens ab. Maßgenaue Anschläge ermöglichen Blendrahmen mit geringem Holzquerschnitt. Grobes Mauerwerk bedingt Blockrahmen oder Zargen. Von Platzverhältnissen und Art der Lüftung hängt Lagerung der Flügel ab. Man unterscheidet Scharnierflügel, Zapfenflügel und Schiebeflügel (Nutenflügel).

Anschlag: Die Anschlagart ist abhängig von der Wandbauart und der Fensterbauart. Der normale Anschlag ist der innere Anschlag, der sich für alle Fensterarten eignet. Der äußere Anschlag findet Anwendung in Gebieten mit starkem Wind und Niederschlägen (Wind drückt Fenster gegen Anschlag und bewirkt gute Dichtung) und im Ziegelrohbau (wenn Fenster bündig mit Außenwand sitzen soll). Anschlag von innen und außen, bei Doppelfenstern üblich. In die stumpfe Leibung lassen sich Fenster mit Blockrahmen oder Zargen mit allen Flügelarten einbauen.

Bezeichnung nach Anordnung der Flügel

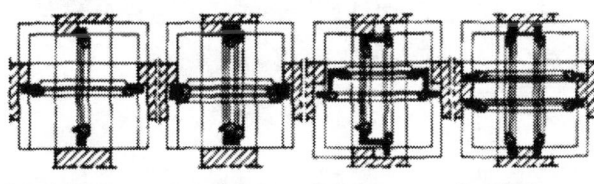

Einfachfenster   Verbundfenster   Kastenfenster   Doppelfenster

Bezeichnung nach Art des festen Rahmens

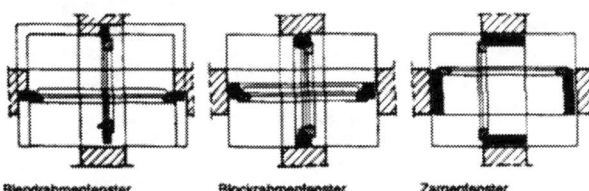

Blendrahmenfenster   Blockrahmenfenster   Zargenfenster

Bezeichnung nach Art der Flügelbeschläge

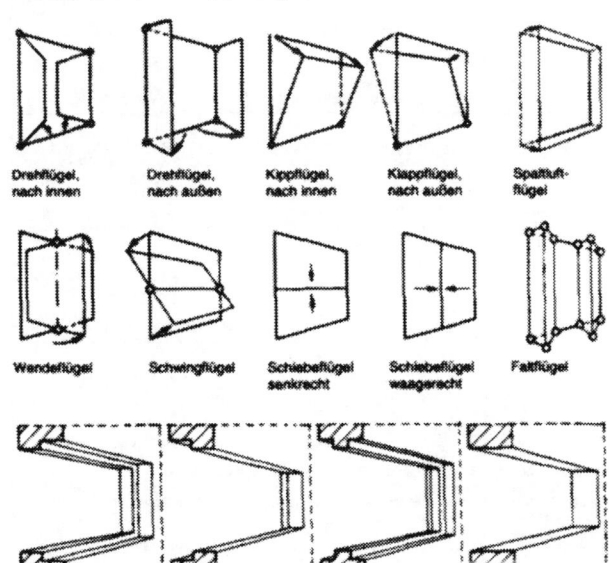

Drehflügel, nach innen   Drehflügel, nach außen   Kippflügel, nach innen   Klappflügel, nach außen   Spaltluftflügel

Wendeflügel   Schwingflügel   Schiebeflügel senkrecht   Schiebeflügel waagerecht   Faltflügel

Anschlag innen   Anschlag außen   Anschlag innen und außen   stumpfe Leibung

Fenstergrößen: Die Fenstergröße richtet sich nach dem Tageslichtbedarf und der Wandbauart. In Bauten mit tragenden Wänden senkrecht zur Umfassung (sog. Schottenbauart) und in Holz–, Stahl– und Stahlbeton–Gerippebauten lassen sich Außenumfassungen völlig verglasen. Brüstungshöhen entsprechend Zweckbestimmung der Räume.
Die nach dem Tageslichtbedarf errechnete Fenstergröße bezieht sich auf die erforderliche Scheibenfläche, nicht auf die erforderliche Rohbauöffnung! Durch Rahmenhölzer, Sprossen usw. wird ein erheblicher Teil der Rohbauöffnung wieder verdeckt.

Brüstungshöhen der Fenster

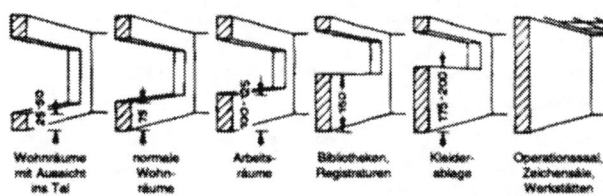

Wohnräume mit Aussicht ins Tal   normale Wohnräume   Arbeitsräume   Bibliotheken, Registraturen   Kleiderablage   Operationssaal, Zeichensäle, Werkstätten

Verhältnis der Scheibenfläche zur Größe der Wandöffnung in Abhängigkeit von der Sprosseneinteilung.

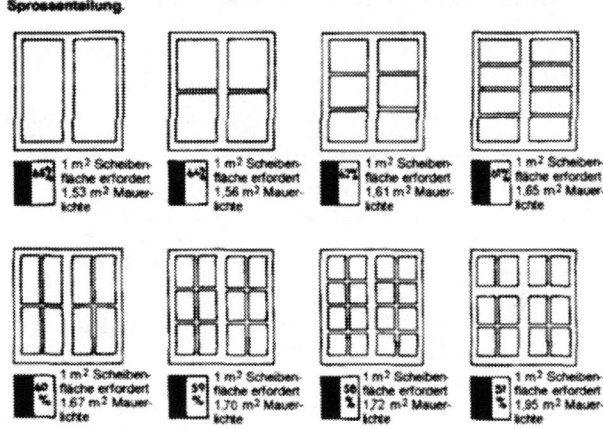

1 m² Scheibenfläche erfordert 1,53 m² Mauerlichte   1 m² Scheibenfläche erfordert 1,56 m² Mauerlichte   1 m² Scheibenfläche erfordert 1,61 m² Mauerlichte   1 m² Scheibenfläche erfordert 1,65 m² Mauerlichte

1 m² Scheibenfläche erfordert 1,67 m² Mauerlichte   1 m² Scheibenfläche erfordert 1,70 m² Mauerlichte   1 m² Scheibenfläche erfordert 1,72 m² Mauerlichte   1 m² Scheibenfläche erfordert 1,95 m² Mauerlichte

Verhältnis der Scheibenfläche zur Größe der Wandöffnung in Abhängigkeit von der Rahmen- und Mittelstückbreite

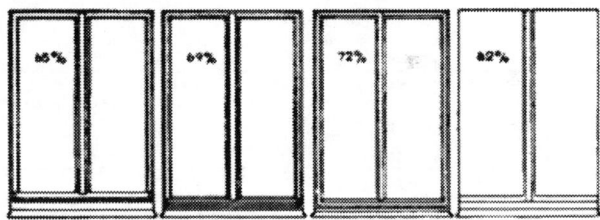

65%   69%   72%   82%

Ansichten von außen

Verhältnis der Scheibenfläche zur Größe der Wandöffnung in Abhängigkeit von der Lage des Rahmens zur Putzflucht und der Tiefe von Futter und Leibung.

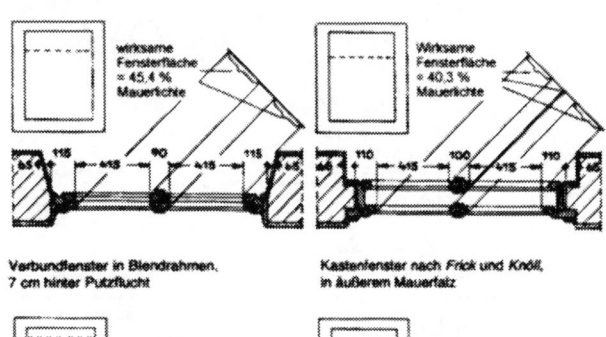

wirksame Fensterfläche = 45,4 % Mauerlichte   Wirksame Fensterfläche = 40,3 % Mauerlichte

Verbundfenster in Blendrahmen, 7 cm hinter Putzflucht   Kastenfenster nach Frick und Knöll, in äußerem Mauerfalz

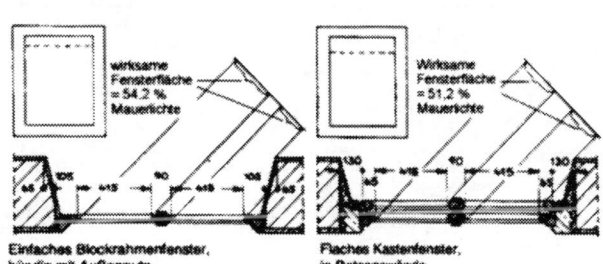

wirksame Fensterfläche = 54,2 % Mauerlichte   Wirksame Fensterfläche = 51,2 % Mauerlichte

Einfaches Blockrahmenfenster, bündig mit Außenputz   Flaches Kastenfenster, in Betonwände

Allgemeine Grundlagen

Vorschriften über Wärmeschutz, Schallschutz und Brandschutz in der Musterbauordnung (MBO)

Wärmeschutz nach der MBO'93, § 18 und DIN 4108

Fenster und Türen (einschl. Verglasungen) müssen nach MBO'93, § 18, einen ihrer Nutzung und den klimatischen Verhältnissen entsprechenden Wärmeschutz haben.
– Für Fenster und Türen in Außenwänden gelten die Bestimmungen nach DIN 4108 und der Wärmeschutzverordnung für Außenwände (siehe KG 331.01). Siehe auch Wärmeschutzverordnung, Tabelle 2.
– Für Türen in Innenwänden (Trennwänden) gelten die Bestimmungen nach DIN 4108 und der Wärmeschutzverordnung für Innenwände/Trennwände.

Schallschutz nach MBO'93, § 18 und DIN 4109

Fenster und Türen (einschl. Verglasungen) müssen nach MBO'93, § 18, einen ihrer Nutzung entsprechenden Schallschutz haben.
– Für Fenster und Türen in Außenwänden gelten die Bestimmungen nach DIN 4109 für Außenwände.
– Für Türen sind außerdem nach DIN 4109, Tabelle 3, Zeilen 16, 17, 27, 36, 37 und 45 besondere Anforderungen an die Luftschalldämmung zu beachten.

Brandschutz nach MBO'93, §§ 17, 35 und DIN 4102

§ 35 der MBO'93 siehe oben.
– DIN 4102 siehe Kapitel 4, Abschnitt 3.
– Verglasungen aus Glasbausteinen, Betongläsern und Drahtglas siehe DIN 4102, Ziffer 8.4.

Schallschutz, Ausführungsbeispiele und Rechenverfahren nach DIN 4109, Bbl. 1

Fenster und Glassteinwände

Fenster bis 3 m² Glasfläche (größte Einzelscheibe) gelten ohne besonderen Nachweis im Sinne der erforderlichen Luftschalldämmung nach DIN 4109, Tabelle 8, als geeignet, wenn ihre Ausführungen Tabelle 40 entsprechen.

Glasbaustein–Wände nach DIN 4242 mit einer Wanddicke ≥ 80 mm aus Glasbausteinen nach DIN 18175 gelten ohne besonderen Nachweis als geeignet, die Anforderung erf. R'_w ≤ 35 dB zu erfüllen.

Bei Fenstern mit Glasflächen > 3 m² (größte Einzelscheibe) dürfen die Tabellen ebenfalls angewendet werden, jedoch ist das bewertete Schalldämm–Maß $R_{w,R}$ nach Tabelle 40 um 2 dB abzumindern.

Tabelle 40 gilt nur für einflügelige Fenster oder mehrflügelige Fenster mit festem Mittelstück. Die in Tabelle 40 den einzelnen Fensterbauarten zugeordneten bewerteten Schalldämm–Maße $R_{w,R}$ werden nur eingehalten, wenn die Fenster ringsum dicht

schließen. Fenster müssen deshalb Falzdichtungen (siehe Tabelle 40, Fußnote 1, mit Ausnahme von Fenstern nach Zeile 1) und ausreichende Steifigkeit haben. Bei Holzfenstern wird auf DIN 68121 Teil 1 und Teil 2 hingewiesen.
Bis zum Vorliegen abgesicherter Prüfergebnisse ist das bewertete Schalldämm–Maß $R_{w,R}$ nach Tabelle 40 für mehrflügelige Fenster ohne festes Mittelstück um 2 dB abzumindern. Zwischen Fensterrahmen und Außenwand vorhandene Fugen müssen nach dem Stand der Technik abgedichtet sein.

Tabelle 40: Ausführungsbeispiele für Dreh–, Kipp– und Drehkipp–Fenster (–Türen) und Fensterverglasungen mit bewerteten Schalldämm–Maßen $R_{w,R}$ von 25 dB bis 45 dB (Rechenwerte) nach DIN 4109, Bbl. 1

Spalte	1		2	3	4	5	6
Zeile				Anforderungen an die Ausführung der Konstruktion verschiedener Fensterarten			
				Einfachfenster [1]	Verbundfenster [1]		Kastenfenster [1] [3] mit 2 Einfach– bzw. 1 Einfach– und 1 Isolierglasscheibe
				mit Isolierverglasung [2]	mit 2 Einfachscheiben	mit 1 Einfachscheibe und 1 Isolierglasscheibe	
Zeile	$R_{w,R}$ dB		Konstruktionsmerkmale				
1	25		Verglasung: Gesamtglasdicken Scheibenzwischenraum $R_{w,R}$ Verglasung Falzdichtung:	≥ 6 mm ≥ 8 mm ≥ 27 dB nicht erforderlich	≥ 6 mm keine – nicht erforderlich	keine keine – nicht erforderlich	– – – nicht erforderlich
2	30		Verglasung: Gesamtglasdicken Scheibenzwischenraum $R_{w,R}$ Verglasung Falzdichtung:	≥ 6 mm ≥ 12 mm ≥ 30 dB 1 erforderlich	≥ 6 mm ≥ 30 mm – 1 erforderlich	keine ≥ 30 mm – 1 erforderlich	– – – nicht erforderlich
3	32		Verglasung: Gesamtglasdicken Scheibenzwischenraum $R_{w,R}$ Verglasung Falzdichtung:	≥ 8 mm ≥ 12 mm ≥ 32 dB 1 erforderlich	≥ 8 mm ≥ 30 mm – 1 erforderlich	≥ 4 mm + 4/12/4 ≥ 30 mm – 1 erforderlich	– – – 1 erforderlich
4	35		Verglasung: Gesamtglasdicken Scheibenzwischenraum $R_{w,R}$ Verglasung Falzdichtung:	≥ 10 mm ≥ 16 mm ≥ 35 dB 1 erforderlich	≥ 8 mm ≥ 40 mm – 1 erforderlich	≥ 6 mm + 4/12/4 ≥ 40 mm – 1 erforderlich	– – – 1 erforderlich
5	37		Verglasung: Gesamtglasdicken Scheibenzwischenraum $R_{w,R}$ Verglasung Falzdichtung:	– – ≥ 37 dB 1 erforderlich	≥ 10 mm ≥ 40 mm – 1 erforderlich	≥ 6 mm + 6/12/4 ≥ 40 mm – 1 erforderlich	≥ 8 mm bzw. ≥ 4 mm + 4/12/4 ≥ 100 mm – 1 erforderlich
6	40		Verglasung: Gesamtglasdicken Scheibenzwischenraum $R_{w,R}$ Verglasung Falzdichtung:	– – ≥ 42 dB 1+ 2 [4] erforderlich	≥ 14 mm ≥ 50 mm – 1 + 2 [4] erforderlich	≥ 8 mm + 6/12/4 [4] ≥ 50 mm – 1 + 2 [4] erforderlich	≥ 8 mm bzw. ≥ 6 mm + 4/12/4 ≥ 100 mm – 1 + 2 erforderlich
7	42		Verglasung: Gesamtglasdicken Scheibenzwischenraum $R_{w,R}$ Verglasung Falzdichtung:	– – ≥ 45 dB 1+ 2 [4] erforderlich	≥ 16 mm ≥ 50 mm – 1 + 2 [4] erforderlich	≥ 8 mm + 8/12/4 [4] ≥ 50 mm – 1 + 2 [4] erforderlich	≥ 10 mm bzw. ≥ 8 mm + 4/12/4 ≥ 100 mm – 1 + 2 erforderlich
8	45		Verglasung: Gesamtglasdicken Scheibenzwischenraum $R_{w,R}$ Verglasung Falzdichtung:	– – – –	≥ 18 mm ≥ 60 mm – 1 + 2 [4] erforderlich	≥ 8 mm + 8/12/4 [4] ≥ 60 mm – 1 + 2 [4] erforderlich	≥ 12 mm bzw. ≥ 8 mm + 6/12/4 ≥ 100 mm – 1 + 2 [4] erforderlich
9	≥ 48			Allgemein gültige Angaben sind nicht möglich; Nachweis nur über Eignungsprüfungen nach DIN 52210			

[1] Sämtliche Flügel müssen bei Holzfenstern mindestens Doppelfalze, bei Metall– und Kunststoff–Fenstern mindestens zwei wirksame Anschläge haben. Erforderliche Falzdichtungen müssen umlaufend, ohne Unterbrechung angebracht sein; sie müssen weichfedernd, dauerelastisch, alterungsbeständig und leicht auswechselbar sein.

[2] Das Isolierglas muss mit einer dauerhaften, im eingebauten Zustand erkennbaren Kennzeichnung versehen sein, aus der das bewertete Schalldämm–Maß $R_{w,R}$ und das Herstellwerk zu entnehmen sind. Jeder Lieferung muss eine Werksbescheinigung nach DIN 50049 beigefügt sein, der ein Zeugnis über eine Prüfung nach DIN 52210 Teil 3 zugrunde liegt, das nicht älter als 5 Jahre sein darf.

[3] Eine schallabsorbierende Leibung ist sinnvoll, da sie durch Alterung der Falzdichtung entstehende Fugenundichtigkeiten teilweise ausgleichen kann.

[4] Werte gelten nur, wenn keine zusätzlichen Maßnahmen zur Belüftung des Scheibenzwischenraumes getroffen werden.

Holzfenster

Ausführung von Holzfenstern nach DIN 18355

Profile
müssen so gestaltet sein, dass das Wasser abgeleitet wird. Für Holzfensterprofile gilt DIN 68121 Teil 1 und Teil 2.

Falzdichtungen
müssen auswechselbar, in einer Ebene umlaufend und in den Ecken dicht sein.

Bei Holz-Aluminium-Fenstern muss zwischen Holz und Aluminiumrahmen ein Luftraum vorhanden sein. Dieser Luftraum muss Öffnungen zum Dampfdruckausgleich mit der Außenluft aufweisen.

Rahmenverbindungen
bei Holzfenstern sind mit Schlitz/Zapfen auszuführen, Futter- oder Zargenrahmen dürfen auch gezinkt werden. Die Verbindungen müssen vollflächig – auch an den Brüstungen – verleimt werden.
Aluminiumrahmen von Holz-Aluminiumfenstern sind an den Ecken mechanisch zu verbinden. Kunststofffenster sind zu verschweißen.

Äußere Schlagleisten
sind mit dem Rahmenholz zu verleimen, innere Schlagleisten sind zu verschrauben.
Wetterschenkel müssen, wenn Wetterschenkel und unteres Flügelrahmenholz nicht aus einem Stück bestehen, mit dem Rahmenholz verleimt werden.

Sprossen
aus Holz müssen untereinander und mit dem Rahmen fachgerecht verbunden sein, z.B. überblattet, verzapft, verdübelt.

Glashalteleisten
aus Holz sind zu nageln, die aus Kunststoff einzurasten. Im übrigen gilt DIN 18545 Teil 3 "Abdichten von Verglasungen mit Dichtstoffen; Verglasungssysteme".

Bogenförmige Rahmenhölzer
sind je nach Größe der Bögen aus mehreren Stücken herzustellen, mit Keilzinken oder Zapfen zu verbinden.

Fensterbänke und Zwischenfutter
Fensterbänke, Futter und Zwischenfutter sind mit dem Rahmen durch konstruktive Maßnahmen so zu verbinden, dass ein Verziehen oder Verwerfen sowie Schäden am Baukörper durch materialbedingte Längenänderungen vermieden werden.

Fenster nach DIN 18055
Fugendurchlässigkeit, Schlagregendichtheit und mechanische Beanspruchung

Fugendurchlässigkeit
Die Fugendurchlässigkeit V ist ein Volumenstrom, der in dieser Norm in m³/h gemessen wird. Sie kennzeichnet den über die Fugen zwischen Flügel und Blendrahmen in der Zeit stattfindenden Luftaustausch, der die Folge einer am Fenster vorhandenen Luftdruckdifferenz ist (siehe Diagramm).

Schlagregendichtheit
Schlagregendichtheit ist die Sicherheit, die ein geschlossenes Fenster bei gegebener Windstärke, Regenmenge und Beanspruchungsdauer gegen das Eindringen von Wasser in das Innere des Gebäudes bietet.

Mechanische Beanspruchung

Windbeanspruchung
Windbeanspruchung ist die Einwirkung von Wind auf das Bauwerk.
Sie ist unter anderem abhängig von Gebäudeform, Gebäudelage und Gebäudehöhe.
Die Belastung bei Windböen ist gekennzeichnet durch stoßartig schwankende Windkräfte.

Beanspruchungen bei gebrauchsmäßiger Nutzung
Diese Beanspruchungen sind gekennzeichnet durch Einwirkungen von Kräften, wie sie beim Gebrauch des Fensters beim Öffnen und Schließen, Stoßen usw. entstehen.

Bedienbarkeit
Unter Bedienbarkeit versteht man die aufzuwendenden Kräfte zum Öffnen und Schließen von Fenstern.

Beanspruchungsgruppen
Die Anforderungen an die Fugendurchlässigkeit und die Schlagregendichtheit werden in vier Beanspruchungsgruppen gegliedert.
Die Zuordnung der Gebäudehöhe zu einer bestimmten Beanspruchungsgruppe nach Tabelle gilt für den Regelfall.
Die Beanspruchungsgruppe gilt für die gesamte Fassade.

Beanspruchungsgruppen

Beanspruchungsgruppen [1)	A	B	C
Prüfdruck in Pa entspricht etwa einer Windgeschwindigkeit bei Windstärke [2)	bis 150 bis 7	bis 300 bis 9	bis 600 bis 11
Gebäudehöhe in m (Richtwert)	bis 8	bis 20	bis 100

[1) Die Beanspruchungsgruppe ist im Leistungsverzeichnis anzugeben.

[2) Nach der Beaufort-Skala

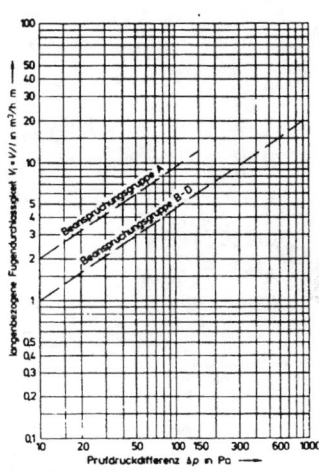

Längenbezogene Fugendurchlässigkeit

Holzprofile für Fenster und Fenstertüren nach DIN 68121 Teil 1, Maße, Qualitätsanforderungen

Fensterarten

Einfachfenster/Einfachfenstertür
Ein(e) Einfachfenster/Einfachfenstertür ist ein(e) Fenster/Tür mit oder ohne Flügel zum Einbau von Einscheibenglas oder Mehrscheiben-Isolierglas.

Doppelfenster/Doppelfenstertür
Ein(e) Doppelfenster/Doppelfenstertür ist ein(e) Fenster/Tür mit innen- und Außenflügel und zwei hintereinanderliegenden Glasebenen.

Verbundfenster/Verbundfenstertür
Ein(e) Verbundfenster/Verbundfenstertür ist ein(e) Fenster/Tür mit Innen- und Außenflügel, die miteinander verbunden sind und eine gemeinsame Drehachse haben.

Kastenfenster/Kastenfenstertür
Ein(e) Kastenfenster/Kastenfenstertür ist ein(e) Fenster/Tür mit Innen- und Außenflügel, die jeweils eine eigene Drehachse haben.

Fensterteile

Flügelrahmen
Ein Flügelrahmen ist ein mit dem Blend- oder Flügelrahmen beweglich verbundener Teil eines Fensters; die Teile des Flügelrahmens werden wie folgt benannt:
– aufrechtes Flügelholz
   Pos-Nr. 6 senkrechter Teil des Flügelrahmens
– oberes Flügelholz
   Pos-Nr. 7 oberer Quertell des Flügelrahmens
– unteres Flügelholz
   Pos-Nr. 8 unterer Quertell des Flügelrahmens
   (z.B. Wetterschenkel)

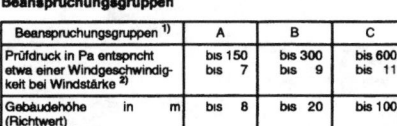

Fenster, Voderansicht

a_1 = Dicke der äußeren Dichtstoffvorlage
a_2 = Dicke der inneren Dichtstoffvorlage
b = Glasfalzbreite
c = Auflagebreite der Glashalteleiste
d = Breite der Glashalteleiste
e = Dicke der Verglasungseinheit
g = Glaseinstand
h = Glasfalzhöhe
t = Gesamtfalzbreite

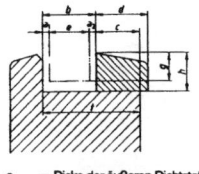

Blendrahmen
Ein Blendrahmen ist ein mit dem Bauwerk fest verbundener Rahmen, an dem die Flügelrahmen beweglich angebracht sind oder in den die Verglasung eingebaut wird; seine Teile werden wie folgt benannt:
– aufrechtes Blendrahmenholz
   Pos-Nr. 1 senkrechter Teil des Blendrahmens
– oberes Blendrahmenholz
   Pos-Nr. 2 oberer Quertell des Blendrahmens
– unteres Blendrahmenholz
   Pos-Nr. 3 unterer Quertell des Blendrahmens
– Pfosten (Setzholz)
   Pos-Nr. 4 aufrechter Teil zur Unterteilung des Blendrahmens in der Breite
– Riegel (Kämpfer)
   Pos-Nr. 5 Quertell zur Unterteilung des Blendrahmens in der Höhe

Sprossen
– Fenstersprosse
   Pos-Nr. 9 Profilleiste zum Unterteilen des Fensters zum Einsetzen einzelner Scheiben

Maße, Bezeichnung

Einfachfenster

Tabelle 1: Einfachfenster

Kurzzeichen des Profils	Mindestdicke *) des Profils	Nenndicke
IV 56	55	56
IV 63	62	63
IV 68	66	68
IV 78	76	78
IV 92	90	92

*) Mindestdicke (= unteres Grenzmaß)

Verbundfenster

Tabelle 2: Verbundfenster

Kurzzeichen des Profils	Innenflügel		Außenflügel	
	Mindestdicke *)	Nenndicke	Mindestdicke *)	Nenndicke
DV 44/78-32	42	44	30	32
DV 44/78-44	42	44	42	44
DV 56/78-36	54	56	34	36

*) Mindestdicke (= unteres Grenzmaß)

Kurzzeichen EV
Einfachfenster und -fenstertür mit Einscheibenglas.

Kurzzeichen IV
Einfachfenster und -fenstertür mit Mehrscheiben-Isolierglas.

Kurzzeichen DV
Verbundfenster und -fenstertür mit Einscheiben- und/oder Mehrscheiben-Isolierglas.

Holzfenster

Profilquerschnitte und Größendiagramme nach DIN 618121 Teil 1

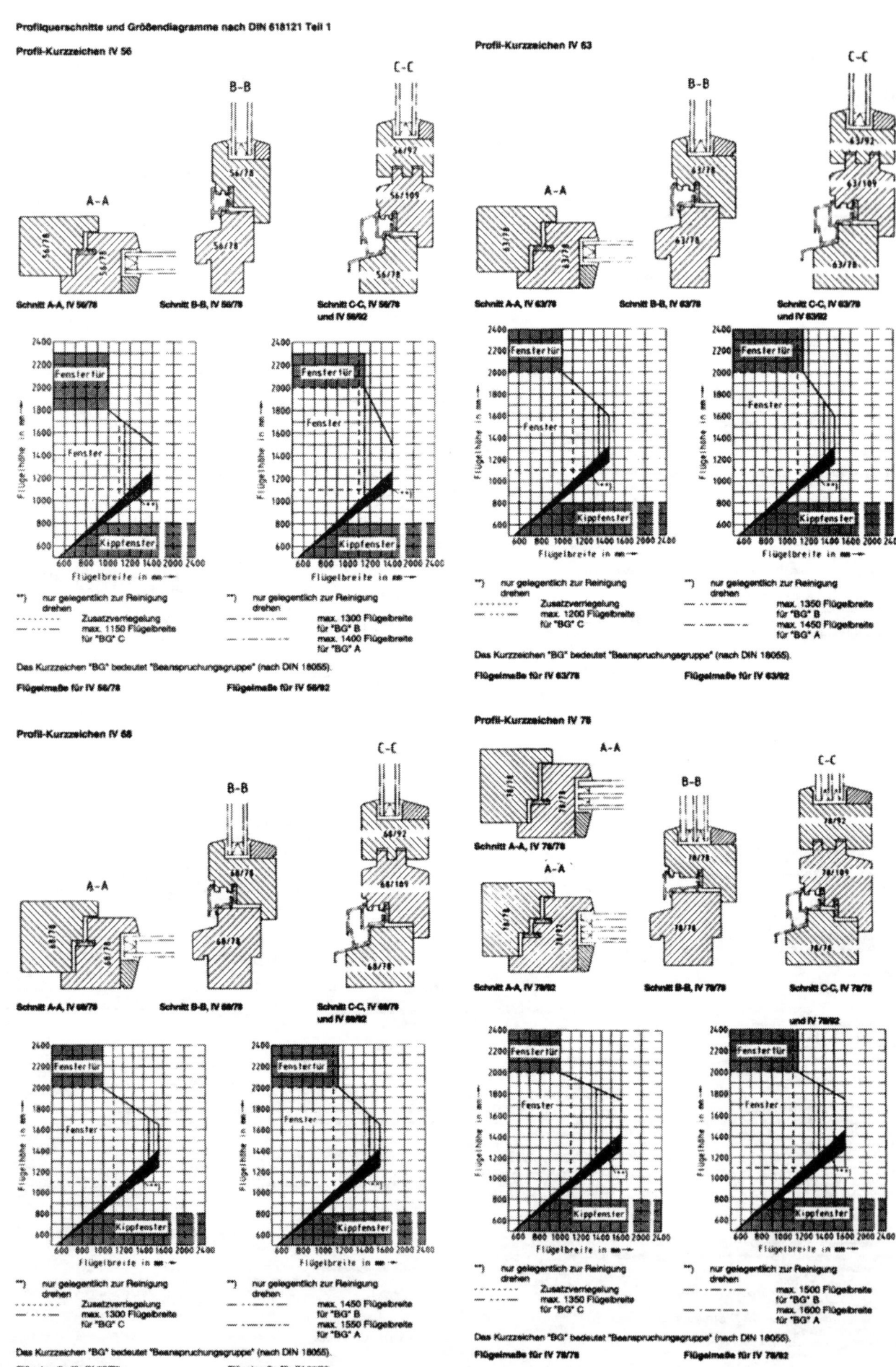

Profil-Kurzzeichen IV 56

Schnitt A-A, IV 56/78   Schnitt B-B, IV 56/78   Schnitt C-C, IV 56/78 und IV 56/92

**) nur gelegentlich zur Reinigung drehen
.... Zusatzverriegelung
——— max. 1150 Flügelbreite für "BG" C

**) nur gelegentlich zur Reinigung drehen
——— max. 1300 Flügelbreite für "BG" B
——— max. 1400 Flügelbreite für "BG" A

Das Kurzzeichen "BG" bedeutet "Beanspruchungsgruppe" (nach DIN 18055).

Flügelmaße für IV 56/78   Flügelmaße für IV 56/92

Profil-Kurzzeichen IV 63

Schnitt A-A, IV 63/78   Schnitt B-B, IV 63/78   Schnitt C-C, IV 63/78 und IV 63/92

**) nur gelegentlich zur Reinigung drehen
.... Zusatzverriegelung
——— max. 1200 Flügelbreite für "BG" C

**) nur gelegentlich zur Reinigung drehen
——— max. 1350 Flügelbreite für "BG" B
——— max. 1450 Flügelbreite für "BG" A

Das Kurzzeichen "BG" bedeutet "Beanspruchungsgruppe" (nach DIN 18055).

Flügelmaße für IV 63/78   Flügelmaße für IV 63/92

Profil-Kurzzeichen IV 68

Schnitt A-A, IV 68/78   Schnitt B-B, IV 68/78   Schnitt C-C, IV 68/78 und IV 68/92

**) nur gelegentlich zur Reinigung drehen
.... Zusatzverriegelung
——— max. 1300 Flügelbreite für "BG" C

**) nur gelegentlich zur Reinigung drehen
——— max. 1450 Flügelbreite für "BG" B
——— max. 1550 Flügelbreite für "BG" A

Das Kurzzeichen "BG" bedeutet "Beanspruchungsgruppe" (nach DIN 18055).

Flügelmaße für IV 68/78   Flügelmaße für IV 68/92

Profil-Kurzzeichen IV 78

Schnitt A-A, IV 78/78   Schnitt A-A, IV 78/92   Schnitt B-B, IV 78/78   Schnitt C-C, IV 78/78 und IV 78/92

**) nur gelegentlich zur Reinigung drehen
.... Zusatzverriegelung
——— max. 1350 Flügelbreite für "BG" C

**) nur gelegentlich zur Reinigung drehen
——— max. 1500 Flügelbreite für "BG" B
——— max. 1600 Flügelbreite für "BG" A

Das Kurzzeichen "BG" bedeutet "Beanspruchungsgruppe" (nach DIN 18055).

Flügelmaße für IV 78/78   Flügelmaße für IV 78/92

Holzfenster

Profil-Kurzzeichen IV 92

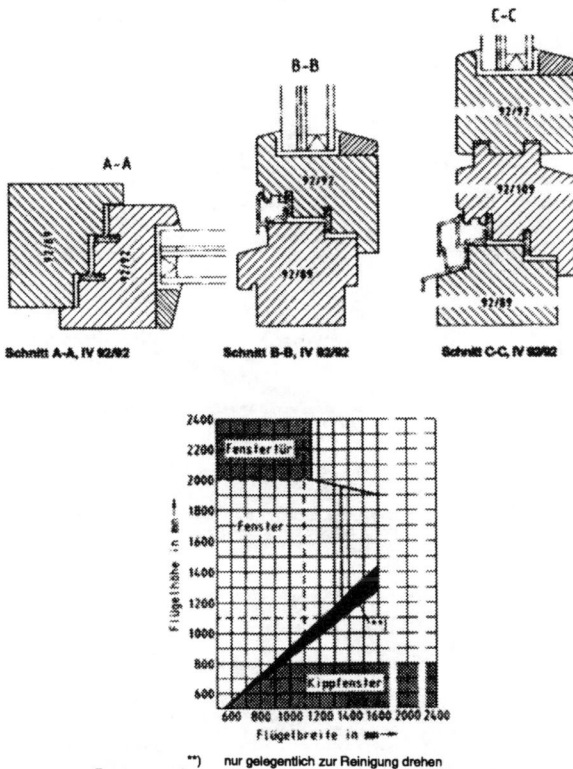

Schnitt A-A, IV 92/92   Schnitt B-B, IV 92/92   Schnitt C-C, IV 92/92

```
**) nur gelegentlich zur Reinigung drehen
------  Zusatzverriegelung          ------  max. 1500 Flügelbreite
-·-·-   max. 1350 Flügelbreite              für "BG" B
        für "BG" C                  -··-··- max. 1600 Flügelbreite
                                            für "BG" A
```

Das Kurzzeichen "BG" bedeutet "Beanspruchungsgruppe" (nach DIN 18055).

Flügelmaße für IV 92/92

Profil-Kurzzeichen DV 44/78-32

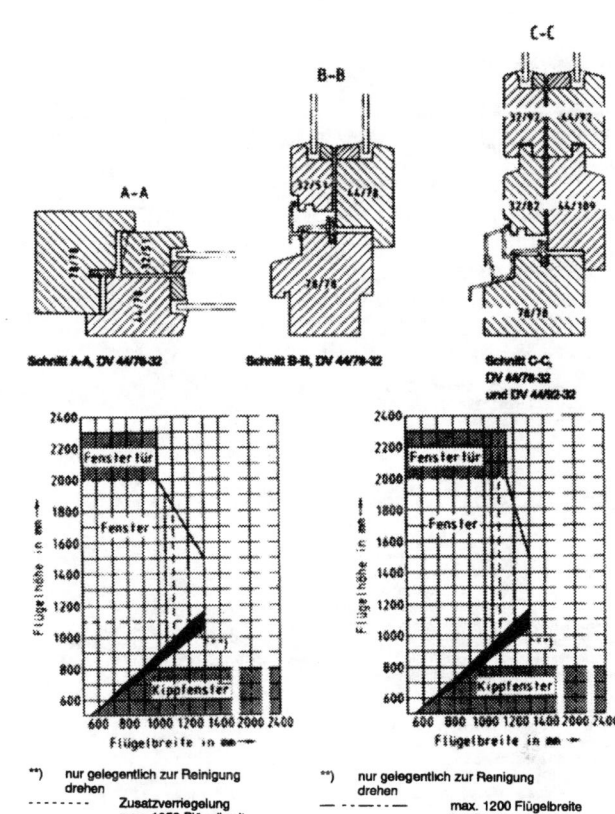

Schnitt A-A, DV 44/78-32   Schnitt B-B, DV 44/78-32   Schnitt C-C, DV 44/78-32 und DV 44/92-32

```
**) nur gelegentlich zur Reinigung     **) nur gelegentlich zur Reinigung
    drehen                                  drehen
------  Zusatzverriegelung             ------  max. 1200 Flügelbreite
-·-·-   max. 1050 Flügelbreite                 für "BG" B
        für "BG" C                     -··-··- max. 1300 Flügelbreite
                                               für "BG" A
```

Das Kurzzeichen "BG" bedeutet "Beanspruchungsgruppe" (nach DIN 18055).

Flügelmaße für DV 44/78-32   Flügelmaße für DV 44/92-32

Profil-Kurzzeichen DV 44/78-44

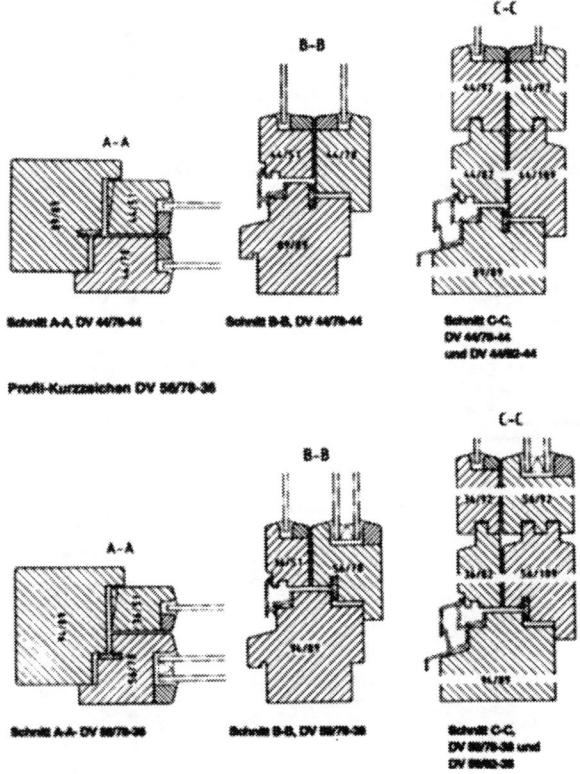

Schnitt A-A, DV 44/78-44   Schnitt B-B, DV 44/78-44   Schnitt C-C, DV 44/78-44 und DV 44/92-44

Profil-Kurzzeichen DV 56/78-36

Schnitt A-A, DV 56/78-36   Schnitt B-B, DV 56/78-36   Schnitt C-C, DV 56/78-36 und DV 56/92-36

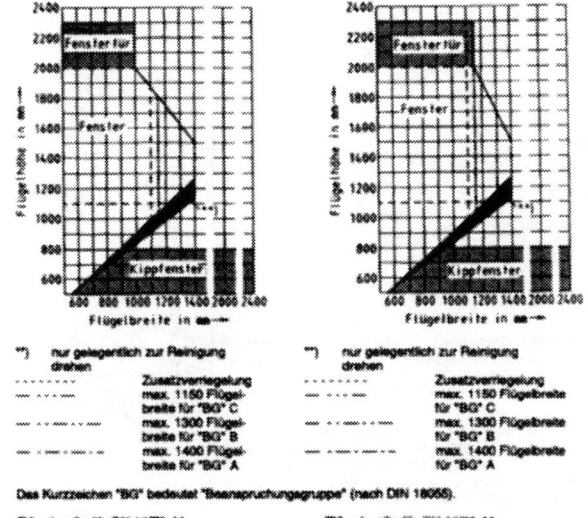

```
**) nur gelegentlich zur Reinigung    **) nur gelegentlich zur Reinigung
    drehen                                 drehen
        Zusatzverriegelung                     Zusatzverriegelung
------  max. 1150 Flügel-              ------  max. 1150 Flügelbreite
        breite für "BG" C                     für "BG" C
------  max. 1300 Flügel-             ------  max. 1300 Flügelbreite
        breite für "BG" B                     für "BG" B
------  max. 1400 Flügel-            ------  max. 1400 Flügelbreite
        breite für "BG" A                    für "BG" A
```

Das Kurzzeichen "BG" bedeutet "Beanspruchungsgruppe" (nach DIN 18055).

Flügelmaße für DV 44/78-44   Flügelmaße für DV 44/92-44 und DV 56/78-36   und DV 56/92-36

Holzfenster

Holzprofile für Fenster und Fenstertüren nach DIN 68121
Teil 2

Allgemeine Grundsätze

1 Anwendungsbereich und Zweck

Die Norm enthält allgemeine Grundsätze, die für die Konstruktion von Holzprofilen für Fenster und Fenstertüren anzuwenden sind. Sie gelten auch dann, wenn Abweichungen hinsichtlich der Profilmaße und Öffnungsarten nach DIN 68121 Teil 1 vorliegen. Sie gelten auch für Festverglasungen, Schwingfenster, Schiebefenster und dergleichen.

2 Konstruktionsmerkmale, Maße

2.1 Wasserabreißnut und Falzdichtung

Das untere Flügelholz muss mit einer Wasserabreißnut versehen sein. Die Mindestbreite für die Wasserabreißnut beträgt 7 mm, wobei die äußere Wange eine Mindestdicke von 5 mm haben muss (siehe Bild 2).
Die räumliche Trennung zwischen Regen- und Windsperre muss ≥ 17 mm sein (siehe Bild 3).
Ausgenommen ist das IV 56, bei dem diese Maße nicht eingehalten werden können.
Die Angaben für die Falzdichtungen gelten für die umlaufende Mitteldichtung (siehe Bild 4).
Die Befestigung der Wetterschutzschiene kann entweder mit Schrauben oder mit Klemmverbindung (z.B. Tannenzapfen) erfolgen.

2.2 Abdichten der Wetterschutzschiene zum Blendrahmen

Der seitliche Anschluss der Wetterschutzschiene zum Blendrahmen kann entweder mit Endkappen und/oder elastischen Dichtstoffen vorgenommen werden. Die Abdichtung muss bis zur Oberkante des inneren Anschlages wirksam sein.
Der seitlich zwischen dem Blendrahmen und der Wetterschutzschiene verbleibende Raum muss entweder geöffnet oder dauerhaft abgedichtet werden.

2.3 Wasserabführung

Die Ablaufneigung des unteren Querstückes von Flügel und Blendrahmen auf der dem Freiluftklima zugewandten Seite muss ≥ 15° sein (siehe Bild 6). Wenn raumseitig mit erhöhter Tauwasserbildung zu rechnen ist, müssen auch die horizontalen unteren raumseitigen Profile eine Ablaufneigung ≥ 15° aufweisen.
Alle Kanten, auf die das Freiluftklima einwirken kann, müssen mit einem Radius von 2 mm gerundet werden.
Dies gilt nicht für den Bereich der Wasserabreißnut.
Die übrigen Kanten können gerundet werden.

2.4 Unteres Querholz bei Fenstertüren

Bei Fenstertüren kann das untere Querteil des Flügelrahmens bis zu einer Breite von 140 mm ungeteilt ausgeführt werden. Bei geteiltem Profil muss die Verbindung zwischen den beiden Querteilen abgedichtet werden (siehe Bild 7).

2.5 Rahmenverbindungen

Rahmenverbindungen müssen dauerhaft dicht sein und dürfen die Formstabilität nicht beeinträchtigen. Diese Anforderung wird z.B. mit der üblichen Schlitz-Zapfen-Verbindung oder mit Dübeln erreicht, wenn diese entsprechend angeordnet sind.

2.6 Verglasung

2.6.1 Glashalteleisten

Bei Verglasung mit Mehrscheiben-Isolierglas kann die Auflagebreite der Glashalteleiste auf 12 mm gemindert werden, wenn die Glasleiste mit dem 1,1-fachen des Schraubendurchmessers vorgebohrt und geschraubt wird. Ab 14 mm Auflagebreite kann die Glashalteleiste genagelt bzw. geklammert werden (siehe Bild 13 und Bild 14).

2.6.2 Glasfalzausbildung

Bei der Glasfalzausbildung sind die Angaben nach DIN 18545 Teil 1 zu beachten.

Tabelle. **Glasfalzhöhen**

Längste Seite der Verglasungs- einheit	Glasfalzhöhe h bei *)		
	Einfachglas	Mehrscheiben- Isolierglas	
	min.	min	
bis 1000	10	18	
über 1000 bis 3500	12	18	
über 3500 bis 4000	15	20	

*) Bei Scheiben mit einer Kantenlänge bis 500 mm kann mit Rücksicht auf eine schmale Sprossenausbildung die Glasfalzhöhe auf 14 mm und der Glaseinstand auf 11 mm reduziert werden.

2.6.3 Dampfdruckausgleich bei Verglasungen

Bei Verglasungen mit dichtstofffreiem Falzraum muss der Glasfalzraum zur Außenseite entlüftet werden.
Öffnungen zum Dampfdruckausgleich können durch Bohrungen, Durchmesser 8 mm und/ oder Schlitze 5 mm x 12 mm an 4 Ecken erfolgen. Ausführungsbeispiele mit Dampfdruckausgleichsöffnungen siehe Beispiele in den Bildern 18 bis 21.
Wird der Glasfalz nicht geöffnet, muss er voll ausgefüllt werden.

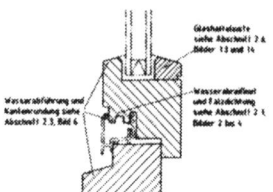

Bild 1. Übersicht

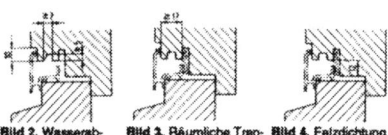

Bild 2. Wasserabreissnut   **Bild 3.** Räumliche Trennung zwischen Wind- und Regensperre   **Bild 4.** Falzdichtung

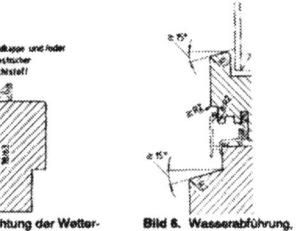

Bild 5. Abdichtung der Wetterschutzschiene zum Blendrahmen   **Bild 6.** Wasserabführung, Kantenrundung

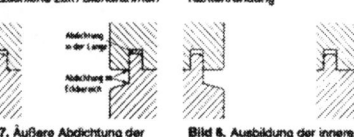

Bild 7. Äußere Abdichtung der Querfuge   **Bild 8.** Ausbildung der inneren Fuge

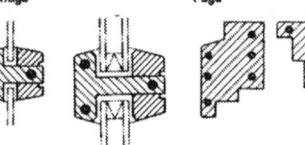

Bild 9. Beispiel: Dübelbild an Sprossenausbildung bei Verbundfenstern   **Bild 10.** Beispiel: Dübelbild an Sprossenausbildung bei Einfachfenstern   **Bild 11.** Beispiel: Dübelbild an Riegelausbildung   **Bild 12.** Beispiel: Dübelbild an Pfostenausbildung

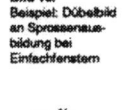

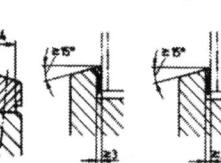

Bild 13. Glashalteleiste 12 mm Auflagebreite   **Bild 14.** Glashalteleiste 14 mm Auflagebreite   **Bild 15.** Ausbildung des Glasfalzanschlages mit und ohne Fase

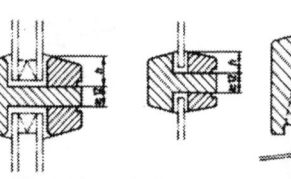
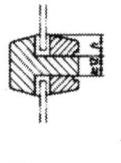

Bild 16. Sprossenausbildung bei Mehrscheiben-Isolierglas   **Bild 17.** Sprossenausbildung bei Einfachglas   **Bild 18.** Dampfdruckausgleich bei Festverglasung nach unten vor die Fensterbank

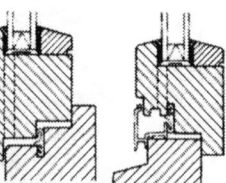
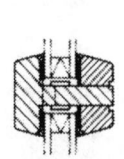

Bild 19. Dampfdruckausgleich bei Riegel, über die Rahmenverbindung in benachbarte Felder und von dort nach außen   **Bild 20.** Dampfdruckausgleich bei Flügel, bei Rahmendicken ab 63 mm nach unten und nach oben über die Rahmenverbindung   **Bild 21.** Dampfdruckausgleich bei Sprossen, über die Rahmenverbindung in benachbarte Felder und von dort nach außen

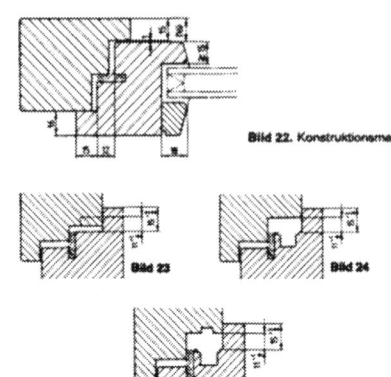

Bild 22. Konstruktionsmaße

Bild 23

Bild 24

Bild 25

Bild 23. Falzausbildung 4 mm Spiel Ausführung für eingelassene Schließplatten mit Angaben zur Aufnahme der verdeckten Schere im oberen Bereich des Fensters

Bild 24. Eurofalz 11 mm Spiel: Ausführung mit vergrößerter Falzluft zur Aufnahme und zum Aufschrauben der Schließplatten

Bild 25. Euronut 11 mm Spiel: Ausführung mit vergrößerter Falzluft mit Führungsnut zur Aufnahme und zum Aufschrauben der Schließplatten

2.7 Konstruktionsmaße

3 Falzausbildungen

3.1 Allgemeine Konstruktion

3.2 Falzdichtungen für Schallschutzfenster

Wenn bei Schallschutzfenstern zwei hintereinanderliegende Dichtungen notwendig sind, können diese alternativ zu IV 78 und IV 92 nach DIN 68121 Teil 1 entsprechend den Bildern 26 und 27 ausgeführt werden.

3.3 Fensterarten

3.3.1 Mehrteilige Fenster

Mehrteilige Fenster sind solche, bei denen die Fensterfläche durch Pfosten und/oder Riegel unterteilt ist, unabhängig davon, ob die einzelnen Teile festverglast oder mit beweglichen Flügeln versehen sind oder das gesamte Fenster aus einzelnen Elementen zusammengesetzt ist.

3.3.2 Einteilige, mehrflügelige Fenster
Stulpausführung

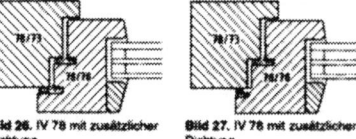
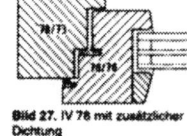

Bild 26. IV 78 mit zusätzlicher Dichtung   **Bild 27.** IV 78 mit zusätzlicher Dichtung

Bild 28. Pfostenausbildung

Breite a und Dicke b (b') von Pfosten und Riegeln ergeben sich aus der mechanischen Beanspruchung, wobei die Breite c unter Berücksichtigung der notwendigen Maße für den Beschlageinbau zu wählen ist (gilt auch für Bild 29).

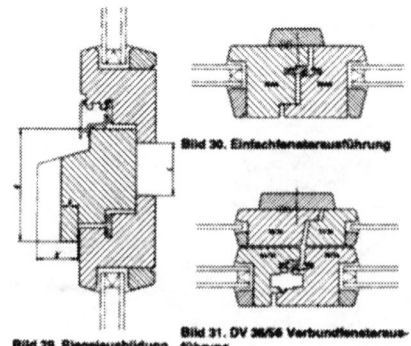

Bild 30. Einfachfensterausführung

Bild 31. DV 36/56 Verbundfensterausführung

Bild 29. Riegelausbildung

Einbruchhemmende Fenster

Einbruchhemmende Fenster nach DIN 18054
Begriffe, Anforderungen, Prüfung und Kennzeichnung

2.1 Einbruchhemmung
Einbruchhemmung ist die Eigenschaft eines Bauteiles, dem Versuch einer Beschädigung oder Zerstörung mit dem Ziel des Eindringens in den durch das Bauteil zu schützenden Bereich nach den in dieser Vornorm festgelegten Kriterien Widerstand zu leisten.

Ein einbruchhemmendes Fenster ist ein Fenster, das in geschlossenem, verriegeltem und abgeschlossenem Zustand Einbruchversuche mit körperlicher Gewalt für eine bestimmte Zeit (Widerstandszeit) erschwert.

Widerstandsklassen
Entsprechend ihrer einbruchhemmenden Wirkung werden Fenster in Widerstandsklassen eingeteilt. Jeder Widerstandsklasse ist eine Verglasung nach DIN 52290 Teil 3 oder Teil 4 zugeordnet bzw. eine nicht transparente Füllung.

Abschließbare Fenstergriffe
Sicherung der Fenstergriffe
Die Sperreinrichtung des abgeschlossenen Fenstergriffes muss einem Drehmoment von 200 Nm in Bewegungsrichtung standhalten.

Die Verbindung des Getriebekastens mit dem Fenstergriff und die Befestigung des Fenstergriffes auf dem Fensterprofil muss bei gesperrtem Fenstergriff einem Drehmoment von 200 Nm standhalten.

Schließzylinder in abschließbaren Fenstergriffen oder Zusatzschlössern
Werden Schließzylinder verwendet, so muss jeder Schließzylinder mindestens vier Zuhaltungen besitzen, die sich nach dem Abziehen des Schlüssels in Sperrlage befinden. Schließzylinder müssen über mindestens 2000 Schließvariationen verfügen.

Abschließbare Zusatzschlösser
Die maximal über die Verschlusselemente (z.B. einbruchhemmende Sicherungselemente, welche die Schubstange gegen Verschieben sichern) und über die Schubstange aufbringbaren Belastungen müssen von den Zusatzschlössern aufgenommen werden können, ohne dass das Fenster geöffnet werden kann.

Bohrschutz
Der Getriebebereich und die Befestigungsteile des Fenstergriffes müssen bohrerabweisend wirksam geschützt sein.

Verglasungen
Die verwendete Verglasung muss den Anforderungen der Widerstandsklasse nach Tabelle entsprechen.

Die Verglasung muss im Rahmen so befestigt sein, dass sie nicht leicht von der Angriffsseite her entfernt werden kann (z.B. durch Abschrauben der auf der Angriffsseite liegenden Glashalteleisten) und sie muss den ruhenden und Stoßbeanspruchungen standhalten.

Nicht transparente Füllungen
Nicht transparente Füllungen müssen den Anforderungen der Tabelle entsprechen.

Anforderungen an die Verglasung

Fenster Widerstandsklasse	Widerstandsklasse der Verglasung nach DIN 52290 Teil 3 oder Teil 4
EF 0	A 3
EF 1	B 1
EF 2	B 2
EF 3	B 3

Fensterkonstruktion

Falzbereich
Der Falz zwischen Flügel und Blendrahmen ist konstruktiv so auszubilden, dass ein Eingriff mit Werkzeugen erschwert wird. Die Falztiefe und Falzbreite müssen hierzu auf die Rahmensteifigkeit und die Ausführung der Verriegelungsteile abgestimmt sein.

Verschiebung in Flügelebene
Ein Durchbiegen der Rahmenteile in der Flügelebene oder ein seitliches Verschieben des Flügels in Flügelebene, welches den Einsatz von Hebelwerkzeugen ermöglicht und die Belastbarkeit der Verriegelungsteile beeinträchtigt, ist durch die Konstruktion so weit zu verhindern, dass der Einsatz von Hebelwerkzeugen wirksam erschwert wird.

Grenzwerte für die Beanspruchung

Ruhende Beanspruchung bei maximaler Auslenkung

		1	2	3	4
	Angriffspunkte	Last F_R in N			maximale Auslenkung mm [1]
		EF 0 EF 1	EF 2	EF 3	
1	zwischen den einbruchhemmenden Verriegelungspunkten und an den nicht befestigten Flügelecken	1500	3000	6000	a_{max} [2] jedoch ≤ 10
2	einbruchhemmende Verriegelungspunkte und Band- und Lagerpunkte	1500	3000	6000	5
3	Verglasungsecken	1500	3000	6000	5

[1] Bezugspunkt (Nullwert) ab einer Vorlast von 0,2 kN. Die maximale Auslenkung unter Vorlast darf 2 mm betragen.

[2] Das Maß der maximalen Auslenkung a_{max} wird aus der wirksamen Falztiefe t und der wirksamen Falzbreite b nach der Gleichung $a_{max} = t - 1,73\,b$ berechnet.

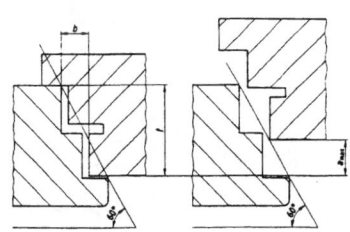
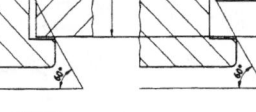
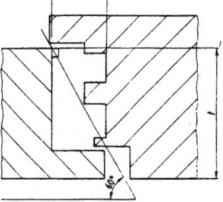

b = 16 mm
t = 47 mm
a_{max} = 19,3 mm

b = 42 mm
t = 66 mm
a = < 0 mm
Falzausbildung ist ungeeignet

Stoßbeanspruchung

		1	2	3	4	5	6	7
	Angriffspunkte	EF 0 EF 1		EF 2		EF 3		Veränderung am Fenster
		Anzahl der Stöße	Fallhöhe des Stoßkörpers mm	Anzahl der Stöße	Fallhöhe des Stoßkörpers mm	Anzahl der Stöße	Fallhöhe des Stoßkörpers mm	
1	Verriegelungspunkte, Band- und Lagerpunkte, Verglasungsecken	1	800 ± 50	1	800 ± 50	1	1200 ± 50	keine Zerstörung der Verriegelungspunkte, Band- und Lagerungspunkte sowie der Verglasung und der Verglasungsbefestigung, die ein Eindringen in den zu schützenden Bereich ermöglicht
2	Zentrum	3	800 ± 50	3	800 ± 50	3	1200 ± 50	

Beanspruchung durch Werkzeuge

Zuordnung der Widerstandsklassen zu den Widerstandszeiten und Werkzeugsätzen

	1	2	3
	Widerstandsklasse	Widerstandszeit der Hauptprüfung t_{ges} in Minuten	zu verwendender Werkzeugsatz [1]
1	EF 0 und EF 1	≥ 5	A
2	EF 2	≥ 7	B
3	EF 3	≥ 10	C

[1] Die Werkzeugsätze (Zusammenstellung der jeweils zu verwendenden Werkzeuge) können schriftlich erfragt werden bei: Normenausschuss Bauwesen im DIN Deutsches Institut für Normung e.V., Burggrafenstraße 6, 10787 Berlin 30

Holzfenster, Standard-Details

Holz-Fenster - Außenwand, Fenster mit tiefer Leibung außen

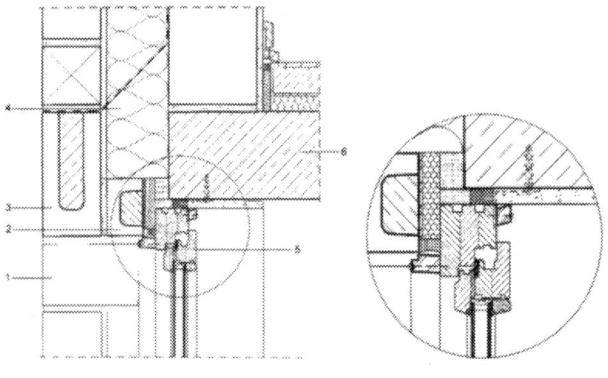
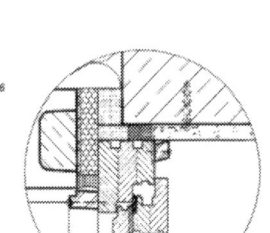

**Anschluss oben mit Sichtmauersturz,
ohne Überschlagdichtung**

1 – Verblendschalenmauerwerk ohne Luftschicht – *Kalksandstein - KS-Verblender KS Vb*
2 – Überdeckung der Öffnung – *Kalksandstein - KS-Sichtmauersturz*
3 – Schalung der Stürze – *Kalksandstein - KS-U 2F Schale*
4 – Wärmedämmschicht Kerndämmung – *Rockfon - Rockwool RP-KD-035*
5 – Fenster – *Stoeckel - IV 66 N, Holz-Einfachfenster mit Isolierverglasung*
6 – Tragwerk Deckenplatte

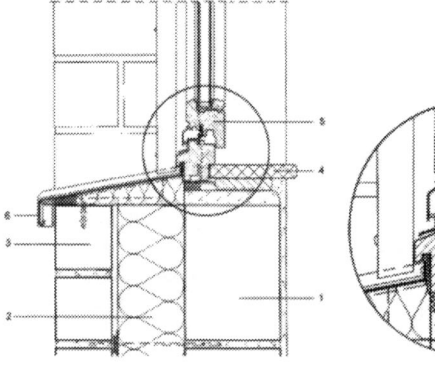

**Anschluss unten mit Alu-Fensterbank
ohne Überschlagdichtung**

1 – Mauerwerk der tragenden Außenwand
2 – Wärmedämmschicht Kerndämmung – *Rockfon - Rockwool RP-KD-035*
3 – Verblendschalenmauerwerk ohne Luftschicht – *Kalksandstein - KS-Verblender KS Vb*
4 – Fensterbank, innen
5 – Fenster – *Stoeckel - IV 66 N, Holz-Einfachfenster mit Isolierverglasung*
6 – Außenfensterbank – *POHL Serie S 40*

Produkthinweise	Firmen-CODE
Kalksandstein Bauberatung Dresden GmbH	KALKSAND
Christian Pohl GmbH	POHL
G. Stöckel GmbH	STOECKEL
Rockwool/Rockfon GmbH	ROCKFON

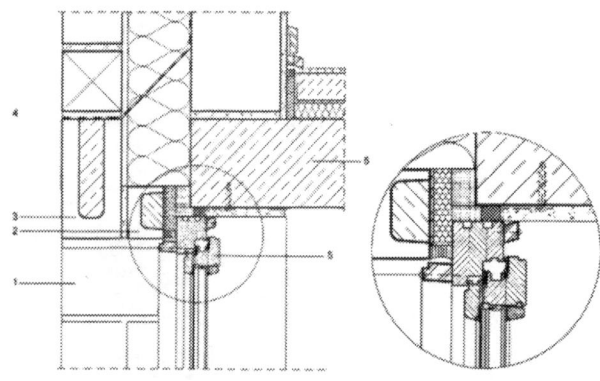

**Anschluss oben mit Sichtmauersturz
mit zusätzlicher Überschlagdichtung**

1 – Verblendschalenmauerwerk ohne Luftschicht – *Kalksandstein - KS-Verblender KS Vb*
2 – Überdeckung der Öffnung – *Kalksandstein - KS-Sichtmauersturz*
3 – Schalung der Stürze – *Kalksandstein - KS-U 2F Schale*
4 – Wärmedämmschicht Kerndämmung – *Rockfon - Rockwool RP-KD-035*
5 – Fenster – *Stoeckel - IV 66 N, Holz-Einfachfenster mit Isolierverglasung mit zusätzlicher Überschlagdichtung*
6 – Tragwerk Deckenplatte

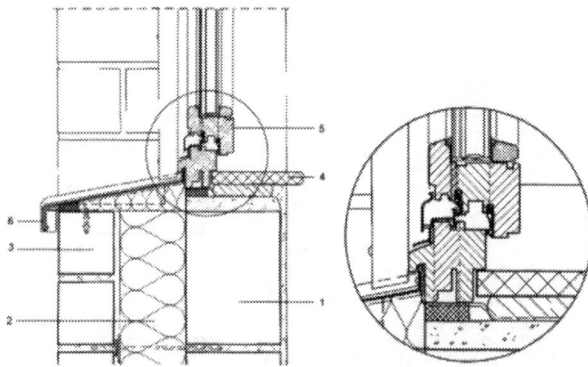

**Anschluss unten mit Alu-Fensterbank
mit zusätzlicher Überschlagdichtung**

1 – Mauerwerk der tragenden Außenwand
2 – Wärmedämmschicht Kerndämmung – *Rockfon - Rockwool RP-KD-035*
3 – Verblendschalenmauerwerk ohne Luftschicht – *Kalksandstein - KS-Verblender KS Vb*
4 – Fensterbank, innen
5 – Fenster – *Stoeckel - IV 66 S, Holz-Einfachfenster mit Isolierverglasung mit zusätzlicher Überschlagdichtung*
6 – Außenfensterbank – *POHL Serie S 40*

Holzfenster, Standard-Details

Holz-Fenster - Außenwand, Fenster mit tiefer Leibung außen

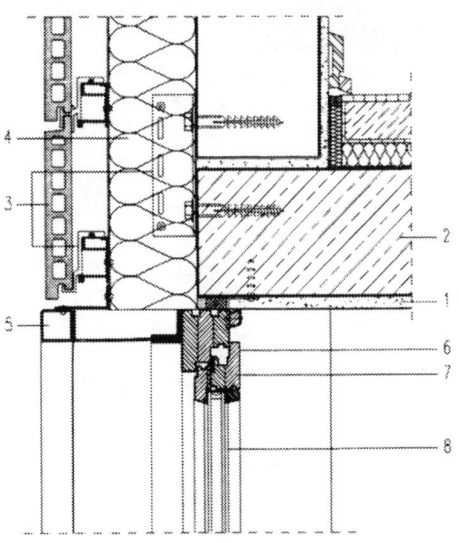

Anschluss oben mit abgehängter Ziegelfassade mit Fenstersturz-Abschlussprofil,

– Holzfenster ohne Überschlagdichtung
– abgehängte Fassadenbekleidung aus Ziegelplatten, kleinformatig mit Alu-Unterkonstruktion und Fenstersturz-Abschlussprofil

1 – Innendeckenputzsystem
2 – Tragwerk Deckenplatte
3 – Fassadenbekleidungen – *Möding - Original-ARGETON-Ziegelfassade*
4 – Wärmedämmung für Außenwandbekleidung – *Heraklith - Heralan -FP*
5 – Fenstersturzbekleidung aus Alu – *Möding - Original-ARGETON*
6 – Fenster – *Stoeckel - IV 66 N, Holz-Einfachfenster mit Isolierverglasung*
7 – Anstrich Holzfenster, 2 x Disp.-Zwischenlack/Schlußlack
8 – Fensterverglasung mit Mehrscheiben-Isolierglas

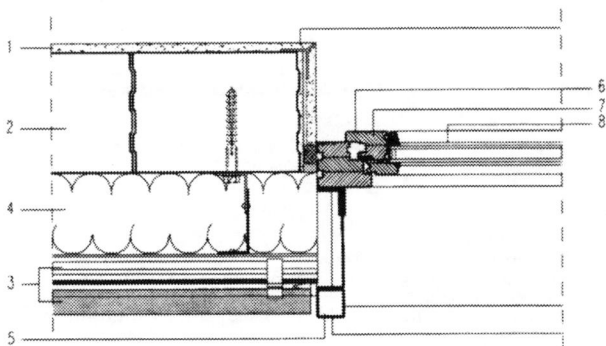

Anschluss seitlich mit abgehängter Ziegelfassade mit Fensterleibung-Abschlussprofil,

– Holzfenster ohne Überschlagdichtung
– abgehängte Fassadenbekleidung aus Ziegelplatten, kleinformatig mit Alu-Unterkonstruktion und Fensterleibung-Abschlussprofil

1 – Innenwandputzsystem
2 – Mauerwerk der tragenden Außenwand
3 – Fassadenbekleidungen – *Möding - Original-ARGETON-Ziegelfassade*
4 – Wärmedämmung für Außenwandbekleidung – *Heraklith - Heralan -FP*
5 – Fensterleibungsbekleidung aus Alu – *Möding - Original-ARGETON*
6 – Fenster – *Stoeckel - IV 66 N, Holz-Einfachfenster mit Isolierverglasung*
7 – Anstrich Holzfenster, 2 x Disp.-Zwischenlack/Schlußlack
8 – Fensterverglasung mit Mehrscheiben-Isolierglas

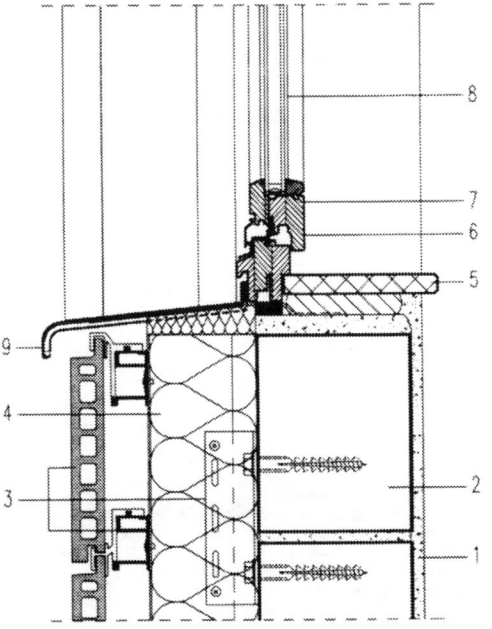

Anschluss unten mit Alu-Fensterbank und abgehängter Ziegelfassade,

– Holzfenster ohne Überschlagdichtung
– abgehängte Fassadenbekleidung aus Ziegelplatten, kleinformatig mit Alu-Unterkonstruktion
– Außenfensterbank aus Aluminium

Produkthinweise	Firmen-CODE
BUG-Alutechnik GmbH	BUG_ALU
Deutsche Heraklith AG	HERAKLIT
Dachziegelwerk Möding GmbH & Co. KG	MOEDING
G. Stöckel GmbH	STOECKEL

1 – Innenwandputzsystem
2 – Mauerwerk der tragenden Außenwand
3 – Fassadenbekleidungen – *Möding - Original-ARGETON-Ziegelfassade*
4 – Wärmedämmung für Außenwandbekleidung – *Heraklith - Heralan -FP*
5 – Fensterbank, innen
6 – Fenster – *Stoeckel - IV 66 N, Holz-Einfachfenster mit Isolierverglasung*
7 – Anstrich Holzfenster, 2 x Disp.-Zwischenlack/Schlußlack
8 – Fensterverglasung mit Mehrscheiben-Isolierglas
9 – Außenfensterbank – *BUG RONDO, Alu eloxiert*

Holzfenster, Standard-Details

Holz-Fenster - Außenwand, Fenster mit tiefer Leibung außen

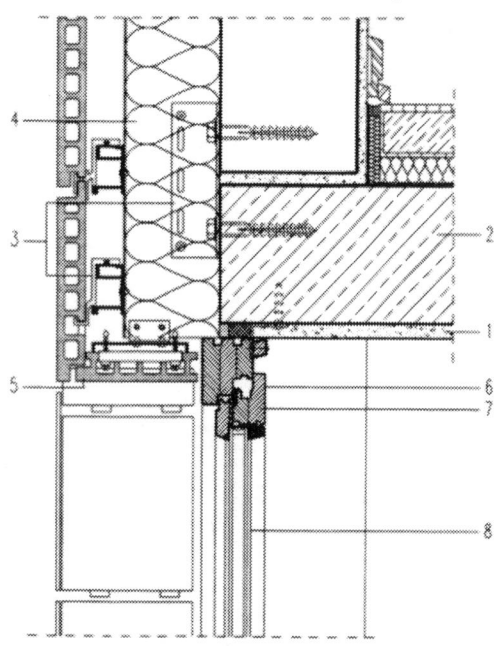

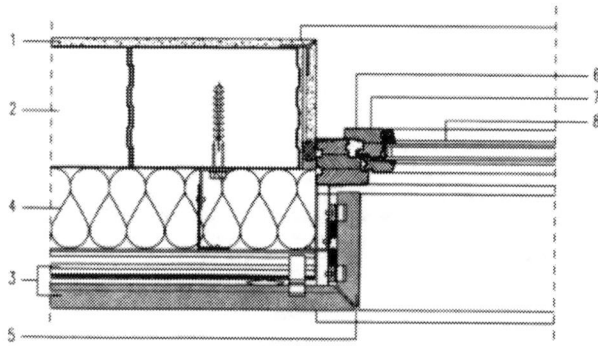

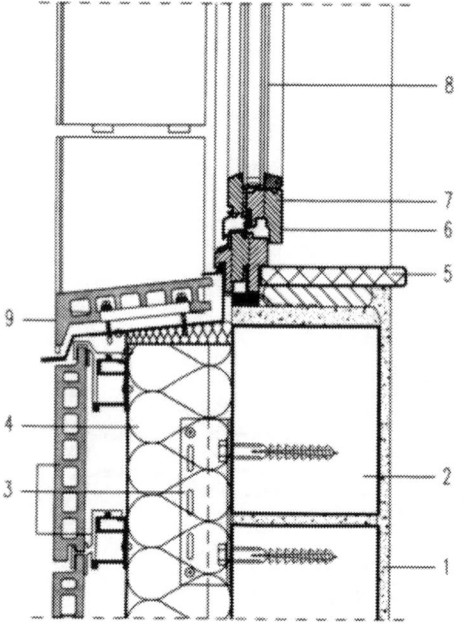

Anschluss oben mit abgehängter Ziegelfassade mit Ziegel-Fenstersturz,

– Holzfenster ohne Überschlagdichtung
– abgehängte Fassadenbekleidung aus Ziegelplatten, kleinformatig mit Alu-Unterkonstruktion und Ziegel-Fenstersturz

1 – Innendeckenputzsystem
2 – Tragwerk Deckenplatte
3 – Fassadenbekleidungen – *Möding - Original-ARGETON-Ziegelfassade*
4 – Wärmedämmung für Außenwandbekleidung – *Heraklith - Heralan -FP*
5 – Fenstersturzbekleidung aus Ziegeln – *Möding - Original-ARGETON-Fassadenplatten*
6 – Fenster – *Stoeckel - IV 66 N, Holz-Einfachfenster mit Isolierverglasung*
7 – Anstrich Holzfenster, 2 x Disp.-Zwischenlack/Schlußlack
8 – Fensterverglasung mit Mehrscheiben-Isolierglas

Anschluss seitlich mit abgehängter Ziegelfassade mit Ziegel-Fensterleibung,

– Holzfenster ohne Überschlagdichtung
– abgehängte Fassadenbekleidung aus Ziegelplatten, kleinformatig mit Alu-Unterkonstruktion und Ziegel-Fensterleibung

1 – Innenwandputzsystem
2 – Mauerwerk der tragenden Außenwand
3 – Fassadenbekleidungen – *Möding - Original-ARGETON-Ziegelfassade*
4 – Wärmedämmung für Außenwandbekleidung – *Heraklith - Heralan -FP*
5 – Fensterleibungsbekleidung aus Ziegel – *Möding - Original-ARGETON-Fassadenplatten*
6 – Fenster – *Stoeckel - IV 66 N, Holz-Einfachfenster mit Isolierverglasung*
7 – Anstrich Holzfenster, 2 x Disp.-Zwischenlack/Schlußlack
8 – Fensterverglasung mit Mehrscheiben-Isolierglas

Anschluss unten mit abgehängter Ziegelfassade und Ziegel-Fensterbank,

– Holzfenster ohne Überschlagdichtung
– abgehängte Fassadenbekleidung aus Ziegelplatten, kleinformatig mit Alu-Unterkonstruktion und Ziegel-Fensterbank

Produkthinweise   **Firmen-CODE**
BUG-Alutechnik GmbH   BUG_ALU
Deutsche Heraklith AG   HERAKLIT
Dachziegelwerk Möding GmbH & Co. KG   MOEDING
G. Stöckel GmbH   STOECKEL

1 – Innenwandputzsystem
2 – Mauerwerk der tragenden Außenwand
3 – Fassadenbekleidungen – *Möding - Original-ARGETON-Ziegelfassade*
4 – Wärmedämmung für Außenwandbekleidung – *Heraklith - Heralan -FP*
5 – Fensterbank, innen
6 – Fenster – *Stoeckel - IV 66 N, Holz-Einfachfenster mit Isolierverglasung*
7 – Anstrich Holzfenster, 2 x Disp.-Zwischenlack/Schlußlack
8 – Fensterverglasung mit Mehrscheiben-Isolierglas
9 – Außenfensterbank – *Möding - Original-ARGETON-Fensterbankplatten*

Holzfenster, Standard-Details

Holz-Aluminum-Fenster - Außenwand, Fenster mit tiefer Leibung außen

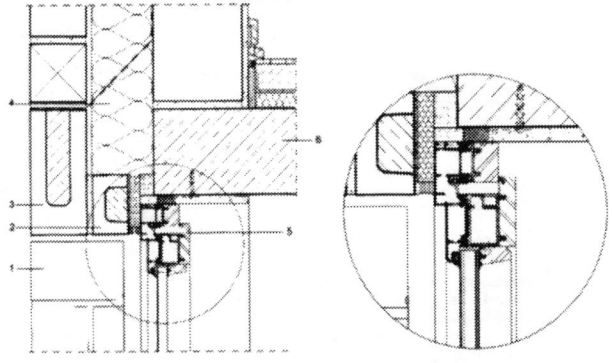

**Anschluss oben mit Sichtmauersturz,
mit breitem Rahmenprofil (Typ 1)**

1 – Verblendschalenmauerwerk ohne Luftschicht – *Kalksandstein - KS-Verblender
    KS Vb*
2 – Überdeckung der Öffnung – *Kalksandstein - KS-Sichtmauersturz*
3 – Schalung der Stürze – *Kalksandstein - KS-U 2F Schale*
4 – Wärmedämmschicht Kerndämmung – *Rockfon - Rockwool RP-KD-035*
5 – Fenster EIV – *BUG - kompakt Serie Berlin Typ 1, Eiche-Alu-Einfachfenster mit
    Isolierverglasung*
6 – Tragwerk Deckenplatte

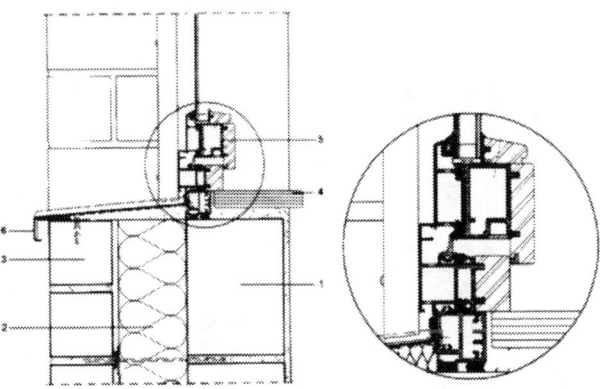

**Anschluss unten mit Alu-Fensterbank
mit breitem Rahmenprofil (Typ 1)**

1 – Mauerwerk der tragenden Außenwand
2 – Wärmedämmschicht Kerndämmung – *Rockfon - Rockwool RP-KD-035*
3 – Verblendschalenmauerwerk ohne Luftschicht – *Kalksandstein - KS-Verblender
    KS Vb*
4 – Fensterbank, innen
5 – Fenster EIV – *BUG - kompakt Serie Berlin Typ 1, Eiche-Alu-Einfachfenster mit
    Isolierverglasung*
6 – Außenfensterbank – *BUG SOFTLINE TYP G, Alu eloxiert*

Produkthinweise	Firmen-CODE
BUG-Alutechnik GmbH	BUG_ALU
Kalksandstein Bauberatung Dresden GmbH	KALKSAND
Rockwool/Rockfon GmbH	ROCKFON

**Anschluss oben mit Sichtmauersturz
mit schmalem Rahmenprofil (Typ 2)**

1 – Verblendschalenmauerwerk ohne Luftschicht – *Kalksandstein - KS-Verblender
    KS Vb*
2 – Überdeckung der Öffnung – *Kalksandstein - KS-Sichtmauersturz*
3 – Schalung der Stürze – *Kalksandstein - KS-U 2F Schale*
4 – Wärmedämmschicht Kerndämmung – *Rockfon - Rockwool RP-KD-035*
5 – Fenster EIV – *BUG - kompakt Serie Berlin Typ 2, Eiche-Alu-Einfachfenster mit
    Isolierverglasung*
6 – Tragwerk Deckenplatte

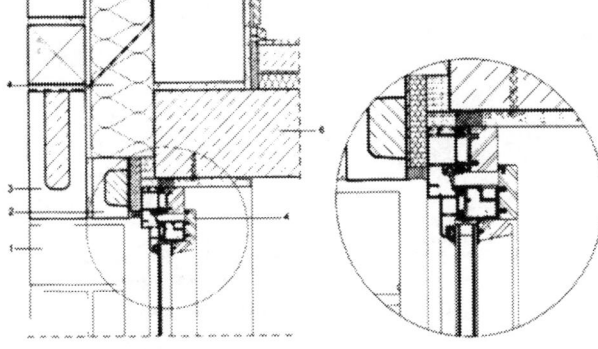

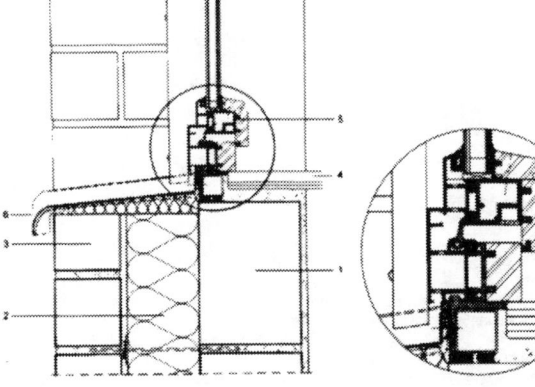

**Anschluss unten mit Alu-Fensterbank
mit schmalem Rahmenprofil (Typ 2)**

1 – Mauerwerk der tragenden Außenwand
2 – Wärmedämmschicht Kerndämmung – *Rockfon - Rockwool RP-KD-035*
3 – Verblendschalenmauerwerk ohne Luftschicht – *Kalksandstein - KS-Verblender
    KS Vb*
4 – Fensterbank, innen
5 – Fenster EIV – *BUG - kompakt Serie Berlin Typ 2, Eiche-Alu-Einfachfenster mit
    Isolierverglasung*
6 – Außenfensterbank – *BUG RONDO, Alu eloxiert*

Holzfenster, Standard-Details

PVC-Fenster - Außenwand

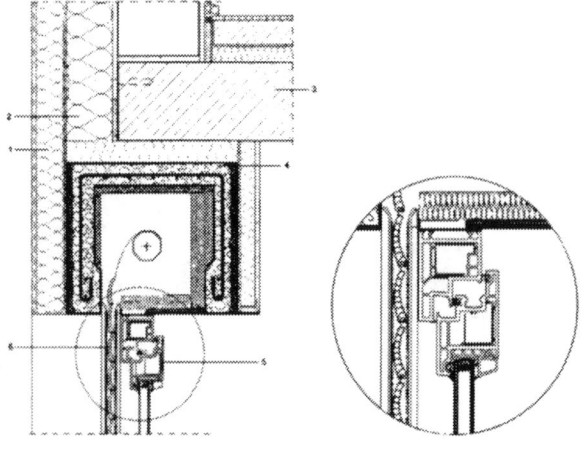

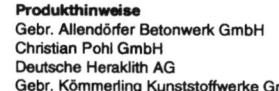

Anschluss oben mit Rollladenkasten
Rollladenkasten mit unterer Montageöffnung, Fenster mit Dreifachfalz

1 – Wärmedämmschicht – *Heraklith - Tektalan-SD, 100 mm*
2 – Wärmedämmputz – *Heraklith - Tektalan-Fassadendämmsystem E-21*
3 – Tragwerk Deckenplatte
4 – Rollladenkasten aus Leichtbeton – *Gebr. Allendörfer - BERO 36,5 er Typ BLAU SP Ziegel-tragend*
5 – Fenster - *Stoeckel - System Twinstep, PVC-Einfachfenster mit Isolierverglasung*
6 – Rollladen – *Gebr. Kömmerling - Rollladen Typ Z 38*

Anschluss seitlich mit Rollladen
Fenster mit Dreifachfalz

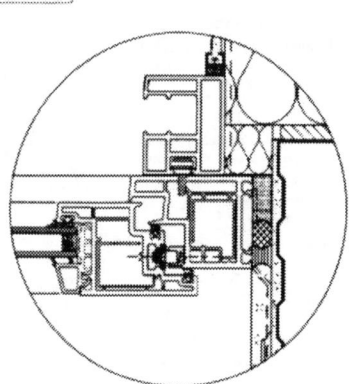

Produkthinweise   **Firmen-CODE**
Gebr. Allendörfer Betonwerk GmbH   ALLENDOE
Christian Pohl GmbH   POHL
Deutsche Heraklith AG   HERAKLIT
Gebr. Kömmerling Kunststoffwerke GmbH   KOEMMERL
G. Stöckel GmbH   STOECKEL

1 – Mauerwerk der tragenden Außenwand
2 – Wärmedämmschicht – *Heraklith - Tektalan-SD, 100 mm*
3 – Wärmedämmputz – *Heraklith - Tektalan-Fassadendämmsystem E-21*
4 – Fenster - *Stoeckel - System Twinstep, PVC-Einfachfenster mit Isolierverglasung*
5 – Rollladen (Führungsschiene) – *Gebr. Kömmerling - Rollladen Typ Z 38*

Anschluss unten mit Alu-Fensterbank
Fenster mit Dreifachfalz

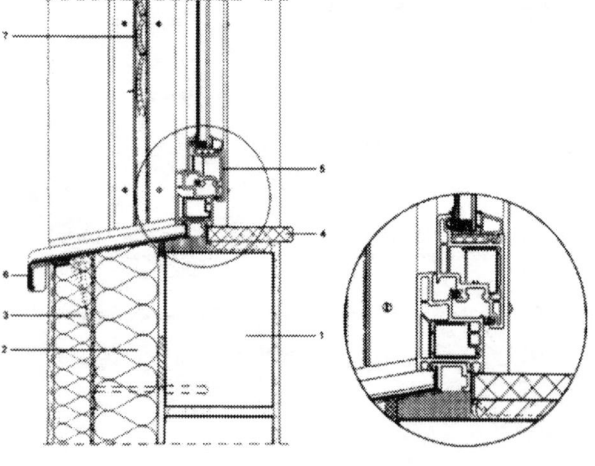

1 – Mauerwerk der tragenden Außenwand
2 – Wärmedämmschicht – *Heraklith - Tektalan-SD, 100 mm*
3 – Wärmedämmputz – *Heraklith - Tektalan-Fassadendämmsystem E-21*
4 – Fensterbank, innen
5 – Fenster - *Stoeckel - System Twinstep, PVC-Einfachfenster mit Isolierverglasung*
6 – Außenfensterbank – *POHL Serie S 40*
7 – Rollladen – *Gebr. Kömmerling - Rollladen Typ Z 38*

Holzfenster, Standard-Details

PVC-Fenster - Außenwand

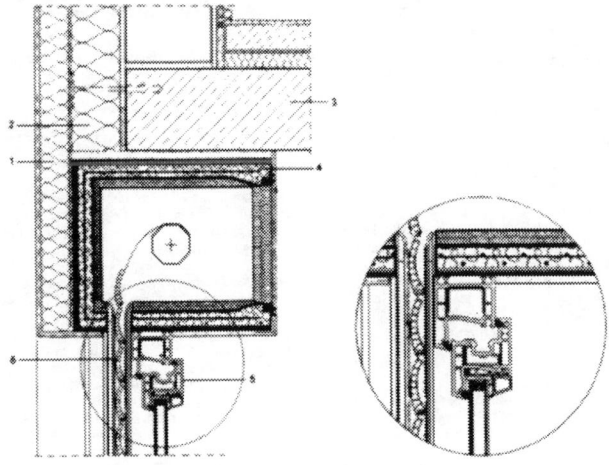

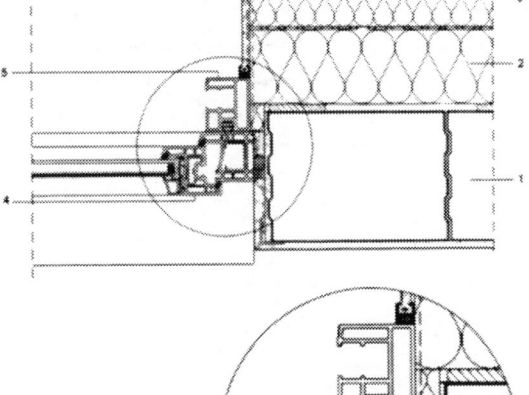

Anschluss oben mit Rollladenkasten
Rollladenkasten mit hinterer Montageöffnung, Fenster mit Zweifachfalz

1 – Wärmedämmschicht – *Heraklith - Tektalan-SD, 100 mm*
2 – Wärmedämmputz – *Heraklith - Tektalan-Fassadendämmsystem E-21*
3 – Tragwerk Deckenplatte
4 – Rollladenkasten aus Leichtbeton – *Gebr. Allendörfer - BERO 36,5 er Typ ROT mit hinterer Montageöffnung*
5 – Fenster – *Stoeckel - System Ecostep, PVC-Einfachfenster mit Isolierverglasung*
6 – Rollladen – *Gebr. Kömmerling - Rollladen Typ Z 38*

Anschluss seitlich mit Rollladen
Fenster mit Zweifachfalz

Produkthinweise	Firmen-CODE
Deutsche Heraklith AG	HERAKLIT
Gebr. Allendörfer Betonwerk GmbH	ALLENDOE
Christian Pohl GmbH	POHL
Gebr. Kömmerling Kunststoffwerke GmbH	KOEMMERL
G. Stöckel GmbH	STOECKEL

1 – Mauerwerk der tragenden Außenwand
2 – Wärmedämmschicht – *Heraklith - Tektalan-SD, 100 mm*
3 – Wärmedämmputz – *Heraklith - Tektalan-Fassadendämmsystem E-21*
4 – Fenster – *Stoeckel - System Ecostep, PVC-Einfachfenster mit Isolierverglasung*
5 – Rollladen (Führungsschiene) – *Gebr. Kömmerling - Rollladen Typ Z 38*

Anschluss unten mit Alu-Fensterbank
Fenster mit Zweifachfalz

1 – Mauerwerk der tragenden Außenwand
2 – Wärmedämmschicht – *Heraklith - Tektalan-SD, 100 mm*
3 – Wärmedämmputz – *Heraklith - Tektalan-Fassadendämmsystem E-21*
4 – Fensterbank, innen
5 – Fenster – *Stoeckel - System Ecostep, PVC-Einfachfenster mit Isolierverglasung*
6 – Außenfensterbank – *POHL Serie S 40*
7 – Rollladen – *Gebr. Kömmerling - Rollladen Typ Z 38*

Metallfenster, Fensterwände

Ausführung von Metallfenstern nach DIN 18360, Abs. 3

3.2 Metallbauarbeiten

3.2.1 Fenster

3.2.1.1 Fensterflügel sind so einzupassen, dass sie dicht schließen und schon vor der Verglasung gut gangbar sind, später aufzubringende Anstriche sind dabei zu berücksichtigen.

3.2.1.2 Fenster müssen Vorrichtungen, z.B. Glashalter, Glasleisten, Stiftlöcher haben, mit denen die Glasscheiben an allen Seiten sicher befestigt werden können.
Die Vorrichtungen müssen auf die vorgesehene Glasdicke und die Dicke des Dichtstoffbettes oder – bei Einglasung mit Dichtstreifen oder bei Druckverglasung – des Dichtstreifens oder des Druckverglasungsstreifens abgestellt sein.

3.2.1.3 Die Befestigungsstellen der Vorrichtungen müssen folgende Abstände haben:

Art der Vorrichtung	Abstand der Befestigungsstellen von den Ecken mm	Abstand zwischen den Befestigungsstellen der Vorrichtungen max. mm
Glashalter (Clips)	50 bis 100	200
Glashalteleisten	50 bis 100	350
Stiftlöcher	50 bis 100	200

3.2.1.4 Klemmleisten dürfen zur Halterung von Scheiben nur verwendet werden, wenn die Art der Konstruktion des Metallbauteils Gewähr bietet, dass der Halt der Scheibe trotz der Belastung des Metallbauteils durch die Scheibe nicht gefährdet ist. Bei großflächigen Scheiben dürfen Klemmleisten durch die Halterung der Scheiben nicht beansprucht werden.

3.2.1.5 Die Falze müssen der Verglasung entsprechend wie folgt bemessen sein:

größte Scheibenlänge mm	Mindestfalzhöhe mm
bis zu 1000	10
über 1000 bis zu 2500	12
über 2500 bis zu 4000	15
über 4000 bis zu 6000	17
über 6000	20

Fensterwände nach DIN 18056

Geltungsbereich
Diese Norm gilt für Fensterwände mit einer Fläche von mindestens 9 m^2 und einer Seitenlänge von mindestens 200 cm, die aus einem Traggerippe (Rahmen, Pfosten, Riegel) mit Füllungen (z.B. Verglasungen) bestehen. Diese Norm gilt nicht für Wände aus Glasbausteinen.

Form
Die Fensterwände können beliebige Formen haben (Rechteck, Mehreck u.a.m.), unterteilt sein und dabei sowohl feststehende Scheiben als auch bewegliche Fensterflügel erhalten.

Fensterwände können nach außen oder innen geneigt sein. Ihre Oberkanten sollen nicht mehr als 30 cm über ihre Unterkanten ausladen.

Bemessung
Beim Bemessen des Traggerippes von Fensterwänden sind, soweit in dieser Norm nichts anderes bestimmt ist, u.a. folgende Normen zu beachten:

DIN 1045	Bestimmungen für die Ausführung von Bauwerken aus Stahlbeton
DIN 18800	T1 Stahlbauten; Bemessung und Konstruktion
DIN 18808	Stahlbauten; Tragwerke aus Hohlprofilen
DIN 4113	Aluminium im Hochbau; Richtlinien für Berechnung und Ausführung von Aluminiumbauteilen
DIN 1052	Holzbauwerke; Berechnung und Ausführung

Traggerippe (Rahmen, Riegel, Pfosten)

Das Traggerippe der Fensterwände setzt sich zusammen aus: Rahmen, Riegeln und Pfosten.

Die genannten Teile des Traggerippes können aus Holz, Metall, Stahlbeton oder Spannbeton bestehen.

Rahmen, Pfosten und Riegel sind so einzubauen, dass sie nur auf die Fensterwände einwirkende Kräfte aufnehmen und auf das Tragwerk des Bauwerkes übertragen.

Die rechnerische Durchbiegung für Riegel und Pfosten rechtwinklig zur Fensterwandebene darf für die ungünstigste Belastung bei Stützweiten bis zu 300 cm nicht größer als 1/200 und bei Stützweiten über 300 cm nicht größer als 1/300 der Stützweite sein. Bei der Verwendung von Isolierglasscheiben sind für die Festlegung der zulässigen Durchbiegung die Angaben der Hersteller zu beachten.

Die Verglasung oder andere Füllungen dürfen nicht für die Aufnahme von Kräften in der Fensterebene (auch nicht zur Aussteifung des Traggerippes) in Rechnung gestellt werden.

Bauliche Ausbildung

Durch konstruktive Maßnahmen ist dafür zu sorgen, dass diejenigen Bauteile, an denen der Fensterrahmen befestigt ist, ihre Lage höchstens in einem solchen Ausmaß ändern können, dass dadurch auf die Scheiben weder in ihrer Ebene noch senkrecht dazu Kräfte einwirken.

Bei geraden Scheiben setzt sich die Mindestfalzbreite zusammen aus der Glasdicke und 2 mm x 3 mm für die Abdichtung. Für gebogene Scheiben sind der Glasdicke für den Falz mindestens 20 mm zuzuschlagen.
Bei Sonderverglasungen sind die Angaben der Scheibenhersteller zu berücksichtigen.

Hinweis: Anforderungen an Glasfalze siehe DIN 18545 Teil 1.

3.2.1.6 Für Anforderungen an Fenster gilt DIN 18055 "Fenster; Fugendurchlässigkeit, Schlagregendichtheit und mechanische Beanspruchung; Anforderungen und Prüfung".

Hinweis:
Einbruchhemmende Fenster siehe DIN 18054.

3.2.1.7 Fensterrahmen sind am Bauwerk ausreichend zu verankern. Bei Fenstern ohne bewegliche Flügel sind die Rahmen auch dort zu verankern, wo die Scheiben zu klotzen sind; bei Fenstern mit beweglichen Flügeln sind die Fensterrahmen auch dort zu verankern, wo die von den Bändern und Lagern ausgehenden Kräfte auf das Bauwerk technisch richtig übertragen werden.

3.2.1.8 Wird die Verglasung durch den Auftragnehmer entsprechend ATV DIN 18361 "Verglasungsarbeiten" ausgeführt, so ist sie als in sich abgeschlossene Leistung durch den Auftraggeber abzunehmen.

3.2.1.9 Dreh-Kipp-Fenster müssen eine Fehlbedienungssperre haben. Schwingflügel müssen bei einer Drehung von 180° eine Feststellvorrichtung haben.

3.2.2 Türen und Fenstertüren

3.2.1.1 Türen und Fenstertüren müssen sich leicht öffnen und schließen lassen. Die vorgesehene weitere Oberflächenhandlung ist zu berücksichtigen. Die geschlossenen Flügel müssen gut anliegen. Die Flügel dürfen an keiner Stelle streifen.

3.2.2.2 Treibriegel und Getriebe müssen auswechselbar sein. Schließstangen müssen in Führungen laufen.

Bei den Lagern von Flügeln mit lotrechter Drehachse ist die Durchbiegung der Riegel zu berücksichtigen. Die Drehschalenteile müssen auch im ungünstigsten Fall noch mindestens 5 mm ineinandergreifen oder auf andere Weise so gesichert sein, dass der Flügel auch beim Nachgeben der Riegel nicht aus dem Lager gleiten kann.

Verankerung des Traggerippes im Bauwerk

Das Traggerippe der Fensterwand ist in den umgebenden Bauteilen sicher zu verankern.

Der Abstand der Verankerungsstellen soll 80 cm nicht überschreiten; jede Seite der Fensterwand muss an mindestens zwei Stellen mit dem Bauwerk verankert werden.

Die Verankerung darf die Tragfähigkeit der an die Fensterwände anschließenden Bauteile nicht beeinträchtigen.

Bemessung der Glasscheiben

Die erforderliche Dicke der Glasscheiben von Fensterwänden ist nachzuweisen; je nach ihrer Stützung sind sie als zweiseitig, dreiseitig oder vierseitig frei drehbar gelagerte Platten zu bemessen. Die Scheiben gelten nur an denjenigen Rändern als aufgelagert, an denen sie durch ausreichend bemessene Rahmen, Riegel oder Pfosten oder durch doppelseitige Stabilisierungsstreifen aus Glas mit ausreichender Auflagerbreite gestützt sind.
Die erforderliche Scheibendicke ist nach dem Diagramm zur Dickenwahl zu bestimmen.

Das Diagramm gilt für vierseitig gelagerte, rechteckige Glasscheiben, doch kann es auch für zweiseitig oder dreiseitig gestützte Scheiben verwendet werden, wenn bei diesen als Scheibenbreite die Länge des ungestützten freien Randes in Rechnung gestellt wird und die Glasdicke wie für eine vierseitig gestützte Scheibe mit einer Scheibenlänge von 8 m bestimmt wird.

Bei Windlasten ω > 60 kp/m^2 sind die nach dem Diagramm

sich ergebenden Scheibendicken im Verhältnis $\sqrt{\dfrac{\omega}{60}}$ zu vergrößern (ω in kp/m^2).

Auflagerung und Befestigung der Glasscheiben

Die Falzhöhe (parallel zur Scheibenebene) der Rahmen, Riegel und Pfosten muss sein

bei größter Scheibenseite bis 250 cm:	12 mm
über 250 bis 400 cm:	15 mm
über 400 bis 600 cm:	17 mm
über 600 cm:	20 mm

Bei gebogenen Scheiben muss die Falzbreite (quer zur Scheibenebene) außerdem 20 mm größer als die Scheibendicke sein. Die Überdeckung von Scheibe und Falz muss mindestens zwei Drittel der Falzhöhe betragen.

3.2.2.3 Türen und Fenstertüren sind am Bauwerk mit Ankern zu befestigen, die der zu erwartenden Beanspruchung genügen.

3.2.2.4 Für Türen und Fenstertüren gelten die Bestimmungen des Abschnitts 3.2.1 sinngemäß.

3.2.3 Schaufenster, Schaukästen und Vitrinen

3.2.3.1 Bei Schaufenstern, Schaukästen und Vitrinen müssen die Scheiben hinterlüftet sein.

3.2.3.2 Schaufenster-, Schaukästen- und Vitrinenkonstruktionen sind so zu bemessen, dass sie alle auf sie einwirkenden Lasten zuverlässig und auf Dauer tragen können. Gewichte der Verglasung und Besonderheiten auskragender Konstruktionen sind entsprechend zu berücksichtigen.

3.2.3.3 Sind Scheiben durch senkrechte Sprossen verbunden, so müssen die Sprossen abnehmbare Deckleisten haben, wenn
- die Scheibenhöhe mehr als 2400 mm beträgt,
- die Größe der einzelnen Scheiben mehr als 5 m^2 beträgt oder
- mehr als vier Scheiben nebeneinander mit Sprossen verbunden sind.

Die Deckleisten müssen es ermöglichen, dass jede Scheibe für sich ausgewechselt werden kann.

3.2.3.4 Bei Schaufenstern mit einer Fläche von mindestens 9 m^2 und einer Seitenlänge von mehr als 2000 mm ist DIN 18056 "Fensterwände; Bemessung und Ausführung" zu beachten.

3.2.3.5 Die Konstruktionen müssen eine fachgerechte Verklotzung der Scheiben ermöglichen. Dabei ist zu berücksichtigen, dass die Klotzhöhe ein Drittel der Falzhöhe beträgt.

3.2.3.6 Bei zusammengesetzten Profilen darf kein Niederschlagswasser durch die Fugen nach innen eindringen können. Dies gilt auch für angeschlossene Markisenkästen u.a.

3.2.3.7 Bei Schaukästen und Vitrinen müssen die Verschlusseinrichtungen so beschaffen sein, dass die dafür notwendigen Ausnehmungen die Biege- und Verwindungssteifigkeit der Rahmen nicht in unzulässigem Maße beeinträchtigen.

Die Scheiben sind nach dem Einsetzen ausreichend gegen Herausdrücken und Verschieben zu sichern. Die Klotzungsstellen müssen so gewählt werden, dass das Glas und das Traggerippe nicht überbeansprucht werden.

In Gebäudehöhen ab 5 m über Gelände, gemessen bis zur Unterkante der Fensterwand, sind grundsätzlich nur Scheiben mit Flächen gleich oder kleiner als 12 m^2 zulässig.

Die allseitige Randauflage von Glasscheiben setzt Mindestfalzabmessungen voraus, die in DIN 18361 – Verglasungsarbeiten –, gefordert werden. Wenn bei Ganzglaskonstruktionen wegen der Dickenabmessung der Glasstabilisierungsstreifen die Mindestwerte der Randauflage unterschritten werden, sind die abgelesenen Scheibendicken mit dem Faktor 1,23 zu multiplizieren.

Tabelle der Faktoren zur Berücksichtigung der Verglasungshöhe (nach DIN 1055 Blatt 4)

Verglasungshöhe über Gelände m	Normales Bauwerk (Beiwert c = 1,2)		Turmartiges Bauwerk (Beiwert c = 1,6)	
	Windlast w = q · c kp/m^2	Faktor	Windlast w = q · c kp/m^2	Faktor
0 bis 8	60	1,00	80	1,16
8 bis 20	96	1,27	128	1,46
20 bis 100	132	1,48	176	1,72
über 100	156	1,61	208	1,87

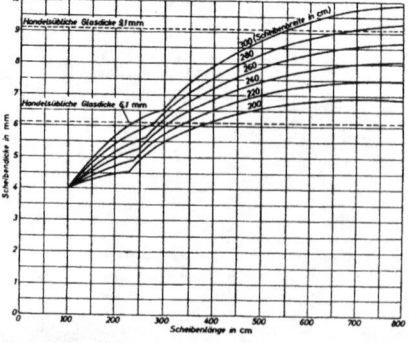

Diagramm zur Dickenwahl von ebenen allseitig aufliegenden Glasscheiben unter Berücksichtigung der Seitenabmessungen. Verglasungshöhe 0 bis 8 m über Gelände.

Aluminiumkonstruktionen

Öffnungsarten

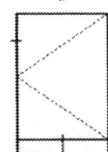

Tür, einflügelig,
nach innen öffnend,
auch mit Seitenteilen oder Oberlicht

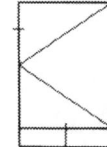

Tür, einflügelig,
nach außen öffnend,
auch mit Seitenteilen oder Oberlicht

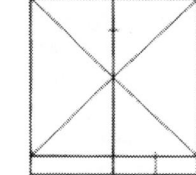

Tür, zweiflügelig
nach innen öffnend,
auch mit Seitenteilen oder Oberlicht

Tür, zweiflügelig
nach außen öffnend,
auch mit Seitenteilen oder Oberlicht

Serie HUECK 1.0
Tür

Öffnungsarten
Ein- und zweiflügelig, nach innen oder außen aufgehend, zweiflügelig rechtsgehend innen/außen, auch als Pendelanschlagtür.

Wärmedämmung
Einstufung des Profilsystems in Rahmenmaterialgruppe 2.1 nach DIN 4108, Teil 4, Tabelle 3.

PA-Isolierung
2-stegige Isolierzone aus glasfaserverstärkten Polyamid-6.6-Leisten, Schalenabstand 30 mm, fertig verbunden, zur nachträglichen Einbrennlackierung mit 200 °C/15 Min. geeignet.

Bautiefe
Rahmen und Flügel 72 mm. Kombinierbar mit Fensterprofilen der Serie HUECK 1.0 gleicher Bautiefe sowie mit glasteilender Ziersprosse in 45 mm Ansichtsbreite.

Konstruktionsmerkmale
Flügel- und Blendrahmenprofil innen und außen flächenbündig. Sichtbare Fugenbreite innen und außen 6 mm, Sockelprofil 142 mm hoch, für Türflügel und feste Seitenteile. Unteres Sockel-Abschlussprofil wahlweise mit Schwellenanschlag. Bodenschwellen-profile wahlweise in wärmegedämmter oder in Ganzaluminium-Ausführung.

Anschlagdichtung (EPDM)
wechselseitig im Flügel- und Blendrahmenanschlag angeordnet.

Verglasung
mit inneren und äußeren EPDM-Dichtprofilen in geringer Außenansicht. Klotzung und Glasfalzbelüftung nach Vorschriften der Isolierglashersteller.

Gehrungsverbindungen
mit Eckwinkeln in Außen- und Innenschalen, Ausführung als Pressklebe-Verbindung.

Sockel- und Sprossenverbindungen
mit inneren und äußeren Stoßverbindern. Falzbereich sauber versiegelt. Gehrungs- und Stoßverbindungen sowie Verglasung mit Dichtprofilen nach HUECK-Verarbeitungs-hinweisen.

Einbruchhemmende Tür nach DIN V 18103, einflügelig nach innen aufgehend

Tür EF 1 nach DIN 18103
gemäß Prüfbericht Nr. 21215541 vom Institut für Fenstertechnik, Rosenheim, mit Schutzbeschlag ES 1 nach DIN 18257, B 1 Sicherheitsglas nach DIN 52290.

Tür EF 2 nach DIN 18103
gemäß Prüfbericht Nr. 21215542 vom Institut für Fenstertechnik, Rosenheim, mit Schutzbeschlag ES 2 nach DIN 18257, B 2 Sicherheitsglas nach DIN 52290.

Falttüranlage
rechts oder links faltend, mit unsymmetrischer oder symmetrischer Faltflügel-Aufteilung gemäß Schemaanordnung. Öffnungsflügel wahlweise mit Dreh- oder Drehkipp-Flügelbeschlag.

Wärmedämmung
Einstufung des Profilsystems in Rahmenmaterialgruppe 1 nach DIN 4108, Teil 4, Tabelle 3 gemäß Bescheid R 15/94 vom 17.08.1994.

Isolierung
2-stegige Isolierzone aus glasfaserverstärkten Polyamid-6.6-Leisten, Schalenabstand 30 mm, Hohlraum mit Schaum geringer Wärmeleitzahl ausgefüllt, fertig verbunden, zur nachträglichen Einbrennlackierung mit 170 °C/15 Min. geeignet.

Bautiefen
Rahmen 72 mm, Flügel 83 mm, 11 mm aufschlagend.

Flügel und Rahmenprofile
Faltflügel mit Wechselprofil im senkrechten Flügelbereich. Wahlweise breiter Öffnungs-flügel für Schlosseinbau. Max. Flügelgröße 1000 x 2300 mm, max. Flügelgewicht 60 kg. Spezieller Blendrahmen, vorgerichtet für Falttürbeschläge.

Falzdichtungen
EPDM-Mehrkammer-Mitteldichtung über blendrahmenseitiger Isolierzone. Vulkanisierte Dichtungsecken mit Zapfeneinstand in Mitteldichtungskammern, wahlweise komplett vulkanisierte Dichtungsrahmen. Mitteldichtungsanschlag an flügelseitigem Hohlkam-mer-Isoliersteg. Anschlagdichtung im Flügelanschlag.

Entwässerung
der Falzkammer durch Schlitze 8 x 30 mm und einklipsbare Regenkappen aus Kunst-stoff oder eloxierte bzw. farbbeschichtete Alukappen.

Verglasung
mit inneren und äußeren EPDM-Dichtprofilen in geringer Außenansicht. Verbesserte Wärmedämmung durch kammerbildende Dichtprofil-Falzstege. Äußere und innere Verglasungsdichtung in den Ecken umlaufend, oben horizontal gestoßen. Klotzung und Glasfalzbelüftung nach Vorschriften der Isolierglashersteller.

Gehrungsverbindungen
mit einteiligen stranggepressten Eckwinkeln in Außen- und Innenschalen, Ausführung als Pressklebe-Verbindung. Aussteifungswinkel für Anschlagstege.

Sprossenverbindungen
mit inneren und äußeren Stoßverbindern. Gehrungs- und Stoßverbindungen sowie Verglasung mit Dichtprofilen nach HUECK-Verarbeitungshinweisen.

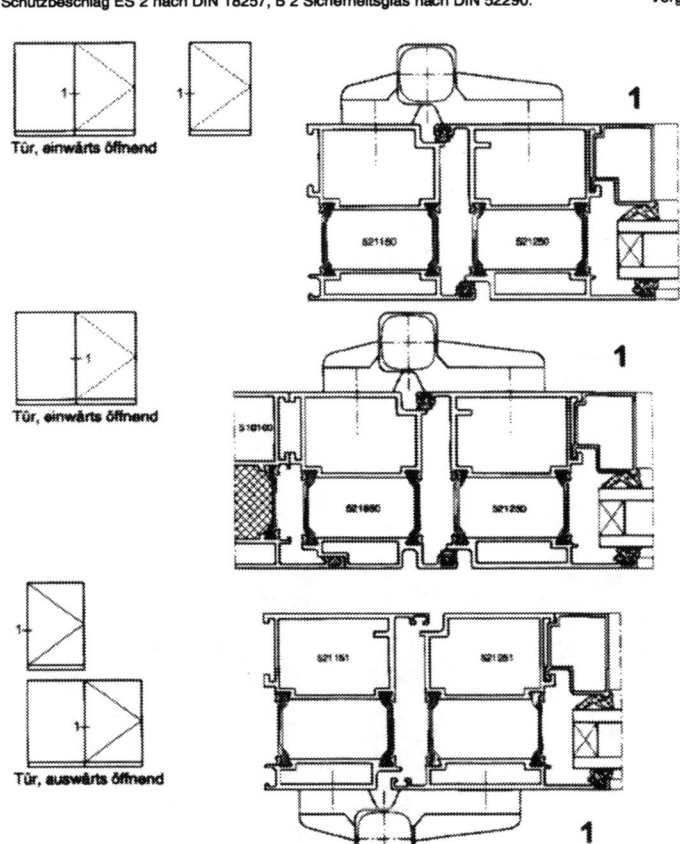

Tür, einwärts öffnend

Tür, einwärts öffnend

Tür, auswärts öffnend

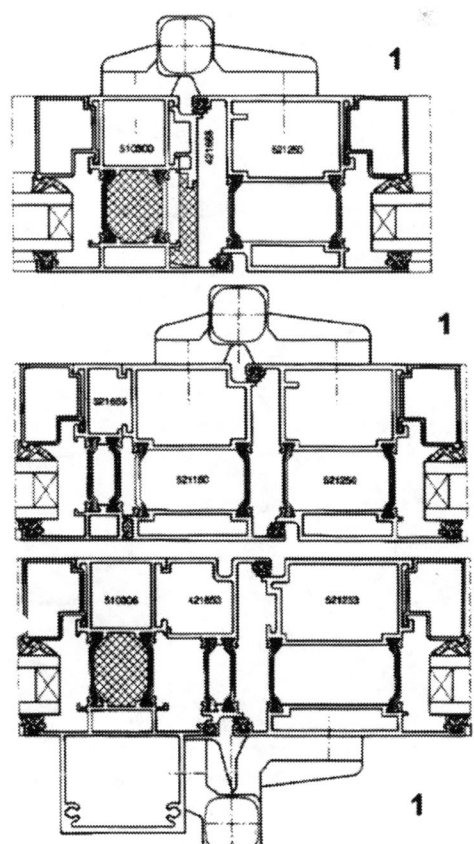

Aluminiumkonstruktionen

Flügelgrößen Türen

Öffnungsart	Max. Flügelbreite x max. Flügelhöhe in mm	Max. Flügelgewicht	
		Türband 2-teilig	Türband 3-teilig
	1100 mm x 2100 mm	70 kg/100 kg	
	1300 mm x 2200 mm oder 1100 mm x 2300 mm		70 kg/130 kg

Flügelprofile für Fenster und Fenstertüren

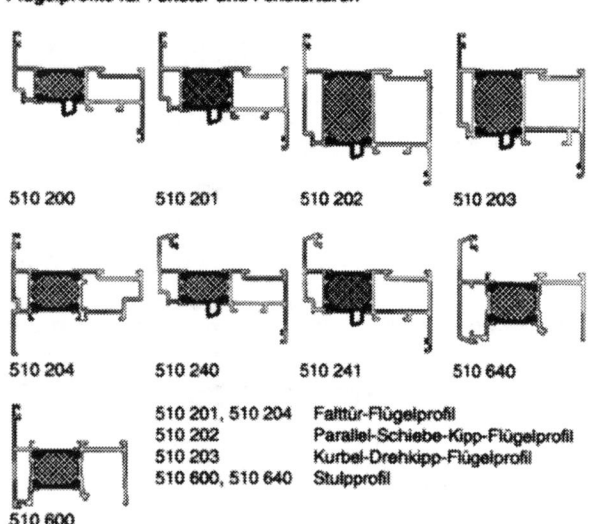

510 200   510 201   510 202   510 203

510 204   510 240   510 241   510 640

510 600

510 201, 510 204   Falttür-Flügelprofil
510 202   Parallel-Schiebe-Kipp-Flügelprofil
510 203   Kurbel-Drehkipp-Flügelprofil
510 600, 510 640   Stulpprofil

Ziersprossen

510 312   410 604   für 24/28 mm Glasdicke   410 605   552 643

Blendrahmenprofile für Türen

521 150   521 151   510 112   421 668

Flügelrahmenprofile für Türen

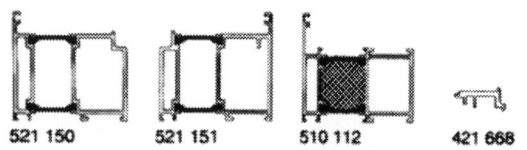

521 250   521 251   521 252   521 253

Sockel- und Ergänzungsprofile für Türen

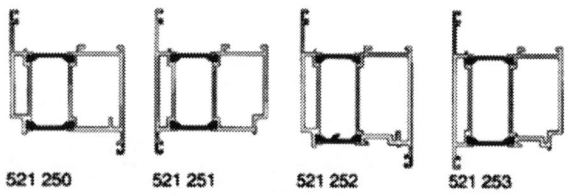

521 665   421 659
421 666   421 660
           421 662
421 667   421 664
521 500   Türschwellenprofile   Sockelausgleichsprofile

Ergänzungsprofile für Türen

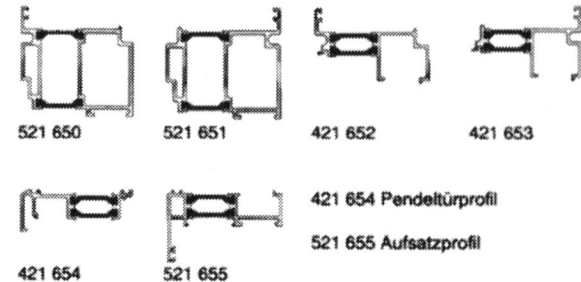

521 650   521 651   421 652   421 653

421 654   521 655   421 654 Pendeltürprofil

521 655 Aufsatzprofil

Zusatzprofile für Türen

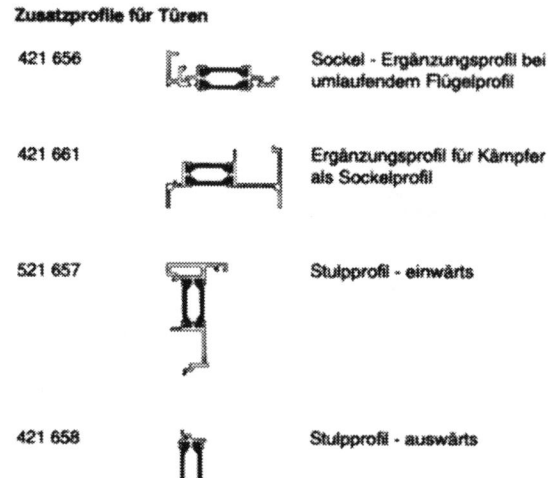

421 656   Sockel - Ergänzungsprofil bei umlaufendem Flügelprofil

421 661   Ergänzungsprofil für Kämpfer als Sockelprofil

521 657   Stulpprofil - einwärts

421 658   Stulpprofil - auswärts

510 301   510 312   410 604   410 605
Flügelsprosse für 24/28 mm Glasdicke

Zusatzprofile für Glasleisten

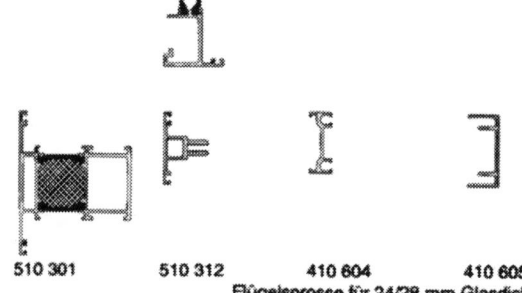

594 053   593 064
594 055   593 065
594 057   594 070
594 058   494 071
594 059   494 072
594 061
593 062   494 073

Aluminiumkonstruktionen

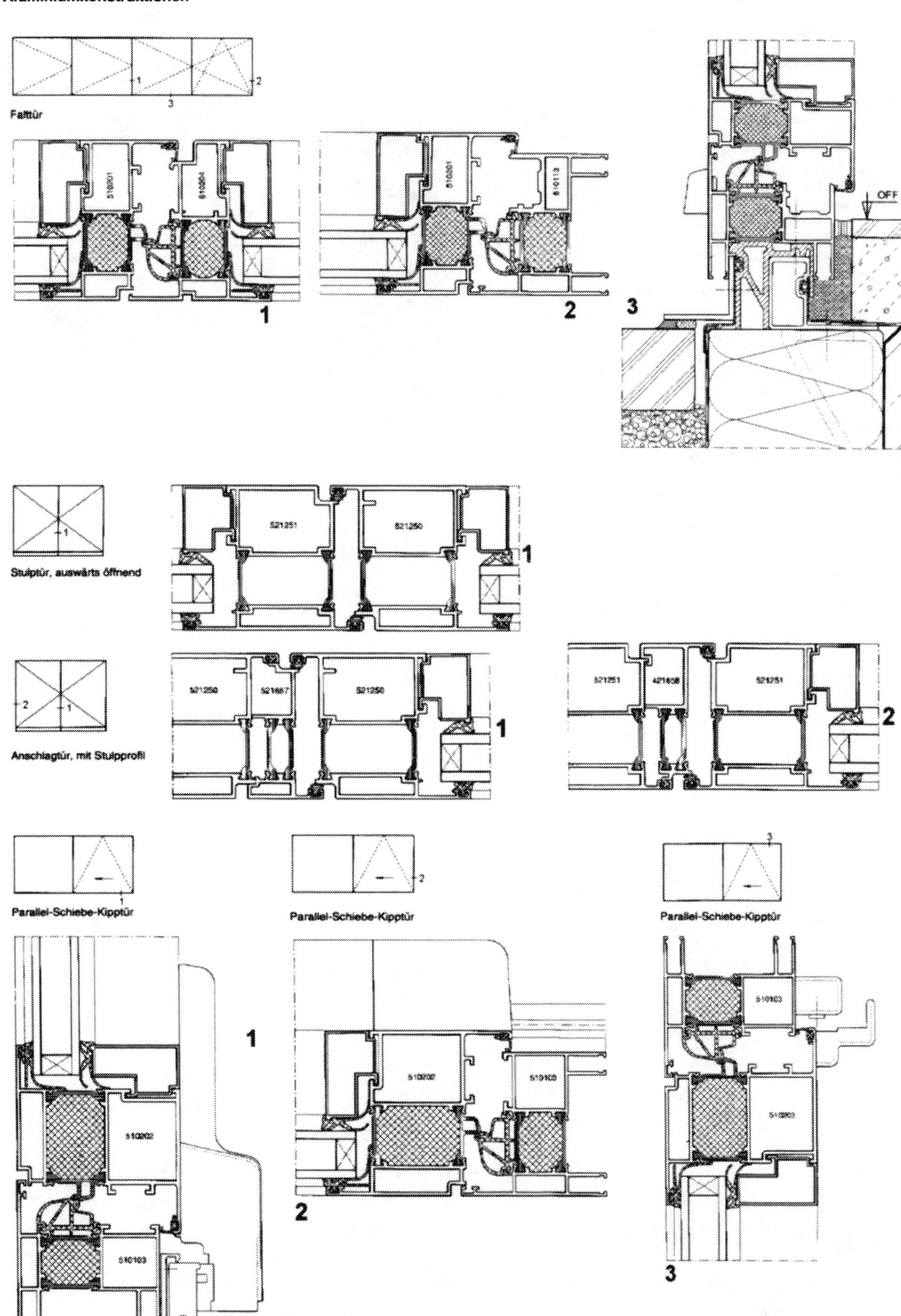

Falttür

Stulptür, auswärts öffnend

Anschlagtür, mit Stulpprofil

Parallel-Schiebe-Kipptür

Parallel-Schiebe-Kipptür

Parallel-Schiebe-Kipptür

Aluminium-Konstruktionen

Wärmegedämmte Aluminium-Fenster- und Türkonstruktion
Serie HUECK 1.0
Konstruktionsbeschreibung Dreh-, Drehkipp-, Kipp- und Stulpflügelfenster

Wärmedämmung
Einstufung des Profilsystems in Rahmenmaterialgruppe 1 nach DIN 4108, Teil 4, Tabelle 3 gemäß Bescheid R 15/94 vom 17.08.1994.

Isolierung
2-stegige Isolierzone aus glasfaserverstärkten Polyamid-6.6-Leisten, Schalenabstand 30 mm, Hohlraum mit Schaum geringer Wärmeleitzahl ausgefüllt, fertig verbunden, zur nachträglichen Einbrennlackierung mit 170° C/15 Min. geeignet.

Bautiefen
Rahmen 72 mm, Flügel 83 mm, innen 11 mm aufschlagend.

Flügelprofile
Auswahl nach statischen Erfordernissen gemäß Flügelgrößen- und Glasfüllungsdiagramm.

Falzdichtungen
EPDM-Mehrkammer-Mitteldichtung über blendrahmenseitiger Isolierzone. Vulkanisierte Dichtungsecken mit Zapfeneinstand in Mitteldichtungskammern, wahlweise komplett vulkanisierte Dichtungsrahmen. Mitteldichtungsanschlag an flügelseitigem Hohlkammer-Isoliersteg. Anschlagdichtung im Flügelanschlag.

Entwässerung
der Falzkammer durch Schlitze 8 x 30 mm und einklipsbare Regenkappen aus Kunststoff oder eloxierte bzw. farbbeschichtete Alukappen.

Verglasung
mit inneren und äußeren EPDM-Dichtprofilen in geringer Außenansicht. Verbesserte Wärmedämmung durch kammerbildende Dichtprofil-Falzstege. Äußere und innere Verglasungsdichtung in den Ecken umlaufend, oben horizontal gestoßen. Klotzung und Glasfalzbelüftung nach Vorschriften der Isolierglashersteller.

Gehrungsverbindungen
mit einteiligen, stranggepressten Eckwinkeln in Außen- und Innenschalen, Ausführung als Pressklebe-Verbindung. Aussteifungswinkel für Anschlagstege.

Sprossenverbindungen
mit inneren und äußeren Stoßverbindern. Gehrungs- und Stoßverbindungen sowie Verglasung mit Dichtprofilen nach HUECK-Verarbeitungshinweisen.

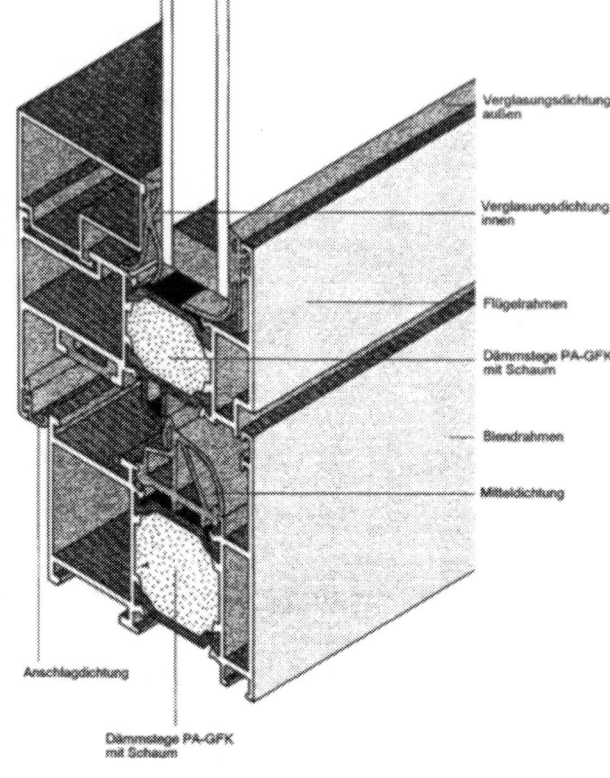

Die wärmegedämmte Fensterkonstruktion ist geeignet zum Bau von senkrechten Fenstern und Türen. Durch entsprechende Profile sind Lochfenster, Fensterbänder und Fensterwände sowie Türen in verschiedenen Varianten möglich.

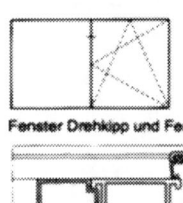

Fenster Drehkipp und Festteil

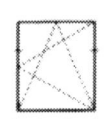

Kurbel-Drehkippfenster

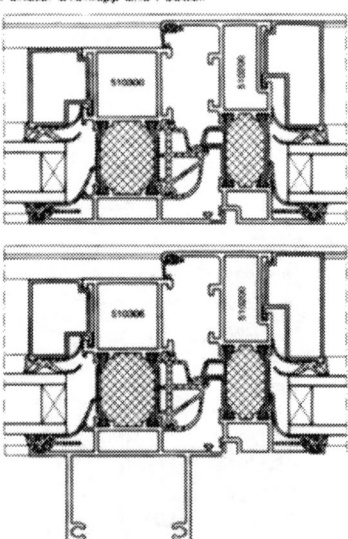

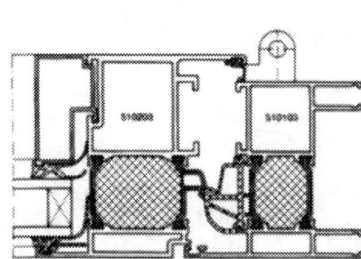

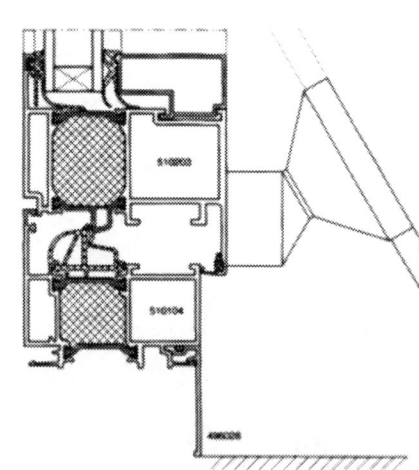

Konstruktionsbeschreibung für Kurbeldrehkipp- und Kurbeldrehfenster

Flügelprofil
ausgelegt zur Aufnahme des Kurbeldrehkipp- bzw. Kurbeldrehbeschlages, Flügelgewicht max. 200 kg, Flügel-Abmessung max. 2000 x 2500 mm entsprechend Flügelgrößen- und Glasfüllungsdiagramm.

Konstruktionsbeschreibung für Parallelschiebe-Kippelemente

Konstruktion
für max. 100 bzw. 150 kg Flügelgewicht. Stulpausführung und Kombination mit Drehflügeln möglich.

Konstruktionsbeschreibung für Stulpflügelfenster für die Altbaumodernisierung

Bautiefen
Rahmen 80 mm, Flügel 83 mm, innen 11 mm aufschlagend.

Flügel und Rahmenprofile
Flügelprofil-Auswahl nach statischen Erfordernissen gemäß Flügelgrößen- und Glasfüllungsdiagramm. Flügelprofil außen mit 12,5 mm tiefer, angeschrägter Vorkammer (nachempfundene Holzfenster-Profilkontur). Rahmen in Normalkonstruktion oder nach außen versetzt, mit 12,5 mm angeschrägter Vorkammer ausgeführt (nachempfundene Holzfenster-Profilkontur)

Aluminium-Konstruktionen

Glasteilende Sprossen für Isolierglas 22 bis 28 mm
bestehend aus einem äußeren LM-Profil in 45 mm Ansichtsbreite, einem durchlaufenden KS-Isolierprofil und inneren LM-Andruckleisten mit Abdeckkappe. Wärmedämmung: Rahmenmaterialgruppe 2.1. Äußere Profiltiefe 4,5 mm, passend zu Altbauprofilen und Normalkonstruktion Serie HUECK 1.0.

Flügelgrößen Fenster

Öffnungsart		Max. Flügel-breite (b x h) mm	Max. Flügelhöhe (b x h) mm	Max. Flügel-gewicht	Max. Türgröße (b x h) mm	Max. Einbau-höhe
	Dreh-Kipp	1600x1800	1400x2000	125 kg	1000x2100	100 m
	Dreh	1600x1800	1400x2000	125 kg	1000x2100	100 m
	Kipp	1600x1800	1400x2000	80 kg	–	100 m
	Kipp-Oberlicht	2400x1100 3000x 900	2100x1250	80 kg	–	100 m max. 2600x800 mm
	Kurbel-Dreh-Kipp	2000x2500 (bei b=2000) h = min. 1250	2000x2500 (bei b=2500) h = min. 1200	200 kg	–	100 m
	Stulp	2500x1400 (max.1800)	800x200	100 kg	800x2100	100 m
	Studio	1250x1400	1250x1400	60 kg	950x2000	20 m
	Parallel-schiebe-Kipp	1885x2405 (min.760x1150)	1885x2405 (min.760x1150)	150 kg	–	100 m
	Falt-Tür	1000x2300	1000x2300	80 kg	–	8 m

Blendrahmenprofile für Fenster und Fenstertüren

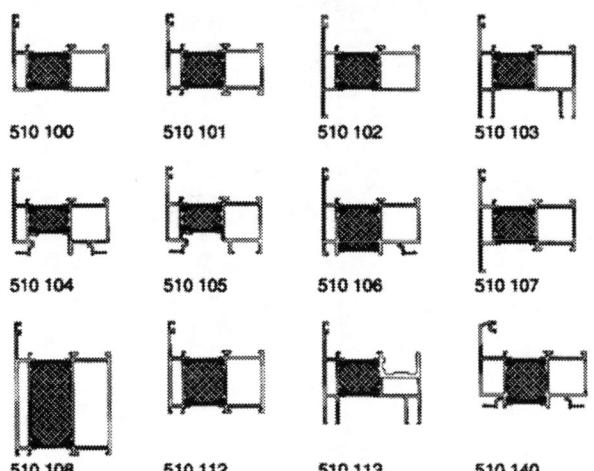

510 100 510 101 510 102 510 103

510 104 510 105 510 106 510 107

510 108 510 112 510 113 510 140

510 113 Falttür-Blendrahmen   510 140 Blendrahmen-Altbaumodernisierung

Blendrahmen- und Deckenausgleichsprofile

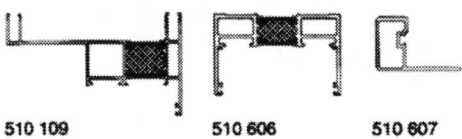

510 109   510 606   510 607

Verglasung von außen

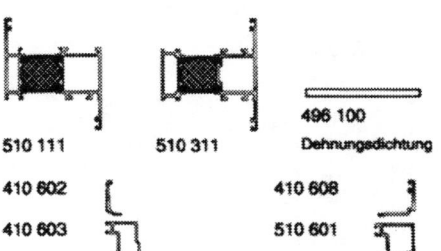

510 111   510 311   496 100 Dehnungsdichtung

410 602   410 608

410 603   510 601

Blendrahmen-, Sprossen- und Kämpferprofile

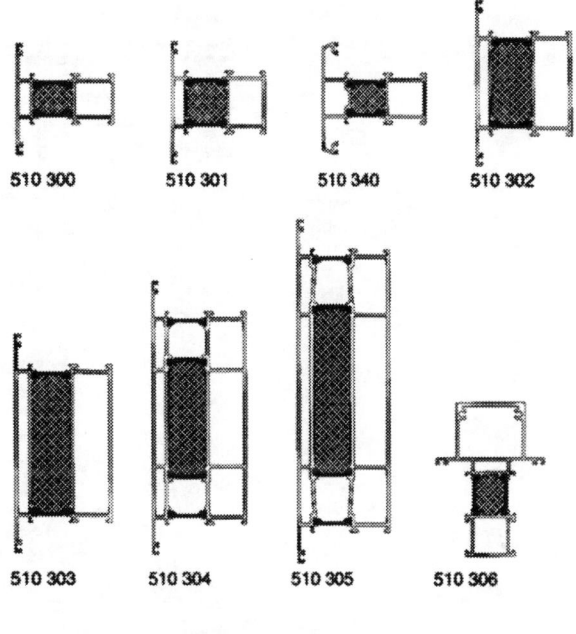

510 300   510 301   510 340   510 302

510 303   510 304   510 305   510 306

Sprossen- und Kämpferprofile

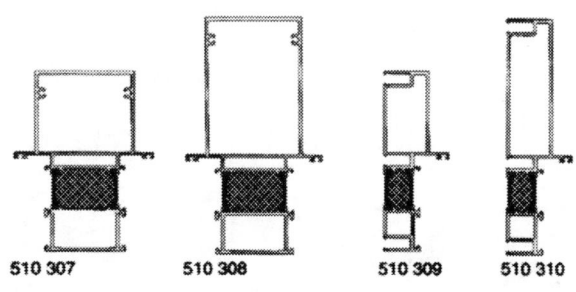

510 307   510 308   510 309   510 310

Eckpfostenprofile

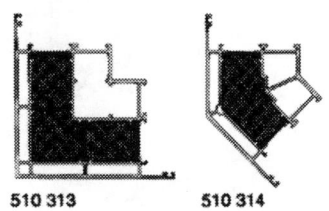

510 313   510 314

Zusatzprofile für Glasleisten

594 050		594 062	
594 051		594 064	
594 052		594 065	
594 053		494 071	
594 055		494 072	
594 057		494 073	
594 058		496 001	
594 059		496 099	
594 061		496 105	

Aluminium-Konstruktionen

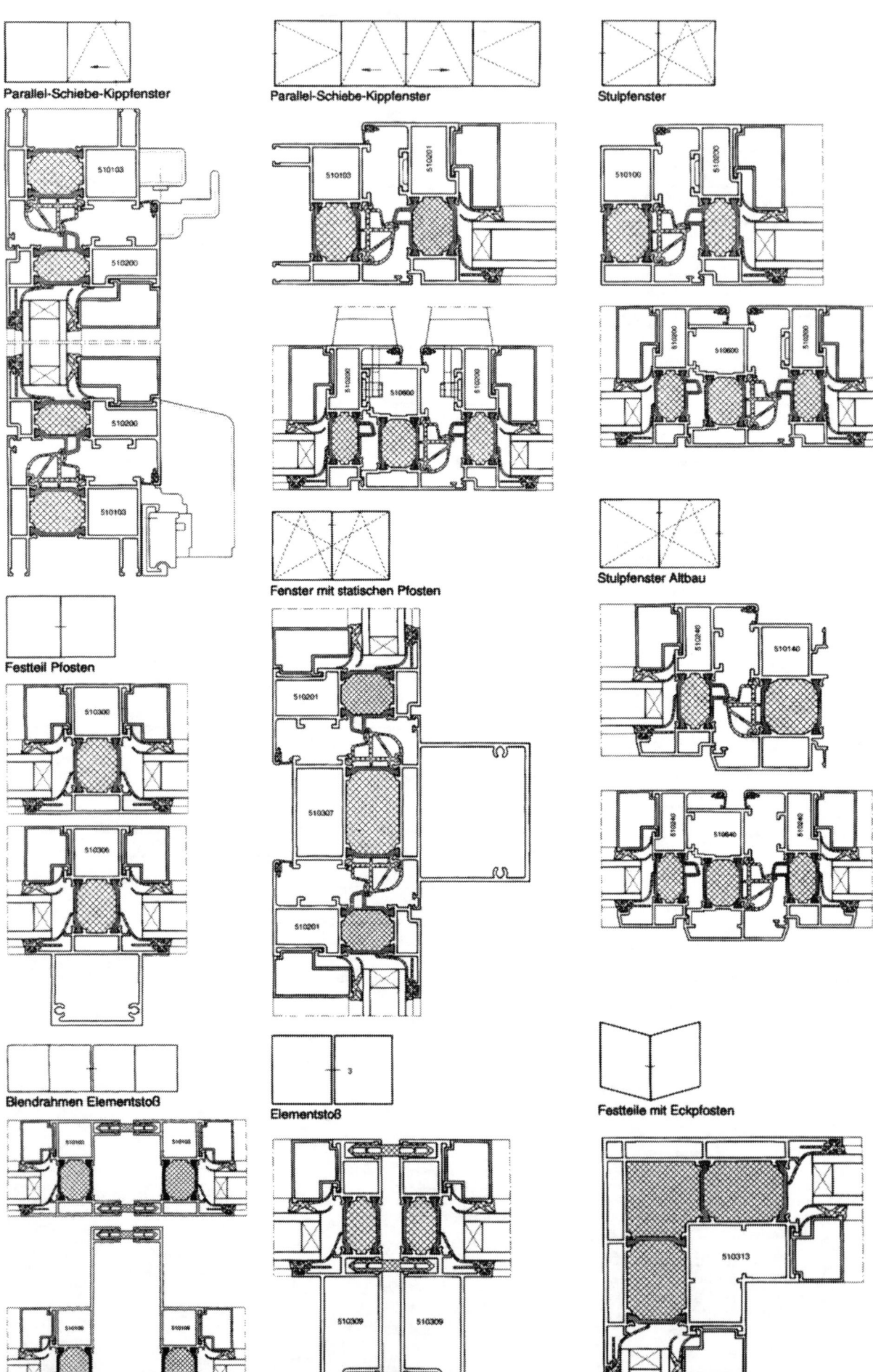

Parallel-Schiebe-Kippfenster

Parallel-Schiebe-Kippfenster

Stulpfenster

Festteil Pfosten

Fenster mit statischen Pfosten

Stulpfenster Altbau

Blendrahmen Elementstoß

Elementstoß

Festteile mit Eckpfosten

Aluminium-Konstruktionen

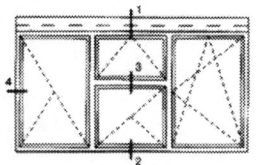

Lochfenster

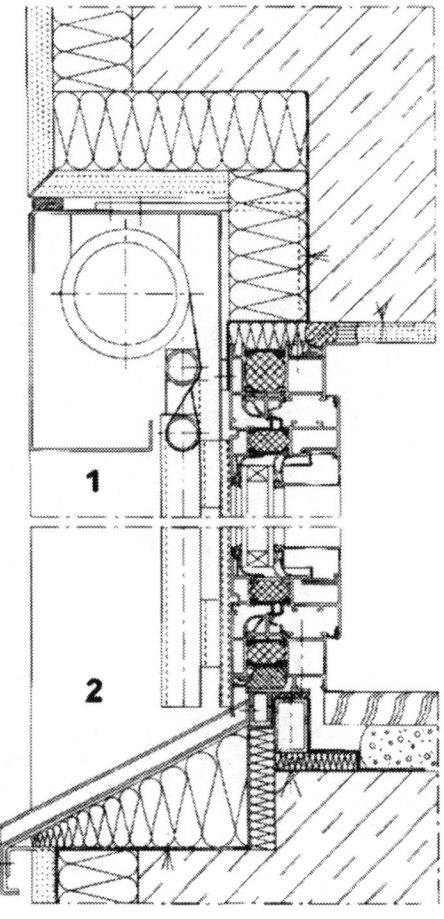

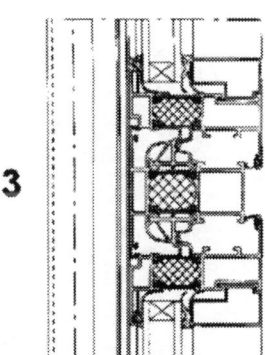

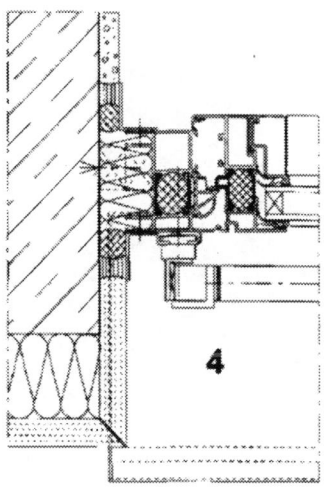

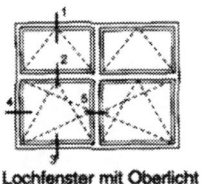

Lochfenster mit Oberlicht

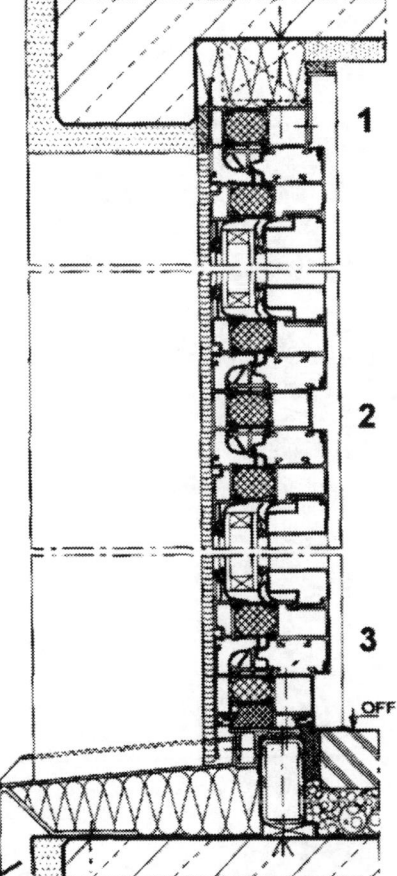

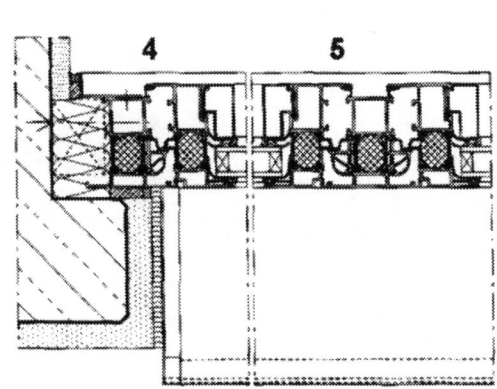

Aluminium-Konstruktionen

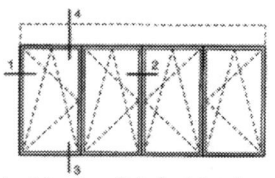

Lochfenster mit Außenjalousie

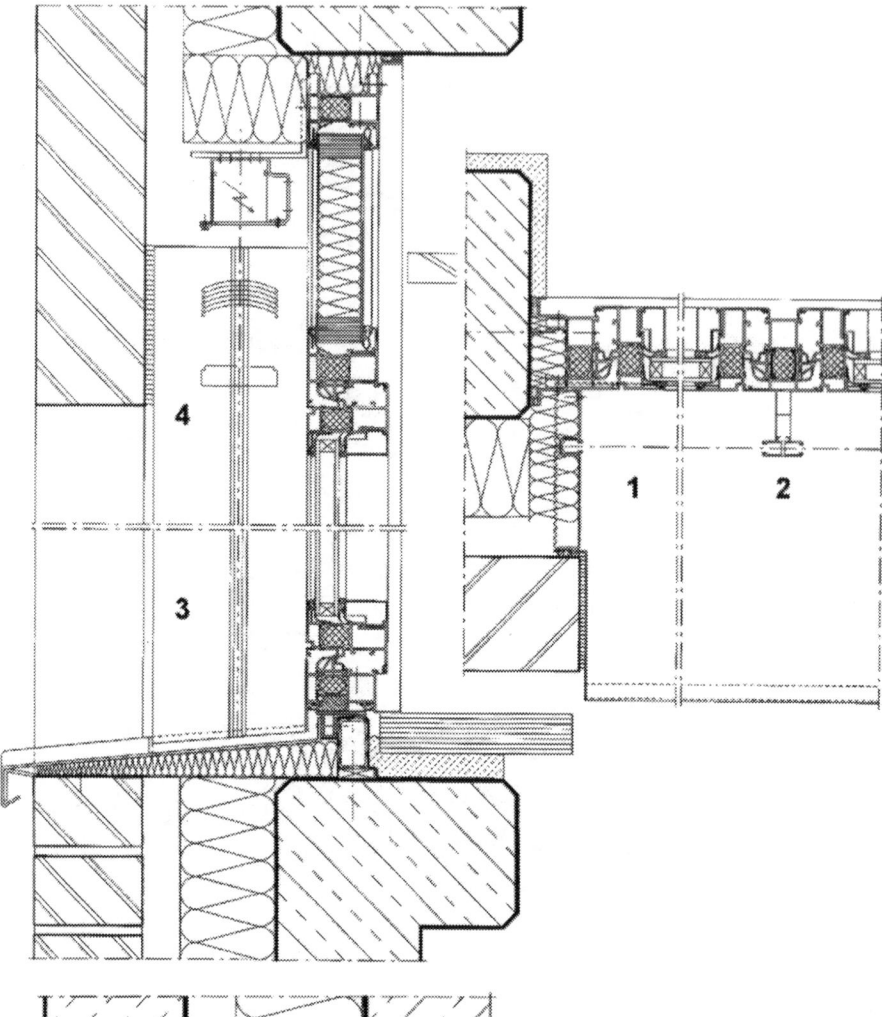

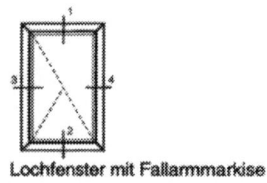

Lochfenster mit Fallarmmarkise

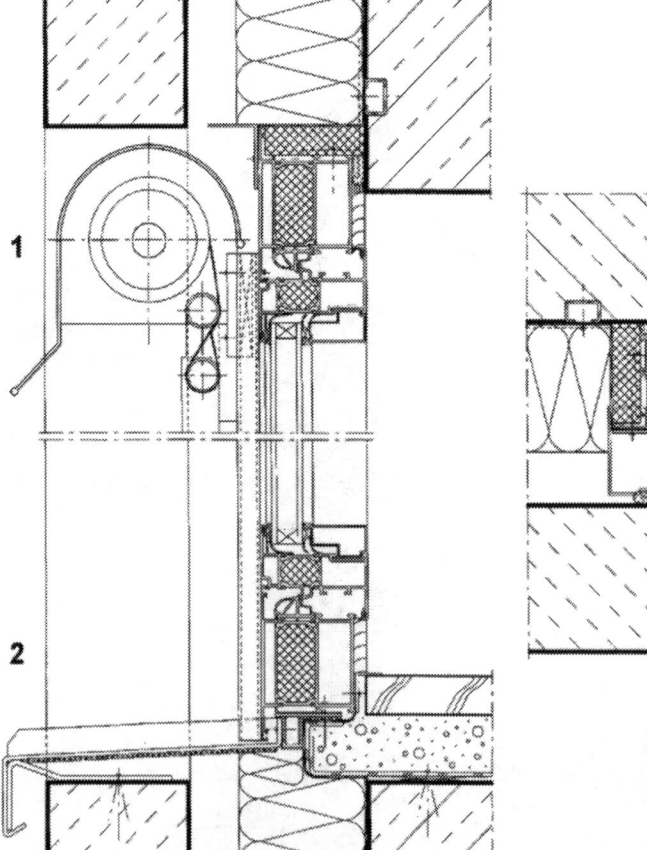

Aluminium-Konstruktionen

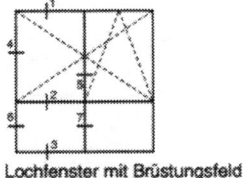

Lochfenster mit Brüstungsfeld

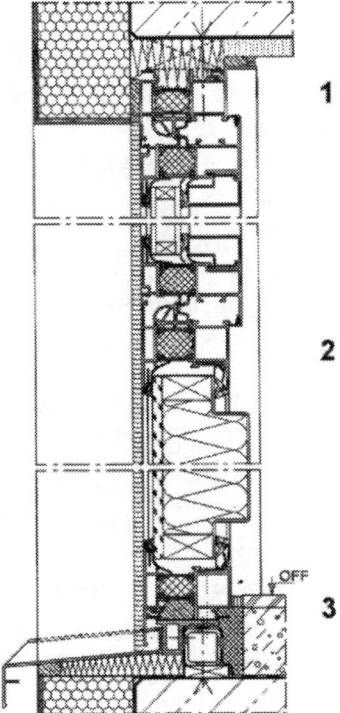

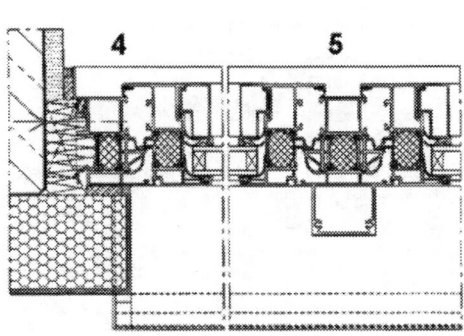

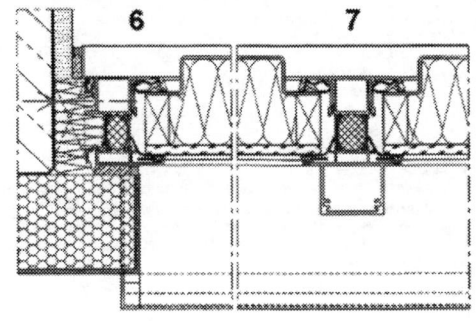

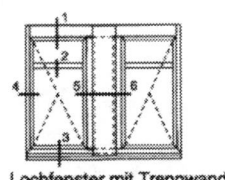

Lochfenster mit Trennwand-anschluss

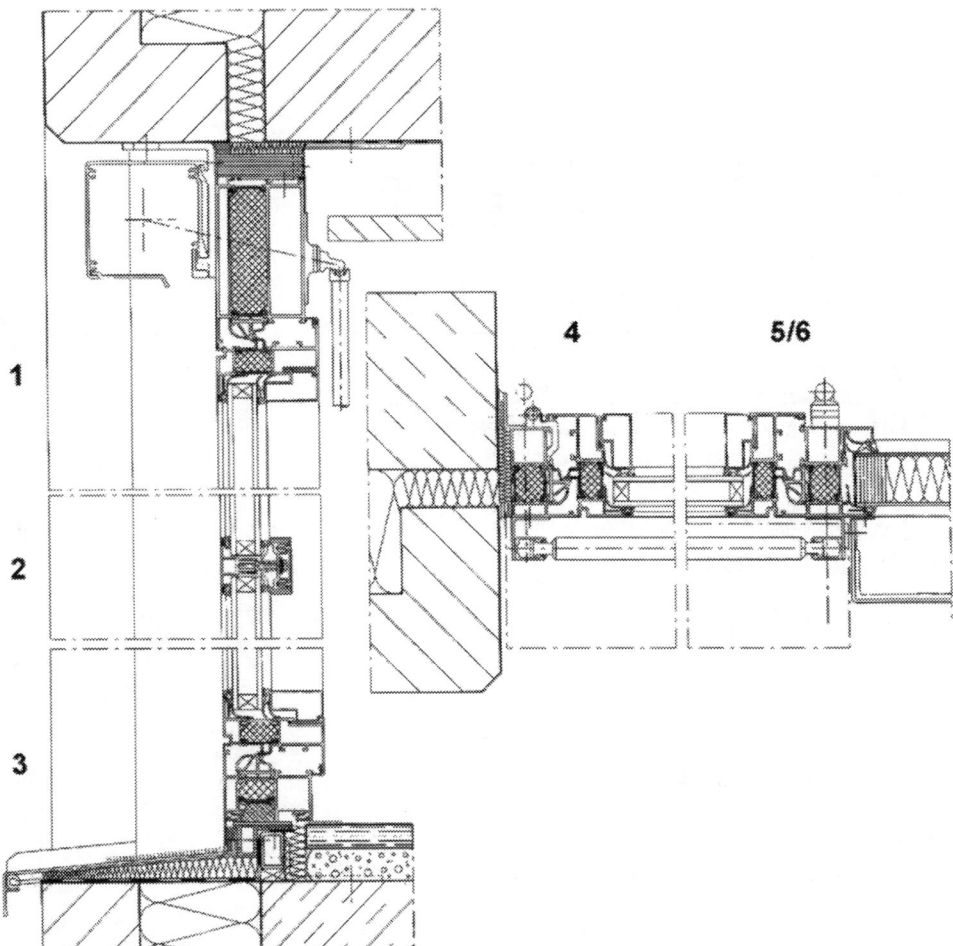

Aluminiumkonstruktionen, einbruchhemmend

Einbruchhemmende Tür nach DIN V 18103
einflügelig, nach innen aufgehend, Serie HUECK 1.0

Konstruktionsbeschreibung
Tür ET 1 nach DIN V 18103
gemäß Prüfbericht Nr. 21215541 vom Institut für Fenstertechnik, Rosenheim, mit Schutzbeschlag ES 1 nach DIN 18257, B 1 Sicherheitsglas nach DIN 52290.
Tür ET 2 nach DIN V 18103
gemäß Prüfbericht Nr. 21215542 vom Institut für Fenstertechnik, Rosenheim, mit Schutzbeschlag ES 2 nach DIN 18257, B 2 Sicherheitsglas nach DIN 52290.

Kennzeichnungsschild
erforderlich.

Wärmedämmung
Einstufung des Profilsystems in Rahmenmaterialgruppe 2.1 nach DIN 4108, Teil 4, Tabelle 3.

PA-Isolierung
2-stegige Isolierzone aus glasfaserverstärkten Polyamid-6.6-Leisten, Schalenabstand 30 mm, fertig verbunden, zur nachträglichen Einbrennlackierung mit 200 °C/15 Min. geeignet.

Bautiefe
Rahmen und Flügel 72 mm. Kombinierbar mit Fensterprofilen der Serie HUECK 1.0.

Konstruktionsmerkmale
Flügel- und Blendrahmenprofil innen und außen flächenbündig. Sichtbare Fugenbreite innen und außen 6 mm. Flügelprofile für Mehrfachverriegelung. Sockelprofil 142 mm hoch. Unteres Sockel-Abschlussprofil wahlweise mit Schwellenanschlag. Bodenschwellenprofile wahlweise in wärmegedämmter oder in Ganzaluminium-Ausführung.

Anschlagdichtung (EPDM)
wechselseitig im Flügel- und Blendrahmenanschlag.

Verglasung
mit EPDM-Dichtprofilen in geringer Ansicht. Klotzung und Glasfalzbelüftung nach Vorschriften der Isolierglashersteller.

Gehrungsverbindungen
mit Eckwinkeln in Außen- und Innenschalen, Ausführung als Pressklebe-Verbindung.

Sockel- und Sprossenverbindungen
mit inneren und äußeren Stoßverbindern. Falzbereich sauber versiegelt. Gehrungs- und Stoßverbindungen sowie Verglasung mit Dichtprofilen nach HUECK-Verarbeitungshinweisen.

Einbruchhemmende Drehkippfenster nach DIN V 18054,
Serie HUECK 1.0

Fenster EF 1 nach DIN 18054
gemäß Prüfbericht Nr. 21215540 vom Institut für Fenstertechnik, Rosenheim, mit B 1-Sicherheitsglas.

Fenster EF 2 nach DIN 18054
gemäß Prüfbericht Nr. 21215540 vom Institut für Fenstertechnik, Rosenheim, mit B 2-Sicherheitsglas.

Kennzeichnungsschild
erforderlich.

Max. Flügelgröße
1250 x 1500 mm, bzw. 1000 x 2000 m.

Beschlag
Drehkippbeschlag für max. 125 kg Flügelgewicht, klemmbar mit zusätzlicher Verschraubung, EF-Sicherheitsverriegelungen umlaufend, EF-Bausatz, Schaltsperre mit gehärteter Sperrplatte, umlaufendes Niro-Winkelprofil im Glasfalz.

Konstruktionsbeschreibung
wie bei Serie HUECK 1.0 Dreh-, Kipp- und Stulpflügelfenster (KOBE 101).

Verglasung	Klasse	Verglasung	Klasse
DIN 52290 Teil 4 Widerstandsklasse A 3	EH 0	DIN 52290 Teil 3 Widerstandsklasse B 2	EH 2
DIN 52290 Teil 3 Widerstandsklasse B 1	EH 1	DIN 52290 Teil 3 Widerstandsklasse B 3	EH 3

Empfehlungen für Einbruchhemmung

Objekt	Versicherungswert	Risiko	Einbauhöhe > 1,80 m	Einbauhöhe < 1,80 m
Privater Wohnungsbau	< DM 100.000	normal	EF 0	EF 1
	< DM 200.000	erhöht	EF 1	EF 2
Privater Wohnungsbau in gefährdeter Lage	< DM 200.000	hoch	EF 2	EF 3
Gewerbliche Gebäude nach Art der Nutzung und Gefährdung		erhöht/ hoch	EF 2 / EF 3	EF 3
Personenschutz		hoch	EF 2	EF 3

Für besonders gefährdete Objekte wie z.B. Banken gelten andere Anforderungen.

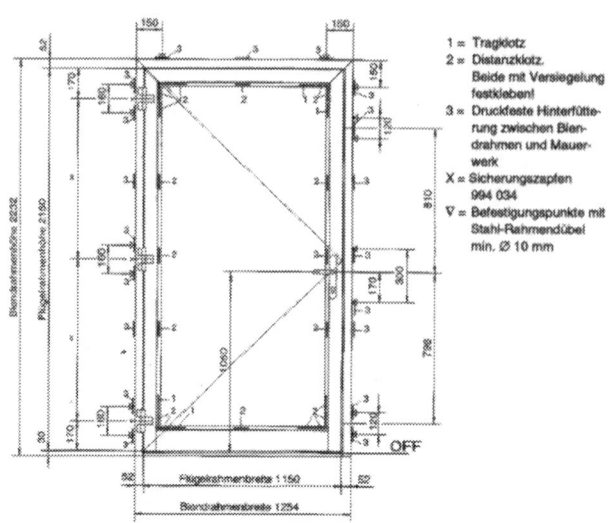

1 = Tragklotz
2 = Distanzklotz.
Beide mit Versiegelung festkleben!
3 = Druckfeste Hinterfütterung zwischen Blendrahmen und Mauerwerk
X = Sicherungszapfen 994 034
V = Befestigungspunkte mit Stahl-Rahmendübel min. Ø 10 mm

Befestigungsrichtlinie für Tür nach DIN 18103-ET2

Anordnung der Befestigungspunkte und Verglasungsklötze

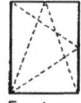
Fenster

max. Blendrahmenaußenmaß 1295 x 1545 mm
Verriegelungsabstand 250 - 300 mm
Befestigungspunkte Blendrahmen zum Mauerwerk max. 500 mm

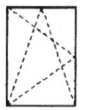
Fenstertür

max. Blendrahmenaußenmaß 1045 x 2045 mm
Verriegelungsabstand 250 - 300 mm
Befestigungspunkte Blendrahmen zum Mauerwerk max. 500 mm
Ergänzung zum Beschlag:
Schaltsperre mit gehärteter Sperrplatte
Verglasungsklotzung durchlaufend

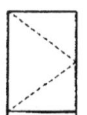
Eingangstür

max. Außenmaß 1250 x 2230 mm
max. Baurichtmaß 1375 x 2375
max. Flügelgewicht 170 kg

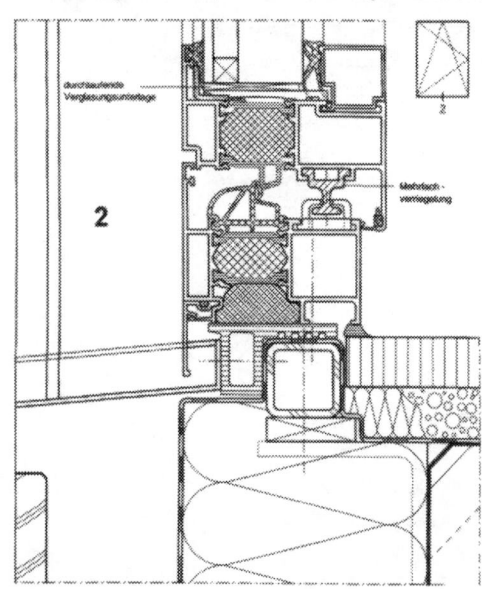

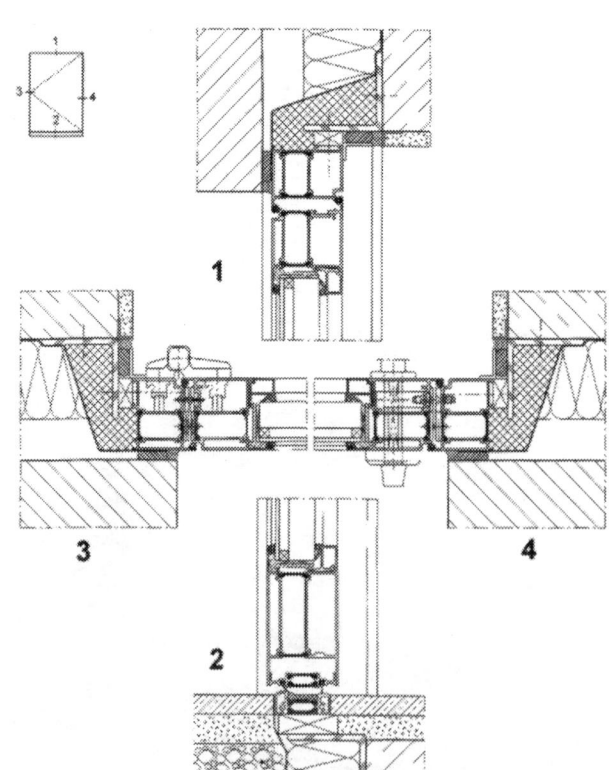

Türen

Türen

Feuerschutztüren

Brandschutzkonstruktionen Serie HUECK BS
Konstruktionsbeschreibung für Feuerschutztüren T 30
und Brandschutzwände F 30 nach DIN 4102

Bezeichnung
einflügelige Feuerschutztür T30-1:	HUECK BS 1
zweiflügelige Feuerschutztür T30-2:	HUECK BS 2
Brandschutzwände F30:	HUECK BS 3

Brauchbarkeitsnachweis
geprüft nach DIN 4102, Teil 5, mit bauaufsichtlicher
Zulassung Nr. Z-6.12-1407 für HUECK BS 1
Zulassung Nr. Z-6.14-1412 für HUECK BS 2
Zulassung Nr. Z-19.14-533 für HUECK BS 3
Die Konstruktionen erhalten ein Kennzeichnungsschild, die F30-Verglasung zusätzlich
eine Werksbescheinigung nach DIN 50049.

Konstruktion
Ganzaluminium-Konstruktion, Profilaufbau mit integrierten Isolierplatten (Brand-
schutzplatten A1). Schmale Ansichtsbreiten für größtmöglichen Glasanteil
(Blendrahmen und Flügel, bzw. Stulp nur 147 mm). Sockelhöhe variabel von 90 bis 301
mm. Flächenbündiger Türeinschlag mit beidseitigen Anschlagdichtungen für ge-
räuscharmen Anschlag. Bautiefe Blend- und Flügelrahmen 63 mm.

Anwendungsbereich
Einbau in Wände aus Mauerwerk nach DIN 1053 mit d > 11,5 cm und Wände aus
Beton nach DIN 1045 mit d > 10,0 cm, so in Gipskartonwände d > 100 mm, Glasbeton-
wände d > 175 mm und in Wände F 30 der Konstruktion HUECK BS 3 Befestigung
gemäß Zulassungsbescheid.

Baurichtmaße
T30/1 min. 786 * 1750 mm – max. 1644 * 2446 mm.
Lichter Durchgang min. 573 – max. 1250 mm * min. 1643 – max. 2250 mm (von OFK).
T30/2 min. 1375 * 1750 mm – max. 2694 * 2447 mm.
Lichter Durchgang min. 1162 – max. 2300 mm * min. 1643 – max. 2250 mm (von OFK).
Bei Einbau in HUECK BS 3-F30-Verglasung reduziert sich die Durchgangsbreite auf
max. 2200 mm!
F30 Verglasung max. 3500 mm hoch, Breite unbegrenzt, Pfostenabstand max. 2200 mm.

Verglasung
Brandschutzglas Pyrostop 30-10 Float klar, wahlweise mit Pyrostop 30-12, mit Ornament
504 oder Promaglas 30, wahlweise verschiedene Farbtöne in Trockenverglasungs-
technik. Auf die Verglasung dürfen Ziersprossen aus Aluminium geklebt werden. Form,
Anzahl und Aufteilung nach Wahl. Paneele aus Promatect H, wahlweise mit Alu-Blech.

Technische Planungsdaten

Serie HUECK BS	Tür einflügelig	Tür zwei-flügelig	Ver-glasung
Typenbezeichnung T30/F30	HUECK BS 1	HUECK BS 2	HUECK BS 3
Zulassungsnummer	Z-6.12-1407	Z-6.14.1412	Z-19.14.533
Feuerschutzklassifizierung	T 30-1	T 30-2	F 30
Typenbezeichnung T30/RS	HUECK BS 1-RS 1 (wahlweise)	HUECK BS 2-RS 2 (wahlweise)	
Prüfzeugnis-Nr.	12 0045 493-01	12 0045 493-02	
Geeignet zum Einbau in Wandbauarten	in Mauerwerk ≥ 11,5 cm dick, Steindruckfestigkeit 12, Mörtelgruppe II in Beton ≥ 10,0 cm dick, mind. B 15 DIN 1045		
	oder in bzw. an F 30-Verglasung Typ HUECK 3 Zul.-Nr. Z-19.14.533		T 30-1 und T 30-2-Türen der Serie HUECK BS 1/ BS 2 dürfen eingebaut werden
	in Porenbetonmauerwerk 17,5 cm dick, DIN 1053 [1]) oder Porenbeton-Wandplatten nach DIN 4166 [1]) in leichte Trennwände (GKF) in Ständerbauart mit Stahlunterkonstruktion ≥ 10,0 cm [1]) HUECK BS 1 /BS 2 auch in statisch verstärktem Profil möglich [1])		
Ausführungsvarianten:			
mit Oberteil und Seitenteil	●	●	
mit Oberteil (Hmax = 3000 mm bzw. 3500 mm) [2])	●	●	
mit Seitenteilen (L = unbegrenzt)	●	●	
mit Ober- und Seitenteilen	●	●	
Kämpfer ≤ 150 mm	1 bis 5 Zwischen- kämpfer je Flügel möglich	1 bis 5 Zwischen- kämpfer je Flügel möglich	nach Erfordernis
Pfosten ≤ 90 mm	1 Zwischenpfosten je Flügel möglich	1 Zwischenpfosten je Flügel möglich	nach Erfordernis
Geschlossene Füllungen	Teilflächen [1])	Teilflächen [1])	Teilflächen
Glas: Pyrostop 30-1 max.1400x2000 bzw.	●	●	●
Glas: Promaglas 30 1200x2202 mm	●	●	●
aufklebbare Ziersprossen/ Bleche ≤ 200 mm Anzahl und Lage beliebig	●	●	●
Maße (mm):	Achtung! Die Maße sind nicht die Aluminiumaußenmaße		
Bau-Richtmaß (Einbau-öffnung in Mauerwerk)			Breite unbegrenzt Höhe: max. 3000 bzw. 3500 [2])
Blendrahmen (530 100) 59,5 mm Ansicht max. B x H min. B x H	1463 x 2356 * 786 x 1750	2513 x 2356 * 1375 x 1750	
Blendrahmen (530 300) 90 mm Ansicht max. B x H min. B x H	1524 x 2387 * 847 x 1780	2574 x 2387 * 1436 x 1780	Breite unbegrenzt max. Pfostenabstand: 2000 Höhe: max. 3000
Blendrahmen (530 301) 150 mm Ansicht max. B x H min. B x H	1644 x 2447 967 x 1840	2694 x 2447 1556 x 1840	Breite unbegrenzt max. Pfostenabstand: 2000 Höhe: max. 3500 [2])
Lichter Durchgang max. B x H	1250 x 2250	in Massivwand: 2300 x 2250 in Verglasung: 2200 x 2250	
min. B x H	573 x 1643	1162 x 1643	
Bautiefe (Dicke) mm	63	63	63

*) Die Blendrahmenansicht kann wahlweise als Kombination 90/150 mm betragen (Wandanschluss).
[1]) Bauaufsichtliche Zulassung für HUECK BS 1/BS 2 beantragt.
[2]) Ab 3000 mm Höhe mit Pfosten 150 mm Ansichtsbreite möglich.

Beschläge
Türdrücker DIN 18273, Obentürschließer FH DIN 18263, Schlösser, Bänder usw.
Spezialprogramm HUECK BS.

Oberflächenbehandlung
Die Oberflächenbehandlung der Aluprofile kann in anodisierter Ausführung oder in
Pulverbeschichtung im RAL-Farbton nach Wahl erfolgen.

Zusätzliche Konstruktionsbeschreibung für Rauchschutzfunktion nach DIN 18095

Bezeichnung
einflügelige Feuerschutztür T30-1:	HUECK BS 1 – RS 1
zweiflügelige Feuerschutztür T30-2:	HUECK BS 2 – RS 2

Brauchbarkeitsnachweis
Zulassungs-Nr. 120045 4 93-01	für HUECK BS 1-RS 1
Zulassungs-Nr. 120045 4 93-02	für HUECK BS 2-RS 2

Die Konstruktionen erhalten ein Kennzeichnungsschild für beide Funktionen.

Beschläge
Türdrücker DIN 18273, Obentürschließer FH DIN 18263, Schlösser, Bänder usw.
Spezialprogramm HUECK BS, für Rauchschutz mit mechanischer Bodendichtung.

Ausführungs-Varianten
Erforderliche Zulassungsbescheide und Kennzeichnungsschilder

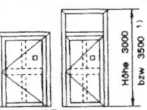

T 30-1 und F 30
Z-6 12-1407 HUECK BS 1
Z-19 14-533 HUECK BS 3
mit oder ohne Oberlicht (Glas)

T 30-1
Z-6.12-1407 HUECK BS 1
mit Oberblende (Paneel)

T 30-1 und F 30
Z-6 12-1407 HUECK BS 1
Z-19 14-533 HUECK BS 3
wahlweise HUECK BS 1-RS-1
Tür DIN 18095-RS-1
Prüfzeugnis Nr. 12 0045 493-01

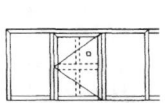

□ 1-5 Kämpfer (glasteilend) ≤ 200 mm, Lage beliebig
1 Sprosse (glasteilend) ≤ 90 mm, vertikal
□ Ziersprossen/Bleche (glasliegend) ≤ 200 mm, Anzahl und Lage beliebig
□ Teilflächen als Paneelfüllung (Zulassung beantragt)
[1]) ab 3000 mm Höhe mit Pfosten 150 mm Ansichtsbreite möglich

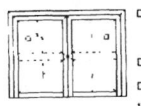

T 30-2
Z-6 14-1412 HUECK BS 2

□ 1-5 Kämpfer (glasteilend) ≤ 200 mm, Lage beliebig
1 Sprosse (glasteilend) ≤ 90 mm, vertikal
□ Ziersprossen/Bleche (glasliegend) ≤ 200 mm, Anzahl und Lage beliebig
□ Teilflächen als Paneelfüllung (Zulassung beantragt)
[1]) ab 3000 mm Höhe mit Pfosten 150 mm Ansichtsbreite möglich

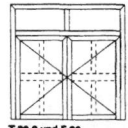

T 30-2 und F 30
Z-6.14-1407 HUECK BS 2
Z-19.14-533 HUECK BS 3

mit oder ohne Oberlicht (Glas)
T 30-2
Z-6 14-1412 HUECK BS 2
mit Oberblende (Paneel)
T 30-2 und F 30
Z-6.14-1407 HUECK BS 2
Z-19 14-533 HUECK BS 2
wahlweise HUECK BS 2-RS-2
Tür DIN 18095-RS-2
Prüfzeugnis Nr. 12 0045 493-02

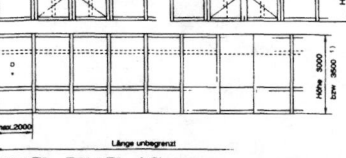

ab 3000 mm Höhe mit Pfosten 150 mm Ansichtsbreite möglich
Ziersprossen/Bleche (glasliegend) ≤ 200 mm, Anzahl und Lage beliebig

Einsetzbare Glasarten: siehe Zulassung!
Pyrostop-30-1
Promaglas 30
max. zul. Scheibenabmessungen
1400 x 2000 mm, wahlweise 1200 x 2202 mm,
Quer- und Hochformat
Teilflächen als Paneelfüllung

	T 30-1-Tür + T 30-1-Tür mit Ober- licht oder bei der F 30-Verglasung		T 30-2-Tür – ohne Oberlicht		T 30-2-Tür – mit Oberlicht oder bei der F 30-Verglasung	
Türzargen- profilbreite -bandseitig (mm)	Baurichtmaße Breite (mm) x Höhe (mm)	Türzargen- profilbreite -bandseitig (mm)	Baurichtmaße Breite (mm) x Höhe (mm)	Türzargen- profilbreite -bandseitig (mm)	Baurichtmaße Breite (mm) x Höhe (mm)	
59,5	786-1463 x 1750-2356	59,5	1375-2513 x 1750-2356			
90	847-1524 x 1780-2387	90	1436-2574 x 1780-2387	90	1436-2474 x 1780-2387	
150	967-1744 x 1840-2447	150	1556-2694 x 1840-2447	150	1556-2594 x 1840-2447	
lichtes Durch- gangsmaß	573-1250 x 1643-2250	lichtes Durch- gangsmaß	1162-2300 x 1643-2250	lichtes Durch- gangsmaß	1162-2200 x 1643-2250	

Feuerschutztüren

Übersicht Schnitte zu Ausführungs-Varianten

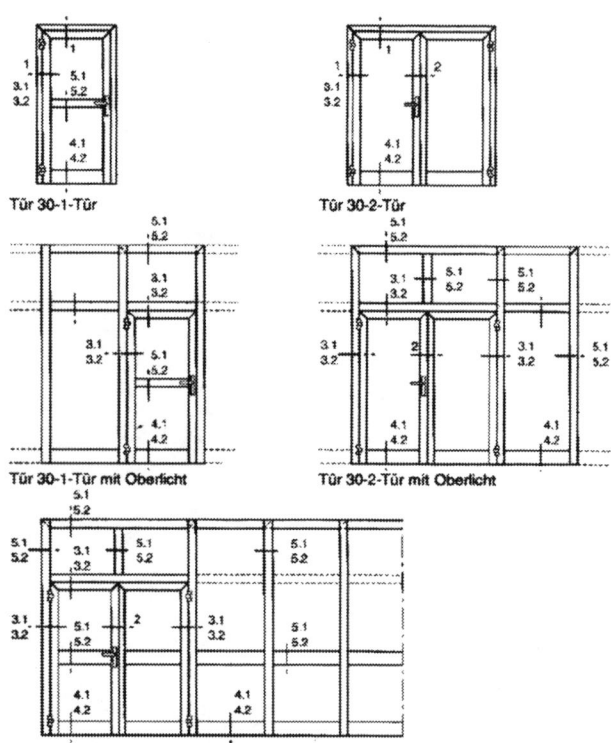

Tür 30-1-Tür

Tür 30-2-Tür

Tür 30-1-Tür mit Oberlicht

Tür 30-2-Tür mit Oberlicht

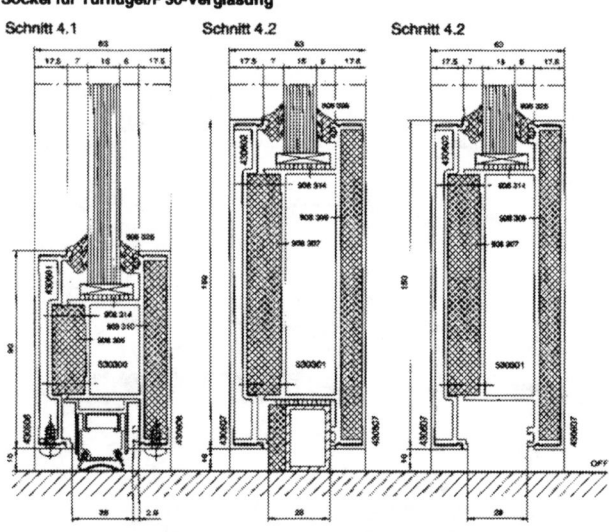

F 30-Verglasung mit T 30-1-Tür oder T 30-2 Tür

Sockel für Türflügel/F 30-Verglasung

Schnitt 4.1   Schnitt 4.2   Schnitt 4.2

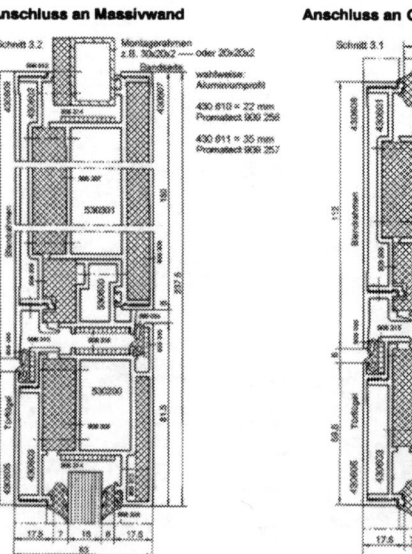

Anschluss an Massivwand

Anschluss an Oberlicht/Seitenteil

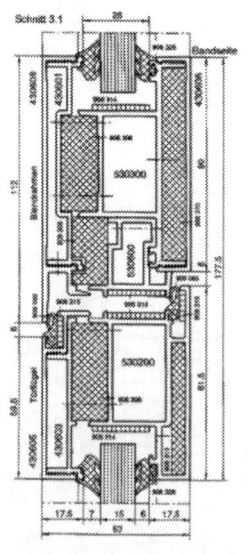

Kombinierte Sockel für Türflügel und Festverglasung

Einsetzbar wie Schnitt 4.1/4.2

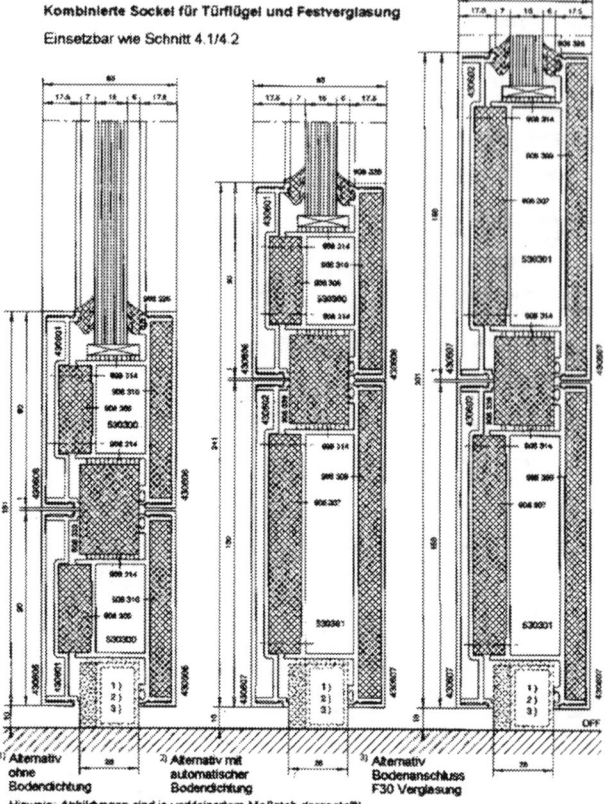

1) Alternativ ohne Bodendichtung

2) Alternativ mit automatischer Bodendichtung

3) Alternativ Bodenanschluss F30 Verglasung

Hinweis: Abbildungen sind in verkleinertem Maßstab dargestellt!

Blendrahmen, seitlich und oben

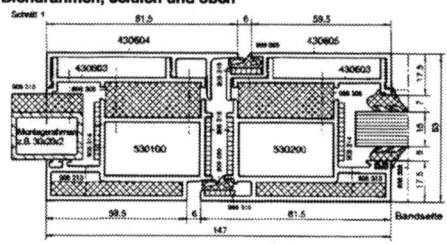

Mittelstoß bei zweiteiligen Türen

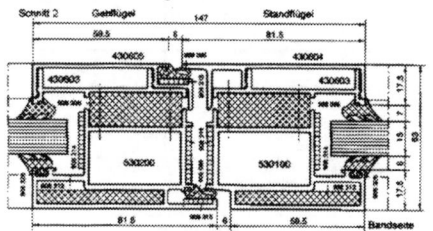

Kämpfer- und Pfostenprofile

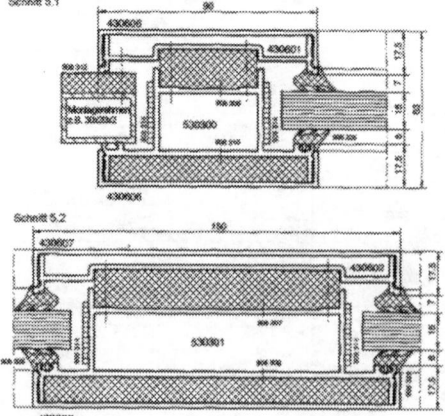

Feuerschutztüren

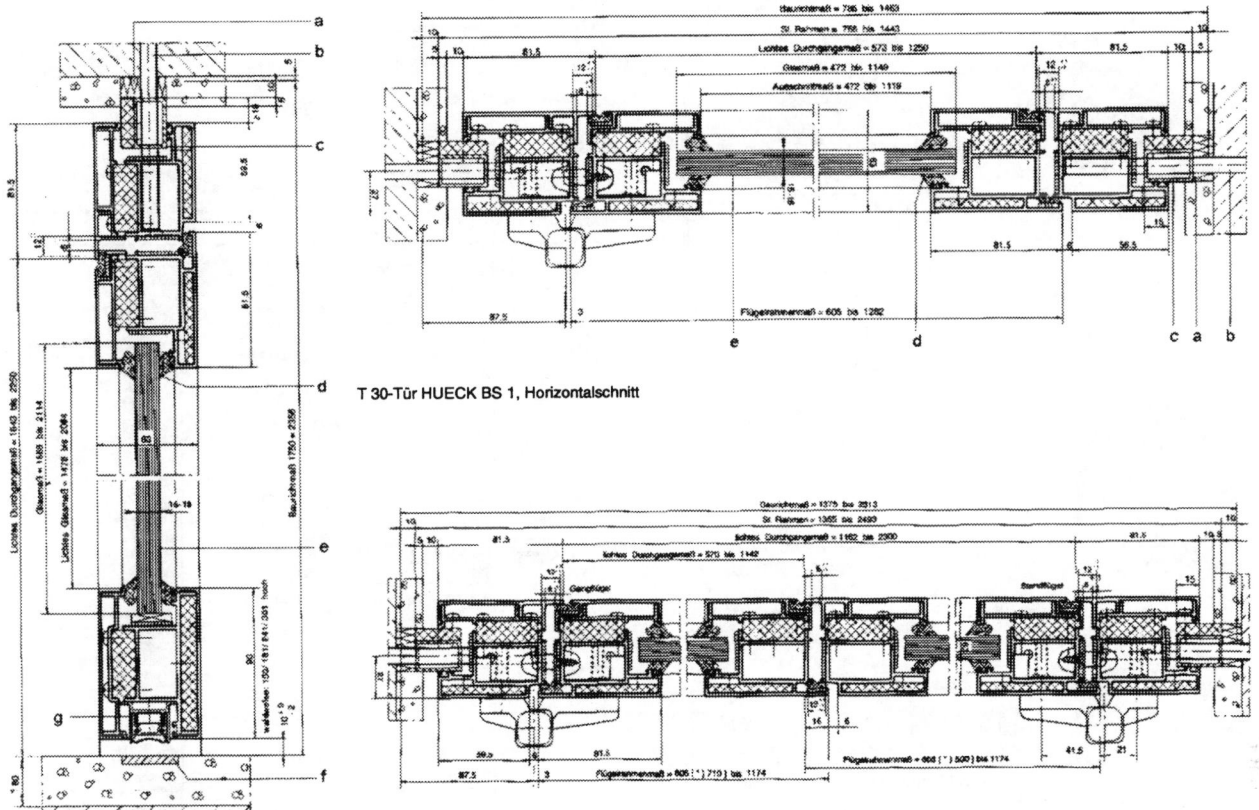

T 30-Tür HUECK BS 1, Horizontalschnitt

T 30-Tür HUECK BS 2, Horizontalschnitt

T 30-Tür HUECK BS 1 und BS 2, Vertikalschnitt

a = Mineralwolle Kl. A 1, b = bauaufsichtlich zugel. Rahmendübel aus Kunststoff oder Stahl D 10 oder Fischer F 10 S 165 oder Stahlspreizdübel M 8 mit zum Dübel passender Schraube, c = Stahlrohr 20 x 20 x 2 oder 30 x 20 x 2, wahlweise: Aluminiumprofil, 430 610 = 22 mm, Promatect 909 256, 430 611 = 35 mm Promatect 909 257, d = Trockenvergla-sung, e = Pyrostop 30-1 oder Promaglas 30, f = St. - Flach 35 x 5 - darf nach dem Einbau entfernt werden, wahlweise: St. - Winkel 35 x 20 x 3 oder St. Rohr 20 x 20 x 2 oder St. Rohr 30 x 20 x 2, g = wahlweise Türdichtung Stadi / HUECK

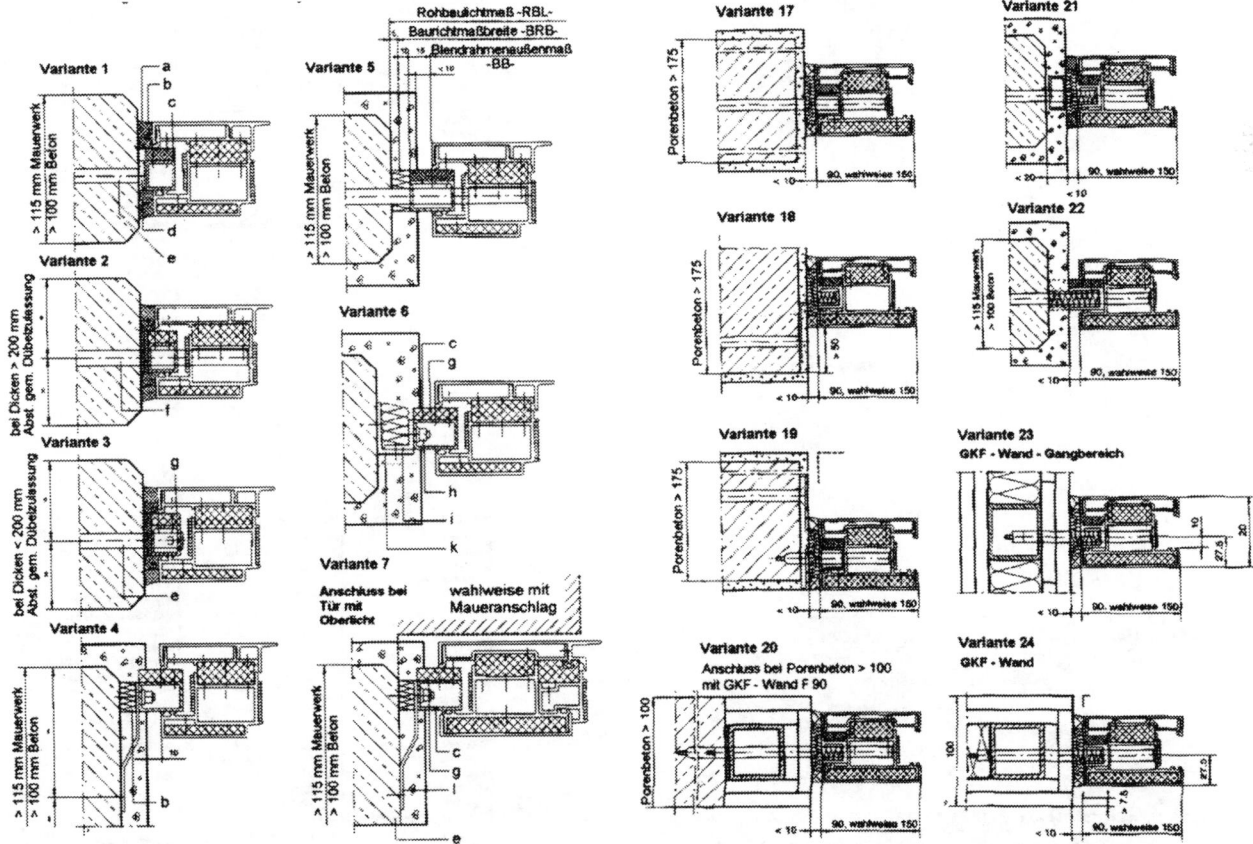

Wand- und Deckenanschlussvarianten für Türen HUECK BS 1 und BS 2

Wand- und Deckenanschlussvarianten für HUECK BS-F 30-Verglasung

a = Silikon-Versiegelung, b = Mineralwolle Kl. A 1, c = Stahlrohr 20 x 20 x 2, d = Stahlplatte mit Stahlrohr verschweißt, L = > 30, e = bauaufsichtlich zugel. Kunststoffdübel > D 10 oder Stahlspreizdübel > M 8 mit zum Dübel passender Schraube, f = bauaufsichtlich zugel. Rahmendübel aus Kunststoff oder Stahl D 10 oder Fischer F 10 S 165, g = Promatect - H 20 x 8, h = M 5 Nietmutter mit Schraube M 5 x 16 oder angeschweißt L = 30, i = St. Winkel mind. 20 x 20 x 3, 100 mm lang verschraubt oder angeschweißt, L = < 30 mm, k = St. Winkel mind. 35 x 25 x 3, 100 mm lang oder durchlaufend, l = Anker mind. 30 x 144 x 2, wahlweise mit M 5 Nietmutter mit Schraube M 5 x 16 oder angeschweißt L = 30

Feuerschutztüren

Variante 8   Variante 9

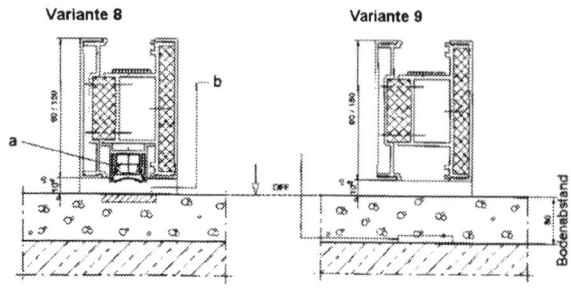

Variante 10   Variante 11

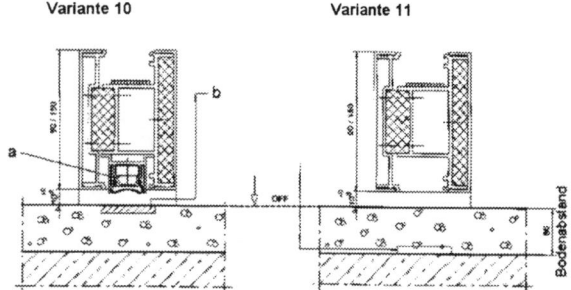

Bodenanschlussvarianten für Türen HUECK BS 1 und BS 2

a = wahlweise Türdichtung "Stadi HUECK", b = St.-Flach 35 x 5 - darf nach dem Einbau entfernt werden, St. - Winkel 35 x 20 x 3 oder St. Rohr 20 x 20 x 2 oder St. Rohr 30 x 20 x 2, c = St. - Winkel 35 x 20 x 3 oder St. Rohr 20 x 20 x 2 oder St. Rohr 30 x 20 x 2, d = Al - Bodenschwelle - bauseits -, e = z.B. Teppichboden, f = St. Winkel mind. 25 x 20 x 3, 100 mm lang oder durchlaufend, angeschraubt oder angeschweißt, L = 30, g = z. b. Stein, h = Mineralwolle Kl. A 1

Variante 12   Variante 13
- Neubau -   - Altbau -

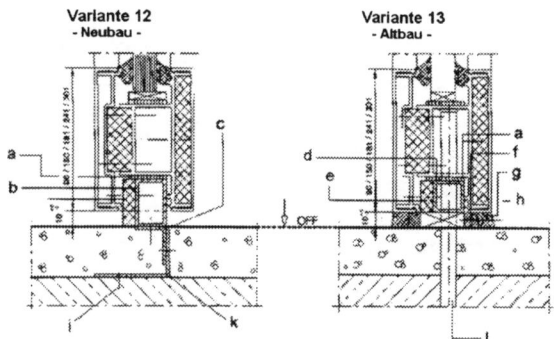

Variante 14   Variante 15

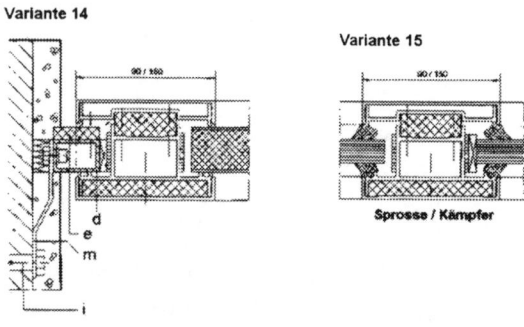

Sprosse / Kämpfer

Variante 16

Anschluss Türen HUECK BS 1 und BS 2

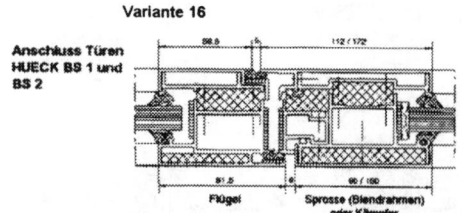

Flügel   Sprosse (Blendrahmen) oder Kämpfer

Anschlussvarianten der Verglasung HUECK BS 3

a = Promasael - Pl, b = Stahlrohr 30 x 20 x 2, c = St. Winkel mind. 25 x 20 x 3, 100 lang, verschraubt oder angeschweißt, L => 30, d = Stahlrohr 20 x 20 x 2, e = Promatect - H 20 x 8, f = Silicon-Versiegelung, g = Unterfütterung aus Hartholz oder Promatect - H, i = bauaufsichtlich zugel. Kunststoffdübel > D 10 oder Stahlspreizdübel > M 8 mit zum Dübel passender Schraube, k = St. Winkel mind. 30 x 50 x 3, 100 lang, verschraubt oder angeschweißt, L => 30, l = bauaufsichtlich zugel. Rahmendübel aus Kunststoff oder Stahl D 10 oder Fischer F 10 S 165, m = Anker mind. 30 x 144 x 2, wahlweise mit M 5 Nietmutter mit Schraube M 5 x 16 oder angeschweißt, L => 30

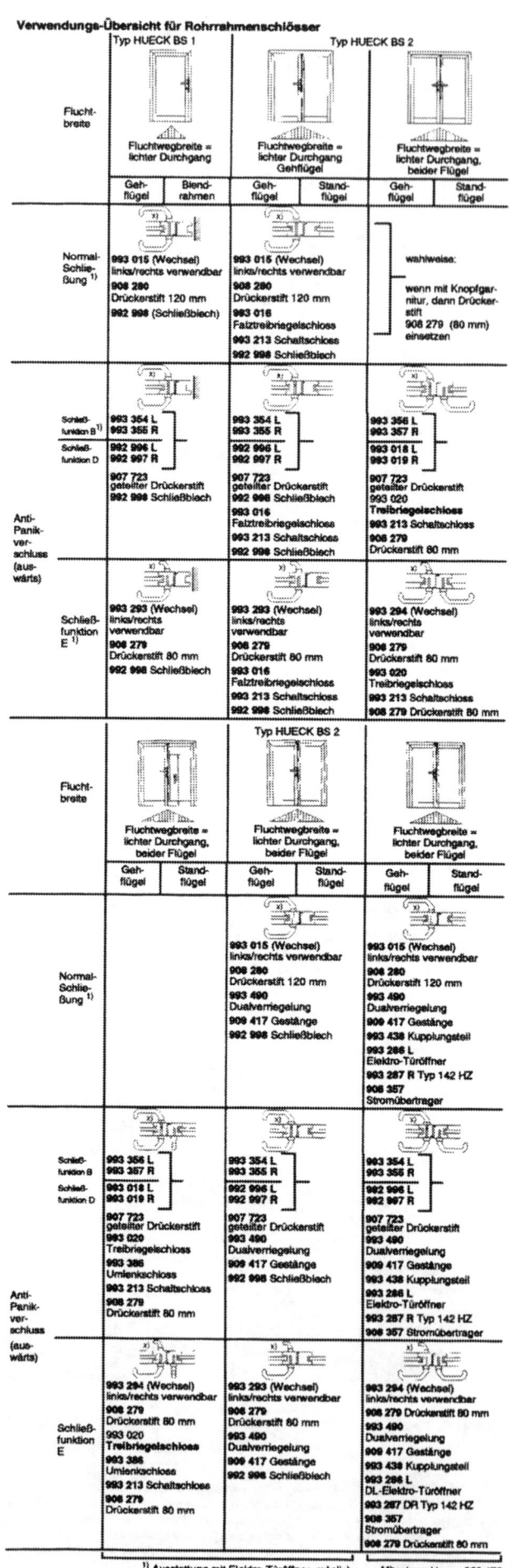

Verglasungen

Verglasungsarbeiten, Richtlinien für die Ausführung nach DIN 18361, Abs. 2 und 3

2 Stoffe, Bauteile

2.1 Glaserzeugnisse

DIN 1238	Spiegel aus silberbeschichtetem Spiegelglas; Begriffe, Merkmale, Anforderungen, Prüfung
DIN 1249 Teil 1	Flachglas im Bauwesen; Fensterglas; Begriff, Maße
DIN 1249 Teil 3	Flachglas im Bauwesen; Spiegelglas; Begriff, Maße
DIN 1249 Teil 4	Flachglas im Bauwesen; Gussglas; Begriff, Maße
DIN 1249 Teil 5	Flachglas im Bauwesen; Profilbauglas; Begriff, Maße
DIN 1249 Teil 12	Flachglas im Bauwesen; Einscheiben-Sicherheitsglas; Begriff, Maße, Bearbeitung, Anforderungen

Ferner gelten für Glaserzeugnisse die folgenden Anforderungen:
- Spiegelglas muss in seiner Oberfläche plan, klar, durchsichtig, klar reflektierend und verzerrungsfrei sein. Vereinzelte, nicht störende kleine Blasen und unauffällige Kratzer sind zulässig.
- Drahtspiegelglas muss beidseitig plangeschliffen, poliert und durchsichtig sein. Unauffällige Kratzer, kleine Blasen und Abweichungen in der Drahtnetzeinlage dürfen nur in handelsüblichem Ausmaß vorhanden sein. Drahtspiegelglas darf bei der Nenndicke von 7 mm eine zulässige Abweichung von ± 1 mm aufweisen.
- Bei Glas mit Drahtnetzeinlage muss die Einlage splitterbindend wirken.
- Bei Verbund-Sicherheitsglas müssen die einzelnen Schichten so dauerhaft verbunden sein, dass sich bei einem Bruch keine scharfkantigen Glassplitter ablösen können.

2.2 Lichtdurchlässige Platten aus Kunststoff
Lichtdurchlässige Platten aus Kunststoff müssen dauerhaft lichtdurchlässig und schlagfest sein.

2.3 Verglasungsdichtstoffe
DIN 18545 Teil 2 Abdichten von Verglasungen mit Dichtstoffen; Dichtstoffe; Bezeichnung, Anforderungen, Prüfung
Erhärtende Verglasungsdichtstoffe müssen der Gruppe A, plastisch bleibende Dichtstoffe der Gruppe B und elastisch bleibende Dichtstoffe der Gruppe D nach DIN 18545 Teil 2 entsprechen.

2.4 Verglasungsdichtprofile
DIN 7863 Nichtzellige Elastomer-Dichtprofile im Fenster- und Fassadenbau.

2.5 Verglasungshilfsstoffe
Vorbehandlungsmittel (Reiniger, Haftreiniger, Primer, Sperrgrund), Vorlegebänder und Klötze müssen den Anforderungen nach DIN 18545 Teil 3 "Abdichten von Verglasungen mit Dichtstoffen; Verglasungssysteme" entsprechen.

2.6 Chemische Verbindungsmittel für Glasstöße
Chemische Verbindungsmittel für Glasstöße müssen spätestens 2 Tage nach der Verarbeitung abgebunden haben. Danach müssen sie haften und dem jeweiligen Verwendungszweck entsprechend elastisch, wasserfest, aber mit Mitteln lösbar sein, die am Bau anwendbar sind. Soweit sie bei Einscheiben-Sicherheitsgläsern verwendet werden, müssen sie bei einer ausreichenden Fugenbreite so elastisch sein, dass der Bruch einer Scheibe nicht auf die mit ihr verbundene Scheibe übergreift.

3 Ausführung

3.1 Allgemeines
3.1.1 Verglasungen in geneigten Konstruktionen müssen neben den Anforderungen nach DIN 18056 "Fensterwände; Bemessung und Ausführung" den besonderen Anforderungen genügen, die sich aus der Neigung ergeben.

3.1.2 Außenverglasungen müssen regendicht sein und Windlasten nach DIN 1055 Teil 4 "Lastannahmen für Bauten; Verkehrslasten, Windlasten bei nicht schwingungsanfälligen Bauwerken" aufnehmen können.

3.1.3 Bei Rahmenkonstruktionen, bei denen die Glashalteleisten nicht unmittelbar nach Einbau der Verglasungseinheiten angebracht werden können, müssen die Verglasungseinheiten bis zum Anbringen der Glashalteleisten auf allen Seiten in Abständen von höchstens 800 mm durch jeweils 100 mm lange Leistenstücke mit elastischer Zwischenlage zum Glas gesichert werden.

3.1.4 Kantenbearbeitung
Die Glaskantenbearbeitung hat nach DIN 1249 Teil 11 "Flachglas im Bauwesen; Glaskanten; Begriff, Kantenformen und Ausführung" zu erfolgen.

3.2 Klotzung
3.2.1 Verglasungen müssen so geklotzt werden, dass schädliche Spannungen im Glas verhindert werden. Die Gangbarkeit der Fenster und Türflügel darf nicht beeinträchtigt werden. Die Scheibenkanten dürfen an keiner Stelle den Rahmen berühren. Es sind ausreichend vorbehandelte Klötze aus Hartholz oder aus anderen geeigneten Materialien einzusetzen. Die Klötze müssen mindestens 2 mm breiter sein als die Dicke der Verglasungseinheit.

3.2.2 Erfordert das Verglasungssystem einen Dampfdruckausgleich, so müssen gegebenenfalls Klotzbrücken verwendet werden.

3.2.3 Bei dichtstofffreiem Glasfalzraum sind die Klötze gegen Verschieben und Abrutschen zu sichern.

3.3 Abdichtungen von Verglasungssystemen
3.3.1 Für Verglasungssysteme mit Dichtstoffen gelten DIN 18545 Teil 1 bis Teil 3 "Abdichten von Verglasungen mit Dichtstoffen".

3.3.2 Bei Verglasungen mit Dichtprofilen müssen im Falzraum Öffnungen zum Dampfdruckausgleich vorhanden sein. Profilstöße sind dicht auszuführen.

3.4 Fensterwände
Für das Verglasen von Fensterwänden gilt DIN 18056.

3.5 Dächer und Dachoberlichter
Für das Verglasen von Dächern und Dachoberlichtern ist bei einer Einfachscheibe Glas mit Drahtnetzeinlage zu verwenden.

Jede Scheibe ist gegen Abrutschen zu sichern, dabei ist eine Glas-Metall-Berührung zu vermeiden. Bei der Verglasung von Mehrscheiben-Isoliergläsern müssen äußere und innere Scheibe die gesamte Belastung aus Wind, Schnee und Eigengewicht aufnehmen können.

3.6 Gewächshäuser
Für die Verglasung von Gewächshäusern gilt DIN 11535 "Gewächshäuser; Grundsätze für Berechnung und Ausführung".

3.7 Ganzglaskonstruktionen aus nicht vorgespanntem Glas
Für die Einzelscheiben einer Ganzglaskonstruktion sind einheitliche Glasdicken zu wählen.
Plan oder im Winkel aneinanderstoßende Scheiben müssen an den Stoßflächen rechtwinkelig zur Scheibenfläche bzw. dem Gehrungswinkel entsprechend nach DIN 1249 Teil 11 maßgeschliffen werden. Die Glaskanten müssen geschliffene Fasen erhalten, die Dicke der Fasen muss unwesentlich verändern.
Bei freistehenden Glaskanten müssen die sichtbaren Glaskanten und Fasen zusätzlich poliert werden.
Die Fugen zwischen den Stoßflächen müssen, mit Ausnahme bei Verbindungen mit UV-härtenden Klebern, mindestens 2 mm, dürfen aber nicht mehr als 5 mm breit sein. Sie sind voll und gleichmäßig mit Glasverbindungsmitteln auf chemischer Basis auszufüllen und glatt abzustreichen. Metallstege und andere Einlagen aus glasfremden Stoffen dürfen nicht in die Fugen eingelassen werden. Stoßverbindungen dürfen nicht als statisch wirksam in Rechnung gestellt werden.

3.8 Ganzglastüranlagen aus vorgespanntem Glas
Befestigungsmittel und Beschlagteile dürfen keinen unmittelbaren Glas-Metall-Kontakt haben.

3.9 Profilbauglas
Profilbauglas ist so in Rahmenkonstruktionen einzubauen, dass Kräfte aus dem Baukörper nicht auf die Verglasung einwirken. Zur Vermeidung von Schäden an der Verglasung und am Baukörper ist die Ableitung von anfallendem Kondensat sicherzustellen.

3.10 Spritzschutzwände
Spritzschutzwände aus Glas sind aus Sicherheitsglas auszuführen. Die Befestigungs- und Beschlagteile dürfen nicht korrodieren.

3.11 Verglasen mit Blei-, Messing- und Leichtmetallprofilen
Bei Kunstverglasungen mit Blei-, Messing- und Leichtmetallprofilen müssen die Kreuzpunkte der Metallfassungen auf beiden Seiten bei Blei durch Verzinnen, bei Messing durch Verlöten, bei Leichtmetall durch Zwischenstücke verbunden sein. Die Scheiben sind in den Metallfassungen zu dichten. Die Bleifassungen sind nach dem Dichten an die Scheiben anzudrücken. Die in Feldern zusammengesetzten Scheiben sind standfest abzubilden. Bei Beanspruchung durch Windlasten sind Verstärkungen anzubringen. Kunstverglasungen im Scheibenzwischenraum einer Mehrscheiben-Isolierverglasung dürfen nicht verkittet werden.

3.12 Lichtdurchlässige Platten aus Kunststoff
Lichtdurchlässige Platten aus Kunststoff sind so einzubauen und zu befestigen, dass ihre temperaturbedingten Längen-/Dickenänderungen in der Rahmenkonstruktion aufgenommen werden.

Angriffhemmende Verglasungen nach DIN 52290, Teil 1 bis 5

Anwendungsbereich
Angriffhemmende Verglasungen finden im öffentlichen, gewerblichen und privaten Bereich Verwendung, wobei der Anwender je nach angestrebter Schutzwirkung die Art der angriffhemmenden Verglasung und ihre Widerstandsklasse bestimmt.

Zwecke
In dieser Norm werden Begriffe aus dem Bereich der angriffhemmenden Verglasungen definiert und Kennbuchstaben für die in Abschnitt 3 definierten Arten von angriffhemmenden Verglasungen, die in Widerstandsklassen eingeteilt sind, festgelegt. Der Inhalt der Begriffe wird durch die Bedingungen für die Prüfung der Angriffhemmung näher festgelegt.

Angriffhemmende Verglasung
Angriffhemmende Verglasung ist ein Erzeugnis auf Glas- und/oder Kunststoffbasis in ein- oder mehrschichtigem Aufbau mit über der gesamten Fläche einheitlichem Querschnitt der angriffhemmenden Schicht(en). Die angriffhemmende Verglasung ist in der Regel durchsichtig oder lichtdurchlässig und setzt einer gewaltsamen Einwirkung einen bestimmten Widerstand entgegen.

Durchwurfhemmende Verglasung
Eine Verglasung ist durchwurfhemmend, wenn sie das Durchdringen von geworfenen oder geschleuderten Gegenständen behindert.
Kennbuchstabe: A

Durchbruchhemmende Verglasung
Eine Verglasung ist durchbruchhemmend, d.h. ein- und ausbruchhemmend, wenn sie das Herstellen einer Öffnung zeitlich verzögert.
Kennbuchstabe: B

Durchschusshemmende Verglasung
Eine Verglasung ist durchschusshemmend, wenn sie das Durchdringen von Geschossen behindert.
Kennbuchstabe: C

Sprengwirkungshemmende Verglasung
Eine Verglasung ist sprengwirkungshemmend, wenn sie dem Druck und Impuls einer bestimmten Stoßwelle widersteht.
Kennbuchstabe: D

Tabelle. Einteilung von angriffhemmenden Verglasungen in Widerstandsklassen gegen Durchwurf

Kennzahl für Beanspruchungsart	Fallhöhe mm ± 50	Widerstandsklasse gegen Durchwurf
1	3500	A 1
2	6500	A 2
3	9500	A 3

Tabelle. Einteilung von durchbruchhemmenden Verglasungen in Widerstandsklassen gegen Durchbruch

Kennzahl für Beanspruchungsart	Axtschläge mindestens	Widerstandsklasse gegen Durchbruch
1	30 bis 50	B 1
2	über 50 bis 70	B 2
3	über 70	B 3

Tabelle Einteilung von angriffhemmenden Verglasungen in Widerstandsklassen gegen Durchschuss

Kennzahl für Beanspruchungsart	Geschossart *)	Schussentfernung m	Widerstandsklasse gegen Durchschuss	
			kein Durchschuss, splitterfrei	kein Durchschuss, Splitterabgang
1	VMR/Wk	3	C 1 – SF	C 1 – SA
2	VMKS/Wk	3	C 2 – SF	C 2 – SA
3	VMF/Wk	3	C 3 – SF	C 3 – SA
4	VMS/Wk	10	C 4 – SF	C 4 – SA
5	VMS/Hk	25	C 5 – SF	C 5 – SA

*)	VMR/Wk:	Vollmantel-Rundkopfgeschoss mit Weichkern
	VMF/Wk:	Vollmantel-Flachkopfgeschoss mit Weichkern
	VMKS/Wk:	Vollmantel-Kegelspitzkopfgeschoss mit Weichkern
	VMS/Wk:	Vollmantel-Spitzkopfgeschoss mit Weichkern
	VMS/Hk:	Vollmantel-Spitzkopfgeschoss mit Hartkern

Tabelle Einteilung von sprengwirkungshemmenden Verglasungen in Widerstandsklassen gegen Sprengwirkung

Kennzahl für Beanspruchungsart	positiver Maximaldruck der reflektierten Stoßwelle bar	Dauer der positiven Druckphase ms mindestens	Widerstandsklasse gegen Sprengwirkung
1	0,5	12	D 1
2	1,0	10	D 2
3	2,0	8	D 3

Verglasungen

Abdichten von Verglasungen mit Dichtstoffen nach DIN 18545 Teil 1 Anforderungen an Glasfalze

Anwendungsbereich
Diese Norm gilt für Glasfalze in Fenstern, Fensterwänden und Türen zum Einbau von Verglasungseinheiten (Einfachglas oder Mehrscheiben-Isolierglas) unter Verwendung von Dichtstoffen, wenn die Bauteile mindestens auf einer Seite dem Außenraum– oder Freiluftklima nach DIN 50010 Teil 1 ausgesetzt sind.
Sie gilt nicht für Verglasungen von Hallenbädern und Sonderverglasungen, wie z.B. einbruchhemmende Verglasungen, Unterwasser–, Brandschutz–, Dachverglasungen, und nicht bei Umwehrungen.
Die Verglasung mit freier Dichtstofffase nach Bild 1 gilt nur für Einfachglas mit einer größten Seitenlänge bis 80 cm, sofern die Umgebungsbedingungen keine weitere Einschränkung erfordern. Für alle übrigen Verglasungseinheiten gelten die Verglasungsarten mit Glashalteleisten nach den Bildern 2, 3 oder 4.

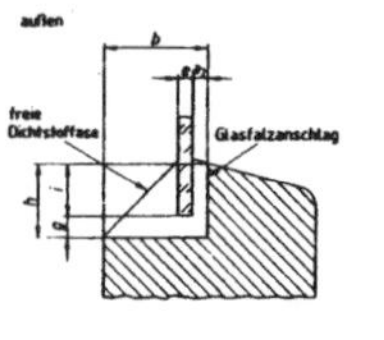

Bild 1. Verglasung in Holzrahmen mit freier Dichtstofffase

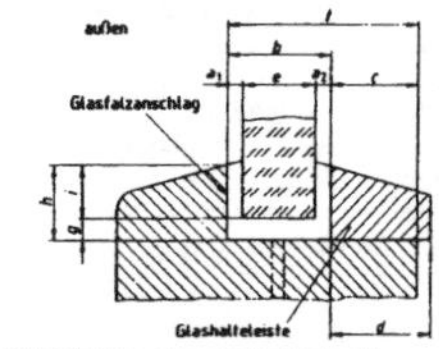

Bild 2. Verglasung in Holzrahmen mit Glashalteleisten und gerader Falzoberkante

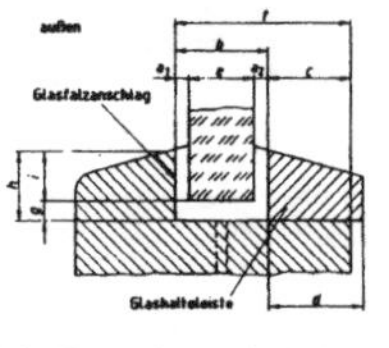

Bild 3. Verglasung in Holzrahmen mit Glashalteleisten und angefaster Falzoberkante

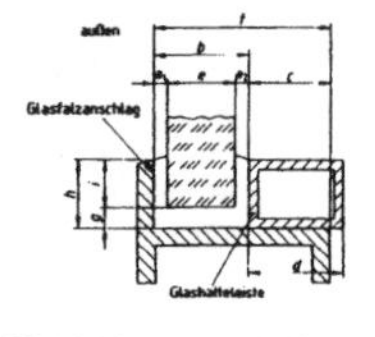

Bild 4. Verglasung in Kunststoff- oder Metallrahmen mit Glashalteleisten

In den Bildern 1 bis 4 bedeuten:
- a_1 Äußere Dichtstoffdicke
- a_2 Innere Dichtstoffdicke
- b Glasfalzbreite
- c Breite der Auflage für die Glashalteleiste
- d Breite der Glashalteleiste
- e Dicke der Verglasungseinheit
- g Glasfalzgrund
- h Glasfalzhöhe
- i Glaseinstand
- t Gesamtfalzbreite

Maße

Glasfalzhöhe *h*
Die Glasfalzhöhe muss mindestens Tabelle 1 entsprechen.

Glasfalzbreite *b*, Gesamtfalzbreite *t*
Bei Verglasungen mit **freier Dichtstofffase** muss die Glasfalzbreite unter Berücksichtigung der erforderlichen Dicke der Dichtstoffvorlage und der Dicke der Verglasungseinheit so bemessen sein, dass die freie Dichtstofffase mit einer Neigung von etwa 45° zum Glasfalzgrund hergestellt werden kann (siehe Bild 1).
Bei Verglasungen mit **Glashalteleisten** muss die Gesamtfalzbreite unter Berücksichtigung der erforderlichen Dicken der Dichtstoffvorlagen und der Dicke der Verglasungseinheit so bemessen sein, dass eine ausreichende Auflagebreite für die Glashalteleiste verbleibt. Bei Holz muss diese Auflagebreite mindestens 14 mm betragen (siehe Bild 2 und Bild 3, Maß *c*). Sie darf auf 12 mm reduziert werden, wenn die Glashalteleiste vorgebohrt ist und verschraubt wird.

Glaseinstand *i*
Der Glaseinstand soll in der Regel 2/3 der Glasfalzhöhe betragen, darf jedoch 20 mm nicht überschreiten (siehe auch Tabelle 1, Fußnote 1).

Dichtstoffdicken a_1, a_2
Die äußere und die innere Dichtstoffdicke müssen bei ebenen Verglasungseinheiten jeweils der Tabelle 2 entsprechen. Die größte Dicke soll jeweils 6 mm nicht überschreiten. Bei Verglasungseinheiten mit größeren als in der Tabelle 2 angegebenen Maßen sind die Dichtstoffdicken in Abstimmung mit dem Hersteller der Verglasungseinheiten festzulegen.
Bei gebogenen Verglasungseinheiten müssen die Dichtstoffdicken so gewählt werden, dass die Glasfalzbreite mindestens 20 mm größer als die Dicke der Verglasungseinheit ist.

Anforderungen
Die Rahmenverbindungen müssen im Bereich des Glasfalzes wasserdicht hergestellt sein, damit die Verglasungseinheiten und die Glasabdichtung nicht beeinträchtigt werden.

Glasfalze müssen so ausgebildet sein, dass die fachgerechte Klotzung der Verglasungseinheiten möglich ist. Ihre Oberflächen müssen glatt und eben sein.

Glashalteleisten müssen passgenau, abnehmbar und in der Regel an der Innenseite angeordnet sein. Sie müssen es im Reparaturfall ermöglichen, dass jede Verglasungseinheit für sich ausgewechselt werden kann. Bei punktweiser Befestigung müssen die Befestigungsmittel einen Abstand von 5 bis 10 cm von den Ecken haben. Ihr Abstand untereinander ist in Abhängigkeit von ihrer Belastbarkeit und von der Steifigkeit der Glashalteleisten zu wählen, darf jedoch 35 cm nicht überschreiten.
Außenliegende Glashalteleisten sind nur zulässig, wenn die bauliche Situation eine andere Ausführung nicht erlaubt. Außenliegende Glashalteleisten müssen so ausgebildet sein, dass eine zusätzliche Abdichtung zum Rahmen möglich ist. Sie dürfen ferner nur mit korrosionsgeschützten Befestigungsmitteln angebracht werden.

Der Glasfalzanschlag und die Glashalteleisten einschließlich ihrer Befestigungsmittel müssen so ausgebildet sein, dass sie die Beanspruchung aus Verkehrslast und Eigengewicht der Verglasungseinheit aufnehmen können. Sie müssen ferner ausreichende Auflageflächen für die Dichtstoffvorlage bzw. das Vorlegeband aufweisen.

Der Glasfalzgrund muss eine ausreichende Tragfähigkeit zur sicheren Lagerung der Verglasungseinheit aufweisen.
Bei Verglasungen mit ausgefülltem Glasfalzgrund muss der Glasfalzgrund glatt und so ausgebildet sein, dass eine hohlraumfreie Ausfüllung möglich ist.
Bei Verglasungen mit dichtstofffreiem Glasfalzgrund müssen Öffnungen zum Dampfdruckausgleich nach außen vorhanden sein.
Bei Verglasungen mit freier Dichtstofffase müssen die Vorrichtungen für das Anbringen der Befestigungsmittel, z.B. Löcher für Klipse oder Stifte, einen Abstand von 5 bis 10 cm von den Ecken haben. Ihr Abstand untereinander darf 35 cm nicht überschreiten. Bestehen die Befestigungsmittel aus Weißblechecken, darf der Abstand jedoch höchstens 20 cm betragen.
Glasfalze und Glashalteleisten müssen dem verwendeten Werkstoff entsprechend folgende Vorbehandlung aufweisen:
a) Bei Holz muss eine ausreichende anstrichtechnische Vorbehandlung durchgeführt sein.
b) Bei Aluminium müssen die Haftflächen für die Dichtstoffe von Schutzfilmen oder ungeeigneten Beschichtungen befreit sein.
c) Bei Stahl muss ein Korrosionsschutz vorhanden und die anstrichmäßige Vorbehandlung einschließlich des ersten Zwischenanstrichs durchgeführt sein.

Tabelle 1. **Glasfalzhöhe *h*, Mindestmaße**

Längste Seite der Verglasungseinheit	Glasfalzhöhe *h* bei Einfachglas min.	Glasfalzhöhe *h* bei Mehrscheiben-Isolierglas [1] min
bis 1000	10	18
über 1000 bis 3500	12	18
über 3500	15	20

[1] Bei Mehrscheiben-Isolierglas mit einer Kantenlänge bis 500 mm darf mit Rücksicht auf eine schmale Sprossenausbildung die Glasfalzhöhe auf 14 mm und der Glaseinstand auf 11 mm reduziert werden.

Tabelle 2. **Dichtstoffdicken a_1 und a_2 bei ebenen Verglasungseinheiten, Mindestmaße**

Längste Seite der Verglasungseinheit	Werkstoff des Rahmens: Holz	Kunststoff, Oberfläche hell	Kunststoff, Oberfläche dunkel	Metall, Oberfläche hell	Metall, Oberfläche dunkel
	a_1 und a_2 [1] min.				
bis 1500	3	4	4	3	3
über 1500 bis 2000	3	5	5	4	4
über 2000 bis 2500	4	5	6	4	5
über 2500 bis 2750	4	–	–	5	5
über 2750 bis 3000	4	–	–	5	–
über 3000 bis 4000	5	–	–	–	–

[1] Die innere Dichtstoffdicke a_2 darf bis 1 mm kleiner sein.
Nicht angegebene Werte sind im Einzelfall zu vereinbaren.

Abdichten von Verglasungen mit Dichtstoffen nach DIN 18545 Teil 2 Dichtstoffe; Bezeichnung, Anforderung, Prüfung

Anwendungsbereich

Diese Norm gilt für Dichtstoffe, die zur Abdichtung der Fugen zwischen Verglasungseinheiten und Tragrippen (Rahmen, Riegel, Pfosten) verwendet werden.

Sie gilt nur für Dichtstoffe, die im plastischen Zustand verarbeitet werden (Fugendichtungsmassen).

Diese Norm gilt nicht für Glaszemente und Glaskleber, wie sie im Ganzglasbau zur Verwendung kommen und nicht für Dichtstoffe für Sonderverglasungen, z.B. Unterwasser– oder Brandschutzverglasungen.

Anforderungen
Dichtstoffe müssen entsprechend ihrer Zuordnung zu einer der Dichtstoffgruppen A bis E die in der Tabelle festgelegten Anforderungen erfüllen.

Tabelle zu DIN 18545 Teil 2. **Anforderungen**

	Eigenschaft	Anforderung für Dichtstoffgruppe A	B	C	D	E	Prüfung nach
1	Rückstellvermögen in %	–	–	≥ 5	≥ 30	≥ 60	DIN EN 27389
2	Haft- und Dehnverhalten nach Lichtalterung, kein Adhäsions- oder Kohäsionsriss bei Dehnung in %	–	≥ 5	≥ 50	≥ 75	≥ 100	DIN 52455 Teil 3
3	Haft- und Dehnverhalten nach Wechsellagerung, kein Adhäsions- oder Kohäsionsriss bei Dehnung in %	–	≥ 5	≥ 50	≥ 75	≥ 100	DIN EN 28340
4	Kohäsion Zugspannung bei Dehnung nach Zeile 3 in N/mm^2 bei + 23°C : bei – 20°C :	 – –	 – –	 ≤ 0,6 ≤ 0,9	 ≤ 0,5 ≤ 0,8	 ≤ 0,4 ≤ 0,6	DIN EN 28340
5	Volumenänderung in %	≤ 5	≤ 5	≤ 15	≤ 10	≤ 10	DIN 52451 Teil 1
6	Standvermögen, Ausbuchtungen in mm	≤ 2	≤ 2	≤ 2	≤ 2	≤ 2	DIN EN 27390
	Weitere Prüfungen nach Vereinbarung						
7	Bindemittelabwanderung	Die Sollwerte sind vom Hersteller anzugeben.					DIN 52453 Teil 2
8	Verarbeitbarkeit						DIN EN 29048
9	Verträglichkeit mit anderen Baustoffen	Die mit dem Dichtstoff verträglichen Stoffe sind vom Hersteller anzugeben.					DIN 52452 Teil 1
10	Verträglichkeit mit Chemikalien						DIN 52452 Teil 2
11	Verträglichkeit mit anderen Dichtstoffen						DIN 52452 Teil 3
12	Verträglichkeit mit Beschichtungssystemen						DIN 52452 Teil 4

Abdichten von Verglasungen mit Dichtstoffen nach DIN 18545 Teil 3, Verglasungssysteme

Anwendungsbereich
Diese Norm gilt für das Herstellen von Verglasungssystemen mit Dichtstoffen nach DIN 18545 Teil 2 bei Bauelementen mit Glasfalzen nach DIN 18545 Teil 1.

Verglasungssystem
Verglasungssystem ist der Oberbegriff für die verschiedenen Ausführungen der Glasfalze, des Einbaues der Verglasungseinheiten und der Abdichtung zwischen Verglasungseinheiten und Rahmen.
Es werden unterschieden
- Verglasungssystem mit freier Dichtstofffase (Va1),
- Verglasungssystem mit Glashalteleisten und ausgefülltem Falzraum (Va2 bis VA5),
- Verglasungssystem mit Glashalteleisten und dichtstofffreiem Falzraum (Vf3 bis Vf5).

(siehe Tabelle)
Hier bedeuten
- V Verglasungsraum
- a ausgefüllter Falzraum
- f dichtstofffreier Falzraum
- 1 bis 5 Beanspruchungsgruppen für die Verglasung von Fenstern, Fensterwänden und Türen

Anforderungen an Hilfsstoffe

Allgemeines
Hilfsstoffe für Verglasungen müssen mit den bestimmungsgemäß in Berührung kommenden Stoffen verträglich sein.

Vorlegeband
Vorlegeband muss über seine gesamte Länge gleiche Querschnittsmaße aufweisen. Seine Dicke muss so gewählt werden, dass die erforderlichen Dicken a_1 und a_2 der Dichtstoffvorlagen nach DIN 18545 Teil 1 dauerhaft sichergestellt werden.

Die Höhe des Vorlegebandes muss so gewählt werden, dass zum Versiegeln mindestens 5 mm hohe Haftflächen des Dichtstoffes am Glas und auch am gegenüberliegenden Rahmen zur Verfügung stehen.
Bei dichtstofffreiem Falzraum muss ferner ein 5 mm großer Abstand des Vorlegebandes zum Glasfalzgrund gewahrt sein.
Zur Einhaltung dieser Maße muss insbesondere die Druckbelastung des Vorlegebandes durch die Verglasungseinheit berücksichtigt werden.

Klötze
Klötze (Tragklötze, Distanzklötze, Klotzbrücken) müssen so beschaffen sein, dass auch bei Feuchtigkeits– und/oder Temperatureinwirkungen keine unzulässigen Veränderungen auftreten.

Bauliche Erfordernisse
Die Rahmenkonstruktion muss die Anforderungen nach DIN 18055 und, falls erforderlich, auch die Anforderungen nach DIN 18056 erfüllen. Bei Holzfenstern ist DIN 68121 Teil 1 zu beachten.

Wenn bei Rahmenkonstruktionen die Glashalteleisten nicht unmittelbar nach Einbau der Verglasungseinheiten angebracht werden können, müssen die Verglasungseinheiten bis zum Anbringen der Glashalteleisten auf allen Seiten in Abständen von höchstens 80 cm durch jeweils mindestens 10 cm lange Leistenstücken mit elastischer Zwischenlage zum Glas gesichert werden.

Glasfalze und gegebenenfalls Glashalteleisten müssen DIN 18545 Teil 1 entsprechen. Die Haftflächen müssen fest, trocken, sauber sowie frost–, fett– und staubfrei sein.

Auswahl des Verglasungssystems
In Abhängigkeit von der Beanspruchungsgruppe ist das Verglasungssystem nach der Tabelle dieser Norm auszuwählen.

Verglasungen

Flachglas im Bauwesen, Fensterglas
nach DIN 1249, Teil 1

Maße, Bezeichnung

Dicke

Fensterglas wird in den in der Tabelle angegebenen Dicken hergestellt.

Maße in mm

Nenndicke	zul. Abw. Dicke	zul Abw.für Seitenlängen bis 2000	über 2000
3	± 0,2		
4		± 2	± 3
5	± 0,3		
6			
8	± 0,4		
10	± 0,5	± 3	± 4
12	± 0,6		
15	± 1,0	± 5	± 6
19			

Breite und Länge

Fensterglas kann bis zu einer Breite von 3180 mm und bis zu einer Länge von 3620 mm hergestellt werden.

Flachglas im Bauwesen, Spiegelglas
nach DIN 1249, Teil 3

Maße, Bezeichnung

Dicke

Spiegelglas wird in den in der Tabelle angegebenen Dicken hergestellt.

Länge und Breite

Spiegelglas kann bis zu den in der Tabelle angegebenen Längen und Breiten hergestellt werden.

Aus herstellungstechnischen Gründen sind größere Längen (Überlängen) sowie größere Breiten (Überbreiten) Sonderanfertigungen.

Maße in mm

Nenn-dicke	zul. Abw. Dicke	Länge max.	Breite max	Zul Abw. für Seitenlängen bis 2000 mm	über 2000 mm
3	± 0,2	4500	3180		
4	± 0,2	6000	3180		
5	± 0,2	6000	3180	± 2	± 3
6	± 0,2	6000	3180		
8	± 0,2	7500	3180		
10	± 0,3	9000	3180	± 3	± 4
12	± 0,3	9000	3180		
15	± 0,5	6000	3180	± 5	± 6
19	± 1,0	4500	2820		

Flachglas im Bauwesen, Gussglas
nach DIN 1249, Teil 4

Maße, Bezeichnung

Dicke

Gussglas wird in den in der Tabelle angegebenen Dicken hergestellt.

Breite und Länge

Gussglas wird bis zu den in der Tabelle angegebenen Längen und Breiten hergestellt.

Zulässige Abweichungen (Gebrauchsmaße für Bauten) in Breite und Länge ± 3 mm.

Maße in mm

	Nenn-dicke	zul. Abw. Dicke	Breite max.	Länge max
Drahtglas	7	± 0,7	2520	4500
D	9	± 1,0	2520	4500
Drahtornamentglas	7	± 0,7	2520	4500
DO	9	± 1,0	2520	4500
Ornamentglas	4	± 0,5	1500	2100
O	6	± 0,5	2520	4500
	8	± 0,8	2520	4500

Flachglas im Bauwesen, Profilbauglas
nach DIN 1249, Teil 5

Maße, Bezeichnung

Profilbauglas wird in den Profilen A bis G mit den Maßen nach der Tabelle hergestellt.

Profile, Maße, zulässige Abweichungen, Maße in mm

Profil	Stegbreite b ± 2	Flanschhöhe h ± 1	Glasdicke s_{Fl}, s_{St} ± 0,2
A	232	41	6
B	232	60	7
C	262	41	6
D	262	60	7
E	331	41	6
F	331	60	7
G	498	41	6

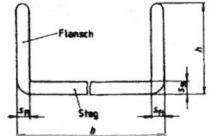

Bild 1. Querschnitt eines Profils

Längen

Die handelsüblichen Längen sind 4000 bis 7000 mm. Zulässige Abweichungen ± 3 mm (gemessen in Stegmitte). Profilbauglas wird in Lager- und Festmaßen geliefert.

Flachglas im Bauwesen, Einscheiben-Sicherheitsglas
nach DIN 1249, Teil 12

Begriff

Thermisch vorgespanntes Einscheiben-Sicherheitsglas ist ein Flachglas. Bei seiner Fertigung wird es bis zu einer bestimmten Temperatur aufgeheizt und dann mit Luft abgekühlt. So wird im Scheibenquerschnitt ein sich im Gleichgewicht befindlicher Spannungszustand zwischen äußeren Druck– und inneren Zugspannungen aufgebaut.

Einscheiben-Sicherheitsglas wird plan oder gebogen aus folgenden Basisprodukten hergestellt:
- Fensterglas nach DIN 1249 Teil 1
- Spiegelglas nach DIN 1249 Teil 3
- Gussglas nach DIN 1249 Teil 4

Das Glas darf
- farblos, gefärbt
- transparent, transluzent, opak, opal
- beschichtet oder emailliert

sein.

Maße

Dicke

Nenn dicke	Grenzabmaße Fensterglas	Grenzabmaße Spiegelglas	Grenzabmaße Gussglas
4			± 0,5
5	± 0,3		–
6		± 0,2	± 0,5
8	± 0,4		± 0,8
10	± 0,5	± 0,3	
12	± 0,6		–
15	± 1,0	± 0,5	

Länge und Breite

Länge L und Breite B der Glaskanten	Grenzabmaße
bis 500	± 1 *)
über 500 bis 1000	± 1,5 *)
über 1000 bis 1500	± 2
über 1500 bis 2500	± 2,5
über 2500 bis 3000	± 3
über 3000 bis 3500	± 4
über 3500	± 5

*) Für Glasdicken ≥ 8 mm betragen die Grenzabmaße ± 2

Geradheitstoleranz t_G

Glaserzeugnis	Nenndicke	Geradheitstoleranz t_G bezogen auf die Glaskantenlänge
Spiegelglas	4 und 5	1,0 %
Spiegelglas	6 bis 15	0,3 %
Fensterglas, Gussglas und sonstige Gläser	4 bis 15	1,0 %
Emailliertes Glas	6 bis 15	0,3 %

Anisotropie

Bei Betrachtung des Einscheiben-Sicherheitsglases, unter bestimmten Lichtverhältnissen und polarisiertem Licht, können Anisotropien, sogenannte Polarisationsfelder, sichtbar werden, die sich als Muster bemerkbar machen. Dieser Effekt ist für Einscheiben-Sicherheitsglas physikalisch bedingt und daher charakteristisch.

Für Verbund-Sicherheitsglas nach DIN 18361 sind folgende Herstellungsdicken üblich:

	Herstellungsdicke bei Fertigung aus Fensterglas mm	Herstellungsdicke bei Fertigung aus Kristallspiegelglas mm
zweischeibig	3 bis 12	7 bis 24
dreischeibig	11 bis 17	10 bis 23
vierscheibig	17 bis 23	19 bis 23
Panzerglas (mindestens vierscheibig)	min. 26	

Mehrscheiben-Isolierglas, luftgefüllt
nach DIN 1286, Teil 1

Luftgefülltes Mehrscheiben-Isolierglas

Ein luftgefülltes Mehrscheiben-Isolierglas nach dieser Norm besteht aus zwei oder mehr gleich– oder ungleichartigen Glastafeln oder Tafeln aus organischen Werkstoffen, bei denen der Abstand durch Stege oder spezielle Formgebung mit Schweißnaht am Rand sichergestellt ist. Sie bilden eine gegen die Außenatmosphäre verschlossene Einheit.

Mehrscheiben-Isolierglas, gasgefüllt
nach DIN 1286, Teil 2

Ein gasgefülltes Mehrscheiben-Isolierglas nach dieser Norm besteht aus zwei oder mehr gleich– oder ungleichartigen Glasscheiben oder Scheiben aus organischen Werkstoffen, bei denen der Abstand durch Stege oder spezielle Formgebung mit Schweißnaht am Rand sichergestellt ist. Sie bilden eine gegen die Außenatmosphäre verschlossene Einheit. Der über die Scheibenzwischenräume sind mit einem der Gase Argon, Kohlenstoffdioxid und Schwefelhexafluorid oder Gemischen dieser mit Luft und/oder untereinander gefüllt. Die Gasfüllung steht näherungsweise unter atmosphärischem Druck. Sie dient der Verbesserung der Wärme– und/oder Schalldämmung. Die Stege können entweder mit dem Glas verlötet oder über geeignete Dichtstoffe mit diesem verklebt sein und geeignete Trocknungsmittel enthalten.

Gartenbauglas; Gartenblankglas, Gartenklarglas
nach DIN 11525

Gartenblankglas

Gartenblankglas ist ein durchsichtiges fast farbloses Flachglas, das maschinell im Ziehverfahren oder Floatverfahren hergestellt wird.

Es hat beiderseits blanke Oberflächen, ist praktisch eben und gleichmäßig dick.

Gartenblankglas (GB) entspricht nach seiner Beschaffenheit dem nach üblichen Anforderungen des Gartenbaus sortierten Fensterglas nach DIN 1249 Teil 1, bzw. Spiegelglas nach DIN 1249 Teil 3. Es darf Bläschen, Schlieren, Knoten, Wellen oder Kratzer aufweisen, die herstellungsbedingt auftreten können, soweit der besondere Verwendungszweck und die Belastbarkeit dadurch nicht beeinträchtigt wird.

Gartenklarglas

Gartenklarglas ist ein fast farbloses, im endlosen Bandverfahren hergestelltes Gussglas. Die Außenseite ist glatt gewalzt, die Innenseite weist eine lichtstreuende Oberflächenstruktur auf.

Gartenklarglas (GK) entspricht nach seiner Beschaffenheit den Anforderungen an Gussglas nach DIN 1249 Teil 4. So dürfen z.B. Festigkeit und Lichtdurchlässigkeit durch im übrigen zulässige Bläschen, Schlieren, Kratzer und Unterschiedlichkeiten auf der Oberfläche im Glaskern nicht beeinträchtigt werden.

Gartenblankglas und Gartenklarglas verlieren bei sachgemäßer Behandlung nicht an Lichtdurchlässigkeit. Beide Glasarten müssen mit einem handelsüblichen Glasschneider gut schneidbar sein.

Maße

Gartenklarglas

Dicke	Breite ± 2	Länge ± 2
3 ± 0,2	460	1440
	480	1200
	730	1430
	600	1740
4 ± 0,3	600	2000
	730	1430
	730	1650
	752	1600

Dicke	Breite ± 2	Länge ± 2
	752	1740
	752	2000
	797	825
4 ± 0,3	797	1440
	797	1650
	797	2080
	997	825
	997	1650

Gartenblankglas

Dicke	Breite ± 3	Länge ± 3
3 ± 0,3	460	1440
	480	1200
	730	1430
	600	1740
	600	2000
	730	1430
4 ± 0,3	730	1650
	752	1600
	752	1740
	752	2000
	797	825
	797	1440
	797	1650
	797	2080
	997	825

Dicke	Breite ± 3	Länge ± 3
	997	1650
	600	1740
	600	2000
	730	1430
	730	1650
	752	1600
5 ± 0,3	752	1740
	752	2000
	797	825
	797	1440
	797	1650
	797	2080
	997	825
	997	1650

Flachglas im Bauwesen, Eigenschaften
nach DIN 1249, Teil 10

Chemische Beständigkeit (Richtwerte)
Wasserbeständigkeit, HGB Klasse 3 bis 5
Säurebeständigkeit, Säureklasse 1
Laugenbeständigkeit, Laugenklasse A 1 und A 2

Mechanische Eigenschaften
Dichte ρ, 2,5 m 10^3 kg/m^3
Ritzhärte nach Mohs, 5 bis 6
Druckfestigkeit α_{dB}, 700 bis 900 N/mm^2
Biegefestigkeit N/ mm^2
- Spiegelglas 45 N/mm^2
- Fensterglas 45 N/mm^2
- Gussglas 25 N/mm^2
- Profilbauglas 45 N/mm^2
- Spiegelglas mit Drahtnetzeinlage 25 N/mm^2
- Gussglas mit Drahtnetzeinlage 25 N/mm^2
- Einscheiben-Sicherheitsglas 120 N/mm^2
- Verbund-Sicherheitsglas
  es gelten die Werte der verwendeten Glaserzeugnisse

Thermische Eigenschaften
Längenausdehnungskoeffizient α 9 · 10^{-6} K^{-1}
Bereich 20 bis 300°C
Wärmeleitfähigkeit λ
Für Nachweise im Bauwesen gelten die Normen der Reihe DIN 4108
Maximale Gebrauchstemperatur υ_{max} Dauernd 200°C
für thermisch vorgespannte Gläser Kurzzeitig 300°C

Akustische und optische Eigenschaften
Bewertetes Schalldämm-Maß R_w, 22 bis 34 dB für 3 bis 5 mm Dicke
Für Nachweise im Bauwesen gelten die Normen der Reihe DIN 4109

Nenn-dicken mm	Lichttrans-missions-grad τ min	Strahlungs-trans-missions-grad τ_e min
3	0,88	0,83
4	0,87	0,80
5	0,86	0,77
6	0,85	0,75
8	0,83	0,70
10	0,81	0,65
12	0,79	0,61
15	0,76	0,55
19	0,72	0,48

Nenn-dicken mm	Lichttrans-missions-grad τ min	Strahlungs-trans-missions-grad τ_e min
4	0,82	0,75
5	0,80	0,70
8	0,78	0,65

Lichttransmissionsgrad τ und Strahlungstransmissionsgrad τ_e für nicht eingefärbte Gläser mit planparallelen Oberflächen ohne Drahtnetzeinlage.

Lichttransmissionsgrad τ und Strahlungstransmissionsgrad τ_e für nicht eingefärbte Gussgläser und Profilbaugläser.

Bekleidungen aus Platten, Glastafeln

Außenwandbekleidungen nach DIN 18515 Teil 1 (Auszug)

Baustoffe

Keramische Fliesen nach DIN EN 176; wenn Frostbeständigkeit zugesichert ist, sind auch Baustoffe nach DIN EN 177 und DIN EN 178 zulässig.

Keramische Spaltplatten nach DIN EN 121, wenn Frostbeständigkeit zugesichert ist, sind auch Baustoffe nach DIN EN 186 Teil 1 und Teil 2 und DIN EN 187 Teil 1 und Teil 2 zulässig.

Spaltziegelplatten

Naturwerksteinplatten nach DIN 18516 Teil 3

Putzmörtel P III nach DIN 18550 Teil 1

Mörtel

Tabelle 1: Mörtel

Mörtel für	Mischungsverhältnis Zement: Sand in Raumteilen	Körnung des Zuschlagstoffes
Spritzbewurf	1 : 2 bis 1 : 3	0 bis 4
Unterputz, bewehrt und unbewehrt	1 : 3 bis 1 : 4	0 bis 4
Dickbett	1 : 4 bis 1 : 5	0 bis 4
Verfugen	1 : 2 bis 1 : 3	0 bis 2

Hydraulisch erhärtender Dünnbettmörtel nach DIN 18165 Teil 2.

Baustahlgitter für Putzbewehrung aus nichtrostendem Stahl, Werkstoffnummer 1.4301 oder 1.4571 nach DIN 17440 und DIN 17.441.

Trag- und Halteanker aus nichtrostendem Stahl, Werkstoffnummer 1.4401 oder 1.4571 nach DIN 17440 und DIN 17441.

Wärmedämmstoffe nach DIN 18164 Teil 1 bzw. DIN 18165 Teil 1, wasserabweisend, feuchtigkeitsbeständig.

Die Fugendichtstoffe müssen den Anforderungen nach DIN 18540 entsprechen.

Anforderungen an Außenwände und Ansetzflächen
Die Außenwand als Ansetzfläche muss so beschaffen sein, dass sie das Eigengewicht der Bekleidung, die Windlasten nach DIN 1055 Teil 4 und die Kräfte aus Wärmebewegungen auf den tragenden Teil des Bauwerks oder Bauteils überträgt.

An ausreichend festen, in Material und Struktur gleichmäßigen Außenwänden wird die Außenwandbekleidung unmittelbar mit Mörtel angesetzt. Als ausreichend fest gelten z.B. Stahlbeton nach DIN 1045 und Mauerwerk nach DIN 1053 Teil 1 und Teil 2 mit Steinen der Steinfestigkeitsklasse 12, Mörtelgruppe II.

Bei nicht ausreichend tragfähigen Ansetzflächen (z.B. außenliegenden Wärmedämmschichten) und solchen aus unterschiedlichen Baustoffen (z.B. Mischmauerwerk) ist ein Unterputz mit Bewehrung und Verankerung erforderlich, der die auftretenden Kräfte in den tragenden Teil des Bauwerks oder Bauteils überträgt.
Die zu bekleidende Rohbauaußenwand darf keine durchgehenden Risse, offenen Fugen, unverschlossenen Schalungsanker- und Gerüstlöcher aufweisen.
Bei Schlagregenbeanspruchung nach Beanspruchungsgruppe III nach DIN 4108 Teil 3 ist ein Unterputz von mindestens 20 mm Dicke nach Abschnitt 3.4 vorzusehen.

Die Verfugung wird im allgemeinen durch Einschlämmen mit Zementmörtel nach Tabelle 1 vorgenommen. Bei Oberflächen, die sich nicht zum Einschlämmen eignen, erfolgt die Verfugung mittels Fugeisen.

In Gebieten mit starker Schlagregenbeanspruchung nach DIN 4108 Teil 3 ist wasserabweisender Fugenmörtel zu verwenden.

Zum Abbau von schädlichen Spannungen in der Außenwandbekleidung sind Bewegungsfugen anzuordnen.

Bewegungsfugen werden mit geeigneten Fugenprofilen, durch Überkleben mit Fugenbändern oder durch Ausspritzen mit elastischen Fugendichtstoffen geschlossen.

Im Bauwerk vorhandene Trennfugen müssen an gleicher Stelle in der Außenwandbekleidung übernommen werden.

Feldbegrenzungsfugen sind horizontal und vertikal in Abständen von 3 bis 6 m anzuordnen.

Horizontale Feldbegrenzungsfugen sind so anzuordnen, dass in jedem Geschoss, in der Regel im Bereich der Unterkante Decke, eine Feldbegrenzungsfuge vorhanden ist.

Bei Verankerung auf Wärmedämmschichten sind Feldbegrenzungsfugen horizontal im Abstand von 7 ≤ 3 m und vertikal im Abstand von ≤ 6 m anzuordnen.

Feldbegrenzungsfugen sind auch im Bereich von Außen- und Innenecken eines Gebäudes in der Außenwandbekleidung vorzusehen.

Anschlussfugen zwischen der Außenwandbekleidung aus Fliesen oder Platten und Bauteilen mit anderen Ausdehnungskoeffizienten, z.B. Fenster- und Türzargen, Sichtbetonflächen, Holz-, Metall- und Kunststoffbauteilen sollen mindestens 10 mm breit sein.

An die Außenwand unmittelbar angesetzte Außenwandbekleidungen

Ansetzfläche
Die Ansetzfläche muss frei von Staub, Trennmitteln, Ausblühungen und Verunreinigungen sein. Ist sie zu glatt oder verunreinigt, sind besondere Maßnahmen vorzusehen, z.B. Reinigen, Aufrauen, Haftbrücken oder das Anbringen eines bewehrten und verankerten Unterputzes. Zum Ausgleich von größeren Maßungenauigkeiten kann ein Ausgleichsputz erforderlich werden. Dessen Dicke soll 10 mm nicht unterschreiten. Bei einer Dicke von mehr als 25 mm wird eine Bewehrung mit Verankerung erforderlich.
Außenwandbekleidungen im Dünnbettverfahren bedürfen in der Regel eines Unterputzes.

Spritzbewurf
Vor dem Ansetzen der Außenwandbekleidung im Dickbett bzw. vor dem Aufbringen des Unterputzes ist auf den Untergrund aus Mauerwerk oder Beton ein vollflächig deckender Spritzbewurf nach Tabelle 1 Zeile 1 als Haftbrücke aufzubringen. Der Spritzbewurf muss aushärten und seine Oberflächenspannungen abbauen.

Ansetzen im Dickbett
Fliesen oder Platten sind im Dickbett im Mittel 15 mm dick anzusetzen (Mörtelzusammensetzung siehe Tabelle 1). Zur Herstellung eines geschlossenen Mörtelbettes ist jede angesetzte Fliesen- oder Plattenreihe von oben mit Mörtel zu verfüllen und schräg abzugleichen.

Ansetzen im Dünnbett
Fliesen oder Platten sind im Dünnbett nach DIN 18157 Teil 1 mit einem hydraulisch erhärtenden Dünnbettmörtel nach DIN 18156 Teil 2 anzusetzen. Das Ansetzen erfolgt nach dem kombinierten Verfahren (Floating-Buttering-Verfahren siehe DIN 18156 Teil 1). Die Schichtdicke des Dünnbettmörtels soll nach dem Ansetzen mindestens 3 mm betragen.

Fugen
Die Fugen zwischen den Fliesen oder Platten sind formatabhängig nach DIN 18332 und DIN 18352 mit ausreichender Breite anzulegen.
Richtwerte für Fugenbreiten:
- Keramische Fliesen 3 bis 8 mm
- Keramische Spaltplatten 4 bis 10 mm
- Spaltziegelplatten 10 bis 12 mm
- Naturwerksteinplatten 4 bis 6 mm

Herstellung von Ansetzflächen für Fliesen oder Platten auf Wärmedämmschichten
Auf äußeren Wärmedämmschichten ist ein mit Baustahlgitter bewehrter Unterputz zur Abtragung der Beanspruchungen erforderlich.

Wärmedämmschichten müssen DIN 18164 Teil 1 bzw. DIN 18165 Teil 1 Anwendungstyp WD entsprechen sowie wasserabweisend und feuchtigkeitsbeständig sein.

Der Unterputz dient als Ansetzfläche für die Fliesen oder Platten. Auf der Wärmedämmschicht ist ein zweilagiger Unterputz nach DIN 18550 Teil 1, P III b nach DIN 18550 Teil 2 mit Bewehrung aufzutragen. Die Bewehrung soll mittig im Unterputz liegen. Die Gesamtdicke des bewehrten Unterputzes beträgt 25 bis 35 mm.

Außenwandbekleidungen, hinterlüftet
Anforderungen, Prüfgrundsätze nach DIN 18516 Teil 1 (Auszug)

Begriffe

Außenwandbekleidung ist die mit der Wand mechanisch verbundene Bekleidung. Sie setzt sich zusammen aus
a) Bekleidung mit offenen, geschlossenen oder überlappten Fugen bzw. Stößen;
b) Unterkonstruktion, soweit erforderlich, bestehend aus Trag– und gegebenenfalls Wandprofilen aus Metall, z.B. Konsolen, eventuell mit Gleit– und Festpunkten, alternativ aus Holzlatten (Traglatten) oder Schalungen, z.B. aus Holzwerkstoffplatten, mit oder ohne Konterlatten (Grundlatten);
c) Verbindungen, Befestigungen, Verankerungen;
d) Ergänzungsteile, z.B.
   - Anschlussprofile für Gebäudeecken, Gebäudesockel, Leibungen, Attiken u.ä.,
   - Lüftungsschienen,
   - Vorrichtungen zum Anbringen von Gerüsten, Dichtungsbänder;
e) gegebenenfalls Wärmedämmung, Dämmstoffhalter.

Bauphysikalische Anforderungen

Beim Wärme–, Feuchte–, Schall– und Brandschutz ist das Zusammenwirken der Außenwand mit der Außenwandbekleidung zu berücksichtigen.

Zur Reduzierung von Luftfeuchte, zur Ableitung von eventuell eindringendem Niederschlag, zur kapillaren Trennung der Bekleidungen von der Wärmedämmung bzw. der Wandoberfläche und zur Ableitung von Tauwasser an der Innenseite der Bekleidung ist in der Regel eine Hinterlüftung erforderlich.
Diese Anforderung wird in der Regel erfüllt, wenn die Außenwandbekleidungen mit einem Abstand von mindestens 20 mm von der Außenwand angeordnet wird. Der Abstand darf z.B. durch die Unterkonstruktion oder durch Wandunebenheiten örtlich bis auf 5 mm reduziert werden.
Bei senkrecht angeordneten Trapez– oder Wellformen darf die Bekleidung streifenförmig aufliegen.

Für hinterlüftete Außenwandbekleidungen sind Be– und Entlüftungsöffnungen mit Querschnitten von mindestens 50 cm^2 je 1 m Wandlänge vorzusehen.

Konstruktive Anforderungen

Um bei örtlichem Versagen ein fortlaufendes Abreißen der Bekleidung zu begrenzen, sind besondere Maßnahmen unter Berücksichtigung der dabei auftretenden Verformungen zu treffen; z.B. ist die Außenwandbekleidung in Flächen von etwa 50 m^2 zu unterteilen – wie etwa in Abständen horizontal alle 8 m und vertikal alle zwei Geschosse – oder einzelne Befestigungs– bzw. Verankerungspunkte sind zu verstärken.

Bei Gleitpunkten (z.B. von Unterkonstruktionen) ist zwischen gleitenden Teilen ein ausreichendes Spiel unter Berücksichtigung der Herstellungstoleranzen vorzusehen.

Im Bereich von Bewegungsfugen im Bauwerk müssen in der Unterkonstruktion und in der Bekleidung die gleichen Bewegungen möglich sein; dies gilt sinngemäß auch für Bewegungsfugen in der Unterkonstruktion.

Der Randabstand von Verbindungen und Befestigungen in der Bekleidung und in der Unterkonstruktion muss mindestens 10 mm betragen.

Wärmedämmstoffe sind dauerhaft, lückenlos und formstabil, auch unter Beachtung einer möglichen Feuchtebelastung durch Witterungseinflüsse, anzubringen.

Schutz der Baustoffe
Bauteile, die nach Fertigstellung der Außenwandbekleidung ohne Teilabbau zu Kontrollzwecken nicht zugänglich sind, müssen auf Dauer gegen biologische und chemische Einflüsse, z.B. Korrosion, geschützt sein.

Bauteile aus Metall

Bekleidung
Folgende Metalle dürfen ohne besonderen Korrosionsschutznachweis verwendet werden:
a) nichtrostende Stähle nach DIN 17440 bzw. DIN 17441, DIN 17455 oder DIN 17456, Werkstoffnummern 1.4301, 1.4541, 1.4401, 1.4571,
b) Aluminium nach DIN 4113 Teil 1 und DIN 1745 Teil 1, AlMn 1, AlMnCu, AlMn 1 Mg 0,5, AlMn 1 Mg 1, AlMg 1, AlMg 1,5 und AlMg 2,5,
c) Kupfer nach DIN 17670 Teil 1, SF-Cu Werkstoffnummer 2.0090 und CuZn20 Werkstoffnummer 2.0250 sowie Kupfer nach DIN 17674 Teil 1, CuZn40Mn2 Werkstoffnummer 2.0572,
d) Stahlsorten nach DIN 18800 Teil 1 und DIN 17162 Teil 2 mit einem Korrosionsschutz – zumindest auf der Rückseite – nach DIN 55928 Teil 8, Tabelle 3, Schutzsystem-Kennzahlen 3-57.1, 3-58.1 und 3-20.14, letztere jedoch mit 100 µm Mindestdicke der PVC-Auflage oder der gleichwertigen Deckschicht.
   Feuerverzinkung mindestens 350 g/m^2 und Deckbeschichtung nach DIN 55928 Teil 8, Tabelle 3, Schutzsystem-Kennzahlen 3-20.12, 3-30.17 oder 3-30.18.

Unterkonstruktionen
Folgende Metalle dürfen ohne besonderen Korrosionsschutznachweis verwendet werden:
a) nichtrostende Stähle nach DIN 17440 bzw. DIN 17441, DIN 17455 oder DIN 17456, Werkstoffnummern 1.4301, 1.4541, 1.4401, 1.4571,
b) Aluminium nach DIN 4113 Teil 1 und DIN 1745 Teil 1, AlMn 1, AlMnCu, AlMn 1 Mg 0,5, AlMn 1 Mg 1, AlMg 1, AlMg 1,5 und AlMg 2,5, für Dicken unter 1,6 mm mit einem Korrosionsschutz nach DIN 4113 Teil 1, Abschnitt 10,
c) Kupfer nach DIN 17670 Teil 1, SF-Cu Werkstoffnummer 2.0090 und CuZn20 Werkstoffnummer 2.0250, mindestens 1,5 mm dick, sowie Kupfer nach DIN 17674 Teil 1, CuZn40Mn2 Werkstoffnummer 2.0572,
d) Stahlsorten nach DIN 18800 Teil 1 in Dicken von mindestens 3 mm mit einem Korrosionsschutz nach DIN 55928 Teil 5, Tabelle 6, Schutzsystem-Kennzahlen 6-20.3, 6-21.3, 6-30.2, 6-30.3, sowie Tabelle 7, Schutzsystem-Kennzahlen 7-20.6 bis 7-20.8 und 7-30.9.

Verbindungen, Befestigungen und Verankerungen
Für Verbindungen und Befestigungen dürfen ohne besonderen Korrosionsschutznachweis verwendet werden:
a) nichtrostende Stähle nach den Abschnitten 6.2.1 a und 6.2.2 a sowie nach DIN 267 Teil 11 der Stahlgruppen A2 und A4, wenn die Verfestigungsstufe ≤ K 700 nach DIN 17440 und die Zugfestigkeit ≤ 850 N/mm^2 beträgt,
b) Aluminium nach DIN 4113 Teil 1 und DIN 1725 Teil 1,
c) Kupfer nach DIN 17672 Teil 1:
   SF-Cu Werkstoffnummer 2.0090,
   CuZn37 Werkstoffnummer 2.0321,
   CuZn36Pb1,5 Werkstoffnummer 2.0331 und
   CuNi1,5Si Werkstoffnummer 2.0835.

Für Verankerungen sind nichtrostende Stähle nach DIN 17440 oder DIN 17441, DIN 17455, DIN 17456, Werkstoffnummern 1.4401, 1.4571, mechanische Verbindungselemente nach DIN 267 Teil 11, Stahlgruppe A4, zu verwenden.

Bauteile aus Holz
Holz und Holzwerkstoffe sind nach DIN 68800 Teil 1, Teil 2, Teil 3 und Teil 5 zu schützen.

Wärmedämmstoffe
Es dürfen nur solche Wärmedämmstoffe verwendet werden, die einer Feuchteeinwirkung ausgesetzt sein dürfen, ohne dass ihre Raumbeständigkeit und Dämmfähigkeit wesentlich beeinträchtigt wird.

Verträglichkeit unterschiedlicher Baustoffe
Durch konstruktive Maßnahmen und Wahl geeigneter Baustoffe muss sichergestellt sein, dass schädigende Einwirkungen z.B. verschiedener Baustoffe untereinander – auch ohne direkte Berührung, insbesondere in Fließrichtung des Wassers – ausgeschlossen sind. Kontakt– und Spaltkorrosion ist z.B. durch elastische Zwischen– oder Gleitschichten, Bitumendachbahnen, Kunststoff-Folien usw., zu vermeiden.

Bekleidungen aus Platten, Glastafeln

Außenwandbekleidungen, hinterlüftet, Naturwerkstein
Anforderungen, Bemessung nach DIN 18516 Teil 3 (Auszug)
Anwendungsbereich
Diese Norm gilt in Verbindung mit DIN 18516 Teil 1 für hinterlüftete Außenwandbekleidungen aus Naturwerkstein.

Bemessung der Platten
Die Mindest-Plattendicke beträgt bei einer Neigung der Platte gegen die Horizontale von
$\alpha > 60°$: 30 mm
$\alpha \leq 60°$: 40 mm

Befestigung der Platten
Die Platten werden im Regelfall an vier, mindestens jedoch an drei Punkten befestigt.

Fenster, Türen, Beleuchtungs- und Reklamekonstruktionen sowie Gerüste dürfen nicht an den Natursteinplatten befestigt werden.

Die Ankerdorne greifen in gebohrte Ankerdornlöcher der Plattenstirnflächen.
Der Regelabstand der Plattenecke bis Mitte Dornloch ist das 2,5fache der Plattendicke.

Der Achsabstand zur Plattenfläche darf 15 mm nicht unterschreiten. Mindestmaße siehe Bild 1.
Der Durchmesser des gebohrten Dornloches muss etwa 3 mm größer sein als der Durchmesser des Ankerdornes.

Die Dorne sind mindestens 25 mm tief in die Platten einzubinden.

Zum Ausgleich der Temperaturbewegungen der Platten werden Gleithülsen aus Polyacetal (POM) in die Ankerdornlöcher mit geeignetem Klebstoff oder Zementleim eingesetzt.

Die Länge der Gleithülsen muss mindestens 4 mm größer sein als die Ankerdorneinbindetiefe. Das Bewegungsspiel von mindestens 2 mm zwischen Ankersteg und Platte mit Gleithülsen ist einzuhalten (siehe Bild 1).

Zur Befestigung am Ankersteg dürfen auch Schrauben verwendet werden. Hierbei darf der Schraubenkopf bis zur halben Plattendicke versenkt werden.

Für Traganker ist mindestens M 10, für Halteanker M 8 erforderlich: Werkstoff austenitische Stähle der Stahlgruppe A 4 und der Festigkeitsklasse 70 nach DIN 267 Teil 11.

Der Randabstand der Bohrlochachse in der Platte muss mindestens das 2,5-fache der Plattendicke betragen.

Unter dem Schraubenkopf und auf der Rückseite der Platte sind elastische Unterlegscheiben aus EPDM, Shore-A-Härte 40 bis 60, nach DIN 53505 zu verwenden und eine Unterlegscheibe aus nichtrostendem Stahl einzulegen (Bild 2)

Verankerung der Platten
Die Verankerung der Naturwerksteinplatten erfolgt im Regelfall mit Ankern unmittelbar am Rohbau oder verschweißt mit Stahlkonstruktionen. Der Ankerdorn ist im Ankersteg eingelassen.
In den Plattenkanten darf eine Nut für Tragteile eingeschnitten werden. Die Steinrestdicke auf beiden Seiten muss mindestens 10 mm betragen. Die Nut muss 3 mm größer sein als der eingelassene Profilsteg. Dieser muss mit einem Profilband aus EPDM überzogen sein. Die Auflagelänge des Profilsteges muss mindestens 50 mm betragen (siehe Bild 3).

Die Anker und Dorne müssen aus nichtrostenden Stählen nach DIN 17440, Werkstoffnummern 1.4571 und 1.4401, bestehen. Die in die Platten eingreifenden Dorne müssen mindestens der Festigkeitsklasse E 355 (1) entsprechen.

Eingemörtelte Verankerungen
Halteanker erhalten Längskräfte aus Zug- und Druckkräften. Sie sind wellenförmig im Verankerungsbereich auszubilden. Traganker nehmen Längs- und Querkräfte auf. Sie müssen am Verankerungsende gedreht (siehe Bild 4), gespreizt (siehe Bild 5) oder gewellt (siehe Bild 6) sein, wenn die horizontale Zugkraft 25 % des inneren Kräftepaares (siehe Bild 8) im Auflager überschreitet.
Traganker in horizontalen Fugen sind als gedrehte Anker auszubilden (siehe Bild 7).

Verankerungen im Beton
Die zulässigen Zugkräfte zul F_Z für Anker in Beton ≥ B 15 nach DIN 1045 sind – abhängig von der Betonfestigkeitsklasse, Ankerart und Montage – in Tabelle 1 angegeben. Sie gelten nur bei Einhaltung folgender Maße:
- Ankereinbindetiefe t_o ≥ 80 mm
- Bauteildicke   ≥ 120 mm
- Achsabstand der Anker a ≥ 320 mm
- Achsabstand der Anker zu Bauteilrändern a_r ≥ 160 mm

Verankerungen im Mauerwerk
Die zulässigen Zugkräfte zul F_Z für Anker in Mauerwerk sind – abhängig von der Ankereinbindetiefe – in Tabelle 2 angegeben. Sie gelten nur bei Einhaltung folgender Maße:
- Ankereinbindetiefe t_o
  - bei Halteankern   ≥ 80 mm
  - bei Trankankern   ≥ 120 mm
- Bauteildicke   ≥ 240 mm
       ≥ 1,5 x t_o
- Achsabstand der Anker a ≥ 300 mm
- Achsabstand der Anker zu Bauteilrändern a_r ≥ 115 mm

Für Druckkräfte gelten die gleichen Werte, wenn die Anker gewellt sind (siehe Bild 6) bzw. wenn ein Durchstanzen verhindert wird.

Bohrloch im Verankerungsgrund
Bei Verankerungen in Beton und Mauerwerk darf der Bohrlochdurchmesser 50 mm nicht überschreiten. Die Ankereinbindetiefe muss mindestens das 2fache des Bohrlochdurchmessers betragen. Die Bohrlochtiefe muss mindestens 5 mm größer als die Ankereinbindetiefe sein.

Aussparungen
Vorgefertigte Aussparungen sind gewellt oder hinterschnitten herzustellen.

Tabelle 1. **Zulässige Zugkräfte zul F_Z für Anker in Beton**

Art des Ankers	zul F_Z bei	
	Beton B 15	Beton B 25 und höher
	kN	
Traganker	4,9	7,0
Halteanker	2,5	3,5
Trag- oder Halteanker bei Überkopfmontage	1,5	2,5

Tabelle 2. **Zulässige Zugkräfte F_Z für Anker in Mauerwerk**

t_o mm	80	100	110	120	130	140	150
zul F_Z kN	1,1	1,4	1,5	1,7	1,8	2,0	2,1

Rechnerische Einbindetiefe
Die rechnerische Einbindetiefe für Traganker darf höchstens das 6-fache der Ankersteghöhe betragen. Bei der Ermittlung der Auflagerkräfte im Verankerungsgrund darf vereinfachend angenommen werden, dass der gegenseitige Abstand der Auflagerkräfte $^2/_3$ der rechnerischen Einbindetiefe beträgt (siehe Bild 8).

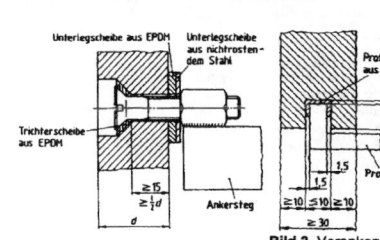

Bild 1. Gleithülsen

Bild 2. Trag- und Halteanker

Maße und Ankerabstände im Verankerungsgrund Beton
Bauteildicke   ≥ 120 mm
Achsabstand a der Anker   ≥ 320 mm
Werden bei zwei benachbarten Ankern die zulässigen Zugkräfte der Tabellen 1 und 2 nur zu $^2/_3$ ausgenutzt, dürfen der
Achsabstand der Anker auf a ≥ 100 mm
und $a \geq 3$-facher Bohrlochdurchmesser und der
Achsabstand der Anker zu Bauteilrändern auf $a_r \geq 120$ mm verringert werden, sofern keine Kraftkomponente zum Rand gerichtet ist.

Der Achsabstand der Anker zu bewehrten Bauteilrändern darf bei diesen Voraussetzungen a_r ≥ 80 mm betragen. Das Bohrloch darf die Randarmierung nicht anschneiden. Werden die zulässigen Zugkräfte nur zu $^1/_2$ ausgenutzt und im übrigen die normalen Achsabstände der Anker eingehalten, darf der Achsabstand der Anker zu bewehrten Bauteilrändern auf $a_r \geq 80$ mm verringert werden, falls eine Lastkomponente zum Rand gerichtet ist.

Der Achsabstand der Traganker a_r zu unbewehrten Bauteilrändern muss, falls eine Lastkomponente zum Rand gerichtet ist, mindestens 320 mm betragen. Dies ist bei Stahlbetonbauteilen nicht erforderlich.

Überkopf
Aufwärts gebohrte Ankerlöcher bis zu einer Neigung von 30 bis 90° zur Horizontalen müssen konisch mit mindestens 5 mm einseitiger Hinterschneidung hergestellt werden. Der Durchmesser des Bohrloches darf an der Untersichtsfläche höchstens um 10 mm größer sein als die Ankereinbindetiefe. Die Ankereinbindetiefe muss hier mindestens das 2,3-fache dieses äußeren Durchmessers erreichen (siehe Bild 9).

Fugenausbildung
Bei der Festlegung der Fugenbreite ist neben der Ankerstegdicke, das Grenzabmaß vom Werkmaß der Platte und eine zusätzliche Bewegungstoleranz von 2 mm zu berücksichtigen. Die Normalfugenbreite soll etwa 8 mm betragen.

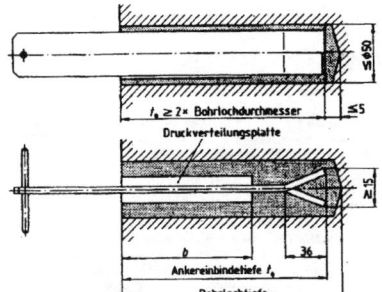

Bild 3. Verankerung der Platten über Profilstege

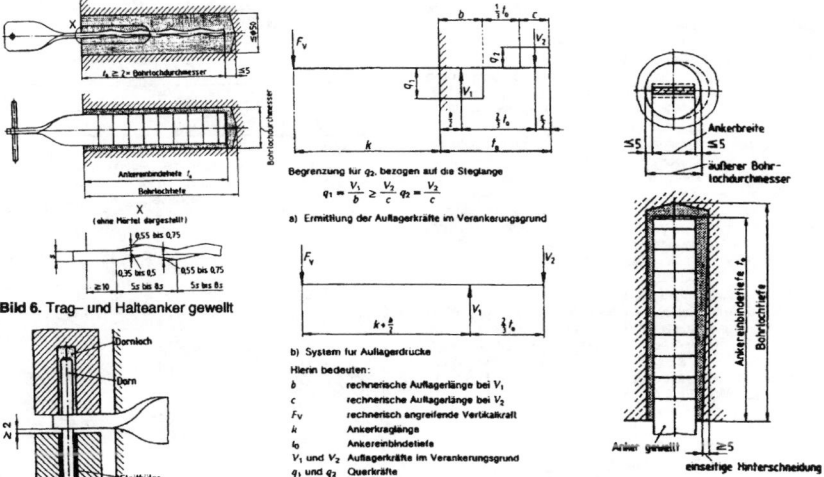

Bild 4. Trankerende 40° bis 90° gedreht

Bild 5. Trankerende gespreizt

Bild 6. Trag- und Halteanker gewellt

Bild 7. Traganker in horizontalen Fugen

Bild 8. Rechnerische Einbindetiefe

Bild 9. Überkopf-Bohrloch

$$q_1 = \frac{V_1}{b} \geq \frac{V_2}{c}; q_2 = \frac{V_2}{c}$$

a) Ermittlung der Auflagerkräfte im Verankerungsgrund

b) System für Auflagerdrucke

Hierin bedeuten:
b rechnerische Auflagerlänge bei V_1
c rechnerische Auflagerlänge bei V_2
F_v rechnerisch angreifende Vertikalkraft
k Ankerkraglänge
t_o Ankereinbindetiefe
V_1 und V_2 Auflagerkräfte im Verankerungsgrund
q_1 und q_2 Querkräfte

195

Bekleidungen aus Platten, Glastafeln

Außenwandbekleidungen, hinterlüftet, Einscheiben-Sicherheitsglas
Anforderungen, Bemessung, Prüfung nach DIN 18516 Teil 4 (Auszug)

Einscheiben-Sicherheitsglas
Diese Norm gilt in Verbindung mit DIN 18516 Teil 1 für hinterlüftete Außenwandbekleidungen aus Einscheiben-Sicherheitsglas (ESG).

Für Außenwandbekleidungen sind Scheiben aus thermisch vorgespanntem Einscheiben-Sicherheitsglas, im folgenden kurz ESG genannt, zu verwenden, das aus Glaserzeugnissen nach DIN 1249 Teil 1, Teil 3 und Teil 4 herzustellen ist. Beschichtungen der Scheibenoberflächen, z.B. Emaillierungen, die zur Änderung der technologischen Eigenschaften der Scheiben führen können, sind zulässig.
ESG muss in Abhängigkeit von der verwendeten Glasart mindestens die Biegefestigkeit nach Tabelle 1 aufweisen.

Die Scheibendicke ist durch statische Berechnung zu bestimmen, jedoch darf eine Nenndicke von 6 mm nicht unterschritten werden.

Die Scheibenkanten müssen mindestens gesäumt (siehe DIN 1249 Teil 11) sein.

Konstruktion
Die **Scheibenbefestigungen** müssen die Scheiben in ihrer gesamten Dicke umfassen oder erfassen.
Entsprechend ihrer Ausbildung und Anordnung werden Scheibenbefestigungen mit linienförmiger und punktförmiger Scheibenlagerung unterschieden.
Bei linienförmiger Scheibenlagerung, die in der Regel die Scheibenkante in ihrer gesamten Länge durch eine Schiene stützt, werden ESG-Scheiben zweiseitig, dreiseitig oder allseitig befestigt.
Bei punktförmiger Scheibenlagerung werden die Scheiben mit Klammern oder Schrauben und Klemmplatten befestigt. Sie werden im Bereich der Scheibenecken und bei notwendiger weiterer Stützung zusätzlich auch im mittleren Bereich der Seitenlängen angeordnet.

Anforderungen an Befestigungen
Bei allen Befestigungsarten
–   muss der Abstand zwischen Falzgrund und Scheibenrand mindestens 5 mm betragen;
–   darf auch unter Last- und Temperatureinfluss kein Kontakt zwischen Glas und Metall, Glas und Glas oder Glas und Außenwand auftreten;

–   muss die Lagerung nach dem Stand der Technik dauerhaft und witterungsbeständig sein sowie eine weiche Bettung auf Dauer sicherstellen, die in der Regel aus Elastomeren bestehen muss;
–   müssen die ESG-Scheiben zwängungsarm gelagert sein.
Bei einer Lagerung mit Versiegelung auf Vorlegeband muss die Dicke der beidseitigen Dichtstoffvorlage mindestens je 4 mm betragen.

Bei **allseitiger linienförmiger Scheibenlagerung** muss der Glaseinstand mindestens 10 mm betragen.

Bei **zwei- oder dreiseitiger linienförmiger Scheibenlagerung** muss der Glaseinstand mindestens dem Maß der Glasdicke zuzüglich $^1/_{500}$ der Stützweite entsprechen, mindestens aber 15 mm betragen.
Ein Verrutschen der ESG-Scheiben muss durch Distanzklötze (in der Regel aus Elastomeren, Härte 60 bis 80 Shore A) verhindert werden.
Einprägungen in den ESG-Scheiben, die durch Zangendruck beim Vorspannprozess entstehen und die Biegefestigkeit mindern (Aufhängepunkte), müssen sich an einer gelagerten Kante befinden.
Bei Lagerung mit freier unterer Kante müssen die ESG-Scheiben unten rechts und links unterstützt sein. Die Glasaufstandsfläche zur Aufnahme der Eigenlast muss rechteckig sein und mindestens die Maße Glaseinstand x Glasdicke aufweisen.

Bei **punktförmiger Scheibenlagerung** muss die glasüberdeckende Klemmfläche mindestens 1000 mm² groß sein und die Glaseinstandtiefe mindestens 25 mm betragen.

Bei Halterungen, die im unmittelbaren Scheibeneckbereich angeordnet sind, ist die Klemmfläche asymmetrisch auszubilden; dabei muss das Verhältnis der Seitenlängen einer die Scheibenecke umfassenden rechtwinkeligen Halterung mindestens 1 : 2,5 betragen.

ESG-Scheiben, die durch punktförmige Halterungen mit Klemmwirkung gelagert werden, welche außerhalb der Scheibenecken angeordnet sind, müssen durch mechanische Verbindungen, erforderlichenfalls auch zur Aufnahme der Eigenlast, gesichert werden, z.B. durch Bolzen in Scheibenbohrungen oder durch Schuhe.

Der Abstand einer Scheibenbohrung von der Scheibenkante, gemessen vom Bohrungsrand, muss mindestens der 2-fachen Scheibendicke, jedoch auch mindestens dem Bohrdurchmesser entsprechen.

Tabelle 1.

Einscheiben-Sicherheitsglas aus	Biegefestigkeit[1] N/mm² min.
Spiegelglas	120
Fensterglas, Gussglas	90
Emailliertes Glas, wenn die Emaillierung direkt auf der Glasfläche	
und in der Zugzone liegt	75
und in der Druckzone liegt	120

[1]   Als Biegefestigkeit gilt diejenige minimale Biegespannung, die für das Vertrauensniveau 0,95 zu einer Bruchwahrscheinlichkeit von 5 % führt (siehe DIN 13303 Teil 1).

Tabelle 2.

Kantenlänge		Grenzabmaße
	bis 1000	± 1,5
über 1000	bis 1500	± 2
über 1500	bis 2500	± 2,5
über 2500	bis 3000	± 3
über 3000	bis 3500	± 4
über 3500		± 5

Bei Bohrungen im Scheibeneckbereich dürfen die Randabstände nicht gleich groß sein. Die Maßdifferenz muss mindestens 15 mm betragen.

Bemessung der ESG-Scheiben

Die zulässigen Beanspruchungen der ESG-Scheiben sind, bezogen auf die Mindestbiegefestigkeit nach Tabelle 1 mit einer dreifachen Sicherheit gegen Versagen festzustellen.

Für waagerechte und bis zu 85° gegen die Waagerechte geneigte Scheiben ist für die Bemessung ein Erhöhungsfaktor von 1,7 für die Eigenlast anzusetzen.

Für den Nachweis der ESG-Scheiben sind folgende Werte zu Grunde zu legen:
–   Temperaturdehnkoeffizient: $\alpha_z = 9 \cdot 10^{-6}\,K^{-1}$
–   Elastizitätsmodul: $E = 70000\,N/mm^2$
–   zulässige Durchbiegung für die freie Scheibenkante und die Scheibenmitte in Abhängigkeit von der Länge der größeren Scheibenkante l_{max} : l_{max} /100

Abdichten von Außenwandfugen im Hochbau mit Fugendichtstoffen, nach DIN 18540 (Auszug)

Diese Norm gilt für Fugendichtstoffe sowie für die Ausbildung von Außenwandfugen, die mit Fugendichtstoffen abgedichtet werden. Sie gilt für Außenwandfugen zwischen Bauteilen aus Ortbeton und/oder Betonfertigteilen mit geschlossenem Gefüge sowie aus unverputztem Mauerwerk und/oder Naturstein.

Diese Norm gilt nicht für Fugen zwischen Bauteilen aus Gas- oder Schaumbeton, Fugen, die mit Erdreich in Berührung kommen, und nicht für Bauwerkstrennfugen.

Konstruktive Ausbildung der Außenwandfugen

Die Fugenflanken müssen bis zu einer Tiefe von $t = 2\,b$, mindestens aber 30 mm parallel verlaufen, um dem Hinterfüllmaterial ausreichenden Halt zu verschaffen (siehe Bild 1). Bei Betonbauteilen sind die Kanten nach Bild 2 mit $a \geq 10$ mm abzufasen, um der Gefahr einer Umläufigkeit der Fugenabdichtung zu begegnen.

Bauteile aus Mauerwerk müssen an den Fugenflanken vollfugig hergestellt sein, und die Mauersteinfugen müssen bündig abgestrichen sein.

Bei der Planung ist die **Fugenbreite** nach Tabelle 3, die unter Berücksichtigung üblicher Fertigungs- und Montagetoleranzen errechnet wurden, zu bemessen. In Sonderfällen, z.B. bei dunklen Wänden, sind die Werte der Fugenbreiten nach Tabelle 3 um 10 bis 30 % zu vergrößern. Wird von den Werten nach Tabelle 3 abgewichen, so ist unter Berücksichtigung der zu erwartenden Temperaturdifferenzen, der Maßabweichung der Bauteile und einer Behinderung der Formänderung der Bauteile ein genauerer Nachweis zu führen. Die Fugenbreite ist dabei so zu bemessen, dass die Gesamtverformung des Fugendichtstoffes (Summe aus Stauchung und Dehnung) höchstens 25 %, bezogen auf die Fugenbreite b und eine Bauteiltemperatur von 10 Grad C, beträgt.

Dabei sind gegebenenfalls auch Formänderungen infolge möglicher Bauwerkssetzungen, der von Verkrümmungen der Wandtafeln durch ungleiche Temperatur- und Feuchtigkeitseinwirkungen zu beachten. Sind unterschiedliche Reibungsverhältnisse und dementsprechend eine ungleichmäßige Verteilung der Formänderung auf die einzelnen Fugen zu erwarten, so ist die Fugenbreite zu vergrößern.

Abdichten der Außenwandfugen

Trennfolien müssen so beschaffen sein, dass Fugendichtstoffe nicht fest darauf haften und nicht in ihrer Dehnung behindert werden.

Das **Hinterfüllmaterial** muss eine gleichmäßige, möglichst konvexe Begrenzung der Fugentiefe sicherstellen. Es muss mit dem Fugendichtstoff verträglich und darf nicht wassersaugend sein. Ferner darf es die Formänderung des Fugendichtstoffes nicht unzulässig behindern und keine Stoffe enthalten, die das Haften des Fugendichtstoffes an den Fugenflanken beeinträchtigen können, z.B. Bitumen, Teer, Öl. Ferner darf es keine Verfärbung oder Blasen hervorrufen.

Es sind nur solche **Abglättmittel** zu verwenden, die neutral sind, keine Verfärbung des Fugendichtstoffes hervorrufen und auf dem Fugendichtstoff keinen Film hinterlassen.

Der Fugendichtstoff ist in einer Dicke d nach Tabelle 3 einzubringen (siehe Bild 1).

Ansammlungen von Niederschlagswasser hinter bereits durchgeführten Abdichtungen sind zu verhindern. Deshalb ist der Fugendichtstoff in senkrechten Fugen von oben nach unten einzubringen. Ist das wegen der baulichen Verhältnisse nicht möglich, so sind geeignete Maßnahmen vorzusehen, z.B. Abdeckung der oberen Anschlüsse, Einbau von Entwässerungsröhrchen.

Anstriche auf Fugendichtstoffen
Fugendichtstoffe sollen grundsätzlich nicht überstrichen werden. Wird jedoch ein Anstrich vorgenommen, muss die Verträglichkeit des Anstrichstoffes mit dem Fugendichtstoff sichergestellt sein.

Tabelle 3. Fugen und Fugenabdichtung, Maße

Fugenabstand m	Fugenbreite		Dicke des Fugendichtstoffes[3]	
	Nennmaß[1] b mm	Mindestmaß[2] b_{min} mm	d mm	Grenzabmaße mm
bis 2	15	10	8	± 2
über 2 bis 3,5	20	15	10	± 2
über 3,5 bis 5	25	20	12	± 2
über 5 bis 6,5	30	25	15	± 3
über 6,5 bis 8	35	30	15	± 3

[1]   Nennmaß für die Planung.
[2]   Mindestmaß zum Zeitpunkt der Fugenabdichtung.
[3]   Die angegebenen Werte gelten für den Endzustand, dabei ist auch die Volumenänderung des Fugendichtstoffes zu berücksichtigen.

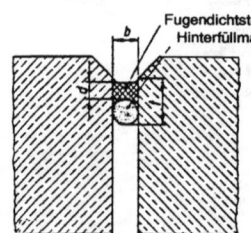

Bild 1. Fugenausbildung

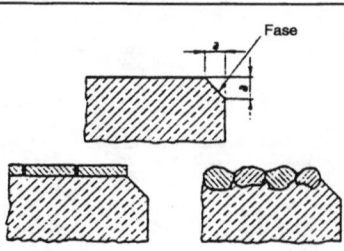

Bild 2. Ausbildung der Kanten bei Bauteilen aus Beton

Faserzement-Wellplatten-Wandbekleidung

Faserzement-Wellplatten für Wandbekleidungen

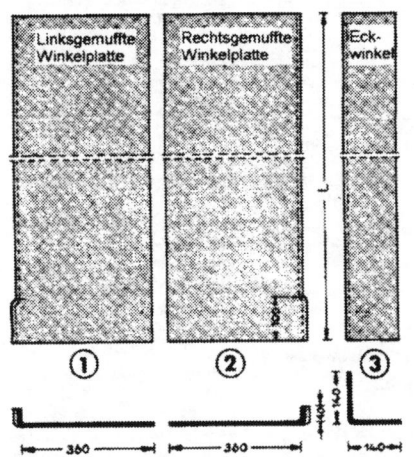

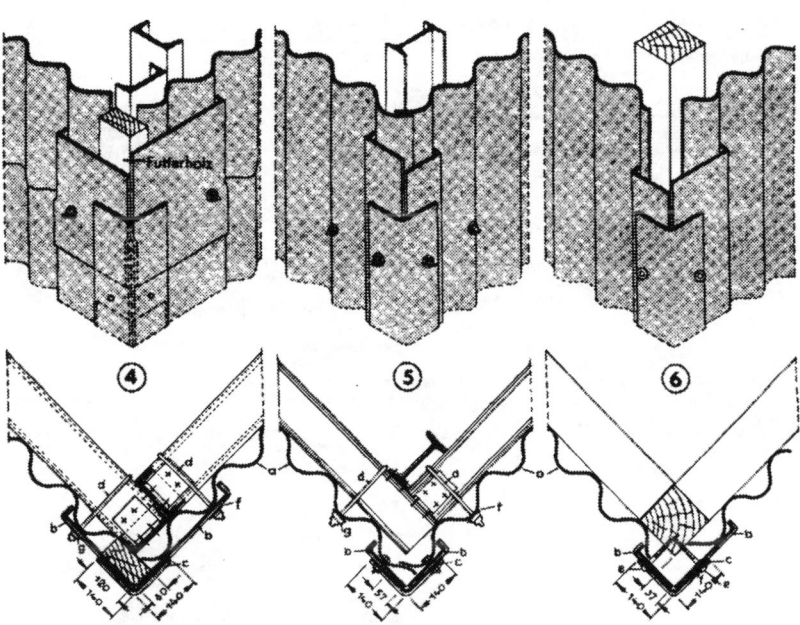

1 bis 3 Formstücke für Wandbekleidungen aus Faserzement-Wellplatten. Winkelplatten → **1, 2** werden gemufft. Längsüberdeckung 10 cm; Länge der Platten 125, 160 und 250 cm. Wanddicke 6 mm. Eckwinkel → **3** sind nicht gemufft und werden bei senkrechter Eckverkleidung nur mit 10 cm Überdeckung übereinandergeschoben. Länge der Eckwinkel 125, 160 und 250 cm. Wanddicke 6 mm. Anwendung und Zuschnitt der Winkel-Formstücke → Text.

4 bis 6 Ausführungsbeispiele für die Eckverkleidung bei Stahlbauten → **4, 5** und Holzbauten → **6**. a = Wellplatte, b = Eckwinkel, c = Eckwinkel, d = Hakenschraube, e = Holzschraube, f = Bleiring, g = Zinkhütchen.

Ausführung der Wandbekleidung: Möglichst großflächige Platten von 250 cm Länge verwenden, kürzere Platten nur bei starkem Winddruck und als Höhenausgleich. Für Ecken Formstücke verwenden → **1 bis 6**. Montage und seitliche Überdeckung wie bei Dachdeckung. Längsüberdeckung jedoch nur 10 cm. Bei 250 cm Plattenlänge Riegelabstand = 250–10 = 240 cm. Abstand OK unterster Riegel (Schwelle) – Traufkante = 10 bis 25 cm → **16 bis 18**. Abstand OK oberster Riegel (Fußpfette) OK Bekleidung = 5 bis 25 cm.

Winkelplatte am Sockel um 10 cm (= Muffenlänge), Eckwinkel um 20 cm kürzen. Langen Schenkel auf Baustelle nach Bedarf schmälern → **4 bis 6**. Schmaler Schenkel muss stets in ein Wellental eingreifen. Zu einer **Eckverkleidung** gehören je eine links- und rechtsgemuffte Winkelplatte und ein Eckwinkel. **Befestigung** nur mit Holz- oder Hakenschrauben in Mitte Überdeckung → **7 bis 9**, bei Verwendung von S-Haken über der Überdeckung → **10 bis 12**. **Leibung** mit glatten Platten bekleiden → **13 bis 15, 20, 21**. Für **Sturz** und **Sohlbank** Sonderformate vorteilhaft → **20 bis 23**.

Befestigung der Wellplatten

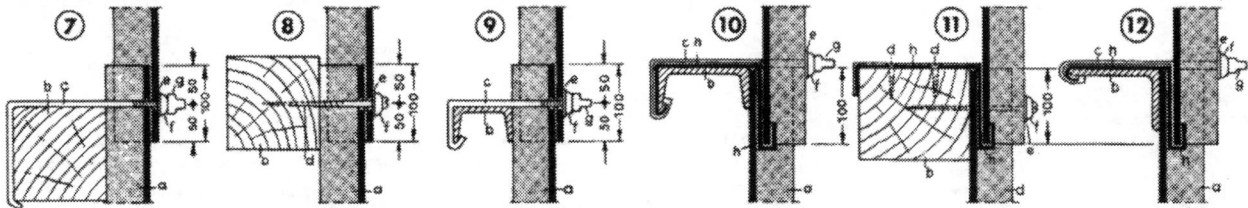

Die Befestigung der Wellplatten erfolgt bei Wandbekleidungen in der gleichen Weise wie bei Dachdeckungen durch Holzschrauben o der Hakenschrauben → **7 bis 9**. Die Hakenschrauben liegen auf den Riegeln, damit sie die Platten mit Sicherheit tragen können. Eine verbesserter Befestigung lässt sich durch Einlegen von S-Haken (zusätzlich zur Verschraubung) erreichen → **10 bis 12**, welche die Last einer jeden Platte unmittelbar auf den Riegel übertragen und dadurch die Schrauben entlasten. a = Wellplatte, b = Riegel, c = Hakenschraube, d = Holzschraube, e = Bleiring, f = Zinkhütchen, g = Bleikappe, h = S-Haken.

Ausführung von Traufe, Sturz und Sohlbank von Türen und Fenstern, Sockel

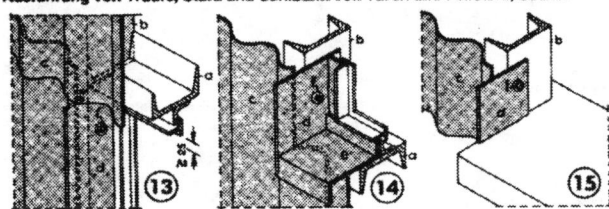

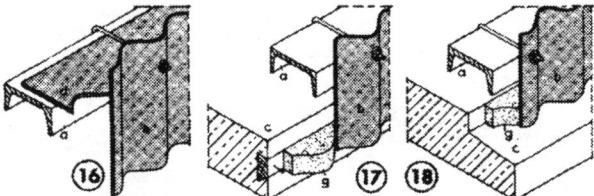

13 Sturzabschluss durch überstehende Wellplatten, Fensterleibungen mit glatten Platten bekleidet **14** Sohlbankabschluss durch ⌐-Formstück oder ∟-Stahl. **15** Anschluss an Türschwelle. a = Riegel, b = Säule, c = Wellplatte, d = ebene Platte, ausgeklinkt, e = ∟-Stahl oder ⌐-Formstück, f = Maschinenschraube mit Mutter.

16 Sockelabschluss durch eingesetzte Zahnleiste und überstehende Wellplatte **17, 18** Sockelabschluss durch Zementmörtelleiste. Platte auf Sockel gestoßen → **17** oder überstehend → **18**. a = Riegel, b = Wellplatte, c = Sockel, d = Zahnleiste, e = Hakenschraube, f = Holzleiste mit eingeschlagenen Nägeln, g = Zementmörtel.

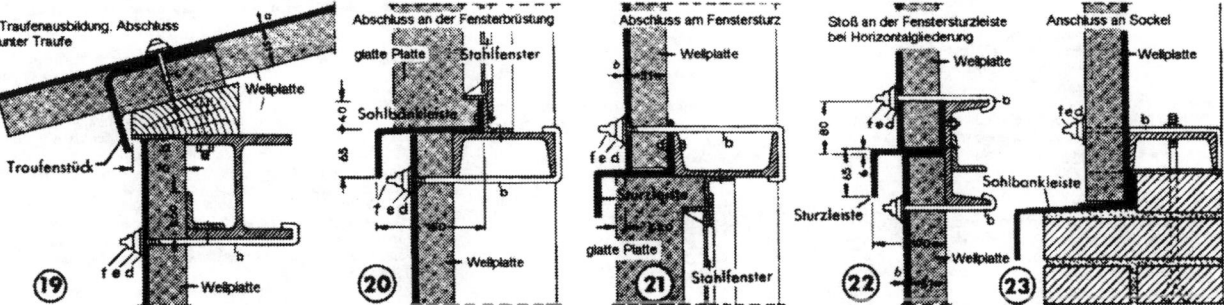

19 bis 23 Einzelheiten zu einem Stahlgerippebau mit Faserzement-Wellplatten-Bekleidung. Wandbekleidung mit Faserzement-Wellplatten; Auskleidung der Tür- und Fensterleibungen mit glatten Faserzementtafeln; Traufenabschluss durch Faserzement-Traufleiste; Sturzabschluss durch Faserzement-Sturzleiste (falls gewünscht als Horizontalgliederung durchgehend → **22**; Sohlbankabschluss und Anschluss an Sockelmauerwerk durch Faserzement-Sohlbankleiste. a = Filzstreifendichtung 70/5 mm, b = Hakenschraube, c = Holzschraube, d = Bleiring, e = Zinkhütchen, f = Bleikappe.

Rollläden, Markisen, Jalousien

Rollabschlüsse, Sonnenschutz- und Verdunkelungsanlagen im Bauwesen,
Begriffe, Anforderungen nach DIN 18073

1 Anwendungsbereich

1.1 Diese Norm gilt für die Begriffe und Anforderungen an Rollabschlüsse, Jalousien, Markisen, Außenrollos und Verdunkelungen sowie für ihre Montage am Bauwerk.

1.2 Diese Norm gilt nicht für die sicherheitstechnischen Anforderungen an Rollabschlüsse, Jalousien, Markisen, Außenrollos und Verdunkelungen in Arbeitsstätten oder für Anlagen, die dem Brandschutz dienen.
Anmerkung: Für Rollabschlüsse, Jalousien, Markisen, Außenrollos und Verdunkelungen in Arbeitsstätten gelten die einschlägigen Bestimmungen der Arbeitsstättenverordnung und der Unfallverhütungsvorschriften, insbesondere ZH 1/494

2 Zweck
Diese Norm hat den Zweck, Regelausführungen für die in Abschnitt 1.1 genannten Anlagen festzulegen für den Fall, dass in einem Bauleistungsvertrag dazu keine besonderen Angaben gemacht werden.
Sie hat ferner den Zweck, durch Definition der häufigsten, hierbei verwendeten Begriffe die Verständigung zwischen den am Bau Beteiligten zu verbessern.

3 Begriffe
Anmerkung: Die Begriffsdefinitionen erfassen keine landschaftlichen oder herstellerspezifischen Besonderheiten.

3.1 Rollabschluss
Ein Rollabschluss ist eine Vorrichtung, mit der eine Öffnung durch ein auf eine Welle aufrollbares, flächiges Bauteil (Rollpanzer) abgeschlossen werden kann.
Rollabschlüsse werden unterschieden in Rollladen, Rolltore und Rollgitter. Sie bestehen im wesentlichen aus dem Rollpanzer, der Welle, dem Antrieb und den Führungsschienen.

3.2 Rollladen
Ein Rollladen ist ein Rollabschluss, der in der Regel neben einem Fenster oder einer Fenstertür als zusätzlicher Abschluss einer Öffnung dient.

3.3 Rolltor
Ein Rolltor ist ein Rollabschluss, der als alleiniger Abschluss einer begeh- oder befahrbaren Öffnung dient.

3.4 Rollgitter
Ein Rollgitter ist ein Rollabschluss, dessen Rollpanzer aus einem Gitter besteht.

3.5 Jalousie
Eine Jalousie ist eine Vorrichtung, mit der eine Öffnung durch einen aus bandförmigen Bauteilen (Lamellen) bestehenden Behang geschützt werden kann. Der Behang wird entweder aufgerollt oder zusammengerafft. Dementsprechend werden Jalousien als Roll- oder Raffjalousien bezeichnet.
Anmerkung: Jalousien unterscheiden sich von Rollläden (siehe Abschnitt 3.2) dadurch, dass die Lamellen des Behanges im Gegensatz zu den Stäben des Rollpanzers zur Regelung des Lichteinfalls um ihre Längsachse drehbar sind.

3.6 Außenrollo
Ein Außenrollo ist eine Vorrichtung, mit der eine Öffnung durch ein aufrollbares Textilgewebe oder durch eine aufrollbare Kunststofffolie gegen Lichteinfall geschützt werden kann. Das Gewebe oder die Folie ist an der Außenseite und parallel zu der Wandfläche angeordnet, in der sich die Öffnung befindet.
Anmerkung: Innen angeordnete Rollos, die dem Sonnenschutz dienen, sind in der Regel nicht Gegenstand eines Bauleistungsvertrages und werden daher von dieser Norm nicht erfasst.

3.7 Verdunkelung
Eine Verdunkelung ist eine Vorrichtung, mit der eine Öffnung durch einen aufrollbaren Behang lichtdicht verschlossen werden kann.

3.8 Markise
Eine Markise ist eine Vorrichtung, mit der eine Öffnung oder eine Fläche durch einen aufrollbaren, faltbaren oder feststehenden Behang gegen Sonneneinstrahlung geschützt werden kann. Dementsprechend werden sie als Roll-, Falt- oder Festmarkisen bezeichnet.
Anmerkung: Rollmarkisen unterscheiden sich von Außenrollos (siehe Abschnitt 3.6) dadurch, dass der Behang im allgemeinen mit einem bestimmten Neigungswinkel über der zu schützenden Fläche angeordnet ist. Rollmarkisen werden nach ihrer Konstruktion als Gelenkarm-, Ausfallarm- oder Scherenarmmarkisen sowie als Fassadenmarkisen, Pergolamarkisen oder Markisoletten bezeichnet.

3.9 Rollpanzer
Der Rollpanzer ist der die Öffnung abschließende und schützende Teil eines Rollabschlusses. Er besteht aus gelenkig miteinander verbundenen stabförmigen Einzelbauteilen (Stäbe, Profile) oder Gitterteilen.

3.10 Behang
Der Behang ist der eine Öffnung oder Fläche schützende Teil einer Jalousie, eines Außenrollos, einer Markise oder einer Verdunkelung. Er besteht bei der Jalousie aus stabförmigen Einzelbauteilen (Lamellen), die um ihre Längsachse drehbar sind, und bei Außenrollos, Markisen und Verdunkelungen in der Regel aus Textilgewebe, beschichtetem Textilgewebe oder Kunststofffolie.
Der Behang von Markisen wird auch als Bespannung oder als Markisentuch bezeichnet.

3.11 Markisentuch
Das Markisentuch ist der Behang (die Bespannung) einer Markise.

3.12 Welle
Die Welle ist der Teil eines Rollabschlusses, einer Rolljalousie, eines Außenrollos, einer Verdunkelung oder einer Rollmarkise, der in der Regel den Rollpanzer oder den Behang trägt und auf den sie aufgerollt bzw. von dem sie abgerollt werden.

3.13 Antrieb
Der Antrieb ist der zur Ausführung der Öffnungs- und Schließbewegung dienende Teil eines Rollabschlusses, einer Jalousie, eines Außenrollos, einer Verdunkelung oder einer Markise. Der Antrieb wird durch Hand oder durch Elektromotor betätigt. Zum Antrieb zählt erforderlichenfalls auch ein Getriebe zur Veranderung des Kraft-Wege-Verhältnisses oder eine Vorrichtung zum Massenausgleich

3.14 Führungsschiene
Eine Führungsschiene ist ein Bauteil, das zur seitlichen Führung der Rollpanzer von Rollabschlüssen oder der Behänge von Jalousien, Außenrollos oder Verdunkelungen dient.
Anmerkung: Die Führungsschiene kann bei abgerolltem Rollpanzer gleichzeitig zur Ableitung der auf den Rollpanzer wirkenden äußeren Kräfte, z.B. Windkräfte, in das Bauwerk dienen.

3.15 Führungsnut
Eine Führungsnut ist eine Nut in einem Bauteil, die die Aufgabe einer Führungsschiene übernimmt oder zur Aufnahme einer Führungsschiene dient.

3.16 Drahtführung
Eine Drahtführung als Bestandteil einer Raffjalousie oder eines Außenrollos ist ein gespannter Draht, der zur Führung des Behanges dient.

3.17 Ballen
Der Ballen ist der auf der Welle aufgerollte Rollpanzer, Jalousie- oder Außenrollobehang oder das auf der Welle aufgerollte Markisentuch.

3.18 Jalousiepaket
Das Jalousiepaket ist der zusammengeraffte Behang einer Raffjalousie einschließlich Ober- und Unterschiene.

3.19 Rollraum
Der Rollraum ist der Raum, der zur Aufnahme des Ballens, der Wellen, der Lager und erforderlichenfalls des Antriebs benötigt wird.

3.20 Rollkasten
Der Rollkasten ist die Umschließung des Rollraumes, z.B. Rollladenkasten, Markisenkasten.

3.21 Rollkastendeckel
Der Rollkastendeckel ist der Abschluss der für Einbau, Wartung und Prüfung erforderlichen Öffnung des Rollkastens.

3.22 Blende
Die Blende ist die teilweise Abdeckung des Rollraumes oder des Jalousiepaketes.

3.23 Rechtsaufrollend, linksaufrollend
Ein Rollabschluss ist rechtsaufrollend, wenn bei der Betrachtung eines senkrechten Schnittes durch die abzuschließende Öffnung die Bauwerksaußenseite links liegt und sich die Welle bei der Aufrollbewegung im Uhrzeigersinne dreht.
Ein Rollabschluss ist linksaufrollend, wenn sich bei der gleichen Betrachtungsweise die Welle gegen den Uhrzeigersinn dreht.
Anmerkung: Diese Begriffe können nur auf Rollabschlüsse von Öffnungen in Bauwerksaußenwänden angewendet werden.

3.24 Rollladenstab
Rollladenstäbe sind stabförmige Bauteile, aus denen sich der Rollpanzer eines Rollladens zusammensetzt.

3.25 Einschiebestab (früher Einschiebeprofil)
Einschiebestäbe sind Rollladenstäbe, die ohne weitere Verbindungsglieder gelenkig miteinander zu einem Rollpanzer verbunden werden.

3.26 Kettenstab (früher Kettenprofil)
Kettenstäbe sind Rollladenstäbe, die durch zusätzliche, durchgesteckte Verbindungsglieder zu einem Rollpanzer verbunden werden.

3.27 Anfangsstab (früher auch Aufhängestab, Gurtleiste)
Der Anfangsstab ist der erste bzw. oberste Stab des Rollpanzers eines Rollladens, mit dem dieser direkt oder durch Aufhängevorrichtungen an der Welle befestigt wird.

3.28 Schlussstab (früher auch Schlussleiste, Endleiste)
Der Schlussstab ist der letzte bzw. unterste Stab des Rollpanzers eines Rollladens: Er hat in der Regel einen anderen Querschnitt als die übrigen Stäbe des Rollpanzers.

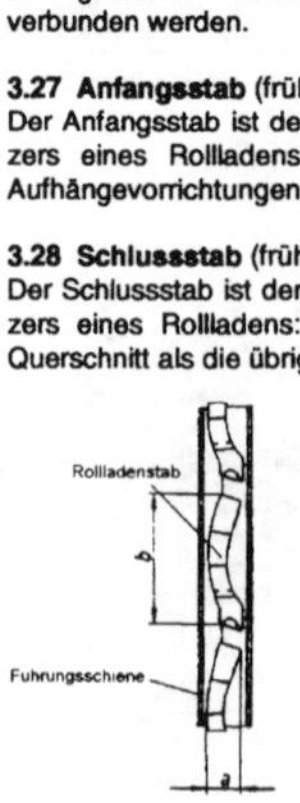

Bild 1: Rollladenstab; Stabnenndicke *a* und Stabdeckbreite *b*

3.29 Stabnenndicke
Die Stabnenndicke ist die Dicke eines Rollladenstabes, die für die lichte Weite der Führungsschiene maßgebend ist (siehe Bild 1).

3.30 Effektive Stabdicke
Die effektive Stabdicke eines Rollladenstabes ist das Maß der größten Stabdicke. Bei einwandigen Rollladenstäben entspricht die effektive Stabdicke der Materialdicke.

3.31 Stabdeckbreite
Die Stabdeckbreite ist die sichtbare Breite eines Rollladenstabes, wenn die Stäbe des Rollpanzers dicht aufeinander stehen (siehe Bild 1).

3.32 Rolltorprofil
Rolltorprofile sind stabförmige Bauteile, aus denen sich der Rollpanzer eines Rolltores zusammensetzt.

3.33 Anfangsprofil
Das Anfangsprofil ist das erste bzw. oberste Profil des Rollpanzers eines Rolltores oder Rollgitters.

3.34 Schlussprofil
Das Schlussprofil ist das letzte bzw. unterste Profil des Rollpanzers eines Rolltores oder Rollgitters.

3.35 Profilnenndicke
Die Profilnenndicke ist die Dicke eines Rolltorprofiles, die sinngemäß der Stabnenndicke (siehe Abschnitt 3.29) entspricht.

3.36 Effektive Profildicke
Die effektive Profildicke ist die Dicke eines Rolltorprofiles, die sinngemäß der effektiven Stabdicke (siehe Abschnitt 3.30) entspricht. Bei einwandigen Rolltorprofilen entspricht die effektive Profildicke der Materialdicke.

3.37 Lamelle
Lamellen sind bandförmige Bauteile, aus denen sich der Behang einer Jalousie zusammensetzt.

3.38 Einlauf
Der Einlauf ist das obere, trichterförmige Ende einer Führungsschiene oder Führungsnut.

3.39 Auslassschlitz
Der Auslassschlitz ist die Öffnung des Rollkastens, durch die der Rollpanzer auf- oder abgerollt wird.

3.40 Gurtzug
Der Gurtzug ist der Antrieb eines Rollabschlusses, einer Jalousie, einer Markise, eines Außenrollos oder einer Verdunkelung mittels eines Gurtes.

3.41 Wickler
Der Wickler ist eine Vorrichtung zum Aufrollen des Gurtes eines Gurtzuges.

4 Anforderungen an Stoffe und Bauteile

4.1 Wenn für Stoffe und Bauteile DIN-Normen bestehen, müssen sie den Anforderungen dieser Normen entsprechen.

4.2 Kunststoffbauteile müssen ausreichend formbeständig sein.

4.3 Behänge für Außenrollos und Markisen müssen ausreichend lichtecht, wasserabweisend und witterungsbeständig sein.

5 Anforderungen an die Ausführung

5.1 Allgemeines

5.1.1 Beim Zusammentreffen verschiedener Stoffe sowie bei Beanspruchung durch Bewitterung darf keine schädigende Korrosion oder andere ungünstige Beeinflussung entstehen.

5.1.2 Müssen verzinkte Teile geschweißt werden, so ist der Zink in der Schweißzone zu entfernen. Die Güte der Schweißung muss sichergestellt sein. Geschweißte Bereiche sind zu reinigen und zweimal gut deckend mit Zinkstaubfarbe zu beschichten. Dabei sind die Verarbeitungsrichtlinien des Herstellers der Zinkstaubfarbe zu beachten.

5.1.3 Bauteile aus Stahl sind an Flächen, die nach dem Einbau nicht mehr zugänglich sind, gegen schädigende Korrosion zu schützen.

5.1.4 Bei Rollläden und Rolltoren muss durch die Konstruktion der Anlage sichergestellt sein, dass sich Einschiebestäbe bzw. Rolltorprofile des Rollpanzers gegeneinander nicht so weit verschieben können, dass die Funktion der Anlage beeinträchtigt wird.

5.1.5 Schlussstäbe von handbetätigten Rollläden müssen bei einer Breite zu bis 750 mm mit einem, bei größeren Breiten mit zwei Anschlägen ausgestattet sein.

5.1.6 Soweit keine besonderen Anforderungen an den Wärme- oder Einbruchschutz nach den Abschnitten 5.2 und 5.3 gestellt werden, müssen Führungsschienen von Rollläden folgende Maße in Abhängigkeit von den Maßen des Rollpanzers aufweisen:
Die Tiefe muss mindestens 1 % der Breite des Rollpanzers, jedoch nicht weniger als 20 mm betragen. Die lichte Weite muss bei Rollläden aus Kunststoff oder Metall um etwa 15 %, bei Rollläden aus Holz um etwa 20 % größer sein als die Stabnenndicke.
Das gleiche gilt für die Maße bauseitiger Führungsnuten. Sind Führungsschienen einzubauen, die nicht Bestandteil des Tür- oder Fensterelementes sind, so müssen sie aus Aluminium oder aus Kunststoff-Hohlkammerprofilen bestehen. Führungsschienen aus Aluminium müssen eine Wanddicke von mindestens 1,3 mm aufweisen.

5.1.7 Alle Bauteile, z.B. Wellen, und alle Verbindungen von Bauteilen müssen so bemessen, Stäbe und Profile so ausgebildet sein, dass sie den vorgegebenen und zu erwartenden Beanspruchungen genügen, z.B. Windlasten, Wärmedehnungen. Rollabschlüsse mit Federwellen müssen gegen Selbstaufrollen gesichert werden können.
Die Durchbiegung der Wellen von Rollabschlüssen und Rollmarkisen darf 1/500 ihrer Länge nicht überschreiten.

5.1.8 Bei Gurtzügen müssen Gurtscheiben und Gurtdurchführung in einer Ebene liegen. Gurtdurchführungen dürfen keine scharfen Kanten haben. Die Gurte müssen aus textilen Flächengebilden mit Kantenverstärkung bestehen und mindestens 13 mm breit sein.

5.1.9 Bei Handzug ohne Kurbel darf die zur Bedienung erforderliche Zugkraft am Gurt 150 N nicht überschreiten. Bei Drahtseilaufzug darf die erforderliche Kraft an der Kurbel 40 N nicht überschreiten, ausgenommen bei Rolltoren und Rollgittern.

5.1.10 Drahtseilwinden müssen mit Schlaffseilsicherung, Getriebe mit Gelenkkurbeln mit einer Überdrehungssperre ausgerüstet sein, ausgenommen bei Jalousien und Markisen. Die an der Gelenkkurbel erforderliche Kraft darf 40 N nicht überschreiten.

5.2 Rollläden mit besonderen Anforderungen an den Wärmeschutz

Anmerkung: Rollläden, die an der Außenseite eines Fensters angeordnet werden und den Anforderungen der Abschnitte 5.2.1 bis 5.2.5 entsprechen, verbessern den *k*-Wert eines Fensters in der Regel um mindestens 50 %.

5.2.1 Der Rollladen muss so eingebaut sein, dass der lichte Abstand zwischen Rollpanzer und der äußeren Ebene des Fensterrahmens ≥ 40 mm ist.

5.2.2 Der Rollpanzer muss im geschlossenen Zustand dicht schließen. Der Schlussstab muss dicht an die Aufsetzfläche (Fensterbank) anschließen. Falls erforderlich, muss er dazu an seiner Unterfläche mit einem elastischen Dichtungsprofil versehen sein.

5.2.3 Führungsschienen bzw. Führungsnuten müssen mit elastischen Dichtungsprofilen versehen sein. Die lichte Weite zwischen den Dichtungsprofilen muss der Stabnenndicke entsprechen.

5.2.4 Zur Verringerung von Wärmeverlusten über den Auslassschlitz muss der Rollpanzer in geschlossenem Zustand an die äußere Wand des Rollkastens angedrückt werden, dazu muss die Berührungsfläche zwischen Rollpanzer und Rollkasten mit einem elastischen Dichtmaterial entsprechend Bild 2 versehen sein. Alternativ darf die Abdichtung des Auslassschlitzes auch mit zwei Bürsten– oder Lippendichtungen nach Bild 3 ausgeführt werden.

5.2.5 Zur Einhaltung der Anforderungen nach DIN 4108 Teil 2 an den Mindestwärmeschutz von Einzelbauteilen muss der Rollkasten zur Raumseite mit Dämmstoff von mindestens 20 mm Dicke und einer Wärmeleitfähigkeit von höchstens 0,04 W/m · K bekleidet sein. Fugen sind abzudichten, z.B. durch Dichtungsbänder.

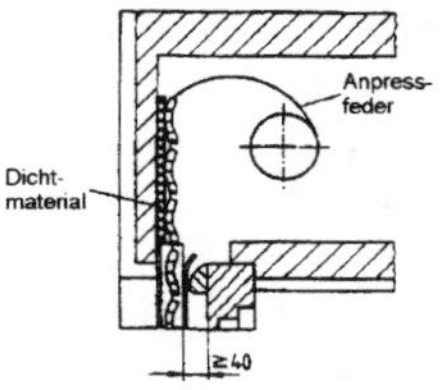

Bild 2. Schutz vor Wärmeverlust durch Anpressen des Rollpanzers

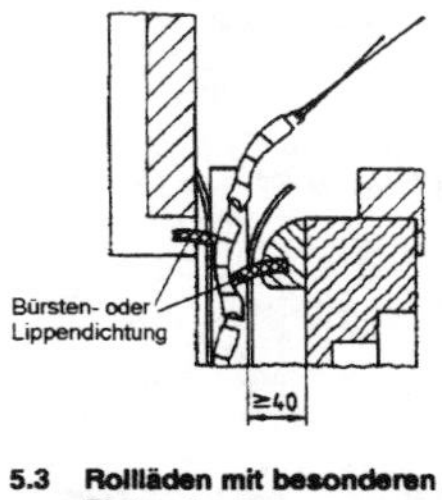

Bild 3. Schutz vor Wärmeverlust durch Lippen– oder Bürstendichtung

5.3 Rollläden mit besonderen Anforderungen an den Einbruchschutz

5.3.1 Der Rollpanzer muss aus steifen Stäben mit hoher Biegefestigkeit bestehen, z.B. aus Aluminiumstäben, doppelwandig mit einer Materialdicke von mindestens 1 mm oder einwandig mit mindestens 2 mm Materialdicke.

5.3.2 Der Schlussstab muss gegen Herausziehen gesichert sein und der Rollpanzer darf sich in geschlossenem Zustand von außen nicht hochschieben lassen.

5.3.3 Führungsschienen und Bauteile mit Führungsnuten müssen so ausgeführt sein, dass sie von außen nicht gelöst oder aufgehebelt werden können. Die Tiefe von Führungsschienen oder –nuten muss mindestens 2 % der Breite des Rollpanzers, sie darf jedoch nicht weniger als 40 mm betragen.

5.3.4 Rollkästen und Blenden sind so auszuführen, dass ein Hineingreifen in den Rollraum und das Lösen von Blenden von außen nicht möglich sind.

5.4 Rollläden aus Holz

5.4.1 Die Rollladenstäbe sind vor dem Einbau mit einem Holzschutzmittel nach DIN 68800 Teil 3 zu schützen.

5.4.2 Der Rollpanzer ist mit nichtkorrodierenden Verbindungselementen so herzustellen, dass er in den unteren zwei Dritteln ausziehbar ist. Der Panzer darf in völlig geschlossenem Zustand keine Lichtschlitze aufweisen.

5.5 Rollläden und Rolltore aus Kunststoff

5.5.1 Der Rollpanzer ist aus Einschiebestäben bzw. Rolltorprofilen aus lichtdichtem PVC-U (Polyvinylchlorid hart) herzustellen.

5.5.2 Rollpanzer für Rollläden sind aus Einschiebestäben herzustellen, die in den unteren drei Vierteln des Panzers mit Luftöffnungen versehen sind. Der Panzer darf in völlig geschlossenem Zustand keine Lichtschlitze aufweisen.

5.5.3 Für Rollpanzer von Rolltoren sind Rolltorprofile ohne Luftöffnungen zu verwenden.

5.5.4 Jeder Rollpanzer muss mit einem Schlussstab versehen sein.

5.6 Rollläden und Rolltore aus Metall

5.6.1 Der Rollpanzer ist für Rollläden aus Rollladenstäben herzustellen, die in den unteren drei Vierteln des Rollpanzers mit Luftöffnungen versehen sein müssen, sofern nicht einwandige Aluminiumprofile verwendet werden. In diesem Fall ist der Rollpanzer ohne Luftöffnungen herzustellen.

5.6.2 Für Rollpanzer von Rolltoren sind Rolltorprofile ohne Luftöffnungen zu verwenden.

5.7 Antriebe für Rollabschlüsse

5.7.1 Allgemeines

Die Lager der Welle müssen so ausgebildet sein, dass die Welle bei Betätigung des Rollabschlusses nicht aus den Lagern springen kann. Sie müssen ferner in der Lage sein, die an der Welle auftretenden Axialkräfte aufzunehmen, damit ein Auswandern der Welle vermieden wird.

5.7.2 Handbetätigte Antriebe

5.7.2.1 Der Antrieb muss so ausgeführt sein, dass bei Unterbrechung der Betätigung der Rollpanzer in jeder Höhe stehen bleibt.

5.7.2.2 Bei Selbstroller-Federwellen muss die Federkraft das Gewicht des Rollpanzers soweit ausgleichen, dass er nicht selbsttätig abrollen kann. Wird die Federwelle über einen Haspelkettentrieb betätigt, darf sich die Kette nicht selbsttätig in Bewegung setzen können. Ein leichtes selbsttätiges Aufrollen im oberen und Abrollen im unteren Viertel der Öffnungshöhe ist zulässig, soweit die selbsttätig wirksame Kraft 20 N nicht überschreitet.

5.7.2.3 Rollläden sind mit Gurtzug und Wickler auszuführen.

5.7.3 Elektrisch betätigte Antriebe

5.7.3.1 Elektrisch betriebene Aufzugseinrichtungen müssen mit Betriebsendschaltern ausgerüstet sein, die den Antrieb in den Endstellungen der Anlage selbsttätig abschalten.

5.7.3.2 Der Antrieb muss mit einer selbsttätig wirkenden Bremseinrichtung versehen sein. Sie muss so bemessen sein, dass bei Abschaltung oder Ausfall des Antriebes der Nachlauf des Rollpanzers höchstens 50 mm beträgt, sofern mit dem Nachlauf eine Gefährdung verbunden ist.

5.7.3.3 Bei Rollgittern mit Schlupftüren muss durch eine elektrisch wirkende, gegen äußere Einflüsse geschützte Vorrichtung sichergestellt sein, dass das Rollgitter erst dann betätigt werden kann, wenn die nichtrollbaren Teile der Schlupftür herausgenommen sind.

5.8 Jalousien

5.8.1 Allgemeines

5.8.1.1 Oberschiene, Unterschiene, Welle, Führungs– und Antriebsteile sowie die Spannwinkel für Drahtführungen müssen aus nichtkorrodierenden Werkstoffen bestehen oder gegen Korrosion dauerhaft geschützt sein.

5.8.1.2 Lamellen aus Aluminium müssen im Querschnitt leicht gewölbt sein und durch eine Beschichtung aus lichtbeständigem Einbrennlack oder in anderer, mindestens gleichwertiger Weise gegen Korrosion geschützt sein.

5.8.1.3 Die Lamellen müssen mindestens 90° stufenlos um ihre Längsachse schwenkbar sein. Bei heruntergelassenem Behang müssen die Lamellen in geschlossenem Zustand einander überdecken.

5.8.1.4 Ist ein elektrisch betätigter Antrieb vorgesehen, muss er so konstruiert sein, dass die Jalousie bei abgeschaltetem Antrieb ihre jeweilige Lage beibehält und nicht selbsttätig verändert.

5.8.2 Raffjalousien

5.8.2.1 Bei außen angebrachten Raffjalousien sind ungebördelte Lamellen durch straff gespannte Drähte aus Kunststoff oder kunststoffummantelter Stahllitze zu führen. Die Spannwinkel für die untere Befestigung der Drahtführungen müssen so ausgeführt sein, dass ein Nachspannen der Drähte leicht möglich ist.
Gebördelte Lamellen sind in Führungsschienen zu führen.

5.8.2.2 Bei elektrisch betätigten Raffjalousien muss der Antrieb so konstruiert sein, dass die Raffjalousie bei abgeschaltetem Antrieb ihre jeweilige Lage beibehält und nicht selbständig verändert.

5.8.3 Rolljalousien

5.8.3.1 Rolljalousien sind mit Aufzugs– und Verstellbändern aus nichtrostendem Stahl auszuführen. Die seitlichen Aufzugsbänder müssen in Führungsschienen mit geräuschdämpfenden Einlagen geführt werden.

5.8.3.2 Die Verbindungen zwischen den Lamellen und den Aufzugs– und Verstellbändern müssen so ausgeführt werden, dass ein direkter metallischer Kontakt zwischen Lamellen und Bändern ausgeschlossen ist.

5.8.3.3 Rolljalousien sind mit einer Betätigung über Kegelradantrieb mit Bremse und Gelenkkurbel zu versehen.

5.8.3.4 Bei elektrisch betätigten Rolljalousien muss der Antrieb so konstruiert sein, dass die Rolljalousie bei abgeschaltetem Antrieb ihre jeweilige Lage beibehält und nicht selbständig verändert.

5.9 Außenrollos

5.9.1 Der Behang ist aus wetterfestem, licht– und luftdurchlässigem Gewebe herzustellen.

5.9.2 Die Unterschiene des Behangs ist entweder mit Kunststoffgleitern in Führungsschienen oder durch straff gespannte Drähte aus Kunststoff oder kunststoffummantelter Stahllitze zu führen. Bei Drahtführung sind die Spannwinkel für die untere Befestigung der Drähte so auszuführen, dass ein Nachspannen der Drähte leicht möglich ist.

5.9.3 Außenrollos sind mit einer Betätigung über geschlossenes Kurbelgetriebe mit Gelenkplatte und Gelenkkurbel zu versehen.

5.9.4 Bei elektrisch betätigten Außenrollos muss der Antrieb so konstruiert sein, dass das Außenrollo bei abgeschaltetem Antrieb seine jeweilige Lage beibehält und nicht selbständig verändert.

5.10 Verdunkelungen

5.10.1 Verdunkelungen müssen in geschlossenem Zustand lichtdicht sein.

5.10.2 Fallstab, Führungs– und Einfallschiene müssen aus Werkstoffen bestehen, die gegen Korrosion dauerhaft geschützt sind.

5.10.3 Im Bereich des Auslassschlitzes am Rollkasten muss in voller Anlagenbreite eine Ablaufleiste (Rutschleiste) angeordnet sein.

5.10.4 Antriebe von Verdunkelungen müssen so konstruiert sein, dass der Behang in jeder gewünschten Lage stehen bleibt und nicht selbttätig ablaufen kann.

5.11 Markisen

5.11.1 Die Ausfallprofile müssen ausreichend steif und in ausgefahrenem Zustand waagerecht sein.

5.11.2 Bei Rollmarkisen mit Ausfall–, Gelenk– und Scherenarmen sind bei Markisenbreiten bis zu 6,50 m mindestens zwei Arme, bei größeren Breiten mehr als zwei Arme vorzusehen.

5.11.3 Bei Rollmarkisen mit Gelenkarmen sind die Arme unter dem Markisentuch anzuordnen.

5.11.4 Das Markisentuch muss aus Acrylgewebe mit einem Flächengewicht von mindestens 280 g/m² bestehen. Technisch unvermeidbare Knickfalten in dem Gewebe sind zulässig.

5.11.5 Wird das Markisentuch aus mehreren Bahnen hergestellt, so sind die Bahnen mustergerecht zu verarbeiten, dabei ist ein technisch unvermeidbarer Versatz des Musters zulässig. Ist ein Volant auszuführen, müssen Markisentuch und Volant den gleichen Musterverlauf aufweisen.

5.11.6 Handbetätigte Rollmarkisen sind mit einem Getriebe an der Welle und mit einer abnehmbaren Kurbelstange auszuführen.

5.11.7 Bei elektrisch betätigten Markisen muss der Antrieb so konstruiert sein, dass die Markise bei abgeschaltetem Antrieb ihre jeweilige Lage beibehält und nicht selbstständig verändert.

Rollläden aus Holz

Rollläden, Einzelheiten

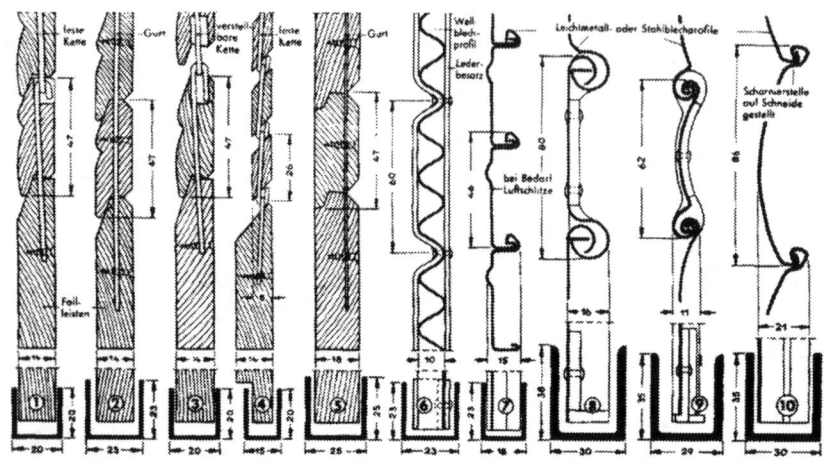

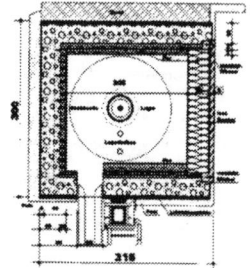

20

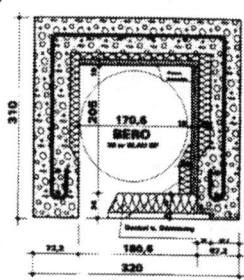

21

1 bis **10** Rollladenprofile: Im allgemeinen werden Holzprofile → **1 bis 5**, bei größeren Fensterflächen (> 5 m²) und erhöhten Ansprüchen (Einbruchschutz, Strahlungsschutz usw.) Metallprofile → **6 bis 10** verwendet. Verbindung der Profilstäbe durch feste oder verstellbare Ketten (→ **1, 3, 4**), Plättchen, Gurte (→ **2, 5, 6**) oder Scharniere (→ **7 bis 10**). Normal-Holzprofile nach DIN 18076: 14/47, 14/35, 11/47, 11/35 mm; Fallleisten 14/60, 11/60 mm, Schnitte im Maßstab 1 : 2.

Rollladenprofile, nach DIN 18076

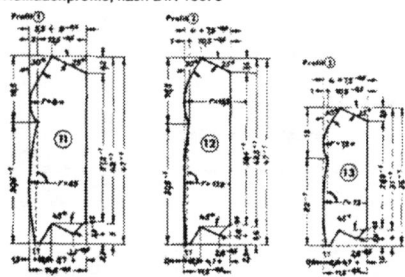

Einbau der Rollladen, nach DIN 18052, Blatt 4

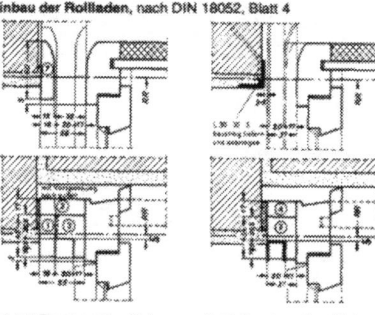

22

Außer den Rollladen-Stahlprofilen **11, 12, 13** sind noch genormt: Rollladen-Schlussleisten 14,5 x 60, 11,5 x 60 (DIN 18076); Rollladen-Walzenprofile 62 x 62 achteckig, 62 rund, 2 x 41 x 82 achteckig (DIN 18076); Klammern, Einlassroller, Aufschraubroller, Bocklager, Eingipslager, Achsenstifte, Ausstellarme mit Zubehör, Nutschienen 21 bx 18, 20 x 20, 23 x 23 (DIN 18077).

15 Fenster mit seitlichen Beiholzleisten **1** und **2** (Holznute). Verlängerungsleiste **3** und oberer Einlaufleiste **7**

16 Fenster mit seitlicher Beiholzleiste **2**, Nutschiene 17 DIN 18077, Verlängerungsleiste **4** und oberem Sturzwinkel

Anbringung des Gurtrollers

Werkstoffe

Rollladenstäbe aus feinjährigem, möglichst ast- und rissefreiem Kiefernholz; Gurte aus Leinen oder Hanf (Zuggurte auch mit Jute- Einlage); Stabverbindungsglieder aus korrosionsbeständigem oder rostgeschütztem Metall; Verleimung der Hölzer mind. feuchtfest.

Als Zugeinrichtungen werden Aufschraub-Gurtroller → **17** oder Einlass-Gurtroller → **18, 19** verwendet.

17 Anschraubroller, an Blendrahmen befestigt
18 Einlassroller, mit Mauerkasten in der Leibung
19 Einlassroller, mit Mauerkasten in der Wand

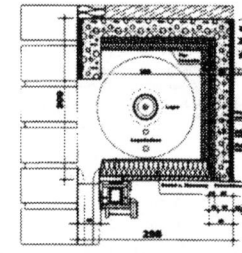

23

21 bis 23 BERO Rollladenkästen
der Firma Gebr. Allendörfer Betonwerk

21 Typ BLAU mit unterer Montageöffnung
- Rollladenkasten aus Blähbeton LB 15 mit unterer Montageöffnung und einbetonierten 7 mm dicken Heraklithblenden, die als Putzträger dienen; innen mit Styropor ausgekleidet
- Produkt dient als verlorene Schalung
- Abstützen erst ab Fertiglänge von 2,00 m erforderlich
- seitliche Kopfstücke mit eingebautem Kugellager
- seitliche Auflagerlänge auf Gurtseite mind. 12,5 cm; bei Verwendung von Gurtsteinen mind. 15,0 cm Auflagerlänge
- vordere und hintere Schürze mit Putzanschlussschiene
- wärme- und schallgedämmt entsprechend den Anforderungen der neuen Wärmeschutzverordnung:
  - – mit Zusatzisolierung: k = 0,6 W/m²K
  - – Normschallpegeldifferenz D $_{n x w}$ = 57 dB
- Kastenbreite für Mauerwerkdicke 24 - 30 - 36,5 cm
- Konstruktionsmaße (B x H): 25 x 25 cm, Ø 16,5 cm; 30,5 x 30 cm, Ø 19 cm; 36,5 x 30 cm, Ø 21 cm
- Lagerlängen: 0,75 - 0,85 - 1,00 - 1,10 - 1,25 - 1,35 - 1,50 - 1,60 - 1,75 - 1,85 - 2,00 - 2,10 - 2,25 - 2,35 - 2,50 - 2,65 - 2,75 - 2,90 - 3,00 - 3,15 - 3,25 - 3,40 - 3,50 - 3,65 - 3,75 - 3,90 - 4,00 - 4,15 - 4,25 m

23 Typ BLAU SP-tragend
- Tragender Rollladenkasten aus Blähton-Spannbeton mit unterer Montageöffnung, innen mit Styropor ausgekleidet
- für Streckenlasten gemäß Belastungstabelle des Herstellers zulässig
- Bewehrung aus Baustahlgewebe und Spannstahl
- seitliche betonierte Kopfstücke (10,0 cm breit) mit Lagerbolzen
- Einsatzvorteil:
  - – beim Einbau entfallen Einschalen, Abstützen, Bewehren, Betonieren, Entschalen und Isolieren von Betonstürzen
- Verlegehinweise:
  - – Mindestaufstandsfläche des Rollladenkastens: 25 x 5,0 cm
  - – Auflagerung auf Mauerwerk der Steinfestigkeitsklasse > 150; MG II a
- wärme- und schallgedämmt entsprechend den Anforderungen der neuen Wärmeschutzverordnung:
  - – mit Zusatzisolierung: k = 0,6 W/m²K
  - – Normschallpegeldifferenz D $_{n x w}$ = 50 dB
- Kastenbreite für Mauerwerkdicke 30 - 36,5 cm

22 Typ ROT mit hinterer Montageöffnung
- Rollladenkasten aus Blähbeton LB 15 mit hinterer Montageöffnung auf der Rauminnenseite und einbetonierter Leichtbauplatte, die als Putzträger dient; innen mit Styropor ausgekleidet
- standardmäßige Ausstattung mit in verzinkte Winkelschiene (Putzanschlagschiene) eingelegtem isoliertem Montagedeckel
- Produkt dient als verlorene Schalung
- Abstützen erst ab Fertiglänge von 1,50 m erforderlich
- seitliche Kopfstücke mit eingebautem Kugellager
- seitliche Auflagerlänge auf Gurtseite mind. 12,5 cm; bei Verwendung von Gurtsteinen mind. 15,0 cm Auflagerlänge
- wärme- und schallgedämmt entsprechend den Anforderungen der neuen Wärmeschutzverordnung:
  - – mit Zusatzisolierung: k = 0,6 W/m²K
  - – Normschallpegeldifferenz D $_{n x w}$ = 50 dB
- Kastenbreite für Mauerwerkdicke 24 - 30 - 36,5 cm
- Konstruktionsmaße (B x H): 25,5 x 30 cm, Ø 18 cm; 31,5 x 30 cm, Ø 20 cm; 38 x 30 cm, Ø 21 cm
- Lagerlängen: 0,75 - 0,85 - 1,00 - 1,10 - 1,25 - 1,35 - 1,50 - 1,60 - 1,75 - 1,85 - 2,00 - 2,10 - 2,25 - 2,35 - 2,50 - 2,65 - 2,75 - 2,90 - 3,00 - 3,15 - 3,25 - 3,40 - 3,50 - 3,65 - 3,75 - 3,90 - 4,00 - 4,15 - 4,25 - 4,50 m

24 Typ BLAU halbe Schürze
- Rollladenkasten aus Blähbeton mit unterer Montageöffnung, innen wärmeisoliert
- spezieller Einbau bei Klinkerfassaden, Holzverkleidungen u. a. Verblendungen
- durch Kombination mit halber Außenschürze mit gleichbleibenden Innenmaßen des Rollkastens spezieller Einsatz bei zweischaligem Mauerwerk
- als Putzträger raumseitig 5,0 mm Holzwolleleichtbauplatten
- Produkt dient als verlorene Schalung
- Abstützen erst ab Fertiglänge von 1,50 m erforderlich
- seitliche Auflagerlänge auf Gurtseite mind. 12,5 cm; bei Verwendung von Gurtsteinen mind. 15,0 cm Auflagerlänge
- seitliche Kopfstücke mit eingebautem Kugellager
- wärme- und schallgedämmt entsprechend den Anforderungen der neuen Wärmeschutzverordnung:
  - – mit Zusatzisolierung: k = 0,6 W/m²K
  - – Normschallpegeldifferenz D $_{n x w}$ = 50 dB
- Kastenbreite für Mauerwerkdicke 24 - 30 - 36,5 cm
- Konstruktionsmaße (B x H): 25 x 25 cm, Ø 17 cm; 28/29,5 x 30 cm, Ø 19 cm; 33/36,5 x 30 cm, Ø 21 cm

Klappläden

Klappläden, Einzelheiten

Klappladenprofile, Eckverbindungen

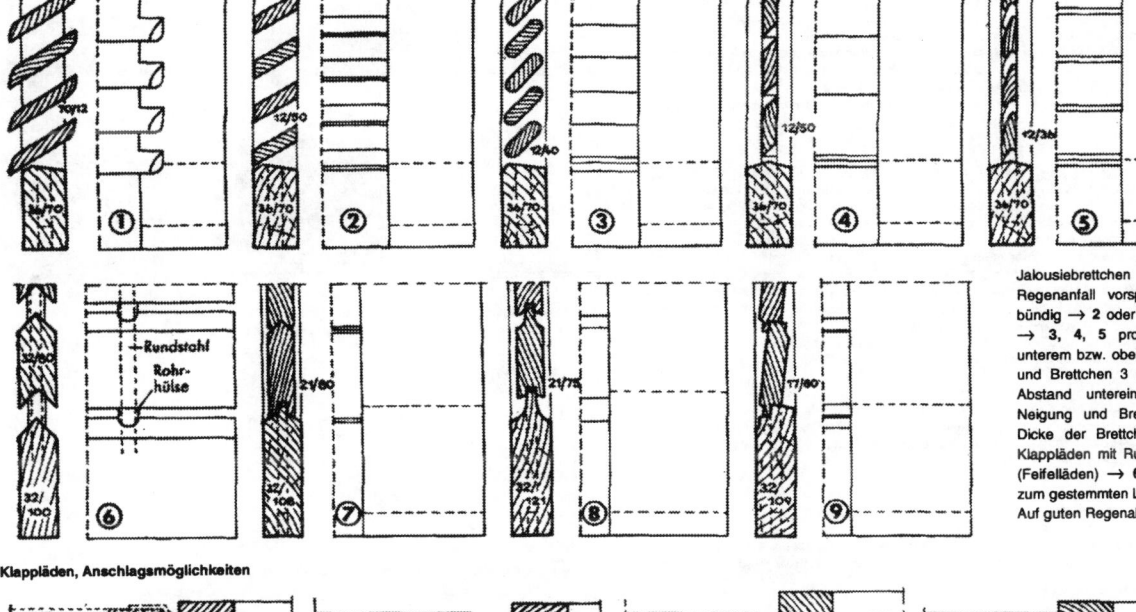

Jalousiebrettchen werden je nach Regenanfall vorspringend → **1**, bündig → **2** oder zurückspringend → **3**, **4**, **5** profiliert. Zwischen unterem bzw. oberem Rahmenholz und Brettchen 3 mm Luft lassen. Abstand untereinander je nach Neigung und Breite 10–20 mm; Dicke der Brettchen 10–12 mm. Klappläden mit Rundstahldurchzug (Feifelläden) → **6** sind Übergang zum gestemmten Laden → **7** bis **9**. Auf guten Regenablauf achten!

Klappläden, Anschlagsmöglichkeiten

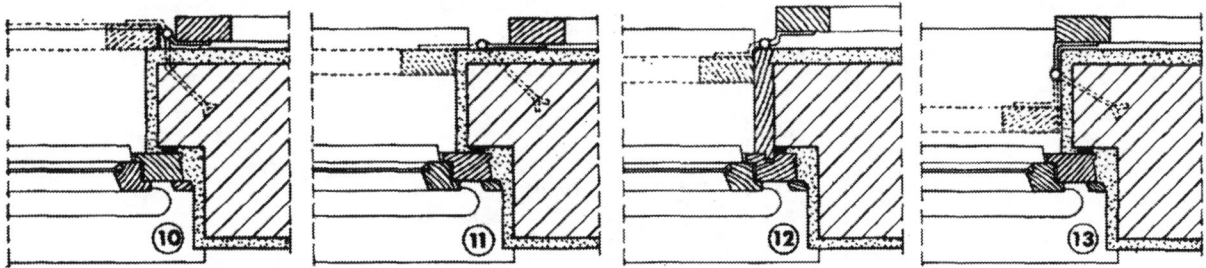

→ 10 bis 13: Klappläden können vor der Außenflucht → **10**, mit der Außenflucht bündig → **11**, **12** oder in die Leibung schlagend → **13** angebracht werden.

Klappläden, Beschläge

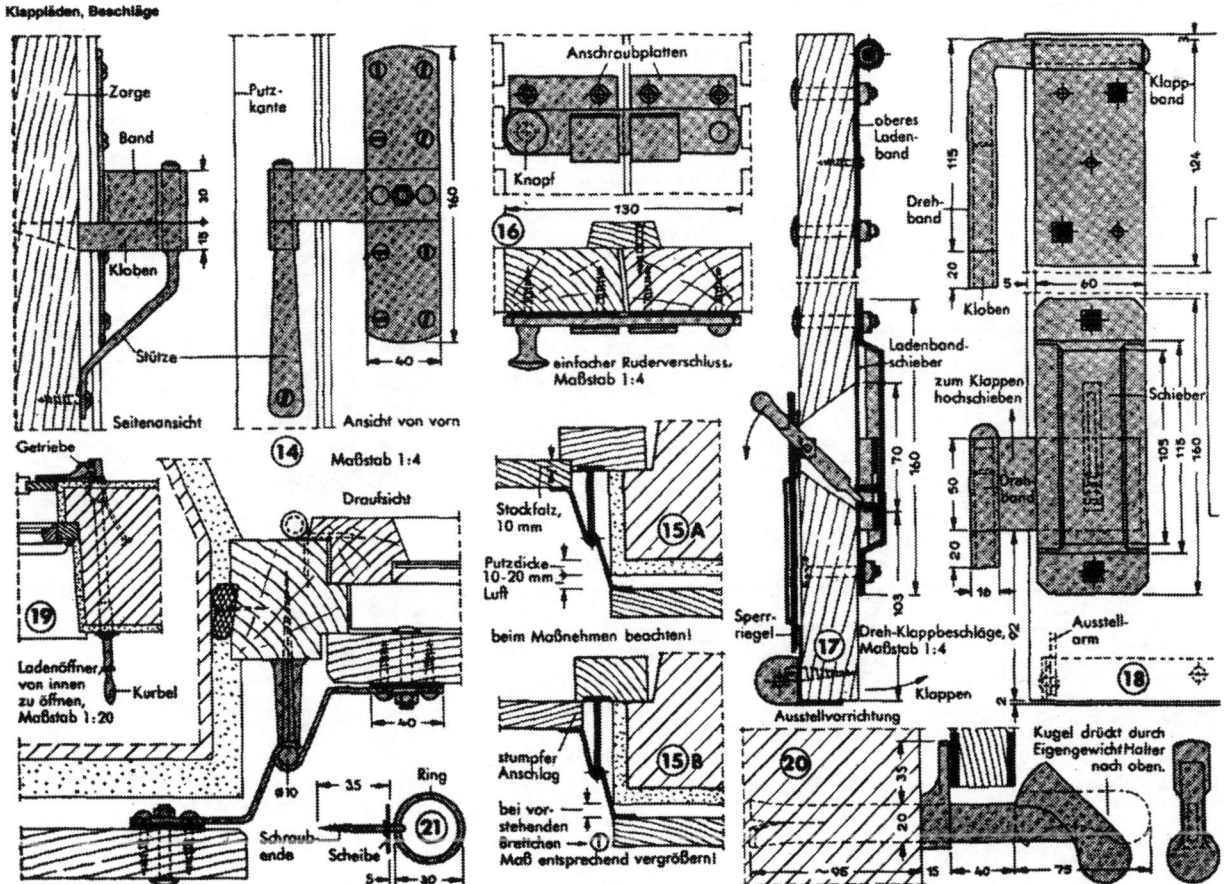

→ **14**, **15** Ladenband mit Kloben; → **16** Ladenruderverschluss; → **17**, **18** Drehklappenverschlüsse → **17**; Büco-Klappladenbeschlag → **18**; **19** Ladenöffner mit Kurbel und Getriebe;
→ **20** Ladenhalter mit Schwingkugel; → **21** Ladenring.

Jalousien

LUXAFLEX–Innenjalousien

Allgemeines

LUXAFLEX–Jalousien sind bewegliche Sonnenschutzeinrichtungen, die horizontal über Fenster, Schaufenster und Türen eingebaut werden. Sie haben folgende Aufgaben zu erfüllen: Verbesserung der Lichtverhältnisse und Regulierung der Sonneneinstrahlung (vgl. 1 - 2), Regulierung der Raumtemperatur (vgl. 3 - 5) und Schutz gegen Einblick.
LUXAFLEX–Innenjalousien können bei entsprechenden Montageträgern für jede Fensterkonstruktion und jede Leibungs– und Sturzausbildung verwendet werden. Darüber hinaus können sie als raumtrennende Elemente und dekorativen Zwecken dienen.
LUXAFLEX–Jalousien werden in 18 Farben und 4 Dekors mit 4 bzw. 3 Farben je Dekor hergestellt.

Bauteile

Die Jalousie besteht aus Oberschiene, Unterschiene mit Plastik–Endkappe, Thermofort–Lamellen, Plastikstegbändern – 25 mm schmal – mit Stegbandklammern, Wendevorrichtung, Schnurbremse, Zug– und Wendeschnüren mit Plastik–Quasten. Alle Metallteile, wie Ober– und Unterschiene, Wendevorrichtung und Schnurbremse sind durch einen Lacküberzug oder durch Galvanisierung gegen Korrosion geschützt. Die Thermofort–Lamellen sind aus einer vergüteten Aluminiumlegierung gefertigt und erhalten durch "Chromatisieren" eine Oberfläche, die eine homogene Bindung zwischen dem Metall und der Einbrennlackierung bewirkt. Die Lamellenbreite beträgt 50 mm, die Lamellendicke 0,25 mm. Die Vinylplastikstegbänder haben eine porenfreie Oberfläche, sind staubabstoßend und leicht zu reinigen. Der Abstand der Plastikstegbänder beträgt von der Außenkante der Lamellen 150 mm. Je nach Jalousiebreite ist der Stegbandabstand – 850 mm (vgl. 7 und 8). Zug– und Wendeschnüre bestehen aus einem Kunststofffaserkern mit Nylonummantelung.

Montage

Die Montage von Innenjalousien kann vor der Leibung (vgl. 6 und 7) und in der Leibung (vgl. 8) erfolgen. Bei Montage vor der Leibung Jalousie mindestens 120 mm breiter, bei Montage in der Leibung mindestens 20 mm schmaler als lichte Leibungsbreite (vgl. 7 und 8). Die Maßaufgabe der Jalousielänge erfolgt nach Abb. 6 und Tabelle 9.

Montagebauteile

Montagebügel mit Klemmleiste (Befestigung nach oben) für Einbau in Aussparung. Montagekappen für normalen Einbau (Befestigung nach oben, vorn und zur Seite). Universalträger für Einbau unter Platzmangel (Befestigung nach oben und vorn). U–Stützen werden als zusätzliche Unterstützung der Oberschiene bei Jalousien über 2150 mm Breite und 7 m² Fläche verwendet.

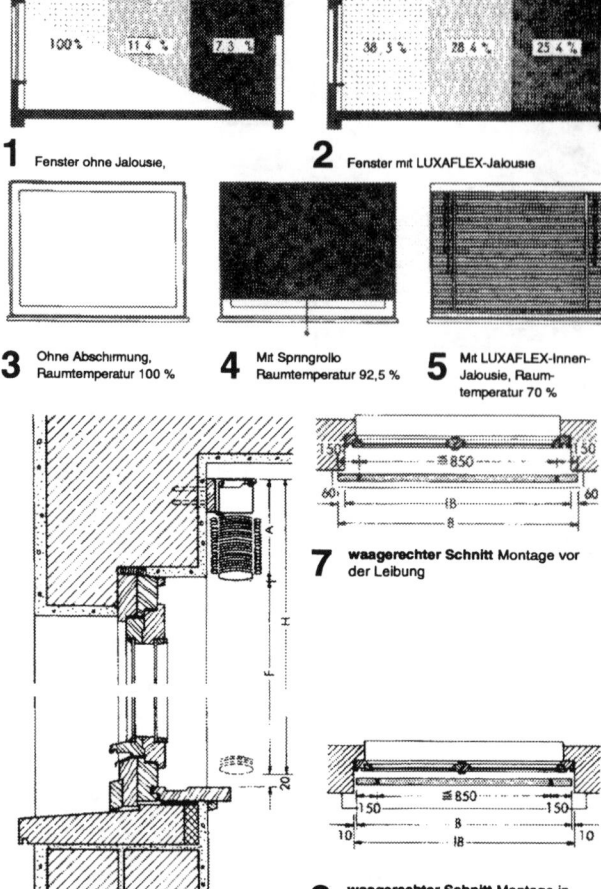

1 Fenster ohne Jalousie,

2 Fenster mit LUXAFLEX-Jalousie

3 Ohne Abschirmung, Raumtemperatur 100 %

4 Mit Springrollo Raumtemperatur 92,5 %

5 Mit LUXAFLEX-Innen-Jalousie, Raumtemperatur 70 %

7 waagerechter Schnitt Montage vor der Leibung

8 waagerechter Schnitt Montage in der Leibung

6 senkrechter Schnitt zur Höhenbestimmung (Maßnehmen der Jalousielänge)

H	A	F	H	A	F
mm	mm	mm	mm	mm	mm
1000	115	885	2300	180	2120
1100	120	980	2400	185	2215
1200	125	1075	2500	190	2310
1300	130	1170	2600	195	2400
1400	135	1265	2700	200	2500
1500	140	1360	2800	205	2595
1600	145	1450	2900	210	2690
1700	150	1550	3000	215	2785
1800	155	1645	3100	220	2880
1900	160	1740	3200	225	2975
2000	165	1835	3300	230	3070
2100	170	1930	3400	235	3165
2200	175	2025	3500	240	3260

9 Maßtabelle zur Höhenbestimmung des Jalousienpaketes

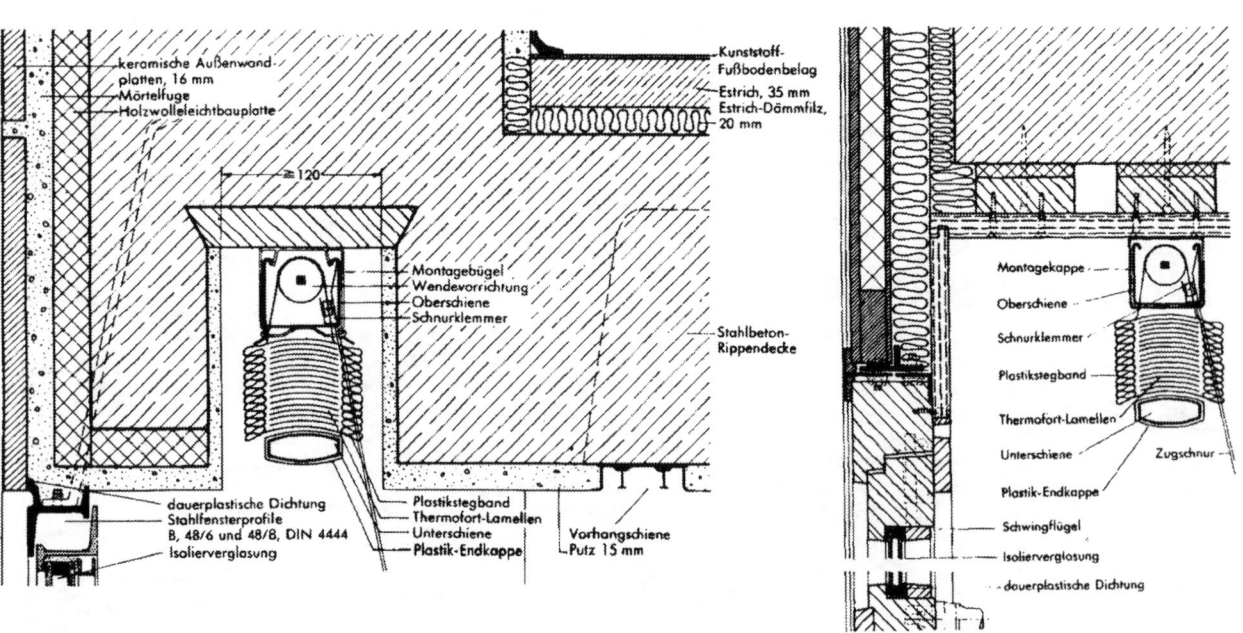

keramische Außenwandplatten, 16 mm
Mörtelfuge
Holzwolleleichtbauplatte

≈ 120

Montagebügel
Wendevorrichtung
Oberschiene
Schnurklemmer

Kunststoff-Fußbodenbelag
Estrich, 35 mm
Estrich-Dämmfilz, 20 mm

Stahlbeton-Rippendecke

dauerplastische Dichtung
Stahlfensterprofile
B, 48/6 und 48/8, DIN 4444
Isolierverglasung

Plastikstegband
Thermofort-Lamellen
Unterschiene
Plastik-Endkappe

Vorhangschiene
Putz 15 mm

LUXAFLEX–Innenjalousie ein Stück eingebaut

Montagekappe
Oberschiene
Schnurklemmer
Plastikstegband
Thermofort-Lamellen
Unterschiene
Zugschnur
Plastik-Endkappe
Schwingflügel
Isolierverglasung
dauerplastische Dichtung

LUXAFLEX–Innenjalousie Montage unter Deckenbekleidung

Jalousien

LUXAFLEX–Allwetterjalousien

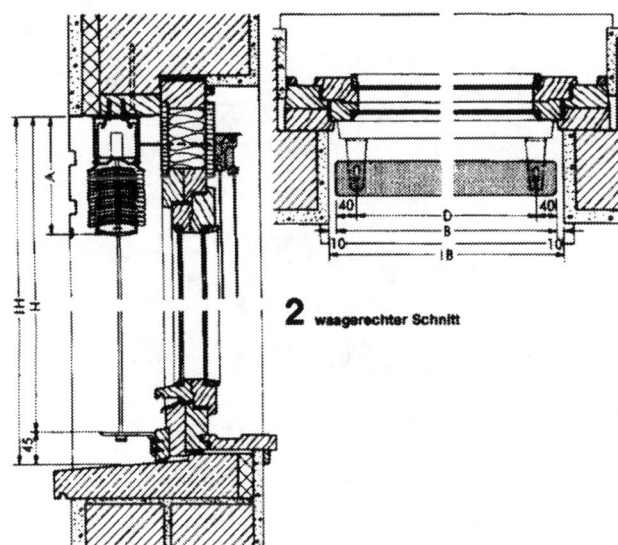

2 waagerechter Schnitt

1 Maßzeichnung, senkrechter Schnitt

Allgemeines

Für Außenmontagen und für die Anbringung unter Bedingungen, die besondere atmosphärische Einwirkungen erwarten lassen, wie in Schwimmbädern usw., hat LUXAFLEX die Allwetterjalousie entwickelt. LUXAFLEX–Allwetterjalousien sind hochentwickelte Ganz–Aluminiumjalousien, d.h. auch Ober– und Unterschienen sind aus einer korrosionsbeständigen, kupferfreien Aluminiumlegierung hergestellt. LUXAFLEX–Allwetterjalousien mit Schnurzugbedienung werden mit dem 25 mm schmalen Plastik–Stegband ausgestattet.

An Fenstern, bei denen besonderer Wert auf Sonnenschutz bei günstiger Regulierung der Raumtemperatur gelegt wird, ist einer Außenanbringung von Allwetterjalousien der Vorzug zu geben. Während die Reflexion der Sonneneinstrahlung bei Innen– und Außenmontagen gleich gut ist, sind die Lüftungsmöglichkeiten bei geschlossener, außen angebrachter Allwetterjalousie günstiger. Bei Innenjalousien und geschlossenen Fenstern kann es an der Fensterscheibe zur Aufheizung und zwischen der Fensterscheibe und der Jalousie zu Wärmestauungen kommen. Die Außenmontage verhindert beides weitgehend, da die Jalousien ständig belüftet werden und die Fensterscheibe beschattet ist.

Bauteile

LUXAFLEX–Allwetterjalousien entsprechen in allen wesentlichen Konstruktionsmerkmalen den LUXAFLEX–Innenjalousien. Als zusätzliche Verankerung und Windsicherung werden die Allwetter–Jalousien mit einer Seitenführung ausgerüstet, die durch alle Lamellen und durch die Unterschiene (mittels Plastikendkappen mit Führungsöse) geführt werden und nachgespannt werden können.

Montage

Die Montage der Allwetterjalousie erfolgt im allgemeinen in der Leibung mit Befestigung auf dem Sturz, Einbau im Sturz oder Befestigung an Schwingflügelfenstern.

H	A	F		H	A	F
mm	mm	mm		mm	mm	mm
1000	115	885		2300	180	2120
1100	120	980		2400	185	2215
1200	125	1075		2500	190	2310
1300	130	1170		2600	195	2400
1400	135	1265		2700	200	2500
1500	140	1360		2800	205	2595
1600	145	1450		2900	210	2690
1700	150	1550		3000	215	2785
1800	155	1645		3100	220	2880
1900	160	1740		3200	225	2975
2000	165	1835		3300	230	3070
2100	170	1930		3400	235	3165
2200	175	2025		3500	240	3260

3 Maßtabelle zur Höhenbestimmung des Jalousienpaketes

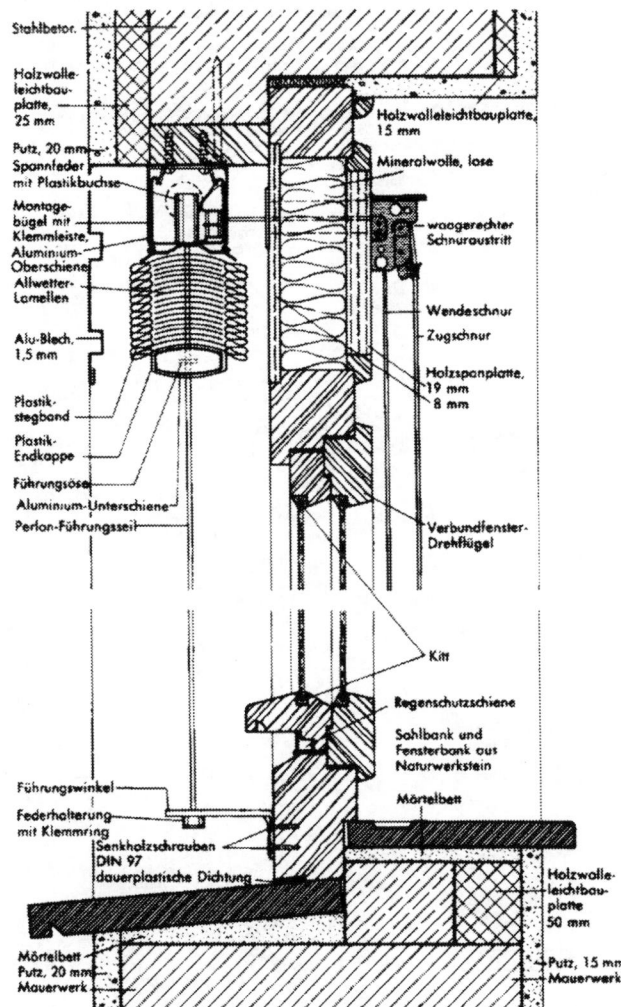

LUXAFLEX–Allwetterjalousie
Montage unter Sturz

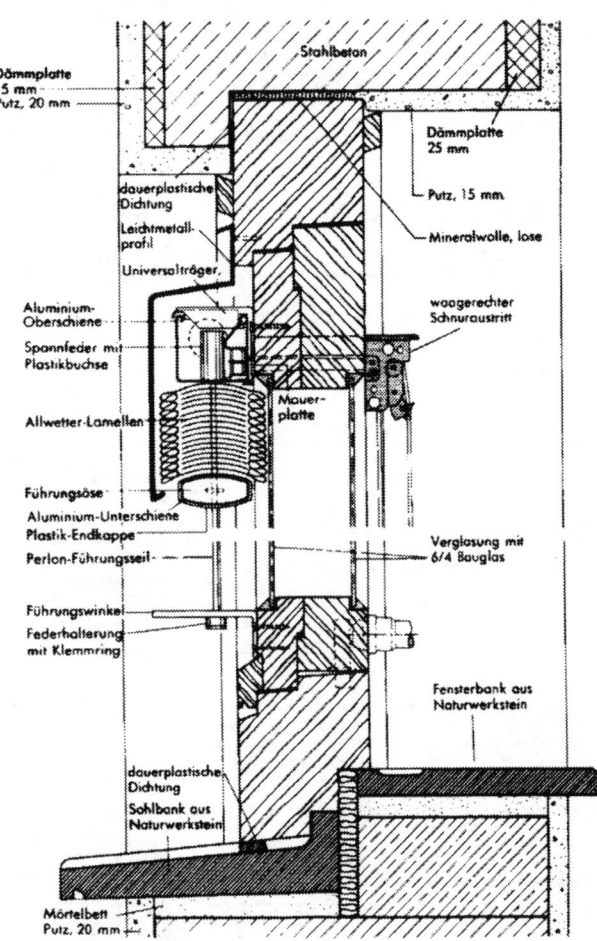

LUXAFLEX–Allwetterjalousie
Montage am Schwingflügelfenster

Jalousien

LUXAFLEX-Elektrojalousien

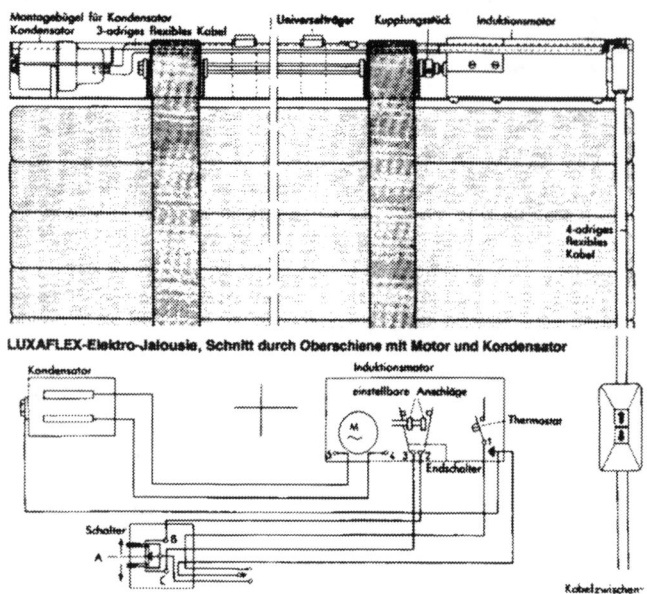

LUXAFLEX-Elektro-Jalousie, Schnitt durch Oberschiene mit Motor und Kondensator

Schaltschema

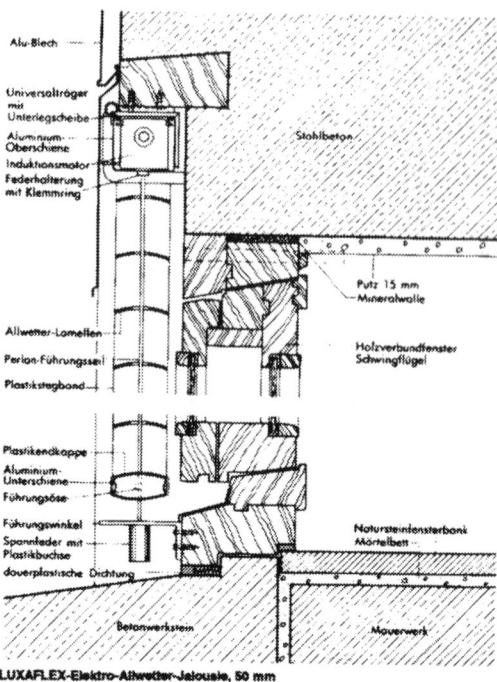

**LUXAFLEX-Elektro-Allwetter-Jalousie, 50 mm
Außenmontage im Sturz vor Holzverbundfenster**

Allgemeines
Anstelle des Getriebes mit Handkurbel tritt ein Elektro–Motor, durch den die gesamte Bedienung erfolgt, d.h. durch ein Druckknopf–System werden Heben, Senken und Wenden gesteuert. Der kleinstbemessene, geräuscharme, entstörte Elektro–Motor wird komplett von der Oberschiene aufgenommen. Elektro–Jalousien eignen sich besonders für Verwaltungs–, Geschäfts–, Krankenhäuser, Schulen und Hörsäle, da sie auch in Tandemausführung mit zwei Motoren geliefert werden.

Motor und Getriebe
Wechselstrom–Induktionsmotor mit eingebautem Reduktionsgetriebe (für Kurzbetrieb)
Stromaufnahme: bei 220 Volt 0,7 Amp.
Drehzahl: ca. 2200 U/min. bei Volllast
Drehmoment. ca. 1350 Amp. bei Netzspannung.

LUXAFLEX-Jalousie schmal

Allgemeines
Die schmalen Jalousien wurden speziell für eine Montage in Verbundfenstern entwickelt. Sie können jedoch auch wie jede andere LUXAFLEX–Innenjalousie Verwendung finden. Sie sind besonders für Blumenfenster, Glastüren und zur dekorativen Raumtrennung geeignet. Die schmalen Lamellen 25 und 35 mm werden in allen Pastellfarben wie alle LUXAFLEX–Jalousien hergestellt.

Abmessungen	25 mm Lamellen	35 mm Lamellen
Jalousiegröße	max. 9,0 m²	max 9,0 m²
Jalousiebreite	max. 3,26 m	max. 3,88 m
Endabstand der Leiterkordeln	90 – 100 mm	90 – 100 mm
Abstand zwischen den Leiterkordeln	max. 510 mm	max 610 mm
Scheibenabstand	min. 35 mm	min 45 mm

Bauteile
Anstelle von Plastik–Stegbändern werden in der schmalen Jalousie aus Gründen der Anpassung Terylene–Leiterkordeln verwendet. Zug und Wendung erfolgt bei beiden Typen mit Schnurzug. Zur Befestigung der Zugschnüre wird ein Plastik–Kordelhalter auf den Fensterrahmen geschraubt. Um die Schnüre beim Austritt aus dem Verbundfenster gegen Reibung zu schützen, ist ein Plastik–Schnuraustritt vorgesehen. Schnuraustritt und Kordelhalter können durch eine Schnurbremse ersetzt werden.

Reduktionsgetriebe
Untersetzung: 96 : 1
Drehzahl an Antriebswelle: 23 U/min.

Endschalter
Art: Momentspringschalter
Belastung: bis 2 Amp.
Reduktionsgetriebe und Endschalter bilden eine Einheit und sind besonders widerstandsfähig gegen chemische und klimatische Einwirkungen. Zwei Mikro–Endschalter verhindern ein Überdrehen des Elektromotors bei vollständig herabgelassener oder hochgezogener Jalousie. Vor Überhitzung wird der Motor duch einen Thermostaten, der bei 75°C in Aktion tritt, geschützt.

Die Bedienung
der LUXAFLEX–Elektro–Jalousie erfolgt durch einen Druckknopfschalter; entweder einen Unterputz–, Aufputz– oder

Hierbei befindet sich der Schnuraustritt bei freihängenden Jalousien an der Vorderseite der Oberschiene, bei Verbundfenstern auf dem Rahmen. Die Schnurbremse hält die Schnüre sicher fest. Die Oberschiene der 25 mm schmalen Jalousie hat eine Breite von 26 mm und eine Höhe von 18 mm. Bei der 35 mm schmalen LUXAFLEX–Jalousie betragen die Abmessungen: Breite 36 mm, Höhe 18 mm.

Montage
Für LUXAFLEX–Jalousien schmal 25 und 35 mm werden 2 Arten von Trägern verwendet, und zwar Montagebügel für Verbundfenster und Montagebügel für freihängende schmale Jalousien.

a) Träger für Verbundfenster
Die Nase dieses Bügels passt in die Nuten der Bandrollen und Endlager der 25 und 35 mm Jalousien.

b) Träger für freihängende Jalousien
Dieser Bügel wird in zwei Ausführungen für 25 und 35 mm Jalousien hergestellt. Sie sind aus Stahlblech und U–förmig mit Bohrungen zum An– und Unterschrauben. Die vordere Seite des Trägers wird mit einem "Clip" geschlossen. Der Träger umfaßt die Oberschiene und wird an den Enden der Oberschiene montiert.
Höhe A = RR – (a + b)
Breite B = RR – (2 x a) + c – (4 x 5 mm Abstand)
Tiefe C = 35 bzw. 45 mm (mind. Abstand)

einen freihängenden Kabelzwischenschalter. Diese sind Impulsschalter, d.h. bei normalem Knopfdruck erfolgt Heben, Senken und Wenden der Jalousie automatisch. Die Lamellen der Jalousie können durch leichtes Antippen des Knopfschalters in jeder beliebigen Stellung genau eingestellt werden.

Montage
Zur Montage wird der Universalträger mit Unterlegscheibe verwendet. Der kontinuierliche Kondensator 4,5 MF, 380 Volt, der zum Ändern der Drehrichtung des Motors erforderlich ist, wird normalerweise in die linke Seite der Oberschiene eingebaut.

Abmessungen
Breite: max. 10 m
Höhe: max. 5,5 m
Jalousiegröße: max. 16 m² bei einem Motor max. 30 m² bei Tandemausführung mit zwei Motoren

Anzahl der LUXAFLEX-Lamellen Type 25 mm Jalousie

Höhe A in cm	50	52	54	56	58	75	83	92	100	108	113	121	129	138	146	155	163	171	176
Lamellenanzahl	22	23	24	25	26	34	38	42	46	50	52	56	60	64	68	72	76	80	82
Höhe A in cm	184	192	201	209	218	226	234	239	247	255	264	272	281	289	291	293	295	297	300
Lamellenanzahl	86	90	94	98	102	106	110	112	116	120	124	128	132	136	137	138	139	140	141

Anzahl der LUXAFLEX-Lamellen Type 35 mm Jalousie

Höhe A in cm	50	53	56	59	68	77	86	95	104	113	116	125	134	143	152	161	170	179	182
Lamellenanzahl	16	17	18	19	22	25	28	31	34	37	38	41	44	47	50	53	56	59	60
Höhe A in cm	191	200	209	218	227	236	245	248	257	266	275	281	284	287	290	293	296	299	302
Lamellenanzahl	63	66	69	72	75	78	81	82	85	88	91	93	94	95	96	97	98	99	100

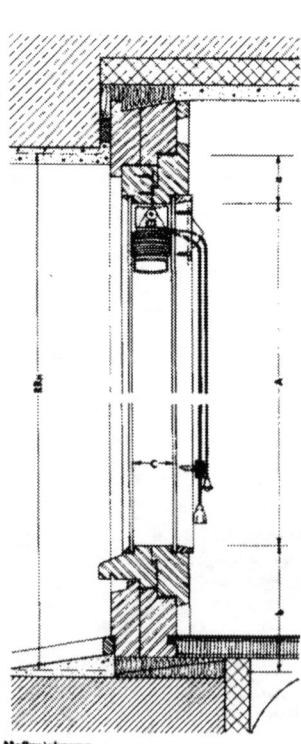

Maßzeichnung

Markisen, Roll- und Scherengitter

Markisen, Sonnenschutzblenden, Bauarten

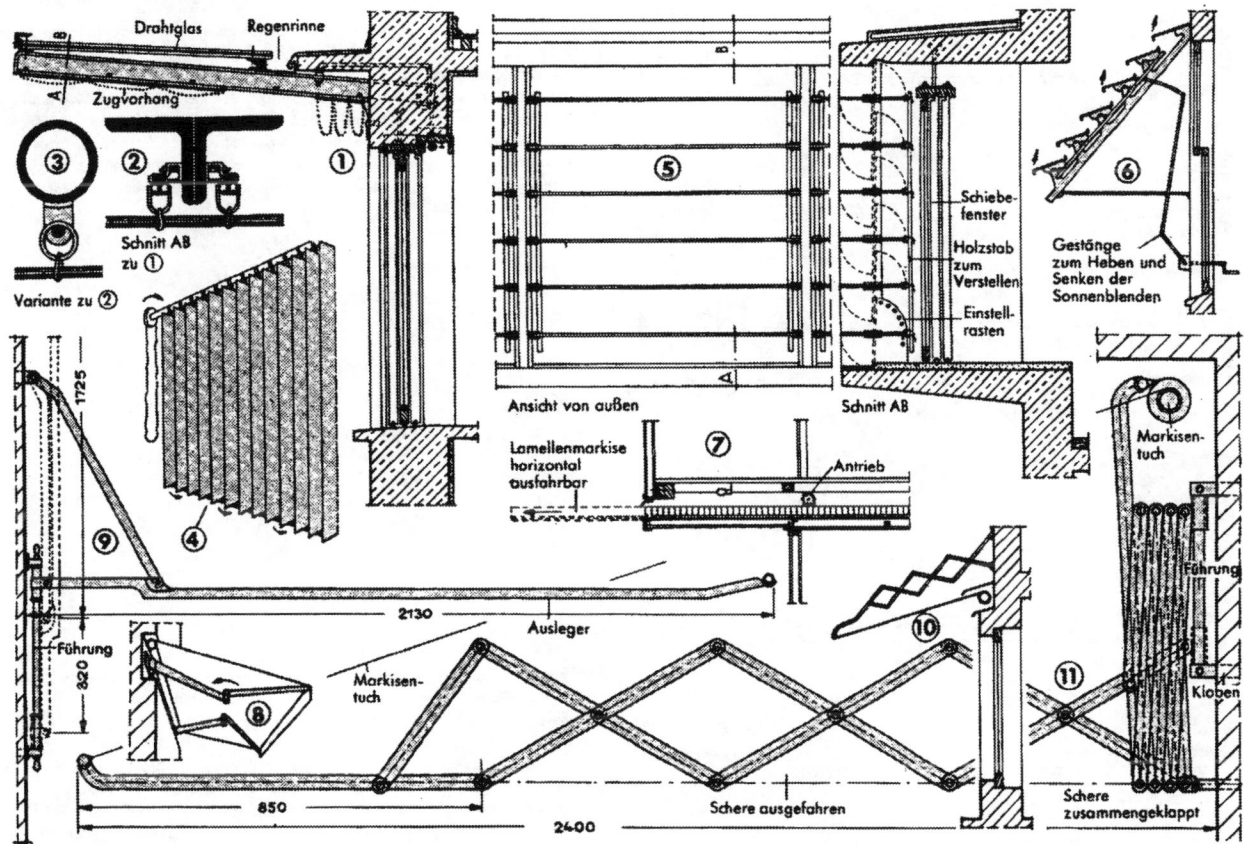

→ 1 bis 11 Sonnenschutzeinrichtungen: Zugvorhang unter verglastem Vordach → 1 bis 3; Vertikale Sonnenblenden → 4, horizontale Sonnenblenden → 5; Verstellbare Markise mit aufgesetzten verstellbaren Sonnenblenden → 6; Ausfahrbare Lamellenmarkise → 7; Horizontal → 8 oder vertikal → 9 verstellbare Markisenarme; Scherenmarkisenarme → 10, 11.

Roll- und Scherengitter, Bauarten

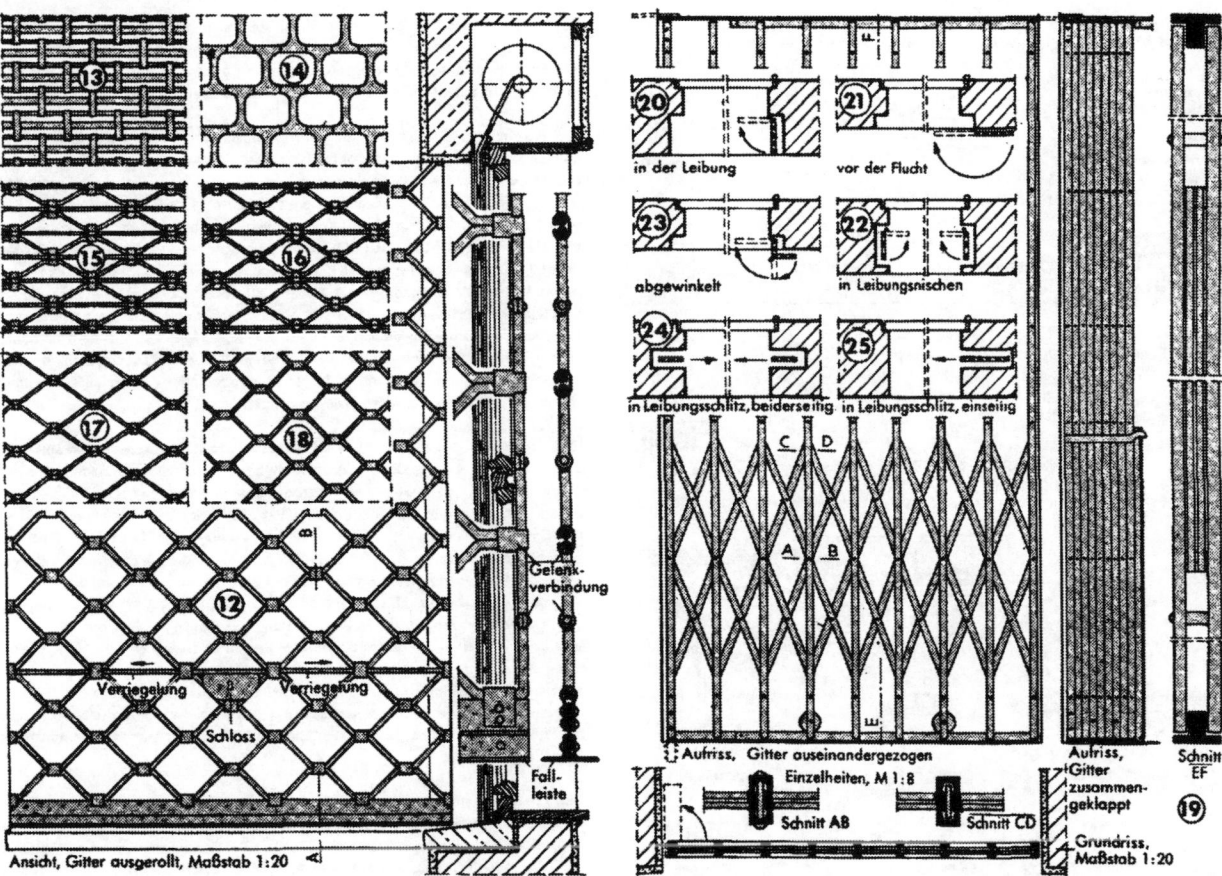

→ 12 Rollgitterverschluss für Schaufenster; → 13 bis 18 Gestaltungsmöglichkeiten für das Gitterwerk.

→ 19 Scherengitterverschluss für Türfenster; → 20 bis 25 Unterbringung der zusammengeklappten Scherengitter.

Großraumabschlüsse

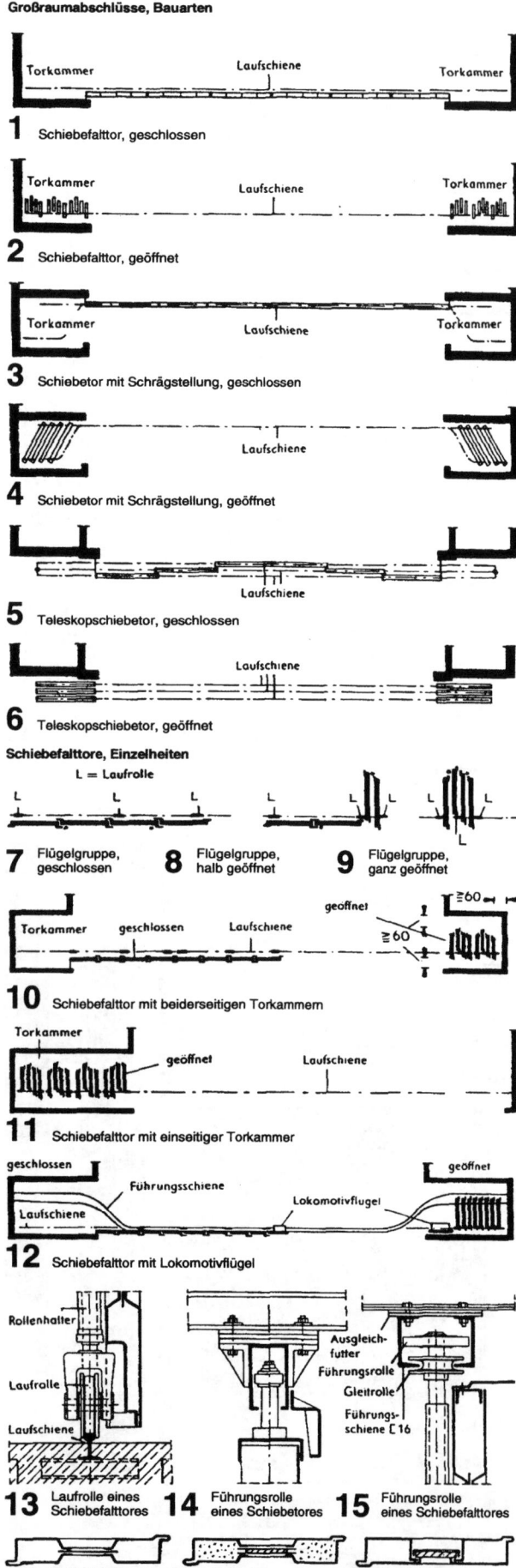

Großraumabschlüsse, Bauarten

1 Schiebefalttor, geschlossen

2 Schiebefalttor, geöffnet

3 Schiebetor mit Schrägstellung, geschlossen

4 Schiebetor mit Schrägstellung, geöffnet

5 Teleskopschiebetor, geschlossen

6 Teleskopschiebetor, geöffnet

Schiebefalttore, Einzelheiten

L = Laufrolle

7 Flügelgruppe, geschlossen

8 Flügelgruppe, halb geöffnet

9 Flügelgruppe, ganz geöffnet

10 Schiebefalttor mit beiderseitigen Torkammern

11 Schiebefalttor mit einseitiger Torkammer

12 Schiebefalttor mit Lokomotivflügel

13 Laufrolle eines Schiebefalttores

14 Führungsrolle eines Schiebetores

15 Führungsrolle eines Schiebefalttores

16 Hohlrahmen mit einfacher Füllung

17 Hohlrahmen mit doppelter Füllung

18 Hohlrahmen mit Holzfüllung

Allgemeines

Großraumabschlüsse werden für Hallen, in denen große Werkstücke hergestellt oder ausgestellt werden und besonders für Flughallen benötigt. Sie werden meist als Stahlkonstruktionen mit Blech-, Wellblech- oder Holzfüllungen ausgeführt. Ihren Größen sind praktisch nur in der Torhöhe Grenzen gesetzt. Die Profilpressen einzelner Herstellerwerke lassen Flügelhöhen bis zu 18 m zu. Es wurden schon Großraumabschlüsse bis zu 3000 m² Öffnungsgröße hergestellt. Ausführung als einwandige Konstruktion mit einseitigen Hohlrahmen, als einwandige Konstruktion mit doppelseitigen Hohlrahmen, als normale doppelwandige Konstruktion oder als Stahltor mit Holzfüllung.

Bauarten

Großraumabschlüsse werden als Schiebefalttore → 1, 2, Schiebetore mit Schrägabstellung → 3, 4 oder Teleskopschiebetore → 5, 6, seltener als Rundlauftore ausgeführt. Betrieblich am günstigsten sind die 4-flügeligen gekuppelten Schiebefalttore. Preislich am günstigsten sind die Schiebetore mit Schrägabstellung.

Schiebefalttore

Schiebefalttore werden zweckmäßig in Gruppen zu je 4 Flügeln mit Flügelbreiten bis zu etwa 2,0 m (Gruppenbreite bis zu 8,0 m) aufgeteilt. Jede Gruppe läuft mit 3 Laufrollen auf einer Bodenschiene und wird von 3 Führungsrollen in einer am Sturz liegenden Führungsschiene geführt → 7. Jede Gruppe kann unabhängig von der anderen Gruppe halb → 8 oder ganzg → 9 gefaltet (geöffnet) und in geschlossenem, halbgeöffnetem oder ganz geöffnetem Zustand nach links oder rechts verfahren werden. Diese Flügelaufteilung hat den Vorteil, dass das Tor an jeder beliebigen Stelle sehr schnell nur so weit geöffnet werden kann, wie es zum Ausfahren z.B. einzelner Flugzeuge notwendig ist. Selbst wenn einzelne Torflügel innerhalb der Torfläche z.B. durch Explosionseinwirkungen beschädigt werden, können die unbeschädigten Flügel noch geöffnet werden. Die Möglichkeit einer teilweisen Öffnung des Tores schützt außerdem beheizte Hallen gegen Wärmeverluste.

Zur Aufnahme der Torflügel sind seitliche, außerhalb der Toröffnung liegende Torkammern erforderlich, die beiderseitig → 10 oder einseitig → 11 liegen können. Die Torkammern sind so zu bemessen, dass das gesamte in der Kammer abgestellte Torpaket noch umgangen werden kann (Gangbreite ≥ 60 cm).

Als Konstruktionsträger wird ein Hohlrahmenprofil verwendet, dessen Abmessungen sich nach Höhe und Breite der Flügel richten. Die unteren Laufrollen und oberen Führungsrollen werden kugelgelagert. Die Laufrollen sind so groß zu wählen, dass ein Verschieben der einzelnen Torpakete durch eine Person möglich ist. Bis zu einer Torhöhe von 12 m ist eine Betätigung von Hand möglich, bei größeren Toren ist ein elektromechanischer Antrieb zu empfehlen, der am zweckmäßigsten in einem Lokomotiv- bzw. Führungsflügel angeordnet wird → 12. Die Antriebskraft wird mittels Kette oder Zahnräder direkt auf die Laufrollen des Lokflügels übertragen. Der Lokflügel ist so schwer auszubilden, dass die Laufrollen die beim Anlauf auftretenden Widerstände überwinden können, ohne auf der Laufschiene zu rutschen. Das erforderliche Gewicht muss nötigenfalls durch den Einbau von Zusatzgewichten erreicht werden. Das Einfalten der Torflügel in der Torkammer erfolgt durch im Sturz angeordnete Kurvenschienen und Ablenkrollen zwangsläufig.

Eine Aufhängung der Torflügel an die Hallen- bzw. Dachkonstruktion soll auf alle Fälle vermieden werden. Die Torlasten sind über die Laufrollen auf Bodenschienen zu übertragen. Die Praxis hat gezeigt, dass der obere Torsturz bei allen Hallenkonstruktionen (ganz gleich, ob aus Stahl, Stahlbeton oder Holz) besonders unter Einwirkung der Schneelast durchbiegt. Werden nun die Torflügel am Sturz oder Dachbinder aufgehängt, schleifen sie beim Durchbiegen auf dem Fußboden und sind nicht mehr zu betätigen. Bei Lagerung der Torflügel auf im Fußboden eingelassenen Laufschienen → 13 wird die Hallen- bzw. Dachkonstruktion entlastet. Die Durchbiegung des Sturzes bzw. Dachbinders wird in der oberen Führung ausgeglichen. Über der Führungsrolle sind dafür je nach Torgröße bis zu 150 mm Spielraum zu lassen → 14, 15. Eine evtl. Überhöhung des Sturzes bzw. Dachbinders ist auszugleichen. Um ein Kippen der einzelnen Torgruppen in gefaltetem Zustand zu vermeiden, sind unterhalb der Führungsrollen Gleitrollen (Führungsschlitten) anzuordnen, welche die unteren Schenkel der Führungsbahn umfassen → 15. Die Gleitrollen sind parallel zur senkrechten Torachse beweglich.

Die Türfüllungen werden normal einwandig mit 2 mm dicken Stahlblechen → 16 ausgeführt (Torgewicht 45 bis 80 kg/m²). Bei besonderen Anforderungen (z.B. beheizten Hallen) kommen doppelwandige Füllungen → 17 mit einer zwischen 2 Stahlblechen liegenden Dämmschicht zur Anwendung (Torgewicht 55 bis 90 kg/m²). Statt der Füllungen aus Stahlblech können auch Füllungen aus Holz, Holzfaserplatten, Faserzementtafeln usw. → 18 verwendet werden (Torgewicht 40 bis 60 kg/m²).

Großraumabschlüsse

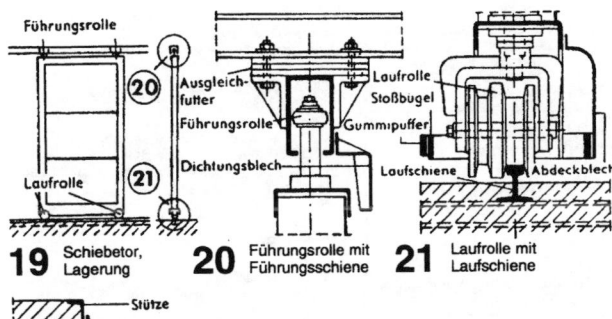

19 Schiebetor, Lagerung   **20** Führungsrolle mit Führungsschiene   **21** Laufrolle mit Laufschiene

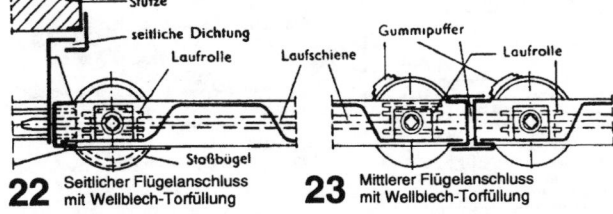

22 Seitlicher Flügelanschluss mit Wellblech-Torfüllung   **23** Mittlerer Flügelanschluss mit Wellblech-Torfüllung

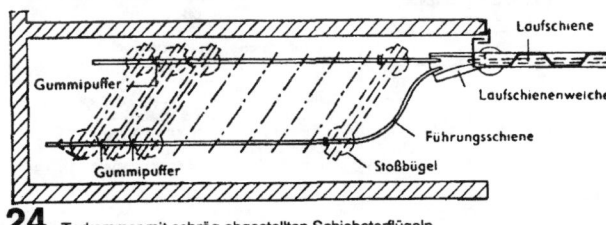

24 Torkammer mit schräg abgestellten Schiebetorflügeln

Hohlkammerprofile für Stahltore, Maße in mm

Profilbe-zeichnung	Querschnitt	Breite	Blech-dicke	Gewicht (kg/m)		
				stumpf	Anschlag	Pendel
H 30e		100	1,5	3,41	3,60	3,41
R 30e		100	2	5,02	–	–
H 40e		100	2	5,02	5,34	5,02
R 40e		100	2	5,66	–	–
H 50e		125	2,5	7,85	8,35	7,85
H 50d		125	2,5	7,38	7,85	7,38
R 50e		125	2,5	8,84	–	–
R 50d		125	2,5	7,85	–	–
H 65e		125	3	10,48	11,25	–
H 65d		125	3	9,90	10,65	–
R 65e		125	3	12,00	–	–
R 65d		125	3	10,82	–	–
H 80e		150	3	12,71	13,68	–
H 80d		150	3	12,12	13,08	–
R 80e		150	3	14,60	–	–
R 80d		150	3	13,41	–	–
H 100e		150	3	14,15	15,30	–
H 100d		150	3	13,52	14,70	–
R 100e		150	3	16,48	–	–
R 100d		150	3	15,31	–	–
H 120e		150	3	15,52	16,95	–
H 120d		150	3	15,02	16,45	–
R 120e		150	3	18,38	–	–
R 120d		150	3	17,19	–	–
H 140e		200	4	25,75	27,90	–
R 140e		200	4	30,12	–	–
H 160e		200	4	27,60	30,10	–
R 160e		200	4	32,65	–	–

25 Maße, Gewichte und Widerstandsmomente der Hohlrahmenprofile für Stahltore. Die Profile einzelner Firmen weichen von den Werten der Tafel etwas ab.

Schiebetore für Schrägabstellung

Schiebetore mit Schrägabstellung lassen sich nicht so variabel wie Schiebefalttore öffnen. Die Flügel sind an allen vier Ecken gehalten, sie ruhen mit 2 Laufrollen auf einer unteren Laufschiene und werden mit 2 Führungsrollen in einer oberen Führungsschiene geführt → **19, 20, 21**. Eine diagonale Beanspruchung der Torflügel (wie bei den Schiebefalttoren) erfolgt deshalb nicht. Die Konstruktion der Torflügel kann wesentlich leichter als bei Falttoren gehalten werden, die Torflügel können breiter als bei Falttoren sein (bis etwa 5,0 m). Auf die bei Schiebefalttoren üblichen Hohlrahmen als Torträger kann verzichtet werden. Es genügen Flügelrahmen aus [-Profilen, die aus 3–4 mm dicken Stahlblechen gepresst werden und mit Füllungsblechen in der Art der Wellbleche gefüllt werden → **20, 21, 22, 23**. In die einzelnen Wellen der Füllungsbleche können bei hohen Flügeln zur Aussteifung Stahlrohre eingeschweißt werden. Da Großhallen oft eine äußere Wellblech- oder Wellfaserzement-Bekleidung erhalten, wird diese Torbauart auch architekonischen Wünschen weitgehend gerecht.

Der Werkstoffbedarf und das Flügelgewicht solcher Konstruktionen liegt um 35 bis 40 % unter dem für Falttore (= ca. 30 bis 55 kg/m²).

Die Torflügel werden über eine Weiche in die Torkammer eingefahren und schräg abgestellt → **24**. Ihr Abstand wird durch Gummipuffer eingehalten. Infolge ihres einfachen Aufbaues, des einfachen Laufmechanismus mit nur je einer Lauf- und Führungsschiene und des Vermeidens jeder exzentrischen Belastung wird diese Torbauart neben den betriebstechnisch günstigeren Schiebefalttor verwendet. Die Bedienung erfolgt von Hand, kann aber auch maschinell mit Seilzug oder Lokflügel vorgenommen werden.

Teleskop-Schiebetore

Die ersten Großraumabschlüsse wurden als Teleskop-Schiebetore ausgeführt. Ihre Konstruktion kann mit Hohlrahmen und Füllungen nach → **16 bis 18**, aber auch in der Wellblech-Leichtkonstruktion nach → **22, 23** erfolgen. Die Lagerung der Torflügel erfolgt mit je 2 Laufrollen auf Bodenschienen und je 2 Führungsrollen in am Sturz liegenden Führungsschienen. Die Flügelbreite richtet sich nach der Flügelkonstruktion und beträgt bei Verwendung von Hohlrahmenträgern bis zu 5 m. Die Anzahl der erf. Lauf- und Führungsschienen richtet sich nach der Tiefe der Torkammern. In der Regel ist die Torkammer-Nutztiefe gleich der Flügelbreite, also bis zu 5 m. Bei beiderseitigen Torkammern sind demnach je 10 m Torbreite eine Lauf- und Führungsschiene notwendig. Dies hat zur Folge, dass besonders bei breiten Toren mehrere Lauf- und Führungsschienen notwendig sind und die Torflügel nicht in einer Ebene liegen. Es entsteht auch ein recht großer Aufwand an Schwellen, Sturzkonstruktionen usw. Teleskop-Schiebetore werden deshalb als Großraumabschlüsse heute nur noch bei Torbreiten bis zu 40 m verwendet.
Die Bedienung der Teleskop-Schiebetore erfolgt meist von Hand, vereinzelt auch mechanisch durch elektrischen Seilzug oder Lokflügel.

Dichtung

Besondere Maßnahmen erfordert die Dichtung der Großraumabschlüsse. Da die Torflügel oft in beachtlichem Abstand vor oder hinter der Hallenkonstruktion laufen, sind auf die seitliche, obere und untere Dichtung besonders zu achten. Sie erfolgt durch Gummiplatten, Haarbürsten (am Fußboden), Blechprofile usw.

Werte für übliche Hohlrahmenprofile → **25**. Mit ihnen ergeben sich für Schiebefalttore die folgenden Flügelabmessungen:

Flügelhöhe	Flügelbreite	Hohlrahmenprofil	Blechdicke (mm)	
mm	mm	mm	Hohlrahmen	Füllung
bis 4500	bis 1500	H 40/100	2	2
über 4500 bis 5500	bis 1700	H 50/125	2,5	2
über 5500 bis 7500	bis 1800	H 65/125	3	2
über 7500 bis 9000	bis 1900	H 80/150	3	2
über 9000 bis 10000	bis 2000	H 100/150	3	2
über 10000 bis 11000	bis 2000	H 120/150	3	2
über 11000 bis 12000	bis 2000	H 140/200	4	2

Bezeichnung

Stahltüren und -tore müssen genau und eindeutig bezeichnet werden. Zu ihrer Bezeichnung und Bestellung sind anzugeben:
Größe der Rohbauöffnung, Breite (lichtes Mauermaß) x Höhe (Oberkante Fußboden bis Unterkante, Sturz), Anschlagsart;
Türart und Öffnungsart (nach DIN 107);
Zargenausbildung (Winkelstahl-, Winkelwulststahl-, Profilstahlzarge, gepresste Umfassungs- oder Eckzarge; vgl. DIN 18111.
Dicke der Wände (unverputzt und verputzt);
Dichtungen und Regenabdeckungen (bei Schiebetoren);
bei Schiebetüren die Sturzausbildung und die Anbringungsmöglichkeit der Führungsschienen bzw. Laufschienen, auch über die Türöffnung hinaus (auf seitliche Fensterflächen achten!);
Pfosten- und Sturzquerschnitte bei Anschlag an Stahlkonstruktionen, Pfeilerbreite bei mehreren nebeneinanderliegenden Toren;
Türbauart;
Schlossart und Sonderbeschläge, soweit sie von dem normalen Beschlag abweichen (wie Türschließer, Feststeller, Luftschlitze, Sicherheitsschlösser usw.).

Wandbauarten nach ökologischen Gesichtspunkten (nach Lit. 029)

Tragende Innenwände

Kalksandstein – Sichtmauerwerk		Dicke [cm]	Masse [kg/m²]	Nutzungs-dauer [a]	Treibhauseffekt [g CO₂/m² a]	Versäuerung [g SO₂/m² a]
a	Kalksandstein-Mauerwerk	12,0	172,0	80	164	0,55
b	verlängerter Mörtel MG II		43,2	80	90	0,28
	Total		215		254	0,82

Technische Daten
Luftschalldämmmaß R'_w [dB] **45**

Ökologische Gesamtbeurteilung
Kleiner Treibhauseffekt.
Kleine Versäuerung.
Bei guter technischer Gestaltung lange Lebensdauer der Oberflächen.
Kleines Schadenpotential bei unsorgfältiger Detailplanung.
Kleines Schadenpotential bei unsorgfältiger Ausführung.
Kleiner Entsorgungsaufwand.

Lochziegel-Mauerwerk, verputzt		Dicke [cm]	Masse [kg/m²]	Nutzungs-dauer [a]	Treibhauseffekt [g CO₂/m² a]	Versäuerung [g SO₂/m² a]
a	Einschicht – Gipsputz	1,0	10,0	40	26	0,23
b	Lochziegel-Mauerwerk	12,5	115,0	80	324	1,16
c	verlängerter Mörtel MG II		41,0	80	85	0,26
d	Einschicht – Gipsputz	1,0	10,0	40	26	0,23
	Total		176		462	1,88

Technische Daten
Luftschalldämmmaß R'_w [dB] **46**

Ökologische Gesamtbeurteilung
Kleiner Treibhauseffekt. Kleine Versäuerung.
Bei guter technischer Gestaltung lange Lebensdauer der Oberflächen.
Kleines Schadenpotential bei unsorgfältiger Detailplanung.
Kleines Schadenpotential bei unsorgfältiger Ausführung.
Kleiner Entsorgungsaufwand.

Vollziegel-Mauerwerk beidseitig verputzt		Dicke [cm]	Masse [kg/m²]	Nutzungs-dauer [a]	Treibhauseffekt [g CO₂/m² a]	Versäuerung [g SO₂/m² a]
a	konventioneller Innenputz	1,5	22,5	40	102	0,34
b	Vollziegel-Mauerwerk	20,0	246,0	80	693	2,49
c	verlängerter Mörtel MG II		88,0	80	183	0,56
d	konventioneller Innenputz	1,5	22,5	40	102	0,34
	Total		379		1081	3,74

Technische Daten
Luftschalldämmmaß R'_w [dB] **55**

Ökologische Gesamtbeurteilung
Großer Treibhauseffekt.
Mittlere Versäuerung.
Bei guter technischer Gestaltung lange Lebensdauer der Oberflächen.
Kleines Schadenpotential bei unsorgfältiger Detailplanung.
Kleines Schadenpotential bei unsorgfältiger Ausführung.
Kleiner Entsorgungsaufwand.

Sichtbeton		Dicke [cm]	Masse [kg/m²]	Nutzungs-dauer [a]	Treibhauseffekt [g CO₂/m² a]	Versäuerung [g SO₂/m² a]
a	Beton PC300	20,0	480,0	80	741	2,43
b	Bewehrungsstahl		12,0	80	71	0,27
	Total		492		812	2,69

Technische Daten
Luftschalldämmmaß R'_w [dB] **> 60**

Ökologische Gesamtbeurteilung
Mittlerer Treibhauseffekt.
Mittlere Versäuerung.
Bei guter technischer Gestaltung lange Lebensdauer der Oberflächen.
Kleines Schadenpotential bei unsorgfältiger Detailplanung.
Kleines Schadenpotential bei unsorgfältiger Ausführung.
Kleiner Entsorgungsaufwand.

Porenbeton beidseitig verputzt		Dicke [cm]	Masse [kg/m²]	Nutzungs-dauer [a]	Treibhauseffekt [g CO₂/m² a]	Versäuerung [g SO₂/m² a]
a	Einschicht – Gipsputz	1,0	10,0	40	26	0,23
b	Porenbeton	15,0	120,0	80	667	2,00
c	Dünnbettmörtel	1,0	2,3	80	12	0,03
d	Einschicht – Gipsputz	1,0	10,0	40	26	0,23
	Total		142		731	2,48

Technische Daten
Luftschalldämmmaß R'_w [dB] **> 46**

Ökologische Gesamtbeurteilung
Mittlerer Treibhauseffekt.
Mittlere Versäuerung.
Bei guter technischer Gestaltung lange Lebensdauer der Oberflächen.
Kleines Schadenpotential bei unsorgfältiger Detailplanung.
Kleines Schadenpotential bei unsorgfältiger Ausführung.
Kleiner Entsorgungsaufwand.

Ziegelmauerwerk zweischalig mit Glaswolle, beidseitig verputzt		Dicke [cm]	Masse [kg/m²]	Nutzungs-dauer [a]	Treibhauseffekt [g CO₂/m² a]	Versäuerung [g SO₂/m² a]
a	Einschicht – Gipsputz	1,0	10,0	40	26	0,23
b	Ziegelmauerwerk	15,0	137,0	80	386	1,39
c	verlängerter Mörtel MG II		48,6	80	101	0,31
d	Glaswolle	4,0	1,3	80	26	0,20
e	Ziegelmauerwerk	15,0	137,0	80	386	1,39
f	verlängerter Mörtel MG II		48,6	80	101	0,31
g	Einschicht – Gipsputz	1,0	10,0	40	26	0,23
	Total		393		1054	4,04

Technische Daten
Luftschalldämmmaß R'_w [dB] **58**

Ökologische Gesamtbeurteilung
Großer Treibhauseffekt.
Große Versäuerung.
Bei guter technischer Gestaltung lange Lebensdauer der Oberflächen.
Kleines Schadenpotential bei unsorgfältiger Detailplanung.
Mittleres Schadenpotential bei unsorgfältiger Ausführung.
Kleiner Entsorgungsaufwand.

Kalksandstein-Mauerwerk zweischalig mit Glaswolle, Schlämmputz		Dicke [cm]	Masse [kg/m²]	Nutzungs-dauer [a]	Treibhauseffekt [g CO₂/m² a]	Versäuerung [g SO₂/m² a]
a	Kalkputz	0,5	7,0	40	47	0,12
b	Kalksandstein-Mauerwerk	15,0	203,0	80	194	0,65
c	verlängerter Mörtel MG II		52,0	80	108	0,33
d	Glaswolle	4,0	1,3	80	26	0,20
e	Kalksandstein-Mauerwerk	15,0	203,0	80	194	0,65
f	verlängerter Mörtel MG II		52,0	80	108	0,33
g	Kalkputz	0,5	7,0	40	47	0,12
	Total		525		725	2,39

Technische Daten
Luftschalldämmmaß R'_w [dB] **> 60**

Ökologische Gesamtbeurteilung
Mittlerer Treibhauseffekt.
Mittlere Versäuerung.
Bei guter technischer Gestaltung lange Lebensdauer der Oberflächen.
Kleines Schadenpotential bei unsorgfältiger Detailplanung.
Großes Schadenpotential bei unsorgfältiger Ausführung.
Kleiner Entsorgungsaufwand.

Wandbauarten nach ökologischen Gesichtspunkten (nach Lit. 029)

Nichttragende Innenwände

Vollgipsplatten		Dicke [cm]	Masse [kg/m²]	Nutzungs-dauer [a]	Treibhauseffekt [g CO₂/m² a]	Versäuerung [g SO₂/m² a]
	a Gipsmörtel/Kleber	0,1	1,0	40	3	0,02
	b Gipsplatte	10,0	100,0	40	647	4,18
	c Gipsmörtel/Kleber	0,1	1,0	40	3	0,02
	Total		102		653	4,23

Technische Daten
Luftschalldämmmaß R'_w [dB] 40

Ökologische Gesamtbeurteilung
Mittlerer Treibhauseffekt.
Mittlere Versäuerung.
Bei guter technischer Gestaltung lange Lebensdauer der Oberflächen.
Mittleres Schadenpotential bei unsorgfältiger Detailplanung.
Mittleres Schadenpotential bei unsorgfältiger Ausführung.
Kleiner Entsorgungsaufwand.

Trennwand nichttragend Ziegelmauerwerk verputzt		Dicke [cm]	Masse [kg/m²]	Nutzungs-dauer [a]	Treibhauseffekt [g CO₂/m² a]	Versäuerung [g SO₂/m² a]
	a Einschicht – Gipsputz	1,0	10,0	40	26	0,23
	b Ziegelmauerwerk	12,5	115,0	40	648	2,33
	c verlängerter Mörtel MG II		41,0	40	171	0,52
	d Einschicht – Gipsputz	1,0	10,0	40	26	0,23
	Total		176		872	3,30

Technische Daten
Luftschalldämmmaß R'_w [dB] 46

Ökologische Gesamtbeurteilung
Großer Treibhauseffekt.
Kleine Versäuerung.
Bei guter technischer Gestaltung lange Lebensdauer der Oberflächen.
Kleines Schadenpotential bei unsorgfältiger Detailplanung.
Kleines Schadenpotential bei unsorgfältiger Ausführung.
Kleiner Entsorgungsaufwand.

Holzständerwand mit Steinwolle, Gipskartonbeplankung		Dicke [cm]	Masse [kg/m²]	Nutzungs-dauer [a]	Treibhauseffekt [g CO₂/m² a]	Versäuerung [g SO₂/m² a]
	a Gipskartonplatten CO2n	2,5	22,5	40	199	1,10
	b Steinwolle	4,0	2,4	40	63	0,25
	c Bretter / Latten CO2n		4,0	40	27	0,15
	d Gipskartonplatten CO2n	2,5	22,5	40	199	1,10
	Total		51		487	2,60

Technische Daten
Luftschalldämmmaß R'_w [dB] 45

Ökologische Gesamtbeurteilung
Kleiner Treibhauseffekt.
Kleine Versäuerung.
Bei guter technischer Gestaltung lange Lebensdauer der Oberflächen.
Kleines Schadenpotential bei unsorgfältiger Detailplanung.
Kleines Schadenpotential bei unsorgfältiger Ausführung.
Großer Entsorgungsaufwand.

Metallständerwand mit Glaswolle, Gipskartonbeplankung		Dicke [cm]	Masse [kg/m²]	Nutzungs-dauer [a]	Treibhauseffekt [g CO₂/m² a]	Versäuerung [g SO₂/m² a]
	a Gipskartonplatten CO2n	2,5	22,5	40	199	1,10
	b Glaswolle	4,0	1,3	40	52	0,40
	c Stahlblech verzinkt		2,4	40	245	1,25
	d Gipskartonplatten CO2n	2,5	22,5	40	199	1,10
	Total		49		694	3,84

Technische Daten
Luftschalldämmmaß R'_w [dB] 51

Ökologische Gesamtbeurteilung
Mittlerer Treibhauseffekt.
Mittlere Versäuerung.
Bei guter technischer Gestaltung lange Lebensdauer der Oberflächen.
Kleines Schadenpotential bei unsorgfältiger Detailplanung.
Kleines Schadenpotential bei unsorgfältiger Ausführung.
Großer Entsorgungsaufwand.

Metallständerwand mit Steinwolle, Beplankung Vollgipsplatten		Dicke [cm]	Masse [kg/m²]	Nutzungs-dauer [a]	Treibhauseffekt [g CO₂/m² a]	Versäuerung [g SO₂/m² a]
	a Gipsplatte	2,5	25,0	40	162	1,04
	b Steinwolle	4,0	2,4	40	63	0,25
	c Stahlblech verzinkt		2,4	40	245	1,25
	d Gipsplatte	2,5	25,0	40	162	1,04
	Total		55		631	3,60

Technische Daten
Luftschalldämmmaß R'_w [dB] 50

Ökologische Gesamtbeurteilung
Mittlerer Treibhauseffekt.
Mittlere Versäuerung.
Bei guter technischer Gestaltung lange Lebensdauer der Oberflächen.
Kleines Schadenpotential bei unsorgfältiger Detailplanung.
Kleines Schadenpotential bei unsorgfältiger Ausführung.
Kleiner Entsorgungsaufwand.

Doppel-Metallständer mit Glaswolle, Gipskartonbeplankung		Dicke [cm]	Masse [kg/m²]	Nutzungs-dauer [a]	Treibhauseffekt [g CO₂/m² a]	Versäuerung [g SO₂/m² a]
	a Gipskartonplatten CO2n	2,5	22,5	40	199	1,10
	b Glaswolle	4,0	1,3	40	52	0,40
	c Stahlblech verzinkt		4,8	40	489	2,51
	d Gipskartonplatten CO2n	2,5	22,5	40	199	1,10
	Total		51		939	5,09

Technische Daten
Luftschalldämmmaß R'_w [dB] 55

Ökologische Gesamtbeurteilung
Großer Treibhauseffekt.
Große Versäuerung.
Bei guter technischer Gestaltung mittlere Lebensdauer der Oberflächen.
Kleines Schadenpotential bei unsorgfältiger Detailplanung.
Kleines Schadenpotential bei unsorgfältiger Ausführung.
Großer Entsorgungsaufwand.

Schalldämmung nach DIN 4109, Beiblatt 1

2 Luftschalldämmung in Gebäuden in Massivbauart; Trennende Bauteile

2.1 Allgemeines

Die Luftschalldämmung von trennenden Innenbauteilen hängt nicht nur von deren Ausbildung selbst ab, sondern auch von der der flankierenden Bauteile. Die in den Tabellen 1, 5, 8, 9, 10, 12 und 19 angegebenen Rechenwerte sind auf mittlere Flankenübertragungs–Verhältnisse bezogen, wobei die mittlere flächenbezogene Masse der flankierenden Bauteile mit etwa 300 kg/m² angenommen wird.

Für andere mittlere flächenbezogene Massen der flankierenden Bauteile sind Korrekturen anzubringen.

In den Tabellen 1, 5, 6, 8, 9 und 10 werden Rechenwerte des bewerteten Schalldämm–Maßes $R'_{w,R}$ für verschiedene Wandausführungen angegeben.

Ausführungsbeispiele für trennende und flankierende Bauteile mit einem Schalldämm–Maß $R'_{w,R} \geq 55$ dB enthält Tabelle 35.

2.2 Einschalige biegesteife Wände

2.2.1 Abhängigkeit des bewerteten Schalldämm–Maßes $R'_{w,R}$ von der flächenbezogenen Masse des trennenden Bauteils

Für einschalige, biegesteife Wände enthält Tabelle 1 Rechenwerte des bewerteten Schalldämm–Maßes $R'_{w,R}$ in Abhängigkeit von der flächenbezogenen Masse der Wand. Zwischenwerte sind gradlinig zu interpolieren und auf ganze dB zu runden. Wände mit unmittelbar aufgebrachtem Putz nach DIN 18550 Teil 1 oder mit Beschichtungen gelten als einschalig (siehe jedoch Abschnitt 2.2.4).

Voraussetzung für den in Tabelle 1 angegebenen Zusammenhang zwischen Luftschalldämmung und flächenbezogener Masse einschaliger Wände ist ein geschlossenes Gefüge und ein fugendichter Aufbau. Ist diese Voraussetzung nicht erfüllt, sind die Wände zumindest einseitig durch einen vollflächig haftenden Putz bzw. durch eine entsprechende Beschichtung gegen unmittelbaren Schalldurchgang abzudichten.

2.2.2 Ermittlung der flächenbezogenen Masse

Die flächenbezogene Masse der Wand ergibt sich aus der Dicke der Wand und deren Rohdichte, gegebenenfalls mit Zuschlag für ein– oder beidseitigen Putz. In den Abschnitten 2.2.2.1 und 2.2.2.2 enthalten Angaben sind für die Berechnung der Rohdichte von biegesteifen Wänden sowie für die Zuschläge von Putz anzuwenden.

2.2.2.1 Wandrohdichte

Die Rohdichte gemauerter Wände verschiedener Stein–/Plattenrohdichteklassen mit zwei Arten von Mauermörteln ist der Tabelle 3 zu entnehmen.

Zur Ermittlung der flächenbezogenen Masse von fugenlosen Wänden und von Wänden aus geschosshohen Platten ist bei unbewehrtem Beton und Stahlbeton aus Normalbeton mit einer Rohdichte von 2300 kg/m³ zu rechnen. Bei Wänden aus Leichtbeton und Gasbeton sowie bei Wänden aus im Dünnbettmörtel verlegten Plansteinen und –platten ist die Rohdichte nach Tabelle 2 abzumindern.

2.2.2.2 Wandputz

Für die flächenbezogene Masse von Putz sind die Werte nach Tabelle 4 einzusetzen.

Tabelle 4: Flächenbezogene Masse von Wandputz

Spalte	1	2	3
		Flächenbezogene Masse von	
Zeile	Putzdicke	Kalkgipsputz, Gipsputz	Kalkputz, Kalkzementputz, Zementputz
	mm	kg/m²	kg/m²
1	10	10	18
2	15	15	25
3	20	–	30

2.2.3 Ausführungsbeispiele für einschalige, biegesteife Wände aus genormten Steinen und Platten

In Tabelle 5 sind Ausführungsbeispiele für einschalige, biegesteife Wände angegeben, die für den jeweiligen Verwendungszweck erforderliche bewertete Schalldämm–Maß erf. R'_w nach DIN 4109, Tabelle 3, aufweisen, und zwar für
– gemauerte Wände nach DIN 1053 Teil 1 und DIN 1053 Teil 2,
– Wände nach DIN 4103 Teil 1 aus Mauersteinen oder Bauplatten,

hergestellt nach Tabelle 3, Spalte 2, mit Normalmörtel und ausgeführt
– als beiderseitiges Sichtmauerwerk [1],
– mit beiderseitigem 10 mm dicken Gips– oder Kalkgipsputz (P IV),
– mit beiderseitigem 15 mm dicken Kalk–, Kalkzement– oder Zementputz (P I, P II, P III).

[1] Erforderlichenfalls ist die notwendige akustische Dichtheit durch einen geeigneten Anstrich sicherzustellen.

Tabelle 1: Bewertetes Schalldämm–Maß $R'_{w,R}$ [1] [2] von einschaligen, biegesteifen Wänden und Decken (Rechenwerte)

Spalte	1	2
Zeile	Flächenbezogene Masse m'	Bewertetes Schalldämm–Maß $R'_{w,R}$
	kg/m²	dB
1	85 [3]	34
2	90 [3]	35
3	95 [3]	36
4	105 [3]	37
5	115 [3]	38
6	125 [3]	39
7	135	40
8	150	41
9	160	42
10	175	43
11	190	44
12	210	45
13	230	46
14	250	47
15	270	48
16	295	49
17	320	50
18	350	51
19	380	52
20	410	53
21	450	54
22	490	55
23	530	56
24	580	57
25 [4]	630	58
26 [4]	680	59
27 [4]	740	60
28 [4]	810	61
29 [4]	880	62
30 [4]	960	63
31 [4]	1040	64

[1] Gültig für flankierende Bauteile mit einer mittleren flächenbezogenen Masse $m'_{L,Mittel}$ von etwa 300 kg/m². Weitere Bedingungen für die Gültigkeit der Tabelle 1 siehe Abschnitt 3.1

[2] Messergebnisse haben gezeigt, dass bei verputzten Wänden aus dampfgehärtetem Gasbeton und Leichtbeton mit Blähtonzuschlag mit Steinrohdichte ≤ 0,8 kg/dm³ bei einer flächenbezogenen Masse bis 250 kg/m² das bewertete Schalldämm–Maß $R'_{w,R}$ um 2 dB höher angesetzt werden kann. Das gilt auch für zweischaliges Mauerwerk, sofern die flächenbezogene Masse der Einzelschale $m' \leq 250$ kg/m² beträgt.

[3] Sofern Wände aus Gips–Wandbauplatten nach DIN 4103 Teil 2 ausgeführt und am Rand ringsum mit 2 mm bis 4 mm dicken Streifen aus Bitumenfilz eingebaut werden, darf das bewertete Schalldämm–Maß $R'_{w,R}$ um 2 dB höher angesetzt werden.

[4] Diese Werte gelten nur für die Ermittlung des Schalldämm–Maßes zweischaliger Wände aus biegesteifen Schalen nach Abschnitt 2.3.2.

Tabelle 2: Abminderung

Spalte	1	2	3
Zeile	Rohdichteklasse	Rohdichte	Abminderung
1	> 1,0	> 1000 kg/m³	100 kg/m³
2	≤ 1,0	≤ 1000 kg/m³	50 kg/m³

Tabelle 5 gilt nicht für Wände, die mit Leichtmauermörtel oder in Dünnbettmörtel gemauert sind, mit anderen Putzdicken, einseitigem Putz oder mit Leichtmörtel als Putz, sowie für fugenlose Wände aus geschosshohen Platten aus Normal–, Leicht– oder Gasbeton. Die flächenbezogene Masse in diesen Fällen ist nach Abschnitt 2.2.2 zu ermitteln. Über die Auswirkung von angesetztem Wand–Trockenputz aus Gipskartonplatten nach DIN 18180 siehe Beiblatt 2 zu DIN 4109, Abschnitt 1.3.3.

2.2.4 Einfluss zusätzlich angebrachter Bau– und Dämmplatten

Werden z.B. aus Gründen der Wärmedämmung an einschalige, biegesteife Wände Dämmplatten hoher dynamischer Steifigkeit (z.B. Holzwolle–Leichtbauplatten oder harte Schaumkunststoffplatten) vollflächig oder punktweise angeklebt oder anbetoniert, so verschlechtert sich die Schalldämmung, wenn die Dämmplatten durch Putz, Bauplatten (z.B. Gipskartonplatten) oder Fliesen abgedeckt werden. Die Werte von Tabelle 1 und Tabelle 5 gelten nicht für Wände mit derartigen Bekleidungen. Statt dessen sind die Ausführungen nach Tabelle 7 zu wählen. Für Holzwolle–Leichtbauplatten und Mehrschicht–Leichtbauplatten nach DIN 1101 kann der vorgenannte Nachteil vermieden werden, wenn diese Platten an einschalige, biegesteife Wände – wie in DIN 1102 beschrieben – angedübelt und verputzt werden.

Tabelle 3: Wandrohdichten einschaliger, biegesteifer Wände aus Steinen und Platten (Rechenwerte)

Spalte	1	2	3
		Wandrohdichte [2] [3] ρ_w	
Zeile	Stein–/Plattenrohdichte [1] ρ_N	Normalmörtel	Leichtmörtel (Rohdichte ≤ 1000 kg/m³)
	kg/m³	kg/m³	kg/m³
1	2200	2080	1940
2	2000	1900	1770
3	1800	1720	1600
4	1600	1540	1420
5	1400	1360	1260
6	1200	1180	1090
7	1000	1000	950
8	900	910	860
9	800	820	770
10	700	730	680
11	600	640	590
12	500	550	500
13	400	460	410

[1] Werden Hohlblocksteine nach DIN 106 Teil 1, DIN 18151 und DIN 18153 umgekehrt vermauert und die Hohlräume satt mit Sand oder mit Normalmörtel gefüllt, so sind die Werte der Wandrohdichte um 400 kg/m³ zu erhöhen.

[2] Die angegebenen Werte sind für alle Formate der in DIN 1053 Teil 1 und DIN 4103 Teil 1 für die Herstellung von Wänden aufgeführten Steine bzw. Platten zu verwenden.

[3] Dicke der Mörtelfugen von Wänden nach DIN 1053 Teil 1 bzw. DIN 4103 Teil 1 bei Wänden als dünnfugig zu verlegenden Plansteinen und –platten siehe Abschnitt 2.2.2.1.

Anmerkung: Die in Tabelle 3 zahlenmäßig angegebenen Wandrohdichten können auch nach folgender Gleichung berechnet werden.

$$\rho_w = \rho_N - \frac{\rho_N - K}{10}$$

mit ρ_w = Wandrohdichte in kg/dm³
ρ_N = Nennrohdichte der Steine und Platten in kg/dm³
K = Konstante mit
K = 1000 für Normalmörtel und Steinrohdichte ρ_N 400 bis 2200 kg/m³
K = 500 für Leichtmörtel und Steinrohdichte ρ_N 400 bis 1000 kg/m³

2.3 Zweischalige Hauswände aus zwei schweren, biegesteifen Schalen mit durchgehender Trennfuge

2.3.1 Wandausbildung

Grundriss und Schnitt sind schematisch in Bild 1 dargestellt.

Die flächenbezogene Masse der Einzelschale mit einem etwaigen Putz muss mindestens 150 kg/m², die Dicke der Trennfuge muss mindestens 30 mm betragen.

Anmerkung: Bezüglich der Ausbildung des Wand-Decken-Anschlusses siehe DGfM-Merkblatt

Bei einer Dicke der Trennfuge (Schalenabstand) ≥ 50 mm darf das Gewicht der Einzelschale 100 kg/m² betragen.

Der Fugenhohlraum ist mit dicht gestoßenen und vollflächig verlegten mineralischen Faserdämmplatten nach DIN 18165 Teil 2, Anwendungstyp T (Trittschalldämmplatten), auszufüllen.

Anmerkung: Falls die Schalen in Ortbeton–Bauweise hergestellt werden, sind mineralische Faserdämmplatten mit besonderer Eignung für die beim Betoniervorgang auftretenden Beanspruchungen vorzuziehen.

Bei einer flächenbezogenen Masse der Einzelschale ≥ 200 kg/m² und Dicke der Trennfuge ≥ 30 mm kann der Einlegen von Dämmschichten verzichtet werden. Der Fugenhohlraum ist dann mit Lehren herzustellen, die nachträglich entfernt werden müssen.

Die nach den Abschnitten 2.3.2 und 2.3.3 zu ermittelnden oder angegebenen Schalldämm–Maße $R'_{w,R}$ setzen eine besonders sorgfältige Ausbildung der Trennfuge voraus.

Schalldämmung nach DIN 4109, Beiblatt 1

Tabelle 5: Bewertetes Schalldämm–Maß $R'_{w,R}$ von einschaligem, in Normalmörtel gemauertem Mauerwerk (Ausführungsbeispiele, Rechenwerte)

Spalte	1	2	3	4	5	6	7
Zeile	Bewertetes Schalldämm–Maß $R'_{w,R}$ [1]	Rohdichteklasse der Steine und Wanddicke der Rohwand bei einschaligem Mauerwerk					
		Beiderseitiges Sichtmauerwerk		Beiderseitig je 10 mm Putz P IV (Gips– oder Kalkgipsputz) 20 kg/m²		Beiderseitig je 15 mm Putz P I, P II, P III (Kalk–, Kalkzement– oder Zementputz) 50 kg/m²	
	dB	Stein–Rohdichteklasse	Wanddicke mm	Stein–Rohdichteklasse	Wanddicke mm	Stein–Rohdichteklasse	Wanddicke mm
1		0,6	175	0,5 [2]	175	0,4	115
2		0,9	115	0,7 [2]	115	0,6 [2]	100
3	37	1,2	100	0,8	100	0,7 [2]	80
4		1,4	80	1,2	80	0,8 [2]	70
5		1,6	70	1,4	70	–	–
6		0,5	240	0,5 [2]	240	0,5 [2]	175
7		0,8	175	0,7 [2]	175	0,7 [2]	115
8	40	1,2	115	1,0 [2]	115	1,2	80
9		1,8	80	1,6	80	1,4	70
10		2,2	70	1,8	70	–	–
11		0,7	240	0,6 [2]	240	0,5 [2]	240
12		0,9	175	0,8 [2]	175	0,6 [2]	175
13	42	1,4	115	1,2	115	1,0 [4]	115
14		2,0	80	1,6	100	1,2	100
15		–	–	1,8	80	1,4	80
16		–	–	2,0	70	1,6	70
17		0,9	240	0,8 [2]	240	0,6 [2]	240
18	45	1,2	175	1,2	175	0,9 [2]	175
19		2,0	115	1,8	115	1,4	115
20		2,2	100	2,0	100	1,8	100
21		0,8	300	0,8 [2]	300	0,6 [2]	300
22	47	1,0	240	1,0 [2]	240	0,8 [2]	240
23		1,6	175	1,4	175	1,2	175
24		2,2	115	2,2	115	1,8	115
25		0,8	490	0,7	490	0,6	490
26		1,0	365	1,0	365	0,9	365
27	52	1,4	300	1,2	300	1,2	300
28		1,6	240	1,6	240	1,4	240
29		–	–	2,2	175	2,0	175
30		0,8	490	0,8	490	0,7	490
31		1,2	365	1,2	365	1,2	365
32	53	1,4	300	1,4	300	1,2	300
33		1,8	240	1,8	240	1,6	240
34		–	–	–	–	2,2	175
35		1,0	490	0,9	490	0,9	490
36	55	1,4	365	1,4	365	1,2	365
37		1,8	300	1,6	300	1,6	300
38		2,2	240	2,0	240	2,0	240
39		1,2	490	1,2	490	1,2	490
40	57	1,6	365	1,6	365	1,6	365
41		2,0	300	2,0	300	1,8	300

[1] Gültig für flankierende Bauteile mit einer mittleren flächenbezogenen Masse $m'_{L,Mittel}$ von etwa 300 kg/m². Weitere Bedingungen für die Gültigkeit der Tabelle 5 siehe Abschnitt 3.1

[2] Bei Schalen aus Gasbetonsteinen und –platten nach DIN 4165 und DIN 4166 sowie Leichtbetonsteinen mit Blähton als Zuschlag nach DIN 18151 und DIN 18152 kann die Stein–Rohdichteklasse um 0,1 niedriger sein.

[3] Bei Schalen aus Gasbetonsteinen und –platten nach DIN 4165 und DIN 4166 sowie Leichtbetonsteinen mit Blähton als Zuschlag nach DIN 18151 und DIN 18152 kann die Stein–Rohdichteklasse um 0,2 niedriger sein.

[4] Bei Schalen aus Gasbetonsteinen und –platten nach DIN 4165 und DIN 4166 sowie Leichtbetonsteinen mit Blähton als Zuschlag nach DIN 18151 und DIN 18152 kann die Stein–Rohdichteklasse um 0,3 niedriger sein.

2.3.2 Ermittlung des bewerteten Schalldämm–Maßes $R'_{w,R}$

Für zweischalige Wände nach Abschnitt 2.3.1 kann das bewertete Schalldämm–Maß $R'_{w,R}$ aus der Summe der flächenbezogenen Masse der beiden Einzelschalen unter Berücksichtigung etwaiger Putze – wie bei einschaligen, biegesteifen Wänden – nach Tabelle 1 ermittelt werden; dabei dürfen auf das so ermittelte Schalldämm–Maß $R'_{w,R}$ für die zweischalige Ausführung mit durchgehender Trennfuge 12 dB aufgeschlagen werden.

2.3.3 Ausführungsbeispiele

Beispiele für erreichbare Schalldämm–Maße zweischaliger Wände aus zwei schweren, biegesteifen Schalen mit durchgehender Trennfuge und Ausführung nach Abschnitt 2.3.1 mit Normalmörtel,

– als beiderseitiges Sichtmauerwerk,
– mit beiderseitigem 10 mm dicken Gips– oder Kalkgipsputz (P IV),
– mit beiderseitigem 15 mm dicken Kalk–, Kalkzement– oder Zementputz (P I, P II, P III).

sind in Tabelle 6 angegeben. Die Werte gelten nur bei sorgfältiger Ausführung der Trennfuge.

2.4 Einschalige, biegesteife Wände mit biegeweicher Vorsatzschale

Die Luftschalldämmung einschaliger, biegesteifer Wände kann mit biegeweichen Vorsatzschalen nach Tabelle 7 verbessert werden. Dabei ist bei den Vorsatzschalen zwischen zwei Gruppen, A und B, nach ihrer akustischen Wirksamkeit zu unterscheiden. Das erreichbare bewertete Schalldämm–Maß $R'_{w,R}$ hängt von der flächenbezogenen Masse der biegesteifen Trennwand und der Ausbildung der flankierenden Bauteile ab. Rechenwerte sind in Tabelle 8 enthalten.

Tabelle 8: Bewertetes Schalldämm–Maß $R'_{w,R}$ von einschaligen, biegesteifen Wänden mit einer biegeweichen Vorsatzschale nach Tabelle 7 (Rechenwerte)

Spalte	1	2
Zeile	Flächenbezogene Masse der Massivwand kg/m²	$R'_{w,R}$ [1] [2] dB
1	100	49
2	150	49
3	200	50
4	250	52
5	275	53
6	300	54
7	350	55
8	400	56
9	450	57
10	500	58

[1] Gültig für flankierende Bauteile mit einer mittleren flächenbezogenen Masse $m'_{L,Mittel}$ von etwa 300 kg/m². Weitere Bedingungen für die Gültigkeit der Tabelle 8 siehe Abschnitt 3.1.

[2] Bei Wandausführungen nach Tabelle 7, Zeilen 5 und 6, sind diese Werte um 1 dB abzumindern.

2.5 Zweischalige Wände aus zwei biegeweichen Schalen

Ausführungsbeispiele für derartige Wände mit gemeinsamen Stielen (Ständern) und für jede Schale gesonderten Stielen oder freistehenden Schalen sind in den Tabellen 9 und 10 enthalten.

Von entscheidender Bedeutung ist dabei die Ausbildung der flankierenden Bauteile. Die Werte der Tabellen 9 und 10 gelten für einschalige, flankierende Bauteile mit einer mittleren flächenbezogenen Masse von etwa 300 kg/m². Weichen die mittleren flächenbezogenen Massen $m'_{L,Mittel}$ davon um mehr als ± 25 kg/m² ab, sind Zu– bzw. Abschläge nach Tabelle 14 vorzunehmen.

Massivbauart

2.6 Decken als trennende Bauteile

2.6.1 Allgemeines

In den Tabellen 1, 12 und 19 werden Rechenwerte des bewerteten Schalldämm–Maßes $R'_{w,R}$ für verschiedene Deckenausführungen angegeben.

2.6.2 Luftschalldämmung

Die Luftschalldämmung von Massivdecken ist von der flächenbezogenen Masse der Decke, von einer etwaigen Unterdecke sowie von einem aufgebrachten schwimmenden Estrich oder anderen geeigneten schwimmenden Böden abhängig. Die Luftschalldämmung wird außerdem durch die Ausbildung der flankierenden Wände beeinflusst. Angaben über die Berechnung der flächenbezogenen Masse sind im Abschnitt 2.6.3 enthalten.

Beispiele für Massivdecken sind in Tabelle 11 dargestellt. Die Rechenwerte für das bewertete Schalldämm–Maß $R'_{w,R}$ sind in Tabelle 12 angegeben.

Die angegebenen Rechenwerte $R'_{w,R}$ hängen von den flächenbezogenen Massen der ober– und unterseitig an die Decken stoßenden biegesteifen Wände ab. Die Werte der Tabelle 12 gelten für flankierende Bauteile mit einer mittleren flächenbezogenen Masse $m'_{L,Mittel}$ von etwa 300 kg/m². Weichen die mittleren flächenbezogenen Massen $m'_{L,Mittel}$ davon um mehr als ± 25 kg/m² ab, sind Zu– bzw. Abschläge nach Tabelle 13 vorzunehmen.

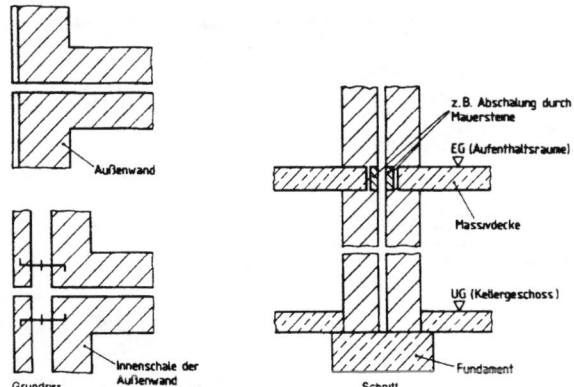

Außenwand
Innenschale der Außenwand
Grundriss

z.B. Abschalung durch Mauersteine
EG (Aufenthaltsräume)
Massivdecke
UG (Kellergeschoss)
Fundament
Schnitt

Bild 1: Zweischalige Hauswand aus zwei schweren, biegesteifen Schalen mit bis zum Fundament durchgehender Trennfuge (schematisch)

Schalldämmung nach DIN 4109, Beiblatt 1

Tabelle 6: Bewertetes Schalldämm–Maß $R'_{w,R}$ von zweischaligem, in Normalmörtel gemauertem Mauerwerk mit durchgehender Gebäudetrennfuge (Ausführungsbeispiele, Rechenwerte)

	1	2	3	4	5	6	7
		Rohdichteklasse der Steine und Wanddicke der Rohwand bei zweischaligem Mauerwerk					
Zeile	Bewertetes Schalldämm-Maß $R'_{w,R}$	Beiderseitiges Sichtmauerwerk		Beiderseitig je 10 mm Putz P IV (Gips– oder Kalkgipsputz) 2·10 kg/m²		Beiderseitig je 15 mm Putz P I, P II, P III (Kalk-, Kalkzement- oder Zementputz) 2·25 kg/m²	
	dB	Stein-Rohdichteklasse	Mindestdicke der Schalen ohne Putz mm	Stein-Rohdichteklasse	Mindestdicke der Schalen ohne Putz mm	Stein-Rohdichteklasse	Mindestdicke der Schalen ohne Putz mm
1	57	0,6	2·240	0,6 [1]	2·240	0,7 [3]	2·175
2		0,9	2·175	0,8 [2]	2·175	0,9 [4]	2·150
3		1,0	2·150	1,0 [3]	2·150	1,2 [4]	2·115
4		1,4	2·115	1,4 [6]	2·115	–	–
5	62	0,6	2·240	0,6 [6]	2·240	0,5 [6]	2·240
6		0,9	175 + 240	0,8 [7]	2·175	0,8 [7]	2·175
7		0,9	2·175	1,0 [7]	2·150	0,9 [7]	2·150
8		1,4	2·115	1,4	2·115	1,2	2·115
9	67	1,0	2·240	1,0 [6]	2·240	0,9 [6]	2·240
10		1,2	175 + 240	1,2	175 + 240	1,2	175 + 240
11		1,4	2·175	1,4	2·175	1,4	2·175
12		1,8	115 + 175	1,8	115 + 175	1,6	115 + 175
13		2,2	2·115	2,2	2·115	2,0	2·115

[1] Bei Schalenabstand ≥ 50 mm und Gewicht jeder einzelnen Schale ≥ 100 kg/m² kann die Stein–Rohdichteklasse um 0,2 niedriger sein.

[2] Bei Schalenabstand ≥ 50 mm und Gewicht jeder einzelnen Schale ≥ 100 kg/m² kann die Stein–Rohdichteklasse um 0,3 niedriger sein.

[3] Bei Schalenabstand ≥ 50 mm und Gewicht jeder einzelnen Schale ≥ 100 kg/m² kann die Stein–Rohdichteklasse um 0,4 niedriger sein.

[4] Bei Schalenabstand ≥ 50 mm und Gewicht jeder einzelnen Schale ≥ 100 kg/m² kann die Stein–Rohdichteklasse um 0,5 niedriger sein.

[5] Bei Schalenabstand ≥ 50 mm und Gewicht jeder einzelnen Schale ≥ 100 kg/m² kann die Stein–Rohdichteklasse um 0,6 niedriger sein.

[6] Bei Schalen aus Gasbetonsteinen oder –platten nach DIN 4165 oder DIN 4166 sowie aus Leichtbeton–Steinen mit Blähton als Zuschlag nach DIN 18151 oder DIN 18152 und mit einem Schalenabstand ≥ 50 mm und Gewicht jeder einzelnen Schale von ≥ 100 kg/m² kann die Stein–Rohdichteklasse um 0,1 niedriger sein.

[7] Bei Schalen aus Gasbetonsteinen und –platten nach DIN 4165 oder DIN 4166 sowie aus Leichtbeton–Steinen mit Blähton als Zuschlag nach DIN 18151 oder DIN 18152 und mit einem Schalenabstand ≥ 50 mm und Gewicht jeder einzelnen Schale von ≥ 100 kg/m² kann die Stein–Rohdichteklasse um 0,2 niedriger sein.

[8] Bei Schalen aus Gasbetonsteinen oder –platten nach DIN 4165 und DIN 4166 sowie aus Leichtbeton–Steinen mit Blähton als Zuschlag nach DIN 18151 oder DIN 18152 kann die Stein–Rohdichteklasse um 0,2 niedriger sein.

Tabelle 7: Eingruppierung von biegeweichen Vorsatzschalen von einschaligen, biegesteifen Wänden nach ihrem schalltechnischen Verhalten (Maße in mm)

Spalte	1	2	3
Zeile	Gruppe [1]	Wandausbildung	Beschreibung
1	B (ohne bzw. federnde Verbindung der Schalen)	(Zeichnung ≥500, 20, 50)	Vorsatzschale aus Holzwolle–Leichtbauplatten nach DIN 1101, Dicke ≥ 25 mm, verputzt, Holzstiele (Ständer) mit Abstand ≥ 20 mm vor schwerer Schale freistehend, Ausführung nach DIN 1102
2		(Zeichnung ≥500, 20, 50)	Vorsatzschale aus Gipskartonplatten nach DIN 18180, Dicke 12,5 mm oder 15 mm, Ausführung nach DIN 18181 (z.Zt. Entwurf), oder aus Spanplatten nach DIN 68763, Dicke 10 mm bis 16 mm, Holzstiele (Ständer) mit Abstand ≥ 20 mm vor schwerer Schale freistehend [2], mit Hohlraumfüllung [3] zwischen den Holzstielen
3		(Zeichnung 30 bis 50)	Vorsatzschale aus Holzwolle–Leichtbauplatten nach DIN 1101, Dicke ≥ 50 mm, verputzt, freistehend mit Abstand von 30 mm bis 50 mm vor schwerer Schale, Ausführung nach DIN 1102, bei Ausfüllung des Hohlraumes nach Fußnote 3 ist ein Abstand von 20 mm ausreichend
4		(Zeichnung)	Vorsatzschale aus Gipskartonplatten nach DIN 18180, Dicke 12,5 mm oder 15 mm, und Faserdämmplatten [4], Ausführung nach DIN 18181 (z.Z. Entwurf), an schwerer Schale streifen– oder punktförmig angesetzt
5	A (mit Verbindung der Schalen)	(Zeichnung ≥500)	Vorsatzschale aus Holzwolle–Leichtbauplatten nach DIN 1101, Dicke ≥ 25 mm, verputzt, Holzstiele (Ständer) an schwerer Schale befestigt, Ausführung nach DIN 1102
6		(Zeichnung ≥500)	Vorsatzschale aus Gipskartonplatten nach DIN 18180, Dicke 12,5 mm oder 15 mm, Ausführung nach DIN 18181 (z.Z. Entwurf), oder aus Spanplatten nach DIN 68763, Dicke 10 mm bis 16 mm, mit Hohlraumausfüllung [3], Holzstiele (Ständer) an schwerer Schale befestigt [2]

[1] In einem Wand–Prüfstand ohne Flankenübertragung (Prüfstand DIN 52210 – P – W) wird das bewertete Schalldämm-Maß $R_{w,R}$ einer einschaligen, biegesteifen Wand durch Vorsatzschalen der Zeilen 1 bis 4 um mindestens 15 dB, der Zeilen 5 und 6 um mindestens 10 dB verbessert.

[2] Bei diesen Beispielen können auch Ständer aus C–Wandprofilen aus Stahlblech nach DIN 18182 Teil 1 verwendet werden.

[3] Faserdämmstoffe nach DIN 18165 Teil 1, Nenndicke 20 mm bzw. ≥ 60 mm, längenbezogener Strömungswiderstand Ξ ≥ 5 kN·s/m⁴.

[4] Faserdämmstoffe nach DIN 18165 Teil 1, Anwendungstyp WV–s, Nenndicke ≥ 40 mm, s' ≤ 5 MN/m³.

2.6.3 Ermittlung der flächenbezogenen Masse von Massivdecken ohne Deckenauflagen

Zur Ermittlung der flächenbezogenen Masse von Massivdecken ohne Hohlräume nach Tabelle 11, Zeilen 1 und 2, ist bei Stahlbeton aus Normalbeton mit einer Rohdichte von 2300 kg/m³ zu rechnen. Bei solchen Decken aus Leichtbeton und Gasbeton ist die Rohdichte nach Tabelle 2 zu ermitteln.

Bei Massivdecken mit Hohlräumen nach Tabelle 11, Zeilen 3 bis 6, ist die flächenbezogene Masse entweder aus den Rechenwerten nach DIN 1055 Teil 1 mit einem Abzug von 15 % oder aus dem vorhandenen Querschnitt mit der Rohdichte von 2300 kg/m³ zu berechnen.

Aufbeton und unbewehrter Beton aus Normalbeton ist mit einer Rohdichte von 2100 kg/m³ in Ansatz zu bringen. Für die flächenbezogene Masse von Putz gilt Abschnitt 2.2.2.2.

Die flächenbezogene Masse von aufgebrachten Verbundestrichen oder Estrichen auf Trennschicht ist aus dem Rechenwert nach DIN 1055 Teil 1 mit einem Abzug von 10 % zu ermitteln.

Anmerkung: Bei Stahlbeton–Rippendecken ohne Füllkörper, Estrich und Unterdecke ist nur die flächenbezogene Masse der Deckenplatte zu berücksichtigen.

3 Luftschalldämmung in Gebäuden in Massivbauart; Einfluss flankierender Bauteile

3.1 Vorausgesetzte Längsleitungsbedingungen bei den Tabellen 1, 5, 8, 9, 10, 12 und 19

Die Luftschalldämmung von Trennwänden und –decken hängt nicht nur von deren Ausbildung, sondern auch von der Ausführung der flankierenden Bauteile ab. Die in den Tabellen 1, 5, 8, 9, 10, 12 und 19 angegebenen Werte setzen voraus:

– Mittlere flächenbezogene Masse $m'_{L,Mittel}$ der biegesteifen, flankierenden Bauteile von etwa 300 kg/m² (siehe auch Abschnitt 3.3); bei der Ermittlung der flächenbezogenen Masse werden Öffnungen (Fenster, Türen) nicht berücksichtigt.

– biegesteife Anbindung der flankierenden Bauteile an das trennende Bauteil, sofern dessen flächenbezogene Masse mehr als 150 kg/m² beträgt (ausgenommen die Beispiele der Tabellen 9, 10 und 19),

– von einem Raum zum anderen Raum durchlaufende flankierende Bauteile,

– dichte Anschlüsse des trennenden Bauteils an die flankierenden Bauteile.

Die Werte der Tabelle 1 gelten nicht, wenn einschalige flankierende Außenwände in Steinen mit einer Rohdichteklasse ≤ 0,8 und in schallschutztechnischer Hinsicht ungünstiger Lochung verwendet werden.

3.2 Einfluss von flankierenden Bauteilen, deren mittlere flächenbezogene Masse $m'_{L,Mittel}$ von etwa 300 kg/m² abweicht

3.2.1 Korrekturwert $K_{L,1}$

Weicht die mittlere flächenbezogene Masse der flankierenden Bauteile von etwa 300 kg/m² ab, so sind bei den in den Tabellen 1, 5, 8, 9, 10, 12 und 19 angegebenen Schalldämm-Maßen $R'_{w,R}$ ein Korrekturwert $K_{L,1}$ zu berücksichtigen. $K_{L,1}$ ist in Abhängigkeit von der mittleren flächenbezogenen Masse $m'_{L,Mittel}$ der flankierenden Bauteile aus Tabelle 13 oder Tabelle 14 zu entnehmen. Die mittlere flächenbezogene Masse der flankierenden Bauteile muss je nach Art der trennenden Bauteile unterschiedlich berechnet werden; für biegesteife trennende Bauteile nach Abschnitt 3.2.2 und für biegeweiche trennende Bauteile nach Abschnitt 3.2.3.

Für die aufgeführten Korrekturwerte (Zu– und Abschläge) wird vorausgesetzt, dass die flankierenden Bauteile F_1 und F_2 (siehe Bild 2) zu beiden Seiten eines trennenden Bauteils in einer Ebene liegen.

Ist dies nicht der Fall, ist für die Berechnung anzunehmen, dass das leichtere flankierende Bauteil F_1 (siehe Bild 3) auch im Nachbarraum vorhanden ist (siehe F'_2 in Bild 3).

3.2.2 Ermittlung der mittleren flächenbezogenen Masse $m'_{L,Mittel}$ der flankierenden Bauteile biegesteifer Wände und Decken

Als mittlere flächenbezogene Masse $m'_{L,Mittel}$ wird das arithmetische Mittel der Einzelwerte $m'_{L,i}$ der massiven Bauteile verwendet. Das arithmetische Mittel ist auf die Werte nach Tabelle 13 zu runden.

$$m'_{L,Mittel} = \frac{1}{n} \sum_{i=1}^{n} m'_{L,1}$$

Hierin bedeuten:

$m'_{L,i}$ flächenbezogene Masse des i-ten nicht verkleideten, massiven flankierenden Bauteils (i = 1 bis n)

n Anzahl der nicht verkleideten, massiven flankierenden Bauteile

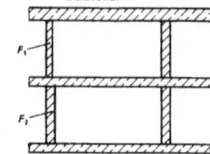

Bild 2: Nicht versetzt angeordnete flankierende Wände F_1 und F_2. Normalfall, den Korrekturwerten zugrunde gelegt

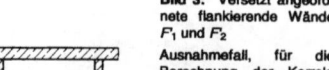

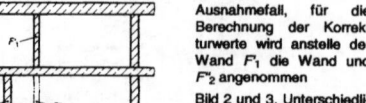

Bild 3: Versetzt angeordnete flankierende Wände F_1 und F_2. Ausnahmefall, für die Berechnung der Korrekturwerte wird anstelle der Wand F_1 die Wand und F'_2 angenommen

Bild 2 und 3. Unterschiedliche Anordnung flankierender Wände

Schalldämmung nach DIN 4109, Beiblatt 1

Tabelle 9: Bewertetes Schalldämm–Maß $R'_{w,R}$ von zweischaligen Wänden aus zwei biegeweichen Schalen aus Gipskartonplatten oder Spanplatten (Rechenwerte) (Maße in mm)

Spalte	1		2	3	4	5
Zeile	Wandausbildung mit Stielen (Ständern), Achsabstand ≥ 600, ein– oder zweilagige Bekleidung [1]		Anzahl der Lagen je Seite	Mindest–Schalen–abstand s	Mindest–Dämmschicht–dicke [2], Nenndicke s_D	$R'_{w,R}$ [3] dB
1			1	60	40	38
2			2			46
3			1	50	40	45
4			2			49
5	C–Wandprofil aus Stahlblech nach DIN 18182 Teil 1		2	100	80	50
6	Querlatten, a ≥ 500		1	100	60	44
7 [4]	auch C–Wandprofil aus Stahlblech nach DIN 18182 Teil 1		1	125	2 · 40	49
8 [4]			1	180	40	49
9 [4]	C–Wandprofil aus Stahlblech nach DIN 18182 Teil 1		2	200	80 oder 2 · 40	50

[1] Bekleidung aus Gipskartonplatten nach DIN 18180, 12,5 mm oder 15 mm dick, oder aus Spanplatten nach DIN 68763, 13 mm bis 16 mm dick.

[2] Faserdämmstoffe nach DIN 18165 Teil 1, Nenndicke 40 mm bis 80 mm, längenbezogener Strömungswiderstand $\Xi \geq 5$ kN · s/m⁴.

[3] Gültig für flankierende Bauteile mit einer mittleren flächenbezogenen Masse $m'_{L,Mittel}$ von etwa 300 kg/m². Weitere Bedingungen für die Gültigkeit der Tabelle 9 siehe Abschnitt 3.1.

[4] Doppelwand mit über gesamte Wandfläche durchgehender Trennfuge.

Tabelle 10: Bewertetes Schalldämm–Maß $R'_{w,R}$ von zweischaligen Wänden aus biegeweichen Schalen aus verputzten Holzwolle–Leichtbauplatten (HWL) nach DIN 1101 (Rechenwerte) (Maße in mm)

Spalte	1	2	3	4	5
Zeile	Wandausbildung [1]	Dicke der HWL–Platten s_{HWL}	Schalen–abstand s	Mindest–Dämmschicht–dicke [2], Nenndicke s_D	$R'_{w,R}$ [3] dB
1	Bei s_{HWL} = 25: 500 ≤ a ≤ 670; Bei s_{HWL} = 35: 500 ≤ a ≤ 1000	25 oder 35	≥ 100	–	50
2	Schalen freistehend	≥ 50	30 bis 50	–	50
			20 bis < 30	≥ 20	

[1] Ausführung nach DIN 1102.

[2] Faserdämmstoffe nach DIN 18165 Teil 1, Nenndicke ≥ 20 mm, längenbezogener Strömungswiderstand $\Xi \geq 5$ kN · s/m⁴.

[3] Gültig für flankierende Bauteile mit einer mittleren flächenbezogenen Masse $m'_{L,Mittel}$ von etwa 300 kg/m². Weitere Bedingungen für die Gültigkeit der Tabelle 10 siehe Abschnitt 3.1. Vergleiche auch $R_{w,R}$–Werte nach Tabelle 24.

Tabelle 11: Massivdecken, deren Luft– und Trittschalldämmung in den Tabellen 12 und 16 angegeben ist (Maße in mm)

Zeile	Deckenausbildung
	Massivdecken ohne Hohlräume, gegebenenfalls mit Putz
1	Stahlbeton–Vollplatten aus Normalbeton nach DIN 1045 oder aus Leichtbeton nach DIN 4219 Teil 1
2	Gasbeton–Deckenplatten nach DIN 4223
	Massivdecken mit Hohlräumen, gegebenenfalls mit Putz
3	Stahlsteindecken nach DIN 1045 mit Deckenziegeln nach DIN 4159
4	Stahlbetonrippendecken und –balkendecken nach DIN 1045 mit Zwischenbauteilen nach DIN 4158 oder DIN 4160
5	Stahlbetonhohldielen und –platten nach DIN 1045, Stahlbetondielen aus Leichtbeton nach DIN 4028, Stahlbetonhohldecke nach DIN 1045
6	Balkendecken ohne Zwischenbauteile nach DIN 1045
	Massivdecken mit biegeweicher Unterdecke
7	Massivdecken nach Zeilen 1 bis 6 Unterdecke [1] mit Traglattung, z.B. aus schmalen Latten 30 ≤ b ≤ 50 (Abstand ≥ 400 mm)
8	Stahlbetonrippendecken nach DIN 1045 oder Plattenbalkendecken nach DIN 1045 ohne Zwischenbauteile Unterdecke [1] mit Traglattung, z.B. aus schmalen Latten 30 ≤ b ≤ 50 (Abstand ≥ 400 mm)

[1] Z.B. Putzträger (Ziegeldrahtgewebe, Rohrgewebe) und Putz, Gipskartonplatten nach DIN 18180, Dicke 12,5 mm oder 15 mm, Holzwolle–Leichtbauplatten nach DIN 1101, Dicke ≥ 25 mm, verputzt.

[2] Im Hohlraum sind schallabsorbierende Einlagen vorzusehen, z.B. Faserdämmstoff nach DIN 18165 Teil 1, Nenndicke 40 mm, längenbezogener Strömungswiderstand $\Xi \geq 5$ kN · s/m⁴.

Schalldämmung nach DIN 4109, Beiblatt 1

Tabelle 12: Bewertetes Schalldämm-Maß $R'_{w,R}$ [1] von Massivdecken (Rechenwerte)

Spalte	1	2	3	4	5
			$R'_{w,R}$ dB [2]		
Zeile	Flächen-bezogene Masse der Decke [3] kg/m²	Einschalige Massivdecke, Estrich und Gehbelag unmittelbar aufgebracht	Einschalige Massivdecke mit schwimmendem Estrich [4]	Massivdecke mit Unter-decke [5], Gehbelag und Estrich unmittelbar aufgebracht	Massivdecke mit schwimmendem Estrich und Unterdecke [5]
1	500	55	59	59	62
2	450	54	58	58	61
3	400	53	57	57	60
4	350	51	56	56	59
5	300	49	55	55	58
6	250	47	53	53	56
7	200	44	51	51	54
8	150	41	49	49	52

[1] Zwischenwerte sind linear zu interpolieren.

[2] Gültig für flankierende Bauteile mit einer mittleren flächenbezogenen Masse $m'_{L,Mittel}$ von etwa 300 kg/m². Weitere Bedingungen für die Gültigkeit der Tabelle 12 siehe Abschnitt 3.1.

[3] Die Masse von aufgebrachten Verbundestrichen oder Estrichen auf Trennschicht und vom unterseitigen Putz ist zu berücksichtigen.

[4] Und andere schwimmend verlegte Deckenauflagen, z.B. schwimmend verlegte Holzfußböden, sofern sie ein Trittschall-verbesserungsmaß ΔL_w (VM) ≥ 24 dB haben.

[5] Biegeweiche Unterdecke nach Tabelle 11, Zeilen 7 und 8, oder akustisch gleichwertige Ausführungen.

Tabelle 13: Korrekturwerte $K_{L,1}$ für das bewertete Schalldämm-Maß $R'_{w,R}$ von biegesteifen Wänden und Decken als trennende Bauteile nach den Tabellen 1, 5, 8 und 12 bei flankierenden Bauteilen mit der mittleren flächen-bezogenen Masse $m'_{L,Mittel}$

Spalte	1	2	3	4	5	6	7	8
Zeile	Art des trennenden Bauteils	$K_{L,1}$ in dB für mittlere flächenbezogene Massen $m'_{L,Mittel}$ [1] in kg/m²						
		400	350	300	250	200	150	100
1	Einschalige, biegesteife Wände und Decken nach Tabellen 1, 5 und 12, Spalte 2	0	0	0	0	−1	−1	−1
2	Einschalige, biegesteife Wände und Decken mit biegeweichen Vorsatzschalen nach Tabelle 8	+2	+1	0	−1	−2	−3	−4
3	Massivdecken mit schwimmendem Estrich oder Holzfußboden nach Tabelle 12, Spalte 3							
4	Massivdecken mit Unterdecke nach Tabelle 12, Spalte 4							
5	Massivdecken mit schwimmendem Estrich und Unterdecke nach Tabelle 12, Spalte 5							

[1] $m'_{L,Mittel}$ ist rechnerisch nach Abschnitt 3.2.2 zu ermitteln.

Tabelle 14: Korrekturwerte $K_{L,1}$ für das bewertete Schalldämm-Maß $R'_{w,R}$ von zweischaligen Wänden aus biegeweichen Schalen nach den Tabellen 9 und 10 und von Holzbalkendecken nach Tabelle 19 als trennende Bauteile bei flankierenden Bauteilen mit der mittleren flächenbezogenen Masse $m'_{L,Mittel}$

Spalte	1	2	3	4	5	6	7	8
Zeile	$R'_{w,R}$ der Trennwand bzw. -decke für $m'_{L,Mittel}$ von etwa 300 kg/m² dB	$K_{L,1}$ in dB für mittlere flächenbezogene Massen $m'_{L,Mittel}$ [1] in kg/m²						
		450	400	350	300	250	200	150
1	50	+4	+3	+2	0	−2	−4	−7
2	49	+2	+2	+1	0	−2	−3	−6
3	47	+1	+1	+1	0	−2	−3	−6
4	45	+1	+1	+1	0	−1	−2	−5
5	43	0	0	0	0	−1	−2	−4
6	41	0	0	0	0	−1	−1	−3

[1] $m'_{L,Mittel}$ ist rechnerisch nach Abschnitt 3.2.3 oder mit Hilfe des Diagramms nach Bild 4 zu ermitteln.

Tabelle 15 Korrekturwerte $K_{L,2}$ für das bewertete Schall-dämm-Maß $R'_{w,R}$ trennender Bauteile mit biege-weicher Vorsatzschale, schwimmendem Estrich/Holzfußboden oder aus biegeweichen Schalen

Spalte	1	2
Zeile	Anzahl der flankierenden, biegeweichen Bauteile oder flankierenden Bauteile mit biegeweicher Vorsatzschale	$K_{L,2}$
1	1	+1
2	2	+3
3	3	+6

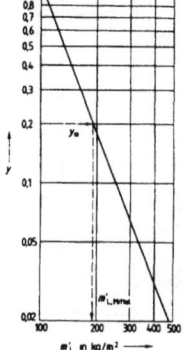

Bild 4: Diagramm zur Ermittlung der mittleren flächenbezoge-nen Masse $m'_{L,Mittel}$ der flankierenden Bauteile für Trennwände aus biege-weichen Schalen oder für Holzbalkendecken als trennende Bauteile nach den Tabellen 9, 10 und 19

In Tabelle 15 sind Korrekturwerte $K_{L,2}$ in Abhängigkeit von der Anzahl der flankierenden Bauteile angegeben, die eine der obigen Bedingungen erfüllen.

3.2.3 Ermittlung der mittleren flächenbezogenen Masse $m'_{L,Mittel}$ der flankierenden Bauteile von Wänden aus biegeweichen Schalen und von Holzbalkendecken

Die wirksame mittlere flächenbezogene Masse $m'_{L,Mittel}$ der flankierenden Bauteile wird nach Gleichung (2)

$$m'_{L,Mittel} = \left[\frac{1}{n} \sum_{i=1}^{n} (m'_{L,i})^{-2,8} \right]^{-0,4} \quad (2)$$

oder mit Hilfe des Diagramms nach Bild 4 ermittelt.

Für die flächenbezogene Masse $m'_{L,1}$ bis $m'_{L,4}$ der einzelnen flankierenden Bauteile werden die zugehörigen Werte γ_1 bis γ_4 aus dem Diagramm nach Bild 4 entnommen und der Mittelwert γ_m gebildet. Für γ_m wird aus dem Diagramm nach Bild 4 der gesuchte Wert $m'_{L,Mittel}$ entnommen.

Beispiel:

$m'_{L,1}$ = 130 kg/m²	γ_1 = 0,51
$m'_{L,2}$ = 200 kg/m²	γ_2 = 0,18
$m'_{L,3}$ = 300 kg/m²	γ_3 = 0,06
$m'_{L,4}$ = 400 kg/m²	γ_4 = 0,03

$$\gamma_m = \frac{1}{4}(0,51 + 0,18 + 0,06 + 0,03)$$
$$= 0,2$$
$$m'_{L,Mittel} = \underline{190 \text{ kg/m}^2}$$

3.3 Korrekturwert $K_{L,2}$ zur Berücksichtigung von Vorsatz-schalen und biegeweichen, flankierenden Bauteilen

Das Schalldämm-Maß $R'_{w,R}$ wird bei mehrschaligen, trennen-den Bauteilen um den Korrekturwert $K_{L,2}$ erhöht, wenn die einzelnen flankierenden Bauteile eine der folgenden Bedin-gungen erfüllen:

– Sie sind in beiden Räumen raumseitig mit je einer biegeweichen Vorsatzschale nach Tabelle 7 oder mit schwimmendem Estrich oder schwimmendem Holzfuß-boden nach Tabelle 17 versehen, die im Bereich des trennenden Bauteils (Wand oder Decke) unterbrochen sind.

– Sie bestehen aus biegeweichen Schalen, die im Bereich des trennenden Bauteils (Wand oder Decke) unterbro-chen sind.

3.4 Beispiele zur Anwendung der Korrekturwerte $K_{L,1}$ und $K_{L,2}$ nach den Abschnitten 3.2 und 3.3

Beispiel 1
Zwei übereinanderliegende Räume; eine Wand im oberen und unteren Raum verschieden schwer und gegeneinander ver-setzt ausgeführt (siehe Bild 5)

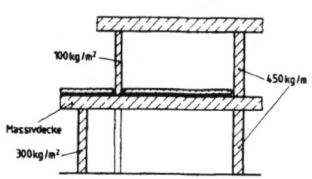

Bild 5

Trenndecke:	Massivdecke (400 kg/m²) mit schwimmendem Estrich nach Tabelle 12, $R'_{w,R}$ = 57 dB

Flankierende Bauteile:		
	Außenwand	$m'_{L,1}$ = 200 kg/m²
	Wohnungstrennwand	$m'_{L,2}$ = 450 kg/m²
	Flurwand	$m'_{L,3}$ = 300 kg/m²
	Zwischenwand	$m'_{L,4}$ = 100 kg/m²

Als Zwischenwand wird oben und unten eine Wand von $m'_{L,4}$ = 100 kg/m² angenommen. Damit ergibt sich:

$$m'_{L,Mittel} = \frac{200 + 450 + 300 + 100}{4} \text{ kg/m}^2$$
$$= \underline{262 \text{ kg/m}^2}$$

Nach Tabelle 13 ist $K_{L,1}$ = −1 dB, somit

$$R'_{w,R} = (57 − 1) \text{ dB} = 56 \text{ dB}.$$

Beispiel 2
Trennwand: Zweischalige Wand aus Gipskartonplatten nach Tabelle 9, Zeile 5, $R'_{w,R}$ = 50 dB

Flankierende Bauteile:		
	Außenwand	$m'_{L,1}$ = 200 kg/m²
	Innen-Längswand	$m'_{L,2}$ = 350 kg/m²
	obere Decke (160 mm Stahlbetonplatte)	$m'_{L,3}$ = 368 kg/m²
	untere Decke	schwimmender Estrich auf 160 mm Stahlbeton.

Die untere Decke trägt aufgrund des schwimmenden Estrichs nicht zur Schallübertragung über flankierende Bauteile bei und ist deshalb bei der Bestimmung von $m'_{L,Mittel}$ nicht zu berück-sichtigen.

$$m'_{L,Mittel} = \left[\frac{1}{3} (200^{-2,8} + 350^{-2,8} + 368^{-2,8}) \right]^{-0,4} \text{ kg/m}^2$$
$$= \underline{266 \text{ kg/m}^2}$$

Als Korrekturwert ergibt sich nach Tabelle 14, $K_{L,1}$ = −2 dB. Nach Abschnitt 3.3, Tabelle 15, ist zusätzlich ein Korrekturwert $K_{L,2}$ = +1 dB zu berücksichtigen. Damit wird

$$R'_{w,R} = (50 − 2 + 1) \text{ dB} = 49 \text{ dB}.$$

Schalldämmung nach DIN 4109, Beiblatt 1

Tabelle 16: Äquivalenter bewerteter Norm–Trittschallpegel $L_{n,w,eq,R}$ (äquivalentes Trittschallschutzmaß $TSM_{eq,R}$) von Massivdecken in Gebäuden in Massivbauart ohne/mit biegeweicher Unterdecke (Rechenwerte)

Spalte	1	2	3	4
		Flächenbezogene Masse [1] der Massivdecke ohne Auflage kg/m²	$L_{n,w,eq,R}$ [2] $(TSM_{eq,R})$ [2] dB	
Zeile	Deckenart		ohne Unterdecke	mit Unterdecke [3] [4]
1	Massivdecken nach Tabelle 11	135	86 (− 23)	75 (− 12)
2		160	85 (− 22)	74 (− 11)
3		190	84 (− 21)	74 (− 11)
4		225	82 (− 19)	73 (− 10)
5		270	79 (− 16)	73 (− 10)
6		320	77 (− 14)	72 (− 9)
7		380	74 (− 11)	71 (− 8)
8		450	71 (− 8)	69 (− 6)
9		530	69 (− 6)	67 (− 4)

[1] Flächenbezogene Masse einschließlich eines etwaigen Verbundestrichs oder Estrichs auf Trennschicht und eines unmittelbar aufgebrachten Putzes.
[2] Zwischenwerte sind gradlinig zu interpolieren und auf ganze dB zu runden.
[3] Biegeweiche Unterdecke nach Tabelle 11, Zeilen 7 und 8, oder akustisch gleichwertige Ausführungen.
[4] Bei Verwendung von schwimmenden Estrichen mit mineralischen Bindemitteln sind die Tabellenwerte für $L_{n,w,eq,R}$ um 2 dB zu erhöhen (beim $TSM_{eq,R}$ um 2 dB abzumindern) (z.B. Zeile 1, Spalte 4: 75 + 2 = 77 dB (− 12 − 2 = − 14 dB)).

Tabelle 17: Trittschallverbesserungsmaß $\Delta L_{w,R}$ (VM_R) von schwimmenden Estrichen [1] und schwimmend verlegten Holzfußböden auf Massivdecken (Rechenwerte)

Spalte	1	2	3
		$\Delta L_{w,R}$ (VM_R) dB	
Zeile	Deckenauflagen; schwimmende Böden	mit hartem Bodenbelag	mit weichfederndem Bodenbelag [2] $\Delta L_{w,R} \geq 20$ dB ($VM_R \geq 20$ dB)
Schwimmende Estriche			
1	Gußasphaltestriche nach DIN 18560 Teil 2 (z.Z. Entwurf) mit einer flächenbezogenen Masse $m' \geq 45$ kg/m² auf Dämmschichten aus Dämmstoffen nach DIN 18164 Teil 2 oder DIN 18165 Teil 2 mit einer dynamischen Steifigkeit s' von höchstens 50 MN/m³ 40 MN/m³ 30 MN/m³ 20 MN/m³ 15 MN/m³ 10 MN/m³	20 22 24 26 27 29	20 22 24 26 29 32
2	Estriche nach DIN 18560 Teil 2 (z.Z. Entwurf) mit einer flächenbezogenen Masse $m' \geq 70$ kg/m² auf Dämmschichten aus Dämmstoffen nach DIN 18164 Teil 2 oder DIN 18165 Teil 2 mit einer dynamischen Steifigkeit s' von höchstens 50 MN/m³ 40 MN/m³ 30 MN/m³ 20 MN/m³ 15 MN/m³ 10 MN/m³	22 24 26 28 29 30	23 25 27 30 33 34
Schwimmende Holzfußböden			
3	Unterböden aus Holzspanplatten nach DIN 68771 auf Lagerhölzern mit Dämmstreifen–Unterlagen aus Dämmstoffen nach DIN 18165 Teil 2 mit einer dynamischen Steifigkeit s' von höchstens 20 MN/m³; Breite der Dämmstreifen 100 mm, im eingebauten Zustand mindestens 10 mm; Dämmstoffe zwischen den Lagerhölzern nach DIN 18165 Teil 1, Nenndicke ≥ 30 mm, längenbezogener Strömungswiderstand $\Xi \geq 5$ kN · s/m⁴.	24	–
4	Unterböden nach DIN 68771 aus mindestens 22 mm dicken Holzspanplatten nach DIN 68763, vollflächig verlegt auf Dämmstoffen nach DIN 18165 Teil 2 mit einer dynamischen Steifigkeit s' von höchstens 10 MN/m³	25	–

[1] Wegen der Ermittlung der flächenbezogenen Masse von Estrichen siehe Abschnitt 2.6.3.
[2] Wegen der möglichen Austauschbarkeit von weichfedernden Bodenbelägen nach Tabelle 18, die sowohl dem Verschleiß als auch besonderen Wünschen der Bewohner unterliegen, dürfen diese bei dem Nachweis der Anforderungen nach DIN 4109 nicht angerechnet werden.

Tabelle 18: Trittschallverbesserungsmaß $\Delta L_{w,R}$ (VM_R) von weichfedernden Bodenbelägen für Massivdecken (Rechenwerte)

Spalte	1	2
Zeile	Deckenauflagen; weichfedernde Bodenbeläge	$\Delta L_{w,R}$ (VM_R) dB
1	Linoleum–Verbundbelag nach DIN 18173	14 [1] [2]
PVC–Verbundbeläge		
2	PVC–Verbundbelag mit genadeltem Jutefilz als Träger nach DIN 16952 Teil 1	13 [1] [2]
3	PVC–Verbundbelag mit Korkment als Träger nach DIN 16952 Teil 2	16 [1] [2]
4	PVC–Verbundbelag mit Unterschicht aus Schaumstoff nach DIN 16952 Teil 3	16 [1] [2]
5	PVC–Verbundbelag mit Systemträger–Vliesstoff als Träger nach DIN 16952 Teil 4	13 [1] [2]
Textile Fußbodenbeläge nach DIN 65151 [3]		
6	Nadelvlies, Dicke = 5 mm	20
Polteppiche [4]		
7	Unterseite geschäumt, Normdicke $a_{20} = 4$ mm nach DIN 53855 Teil 3	19
8	Unterseite geschäumt, Normdicke $a_{20} = 6$ mm nach DIN 53855 Teil 3	24
9	Unterseite geschäumt, Normdicke $a_{20} = 8$ mm nach DIN 53855 Teil 3	28
10	Unterseite ungeschäumt, Normdicke $a_{20} = 4$ mm nach DIN 53855 Teil 3	19
11	Unterseite ungeschäumt, Normdicke $a_{20} = 6$ mm nach DIN 53855 Teil 3	21
12	Unterseite ungeschäumt, Normdicke $a_{20} = 6$ mm nach DIN 53855 Teil 3	24

[1] Die Bodenbeläge müssen durch Hinweis auf die jeweilige Norm gekennzeichnet sein. Das maßgebliche Trittschallverbesserungsmaß $\Delta L_{w,R}$ (VM_R) muss auf dem Erzeugnis oder der Verpackung angegeben sein.
[2] Die in den Zeilen 1 bis 5 angegebenen Werte sind Mindestwerte; sie gelten nur für aufgeklebte Bodenbeläge.
[3] Die textilen Bodenbeläge müssen auf dem Produkt oder auf der Verpackung mit dem entsprechenden $\Delta L_{w,R}$ (VM_R) der Spalte 2 und mit der Werksbescheinigung nach DIN 50049 ausgeliefert werden.
[4] Pol aus Polyamid, Polypropylen, Polyacrylnitril, Polyester, Wolle und deren Mischungen.

4 Trittschalldämmung in Gebäuden in Massivbauart

Zur Berechnung der bisher benutzten Größen TSM, TSM_{eq} und VM aus den Werten von $L'_{n,w}$, $L_{n,w,eq}$ und ΔL_w gelten folgende Beziehungen:

$$TSM = 63 \text{ dB} - L'_{n,w}$$
$$TSM_{eq.} = 63 \text{ dB} - L_{n,w,eq}$$
$$VM = \Delta L_w.$$

4.1 Massivdecken

4.1.1 Allgemeines

Für Massivdecken werden folgende Ausführungsbeispiele angegeben:

– Massivdecken ohne/mit Deckenauflage bzw. ohne/mit biegeweicher Unterdecke,
– Deckenauflagen allein.

Der bewertete Norm–Trittschallpegel $L'_{n,w,R}$ (das Trittschallschutzmaß TSM_R) von Massivdecken lässt sich für einen unter einer Decke liegenden Raum folgendermaßen berechnen:

$$L'_{n,w,R} = L_{n,w,eq,R} - \Delta L_{w,R}$$
$$(TSM_R = TSM_{eq,R} + VM_R) \qquad (3)$$

Hierin bedeuten:

$L_{n,w,eq,R}$ äquivalenter bewerteter Norm–Trittschallpegel
$(TSM_{eq,R})$ (äquivalentes Trittschallschutzmaß) der Massivdecke ohne Deckenauflage (Rechenwert)

$\Delta L_{w,R}$ Trittschallverbesserungsmaß der Deckenauflage
(VM_R) (Rechenwert)

Der so errechnete Wert von $L'_{n,w,R}$ muss mindestens 2 dB niedriger (beim Trittschallschutzmaß TSM_R mindestens 2 dB höher) sein, als die in DIN 4109 genannten Anforderungen.

Liegt der zu schützende Raum nicht unmittelbar unter der betrachteten Decke, sondern schräg darunter (z.B. Wohnraum schräg unter einem Bad), dann dürfen von dem berechneten $L'_{n,w,R}$ 5 dB abgezogen (beim Trittschallschutzmaß TSM_R 5 dB hinzugezählt) werden, sofern die zugehörigen Trennwände ober– und unterhalb der Decke eine flächenbezogene Masse von ≥ 150 kg/m² haben. Für weitere Raumanordnungen sind Korrekturwerte in Tabelle 36 angegeben.

4.1.2 Äquivalenter bewerteter Norm–Trittschallpegel $L'_{n,w,eq,R}$ von Decken

Die $L'_{n,w,eq,R}$ –Werte ($TSM_{eq,R}$ –Werte) von Massivdecken nach Tabelle 11 sind in Tabelle 16 angegeben.

Für Massivdecken mit Unterdecken in Gebäuden in Skelett– und Holzbauweise siehe Abschnitt 8.1.1.

4.1.3 Trittschallverbesserungsmaß $\Delta L_{w,R}$ der Deckenauflagen

Aus der in Abschnitt 4.1.1 genannten Beziehung (3) lässt sich bei gegebener Massivdecke – $L_{n,w,eq,R}$ ($TSM_{eq,R}$) – der zur Erfüllung der Anforderungen erforderliche Mindestwert des Trittschallverbesserungsmaßes $\Delta L_{w,min.}$ ($VM_{R,min}$) angeben:

$$\Delta L_{w,min.} = L_{n,w,eq,R} + 2 \text{ dB} + \text{erf. } L'_{n,w}$$
$$(VM_{R,min.} = \text{erf. } TSM + 2 \text{ dB} - TSM_{eq,R}) \qquad (4)$$

Dabei stellt erf. $L'_{n,w}$ (erf. TSM) den nach DIN 4109, Tabelle 3, erforderlichen bewerteten Norm–Trittschallpegel (Trittschallschutzmaß) der fertigen Decke dar.

Wird ein weichfedernder Bodenbelag auf einem schwimmenden Boden angeordnet, dann ist als $\Delta L_{w,R}$ (VM_R) nur der höhere Wert – entweder des schwimmenden Bodens oder des weichfedernden Bodenbelags – zu berücksichtigen.

Beispiele für Deckenauflagen und die mit ihnen mindestens erzielbaren Trittschallverbesserungsmaße $\Delta L_{w,R}$ (VM_R) sind in den Tabellen 17 und 18 enthalten. Die Deckenauflagen in Tabelle 17 (schwimmende Böden) verbessern die Luft– und Trittschalldämmung einer Massivdecke, die Deckenauflagen der Tabelle 18 (weichfedernde Bodenbeläge) verbessern nur die Trittschalldämmung.

4.2 Holzbalkendecken

Ausführungsbeispiele sind in Tabelle 19 enthalten. Das bewertete Schalldämm–Maß $R_{w,R}$ hängt dabei stark von den flächenbezogenen Massen der flankierenden Bauteile ab. Die Werte der Tabelle 19 gelten für flankierende Bauteile mit einer mittleren flächenbezogenen Masse $m'_{L,Mittel}$ von etwa 300 kg/m². Weichen die mittleren flächenbezogenen Massen $m'_{L,Mittel}$ davon um mehr als ± 25 kg/m² ab, sind Zu– bzw. Abschläge nach Tabelle 14 vorzunehmen.

4.3 Massive Treppenläufe und Treppenpodeste

In Tabelle 20 ist eine Übersicht über die Rechenwerte des bewerteten Norm–Trittschallpegels (Trittschallschutzmaßes) von massiven Treppen – bezogen auf einen unmittelbar angrenzenden Wohnraum – gegeben, wobei zwei Werte, jeweils für $L'_{n,w,R}$ (TSM_R) und $L_{n,w,eq,R}$ ($TSM_{eq,R}$) genannt sind. Der Wert $L'_{n,w,R}$ (TSM_R) ist anzuwenden, wenn kein zusätzlicher trittschalldämmender Gehbelag bzw. schwimmender Estrich aufgebracht wird. Wird dagegen ein derartiger Belag oder Estrich aufgebracht, ist für die dann erforderliche Berechnung des bewerteten Norm–Trittschallpegels $L'_{n,w,R}$ (Trittschallschutzmaßes TSM_R) der Treppe nach Gleichung (3) der Wert $L_{n,w,eq,R}$ ($TSM_{eq,R}$) nach Tabelle 20 zu verwenden. Dies wird nachstehend an zwei Beispielen gezeigt.

Schalldämmung nach DIN 4109, Beiblatt 1

Tabelle 19: Bewertetes Schalldämm–Maß $R'_{w,R}$ und bewerteter Norm–Trittschallpegel $L'_{n,w,R}$ (Trittschallschutzmaß TSM_R) von Holzbalkendecken (Rechenwerte) (Maße in mm)

Spalte	1	2	3	4	5	6
			Unterdecke			
Zeile	Deckenausbildung [1]	Fußboden auf oberer Balken-abdeckung	Anschluss Holzlatten an Balken	Anzahl der Lagen	$R'_{w,R}$ [2] dB	$L'_{n,w,R}$ [3] (TSM_R) dB
1	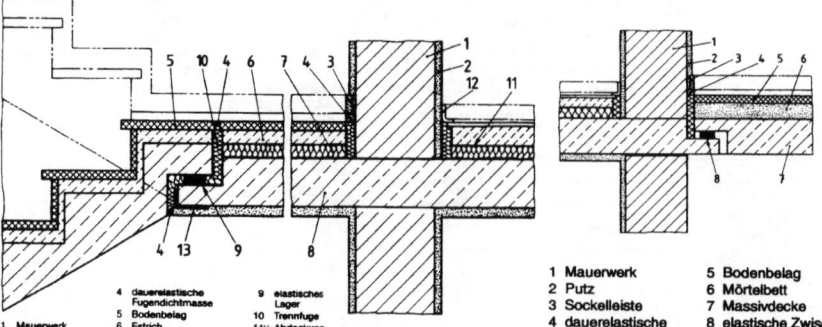	Spanplatten auf mineralischem Faserdämmstoff	über Feder-bügel oder Feder-schiene	1	50	56 (7)
2				2	50	53 (10)
3		Schwimmender Estrich auf mineralischem Faserdämmstoff	über Feder-bügel oder Feder-schiene	1	50	51 (12)

[1] Bei einer Dicke der eingelegten Dämmschicht, siehe 5, von mindestens 100 mm ist ein seitliches Hochziehen nicht erforderlich.

[2] Gültig für flankierende Wände mit einer flächenbezogenen Masse $m'_{L,Mittel}$ von etwa 300 kg/m². Weitere Bedingungen für die Gültigkeit der Tabelle 19 siehe Abschnitt 3.1

[3] Bei zusätzlicher Verwendung eines weichfedernden Bodenbelags dürfen in Abhängigkeit vom Trittschallverbesserungs-maß $\Delta L_{w,R}$ (VM_R) des Belags folgende Zuschläge gemacht werden:

2 dB für $\Delta L_{w,R}$ (VM_R) $\geq$ 20 dB, 6 dB für $\Delta L_{w,R}$ (VM_R) $\geq$ 25 dB.

Erklärungen zu Tabelle 19:
1 Spanplatte nach DIN 68763, gespundet oder mit Nut und Feder
2 Holzbalken
3 Gipskarton–Bauplatte nach DIN 18180, 12,5 mm oder 15 mm dick, Spanplatte nach DIN 68763, 13 mm bis 16 mm dick, oder – bei einlagigen Unterdecken – Holzwolle–Leichtbauplatten nach DIN 1101, Dicke $\geq$ 25 mm, verputzt.
4 Faserdämmstoff nach DIN 18165 Teil 2, Anwendungstyp T, dynamische Steifigkeit $s' \leq$ 15 MN/m³
5 Faserdämmstoff nach DIN 18165 Teil 1, längenbezogener Strömungswiderstand $\Xi \geq$ 5 kN · s/m⁴
6 Holzlatten, Achsabstand $\geq$ 400 mm, direkte Befestigung an den Balken mit mechanischen Verbindungsmitteln
7 Unterkonstruktion aus Holz, Achsabstand der Latten $\geq$ 400 mm, Befestigung über Federbügel (siehe Bild 6) oder Feder-schiene (siehe Bild 7), kein fester Kontakt zwischen Latte und Balken – ein weichfedernder Faserdämmstreifen darf zwi-schengelegt werden. Andere Unterkonstruktionen dürfen verwendet werden, wenn nachgewiesen ist, dass sie sich hin-sichtlich der Schalldämmung gleich oder besser als die hier angegebenen Ausführungen verhalten.
8 Mechanische Verbindungsmittel oder Verleimung
9 Estrich

Tabelle 20: Äquivalenter bewerteter Norm–Trittschallpegel $L_{n,w,eq,R}$ (Trittschallschutzmaß $TSM_{eq,R}$) und bewerteter Norm–Trittschallpegel $L'_{n,w,R}$ (Trittschallschutzmaß TSM_R) für verschiedene Ausführungen von massiven Treppen-läufen und Treppenpodesten unter Berücksichtigung der Ausbildung der Treppenraumwand (Rechenwerte)

Spalte	1	2	3
Zeile	Treppen und Treppenraumwand	$L_{n,w,eq,R}$ ($TSM_{eq,R}$) dB	$L'_{n,w,R}$ (TSM_R) dB
1	Treppenpodest [1], fest verbunden mit einschaliger, biegesteifer Treppenraumwand (flächenbezogene Masse $\geq$ 380 kg/m²)	66 (– 3)	70 (– 7)
2	Treppenlauf [1], fest verbunden mit einschaliger, biegesteifer Treppenraumwand (flächenbezogene Masse $\geq$ 380 kg/m²)	61 (+ 2)	65 (– 2)
3	Treppenlauf [1], abgesetzt von einschaliger, biegesteifer Treppenraumwand	58 (+ 5)	58 (+ 5)
4	Treppenpodest [1], fest verbunden mit Treppenraumwand, und durchgehender Gebäudetrennfuge nach Abschnitt 2.3	$\leq$ 53 ($\geq$ + 10)	$\leq$ 50 ($\geq$ + 13)
5	Treppenlauf [1], abgesetzt von Treppenraumwand, und durchgehender Gebäude-trennfuge nach Abschnitt 2.3	$\leq$ 46 ($\geq$ + 17)	$\leq$ 43 ($\geq$ + 20)
6	Treppenlauf [1], abgesetzt von Treppenraumwand, und durchgehender Gebäude-trennfuge nach Abschnitt 2.3, auf Treppenpodest elastisch gelagert	38 (+ 25)	42 (+ 21)

[1] Gilt für Stahlbetonpodest oder –treppenlauf mit einer Dicke $d \geq$ 120 mm.

Beispiel 1
– Treppenpodest nach Tabelle 20, Zeile 1, Spalte 2

$L_{n,w,eq,R}$ = 66 dB,
($TSM_{eq,R}$) = – 3 dB,

– Schwimmender Estrich nach Tabelle 17, Zeile 2, Spalte 2, mit einer dynamischen Steifigkeit s' = 30 MN/m³ und eines Trittschall-verbesserungsmaßes $\Delta L_{w,R}$ (VM_R) = 26 dB, ergibt
$L'_{n,w,R}$ = 66 dB – 26 dB = 40 dB

(TSM_R) = – 3 dB + 26 dB = 23 dB).

Beispiel 2
– Treppenlauf nach Tabelle 20, Zeile 3, Spalte 2

$L_{n,w,eq,R}$ = 58 dB,
($TSM_{eq,R}$) = + 5 dB,

– PVC–Verbundbelag nach Tabelle 18, Zeile 3, Spalte 2,
$\Delta L_{w,R}$ (VM_R) = 16 dB, ergibt
$L'_{n,w,R}$ = 58 dB – 16 dB = 42 dB,

(TSM_R) = + 5 dB + 16 dB = 21 dB).

Beispiele für Treppenausführungen (ohne zusätzlichen weichfedernden Belag) mit $L'_{n,w,R} \leq$ 43 dB ($TSM_R \geq$ 20 dB) sind in den Bildern 8 bis 12 angegeben. In den Bildern 11 und 12 sind die Podeste auf besonderen Stahlbeton–Konsolleisten elastisch gelagert und die Treppenläufe mit den Podesten starr verbunden. In den Bildern 8 bis 10 ist der Treppenlauf auf den Treppenpodesten elastisch gelagert und die Podeste sind mit einem schwimmenden Estrich versehen.
Die bauaufsichtlichen Vorschriften des Brandschutzes sind zu beachten.

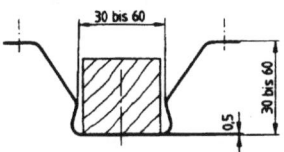

Bild 6: Ausbildung der Federbügel (Maße in mm) (vergleiche Tabelle 19)

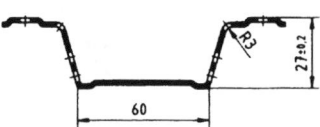

Bild 7: Ausbildung der Federschiene (Maße in mm) (vergleiche Tabelle 19)

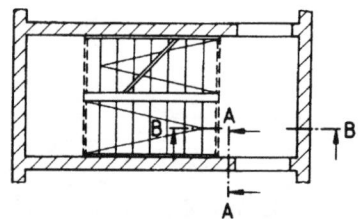

Grundriss

Bild 8: Schwimmender Estrich auf den Podesten bei elasti-scher Auflagerung der Treppenläufe

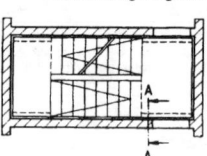

Grundriss

Bild 11: Auflagerung eines Treppenlaufes mit Podestplatte auf Konsolleisten; Quergespannte Podeste

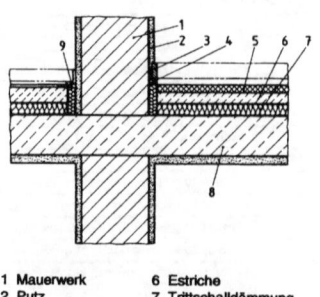

4 dauerelastische Fugendichtmasse	9 elastisches Lager
5 Bodenbelag	10 Trennfuge
6 Estrich	11'' Abdeckung
7 Trittschalldämmung	12 Kunststoffwinkel
8 Massivdecke	13 Winkel

1 Mauerwerk
2 Putz
3 Sockelleiste

Bild 10: Schwimmender Estrich auf Podesten mit dämmender Zwischenlage bei Auflagerung der Läufe, Schnitt B–B

1 Mauerwerk   5 Bodenbelag
2 Putz   6 Mörtelbett
3 Sockelleiste   7 Massivdecke
4 dauerelastische 8 elastische Zwischenlage
   Fugendichtmasse

Bild 12: Auflagerung eines Treppenlaufes mit Po-destplatte auf Konsolleisten, Schnitt A–A

1 Mauerwerk   6 Estriche
2 Putz   7 Trittschalldämmung
3 Sockelleisten 8 Massivdecke
4 Fugendichtmasse 9 Kunststoffwinkel
5 Bodenbelag

Bild 9: Schwimmender Estrich auf den Podesten, Schnitt A–A

Schalldämmung nach DIN 4109, Beiblatt 1

5 Luftschalldämmung in Gebäuden in Skelett- und Holzbauart; Nachweis der resultierenden Schalldämmung

5.1 Allgemeines
Schall wird von Raum zu Raum sowohl über das trennende Bauteil als auch über die flankierenden Bauteile übertragen.

In Massivbauten mit biegesteifer Anbindung der flankierenden Baueile an das trennende Bauteil treten die Übertragungswege nach Bild 13 auf.

In Skelettbauten und Holzhäusern, bei denen diese biegesteife Anbindung nicht vorhanden ist, spielen die Übertragungswege *Fd* und *Df* keine Rolle. In diesen Gebäuden müssen nur das Labor–Schallsystem–Maß $R_{w,R}$ des trennenden Bauteils und die Schall–Längsdämm–Maße $R_{L,w,R}$ der flankierenden Bauteile (Weg *Ff*) für den rechnerischen Nachweis berücksichtigt werden.

Die Schall–Längsleitung ist abhängig von der Art der flankierenden Bauteile und von der konstruktiven Ausbildung der Verbindungsstellen zwischen flankierendem und trennendem Bauteil. Neben der im folgenden behandelten Schall–Längsleitung entlang flankierender Bauteile spielt die Schallübertragung über Undichtigkeiten eine Rolle. Sie kann im Regelfall rechnerisch nicht erfasst werden und wird daher im folgenden auch nicht behandelt (siehe Abschnitt 5.2).
Der Eignungsnachweis ist für benachbarte Räume zu führen, wobei alle an der Schallübertragung beteiligten Bauteile zu berücksichtigen sind. Der im Einzelfall durchgeführte Nachweis gilt für Bauteilkombinationen, die sich im Bauwerk konstruktionsgleich wiederholen.

Der Eignungsnachweis kann als vereinfachter Nachweis nach Abschnitt 5.3 oder nach dem Rechenverfahren nach Abschnitt 5.4 erfolgen. Das Rechenverfahren ist aufwendiger, ermöglicht aber eine gezieltere und daher meist wirtschaftlichere Kombination der Bauteile. Abschnitt 5.6 enthält Anwendungsbeispiele für beide Nachweisverfahren.

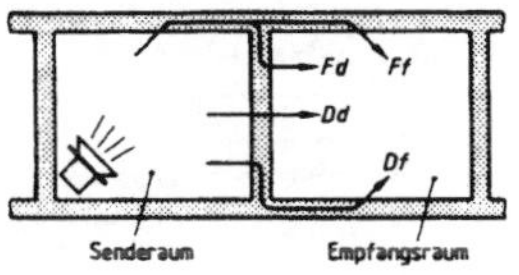

Nach DIN 52217 gilt für

Dd Luftschall–Anregung des Trennelementes im Senderaum Schallabstrahlung des Trennelementes in den Empfangsraum
Ff Luftschall–Anregung der flankierenden Bauteile des Senderaumes
teilweise Übertragung der Schwingungen auf flankierende Bauteile des Empfangsraumes
Fd Luftschall–Anregung der flankierenden Bauteile des Senderaumes
teilweise Übertragung der Schwingungen auf die flankierenden Bauteile des Empfangsraumes
Schallabstrahlung des Trennelementes in den Empfangsraum
Df Luftschall–Anregung des Trennelementes im Senderaum
teilweise Übertragung der Schwingungen auf die flankierenden Bauteile des Empfangsraumes
Schallabstrahlung dieser Bauteile in den Empfangsraum

Mit den Großbuchstaben werden die Eintrittsflächen im Senderaum, mit den Kleinbuchstaben die Austrittsflächen im Empfangsraum gekennzeichnet, wobei *D* und *d* auf das direkte Trennelement, *F* und *f* auf die flankierenden Bauteile hinweisen.

Bild 13: Übertragungswege des Luftschalls zwischen zwei Räumen nach DIN 52217

5.2 Voraussetzungen
Die in den Abschnitten 5.3 und 5.4 beschriebenen Nachweisverfahren setzen voraus, dass

- alle an der Schallübertragung beteiligten Bauteile und Anordnungen (z.B. auch Lüftungskanäle) erfasst sind,
- die Schall–Längsdämm–Maße der flankierenden Bauteile durch die Art des trennenden Bauteils nicht oder unwesentlich beeinflusst werden, was bei den in diesem Beiblatt angegebenen Bauteilen und deren Kombinationen der Fall ist,
- die dem Nachweis zugrundeliegenden Rechenwerte unter Berücksichtigung der Anschlüsse an Wände und Decken sowie des Einflusses von Einbauleuchten und angeordneten Steckdosen ermittelt sind,
- der Aufbau sorgfältig ausgeführt und überwacht wird. Beim Aufbau müssen alle Undichtigkeiten vermieden werden, sofern sie nicht in den Konstruktionsdetails, die den Rechenwerten zu Grunde liegen, mit erfasst sind,
- das flankierende Bauteil zu beiden Seiten des Anschlusses des trennenden Bauteils konstruktiv gleich ausgeführt ist,
- das verwendete Dichtungsmaterial dauerelastisch ist (Fugenkitt); poröse Dichtungsstreifen wirken nur in stark verdichtetem Zustand (unter Pressdruck).

5.3 Vereinfachter Nachweis
Die an der Schallübertragung beteiligten trennenden und flankierenden Bauteile müssen die Bedingung nach Gleichung (5) oder (6) erfüllen:

$$R_{w,R} \geq \text{erf. } R'_w + 5 \text{ dB} \qquad (5)$$
$$R_{L,w,R,i} \geq \text{erf. } R'_w + 5 \text{ dB} \qquad (6)$$

Hierin bedeuten:

$R_{w,R}$ Rechenwert des erforderlichen bewerteten Schalldämm–Maßes der Trennwand oder –decke in dB (ohne Längsleitung über flankierende Bauteile, Übertragungsweg *Dd*, siehe Bild 13)
$R_{L,w,R,i}$ Rechenwert des erforderlichen bewerteten Schall–Längsdämm–Maßes des *i*-ten flankierenden Bauteils in dB (ohne Schallübertragung durch das trennende Bauteil, Übertragungsweg *Ff*, siehe Bild 13)
erf. R'_w angestrebtes resultierendes Schalldämm–Maß in dB

5.4 Rechnerische Ermittlung des resultierenden Schalldämm–Maßes $R'_{w,R}$
Die resultierende Schalldämmung der an der Schallübertragung beteiligten trennenden und flankierenden Bauteile, ausgedrückt durch den Rechenwert des resultierenden bewerteten Schalldämm–Maßes $R'_{w,R}$, läßt sich unter Beachtung der in Abschnitt 5.2 genannten Voraussetzungen nach Gleichung (7) berechnen.[4]

$$R'_{w,R} = -10 \lg \left(10^{\frac{-R_{w,R}}{10}} + \sum_{i=1}^{n} 10^{\frac{-R'_{L,w,R,i}}{10}} \right) \text{dB} \qquad (7)$$

Hierin bedeuten:

$R_{w,R}$ Rechenwert [5] des bewerteten Schalldämm–Maßes des trennenden Bauteils ohne Längsleitung über flankierende Bauteile in dB
$R'_{L,w,R,i}$ Rechenwert [6] des bewerteten Bau–Schall–Längsdämm–Maßes des *i*-ten flankierenden Bauteils am Bau in dB
n Anzahl der flankierenden Bauteile (im Regelfall $n = 4$).

Die rechnerische Ermittlung des bewerteten Schall–Längsdämm–Maßes $R'_{L,w,R,i}$ eines flankierenden Bauteils am Bau nach DIN 52217 erfolgt nach Gleichung (8):

$$R'_{L,w,R,i} = R_{L,w,R,i} + 10 \lg \frac{S_T}{S_0} - 10 \lg \frac{l_i}{l_0} \text{ dB} \qquad (8)$$

Hierin bedeuten:

$R_{L,w,R,i}$ Rechenwert [6] des bewerteten Labor–Schall–Längsdämm–Maßes in dB des *i*-ten flankierenden Bauteils nach DIN 52217, aus Messungen im Prüfstand nach DIN 52210 Teil 7 oder aus den Ausführungsbeispielen nach Abschnitt 6
S_T Fläche des trennenden Bauteils in m²
S_0 Bezugsfläche in m² (für Wände $S_0 = 10$ m²)
l_i gemeinsame Kantenlänge zwischen dem trennenden und dem flankierenden Bauteil in m
l_0 Bezugslänge in m:
– für Decken, Unterdecken, Fußböden 4,5 m
– für Wände 2,8 m

Sofern keine gemeinsame Kantenlänge l_i vorliegt, z.B. bei einem Kabelkanal oder einer Lüftungsanlage, entfällt der Ausdruck $10 \lg (l_i / l_0)$ in Gleichung (8).
Für Räume mit einer Raumhöhe von etwa 2,5 m bis 3 m und einer Raumtiefe von etwa 4 m bis 5 m kann die Gleichung (8) wie folgt vereinfacht werden:

$$R'_{L,w,R,i} = R_{L,w,R,i} \qquad (9)$$

Anwendungsbeispiele für die rechnerische Ermittlung siehe Abschnitt 5.6

5.5 Rechenwerte

5.5.1 Allgemeines
Rechenwerte für den Eignungsnachweis sind für die Ausführungsbeispiele in den Abschnitten 6 bis 8 enthalten. Bei der Ermittlung der Rechenwerte über die Eignungsprüfung I ist das Vorhaltemaß von 2 dB nach DIN 4109, Abschnitt 6.4, abzuziehen.

Diese Rechenwerte gelten nur für die dargestellten Konstruktionen. Bei Abweichungen und anderen Konstruktionen sind die Rechenwerte durch Eignungsprüfungen nach DIN 4109, Abschnitt 6.3, zu bestimmen. Dies gilt auch für Durchbrüche und sonstige Undichtigkeiten in den Bauteilen (z.B. Lüftungsöffnungen, Einbauleuchten und angeordnete Steckdosen, gleitende Deckenanschlüsse). Kabel- und Lüftungskanäle sind als eigene Bauteile zu behandeln.

5.5.2 Trennende Bauteile
Für Trennwände und –decken werden als Rechenwerte in der Regel die in Prüfständen ohne Flankenübertragung nach DIN 52210 Teil 2 gemessenen Schalldämm–Maße $R_{w,P}$ verwendet, die um das Vorhaltemaß von 2 dB abzumindern sind.

Weiterhin können bei zweischaligen Trennwänden und –decken aus biegeweichen Schalen als Rechenwerte auch die bewerteten Schalldämm–Maße $R'_{w,P}$ verwendet werden, die in Prüfständen mit bauähnlicher Flankenübertragung nach DIN 52210 Teil 2 ermittelt wurden, wobei die Flankenübertragung des Prüfstandes rechnerisch eliminiert wird. Dies geschieht im Regelfall näherungsweise nach Gleichung (10).

$$R_{w,R} = R'_{w,P} + Z - 2 \text{ dB} \qquad (10)$$

Hierin bedeuten:

$R_{w,R}$ Rechenwert des bewerteten Schalldämm–Maßes der Trennwand oder –decke ohne Längsleitung über flankierende Bauteile in dB
$R'_{w,P}$ bewertetes Schalldämm–Maß der Trennwand oder –decke in dB, gemessen im Prüfstand mit bauähnlicher Flankenübertragung [6], ohne Abzug des Vorhaltemaßes
Z Zuschlag in dB nach Tabelle 21.

Tabelle 21: Zuschläge *Z* für die rechnerische Ermittlung von $R_{w,R}$ aus $R'_{w,P}$

Spalte/ Zeile	1		2	3	4	5	6
1	$R'_{w,P}$	dB	≤ 48	49	51	53	≥ 54
2	*Z*	dB	0	1	2	3	4

5.5.3 Flankierende Bauteile
Als Rechenwerte $R_{L,w,R}$ sind die Schall–Längsdämm–Maße $R_{L,w,P}$ der flankierenden Bauteile zu verwenden, die in Prüfständen nach DIN 52210 Teil 2 bestimmt und um das Vorhaltemaß von 2 dB abgemindert sind.

5.6 Anwendungsbeispiele
Im folgenden werden zwei Anwendungsbeispiele für den vereinfachten Nachweis für die rechnerische Ermittlung des bewerteten Schalldämm–Maßes $R'_{w,R}$ gegeben.

Beispiel 1
Trennwand (Höhe 3 m, Länge 7 m) zwischen 2 Klassenräumen einer Schule in einem Skelettbau.

Nach DIN 4109, Tabelle 3, Zeile 41, wird ein bewertetes Schalldämm–Maß erf. $R'_w = 47$ dB gefordert.

Die gewählte Bauteilkombination für das trennende Bauteil und die vier flankierenden Bauteile mit den zugehörigen bewerteten Schalldämm–Maßen gehen aus Tabelle 22 hervor.

a) Vereinfachter Nachweis

Hiernach müssen alle an der Schallübertragung beteiligten Bauteile bewertete Schalldämm–Maße $R_{w,R}$ bzw. $R_{L,w,R}$ aufweisen, die um 5 dB über der Anforderung an das bewertete Schalldämm–Maß erf. R'_w liegen.

$R_{w,R}$ ≥ 47 + 5 ≥ 52 dB
$R_{L,w,R,i}$ ≥ 47 + 5 ≥ 52 dB.

Aus Tabelle 22 geht hervor, dass zwei der gewählten Bauteile, nämlich die Unterdecke ($R_{L,w,R} = 51$ dB) und die Außenwand ($R_{L,w,R} = 50$ dB), nicht ausreichend sind. Sie müssen nach der vereinfachten Rechnung verbessert werden, z.B. bei der Unterdecke durch eine 10 mm dickere Faserdämmstoff–Auflage (Interpolation in Tabelle 26, Zeile 1, zwischen den Spalten 4 und 5).

b) Rechnerische Ermittlung

Der Rechengang sieht in Tabelle 22, Zeile 1, zunächst die Ermittlung der Schall–Längsdämm–Maße $R'_{L,w,R,i}$ nach Gleichung (8) vor, die dann gemeinsam mit dem Schalldämm–Maß $R_{w,R}$ des trennenden Bauteils in die Berechnung des resultierenden Schalldämm–Maßes $R'_{w,R}$ nach Gleichung (7) (siehe Tabelle 22, Zeilen 2 bis 5) eingehen.

Die Rechnung ergibt ein bewertetes Schalldämm–Maß $R'_{w,R}$ = 47 dB, womit die gestellte Anforderung erfüllt ist.

Das ausgewählte Beispiel zeigt, dass es wirtschaftlich sein kann, anstelle des vereinfachten Nachweises die genauere rechnerische Ermittlung vorzunehmen.

Beispiel 2
Trennwand (Höhe 2,5 m, Länge 5 m) im eigenen Wohnbereich in einem Gebäude in Holzbauart.
Aufgrund einer Vereinbarung soll das erforderliche Schalldämm–Maß erf. $R'_w = 40$ dB eingehalten werden.

Gewählte Bauteilkombinationen und zugehörige bewertete Schalldämm–Maße:

Trennwand in Holzbauart nach Tabelle 24, Zeile 2, $R_{w,R} = 46$ dB,

flankierende Bauteile mit bewerteten Schall–Längsdämm–Maßen $R'_{L,w,R,i}$ nach Gleichung (9),

obere Holzbalkendecke nach Tabelle 30, Zeile 2, $R'_{L,w,R,1} = 51$ dB,

untere Holzbalkendecke nach Tabelle 30, Zeile 5, $R'_{L,w,R,2} = 65$ dB,

Außenwand nach Tabelle 33, Zeile 3, $R'_{L,w,R,3} = 54$ dB,

Innenwand nach Tabelle 33, Zeile 1, $R'_{L,w,R,4} = 48$ dB.

---

[4] Die Genauigkeit der Rechnung ist im allgemeinen ausreichend, wenn sie mit den Einzahl–Angaben der bewerteten Schalldämm–Maße der beteiligten Bauteile durchgeführt wird. Eine frequenzabhängige Berechnung von $R'_{w,R}$ kann in Sonderfällen erforderlich sein.
[5] Die Rechenwerte aus Messungen werden unter Abzug des Vorhaltemaßes von 2 dB ermittelt.
[6] Die Bezeichnung $R'_{w,P}$ ist gleichbedeutend mit der Bezeichnung R'_w, die in DIN 52210 Teil 4 sowie in den Prüfzeugnissen verwendet wird.

Schalldämmung nach DIN 4109, Beiblatt 1

Tabelle 22: Trennwand zwischen 2 Klassenräumen in einer Schule in Skelettbau mit flankierenden Bauteilen; gewählte Bauteile und rechnerische Ermittlung des bewerteten Schalldämm–Maßes $R'_{w,R}$ nach den Gleichungen (7) und (8)

Spalte	1	2	3	4	5	6	7	8
Zeile	Index i	Bauteil	$R_{w,R}$ dB	$R_{L,w,R,i}$ dB	$10 \lg \dfrac{S_T}{S_0}$ dB	l m	$-10 \lg \dfrac{l}{l_0}$ dB	$R_{w,R}$ bzw. $R'_{L,w,R,i}$ dB
		Trennendes Bauteil						
1	–	Trennwand, zweischalig, nach Tabelle 23, Zeile 10	55	–	–	–	–	55
		Flankierende Bauteile						
2	1	Unterdecke aus Gipskarton–Platten (10 kg/m²), 400 mm Abhängehöhe, mit Dämmstoffauflage von 50 mm nach Tabelle 26, Zeile 1, sowie Tabelle 27	–	51	3,2	7	– 1,9	52,3
3	2	Untere Decke (260 kg/m²) mit Verbundestrich (90 kg/m²), flächenbezogene Masse insgesamt 350 kg/m² nach Tabelle 25	–	58	3,2	7	– 1,9	59,3
4	3	Außenwand in Holzbauart, Wandstoß im Bereich der Trennwand (da keine Messwerte $R_{L,w,P}$ vorliegen, wird nach Abschnitt 6.8.3 verfahren).	–	50	3,2	3	– 0,3	52,9
5	4	Innenwand nach Tabelle 32, Zeile 1	–	53	3,2	3	– 0,3	55,9

$R'_{w,R}$ nach Gleichung (7)

$R'_{w,R} = -10 \lg(10^{-5,5} + 10^{-5,23} + 10^{-5,93} + 10^{-5,29} + 10^{-5,59})$

$R'_{w,R} = 47,4$ dB, gerundet

$R'_{w,R} = 47$ dB.

Tabelle 26: Bewertete Schall–Längsdämm–Maße $R_{L,w,R}$ von Unterdecken, Abhängehöhe $h = 400$ (Rechenwerte) (Maße in mm)

Spalte	1	2	3	4	5
Zeile	Ausführungsbeispiele	Flächenbezogene Masse der Decklage kg/m²	Bewertetes Schall–Längsdämm–Maß $R_{L,w,R}$ [1] in dB für folgende vollflächige Mineralfaser–Auflage der Dicke s_D		
			0	50	100
	Unterdecken mit geschlossener Fläche nach Abschnitt 6.4.2.2				
1	Ausführung nach Bild 12	≥ 9	40	51	57
2		≥ 11	43	55	59
3		≥ 22 [2]	50	56	–
4	Ausführung nach Bild 13	≥ 11	43	58	–
5	Ausführung nach Bild 14	≥ 22 [2]	50	63	–
	Unterdecken mit gegliederter Fläche nach Abschnitt 6.4.2.3				
6	Mineralfaser–Deckenplatten in Einlege–Montage (Ausführung nach Bild 15), Platten mit durchbrochener Oberfläche und ohne oberseitiger Dichtschicht	≥ 4,5	26	37 [3]	45 [3]
7		≥ 6	28	40 [3]	48 [3]
8		≥ 8	31	43 [3]	52 [3]
9		≥ 10	33	44 [3]	54 [3]
10	Mineralfaser–Deckenplatten in Einlege–Montage (Ausführung nach Bild 15), Platten mit unterseitig geschlossener Oberfläche oder mit oberseitiger Dichtschicht	≥ 4,5	30	43 [3]	52 [3]
11		≥ 6	35	48 [3]	57 [3]
12		≥ 8	40	53 [3]	60 [3]
13		≥ 10	44	57 [3]	–
14	Leichtspan–Schallschluckplatten nach DIN 68762, oberseitig Papier aufgeklebt, Mineralfaser–Auflage nur in Plattenstücken auf den Leichtspanplatten (Ausführung nach Bild 16)	≥ 8	–	43	52 [3]
15	Metall–Deckenplatten (Ausführung nach Bild 17)	≥ 8	28	44	51 [3]

[1] Bei $R_{L,w,R} ≥ 55$ dB ist die Decklage im Anschlussbereich der Trennwand durch eine Fuge zu trennen.

[2] Decklage ist zweilagig auszuführen.

[3] Wenn die Mineralfaser–Auflage in Form einzelner Plattenstücke und nicht vollflächig aufgelegt wird, sind bei Unterdecken aus Mineralfaser–Deckenplatten und Stahlblechdecken von den oben genannten $R_{L,w,R}$–Werten folgende Korrekturen vorzunehmen:

– 6 dB bei 100 mm Auflage,

– 4 dB bei 50 mm Auflage,

---

a) Vereinfachter Nachweis

Hiernach müssen alle an der Schallübertragung beteiligten Bauteile bewertete Schalldämm–Maße $R_{w,R}$ bzw. $R_{L,w,R}$ aufweisen, die um 5 dB über der Anforderung an das bewertete Schalldämm–Maß R'_w liegen.

$R_{w,R} \geq 40 + 5 \geq 45$ dB

$R_{L,w,R,i} \geq 40 + 5 \geq 45$ dB.

Die gewählten Bauteile sind im Sinne des vereinfachten Nachweises ausreichend, da sowohl der Wert $R_{w,R}$ des trennenden Bauteils als auch alle Werte $R'_{L,w,R,i}$ der flankierenden Bauteile mindestens 45 dB betragen.

b) Rechnerische Ermittlung

Das bewertete Schalldämm–Maß R'_w ergibt sich in diesem Beispiel aus den oben angegebenen bewerteten Schalldämm–Maßen für die einzelnen Bauteile mit Hilfe von Gleichung (7) zu:

$R'_{w,R} = -10 \lg (10^{-4,6} + 10^{-5,1} + 10^{-6,5} + 10^{-5,4} + 10^{-4,8})$

$R'_{w,R} = 43$ dB (gerundet).

Der vereinbarte Wert erf. $R'_w = 40$ dB wird durch die gewählte Bauteilkombination eingehalten.

6 Luftschalldämmung in Gebäuden in Skelett– und Holzbauart bei horizontaler Schallübertragung (Rechenwerte); Ausführungsbeispiele

6.1 Trennwände

6.1.1 Montagewände aus Gipskartonplatten nach DIN 18183

Tabelle 23 enthält Rechenwerte für das bewertete Schalldämm–Maß $R_{w,R}$ für die dort angegebenen Ausführungsbeispiele der in Ständerbauart ausgeführten Montagewände. Die Verarbeitung der Gipskartonplatten erfolgt nach DIN 18181, wobei die Fugen zu verspachteln sind. Die Gipskarton–Platten sind mit Schnellbauschrauben nach DIN 18182 Teil 2 an die Metallunterkonstruktion –C–Wandprofile aus Stahlblech nach DIN 18182 Teil 1, Blechnenndicke 0,6 mm oder 0,7 mm – anzuschrauben.

Zur Hohlraumdämpfung sind Faserdämmstoffe nach DIN 18165 Teil 1 mit einem längenbezogenen Strömungswiderstand $\Xi \geq 5$ kN · s/m⁴ in der angegebenen Mindestdicke zu verwenden.

Wenn in den flankierenden Wänden (z.B. Fensterfassaden) keine ausreichende Anschlussbreite für die Trennwand zur Verfügung steht, sind in der Trennwand Reduzieranschlüsse erforderlich, so dass der Rechenwert des bewerteten Schalldämm–Maßes $R_{w,R}$ im Regelfall gesondert nachzuweisen ist, gegebenenfalls durch das resultierende Schalldämm–Maß $R_{w,R,res}$ der Trennwand mit dem Reduzieranschluss (siehe Abschnitt 11).

6.1.2 Trennwände mit Holzunterkonstruktion

Für Trennwände mit Holzunterkonstruktion gelten als Rechenwerte für das bewertete Schalldämm–Maß $R_{w,R}$ die Angaben der Tabelle 24. Die biegeweichen Schalen können aus Gipskartonplatten nach DIN 18180, Dicke ≤ 15 mm, oder Spanplatten nach DIN 68763, Dicke ≤ 16 mm, oder aus verputzten Holzwolle–Leichtbauplatten nach DIN 1101 bestehen. Die Trennwände sind nach DIN 4103 Teil 4 auszuführen; für die Verarbeitung der Holzwolle–Leichtbauplatten gilt DIN 1102.

Plattenwerkstoffe und die Lattung sind mit Holzrippen durch mechanische Befestigungsmittel verbunden. Zur Hohlraumdämpfung sind Faserdämmstoffe nach DIN 18165 Teil 1 mit einem längenbezogenen Strömungswiderstand $\Xi \geq 5$ kN · s/m⁴ in der angegebenen Mindestdicke zu verwenden. Bei Trennwänden aus Holzwolle–Leichtbauplatten kann auf diese Hohlraumdämpfung bei dem in Tabelle 24, Zeile 8, angegebenen Schalenabstand verzichtet werden.

Wandkonstruktionen nach Tabelle 24 mit einem bewerteten Schalldämm–Maß $R_{w,R}$ von mindestens 60 dB gelten ohne weiteren Nachweis als geeignet, die Anforderungen an Treppenraumwände nach DIN 4109, Tabelle 3, Zeile 13, zu erfüllen, wenn Deckenkonstruktionen nach Tabelle 34, Zeilen 2 bis 4, verwendet werden.

6.2 Flankierende Bauteile

In den Abschnitten 6.3 bis 6.7 werden die beim Nachweis der resultierenden Luftschalldämmung nach Abschnitt 5 zu Grunde zu legenden Rechenwerte für das bewertete Schall–Längsdämm–Maß $R_{L,w,R}$ flankierender Bauteile angegeben. Bei der Bauausführung darf von den Details der Ausführungsbeispiele nicht abgewichen werden.

Soweit in den Ausführungsbeispielen Unterkonstruktionen verwendet werden, handelt es sich in der Regel um dünnwandige, kaltverformte und gegen Korrosion geschützte Profile aus Stahlblech nach DIN 18182 Teil 1.

Rechenwerte für Ausführungsbeispiele mit Holzunterkonstruktionen sind den Tabellen 24, 33 und 34 zu entnehmen.

Schalldämmung nach DIN 4109, Beiblatt 1

Tabelle 23: Bewertete Schalldämm-Maße $R_{w,R}$ für Montagewände aus Gipskartonplatten [1] in Ständerbauart nach DIN 18183 mit umlaufend dichten Anschlüssen an Wänden und Decken (Rechenwerte) (Maße in mm)

Spalte	1	2	3	4	5	6
Zeile	Ausführungsbeispiele	s_B [2]	C-Wand-profil [3]	Mindest-schalen-abstand s	Mindest-dämm-schicht-dicke S_D	$R_{w,R}$ dB
Zweischalige Einfachständerwände						
1		12,5	CW 50x06	50	40	45
2			CW 75x06	75	40	45
3				100	40	47
4			CW 100x06	100	60	48
5				100	80	51
6		2x12,5	CW 50x06	50	40	50
7			CW 75x06	75	40	51
8				75	60	52
9			CW 100x06	100	40	53
10				100	60	55
11				100	80	56
12		15+12,5	CW 50x06	50	40	51
13			CW 75x06	75	40	52
14				75	60	53
15				100	40	54
16			CW 100x06	100	60	56
17		3x12,5	CW 50x06	50	40	56
18			CW 75x06	75	40	55
19				100	40	58
20			CW 100x06	100	60	59
21				100	80	60
Zweischalige Doppelständerwände						
22		2 x 12,5	CW 50 x 06 oder CW 50 x 06	100	40	59
23			CW 50x06	105	40	61
24					80	63
25			CW 100x06	205	40	63
26					80	65

[1] Anstelle der Gipskartonplatten dürfen auch – ausgenommen Konstruktionen der Zeilen 17 bis 21 – Spanplatten nach DIN 68763, Dicke 13 mm bis 16 mm, verwendet werden.

[2] Dicke der Beplankung aus Gipskartonplatten nach DIN 18180, verarbeitet nach DIN 18181 (z.Z. Entwurf), Fugen verspachtelt.

[3] Kurzzeichen für das C-Wandprofil und die Blechdicke nach DIN 18182 Teil 1.

6.3 Massive flankierende Bauteile von Trennwänden

Die in Tabelle 25 enthaltenen Rechenwerte für das bewertete Schall-Längsdämm-Maß $R_{Lw,R}$ massiver flankierender Bauteile in Abhängigkeit von ihrer flächenbezogenen Masse sind gültig für
– Oberseiten von Massivdecken, wenn kein schwimmender Boden vorhanden ist,
– Unterseiten von Massivdecken, wenn keine Unterdecke vorhanden ist,
– Längswände (z.B. Außen- und Flurwände).

Tabelle 25. Bewertetes Schall-Längsdämm-Maß $R_{Lw,R}$ massiver flankierender Bauteile von Trennwänden (Rechenwerte)

Spalte	1	2	3
Zeile	Flächenbezogene Masse m'	$R_{Lw,R}$ dB	
	kg/m²	Decken	Längswände
1	100	41	43
2	200	51	53
3	300	56	58
4	350	58	60
5	400	60	62

Tabelle 24: Bewertete Schalldämm-Maße $R_{w,R}$ von Trennwänden in Holzbauart unter Verwendung von biegeweichen Schalen aus Gipskartonplatten [1] oder Spanplatten [1] oder verputzten Holzwolle-Leichtbauplatten [2] (Rechenwerte) (Maße in mm)

Spalte	1	2	3	4	5
Zeile	Ausführungsbeispiele	Anzahl der Lagen je Schale s	Mindest-schalen-abstand s	Mindest-dämm-schicht-dicke S_D	$R_{w,R}$ dB
Einfachständerwände					
1		1	80	40	38
2		2 [3]			46
3		1	100	60	43
Doppelständerwände					
4 [4]		1	125	40	53
5 [4]		2			60
6 [4]		1	160	40	53
7 [4]		2	200	80	65
8		1	≥ 100	–	55
Haustrennwand					
9 [5]		–	90	80	57
Freistehende Wandschalen [6]					
10		1	30 bis 50 entsprechend S_D	[3] 20 bis < 30	55

[1] Bekleidung aus Gipskartonplatten nach DIN 18180, 12,5 mm oder 15 mm dick, oder Spanplatten nach DIN 68763, 13 mm bis 16 mm dick.

[2] Bekleidung aus verputzten Holzwolle-Leichtbauplatten nach DIN 1101, 25 mm oder 35 mm dick, Ausführung nach DIN 1102.

[3] Hier darf – abweichend von Zeile 1 – je Seite für die äußere Lage auch eine 9,5 mm dicke Gipskartonplatte nach DIN 18180 verwendet werden.

[4] Beide Wandhälften sind auf gesamter Fläche auch im Anschlussbereich an die flankierenden Bauteile voneinander getrennt.

[5] Voraussetzung ist, dass die flankierenden Wände nicht durchlaufen; die Fassadenfuge kann dauerelastisch, mit Abdeckprofilen oder Formteilen geschlossen werden.

[6] Verputzte Holzwolle-Leichtbauplatten nach DIN 1101, Dicke ≥ 50 mm, Ausführung nach DIN 1102.

Schalldämmung nach DIN 4109, Beiblatt 1

Tabelle 26: Bewertete Schall–Längsdämm–Maße $R_{L,w,R}$ von Unterdecken, Abhängehöhe h = 400 (Rechenwerte) (Maße in mm)

Spalte	1	2	3	4	5
Zeile	Ausführungsbeispiele	Flächenbezogene Masse der Decklage kg/m²	Bewertetes Schall–Längsdämm–Maß $R_{L,w,R}$ [1] in dB für folgende vollflächige Mineralfaser–Auflage der Dicke s_D		
			0	50	100
Unterdecken mit geschlossener Fläche nach Abschnitt 6.4.2.2					
1		≥ 9	40	51	57
2	Ausführung nach Bild 12	≥ 11	43	55	59
3		≥ 22 [2]	50	56	–
4	Ausführung nach Bild 13	≥ 11	43	58	–
5	Ausführung nach Bild 14	≥ 22 [2]	50	63	–
Unterdecken mit gegliederter Fläche nach Abschnitt 6.4.2.3					
6		≥ 4,5	26	37 [3]	45 [3]
7	Mineralfaser–Deckenplatten in Einlege–Montage (Ausführung nach Bild 15), Platten mit durchbrochener Oberfläche und ohne oberseitiger Dichtschicht	≥ 6	28	40 [3]	48 [3]
8		≥ 8	31	43 [3]	52 [3]
9		≥ 10	33	44 [3]	54 [3]
10		≥ 4,5	30	43 [3]	52 [3]
11	Mineralfaser–Deckenplatten in Einlege–Montage (Ausführung nach Bild 15), Platten mit unterseitig geschlossener Oberfläche oder mit oberseitiger Dichtschicht	≥ 6	35	48 [3]	57 [3]
12		≥ 8	40	53 [3]	60 [3]
13		≥ 10	44	57 [3]	–
14	Leichtspan–Schallschluckplatten nach DIN 68762, oberseitig Papier aufgeklebt, Mineralfaser–Auflage nur in Plattenstücken auf den Leichtspanplatten (Ausführung nach Bild 16)	≥ 8	–	43	52 [3]
15	Metall–Deckenplatten (Ausführung nach Bild 17)	≥ 8	28	44	51 [3]

[1] Bei $R_{L,w,R}$ ≥ 55 dB ist die Decklage im Anschlussbereich der Trennwand durch eine Fuge zu trennen.

[2] Decklage ist zweilagig auszuführen.

[3] Wenn die Mineralfaser–Auflage in Form einzelner Plattenstücke und nicht vollflächig aufgelegt wird, sind bei Unterdecken aus Mineralfaser–Deckenplatten und Stahlblechdecken von den oben genannten $R_{L,w,R}$ –Werten folgende Korrekturen vorzunehmen:

  – 6 dB bei 100 mm Auflage,

  – 4 dB bei 50 mm Auflage,

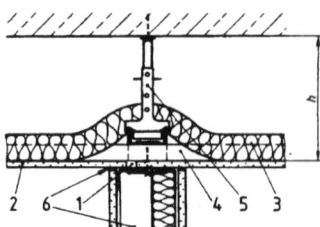

Bild 14a: Trennwandanschluss an Unterdecke, Decklage durchlaufend (Für $R_{L,w,R}$ ≥ 55 dB ist eine Trennung erforderlich, z.B. durch Fugenschnitt.)

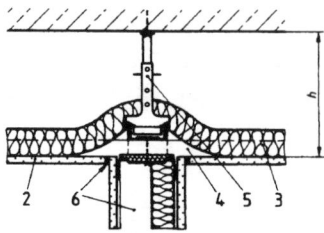

Bild 14b: Trennwandanschluss an Unterdecke mit Trennung der Decklage

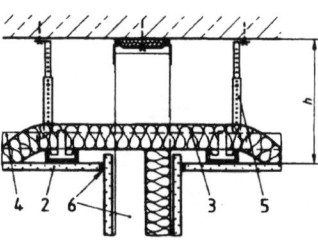

Bild 14c: Trennwandanschluss an Massivdecke mit Trennung der Unterdecke in Decklage und Unterkonstruktion

In den Bildern 14 a, 14 b und 14c sind Ausführungsbeispiele für Unterdecken mit geschlossener Fläche dargestellt.

1 Beim Schall–Längsdämm–Maß $R_{L,w,R}$ ≥ 55 dB ist die Decklage im Anschlussbereich der Trennwand durch eine Fuge zu trennen.

2 Gipskartonplatten mit geschlossener Fläche nach DIN 18180, verarbeitet nach DIN 18181 oder Spanplatten nach DIN 68763.

3 Faserdämmstoff nach DIN 18165 Teil 1, längenbezogener Strömungswiderstand Ξ ≥ 5 kN · s/m⁴.

4 Die Unterkonstruktion aus Holzplatten oder Deckenprofilen aus Stahlblech nach DIN 18182 Teil 1, Achsabstände ≥ 400 mm, kann durchlaufen.

5 Abhänger nach DIN 18168 Teil 1

6 Trennwand als zweischalige Einfach– oder Doppelständerwand mit dichtem Anschluss durch Verspachtelung, dicht gestoßenen Schalen oder durch Verwendung einer Anschlussdichtung.

6.4 Massivdecken mit Unterdecken als flankierende Bauteile über Trennwänden

6.4.1 Übertragungswege
Bei Unterdecken erfolgt die Übertragung von Luftschall hauptsächlich über den Deckenhohlraum, wobei neben der Hohlraumhöhe (Abhängehöhe) die Dichtheit der Unterdecke an beiden Seiten der Trennwand und die Hohlraumdämpfung von Bedeutung sind.

Die Hohlraumdämpfung (Dämmstoffauflage, Mindestdicke 50 mm) ist im Regelfall vollflächig auszuführen, wobei Faserdämmstoffe nach DIN 18165 Teil 1, Anwendungstyp W–w und WL–w, mit einem längenbezogenen Strömungswiderstand Ξ ≥ 5 kN · s/m⁴ zu verwenden sind.

Bei fugenlosen Unterdecken und stärkerer Dämpfung des Hohlraumes kann die Körperschallübertragung entlang der Unterdecke überwiegen, sofern das bewertete Schall–Längsdämm–Maß $R_{L,w,R}$ > 50 dB beträgt.

Wird der Deckenhohlraum abgeschottet (siehe Abschnitt 6.4.3.2 und 6.4.3.3) kann die Schall–Längsleitung über die Massivdecke von Bedeutung sein. Die Ausführungsbeispiele der folgenden Abschnitte berücksichtigen diese Übertragungswege.

Die Werte in Tabelle 26 gelten für Unterdecken ohne zusätzliche Einbauten (z.B. Deckenleuchten, Lüftungsöffnungen u.a.). Sind solche vorgesehen, so sind sie gesondert zu berücksichtigen. Gegebenenfalls ist die Schalldämmung der Unterdecke mit Einbauten gesondert nachzuweisen.

6.4.2 Unterdecken ohne Abschottung im Deckenhohlraum

6.4.2.1 Allgemeines
Die Trennwand (Unterkonstruktion aus Metall oder Holz) kann an die Unterdecke oder an die Massivdecke angeschlossen werden, wobei Decklage und Tragprofile der Unterdecke unterbrochen und dadurch die Schall–Längsleitung verringert werden kann (siehe Bilder 12 bis 14). Die statisch erforderlichen Verbindungen zwischen Trennwand und Unterdecke oder Massivdecke können im Regelfall beim Schall–Längsdämm–Maß unberücksichtigt bleiben.

Tabelle 26 enthält Rechenwerte für das bewertete Schall–Längsdämm–Maß $R_{L,w,R}$ für Unterdecken ohne Abschottung im Deckenhohlraum und Abhängehöhe von 400 mm. Bei größerer Abhängehöhe sind die Werte der Tabelle 26 nach Tabelle 27 abzumindern.

6.4.2.2 Unterdecken mit geschlossener Fläche
Zu verwenden sind Platten mit geschlossener Fläche, z.B. Gipskartonplatten nach DIN 18180, Dicke ≤ 15 mm, oder Spanplatten (Flachpressplatten) nach DIN 68763, Dicke ≤ 16 mm, die fugendicht (z.B. durch Nut–Feder–Verbindung) verbunden sind. Gipskartonplatten werden nach DIN 18181 verarbeitet und im Regelfall an den Fugen verspachtelt. Die Unterkonstruktion kann aus Holzlatten oder C–Deckenprofilen aus Stahlblech nach DIN 18182 Teil 1 bestehen.

6.4.2.3 Unterdecken mit gegliederter Fläche
Im Regelfall handelt es sich um elementierte Wand– und Deckensysteme (z.B. Decken mit Bandprofilen), wobei die Trennwände an Unterdecken mit Bandprofilen angeschlossen werden. Ausführungsbeispiele mit Rechenwerten sind in Tabelle 26 enthalten, für

– Mineralfaser–Deckenplatten , Rohdichte ≥ 300 kg/m³, mit oder ohne ober– oder unterseitiger Deckschicht,
– Spanplatten für Sonderzwecke nach DIN 68762, Typ LF (Leichtspan–Schallschluckplatten), flächenbezogene Masse ≥ 5 kg/m², Plattendicke etwa 18 mm, Abdichtung aus Natron–Kraftpapier (etwa 80 g/m²) auf der Plattenoberseite.
– Metalldeckenplatten aus vierseitig aufgekanteten Elementen aus 0,5 mm bis 1 mm dickem Stahl– oder Aluminiumblech, bei denen im Regelfall zwei Stirnseiten eine Auflagekantung erhalten und die Längsseiten nach innen gekantet sind. Die Sichtfläche des Plattenelementes kann perforiert oder glatt ausgeführt sein. Zum Zweck der Schallabsorption sind perforierte Platten mit Faserdämmstoff nach DIN 18165 Teil 1 hinterlegt. Zum Zweck der Schalldämmung ist rückseitig eine Schwerauflage als Abdeckung angeordnet (z.B. Gipskarton oder Stahlblech mit einer flächenbezogenen Masse von ≥ 6 kg/m²). Die Metalldeckenplatten sind dicht zu stoßen.

Die Deckenplatten werden in Einlegemontage oder mit Klemmbefestigung auf entsprechend ausgebildete dünnwandige, kaltverformte und gegen Korrosion geschützte Profile aus Stahlblech oder Aluminium gelegt, eingehängt oder eingeklemmt und gegebenenfalls mit der Unterkonstruktion verriegelt, wobei die Profile sichtbar bleiben können.

Die durch Auflegen der Platten abgedeckten Fugen zwischen Montageprofil und Platten werden im allgemeinen nicht zusätzlich abgedichtet.

Wenn eine Hohlraumdämpfung erforderlich ist, sind als Auflage Faserdämmstoffe nach DIN 18165 Teil 1 mit einem längenbezogenen Strömungswiderstand Ξ ≥ 5 kN · s/m⁴ zu verwenden.

Tabelle 27: Abminderung des bewerteten Schall–Längsdämm–Maßes $R_{L,w,R}$ von Unterdecken mit Absorberauflage für Abhängehöhe über 400 (Rechenwerte) (Maße in mm)

Spalte	1	2
Zeile	Abhängehöhe h	Abminderung für $R_{L,w,R}$ dB
1	400	0
2	600	2
3	800	5
4	1000	6

Hohlraumdämpfung, mindestens 50 mm dick ausgeführt über die gesamte Fläche der Unterdecke.

Schalldämmung nach DIN 4109, Beiblatt 1

6.4.3 Unterdecken mit Abschottung im Deckenhohlraum

6.4.3.1 Allgemeines

Werden die Trennwände nur bis zur Unterdecke (z.B. Bandrasterdecke) geführt, kann die Luftschallübertragung im Deckenhohlraum durch eine Abschottung des Deckenhohlraumes über den Trennwänden vermindert werden.

Die Dämmwirkung einer Abschottung kann durch Undichtigkeiten an den Anschlüssen der Abschottung und durch Rohrdurchführungen beeinträchtigt werden.

6.4.3.2 Abschottung durch Plattenschott

Bei dichter Ausführung des Plattenschotts nach Bild 18 oder bei Ausführung der Trennwand bis Unterkante Massivdecke nach Bild 19 darf das bewertete Schall–Längsdämm–Maß der Unterdecke mit einem Zuschlag von 20 dB versehen werden. Die Summe aus Schall–Längsdämm–Maß der Unterdecke und Zuschlag darf $R_{L,w,R}$ 60 dB nicht überschreiten.

6.4.3.3 Abschottung durch Absorberschott

Bei Ausführung eines Absorberschotts wird der Deckenhohlraum über dem Trennwandanschluss bis zur Massivdecke mit Faserdämmstoff nach DIN 18165 Teil 1 dicht ausgestopft. Die Dämmwirkung des Absorberschotts wird mit zunehmender Breite b größer.

In Tabelle 28 sind die in Abhängigkeit von der Breite des Absorberschotts zu erreichenden Verbesserungen $\Delta R_{L,w,R}$ für Unterdecken nach Tabelle 26 angegeben. Die Summe aus den in Tabelle 26 angegebenen Werten für $R_{L,w,R}$ und den $\Delta R_{L,w,R}$–Werten aus Tabelle 28 darf höchstens 60 dB betragen.

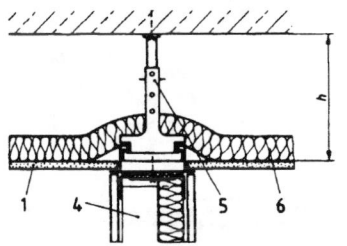

Bild 15: Unterdecke mit Bandprofilen und Mineralfaser–Deckenplatten in Einlegemontage

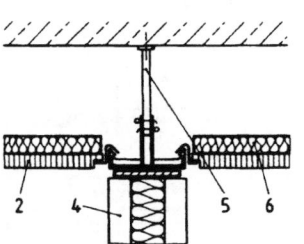

Bild 16: Unterdecke mit Bandprofilen und Leichtspan–Schallschluckplatten in Einlegemontage

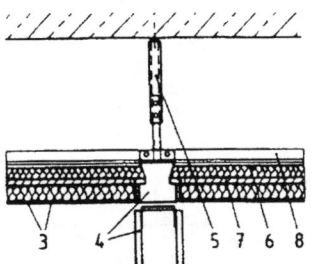

Bild 17: Unterdecke mit Bandprofilen und perforierten Metall–Deckenplatten in Einlegemontage

In den Bildern 15 bis 17 sind Ausführungsbeispiele für Unterdecken mit gegliederter Fläche dargestellt.

1 Mineralfaser–Deckenplatten in Einlegemontage
2 Leichtspan–Schallschluckplatten nach DIN 68762
3 Perforierte Metall–Deckenplatten mit Einlage aus Faserdämmstoff nach DIN 18165 Teil 1
4 Trennwand aus biegeweichen Schalen mit dichtem Anschluss an Deckenzarge
5 Unterkonstruktion der Unterdecke mit Abhänger nach DIN 18168 Teil 1
6 Hohlraumdämpfung aus Faserdämmstoff nach DIN 18165 Teil 1, längenbezogener Strömungswiderstand Ξ ≥ 5 kN · s/m⁴
7 Schwerauflage, z.B. Gipskartonplatten nach DIN 18180 oder Stahlblech; die Schwerauflage kann auch auf die Stirnseiten der Plattenkonstruktion gelegt werden
8 Rostwinkel zur Fixierung der Zargenabstände

6.5 Massivdecken als flankierende Bauteile unter Trennwänden

6.5.1 Massivdecken mit Verbundestrich oder Estrich auf Trennschicht

Für Massivdecken mit Verbundestrich oder Estrich auf Trennschicht gelten die Werte der Tabelle 25, wobei die flächenbezogene Masse des Verbundestrichs nach DIN 18560 Teil 3 oder eines Estrichs auf Trennschicht nach DIN 18560 Teil 4 zu berücksichtigen sind.

6.5.2 Massivdecken mit schwimmendem Estrich

Tabelle 29 enthält Ausführungsbeispiele mit Rechenwerten für das bewertete Schall–Längsdämm–Maß $R_{L,w,R}$ von schwimmenden Estrichen nach DIN 18560 Teil 2 bei verschiedener Ausbildung der Anschlüsse an die Trennwand. Die Angaben in Tabelle 29 gelten auch für Trennwände in Holzbauart.

Die Ausführung nach Tabelle 29, Zeile 1, mit unter der Trennwand durchlaufendem Estrich ohne Trennfuge sollte nur bei geringen Anforderungen an die Schalldämmung der Trennwand verwendet werden.

Zur Minderung der Trittschallübertragung sollte anstelle eines durchlaufenden schwimmenden Estrichs ein weichfedernder Bodenbelag verwendet werden. Dieser sollte im Bereich der Trennwand getrennt und beidseitig hochgezogen werden.

6.6 Holzbalkendecken als flankierende Bauteile von Trennwänden

Die bewerteten Schall–Längsdämm–Maße $R_{L,w,R}$ nach Tabelle 30 gelten für Deckenkonstruktionen nach Tabelle 34.

6.7 Innenwände als flankierende Bauteile von Trennwänden

6.7.1 Biegesteife Innenwände

Als Rechenwerte gelten die bewerteten Schall–Längsdämm–Maße $R_{L,w,R}$ in Tabelle 25, für biegesteife Wände mit biegeweichen Vorsatzschalen nach Tabelle 7 gelten die Werte der Tabelle 31.

6.7.2 Montagewände aus Gipskartonplatten nach DIN 18183

Für die Ausführung der Trennwand und flankierenden Wand gelten sinngemäß die Angaben nach Abschnitt 6.1.1.
Rechenwerte für das bewertete Schall–Längsdämm–Maß $R_{L,w,R}$ enthält Tabelle 32 für die dort angegebenen Anschlussarten.

6.7.3 Flankierende Wände in Holzbauart

Für flankierende Wände in Holzbauart gelten die bewerteten Schall–Längsdämm–Maße $R_{L,w,R}$ nach Tabelle 33.
Die biegeweichen Schalen können aus Spanplatten nach DIN 68763, Dicke ≤ 16 mm, und/oder Gipskartonplatten nach DIN 18180, Dicke ≤ 15 mm bestehen. Montagewände aus Gipskartonplatten sind nach DIN 18183 auszuführen.

6.8 Außenwände als flankierende Bauteile von Trennwänden

6.8.1 Allgemeines

Außenwände und Vorhangfassaden sind so zu gestalten, dass für den Anschluss der Trennwände eine ausreichende Anschlussbreite vorhanden ist. Durchlaufende Vorhang– oder Fensterfassaden sollen im Anschlussquerschnitt der Trennwand durch Trennfugen unterbrochen werden.

6.8.2 Biegesteife Außenwände

Für das bewertete Schall–Längsdämm–Maß $R_{L,w,R}$ gelten die Angaben in Tabelle 25, bei Anordnung von Vorsatzschalen die Angaben der Tabelle 31.

Bei durchgehenden Brüstungen darf wegen des kleineren übertragenden Flächenanteils zu diesen $R_{L,w,R}$ –Werten folgender Wert addiert werden:

$$10 \lg \frac{h_R}{h_B} \text{ dB} \qquad (11)$$

Hierin bedeuten:
h_R Raumhöhe
h_B Brüstungshöhe

6.8.3 Leichte Außenwände mit Unterkonstruktion

Für Außenwände aus biegeweichen Schalen und Unterkonstruktionen aus Holz oder Stahlblechprofilen nach DIN 18182 Teil 1, einschließlich Fenster, gilt als Rechenwert das bewertete Schall–Längsdämm–Maß $R_{L,w,R}$ = 50 dB ohne weiteren Nachweis.

7 Luftschalldämmung in Gebäuden in Skelett– und Holzbauart bei vertikaler Schallübertragung; Ausführungsbeispiele

7.1 Trenndecken

Die Luftschallübertragung in vertikaler Richtung ist bei Skelettbauten mit Massivdecken von untergeordneter Bedeutung, wenn die Außenwand im Bereich der Massivdecke unterbrochen ist. Im Einzelfall ist zu prüfen, ob eine Übertragung entlang der Außenwand, z.B. Vorhangfassade, erfolgt. Im Zweifelsfall ist ein Nachweis durch Messung erforderlich.

7.1.1 Massivdecken ohne Unterdecken

Für den Nachweis der Anforderungen an die resultierende Schalldämmung (Luftschalldämmung) nach Abschnitt 5 dürfen als Rechenwerte $R_{w,R}$ verwendet werden:
– Messwerte $R_{w,P}$ nach DIN 52210 Teil 2, abzüglich Vorhaltemaß von 2 dB,
– in Annäherung auch Rechenwerte $R'_{w,R}$ nach Tabelle 12, Spalten 2 und 3,
– in Annäherung auch Messwerte $R'_{w,P}$ nach DIN 52210 Teil 2, abzüglich Vorhaltemaß von 2 dB.

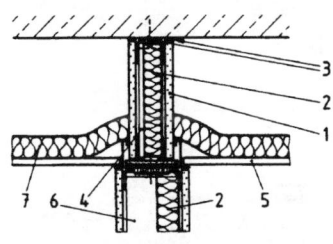

Bild 18: Ausführungsbeispiel für die Abschottung des Deckenhohlraumes durch ein Plattenschott

Erklärungen zu Bild 18:
1 Gipskatonplatten nach DIN 18180, verarbeitet nach DIN 18181, Fugen verspachtelt
2 Hohlraumdämpfung aus Faserdämmstoff nach DIN 18165 Teil 1, längenbezogener Strömungswiderstand Ξ ≥ 5 kN · s/m⁴, Mindestdicke 40 mm
3 Dichte Anschlussausführung durch Verspachtelung oder durch Verwendung einer Anschlussdichtung
4 Unterkonstruktion der Unterdecke, z.B. Bandrasterprofil
5 Decklage der Unterdecke aus Platten mit geschlossener Fläche nach Abschnitt 6.4.2.2 oder Schallschluckplatten nach Abschnitt 6.4.2.3 mit poröser oder durchbrochener (gelochter) Struktur
6 Trennwand aus biegeweichen Schalen mit dichtem Anschluss an die Unterdecke
7 Hohlraumdämpfung aus Faserdämmstoff nach DIN 18165 Teil 1, längenbezogener Strömungswiderstand Ξ ≥ 5 kN · s/m⁴, Mindestdicke 50 mm

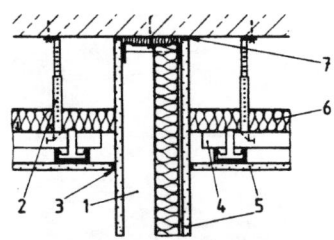

Bild 19: Ausführungsbeispiel für den Anschluss der Trennwand an die Massivdecke. Die bis zur Massivdecke hochgezogene Beplankung wirkt als Abschottung des Deckenhohlraumes

Erklärungen zu Bild 19:
1 Trennwand als zweischalige Einfach– oder Doppelständerwand mit fugendicht ausgeführter Beplankung sowie dichten Anschlüssen an Unterdecke und Massivdecke (gleitender Deckenanschluss)
2 Abhänger für Unterdecke nach DIN 18168 Teil 1
3 Fugendichter Anschluss der Unterdecke an die Trennwand, z.B. durch Anschlussprofil oder Anschlussdichtung (Verspachtelung, elastischer Fugenkitt)
4 Unterkonstruktion aus C–Deckenprofil aus Stahlblech nach DIN 18182 Teil 1
5 Dichte Decklage der Unterkonstruktion bzw. der Beplankung der Wand, $m' \geq 10$ kg/m², z.B. Gipskartonplatten (mit dichten Fugen), nach DIN 18181 ausgeführt
6 Faserdämmstoff nach DIN 18165 Teil 1, längenbezogener Strömungswiderstand Ξ ≥ 5 kN · s/m⁴, Dicke = 50 mm, vollflächig als Deckenlage aufgebracht
7 Deckenanschluss mit Anschlussdichtung aus Faserdämmstoff mit Fugenverspachtelung (elastischer Fugenkitt)

Schalldämmung nach DIN 4109, Beiblatt 1

Tabelle 28: Verbesserungsmaße $\Delta R_{L,w,R}$ des bewerteten Schall–Längsdämm–Maßes $R_{L,w,R}$ von Unterdecken nach Tabelle 26 durch ein Absorberschott (Rechenwerte) (Maße in mm)

Spalte	1	2	3
Zeile	Ausführungsbeispiel	Mindestbreite des Absorberschotts b	$\Delta R_{L,w,R}$ dB
1		300	12
2		400	14
3		500	15
4		600	17
5		800	20
6		1000	22

1 Absorberschott aus Faserdämmstoff nach DIN 18165 Teil 1, längenbezogener Strömungswiderstand $\Xi \geq 8$ kN · s/m⁴, mit der Breite b

Tabelle 29: Bewertetes Schall–Längsdämm–Maß $R_{L,w,R}$ von schwimmenden Estrichen nach DIN 18560 Teil 2 (Rechenwerte)

Spalte	1	2	3
Zeile	Ausführungsbeispiele	$R_{L,w,R}$ dB Zement–, Anhydrit– oder Magnesiaestrich	Gußasphalt-estrich
1 durchlaufender Estrich		38	44
2 Estrich mit Trennfuge		55	
3 Estrich durch Trennwandanschluss konstruktiv getrennt		70	

1 Trennwand als Einfach– oder Doppelständerwand mit Unterkonstruktion aus Holz oder Metall oder elementierte Trennwand; Anschluss am Estrich ist mit Anschlussdichtung abgedichtet

2 Estrich

3 Faserdämmstoff nach DIN 18165 Teil 2, Anwendungstyp T oder TK

4 Flächenbezogene Masse der Massivdecke $m' \geq 300$ kg/m²

Tabelle 30. Bewertetes Schall–Längsdämm–Maß $R_{L,w,R}$ von flankierenden Holzbalkendecken (F) (Rechenwerte)

Spalte	1	2	3
Zeile	Ausführung	Flankierende Holzbalkendecke (F) Anschluss an Trennwand (T)	$R_{L,w,R}$ dB
		Längsleitung über Deckenunterseite	
1	Trennwand parallel zu Deckenbalken		48
2	Deckenbekleidung im Anschlussbereich unterbrochen (S)		51
3	Trennwand rechtwinklig zum Deckenbalken		48
4	Deckenbekleidung im Anschlussbereich unterbrochen		51
		Längsleitung über Deckenoberseite	
5	Fußboden: Spanplatten auf 25 mm Mineralfaserplatten Trennwand rechtwinklig oder parallel zum Deckenbalken		65
6	Spanplatten der Deckenoberseite durchlaufend		48

Tabelle 31: Bewertetes Schall–Längsdämm–Maß $R_{L,w,R}$ von flankierenden, biegesteifen Wänden mit biegeweicher Vorsatzschale nach Tabelle 7 (Rechenwerte) (Maße in mm)

Spalte	1	2	3
Zeile	Ausführungsbeispiele	Flächenbezogene Masse der biegesteifen Wand kg/m²	$R_{L,w,R}$ dB
Angesetzte durchgehende Vorsatzschale nach DIN 18181 aus Faserdämmstoff nach DIN 18165 Teil 1			
1		100	53
		200	57
		250	57
		300	58
		400	58
Freistehende Vorsatzschale nach DIN 18183, Vorsatzschale durch Trennwandanschluss unterbrochen			
2		100	63
		200	70
		250	71
		300	72
		400	73

1 Trennwand als Einfach– oder Doppelständerwand mit Unterkonstruktion aus Holz oder Metall nach DIN 18183; mit Anschlussdichtung an biegesteifer Schale (Massivwand); biegeweiche Vorsatzschale an Trennwandanschluss unterbrochen

2 Trennwand wie 1, jedoch an der biegeweichen Schale angeschlossen

3 Hohlraumdämpfung aus Faserdämmstoff nach DIN 18165 Teil 1, längenbezogener Strömungswiderstand $\Xi \geq 5$ kN · s/m²

4 Biegeweiche Vorsatzschale, z.B. aus Gipskartonplatten nach DIN 18180, verarbeitet nach DIN 18181, Fugen verspachtelt ($m' = 10$ kg/m bis 15 kg/m²)

5 Faserdämmstoff nach DIN 18165 Teil 2, Anwendungstyp WV, längenbezogener Strömungswiderstand $\Xi \geq 5$ kN · s/m² und einer dynmischen Steifigkeit $s' \geq 5$ MN/m³

6 Massivwand

Schalldämmung nach DIN 4109, Beiblatt 1

Tabelle 32: Bewertetes Schall–Längsdämm–Maß $R_{L,w,R}$ von Montagewänden aus 12,5 mm dicken Gipskartonplatten in Ständerbauart nach DIN 18183 (Rechenwerte) (Maße in mm)

Spalte	1	3	4
Zeile	Trennwand–Anschluss	Beplankung der Innenseite der flankierenden Wand, Anzahl der Lagen	$R_{L,w,R}$ dB
Durchlaufende Beplankung der flankierenden Wand			
1		1	53
2		2	57 [1]
Beplankung und Ständerkonstruktion der flankierenden Wand im Anschlussbereich der Trennwand unterbrochen			
3		1	73
4		2	> 75

1 Trennwand als Einfach– oder Doppelständerwand nach DIN 18183.
2 Flankierende Wand als Einfach– oder Doppelständerwand mit einlagiger bzw. zweilagiger Beplankung aus Gipskartonplatten nach DIN 18180, Dicke 12,5 mm, verarbeitet nach DIN 18181, mit verspachtelten Fugen und dichtem Anschluss an die flankierende Wand. Der Abstand der Schalen beträgt $s \geq 50$ mm.
3 Hohlraumdämpfung aus Faserdämmstoff nach DIN 18165 Teil 1, längenbezogener Strömungswiderstand $\Xi \geq 5$ kN · s/m².
[1] Bei $R_{L,w,R} \geq 55$ dB ist die Schale im Anschlussbereich zur Trennwand durch eine Fuge zu trennen.

Tabelle 33: Bewertetes Schall–Längsdämm–Maß $R_{L,w,R}$ von Wänden in Holzbauart in horizontaler Richtung (Rechenwerte)

Spalte	1	2	3
Zeile	Ausführung	Flankierende Wand (F) Anschluss an Trennwand (T)	$R_{L,w,R}$ dB
1	ohne Dämmschicht im Gefach		48
2	mit Dämmschicht im Gefach		50
3	zweilagige raumseitige Beplankung		54
4	raumseitige Beplankung im Anschlussbereich unterbrochen (S)		54
5	Elemente im Anschlussbereich gestoßen (ES)		54 [1]

[1] Beim Anschluss einer Doppelständerwand nach Tabelle 24, Zeilen 4 bis 8, als Trennwand darf als Rechenwert $R_{L,w,R} = 62$ dB verwendet werden, wenn durch konstruktive Maßnahmen, z.B. Einlegen eines Faserdämmstoffes, sichergestellt ist, dass im Elementstoß (ES) kein direkter Kontakt zwischen den beiden Teilen der flankierenden Wand auftritt.

Tabelle 34. Bewertete Schalldämm–Maße und $R_{w,R}$ und $R'_{w,R}$ und bewerteter Norm–Trittschallpegel $L'_{n,w,R}$ von Holzbalkendecken (Rechenwerte) (Maße in mm)

Spalte	1	2	3	4	5	6	7	8	
Zeile	Ausführungsbeispiele [1]	Fußboden auf oberer Balken-abdeckung	Unterdecke Anschluss Holzlatten an Balken	Anzahl der Lagen	$R_{w,R}$ dB	$R'_{w,R}$ dB	$L'_{n,w,R}$ (TSM_R) dB ohne Boden-belag	$L'_{n,w,R}$ (TSM_R) dB Bodenbelag mit $\Delta L_{w,R}$ (VM_R) ≥ 26 dB	
1		Span-platten auf minera-lischem Faser-dämm-stoff	direkt verbunden	1	53	50	64 (−1)	56 (7)	
2			über Federbügel oder Feder-schiene	1	57	54	56 (7)	49 (14)	
3		Span-platten auf minera-lischem Faser-dämm-stoff	über Federbügel oder Feder-schiene	2	62	57	53 (10)	46 (17)	
4		Span-platten auf Lager-hölzern	über Federbügel oder Feder-schiene	1	65	57	51 (12)	44 (19)	
5		Schwim-mender Estrich auf minera-lischem Faser-dämmstoff	über Federbügel oder Feder-schiene	1	65	57	51 (12)	44 (19)	
6			direkt verbunden	1	60	54	56 (7)	49 (14)	
7		Spanplatten auf minera-lischem Faser-dämmstoff und Beton-platten	–		63	55	53 (10)	46 (17)	

1 Spanplatte nach DIN 68763, gespundet oder mit Nut und Feder
2 Holzbalken
3 Gipskartonplatten nach DIN 18180
4 Trittschalldämmplatte nach DIN 18165 Teil 2, Anwendungstyp T oder TK, dynamische Steifigkeit $s' \leq 15$ MN/m³
5 Faserdämmstoff nach DIN 18165 Teil 1, längenbezogener Strömungswiderstand $\Xi \geq 5$ kN · s/m⁴
6 Trockener Sand
7 Unterkonstruktion aus Holz, Achsabstand der Latten ≥ 400 mm, Befestigung über Federbügel nach Bild 6 oder Federschiene nach Bild 7, kein fester Kontakt zwischen Latte und Balken. Ein weichfedernder Faserdämmstreifen darf zwischengelegt werden. Andere Unterkonstruktionen dürfen verwendet werden, wenn nachgewiesen ist, dass sie sich hinsichtlich der Schalldämmung gleich oder besser als die hier angegebene Ausführung verhalten.
7a Holzlatten, Achsabstand ≥ 400 mm, direkte Befestigung an den Balken mit mechanischen Verbindungsmitteln
8 Mechanische Verbindungsmittel oder Verleimung
9 Bodenbelag
10 Lagerholz 40 mm x 60 mm
11 Gipskartonplatten nach DIN 18180, 12,5 mm oder 15 mm dick, Spanplatten nach DIN 68763, 10 mm bis 13 mm dick, oder verputzte Holzwolle–Leichtbauplatten nach DIN 1101, Dicke ≥ 25 mm
12 Betonplatten oder –steine, Seitenlänge $\leq$ 400 mm, in Kaltbitumen verlegt, offene Fugen zwischen den Platten, flächenbezogene Masse mindestens 140 kg/m²
13 Zementestrich
[1] Bei einer Dicke der eingelegten Dämmschicht, siehe 5, von mindestens 100 mm ist ein seitliches Hochziehen nicht erforderlich.
[2] Dicke unter Belastung

Schalldämmung nach DIN 4109, Beiblatt 1

Tabelle 35: Ausführungsbeispiele für trennende und flankierende Bauteile bei neben- oder übereinanderliegenden Räumen mit Anforderungen erf. R'_w von 55 dB bis 72 dB

Spalte	1	2	3	4
Zeile	erf. R'_w dB	Lage der Räume	Trennende Bauteile (Wände, Decken)	Flankierende Bauteile beiderseits des trennenden Bauteils [1]
1			Einschalige, biegesteife Wand, $m' \geq 490$ kg/m²	a) Einschalige, biegesteife Wände, $m' \geq 300$ kg/m² [2]
2	55	nebeneinander	Zweischalige Wand aus einer schweren, biegesteifen Schale, $m' \geq 350$ kg/m², mit biegeweicher Vorsatzschale auf einer Seite [3]	b) Massivdecke, $m' \geq 300$ kg/m³
3		übereinander	Massivdecke, $m' \geq 300$ kg/m², mit schwimmendem Estrich [4]	Einschalige, biegesteife Wände, $m' \geq 300$ kg/m² [2]
4			Einschalige, biegesteife Wand, $m' \geq 580$ kg/m²	a) Einschalige, biegesteife Wände, $m' \geq 250$ kg/m² [2]
5	57	nebeneinander	Zweischalige Wand aus einer schweren, biegesteifen Schale, $m' \geq 450$ kg/m², mit biegeweicher Vorsatzschale auf einer Seite [3]	b) Massivdecke, $m' \geq 350$ kg/m²
6		übereinander	Massivdecke, $m' \geq 400$ kg/m², mit schwimmendem Estrich [4]	a) Einschalige, biegesteife Wände, $m' \geq 300$ kg/m² [2]
7			Zweischalige Wand mit durchgehender Gebäudetrennfuge [5], flächenbezogene Masse jeder Schale $m' \geq 160$ kg/m²	Keine Anforderungen
8	62	nebeneinander	Dreischalige Wand aus einer schweren, biegesteifen Schale, $m' \geq 500$ kg/m², mit biegeweicher Vorsatzschale auf beiden Seiten [3]	a) Einschalige, biegesteife Wände, $m' \geq 400$ kg/m² [2] b) Massivdecke, $m' \geq 300$ kg/m²
9		übereinander	Massivdecke, $m' \geq 500$ kg/m², mit schwimmendem Estrich [4] und biegeweicher Unterdecke [6]	Einschalige, biegesteife Wände, $m' \geq 300$ kg/m² [2]
10			Zweischalige Wand mit durchgehender Gebäudetrennfuge [5], flächenbezogene Masse jeder Schale $m' \geq 250$ kg/m²	Keine Anforderungen
11	67	nebeneinander	Dreischalige Wand aus einer schweren, biegesteifen Schale, $m' \geq 700$ kg/m², mit biegeweicher Vorsatzschale auf beiden Seiten [3]	a) Einschalige, biegesteife Wände, $m' \geq 450$ kg/m² [2] b) Massivdecke, $m' \geq 450$ kg/m²
12		übereinander	Massivdecke, $m' \geq 700$ kg/m², mit schwimmendem Estrich [4] und biegeweicher Unterdecke [6]	a) Einschalige, biegesteife Wände, $m' \geq 450$ kg/m² [2]
13	72	nebeneinander	Zweischalige Wand mit durchgehender Gebäudetrennfuge [5], flächenbezogene Masse jeder Schale $m' \geq 370$ kg/m²	Keine Anforderungen
14		übereinander	Bei übereinanderliegenden Räumen kann diese Anforderung ohne besondere Schutzmaßnahmen nicht erfüllt werden.	

[1] Anstelle der angegebenen einschaligen, flankierenden Wände können auch biegesteife Wände mit $m' \geq 100$ kg/m² und biegeweicher Vorsatzschale nach Tabelle 7, Gruppe B, verwendet werden.

[2] Wegen einer möglichen Verringerung der Schalldämmung siehe Abschnitt 3.1.

[3] Nach Tabelle 7

[4] Nach Tabelle 17

[5] Nach Bild 1

[6] Nach Tabelle 11, Zeilen 7 und 8

Skelett- und Holzbauart

7 Luftschalldämmung in Gebäuden in Skelett- und Holzbauart bei vertikaler Schallübertragung; Ausführungsbeispiele

7.1 Trenndecken

Die Luftschallübertragung in vertikaler Richtung ist bei Skelettbauten mit Massivdecken von untergeordneter Bedeutung, wenn die Außenwand im Bereich der Massivdecke unterbrochen ist. Im Einzelfall ist zu prüfen, ob eine Übertragung entlang der Außenwand, z.B. Vorhangfassade, erfolgt. Im Zweifelsfall ist ein Nachweis durch Messung erforderlich.

7.1.1 Massivdecken ohne Unterdecken

Für den Nachweis der Anforderungen an die resultierende Schalldämmung (Luftschalldämmung) nach Abschnitt 5 dürfen als Rechenwerte $R_{w,R}$ verwendet werden:
- Messwerte $R_{w,P}$ nach DIN 52210 Teil 2, abzüglich Vorhaltemaß von 2 dB,
- in Annäherung auch Rechenwerte $R_{w,R}$ nach Tabelle 12, Spalten 2 und 3,
- in Annäherung auch Messwerte $R'_{w,P}$ nach DIN 52210 Teil 2, abzüglich Vorhaltemaß von 2 dB.

7.1.2 Massivdecken mit Unterdecken

Für Massivdecken mit Unterdecken kann ohne weiteren Nachweis eine Verbesserung des bewerteten Schalldämm-Maßes von 10 dB gegenüber der Massivdecke zu Grunde gelegt werden, wenn die Unterdecke für sich allein ein bewertetes Schalldämm-Maß ≥ 15 dB aufweist und die Abhängehöhe $h \geq 200$ mm beträgt. Die Unterdecken nach Tabelle 26 erfüllen diese Anforderungen. Die Dämmstoffauflage aus Faserdämmstoffen nach DIN 18165 Teil 1, längenbezogener Strömungswiderstand $\Xi \geq 5$ kN · s/m⁴, muss vollflächig über die ganze Deckenfläche ausgeführt und mindestens 50 mm dick sein.

7.1.3 Holzbalkendecken

Für Holzbalkendecken gelten die bewerteten Schalldämm-Maße $R_{w,R}$ und $R'_{w,R}$ nach Tabelle 34.

Die Angaben für $R'_{w,R}$ gelten unter der Voraussetzung, dass als flankierende Wände Konstruktionen nach Tabellen 23 und 24 verwendet werden, die in der Deckenebene unterbrochen sind.

7.2 Flankierende Wände von Trenndecken

7.2.1 Bauten mit Massivdecken

Bei Bauten mit Massivdecken kann die Luftschallübertragung über die inneren flankierenden Bauteile vernachlässigt werden, wenn deren Längsleitung durch die Massivdecke unterbrochen ist.

Für Außenwände, die z.B. als Vorhangfassaden ohne Unterbrechung durch die Massivdecke von Geschoss zu Geschoss durchlaufen, gilt Abschnitt 6.8 sinngemäß.

7.2.2 Bauten mit Holzbalkendecken

Für innere und äußere flankierende Wände mit Unterkonstruktion aus Holz oder Metall in Bauten mit Holzbalkendecken gilt als Rechenwert das bewertete Schall-Längsdämm-Maß $R_{Lw,R}$ = 65 dB, wenn diese Wände durch die Holzbalkendecke unterbrochen sind und kein direkter Kontakt zwischen der oberen und unteren Wand besteht.

Für Vorhangfassaden in der Bauart nach Tabelle 33, Zeile 5, gilt bei abgedichteter Stoßunterbrechung in Höhe der Holzbalkendecke der Rechenwert $R_{Lw,R} = 50$ dB.

7.1.2 Massivdecken mit Unterdecken

Für Massivdecken mit Unterdecken kann ohne weiteren Nachweis eine Verbesserung des bewerteten Schalldämm-Maßes von 10 dB gegenüber der Massivdecke zu Grunde gelegt werden, wenn die Unterdecke für sich allein ein bewertetes Schalldämm-Maß ≥ 15 dB aufweist und die Abhängehöhe $h \geq 200$ mm beträgt. Die Unterdecken nach Tabelle 26 erfüllen diese Anforderungen. Die Dämmstoffauflage aus Faserdämmstoffen nach DIN 18165 Teil 1, längenbezogener Strömungswiderstand $\Xi \geq 5$ kN · s/m⁴, muss vollflächig über die ganze Deckenfläche ausgeführt und mindestens 50 mm dick sein.

7.1.3 Holzbalkendecken

Für Holzbalkendecken gelten die bewerteten Schalldämm-Maße $R_{w,R}$ und $R'_{w,R}$ nach Tabelle 34.

Die Angaben für $R'_{w,R}$ gelten unter der Voraussetzung, dass als flankierende Wände Konstruktionen nach Tabellen 23 und 24 verwendet werden, die in der Deckenebene unterbrochen sind.

7.2 Flankierende Wände von Trenndecken

7.2.1 Bauten mit Massivdecken

Bei Bauten mit Massivdecken kann die Luftschallübertragung über die inneren flankierenden Bauteile vernachlässigt werden, wenn deren Längsleitung durch die Massivdecke unterbrochen ist.

Für Außenwände, die z.B. als Vorhangfassaden ohne Unterbrechung durch die Massivdecke von Geschoss zu Geschoss durchlaufen, gilt Abschnitt 6.8 sinngemäß.

7.2.2 Bauten mit Holzbalkendecken

Für innere und äußere flankierende Wände mit Unterkonstruktion aus Holz oder Metall in Bauten mit Holzbalkendecken gilt als Rechenwert das bewertete Schall-Längsdämm-Maß $R_{Lw,R}$ = 65 dB, wenn diese Wände durch die Holzbalkendecke unterbrochen sind und kein direkter Kontakt zwischen der oberen und unteren Wand besteht.

Für Vorhangfassaden in der Bauart nach Tabelle 33, Zeile 5, gilt bei abgedichteter Stoßunterbrechung in Höhe der Holzbalkendecke der Rechenwert $R_{Lw,R} = 50$ dB.

8 Trittschalldämmung in Gebäuden in Skelett- und Holzbauart

8.1 Nachweis der Trittschalldämmung

8.1.1 Massivdecken

Der bewertete Norm-Trittschallpegel $L'_{n,w,R}$ (das Trittschallschutzmaß TSM_R) von Massivdecken wird für einen unter einer Decke liegenden Raum nach Abschnitt 4 berechnet.

Abweichend von Abschnitt 4.1 können für Decken mit Unterdecken nach Abschnitt 7.1.2 für den äquivalenten bewerteten Norm-Trittschallpegel $L_{n,w,eq,R}$ (das äquivalente Trittschallschutzmaß $TSM_{eq,R}$) nach Tabelle 16, Spalte 3, Werte der Massivdecken ohne Unterdecke abzüglich 10 dB (beim $TSM_{eq,R}$ zuzüglich 10 dB), angesetzt werden; durch Eignungsprüfungen können höhere Werte festgestellt werden.

8.1.2 Holzbalkendecken

Ausführungsbeispiele sind in Tabelle 34 enthalten.
Für andere Holzbalkendecken ist der Nachweis der Trittschalldämmung durch Eignungsprüfung nach DIN 4109, Abschnitt 6.3, zu führen.

Trennwände, Allgemeine Grundlagen

Vorschriften über Trennwände in der Musterbauordnung –
MBO'93– § 27

§ 27
Trennwände

(1) Zwischen Wohnungen sowie zwischen Wohnungen und fremden Räumen sind feuerbeständige, in obersten Geschossen von Dachräumen und in Gebäuden geringer Höhe mindestens feuerhemmende Trennwände herzustellen. Bei Gebäuden mit mehr als zwei Wohnungen sind die Trennwände bis zur Rohdecke oder bis unter die Dachhaut zu führen; dies gilt auch für Trennwände zwischen Wohngebäuden und landwirtschaftlichen Betriebsgebäuden sowie zwischen dem landwirtschaftlichen Betriebsteil und dem Wohnteil eines Gebäudes.
(2) Außer bei Wohngebäuden geringer Höhe mit nicht mehr als zwei Wohnungen sind Öffnungen in Trennwänden zwischen Wohnungen sowie zwischen Wohnungen und fremden Räumen unzulässig. Sie können gestattet werden, wenn die Nutzung des Gebäudes dies erfordert und die Öffnungen mit mindestens feuerhemmenden, selbstschließenden Abschlüssen versehen sind oder der Brandschutz auf andere Weise sichergestellt ist.

Wärmeschutz nach der MBO'93, § 18 und DIN 4108

Wände müssen nach MBO'93, § 18 einen ihrer Nutzung und den klimatischen Verhältnissen entsprechenden Wärmeschutz haben.

– Für Wohnungstrennwände, Wände zwischen Aufenthaltsräumen und unbeheizten Räumen und Treppenhauswände gelten Wärmeschutz–Mindestwerte nach DIN 4108, Tabelle 1, Zeilen 2 und 3; Für erhöhten Wärmeschutz bei Energiesparmaßnahmen ist die Wärmeschutzverordnung, Tabelle 2, Zeile 4 zu beachten.

– An Trennwände zwischen nicht beheizten Räumen werden i.d.R. keine Wärmeschutzanforderungen gestellt.

– An Trennwände innerhalb von Aufenthaltsbereichen (Wohnbereichen) werden i.d.R. keine Wärmeschutzanforderungen gestellt.

Schallschutz nach der MBO'93, § 18 und DIN 4109

Nach MBO'93, § 18, wird ein der Nutzung entsprechender Schallschutz gefordert.

– Für Trennwände wird Luftschalldämmung nach DIN 4109, Tabelle 3, gefordert.

– Ein zusätzlicher Luftschallschutz wird für schutzbedürftige Räume nach DIN 4109, Tabelle 5 gefordert.

Brandschutz nach der MBO'93, §§ 17 und DIN 4102

– DIN 4102.

– Klassifizierte Wände aus Mauerwerk, Beton und anderen Massivbaustoffen nach DIN 4102.

– Klassifizierte Wände aus Holz nach DIN 4102.

Leichte Trennwände, Richtlinien für die Ausführung

Ausführung der Wände

Allgemeines: Die Anschlüsse sind in ≥ 50 mm tiefen Schlitzen, durch entsprechende Verzahnung oder durch Verankerung herzustellen. Bei bewehrten Trennwänden sind sämtliche Stahleinlagen in Wänden und Decken zu verankern, bei unbewehrten Trennwänden sind 300 mm lange Rundstahlanker ⌀ 5 mm in 500 mm Abstand voneinander einzubauen → 4 bis 7. Türen werden am Besten in Zargen (Holz, Stahl, Holzbeton) befestigt, die mit den Wänden durch Rundstahlbolzen, Bandeisen o. ä. zu verankern sind → 8. Die Zargen sollen nur die Öffnung umrahmen → 9 A und nicht seitlich → 9 B oder nach oben → 9 C in die Wand eingreifen. In Wanddicken > 6 mm sind Überleger (aus Holz oder Stahlbeton) seitlich Dübel zulässig. Installationsteile müssen gut verankert werden → 10. Schlitze für Leitungen möglichst aussparen (Kehlleisten, geschlitzte Platten) und nicht stemmen.

Steinwände im Verband mauern, leichte Steinarten (Lochziegel, Porenziegel, Leichtbetonsteine) bevorzugen → 11 bis 13.

Stahlsteinwände werden meist in 52 oder 71 mm Dicke hochkant gemauert. Als Bewehrung genügt Bandstahl 0,75 x 20 mm bis 1,25 x 26 mm, lotrecht und waagerecht, in 500 mm Abstand → 14 bis 20. Wird nur waagerecht bewehrt, Bandeisenabstand 375 mm.

Glassteinwände werden aus allseitig oder fünfseitig geschlossenen Glasbausteinen hergestellt. Vermauerung im Verband oder Fuge auf Fuge. In jeder 4. Lagerfuge Bandstahl 2 x 30 mm oder in jeder 3. Lagerfuge dünne flachgewalzte verzinkte Streckmetallstreifen einlegen → 21, 23, 25, 27. Am Abschluss der Glaswände, an Türen usw. Dehnungsfugen vorsehen, abgedichtet mit Bitumenjute, Asphaltfilzpappe, geteerten Hanfstricken, mit Bitumenemulsion getränkten Glaswollstreifen oder wasserabweisend getränkten Holzfaser-Dämmplatten dichten; unter Glassteinwand Bitumenpappstreifen verlegen → 21 bis 28. Bei Glassteinwänden bis 3 m² Größe genügt seitliches Einbinden der Einlagen in Mauerwerk → 21, 22. Bei größeren Flächen Mauerschlitze und Rahmen erforderlich → 23 bis 28.

Drahtputzwände (Rabitzwände) bestehen aus Rundstahlgerippe ⌀ 5 mm, waagerecht und senkrecht in 500 mm Abstand gespannt, an Kreuzungspunkten mit Bindedraht verbunden; darauf befestigtes Drahtgewebe und beiderseitigen Ausdrück- und Putzlagen insgesamt ca. 50 mm Dicke → 29. Maschenweite des Gewebes für Gipsputz ≤ 20 x 22 mm, für Zementputz ≤ 10 x 10 mm. Dem Putzmörtel (Gipskalkmörtel, Gipsmörtel bzw. Kalkzementmörtel, Zementmörtel) Haare beigeben.

Anwurfwände werden gegen eine einseitige Tafelschalung mit geriffelter Oberfläche angeworfen. Für Mörtel Gips (450 kg/m³) und Schlacke, Ziegelsplitt, Bims o.ä. verwenden. Stahleinlagen (im allgemeinen Rundstahl ⌀ 5 mm, nur über Öffnungen und an Wand- und Deckenanschlüssen) erst nach Anwerfen der halben Wanddicke einbringen (Wanddicke = 50 bis 70 mm). Bei besonders beanspruchten Wänden außerdem senkrechte Stäbe ⌀ 5 mm in etwa 1 m Abstand einlegen → 30, 31.

Stahlbetonwände werden entweder als Anwurfwände (Zementmörtel 1 : 4, mit geringem Kalkzusatz) oder zwischen beiderseitiger Schalung (mind. Beton B 50) hergestellt. Rundstahlbewehrung wie bei den Drahtputzwänden. Bei Wanddicken ≤ 100 mm genügt kreuzweise Bewehrung in Wandmitte.

Plattenwände: Wände aus Holzwolle-Leichtbauplatten werden ohne Holzgerippe (Plattendicke ≥ 50 mm) oder mit Holzgerippe hergestellt. Versetzen der Platten im Verband, seitlicher Anschluss in Maueranschluss in Schlitzen (siehe oben), gegen Decke Platten verkeilen. Bei Wänden von 50 mm Dicke ≥ 2750 mm Höhe und ≥ 3000 mm Länge diagonale Drahtverspannung, in Putz eingebettet, aus verzinktem Stahldraht, anordnen → 32. Putz (mind. Unterputz) sofort nach Aufrichten der Wand herstellen, damit sich die Wand nicht verzieht. Wände aus Tonhohlplatten (Hourdis) werden zwischen Zwischenstützen aus bewehrten Tonkörpern (Stützenziegeln) ausgeführt → 33. Sonstige Leichtbauplatten werden nach verschiedenen Verfahren versetzt. Ausführungsbeispiele → 34 bis 36.

Gerippewände. Bei Bekleidung des Gerippes mit Gipsdielen können die Fugen auch durch mind. 80 mm breite Jutestreifen gesichert werden. Bei Zusammenstoß von Wänden Stiele so anordnen, dass alle Plattenränder im wechselseitigen Verband genagelt werden können. Gerippe für Holzfaserplatten müssen Querriegel erhalten, damit alle Plattenränder aufliegen und genagelt werden können (Höchstabstand der Unterstützungen 500 mm). Holzfaser-Hartplatten sind an den Kanten in 100 mm Abstand, sonst in 200 mm Abstand zu nageln. Holzfaser-Dämmplatten brauchen an den Kanten nur in 125 mm, sonst in 250 mm Abstand genagelt zu werden. Mindestlänge der Nägel: Bei 25 mm Plattendicke 60 mm, bei 35 mm Plattendicke 70 mm, bei 50 mm Plattendicke 90 mm, bei 75 mm Plattendicke 120 mm.

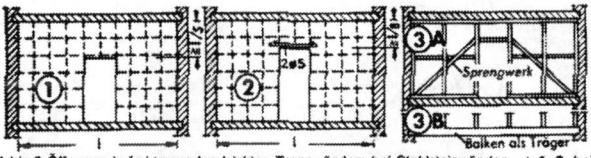

1 bis 3 Öffnungen in frei tragenden leichten Trennwänden: bei Stahlsteinwänden → 1, 2, bei Gerippewänden → 3 A, 3 B.

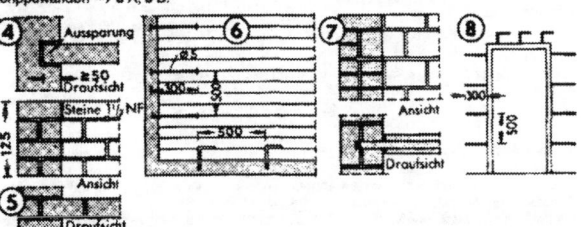

4 bis 6 Verankerung nicht bewehrter Wände; 7 Verankerung bewehrter Wände; 8 Verankerung von Türzargen.

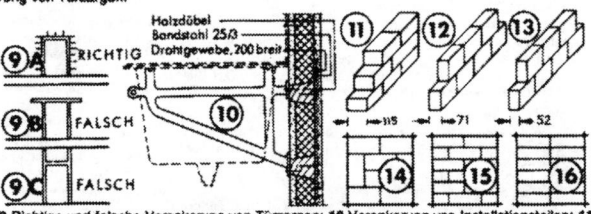

9 Richtige und falsche Verankerung von Türzargen; 10 Verankerung von Installationsteilen; 11 bis 13 Steinwände; 14 bis 16 Ziegelverbände in Bandstahlnetz.

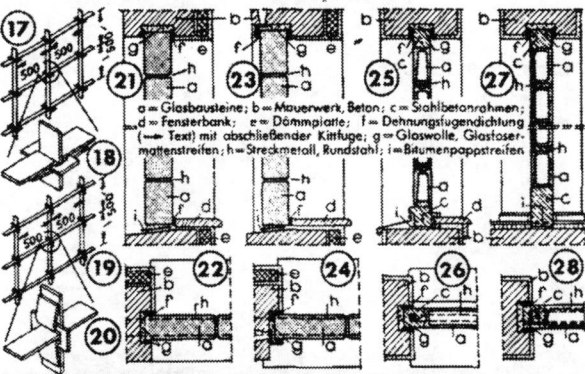

a = Glasbausteine; b = Mauerwerk, Beton; c = Stahlbetonrahmen; d = Fensterbank; e = Dämmplatte; f = Dehnungsfugendichtung (im Text); g = Glaswolle, Glasfasermattenstreifen; h = Streckmetall, Rundstahl; i = Bitumenpappstreifen

17, 18 Prüfwand, Bandstahl senkrecht durchgehend; 19, 20 Keßlerwand, Bandstahl waagerecht durchgehend; 21 bis 28 Glasbaustein-Wände

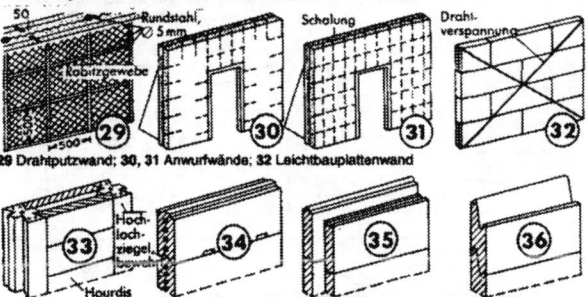

29 Drahtputzwand; 30, 31 Anwurfwände; 32 Leichtbauplattenwand

Tonhohlplatten   Gips-, Nut- und Federplatten   Gips-Vierfalzplatten   Gips-Schenkelplatten

Nichttragende Innenwände

Nichttragende innere Trennwände
Anforderungen
nach DIN 4103 Teil 1

Anwendungsbereich

Diese Norm gilt für nichttragende, innere Trennwände (im folgenden kurz Trennwände genannt).
Diese Norm gilt nicht für bewegliche Trennwände, die sich waagerecht und/oder senkrecht bewegen lassen (z.B. Schiebe- und Faltwände).

Begriff

Nichttragende, innere Trennwände sind Bauteile im Inneren einer baulichen Anlage, die nur der Raumtrennung dienen und nicht zur Gebäudeaussteifung herangezogen werden.
Ihre Standsicherheit erhalten Trennwände erst durch Verbindung mit den sie angrenzenden Bauteilen.
Trennwände können fest eingebaut oder umsetzbar ausgebildet sein. Sie können ein- oder mehrschalig ausgeführt werden und bei entsprechender Ausbildung auch Aufgaben des Brand-, Wärme-, Feuchtigkeits- und Schallschutzes übernehmen.

Einbaubereiche

Für die in Abschnitt 4 beschriebenen Anforderungen werden zwei Einbaubereiche unterschieden:

Einbaubereich 1:

Bereiche mit geringer Menschenansammlung, wie sie z.B. in Wohnungen, Hotel-, Büro- und Krankenräumen und ähnlich genutzten Räumen einschließlich der Flure vorausgesetzt werden müssen.

Einbaubereich 2:

Bereiche mit großer Menschenansammlung, wie sie z.B. in größeren Versammlungsräumen, Schulräumen, Hörsälen, Ausstellungs- und Verkaufsräumen und ähnlich genutzten Räumen vorausgesetzt werden müssen.
Hierzu zählen auch stets Trennwände zwischen Räumen mit einem Höhenunterschied der Fußböden ≥ 1,00 m.

Anforderungen

Allgemeine Anforderungen an Trennwände

Allgemeines

Trennwände und ihre Anschlüsse an angrenzende Bauteile müssen so ausgebildet sein, dass sie statischen (vorwiegend ruhenden) und stoßartigen Belastungen widerstehen, wie sie im Gebrauchsfall entstehen können.

Trennwände müssen, außer ihrer Eigenlast einschließlich etwaigem Putz oder möglichen anderen Bekleidungen, auf ihre Fläche wirkende Lasten aufnehmen und auf andere tragende Bauteile, wie Wände und Decken, abtragen können. Sie können auch Funktionen zur Sicherung gegen Absturz übernehmen.
Trennwände, mit Ausnahme von durchscheinenden Wänden und Wandteilen (z.B. Glastrennwände), müssen in der Lage sein, leichte Konsollasten abzutragen.
Wenn Trennwände durch Windkräfte beansprucht werden, z.B. in Hallenbauten mit großen, häufig offenstehenden Toren, ist hierfür ein Nachweis mit dem halben Staudruck nach DIN 1055 Teil 4 erforderlich.

Statische Belastung

Die Gebrauchslasten müssen von der Wand und ihren Anschlüssen entsprechend ausreichend sicher aufgenommen werden.

Stoßartige Belastung

Trennwände dürfen sowohl bei weichen als auch bei harten Stößen nicht insgesamt zerstört oder örtlich durchstoßen werden

Leichte Konsollasten

Trennwände müssen so ausgebildet sein, dass sich leichte Konsollasten, deren Wert 0,4 kN/m Wandlänge nicht übersteigt und bei denen die vertikale Wirkungslinie nicht weiter als 0,3 m von der Wandoberfläche verläuft (z.B. Bilder, Buchregale, kleine Wandschränke), an jeder Stelle der Wand unmittelbar in geeigneter Befestigungsart anbringen lassen.

Umsetzbarkeit

Umsetzbare Trennwände müssen nach dem Einbau lösbar sein und bestimmungsgemäß wieder verwendet werden können. Es muss möglich sein, einzelne Elemente auszutauschen, ohne die anschließenden Elemente zu entfernen. Elektro-Installationen müssen ohne Wandbeschädigung nachträglich durchgeführt werden können.

Formänderungen angrenzender Bauteile

Der Einfluss, den Formänderungen angrenzender Bauteile auf die Trennwände haben können (z.B. durch Längenänderungen von massiven Flachdächern oder durch Durchbiegen weitgespannter Deckenplatten), ist erforderlichenfalls durch eine entsprechende konstruktive Ausbildung zu berücksichtigen.

Nichttragende innere Trennwände
Unterkonstruktion in Holzbauart
nach DIN 4103 Teil 4

1 Anwendungsbereich

Diese Norm gilt für nichttragende innere Trennwände mit Unterkonstruktion in Holzbauart (im folgenden kurz Trennwände genannt) einschließlich ihrer Anschlüsse an die benachbarten Bauteile.
Werden die Festlegungen dieser Norm von einer gewählten Konstruktion erfüllt, so gilt der Nachweis der Einhaltung der Anforderungen nach DIN 4103 Teil 1 als erbracht.

2 Begriff

Trennwände bestehen aus der Unterkonstruktion (nach Bild 1) unter Verwendung von Holz oder Holzwerkstoffen mit einer ein- oder beidseitigen (statisch nicht mitwirkenden) Bekleidung oder (statisch mitwirkenden) Beplankung.

3 Werkstoffe

3.1 Unterkonstruktionen

a) Vollholz oder verleimtes Holz, Güteklasse II, nach DIN 4074 Teil 1; bezüglich der Holzfeuchte ist DIN 1052 Teil 1 zu beachten.

b) Flachpressplatten nach DIN 68763, Normtyp je nach Anwendungsbereich nach DIN 68800 Teil 2, Emissionsklasse E 1 nach der Richtlinie über die Verwendung von Spanplatten (Formaldehyd-Richtlinie) hinsichtlich der Vermeidung unzumutbarer Formaldehydkonzentrationen in der Raumluft.

3.2 Bekleidungen oder Beplankungen

a) Bretterschalung.
b) Holzwerkstoffe:
Spanplatten nach DIN 68761 Teil 1 und Teil 4, DIN 68763, DIN 68764 Teil 1 und Teil 2, DIN 68765;
Sperrholz nach DIN 68705 Teil 2 bis Teil 5,
harte Holzfaserplatten nach DIN 68750, DIN 68751 und DIN 68754 Teil 1.
c) Gipskartonplatten nach DIN 18180.
d) Ebene Faserzement-Tafeln nach DIN 274 Teil 4.
e) Andere Werkstoffe, deren Brauchbarkeit (z.B. durch Zulassung, Prüfzeugnis) nachgewiesen ist. Dazu gehören Gipsfaserplatten, mineralisch gebundene Flachpressplatten.

4 Maße

4.1 Unterkonstruktion aus Holz

Die erforderlichen Mindestquerschnitte für die Holzstiele bzw. –rippen von Trennwänden gehen in Abhängigkeit vom Einbaubereich und von der Wandhöhe aus Tabelle 1 hervor. Sie gelten für einen Achsabstand der Holzstiele von a = 625 mm; Öffnungen bleiben dabei unberücksichtigt. Bei kleineren Achsabständen dürfen die Querschnittsbreiten b proportional zum Achsabstand der Holzstiele a verringert werden. Sie gelten ferner nur, solange nicht auf Grund der gewählten Verbindungsmittel zwischen Holz und Bekleidung oder Beplankung größere Maße erforderlich werden.

Die in Tabelle 1 aufgeführten Querschnittsbreiten b dürfen unterschritten werden, wenn die Querschnittshöhe h zugleich derart vergrößert wird, dass das Widerstandsmoment des neuen Querschnitts mindestens gleich dem des Mindestquerschnitts ist.

4.2 Unterkonstruktion aus Spanplatten

Anstelle von Holz dürfen auch Spanplatten nach DIN 68763 für die Unterkonstruktion verwendet werden, wenn eine beidseitige Beplankung aus mindestens 13 mm dicken Spanplatten nach DIN 68763 durch Verleimung aufgebracht wird. Unter Beplankungsstößen sind jedoch Holzrippen anzuordnen. Das gilt nicht für Elementstöße (siehe auch Bild 2).
Die Mindestbreite b der Spanplatten-Rippen beträgt 28 mm.
Als Rippenhöhe h sind für die Einbaubereiche 1 und 2 in Abhängigkeit von der Wandhöhe H die Mindestwerte nach Tabelle 2 einzuhalten, die konstruktiv gewählt sind.

4.3 Bekleidungen und Beplankungen

Die erforderlichen Mindestdicken der Bekleidungen oder Beplankungen von Trennwänden sind für 2 Unterstützungsabstände in Tabelle 3 aufgeführt.

4.4 Verbindung der Bekleidungen oder Beplankungen mit der Unterkonstruktion

4.4.1 Holzwerkstoffplatten

Erfolgt die Verbindung mit Hilfe von mechanischen Verbindungsmitteln, z.B. Nägeln, Klammern, Schrauben, dann darf der Abstand der Verbindungsmittel untereinander 80 d_v nicht überschreiten, jedoch nicht größer sein als 200 mm; dabei ist d_v der Durchmesser des Verbindungsmittels. Die übrigen Festlegungen nach DIN 1052 Teil 1 sind einzuhalten.
Werden die Beplankungen aufgeleimt, dann ist DIN 1052 Teil 1 zu beachten.

4.4.2 Bretterschalungen

Die Befestigung mit mechanischen Verbindungsmitteln darf beliebig sein, sollte jedoch den üblichen Handwerksregeln entsprechen.

4.4.3 Gipsbauplatten

Gipsbauplatten im Sinne dieser Norm sind Gipskartonplatten nach DIN 18180 und Gipsfaserplatten. Die Befestigung ist auf der Grundlage von DIN 18181 mit mechanischen Verbindungsmitteln durchzuführen.

4.5 Verbindung der lotrechten mit den waagerechten Hölzern

Eine Verbindung dieser Hölzer untereinander ist nicht erforderlich, wenn eine ein- oder beidseitige Beplankung aus plattenförmigen Werkstoffen vorliegt. Im anderen Fall, z.B. bei Bretterschalungen, ist die Verbindung konstruktiv zu wählen, z.B. über 2 Stichnägel je Verbindungsstelle oder über gleichwertige Maßnahmen.

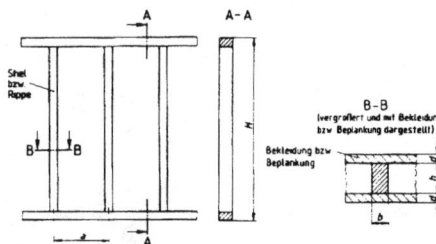

Bild 1. Konstruktion von Trennwänden

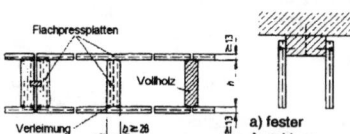

Bild 2. Trennwände mit Unterkonstruktion aus Spanplatten nach DIN 68763

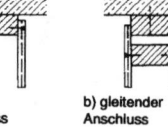

a) fester Anschluss
b) gleitender Anschluss

Bild 3. Anschluss von Trennwänden an angrenzende Bauteile

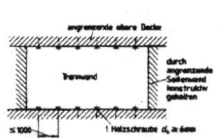

Bild 4. Anschlussmöglichkeiten für Trennwände an angrenzende Bauteile (Regelfall)

Tabelle 1. Erforderliche Mindestquerschnitte b/h für Holzstiele oder –rippen bei einem Achsabstand a = 625 mm in Abhängigkeit von Einbaubereich, Wandhöhe und Wandkonstruktion

	Einbaubereich nach DIN 4103 Teil 1					
	1			2		
Wandhöhe H	2600	3100	4100	2600	3100	4100
Wandkonstruktion	Mindestquerschnitte b/h					
Beliebige Bekleidung	60/60		60/80	60/80		
Beidseitige Beplankung aus Holzwerkstoffen oder Gipsbauplatten, mechanisch verbunden	40/40	40/60	40/80	40/60	40/60	40/80
Beidseitige Beplankung aus Holzwerkstoffen, geleimt	30/40	30/60	30/80	30/40	30/60	30/80
Einseitige Beplankung aus Holzwerkstoffen [1] oder Gipsbauplatten, mechanisch verbunden		40/60	60/60		60/60	

[1] Wände mit einseitiger, aufgeleimter Beplankung aus Holzwerkstoffplatten können wegen der zu erwartenden klimatisch bedingten Formänderungen (Aufwölben der Wände) allgemein nicht empfohlen werden.

Tabelle 2. Mindesthöhe in h von Spanplatten-Rippen

H	h min.
2600	60
3100	80
4100	100

Tabelle 3. Mindestdicken d von Bekleidungen oder Beplankungen in Abhängigkeit vom Unterstützungsabstand

	d min	
Unterstützungsabstand a	1250/2	1250/3
Holzwerkstoffe, organisch oder mineralisch gebunden		
ohne zusätzliche Bekleidung	13 [a]	10
mit zusätzlicher Bekleidung [1]	10	8
Bretterschalung	~ 12	~ 12
Gipsbauplatten	12,5	12,5

[1] Z.B. mit Bretterschalung, Gipsbauplatten

[a] Für mineralisch gebundene Platten Mindestdicke 12 mm.

Montagewände aus Gipskartonplatten

Montagewände aus Gipskartonplatten
Ausführung von Metallständerwänden
nach DIN 18183

1 Anwendungsbereich

Diese Norm gilt für Montagewände aus Gipskartonplatten nach DIN 18180 mit Unterkonstruktionen aus Profilen aus Stahlblech nach DIN 18182 Teil 1, die als nichttragende innere Trennwände auf der Baustelle montiert werden.
Diese Norm gilt auch für freistehende Vorsatzschalen ohne Zwischenabstützung mit Unterkonstruktionen aus Profilen aus Stahlblech nach DIN 18182 Teil 1. Vorsatzschalen mit Zwischenabstützung sind nicht Gegenstand dieser Norm, für sie sind größere Wandhöhen als hier genannt möglich.

2 Begriffe

2.1 Einfachständerwand

Eine Einfachständerwand besteht aus der in einer Ebene angeordneten Unterkonstruktion mit Ständern, die beidseitig mit Gipskartonplatten beplankt ist (siehe Bild 1).

2.2 Doppelständerwand

Eine Doppelständerwand besteht aus der Unterkonstruktion mit in zwei parallelen Ebenen angeordneten Ständern, die auf den Außenseiten mit Gipskartonplatten beplankt ist (siehe Bilder 2 bis 4).

2.3 Freistehende Vorsatzschale

Eine freistehende Vorsatzschale besteht aus der in einer Ebene angeordneten Unterkonstruktion mit Ständern und einer einseitigen Beplankung mit Gipskartonplatten (siehe Bild 5).

3 Ausführung

3.1 Unterkonstruktion und Beplankung

Die Profile der Unterkonstruktion werden in der Regel über die Beplankung miteinander verbunden; dies erfolgt mit mechanischen Verbindungsmitteln. Die Beplankung kann ein- oder mehrlagig ausgeführt werden. Ihre Dicke ist in Tabelle 1 angegeben.
Konstruktive Fugen des Baukörpers (z.B. Dehnfugen nach DIN 1045, Abschnitt 14.4.3) sind in die Montagewände zu übernehmen.
Zusätzliche Dehnfugen sind anzuordnen, wenn die Wandlängen eine Unterteilung in Abschnitte erfordern (siehe DIN 18181, Abschnitt 6. Beispiele für die Ausführung von Dehnfugen zeigen die Bilder 6 und 7.

3.2 Dämmstoffe

Falls Dämmstoffe verwendet werden, sind diese entsprechend den Anforderungen – z.B. an den Brand–, Schall– oder Wärmeschutz – auszuwählen und in die Wand oder Vorsatzschale einzubauen.

3.3 Befestigung an angrenzenden Bauteilen

3.3.1 Allgemeines

Die Anschlussprofile werden in geeigneter Weise an den angrenzenden Bauteilen befestigt. Der Abstand einzelner Befestigungspunkte darf maximal 1000 mm betragen; bei seitlichen Anschlüssen sind mindestens 3 Befestigungspunkte anzuordnen.
Die Art des Anschlusses richtet sich nach den Verformungen, die nach dem Einbau der Montagewände für die angrenzenden Bauteile zu erwarten sind; bei größeren Verformungen sind gleitende Anschlüsse auszuführen.
Erfolgt der Anschluss an Deckenbekleidungen oder Unterdecken, so ist das Zusammenwirken von Decken– und Wandsystemen zu beachten. Hierbei können besondere konstruktive Maßnahmen im Deckenbereich erforderlich sein, um die aus den Montagewänden herrührenden Kräfte aufzunehmen.

3.3.2 Starre Anschlüsse

Bei starrem Anschluss ist die Wand über das Anschlussprofil mit dem angrenzenden Bauteil fest verbunden.

3.3.3 Gleitende Anschlüsse

Gleitende Anschlüsse [1] sind so herzustellen, dass sich die zwischen Montagewand und angrenzendem Bauteil zu erwartenden Verformungen einstellen können (siehe Bild 8).

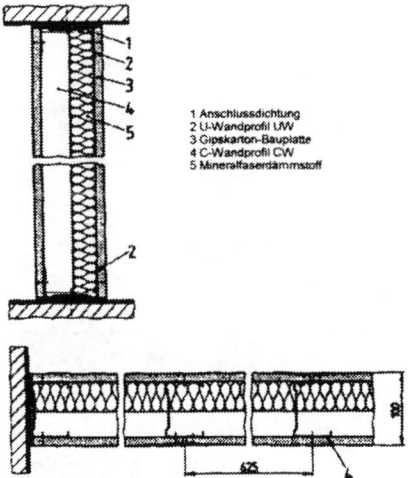

1 Anschlussdichtung
2 U-Wandprofil UW
3 Gipskarton-Bauplatte
4 C-Wandprofil CW
5 Mineralfaserdämmstoff

Bild 1. Beispiel für eine Einfachständerwand CW 75/100

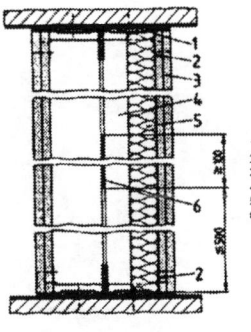

1 Anschlussdichtung
2 U-Wandprofil UW
3 Gipskarton-Bauplatte
4 C-Wandprofil CW
5 Mineralfaserdämmstoff
6 Distanzstreifen
(z.B. selbstklebender Filzstreifen)

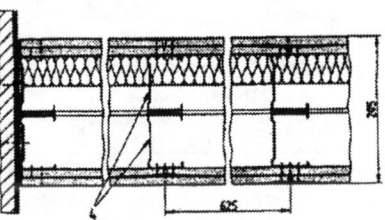

Bild 2. Beispiel für eine Doppelständerwand CW 75 + 75/205; Ständer durch Distanzstreifen gegeneinander abgestützt

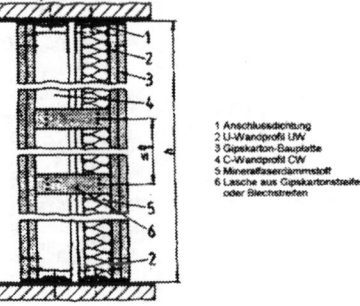

1 Anschlussdichtung
2 U-Wandprofil UW
3 Gipskarton-Bauplatte
4 C-Wandprofil CW
5 Mineralfaserdämmstoff
6 Lasche aus Gipskartonstreifen oder Blechstreifen

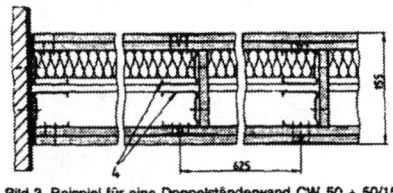

Bild 3. Beispiel für eine Doppelständerwand CW 50 + 50/155; Ständer durch Laschen zug– und druckfest verbunden

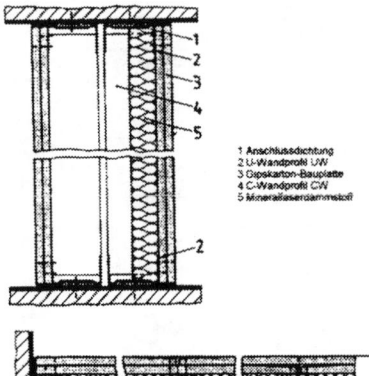

1 Anschlussdichtung
2 U-Wandprofil UW
3 Gipskarton-Bauplatte
4 C-Wandprofil CW
5 Mineralfaserdämmstoff

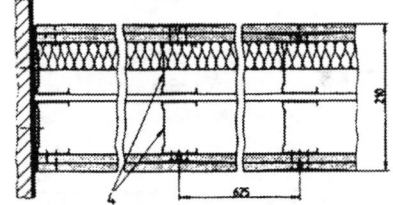

Bild 4. Beispiel für eine Doppelständerwand mit getrennten Ständern CW 75 + 75/210

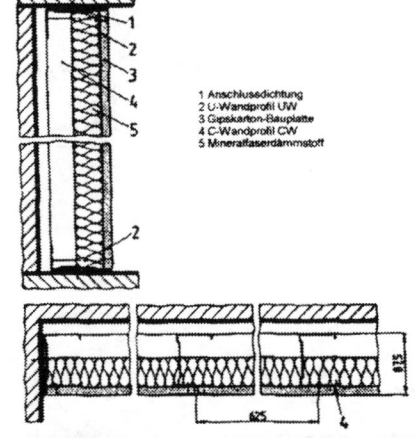

1 Anschlussdichtung
2 U-Wandprofil UW
3 Gipskarton-Bauplatte
4 C-Wandprofil CW
5 Mineralfaserdämmstoff

Bild 5. Beispiel für eine freistehende Vorsatzschale V-CW 75/87,5

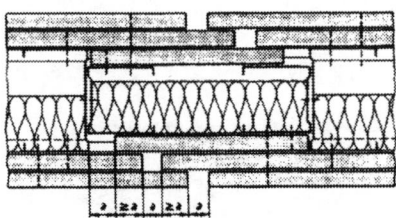

Bild 7. Beispiel für die Ausführung einer Dehnfuge für horizontale Längenänderungen bei zweilagig beplankten Wänden (a ≤ 20 mm, mögliche Bewegung)

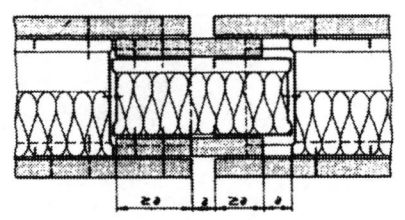

Bild 6. Beispiel für die Ausführung einer Dehnfuge für horizontale Längenänderungen bei einlagig beplankten Wänden (a ≤ 20 mm, mögliche Bewegung)

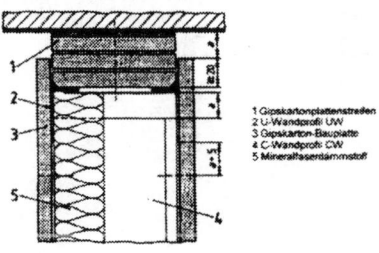

1 Gipskartonplattenstreifen
2 U-Wandprofil UW
3 Gipskarton-Bauplatte
4 C-Wandprofil CW
5 Mineralfaserdämmstoff

Bild 8. Beispiel für die Ausbildung gleitender Deckenanschlüsse (a zu erwartende Deckendurchbiegung)

---

[1] Anforderungen des Schall– und/oder Brandschutzes sind bei der Ausbildung zu berücksichtigen.

[2] P ist die Summe aller Vertikallasten; sie darf nur auf den jeweiligen Lasteintragungsbereich der Wand bezogen werden.

Montagewände aus Gipskartonplatten

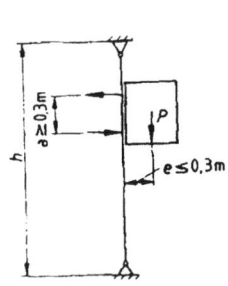

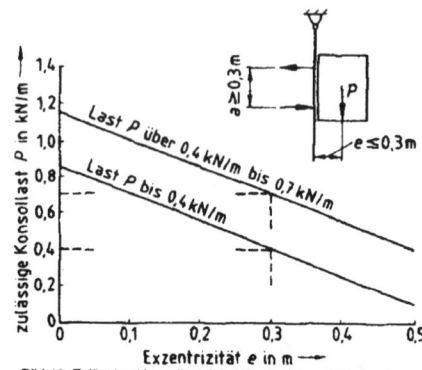

Bild 9. Konsollast P, Exzentrizität e des Lastangriffspunktes und Hebelarm a der resultierenden Horizontalkräfte

Bild 10. Zulässige Konsollast P je Wandseite und Abstand des Lastangriffspunktes e von der Wandoberfläche

3.4 Wandmaße

Die Tabelle 1 enthält Angaben für die Maße von Montagewänden und freistehenden Vorsatzschalen mit Ständern aus C-Wandprofilen nach DIN 18182 Teil 1 in einem Achsabstand ≤ 625 mm. Die Blechdicke der zugehörigen U-Wandprofile beträgt 0,6 mm.

Tabelle 1, Zeile 7 bis 9, gilt für Wände, deren Ständer sich durch Verlaschung in den Drittelspunkten der Wandhöhe oder über einen Distanzstreifen (z.B. selbstklebender Filzstreifen zur Schallentkoppelung) gegeneinander abstützen.

Tabelle 1, Zeile 10 bis 14, gilt für Doppelständerwände mit getrennten Ständerreihen. Sie gilt zugleich für freistehende Vorsatzschalen ohne Zwischenabstützung.

Tabelle 1. Maße von Metallständerwänden

Zeile	1 Kurzzeichen der Wand	2 Profil nach DIN 18182 Teil 1	3 Dicke der Beplankung je Seite[1] mm	4 Dicke der Wand mm	5 maximale Wandhöhe h in mm im Einbaubereich[2] · 1	6 · 2	7 Durchbiegung f der Wand infolge Belastung nach DIN 4103 Teil 1 für die Einbaubereiche[2] · 1	8 · 2
Einfachständerwände								
1	CW 50/75	CW 50x50x06	12,5	75	3000	2750		
		CW 50x50x07				2600		
2	CW 50/100	CW 50x50x06	12,5 + 12,5	100	4000	3500		
		CW 50x50x07				2600		
3	CW 75/100	CW 75x50x06	12,5	100	4500	3750		
4	CW 75/125	CW 75x50x06	12,5 + 12,5	125	5500	5000		
						3750		
5	CW 100/125	CW 100x50x06	12,5	125	5000	4250		
6	CW 100/150	CW 100x50x06	12,5 + 12,5	150	6500	5750		
Doppelständerwände (gegeneinander abgestützte Ständer)								
7	CW 50+50/155	CW 50x50x06	12,5 + 12,5	155	4500	4000		
					4000	2600		
8	CW 75+75/205	CW 75x50x06		205	6000	5500		
9	CW 100+100/255	CW 100x50x06		255	6500	6000		
Doppelständerwände (getrennte Ständer) und freistehende Vorsatzschalen[3]								
10	CW 50+50/...	CW 50x50x06	12,5 + 12,5		2600	–		–
11	CW 75+75/...	CW 75x50x06	12,5		3000	2500		
12	CW 75+75/...	CW 75x50x06	12,5 + 12,5	...[4]	3500	2750		
13	CW 100+100/...	CW 100x50x06	12,5		4000	3000		
14	CW 100+100/...	CW 100x50x06	12,5 + 12,5		4250	3500		

Legende

⬛ $f \le h/500$ ⬜ $h/500 < f \le h/350$ ⬜ $h/350 < f \le h/200$

[1] Bei Vorsatzschalen nur einseitige Beplankung.

[2] Nach DIN 4103 Teil 1 werden folgende Einbaubereiche unterschieden:

Einbaubereich 1   Bereiche mit geringer Menschenansammlung, wie sie z.B. in Wohnungen, Hotel-, Büro- und Krankenräumen und ähnlich genutzten Räumen einschließlich der Flure vorausgesetzt werden müssen;

Einbaubereich 2   Bereiche mit großer Menschenansammlung, wie sie z.B. in größeren Versammlungsräumen, Schulräumen, Hörsälen, Ausstellungs- und Verkaufsräumen und ähnlich genutzten Räumen vorausgesetzt werden müssen. Hierzu zählen auch stets Trennwände zwischen Räumen mit einem Höhenunterschied der Fußböden ≥ 1 m.

[3] Beispiel für das Kurzzeichen einer Vorsatzschale: V – CW 75/87,5; es setzt sich zusammen aus dem Buchstaben V (für Vorsatzschale), dem verwendeten C-Wandprofil CW und der jeweiligen Dicke der Vorsatzschale.

[4] Abhängig vom Abstand der Ständerreihen.

3.5 Konsollasten

3.5.1 Allgemeines

Sofern nachstehend nichts anderes festgelegt ist, dürfen Wände bis 1,5 kN/m und freistehende Vorsatzschalen bis 0,4 kN/m durch Konsollasten (ruhende Lasten) belastet werden.

Die Exzentrizität e der angreifenden Last P[2] und der Hebelarm a der resultierenden Horizontalkräfte müssen die im Bild 9 festgelegten Grenzwerte einhalten.

Die örtliche Einleitung der Kräfte kann durch die Beplankung, die Ständer oder geeignete Hilfskonstruktionen erfolgen. Zur Einleitung der Lasten sind die jeweils geeigneten Befestigungsmittel zu verwenden.

Erfolgt die Einleitung der Kräfte in die Beplankung, muss der Abstand der Befestigungsmittel untereinander mindestens 75 mm betragen.

3.5.2 Leichte Konsollasten

Konsollasten, die 0,4 kN/m Wandlänge nicht überschreiten (z.B. leichte Buchregale und Wandschränke), dürfen an jeder beliebigen Stelle der Wand oder der Vorsatzschale eingeleitet werden.

Abweichend vom Bild 9 dürfen die Last P bzw. die Exzentrizität e verändert werden, wenn die im Bild 10 dargestellten Bedingungen eingehalten werden.

3.5.3 Sonstige Konsollasten

3.5.3.1 Konsollasten über 0,4 kN/m Wandlänge dürfen in Einfachständerwände an jeder beliebigen Stelle der Wand eingeleitet werden, sofern die Beplankung mindestens 18,0 mm dick ist. Dies gilt auch für Doppelständerwände, wenn die Ständerreihen zugfest – z.B. durch Laschen – miteinander verbunden sind.

Abweichend vom Bild 9 dürfen die Last P und die Exzentrizität e verändert werden, wenn die Bedingungen nach Bild 10 eingehalten werden.

3.5.3.2 Konsollasten über 0,7 N/m bis 1,5 kN/m Wandlänge (z.B. Hänge-WCs, Waschtische, Boiler) sind über besondere Teile (z.B. Traversen, Tragständer) in die Unterkonstruktion einzuleiten. Bei Doppelständerwänden sind die Ständerreihen zugfest – z.B. durch Laschen – miteinander zu verbinden.

3.5.3.3 Das Einleiten von in den Abschnitten 3.5.1 bis 3.5.3.2 nicht erfassten Konsollasten ist zulässig, wenn die Standsicherheit der Wand oder Vorsatzschale, z.B. nach DIN 4103 Teil 1 nachgewiesen ist.

3.6 Wandöffnungen

Im Randbereich von Wandöffnungen (z.B. Türen, Fenster) sind zwischen den Ständern Riegel anzuordnen; soweit erforderlich, ist die Unterkonstruktion auszusteifen (z.B. durch Profile aus Stahlblech).

Wandöffnungen für Türen sind so auszubilden, dass die aus der Nutzung resultierenden Kräfte in die angrenzenden Bauteile eingeleitet werden, z.B. über an den Kopf- und Fußpunkten fixierte U-Anschlussprofile.

Bei einfach beplankten Wänden sind Plattenstöße in Verlängerung der Zargenholme zu vermeiden; bei mehrlagiger Beplankung sind Stöße in den einzelnen Lagen gegeneinander zu versetzen.

Innenwände aus Holz

Standarddetails für Holzskelettbau (nach Lit. 42)

Holzbalkendecke/Zwischenwandanschlüsse

Holzwände parallel zur Balkenlage

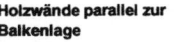

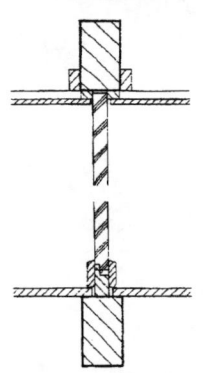
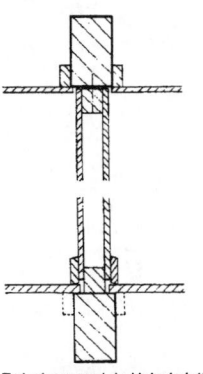
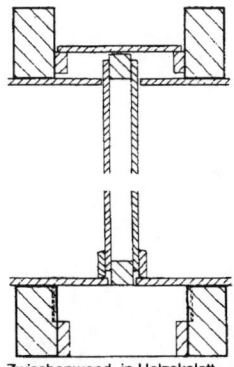
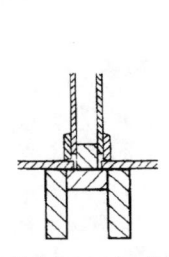

Zwischenwand, aus Holzwerk-stoffplatten, auf Deckenbalken

Zwischenwand, in Holzskelett-konstruktion, auf Deckenbalken

Zwischenwand, in Holzskelett-konstruktion, auf Wandwechsein

Zwischenwand, in Holzskelett-konstruktion, auf Zarge mit da-zwischengenageltem Füllholz

Holzwände senkrecht zur Balkenlage

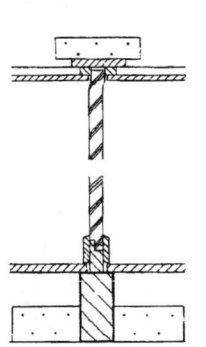
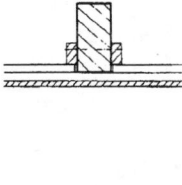
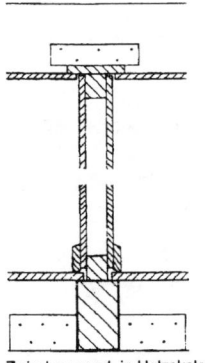
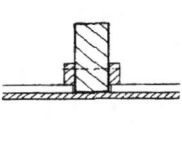
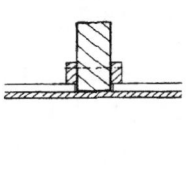
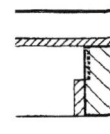

Zwischenwand, aus Holzwerk-stoffplatten, auf Wandwechsel

1. Weiche anorganische Isolierschicht

Zwischenwand, in Holzskelett-konstruktion, auf Wandwechsel

Gemauerte Wände

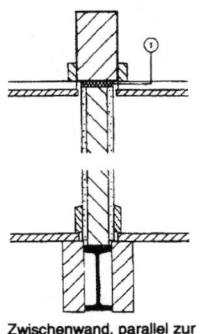
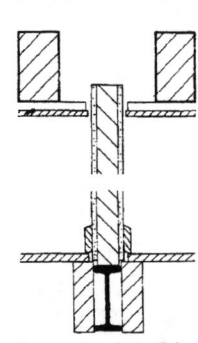
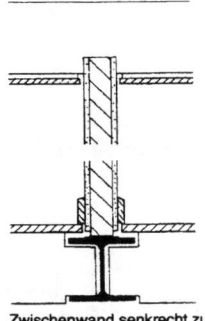
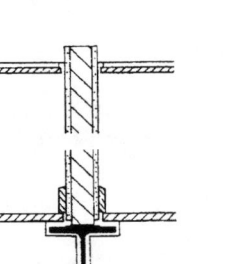

① Seitenansicht

Zwischenwand, parallel zur Balkenlage, unter einem Deckenbalken

Zwischenwand, parallel zur Balkenlage, unter einem Balkenfeld

Zwischenwand senkrecht zur Balkenlage

Holzstützen/Fußpunktausbildungen

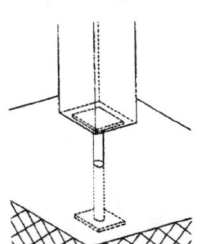
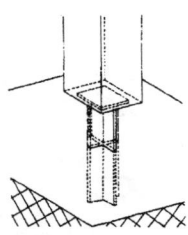
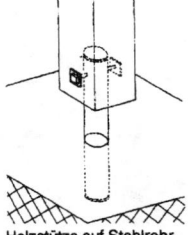
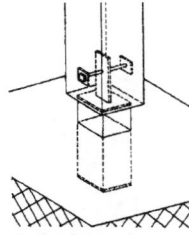
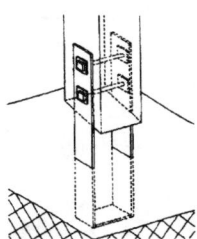
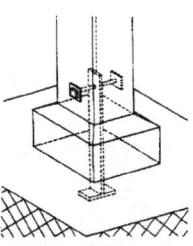

Holzstütze auf Auflager-platte mit Dom aus Rund-eisen oder Rohr. Beanspruchung nur auf Druck.

Holzstütze auf Auflager-platte mit profilierter Eisen-abstützung. Beanspruchung nur auf Druck.

Holzstütze auf Stahlrohr, verschraubt. Beanspruchung auf Druck oder Zug.

Holzstütze auf kasten-artigem Rohr, mit Auf-lagerplatte verschraubt. Beanspruchung auf Druck oder Zug.

Holzstütze mit beidseitigen Stahllaschen verschraubt. Beanspruchung auf Druck oder Zug.

Holzstütze auf Betonsockel, mit Dachpappenzwischen-lage. Der Fußpunkt dieser Holzstütze soll möglichst vor Regen geschützt sein. Beanspruchung auf Druck oder Zug.

Innenwände aus Holz

Standarddetails für Holzskelettbau (nach Lit. 42)

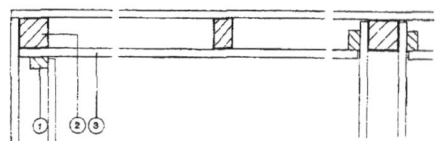

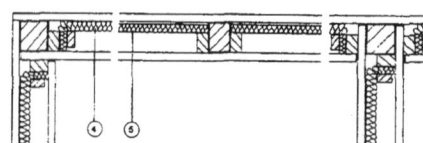

Innenwand, einfachste Ausführung

Innenwand mit Wärmeisolierung

Innenwände aus Ständer, Bekleidungen, Dämmung

1 Anschlagplatte
2 Ständer
3 Wandverkleidung
4 Isoliermatte
5 Isolierplatte
6 Drahtgewebe, verzinkt
7 Holzwolle-Leichtbauplatte
8 Wandputz

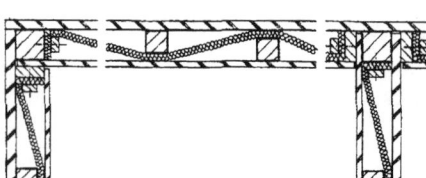

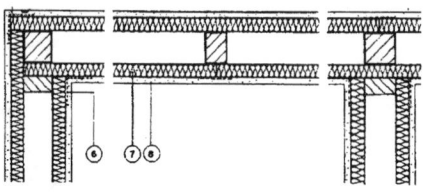

Innenwand, schalldämmende Ausführung

Innenwand mit beidseitiger Verkleidung aus Holzwolle-Leichtbauplatten

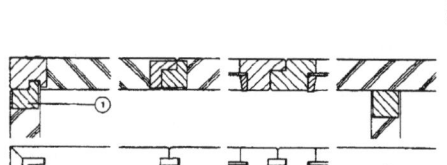

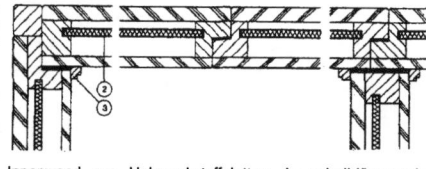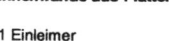

Innenwände aus Platten

1 Einleimer
2 Isolierplatte
3 Eckleiste
4 Türe
5 aussteifendes Stahlrohr
6 Unterstützungsrohr
7 Profilleisten

Innenwand aus Holzwerkstoffplatten, Verbindungsstöße gefälzt (mit Schraubung) oder gefedert (mit Leimung).

Innenwand aus Holzwerkstoffplatten, in schalldämmender Ausführung. Verbindungsstöße gefälzt (mit Schraubung).

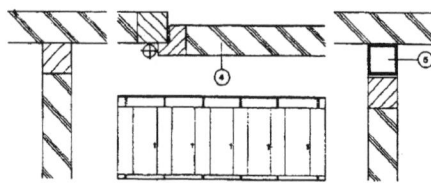

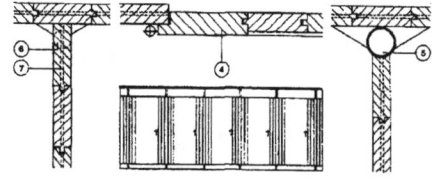

Innenwand aus Stahlprofilen und Holzwerkstoffplatten (z.B. für Umkleidekabinen)

Innenwand aus Stahlprofilen und Nut-und-Kamm-Brettern (z.B. für Umkleidekabinen)

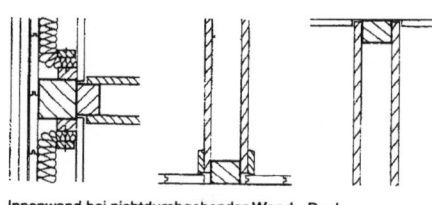

Anschlusspunkte, Holzbau

1 äußere Wandverkleidung mit Hinterfüllung
2 Blindschalung mit Winddichtung
3 innere Wandverkleidung
4 Ständer
5 Pfosten
6 Isoliermatte
7 Schwelle
8 Fußleiste
9 Holzfußboden
10 Deckenverkleidung
11 Blindboden
12 Anschlagbrett
13 Holzwolle-Leichtbauplatte
14 Drahtgewebe, verzinkt
15 Wandputz
16 Putzdecke

Innenwand bei durchgehender Wand-, Decken-, Bodenfläche

Innenwand bei nichtdurchgehender Wand-, Decken-, Bodenfläche

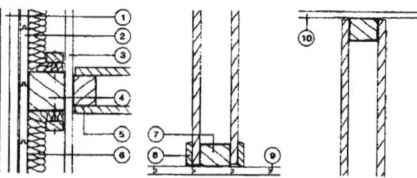

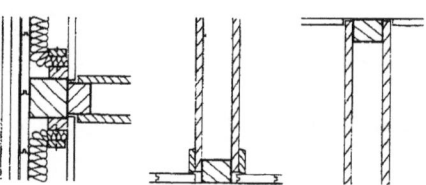

Innenwand, schalldämmende Ausführung

Innenwand mit beidseitiger Verkleidung aus Holzwolle-Leichtbauplatten

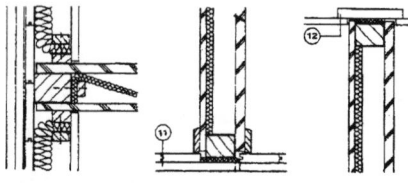

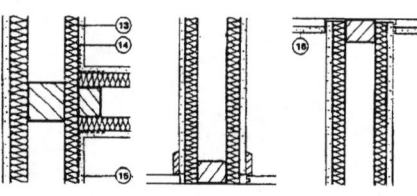

Anschlusspunkte, Massivbau

1 unverputzte Wand
2 Pfosten
3 Isoliermaterial
4 Steinfußboden
5 Fußleiste
6 Schwelle
7 unverputzte Decke
8 Wandputz
9 Holzfußboden auf Lagerhölzern
10 Isoliermatte
11 Holzwolle-Leichtbauplatte

Innenwand bei durchgehender Wand-, Decken-, Bodenfläche

Innenwand bei nichtdurchgehender Wand-, Decken-, Bodenfläche

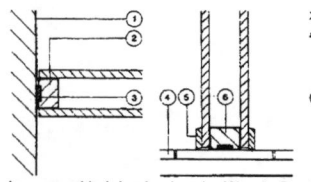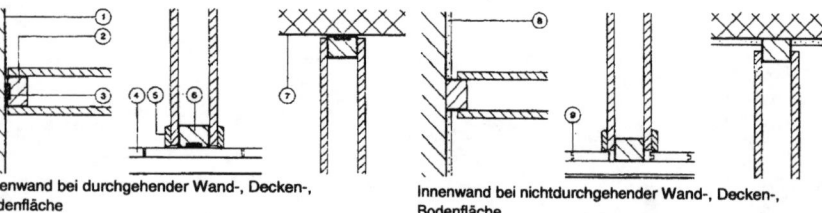

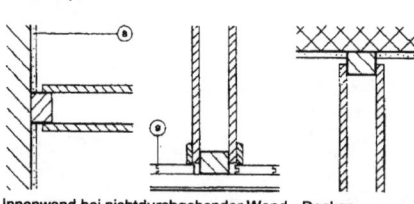

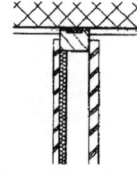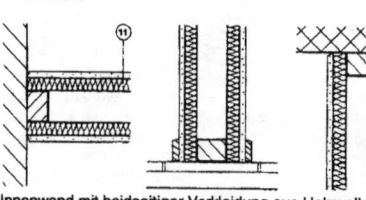

Innenwand, schalldämmende Ausführung

Innenwand mit beidseitiger Verkleidung aus Holzwolle-Leichtbauplatten

Ausführungsbeispiele Holzwände für Vollwärmeschutz

Standarddetails für Niedrigenergiehäuser, Bereich Innenwände (nach Lit. 41)

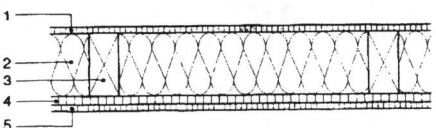

Innenwand: IW 1

Nr.	Baustoff	s [mm]	λ_R [W/(m · K)]	s_d [m]
1	Gipskarton–Bauplatte	12,5	0,21	0,1
2	Wärmedämmung	120,0	0,04	0,12
3	Ständer 6/12 (Achsmaß 625)	120,0	0,13	4,8
4	Holzwerkstoffplatte	16,0	0,13	0,8
5	Gipskarton–Bauplatte	12,5	0,21	0,1
Feuerwiderstandsklasse gemäß DIN 4102			F 30–B	
Wärmedurchgangskoeffizient gemäß DIN 4108			$k_m = 0,33$ W/(m² · K)	
Feuchtetechnische Einordnung gemäß DIN 4108			–	

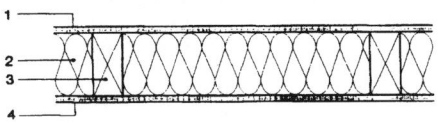

Innenwand: IW 2

Nr.	Baustoff	s [mm]	λ_R [W/(m · K)]	s_d [m]
1	Gipskarton–Bauplatte	12,5	0,21	0,1
2	Wärmedämmung	120,0	0,04	0,12
3	Ständer 6/12 (Achsmaß 625)	120,0	0,13	4,8
4	Gipskarton–Bauplatte	12,5	0,21	0,1
Feuerwiderstandsklasse gemäß DIN 4102			F 30–B	
Wärmedurchgangskoeffizient gemäß DIN 4108			$k_m = 0,34$ W/(m² · K)	
Feuchtetechnische Einordnung gemäß DIN 4108			–	

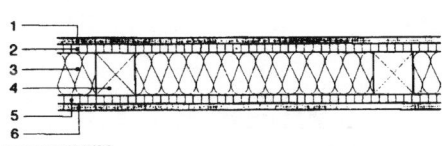

Innenwand: IW 3

Nr.	Baustoff	s [mm]	λ_R [W/(m · K)]	s_d [m]
1	Gipskarton–Bauplatte	12,5	0,21	0,1
2	Holzwerkstoffplatte	16,0	0,13	0,8
3	Wärmedämmung	80,0	0,04	0,08
4	Ständer 8/8 (Achsmaß 625)	80,0	0,13	3,2
5	Holzwerkstoffplatte	16,0	0,13	0,8
6	Gipskarton–Bauplatte	12,5	0,21	0,1
Feuerwiderstandsklasse gemäß DIN 4102			F 60–B	
Wärmedurchgangskoeffizient gemäß DIN 4108			$k_m = 0,44$ W/(m² · K)	
Feuchtetechnische Einordnung gemäß DIN 4108			–	

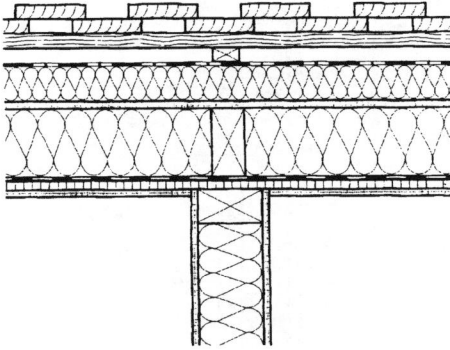

Trennwandanschluss für die Außenwand W 8 und die Trennwand IW 2.

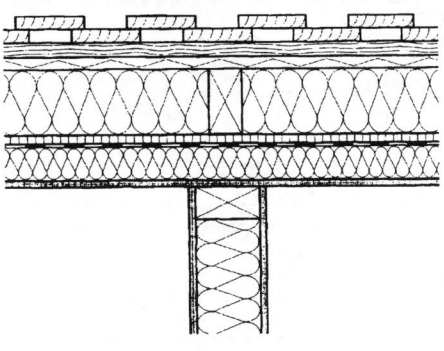

Trennwandanschluss für die Außenwand W 9 und die Trennwand IW 2.

Kellerdeckenanschluss für die Trennwand W 1

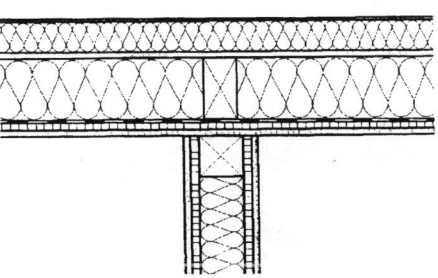

Trennwandanschluss für die Außenwand W 3 und die Trennwand IW 3.

Ständerwand-Systeme

Knauf–Ständerwand W 111, einfaches Ständerwerk, einlagig beplankt, Metallständer

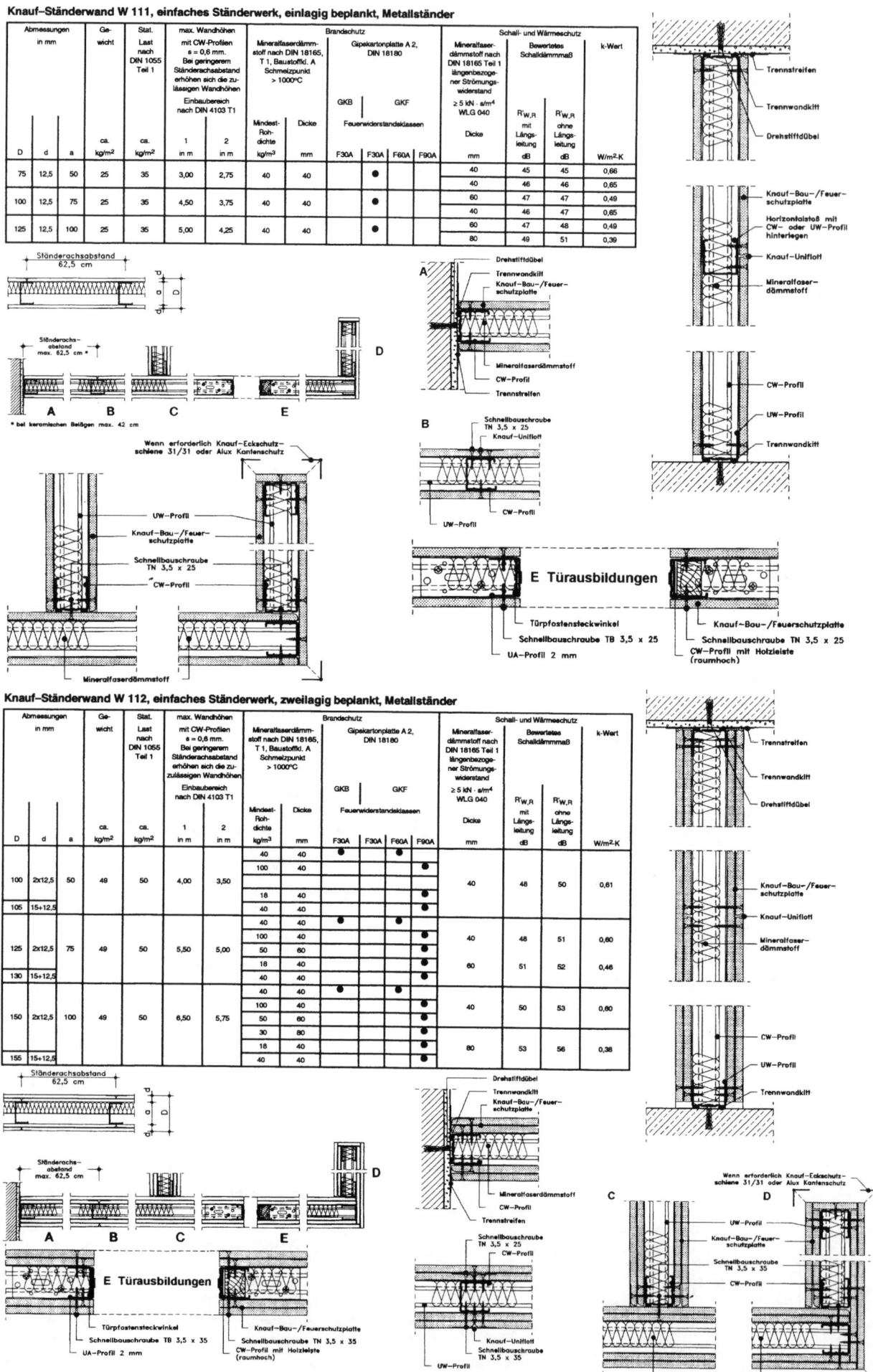

Abmessungen in mm			Ge-wicht	Stat. Last nach DIN 1055 Teil 1	max. Wandhöhen mit CW-Profilen s = 0,6 mm. Bei geringerem Ständerachsabstand erhöhen sich die zulässigen Wandhöhen Einbaubereich nach DIN 4103 T1		Brandschutz						Schall- und Wärmeschutz			
							Mineralfaserdämmstoff nach DIN 18165, T 1, Baustoffkl. A Schmelzpunkt > 1000°C		Gipskartonplatte A 2, DIN 18180				Mineralfaserdämmstoff nach DIN 18165 Teil 1 längenbezogener Strömungswiderstand ≥ 5 kN · s/m⁴ WLG 040	Bewertetes Schalldämmmaß		k-Wert
									GKB		GKF					
							Mindest-Roh-dichte	Dicke	Feuerwiderstandsklassen				Dicke	$R'_{W,R}$ mit Längs-leitung	$R'_{W,R}$ ohne Längs-leitung	
D	d	a	ca. kg/m²	ca. kg/m²	1 in m	2 in m	kg/m³	mm	F30A	F30A	F60A	F90A	mm	dB	dB	W/m²·K
75	12,5	50	25	35	3,00	2,75	40	40	●				40	45	45	0,66
													40	46	46	0,65
100	12,5	75	25	35	4,50	3,75	40	40	●				60	47	47	0,49
													40	46	47	0,65
125	12,5	100	25	35	5,00	4,25	40	40	●				60	47	48	0,49
													80	49	51	0,39

Knauf–Ständerwand W 112, einfaches Ständerwerk, zweilagig beplankt, Metallständer

Abmessungen in mm			Ge-wicht	Stat. Last nach DIN 1055 Teil 1	max. Wandhöhen mit CW-Profilen s = 0,6 mm. Bei geringerem Ständerachsabstand erhöhen sich die zulässigen Wandhöhen Einbaubereich nach DIN 4103 T1		Brandschutz						Schall- und Wärmeschutz			
							Mineralfaserdämmstoff nach DIN 18165, T 1, Baustoffkl. A Schmelzpunkt > 1000°C		Gipskartonplatte A 2, DIN 18180				Mineralfaserdämmstoff nach DIN 18165 Teil 1 längenbezogener Strömungswiderstand ≥ 5 kN · s/m⁴ WLG 040	Bewertetes Schalldämmmaß		k-Wert
									GKB		GKF					
							Mindest-Roh-dichte	Dicke	Feuerwiderstandsklassen				Dicke	$R'_{W,R}$ mit Längs-leitung	$R'_{W,R}$ ohne Längs-leitung	
D	d	a	ca. kg/m²	ca. kg/m²	1 in m	2 in m	kg/m³	mm	F30A	F30A	F60A	F90A	mm	dB	dB	W/m²·K
							40	40	●		●					
100	2x12,5	50	49	50	4,00	3,50	100	40				●	40	48	50	0,61
							18	40				●				
105	15+12,5						40	40				●				
							40	40				●				
125	2x12,5	75	49	50	5,50	5,00	100	40				●	40	48	51	0,60
							50	60				●				
							18	40				●	60	51	52	0,46
130	15+12,5						40	40				●				
							40	40	●		●					
150	2x12,5	100	49	50	6,50	5,75	100	40				●	40	50	53	0,60
							50	60				●				
							30	80				●				
							18	40				●	80	53	56	0,38
155	15+12,5						40	40				●				

Ständerwand-Systeme

Knauf–Ständerwand W 115, doppeltes Ständerwerk, zweilagig beplankt, Metallständer

Abmessungen in mm			Gewicht	Stat. Last nach DIN 1055 Teil 1	max. Wandhöhen mit CW-Profilen s = 0,6 mm Bei geringerem Ständerachsabstand erhöhen sich die zulässegen Wandhöhen Einbaubereich nach DIN 4103 T1		Brandschutz						Schall- und Wärmeschutz				k-Wert
							Mineralfaserdämmstoff nach DIN 18165, T 1, Baustoffkl. A Schmelzpunkt > 1000°C		Gipskartonplatte A 2, DIN 18180				Mineralfaserdämmstoff nach DIN 18165 Teil 1 längenbezogener Strömungswiderstand ≥ 5 kN s/m⁴ WLG 040	Bewertetes Schalldämmmaß		
									GKB		GKF					
			ca.	ca.	1	2	Mindest-Rohdichte	Dicke	Feuerwiderstandsklassen				Dicke	R'W,R mit Längsleitung	R'W,R ohne Längsleitung	
D	d	a	kg/m²	kg/m²	in m	in m	kg/m³	mm	F30A	F30A	F60A	F90A	mm	dB	dB	W/m²·K
155	2x12,5	105	50	50	4,50	4,00	40	40	●		●					
							100	40				●	40	53	61	0,60
							50	60				●				
							30	80				●	80	53	63	0,38
160	15+12,5						40	40				●				
205	2x12,5	155	50	50	6,00	5,50	40	40	●		●					
							100	40				●	40	54	61	0,60
							50	60				●				
							30	80				●	80	54	63	0,38
210	15+12,5						40	40				●				
255	2x12,5	205	50	50	6,50	6,00	40	40	●		●					
							100	40				●	40	54	63	0,60
							50	60				●				
							30	80				●	80	55	65	0,38
260	15+12,5						40	40				●				

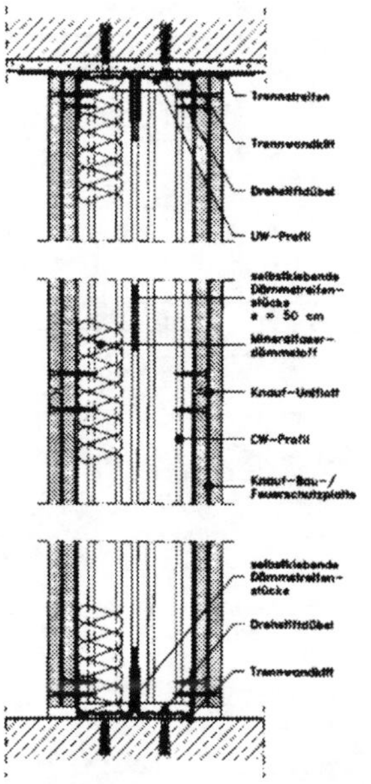

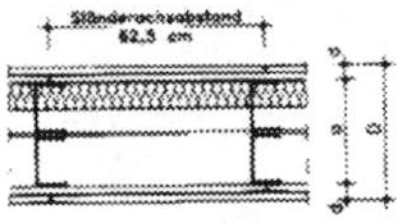

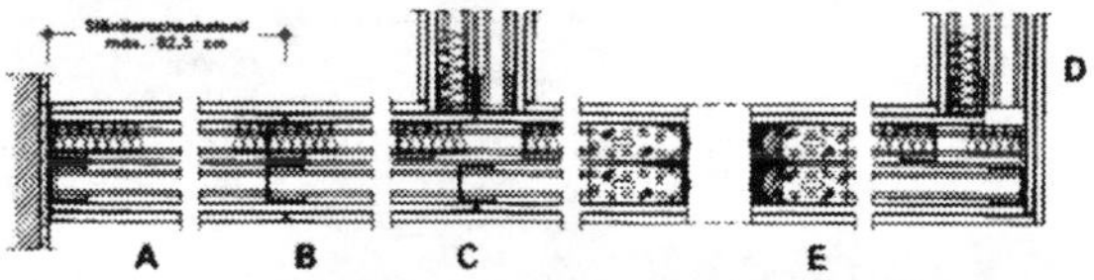

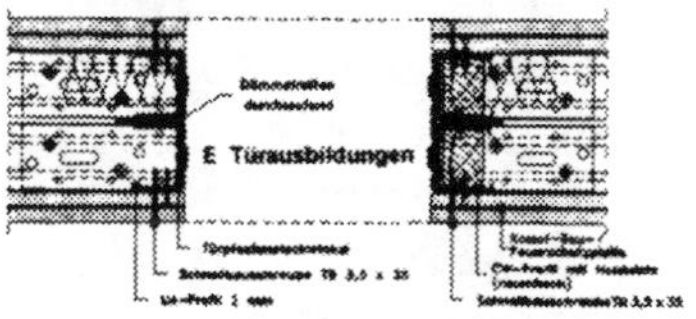

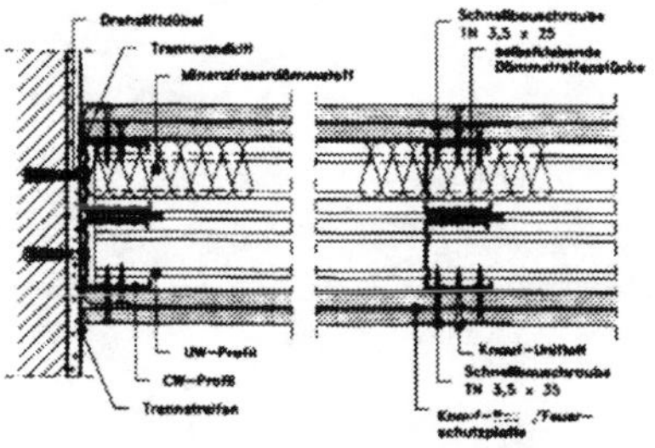

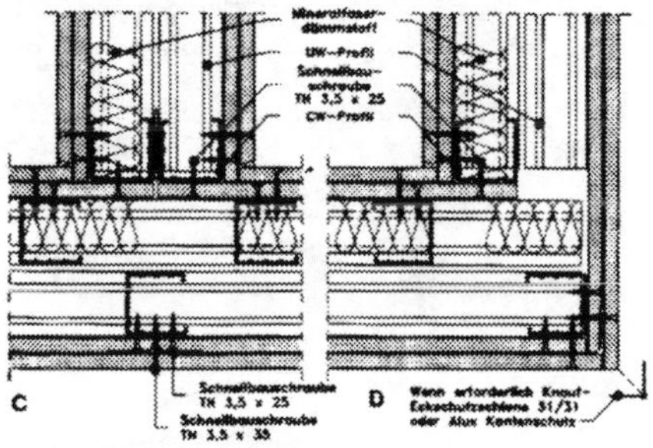

Knauf–Ständerwand W 116, doppeltes Ständerwerk, zweilagig beplankt, Metallständer

Abmessungen in mm			Gewicht	Stat. Last nach DIN 1055 Teil 1	max. Wandhöhen mit CW-Profilen s = 0,6 mm Bei geringerem Ständerachsabstand erhöhen sich die zulässegen Wandhöhen Einbaubereich nach DIN 4103 T1		Brandschutz						Schall- und Wärmeschutz				k-Wert
							Mineralfaserdämmstoff nach DIN 18165, T 1, Baustoffkl. A Schmelzpunkt > 1000°C		Gipskartonplatte A 2, DIN 18180				Mineralfaserdämmstoff nach DIN 18165 Teil 1 längenbezogener Strömungswiderstand ≥ 5 kN s/m⁴ WLG 040	Bewertetes Schalldämmmaß		
									GKB		GKF					
			ca.	ca.	1	2	Mindest-Rohdichte	Dicke	Feuerwiderstandsklassen				Dicke	R'W,R mit Längsleitung	R'W,R ohne Längsleitung	
D	d	a	kg/m²	kg/m²	in m	in m	kg/m³	mm	F30A	F30A	F60A	F90A	mm	dB	dB	W/m²·K
≥ 220	2x12,5	≥ 170	52	50	4,50	4,00	40	40	●		●					
							100	40				●	40	51	53	0,60
							50	60				●				
							30	80				●				
≥ 225	15+12,5						40	40				●				

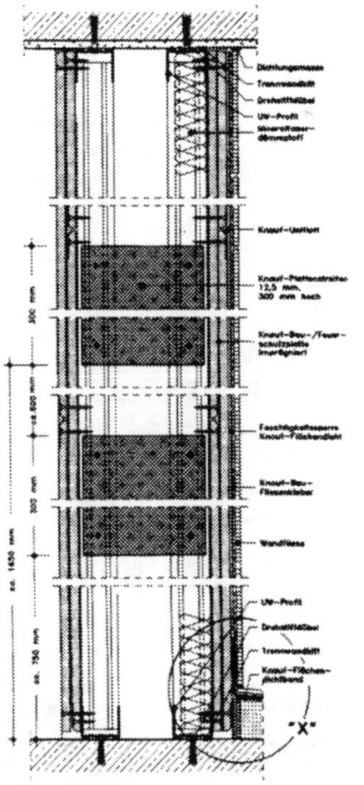

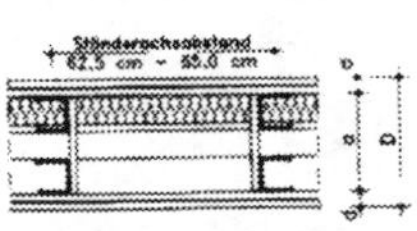

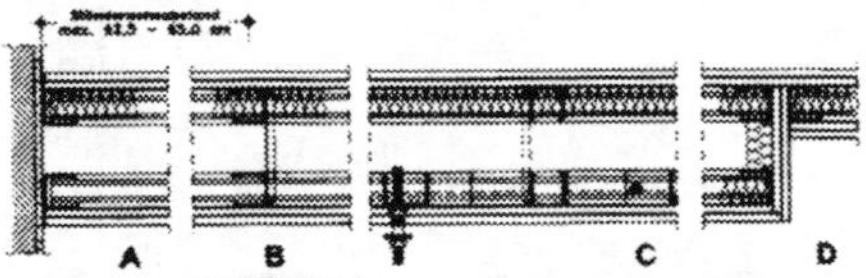

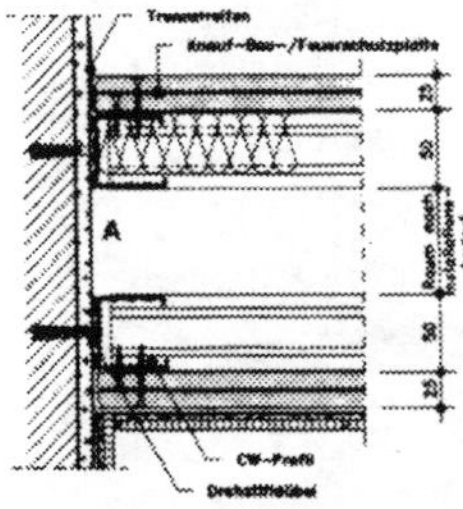

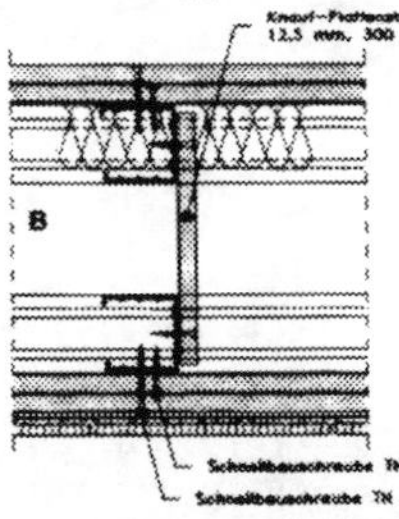

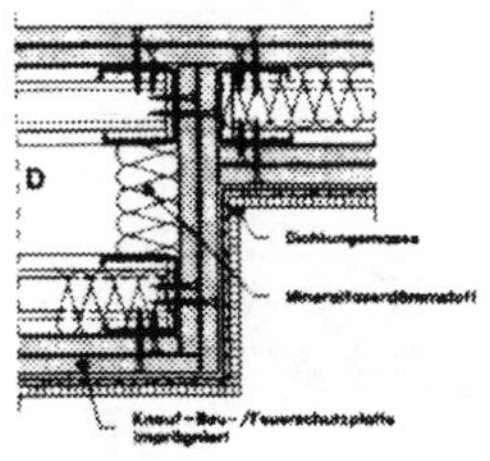

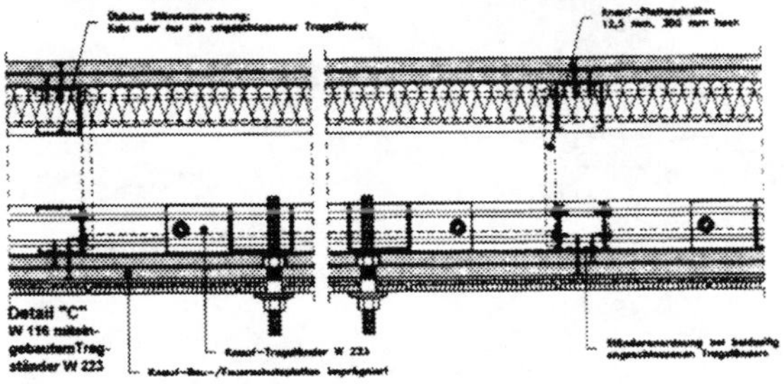

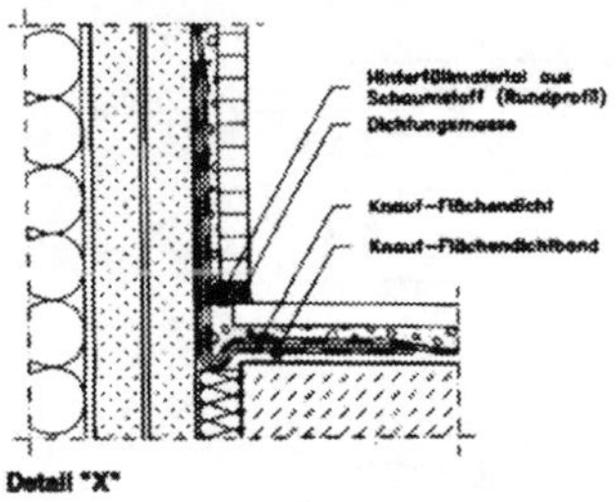

Detail "X"

233

Ständerwand-Systeme

Knauf–Ständerwand W 121, einfaches Ständerwerk, einlagig beplankt, Metallständer

Abmessungen in mm			Ge-wicht	Stat. Last nach DIN 1055 Teil 1	max. Wandhöhen mit CW-Profilen s = 0,6 mm Bei geringerem Ständerachsabstand erhöhen sich die zulässigen Wandhöhen Einbaubereich nach DIN 4103 T1		Brandschutz							Schall- und Wärmeschutz				
							Mineralfaserdämmstoff nach DIN 18165, T 1, Baustoffkl. A Schmelzpunkt > 1000°C		Gipskartonplatte A 2, DIN 18180					Mineralfaserdämmatoff nach DIN 18165 Teil 1 längenbezogener Strömungswiderstand ≥ 5 kN s/m⁴ WLG 040	Bewertetes Schalldämmaß		k-Wert
											GKB	GKF				R'_{W,R} mit Längsleitung	R'_{W,R} ohne Längsleitung	
							Mindest-Roh-dichte	Dicke			Feuerwiderstandsklassen				Dicke			
D	d	a	ca. kg/m²	ca. kg/m²	1 in m	2 in m	kg/m³	mm			F30A	F30A	F60A	F90A	mm	dB	dB	W/m²·K
85	12,5	60	30	35	3,10	3,10	40	40				F30B			40	38	38	0,65
105	12,5	80	30	35	4,10	4,10	40	40				F30B			40			0,65

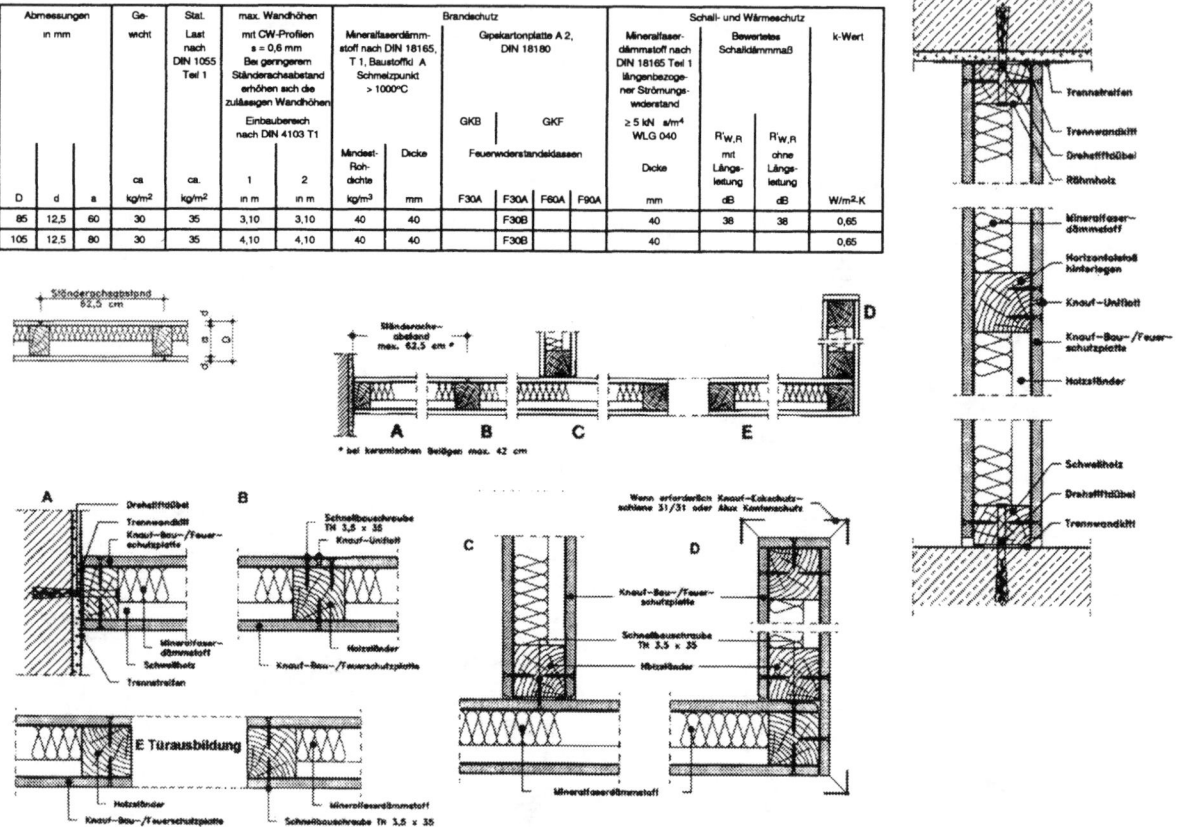

Knauf–Brandschutzwand W 131, Feuerschutzplatten dreilagig beplankt, Metallständer

Abmessungen in mm				max. Wandhöhen	Gewicht	Brandschutz			Wärmeschutz	Schallschutz
			Stahlblecheinlage pro Seite			Isover-Trennwandfilz in mm		Feuerwiderstandsklasse	k-Wert	R_{W,R}
						Mindestrohdichte	Dicke			
D	d	a		in m	ca. Kg/m²	kg/m³	mm		W/m²K	dB
175	36	100	0,5	9,00	79	–	–	F 90 A	1,27	52
					81	18	80		0,32	56

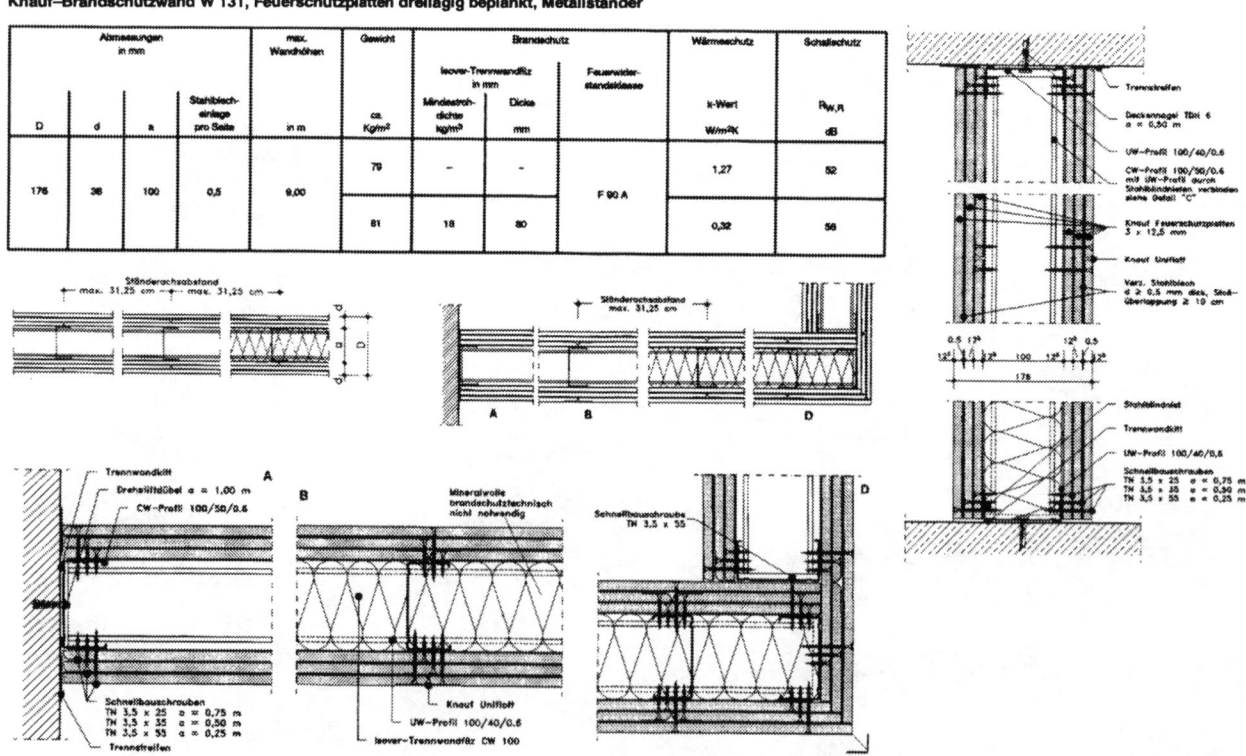

Ständerwand-Systeme

Knauf-Ständerwände W 111, W 112, W 115, W 116, Sonderdetails, Metallständer

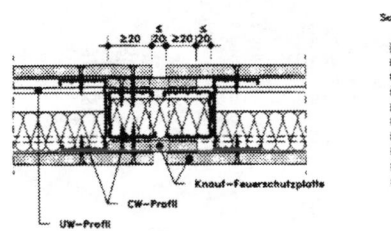

F 30 Bewegungsfuge W 111

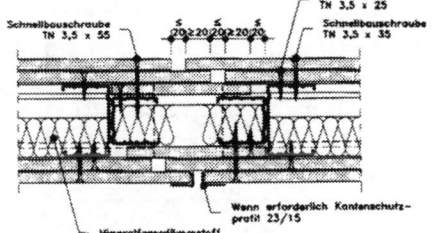

F 90 Bewegungsfuge W 112

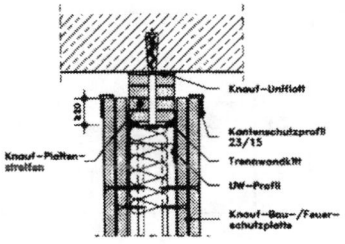

W 111/112

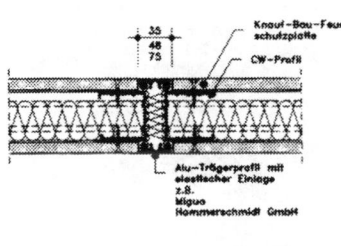

Bewegungsfuge mit Fugenprofil

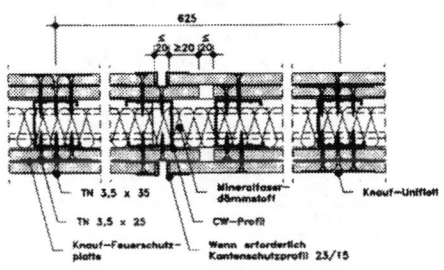

F 30 Bewegungsfuge W 112

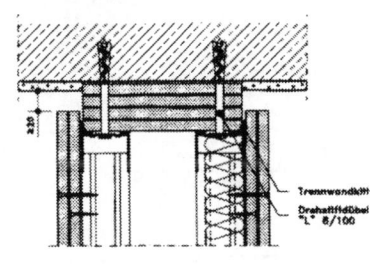

W 115/116

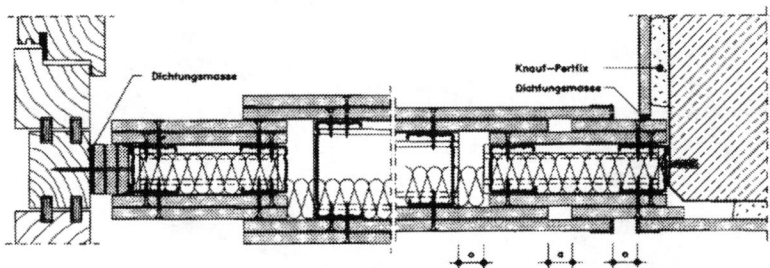

Gleitender Fassadenanschluss   **F 90 Gleitender Fassadenanschluss**

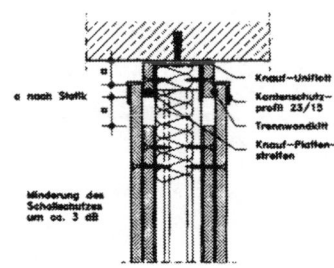

Gleitender Deckenanschluss W 112

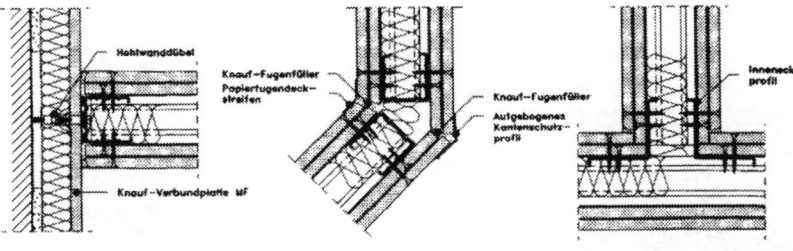

Anschluss an Vorsatzschale   **135 ° Eckausbildung**   **T-Verbindung mit Inneneckprofil**   **Gleitender Deckenanschluss in Verbindung mit geschlossener GK-Plattendecke D 113**

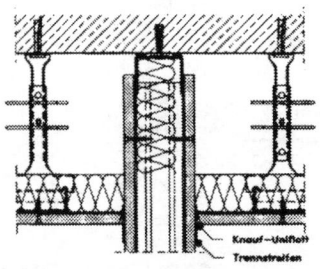

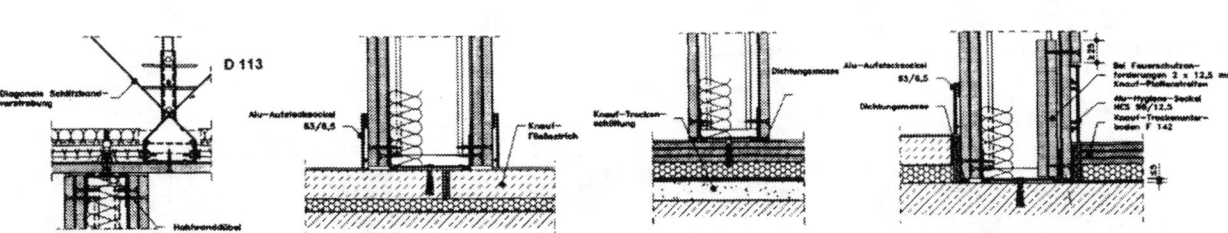

Anschluss W 111/W 112 an Plattendecke   **Bodenanschluss auf Fertigfußboden**   **Bodenanschluss auf Knauf-Trockenunterboden F 142**   **Sockelprofil-Anschluss W 112 – Darstellung F 90**

Bei gleitendem Deckenanschluss wird die Knauf–Bau–/Feuerschutzplatte mit dem UW-Profil am Boden nicht verschraubt!

Ständerwand-Systeme

Knauf–Brandschutzwand W 132, Fireboard zweilagig beplankt, Metallständer

Abmessungen in mm				max. Wandhöhen	Gewicht	Brandschutz			Wärmeschutz	Schallschutz
						Isover-Trennwandfilz in mm		Feuerwider- standsklasse		
D	d	a	Stahlblech- einlage pro Seite	in m	ca. Kg/m²	Mindestroh- dichte kg/m³	Dicke mm		k-Wert W/m²K	R_{W,R} dB
161	30,5	100	0,5	9,00	80	–	–	F 90 A	1,39	51
					62	18	80		0,33	55

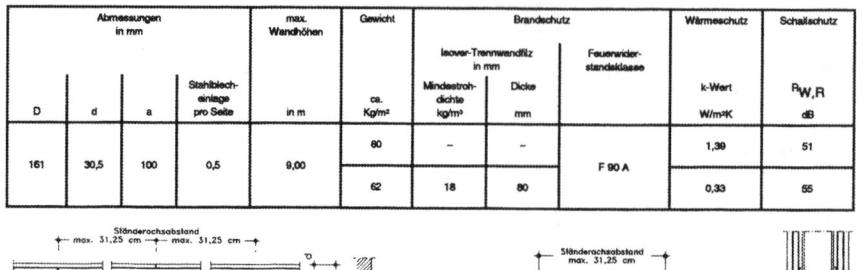

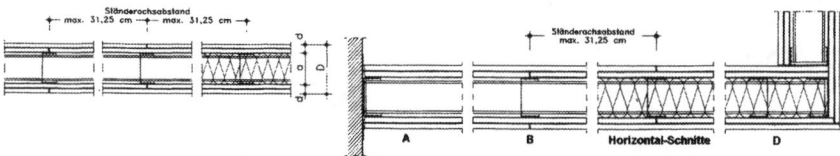

A B Horizontal-Schnitte D

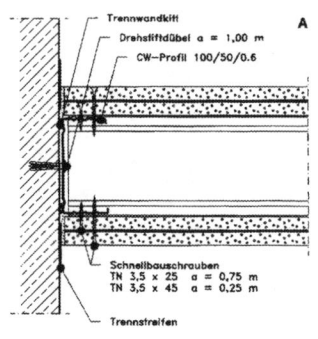

A
- Trennwandkitt
- Drehstiftdübel a = 1,00 m
- CW–Profil 100/50/0.6
- Schnellbauschrauben TN 3,5 x 25 a = 0,75 m / TN 3,5 x 45 a = 0,25 m
- Trennstreifen

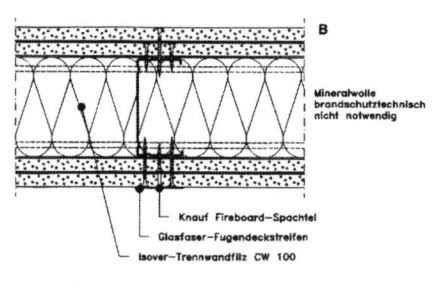

B
- Mineralwolle brandschutztechnisch nicht notwendig
- Knauf Fireboard–Spachtel
- Glasfaser-Fugendeckstreifen
- Isover–Trennwandfilz CW 100

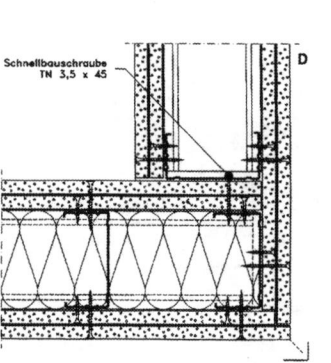

D
- Schnellbauschraube TN 3,5 x 45

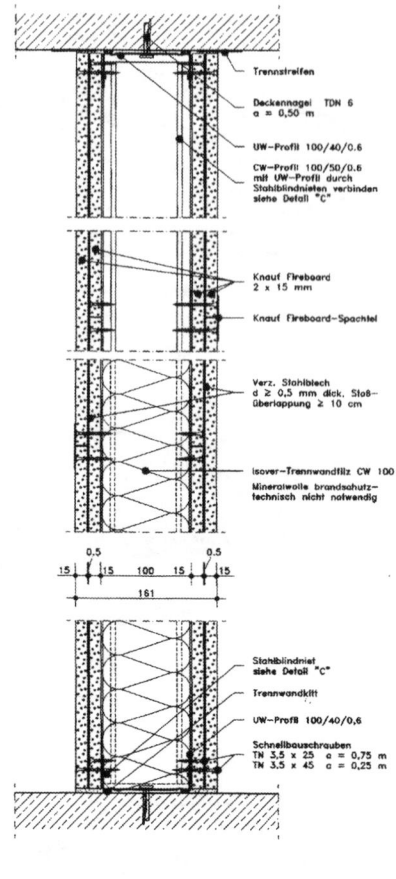

- Trennstreifen
- Deckennagel TDN 6 a = 0,50 m
- UW–Profil 100/40/0.6
- CW–Profil 100/50/0.6 mit UW–Profil durch Stahlblindnieten verbinden siehe Detail "C"
- Knauf Fireboard 2 x 15 mm
- Knauf Fireboard–Spachtel
- Verz. Stahlblech d ≥ 0,5 mm dick, Stoß- überlappung ≥ 10 cm
- Isover–Trennwandfilz CW 100
- Mineralwolle brandschutz- technisch nicht notwendig

15 | 0,5 | 15 | 100 | 15 | 0,5 | 15
161

- Stahlblindniet siehe Detail "C"
- Trennwandkitt
- UW–Profil 100/40/0,6
- Schnellbauschrauben TN 3,5 x 25 a = 0,75 m / TN 3,5 x 45 a = 0,25 m

Knauf-Brandschutzwände W 131, 132, Sonderdetails

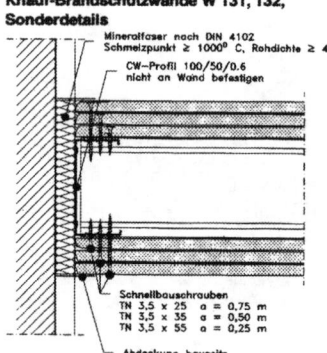

- Mineralfaser nach DIN 4102 Schmelzpunkt ≥ 1000° C, Rohdichte ≥ 40 kg/m³
- CW–Profil 100/50/0.6 nicht an Wand befestigen
- Schnellbauschrauben TN 3,5 x 25 a = 0,75 m / TN 3,5 x 35 a = 0,50 m / TN 3,5 x 55 a = 0,25 m
- Abdeckung bauseits

Freier Wandanschluss W 131/132

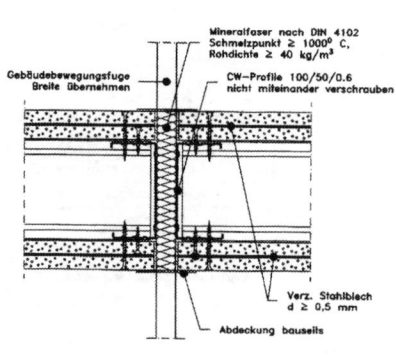

- Mineralfaser nach DIN 4102 Schmelzpunkt ≥ 1000° C, Rohdichte ≥ 40 kg/m³
- Gebäudebewegungsfuge Breite übernehmen
- CW–Profile 100/50/0.6 nicht miteinander verschrauben
- Verz. Stahlblech d ≥ 0,5 mm
- Abdeckung bauseits

Bewegungsfuge W 131/131

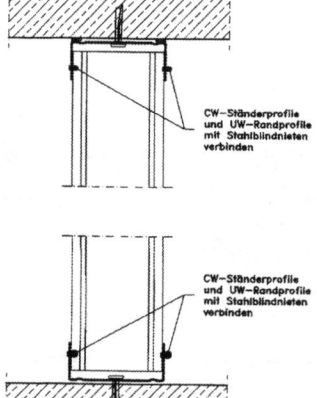

- CW–Ständerprofile und UW–Randprofile mit Stahlblindnieten verbinden
- CW–Ständerprofile und UW–Randprofile mit Stahlblindnieten verbinden

Detail "C" W 131/132

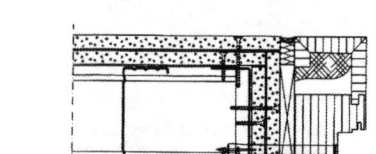
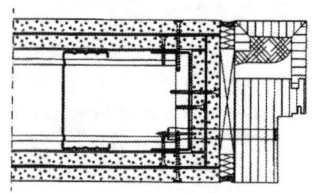

T 90 Brandschutztürelemente z.B. Schörghuber Spezialtüren GmbH. & Co. Betriebs–KG

Holzblockzarge W 131/132

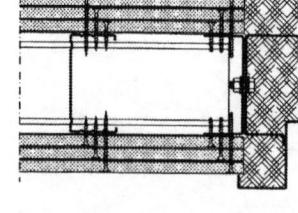

Stahlzarge W 131/132

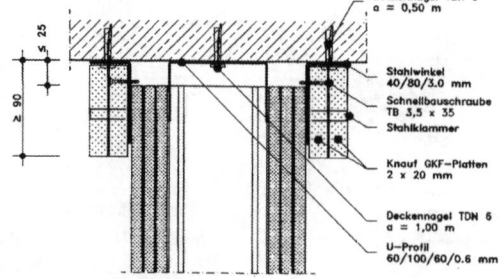

- Deckennagel TDN 6 a = 0,50 m
- Stahlwinkel 40/80/3.0 mm
- Schnellbauschraube TB 3,5 x 35
- Stahlklammer
- Knauf GKF–Platten 2 x 20 mm
- Deckennagel TDN 6 a = 1,00 m
- U–Profil 60/100/60/0.6 mm

Gleitender Deckenanschluss

Trennwände, Standard-Details

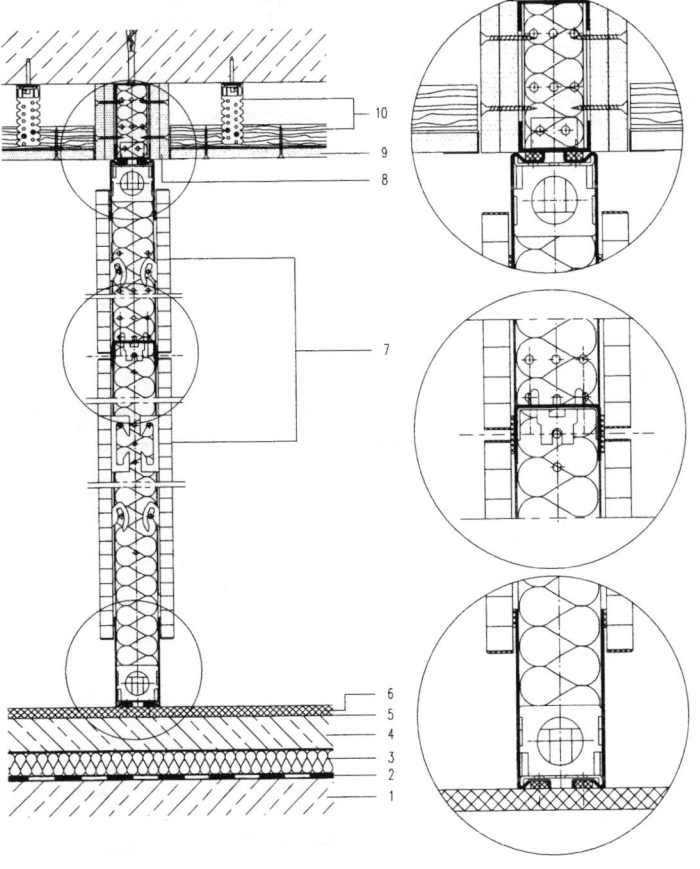

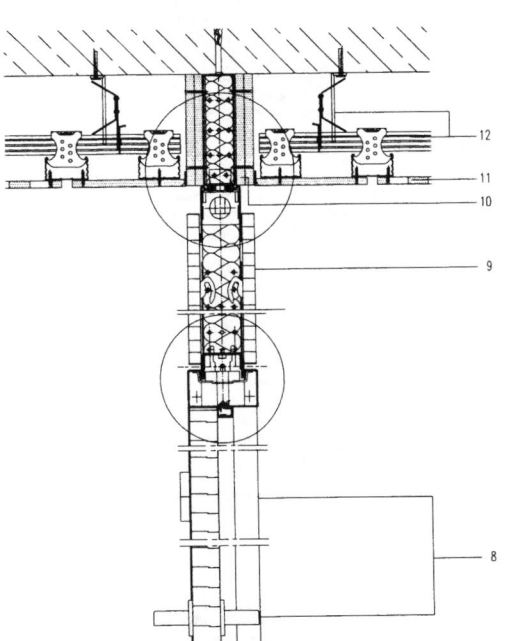

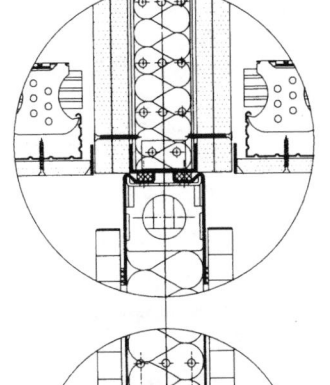

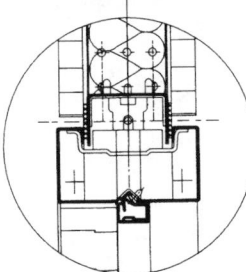

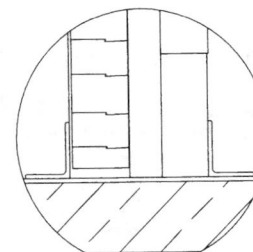

Nichttragende, schalldämmende Trennwand (Vollwand) - abgehängte Deckenkonstruktion - Boden mit Estrich und Parkett

- nichttragende, schalldämmende Trennwand aus Spanplatten auf Metallunterkonstruktion mit Abschottung
- abgehängte Deckenkonstruktion mit Bekleidung aus Gipskarton-Bauplatten
- Boden mit Zementestrich auf Trittschalldämmschicht und Parkett

Produkthinweise	**Firmen-CODE**
IsoBouw Dämmtechnik GmbH	ISOBOUW
Gebr. Knauf Westdeutsche Gipswerke	KNAUF
Tarkett Vertriebs GmbH	TARKETT
VOKO Franz Vogt & Co. KG	VOKO

1 – Tragwerk Deckenplatte
2 – Sperrschicht gegen Dampfdiffusion
3 – Trittschalldämmschicht – *Isobouw - Trittschall-Dämmplatten B-PST, TK-B1, 33/30 mm*
4 – Zementestrich
5 – Ausgleichen von Unebenheiten des Untergrundes
6 – Parkett aus Fertigparkett-Elementen – *Tarkett - Parkett Klassisch, Dicke 14 mm*
7 – Nichttragende Montagewand – *VOKO - Trennwand TW-R S3, schalldämmend*
8 – Abschottung
9 – Deckenbekleidung – *Knauf - Plattendecke GK D111*
10 – Unterkonstruktion der Deckenbekleidung

Nichttragende, schalldämmende Trennwand (Vollwand) mit Durchgangstür - abgehängte Deckenkonstruktion - Boden mit Estrich und Textilbodenbelag

- nichttragende, schalldämmende Trennwand aus Spanplatten auf Metallunterkonstruktion, mit Abschottung und mit Durchgangstür
- abgehängte Deckenkonstruktion mit Bekleidung aus Gipskarton-Lochplatten - Friesausbildung mit gestoßener Fuge
- Boden mit Zementestrich auf Trittschalldämmschicht und Textilbodenbelag

Produkthinweise	**Firmen-CODE**
Deutsche Heraklith AG	HERAKLITH
Gebr. Knauf Westdeutsche Gipswerke	KNAUF
VOKO Franz Vogt & Co. KG	VOKO

1 – Tragwerk Deckenplatte
2 – Sperrschicht gegen Dampfdiffusion
3 – Trittschalldämmschicht – *Heraklith - Heralan-TP, T-A1, 40/35 mm*
4 – Trennschicht
5 – Zementestrich
6 – Ausgleichen von Unebenheiten des Untergrundes
7 – Textiler Bodenbelag
8 – Innentür – *VOKO - Durchgangstür - verstärkt schalldämmend*
9 – Nichttragende Montagewand – *VOKO - Trennwand TW-R S3, schalldämmend*
10 – Abschottung
11 – Deckenbekleidung – *Knauf - GK Lochplatten*
12 – Unterkonstruktion der Deckenbekleidung

Trennwände, Standard-Details

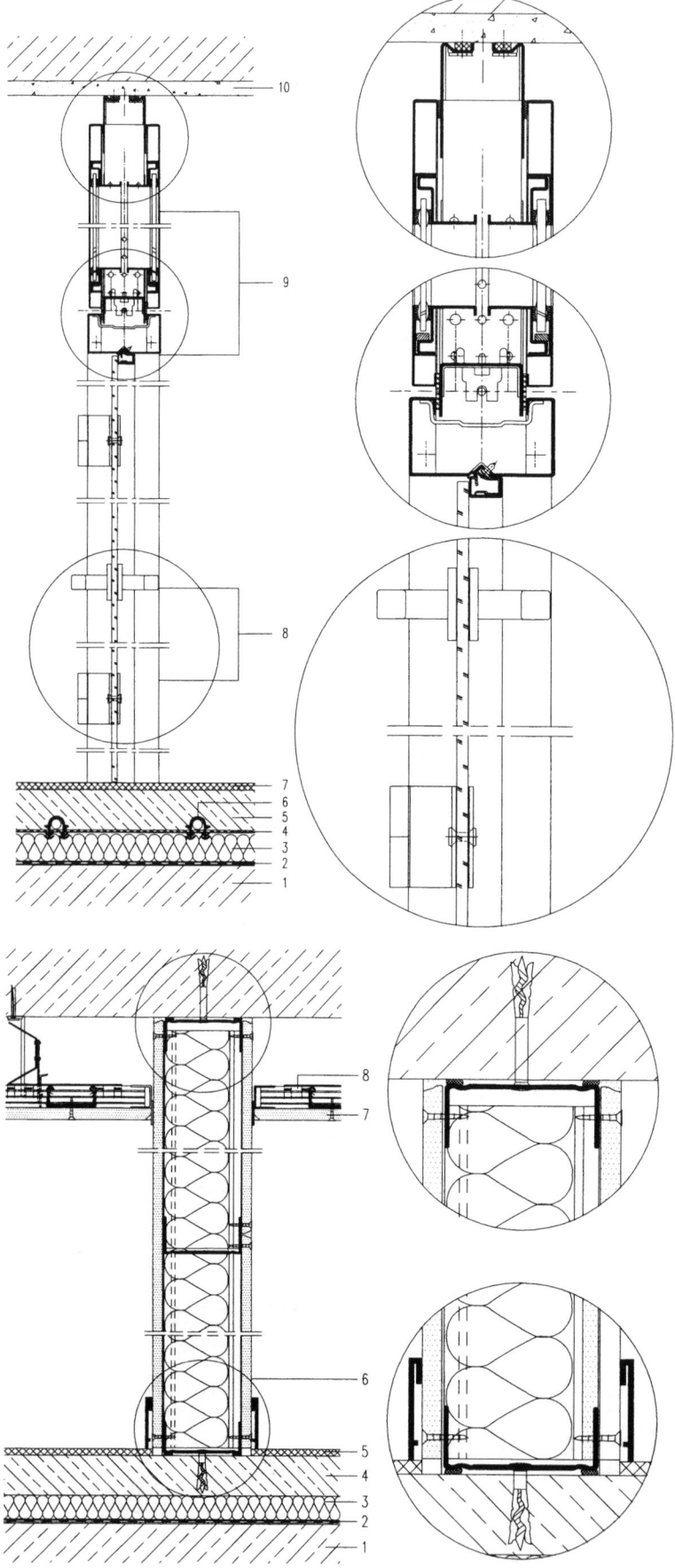

**Nichttragende Trennwand mit Verglasung und Durch-
gangstür - massive Deckenkonstruktion mit Putz -
Boden mit Heizestrich und Bodenbelag aus Naturstein**

- nichttragende Trennwand aus Kristallspiegelglas auf
  Metallunterkonstruktion mit Durchgangstür
- massive Deckenkonstruktion mit Putz
- Boden mit Heizestrich auf Trittschalldämmschicht mit
  Fußbodenheizung und Naturstein-Fliesen

Produkthinweise	Firmen-CODE
Glaswolle Wiesbaden GmbH	GLASWOL
JUMA Natursteinwerke	JUMA
Gebr. Knauf Westdeutsche Gipswerke	KNAUF
VOKO Franz Vogt & Co. KG	VOKO
Wieland-Werke AG	WIELAND

1 – Tragwerk Deckenplatte
2 – Sperrschicht gegen Dampfdiffusion
3 – Trittschalldämmschicht – *Glaswolle Wiesbaden -
    WIEGLA-Estrichplatten, T-A2, 40/35 mm*
4 – Trennschicht
5 – Fließ-/Heizestrich – *Knauf - Fließestrich
    F 233 - FE 50*
6 – Fußbodenheizung – *Wieland - cuprotherm®-
    Fußbodenheizungssystem*
7 – Bodenbelag aus Naturstein – *JUMA - Fliesen*
8 – Innentür – *VOKO - Durchgangstür - Ganzglastür*
9 – Nichttragende Montagewand – *VOKO - Glas-
    Trennwand TW-R*
10 – Innendeckenputzsystem

**Nichttragende, schalldämmende Trennwand
(Vollwand) - abgehängte Deckenkonstruktion -
Boden mit Fließestrich und keramischem Bodenbelag**

- nichttragende, schalldämmende Trennwand aus
  Gipskarton-Bauplatten auf Metallunterkonstruktion
- abgehängte Deckenkonstruktion mit Bekleidung aus
  Gipskarton-Bauplatten
- Boden mit Fließestrich auf Trittschalldämmschicht mit
  keramischen Fliesen

Produkthinweise	Firmen-CODE
IsoBouw Dämmtechnik GmbH	ISOBOUW
Gebr. Knauf Westdeutsche Gipswerke	KNAUF
Villeroy & Boch AG	VILLEROY

1 – Tragwerk Deckenplatte
2 – Sperrschicht gegen Dampfdiffusion
3 – Trittschalldämmschicht – *Isobouw - Trittschall-
    Dämmplatten B-PST, TK-B1, 33/30 mm*
4 – Anhydritestrich – *Knauf - Fließestrich F 231 -
    FE 50*
5 – Bodenbelag – *Villeroy & Boch - ALTAMIRA,
    glasierte keramische Fliesen, 30x30 cm*
6 – Nichttragende Montagewand – *Knauf - Metall-
    ständerwand W 111, WD 125 mm*
7 – Deckenbekleidung – *Knauf - Plattendecke GKB*
8 – Unterkonstruktion der Deckenbekleidung –
    Knauf - Plattendecke GK D113

Trennwände, Standard-Details

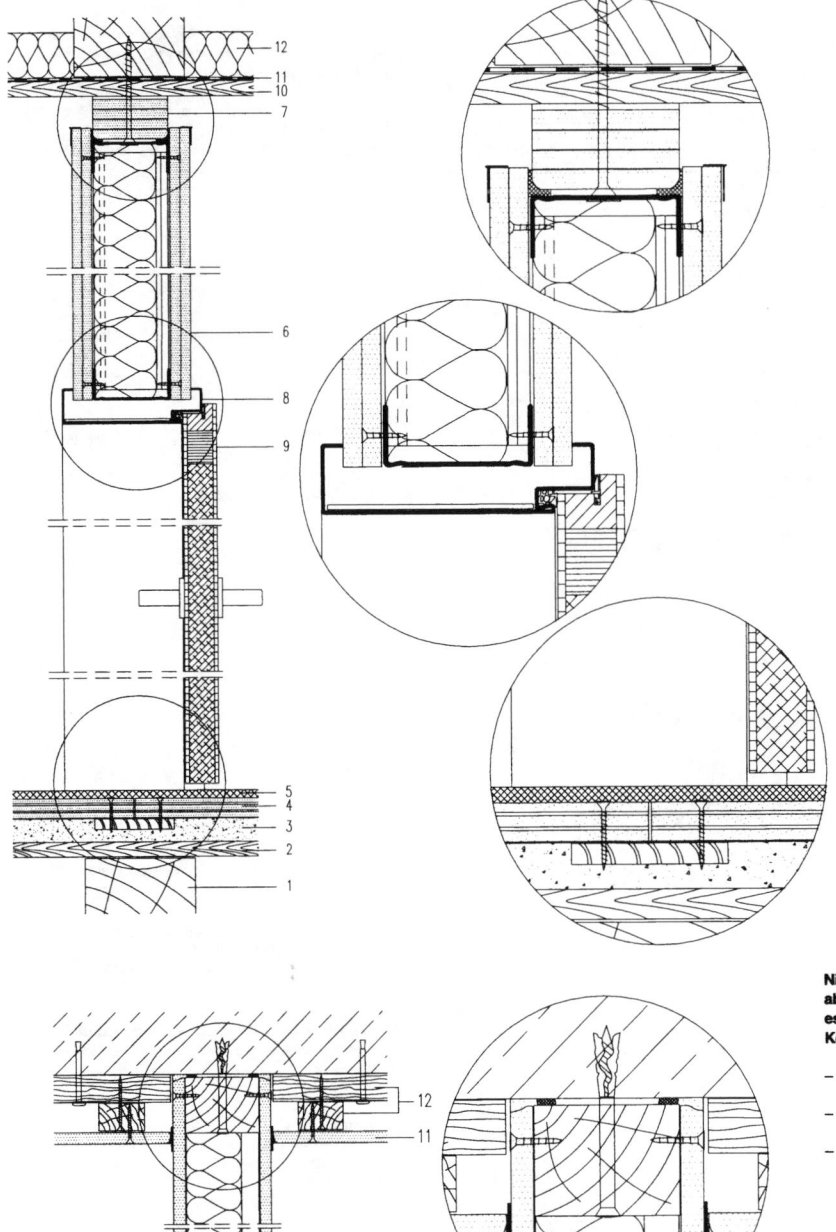

Nichttragende, schalldämmende Trennwand (Vollwand) mit Durchgangstür - massive Deckenkonstruktion aus Holz - Boden mit Trockenestrich und keramischem Bodenbelag

- nichttragende, schalldämmende Trennwand aus Gipskarton-Bauplatten auf Metallunterkonstruktion mit Durchgangstür und gleitendem Deckenanschluss
- massive Deckenkonstruktion aus Holz
- Boden mit Trittschalldämmschicht aus Schüttung, Trockenunterboden und keramischen Fliesen

Produkthinweise	Firmen-CODE
Glaswolle Wiesbaden GmbH	GLASWOL
Gebr. Knauf Westdeutsche Gipswerke	KNAUF
MORALT Fertigelemente GmbH & Co.	MORALT
Perlite Dämmstoff GmbH & Co.	PERLITE
Villeroy & Boch AG	VILLEROY

1 – Holzkonstruktion
2 – Blindboden
3 – Trittschalldämmschicht – *Perlite - Dämmstoffkörnung Bituperl, 30 mm*
4 – Fertigteilestrich – *Knauf - Trockenunterboden F 141, 25 mm*
5 – Bodenbelag – *Villeroy & Boch - MARMARIS, glasierte keramische Fliesen, 30x30 cm*
6 – Nichttragende Montagewand – *Knauf - Metallständerwand W 112, WD 150 mm*
7 – Anschluss, gleitend – *Knauf - Uniflott*
8 – Umfassungszarge – *Knauf - Schnellbauzarge W 411*
9 – Innentür – *Moralt - Schallschutztür S 43, 43/44 mm*
10 – Deckenbeplankung
11 – Dampfsperrschicht
12 – Wärmedämmschicht zwischen Balken – *Glaswolle Wiesbaden - WIEGLA-Dämmfilz, 60 mm*

Nichttragende, schalldämmende Trennwand (Vollwand) - abgehängte Deckenkonstruktion - Boden mit Zementestrich und Parkett - Boden mit Trockenestrich und Keramik

- nichttragende, schalldämmende Trennwand aus Gipskarton-Bauplatten auf Holzunterkonstruktion
- abgehängte Deckenkonstruktion mit Bekleidung aus Gipskarton-Bauplatten
- Boden mit Trittschalldämmschicht, Zementestrich und Parkett
  Boden mit Trittschalldämmschicht, Trockenunterboden und keramischen Fliesen

Produkthinweise	Firmen-CODE
Boizenburg Gail Inax AG	BGI
Hamberger Industriewerke GmbH	HAMBERG
Deutsche Heraklith AG	HERAKLITH
Gebr. Knauf Westdeutsche Gipswerke	KNAUF

1 – Tragwerk Deckenplatte
2 – Sperrschicht gegen Dampfdiffusion
3 – Trittschalldämmschicht – *Heraklith - Heralan-TP, T-A1, 40/35 mm*
4 – Trennschicht
5 – Zementestrich
6 – Ausgleichen von Unebenheiten des Untergrundes
7 – Parkett aus Parkettelementen – *Hamberger Industriewerke - Haro Design Tafel, Dicke 13 mm*
8 – Fertigteilestrich – *Knauf - Trockenunterboden F 142, 55 mm*
9 – Bodenbelag – *Boizenburg Gail Inax - glasierte Bodenfliesen Collection Ouvertüre, 29,6 x29,6 cm*
10 – Nichttragende Montagewand – *Knauf - Holzständerwand W 121, WD 105 mm*
11 – Deckenbekleidung – *Knauf - Plattendecke GK D111*
12 – Unterkonstruktion der Deckenbekleidung

Trennwände, Standard-Details

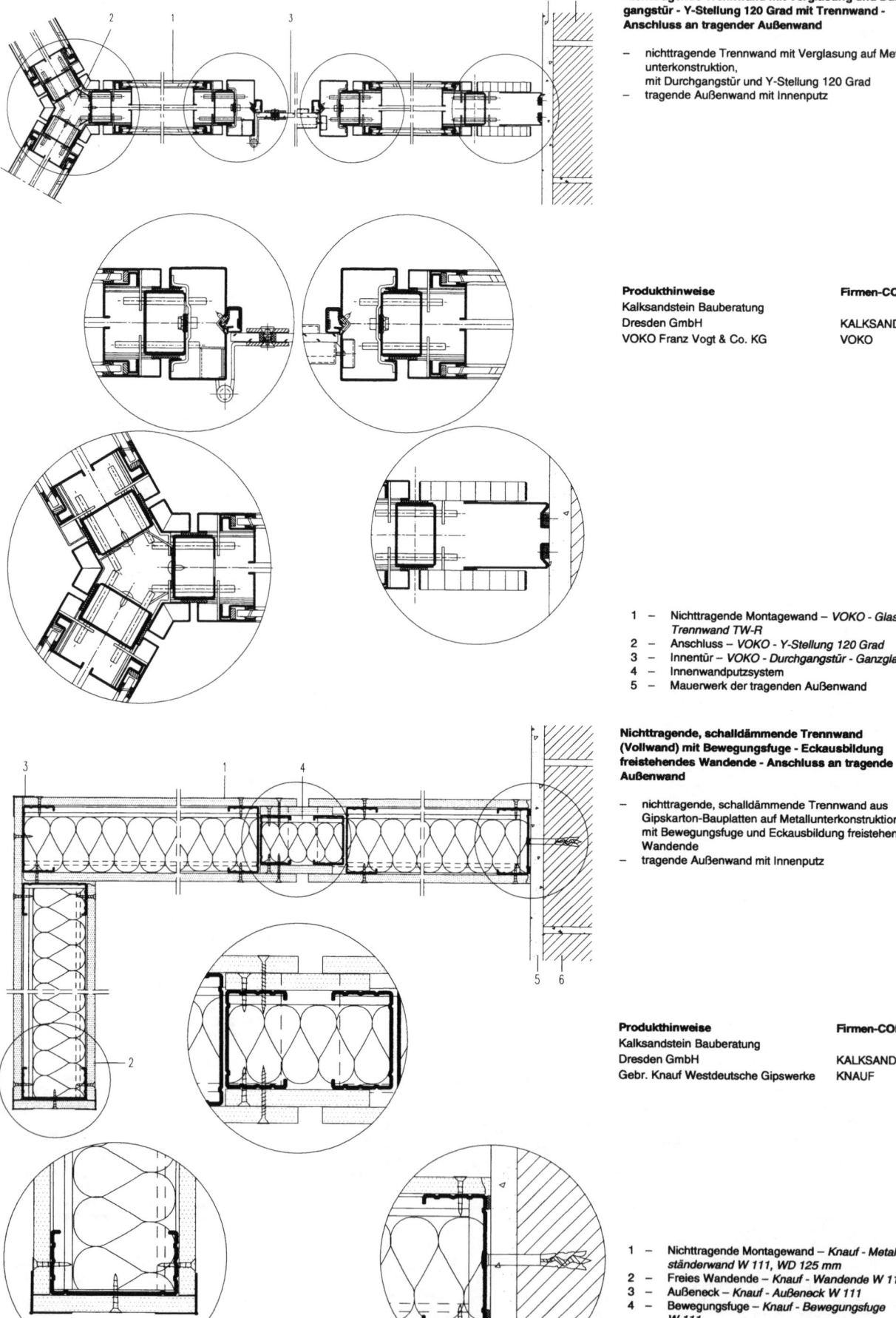

Nichttragende Trennwand mit Verglasung und Durchgangstür - Y-Stellung 120 Grad mit Trennwand - Anschluss an tragender Außenwand

– nichttragende Trennwand mit Verglasung auf Metallunterkonstruktion,
  mit Durchgangstür und Y-Stellung 120 Grad
– tragende Außenwand mit Innenputz

Produkthinweise	Firmen-CODE
Kalksandstein Bauberatung	
Dresden GmbH	KALKSAND
VOKO Franz Vogt & Co. KG	VOKO

1 – Nichttragende Montagewand – *VOKO - Glas-
    Trennwand TW-R*
2 – Anschluss – *VOKO - Y-Stellung 120 Grad*
3 – Innentür – *VOKO - Durchgangstür - Ganzglastür*
4 – Innenwandputzsystem
5 – Mauerwerk der tragenden Außenwand

Nichttragende, schalldämmende Trennwand (Vollwand) mit Bewegungsfuge - Eckausbildung freistehendes Wandende - Anschluss an tragende Außenwand

– nichttragende, schalldämmende Trennwand aus
  Gipskarton-Bauplatten auf Metallunterkonstruktion,
  mit Bewegungsfuge und Eckausbildung freistehendes
  Wandende
– tragende Außenwand mit Innenputz

Produkthinweise	Firmen-CODE
Kalksandstein Bauberatung	
Dresden GmbH	KALKSAND
Gebr. Knauf Westdeutsche Gipswerke	KNAUF

1 – Nichttragende Montagewand – *Knauf - Metall-
    ständerwand W 111, WD 125 mm*
2 – Freies Wandende – *Knauf - Wandende W 111*
3 – Außeneck – *Knauf - Außeneck W 111*
4 – Bewegungsfuge – *Knauf - Bewegungsfuge
    W 111*
5 – Innenwandputzsystem
6 – Mauerwerk der tragenden Außenwand

Trennwände, Standard-Details

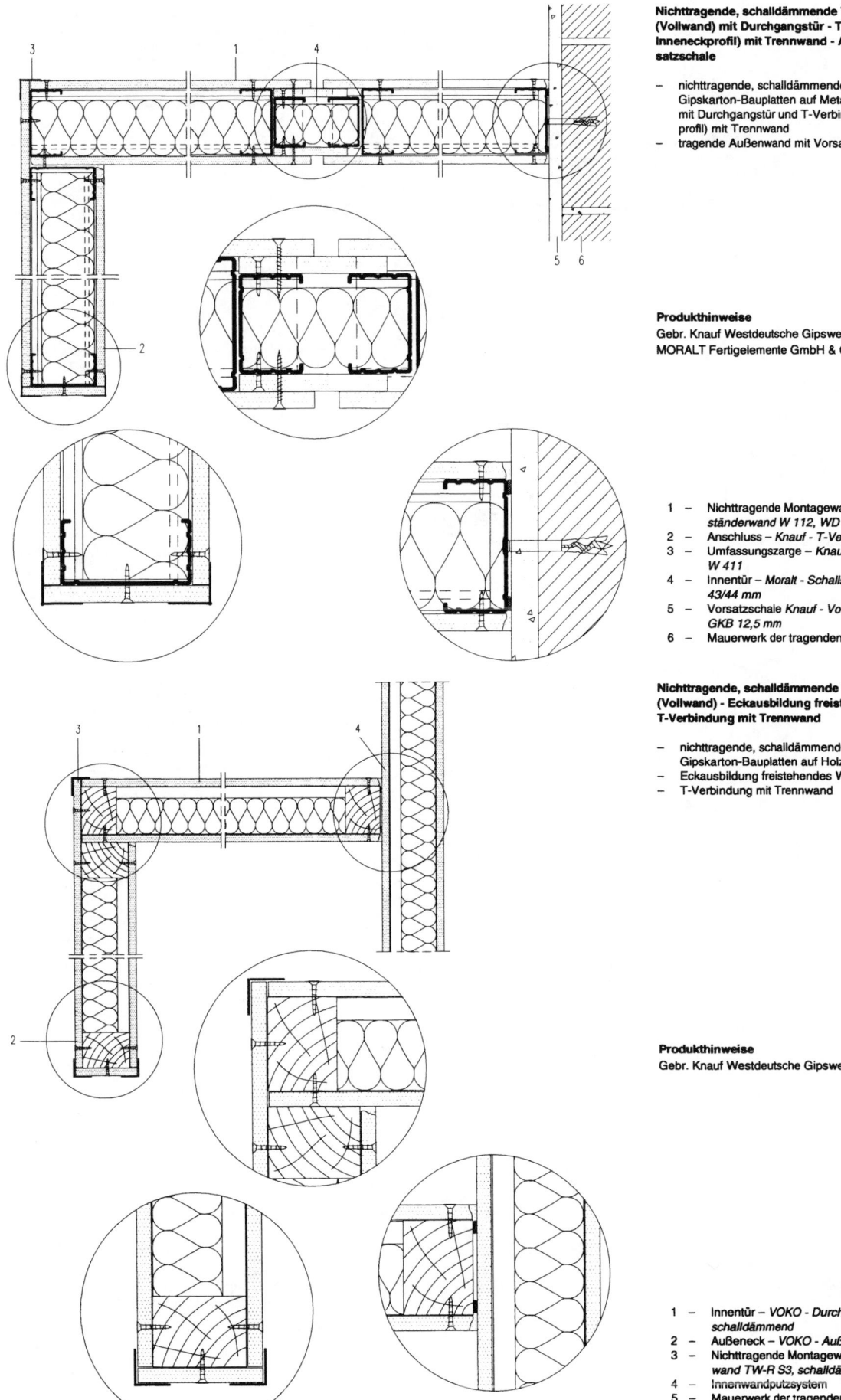

Nichttragende, schalldämmende Trennwand (Vollwand) mit Durchgangstür - T-Verbindung (mit Inneneckprofil) mit Trennwand - Anschluss an Vorsatzschale

– nichttragende, schalldämmende Trennwand aus Gipskarton-Bauplatten auf Metallunterkonstruktion, mit Durchgangstür und T-Verbindung (mit Inneneckprofil) mit Trennwand
– tragende Außenwand mit Vorsatzschale

Produkthinweise	**Firmen-CODE**
Gebr. Knauf Westdeutsche Gipswerke	KNAUF
MORALT Fertigelemente GmbH & Co.	MORALT

1 – Nichttragende Montagewand – *Knauf - Metallständerwand W 112, WD 150 mm*
2 – Anschluss – *Knauf - T-Verbindung W 111*
3 – Umfassungszarge – *Knauf - Schnellbauzarge W 411*
4 – Innentür – *Moralt - Schallschutztür S 43, 43/44 mm*
5 – Vorsatzschale *Knauf - Vorsatzschale GKB 12,5 mm*
6 – Mauerwerk der tragenden Außenwand

Nichttragende, schalldämmende Trennwand (Vollwand) - Eckausbildung freistehendes Wandende - T-Verbindung mit Trennwand

– nichttragende, schalldämmende Trennwand aus Gipskarton-Bauplatten auf Holzunterkonstruktion
– Eckausbildung freistehendes Wandende
– T-Verbindung mit Trennwand

Produkthinweise	**Firmen-CODE**
Gebr. Knauf Westdeutsche Gipswerke	KNAUF

1 – Innentür – *VOKO - Durchgangstür - verstärkt schalldämmend*
2 – Außeneck – *VOKO - Außeneck TW-R S3*
3 – Nichttragende Montagewand – *VOKO - Trennwand TW-R S3, schalldämmend*
4 – Innenwandputzsystem
5 – Mauerwerk der tragenden Außenwand

Trennwände, Standard-Details

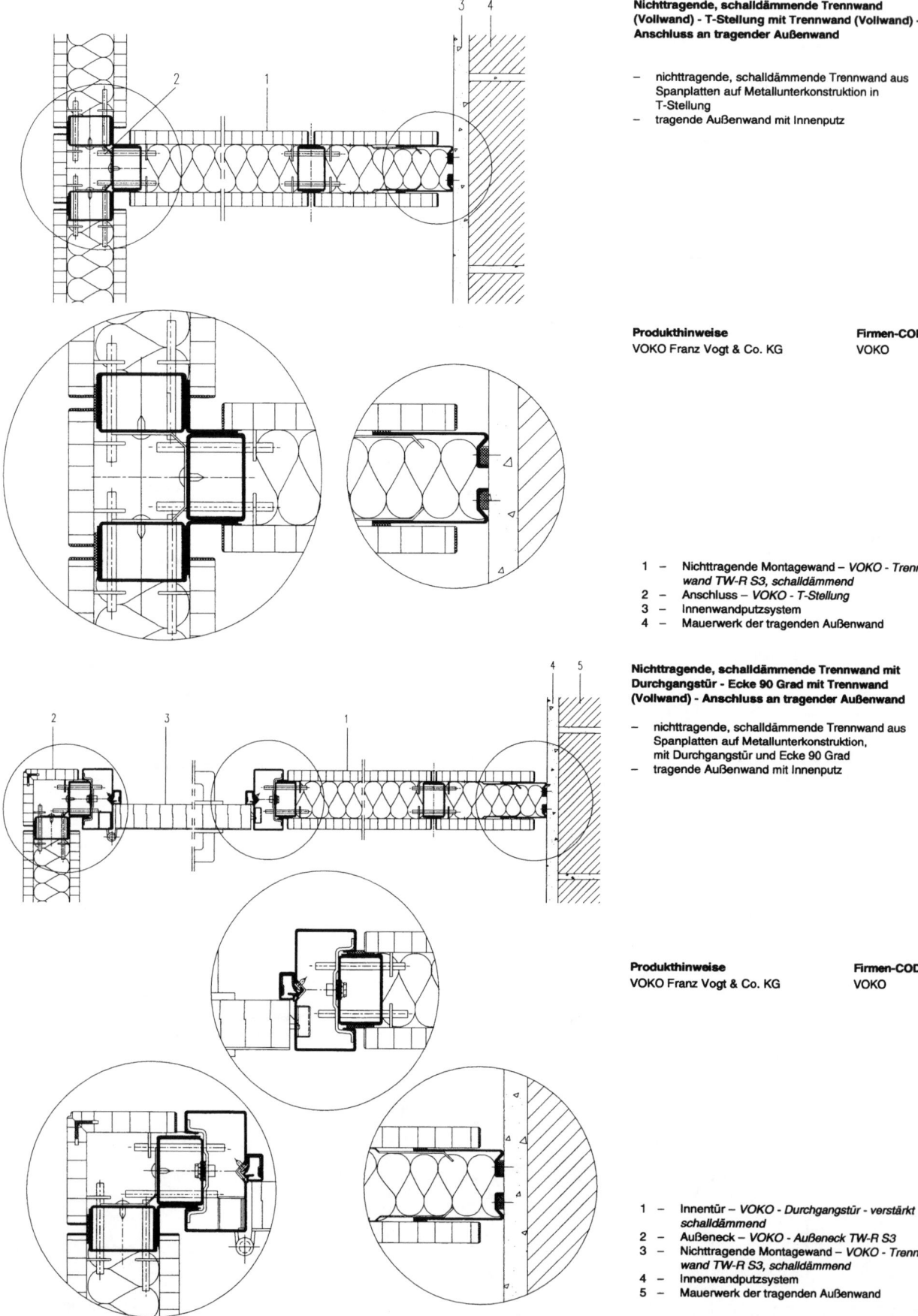

Nichttragende, schalldämmende Trennwand (Vollwand) - T-Stellung mit Trennwand (Vollwand) - Anschluss an tragender Außenwand

– nichttragende, schalldämmende Trennwand aus Spanplatten auf Metallunterkonstruktion in T-Stellung
– tragende Außenwand mit Innenputz

Produkthinweise   **Firmen-CODE**
VOKO Franz Vogt & Co. KG   VOKO

1 – Nichttragende Montagewand – *VOKO - Trennwand TW-R S3, schalldämmend*
2 – Anschluss – *VOKO - T-Stellung*
3 – Innenwandputzsystem
4 – Mauerwerk der tragenden Außenwand

Nichttragende, schalldämmende Trennwand mit Durchgangstür - Ecke 90 Grad mit Trennwand (Vollwand) - Anschluss an tragender Außenwand

– nichttragende, schalldämmende Trennwand aus Spanplatten auf Metallunterkonstruktion, mit Durchgangstür und Ecke 90 Grad
– tragende Außenwand mit Innenputz

Produkthinweise   **Firmen-CODE**
VOKO Franz Vogt & Co. KG   VOKO

1 – Innentür – *VOKO - Durchgangstür - verstärkt schalldämmend*
2 – Außeneck – *VOKO - Außeneck TW-R S3*
3 – Nichttragende Montagewand – *VOKO - Trennwand TW-R S3, schalldämmend*
4 – Innenwandputzsystem
5 – Mauerwerk der tragenden Außenwand

Innentüren, Allgemeines

Türen und Tore, Bauarten

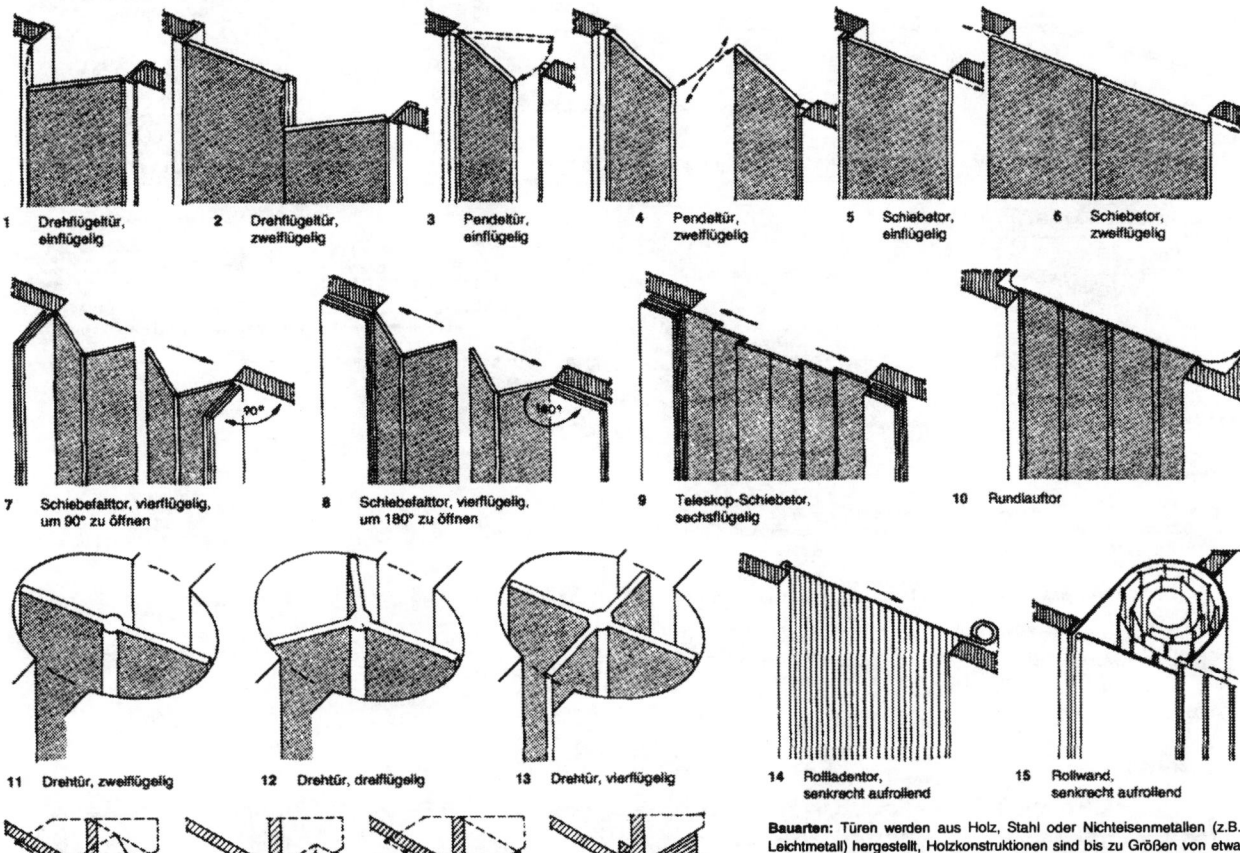

1 Drehflügeltür, einflügelig
2 Drehflügeltür, zweiflügelig
3 Pendeltür, einflügelig
4 Pendeltür, zweiflügelig
5 Schiebetor, einflügelig
6 Schiebetor, zweiflügelig

7 Schiebefalttor, vierflügelig, um 90° zu öffnen
8 Schiebefalttor, vierflügelig, um 180° zu öffnen
9 Teleskop-Schiebetor, sechsflügelig
10 Rundlauftor

11 Drehtür, zweiflügelig
12 Drehtür, dreiflügelig
13 Drehtür, vierflügelig
14 Rolladentor, senkrecht aufrollend
15 Rollwand, senkrecht aufrollend

Schwingtor, seitlich gelagert

Hubtor, nach oben schiebend

Deckentor, unter die Decke schiebend

Rolladentor, waagerecht aufrollend

Bauarten: Türen werden aus Holz, Stahl oder Nichteisenmetallen (z.B. Leichtmetall) hergestellt. Holzkonstruktionen sind bis zu Größen von etwa 20 m² möglich. Stahlkonstruktionen können in allen Größen (bis ca. 3000 m²) hergestellt werden. Für Türen und Tore bis 20 m² Größe werden Drehflügeltüren und Schiebetore → 1 bis 10, für größere Öffnungen i.d. Regel nur Schiebetore → 5 bis 10 verwendet. Schiebefalttore → 7, 8 und Teleskop-Schiebetore → 9 kommen vornehmlich für sehr große Tore zur Anwendung.

Garagentore werden bei beengten Platzverhältnissen vielfach als Rundlauftore → 10, Rolladentore → 14, 15, 19 oder unter die Decke zu schiebende Tore → 16 bis 18 angeordnet.

Maße: Die Größen der Wohnungstüren sind nach DIN 18100 "Türöffnungen, Rohbau-Richtmaße", Türfenster nach DIN 18050 "Fensteröffnungen, Rohbau-Richtmaße für Wohngebäude" (Pflichtnorm) genormt → 20. Die Größen feuerhemmender und feuerbeständiger Stahltüren müssen DIN 18081/18082 entsprechen → 20.

Die Maße der Tafel 20 sind Rohbau-Richtmaße, aus denen durch Abzug oder Zuschlag von Fugendicken usw. die Nennmaße für den Rohbau, die Rahmen, Türblätter, den lichten Durchgang usw. abgeleitet werden (→ Tafel).

Türen und Tore, Größen (Rohbau-Richtmaße)

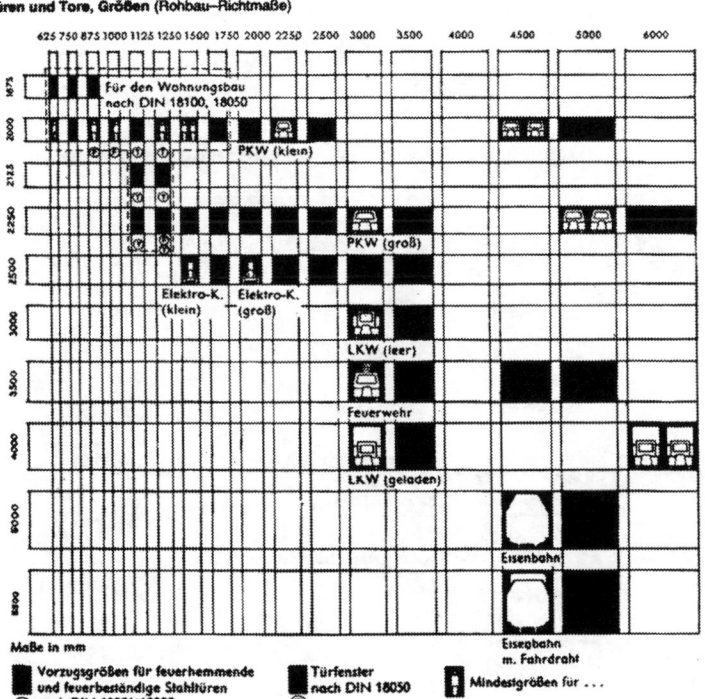

Maße in mm

■ Vorzugsgrößen für feuerhemmende und feuerbeständige Stahltüren
Ⓕ nach DIN 18081/18082

■ Türfenster nach DIN 18050
Ⓣ

■ Mindestgrößen für . . .

Vorzugsgrößen für Wohnungstüren und -Türfenster
nach DIN 18050/18100 in mm

Türart	Rohbau-Richtmaß Breite x Höhe	lichtes Rohbaumaß für Mauerwerk	lichtes Rohbaumaß für fugenlosen Putzbau
Keller- und Nebentüren	625 x 1875	635 x 1880	625 x 1875
	750 x 1875	760 x 1880	750 x 1875
	875 x 1875	885 x 1880	875 x 1875
einflügelige Türen	625 x 2000	635 x 2005	625 x 2000
	750 x 2000	760 x 2005	750 x 2000
	875 x 2000	885 x 2005	875 x 2000
	1000 x 2000	1010 x 2005	1000 x 2000
zweiflügelige Türen	1250 x 2000	1260 x 2005	1250 x 2000
	1500 x 2000	1510 x 2005	1500 x 2000
	1750 x 2000	1760 x 2005	1750 x 2000
Türfenster	1125 x 2000	1135 x 2005	1125 x 2000
	1250 x 2000	1260 x 2005	1250 x 2000
	1125 x 2125	1135 x 2130	1125 x 2125
	1250 x 2125	1260 x 2130	1250 x 2125
	1125 x 2250	1135 x 2255	1125 x 2250
	1250 x 2250	1260 x 2255	1250 x 2250

Vorzugsgrößen für Wohnungstüren und feuerhemmende bzw. feuerbeständige Stahltüren nach DIN 18081/18082: handelsübliche Garagen- und Industriebautore

Innentüren, Allgemeines

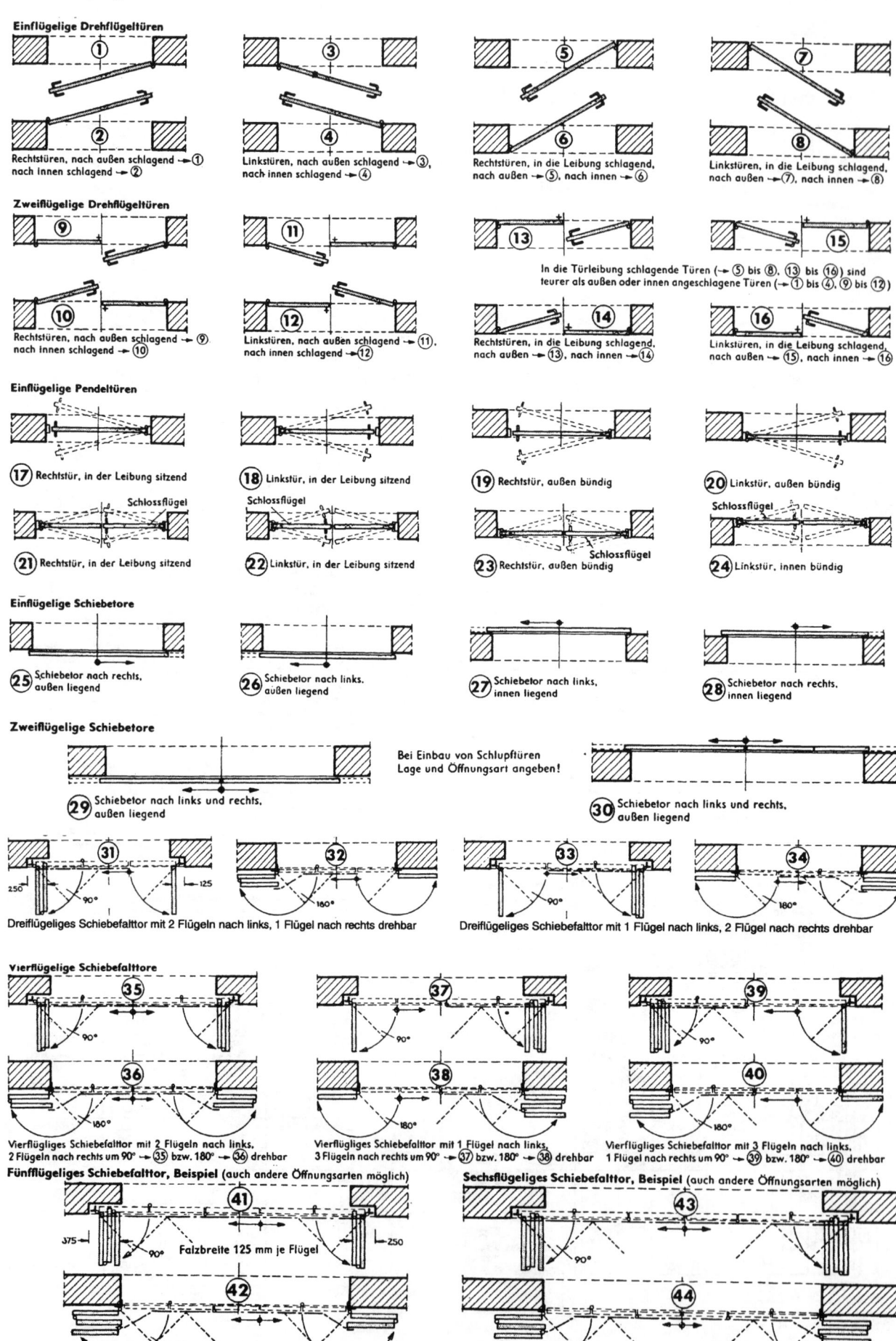

Einflügelige Drehflügeltüren

Rechtstüren, nach außen schlagend → ①
nach innen schlagend → ②

Linkstüren, nach außen schlagend → ③,
nach innen schlagend → ④

Rechtstüren, in die Leibung schlagend,
nach außen → ⑤, nach innen → ⑥

Linkstüren, in die Leibung schlagend,
nach außen → ⑦, nach innen → ⑧

Zweiflügelige Drehflügeltüren

Rechtstüren, nach außen schlagend → ⑨,
nach innen schlagend → ⑩

Linkstüren, nach außen schlagend → ⑪,
nach innen schlagend → ⑫

In die Türleibung schlagende Türen (→ ⑤ bis ⑧, ⑬ bis ⑯) sind
teurer als außen oder innen angeschlagene Türen (→ ① bis ④, ⑨ bis ⑫)

Rechtstüren, in die Leibung schlagend,
nach außen → ⑬, nach innen → ⑭

Linkstüren, in die Leibung schlagend,
nach außen → ⑮, nach innen → ⑯

Einflügelige Pendeltüren

⑰ Rechtstür, in der Leibung sitzend

⑱ Linkstür, in der Leibung sitzend

⑲ Rechtstür, außen bündig

⑳ Linkstür, außen bündig

Schlossflügel

㉑ Rechtstür, in der Leibung sitzend

㉒ Linkstür, in der Leibung sitzend

㉓ Rechtstür, außen bündig

㉔ Linkstür, innen bündig

Einflügelige Schiebetore

㉕ Schiebetor nach rechts, außen liegend

㉖ Schiebetor nach links, außen liegend

㉗ Schiebetor nach links, innen liegend

㉘ Schiebetor nach rechts, innen liegend

Zweiflügelige Schiebetore

Bei Einbau von Schlupftüren
Lage und Öffnungsart angeben!

㉙ Schiebetor nach links und rechts, außen liegend

㉚ Schiebetor nach links und rechts, außen liegend

Dreiflügeliges Schiebefalttor mit 2 Flügeln nach links, 1 Flügel nach rechts drehbar

Dreiflügeliges Schiebefalttor mit 1 Flügel nach links, 2 Flügel nach rechts drehbar

Vierflügelige Schiebefalttore

Vierflügliges Schiebefalttor mit 2 Flügeln nach links,
2 Flügeln nach rechts um 90° → ㉟ bzw. 180° → ㊱ drehbar

Vierflügliges Schiebefalttor mit 1 Flügel nach links,
3 Flügeln nach rechts um 90° → ㊲ bzw. 180° → ㊳ drehbar

Vierflügliges Schiebefalttor mit 3 Flügeln nach links,
1 Flügel nach rechts um 90° → ㊴ bzw. 180° → ㊵ drehbar

Fünfflügeliges Schiebefalttor, Beispiel (auch andere Öffnungsarten möglich)

Falzbreite 125 mm je Flügel

Fünfflügliges Schiebefalttor mit 3 Flügeln nach links,
2 Flügeln nach rechts um 90° → ㊶ bzw. 180° → ㊷ drehbar

Sechsflügeliges Schiebefalttor, Beispiel (auch andere Öffnungsarten möglich)

Sechsflügliges Schiebefalttor mit 3 Flügeln nach links,
3 Flügeln nach rechts um 90° → ㊸ bzw. 180° → ㊹ drehbar

Innentüren aus Holz

Größen nach DIN 18100

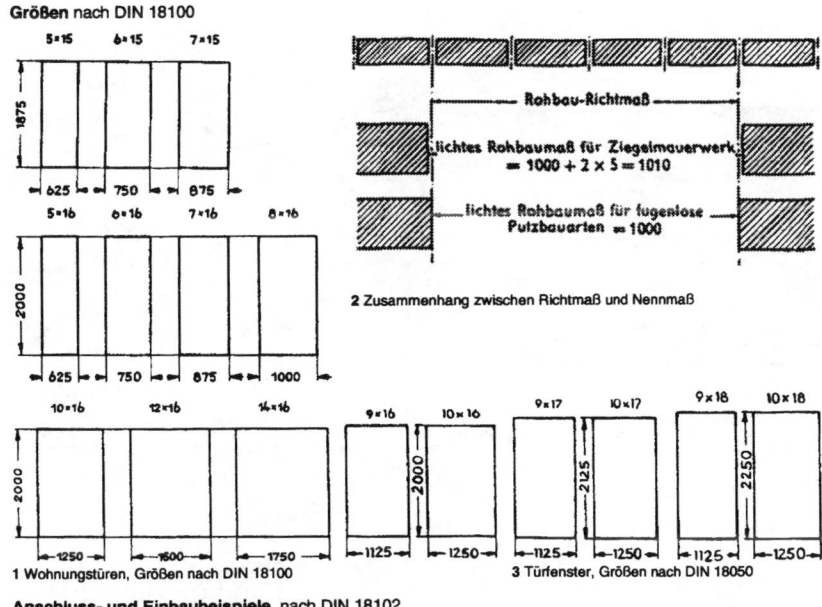

2 Zusammenhang zwischen Richtmaß und Nennmaß

Rohbau-Richtmaß

lichtes Rohbaumaß für Ziegelmauerwerk = 1000 + 2 × 5 = 1010

lichtes Rohbaumaß für fugenlose Putzbauarten = 1000

1 Wohnungstüren, Größen nach DIN 18100

3 Türfenster, Größen nach DIN 18050

Allgemeines

Holztüren werden nach der Bewegung des Türblattes als Drehflügeltüren (Schlagtüren), Falttüren, Hebetüren, Pendeltüren, Schiebetüren, Teleskoptüren, Klapptüren, Falttüren, Schiebe-Falttüren, Harmonikatüren und Drehtüren unterschieden.

Nach dem Anschlag des Türblattes unterscheidet man gefälzte und ungefälzte Türblätter → 4 bis 11.

Nach der Konstruktion des Türblattes werden Lattentüren, Brettertüren, Füllungstüren, abgesperrte (glatte) Türen, aufgedoppelte Türen und Sonderkonstruktionen (schalldämmende, wärmedämmende, feuerhemmende Türen) unterschieden.
Nach der Zahl der Türblätter unterscheidet man einflügelige, zweiflügelige usw. Türen (Flügel nebeneinander) und Einfach- und Doppeltüren (Flügel hintereinander).

Nach der Einbauart des Türrahmens gibt es Türen ohne Rahmen, Blendrahmentüren, Zargentüren (Holz- oder Stahlzargen), Blockrahmentüren, Futtertüren (mit Futter und Bekleidung) und Sparfuttertüren → 4 bis 11.

Maße

Wohnraumtüren sollen DIN 18100 → 1, 2, Türfenster DIN 18050 → 3 entsprechen. Zu DIN 18100 passend sind in DIN 18101 Türblattmaße festgelegt. Türblätter nach DIN 18101 passen in Stahlzargen nach DIN 18111. Die Höhe der Rohbauöffnungen werden von der Fußboden-Oberfläche bis zur Sturzunterkante gemessen.

Beschläge

Einsteckschlösser nach DIN 18251, Beschlag nach DIN 18256, 18257, 18258, Bänder nach DIN 18260, 18261.

Ausführung

Rahmenhölzer ≤ 150 mm breit aus einem Stück: Rahmenverbindungen durch Schlitzzapfen oder Dübel; Füllungen > 300 mm breit aus mehreren Stücken, bei Außentüren wasserfest zusammengeleimt: Futter an Ecken gefälzt oder gezinkt; Bekleidungen an Ecken in halber Holzdicke auf Gehrung zusammengeschnitten, im übrigen überblattet und verleimt.

Anschluss- und Einbaubeispiele, nach DIN 18102
Gefälzte Türblätter, Einbaubeispiele

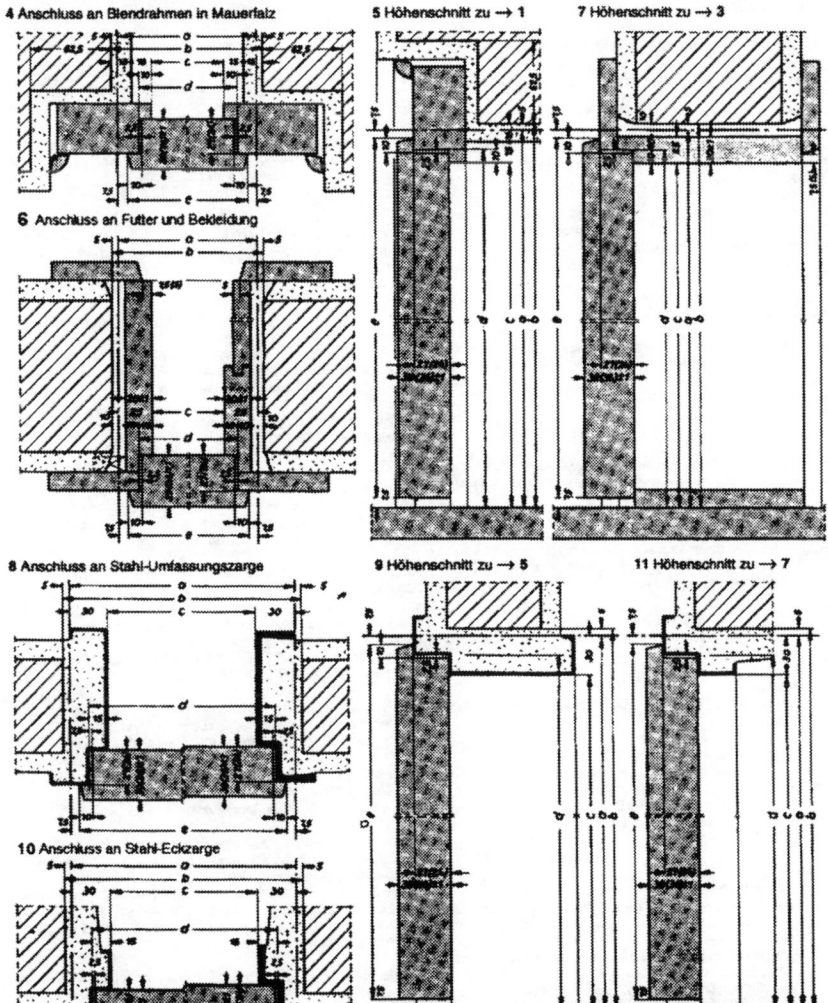

4 Anschluss an Blendrahmen in Mauerfalz

5 Höhenschnitt zu → 1

7 Höhenschnitt zu → 3

6 Anschluss an Futter und Bekleidung

8 Anschluss an Stahl-Umfassungszarge

9 Höhenschnitt zu → 5

11 Höhenschnitt zu → 7

10 Anschluss an Stahl-Eckzarge

4 bis 7 Einbau von Holztürblättern in Blendrahmen, Futter und Bekleidung aus Holz. 8 bis 11 Einbau von Holztürblättern in Stahlzargen DIN 18111. Beispiele: Gefälzte Türen; stumpf einschlagende Türen sinngemäß!

Türen- und Türblattmaße, nach DIN 18101

	Größe und Kennziffer	Baurichtmaß nach DIN 18100		Rohbaumaß (Mauerwerk)	
		Breite	Höhe	Breite	Höhe
Ein-flügelige Türen	5 x 15	625	1875	635	1880
	6 x 15	750	1875	760	1880
	7 x 15	875	1875	885	1880
	5 x 16	625	2000	635	2005
	6 x 16	750	2000	760	2005
	7 x 16	875	2000	885	2005
	8 x 16	1000	2000	1010	2005
Zwei-flügelige Türen	10 x 16	1250	2000	1260	2005
	12 x 16	1500	2000	1510	2005
	14 x 16	1750	2000	1760	2005

	Größe und Kennziffer	Türblatt-Außenmaß			
		gefälztes Blatt		ungefälztes Blatt	
		Breite	Höhe	Breite	Höhe
Ein-flügelige Türen	5 x 15	610	1860	590	1850
	6 x 15	735	1860	715	1850
	7 x 15	860	1860	840	1850
	5 x 16	610	1985	590	1975
	6 x 16	735	1985	715	1975
	7 x 16	860	1985	840	1975
	8 x 16	985	1985	965	1975
Zwei-flügelige Türen	10 x 16	1235	1985	1215	1975
	12 x 16	1485	1985	1465	1975
	14 x 16	1735	1985	1715	1975

	Größe und Kennziffer	Lichtes Durchgangsmaß			
		Holzrahmen		Stahlzargen	
		Breite	Höhe	Breite	Höhe
Ein-flügelige Türen	5 x 15	575	1850	565	1845
	6 x 15	700	1850	690	1845
	7 x 15	825	1850	815	1845
	5 x 16	575	1975	565	1970
	6 x 16	700	1975	690	1970
	7 x 16	825	1975	815	1970
	8 x 16	950	1975	940	1970
Zwei-flügelige Türen	10 x 16	1200	1975	1190	1970
	12 x 16	1450	1975	1440	1970
	14 x 16	1700	1975	1690	1970

Türanschluss an den Fußboden (Maßstab 1 : 4)

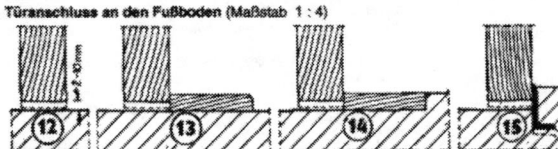

Türanschluss bei gleicher Höhenlage der Fußböden: ohne Schwelle → 12 (Normalabstand 7,5 mm → 5), mit Hartholzschwelle → 13 (Normalabstand 7,5 mm).

Türanschluss bei ungleicher Höhenlage der Fußböden: mit Hartholzschwelle → 14, mit Winkelstahl → 15. Das zugehörige Rohbau-Richtmaß wird von dem Raum aus gerechnet, in den die Tür schlägt.

Innentüren aus Holz, Sperrtürblätter

Innentüren aus Holz und Holzwerkstoffen
Sperrtürblätter nach DIN 68706 Teil 1

Anwendungsbereich

Diese Norm gilt für gefälzte und ungefälzte (stumpf einschlagende) Sperrtürblätter (im folgenden Text Türblätter genannt) im Innenausbau. Sie gilt auch für Türblätter für Sondertüren (z.B. Wohnungsabschlusstüren, Feuchtraumtüren) unter der Voraussetzung, dass deren besondere Anforderungen mitgeteilt und vereinbart sind.

Begriffe

Türblatt (Sperrtürblatt)
Ein Türblatt nach dieser Norm ist im wesentlichen aus Holz und/oder Holzwerkstoffen hergestellt. Es besteht aus dem Rahmen, der Einlage und den Deckplatten (siehe Bild 1).

Gefälzte Türblätter
Türblätter, deren Oberkante und beide Längskanten einen Falz haben, der die Fuge zwischen dem Türblatt und der Zarge überdeckt (siehe Bild 2 und Bild 3).

Ungefälzte (stumpfeinschlagende) Türblätter
Türblätter, deren Kanten nicht gefälzt sind (siehe Bild 1).

Rahmen
Der Rahmen umschließt die Einlage und ist mit den Deckplatten verleimt (siehe Bild 1).

Einlage
Die Einlage ist der vom Rahmen und den Deckplatten umschlossene innere Teil eines Türblattes (siehe Bild 1).

Deckplatte
Die Deckplatte ist eine Platte aus Holzwerkstoffen oder anderen geeigneten Werkstoffen, die mit dem Rahmen und der Einlage verleimt ist (siehe Bild 1).

Decklage
Die Decklage ist die äußere Lage der Deckplatte des Türblattes.

Einleimer
Der Einleimer ist eine an den Kanten des Türblattes eingeleimte Leiste aus Vollholz oder sonstigen geeigneten Materialien und kann den Rahmen bilden. Der Einleimer wird beiderseits von den Deckplatten überdeckt.

Unverdeckter Anleimer
Der unverdeckte Anleimer ist eine Leiste aus Vollholz oder geeigneten Materialien an den Längs- und/oder Querkanten des Türblattes. Die Fuge zwischen Anleimer und Decklage ist an der Oberfläche des Türblattes zu erkennen (siehe Bild 5).

Verdeckter Anleimer
Der verdeckte Anleimer ist eine Leiste aus Vollholz oder sonstigen geeigneten Materialien an den Längs- und/oder Querkanten des Türblattes. Er wird von der Decklage überdeckt (siehe Bild 6).

Konstruktionsmerkmale

Rahmen
Der Rahmen muss in Konstruktion, Abmessung und Materialqualität so beschaffen sein, dass Einsteckschloss und Türbänder einwandfrei befestigt werden können. Für die Rahmenteile ist eine Eckverbindung in der Regel nicht erforderlich.
Gegebenenfalls ist der Rahmen im Bereich der für Schloss- und Bandsitz festgelegten Stelle zu verstärken.

Einlage
Die Einlage hält mit dem Rahmen den Abstand zwischen den Deckplatten und steift das Türblatt aus. Sie kann aus Holz, Holzwerkstoffen oder anderen geeigneten Werkstoffen bestehen und darf Hohlräume haben.

Deckplatten
Die Deckplatten sind mit dem Rahmen und der Einlage durch Verleimung nach Abschnitt 8 verbunden. Sie müssen aus geeigneten Werkstoffen bestehen, z.B.:
a) Furnierholz nach DIN 68705 Teil 2
b) zwei kreuzweise aneinandergeleimten Furnieren
c) Flachpressplatten nach DIN 68761 Teil 1 oder Teil 4 oder DIN 68763
d) harten Holzfaser nach DIN 68750 oder DIN 68754 Teil 1
e) kunststoffbeschichteten dekorativen Holzfaserplatten nach DIN 68751.

Decklagen
Die Decklagen sind mit den Deckplatten verbunden, soweit sie nicht ohnehin Bestandteil der Deckplatten sind. Übliche Decklagen sind
a) Furniere mit Nenndicken nach DIN 4079
b) HPL-Platten nach DIN 16926
c) Kunststoff-Folien, im allgemeinen mit dekorativen Mustern, z.B. Holzartennachbildungen.

Kantenausführungen
Kanten können mit Anleimern oder Einleimern gebildet werden bzw. mit Furnieren oder mit Kunststoff beschichtet sein.

Zusätzliche Konstruktionsmaße

Falzmaße (siehe DIN 18101)
Die Falzbreite liegt in Türblattebene. Die Falztiefe liegt senkrecht dazu (siehe auch Bild 3). Sonderfälze bei Türblättern über 42 mm Dicke sind gesondert zu vereinbaren.

Bandsitz und Schlosssitz
Maße siehe DIN 18101.

Bohrung für Türspion
Abstand von Unterkante Türblatt bis Mitte Bohrung 1400 mm (siehe Bild 7).

Ausschnitt
Dreiseitiger Fries 160 mm breit bei gefälzten Türen (siehe Bild 8).
Die umlaufenden Seiten des Ausschnittes sind in angemessener Weise so auszubilden, dass eine Glasscheibe oder andere Füllung sicher befestigt werden kann.

Tabelle 1.

Ausschnitthöhe H +1 −2	bei Türblattaußenmaß	
		gilt auch für
1300	1860	1798 bis 1923
1425	1985	1924 bis 2058
1550	2110	2059 bis 2173
1675	2235	2174 bis 2298

Lüftungsschlitz
Abstand von Unterkante bzw. Oberkante Türblatt 80 mm, lichte Länge des Schlitzes 440 mm, Breite des Schlitzes 80 mm (siehe Bild 9).

Maße der Türblätter

Breite und Höhe
Maße nach DIN 18101.

Dicke
Je nach Decklage muss die Dicke 39 bis 42 mm betragen. Die Dickenabweichung innerhalb eines Türblattes darf nicht größer sein als ± 0,5 mm.
Türblätter für Türen mit besonderen Anforderungen, z.B. Wohnungsabschlusstüren, schalldämmende Türen, können größere Dicken als 42 mm haben. Türblätter zum nachträglichen Überfurnieren müssen mindestens 38 mm dick sein.

Furnierdecklagen

Furniere für farblose, transparente Oberflächenbehandlung
Die Deckfurniere sind gestürzt oder ungestürzt und seitenparallel zusammenzusetzen. Offene Fugen und Risse sind unzulässig. Unauffällige Ausbesserungen kleiner Fehler sind zulässig.

Die Deckfurniere dürfen vereinzelt wuchsbedingte Eigenarten, unauffällige Punktäste und kleine Wirbel enthalten, sofern diese das Gesamtaussehen des Türblattes nicht beeinträchtigen.

An den Deckfurnieren dürfen Fehler der darunterliegenden Deckplatten nicht zu erkennen sein.

Furniere für deckende Oberflächenbehandlung
Zulässig sind Verfärbungen, ausgekittete Insektenfraßstellen, ausgebesserte Fehlstellen, ausgekittete Risse und Fugen und festverwachsene Äste.

Rahmenhölzer
Bei Türblättern mit Furnieren müssen die sichtbaren Seiten der Rahmenhölzer rissfrei, astfrei und ohne auffällige Verfärbungen sein.

Bei Türblättern mit Furnieren sollen die sichtbaren Seiten der Rahmenhölzer rissfrei sein, festverwachsene Äste und Verfärbungen sind zulässig. Lose Äste sind auszudübeln, Insektenfraßstellen sind auszukitten.

Rahmenhölzer dürfen ab 100 mm Breite verleimt werden.

Rahmenhölzer sind fachgerecht miteinander zu verbinden, z.B. durch Verzapfen, Verdübeln.

Bezeichnung
Türblätter nach dieser Norm werden nach ihrer Decklage bezeichnet.

Bezeichnung nach dem Deckfurnier
Anmerkung: Furnier ist ein dünnes Blatt aus Holz (siehe DIN 68330).
Ein Türblatt ist mit der Holzart des Deckfurniers zu bezeichnen.
Beispiel: Bezeichnung eines eichefurnierten (EI) Sperrtürblattes:

Türblatt DIN 68706 – EI

Bezeichnung nach der Oberflächenbehandlung
Als vorgeschliffen wird ein Türblatt bezeichnet, wenn die Oberfläche zur bauseitigen, weiteren Behandlung einen Vorschliff erhalten hat.
Beispiel: Bezeichnung eines vorgeschliffenen, kieferfurnierten (KI) Sperrtürblattes:

Türblatt DIN 68706 – KI, vorgeschliffen
Anmerkung: Vor der endgültigen Oberflächenbehandlung müssen die vorgeschliffenen Flächen mit einem Feinschliff versehen werden. Wenn die Flächen anschließend z.B. mit Beize behandelt werden sollen, ist bei der Bestellung besonders hierauf hinzuweisen.

Als lackiert wird ein Türblatt bezeichnet, wenn durch die filmbildende Oberflächenbehandlung der Grundfarbton des Furniers erhalten bleibt. Angleichung wuchsbedingter Farbunterschiede ist zulässig.
Beispiel: Bezeichnung eines mahagonifurnierten (MAA) lackierten Sperrtürblattes:

Türblatt DIN 68706 – MAA, lackiert

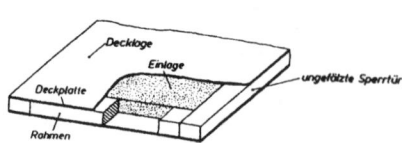

Bild 1. Erläuterung der Begriffe

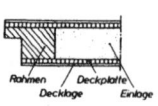

Bild 2. Gefälztes Sperrtürblatt   Bild 3. Falz

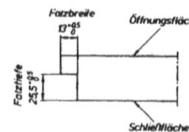

Bild 4. Einleimer   Bild 5. Unverdeckter Anleimer   Bild 6. Verdeckter Anleimer

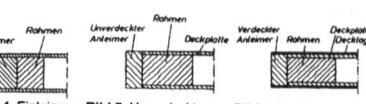

Bild 7. Bohrung für Türspion   Bild 8. Ausschnitt, Maß H siehe Abschnitt 3.2.4   Bild 9. Lüftungsschlitz

Als gebeizt wird ein Türblatt bezeichnet, wenn der Grundfarbton des Furniers durch die Oberflächenbehandlung verändert wurde.
Beispiel: Bezeichnung eines eichefurnierten (EI) gebeizten und anschließend lackierten Sperrtürblattes:

Türblatt DIN 68706 – EI, gebeizt, lackiert

Als pigmentiertlackiert wird ein Türblatt bezeichnet, wenn die Decklage mit einem pigmentierten Lack, geschlossen- oder offenporig derart behandelt wird, dass die Holzstruktur erkennbar bleibt.
Beispiel: Bezeichnung eines weißpigmentierten, eschefurnierten (ES) Sperrtürblattes:

Türblatt DIN 68706 – ES, weiß lackiert

Als deckend lackiert wird einTürblatt bezeichnet, wenn die Decklage von einem nicht durchsichtigen Lack verdeckt ist.
Beispiel: Bezeichnung eines weißlackierten Sperrtürblattes:

Türblatt DIN 68706 – weiß, lackiert

Bezeichnung einer Nachbildung von Holzarten, einschließlich Fineline
Ein Türblatt ist mit "(Holzart)-Nachbildung" oder "(Holzart)-Reproduktion" zu bezeichnen, wenn das Bild einer Holzart durch fotochemische, fotomechanische oder andere technische Verfahren auf Furniere, Folien, Spachtelmassen, Kunststoffplatten o.ä. übertragen wurde.

Bezeichnung eines limbafurnierten (LMB) Sperrtürblattes, auf das das Bild von Nussbaum (NB) übertragen wurde:
Türblatt DIN 68706 – NB-Nachbildung auf LMB-Furnier

Bezeichnung eines beschichteten Sperrtürblattes mit dem Aussehen von Lärche (LA):
Türblatt DIN 68706 – LA-Reproduktion

Bezeichnung nach der Kunststoffdecklage
Ein Türblatt ist nach Art der Kunststoffdecklage zu bezeichnen. Kunststoffdecklagen sind z.B. dekorative Schichtpressstoffplatten (HPL) nach DIN 16926, kunststoffbeschichtete dekorative Holzfaserplatten (KH) nach DIN 68751, kunststoffbeschichtete dekorative Flachpressplatten (KF) nach DIN 68765 und Kunststofffolien, z.B. PVC-Folien.

Bezeichnung eines Sperrtürblattes, das mit einer dekorativen unifarbenen (z.B. braun) Schichtpressstoffplatte beschichtet wurde:
Türblatt DIN 68706 – schichtstoffbeschichtet, braun

Bezeichnung eines Sperrtürblattes, dessen Deckplatte aus einer kunststoffbeschichteten Holzfaserplatte KH nach DIN 68751 oder Flachpressplatte KF nach DIN 68765 mit dem Aussehen von Nussbaum (NB) besteht:
Türblatt DIN 68706 – kunststoffbeschichtet, NB-Nachbildung

Bezeichnung eines Sperrtürblattes, dessen Deckplatte mit einer PVC-Folie mit dem Aussehen von Teak beschichtet wurde:
Türblatt DIN 68706 – PVC-folienbeschichtet, Teak-Reproduktion

Einbruchhemmende Türen

Einbruchhemmende Türen nach DIN V 18103

Anwendungsbereich und Zweck

Diese Vornorm legt Begriffe und nach drei Klassen abgestufte Mindestanforderungen für einbruchhemmende Türen fest.

Diese Vornorm gilt für ein- und zweiflügelige Drehflügeltüren sowie für Schiebetüren; auch feststehende oder bewegliche Seiten- oder Oberteile von Türen dürfen nach ihr geprüft und beurteilt werden.

Einbruchhemmende Türen sind dort zu verwenden, wo das unbefugte, gewaltsame Eindringen in einen zu schützenden Raum oder Bereich erschwert oder behindert werden soll. Fenstertüren (z.B. Balkon- oder Terrassentüren) gelten als Fenster; für sie gilt DIN V 18054.

Begriffe

Einbruchhemmung
Einbruchhemmung ist die Eigenschaft eines Bauteiles, dem Versuch einer Beschädigung oder Zerstörung mit dem Ziel des Eindringens in den durch das Bauteil zu schützenden Bereich nach den in dieser Vornorm festgelegten Kriterien Widerstand zu leisten.

Einbruchhemmende Tür
Eine einbruchhemmende Tür ist eine Tür, die in geschlossenem und verriegeltem Zustand Einbruchversuche mit körperlicher Gewalt für eine bestimmte Zeit (Widerstandszeit) verhindert.

Verriegelter Zustand
Verriegelter Zustand (versperrt) ist das Sichern der geschlossenen Tür durch einen oder mehrere aus dem Türschloss oder den Türschlössern ausgeschobenen ungefederten, starren und in der Endlage arretierten Riegel bzw. Riegeln.

Nicht transparente Füllungen
Nicht transparente Füllungen sind Ausfachungen, die nicht aus Glas sind und nicht unter den Anwendungsbereich von DIN 52290 Teil 1, Teil 2, Teil 3, Teil 4 und Teil 5 fallen.

Füllungsanbindungssysteme
Füllungsanbindungssysteme sind die Verbindungen der Füllungen – Verglasungen und andere transparente und nicht transparente Füllungen – mit dem Flügelrahmen oder dem Rahmen der Festverglasung. Typische Füllungsanbindungssysteme sind Glasfalz mit Glashalteleisten, aber auch Verklebungen, Verschweißungen, Versiegelungen und ähnliches.

Widerstandszeit einer Tür
Die Widerstandszeit einer Tür ist die Mindestzeit, während der der Probekörper bei der Prüfung den Angriffen (Einbruchversuchen) zur Öffnung der Tür oder zur Schaffung einer durchgangsfähigen Öffnung widerstehen muss.

Durchgangsfähige Öffnungen bei einbruchhemmenden Türen
Eine durchgangsfähige Öffnung bei einbruchhemmenden Türen nach dieser Vornorm ist eine ellipsenförmige Fläche mit den Maßen 400 mm x 250 mm.

Widerstandsklassen, Bezeichnung

Widerstandsklassen

Entsprechend ihrer einbruchhemmenden Wirkung werden einbruchhemmende Türen in die Widerstandsklassen ET 1, ET 2 oder ET 3 eingeteilt (siehe Tabellen 1 bis 4).

Bezeichnung einer einbruchhemmenden Tür der Widerstandsklasse ET 2:
Tür DIN 18103 – ET 2

Bestandteile

Bestandteile einer einbruchhemmenden Tür sind mindestens:
a) Türzarge,
b) die zur Befestigung der Türzarge in der angrenzenden Wand (im Leibungs-, Sturz- und gegebenenfalls Bodenbereich) erforderlichen Befestigungsmittel, z.B. Anker,
c) ein oder mehrere Türflügel, einschließlich aller Schlösser, Verriegelungen, Türbänder, Führungsschienen, Beschläge usw.;
je nach Konstruktion können weitere Bestandteile hinzukommen, z.B.:
d) feststehende oder bewegliche Seitenteile, gegebenenfalls einschließlich ihrer Beschläge,
e) feststehende oder bewegliche Oberteile, gegebenenfalls einschließlich ihrer Beschläge,
f) Boden-Türschließer,
g) Oben-Türschließer,
h) Türgucker ("Spion"),
i) Briefeinwurfklappen,
j) Dämpfungs- und Dichtungsmittel,
k) elektrische Türöffner,
l) Zugangskontrollsysteme.

Wände

Wände, in die einbruchhemmende Türen eingebaut werden sollen, müssen mindestens Tabelle 1 entsprechen.

Verglasungen und Füllungen (Ausfachungen)

Befestigungen

Die Befestigungen von Verglasungen und Füllungen – im folgenden als "Ausfachungen" bezeichnet – müssen so beschaffen sein, dass sie die ruhende Beanspruchung, die Stoßbeanspruchung und die Beanspruchung durch Werkzeuge aufnehmen können und von der Angriffseite nicht lösbar sind.

Anforderungen an Ausfachungen mit Glas

Werden Verglasungen nach DIN 52290 Teil 1 verwendet, so müssen diese durchbruchhemmend nach DIN 52290 Teil 3 sein. Je nach Widerstandsklasse sind durchbruchhemmende Verglasungen der Klassen B 1, B 2 oder B 3 gefordert, siehe Tabelle 1.
Für Türen der Widerstandsklasse ET 1 dürfen auch Verglasungen nach DIN 52290 Teil 4 der Klasse A 3 verwendet werden, wenn die zu verglasenden Teilflächen jeweils kleiner als die durchgangsfähige Öffnung sind.

Anforderungen an Ausfachungen mit anderen Werkstoffen

Diese Ausfachungen müssen sinngemäß für die entsprechende Widerstandsklasse den Anforderungen von Verglasungen entsprechen.

Anforderungen an Türflügel

Im Hinblick auf eine ausreichende Durchbruchhemmung der Türflügel müssen für die Widerstandsklasse ET 3 auch die Türflügel – sofern sie keine Ausfachungen beinhalten – auf ihre durchbruchhemmende Wirkung beurteilt werden (siehe DIN 52290 Teil 3), um mindestens in die Widerstandsklasse B 3 eingestuft werden zu können.

Schlösser und Beschläge

Zuordnung

Den Widerstandsklassen der Türen sind Schlösser, Profilzylinder und Schutzbeschläge nach Tabelle 2 zugeordnet.

Riegeleingriff

Die Riegel des Hauptschlosses und – sofern vorhanden – der Zusatzschlösser müssen mindestens 15 mm in die Schließöffnung der Zarge (Schließblech) eingreifen.

Anzahl der Verriegelungen

Um den Türflügel auszusteifen und an der Zarge festzuhalten, müssen Türen der Widerstandsklasse ET 3 mehrere Verriegelungen haben, die jeweils mindestens 15 mm in die Schließöffnung eingreifen.

Andere Schlösser, Profilzylinder und Beschläge

Werden andere Schlösser, Schließzylinder und Beschläge verwendet, so müssen diese vergleichbare Sicherheitsmerkmale aufweisen. Vergleichbare Sicherheitsmerkmale ergeben sich aus den Anforderungen der Normen DIN 18251, DIN V 18254 und DIN 18257.

Standflügelverriegelung

Bei zweiflügeligen Türen ist durch Wahl geeigneter Verriegelungssysteme sicherzustellen, dass der Gangflügel erst verriegelt werden kann, wenn der Standflügel verriegelt ist.

Schlösser bei Rohrrahmentüren

Können bei Rohrrahmentüren keine Einsteckschlösser nach DIN 18251 verwendet werden, müssen die Rohrrahmenschlösser der in DIN 18251 für Schlösser der Klasse 3 bzw. Klasse 4 genannten Beanspruchungen entsprechend standhalten.

Außenliegende Türbänder

Bei Türen mit außenliegenden Türbändern sind zusätzlich Hintergreifsicherungen anzuordnen.

Grenzwerte für die Beanspruchung

Ruhende Beanspruchung
Die Tür darf bei ruhender Beanspruchung die in Tabelle 3 festgelegten Werte nicht überschreiten (maximal zulässige Auslenkung).

Stoßbeanspruchung
Unter der (impulsartigen) Stoßbeanspruchung darf der Probekörper nicht so beschädigt oder zerstört werden, dass eine durchgangsfähige Öffnung entsteht oder die Tür insgesamt sich öffnet (z.B. durch Versagen der Verriegelungen oder der Türbänder).

Beanspruchung durch Werkzeuge
Bei der Prüfung mit Werkzeugen nach Abschnitt 6.5 müssen die in Tabelle 4 für die jeweiligen Widerstandsklassen angegebenen Widerstandszeiten mindestens erreicht werden.

Tabelle 1. Zuordnung der Widerstandsklassen der einbruchhemmenden Türen zu Wänden und durchbruchhemmenden Verglasungen

Widerstandsklasse der einbruchhemmenden Tür	Umgebende Wände					Zu verwendende Verglasung nach DIN 52290 Teil 3
	aus Mauerwerk nach DIN 1053 Teil 1			aus Stahlbeton nach DIN 1045		
	Nenndicke mm min.	Druckfestigkeitsklasse der Steine	Mörtelgruppe min.	Nenndicke mm min.	Festigkeitsklasse min.	
ET 1	≥ 115	≥ 12	II	≥ 100	B 15	B 1
ET 2	≥ 115	≥ 12	II	≥ 120	B 15	B 2
ET 3	≥ 240	≥ 12	II	≥ 140	B 15	B 3

Tabelle 2. Zuordnung der Schlösser, Profilzylinder und Schutzbeschläge zu den Widerstandsklassen der Türen ET 1, ET 2 und ET 3

Widerstandsklasse der Tür	Mindestens zu verwenden		
	Schlösser nach DIN 18215	Profilzylinder nach DIN V 18254, Abschnitt 6.4 [1]	Schutzbeschlag nach DIN 18257 [1]
	Klasse	Klasse	Klasse
ET 1	3	2	ES 1
ET 2	3	2	ES 2
ET 3	4	3	ES 3

[1] Auf den im Profilzylinder integrierten Ziehschutz darf verzichtet werden, wenn dieser im Schutzbeschlag integriert ist, d.h. Schutzbeschlag mit Zylinderabdeckung (ZA).

Tabelle 4. Zuordnung der Widerstandsklassen zu den Gesamtwiderstandszeiten und Werkzeugsätzen

Widerstandsklasse der einbruchhemmenden Tür	Gesamtwiderstandszeit der Hauptprüfung t_{ges} in Minuten	zu verwendender Werkzeugsatz
ET 1	≥ 5	A
ET 2	≥ 7	B
ET 3	≥ 10	C

Tabelle 3. Maximal zulässige Auslenkung bei ruhender Beanspruchung

Spalte	1	2	3	4	5	6	7			8
Zeile	Angriffspunkte am Türelement	Benennung der ruhenden Beanspruchung	Ruhende Beanspruchung				Maximal zulässige Auslenkung der Türflügelebene oder der Türfüllung in der Beanspruchungsrichtung in mm			Prüfung nach Abschnitt
			ET 1		ET 2	ET 3				
			mehr. Verriegelungen	nur eine Verriegelung (Hauptschloss)						
			kN ± 0,1	kN ± 0,1	kN ± 0,1	kN ± 0,1	ET 1	ET 2	ET 3	
1	Alle Türflügelecken sowie zwischen den Verriegelungen [2]	F_2	3,0	0	6,0	10,0	30	20	10	6.3.1.1
2	Bei Füllungstüren jede Füllungsecke	F_2	3,0	3,0	6,0	10,0	8			6.3.1.2
3	Türbänder [1]	F_3	3,0	3,0	6,0	10,0	8			6.3.1.3
4	Bandseite auf halber Türhöhe	F_3	0	0	6,0	10,0	8			6.3.1.3
5	Hauptschloss [1]	F_4	3,0	6,0	6,0	10,0	5			6.3.1.4
6	Alle Zusatzverriegelungen schlossseitig [1]	F_4	3,0	0	6,0	10,0	5			6.3.1.4

[1] Bezugspunkt (Nullwert) ab einer Vorlast von 0,2 kN. Die maximal zulässige Auslenkung unter Vorlast darf 2 mm betragen.

[2] In den Klassen ET 1 und ET 2 sind die Türflügelecken nur dann zu prüfen, wenn diese mehr als 350 mm von dem Verriegelungspunkt entfernt sind (siehe DIN 18268).

Innentüren aus Holz, Standard-Details

WIRUS–Innentüren, Typenübersicht

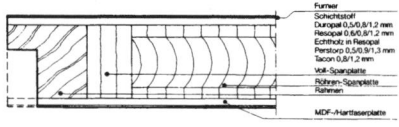

Typ WIRUS – Optima 30

Schallschutz:	Schalldämmwert der Türblattkonstruktion Rw = 30 dB
Konstruktion:	Sperrtür nach DIN 68707 Teil 1, Aufbau 5-fach (MDF-/Hartfaserplattendeck 3-fach)
Dicke:	39-42 mm, je nach Oberflächenbeschichtung, Sonderdicken in 45 und 50 mm sind möglich
Klassifizierung:	Beanspruchungsgruppe S
Flächengewicht:	ca. 18 kg/m²
Abmessungen:	Nach DIN 18101, sowie Sondermaße
Kantenausbildung:	Normfalz nach DIN 18101 (13 x 25,5 mm); stumpf einschlagend

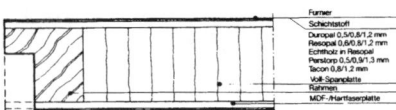

Typ WIRUS – Optima 34

Schallschutz:	Schalldämmwert der Türblattkonstruktion Rw = 34 dB
Konstruktion:	Sperrtür nach DIN 68706 Teil 1, Aufbau 5-fach (MDF-/Hartfaserplattendeck 3-fach)
Dicke:	39-42 mm, je nach Oberflächenbeschichtung, Sonderdicken in 45 und 50 mm sind möglich
Klassifizierung:	Beanspruchungsgruppe S, Klimaklasse II, oder Beanspruchungsgruppe S, Klimaklasse III
Flächengewicht:	ca. 26 kg/m²
Abmessungen:	Nach DIN 18101, sowie Sondermaße
Kantenausbildung:	Normfalz nach DIN 18101 (13 x 25,5 mm); stumpf einschlagend

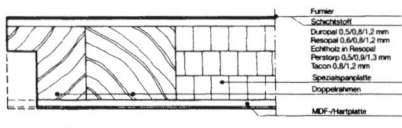

Typ WIRUS – Optima 41

Schallschutz:	Schalldämmwert der Türblattkonstruktion Rw = 41 dB
Konstruktion:	Sperrtür nach DIN 68706 Teil 1, Aufbau 5-fach (MDF-/Hartfaserplattendeck 3-fach)
Dicke:	39-42 mm, je nach Oberflächenbeschichtung, Sonderdicken in 45 und 50 mm sind möglich
Klassifizierung:	Beanspruchungsgruppe S, Klimaklasse II
Flächengewicht:	ca. 27 kg/m²
Abmessungen:	Nach DIN 18101, sowie Sondermaße
Kantenausbildung:	Normfalz nach DIN 18101 (13 x 25,5 mm); stumpf einschlagend

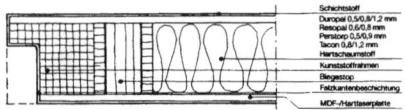

Typ Nassraumtür für A

Nassraumtüren Typ A werden in Räumen mit hoher Luftfeuchtigkeit und gelegentlicher Reinigungswassereinwirkung (allgemeiner Sanitärbereich) eingesetzt.

Rahmen:	Wasserbeständiger Außenrahmen aus Kunststoffmaterialien mit Verstärkung
Einlage:	Hartschaumstoff
Aufbau:	5-fach
Dicke:	40 mm
Flächengewicht:	ca. 11 kg/m²
Abmessungen:	Nach DIN 18101, sowie Sondermaße
Kantenausbildung:	Normfalz nach DIN 18101 (13 x 25,5 mm); stumpf einschlagend

Typ Durchschusshemmend mit Einlage aus DELIGNIT PANZERHOLZ

Rahmen/Einlage:	ohne Rahmen (Einlage in gesamter Türbreite aus Delignit-schusssicher), verdeckte oder unverdeckte Anleimer sind nicht möglich
Absperrung:	MDF-/Hartfaserplatten, ca. 4,5 mm bzw.3 mm chenbeschichtung
Dicke:	ca. 40-42 mm, je nach Einlage und Oberflächenbeschichtung
Schussfestigkeits- klassen:	M2, M3 geprüft nach DIN 52290 Teil 2 vom Beschussamt Ulm
	Schussfestigkeitsklasse M2 = 30 mm Delignit und 4,5 mm Absperrung
	Schussfestigkeitsklasse M3 = 35 mm Delignit und 3 mm Absperrung
Flächengewicht:	ca. 51 bzw. 55 kg/m²
Abmessungen:	Nach DIN 18101, max. 98,5 x 211 cm
Kantenausbildung:	Falz nach DIN 18101 (13 x 25,5 mm); stumpf einschlagend

---

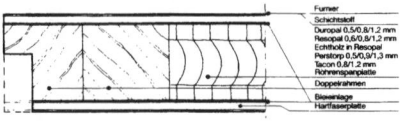

Typ Strahlenschutztür

Absperrung:	MDF-/Hartfaserplatten, ca. 3 mm und Bleieinlage
Einlage:	Stranggepresste Röhrenspanplatte
Konstruktion:	Sperrtür nach DIN 68706 Teil 1; Aufbau 7fach (MDF-Hartfaserplattendeck 5-fach)
Dicke:	ca. 41-45 mm, je nach Oberflächenbeschichtung und Bleieinlage
Strahlenschutz:	je nach zu erwartender Strahlenbelastung ist der erforderliche Bleigleichwert vorzugeben. Aus technischen Gründen wird die geforderte Bleidicke aus 2 Folien erzeugt, die mit den jeweiligen Deckplatten verklebt werden.
Flächengewicht:	ca. 21 kg/m² und Bleigleichwert (1 mm Blei = 11 kg/m²)
Abmessung:	Nach DIN 18101, sowie Sondermaße (max. Abmessungen: 123,5 x 211 cm)
Kantenausbildung:	Falz nach DIN 18101 (13 x 25,5 mm); stumpf einschlagend

WIRUS–Schallschutztüren, Typenübersicht

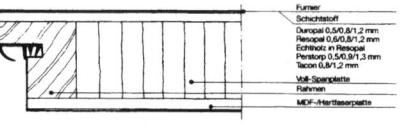

Typ WIRUS–Schallschutztür Optima 34–E

Schallschutz:	Schalldämmwert der betriebsfertig eingebauten Tür Rw = 32 dB
Konstruktion:	Sperrtür nach DIN 68706 Teil 1; Aufbau 5-fach (Hartfaserplattendeck 3-fach)
Dicke:	42-45 mm, je nach Oberflächenbeschichtung
Klassifizierung nach VHI:	Beanspruchungsgruppe S, Klimaklasse II (Türdicke 42 mm)
	Beanspruchungsgruppe S, Klimaklasse III (Türdicke 45 mm)
Flächengewicht:	ca. 26 kg/m²
Abmessungen:	Nach DIN 18101, sowie Sondermaße
Kantenausbildung:	gefälzt, passend für Normzargen mit Falzabmessungen nach DIN 18101
Schallschutz- ausrüstung:	Eingebaute dauerelastische WIRUS Türfalzdichtung, 3-seitig.
	Eingebaute höhenverstellbare WIRUS Bodendichtung (Doppellippen–Auflaufdichtung) mit 4,5 mm Bodenschiene oder eingebaute mechanisch absenkbare Bodendichtung "Schall–Ex–W".

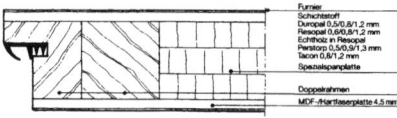

Typ WIRUS–Schallschutztür Optima 41–E

Schallschutz:	Schalldämmwert der betriebsfertig eingebauten Tür Rw = 36 dB
Konstruktion:	Sperrtür nach DIN 68706 Teil 1; Aufbau 5-fach (Hartfaserplattendeck 3-fach)
Dicke:	42-45 mm, je nach Oberflächenbeschichtung
Klassifizierung nach VHI:	Beanspruchungsgruppe S, Klimaklasse II
Flächengewicht:	ca. 28 kg/m²
Abmessungen:	Nach DIN 18101, sowie Sondermaße
Kantenausbildung:	gefälzt, passend für Normzargen mit Falzabmessungen nach DIN 18101
Schallschutz- ausrüstung:	Eingebaute dauerelastische WIRUS Türfalzdichtung, 3-seitig.
	Eingebaute höhenverstellbare WIRUS Bodendichtung (Doppellippen–Auflaufdichtung) mit 4,5 mm Bodenschiene oder eingebaute mechanisch absenkbare Bodendichtung "Schall–Ex–W".

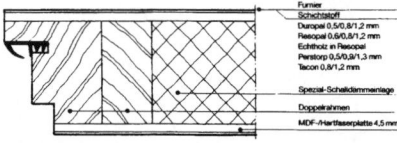

Typ WIRUS–Schallschutztür Optima 43–E

Schallschutz:	Schalldämmwert der betriebsfertig eingebauten Tür Rw = 40 dB
Konstruktion:	Sperrtür nach DIN 68706 Teil 1; Aufbau 5-fach (Hartfaserplattendeck 3-fach)
Dicke:	55 mm
Klassifizierung:	Beanspruchungsgruppe S, Klimaklasse II
Flächengewicht:	ca. 27 kg/m²
Abmessungen:	Nach DIN 18101, sowie Sondermaße
Kantenausbildung:	Doppelfalz mit eingebauter WIRUS Falzdichtung
Schallschutz- ausrüstung:	Eingebaute dauerelastische WIRUS Türfalzdichtung, 3-seitig.
	Eingebaute höhenverstellbare WIRUS Bodendichtung (Doppellippen–Auflaufdichtung) mit 4,5 mm Bodenschiene oder eingebaute mechanisch absenkbare Bodendichtung "Schall–Ex–W".

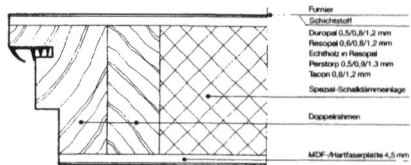

Typ WIRUS–Schallschutztür Optima 45–E

Schallschutz:	Schalldämmwert der betriebsfertig eingebauten Tür Rw = 42 dB
Konstruktion:	Sperrtür nach DIN 68706 Teil 1; Aufbau 5-fach (Hartfaserplattendeck 3-fach)
Dicke:	c. 70 mm, je nach Oberflächenbeschichtung
Klassifizierung:	Beanspruchungsgruppe S, Klimaklasse II
Flächengewicht:	ca. 29 kg/m²
Abmessungen:	Nach DIN 18101, sowie Sondermaße
Kantenausbildung:	Doppelfalz mit eingebauter WIRUS Falzdichtung
Schallschutz- ausrüstung:	Eingebaute dauerelastische WIRUS Türfalzdichtung, 3-seitig.
	Eingebaute höhenverstellbare WIRUS Bodendichtung (Doppellippen–Auflaufdichtung) mit 4,5 mm Bodenschiene und eingebaute mechanisch absenkbare Bodendichtung "Schall–Ex–W".

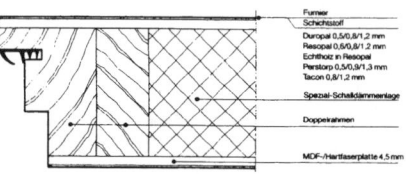

Typ WIRUS–Schallschutztür Optima 48–E

Schallschutz:	Schalldämmwert der betriebsfertig eingebauten Tür Rw = 45 dB
Konstruktion:	Sperrtür nach DIN 68706 Teil 1; Aufbau 5-fach (Hartfaserplattendeck 3-fach)
Dicke:	c. 70 mm, je nach Oberflächenbeschichtung
Klassifizierung:	Beanspruchungsgruppe S, Klimaklasse II
Flächengewicht:	ca. 35 kg/m²
Abmessungen:	Nach DIN 18101, sowie Sondermaße
Kantenausbildung:	Doppelfalz mit eingebauter WIRUS Falzdichtung
Schallschutz- ausrüstung:	Eingebaute dauerelastische WIRUS Türfalzdichtung, 3-seitig.
	Eingebaute höhenverstellbare WIRUS Bodendichtung (Doppellippen–Auflaufdichtung) mit 4,5 mm Bodenschiene und eingebaute mechanisch absenkbare Bodendichtung "Schall–Ex–W".

WIRUS–Brandschutztüren und – Rauchschutztüren, Typenübersicht

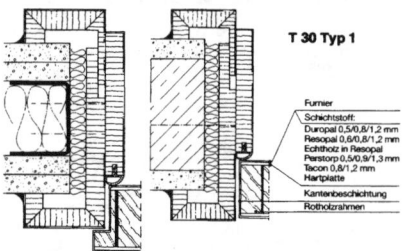

WIRUS Brandschutztür T 30 Typ 1, einflügelig, mit Holzzarge

Rahmen:	astfreies Übersee–Rotholz, wahlweise mit dreiseitiger Kantenbeschichtung, verdeckter Anleimer, unverdeckter Anleimer
Absperrung:	Hartfaserplatten
Einlage:	Spezialbrandschutzeinlage
Konstruktion:	Sperrtür für Sonderzwecke
Dicke:	ca. 45 mm
Flächengewicht:	ca. 34 kg/m²
Abmessungen:	Nach DIN 18101, sowie Sondermaße
Kantenausbildung:	gefälzt (Falzmaß 13 x 30 mm) oder stumpf einschlagend
Schallschutz:	Schalldämmwert der betriebsfertig eingebauten Tür Rw = 32 dB

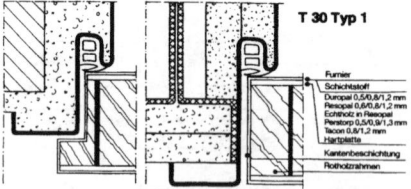

WIRUS Brandschutztür T 30 Typ 1, einflügelig, mit Stahlzarge

Rahmen:	astfreies Übersee–Rotholz, wahlweise mit dreiseitiger Kantenbeschichtung, verdeckte Anleimer, unverdeckter Anleimer
Absperrung:	Hartfaserplatten
Einlage:	Spezialbrandschutzeinlage
Konstruktion:	Sperrtür für Sonderzwecke
Dicke:	ca. 45 mm
Flächengewicht:	ca. 34 kg/m²
Abmessungen:	Nach DIN 18101, sowie Sondermaße
Kantenausbildung:	gefälzt (Falzmaß 13 x 30 mm) oder stumpf einschlagend
Schallschutz:	Schalldämmwert der betriebsfertig eingebauten Tür Rw = 32 dB

Innentüren aus Holz, Standard-Details

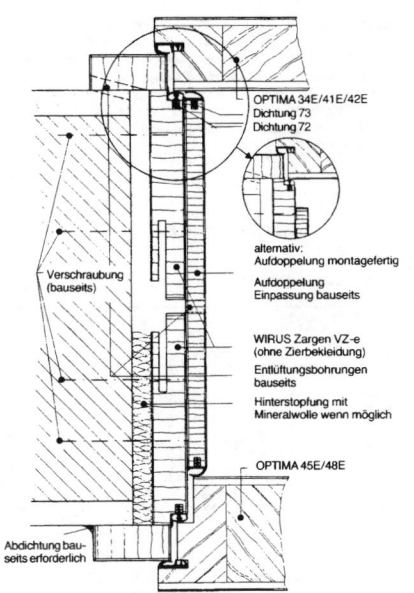

OPTIMA 34E/41E/42E
Dichtung 73
Dichtung 72

alternativ:
Aufdoppelung montagefertig

Aufdoppelung
Einpassung bauseits

WIRUS Zargen VZ-e
(ohne Zierbekleidung)

Entlüftungsbohrungen
bauseits

Hinterstopfung mit
Mineralwolle wenn möglich

OPTIMA 45E/48E

Verschraubung
(bauseits)

Abdichtung bau-
seits erforderlich

Doppeltür, z.B. zwischen Direktion und Sekretariat

Die Grundschalldämmung auf hohem Niveau liefert die WIRUS Tür Optima 45 E oder 48 E. Nur bei Bedarf wird dann auch die zweite Tür z.B. die WIRUS Tür Optima 34 E geschlossen und sorgt so für höchsten Schallschutz.

Die **Schallschutzleistungen** dieses Doppeltürelementes liegen im Bereich von Rw = 50–52 dB.

Anschluss an die Zarge

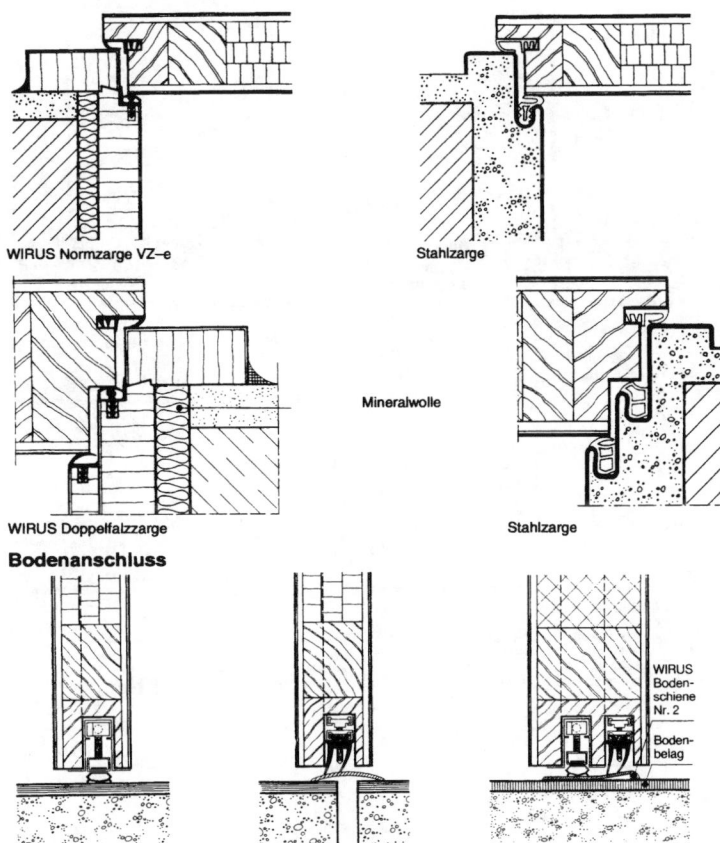

WIRUS Normzarge VZ-e

Stahlzarge

Mineralwolle

WIRUS Doppelfalzzarge

Stahlzarge

Bodenanschluss

WIRUS Boden-schiene Nr. 2

Bodenbelag

Schall-Ex-W

WIRUS Bodendichtung mit WIRUS Bodenschiene Nr. 1

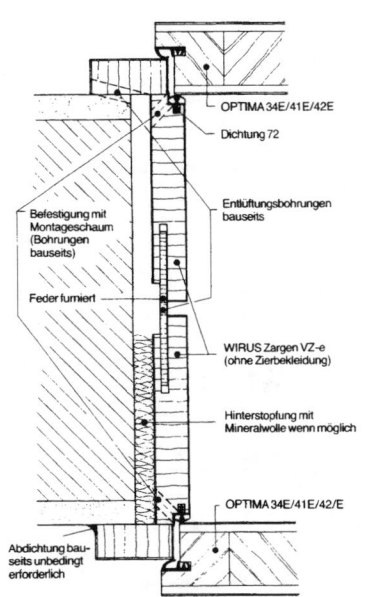

OPTIMA 34E/41E/42E

Dichtung 72

Entlüftungsbohrungen
bauseits

Befestigung mit
Montageschaum
(Bohrungen
bauseits)

Feder furniert

WIRUS Zargen VZ-e
(ohne Zierbekleidung)

Hinterstopfung mit
Mineralwolle wenn möglich

OPTIMA 34E/41E/42/E

Abdichtung bau-
seits unbedingt
erforderlich

Doppeltür zwischen zwei Hotelzimmern, die nur bei Bedarf zu einer Suite zusammengeschlossen werden.

Schallschutzleistungen gemessen in einer 270 mm dicken Wand, Türabstand untereinander ca. 230 mm

A 2x Optima 34 mit WIRUS Bodendichtung und akustisch wirksamer Lippendichtung in den Zargen Rw = 48 dB betriebsfertig (29 dB bei nur einer geschlossenen Tür)

B 2x Optima 34E mit WIRUS Bodendichtung und Türfalzdichtung mit akustisch wirksamer Dichtung in den Zargen Rw = 52 dB betriebsfertig (32 dB bei nur einer geschlossenen Tür)

Bei einem lichten Abstand der Türen von 120 mm und weniger sollten unterschiedliche Türen miteinander kombiniert werden, z.B. 1 x Optima 34E und 1x Optima 42E, da es bei sehr kleinen Abständen und identischen Türblättern zu Resonanzerscheinungen kommen kann, wodurch sich der angestrebte hohe Schallschutz nicht mehr erreichen lässt.

Beispiele von Stahlzargenformen für stumpf einschlagende oder gefälzte Türen

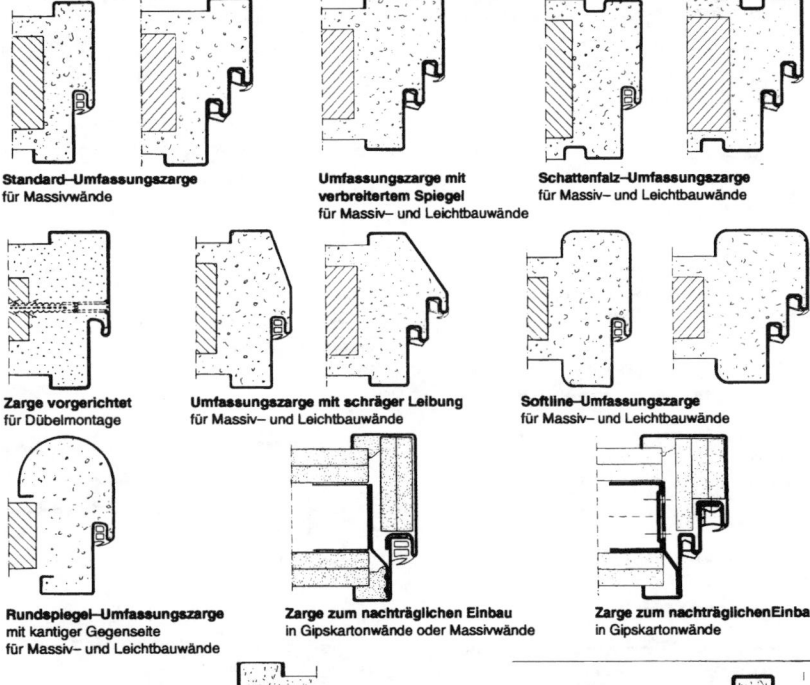

Standard–Umfassungszarge
für Massivwände

Umfassungszarge mit verbreitertem Spiegel
für Massiv– und Leichtbauwände

Schattenfalz–Umfassungszarge
für Massiv– und Leichtbauwände

Zarge vorgerichtet
für Dübelmontage

Umfassungszarge mit schräger Leibung
für Massiv– und Leichtbauwände

Softline–Umfassungszarge
für Massiv– und Leichtbauwände

Rundspiegel–Umfassungszarge
mit kantiger Gegenseite
für Massiv– und Leichtbauwände

Zarge zum nachträglichen Einbau
in Gipskartonwände oder Massivwände

Zarge zum nachträglichen Einbau
in Gipskartonwände

Turnhallenausführung
wandflächenbündig mit versenkter Griffmuschel

Turnhallenausführung
wandflächenbündig mit versenkter Griffmuschel

Stahlzargen, Türdichtung

Stahlzargen für Wohnraumtüren, nach DIN 18111

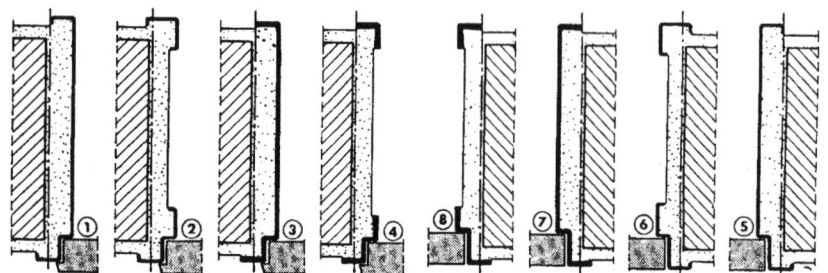

1, 2, 5, 6 aus Stahlblech gepresste Zargen: 3, 4, 7, 8 warmgewalzte Stahlzargen. 1 bis 4 Stahlzargen für gefälzte Türen; 5 bis 8 Stahlzargen für stumpf einschlagende Türen. 1, 3, 5, 7 Umfassungszargen, 2, 4, 6, 8 Eckzargen mit Gegenzargen

Stahlzargen für Wohnraumtüren sind nach DIN 18111 genormt und werden als Umfassungszargen, Eckzargen und Gegenzargen aus Stahlblech gepresst oder aus Flussstahl warm gewalzt → 1 bis 18. Maße entsprechend DIN 18100 → Tafel 1. Die Zargen sind am Sturz an den Ecken auf Gehrung geschnitten, verschweißt und geschliffen; an der Schwelle ca. 30 mm in den Fußboden eingelassen und durch Flachstahl oder Winkelstahl verbunden → 13. Verankerung nach → 9, 10 mit Flachstahl 130 x 30 x 2. Schließblöcher → 10, 11, 12. Eine Dämmung der Schließgeräusche kann durch einen umlaufenden Gummischlauch oder in den Drittelpunkten der Leibung eingesetzte Gummipuffer erfolgen → 14. Dichtungen → 19 bis 32.

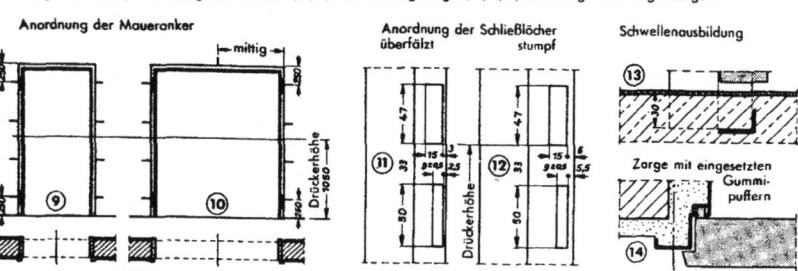

Anordnung der Maueranker — mittig

Anordnung der Schließblöcher überfälzt — stumpf

Schwellenausbildung

Zarge mit eingesetzten Gummi-puffern

Maueranker für einflügelige → 9 und zweiflügelige → 10 Türen

Schließblöcher für Einsteckschlösser in überfälzten → 11, stumpfen → 12 Türen

Tafel 1: Stahlzargen, Größen entsprechend DIN 18111

→ 15, 16	Größe nach Kennziffer	Baurichtmaß DIN 18100		Zargenfalzmaß	
		Breite	Höhe	Breite	Höhe
Ein-flügelige Türen	5 x 15	625	1875	595	1860
	6 x 15	750	1875	720	1860
	7 x 15	875	1875	845	1860
	5 x 16	625	2000	595	1985
	6 x 16	750	2000	720	1985
	7 x 16	875	2000	845	1985
	8 x 16	1000	2000	970	1985
Zwei-flügelige Türen	10 x 16	1250	2000	1220	1985
	12 x 16	1500	2000	1470	1985
	14 x 16	1750	2000	1720	1985

Tafel 2: Wärmedurchgangszahlen, nach DIN 4701

Ausführungsart	K = kcal/m² h°C
Außentüren aus Holz	3,5
Außentüren aus Stahl	6,5
einfache Türfenster, Holz mit Glasfüllung	5,0
Doppeltürfenster, Holz mit Glasfüllung	2,5
Innentür	2,5

Tafel 3: Luftschalldämmung nach DIN 4109

Ausführungsart	R = dezibel
Einfache Tür mit Schwelle, ohne zusätzliche Dichtung	bis 20 db
Schwere Einfachtür mit Schwelle und zusätzlicher Dichtung	bis 30 db
Unabh. Doppeltür mit Schwelle, ohne zusätzliche Dichtung	bis 30 db
Unabh. schwere Doppeltür mit Schwelle und guter zusätzlicher Dichtung	bis 40 db

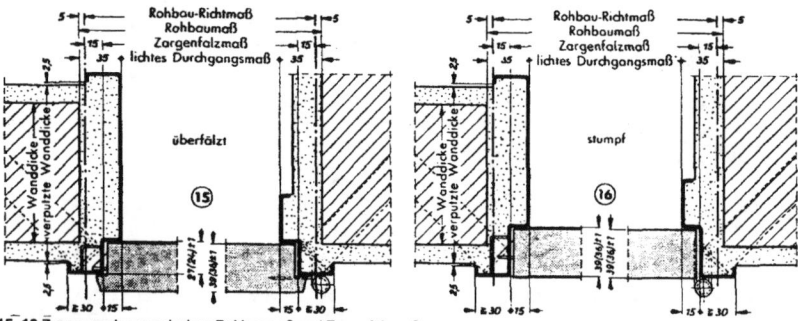

überfälzt — stumpf

15, 16 Zusammenhang zwischen Rohbaumaß und Zargenfalzmaß

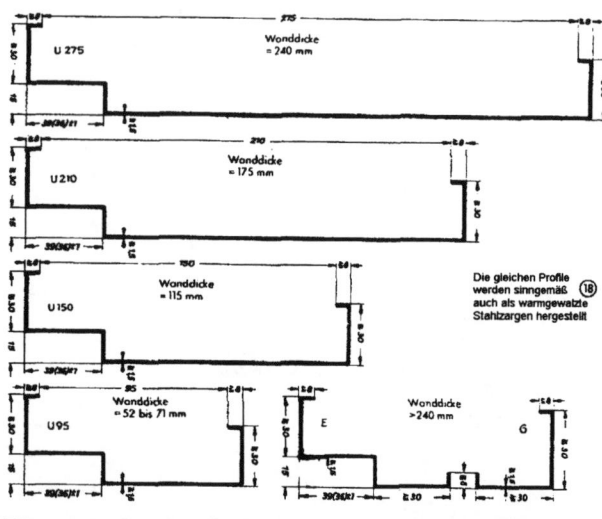

Die gleichen Profile werden sinngemäß auch als warmgewalzte Stahlzargen hergestellt

Die gleichen Profile werden sinngemäß auch als gepresste Stahlzargen hergestellt

17 Gepresste Stahlblechzargen für stumpf einschlagende Holztüren. Profile entsprechend DIN 18111

18 Warmgewalzte Stahlzargen für gefälzte Holztüren. Profile entsprechend DIN 18111

Dichtungen für Innentüren

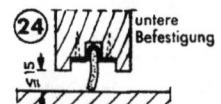

23 seitliche Befestigung — 24 untere Befestigung — 25

19 bis 22 Obere und seitliche Dichtung von stumpf einschlagenden → 19, 21 und gefälzten → 20, 22 Türen (a = Gummischlauch, b = Schwammgummi).

23 bis 25 Türabdichter aus Leichtmetallschienen mit Gummistreifen (Fa. C. Bruns, Düren/Rheinland)

Dichtungsstreifen und Wetterschenkel gegen Schlagregen

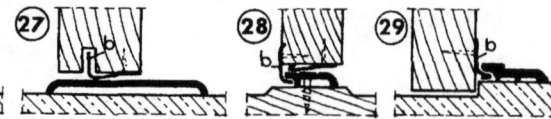
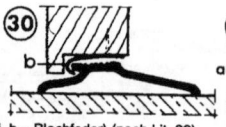

26 bis 32 Untere Dichtung stumpf einschlagender → 26 bis 29 und gefälzter 30 bis 32 Türen (a = Schlauchgummi, b = Blechfeder) (nach Lit. 33)

Beschläge

Bänder für Flügeltüren

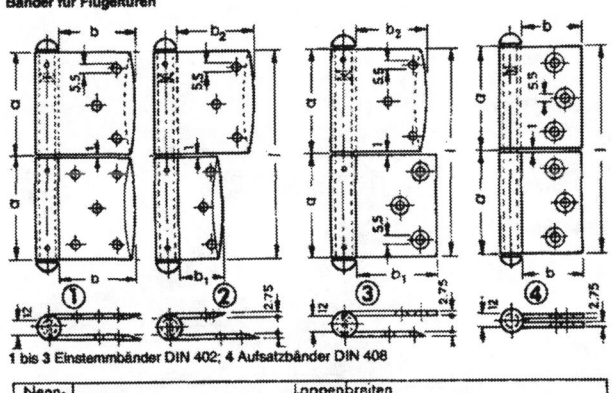

1 bis 3 Einstemmbänder DIN 402; 4 Aufsatzbänder DIN 408

Nenn-größe l	a		b		b₂		b₁	b₂		b
140	70	①	53	②	25	56	③	66	56	④	40
160	80		64		35	62		72	62		50

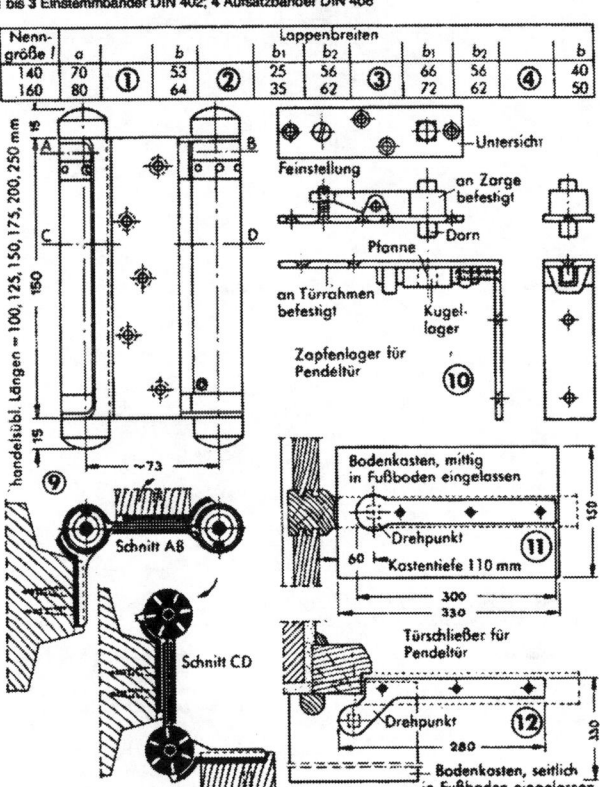

9 Bommerband, doppelt wirkend, für Pendeltüren, 10 bis 12 Zapfenlager und Bodenschließer für Pendeltüren (Kiefer & Co., München)

Laufwerke für Schiebe- und Falttüren

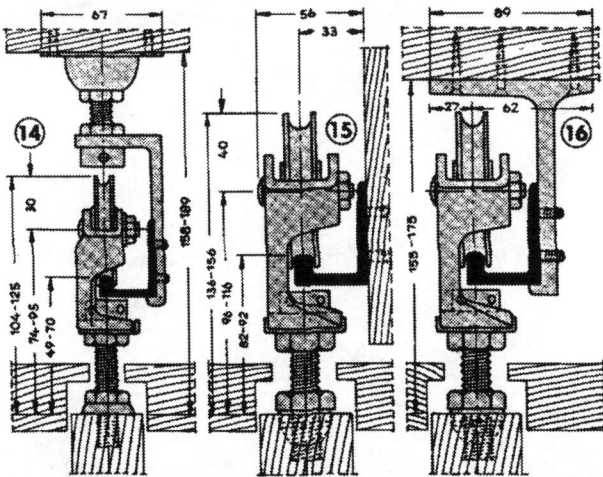

14 bis 16 Laufwerk Helios für Schiebetüren bis 100 kg (→ 14) bzw. 130 kg (→ 15, 16) Flügelgewicht (Fa. Gretsch-Unitas, Stuttgart-Feuerbach)

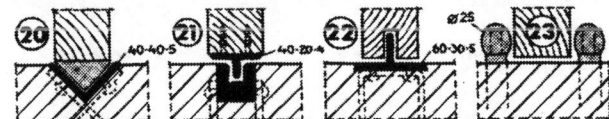

20 bis 23 Bodenführung von Schiebetüren mit Winkelstahl → 20; T-Stahl → 21, 22; seitlichen Führungsrollen → 23.

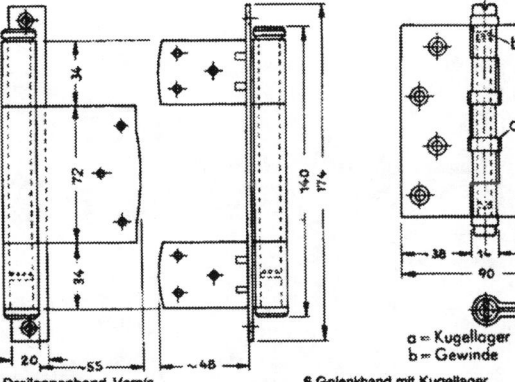

a = Kugellager
b = Gewinde

5 Dreilappenband Verpla (Kiefer & Co., München)

6 Gelenkband mit Kugellager (Gretsch-Unitas, Stuttgart-Feuerbach)

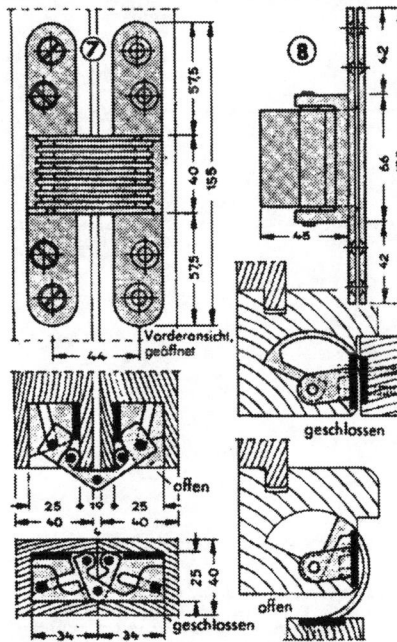

7 Verdecktes Türband für Harmonika- und Falttüren, 8 Falzband für Tapetentüren (Kiefer & Co., München)

Die Türflügel werden an den Türrahmen mit Bändern befestigt; übergefälzte Türen mit Einsteckband → 1 bis 3, stumpf-einschlagende Türen mit Aufsatzbändern → 4. Für höhere Ansprüche werden Dreilappenbänder → 5 oder Gelenkbänder → 6 verwendet. Für Harmonika-, Falt- und Tapetentüren werden verdeckt liegende Bänder bevorzugt → 7, 8. Untergeordnete Türen werden mit aufgelegten Langbändern und Winkelbändern angeschlagen. Für Pendeltüren verwendet man entweder doppelseitig wirkende Pendeltürbänder (Bommerbänder) → 9 oder ein oberes Zapfenband → 10 in Verbindung mit einem Bodentürschließer → 11, 12. Doppeltüren werden durch Kupplungen → 13 verbunden. Laufwerke für Schiebe- und Schiebefalttüren → 14 bis 23.

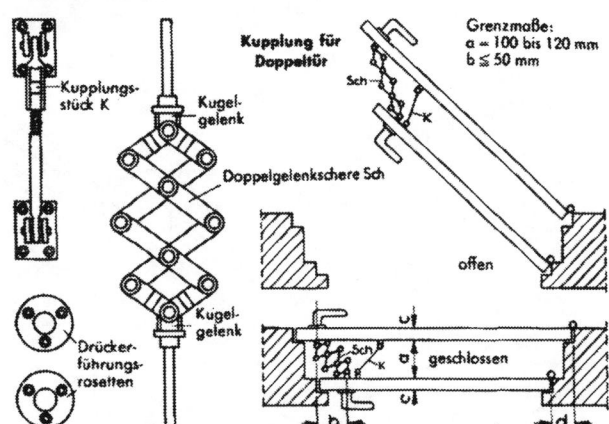

13 Wehag-Drückerkupplung für Doppeltüren aus Kupplungsstück und Doppelgelenkschere

Kupplung für Doppeltür

Grenzmaße:
a = 100 bis 120 mm
b ≦ 50 mm

Kupplungsstück K
Kugelgelenk
Doppelgelenkschere Sch
Kugelgelenk
Drückerführungsrosetten

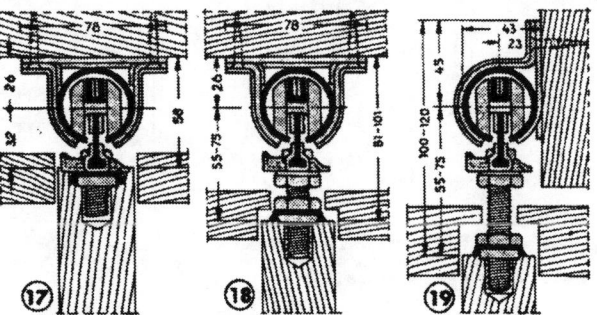

17 bis 19 Differential-Rollenlaufwerk Dial für Schiebetüren bis 75 kg Flügelgewicht (Gretsch-Unitas, Stuttgart-Feuerbach)

Türschlösser, Türdrücker

Türschlösser

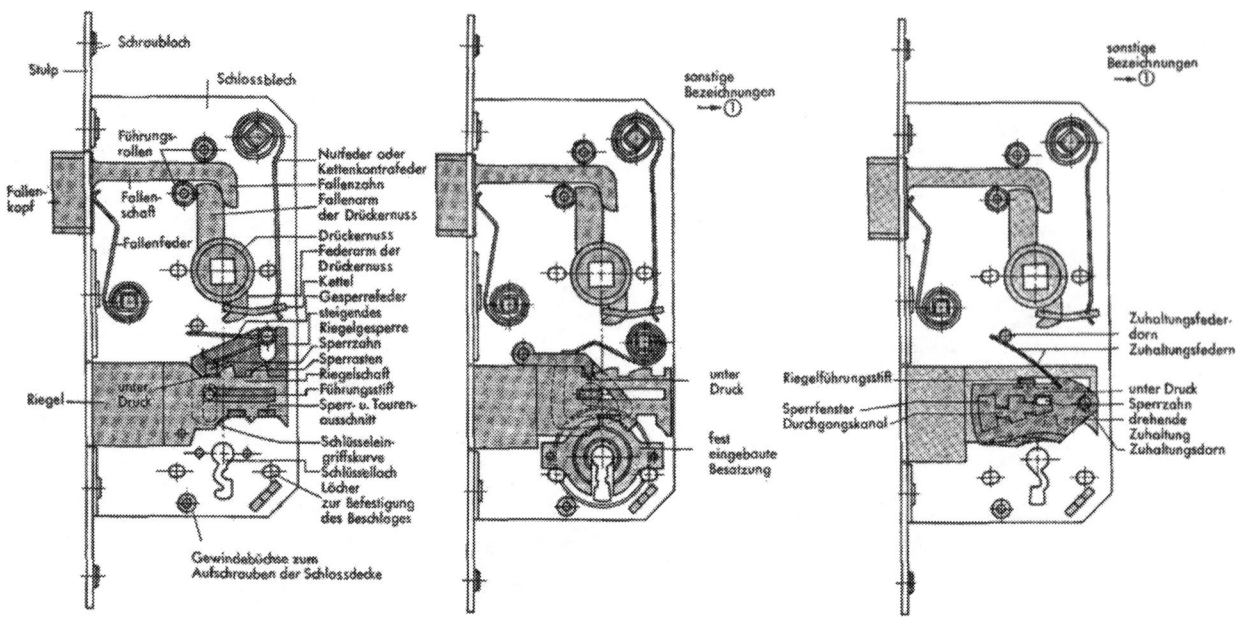

1 Einfaches Buntbartschloss (Maßstab 1 : 3), mit steigendem Riegelgesperre

2 Buntbartschloss mit fester Besatzung (Maßstab 1 : 3), mit drehendem Riegelgesperre

3 Zuhaltungsschloss (Maßstab 1 : 3) mit drehenden Zuhaltungen

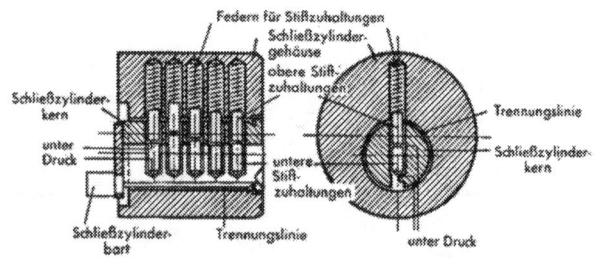

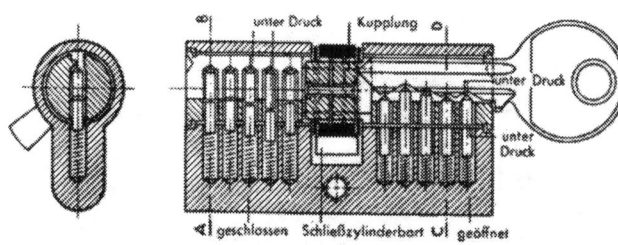

4 Anbau-Zylinderschloss (M 1 : 1,5). In geschlossenem Zustand verriegeln die oberen Stiftzuhaltungen Schließzylinderkern und Schließzylindergehäuse

5 Einbauzylinder, rechts geöffnet (M 1 : 1,5). Der Schlüssel hebt die Stiftzuhaltungen so weit, dass die Stifte den Schließzylinderkern freigeben

Man unterscheidet: 1. Schlösser mit Sicherungsarten niederer Ordnung (Buntbartschlösser, Zuhaltungsschlösser); 2. Schlösser mit Sicherungsarten höherer Ordnung (Zylinderschlösser). Buntbartschlösser werden mit steigendem → **1** oder drehendem → **2** Riegelgesperre ausgeführt, ihre Sicherheit kann durch die Anordnung von Reifen oder Besatzungen → **2** (Besatzungsschloss, Chubschloss) erhöht werden. Zuhaltungsschlösser werden mit steigenden oder drehenden → **3** Zuhaltungen versehen,

ihre Sicherheit kann durch Aufsperrsicherungen bedeutend erhöht werden. Zylinderschlösser werden mit Anbauzylinder → **4** oder Einbauzylinder → **5** ausgerüstet. Soll die Falle auch vom Schlüssel bewegt werden können, ist der Einbau eines Wechsels erforderlich. Nach DIN 18152 sind Zimmer- und Flurabschluss-Türschlösser (Achsmaß 72 mm), Haustürschlösser (Achsmaß 92 mm) und Aborttürschlösser (Achsmaß 78 mm) genormt.

Türdrücker

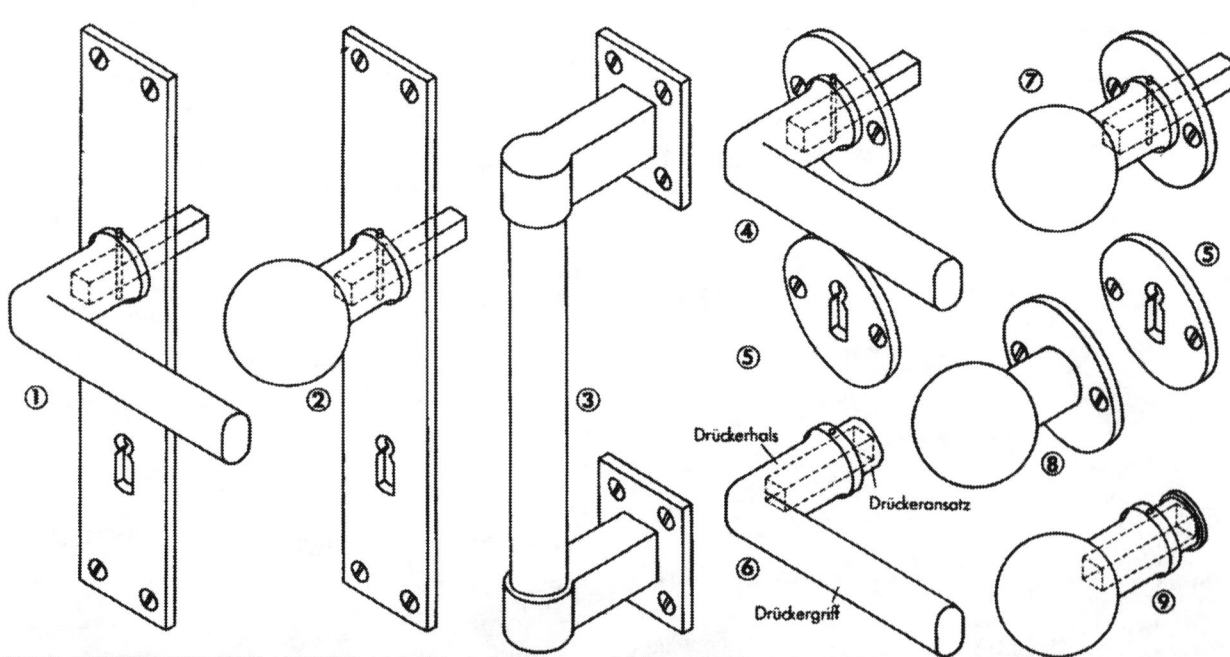

Drücker (→ DIN 18255) mit Langschild (→ DIN 18256) → **1**; feststehender Knopf mit Langschild → **2** (→ DIN 18257); Griffstange → **3**; Drücker mit Rosette → **4** (DIN 18258) und Schlüsselschild → **5** (DIN 18258);

Drücker → **6** feststehender Knock mit Rosette → **7** (→ DIN 18258); aufgesetzter feststehender Knopf → **8**; drehbarer Knopf → **9**

Schiebetüren, Schiebefalttüren aus Holz

Schiebe- und Schiebefalttüren aus Holz, Ausführungsbeispiele

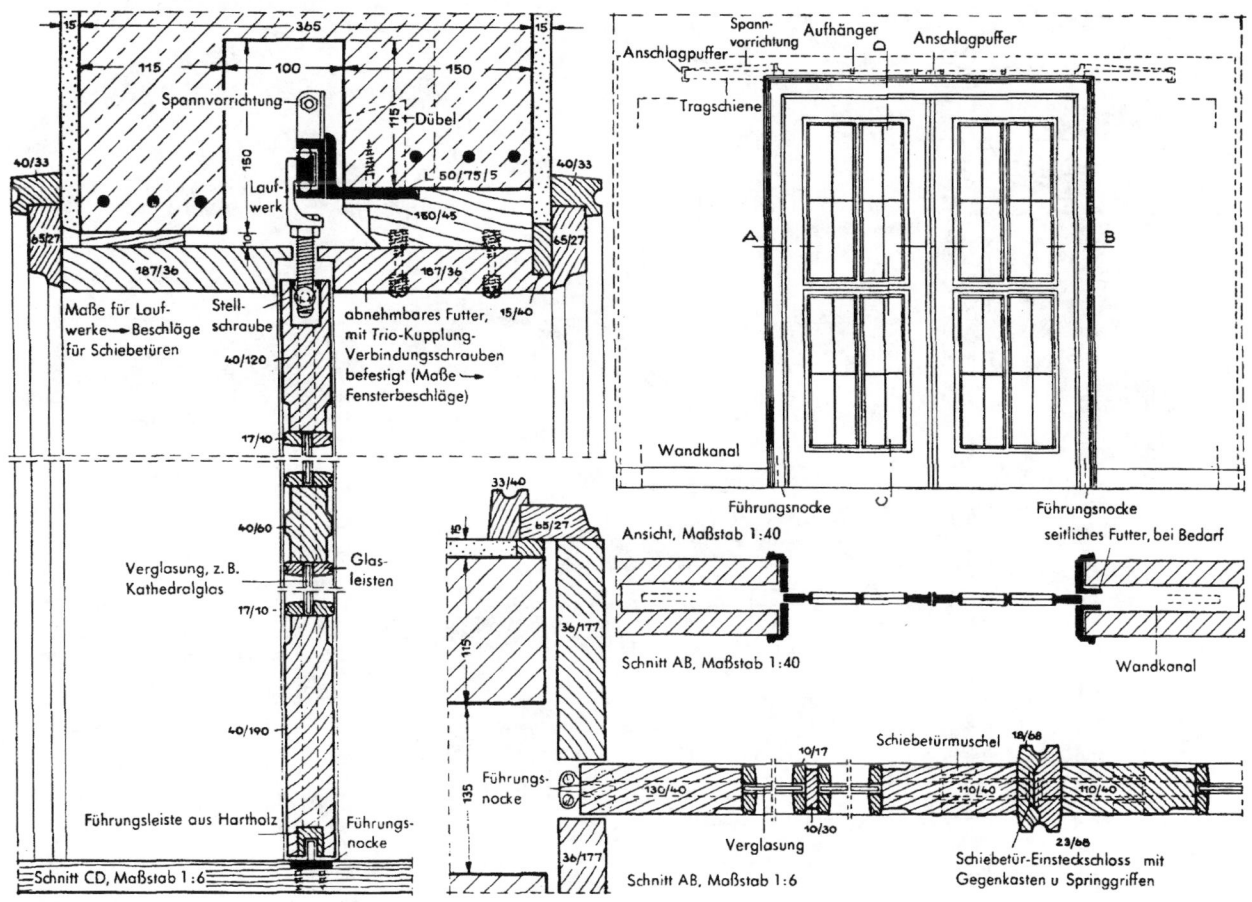

1 Zweiflügelige Schiebetür mit abnehmbarem Futter, in Wandkanal einzuschieben, obere Aufhängung

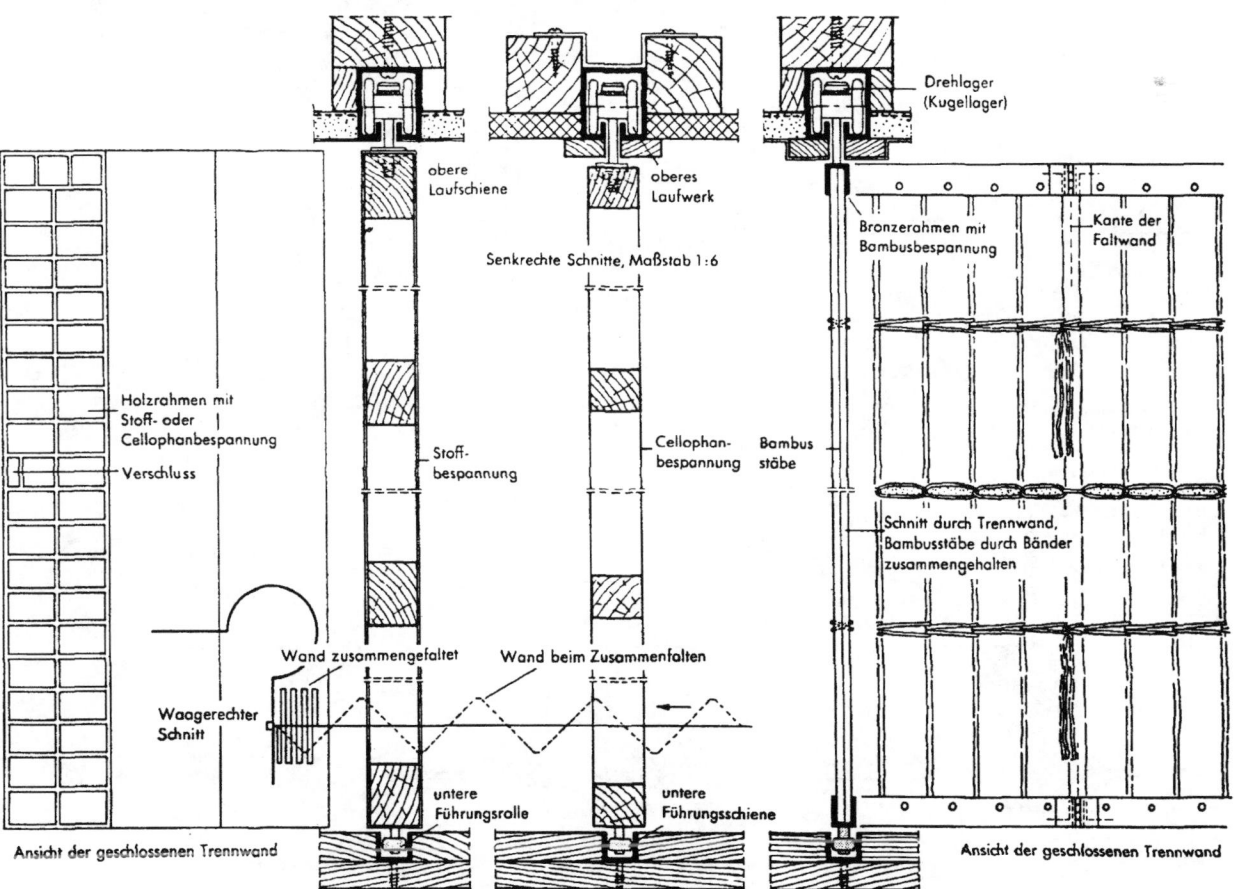

2 Schiebe-Falttrennwand, leichte Konstruktion; mit Transparentpapier, Stoff, Bambusgeflecht usw. bekleidet (typische *japanische Konstruktionen* nach Lit. 43).

Drehtüren

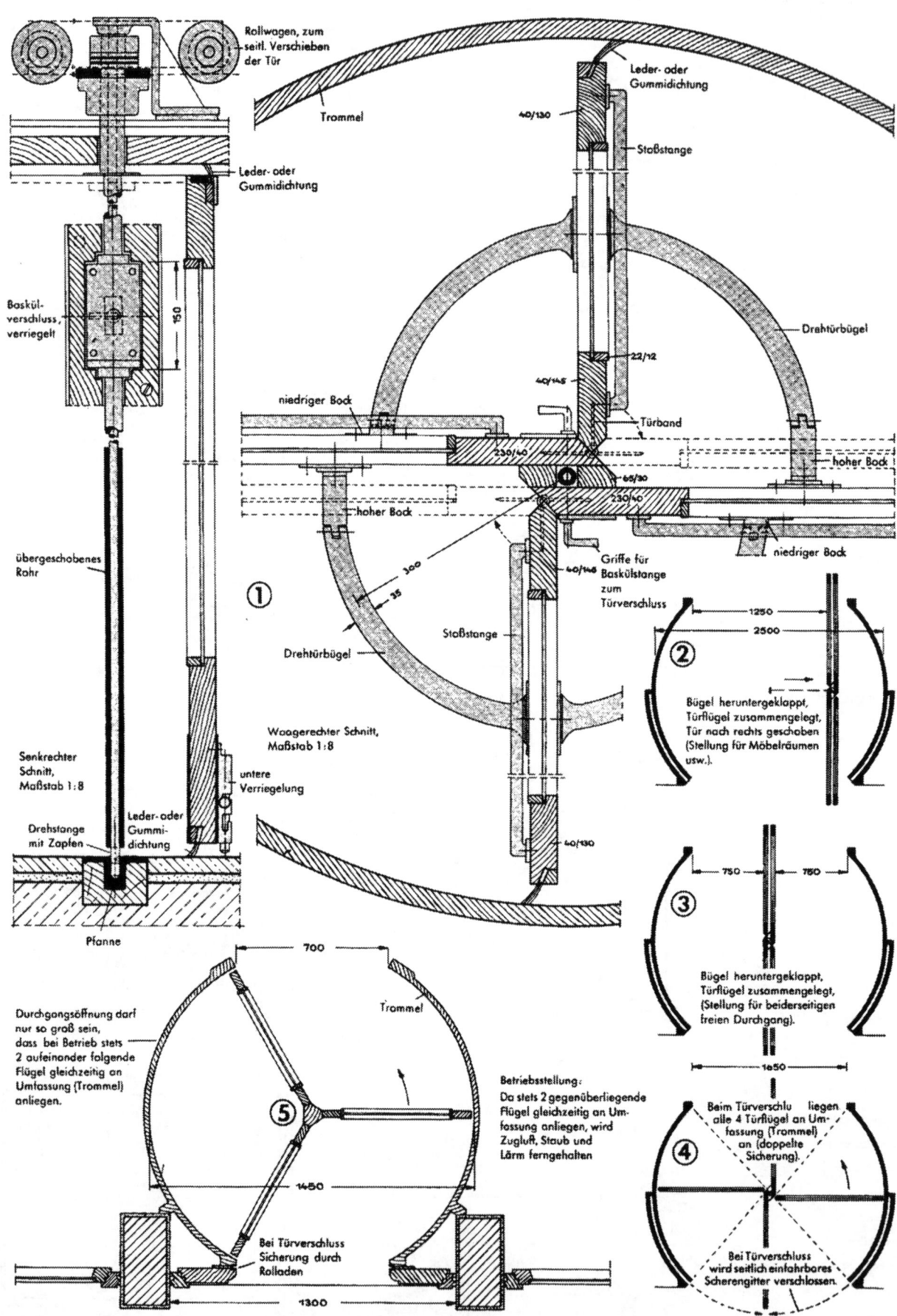

① 4-flügelige Drehtür, gestemmte Rahmen mit Glasfüllung (nach Lit. 47). ② bis ④ Die verschiedenen Stellungen der 4-flügeligen Drehtür. ⑤ 3-flügelige Drehtür, Einbauschema.

Ganzglastüren

Ganzglas-Schiebetüren, Ausführungsbeispiele

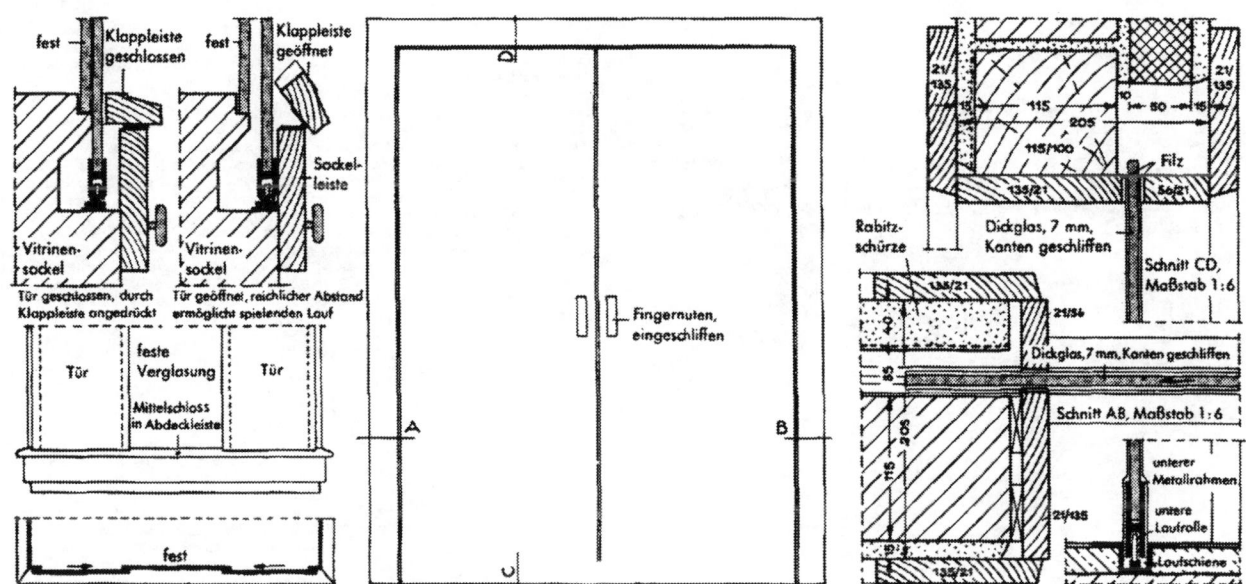

fest

Klappleiste geschlossen

fest

Klappleiste geöffnet

Sockelleiste

Vitrinensockel

Vitrinensockel

Tür geschlossen, durch Klappleiste angedrückt

Tür geöffnet, reichlicher Abstand ermöglicht spielenden Lauf

Tür

feste Verglasung

Tür

Mittelschloss in Abdeckleiste

fest

Fingernuten, eingeschliffen

Rabitzschürze

Filz

Dickglas, 7 mm, Kanten geschliffen

Schnitt CD, Maßstab 1:6

Dickglas, 7 mm, Kanten geschliffen

Schnitt AB, Maßstab 1:6

unterer Metallrahmen

untere Laufrolle

Laufschiene

1 3-wegige Schiebetür, in Metallrahmen, mit unterem Laufwerk (nach Lit. 44)

2 Ganzglas-Schiebetür auf Rollenlager, mit Holzverkleidung (nach Lit. 45)

Ganzglas-Drehtüren, Ausführungsbeispiele

Drehzapfen ∅ 14

Zapfenband

Drehzapfen, an Eckbeschlag angeschweißt

Ⓐ

Verriegelung

Filzeinlage, 2 mm

Sicherheitsglas, 10 mm

Ⓑ

Riegelzapfen

Wandanker

Ⓐ

Ⓑ

Flachstahlanker

Stahlzarge

Einzelheiten, Maßstab 1:6

Zapfenband

Metallteile aus verchromtem Stahl oder Bronze

Ⓒ

Ⓓ

Riegelzapfen

Stoßschiene

Pfanne

Drehzapfen ∅ 14

Stahlkugel ∅ 15

Verriegelung

Kastenschloss

Ⓒ

Ⓓ

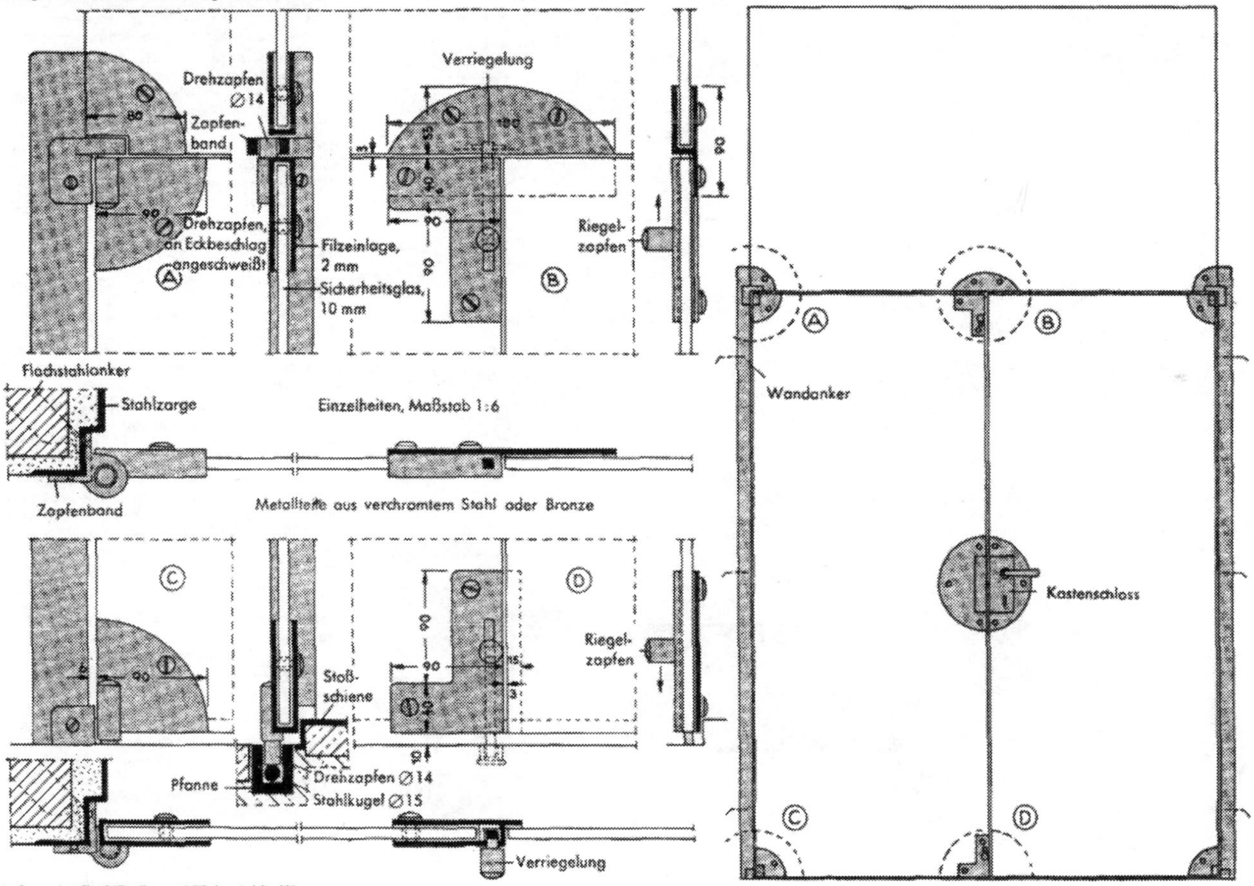

1 Ganzglas-Drehtür, Bauart VIS (nach Lit. 45)

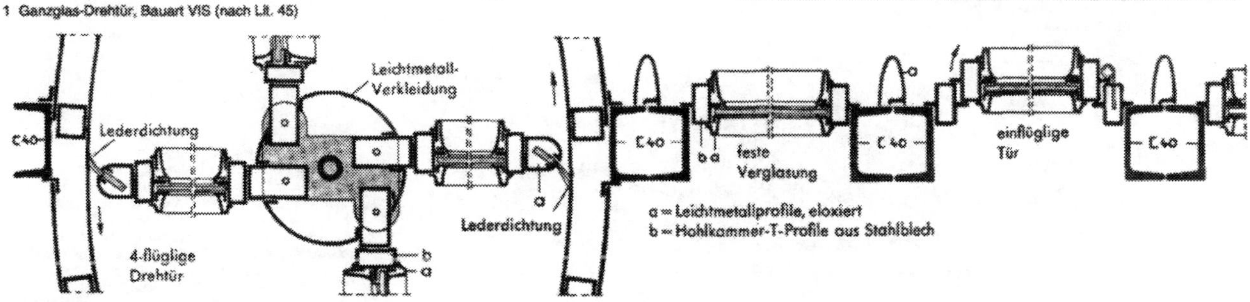

Leichtmetall-Verkleidung

Lederdichtung

C 40

Lederdichtung

4-flüglige Drehtür

E 40

b a

feste Verglasung

C 40

einflüglige Tür

E 40

a = Leichtmetallprofile, eloxiert

b = Hohlkammer-T-Profile aus Stahlblech

1 Glaswand mit Drehtür (nach Lit. 46)

Stahltüren

Stahltüren und -tore, Ausführungsarten

Einwandige Konstruktionen

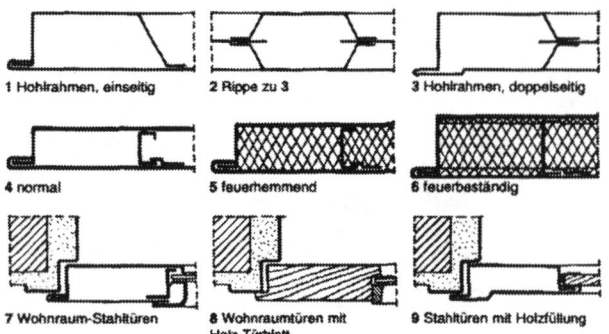

1 Hohlrahmen, einseitig   2 Rippe zu 3   3 Hohlrahmen, doppelseitig

4 normal   5 feuerhemmend   6 feuerbeständig

7 Wohnraum-Stahltüren   8 Wohnraumtüren mit Holz-Türblatt   9 Stahltüren mit Holzfüllung

Allgemeines

Stahltüren und Stahltore sind verhältnismäßig widerstandsfähig gegen mechanische Beanspruchungen und unempfindlich gegen Witterungseinflüsse (wechselnde Temperaturen und Luftfeuchtigkeit). Sie sind maßhaltig, reißen und verziehen nicht und schließen dicht und – nahezu geräuschlos.

Bauarten

Stahltüren und Stahltore werden in folgenden Bauarten hergestellt. Drehflügeltüren und -tore, ein- und zweiflügelig, seitlich angeschlagen – Pendeltüren, seitlich angeschlagen, durch die Leibung pendelnd – Schiebetüren und -tore, oben hängend, unten geführt oder oben geführt, unten laufend, seitlich verschiebbar – Schiebefalttore, mehrflügelig, mit Entlastungsrolle, seitlich angeschlagen, je nach Flügelzahl nach links und rechts faltend – Falttore, mehrflügelig, ohne Entlastungsrollen, seitlich angeschlagen (weniger gebräuchliche Ausführung) – Rundlauftore, oben hängend, unten geführt oder oben geführt, unten laufend, nach einer oder zwei Seiten durch entsprechende Kurven schiebend – Schwingtore, seitlich gelagert, nach oben schwingend – Hubtore, nach oben schiebend – Deckentore, mehrteilig, unter die Decke schiebend.

Stahltüren und -tore, Einzelheiten

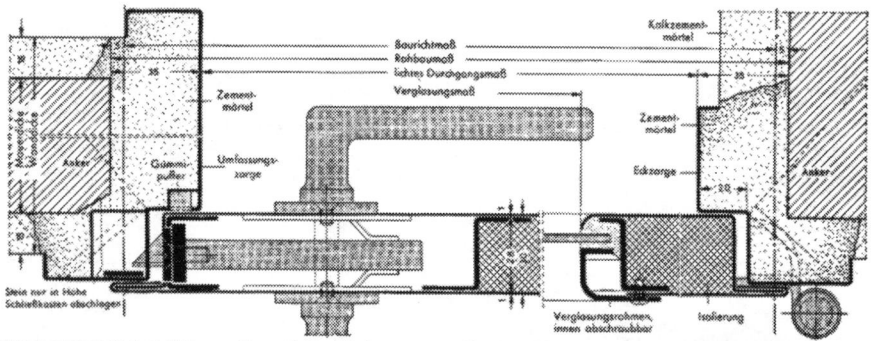

10 Horizontalschnitt durch Wohnraumtür aus Stahl mit Umfassungszarge (links) und Eckzarge (rechts)

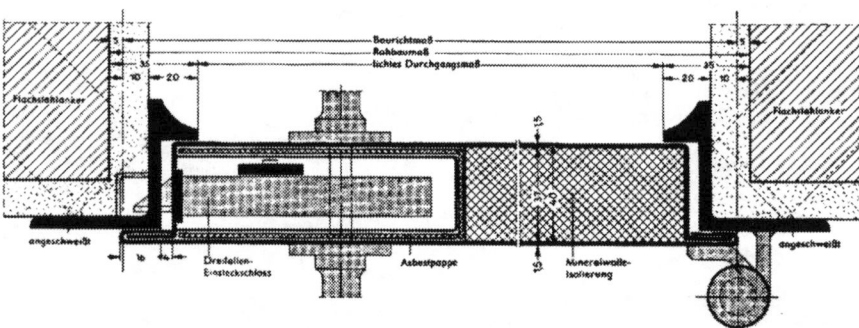

11 Schnitt durch feuerhemmende Stahltür entsprechend DIN 18082

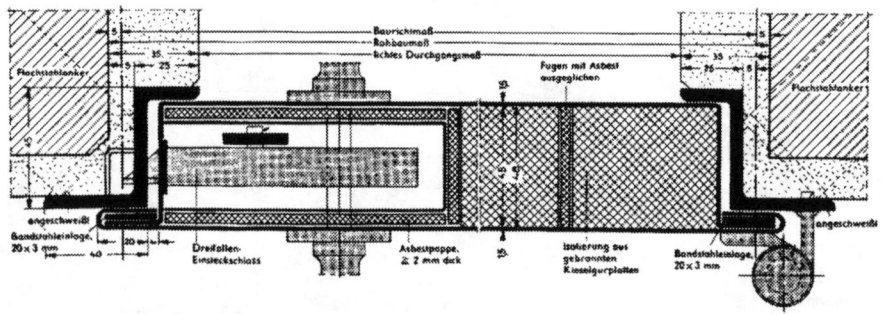

12 Schnitt durch feuerbeständige Stahltür entsprechend DIN 18081

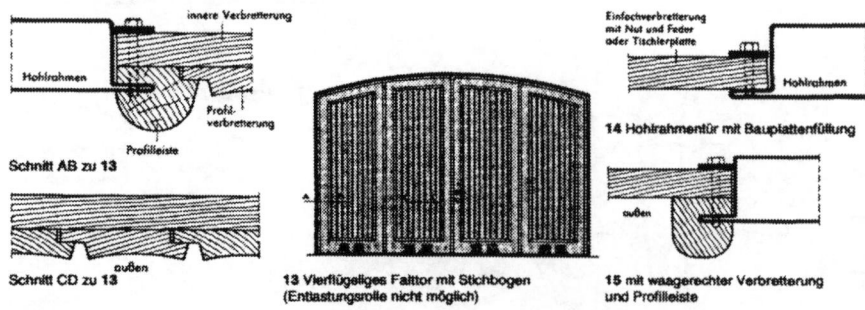

Schnitt AB zu 13

Schnitt CD zu 13

13, 14, 15 Schnitte durch Tore mit Stahlrahmen und Holzfüllung

13 Vierflügeliges Falttor mit Stichbogen (Entlastungsrolle nicht möglich)

14 Hohlrahmentür mit Bauplattenfüllung

15 mit waagerechter Verbretterung und Profilleiste

Begriffe

Stahltüren und Stahltore werden aus gewalzten oder gepressten Stahlprofilen und Bekleidungen aus Stahlblechen, Brettern, Faserzementtafeln o. ä. hergestellt. Einwandige Stahltüren und -tore mit einseitigem Hohlrahmen bestehen aus einem ringsumlaufenden, einseitigen Hohlrahmen aus gepressten, abgekanteten oder gezogenen Stahlblechen, mit einem einseitig glatten Stahlblech, das mit dem Hohlrahmen gefalzt und punktgeschweißt wird.

Einwandige Stahltüren und -tore mit doppelseitigem Hohlrahmen bestehen aus einem ringsumlaufenden, doppelseitigen Hohlrahmen aus gepressten, abgekanteten oder gezogenen Stahlblechen mit Füllungen, die in den Hohlrahmen eingeschoben und mit diesem punktgeschweißt werden.

Doppelwandige Stahltüren und -tore bestehen aus einem innen und außen allseits glatten Stahlblech, im Press- oder Falzverfahren hergestellt, mit zwischenliegenden Z- oder U-förmigen Verstärkungen, mit und ohne Isolierung.

Stahltüren und -tore bestehen aus nahtlos gezogenen oder geschweißten Rohrprofilen, mit oder ohne Blechverkleidung bzw. Drahtgeflecht.

Wohnraum-Stahltüren sind doppelwandige Stahltüren → 10.

Werkstoffe, Bauteile

Bekleidungsbleche müssen DIN 1623 entsprechen.

Stahlzargen für Stahltüren und -tore sind nicht genormt, sie müssen aber sinngemäß DIN 18111 entsprechen. Die Falzbreite ist normal 20 mm, das lichte Durchgangsmaß demnach um 10 mm kleiner als bei den Stahlzargen DIN 18111.

Beschläge und Schlösser für Stahltüren sind nicht genormt. Für ihre Güteeigenschaften gilt aber DIN 18250 und DIN 18255, 18256, 18257, 18258 sinngemäß.

Werkstoffe für Verglasungen: Fensterglas muss DIN 1249 entsprechen. Wenn keine besondere Glasdicke vorgeschrieben wird, werden die Stiftlöcher für Industrie-Profile für 3 mm Glasdicke vorgesehen. Für Wohnhaus-Sonderprofile werden Clipse eingebaut, die nach der Verkittung hochgebogen werden.

Ausführung

Maße: Für Wohnungstüren sind in der Regel Größen entsprechend DIN 18100 zu wählen, für feuerhemmende und feuerbeständige Stahltüren gilt DIN 18081/82.

Stahlverbindungen, Festigkeit:
Die Bleche bzw. Profile sind ausreichend in geeigneter Weise fest miteinander zu verbinden (Niete, Schrauben, Schweißung, Falzung).
Die Rahmen-, Profil- und Blechstärken sind je nach der Tür- und Flügelgröße ausreichend dick zu wählen, so dass die Flächenstabilität gewährleistet ist. Als Winddruck sind die Lastannahmen im Hochbau (Windlast) nach DIN 1055, Blatt 4 der Berechnung zu Grunde zu legen.

Rostschutz, Korrosionsschutz:
Die Türen und Tore erhalten vor ihrem Versand einen geeigneten Rost- bzw. Korrosionsschutz, der ohne einen weiteren Deckanstrich zu erhalten, das Material einwandfrei bis zu 3 Monaten gegen Rostansatz oder Korrosion schützt.

Feuerbeständige Stahltüren müssen DIN 18081 → 12; feuerhemmende Stahltüren DIN 18082 → 11.

Als normaler Beschlag gilt:
Flügeltüren erhalten ein Buntbart-Einsteckschloss mit 2 Schlüsseln, Drücker, Rosetten und Schlüsselschildern am Gehflügel und Treib-, Baskül-, Schub- oder Kantenriegel an der Innenseite der anderen Flügel.
Schiebetüren erhalten Laufrollen, Hand- und Muschelgriffe, ein Zirbelriegel- oder Hakenriegelschloss (Buntbartschloss mit 2 Schlüsseln), Lauf- und Führungsschienen oder Führungsstücke.
Decken-, Hub- und Schwingtore erhalten Seilführungen mit Gegengewichten oder Federn, Handgriffe, ein Buntbartschloss mit 2 Schlüsseln, Verriegelungen.

Putzsysteme

Richtlinien für die Ausführung von Putz und Stuck nach DIN 18350, DIN 18550 und DIN 18558

Putze

Putze aus Mörtel mit mineralischen Bindemitteln mit oder ohne Zusätze sind nach DIN 18550 Teil 2 "Putz; Putze aus Mörteln mit mineralischen Bindemitteln; Ausführung" herzustellen.

Kunstharzputze sind nach DIN 18558 "Kunstharzputze; Begriffe, Anforderungen, Ausführung" herzustellen.

Putzmörtelgruppen

Mörtelgruppe	Art der Bindemittel
P I	Luftkalke, Wasserkalke, Hydraulische Kalke
P II	Hochhydraulische Kalke, Putz- und Mauerbinder, Kalk-Zement-Gemische
P III	Zemente
P IV	Baugipse ohne und mit Anteilen an Baukalk
P V	Anhydritbinder ohne und mit Anteilen an Baukalk

Außenputz

Außenputz ist auf Außenflächen aufgebrachter Putz. Es werden unterschieden:
a) Außenwandputz auf über dem Sockel liegenden Flächen,
b) Kellerwand-Außenputz im Bereich der Erdanschüttung,
c) Außensockelputz im Bereich oberhalb der Anschüttung oder ähnlich,
d) Außendeckenputz auf Deckenuntersichten, die der Witterung ausgesetzt sind.

Innenputz

Innenputz ist auf Innenflächen aufgebrachter Putz. Es werden unterschieden:
a) Innenwandputz für Räume üblicher Luftfeuchte einschließlich der häuslichen Küchen und Bäder,
b) Innenwandputz für Feuchträume,
c) Innendeckenputz für Räume üblicher Luftfeuchte einschließlich der häuslichen Küchen und Bäder,
d) Innendeckenputz für Feuchträume.

Putze für Sonderzwecke

Wärmedämmputz
Unter Verwendung von Zuschlägen niedriger Rohdichte lassen sich Mörtel mit erhöhter Wärmedämmung herstellen. Wärmedämmputze sind solche, die einen Rechenwert der Wärmeleitfähigkeit ≤ 0,2 W/(m · K) aufweisen. Diese Anforderung gilt als erfüllt, wenn die Trockenrohdichte des erhärteten Mörtels ≤ 600 kg/m³ beträgt.
Wärmedämmputze sind aus Werkmörteln herzustellen.
Anmerkung: Wärmedämmputze bedürfen im Regelfall in Verbindung mit dem Oberputz eines bauaufsichtlichen Brauchbarkeitsnachweises.

Putz als Brandschutzbekleidung

Anforderungen an den Putz als Brandschutzbekleidung sind in DIN 4102 Teil 4 festgelegt.

Putz mit erhöhter Strahlenabsorption

Die Anforderungen insbesondere an Zusammensetzung und Putzdicke sind unter Beachtung der einschlägigen Richtlinien für den Strahlenschutz im Einzelfall festzulegen.

Putzweisen

Die Putzweise kennzeichnet den Putz nach der Ausführung, insbesondere der Oberflächenbearbeitung, z.B. geriebener Putz, gefilzter Putz, geglätteter Putz, Kellenputz, Kratzputz, Spritzputz, Rollputz.

Putzdicke

Die mittlere Dicke von Putzen, die allgemeinen Anforderungen genügen, muss außen 20 mm (zulässige Mindestdicke 15 mm) und innen 15 mm betragen (zulässige Mindestdicke 10 mm), bei einlagigen Innenputzen aus Werk-Trockenmörtel sind 10 mm ausreichend (zulässige Mindestdicke 5 mm). Einlagige wasserabweisende Putze aus Werkmörtel sollen an Außenflächen eine mittlere Dicke von 15 mm (erforderliche Mindestdicke 10 mm) haben. Bei Putzen mit erhöhter Wärmedämmung und erhöhter Strahlungsabsorption richtet sich die Dicke nach dem angestrebten physikalischen Effekt. Die Mindestdicke von Wärmedämmputzen muss 20 mm betragen.

Allgemeine Anforderungen an Innen- und Außenputz

Die Wasserdampfdurchlässigkeit der Putze (Innen- und Außenputz) muss auf den Wandaufbau abgestimmt sein, so dass keine unzulässige Feuchtigkeitserhöhung in der Wand durch innere Kondensation auftritt (siehe DIN 4108 Teil 3).

Bei Außenputzen darf die diffusionsäquivalente Luftschichtdicke s_d bei keiner Putzlage den Wert von 2,0 m überschreiten. Von Putzen, die in ihrer Zusammensetzung den in der Tabelle genannten Mörtelgruppen entsprechen, und von Kunstharzputzen nach DIN 18558 wird diese Anforderung erfüllt.

An Putze werden nach bauaufsichtlichen Vorschriften Anforderungen hinsichtlich des Brandverhaltens gestellt. Für die Beurteilung gilt DIN 4102 Teil 1.

Stuck

Gezogener und vorgefertigter Stuck

Gezogene Profile mit einer Stuckdicke von mehr als 5 cm sind auf einer Drahtputzunterkonstruktion auszuführen.
Vorgefertigte Stuckteile sind mit Kleber und/oder mit Schrauben auf Dübeln oder mit verzinkten Drähten zu befestigen. Geformte Stuckteile für Außenflächen sind in Kalkzementmörtel auszuführen.

Angetragener Stuckmarmor

Der trockene und sorgfältig gereinigte Untergrund ist anzunetzen und mit einem nicht zu dünnen, mit Leimwasser vermengten Spritzbewurf aus Gipsmörtel zu versehen. Der Untergrund (Marmorgrund) ist mit rauer Oberfläche 2 bis 3 cm dick aus dafür geeignetem Stuckgips unter Zusatz von Leimwasser (Abbindezeit 2 bis 3 Stunden) oder aus anderem, langsam bindendem Hartgips und reinem scharfem Sand herzustellen und nötigenfalls durch Abkämmen aufzurauhen. Der vollständig ausgetrocknete Marmorgrund ist mit Wasser anzunetzen. Der Stuckmarmor ist nach den Vorschriften der Hersteller der Stoffe aus feinstem Alabastergips oder Marmorgips unter Beimischung geeigneter licht- und kalkechter Farbpigmente herzustellen, aufzutragen, mehrmals im Wechsel zu spachteln und zu schleifen, bis die verlangte matte oder polierte geschlossene Oberfläche erzielt ist. Die Oberfläche ist nach dem völligen Austrocknen zu wachsen und muss in Struktur und Farbe dem nachzuahmenden Marmor entsprechen.

Geformter Stuckmarmor

Formstücke und Profile aus Stuckmarmor sind nach dem Freilegen aus der Negativform in ihren Verzierungen passend zu beschneiden, im Wechsel mehrmals zu spachteln und zu schleifen und in der vorgeschriebenen Form und Oberfläche, matt oder poliert, herzustellen. Notwendige Metalleinlagen müssen korrosionsgeschützt sein.
Formstücke und Profile sind mit Kleber und/oder mit korrosionsgeschützten Schrauben am Mauerwerk auf Dübeln oder mit Steinschrauben zu befestigen.
Die Oberfläche ist, soweit erforderlich, nachzuschleifen und nach völligem Austrocknen zu wachsen.

Stukkolustro

Auf vorbereitetem Untergrund ist ein 2 bis 3 cm dicker, rauer Unterputz aus lange gelagertem, fettem Sumpfkalk und grobkörnigem, reinem Sand aufzutragen. Bei gleichmäßig saugendem Untergrund darf dem Mörtel bis zu einem Anteil von 20 % des Bindemittels Gips beigemengt werden. Zement darf nicht verarbeitet werden.
Bei ungleichmäßig saugendem Untergrund, z.B. Ziegelmauerwerk, ist reiner Kalkmörtel zu verwenden. Auf den vollständig trockenen Unterputz ist eine etwa 1 cm dicke Lage aus etwas feinerem Kalkmörtel aufzutragen und vollkommen glattzureiben.
Als dritte Lage ist eine Feinputzschicht aus feingesiebtem Kalk, Marmormehl und Farbstoff des vorgesehenen Grundtones aufzutragen und vollkommen glattzureiben.
Sie ist mit einem noch feineren Marmormörtel zu überreiben, durch Glätten ist ein vollkommen geschlossener, glatter Malgrund herzustellen. Abschließend ist die Stukkolustro-Farbe aufzutragen und mit gewärmtem Stahl zu bügeln und zu wachsen.

Putz; Wärmedämmputzsysteme aus Mörteln mit mineralischen Bindemitteln und expandiertem Polystyrol (EPS) als Zuschlag nach DIN 18550, Teil 3

Erläuterungen

Wärmedämmputze sind nach DIN 18550 Teil 1 Putze mit einem Rechenwert der Wärmeleitfähigkeit ≤ 0,2 W/ (m · K). Diese Anforderung gilt als erfüllt, wenn die Trockenrohdichte des erhärteten Mörtels ≤ 600 kg/m³ ist. So geringe Rohdichten sind nur durch die Verwendung von Zuschlägen niedriger Rohdichte zu erreichen.

Wärmedämmputze mit expandiertem Polystyrol als Zuschlag, die zum Schutz gegen Witterungseinflüsse und mechanische Einwirkungen eines Oberputzes aus mineralischen Bindemitteln und mineralischem Zuschlag bedürfen, werden seit etwa 25 Jahren hergestellt. Sie wurden entwickelt zur Verwendung auf Mauerwerk aus Leichtmauersteinen und zur Verbesserung der Wärmedämmung von Außenwänden bestehender Gebäude.

Seit dem Aufkommen der Wärmedämmputze wurden diese, um eine bessere Wärmedämmung zu erzielen laufend weiterentwickelt. So konnte die Rohdichte von etwa 550 kg/m³ auf etwa 200 kg/m³ bis 300 kg/m³ verringert werden, anstelle von Dicken von etwa 20 mm können nunmehr Dicken bis 100 mm erreicht werden. Das Aufbringen größerer Dicken ermöglicht auch die Anwendung zur Steigerung des Wärmeschutzes von Außenwänden neu errichteter Gebäude.

Wärmedämmputzsysteme aus Mörtel mit mineralischen Bindemitteln und anderen Leichtzuschlägen als expandiertem Polystyrol bedürfen eines bauaufsichtlichen Brauchbarkeitsnachweises.

Anwendungsbereich

Diese Norm gilt für außenliegende Wärmedämmputzsysteme aus Mörteln mit mineralischen Bindemitteln und mit expandiertem Polystyrol (EPS) als überwiegendem Zuschlag im Unterputz auf massiven Wänden und unter Decken aus mineralischen Baustoffen, das heißt insbesondere Mauerwerk nach DIN 1053 Teil 1, Teil 2 und Teil 4 sowie Beton und Stahlbeton nach DIN 1045 und Leichtbeton mit haufwerksporigem Gefüge nach DIN 4232.

Ein Wärmedämmputzsystem im Sinne dieser Norm ist ein Putzsystem aus aufeinander abgestimmtem, wärmedämmenden Unterputz und wasserabweisendem Oberputz, die aus Werk-Trockenmörtel nach DIN 18557 herzustellen sind. Der Oberputz kann einschichtig, z.B. als Kratzputz oder zweischichtig, z.B. mit Ausgleichsschicht und Strukturschicht hergestellt werden.

Anwendung und Ausführung

Soweit in diesem Abschnitt nichts anderes bestimmt ist, gelten für die Anwendung und Ausführung des Wärmedämmputzsystems DIN 18550 Teil 1 und Teil 2 sinngemäß.

Der Unterputz muss mindestens 20 mm und darf in der Regel höchstens 100 mm dick sein.

Die mittlere Dicke des ein- oder mehrschichtigen Oberputzes muss 10 mm (Dicke mindestens 8 mm, höchstens 15 mm) betragen. Bei mehrschichtigem Oberputz muss die Ausgleichsschicht mindestens 6 mm dick sein.

Die Zeitspanne zwischen Fertigstellung des Unterputzes und Aufbringen des Oberputzes muss mindestens 7 Tage betragen, bei größeren Dicken des Unterputzes jedoch mindestens 1 Tag je 10 mm Dicke.

In bestimmten Fällen, z.B. bei nicht tragfähigen, bei nicht oder mangelhaft saugenden Altputzen oder bei solchen Putzen, die mit Anstrichen versehen sind, haben sich für Wärmedämmputzsysteme wellenförmige oder ebene Putzträger aus geschweißtem Drahtnetz mit jeweils besonderen Befestigungselementen bewährt.

Anforderungen

Mörtel für den Unterputz

Der Werk-Trockenmörtel muss aus mineralischen Bindemitteln hergestellt werden und mindestens 75 % Volumenanteil expandiertes Polystyrol (EPS) als Zuschlag enthalten.

Die Schüttdichte des Werk-Trockenmörtels darf höchstens 0,30 kg/dm³ betragen.

Die Rohdichte des Festmörtels (lufttrocken) muss mindestens 0,20 kg/dm³ betragen.

Die Druckfestigkeit des Festmörtels muss mindestens 0,40 N/mm² betragen.

Die Wärmeleitfähigkeit $\lambda_{10,tr}$ des Festmörtels darf die Werte der Tabelle 1 für die jeweilige Wärmeleitfähigkeitsgruppe nicht überschreiten.

Tabelle 1. **Wärmeleitfähigkeitsgruppen**

Gruppe	Anforderungen an die Wärmeleitfähigkeit $\lambda_{10,tr}$ W/(m · K) max.
060	0,057
070	0,066
080	0,075
090	0,085
100	0,094

Der Unterputz muss **wasserhemmend** sein. Dies gilt als erfüllt, wenn der Wasseraufnahmekoeffizient w des Festmörtels

$$w \leq 2,0 \text{ kg/(m}^2 \cdot \text{h}^{0,5}) \text{ beträgt.}$$

Mörtel für den Oberputz

Der Werk-Trockenmörtel muss aus mineralischen Bindemitteln und mineralischem Zuschlag bestehen.

Die Druckfestigkeit des Festmörtels muss mindestens 0,80 N/mm² betragen und darf 3,0 N/mm² nicht überschreiten.

Der Oberputz muss **wasserabweisend** sein. Dies gilt als erfüllt, wenn der Wasseraufnahmekoeffizient w des Festmörtels

$$w \leq 0,5 \text{ kg/(m}^2 \cdot \text{h}^{0,5})$$

beträgt.

Putzsystem

Es muss ein ausreichender **Haftverbund** zwischen den einzelnen Lagen des Putzsystems sowie zwischen Unterputz und Putzgrund sichergestellt sein.

Wärmedämmputzsysteme nach dieser Norm sind **schwerentflammbar** (Baustoffklasse B 1 nach DIN 4102 Teil 1).

Putzsysteme

Tabelle 3. Putzsysteme für Außenwandputze nach DIN 18550, Teil 1

Zeile	Anforderung bzw. Putzanwendung	Mörtelgruppe bzw. Beschichtungsstoff-Typ für Unterputz	Oberputz [1]	Zusatzmittel [2]
1	ohne besondere Anforderung	–	P I	
2		P I	P I	
3		–	P II	
4		P II	P I	
5		P II	P II	
6		P II	P Org 1	
7		–	P Org 1 [3]	
8		–	P III	
9	wasserhemmend	P I	P I	erforderlich
10		–	P I c	erforderlich
11		–	P II	
12		P II	P I	
13		P II	P II	
14		P II	P Org 1	
15		–	P Org 1 [3]	
16		–	P III [3]	
17	wasser-abweisend [5]	P I c	P I	erforderlich
18		P II	P I	erforderlich
19		–	P I c [4]	erforderlich [2]
20		–	P II [4]	
21		P II	P II	erforderlich
22		P II	P Org 1	
23		–	P Org 1 [3]	
24		–	P III [3]	
25	erhöhte Festigkeit	–	P II	
26		P II	P II	
27		P II	P Org 1	
28		–	P Org 1 [3]	
29		–	P III	
30	Kellerwand-außenputz	–	P III	
31	Außensockelputz	–	P III	
32		P III	P III	
33		P III	P Org 1	
34		–	P Org 1 [3]	

[1] Oberputze können mit abschließender Oberflächengestaltung oder ohne diese ausgeführt werden (z.B. bei zu beschichtenden Flächen).
[2] Eignungsnachweis erforderlich (siehe DIN 18550 Teil 2, Abschnitt 3.4).
[3] Nur bei Beton mit geschlossenem Gefüge als Putzgrund.
[4] Nur mit Eignungsnachweis am Putzsystem zulässig.
[5] Oberputze mit geriebener Struktur können besondere Maßnahmen erforderlich machen.

Tabelle 4. Putzsysteme für Außendeckenputze nach DIN 18550, Teil 1

Zeile	Mörtelgruppe bzw. Beschichtungsstoff-Typ bei Decken ohne bzw. mit Putzträger Einbettung des Putzträgers	Unterputz	Oberputz [1]
1	–	P II	P I
2	P II	P II	P I
3	P II	P II	P II
4	P II	P II	P II
5	–	P II	P IV [2]
6	P II	P II	P IV [2]
7	–	P II	P Org 1
8	P II	P II	P Org 1
9	–	–	P III
10	–	P III	P III
11	P III	P III	P II
12	P III	P II	P II
13	–	P III	P Org 1
14	P III	P III	P Org 1
15	P III	P II	P Org 1
16	–	–	P IV [2]
17	P IV [2]	–	P IV [2]
18	–	P IV [2]	P IV [2]
19	P IV [2]	P IV [2]	P IV [2]
20	–	–	P Org 1 [3]

[1] Oberputze können mit abschließender Oberflächengestaltung oder ohne diese ausgeführt werden (z. B. bei zu beschichtenden Flächen).
[2] Nur an feuchtigkeitsgeschützten Flächen.
[3] Nur bei Beton mit geschlossenem Gefüge als Putzgrund.

Tabelle 5. Putzsysteme für Innenwandputze nach DIN 18550, Teil 1

Zeile	Anforderung bzw. Putzanwendung	Mörtelgruppe bzw. Beschichtungsstoff-Typ für Unterputz	Oberputz [1], [2]
1	nur geringe Beanspruchung	–	P I a, b
2		P I a, b	P I a, b
3		P II	P I a, b, P IV d
4		P IV	P I a, b, P IV d
5	übliche Beanspruchung [3]	–	P I c
6		P I c	P I c
7		–	P II
8		P II	P I c, P II, P IV a,b,c, P V, P Org 1, P Org 2
9		–	P III
10		P III	P I c, P II, P III, P Org 1, P Org 2
11		–	P IV a, b, c
12		P IV a, b, c	P IV a, b, c, P Org 1, P Org 2
13		–	P V
14		P V	P V, P Org 1, P Org 2
15		–	P Org 1, P Org 2 [4]
16	Feuchträume [5]	–	P I
17		P I	P I
18		–	P II
19		P II	P I, P II, P Org 1
20		–	P III
21		P III	P II, P III, P Org 1
22		–	P Org 1 [4]

[1] Bei mehreren genannten Mörtelgruppen ist jeweils nur eine als Oberputz zu verwenden.
[2] Oberputze können mit abschließender Oberflächengestaltung oder ohne diese ausgeführt werden (z.B. bei zu beschichtenden Flächen)
[3] Schließt die Anwendung bei geringer Beanspruchung ein.
[4] Nur bei Beton mit geschlossenem Gefüge als Putzgrund.
[5] Hierzu zählen nicht häusliche Küchen und Bäder.

Tabelle 6. Putzsysteme für Innendeckenputze [1] nach DIN 18550, Teil 1

Zeile	Anforderungen bzw. Putzanwendung	Mörtelgruppe bzw. Beschichtungsstoff-Typ für Unterputz	Oberputz [2], [3]
1	nur geringe Beanspruchung	–	P I a, b
2		P I a, b	P I a, b
3		P II	P I a, b, P IV d
4		P IV	P I a, b, P IV d
5	übliche Beanspruchung [4]	–	P I c
6		P I c	P I c
7		–	P II
8		P II	P I c, P II, P IV a,b,c, P V, P Org 1, P Org 2
9		–	P IV a, b, c
10		P IV a, b, c	P IV a, b, c, P Org 1, P Org 2
11		–	P V
12		P V	P V, P Org 1, P Org 2
13		–	P Org 1 [5], P Org 2 [5]
14	Feuchtraume [6]	–	P I
15		P I	P I
16		–	P II
17		P II	P I, P II, P Org 1
18		–	P III
19		P III	P II, P III, P Org 1
20		–	P Org 1 [5]

[1] Bei Innendeckenputzen auf Putzträgern ist ggf. der Putzträger vor dem Aufbringen des Unterputzes in Mörtel einzubetten. Als Mörtel ist Mörtel mindestens gleicher Festigkeit wie für den Unterputz zu verwenden.
[2] Bei mehreren genannten Mörtelgruppen ist jeweils nur eine als Oberputz zu verwenden.
[3] Oberputze können mit abschließender Oberflächengestaltung oder ohne diese ausgeführt werden (z. B. bei zu beschichtenden Flächen).
[4] Schließt die Anwendung bei geringer Beanspruchung ein.
[5] Nur bei Beton mit geschlossenem Gefüge als Putzgrund.
[6] Hierzu zählen nicht häusliche Küchen und Bäder.

Druckfestigkeit

Putzmörtelgruppe	Mindestdruckfestigkeit N/mm²
P I a, b	keine Anforderungen
P I c	1,0
P II	2,5
P III	10
P IV a, b, c	2,0
P IV d	keine Anforderungen
P V	2,0

Außenputz

Witterungsbeständigkeit
Über die allgemeinen Anforderungen hinaus muss das Putzsystem witterungsbeständig sein, d.h. insbesondere der Einwirkung von Feuchtigkeit und wechselnden Temperaturen widerstehen.
Das Putzsystem gilt als witterungsbeständig, wenn es entsprechend Tabelle 3 und 4 aufgebaut ist (siehe jedoch Tabelle 4, Fußnote 2) oder die Witterungsbeständigkeit nachgewiesen wird.

Regenschutz
Hinsichtlich des Regenschutzes wird entsprechend den Beanspruchungsgruppen nach DIN 4108 Teil 3 zwischen wasserhemmenden und wasserabweisenden Putzsystemen unterschieden.

Wasserhemmende Putzsysteme
Putzsysteme gelten als wasserhemmend, wenn sie nach Tabelle 3 Zeile 9 bis 16 aufgebaut sind, gegebenenfalls unter Verwendung geeigneter Zusatzmittel bei Beachtung der zusätzlichen Bedingungen.

Wasserabweisende Putzsysteme
Putzsysteme gelten als wasserabweisend, wenn sie nach Tabelle 3 Zeile 17 bis 24 aufgebaut sind – gegebenenfalls unter Verwendung geeigneter Zusatzmittel bei Beachtung der zusätzlichen Bedingungen – oder die wasserabweisenden Eigenschaften nachgewiesen werden.

Außenputz mit erhöhter Festigkeit
Außenputze mit mineralischen Bindemitteln, die als Träger von Beschichtungen auf organischer Basis dienen sollen, oder die

mechanisch stärker beansprucht sind, müssen eine erhöhte Festigkeit aufweisen; dafür reichen im allgemeinen Mörtel aus, die eine Druckfestigkeit von mindestens 2,5 N/mm² erreichen. Auf den Nachweis der Festigkeit kann verzichtet werden, wenn Putzsysteme nach Tabelle 3, Zeile 25 bis 29, gewählt werden.

Kellerwandaußenputz
Kellerwandaußenputze als Träger von Beschichtungen müssen aus Mörteln mit hydraulischen Bindemitteln hergestellt werden. Bei der Prüfung nach DIN 18555 Teil 3 müssen diese eine Druckfestigkeit von mindestens 10 N/mm² erreichen. Auf den Nachweis kann verzichtet werden, wenn die Mörtelgruppe P III gewählt wird.

Außensockelputz
Außensockelputze müssen ausreichend fest, wenig wassersaugend und widerstandsfähig gegen kombinierte Einwirkung von Feuchtigkeit und Frost sein. Bei Putzen aus Mörteln mit mineralischen Bindemitteln müssen die Mörtel bei der Prüfung nach DIN 18555 Teil 3 eine Druckfestigkeit von mindestens 10 N/mm² erreichen. Auf den Nachweis kann verzichtet werden, wenn Putzsysteme nach Tabelle 3, Zeile 31 bis 34, verwendet werden. Außensockelputze auf Mauerwerk aus Steinen der Druckfestigkeitsklasse 6 und niedriger können jedoch aus Mörteln mit hydraulischen Bindemitteln hergestellt werden, die bei der Prüfung nach DIN 18555 Teil 3 eine Druckfestigkeit von mindestens 5 N/mm² erreichen und die Anforderungen an wasserabweisende Putzsysteme erfüllen.

Innenputz
Bei Innenputzen aus Mörteln mit mineralischen Bindemitteln, an die übliche Anforderungen, z.B. als Träger von Anstrichen und Tapeten, gestellt werden, müssen die Mörtel eine Druckfestigkeit von mindestens, 1,0 N/mm² aufweisen. Ein Nachweis ist nicht erforderlich, wenn Putzsysteme nach Tabelle 5, Zeile 5 bis 15 und Tabelle 6, Zeile 5 bis 13, gewählt werden.
Geringere Beanspruchungen erfüllen Innenputze aus den Mörtelgruppen P I a, P I b und IV d (siehe Tabelle 5, Zeile 1 bis 4 und Tabelle 6, Zeile 1 bis 4); an sie werden keine Anforderungen hinsichtlich der Druckfestigkeit gestellt.

Innenwandputz mit erhöhter Abriebfestigkeit
Innenwandflächen, die mechanisch stärker beansprucht werden, wie z.B. in Treppenhäusern, in Fluren von öffentlichen Gebäuden und Schulen, erfordern Putzoberflächen erhöhter Abriebfestigkeit. Die Anforderungen an eine erhöhte Abriebfestigkeit werden von Putzsystemen nach Tabelle 5, Zeile 7 bis 15, mit Ausnahme von Mörtelgruppe P I als Oberputz erfüllt.

Innenwand- und Innendeckenputz für Feuchträume
Innenwand- und Innendeckenputze für Feuchträume müssen gegen langzeitig einwirkende Feuchtigkeit beständig sein. Daher scheiden für diese Putzanwendung Putzsysteme unter Verwendung von Mörteln mit Baugips nach DIN 1168 Teil 1 und Anhydritbinder nach DIN 4208 aus; für häusliche Küchen und Bäder sind solche Putzsysteme jedoch geeignet.

Putzsysteme

Tabelle 1. Beschichtungsstoff-Typen nach DIN 18558

Beschichtungsstoff-Typ	für Kunstharzputz als
P Org 1	Außen- und Innenputz
P Org 2	Innenputz

Tabelle 2. Putzsysteme für Außenwandflächen mit Kunstharzputz als Oberputz nach DIN 1855

Zeile	Anforderung	Mörtelgruppe für Unterputz	Beschichtungsstoff-Typ für Oberputz
1	ohne besondere	P II	P Org 1
2	Anforderung	–	P Org 1 [1]
3	wasserhemmend	P II	P Org 1
4		–	P Org 1 [1]
5	wasserabweisend	P II	P Org 1
6		–	P Org 1 [1]
7	erhöhte Festigkeit	P II	P Org 1
8		–	P Org 1 [1]
9	Außensockelputz	P III	P Org 1
10		–	P Org 1 [1]

[1] Nur bei Beton als Putzgrund

Tabelle 3. Putzsysteme für Außendecken (Untersichten) mit Kunstharzputz als Oberputz nach DIN 18558

Zeile	Mörtelgruppen bei Decken ohne bzw. mit Putzträger		Beschichtungsstoff-Typ für Oberputz
	Einbettung des Putzträgers	Unterputz	
1	–	P II	P Org 1
2	P II	P II	P Org 1
3	–	P III	P Org 1
4	P III	P III	P Org 1
5	P III	P III	P Org 1
6	–	–	P Org 1 [1]

[1] Nur bei Beton als Putzgrund

Tabelle 4. Putzsysteme für Innenwandflächen mit Kunstharzputz als Oberputz nach DIN 18558

Zeile	Anforderung	Mörtelgruppe für Unterputz	Beschichtungsstoff-Typ für Oberputz [1]
1		P II	P Org 1, P Org 2
2	übliche	P III	P Org 1, P Org 2
3	Beanspruchung [2]	P IV a, b, c	P Org 1, P Org 2
4		P V	P Org 1, P Org 2
5		–	P Org 1, P Org 2 [3]
6	Feuchträume [4]	P II	P Org 1
7		P III	P Org 1

[1] Bei mehreren genannten Typen ist jeweils nur eine als Oberputz zu verwenden.
[2] Schließt die Anwendung bei geringer Beanspruchung ein.
[3] Nur bei Beton als Putzgrund.
[4] Hierzu zählen nicht häusliche Küchen und Bäder.

Tabelle 5. Putzsysteme für Innendecken ohne Putzträger mit Kunstharzputz als Oberputz nach DIN 18558

Zeile	Anforderung	Mörtelgruppe für Unterputz	Beschichtungsstoff-Typ für Oberputz [1]
1		P II	P Org 1, P Org 2
2	übliche	P III	P Org 1, P Org 2
3	Beanspruchung [2]	P IV a, b, c	P Org 1, P Org 2
4		P V	P Org 1, P Org 2
5		–	P Org 1, P Org 2 [3]
6	Feuchträume [4]	P II	P Org 1
7		P III	P Org 1
8		–	P Org 1 [3]

[1] Bei mehreren genannten Typen ist jeweils nur eine als Oberputz zu verwenden.
[2] Schließt die Anwendung bei geringer Beanspruchung ein.
[3] Nur bei Beton als Putzgrund.
[4] Hierzu zählen nicht häusliche Küchen und Bäder.

Kunstharzputze nach DIN 18558

Beschichtungsstoffe für die Herstellung von Kunstharzputzen bestehen aus organischen Bindemitteln in Form von Dispersionen oder Lösungen und Füllstoffen/Zuschlägen mit überwiegendem Kornanteil > 0,25 mm. Sie werden im Werk gefertigt und verarbeitungsfähig geliefert.
Nach Tabelle 1 werden folgende Beschichtungsstoff-Typen unterschieden:

Putzanwendung

Die Putzanwendung kennzeichnet den Kunstharzputz nach seiner örtlichen Lage am Bauwerk und der dadurch gegebenen Beanspruchungsart.
Hiernach werden unterschieden:
a) Außenputz
   – auf aufgehenden Flächen
   – für Sockel im Bereich oberhalb der Anschüttung
   – für Deckenuntersichten
b) Innenputz
   – für Wände in Räumen mit üblicher Luftfeuchte einschließlich der häuslichen Küchen und Bäder
   – für Wände in Feuchträumen
   – für Decken in Räumen mit üblicher Luftfeuchte einschließlich der häuslichen Küchen und Bäder
   – für Decken in Feuchträumen.

Oberflächenstrukturen und -effekte

Je nach Art des Beschichtungsstoffes, des Auftragverfahrens und der Oberflächenbehandlung werden Kunstharzputze nach Oberflächenstrukturen bzw. -effekten unterschieden: Kratzputz, Reibeputz, Rillenputz, Spritzputz, Rollputz, Buntsteinputz, Modellierputz, Streichputz.

Anforderungen an den Außenputz

Putzsysteme mit Kunstharzputz P Org 1 gelten als witterungsbeständig, wenn sie nach Tabelle 2 und Tabelle 3 aufgebaut sind oder ihre Witterungsbeständigkeit nachgewiesen ist.
Bei Kunstharzputzen für Außensockel im Bereich oberhalb der Anschüttung gelten die Anforderungen an die Witterungsbeständigkeit dann als erfüllt, wenn sie auf Beton oder auf einen mineralischen Unterputz der Mörtelgruppe P III aufgetragen sind (siehe Tabelle 2).
Bei Kunstharzputzen für Außenflächen gelten die Anforderungen an Putze mit erhöhter Festigkeit als erfüllt, wenn als Untergrund Beton mit geschlossenem Gefüge oder mineralischer Unterputz der Mörtelgruppe P II oder P III vorliegt (siehe Tabelle 2).

Anforderungen an den Innenputz

Die Anforderungen an Innenputze für übliche Beanspruchung gelten als erfüllt, wenn Putzsysteme nach Tabelle 4, Zeile 1 bis 5, und Tabelle 5, Zeile 1 bis 5, verwendet werden.
In Feuchträumen dürfen nur Beschichtungsstoffe des Typs P Org 1 auf Beton oder Unterputzen der Mörtelgruppen P II und P III verwendet werden. Durch fungizide Zusätze kann die Anfälligkeit gegen Schimmelpilzbefall gemindert werden.

Putze; Putze mit Zuschlägen mit porigem Gefüge (Leichtputze) nach DIN 18550 Teil 4

Begriff
Leichtputze im Sinne dieser Norm sind mineralisch gebundene Putze mit begrenzter Rohdichte und mit Anteilen an mineralischen und/oder organischen Zuschlägen mit porigem Gefüge.

Leichtputze und die dazugehörenden Oberputze müssen aus Werk–Trockenmörtel nach DIN 18557 hergestellt werden.

Anforderungen
Das Putzsystem muss wasserabweisend sein.

Die Rohdichte des Festmörtels darf beim Leichtputz 0,6 kg/dm³ nicht unter- und 1,3 kg/dm³ nicht überschreiten.

Die Anforderungen an die Baustoffklasse DIN 4102 - A 1 (nichtbrennbarer Baustoff) gelten als erfüllt, wenn der Gesamtgehalt an organischen Anteilen (Zuschlag und Zusätze) einen Massenanteil von 1,0 % nicht überschreitet.

In Tabelle 1 sind Putzsysteme für Außenputze angegeben, bei denen die Anforderungen an den Putz als erfüllt angesehen werden können.

Für Innenputze gilt DIN 18550 Teil 1, Tabellen 5 und 6.

Die mittlere Dicke von Putzsystemen, die allgemeinen Anforderungen genügen, muss außen 20 mm (zulässige Mindestdicke 15 mm) betragen. Die mittlere Dicke des Leichtputzes als Unterputz soll außen in der Regel 15 mm betragen. Die jeweils zulässigen Mindestdicken müssen sich auf einzelne Stellen beschränken.

Putzsysteme für Außenputze mit Leichtputz nach DIN 18550, Teil 4

Lfd. Nr.	Anforderungen an das Putzsystem	Unterputz Leichtputzmörtel entsprechend Mörtelgruppe	Oberputz *) Putzmörtel entsprechend Mörtelgruppe
1		–	P I c
2	wasser-	–	P I c
3	abweisend	P II	P I c
4		P II	P II

*) Leichtputze mit organischem Zuschlag mit porigem Gefüge sind außen nur als Unterputze zu verwenden.

Wärmedämm-Verbundsysteme nach V DIN 18559

Wärmedämm-Verbundsystem (WDVS) im Sinne dieser Vornorm ist ein System zur Wärmedämmung aus Dämmstoffen und Beschichtungen, von denen mindestens eine armiert ist.
Ein Wärmedämm-Verbundsystem besteht aus mindestens drei Schichten:
a) einer Wärmedämmschicht aus Dämmstoffen in unterschiedlicher Schichtdicke; die Dämmstoffe werden mit dem zu behandelnden Beschichtungsuntergrund verklebt und/oder mechanisch befestigt;
b) einer armierten Beschichtung aus Armierungsmasse und Armierungsgewebe;
c) einer Schlussbeschichtung zur Gestaltung der Oberfläche.

Die Ausgangsstoffe eines Wärmedämm-Verbundsystems müssen aufeinander abgestimmt (systemzugehörig) sein.

Klebemassen/Armierungsmassen

Armierungsmasse und Klebemasse können innerhalb eines Wärmedämm–Verbundsystems identisch sein.

Klebstoff auf Basis einer Kunststoffdispersion (Dispersions-Klebstoff), gefüllt, ohne weitere Zusätze verarbeitbar.

Klebstoff auf Basis einer Kunststoffdispersion (Dispersions-Klebstoff), gefüllt, unmittelbar vor Verarbeitung mit Zement zu versetzen.

Kunststoffdispersion mit Quarzsand und Zement als Baustellenmischung.

Reaktions-Klebstoff, gefüllt, ohne weitere Zusätze verarbeitbar.

Klebemasse, hergestellt aus einer Trockenmischung aus Quarzsand und Zement unter Zusatz von Kunststoffdispersion.

Klebemasse in Pulverform, werksgemischt, im wesentlichen hergestellt aus Quarzsand und Zement unter Zusatz eines Kunststoff-Dispersionspulvers.

Dämmstoffe
in Plattenform

Polystyrol-Hartschaum nach DIN 18164 Teil 1, systemspezifisch ausgewählt.

Polyurethan-Hartschaum nach DIN 18164 Teil 1, systemspezifisch ausgewählt.

Mineralfaser-Dämmstoffe nach DIN 18165 Teil 1, systemspezifisch ausgewählt.

Dübel
zur mechanischen Befestigung verklebter Dämmstoffplatten (falls erforderlich), systemspezifisch ausgewählt.

Profilschienen
zur mechanischen Befestigung der Dämmstoffplatten, systemspezifisch ausgewählt.

Armierungsgewebe
Glasfaser-Gittergewebe mit Appretur.

Schlussbeschichtung

Kunstharzputz nach DIN 18558, gegebenenfalls mit Zwischenbeschichtung, systemspezifisch ausgewählt.

Silicatputz für Strukturbeschichtungen, auf Basis Wasserglas, systemspezifisch ausgewählt.

Dünnschichtauftrag von Putz(mörtel) auf Basis mineralischer Bindemittel, kunstharzvergütet, systemspezifisch ausgewählt, Schichtdicke < 6 mm.

Sonderausführungen, z.B. Flachverblender, Dicke 6 bis 8 mm, systemspezifisch ausgewählt.

Putzwände

Knauf–Putzwand-System P 411

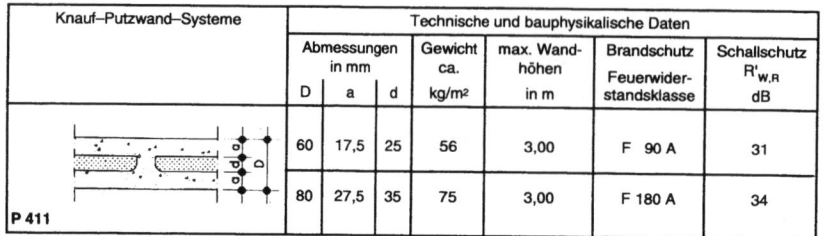

Knauf–Putzwand–Systeme	Technische und bauphysikalische Daten					
	Abmessungen in mm			Gewicht ca.	max. Wand-höhen	Brandschutz Feuerwider-standsklasse	Schallschutz $R'_{W,R}$
	D	a	d	kg/m²	in m		dB
P 411	60	17,5	25	56	3,00	F 90 A	31
	80	27,5	35	75	3,00	F 180 A	34

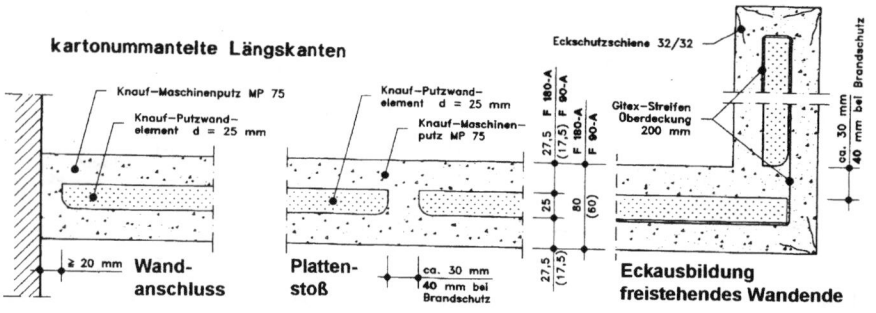

kartonummantelte Längskanten

Wand-anschluss | Platten-stoß | Eckausbildung freistehendes Wandende

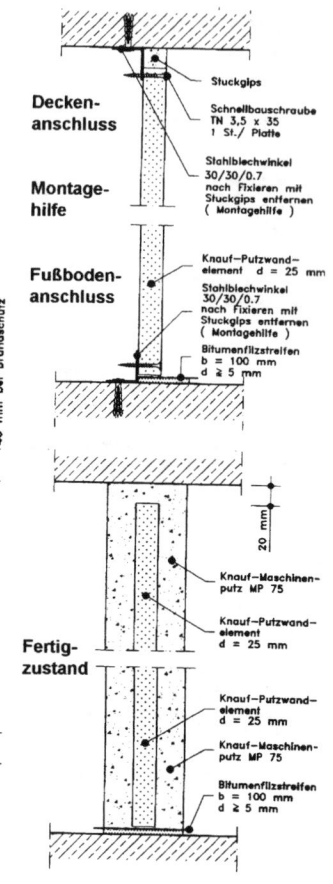

Decken-anschluss

Montage-hilfe

Fußboden-anschluss

Fertig-zustand

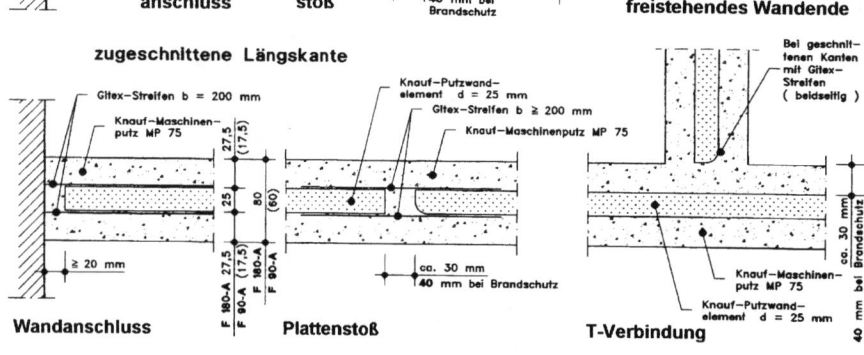

zugeschnittene Längskante

Wandanschluss | Plattenstoß | T-Verbindung

Knauf–Putzwand-System P 415

Knauf–Putzwand–Systeme	Technische und bauphysikalische Daten					
	Abmessungen in mm			Gewicht ca.	max. Wand-höhen	Brandschutz Feuerwider-standsklasse	Schallschutz $R'_{W,R}$
	D	a	d	kg/m²	in m		dB
P 415	80	30	50	70	3,00	F 120 A	–

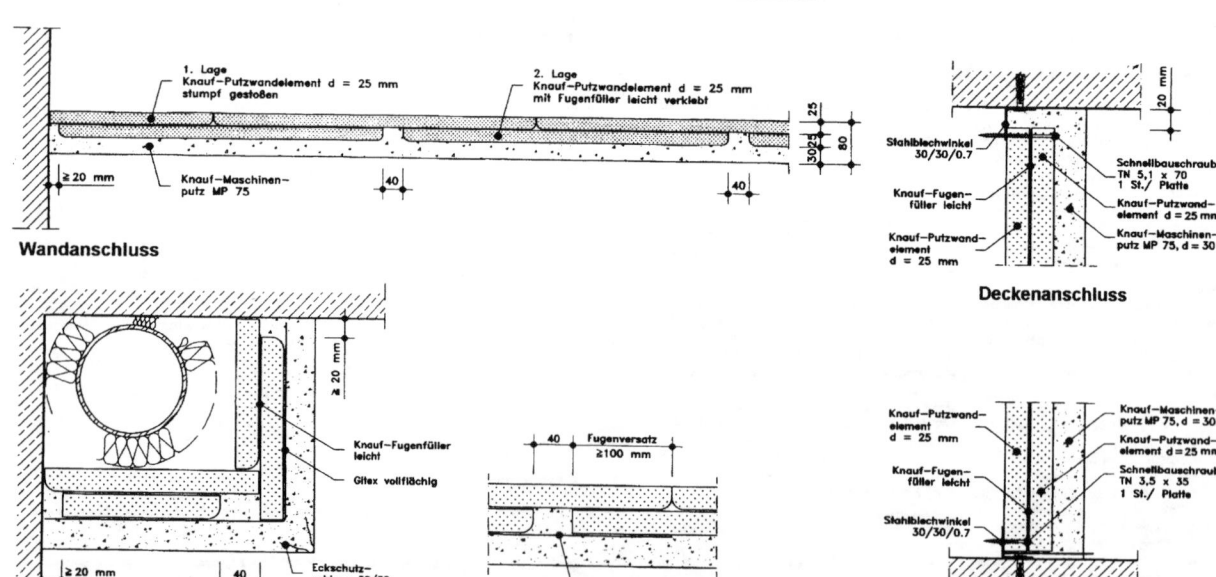

Wandanschluss

Deckenanschluss

Installations-Schachtverkleidung | Fugenversatz | Fußbodenanschluss

Putzwände

Knauf–Putzwand-System P 411

Knauf–Putzwand–Systeme	Technische und bauphysikalische Daten					
	Abmessungen in mm			Gewicht ca.	max. Wand-höhen	Brandschutz	Schallschutz R'w,R
	D	a	d	kg/m²	in m	Feuerwider-standsklasse	dB
	60	17,5	25	56	3,00	F 90 A	31
P 411	80	27,5	35	75	3,00	F 180 A	34

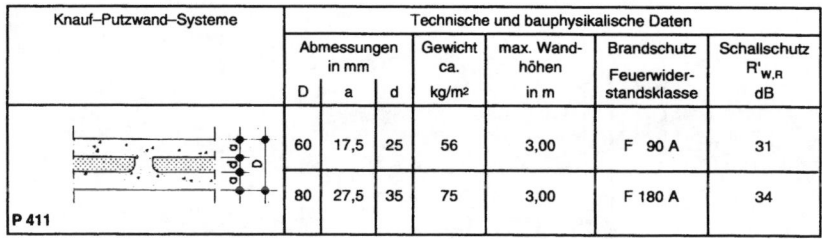

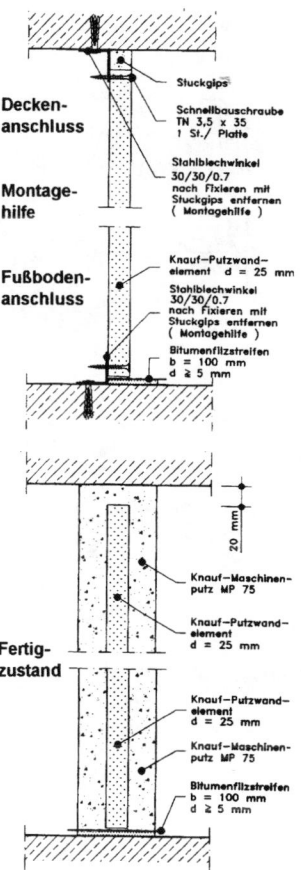

Deckenanschluss

Montagehilfe

Fußbodenanschluss

Fertigzustand

kartonummantelte Längskanten

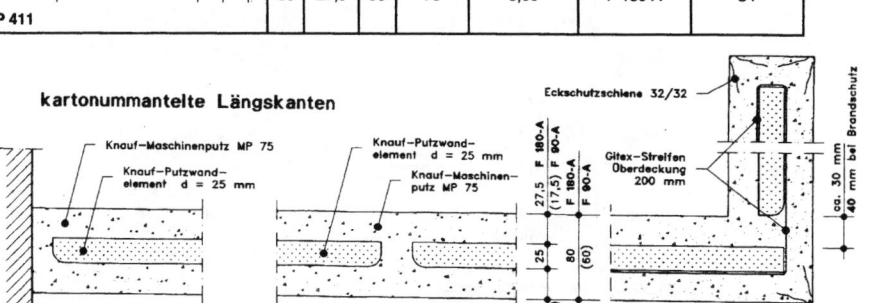

Wandanschluss   Plattenstoß   Eckausbildung freistehendes Wandende

zugeschnittene Längskante

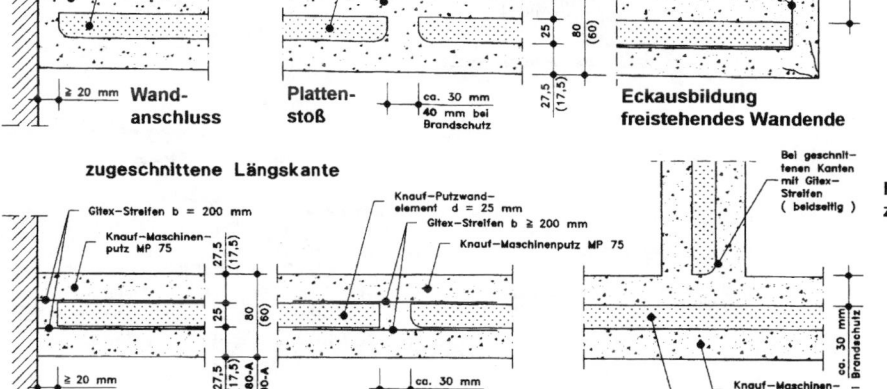

Wandanschluss   Plattenstoß   T-Verbindung

Knauf–Putzwand–System P 415

Knauf–Putzwand–Systeme	Technische und bauphysikalische Daten					
	Abmessungen in mm			Gewicht ca.	max. Wand-höhen	Brandschutz	Schallschutz R'w,R
	D	a	d	kg/m²	in m	Feuerwider-standsklasse	dB
P 415	80	30	50	70	3,00	F 120 A	–

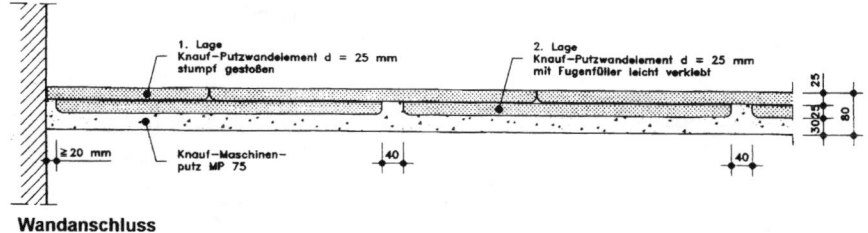

Wandanschluss

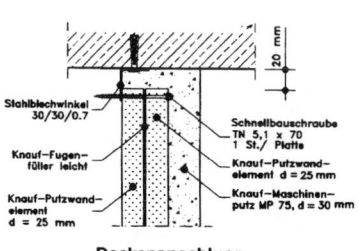

Deckenanschluss

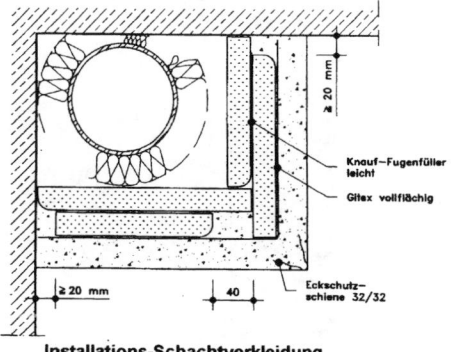

Installations-Schachtverkleidung

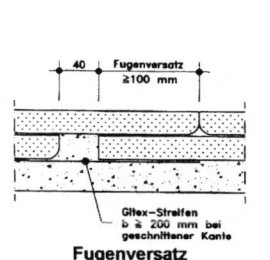

Fugenversatz

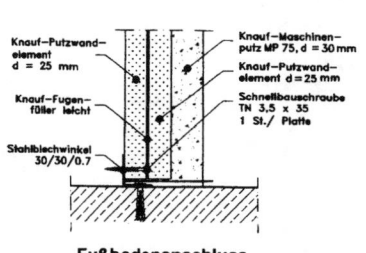

Fußbodenanschluss

Putzwände

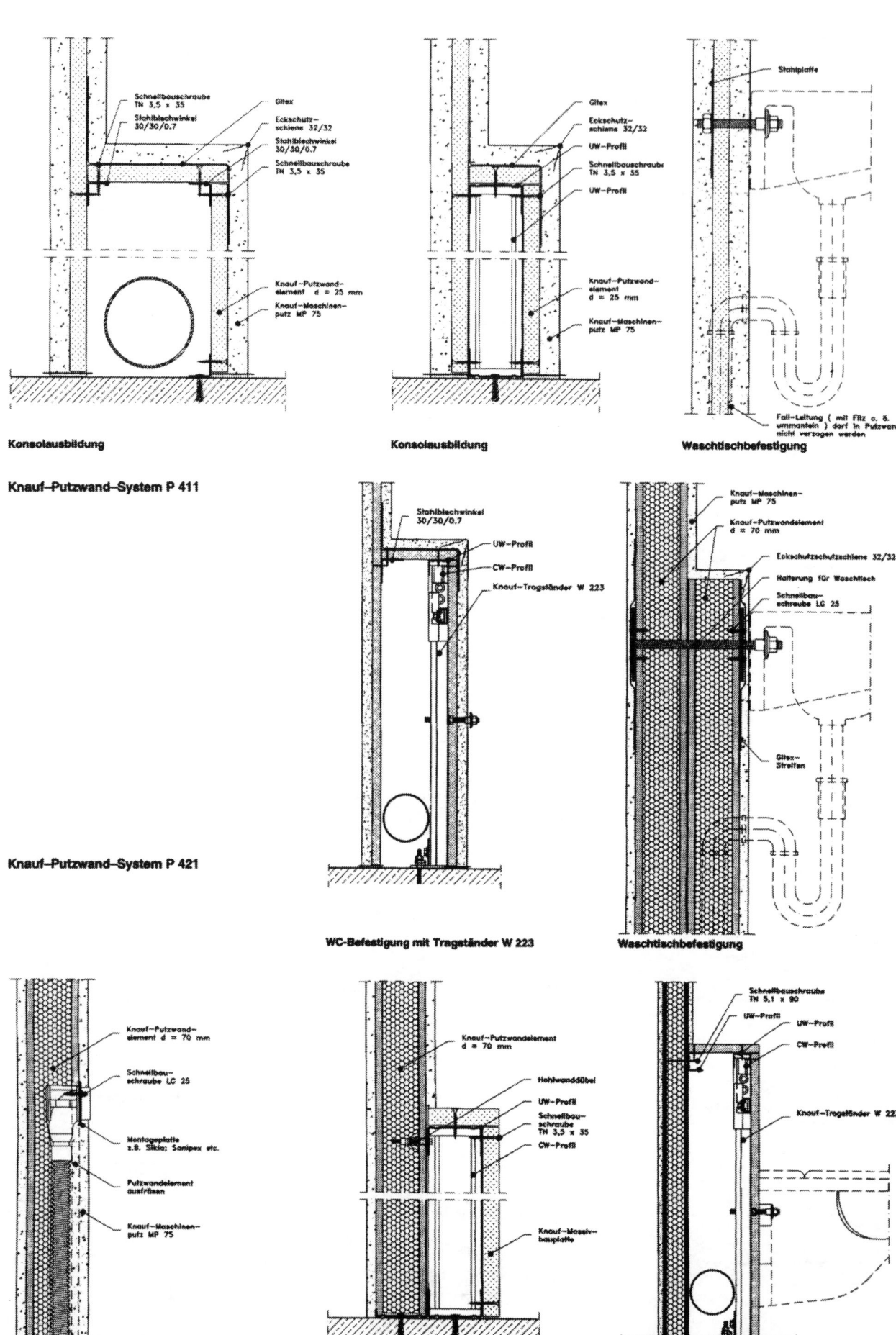

Konsolausbildung

Konsolausbildung

Waschtischbefestigung

Knauf–Putzwand–System P 411

Knauf–Putzwand–System P 421

WC-Befestigung mit Tragständer W 223

Waschtischbefestigung

Leitungsführung

Konsolausbildung

WC-Befestigung mit Tragständer W 223

Deckenbauarten nach ökologischen Gesichtspunkten (nach Lit. 029)

Böden gegen beheizte Räume

Betonplatte mit Polystyrol-Innendämmung und Zementestrich-Unterlagsboden		Dicke [cm]	Masse [kg/m²]	Nutzungs-dauer [a]	Treibhauseffekt [g CO_2/m² a]	Versäuerung [g SO_2/m² a]
a	Zementestrich – Unterlags-boden	7,0	168,0	40	712	2,76
b	PE – Folie		0,2	40	14	0,11
c	Polystyrol expandiert λ = 0,038 W/mK	12,0	2,4	40	115	1,05
d	Polymerbitumen – DB		4,9	40	127	0,79
e	Beton PC300	20,0	480,0	80	741	2,43
f	Bewehrungsstahl		12,0	80	71	0,27
g	Magerbeton PC 150	5,0	120,0	80	102	0,38
Total			788		1882	7,78

Technische Daten
k-Wert [W/m²K] **0,29**

Ökologische Gesamtbeurteilung
Geringer Unterschied bei Treibhauseffekt und Versäuerung zwischen den aufgeführten Kellerböden / Fundationen.
Ökologisch / toxikologisch relevante Bestandteile vorhanden.
Bei guter technischer Gestaltung lange Lebensdauer der Oberflächen.
Kleines Schadenpotential bei unsorgfältiger Detailplanung.
Mittleres Schadenpotential bei unsorgfältiger Ausführung. Mittlerer Entsorgungsaufwand.

Betonplatte mit Perimeterdämmung aus Schaumglas und Holzboden		Dicke [cm]	Masse [kg/m²]	Nutzungs-dauer [a]	Treibhauseffekt [g CO_2/m² a]	Versäuerung [g SO_2/m² a]
a	Bretter / Latten CO2n	3,0	13,5	40	92	0,52
b	Beton PC300	20,0	480,0	80	741	2,43
c	Bewehrungsstahl		12,0	80	71	0,27
d	PE – Folie		0,2	80	7	0,05
e	Schaumglas λ = 0,04 W/mK	12,0	14,4	80	664	4,13
f	Bitumenklebemasse heiß		7,5	80	46	0,37
g	Magerbeton PC 150	10,0	240,0	80	205	0,76
Total			768		1826	8,52

Technische Daten
k-Wert [W/m²K] **0,28**

Ökologische Gesamtbeurteilung
Geringer Unterschied bei Treibhauseffekt und Versäuerung zwischen den aufgeführten Kellerböden / Fundationen.
Bei guter technischer Gestaltung lange Lebensdauer der Oberflächen.
Kleines Schadenpotential bei unsorgfältiger Detailplanung.
Mittleres Schadenpotential bei unsorgfältiger Ausführung.
Mittlerer Entsorgungsaufwand.

Betonplatte mit Perimeterdämmung aus Schaumglasschotter, Tonbodenplatten		Dicke [cm]	Masse [kg/m²]	Nutzungs-dauer [a]	Treibhauseffekt [g CO_2/m² a]	Versäuerung [g SO_2/m² a]
a	Tonbodenplatte	2,0	48,0	40	394	1,31
b	Zementmörtel MG III	3,0	54,0	40	280	1,02
c	Beton PC300	20,0	480,0	80	741	2,43
d	Bewehrungsstahl		16,0	80	95	0,36
e	PE – Folie		0,2	80	7	0,05
f	Schaumglasschotter λ = 0,091 W/mK	24,0	60,0	80	0	0,00
g	Kunstfaser Vlies / Filz		0,3	80	13	0,08
Total			659		1530	5,25

Technische Daten
k-Wert [W/m²K] **0,30**

Ökologische Gesamtbeurteilung
Keine Indexdaten vorhanden.
Bei guter technischer Gestaltung lange Lebensdauer der Oberflächen.
Kleines Schadenpotential bei unsorgfältiger Detailplanung.
Mittleres Schadenpotential bei unsorgfältiger Ausführung.
Kleiner Entsorgungsaufwand.

Böden gegen unbeheizte Räume

Betondecke mit Innendämmung aus Polystyrol, Anhydrit-Unterlagsboden		Dicke [cm]	Masse [kg/m²]	Nutzungs-dauer [a]	Treibhauseffekt [g CO_2/m² a]	Versäuerung [g SO_2/m² a]
a	Anhydrit – Unterlagsboden	3,5	70,0	40	330	2,89
b	PE – Folie		0,2	40	14	0,11
c	Polystyrol expandiert λ = 0,038 W/mK	12,0	2,4	40	115	1,05
d	Beton PC300	20,0	480,0	80	741	2,43
e	Bewehrungsstahl		16,0	80	95	0,36
Total			569		1295	6,84

Technische Daten
k-Wert [W/m²K] **0,28**
Luftschalldämmmaß R'_w [dB] **> 60**

Ökologische Gesamtbeurteilung
Kleiner Treibhauseffekt. Mittlere Versäuerung.
Ökologisch / toxikologisch relevante Bestandteile vorhanden. Bei guter technischer Gestaltung lange Lebensdauer der Oberflächen.
Kleines Schadenpotential bei unsorgfältiger Detailplanung.
Mittleres Schadenpotential bei unsorgfältiger Ausführung. Mittlerer Entsorgungsaufwand.

Betondecke mit Innendämmung aus Glaswolle, Zementestrich-Unterlagsboden		Dicke [cm]	Masse [kg/m²]	Nutzungs-dauer [a]	Treibhauseffekt [g CO_2/m² a]	Versäuerung [g SO_2/m² a]
a	Zementestrich – Unterlags-boden	8,0	176,0	40	746	2,89
b	PE – Folie		0,2	40	14	0,11
c	Steinwolle λ = 0,04 W/mK	12,0	13,2	40	344	1,39
d	Beton PC 300	20,0	480,0	80	741	2,43
e	Bewehrungsstahl		16,0	80	95	0,36
Total			685		1939	7,18

Technische Daten
k-Wert [W/m²K] **0,29**
Luftschalldämmmaß R'_w [dB] **> 60**

Ökologische Gesamtbeurteilung
Großer Treibhauseffekt. Mittlere Versäuerung.
Bei guter technischer Gestaltung lange Lebensdauer der Oberflächen.
Kleines Schadenpotential bei unsorgfältiger Detailplanung.
Mittleres Schadenpotential bei unsorgfältiger Ausführung. Kleiner Entsorgungsaufwand.

Betondecke mit Außendämmung aus Glaswolle, Holzboden		Dicke [cm]	Masse [kg/m²]	Nutzungs-dauer [a]	Treibhauseffekt [g CO_2/m² a]	Versäuerung [g SO_2/m² a]
a	Spanplatte CO2n	3,0	19,8	40	184	1,17
b	Kunstfaser Vlies / Filz		0,3	40	26	0,17
c	Vermiculit gebläht λ = 0,07 W/mK	2,5	3,6	40	27	0,49
d	Beton PC300	20,0	480,0	80	741	2,43
e	Bewehrungsstahl		16,0	80	95	0,36
f	Glaswollplatte λ = 0,04 W/mK	10,0	8,0	20	640	4,88
Total			528		1712	9,49

Technische Daten
k-Wert [W/m²K] **0,26**
Luftschalldämmmaß R'_w [dB] **> 60**

Ökologische Gesamtbeurteilung
Mittlerer Treibhauseffekt. Große Versäuerung.
Ökologisch / toxikologisch relevante Bestandteile vorhanden.
Bei guter technischer Gestaltung lange Lebensdauer der Oberflächen.
Kleines Schadenpotential bei unsorgfältiger Detailplanung.
Kleines Schadenpotential bei unsorgfältiger Ausführung. Kleiner Entsorgungsaufwand.

Betondecke mit Außendämmung aus Schichtplatten Steinwolle/Holzwolle		Dicke [cm]	Masse [kg/m²]	Nutzungs-dauer [a]	Treibhauseffekt [g CO_2/m² a]	Versäuerung [g SO_2/m² a]
a	Bretter / Latten CO2n	3,5	13,5	40	92	0,52
b	Steinwolle λ = 0,04 W/mK	2,5	2,5	40	65	0,26
c	Beton PC300	20,0	480,0	80	741	2,43
d	Bewehrungsstahl		16,0	80	95	0,36
e	Steinwolle λ = 0,04 W/mK	11,0	11,0	35	328	1,33
f	Holzwolle mineralisiert CO2n	1,5	8,0	35	173	0,54
Total			531		1494	5,44

Technische Daten
k-Wert [W/m²K] **0,25**
Luftschalldämmmaß R'_w [dB] **> 57**

Ökologische Gesamtbeurteilung
Mittlerer Treibhauseffekt. Kleine Versäuerung.
Bei guter technischer Gestaltung lange Lebensdauer der Oberflächen.
Kleines Schadenpotential bei unsorgfältiger Detailplanung.
Kleines Schadenpotential bei unsorgfältiger Ausführung. Mittlerer Entsorgungsaufwand.

Deckenbauarten nach ökologischen Gesichtspunkten (nach Lit. 029)

Decken und Böden zwischen beheizten Räumen

Betondecke, Glaswolle-TSD Zementestrich-Unterlagsboden		Dicke [cm]	Masse [kg/m²]	Nutzungs-dauer [a]	Treibhauseffekt [g CO₂/m² a]	Versäuerung [g SO₂/m² a]
	a Zementestrich – Unterlagsboden	7,0	154,0	40	653	2,53
	b PE – Folie		0,2	40	14	0,11
	c Glaswolle	2,5	2,0	40	80	0,61
	d Beton PC300	20,0	480,0	80	741	2,43
	e Bewehrungsstahl		16,0	80	95	0,36
	f Einschicht – Gipsputz	1,0	10,0	40	26	0,23
	Total		662		1608	6,26

Technische Daten
Luftschalldämmmaß R'_w [dB] > 57
Trittschallpegel $L'_{n,w}$ [dB] < 50

Ökologische Gesamtbeurteilung
Großer Treibhauseffekt.
Große Versäuerung.
Bei guter technischer Gestaltung lange Lebensdauer der Oberflächen.
Kleines Schadenpotential bei unsorgfältiger Detailplanung.
Kleines Schadenpotential bei unsorgfältiger Ausführung.
Kleiner Entsorgungsaufwand.

Elementdecke mit Überbeton, Glaswolle-TSD Zementestrich-Unterlagsboden		Dicke [cm]	Masse [kg/m²]	Nutzungs-dauer [a]	Treibhauseffekt [g CO₂/m² a]	Versäuerung [g SO₂/m² a]
	a Zementestrich – Unterlagsboden	7,0	154,0	40	653	2,53
	b PE – Folie		0,2	40	14	0,11
	c Glaswolle	2,5	2,0	40	80	0,61
	d Beton PC300	13,0	312,0	80	482	1,58
	e Bewehrungsstahl		1,2	80	7	0,03
	f Einschicht – Gipsputz	5,0	120,0	80	185	0,61
	g Stahl niedriglegiert		0,9	80	33	0,15
	Total		590		1453	5,61

Technische Daten
Luftschalldämmmaß R'_w [dB] > 57
Trittschallpegel $L'_{n,w}$ [dB] < 50

Ökologische Gesamtbeurteilung
Großer Treibhauseffekt.
Große Versäuerung.
Bei guter technischer Gestaltung lange Lebensdauer der Oberflächen.
Kleines Schadenpotential bei unsorgfältiger Detailplanung.
Kleines Schadenpotential bei unsorgfältiger Ausführung.
Kleiner Entsorgungsaufwand.

Tonhourdisdecke mit Steinwolle-TSD, Zementestrich-Unterlagsboden		Dicke [cm]	Masse [kg/m²]	Nutzungs-dauer [a]	Treibhauseffekt [g CO₂/m² a]	Versäuerung [g SO₂/m² a]
	a Zementestrich – Unterlagsboden	7,0	154,0	40	653	2,53
	b PE – Folie		0,2	40	14	0,11
	c Steinwolle	2,5	2,5	40	65	0,26
	d Beton PC300	5,0	168,0	80	259	0,85
	e Bewehrungsstahl		2,6	80	15	0,06
	f Tonhohlkörper	15,0	109,0	80	307	1,10
	g Zementmörtel MG III		7,9	80	20	0,07
	h Stahl niedriglegiert		0,8	80	29	0,14
	i Gipskartonplatten CO2n	2,0	18	30	212	1,17
	Total		463		1575	6,29

Technische Daten
Luftschalldämmmaß R'_w [dB] 58
Trittschallpegel $L'_{n,w}$ [dB] 49

Ökologische Gesamtbeurteilung
Großer Treibhauseffekt.
Große Versäuerung.
Bei guter technischer Gestaltung lange Lebensdauer der Oberflächen.
Mittleres Schadenpotential bei unsorgfältiger Detailplanung.
Mittleres Schadenpotential bei unsorgfältiger Ausführung.
Mittlerer Entsorgungsaufwand.

Holzbalkendecke mit Betonplattenbeschwerung, Glaswolle-TSD und Holzboden		Dicke [cm]	Masse [kg/m²]	Nutzungs-dauer [a]	Treibhauseffekt [g CO₂/m² a]	Versäuerung [g SO₂/m² a]
	a Bretter / Latten CO2n	3,5	13,5	40	92	0,52
	b Glaswolle	2,5	2,0	40	80	0,61
	c Betonstein	6,0	120,0	80	178	0,72
	d Glaswolle	1,0	1,0	80	20	0,15
	e Bretter / Latten CO2n	1,6	12,1	80	41	0,23
	f Kantholz CO2n		14,4	80	51	0,27
	g Glaswolle	8,0	1,4	30	77	0,59
	h Bretter / Latten CO2n		1,2	30	11	0,06
	i Gipskartonplatten CO2n	2,5	22,5	30	265	1,46
	Total		188		816	4,61

Technische Daten
Luftschalldämmmaß R'_w [dB] > 60
Trittschallpegel $L'_{n,w}$ [dB] 44

Ökologische Gesamtbeurteilung
Kleiner Treibhauseffekt.
Mittlere Versäuerung.
Bei guter technischer Gestaltung lange Lebensdauer der Oberflächen.
Mittleres Schadenpotential bei unsorgfältiger Detailplanung.
Mittleres Schadenpotential bei unsorgfältiger Ausführung.
Mittlerer Entsorgungsaufwand.

Holzbalken-Betonverbunddecke, Steinwolle-TSD Anhydrit-Unterlagsboden		Dicke [cm]	Masse [kg/m²]	Nutzungs-dauer [a]	Treibhauseffekt [g CO₂/m² a]	Versäuerung [g SO₂/m² a]
	a Anhydrit – Unterlagsboden	3,5	70,0	40	330	2,89
	b PE – Folie		0,2	40	14	0,11
	c Steinwolle	2,5	2,5	40	65	0,26
	d Beton PC300	8,0	192,0	80	296	0,97
	e Bewehrungsstahl		2,1	80	12	0,05
	f Stahl niedriglegiert		0,6	80	22	0,10
	g PE – Folie		0,4	80	14	0,11
	h Bretter / Latten CO2n	1,6	7,2	80	25	0,14
	i Kantholz CO2n		12,2	80	43	0,23
	Total		287		821	4,86

Technische Daten
Luftschalldämmmaß R'_w [dB] 56
Trittschallpegel $L'_{n,w}$ [dB] < 50

Ökologische Gesamtbeurteilung
Kleiner Treibhauseffekt.
Mittlere Versäuerung.
Bei guter technischer Gestaltung lange Lebensdauer der Oberflächen.
Mittleres Schadenpotential bei unsorgfältiger Detailplanung.
Mittleres Schadenpotential bei unsorgfältiger Ausführung.
Mittlerer Entsorgungsaufwand.

Holz-Kastenelemente, Holzfaser-TSD, Holzfaserplatten		Dicke [cm]	Masse [kg/m²]	Nutzungs-dauer [a]	Treibhauseffekt [g CO₂/m² a]	Versäuerung [g SO₂/m² a]
	a Hartfaserplatte CO2n	2,3	16,1	30	495	1,64
	b Weichfaserplatte CO2n	1,6	2,9	80	23	0,06
	c Bretter / Latten CO2n		1,5	80	5	0,03
	d Sand / Kies / Geröll gebrochen	6,0	108,0	80	27	0,31
	e PE – Folie		0,2	80	7	0,05
	f Brettschichtholz CO2n	16,0	42,0	80	296	1,68
	Total		171		853	3,78

Technische Daten
Luftschalldämmmaß R'_w [dB] 55
Trittschallpegel $L'_{n,w}$ [dB] 52

Ökologische Gesamtbeurteilung
Kleiner Treibhauseffekt.
Kleine Versäuerung.
Bei guter technischer Gestaltung lange Lebensdauer der Oberflächen.
Mittleres Schadenpotential bei unsorgfältiger Detailplanung.
Mittleres Schadenpotential bei unsorgfältiger Ausführung.
Kleiner Entsorgungsaufwand.

Klassifizierte Stahlbetondecken nach DIN 4102, Teil 4 (Brandschutz)

Tabelle 9: Mindestdicken von Stahlbeton- und Spannbetonplatten aus Normalbeton ohne Hohlräume

Zeile	Konstruktionsmerkmale	Feuerwiderstandsklasse-Benennung [3] F 30-A	F 60-A	F 90-A	F 120-A	F 180-A
1	Mindestdicke *d* in mm unbekleideter Platten ohne Anordnung eines Estrichs					
1.1	bei statisch bestimmter Lagerung	60[1,2]	80[2]	100	120	150
1.2	statisch unbestimmter Lagerung	80[1,2]	80[1,2]	100	120	150
2	Mindestdicke *d* in mm punktförmig gestützter Platten unabhängig von der Anordnung eines Estrichs bei					
2.1	Decken mit Stützenkopfverstärkung	150	150	150	150	150
2.2	Decken ohne Stützenkopfverstärkung	150	200	200	200	200
3	Mindestdicke *d* in mm unbekleideter Platten mit Estrich der Baustoffklasse A, Gussasphaltestrich oder Walzasphalt	50	50	50	60	75
4	Mindestdicke D in mm = d + Estrichdicke bei					
4.1	statisch bestimmter Lagerung	60[1,2]	80[2]	100	120	150
4.2	statisch unbestimmter Lagerung	80[1,2]	80[1,2]	100	120	150
5	Mindestdicke *d* in mm unbekleideter Platten mit schwimmendem Estrich bei einer Dämmschicht nach Abschnitt 3.4.2.2 bei					
5.1	statisch bestimmter Lagerung	60[1,2]	60[1,2]	60[1,2]	60[1,2]	80[2]
5.2	statisch unbestimmter Lagerung	80[1,2]	80[1,2]	80[1,2]	80[1,2]	80[1,2]
6	Mindestestrichdicke d_1 in mm bei Estrichen aus Baustoffen der Baustoffklasse A, Gusphaltestrich [3] oder Walzasphalt [3]	25	25	25	30	40
7	Mindestdicke *d* in mm von Platten nach den Zeilen 1 und 3 bis 6 **mit Bekleidungen** aus					
7.1	Putzen nach den Abschnitten 3.1 6.1 bis 3.1.6.5	Mindestdicke *d* nach den Zeilen 1 bis 1.2, 3 und 5 bis 5.2, Abminderungen nach Tabelle 2 sind möglich, *d* jedoch nicht kleiner als 50				
7.2	Holzwolle-Leichtbauplatten nach Abschnitt 3.1.6.6 auch ohne Putz bei					
7.2.1	einer Dicke der Holzwolle-Leichtbauplatten ≥ 25 mm	50	50	-	-	-
7.2.2	einer Dicke der Holzwolle-Leichtbauplatten ≥ 50 mm	50	50	50	50	50
7.3	Unterdecken	*d* ≥ 50, Konstruktion nach Abschnitt 6.5				

1) Bei Betonfeuchtegehalten, angegeben als Massenanteil, > 4 % (siehe Abschnitt 3.1.7) sowie bei sehr dichter Bewehrungsanordnung (Stababstände < 100 mm) sind die Mindestdicken *d* nach den Zeilen 1 bis 1.2 und 5 bis 5.2 sowie die Mindestdicken *D* nach Zeile 4 bis 4.2 um 20 mm zu vergrößern.

2) Bei Platten mit mehrseitiger Brandbeanspruchung - z.B. bei auskragenden Platten - müssen die Mindestdicken *d* nach den Zeilen 1 bis 1.2 und 5 bis 5.2 sowie die Mindestdicken *D* nach den Zeilen 4 bis 4.2 jeweils ≥ 100 mm sein.

3) Bei Anordnung von Gussasphaltestrich, Walzasphalt, bei Verwendung von schwimmendem Estrich mit einer Dämmschicht der Baustoffklasse B und bei Verwendung von Holzwolle-Leichtbauplatten entsprechend Zeile 7.2 muss die Bennenung jeweils F 30-AB, F 60-AB, F 90-AB, F 120-AB und F 180-AB lauten.

Tabelle 10: Mindestdicken von Stahlbeton- und Spannbetonplatten aus Normalbeton mit Hohlräumen

Zeile	Konstruktionsmerkmale	Feuerwiderstandsklasse-Benennung [2] F 30-A	F 60-A	F 90-A	F 120-A	F 180-A
1	Mindestdicken von Hohlplatten **ohne brennbare Bestandteile**					
1.1	Mindestdicke d_2 in mm von Platten mit statisch					
1.1.1	bestimmter Lagerung - wegen Einfeldplatten mit Kragarm siehe Zeile 1.1.2 - bei Hohlräumen mit					
1.1.1.1	Rechteckquerschnitt	60	60	60	60	60
1.1.1.2	Kreis- oder Ovalquerschnitt	50	50	50	50	50
1.1.2	statisch unbestimmter Lagerung – ohne Massiv- und Halbmassivstreifen [1] sowie bei Einfeldplatten mit Kragarm bei Hohlräumen mit					
1.1.2.1	Rechteckquerschnitt	80	80	80	80	80
1.1.2.2	Kreis- oder Ovalquerschnitt	70	70	70	70	70
1.2	Mindestgesamtdicke *d* in mm unabhängig vom statischen System	*A* Netto /*b* ≥ *d* nach Tabelle 9				
2	Mindestdicken von Hohlplatten **mit brennbaren Bestandteilen**					
2.1	Mindestdicke d_2 in mm von Platten mit statisch					
2.1.1	bestimmter Lagerung bei Hohlräumen mit					
2.1.1.1	Rechteckquerschnitt	80	80	80	80	80
2.1.1.2	Kreis- oder Ovalquerschnitt	70	70	70	70	70
2.1.2	statisch unbestimmter Lagerung unabhängig vom Hohlraumquerschnitt	80	80	100	120	150
2.2	Mindestgesamtdicke *d* in mm unabhängig vom statischen System	*A* Netto /*b* ≥ *d* nach Tabelle 9				
3	Mindestdicke d_2 von **Hohlplatten mit Bekleidungen** aus					
3.1	Putzen nach den Abschnitten 3.1.6.1 bis 3.1.6.5	Mindestdicke d_2 nach den Zeilen 1.1 und 2.1, Abminderungen nach Tabelle 2 sind möglich, d_2 jedoch nicht kleiner als 50 mm.				
3.2	Holzwolle-Leichtbauplatten nach Abschnitt 3.1.6.6 auch ohne Putz bei					
3.2.1	einer Dicke der Holzwolle-Leichtbauplatten ≥ 25 mm	50	50	-	-	-
3.2.2	einer Dicke der Holzwolle-Leichtbauplatten ≥ 50 mm	50	50	50	50	50
3.3	Unterdecken	d_2 ≥ 50, Konstruktion nach Abschnitt 6.5				

1) Bei Hohlplatten mit Massiv- oder Halbmassivstreifen bis zu den Momentennullpunkten dürfen die Werte von Zeile 1.1.1 verwendet werden.

2) Bei Verwendung von Füllkörpern oder Holzwolle-Leichtbauplatten entsprechend Zeile 3.2 jeweils der Baustoffklasse B muss die Benennung jeweils F 30-AB, F 60-AB, F 90-AB, F 120-AB und F 180-AB lauten.

3.4 Feuerwiderstandsklassen von Decken aus Stahlbeton– und Spannbetonplatten aus Normalbeton und Leichtbeton mit geschlossenem Gefüge nach DIN 4219 Teil 1 und Teil 2

3.4.1 Geltungsbereich, Brandbeanspruchung

3.4.1.1 Die Angaben von Abschnitt 3.4 gelten für von unten oder von oben beanspruchte Stahlbeton- und Spannbetondecken aus Normalbeton sowie für gleichzustellende Dächer nach den folgenden Abschnitten von DIN 1045:
a) Abschnitt 19.7.6 - Fertigplatten mit statisch mitwirkender Ortbetonschicht,
b) Abschnitt 20.1 - Platten und
c) Abschnitt 22 - punktförmig gestützte Platten.
Die Angaben von Abschnitt 3.4 gelten sinngemäß auch für Balkendecken ohne Zwischenbauteile mit ebener Deckenuntersicht nach DIN 1045, Abschnitt 19.7.7.

Für Decken aus Leichtbeton mit geschlossenem Gefüge nach DIN 4219 Teil 1 und Teil 2 gelten die Randbedingungen von Abschnitt 3.4.6.

3.4.1.2 Bekleidungen an der Deckenunterseite - z.B. Holzschalungen - und die Anordnung von Fußbodenbelägen oder Bedachungen auf der Decken- bzw. Dachoberseite sind bei den klassifizierten Decken bzw. Dächern ohne weitere Nachweise erlaubt; gegebenenfalls sind bei Verwendung von Baustoffen der Klasse B jedoch bauaufsichtliche Anforderungen zu beachten.

3.4.1.3 Durch die klassifizierten Decken dürfen einzelne elektrische Leitungen durchgeführt werden, wenn der verbleibende Lochquerschnitt mit Mörtel oder Beton nach DIN 1045 vollständig verschlossen wird.

3.4.2 Mindestdicken von Platten ohne Hohlräume

3.4.2.1 Unbekleidete Stahlbeton- und Spannbetonplatten aus Normalbeton ohne Hohlräume müssen unabhängig von der Anordnung eines Estrichs die in Tabelle 9, Zeilen 1 bis 1.2 angegebenen Mindestdicken besitzen; bei punktförmig gestützten Platten müssen die Mindestwerte nach Zeile 2 eingehalten werden.

3.4.2.2 Sofern Estriche bei Platten nach Tabelle 9, Zeilen 1 bis 1.2 brandschutztechnisch berücksichtigt werden sollen, müssen die Mindestdicken für Platten und Estriche nach Tabelle 9, Zeilen 3 bis 6, eingehalten werden. Dämmschichten von schwimmenden Estrichen müssen bei Bemessung nach Tabelle 9, Zeilen 5 bis 5.2 DIN 18165 Teil 2, Abschnitt 2.2 entsprechen, mindestens der Baustoffklasse B2 angehören und eine Rohdichte ≥ 30 kg/m³ aufweisen.

3.4.2.3 Sofern Bekleidungen bei Platten nach Tabelle 9, Zeilen 1 bis 1.2 und 3 bis 6 brandschutztechnisch berücksichtigt werden sollen, gelten die Mindestwerte von Zeilen 7 bis 7.3.

Anmerkung: Für die Durchführung von gebündelten elektrischen Leitungen sind Abschottungen erforderlich, deren Feuerwiderstandsklasse durch Prüfungen nach DIN 4102 Teil 9 nachzuweisen ist; ihre Brauchbarkeit ist besonders nachzuweisen – z.B. im Rahmen der Erteilung einer allgemeinen bauaufsichtlichen Zulassung.

3.4.3 Mindestdicken von Platten mit Hohlräumen

3.4.3.1 Stahlbeton- und Spannbetonplatten aus Normalbeton mit Hohlräumen (a/h_1 > 1; Formelzeichen siehe Bild 8) ohne brennbare Bestandteile müssen die in Tabelle 10, Zeilen 1 bis 1.2, angegebenen Mindestdicken besitzen; bei Hohlräumen mit Baustoffen der Baustoffklasse B – z.B. bei Anordnung von Füllkörpern – müssen die Mindestwerte nach den Zeilen 2 bis 2.2 eingehalten werden.

Stahlbetonhohldielen nach DIN 1045, Abschnitt 19.7.9, werden in Abschnitt 3.5 behandelt.

3.4.3.2 Der Quotient A_{Netto}/b errechnet sich aus der Nettoquerschnittsfläche und der dazugehörigen Breite nach den Angaben von Bild 8.

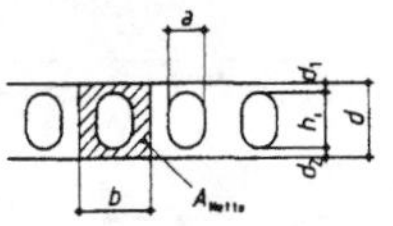

Bild 8: Beispiel für A_{Netto} und *b* bei Decken mit Hohlräumen

3.4.3.3 Sofern Bekleidungen brandschutztechnisch berücksichtigt werden sollen, gelten für die Dicke d_2 die Mindestwerte nach Tabelle 10, Zeilen 3 bis 3.3.

3.4.4 Mindestachsabstand der Bewehrung von frei aufliegenden Platten

3.4.4.1 Die Feldbwehrung frei aufliegender Stahlbeton- und Spannbetonplatten aus Normalbeton muss unter Beachtung der Abschnitte 3.4.4.2 bis 3.4.4.4, die in Tabelle 11 angegebenen Mindestachsabstände besitzen. Die Tabellenwerte beziehen sich immer auf die untere Lage der Tragbewehrung.

3.4.4.2 Bei einer Feldbewehrung mit unterschiedlichen Stabdurchmessern und bei mehrlagiger Feldbewehrung darf nach den Angaben von Bild 6 statt des Achsabstandes *u* der mittlere Achsabstand u_m nach Gleichung (4) verwendet werden. u_m muss ≥ *u* nach Tabelle 11 sein, und der Achsabstand des zur Oberfläche am nächsten liegenden Einzelstabes muss ≥ 10 mm und ≥ 0,5 *u* nach Tabelle 11 sein.

3.4.4.3 Bei auskragenden Platten muss die Bewehrung zur Plattenoberseite die in Tabelle 12, Zeilen 1 bis 1.2 und 2 angegebenen Mindestachsabstände besitzen. Dasselbe gilt für eine gegebenenfalls vorhandene oben liegende Drillbewehrung zweiachsig gespannter Platten.

3.4.4.4 Bei dreiseitig gelagerten Platten mit freiem Rand, bei dem der Brandangriff 2- oder 3-seitig erfolgen kann, muss die in der Regel erforderliche Bewehrung des freien Randes die in Tabelle 11, Zeilen 1 bis 1.3.2 angegebenen Mindestachsabstände *u* auch von der Seite besitzen.

3.4.5 Mindestachsabstände der Bewehrung durchlaufender oder eingespannter sowie punktförmig gestützter Platten

3.4.5.1 Durchlaufende oder eingespannte sowie punktförmig gestützte Stahlbeton- und Spannbetonplatten aus Normalbeton müssen unter Beachtung von Abschnitt 3.4.5 die in Tabelle 12 angegebenen Mindestachsabstände besitzen.

3.4.5.2 Bei einer Feldbewehrung mit unterschiedlichen Stabdurchmessern und bei mehrlagiger Feldbewehrung gelten die Angaben über u_m in Abschnitt 3.4.4.2 bezüglich Tabelle 12 sinngemäß.

3.4.5.3 Der Achsabstand der Feldbewehrung darf nach den Angaben von Tabelle 12, Zeilen 3.1.2.1 und 3.1.2.2 bestimmt werden, wenn die Stützbewehrung an jeder Stelle gegenüber der nach DIN 1045 erforderlichen Stützbewehrung um 0,15 *l* verlängert wird - bei durchlaufenden Platten ist *l* die Stützweite des angrenzenden größeren Feldes.

3.4.5.4 Bei punktförmig gestützten Platten ist über die Breite der Stützstreifen beider Richtungen eine durchgehende, oben **liegende Mindestbewehrung von 20 % der über den Stützpunkten erforderlichen Bewehrung** anzuordnen. Bei vorgespannten Platten ist diese Mindestbewehrung für 20 % der über den Stützpunkten im Gebrauchszustand vorhandenen Gesamt–Zugkraft auszulegen.

3.4.6 Feuerwiderstandsklassen von Decken aus Leichtbeton mit geschlossenem Gefüge nach DIN 4219 Teil 1 und Teil 2

3.4.6.1 Für die Bemessung von Decken aus Leichtbeton mit geschlossenem Gefüge nach DIN 4219 Teil 1 und Teil 2 gilt Abschnitt 3.4 unter Beachtung der Randbedingungen der Abschnitte 3.4.6.2 bis 3.4.6.5.

3.4.6.2 Die in Abschnitt 3.4.6 klassifizierten Decken dürfen nur eingebaut werden, wenn die Umweltbedingungen DIN 1045, Abschnitt 13, Tabelle 10, Zeilen 1 oder 2 entsprechen.

3.4.6.3 Für Platten **ohne** Hohlräume nach Tabelle 9 gelten folgende Mindestdicken, wobei Zeilen 2 bis 2.2 nicht angewendet werden dürfen:

Zeile 1:	für alle Feuerwiderstandsklassen min. *d* = 150 mm
Zeile 3:	für alle Feuerwiderstandsklassen min. *d* = 100 mm
Zeile 4:	für alle Feuerwiderstandsklassen min. *d* = 150 mm
Zeile 5:	für alle Feuerwiderstandsklassen min. *d* = 100 mm
Zeile 6:	unverändert
Zeile 7:	unverändert

3.4.6.4 Platten **mit** Hohlräumen dürfen nur entsprechend nachstehender Zeilen der Tabelle 10 mit den zugehörigen Mindestdicken ausgeführt werden:

Zeile 1.1.1.2:	für alle F–Klassen	mind. d_2 = 70 mm
Zeile 1.1.2.2:	für alle F–Klassen	mind. d_2 = 70 mm
Zeile 1.2:	unverändert	
Zeile 2.1.1.2:	für alle F–Klassen	mind. d_2 = 70 mm
Zeile 2.1.2:	für alle F–Klassen	mind. d_2 = 150 mm
Zeile 2.2:	unverändert	
Zeile 3:	unverändert	

Klassifizierte Stahlbetondecken nach DIN 4102, Teil 4 (Brandschutz)

Tabelle 11: Mindestachsabstand der Feldbewehrung von frei aufliegenden Stahlbetonplatten [3)] aus Normalbeton

Zeile	Konstruktionsmerkmale	F 30	F 60	F 90	F 120	F 180
		Feuerwiderstandsklasse				
1	Mindestachsabstand u in mm **einachsig gespannte Platten**					
1.1	**Stahlbeton, unbekleidet**	10	25	35	45	60 [1)]
1.2	Stahlbetondecken mit Stahlblech als verlorene Schalung (Profilhöhe der Stahlbleche ≤ 50 mm)	10	20	30	40	55
1.3	**Platten mit konstruktivem Querabtrag** bei einer Plattenbreite b mit					
1.3.1	$b/l ≤ 1,0$ [2)],	10	10	20	30	40
1.3.2	$b/l ≥ 3,0$ [2)],	10	25	35	45	60 [1)]
2	Mindestachsabstand u in mm **unbekleideter zweiachsig gespannter Platten** bei					
2.1	3-seitiger Lagerung mit $\frac{l_y}{l_x} > 1,0$	10	25	35	45	60 [1)]
2.2	3-seitiger Lagerung mit $1,0 ≥ \frac{l_y}{l_x} ≥ 0,7$	10	20	30	35	45
2.3	3-seitiger Lagerung mit $0,7 > \frac{l_y}{l_x}$	10	15	25	30	40
2.4	4-seitiger Lagerung [n] mit $1,5 ≥ \frac{l_y}{l_x}$	10	10	15	20	30
2.5	4-seitiger Lagerung [n] mit $\frac{l_y}{l_x} ≥ 3,0$	10	25	35	45	60 [1)]
3	Mindestachsabstand u in mm von **Platten mit Bekleidung** aus					
3.1	Putzen nach den Abschnitten 3.1.6.1 bis 3.1.6.5	Mindestachsabstand u nach den Zeilen 1 bis 1.3.2 und 2 bis 2.5, Abminderungen nach Tabelle 2 sind möglich, u jedoch nicht kleiner als 10.				
3.2	Holzwolle–Leichtbauplatten nach Abschnitt 3.1.6.6 auch ohne Putz bei					
3.2.1	einer Dicke der Holzwolle–Leichtbauplatten ≥ 25 mm	10	10	–	–	–
3.2.2	einer Dicke der Holzwolle–Leichtbauplatten ≥ 50 mm	10	10	10	10	15
3.3	Unterdecken	$u ≥ 10$, Konstruktion nach Abschnitt 6.5				

[1)] Bei einer Betondeckung $c > 50$ mm ist eine Schutzbewehrung nach Abschnitt 3.1.5 erforderlich

[n] Zwischenwerte zwischen den Zeilen 1.3.1 und 1.3.2 bzw. 2.4 und 2.5 dürfen geradlinig interpoliert werden.

[3)] Die Tabellenwerte gelten auch für **Spannbetonplatten**; die Mindestachsabstände u sind jedoch nach den Angaben von Tabelle 1 um die Δu-Werte zu erhöhen.

Tabelle 12: Mindestachsabstand der Bewehrung durchlaufender oder eingespannter sowie punktförmig gestützter Stahlbetonplatten [2)] aus Normalbeton

Zeile	Konstruktionsmerkmale	F 30	F 60	F 90	F 120	F 180
		Feuerwiderstandsklasse				
1	Mindestachsabstand u_o in mm der Stütz– bzw. Einspannbewehrung [2)]					
1.1	ohne Anordnung von Estrichen	10	10	15	30	50
1.2	bei Anordnung eines nichtbrennbaren Estrichs, eines Gussasphaltestrichs oder von Walzasphalt	10	10	10	15	20
2	Mindestdicke des Estrichs D in mm bei Wahl von u_o nach Zeile 1.2	–	–	10	15	30
3	Mindestachsabstand u in mm der Feldbewehrung [2)]					
3.1	**unbekleideter, einachsig gespannter Platten** bei einer Anordnung der Stütz– bzw. Einspannbewehrung					
3.1.1	nach DIN 1045	10	25	35	45	60 [1)]
3.1.1.1	2-seitig gelagert	10	25	35	45	60 [1)]
3.1.1.2	Platten mit konstruktivem Querabtrag bei einer Plattenbreite b mit					
3.1.1.2.1	$b/l ≤ 1,5$ [3)]	10	10	20	30	40
3.1.1.2.2	$b/l ≥ 3,0$ [3)]	10	25	35	45	60 [1)]
3.1.2	nach Abschnitt 3.4.5.3 bei einem Stützweitenverhältnis					
3.1.2.1	min $l < 0,8$ max l [3)]	10	10	25	35	55 [1)]
3.1.2.2	min $l ≥ 0,8$ max l [3)]	10	10	15	25	45 [1)]
3.2	**unbekleideter, zweiachsig gespannter Platten** bei einer Anordnung der Stütz– bzw. Einspannbewehrung nach DIN 1045 unabhängig vom Seitenverhältnis bei					
3.2.1	3-seitiger Lagerung	10	15	25	30	40
3.2.2	4-seitiger Lagerung	10	10	15	20	30
3.3	**unbekleideter, punktförmig gestützter Platten** unabhängig vom Seitenverhältnis	10	15	25	35	45
4	Mindestachsabstand u der Feldbewehrung von **Platten mit Bekleidung** aus					
4.1	Putzen nach den Abschnitten 3.1.6.1 bis 3.1.6.5	Mindestachsabstand u nach den Zeilen 3 bis 3.3.2, Abminderungen nach Tabelle 2 sind möglich, u jedoch nicht kleiner als 10.				
4.2	Holzwolle–Leichtbauplatten nach Abschnitt 3.1.6.6 auch ohne Putz bei					
4.2.1	einer Dicke der Holzwolle–Leichtbauplatten ≥ 25 mm	10	10	–	–	–
4.2.2	einer Dicke der Holzwolle–Leichtbauplatten ≥ 50 mm	10	10	10	10	15
4.3	Unterdecken	$u ≥ 10$ mm, Konstruktion nach Abschnitt 6.5				

[1)] Bei einer Betondeckung $c > 50$ mm ist eine Schutzbewehrung nach Abschnitt 3.1.5 erforderlich.

[2)] Bei **Spannbetonplatten** aus Normalbeton sind die u-Werte um die Δu-Werte nach Tabelle 1 zu erhöhen.

[3)] Zwischenwerte dürfen geradlinig interpoliert werden.

3.4.6.5 Der Mindestachsabstand der Feldbewehrung nach den Tabellen 11 und 12 darf folgendermaßen verringert werden:
- Rohdichteklasse 2,0 um 5 %,
- Rohdichteklasse 1,0 um 20 %;
- geradlinige Interpolation ist zugelassen.

Tabelle 12, Zeile 3.3, darf nicht angewendet werden.

Bei dieser Verringerung dürfen folgende Werte nicht unterschritten werden:

F 30–A: min. u siehe DIN 4219 Teil 2
≥ F 60–A: min. u = 30 mm.

3.5 Feuerwiderstandsklassen von Decken aus Stahlbetonhohldielen und Porenbetonplatten

3.5.1 Anwendungsbereich, Brandbeanspruchung

3.5.1.1 Die folgenden Angaben gelten für von unten oder oben beanspruchte Decken sowie gleichzustellende Dächer aus

a) Stahlbetonhohldielen aus Normalbeton nach DIN 1045, Abschnitt 19.7 - insbesondere Abschnitt 19.7.3 und 19.7.9 -,

b) Stahlbetonhohldielen aus Leichtbeton mit haufwerksporigem Gefüge nach DIN 4028 und

c) Porenbetonplatten nach DIN 4223.

Die Hohlräume in Hohldielen nach Aufzählungen a) und b) besitzen ein Verhältnis $a/h ≤ 1$ (Formelzeichen siehe Bild 8).

3.5.1.2 Bei Anordnung von Bekleidungen und Fußbodenbelägen oder Bedachungen sowie bei Durchführung von elektrischen Leitungen gelten die Bestimmungen der Abschnitte 3.4.1.2 und 3.4.1.3

3.5.2 Mindestdicken von Stahlbetonhohldielen und Porenbetonplatten

3.5.2.1 Unbekleidete Stahlbetonhohldielen und Porenbetonplatten müssen unabhängig von der Anordnung eines Estrichs die in Tabelle 13, Zeilen 1.1, 4 bis 4.2 und 5 bis 5.2 angegebenen Mindestdicken besitzen.

3.5.2.2 Sofern Estriche bei Stahlbetonhohldielen aus Normalbeton nach Tabelle 13, Zeile 1, brandschutztechnisch berücksichtigt werden sollen, müssen die Mindestdicken für Platten und Estriche nach Tabelle 13, Zeilen 1.2 bzw. 1.3 sowie 2 bzw. 3 eingehalten werden. Dämmschichten von schwimmenden Estrichen müssen bei Bemessung nach DIN 18165 Teil 2, Abschnitt 2.2, Tabelle 13, Zeile 1.3, entsprechen, mindestens der Baustoffklasse B2 angehören und eine Rohdichte von ≥ 30 kg /m³ besitzen.

3.5.3 Mindestachsabstand der Bewehrung von Stahlbetonhohldielen und Porenbetonplatten

3.5.3.1 Die Bewehrung von Stahlbetonhohldielen und Porenbetonplatten muss die in der Tabelle 14 angegebenen Mindestachsabstände besitzen.

3.5.3.2 Bei einer Bewehrung mit unterschiedlichen Stabdurchmessern und bei einer mehrlagigen Bewehrung darf entsprechend den Angaben von Bild 6 statt des Achsabstandes u der mittlere Achsabstand u_m nach Gleichung (4) verwendet werden. u_m muss ≥ u nach Tabelle 14 sein, und der Achsabstand des zur Oberfläche am nächsten liegenden Einzelstabes muss ≥ 12 mm und ≥ 0,5 u nach Tabelle 14 sein.

3.6 Feuerwiderstandsklassen von Stahlbeton– und Spannbetondecken bzw. –dächern aus Fertigteilen aus Normalbeton

3.6.1 Anwendungsbereich, Brandbeanspruchung

3.6.1.1 Die folgenden Angaben gelten für von unten oder oben beanspruchte Stahlbeton– und Spannbetondecken aus Fertigteilen aus Normalbeton entsprechend DIN 1045, Abschnitt 19, sowie für gleichzustellende Dächer, soweit diese Decken und Dächer nicht bereits in den Abschnitten 3.4 und 3.5 behandelt wurden.

3.6.1.2 Bei Anordnung von Bekleidungen und Fußbodenbelägen sowie bei Bedachungen sowie bei Durchführung von elektrischen Leitungen gelten die Bestimmungen der Abschnitte 3.4.1.2 und 3.4.1.3.

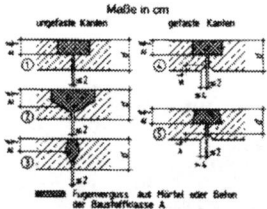

Bild 9. Geschlossene Fugen zwischen Fertigteilplatten (Schema für die Ausführungen 1 bis 5)

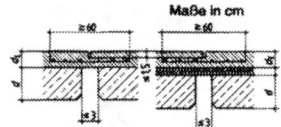

Bild 10. Offene Fugen zwischen Fertigteilplatten (Schema)

3.6.2 Decken aus Fertigteilplatten

3.6.2.1 Decken aus Fertigteilplatten müssen hinsichtlich der Mindestdicken und –achsabstände die in Abschnitt 3.4 wiedergegebenen Bedingungen erfüllen.

3.6.2.2 Fugen zwischen Fertigteilplatten sind nach den Angaben von Bild 9 mit Mörtel oder Beton der Baustoffklasse A zu schließen.

Gefaste Kanten dürfen unberücksichtigt bleiben, wenn die Fasung ≤ 4 cm bleibt. Bei Fasungen > 4 cm ist die Mindestdicke d nach Abschnitt 3.4.2 bzw. nach Abschnitt 3.4.3 auf den Endpunkt der Fasung zu beziehen.

3.6.2.3 Fugen zwischen Fertigteilplatten dürfen bis zu einer Breite von 3 cm auch offen bleiben, wenn auf der Plattenoberseite ein im Fugenbereich bewehrter Estrich oder Beton jeweils aus Baustoffen der Klasse A nach den Angaben von Bild 10 und Tabelle 15 angeordnet wird.

Der Estrich oder Beton darf zur Erzielung einer Sollbruchfuge auf der Oberseite einen maximal 1,5 cm tiefen Einschnitt erhalten. Der Einschnitt darf mit Fugendichtungsmassen im Sinne von DIN EN 26927 geschlossen werden.

Dämmschichten von schwimmenden Estrichen müssen bei einer derartigen Ausführung DIN 18165 Teil 2, Abschnitt 2.2 entsprechen, mindestens der Baustoffklasse A angehören und eine Rohdichte ≥ 30 kg/m³ besitzen.

Klassifizierte Stahlbetondecken nach DIN 4102, Teil 4 (Brandschutz)

Tabelle 13: Mindestdicken von Stahlbetonhohldielen und Porenbetonplatten

Zeile	Konstruktionsmerkmale		Feuerwiderstandsklasse—Benennung [2]				
			F 30–A	F 60–A	F 90–A	F 120–A	F 180–A
1	Mindestdicke d in mm **unbekleideter Stahlbetonhohldielen aus Normalbeton**						
1.1	unabhängig von der Anordnung eines Estrichs		80 [1]	100	120	140	170
1.2	bei Anordnung eines Estrichs der Baustoffklasse A oder eines Gussasphaltestrichs		80 [1]	80 [1]	80 [1]	80 [1]	80 [1]
1.3	bei Anordnung eines schwimmenden Estrichs mit einer Dämmschicht nach Abschnitt 3.5.2.2		80 [1]	80 [1]	80 [1]	80 [1]	80 [1]
2	Mindestdicke D in mm = d + Estrichdicke bei Estrichen nach Zeile 1.2		80 [1]	100	120	140	170
3	Mindestestrichdicke d_1 in mm bei Estrichen aus Baustoffen der Baustoffklasse A oder Gussasphaltestrich		25	25	25	30	40
4	Mindestdicke d in mm **unbekleideter Stahlbetonhohldielen aus haufwerksporigem Leichtbeton** unabhängig von der Anordnung eines Estrichs bei Fugen						
4.1	nach DIN 4028, Bild 2 a,		75	75	75	100	125
4.2	nach DIN 4028, Bild 2 b und Bild 2 c		75	75	100	125	150
5	Mindestdicke d in mm **unbekleideter Porenbetonplatten** unabhängig von der Anordnung eines Estrichs bei Fugen						
5.1	a) b) c)		75	75	75	100	125
5.2	d) e)		75	75	100	125	150
6	Mindestdicke d in mm nach den Zeilen 1 bis 1.3 bei **Stahlbetonhohldielen aus Normalbeton mit Putzen** nach den Abschnitten 3.1.6.1 bis 3.1.6.5		Mindestdicke d nach den Zeilen 1 bis 1.3, Abminderungen nach Tabelle 2 sind möglich; d jedoch nicht kleiner als 80 mm.				
7	Mindestdicke d in mm nach den Zeilen 4 bis 4.2 und 5 bis 5.2 bei **Stahlbetonhohldielen aus haufwerksporigem Leichtbeton und bei Porenbetonplatten mit Putzen** nach den Abschnitten		Mindestdicke d nach den Zeilen 4 bis 4.2 und 5 bis 5.2, Abminderungen nach Tabelle 2 sind möglich; d jedoch nicht kleiner als				
	3.1.6.1 bis 3.1.6.5		50	50	75	100	125
8	Mindestdicke d in mm nach den Zeilen 1 bis 5 bei Hohldielen und Porenbetonplatten mit Unterdecken		$d \geq 50$ mm, Konstruktion nach Abschnitt 6.5				

[1] Bei Betonfeuchtegehalten, angegeben als Massenanteil, > 4 % (siehe Abschnitt 3.1.7) sowie bei Hohldielen mit sehr dichter Bewehrungsanordnung (Stababstände < 100 mm) muss die Dicke mindestens 100 mm betragen.

[2] Bei Anordnung von Gussasphaltestrich und bei Verwendung von schwimmendem Estrich mit einer Dämmschicht der Baustoffklasse B nach Zeile 1.3 muss die Benennung jeweils F 30–AB, F 60–AB, F 90–AB, F 120–AB und F 180–AB lauten.

Tabelle 14: Mindestachsabstand der Bewehrung von Stahlbetonhohldielen und Porenbetonplatten

Zeile	Konstruktionsmerkmale	Feuerwiderstandsklasse				
		F 30	F 60	F 90	F 120	F 180
1	Mindestachsabstand u in mm **unbekleideter Stahlbetonhohldielen** aus					
1.1	Normalbeton	10	25	35	45	60 [1]
1.2	haufwerksporigem Leichtbeton	10	10	23	33	48
2	Mindestachsabstand u in mm **unbekleideter Porenbetonplatten**	10	20	30	40	55 [1]
3	Mindestachsabstand u in mm von Stahlbetonhohldielen aus **Normalbeton mit Putzen** nach den Abschnitten 3.1.6.1 bis 3.1.6.5	Mindestachsabstand u nach Zeile 1.1, Abminderungen nach Tabelle 2 sind möglich; u jedoch nicht kleiner als 10.				
4	Mindestachsabstand u in mm von Stahlbetonhohldielen aus **haufwerksporigem Leichtbeton und Porenbetonplatten jeweils mit Putzen** nach den Abschnitten 3.1.6.1 bis 3.1.6.5	Mindestachsabstand u nach den Zeilen 1.2 und 2, Abminderungen nach Tab. 2 sind möglich; u jedoch nicht kleiner als 10.				
5	Mindestachsabstand u in mm von Stahlbetonhohldielen und Porenbetonplatten jeweils mit Unterdecken	$u \geq 10$ mm, Konstruktion nach Abschnitt 6.5.				

[1] Bei einer Betondeckung $c > 50$ mm ist eine Schutzbewehrung nach Abschnitt 3.1.5 erforderlich.

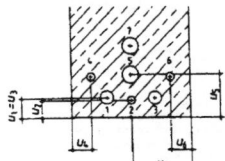

Bild 6: Formelzeichen bei der Berechnung von u_m

$$u_m = \frac{A_1 u_1 + A_2 u_2 + \dots A_n u_n}{\sum A_{1 \dots n}} \qquad (4)$$

Tabelle 16: Übersicht über die maßgebenden Tabellen für Bemessung von Stahlbeton- und Spannbeton-Rippendecken aus Normalbeton ohne Zwischenbauteile

Zeile	Lastabtragung	Statisches System	Ausführung der Auflagerbereiche	Maßgebende Bemessungstabelle für die Querschnittsabmessungen b und d	Achsabstände u, u_0 und u_0 sowie für n
1	2-achsig		ohne Massiv- oder Halbmassivstreifen	17 und 18	19
2	2-achsig		ohne Massiv- oder Halbmassivstreifen	20 und 22	23
3	2-achsig		mit Massiv- oder Halbmassivstreifen	21 und 22	23
4	1-achsig		mit Massiv- oder Halbmassivstreifen	24 und 22	25
5	1-achsig		ohne Massiv- oder Halbmassivstreifen	26	26

Tabelle 15: Mindestdicken d und d_E bei Fugen zwischen Fertigteilplatten nach Bild 10

	Mindestdicken d und d_E in mm für die Feuerwiderstandsklasse				
	F 30	F 60	F 90	F 120	F 180
d	siehe Abschnitt 3.4.2 Tabelle 9				
d_E	30	30	40	45	50

Maße in cm

3.6.2.4 Fugen zwischen Fertigteilen und an Rändern dürfen bei Dächern bis zu einer Breite von 2 cm auch offenbleiben, wenn auf der Plattenoberseite eine Wärmedämmung aus Dämmschichten der Baustoffklasse A (Rohdichte ≥ 30 kg/m³) in einer Dicke von $d \geq 8$ cm nach Bild 11 angeordnet wird.

Maße in cm

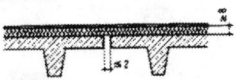

Bedachung,
Dämmung Baustoffklasse A,
TT–Platten oder ähnliches schlaff bewehrt bzw. vorgespannt

a) Dächer aus TT–Platten

Maße in cm

Dämmung Baustoffklasse A,
TT–Platte oder ähnliches

b) Ränder des Daches

Bild 11: Offene Fugen bei Fertigteildächern

3.6.3 Plattenbalken- und Rippendecken aus Fertigteilen

3.6.3.1 Plattenbalken- und Rippendecken aus Fertigteilen müssen hinsichtlich der Mindestquerschnittsabmessungen und –achsabstände die in den Abschnitten 3.7 und 3.8 wiedergegebenen Bedingungen erfüllen.

3.6.3.2 Fugen zwischen Plattenteilen sind nach den Angaben von Abschnitt 3.6.2 auszuführen.

3.6.3.3 Fugen zwischen Balken oder Rippen sind nach den Angaben von Bild 12 mit Mörtel oder Beton der Baustoffklasse A zu schließen.

3.6.3.4 Werden die Fugen nach den Angaben von Bild 12 ausgeführt, dürfen die in den Abschnitten 3.7 und 3.8 angegebenen Mindestbalken– bzw. Mindestrippenbreiten auf zwei aneinander grenzende Fertigteile bezogen werden. Die Breite einer einzelnen Rippe b' – siehe Bild 12 – darf nicht schmaler als $(b/2) - 1$ cm werden.
Bei Sollfugenbreiten > 2,0 cm ist b auf die Einzelbalken bzw. –rippen (Randträger) eines Fertigteils zu beziehen.

Maße in cm

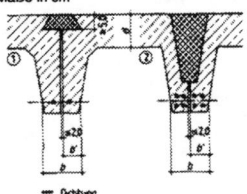

Bild 12. Fugen zwischen Balken oder Rippen von Fertigteilen (Schema)

3.7 Feuerwiderstandsklassen von Stahlbeton– und Spannbeton–Rippendecken aus Normalbeton bzw. Leichtbeton mit geschlossenem Gefüge nach DIN 4219 Teil 1 und Teil 2 o h n e Zwischenbauteile

3.7.1 Anwendungsbereich, Brandbeanspruchung

3.7.1.1 Die Angaben von Abschnitt 3.7 gelten für von unten oder oben beanspruchte Stahlbeton– und Spannbeton–Rippendecken aus Normalbeton ohne Zwischenbauteile sowie gleichzustellende Dächer den folgenden Abschnitten von DIN 1045:

a) Abschnitt 19.7.8 – Rippendecken mit ganz oder teilweise vorgefertigten Rippen und

b) Abschnitt 21.2 – Rippendecken.

3.7.1.2 Bei Anordnung von Bekleidungen und Fußbodenbelägen oder Bedachungen sowie bei Durchführung von elektrischen Leitungen gelten die Bestimmungen der Abschnitte 3.4.1.2 und 3.4.1.3.

3.7.2 Randbedingungen

3.7.2.1 Für die Bemessung von Stahlbeton– und Spannbeton–Rippendecken aus Normalbeton ohne Zwischenbauteile gelten unter Beachtung von Abschnitt 3.7.2, in Abhängigkeit von der Lastabtragung, dem statischen System und der Ausführung der Auflagerbereiche die in Tabelle 16 angegebenen Tabellen 17 bis 26.

3.7.2.2 Bei Rippen mit mehrlagiger Bewehrung darf b in Höhe des Bewehrungsschwerpunkts gemessen werden.

Klassifizierte Stahlbetondecken nach DIN 4102, Teil 4 (Brandschutz)

Tabelle 17: Mindestbreite und Mindestdicke von 2-achsig gespannten einfeldrigen Stahlbeton- und Spannbeton-Rippendecken aus Normalbeton **o h n e** Zwischenbauteile und **o h n e** Massiv- oder Halbmassivstreifen

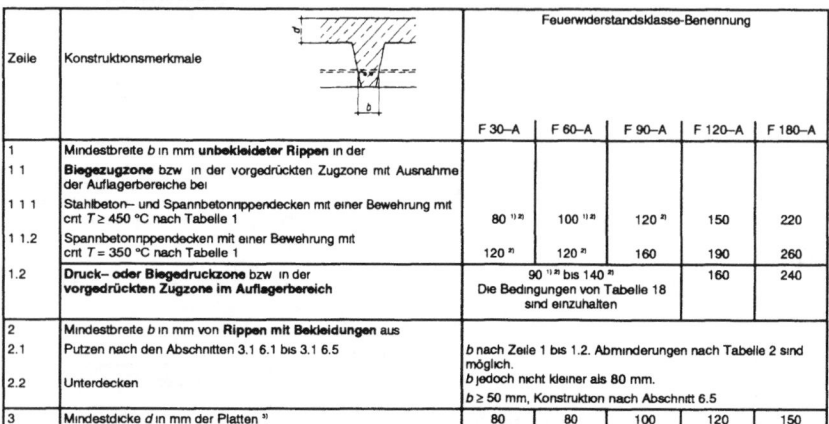

Zeile	Konstruktionsmerkmale	Feuerwiderstandsklasse-Benennung				
		F 30-A	F 60-A	F 90-A	F 120-A	F 180-A
1	Mindestbreite b in mm **unbekleideter Rippen** in der					
1.1	**Biegezugzone** bzw. in der vorgedrückten Zugzone mit Ausnahme der Auflagerbereiche bei					
1.1.1	Stahlbeton- und Spannbetonrippendecken mit einer Bewehrung mit crit $T \geq 450$ °C nach Tabelle 1	80 [1][2]	100 [1][2]	120 [2]	150	220
1.1.2	Spannbetonrippendecken mit einer Bewehrung mit crit $T = 350$ °C nach Tabelle 1	120 [2]	120 [2]	160	190	260
1.2	**Druck- oder Biegedruckzone** bzw. in der vorgedrückten Zugzone im Auflagerbereich	90 [1][2] bis 140 [2] Die Bedingungen von Tabelle 18 sind einzuhalten			160	240
2	Mindestbreite b in mm von **Rippen mit Bekleidungen** aus					
2.1	Putzen nach den Abschnitten 3.1.6.1 bis 3.1.6.5	b nach Zeile 1 bis 1.2. Abminderungen nach Tabelle 2 sind möglich. b jedoch nicht kleiner als 80 mm.				
2.2	Unterdecken	b ≥ 50 mm, Konstruktion nach Abschnitt 6.5				
3	Mindestdicke d in mm der Platten [3]	80	80	100	120	150

[1] Bei Betonfeuchtegehalten, angegeben als Massenanteil, > 4 Gew.-% (siehe Abschnitt 3.1.7) sowie bei Rippen mit sehr dichter Bügelbewehrung (Stababstände < 100 mm) muss die Breite mindestens 120 mm betragen.

[2] Wird die Bewehrung in der Symmetrieachse konzentriert und werden dabei mehr als zwei Bewehrungsstäbe oder Spannglieder übereinander angeordnet, dann sind die angegebenen Mindestbreiten unabhängig vom Betonfeuchtegehalt um den zweifachen Wert des verwendeten Bewehrungsstabdurchmessers – bei Stabbündeln um den zweifachen Wert des Vergleichsdurchmessers d_V – zu vergrößern (zu verbreitern). Bei b ≥ 150 mm braucht diese Zusatzmaßnahme nicht mehr angewendet zu werden

[3] Sofern bei der Wahl von d ein Estrich oder eine Bekleidung berücksichtigt werden sollen, gelten die Mindestdicken von Tabelle 9, Zeilen 3 bis 7.3

Tabelle 18: Mindest-k_1-Werte bei Stahlbetonrippen und maximal zulässige Betondruckrandspannungen σ bei Spannbetonrippen in Abhängigkeit von der Mindestrippenbreite b

Mindestrippenbreite b mm	Mindest-k_1-Werte bei Stahlbetonrippen bei der Betonfestigkeitsklasse					Maximal zulässige Betondruckrandspannung σ bei Spannbetonrippen N/mm²
	B 15	B 25	B 35	B 45	B 55	
90	3,7	3,4	3,0	4,0	5,4	3,5
100	3,1	3,0	2,5	2,8	3,7	7,0
110	2,2	2,4	2,2	2,3	2,6	10,0
120		1,7	1,5	2,0	2,2	13,5
130				1,4	1,9	16,5
140					1,3	20,0
≥ 150	Keine Begrenzung					

Tabelle 19: Mindestachsabstände sowie Mindeststabzahl einlagig bewehrter, 2-achsig gespannter, einfeldriger Stahlbetonrippendecken [5] aus Normalbeton **o h n e** Zwischenbauteile und **o h n e** Massiv- oder Halbmassivstreifen

Zeile	Konstruktionsmerkmale	Feuerwiderstandsklasse				
		F 30	F 60	F 90	F 120	F 180
1	Mindestachsabstände u [1] und u_s [1] sowie Mindeststabzahl n [2] der Feldbewehrung **unbekleideter Rippen**					
1.1	bei einer Rippenbreite b in mm von	80	≤ 120	≤ 160	≤ 190	≤ 260
1.1.1	u in mm	15	25	40	55 [3]	75 [3]
1.1.2	u_s in mm	25	35	50	65	85
1.1.3	n	1	2	2	2	2
1.2	bei einer Rippenbreite b in mm von	≥ 160	≥ 200	≥ 250	≥ 300	≥ 400
1.2.1	u in mm	10	15	30	40	60 [3]
1.2.2	u_s in mm	20	25	40	50	70
1.2.3	n	2	3	4	4	4
2	Mindestachsabstände der Bewehrung **unbekleideter Platten** bei der					
2.1	Stützbewehrung u_o in mm [4]	10	10	15	30	50
2.2	Feldbewehrung u in mm	10	10	10	25	45
3	Mindestachsabstand u und u_s in mm der Feldbewehrung der Rippen und Platten jeweils mit Bekleidungen aus					
3.1	Putzen nach den Abschnitten 3.1.6.1 bis 3.1.6.5	Mindestachsabstände u und u_s nach den Zeilen 1 bis 1.2.3 und 2.2, Abminderungen nach Tabelle 2 sind möglich; u und u_s jedoch nicht kleiner als 10 mm.				
3.2	Unterdecken	$u \geq 10$ mm, Konstruktion nach Abschnitt 6.5				

[1] Zwischen den u- und u_s-Werten nach den Zeilen 1 bis 1.2.7 darf in Abhängigkeit von der Rippenbreite b geradlinig interpoliert werden.

[2] Die geforderte Mindeststabzahl n darf unterschritten werden, wenn der seitliche Achsabstand u_s pro entfallendem Stab jeweils um 10 mm vergrößert wird; Stabbündel gelten in diesem Falle als ein Stab.

[3] Bei einer Betondeckung c > 50 mm ist eine Schutzbewehrung nach Abschnitt 3.1.5 erforderlich.

[4] Sofern bei der Wahl von u_o ein Estrich berücksichtigt werden soll, gelten die Mindestwerte von Tabelle 12, Zeilen 1 bis 1.2 und 2.

[5] Die Tabellenwerte gelten auch für **Spannbetonrippendecken**; die Mindestachsabstände u, u_s und d sind jedoch entsprechend den Angaben von Tabelle 1 um die folgenden Δu-Werte zu erhöhen.

Tabelle 20: Mindestbreite und Mindestdicke von 2-achsig gespannten Stahlbeton- und Spannbeton-Rippendecken aus Normalbeton **o h n e** Zwischenbauteile und **o h n e** Massiv- oder Halbmassivstreifen mit wenigstens einem eingespannten Rand

Zeile	Konstruktionsmerkmale	Feuerwiderstandsklasse-Benennung				
		F 30-A	F 60-A	F 90-A	F 120-A	F 180-A
1	Mindestbreite b in mm **unbekleideter Rippen** in der					
1.1	**Biegezugzone** (Feldbereich) bzw. in der vorgedrückten Zugzone mit Ausnahme der Auflagerbereiche bei					
1.1.1	Stahlbeton- und Spannbetonrippendecken mit einer Bewehrung mit crit $T \geq 450$ °C nach Tabelle 1	80 [1][2]	100 [1][2]	120 [2][3] (150)	150 [3] (220)	310 [3] (400)
1.1.2	Spannbetonrippendecken mit einer Bewehrung mit crit $T = 350$ °C nach Tabelle 1	120 [2]	120 [2]	160	190 [3] (220)	350 [3] (400)
1.2	**Druck- oder Biegedruckzone** bzw. in der vorgedrückten Zugzone im Auflagerbereich [4]	110 [2] bis 170 Die Bedingungen von Tabelle 22 sind einzuhalten			240	320 [3] (400)
2	Mindestbreite b in mm von **Rippen mit Bekleidungen** aus					
2.1	Putzen nach den Abschnitten 3.1.6.1 bis 3.1.6.5	b nach Zeile 1 bis 1.2. Abminderungen nach Tabelle 2 sind möglich. b jedoch nicht kleiner als 80 mm.				
2.2	Unterdecken	b ≥ 50 mm, Konstruktion nach Abschnitt 6.5				
3	Mindestdicke d in mm der Platten [5]	80	80	100	120	150

[1] Bei Betonfeuchtegehalten, angegeben als Masseanteil, > 4 % (siehe Abschnitt 3.1.7) sowie bei Rippen mit sehr dichter Bügelbewehrung (Stababstände < 100 mm) muss die Mindestbreite mindestens 120 mm betragen.

[2] Wird die Bewehrung in der Symmetrieachse konzentriert und werden dabei mehr als zwei Bewehrungsstäbe oder Spannglieder übereinander angeordnet, dann sind die angegebenen Mindestbreiten unabhängig vom Betonfeuchtegehalt um den zweifachen Wert des verwendeten Bewehrungsstabdurchmessers – bei Stabbündeln um den zweifachen Wert des Vergleichsdurchmessers d_V – zu vergrößern (zu verbreitern). Bei b ≥ 150 mm braucht diese Zusatzmaßnahme nicht mehr angewendet zu werden.

[3] Die angegebenen Werte gelten für Decken mit vorwiegend gleichmäßig verteilter Belastung; bei Decken mit großem Einzellastanteil sind in den Schubbereichen 2 und 3 nach DIN 1045 die ( )-Werte zu verwenden.

[4] Bei einem Seitenverhältnis $d_1/b \leq 2$ dürfen die in Zeile 1.2 angegebenen Mindestwerte jeweils um 20 mm verringert werden.

[5] Sofern bei der Wahl von d ein Estrich oder eine Bekleidung berücksichtigt werden sollen, gelten die Mindestdicken von Tabelle 9, Zeilen 3 bis 7.3.

Klassifizierte Stahlbetondecken nach DIN 4102, Teil 4 (Brandschutz)

Tabelle 21: Mindestbreite und Mindestdicke von 2-achsig gespannten Stahlbeton- und Spannbeton–Rippendecken aus Normalbeton o h n e Zwischenbauteile m i t Massiv– oder Halbmassivstreifen mit wenigstens einem eingespannten Rand

Zeile	Konstruktionsmerkmale		Feuerwiderstandsklasse-Benennung				
			F 30–A	F 60–A	F 90–A	F 120–A	F 180–A
1	Mindestbreite b in mm in **unbekleideter Rippen** in der						
1.1	**Biegezugzone** (Feldbereich) bzw. in der vorgedrückten Zugzone mit Ausnahme der Auflagerbereiche bei						
1.1.1	Stahlbeton– und Spannbetonrippendecken mit einer Bewehrung mit crit T ≥ 450 °C nach Tabelle 1		80 [1)2)]	80 [1)2)]	100 [1)2)3)] (150)	120 [3)] (220)	200 [3)] (400)
1.1.2	Spannbetonrippendecken mit einer Bewehrung mit crit T = 350 °C nach Tabelle 1		120 [1)]	120 [1)]	120 [2)3)] (150)	160 [3)] (220)	240 [3)] (400)
1.2	**Druck– oder Biegedruckzone** bei Anordnung von						
1.2.1	Massiv– oder Halbmassivstreifen bis zu den Momentennullpunkten [4)]		keine Anforderungen				
1.2.2	verkürzten Massiv– oder Halbmassivstreifen im Bereich zwischen den Massiv– oder Halbmassivstreifenendpunkten und den Momentennullpunkten [4)5)]		110 [5)] bis 170 Die Bedingungen von Tabelle 22 sind einzuhalten			240	320 [3)] (400)
1.3	**vorgedrückten Zugzone bei Endauflagern**		Bemessung nach Zeile 1.2.2				
2	Mindestbreite b in mm von **Rippen mit Bekleidungen** aus						
2.1	Putzen nach den Abschnitten 3.1.6.1 bis 3.1.6.5		b nach den Zeilen 1 bis 1.3. Abminderungen nach Tabelle 2 sind möglich. b jedoch nicht kleiner als 80 mm.				
2.2	Unterdecken		b ≥ 50 mm, Konstruktion nach Abschnitt 6.5				
3	Mindestdicke d in mm der Platten [6)]		80	80	100	120	150

[1)] Bei Betonfeuchtegehalten, angegeben als Massenanteil, > 4 % (siehe Abschnitt 3.1.7) sowie bei Rippen mit sehr dichter Bügelbewehrung (Stababstände < 100 mm) muss die Breite mindestens 120 mm betragen.
[2)] Wird die Bewehrung in der Symmetrieachse konzentriert und werden dabei mehr als zwei Bewehrungsstäbe oder Spannglieder übereinander angeordnet, dann sind die angegebenen Mindestbreiten unabhängig vom Betonfeuchtegehalt um den zweifachen Wert des verwendeten Bewehrungsstabdurchmessers – bei Spanngliedern um den zweifachen Wert des Vergleichsstabdurchmessers dₑᵥ – zu vergrößern (zu verbreitern). Bei b ≥ 150 mm braucht diese Zusatzmaßnahme nicht mehr angewendet zu werden.
[3)] Die angegebenen Werte gelten für Decken mit vorwiegend gleichmäßig verteilter Belastung; bei Decken mit großem Einzellastanteil sind in den Schubbereichen 2 und 3 nach DIN 1045 die ( )-Werte zu verwenden.
[4)] Die Bestimmung der Momentennullpunkte muss beim Lastfall Vollast erfolgen.
[5)] Bei einem Seitenverhältnis dₚ/b ≤ 2 dürfen die in Zeile 1.2.2 angegebenen Mindestwerte um 20 mm verringert werden.
[6)] Sofern bei der Wahl von d ein Estrich oder eine Bekleidung berücksichtigt werden sollen, gelten die Mindestdicken von Tabelle 9, Zeilen 3 bis 7.3.

Tabelle 23: Mindestachsabstände sowie Mindeststabzahl einlagig bewehrter 2-achsig gespannter Stahlbetonrippendecken [6)] aus Normalbeton o h n e Zwischenbauteile und m i t bzw. o h n e Massiv– oder Halbmassivstreifen mit mindestens einem eingespannten Rand

Zeile	Konstruktionsmerkmale		Feuerwiderstandsklasse				
			F 30	F 60	F 90	F 120 [6)]	F 180 [6)]
1	Mindestachsabstände u [1)] und uₒ [1)] sowie Mindeststabzahl n [2)] der Feldbewehrung unbekleideter Rippen						
1.1	bei Anordnung der Stütz– bzw. Einspannbewehrung nach DIN 1045						
1.1.1	bei einer Rippenbreite b in mm von		80	≤ 120	≤ 160	≤ 190	≤ 260
1.1.1.1	u in mm		15	25	40	55 [3)]	75 [3)]
1.1.1.2	uₒ in mm		25	35	50	65	85
1.1.1.3	n		1	2	2	2	2
1.1.2	bei einer Rippenbreite b in mm von		≥ 160	≥ 200	≥ 250	≥ 300	≥ 400
1.1.2.1	u in mm		10	15	30	40	60 [3)]
1.1.2.2	uₒ in mm		20	25	40	50	70
1.1.2.3	n		2	3	4	4	4
1.2	bei Anordnung der Stütz– bzw. Einspannbewehrung nach Abschnitt 3.7.2.6, sofern das Stützweitenverhältnis min l ≥ 0,8 max. l ist,						
1.2.1	bei einer Rippenbreite b in mm von		80	≤ 120	≤ 160	≤ 190	≤ 260
1.2.1.1	u in mm		10	15	25	40	60 [3)]
1.2.1.2	uₒ in mm		10	25	35	50	70
1.2.1.3	n		1	2	2	2	2
1.2.2	bei einer Rippenbreite b in mm von		≥ 160	≥ 200	≥ 250	≥ 300	≥ 400
1.2.2.1	u in mm		10	10	15	30	50
1.2.2.2	uₒ in mm		10	20	25	40	60
1.2.2.3	n		2	3	4	4	4
1.3	bei Anordnung der Stütz– bzw. Einspannbewehrung nach Abschnitt 3.7.2.6, sofern das Stützweitenverhältnis min l ≥ 0,2 max. l ist,		Interpolation zwischen Zeile 1.1 und 1.2				
2	Mindestachsabstände der Bewehrung unbekleideter Platten bei der						
2.1	Stützbewehrung uₒ in mm [4)]		10	10	15	30	50
2.2	Feldbewehrung u in mm		10	10	10	25	45
3	Mindestachsabstand u und uₒ in mm der Feldbewehrung der Rippen und Platten jeweils bei Bekleidungen aus						
3.1	Putzen nach den Abschnitten 3.1.6.1 bis 3.1.6.5		Mindestachsabstände u und uₒ nach den Zeilen 1 bis 1.3 und 2.2, Abminderungen nach Tabelle 2 sind möglich; u und uₒ jedoch nicht kleiner als 10 mm.				
3.2	Unterdecken		u ≥ 10 mm, Konstruktion nach Abschnitt 6.5				

[1)] Zwischen den u–und uₒ–Werten nach den Zeilen 1 bis 1.3 darf in Abhängigkeit von der Rippenbreite b geradlinig interpoliert werden.
[2)] Die geforderte Mindeststabzahl n darf unterschritten werden, wenn der seitliche Achsabstand uₒ je entfallendem Stab jeweils um 10 mm vergrößert wird; Stabbündel gelten in diesem Fall als ein Stab.
[3)] Sofern bei der Wahl von uₒ ein Estrich berücksichtigt werden soll, gelten die Mindestwerte von Tabelle 12, Zeilen 1 bis 1.2 und 2.
[4)] Sofern bei Betondeckung c > 50 mm ist eine Schutzbewehrung nach Abschnitt 3.1.5 erforderlich.
[5)] Bei den Feuerwiderstandsklassen F 120 und F 180 müssen bei Rippen im Schubbereich 2 und 3 nach DIN 1045 stets ≥ 4-schnittige Bügel angeordnet werden.
[6)] Die Tabellenwerte gelten auch für **Spannbetonrippendecken**; die Mindestachsabstände u, uₒ und uₒ sind jedoch nach den Angaben von Tabelle 1 um die Δu–Werte zu erhöhen.

3.7.2.3 Aussparungen in den Rippen dürfen vernachlässigt werden, wenn jeweils der unterhalb einer Aussparung liegende Rippenquerschnitt mindestens eine Höhe von min b und mindestens eine Querschnittsfläche von 2 min b^2 bzw. bei kreisförmigen oder quadratischen Aussparungen von 1,5 min. b^2 (kreisförmige dürfen wie flächengleiche quadratische Aussparungen bemessen werden) behält, wobei min b der kleinste, der gewünschten Feuerwiderstandsklasse zugeordnete Wert jeweils entsprechend Zeile 1 der Tabellen 17, 20, 21 und 24 ist.

Aussparungen mit einem Durchmesser ≤ 100 mm sind nach Abschnitt 3.2.2.5 zu berücksichtigen.

Die Mindestachsabstände u und uₒ der Bewehrung müssen auch von der Aussparungsseite her eingehalten werden.

3.7.2.4 Die in den Tabellen 19, 23 und 25 angegebenen Mindestachsabstände und Mindeststabzahlen gelten jeweils für eine einlagige Bewehrung.

Bei einer Rippenbewehrung mit unterschiedlichen Stabdurchmessern und bei mehrlagiger Rippenbewehrung darf nach den Angaben von Bild 6 – entsprechend den Abschnitten 3.2.4.2 und 3.2.4.3 – statt des Achsabstandes u der mittlere Achsabstand uₘ nach Gleichung (4) verwendet werden. Dabei müssen folgende Bedingungen eingehalten werden:
a) uₘ muss jeweils ≥ u nach den Tabellen 19, 23 und 25 sein.
b) Die Achsabstände u und uₒ des zur Oberfläche am nächsten liegenden Einzelstabes müssen sowohl ≥ uₐ₃₀ als auch ≥ 0,5 u nach den Tabellen 19, 23 und 25, jeweils Zeile 1, sein.

Dies gilt bezüglich u auch für die Plattenbewehrung.

Bei einer mehrlagigen Rippenbewehrung werden an die Mindeststabzahl n der Bewehrung keine Anforderungen erhoben.

3.7.2.5 Bei statisch unbestimmt gelagerten Rippendecken muss die Stütz– bzw. Einspannbewehrung in der oberen Hälfte der Platten verlegt werden.

3.7.2.6 Die Achsabstände und die Stabzahl der Feldbewehrung der Rippen dürfen jeweils nach den Angaben der Zeile 1.2 der Tabellen 23 und 25 bestimmt werden, wenn die Stützbewehrung der Rippen an jeder Stelle gegenüber der nach DIN 1045 erforderlichen Stützbewehrung um 0,15 l verlängert wird – bei durchlaufenden Rippen ist l die Stützweite des angrenzenden größeren Feldes.

3.7.2.7 Einachsig gespannte Rippen von Rippendecken ohne Massiv– oder Halbmassivstreifen sind entsprechend dem statischen System wie statisch bestimmt oder unbestimmt gelagerte, maximal 3-seitig beanspruchte Balken zu bemessen. Die für die Bemessung maßgebenden Abschnitte und Tabellen sind aus Tabelle 26 ersichtlich.

Die Platten dieser Decken sind wie statisch unbestimmt gelagerte Platten zu bemessen. Die für die Bemessung maßgebenden Abschnitte und Tabellen sind ebenfalls aus Tabelle 26 ersichtlich.

3.7.3 Feuerwiderstandsklassen von Rippendecken aus Leichtbeton mit geschlossenem Gefüge nach DIN 4219 Teil 1 und Teil 2

3.7.3.1 Abschnitt 3.7 gilt nur unter den Randbedingungen der Abschnitte 3.7.3.2 bis 3.7.3.4.

3.7.3.2 Die in Abschnitt 3.7.3 klassifizierten Decken dürfen nur eingebaut werden, wenn die Umweltbedingungen DIN 1045, Abschnitt 13, Tabelle 10, Zeilen 1 oder 2, entsprechen.

3.7.3.3 Die Mindestbreite von Rippen nach den Tabellen 17, 20, 21 und 24 darf folgendermaßen verringert werden:
– Rohdichteklasse 2,0 um 5 %,
– Rohdichteklasse 1,0 um 20 %:
– geradlinige Interpolation ist zugelassen.

Bei dieser Verringerung dürfen bei der Mindestbreite und Mindestdicke folgende Werte nicht unterschritten werden:
a) Mindestbreite:
F 30–A: min. b = 100 mm,
≥ F 60–A: min. b = 150 mm.
b) Mindestdicke:
Für die Mindestdicke unbekleideter Platten gilt bei allen Feuerwiderstandsklassen:
d = 150 mm

Tabelle 22: Mindest–kₕ–Werte bei Stahlbetonrippen und maximal zulässige Betondruckrandspannungen σ bei Spannbetonrippen in Abhängigkeit von der Mindestbreite b

Mindest-Rippenbreite b	Mindest–kₕ–Werte bei Stahlbetonrippen [1)] bei der Betonfestigkeitsklasse					Maximal zulässige Betondruckrandspannung σ bei Spannbetonrippen N/mm²
mm	B 15	B 25	B 35	B 45	B 55	
110	3,7	3,4	3,0	4,0	5,4	3,5
120	3,1	3,0	2,5	2,8	3,7	7,0
130	2,5	2,4	2,2	2,3	2,6	10,0
140		2,0	1,7	2,0	2,2	13,5
150			1,6	1,9	16,5	
160				1,5	20,0	
170	Keine Begrenzung					

[1)] Siehe Heft 220 des Deutschen Ausschusses für Stahlbeton

269

Klassifizierte Stahlbetondecken nach DIN 4102, Teil 4 (Brandschutz)

Tabelle 24: Mindestbreite und Mindestdicke von 1-achsig gespannten statisch unbestimmt gelagerten Stahlbeton- und Spannbeton-Rippendecken aus Normalbeton **o h n e** Zwischenbauteile **m i t** Massiv- oder Halbmassivstreifen

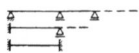

Zeile	Konstruktionsmerkmale	Feuerwiderstandsklasse-Benennung				
		F 30–A	F 60–A	F 90–A	F 120–A	F 180–A
1	Mindestbreite b in mm **unbekleideter Rippen** in der					
1.1	**Biegezugzone** (Feldbereich) bzw. in der vorgedrückten Zugzone mit Ausnahme der Auflagerbereiche bei					
1.1.1	Stahlbeton- und Spannbetonrippendecken mit einer Bewehrung mit crit T ≥ 450 °C nach Tabelle 1	80 1)2)	100 1)2)	120 2)3) (150)	150 3) (220)	220 3) (400)
1.1.2	Spannbetonrippendecken mit einer Bewehrung mit crit T = 350 °C nach Tabelle 1	120 2)	120 2)	160	190 3) (220)	260 3) (400)
1.2	**Druck- oder Biegedruckzone** bei Anordnung von					
1.2.1	Massiv- oder Halbmassivstreifen bis zu den Momentennull-punkten 4)	keine Anforderungen				
1.2.2	verkürzten Massiv- oder Halbmassivstreifen im Bereich zwischen den Massiv- oder Halbmassivstreifenendpunkten und den Momentennullpunkten 4) 6)	110 2) bis 170 Die Bedingungen von Tabelle 22 sind einzuhalten			240	320 3) (400)
1.3	**vorgedrückten Zugzone bei Endauflagern**	Bemessung nach Zeile 1.2.2				
2	Mindestbreite b in mm von Rippen **mit Bekleidungen** aus					
2.1	Putzen nach den Abschnitten 3.1.6.1 bis 3.1.6.5	b nach den Zeilen 1 bis 1.3, Abminderungen nach Tabelle 2 sind möglich. b jedoch mindestens 80 mm.				
2.2	Unterdecken	b ≥ 50 mm, Konstruktion nach Abschnitt 6.5				
3	Mindestdicke d in mm der Platten 6)	80	80	100	120	150

1) Bei Betonfeuchtegehalten, angegeben als Massenanteil, > 4 % (siehe Abschnitt 3.1.7) sowie bei Rippen mit sehr dichter Bügelbewehrung (Stababstände < 100 mm) muss die Breite wenigstens 120 mm betragen.

2) Wird die Bewehrung in der Symmetrieachse konzentriert und werden dabei mehr als zwei Bewehrungsstäbe oder Spannglieder übereinander angeordnet, sind die angegebenen Mindestbreiten unabhängig vom Betonfeuchtegehalt um den zweifachen Wert des verwendeten Bewehrungsstabdurchmessers – bei Stabbündeln um den zweifachen Wert des Vergleichsdurchmessers d_{sV} – zu vergrößern (zu verbreitern). Bei b ≥ 150 mm braucht diese Zusatzmaßnahme nicht mehr angewendet zu werden.

3) Die angegebenen Werte gelten für Decken mit vorwiegend gleichmäßig verteilter Belastung; bei Decken mit großem Einzellastanteil sind in den Schubbereichen 2 und 3 nach DIN 1045 die ( )–Werte zu verwenden.

4) Die Bestimmung der Momentennullpunkte muss beim Lastfall Vollast erfolgen.

5) Bei einem Seitenverhältnis $d_1/b \leq 2$ dürfen die in Zeile 1.2.2 angegebenen Mindestwerte jeweils um 20 mm verringert werden.

6) Sofern bei der Wahl von d eine Estrich oder eine Bekleidung berücksichtigt werden sollen, gelten die Mindestdicken nach Tabelle 9, Zeilen 3 bis 7.3.

Tabelle 25: Mindestachsabstände sowie Mindeststabzahl einlagig bewehrter 1-achsig gespannter statisch unbestimmt gelagerter Stahlbetonrippendecken 6) aus Normalbeton **o h n e** Zwischenbauteile und **m i t** Massiv- oder Halbmassivstreifen

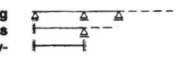

Zeile	Konstruktionsmerkmale	Feuerwiderstandsklasse				
		F 30	F 60	F 90	F 120 5)	F 180 5)
1	Mindestachsabstände u 1) und u_o 1) sowie Mindeststabzahl n 2) der Feldbewehrung **unbekleideter Rippen**					
1.1	**bei Anordnung der Stütz- bzw. Einspannbewehrung nach DIN 1045**					
1.1.1	bei einer Rippenbreite b in mm von	80	≤ 120	≤ 160	≤ 190	≤ 260
1.1.1.1	u in mm	25	40	55 3)	65 3)	80 3)
1.1.1.2	u_o in mm	35	50	65	75	90
1.1.1.3	n	1	2	2	2	2
1.1.2	bei einer Rippenbreite b in mm von	≥ 160	≥ 200	≥ 250	≥ 300	≥ 400
1.1.2.1	u in mm	10	30	40	50	65 3)
1.1.2.2	u_o in mm	20	40	50	60	75
1.1.2.3	n	2	3	4	4	4
1.2	**bei Anordnung der Stütz- bzw. Einspannbewehrung nach Abschnitt 3.7.2.6,** sofern das Stützweitenverhältnis min l ≥ 0,8 max l ist,					
1.2.1	bei einer Rippenbreite b in mm von	80	≤ 120	≤ 160	≤ 190	≤ 260
1.2.1.1	u in mm	10	25	35	45	60 3)
1.2.1.2	u_o in mm	10	35	45	55	70
1.2.1.3	n	1	2	2	2	2
1.2.2	bei einer Rippenbreite b in mm von	≥ 160	≥ 200	≥ 250	≥ 300	≥ 400
1.2.2.1	u in mm	10	10	25	35	50
1.2.2.2	u_o in mm	10	20	35	45	60
1.2.2.3	n	2	3	4	4	4
1.3	**bei Anordnung der Stütz- bzw. Einspannbewehrung nach Abschnitt 3.7.2.6,** sofern das Stützweitenverhältnis min l ≥ 0,2 max l ist,	Interpolation zwischen Zeile 1.1 und Zeile 1.2				
2	**Mindestachsabstände der Bewehrung unbekleideter Platten** bei der					
2.1	Stützbewehrung u in mm 4)	10	10	15	30	50
2.2	Feldbewehrung u in mm	10	10	10	25	45
3	Mindestachsabstand u und u_o in mm der Feldbewehrung der Rippen und Platten jeweils **mit Bekleidungen** aus					
3.1	Putzen nach den Abschnitten 3.1.6.1 bis 3.1.6.5	Mindestachsabstände u und u_o nach den Zeilen 1 bis 1.3 und 2.2, Abminderungen nach Tabelle 2 sind möglich; u und u_o jedoch nicht kleiner als 10 mm.				
3.2	Unterdecken	u ≥ 10 mm, Konstruktion nach Abschnitt 6.5				

1) Zwischen den u- und u_o-Werten nach den Zeilen 1 bis 1.3 darf in Abhängigkeit von der Rippenbreite b geradlinig interpoliert werden.

2) Die geforderte Mindeststabzahl n darf unterschritten werden, wenn der seitliche Achsabstand u_s je entfallendem Stab jeweils um 10 mm vergrößert wird; Stabbündel gelten in diesem Falle als ein Stab.

3) Bei einer Betondeckung c > 50 mm ist eine Schutzbewehrung nach Abschnitt 3.1.5 erforderlich.

4) Sofern bei der Wahl von u_o ein Estrich berücksichtigt werden soll, gelten die Mindestwerte von Tabelle 12, Zeilen 1 bis 1.2 und 2.

5) Bei den Feuerwiderstandsklassen F 120 und F 180 müssen bei Rippen in den Schubbereichen 2 und 3 nach DIN 1045 stets ≥ 4-schnittige Bügel angeordnet werden.

6) Die Tabellenwerte gelten auch für **Spannbetonrippendecken**; die Mindestachsabstände u, u_s und u_o sind jedoch nach den Angaben von Tabelle 1 um die Δu–Werte zu erhöhen.

3.7.3.4 Der Mindestachsabstand der Bewehrung nach den Tabellen 19, 23 und 25 darf folgendermaßen verringert werden:
- Rohdichteklasse 2,0 um 5 %,
- Rohdichteklasse 1,0 um 20 %;
- geradlinige Interpolation ist zugelassen.

Bei dieser Verringerung dürfen folgende Werte nicht unterschritten werden:
F 30–A: min. u siehe DIN 4219 Teil 2
≥ F 60–A: min. u = 30 mm.

Diese Verringerung darf nur ausgeführt werden, wenn keine Verringerung der Mindestrippenbreite gegenüber den Tabellen 17, 20, 21 und 24 vorgenommen wird.

3.8 Feuerwiderstandsklassen von Stahlbeton- und Spannbeton–Plattenbalkendecken aus Normalbeton bzw. Leichtbeton mit geschlossenem Gefüge nach DIN 4219 Teil 1 und Teil 2

3.8.1 Anwendungsbereich, Brandbeanspruchung

3.8.1.1 Die Angaben von Abschnitt 3.8 gelten für von unten oder von oben beanspruchte Stahlbeton- und Spannbeton–Plattenbalkendecken nach DIN 1045, Abschnitt 21.1 sowie für gleichzustellende Dächer.

3.8.1.2 Bei Anordnung von Bekleidungen und Fußbodenbelägen oder Bedachungen sowie bei Durchführung von elektrischen Leitungen gelten die Bestimmungen der Abschnitte 3.4.1.2 und 3.4.1.3.

3.8.1.3 Für Plattenbalkendecken aus Leichtbeton mit geschlossenem Gefüge nach DIN 4219 Teil 1 und Teil 2 gelten die Abschnitte 3.7.3 und 3.8 sinngemäß.

3.8.2 Randbedingungen

3.8.2.1 Die Balken von Plattenbalkendecken sind entsprechend dem statischen System bestimmt oder unbestimmt gelagerte, maximal 3-seitig beanspruchte Balken zu bemessen. Die für die Bemessung maßgebenden Abschnitte sind aus Tabelle 26, Zeilen 1 bis 1.2.2 ersichtlich.

3.8.2.2 Die Platten von Plattenbalkendecken mit einem Achsabstand der Balken ≤ 1,25 m sind nach den Angaben von Tabelle 26, Zeilen 2 bis 2.2.2, zu bemessen.
Der Mindestachsabstand der Platten–Feldbewehrung darf im Fall von π-Platten auch dann nach Tabelle 26, Zeile 2.2.2 bemessen werden, wenn die Plattenränder frei liegen oder nur konstruktiv mit den Plattenlängsrändern der angrenzenden Platten oder Bauteile verbunden sind.

3.8.2.3 Die Platten von Plattenbalkendecken mit einem Achsabstand der Balken > 1,25 m sind nach den Angaben der Tabelle 26, Zeilen 2.1 bis 2.2.1 zu bemessen. Der Mindestachsabstand der Feldbewehrung ist wegen der größeren Balkenabstände nach den Angaben von Tabelle 13, Zeilen 3 bis 3.2.2, entsprechend den vorhandenen Verhältnissen bei der Stütz- und Einspannbewehrung zu bestimmen.

3.9 Feuerwiderstandsklassen von Stahlsteindecken

3.9.1 Anwendungsbereich, Brandbeanspruchung

3.9.1.1 Die Angaben von Abschnitt 3.9 gelten für von unten oder von oben beanspruchte Stahlsteindecken nach DIN 1045, Abschnitt 20.2 sowie für gleichzustellende Dächer.

3.9.1.2 Bei Anordnung von Bekleidungen und Fußbodenbelägen oder Bedachungen sowie bei Durchführung von elektrischen Leitungen gelten die Bestimmungen der Abschnitte 3.4.1.2 und 3.4.1.3.

3.9.2 Randbedingungen

3.9.2.1 Stahlsteindecken müssen unter Beachtung der Bedingungen von Abschnitt 3.9.2 die in Tabelle 27 angegebenen Mindestdicken d und Mindestachsabstände u besitzen.

3.9.2.2 Bei Decken der Feuerwiderstandsklassen ≥ F 60 dürfen nur solche Deckenziegel nach DIN 4159 verwendet werden, bei denen die Abstände α – siehe Schema-Skizze in Tabelle 27 – der senkrecht oder geneigt verlaufenden Innenstege ≤ 60 mm sind.

Bei Abständen α > 60 mm sind die Feuerwiderstandsklassen ≥ F 60 durch Prüfungen nach DIN 4102 Teil 2 nachzuweisen.

3.9.2.3 Die Achsabstände der Feldbewehrung dürfen nach den Angaben nach Tabelle 27, Zeile 2.2.2 bestimmt werden, wenn die Stütz- bzw. Einspannbewehrung an jeder Stelle gegenüber der nach DIN 1045 erforderlichen Stütz- bzw. Einspannbewehrung um 0,15 l verlängert wird. Bei durchlaufenden Decken ist l die Stützweite des angrenzenden größeren Feldes.

3.10 Feuerwiderstandsklassen von Stahlbeton- und Spannbeton–Balkendecken sowie entsprechenden Rippendecken jeweils aus Normalbeton mit Zwischenbauteilen

3.10.1 Anwendungsbereich, Brandbeanspruchung

3.10.1.1 Die Angaben von Abschnitt 3.10 gelten für von unten oder von oben beanspruchte Stahlbeton- und Spannbeton–Balken- bzw. Rippendecken aus Normalbeton mit Zwischenbauteilen sowie für gleichzustellende Dächer entsprechend den folgenden Abschnitten nach DIN 1045:

a) Abschnitt 19.7.7 – Balkendecken

b) Abschnitt 19.7.8 – Rippendecken mit ganz oder teilweise vorgefertigten Rippen und

c) Abschnitt 21.2 – Rippendecken

3.10.1.2 Bei Anordnung von Bekleidungen und Fußbodenbelägen oder Bedachungen sowie bei Durchführung von elektrischen Leitungen gelten die Bestimmungen der Abschnitte 3.4.1.2 und 3.4.1.3.

Klassifizierte Stahlbetondecken nach DIN 4102, Teil 4 (Brandschutz)

Tabelle 27: Mindestdicke und Mindestachsabstände von Stahlsteindecken

Zeile	Konstruktionsmerkmale		F 30–A	F 60–A	F 90–A	F 120–A	F 180–A
			Feuerwiderstandsklasse–Benennung[1]				
1	Mindestdicke *d* in mm von Stahlsteindecken						
1.1	ohne Berücksichtigung einer Bekleidung oder eines Estrichs		115	140	165	240	290
1.2	mit Berücksichtigung eines Putzes nach Abschnitt 3.1.6.3 in ≥ 15 mm Dicke		90	115	140	165	240
1.3	mit Berücksichtigung eines Estrichs der Baustoffklasse A oder eines Gussasphaltestrichs in ≥ 30 mm Dicke		90	90	115	140	165
1.4	mit Berücksichtung eines Putzes nach Abschnitt 3.1.6.3 in ≥ 15 mm Dicke und eines Estrichs der Baustoffklasse A oder eines Gussasphaltestrichs in ≥ 30 mm Dicke		90	90	90	115	140
2	Mindestachsabstand *u* in mm der Feldbewehrung unbekleideter Decken [2]						
2.1	bei statisch bestimmter Lagerung		10	10	20	30	45
2.2	bei statisch unbestimmter Lagerung bei Anordnung der Stütz– bzw. Einspannbewehrung						
2.2.1	nach DIN 1045		10	10	20	30	45
2.2.2	nach Abschnitt 3.9.2.3, sofern das Stützweitenverhältnis min *l* ≥ 0,8 max *l* ist		10	10	10	15	35
2.2.3	nach Abschnitt 3.9.2.3, sofern das Stützweitenverhältnis min *l* ≥ 0,2 max *l* ist		Interpolation zwischen den Zeilen 2.2.1 und 2.2.2				
3	Mindestachsabstand *u*₀ in mm der Stütz– bzw. Einspannbewehrung						
3.1	ohne Anordnung von Estrichen		10	10	15	30	50
3.2	bei Anordnung eines Estrichs der Baustoffklasse A oder eines Gussasphaltestrichs		10	10	10	15	20
4	Mindestdicke in mm des Estrichs bei Wahl von *u*₀ nach Zeile 3.2		–	–	10	15	30

[1] Bei Anordnung von Gussasphaltestrich und bei Verwendung von schwimmendem Estrich mit einer Dämmschicht der Baustoffklasse B muss die Benennung jeweils F 30–AB, F 60–AB, F 90–AB, F 120–AB und F 180–AB lauten.

[2] Bei Anordnung eines Putzes nach Abschnitt 3.1.6.3 darf der Mindestachsabstand *u* um 10 mm – maximal auf *u* = 10 mm – abgemindert werden; die Putzdicke muss bei Putz der Mörtelgruppe P II ≥ 15 mm und bei Putz der Mörtelgruppe P IV ≥ 10 mm sein.

Tabelle 28: Mindestquerschnittsabmessungen, –achsabstände und –stabzahlen von Stahlbeton– und Spannbeton–Balken– und –Rippendecken aus Normalbeton mit Zwischenbauteilen

Zeile	Konstruktionsmerkmale	Art der Zwischenbauteile		Die Bemessung ist durchzuführen nach	
		Form	Schema–Skizze	Abschnitt	Tabelle
1	Mindestbreite *b* von **Balken** oder **Rippen** von				
1.1	**Decken mit ebener Untersicht mit**				
1.1.1	Zwischenbauteilen nach DIN 4158 [1]	A bis D und DM		keine Anforderungen	
1.1.2	Zwischenbauteilen nach DIN 4159 [2]	nach DIN 4159 [2], Abschnitt 5 und 6		keine Anforderungen	
1.1.3	Zwischenbauteilen nach DIN 4160				
1.1.3.1	mit Massiv– oder Halbmassivstreifen			3.7.2	24
1.1.3.2	ohne Massiv– oder Halbmassivstreifen			3.7.2	26
1.1.4	Zwischenbauteilen aus Baustoffen der Baustoffklasse B			3.7	16 bis 26
1.2	**Decken mit nicht ebener Untersicht mit**				
1.2.1	Zwischenbauteilen nach DIN 4158 [1]	E, EM F, FM sowie GM			
1.2.1.1	mit Massiv– oder Halbmassivstreifen			3.7.2	24
1.2.1.2	ohne Massiv– oder Halbmassivstreifen			3.7.2	26
1.2.2	Zwischenbauteilen nach DIN 4159	nach DIN 4159 [2], Abschnitt 6	siehe Zeile 1.2.1 E–FM	3.7.2	24 bzw. 26
1.2.3	Zwischenbauteilen nach DIN 278	Hourdis	siehe Zeile 1.2.1 GM	3.7.2	26
1.2.4	Zwischenbauteilen aus Baustoffen der Baustoffklasse B		siehe Zeile 1.2.1	3.7	16 bis 26
2	Mindestdicke *d* von Decken mit Zwischenbauteilen nach den Zeilen 1 bis 1.2.4	siehe Abschnitt 3.10.2.2		3.4.2	9
3	Mindestachsabstände *u* und *u*₁ sowie Mindeststabzahl *n*				
3.1	bei Decken mit ebener Untersicht mit Zwischenbauteilen nach DIN 4158 und DIN 4159	siehe die Zeilen 1.1.1. und 1.1.2		3.4.4 bzw. 3.4.5	11 bzw. 12
3.2	bei Decken mit Zwischenbauteilen nach DIN 4160, bei Decken mit Zwischenbauteilen aus Baustoffen der Baustoffklasse B und bei Decken mit nicht ebener Untersicht	siehe die Zeilen 1.1.3 bis 1.2.4		3.7	16 bis 26

[1] Ausgabe Mai 1978

[2] Ausgabe April 1978

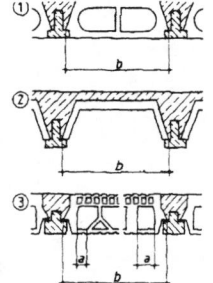

Bild 13: Beispiele für die Breite *b* von Zwischenbauteilen. (Schema–Skizzen für die Ausführungen 1 bis 3)

3.10.2 Randbedingungen

3.10.2.1 Für die Bemessung von Balken– und Rippendecken mit Zwischenbauteilen gelten unter Beachtung der folgenden Abschnitte in Abhängigkeit von der Art der Zwischenbauteile die in Tabelle 28 angegebenen Abschnitte und Tabellen.

3.10.2.2 Die brandschutztechnisch wirksame Deckendicke *d* ist nach Gleichung (7) zu berechnen.

$$d = \frac{A_{Netto}}{b} \qquad (7)$$

Die Nettoquerschnittsfläche A_{Netto} ist in Abhängigkeit vom Querschnitt der Zwischenbauteile und einer gegebenenfalls darüber liegenden Ortbetonschicht zu bestimmen; *b* ist die jeweilige Breite der Zwischenbauteile (Bild 13).

Bei Zwischenbauteilen nach DIN 4160 darf nur die oberste Ziegelschicht in Ansatz gebracht werden – siehe Bereich *d* in der Schema–Skizze in Zeile 1.1.3.

Bei Zwischenbauteilen aus Baustoffen der Baustoffklasse B darf nur die obere Ortbetonschicht in Ansatz gebracht werden.

Bei Verwendung von Zwischenbauteilen aus Leichtbeton oder Ziegeln darf die auf diese Baustoffe entfallende Dicke *d* um 10 % vergrößert werden.

Die errechnete Dicke *d* muss ≥ der angegebenen Mindestdicke sein.

3.10.2.3 Bei unbekleideten Decken mit Zwischenbauteilen nach DIN 4158 muss bei den Feuerwiderstandsklassen ≥ F 90 auf der Deckenoberseite stets eine Ortbetonschicht oder ein Estrich ≥ 30 mm dick vorhanden sein. Bei Decken mit Zwischenbauteilen nach DIN 278 gilt dies entsprechend.

3.10.2.4 Bei Decken mit Zwischenbauteilen nach DIN 4159 dürfen bei den Feuerwiderstandsklassen ≥ F 60 nur solche Deckenziegel verwendet werden, bei denen die Abstände *a* – siehe Bild 13 – der senkrecht oder geneigt verlaufenden Innenstege ≤ 60 mm sind. Bei Abständen *a* > 60 mm ist nach den Angaben von Tabelle 28, Zeile 1.1.3 zu bemessen.

3.10.2.5 Bei Verwendung von Zwischenbauteilen nach DIN 4158 der Formen A oder B darf der Mindestachsabstand *u* verkleinert werden:
– Bei Zwischenbauteilen aus Normalbeton um 25 mm,
– bei Zwischenbauteilen aus Leichtbeton um 30 mm.

Bei Verwendung von Zwischenbauteilen nach DIN 4159, Abschnitt 5, darf *u* um 12 mm verkleinert werden.

3.10.2.6 Bei Verwendung von Zwischenbauteilen aus Baustoffen der Baustoffklasse B lautet die Benennung jeweils F .... – AB.

3.11 Feuerwiderstandsklassen von Stahlbetondecken in Verbindung mit im Beton eingebetteten Stahlträgern sowie bei Kappendecken

3.11.1 Anwendungsbereich, Brandbeanspruchung

3.11.1.1 Die Angaben von Abschnitt 3.11 gelten für von unten oder oben beanspruchte Stahlbetondecken mit im Beton eingebetteten Stahlträgern sowie für gleichzustellende Dächer. Stahlbetondecken mit freiliegenden Stahlträgern mit Ummantelungen oder Unterdecken werden in den Abschnitten 6.2 und 6.5 behandelt.

3.11.1.2 Bei Anordnung von Bekleidungen und Fußbodenbelägen oder Bedachungen sowie bei Durchführung von elektrischen Leitungen gelten die Bestimmungen der Abschnitte 3.4.1.2 und 3.4.1.3.

3.11.2 Decken ohne Zwischenbauteile

3.11.2.1 Stahlbetondecken mit im Beton eingebetteten Stahlträgern ohne Zwischenbauteile müssen die in Tabelle 29 angegebenen Mindestabmessungen, Mindestbetondeckungen und Mindestbekleidungsdicken besitzen.

3.11.2.2 Für die Ausführung der Decken außerhalb der Trägerbereiche gelten je nach Deckenart die Bestimmungen nach den Abschnitten 3.4 bis 3.10.

Klassifizierte Stahlbetondecken nach DIN 4102, Teil 4 (Brandschutz)

Tabelle 26: Mindest–Querschnittsabmessungen, –Achsabstände und –Stabzahlen von 1-achsig gespannten Stahlbeton– und Spannbeton–Rippendecken aus Normalbeton **o h n e** Zwischenbauteile und **o h n e** Massiv– oder Halbmassivstreifen

Zeile	Konstruktionsmerkmale	Statisches System	Die Bemessung ist durchzuführen nach	
			Abschnitt	Tabelle
1.1	Rippen von			
1.1	**statisch bestimmt gelagerten** Rippendecken			
1.1.1	Mindestrippenbreite b		3.2.2	3 und 4
1.1.2	Mindestachsabstände u, u_s und gegebenenfalls u_m sowie n		3.2.4	6
1.2	**statisch unbestimmt gelagerten** Rippendecken			
1.2.1	Mindestrippenbreite b		3.3.2	7
1.2.2	Mindestachsabstände u_o, u, u_s und gegebenenfalls u_m sowie n		3.3.4	8
2	**Platten**			
2.1	Mindestplattendicke d		3.4.2 bis 3.4.3	9 bis 10
2.2	Mindestachsabstände der Plattenbewehrung bei der			
2.2.1	Stützbewehrung		3.4.5	12, Zeilen 1 und 2
2.2.2	Feldbewehrung		3.4.5	12, Zeile 3.1.2.2

Tabelle 29: Mindestabmessungen und Mindestbetondeckungen sowie Mindestbekleidungsdicken von Stahlbetondecken mit im Beton eingebetteten Stahlträgern

Zeile	Konstruktionsmerkmale	Feuerwiderstandsklasse–Benennung [3]				
		F 30–A	F 60–A	F 90–A	F 120–A	F 180–A
1	Mindestabmessungen von **Stahlbetonplatten**					
1.1	Mindestdicke d in mm	100	100	100	120	150
1.2	Mindestbetondeckung c in mm [1]	15	25	35	45	60
1.3	Mindestdicke D in mm eines Estrichs der Baustoffklasse A, eines Gussasphaltestrichs oder von Walzasphalt	10	15	25	30	50
1.4	Mindestputzdicke d_1 in mm über Putzträger bei einer Durchdringung des Putzträgers ≥ 10 mm bei Verwendung von Putzen					
1.4.1	der Mörtelgruppe P II oder P IVc DIN 18550 Teil 2	15				
1.4.2	der Mörtelgruppe P IV a oder P IVb DIN 18550 Teil 2	5	15	25		
1.4.3	nach Abschnitt 3.1.6.5	5	5	5	10	20
2	Mindestabmessungen von **Decken mit aus Platten herausragenden Trägern**					
2.1	Mindestbetondeckung c_s [1] [2]					
2.1.1	bei einer Breite b in mm von	120	150	180	200	240
2.1.1.1	c_s in mm	35	50	65	75	90
2.1.2	bei einer Breite b in mm von	≥ 160	≥ 200	≥ 250	≥ 300	≥ 400
2.1.2.1	c_s in mm	15	25	35	45	60
2.2	Mindestabmessungen d, c, D und d_1	siehe Zeile 1				
3	Mindestabmessungen von Kappendecken [4], Ausführungsmöglichkeiten 1 und 2					
3.1	Mindestabmessungen d, c und D	siehe Zeilen 1.1 bis 1.3				
3.2	Mindestputzdicke d_1 über Putzträger bei einer Durchdringung der Putze ≥ 10 mm	siehe Zeile 1.4				
3.3	Mindestabmessungen bei Kappendecken mit Unterdecken					
3.3.1	Mindestdicke D oder c	siehe Zeilen 1.2 und 1.3				
3.3.2	Mindestdicke d in mm	d ≥ 50 mm; Konstruktion nach Abschnitt 6.5				

[1] Betondeckungen unterhalb und seitlich von Stahlträgern müssen konstruktiv durch eine Bewehrung gesichert sein.

[2] Zwischen den Werten der Zeilen 2.1.1.1 und 2.1.2.1 darf in Abhängigkeit von b geradlinig interpoliert werden.

[3] Bei Anordnung von Gussasphaltestrich und bei Verwendung von schwimmendem Estrich mit einer Dämmschicht der Baustoffklasse B muss die Benennung jeweils F 30–AB, F 60–AB, F 90–AB, F 120–AB und F 180–AB lauten.

[4] Der Gewölbeschub ist durch entsprechend feuerwiderstandsfähige Bauteile – z.B. Wände unter Beachtung der Verformung – aufzunehmen.

[5] Alternativ zu d_1 gilt c nach Zeile 1.2.

Tabelle 30: Mindestputzdicken bei Hourdis–Decken nach Bild 14 und 15

Zeile	Konstruktionsmerkmale	Feuerwiderstandsklasse				
		F 30	F 60	F 90	F 120	F 180
1	Mindestputzdicke d_1 in mm – bei Decken nach Bild 14 sowie bei Decken nach Bild 15, Ausführungen 3.1 und 3.2, über Putzträger bei einer Durchdringung des Putzträgers ≥ 10 mm und bei Decken nach Bild 15, Ausführungen 1.1 bis 2.2, über Hourdis bzw. Sonderziegel gemessen – bei Verwendung von Putz					
1.1	der Mörtelgruppe P II oder P IVc nach DIN 18550 Teil 2	15				
1.2	der Mörtelgruppe P IV a oder P IVb nach DIN 18550 Teil 2	5	15	25		
1.3	nach Abschnitt 3.1.6.5	5	5	5	10	20
2	Mindestputzdicke d_2 in mm, sofern die Widerlager– und Trägerverkleidungssteine nach Bild 15, Ausführungen 1.1 bis 2.2, in Mörtel oder Zementschlämme verlegt und die Untergurte der Träger dadurch vollständig umschlossen werden, bei Verwendung von Putz					
2.1	der Mörtelgruppe P II oder P IVc nach DIN 18550 Teil 2	0	5	15	25	
2.2	der Mörtelgruppe P IV a oder P IVb nach DIN 18550 Teil 2	0	5	10	20	15
2.3	nach Abschnitt 3.1.6.5	0	5	5	10	15

3.11.3 Kappendecken

Für Kappendecken gelten die in Tabelle 29, Zeilen 3 bis 3.3.2, angegebenen Randbedingungen [4]. Die Angaben gelten in erster Linie für die Sanierung von Altbauten.

3.11.3.2 Die brandschutztechnisch wirksame Deckendicke d ist nach Gleichung (7) zu berechnen. Die Nettoquerschnittsfläche A_{Netto} ist in Abhängigkeit vom Querschnitt der Hourdis und der darüber liegenden Ortbetonschicht zu bestimmen; b ist die jeweilige Breite der Hourdis. Die auf die Hourdis entfallende Dicke darf um 10 % vergrößert werden. Die errechnete Dicke d muss ≥ der in Zeile 1.1 von Tabelle 29 angegebenen Dicke d sein.

3.11.3.3 Die Putzdicke d_1 bzw. d_2 muss mindestens den Werten von Tabelle 30 entsprechen.

3.11.4 Hourdisdecken

3.11.4.1 Für die Mindestabmessungen c und D von Hourdis–Normaldecken entsprechend Bild 14 sowie von Hourdis–Sonderdecken entsprechend Bild 15 gelten die Angaben der Zeilen 1.2 und 1.3 von Tabelle 29.

3.12 Feuerwiderstandsklassen von Stahlbetondächern aus Normal– oder Leichtbeton

3.12.1 für die Bemessung von Stahlbetondächern aus Normalbeton gelten die Bestimmungen der Abschnitte 3.4 bis 3.11.

3.12.2 Wird bei Stahlbetondächern

a) auf der Dachabdichtung eine ≥ 50 mm dicke Kiesschüttung oder eine ≥ 50 mm dicke Schicht aus dicht verlegten Betonplatten angeordnet und werden

b) als Dämmschicht mineralische Faserdämmstoffe nach DIN 18165 Teil 2, Abschnitt 2.2, der Baustoffklasse B 2 mit einer Rohdichte ≥ 30 kg/m³ verwendet,

darf die in den Abschnitten 3.4 bis 3.11 geforderte Mindestdeckendicke d jeweils um 20 mm abgemindert werden; die für F 30 jeweils angegebene Deckendicke darf jedoch nicht unterschritten werden.

3.13 Feuerwiderstandsklassen von Stahlbetonstützen aus Normalbeton

3.13.1 Anwendungsbereich, Brandbeanspruchung

3.13.1.1 Die Angaben von Abschnitt 3.13 gelten für Stahlbetonstützen aus Normalbeton nach DIN 1045. Es wird unterschieden zwischen mehrseitiger und einseitiger Brandbeanspruchung.

3.13.1.2 Eine mehrseitige Brandbeanspruchung liegt vor, wenn die Stützen mit mehr als einer Seite der Brandbeanspruchung ausgesetzt sind.

3.13.1.3 Eine einseitige Brandbeanspruchung liegt vor, wenn die Stützen in ganzer Höhe in raumabschließende Wände aus Beton oder Mauerwerk nach Abschnitt 4 so eingebaut werden, dass die raumseitige Oberfläche der Stützen bündig mit der raumseitigen Wandoberfläche verläuft.

Wandöffnungen müssen mindestens um das in Tabelle 31, Zeile 2.1 angegebene Maß von Stützen entfernt sein.

Schließen die Stützen nicht bündig mit der Wand ab, oder ist der Abstand von Wandöffnungen kleiner als das in Tabelle 31, Zeile 2.1 angegebene Maß, so muss der in der Wand eingebettete Stützenteil die Belastung allein aufnehmen, oder die Stützen sind wie mehrseitig beanspruchte Stützen zu bemessen.

3.13.4 Stützen als integraler Bestandteil von Wandteilen werden als "gegliederte Stahlbetonwände" in Abschnitt 4.3 behandelt.

3.13.1.5 Stahlbetonkonsolen an Stützen werden in Abschnitt 3.2.5 behandelt.
Stahlkonsolen sind nach Abschnitt 6.3 zu bemessen.

3.13.2 Randbedingungen

3.13.2.1 Stahlbetonstützen aus Normalbeton müssen unter Beachtung der Bedingungen von Abschnitt 3.13.2 die in Tabelle 31 angegebenen Mindestdicken und Mindestachsabstände besitzen.

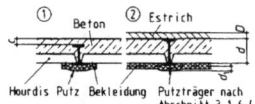

Bild 14: Hourdis–Normaldecken (Schema für die Ausführungen 1 und 2)

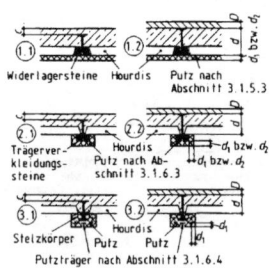

Bild 15: Hourdis–Sonderdecken (Schema für die Ausführungen 1.1 bis 3.2)

Klassifizierte Stahlbetondecken nach DIN 4102, Teil 4 (Brandschutz)

Tabelle 31: Mindestdicke und Mindestachsabstand von Stahlbetonstützen aus Normalbeton

Zeile	Konstruktionsmerkmale 1)	F 30–A	F 60–A	F 90–A	F 120–A	F 180–A
1	**Mindestquerschnittsabmessungen unbekleideter Stahlbetonstützen bei mehrseitiger Brandbeanspruchung bei einem**					
1.1	Ausnutzungsfaktor $\alpha_1 = 0{,}3$					
1.1.1	Mindestdicke d in mm	150	150	180	200	240
1.1.2	zugehöriger Mindestachsabstand u in mm	2)	2)	2)	40	50
1.2	Ausnutzungsfaktor $\alpha_1 = 0{,}7$					
1.2.1	Mindestdicke d in mm	150	180	210	250	320
1.2.2	zugehöriger Mindestachsabstand u in mm	2)	2)	2)	40	50
1.3	Ausnutzungsfaktor $\alpha_1 = 1{,}0$					
1.3.1	Mindestdicke d in mm	150	200	240	280	360
1.3.2	zugehöriger Mindestachsabstand u in mm	2)	2)	2)	40	50
2	**Mindestquerschnittsabmessungen unbekleideter Stahlbetonstützen bei einseitiger Brandbeanspruchung**					
2.1	Mindestdicke d in mm	100	120	140	160	200
2.2	zugehöriger Mindestachsabstand u in mm	2)	2)	2)	45	60
3	**Mindestquerschnittsabmessungen von Stahlbetonstützen mit einer Putzbekleidung nach Abschnitt 3.13.2.9**					
3.1	Mindestdicke d in mm	140	140	160	220	320
3.2	Mindestachsabstand u in mm	2)	2)	2)	2)	2)

1) Mindestabmessungen für umschnürte Druckglieder, soweit in der Tabelle keine höheren Werte angegeben sind:
 F 30 $d = 240$ mm F 60 bis F 180 $d = 300$ mm
2) Bezüglich c: Mindestwerte nach DIN 1045

Tabelle 32: Putzdicke d_1 bei bewehrten Putzen als Ersatz für 10 mm Normalbeton von Stützen

Zeile	Putzart	Erforderliche Putzdicke d_1 als Ersatz für 10 mm Normalbeton mm
1	Putzmörtel der Gruppe P II und P IVa bis P IVc DIN 18550 Teil 2	8
2	Putz nach Abschnitt 3.1.6.5	5

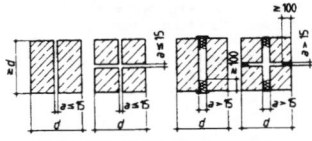

Dämmschicht; t: Deckleiste; Versiegelung
a) Fugen ohne Dichtung b) Fugen mit Dichtung
Bild 16: Dehnfugenausbildung bei aneinandergrenzenden Stützen (Schema)

Tabelle 33: Mindestquerschnittsabmessungen von Stahlbeton- und Spannbeton–Zuggliedern aus Normalbeton

Zeile	Konstruktionsmerkmale	F 30–A	F 60–A	F 90–A	F 120–A	F 180–A
1	**Unbekleidete Zugglieder**					
1.1	Mindestdicke d in mm					
1.1.1	Stahlbeton- und Spannbeton–Zugglieder mit einer Bewehrung mit crit $T \geq 450$ °C nach Tabelle 1	80 1)	120	150	200	240
1.1.2	Spannbeton–Zugglieder mit einer Bewehrung mit crit $T = 350$ °C nach Tabelle 1	120	160	190	240	280
1.2	Mindestquerschnittsfläche A	2 d^2; d siehe Zeilen 1 bis 1.3.2.1				
1.3	Mindestachsabstand u 2)3)					
1.3.1	bei einer Zugglieddicke d in mm von	80	≤ 120	≤ 150	≤ 200	≤ 240
1.3.1.1	u in mm	35	50	65 4)	75 4)	90 4)
1.3.2	bei einer Zugglieddicke d in mm von	≥ 200	≥ 300	≥ 400	≥ 500	≥ 600
1.3.2.1	u in mm	20	35	55 4)	55 4)	70 4)
2	**Mindestquerschnittsabmessungen von Zuggliedern mit einer Putzbekleidung nach Abschnitt 3.14.2.2**					
2.1	Mindestdicke d in mm	80	80	110	160	200
2.2	Mindestquerschnittsfläche A	2 d^2; d siehe Zeile 2.1				
2.3	Mindestachsabstand u 3) in mm	18	18	25	35	50

1) Bei Betonfeuchtegehalten, angegeben als Massenanteil, > 4 % (siehe Abschnitt 3.1.7) muss die Mindestdicke d mindestens 120 mm betragen.
2) Zwischen den u-Werten der Zeilen 1.3.1.1 und 1.3.2.1 darf in Abhängigkeit von der Zugglieddicke geradlinig interpoliert werden.
3) Die Tabellenwerte gelten auch für Spannbeton–Zugglieder. Die Mindestachsabstände u sind jedoch nach den Angaben von Tabelle 1 um die Δ u-Werte zu erhöhen.
4) Bei einer Betondeckung $c > 50$ mm ist bei nicht senkrecht angeordneten Zuggliedern eine Schutzbewehrung nach Abschnitt 3.1.5 erforderlich.

Tabelle 34: Mindestquerschnittsabmessungen in mm unbekleideter Stahlbeton–Zugglieder 3) mit begrenzter Dehnung ($\varepsilon \leq 2{,}5$ ‰)

Zeile	Konstruktionsmerkmale	F 30–A	F 60–A	F 90–A	F 120–A	F 180–A
1	Mindestdicke d	200	240	270	320	360
2	Mindestquerschnittsfläche A	2 d^2; d siehe Zeile 1				
3	Mindestachsabstand u 1)2)					
3.1	bei $d =$	200	240	270	320	360
3.1.1	u	60	75	90	100	115
3.2	bei $d \geq$	200	300	400	500	600
3.2.1	u	60	60	70	80	95

1) Zwischen den u-Werten der Zeilen 3.1.1 und 3.2.1 darf in Abhängigkeit von der Zugglieddicke geradlinig interpoliert werden.
2) Bei nicht senkrecht angeordneten Zuggliedern ist stets eine Schutzbewehrung nach Abschnitt 3.1.5 erforderlich.
3) Die Tabellenwerte gelten auch für Spannbeton–Zugglieder. Die Mindestachsabstände sind jedoch nach den Angaben von Tabelle 1 um die Δ u-Werte zu vergrößern.

3.13.2.2 Der Ausnutzungsfaktor α_1 ist das Verhältnis der vorhandenen Beanspruchung zu der zulässigen Beanspruchung ($1/\gamma$-fache rechnerische Bruchlast) nach DIN 1045. Bei planmäßig ausmittiger Beanspruchung ist für die Ermittlung von α_1 von einer konstanten Ausmitte auszugehen.

3.13.2.3 Die Knicklänge im Brandfall ist nach DIN 1045, Abschnitt 17.4.2, zu bestimmen.

3.13.2.4 Tabelle 31 ist bei ausgesteiften Gebäuden anwendbar, sofern die Stützenenden, wie in der Praxis üblich, rotationsbehindert gelagert sind.
Läuft eine Stütze über mehrere Geschosse durch, so gilt der entsprechende Endquerschnitt im Brandfall ebenfalls als an seiner freien Rotation wirksam gehindert.
Tabelle 31 darf nicht angewendet werden, wenn die Stützenenden konstruktiv als Gelenk (z.B. Auflagerung auf einer Zentrierleiste) ausgebildet sind.

3.13.2.5 Die Knicklänge der Stützen zur Bestimmung der zulässigen Beanspruchung nach Abschnitt 3.13.2.3 entspricht der Knicklänge bei Raumtemperatur, jedoch mindestens so groß wie die Stützenlänge zwischen zwei Auflagerpunkten (Geschosshöhe).

3.13.2.6 Die Mindestdicke d ist bei Stützen mit Rechteckquerschnitt die Länge der kleinsten Seite, bei Stützen mit Kreisquerschnitt der Durchmesser.
Liegen andere Formen vor, so sind die nach Abschnitt 3.13.2 nachgewiesenen Rechteck– bzw. Kreisquerschnitte in die zu beurteilenden Querschnitte so zu projizieren, dass alle Randbedingungen noch erfüllt werden.

3.13.2.7 Werden Stützen an Dehnfugen errichtet, so darf die Mindestdicke d nach Bild 16 unter folgenden Bedingungen auf zwei aneinander grenzende Stützen bezogen werden:
a) Bei Sollfugenbreiten $a \leq 15$ mm dürfen die Fugen mit oder ohne Dichtung ausgeführt werden.
b) Bei Sollfugenbreiten $a > 15$ mm müssen die Fugen eine Dichtung (Dämmschicht) aus mineralischen Fasern nach DIN 18165 Teil 1, Abschnitt 2.2, der Baustoffklasse A mit einer Rohdichte ≥ 50 kg/m³ und einem Schmelzpunkt ≥ 1000 °C nach DIN 4102 Teil 17 besitzen; die Dämmschicht muss um etwa 1 cm gestaucht ≥ 100 mm tief in die Fugen hineinreichen, bündig mit den Stützenaußenflächen abschließen und durch Anleimen mit einem Kleber der Baustoffklasse A mindestens einseitig an den Stützen befestigt sein. Die Fugen dürfen darüber hinaus durch Abdeckleisten aus Holz, Aluminium, Stahl oder Kunststoff bekleidet werden, wobei die Sollfugenbreite nicht eingeengt werden darf.

3.13.2.8 Runde Aussparungen mit einem Durchmesser ≤ 100 mm dürfen vernachlässigt werden, wenn beidseitig der Aussparung mindestens 80 mm Beton erhalten bleiben.
Rechteckige Aussparungen mit einer Breite ≤ 100 mm dürfen ebenfalls vernachlässigt werden, wenn beidseitig der Aussparung mindestens 80 mm Beton erhalten bleiben und der Aussparungsquerschnitt zwischen durchgeführtem Rohr o.ä. und dem Beton der Stütze dicht mit einer Dämmschicht ohne 1-seitiges Anleimen entsprechend Punkt b) im Abschnitt 3.13.2.7 ausgestopft wird.

3.13.2.9 Die in Tabelle 31, Zeilen 1 bis 1.3.2 angegebenen Mindestdicken und Mindestachsabstände dürfen bei Anordnung einer bewehrten Putzbekleidung nach den Angaben von Tabelle 32 abgemindert werden; die Mindestwerte nach Tabelle 31, Zeilen 3.1 und 3.2, dürfen nicht unterschritten werden.
Der Putz mit der gewählten Dicke d_1 ist mit einer Bewehrung aus Drahtgeflecht nach DIN 1200 mit 10 bis 16 mm Maschenweite zu umschließen, wobei Quer– und Längsstöße sorgfältig zu verrödeln und die Längsstöße gegeneinander zu versetzen sind. Nach dem Anbringen der Bewehrung ist die Bekleidung mit einem Glättputz ≥ 5 mm dick abzuschließen.

3.14 Feuerwiderstandsklassen von Stahlbeton– und Spannbeton–Zuggliedern aus Normalbeton

3.14.1 Anwendungsbereich, Brandbeanspruchung

Die Angaben von Abschnitt 3.14 gelten für mehrseitig beanspruchte Stahlbeton– und Spannbeton–Zugglieder aus Normalbeton nach DIN 1045.

3.14.2 Randbedingungen

3.14.2.1 Stahlbeton– und Spannbeton–Zugglieder aus Normalbeton müssen unter Beachtung der Bedingungen von Abschnitt 3.14.2 die in Tabelle 33 angegebenen Mindestquerschnittsabmessungen und Mindestachsabstände besitzen, wenn für die Klassifizierung der Bruchzustand ($T \rightarrow$ crit T mit ε > 10 ‰) zugrunde gelegt wird.

3.14.2.2 Die in Tabelle 33, Zeile 1, angegebenen Mindestdicken und Mindestachsabstände dürfen bei Anordnung einer bewehrten Putzbekleidung nach den Angaben von Tabelle 32 abgemindert werden; die Mindestwerte nach Tabelle 33, Zeilen 2.1 bis 2.3, dürfen nicht unterschritten werden. Für die Ausführung der Putzbewehrung gelten die Angaben von Abschnitt 3.13.2.8, zweiter Absatz.

3.14.2.3 Bei einer Dehnungsbegrenzung auf $\varepsilon < 2{,}5$ ‰ müssen unbekleidete Zugglieder unabhängig von der Stahlart die in Tabelle 34 angegebenen Mindestquerschnittsabmessungen besitzen.

3.14.2.4 Die Mindestdicke d ist bei Zuggliedern mit Rechteckquerschnitt die Länge der kleinsten Seite, bei Zuggliedern mit Kreisquerschnitt der Durchmesser.

3.14.2.5 Freiliegende Anschlüsse aus Stahl sind allseitig zu bekleiden. Die Bekleidung ist auf der Grundlage von Prüfungen nach DIN 4102 Teil 2 zu bemessen.

Klassifizierte Stahlbetonbalken nach DIN 4102, Teil 4 (Brandschutz)

3.1 Grundlagen zur Bemessung von Beton-, Stahlbeton- und Spannbetonbauteilen

3.1.1 Normalbeton

Bei Angaben über Normalbeton handelt es sich immer um Normalbeton nach DIN 1045.

3.1.2 Leichtbeton und Porenbeton

3.1.2.1 Bei Angaben zu tragenden Bauteilen aus Konstruktionsleichtbeton handelt es sich um Leichtbeton mit geschlossenem Gefüge nach DIN 4219 Teil 1 und Teil 2.

3.1.2.2 Der Begriff "Porenbeton" ersetzt den früher verwendeten Begriff "Gasbeton".

3.1.3 Kritische Temperatur crit T des Bewehrungsstahls

3.1.3.1 Die kritische Temperatur crit T des Bewehrungsstahls ist die Temperatur, bei der die Bruchspannung des Stahls auf die im Bauteil vorhandene Stahlspannung absinkt. Die im Bauteil vorhandene Stahlspannung verändert sich während der Brandeinwirkung.

Für die Ermittlung von crit T ist die im Bruchzustand bei Brandeinwirkung vorhandene Stahlspannung maßgebend. Sie darf näherungsweise

a) für Bauteile, die nach DIN 1045 und DIN 4227 Teil 1 bemessen werden, der Stahlspannung unter Gebrauchslast und

b) für Bauteile, die nach DIN 4227 Teil 6 bemessen werden, der Stahlspannung $v = 0,5 \cdot \beta_Z$

gleichgesetzt werden.

Die in Tabelle 1 angegebenen crit–T–Werte beziehen sich auf die vorhandene Stahlspannung

a) $0,572 \cdot \beta_S$ bei Betonstählen und

b) $0,555 \cdot \beta_Z$ bei Spannstählen.

Tabelle 1: crit T von Beton- und Spannstählen sowie Δu–Werte

Zeile	Stahlsorte		crit T	Δu
	Art	Festigkeitsklasse	°C	mm
1	Betonstahl	nach DIN 1045	500	0
2	Spannstahl, warmgewalzt, gereckt und angelassen	St 835/1030 St 885/1080	500	0
3	Spannstahl, vergütete Drähte	St 1080/1230 St 1325/1470 St 1420/1570	450	+ 5
4	Spannstahl, kaltgezogene Drähte und Litzen	St 1470/1670	375	+ 12,5
		St 1375/1570 St 1570/1770	350	+ 15

Betonstahl BSt 220/340
crit T = 570 °C
$\Delta u = -7,5$ mm

3.1.3.2 Sofern aus der Bemessung die im Bruchzustand bei Brandeinwirkung im Bauteil vorhandene Stahlspannung bekannt ist, darf crit T in Abhängigkeit vom Ausnutzungsgrad der Stähle

a) vorh. σ/β_S (20 °C) bei Betonstählen und

b) vorh. σ/β_Z (20 °C) bei Betonstählen

nach den Kurven der Bilder 1 und 2 bestimmt werden. Die aus Brandschutzgründen erforderlichen u–Werte dürfen hierauf abgestimmt werden – das heißt:

Die in den Abschnitten 3 und 4 angegebenen Mindest–u–Werte dürfen in Abhängigkeit von der kritischen Temperatur crit T – ermittelt nach den Kurven der Bilder 1 und 2 – vermindert werden. Als Korrektur gilt:

$$\Delta u = 10 \text{ mm für crit } \Delta T = 100 \text{ K} \qquad (1)$$

crit ΔT ist dabei als Differenz zu den Angaben von Tabelle 1 zu bestimmen.

Bei der Verminderung der u–Werte nach Gleichung (1) dürfen die in den Abschnitten 3 und 4 jeweils angegebenen für F 30 angegebenen u–Werte (u_{F30}) nicht unterschritten werden.

3.1.3.3 Die kritische Temperatur von Beton- und Spannstählen, die nicht in den Bildern 1 und 2 erfasst ist, darf durch Warmkriechversuche in Abhängigkeit vom Ausnutzungsgrad zu bestimmen; andernfalls muss eine auf der sicheren Seite liegende Zuordnung zu den in den Bildern 1 und 2 angegebenen Kurven erfolgen.

3.1.4 Achsabstand der Bewehrung

3.1.4.1 Der Achsabstand u der Bewehrung ist der Abstand zwischen der Längsachse der tragenden Bewehrungsstäbe (Längsstäbe) oder Spannglieder und der beflammten Betonoberfläche (Bild 3).

Nach der Lage werden weiter unterschieden:

$u_s = u_{seitlich}$ und
$u_o = u_{oben}$

Alle Achsabstände sind Nennmaße nach DIN 1045.

3.1.4.2 Sofern Stabbündel verwendet werden, beziehen sich alle Werte von u auf die Achse der Bündel.

3.1.4.3 Alle in Abschnitt 3 angegebenen Bemessungstabellen gelten für eine kritische Stahltemperatur von crit T = 500 °C.

Bei Verwendung von Spannstählen mit crit T = 450 °C, 375 °C oder 350 °C bzw. von Betonstahl mit crit T = 570 °C sind die in den Bemessungstabellen von Abschnitt 3 enthaltenen Mindestachsabstände u bzw. u_s und u_o um die in Tabelle 1 angegebenen Δu–Werte zu verändern.

3.1.4.4 Wenn in den Tabellen von Abschnitt 3 keine Angaben für Achsabstände u gemacht werden, gilt nom c nach DIN 1045, Abschnitt 13.2.

3.1.5 Betondeckung der Bewehrung

3.1.5.1 Die Betondeckung c ist entsprechend der Definition in DIN 1045, Abschnitt 13.2, der Abstand zwischen der Staboberfläche der Bewehrungsstäbe (unterschiedlich für Längsstäbe und Querbewehrungsstäbe) und der Bauteiloberfläche (Bild 3).

Die Betondeckung c in dieser Norm entspricht nom c nach DIN 1045, Abschnitt 13.2.

3.1.5.2 Wenn die Betondeckung des am nächsten zur Bauteiloberfläche liegenden Bewehrungsstabes c > 50 mm ist, ist die Betondeckung an der Unterseite mit kreuzweise angeordneten, an den Knotenpunkten fest verbundenen Stäben, das heißt mit einer Schutzbewehrung – siehe Abschnitte 3.2 bis 3.14 – zu bewehren:

Stabdurchmesser	$\geq 2,5$ mm
Maschenweite	$\geq 150 \times 150$ mm und $\leq 500 \times 500$ mm
Betondeckung	= nom c

3.1.5.3 Bügel dürfen als Schutzbewehrung herangezogen werden.

3.1.5.4 Als Abstandhalter für die Bewehrung dürfen auch übliche Kunststoffabstandhalter der Baustoffklasse B verwendet werden, ohne dass die Klassifizierung – Benennung – verlorengeht.

3.1.6 Putzbekleidungen

3.1.6.1 Wenn bei Stahlbeton- oder Spannbetonbauteilen der mögliche Achsabstand der Bewehrung konstruktiv begrenzt ist und wenigstens den Mindestwerten für F 30 entspricht oder Bauteile in brandschutztechnischer Hinsicht nachträglich verstärkt werden müssen, so kann der für höhere Feuerwiderstandsklassen notwendige Achsabstand – zum Teil auch die erforderlichen Querschnittsabmessungen – nach den Angaben von Abschnitt 3.1.6 durch Putzbekleidungen ersetzt werden.

3.1.6.2 Sofern in den Abschnitten 3.2 bis 3.14 keine einschränkenden Angaben gemacht werden, gelten als Ersatz für den Achsabstand u oder eine Querschnittsabmessung die in Tabelle 2 angegebenen Werte. Die Putzdicke darf die in der letzten Spalte der Tabelle 2 jeweils angegebene Maximaldicke nicht überschreiten.

3.1.6.3 Als Putze ohne Putzträger können Putze der Mörtelgruppe P II oder P IV a, P IV b und P IV c nach DIN 18550 Teil 2 verwendet werden.

Voraussetzung für die brandschutztechnische Wirksamkeit ist eine ausreichende Haftung am Putzgrund. Sie wird sichergestellt, wenn der Putzgrund

a) die Anforderungen nach DIN 18550 Teil 2 erfüllt.
b) einen Spritzbewurf nach DIN 18550 Teil 2 erhält und
c) aus Beton und/oder Zwischenbauteilen der folgenden Arten besteht:
 – Beton nach DIN 1045 unter Verwendung üblicher Schalungen, z.B. unter Verwendung von Holzschalung, Stahlschalung oder kunststoffbeschichteten Schaltafeln.
 – Beton nach DIN 1045 in Verbindung mit Zwischenbauteilen nach DIN 4158, DIN 4159 und DIN 278.
 – haufwerksporiger Leichtbeton, z.B. Bimsbeton.
 – Porenbeton

Anmerkung: Die Brauchbarkeit von Putzbekleidungen, die brandschutztechnisch notwendig sind und die nicht durch Putzträger (Rippenstreckmetall, Drahtgewebe o.ä.) am Bauteil gehalten werden – d.h. Putzbekleidungen ohne Putzträger, die die Anforderungen des Abschnittes 3.1.6.3 nicht erfüllen ist besonders nachzuweisen, zum Beispiel durch eine allgemeine bauaufsichtliche Zulassung.

3.1.6.4 Als Putze auf Putzträgern der Baustoffklasse A können Putze der Mörtelgruppe P I, II, III oder P IV a, P IV b und P IV c nach DIN 18550 Teil 2 sowie Putze nach Abschnitt 3.1.6.5 verwendet werden.

Als Putzträger eignen sich zum Beispiel Drahtgewebe, Ziegeldrahtgewebe oder Rippenstreckmetall.

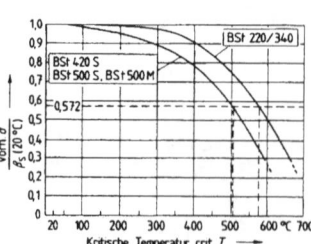

Bild 1: Abfall des Verhältnisses vorh. σ/β_S (20 °C) von Betonstählen in Abhängigkeit von der Temperatur.

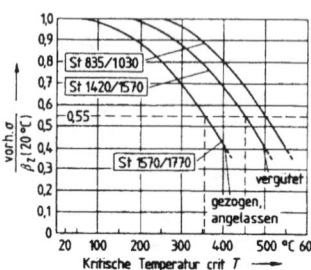

Bild 2: Abfall des Verhältnisses vorh. σ/β_Z (20 °C) von Spannstählen in Abhängigkeit von der Temperatur.

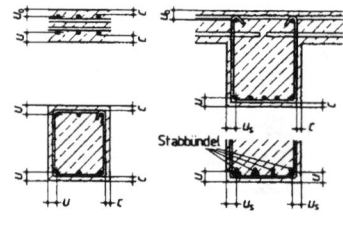
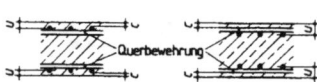

Bild 3: Achsabstände u. u_o und u_s sowie Betondeckung c

Voraussetzungen für die brandschutztechnische Wirksamkeit der genannten Putze auf nichtbrennbaren Putzträgern sind:

a) Der Putzträger muss ausreichend am zu schützenden Bauteil verankert werden, zum Beispiel durch Anschrauben oder Anrödeln – auch unter Zuhilfenahme von abstandhaltenden Stahlschienen.

b) Die Spannweite der Putzträger muss ≤ 500 mm sein.

c) Stöße von Putzträgern sind mit einer Überlappungsbreite von etwa 10 cm auszuführen; die einzelnen Putzträgerbahnen sind mit Draht zu verrödeln.

d) Der Putz muss die Putzträger ≥ 10 mm durchdringen.

3.1.6.5 Als brandschutztechnisch geeignete Dämmputze, die auf Putzträgern gemäß Abschnitt 3.1.6.4 aufzubringen sind, gelten:

Zweilagige Vermiculite- oder Perlite–Zementputze oder zweilagige Vermiculite- oder Perlite–Gipsputze mit folgenden Mischungsverhältnissen:

Der Mörtel für den mindestens 10 mm dicken Unterputz muss aus 1 Rtl. Zement nach DIN 1164 Teil 1 oder 3 Rtl. Baugips nach DIN 1168 Teil 1 und Teil 2 und 4 bis 5 Rtl. geblähtem (expandiertem) Vermiculite, etwa der Körnung 3/6 mm, oder Perlite, etwa der Körnung 0/3 mm, bestehen. Der Mörtel für den etwa 5 mm dicken geglätteten Oberputz muss entsprechend aufgebaut sein, wobei Vermiculite- oder Perlite–Körnungen 0/3 mm mit einem Anteil von mindestens 70 % der Körnung 1/3 mm zu verwenden sind.

Zur besseren Verarbeitung darf sowohl beim Ober- als auch beim Unterputz bis zu 20 % des Zements durch Kalkhydrat ersetzt werden. Die Rohdichte des expandierten Vermiculites und Perlites darf bei loser Einfüllung höchstens 0,13 kg/dm³ betragen.

3.1.6.6 Die in Abschnitt 3.1.6.4 aufgezählten Putze können auch auf Holzwolle–Leichtbauplatten nach DIN 1101 aufgebracht werden.

Voraussetzungen für die brandschutztechnische Wirksamkeit der genannten Putze auf einem derartigen Putzträger der Baustoffklasse B sind:

a) Ausführung von dichten Stößen und

b) Befestigung der Holzwolle–Leichtbauplatten mit ≥ 6 Haftsicherungsankern/m² aus Stahl.

Klassifizierte Stahlbetonbalken nach DIN 4102, Teil 4 (Brandschutz)

Tabelle 2: Putzdicke als Ersatz für den Achsabstand *u* oder eine Querschnittsabmessung

Zeile	Putzart	Erforderliche Putzdicke in imm als Ersatz für 10 mm		maximal zulässige
		Normalbeton	Leicht- oder Porenbeton	Putzdicke in mm
1	Putze ohne Putzträger nach Abschnitt 3.1.6.3:			
1.1	Putzmörtel der Gruppe P II und P IV c	15	18	20
1.2	Putzmörtel der Gruppe P IV a und P IV b	10	12	25
2	Putze nach Abschnitt 3.1.6.4	8	10	25 [1]
3	Putze nach Abschnitt 3.1.6.5	5	6	30 [1]
4	Putze auf Holzwolle–Leichtbauplatten nach den Angaben von Abschnitt 3.1.6.6	Angaben hierzu siehe Abschnitt 3.4		

[1] Gemessen über Putzträger

Tabelle 3: Mindestbreite und Mindeststegdicke von maximal 3-seitig beanspruchten, statisch bestimmt gelagerten Stahlbeton- und Spannbetonbalken aus Normalbeton

	1		2	3	4	5	6
	Konstruktionsmerkmale		Feuerwiderstandsklasse–Benennung				
Zeile			F 30–A	F 60–A	F 90–A	F 120–A	F 180–A
1	Mindestbreite *b* in mm unbekleideter Balken in der **Biegezug-zone** bzw. in der vorgedrückten Zugzone mit Ausnahme der Auflagerbereiche						
1.1	Stahlbeton- und Spannbetonbalken mit crit *T* ≥ 450 °C nach Tabelle 1		80 [1][2]	120 [2]	150	200	240
1.2	Spannbetonbalken mit crit *T* = 350 °C nach Tabelle 1.		120 [2]	160	190	240	280
2	Mindestbreite *b* in mm unbekleideter Balken in der **Druck-** oder **Biegedruckzone** bzw. in der **vorgedrückten Zugzone in Auf-lagerbereichen**		90 [1][2] bis 140 [2] Die Bedingungen von Tabelle 4 sind einzuhalten.			160	240
3	Mindeststegdicke *t* in mm unbekleideter Balken mit I–Querschnitt in der						
3.1	Biegezugzone bzw. in der vorgedrückten Zugzone mit Ausnahme der Auflagerbereiche		80 [1][2]	90 [1][2]	100 [1][2]	120 [2]	140 [2]
3.2	Druck- oder Biegedruckzone bzw. in der vorgedrückten Zugzone in Auflagerbereichen		90 [1][2] bis 140 [2] Die Bedingungen von Tabelle 4 sind einzuhalten.				140 [2]
4	Mindestabmessungen *b* und *t* von **Balken mit Bekleidungen** aus						
4.1	Putzen nach den Abschnitten 3.1.6.1 bis 3.1.6.5		*b* nach den Zeilen 1 bis 1.2 und 2, *t* nach den Zeilen 3 bis 3.2, Abminderungen nach Tabelle 2 sind möglich. *b* und *t* jedoch nicht kleiner als 80 mm				
4.2	Unterdecken		*b* und *t* ≥ 50 mm; Konstruktion nach Abschnitt 6.5				

[1] Bei Betonfeuchtegehalten, angegeben als Massenanteil, > 4 % (siehe Abschnitt 3.1.7) sowie bei Balken mit sehr dichter Bügelbewehrung (Stababstände < 100 mm) müssen die Breite *b* oder die Stegdicke *t* mindestens 120 mm betragen.

[2] Wird die Bewehrung in der Symmetrieachse konzentriert und werden dabei mehr als zwei Bewehrungsstäbe oder Spannglieder übereinander angeordnet, dann sind die angegebenen Mindestabmessungen unabhängig vom Betonfeuchtegehalt der zweifachen Wert des verwendeten Bewehrungsstabdurchmessers – bei Stabbündeln um den zweifachen Wert des Vergleichsdurchmessers *d*$_{sV}$ – zu vergrößern (zu verbreitern). Bei Dicken *b* oder *t* ≥ 150 mm braucht diese Zusatzmaßnahme nicht mehr angewendet zu werden.

Tabelle 4: Mindest-*k*$_h$-Werte bei Stahlbetonbalken und maximal zulässige Betondruckspannungen σ bei Spannbeton-balken in Abhängigkeit von der Mindestbalkenbreite *b* bzw. der Mindeststegdicke *t*

Mindestbalkenbreite *b* in mm bzw. Mindeststegdicke *t* in mm	Mindest-*k*$_h$-Werte bei Stahlbetonbalken bei der Betonfestigkeitsklasse					Maximal zulässige Betondruck-spannung σ bei Spannbetonbalken N/mm²
	B 15	B 25	B 35	B 45	B 55	
90	3,7	3,4	3,0	4,0	5,4	3,5
100	3,1	3,0	2,5	2,8	3,7	7,0
110	2,2	2,4	2,2	2,3	2,6	10,0
120		1,7	1,5	2,0	2,2	13,5
130				1,4	1,9	16,5
140				1,3		20,0
≥ 150	Keine Begrenzung					

3.1.7 Feuchtegehalt und Abplatzverhalten

3.1.7.1 Alle in den Abschnitten 3 und 4 für Bauteile aus Normalbeton nach DIN 1045 oder aus Leichtbeton mit geschlossenem Gefüge nach DIN 4219 Teil 1 und Teil 2 angegebenen Mindestquerschnittsabmessungen, zulässigen Spannungen usw. wurden so festgelegt, dass bei Brandbeanspruchung geringfügige Oberflächenabplatzungen möglich sind, zerstörende Abplatzungen für den Regelfall (Feuchtegehalt, angegeben als Massenanteil ≤ 4 %) jedoch ausgeschlossen werden.

Ein Feuchtegehalt > 4 % liegt nur in Sonderfällen vor, z.B. bei Bauteilen nach DIN 1045, Tabelle 10, Zeile 3; er führt im allgemeinen zu zerstörenden Abplatzungen.

3.1.7.2 Über das Abplatzverhalten von tragenden Bauteilen aus Leichtbeton mit geschlossenem Gefüge nach DIN 4219 Teil 1 und Teil 2 liegen nur begrenzte Erkenntnisse vor, weshalb bei Verwendung dieser Betonart auch weitergehende Einschränkungen gemacht werden, vergleiche z.B. Abschnitt 3.4.6.

3.2 Feuerwiderstandsklassen statisch bestimmt gelagerter Stahlbeton- und Spannbetonbalken aus Normalbeton

3.2.1 Anwendungsbereich, Brandbeanspruchung

3.2.1.1 Die Angaben von Abschnitt 3.2 gelten für statisch bestimmt gelagerte Stahlbeton- und Spannbetonbalken aus Normalbeton. Es wird unterschieden zwischen maximal 3-seitiger und 4-seitiger Brandbeanspruchung.

3.2.1.2 Eine maximal 3-seitige Brandbeanspruchung liegt vor, wenn die Oberseite der Balken durch Betonbauteile mindestens der geforderten Feuerwiderstandsklasse nach den Abschnitten 3.4 oder 3.5 abgedeckt ist.
Eine 4-seitige Brandbeanspruchung liegt vor, wenn die Oberseite der Balken andere Abdeckungen – z.B. aus Stahl, Holz oder Kunststoff – erhält oder freiliegt.

3.2.1.3 Stürze in Wänden aus Mauerwerk sind nach Abschnitt 4.5.3 zu bemessen.

3.2.2 Mindestquerschnittsabmessungen von maximal 3-seitig beanspruchten Balken

3.2.2.1 Statisch bestimmt gelagerte Stahlbeton- und Spannbetonbalken aus Normalbeton müssen bei maximal 3-seitiger Brandbeanspruchung unter Beachtung von Abschnitt 3.2 die in Tabelle 3 angegebenen Mindestbreiten *b* und Mindeststegdicken *t* besitzen.

3.2.2.2 Bei Balken mit Rechteckquerschnitt ist *b* die Balkenbreite. Bei Balken mit angeschrägten Seiten ist *b* in Höhe des Bewehrungsschwerpunktes zu messen. Bei Balken mit I-Querschnitt ist *b* die Untergurtbreite und *t* die Stegdicke, siehe auch die Schemaskizze in Tabelle 3.

3.2.2.3 Bei der Bemessung von Balken mit I-Querschnitt (Bild 4a) muss die Höhe des Untergurts *d*$_u$ mindestens der Breite *b* der geforderten Feuerwiderstandsklasse nach Tabelle 3, Zeilen bis 1.2 entsprechen.
Bei angeschrägtem Untergurt (Bild 4b) darf *d*$_u$ durch *d*$_u^*$ ersetzt werden:

$$d_u^* = d_u + \frac{d_{su}}{2} \qquad (2)$$

Bei *b/t* > 3,5 ist der Untergurt als Zugglied nach Abschnitt 3.14 zu bemessen.

3.2.2.4 Gurte von Balken mit ⊥-Querschnitt sind wie Unter-gurte von I-Querschnitten zu bemessen. Die Stegdicke *t* von Balken mit ⊥-Querschnitt muss den Mindestwerten *b* von Rechteckbalken entsprechen.

3.2.2.5 Aussparungen in Balken oder in Stegen von T-, ⊥-, oder I- Querschnitten dürfen vernachlässigt werden, wenn die verbleibende Zugzone mindestens eine Höhe von min *b* und
– bei kreisförmigen oder quadratischen Aussparungen eine Querschnittsfläche von 1,5 min. *b*² (kreisförmige dürfen wie flächengleiche quadratische Aussparungen bemessen werden) sowie
– bei rechteckigen Aussparungen eine Querschnittsfläche von 2 min. *b*² behält.

Min *b* ist der kleinste der gewünschten Feuerwiderstandsklasse zugeordnete Wert entsprechend Tabelle 3, Zeilen 1 bis 1.2.

Der Achsabstand *u* muss sowohl zur Unter- als auch zur Aussparungsseite eingehalten werden.

Aussparungen mit einem Durchmesser ≤ 100 mm dürfen vernachlässigt werden, wenn zur tragenden Bewehrung der Mindestachsabstand *u* der gewünschten Feuerwiderstands-klasse nach Tabelle 6 eingehalten wird.

Der Randabstand zwischen den Aussparungen muss ≥ 2 min. *b* betragen.

Aussparungen mit einem Durchmesser ≤ 50 mm dürfen ganz vernachlässigt werden.

3.2.2.6 Balkenauflager sind so zu bemessen, dass die Querschnittsfläche an der schwächsten Stelle ≥ 1,5 min *b*² ist (Bild 5a), wobei min *b* der kleinste der gewünschten Feuerwi-derstandsklasse zugeordnete Wert entsprechend Tabelle 3, Zeilen 1 bis 1.2 ist.

3.2.3 Mindestquerschnittsabmessungen von 4-seitig beanspruchten Balken

3.2.3.1 Statisch bestimmt gelagerte Stahlbeton- und Spann-betonbalken aus Normalbeton müssen bei 4-seitiger Brandbe-anspruchung dieselben Mindestquerschnittsabmessungen wie maximal 3-seitig beanspruchte Balken nach Abschnitt 3.2.2 besitzen. Darüber hinaus sind die folgenden Mindestquer-schnittswerte einzuhalten:

3.2.3.2 Die Mindesthöhe der Balken muss ≥ min. *b* nach Tabelle 3, Zeilen 1 bis 1.2 sein.

3.2.3.3 Bei Rechteck- und Trapezquerschnitten darf die Balkenfläche nicht kleiner als 2 min. *b*² sein, *b* siehe Tabelle 3, Zeilen 1 bis 1.2. Dasselbe gilt auch für die Stege von Balken mit ⊥-Querschnitt.

3.2.3.4 Bei Balken mit T- oder I-Querschnitt (Bild 4a) muss die Höhe des Gurtes *d*$_o$ mindestens den Werten von *b* nach Tabelle 3, Zeile 1.1 entsprechen.
Bei angeschrägtem Gurt (Bild 4b) darf *d*$_o$ durch *d*$_o^*$ ersetzt werden:

$$d_o^* = d_o + \frac{d_{so}}{2} \qquad (3)$$

3.2.3.5 Balkenauflager sind so zu bemessen, dass die Querschnittsfläche an der schwächsten Stelle ≥ 2 min *b*² ist (Bild 5b), wobei min *b* der kleinste der gewünschten Feuerwi-derstandsklasse zugeordnete Wert entsprechend Tabelle 3, Zeilen 1 bis 1.2 ist.

3.2.4 Mindestachsabstände sowie Mindeststabzahl der Bewehrung von 1- bis 4-seitig beanspruchten Balken

3.2.4.1 Statisch bestimmt gelagerte Stahlbeton- und Spann-betonbalken aus Normalbeton müssen bei 1- bis 4-seitiger Brandbeanspruchung unter Beachtung von den Angaben von Abschnitt 3.2.4 die in Tabelle 6 angegebenen Mindestachsab-stände und Anzahl der Stäbe besitzen.

Klassifizierte Stahlbetonbalken nach DIN 4102, Teil 4 (Brandschutz)

Tabelle 5: Mindestdicken und Mindestachsabstände von Stahlbetonkonsolen

Zeile	Konstruktionsmerkmale	Feuerwiderstandsklasse-Benennung				
		F 30-A	F 60-A	F 90-A	F 120-A	F 180-A
1	Stahlbetonkonsolen in Verbindung mit Stützen 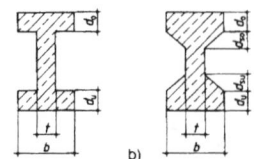					
1.1	Mindestbreite b in mm sowie Mindesthöhe d in mm am Anschnitt zur Stütze	110	120	170	240	320
1.2	Mindestquerschnittsfläche A am Anschnitt zur Stütze	2 b^2; b siehe Zeile 1.1				
1.3	Mindestachsabstand u [1)] [2)] der Zugbewehrung					
1.3.1	bei einer Konsolenbreite b in mm von / u in mm	110 / 25	≤ 120 / 40	≤ 170 / 55 [3)]	≤ 240 / 65 [3)]	≤ 320 / 80 [3)]
1.3.2	bei einer Konsolenbreite b in mm von / u in mm	≥ 200 / 18	≥ 300 / 25	≥ 400 / 35	≥ 500 / 45	≥ 600 / 60 [3)]
2	Stahlbetonkonsolen (Kragplatten) in Verbindung mit Wänden					
2.1	bei 3-seitiger Brandbeanspruchung					
2.1.1	Mindesthöhe d mm	100 [4)]	120	150	200	240
2.1.2	Mindestachsabstand u mm	10	25	35	45	60 [3)]
2.2	bei 2-seitiger Brandbeanspruchung					
2.2.1	Mindesthöhe d mm	100	100	100	120	150
2.2.2	Mindestachsabstand u (siehe Zeile 2.1)	[7)]				
2.3	bei 1-seitiger Brandbeanspruchung [6)]					
2.3.1	Mindesthöhe d [6)] mm	80 [5)]	80 [5)]	80	100	130
2.3.2	Mindestachsabstand u (siehe Zeile 2.1)	[7)]				
3	Stahlbetonkonsolen in Verbindung mit Balken					
3.1	Mindestdicke d_u	$d_u ≥ d$ nach den Zeilen 2 bis 2.3.2, sofern für Spannbetonbalken nach Tabelle 3 keine größeren Dicken gefordert werden				
3.2	Mindestachsabstand u					
3.2.1	bei 3-seitiger Brandbeanspruchung (vergleiche Zeile 2.1)	nach den Abschnitten 3.2 bis 3.3				
3.2.2	bei 1- bis 2-seitiger Brandbeanspruchung (vergleiche Zeile 2.2 bis 2.3)					
3.2.2.1	seitlich und unten	nach den Abschnitten 3.2 bis 3.3				
3.2.2.2	an der Oberseite, die voll abgedeckt wird	siehe DIN 1045				
3.3	Sonstige Randbedingungen für den Balken	nach den Abschnitten 3.2 bis 3.3				

[1)] Zwischen den u-Werten der Zeilen 1.3.1.1 und 1.3.2.1 darf in Abhängigkeit von der Konsolenbreite b geradlinig interpoliert werden.

[2)] Werden Stahlbetonbauteile auf den Konsolen so aufgelagert, dass die Konsolenoberfläche voll abgedeckt ist, braucht der Achsabstand der Konsolbewehrung zur Oberseite nur die nach DIN 1045 vorgeschriebenen Maße zu besitzen; eine Fuge zwischen Stütze und aufgelagertem Bauteil mit a ≤ 30 mm darf dabei unberücksichtigt bleiben.

[3)] Bei Betondeckung c > 50 mm ist eine Schutzbewehrung nach Abschnitt 3.1.5 erforderlich.

[4)] und [5)] Bei Betonfeuchtegehalten, angegeben als Massenanteil, > 4 % (siehe Abschnitt 3.1.7) sowie bei Konsolen mit sehr dichter Bügelbewehrung (Stababstände < 100 mm) muss die Mindesthöhe bei [4)] d ≥ 120 mm und bei [5)] d ≥ 100 mm sein.

[6)] Die Angaben von Zeile 2.3 gelten auch für Konsolen in Verbindung mit Platten nach nebenstehender Skizze.

[7)] Bezüglich c: Mindestwerte nach DIN 1045.

Tabelle 6: Mindestachsabstände sowie Mindeststabzahl der Zugbewehrung von 1- bis 4-seitig beanspruchten, statisch bestimmt gelagerten Stahlbetonbalken [4)] aus Normalbeton

	Konstruktionsmerkmale	Feuerwiderstandsklasse				
Zeile		F 30	F 60	F 90	F 120	F 180
1	Mindestachsabstände u [1)] und u_s [1)] sowie Mindeststabzahl n [1)] der Zugbewehrung **unbekleideter, einlagig bewehrter Balken**					
1.1	bei einer Balkenbreite b [5)] in mm von	80	≤ 120	≤ 150	≤ 200	≤ 240
1.1.1	u in mm	25	40	55 [3)]	65 [3)]	80 [3)]
1.1.2	u_s in mm	35	50	65	75	90
1.1.3	n	1	2	2	2	2
1.2	bei einer Balkenbreite b in mm von	120	160	200	240	300
1.2.1	u in mm	15	35	45	55 [3)]	70 [3)]
1.2.2	u_s in mm	25	45	55	65	80
1.2.3	n	2	2	3	3	3
1.3	bei einer Balkenbreite b in mm von	160	200	250	300	400
1.3.1	u in mm	10	30	40	50	65 [3)]
1.3.2	u_s in mm	20	40	50	60	75
1.3.3	n	2	3	4	4	4
1.4	bei einer Balkenbreite b in mm von	≥ 200	≥ 300	≥ 400	≥ 500	≥ 600
1.4.1	u = u_s in mm	10	25	35	45	60 [3)]
1.4.2	n	3	4	5	5	5
2	Mindestachsabstände u, u_m und u_s sowie Mindeststabzahl n der Zugbewehrung bei **unbekleideten, mehrlagig bewehrten Balken**					
2.1	u_m nach Gleichung (4)	$u_m ≥ u$ nach Zeilen 1 bis 1.4.2				
2.2	u und u_s	u und $u_s ≥ u$ nach Zeilen 1 bis 1.4.2 sowie u und $u_s ≥ 0,5$ u nach Zeilen 1 bis 1.4.2				
2.3	Mindeststabzahl n	keine Anforderungen				
3	Mindestachsabstände u und u_s bzw. u_m von **Balken mit Bekleidungen** aus					
3.1	Putzen nach den Abschnitten 3.1.6.1 bis 3.1.6.5	u, u_m und u_s nach den Zeilen 1 bis 1.4.2 und 2 bis 2.3, Abminderungen nach Tabelle 2 sind möglich, u jedoch nicht kleiner als für F 30				
3.2	Unterdecken	u und $u_s ≥ 10$ mm Konstruktion nach Abschnitt 6.5				

Fußnoten zu Tabelle 6

[1)] Zwischen den u- und u_s-Werten von Zeilen 1 bis 1.4.2 darf in Abhängigkeit von der Balkenbreite b geradlinig interpoliert werden.

[2)] Die geforderte Mindeststabzahl n darf unterschritten werden, wenn der seitliche Achsabstand u je entfallendem Stab jeweils um 10 mm vergrößert wird; Stabbündel gelten in diesem Falle als ein Stab.

[3)] Bei einer Betondeckung c > 50 mm ist eine Schutzbewehrung nach Abschnitt 3.1.5.2 erforderlich.

[4)] Die Tabellenwerte gelten auch für **Spannbetonbalken**; die Mindestachsabstände u, u_m und u_s sind jedoch nach den Angaben von Tabelle 1 um die Δu-Werte zu erhöhen.

[5)] Bei den Balkenbreiten für F 60 bis F 180 sind kleinere Balkenbreiten möglich, wenn die Balkenbreite z.B. nach Tabelle 3, Zeile 4.1 abgemindert wird.

3.2.4.2 Bei einlagig bewehrten Balken mit unterschiedlichen Stabdurchmessern ist nach den Angaben des Achsabstandes u der mittlere Achsabstand u_m nach Gleichung (4) zu verwenden. Er errechnet sich aus den Flächen A_1 bis A_n und den **kleinsten** Achsabständen u_1 bis u_n aller einzelnen Bewehrungsstäbe.

3.2.4.3 Bei mehrlagig bewehrten Balken ist nach den Angaben von Bild 6 ebenfalls der mittlere Achsabstand u_m nach Gleichung (4) zu verwenden. Dabei ist zu beachten, dass der kleinste Achsabstand unten oder seitlich auftreten kann

$$u_m = \frac{A_1 u_1 + A_2 u_2 + ... A_n u_n}{\sum A_{1 \cdots n}} \qquad (4)$$

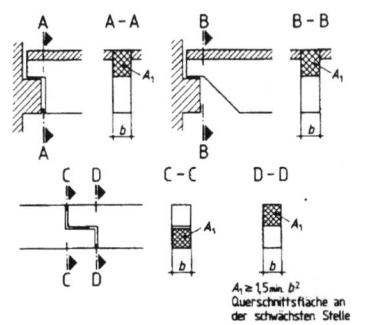

Bild 4: Bezeichnungen bei I-Querschnitten

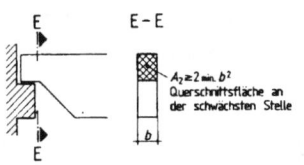

$A_1 ≥ 1,5 \min b^2$
Querschnittsfläche an der schwächsten Stelle

a) Balkenauflager bei 3-seitiger Brandbeanspruchung

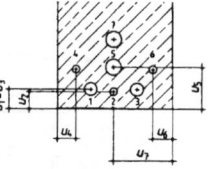

$A_2 ≥ 2 \min b^2$
Querschnittsfläche an der schwächsten Stelle

b) Balkenauflager bei 4-seitiger Brandbeanspruchung

Bild 5: Querschnittsabmessungen bei Balkenauflagern

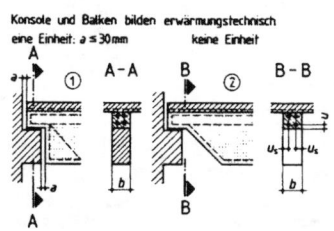

Bild 6: Formelzeichen bei der Berechnung von u_m

Konsole und Balken bilden erwärmungstechnisch eine Einheit: a ≤ 30 mm   keine Einheit

Bild 7: Achsabstand u bei Balkenauflagern bei den Ausführungen 1 und 2

Klassifizierte Stahlbetonbalken nach DIN 4102, Teil 4 (Brandschutz)

Tabelle 7: Mindestbreite von drei-seitig beanspruchten, statisch unbestimmt gelagerten Stahlbeton- und Spannbetonbalken aus Normalbeton

Zeile	Konstruktionsmerkmale		F 30-A	F 60-A	F 90-A	F 120-A	F 180-A
			Feuerwiderstandsklasse-Benennung				
1	Mindestbreite b in mm unbekleideter Balken in der **Biegezugzone** bzw. in der vorgedrückten Zugzone mit Ausnahme der Auflagerbereiche bei						
1.1	Stahlbeton- und Spannbetonbalken mit crit $T \geq 450°C$ nach Tabelle 1		80 [1] [2]	120 [2]	150	220	400
1.2	Spannbetonbalken mit crit $T = 350°C$ nach Tab. 1		120 [2]	160	190	240	400
2	Mindestbreite b in mm unbekleideter Balken in der **Druck- oder Biegedruckzone** bzw. in der vorgedrückten Zugzone in Auflagerbereichen bei						
2.1	$d/b \leq 2$		90 [1] [2]	100 [1] [2]	150	220	400
2.2	$d/b > 2$		110 [2] bis 140 [2]	120 [2] bis 140 [2]	170	240	400
			Die Bedingungen von Tabelle 4 sind einzuhalten.				
3	Mindestbreite b in mm von Balken mit Bekleidung aus						
3.1	Putzen nach den Abschnitten 3.1.6.1 bis 3.1.6.5		b nach den Zeilen 1 bis 1.2 und 2 bis 2.2. Abminderung nach Tabelle 2 sind möglich. b jedoch nicht kleiner als 80 mm.				
3.2	Unterdecken		$b \geq 50$ mm; Konstruktion nach Abschnitt 6.5.				

[1] Bei Betonfeuchtegehalten angegeben als Massenanteil > 4 Gew.-% (siehe Abschnitt 3.1.7) sowie bei Balken mit sehr dichter Bügelbewehrung (Stababstände < 100 mm) muss die Breite b mindestens 120 mm betragen.

[2] Wird die Bewehrung in der Symmetrieachse konzentriert und werden dabei mehr als zwei Bewehrungsstäbe oder Spannglieder übereinander angeordnet, dann sind die angegebenen Mindestabmessungen unabhängig vom Betonfeuchtegehalt um den zweifachen Wert des verwendeten Bewehrungsstabdurchmessers - bei Stabbündeln um den zweifachen Wert des Vergleichsdurchmessers d_{sV} - zu vergrößern (zu verbreitern). Bei Dicken $b \geq 150$ mm braucht diese Zusatzmaßnahme nicht mehr angewendet zu werden.

Tabelle 8: Mindestachsabstand sowie Mindeststabzahl der Feldbewehrung von maximal 3-seitig beanspruchten statisch unbestimmt gelagerten Stahlbetonbalken [4] aus Normalbeton.

Zeile	Konstruktionsmerkmale	F 30	F 60	F 90	F 120	F 180
		Feuerwiderstandsklasse				
1	Mindestachsabstände u [1] und u_s [1] sowie Mindeststabzahl n [2] der Feldbewehrung unbekleideter, einlagig bewehrter Balken bei Anordnung der Stütz- bzw. Einspannbewehrung					
1.1	nach DIN 1045	u, u_s und n sind nach Abschnitt 3.2.4 (Tabelle 6, Zeile 1 bis 1.4.2) zu bestimmen.				
1.2	nach Abschnitt 3.3.4.2, sofern das Stützweitenverhältnis min $l \geq 0,8$ max l ist					
1.2.1	bei einer Balkenbreite b [5] in mm von	80	≤ 120	≤ 150	≤ 200	≤ 400
1.2.1.1	u in mm	10	25	35	45	60 [2]
1.2.1.2	u_s in mm	10	35	45	55	70
1.2.1.3	n	1	2	2	2	2
1.2.2	bei einer Balkenbreite b in mm von	≥ 160	≥ 200	≥ 250	≥ 300	≥ 400
1.2.2.1	u in mm	10	12	25	35	50
1.2.2.2	u_s in mm	10	20	35	45	60
1.2.2.3	n	2	3	4	4	4
1.3	nach Abschnitt 3.3.4.2, sofern das Stützweitenverhältnis min $l \geq 0,2$ max l ist	Interpolation zwischen Tabelle 6, Zeilen 1 bis 1.4.2, und Tabelle 8, Zeile 1.2				
2	Mindestachsabstände u, u_m und u_s sowie Mindeststabzahl n der Feldbewehrung unbekleideter, mehrlagig bewehrter Balken bei einer Anordnung der Stütz- bzw. Einspann-					
2.1	bewehrung nach DIN 1045	u, u_m und u_s sind nach Abschnitt 3.2.4 (Tabelle 6, Zeilen 2 bis 2.3) zu bestimmen.				
2.2	nach Abschnitt 3.3.4.2, sofern das Stützweitenverhältnis min $l \geq 0,8$ max l ist					
2.2.1	u_m nach Gleichung (4) in Abschnitt 3.2.4	$u_m \geq u$ nach Zeilen 1 bis 1.3				
2.2.2	u und u_s	u und $u_s \geq u_{F30}$ nach den Zeilen 1 bis 1.3 sowie u und $u_s \geq 0,5$ u nach den Zeilen 1 bis 1.3				
2.2.3	n	keine Anforderungen				
3	Mindestachsabstände u und u_s bzw. u_m von **Balken mit Bekleidungen** aus					
3.1	Putzen nach den Abschnitten 3.1.6.1 bis 3.1.6.5	u, u_m und u_s nach den Zeilen 1 bis 2.2.3, Abminderungen nach Tabelle 2 sind möglich, u jedoch ≥ 10mm				
3.2	Unterdecken	u und $u_s \geq 10$ mm, Konstruktion nach Abschnitt 6.5				

[1] Zwischen den u und u_s - Werten der Zeilen 1.2 bis 2.2.3 darf in Abhängigkeit von der Balkenbreite b geradlinig interpoliert werden.

[2] Die geforderte Mindeststabzahl n darf unterschritten werden, wenn der seitliche Achsabstand u_s je entfallendem Stab jeweils um 10 mm vergrößert wird; Stabbündel gelten in diesem Fall als ein Stab.

[3] Bei einer Betondeckung $c > 50$ mm ist eine Schutzbewehrung nach Abschnitt 3.1.5.2 erforderlich.

[4] Die Tabellenwerte gelten auch für Spannbetonbalken; die Mindestachsabstände u, u_m, u_s und u_o sind jedoch nach den Angaben von Tabelle 1 um die Δu-Werte zu erhöhen.

[5] Bei den Balkenbreiten für F 60 bis F 180 sind kleinere Balkenbreiten möglich, wenn die Balkenbreite z.B. nach Tabelle 3, Zeile 4.1, abgemindert wird.

3.2.4.4 Bei Balken mit I-Querschnitt gelten die Werte nach Tabelle 6 nur dann, wenn das Verhältnis $b/t \leq 1,4$ oder wenn das Verhältnis $d_u/min \geq 1,4$ ist. Der Wert min b ist dabei die Mindestbreite b der geforderten Feuerwiderstandsklasse nach Tabelle 3, Zeilen 1 bis 1.2 und 2.

Bei angeschrägtem Untergurt (Bild 4b) darf d_u durch d_u nach Gleichung (2) ersetzt werden.

Bei $b/t > 1,4$ oder bei $d_u/min < 1,4$ sind die Mindestachsabstände u und u'_s nach Tabelle 6 nach den Gleichungen (5) und (6) auf die Werte u' und u'_s zu vergrößern.

$$u' = u \cdot \alpha \text{ und } u'_s = u_s \cdot \alpha \qquad (5)$$

$$\alpha = 1,85 - \sqrt{t/b} \cdot \frac{d_u}{min\ b} \geq 1,0 \qquad (6)$$

3.2.4.5 Für Gurte von Balken mit ⊥-Querschnitt gelten die Angaben von Abschnitt 3.2.4.4 sinngemäß.

3.2.4.6 Bei Anordnung von Aussparungen in Balken oder in Stegen von T-, ⊥- oder I-Querschnitten, die die Mindestquerschnittsabmessungen nach den Abschnitten 3.2.2 bzw. 3.2.3 aufweisen, müssen die Mindestachsabstände auch von der Aussparungsseite her eingehalten werden.

3.2.4.7 Werden Auflager von Balken nach Bild 7a ausgeführt und bleibt die Sollfugenbreite $a \leq 30$ mm, ist im Auflagerbereich nur die in DIN 1045 vorgeschriebene Betondeckung einzuhalten.

Ist $a > 30$ mm oder werden die Auflager entsprechend Bild 7b ausgeführt, müssen im Auflagerbereich die Achsabstände u nach Tabelle 6 eingehalten werden.

3.2.4.8 Bei den Feuerwiderstandsklassen F 120 und F 180 müssen bei Balken im Schubbereich 2 und 3 nach DIN 1045 stets ≥ 4-schnittige Bügel angeordnet werden.

3.2.5 Konsolen und Auflager

Stahlbetonkonsolen müssen, sofern die Konsolen und die darauf aufgelagerten Bauteile einer bestimmten Feuerwiderstandsklasse angehören sollen, die in Tabelle 5 angegebenen Mindestquerschnittsdicken und Mindestachsabstände aufweisen.

3.3 Feuerwiderstandsklassen statisch unbestimmt gelagerter Stahlbeton- und Spannbetonbalken aus Normalbeton

3.3.1 Anwendungsbereich, Brandbeanspruchung
Die Angaben von Abschnitt 3.2.1 gelten sinngemäß.

3.3.2 Mindestquerschnittsbemessungen von maximal 3-seitig beanspruchten Balken
Statisch unbestimmt gelagerte Stahlbeton- und Spannbetonbalken aus Normalbeton müssen bei maximal 3-seitiger Brandbeanspruchung die in Tabelle 7 angegebenen Mindestbreiten b besitzen. Dabei gelten die Bestimmungen der Abschnitte 3.2.2.2 bis 3.2.2.6 sinngemäß.

3.3.3 Mindestquerschnittsabmessungen von 4-seitig beanspruchten Balken
Statisch unbestimmt gelagerte Stahlbeton- und Spannbetonbalken aus Normalbeton müssen bei 4-seitiger Brandbeanspruchung dieselben Mindestquerschnittsabmessungen wie maximal 3-seitig beanspruchte, statisch unbestimmt gelagerte Balken nach Abschnitt 3.3.2 besitzen. Darüber hinaus sind die Mindestquerschnittswerte nach den Abschnitten 3.2.3.2 bis 3.2.3.5 einzuhalten.

3.3.4 Mindestachsabstände sowie Mindeststabzahl der Bewehrung von maximal 3-seitig beanspruchten Balken

3.3.4.1 Statisch unbestimmt gelagerte Stahlbeton- und Spannbetonbalken aus Normalbeton müssen bei einer maximal 3-seitigen Brandbeanspruchung unter Beachtung der Angaben von Abschnitt 3.3.4 die in Tabelle 8 angegebenen Mindestachsabstände und Mindeststabzahlen besitzen.
3.3.4.2 Die Achsabstände und die Stabzahl der Feldbewehrung dürfen nach den Angaben von Tabelle 8, Zeilen 1.2, 1.3 und 2.2, bestimmt werden, wenn die Stützbewehrung an jeder Stelle gegenüber der nach DIN 1045 erforderlichen Stützbewehrung um 0,15 l verlängert wird - bei durchlaufenden Balken ist l die Stützweite des angrenzenden größeren Feldes.

3.3.4.3 Bei Anordnung von Aussparungen bei Endauflagern nach Bild 7 und hinsichtlich der Schubbewehrung gelten die Bestimmungen der Abschnitte 3.2.4.6 bis 3.2.4.8.

3.3.5 Mindestachsabstände und Mindeststabzahlen der Bewehrung von 4-seitig beanspruchten Balken
Die Mindestachsabstände und Mindeststabzahlen sowohl der Feld- als auch der Stütz- bzw. Einspannbewehrung müssen den Angaben von Abschnitt 3.2.4 entsprechen.

Klassifizierte Stahlträger- und Stahlbetondecken mit Unterdecken nach DIN 4102, Teil 4 (Brandschutz)

Tabelle 96: Decken der Bauarten I bis III mit hängenden Drahtputzdecken nach DIN 4121   Maße in mm

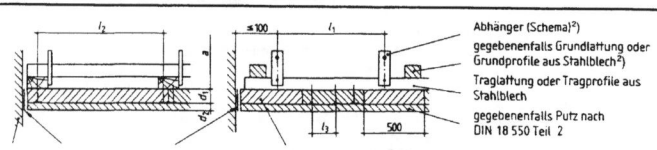

Abhänger (Schema)
Querstab ∅ ≥ 5
Tragstab ∅ ≥ 7
Putz nach DIN 18 550 Teil 2

Massivwand   Trennstreifen oder Kellenschnitt   Putzträger aus Drahtgewebe oder Rippenstreckmetall

Zeile	Konstruktionsmerkmale und Bauart nach Abschnitt 6.5.1	Im Zwischendeckenbereich ist eine Dämmschicht	Mindestdeckendicke d	Mindestabstand (Abhängehöhe) a	Zul. Spannweite der Tragstäbe $\varnothing \geq 7$ h	Zul. Spannw. Putzträger Drahtgewebe l_2	Zul. Spannw. Putzträger Rippenstreckmetall l_2	Zul. Abstände Querstäbe $\varnothing \geq 5$ l_3	Zul. Abstände Putzträgerbefestigungspunkte l_4	Mindestputzdicke P II oder P IV c d_1	Mindestputzdicke P IV a oder P IV b d_1	Mindestputzdicke V.- oder P.- Putz d_1	Feuerwiderstandsklasse Benennung
1	I Leichtbeton	vorhanden oder nicht vorhanden	50	12	750	500	1000	1000	200	15	5	5	F 30–A
2	Leichtbeton oder Ziegel		50	15	700	400	800	750	200		20	10	F 60–A
3			50	20	400	350	750	750	200			20	F 90–A
4			50	30	400	350	750	750	200			30	F 120–A
5	II	vorhanden	Bemessung nach den Angaben der Zeilen 1 bis 4										
6	Normalbeton [1]	nicht vorhanden	50	12	750	500	1000	1000	200	10	5	5	F 30–A
7			50	15	700	400	800	750	200	15	5	5	F 60–A
8			50	20	400	350	750	750	200	25	15	10	F 90–A
9			50	30	400	350	750	750	200		25	15	F 120–A
10	III	vorhanden	Bemessung nach den Angaben der Zeilen 1 bis 4										
11	Normalbeton [1]	nicht vorhanden	50	12	750	500	1000	1000	200	5	5	5	F 30–A
12			50	15	700	400	800	750	200	5	5	5	F 60–A
13			50	20	400	350	750	750	200	15	5	5	F 90–A
14			50	30	400	350	750	750	200	25	10	5	F 120–A
15			50	40	400	350	750	750	200		20	15	F 180–A

Tabelle 97: Decken der Bauarten I bis III mit Unterdecken aus Holzwolle–Leichtbauplatten nach DIN 1101 mit und ohne Putz   Maße in mm

Abhänger (Schema) [2]
gegebenenfalls Grundlattung oder Grundprofile aus Stahlblech [2]
Traglattung oder Tragprofile aus Stahlblech
gegebenenfalls Putz nach DIN 18 550 Teil 2

Massivwand   Trennstreifen oder Kellenschnitt   Holzwolle-Leichtbauplatten nach DIN 1101 mit oder ohne Porenverschluss

Zeile	Konstruktionsmerkmale und Bauart nach Abschnitt 6.5.1	Im Zwischendeckenbereich ist eine Dämmschicht	Mindestdeckendicke d	Mindestabstand (Abhängehöhe) a	Zul. Spannweite der Traglattung oder Tragprofile h [2]	Zul. Spannweite Holzwolle-Leichtbauplatten nach DIN 1101 l_2	Zul. Abstände der Befestigung l_3	Mindestdicke der Holzwolle-Leichtbauplatten d_1	Mindestputzdicke P II oder P IV c d_2	Mindestputzdicke P IV a oder P IV b d_2	Mindestputzdicke V.- oder P.- Putz d_2	Feuerwiderstandsklasse Benennung
1	I Leichtbeton	vorhanden oder nicht vorhanden	50	25	1000	500	200	50 [4]				F 30–AB
2	Leichtbeton oder Ziegel		50	25	1000	500	200	25	25	20	15	F 30–AB
3			50	25	750	500	200	25			25	F 60–AB
4	II Normalbeton [1]	vorhanden oder nicht vorhanden	50	25	1000	500	200	50 [4]				F 30–AB
5			50	25	1000	500	200	25	25	20	15	F 30–AB
6			50	25	750	500	200	25			25	F 60–AB
7	III Normalbeton [1]	vorhanden oder nicht vorhanden	50	25	1000	500	200	35 [4]				F 30–AB
8			50	25	1000	500	200	25	15	10	5	F 30–AB
9			50	25	750	500	200	25	20	15	10	F 60–AB
10			50	50	500	500	200	35			20	F 60–AB

6.5 Feuerwiderstandsklassen von Stahlträger- und Stahlbetondecken mit Unterdecken

6.5.1 Anwendungsbereich, Brandbeanspruchung

6.5.1.1 Die Angaben von Abschnitt 6.5 gelten für von unten (Unterseite der Unterdecke) oder von oben (Oberseite der tragenden Decke) beanspruchte Stahlträgerdecken mit Unterdecken sowie für gleichzustellende Dächer mit nachfolgend beschriebenen Merkmalen.

Die **Stahlträger** nach DIN 18800 Teil 1 liegen im Zwischendeckenbereich zwischen Unterdecke und Abdeckung; sie bilden mit der Abdeckung die tragende Decke und dürfen aus Vollwandträgern, Fachwerkträgern oder auch Gitterträgern bestehen, sofern die Träger und Fachwerk- oder Gitterstäbe nach Abschnitt 6.1.3 einen U/A–Wert ≤ 300 m^{-1} besitzen.

Die **Unterdecke** nach DIN 18168 Teil 1 schützt die Stahlträger vor raumseitiger Brandbeanspruchung von unten – d.h. vor Brandbeanspruchung von der Unterdeckenseite. Die Unterdecke selbst kann so ausgebildet sein, dass sie allein bei Brandbeanspruchung von unten einer Feuerwiderstandsklasse angehört – siehe Abschnitt 6.5.7.

Die **Abdeckung** nach DIN 1045, DIN 4028 oder DIN 4223 ist mindestens 5 cm dick und schützt die Stahlträger vor Brandbeanspruchung von oben. Die Abdeckung beeinflusst das Brandverhalten der Unterdecke. Es wird unterschieden in:

a) Abdeckung aus **Leichtbeton** (B a u a r t I) und
b) Abdeckung aus **Normalbeton** (B a u a r t II).

Entsprechend dem Prüfverfahren nach DIN 4102 Teil 2 gelten die Feuerwiderstandsklassen von Stahlträgerdecken mit Unterdecke mit einer Abdeckung aus Leichtbeton auch für Stahlbeton- und Spannbetondecken bzw. –dächer mit Zwischenbauteilen aus Leichtbeton oder Ziegeln nach

DIN 4028 und DIN 4223, DIN 4159, DIN 4158 und DIN 4160 und DIN 278

jeweils mit einer Unterdecke der beschriebenen Art.

Entsprechend dem Prüfverfahren gelten die Feuerwiderstandsklassen von Stahlträgerdecken mit Unterdecken mit einer Abdeckung aus Normalbeton auch für **Stahlbeton-** und **Spannbetondecken** bzw. **–dächer** aus Normalbeton mit und ohne Zwischenbauteilen aus Normalbeton (Bauart III) jeweils mit einer Unterdecke der beschriebenen Art. Wegen des günstigeren Brandverhaltens von Stahlbetondecken gegenüber Stahlträgerdecken kann die Bemessung der Unterdecke in bestimmten Fällen jedoch mit geringeren Abmessungen erfolgen – siehe Abschnitte 6.5.2 bis 6.5.6.

Für die Bemessung der Abdeckungen bzw. tragenden Decken gelten die Abschnitte 3.4 bis 3.11.

Für die Bemessung der Unterdecke gelten die Abschnitte 6.5.2 bis 6.5.7.

6.5.1.2 Die Angaben von Abschnitt 6.5 gelten **nicht** für eine **Brandbeanspruchung des Zwischendeckenbereichs**; sie gelten deshalb auch nicht für eine Klassifizierung der Unterdecken bei Brandbeanspruchung von oben.

Die Angaben setzen daher voraus, dass sich im Zwischendeckenbereich zwischen Rohdecke und Unterdecke mit Ausnahme der Teile, die zur Unterdeckenkonstruktion gehören, keine brennbaren Bestandteile befinden.

Als unbedenklich gelten außerdem Kabelisolierungen oder Baustoffe, sofern die dadurch entstehende Brandlast möglichst gleichmäßig verteilt und ≤ 7 kW h/m² ist.

Sofern Kabelbündel, Rohrisolierungen, Leitungen, Dämmschichten usw. aus Bestandteilen der Baustoffklasse B mit einer Brandlast > 7 kW h/m² vorhanden sind oder sofern die Unterdecke bei Brandbeanspruchung von oben einer Feuerwiderstandsklasse angehören soll, ist die Eignung der Unterdecke durch Prüfungen nach DIN 4102 Teil 2, siehe Abschnitte 4.1, 6.2.2.5 und 7.2.1, nachzuweisen.

6.5.1.3 Die Angaben von Abschnitt 6.5 gelten nur für **unbelastete Unterdecken** – d.h. abgesehen vom Eigengewicht dürfen die nachfolgend beschriebenen Unterdecken, auch im Brandfall, nicht belastet werden.

Im Zwischendeckenbereich verlegte Leitungen – z.B. Kabel und Rohre –, sonstige Installationen usw. müssen an der tragenden Decke (Rohdecke) mit Baustoffen der Baustoffklasse A daher so befestigt werden, dass die beschriebenen Unterdecken im Klassifizierungszeitraum nicht belastet werden.

Fußnoten zu Tabelle 96

[1] Gilt auch für Decken bzw. Abdeckungen unter Verwendung von Zwischenbauteilen aus Normalbeton.
[2] d_1 über Putzträger gemessen; die Gesamtputzdicke muss $D \geq d_1 + 10$ mm sein – das heißt, der Putz muss den Putzträger ≥ 10 mm durchdringen.
[3] Vermiculite- oder Perlite-Putz nach Abschnitt 3.1.6.5

Fußnoten zu Tabelle 97

[1] Gilt auch für Decken bzw. Abdeckungen unter Verwendung von Zwischenbauteilen aus Normalbeton.
[2] Sofern die Abhänger an der Grundlattung oder den Grundprofilen angebracht werden, ist l_1 (Spannweite der Traglattung oder Tragprofile) gleich dem Abstand der Grundlattung zw. der Grundprofile
[3] Vermiculite- oder Perlite-Putz nach Abschnitt 3.1.6.5
[4] Stöße sind dicht auszuführen; Fugen sind mit Mörtel der Gruppe P IV nach DIN 18550 Teil 2 zu verspachteln.

Klassifizierte Stahlträger- und Stahlbetondecken mit Unterdecken nach DIN 4102, Teil 4 (Brandschutz)

Tabelle 98: Decken der Bauarten I bis III mit Unterdecken aus Gipskarton–Putzträgerplatten (GKP) DIN 18180 mit Putz
Maße in mm

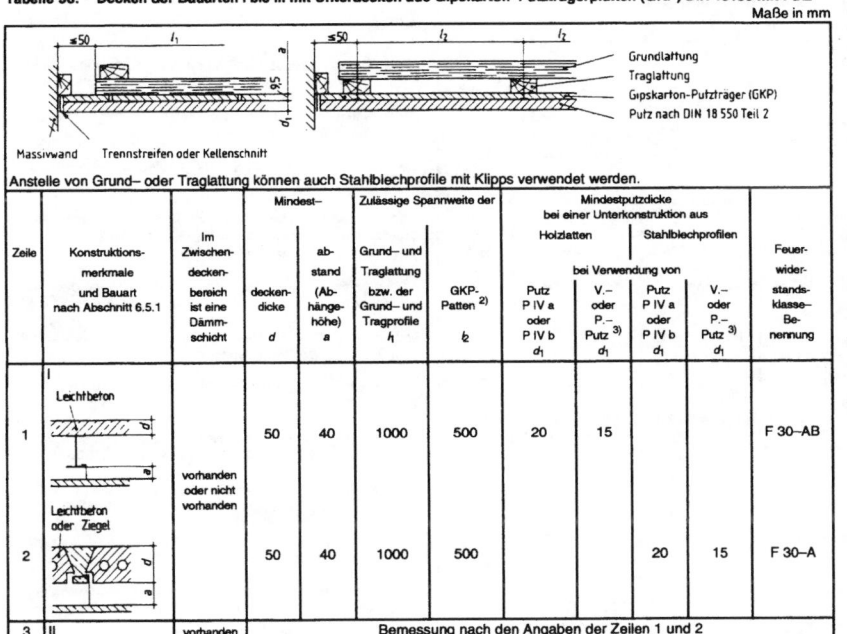

Anstelle von Grund- oder Traglattung können auch Stahlblechprofile mit Klipps verwendet werden.

Zeile	Konstruktionsmerkmale und Bauart nach Abschnitt 6.5.1	Im Zwischendeckenbereich ist eine Dämmschicht	Mindestdeckendicke d	abstand (Abhängehöhe) a	Zulässige Spannweite der Grund- und Traglattung bzw. der Grund- und Tragprofile l_1	GKP-Platten[2] l_2	Mindestputzdicke bei einer Unterkonstruktion aus Holzlatten bei Verwendung von Putz P IV a oder P IV b d_1	V.- oder P.- Putz[3] d_1	Stahlblechprofilen bei Verwendung von Putz P IV a oder P IV b d_1	V.- oder P.- Putz[3] d_1	Feuerwiderstandsklasse-Benennung
1	I Leichtbeton / Leichtbeton oder Ziegel	vorhanden oder nicht vorhanden	50	40	1000	500	20	15			F 30–AB
2			50	40	1000	500			20	15	F 30–A
3	II	vorhanden	Bemessung nach den Angaben der Zeilen 1 und 2								
4	Normalbeton[1]	nicht vorhanden	50	40	1000	500	20	15			F 30–AB
5			50	40	1000	500			15	10	F 30–A
6			50	80	1000	500				20	F 60–A
7	III	vorhanden	Bemessung nach den Angaben der Zeilen 1 und 2								
8	Normalbeton[1]	nicht vorhanden	50	40	1000	500	15	10			F 30–AB
9			50	80	1000	500	20				F 60–AB
10			50	40	1000	500			10	5	F 30–A
11			50	80	1000	500			15	10	F 60–A
12			50	80	1000	500				20	F 90–A

Tabelle 99: Decken der Bauarten I bis III mit Unterdecken aus Gipskarton–Feuerschutzplatten (GKF) nach DIN 18180 mit geschlossener Fläche
Maße in mm

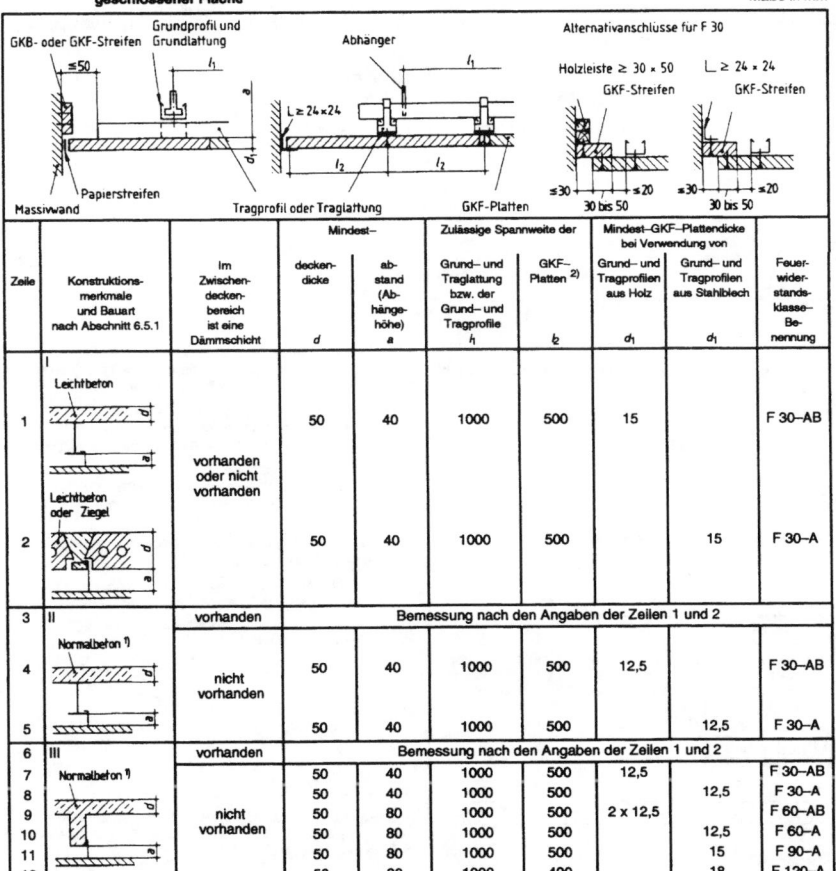

Zeile	Konstruktionsmerkmale und Bauart nach Abschnitt 6.5.1	Im Zwischendeckenbereich ist eine Dämmschicht	Mindestdeckendicke d	abstand (Abhängehöhe) a	Zulässige Spannweite der Grund- und Traglattung bzw. der Grund- und Tragprofile l_1	GKF-Platten[2] l_2	Mindest-GKF-Plattendicke bei Verwendung von Grund- und Tragprofilen aus Holz d_1	Grund- und Tragprofilen aus Stahlblech d_1	Feuerwiderstandsklasse-Benennung
1	I Leichtbeton / Leichtbeton oder Ziegel	vorhanden oder nicht vorhanden	50	40	1000	500	15		F 30–AB
2			50	40	1000	500		15	F 30–A
3	II	vorhanden	Bemessung nach den Angaben der Zeilen 1 und 2						
4	Normalbeton[1]	nicht vorhanden	50	40	1000	500	12,5		F 30–AB
5			50	40	1000	500		12,5	F 30–A
6	III	vorhanden	Bemessung nach den Angaben der Zeilen 1 und 2						
7	Normalbeton[1]	nicht vorhanden	50	40	1000	500	12,5		F 30–AB
8			50	40	1000	500		12,5	F 30–A
9			50	80	1000	500	2 x 12,5		F 60–AB
10			50	80	1000	500		12,5	F 60–A
11			50	80	1000	500	15		F 90–A
12			50	80	1000	400		18	F 120–A

6.5.1.4 Die Angaben von Abschnitt 6.5 gelten nur für Unterdecken ohne Einbauten. Einbauten wie z.B. Einbauleuchten, klimatechnische Geräte oder andere Bauteile, die in der Unterdecke angeordnet sind und diese aufteilen oder unterbrechen, heben die brandschutztechnische Wirkung der Unterdecken auf.

6.5.1.5 Durch die klassifizierten Decken dürfen **einzelne elektrische Leitungen** durchgeführt werden, wenn der verbleibende Lochquerschnitt mit Gips o.ä. oder im Fall der Rohdecke mit Beton nach DIN 1045 vollständig verschlossen wird.

Anmerkung: Für die Durchführung von gebündelten elektrischen Leitungen sind Abschottungen erforderlich, deren Feuerwiderstandsklasse durch Prüfungen nach DIN 4102 Teil 9 nachzuweisen ist; es sind weitere Eignungsnachweise, z.B. im Rahmen der Erteilung einer allgemeinen bauaufsichtlichen Zulassung, erforderlich.

6.5.1.6 Die Klassifizierung der Rohdecken mit Unterdecken (Bauarten I bis III) geht nicht verloren, wenn durch die Unterdecken **Abhänger** – z.B. für Lampen – durchgeführt werden und der Durchführungsquerschnitt für den Abhänger an der Unterdecke nicht wesentlich größer als der Abhängequerschnitt ist.

Erlaubt ist auch die Durchführung von Rohren für Sprinkler.

Bei Unterdecken, die bei Brandbeanspruchung von unten allein einer Feuerwiderstandsklasse angehören (siehe Abschnitt 6.5.7), ist die Durchführung von Abhängern nur erlaubt, wenn ausreichende Maßnahmen gegen eine Überschreitung der maximal zulässigen Temperaturerhöhung auf der dem Feuer abgekehrten Seite getroffen werden. Die Feuerwiderstandsklasse ist in diesen Fällen durch Prüfungen nach DIN 4102 Teil 2 nachzuweisen.

6.5.1.7 Die Angaben von Abschnitt 6.5 gelten nur für geschlossene, **an Massivwände angrenzende Unterdecken**, deren Anschlüsse dicht ausgeführt werden.

Sofern die Unterdecken an leichte Trennwände angrenzen oder sofern leichte Trennwände von unten oder oben – d.h. raumseitig oder vom Zwischendeckenbereich – angeschlossen werden sollen, ist die Eignung der Unterdecken und Anschlüsse durch Prüfungen nach DIN 4102 Teil 2, Abschnitte 4.1, 6.2.2.3, 7.1 und 7.2, nachzuweisen.

6.5.1.8 Die Klassifizierungen gelten nur für nicht **zusätzlich bekleidete Unterdecken.** Zusätzliche Bekleidungen der Unterdecken – insbesondere Blechbekleidungen – können die brandschutztechnische Wirkung der nachfolgend beschriebenen Unterdecken aufheben.

6.1.5.9 Die Klassifizierungen werden durch übliche **Anstriche oder Beschichtungen sowie Dampfsperren** bis zu etwa 0,5 mm Dicke nicht beeinträchtigt. Bei dickeren Beschichtungen kann die brandschutztechnische Wirkung der Unterdecken verloren gehen.

Stahlträgerbekleidungen nach Abschnitt 6.2 und die Anordnung von Fußbodenbelägen oder Bedachungen auf der Oberseite der tragenden Decken bzw. Dächer sind bei den nachfolgend klassifizierten Decken bzw. Dächern ohne weitere Nachweise erlaubt; gegebenenfalls sind bei Verwendung von Baustoffen der Klasse B jedoch bauaufsichtliche Anforderungen zu beachten.

6.5.1.10 Dämmschichten im Zwischendeckenbereich können die Feuerwiderstandsdauer der nachfolgend klassifizierten Decken beeinflussen; es wird im folgenden daher zwischen

a)   Decken o h n e Dämmschicht und
b)   Decken m i t Dämmschicht

im Zwischendeckenbereich unterschieden.

6.5.2 Decken der Bauarten I bis III mit hängenden Drahtputzdecken nach DIN 4121

Stahlträgerdecken und Stahlbeton- bzw. Spannbetondecken der Bauarten I bis III nach den Angaben von Abschnitt 6.5.1 jeweils mit hängenden Drahtputzdecken nach DIN 4121, müssen die in Tabelle 96 angegebenen Bedingungen erfüllen.

Trennstreifen – z.B. Papierstreifen – müssen ≤ 0,5 mm dick sein.

6.5.3 Decken der Bauarten I bis III mit Unterdecken aus Holzwolle–Leichtbauplatten nach DIN 1101

Stahlträgerdecken und Stahlbeton- bzw. Spannbetondecken der Bauarten I bis III nach den Angaben von Abschnitt 6.5.1 jeweils mit einer Unterdecke aus Holzwolle–Leichtbauplatten mit und ohne Putz müssen die in Tabelle 97 angegebenen Bedingungen erfüllen.

Trennstreifen – z.B. Papierstreifen – müssen ≤ 0,5 mm dick sein.

Fußnoten zu Tabelle 98

[1] Gilt auch für Decken bzw. Abdeckungen unter Verwendung von Zwischenbauteilen aus Normalbeton.
[2] Befestigung nach DIN 18181.
[3] Vermiculite– oder Perlite–Putz nach Abschnitt 3.1.6.5

Fußnoten zu Tabelle 99

[1] Gilt auch für Decken bzw. Abdeckungen unter Verwendung von Zwischenbauteilen aus Normalbeton.
[2] Befestigung und Verspachtelung der Fugen nach DIN 18181. Bei 2-lagiger Unterdecke ist jede Lage für sich an der Unterkonstruktion zu befestigen; Fugen sind zu versetzen; Bewehrungsstreifen sind nur bei den raumseitigen Fugen erforderlich.

279

Klassifizierte Stahlträger- und Stahlbetondecken mit Unterdecken nach DIN 4102, Teil 4 (Brandschutz)

Tabelle 100: Decken der Bauarten I bis III mit Unterdecken aus Deckenplatten DF oder SF aus Gips nach DIN 18169

Maße in mm

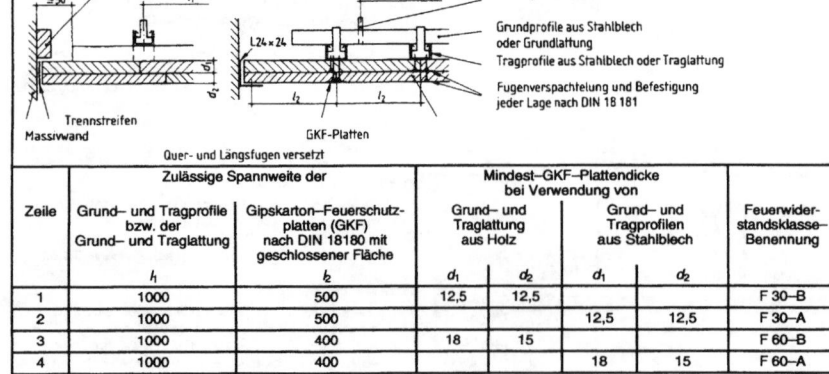

Grundlattung (Holz) oder Grundprofil (Stahl)
Traglattung (Holz) oder Tragprofil (Stahl)
Deckenplatten DF oder SF aus Gips nach DIN 18169

Massivwand   Fugen nach DIN 18169, gegebenenfalls mit Stahlblechschienen, siehe Zeilen 7 sowie 12 und 13

Zeile	Konstruktionsmerkmale und Bauart nach Abschnitt 6.5.1	Im Zwischendeckenbereich ist eine Dämmschicht [2]	Mindestdeckendicke d mm	abstand (Abhängehöhe) a mm	Zulässige Spannweite der Grundlattung oder Tragprofile h mm	Platten (identisch dem Plattenraster) ℓ mm	dicke der Dämmschicht [3] in den Deckenplatten nach DIN 18169 d_1 mm	rohdichte ρ kg/m³	Montage: Schraub-, Einschub- oder Einlegemontage nach DIN 18169	Feuerwiderstandsklasse-Benennung
1	I Leichtbeton	vorhanden oder nicht vorhanden	50	40	1000	625	keine zusätzlichen Anforderungen [6]		geschraubt [4]	F 30–AB
2	Leichtbeton oder Ziegel		50	40	1000	625	keine zusätzlichen Anforderungen [6]		eingeschoben oder eingelegt	F 30–A
3	II	vorhanden	Bemessung nach den Angaben der Zeilen 1 und 2							
4	Normalbeton [1]	nicht vorhanden	50	40	1000	625	keine zusätzlichen Anforderungen [6]		geschraubt [4]	F 30–AB
5			50	40	1000	625			eingeschoben oder eingelegt	F 30–A
6			50	80	1000	625	15	100		F 60–A
7			50	80	1000	625	15	100	eingeschoben	F 90–A
8	III	vorhanden	Bemessung nach den Angaben der Zeilen 1 und 2							
9	Normalbeton [1]	nicht vorhanden	50	40	1000	625	keine zusätzlichen Anforderungen [6]		geschraubt [4]	F 30–AB
10			50	40	1000	625			eingeschoben oder eingelegt	F 60–A
11			50	80	1000	625	15	100		F 60–A
12			50	80	1000	625	15	100	eingeschoben [5]	F 90–A
13			50	80	1000	625	15	100		F 120–A

Tabelle 101: Hängende Drahtputzdecken nach DIN 4121, die bei Brandbeanspruchung von unten allein einer Feuerwiderstandsklasse angehören

Maße in mm

Abhänger (Schema)
Querstab ∅ ≥ 5
Tragstab ∅ ≥ 7
Putz nach DIN 18 550 Teil 2

Massivwand   Trennstreifen oder Kellenschnitt   Putzträger aus Drahtgewebe oder Rippenstreckmetall

Zeile	Zulässige Spannweite der Tragstäbe ∅ ≥ 7 h	Zulässige Spannweite der Putzträger aus Drahtgewebe ℓ	Zulässige Spannweite der Putzträger aus Rippenstreckmetall ℓ	Zulässige Abstände der Querstäbe ∅ ≥ 5 ℓ_3	Zulässige Abstände der Putzträgerbefestigungspunkte ℓ_4	Mindestputzdicke [1] bei Verwendung von Putz der Mörtelgruppe P IVa oder P IVb d_1	Mindestputzdicke [1] bei Verwendung von Vermiculite- oder Perlite–Putz nach Abschnitt 3.1.6.5 d_1	Feuerwiderstandsklasse-Benennung
1	750	500	1000	1000	200	20	15	F 30–A
2	700	400	800	750	200		25	F 60–A

Tabelle 102: Unterdecken aus Gipskarton–Feuerschutzplatten (GKF) nach DIN 18180 mit geschlossener Fläche, die bei Brandbeanspruchung von unten allein einer Feuerwiderstandsklasse angehören

Maße in mm

GKB- oder GKF-Streifen
Abhänger (Schema)
Grundprofile aus Stahlblech oder Grundlattung
Tragprofile aus Stahlblech oder Traglattung
Fugenverspachtelung und Befestigung jeder Lage nach DIN 18 181

Trennstreifen
Massivwand   GKF-Platten
Quer- und Längsfugen versetzt

Zeile	Zulässige Spannweite der Grund- und Tragprofile bzw. der Grund- und Traglattung h	Zulässige Spannweite der Gipskarton–Feuerschutzplatten (GKF) nach DIN 18180 mit geschlossener Fläche ℓ	Mindest-GKF-Plattendicke bei Verwendung von Grund- und Traglattung aus Holz d_1	Mindest-GKF-Plattendicke bei Verwendung von Grund- und Traglattung aus Holz d_2	Mindest-GKF-Plattendicke bei Verwendung von Grund- und Tragprofilen aus Stahlblech d_1	Mindest-GKF-Plattendicke bei Verwendung von Grund- und Tragprofilen aus Stahlblech d_2	Feuerwiderstandsklasse-Benennung
1	1000	500	12,5	12,5			F 30–B
2	1000	500			12,5	12,5	F 30–A
3	1000	400	18	15			F 60–B
4	1000	400			18	15	F 60–A

6.5.4 Decken der Bauarten I bis III mit Unterdecken aus Gipskarton–Putzträgerplatten (GKP) nach DIN 18180 mit Putz

Stahlträgerdecken und Stahlbeton– bzw. Spannbetondecken der Bauarten I bis III nach den Angaben von Abschnitt 6.5.1, jeweils mit einer Unterdecke aus Gipskarton–Putzträgerplatten (GKP) nach DIN 18180 mit Putz müssen die in Tabelle 98 angegebenen Bedingungen erfüllen.

Trennstreifen – z.B. Papierstreifen – müssen ≤ 0,5 mm dick sein.

6.5.5 Decken der Bauarten I bis III mit Unterdecken aus Gipskarton–Feuerschutzplatten (GKF) nach DIN 18180 mit geschlossener Fläche

Stahlträgerdecken und Stahlbeton– bzw. Spannbetondecken der Bauarten I bis III nach den Angaben von Abschnitt 6.5.1 jeweils mit einer Unterdecke aus Gipskarton–Feuerschutzplatten (GKF) nach DIN 18180 müssen die in Tabelle 99 angegebenen Bedingungen erfüllen.

Trennstreifen – z.B. Papierstreifen – müssen ≤ 0,5 mm dick sein.

6.5.6 Decken der Bauarten I bis III mit Unterdecken aus Deckenplatten DF oder SF aus Gips nach DIN 18169

Stahlträgerdecken und Stahlbeton– bzw. Spannbetondecken der Bauarten I bis III nach den Angaben von Abschnitt 6.5.1 jeweils mit einer Unterdecke aus Deckenplatten DF oder SF aus Gips nach DIN 18169 müssen die in Tabelle 100 angegebenen Bedingungen erfüllen.

6.5.7 Unterdecken, die bei Brandbeanspruchung von unten allein einer Feuerwiderstandsklasse angehören

6.5.7.1 Unterdecken, die bei Brandbeanspruchung von unten **allein** einer Feuerwiderstandsklasse angehören, müssen bei Verwendung von hängenden Drahtputzdecken nach DIN 4121 die in Tabelle 101 und bei Verwendung von Gipskarton–Feuerschutzplatten (GKF) nach DIN 18180 mit geschlossener Fläche die in Tabelle 102 angegebenen Bedingungen erfüllen.

6.5.7.2 Alle Decken oder Dächer mit Unterdecken nach den Angaben der Tabellen 101 und 102 gehören unabhängig von ihrer Bauart in Verbindung mit der jeweils beschriebenen Unterdecke bei Brandbeanspruchung von der Unterdeckenunterseite mindestens derselben Feuerwiderstandsklasse wie die "Unterdecke allein" an.

Die folgenden Klassifizierungen berücksichtigen keine Brandbeanspruchung von oben.

Trennstreifen – z.B. Papierstreifen – müssen ≤ 0,5 mm dick sein.

Der Anteil von Isolierstoff- und Füllstoffmengen am Gewicht eines Kabels liegt je nach Ausführung und Durchmesser zwischen 40 % und 70 %. Unter Zugrundelegung der Heizwerte für PVC mit 5,7 kWh/kg (untere Grenze) und Kautschuk mit 13,6 kWh/kg (obere Grenze) ergeben sich je kg Kabel etwa 2,5 kWh bis 9 kWh.

Ein NYM-Kabel 3 x 1,5 mm mit PVC-Isolierung besitzt z.B. eine Brandlast von $q \sim 0,8$ kWh/m.

Rohrabmessungen können z.B. DIN 8062 und DIN 8078 entnommen werden.

Fußnoten zu Tabelle 100

[1] Gilt auch für Decken bzw. Abdeckungen unter Verwendung von Zwischenbauteilen aus Normalbeton.

[2] Die Dämmschicht in den Deckenplatten gehört zur Unterdecke; die Dämmschicht im Zwischendeckenbereich wird unabhängig davon betrachtet.

[3] Die Dämmschicht muss aus mineralischen Fasern nach DIN 18165 Teil 1, Abschnitt 2.1, bestehen, der Baustoffklasse A angehören und einen Schmelzpunkt ≥ 1000 °C nach DIN 4102 Teil 17 besitzen.

[4] Bei Schraubmontage sind je Deckenplatte mindestens 4 Schrauben erforderlich.

[5] Bei Einschubmontage müssen Stahlblechschienen in allen Längs– und Querfugen angeordnet werden.

[6] Die Dämmschicht in den Deckenplatten ist nach DIN 18169 auszuführen.

Fußnoten zu Tabelle 101

[1] d_1 über Putzträger gemessen; die Gesamtputzdicke muss $D \geq d_1 + 10$ mm sein – das heißt, der Putz muss den Putzträger ≥ 10 mm durchdringen.

Klassifizierte Decken aus Holzbauteilen nach DIN 4102, Teil 4 (Brandschutz)

Tabelle 56: Decken in Holztafelbauart mit brandschutztechnisch notwendiger Dämmschicht

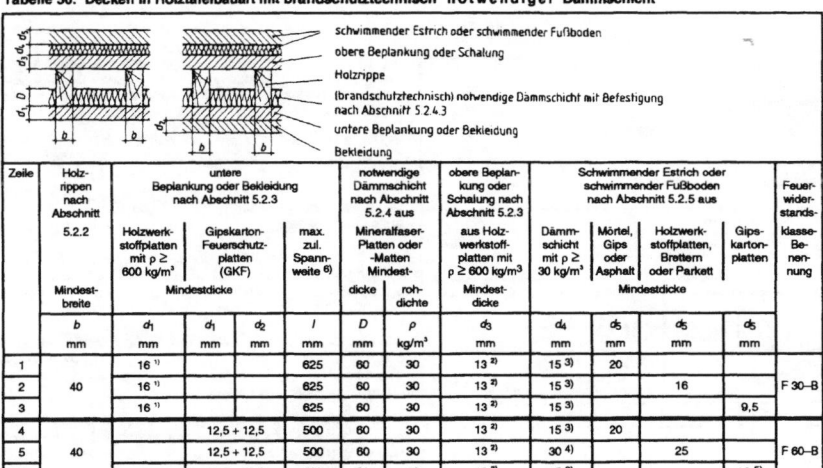

schwimmender Estrich oder schwimmender Fußboden
obere Beplankung oder Schalung
Holzrippe
(brandschutztechnisch) notwendige Dämmschicht mit Befestigung nach Abschnitt 5.2.3
untere Beplankung oder Bekleidung
Bekleidung

Zeile	Holzrippen nach Abschnitt 5.2.2 Mindestbreite	untere Beplankung oder Bekleidung nach Abschnitt 5.2.3			notwendige Dämmschicht nach Abschnitt 5.2.4 aus Mineralfaser-Platten oder -Matten		obere Beplankung oder Schalung nach Abschnitt 5.2.3 aus Holzwerkstoffplatten mit ρ ≥ 600 kg/m³	Schwimmender Estrich oder schwimmender Fußboden nach Abschnitt 5.2.5 aus				Feuerwiderstandsklasse-Benennung
		Holzwerkstoffplatten mit ρ ≥ 600 kg/m² Mindestdicke	Gipskarton-Feuerschutzplatten (GKF)	max. zul. Spannweite [6]	Mindestdicke	rohdichte	Mindestdicke	Dämmschicht mit ρ ≥ 30 kg/m³	Mörtel, Asphalt	Holzwerkstoffplatten, Bretter, Parkett Mindestdicke	Gipskartonplatten	
	b	d_1	d_1	d_2	l	D	ρ	d_3	d_4	d_5	d_5	d_5	
	mm	mm	mm	mm	mm	mm	kg/m³	mm	mm	mm	mm	mm	
1		16 [1]			625	60	30	13 [2]	15 [3]	20			F 30–B
2	40	16 [1]			625	60	30	13 [2]	15 [3]		16		
3		16 [1]			625	60	30	13 [2]	15 [3]			9,5	
4			12,5 + 12,5		500	60	30	13 [2]	15 [3]	20			F 60–B
5	40		12,5 + 12,5		500	60	30	13 [2]	30 [4]		25		
6			12,5 + 12,5		500	60	30	13 [2]	15 [3]			18 [5]	

[1] Ersetzbar durch
  a) ≥ 13 mm dicke Holzwerkstoffplatten (untere Lage) + 9,5 mm dicke GKB– oder GKF–Platten (raumseitige Lage) oder
  b) ≥ 12,5 mm dicke Gipskarton–Feuerschutzplatten (GKF) mit einer Spannweite l ≤ 500 mm oder
  c) Bretterschalung nach Abschnitt 5.2.3.1, Aufzählungen f) bis i), mit einer Dicke nach Bild 47 von d_b ≥ 16 mm.
[2] Ersetzbar durch Bretterschalung (gespundet) mit d ≥ 21 mm.
[3] Ersetzbar durch ≥ 9,5 mm dicke Gipskartonplatten.
[4] Ersetzbar durch ≥ 15 mm dicke Gipskartonplatten.
[5] Erreichbar z.B. mit 2 x 9,5 mm.
[6] Siehe Abschnitte 5.2.3.7 und 5.2.3.8.

Tabelle 57: Decken in Holztafelbauart mit brandschutztechnisch nicht notwendiger Dämmschicht

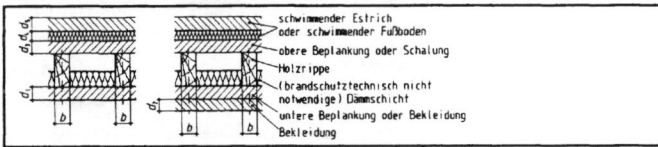

schwimmender Estrich oder schwimmender Fußboden
obere Beplankung oder Schalung
Holzrippe
(brandschutztechnisch nicht notwendige) Dämmschicht
untere Beplankung oder Bekleidung
Bekleidung

Zeile	Holzrippen nach Abschnitt 5.2.2 Mindestbreite	untere Beplankung oder Bekleidung nach Abschnitt 5.2.3 aus			obere Beplankung oder Schalung nach Abschnitt 5.2.3 aus Holzwerkstoffplatten mit ρ ≥ 600 kg/m³	Schwimmender Estrich oder schwimmender Fußboden nach Abschnitt 5.2.5 aus				Feuerwiderstandsklasse-Benennung
		Holzwerkstoffplatten mit ρ ≥ 600 kg/m² Mindestdicke	Gipskarton-Feuerschutzplatten (GKF)	zul. Spannweite [7]	Mindestdicke	Dämmschicht mit ρ ≥ 30 kg/m³	Mörtel, Gips oder Asphalt	Holzwerkstoffplatten, Bretter oder Parkett	Gipskartonplatten Mindestdicke	
	b	d_1	d_1	d_2	l	d_3	d_4	d_5	d_5	d_5	
	mm	mm	mm	mm	mm	mm	mm	mm	mm	mm	
1		19 [1]			625	16 [2]	15 [4]	20			F 30–B
2	40	19 [1]			625	16 [2]	15 [4]		16		
3		19 [1]			625	16 [2]	15 [4]			9,5	
4			12,5 + 12,5		400	19 [3]	15 [4]	20			F 60–B
5	40		12,5 + 12,5		400	19 [3]	30 [5]		25		
6			12,5 + 12,5		400	19 [3]	15 [4]			18 [6]	

[1] Ersetzbar durch
  a) ≥ 16 mm dicke Holzwerkstoffplatten (untere Lage) + 9,5 mm dicke GKB– oder GKF–Platten (raumseitige Lage) oder
  b) ≥ 12,5 mm dicke Gipskarton–Feuerschutzplatten (GKF) mit einer Spannweite l ≤ 400 mm oder
  c) ≥ 15 mm dicke Gipskarton–Feuerschutzplatten (GKF) mit einer Spannweite l ≤ 500 mm oder
  d) ≥ 50 mm dicke Holzwolle–Leichtbauplatten mit einer Spannweite l ≤ 500 mm oder
  e) ≥ 25 mm dicke Holzwolle–Leichtbauplatten mit einer Spannweite l ≤ 500 mm mit ≥ 20 mm dickem Putz nach DIN 18550 Teil 2 oder
  f) ≥ 9,5 mm dicke Gipskarton–Putzträgerplatten (GKP) mit einer Spannweite l ≤ 500 mm mit ≥ 20 mm dickem Putz der Mörtelgruppe P IVa bzw. P IVb nach DIN 18550 Teil 2 oder
  g) Bretterschalung nach Abschnitt 5.2.3.1, Aufzählungen f) bis i), mit einer Dicke nach Bild 47 von d_b ≥ 19 mm.
[2] Ersetzbar durch Bretterschalung (gespundet) mit d ≥ 21 mm.
[3] Ersetzbar durch Bretterschalung (gespundet) mit d ≥ 27 mm.
[4] Ersetzbar durch ≥ 9,5 mm dicke Gipskartonplatten.
[5] Ersetzbar durch ≥ 15 mm dicke Gipskartonplatten.
[6] Erreichbar z.B. mit 2 x 9,5 mm.
[7] Siehe Abschnitte 5.2.3.7 und 5.2.3.8.

Tabelle 58: Decken in Holztafelbauart mit brandschutztechnisch nicht notwendiger Dämmschicht mit Drahtputzdecken nach DIN 4121

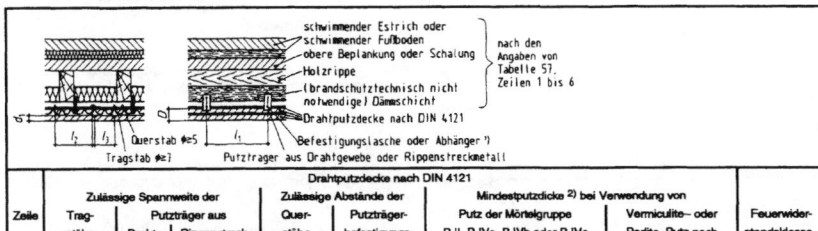

schwimmender Estrich oder schwimmender Fußboden
obere Beplankung oder Schalung
Holzrippe
(brandschutztechnisch nicht notwendige) Dämmschicht
Drahtputzdecke nach DIN 4121
Querstab ∅≥5   Befestigungslasche oder Abhänger [1]
Tragstab ∅≥7   Putzträger aus Drahtgewebe oder Rippenstreckmetall
nach den Angaben von Tabelle 57, Zeilen 1 bis 6

Zeile	Zulässige Spannweite der			Zulässige Abstände der		Mindestputzdicke [2] bei Verwendung von		Feuerwiderstandsklasse-Benennung
	Tragstäbe ∅≥7 [1]	Putzträger aus Drahtgewebe	Putzträger aus Rippenstreckmetall	Querstäbe ∅≥5 [1]	Putzträgerbefestigungspunkte	Putz der Mörtelgruppe P II, P IVa, P IVb oder P IVc nach DIN 18550 Teil 2	Vermiculite– oder Perlite–Putz nach Abschnitt 3.1.6.5	
	l_1	l_1	l_1	l_2	l_3	d_1	d_1	
	mm	mm	mm	mm	mm	mm	mm	
1	750	500	1000	1000	200	15	10	F 30–B
2	700	400	800	750	200	25	20	F 60–B

[1] Die Quer- und Tragstäbe dürfen bei Decken der Feuerwiderstandsklasse F 30 unter Fortlassen der Befestigungslaschen oder Abhänger auch unmittelbar unter den Holzrippen mit Krampen befestigt werden.
[2] d_1 über Putzträger gemessen; die Gesamtputzdicke muss $D ≥ d_1 + 10$ mm sein – d.h. der Putz muss den Putzträger ≥ 10 mm durchdringen.

---

5 Klassifizierte Holzbauteile mit Ausnahme von Wänden

5.1 Grundlagen zur Bemessung von Holzbauteilen

5.1.1 Grundlagen für die Bemessung von Holzbauteilen sind DIN 1052 Teil 1 und Teil 2 sowie DIN 4074 Teil 1, auf die sich die Angaben von Abschnitt 5 aufbauen.

5.1.2 Zur Ausführung von Verbindungen werden in Abschnitt 5.8 weitere Angaben gemacht.

5.2 Feuerwiderstandsklassen von Decken in Holztafelbauart

5.2.1 Anwendungsbereich, Brandbeanspruchung

5.2.1.1 Die Angaben von Abschnitt 5 gelten für von unten oder oben beanspruchte Decken aus Holztafeln nach DIN 1052 Teil 1. Es wird zwischen Decken mit (brandschutztechnisch) notwendiger und nicht notwendiger Dämmschicht unterschieden – siehe Abschnitt 5.2.4.

5.2.1.2 Bei den klassifizierten Decken ist die Anordnung zusätzlicher Bekleidungen – Bekleidungen aus Stahlblech ausgenommen – an der Deckenunterseite und die Anordnung von Fußbodenbelägen aus Bedachungen auf der Deckenoberseite ohne weitere Nachweise erlaubt.

5.2.1.3 Durch die klassifizierten Decken dürfen einzelne elektrische Leitungen durchgeführt werden, wenn der verbleibende Lochquerschnitt mit Gips o.ä. vollständig verschlossen wird.

5.2.2 Holzrippen

5.2.2.1 Die Rippen müssen aus Bauschnittholz nach DIN 4074 Teil 1, Sortierklasse S 10 oder S 13 bzw. MS 10, MS 13 oder MS 17, bestehen.

5.2.2.2 Die Rippenbreite muss mindestens 40 mm betragen – siehe auch die Angaben in den Tabellen 56 bis 59. Im übrigen gilt für die Bemessung DIN 1052 Teil 1.

5.2.3 Beplankungen/Bekleidungen

5.2.3.1 Als untere Beplankungen bzw. Bekleidungen – siehe auch Schema-Skizzen in den Tabellen 56 bis 59 – können verwendet werden:

1. Beplankungen
  a) Sperrholz nach DIN 68705 Teil 3 oder Teil 5,
  b) Spanplatten nach DIN 68763,
  c) Holzfaserplatten nach DIN 68754 Teil 1; Bekleidungen
  d) Gipskarton–Bauplatten GKB und GKF nach DIN 18180,

2. Bekleidungen
  e) Gipskarton–Putzträgerplatten (GKP) nach DIN 18180,
  f) Fasebretter aus Nadelholz nach DIN 68122,
  g) Stülpschalungsbretter aus Nadelholz nach DIN 68123,
  h) Profilbretter mit Schattennut nach DIN 68126 Teil 1,
  i) gespundete Bretter aus Nadelholz nach DIN 4072,
  k) Holzwolle–Leichtbauplatten nach DIN 1101,
  l) Deckenplatten aus Gips nach DIN 18169 und
  m) Drahtputzdecken nach DIN 4121.

5.2.3.2 Als obere Beplankungen oder Schalungen – siehe auch Schema-Skizzen in den Tabellen 56 bis 59 – können verwendet werden:

  a) Sperrholzplatten nach DIN 68705 Teil 3 oder Teil 5,
  b) Spanplatten nach DIN 68763 und
  c) gespundete Bretter aus Nadelholz nach DIN 4072.

5.2.3.3 Alle Platten und Bretterschalungen müssen eine geschlossene Fläche besitzen. Die Rohdichte der Holzwerkstoffplatten muss ≥ 600 kg/m³ sein – siehe auch die Angaben in den Tabellen 56 bis 59.

5.2.3.4 Alle Platten und Bretter sind auf Holzrippen dicht zu stoßen. Eine Ausnahme hiervon bilden jeweils dicht gestoßene Längsränder von Brettern sowie die Längsränder von Gipskartonplatten, wenn die Fugen nach DIN 18181 verspachtelt werden. Das gilt sinngemäß auch für die Längsränder von Holzwolle–Leichtbauplatten. Ränder von Holzwerkstoffplatten, deren Stöße auf Holzrippen liegen, sind mit Nut und Feder oder über die Spundung dicht zu stoßen. Bei Deckenplatten aus Gips sind die Stöße nach den Angaben von DIN 18169 auszubilden.

Bei mehrlagigen Beplankungen und/oder Bekleidungen sind die Stöße zu versetzen. Beispiele für Stoßausbildungen sind in Bild 46 wiedergegeben.

5.2.3.5 Dampfsperren beeinflussen die in Abschnitt 5 angegebenen Feuerwiderstandsklassen nicht.

5.2.3.6 Gipskarton–Bauplatten sind nach DIN 18181 mit Schnellschrauben, Klammern oder Nägeln (vergleiche Abschnitt 4.10.2.3) zu befestigen.

5.2.3.7 Bei Bekleidungen an der Deckenunterseite darf zwischen den Holzrippen und der Bekleidung eine Lattung – Grundlattung oder Grund– und Feinlattung, auch in Form von Metallschienen nach DIN 18181 – angeordnet werden. Für Stöße und Befestigungen der Bekleidung gelten die Angaben von Abschnitt 5.2.3.4.

5.2.3.8 Die Mindestdicke und zulässige Spannweite der Beplankungen und Bekleidungen ist aus den Angaben der Tabellen 56 bis 59 zu entnehmen.

Die Ausführungs–Schema–Skizzen in den Tabellen 56 bis 58 sind ohne Lattung nach Abschnitt 5.2.3.7 dargestellt. Die zulässige Spannweite ist auf den Abstand der vorliegenden Unterkonstruktion – d.h. auf den Abstand der Lattung bzw. der Holzrippen – zu beziehen.

5.2.3.9 Bei Bekleidungen aus Brettern ist die Dicke d_b nach Bild 47 maßgebend.

Klassifizierte Decken aus Holzbauteilen nach DIN 4102, Teil 4 (Brandschutz)

Tabelle 59: Decken in Holztafelbauart mit brandschutztechnisch n i c h t n o t w e n d i g e r Dämmschicht mit Deckenplatten aus Gips nach DIN 18169

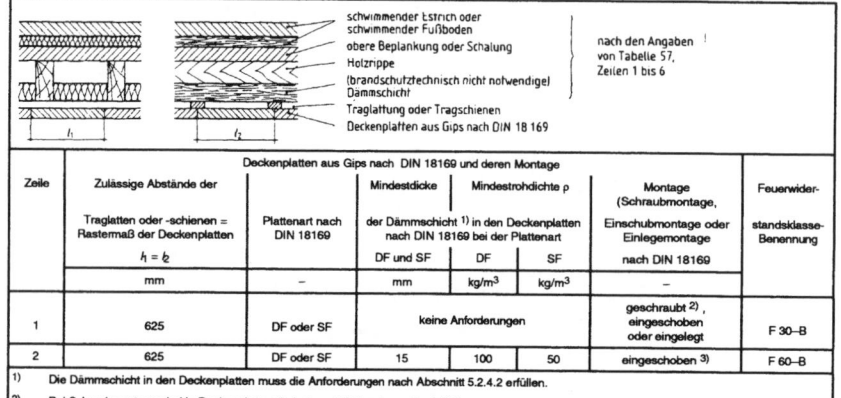

Zeile	Zulässige Abstände der Traglatten oder -schienen = Rastermaß der Deckenplatten $l_1 = l_2$	Deckenplatten aus Gips nach DIN 18169 und deren Montage					Feuerwiderstandsklasse-Benennung
		Plattenart nach DIN 18169	Mindestdicke der Dämmschicht [1] in den Deckenplatten nach DIN 18169 bei der Plattenart	Mindestrohdichte ρ		Montage (Schraubmontage, Einschubmontage oder Einlegemontage) nach DIN 18169	
				DF und SF	DF	SF	
	mm	–	mm	kg/m³	kg/m³		
1	625	DF oder SF	keine Anforderungen			geschraubt [2], eingeschoben oder eingelegt	F 30–B
2	625	DF oder SF	15	100	50	eingeschoben [3]	F 60–B

[1] Die Dämmschicht in den Deckenplatten muss die Anforderungen nach Abschnitt 5.2.4.2 erfüllen.
[2] Bei Schraubmontage sind je Deckenplatte mindestens 4 Schrauben erforderlich.
[3] Bei Einschubmontage müssen Stahlblechschienen in allen Längs- und Querfugen angeordnet werden.

Tabelle 60: Holzbalkendecken mit 3-s e i t i g dem Feuer ausgesetzten Holzbalken mit 2-lagiger oberer Schalung F 30 B

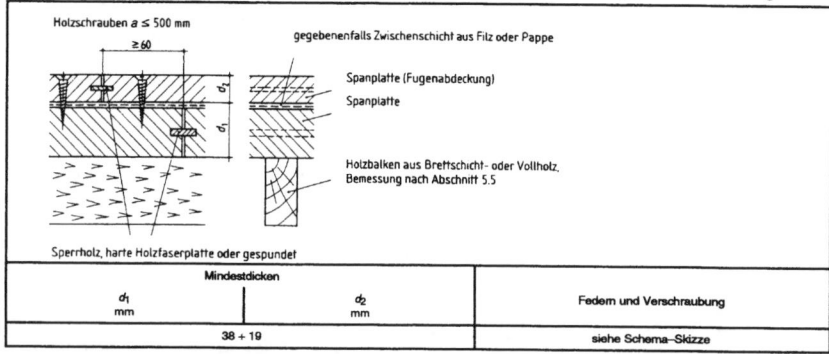

Mindestdicken		Federn und Verschraubung
d_1 mm	d_2 mm	
38 + 19		siehe Schema-Skizze

Tabelle 61: Holzbalkendecken mit 3-s e i t i g dem Feuer ausgesetzten Holzbalken o h n e schwimmenden Estrich oder schwimmenden Fußboden

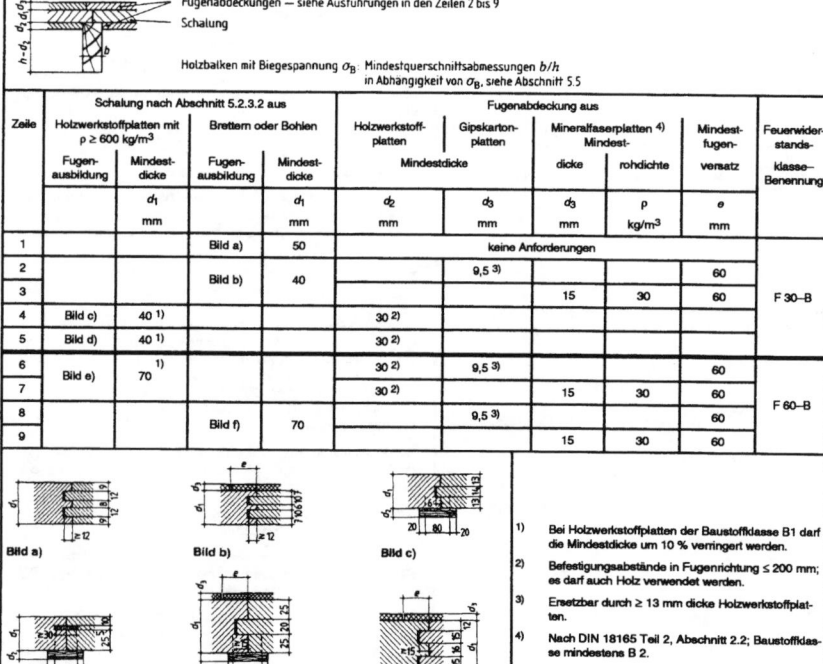

Zeile	Schalung nach Abschnitt 5.2.3.2 aus				Fugenabdeckung aus					Mindestfugenversatz	Feuerwiderstandsklasse-Benennung
	Holzwerkstoffplatten mit ρ ≥ 600 kg/m³		Brettern oder Bohlen		Holzwerkstoffplatten	Gipskartonplatten	Mineralfaserplatten [4]				
	Fugenausbildung	Mindestdicke	Fugenausbildung	Mindestdicke	Mindestdicke		Mindestdicke	Mindestrohdichte			
		d_1 mm		d_1 mm	d_2 mm	d_3 mm	d_3 mm	ρ kg/m³		e mm	
1			Bild a)	50	keine Anforderungen						
2			Bild b)	40		9,5 [3]				60	F 30–B
3							15	30		60	
4	Bild c)	40 [1]			30 [2]						
5	Bild d)	40 [1]			30 [2]						
6	Bild e)	70 [1]			30 [2]	9,5 [3]				60	
7					30 [2]		15	30		60	F 60–B
8			Bild f)	70		9,5 [3]				60	
9							15	30		60	

[1] Bei Holzwerkstoffplatten der Baustoffklasse B1 darf die Mindestdicke um 10 % verringert werden.
[2] Befestigungsabstände in Fugenrichtung ≤ 200 mm; es darf auch Holz verwendet werden.
[3] Ersetzbar durch ≥ 13 mm dicke Holzwerkstoffplatten.
[4] Nach DIN 18165 Teil 2, Abschnitt 2.2; Baustoffklasse mindestens B 2.

Bild a)   Bild b)   Bild c)
Bild d)   Bild e)   Bild f)

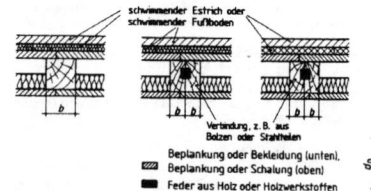

Bild 46: Beispiele für Stöße von Beplankungen, Bekleidungen und Schalungen (Schema)

Bild 47: Dicke d_0 von Brettern

5.2.4 Brandschutztechnisch notwendige Dämmschichten

5.2.4.1 In Decken in Holztafelbauart nach den Angaben von Tabelle 56 ist brandschutztechnisch eine Dämmschicht notwendig. Sie muss die Bedingungen der Abschnitte 5.2.4.2 bis 5.2.4.5 erfüllen.

In Decken in Holztafelbauart nach den Angaben der Tabellen 57 bis 59 ist brandschutztechnisch keine Dämmschicht notwendig. In diesen Fällen bestehen hinsichtlich Dämmschicht–Art, –Dicke, –Befestigung usw. keine Bedingungen. Die klassifizierten Decken dürfen mit und ohne Dämmschicht ausgeführt werden.

5.2.4.2 Notwendige Dämmschichten müssen aus Mineralfaser–Dämmstoffen nach DIN 18165 Teil 1, Abschnitt 2.2, bestehen, der Baustoffklasse A angehören und einen Schmelzpunkt ≥ 1000 °C nach DIN 4102 Teil 17 besitzen.

5.2.4.3 Plattenförmige Mineralfaser–Dämmschichten sind durch strammes Einpassen – Stauchung bis etwa 1 cm – zwischen den Rippen und durch Anleimen an den Rippen gegen Herausfallen zu sichern.

Mattenförmige Mineralfaser–Dämmschichten dürfen verwendet werden, wenn sie auf Maschendraht gesteppt sind, der durch Nagelung (Nagelabstände ≤ 100 mm) an den Holzrippen zu befestigen ist.

Sofern an der Deckenunterseite zwischen den Rippen und der Bekleidung eine Lattung angeordnet ist und die Mineralfaser–Dämmschicht hierauf dicht verlegt wird, darf das Anleimen bei plattenförmigen Dämmschichten und der Maschendraht einschließlich Annagelung bei mattenförmigen Dämmschichten entfallen.

5.2.4.4 Fugen von stumpf gestoßenen Dämmschichten müssen dicht sein. Brandschutztechnisch am günstigsten sind ungestoßene oder zweilagig mit versetzten Stößen eingebaute Dämmschichten. Mattenförmige Dämmschichten müssen eine Fugenüberlappung ≥ 10 cm besitzen.

5.2.4.5 Die Mindestdicke (Nenndicke) und Mindestrohdichte (Nennmaß) der Dämmschicht sind den Angaben von Tabelle 57 zu entnehmen.

5.2.5 Schwimmende Estriche und schwimmende Fußböden

5.2.5.1 Es ist ein schwimmender Estrich oder schwimmender Fußboden zum Schutz gegen Brandbeanspruchung von oben erforderlich.
Auf den Einbau kann verzichtet werden, wenn die obere Beplankung oder Schalung
a) aus ≥ 19 mm dicken Spanplatten nach DIN 68763 mit einer Rohdichte ≥ 600 kg/m³ oder
aus ≥ 21 mm dicken gespundeten Brettern aus Nadelholz nach DIN 4072 besteht und
b) keine Verkehrslasten > 1,0 kN/m² zu tragen hat – z.B. in Abseiten oder als Abschluss zum Spitzboden.

Auf den Einbau kann auch bei der Feuerwiderstandsklasse F 30 ebenfalls verzichtet werden, wenn die obere Beplankung oder Schalung den Angaben von Aufzählung a) entspricht und die Decke nicht ihren Raumabschluss, sondern nur ihre aussteifende Wirkung ≥ 30 min beibehalten muss.

5.2.5.2 Die Dämmschicht unter Estrichen oder Fußböden muss aus Mineralfaser–Dämmstoffen nach DIN 18165 Teil 2, Abschnitt 2.2, bestehen, mindestens der Baustoffklasse B 2 angehören und eine Rohdichte von ≥ 30 kg/m³ aufweisen.

5.2.5.3 Die Mindestdicke der Dämmschicht und des Estrichs bzw. des Fußbodens ist den Angaben der Tabellen 56 bis 59 zu entnehmen.

5.3 Feuerwiderstandsklassen von Holzbalkendecken

5.3.1 Anwendungsbereich, Brandbeanspruchung

5.3.1.1 Die Angaben von Abschnitt 5.3 gelten für von unten oder von oben beanspruchte Holzbalkendecken nach DIN 1052 Teil 1 mit Holzbalken mindestens der Sortierklasse S 10 bzw. MS 10 nach DIN 4074 Teil 1. Es wird zwischen Decken mit
a) vollständig freiliegenden, 3-seitig dem Feuer ausgesetzten (siehe Abschnitt 5.3.2),
b) verdeckten (siehe Abschnitt 5.3.3),
c) teilweise freiliegenden, 3-seitig dem Feuer ausgesetzten (siehe Abschnitt 5.3.4)

Holzbalken unterschieden.

5.3.1.2 Bei den klassifizierten Decken ist die Anordnung zusätzlicher Bekleidungen – Bekleidungen aus Stahlblech ausgenommen – an der Deckenunterseite und die Anordnung von Fußbodenbelägen auf der Deckenoberseite ohne weitere Nachweise erlaubt.

5.3.1.3 Durch die klassifizierten Decken dürfen einzelne elektrische Leitungen durchgeführt werden, wenn der verbleibende Lochquerschnitt mit Gips o.ä. vollständig verschlossen wird.

5.3.2 Holzbalkendecken mit vollständig freiliegenden, 3-seitig dem Feuer ausgesetzten Holzbalken

5.3.2.1 Vollständig freiliegende, 3-seitig dem Feuer ausgesetzte Holzbalken von Holzbalkendecken werden nach den Schema–Skizzen in den Tabellen 60 bzw. 62 von drei Seiten der Brandbeanspruchung ausgesetzt. Sie müssen die in den Tabellen 60 bis 62 angegebenen Mindestquerschnittsabmessungen besitzen.

5.3.2.2 Holzbalkendecken ohne schwimmendem Estrich oder schwimmenden Fußboden müssen eine Schalung aus Holzwerkstoffplatten, Brettern oder Bohlen nach den Angaben von Abschnitt 5.2.3.2 besitzen.

Klassifizierte Decken aus Holzbauteilen nach DIN 4102, Teil 4 (Brandschutz)

Tabelle 62: Holzbalkendecken mit 3-seitig dem Feuer ausgesetzten Holzbalken mit schwimmendem Estrich oder schwimmendem Fußboden

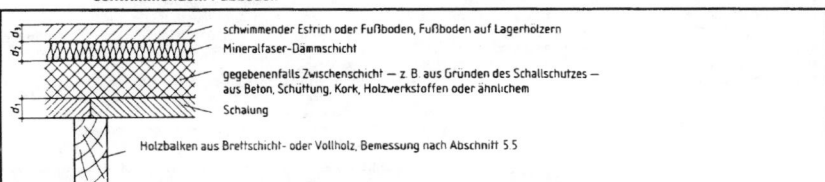

schwimmender Estrich oder Fußboden, Fußboden auf Lagerhölzern

Mineralfaser-Dämmschicht

gegebenenfalls Zwischenschicht – z.B. aus Gründen des Schallschutzes – aus Beton, Schüttung, Kork, Holzwerkstoffen oder ähnlichem

Schalung

Holzbalken aus Brettschicht- oder Vollholz, Bemessung nach Abschnitt 5.5

Zeile	Schalung nach Abschnitt 5.2.3.2 Mindestdicke bei Verwendung von		Mineralfaser–Dämmschicht mit $\rho \geq 30$ kg/m³ Mindestdicke	Fußboden [2] Mindestdicke bei Verwendung von		Feuerwiderstands-klasse–Benennung
	Holzwerkstoffplatten mit $\rho \geq 600$ kg/m³	Brettern oder Bohlen		Holzwerkstoffplatten mit $\rho \geq 600$ kg/m³	Brettern, gespundet	
	d_1 mm	d_1 [1] mm	d_2 mm	d_3 mm	d_3 mm	
1	25	28	15	16	21	F 30–B
2	19 + 16 [3]	22 + 16 [3]	15	16	21	
3	45	50	30	25	28	F 60–B
4	35 + 19 [3]	40 + 19 [3]	30	25	28	

[1] Dicke nach Bild 47 mit $d_b \geq d_1$.

[2] Anstelle der hier angegebenen Fußböden dürfen auch schwimmende Estriche oder schwimmende Fußböden mit den in Tabelle 56 angegebenen Mindestdicken verwendet werden.

[3] Die erste Zahl gilt für die tragende Schalung; die zweite Zahl gilt für eine zusätzliche, raumseitige Bretterschalung mit einer Dicke nach Bild 47 von $d_b \geq d_1$.

Tabelle 63: Holzbalkendecken F 30–B mit verdeckten Holzbalken (z.B. in Altbauten)

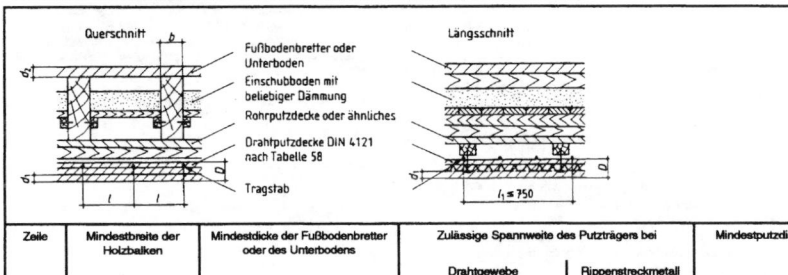

Querschnitt

Längsschnitt

Fußbodenbretter oder Unterboden

Einschubboden mit beliebiger Dämmung

Rohrputzdecke oder ähnliches

Drahtputzdecke DIN 4121 nach Tabelle 58

Tragstab

$l_1 \leq 750$

Zeile	Mindestbreite der Holzbalken	Mindestdicke der Fußbodenbretter oder des Unterbodens	Zulässige Spannweite des Putzträgers bei		Mindestputzdicke [1]
			Drahtgewebe	Rippenstreckmetall	
	b mm	d_w mm	l mm	l mm	d_1 mm
1	120	28	500	1000	15
2	160	28	500	1000	15

[1] Putz der Mörtelgruppe P II, P IVa, P IVb oder P IVc nach DIN 18550 Teil 2. d_1 über Putzträger gemessen; die Gesamtputzdicke muss $D \geq d_1 + 10$ mm sein – das heißt, der Putz muss den Putzträger ≥ 10 mm durchdringen. Zwischen Rohrputz oder ähnlichem und Drahtputz darf kein wesentlicher Zwischenraum sein (siehe Schema-Skizze).

Tabelle 64: Holzbalkendecken mit teilweise freiliegenden Holzbalken mit brandschutztechnisch nicht notwendiger Dämmschicht

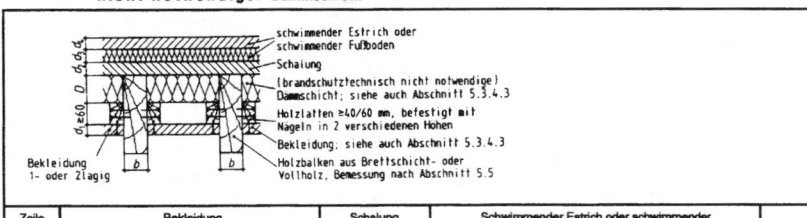

schwimmender Estrich oder schwimmender Fußboden

Schalung

(brandschutztechnisch nicht notwendige) Dämmschicht; siehe auch Abschnitt 5.3.4.3

Holzlatten ≥40/60 mm, befestigt mit Nägeln in 2 verschiedenen Höhen

Bekleidung; siehe auch Abschnitt 5.3.4.3

Holzbalken aus Brettschicht- oder Vollholz, Bemessung nach Abschnitt 5.5

Bekleidung 1- oder 2lagig

Zeile	Bekleidung nach Abschnitt 5.3.4.2 aus			Schalung nach Abschnitt 5.3.4.4	Schwimmender Estrich oder schwimmender Fußboden nach Abschnitt 5.2.5				Feuerwiderstandsklasse-Benennung
	Holzwerkstoffplatten mit $\rho \geq 600$ kg/m³	Gipskarton-Feuerschutzplatten (GKF)	Zul. Spannweite [7]	aus Holzwerkstoffplatten mit $\rho \geq 600$/kg/m³ Mindestdicke	Dämmschicht mit $\rho \geq 30$ kg/m³	Mörtel, Gips oder Asphalt	Holzwerkstoffplatten, Bretter oder Parkett	Gipskartonplatten	
						Mindestdicke			
	d_1 mm	d_1 mm	l mm	d_2 mm	d_3 mm	d_4 mm	d_4 mm	d_4 mm	
1	19 [1]		625	16 [2]	15 [4]	20			F 30–B
2	19 [1]		625	16 [2]	15 [4]		16		
3	19 [1]		625	16 [2]	15 [4]			9,5	
4		2 x 12,5	400	19 [3]	15 [4]	20			F 60–B
5		2 x 12,5	400	19 [3]	30 [5]		25		
6		2 x 12,5	400	19 [3]	15 [4]			18 [6]	

[1] Ersetzbar durch
  a) ≥ 16 mm dicke Holzwerkstoffplatten (obere Lage) + 9,5 mm dicke GKB– oder GKF–Platten (raumseitige Lage) oder
  b) $\geq 12,5$ mm dicke Gipskarton–Feuerschutzplatten (GKF) mit einer Spannweite $l \leq 400$ mm oder
  c) ≥ 15 mm dicke Gipskarton–Feuerschutzplatten mit einer Spannweite $l \leq 500$ mm oder
  d) ≥ 50 mm dicke Holzwolle–Leichtbauplatten mit einer Spannweite $l \leq 500$ mm oder
  e) ≥ 21 mm dicke Bretter (gespundet).

[2] Ersetzbar durch Bretter (gespundet) mit $d \geq 21$ mm.

[3] Ersetzbar durch Bretter (gespundet) mit $d \geq 27$ mm.

[4] Ersetzbar durch $\geq 9,5$ mm dicke Gipskartonplatten.

[5] Ersetzbar durch ≥ 15 mm dicke Gipskartonplatten.

[6] Erreichbar z.B. mit 2 x 9,5 mm.

[7] Siehe Abschnitte 5.2.3.7 und 5.2.3.8.

5.3.2.3 Holzbalkendecken **ohne** schwimmenden Estrich oder schwimmenden Fußboden mit 2-lagiger oberer Schalung müssen nach den Angaben von Tabelle 60 ausgeführt werden.

5.3.2.4 Holzbalkendecken **ohne** schwimmenden Estrich oder schwimmenden Fußboden – im allgemeinen jedoch mit Fugenabdeckungen (Ausnahme siehe Tabelle 61, Zeile 1, Bild a) – müssen nach den Angaben von Tabelle 61 ausgeführt werden.

5.3.2.5 Holzbalkendecken **mit** schwimmendem Estrich oder schwimmendem Fußboden ohne 2-lagige Schalung müssen nach den Angaben von Tabelle 62 ausgeführt werden.

5.3.3 Holzbalkendecken mit verdeckten Holzbalken

5.3.3.1 Für Holzbalkendecken mit verdeckten Holzbalken gelten die Bedingungen nach Abschnitt 5.2 sinngemäß. Abweichend hiervon dürfen

a) zwischen der oberen Schalung und den Holzbalken Querhölzer angeordnet und

b) anstelle der notwendigen Dämmschicht auch Einschubböden mit Lehmschlag mit einer Dicke $d \geq 60$ mm verwendet werden.

Die unter Aufzählung a) angeführten Querhölzer dürfen auch mit Zapfen oder Versätzen in die Holzbalken eingebunden werden, wenn die Verbindung oberhalb der notwendigen Dämmschicht oder oberhalb des Einschubbodens liegt. Wegen anderer Verbindungen siehe Abschnitt 5.8. Die Mindestbreite der Querhölzer muss 40 mm betragen.

5.3.3.2 Für Holzbalkendecken mit verdeckten Holzbalken, z.B. zur Verbesserung von Altbauten, gelten die Randbedingungen von Tabelle 63.

5.3.3.3 Anstelle der in Tabelle 63 dargestellten Drahtputzdecke nach DIN 4121 dürfen auch Gipskarton–Feuerschutzplatten (GKF) nach DIN 18180 mit einer Dicke von 25 mm oder 2 x 12,5 mm bei einer Spannweite von $l \leq 500$ mm verwendet werden.

5.3.4 Holzbalkendecken mit teilweise freiliegenden, 3-seitig dem Feuer ausgesetzten Holzbalken

5.3.4.1 Teilweise freiliegende Holzbalken von Holzbalkendecken sind Balken, die nach der Schema-Skizze in Tabelle 64 nur im unteren Bereich von drei Seiten der Brandbeanspruchung ausgesetzt sind.

5.3.4.2 Als untere Bekleidung – siehe auch Ausführungszeichnung in Tabelle 64 – können die in Abschnitt 5.2.3.1 angegebenen Bekleidungen verwendet werden:

Alle Platten müssen eine geschlossene Fläche besitzen und mit ihren Längsrändern dicht an den Holzbalken anschließen. Querfugen von Gipskartonplatten sind nach DIN 18181 zu verspachteln: dies gilt sinngemäß auch für dicht gestoßene Holzwolle–Leichtbauplatten. Holzwerkstoffplatten, die eine Rohdichte von ≥ 600 kg/m³ besitzen müssen, sind in Querfugen mit Nut und Feder oder über Spundung dicht zu stoßen. Bei mehrlagigen Bekleidungen sind die Stöße zu versetzen, wobei jede Lage für sich an Holzlatten ≥ 40 mm / 60 mm zu befestigen ist.

Bei Bekleidungen aus Brettern muss d_b (nach Bild 47) $\geq d_1$ (nach Tabelle 64, Fußnote 1 e)) sein.

Die Mindestdicke und die zulässige Spannweite der Bekleidungen sind aus Tabelle 64 zu entnehmen.

Bei größeren Abständen der Balken gelten die Angaben der Abschnitte 5.2.3.7 und 5.2.3.8 sinngemäß.

5.3.4.3 In Holzbalkendecken nach den Angaben von Tabelle 64 ist brandschutztechnisch keine Dämmschicht notwendig.

Die Dicke der Bekleidung nach Tabelle 64, Zeilen 1 bis 3, mit $d_1 = 19$ mm und die Dicke der Schalung nach den Zeilen 1 bis 3 mit $d_2 = 16$ mm dürfen um jeweils 3 mm verringert werden, wenn eine brandschutztechnisch wirksame Dämmschicht angeordnet wird. Sie muss aus Mineralfaser–Dämmstoffen nach DIN 18165 Teil 1, Abschnitt 2.2, bestehen, der Baustoffklasse A angehören, einen Schmelzpunkt ≥ 1000 °C nach DIN 4102 Teil 17 aufweisen und hinsichtlich Dicke und Rohdichte die Anforderungen nach Tabelle 56 erfüllen. Die Dämmschicht muss plattenförmig sein, dicht durch strammes Einpassen – Stauchung bis etwa 1 cm – eingebaut und durch Holzlatten ≥ 40 mm/60 mm befestigt werden. Fugen von stumpf gestoßenen Dämmschichten müssen dicht sein. Brandschutztechnisch am günstigsten sind zweilagig oder zweilagig mit versetzten Stößen eingebaute Dämmschichten. Bei der Feuerwiderstandsklasse–Benennung F 60–B darf entsprechend verfahren werden, wobei nur die Dicke der Schalung nach Tabelle 64, Zeilen 4 bis 6, mit $d_2 = 19$ mm um 3 mm verringert werden darf.

5.3.4.4 Als Schalung können verwendet werden:

a) Sperrholzplatten nach DIN 68705 Teil 3 oder Teil 5,
b) Spanplatten nach DIN 68763 und
c) gespundete Bretter aus Nadelholz nach DIN 4072.

Alle Platten und Bretter sind auf Holzbalken dicht zu stoßen; wegen der Mindestdicke siehe Tabelle 64.

5.3.4.5 Für den schwimmenden Estrich oder schwimmenden Fußboden gelten die Angaben von Abschnitt 5.2.5 sinngemäß. Die Mindestdicken sind den Angaben nach Tabelle 64 zu entnehmen.

Massivdecken, Betondecken

Vorschriften über Decken in der Musterbauordnung –MBO'93–, § 29

§ 29
Decken

(1) Decken und ihre Unterstützungen sind feuerbeständig, in Gebäuden geringer Höhe mindestens feuerhemmend herzustellen. Dies gilt nicht für oberste Geschosse von Dachräumen.
(2) Kellerdecken sind feuerbeständig, in Wohngebäuden geringer Höhe mit nicht mehr als zwei Wohnungen mindestens feuerhemmend herzustellen.
(3) Decken und ihre Unterstützungen zwischen dem landwirtschaftlichen Betriebsteil und dem Wohnteil eines Gebäudes sind feuerbeständig herzustellen.
(4) Die Absätze 1 und 2 gelten nicht für freistehende Wohngebäude mit nicht mehr als einer Wohnung, deren Aufenthaltsräume in nicht mehr als zwei Geschossen liegen, für andere freistehende Gebäude ähnlicher Größe sowie für freistehende landwirtschaftliche Betriebsgebäude.
(5) Decken über und unter Wohnungen und Aufenthaltsräumen sowie Böden nichtunterkellerter Aufenthaltsräume müssen wärmedämmend sein.
(6) Decken über und unter Wohnungen, Aufenthaltsräumen und Nebenräumen müssen schalldämmend sein. Dies gilt nicht für Decken von Wohngebäuden mit nur einer Wohnung sowie für Decken zwischen Räumen derselben Wohnung und gegen nicht nutzbare Dachräume, wenn die Weiterleitung von Schall in Räume anderer Wohnungen vermieden wird.
(7) Der Absatz 5 und der Absatz 6 Satz 1 gelten nicht für Decken über und unter Arbeitsräumen einschließlich Nebenräumen, die nicht an Wohnräume oder fremde Arbeitsräume grenzen, wenn wegen der Benutzung der Arbeitsräume ein Wärmeschutz oder Schallschutz unmöglich oder unnötig ist.
(8) Öffnungen in begehbaren Decken sind sicher abzudecken oder zu umwehren.
(9) Öffnungen in Decken, für die eine mindestens feuerhemmende Bauart vorgeschrieben ist, sind, außer bei Wohngebäuden geringer Höhe mit nicht mehr als zwei Wohnungen, unzulässig; dies gilt nicht für den Abschluss von Öffnungen innerhalb von Wohnungen. Öffnungen können gestattet werden, wenn die Nutzung des Gebäudes dies erfordert und die Öffnungen mit Abschlüssen versehen werden, deren Feuerwiderstandsdauer der der Decken entspricht. Ausnahmen können gestattet werden, wenn der Brandschutz auf andere Weise sichergestellt ist.

Stahlbetonplatten, am Ort auf Schalung betoniert

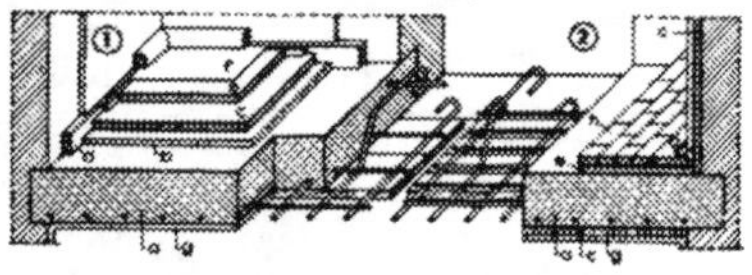

1, 2 Stahlbeton–Vollplatte, auf Schalung. Bewehrung einfach → **1**, kreuzweise → **2** oder mit Baustahlgewebe → Tafel. Besondere Wärme und Trittschalldämmung erforderlich. Je nach Raumnutzung Dämmung obenseitig → **1** oder untenseitig → **2** angeordnet, a = Stahlbetonplatten; b = Zementmörtel 15 mm, c = Dämmplatte 35 mm, d = Dämmplattenstreifen, lose aufgestellt; e = Steinholz 20 mm, f = Linoleum; g = Deckenputz; h = Parkett, in Asphalt verlegt.

Stahlbeton–Rippendecken, mit Füllkörpern, auf Schalung betoniert

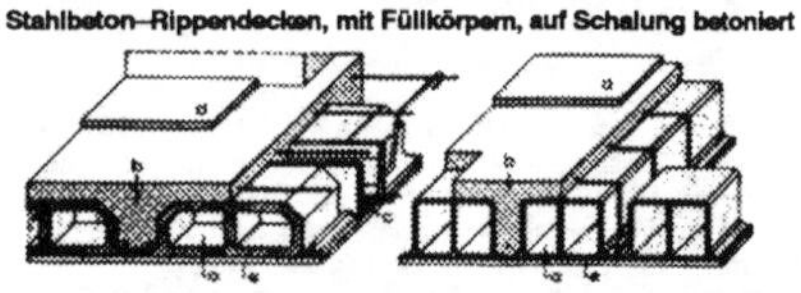

5 Stahlbeton–Rippendecke mit Leichtbeton–Füllkörpern nach DIN 4158, auf Schalung
6 Stahlbeton–Rippendecke mit Lochziegeln nach DIN 4160, auf Schalung
a = Füllkörper; b = Rippen– und Überbeton; c = Querrippe, d = Fußbodenbelag, e = Deckenputz.

Stahlbeton–Rippendecken, mit Fertigbalken und mittragenden Füllkörpern

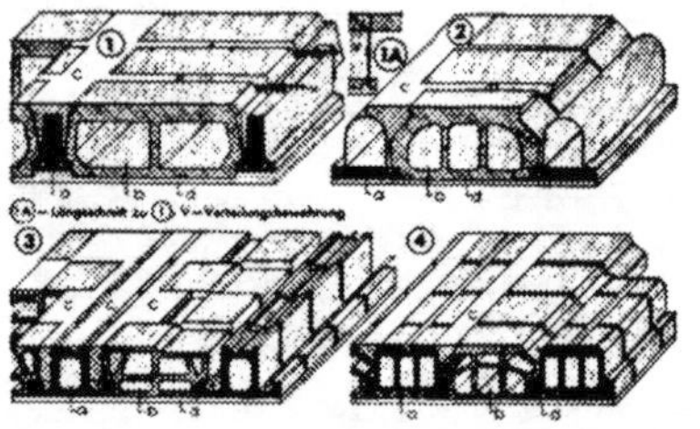

1–4 Fertigbalken mit statisch wirksamen Füllkörpern, Balken voll (mit *G+P*) belastbar → **4** oder bedingt (nur mit *G*) belastbar → **1, 2, 3.** Balken als Stahlbeton–T–Träger → **1**, Verbundkonstruktion zwischen Stahlblech und Stahlbeton → **2**, Tonhohlbalken → **3**, vorgespannte Stahltonbalken → **4**. Füllkörper aus Leichtbeton → **1, 2** oder Ton → **3, 4.** Wichtig ist eine einwandfreie Verbindung zwischen Füllkörper, Balken und Vergussmörtel. Bei den Beispielen wird dies durch verschieden breite → **1, 2** oder unsymmetrische → **3** Füllkörper erreicht. a = Fertigbalken, b = Füllkörper; c = Füllbeton; d = Deckenputz.

Stahlbeton–Rippendecken mit Fertigbalken und mittragenden Auflegeplatten, Balken bedingt (nur mit G) belastbar

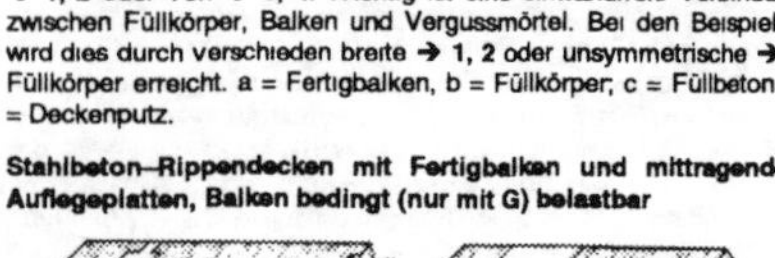

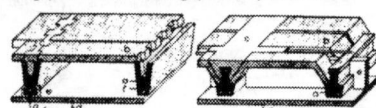

7 U–förmige Stahlbetonbalken mit bewehrter Auflegeplatte. a = Tragbalken; b = bewehrte Fertigplatte mit verzahnten Kanten, c = Füllbeton, d = untergehängte Porengipsplatte, e = Klammer durch Zangendruck im Balkenloch f befestigt, g = Schraube.

8 I–Stahlbetonbalken aus B 225 mit unbewehrten gestelzten Druckplatten aus B 160. a = Fertigbalken; b = Fertigplatte; c = Füllbeton; d = Deckenplatte; e =Dämmplatte Verteilungsbewehrung wird über Balken geführt. Balken bei mittleren Stützweiten und Nutzlasten ohne Bügel

Vorschriften über Wärmeschutz, Schallschutz und Brandschutz

Wärmeschutz nach MBO'93, § 18 und DIN 4108
Decken müssen nach MBO'93, § 18 einen ihrer Nutzung und den klimatischen Verhältnissen entsprechenden Wärmeschutz haben.

- Für Trenndecken zwischen Aufenthaltsräumen, Decken unter nicht ausgebauten Dachräumen (Dachdecken), Kellerdecken und Böden gegen das Erdreich gelten Wärmeschutz–Mindestwerte nach DIN 4108, Tabelle 1, Zeilen 2, 4, 5 bis 8. Für erhöhten Wärmeschutz bei Energiesparmaßnahmen ist die Wärmeschutzverordnung, Tabelle 2, Zeilen 3 und 4 zu beachten.

Brandschutz nach MBO'93, §§ 17, 29 und DIN 4102
§ 29 der MBO'93 siehe oben.

- DIN 4102 siehe 350.21.
- Klassifizierte Decken (Massivbauteile) nach DIN 4102 siehe 350.20.
- Klassifizierte Decken aus Holz nach DIN 4102 siehe 350.23.
- Klassifizierte Decken / Träger aus Stahl nach DIN 4102 siehe 330.22.

Stahlbeton–Rippendecken, ohne Füllkörper, auf Schalung betoniert

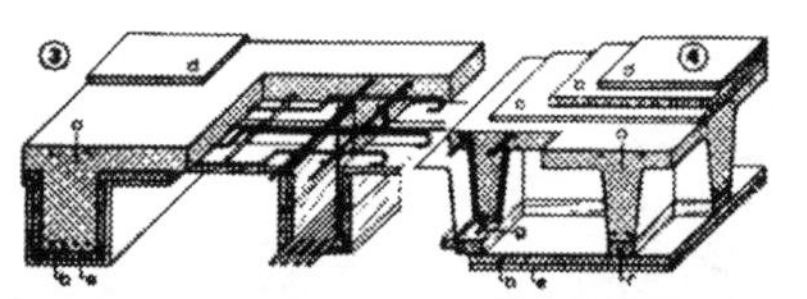

3, 4 Stahlbeton–Rippendecken auf Schalung. Je nach Nutzung Balken sichtbar → **3** oder verkleidet → **4.** Ausführung mit unterseitiger Wärmedämmung → **3,** mit Wärme– und Trittschalldämmung → **4.** a = Rippendecke; b= Dämmplatte 35 mm, c = Zementmörtel 15 mm; d = Fußbodenbelag; e = Deckenputz; f = Latten für Deckenbefestigung, mit umgebogenen verzinkten Stahlnägeln g an Bewehrung befestigt.

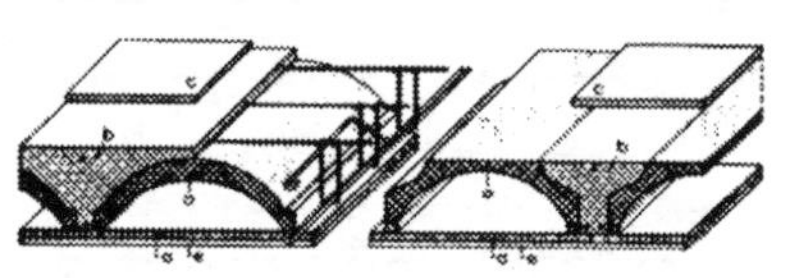

7 Stahlbeton–Rippendecke mit bogenförmigen Schalkörpern aus zementgebundener gepreßter Holzwolle, auf Schalung, mit Überbeton.
8 Stahlbeton–Balkendecke mit bogenförmigen Schalkörpern aus zementgebundenen Holzfasern, auf Schalung, ohne Überbeton
a = Schalkörper; b = Balken–, Rippen– und Überbeton; c = Fußbodenbelag, d = Putzträger (z.B. Dämmplatte) auf Holzleisten oder an Ankern; e = Deckenputz.

Stahlbeton–Rippendecken mit Fertigbalken und mittragenden Auflegeplatten, Balken voll (mit G + P) belastbar

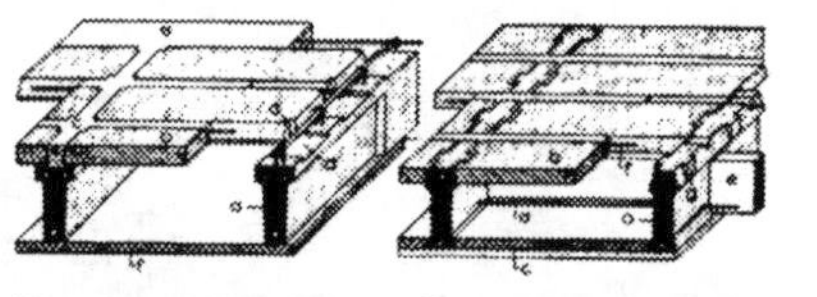

5 T–förmiger Stahlbetonträger mit aufgelegten Stahlbetonplatten. a = Fertigbalken; b = Fertigplatte, c = Verteilungsbewehrung; d = Aussparungen in Balken und Platten zur Sicherstellung der Verbundwirkung; e = Rand–Balken; f = glatte Deckenplatte.

6 T–förmiger Stahlbetonträger mit eingelegten Stahlbetonplatten. a = Fertigbalken; b = Fertigplatte aus Schwerbeton, unbewehrt; c = Fertigplatte aus Leichtbeton, verputzt; d = Zuganker; e = Querrippensteg; f = Verteilungsbewehrung, g = Nocken für Sicherstellung der Verbundwirkung.

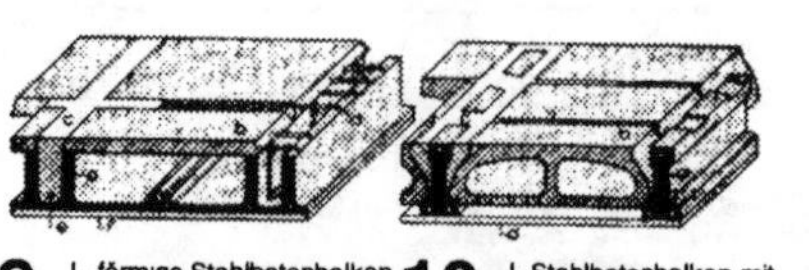

9 L–förmige Stahlbetonbalken mit bewehrten Auflegeplatten. Unterer Balkenschenkel (18 mm dick!) gleichzeitig Deckenuntersicht. Senkrechter Balkensteg (30 mm dick) Schalung für Betonrippe. a = Fertigbalken; b = Fertigplatte; c = Füllbeton; d = Verteilungsbewehrung, e = Zusatzbewehrung

10 I–Stahlbetonbalken mit Steghohlkörper. Form ähnlich → **1.** Durch flachen Luftraum zwischen Hohlkörpern und Deckenputz aber bessere Wärmedämmung, Möglichkeit zur Unterbringung von Leitungen, Gefahr von Putzrissen weitgehend vermieden a = Fertigbalken; b = Steghohlkörper; c = Füllbeton; d = Deckenputz.

Schallschutz nach MBO'93, § 18 und DIN 4109
Nach MBO'93, § 18 wird ein der Nutzung entsprechender Schallschutz gefordert.

- Für Decken zwischen Aufenthaltsräumen, Decken unter allgemein nutzbaren Dachräumen (Dachdecken), Decken über/unter Kellern und Fluren u.dgl. wird Luftschalldämmung und Trittschalldämmung nach DIN 4109, Tabelle 3, Zeilen 1 bis 10, 18 und 19, 21 bis 25, 28 bis 29 und 38 bis 40 gefordert.
- Eine zusätzliche Luftschalldämmung und Trittschalldämmung wird für schutzbedürftige Räume nach DIN 4109, Tabelle 5, gefordert.
- Für die Luftschalldämmung von Dachdecken gegen Außenlärm gilt DIN 4109, Tabelle 8.

Decken aus Stahlbeton werden als Ortbetonplatten und aus Stahlbetonfertigteilen hergestellt:

- Deckenscheiben aus Fertigteilen siehe DIN 1045, Abs. 19.7.4;
- Fertigplatten mit statisch mitwirkendem Ortbetonquerschnitt siehe DIN 1045, Abs. 19.7.6;
- Balkendecken mit und ohne Zwischenbauteil siehe DIN 1045, Abs. 19.7.7;
- Stahlbetonrippendecken mit ganz oder teilweise vorgefertigten Rippen siehe DIN 1045, Abs. 19.7.8;
- Decken aus Stahlbetonhohldielen siehe DIN 1045, Abs. 19.7.9;
- Vorgefertigte Stahlsteindecken siehe DIN 1045, Abs. 19.7.10;
- Platten siehe DIN 1045, Abs. 20.1;
- Stahlsteindecken siehe DIN 1045, Abs. 20.2;
- Decken mit Glasstahlbeton siehe DIN 1045, Abs. 20.3;
- Balken, Plattenbalken siehe DIN 1045, Abs. 21.1;
- Stahlbetonrippendecken siehe DIN 1045, Abs. 21.2;
- Punktförmig gestützte Platten (z.B. Pilzdecken) siehe DIN 1045, Abs. 22;
- Schalen und Faltwerke siehe DIN 1045, Abs. 24.

Zwischenbauteile aus Beton für Stahlbeton– und Spannbetondecken nach DIN 4158
Diese Norm gilt für Zwischenbauteile aus Normal– und Leichtbeton, die
a) als statisch nicht mitwirkend für Balken– oder Rippendecken,
b) als statisch mitwirkend für Rippendecken mit Rippen aus Ortbeton oder mit teilweise vorgefertigten Stahlbetonrippen verwendet werden.

Statisch nicht mitwirkende Zwischenbauteile

Form A
für Stahlbetonrippendecken aus Ortbeton

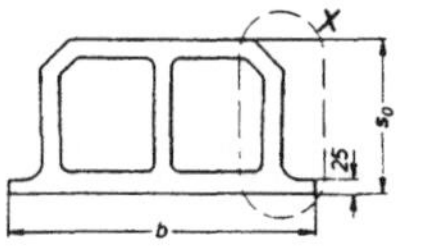

Form B
für Stahlbetonbalkendecken aus Ortbeton mit verbreiterter Druckzone

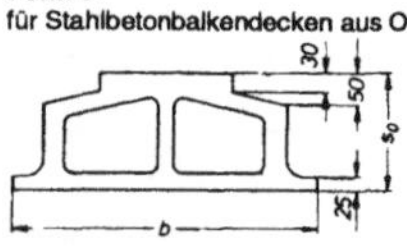

Form C
für Stahlbetonbalkendecken mit verbreiterter Druckzone mit ganz oder teilweise vorgefertigten Balken

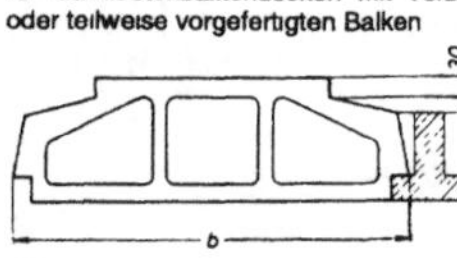

Form D
für Stahlbetonbalken– oder Rippendecken mit ganz oder teilweise vorgefertigten Balken oder Rippen

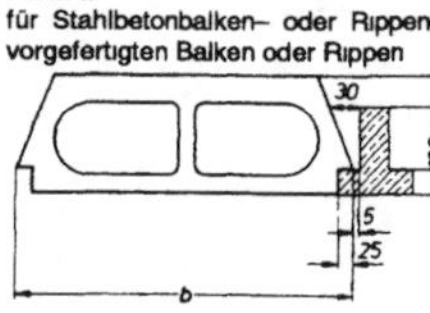

Form E
für Stahlbetonbalken– oder Rippendecken mit ganz oder teilweise vorgefertigten Balken oder Rippen

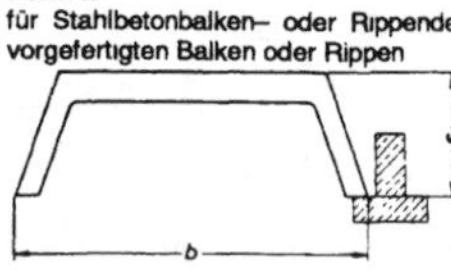

Form F
für Stahlbetonbalken– oder Rippendecken mit ganz oder teilweise vorgefertigten Balken oder Rippen

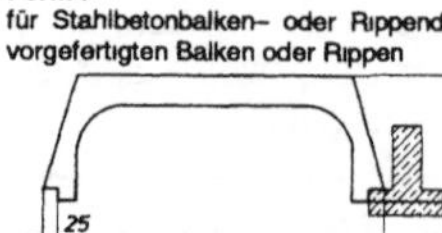

Maße
Breiten. Die Breiten *b* sollen so gewählt werden, dass sich für die jeweiligen Decken die Balken– oder Rippenachsmaße 333, 500, 625 oder 750 mm, bei bewehrten Zwischenbauteilen für Stahlbetonbalkendecken auch 1000 oder 1250 mm ergeben.

Längen. Die Regellängen *l* betragen 250 oder 333 mm, bewehrte Zwischenbauteile dürfen länger sein.

Dicken. Die Dicken s_0 der Zwischenbauteile sollen so gewählt werden, dass sich Dicken der Rohdecken ab 120 mm in Abstufungen von je 20 mm ergeben.

Massivdecken, Betondecken

Fertigbalken, in Abstand, mit nicht mittragenden Füllkörpern

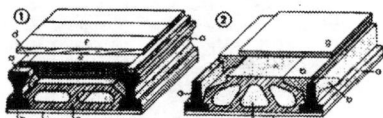

1, 2 Stahlbetonbalken mit Füllkörpern aus Leichtbeton oder gebranntem Ton; Balken mit G+P belastbar → 1 oder nur mit G belastbar → 2. a = Stahlbetonbalken; b = Ortbeton zur Ergänzung des Balkenquerschnitts; c = Füllkörper; d = Latte 30/60 mm; e = Schlackenauffüllung; f = Hobeldiele 26 mm; g = Steinholz 15 mm; h = Dämmplatten-Streifen 15 mm; i = Deckenputz 20 mm.

Stahlbeton–Rippendecken mit Fertigbalken, nicht mittragenden Füllkörpern, am Ort betonierter Druckplatte, Balken bedingt (nur mit G) belastbar

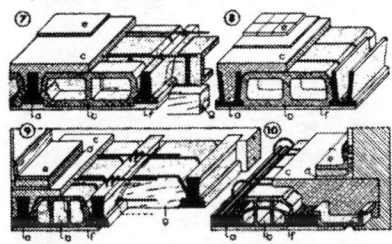

7–10 Fertigbalken mit Füllkörpern und Aufbeton. Balken als Stahlbeton–T–Träger → 7, Stahlbeton–Schalform → 8, Stahlbetonbalken mit Tonschuh → 9, vorgespannte Stahlbetonbretter → 10. Füllkörper aus Leichtbeton → 7, 8 oder Ton → 9, 10. a = Fertigbalken; b = Füllkörper; c = Füll- und Aufbeton; d = Dämmmatte; e = Fußbodenbelag; f = Deckenputz; g = Schalholz.

Fertigbetonplatten, dicht aneinander verlegt, voll (mit G+P) belastbar

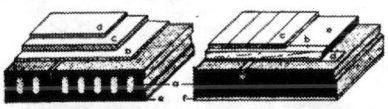

1 Leichtbetonplatten mit durchgehenden Hohlräumen, mit vorgespannten verdrillten Stahldrähten bewehrt. a = Deckenplatte; b = Dämmmatte (z.B. Glaswolle); c = Überbeton auf Streckmetall; d = Spachtelboden; e = Deckenputz.

2 Leichtbetonplatten mit vollem Querschnitt, mit Stahlmatten bewehrt. a = Deckenplatte; b = Lagerholz ⊥ zur Plattenbewehrung; c = Riemenfußboden; d = Dachpappe–Streifen; e = Auffüllung; f = Deckenputz.

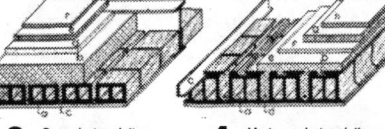

3 Spannbetonplatten aus Plattenstücken, nachträglich zusammengespannt. Die Spanndrähte liegen in den Hohlräumen. a = Deckenplatte; b = Bewehrungsdrähte; c = Blechröhre; d = bewehrte Ankerplatte; e = Stahlkeil; f = Dämmmatte; g = Überbeton auf Drahtnetz; h = Spachtelboden; i = Deckenputz.

4 Hartporenbetonplatten aus Plattenstücken nachträglich zusammengespannt. Die Spanndrähte liegen in einer Blechröhre.

Stahlsteindecken DIN 1046, vermauert

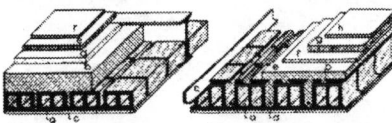

1 Stahlsteindecke aus Lochziegeln zum Vermauern nach DIN 4159 G, Maße → Text. Die Deckenziegel a werden auf Schalung verlegt, die Fugen angeputzt, die Bewehrung wird in den Mörtel eingedrückt. b = Überbeton, c = Deckenputz, d = Sand 30 mm, e = Zementestrich 25 mm, f = Gipsestrich 15 mm.

2 Schalungslose Stahlsteindecke (Beispiel: Leipziger-Decke). Die Deckenziegel a werden mit den Nasen b in ⌐-Stahlschienen c eingehängt, die Fugen angeputzt, die Bewehrung wird in den Mörtel eingedrückt. Nach Abbinden des Mörtels werden die Schienen gezogen. d = Deckenputz, e = Überbeton, f = Mörtel, g = Dämmplatte 35 mm, h = Steinholz 20 mm.

Stahlsteindecken DIN 1046, vergossen

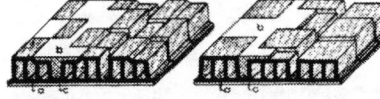

3 Stahlsteindecke aus Lochziegeln mit unsymmetrischem Querschnitt zum Vergießen nach DIN 4159 U. Maße → Text. Die Deckenziegel werden auf Schalung verlegt, die Bewehrungsstähle in die Rippen eingelegt, die Fugen von oben vergossen. Die aufeinanderfolgenden Ziegel sind jeweils um 180° gedreht im Verband zu verlegen.

4 Stahlsteindecke aus Lochziegeln mit symmetrischem Querschnitt zum Vergießen nach DIN 4159 S. Die Deckenziegel werden auf Schalung verlegt, die Bewehrungsstähle in die Rippen eingelegt, die Fugen von oben vergossen. Es sind stets abwechselnd aufeinanderfolgender Höhen im Verband zu verlegen, z.B. 9 und 10,5 cm hohe Ziegel für eine 10,5 cm dicke Decke.

Fertigbalken, in Abstand, mit nicht mittragenden Einschubplatten, voll (mit G + P) belastbar

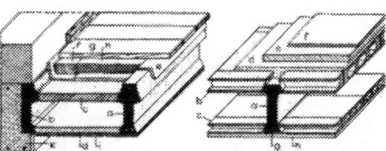

3 Stahlbetonbalken mit Einschubplatten aus Beton.
a = Feldbalken; b = Randbalken (unbewehrte kurze Balkenstücke); c = Abdeckplatte aus Stampfbeton; d = Einschubplatte aus Leichtbeton 0,8 kg/dm³; e = Dämmmatte 20 mm (z.B. Glaswatte); f = Lagerholz 100/ 50 mm; g = Hobeldiele 26 mm; h = Sandfüllung; i = Deckenputz 20 mm; k = Ringanker

4 Spannbetonbalken mit Hourdis–Einschubplatten.
a = Spannbetonbalken B 600; b = Hourdis 7 cm; c = Hourdis 5 cm; d = Dämmmatte 20 mm (Glaswatte); e = Zementestrich 35 mm; f = Steinholz 15 mm; g = Porenziegel, anbetoniert; h = Deckenputz 20 mm

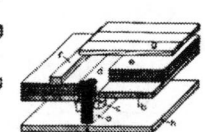

5 Spannbetonbalken mit Hartporenbeton–Deck– und Einschubplatten. a = Spannbetonbalken B 600; b = Hartporenbetonplatte 0,7, bewehrt, 6 cm; c = Hartporenbetonplatte 3 cm; d = Steinholz 15 mm; e = Schaumgummi (gegen Trittschall); f = Deckenputz 15 mm

6 Spannbetonbalken mit Spannbeton–Einschubplatten. a = Spannbetonbalken B 600; b = Spannbetonplatten 3 cm; c = Betondübel, in Dübellöcher der Balken eingesteckt; d = Glaswollmatte 20 mm; e = Auffüllung; f = Lagerholz 50/50 mm; g = Hobeldiele 26 mm; h = Deckenplatte an Balken angeschraubt (Gewindehülse einbetoniert).

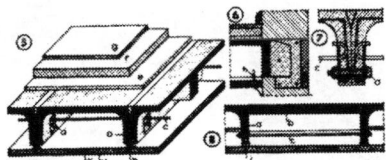

5–8 Rippenplatten aus mind. B 300 mit dünnen, schwach bewehrten Platten. Die ∏-förmigen Platten werden nebeneinander gelegt → 5 und verschraubt → 7. Quersteifigkeit durch Rundstahl–Verspannung → 7. Wandanschluss mit Ringbalken → 6. Bei geringer Belastung Sparlösung mit Einschubplatten möglich → 8.
a = Rippenplatte; b = Einschubplatte; c = Rundstahl–Verspannung; d = Verschraubung; e = Dämmmatte; f = Überbeton auf Drahtnetz; g = Spachtelboden; h = Klemmschraube mit Feder zur Aufhängung der Deckenplatte; i = Holzlatte; k = Dämmplatte; l = Deckenputz.

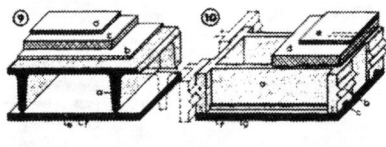

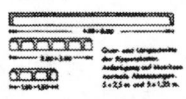

9 Breite Rippenplatten, vornehmlich für Dachdecken geeignet. a = Rippenplatte; b = Dämmmatte; c = Überbeton auf Drahtnetz; d = Spachtelboden; e = Dämmplatte an Drahtschlaufen, die in die Rippen einbetoniert sind; f = Deckenputz.

10 Lamellenrost aus Stahlbeton–Längsträgern und –Querscheiben, Konstruktion auch für Dächer geeignet. a = Lamellenkasten; b = Schubverzahnung; c = Zugkraftkupplung (Spannschloss für durchgehende Längsbewehrung); d = Betonplatte; e = Fußbodenbelag; f = Dämmplatte, an Lamellenkasten angeschraubt; g = Deckenputz

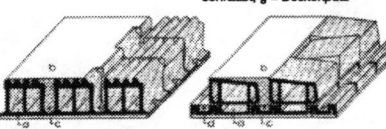

5 Stahlsteindecke aus Lochziegeln mit unsymmetrischem Querschnitt (Beispiel: Ueckermann-Decke). Die Deckenziegel werden wie unter 3 beschrieben verlegt. Dabei muss stets ein Wellental vom Wellenberg des folgenden Ziegels verschlossen werden.
a = Deckenziegel, b = Vergussmörtel, c = Deckenputz

6 Stahlsteindecke aus Lochziegeln mit unsymmetrischem Querschnitt auf Schalungsleisten (Beispiel: Wenko-Decke). Die Deckenziegel werden in die Schalungsleisten verlegt, die aus jeweils 3–4 miteinander verbundenen Leistensteinen bestehen und von einer Sparschalung gestützt werden.

Zwischenbauteile aus Beton für Stahlbeton- und Spannbetondecken nach DIN 4158, Fortsetzung

Statisch mitwirkende Zwischenbauteile

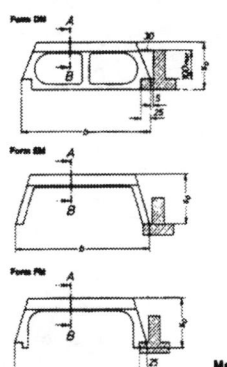

Maße
Breite und Längen wie Form A bis E
Dicken: Außenwandungen mindestens 30 mm, notwendige Innenstege mindestens 25 mm und Deckplatten mindestens 50 mm.

Ziegel für Decken und Wandtafeln, statisch mitwirkend, nach DIN 4159
Diese Norm gilt für Ziegel, die als statisch mitwirkende Bauteile verwendet werden:
a) als Deckenziegel für Stahlsteindecken,
b) als Deckenziegel für Stahlbetonrippendecken mit Ortbetonrippen,
c) als Zwischenbauteile für Stahlbetonrippendecken mit ganz oder teilweise vorgefertigten Rippen,
d) für vorgefertigte Wandtafeln nach den Richtlinien für Bauten aus großformatigen Ziegelfertigbauteilen.

Deckenziegel für Stahlsteindecken

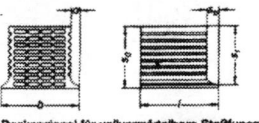

Deckenziegel für vollvermörtelbare Stoßfugen (Beispiel)

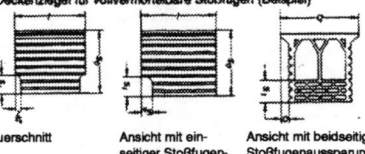

Querschnitt | Ansicht mit einseitiger Stoßfugenaussparung | Ansicht mit beidseitiger Stoßfugenaussparung

Maße:
Breite: 250 mm; Länge: 166 – 250 – 333 – 500 mm;
Dicke: 90–115 – 140 – 165 – 190 – 215 – 240 – 265 – 290 mm

Deckenziegel für Stahlbetonrippendecken

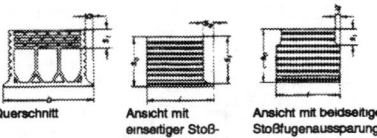

Querschnitt | Ansicht mit einseitiger Stoßfugenaussparung | Ansicht mit beidseitiger Stoßfugenaussparung

Deckenziegel für Stahlbetonrippendecken
Maße
Breite: 333–500–625 mm; Länge: 166–250– 333 mm;
Dicke: 115–140–165–190–215–240–265–290–315–340 mm.

Ziegel für Zwischenbauteile für Stahlbetonrippendecken

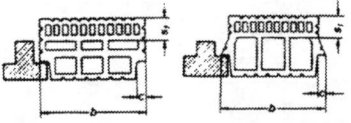

Ziegel als Zwischenbauteil mit senkrechten Seitenflächen für einseitige Stoßfugen (Beispiel)
Maße
Breite: 333–500–625 – 750 mm; Länge: 166–250– 333 mm;
Dicke: 115–140–165–190–215–240–265–290–315–340 mm.

Ziegel als Zwischenbauteil mit geneigten Seitenflächen für beidseitige Stoßfugen (Beispiel)

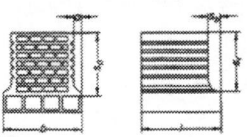

Ziegel für vollvermörtelbare Stoßfugen mit nicht vermörtelbaren Lochkanälen (Beispiel)

Maße
Breite: 250 mm; Länge: 166–250– 333–500 mm;
Dicke: 90–115–140–165–190–215–240–265–280 mm.

Massivdecken, Standard-Details

**Deckenkonsole - Wärmedämmelement mit Anschlussbewehrung -
Zweischalige Außenwand mit Kerndämmung (mit Luftschicht)**

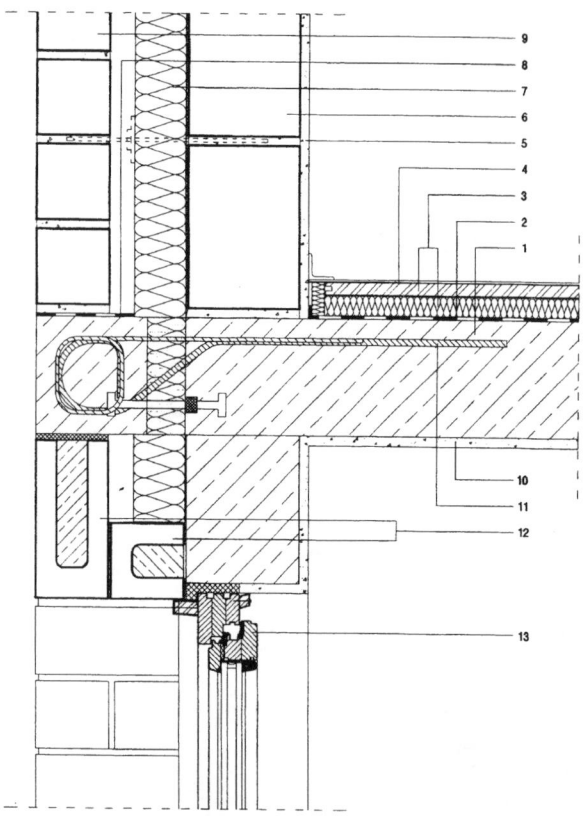

– Deckenplatte mit Konsole als Auflager des Verblendmauerwerkes mit Wärmedämmelement für Deckenkonsole mit Anschlussbewehrung

– tragende Außenwand mit Kerndämmung und Verblendschalenmauerwerk (mit Luftschicht)

Produkthinweise	Firmen-CODE
KARL EPPLE Trockenmörtel GmbH & Co. KG	EPPLE
Heidelberger Dämmsysteme GmbH	HEIDELD
Kalksandstein Bauberatung Dresden GmbH	KALKSAND
Maiflor Natur-Decor	MAIFLOR
Schöck Bauteile GmbH	SCHOECK
G. Stöckel GmbH	STOECKEL

1 – Tragwerk Deckenplatte
2 – Sperrschicht gegen Dampfdiffusion
3 – Fertigteilestrich aus aus Spanplatten – *Heidelberger Dämmsysteme - Trockenestrich-Element (TE), 50 mm*
4 – Textiler Bodenbelag – *Maiflor - Naturfaserteppichfliesen SAMOA*
5 – Innenwandputzsystem – *Epple - Kalk-Zement-Maschinenputze MK*
6 – Mauerwerk der tragenden Außenwand – *Kalksandstein - KS-Quadro-Bausystem 1/4, 17,5 cm*
7 – Wärmedämmschicht Kerndämmung – *Heidelberger Dämmsysteme - Kerndämmplatte, PS-15-B1, Dicke 80 mm*
8 – Gleitfolie
9 – Verblendschalenmauerwerk mit Luftschicht – *Kalksandstein - KS-Verblender KS Vb*
10 – Fenster – *Stöckel - IV 66 S, Holz-Einfachfenster mit Isolierverglasung*
11 – Innendeckenputzsystem – *Epple - Kalk-Zement-Maschinenputze MK*
12 – Wärmedämmelement mit Anschlussbewehrung – *Schöck - ISOKORB Typ O Standard*
13 – Überdeckung der Öffnung – *Kalksandstein - KS-Sichtmauersturz*

**Deckenkonsole - Wärmedämmelement mit Anschlussbewehrung -
Zweischalige Außenwand mit Kerndämmung (ohne Luftschicht)**

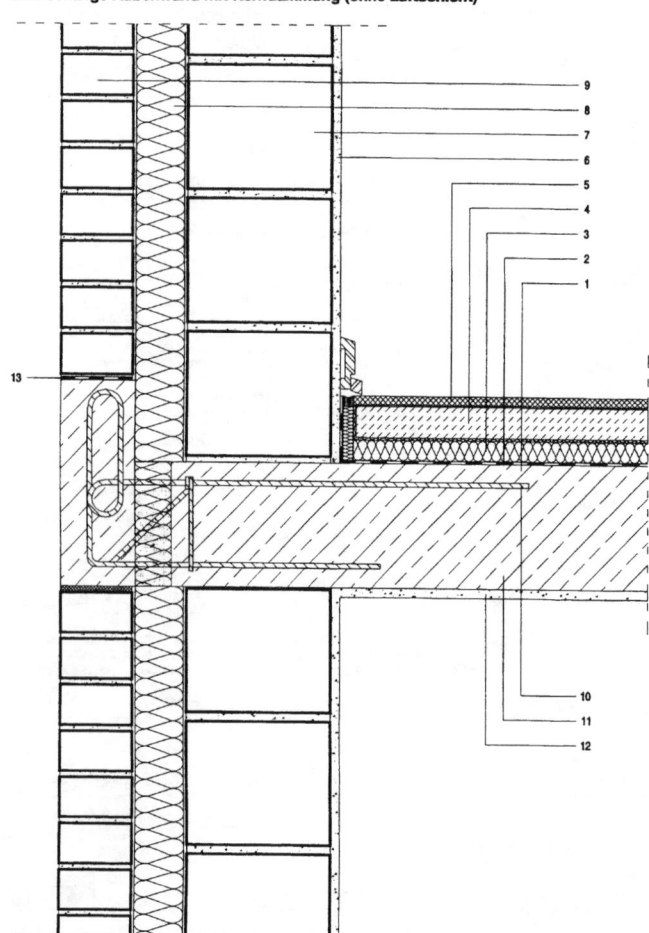

– Deckenplatte mit Konsole als Auflager des Verblendmauerwerkes mit Wärmedämmelement für Deckenkonsole mit Anschlussbewehrung

– tragende Außenwand mit Kerndämmung und Verblendschalenmauerwerk (ohne Luftschicht)

Produkthinweise	Firmen-CODE
Gebrüder Bach Ges.m.b.H.	BACH
IsoBouw Dämmtechnik GmbH	ISOBOUW
quick - mix Gruppe GmbH & Co. KG	QUICK_M
Tarkett Vertriebs GmbH	TARKETT

1 – Tragwerk Deckenplatte
2 – Sperrschicht gegen Dampfdiffusion
3 – Trittschalldämmschicht – *Isobouw - Trittschall-Dämmplatten B-PST, TK-B1, 33/30 mm mit Trennschicht*
4 – Zementestrich
5 – Parkett aus Fertigparkett-Elementen – *Tarkett - Parkett Klassisch, Dicke 14 mm*
6 – Innenwandputzsystem – *Quick-mix - Mineralischer Rustikalputz RKP*
7 – Mauerwerk der tragenden Außenwand, 24 cm
8 – Wärmedämmschicht Kerndämmung – *Isobouw - Kerndämmung W-PF, W-15-B1, 80 mm*
9 – Verblendschalenmauerwerk ohne Luftschicht
11 – Wärmedämmelement mit Anschlussbewehrung – *Bach - RIPINOX Thermobrüstungsanker*
12 – Innendeckenputzsystem – *Quick-mix - Mineralischer Rustikalputz RKP*
13 – Gleitfolie

Massivdecken, Standard-Details

Hauptpodestplatte aus Beton - Trittschalldämmelement aus Betonwürfel mit Anschlussbewehrung und Elastomerlager - Treppenhauswand als Mauerwerk

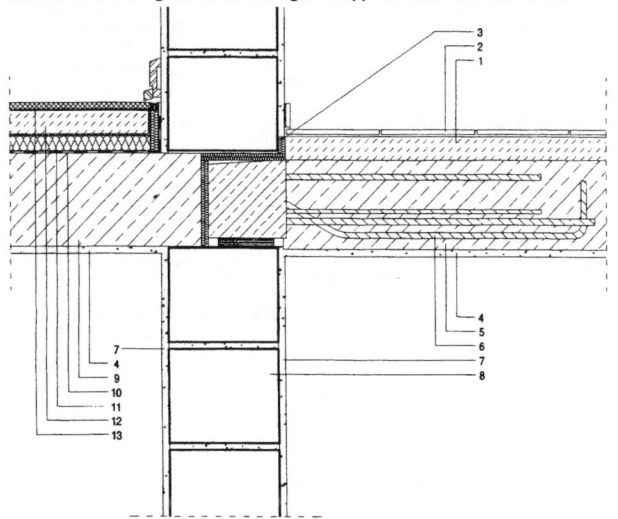

- Haupttreppenpodest aus Beton, mit Trittschalldämmelement aus Betonwürfel mit Anschlussbewehrung und Elastomerlager
- Fugenplatte als Randstreifen zwischen Bodenbelag und Wänden
- tragende Innenwand

1 – Zementestrich
2 – Bodenbelag – *Villeroy & Boch - MAXI-FLOOR, glasierte keramische Fliesen, 20x20 cm*
3 – Randstreifen – *Schöck - Tronsole-Fugenplatte Typ A*
4 – Innendeckenputzsystem
5 – Tragwerk Treppenpodestplatte
6 – Trittschalldämmelement mit Anschlussbewehrung und Gleitlager – *Schöck - TRONSOLE Z 30*
7 – Innenwandputzsystem
8 – Mauerwerk der tragenden Innenwand, 24 cm
9 – Tragwerk Deckenplatte
10 – Sperrschicht gegen Dampfdiffusion
11 – Trittschalldämmschicht – *Isobouw - Trittschall-Dämmplatten B-PST, TK-B1, 33/30 mm mit Trennschicht*
12 – Zementestrich
13 – Parkett aus Fertigparkett-Elementen – *Tarkett - Parkett Klassisch, Dicke 14 mm*

Treppenlaufplatte aus Beton mit Haupt- und Zwischenpodest - Trittschalldämmelement mit Anschlussbewehrung

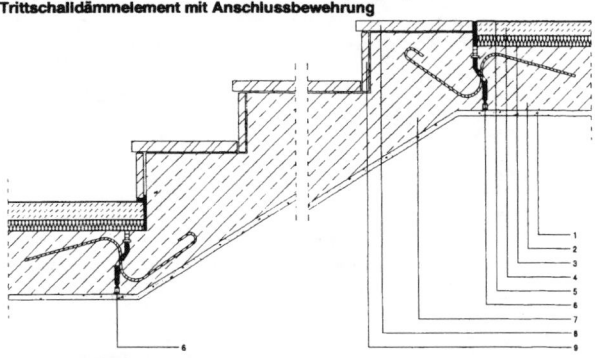

- Treppenlaufplatte einschl. Stufen aus Beton mit Haupt- und Zwischenpodest
- Trittschalldämmelement mit Anschlussbewehrung als Trennung zwischen Treppenlauf und Podest

1 – Innendeckenputzsystem
2 – Treppenpodestplatte aus Beton
3 – Trittschalldämmschicht – *Glaswolle Wiesbaden - WIEGLA-Estrichdämmplatten T-A2, 35/30 mm*
4 – Magnesiaestrich – *dico isolierstoff - Magnesiaestrich 50, 40 mm*
5 – Leitfähiger Bodenbelag – *Dunloplan - DERBY SPL, PVC-Spezialbelag*
6 – Trittschalldämmelement mit Anschlussbewehrung – *Schöck - TRONSOLE T 6*
7 – Treppenlaufplatte aus Beton einschl. Stufen
8 – Trittstufe aus Naturwerkstein – *Busse - Belagtreppe Agglo-Marmor, 3 cm*
9 – Setzstufe aus Naturwerkstein – *Busse - Belagtreppe Agglo-Marmor, 2 cm*

Produkthinweise	Firmen-CODE
Busse Marmor- und Betonwerke GmbH	BUSSE
dico isolierstoff industrie GmbH	DICO_B
DUNLOPLAN Division der Dunlop GmbH	DUNLOP
Glaswolle Wiesbaden GmbH	GLASWOL
IsoBouw Dämmtechnik GmbH	ISOBOUW
Schöck Bauteile GmbH	SCHOECK
Tarkett Vertriebs GmbH	TARKETT
Villeroy & Boch AG	VILLEROY
Gebr. Knauf Westdeutsche Gipswerke	KNAUF
Josef Meindl GmbH - Mauerziegel	MEINDL_M
Dachziegelwerk Möding GmbH & Co. KG	MOEDING
RYGOL-Dämmstoffwerk W. Rygol KG	RYGOL
Deutsche Heraklith AG	HERAKLIT
J & P Bautechnik Vertriebs-GmbH	J.P.BAU
Kalksandstein Bauberatung Dresden GmbH	KALKSAND
Maiflor Natur-Decor	MAIFLOR
quick - mix Gruppe GmbH & Co. KG	QUICK_M

Zwischenpodestplatte aus Beton - Trittschalldämmelement mit Anschlussbewehrung - Treppenhaus Außenwand als Mauerwerk mit abgehängter Ziegelfassade

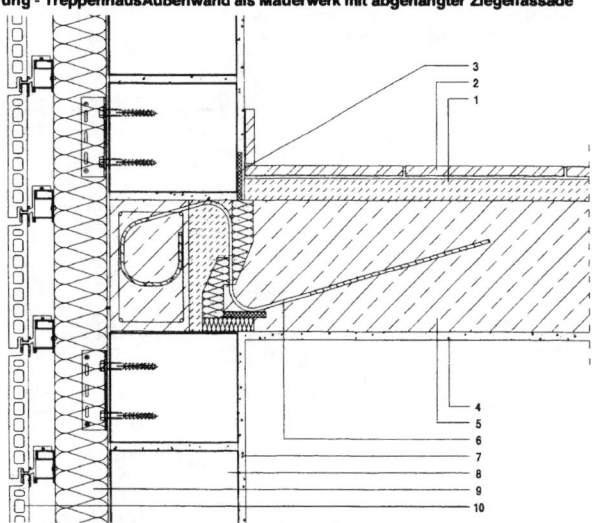

- Zwischentreppenpodest aus Beton, mit Trittschalldämmelement mit Anschlussbewehrung
- Fugenplatte als Randstreifen zwischen Bodenbelag und Wänden
- tragende Außenwand mit Wärmedämmung und abgehängter Fassadenbekleidung aus Ziegelplatten, kleinformatig mit Alu-Unterkonstruktion

1 – Anhydritestrich – *Knauf - Fließ-Estrich-Systeme - F 231, AE 20, 35 mm*
2 – Bodenbelag aus Naturwerkstein
3 – Randstreifen – *Schöck - Tronsole-Fugenplatte Typ P*
4 – Innendeckenputzsystem
5 – Tragwerk Treppenpodestplatte
6 – Trittschalldämmelement mit Anschlussbewehrung – *Schöck - TRONSOLE Typ V 6*
7 – Innenwandputzsystem
8 – Mauerwerk der tragenden Außenwand – *Meindl - Thermopor SFz N+F, 24,0 cm*
9 – Wärmedämmung für Außenwandbekleidung – *Rygol - Fassadendämmplatten, Dicke 80 mm*
10 – Fassadenbekleidungen – *Möding - Original-ARGETON-Ziegelfassade*

Hauptpodestplatte aus Beton - Trittschalldämmelement mit Anschlussbewehrung - Treppenhauswand als Mauerwerk mit Wärmedämm-Putzverbundsystem

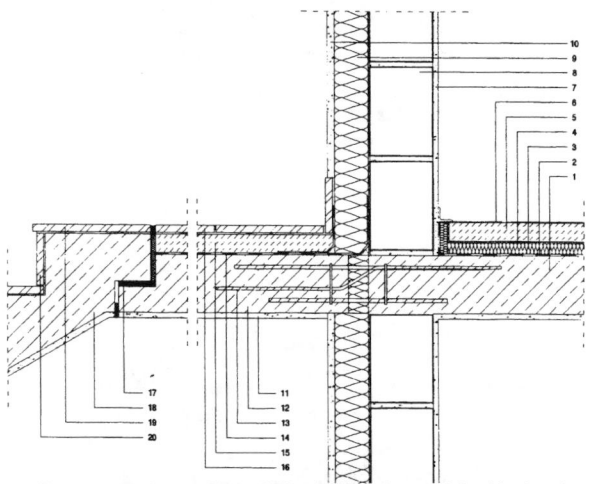

- Haupttreppenpodest aus Beton mit Trittschalldämmelement mit Anschlussbewehrung
- Trittschalldämmelement mit Anschlussbewehrung als Trennung zwischen Treppenlauf und Podest
- tragende Außenwand mit Wärmedämm-Putzverbundsystem

1 – Tragwerk Deckenplatte
2 – Sperrschicht gegen Dampfdiffusion
3 – Trittschalldämmschicht – *Heraklith - Heralan-TP, T-A1, 40/35 mm*
4 – Trennschicht
5 – Anhydritestrich – *Knauf - Fließ-Estrich-Systeme - F 231, AE 20, 35 mm*
6 – Textiler Bodenbelag – *Maiflor - Naturfaserteppichfliesen SAMOA*
7 – Innenwandputzsystem – *Quick-mix - Mineralischer Rustikalputz RKP*
8 – Mauerwerk der tragenden Außenwand – *Kalksandstein - KS-Quadro-Bausystem 1/4, 17,5 cm*
9 – Wärmedämmschicht – *Heraklith - Tektalan-SD, 100 mm*
10 – Wärmedämmputz – *Quick-mix - Kalk-Zement-Maschinenputz MK 3*
11 – Außendeckenputzsystem – *Quick-mix - Kratzputz*
12 – Treppenpodestplatte aus Beton
13 – Wärmedämmelement mit Anschlussbewehrung – *J&P Bautechnik - RIPINOX Thermoelement Typ 1*
14 – 1.Lage Abdichtung – *Heraklith - Plastovill P GG, 4,0 mm*
15 – Anhydritestrich – *Knauf - Fließ-Estrich-Systeme - F 231, AE 20, 35 mm*
16 – Bodenbelag aus Naturwerkstein
17 – Elastomerlager
18 – Treppenlaufplatte aus Beton einschl. Stufen
19 – Trittstufe aus Naturwerkstein, 3 cm
20 – Setzstufe aus Naturwerkstein, 2 cm

Massivdecken, Standard-Details

**Auskragende Balkonplatte - Balkondämmelement mit Anschlussbewehrung -
Zweischalige Außenwand mit Kerndämmung (ohne Luftschicht) -
Holz-Fenster mit tiefer Leibung außen**

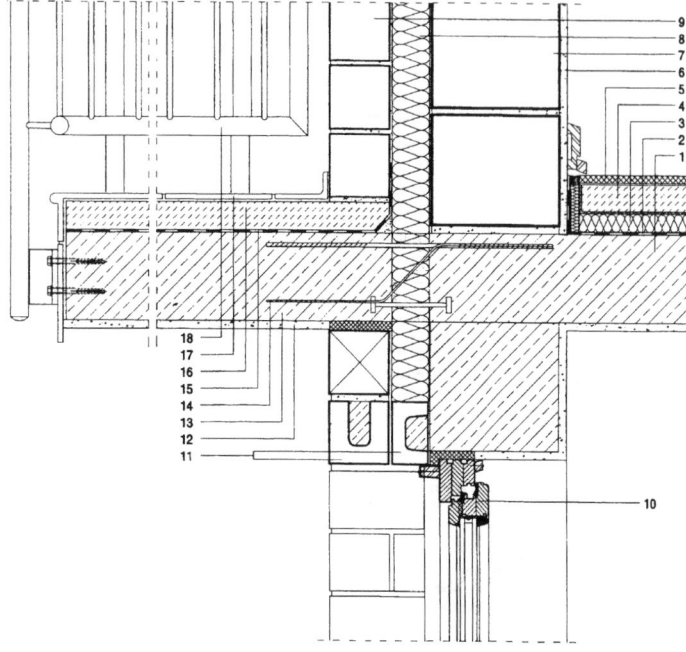

- auskragende Balkonplatte mit Balkondämmelement mit Anschlussbewehrung
- tragende Außenwand mit Kerndämmung und Verblendschalenmauerwerk (ohne Luftschicht)
- Holz-Einfachfenster mit Isolierverglasung mit zusätzlicher Überschlagdichtung

Produkthinweise	Firmen-CODE
IsoBouw Dämmtechnik GmbH	ISOBOUW
Kalksandstein Bauberatung Dresden GmbH	KALKSAND
Schöck Bauteile GmbH	SCHOECK
G. Stöckel GmbH	STOECKEL
Tarkett Vertriebs GmbH	TARKETT
Villeroy & Boch AG	VILLEROY

1 – Tragwerk Deckenplatte
2 – Sperrschicht gegen Dampfdiffusion
3 – Trittschalldämmschicht – *Isobouw - Trittschall-Dämmplatten B-
    PST, TK-B1, 33/30 mm mit Trennschicht*
4 – Zementestrich
5 – Parkett aus Fertigparkett-Elementen – *Tarkett - Parkett Klassisch,
    Dicke 14 mm*
6 – Innenwandputzsystem
7 – Mauerwerk der tragenden Außenwand, 24 cm
8 – Wärmedämmschicht Kerndämmung – *Isobouw - Kerndämmung
    W-PF, W-15-B1, 80 mm*
9 – Verblendschalenmauerwerk ohne Luftschicht – *Kalksandstein -
    KS-Verblender KS Vb*
10 – Fenster – *Stöckel - IV 66 S, Holz-Einfachfenster mit Isoliervergla-
    sung*
11 – Überdeckung der Öffnung – *Kalksandstein - KS-Sichtmauersturz*
12 – Außendeckenputzsystem
13 – Tragwerk Balkonplatte
14 – Wärmedämmelement mit Anschlussbewehrung – *Schöck -
    ISOKORB Typ K*
15 – 1.Lage der Dachabdichtung
16 – Zementestrich
17 – Bodenbelag – *Villeroy & Boch - MAXI-FLOOR, glasierte kerami-
    sche Fliesen, 20x20 cm*
18 – Stabgeländer

**Balkonplatte mit freier Lagerung - Balkondämmelement mit Anschlussbewehrung -
Außenwand mit Wärmedämm-Verbundsystem - Fenstertür mit Mitteldichtung**

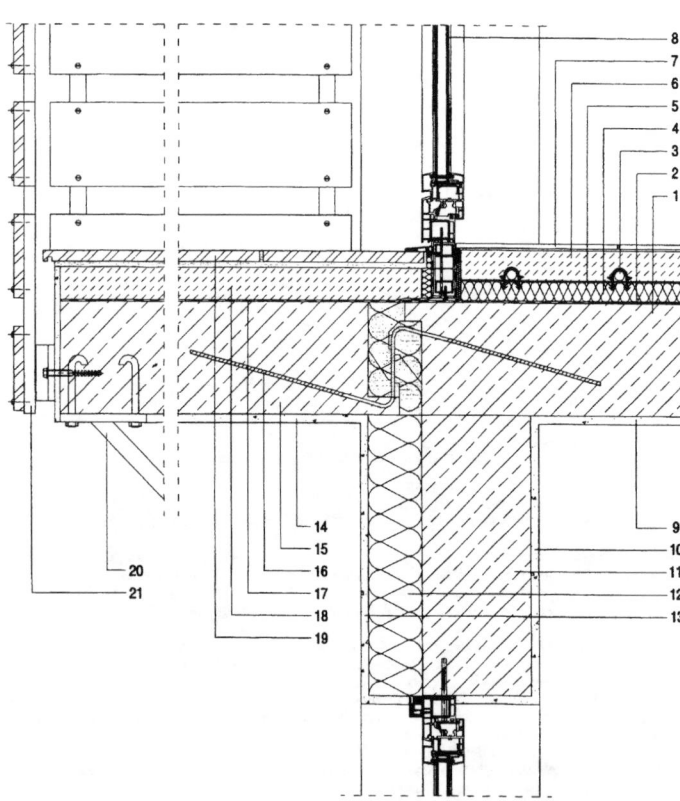

- Balkonplatte mit freier Lagerung, mit Balkondämmelement mit
  Anschlussbewehrung
- tragende Außenwand mit Wärmedämm-Putzverbundsystem
- Dreh-Kipp-Fenstertür aus Kunststoff mit Mitteldichtung, flächenbündig, mit Isolierverglasung, Trittschutz und Balkonanschlussprofil

Produkthinweise	Firmen-CODE
Glaswolle Wiesbaden GmbH	GLASWOL
JUMA Natursteinwerke	JUMA
Gebr. Knauf Westdeutsche Gipswerke	KNAUF
Koch MARMORIT GmbH	KOCH
Schöck Bauteile GmbH	SCHOECK
VEKA AG	VEKA
Wieland-Werke AG	WIELAND

1 – Tragwerk Deckenplatte
2 – Sperrschicht gegen Dampfdiffusion
3 – Trittschalldämmschicht – *Glaswolle Wiesbaden - WIEGLA-
    Estrichplatten, T-A2, 40/35 mm*
4 – Trennschicht
5 – Fließ-/Heizestrich – *Knauf - Fließestrich F 233 - FE 50*
6 – Fußbodenheizung – *Wieland - cuprotherm®-
    Fußbodenheizungssystem*
7 – Bodenbelag aus Naturstein – *JUMA - Fliesen*
8 – Fenstertür – *VEKA - Softline MD, Kunststoff-Einfachfenstertür mit
    Isolierverglasung, mit Mitteldichtung, flächenbündig*
9 – Innendeckenputzsystem – *Koch MARMORIT - PC 190 Feinputz
    PICO*
10 – Innenwandputzsystem – *Koch MARMORIT - PC 190 Feinputz
    PICO*
11 – Tragwerk Stürze
12 – Wärmedämmschicht – *Glaswolle Wiesbaden - WIEGLA-
    Kerndämmplatte KD 1/V, W-A2, 100 mm*
13 – Außendeckenputzsystem – *Koch MARMORIT - PS 288 Marmor -
    Edelputz CARRARA*
14 – Außenwandputzsystem – *Koch MARMORIT - PS 288 Marmor -
    Edelputz CARRARA*
15 – Tragwerk Balkonplatte
16 – Wärmedämmelement mit Anschlussbewehrung – *Schöck -
    ISOKORB Typ V*
17 – 1.Lage der Dachabdichtung
18 – Zementestrich
19 – Bodenbelag aus Naturwerkstein – *JUMA - Marmor Rohplatten,
    30x30 cm, Dicke 2 cm*
20 – Stahlkonstruktion als Stütze
21 – Geländer mit Füllung

Massivdecken, Standard-Details

Dreiseitig aufliegende Balkonplatte - Balkondämmelement mit Anschlussbewehrung - Außenwand mit abgehängter Ziegelfassade mit Ziegel-Fenstersturz - Holz-Fenster mit tiefer Leibung außen

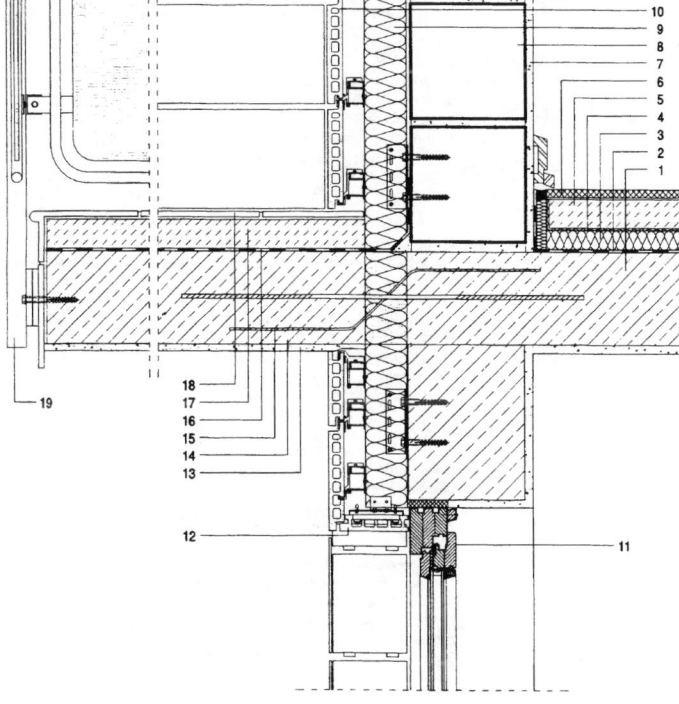

– dreiseitig aufliegende Balkonplatte mit Balkondämmelement mit Anschlussbewehrung
– tragende Außenwand mit Wärmedämmung und abgehängter Fassadenbekleidung aus Ziegelplatten, kleinformatig mit Alu-Unterkonstruktion und Ziegel-Fenstersturz
– Holz-Einfachfenster mit Isolierverglasung ohne Überschlagdichtung

Produkthinweise	Firmen-CODE
Dachziegelwerk Möding GmbH & Co. KG	MOEDING
Wilhelm Müssig GmbH	MUESSIG
RYGOL-Dämmstoffwerk W. Rygol KG	RYGOL
Schöck Bauteile GmbH	SCHOECK
G. Stöckel GmbH	STOECKEL
Tarkett Vertriebs GmbH	TARKETT
Villeroy & Boch AG	VILLEROY

1 – Tragwerk Deckenplatte
2 – Sperrschicht gegen Dampfdiffusion
3 – Trittschalldämmschicht – *Rygol - Trittschalldämmplatten, TK-B1, 38/35 mm*
4 – Trennschicht
5 – Zementestrich
6 – Parkett aus Fertigparkett-Elementen – *Tarkett - Parkett Klassisch, Dicke 14 mm*
7 – Innenwandputzsystem
8 – Mauerwerk der tragenden Außenwand, 20 cm
9 – Wärmedämmung für Außenwandbekleidung – *Rygol - Fassadendämmplatten, Dicke 80 mm*
10 – Fassadenbekleidungen – *Möding - Original-ARGETON-Ziegelfassade*
11 – Fenster – *Stöckel - IV 66 N, Holz-Einfachfenster mit Isolierverglasung*
12 – Fenstersturzbekleidung aus Ziegeln – *Möding - Original-ARGETON-Fassadenplatten*
13 – Außendeckenputzsystem
14 – Tragwerk Balkonplatte
15 – Wärmedämmelement mit Anschlussbewehrung – *Schöck - ISOKORB Typ Q*
16 – 1.Lage Abdichtung
17 – Zementestrich
18 – Bodenbelag – *Villeroy & Boch - MAXI-FLOOR, glasierte keramische Fliesen, 20x20 cm*
19 – Geländer mit Füllungen – *Müssig - Balkongeländer BG 90 „MODULAR" - Typ Konzept*

Eingerückte Balkonplatte (in durchlaufender Decke) - Balkondämmelement mit Anschlussbewehrung - Außenwand mit Wärmedämm-Verbundsystem - Kunststoff-Fenster mit Rollladenkasten aus Blähton

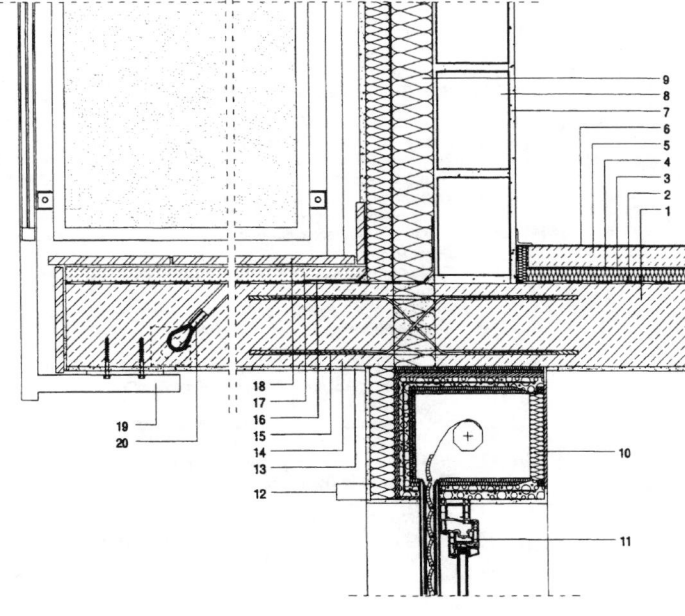

– eingerückte Balkonplatte (in durchlaufender Decke) mit Balkondämmelement mit Anschlussbewehrung
– tragende Außenwand mit Wärmedämmung und Wärmedämm-Verbundsystem
– Kunststoff-Einfachfenster mit Isolierverglasung, flächenversetzt, mit Anschlagdichtung
– Rollladenkasten aus Blähton mit hinterer Montageöffnung

Produkthinweise	Firmen-CODE
Gebr. Allendörfer Betonwerk GmbH	ALLENDOE
Deutsche Heraklith AG	HERAKLIT
Kalksandstein Bauberatung Dresden GmbH	KALKSAND
Gebr. Knauf Westdeutsche Gipswerke	KNAUF
Maiflor Natur-Decor	MAIFLOR
Wilhelm Müssig GmbH	MUESSIG
quick - mix Gruppe GmbH & Co. KG	QUICK_M
Schöck Bauteile GmbH	SCHOECK
G. Stöckel GmbH	STOECKEL

1 – Tragwerk Deckenplatte
2 – Sperrschicht gegen Dampfdiffusion
3 – Trittschalldämmschicht – *Heraklith - Heralan-TP, T-A1, 40/35 mm*
4 – Trennschicht
5 – Anhydritestrich – *Knauf - Fließ-Estrich-Systeme - F 231, AE 20, 35 mm*
6 – Textiler Bodenbelag – *Maiflor - Naturfaserteppichfliesen SAMOA*
7 – Innenwandputzsystem
8 – Mauerwerk der tragenden Außenwand – *Kalksandstein - KS-Quadro-Bausystem 1/4, 17,5 cm*
9 – Wärmedämmschicht – *Heraklith - Tektalan-SD, 100 mm*
10 – Rollladenkasten aus Leichtbeton – *Gebr. Allendörfer - BERO 36,5er ROT Ziegel*
11 – Fenster – *Stöckel - System Ecostep, Kunststoff-Einfachfenster mit Isolierverglasung, flächenversetzt*
12 – Wärmedämmputz – *Heraklith - Tektalan-Fassadendämmsystem*
13 – Außendeckenputzsystem – *Quick-mix - Kratzputz*
14 – Tragwerk Balkonplatte
15 – Wärmedämmelement mit Anschlussbewehrung – *Schöck - ISOKORB Typ D*
16 – 1.Lage Abdichtung – *Heraklith - Plastovill P GG, 4,0 mm*
17 – Anhydritestrich – *Knauf - Fließ-Estrich-Systeme - F 231, AE 20, 35 mm*
18 – Bodenbelag aus Naturwerkstein
19 – Geländer mit Füllungen – *Müssig - Balkongeländer BG 90 „BASIS" mit Drahtglas*
20 – Anker aus Tragseil

Massivdecken, Standard-Details

Wandkonsole mit quergespannter Balkonplatte - Wanddämmelement mit Anschlussbewehrung - Außenwand mit Wärmedämm-Verbundsystem - Kunststoff-Fenster mit Rollladenkasten aus Blähton

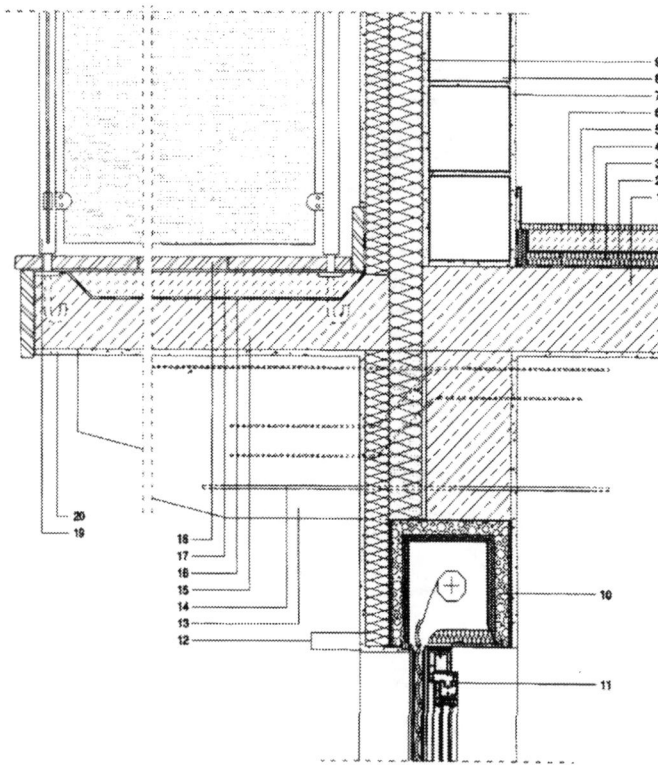

- Wandkonsole mit Wärmedämmelement mit Anschlussbewehrung mit quergespannter Balkonplatte
- tragende Außenwand mit Wärmedämmung und Wärmedämm-Verbundsystem
- Kunststoff-Einfachfenster mit Isolierverglasung, flächenversetzt, mit Anschlagdichtung
- Rollladenkasten aus Blähton mit unterer Montageöffnung

Produkthinweise	Firmen-CODE
Gebr. Allendörfer Betonwerk GmbH	ALLENDOE
Hamberger Industriewerke GmbH	HAMBERG
Deutsche Heraklith AG	HERAKLIT
JUMA Natursteinwerke	JUMA
Gebr. Kömmerling Kunststoffwerke GmbH	KOEMMERL
quick - mix Gruppe GmbH & Co. KG	QUICK_M
Schöck Bauteile GmbH	SCHOECK
VEKA AG	VEKA

1 - Tragwerk Deckenplatte
2 - Sperrschicht gegen Dampfdiffusion
3 - Trittschalldämmschicht – Heraklith - Heralan-TP, T-A1, 40/35 mm
4 - Trennschicht
5 - Zementestrich
6 - Parkett aus Parkettelementen – Hamberger Industriewerke - Haro Design Tafel, Dicke 13 mm
7 - Innenwandputzsystem – Quick-mix - Kratzputz
8 - Mauerwerk der tragenden Außenwand, 20 cm
9 - Wärmedämmschicht – Heraklith - Tektalan-SD, 100 mm
10 - Rollladenkasten aus Leichtbeton – Gebr. Allendörfer - BERO 30 er BLAU
11 - Fenster – VEKA - Softline AD, Kunststoff-Einfachfenster mit Isolierverglasung, flächenversetzt
12 - Wärmedämmputz – Heraklith - Tektalan-Fassadendämmsystem
13 - Tragwerk Wandkonsole
14 - Wärmedämmelement mit Anschlussbewehrung – Schöck - ISOKORB Typ W
15 - Außendeckenputzsystem – Quick-mix - Kratzputz
16 - Tragwerk Balkonplatte als Betonfertigteil
17 - 1.Lage Abdichtung – Heraklith - Plastovill P GG, 4,0 mm
18 - Kunstharzmodifizierter Zementestrich mit Zuschlag aus Kiessandgemisch
19 - Bodenbelag aus Naturwerkstein – JUMA - Marmor Rohplatten, 30x30 cm, Dicke 2 cm
20 - Geländer mit Füllungen – Kömmerling - Balkonsystem Kömabord plus

Auskragende Balkonplatte - Balkondämmelement mit Anschlussbewehrung - Außenwand mit abgehängte Ziegelfassade mit Ziegel-Fenstersturz - Fenstertür mit umlaufender Dichtung

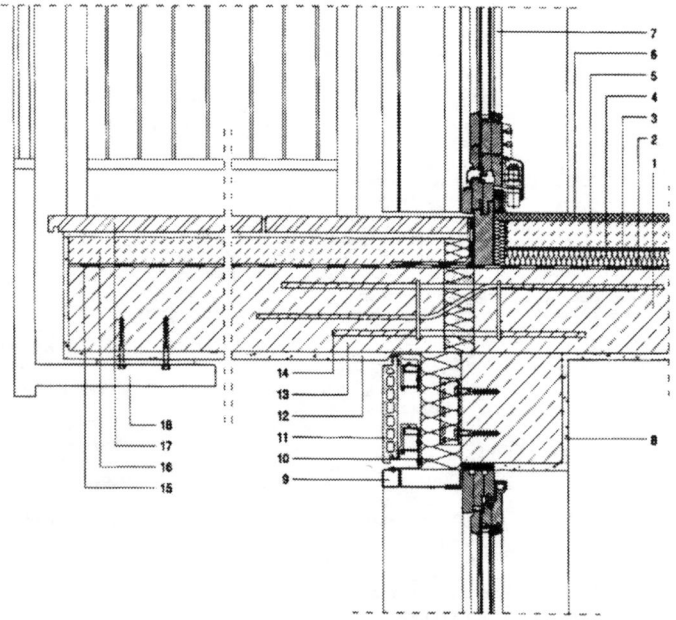

- auskragende Balkonplatte mit Balkondämmelement mit Anschlussbewehrung
- tragende Außenwand mit Wärmedämmung und abgehängte Fassadenbekleidung aus Ziegelplatten, kleinformatig mit Alu-Unterkonstruktion und Ziegel-Fenstersturz
- Parallelschiebe-Kipp-Fenstertür aus Holz mit umlaufender Dichtung, mit Isolierverglasung

Produkthinweise	Firmen-CODE
Gebrüder Bach Ges.m.b.H.	BACH
KARL EPPLE Trockenmörtel GmbH & Co. KG	EPPLE
Glaswolle Wiesbaden GmbH	GLAWOL
Mathias Hain GmbH	HAIN
Dachziegelwerk Möding GmbH & Co. KG	MOEDING
Wilhelm Müssig GmbH	MUESSIG
Joseph Raab GmbH & Cie. KG	RAAB
G. Stöckel GmbH	STOECKEL
C. Winterhelt GmbH & Co. Naturwerkstein	WINTERH

1 - Tragwerk Deckenplatte
2 - Sperrschicht gegen Dampfdiffusion
3 - Trittschalldämmschicht – Glaswolle Wiesbaden - WIEGLA-Estrichdämmplatten, T-A2, 40/35 mm
4 - Trennschicht
5 - Zementestrich – Raab - RB 5 - Beton/Estrich
6 - Parkett aus Mehrschichten-Parkettdielen – Hain - Holzparkett, Dicke 15 mm
7 - Fenstertür – Stöckel - PSK 966, Parallelschiebe-Kipptür mit Isolierverglasung
8 - Innenwandputzsystem – Epple - Kalk-Zement-Maschinenputz MK
9 - Fenstersturzbekleidung aus Alu – Möding - Original-ARGETON
10 - Wärmedämmung für Außenwandbekleidung – Glaswolle Wiesbaden - WIEGLA-Fassadendämmplatte FD 1/V, Dicke 80 mm
11 - Fassadenbekleidungen – Möding - Original-ARGETON-Ziegelfassade
12 - Außendeckenputzsystem – Epple - Kalk-Zement-Maschinenputz MK
13 - Tragwerk Balkonplatte
14 - Wärmedämmelement mit Anschlussbewehrung – Bach - RIPINOX Thermoelement Typ 1
15 - 1.Lage Abdichtung
16 - Zementestrich – Raab - RB 5 - Beton/Estrich
17 - Bodenbelag aus Naturwerkstein – Winterhelt - Muschelkalk-Kernstein Frickenhausen, 40x40 cm, Dicke 3 cm
18 - Stabgeländer – Müssig - Balkongeländer BG 90 „BASIS" - Stäbe senkrecht

Massivdecken, Standard-Details

**Auskragende Balkonplatte mit Brüstung - Balkondämmelement mit Anschlussbewehrung -
Außenwand mit Wärmedämm-Putzverbundsystem -
Kunststoff-Fenster mit Rollladenkasten aus Blähton**

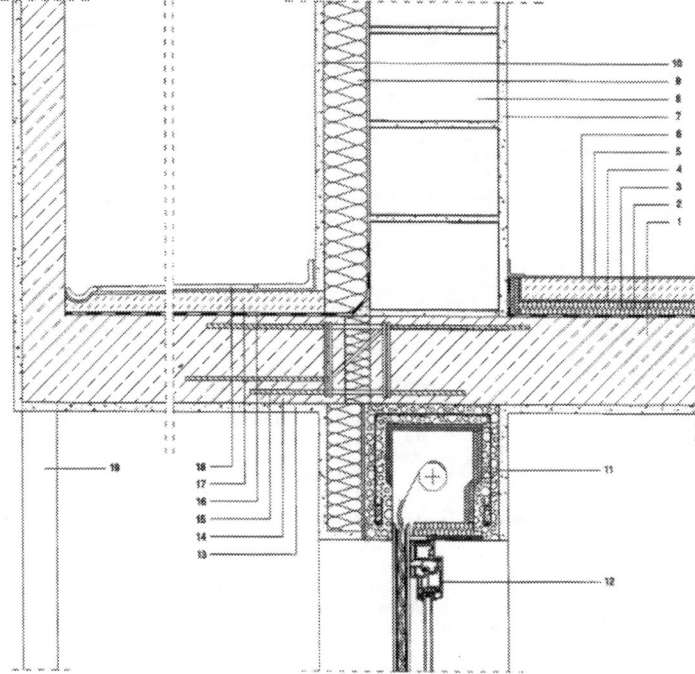

- auskragende Balkonplatte mit Brüstung mit Balkondämmelement mit Anschlussbewehrung
- tragende Außenwand mit Wärmedämm-Putzverbundsystem
- Kunststoff-Einfachfenster mit Isolierverglasung, flächenversetzt, mit Anschlagdichtung
- Rollladenkasten aus Blähton mit unterer Montageöffnung

Produkthinweise	Firmen-CODE
Gebrüder Bach Ges.m.b.H.	BACH
Gebr. Allendörfer Betonwerk GmbH	ALLENDOE
Deutsche Heraklith AG	HERAKLIT
Maiflor Natur-Decor	MAIFLOR
Josef Meindl GmbH - Mauerziegel	MEINDL_D
quick - mix Gruppe GmbH & Co. KG	QUICK_M
G. Stöckel GmbH	STOECKEL

1 – Tragwerk Deckenplatte
2 – Sperrschicht gegen Dampfdiffusion
3 – Trittschalldämmschicht – *Heraklith - Heralan-TP, T-A1, 40/35 mm*
4 – Trennschicht
5 – Zementestrich
6 – Textiler Bodenbelag – *Maiflor - Naturfaserteppichfliesen GOA*
7 – Innenwandputzsystem – *Quick-mix - Mineralischer Rustikalputz RKP*
8 – Mauerwerk der tragenden Außenwand – *Meindl - Marktheidenfelder HOCHLOCHZIEGEL, 30,0 cm*
9 – Wärmedämmschicht – *Heraklith - Tektalan-SD, 100 mm*
10 – Wärmedämmputz – *Quick-mix - Kalk-Zement-Maschinenputz MK 3*
11 – Rollladenkasten aus Leichtbeton – *Gebr. Allendörfer - BERO 30 er BLAU SP*
12 – Fenster – *Stöckel - System Twinstep, Kunststoff-Einfachfenster mit Isolierverglasung, flächenversetzt*
13 – Außendeckenputzsystem – *Quick-mix - Kratzputz*
14 – Tragwerk Balkonplatte
15 – Wärmedämmelement mit Anschlussbewehrung – *Bach - RIPINOX Thermoelement Typ 2*
16 – 1.Lage Abdichtung – *Heraklith - Villox G 200 S 4, 4,0 mm*
17 – Zementestrich
18 – Bodenbelag keramische Fliesen, 20x20 cm
19 – Kreisförmiges Regenfallrohr

Auskragende Balkonplatte - Balkondämmelement mit Anschlussbewehrung und Brandschutzplatte - Zweischalige Außenwand mit Kerndämmung (mit Luftschicht)

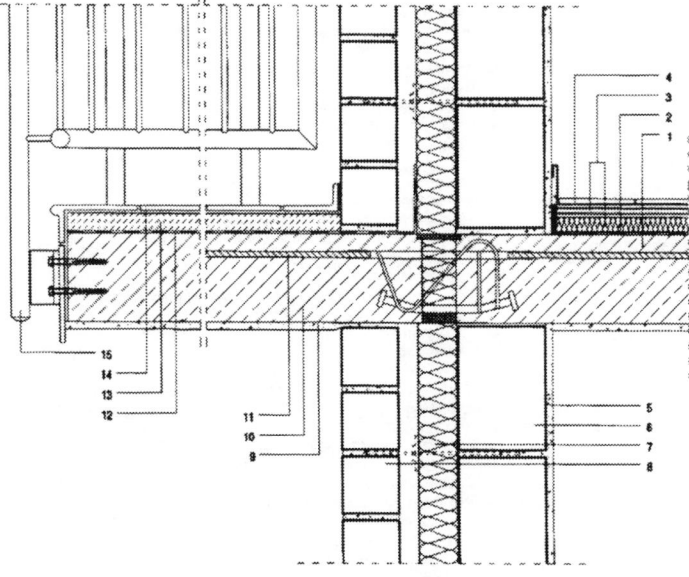

- auskragende Balkonplatte mit Balkondämmelement mit Anschlussbewehrung und PROMATECT-Brandschutzplatte (Feuerwiderstandsklasse F 90)
- tragende Außenwand mit Kerndämmung und Verblendschalenmauerwerk (mit Luftschicht)

Produkthinweise	Firmen-CODE
Boizenburg Gail Inax AG	BGI
KARL EPPLE Trockenmörtel GmbH & Co. KG	EPPLE
Heidelberger Dämmsysteme GmbH	HEIDELD
Gebr. Knauf Westdeutsche Gipswerke	KNAUF
Kalksandstein Bauberatung Dresden GmbH	KALKSAND
J. & OTTO KREBBER GmbH	KREBBER
MEA Meisinger	MEA_MEI

1 – Tragwerk Deckenplatte
2 – Sperrschicht gegen Dampfdiffusion
3 – Fertigteilestrich – *Knauf - Trockenunterboden F 142, 55 mm*
4 – Bodenbelag – *Boizenburg Gail Inax - glasierte Steinzeug-Bodenfliesen Collection Ouvertüre, 29,6 x29,6 cm*
5 – Innenwandputzsystem – *Epple - Kalk-Zement-Maschinenputze MK*
6 – Mauerwerk der tragenden Außenwand – *Kalksandstein - KS-Quadro-Bausystem 1/4, 17,5 cm*
7 – Wärmedämmschicht Kerndämmung – *Heidelberger Dämmsysteme - Kerndämmplatte, PS-15-B1, Dicke 80 mm*
8 – Verblendschalenmauerwerk mit Luftschicht – *Kalksandstein - KS-Verblender KS Vb*
9 – Außendeckenputzsystem – *Epple - Kalk-Zement-Maschinenputze MK*
10 – Tragwerk Balkonplatte
11 – Wärmedämmelement mit Anschlussbewehrung – *MEA Meisinger - Iso-Träger-System, Sonderelement Ausführung F 90*
12 – 1.Lage Abdichtung – *Krebber - KRELASTIC Schweißbahn, PV 200 S5, talkumiert, 5,0 mm*
13 – Anhydritestrich – *Knauf - Fließ-Estrich-Systeme - F 231, AE 20, 35 mm*
14 – Bodenbelag – *Boizenburg Gail Inax - Steinzeugplatten, unglasiert KERASYSTEM, Collection Natura, 24,0x11,5 cm*
15 – Stabgeländer

Massivdecken, Standard-Details

Auskragende tiefliegende Balkonplatte - Balkondämmelement mit Anschlussbewehrung - Außenwand mit abgehängter Ziegelfassade mit Ziegel-Fenstersturz - Holz-Fenster mit Rollladenkasten aus Blähton

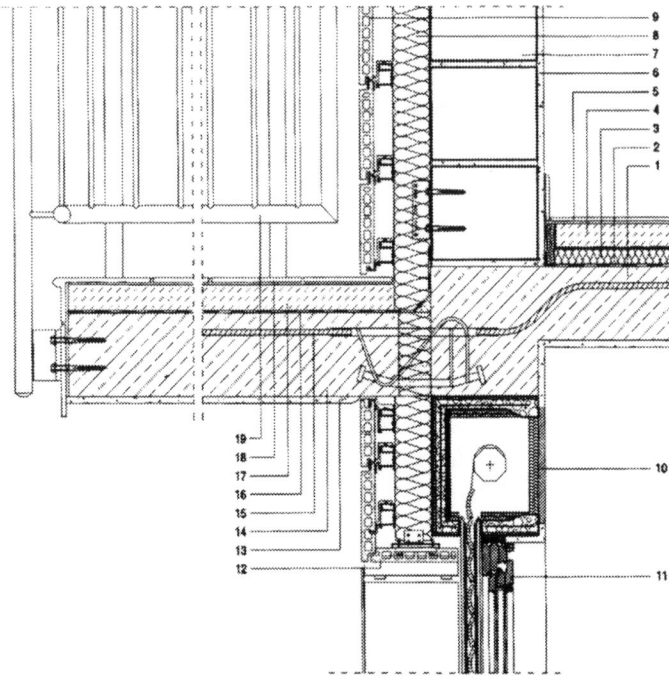

– auskragende, tiefliegende Balkonplatte mit Balkondämmelement mit Anschlussbewehrung (bei Höhenversatz zwischen Balkon- und Deckenplatte)
– tragende Außenwand mit Wärmedämmung und abgehängte Fassadenbekleidung aus Ziegelplatten, kleinformatig mit Alu-Unterkonstruktion und Ziegel-Fenstersturz
– Holz-Einfachfenster mit Isolierverglasung ohne Überschlagdichtung
– Rollladenkasten aus Blähton mit hinterer Montageöffnung

Produkthinweise	Firmen-CODE
Gebr. Allendörfer Betonwerk GmbH	ALLENDOE
Boizenburg Gail Inax AG	BGI
KARL EPPLE Trockenmörtel GmbH & Co. KG	EPPLE
IsoBouw Dämmtechnik GmbH	ISOBOUW
MEA Meisinger	MEA_MEI
Dachziegelwerk Möding GmbH & Co. KG	MOEDING
G. Stöckel GmbH	STOECKEL

1 – Tragwerk Deckenplatte
2 – Sperrschicht gegen Dampfdiffusion
3 – Trittschalldämmschicht – *Isobouw - Trittschall-Dämmplatten B-PST, TK-B1, 33/30 mm, mit Trennschicht*
4 – Zementestrich
5 – Bodenbelag – *Boizenburg Gail Inax - Collection Ambiente Bodenfliesen, 30x30 cm*
6 – Innenwandputzsystem – *Epple - Kalk-Zement-Maschinenputze MK*
7 – Mauerwerk der tragenden Außenwand, 24 cm
8 – Wärmedämmschicht Kerndämmung – *Isobouw - Kerndämmung W-PF, W-15-B1, 80 mm*
9 – Fassadenbekleidungen – *Möding - Original-ARGETON-Ziegelfassade*
10 – Rollladenkasten aus Leichtbeton – *Gebr. Allendörfer - BERO 24 er ROT Ziegel*
11 – Fenster – *Stöckel - IV 66 N, Holz-Einfachfenster mit Isolierverglasung*
12 – Fenstersturzbekleidung aus Ziegel – *Möding - Original-ARGETON-Fassadenplatten*
13 – Außendeckenputzsystem – *Epple - Kalk-Zement-Maschinenputz MK*
14 – Tragwerk Balkonplatte
15 – Wärmedämmelement mit Anschlussbewehrung – *MEA Meisinger - Iso-Träger-System, DE-Doppelelement*
16 – 1.Lage der Dachabdichtung
17 – Zementestrich
18 – Bodenbelag – *Boizenburg Gail Inax - Collection Merkur SF Bodenfliesen, 20x20 cm*
19 – Stabgeländer

Balkonplatte mit freier Lagerung - Balkondämmelement mit Anschlussbewehrung - Außenwand mit Wärmedämm-Verbundsystem - Kunststoff-Fenster mit Rollladenkasten aus Blähton

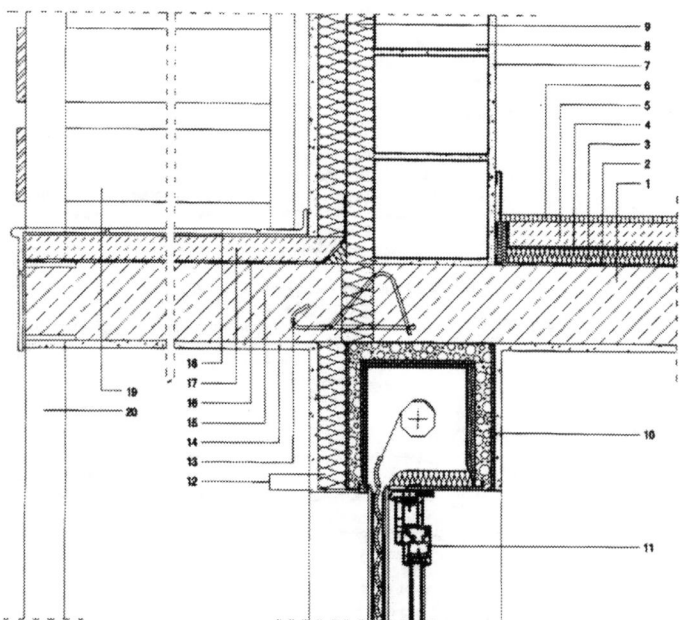

– Balkonplatte mit freier Lagerung, mit Wärmedämmelement als Querkraftträger
– tragende Außenwand mit Wärmedämmung und Wärmedämm-Verbundsystem
– Kunststoff-Einfachfenster mit Isolierverglasung, flächenversetzt, mit Mitteldichtung
– Rollladenkasten aus Blähton mit unterer Montageöffnung

Produkthinweise	Firmen-CODE
Gebr. Allendörfer Betonwerk GmbH	ALLENDOE
Hamberger Industriewerke GmbH	HAMBERG
Deutsche Heraklith AG	HERAKLIT
MEA Meisinger	MEA_MAI
Josef Meindl GmbH - Mauerziegel	MEINDL_D
quick - mix Gruppe GmbH & Co. KG	QUICK_M
VEKA AG	VEKA
Villeroy & Boch AG	VILLEROY

1 – Tragwerk Deckenplatte
2 – Sperrschicht gegen Dampfdiffusion
3 – Trittschalldämmschicht – *Heraklith - Heralan-TP, T-A1, 40/35 mm*
4 – Trennschicht
5 – Zementestrich
6 – Parkett aus Parkettelementen – *Hamberger Industriewerke - Haro Design Tafel, Dicke 13 mm*
7 – Innenwandputzsystem – *Quick-mix - Kratzputz*
8 – Mauerwerk der tragenden Außenwand – *Meindl - Thermopor SFz N+F, 24,0 cm*
9 – Wärmedämmschicht – *Heraklith - Tektalan-SD, 60 mm*
10 – Rollladenkasten aus Leichtbeton – *Gebr. Allendörfer - BERO 30 er BLAU*
11 – Fenster – *VEKA - Softline MD, Kunststoff-Einfachfenster mit Isolierverglasung, flächenversetzt*
12 – Wärmedämmputz – *Heraklith - Tektalan-Fassadendämmsystem*
13 – Außendeckenputzsystem – *Quick-mix - Kratzputz*
14 – Wärmedämmelement mit Anschlussbewehrung – *MEA Meisinger - QT - Querkraftträger*
15 – Tragwerk Balkonplatte
16 – 1.Lage Abdichtung – *Heraklith - Plastovill P GG, 4,0 mm*
17 – Kunstharzmodifizierter Zementestrich mit Zuschlag aus Kiessandgemisch
18 – Bodenbelag – *Villeroy & Boch - MAXI-FLOOR, glasierte keramische Fliesen, 20x20 cm*
19 – Pfosten, Geländer mit Handlauf für Balkon
20 – Stahlkonstruktion als Stütze

Bogen und Gewölbe

Bogenformen, historische Beispiele

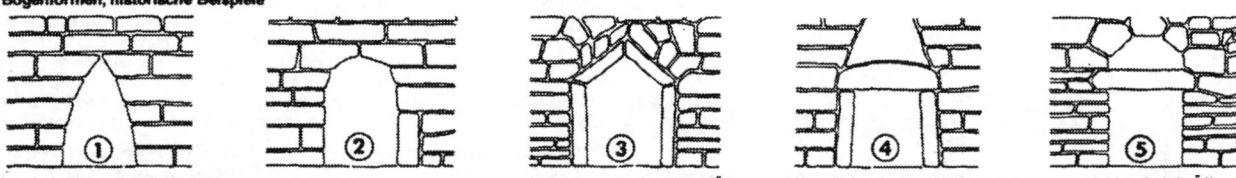

Öffnung durch auskragende Steinschichten überdeckt → 1; desgl. mit ausgearbeiteten Steinen → 2; Öffnung wie 1, mit Gewänden und Sturzplatten ausgekleidet → 3,4; Öffnung durch echtes Bogengewölbe (Kennzeichen: Widerlagsteine, Fugen der Wölbsteine laufen gemeinsamen Mittelpunkt zu) überdeckt, mit eingeschobener Sturzplatte → 5.

Bogenkonstruktionen

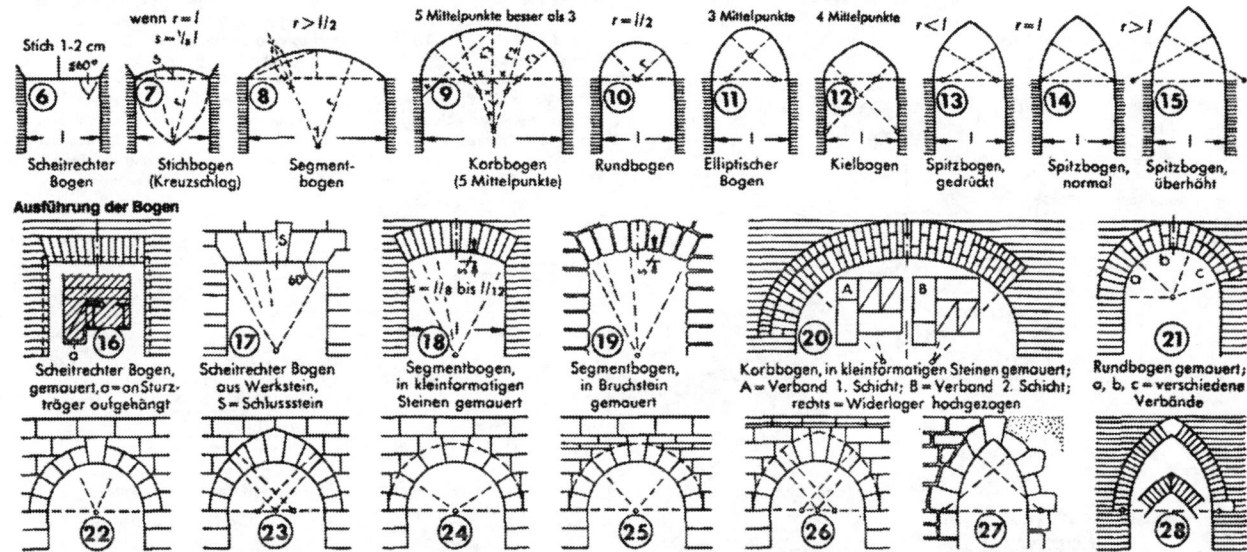

Scheitrechter Bogen (6) | Stichbogen (Kreuzschlag) (7) | Segmentbogen (8) | Korbbogen (5 Mittelpunkte) (9) | Rundbogen (10) | Elliptischer Bogen (11) | Kielbogen (12) | Spitzbogen, gedrückt (13) | Spitzbogen, normal (14) | Spitzbogen, überhöht (15)

Ausführung der Bogen

16 Scheitrechter Bogen, gemauert, a = an Sturzträger aufgehängt; 17 Scheitrechter Bogen aus Werkstein, S = Schlussstein; 18 Segmentbogen, in kleinformatigen Steinen gemauert; 19 Segmentbogen, in Bruchstein gemauert; 20 Korbbogen, in kleinformatigen Steinen gemauert; A = Verband 1. Schicht; B = Verband 2. Schicht; rechts = Widerlager hochgezogen; 21 Rundbogen gemauert; a, b, c = verschiedene Verbände

22 bis 26 Rundbogen in verschiedenen Ausführungen in Werkstein: Bogenverband getrennt von Wandverband → 22, 23; Bogen und Wand im gemeinsamen Verband → 24 bis 26; gleiche Schichtenhöhe bedingt große Wölbsteine → 24, gleichgroße Wölbsteine bedingen verschieden hohe Schichten → 25, Abtreppung auf überhöhter Kurve ermöglicht gleichmäßige Wölbsteine und Schichtenhöhen → 26; 27 Spitzbogen in Werkstein, links unverputzt, rechts verputzt; 28 Spitzbogen gemauert, oben mit Schlussstein aus Werkstein.

Gewölbeformen

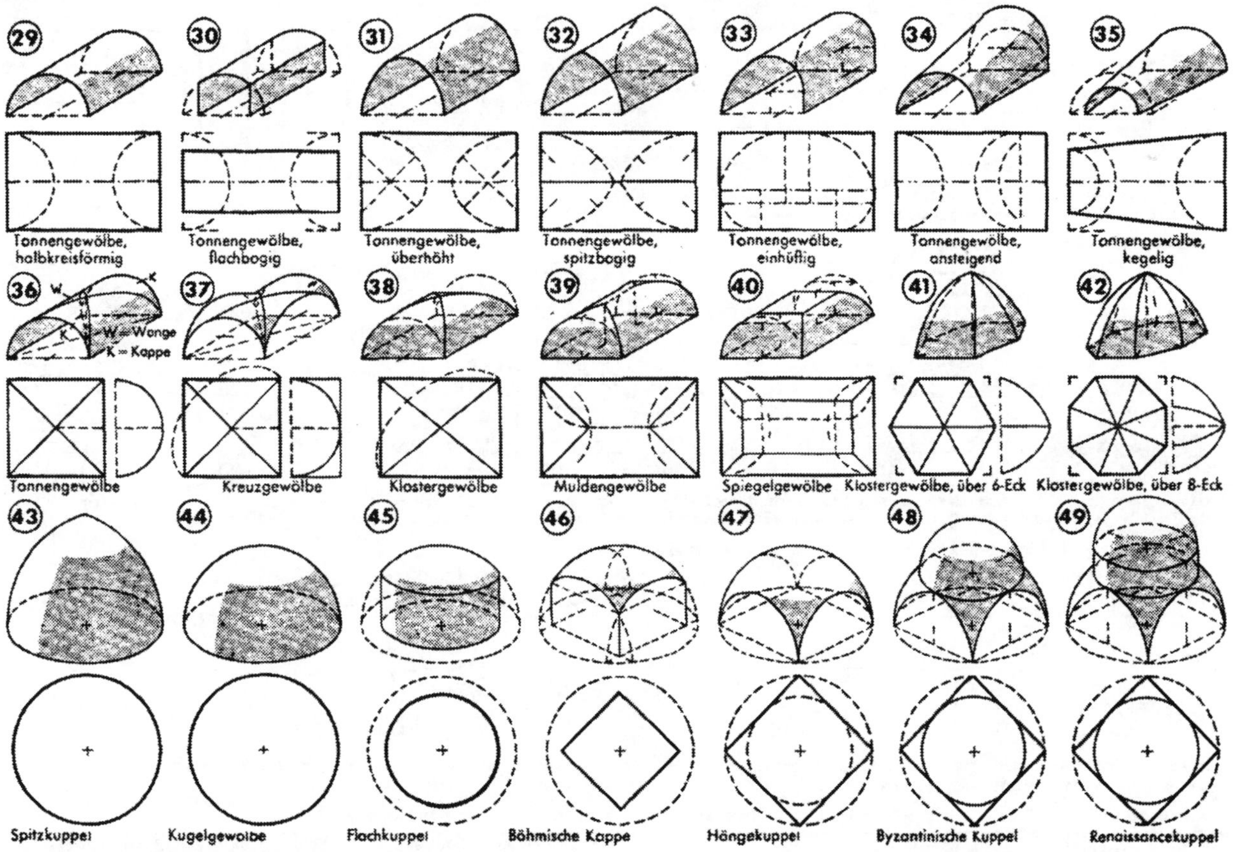

29 Tonnengewölbe, halbkreisförmig | 30 Tonnengewölbe, flachbogig | 31 Tonnengewölbe, überhöht | 32 Tonnengewölbe, spitzbogig | 33 Tonnengewölbe, einhüflig | 34 Tonnengewölbe, ansteigend | 35 Tonnengewölbe, kegelig

36 Tonnengewölbe (W = Wange, K = Kappe) | 37 Kreuzgewölbe | 38 Klostergewölbe | 39 Muldengewölbe | 40 Spiegelgewölbe | 41 Klostergewölbe, über 6-Eck | 42 Klostergewölbe, über 8-Eck

43 Spitzkuppel | 44 Kugelgewölbe | 45 Flachkuppel | 46 Böhmische Kappe | 47 Hängekuppel | 48 Byzantinische Kuppel | 49 Renaissancekuppel

Stern- und Netzgewölbe über quadratischem Grundriss

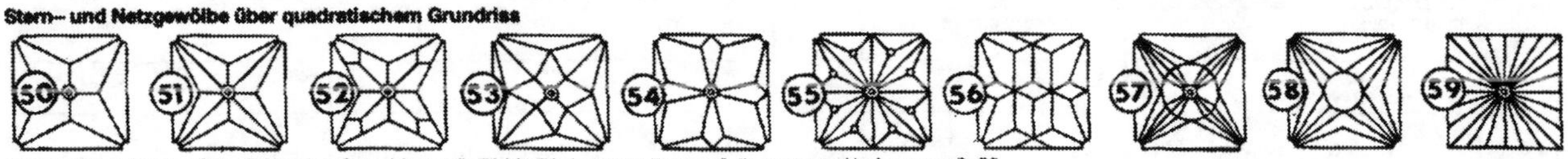

50 | 51 | 52 | 53 | 54 | 55 | 56 | 57 | 58 | 59

Hauptlastverteilung auf die Ecken des Grundrisses → 50 bis 58, Lastverteilung auf die gesamte Umfassung → 59.

Bogen und Gewölbe

Gewölbe und gewölbte Kappen, Berechnung und Ausführung

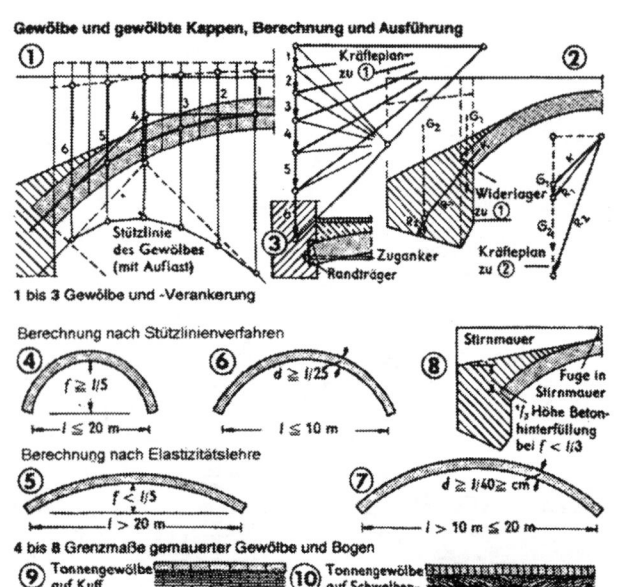

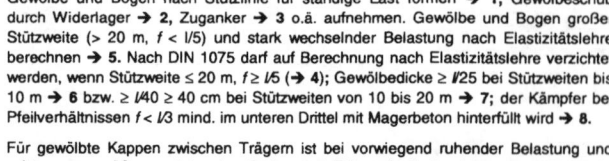

1 bis 3 Gewölbe und -Verankerung

Berechnung nach Stützlinienverfahren

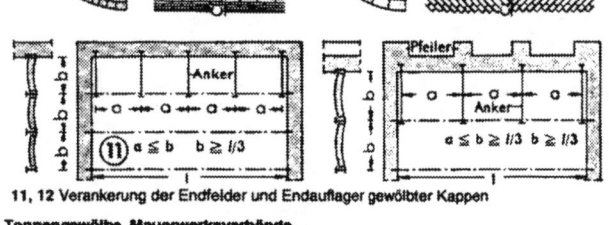

Berechnung nach Elastizitätslehre

4 bis 8 Grenzmaße gemauerter Gewölbe und Bogen

Gewölbe und Bogen nach Stützlinie für ständige Last formen → 1, Gewölbeschub durch Widerlager → 2, Zuganker → 3 o.ä. aufnehmen. Gewölbe und Bogen großer Stützweite (> 20 m, f < l/5) und stark wechselnder Belastung nach Elastizitätslehre berechnen → 5. Nach DIN 1075 darf auf Berechnung nach Elastizitätslehre verzichtet werden, wenn Stützweite ≤ 20 m, f ≥ l/5 (→ 4); Gewölbedicke ≥ l/25 bei Stützweiten bis 10 m → 6 bzw. ≥ l/40 ≥ 40 cm bei Stützweiten von 10 bis 20 m → 7; der Kämpfer bei Pfeilverhältnissen f < l/3 mind. im unteren Drittel mit Magerbeton hinterfüllt wird → 8.

Für gewölbte Kappen zwischen Trägern ist bei vorwiegend ruhender Belastung und erfahrungsgemäß ausreichenden Dicken bei Trägerabständen bis etwa 2,50 m ein statischer Nachweis nicht erforderlich. Mindestdicke 11,5 cm, Stichhöhe mind. 1/10 Gewölbestützweite → 9; im Verband mauern → 9, 10. Steinfenstigkeit ≥ 150 kg/cm². Endfelder benachbarter Kappengewölbe durch Zuganker verbinden. Die Breite des verankerten Endfeldes muss mind. 1/3 seiner Länge sein → 11, 11a, 12, 12a. Für ausreichende Aufnahme des Horizontalschubs der Mittelfelder durch entsprechend dicke Wände → 11, 12, äußere Pfeilervorlagen → 11a oder innere Querwände → 12a sorgen. Querwände nach 12a dürfen für Kappen bis 1,30 m Stützweite angeordnet werden, sie müssen mind. 2 m lang, 24 cm dick, höchstens 6 m voneinander entfernt und im Verband mit den Auflagerwänden hergestellt sein.
Scheitrechte Kappen dürfen als unbewehrte Decken aus Steinen mit einer Druckfestigkeit ≥ 150 kg/cm² mit mind. 11,5 cm Dicke bis zu einer Stützweite von 1,30 m und einer Gesamtlast (g + p) von 550 kg/m² hergestellt werden. Verankerung der Endfelder → 11, 11a, 12, 12a. Den Schalungen der Kappen ist ein kleiner Stich zu geben.

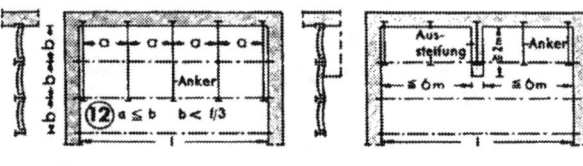

Tonnengewölbe (Nutzlast 200 kg/m²)			
Gewölbeschalendicke d			
l	d		Verstärkungen
	s ≥ l/2	s < l/2	
≤ 3 m	115	115	Unterer Teil der Gewölbeschenkel 240 mm; bei l > 4 m durch Gurte 240 bis 365 x 240 bis 365 mm in ca. 2 m Abstand verstärkt
< 6,3 m	115	240	
≥ 6,3 m	240	365	
Widerlagerdicke w			
w bei h ≤ 3 m (→ 15)	s ≥ l/2	s < l/2	Werte beziehen sich auf
	$\frac{l}{6}$ bis $\frac{l}{5}$	$\frac{l}{5}$ bis $\frac{l}{3}$	Widerlagerdicken ohne Auflast und Gegendruck,
w_1 bei h > 3 m	$w_1 = w + \left(\frac{h}{8} \text{ bis } \frac{h}{6}\right)$		sonst w und w_1 kleiner
Fundamentdicke f			
f = 1,2 bis 1,3 w, Baugrundverhältnisse beachten!			

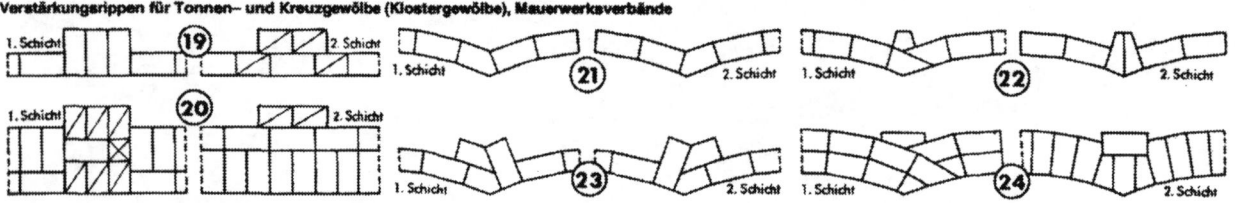

11, 12 Verankerung der Endfelder und Endauflager gewölbter Kappen

Tonnengewölbe, Mauerwerksverbände

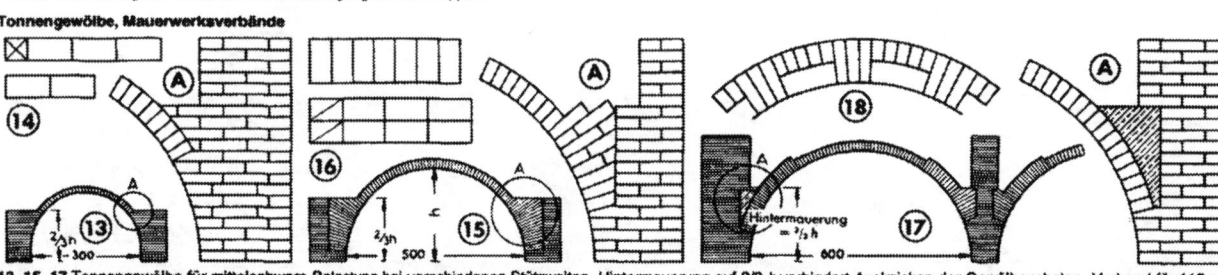

13, 15, 17 Tonnengewölbe für mittelschwere Belastung bei verschiedenen Stützweiten. Hintermauerung auf 2/3 h verhindert Ausknicken der Gewölbeschalen. Verband für 115 mm dicke Schale → 14, für 240 mm dicke Schale → 16. Verstärkung der Gewölbe durch Rippen → 19, 20 oder Kassettenbildung → 18.

Verstärkungsrippen für Tonnen- und Kreuzgewölbe (Klostergewölbe), Mauerwerksverbände

Verstärkungsgurte für Tonnengewölbe (die Gurte können an der Leibung oder am Rücken der Gewölbeschale vorspringen) → 19, 20; Verband am Grat der Kreuz- und Klostergewölbe → 21, desgl. mit Gratverstärkung → 22 bis 24.

Gewölbe und Widerlagerdicken gemauerter Vollziegelgewölbe (Richtwerte) m. A. = mit Auflast, o.A = ohne Auflast, Dicken in mm

	Kreuzgewölbe							Kuppelgewölbe (Halbkugel)				Hängekuppel, Böhmische Kappe				
	in den Gewölbeschalen		in den Graten		Widerlagerd. (o.A.)				Gewölbeschale		Widerlager			Gewölbeschale		Widerlager	
l	am Kämpfer	am Scheitel	am Kämpfer	am Scheitel	s > l/2	s = l/2	s < l/2	l	Scheitel	Kämpfer	m.A.	o.A.	l	Scheitel	Kämpfer	m.A.	o.A.
≤ 3 m	115	115	115	115	l/7 bis l/5	l/5 bis l/4	l/4 bis l/3	≤ 4 m	115	115	l/7	l/6	≤ 3 m	115	115	l/5 bis l/4	l/4 bis l/3
≤ 6 m	115	115	240	240				≤ 6 m	240	240			≤ 5 m	115	240		
≤ 9 m	240	115	365	240				≤ 8 m	240	365			≤ 6 m	240	365		
≤ 12 m	365	240	490	365				≤ 10 m	240	490			l	l/30	l/15		

Decken mit Stahltragwerk und Füllkörpern

Decken aus Leichtstahlträgern mit tragenden Betonplatten

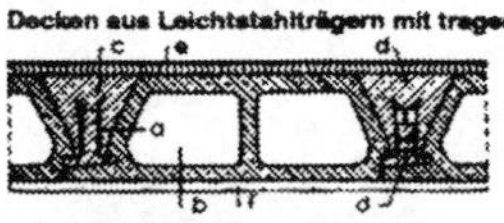

1 Betondeckensteine zwischen Stahl-Leichtträgern (*Kaiser-TVG-Decke,* Verbundkonstruktion). a = Stahlblech-Leichtträger (Abstand 62,5 cm); b = Deckenhohlstein aus Leichtbeton; c = Füllbeton; d = Zulage-Bewehrung; e = Fußbodenbelag; f = Deckenputz.

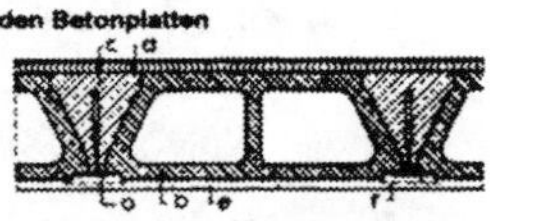

2 Betondeckensteine zwischen Stahl-Leichtträgern (*Mainzer-Union-Decke,* Verbundkonstruktion). a = Stahl-Leichtträger aus ⊥-Stahl und Rundstahl (Abstand 62,5 cm); b = Deckenhohlstein aus Leichtbeton; c = Füllbeton; d = Fußbodenbelag; c = Deckenputz, f = Streckmetallstreifen.

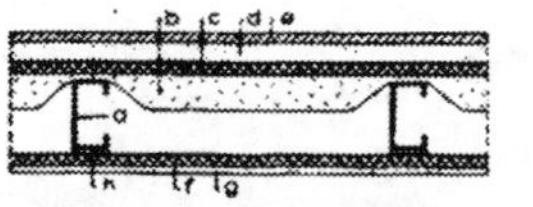

3 Leichtstahldecke mit Überbeton (Decke der Fa. *Wohnheim-Bau GmbH,* Schwäb.-Gmünd). a = Stahlblechträger (Abstand 62,5 cm); b = Glaswollmatte; c = Heraklithplatte 25 mm; d = Überbeton 4 cm; e = Fußbodenbelag; f = Heraklithplatte 25 mm; g = Deckenputz 20 mm; h = Filzstreifen 6 mm.

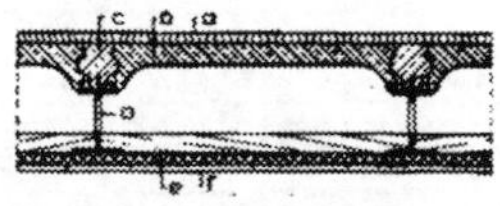

4 Betonplatten auf Leichtstahlträger (*Messerschmitt-Decke).* a = Fachwerk-Deckenträger aus ⊥-Stahlgurt und Rundstahldiagonalen (Abstand 60 cm); b = bewehrte Leichtbetonplatten; c = Füllbeton; d = Fußbodenbelag; e = Leichtbauplatten 25 mm, an Latten; f = Deckenputz 20 mm.

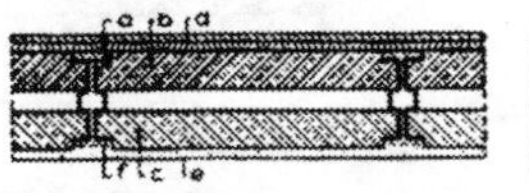

5 Betoneinschubplatten zwischen Leichtstahlträgern (*Moll-Decke).* a = Stahlblech-Deckenträger, doppelt genutet (Abstand 1,10 m); b = Leichtbetondielen,bewehrt; c = Leichtbetondiele, unbewehrt; d = Steinholz-Fußbodenbelag, zweilagig; e = Deckenputz 15 mm; f = Streckmetall

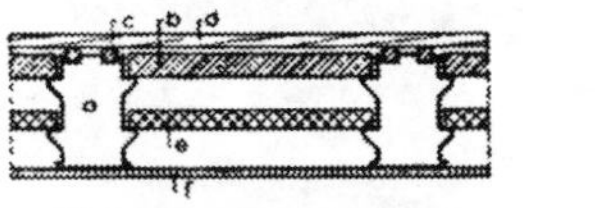

6 Betonplatte auf Leichtstahl-Kastenträger (Fa. *Kastenträger-Gesellschaft,* Berlin-Tempelhof). a = Kastenträger aus Stahlblech; b = bewehrte Betondiele; c = Lagerhölzer; d = Fußbodenbelag; e = Leichtbauplatte als Einschub; f = Deckenputz auf Rabitzgewebe 25 mm.

Decken aus Stahlträgern mit Tonhohlkörpern (Hourdis)

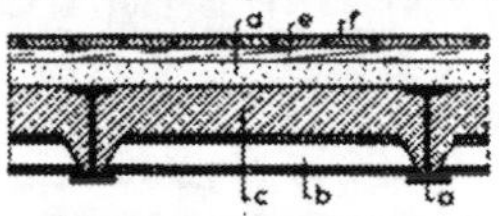

7 Hourdisdecke zwischen I-Trägern, einfache Ausführung für Kellerdecken (Rostgefahr für Träger-Unterflansch), mäßige Wärme- und Schalldämmung. a = I-Stahlträger; b = Hourdis; c = Füllbeton (Magerbeton); d = Auffüllung (z.B. geglühter Sand, Hochofenschlacke); e = Latten 60/30 mm; f = Langriemen-Fußboden 24 mm.

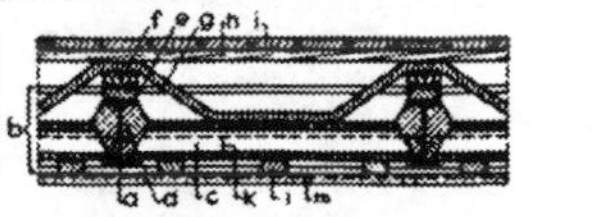

8 Hourdisdecke zwischen I-Trägern (Hochbau Bel Air Metropole, Lausanne, 1931), gute Wärme- und Schalldämmung. a = Träger I 14 (Abstand 62 cm); b = I-NP-Unterzug; c = Hourdis; d = Füllbeton; e = Latte 65/65; f = Korkplatte 3 cm; g = Dämmmatte; h = Blindboden 24 mm; k = Latte 30/50 zwischen Hourdis-Längsfugen; i = Parkett 24 mm; l = Latte 48/24; m = Schilfrohr mit Gipsputz 25 mm

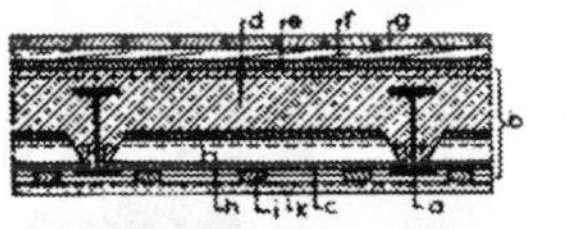

9 Hourdisdecke zwischen I-Trägern, bessere Ausführung für Geschoßdecken, ebene Deckenuntersicht, gute Wärme- und Schalldämmung. a = I-Träger; b = I-NP-Unterzug; c = Hourdis; d = Füllbeton (Ma-gerbeton); e = Dämmmatte; f = Blindboden 24 mm; g = Parkett 24 mm; h = Latte 30/50 zwischen Hourdis-Längsfugen; i = Latte 48/24; k = Schilfrohr mit Gipsputz 25 mm.

Scheitrechte Kappen und Gewölbe zwischen Stahlträgern

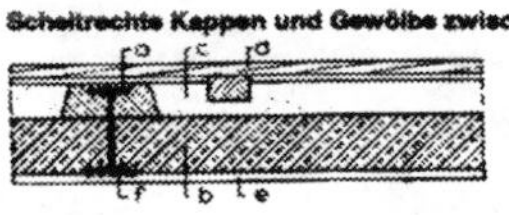

10 Scheitrechte Leichtbetonkappe zwischen I-Trägern.

a = I-Träger (Abstand 0,85 bis 1,25 m); b = Bimsbetonkappen, unbewehrt, 12 bis 20 cm; c = Auffüllung (Schlacke, geglühter Sand usw.); d = Fußboden auf Lagerhölzern; e = Deckenputz 15 mm; f = Drahtgewebestreifen

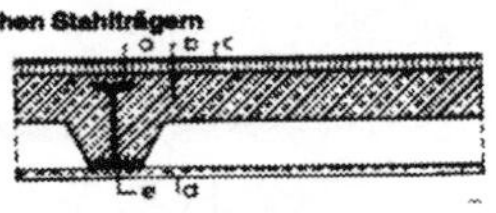

2 cm Stich geben!

11 Scheitrechte Schwerbetonkappe zwischen I-Trägern.

a = I-Träger (Abstand 1,10 bis 1,50 m); b = Kies-(Stampf-)betonkappe, 10 bis 15 cm; c = Fußbodenbelag; d =Deckenputz auf Streckmetall 25 mm; e = Drahtgewebestreifen.

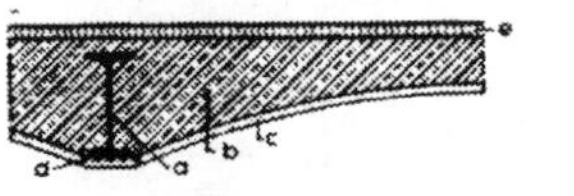

Gewölbestich ≥ 1/10 Stützweite!

12 Gewölbte Betonkappe zwischen I-Trägern.

a = I-Träger (Abstand bis 3 m); b = Betonkappe aus Leichtbeton oder Schwerbeton (Scheiteldicke 10 bis 15 cm); c = Deckenputz 15 mm; d = Drahtgewebestreifen; e = Fußbodenbelag

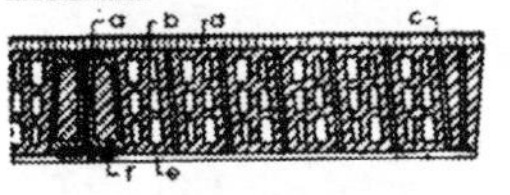

13 Scheitrechte Langloch-Deckenziegelkappe zwischen I-Trägern (als Beispiel aus einer großen Anzahl von Deckenziegelarten sind hier die Secura-Deckenziegel gezeigt). a = I-Träger; b = Langloch-Deckenziegel; c = Widerlagerziegel; d = Fußbodenbelag; e = Deckenputz 15 mm; f = Drahtgewebestreifen

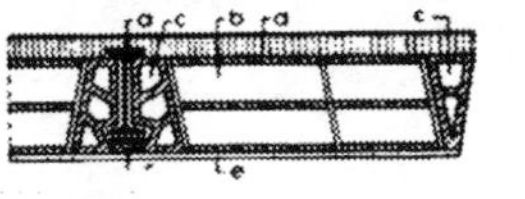

2 cm Stich geben!

14 Scheitrechte Hochloch-Deckenziegelkappe zwischen I-Trägern (amerikanisches Beispiel mit Widerlager-Lochziegeln und schrägem Steinschnitt). a = I-Träger; b = Hochloch-Deckenziegel; c = Widerlager-Lochziegel; d = Fußbodenbelag auf Überbeton; e = Deckenputz 15 mm; f = Trägerbekleidung aus Ziegeln

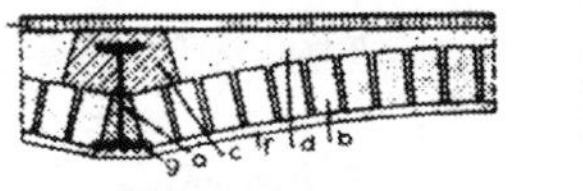

15 Gewölbte gemauerte Kappe zwischen I-Trägern. a = I-Träger (Abstand je nach Steinart und Gewölbedicke bis 3 m); b = gemauerte Kappe (10 bis 25 cm dick); c = Beton; d = Auffüllung; e = Fußbodenbelag; f = Deckenputz 15 mm; g = Drahtgewebestreifen

Ziegel für Decken, statisch nicht mitwirkend, nach DIN 4160

Diese Norm gilt für Ziegel, die als statisch nicht mitwirkende Bauteile verwendet werden:

a) als Deckenziegel für Stahlbetonrippendecken mit Ortbetonrippen (Form A)
b) als Zwischenbauteile für Stahlbetonrippendecken mit ganz oder teilweise vorgefertigten Rippen (Form B)
c) als Deckenziegel für Balkendecken mit Ortbetonrippen (Form C)
d) als Zwischenbauteile für Balkendecken mit ganz oder teilweise vorgefertigten Rippen (Form D)

Deckenziegel für Stahlbetonrippendecken mit Ortbetonrippen (Form A)

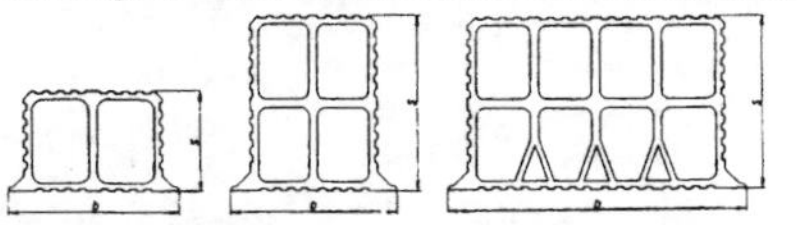

Ziegel als Zwischenbauteile für Stahlbetonrippendecken mit ganz oder teilweise vorgefertigten Rippen (Form B)

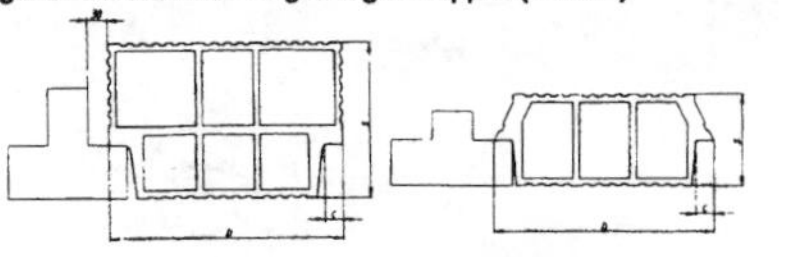

Deckenziegel für Balkendecken mit Ortbetonrippen (Form C)

Ziegel als Zwischenbauteile für Balkendecken mit ganz oder teilweise vorgefertigten Rippen (Form D)

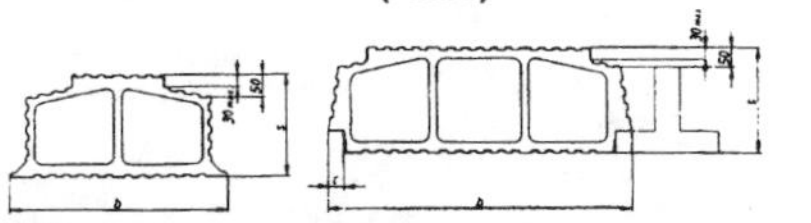

Maße
Breite: 333–500–625–750 mm; **Länge** 250–333 mm,
Dicke: ab 115 mm in Stufungen von 25 mm

Bewehrte Dach- und Deckenplatten aus dampfgehärtetem Gas- und Schaumbeton nach DIN 4223

Anwendungsbereich

Bewehrte Platten aus dampfgehärtetem Gas- und Schaumbeton dürfen nur bei vorwiegend ruhender Belastung im Sinne von DIN 1055 Blatt 3 und bei Verkehrslasten bis 350 kg/m² zuzüglich etwaiger Ersatzlasten für leichte Trennwände nach DIN 1055 Blatt 3, unter Fluren zu Hörsälen und Klassenzimmern auch für Verkehrslasten von 500 kg/m² verwendet werden. Für Decken unter Wohnräume ist mit einer Verkehrslast von 200 kg/m² nach DIN 1055 Blatt 3 zu rechnen. Sollen die Platten über Räumen verwendet werden, in denen in größerem Umfang mit Wasserdampf zu rechnen ist, so ist dafür zu sorgen, dass der Zutritt des Wasserdampfes in die Platten durch eine Sperrschicht verhindert und die in den Platten vorhandene Feuchtigkeit schnell und sicher abgeführt wird.

Tabelle 1. Güteklassen, Eigenschaften und Rechnungsgewicht des Gas- und Schaumbetons

1	2	3	4	5	6
Güteklasse	Verwendung für	Druckfestigkeit mind. kg/cm²	Betonrohwichte höchstens kg/dm³	Nachschwinden höchstens mm/m	Rechnungsgewicht (einschl. Bewehrung) kg/dm³
GSB 35	Dachplatten	35	0,60		0,72
GSB 50	Dach- und Deckenplatten	50	0,70	0,5	0,84

Abmessung der Platten

Die Platten müssen rechtwinklig und vollkantig sein und ebene und parallele Flächen haben. Die Plattendicke muss mindestens betragen:

Bei Dachplatten: allgemein:	d ≥ 7 cm
bei Stützweiten bis einschl. 2,0 m:	d ≥ 6 cm
bei Stützweiten bis einschl. 1,5 m:	d ≥ 5 cm
Bei Deckplatten: allgemein:	d ≥ 12 cm
bei Stützweiten bis einschl. 2,0 m:	d ≥ 10 cm
bei Stützweiten bis einschl. 1,5 m:	d ≥ 7 cm

PARTEK BRESPA Spannbeton - Fertigteildecke

Technische Angaben :

– PARTEK BRESPA - Decken sind werkmäßig gefertigte, vorgespannte Hohlplatten, die nach der Montage durch Fugenverguss miteinander verbunden werden

– Plattentyp	A 120	A 150	A 180	A 200
Plattendicke [mm]	120	150	180	200
Betondeckung > 15 mm	F 30	F 30	F 30	F 30
Betondeckung > 40 mm	F 90	F 90	F 90	F 90
zul. Verkehrslast p [kN/m²] (vorwiegend ruhend) bei B 55	2,75	10,00	10,00	10,00
Transportgewicht go [kN/m²]	2,07	2,44	2,74	2,83
zul. Einzellasten [kN]	4,10	11,00	17,00	21,00
max. Stützweite [m]	7,20	8,10	9,00	10,00

– Plattentyp	MV 5/265	MV 4/320	MV 4/400
Plattendicke [mm]	265	320	400
Betondeckung > 25 mm	F 30	F 30	F 30
Betondeckung > 40 mm	F 90	F 90	F 90
zul. Verkehrslast p [kN/m²] (vorwiegend ruhend)	10,00	10,00	10,00
Transportgewicht [kN/m²]	3,45	3,80	4,55
max. Stützweite [m]	14,90	16,00	16,00

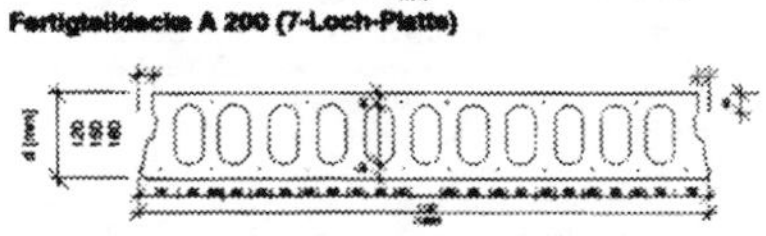

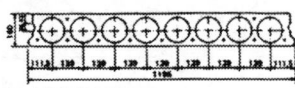

Fertigteildecke A 200 (7-Loch-Platte)

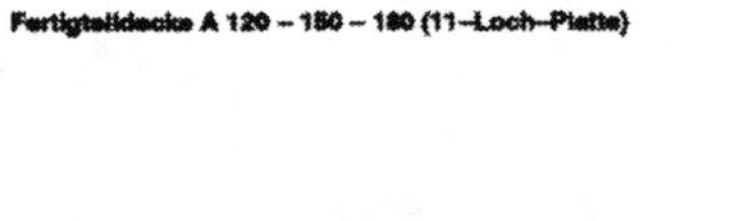

Fertigteildecke A 120 – 150 – 180 (11–Loch–Platte)

Variax–Spannbeton–Hohldecke

Deckensystem aus 1,2 m breiten Hohlplatten, die mittels Fugenverguss und Ringankerausbildung zu einer Deckenscheibe verbunden werden. Die vorgespannten Elemente mit der Betongüte B 55 sind in Plattenlängsrichtung mit Spannstahl–Litzen der Güte 1570/1770 bewehrt.
Durch die Vorspannung ergeben sich geringe Plattendicken bei hohen Auflasten und Spannweiten bis 16 m.

Technische Angaben

– Plattentyp	V8/160	V6/200	V5/265	V4/320	V4/400
Dicke (cm):	16	20	26,5	32,5	40
Eigengewicht (kN/m²)	2,25	2,60	3,80	4,20	4,80
Verkehrslast (kN/m²)	zulässige Stützweite (m)				
1,50	9,10	11,65	14,80	16,40	17,30
2,50	8,10	10,45	13,55	15,05	16,10
3,50	7,35	9,50	12,45	13,95	15,10
5,00	6,55	8,45	11,20	12,60	13,90
8,00	4,80	6,45	9,55	10,80	12,15

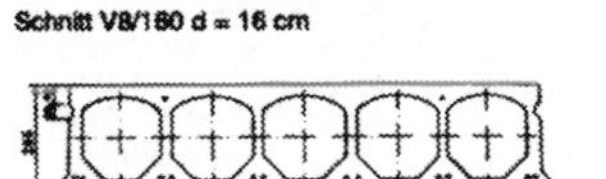

Schnitt V8/160 d = 16 cm

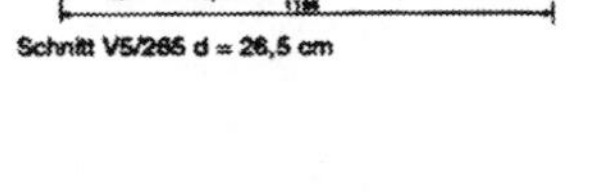

Schnitt V5/265 d = 26,5 cm

Betongläser nach DIN 4243

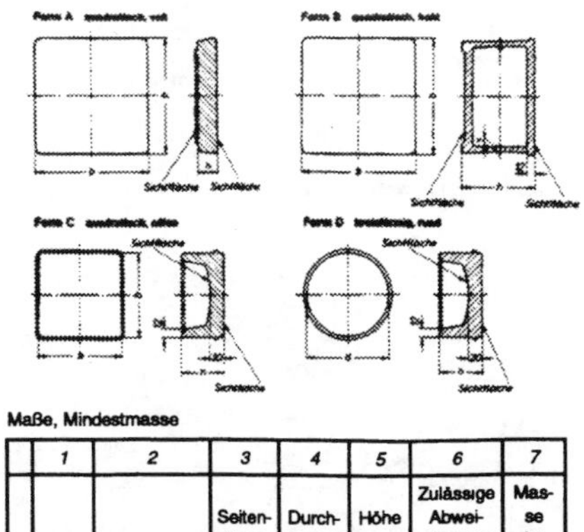

Maße, Mindestmasse

1	2	3	4	5	6	7
Form	Format	Seitenlänge b	Durchmesser d	Höhe h	Zulässige Abweichungen für b, d und h	Masse kg min.
1 A	A 160 x 30	160	–	30	± 1	1,6
2	A 200 x 22	200	–	22	± 1	1,8
3 B	B 220 x 100	220	–	100	± 2	4,4
4 C	C 117 x 60	117	–	60	± 1	1,2
5 D	D 117 x 60	–	117	60	± 1	0,9

Deckenkonstruktionen

Holzbalkendecken

Holzbalkendecken (nach Lit. 42)

Bemessung Holzbalkendecken (nach Lit. 58)

Deckengebälk/Bezeichnungen

Balkenauflager, Massivbau

Balkenstöße, Verbindungen

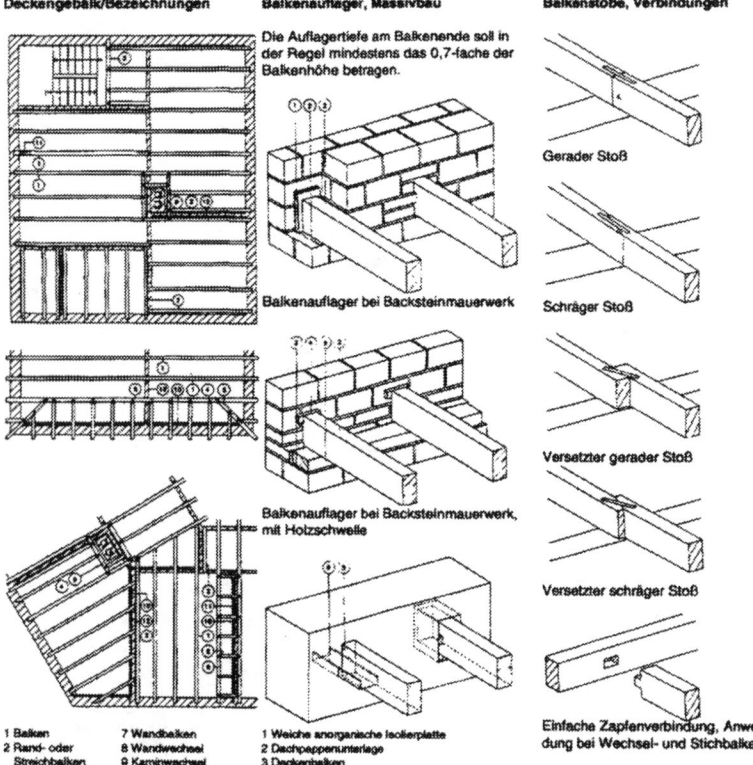

Die Auflagertiefe am Balkenende soll in der Regel mindestens das 0,7-fache der Balkenhöhe betragen.

Balkenauflager bei Backsteinmauerwerk

Balkenauflager bei Backsteinmauerwerk, mit Holzschwelle

Gerader Stoß

Schräger Stoß

Versetzter gerader Stoß

Versetzter schräger Stoß

Einfache Zapfenverbindung, Anwendung bei Wechsel- und Stichbalken.

1 Balken	7 Wandbalken
2 Rand- oder Streichbalken	8 Wandwechsel
3 Podestbalken	9 Kaminwechsel
4 Stichbalken	10 Füllholz
5 Estrichbalken	11 Nichttragende Wand
6 Wechselbalken	12 Tragende Wand

| 1 Weiche anorganische Isolierplatte |
| 2 Dachpappenunterlage |
| 3 Deckenbalken |
| 4 Distanzleiste |
| 5 Holzschwelle |
| 6 Eisenschuh |

Der Achsabstand der Balken beträgt normalerweise ca. 70 cm (beim Bohlenbau ca. 45 cm), die Stützweite bis ca. 5,00 m. Durchlaufende Balken über einzelne Zwischenauflager sind anzustreben.

Die Abmessungen rechteckiger Balken sind abhängig:
von der Stützweite, l = 1,05-fache Lichtweite
vom Balkenabstand je nach Aufteilung der Raumlängen
l = 0,6 . . . 0,9 m
von der Belastung $g + p = q$
von der zulässigen Durchbiegung $f = l/300$.

Be-lastung q kp/m² Decke	Balken-ab-stand e m	für q Balken = q · e kp/m							
		12/16	12/18	14/20	16/22	16/24	20/24	18/26	20/26
350	0,70	3,5	3,94	4,60	5,3	5,78	6,22	6,50	6,74 m
	0,80	3,34	3,76	4,40	5,06	5,52	5,95	6,22	6,45 m
	0,90	3,22	3,62	4,23	4,86	5,31	5,72	5,98	6,20 m
400	0,70	3,34	3,76	4,40	5,06	5,52	5,95	6,22	6,45 m
	0,80	3,20	3,60	4,21	4,84	5,28	5,69	5,95	6,16 m
	0,90	3,08	3,46	4,05	4,66	5,08	5,47	5,72	5,93 m
450	0,70	3,22	3,62	4,23	4,86	5,31	5,72	5,98	6,20 m
	0,80	3,08	3,46	4,05	4,66	5,08	5,47	5,72	5,93 m
	0,90	2,96	3,33	3,90	4,48	4,89	5,26	5,50	5,70 m
500	0,70	3,11	3,49	4,09	4,70	5,13	5,52	5,98	5,98 m
	0,80	2,96	3,34	3,91	4,50	4,91	5,29	5,73	5,73 m
	0,90		3,21	3,76	4,32	4,72	5,08	5,50	5,50 m

Beiderseits frei gelagerte Holzbalken – Güteklasse II – Stützweite l_{zul} in m.

Für die Grenzstützweite l = 0,16 h sind zulässige Biegespannungen und Durchbiegung voll ausgenutzt. Einheiten: l in m, f und h in cm, q in kp/m² Deckenfläche.

Eigengewichte

Durchschnittswerte je nach Füllstoff g = 150 . . . 250 kp/m²
Verkehrslast in Wohnbauten p = 200 kg/m²
Zuschläge für Leichtwände je nach Wandgewicht 75 und 125 kp/m² Decke.
Insgesamt q = 350 . . . 500 kp/m² Decke.

Durch Durchlaufbalken auf 3 Stützen kann vorstehende Tabelle benutzt werden, wenn l_{max} ersetzt wird durch $l' = l_{max}/n$.

Werte von n in nachstehender Tabelle.

l/l_{max}	0,4 . . . 0,5	0,6 . . . 0,7	0,8 . . . 0,9	1,0
n	1,15	1,10	1,05	1,0

Holzbalken über zwei Felder, Ersatzstützweite $l' = l_{max}/n$

Beispiel
q = 350 kp/m² Decke
e = 0,75 m (Balkenabstand)
q_1 = 350 kp/m² · 0,75 m = 262 kp/m²
l_1 = 3,5 m; l_2 = 5,0 m
l/l_{max} = 3,5/5,0 = 0,7
n = 1,1; l' = 5,0/1,1 = 4,45 m.
Nach Bemessungstabelle wird Querschnitt 14/20 gewählt.

Holzbalkendecke / Massivbau

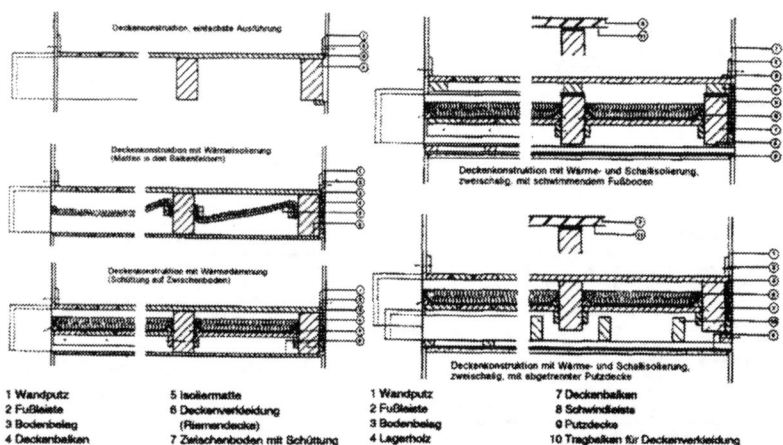

Deckenkonstruktion, einfachste Ausführung

Deckenkonstruktion mit Wärmeisolierung (Matten in den Balkenfeldern)

Deckenkonstruktion mit Wärmedämmung (Schüttung und Zwischenboden)

Deckenkonstruktion mit Wärme- und Schallisolierung, zweischalig, mit schwimmendem Fußboden

Deckenkonstruktion mit Wärme- und Schallisolierung, zweischalig, mit abgetrennter Putzdecke

1 Wandputz	5 Isoliermatte
2 Fußleiste	6 Deckenverkleidung (Riemendecke)
3 Bodenbelag	7 Zwischenboden mit Schüttung
4 Deckenbalken	

1 Wandputz	7 Deckenbalken
2 Fußleiste	8 Schwindleiste
3 Bodenbelag	9 Putzdecke
4 Lagerholz	10 Tragbalken für Deckenverkleidung
5 Isolierplatte	11 Unterlagsboden aus Spanplatten
6 Zwischenboden mit Schüttung	(oder Massivholz)

Holzdecken für Wohnhäuser, Unterseite verputzt

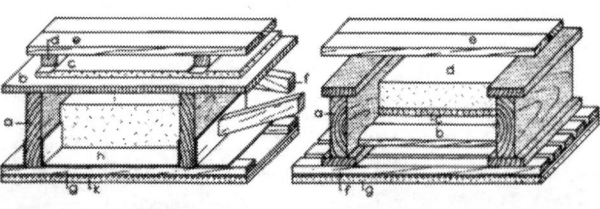

1 Pfostendecke, g ≈ 100 kp/m².
a = Pfosten; b = Weichfaserplatte 20 mm oder Latten 2,5/5 cm in ≈ 25 cm Abstand; c = Dämmatte (z.B. Glaswolle) 15 mm; d = Latten 5/4 cm; e = gehobelte Dielen 24 mm; f = Kreuzstreben 2,5/5 cm; g = Latten 2,5/5 cm in ≈ 25 cm Abstand; h = teerfreie Pappe; i = leichte Auffüllung 15–20 kg/m²; k = Rohrputz 15 mm

2 Holzbalkendecke, g ≈ 200 (150) kp/m².
a = I-Balken aus Stegpfosten mit oberem und unterem Flansch zusammengenagelt und verleimt; b = Einschub aus Schwarten 2–3 cm, auf unterem Flansch aufliegend; c = Strohlehmverstrich 2 cm; d = Lehm-, Sand-(Asche-) Auffüllung 8 cm; e = gehobelte Dielen 24 mm; f = Spalierlatten; g = Rohrputz 15 mm.

Sichtbares Holzwerk an Unterseite

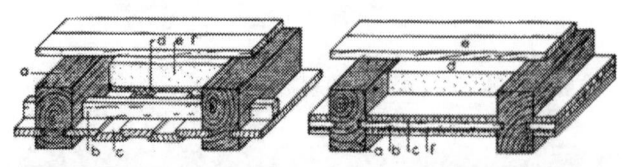

3 Sichtbare Holzbalkendecke mit verschalten Zwischenfeldern, g ≈ 200 (150) kp/m².
a = Balken; b = Rahmschenkel 6/8, in 50 cm Abstand; c = überfälzte gehobelte Schalung 24 mm, in Balken eingenutet und auf Rahmschenkel genagelt; d = Strohlehmverstrich 2 cm; e = Sand- (Asche-)Auffüllung 8 cm; f = gehobelte Dielen 24 mm.

4 Sichtbare Holzbalkendecke, mit geputzten Zwischenfeldern, g ≈ 200 (150) kp/m².
a = Balken; b = Einschub 24 mm, in Balken eingenutet; c = Strohlehmverstrich 2 cm; d = Sand-, Lehm-(Asche-)Auffüllung 8 cm; e = gehobelte Dielen 24 mm; f = Rohrputz 15 mm.

Holzbalkendecken für Vollwärmeschutz (DIN 4108)

Standarddetails für Niedrigenergiehäuser, Bereich Decken (nach Lit. 41)

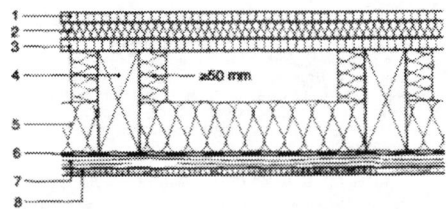

Geschossdecke: G 1

Nr.	Baustoff	s [mm]	λ_R [W/(m·K)]	s_d [m]
1	Holzwerkstoffplatte	19,0	0,13	0,95
2	Trittschalldämmung	25,0	0,04	0,025
3	Holzwerkstoffplatte	19,0	0,13	0,95
4	Wärmedämmung	100,0	0,04	0,1
5	Balken 10/20 (Achsmaß 500)	200,0	0,13	8,0
6	PE-Folie	0,2	0,20	20,0
7	Lattung	24,0	0,13	0,96
8	Gipskarton–Bauplatte	12,5	0,21	0,1
Feuerwiderstandsklasse gemäß DIN 4102		F 30–B		
Wärmedurchgangskoeffizient gemäß DIN 4108		$k_m = 0{,}74$ W/(m²·K)		
Feuchtetechnische Einordnung gemäß DIN 4108		–		

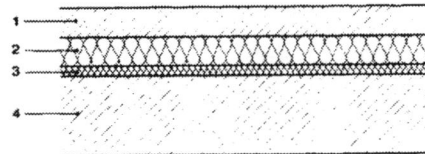

Geschossdecke: G 2

Nr.	Baustoff	s [mm]	λ_R [W/(m·K)]	s_d [m]
1	Holzwerkstoffplatte	19,0	0,13	0,95
2	Trittschalldämmung	25,0	0,04	0,025
3	Betonplatten	60,0	2,10	9,00
4	Kaltbitumen	–	–	–
5	Holzwerkstoffplatte	19,0	0,13	0,95
6	Balken 10/20 (Achsmaß 500)	200,0	0,13	8,00
Feuerwiderstandsklasse gemäß DIN 4102		F 30–B		
Wärmedurchgangskoeffizient gemäß DIN 4108		$k_m = 0{,}26$ W/(m²·K)		
Feuchtetechnische Einordnung gemäß DIN 4108		–		

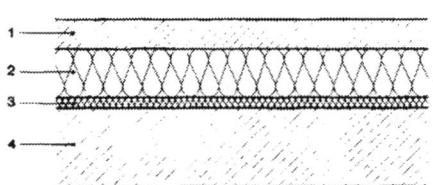

Kellerdecke: KD 1

Nr.	Baustoff	s [mm]	λ_R [W/(m·K)]	s_d [m]
1	Estrich	50,0	1,40	0,75
2	Wärmedämmung	60,0	0,04	0,06
3	Trittschalldämmung	20,0	0,04	0,02
4	Normalbeton	160,0	2,10	24,0
Gesamtdicke:		290,0 mm		
Feuerwiderstandsklasse gemäß DIN 4102				
Wärmedurchgangskoeffizient gemäß DIN 4108		$k_m = 0{,}41$ W/(m²·K)		
Feuchtetechnische Einordnung gemäß DIN 4108				

Kellerdecke: KD 2

Nr.	Baustoff	s [mm]	λ_R [W/(m·K)]	s_d [m]
1	Estrich	50,0	1,40	0,75
2	Wärmedämmung	100,0	0,04	0,1
3	Trittschalldämmung	20,0	0,04	0,02
4	Normalbeton	160,0	2,10	24,0
Gesamtdicke:		330,0 mm		
Feuerwiderstandsklasse gemäß DIN 4102				
Wärmedurchgangskoeffizient gemäß DIN 4108		$k_m = 0{,}29$ W/(m²·K)		
Feuchtetechnische Einordnung gemäß DIN 4108				

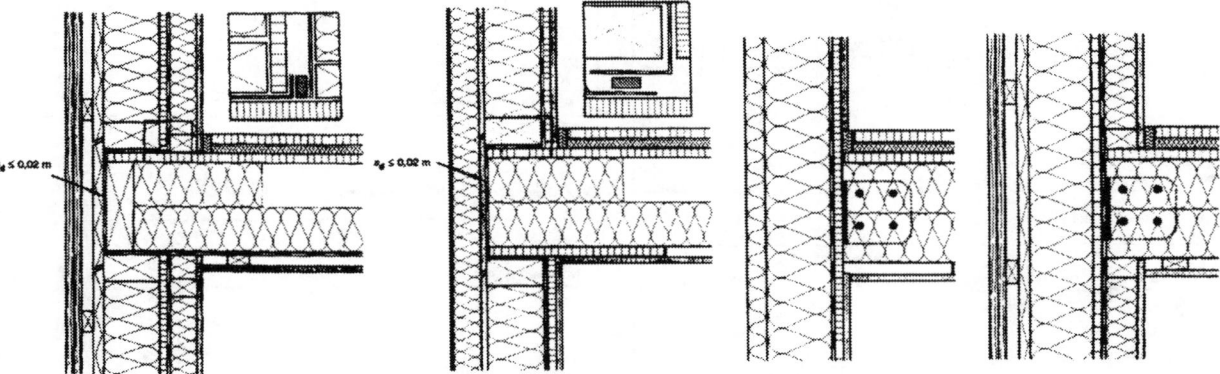

Geschossdeckeneinbindung für die Außenwand W 8 und die Geschossdecke G 1

Geschossdeckeneinbindung für die Außenwand W 3 und die Geschossdecke G 1

Geschossdeckeneinbindung mit Balkenträger für die Außenwand W 2 und die Geschossdecke G 1

Geschossdeckeneinbindung mit Balkenträger für die Außenwand W 8 und die Geschossdecke G 1

Unterböden, Estrich

Ausführungs-Richtlinien Estricharbeiten nach DIN 18353, Abs. 3 und DIN 18560, Teil 1

Zementestrich
Zemenestrich ist ein Estrich, der aus Zement, Zuschlag und Wasser sowie gegebenenfalls unter Zugabe von Zusätzen (Zusatzstoffe, Zusatzmittel) hergestellt wird.
Zementestrich mit Zuschlag aus Naturstein und einer geschliffenen Oberfläche wird **Terrazzo** genannt.

Terrazzoböden müssen zweischichtig hergestellt werden. Die Vorsatzschicht bei Terazzoböden muss mindestens 15 mm betragen.

Zementgebundener Hartstoffestrich
Zementgebundener Hartstoffestrich ist ein Zementestrich mit Zuschlag aus Hartstoffen. Er besteht aus einer Schicht, der Hartstoffschicht, oder aus zwei Schichten, der Übergangsschicht und der Hartstoffschicht.

Anhydritestrich
Anhydritestrich ist ein Estrich, der aus Anhydritbinder, Zuschlag und Wasser sowie gegebenenfalls unter Zugabe von Zusätzen (Zusatzstoffe, Zusatzmittel) hergestellt wird.

Gussasphaltestrich
Gussasphaltestrich ist ein Estrich, der aus Bitumen und Zuschlag sowie gegebenenfalls unter Zugabe von Zusätzen hergestellt wird.

Bitumenemulsions-Estriche sind aus einer stabilen Bitumenemulsion und Zement als Bindemittel, aus Füller, Sand, Kies und gegebenenfalls Splitt als Zuschläge herzustellen.

Magnesiaestrich
Magnesiaestrich ist ein Estrich, der aus Kaustischer Magnesia, Zuschlag (Füllstoffen) und einer wässrigen Salzlösung – im allgemeinen Magnesiumchlorid – sowie gegebenenfalls unter Zugabe von Zusätzen, z.B. Farbstoffen, hergestellt wird.
Magnesiaestrich bis zur Rohdichteklasse 1,6 wird Steinholzestrich genannt.

Kunstharzestrich
Kunstharzestrich ist ein Estrich, der aus Reaktionsharzen und Zuschlag sowie gegebenenfalls unter Zugabe von Zusätzen (Zusatzstoffen, Zusatzmitteln) hergestellt wird.

Kunstharzestriche sind mit Kunstharzen mit einer Nenndicke von mindestens 5 mm auszuführen.
Kunstharz-, Nutz- und Schutzschichten auf Estrichen und Beton sind mit Kunstharzen und gegebenenfalls mit Zuschlägen in folgenden Mindestnenndicken auszuführen:
– Kunstharzversiegelung
  mindestens 0,1 mm,
– Kunstharzbeschichtung
  mindestens 0,5 mm,
– Kunstharzbeläge
  mindestens 2 mm.
Dabei dürfen Nenndicken bis 1 mm an keiner Stelle, über 1 mm um höchstens 20 % unterschritten werden.

Verbundestrich
Verbundestrich ist ein mit dem tragenden Untergrund verbundener Estrich.

Estrich auf Dämmschicht (auch: Schwimmender Estrich)
Estrich auf Dämmschicht (schwimmender Estrich) ist ein auf einer Dämmschicht hergestellter Estrich, der auf seiner Unterlage beweglich ist und keine unmittelbare Verbindung mit angrenzenden Bauteilen, z.B. Wänden oder Rohren, aufweist.

Anhydrit-, Magnesia- und Zementestriche auf Dämmschichten zur Aufnahme von Stein- und keramischen Belägen müssen mindestens 45 mm dick, Zementestriche außerdem bewehrt sein.

Heizestrich
Heizestrich ist ein beheizbarer Estrich, der in der Regel als Estrich auf Dammschicht ausgeführt wird.

Heizestriche sind mit einer Nenndicke von mindestens 45 mm auszuführen. Sind die Heizrohre im unteren Bereich des Estrichs eingebettet, muss diese Nenndicke über der Oberkante der Heizrohre vorhanden sein.

Fertigteilestrich
Fertigteilestrich ist ein Estrich, der aus vorgefertigten, kraftübertragend miteinander verbundenen Platten besteht.

Ausführungs-Richtlinien Gussasphaltestrich nach DIN 18354 (Auszug)

Gussasphaltestrich auf Dämmschicht (schwimmender Gussasphaltestrich)
Schwimmender Gussasphaltestrich ist nach DIN 18560-2 bzw. DIN 18560-7 auszuführen.

Auf nicht unterkellerten Flächen ist die Dämmschicht durch eine Lage Bitumen-Dachdichtungsbahn nach DIN 52130 gegen Eigenfeuchtigkeit der Unterkonstruktion zu schützen. Die Bahnen sind mit 10 cm Überdeckung lose zu verlegen und an den Wänden bis zur Oberfläche des fertigen Bodenbelags hochzuziehen.

Gussasphaltestrich auf Trennschicht
Gussasphaltestrich auf Trennschicht ist nach DIN 18560-4 bzw. DIN 18560-7 auszuführen.

Gussasphalt-Verbundestrich
Gussasphalt-Verbundestrich ist nach DIN 18560-3 "Estriche im Bauwesen – Verbundestriche" bzw. nach DIN 18560-7 auszuführen.

Auf bitumengebundenen Untergründen ist der Verbundestrich unmittelbar aufzubringen – bei Untergründen aus Stahl ist vorher eine Haftbrücke aufzubringen.

Beheizte Gussasphaltbeläge im Freien
Bei beheizten Gussasphaltbelägen im Freien ist die Zusammensetzung des Gussasphaltes auf die zu erwartenden Temperaturen abzustimmen. An angrenzenden Bauteilen sind mindestens 10 mm breite Randfugen anzuordnen.

Wasserdichte Beläge aus Gussasphalt bzw. Gussasphalt- und Dichtungsschicht

Wasserdichte Beläge sind aus einer Dichtungsschicht aus metallkaschierten Bitumen-Schweißbahnen mit hochliegender Trägereinlage und einer Gussasphaltschutzschicht herzustellen; die Dichtungsschicht ist auf einer Haftbrücke einzubauen.

Die Dichtungsschicht ist im Schweißverfahren nach DIN 18195-3 "Bauwerksabdichtungen – Verarbeitung der Stoffe" einzubauen.

Festigkeitsklassen von Estrichen

	Estrichart	Estriche auf Dämmschichten	Estriche auf Trennschichten als Unterlage von Belägen	als Nutzestrich	Verbundestriche als Unterlage von Belägen	als Nutzestrich
1	Anhydritestrich	AE 20	AE 20	AE 20	AE 12	AE 20
2	Magnesiaestrich	ME 7	ME 7	ME 20	ME 5	ME 20
3	Zementestrich	ZE 20	ZE 20	ZE 20	ZE 12	ZE 20

Anhydritestriche, Festigkeitsklassen

Festigkeits-klasse	Güteprüfung Druckfestigkeit in N/mm² kleinster Einzelwert (Nennfestigkeit)	Mittelwert jeder Serie (Serenfestigkeit)	Biegezugfestig-keit in N/mm² Mittelwert jeder Serie (Serienfestigkeit)	Eignungsprüfung Druckfestigkeit in N/mm² Richtwert
AE 12	12	≥ 15	≥ 3	18
AE 20	20	≥ 25	≥ 4	30
AE 30 [1]	30	≥ 35	≥ 6	40
AE 40 [1]	40	≥ 45	≥ 7	50

[1] Eignungsprüfung erforderlich

Gussasphaltestriche, Härteklassen, Wasseraufnahme, Biegezugfestigkeit

Härte-klasse	Eindringtiefe in mm Stempelquerschnitt 100 mm² bei (22 ± 1) °C Prüfdauer 5 h	bei (40 ± 1) °C Prüfdauer 2 h	Stempel-querschnitt 500 mm² bei (40 ± 1) °C Prüfdauer 0,5 h [2] [3]	Wasserauf-nahme, Volumen-anteil in %	Biegezug-festigkeit in N/mm² [2]
GE 10	≤ 1,0	≤ 4,0 (≤ 2,0) [1]	–	≤ 0,7	≥ 8
GE 15	≤ 1,5	≤ 6,0	–	≤ 0,7	≥ 8
GE 40	–	–	> 1,5 bis 4,0	≤ 0,7	–
GE 100	–	–	> 4,0 bis 10,0	≤ 0,7	–

[1] Klammerwert für Heizestrich.
[2] Wert für die Eignungsprüfung bei hochbeanspruchbarem Gussasphaltestrich.
[3] Nur für Gussasphaltestrich in Nassräumen und im Freien.

Rohdichteklassen für Magnesiaestriche

Rohdichteklasse	Trockenrohdichte in kg/dm³ Mittelwert jeder Serie	größter Einzelwert
0,4	≤ 0,40	0,50
0,8	≤ 0,80	0,90
1,2	≤ 1,20	1,30
1,4	≤ 1,40	1,50
1,6	≤ 1,60	1,70
1,8	≤ 1,80	1,90
2,0	≤ 2,00	2,10
2,2	≤ 2,20	2,30

Zementestriche, Festigkeitsklassen

Festigkeits-klasse	Güteprüfung Druckfestigkeit in N/mm² kleinster Einzelwert (Nennfestigkeit)	Mittelwert jeder Serie (Serenfestigkeit)	Biegezugfestig-keit in N/mm² Mittelwert jeder Serie (Serienfestigkeit)	Eignungsprüfung Druckfestigkeit in N/mm² Richtwert
ZE 12	12	≥ 15	≥ 3	18
ZE 20	20	≥ 25	≥ 4	30
ZE 30	30	≥ 35	≥ 5	40
ZE 40 [1]	40	≥ 45	≥ 6	50
ZE 50 [1]	50	≥ 55	≥ 7	60
ZE 55 M [1] [2]	55	≥ 70	≥ 11	80
ZE 65 A [1] [2]	65	≥ 75	≥ 9	80
ZE 65 KS [1] [2]	65	≥ 75	≥ 9	80

[1] Eignungsprüfung erforderlich
[2] M, A, KS: Hartstoffgruppe nach DIN 1100

Magnesiaestriche, Festigkeitsklassen

Festigkeits-klasse	Güteprüfung Druckfestigkeit in N/mm² kleinster Einzelwert (Nennfestigkeit)	Mittelwert jeder Serie (Serenfestigkeit)	Biegezugfestig-keit in N/mm² Mittelwert jeder Serie (Serienfestigkeit)	Eignungsprüfung Druckfestigkeit in N/mm² Richtwert
ME 5	5	≥ 8	≥ 3	12
ME 7	7	≥ 10	≥ 4	15
ME 10	10	≥ 15	≥ 5	20
ME 20	20	≥ 25	≥ 7	30
ME 30	30	≥ 35	≥ 8	40
ME 40 [1]	40	≥ 45	≥ 10	50
ME 50 [1]	50	≥ 55	≥ 11	60

[1] Eignungsprüfung erforderlich

Oberflächenhärte für Magnesiaestriche

	Oberflächenhärte in N/mm²		Eignungsprüfung
Nennwert	Güteprüfung kleinster Einzelwert	Mittelwert jeder Serie	Richtwert
30	25	≥ 30	35
40	35	≥ 40	50
50	45	≥ 50	60
70	60	≥ 70	80
100	80	≥ 100	120
150	130	≥ 150	180
200	170	≥ 200	220

Unterböden, Estrich

Estriche und Heizestriche auf Dämmschichten (schwimmende Estriche); nach DIN 18560 Teil 2 (Auszug)

Anwendungsbereich
Diese Norm gilt zusammen mit DIN 18560 Teil 1 für Estriche auf Dämmschichten, im folgenden schwimmende Estriche genannt. Sie haben den Zweck, Anforderungen an den Wärme– und/oder den Schallschutz zu erfüllen. Als Heizestriche dienen sie außerdem zur Aufnahme der Heizelemente für die Raumheizung.
Für schwimmende Estriche, die hohen Beanspruchungen unterliegen, ist zusätzlich DIN 18560 Teil 7 zu beachten.

Anforderungen
Allgemeines
Schwimmende Estriche müssen den allgemeinen Anforderungen nach DIN 18560 Teil 1 entsprechen, jedoch werden in der Regel keine Anforderungen an den Verschleißwiderstand gestellt.

Bei Heizestrichen werden folgende Bauarten unterschieden (siehe Bild 1):
A1: Heizelemente im Estrich, Abstand der Heizelemente von der Unterfläche der Estrichplatte bis 5 mm.
A2: Heizelemente im Estrich, Abstand der Heizelemente von der Unterfläche der Estrichplatte über 5 bis 15 mm.
A3: Heizelemente im Estrich, Abstand der Heizelemente von der Unterfläche der Estrichplatte über 15 mm.
B: Heizelemente unter dem Estrich in bzw. auf der Dämmschicht.
C: Heizelemente in einem Ausgleichestrich, auf den der Estrich mit einer zweilagigen Trennschicht aufgebracht wird. Die Dicke des Ausgleichestrichs muss mindestens 20 mm größer sein als der Durchmesser der Heizelemente. Der aufgebrachte Estrich muss mindestens 45 mm dick sein.

Bei Heizestrichen muss die Oberflächentemperatur in Abhängigkeit von der Bindemittelart, der Estrichdicke, der Lage der Heizelemente und der Art des Belages begrenzt sein.

Die Temperatur im Bereich der Heizelemente darf
– bei Gussasphaltestrichen   45 Grad C,
– bei Anhydrit– und Zementestrichen   60 Grad C
auf Dauer nicht überschreiten.

Unbeheizbare Estriche
Für unbeheizbare Estriche bei einer gleichmäßig verteilten Verkehrslast bis 1,5 kN/m² (im Wohnungsbau) muss der gewählte Nennwert für die Estrichdicke in Abhängigkeit von der Art des Estrichs und der Dämmschichtdicke mindestens der Tabelle 1 entsprechen.
Bei höheren Verkehrslasten als 1,5 kN/m² müssen im allgemeinen größere Dicken als nach Tabelle 1 festgelegt werden.

Ferner können bei Gussasphaltestrichen in unbeheizten Räumen oder in Räumen mit niedrigen Temperaturen andere Härteklassen als nach Tabelle 1 erforderlich werden.

Heizestriche
Die Dicke und die Festigkeits– bzw. Härteklasse von Heizestrichen muss in Abhängigkeit von der gewählten Bauart der Tabelle 2 entsprechen. Die Nenndicke über den Heizelementen (Überdeckungshöhe) soll aus fertigungstechnischen Gründen nicht weniger als etwa das Dreifache des Größtkorns des Zuschlages, mindestens aber 25 mm (Bauart A3) betragen.

Bei anderen als den angegebenen Festigkeitsklassen ist eine von Tabelle 2 abweichende Dicke möglich, die jedoch bei den Bauarten A 1 und A 3 mindestens (30 + d) mm, bei der Bauart A2 (35 + d) mm und bei den Bauarten B und C mindestens 30 mm betragen muss.

Bei Heizestrichen der Bauart C muss der Ausgleichestrich mindestens aus Zementestrich ZE 20 oder einem Estrich gleichwertiger Festigkeitsklasse bestehen.

Tabelle 1. Nenndicken und Festigkeit bzw. Härte unbeheizbarer Estriche auf Dämmschichten für Verkehrslasten bis 1,5 kN/m²

Estrichart	Estrichnenndicke in mm bei einer Dämmschichtdicke d_B [1]		Bestätigungsprüfung			
			Biegezugfestigkeit β_{BZ} in N/mm³		Eindringtiefe (Härte) in mm	
	bis 30 mm	über 30 mm	kleinster Einzelwert	Mittelwert	bei (22 ± 1) °C	bei (40 ± 1) °C
Anhydrit AE 20 Magnesia ME 7[3] Zement ZE 20	≥ 35 [2]	≥ 40 [2]	≥ 2,0	≥ 2,5	–	–
Gussasphalt GE 10	≥ 20	≥ 20	–	–	≤ 1,0	≤ 4,0

[1] Die Zusammendrückbarkeit der Dämmstoffe unter Belastung darf nicht mehr als 10 mm, bei Gussasphaltestrich nicht mehr als 5 mm betragen. Bei einer Zusammendrückbarkeit über 5 mm ist die Estrichnenndicke um 5 mm zu erhöhen.
[2] Unter Stein– und keramischen Belägen muss die Estrichnenndicke mindestens 45 mm betragen.
[3] Die Oberflächenhärte bei Steinholzestrichen muss mindestens 30 N/mm² betragen.

Tabelle 2. Nenndicken und Festigkeit bzw. Härte von Heizestrichen auf Dämmschichten für Verkehrslasten bis 1,5 kN/m²

Estrichart	Bauart	Estrichnenndicke in mm [1] [2] min.	Überdeckungshöhe in mm min.	Bestätigungsprüfung Biegezugfestigkeit β_{BZ} in N/mm²	
				kleinster Einzelwert	Mittelwert min.
Anhydrit AE 20 Zement ZE 20	A1 A2 A3 B, C	45 + d 50 + d 45 + d 45	45 – [3] 25 –	2,0	2,5
				Eindringtiefe (Härte) in mm	
				bei (22 ± 1) °C max.	bei (40 ± 1) °C max.
Gussasphalt GE 10	A1	35	15	1	2

[1] d ist der äußere Durchmesser der Heizelemente.
[2] Die Zusammendrückbarkeit der Dämmschicht darf höchstens 5 mm betragen.
[3] Die Summe der Abstände der Heizelemente von der Ober– und der Unterfläche der Estrichplatte muss mindestens 45 mm betragen.

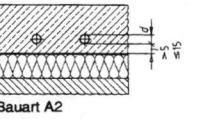

Bauart A1

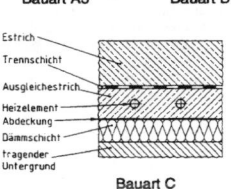

Bauart A2

Bauart A3   Bauart B

Bauart C

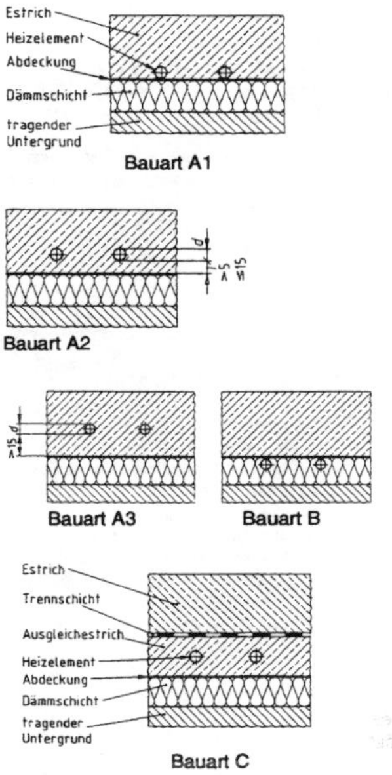

Bild 1. Bauarten von Heizestrichen

Dämmschichten
Die Dämmschichten müssen aus Dämmstoffen nach DIN 18164 Teil 1 oder Teil 2 oder nach DIN 18165 Teil 1 oder Teil 2 bestehen.

Bei Heizestrichen darf die Zusammendrückbarkeit der Dämmschicht nicht mehr als 5 mm betragen (siehe Tabelle 2, Fußnote 2). Werden Trittschall– und Wärmedämmstoffe in einer Dämmschicht zusammen eingesetzt, soll der Dämmstoff mit der geringeren Zusammendrückbarkeit oben liegen. Dies gilt nicht für trittschalldämmende Heizsystemplatten.

Bei Heizestrichen mit elektrischer Beheizung muss die oberste Lage der Dämmschicht kurzzeitig gegen eine Temperaturbeanspruchung von 90 Grad C widerstandsfähig sein (Typ WD nach DIN 18164 Teil 1 und DIN 18165 Teil 1).

Zur Herstellung der Dämmschicht müssen die Dämmstoffe dicht gestoßen verlegt werden, dabei sind Dämmplatten im Verband anzuordnen. Mehrlagige Dämmschichten sind so zu verlegen, dass die Stöße gegeneinander versetzt sind, dabei dürfen höchstens zwei Lagen aus Trittschalldämmstoffen bestehen.

Vor dem Aufbringen des Estrichs muss die Dämmschicht mit einer Polyethylenfolie von mindestens 0,1 mm Dicke oder mit einem anderen Erzeugnis vergleichbarer Eigenschaften abgedeckt werden. Bei Heizestrichen sind Polyethylenfolien von mindestens 0,2 mm Dicke zu verwenden. Die einzelnen Bahnen müssen sich an den Stößen mindestens 80 mm überlappen.

Bei Gussasphaltestrich ist eine Abdeckung der Dämmschicht mit Papier oder ähnlichem ausreichend.

Bei höheren Verkehrslasten als 1,5 kN/m² müssen im allgemeinen größere Dicken als nach Tabelle 1 festgelegt werden.

Estriche auf Trennschicht nach DIN 18560 Teil 4 (Auszug)

Anwendungsbereich
Diese Norm gilt zusammen mit DIN 18560 Teil 1 für Estriche, die von dem tragenden Untergrund durch eine dünne Zwischenlage (Trennschicht) getrennt sind. Sie haben den Zweck, die Oberfläche eines tragenden Untergrundes nutzbar zu gestalten. Sie können unmittelbar (ohne Belag) genutzt oder mit einem Belag versehen werden.
Für Estriche auf Trennschicht, die hohen Beanspruchungen unterliegen, ist zusätzlich DIN 18560 Teil 7 zu beachten.

Anforderungen
Estriche auf Trennschicht müssen den allgemeinen Anforderungen nach DIN 18560 Teil 1 entsprechen.

Die Dicke von Estrichen auf Trennschicht ist nach DIN 18560 Teil 1 zu wählen.

Die Estrichnenndicke sollte bei einschichtigem Estrich
– 20 mm bei Gussasphaltestrichen und
– 30 mm bei Anhydrit– und Magnesiaestrichen sowie
– 35 mm bei Zementestrichen
nicht unterschreiten.

Die Festigkeitsklasse bzw. Härteklasse des Estrichs auf Trennschicht muss auf die Art der Nutzung und die Beanspruchung abgestimmt werden. Sie muss Tabelle 1 entsprechen.

Tragender Untergrund
Der tragende Untergrund muss den statischen und konstruktiven Anforderungen entsprechen.

Falls erforderlich, ist bei Fließestrich die Abdeckung der Dämmschicht z.B. durch Verkleben oder Verschweißen so auszubilden, dass sie bis zum Erstarren des Estrichs wasserundurchlässig ist.
Die Dämmschicht ist, falls erforderlich, durch geeignete Maßnahmen vor Feuchtigkeit, z.B. durch Dampfsperren, zu schützen.

Randstreifen
An Wänden und anderen aufgehenden Bauteilen, z.B. Türzargen, Rohrleitungen, sind vor dem Einbau des Estrichs schalldämmende Randstreifen (Randfugen) anzuordnen.
Bei Gussasphaltestrichen genügt in der Regel das Hochziehen der Abdeckung. Soll jedoch auf Gussasphaltestrichen Holzpflaster oder Parkett verlegt werden, muss der Randstreifen so dick sein, dass die Fuge zwischen Estrich und Wand etwa 10 mm beträgt.
Die Randstreifen müssen vom tragenden Untergrund bis zur Oberfläche des Belages reichen und bei Heizestrichen eine Bewegung von mindestens 5 mm ermöglichen.
Bei mehrlagigen Dämmschichten muss der Randstreifen vor dem Einbringen der obersten Dämmschicht verlegt sein. Der Randstreifen muss gegen Lageveränderung beim Einbringen des Estrichs gesichert sein.

Estrich
Allgemeines
Der Estrich ist nach DIN 18560 Teil 1 herzustellen.
Bei der Herstellung von Heizestrichen aus Anhydritbinder oder Zement dürfen nur solche Zusatzmittel verwendet werden, die den Volumenanteil der Luftporen des Mörtels nach DIN EN 196 Teil 1 um nicht mehr als 5 % erhöhen.

Tabelle 1. Festigkeitsklasse, Härteklasse

Estrichart	Festigkeitsklasse bzw. Härteklasse nach DIN 18560 Teil 1 bei Nutzung	
	mit Belag	ohne Belag
Anhydritestrich Magnesiaestrich Zementestrich	≥ AE 20 ≥ ME 7 ≥ ZE 20	≥ AE 20 ≥ ME 20 ≥ ZE 20
Gussasphaltestrich – für beheizte Räume – für unbeheizte Räume – für Räume mit besonders niedrigen Temperaturen	GE 10 oder GE 15 GE 15 oder GE 40 GE 40 oder GE 100	

Ausgleichestrich
Ein Ausgleichestrich ist erforderlich, wenn der tragende Untergrund größere Unebenheiten aufweist oder wenn Rohrleitungen oder Kabel darauf verlegt sind. Der Ausgleichestrich muss mit dem Untergrund fest verbunden sein und Rohrleitungen und Kabel so überdecken, dass er seinerseits als tragender Untergrund geeignet ist.

Estrichfugen
Über Bauwerksfugen und an den Rändern sind Bewegungsbzw. Randfugen auszubilden.

Bewehrung
Eine Bewehrung von Estrichen auf Dämmschicht ist grundsätzlich nicht erforderlich. Jedoch kann eine Bewehrung insbesondere bei Zementestrichen zur Aufnahme von Stein– oder keramischen Belägen zweckmäßig sein, weil dadurch die Verbreiterung von eventuell auftretenden Rissen und der Höhenversatz der Risskanten vermieden werden.
Wenn eine Bewehrung aus Stahlmatten vorgesehen werden soll, sind dafür Betonstahlmatten nach DIN 488 Teil 4 mit Maschenweiten bis 150 mm x 150 mm oder Betonstahlgitter mit folgenden Parametern zu verwenden:
        Maschenweite 50 mm x 50 mm, Stabdurchmesser 2 mm, Stahlfestigkeit 700 N/mm²
oder
        Maschenweite 75 mm x 75 mm oder 100 mm x 100 mm, Stabdurchmesser 3 mm, Stahlfestigkeit 500 N/mm².
Die Bewehrung ist im Bereich von Bewegungsfugen zu unterbrechen und bei Heizestrichen etwa im mittleren Drittel der Estrichdicke anzuordnen.

Estrichfugen
Über Bauwerksfugen sind auch im Estrich Fugen anzuordnen (Bewegungsfugen). Außerdem ist der Estrich von aufgehenden Bauteilen durch Fugen zu trennen (Randfugen). Darüber hinaus notwendige Fugen sind so anzuordnen, dass möglichst gedrungene Felder entstehen. Bei
– beheizten Zementestrichen, die zur Aufnahme von Stein– oder keramischen Belägen vorgesehen sind, und
– elektrisch beheizten Zementestrichen
sollen bei Flächengrößen ab etwa 40 m² Estrichfelder, durch Bewegungsfugen getrennt, angelegt werden. Bei Flächen unter 40 m² sollen auch dann Bewegungsfugen angelegt werden, wenn eine Seitenlänge 8 m überschreitet.

Kantenschutz
Werden als Kantenschutz Metallprofile vorgesehen, so müssen sie im tragenden Untergrund verankert werden.

Fugenfüllung
Fugen im Estrich sollen mit Fugenmassen oder Fugenprofilen versehen werden, die die Estrichfugen ausfüllen und vor Verschmutzung schützen.

Trennschicht
Die Trennschicht ist in der Regel zweilagig, bei Gussasphaltestrich einlagig auszuführen. Abdichtungen und Dampfsperren dürfen als oberste Lage der Trennschicht gelten.
Für die Trennschicht ist
– Polyethylenfolie von mindestens 0,1 mm Dicke,
– kunststoffbeschichtetes Papier von mindestens 0,15 mm Dicke,
– bitumengetränktes Papier von mindestens 100 g/m² Flächengewicht,
– Rohgvlies von mindestens 50 g/m² Flächengewicht,
oder ein anderes Erzeugnis mit vergleichbaren Eigenschaften zu verwenden.
Die Lagen der Trennschicht sollen möglichst glatt und ohne Aufwerfungen verlegt werden. Bei Anhydrit–, Magnesia– und Zementestrich ist die Trennschicht zur Ausbildung der Randfuge an angrenzenden Bauteilen hochzuziehen.

Estrich
Der Estrich ist nach DIN 18560 Teil 1 auszuführen.

Unterböden, Estrich

Hochbeanspruchte Estriche (Industrieestriche); nach DIN 18560 Teil 7 (Auszug)

Anwendungsbereich

Diese Norm gilt zusammen mit DIN 18560 Teil 1 für Gussasphaltestriche, Magnesiaestriche und zementgebundene Hartstoffestriche mit mechanischen Beanspruchungen nach Tabelle 1.
Sie gilt jedoch nicht für Estriche mit Beanspruchungen durch Flurförderzeuge mit Stahlrollen, die eine größere Pressung als 40 N/mm² ausüben.

Anforderungen

Allgemeines

Hochbeanspruchbare Estriche müssen den allgemeinen Anforderungen nach DIN 18560 Teil 1 entsprechen und gegen die mechanische Beanspruchung in der vorgesehenen Beanspruchungsgruppe nach Tabelle 1 widerstandsfähig sein.
Bei mehrschichtigen Estrichen muss das Verformungsverhalten der Schichten aufeinander und auf den tragenden Untergrund abgestimmt sein.

Gussasphaltestrich

Gussasphaltestrich ist in der Regel als Estrich auf Trennschicht einschichtig herzustellen. Härteklasse, Nenndicke und das Größtkorn des Zuschlags sind in Abhängigkeit von der Beanspruchungsgruppe und dem Einsatzbereich nach Tabelle 2 auszuwählen. Gussasphaltestriche mit Nenndicken über 40 mm sind zweischichtig herzustellen.

Magnesiaestrich

Magnesiaestrich ist in der Regel als Verbundestrich herzustellen. Soll er in Sonderfällen auf einer Dämm- oder Trennschicht hergestellt werden, ist er zweischichtig auszuführen. Die Unterschicht muss dann mindestens der Festigkeitsklasse ME 10 entsprechen.
Die Nenndicke von einschichtigem Magnesiaestrich soll 25 mm nicht überschreiten. Bei zweischichtiger Ausführung muss die Dicke der Unterschicht mindestens 15 mm, die der Oberschicht (Nutzschicht) mindestens 8 mm betragen. Die Dicke der Unterschicht muss jedoch bei Ausführung auf Dämmschicht mindestens 80 mm und bei Aufführung auf Trennschicht mindestens 30 mm betragen.

Einschichtiger Magnesiaestrich muss mindestens die Rohdichteklasse 1,4 aufweisen.
Die Festigkeitsklasse und die Oberflächenhärte von Magnesiaestrich bzw. der Nutzschicht bei zweischichtiger Ausführung müssen mindestens den Werten der Tabelle 3 entsprechen.

Zementgebundener Hartstoffestrich

Zementgebundener Hartstoffestrich ist als Verbundestrich in der Regel einschichtig herzustellen. Wird er als Estrich auf Trennschicht oder auf Dämmschicht hergestellt, ist er zweischichtig auszuführen.
Zweischichtiger zementgebundener Hartstoffestrich besteht aus einer oben liegenden Hartstoffschicht und einer darunterliegenden Übergangsschicht; einschichtiger zementgebundener Hartstoffestrich besteht nur aus der Hartstoffschicht.
Die Dicke der **Hartstoffschicht** ist nach Tabelle 5 zu wählen.
Bei zweischichtigem zementgebundenem Hartstoffestrich, der als Verbundestrich ausgeführt wird, muss die Dicke der **Übergangsschicht** mindestens 25 mm betragen.
Bei zementgebundenem Hartstoffestrich auf Trennschicht, z.B. auf Abdichtung, oder auf Dämmschicht muss die Übergangsschicht eine Dicke von mindestens 80 mm aufweisen und in der Zusammensetzung DIN 1045 entsprechen. Bei zementgebundenem Hartstoffestrich auf Dämmschicht können in Abhängigkeit von der Dammschicht und der Größe der Verkehrslast eine größere Dicke der Übergangsschicht und/oder eine Bewehrung nach statischer Berechnung erforderlich werden.
Die Übergangsschicht muss mindestens der Festigkeitsklasse ZE 30 nach DIN 18560 Teil 1 entsprechen.

Bauliche Erfordernisse

Für die baulichen Erfordernisse bei **Verbundestrich** gelten die Festlegungen von DIN 18560 Teil 3. Darüber hinaus muss der tragende Untergrund aus Beton mindestens der Festigkeitsklasse B 25 nach DIN 1045 entsprechen.

Für die baulichen Erfordernisse bei **Estrich auf Dämmschicht** gelten die Festlegungen von DIN 18560 Teil 2, bei **Estrich auf Trennschicht** die von DIN 18560 Teil 4.

Fließestrich

Fließestrich ist **Anhydritestrich** entsprechend DIN 18560 Teil 1 auf Calciumsulfat-Basis, sie bestehen aus Anhydrit, Spezialgipsen, Fließmitteln und Zuschlagstoffen, wie körniger Naturhydrit, Kalkstein oder Quarzsand.

Lieferung als vorgemischter Werktrockenmörtel, der auf der Baustelle nur mit reinem Wasser angemacht wird. Festigkeitsklasse i.d.R. AE 20 und AE 30.

Verwendung als Verbundestrich, Estrich auf Trennschicht, Estrich auf Dämmschicht, Heizestrich.

Verarbeitungszeit 40 bis 60 Min., **betretbar** nach 24 Stunden (Schnellbinder nach 3 Stunden), **belastbar** nach 3 Tagen (Schnellbinder nach 8 Stunden).

Austrocknung bis Belegereife 3 bis 6 Wochen (Schnellbinder 1 bis 2 Wochen).

Ausführung
Für die Ausführung von hochbeanspruchbarem Estrich gelten DIN 18560 Teil 1 in Abhängigkeit von dem verwendeten Bindemittel sowie die Abschnitte 6.1 bis 6.4

Gussasphaltestrich ist als Estrich auf einer Trennschicht aus Rohglasvlies herzustellen. Bei bitumengebundenen tragenden Untergründen ist er als Verbundestrich herzustellen.

Magnesiaestrich als Verbundestrich ist unter Verwendung einer Haftbrücke auf dem Tragbeton herzustellen.
Anmerkung: Wenn Magnesiaestrich in Sonderfällen auf Dämm- oder Trennschicht ausgeführt werden soll, sind DIN 18560 Teil 2 bzw. DIN 18560 Teil 4 zu beachten.

Zweischichtiger zementgebundener Hartstoffestrich ist in der Regel durch Aufbringen der Hartstoffschicht auf die noch nicht erstarrte Übergangsschicht herzustellen (Frisch-auf-frisch-Verfahren). Bei Schichtdicken von mindestens 10 mm darf die Hartstoffschicht unter Verwendung einer Haftbrücke auch auf die erstarrte Übergangsschicht aufgebracht werden.

Einschichtiger zementgebundener Hartstoffestrich ist als Verbundestrich auf dem Tragbeton auszuführen. Dabei ist die Hartstoffschicht auf den erstarrenden oder noch frischen Tragbeton oder unter Verwendung einer Haftbrücke auf den erstarrten Tragbeton aufzubringen.

Tabelle 1. Gruppen mechanischer Beanspruchung

Beanspruchungsgruppe	Beanspruchung durch	
	Flurförderzeuge, Bereifungsart [1]	Arbeitsabläufe und Fußgängerverkehr, Beispiele
I (schwer)	Stahl und Polyamid	Bearbeiten, Schleifen und Kollern von Metallteilen, Absetzen von Gütern mit Metallgabeln, Fußgängerverkehr mit mehr als 1000 Personen/Tag
II (mittel)	Urethan-Elastomer (Vulkollan) und Gummi	Schleifen und Kollern von Holz, Papierrollen und Kunststoffteilen, Fußgängerverkehr von 100 bis 1000 Personen/Tag
III (leicht)	Elastik und Luftreifen	Montage auf Tischen, Fußgängerverkehr bis 100 Personen/Tag

[1] Gilt nur für saubere Bereifung. Eingedrückte harte Stoffe und Schmutz auf Reifen erhöhen die Beanspruchung.

Tabelle 2. Gussasphaltestrich, Nenndicken, Körnungen und Härteklassen

Beanspruchungsgruppe nach Tabelle 1	Nenndicke	Größtkorn des Zuschlags	Einsatzbereich		
			beheizte Räume	nicht beheizte Räume und im Freien	Kühlräume
			Brechpunkt des Bindemittels nach Fraaß [1]		
			unter + 25 °C	unter 0 °C	unter − 10 °C
	mm	mm	Härteklasse		
I (schwer)	≥ 35	16			
	≥ 30	11			
II (mittel)	≥ 30	11	GE 10 oder GE 15	GE 15 oder GE 40	GE 40 oder GE 100
	≥ 25	8			
III (leicht)	≥ 25	8			
	≥ 25	5			

[1] Prüfung nach DIN 52012

Tabelle 3. Magnesiaestrich, Festigkeitsklassen und Oberflächenhärte

Beanspruchungsgruppe nach Tabelle 1	Festigkeitsklasse	Oberflächenhärte in N/mm² Nennwert
I (schwer)	ME 50	200
II (mittel)	ME 40	150
III (leicht)	ME 30	100

Tabelle 5. Zementgebundener Hartstoffestrich, Nenndicke der Hartstoffschicht

Beanspruchungsgruppe nach Tabelle 1	Nenndicke in mm bei Festigkeitsklasse		
	ZE 65 A	ZE 55 M	ZE 65 KS
I (schwer)	≥ 15	≥ 8	≥ 6
II (mittel)	≥ 10	≥ 6	≥ 5
III (leicht)	≥ 8	≥ 6	≥ 4

Verbundestriche nach DIN 18560 Teil 3 (Auszug)

Anwendungsbereich

Diese Norm gilt zusammen mit DIN 18560 Teil 1 für Estriche, die im Verbund mit dem tragenden Untergrund hergestellt werden. Sie haben den Zweck, die Oberfläche eines tragenden Untergrundes nutzfähig zu gestalten. Sie können unmittelbar (ohne Belag) genutzt oder mit einem Belag versehen werden.
Für Verbundestriche, die hohen Beanspruchungen unterliegen, ist zusätzlich DIN 18560 Teil 7 zu beachten.

Anforderungen

Verbundestriche müssen den allgemeinen Anforderungen nach DIN 18560 Teil 1 entsprechen.

Die **Dicke** von Verbundestrichen ist nach DIN 18560 Teil 1 zu wählen.

Die Estrichnenndicke sollte bei einschichtigem Estrich
- 40 mm bei Gussasphaltestrichen und
- 50 mm bei Anhydrit-, Magnesia- und Zementestrichen
nicht überschreiten.

Die **Festigkeitsklasse** bzw. Härteklasse des Verbundestrichs muss auf die Art der Nutzung und der Beanspruchung abgestimmt werden. Sie muss Tabelle 1 entsprechen.

Tragender Untergrund
Der tragende Untergrund muss den statischen und konstruktiven Anforderungen entsprechen. Die möglichen Arten des tragenden Untergrundes und ihre Eignung für die einzelnen Estricharten enthält Tabelle 2.

Ausgleichestrich
Ein Ausgleichestrich ist erforderlich, wenn der tragende Untergrund größere Unebenheiten aufweist oder wenn Rohrleitungen oder Kabel darauf verlegt sind. Der Ausgleichestrich muss mit dem Untergrund fest verbunden sein und Rohrleitungen und Kabel so überdecken, dass er seinerseits als tragender Untergrund geeignet ist.

Estrichfugen
Über Bauwerksfugen sind Bewegungsfugen im Estrich auszubilden.

Kantenschutz
Werden als Kantenschutz Metallprofile vorgesehen, so müssen sie im tragenden Untergrund verankert werden.

Fugenfüllung
Fugen im Estrich sollen mit Fugenmassen oder Fugenprofilen versehen werden, die die Estrichfugen ausfüllen und vor Verschmutzung schützen.

Tabelle 1. Festigkeitsklasse Härteklasse

Estrichart	Festigkeitsklasse bzw. Härteklasse nach DIN 18560 Teil 1 bei Nutzung	
	mit Belag	ohne Belag
Anhydritestrich	≥ AE 12	≥ AE 20
Magnesiaestrich	≥ ME 5	≥ ME 20
Zementestrich	≥ ZE 12	≥ ZE 20
Gussasphaltestrich		
– für beheizte Räume	GE 10 oder GE 15	
– für unbeheizte Räume	GE 15 oder GE 40	
– für Räume mit besonders niedrigen Temperaturen	GE 40 oder GE 100	

Tabelle 2. Eignung tragender Untergründe für Verbundestriche

Estrichart	Untergrund						
	Beton	Anhydritestrich	Magnesiaestrich	Zementestrich	Gussasphaltestrich [1]	Holz [2]	Stahl [2]
Anhydritestrich	+	+	−	+	−	+	o
Gussasphaltestrich	o	−	−	o	+	+	o
Magnesiaestrich [3]	+	o	+	+	o	+	−
Zementestrich	+	o	−	+	−	−	−

Zeichenerklärung: + geeignet o geeignet mit besonderen Maßnahmen − nicht geeignet

[1] Sowie andere bitumengebundene Trag- und Deckschichten.
[2] Bei ausreichender Biegesteifigkeit.
[3] Bei Stahlbetondecken ist eine Sperrschicht vorzusehen.

Unterböden, Estrich

Bodenaufbau Knauf–Fließestriche

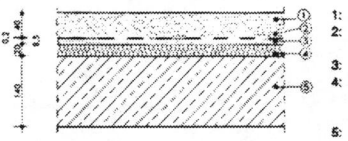

1: 40 mm Knauf Fließestrich
2: 0,2 mm Trennlage aus kunststoffkaschiertem Papier
3: 9,5 mm Gipskarton-Bauplatte
4: 25/20 mm Mineralfaser-Trittschalldämmplatte, DIN 18165-MinP- T 10-035-A2-25/20
5: 140 mm Stahlbeton-Plattendecke (Prüfstanddecke)

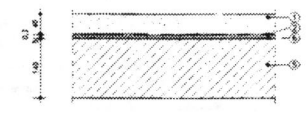

1: 40 mm Knauf Fließestrich
2: 0,2 mm Trennlage aus kunststoffkaschiertem Papier
3: 6,5 mm PE-Trittschalldämmbahn (Fabrikat Gefinex)
4: 140 mm Stahlbeton-Plattendecke (Prüfstanddecke)

1: 40 mm Knauf Fließestrich
2. 0,2 mm Trennlage aus kunststoffkaschiertem Papier
7: TS-Dämmstoff EPS-TK 10-43/40 nach DIN 18164
8: Trockenschüttung

Abdichtung

als Abdichtung gegen nichtdrückendes Wasser ist nach DIN 18195 geeignet:
– nackte Bitumenbahnen, 2-lagig, verklebt, Deckaufstrich
– Bitumendichtungsbahnen/Bitumenschweißbahnen
– Kunststoffdichtungsbahnen aus PIB oder ECB, 1,5 mm dick
– Kunststoffdichtungsbahnen aus PVC-weich, 1,2 mm dick, verschweißt

Ist als Dichtungsschicht eine Lage Metallbänder vorgeschrieben, sind sie im Gieß- und Einwalzverfahren nach DIN 18195–3 einzubauen.

Ist als Dichtungsschicht Asphaltmastix vorgeschrieben, so ist er im Mittel mindestens 10 mm, jedoch an keiner Stelle unter 7 oder über 15 mm dick einzubauen; der Asphaltmastix darf auch auf Trennschicht verlegt werden.

Ist als Dichtungsschicht Gussasphalt vorgeschrieben, so ist er mit Nenndicke 25 mm einzubauen; der Gussasphalt darf auch auf Trennschicht verlegt werden.

Die Gussasphaltschutzschicht ist einschichtig, im Mittel mindestens 25 mm, jedoch an keiner Stelle unter 15 mm dick, unmittelbar auf die Dichtungsschicht einzubauen.

Bewegungsfugen des Untergrundes sind in wasserdichten Belägen nach DIN 18195–8 "Bauwerksabdichtungen – Abdichtungen über Bewegungsfugen" auszuführen.

Wird auf den wasserdichten Belag eine weitere Belagschicht aufgebracht, z.B. bei befahrenen Flächen, so ist eine zusätzliche Deckschicht, sei es bei Verwendung von Gussasphalt nach den vorstehenden Abschnitten, bei Verwendung einer Asphaltbeton– oder Splittmastixasphaltdeckschicht nach ATV DIN 18317 auszuführen; bei Verwendung anderer Deckschichten, z.B. aus Steinpflaster, Beton oder Erdüberschüttung, ist zwischen dieser und dem wasserdichten Belag eine Trennschicht einzubauen.

Knauf-Trockenunterboden-System F 141, F 142, F 145

F 141 UB Element einfach / F 142 UB-Verbund-element / F 145 2 Platten-lagen	Technische und bauphysikalische Daten									
	Abmessungen	Gewicht	Durch-bruchlast	Wärmeschutz			Trittschallverbesserungsmaß ΔLw_R (VM$_R$) in dB Auf Massivdecken			
	Element-abmessungen l x b x h	Trocken-Unterboden Element	bei Stempel 4x4 cm (auf PS 20)	Wärme-durch-lasswider-stand	Wärmeleitzahl der mineralischen Trocken-schüttung	Wärmeleitzahl von Styropor PS 20 Mineralfaserplatte (MF) (bauseits)	System allein	System + 35 mm Trocken-schüttung	System + GKB-Platte 12,5 mm + 12/10 Mineralfaser-platte TK 40 DIN 18165	System + 25 mm Holzwolle-Leichtbauplatte + 12/10 Mineralfaserplatte TK 40 DIN 18165
	mm	kg/m²	kN	m²K/W	W/mK	W/mK	dB	dB	dB	dB
F 141	2000x600x25	~ 25,5	5,2	0,12	0,23	0,040	22 [1]	–	26	28
F 142	2000x600x45	25,8	5,2	0,61	0,23	–	16	19	–	–
	2000x600x55	26,0	5,2	0,86	0,23	–	16	19	–	–
F 145	1250x900x25	26,8	4,5	0,12	0,23	0,040	16 [2]	20	ca. 26	ca. 28

[1] auf MF–Platte TK 40, 12/10 mm [2] auf Styropor P20, 20 mm

Knauf–Fließestrich F 231 auf Dämmschicht (auf Stahlbetondecken)

Kurzbezeichnung	Produkte Knauf-Fließestriche	Nenndicke d mm
SE	FE 25 FE 50 FE 80	35

Knauf–Fließestrich F 231 auf Dämmschicht, auf Holzbalkendecken

Kurzbezeichnung	Produkte Knauf-Fließestriche	Nenndicke d mm
SE	FE 25 FE 50 FE 80	35

Knauf–Fließestrich F 221 auf Trennschicht

Kurzbezeichnung	Produkte Knauf-Fließestriche	Nenndicke d mm
ET	FE 25 FE 50 FE 80	30

Knauf–Fließestrich F 233 / F 234 als Heizestrich

System	Kurzbezeichnung	Produkte Knauf-Fließestriche	Nenndicke d mm
F 233 F 234	HE	FE 25 (AE 30 Qualität) FE 50 (AE 20 Qualität) FE 80 (AE 30 Qualität)	35 mm über OK Heizrohrkonstruktion bzw. über OK Heizebene

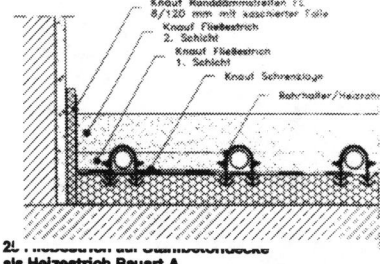

Fließestrich auf Stahlbetondecke als Heizestrich Bauart A

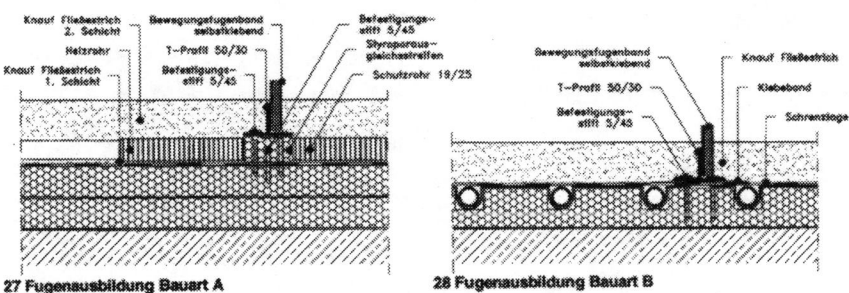

27 Fugenausbildung Bauart A

28 Fugenausbildung Bauart B

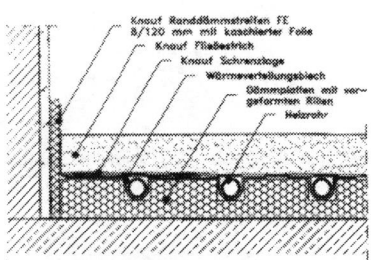

Fließestrich auf Stahlbetondecke als Heizestrich Bauart B

Unterböden, Estrich

Standarddetails Unterböden

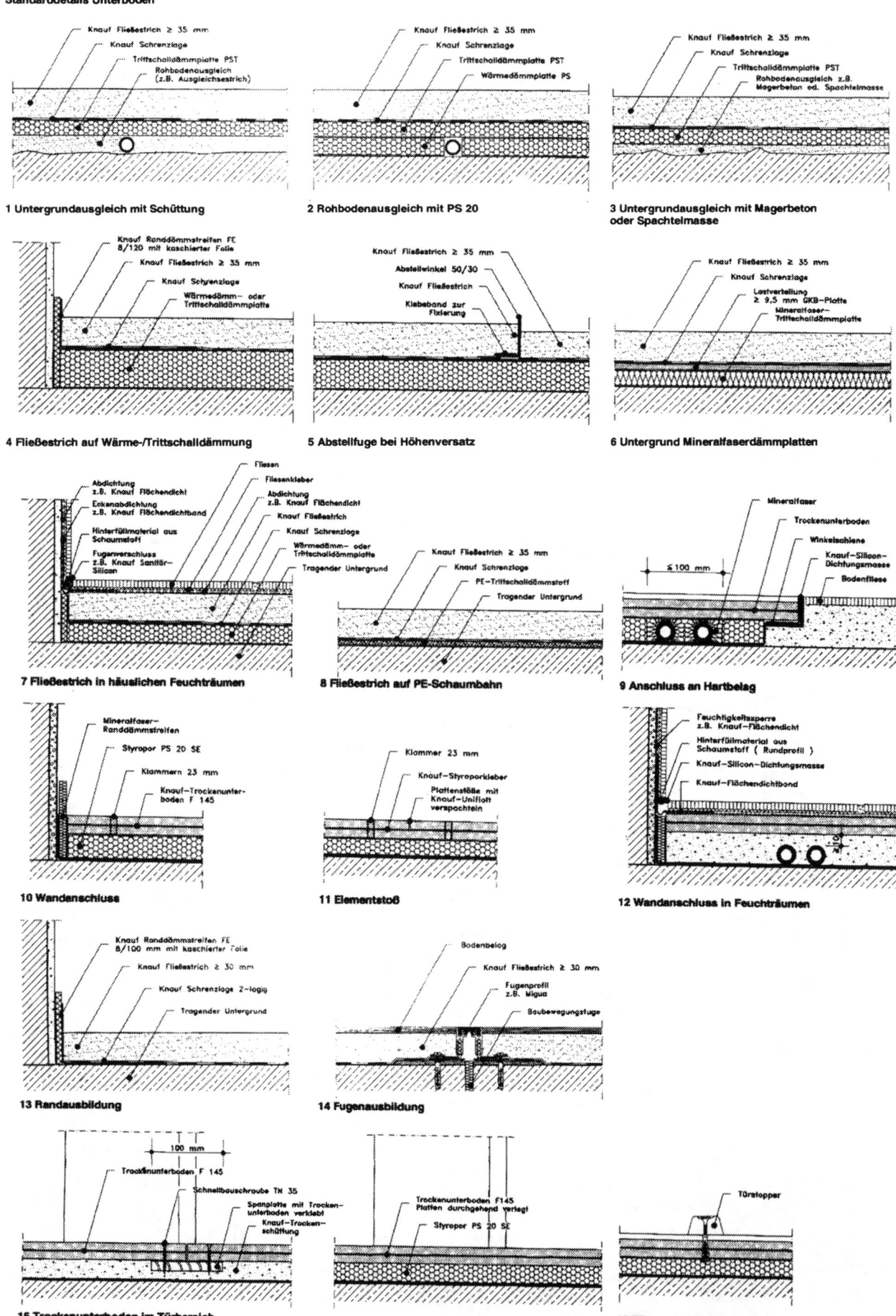

1 Untergrundausgleich mit Schüttung

2 Rohbodenausgleich mit PS 20

3 Untergrundausgleich mit Magerbeton oder Spachtelmasse

4 Fließestrich auf Wärme-/Trittschalldämmung

5 Abstellfuge bei Höhenversatz

6 Untergrund Mineralfaserdämmplatten

7 Fließestrich in häuslichen Feuchträumen

8 Fließestrich auf PE-Schaumbahn

9 Anschluss an Hartbelag

10 Wandanschluss

11 Elementstoß

12 Wandanschluss in Feuchträumen

13 Randausbildung

14 Fugenausbildung

15 Trockenunterboden im Türbereich

16 Türstopper-Befestigung

Unterböden, Estrich

Standarddetails Unterböden

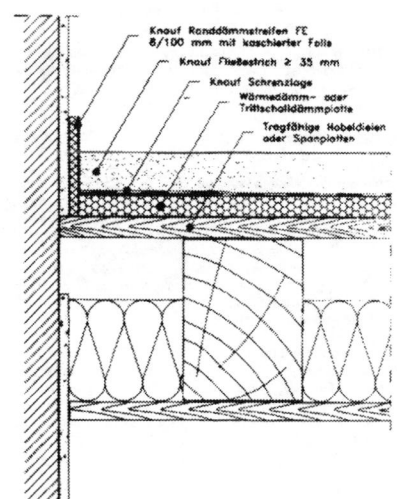

17 Fließestrich auf Wärme-/Trittschalldämmung

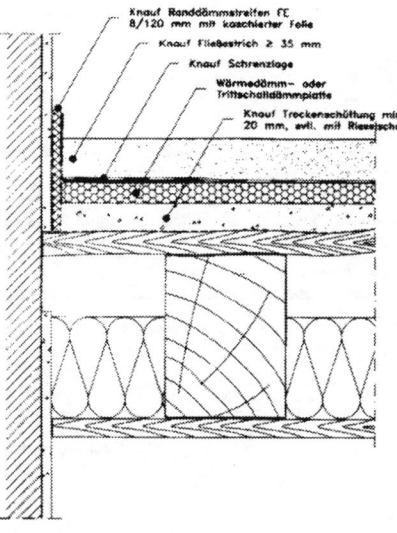

18 Fließestrich auf Wärme-/Trittschalldämmung mit Höhenausgleich

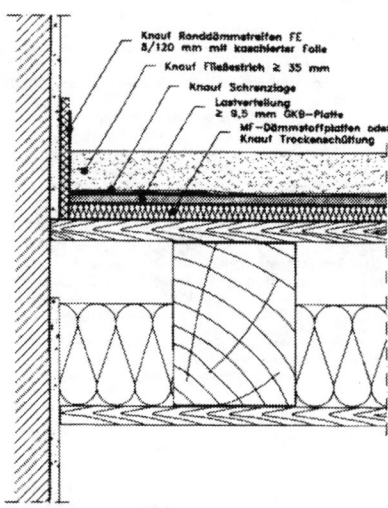

19 Fließestrich auf Mineralfaserdämmung mit Lastverteilungsplatte

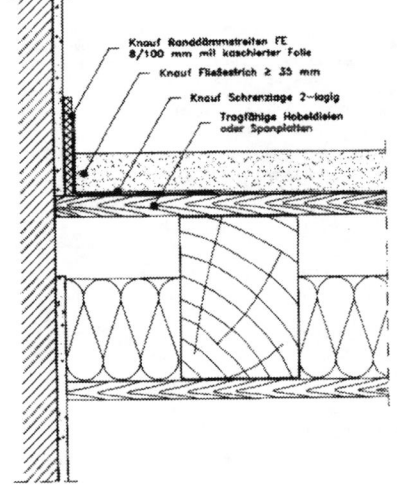

20 Randausbildung auf Holzbalkendecke

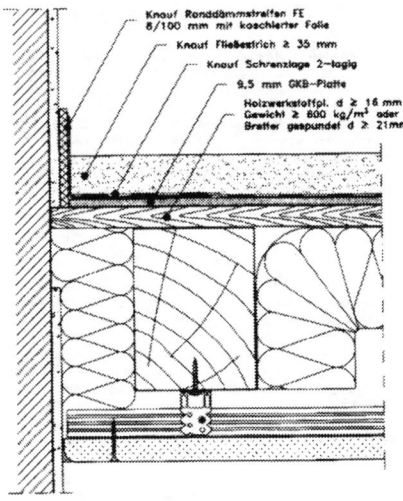

21 Holzbalkendecke F 90 von unten + oben

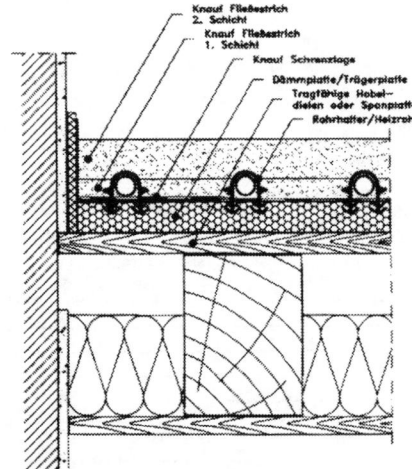

22 Fließestrich auf Holzbalkendecke als Heizestrich Bauart A

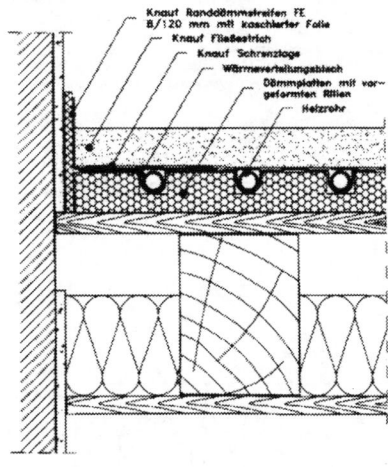

23 Fließestrich auf Holzbalkendecke als Heizestrich Bauart B

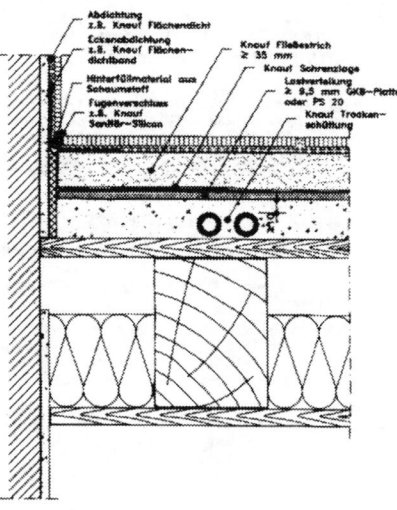

24 Fließestrich in häuslichen Feuchträumen

Parkett, Holzpflaster, Hobeldielen

Richtlinie für die Ausführung von Parkettarbeiten nach DIN 18365, Abschnitt 3 (Auszug)

Allgemeines
Das Parkett ist aus Parketthölzern nach DIN 280 Teil 1 bis Teil 5 herzustellen, und zwar bei Verlegung von
- Parkettstäben oder Parkettriemen aus Sortierung Natur nach DIN 280 Teil 1,
- Mosaikparkettlamellen aus Sortierung Natur nach DIN 280 Teil 2,
- Parkettdielen und Parkettplatten mit stabparkettartiger Oberseite aus Sortierung Natur nach DIN 280 Teil 1,
- Parkettdielen und Parkettplatten mit mosaikparkettartiger Oberseite aus Sortierung Natur nach DIN 280 Teil 2,
- Fertigparkett-Elementen aus Sortierung, z.B. Eiche EI-XXX, nach DIN 280 Teil 5.

Zwischen dem Parkett sowie gegebenenfalls den Parkettunterlagen und angrenzenden festen Bauteilen, z.B. Wanden, Pfeilern, Stützen, sind Fugen anzulegen. Ihre Breite ist nach der Holzart des Parketts, der Art der Parkettunterlagen und Verlegung sowie der Größe der Parkettflächen zu bestimmen.

An Vorstoß–, Trenn– und Dehnungsschienen sind, wenn es nach Holzart und Verlegeart steht, Fugen anzulegen; diese Fugen sind mit einem geeigneten elastischen Stoff zu füllen.

Über Dehnungsfugen im Bauwerk sind im Parkett und gegebenenfalls auch in den Parkettunterlagen Fugen anzulegen.

Durch die Verwendung von Parkettstäben mit unterschiedlichen Maßen darf das Gesamtbild des Parketts nicht beeinträchtigt werden. Nebeneinander liegende Stäbe dürfen dabei nicht mehr als 50 mm in der Länge und nicht mehr als 10 mm in der Breite voneinander abweichen. Außerdem dürfen bei Parkettflächen bis zu 30 m² Stäbe in höchstens drei unterschiedlichen Maßen verwendet werden.

Parkett genagelt
Parkettstäbe (Nutstäbe) oder Parketttafeln sind durch Hirnholzfedern, Parkettriemen und Parkettdielen durch einseitig angehobelte Federn miteinander zu verbinden, dicht zu verlegen und verdeckt zu nageln. Bei Parkettstäben (Nutstäben) und Parketttafeln müssen die Hirnholzfedern auf der ganzen Länge der Nuten verteilt und fest eingeklemmt sein. Der Anteil der Hirnholzfedern muss mindestens 3/4 der Länge der Nut betragen.

Stabparkett, Tafelparkett und Parkettriemen in Parkettklebstoffen
Parkettstäbe, Parkettriemen und Tafelparkett sind mit hartplastischem (schubfestem) Parkettklebstoff aufzukleben.
Der Parkettklebstoff ist vollflächig auf den Untergrund oder gegebenenfalls auf die Parkettunterlage aufzutragen. Die Parkettstäbe und Parketttafeln sind durch Hirnholzfedern, Parkettriemen durch angehobelte Federn, miteinander zu verbinden und dicht zu verlegen. Die Hirnholzfedern müssen auf der ganzen Länge der Nuten verteilt und fest eingeklemmt sein. Der Anteil der Hirnholzfedern muss mindestens 3/4 der Länge der Nut betragen.

Mosaikparkett
Mosaikparkett ist mit hartplastischem (schubfestem) Parkettklebstoff aufzukleben.

Der Parkettklebstoff ist ausreichend dick und vollflächig auf den Untergrund aufzutragen. Das Mosaikparkett ist in die Klebstoffschicht einzuschieben, einzudrücken und dicht zu verlegen.

Parkett und Parkettunterlage
Parkett ist i.d.R. ohne Parkettunterlage zu verlegen.

Wenn Parkettunterlagen auszuführen sind, sind sie versetzt und – wenn erforderlich – mit Dehnungsfugen zu verlegen, auch wenn sie aufgeklebt werden; ihre Fugen müssen versetzt zu den Fugen des Parketts liegen. Bei Mosaikparkett sind Unterlagsplatten diagonal zur Verlegerichtung des Parketts zu verlegen; Holzspanplatten, die mit Nut und Feder verbunden sind, sind parallel zu verlegen, Parkettunterlagen, die wegen ihrer Beschaffenheit aufgeklebt werden müssen, sind auf dem Untergrund vollflächig aufzukleben.

Fußleisten und Deckleisten
Hölzerne Fußleisten und Deckleisten müssen an Ecken und Stößen auf Gehrung geschnitten werden; Fußleisten sind in Abständen von weniger als 60 cm dauerhaft mit Stahlstiften an der Wand zu befestigen. Deckleisten sind mit Drahtstiften zu befestigen.

Parkettstäbe und Tafeln für Tafelparkett nach DIN 280, Blatt 1 (Auszug)

Mosaikparkettlamellen nach DIN 280, Blatt 2 (Auszug)
Parkettriemen nach DIN 280, Blatt 3 (Auszug)
Parkettdielen, Parkettplatten nach DIN 280, Blatt 4 (Auszug)
Fertigparkett-Elemente nach DIN 280, Blatt 5 (Auszug)

Arten, Maße
Parkett ist ein Holzfußboden, der aus Parkettstäben, Tafeln für Tafelparkett, Mosaikparkettlamellen, Parkettriemen, Parkettdielen, Parkettplatten und industriell hergestellten Fertigparkett-Elementen besteht.
Parkettstäbe sind ringsum genutete Parketthölzer, die beim Verlegen durch Hirnholzfedern (Querholzfedern) verbunden werden.
D i c k e 22 mm
B r e i t e 45 – 50 – 55 – 60 – 65 – 70 – 75 – 80 mm
L ä n g e 250 – 280 – 300 – 320 – 350 – 360 – 400 – 420 – 450 – 460 – 490 – 500 – 550 – 560 – 600 mm, darüber hinaus von 50 zu 50 gestuft
bis 1000 mm; Stäbe ab 600 mm werden auch Langstäbe genannt.

Tafeln für Tafelparkett sind Verlegeeinheiten, die nach Mustern oder Zeichnungen aus verschiedenen Holzarten in verschiedenen Formen und Abmessungen, massiv oder furniert, hergestellt werden. Die Tafeln sind ringsum genutet und werden beim Verlegen mit Hirnholzfedern (Querholzfedern) verbunden oder sie sind mit Nut und angehobelter Feder versehen.
Die Furnierdicke muss mindestens 5 mm betragen. Die begehbare Schicht muss aus fehlerfreien, ausgesuchten Sägefurnieren hergestellt sein.

Mosaikparkettlamellen sind kleine Parketthölzer, deren Kanten (schmale Seiten) glatt bearbeitet sind und die zu bestimmten Verlegeeinheiten (Platten) zusammengesetzt, Muster verschiedener Art ergeben.
D i c k e 8 mm – B r e i t e bis 25 mm – L ä n g e bis 165 mm

Parkettriemen sind Parketthölzer, die an einer Längskantenfläche eine angehobelte Feder, an der anderen eine Nut haben. Die eine Hirnholzkantenfläche hat eine Nut, die andere eine angehobelte Feder. Beide Hirnholzkantenflächen können auch nach DIN 280 Blatt 1 genutet sein (nach Wahl des Herstellers).
D i c k e 22 mm
B r e i t e (Deckmaß) 45 – 50 – 55 – 60 – 65 – 70 – 75 – 80 mm
L ä n g e (Deckmaß) 250 – 280 – 300 – 320 – 360 – 400 – 420 – 450 – 460 – 480 – 490 – 500 – 550 – 560 – 600 mm und darüber hinaus 50 zu 50 gestuft
bis 1000 mm; Riemen ab 600 mm werden auch Langriemen genannt.

Massiv(V)-Parkettdielen sind (nicht fertig oberflächenbehandelte) Verlegeeinheiten aus Parketthölzern, die in Länge und Breite so verbunden sind, dass sie eine Dielenform ergeben. Sie sind an einer Längsseite mit angehobelter Feder, an der anderen Längsseite mit Nut versehen; die Hirnenden können mit Nut, mit Nut und Feder versehen oder glattkantig sein.

Mehrschichten(M)-Parkettdielen und Mehrschichten(M)-Parkettplatten sind (nicht fertig oberflächenbehandelte) Verlegeeinheiten aus Parketthölzern, die auf Unterlagen so verbunden (aufgeleimt) sind, dass sie eine Dielen– oder Plattenform ergeben. Sie sind entweder ringsum genutet oder an zwei Seiten mit angehobelter Feder, an den 2 gegenüberliegenden Seiten mit Nut versehen.
D i c k e Parkettdielen 13 bis 26 mm
Parkettplatten 13 bis 26 mm
B r e i t e (Deckmaß) Parkettdielen 100 bis 240 mm
Parkettplatten 200 bis 650 mm
L ä n g e (Deckmaß) Parkettdielen ab 1200 mm
Parkettplatten 200 bis 650 mm

Fertigparkett-Element ist ein industriell hergestelltes fertig oberflächenbehandeltes (z.B. versiegeltes) Fußbodenelement aus Holz oder einer Verbindung von Holz, Holzwerkstoffen und anderen Baustoffen, dessen Oberseite aus Holz besteht und das auch unmittelbar nach seiner Montage (Verlegung) auf der Baustelle keiner Nachbehandlung (z.B. weiterer Versiegelung) bedarf. Fertigparkett-Elemente haben quadratische oder rechteckige Form.

Form	Dicke	Breite (Deckmaß) ± 0,1 %	Länge (Deckmaß) ± 0,1 %
lang	8 bis 26	100 bis 240	ab 1200
kurz	8 bis 26	200 bis 400	ab 400
quadratisch	8 bis 26	200 bis 650	200 bis 650

Gütebedingungen
H o l z b e s c h a f f e n h e i t
Das Holz der Parketthalbzeuge muss gesund sein. Kleine Trockenrisse in Ästen und Haarrisse auf der begehbaren Oberseite dürfen bei Standard (S) und Rustikal (R) mit Füllstoffen behandelt werden. Die begehbare Oberseite muss frei von Insektenfraßstellen sein.
Stehende und liegende Jahrringe sind zulässig.
Die Hirnholzfedern sollen aus Weichholz bestehen.

Feuchtigkeitsgehalt
F e u c h t i g k e i t s g e h a l t
Der Feuchtigkeitsgehalt der Parketthalbzeuge hat bei inländischem Holz zum Zeitpunkt der Lieferung (9 ± 2) % zu betragen.
Hirnholzfedern dürfen keinen höheren Feuchtigkeitsgehalt als die Parkettstäbe haben.

B e a r b e i t u n g
Die Parketthalbzeuge müssen in der Länge und Breite parallel, rechtwinklig, an der begehbaren Oberseite scharfkantig, gerade und gehobelt und gehobelt oder geschliffen sein. Bei fachgerecht hergestelltem und verlegtem Fertigparkett darf eine Kante eines Elementes höchstens 0,2 mm über der Kante des angefügten Elements liegen.

A l l g e m e i n e A n f o r d e r u n g e n
Fertigparkett-Elemente müssen in jeder Richtung unter Berücksichtigung der holztechnologischen Eigenschaften formstabil sein und schwimmend verlegt werden können.

Sortierung
E i c h e (EI)
Eiche-Exquisit (EI-E)
Eiche-Standard (EI-S)
Eiche-Rustikal (EI-R)

R o t b u c h e (B U)
Buche-Exquisit (BU-E)
Buche-Standard (BU-S)

K i e f e r (K I)
Kiefer-Exquisit (KI-E)
Kiefer-Standard (KI-S)

Ü b e r s e e i s c h e N a d e l h ö l z e r (z.B. Carolina-Pine: PIR) und Laubhölzer (z.B. Mahagoni: MAE)
Natur (N)
Gestreift (G)
Exquisit (E)
Standard (S)

Holzfußböden nach DIN 18334, Abs. 3.8

Lagerhölzer, Blindböden, Unterböden, Fußböden, Fußleisten
Lagerhölzer sind waagerecht zu verlegen, ihre Oberflächen müssen in einer Ebene liegen.

Gehobelte Fußböden und Fußleisten sind aus Brettern oder Bohlen der Güteklasse II, ungehobelte Fußböden aus Brettern oder Bohlen der Güteklasse III nach DIN 68365 herzustellen. Gespundete Bretter aus Nadelholz siehe DIN 4072.

Fußbodenbretter müssen quer zu den Balken oder Lagerhölzern verlegt werden. Für eine ausreichende Be– und Entlüftung von Hohlräumen unter den Brettern ist zu sorgen. Die Bretter sind auf jedem Lager zu befestigen. Nach dem Verlegen sind vorstehende Kanten an den Stößen und Fugen zu beseitigen.

Blindböden sind aus Brettern nach DIN 68365, Güteklasse II, mindestens 22 mm dick, mit 15 mm Zwischenraum herzustellen.

Unterböden aus Holzspanplatten sind nach DIN 68771 "Unterböden aus Holzspanplatten" mindestens 22 mm dick herzustellen.

Fußleisten (Scheuer– und Stableisten) müssen an Ecken und Stößen auf Gehrung geschnitten oder mit Profilanschluss versehen sein; sie sind dauerhaft zu befestigen.

Gespundete Bretter aus Nadelholz nach DIN 4072

Bretter aus europäischen (außer nordischen Hölzern)
Bretter aus nordischen Hölzern

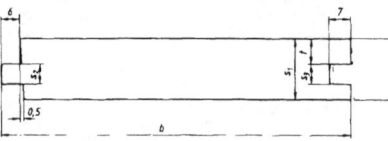

Brettdicke s_1	zul Abw	Feder-dicke s_2	Nut-breite s_3	Dicke über Nut + Feder t	Brettdicke s_1	zul Abw	Feder-dicke s_2	Nut-breite s_3	Dicke über Nut und Feder t
15,5	± 0,5	4	4,5	7	19,5	± 0,5	6	6,5	8
19,5	± 0,5	6	6,5	8	22,5	± 1	6	6,5	10
25,5	± 1	6	6,5	11	25,5	± 1	6	6,5	11
35,5	± 1	8	8,5	13					

Bretter aus europäischen (außer nordischen Hölzern)
Bretter aus nordischen Hölzern

Brettbreite Profilmaß b	zul Abw	Brettbreite Profilmaß b	zul Abw
95	± 1,5	96	± 1,5
115	± 1,5	111	± 1,5
135	± 2	121	± 2
155	± 2		

Brettlänge	Stufung	zul Abw	Brettlänge	Stufung	zul Abw
von 1500 bis 4500	250	+ 50	von 1800 bis 6000	300	+ 50
über 4500 bis 6000	500	− 25			− 25

Parkett, Holzpflaster, Hobeldielen

Richtlinie für die Ausführung von Holzpflasterarbeiten nach DIN 18367, Abschnitt 3 (Auszug)

Allgemeines

Für die Ausführung gelten:
DIN 68701 Holzpflaster GE für gewerbliche und industrielle Zwecke

Bei Verlegung auf Betonuntergrund ist ein Voranstrich aufzubringen.

Die Klötze sind im Verband mit geradlinig durchgehenden Längsfugen zu verlegen. Sie müssen parallel zur Schmalseite der zu pflasternden Fläche verlaufen.

Zwischen dem zu verlegenden Holzpflaster und angrenzenden Bauteilen sind Fugen anzulegen. An Schienen sind die Klötze unmittelbar anzuarbeiten.

Über Dehnungsfugen des Bauwerkes sind Fugen auch im Holzpflaster RE anzulegen. Diese Fugen sind mit plastischen Stoffen zu füllen.

Bewegungsfugen im Untergrund dürfen nicht kraftschlüssig geschlossen oder sonst in ihrer Funktion beeinträchtigt werden.

Holzpflaster GE

Pressverlegtes Holzpflaster GE ohne Fugenleisten mit heißflüssiger Klebemasse ist auf Unterlagsbahnen auszuführen und mit Quarzsand abzukehren.

Holzpflaster RE-V

Holzpflaster RE-V ist sofort nach dem Abschleifen zu versiegeln.

Der Auftragnehmer hat die Versiegelungsart und das Versiegelungsmittel entsprechend dem Verwendungszweck des Raumes und der vorgesehenen Beanspruchung auszuwählen.

Die Versiegelung ist so auszuführen, dass eine gleichmäßige Oberfläche entsteht.

Holzpflaster RE-W

Holzpflaster RE-W ohne Oberflächenschutz ist nach dem Verlegen mit einem öligen, paraffinhaltigen Mittel, zur Verzögerung der Feuchteaufnahme, zu behandeln.

Über Dehnungsfugen des Bauwerkes sind Fugen auch im Holzpflaster RE anzulegen. Diese Fugen sind mit plastischen Stoffen zu füllen.

Bewegungsfugen im Untergrund dürfen nicht kraftschlüssig geschlossen oder sonst in ihrer Funktion beeinträchtigt werden.

Holzpflaster GE

Pressverlegtes Holzpflaster GE ohne Fugenleisten mit heißflüssiger Klebemasse ist auf Unterlagsbahnen auszuführen und mit Quarzsand abzukehren.

Unterböden aus Holzspanplatten
nach DIN 68771 (Auszug)

Ausführungsarten

Verlegen auf Lagerhölzern oder Deckenbalken
Befestigen der Platten auf Lagerhölzern oder auf Balken von Holzbalkendecken. Die Platten wirken statisch als Ein- oder Mehrfeldplatten. Zur Verbesserung der Schalldämmung können unter den Lagerhölzern Dämmstreifen angeordnet werden (siehe Bild 1).

Vollflächig schwimmende Verlegung
Platten werden ohne zusätzliche Unterstützung und ohne Befestigung an der Unterkonstruktion vollflächig auf einer Zwischenschicht (z.B. Dämmschicht) angeordnet. Sie wirken statisch als Platten auf elastischer Unterlage (siehe Bild 2).

Abdecken und Ausgleichen vorhandener Holzfußböden
Befestigen von Holzspanplatten auf vorhandene Holzfußböden aller Art als ebene Ausgleichsschicht für zusätzlich aufzubringende Beläge (siehe Bild 3).

Verlegen auf Lagerhölzern oder Deckenbalken
Die Plattenstöße sind zu versetzen. Die parallel zu den Lagerhölzern oder Deckenbalken verlaufenden Plattenstöße sind auf diesen anzuordnen.

Die Platten werden auf die Auflager geschraubt; Abstand der Schrauben untereinander: an den Plattenrändern ≈ 20 bis 30 cm, an übrigen Auflagern: ≈ 40 bis 50 cm. Die Vertiefungen an den Schraubenköpfen sind auszuspachteln und falls erforderlich überzuschleifen. Die Plattenstöße rechtwinklig zu den Auflagern sollten zusätzlich verleimt werden.

Plattentypen
Für die Auswahl der Typen nach DIN 68763 gelten folgende Richtlinien:
– V 100. Allgemein.
– V100G. In Sonderfällen (z.B. für Unterböden auf nicht ausreichend belüfteten Holzbalkendecken in Bädern).

Fußbodenbeläge
Geeignet sind alle gebräuchlichen Belagarten, wie Parkett, Kunststoff- und Gummibeläge, Linoleum sowie Textilbeläge.

Der Belag muss so bald wie möglich verlegt werden, um die Holzspanplatten vor ungünstigen Klimaeinflüssen zu schützen (z.B. Schüsselungen, Verwölbungen, Markierung einzelner Stoßfugen oder Abzeichnen einzelner Platten).

Für die hartplastische ("schubfeste") Verklebung von Parkett können schwimmend verlegte Holzspanplatten-Unterböden nur empfohlen werden, wenn die gesamte Fußbodenkonstruktion in jeder Beziehung trocken ist und trocken bleibt.

Holzpflaster RE
für Räume in Versammlungsstätten, Schulen, Wohnungen (RE-V), für Werkräume im Ausbildungsbereich (RE-W) und ähnliche Anwendungsbereiche nach DIN 68702 (Auszug)

1 Anwendungsbereich
Diese Norm gilt für Holzpflaster als repräsentativer Fußboden z. B. in Versammlungsstätten und im Wohnbereich, sowie als Fußboden in Werkräumen des Ausbildungsbereichs.

2 Begriffe
Holzpflaster RE nach dieser Norm ist ein Fußboden für Innenräume. Er besteht aus scharfkantigen, nicht imprägnierten Holzklötzen (im folgenden Klötze genannt), die einzeln zu gepflasterten Flächen so verlegt werden, dass eine Hirnholzfläche als Nutzfläche dient.

Holzpflaster RE nach dieser Norm wird unterteilt in:

Holzpflaster RE-V als repräsentativer rustikaler Fußboden in Verwaltungsgebäuden und Versammlungsstätten (z.B. Kirchen, Schulen, Theater), Gemeinde- und Freizeitzentren, Hobbyräumen und im Wohnbereich.

Holzpflaster RE-W als Fußboden in Werkräumen im Ausbildungsbereich und für Räume mit gleichartiger Beanspruchung ohne große Klimaschwankungen und ohne Fahrzeug- und Staplerverkehr (außer Leichttransporte).

3 Holzarten
Kiefer (KI), Lärche (LA), Fichte (FI), Eiche (EI) oder ein diesen Holzarten in der Eignung gleichwertiges Holz (Holzarten siehe DIN 4076 Teil 1 und DIN 68364).

4 Maße, Bezeichnung der Klötze

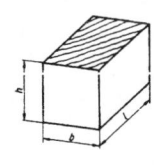

Höhe h ±1	Breite b ±1	Länge l
22 *)		
25 *)		
30		40 bis 120 (bei
40	40 bis 80	Re-W 40 bis 140
50		je nach Anfall)
60		
80		

*) Nur bei RE-V

5 Gütebedingungen
Die Klötze sind aus gesundem, mehrstielig (kerngetrennt) geschnittenem, vierseitig gehobeltem, technisch (künstlich) getrocknetem, scharfkantigem Schnittholz (Bohlen oder Kantholz) herzustellen. Bei Holzpflaster RE sind ab 100 mm Länge auch zweiseitig gehobelte, mindestens 40 mm hohe einstielige Klötze zulässig.

Gesunde, festverwachsene Äste, unbedeutende Trockenrisse sowie Farbunterschiede, die den Gebrauchswert nicht beeinträchtigen, sind zulässig. Bei Klötzen aus Eiche ist gesunder Splint in geringem Umfang, bei Klötzen aus Kiefer leichte Bläue zulässig.

Bei RE-V darf der rustikale Gesamteindruck des Holzpflasters nicht durch andere optisch wahrnehmbare Effekte, z.B. plakatartige Flächen mit wesentlich anderem Farbton, beeinträchtigt werden.

Bei RE-W sind Farbunterschiede grundsätzlich zulässig.

7 Verlegung (Pressverlegung)
Die Klötze sind im Verband mit geradlinig durchgehenden Längsfugen zu verlegen. Sie müssen parallel zur Schmalseite oder zu pflasternden Flächen verlaufen, wenn nicht eine andere Verlegeart (z.B. diagonale Verlegung) vereinbart ist.

Fugenbreite bei RE-V im Mittel bis 1 mm,
Fugenbreite bei RE-W im Mittel bis 3 mm,

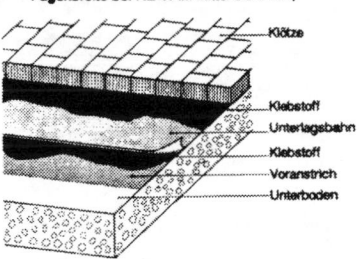

Beispiel eines RE-Holzpflasters (pressverlegt)

Unterböden aus Holzspanplatten

Holzpflaster GE
für gewerbliche und industrielle Zwecke nach DIN 68701 (Auszug)

1 Anwendungsbereich
Diese Norm gilt für imprägniertes Holzpflaster für gewerbliche und industrielle Zwecke, an das besondere Anforderungen hinsichtlich Schub- und Zugbeanspruchung durch Stapler- und Fahrverkehr mit hoher Frequenz und/oder hohen Momentlasten sowie hinsichtlich Feuchtebeanspruchung zu stellen sind.

2 Begriff
Holzpflaster GE nach dieser Norm ist ein Fußboden für gewerbliche und industrielle Zwecke; er besteht aus scharfkantigen, imprägnierten Holzklötzen (im folgenden Klötze genannt), die einzeln zu gepflasterten Flächen so verlegt sind, dass eine Hirnholzfläche als Nutzfläche dient.

3 Holzarten
Kiefer (KI), Lärche (LA), Fichte (FI), Eiche (EI) oder ein diesen Holzarten in der Eignung gleichwertiges Holz (Holzarten siehe DIN 4076 Teil 1 und DIN 68364).

4 Maße und Bezeichnung der Klötze

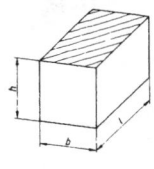

Höhe h ±1	Breite b ±1,5	Länge l
50		
60	80	80 bis 160 je nach Anfall
80		
100		

5 Gütebedingungen
Klötze müssen aus gesundem, trockenem Schnittholz (Bohlen oder Kantholz) hergestellt sein. Sie dürfen keine den Gebrauchswert beeinträchtigenden Fehler und Schäden haben. Festverwachsene Äste, unschädliche Trockenrisse und leichte Bläue sind zulässig. Klötze zwischen 80 und 100 mm Länge aus einstieligem (nicht kerngetrenntem) Schnittholz sind nur bis 10 % der Gesamtmenge zulässig.

8.7 Art der Verlegung
Die Klötze sind im Verband mit geradlinig durchgehenden Längsfugen zu verlegen. Sie müssen parallel zur Schmalseite der zu pflasternden Fläche verlaufen, wenn in der Leistungsbeschreibung nicht eine andere Verlegungsart (z.B. diagonale Verlegung) vorgeschrieben ist.

Beispiele für Verlegungsarten

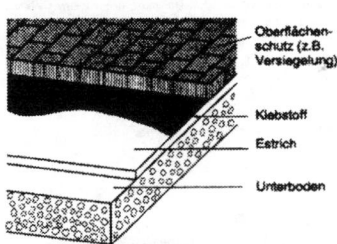

Verlegen ohne Fugenleisten (Pressverlegung)

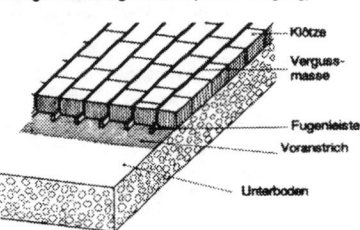

Verlegung mit Fugenleisten (Lättchenverlegung)

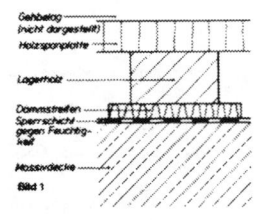

Bild 1

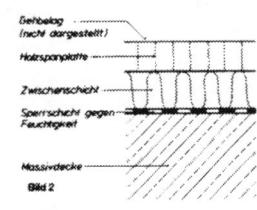

Bild 2

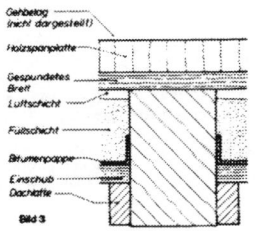

Bild 3

Leichte Deckenbekleidungen, Drahtputzdecken

Leichte Deckenbekleidungen und Unterdecken; Anforderungen an die Ausführung nach DIN 18168 Teil 1, September 1977

Geltungsbereich

Diese Norm gilt für leichte Deckenbekleidungen und Unterdecken einschließlich Einbauten mit einer Eigenlast bis 0,5 kN/m^2. Sie besitzen keine wesentliche Tragfähigkeit und sind an tragenden Bauteilen befestigt. Sie dürfen nicht betreten werden.

Für hängende Drahtputzdecken gilt DIN 4121.

Begriffe

Leichte **Deckenbekleidungen und Unterdecken** sind ebene oder anders geformte Decken mit glatter oder gegliederter Fläche, die aus einer Unterkonstruktion und einer flächenbildenden Decklage bestehen. Bei Deckenbekleidungen ist die Unterkonstruktion unmittelbar an dem tragenden Bauteil verankert; bei Unterdecken wird die Unterkonstruktion abgehangt.

Verankerungselemente sind die Teile, die die Abhänger oder Deckenbekleidungen direkt mit dem tragenden Bauteil verbinden.

Abhänger sind die Teile, die die Verankerungselemente mit der Unterkonstruktion verbinden.

Unterkonstruktion sind die Teile, die die Decklagen tragen.

Decklagen sind die Teile, die den raumseitigen Abschluss bilden. Als Decklagen kommen genormte und nicht genormte Baustoffe in Betracht, soweit sie für den Verwendungszweck geeignet sind.

Verbindungselemente sind die Teile, die die Verankerungselemente, Abhänger, Unterkonstruktionen und Decklagen verbinden.

Bauliche Durchbildung der tragenden Teile der leichten Deckenbekleidungen und Unterdecken

Allgemeine Anforderungen

Die tragenden Teile (Unterkonstruktion, Abhänger und deren Verbindungselemente) müssen die Lasten der leichten Deckenbekleidungen und Unterdecken sicher auf die tragenden Bauteile übertragen.

Leichte Deckenbekleidungen und Unterdecken sind so auszubilden, dass das Versagen oder der Ausfall eines tragenden Teiles nicht zu einem fortlaufenden Einsturz der leichten Deckenbekleidung oder Unterdecke führen kann.

Werden leichte Trennwände an den leichten Deckenbekleidungen oder Unterdecken befestigt, so müssen die aus den Trennwänden resultierenden Kräfte durch geeignete Konstruktionen aufgenommen oder unmittelbar durch die leichten Deckenbekleidungen oder Unterdecken auf Festpunkte abgeleitet werden.

Leichte Deckenbekleidungen und Unterdecken im Freien und in Bauwerken mit nicht verschließbaren Öffnungen sind für die Aufnahme von Winddruck- und Sogbeanspruchungen zu bemessen.

Leichte Deckenbekleidungen und Unterdecken in allen übrigen Bauwerken müssen durch konstruktive Maßnahmen so ausgebildet werden, dass auch bei nicht erfassbaren Windbeanspruchungen, z.B. durch offenstehende Fenster, weder das Herunterfallen der Decklagen noch das Lösen der Abhänger und Verbindungselemente möglich ist.

Werden an die leichten Deckenbekleidungen oder Unterdecken hinsichtlich Stoßbeanspruchung besondere Anforderungen gestellt (z.B. in Turnhallen), so ist die Aufnahme dieser Beanspruchung nachzuweisen.

Unterkonstruktion

Die Unterkonstruktion kann aus Metall, Holz oder anderen geeigneten Baustoffen bestehen. Sie ist so zu bemessen, dass die Durchbiegung höchstens 1/500 der Stützweite (z.B. des Abhängerabstandes), jedoch nicht mehr als 4 mm beträgt. Die Unterkonstruktion muss so beschaffen sein, dass eine sichere Befestigung oder Auflage der Decklage möglich ist. Unterkonstruktionen, die der freien Auflagerung der Decklagen dienen, sind durch Bügel oder ähnliches gegen seitliches Ausweichen zu sichern.

Unterkonstruktion aus Stahl
Für die Profile ist feuerverzinktes Band oder Blech aus weichen unlegierten Stählen mindestens der Stahlsorte St 02 Z, Werkstoffnummer 1.0226, nach DIN 17162 Teil 1, Ausgabe September 1977, zu verwenden. Die Band- oder Blechdicke muss mindestens 0,4 mm betragen; für die Dickentoleranz gilt DIN 59232.

Unterkonstruktion aus Aluminium
Für die Profile sind Aluminiumlegierungen nach DIN 1725 Teil 1 zu verwenden, deren Brauchbarkeit für das Bauwesen erwiesen ist. Die Dicke muss mindestens 0,5 mm, die 0,2%-Dehngrenze mindestens 160 N/mm^2 betragen.

Unterkonstruktion aus Holz
Das für die Unterkonstruktion verwendete Holz muss mindestens der Güteklasse II nach DIN 4074 Teil 1, Ausgabe Dezember 1958, entsprechen und scharfkantig sein; es soll beim Einbau einen den Baubedingungen entsprechenden Feuchtigkeitsgehalt – höchstens 20 % – haben.
Die Holzunterkonstruktion besteht in der Regel aus einer Traglattung, die auf einer quer dazu angeordneten Grundlattung befestigt ist. Die Traglattung trägt die Decklage. Die Latten sind an jedem Kreuzungspunkt miteinander durch hierfür genormte oder hierfür zugelassene Verbindungselemente zu verbinden. Abweichend von DIN 1052 Teil 1 darf je Kreuzungspunkt eine Schraube angeordnet werden. Dabei muss die Einschraubtiefe 5mal Schraubenschaftdurchmesser, jedoch nicht weniger als 24 mm betragen.
Bei Unterdecken muss der Querschnitt der Traglattung mindestens 24 mm x 48 mm, der Grundlattung mindestens 40 mm x 60 mm oder beider Lattungen je 30 mm x 50 mm sein. Bei Deckenbekleidungen muss der Querschnitt der Grundlattung mindestens 24 mm x 48 mm betragen.

Abhänger

Abhänger aus Metall
Abhänger aus Metall und deren Teile müssen mindestens den Angaben der Tabelle 1 entsprechen.

Abhänger aus Holz
Abhänger aus Holz müssen einen Mindestquerschnitt von 10,0 cm^2 und eine Mindestdicke von 20 mm haben unter der Voraussetzung, dass ein ausreichend sicherer Anschluss durch Nägel oder Schrauben möglich ist.

Befestigen der Decklagen

Die Decklage muss sicher auf der Unterkonstruktion aufliegen oder an ihr befestigt sein.

Verankerung der Unterkonstruktion an den tragenden Bauteilen

Die Anzahl der Verankerungsstellen ist so zu bemessen, dass die zulässige Tragkraft der Verankerungselemente sowie die zulässige Verformung der Unterkonstruktion nicht überschritten werden. Mindestens ist jedoch eine je 1,5 m^2 Deckenfläche anzuordnen.

Verankerung an Massivdecken
Bei Stahlbeton- und Spannbetondecken werden die tragenden Teile der leichten Deckenbekleidungen und Unterdecken an bei der Herstellung der Decke einbetonierten Halterungen (z.B. Schienen, Halteschalen), an nachträglich eingesetzten Dübeln oder an nachträglich mit Bolzensetzwerkzeugen nach DIN 7260 Teil 1 eingetriebenen Setzbolzen befestigt.
Eine Verankerung an einbetonierten Holzlatten ist nicht zulässig.

Die **Setzbolzen** müssen einen Schaftdurchmesser von mindestens 3,4 mm und höchstens 4,5 mm haben; die Eindringtiefe muss mindestens 25 mm betragen.

Die Betonfestigkeitsklasse des Verankerungsgrundes muss mindestens B 25 und seine Mindestdicke 100 mm betragen.

Bei Stahlbetonbalken und -rippen dürfen Setzbolzen nur seitlich, mindestens 120 mm vom unteren Rand entfernt, eingetrieben werden.

Bei Spannbetonbalken dürfen Setzbolzen ebenfalls nur seitlich eingetrieben werden. Die Eintreibstellen müssen bereits in der Zeichnung festgelegt sein; der Abstand der Setzbolzen von den Spannstählen muss mindestens 100 mm betragen.

Die Unterkonstruktion muss mehrfach so verankert werden, dass unter Berücksichtigung ihrer Steifig- und Festigkeit und der Verankerungsabstände bei Ausfall eines Setzbolzens die zulässigen Beanspruchungen nicht überschritten werden. Dabei sind je Profil oder Latte mindestens 5 Setzbolzen anzuordnen.
Zusätzlich ist nachzuweisen, dass bei Ausfall von 3 benachbarten Setzbolzen die Sicherheit gegen das Versagen der Unterkonstruktion $v = > 1{,}0$ ist.

Der gegenseitige Abstand der Setzbolzen darf 100 mm nicht unterschreiten.

Die Profil- oder Lattenenden sind stets mit zwei Setzbolzen im Abstand zwischen 100 bis 150 mm zu verankern.

Eine direkte Verankerung der Profile oder Latten an den tragenden Bauteilen mittels Setzbolzen ist nicht zulässig.

Die Last je Setzbolzen darf – unbeschadet der vorgenannten Ausfallbetrachtungen – 0,2 kN nicht überschreiten.

Verankerung an Stahlprofilen und Stahltrapezprofilkonstruktionen
An Stahlprofilen darf die Unterkonstruktion mit Bügeln oder Schellen aus Flach- bzw. Rundstahl, durch Schweißen, mit Blechschrauben, Bohrschrauben, gewindefurchenden Schrauben, Hohlnieten oder Setzbolzen verankert werden.

An Stahltrapezprofilkonstruktionen darf die Unterkonstruktion mit Blechschrauben, Bohrschrauben, gewindefurchenden Schrauben oder Hohlnieten, an ausbetonierten Konstruktionen mit Setzbolzen verankert werden.

Die Tragfähigkeit der Stahlprofile und Stahltrapezprofilkonstruktionen darf dadurch nicht unzulässig vermindert werden.

Für die Verankerung mit Blechschrauben, Bohrschrauben, gewindefurchenden Schrauben, Hohlnieten oder Setzbolzen ist deren Brauchbarkeit für den Verwendungszweck besonders nachzuweisen.

Verankerung an Holzkonstruktionen
An Holzkonstruktionen wird die Unterkonstruktion – sofern sie nicht unmittelbar angeschraubt wird – durch Abhänger nach Abschnitt 6.3 mittels Draht-, Bandschlaufen o.ä. nach DIN 1052 Teil 1 verankert.

Brand-, Wärme- und Schallschutz

Sofern an leichte Deckenbekleidungen und Unterdecken Anforderungen aus Gründen des Brand-, Wärme- und Schallschutzes gestellt werden, richten sich diese nach den hierfür geltenden Normen DIN 4102 Teil 1 bis Teil 4 und Teil 6, DIN 4108 und DIN 4109 Teil 1 bis Teil 3 und Teil 5.
Dabei sind die Einflüsse angrenzender Bauteile (z.B. nichttragende Trennwände, Fassaden) und der Anschluss der leichten Deckenbekleidungen und Unterdecken an diesen zu berücksichtigen.

Tabelle 1. **Materialkennwerte und Mindestmaße von Abhängern aus Metall**

	Materialkennwerte			Maße	
	Kurzzeichen	Werkstoffnummer	nach	Dicke bzw Durchmesser mm	Querschnitt mm^2
Verzinkter Bindedraht	D 9-1	1.0010	DIN 1548 DIN 17140	2,0	–
Verzinkte Drahte für Schnellaufhänger	D 9-1	1.0010	DIN 1548 DIN 17140	4,0	–
Federstahl	C 75	1 0605	DIN 17222	0,5	–
Gewindestäbe	Festigkeitsklasse 4.6		DIN ISO 898 Teil 1	6,0	–
Stahlblech	St 02 Z	1 0226	DIN 17162 Teil 1	0,75	7,5
Aluminiumblech				1,5	10,0

Hängende Drahtputzdecken; Putzdecken mit Metallputzträgern, Rabitzdecken; Anforderungen für die Ausführung nach DIN 4121

Allgemeines

Hängende Drahtputzdecken im Sinne dieser Norm sind ebene oder anders geformte Decken ohne wesentliche Tragfähigkeit, die an tragenden Bauteilen befestigt werden.

Die Drahtputzdecken bestehen aus Abhängern (Hängeglieder), der Unterkonstruktion, dem Putzträger und dem Putz.
Die Vorrichtungen zum Aufhängen der Drahtputzdecken müssen eine sichere Befestigung der Abhänger gestatten.

Die fertige Putzdecke soll einschließlich des eingebetteten Putzträgers mindestens 25 mm und nicht mehr als 50 mm dick sein.

Werden Anforderungen an den Brand-, Wärme- und Schallschutz gestellt, sind DIN 4102 Teil 2, Teil 3 und Teil 4, DIN 4108 und DIN 4109 Teil 2 und Teil 3 sowie etwa vorliegende amtliche Prüfungszeugnisse zu beachten.

Die tragenden Bauteile müssen die Lasten der Drahtputzdecke ohne Überschreitung der zulässigen Spannungen aufnehmen können. Die Eigenlast der Drahtputzdecke ist nach DIN 1055 Teil 1 in Rechnung zu stellen.
Ein statischer Nachweis der Drahtputzkonstruktion ist nicht erforderlich, wenn die Drahtputzdecken den Bestimmungen dieser Norm entsprechen.

Abhänger

Als Abhänger können verwendet werden:

a) Rundstähle von mindestens 5 mm Durchmesser
b) verzinkte Drähte von mindestens 3,1 mm Durchmesser,
c) korrosionsgeschützte, gelochte und ungelochte Bandstähle mit mindestens 10 mm^2 Nutzquerschnitt und einer Mindestdicke von 1,5 mm,
d) Abhänger mit entsprechender Zugfestigkeit und gleichwertigem Korrosionsschutz.

Wenn erhebliche Korrosionsgefahr besteht (z.B. in Räumen mit hoher Luftfeuchtigkeit, bei Waschküchen, Badeanstalten) sind geeignete Maßnahmen, insbesondere höherer Korrosionsschutz erforderlich.

Die Anzahl der Abhänger je m^2 und deren Abstand richtet sich nach der Unterkonstruktion, insbesondere nach deren Tragfähigkeit und Verformbarkeit. Es sind jedoch mindestens 3 Abhänger je m^2 anzuordnen.

Die Abhänger sind in möglichst gleichen Abständen anzuordnen. Sie sollen lotrecht verlaufen und gerade sein. Die Schlaufen am Abhängungspunkt und an der Unterkonstruktion müssen so gebogen werden, dass ein nachträgliches Strecken ausgeschlossen ist.
Zwischenglieder und sonstige Teile der Abhängung müssen dieselbe Tragfähigkeit aufweisen wie die Abhänger.

Befestigung der Abhänger an tragenden Bauteilen

Die Befestigung der Abhänger an den tragenden Bauteilen durch Nägel, Schrauben, Laschen oder andere Halterungen, muss so ausgeführt werden, dass die Lasten mit Sicherheit aufgenommen werden. Befestigungsmittel aus Stahl müssen ausreichend gegen Korrosion geschützt sein.

Bei Holzbalkendecken werden die Abhänger an Schrauben, Rabitzhaken oder Krampen befestigt, die in die Seitenflächen der Balken eingeschraubt oder schräg von oben eingeschlagen werden. Die Schrauben bzw. die Spitzen der Haken und Krampen müssen mindestens 50 mm tief in die Balken eindringen.

Eine Befestigung an der Unterseite der Holzbalken ist nur bei gesundem und festem Holz zulässig. Hierbei sind mindestens 7 mm dicke Schraubösen mit mindestens 50 mm langen Holzschraubengewinden zu verwenden. Die Schrauben müssen mindestens 50 mm tief in die Balken eingeschraubt werden; das Einschlagen von Schrauben ist nicht zulässig.

Bei Beton-, Stahlbeton-, Spannbeton- oder Hohlkörperdecken (z.B. Stahlsteindecken) sollen bereits bei der Herstellung der Decken geeignete Vorrichtungen für das Anbringen der Abhänger – oder die mit Haken versehenen Abhänger selbst – einbetoniert werden.

Hängende Drahtputzdecken

Nachträglich eingetriebene Metall-Bolzen

a) Voraussetzung ist eine Betongüte von mindestens B 25 und eine Mindestdicke des Bauteils von 100 mm.

b) Die Decken dürfen nur durch "vorwiegend ruhende" Verkehrslasten (siehe DIN 1055 Teil 3) beansprucht werden.

c) Es müssen Bolzen mit einem Schaftdurchmesser von mindestens 3,4 mm verwendet und mindestens 25 mm tief eingetrieben werden.

d) Jeder Bolzen ist auf seinen festen Sitz zu prüfen. Lose Bolzen sind durch neue zu ersetzen.

e) Bei Stahlbetonbalken und –rippen dürfen Bolzen nur seitlich mindestens 120 mm vom unteren Rand entfernt, eingetrieben werden.

f) Bei Stahlbetonplatten sind je m² mindestens 3 Bolzen zu setzen, die
bei einer Eindringtiefe von mindestens 25 mm mit je 0,5 kN
bei einer Eindringtiefe von mindestens 35 mm mit je 1,0 kN
beansprucht werden können.

g) Bei Spannbetonbalken dürfen Bolzen nur seitlich eingetrieben werden. Die Eintreibstellen müssen bereits in der Zeichnung festgelegt sein; der Abstand der Bolzen von den Spannstählen muss mindestens 100 mm betragen.

Bei Hohlkörperdecken (z.B. Stahlsteindecken können die Aufhängevorrichtungen für die Abhänger nach Fertigstellung der Decken eingebaut werden, indem Kippdübel aus Metall oder etwa 100 mm lange und 7 mm dicke Rundstähle in nachträglich in die Hohlkörper eingebohrte Löcher eingeführt werden. Die Löcher sind nach dem Befestigen der Abhänger mit Mörtel zu schließen. Das Durchschlagen der Hohlkörper und das Eintreiben von Bolzen ist nicht zulässig.

An Walzstahlprofilen kann das Befestigen von Abhängern durch Anbringen von Schellen aus Flachstahl von mindestens 25 mm x 4 mm Querschnitt oder aus Rundstahl von mindestens 5 mm Durchmesser, durch Anschweißen, durch Eintreiben von Bolzen oder ähnlichem erfolgen. Die erforderliche Tragfähigkeit der Konstruktion darf nicht beeinträchtigt werden.

Unterkonstruktion für Metallputzträger

Tragstäbe werden an Abhängern befestigt. Sie müssen bei Verwendung von Rundstahl mindestens 7 mm Durchmesser haben. Anders geformte Tragstäbe aus Metall müssen mindestens die gleiche Tragfähigkeit aufweisen. Die Tragstäbe sind an den Abhängern so zu befestigen, dass sich die Verbindung nicht löst. Der gegenseitige Abstand der Tragstäbe soll gleichmäßig sein und bei Verwendung von Drahtgewebe etwa 350 mm betragen. Bei Metallputzträgern mit größerer Eigensteifigkeit, kann der Abstand der Tragstäbe erhöht werden; er richtet sich nach der zugelassenen oder nachgewiesenen Tragfähigkeit des Putzträgers.

Die **Querstäbe** bestehen aus Rundstahl von mindestens 5 mm Durchmesser oder aus anderen Profilen mindestens gleicher Tragfähigkeit. Die Querstäbe müssen auf die Tragstäbe aufgelegt werden. Das Befestigen an den Kreuzungspunkten erfolgt durch einen Drahtbund aus doppeltem, mindestens 0,7 mm dickem verzinktem Draht oder einer gleichwertigen Verbindung.

Auf Querstäbe kann verzichtet werden, wenn der verwendete Putzträger so biegefest ist, dass die Putzdecke zwischen den Tragstäben nicht durchhängen kann.

Sicherung gegen seitliche Verschiebung

Hängende Drahtputzdecken sind gegen seitliche Verschiebung zu sichern:

a) entweder sind alle Trag– und Querstäbe mit den Nebenwänden fest zu verbinden
oder

b) es sind – bei freischwebender Anordnung – zusätzliche Sicherungen gegen seitliches Verschieben vorzusehen. Außerdem ist eine Trennfuge von mindestens 8 mm zu belassen.

Drahtputzdecken sind freischwebend anzuordnen, wenn sie starken Temperaturschwankungen (z.B. bei Deckenstrahlungsheizungen) oder starken Erschütterungen ausgesetzt sind, sowie in Bergsenkungsgebieten und wenn der Putz aus Mörtel nach DIN 18550, Mörtelgruppe II, besteht.
Bei Decken aus Mörtel der Mörtelgruppe II sind außerdem in Abständen von etwa 5 m Dehnungsfugen vorzusehen.

Putzträger

Als Putzträger werden vorzugsweise Metall-Putzträger verwendet. Diese sind straff zu spannen und sorgfältig zu befestigen.

Putz

Der Putzträger wird mit geeignetem Mörtel nach DIN 18550, Mörtelgruppe II oder IV, ausgedrückt, gespritzt oder in die Schalung von oben ausgegossen. Auf der Sichtseite soll der Putz den Putzträger mindestens 15 mm überdecken.

Gewölbeartige Drahtputzdecken

Außer den lotrechten Abhängern sind zusätzliche Verspannungen in anderen Richtungen insbesondere rechtwinklig zur Deckenfläche anzuordnen; sie dürfen keine zusätzlichen Kräfte in die Drahtputzdecke übertragen.

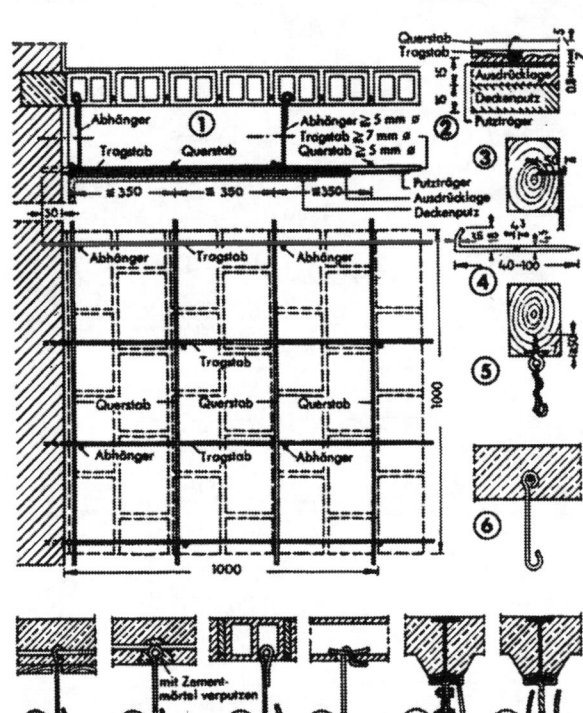

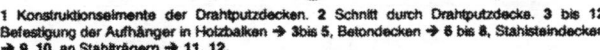

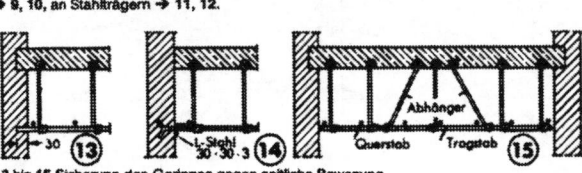

1 Konstruktionselemente der Drahtputzdecken. 2 Schnitt durch Drahtputzdecke. 3 bis 12 Befestigung der Aufhänger in Holzbalken → 3 bis 5, Betondecken → 6 bis 8, Stahlsteindecken → 9, 10, an Stahlträgern → 11, 12.

13 bis 15 Sicherung des Gerippes gegen seitliche Bewegung

Putzträger

24 Rabitzgewebe, rechteckig 25 Rabitzgewebe, sechseckig 26 Baustahl-Rabitzgewebe

27 Streckmetall 28 Rippenstreckmetall 29 Stauß-Ziegeldrahtgewebe

Gewöhnliches Rabitzgewebe nach → (24), (25) aus Draht 0,7–1 mm; Maschenweite 10–15 mm; Rollenbreite 0,50–1,00 m; Rollenlänge 50 m.
Baustahl-Rabitzgewebe nach → (26) aus Längsdrähten in 75 mm, Querdrähten in 200 mm Abstand; Feingeflecht 12 und 15 mm Maschenweite; Gewicht 1,7 kg/m²; Mattenbreite 1 m; Mattenlänge 3 m.
Streckmetall nach → (27), in verschiedenen Abmessungen. Rippenstreckmetall nach → (28) aus Bandstahl, Mattengröße 2,6 x 0,6 mm = 1,5 m². → (29) Stauß-Ziegeldrahtgewebe aus Maschendraht mit aufgepressten gebrannten Tonkörpern, in Rollen 1 m breit, 5 m lang.

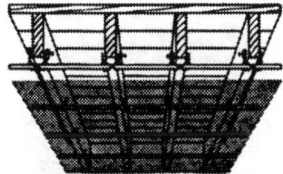

16 Drahtputzdecke; an Holzbalkendecke angehängt.

17 Drahtputzdecke unter Holzbalkendecke untergehängt.

18 Drahtputzdecke unter Stahlbeton-Rippendecke, an Tragplatte angehängt

19 Drahtputzdecke unter Stahlbeton-Rippendecke, an Rippen angehängt.

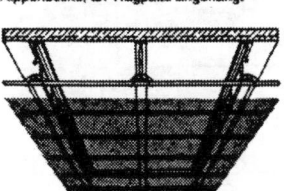

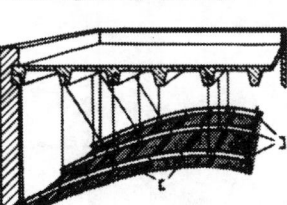

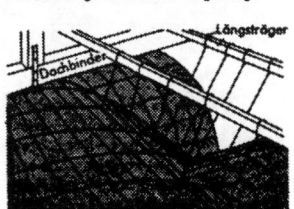

20 Drahtputzdecke unter Leichtstahl-Tragwerk, an Trägerunterflansch befestigt.

21 Drahtputzdecke unter Leichtstahl-Tragwerk, an Trägerunterflansch angehängt.

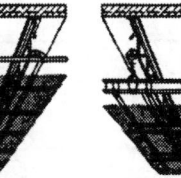

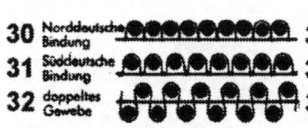

22 Gewölbeartige Drahtputzdecke (Tonnengewölbe), unter Stahlbeton-Rippendecke.

23 Gewölbeartige Drahtputzdecke (Kreuzgewölbe), an Dachbinder und Längsträger aufgehängt.

30 Norddeutsche Bindung 33 Rabitz-Rohrgewebe
31 Süddeutsche Bindung 34 Stabil-Rohrgewebe, eng
32 doppeltes Gewebe 35 Stabil-Rohrgewebe, weit

30 bis 33 Rohrgewebearten; Rollenbreiten bis 2,50 m; Rollenlängen bis 10 m. Rohrgewebe arbeitet unter Feuchtigkeitseinwirkung nicht, deshalb guter Putzträger!

36 Holzstab-Gewebe 38 Columbus-Gewebe
37 Bacula-Gewebe 39 Vulkan-Holzmatte

34 bis 39 Holzstabgewebe; Rollenbreiten bis 2,00 m; Rollenlängen bis 10 m.

Standarddetails Unterdecken

Knauf–Plattendecke GK D 111, Montage auf Holzlattung

Systemdarstellung	Feuerwiderstandsklasse		Knauf–System–Konstruktion									Art des Nachweises
	bei Brandbeanspruchung							Achsabstände				
	von unten	von oben	Knauf–Feuer-Schutz-Platten GKF A 2 PA III 4.3	Mineralfaser nach DIN 4102 Schmelzpunkt ≥ 1000°C Rohdichte ≥ 40 kg/m³ Dicke	Unterkonstruktion	Lattenquerschnitt bzw. Metallprofil Grundlatte-Traglatte	Abstand Verankerungselement bzw. Abhänger	Grundprofil bzw. Grundlatte	Tragprofil bzw. Traglatte	Zusätzl. Mineralfaserdämmung im Deckenzwischenraum	
	Bei Brandbeanspruchung von unten gilt die Feuerwiderstandsklasse der "Unterdecke allein" für alle der über liegenden Decken- und Dachkonstruktionen.	Es wird im Deckenzwischenraum beflammt. Die darüber liegende Decken- oder Dachkonstruktion muss mind. der gleichen F-Klasse angehören.	mm	mm		b/h	mm	mm	mm		
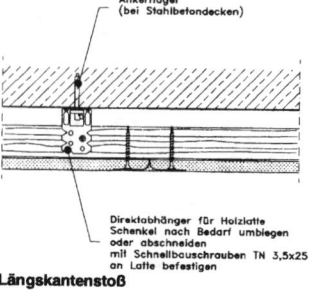	F30B		2x12.5	Holz direkt befestigt oder abgehängt		50/30–50/30	750	750	500	Zulässig	DIN 4102 T4 Abschnitt 6.5.7 Tab.102
						50/30–48/24		600			
	F60B		18+15			50/30–50/30	600	600	400		
						50/30–48/24		500			

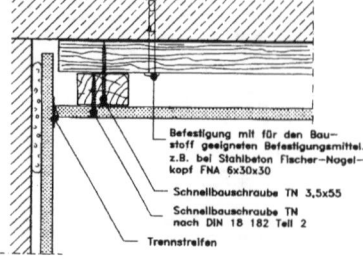

Anschluss an Wand

Befestigung mit für den Baustoff geeigneten Befestigungsmittel. z.B. bei Stahlbeton Fischer–Nagelkopf FNA 6x30x30
Schnellbauschraube TN 3,5x55
Schnellbauschraube TN nach DIN 18 182 Teil 2
Trennstreifen

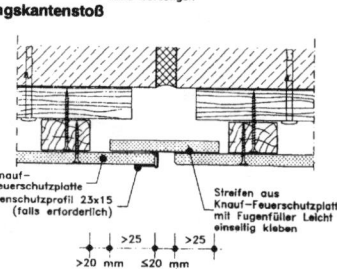

Ankernagel (bei Stahlbetondecken)
Direktabhänger für Holzlatte Schenkel nach Bedarf umbiegen oder abschneiden mit Schnellbauschrauben TN 3,5x25 an Latte befestigen

Längskantenstoß

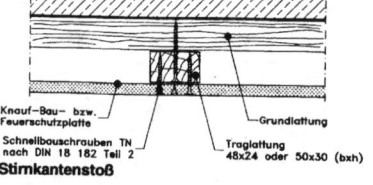

Befestigungsseite wechseln
Draht mit Öse
Schnellabhänger zum Abhängen von Holzunterkonstruktionen
Schnellbauschraube TN 3,5x35
Knauf–Uniflott
Schnellbauschrauben TN nach DIN 18 182 Teil 2
Grundlattung 30x50 (bxh)
Schnellbauschraube TN 3.5x55

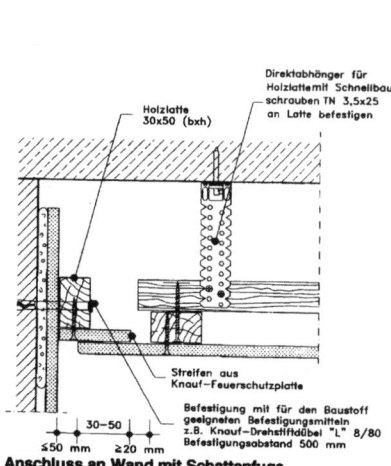

Direktabhänger für Holzlatte mit Schnellbauschrauben TN 3,5x25 an Latte befestigen
Holzlatte 30x50 (bxh)
Streifen aus Knauf–Feuerschutzplatte
Befestigung mit für den Baustoff geeigneten Befestigungsmitteln z.B. Knauf–Drehstiftdübel "L" 8/80 Befestigungsabstand 500 mm
30–50
≤50 mm ≥20 mm

Anschluss an Wand mit Schattenfuge

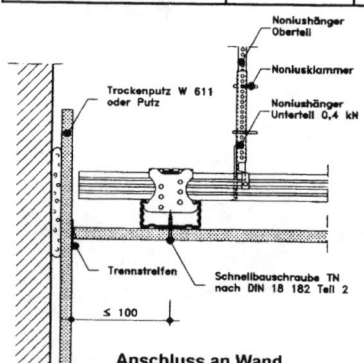

Knauf–Feuerschutzplatte Kantenschutzprofil 23x15 (falls erforderlich)
Streifen aus Knauf–Feuerschutzplatte mit Fugenfüller Leicht einseitig kleben
>25 >25
>20 mm ≤20 mm

Bewegungsfuge

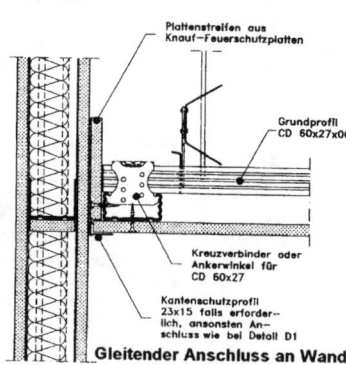

Knauf–Bau- bzw. Feuerschutzplatte
Schnellbauschrauben TN nach DIN 18 182 Teil 2
Grundlattung
Traglattung 48x24 oder 50x30 (bxh)

Stirnkantenstoß

Knauf–Plattendecke GK D 112, Montage auf abgehängter Metallunterkonstruktion

Systemdarstellung	Feuerwiderstandsklasse		Knauf–System–Konstruktion								Art des Nachweises
	bei Brandbeanspruchung						Achsabstände				
	von unten	von oben	Knauf–Feuer-Schutz-Platten GKF A 2 PA III 4.3	Mineralfaser nach DIN 4102 Schmelzpunkt ≥ 1000°C Rohdichte ≥ 40 kg/m³ Dicke	Unterkonstruktion	Lattenquerschnitt bzw. Metallprofil Grundlatte-Traglatte	Abstand Verankerungselement bzw. Abhänger	Grundprofil bzw. Grundlatte	Tragprofil bzw. Traglatte	Zusätzl. Mineralfaserdämmung im Deckenzwischenraum	
	Bei Brandbeanspruchung von unten gilt die Feuerwiderstandsklasse der "Unterdecke allein" für alle darüber liegenden Decken- und Dachkonstruktionen.	Es wird im Deckenzwischenraum beflammt. Die darüber liegende Decken- oder Dachkonstruktion muss mind. der gleichen F-Klasse angehören.	mm	mm		b/h	mm	mm	mm		
	F 30A		2x12,5		Metall abgehängt	CD 60/27	750	1000	500	Zulässig	DIN 4102 T4 Abschnitt 6.5.7 Tab. 102 Prüfungs-Zeugnis
	F60A		18 + 15				600	750			
	F 90A		2x20				400 Abh. 0,25 kN		400		
			25-18				oder 650 Abh. 0,40 kN	1000			

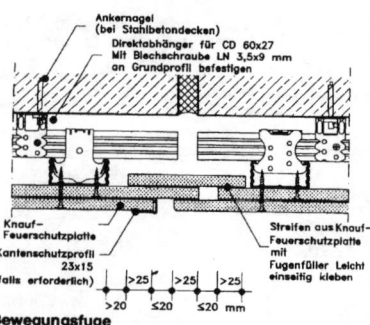

Noniushänger Oberteil
Noniusklammer
Trockenputz W 611 oder Putz
Noniushänger Unterteil 0,4 kN
Trennstreifen
Schnellbauschraube TN nach DIN 18 182 Teil 2
≤ 100

Anschluss an Wand

Plattenstreifen aus Knauf–Feuerschutzplatten
Grundprofil CD 60x27x06
Kreuzverbinder oder Ankerwinkel für CD 60x27
Kantenschutzprofil 23x15 falls erforderlich, ansonsten Anschluss wie bei Detail D1

Gleitender Anschluss an Wand

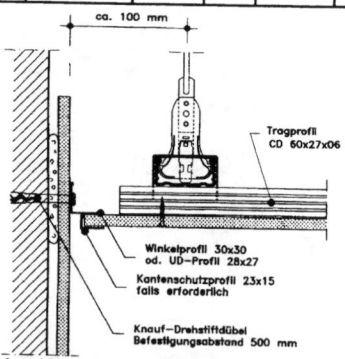

ca. 100 mm
Tragprofil CD 60x27x06
Winkelprofil 30x30 od. UD-Profil 28x27
Kantenschutzprofil 23x15 falls erforderlich
Knauf–Drehstiftdübel Befestigungsabstand 500 mm

Anschluss an Wand mit Sichtfuge

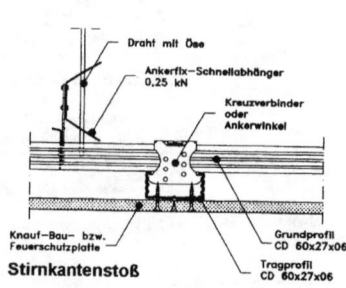

Ankernagel (bei Stahlbetondecken)
Direktabhänger für CD 60x27 Mit Blechschraube LN 3,5x9 mm an Grundprofil befestigen
Knauf–Feuerschutzplatte
Kantenschutzprofil 23x15 (falls erforderlich)
Streifen aus Knauf–Feuerschutzplatte mit Fugenfüller Leicht einseitig kleben
>25 >25 >25
>20 ≤20 ≤20 mm

Bewegungsfuge

Draht mit Öse
Ankerfix–Schnellabhänger 0,25 kN
Kreuzverbinder oder Ankerwinkel
Knauf–Bau- bzw. Feuerschutzplatte
Grundprofil CD 60x27x06
Tragprofil CD 60x27x06

Stirnkantenstoß

Streifen aus Knauf–Feuerschutzplatte
Kreuzverbinder oder Ankerwinkel für CD 60x27
Grundprofil CD 60x27x06
Tragprofil CD 60x27x06
Knauf–Feuerschutzplatte
Kantenschutzprofil 23x15 falls erforderlich, ansonsten Anschluss wie bei Detail D1

Gleitender Anschluss an Wand

Standarddetails Unterdecken

Knauf–Plattendecke GK D 113, Montage auf abgehängter Metallunterkonstruktion – niveaugleich -

Systemdarstellung	Feuerwiderstandsklasse						Knauf-System-Konstruktion					
	bei Brandbeanspruchung								Achsabstände			
	von unten	von oben	Knauf-Feuer-Schutz-Platten GKF A 2 PA III 4.3	Mineralfaser nach DIN 4102 Schmelzpunkt ≥ 1000°C Rohdichte ≥ 40 kg/m³ Dicke	Unterkon-struktion	Lattenquerschnitt bzw. Metallprofil Grundlatte-Traglatte	Abstand Verankerungs-element bzw. Abhänger	Grundprofil bzw. Grund-latte	Tragprofil bzw. Traglatte	Zusätzl. Mineral-faserdämmung im Decken-zwischenraum	Art des Nachweises
	Bei Brandbeanspruchung von unten gilt die Feuerwiderstandsklasse der "Unterdecke allein" für alle darüber liegenden Decken- und Dachkonstruktionen.	Es wird im Decken-zwischenraum gilt die beflammt. Die darüber liegende Decken- oder Dachkon-struktion muss mind. der gleichen F-Klasse angehören.	mm	mm		b/h	mm	mm	mm		
	F30A	F30A	15	40	Metall (niveau-gleich) abgehängt	CD 60/27	850		500	Zulässig	DIN 4102 T4 Abschnitt 6.5.7 Tab.102 Prüfungs-Zeugnis Gutachten
	F30A	F30A	2x12.5								
	F30A		2x12.5								
	F60A		18+15				400 Abh.0,25 kN oder 650 Abh. 0,40 kN	1250			
	F 90 A		25+18						400		

Knauf–Plattendecken GK D 112, D 113, Sonderdetails für F 90 allein von unten

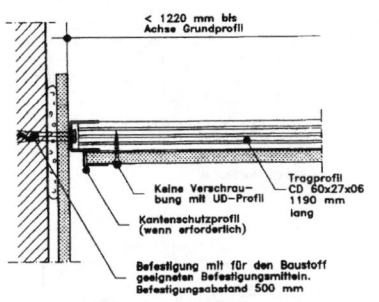

Anschluss an Wand mit Sichtfuge

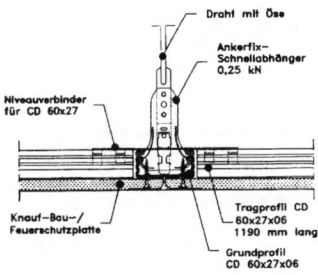

Anschluss an Wand

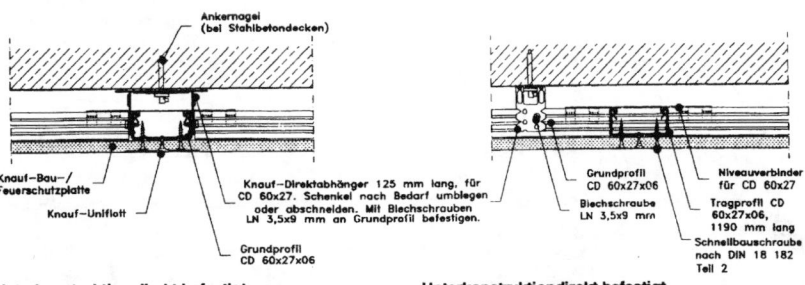

Unterkonstruktion abgehängt Längskantenstoß

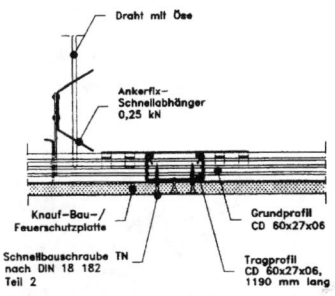

Unterkonstruktion direkt befestigt Längskantenstoß

Unterkonstruktiondirekt befestigt Stirnkantenstoß-Kanten angefast

Unterkonstruktion abgehängt Stirnkantenstoß-Kanten angefast

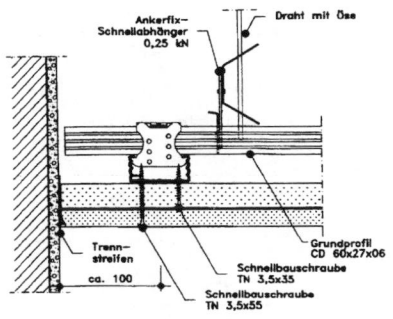

Anschluss an Wand zu D 112

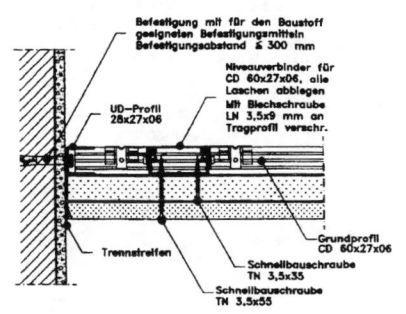

Anschluss an Wand zu D 113

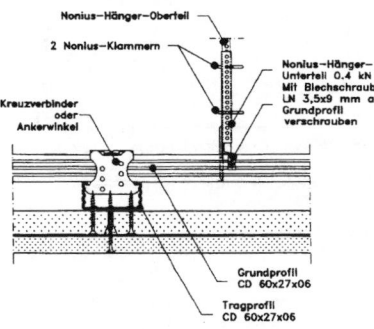

Unterkonstruktion abgehängt Stirnkantenstoß zu D 112

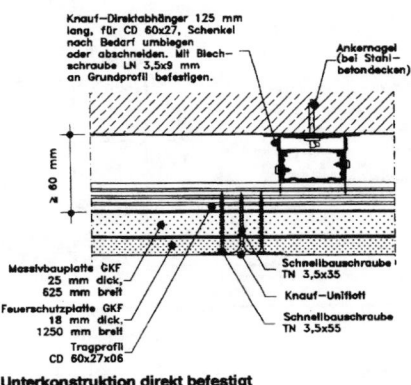

Unterkonstruktion direkt befestigt Längskantenstoß zu D 112

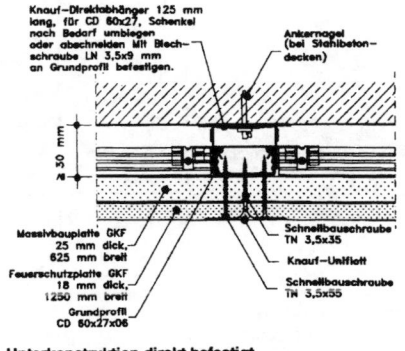

Unterkonstruktion direkt befestigt Längskantenstoß zu D 113

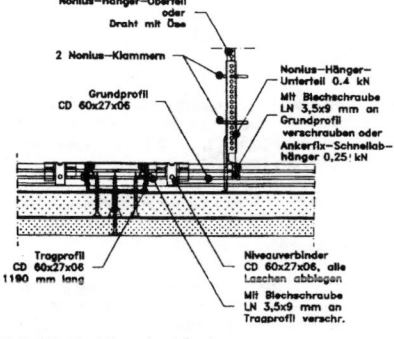

Unterkonstruktion abgehängt Stirnkantenstoß zu D 113

Allgemeine Grundlagen

Treppenarten, Grundrissformen

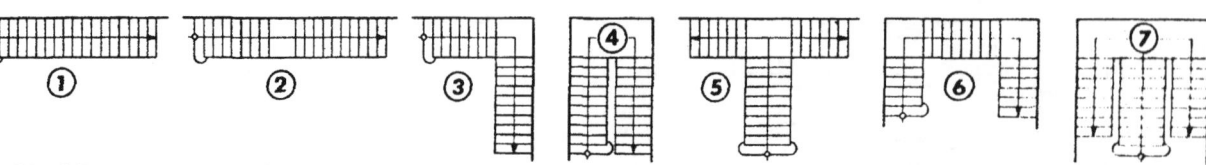

1 bist **7 Gerade Treppen:** einarmige gerade Treppe → 1; gerade Treppe mit Podeststufe → 2; zweiarmige gerade Treppe mit Viertelpodest → 3; zweiarmige gerade Treppe mit Halbpodest → 4; dreiarmige Treppe mit einmal Viertelpodest → 5; dreiarmige gerade Treppe mit zweimal Viertelpodest → 6; dreiarmige gerade Treppe mit Halbpodest → 7.

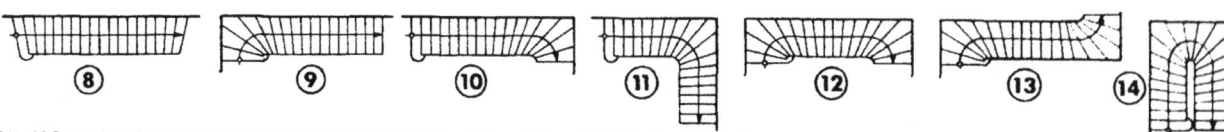

8 bis **14 Gewendelte Treppen:** einarmige gerade Treppe mit verzogenen Stufen → 8; am Antritt viertelgewendelte Treppe → 9; am Austritt viertelgewendelte Treppe → 10; zwischen geraden Laufteilen viertelgewendelte Treppe → 11; zweimal viertelgewendelte Treppe → 12; zweimal viertelgewendelte Treppe mit entgegengesetzt gerichteten Wendelungen → ; 13 halbgewendelte Treppe → 14.

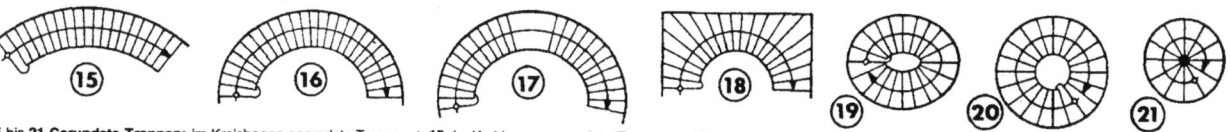

15 bis **21 Gerundete Treppen:** im Kreisbogen gerundete Treppe → 15; im Korbbogen gerundete Treppe → 16; im Korbbogen gerundete Treppe mit Podeststufe → 17; gerundete Treppe mit kreisförmiger Innen- und rechteckiger Außenbegrenzung → 18; ellipsenförmige Wendeltreppe → 19; kreisförmige Wendeltreppe → 20; kreisförmige Spindeltreppe → 21.

Steigungen der Rampen, Treppen, Leitern

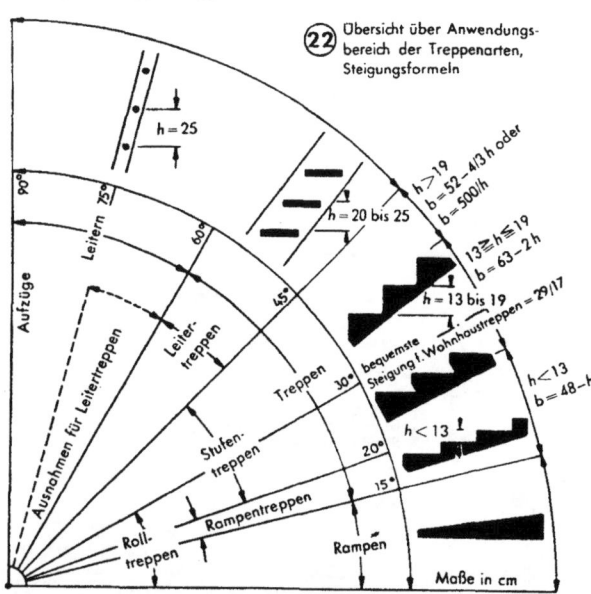

22 Übersicht über Anwendungsbereich der Treppenarten, Steigungsformeln

23 bis 31 Grundmaße der verschiedenen Treppenarten in Übereinstimmung mit DIN 4172 "Maßordnung im Hochbau".

Gebäudetreppen, Anforderungen und Hauptmaße nach DIN 18065

1 Anwendungsbereich

Diese Norm gilt für Treppen in und an Gebäuden, soweit für diese keine Sondervorschriften bestehen.

2 Anforderungen

2.1 Treppenlaufbreite, Steigung, Auftritt

In Tabelle 1 sind maßliche Anforderungen an Treppen festgelegt. Die Nennmaße (Sollmaße) für Treppen sind unter Berücksichtigung der nach Abschnitt 4 angegebenen Toleranzen zu planen.

2.2 Podesttiefe

Die nutzbare Podesttiefe muss mindestens der nutzbaren Treppenlaufbreite nach Tabelle 1, Spalte 4, entsprechen.

2.3 Zwischenpodest

Nach höchstens 18 Stufen soll ein Zwischenpodest angeordnet werden.

2.4 Lichte Treppendurchgangshöhe

Die lichte Treppendurchgangshöhe muss mindestens 200 cm betragen (siehe Bild 1). Bei Treppen nach Tabelle 1, Zeilen 1 bis 4, darf die lichte Treppendurchgangshöhe auf einem einseitigen oder beiderseitigen Randstreifen der Treppe von höchstens 25 cm Breite entsprechend Bild 1 eingeschränkt sein. Dies gilt auch für Treppen zu einem Dachraum ohne Aufenthaltsräume in sonstigen Gebäuden (siehe Tabelle 1, Zeilen 5 und 6).

2.5 Steiltreppen

Bei Wohngebäuden mit nicht mehr als zwei Wohnungen dürfen anstelle von einschiebbaren Treppen oder Leitern als Zugang zu einem Dachraum ohne Aufenthaltsräume auch Steiltreppen mit versetzten Auftritten mit einer nutzbaren Treppenlaufbreite von mindestens 50 cm und höchstens 70 cm verwendet werden. Es wird empfohlen, beidseitig Handläufe anzuordnen.

Tabelle 1: Treppenlaufbreite, Steigung, Auftritt

	1	2	3	4	5	6
	Gebäudeart	Treppenart		Nutzbare Treppenlaufbreite mind.	Steigung s [2]	Auftritt a [3]
1	Wohngebäude mit nicht mehr als zwei Wohnungen [1]	Baurechtlich notwendige Treppen	Treppen, die zu Aufenthaltsräumen führen	80	17 ± 3	28 +9 −5
2			Kellertreppen und Bodentreppen, die nicht zu Aufenthaltsräumen führen	80	≤ 21	≥ 21
3		Baurechtlich nicht notwendige (zusätzliche) Treppen		50	≤ 21	≥ 21
4	Baurechtlich nicht notwendige (zusätzliche) Treppen innerhalb geschlossener Wohnungen			50	keine Festlegungen	
5	Sonstige Gebäude	Baurechtlich notwendige Treppen		100	17 +2 −3	28 +9 −2
6		Baurechtlich nicht notwendige (zusätzliche) Treppen)		50	≤ 21	≥ 21

[1] schließt auch Maisonetten-Wohnungen in Gebäuden mit mehr als zwei Wohnungen ein.
[2] aber nicht < 14 cm
[3] aber nicht > 37 cm

Allgemeine Grundlagen

Treppenmaße nach DIN 10865, Fortsetzung

2.6 Wandabstand
Der Abstand darf auf der Wandseite der Treppenläufe und Treppenpodeste sowie auf der Seite der Umwehrung nicht mehr als 6 cm betragen (siehe Bild 1).

2.7 Unterschneidung
Treppen ohne Setzstufen ("offene Treppen") sowie Treppen mit Auftritten ≤ 26 cm – gemessen in der Lauflinie – sind um mindestens 3 cm zu unterschneiden.

2.8 Wendelstufen
In Wohngebäuden mit nicht mehr als zwei Wohnungen und innerhalb von Wohnungen müssen Wendelstufen an der schmalsten Stelle einen Mindestauftritt von 10 cm im Abstand von 15 cm von der inneren Begrenzung der nutzbaren Treppenlaufbreite haben; dies gilt nicht für Spindeltreppen.
In sonstigen Gebäuden müssen Wendelstufen an der inneren Begrenzung der nutzbaren Treppenlaufbreite einen Auftritt von mindestens 10 cm haben.

2.9 Umwehrung/Geländer

2.9.1 Geländer müssen mindestens 90 cm, bei Absturzhöhen von mehr als 12 m jedoch mindestens 110 cm hoch sein, gemessen über Stufenvorderkante (bzw. Oberfläche Podest); dies gilt nicht für Treppenaugen ≤ 20 cm.

2.9.2 In Gebäuden, in denen mit der Anwesenheit von Kindern zu rechnen ist, sind Geländer so zu gestalten, dass ein Überklettern des Geländers ("Leitereffekt") durch Kleinkinder erschwert wird.
Dabei darf der Abstand von Geländerteilen in einer Richtung nicht mehr als 12 cm betragen. Dies gilt nicht für Wohngebäude mit nicht mehr als zwei Wohnungen (siehe Tabelle 1, Zeilen 1 bis 4).

2.10 Handläufe

2.10.1 Handläufe sind in der Höhe so anzubringen, dass sie bequem genutzt werden können. Sie sollen dabei nicht tiefer als 75 cm und dürfen nicht höher als 110 cm angebracht sein, gemessen lotrecht über Stufenvorderkante bis Oberkante Handlauf.

2.10.2 Der lichte Abstand des Handlaufes von benachbarten Bauteilen (z.B. Oberfläche der fertigen Wand) muss mindestens 4 cm betragen (siehe Bild 1).

3 Steigungsverhältnis

3.1 Das Steigungsverhältnis einer Treppe, ausgedrückt durch die Maße für Steigung und Auftritt s/a, angegeben jeweils in cm, soll sich in der Lauflinie nicht ändern (siehe aber Abschnitt 4).

3.2 Das Steigungsverhältnis kann mit Hilfe der Schrittmaßregel $2 s + a = 59$ bis 65 cm geplant werden. Dabei bedeuten s = Steigung, a = Auftritt, 59 bis 65 cm = mittlere Schrittmaßlänge des Menschen.

4 Toleranzen

Das Istmaß von Steigung s und Auftritt a innerhalb eines (fertigen) Treppenlaufes darf gegenüber dem Nennmaß (Sollmaß) um nicht mehr als 0,5 cm abweichen (siehe Bild 2). Von Stufe zur jeweils benachbarten Stufe darf die Abweichung der Istmaße untereinander dabei jedoch nicht mehr als 0,5 cm betragen.
Für vorgefertigte Treppenläufe in Wohngebäuden mit nicht mehr als zwei Wohnungen darf das Istmaß der Steigung der Antrittshöhe höchstens 1,5 cm vom Nennmaß (Sollmaß) abweichen (siehe Bild 2).

5 Gehbereich, Lauflinie bei gewendelten Läufen

5.1 Bei nutzbaren Treppenlaufbreiten bis 100 cm (siehe Bilder 5 bis 8) hat der Gehbereich eine Breite von $^2/_{10}$ der nutzbaren Treppenlaufbreite und liegt im Mittelbereich der Treppen. Krümmungsradien der Begrenzungslinien des Gehbereiches müssen mindestens 30 cm betragen.

5.2 Bei nutzbaren Treppenlaufbreiten über 100 cm – außer bei Spindeltreppen – beträgt die Breite des Gehbereiches 20 cm. Der Abstand des Gehbereiches von der inneren Begrenzung der nutzbaren Treppenlaufbreite beträgt 40 cm.

5.3 Bei Spindeltreppen (siehe Bild 8) beträgt der Gehbereich $^2/_{10}$ der nutzbaren Treppenlaufbreite. Die innere Begrenzung des Gehbereiches liegt in der Mitte der Treppenlaufbreite.

5.4 Der Auftritt ist in der Lauflinie zu messen. Im Krümmungsbereich der Lauflinie ist der Auftritt gleich der Sehne, die sich durch die Schnittpunkte der gekrümmten Lauflinie mit den Stufenvorderkanten ergibt.

5.5 Die Lauflinie kann vom Treppenplaner bei Treppen mit gewendelten Läufen (siehe DIN 18064, Abschnitt 4.2 und Abschnitt 4.3) frei innerhalb des Gehbereiches gewählt werden. Sie ist stetig und hat keine Knickpunkte. Ihre Richtung entspricht der Laufrichtung der Treppe.

5.6 Krümmungsradien der Lauflinie müssen mindestens 30 cm betragen.

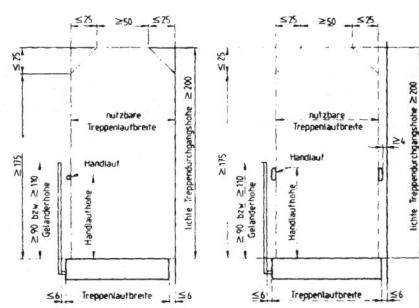

Bild 1. Treppen-Lichtraumprofil, Maße, Benennungen

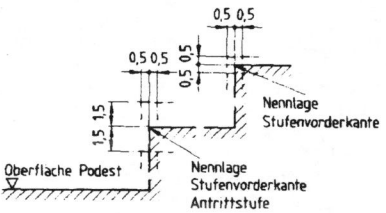

Bild 2. Toleranzen der Lagen der Stufenvorderkanten.

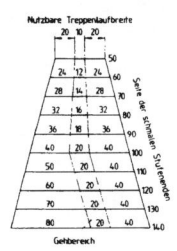 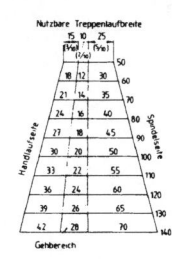

Bild 3. Diagramm des Gehberei-ches für gewendelte Treppen sowie für Treppen, die sich aus geraden und gewendelten Laufteilen zusammensetzen

Bild 4. Diagramm des Gehbereiches für Spindeltreppen

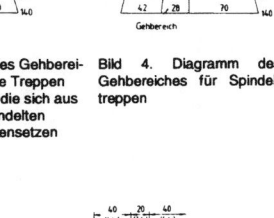

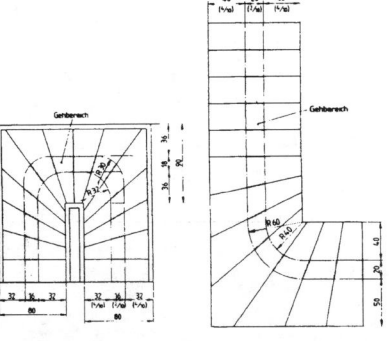

Bild 5. Gehbereich bei gewendeltem Lauf

Bild 6. Gehbereich bei gewendeltem Lauf

Anmerkung: Die dargestellte Stufenverziehung ist lediglich beispielhaft. Nach Wahl der Lauflinie sind die handwerklichen Verziehungsregeln (siehe einschlägige Fachbücher) zur Erzielung sicher begehbarer und gut gestalteter Treppen zu beachten.

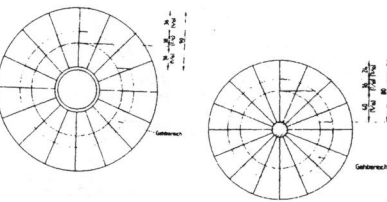

Bild 7. Gehbereich bei Wendeltreppen, Kreiswendel

Bild 8. Gehbereich bei Spindeltreppen

Vorschriften über Treppen in der Musterbauordnung – MBO'93–, § 31

§ 31
Treppen
(1) Jedes nicht zu ebener Erde liegende Geschoss und der benutzbare Dachraum eines Gebäudes müssen über mindestens eine Treppe zugänglich sein (notwendige Treppe); weitere Treppen können gefordert werden, wenn die Rettung von Menschen im Brandfall nicht auf andere Weise möglich ist. Statt notwendiger Treppen können Rampen mit flacher Neigung gestattet werden.
(2) Einschiebbare Treppen und Rolltreppen sind als notwendige Treppen unzulässig. Einschiebbare Treppen und Leitern sind bei Wohngebäuden mit nicht mehr als zwei Wohnungen als Zugang zu einem Dachraum ohne Aufenthaltsräume zulässig; sie können als Zugang zu sonstigen Räumen, die keine Aufenthaltsräume sind, gestattet werden, wenn wegen des Brandschutzes keine Bedenken bestehen.
(3) Notwendige Treppen sind in einem Zuge zu allen angeschlossenen Geschossen zu führen; sie müssen mit den Treppen zum Dachraum unmittelbar verbunden sein. Dies gilt nicht für Gebäude geringer Höhe.
(4) Die tragenden Teile notwendiger Treppen müssen feuerbeständig sein. Bei Gebäuden geringer Höhe müssen sie aus nichtbrennbaren Baustoffen bestehen oder mindestens feuerhemmend sein; dies gilt für Wohngebäude geringer Höhe mit nicht mehr als zwei Wohnungen.
(5) Die nutzbare Breite der Treppen und Treppenabsätze notwendiger Treppen muss mindestens 1 m betragen. In Wohngebäuden mit nicht mehr als zwei Wohnungen und innerhalb von Wohnungen genügt eine Breite von 80 cm. Für Treppen mit geringer Benutzung können geringere Breiten gestattet werden.
(6) Treppen müssen mindestens einen festen und griffsicheren Handlauf haben. Bei großer nutzbarer Breite der Treppen können Handläufe auf beiden Seiten und Zwischenhandläufe gefordert werden.
(7) Die freien Seiten der Treppen, Treppenabsätze und Treppenöffnungen müssen durch Geländer gesichert werden. Fenster, die unmittelbar an Treppen liegen und deren Brüstungen unter der notwendigen Geländerhöhe liegen, sind zu sichern.
(8) Treppengeländer müssen mindestens 90 cm, bei Treppen mit mehr als 12 m Absturzhöhe mindestens 1,1 m hoch sein.
(9) Eine Treppe darf nicht unmittelbar hinter einer Tür beginnen,, die in Richtung der Treppe aufschlägt; zwischen Treppe und Tür ist ein Treppenabsatz anzuordnen, der mindestens so tief sein soll, wie die Tür breit ist.

Vorschriften über Wärmeschutz, Schallschutz und Brandschutz

Wärmeschutz nach MBO'93, § 18 und DIN 4108
Für Treppen werden i.d.R. keine Anforderungen an den Wärmeschutz gestellt. Anforderungen an **Treppenraumwände** siehe 001.03.

Schallschutz nach MBO'93, § 18 und DIN 4109
Nach MBO'93, § 18 wird ein der Nutzung entsprechender Schallschutz gefordert.
– Für Treppenläufe und Treppenpodeste wird Trittschalldämmung nach DIN 4109, Tabelle 3, Zeilen 11, 19, 23 und 30 gefordert (siehe 004.01).

Brandschutz nach MBO'93, §§ 17, 31 und DIN 4102
§ 21 der MBO'93
– DIN 4102 siehe Kapitel 4, Abschnitt 3.
– Klassifizierte Treppen sind sinngemäß klassifizierten Balken und Decken nach DIN 4102 einzustufen. Siehe 003.01.

Berechnung und Ausführung von Treppen

Treppen aus Stahlbeton sind entsprechend DIN 1045 auszuführen.
Treppen mit Stahltragwerk sind entsprechend DIN 18800 auszuführen.
Treppen aus Holz sind entsprechend DIN 1052 auszuführen.

Allgemeine Grundlagen

Verziehen der Stufen

Wenn man bei gewendelten Treppen die Stufen in der Krümmung nach deren Mittelpunkt zieht, entstehen an der Innenwange schwer begehbare Spitzstufen. Die Bauordnungen schreiben für die Spitzstufenbreite an der Spindel Mindestmaße vor (10 – 13 cm), die meist nur durch Verziehen einer Anzahl im geraden Lauf liegender Stufen eingehalten werden können. Für das Verziehen der Stufen gibt es mehrere Methoden, von denen einige, die gut begehbare Treppen ergeben, in → 1 bis 7 dargestellt sind. Es ist darauf zu achten, dass einerseits der

Übergang von den geraden zu den gezogenen Stufen nicht zu auffällig wird, anderersetis aber nicht zuviel Stufen verzogen werden, da sich sonst, besonders bei kleinen Krümmungsradien der Wangen, zu spitze Winkel zwischen Stufenkanten und Innenwange ergeben und die Auftritte im gezogenen Treppenteil in Laufmitte zu schmal werden. Methode 1 liegt unter Beachtung dieser Gesichtspunkte gerade noch an der Grenze des Zulässigen.

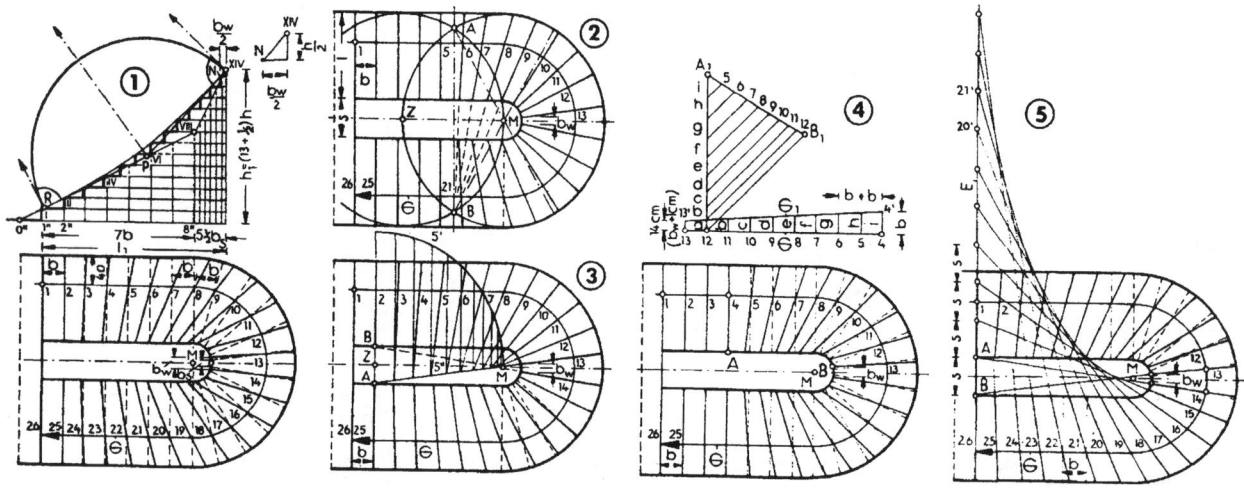

1 bis 5 Verziehen der Stufen halb gewendelter Treppen: nach der Steigungslinie → 1; nach Kreisschnittverfahren → 2; nach Kreisteilungsverfahren → 3; nach dem Dänischen Verfahren → 4; nach Evolutenverfahren (ähnliche 3) → 5.

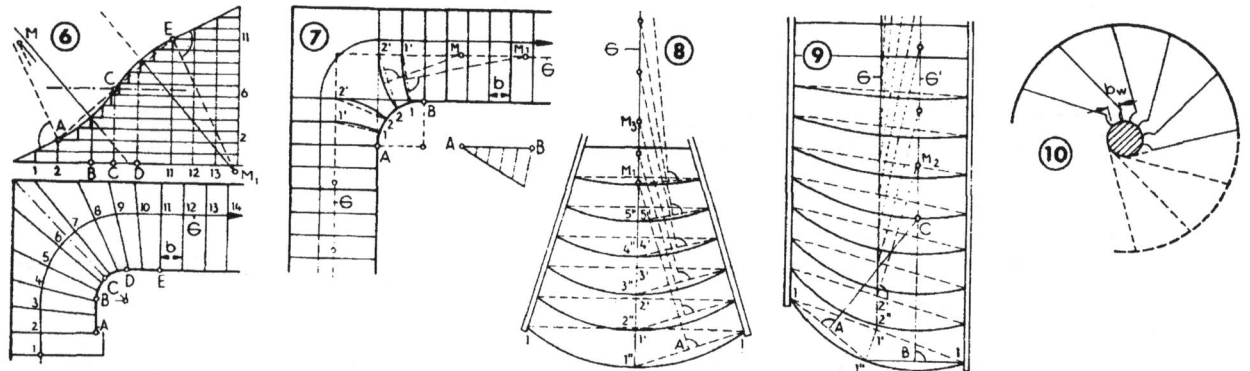

6 Verziehen der Stufen viertel gewendelter Treppen nach dem Abwicklungsverfahren. **7** Abschweifen von Stufen vor einem Eckpodest. **8** Verjüngter Treppenlauf. **9** Leicht verzogener Treppenlauf. **10** Stufenauseckung bei einer voll gewendelten Treppe (Spindeltreppe).

Beschreibung der verschiedenen Verfahren

Steigungslinienverfahren nach → 1. Gestrichelte Aufteilung: Stufenbreiten b auf Gehlinie G auftragen. Bis M gerade Stufen, dann Spitzstufen. Deren Gehlinienpunkte (9–18) mit M verbinden. Übergang zu plötzlich, Stufenbreiten an Spindel zu schmal (zul. Spitzstufenbreite an Spindel b_w = 10 bis 13 cm).
Dick ausgezogene Aufteilung: Zur Abwicklung der Stufen im Aufriss $l_1 = 7b + 5\ 1/2/b_s$ ($l_1 = 1/2$ Lauflänge, b_s = Breite der gestrichelten Spitzstufenbreiten an Spindel) und $h_s = (13 + 1/2)\,h$ ($h_1 = 1/2$ Laufhöhe) auftragen. Bei Punkt VIII beginnen die Spitzstufen. Verbindungslinie O'' – VIII ist Steigungslinie der geraden, VIII – XIV der spitzen Stufen. In Punkt XIV 1/2 zul. Spitzstufenbreite an Spindel $bw/2$ (z.B. 6 cm) antragen. Hypothenuse im Dreieck aus $h/2$ und $bw/2$ über N bis P verlängert, ergibt zul. Steigungslinie der Spitzstufen entlang Spindel. PR = PN auf Steigungslinie O'' – VIII der geraden Stufen antragen. Die Schnittpunkte der Höhenlinien mit einem Kreisbogen, zu dem PR und PN Tangenten sind, ergeben eine gleichmäßig ansteigende Abwicklung der Stufen.

Kreisschnittverfahren nach → 2: Stufenbreiten b auf der Gehlinie G und Mindest–Spitzstufenbreite bw an der Spindel auftragen. Je einen Kreis um M und Z mit Halbmesser $l + s/2$ schlagen. Schnittpunkte A und B sind Fluchtlinienpunkte der Stufenkanten zwischen AB und MB bzw. BA und MA.

Kreisteilungsverfahren nach → 3: Stufenbreiten b auf Gehlinie G und Mindeststufenbreite bw an der Spindel auftragen. So gewonnene Kanten der Spitzstufe in Laufmitte ergeben verlängert die Punkte A und B. Mit Z als Mittelpunkt Viertelkreis mit Radius ZM schlagen. Viertelkreisbogen in so viele Teile teilen, als Stufen im halben Treppenlauf vor Z liegen (im Beispiel 11). Teilungspunkte auf AM projiziert, mit den entsprechenden Gehlinienpunkten verbunden, ergeben die gesuchten Stufenkanten.

Dänisches Verfahren nach → 4: Sollen Stufenkanten ab Stufe 5 verzogen werden. Stufenbreite b von 4 bis 13 auf einer Geraden auftragen und in den Teilungspunkten Senkrechten errichten. In Punkt 13 Mindest-Spitzstufenbreite ($bw + 1$) cm, in Punkt 4 normale Stufenbreite b auftragen. 13' mit 4' verbunden ergibt Gerade G_1. Zwischen G und G_1 liegen die Strecken a bis i. Diese werden auf einer Senkrechten aufgetragen und auf eine beliebige Gerade $A_1 B_1$ von der Länge AB proportional übertragen. Die so entstehenden Abschnitte sind die gesuchten Spitzstufenbreiten an der Spindel.

Evolutenverfahren nach → 5: Stufenbreiten b auf Gehlinie G und Mindest–Spitzstufenbreite bw an der Spindel auftragen. So gewonnene Kanten der Spitzstufe in Laufmitte ergeben verlängert die Punkte A und B. Verbindungslinie AB verlängert ergibt E, darauf Spindelbreite s so oft auftragen, als Stufen verzogen werden. Verbindung der Teilungspunkte auf E mit den Gehlinienpunkten ergibt die verzogenen Stufenkanten. Bei gerader Stufenzahl ist auf E die Strecke 2 s aufzutragen.

Abwicklungsverfahren nach → 6: Stufenbreiten b auf Gehlinie G auftragen. Letzte gerade Stufen bestimmen (z.B. 2 und 11). Aufriss von Innenwange aus Stufenhöhen und Grundriss entwickeln. Schnittpunkte mit den Senkrechten in A und E sind AC und CE Mittelsenkrechte errichten. Gleiche Kreisbögen um M und M_1 mit Radius MA bzw. M_1E ergeben die ausgeglichene Steigungslinie der gezogenen Stufen.

Abschweifung von Stufen vor Eckpodest nach → 7: Wenn je 2 Stufen vor und nach dem Podest verzogen werden sollen, AB abwickeln und in 5 gleiche Teile teilen. Punkte 1 und 2 auf der Spindel mit entsprechenden Punkten 1' und 2' auf Gehlinie G verbinden. Mittelsenkrechte dieser Verbindungen ergeben als Schnittpunkte mit Gehlinie G die Mittelpunkte M und M_1 der abgeschweiften Stufenkanten.

Verjüngter Treppenlauf nach → 8: Im Punkt 1' (der Halbierung der Stufenkante 11) auf Senkrechter in gewünschter Stufenbreite Punkt 1'' festlegen. 1' bis 7' in gleiche Teile teilen. 1'' mit 1 verbinden. 1'' 1 halbieren. Im Halbierungspunkt A Senkrechte errichten. Schnittpunkt M_1 dieser Senkrechten mit G ist Mittelpunkt des Kreisbogens für Vorderkante der Stufe 1 usw.

Leicht verzogener Treppenlauf nach → 9: Im Punkt 1' (der Halbierung der Stufenkante 11) auf Senkrechter in gewünschter Stufenbreite Punkt 1'' festlegen. In Halbierung 1'' und 1''1, den Punkten A und B, Senkrechte errichten, deren Schnittpunkt C Mittelpunkt des Kreisbogens für Vorderkante der Stufe 1 ist. Auf der Parallelen G' zur Gehlinie G durch C liegen die Mittelpunkte der Kreisbogen für die Vorderkanten aller Stufen: die Senkrechte 2' ergibt den Mittelpunkt M_2 usw.

Stufenauseckung nach → 10: Der Umfang der Spindel wird in soviel Teile geteilt, wie in einer Wendelung Stufen vorhanden sind. Die so entstehenden Breiten bw werden durch Auseckung den davorliegenden Stufen zugeordnet.

Massivtreppen

Innentreppen, aus Beton, Mauerwerk und Werkstein

Unterstützung der Stufen

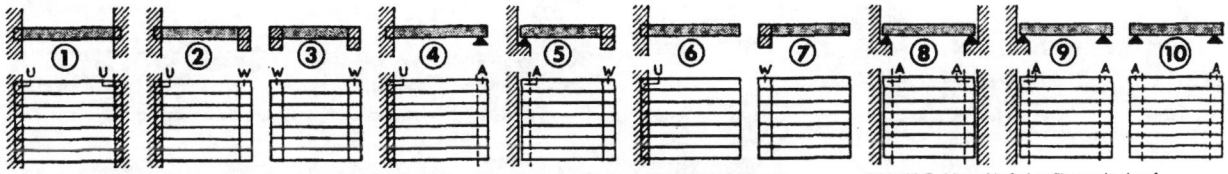

1 bis 3 Beiderseitig eingespannter Lauf   **4 bis 7** Einseitig eingespannter Lauf (**6, 7** als Kragträger)   **8 bis 10** Beiderseitig frei aufliegender Lauf

U = volle Einspannung in Umfassung; W = volle Einspannung in Wangen (Wandwangen oder Freiwangen); A = freies Auflager (auf Wandabsatz, Träger, Wange usw.). Feste Einspannung nach → 1, 2, 4, 6 ist nur gewährleistet, wenn Auflager ausreichend breit und Auflast ausreichend groß ist.

Anordnung der Wangen, Unterzüge, Laufplatten

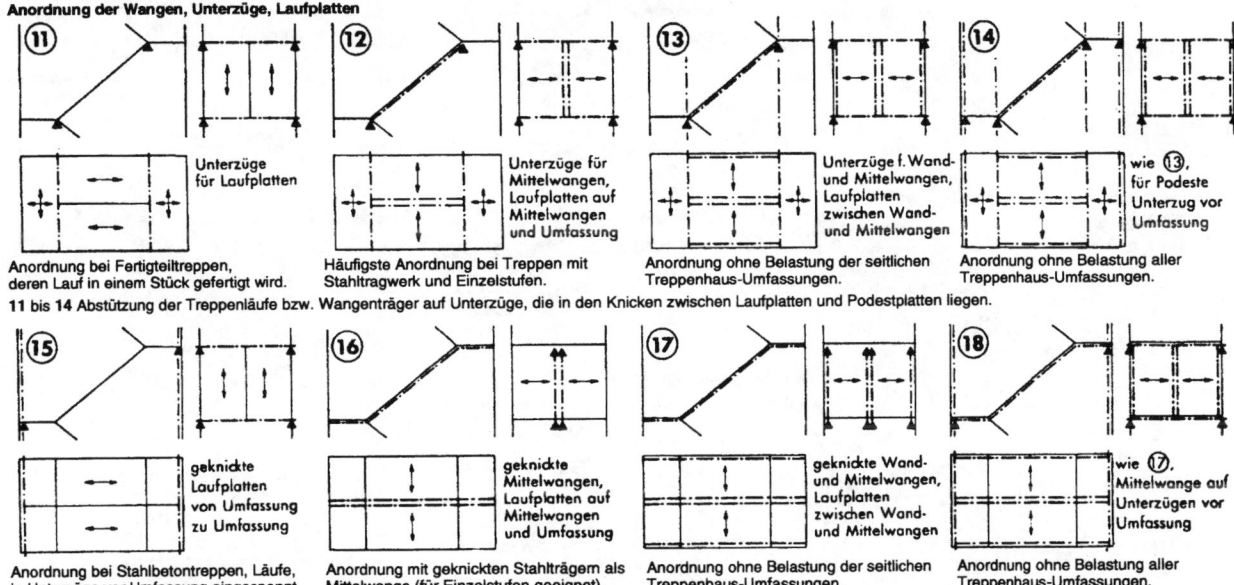

Unterzüge für Laufplatten
Anordnung bei Fertigteiltreppen, deren Lauf in einem Stück gefertigt wird.

Unterzüge für Mittelwangen, Laufplatten auf Mittelwangen und Umfassung
Häufigste Anordnung bei Treppen mit Stahltragwerk und Einzelstufen.

Unterzüge f. Wand- und Mittelwangen, Laufplatten zwischen Wand- und Mittelwangen
Anordnung ohne Belastung der seitlichen Treppenhaus-Umfassungen.

wie ⑬, für Podeste Unterzug vor Umfassung
Anordnung ohne Belastung aller Treppenhaus-Umfassungen.

11 bis 14 Abstützung der Treppenläufe bzw. Wangenträger auf Unterzüge, die in den Knicken zwischen Laufplatten und Podestplatten liegen.

geknickte Laufplatten von Umfassung zu Umfassung
Anordnung bei Stahlbetontreppen, Läufe, in Unterzüge vor Umfassung eingespannt.

geknickte Mittelwangen, Laufplatten auf Mittelwangen und Umfassung
Anordnung mit geknickten Stahlträgern als Mittelwange (für Einzelstufen geeignet).

geknickte Wand- und Mittelwangen, Laufplatten zwischen Wand- und Mittelwangen
Anordnung ohne Belastung der seitlichen Treppenhaus-Umfassungen.

wie ⑰, Mittelwange auf Unterzügen vor Umfassung
Anordnung ohne Belastung aller Treppenhaus-Umfassungen.

15 bis 18 Geknickte Laufplatten über Treppenlauf und Podeste durchlaufend (für Stahlbetontreppen und Treppen mit Stahltragwerk geeignet).

Wangenschnitt

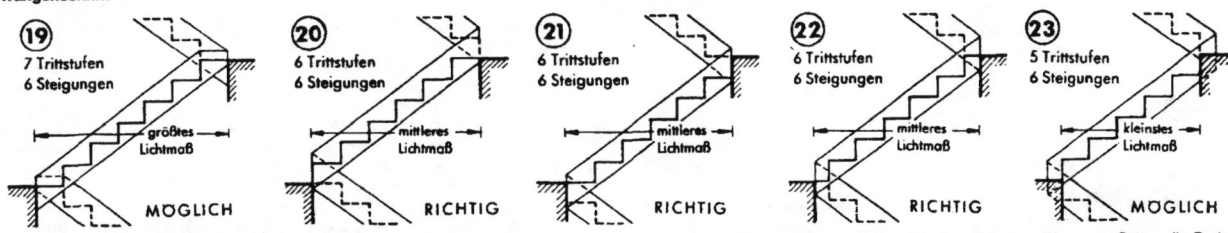

⑲ 7 Trittstufen, 6 Steigungen — größtes Lichtmaß — MÖGLICH
⑳ 6 Trittstufen, 6 Steigungen — mittleres Lichtmaß — RICHTIG
㉑ 6 Trittstufen, 6 Steigungen — mittleres Lichtmaß — RICHTIG
㉒ 6 Trittstufen, 6 Steigungen — mittleres Lichtmaß — RICHTIG
㉓ 5 Trittstufen, 6 Steigungen — kleinstes Lichtmaß — MÖGLICH

Für eine glatt verlaufende Treppenuntersicht und einen sauberen Wangen- und Geländerschnitt ist Voraussetzung, dass die Anzahl der Steigungen gleich der Anzahl der Auftrittsbreiten zwischen den Podesten ist. Regel: Lichtweite zwischen Treppenauflagen = Anzahl der Steigungen x Auftrittsbreite. Ausführung (19) ergibt hässlichen Wangen- und Geländerübergang und verschieden einlaufende Laufschrägen in der

Podestuntersicht. Ausführung (23) ergibt ein schwieriges Wangenauflager, die Podestbreite wird unzulässig durch die über die Mittelwangen überstehende Brüstung (Geländer) verringert. Bei den Ausführungen (20) bis (22) liegen die Schnittpunkte von Laufschrägen, Wangen und Geländer über den Podestkanten. Für jede Treppenbauart saubere Lösung möglich.

Unbewehrte Treppen, zwischen Wangen

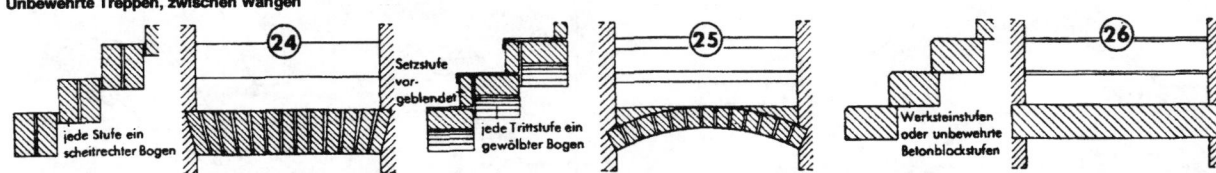

jede Stufe ein scheitrechter Bogen
㉔ Setzstufe vorgeblendet
jede Trittstufe ein gewölbter Bogen
㉕
㉖ Werksteinstufen oder unbewehrte Betonblockstufen

24, 25 Treppenlauf aus Einzelstufen zwischen Umfassungswände gewölbt; **26** Treppenlauf aus Einzelstufen auf Umfassungswände gelagert.

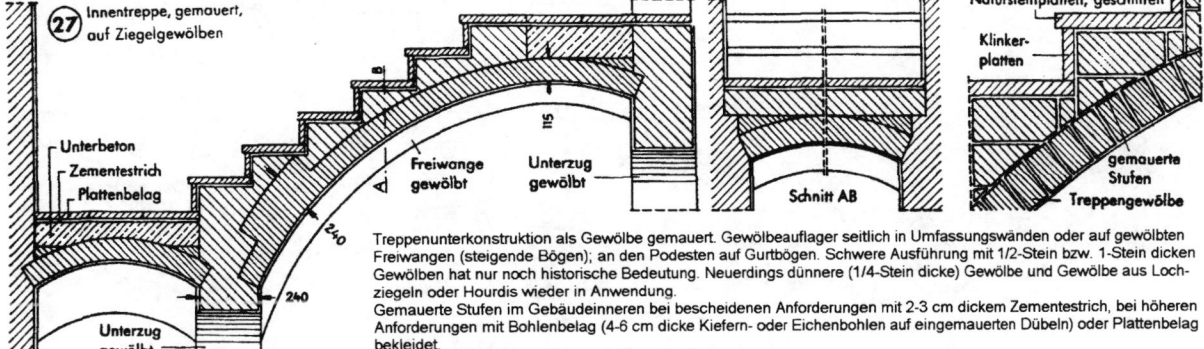

㉗ Innentreppe, gemauert, auf Ziegelgewölben

Unterbeton — Zementestrich — Plattenbelag — Freiwange gewölbt — Unterzug gewölbt — Unterzug gewölbt — Schnitt AB — Natursteinplatten, geschliffen — Klinkerplatten — gemauerte Stufen — Treppengewölbe

Treppenunterkonstruktion als Gewölbe gemauert. Gewölbeauflager seitlich in Umfassungswänden oder auf gewölbten Freiwangen (steigende Bögen); an den Podesten auf Gurtbögen. Schwere Ausführung mit 1/2-Stein bzw. 1-Stein dicken Gewölben hat nur noch historische Bedeutung. Neuerdings dünnere (1/4-Stein dicke) Gewölbe und Gewölbe aus Lochziegeln oder Hourdis wieder in Anwendung.
Gemauerte Stufen im Gebäudeinneren bei bescheidenen Anforderungen mit 2-3 cm dickem Zementestrich, bei höheren Anforderungen mit Bohlenbelag (4-6 cm dicke Kiefern- oder Eichenbohlen auf eingemauerten Dübeln) oder Plattenbelag bekleidet.

Massivtreppen

Außentreppen, Kellertreppen aus Beton, Mauerwerk und Werkstein

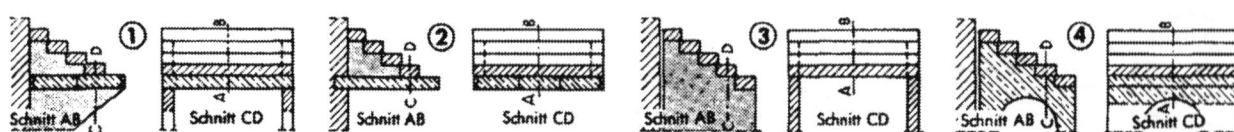

1 bis 4 Gründung der Vortreppen: in Umfassung gelagert → 1, 2 oder vor Umfassung stehend → 3, 4; auf zwischen Konsolträger gespannter Platte → 1, auf Kragplatte → 2, auf frostfrei gegründeten Umfassungen → 3; auf Betongewölbe → 4.

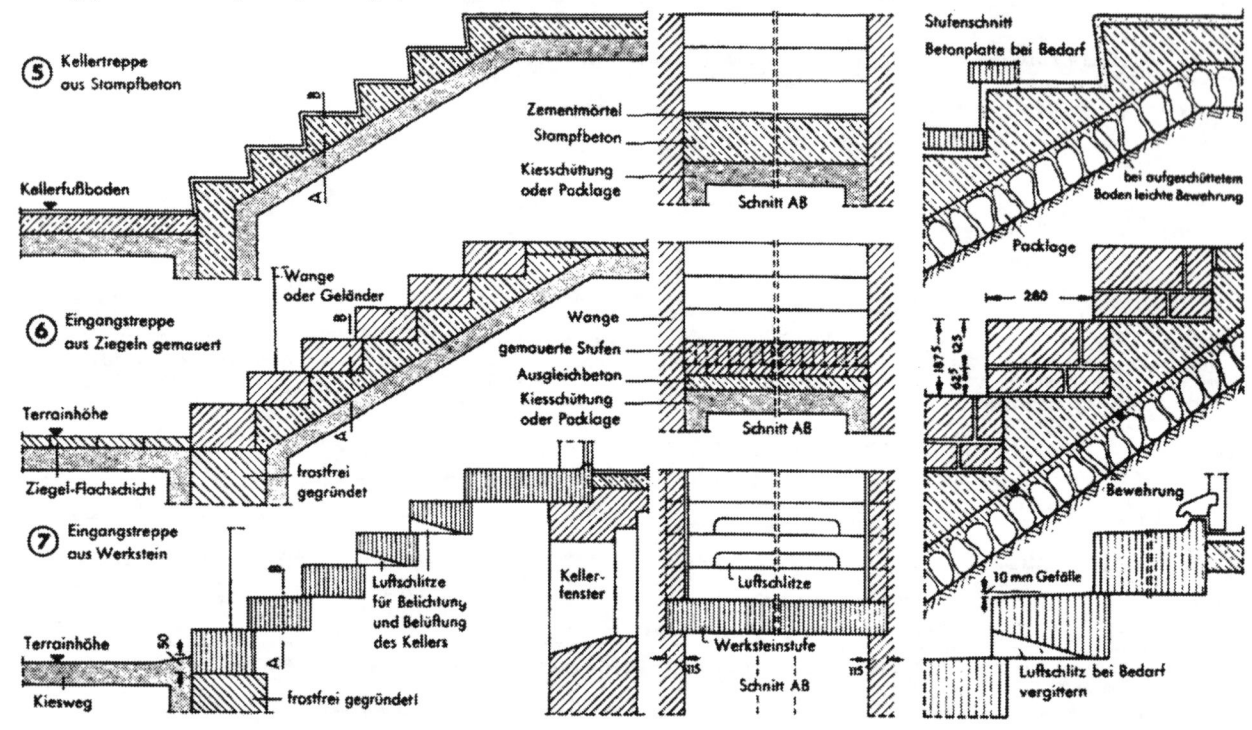

⑤ Kellertreppe aus Stampfbeton

Kellerfußboden

Zementmörtel
Stampfbeton
Kiesschüttung oder Packlage

Schnitt AB

Stufenschnitt
Betonplatte bei Bedarf

bei aufgeschüttetem Boden leichte Bewehrung

Packlage

⑥ Eingangstreppe aus Ziegeln gemauert

Wange oder Geländer

Terrainhöhe

Ziegel-Flachschicht

frostfrei gegründet

Wange
gemauerte Stufen
Ausgleichbeton
Kiesschüttung oder Packlage

Schnitt AB

Bewehrung

⑦ Eingangstreppe aus Werkstein

Terrainhöhe

Kiesweg

frostfrei gegründet

Luftschlitze für Belichtung und Belüftung des Kellers

Keller-fenster

Luftschlitze

Werksteinstufe

Schnitt AB

10 mm Gefälle

Luftschlitz bei Bedarf vergittern

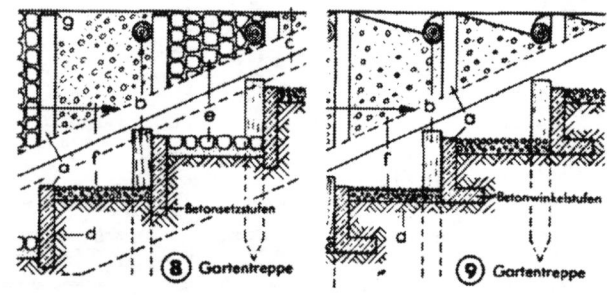

⑧ Gartentreppe
Betonsetzstufen

⑨ Gartentreppe
Betonwinkelstufen

Außentreppen besonders sorgfältig ausführen! Folgendes beachten: Nur frostbeständige natürliche und künstliche Steine oder Beton mit dichter Oberfläche (Vorsatzbeton, Zementestrich) verwenden. Ansichtsflächen fugen, niemals putzen! Keinen Eisenportland– oder Hochofenzement verwenden (können schwefelhaltige Ausblühungen verursachen). Frostfrei gründen (Frosttiefen reichen je nach Bodenart und Ortslage bis 2 m!). Bei schlechtem Baugrund (Aufschüttung) bewehrte Tragplatte bilden oder Fundament auf Betonpfähle setzen. Fundament und Wandteile im Erdreich gegen aufsteigende Feuchtigkeit durch Kiesunterlage und seitliche Kiesschüttung (oder Packlage) schützen. Auf Bepflanzung achten, Wurzeln schaden Bauwerk!

Zu 8, 9: a = Betonstufen; b = Pfahl, Ø 8 – 10 cm, 60 cm lg.; c = Wange; d = gewachsenes Erdreich; e = Kleinpflaster; f = Kiesschüttung, g = Bewegungsfuge

Kreisförmige Wendeltreppen aus Werkstein

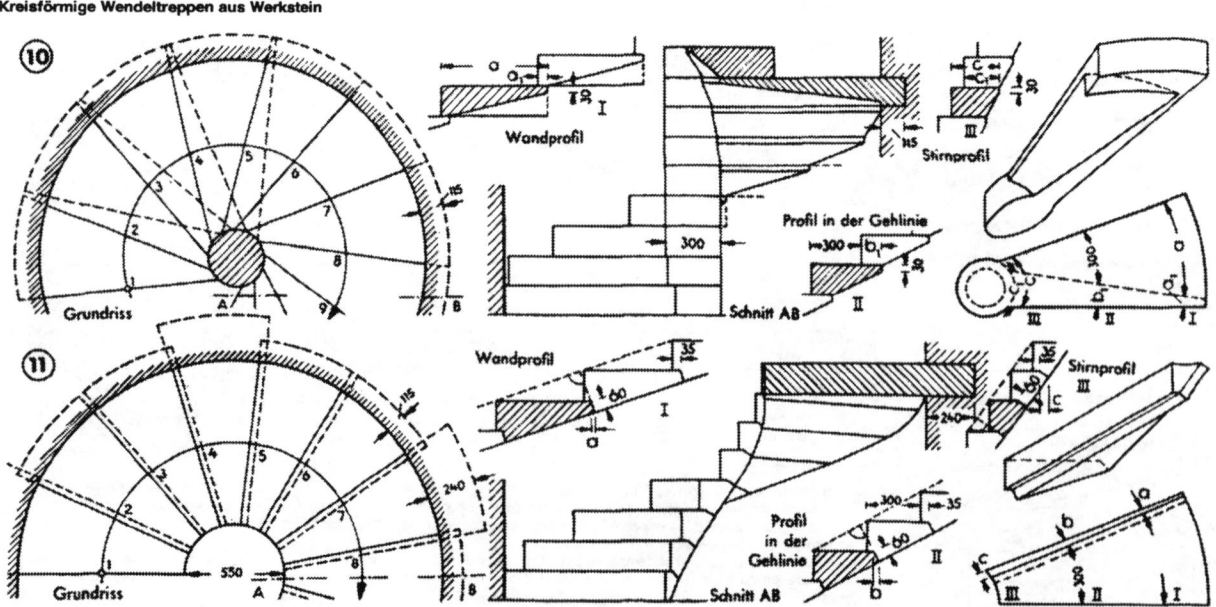

⑩ Grundriss
Wandprofil
Stirnprofil
Profil in der Gehlinie
Schnitt AB

⑪ Grundriss
Wandprofil
Stirnprofil
Profil in der Gehlinie
Schnitt AB

10 Wendeltreppe aus Werkstein mit voller Spindel; Spindel an Stufen angearbeitet; Stufenquerschnitt halb verschalt. 11 Wendeltreppe aus Werkstein mit offener (hohler) Spindel; Stufenquerschnitt ganz verschalt.

Massivtreppen

Innentreppen, aus Beton, Mauerwerk und Werkstein

Werksteintreppe, freitragend

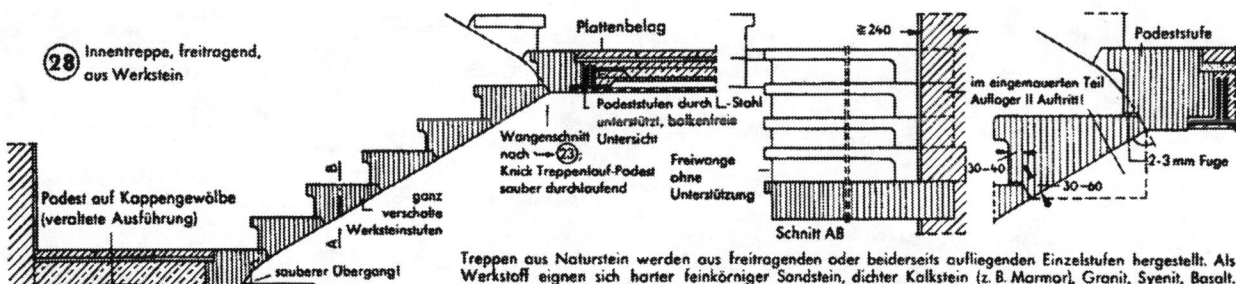

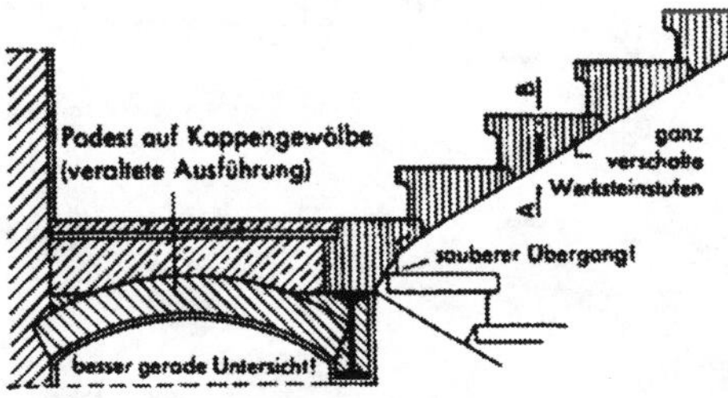

(28) Innentreppe, freitragend, aus Werkstein

Podest auf Kappengewölbe (veraltete Ausführung)

ganz verschlossene Werksteinstufen

sauberer Übergang!

besser gerade Untersicht!

Plattenbelag

Podeststufen durch L-Stahl unterstützt, balkenfreie Untersicht

Wangenschnitt nach →(23); Knick Treppenlauf-Podest sauber durchlaufend

Freiwange ohne Unterstützung

Schnitt AB

≧ 240

30–40

Podeststufe

im eingemauerten Teil Auflager ll Auftritt!

2–3 mm Fuge

30–60

Treppen aus Naturstein werden aus freitragenden oder beiderseits aufliegenden Einzelstufen hergestellt. Als Werkstoff eignen sich harter feinkörniger Sandstein, dichter Kalkstein (z. B. Marmor), Granit, Syenit, Basalt. Länge freitragender Stufen 1,20 m (Sandstein) bis 1,50 m (Granit). Verfalzung der Stufen (→ auch „Stufenformen") überträgt Kräfte auf Podeststufen, diese deshalb unverschieblich lagern und durch Podestträger unterstützen. Podeste ganz in Stahlbeton oder auf Stahltragwerk. Einspannung in Umfassung sorgfältig ausführen. Stufen verkeilen, bei nicht ausreichender Auflast besonders verankern!

Stahlbetontreppen, Bewehrung und konstruktive Einzelheiten

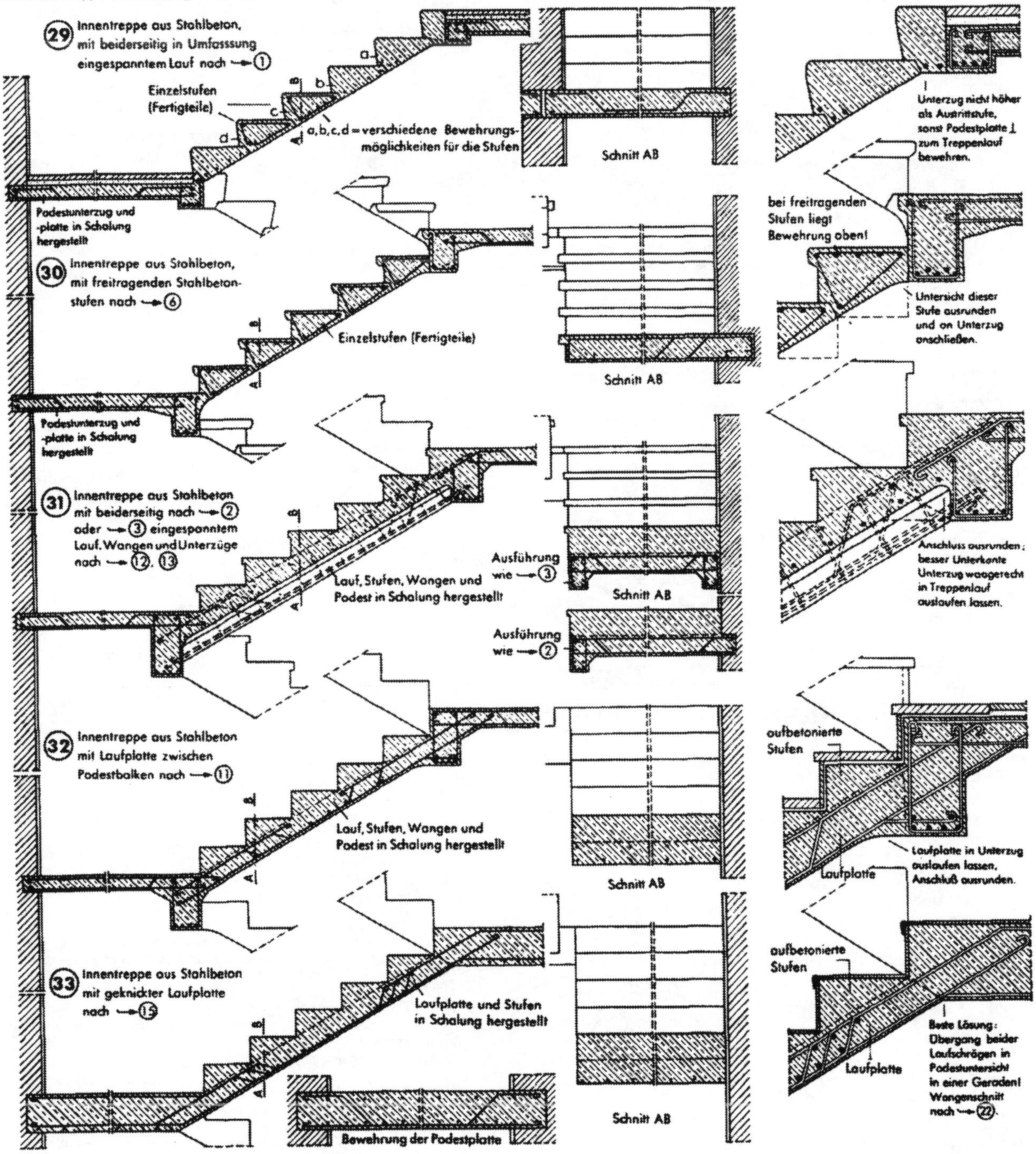

(29) Innentreppe aus Stahlbeton, mit beiderseitig in Umfassung eingespanntem Lauf nach →(1)

Einzelstufen (Fertigteile)

a, b, c, d = verschiedene Bewehrungsmöglichkeiten für die Stufen

Podestunterzug und -platte in Schalung hergestellt

Schnitt AB

Unterzug nicht höher als Austrittstufe, sonst Podestplatte ⊥ zum Treppenlauf bewehren.

bei freitragenden Stufen liegt Bewehrung oben!

Untersicht dieser Stufe ausrunden und an Unterzug anschließen.

(30) Innentreppe aus Stahlbeton, mit freitragenden Stahlbetonstufen nach →(6)

Einzelstufen (Fertigteile)

Podestunterzug und -platte in Schalung hergestellt

Schnitt AB

(31) Innentreppe aus Stahlbeton mit beiderseitig nach →(2) oder →(3) eingespanntem Lauf. Wangen und Unterzüge nach →(12), (13)

Lauf, Stufen, Wangen und Podest in Schalung hergestellt

Ausführung wie →(3)

Ausführung wie →(2)

Schnitt AB

Anschluss ausrunden; besser Unterkante Unterzug waagerecht in Treppenlauf auslaufen lassen.

(32) Innentreppe aus Stahlbeton mit Laufplatte zwischen Podestbalken nach →(11)

Lauf, Stufen, Wangen und Podest in Schalung hergestellt

Schnitt AB

aufbetonierte Stufen

Laufplatte in Unterzug auslaufen lassen, Anschluß ausrunden.

Laufplatte

(33) Innentreppe aus Stahlbeton mit geknickter Laufplatte nach →(15)

Laufplatte und Stufen in Schalung hergestellt

Bewehrung der Podestplatte

Schnitt AB

aufbetonierte Stufen

Laufplatte

Beste Lösung: Übergang beider Laufschrägen in Podestuntersicht in einer Geraden! Wangenschnitt nach →(22)

Massivtreppen

Treppen aus Stahlbeton-Fertigteilen, Bauarten

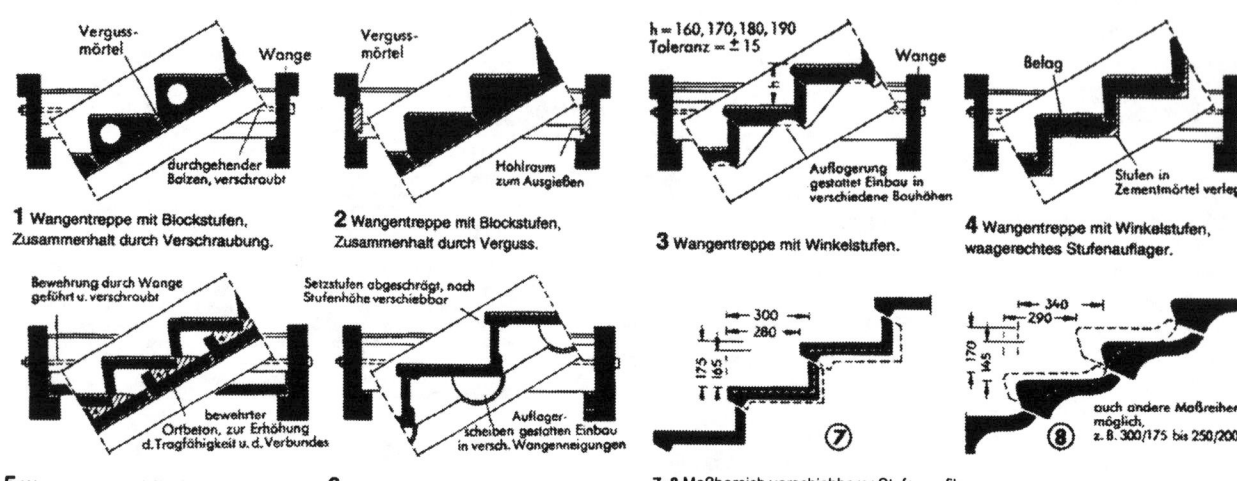

1 Wangentreppe mit Blockstufen, Zusammenhalt durch Verschraubung.

2 Wangentreppe mit Blockstufen, Zusammenhalt durch Verguss.

3 Wangentreppe mit Winkelstufen.

4 Wangentreppe mit Winkelstufen, waagerechtes Stufenauflager.

h = 160, 170, 180, 190
Toleranz = ± 15

5 Wangentreppe mit Winkelstufen

6 Wangentreppe mit Tritt- und Setzstufen.

7, 8 Maßbereich verschiebbarer Stufenprofile: Lagerung auf Wangen ähnlich → **6** oder Mauerwerk.

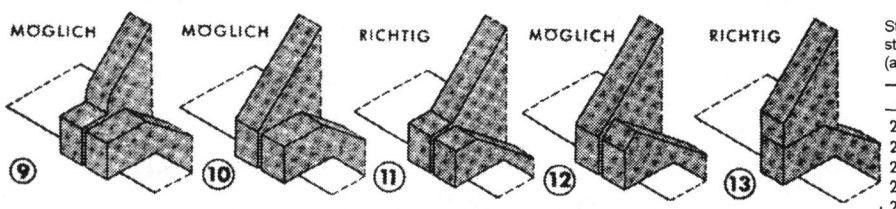

MÖGLICH MÖGLICH RICHTIG MÖGLICH RICHTIG

9 ⑨ **10** ⑩ **11** ⑪ **12** ⑫ **13** ⑬

9 bis 13 Arten von Auflagerungen der Treppenwangen Bei normalen Platzverhältnissen Wangen nebeneinander, guter Gelander- und Handlauf-Ubergang →**11**. Bei engen Platzverhältnissen Wangen übereinander, Gelander zwischen Wangen →**13**.

Steigungsverhältnis der finnischen Normenstufe nach →**8** Bereich 340/145 bis 290/170 (auch andere Maßbereiche möglich)

b	h	b	h	b	h	b	h
290	170	304	163	318	156	332	149
292	169	306	162	320	155	334	148
294	168	308	161	322	154	336	147
296	167	310	160	324	153	338	146
298	166	312	159	326	152	340	145
300	165	314	158	328	151	—	—
302	164	316	157	330	150	—	—

Treppen aus Stahlbeton-Fertigteilen, Ausführungsbeispiele

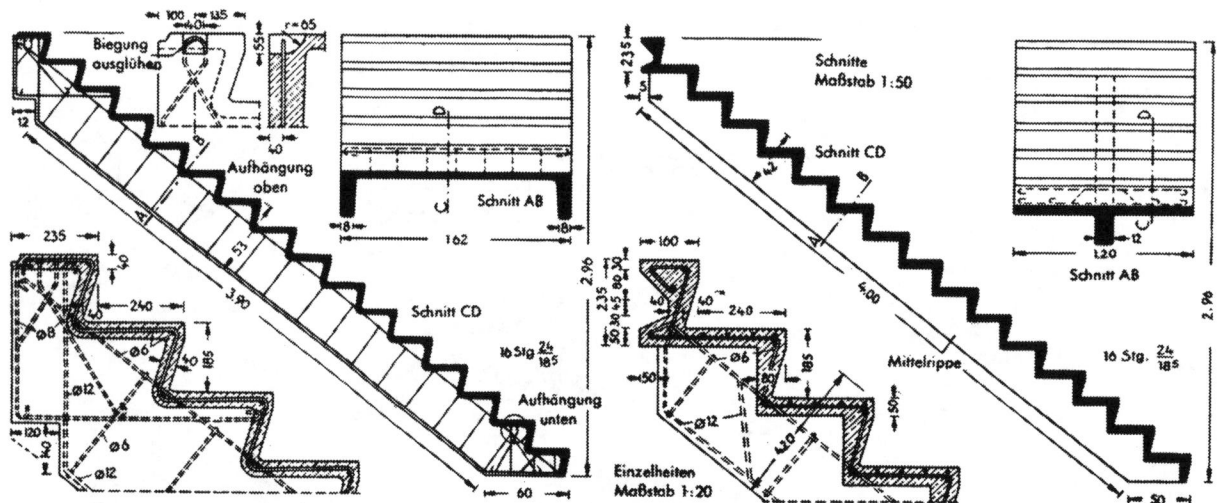

14 Gerade einläufige Stahlbeton-Fertigtreppe, mit 2 Wangen, aus einem Stück bestehend (nach Lit. 50).

15 Gerade einläufige Stahlbeton-Fertigtreppe mit Mittelrippe, aus einem Stück bestehend (nach Lit. 50)

Tragbolzentreppen für Wohngebäude nach DIN 18069

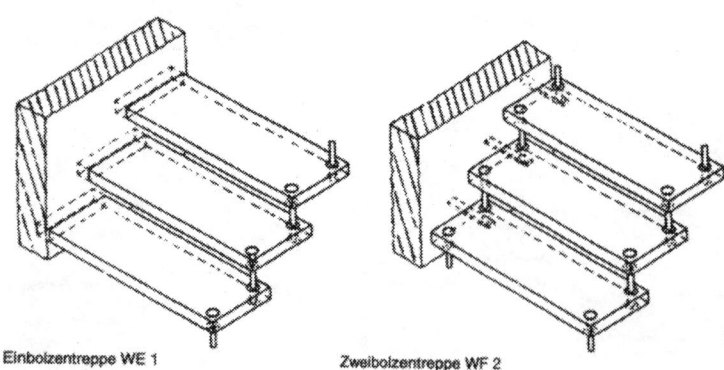

Einbolzentreppe WE 1

Zweibolzentreppe WF 2

Die Wandeinbindung darf durch geeignete Tragkonstruktionen ersetzt werden, z.B. im Bereich von Öffnungen

Tragbolzentreppen

Tragbolzentreppen sind Fertigteiltreppen, bei denen Trittstufen durch Tragbolzen miteinander verbunden werden. Bei Tragbolzentreppen im Sinne dieser Norm muss jede Trittstufe direkt oder mittels Anker mit der Wand verbunden sein.

Tragbolzen im Sinne dieser Norm sind metallische Verbindungsmittel, die die Trittstufen miteinander zug- und druckfest verbinden bzw. den Anschluss zu den Auflagern bilden.

Einbolzentreppe WE 1

Die Trittstufen sind wandseitig mindestens 7 cm tief eingebunden und werden auf der wandfreien Seite durch je einen Tragbolzen miteinander verbunden.

Zweibolzentreppe WF 2

Die Trittstufen sind wandseitig und auf der wandfreien Seite durch je einen Tragbolzen miteinander verbunden. Auf der Wandseite wird jede Trittstufe auf der Unterseite am Tragbolzen fest mit einem Wandanker verbunden. Die Wandanker sind mindestens 12 cm in der Wand einzumörteln.

Massivtreppen

Ausführungsbeispiele für Stahlbetontreppen

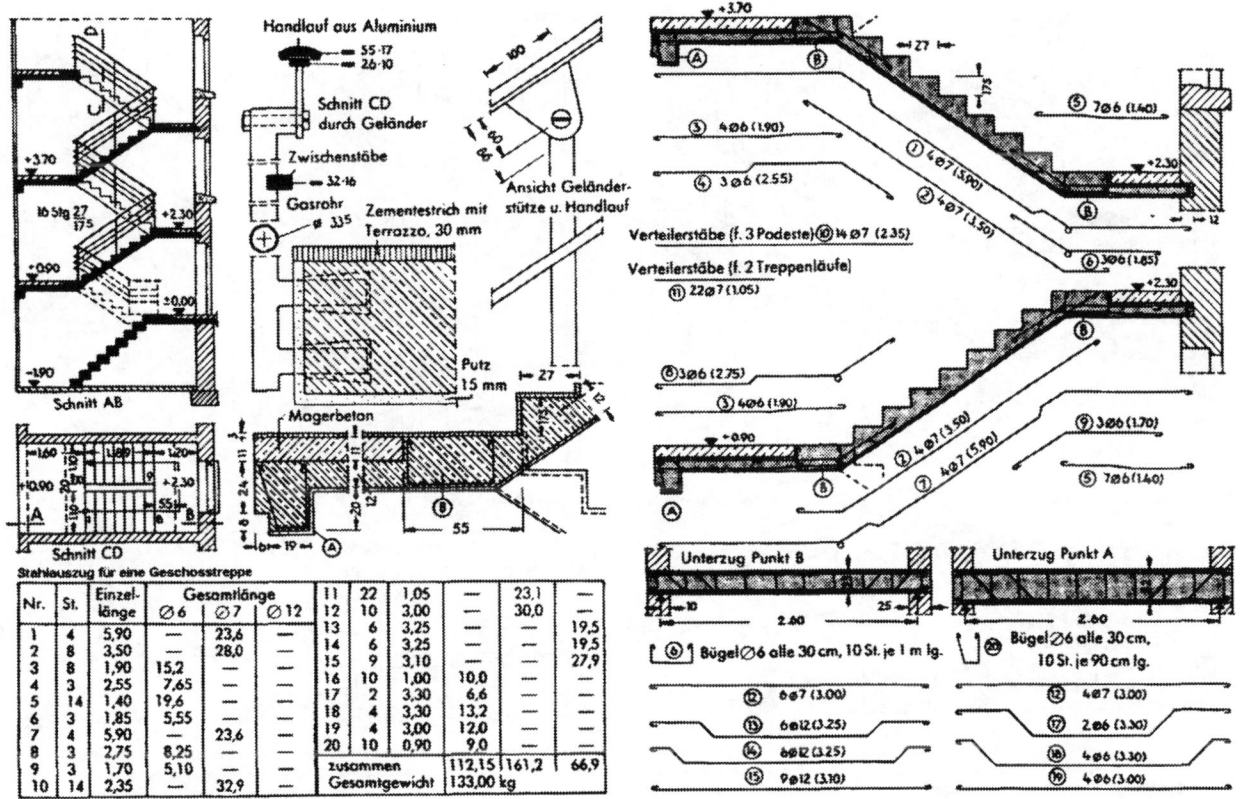

Stahlauszug für eine Geschosstreppe

Nr.	St.	Einzel-länge	Gesamtlänge Ø6	Gesamtlänge Ø7	Gesamtlänge Ø12
1	4	5,90	—	23,6	—
2	8	3,50	—	28,0	—
3	8	1,90	15,2	—	—
4	3	2,55	7,65	—	—
5	14	1,40	19,6	—	—
6	3	1,85	5,55	—	—
7	4	5,90	—	23,6	—
8	3	2,75	8,25	—	—
9	3	1,70	5,10	—	—
10	14	2,35	—	32,9	—
11	22	1,05	—	23,1	—
12	10	3,00	—	30,0	—
13	6	3,25	—	—	19,5
14	6	3,25	—	—	19,5
15	9	3,10	—	—	27,9
16	10	1,00	10,0	—	—
17	2	3,30	6,6	—	—
18	4	3,30	13,2	—	—
19	4	3,00	12,0	—	—
20	10	0,90	9,0	—	—
zusammen			112,15	161,2	66,9
Gesamtgewicht			133,00 kg		

1 Ausführungsbeispiel für Stahlbetontreppe mit geknicktem Treppenlauf. Unterstützung des Knickpunktes durch Unterzug (nach Lit. 48)

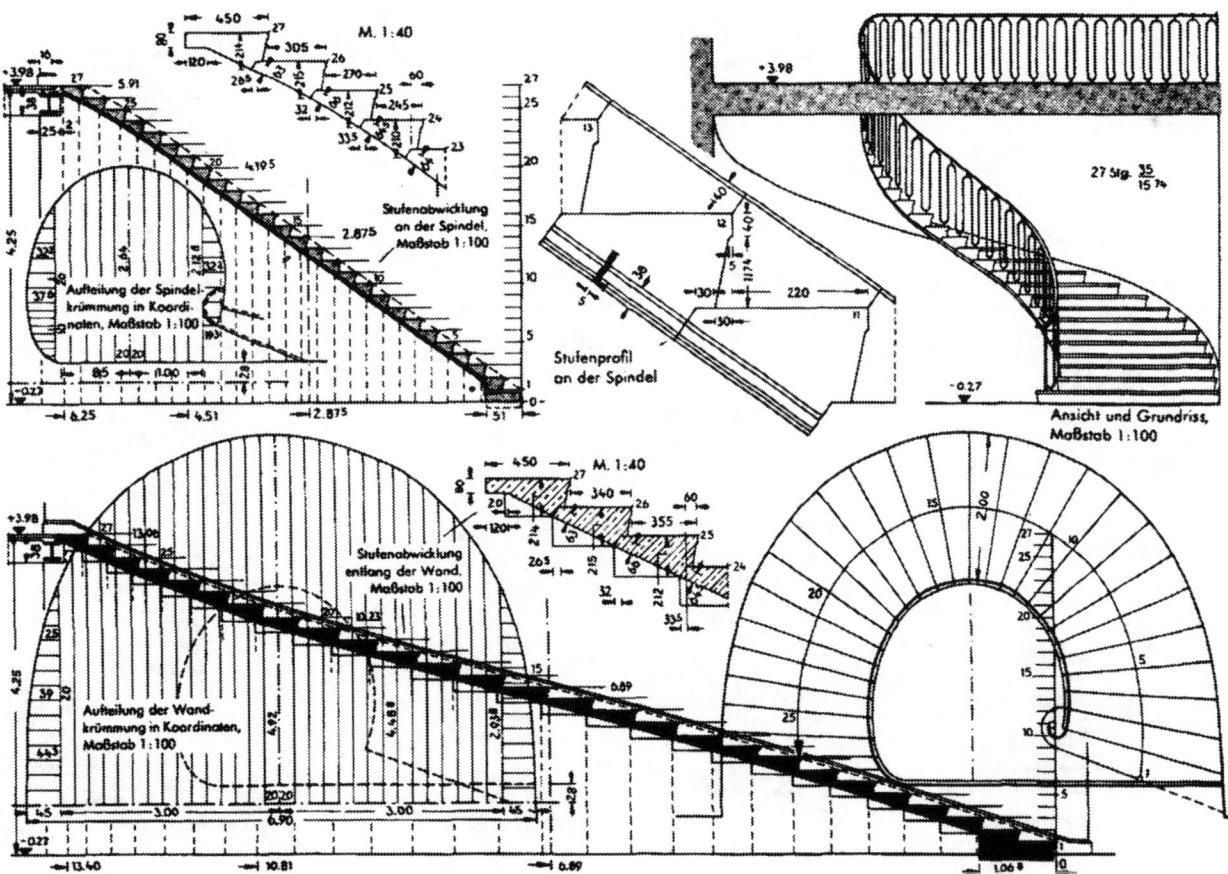

2 Werkzeichnung für eine Rundtreppe. Die Grundriss—Entwicklung und Abwicklungen der Stufen erfolgen zweckmäßig (beosnders bei Einbau in vorhandene Gebäude) nach dem Koordinaten—System. Die Stufen sind einzeln zu bemaßen (nach Lit. 49)

Massivtreppen

Treppen aus Stahlbeton-Fertigteilen, Ausführungsbeispiele

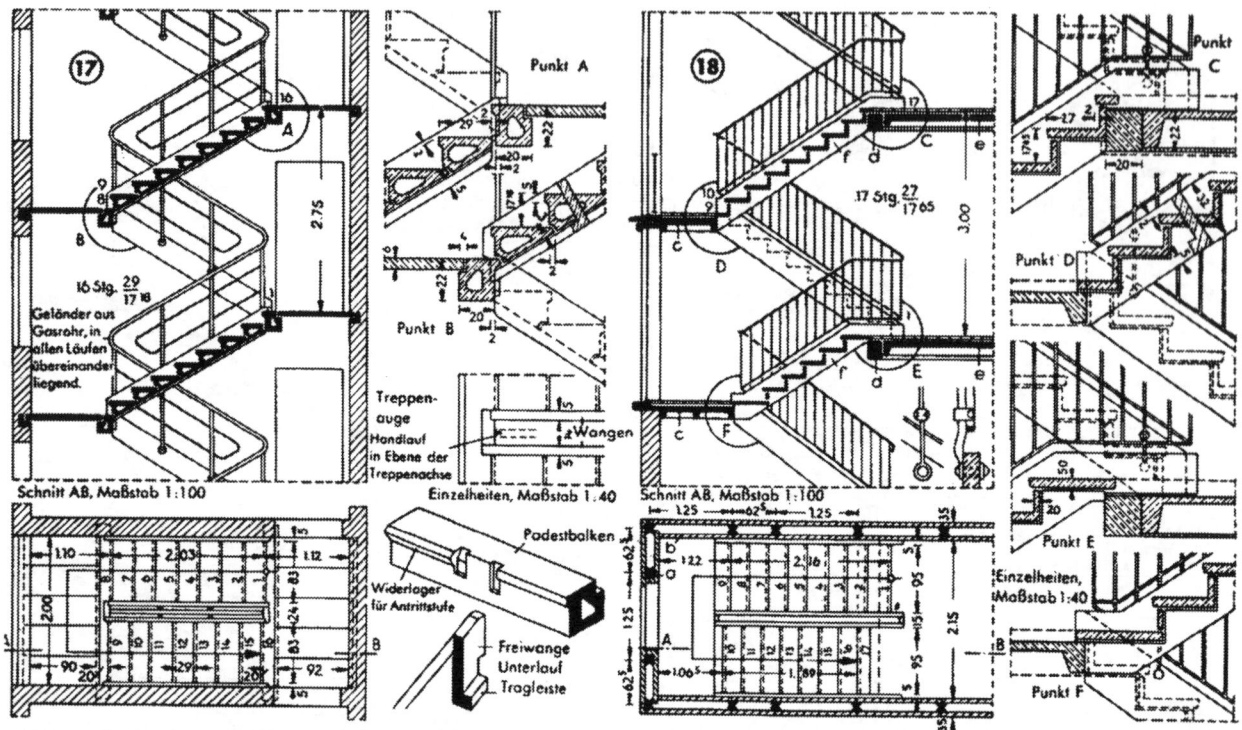

17 Stahlbeton-Fertigtreppe (nach Lit. 52). Sparsamste Maße, die für Geschosswohnhäuser mit ≤ 2 Vollgeschossen noch zulässig sind. Nutzbare Laufbreite > 90 cm durch Geländer, das nicht um das Treppenauge läuft, sondern an den Podesten nach oben abgebogen wird und in der Ebene der Treppenhausachse verbleibt. Podestbreite an unterer Grenze der zulässigen Maße.

18 Stahlbeton-Fertigtreppe für Stahlbeton-Skelettbau (nach Lit. 53). a = Stahlbetonstützen, 19/19 cm, b = Wandplatten, 8 cm dick, c = Zwischenpodestplatten (aus einem Stück), d = Podestträger, e = Deckenplatte, f = Tritt- und Setzstufen aus Beton-Werkstein. Konstruktion der Wangen und Stufen ähnlich → 14. Bauart auf Rastermaß 1,25 cm abgestellt.

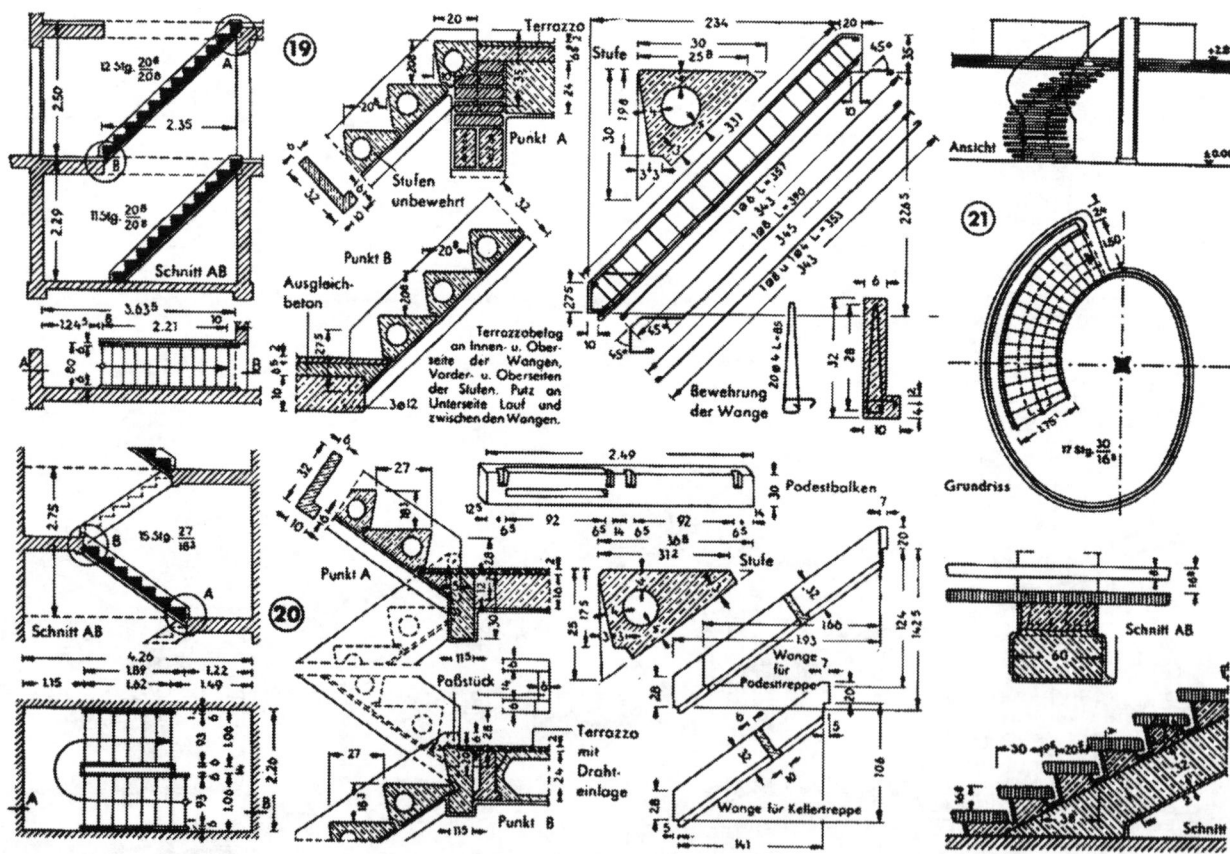

19, 20 Stahlbeton-Fertigtreppen für den Kleinwohnungsbau (nach Lit. 54): einläufige Treppe für Einfamilien-Wohnhäuser → **19**; zweiläufige Podesttreppe → **20**. Die Treppen nach → **19, 20** lassen für die Geschosshöhe eine Toleranz von − 8 cm zu. Die Wangen werden um das Maß der Minustoleranz in das Podest eingelassen, die Stufen erhalten entsprechend größere Fugendicken. Die Treppenmaße entsprechen DIN 18065. Wangen und Podestbalken aus Stahlbeton, Stufen unbewehrt. **21** Gewendelte Stahlbetontreppen aus Stahlbetonbalken (Ortbeton in Schalung) mit aufbetonierten Höckern und aufgelegten Betonwerkstein-Stufen (Betonfertigteile), die in Aussparungen der Höcker verankert werden (nach Lit. 55).

Massivtreppen

Stufenformen, Stufenprofile, Stufenbelag

Stufenformen

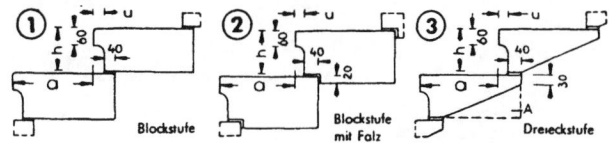

Blockstufe — Blockstufe mit Falz — Dreieckstufe

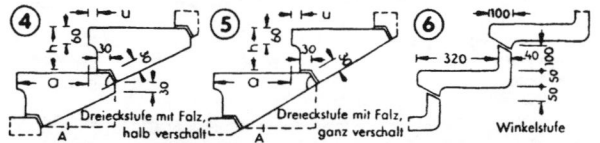

Dreieckstufe mit Falz, halb verschalt — Dreieckstufe mit Falz, ganz verschalt — Winkelstufe

1 bis 6 Stufenformen für Betontreppen. Die Stufenformen **2, 5** und **6** sind zu bevorzugen. Auftritt (a), Stufenhöhe (h) und Unterschneidung (u) entsprechen DIN 18065: Stufen für gutes Steigungsverhältnis a/h = 290/165 mm mit u = 20 mm; mittleres Steigungsverhältnis a/h = 260/185(180) mm mit u = 30 mm; steiles Steigungsverhältnis a/h = 230/185 bzw. 210/200 mm mit u = 40 mm.

Profile der Stufenvorderkanten

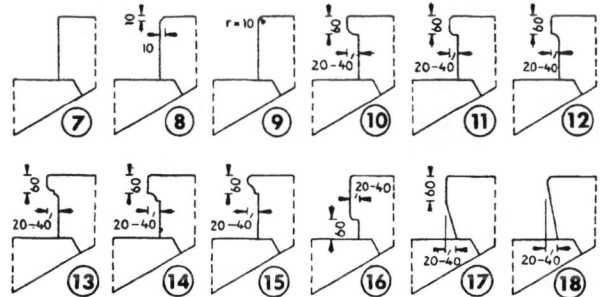

7 bis 18 Profile der Stufenvorderkanten. Das Profil **12** ist für Geschosstreppen, das Profil **17** für Kellertreppen zu bevorzugen.

Belag der Tritt- und Setzstufen

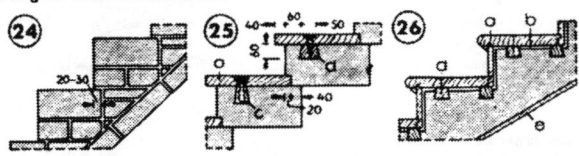

24 bis 26 Alt bewährter Stufenbelag: gemauerte Stufen → **24**; Steinstufen mit Holzbohlenbelag → **25**; Betonstufen mit Holzbekleidung der Tritt- und Setzstufen.
a = Holzbelag, b = 10 mm Luft, c = Steinschraube, d = Holzschraube auf Dübel, e = Deckenputz, 15 mm.

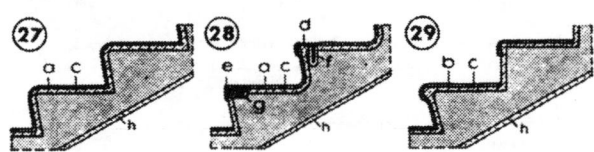

27 bis 29 Moderner zweckmäßiger Stufenbelag: Betonstufen mit Linoleumbelag (a) → **27, 28**; Gummibelag (b) → **29**. c = Zementestrich, 15 mm, d = Kantenschutz, frei liegend, e = Kantenschutz, verdeckt, f = Steinschraube, g = Holzdübel mit Holzschraube, h = Deckenputz, 15 mm.

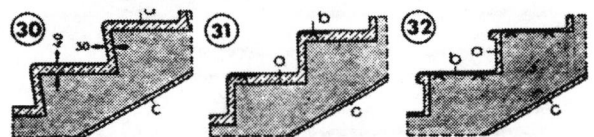

30 bis 32 Stufenbelag für Massivtreppen im Industriebau: Vorsatz aus Zementestrich (bei Bedarf mit Härtemittelzusatz) → **30**, desgl. mit Kantenschutz aus Metallprofilen → **31**; Trittstufenbelag mit Metallplatten → **32**. a = Zementestrich, b = Metallbelag, c = Deckenputz, 15 mm.

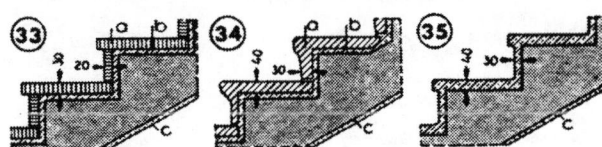

33 bis 35 Repräsentativer Stufenbelag mit Marmorplatten → **33**; keramischen Platten → **34**; Terrazzo → **35**. a = Plattenbelag, b = Zementmörtel, 15 cm, c = Deckenputz, 15 mm.

Kantenschutz der Stufen

18 bis 23 Kantenschutz von Betonstufen durch Zargenprofilen → **19, 20** und Kantenprofile → **21 bis 23**.

Bekleidung massiver Treppenwangen und -Brüstungen

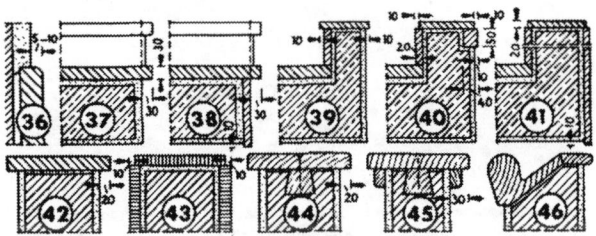

Betonstufen: Blockstufen eigenen sich für Auflager auf dem Mauerwerk der Treppenhausumfassung und werden i.d. Regel gleichzeitig mit diesem Mauerwerk hochgeführt. Dreieckstufen (mit ebener Untersicht) und Winkelstufen sind für Treppen mit Stahl- oder Stahlbetonwangen (Fertigteile) geeignet. Bei wandseitigem Mauerauflager wird eingemauerter Querschnitt als Blockstufe ausgebildet. Betonstufen sollen genormt werden (→ (1) bis (6)), für die Steigungsverhältnisse entsprechend DIN 18065 eignen sich die unter → (1) bis (6) angegebenen Stufenmaße. Podestplatten entsprechend DIN 489 werden 160 mm dick und 300, 350, 400 mm breit hergestellt.

Treppenstufen und Podestplatten werden mit oder ohne Stahleinlage entsprechend der statischen Erfordernisse hergestellt. Betonüberdeckung der Stahleinlagen mind. 2 cm. Berechnung, Bewehrung nach DIN 1045.

Köpfe der Stufen und Platten rechtwinklig zur Trittfläche, Unterseite und Hinterseite möglichst rau (für Verputz). Oberflächen und Köpfe mit Zementestrich oder Vorsatzbeton (z.B. Terrazzo). Länge der Stufen 100, 110, 120, 130, 140 cm, der Podestplatten 120, 130, 140, 150 cm.

Profile der Stufenvorderkanten → **(7)** bis **(18)**. Vorderkanten zweckmäßig durch Zargen- oder Kantenprofile schützen → **(19)** bis **(23)**.

Untersicht der Blockstufen bossiert, Stirn-, Tritt-, Sichtkopf- und Fugenflächen bei Hartstein gestockt, sonst scharriert.

Ausführung der **Tritt- und Setzstufen** mit verschiedenen Werkstoffen möglich → **(24)** bis **(35)**. Gemauerte Stufen → **(24)** für einfache Treppen (z.B. Kellertreppen). Holzbohlenbelag für Trittstufen und Setzstufen bei Stein- und Betonstufen →**(25), (26)**, Anwendung nur noch selten. Zweckmäßiger ist Belag mit Linoleum → **(27)**, **(28)** oder Gummi → **(29)**. Im Industriebau Vorsatz aus Zementmörtel (z.T. mit Zusatz verschleißfester Werkstoffe) üblich → **(30)**. Bei starker Beanspruchung Kantenschutz → **(31)** und Trittflächenschutz → **(32)** anbringen. Für repräsentative Treppen Bekleidung mit Marmorplatten → **(33)**, keramische Platten → **(34)** oder Vorsatzbeton → **(35)** üblich.

(36) bis **(41) Wangen** mit Werksteinplatten-(Marmor-)Bekleidung: Wandwange mit einfacher Sockelleiste aus Marmor → **(36)**; Freiwange verputzt mit überstehender Trittstufe aus Marmor → **(37)**, **wie** (37), mit Marmorbekleidung der Ansicht der Freiwangen → **(38)**; Freiwange mit Sockel, innen Marmorbekleidung, Marmorabdeckung, außen verputzt → **(39)**; wie **(39)**, außen mit Marmor-Abschlussleiste → **(40)**; wie **(39)**, außen mit Marmorbekleidung → **(41)**.

(42) bis **(46)** Ausbildung massiver **Brüstungen:** Außen- und Innenseite verputzt, Marmorabdeckung → **(42)**; Außen- und Innenseite mit Marmorbekleidung, Marmorabdeckung → **(43)**; wie **(42)**, mit Holzabdeckung → **(44)**; wie **(44)**, Putzanschluss durch Viertelstäbe → **(45)**; Handlauf in Abdeckung eingearbeitet → **(46)**. ((36) bis (43) nach Angaben des Deutschen Marmorverbandes, München),

Stufenarten nach DIN 18064

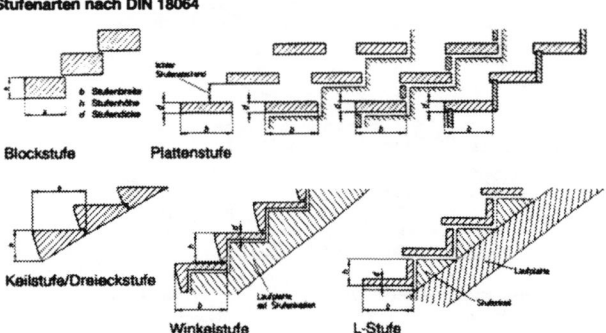

Blockstufe — Plattenstufe — Keilstufe/Dreieckstufe — Winkelstufe — L-Stufe

Standard-Details Treppenpodeste

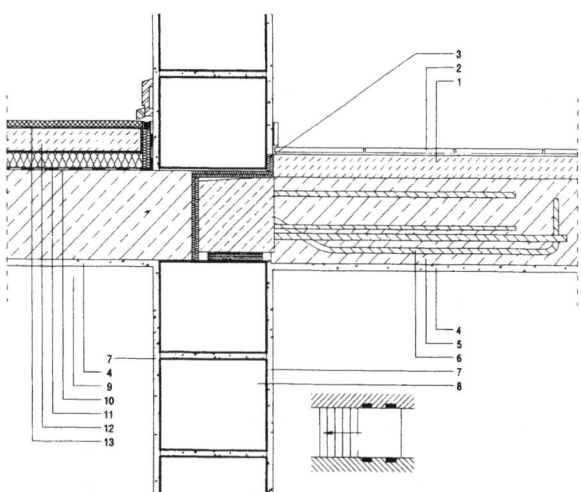

Hauptpodestplatte aus Beton – Trittschalldämmelement aus Betonwürfel mit Anschlussbewehrung und Elastomerlager – Treppenhauswand als Mauerwerk

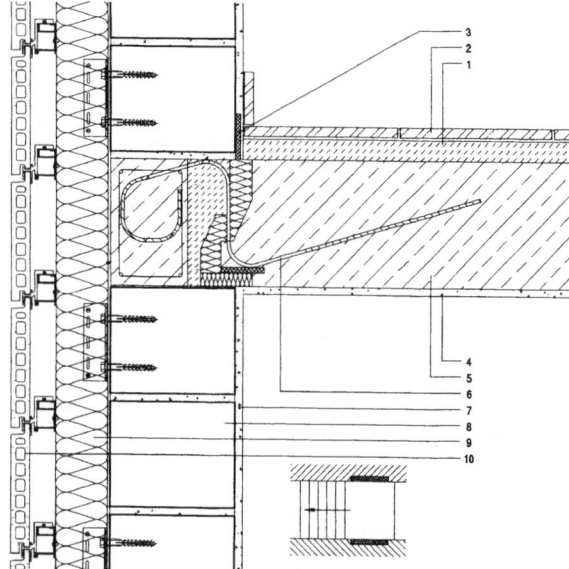

Zwischenpodestplatte aus Beton – Trittschalldämmelement mit Anschlussbewehrung als Mauerwerk mit abgehängter Ziegelfassade

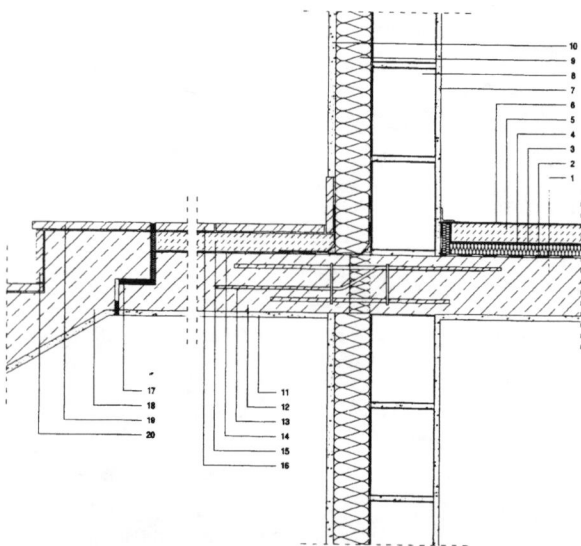

Hauptpodestplatte aus Beton – Trittschalldämmelement mit Anschlussbewehrung als Mauerwerk mit Wärmedämm-Putzverbundsystem

– Haupttreppenpodest aus Beton, mit Trittschalldämmelement aus Betonwürfel mit Anschlussbewehrung und Elastomerlager
– Fugenplatte als Randstreifen zwischen Bodenbelag und Wänden
– tragende Innenwand

1 – Zementestrich
2 – Bodenbelag – *Villeroy & Boch - MAXI-FLOOR, glasierte keramische Fliesen, 20x20 cm*
3 – Randstreifen – *Schöck - Tronsole-Fugenplatte Typ A 4*
4 – Innendeckenputzsystem
5 – Tragwerk Treppenpodestplatte
6 – Trittschalldämmelement mit Anschlussbewehrung und Gleitlager – *Schöck - TRONSOLE Z 30*
7 – Innenwandputzsystem
8 – Mauerwerk der tragenden Innenwand, 24 cm
9 – Tragwerk Deckenplatte
10 – Sperrschicht gegen Dampfdiffusion
11 – Trittschalldämmelement – *Isobouw - Trittschall-Dämmplatten B-PST, TK-B1 33/30 mm mit Trennschicht*
12 – Zementestrich
13 – Parkett aus Fertigparkett-Elementen – *Tarkett - Parkett Klassisch, Dicke 14 mm*

Produkthinweise	Firmen-CODE
IsoBouw Dämmtechnik GmbH	**ISOBOUW**
Schöck Bauteile GmbH	**SCHOECK**
Tarkett Vertriebs GmbH	**TARKETT**
Villeroy & Boch AG	**VILLEROY**

– Zwischentreppenpodest aus Beton, mit Trittschalldämmelement mit Anschlussbewehrung
– Fugenplatte als Randstreifen zwischen Bodenbelag und Wänden
– tragende Außenwand mit Wärmedämmung und abgehängte Fassadenbekleidung aus Ziegelplatten, kleinformatig mit Alu-Unterkonstruktion

1 – Anhydritestrich – *Knauf - Fließ-Estrich-Systeme - F 231, AE 20, 35 mm*
2 – Bodenbelag aus Naturwerkstein
3 – Randstreifen – *Schöck - Tronsole-Fugenplatte Typ P*
4 – Innendeckenputzsystem
5 – Tragwerk Treppenpodestplatte
6 – Trittschalldämmelement mit Anschlussbewehrung – *Schöck - TRONSOLE Typ V 6*
7 – Innenwandputzsystem
8 – Mauerwerk der tragenden Außenwand – *Meindl - Thermopor SFz N+F, 24,0 cm*
9 – Wärmedämmung für Außenwandbekleidung – *Rygol - Fassadendämmplatten, Dicke 80 mm*
10 – Fassadenbekleidungen – *Mödling - Original-ARGETON-Ziegelfassade*

Produkthinweise	Firmen-CODE
Gebr. Knauf Westdeutsche Gipswerke	**KNAUF**
Josef Meindl GmbH - Mauerziegel	**MEINDL_M**
Dachziegelwerk Möding GmbH & Co. KG	**MOEDING**
RYGOL-Dämmstoffwerk W. Rygol KG	**RYGOL**
Schöck Bauteile GmbH	**SCHOECK**

– Haupttreppenpodest aus Beton mit Trittschalldämmelement mit Anschlussbewehrung
– Trittschalldämmelement mit Anschlussbewehrung als Trennung zwischen Treppenlauf und Podest
– tragende Außenwand mit Wärmedämm-Putzverbundsystem

1 – Tragwerk Deckenplatte
2 – Sperrschicht gegen Dampfdiffusion
3 – Trittschalldämmschicht – *Heraklith - Heralan-TP, T-A1, 40/35 mm*
4 – Trennschicht
5 – Anhydritestrich – *Knauf - Fließ-Estrich-Systeme - F 231, AE 20, 35 mm*
6 – Textiler Bodenbelag – *Maiflor - Naturfaserteppichfliesen SAMOA*
7 – Innenwandputzsystem – *Quick-mix - Mineralischer Rustikalputz RKP*
8 – Mauerwerk der tragenden Außenwand – *Kalksandstein - KS-Quadro-Bausystem 1/4, 17,5 cm*
9 – Wärmedämmschicht – *Heraklith - Tektalan-SD, 100 mm*
10 – Wärmedämmputz – *Quick-mix - Kalk-Zement-Maschinenputz MK 3*
11 – Außendeckenputzsystem – *Quick-mix - Kratzputz*
12 – Treppenpodestplatte aus Beton
13 – Wärmedämmung mit Anschlussbewehrung – *J&P Bautechnik - RIPINOX Thermoelement Typ 1*
14 – 1. Lage Abdichtung – *Heraklith - Plastovill P GG, 4,0 mm*
15 – Anhydritestrich – *Knauf - Fließ-Estrich-Systeme - F 231, AE 20, 35 mm*
16 – Bodenbelag aus Naturwerkstein
17 – Elastomerlager
18 – Treppenlaufplatte aus Beton einschl. Stufen
19 – Trittstufe aus Naturwerkstein, 3 cm
20 – Setzstufe aus Naturwerkstein, 2 cm

Produkthinweise	Firmen-CODE
Deutsche Heraklith AG	**HERAKLIT**
J & P Bautechnik Vertriebs-GmbH	**J_P_BAU**
Kalksandstein Bauberatung Dresden GmbH	**KALKSAND**
Gebr. Knauf Westdeutsche Gipswerke	**KNAUF**
Maiflor Natur-Decor	**MAIFLOR**
quick - mix Gruppe GmbH & Co. KG	**QUICK_M**

Stahltreppen

Treppen aus Stahltragwerk mit Werkstein- oder Betonstufen, Bauarten

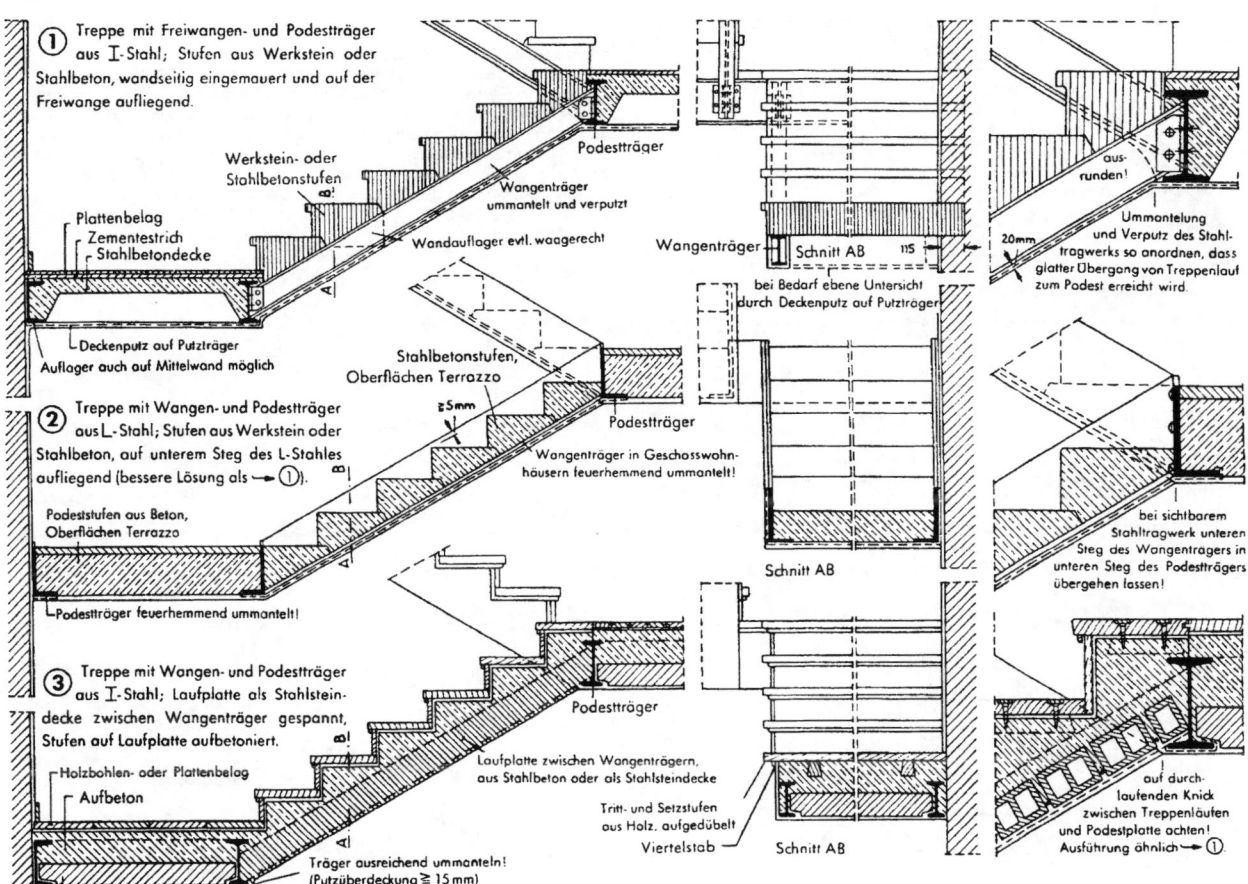

① Treppe mit Freiwangen- und Podestträger aus I-Stahl; Stufen aus Werkstein oder Stahlbeton, wandseitig eingemauert und auf der Freiwange aufliegend.

Werkstein- oder Stahlbetonstufen

Plattenbelag
Zementestrich
Stahlbetondecke

Deckenputz auf Putzträger
Auflager auch auf Mittelwand möglich

Podestträger
Wangenträger ummantelt und verputzt
Wandauflager evtl. waagerecht

Wangenträger | Schnitt AB | 115

bei Bedarf ebene Untersicht durch Deckenputz auf Putzträger

Schnitt AB

ausrunden!

20mm

Ummantelung und Verputz des Stahltragwerks so anordnen, dass glatter Übergang von Treppenlauf zum Podest erreicht wird.

② Treppe mit Wangen- und Podestträger aus L-Stahl; Stufen aus Werkstein oder Stahlbeton, auf unterem Steg des L-Stahles aufliegend (bessere Lösung als → ①).

Stahlbetonstufen, Oberflächen Terrazzo

≧5mm

Podestträger

Wangenträger in Geschosswohnhäusern feuerhemmend ummantelt!

Podeststufen aus Beton, Oberflächen Terrazzo

Podestträger feuerhemmend ummantelt!

bei sichtbarem Stahltragwerk unteren Steg des Wangenträgers in unteren Steg des Podestträgers übergehen lassen!

③ Treppe mit Wangen- und Podestträger aus I-Stahl; Laufplatte als Stahlsteindecke zwischen Wangenträger gespannt, Stufen auf Laufplatte aufbetoniert.

Holzbohlen- oder Plattenbelag
Aufbeton

Podestträger

Laufplatte zwischen Wangenträgern, aus Stahlbeton oder als Stahlsteindecke

Tritt- und Setzstufen aus Holz, aufgedübelt

Viertelstab

Schnitt AB

auf durchlaufenden Knick zwischen Treppenläufen und Podestplatte achten!
Ausführung ähnlich → ①

Träger ausreichend ummanteln! (Putzüberdeckung ≧ 15 mm)
Podestplatte aus Stahlbeton oder als Stahlsteindecke

Ausführung SP Schweißpressrost

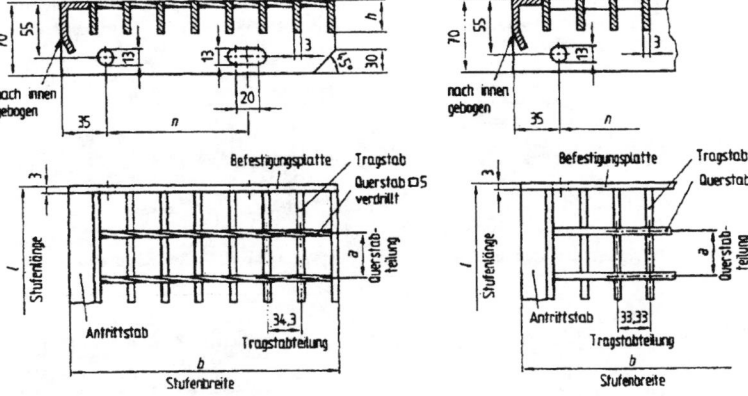

nach innen gebogen

Befestigungsplatte
Tragstab
Querstab ⌀5 verdrillt
Querstabteilung

Stufenlänge

Antrittstab
34,3
Tragstabteilung

Stufenbreite

Ausführung P Pressrost

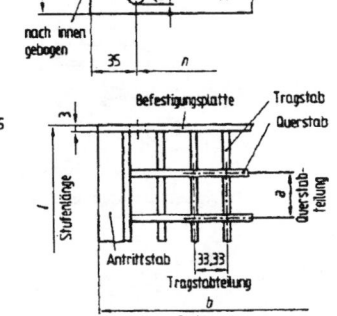

nach innen gebogen

Befestigungsplatte
Tragstab
Querstab

Stufenlänge

Antrittstab
33,33
Tragstabteilung

Stufenbreite

Trittstufen aus Gitterrost für Treppen aus Stahl nach DIN 24531

Maße:
l = 600 – 800 – 1000 – 1200 mm
b = 240 – 270 – 305 mm
h = 120 – 150 – 180 mm

Ausführung
Hergestellt aus:
SP Schweißpressrost
P Pressrost } Nach DIN 24537

Für besonders rutschhemmende Ausführungen Bewertungsgruppe R 10 bis R 13 nach "Merkblatt für Fußböden in Arbeitsräumen und Arbeitsbereichen mit erhöhter Rutschgefahr", anzugeben.
Der Antrittstab (Antrittskante der Trittstufe) muss eine rutschhemmende Auftrittfläche haben.
Korrosionsschutz: Feuerverzinkung nach DIN 50976; anderer Korrosionsschutz nach Vereinbarung.

Geländer aus Stahl nach DIN 24533

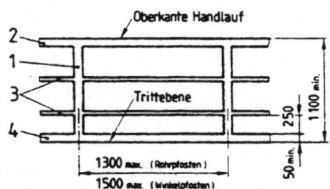

Oberkante Handlauf

Trittebene

1000 min.

1300 max. (Rohrpfosten)
1500 max. (Winkelpfosten)

Oberkante Handlauf

Trittebene

50 min.
1100 min.

1300 max. (Rohrpfosten)
1500 max. (Winkelpfosten)

Oberkante Handlauf

Trittebene

250
50 min.
1100 min.

1300 max. (Rohrpfosten)
1500 max. (Winkelpfosten)

Form A mit einer Knieleiste

Anwendung für niveaugleiche Bereiche und bei Niveauunterschieden bis 1 m

Form B mit einer Knieleiste und Fußleiste

Anwendung für alle Bereiche, in denen Absturzgefahr besteht

Form C mit zwei Knieleisten und Fußleiste

Anwendung für besonders gefährdete (z.B. gasgefährdete Bereiche^)

Anwendungsbereich: Industriebau
Werkstoff: St 37–2

Es können auch andere Kombinationen dieser Profile oder andere Profile mit mindestens gleichem Widerstandsmoment verwendet werden.

Lfd. Nr.	Benennung	Mindestmaß der Profile bei Horizontallast bis					
		500 N/m			300 N/m		
		Rohr	Winkel	Kombination	Rohr	Winkel	Kombination
1	Pfosten	48,3 x 3,6	70 x 7	L 70 x 7	42,4 x 3,2	60 x 6	L 60 x 6
2	Handlauf	48,3 x 3,2	50 x 5	Ro 48,3 x 3,2	42,4 x 3,2	40 x 4	Ro 42,4 x 3,2
3	Knieleiste	26,9 x 2,6	40 x 4	Fl 40 x 8	26,9 x 2,6	30 x 4	Fl 40 x 6
4	Fußleiste	6 dick min.			6 dick		

Stahltreppen

Stahltreppen, Stufen und Wangen

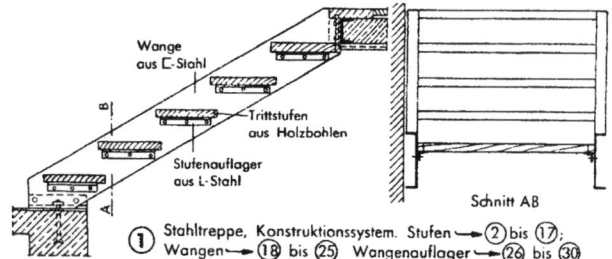

① Stahltreppe, Konstruktionssystem. Stufen → ② bis ⑰;
Wangen → ⑱ bis ㉕ Wangenauflager → ㉖ bis ㉚

Stahltreppen werden aus Stahlprofilen und Stahlblechen, vereinzelt auch aus Gusseisenteilen (z.B. kleinere Wendeltreppen) hergestellt. **Tritt– und Setzstufen (→ 2 bis 17)** aus Stahlblech (Riffel– oder Warzenblech), Flachstahlroste, gusseisernen Platten; mit oder ohne Belag (Beton, Linoleum, Gummi, Steinplatten). Versteifung der Stufen durch umgebogene Blechkanten. Streben aus Flachstahl, Stahlwinkel. Setzstufen können auch fehlen → **2 bis 5. Wangen** aus Profilstahl, besser aus breiten flachen oder gekanteten Blechen → **18 bis 25.** Stahltreppen sind nicht feuerbeständig. Bei Verwendung als notwendige Treppen **feuerbeständige Bekleidung** erforderlich. Bei einfachen Ansprüchen genügt Putz an Unterseite → **7, 16**; in Mehrgeschossbauten, Geschäftshäusern usw. auch Wangenbekleidung erforderlich → **17.**

Ausführung der Trittstufen und Setzstufen

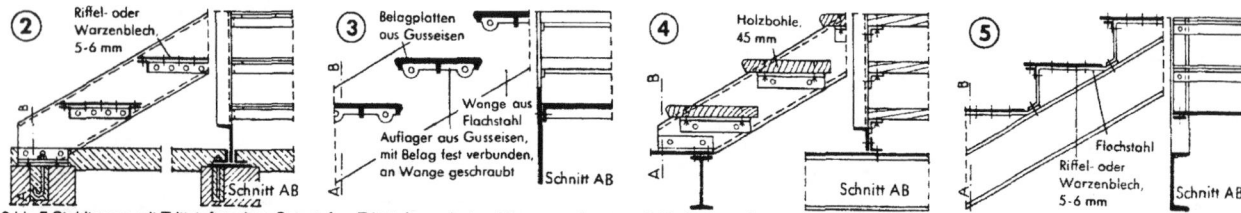

2 bis 5 Stahltreppen mit Trittstufen ohne Setzstufen. Trittstufen zwischen Wangen gelagert → **2 bis 4** oder aufgesattelt → **5.** Belag der Trittstufen aus Stahlblech → **2, 5;** Gusseisen → **3** oder Holzbohlen → **4.** Belag auch aus Stahlbetonbohlen üblich.

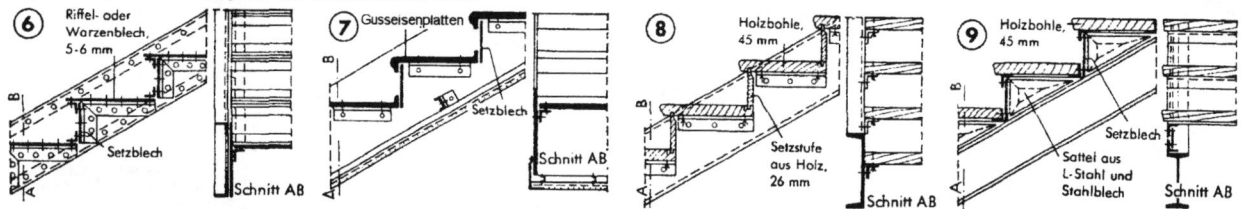

6 bis 9 Stahltreppen mit Tritt- und Setzstufen. Trittstufen zwischen Wangen gelagert → **6 bis 8** oder aufgesattelt → **9.** Trittstufen aus Stahlblech → **6;** Gusseisen → **7** oder Holz → **8, 9.** Setzstufen aus Stahlblech → **6, 7, 9** oder Holz → **8.**

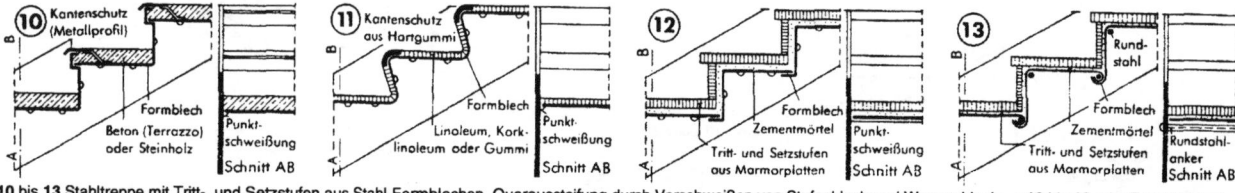

10 bis 13 Stahltreppe mit Tritt- und Setzstufen aus Stahl-Formblechen. Queraussteifung durch Verschweißen von Stufenblech und Wangenblech → **10 bis 12** oder Rundstahlanker → **13.** Belag aus Beton → **10;** Linoleum (Gummi) → **11;** Steinplatten → **12, 13.**

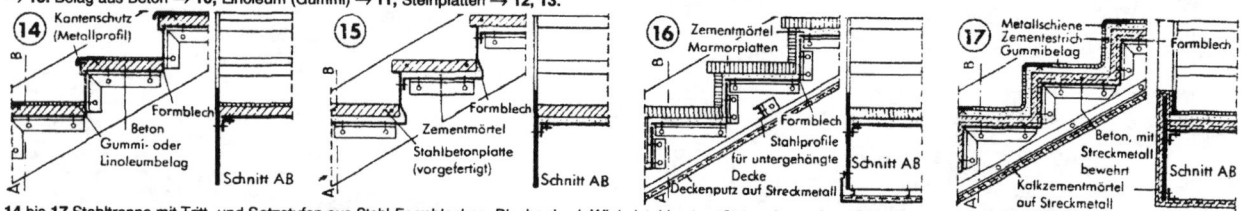

14 bis 17 Stahltreppe mit Tritt- und Setzstufen aus Stahl-Formblechen. Bleche durch Winkelstahl unterstützt und verankert. Deckenuntersicht verputzt → **16;** Treppe mit feuerhemmender Bekleidung der Untersicht und Wangen → **17.**

Ausführung der Wangen

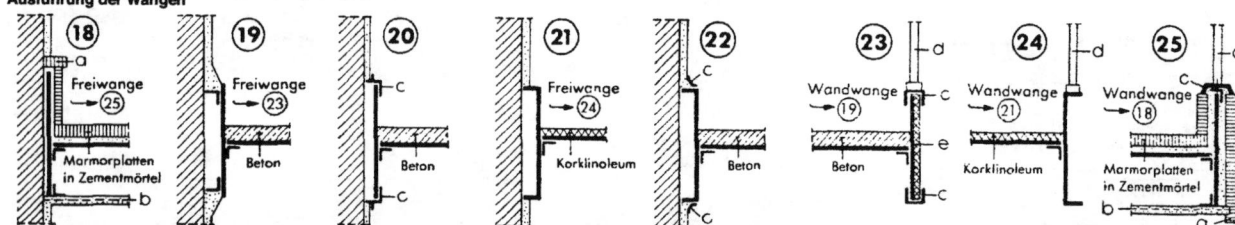

Wandwangen → **18 bis 22** und Freiwangen → **23 bis 25** aus I-Stahl und [-Stahl, ungeschützt → **19 bis 24** und feuerhemmend bekleidet → **18, 25.** a = Marmorplatten, b = Deckenputz auf Streckmetall, c = Metall-Anschlussprofile, d = Geländerstütze, e = Leichtbauplatte.

Auflagerung der Wangen

a = Treppenwange; b = Steinschraube; c = Winkelanker;
d = Riffel- oder Warzenblech; e = Holzbohle, 45 mm; f =
Antrittstufe aus Werkstein; g = gusseiserne Unterlagsplatte.

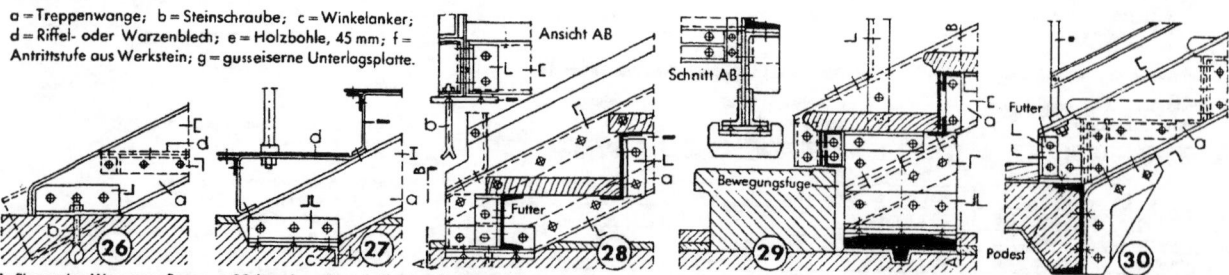

Aufliegendes Wangenauflager → **26** (vergl. auch → **1, 4**); eingelassenes Wangenauflager → **27, 28** (vergl. auch → **2**); Wangenanschluss an Podestträger → **30.** Bewegliches Wangenauflager mit Unterlagsplatte für schwere Treppe → **29.**

Stahltreppen

Stahltreppen, Ausführungsbeispiel

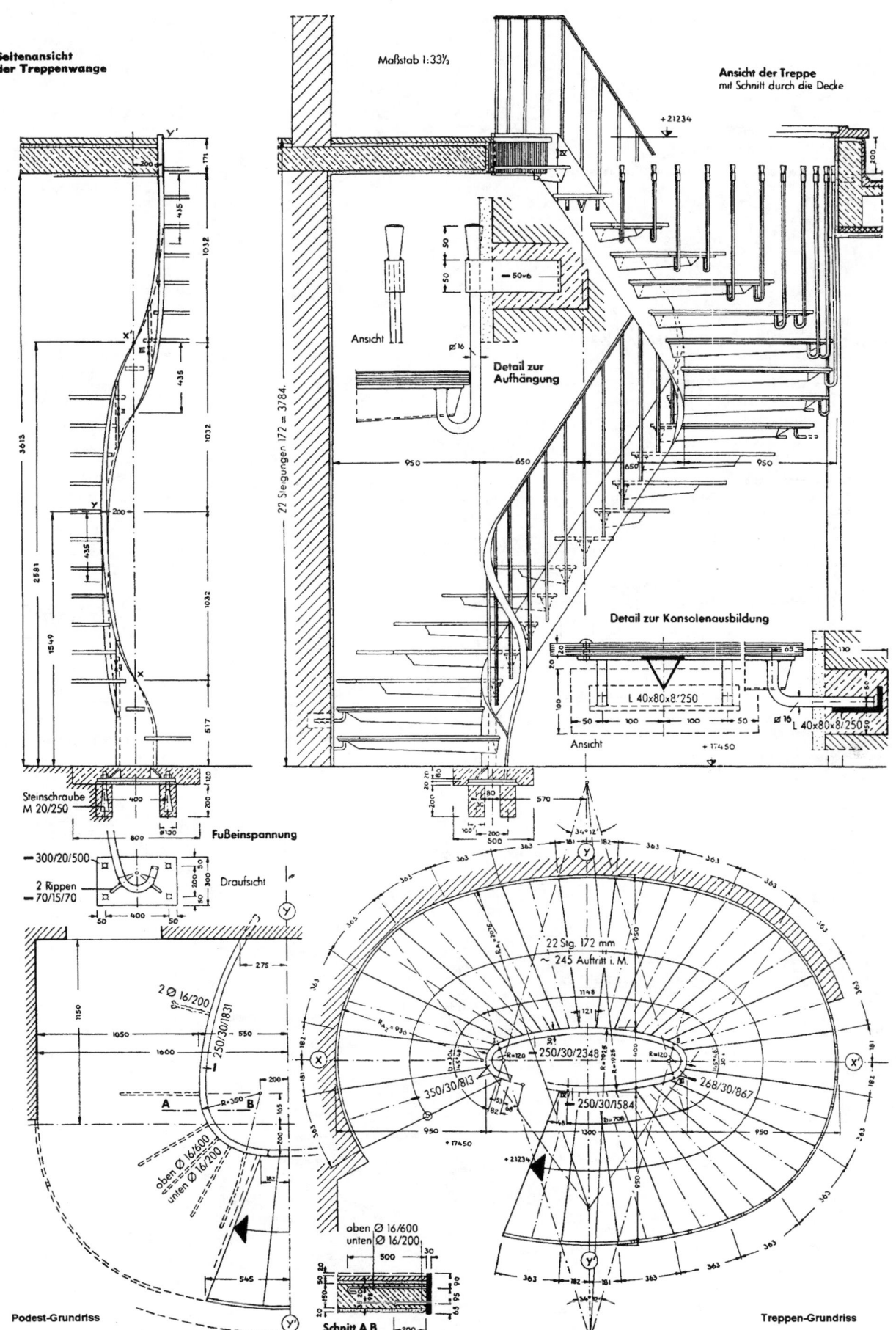

Seitenansicht der Treppenwange

Maßstab 1:33⅓

Ansicht der Treppe mit Schnitt durch die Decke

Ansicht

Detail zur Aufhängung

Detail zur Konsolenausbildung

L 40x80x8/250

Ansicht

Steinschraube M 20/250

Fußeinspannung

Draufsicht

2 Rippen —70/15/70

Podest-Grundriss

Schnitt A B

Treppen-Grundriss

22 Stg. 172 mm ~ 245 Auftritt i. M.

Gewendelte Stahltreppe mit freitragender Wange und Trittstufen auf Stahlblechkonsolen (nach Lit. 56)

Holztreppen

Bauarten

Eingeschobene Treppen

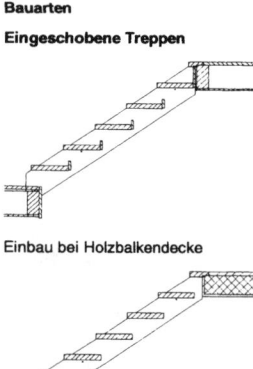

Einbau bei Holzbalkendecke

Einbau bei Massivdecke

Grundriss

Gestemmte Treppen

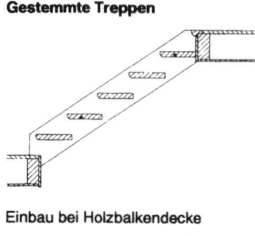

Einbau bei Holzbalkendecke

Einbau bei Massivdecke

Grundriss

Aufgesattelte Treppen mit Wangen

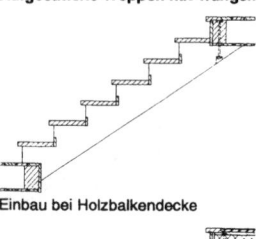

Einbau bei Holzbalkendecke

Einbau bei Massivdecke

Grundriss

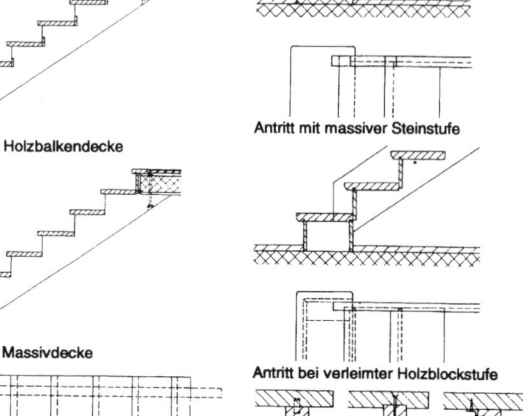

Antritt mit massiver Steinstufe

Antritt bei verleimter Holzblockstufe

Befestigung der Tritte auf den Wangen mit

Dübeln   Schrauben   Eisen-   aufgeschraubten
                        winkeln   Gratleisten

Bausysteme (nach Lit. 42)

Aufgesattelte Treppen, einholmig

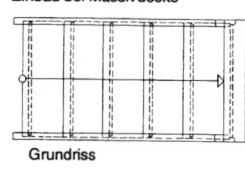

Aufgesattelte Treppen, zweiholmig

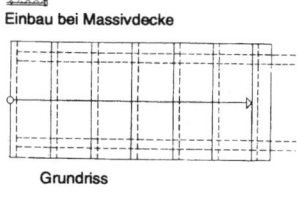

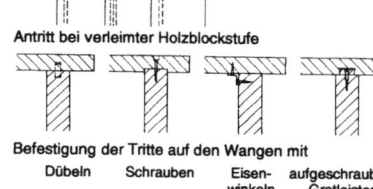

Treppe mit verleimtem Mittelholm.
Die Futterbretter werden mit den Trittbrettern zu Winkeln verleimt und stufenweise mit Bolzen auf dem Holm befestigt.

Treppe in Stahlkonstruktion mit aufgesattelten Trittstufen.

Die Sattelhölzer sind in die Holme eingezapft. Die Trittstufen aufgedübelt und verschraubt.

Die Treppen werden auf Eisenwinkeln befestigt, die auf die Holme geschraubt sind.

Aufgehängte Treppen

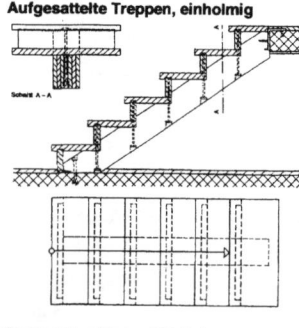

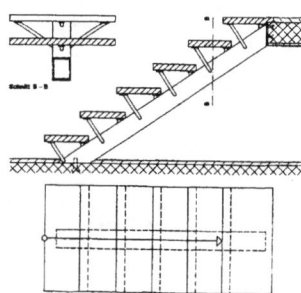

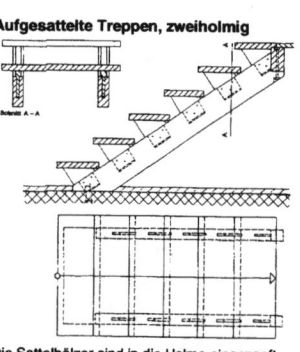

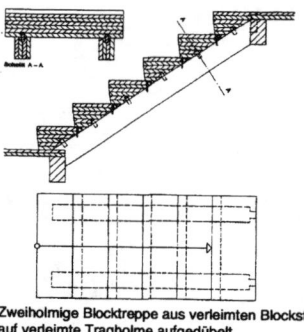

Reine Hängekonstruktion aus Rundeisenstäben (eventuell Seilen).

Geländertragende Treppe

Die Tragkonstruktion ist im Boden und in der Decke fixiert. Aufgeschweißte Winkeleisen bilden Auflager und Befestigungsmöglichkeiten für die Trittstufen.

Zweiholmige Blocktreppe aus verleimten Blockstufen auf verleimte Tragholme aufgedübelt.

Konsoltreppen

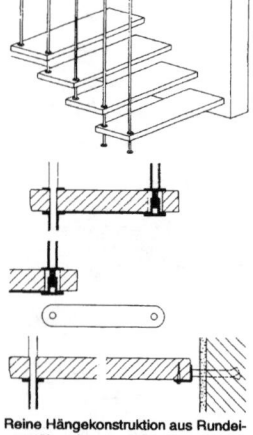

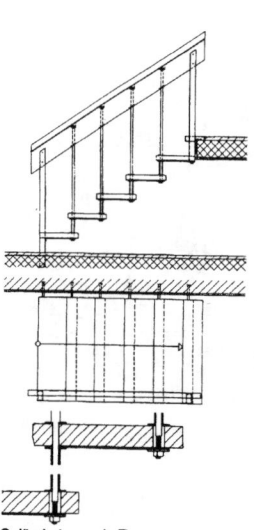

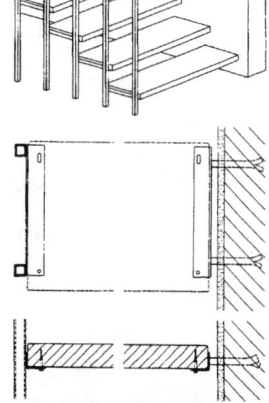

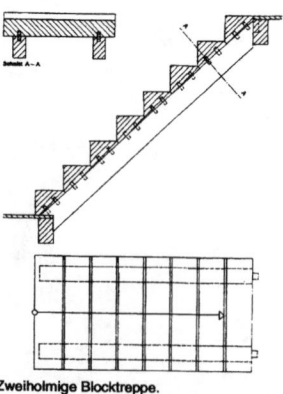

T-förmige Konsole aus Eisenblech
Die in die Wand eingespannten Eisenkonsolen tragen die aufgeschraubten Trittstufen

Konsole aus einem Rechteckstahlrohr.

Konsole aus einem Profileisen.

Zweiholmige Blocktreppe.
Die unverleimten Blockstufen sind auf die Kantholzholme aufgedübelt.

Holztreppen

Konstruktionsarten (nach Lit. 57)

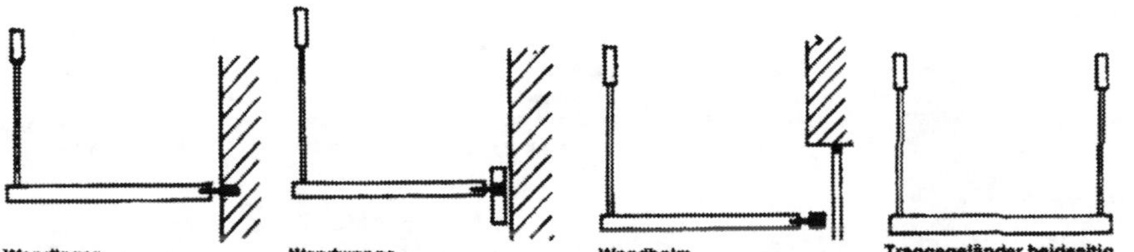

Raumsparende Treppen

Wandlager
Wandseitig Gummilager.
Lichtseitig Geländer-Trage-
konstruktion.

Wandwange
mit Stufenlagerung. Überbrückung
nichttragender Wände, z.B. bei
Fertigteilelementen, oder von
wandfreien Bereichen.

Wandholm
mit Stufenlagerung. Transparent
wirkende Überbrückung von
wandfreien Treppenbereichen.

Traggeländer beidseitig
Überbrückung wandfreier
Bereiche und Schutzgeländer
gleichzeitig.

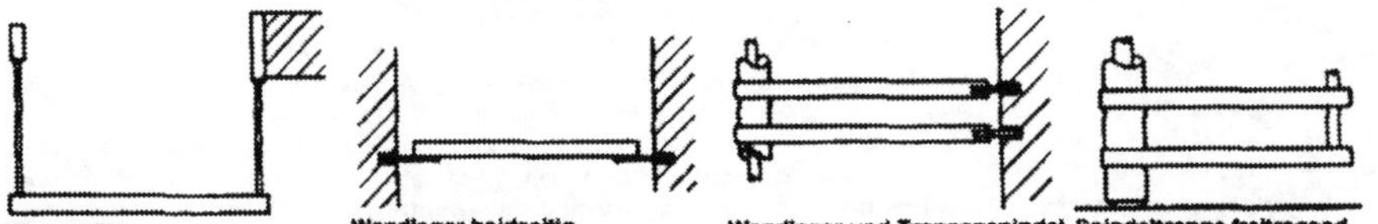

Hängestäbe
Abtragung der Treppenlasten
von Deckenrändern.

Wandlager beidseitig
Schalldämmende Stufenlagerung
zwischen tragenden Mauern.

Wandlager und Treppenspindel
im Zentrum Stufen über Spindel
abgestützt

Spindeltreppe freitragend
Stufen und Distanzrollen über
Vertikalverschraubung
zusammengespannt

Trittform

Treppengeländer

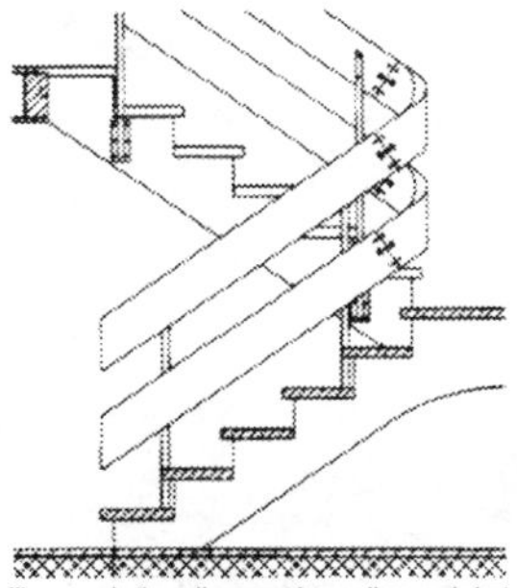

Treppenkrümmling aus Lamellen verleimt

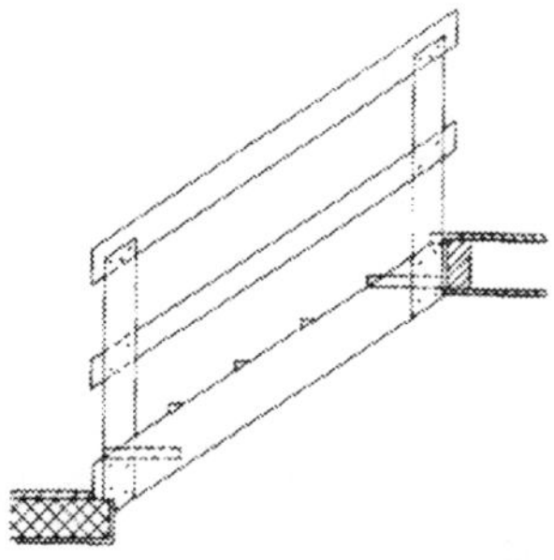

Aufgeschraubte Platten und Zwischenlatten

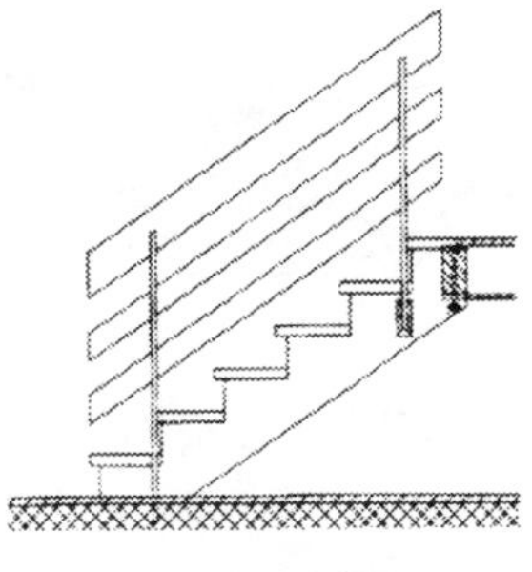

Metallpfosten und Geländerbretter.

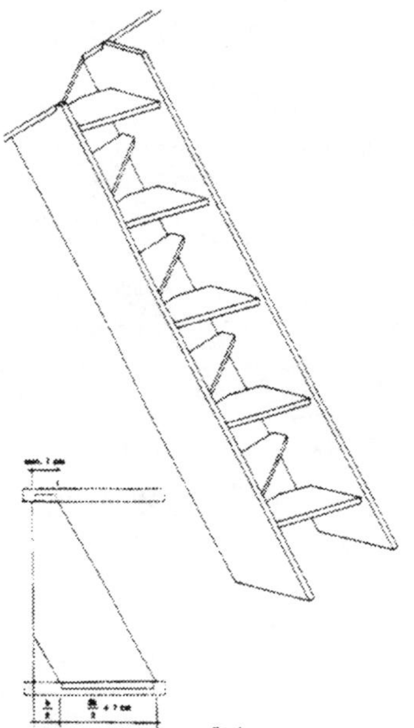

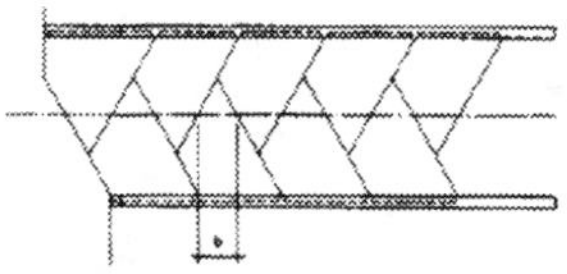

Grundriss

Stahltreppe mit oberem Auftritt

Holztreppen, Ausführungsbeispiele

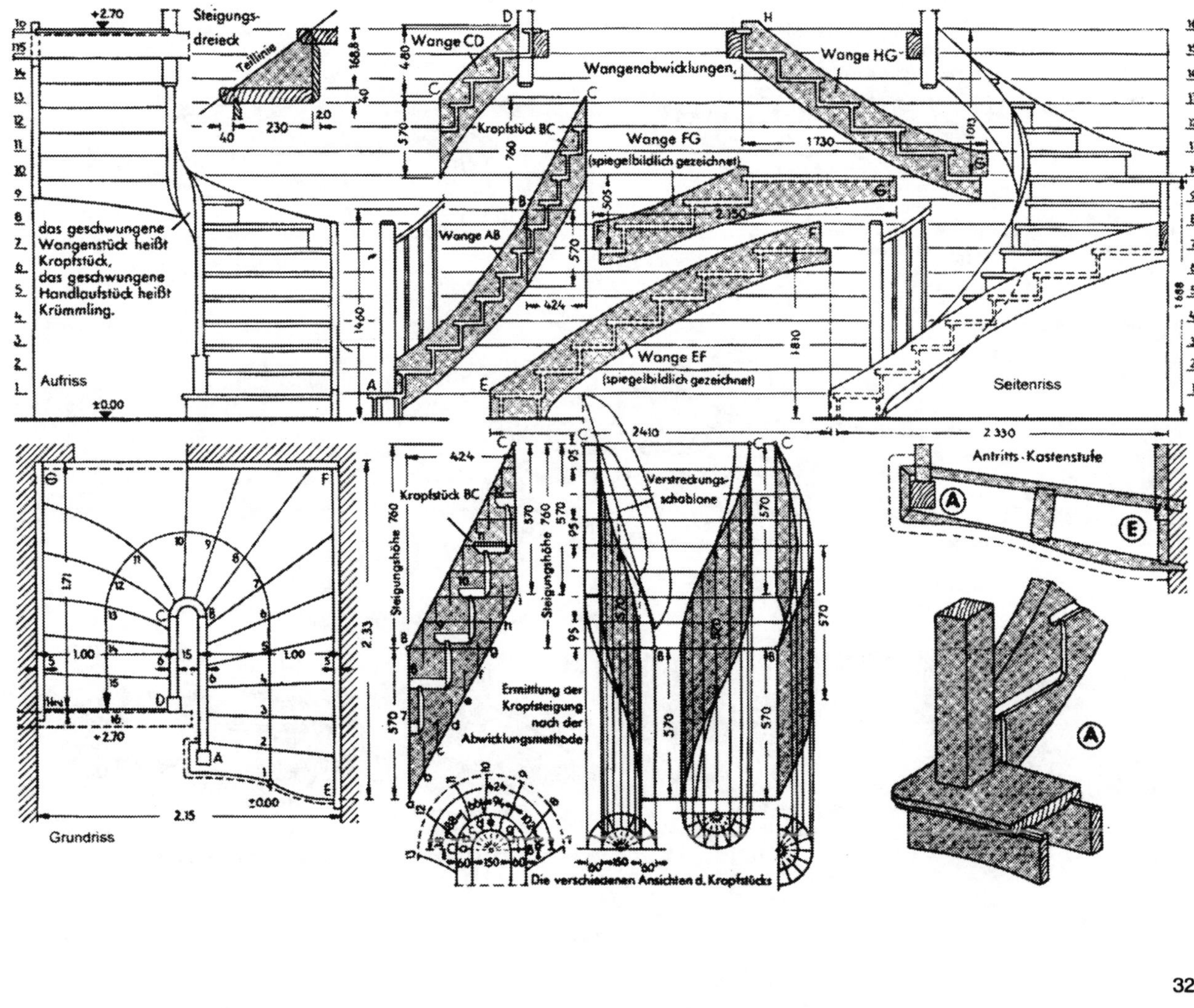

+2.70
Steigungs-
dreieck
Teillinie

Wange CD

Wangenabwicklungen,

Wange HG

Kropfstück BC

Wange FG
(spiegelbildlich gezeichnet)

Wange AB

das geschwungene
Wangenstück heißt
Kropfstück,
das geschwungene
Handlaufstück heißt
Krümmling.

Aufriss

±0.00

Wange EF
(spiegelbildlich gezeichnet)

Seitenriss

Grundriss

Kropfstück BC

Steigungshöhe 760

Steigungshöhe 760

Verstreckungs-
schablone

Ermittlung der
Kropfsteigung
nach der
Abwicklungsmethode

Die verschiedenen Ansichten d. Kropfstücks

Antritts-Kastenstufe

325

Holztreppen

Auflager der Wandwange, am Wangenfuß

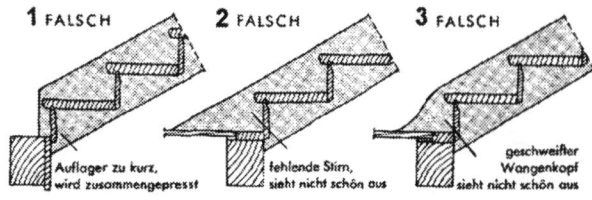

1 FALSCH — Auflager zu kurz, wird zusammengepresst
2 FALSCH — fehlende Stirn, sieht nicht schön aus
3 FALSCH — geschweifter Wangenkopf sieht nicht schön aus

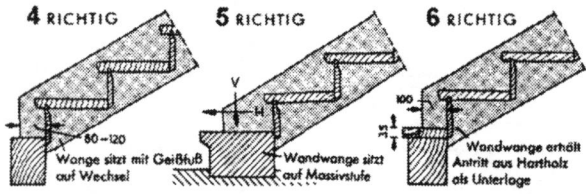

4 RICHTIG — 80–120 Wange sitzt mit Geißfuß auf Wechsel
5 RICHTIG — Wandwange sitzt auf Massivstufe
6 RICHTIG — Wandwange erhält Antritt aus Hartholz als Unterlage

Wangenauflager: Das Fußauflager hat Vertikal- (V) und Horizontalkräfte (H) aufzunehmen, das Kopfauflager nur Horizontalkräfte, Fußauflager deshalb gut verankern (→ 22 bis 27), an Kopfauflager Wange nur anlehnen und gut verkeilen, aber nicht aufhängen (→ 7 bis 9). Aufsetzen der Wandwange auf den Fußboden nur bei Antritt aus Hartholz → 6 statthaft. Freiwangen ohne Geländerpfosten wie Wandwangen lagern.

Kopf und Fuß der Wandwangen müssen einwandfrei an den Fußboden und die Fußleisten bzw. Fußsockel angeschlossen werden → 10 bis 21. Stoß möglichst ohne Absatz → 10 bis 12, 18, 19, 21. Absätze und Kröpfungen vermeiden (Gehrungsschnitte schwinden und verdrehen sich!).

Antritts- und Austrittpfosten müssen mit der Antrittsstufe, der Wange oder dem Podestwechsel sicher verbunden werden. Mit dem Massivfußboden, massiven Antrittsstufen oder Podestwechsel werden die Antrittpfosten durch Schraubbolzen bzw. Schraubanker (Rundstahl Ø 12–16 mm, 30–50 cm lg.) verbunden → 22 bis 27, 30. Zusätzlich wird Wange und Pfosten durch eine mittig sitzende, seitlich verschraubte Kropfschraube → 46, 30 oder eine von vorn eingesetzte Pfostenschraube → 26 gesichert. Der Austrittspfosten muss ungeschwächt vor dem Podestbalken durchgehen und möglichst 15–20 cm nach unten überstehen → 33. Dies gilt auch für Geländer-Übergangspfosten → 34 bis 39.

Stufen müssen so gebaut sein, dass die Setzstufen die Trittstufen als tragendes Konstruktionsglied (nicht nur als Futter!) unterstützen und dass die Treppe beim Begehen nicht knarrt. Die Setzstufe wird am besten an die Tritthinterkante genagelt (beste Verbindung!) und mit Keilfeder in die Trittunterseite eingelassen → 47, 48.

Auflager der Wandwange, am Wangenkopf

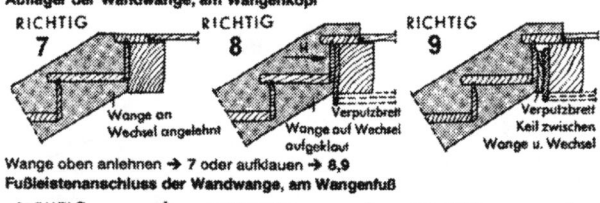

7 RICHTIG — Wange an Wechsel angelehnt
8 RICHTIG — Verputzbrett, Wange auf Wechsel aufgeklaut
9 RICHTIG — Verputzbrett, Keil zwischen Wange u. Wechsel

Wange oben anlehnen → 7 oder aufklauen → 8,9

Fußleistenanschluss der Wandwange, am Wangenfuß

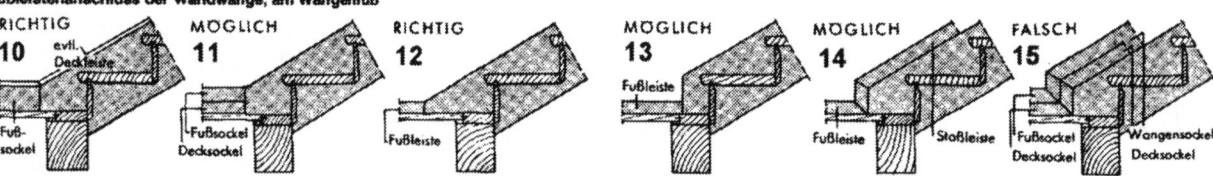

10 RICHTIG — evtl. Deckleiste, Fußsockel
11 MÖGLICH — Fußsockel, Decksockel
12 RICHTIG — Fußleiste
13 MÖGLICH — Fußleiste
14 MÖGLICH — Fußleiste, Stoßleiste
15 FALSCH — Fußsockel, Decksockel, Wangensockel, Decksockel

Wandwange so weit herunterziehen, dass glatter Übergang auf Fußsockel → 10 oder Fußleiste → 12 möglich. Bei Gliederung in Fußsockel und Decksockel → 11 und tiefer ansetzender Fußleiste → 13 werden Stirnholzflächen sichtbar (vermeiden!). Abgekröpfte Leisten → 14, 15 sehen nicht schön aus.

Fußleistenanschluss der Wandwange, am Wangenkopf

16 MÖGLICH — Fuge zwischen Wange und Austritt sieht hässlich aus
17 FALSCH — Fußleiste Podest fehlt
18 RICHTIG — guter Übergang mit Fußleiste
19 RICHTIG — Stoß, guter Übergang durch Stoßleiste-Fußleiste
20 FALSCH — Stoßleiste, Fußleiste, gekröpfte Stoß- und Fußleiste sieht hässlich aus
21 RICHTIG — Fußsockel, guter Übergang mit Fußsockel

Wandwange oben nicht unmittelbar vor Austritt enden lassen → 16, sondern durch Stoßleisten anschließen → 19 oder über Austritt laufen lassen → 18, 21. Fehlende Fußleisten in Podest → 17 und gekröpfte Leisten → 20 vermeiden.

Auflager der Freiwange, am Wangenfuß

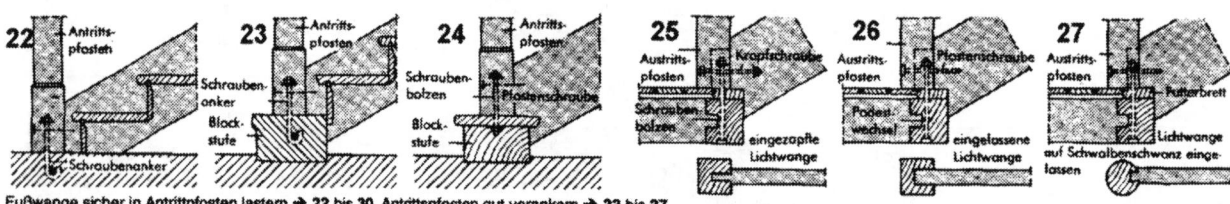

22 — Antrittspfosten, Schraubenanker, Schraubenanker
23 — Antrittspfosten, Schraubenanker, Blockstufe, Schraubenbolzen
24 — Antrittspfosten, Schraubenbolzen, Blockstufe, Pfostenschraube
25 — Austrittspfosten, Kropfschraube, Schraubenbolzen, eingezapfte Lichtwange
26 — Austrittspfosten, Pfostenschraube, Podestwechsel, eingelassene Lichtwange
27 — Austrittspfosten, Futterbrett, Lichtwange auf Schwalbenschwanz eingelassen

Fußwange sicher in Antrittspfosten lagern → 22 bis 30, Antrittspfosten gut verankern → 22 bis 27

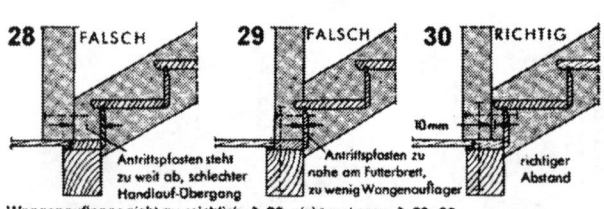

28 FALSCH — Antrittspfosten steht zu weit ab, schlechter Handlauf-Übergang
29 FALSCH — Antrittspfosten zu nahe am Futterbrett, zu wenig Wangenauflager
30 RICHTIG — 10 mm richtiger Abstand

Wangenauflager nicht zu reichlich → 28, nicht zu knapp → 29, 30

Auflager der Freiwange, am Wangenkopf

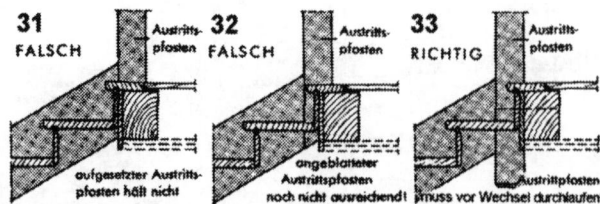

31 FALSCH — Austrittspfosten, aufgeblatteter Austrittspfosten hält nicht
32 FALSCH — Austrittspfosten, angeblatteter Austrittspfosten noch nicht ausreichend!
33 RICHTIG — Austrittspfosten, Austrittspfosten muss vor Wechsel durchlaufen!

Austrittspfosten hält nur, wenn der Wechsel durchlaufend → 31, 32, 33

Holztreppen

Eck- und Übergangsstoß der Wangen

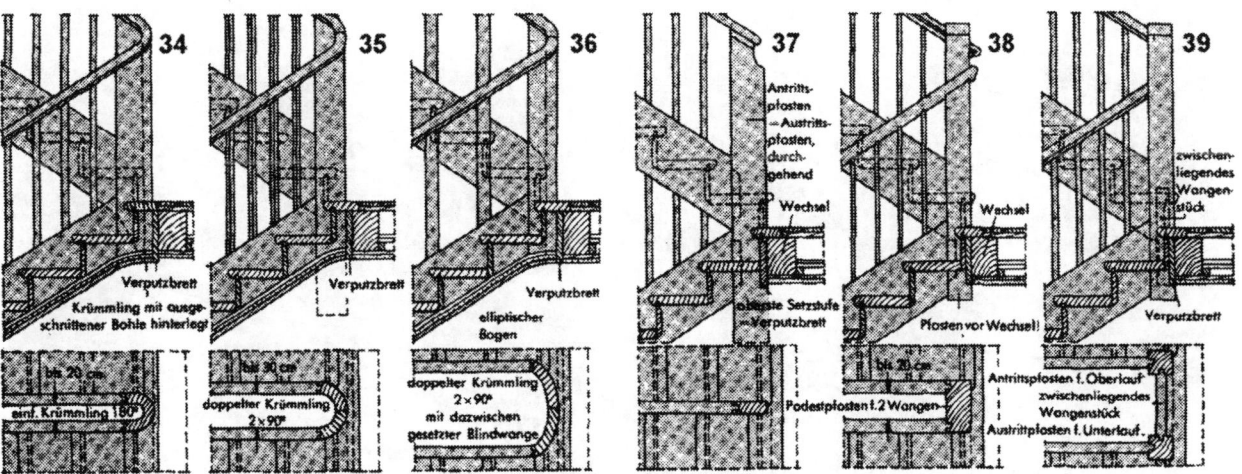

Podestübergang und Eckenstoß der Wangen mit Krümmlingen → 34 bis 36 oder Übergangspfosten → 37 bis 39. Bei großem Abstand der Freiwangen gerades Wangenstück zwischensetzen → 36, 39. Zu viele Einzelteile schwächen aber Anschluss, deshalb Übergang 36, 39, oft mit elliptischem Bogen → 36, besser.

Verbindung der Trittbretter und Futterbretter, Kantenschutz der Trittstufen

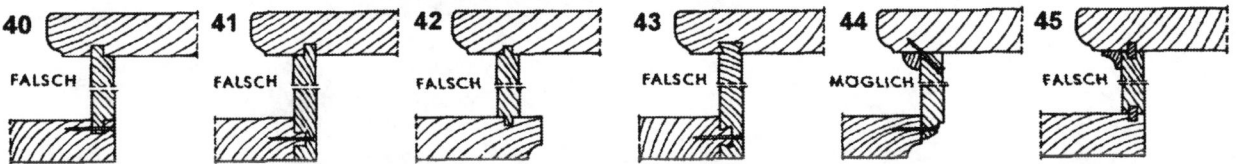

Falze und Nuten nach 40 bis 43, 45 ergeben beim Nachschwinden lockere Verbindungen. Die Stufen knarren beim Begehen! Stumpfer Stoß → 44, 45 besser.

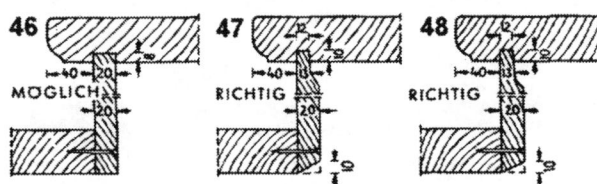

Richtige Verbindung: gerade → 47 oder geschweifte → 48 Keilfeder.

Verbindung der Tritt- und Futterbretter mit den Wangen.

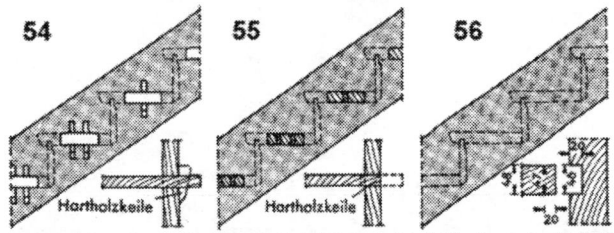

Trittstufe früher eingezapft und mit Hartholzkeilen parallel → 54 oder senkrecht → 55 zur Wange verkeilt. Jetzt eingestemmte Stufen → 56 üblich.

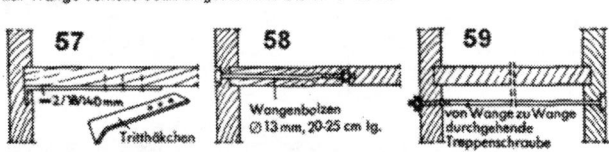

Zusammenhalt der Wangen durch aufgenagelte Tritthäkchen → 57, eingelassene Wangenbolzen → 58 oder lange Treppenschrauben → 59.

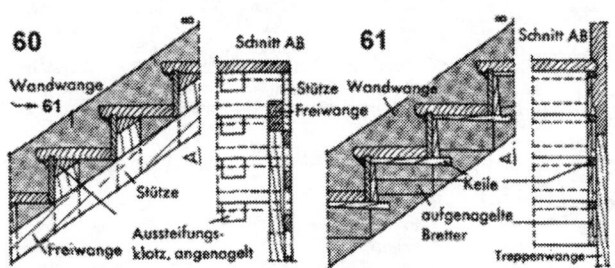

In USA, England, Australien usw. sind aufgesattelte Holztreppen mit holzsparenden Wand- und Freiwangen üblich → 60, 61.

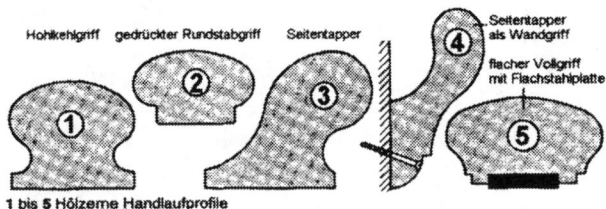

Trittstufe gegen Abnutzung durch aufgesetzte Metallprofile → 49 bis 51, 53 oder Hartholzleisten → 52 schützen. Belag (B) aus Linoleum oder Gummi → 52, 53. Metallstangen für Läuferbelag werden aufgeschraubt.

Handlaufprofile

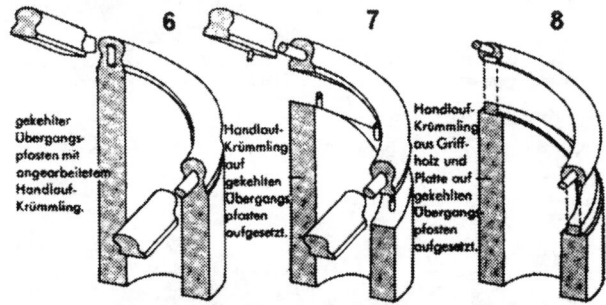

1 bis 5 Hölzerne Handlaufprofile

Verbindung Krümmling–Handlauf

Der Handlaufkrümmling wird besser auf den Übergangspfosten aufgesetzt → 7, 8 als angearbeitet → 6 (bei → 6 wird Hirnholz sichtbar!).

Die **Verbindung der Stufen mit den Wangen** erfolgt bei gestemmten Treppen durch Einzapfen der Trittstufen und Verkeilen der Zapfen → 54, 55. Dabei ist keine besondere Verankerung der Wangen notwendig. Einfacher ist das Einstemmen der Tritt- und Futterbretter in die Wangen → 56 und Zusammenhalten der Wangen durch Stahlanker → 57 bis 59. Im Ausland werden einfachere Konstruktionen ausgeführt → 60, 61; die Stufen werden in der Wandwange verkeilt, auf der Freiwange aufgesattelt.

Treppen

Geländer

Geländer für Massivtreppen und Stahltreppen

Geländerformen

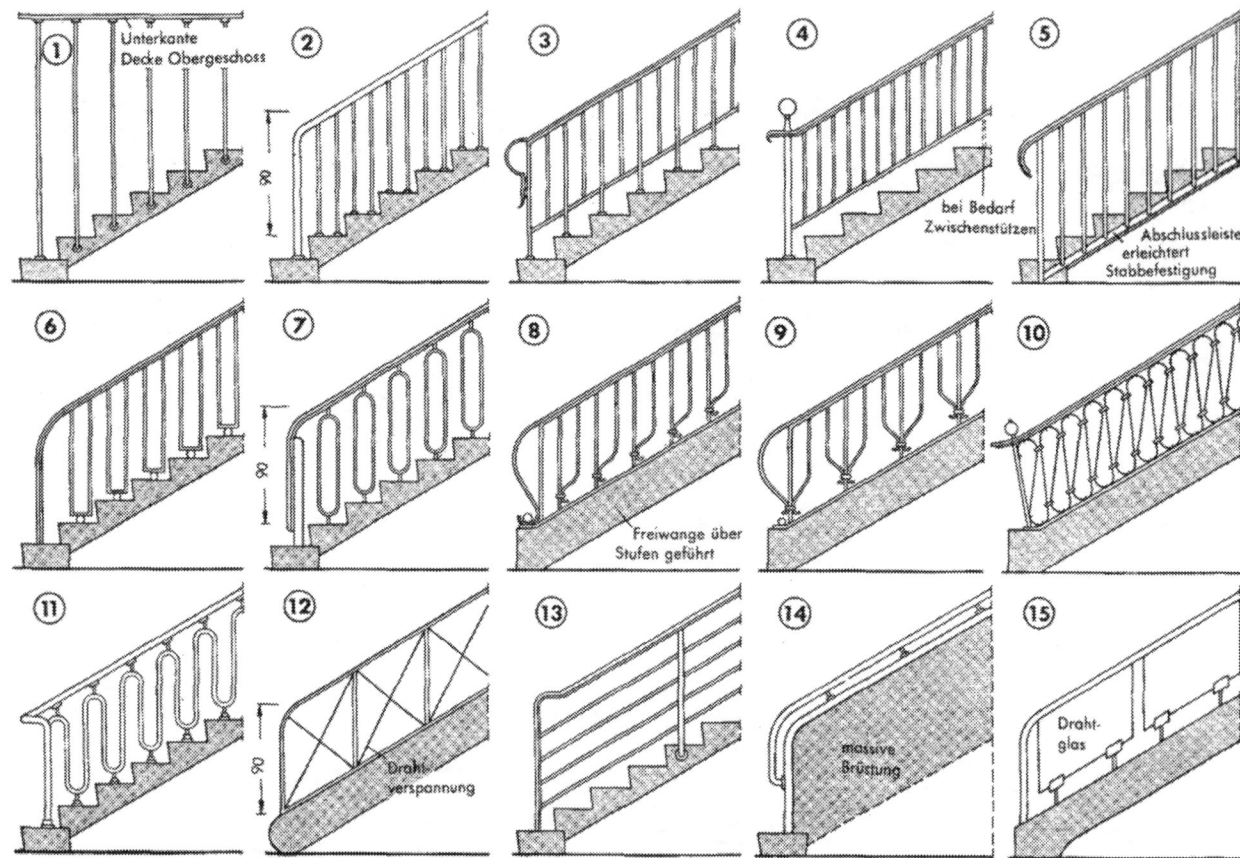

1 bis 13 Geländer aus Metallstäben; 14 Geländerbrüstung; 15 Drahtglasbrüstung: Strenge Vertikalgliederung → 1 bis 6, strenge Horizontalgliederung (parallel zur Laufschräge) → 13; Flächenwirkung aus der Senkrechten entwickelt → 7 bis 11, reine Flächengliederung → 12, 14, 15. Geländerstäbe bis zur Decke → 1 bedingen Handlauf an Wandseite. Massive Brüstungen → 14 behindern Belichtung des Treppenhauses.

Handlaufformen

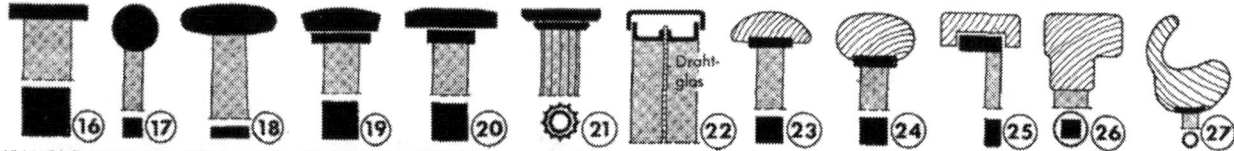

16 bis 21 Geländerstäbe, -Stützen und Handlauf aus Metall; 22 Drahtglas zwischen Metallprofilen 23 bis 29 Handlauf aus Holz.

Stabbefestigung auf Massivstufe, Handlaufbefestigung an Treppenhauswand

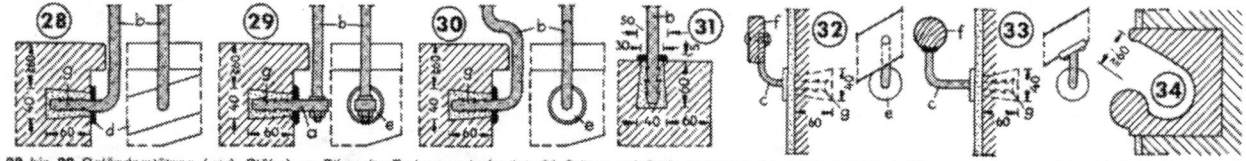

28 bis 30 Geländerstützen (und -Stäbe) an Stirnseite Freiwange befestigt; 31 Stütze auf Stufe befestigt; 32, 33 Handläufe in Treppenumfassung befestigt; 34 eingemauerter Handlauf-Formstein. a = Flachstahlhalter, b = Geländerstütze, c = Handlaufstütze, d = Deckschiene, e = Deckkappe, f = Handlauf, g = Steinanker, h = Zementmörtel.

Stabbefestigung an Stahlwange

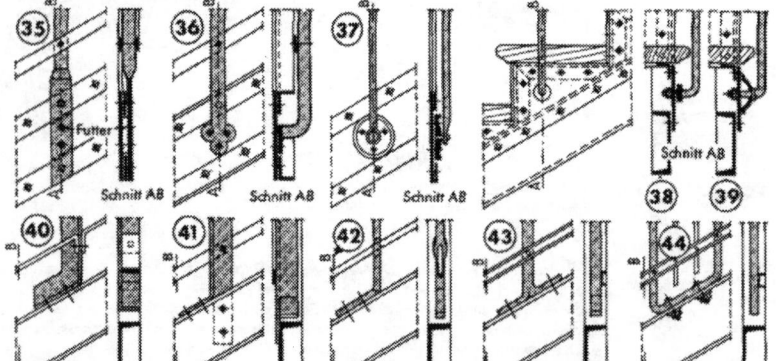

Geländerstütze und -Stäbe vor der Wange befestigt → 35 bis 39, auf der Wange befestigt → 40 bis 44.

Treppen müssen 90 cm hohe **Geländer** erhalten. Waagerechte Belastung nach DIN 1055 in Holmhöhe (Handlaufhöhe): bei Treppen, Balkonen usw. in Wohnhäusern 50 kg/m; in öffentlichen Gebäuden, Schulen, Geschäftshäusern, Warenhäusern, Versammlungsgebäuden, Sportbauten usw. 100 kg/m. Berechnung der Stufen als eingespannte Kragträger. Lichter Abstand senkrechter Geländerstäbe ≤ 15 cm (deshalb i.d. Regel 2 Stäbe je Stufe), waagerechter Geländerstäbe ≤ 20 cm. Stützkloben der Geländer- und Handlaufstützen ausreichend tief einsetzen (→ 28 bis 32)!

Befestigung der Teppichhalter in Steinstufen

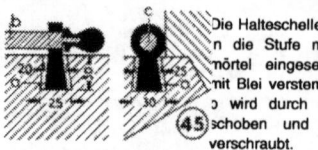

Die Halteschellen a werden in die Stufe mit Zementmörtel eingesetzt, besser mit Blei verstemmt. Stange b wird durch Öse c geschoben und beiderseits verschraubt.

Konstruktionshinweise für die Ausführung von Terrassen und Balkonen

Brüstung, Konstruktionsarten

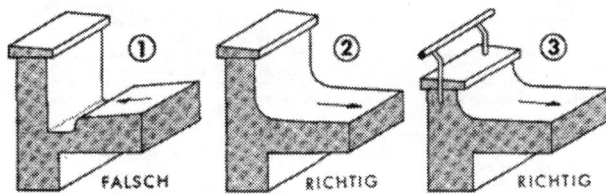

1 bis 3 Massive Brüstungen: Regen von Brüstung ableiten!

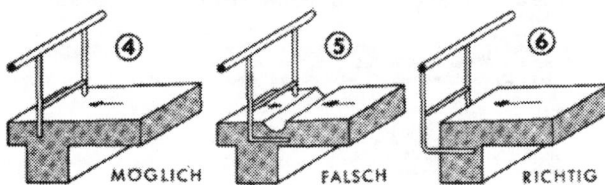

4 bis 6 Geländerbrüstungen: Regen nach Traufe ableiten, Geländer möglichst an Außenwand befestigen!

Geländer, Befestigungsarten

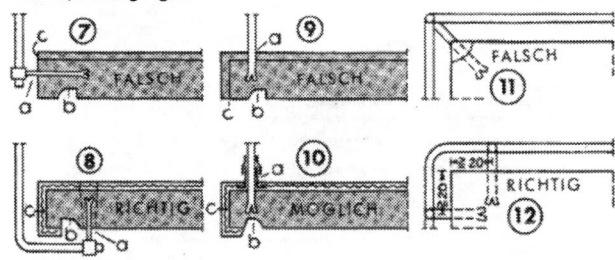

7 bis 10 richtige und falsche Geländerbefestigung und Traufgesimsausbildung. a = Geländerbefestigung an Stirnseite ergibt Risse durch Geländerdollen, deshalb Geländer von unten befestigen mit konischer Aussparung zum Vergießen von oben. Bei ungeschützter Geländerbefestigung auf Oberseite Rissegefahr durch Federn des Pfostens, deshalb elastischer Anschluss durch Blechhülse mit Blechkappe erforderlich. b = Wassernase mit scharfer Kante nach vorn anordnen! c = bei ungeschützter Stirnseite Rissgefahr für Estrich. Estrich mit Drahtgeflecht bewehren und um Stirnseite bis zur Wassernase herumführen.

11, 12 Geländerbefestigung an der Ecke reißt ab. Befestigung in ausreichender Entfernung von Ecke (20 bis 50 cm je nach Konstruktionsart Traufgesims) an 2 Seiten erforderlich.

Anschluss Decke–Umfassungswand bzw. Balkontür

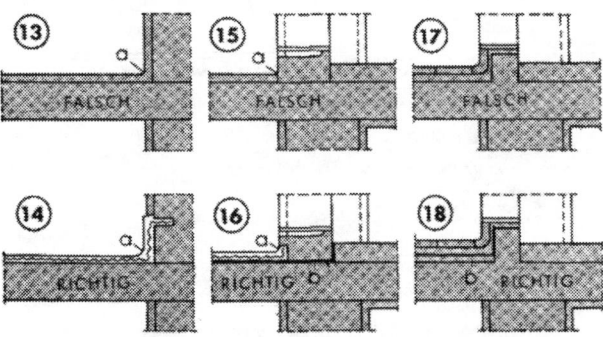

13, 14 Anschluss a Decke–Wand ist sorgfältig zu dichten. Fußbodenbelag des Balkons (möglichst mit Drahtgeflecht bewehrter Estrich oder Aufbeton) 30 bis 50 cm hochziehen.

15 bis 18 Fußbodenbelag bis unter Stufe Balkontür führen (sonst ergibt sich Anschlussriss bei a). Dichtung b bis hinter Stufe Balkontür bzw. Belag führen (Stufe seitlich verankern!).

Brüstungen: Bei massiven Brüstungen Gefälle von Brüstungsmauerwerk weg nach innen legen. Deshalb keine Rinnen entlang Brüstungen → 1, 2! Um hohe Brüstungen mit komplizierter Dichtung zu vermeiden, sind niedrige Brüstungen, bei denen die Dachdichtung bis unter die Abdeckung geführt ist, mit aufgesetztem Geländer von Vorteil → 3.

Geländer: Geländer möglichst an Außenseite Umfassung und nicht auf Dachdecke befestigen → 4 bis 6. Bei Anordnung von Rinnen vor der Traufe besondere Vorsicht geboten → 5 (Rost sprengt Beton!). Falls Befestigung der Geländerstützen in Dachdecke nicht vermeidbar, Dübellöcher mit Blei verstemmen, Hülse mit Flansch (an Dachdichtung angeschlossen) aufsetzen und mit Kappe überdecken. Ausreichend Luft zwischen Hülse und Geländerstütze geben, damit Bewegung des Geländers nicht zu Zerstörung der Dichtung führt.

Anordnung der Dichtung in Balkondecken und -brüstungen

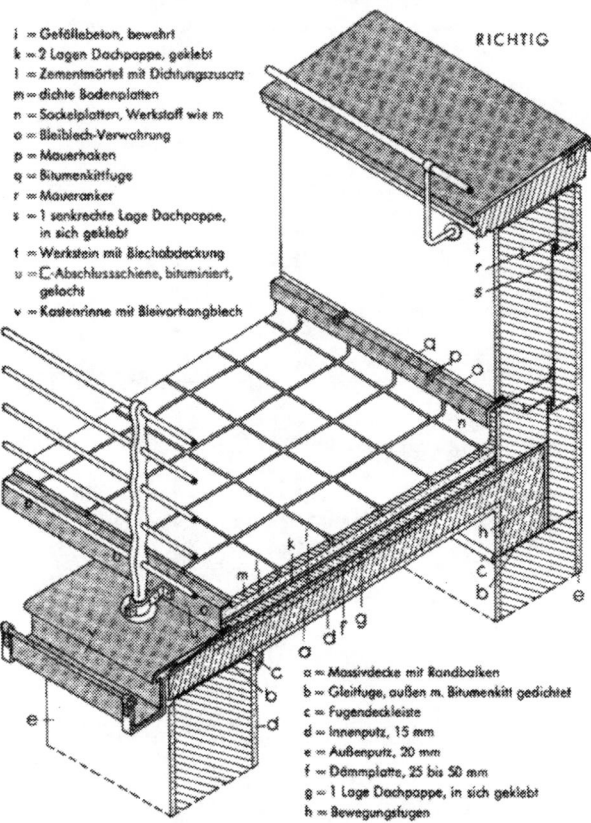

i = Gefällebeton, bewehrt
k = 2 Lagen Dachpappe, geklebt
l = Zementmörtel mit Dichtungszusatz
m = dichte Bodenplatten
n = Sockelplatten, Werkstoff wie m
o = Bleiblech-Verwahrung
p = Mauerhaken
q = Bitumenkittfuge
r = Maueranker
s = 1 senkrechte Lage Dachpappe, in sich geklebt
t = Werkstein mit Blechabdeckung
u = C-Abschlussschiene, bituminiert, gelocht
v = Kastenrinne mit Bleivorhangblech

a = Massivdecke mit Randbalken
b = Gleitfuge, außen m. Bitumenkitt gedichtet
c = Fugendeckleiste
d = Innenputz, 15 mm
e = Außenputz, 20 mm
f = Dämmplatte, 25 bis 50 mm
g = 1 Lage Dachpappe, in sich geklebt
h = Bewegungsfugen

19 Beispiel für eine sorgfältige Dichtung einer Balkondecke und -brüstung

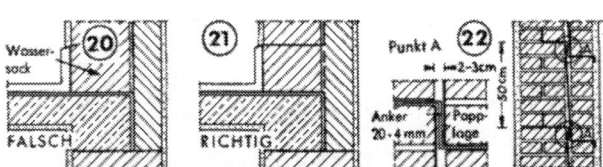

20, 21 richtige und falsche Anordnung der Sperrlagen. Mauerteile vermeiden, deren Feuchtigkeitskern nicht oder nur schwer austrocknen kann! Gestrichelte Dichtung in 21 kann weggelassen werden. Anordnung der Verankerung der beiden Schalen und richtiger Anschluss der Dichtungsbahn → 22.

Standard-Details Balkonanschluss

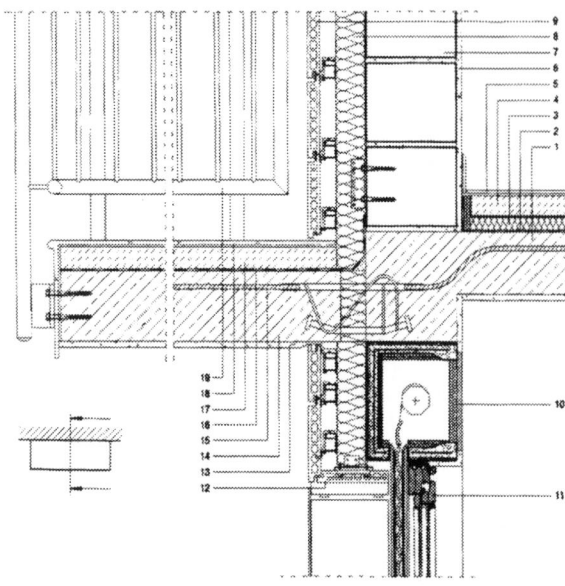

Auskragende tiefliegende Balkonplatte – Balkondämmelement mit Anschlussbewehrung – Außenwand mit abgehängter Ziegelfassade mit Ziegel-Fenstersturz – Holzfenster mit Rollladenkasten aus Blähton

- auskragende, tiefliegende Balkonplatte mit Balkondämmelement mit Anschlussbewehrung (bei Höhenversatz zwischen Balkon- und Deckenplatte)
- tragende Außenwand mit Wärmedämmung und abgehängter Fassadenbekleidung aus Ziegelplatten, kleinformatig mit Alu-Unterkonstruktion und Ziegel-Fenstersturz
- Holz-Einfachfenster mit Isolierverglasung ohne Überschlagdichtung
- Rollladenkasten aus Blähton mit hinterer Montageöffnung

1 – Tragwerk Deckenplatte
2 – Sperrschicht gegen Dampfdiffusion
3 – Trittschalldämmschicht – *Isobouw - Trittschall-Dämmplatten B-PST, TK-B1, 33/30 mm, mit Trennschicht*
4 – Zementestrich
5 – Bodenbelag – *Boizenburg Gail Inax - Collection Ambiente Bodenfliesen, 30x30 cm*
6 – Innenwandputzsystem – *Epple - Kalk-Zement-Maschinenputze MK*
7 – Mauerwerk der tragenden Außenwand, 24 cm
8 – Wärmedämmschicht Kerndämmung – *Isobouw - Kerndämmung W-PF, W-15-B1, 80 mm*
9 – Fassadenbekleidungen – *Möding - Original-ARGETON-Ziegelfassade*
10 – Rollladenkasten aus Leichtbeton – *Gebr. Allendörfer - BERO 24er ROT Ziegel*
11 – Fenster – *Stöckel - IV 66 N, Holz-Einfachfenster mit Isolierverglasung*
12 – Fenstersturzbekleidung aus Ziegeln – *Möding - Original-ARGETON-Fassadenplatten*
13 – Außendeckenputzsystem – *Epple - Kalk-Zement-Maschinenputze MK*
14 – Tragwerk Balkonplatte
15 – Wärmedämmelement mit Anschlussbewehrung – *MEA Meisinger - Iso-Träger-System, DE-Doppelelement*
16 – 1. Lage der Dachabdichtung
17 – Zementestrich
18 – Bodenbelag – *Boizenburg Gail Inax - Collection Merkur SF Bodenfliesen, 20x20 cm*
19 – Stabgeländer

Produkthinweise	**Firmen-CODE**
Gebr. Allendörfer Betonwerk GmbH	ALLENDOE
Boizenburg Gail Inax AG	BGI
KARL EPPLE Trockenmörtel GmbH & Co. KG	EPPLE
IsoBouw Dammtechnik GmbH	ISOBOW
MEA Meisinger	MEA_MEI
Dachziegelwerk Möding GmbH & Co. KG	MOEDING
G. Stöckel GmbH	STOECKEL

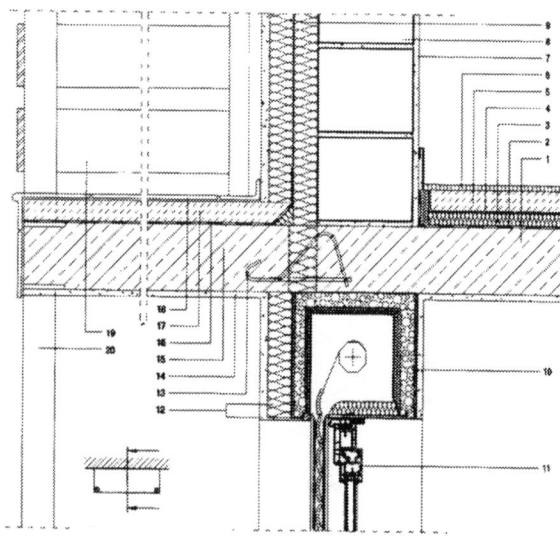

Balkonplatte mit freier Lagerung – Balkondämmelement mit Anschlussbewehrung – Außenwand mit Wärmedämm-Verbundsystem – Kunststoff-Fenster mit Rollladenkasten aus Blähton

- Balkonplatte mit freier Lagerung, mit Wärmedämmelement als Querkraftträger
- tragende Außenwand mit Wärmedämmung und Wärmedämm-Verbundsystem
- Kunststoff-Einfachfenster mit Isolierverglasung, flächenversetzt, mit Mitteldichtung
- Rollladenkasten aus Blähton mit unterer Montageöffnung

1 – Tragwerk Deckenplatte
2 – Sperrschicht gegen Dampfdiffusion
3 – Trittschalldämmschicht – *Heraklith - Heralan-TP, T-A1, 40/35 mm*
4 – Trennschicht
5 – Zementestrich
6 – Parkett aus Parkettelementen – *Hamberger Industriewerke - Haro Design Tafel, Dicke 13 mm*
7 – Innenwandputzsystem – *Quick-mix - Kratzputz*
8 – Mauerwerk der tragenden Außenwand – *Meindl - Thermopor SFz N+F, 24,0 cm*
9 – Wärmedämmschicht – *Heraklith - Tektalan-SD, 60 mm*
10 – Rollladenkasten aus Leichtbeton – *Gebr. Allendörfer - BERO 30er BLAU*
11 – Fenster – *VEKA - Softline MD, Kunststoff-Einfachfenster mit Isolierverglasung, flächenversetzt*
12 – Wärmedämmputz – *Heraklith - Tektalan-Fassadendämmsystem*
13 – Außendeckenputzsystem – *Quick-mix - Kratzputz*
14 – Wärmedämmelement mit Anschlussbewehrung – *MEA Meisinger - QT-Querkraftträger*
15 – Tragwerk Balkonplatte
16 – 1. Lage Abdichtung – *Heraklith - Plastovill P GG, 4,0 mm*
17 – Kunstharzmodifizierter Zementestrich mit Zuschlag aus Kiessandgemisch
18 – Bodenbelag – *Villeroy & Boch - MAXI-FLOOR, glasierte keramische Fliesen, 20x20 cm*
19 – Pfosten, Geländer mit Handlauf für Balkon
20 – Stahlkonstruktion als Stütze

Produkthinweise	**Firmen-CODE**
Gebr. Allendörfer Betonwerk GmbH	ALLENDOE
Hamberger Industriewerke GmbH	HAMBERG
Deutsche Heraklith AG	HERAKLIT
MEA Meisinger	MEA_MEI
Josef Meindl GmbH - Mauerziegel	MEINDL_M
quick - mix Gruppe GmbH & Co. KG	QUICK_M
VEKA AG	VEKA
Villeroy & Boch AG	VILLEROY

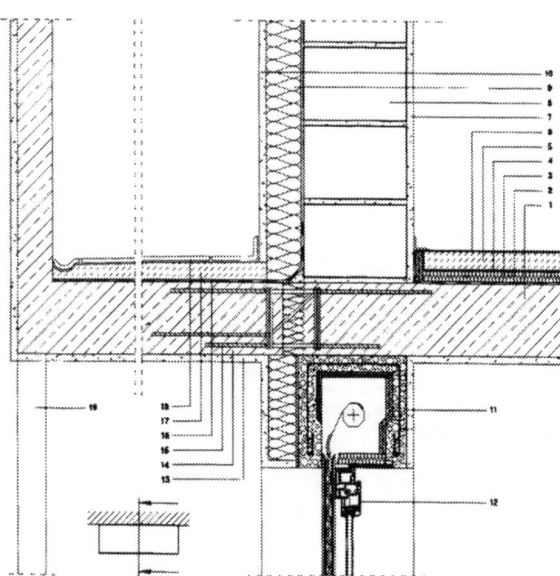

Auskragende Balkonplatte mit Brüstung – Balkondämmelement mit Anschlussbewehrung – Außenwand mit Wärmedämm-Putzverbundsystem – Kunststoff-Fenster mit Rollladenkasten aus Blähton

- auskragende Balkonplatte mit Brüstung mit Balkondämmelement mit Anschlussbewehrung
- tragende Außenwand mit Wärmedämm-Putzverbundsystem
- Kunststoff-Einfachfenster mit Isolierverglasung, flächenversetzt, mit Anschlagdichtung
- Rollladenkasten aus Blähton mit unterer Montageöffnung

1 – Tragwerk Deckenplatte
2 – Sperrschicht gegen Dampfdiffusion
3 – Trittschalldämmschicht – *Heraklith - Heralan-TP, T-A1, 40/35 mm*
4 – Trennschicht
5 – Zementestrich
6 – Textiler Bodenbelag – *Maiflor - Naturfaserteppichfliesen GOA*
7 – Innenwandputzsystem – *Quick-mix - Mineralischer Rustikalputz RKP*
8 – Mauerwerk der tragenden Außenwand – *Meindl - Marktheidenfelder HOCHLOCH-ZIEGEL, 30,0 cm*
9 – Wärmedämmschicht – *Heraklith - Tektalan-SD, 100 mm*
10 – Wärmedämmputz – *Quick-mix - Kalk-Zement-Maschinenputz MK 3*
11 – Rollladenkasten aus Leichtbeton – *Gebr. Allendörfer - BERO 30er BLAU SP*
12 – Fenster – *Stöckel - System Twinstep, Kunststoff-Einfachfenster mit Isolierverglasung, flächenversetzt*
13 – Außendeckenputzsystem – *Quick-mix - Kratzputz*
14 – Tragwerk Balkonplatte
15 – Wärmedämmelement mit Anschlussbewehrung – *Bach - RIPINOX Thermoelement Typ 2*
16 – 1. Lage Abdichtung – *Heraklith - Villox G 200 S 4, 4,0 mm*
17 – Zementestrich
18 – Bodenbelag keramische Fliesen, 20x20 cm
19 – Kreisförmiges Regenfallrohr

Produkthinweise	**Firmen-CODE**
Gebr. Allendörfer Betonwerk GmbH	ALLENDOE
Gebrüder Bach Ges.m.b.H	BACH
Deutsche Heraklith AG	HERAKLIT
Maiflor Natur-Decor	MAIFLOR
Josef Meindl GmbH - Mauerziegel	MEINDL_M
quick - mix Gruppe GmbH & Co. KG	QUICK_M
G. Stöckel GmbH	STOECKEL

Standard-Details Balkonanschluss

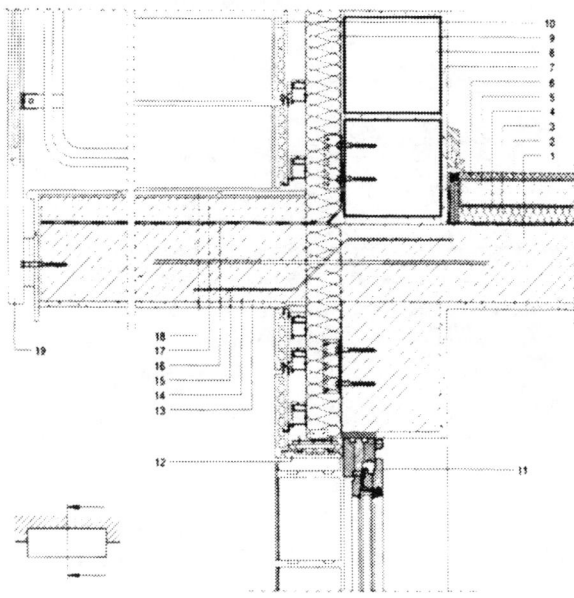

Dreiseitig aufliegende Balkonplatte – Balkondämmelement mit Anschluss-bewehrung – Außenwand mit abgehängter Ziegelfassade mit Ziegel-Fenstersturz-Holz-Fenster mit tiefer Leibung außen

– dreiseitig aufliegende Balkonplatte, mit Balkondämmelement mit Anschlussbewehrung
– tragende Außenwand mit Wärmedämmung und abgehängter Fassadenbekleidung aus Ziegelplatten, kleinformatig mit Alu-Unterkonstruktion und Ziegel-Fenstersturz
– Holz-Einfachfenster mit Isolierverglasung, ohne Anschlagdichtung

1 – Tragwerk Deckenplatte
2 – Sperrschicht gegen Dampfdiffusion
3 – Trittschalldämmschicht – Rygol - Trittschalldämmplatten, TK-B1, 38/35 mm
4 – Trennschicht
5 – Zementestrich
6 – Parkett aus Fertigparkettelementen – Tarkett - Parkett Klassisch, Dicke 14 mm
7 – Innenwandputzsystem
8 – Mauerwerk der tragenden Außenwand 20 cm
9 – Wärmedämmung für Außenwandbekleidung – Rygol - Fassadendämmplatten, Dicke 80 mm
10 – Fassadenbekleidungen – Möding - Original-ARGETON-Ziegelfassade
11 – Fenster – Stöckel - IV 66 N, Holz-Einfachfenster mit Isolierverglasung
12 – Fenstersturzbekleidung aus Ziegel – Möding - Original-ARGETON-Fassadenplatten
13 – Außendeckenputzsystem
14 – Tragwerk Balkonplatte
15 – Wärmedämmelement mit Anschlussbewehrung – Schöck - ISOKORB Typ Q
16 – 1. Lage Abdichtung
17 – Zementestrich
18 – Bodenbelag – Villeroy & Boch - MAXI-FLOOR, glasierte keramische Fliesen, 20x20 cm
19 – Geländer mit Füllungen – Müssig - Balkongeländer BG 90 "MODULAR" - Typ Konzept

Produkthinweise	Firmen-CODE
Dachziegelwerk Möding GmbH & Co. KG	MOEDING
Wilhelm Müssig GmbH	MUESSIG
RYGOL-Dämmstoffwerk W. Rygol KG	RYGOL
Schöck Bauteile GmbH	SCHOECK
G. Stöckel GmbH	STOECKEL
Tarkett Vertriebs GmbH	TARKETT
Villeroy & Boch AG	VILLEROY

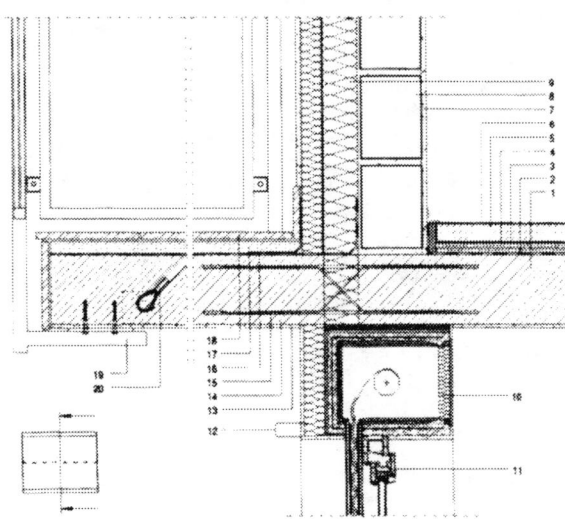

Eingerückte Balkonplatte (in durchlaufender Decke) – Balkondämmelement mit Anschlussbewehrung – Außenwand mit Wärmedämm-Verbundsystem – Kunststoff-Fenster mit Rollladenkasten aus Blähton

– eingerückte Balkonplatte (in durchlaufender Decke) mit Balkondämmelement mit Anschlussbewehrung
– tragende Außenwand mit Wärmedämmung und Wärmedämm-Verbundsystem
– Kunststoff-Einfachfenster mit Isolierverglasung, flächenversetzt, mit Anschlagdichtung
– Rollladenkasten aus Blähton mit hinterer Montageöffnung

1 – Tragwerk Deckenplatte
2 – Sperrschicht gegen Dampfdiffusion
3 – Trittschalldämmschicht – Heraklith - Heralan-TP, T-A1, 40/35 mm
4 – Trennschicht
5 – Anhydritestrich – Knauf - Fließ-Estrich-Systeme - F 231, AE 20, 35 mm
6 – Textiler Bodenbelag – Maiflor - Naturfaserteppichfliesen SAMOA
7 – Innenwandputzsystem
8 – Mauerwerk der tragenden Außenwand – Kalksandstein - KS-Quadro-Bausystem 1/4, 17,5 cm
9 – Wärmedämmschicht – Heraklith - Tektalan-SD, 100 mm
10 – Rollladenkasten aus Leichtbeton – Gebr. Allendörfer - BERO 24er ROT Ziegel
11 – Fenster – Stöckel - System Ecostep, Kunststoff-Einfachfenster mit Isolierverglasung, flächenversetzt
12 – Wärmedämmschicht – Heraklith - Tektalan-Fassadendämmsystem
13 – Außendeckenputzsystem – Quick-mix - Kratzputz
14 – Tragwerk Balkonplatte
15 – Wärmedämmelement mit Anschlussbewehrung – Schöck - ISOKORB Typ D
16 – 1. Lage Adichtung – Heraklith - Plastovill P GG 4,0 mm
17 – Anhydritestrich – Knauf - Fließ-Estrich-Systeme - F 231, AE 20, 35 mm
18 – Bodenbelag aus Naturwerkstein
19 – Geländer mit Füllungen – Müssig - Balkongeländer BG 90 "BASIS" mit Drahtglas
20 – Anker aus Tragseil

Produkthinweise	Firmen-CODE
Gebr. Allendörfer Betonwerk GmbH	ALLENDOE
Deutsche Heraklith AG	HERAKLIT
Kalksandstein Bauberatung Dresden GmbH	KALKSAND
Gebr. Knauf Westdeutsche Gipswerke	KNAUF
Maiflor Natur-Decor	MAIFLOR
Wilhelm Müssig GmbH	MUESIG
quick - mix Gruppe GmbH & Co. KG	QUICK_M
Schöck Bauteile GmbH	SCHOECK
G. Stöckel GmbH	STOECKEL

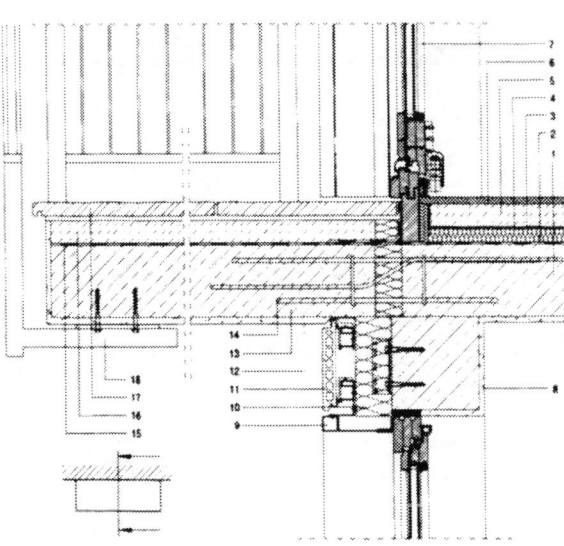

Auskragende Balkonplatte – Balkondämmelement mit Anschlussbewehrung – Außenwand mit abgehängter Ziegelfassade mit Ziegel-Fenstersturz – Fenstertür mit umlaufender Dichtung

– auskragende Balkonplatte mit Balkondämmelement mit Anschlussbewehrung
– tragende Außenwand mit Wärmedämmung und abgehängter Fassadenbekleidung aus Ziegelplatten, kleinformatig mit Alu-Unterkonstruktion und Ziegel-Fenstersturz
– Parallelschiebe-Kipp-Fenstertür aus Holz mit umlaufender Dichtung, mit Isolierverglasung

1 – Tragwerk Deckenplatte
2 – Sperrschicht gegen Dampfdiffusion
3 – Trittschalldämmschicht – Glaswolle Wiesbaden - WIEGLA-Estrichdämmplatten, T-A2, 40/35 mm
4 – Trennschicht
5 – Zementestrich – Raab - RB 5 - Beton/Estrich
6 – Parkett aus Mehrschichten-Parkettdielen – Hain - Holzparkett, Dicke 15 mm
7 – Fenstertür – Stöckel - PSK 966, Parallelschiebe-Kipptür mit Isolierverglasung
8 – Innenwandputzsystem – Epple - Kalk-Zement-Maschinenputz MK
9 – Fenstersturzbekleidung aus Alu – Möding - Original-ARGETON
10 – Wärmedämmung für Außenwandbekleidung – Glaswolle Wiesbaden - WIEGLA-Fassadendämmplatte FD 1/V, Dicke 80 mm
11 – Fassadenbekleidungen – Möding - Original-ARGETON-Ziegelfassade
12 – Außendeckenputzsystem – Epple - Kalk-Zement-Maschinenputz MK
13 – Tragwerk Betonplatte
14 – Wärmedämmelement mit Anschlussbewehrung – Bach - RIPINOX Thermoelement Typ 1
15 – 1. Lage Abdichtung
16 – Zementestrich – Raab - RB 5 - Beton/Estrich
17 – Bodenbelag aus Naturwerkstein – Winterhelt - Muschelkalk-Kernstein Frickenhausen, 40x40 cm, Dicke 3 cm
18 – Stabgeländer – Müssig - Balkongeländer BG 90 "BASIS" - Stäbe senkrecht

Produkthinweise	Firmen-CODE
Gebrüder Bach Ges.m.b.H	BACH
KARL EPPLE Trockenmörtel GmbH & Co. KG	EPPLE
Glawolle Wiesbaden GmbH	GLAWOL
Matthias Hain GmbH	HAIN
Dachziegelwerk Möding GmbH & Co. KG	MOEDING
Wilhelm Müssig GmbH	MUESSIG
Josef Raab GmbH & Cie. KG	RAAB
G. Stöckel GmbH	STOECKEL
C. Winterhelt GmbH & Co. Naturwerkstein	WINTERH

Balkone, Terrassen

Standard-Details Balkonanschluss

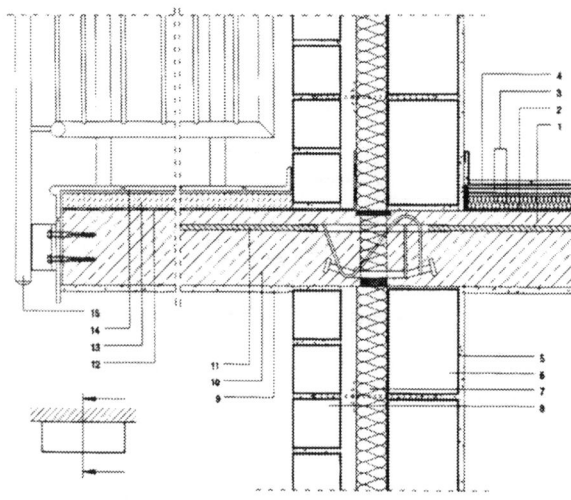

Auskragende Balkonplatte – Balkondämmelement mit Anschlussbewehrung und Brandschutzplatte – Zweischalige Außenwand mit Kerndämmung (mit Luftschicht)

- auskragende Balkonplatte mit Balkondämmelement mit Anschlussbewehrung und PROMATECT-Brandschutzplatte (Feuerwiderstandsklasse F 90)
- tragende Außenwand mit Kerndämmung und Verblendschalenmauerwerk (mit Luftschicht)

1 – Tragwerk Deckenplatte
2 – Sperrschicht gegen Dampfdiffusion
3 – Fertigteilestrich – Knauf - Trockenunterboden F 142, 55 mm
4 – Bodenbelag – Boizenburg Gail Inax - Glasierte Steinzeug-Bodenfliesen Collection Ouvertüre, 29,6x29,6 cm
5 – Innenwandputzsystem – Epple - Kalk-Zement-Maschinenputze MK
6 – Mauerwerk der tragenden Außenwand – Kalksandstein - KS-Quadro-Bausystem 1/4, 17,5 cm
7 – Wärmedämmschicht Kerndämmung – Heidelberger Dämmsysteme - Kerndämmplatte, PS-15-B1, Dicke 80 mm
8 – Verblendschalenmauerwerk mit Luftschicht – Kalksandstein - KS-Verblender KS Vb
9 – Außendeckenputzsystem – Epple - Kalk-Zement-Maschinenputze MK
10 – Tragwerk Betonplatte
11 – Wärmedämmelement mit Anschlussbewehrung – MEA Meisinger - Iso-Träger-System, Sonderelement Ausführung F 90
12 – 1. Lage Abdichtung – Krebber - KRELASTIC Schweißbahn, PV 200 S5, talkumiert, 5,0 mm
13 – Anhydritestrich – Knauf - Fließ-Estrich-Systeme - F 231, AE 20, 35 mm
14 – Bodenbelag – Boizenburg Gail Inax - Steinzeugplatten, unglasiert KERASYSTEM, Collection Natura, 24,0x11,5 cm
15 – Stabgeländer

Produkthinweise	Firmen-CODE
Boizenburg Gail Inax AG	BGI
KARL EPPLE Trockenmörtel GmbH & Co. KG	EPPLE
Heidelberger Dämmsysteme GmbH	HEIDELD
Gebr. Knauf Westdeutsche Gipswerke	KNAUF
Kalksandstein Bauberatung Dresden GmbH	KALKSAND
J & OTTO KREBBER GmbH	KREBBER
MEA Meisinger	MEA_MEI

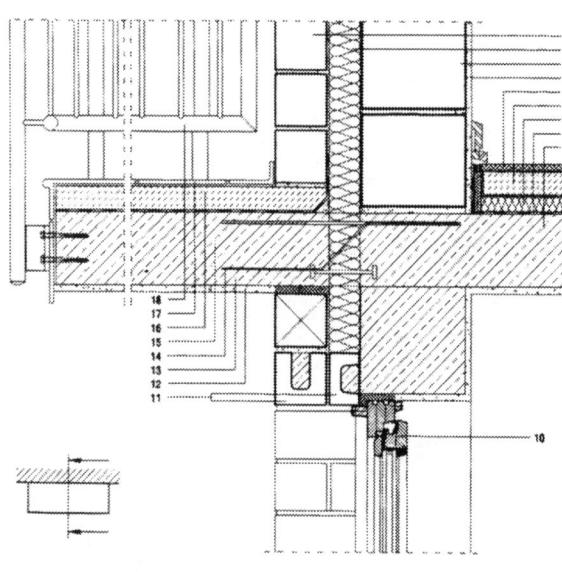

- auskragende Balkonplatte mit Balkondämmelement mit Anschlussbewehrung
- tragende Außenwand mit Kerndämmung und Verblendschalenmauerwerk (ohne Luftschicht)
- Holz-Einfachfenster mit Isolierverglasung mit zusätzlicher Überschlagdichtung

1 – Tragwerk Deckenplatte
2 – Sperrschicht gegen Dampfdiffusion
3 – Trittschalldämmschicht – Isobouw - Trittschall-Dämmplatten B-PST, TK-B1, 33/30 mm mit Trennschicht
4 – Zementestrich
5 – Parkett aus Fertigparkett-Elementen – Tarkett - Parkett Klassisch, Dicke 14 mm
6 – Innenwandputzsystem
7 – Mauerwerk der tragenden Außenwand 24 cm
8 – Wärmedämmschicht Kerndämmung – Isobouw - Kerndämmung W-PF, W-15-B1, 80 mm
9 – Verblendschalenmauerwerk ohne Luftschicht – Kalksandstein - KS-Verblender KS Vb
10 – Fenster – Stöckel - IV 66 S, Holz-Einfachfenster mit Isolierverglasung
11 – Überdeckung der Öffnung – Kalksandstein - KS-Sichtmauersturz
12 – Außendeckenputzsystem
13 – Tragwerk Balkonplatte
14 – Wärmedämmelement mit Anschlussbewehrung – Schöck - ISOKORB Typ K
15 – 1. Lage Dachabdichtung
16 – Zementestrich
17 – Bodenbelag – Villeroy & Boch - MAXI-FLOOR, glasierte keramische Fliesen,
18 – Stabgeländer

Produkthinweise	Firmen-CODE
IsoBouw Dämmtechnik GmbH	ISOBOUW
Kalksandstein Bauberatung Dresden GmbH	KALKSAND
Schöck Bauteile GmbH	SCHOECK
G. Stöckel GmbH	STOECKEL
Tarkett Vertriebs GmbH	TARKETT
Villeroy & Boch AG	VILLEROY

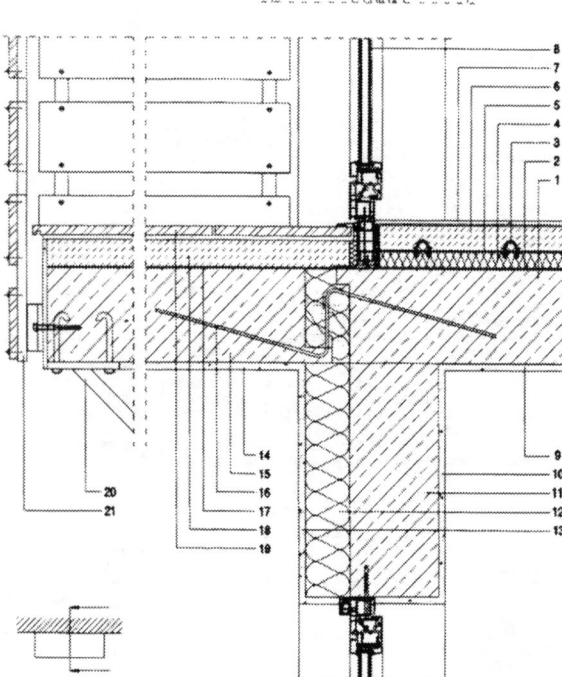

- Balkonplatte mit freier Lagerung, mit Balkondämmelement mit Anschlussbewehrung
- tragende Außenwand mit Wärmedämm-Putzverbundsystem
- Dreh-Kipp-Fenstertür aus Kunststoff mit Mitteldichtung, flächenbündig, mit Isolierverglasung, Trittschutz und Balkonanschlussprofil

1 – Tragwerk Deckenplatte
2 – Sperrschicht gegen Dampfdiffusion
3 – Trittschalldämmschicht – Glaswolle Wiesbaden - WIEGLA-Estrichplatten T-A2, 40/35 mm
4 – Trennschicht
5 – Fließ-/Heizestrich – Knauf - Fließestrich F 233 - FE 50
6 – Fußbodenheizung – Wieland - cuprotherm®-Fußbodenheizungssystem
7 – Bodenbelag aus Naturstein – JUMA - Fliesen
8 – Fenstertür – VEKA - Softline MD, Kunststoff-Einfachfenstertür mit Isolierverglasung, mit Mitteldichtung, flächenbündig
9 – Innendeckenputzsystem – Koch MARMORIT - PC 190 Feinputz PICO
10 – Innenwandputzsystem – Koch MARMORIT - PC 190 Feinputz PICO
11 – Tragwerk Stürze
12 – Wärmedämmschicht – Glaswolle Wiesbaden - WIEGLA-Kerndämmplatte KD 1/V, W-A2, 100 mm
13 – Außendeckenputzsystem – Koch MARMORIT - PS 288 Edelputz CARRARA
14 – Außenwandputzsystem – Koch MARMORIT - PS 288 Edelputz CARRARA
15 – Tragwerk Balkonplatte
16 – Wärmedämmelement mit Anschlussbewehrung – Schöck - ISOKORB Typ V
17 – 1. Lage der Dachabdichtung
18 – Zementestrich
19 – Bodenbelag aus Naturwerkstein – JUMA - Marmor Rohplatten, 30x30 cm, Dicke 2 cm
20 – Stahlkonstruktion als Stütze
21 – Geländer mit Füllung

Produkthinweise	Firmen-CODE
Glaswolle Wiesbaden GmbH	GLASWOL
JUMA Natursteinwerke	JUMA
Gebr. Knauf Westdeutsche Gipswerke	KNAUF
Koch MARMORIT GmbH	KOCH
Schöck Bauteile GmbH	SCHOECK
VEKA AG	VEKA
Wieland-Werke AG	WIELAND

Standard-Details Balkonanschluss / Deckenkonsole

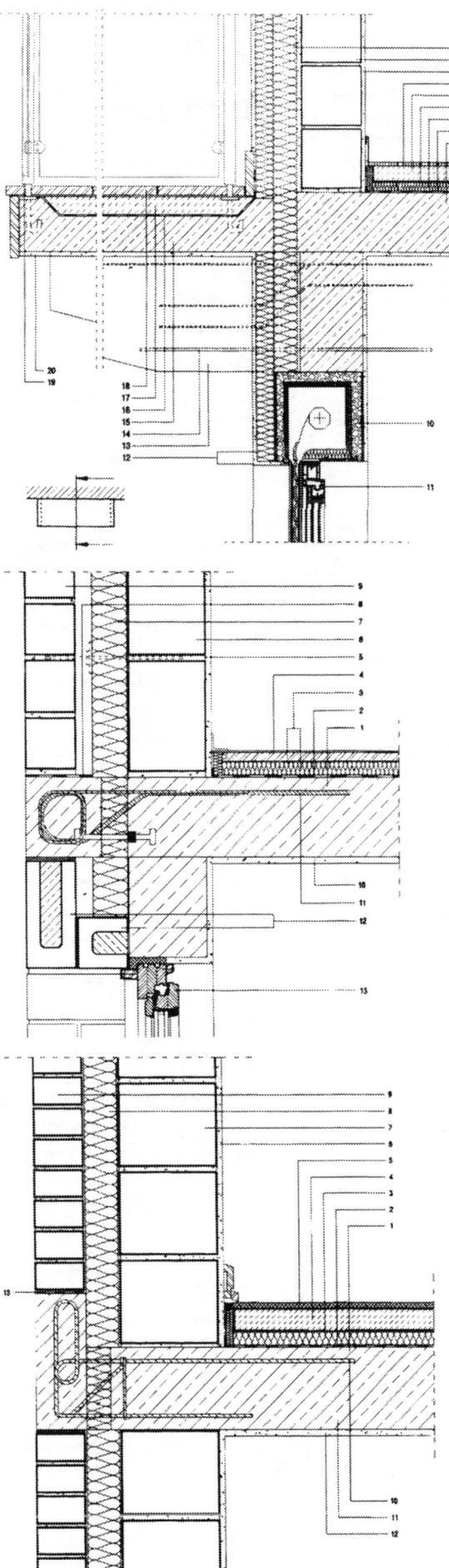

Wandkonsole mit quergespannter Balkonplatte – Wärmedämmelement mit Anschlussbewehrung – Außenwand mit Wärmedämm-Verbundsystem – Kunststoff-Fenster mit Rollladenkasten aus Blähton

- Wandkonsole mit Wärmedämmelement mit Anschlussbewehrung mit quergespannter Balkonplatte
- tragende Außenwand mit Wärmedämmung und Wärmedämm-Verbundsystem
- Kunststoff-Einfachfenster mit Isolierverglasung, flächenversetzt, mit Anschlagdichtung
- Rollladenkasten aus Blähton mit unterer Montageöffnung

1	– Tragwerk Deckenplatte
2	– Sperrschicht gegen Dampfdiffusion
3	– Trittschalldämmschicht – *Heraklith - Heralan-TP, T-A1, 40/35 mm*
4	– Trennschicht
5	– Zementestrich
6	– Parkett aus Fertigparkettelementen – *Hamberger Industriewerke - Haro Design Tafel, Dicke 13 mm*
7	– Innenwandputzsystem – *Quick-mix - Kratzputz*
8	– Mauerwerk der tragenden Außenwand 20 cm
9	– Wärmedämmschicht – *Heraklith - Tektalan-SD, 100 mm*
10	– Rollladenkasten aus Leichtbeton – *Gebr. Allendörfer - BERO 30er BLAU*
11	– Fenster – *VEKA - Softline AD, Kunststoff-Einfachfenster mit Isolierverglasung, flächenversetzt*
12	– Wärmedämmputz -*Heraklith - Tektalan-Fassadendämmsystem*
13	– Tragwerk Wandkonsole
14	– Wärmedämmelement mit Anschlussbewehrung – *Schöck - ISOKORB Typ W*
15	– Außendeckenputzsystem – *Quick-mix - Kratzputz*
16	– Tragwerk Balkonplatte als Betonfertigteil
17	– 1. Lage Abdichtung – *Heraklith - Plastovill P GG, 4,0 mm*
18	– Kunstharzmodifizierter Zementestrich mit Zuschlag aus Kiessandgemisch
19	– Bodenbelag aus Naturwerkstein – *JUMA - Marmor Rohplatten, 30x30 cm, Dicke 2 cm*
20	– Geländer mit Füllungen – *Kömmerling - Balkonsystem Kömabord plus*

Produkthinweise	Firmen-CODE
Gebr. Allendörfer Betonwerk GmbH	**ALLENDOE**
Hamberger Industriewerke GmbH	**HAMBERG**
Deutsche Heraklith AG	**HERAKLIT**
JUMA Natursteinwerke	**JUMA**
Gebr. Kömmerling Kunststoffwerke GmbH	**KOEMMERL**
quick - mix Gruppe GmbH & Co. KG	**QUICK_M**
Schöck Bauteile GmbH	**SCHOECK**
VEKA AG	**VEKA**

Deckenkonsole – Wärmedämmelement mit Anschlussbewehrung – Zweischalige Außenwand mit Kerndämmung (mit Luftschicht)

- Deckenplatte mit Konsole als Auflager des Verblendmauerwerkes mit Wärmedämmelement für Deckenkonsole mit Anschlussbewehrung
- tragende Außenwand mit Kerndämmung und Verblendschalenmauerwerk (mit Luftschicht)

1	– Tragwerk Deckenplatte
2	– Sperrschicht gegen Dampfdiffusion
3	– Fertigteilestrich aus Spanplatten – *Heidelberger Dämmsysteme - Trockenestrich-Element (TE), 50 mm*
4	– Textiler Bodenbelag – *Maiflor - Naturfaserteppichfliesen SAMOA*
5	– Innenwandputzsystem – *Epple - Kalk-Zement-Maschinenputze MK*
6	– Mauerwerk der tragendene Außenwand – *Kalksandstein - KS-Quadro-Bausystem 1/4, 17,5 cm*
7	– Wärmedämmschicht Kerndämmung – *Heidelberger Dämmsysteme - Kerndämmplatte PS-15-B1, Dicke 80 mm*
8	– Gleitfolie
9	– Verblendschalenmauerwerk mit Luftschicht – *Kalksandstein - KS-Verblender KS Vb*
10	– Fenster – *Stöckel - IV 66 S, Holz-Einfachfenster mit Isolierverglasung*
11	– Innendeckenputzsystem – *Epple - Kalk-Zement-Maschinenputze MK*
12	– Wärmedämmelement mit Anschlussbewehrung – *Schöck - ISOKORB Typ O Standard*
13	– Überdeckung der Öffnung – *Kalksandstein - KS-Sichtmauersturz*

Produkthinweise	Firmen-CODE
KARL EPPLE Trockenmörtel GmbH & Co. KG	**EPPLE**
Heidelberger Dämmsysteme GmbH	**HEIDELD**
Kalksandstein Bauberatung Dresden GmbH	**KALKSAND**
Maiflor Natur-Decor	**MAIFLOR**
Schöck Bauteile GmbH	**SCHOECK**
G. Stöckel GmbH	**STOECKEL**

Deckenkonsole – Wärmedämmelement mit Anschlussbewehrung – Zweischalige Außenwand mit Kerndämmung (ohne Luftschicht)

- Deckenplatte mit Konsole als Auflager des Verblendmauerwerkes mit Wärmedämmelement für Deckenkonsole mit Anschlussbewehrung
- tragende Außenwand mit Kerndämmung und Verblendschalenmauerwerk (ohne Luftschicht)

1	– Tragwerk Deckenplatte
2	– Sperrschicht gegen Dampfdiffusion
3	– Trittschalldämmschicht – *Isobouw - Trittschall-Dämmplatten B-PST, TK-B1, 33/30 mm mit Trennschicht*
4	– Zementestrich
5	– Parkett aus Fertigparkett-Elementen – *Tarkett - Parkett Klassisch, Dicke 14 mm*
6	– Innenwandputzsystem – *Quick-mix - Mineralischer Rustikalputz RKP*
7	– Mauerwerk der tragenden Außenwand, 24 cm
8	– Wärmedämmschicht Kerndämmung – *Isobouw - Kerndämmung W-PF, W-15-B1, Dicke 80 mm*
9	– Verblendschalenmauerwerk ohne Luftschicht
10	– Wärmedämmelement mit Anschlussbewehrung – *Bach - RIPINOX Thermobrüstungsanker*
11	– Innendeckenputzsystem – *Quick-mix - Mineralischer Rustikalputz RKP*
12	– Gleitfolie

Produkthinweise	Firmen-CODE
Gebrüder Bach Ges.m.b.H	**BACH**
IsoBouw Dämmtechnik GmbH	**ISOBOUW**
quick - mix Gruppe GmbH & Co. KG	**QUICK_M**
Tarkett Vertriebs GmbH	**TARKETT**

Dachbauarten nach ökologischen Gesichtspunkten (nach Lit. 029)

Flachdächer

Betondecke mit Steinwolle und Bitumen-DB, bekiest

		Dicke [cm]	Masse [kg/m²]	Nutzungsdauer [a]	Treibhauseffekt [g CO₂/m² a]	Versäuerung [g SO₂/m² a]
a	Sand/Kies/Geröll gewaschen	5,0	90,0	25	13	0,15
b	Kunstfaser Vlies / Filz		0,3	25	41	0,27
c	Polymerbitumen – DB		8,8	25	365	2,26
d	Steinwolle, λ = 0,04 W/mK	12,0	15,6	25	650	2,63
e	Polymerbitumen – DB		6,4	25	266	1,64
f	Beton PC300	20,0	480,0	80	741	2,43
g	Bewehrungsstahl		16,0	80	95	0,36
	Total		617		2171	9,73

Technische Daten
k-Wert [W/m²K] 0,29
Luftschalldämmmaß R'_w [dB] > 57

Ökologische Gesamtbeurteilung
Mittlerer Treibhauseffekt.
Mittlere Versäuerung.
Bei guter technischer Gestaltung mittlere Lebensdauer der Dachhaut.
Mittleres Schadenpotential bei unsorgfältiger Detailplanung.
Großes Schadenpotential bei unsorgfältiger Ausführung.
Mittlerer Entsorgungsaufwand.

Betondecke mit Steinwolle und hinterlüftetem Holzdach mit PC-DB bekiest

		Dicke [cm]	Masse [kg/m²]	Nutzungsdauer [a]	Treibhauseffekt [g CO₂/m² a]	Versäuerung [g SO₂/m² a]
a	Sand/Kies/Geröll gewaschen	5,0	90,0	25	13	0,15
b	Kunstfaser Vlies / Filz		0,3	25	41	0,27
c	PVC – Dichtungsbahn		2,3	25	188	1,31
d	Kunstfaser Vlies / Filz		0,3	25	41	0,27
e	Bretter / Latten CO2n	3,0	13,5	40	92	0,52
f	Kantholz CO2n		5,5	40	39	0,20
g	Steinwolle, λ = 0,035 W/mK	12,0	7,2	40	188	0,76
h	Beton PC300	20,0	480,0	80	741	2,43
i	Bewehrungsstahl		16	80	95	0,36
	Total		615		1438	6,27

Technische Daten
k-Wert [W/m²K] 0,28
Luftschalldämmmaß R'_w [dB] > 57

Ökologische Gesamtbeurteilung
Kleiner Treibhauseffekt.
Kleine Versäuerung.
Ökologisch / toxikologisch relevante Bestandteile vorhanden.
Bei guter technischer Gestaltung mittlere Lebensdauer der Dachhaut.
Mittleres Schadenpotential bei unsorgfältiger Detailplanung.
Mittleres Schadenpotential bei unsorgfältiger Ausführung.
Kleiner Entsorgungsaufwand.

Holzbalkendecke mit Cellulosefasern und Titanzinkblech hinterlüftet

		Dicke [cm]	Masse [kg/m²]	Nutzungsdauer [a]	Treibhauseffekt [g CO₂/m² a]	Versäuerung [g SO₂/m² a]
a	Titanzinkblech		5,6	50	564	4,50
b	Bretter / Latten CO2n		12,1	50	66	0,37
c	Bretter / Latten CO2n		3,0	50	16	0,09
d	PE – Folie		0,3	50	16	0,13
e	Bretter / Latten CO2n	1,6	7,2	80	25	0,14
f	Kantholz CO2n		12,4	80	44	0,23
g	Celluloseflocken, λ = 0,04 W/mK	16,0	9,2	40	26	0,32
h	PE – Folie		0,2	30	18	0,14
i	Gipskartonplatten CO2n	2,5	22,5	30	265	1,46
	Total		73		1041	7,39

Technische Daten
k-Wert [W/m²K] 0,28
Luftschalldämmmaß R'_w [dB] 54

Ökologische Gesamtbeurteilung
Kleiner Treibhauseffekt.
Kleine Versäuerung.
Ökologisch / toxikologisch relevante Bestandteile vorhanden.
Bei guter technischer Gestaltung lange Lebensdauer der Dachhaut.
Mittleres Schadenpotential bei unsorgfältiger Detailplanung.
Mittleres Schadenpotential bei unsorgfältiger Ausführung.
Mittlerer Entsorgungsaufwand.

Betondecke mit Umkehrdach aus extrudierten Polystyrolschaumplatten

		Dicke [cm]	Masse [kg/m²]	Nutzungsdauer [a]	Treibhauseffekt [g CO₂/m² a]	Versäuerung [g SO₂/m² a]
a	Sand/Kies/Geröll gewaschen	5,0	90,0	30	11	0,12
b	Kunstfaser Vlies / Filz		0,3	30	34	0,22
c	Polystyrol expandiert, λ = 0,036 W/mK	16,0	5,4	30	345	3,16
d	Polymerbitumen – DB		8,8	30	304	1,88
e	Beton PC300	20,0	480,0	80	741	2,43
f	Bewehrungsstahl		16,0	80	95	0,36
	Total		601		1530	8,17

Technische Daten
k-Wert [W/m²K] 0,3
Luftschalldämmmaß R'_w [dB] > 60

Ökologische Gesamtbeurteilung
Kleiner Treibhauseffekt. Kleine Versäuerung.
Ökologisch / toxikologisch relevante Bestandteile vorhanden.
Bei guter technischer Gestaltung lange Lebensdauer der Dachhaut.
Geringes Schadenpotential bei unsorgfältiger Detailplanung.
Geringes Schadenpotential bei unsorgfältiger Ausführung. Kleiner Entsorgungsaufwand.

Betondecke mit Schaumglas und Bitumen-DB begehbar

		Dicke [cm]	Masse [kg/m²]	Nutzungsdauer [a]	Treibhauseffekt [g CO₂/m² a]	Versäuerung [g SO₂/m² a]
a	Betonstein	4,0	88,0	25	418	1,68
b	Sand/Kies/Geröll gebrochen	3,0	54,0	25	44	0,50
c	Kunstfaser Vlies / Filz		0,3	25	41	0,27
d	Polymerbitumen – DB		8,8	25	365	2,26
e	Schaumglas, λ = 0,04 W/mK	12,0	14,4	40	1328	8,25
f	Bitumenklebemasse heiß		5,3	40	65	0,52
g	Beton PC300	20,0	480,0	80	741	2,43
h	Bewehrungsstahl		16,0	80	95	0,36
	Total		667		3097	16,25

Technische Daten
k-Wert [W/m²K] 0,3
Luftschalldämmmaß R'_w [dB] > 57
Trittschallpegel $L'_{n,w}$ [dB] > 55

Ökologische Gesamtbeurteilung
Großer Treibhauseffekt.
Große Versäuerung.
Bei guter technischer Gestaltung mittlere Lebensdauer der Dachhaut.
Mittleres Schadenpotential bei unsorgfältiger Detailplanung.
Großes Schadenpotential bei unsorgfältiger Ausführung.
Mittlerer Entsorgungsaufwand.

Betondecke mit EPS-Dämmung und Polyolefine-DB, Extensivbegrünung

		Dicke [cm]	Masse [kg/m²]	Nutzungsdauer [a]	Treibhauseffekt [g CO₂/m² a]	Versäuerung [g SO₂/m² a]
a	Sand/Kies/Geröll gewaschen	5,0	90,0	25	13	0,15
b	Kunstfaser Vlies / Filz		0,3	25	41	0,27
c	Sand/Kies/Geröll gewaschen	5,0	90,0	25	13	0,15
d	Polyolefin – Dichtungsbahn		1,8	25	170	1,27
e	Polyolefin – Dichtungsbahn		2,5	25	236	1,76
f	Polystyrol expandiert, λ = 0,036 W/mK	12,0	3,6	25	276	2,53
g	Polymerbitumen – DB	4,0	6,4	25	266	1,64
h	Beton PC300	20,0	480,0	80	741	2,43
i	Bewehrungsstahl		16	80	95	0,36
	Total		691		1851	10,55

Technische Daten
k-Wert [W/m²K] 0,28
Luftschalldämmmaß R'_w [dB] > 57

Ökologische Gesamtbeurteilung
Mittlerer Treibhauseffekt.
Mittlere Versäuerung.
Ökologisch / toxikologisch relevante Bestandteile vorhanden.
Auch bei guter technischer Gestaltung mittlere Lebensdauer der Dachhaut.
Großes Schadenpotential bei unsorgfältiger Detailplanung.
Sehr großes Schadenpotential bei unsorgfältiger Ausführung.
Mittlerer Entsorgungsaufwand.

Dachbauarten nach ökologischen Gesichtspunkten (nach Lit. 029)

Flachdächer

Holzbalkendecke mit Glaswolle und Bitumen-DB, Extensivbegrünung

		Dicke [cm]	Masse [kg/m²]	Nutzungsdauer [a]	Treibhauseffekt [g CO_2/m² a]	Versäuerung [g SO_2/m² a]
a	Sand/Kies/Geröll gewaschen	5,0	90,0	25	13	0,15
b	Kunstfaser Vlies / Filz		0,3	25	41	0,27
c	Sand/Kies/Geröll gewaschen	5,0	90,0	25	13	0,15
d	Polymerbitumen – DB		11,3	25	469	2,90
e	Bretter / Latten CO2n	3,0	13,5	80	46	0,26
f	Brettschichtholz CO2n		13,5	80	95	0,54
g	Glaswolle, λ = 0,04 W/mK	16,0	2,9	40	116	0,88
h	Gipskartonplatten CO2n	2,5	22,5	30	265	1,46
	Total		244		1059	6,61

Technische Daten
k-Wert [W/m²K] 0,28
Luftschalldämmmaß R'_w [dB] > 57

Ökologische Gesamtbeurteilung
Kleiner Treibhauseffekt.
Kleine Versäuerung.
Ökologisch / toxikologisch relevante Bestandteile vorhanden.
Bei guter technischer Gestaltung mittlere Lebensdauer der Dachhaut.
Mittleres Schadenpotential bei unsorgfältiger Detailplanung.
Großes Schadenpotential bei unsorgfältiger Ausführung.
Mittlerer Entsorgungsaufwand.

Holzbalkendecke mit EPS-Dämmung und PVC-DB, Extensivbegrünung

		Dicke [cm]	Masse [kg/m²]	Nutzungsdauer [a]	Treibhauseffekt [g CO_2/m² a]	Versäuerung [g SO_2/m² a]
a	Sand/Kies/Geröll gewaschen	5,0	90,0	25	13	0,15
b	Kunstfaser Vlies / Filz		0,3	25	41	0,27
c	Sand/Kies/Geröll gewaschen	5,0	90,0	25	13	0,15
d	PVC – Dichtungsbahn	0,2	1,8	25	147	1,03
e	PVC – Dichtungsbahn	0,2	2,3	25	188	1,31
f	Polystyrol expandiert, λ = 0,036 W/mK	12,0	3,6	25	276	2,53
g	PE – Folie		0,4	25	40	0,32
h	Bretter / Latten CO2n	3,0	13,5	80	46	0,26
i	Kantholz CO2n		13,5	80	47	0,25
	Total		215		812	6,27

Technische Daten
k-Wert [W/m²K] 0,27
Luftschalldämmmaß R'_w [dB] 54

Ökologische Gesamtbeurteilung
Kleiner Treibhauseffekt.
Kleine Versäuerung.
Ökologisch / toxikologisch relevante Bestandteile vorhanden.
Bei guter technischer Gestaltung mittlere Lebensdauer der Dachhaut.
Mittleres Schadenpotential bei unsorgfältiger Detailplanung.
Großes Schadenpotential bei unsorgfältiger Ausführung.
Mittlerer Entsorgungsaufwand.

Holzbalkendecke mit Steinwolle und PVC-DB, Extensivbegrünung

		Dicke [cm]	Masse [kg/m²]	Nutzungsdauer [a]	Treibhauseffekt [g CO_2/m² a]	Versäuerung [g SO_2/m² a]
a	Sand/Kies/Geröll gewaschen	5,0	90,0	25	13	0,15
b	Kunstfaser Vlies / Filz		0,3	25	41	0,27
c	Sand/Kies/Geröll gewaschen	5,0	90,0	25	13	0,15
d	PVC – Dichtungsbahn	0,2	1,8	25	147	1,03
e	PVC – Dichtungsbahn	0,2	2,5	25	204	1,43
f	Steinwolle, λ = 0,04 W/mK	12,0	15,6	25	650	2,63
g	PE – Folie		0,4	25	40	0,32
h	Bretter / Latten CO2n	3,0	13,5	80	46	0,26
i	Brettschichtholz CO2n		15,6	80	110	0,63
	Total		230		1266	6,86

Technische Daten
k-Wert [W/m²K] 0,28
Luftschalldämmmaß R'_w [dB] > 57

Ökologische Gesamtbeurteilung
Kleiner Treibhauseffekt.
Kleine Versäuerung.
Ökologisch / toxikologisch relevante teile vorhanden.
Bei guter technischer Gestaltung mittlere Lebensdauer der Dachhaut.
Mittleres Schadenpotential bei unsorgfältiger Detailplanung.
Großes Schadenpotential bei unsorgfältiger Ausführung.
Kleiner Entsorgungsaufwand.

Kaltdach mit Steinwolle und Folien-Unterdach, Well-Faserzement

		Dicke [cm]	Masse [kg/m²]	Nutzungsdauer [a]	Treibhauseffekt [g CO_2/m² a]	Versäuerung [g SO_2/m² a]
a	Faserzementplatten		18,0	35	393	1,64
b	Bretter / Latten CO2n		3,9	35	31	0,17
c	PE – Folie		0,3	35	23	0,19
d	Bretter / Latten CO2n	1,6	7,2	80	25	0,14
e	Kantholz CO2n		12,9	80	45	0,24
f	Steinwolle, λ = 0,04 W/mK	16,0	4,3	40	112	0,45
g	PE – Folie		0,2	40	14	0,11
h	Kantholz CO2n	1,6	7,2	30	68	0,36
	Total		54		710	3,30

Technische Daten
k-Wert [W/m²K] 0,28
Luftschalldämmmaß R'_w [dB] 45

Ökologische Gesamtbeurteilung
Kleiner Treibhauseffekt.
Kleine Versäuerung.
Bei guter technischer Gestaltung lange Lebensdauer der Dachhaut.
Mittleres Schadenpotential bei unsorgfältiger Detailplanung.
Mittleres Schadenpotential bei unsorgfältiger Ausführung.
Kleiner Entsorgungsaufwand.

Warmdach mit Cellulosefasern und Holzfaser-Unterdach, Tonziegel

		Dicke [cm]	Masse [kg/m²]	Nutzungsdauer [a]	Treibhauseffekt [g CO_2/m² a]	Versäuerung [g SO_2/m² a]
a	Tonziegel		74,0	45	540	1,79
b	Bretter / Latten CO2n		5,3	45	32	0,18
c	Weichfaser bitumengeb. CO2n	2,2	6,8	80	52	0,18
d	Kantholz CO2n		12,3	80	43	0,23
e	Celluloseflocken, λ = 0,04 W/mK	16,0	7,9	40	22	0,28
f	PE – Folie		0,3	30	27	0,22
g	Gipskartonplatten CO2	2,5	22,5	30	265	1,46
	Total		129		982	4,34

Technische Daten
k-Wert [W/m²K] 0,26
Luftschalldämmmaß R'_w [dB] > 57

Ökologische Gesamtbeurteilung
Mittlerer Treibhauseffekt.
Kleine Versäuerung.
Ökologisch / toxikologisch relevante Bestandteile vorhanden.
Bei guter technischer Gestaltung lange Lebensdauer der Dachhaut.
Kleines Schadenpotential bei unsorgfältiger Detailplanung.
Kleines Schadenpotential bei unsorgfältiger Ausführung.
Mittlerer Entsorgungsaufwand.

Warmdach mit Glaswolle und Holzfaser-Unterdach, Faserzementschindeln

		Dicke [cm]	Masse [kg/m²]	Nutzungsdauer [a]	Treibhauseffekt [g CO_2/m² a]	Versäuerung [g SO_2/m² a]
a	Faserzementschiefer		23,0	45	595	2,19
b	Bretter / Latten CO2n		3,8	45	23	0,13
c	Bretter / Latten CO2n		1,6	45	10	0,05
d	Hartfaserplatte CO2n	0,5	4,7	45	96	0,32
e	Kantholz CO2n		12,3	80	43	0,23
f	Glaswolle, λ = 0,04 W/mK	16,0	2,4	40	96	0,73
g	PE – Folie		0,2	30	18	0,14
h	Bretter / Latten CO2n		1,0	30	9	0,05
i	Gipskartonplatten CO2n	2,5	22,5	30	265	1,46
	Total		72		1156	5,31

Technische Daten
k-Wert [W/m²K] 0,26
Luftschalldämmmaß R'_w [dB] > 53

Ökologische Gesamtbeurteilung
Großer Treibhauseffekt.
Kleine Versäuerung.
Bei guter technischer Gestaltung lange Lebensdauer der Dachhaut.
Kleines Schadenpotential bei unsorgfältiger Detailplanung.
Kleines Schadenpotential bei unsorgfältiger Ausführung.
Mittlerer Entsorgungsaufwand.

Deckenbauarten nach ökologischen Gesichtspunkten (nach Lit. 029)

Geneigte Dächer / Steildächer

Kaltdach ohne Unterdach mit Glaswolle 2-lagig, Titanzinkblech		Dicke [cm]	Masse [kg/m²]	Nutzungs-dauer [a]	Treibhauseffekt [g CO₂/m² a]	Versäuerung [g SO₂/m² a]
a	Titanzinkblech		5,6	50	564	4,50
b	Bretter / Latten CO2n	2,7	12,2	50	67	0,38
c	Kantholz CO2n		13,9	80	49	0,26
d	Glaswolle, λ = 0,04 W/mK	12,0	1,8	40	72	0,55
e	PE – Folie		0,3	40	20	0,16
f	Bretter / Latten CO2n		3,2	40	22	0,12
g	Glaswolle, λ = 0,036 W/mK	4,0	1,3	40	52	0,40
h	Gipskartonplatten CO2n	2,5	22,5	30	265	1,46
	Total		**61**		**1111**	**7,83**

Technische Daten
k-Wert [W/m²K] 0,25
Luftschalldämmmaß R'_w [dB] > 50

Ökologische Gesamtbeurteilung
Großer Treibhauseffekt.
Kleine Versäuerung.
Bei guter technischer Gestaltung lange Lebensdauer der Dachhaut.
Kleines Schadenpotential bei unsorgfältiger Detailplanung.
Kleines Schadenpotential bei unsorgfältiger Ausführung.
Mittlerer Entsorgungsaufwand.

Kaltdach ohne Unterdach mit Steinwolle, Kupferblech		Dicke [cm]	Masse [kg/m²]	Nutzungs-dauer [a]	Treibhauseffekt [g CO₂/m² a]	Versäuerung [g SO₂/m² a]
a	Kupferblech		6,6	50	714	18,51
b	Polymerbitumen – DB		2,4	50	50	0,31
c	Bretter / Latten CO2n	3,0	13,5	50	74	0,42
d	Brettschichtholz CO2n		15,4	80	109	0,62
e	Steinwolle, λ = 0,04 W/mK	16,0	4,4	40	115	0,46
f	PE – Folie		0,2	40	14	0,11
g	Bretter / Latten CO2n		1,0	30	9	0,05
h	Bretter / Latten CO2n	1,6	7,2	30	66	0,37
	Total		**51**		**1150**	**20,84**

Technische Daten
k-Wert [W/m²K] 0,28
Luftschalldämmmaß R'_w [dB] 45

Ökologische Gesamtbeurteilung
Großer Treibhauseffekt.
Große Versäuerung.
Bei guter technischer Gestaltung lange Lebensdauer der Dachhaut.
Kleines Schadenpotential bei unsorgfältiger Detailplanung.
Kleines Schadenpotential bei unsorgfältiger Ausführung.
Kleiner Entsorgungsaufwand.

Warmdach mit Glaswolle, 2-lagig oberhalb, Tonziegel		Dicke [cm]	Masse [kg/m²]	Nutzungs-dauer [a]	Treibhauseffekt [g CO₂/m² a]	Versäuerung [g SO₂/m² a]
a	Tonziegel		74,0	45	540	1,79
b	Bretter / Latten CO2n		5,3	45	32	0,18
c	Weichfaserplatte CO2n	2,2	6,8	45	96	0,27
d	Bretter / Latten CO2n		4,9	45	30	0,17
e	Glaswolle, λ = 0,04 W/mK	12,0	3,5	45	124	0,95
f	PE – Folie		0,2	45	12	0,10
g	Bretter / Latten CO2n	3,0	12,2	45	74	0,42
h	Kantholz CO2n		13,1	80	46	0,24
	Total		**120**		**955**	**4,12**

Technische Daten
k-Wert [W/m²K] 0,25
Luftschalldämmmaß R'_w [dB] 48

Ökologische Gesamtbeurteilung
Mittlerer Treibhauseffekt.
Kleine Versäuerung.
Bei guter technischer Gestaltung lange Lebensdauer der Dachhaut.
Kleines Schadenpotential bei unsorgfältiger Detailplanung.
Kleines Schadenpotential bei unsorgfältiger Ausführung.
Kleiner Entsorgungsaufwand.

Warmdach mit Polystyrol oberhalb, Faserzement-Wellplatten		Dicke [cm]	Masse [kg/m²]	Nutzungs-dauer [a]	Treibhauseffekt [g CO₂/m² a]	Versäuerung [g SO₂/m² a]
a	Faserzementplatten		18,0	35	393	1,64
b	Bretter / Latten CO2n		2,2	40	15	0,09
c	Bretter / Latten CO2n	2,2	1,6	40	11	0,06
d	PVC – Dichtungsbahn		0,9	40	46	0,32
e	Polystyrol expandiert, λ = 0,036 W/mK	12,0	3,6	40	172	1,58
f	PE – Folie		0,2	40	14	0,11
g	Bretter / Latten CO2n	3,0	12,2	40	84	0,47
h	Kantholz CO2n		13,1	80	46	0,24
	Total		**52**		**781**	**4,52**

Technische Daten
k-Wert [W/m²K] 0,28
Luftschalldämmmaß R'_w [dB] 48

Ökologische Gesamtbeurteilung
Kleiner Treibhauseffekt.
Kleine Versäuerung.
Ökologisch / toxikologisch relevante Bestandteile vorhanden.
Bei guter technischer Gestaltung lange Lebensdauer der Dachhaut.
Kleines Schadenpotential bei unsorgfältiger Detailplanung.
Kleines Schadenpotential bei unsorgfältiger Ausführung.
Kleiner Entsorgungsaufwand.

Warmdach mit Weichfaserplatte oberhalb, Tonziegel		Dicke [cm]	Masse [kg/m²]	Nutzungs-dauer [a]	Treibhauseffekt [g CO₂/m² a]	Versäuerung [g SO₂/m² a]
a	Tonziegel		45,0	45	329	1,09
b	Bretter / Latten CO2n		3,8	45	23	0,13
c	Bretter / Latten CO2n		1,6	45	10	0,05
d	PE – Folie		0,3	45	18	0,14
e	Weichfaserplatte CO2n, λ = 0,048 W/mK	14,0	24,5	45	344	0,96
f	PE – Folie		0,2	45	12	0,10
g	Bretter / Latten CO2n	2,2	9,9	45	60	0,34
h	Kantholz CO2n		13,1	80	46	0,24
	Total		**98**		**842**	**3,06**

Technische Daten
k-Wert [W/m²K] 0,30
Luftschalldämmmaß R'_w [dB] 47

Ökologische Gesamtbeurteilung
Mittlerer Treibhauseffekt.
Kleine Versäuerung.
Bei guter technischer Gestaltung lange Lebensdauer der Dachhaut.
Kleines Schadenpotential bei unsorgfältiger Detailplanung.
Kleines Schadenpotential bei unsorgfältiger Ausführung.
Kleiner Entsorgungsaufwand.

Warmdach mit Steinwolle einlagig, Faserzementschiefer		Dicke [cm]	Masse [kg/m²]	Nutzungs-dauer [a]	Treibhauseffekt [g CO₂/m² a]	Versäuerung [g SO₂/m² a]
a	Faserzementschiefer		23,0	45	595	2,19
b	Bretter / Latten CO2n		3,8	45	23	0,13
c	Bretter / Latten CO2n		1,6	45	10	0,05
d	PE – Folie		0,2	45	12	0,10
e	Stahl niedriglegiert		0,2	45	13	0,06
f	Steinwolle, λ = 0,04 W/mK	12,0	12,6	45	292	1,18
g	PE – Folie		0,2	45	12	0,10
h	Bretter / Latten CO2n	3,0	12,2	45	74	0,42
i	Kantholz CO2n		13,1	80	46	0,24
	Total		**67**		**1078**	**4,47**

Technische Daten
k-Wert [W/m²K] 0,28
Luftschalldämmmaß R'_w [dB] 46

Ökologische Gesamtbeurteilung
Großer Treibhauseffekt.
Kleine Versäuerung.
Bei guter technischer Gestaltung lange Lebensdauer der Dachhaut.
Kleines Schadenpotential bei unsorgfältiger Detailplanung.
Kleines Schadenpotential bei unsorgfältiger Ausführung.
Kleiner Entsorgungsaufwand.

Wärmedämmschichten für Flachdächer

Ausführungs-Richtlinie Wärmedämmschichten für Flachdächer

1 Anforderungen

1.1 Die Wärmedämmung der Dachdecke ist ein wesentlicher Bestandteil des Wärmeschutzes für das Bauwerk.

1.2 Aufgabe der Wärmedämmung ist es,

1.2.1 Wärmeverluste und Auswirkungen von Temperaturschwankungen einzuschränken,

1.2.2 temperaturbedingte Verformungen, Spannungen und Rissbildungen in der Dachkonstruktion zu mindern,

1.2.3 die Dachkonstruktion in Verbindung mit der Dampfsperre vor einem unzulässigen Maß an Tauwasseranfall zu schützen,

1.2.4 Energie einzusparen und ein behagliches Raumklima zu erreichen.

1.3 Die Mindestanforderungen für den Wärmeschutz von Dachdecken sind in DIN 4108 "Wärmeschutz im Hochbau" und in der "Wärmeschutzverordnung" festgelegt. Nach DIN 4108, Teil 2, Tabelle 1, wird für Dachdecken über Aufenthaltsräumen ein Wärmedurchgangskoeffizient k_D von ≤ 0,50 W/m²K gefordert; nach der Wärmeschutzverordnung 1982 wird k_D von ≤ 0,30 W/m²K gefordert; nach der Wärmeschutzverordnung 1995 wird k_D von ≤ 0,22 W/m²K gefordert.

1.4 Wärmedämmschichten müssen ausreichend temperaturbeständig, formbeständig, unverrottbar und als Unterlage für die Dachabdichtung trittfest und maßhaltig sein.

1.5 Platten mit Verfalzungen müssen so ausgebildet sein, dass sich Bewegungen nicht großflächig auswirken können. Dämmplatten mit Falz vermindern den Wärmeverlust im Fugenbereich.

1.6 Hartschaum-Dämmplatten sollten im verklebten Schichtenaufbau nicht größer als 1 m² sein. Zur Verminderung von Oberflächenspannung sollten Hartschaumplatten mit einer Kantenlänge größer als 1 m durch Messerung (Einschnitte) in kleinere Einzelflächen unterteilt sein.

1.7 Wärmedämmende Stoffe unterhalb der Dampfsperre z.B. Leichtbeton, Leichtbauplatten oder abgeschlossene Lufträume können zu Tauwasserbildung führen. Bezüglich der Tauwasserbildung im Inneren von Dachkonstruktionen ist DIN 4108 Teil 3 zu beachten.

2 Wärmedämmstoffe für Dächer

2.1 Dämmschichten unter Dachabdichtungen mit Bitumenbahnen sind aus trittfesten und schwer entflammbaren Wärmedämmschichten (= mind. B1) mit einseitiger Kaschierung mit Kleberand, punktweise aufgeklebt, herzustellen.

2.2 Dämmschichten unter Dachabdichtungen aus hochpolymeren Dachbahnen (z.B. Elastomer, PVC-P, PIP) sind aus trittfesten und schwer entflammbaren Wärmedämmschichten (= mind. B1) ohne Kaschierung, einlagig lose verlegt, herzustellen.
Hinweis: Dämmstoffe der Baustoffklasse B2 (= normal entflammbar) dürfen nach DIN 18338 Abs. 3.8.2.3 und 3.8.3.2 unter Abdichtungen nicht verwendet werden. Nicht unter diese Vorschrift fallen durchlüftete Dächer, in denen die Dämmschicht im Dachdeckenbereich unter der Durchlüftung liegt. Dafür darf auch die Baustoffklasse B2 verwendet werden.
Dämmstoffe der Baustoffklasse B2 dürfen auch als untere Lagen mehrlagiger Dämmungen eingebaut werden, sofern die obere Lage mindestens der Baustoffklasse B1 entspricht.

2.3 Übersicht Wärmedämmstoffe siehe Tabelle.

2.4 Die Dämmstoffe werden in folgenden Formen hergestellt:

2.4.1 als Platten (Normalplatten)

2.4.2 als Keilplatten (Gefälleplatten - Lamellengefälleplatten - Kehlgefälleplatten)

2.4.3 als Rollbahnen

2.4.4 ohne Falz

2.4.5 mit Falz (Stufenfalz)

2.4.6 ohne Kaschierung

2.4.7 mit einseitiger Kaschierung auf Unterseite als Trennschicht/Dampfsperre

2.4.8 mit beidseitiger Kaschierung auf Unterseite als Trennschicht/Dampfsperre und auf Oberseite als Trennschicht (zur vollständigen Trennung zwischen Dämmschicht und Dachabdichtung)

2.4.9 mit aufgeklebter 1. Lage der Dachabdichtung

2.4.10 unterseitig mit Dampfdruck-Ausgleichskanälen

2.5 Als Wärmedämmschichten, insbesondere in Verbindung mit Ausgleichsschichten, sind auch gebundene Schüttungen aus expandierten Mineralien geeignet.

2.3 Mögliche Anwendungstypen, Rohdichten und Baustoffklassen nach DIN 4102 "Brandverhalten von Baustoffen und Bauteilen" von Wärmedämmstoffen

Wärmedämmstoff nach DIN		Mögliche Baustoffklassen	Verwendung im Bauwerk					
			Nicht druckbelastet z.B. belüftete Dächer		Druckbelastet			
					Druckbelastet z.B. unter druckverteilenden Böden (ohne Trittschallanforderung) und in unbelüfteten Dächern unter der Dachhaut		Erhöhte Druckbelastbarkeit für Sondereinsatzgebiete, z.B. Parkdecks	
			Typkurzzeichen	Mindestrohdichte in kg/m³	Typkurzzeichen	Mindestrohdichte in kg/m³	Typkurzzeichen	Mindestrohdichte in kg/m³
DIN 18164 "Schaumkunststoffe als Dämmstoff für das Bauwesen"	Phenolhartschaum PF	B 2	W WD WS	30 35 35	WD	35	WS	35
	Polystyrol-Partikelschaum PS	B 1	W WD WS	15 20 30	WD	20	WS	30
	Polystyrol-Extruderschaum PS	B 1	W WD WS	25 25 30	WD	25	WS	30
	Polyurethan-Hartschaum PUR	B 1, B 2	W WD WS	30 30 30	WD	30	WS	30
	Resolschaum RS	B 1	WD	30	WD	30		
DIN 18165 "Faserdämmstoffe für das Bauwesen"	Min	A 1, A 2, B 1, B 2	W WL WD WV		WD			
DIN 18174 SG "Schaumglas als Dämmstoff für das Bauwesen"		A 1, A 2, B 1, B 2	WDS WDH	100–150 100–150	WDS WDH	100–150 100–150	WDS WDH	100–150 100–150
DIN 18161 "Korkerzeugnisse	Backkork BK	B 1, B 2	WD	80	WD	80	WDS	120
als Dämmstoffe für das Bauwesen"	Imprägnierter Kork IK	B 1, B 2	WD	120	WD	120	WDS	200

Hinweis: (Erläuterungen zur Tabelle)

W Wärmedämmstoffe, nicht druckbelastet, z.B. in Wänden und belüfteten Dächern

WL Wärmedämmstoffe, nicht druckbelastet, z.B. für Dämmungen zwischen Sparren- und Balkenlagen

WV Wärmedämmstoffe, beanspruchbar auf Abreiß- und Schwerbeanspruchung, z.B. für angesetzte Vorsatzschalen ohne Unterkonstruktion

WD Wärmedämmstoffe, druckbelastet, z.B. unter druckverteilenden Böden (ohne Trittschallanforderung) und in unbelüfteten Dächern unter der Dachhaut

WS Wärmedämmstoffe, mit erhöhter Belastbarkeit für Sondereinsatzgebiete, z.B. Parkdecks

WDS Wärmedämmstoffe, z.B. in Wänden und belüfteten Dächern, auch druckbelastet bzw. unter druckverteilenden Böden ohne Anforderungen an die Trittschalldämmung, in unbelüfteten Dächern unter der Dachhaut und Parkdecks

WDH Wärmedämmstoffe mit erhöhter Druckbelastbarkeit unter druckverteilenden Böden, z.B. Parkdecks für LKW, Feuerwehrfahrzeuge

Baustoffklasse A 1 nichtbrennbare Baustoffe

Baustoffklasse A 2 nichtbrennbare Baustoffe

Baustoffklasse B 1 schwerentflammbare Baustoffe

Baustoffklasse B 2 normalentflammbare Baustoffe

Baustoffklasse B 3 leichtentflammbare Baustoffe

Dämmstoffe der Baustoffklasse B3 "leicht entflammbar" dürfen nicht verwendet werden.

3 Ausführung

3.1 Werden Dämmplatten verwendet, deren temperaturbedingte Längenänderung sich nachteilig auf die Dachabdichtung auswirken kann (z.B. Polystyrol-Extruderschaum oder Automatenplatten), ist eine vollflächige Trennung zwischen Dämmschicht und Dachabdichtung vorzusehen.

3.2 Dämmplatten aus Polystyrol-Hartschaum, auf die die 1. Lage der Dachabdichtung mit Heißbitumen aufgeklebt oder geschweißt wird, sollen oberseitig, mit Überlappungen, kaschiert sein. Überlappungen müssen nicht verklebt sein.

3.3 Dämmplatten, auf die Dachabdichtungen unmittelbar aufgebracht werden, dürfen an der Oberseite keine Ausgleichskanäle aufweisen.

3.4 Dämmplatten und rollbare Wärmedämmbahnen können werkstoff-spezifisch vollflächig oder teilflächig verklebt, mechanisch befestigt oder lose verlegt werden.
Besondere Verlegeanweisungen der Hersteller sind zu beachten.

3.5 PUR-Dämmplatten sind gemäß den Angaben der Hersteller mit Heißbitumen so zu verkleben, dass gleichmäßig verteilt mindestens 50 % jeder PUR-Dämmplatte mit dem Untergrund verbunden ist.

3.6 Unterseitig unkaschierte Polystyrol-Hartschaumdämmstoffe sollten mit geeigneten Kaltklebern aufgeklebt werden.

3.7 Dämmplatten sind im Verband zu verlegen.

3.8 Platten- oder bahnenförmige Dämmstoffe sollen eng aneinander verlegt werden. Fugen aus zulässigen Maßabweichungen oder temperaturbedingten Längenänderungen lassen sich nicht vermeiden.

3.9 Auf geschlossener Unterlage (z.B. Beton) sind Schaumglasplatten vollflächig in Bitumen zu verlegen oder mit einem anderen geeigneten Kleber aufzubringen. Werden Schaumglasplatten nach den Verlegevorschriften der Hersteller ohne Dampfsperre verlegt, so sind besondere Anforderungen an die Ebenheit des Untergrundes zu stellen.

Wärmedämmschichten für Flachdächer

3.10 Dämmplatten, auf die Dachabdichtungen unmittelbar aufgebracht werden, dürfen auf der Oberseite keine Ausgleichskanäle aufweisen.

3.11 Werden Dämmplatten verwendet, deren temperaturbedingte Längenänderung sich nachteilig auf die Dachabdichtung auswirken kann (z.B. Polystyrol-Extruderschaum oder Automatenplatten), ist eine vollflächige Trennung zwischen Dämmschicht und Dachabdichtung vorzusehen.

3.12 Dämmplatten aus Polystyrol-Hartschaum, auf die die erste Lage der Dachabdichtung aufgeklebt oder geschweißt wird, sollen oberseitig, mit Überlappungen, kaschiert sein. Überlappungen müssen nicht verklebt werden.

3.13 Gebundene Schüttungen aus expandierten Mineralien oder Dämmstoffe mit entsprechendem Zuschnitt eignen sich auch zur Herstellung von Gefällekeilen oder flächigem Gefälle oberhalb der Dampfsperre.

3.14 Rolldämmbahnen sind auf Stahltrapezprofilen generell in Spannrichtung (gleichlaufend zu den Obergurten) zu verlegen.

3.15 Werden Dämmschichten über der Abdichtung angeordnet, die direkter Feuchtigkeitseinwirkung ausgesetzt sind, müssen hierfür geeignete Werkstoffe, z.B. Polystyrol-Extruderschaum, verwendet werden. Bei diesem Dämmsystem sind die jeweiligen bauaufsichtlichen Zulassungen zu beachten.

Wesentliche Punkte sind:
- Dämmschichten über der Abdichtung werden vorzugsweise auf schwerer Unterlage (z.B. Ortbeton) verwendet.
- Die Verlegung des Dämmstoffes erfolgt einlagig mit Stufenfalz.
- Über der Dämmschicht ist zusätzlich eine Filtermatte oder -vlies erforderlich, um zu vermeiden, dass Fremdkörper unter die Dämmplatten gelangen.
- Auf den Dämmplatten ist eine Auflast erforderlich.
- Die Dachentwässerung ist so zu legen, dass sich im Bereich der Dämmschicht kein Stauwasser bilden kann; ggf. ist das nötige Gefälle herzustellen.
- Schichten oberhalb der Wärmedämmung sollen diffusionsoffen sein.

3.16 Dämmschichten über der Abdichtung können auch zusätzlich zu einer Dämmung unter der Abdichtung eingesetzt werden.

3.17 Die Dicke der Wärmedämmung ist von der Wärmeleitfähigkeit der Dämmstoffe abhängig. Nach der Wärmeschutzverordnung sind für Flachdächer über bewohnten Räumen (k ≤ 0,30 W/m²K) folgende mittlere Dämmdicken erforderlich. Abweichungen können sich beim Dachdeckenaufbau mit unterschiedlich wärmedämmwirksamen Schichten ergeben.

Wärmeleitfähigkeitsgruppe 025,
Dämmdicke 60 mm (RS/PUR)
Wärmeleitfähigkeitsgruppe 030,
Dämmdicke 80 mm (PS/PUR)
Wärmeleitfähigkeitsgruppe 035,
Dämmdicke 100 mm (PS/PUR/MIN)
Wärmeleitfähigkeitsgruppe 040,
Dämmdicke 120 mm (PS/PUR/MIN)
Wärmeleitfähigkeitsgruppe 045,
Dämmdicke 140 mm (BK/IK/SG)
Wärmeleitfähigkeitsgruppe 050,
Dämmdicke 160 mm (SG)
Wärmeleitfähigkeitsgruppe 060,
Dämmdicke 160 mm (Perlite)

Hinweis: Flachdächer über bewohnten Räumen sind i.d.R. normal belastet (und nicht erhöht belastet, wie z.B. durch Parkdecks. Es sind deshalb dafür Dämmplatten der Güteklasse WD ausreichend.

3.18 Die Dicke der Wärmedämmung sollte bei Stahltrapezprofilen mindestens wie folgt gewählt werden, um die Überspannung der lichten Weite zwischen den Obergurten zu berücksichtigen.

Größe lichte Weite zwischen den Obergurten (mm)	Mindestdicke der Wärmedämmung (mm)	
	PS/PUR/RS	MIN/SG
70	40	60
100	50	80
130	60	100
150	80	120

Beispiele für Gefälleanordnung

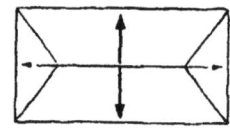
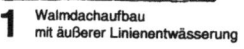

1 Walmdachaufbau mit äußerer Linienentwässerung

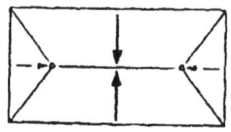

2 Allseitig nach innen geneigtes Dach mit Linienentwässerung

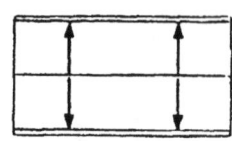

3 Satteldach mit zweiseitiger, äußerer Linienentwässerung und Kontergefälle

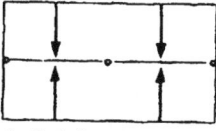

4 Zweiseitig nach innen geneigtes Dach mit Linienentwässerung

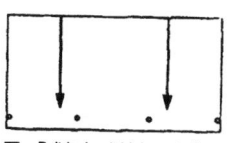

5 Pultdach mit Linienentwässerung und Kontergefälle

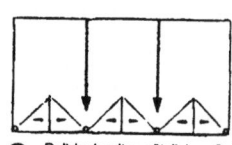

6 Pultdach mit zusätzlichen Gefälleflächen für äußere Punktentwässerung

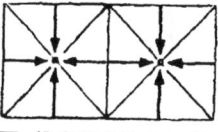

7 Allseitig nach innen geneigtes Dach mit innerer Punktentwässerung

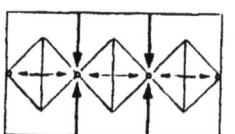

8 Zweiseitig nach innen geneigtes Dach mit zusätzlichen Gefälleflächen für innere Punktentwässerung

Beispiele für mehrlagige Gefälledämmschichten

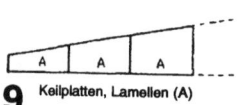

9 Keilplatten, Lamellen (A)

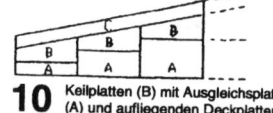

10 Keilplatten (B) mit Ausgleichsplatten (A) und aufliegenden Deckplatten (C). Keilplatten und Ausgleichsplatten ggf. in Baustoffklasse B2, Deckplatten in Baustoffklasse B1/A1.

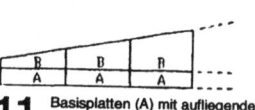

11 Basisplatten (A) mit aufliegenden Keilplatten (B)

Beispiele für gebundene Schüttungen

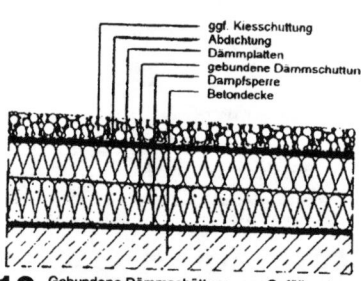

ggf. Kiesschüttung
Abdichtung
Dämmplatten
gebundene Dämmschuttung
Dampfsperre
Betondecke

12 Gebundene Dämmschüttung - zur Gefällegebung unter Dämmplatten

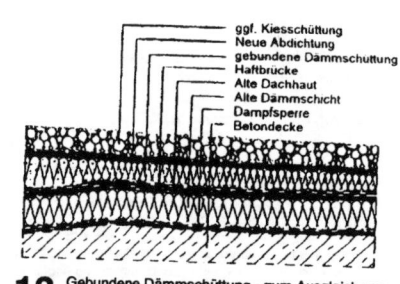

ggf. Kiesschüttung
Neue Abdichtung
gebundene Dämmschuttung
Haftbrücke
Alte Dachhaut
Alte Dämmschicht
Dampfsperre
Betondecke

13 Gebundene Dämmschüttung - zum Ausgleich von Unebenheiten

4 Gefälledämmschichten

4.1 In ebenen Flachdächern können sich im Rahmen der zulässigen Ausführungs-Toleranzen Unebenheiten ergeben. Stauwasser kann in solchen Fällen die Dachhaut und Anschlüsse zerstören. Diese Gefahr lässt sich durch ein geringes Gefälle von mindestens 1%, zweckmäßiger 1,5 bis 2,5%, vermeiden.
Gefälleanordnung siehe 1 bis 8.

4.2 Ein geringes Gefälle von 1 bis 2,5 % über ebenen Flachdächern lässt sich am wirtschaftlichsten in der Wärmedämmschicht realisieren. Das Gefälle kann durch folgende Maßnahmen hergestellt werden:

4.2.1 durch einlagige keilförmige Dämmelemente (Keilplatten) siehe 9.

4.2.2 durch mehrlagigen Aufbau aus Keilplatten, Ausgleichsplatten und Deckplatten über den Keilplatten siehe 10.

4.2.3 durch mehrlagigen Aufbau aus Basisplatten und Keilplatten über den Basisplatten siehe 11.

Einlagige Platten werden i.d.R. ganzflächig verklebt. Mehrlagige Platten werden i.d.R. lose verlegt.

4.3 Für kritische Dachbereiche, z.B. an aufgehenden Bauteilen, Wandecken, Kehlen, Graten, Anschlüssen von Lichtkuppeln und Kaminen, Zwangszuführungen zu Dacheinläufen, sind Zusatzbauteile zweckmäßig (z.B. Kehlplatten, Dachreiter). Die Zusatzbauteile werden auf der fertigen Gefälledämmschicht verlegt.

4.4 Für die Herstellung von Gefällekeilen und flächigem Gefälle eignen sich auch gebundene Schüttungen aus expandierten Mineralien. Gebundene Schüttungen eignen sich besonders als gefällegebende Unterschicht unter Dämmplatten und als Schicht zum Ausgleich von Unebenheiten (z.B. Thermoperl-Schüttungen).
Beispiele siehe 12 bis 13.

4.5 Im Kehl- und Gratbereich sind die Dämmplatten auf Gehrung oder im Verband zu verlegen. Bei Verwendung von Kehl- und Gratplatten entsteht kein Verschnitt.

Klassifizierte Holzdächer nach DIN 4102, Teil 4 (Brandschutz)

Tabelle 65: Dächer mit Sparren oder ähnlichem mit bestimmten Abmessungen

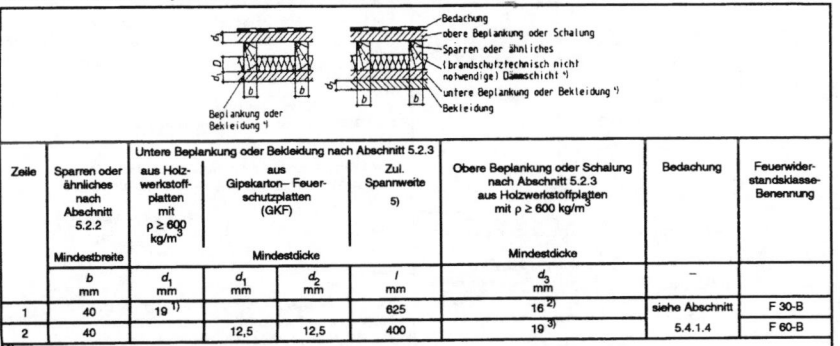

Bedachung
obere Beplankung oder Schalung
Sparren oder ähnliches
(brandschutztechnisch nicht notwendige) Dämmschicht[*]
untere Beplankung oder Bekleidung[*]
Bekleidung
Beplankung oder Bekleidung

Zeile	Sparren oder ähnliches nach Abschnitt 5.2.2	Untere Beplankung oder Bekleidung nach Abschnitt 5.2.3			Zul. Spannweite 5)	Obere Beplankung oder Schalung nach Abschnitt 5.2.3 aus Holzwerkstoffplatten mit $\rho \geq 600$ kg/m³	Bedachung	Feuerwiderstandsklasse-Benennung
		aus Holzwerkstoffplatten mit $\rho \geq 600$ kg/m³	aus Gipskarton–Feuerschutzplatten (GKF)					
	Mindestbreite	Mindestdicke				Mindestdicke		
	b	d_1	d_1	d_2	l	d_3	–	
	mm	mm	mm	mm	mm	mm		
1	40	19 1)			625	16 2)	siehe Abschnitt	F 30-B
2	40		12,5	12,5	400	19 3)	5.4.1.4	F 60-B

1) Ersetzbar durch
  a) ≥ 16 mm dicke Holzwerkstoffplatten (obere Lage) + 9,5 mm dicke GKB- oder GKF-Platten (raumseitige Lage) oder
  b) ≥ 12,5 mm dicke Gipskarton-Feuerschutzplatten (GKF) mit einer Spannweite $l \leq 400$ mm oder
  c) ≥ 15 mm dicke Gipskarton-Feuerschutzplatten (GKF) mit einer Spannweite $l \leq 500$ mm oder
  d) ≥ 50 mm dicke Holzwolle-Leichtbauplatten mit einer Spannweite $l \leq 500$ mm oder
  e) ≥ 25 mm dicke Holzwolle-Leichtbauplatten mit einer Spannweite $l \leq 500$ mm mit ≥ 20 mm dickem Putz nach DIN 18500 Teil 2 oder
  f) ≥ 9,5 mm dicke Gipskarton-Putzträgerplatten (GKP) mit einer Spannweite $l \leq 500$ mm mit ≥ 20 mm dickem Putz der Mörtelgruppe P IVa bzw. P IVb nach DIN 18550 Teil 2 oder
  g) Bretter nach Abschnitt 5.2.3.1, Aufzählungen f) bis i), mit einer Dicke nach Bild 47 mit $d_D \geq 19$ mm.
2) Ersetzbar durch Bretter (gespundet) mit $d \geq 21$ mm.
3) Ersetzbar durch Bretter (gespundet) mit $d \geq 27$ mm.
4) Siehe auch Abschnitt 5.4.2.4.
5) Siehe Abschnitt 5.4.2.3, vgl. Abschnitte 5.2.3.7 und 5.2.3.8

Tabelle 66: Dächer F 30–B mit unterseitiger Plattenbekleidung

Zeile	Konstruktionsmerkmale 4), Ausführungsmöglichkeiten 1 bis 3	Beplankung bzw. Bekleidung nach Abschnitt 5.2.3 aus				Zul.Spannweite	Dämmschicht aus Mineralfaser–Platten oder –Matten nach Abschnitt 5.2.4		Dach-Träger, Binder o.ä. sowie Bedachung
		Holzwerkstoffplatten mit $\rho \geq 600$ kg/m³	Gipskarton–Feuerschutzplatten (GKF)	Gipskarton–Putzträgerplatten (GKP)	Putz der Mörtelgruppe P IVa oder P IVb Mindestdicke		Mindestdicke	rohdichte	
		d_1 mm	d_2 mm	d_1 mm	d_2 mm	l mm	D mm	ρ kg/m³	b mm d_3 mm
1	①	16 +12,5 1)				625	Baustoffklasse nach DIN 4102 Teil 1: Mindestens B 2; im Übrigen aus brandschutztechnischen Gründen keine Anforderungen		Zur Erzielung von F 30–B keine Anforderungen, siehe Abschnitt 5.4.1.4
2		13 + 15 1)				625			
3	②	0	2 x 12,5			500			
4		0		9,5 2)	15 3)	400			
5		0	15			400	40	100	
6	③	0	15			400	60	50	
7		0	15			400	80	30	
8		13 + 12,5 1)				400	40	100	
9		13 + 12,5 1)				625	60	50	
10		13 + 12,5 1)				625	80	30	

1) Die Gipskartonplatten sind auf den Holzwerkstoffplatten ($l \leq 625$ mm) mit einer zulässigen Spannweite von 400 mm zu befestigen.
2) Ersetzbar durch ≥ 50 mm dicke Holzwolle–Leichtbauplatten nach DIN 1101 mit einer Spannweite $l \leq 1000$ mm.
3) Ersetzbar durch ≥ 10 mm dicken Vermiculite- oder Perliteputz nach Abschnitt 3.1.6.5.
4) Die Bekleidung kann 1- oder 2-lagig bei den Ausführungsmöglichkeiten 1 bis 3 angebracht werden; zwischen der Bekleidung und den Dach–Trägern dürfen auch Grund– und Traglattungen vorhanden sein, vgl. Abschnitt 5.4.3.2.

Tabelle 67: Dächer F 30–B mit unterseitiger Drahtputzdecke nach DIN 4121

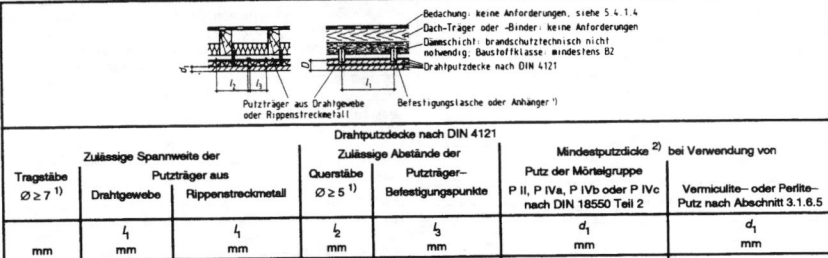

Bedachung: keine Anforderungen, siehe 5.4.1.4
Dach–Träger oder -Binder: keine Anforderungen
Dämmschicht: brandschutztechnisch nicht notwendig; Baustoffklasse: mindestens B2
Drahtputzdecke nach DIN 4121
Putzträger aus Drahtgewebe oder Rippenstreckmetall
Befestigungslasche oder Anhänger 1)

			Drahtputzdecke nach DIN 4121				
Tragstäbe $\varnothing \geq 7$ 1)	Zulässige Spannweite der		Zulässige Abstände der		Mindestputzdicke 2) bei Verwendung von		
	Putzträger aus		Querstäbe $\varnothing \geq 5$ 1)	Putzträger–Befestigungspunkte	Putz der Mörtelgruppe P II, P IVa, P IVb oder P IVc nach DIN 18550 Teil 2	Vermiculite– oder Perliteputz nach Abschnitt 3.1.6.5	
	Drahtgewebe	Rippenstreckmetall					
mm	l_1 mm	l_1 mm	l_2 mm	l_3 mm	d_1 mm	d_1 mm	
750	500	1000	1000	200	15	10	

1) Die Quer- und Tragstäbe dürfen unter Fortlassen der Befestigungslaschen oder Abhänger auch unmittelbar unter den Dach–Trägern oder -Bindern mit Krampen befestigt werden.
2) d_1 über Putzträger gemessen; die Gesamtputzdicke muß $D \geq d_1 + 10$ mm sein – d.h. der Putz muß den Putzträger ≥ 10 mm durchdringen.

Tabelle 68: Dächer F 30–B mit Dämmschichten aus Schaumkunststoffen nach DIN 18164 Teil 1

Konstruktionsmerkmale, Ausführungsmöglichkeiten 1 bis 3

① ② ③
Bedachung
Dämmschicht aus Schaumkunststoffen nach DIN 18 164 Teil 1

Zeile	Bekleidung nach Abschnitt 5.4.3.2		Zulässige Spannweite	Dämmschicht	Dach–Träger, –Binder oder ähnliches sowie Bedachung
	aus Holzwerkstoffplatten mit $\rho \geq 600$ kg/m³	aus Gipskarton–Feuerschutzplatten (GKF)			
	d_1 1) mm	d_2 1) mm	l mm		
1	19 + 12,5		625	Schaumkunststoff nach DIN 18164 Teil 1	Für F 30–B keine Anforderungen, siehe Abschnitt 5.4.1.4
2	16 + 15,0		625		
3	0	2 x 12,5	500		

1) Die Reihenfolge d_1 und d_2 ist beliebig.

5.4 Feuerwiderstandsklassen von Dächern aus Holz und Holzwerkstoffen

5.4.1 Anwendungsbereich, Brandbeanspruchung

5.4.1.1 Die Angaben von Abschnitt 5.4 gelten für von unten beanspruchte Dächer aus Holz und Holzwerkstoffen – auch in Tafelbauart –, die auf der Oberseite eine durchgehende Bedachung aufweisen.

5.4.1.2 Die Angaben gelten auch für Dächer mit Öffnungen wie Oberlichter, Lichtkuppeln, Luken usw. wenn nachgewiesen ist, dass das Brandverhalten der Dächer durch die Anordnung derartiger Öffnungen nicht nachteilig beeinflusst wird.

5.4.1.3 Bei den klassifizierten Dächern ist die Anordnung zusätzlicher Bekleidungen – Bekleidungen aus Stahlblech ausgenommen – an der Dachunterseite ohne weitere Nachweise erlaubt.

5.4.1.4 Die Bedachungen dürfen beliebig sein; die bauaufsichtlichen Bestimmungen der Länder sind zu beachten. Angaben über Bedachungen, die gegen Flugfeuer und strahlende Wärme widerstandsfähig sind, sind in Abschnitt 8.7 enthalten.

5.4.1.5 Dampfsperren beeinflussen die Feuerwiderstandsklassen nicht.

5.4.2 Dächer mit Sparren oder ähnlichem mit bestimmten Abmessungen

5.4.2.1 Dächer mit Sparren oder ähnlichem mit bestimmten Abmessungen, die eine obere Beplankung bzw. Schalung aufweisen und die verdeckt angeordnet sind, sind nach den Angaben von Tabelle 65 zu bemessen.
Bei größeren Abständen der Sparren o.ä. gelten die Angaben der Abschnitte 5.2.3.7 und 5.2.3.8 sinngemäß.

5.4.2.2 Sofern auf der Dachoberseite
  a) eine ≥ 50 mm dicke Kiesschüttung oder
  b) eine ≥ 50 mm dicke Schicht aus dichten verlegten Betonplatten oder
  c) ein schwimmender Estrich nach Abschnitt 5.2.5
angeordnet wird, können die Dächer auch bei Brandbeanspruchung von oben in die jeweils angegebenen Feuerwiderstandsklassen und Beplankungen eingestuft werden.

5.4.2.3 Bei Bekleidungen aus Brettern ist die Dicke d_D nach Bild 47 maßgebend.

5.4.2.4 In Dächern nach den Angaben von Tabelle 65 ist brandschutztechnisch keine Dämmschicht notwendig.
Bei Anordnung einer brandschutztechnisch wirksamen Dämmschicht gilt Abschnitt 5.3.4.3, zweiter Absatz.

5.4.3 Dächer mit Dach–Trägern, –Bindern o.ä. mit beliebigen Abmessungen

5.4.3.1 Dächer mit Dach–Trägern, –Bindern o.ä. mit beliebigen Abmessungen, die auf der Oberseite
  a) eine Bedachung oder
  b) eine Schalung beliebiger Dicke mit einer Bedachung
besitzen, müssen an der Unterseite eine Bekleidung und erforderlichenfalls eine brandschutztechnisch notwendige Dämmschicht nach den Angaben von Abschnitt 5.4.3 aufweisen.

5.4.3.2 Als Beplankung bzw. Bekleidung – siehe auch die Ausführungszeichnungen in den Tabellen 66 und 69 – können die in Abschnitt 5.2.3.1 angegebenen Werkstoffe verwendet werden:

Alle Beplankungen bzw. Bekleidungen müssen eine geschlossene Fläche besitzen. Alle Platten müssen dicht gestoßen werden. Fugen von Gipskarton–Bauplatten müssen nach DIN 18181 verspachtelt werden. Dies gilt sinngemäß auch für Holzwolle–Leichtbauplatten.

Die Bekleidung ist mit oder ohne Anordnung einer Grund– und/oder Feinlattung an den Dach–Trägern, –Bindern o.ä. nach den Bestimmungen der Normen, z.B. DIN 18181, zu befestigen. Die Beplankung bzw. Bekleidung muss die in den Tabellen 66 und 69 angegebenen Mindestdicken aufweisen; die angegebenen zulässigen Spannweiten dürfen nicht überschritten werden.

5.4.3.3 Der Zwischenraum zwischen Dämmschicht und Bedachung darf belüftet sein.

5.4.3.4 In Dächern nach Tabelle 66, Zeilen 5 bis 10, ist brandschutztechnisch eine Dämmschicht notwendig. Sie muss aus Mineralfaser–Dämmstoffen nach DIN 18165 Teil 1, Abschnitt 2.2, bestehen, der Baustoffklasse A angehören und einen Schmelzpunkt ≥ 1000 °C nach DIN 4102 Teil 17 besitzen.

Plattenförmige Mineralfaser–Dämmschichten sind durch strammes Einpassen – Stauchung bis etwa 1 cm – zwischen den Dach–Trägern o.ä. und durch Anleimen an den Dach–Trägern gegen Herausfallen zu sichern.

Mattenförmige Mineralfaser–Dämmschichten dürfen verwendet werden, wenn sie auf Maschendraht gesteppt sind, die durch Nagelung (Nagelabstände ≤ 100 mm) an den Dach–Trägern o.ä. zu befestigen ist.

Die Dämmschichten können auch durch Annageln der Dämmschichtränder mit Hilfe von Holzleisten ≥ 25 mm x 25 mm oder durch Einquetschen zwischen einer Lattung und den Dach–Trägern gegen Herausfallen gesichert werden.

Sofern an der Dachunterseite zwischen den Dach–Trägern und der Bekleidung eine Lattung angeordnet ist und die Mineralfaser–Dämmschicht hierauf dicht verlegt wird, dürfen das Anleimen bei plattenförmigen Dämmschichten und der Maschendraht einschließlich Annagelung bei mattenförmigen Dämmschichten entfallen (vergleiche Tabelle 66, Ausführungsmöglichkeiten 2 und 3).

Klassifizierte Holzdächer nach DIN 4102, Teil 4 (Brandschutz)

Tabelle 69: Dächer F 30–B mit unterseitiger Bekleidung bei großer Spannweite

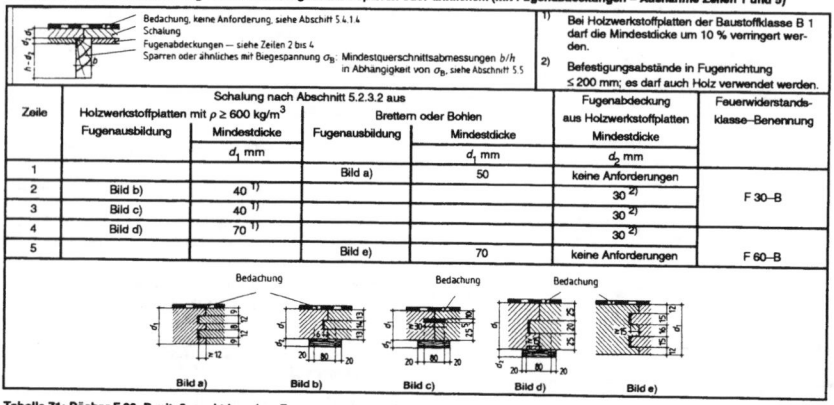

Konstruktionsmerkmale	Bekleidung nach Abschnitt 5.4.3.2			Dämmschicht aus Mineralfaser–Platten oder –Matten nach Abschnitt 5.4.3.4		Dach–Träger, –Binder oder ähnliches sowie Bedachung
	aus Holzwerkstoffplatten mit $\rho \geq 600$ kg/m³	aus Brettern oder Bohlen	Zulässige Spannweite			
	d_1 mm	d_1 mm	l mm	Mindestdicke D mm	rohdichte ρ kg/m³	
	25	25	1250	80	30	

Tabelle 70: Dächer mit 3-seitig dem Feuer ausgesetzten Sparren oder ähnlichem (mit Fugenabdeckungen – Ausnahme Zeilen 1 und 5)

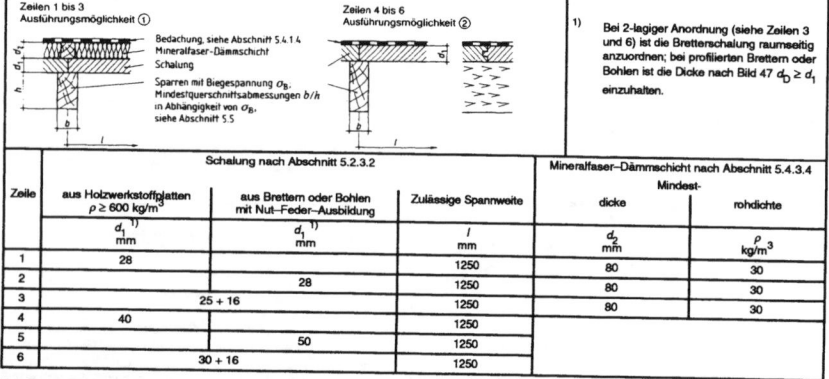

Bedachung, keine Anforderung, siehe Abschnitt 5.4.1.4
Schalung
Fugenabdeckungen – siehe Bilder 2 bis 4
Sparren oder ähnliches mit Biegespannung σ_B; Mindestquerschnittsabmessungen b/h in Abhängigkeit von σ_B, siehe Abschnitt 5.5

1) Bei Holzwerkstoffplatten der Baustoffklasse B 1 darf die Mindestdicke um 10 % verringert werden.
2) Befestigungsabstände in Fugenrichtung ≤ 200 mm; es darf auch Holz verwendet werden.

Zeile	Schalung nach Abschnitt 5.2.3.2 aus				Fugenabdeckung aus Holzwerkstoffplatten	Feuerwiderstandsklasse–Benennung
	Holzwerkstoffplatten mit $\rho \geq 600$ kg/m³		Brettern oder Bohlen		Mindestdicke	
	Fugenausbildung	Mindestdicke d_1 mm	Fugenausbildung	Mindestdicke d_1 mm	d_2 mm	
1			Bild a)	50	keine Anforderungen	
2	Bild b)	40 [1]			30 [2]	F 30–B
3	Bild c)	40 [1]			30 [2]	
4	Bild d)	70 [1]			30 [2]	
5			Bild e)	70	keine Anforderungen	F 60–B

Bild a) Bild b) Bild c) Bild d) Bild e)

Tabelle 71: Dächer F 30–B mit 3-seitig dem Feuer ausgesetzten Sparren oder ähnlichem

Konstruktionsmerkmale
Zeilen 1 bis 3 Ausführungsmöglichkeit ①
Zeilen 4 bis 6 Ausführungsmöglichkeit ②

Bedachung, siehe Abschnitt 5.4.1.4
Mineralfaser–Dämmschicht
Schalung
Sparren mit Biegespannung σ_B; Mindestquerschnittsabmessungen b/h in Abhängigkeit von σ_B, siehe Abschnitt 5.5

1) Bei 2-lagiger Anordnung (siehe Zeilen 3 und 6) ist die Bretterschalung raumseitig anzuordnen; bei profilierten Brettern oder Bohlen ist die Dicke nach Bild 47 $d_D \geq d_1$ einzuhalten.

Zeile	Schalung nach Abschnitt 5.2.3.2			Mineralfaser–Dämmschicht nach Abschnitt 5.4.3.4	
	aus Holzwerkstoffplatten $\rho \geq 600$ kg/m³	aus Brettern oder Bohlen mit Nut–Feder–Ausbildung	Zulässige Spannweite	Mindest- dicke	rohdichte
	d_1 [1] mm	d_1 [1] mm	l mm	d_2 mm	ρ kg/m³
1	28		1250	80	30
2		28	1250	80	30
3	25 + 16		1250	80	30
4	40		1250		
5		50	1250		
6	30 + 16		1250		

Tabelle 72: Dächer F 30–B mit 3-seitig dem Feuer ausgesetzten Sparren oder ähnlichem bei Anordnung von Lagerhölzern und einer Dämmschicht aus Schaumkunststoffen nach DIN 18164 Teil 1

Konstruktionsmerkmale

Bedachung, siehe Abschnitt 5.4.1.4
Dämmschicht aus Schaumkunststoffen nach DIN 18164 Teil 1
Schalung
Sparren mit Biegespannung σ_B; Mindestquerschnittsabmessungen b/h in Abhängigkeit von σ_B, siehe Abschnitt 5.5

1) Bei 2-lagiger Anordnung (siehe Zeile 5) ist die Bretterschalung raumseitig anzuordnen. Es ist die Dicke nach Bild 47 $d_D \geq d_1$ einzuhalten.
Bei 2-lagiger Anordnung (siehe Zeilen 6 bis 9) darf die GKF-Platte wahlweise oben oder unten (raumseitig) liegen; hinsichtlich d_D gilt der vorstehende Satz.

Zeile	Schalung nach Abschnitt 5.2.3.2			
	Holzwerkstoffplatten mit $\rho \geq 600$ kg/m³ Mindestdicke	Bretter oder Bohlen mit Nut–Feder–Ausbildung [1] Mindestdicke	Bekleidung aus Gipskarton–Feuerschutzplatten (GKF) Mindestdicke	Zulässige Spannweite der Schalung
	d_1 mm	d_1 mm	d_1 mm	l mm
1	36			750
2	27			650
3		40		750
4		32		650
5	22 + 19			750
6	25	+	15	750
7	16	+	12,5	650
8			30 + 12,5	750
9			16 + 12,5	650
10			2 x 12,5	500

Tabelle 73: Holzbalkendächer mit teilweise freiliegenden Sparren oder ähnlichem mit nicht notwendiger Dämmschicht

Bedachung
Schalung
(brandschutztechnisch nicht notwendige) Dämmschicht; siehe auch Abschnitt 5.4.5.4
Holzlatten ≈40/60 mm, befestigt mit Nägeln in 2 verschiedenen Höhen
Bekleidung 1- oder 2lagig
Sparren oder ähnliches aus Brettschicht- oder Vollholz, Bemessung nach Abschnitt 5.5

1) Ersetzbar durch
a) ≥ 16 mm dicke Holzwerkstoffplatten (obere Lage) + 9,5 mm dicke GKB– oder GKF–Platten (raumseitige Lage)
b) ≥ 12,5 mm dicke Gipskarton–Feuerschutzplatten (GKF) mit einer Spannweite $l \leq 400$ mm oder
c) ≥ 15 mm dicke Gipskarton–Feuerschutzplatten (GKF) mit einer Spannweite $l \leq 500$ mm oder
d) ≥ 50 mm dicke Holzwolle–Leichtbauplatten mit einer Spannweite $l \leq 500$ mm.
2) Ersetzbar durch Bretter (gespundet) mit $d \geq 21$ mm.
3) Ersetzbar durch Bretter (gespundet) mit $d \geq 27$ mm.

Zeile	Bekleidung nach Abschnitt 5.2.3			Schalung nach Abschnitt 5.2.3.2 aus Holzwerkstoffplatten mit $\rho \geq 600$ kg/m³ Mindestdicke	Bedachung	Feuerwiderstandsklasse–Benennung
	aus Holzwerkstoffplatten mit $\rho \geq 600$ kg/m³ d_1 mm	aus Gipskarton–Feuerschutzplatten (GKF) d_1 mm	Zulässige Spannweite l mm	d_2 mm	— —	
1	19 [1]		625	16 [2]	siehe Abschnitt 5.4.1.4	F 30–B
2		2 x 12,5	400	19 [3]		F 60–B

Ein Anleimen von plattenförmigen Mineralfaser–Dämmschichten kann ebenfalls entfallen, wenn die Dämmplatten ≥ 100 mm dick sind, eine Rohdichte ≥ 40 kg/m³ besitzen und bei einer lichten Weite der Dach–Träger oder von ähnlichem ≤ 400 mm stramm eingepasst werden.

Fugen von stumpf gestoßenen Dämmschichten müssen dicht sein. Mattenförmige Dämmschichten müssen sich bei Stößen ≥ 10 cm überlappen.

Die Mindestdicke und die Mindestrohdichte der Dämmschichten sind den Angaben von Tabelle 66 zu entnehmen.

5.4.3.5 Bei Dämmschichten aus Schaumkunststoffen nach DIN 18164 Teil 1, soweit sie nicht in Dächern nach den Tabellen 65 oder 67 verwendet werden, gelten die Angaben von Tabelle 68.

5.4.3.6 Bei einer unteren Beplankung bzw. Bekleidung ähnlich Tabelle 66, jedoch bei vergrößerter Spannweite, gelten die in Tabelle 69 angegebenen Randbedingungen.

5.4.4 Dächer mit vollständig freiliegenden, 3-seitig dem Feuer ausgesetzten Sparren oder ähnlichem

5.4.4.1 Die Angaben von Abschnitt 5.3.2.1 gelten sinngemäß. Als tragende Schalung dürfen die in Abschnitt 5.2.3.2 aufgezählten Werkstoffe verwendet werden.

5.4.4.2 Die Mindestdicke der Schalung ist den Angaben nach Tabelle 70 zu entnehmen.

5.4.4.3 Sofern keine doppelten Spundungen bzw. Nut–Feder–Verbindungen und keine unteren Fugenabdeckungen nach Tabelle 70 verwendet werden sollen, gelten die Randbedingungen der Tabelle 71.

5.4.4.4 Sofern die Schalung nicht durch eine Verkehrslast belastet wird (Anordnung von Lagerhölzern), gelten die Randbedingungen von Tabelle 71, Zeilen 1 bis 3 (Ausführungsmöglichkeit 1).

5.4.4.5 Sofern nur einfache Spundungen gewünscht werden und nur die Feuerwiderstandsklasse F 30 verlangt wird, kann ohne Anordnung von Lagerhölzern nach Tabelle 71, Zeilen 4 bis 6, konstruiert werden (Ausführungsmöglichkeit 2).

5.4.4.6 Dächer mit 2-lagiger oberer Schalung müssen nach den Angaben von Tabelle 60 ausgeführt werden, wobei die Bedachung unmittelbar auf der Schalung aufgebracht werden darf.

5.4.4.7 Sofern eine Bedachung auf Lagerhölzern vorliegt und Dämmschichten aus Schaumkunststoffen nach DIN 18164 Teil 1 verwendet werden, gelten die Randbedingungen von Tabelle 72.

5.4.5 Dächer mit teilweise freiliegenden, 3-seitig dem Feuer ausgesetzten Sparren oder ähnlichem

5.4.5.1 Teilweise freiliegende Sparren o.ä. von Dächern nach der Schema–Skizze in Tabelle 73 sind nur im unteren Bereich von drei Seiten der Brandbeanspruchung ausgesetzt.

5.4.5.2 Als Bekleidung – siehe auch Schema–Skizze in Tabelle 73 – können die in Abschnitt 5.2.3.1 angegebenen Bekleidungen verwendet werden.

Alle Platten müssen eine geschlossene Fläche besitzen und mit ihren Längsrändern dicht an den Sparren oder ähnlichem anschließen. Querfugen von Gipskartonplatten sind nach DIN 18181 zu verspachteln; dies gilt sinngemäß auch für dicht gestoßene Holzwolle–Leichtbauplatten. Spanplatten, die eine Rohdichte von ≥ 600 kg/m³ besitzen müssen, sind in Querfugen mit Nut und Feder oder Spundung dicht zu stoßen. Bei mehrlagigen Bekleidungen sind die Stöße zu versetzen, wobei jede Lage für sich an Holzlatten ≥ 40 mm/60 mm zu befestigen ist.

Die Mindestdicke und die zulässige Spannweite der Bekleidung sind aus Tabelle 73 zu entnehmen.

Bei größeren Abständen der Sparren o.ä. gelten die Angaben der Abschnitte 5.2.3.7 und 5.2.3.8 sinngemäß.

5.4.5.3 Bei Bekleidungen aus Brettern ist die Dicke d_D nach Bild 47 maßgebend.

5.4.5.4 In Dächern nach den Angaben von Tabelle 73 ist brandschutztechnisch keine Dämmschicht notwendig.

Bei Anordnung einer brandschutztechnisch wirksamen Dämmschicht gilt Abschnitt 5.3.4.3, zweiter Absatz.

Dachdurchdringungen nach DIN V 18234-3 (Brandschutz)

Baulicher Brandschutz im Industriebau
Konstruktive Maßnahmen bei Dachdurchdringungen,
–anschlüssen und –abschlüssen zur Verzögerung der
Brandweiterleitung

4 Anforderungen und konstruktive Grundsätze

4.1 Allgemeines

Alle Maße in Meter, Toleranzen nach DIN 18202.

An allen Dachdurchdringungen, –abschlüssen und –anschlüssen nach dieser Vornorm sind Maßnahmen gegen die Brandweiterleitung zu ergreifen. Insbesondere an den Durchdringungsanschlussstellen von profilierten Flächentragwerken gilt es, den Eintritt von Flammen und Gasen in den Profilhohlraum zu verhindern.

4.2 Kleine Durchdringungen

Bei profilierten Flächentragwerken sind um die Durchdringungsstelle der Profilform folgende Abschottungen [1] oder geeignete Formstücke anzuordnen.

Bei nichtthermoplastischen Bauprodukten der Durchdringung sind nach Bild 1 die Profilhohlräume des Flächentragwerkes um die Durchdringungsstelle herum von oben mit Abschottungen oder Formstücken [1] zu füllen. Die Länge der Abschottungen oder Formstücke [1] im Profilhohlraum muss mindestens 0,12 m in Profilrichtung betragen. Der nächste neben der Durchdringungsstelle nicht angeschnittene Profilhohlraum muss nach Bild 1 immer mit geeigneten Abschottungen bzw. Formstücken [1] mindestens in der Abmessung des Abdeckbleches geschlossen werden.

Um die Durchdringung herum ist die Wärmedämmung aus einem der folgenden Materialien in einer Fläche von mindestens 1,00 m x 1,00 m [2] auszuführen. Ohne weiteren Nachweis sind verwendbar:
– Nichtbrennbare Baustoffe nach DIN 4102–1 mit einem Schmelzpunkt von mindestens 1000 °C
– Phenolharz–Hartschaum nach DIN 18164–1
– expandierte mineralische Baustoffe mit Zulassung des DIBt (Deutsches Institut für Bautechnik).

Bei thermoplastischen Bauprodukten in der Durchdringung (z.B. Formstücke oder Abwasserleitungen aus z.B. PVC, PE) ist darüber hinaus die durch das im Brandfall zu erwartende Wegschmelzen der Thermoplaste in einem Halteblech freiwerdende Öffnung durch ein selbständig schließendes System (z.B. Feuerschutzklappe nach Bild 2 oder Rohrabschottung R 30 nach DIN 4102–11) zu verschließen.

Anmerkung: Bei Einsatz solcher Systeme ist besonders zu beachten, dass auch die Profilhohlräume zur Rauminnenseite mit Formstücken [1] im Bereich des Haltebleches ausgefüllt sind.

Bei Aufsetzkränzen aus im Brandfall nichtschmelzenden Materialien (z.B. Stahlblech oder glasfaserverstärkter Polyester) sollten Dachabdichtungen aus brandschutztechnischen Gründen im unteren Bereich (Klebeflansch) angeschlossen werden.

Wird die Dachabdichtung hochgeführt, sind besonders Maßnahmen [3] durch verbesserten Oberflächenschutz zu treffen. Bei Aufsetzkränzen mit Höhen von mindestens 25 cm über Oberkante Dachabdichtung kann bei hochgeführter Dachabdichtung auf diese besondere Maßnahme verzichtet werden, wenn das Ende mindestens 8 cm von der Oberkante des Aufsetzkranzes z.B. mit einer Schiene, einem Abdeckblech (siehe Bild 3a)) überdeckt wird. Sind die über dem Aufsetzkranz seitlich überstehenden Ränder von thermoplastischen Lichtelementen nicht in einem Rahmen (siehe Bild 3b)) derart eingefasst, dass ein brennendes Abtropfen der Lichtelemente außerhalb der Durchdringung auszuschließen ist, sind zusätzliche Maßnahmen [3] im Anschlussbereich auf der Dachfläche um den Aufsetzkranz erforderlich.

Anmerkung: Bei Aufsetzkränzen aus nichtschmelzenden Materialien sollten aus brandschutztechnischer Sicht größere Höhen verwendet werden.

Um ein Weiterlaufen von Flammen und das Einströmen von brennbaren Gasen in den Hohlraum von profilierten Flächentragwerken zu verhindern, sind die in 4.2 beschriebenen Abschottungen bzw. Formstücke [1] auch um die mittlere Durchdringung nach Bild 3 auszuführen. Der nächste neben der Durchdringungsstelle nicht angeschnittene Profilhohlraum muss nach Bild 4 immer mit einer geeigneten Abschottung oder Formstücken [1] ausgefüllt werden.

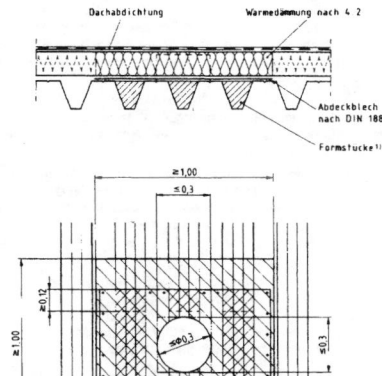

Bild 1: Kleine Durchdringung

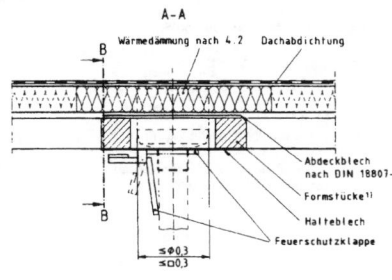

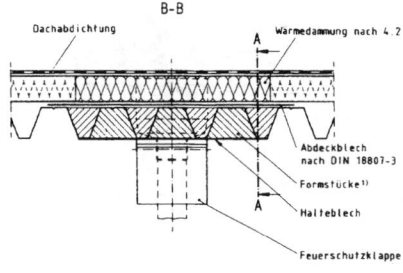

Bild 2: **Kleine Durchdringung am Beispiel "selbständig schließendes System"**

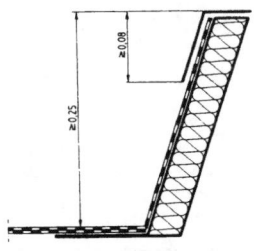

a) Ausreichende Überdeckung hochgeführter Dachbahnen

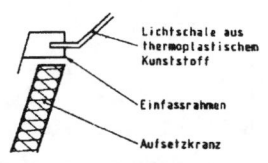

b) Ausreichend dimensionierter Einfassrahmen

Bild 3: **Konstruktive Ausführung (Beispiele) des oberen Bereiches von Aufsetzkränzen**

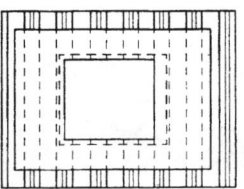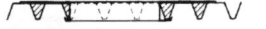

Bild 4: Lage von Abschottungen oder Formstücken [1]

4.3 Mittlere Durchdringungen

4.3.1 Allgemeines

Mittlere Durchdringungen sollten mit Hilfe von Aufsetzkränzen ausgebildet werden. Üblich sind Aufsetzkränze aus im Brandfall schmelzenden oder nichtschmelzenden Materialien. Der Anschluss der Dachabdichtung kann sowohl im unteren Bereich auf dem Klebeflansch als auch durch Hochführen bis zum oberen Rand des Aufsetzkranzes erfolgen.

Bei Aufsetzkränzen aus im Brandfall schmelzenden Materialien (z.B. thermoplastische Kunststoffe oder Aluminium) müssen Maßnahmen [3] durchgeführt werden, um den Brandangriff auf die Dachfläche zu begrenzen.

4.3.2 Mittlere Durchdringungen unter Verwendung von Holzbohlenrahmen

Bei Verwendung von Holzbohlenrahmen als Einfassung der Durchführung sind die folgenden Maßnahmen zusätzlich erforderlich:

a) Verwendung ausschließlich von in 4.2 genannten Wärmedämmstoffen in einem mindestens 0,50 m breiten Streifen [2] um den Holzbohlenrahmen herum und

b) Verlegung eines schweren Oberflächenschutzes (z.B. Kies 16/32 ähnlich DIN 4226–1, zum Zeitpunkt des Einbaus mindestens 0,05 m dick; ein erhöhter Anteil von Unter– und Überkorn sowie höhere Feinanteile oder auch nicht frostbeständige Anteile sind unschädlich) in einem Streifen von mindestens 0,50 m Breite um die Durchdringungsstelle herum und

c) der Holzbohlenrahmen ist zum Innenraum mit einer Blechbekleidung zu versehen.

4.3.3 Mittlere Durchdringen ohne Verwendung von Holzbohlenrahmen

4.3.3.1 Mittlere Durchdringungen mit Stahlprofilen zur Einfassung der Wärmedämmung

Bei der Einfassung des gesamten Dachaufbaus (siehe Bild 5) um die Durchdringungsstelle mit ein– oder mehrteiligen Stahlprofilen ist zu beachten, dass die angeschnittenen Profilhohlräume um die Durchdringungsstelle nach 4.3.1 ausgeführt und die Wärmedämmung in einem Streifen von mindestens 0,50 m Breite [2] umlaufend aus Materialien nach 4.2 ausgeführt werden.

4.3.3.2 Mittlere Durchdringungen mit unmittelbar auf dem Flächentragwerk aufgesetztem Aufsetzkranz

Werden Aufsetzkränze
– deren Innenwandung aus Stahlblech besteht oder
– die aus einer UP–GF–Sandwichkonstruktion bestehen

nach Bild 6 direkt auf dem Flächentragwerk aufgesetzt und besteht die Wärmedämmung dieser Aufsetzkränze aus Materialien nach 4.2 oder aus Polyurethan–Hartschaum nach DIN 18164–1, sind mit Ausnahme der Formstücke keine weiteren zusätzlichen brandschutztechnischen Maßnahmen zur Verhinderung des Brandeintrittes im Dachdurchdringungsbereich erforderlich.

Für Aufsetzkränze aus im Brandfall schmelzenden Materialien (z.B. aus thermoplastischen Kunststoffen oder Aluminium) sind zusätzliche Maßnahmen, wie in 4.3.2 a) und b) beschrieben, erforderlich. Wird bei mittleren Durchdringungen ein Aufsetzkranz aus Stahlblech mit Wärmedämmung aus PUR nach DIN 18164–1 verwendet, erfolgt die Ausführung sinngemäß wie in Bild 7 für große Durchdringungen dargestellt.

---

[1] Geeignete Abschottungen bzw. Formstücke für die Profilhohlräume des Flächentragwerkes können z.B. aus folgenden nichtbrennbaren Baustoffen hergestellt sein:
– Mineralfaser nach DIN 18165–1
– Schaumglas–Dämmstoffe nach DIN 18174
– Schüttungen aus zementgebundenen expandierten Mineralien

[2] Aus brandschutztechnischen Gründen ist eine umlaufende Breite von 0,12 m ausreichend. Aus verlegetechnischen Gründen (Auflagesicherheit) und zur Reduzierung von großen Fugenanteilen sollte die angegebene Fläche eingehalten werden.

[3] Zum Beispiel: Anordnung eines 0,50 m breiten umlaufenden lagesicheren Streifens aus Kies oder Mineralfaserplatten Typ WD nach DIN 18165–1 auf der Dachabdichtung.

Dachdurchdringungen nach DIN V 18234-3 (Brandschutz)

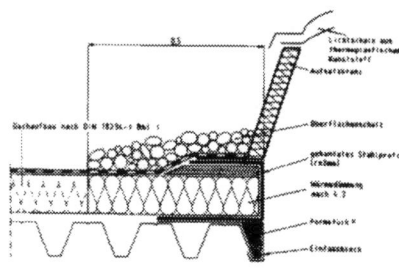

Bild 5: Mittlere Durchdringung mit einem einteiligen Stahlprofil

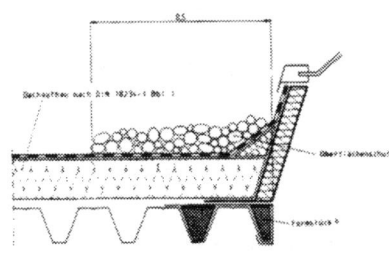

a) mit hochgeführter Dachabdichtung

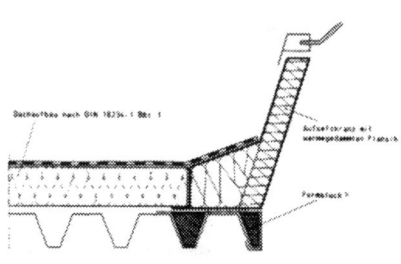

b) Dachabdichtung auf dem Flansch

Bild 6: Mittlere Durchdringung mit unmittelbar aufgesetztem Aufsetzkranz

4.3.4 Übersicht

Die für die mittleren Durchdringungen zu beachtenden Maßnahmen sind in der Tabelle 1 zusammengefaßt.

4.4 Große Durchdringungen

Um ein Weiterlaufen von Flammen und das Einströmen von brennbaren Gasen in die Profilhohlräume von profilierten Flächentragwerken zu verhindern, sind nach Bild 4 die in 4.2 beschriebenen Abschottungen bzw. Formstücke auch um die große Durchdringung anzuwenden.

Wird eine 1-schalige Stahlblechaufkantung nach Bild 7 verwendet, muss die eingelegte Wärmedämmung aus Materialien nach 4.2 oder aus PUR-Hartschaum nach DIN 18164-1 hergestellt sein.

Die (Flächen-)Wärmedämmung ist in einem Streifen von mindestens 0,50 m Breite [2] umlaufend um die Durchdringungsstelle aus Materialien nach 4.2 auszuführen. Werden im Dachdurchdringungs- oder Aufkantungsbereich Holzbohlen eingesetzt, sind Maßnahmen nach 4.3.2 a) bis c) durchzuführen.

Wird im Dachdurchdringungs- oder Aufkantungsbereich Brettschichtholz nach DIN 1052-1 eingesetzt, sind zusätzliche Maßnahmen nach 4.3.2 a) und b) durchzuführen. Weil die Dachabdichtung bei großen Durchdringungen an den Aufkantungen aus bautechnischen Gründen hochzuführen sind, sind Maßnahmen durch Oberflächenschutz [3] zu treffen. Werden Aufkantungen mit mindestens 25 cm Höhe über Oberkante Dachabdichtung und einer Abdeckung der Dachabdichtung von mindestens 8 cm (siehe Bild 3 b) sinngemäß) von Oberkante Aufkantung verwendet, kann auf den Oberflächenschutz [3] verzichtet werden.

Sind die über die Aufkantung seitlich überstehenden Ränder von thermoplastischen Lichtelementen nicht in einem Rahmen derart eingefaßt, dass ein brennendes Abtropfen der Lichtelemente außerhalb der Durchdringung auszuschließen ist, sind zusätzliche Maßnahmen im Anschlussbereich [3] der Dachabdichtung an der Aufkantung erforderlich.

4.5 Abdeckungen von Durchdringungen

Für die Abdeckung von Durchdringungen dürfen nur solche Materialien zum Einsatz kommen, die mindestens der Anforderung der Baustoffklasse B2 (normalentflammbar und nicht brennend abtropfend) nach DIN 4102-1 entsprechen

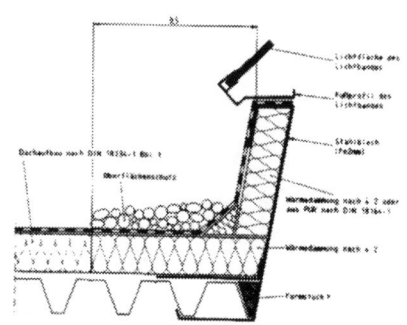

Bild 7: Große Durchdringung.

4.6 An- und Abschlüsse

4.6.1 Allgemeines

In dieser Vornorm werden nur solche Anschlusspunkte bzw. -flächen beschrieben, an denen ein Brand aus dem Rauminneren in oder auf den Dachaufbau gelangen kann. Schutzmaßnahmen für Abschlüsse (Ortgang oder Traufe) bei einer wie über Raumtrennwänden o.ä. Bauteilen durchlaufenden Dachschale nach 5.2 von DIN 18234-1 : 1992-08 beschriebenen Maßnahmen für geschlossene Dachflächen werden in dieser Vornorm nicht festgelegt. Dazu sind geeignete Abschottungen bzw. Formstücke[1] zu verwenden.

4.6.2 An- und Abschluss zu einem aufgehenden flächigen Bauteil

Um ein Weiterlaufen von Flammen und das Einströmen von brennbaren Gasen in die Profilhohlräume von profilierten Flächentragwerken zu verhindern, sind die in 4.2 bzw. 4.3 (Profilrichtung senkrecht zum An- oder Abschluss) beschriebenen Abschottungen bzw. Formstücke im Randbereich nur an den angeschnittenen Profilen einzubauen.. Die senkrechte Bewegungsfuge ist mit Material nach 4.2 in Höhe der gesamten Anschlusshöhe des Dachaufbaus zu schließen. Werden für die Wärmedämmung Materialien aus DIN 18234-1 Bbl 1 verwendet, die nicht in 4.2 enthalten sind, ist die senkrechte Bewegungsfuge in einer Dicke von mindestens 40 mm aus Materialien nach 4.2 auszufüllen (siehe Bild 8). Wird diese Dicke nicht eingehalten, ist die (Flächen-)Wärmedämmung unabhängig von der Profilrichtung in einem Streifen von 0,50 m [2] Breite aus Materialien, die in 4.2 aufgeführt sind, auszuführen.

4.6.3 An- und Abschluss zu einem aufgehenden profilierten Bauteil

Zusätzlich zu den in 4.6.2 beschriebenen Maßnahmen sind die angeschnittenen Profilhohlräume im aufgehenden Bauteil zur Rauminnenseite in der Ebene und Höhe des Daches (Höhe Dachaufbau plus Höhe Profil) bei Verwendung von profilierten Flächentragwerken mit Abschottungen bzw. Formstücken [1] zu schließen (siehe Bild 9). Zusätzlich ist ein Streifen [3] als Oberflächenschutz entlang des Randanschlusses anzuordnen (nicht in Bild 9 dargestellt).

Anmerkung: Die Notwendigkeit eines zusätzlichen Oberflächenschutzes wird wie folgt begründet: Es ist nicht auszuschließen, dass ein Brand aus dem Rauminneren durch teilweises Versagen des profilierten aufgehenden Bauteils im Anschlussbereich zu einer Brandbelastung der Dachoberseite führt, welche der Brandbelastung an Durchdringungen entspricht.

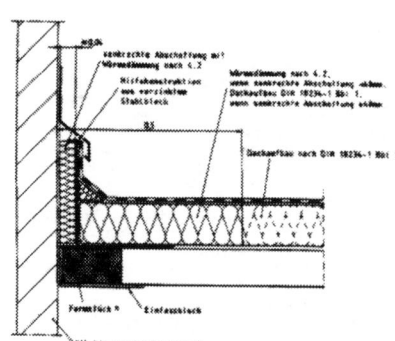

Bild 8: Beweglicher Anschluss zu einem aufgehenden flächigen Bauteil

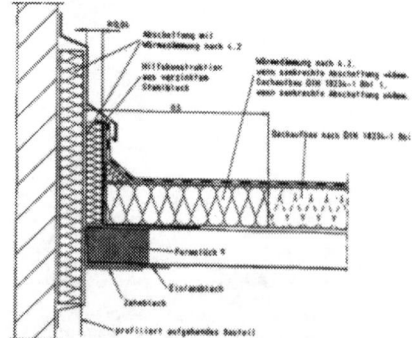

Bild 9: Beweglicher Anschluss zu einem aufgehenden profilierten Bauteil

Tabelle 1: Zusammenfassung der Maßnahmen für mittlere Durchdringungen

Ausführung	Lage der Abschottungen Formstücke	50-cm-Streifen mit Wärmedämmung nach 4.2	50-cm-Streifen Oberflächenschutz	siehe Abschnitt	siehe Bild
Aufsetzkranz auf Holzbohlenrahmen	umlaufend	x	x	4.3.2	4
Aufsetzkranz auf Stahlprofilrahmen	angeschnittene Profilhohlräume	x	–	4.3.3.1	5
Aufsetzkranz direkt aufgesetzt	umlaufend	–	–	4.3.3.2	6
Aufsetzkranz aus schmelzbaren Materialien	umlaufend	x	x	4.3.3.2	4
Aufsetzkranz aus nicht schmelzbaren Materialien	angeschnittene Profilhohlräume	–	–	4.3.3.2	4
Abdeckung ohne Einfaßrahmen	–	–	x	4.3.1	5
Dachabdichtung außen hochgeführt ohne Abdeckung	–	–	x	4.3.1	6
Dachabdichtung außen hochgeführt mit Abdeckung (Aufsetzkranzhöhe ≥ 25 cm)	–	–	–	4.3.1	3 b)
Dachabdichtung endet auf dem Flansch	–	–	–	–	5, 6

Klassische Systeme geneigter Dächer

A

B

C

D

E

F

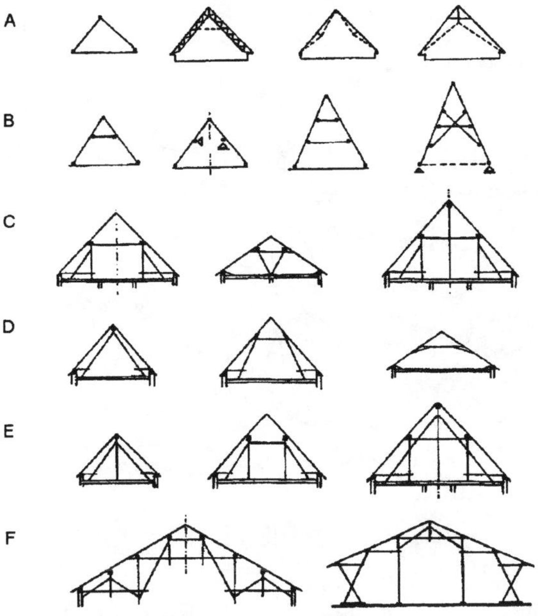

1 Konstruktionssysteme geneigter Dächer

Systeme geneigter Dächer

Die Systeme geneigter Dächer wurden zunächst als Holzdachstühle entwickelt. Klassische Dachbindersysteme sind
– einfache Sparrendächer → **1 A, 4**
– Varianten der Sparrendächer, z.B. Kehlbalkendach → **1 B, 4**
– Pfettendächer mit stehendem Stuhl → **1 C, 3**
– Pfettendächer mit liegendem Stuhl → **1 D, 3**
– Pfettendächer mit Hängewerk → **1 E**
– kombinierte Pfetten- und Sparrendachsysteme → **1 F, 3**

Entsprechend dem Zusammenwirken mit der tragenden Konstruktion werden unterschieden
– selbständige Dachkonstruktionen, die auf dem tragenden System des Bauwerks aufliegen → **2 A**
– Dachkonstruktionen, von denen Elemente Bestandteil des tragenden Systems des Bauwerks sind, z.B. als Deckenbalken → **2 B**
– Dachkonstruktionen, die Bestandteil des tragenden Systems des Bauwerks sind, z.B. bei Hallen → **2 C**

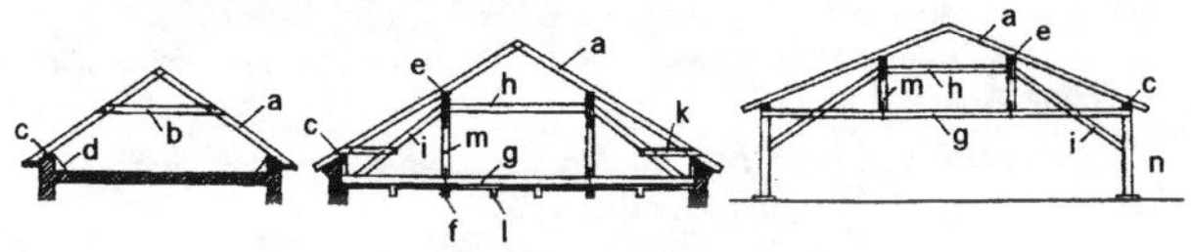

2 Zusammenwirken Dachkonstruktion mit tragender Konstruktion

a = Sparren, b = Kehlbalken, c = Fußpfette, d = Schwellenanker, e = Pfette, f = Unterzug, g = Binderbalken, h = waagerechte Strebe (Riegel), i = schräge Strebe, k = Zange, l = Deckenbalken, m = Stiel, n = Ständer

Windverband von Dächern → 5, 6

Windaussteifung II zum First		biegesteife Rahmenecken zwischen Stielen und Pfetten mittels Kopfbändern				
Dachtyp		Pultdach	Satteldach mit 3 Pfetten	Satteldach mit 5 (4) Pfetten Firstpfette auf Brettzangen	Satteldach mit 5 Pfetten	Satteldach mit 5 Pfetten
	Massivwand	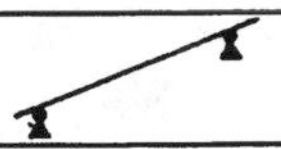				
	in jeder Binderebene Doppelzangen	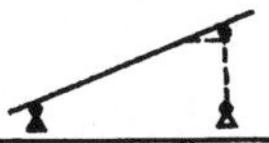	einfach stehender Stuhl 	2-fach stehender Stuhl 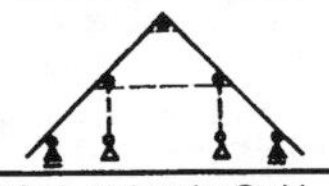	3-fach stehender Stuhl 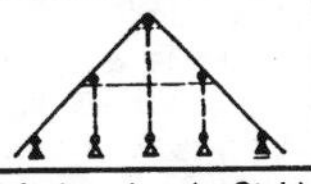	
Windaussteifung senkrecht zum First / alle 4–5 m ein Binder	in jeder Binderebene Doppelzangen und Windstreben	mit Hängewerk [1] 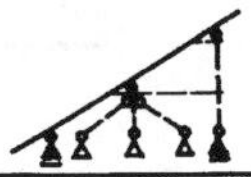	mit Hängewerk [1] 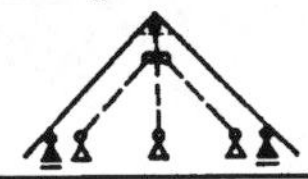	2-fach stehender Stuhl 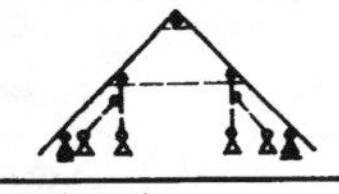	3-fach stehender Stuhl 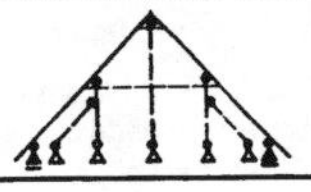	2-fach stehender Stuhl 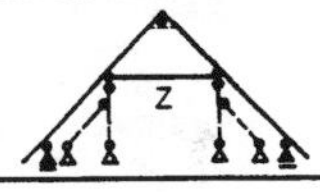 / Z
	in jeder Binderebene Doppelzangen, Windstreben und (oder) 1 Hängewerk			mit doppeltem Hängewerk [1] 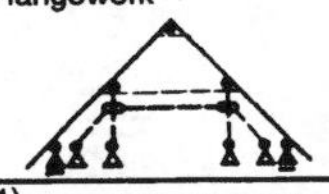	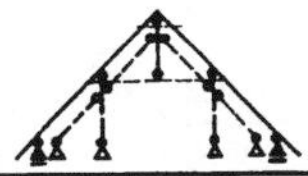	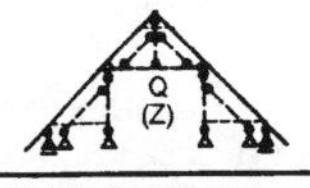 Q (Z)
	in jeder Binderebene Doppelzangen und mehrere Hängewerke [1]	—— Sparren oder Riegel in jeder Sparrenebene. - - - Zange, Stiel, Strebe, Riegel nur in Binderebenen. • Gelenk durch Pfette in jeder Sparrenebene. ○ Gelenk nur in Binderebenen. ▲▲ Auflager. ⌂ verschiebliches Auflager.	[1] In der Literatur wird dieses System fälschlich als Sprengwerk bezeichnet	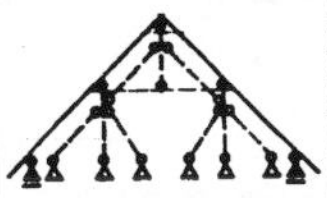	Q Kehlbalkenähnlicher Querriegel zwischen Bindersparren. Z Einfache Zange in jedem Sparrenfeld (Z) Einfache Zange zwischen Leersparren

3 Pfettendachsysteme

Zusätzliche Unterstützung		keine vertikale Unterstützung der Sparren	Stiele im unteren Bereich jedes Sparrens	Stuhlpfette unter Kehlbalkenmitte	2 Stuhlpfetten unter Kehlbalken	Sparren werden etwa mittig durch Pfetten unterstützt, die auf durch Stiele abgestützten Binderkehlbalken liegen
	Windaussteifung II zum First Horizontale Aussteifung in Gespärreebene	Windrispen diagonal unter oder zwischen den Sparren 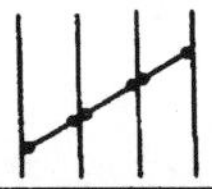		Ein Stuhl unter Kehlbalkenmitte. Biegesteife Rahmenecken durch Kopfbänder 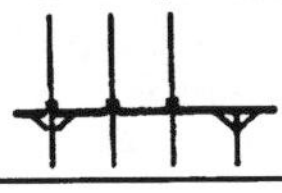	Zwei Stühle unter Kehlbalkenmitte. Biegesteife Rahmenecken durch Kopfbänder 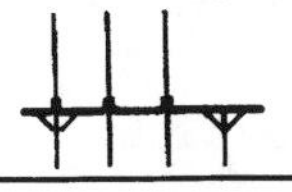	Windrispen 
keine	Sparrendach 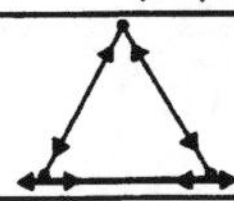					
Kehlbalken	1-fach ausgesteift 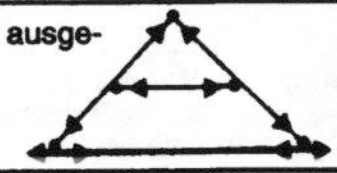		2-fach ausgesteift 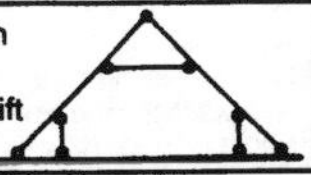			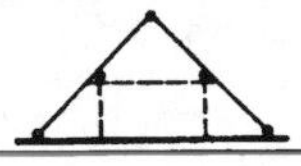
2 Kehlbalken	2-fach ausgesteift 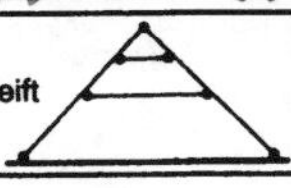		3-fach ausgesteift 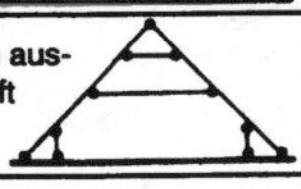	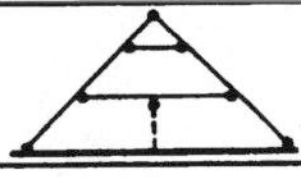	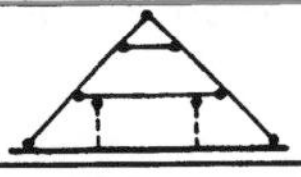	

4 Sparrendachsysteme, Kehlbalkensysteme

Klassische Systeme geneigter Dächer

Konstruktionsprinzipien zimmermannsmäßiger Dachkonstruktionen

Dachkonstruktionen müssen in der Regel Biegemomente (aus Verkehrslasten), Normalkräfte (Druck und Zug) und Windkräfte aufnehmen.

Primär belastetes Element ist bei den meisten Konstruktionssystemen der Sparren, der die Dachschalung oder Lattung trägt. Um eine wirtschaftliche Dimensionierung der Sparren zu erreichen, ist deren Spannweite zu begrenzen. Es werden unterschieden

- einstufige Systeme (Sparrendächer, Kehlbalkendächer) → 4
- mehrstufige Systeme (Pfettendächer) → 3

Zur Wirtschaftlichkeit des Konstruktionssystems gilt:

- Sparrendächer sind bei geringer Gebäudebreite die wirtschaftlichste Lösung.
- Kehlbalkendächer sind bei Dachneigungen über 45° und bei großen freigespannten Dächern kostengünstig.
- Einfach stehende Pfettendächer sind in der Regel teurer als Sparrendächer.
- Zweifach stehende Pfettendächer bilden in der Regel bei größerer Gebäudebreite die wirtschaftlichste Konstruktion.
- Dreifach stehende Pfettendächer kommen nur bei sehr breiten Gebäuden in Betracht.

Gegen die Einwirkungen des Winddrucks müssen die Dachkonstruktionen räumlich ausgesteift werden (Windverband) → 5, 6, 7.

Die Steifigkeit der tragenden Dachkonstruktion in Querrichtung wird in der Regel durch die Übertragung der waagerechten Belastungen der Sparren auf quer ausgesteifte Konstruktionen gewährleistet → 5 A. Die Queraussteifung kann in jedem Gebinde erfolgen oder für mehrere Gebinde zusammengefasst werden (mehrstufige Pfettendachstühle, mit unverschieblichem Kehlbalken (u.ä.).

Die Längsaussteifung wird mit Kopfbändern, Streben, Diagonalkreuzen und in der Dachebene mit Windrispen und Windverbänden gewährleistet → 5 B.

Das Sparrendach

Das einfache tragende System des Sparrendachs besteht aus schrägen Sparren, die manchmal mit weiteren aussteifenden Stabelementen ergänzt werden (Kehlbalken, Schrägstützen, Streben). Tragende Hauptelemente sind die Sparren, die in Richtung der Dachneigung senkrecht zur Traufe verlegt werden. Ein Sparrenpaar, welches das tragende Gebinde für den Dachkörper und die Verschalung im ausgebauten Dachraum bildet, wirkt als statisch bestimmtes Dreigelenk–Stabwerk. Zum Abfangen der waagerechten Komponenten der Schrägdrücke werden die Sparren mit Zapfen und Versatz mit dem Binderbalken (Deckenbalken) verbunden oder mit Hilfe von Schwellen und Ankereisen an der Deckenkonstruktion befestigt → 8.

Die Sparrenverbindung am First wird als Scherzapfen, Überplattung oder stumpfer Stoß mit Laschen ausgebildet. Die Abstände der einzelnen Sparrenpaare (Gespärre) hängen in der Regel von den Anforderungen der Lattung oder Schalung der Dachdeckung ab. Der am stärksten belastete Bereich des Sparrendachs ist die Sparrenmitte auf der dem Wind zugewendeten Seite des Daches.

Die Längsaussteifung des einfachen Sparrendachs erfolgt mit Hilfe von Aussteifungskreuzen oder schrägen Windrispen, die in der Regel an der Innenseite der Sparren angebracht werden. Zur Aussteifung von Dächern größerer Spannweite wird die Sparrendachkonstruktion mit weiteren aussteifenden Stabelementen ergänzt.

Das Kehlbalkendach

Jedes Sparrenpaar ist mit einem waagerechten Riegel, dem Kehlbalken, versteift. Der Kehlbalken wird in einem bis zwei Drittel der Höhe des Gebindes mit Zapfen oder Laschen angeschlossen → 9.

Das Kehlbalkendach wirkt als statisch einfach unbestimmtes Zweigelenk–Stabwerk. Der Kehlbalken schränkt die Größe der Horizontalkräfte in den Sparren und in den Auflagern der Dachkonstruktion vorteilhaft ein.

Die Gesamtgröße der Horizontalkräfte kann durch die Erhöhung der Biegesteifigkeit der Sparren unter dem Kehlbalken wirksam eingeschränkt werden. Es ist deshalb vorteilhaft, den Kehlbalken näher an der Auflagerung des Daches anzubringen (Bild 6d).

Die räumliche Steifigkeit des Kehlbalkendaches kann durch den Einbau eines ebenen Windträgers in der Kehlbalkenlage und dessen Verankerung an den Giebelwänden erhöht werden.

Die Kehlbalken werden auch als Träger der Zwischendecken von ausgebauten Dachräumen verwendet.

Bei größeren Spannweiten des Daches (9 bis 12 m) wird der Kehlbalken durch die Pfetten eines stehenden oder liegenden Dachstuhls unterstützt. Diese Konstruktionen gehören bereits zu den mehrstufigen Tragwerken zur Übertragung der Lasten durch biegebeanspruchte Dachelemente (Sparren–Pfetten–Dachstuhl) und beruhen auf der Konzeption zur Ausbildung von Pfettendachsystemen.

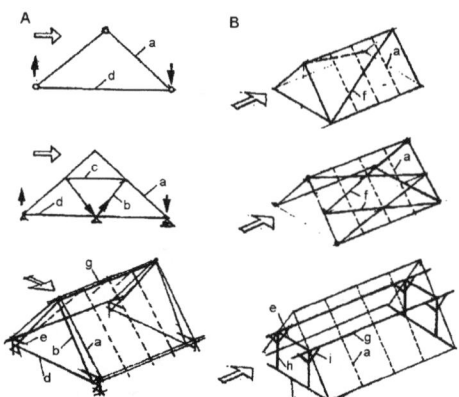

5 Räumliche Aussteifung von Dachkonstruktionen
A = Queraussteifung, B = Längsaussteifung, a = Sparren, b = Strebe, c = Kehlbalken, d = Binderbalken, e = Zangen, f = Windrispen, g = Pfetten, h = Stiel, i = Kopfband

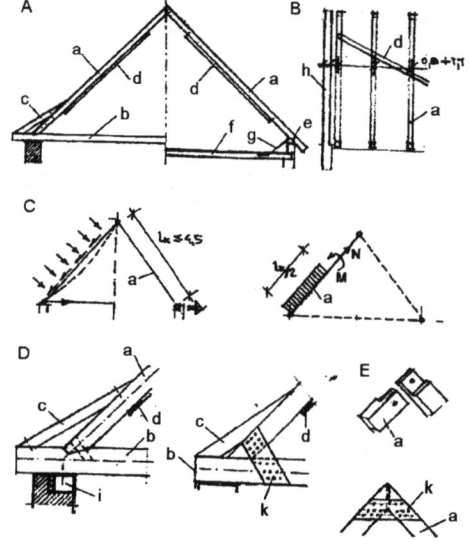

8 Sparrendach
A = Querschnitt, B = Längsschnitt, C = statisches Schema, D = Sparrenverbindung mit dem Binderbalken (Deckenbalken) durch Versatz oder seitliche Laschen, E = Sparrenverbindung am First durch Überplattung oder stumpfen Stoß mit seitlichen Laschen, a = Sparren, b = Binderbalken, c = Aufschieblung, d = Windverband, e = Fußpfette (Schwelle), f = Deckenkonstruktion, g = Anker, h = Giebelwand, i = Ringanker, k = Lasche

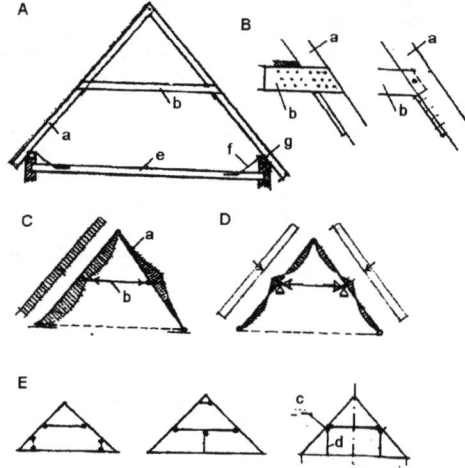

9 Kehlbalkendach
A = Querschnitt, B = Detail des Kehlbalkenanschlusses an den Sparren, C = statisches Schema bei nicht abgestütztem (verschieblichem) Kehlbalken und Verlauf der inneren Kräfte bei einseitiger Windbelastung, D = statisches Schema bei abgestütztem (unverschieblichem) Kehlbalken und Verlauf der inneren Kräfte aus den Querkraftkomponenten senkrechter Belastung, E = Varianten des statischen Schemas mehrstufiger Kehlbalkendächer, a = Sparren, b = Kehlbalken, c = Pfette, d = Stütze (Säule), e = Deckenkonstruktion, f = Verankerung der Fußpfette (Schwelle), g = Fußpfette (Schwelle)

Klassische Systeme geneigter Dächer

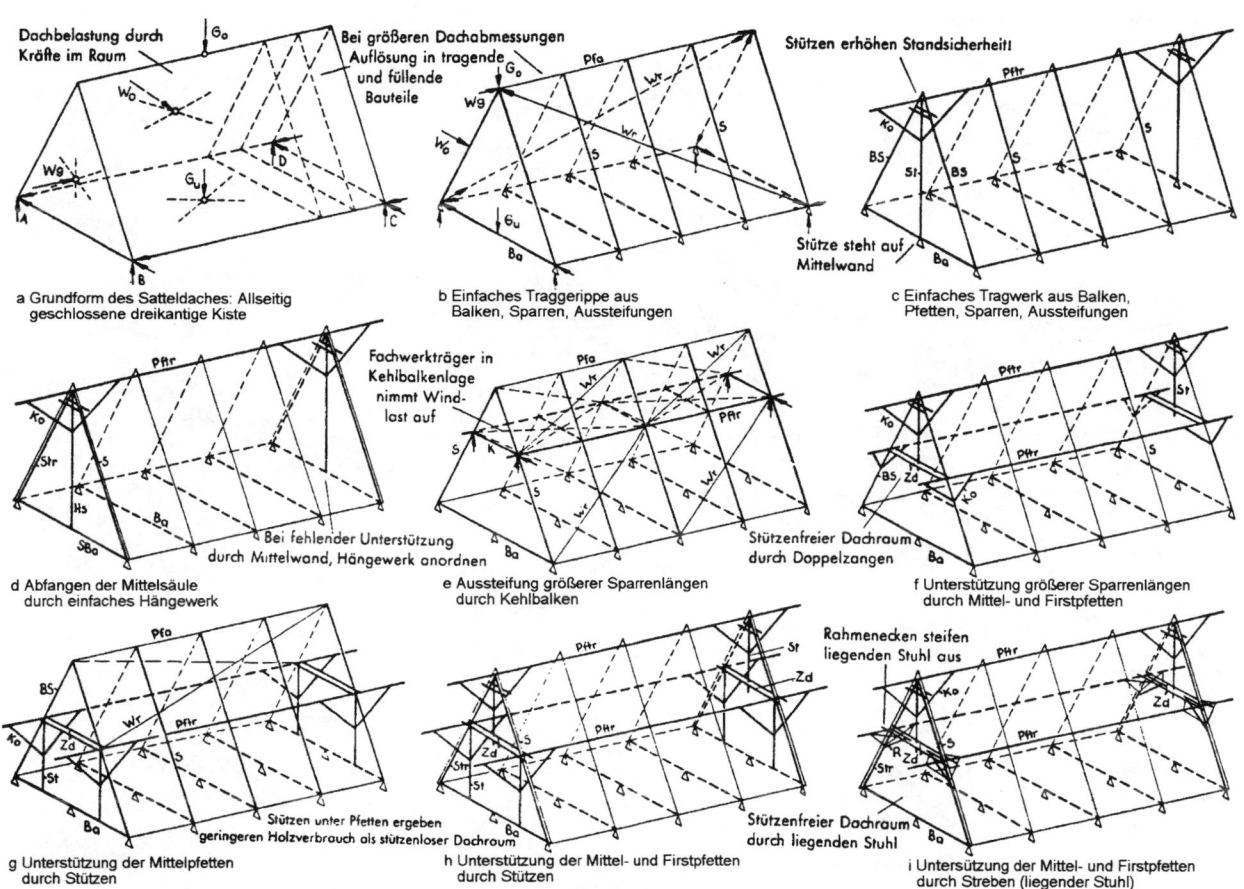

a Grundform des Satteldaches: Allseitig geschlossene dreikantige Kiste

b Einfaches Traggerippe aus Balken, Sparren, Aussteifungen

c Einfaches Tragwerk aus Balken, Pfetten, Sparren, Aussteifungen

d Abfangen der Mittelsäule durch einfaches Hängewerk

e Aussteifung größerer Sparrenlängen durch Kehlbalken

f Unterstützung größerer Sparrenlängen durch Mittel- und Firstpfetten

g Unterstützung der Mittelpfetten durch Stützen

h Unterstützung der Mittel- und Firstpfetten durch Stützen

i Unterstützung der Mittel- und Firstpfetten durch Streben (liegender Stuhl)

Go = lotrechte Dachlasten, Gu = lotrechte Deckenlasten, Wo = Winddruck auf Dachfläche, Wn = Winddruck auf Wandfläche, Wg = Winddruck auf Giebelfläche, Ba = Balken, SBa = Streckbalken, S = Sparren, BS = Bindersparren, Pfa = aussteifende Pfette, Pftr = tragende Pfette, St = Stütze, Str = Strebe, Hs = Hängesäule, Zd = Doppelzange, K = Kehlbalken, Ko = Kopfband, R = Rahmenecke, Wr = Windrispe

6 Hausdächer, Windverband

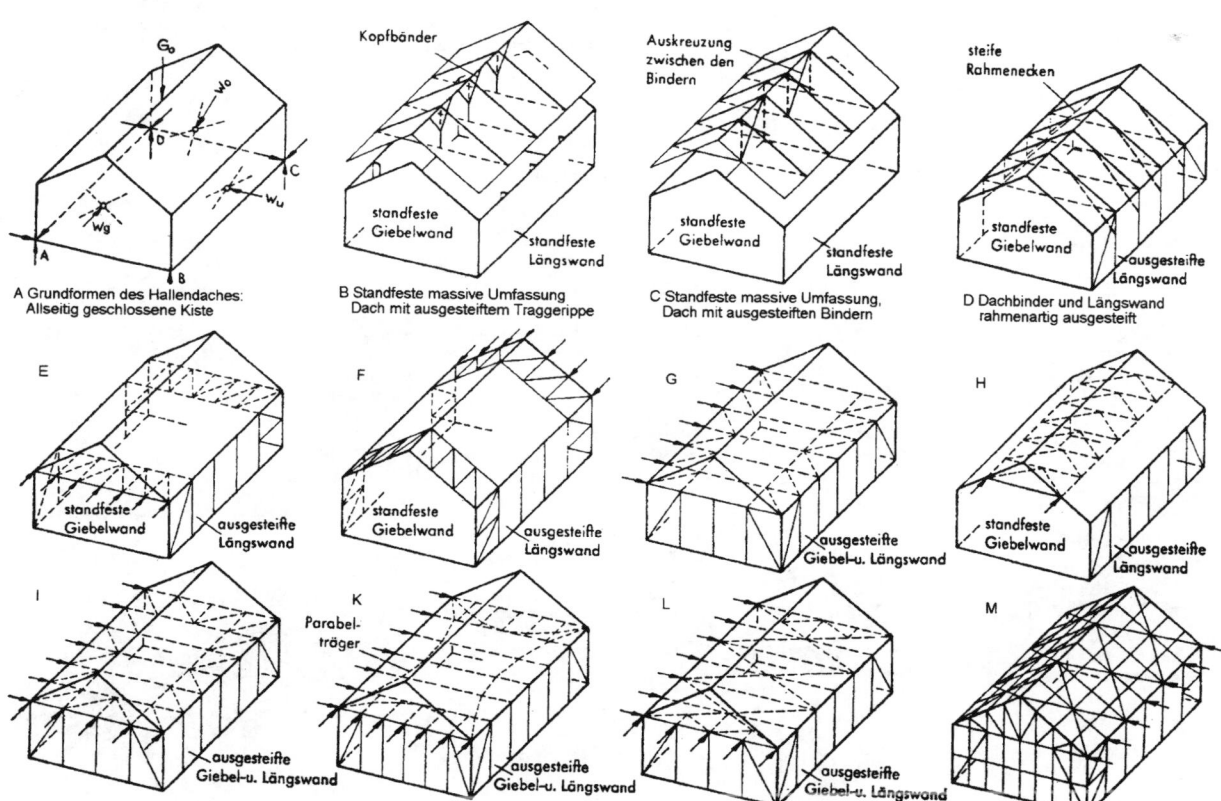

A Grundformen des Hallendaches: Allseitig geschlossene Kiste

B Standfeste massive Umfassung Dach mit ausgesteiftem Traggerippe

C Standfeste massive Umfassung, Dach mit ausgesteiften Bindern

D Dachbinder und Längswand rahmenartig ausgesteift

E bis M = Windaussteifung der Hallendächer, Giebelwände und Längswände: Ebener Windträger für Giebelwand → E, räumlicher Windträger für Giebelwand → F, ebener Windträger für Längswand → G, ebener Windträger in Kehlbalkenlage → H, ebene Windträger für Giebel- und Längswände → I, K, L, räumliche Windträger für Giebel- und Längswände → M

7 Hallendächer, Windverband

Klassische Systeme geneigter Dächer

Sparrendächer, Pfettendächer, Beispiele (nach Lit. 42)

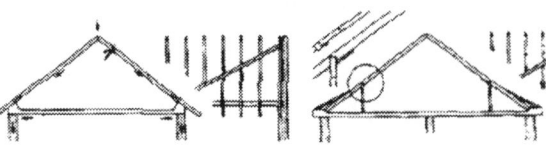

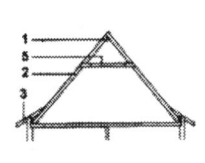

Sparrendach auf Holzbalkendecke

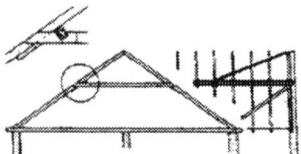

Sparrendach mit Windrispen

Sparrendach mit lotrechten Stielen

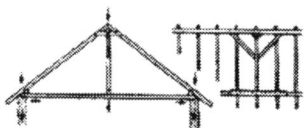

Kehlbalkendach mit Pfetten

Kehlbalkendach mit Dachausbau

Sparrendach mit Kehlbalken. Die Sparren sind gegen Betongurt gestellt.

1 Richtlatte	5 Kehlbalken
2 Sparren	6 Winkelverband
3 Aufschiebling	7 Lasche
4 Gebälk	8 Schwelle

strebenloses Pfettendach

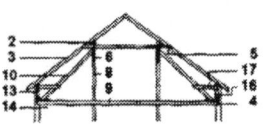

abgestrebtes Pfettendach

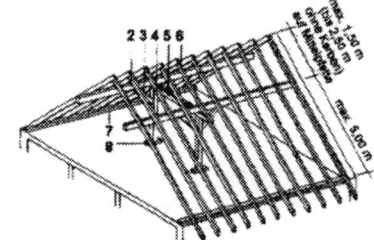

10 Sparrendach

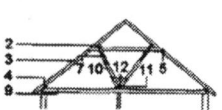

Pfettendach mit einfachem, stehendem Stuhl

Pfettendach mit zweifachem, stehendem Stuhl

Pfettendach mit dreifachem, stehendem Stuhl

1 Firstpfette
2 Mittelpfette
3 Bug
4 Pfosten
5 Zange
6 Sparren
7 Schwelle
8 Gebälk
9 Sattelholz

Pfettendach auf Holzbalkendecke mit einfachem, stehendem Stuhl

Pfettendach mit schräger Abstützung

Pfettendach mit Knickstock, mit zweifachem, stehenden Stuhl

Pfettendach als Mansardendach

Pfettendach auf Massivdecke mit zweifachem, stehendem Stuhl

1 Firstpfette	7 Klauenbug	13 Kniewandpfette
2 Mittelpfette	8 Pfosten	14 Sattelholz
3 Sparren	9 Gebälke	15 Hängepfosten
4 Schwelle	10 Strebe	16 Kniewandpfosten
5 Zange	11 Schraube durch Eisen	17 Kniewandzange
6 Bug	12 Eisenschuh	

11 Pfettendach, stehender Stuhl

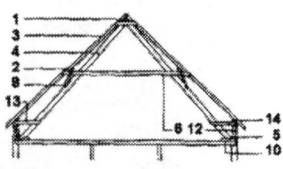

Pfettendach mit einfachem, liegendem Stuhl

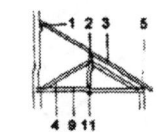

Pfettendach mit zweifachem, liegendem Stuhl

Pfettendach mit dreifachem, liegendem Stuhl und Hängepfosten

1 Bug
2 Zange
3 Strebe
4 Sparren
5 Firstpfette
6 Mittelpfette
7 Schwelle
8 Sattelholz
9 Hängepfosten
10 Gebälk

Pfettendach auf Massivdecke mit einfachem, liegendem Stuhl

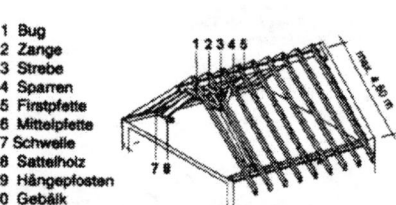

Pfettendach mit Kniestock, mit dreifachem, liegendem Stuhl

Pfettendach als Pultdach, mit liegendem Stuhl und Hängepfosten

1 Firstpfette	10 Sattelholz
2 Mittelpfette	11 Hängepfosten
3 Sparren	12 Kniewandpfosten
4 Strebe	13 Kniewandzange
5 Schwelle	14 Kniewandpfette
6 Zange	15 Kopfstrebe
7 Bug	16 Knotenplatte
8 Klauenbug	17 Kehlbalken
9 Gebälk	

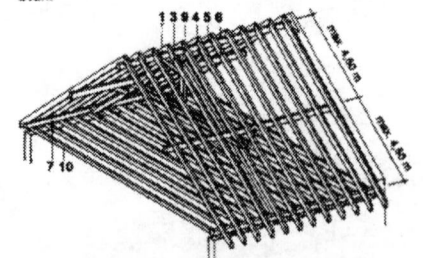

Pfettendach auf Holzbalkendecke mit zweifachem, liegendem Stuhl und Hängepfosten

12 Pfettendach, liegender Stuhl

Klassische Systeme geneigter Dächer

Das Pfettendach

Pfettendächer sind mehrstufige tragende Systeme, deren charakteristisches Merkmal die Verkürzung der Spannweite der Sparren mit Hilfe von Horizontalträgern, den Pfetten, ist → 13.

In Abständen von etwa 4,0 m werden die Pfetten, die statisch als einfacher Träger auf zwei Stützen wirken, auf den Stielen der Vollgebinde aufgelagert. Der Dachstuhl überträgt die Belastung durch die Stiele in den Binderbalken (Deckenbalken). Die Stiele können auch über eine kurze Schwelle direkt in der Deckenkonstruktion verankert sein. Die Horizontallasten nimmt der Dachstuhl mit Hilfe von Zangen auf. Zwischen den Vollgebinden befinden sich die Leergebinde (Gespärre), bei denen die Sparren nur von den Pfetten getragen werden.

Die Vollgebinde sind als stehender (mit senkrechten Stielen) oder liegender Dachstuhl (mit schrägen Stielen – Streben) ausgebildet. Zur Elimination großer Biegemomente, die in den Binderbalken übertragen werden, können die Dachstühle mit Hänge– oder Sprengwerken konstruiert sein. Diese Lösung wird vor allem dann angewendet, wenn der Binderbalken (Deckenbalken) kein Zwischenlager aufweist.

Bei dem statisch geschlossenen Hängewerk der Vollbinder wird der entscheidende Anteil der Belastung durch Streben oder einen Spannriegel in die Nähe des Binderbalkenauflagers übertragen. Die Stiele wirken als Hängestiele, die den Binderbalken entlasten. Bei Spannweiten von 6 bis 8 m werden einfache Hängewerke, bei Spannweiten von 8 bis 12 m doppelte, bei Spannweiten über 12 m dreifache Hängewerke errichtet → 14.

Bei dem statisch geschlossenen System von Sprengwerken werden die Reaktionen der First– oder Mittelpfetten durch die Strebe in der Nähe der Auflagerung in den Binderbalken übertragen. Entsprechend der Spannweite des Dachstuhls werden einfache oder mehrfache Sprengwerke verwendet → 15.

Funktion der einzelnen Elemente des Pfettendachs

Die Sparren übertragen das Eigengewicht des Dachkörpers ggf. der Verschalung bei ausgebauten Dachräumen als einfache auf Biegung beanspruchte Träger mit Kragarmen an einem oder beiden Enden. Die Auflager werden von den Fuß– und Mittelpfetten bzw. Firstpfetten gebildet.

Die Verbindung der Sparren am First erfolgt sowohl in den Voll– als auch in den Leergebinden mit Hilfe von Überplattungen. Auf die Pfetten werden die Sparren aufgesattelt. Bei Zelt– oder Walmdächern werden Gratsparren und Schifter verwendet. Im Hinblick auf eine optimale Dachkonstruktion werden Sparren mit einer maximalen Spannweite von etwa 4,5 m verlegt. Wenn der Sparren am First nicht unterstützt ist, darf der als Kragarm betrachtete Teil zwischen Mittelpfette und First bis zu 2,5 m betragen. Der Abstand zwischen den Sparren wird entsprechend ihrer Funktion als Tragkonstruktion des Dachkörpers mit 800 bis 1200 mm gewählt.

Der Binderbalken ist ein tragendes Element, in das die Streben und Stiele eingebunden sind. Sie werden auf den Außen– bzw. Mittelwänden des Bauwerks in Aussparungen, ggf. auf untermauerte Innenstützen aufgelagert auf eine Unterlage aufgelegt. Um den Balkenkopf herum verbleibt ein Luftzwischenraum. Balkenkopf und Unterlage werden imprägniert. Da mit Durchbiegung zu rechnen ist, wird der Binderbalken mit einem bestimmten Abstand über dem Fußboden des Dachraums angebracht.

Bei massiver Decke kann der Binderbalken durch eine kurze Schwelle (Schuh) ersetzt werden, die in der Decke verankert ist. Diese Ausbildung senkt den Holzbedarf und ermöglicht den freien Durchgang durch den Dachraum → 16.

First– und Mittelpfetten sind Träger, die durch die Reaktionen der Sparren belastet werden, welche sie an den Enden (Firstpfette, Fußpfette) oder an Zwischenpunkten (Mittelpfette) tragen. Sie haben einen rechteckigen, stehend orientierten Querschnitt.

Pfetten werden im Vollgebinde auf die Stiele gezapft, gegenseitig werden sie über den Stielen stumpf gestoßen und mit Klammern gesichert. Bei der Auflagerung mit Hilfe von Sattelhölzern, Kopfbändern oder der Kombination von Sattelhölzern und Kopfbändern verkürzt sich die Spannweite der Pfetten vorteilhaft und erhöht sich die Längssteifigkeit des Daches → 17.

Die Spannweite der Pfetten hängt von der Entfernung der Vollbinder ab. In der Regel werden zwischen zwei Vollbindern drei Leergebinde (Gespärre) mit Abständen von 800 bis 1200 mm angeordnet.

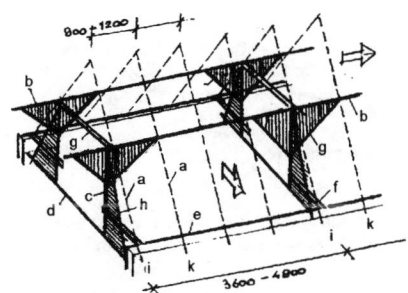

13 Pfettendach

a = Sparren, b = Mittelpfette, c = Stiel, d = Binderbalken (Deckenbalken), e = Fußpfette, f = Zange, g = Kopfband, h = Strebe, i = Vollgebinde, k = Leergebinde, Gespärre.

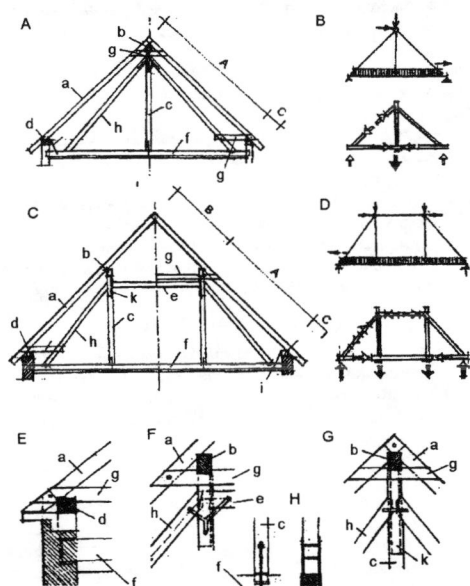

14 Funktion von Hängewerken bei Pfettendächern

A = Querschnitt mit einfachem Hängewerk, B = statisches Schema eines einfachen Hängewerks mit Verlauf der inneren Kräfte, C = Querschnitt durch ein doppeltes Hängewerk, D = statisches Schema eines doppelten Hängewerks mit Verlauf der inneren Kräfte, E = Detail der Sparrenauflagerung auf der Fußpfette, F = Auflagerung der Mittelpfette, G = Detail zur Auflagerung der Firstpfette, H = Detail der Aufhängung des Binderbalkens am Hängestiel, a = Sparren, b = Pfette, c = Hängestiel, d = Fußpfette, e = Spannriegel, f = Binderbalken, g = Zange, h = Strebe, i = Verankerung der Fußpfette, k = Kopfband, A – maximale Spannweite des Sparrens (max. 4500 mm), B – maximale Länge des Sparrenüberstands am First (max. 2500 mm), C – maximaler Sparrenüberstand an der Traufe (max. 1200 mm).

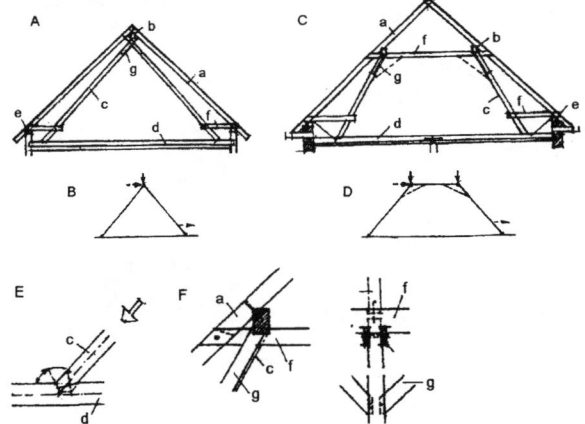

15 Funktion von Sprengwerken bei Pfettendächern

A = Querschnitt durch ein Sprengwerk, B = statisches Schema eines einfachen Sprengwerks, C = Querschnitt durch ein doppeltes Sprengwerk, D = statisches Schema eine doppelten Sprengwerks, E = Detail der Auflagerung der Strebe auf den Binderbalken, F = Detail der Auflagerung der Mittelpfette auf die Strebe, a = Sparren, b = Pfette, c = Strebe, d = Binderbalken, e = Fußpfette, f = Zange, g = Kopfband.

Klassische Systeme geneigter Dächer

Fußpfetten erfüllen eine analoge Funktion wie First– und Mittelpfetten. Wenn die Fußpfette Horizontalreaktionen des Daches aufnehmen soll, muß sie mit einem Zuganker am Binderbalken oder der Deckenkonstruktion befestigt werden. Sie wird vollflächig auf die Mauerkrone aufgelegt oder in einem Stahlbeton–Ringanker verankert.

Bei punktförmiger Auflagerung auf Mauerpfeiler u.ä. wirkt die Fußpfette als Träger (Traufpfette).

Stiele sind Elemente mit quadratischem Querschnitt und tragen die Pfetten. Sie werden auf dem Binderbalken oder auf Schwellen gelagert und dort mit Zapfen eingebunden.

Stiele werden als gelenkig gelagerte, auf Druck beanspruchte Elemente behandelt. Bei Spreng– und Hängewerkskonstruktionen können sie in Teilbelastungszuständen auch auf Zug beansprucht werden.

Streben übertragen den Druck aus der Reaktion der Mittelpfetten auf den Binderbalken und dienen der Queraussteifung der Vollgebinde. Bei Spreng– und Hängewerkskonstruktionen erfüllen sie eine grundlegende statische Funktion.

Die Verbindung der Streben mit den Stielen und Binderbalken erfolgt durch Zapfen, die mit Klammern oder Bügeln gesichert sind.

Spannriegel (Spreizen) sind auf Druck beanspruchte waagerechte Elemente doppelter Sprengwerke.

Zangen sind Stabelemente, die das Dach in Querrichtung aussteifen und die Stützlänge der Stiele verkürzen. Sie werden durch Normalkräfte beansprucht und mit stehendem Querschnitt eingebaut. Die Verbindung mit den Sparren erfolgt mit Hilfe von Kreuzüberplattung oder Schwalbenschwanzblatt, ergänzt mit Bolzen. An den Stielen und Streben werden sie eingelassen, an den Pfetten aufgekämmt.

Kopfbänder steifen in den Vollgebinden die Verbindung der Pfetten mit den Stielen in Längsrichtung aus und verkürzen die Spannweite der Pfetten. Unter Mittel– und Fußpfetten werden sie an der Außenseite der Pfetten angebracht (sie verringern die Größe des Kippmoments), unter Firstpfetten in deren Achse.

Das Walmdach
Ein Satteldach kann mit einem Walm oder Krüppelwalm abschließen. Der innere Bereich der Dachkonstruktion zwischen den Walmspitzen besteht gewöhnlich aus Vollgebinden und Gespärren. An der Walmspitze befindet sich ein Vollbinder. Die Mittelpfetten bilden ein geschlossenes Pfettengeviert, das an den Ecken von Stielen getragen wird, die auf dem Binderbalken ruhen → **18**.

Die Stabilität der Stiele wird durch Kopfbänder gewährleistet, ggf. durch Streben und Diagonalzangen, die mit den Gratsparren verbunden sind.

Das Mansarddach
Die Form des Mansarddachs ermöglicht eine günstige Ausnutzung des Dachraums. Die Konstruktion des Mansarddachs leitet sich aus einer Umformung (Überhöhung) des Dachstuhls einer Satteldachkonstruktion ab. Die Steifigkeit in der Ebene der Mansarddecke wird von durchgehenden Zangen gewährleistet, die gleichzeitig die Konstruktion für die Deckenuntersicht im Dachgeschoss bilden. Die Einzelheiten der Mansarddachausbildung sind ersichtlich → **19**.

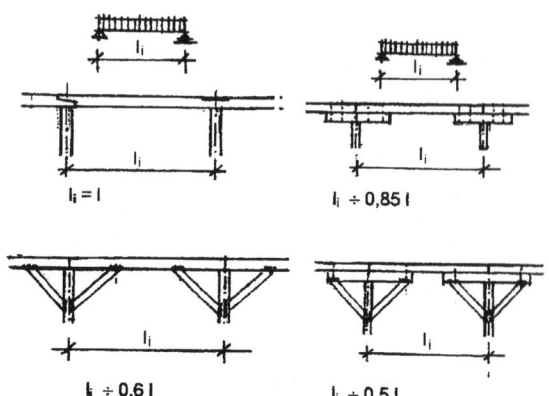

17 Arten der Pfettenauflagerung

$l_i = l$ $l_i \div 0{,}85\,l$

$l_i \div 0{,}6\,l$ $l_i \div 0{,}5\,l$

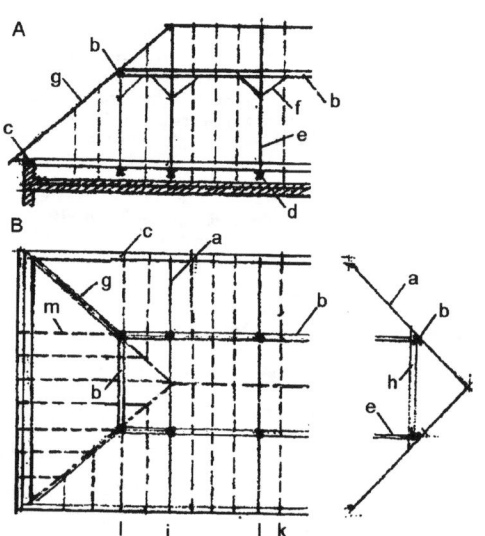

18 Walmdach

A = Längsschnitt durch die Dachkonstruktion am Walm, B = Grundriß des Daches, C = Querschnitt, a = Sparren, b = Mittelpfette, c = Fußpfette, d = Binderbalken, e = Stiel, f = Kopfband, g = Gratsparren, h = Zange, i = Vollgebinde, k = Gespärre, l = Krüppelwalm, m = Walmsparren.

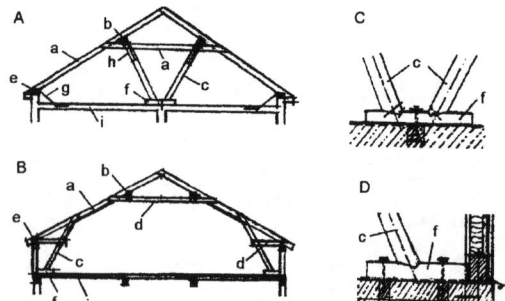

16 Ersatz des Binderbalkens durch ein Schwellholz

A = Beispiel für die Abstützung des Daches mit Hilfe einer Schwelle auf einer Mittelwand, B = Beispiel für die Eintragung der Dachlast mit Hilfe von Streben in die Außenwand, C = Auflagerung der Streben auf der Schwelle, D = Auflagerung der Randstrebe auf der Schwelle, a = Sparren, b = Pfette, c = Strebe, d = Zange, e = Fußpfette, f = Schwelle, g = Verankerung der Fußpfette, h = Kopfband, i = Massivdecke

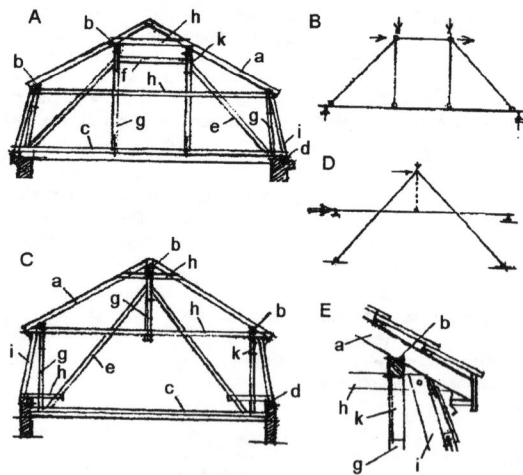

19 Mansarddach

A = Mansarddach mit stehendem Dachstuhl, der durch ein doppeltes Hängewerk ergänzt ist, B = statisches Schema des doppelten Hängewerks, C = Mansarddach mit einfachem Sprengwerk, D = statisches Schema des einfachen Sprengwerks, E = Detail der Auflagerung an der Mittelpfette (Knickpunkt der Mansarde), a = Sparren, b = Mittelpfette, c = Binderbalken, d = Fußpfette, e = Strebe, f = Spannriegel, g = Stiel, h = Zange, i = Sparren der Mansarde, k = Kopfband.

Hausdächer aus Holz; Baureife Ausführungen

Haustiefe 7,24 m, Dachneigung 35°

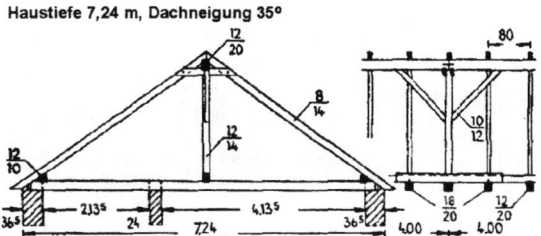

1 Strebenloses Pfettendach

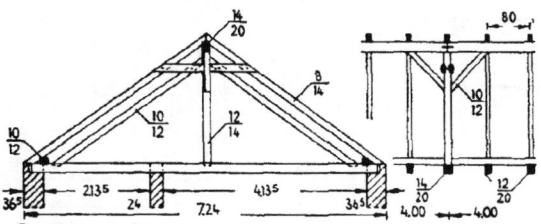

2 Pfettendach mit Sprengwerk

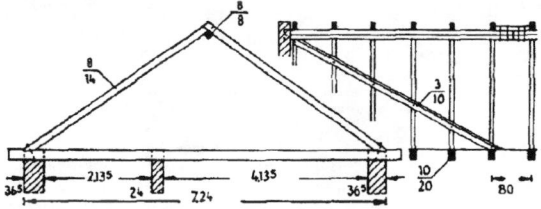

3 Sparrendach

Haustiefe 7,24 m, Dachneigung 50°

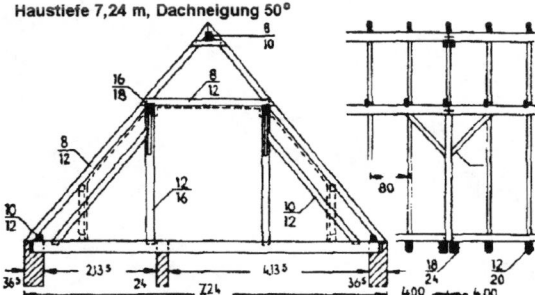

4 Pfettendach mit Streben und Dachausbau

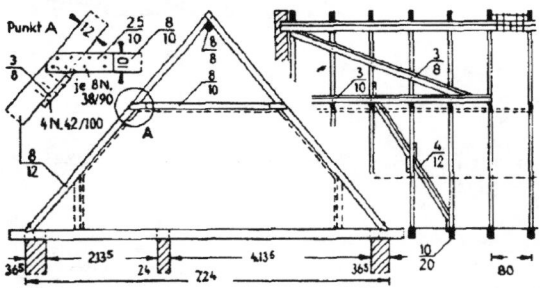

5 Kehlbalkendach mit Dachausbau

Haustiefe 9,375 m, Dachneigung 35°

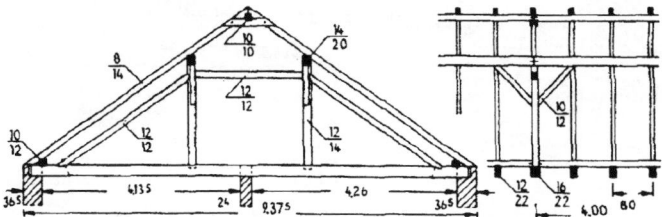

6 Strebenloses Pfettendach

7 Pfettendach mit Sprengwerk

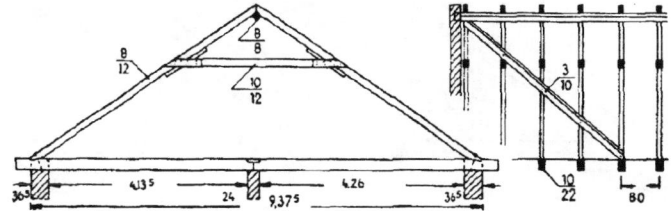

8 Kehlbalkendach

Haustiefe 9,375 m, Dachneigung 50°

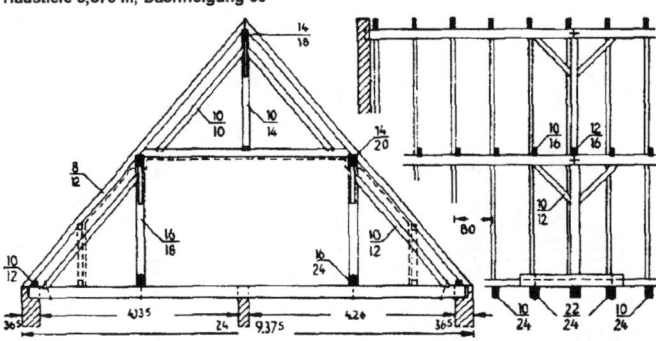

9 Abgestrebtes Pfettendach mit Dachausbau

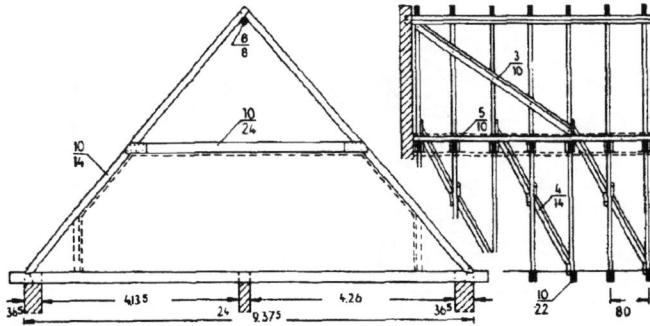

10 Kehlbalkendach mit Dachausbau

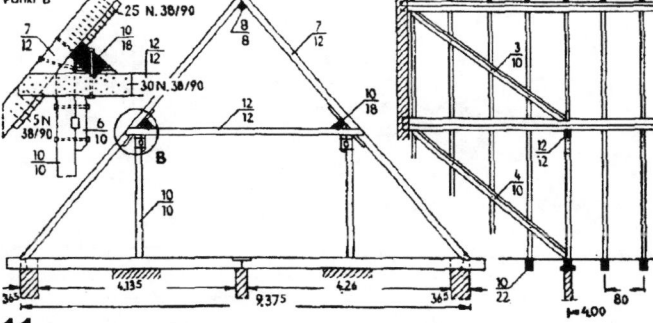

11 Kehlbalkendach mit Pfetten und tragenden Stielen auf Querwänden

Dach	je 100 m² überd. Fläche			Wirtschaftlichkeit der Konstruktionen
No	Holz m²	Stahl kg	Arbeit h	
Haustiefe 7,24 m, Dachneigung 35°				
(1)	3,1	24	58	
(2)	2,9	16	47	
(3)	1,8	31	57	
Haustiefe 7,24 m, Dachneigung 50°				**Belast.-Annahmen**
(4)[2]	4,4	55	95	Dachdeckung = 70 kg/m² gen. Fl.
(5)[2]	2,5	36	73	Deckenlast p = 145 kg/m²
Haustiefe 9,375 m, Dachneigung 35°				Verkehrslast q = 200 kg/m²
				Kehlb.-Einzellast P = 100 kg mittig
(6)	3,2	30	58	Windlast nach DIN 1055, Bl. 4
(7)	3,4	31	65	zul. Spannung nach DIN 1052
(8)	2,2	43	63	Holz nach DIN 4074, Gkl. II;
Haustiefe 9,375 m, Dachneigung 50°				Dachausbau unter
(9)[2]	5,5	48	94	Sparren = 40 kg/m²
(10)[2]	4,5	36	72	
(11)	2,3	41	64	
[2] mit Dachausbau				

Hausdächer aus Holz; Baureife Ausführungen

Haustiefe 12,49 m, Dachneigung 35°

Einzelheiten

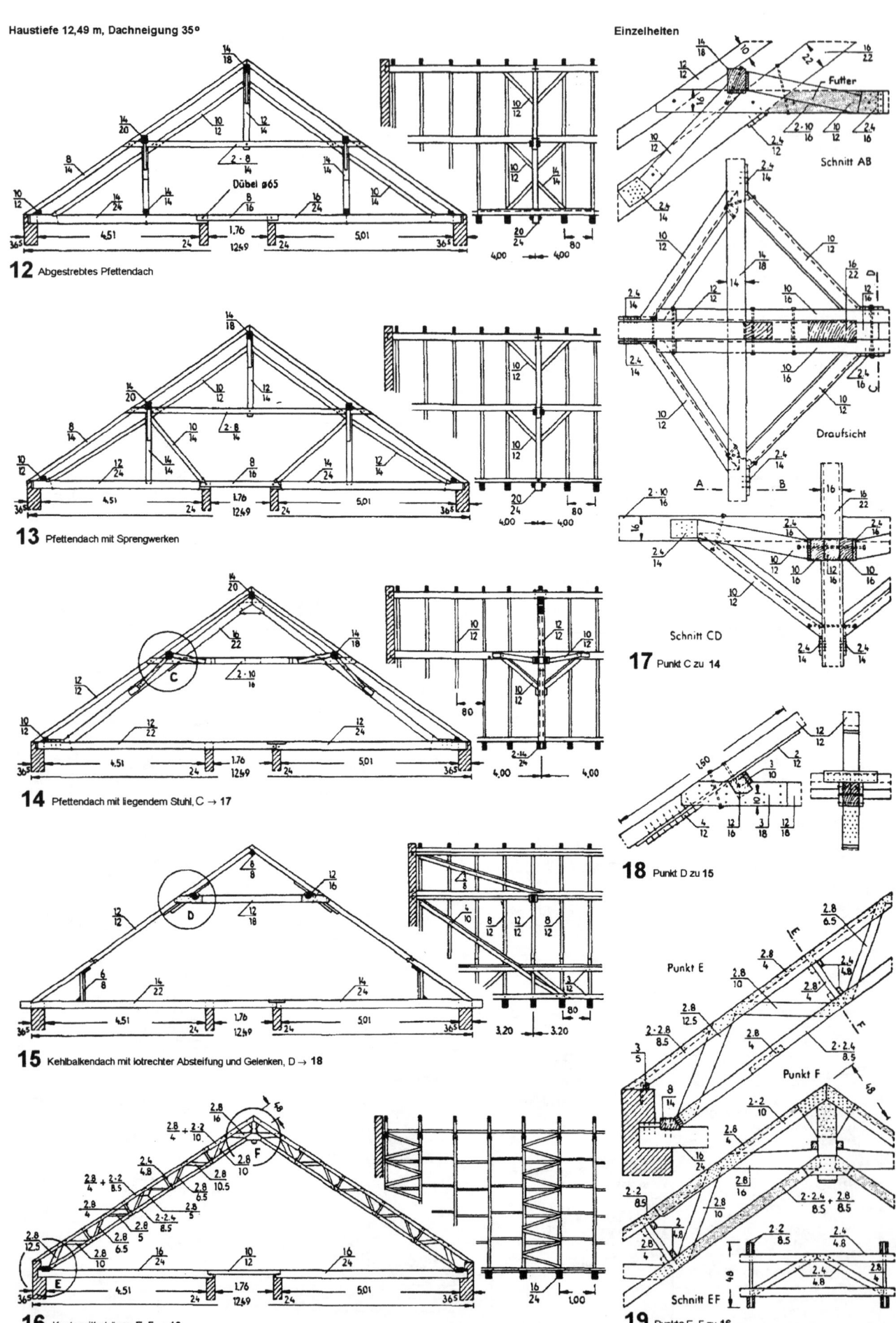

12 Abgestrebtes Pfettendach

13 Pfettendach mit Sprengwerken

14 Pfettendach mit liegendem Stuhl, C → 17

15 Kehlbalkendach mit lotrechter Absteifung und Gelenken, D → 18

16 Kastengitterträger, E, F → 19

Schnitt AB

Draufsicht

Schnitt CD

17 Punkt C zu 14

18 Punkt D zu 15

Punkt E

Punkt F

Schnitt EF

19 Punkte E, F zu 16

Hausdächer aus Holz; Baureife Ausführungen

Haustiefe 12,49 m, Dachneigung 50°

Einzelheiten

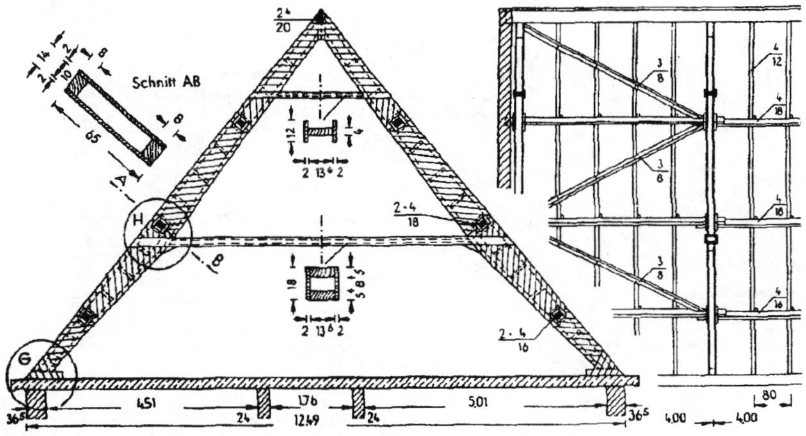

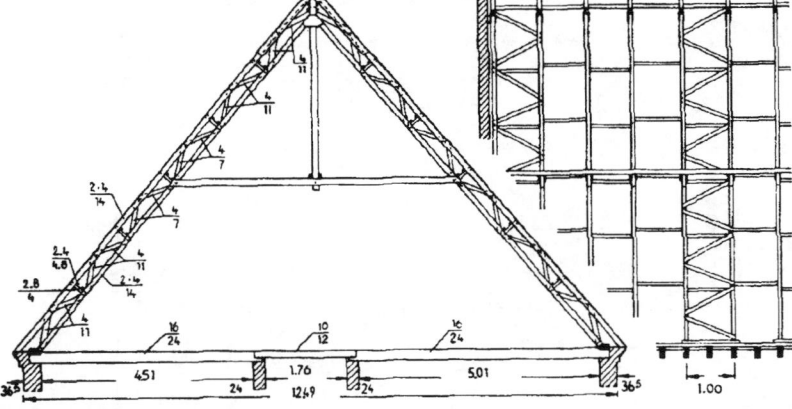

20 Genagelter Vollwandbinder mit kastenförmigen Querschnitten, G, H → 24

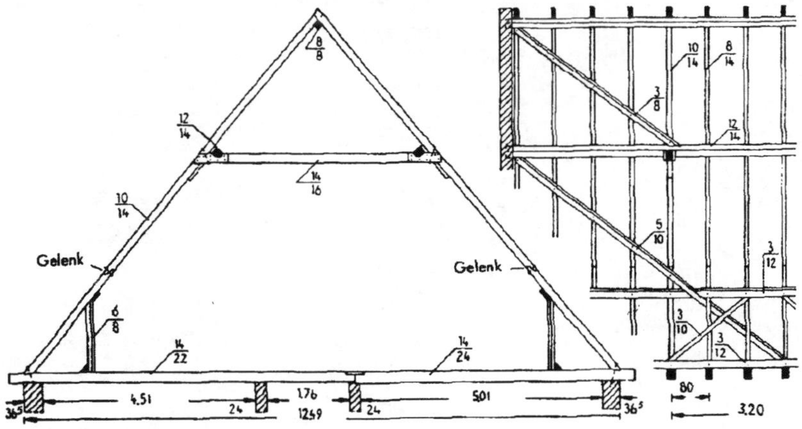

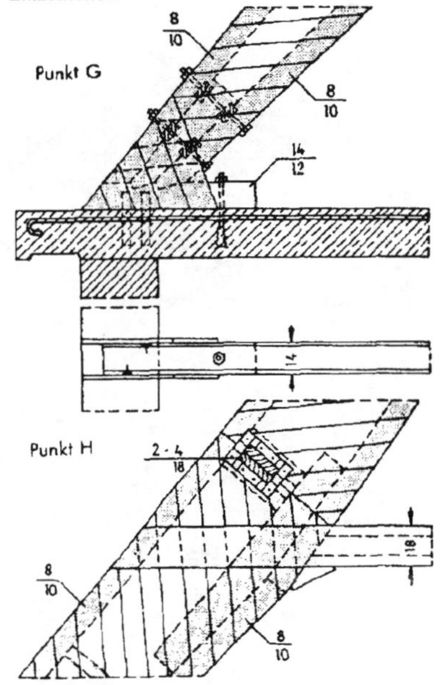

Punkt G

Schnitt AB

Punkt H

24 Punkte G, H zu 20

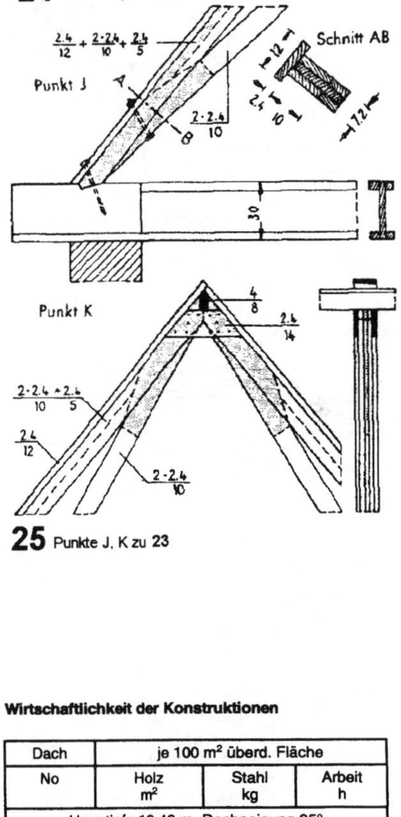

21 Kehlbalkendach mit lotrechter Absteifung und Gelenken

Gelenk

Punkt J

Schnitt AB

Punkt K

25 Punkte J, K zu 23

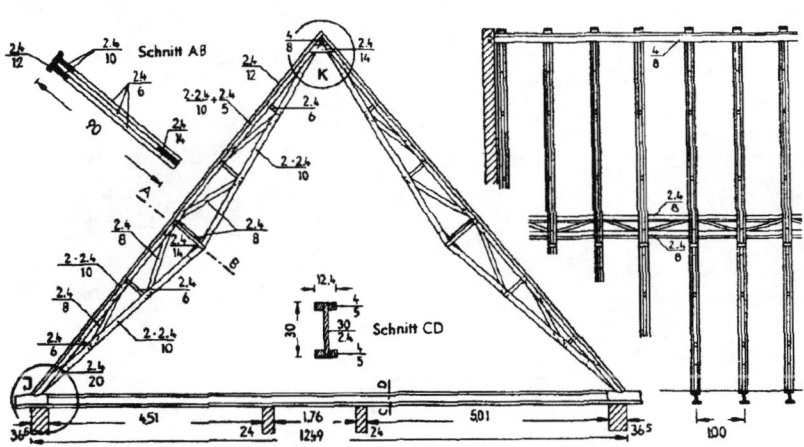

22 Kastengitterträger

23 Fachwerkbinder (Kehlwiesbinder), J, K → 25

Wirtschaftlichkeit der Konstruktionen

Dach	je 100 m² überd. Fläche		
No	Holz m²	Stahl kg	Arbeit h
Haustiefe 12,49 m, Dachneigung 35°			
(12)	4,0	36	78
(13)	3,9	32	75
(14)	4,6	63	92
(15)	2,7	46	75
(16)	2,1	39	133
Haustiefe 12,49 m, Dachneigung 50°			
(20)	3,5	119	170
(21)	3,4	47	87
(22)	2,8	44	167
(23)	2,7	34	127
Haustiefe 15,49 m, Dachneigung 35°			
(26)	4,1	42	132
(27)	3,6	110	175
wie (22)	2,3	38	133
Haustiefe 15,49 m, Dachneigung 50°			
(28)	5,7	51	214
(29)	7,2	96	202
(30)	4,7	122	215
(31)	4,9	116	172
(32)	3,7	45	259
wie (22)	3,3	46	188

Hausdächer aus Holz; Baureife Ausführungen

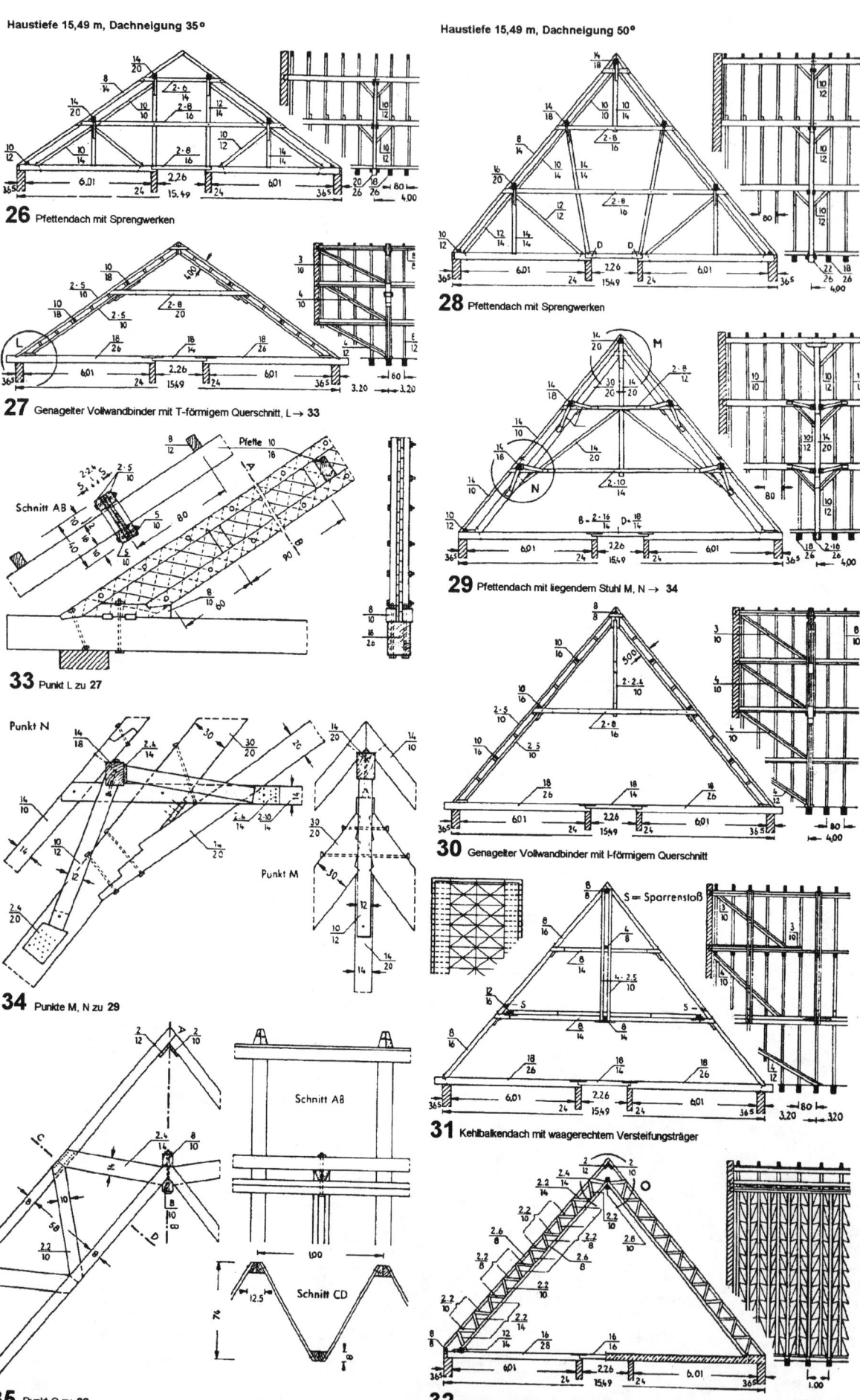

Haustiefe 15,49 m, Dachneigung 35°

26 Pfettendach mit Sprengwerken

27 Genagelter Vollwandbinder mit T-förmigem Querschnitt, L → 33

33 Punkt L zu 27

Punkt N

Schnitt AB

Pfette

34 Punkte M, N zu 29

Schnitt AB

Schnitt CD

35 Punkt O zu 32

Haustiefe 15,49 m, Dachneigung 50°

28 Pfettendach mit Sprengwerken

29 Pfettendach mit liegendem Stuhl M, N → 34

30 Genagelter Vollwandbinder mit I-förmigem Querschnitt

S = Sparrenstoß

31 Kehlbalkendach mit waagerechtem Versteifungsträger

32 Dreieckgitterträger (Kroherdach), O → 35

Holzdächer für Vollwärmeschutz (DIN 4108)

Standarddetails für Niedrigenergiehäuser, Bereich Dachkonstruktion (nach Lit. 41)

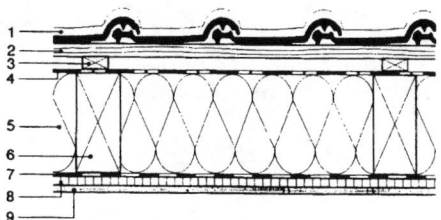

Dach: D 1

Nr.	Baustoff	s [mm]	λ_R [W/(m·K)]	s_d [m]
1	Dachstein			
2	Traglattung	24,0		
3	Lattung	24,0		
4	Unterspannbahn	0,2	0,20	≤ 0,5
5	Wärmedämmung	180,0	0,04	0,18
6	Sparren 8/18 (Achsmaß 625)	180,0	0,13	7,2
7	PE–Folie	0,2	0,20	20,0
8	Holzwerkstoffplatte	16,0	0,13	0,8
9	Gipskarton–Bauplatte	12,5	0,21	0,1
	Gesamtdicke:	256,9 mm		
	Feuerwiderstandsklasse gemäß DIN 4102		F 30–B	
	Wärmedurchgangskoeffizient gemäß DIN 4108		$k_m = 0,25$ W/(m²·K)	
	Feuchtetechnische Einordnung gemäß DIN 4108		Fall a	

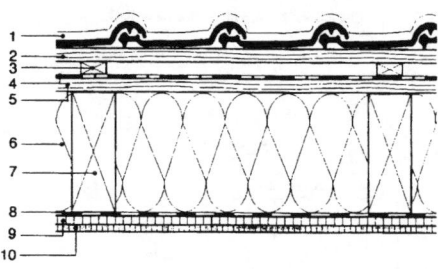

Dach: D 2

Nr.	Baustoff	s [mm]	λ_R [W/(m·K)]	s_d [m]
1	Dachstein			
2	Traglattung	24,0		
3	Lattung	24,0		
4	Unterspannbahn	0,2	0,20	≤ 0,5
5	Vollholzschalung	19,5	0,13	0,78
6	Wärmedämmung	220,0	0,04	0,22
7	Sparren 8/22 (Achsmaß 625)	220,0	0,13	8,8
8	PE–Folie	0,2	0,20	20,0
9	Holzwerkstoffplatte	16,0	0,13	0,8
10	Gipskarton–Bauplatte	12,5	0,21	0,1
	Gesamtdicke:	316,4 mm		
	Feuerwiderstandsklasse gemäß DIN 4102		F 30–B	
	Wärmedurchgangskoeffizient gemäß DIN 4108		$k_m = 0,20$ W/(m²·K)	
	Feuchtetechnische Einordnung gemäß DIN 4108		Fall a	

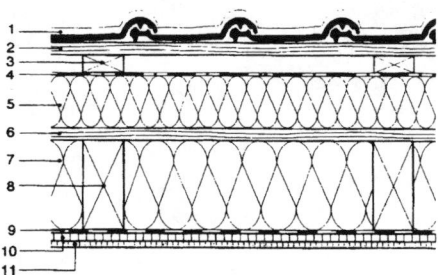

Dach: D 3

Nr.	Baustoff	s [mm]	λ_R [W/(m·K)]	s_d [m]
1	Dachstein			
2	Traglattung	24,0		
3	Lattung	40,0		
4	Unterspannbahn	0,2	0,20	≤ 0,5
5	Wärmedämmung	100,0	0,04	0,1
6	Vollholzschalung	19,5	0,13	0,78
7	Wärmedämmung	180,0	0,04	0,18
8	Sparren 8/18 (Achsmaß 625)	180,0	0,13	7,2
9	PE–Folie	0,2	0,20	20,0
10	Holzwerkstoffplatte	16,0	0,13	0,8
11	Gipskarton–Bauplatte	12,5	0,21	0,1
	Gesamtdicke:	379,9 mm		
	Feuerwiderstandsklasse gemäß DIN 4102		F 30–B	
	Wärmedurchgangskoeffizient gemäß DIN 4108		$k_m = 0,15$ W/(m²·K)	
	Feuchtetechnische Einordnung gemäß DIN 4108		Fall a	

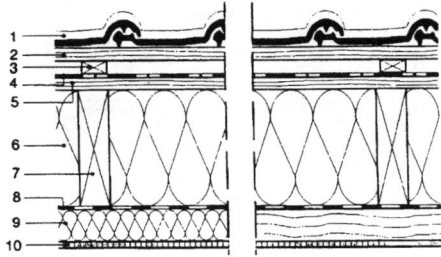

Dach: D 4

Nr.	Baustoff	s [mm]	λ_R [W/(m·K)]	s_d [m]
1	Dachstein			
2	Traglattung	24,0		
3	Lattung	24,0		
4	Unterspannbahn	0,2	0,20	≤ 0,5
5	Vollholzschalung	19,5	0,13	0,78
6	Wärmedämmung	220,0	0,04	0,22
7	Sparren 6/22 (Achsmaß 625)	220,0	0,13	8,8
8	PE–Folie	0,2	0,20	20,0
9	Wärmedämmung	60,0	0,04	0,06
9'	Sparren 4/6 (Achsmaß 625)	60,0	0,13	2,4
10	Gipskarton–Bauplatte	12,5	0,21	0,1
	Gesamtdicke:	420,4 mm		
	Feuerwiderstandsklasse gemäß DIN 4102		F 30–B	
	Wärmedurchgangskoeffizient gemäß DIN 4108		$k_m = 0,15$ W/(m²·K)	
	Feuchtetechnische Einordnung gemäß DIN 4108		Fall a	

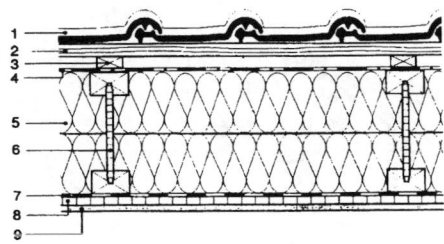

Dach: D 5

Nr.	Baustoff	s [mm]	λ_R [W/(m·K)]	s_d [m]
1	Dachstein			
2	Traglattung	24,0		
3	Lattung	24,0		
4	Unterspannbahn	0,2	0,20	≤ 0,5
5	Wärmedämmung	240,0	0,04	0,24
6	Träger (Achsmaß 625)	240,0	0,13	9,6
7	PE–Folie	0,2	0,20	20,0
8	Holzwerkstoffplatte	16,0	0,13	0,8
9	Gipskarton–Bauplatte	12,5	0,21	0,1
	Gesamtdicke:	316,9 mm		
	Feuerwiderstandsklasse gemäß DIN 4102		F 30–B	
	Wärmedurchgangskoeffizient gemäß DIN 4108		$k_m = 0,17$ W/(m²·K)	
	Feuchtetechnische Einordnung gemäß DIN 4108		Fall a	

Holzdächer für Vollwärmeschutz (DIN 4108)

Standarddetails für Niedrigenergiehäuser, Bereich Dachkonstruktion (nach Lit. 41)

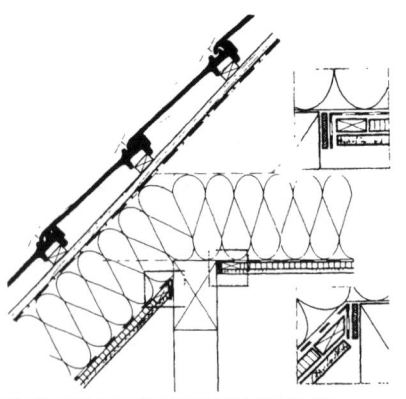

Detailausbildung im Bereich der Mittelpfette für die Dachkonstruktion D 1

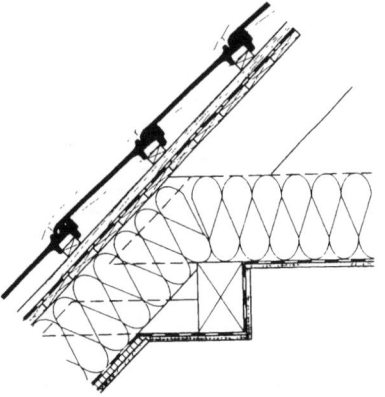

Detailausbildung im Bereich der Mittelpfette für die Dachkonstruktion D 2

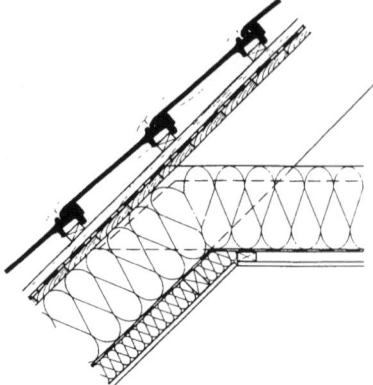

Detailausbildung im Bereich der Mittelpfette für die Dachkonstruktion D 4

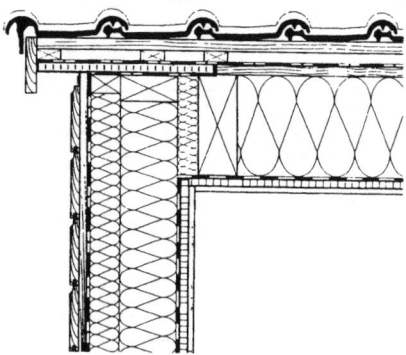

Ortgangausbildung für die Dachkonstruktion D 2

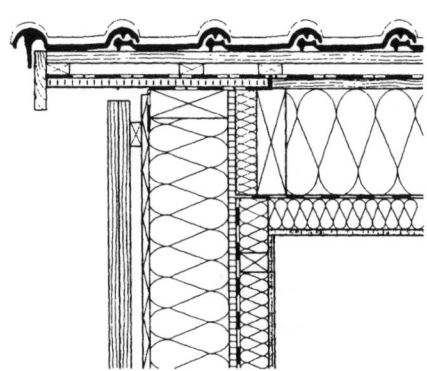

Ortgangausbildung für die Dachkonstruktion D 4

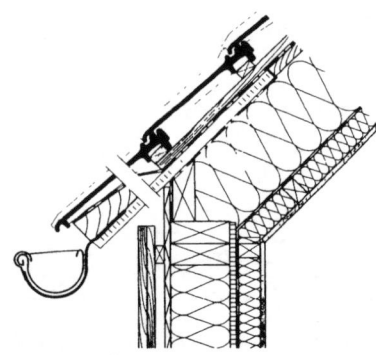

Ausbildung des Fußpunktes für die Dachkonstruktion D 4

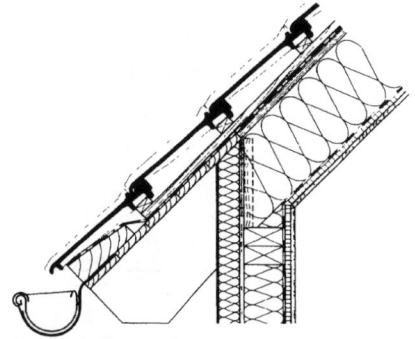

Ausbildung des Fußpunktes für die Dachkonstruktion D 2

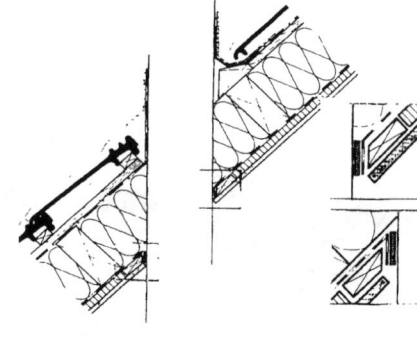

Kamindurchdringung für die Dachkonstruktion D 1

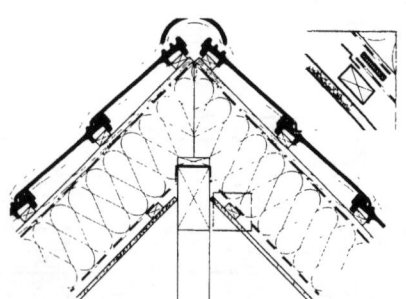

Detailausbildung im Bereich der Mittelpfette für eine Variante der Dachkonstruktion D 1 (innenseitig Lattung statt Holzwerkstoffplatte)

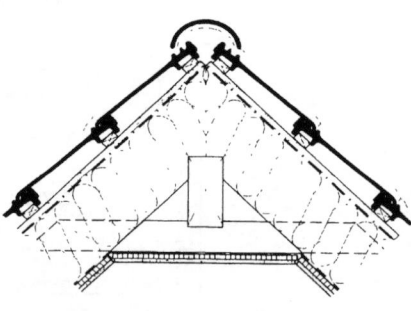

Firstausbildung für die Dachkonstruktion D 1

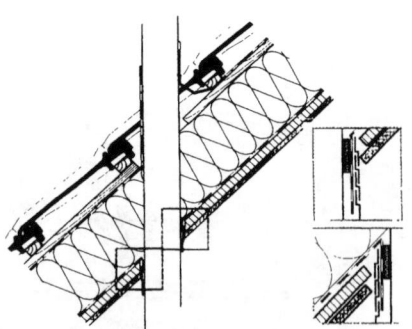

Rohrdurchdringung für die Dachkonstruktion D 1

Dachbindersysteme

Konstruktionsprinzipien von Dachbindersystemen

Binderkonstruktionen sind für die Überdachung mittlerer bis großer Spannweiten mit gering geneigten Dachflächen bestimmt. Tragende Hauptbauteile sind Träger (Binder), die auf tragenden Wänden, Stützen, Pfeilern, Unterzügen oder kombinierten Stützkonstruktionen aufliegen.

Dachbinder werden in Spannrichtung der Dachkonstruktion verlegt. Das tragende System ist mehrstufig und wird in Abhängigkeit von den Maßen der Überdachung und dem Material ausgebildet als
- Pfettensystem (Platte – Pfette – Binder),
- pfettenloses System (Platte – Binder).

Bei Pfettensystemen besteht die tragende Unterlage der Bedachung aus einem Pfettenrost, bei pfettenlosen Systemen aus Flächenelementen mit geringer Spannweite, die direkt auf den Bindern aufliegen. Statisch wirken Binder als einfache gelenkig auf Stützen aufgelagerte Träger. Die Wirkung des losen Auflagers wird in der Regel durch die Nachgiebigkeit der Stützen ermöglicht.

Voraussetzung der statischen Effektivität von Bindersystemen ist ein optimaler Aufbau der tragenden Dachelemente mit günstig gewählten Verhältnissen zwischen der Höhe, der Spannweite und dem Abstand der Binder. Bei Binderdachkonstruktionen rufen die äußeren Kräfte Biegemomente hervor → **1**.

Die Tragfähigkeit und Steifigkeit des Binders werden durch Überhöhung seines Querschnitts und die Konzentration der Masse in den Gurten erreicht. Durch Ausbildung eines genügend steifen Stegs wird die Mitwirkung der Gurte bei der Aufnahme der Schubkräfte, die Gesamtstabilität und Steifigkeit des Querschnitts erreicht.

Die Normal– und Scherspannung im gebogenen und komplex wirkenden Querschnitt mit konstanter Höhe werden mit den bekannten Formeln definiert:

$$\sigma = \frac{Mz}{I} \qquad \tau = \frac{TS}{I}$$

Hierin sind:
M   das äußere Moment
T   die äußere Querkraft
h   der Abstand der Gurtschwerpunkte
z   der Abstand der Fasern von der Schwerachse des Querschnitts
I   das Trägheitsmoment des gesamten Querschnitts
S   das statische Moment des entsprechenden Querschnittteils

Nach der Konstruktionsweise des Stegs werden Vollwandbinder, durchbrochene Binder und Fachwerkbinder unterschieden. Bei durchbrochenen Bindern ist der Vollwandsteg durch Öffnungen geschwächt, bei Fachwerkbindern wird er durch Stabelemente, die von Axialkräften beansprucht werden, ersetzt → **2**.

Bei Bindern mit durchbrochenen Stegen muß im inneren Verbindungsteil eine ausreichende Schubfestigkeit gewährleistet sein.

Für die Montagephase und vor allem für die regelrechte Nutzung muss eine ausreichende räumliche Stabilität der Einzelkomponenten und der gesamten Dachkonstruktion gewährleistet werden. Es handelt sich um die Sicherstellung:
- der Steifigkeit der waagerechten Dachkonstruktion
- der Steifigkeit der senkrechten tragenden Teile
- der räumlichen Steifigkeit

Bei Bindersystemen mit verhältnismäßig steiferen Flächenelementen wird die Steifigkeit der Dachplatte in der Ebene durch gegenseitige Verbindung der Flächenelemente und einen geeigneten Anschluss an die Binder gewährleistet → **3**.

Bei Systemen mit nicht steifem Dachkörper werden ergänzende Dachaussteifungen aus Stabelementen vorgesehen. Als Gurtplatte der horizontalen Aussteifungsglieder können direkt die Obergurte der Binder oder Längspfetten dienen, die durch Fachwerkstäbe miteinander verbunden sind, die Steifigkeit nicht ausgesteifter Felder wird durch den Anschluss an Aussteifungsverbände erzielt.

Die Übertragung der Horizontalkräfte aus der Ebene der Dachplatte wird durch Einspannen der Stützen in die Fundamente oder durch ihre Verbindung mit dem Aussteifungsverband gewährleistet. Die Aussteifungsverbände werden so angeordnet, daß sie den Freiraum unter dem Dach und die Dilatation der Konstruktion bezüglich der Volumenveränderungen vor allem bei Großraumdächern nicht beeinträchtigen.

Den auf Druck beanspruchten Teilen von Bindersystemen muss erhöhte Aufmerksamkeit gewidmet werden.

Die gedrückten Obergurte der Binder werden in der Vertikalebene und vor allem in der Horizontalebene durch Verkürzung der Knicklängen gegen Knicken gesichert. Hohe Binder sollten in der Ebene des Obergurts auf die Stützen aufgelegt werden. Bei Auflagerung in der Ebene des Untergurts müssen sie mit Vertikalaussteifungen gegen Kippen gesichert werden.

Bausysteme → 4 bis 47

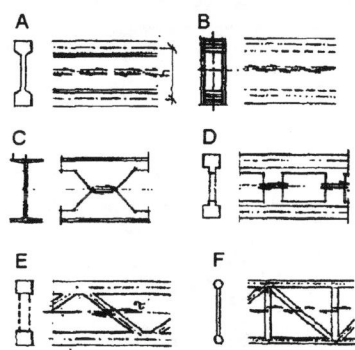

1 Schnittkräfte im Dachbinder
A = Belastungsschema des Dachbinders, B = Verlauf von Biegemoment und Schubkraft, C = Schnittkräfte und Spannungsbild des Binderquerschnitts

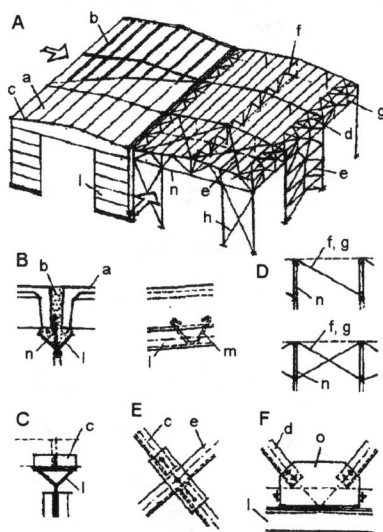

2 Vollwandbinder, durchbrochener und Fachwerkbinder
A = Vollwandquerschnitt mit einfachem Steg, B = Vollwandquerschnitt mit doppeltem Steg – Kastenquerschnitt, C = durchbrochener Querschnitt (Wabenbinder), D = durchbrochener Querschnitt mit Rahmensprossen – E, F = Fachwerkquerschnitt

3 Ausbildung der räumlichen Steifigkeit von Bindersystemen
A = Schema der räumlichen Aussteifung, B = Detail der kraftschlüssigen Verbindung der Dachplatten mit dem Obergurt des Binders, C = Detail des steifen Anschlusses der Dachplatte an den Obergurt des Binders, D = vertikale Längsaussteifung, E = Verbindung der Diagonalaussteifung, F = Anschluß der Diagonalaussteifung an den Obergurt des Binders, a = Dachplatte, b = Verguß der Stoßfuge der Dachplatten, c = Verbundplatte, d = Längsaussteifung der Dachebene, e = Queraussteifung der Dachebene, f = vertikale Längsaussteifung am First, g = vertikale Längsaussteifung am Rand, h = Aussteifung der Giebelaußenwand, i = Aussteifung der Giebelwand mit Diagonalverband, k = Aussteifung der Giebelwand mit steifen Platten, l = Obergurt des Binders, m = Stahlelement (Dübel), n = Binder, o = Knotenplatte

355

Dachbindersysteme

Stabwerke, Bausysteme (nach Lit. 10)

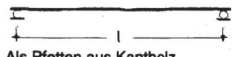

Als Pfetten aus Kantholz
a = 0,5 – 2,0 m
l = 1 – 7 m
Abstand der Pfetten in Abhängigkeit von Dachaufbau, Belastung
usw.

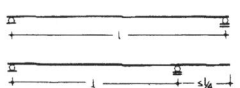

Als Haupttragsystem
a = 5 – 7 m

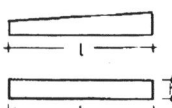

mit verleimten Stegplatten
l = 7 – 30 m

angenagelte, angeleimte Gurte
oder Stege
$$h = \frac{l}{8} - \frac{l}{14}$$

Brettschichtholz: l = 7 – 40 m
$$h = \frac{l}{10} - \frac{l}{20}$$

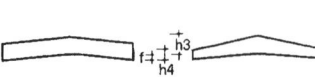

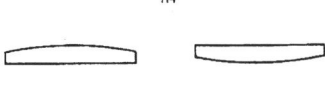

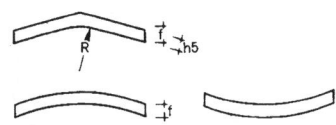

Varianten Trägeraufriß
(Dimensionierung für Brettschichtholz)

$$h1 = \frac{1}{14} - \frac{1}{18}$$

$$h2 = \frac{1}{18} - \frac{1}{22}$$

$$h3 = \frac{1}{14} - \frac{1}{18} \quad \text{Winkel } 6° - 15°$$

$$h4 = \frac{1}{30} - \frac{1}{50} \quad R \geq 6 \text{ m}$$

$$h5 = \frac{1}{14} - \frac{1}{18} \quad f \leq \frac{1}{5} - \frac{1}{10}$$

Einfeldträger mit Überhöhung: $s \geq \dfrac{l}{200}$

4 Einfeldträger - Vollwandsysteme

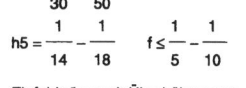

Pultdachfachwerk
mit angehobener Traufe

Parallelfachwerke

Pultdachfachwerk

a = 4 – 10 m
$$h_m \geq \frac{l}{10}$$

l = 7,5 – 20 m
Winkel = 3 – 8°

Pultdachfachwerk mit angehobener Traufe

a = 4 – 10 m
$$h_m \geq \frac{l}{12}$$

l = 7,5 – 35 m
Winkel = 12 – 30°

Obergurtneigung 0 – 4°
als Nebenträger: a = 0,8 – 1,25 m
$$h = \frac{l}{8} - \frac{l}{12}$$
l = 5 – 15 m
als Hauptträger: a = 2,5 – 6 m
$$h = \frac{l}{10} - \frac{l}{14}$$
l = 5 – 25 m
mit BSH möglich: a = 2,5 – 6 m
$$h = \frac{l}{10} - \frac{l}{15}$$
l = 20 – 80 m
als Rautenfachwerk: a = 2,5 – 6 m
$$h = \frac{l}{10} - \frac{l}{14}$$
l = 20 – 60 m

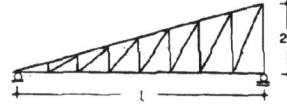

mit fallenden und
steigenden Diagonalen
im Pfettenabstand

mit fallenden und stei-
genden Diagonalen im
Pfettenabstand und
Auflagerpfosten

als einfaches Rautenfachwerk

mit Pfosten und Druck-
diagonalen

mit Pfosten und Zug-
diagonalen

mit Pfosten und
gekreuzten Diagonalen

mit Auskragung

mit hochgezogenem Untergurt
(Einhängeträger)

mit Zwischenpfosten für Pfetten

als mehrfaches Rautenfachwerk mit
Auskragung

5 Einfeldträger - Fachwerksysteme

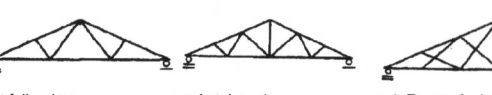

mit Pfosten, fallenden und steigenden Diagonalen

mit fallenden

und steigenden
Diagonalen

mit Rautenfachwerk

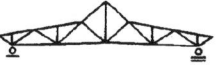

mit einseitigem Lichtband

mit angehobenem Untergurt und
Lichtband

mit Lichtband in Längsrichtung

mit angehobenem Untergurt und beidseitiger Belichtungs- sowie Belüftungs-
möglichkeit

a = 4 – 10 m   Winkel 12 – 30°

$$h = \frac{l}{10}$$

l = 7,5 – 30 m

6 Dreieckfachwerk

Bogenfachwerk

Bogenfachwerk mit angehobener Traufe

7 Satteldachfachwerk mit angehobener Traufe

und Pfosten

Pfosten und Streben

und Strebenbündel

8 Dreieckfachwerk mit Unterspannung

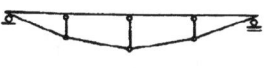

Trapezträger als überlagerter
Dreieckträger

Fischbauchträger nicht für einseitige
Lasten geeignet

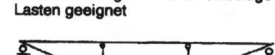

Dreieckträger

Trapezträger mit Biegung im Gurt
für einseitige Lasten

$$a = 3 \cdot h \qquad h = \frac{l}{15} - \frac{l}{20} \qquad l = 8 - 80 \text{ m}$$

9 Unterspannte Träger

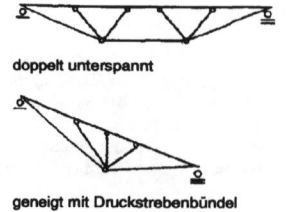

einfach unterspannt

doppelt unterspannt

geneigt mit Druckstrebe senkrecht
zum Träger

geneigt mit Druckstrebenbündel

10 Unterspannte Träger mit Zuggurt in Holz oder Stahl

Dachbindersysteme

Stabwerke, Bausysteme (nach Lit. 10)

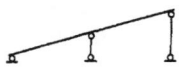

geneigter Mehrfeldträger

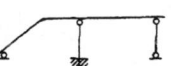

geneigter, einmal geknickter Träger

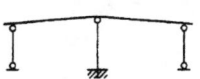

Satteldachträger

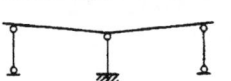

Träger für Dach mit innenliegender Kehle

11 Durchlaufsysteme

12 Fachwerk-Durchlaufsysteme

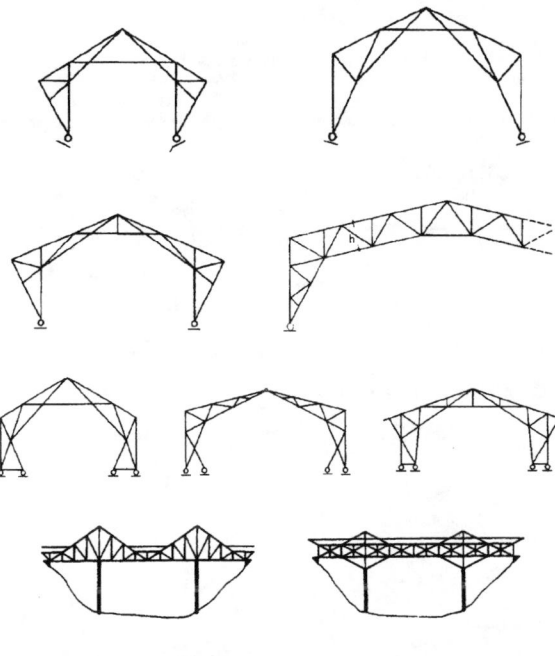

14 Fachwerksysteme

Durchlauf- und Gelenkträger
(Gerberträger)

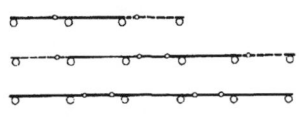

aus Kanthölzern
a = 0,5 – 1,5 m
l = 4 – 8 m

Kantholz-Koppelpfetten
a = 0,5 – 1,5 m

$$h = \frac{1}{16} - \frac{1}{20}$$

l = 4 – 10 m

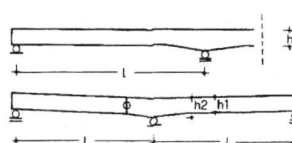

aus Brettschichtholz
a = 2 – 6 m

$$h_1 = \frac{l}{24}$$

$$h_2 = \frac{l}{16}$$

l = 10 – 30 m
Voutenneigung ≤ 1 : 8

Gleichmäßige Verteilung der maximalen
Momente durch ein günstiges Verhältnis
der Feldweiten

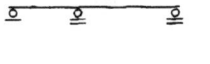

verringerte Spannweite der Randfelder

Auskragung der Randfelder

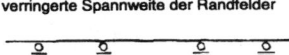

Mehrfeldträger mit variabler Trägerhöhe

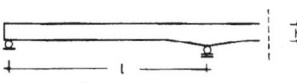

aus Kantholz (Koppelpfetten)

a = 0,5 – 1,5 m

$$h = \frac{1}{16} - \frac{1}{20}$$

l = 4 – 10 m

aus Brettschichtholz

a = 2 – 6 m

$$h = \frac{l}{18} - \frac{l}{22}$$

l = 10 – 30 m

Voutenneigung ≥ 1 : 8

als Fachwerkträger

a = 2 – 5 m

$$h = \frac{l}{16} - \frac{l}{18}$$

l = 10 – 80 m

13 Mehrfeldträger

vertikal eingespannt   horizontal eingespannt   als Steg oder Kastenträger

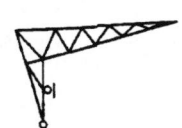

vertikal eingespannt über   schräg eingespannt über   als Fachwerkträger
Hebelarm   Hebelarm

Eingespannt durch Abstützung

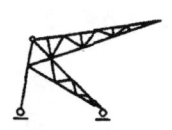

Fachwerk mit biegesteifem
Rahmeneck

15 Kragträger, Systeme

Dachkonstruktionen

Dachbindersysteme

Stabwerke, Bausysteme (nach Lit. 10)

Gelenkstabzüge

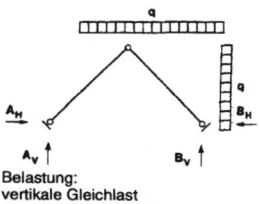

Belastung:
vertikale Gleichlast
horizontale Gleichlast

16 Dreigelenkstabzug Kragträger

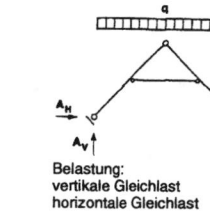

Belastung:
vertikale Gleichlast
horizontale Gleichlast

17 Dreigelenkstabzug mit Zugband

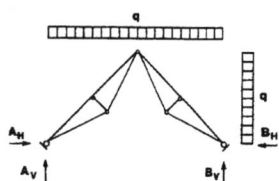

Belastung:
vertikale Gleichlast
horizontale Gleichlast

18 Kehlbalkensystem verschieblich

Belastung:
vertikale Gleichlast
horizontale Gleichlast

19 Dreigelenkstabzug aus unterspannten Trägern

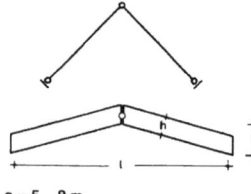

$a = 5 - 8\,m$

$h = \dfrac{l}{30} - \dfrac{l}{50}$

$l = 15 - 50\,m$

$f \geq \dfrac{l}{3}$

mit unterspannten Trägern

20 Dreigelenkstabzüge ohne Zugband, Vollquerschnitte

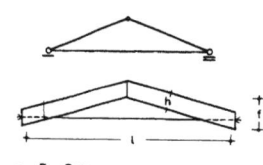

$a = 5 - 8\,m$

$h = \dfrac{l}{30} - \dfrac{l}{50}$

$l = 15 - 50\,m$

$f \geq \dfrac{l}{6}$

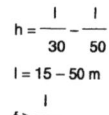

nach unten geknicktes Zugband

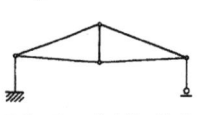

gekreuztes Zugband

21 Dreigelenkstabzüge mit Zugband, Vollquerschnitte

aus Vollquerschnitten

aus geknickten Vollquerschnitten

22 Dreigelenkstabzüge mit Kehlbalken

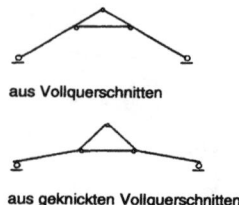

aus aufgelöstem Querschnitt

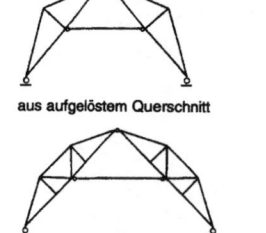

aus parabelförmigen Fachwerkträgern

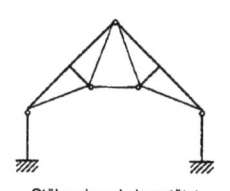

Stäbe einmal abgestützt

Stäbe zweimal abgestützt

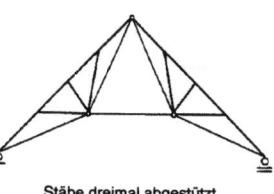

Stäbe dreimal abgestützt

Viergelenkstabzug

$a = 5 - 8\,m$

$h = \dfrac{l}{20} - \dfrac{l}{35}$

$l = 15 - 50\,m$

23 Dreigelenkstabzüge mit angehobenem Zugband

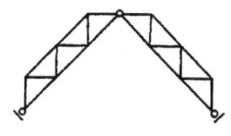

mit Dachbruch

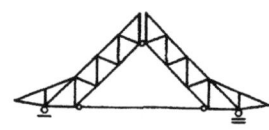

symmetrische Anordnung mit angehobener Traufe

asymmetrische Anordnung

$a = 5 - 8\,m$

$h = \dfrac{l}{15} - \dfrac{l}{25}$

$l = 15 - 50\,m$

Dreigelenkstabzüge ohne Zugband

24 Dreigelenkstabzüge, Fachwerkbauweise

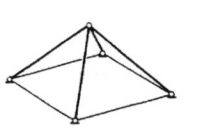

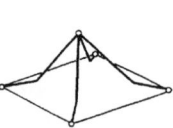

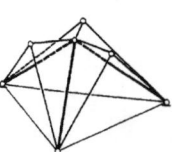

Gelenkstabzüge radial angeordnet

Symmetrische Anordnung

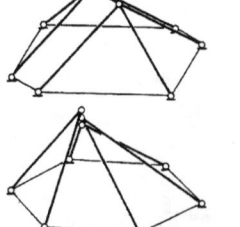

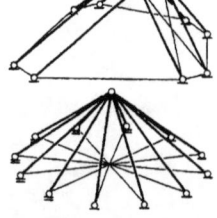

mit innenliegenden Zugbändern

25 Gelenkstabzüge, unsymmetrische und gespreizte Anordnung

Dachkonstruktionen

Dachbindersysteme

Stabwerke, Bausysteme (nach Lit. 10)

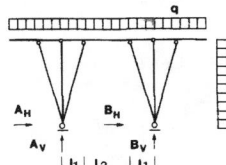 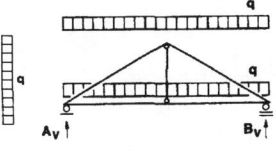 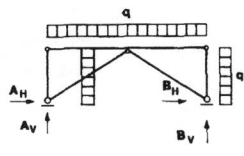 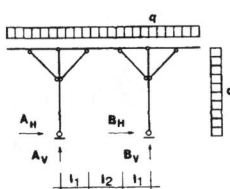 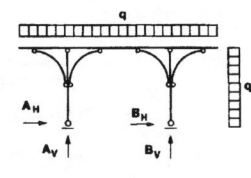

Belastung:
horizontale und vertikale
Gleichlasten

Belastung:
vertikale Gleichlasten
auf Ober- und Untergurt

Belastung:
horizontale und vertikale
Gleichlasten

Lasten:
horizontale und vertikale
Gleichlasten

Belastung:
horizontale und vertikale
Gleichlasten

26 Strebenwerk   **27** Einfaches Hängewerk   **28** Sprengwerk   **29** Kopfbandträger   **30** Bogenunterstützter Balken

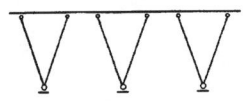  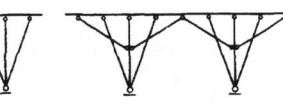 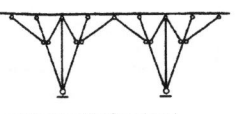

mit V-Stützen   mit V-Stützen und Pfosten   Kombination Strebenwerk und Kopfband   mehrfaches Kopfband und Strebenwerk

31 Strebenwerke

 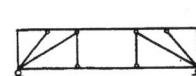   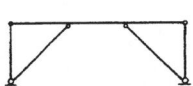 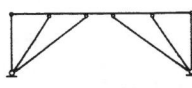

doppelt   mehrfach   mehrfach aufgeständert   mit zwei Streben   mit zwei Streben   mit vier Streben

32 Hängewerke   **33** Sprengwerk

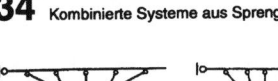 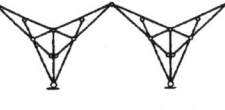 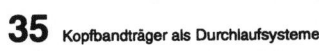 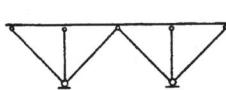 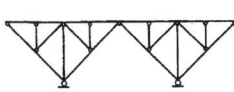

34 Kombinierte Systeme aus Spreng- und Hängewerk   **35** Kopfbandträger als Durchlaufsysteme

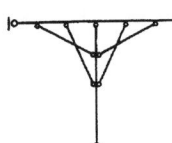 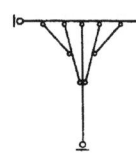 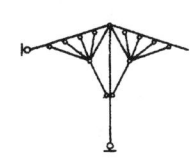  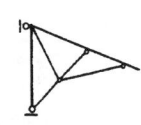 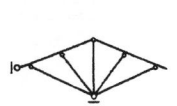 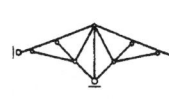

Kopfband- und Strebenbündel   Strebenbündel einseitig   Strebenbündel symmetrisch

36 Kopfbandbündel

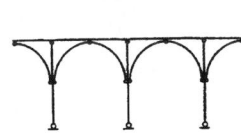 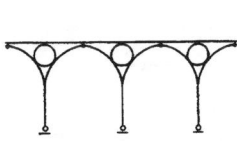 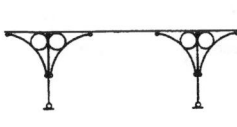  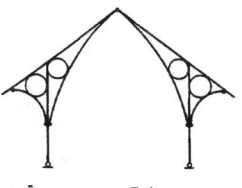

mit Pfosten   mit Ringen   mit Pfosten und Ringen   als Stabbündel mit Pfosten und Ringen   als Übergang zum Rahmen

37 Gekrümmte Kopfbänder

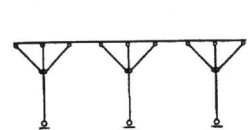 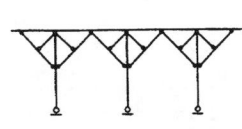 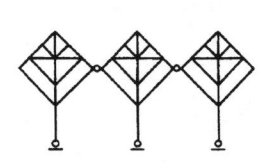 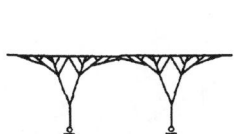

einfaches Kopfbandsystem   Kopfbandsystem mit Knickaussteifung   Kopfbandsystem mit Sprengwerk   Baumstrukturen

38 Kopfbandbalkensysteme räumlich entwickelbar

Dachbindersysteme

Stabwerke, Bausysteme (nach Lit. 10)

Stützensysteme

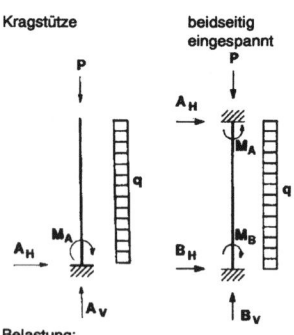

Kragstütze

beidseitig eingespannt

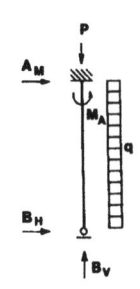

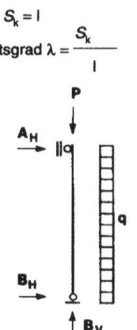

Knicklänge $S_k = l$

Schlankheitsgrad $\lambda = \dfrac{S_k}{i}$

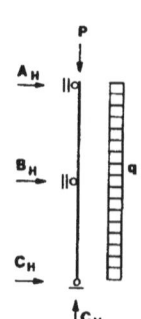

Belastung:
vertikale Einzellast P
horizontale Gleichlast q

Verformung:

$$\text{max. } v = \frac{q \cdot l^4}{8\,EJ} \qquad \text{max. } v = \frac{q \cdot l^4}{384\,EJ}$$

Lasten:
vertikale Einzellast P
horizontale Gleichlast q

Lasten:
vertikale Einzellast P
horizontale Gleichlast q

Lasten:
vertikale Einzellast P
horizontale Gleichlast q
Knicklänge: $S_k = l$

Moment:

$$\text{max. } M = \frac{q \cdot l^2}{24}$$

$$\text{min. } M = \frac{q \cdot l^2}{2} \qquad \text{min. } M = \frac{q \cdot l^2}{12}$$

Verformung: $\text{max. } v = \dfrac{q \cdot l^4}{184{,}6\,EJ}$

Momente: $\text{min. } M = \dfrac{q \cdot l^2}{8}$

$$\text{max. } M = \frac{q \cdot l^2}{14{,}22}$$

Verformung: $\text{max. } v = \dfrac{5 \cdot q \cdot l^4}{384\,EJ}$

Moment: $\text{max. } M = \dfrac{q \cdot l^2}{8}$

Querkraft: $\text{max. } V = q \cdot \dfrac{l}{2}$

Normalkraft: $N = P$

Verformung: $\text{max. } v = \dfrac{q \cdot l^4}{185\,EJ}$

Momente: $\text{min. } M = \dfrac{q \cdot l^2}{8}$

$$\text{max. } M = \frac{q \cdot l^2}{14{,}22}$$

Querkraft:
$$\text{max. } V = q \cdot l \qquad \text{max. } V = q \cdot \frac{l}{2}$$

Querkraft: $\text{max. } V = \dfrac{5}{8} \cdot q \cdot l$

Querkraft: $\text{max. } V = \dfrac{5}{8} \cdot q \cdot l$

Normalkraft: $N = P$

Normalkraft: $N = P$

Normalkraft: $N = P$

39 Tragwerke

40 Oben eingespannte Stütze

41 Pendelstütze

42 Pendelstab mit horizontaler Zwischenabstützung

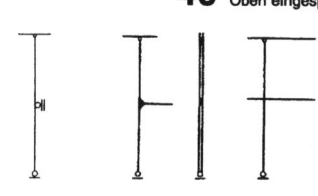

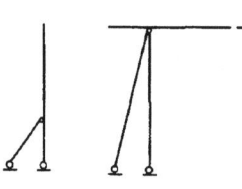

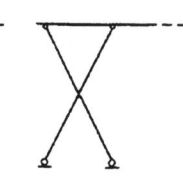

Pendelstütze, gelenkig gelagert

Geschossstütze mit gelenkiger Zwischenabstützung

Übergang zum Geschossrahmen, teilweise eingespannte Zwischenabstützung

mit Fußeinspannung

mit Abstrebung

als A-Bock asymmetrisch

als symmetrischer A-Bock

als gekreuzte Stütze

43 Gelenkstützen

44 Eingespannte Stützen

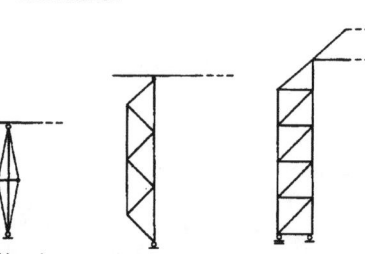

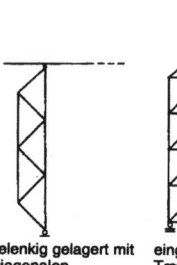

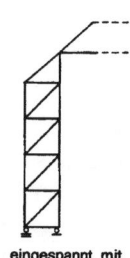

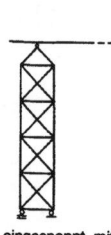

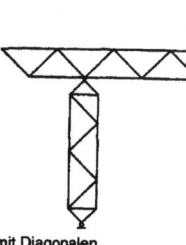

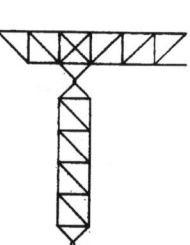

gelenkig gelagert mit Verspannung

gelenkig gelagert mit Diagonalen

eingespannt, mit Traversen und Diagonalen

eingespannt, mit Traversen und Kreuzdiagonalen

mit Diagonalen, gelenkig gelagert

mit Diagonalen und Traversen, gelenkig gelagert

mit Rauten, gelenkig gelagert

45 Fachwerkstützen

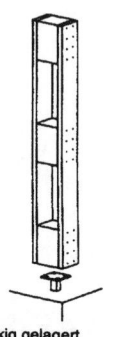

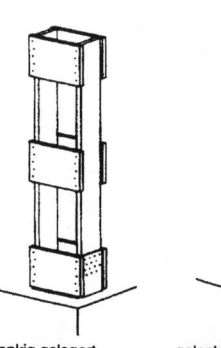

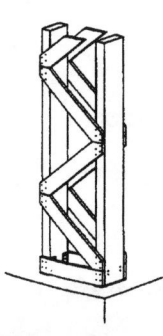

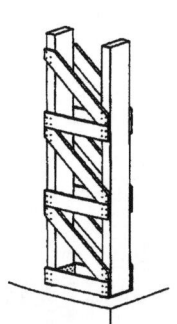

gelenkig gelagert mit Zwischenhölzern

gelenkig gelagert mit Bindehölzern

gelenkig oder eingespannt mit vernagelten Diagonalen

gelenkig oder eingespannt mit Diagonalen und Bindehölzern

46 Rahmenstütze

47 Gitterstütze

Dachbinder aus Holz

Moderne Dachkonstruktionen aus Holz

Die Entwicklung der Tragwerke von geneigten Dächern wendet sich allmählich von den klassischen Dachkonstruktionen aus Holz ab und modernen Konzeptionen zu, die eine Einsparung an Arbeitsaufwand und Werkstoff ermöglichen.

Werkstoffsparende (wirtschaftliche) Dachkonstruktionen aus Holz

Vereinfachte Dachsysteme werden konstruiert auf der Grundlage
- einer wirksamen Formgebung der Querschnitte der Hauptelemente,
- der Auswahl geeigneter statischer Schemata und Werkstoffe,
- einer wirtschaftlichen Übertragung der Lasteinwirkungen in das Tragsystem des Bauwerks, insbesondere des Abfangens der Horizontalkräfte.

Die vollen Rechteckquerschnitte werden bei den auf Biegung beanspruchten Sparren und Pfetten durch verleimte Holzprofile mit Gurten und Stegen aus Brettern, gewellten oder ebenen Sperrholz- oder Holzfaserplatten ersetzt → 1.

→ 1 E zeigt das Beispiel für die Auflagerung eines geleimten Sparrens auf die Pfette ohne Querschnittsschwächung unter Verwendung einer Auflagerknagge, die am Untergurt des Sparrens befestigt ist. Zur Übertragung der Tangentialkräfte wird der I-Querschnitt im Auflagerbereich mit einer Stegaussteifung verstärkt. Die Verbindung mit der Pfette wird durch einen Flachstahlanker gewährleistet. Schwache Stege von Biegeträgern werden gegen Ausbeulen und im Auflagerbereich mit Beihölzern ausgesteift.

Verleimte Vollwandbinder sind statisch vorteilhaft und wirtschaftlich und werden deshalb oft angewendet. Ein weiterer Vorteil der Leimbinder ist ihr im Vergleich mit traditionellen Holzprofilen guter Feuerwiderstand. Scherfeste und komplex wirkende Leimbinderprofile werden durch das Verleimen von Brettern zu statisch wirksamen Formen (Brettschichtholz) hergestellt → 2.

Die Binder können ganz aus Holz bestehen, wobei das Schnittgut entsprechend seiner unterschiedlichen Qualität richtig über die Höhe des geleimten Querschnitts verteilt ist, oder sie werden aus kombinierten Werkstoffen hergestellt. Dünnwandige Stege aus wetterbeständig verleimtem Sperrholz werden aus Stabilitätsgründen mit senkrechten Aussteifungen versehen oder als Wellstege ausgebildet. In der Spannrichtung ist der Querschnitt der Brettschichtholzbinder konstant, d.h. die Gurte laufen parallel, oder veränderlich, dadurch entstehen Sattel- oder Pultdachbinder oder Binder mit gebogenen oder geknickten Gurten.

Die Profile von Holzbindern werden mit weichen (nachgiebigen) Verbindungsmitteln (Nägel, Holzschrauben, Bolzen, Dübel) verbunden oder verleimt. Binder mit weichen Verbindungsmitteln werden in beschränktem Maße für Spannweiten bis 12 m verwendet. Verleimen ermöglicht die Ausbildung statisch wirksamer steifer Querschnitte, ggf. auch eine Bewehrung der Zugzone mit Stahlprofilen, Glasfasern u.ä.

Die Abstände der Binder werden in Abhängigkeit vom unterstützenden System und dem Aufbau des Dachkörpers gewählt. Werden die Binder mit kleinem Abstand verlegt (o,9 bis 1,2 m), werden in der Regel die Lattung oder Schalung direkt auf den Obergurt aufgenagelt, auf den Untergurt können Platten für den Deckenuntersicht gelegt werden. Bei großen Abständen (3 bis 9 m) tragen die Obergurte der Binder einen Rost aus kleinen Pfetten oder die Dachplatten.

Vollwandbinder → 3

Grundtyp des Vollwandbinders ist der Vollholzbalken. In Anbetracht der begrenzten Querschnittsmöglichkeiten und der gesamten geringen Effektivität werden Balken nur für kleine Spannweiten verwendet → 3 A.

Mit nachgiebigen Verbindungsmitteln werden in begrenztem Maße Verbundträger oder Nagelbinder hergestellt.

Der Vollwandsteg des Verbundträgers besteht aus Kanthölzern, die mit Bolzen, Dübeln oder Klammern übereinander zu einem kompakten Querschnitt verbunden werden → 3 B. Der Steg des Nagelbinders besteht aus Bohlen oder meistens aus zwei sich kreuzenden Brettschichten. Die Gurte aus Bohlen oder Brettern werden mit den Stegen vernagelt, vertikale Aussteifungen gewährleisten die Steifigkeit des Querschnitts. In Anbetracht der verformenden Einflüsse nachgiebiger Verbindungen werden die Binder in der Spannrichtung in der Mitte um ungefähr 1/200 der Spannweite überhöht → 3 C, D

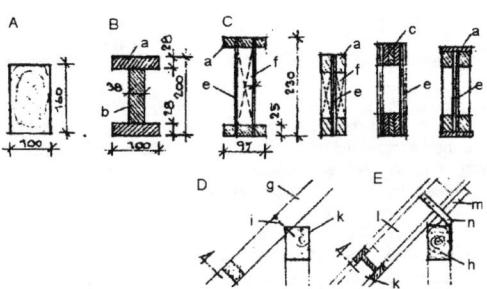

1 Herkömmliche und werkstoffsparende Sparrenquerschnitte aus Holz und Holzwerkstoffen

A = Vollholzsparren, B = geleimter, ggf. genagelter Sparrenquerschnitt, C = werkstoffsparende Sparrenquerschnitte mit Stegen aus Sperrholz und anderen Holzwerkstoffen, D = Auflagerung eines traditionellen Vollholzsparrens auf die Pfette, E = Auflagerung eines werkstoffsparenden Sparrens auf die Pfette, a = Bohlengurt, b = Bohlensteg, c = Steg aus witterungsbeständig verleimtem Sperrholz (Furnierplatte), d = Gurt aus Kanthölzern und Brettern, e = Steg aus Holzfaserplatte (Sperrholz u.ä.), f = Stegaussteifung, g = Vollholzsparren, h = Pfette, i = Schiftnagel, k = werkstoffsparender Sparren, l = Stegaussteifung im Auflagerbereich, m = Auflagerknagge, n = Ankerlasche

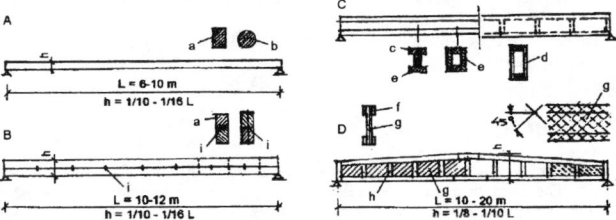

2 Vollwand–Rostträger und –Nagelbinder aus Holz

A = Vollwandträger aus Vollholz – Kantholz, Rundholz, B = Verbundträger aus Kanthölzern, C = Vollwandnagelbinder aus Kanthölzern, D = Vollwandnagelbinder aus Bohlen und Brettschichtholz, a = Schnittholzbalken, b = Rundholzbalken, c = Kantholz, d = Sperrholz, e = Bohle, f = Obergurt aus Brettern oder Bohlen, g = Steg aus zwei Brettschichten, h = Vertikalaussteifung aus Brettern, i = Verbindungsmittel (Dübel, Bolzen u.ä.).

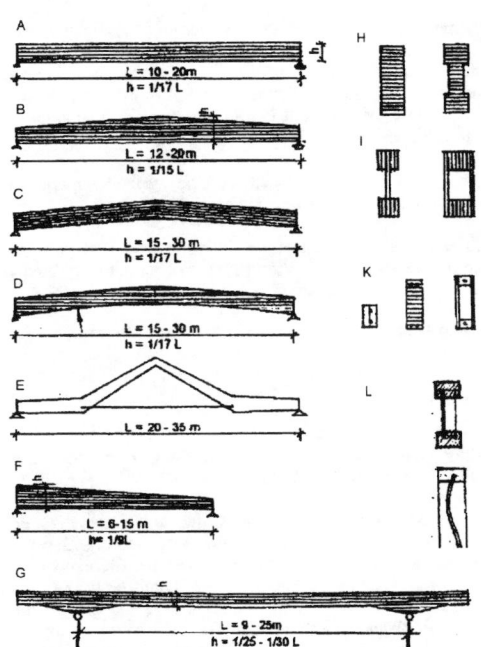

3 Vollwand – Holzleimbinder

A = Parallelbinder, B = Satteldachbinder, C = Satteldachbinder mit geneigtem Untergurt, D =Satteldachbinder mit gebogenem Untergurt, E = geknickter Binder mit Zugstange mit gedrücktem Mittelbereich, F = Pultdachbinder, G = Binder mit auskragenden Enden und Vouten, H = Querschnitt eines geleimten Brettschichtholzbinders, I = Binderquerschnitt mit Plattensteg, K = Binderquerschnitt mit eingeleimter Bewehrung, L = Binderquerschnitt mit Wellsteg aus Sperrholz, Blech u.ä.

Dachbinder aus Holz

Beispiele von Dachkonstruktionen aus geleimten Profilen

→ **4** zeigt werkstoffsparend ausgebildete geleimte Dachkonstruktionen mit Spannweiten von 5 bis 10 m.

Die werkstoffsparende Dachkonstruktion in → **4** A besteht aus gleichen Quergebinden mit einem Abstand von etwa 1000 bis 1200 mm. Die Sparren werden im unteren Randbereich von einem im Verbund wirkenden System aus geleimten Profilen (Stiel und Strebe), die durch Zangen miteinander verspannt sind, gestützt. Im Firstbereich sind die Sparren mit Kehlbalken verbunden. Die Längsaussteifung wird durch einen Windverband oder durch Windrispen in der Dachebene gewährleistet. Diese Konstruktion eignet sich für die Schaffung von Lagerräumen über eingeschossigen Bauwerken.

Das geleimte Kehlbalkendach in → **4** B wird in der Regel für Dachneigungen von annähernd 40° verwendet. Der Binderabstand beträgt etwa 1000 bis 1200 mm. Die Fußpfetten, auf die die I–Profile der geleimten Sparren aufgelagert sind, werden in jedem zweiten Feld mit einem Zuganker in der Massivdecke verankert. Die Windaussteifung erfolgt in der Dachebene und in der Ebene der Kehlbalken.

→ **4** C, D, E zeigt einfache werkstoffsparende Dachkonstruktionen aus geleimten Profilen, die mit Streben gestützt werden. Der Abstand der Quergebinde beträgt 1200 mm. Die Längsaussteifung des Systems erfolgt in der Ebene der Dachfläche. Die Horizontalkräfte werden von den Fußpfetten mit Hilfe von Zugankern auf die Deckenkonstruktion übertragen.

Bei dem Dach aus geleimten I–Profilen nach → **4** E liegt die Firstpfette auf Mauerpfeilern.

Fachwerkkonstruktionen

Fachwerksysteme emöglichen die Überdachung auch größerer Spannweiten. Die Fachwerkkonstruktionen werden bei diesen Systemen zur Ausbildung statisch wirksamer Sparrenquerschnitte verwendet oder sie bilden eine Übergangskonstruktion zu den klassischen Dächern aus Fachwerkbindern → **5**.

Das tragende System des Daches nach → **5** A geht von der Analogie zum Aufbau des einfachen Sparrendaches aus. Die schrägen Sparren werden als Fachwerkträger aus miteinander vernagelten Bohlenelementen ausgebildet.
Die einzelnen Quergebinde der Fachwerksysteme werden in Abständen von 800 bis 1000 mm gestellt. Sie bilden Zweigelenkrahmen mit steifer Rahmenecke am First des geneigten Daches. Die Längsaussteifung mit Diagonalen wird durch Verbindung der benachbarten Binder im Firstbereich erzielt. Dieses Konstruktionssystem eignet sich für Spannweiten von 10 bis 12,5 m. Zu den werkstoffsparenden Dachkonstruktionen aus Holz gehören ebenfalls die Systeme aus Satteldach–Fachwerkbindern, die aus Brettern, Bohlen, Kanthölzern u.ä. genagelt werden → **5** B. Die Binder sind Querverbände von axial belasteten Stäben.

→ **5** C zeigt ein Beispiel für die Ausbildung eines werkstoffsparenden Daches, welches den Ausbau des Dachraums ermöglicht.

Ähnlich geformte Varianten von Satteldach–Fachwerkbindern werden als normale Nagelbinder, als mit Knotenplatten verleimte oder mit Nagelplatten aus Metall verbundene Binder hergestellt.

Fachwerkbinder aus Holz sind Stabsysteme, die entsprechend dem Verwendungszweck und dem Charakter der übertragenden Belastung verschiedene geometrische Formen aufweisen. Die Konstruktion wird in der Regel als System fester Dreiecke aus Brettern, Bohlen und Kanthölzern ausgeführt.

Bei Bindern aus kombinierten Werkstoffen besteht der Obergurt aus Kantholz oder geleimtem Brettschichtholz, die Zugglieder bestehen aus Stahl.

Die Knoten der Fachwerke werden für mittigen Kraftverlauf ausgebildet. Bei außermittigem Kraftangriff in den Knoten oder bei Belastung des Systems außerhalb des Systems werden in den Stäben des Systems Biegemomente hervorgerufen. In diesen Fällen ist es zweckmäßig, durch eine geeignete Kombination der exzentrischen Wirkung der Axialkräfte im Knoten den Einfluß der sekundären Biegemomente auf die Dimension der Fachwerkstäbe zu eliminieren oder wesentlich abzuschwächen. Die Knoten können als Nagel–, Bolzen– oder Dübelverbindungen, mit Nagelplatten aus Metall oder als Leimverbindungen ausgebildet werden. Bei Bindern mit nachgiebigen Verbindungen wird eine mittige Überhöhung vorgesehen, ggf. eine entsprechende Überhöhung in den Drittelpunkten des Untergurts.

Um eine langzeitige Tragfähigkeit und Lebensdauer der Fachwerkbinder zu gewährleisten, muß die Oberfläche der Verbindungsmittel vor Korrosion geschützt werden.

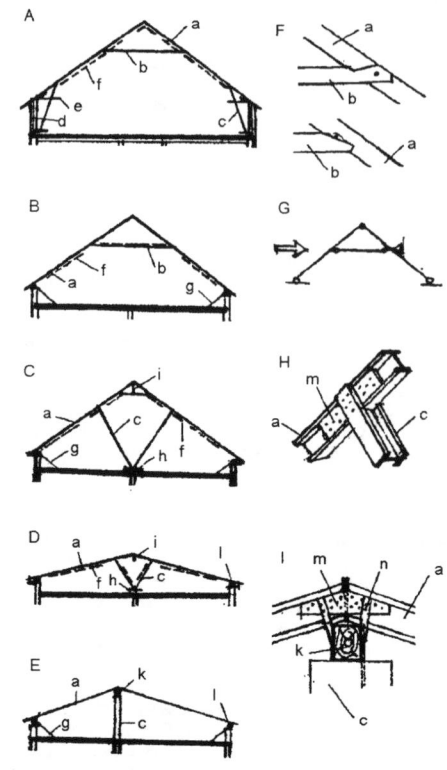

4 Dachkonstruktionen aus geleimten Profilen

A = geleimtes Kehlbalkendach mit auf Schwellen aufgesetzten Streben, B = geleimtes Kehlbalkendach, dessen Fußpfette mit Zuganker in der Decke verankert ist, C, D = Dach mit geleimten Sparren, die durch Streben unterstützt sind, E = Dach mit geleimten Sparren, die auf einer Firstpfette aufliegen, F = Detail des Anschlusses Kehlbalken–Sparren, G = Aufnahme der Horizontalspannungen durch den Kehlbalken, H = Anschluß der Strebe am Sparren mit genagelter Lasche, I = Detail Firstpunkt, a = Sparren, b = Kehlbalken, c = Strebe, d = Pfeiler, e = Zange, f = Aussteifung in der Sparrenebene, g = Verankerung der Fußpfette, h = Schwelle, i = Firstaussteifung, k = Firstpfette, l = Fußpfette, m = Lasche, n = Flachstahlanker

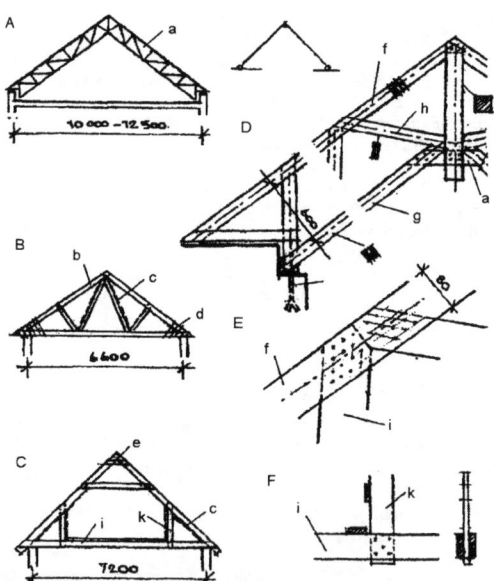

5 Fachwerk–Dachkonstruktionen aus Holzelementen

A = Fachwerkkonstruktion mit steifer Sparrenverbindung am First, B = Dach aus Fachwerk–Nagelbindern, C = Dach aus vernagelten Bohlen, D = Detail des Fachwerksparrens und der Auflagerung am First, E = genagelter Knoten der Fachwerkkonstruktion, F = Anschluss der abgehängten Deckenkonstruktion, a = Fachwerksparren, b = Nagelbinder, c = Längsaussteifung, d = Aussteifung am Auflager, e = Aussteifung am First, f = Obergurt des Fachwerksparrens (Druckgurt), g = Untergurt des Fachwerksparrens (Zuggurt), h = Diagonalstab des Fachwerksparrens, i = abgehängte Deckenkonstruktion, k = Abhänger der Deckenkonstruktion

Dachbinder aus Holz

Flachdach aus Kantholz
Spannweite bis 5,00 m
Balkenabstand ca. 0,50–1,00 m

**Nagelträger (genagelter Voll-
wandträger, Steg aus Brettern)**
Spannweite ca. 5,00–12,00 m
Binderabstand ca. 2,00–4,00 m

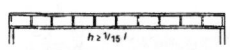

**Stegträger (geleimter Voll-
wandträger, Steg aus Platten)**
Spannweite ca. 8,00–20,00 m
Binderabstand ca. 3,00–5,00 m

Lamellenverleimter Träger
Spannweite ca. 8,00–20,00 m
Binderabstand ca. 3,00–5,00 m

Pultdach aus Kantholz
Dachneigung beliebig
Spannweite bis 5,00 m
Balkenabstand ca. 0,50–1,00 m

**Nagelträger (genagelte Voll-
wandträger, Steg aus Brettern)**
Dachneigung beliebig
Spannweite ca. 5,00–12,00 m
Binderabstand ca. 2,00–4,00 m

**Nagelträger (genagelter Voll-
wandträger, Steg aus Brettern)
als Dreigelenkkonstruktion**
Dachneigung beliebig
Spannweite ca. 8,00–12,00 m
Binderabstand ca. 3,00–4,00 m

**Stegträger (geleimte Voll-
wandträger, Steg aus Platten)**
Dachneigung beliebig
Spannweite ca. 8,00–20,00 m
Binderabstand ca. 3,00–5,00 m

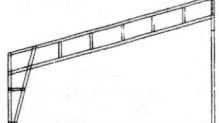

**Stegträger (geleimter Voll-
wandträger, Steg aus Platten)
als Dreigelenkkonstruktion**
Dachneigung beliebig
Spannweite ca. 10,00–20,00 m
Binderabstand ca. 3,00–5,00 m

Lamellenverleimter Träger
Dachneigung beliebig
Spannweite ca. 8,00–20,00 m
Binderabstand ca. 3,00–5,00 m

**Lamellenverleimter Träger
als Dreigelenkkonstruktion**
Dachneigung beliebig
Spannweite ca. 10,00–20,00 m
Binderabstand ca. 4,00–6,00 m

**Nagelträger (genagelter Voll-
wandträger, Steg aus Brettern)
als Zweigelenkrahmen**
Dachneigung bis ca. 15°
Spannweite ca. 10,00–20,00 m
Binderabstand ca. 3,00–4,00 m

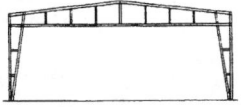

**Stegträger (geleimter Voll-
wandträger, Steg aus Platten)
als Zweigelenkrahmen**
Dachneigung bis ca. 15°
Spannweite ca. 10,00–25,00 m
Binderabstand ca. 3,00–5,00 m

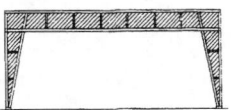

**Nagelträger (genagelter Voll-
wandträger, Steg aus Brettern)
als Zweigelenkrahmen**
Spannweite ca. 10,00–20,00 m
Binderabstand ca. 3,00–4,00 m

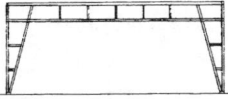

**Stegträger (geleimter Voll-
wandträger, Steg aus Platten)
als Zweigelenkrahmen**
Spannweite ca. 10,00–25,00 m
Binderabstand ca. 3,00–5,00 m

6 Vollholzbalken, Nagelbinder und verleimte Vollwandbinder, Spannweiten und Binderabstände (nach Lit. 23)

**Einfach unterspannter Träger
aus Kantholz**
Neigung des Zugstabes 25–60°
Spannweite ca. 5,00–9,00 m
Binderabstand ca. 4,00–5,00 m

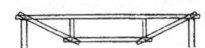

**Doppelt unterspannter Träger
aus Kantholz**
Bei einseitiger Belastung muss
die Stabilität gewährleistet sein
Neigung des Zugstabes 25–60°
Spannweite ca. 10,00–14,00 m
Binderabstand ca. 4,00–5,00 m

Genageltes Fachwerk
Spannweite ca. 5,00–20,00 m
Binderabstand ca. 1,00–5,00 m

**Genageltes Fachwerk
(mit kreuzweisem Fach)**
Spannweite ca. 5,00–20,00 m
Binderabstand ca. 1,00–2,50 m

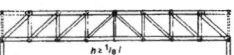

**Gedübeltes Fachwerk
(Ringdübel)**
Spannweite ca. 10,00–25,00 m
Binderabstand ca. 4,00–6,00 m

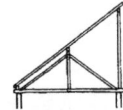

**Einfaches Sprengwerk aus
Kantholz, mit Versätzen**
Neigung der Streben 25–60°
Spannweite ca. 5,00–9,00 m
Binderabstand ca. 4,00–5,00 m

Genageltes Fachwerk
Dachneigung bis ca. 15°
Spannweite ca. 4,00–15,00 m
Binderabstand ca. 1,00–5,00 m

**Gedübeltes Fachwerk
(Ringdübel)**
Dachneigung bis ca. 20°
Spannweite ca. 4,00–15,00 m
Binderabstand ca. 4,00–6,00 m

**Fachwerk mit Druckdiagonalen
(mit Versätzen) und Zugstangen**
Dachneigung bis ca. 25°
Spannweite ca. 4,00–15,00 m
Binderabstand ca. 4,00–6,00 m

**Genageltes Fachwerk
(mit kreuzweisem Fach)**
Dachneigung beliebig
Spannweite ca. 5,00–20,00 m
Binderabstand ca. 1,00–2,50 m

Genageltes Fachwerk
Dachneigung bis ca. 20°
Spannweite ca. 6,00–30,00 m
Binderabstand ca. 1,00–5,00 m

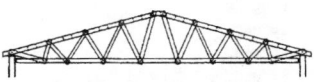

Gedübeltes Fachwerk (Ringdübel)
Dachneigung bis ca. 20°
Spannweite ca. 10,00–30,00 m
Binderabstand ca. 4,00–6,00 m

Genageltes Fachwerk
Dachneigung beliebig
Spannweite ca. 6,00–30,00 m
Binderabstand ca. 1,00–5,00 m

Gedübeltes Fachwerk (Ringdübel)
Dachneigung beliebig
Spannweite ca. 10,00–30,00 m
Binderabstand ca. 4,00–6,00 m

**Genageltes Fachwerk als Dreigelenk-
rahmen**
Dachneigung beliebig
Spannweite ca. 15,00–30,00 m
Binderabstand ca. 3,00–5,00 m

**Gedübeltes Fachwerk (Ringdübel) als
Dreigelenkrahmen**
Dachneigung beliebig
Spannweite ca. 20,00–30,00 m
Binderabstand ca. 4,00–6,00 m

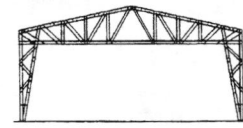

**Genageltes Fachwerk als
Zweigelenkrahmen**
Dachneigung bis ca. 20°
Spannweite ca. 10,00–25,00 m
Binderabstand ca. 3,00–5,00 m

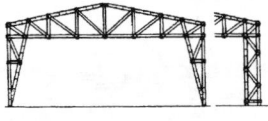

**Gedübeltes Fachwerk (Ringdübel) als
Zweigelenkrahmen**
Dachneigung bis ca. 20°
Spannweite ca. 10,00–25,00 m
Binderabstand ca. 4,00–6,00 m

7 Fachwerkbinder, Spannweiten und Binderabstände (nach Lit. 23)

Dachbinder aus Holz

Nagelknoten werden meistens bei mehrteiligen Gurten ausgebildet, die am Knoten die Vertikal- und Diagonalstäbe des Fachwerks umschließen. Die Zwischenräume zwischen den einzelnen verbundenen Elementen werden mit kurzen Brettbeilagen ergänzt. Die Gurte und Fachwerkstäbe sind aus Brettern oder Bohlen und werden an den Knoten miteinander vernagelt.

Nagelplatten werden für die Knotenausbildung bei gleich dicken Elementen verwendet. Die Nagelplatten aus nichtrostendem Stahl mit nagel- oder dübelartigen Ausstanzungen werden auf beiden Seiten des Knotens in die einzelnen zu verbindenden Elemente eingepresst.

Bei verbolzten Knoten werden die Mutter und der Schraubenkopf mit einer Stahlunterlegscheibe gegen das Einschneiden in das Holz gesichert.

Starre Stabverbindungen an den Knoten werden durch Verleimen hergestellt. Hierfür werden Knotenplatten aus wetterfest verleimtem Sperrholz verwendet. Die Stäbe werden so angeordnet, dass eine genügend große Kontaktfläche für das Leimen entsteht und dass sie mittig wirken. Die Fachwerkstäbe und Gurte werden mit Hilfe einer Presse unter Druck auf die Knotenplatte geleimt oder mit Nägeln angeschlagen, die nach Aushärten des Leims ihre statische Funktion verlieren.

Knotenpunkte für Dachbinder aus Holz → 361.01.04

Rahmenbinder aus Holz

Holz-Rahmenbinder werden vor allem als Zweigelenk- und Dreigelenkrahmen ausgebildet, eventuell auch als Konsolrahmen mit einem Stiel (Halbrahmen), sie sind ein- und mehrstielig (für ein- und mehrschiffige Hallen) → **8**.

Bei den Holzrahmen kommen besonders stark verleimte Konstruktionen aus Brettschichtholzprofilen mit rechteckigem Voll- oder Kastenquerschnitt oder mit I-förmigem Querschnitt zur Anwendung. Veränderungen der Höhe des Brettschichtholzquerschnitts entlang des Rahmens erfolgen kontinuierlich oder sprunghaft → **9**.

Die steife Verbindung des Rähms mit dem Stiel kann als Wölbung des verleimten Profils, als Keilzinkenverbindung, durch Einfügen eines Eckelements, mit Bolzen, mit Überplattungen u.ä. ausgeführt werden → **10**. Eine mögliche Lösung ist auch die Umverteilung des Biegemoments des Riegels in Axialkräfte des Stiels → **10** E.

Steife Rahmenecken von Holzkonstruktionen können nur bei verleimten Verbindungen angenommen werden. In den übrigen Fällen kommt es infolge der Nachgiebigkeit der Verbindungsmittel (Schraubenbolzen, Nägel u.ä.) auch zum Nachgeben in den Ecken (weiche Ecken). Bei statisch unbestimmten Systemen muß deshalb die Erhöhung der Momentenwirkung auf die Rähme berücksichtigt werden.

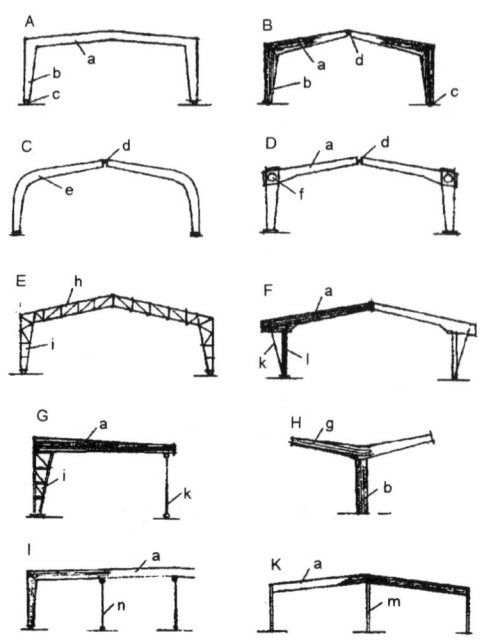

8 Rahmenbinder aus Holz

A = Zweigelenk-Vollwandrahmen aus verleimtem Holz, B = Dreigelenk-Vollwandrahmen aus verleimtem Holz, C = Dreigelenk-Vollwandrahmen aus verleimtem Holz mit gewölbter Rahmenecke, D = Dreigelenk-Vollwandrahmen aus verleimtem Holz mit Bolzenverbindung von Rähm und Stiel, E = Zweigelenk-Fachwerkrahmen, F = Dreigelenkrahmen mit Vollwandriegel und gegliedertem Verbundstiel (aus kombinierten Werkstoffen), G = Konsolrahmen (Halbrahmen) mit Pendelstütze, H = Konsol-Vollwandrahmen aus verleimtem Holz, I = verleimter Mehrfeldrahmen mit Pendelstützen, K = verleimter Zweifeldrahmen mit Vollwandriegel, a = verleimter Rähm, b = verleimter Stiel, c = Stielauflagergelenk, d = Mittelgelenk, e = gewölbte Rahmenecke, f = Bolzenverbindung von Rähm und Stiel, g = Vollwandkonsole aus verleimtem Holz, h = Fachwerkrähm, i = Fachwerkstiel, k = Zuganker, l = Druckstiel des Verbund-Rahmenstiels, m = biegeweicher Stiel, n = Pendelstütze

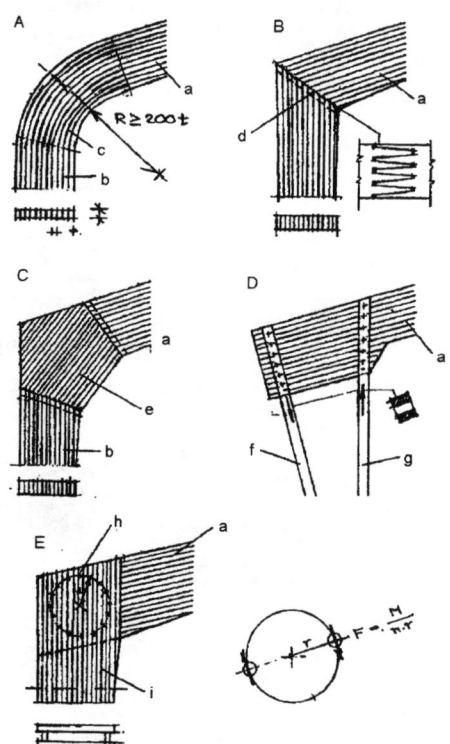

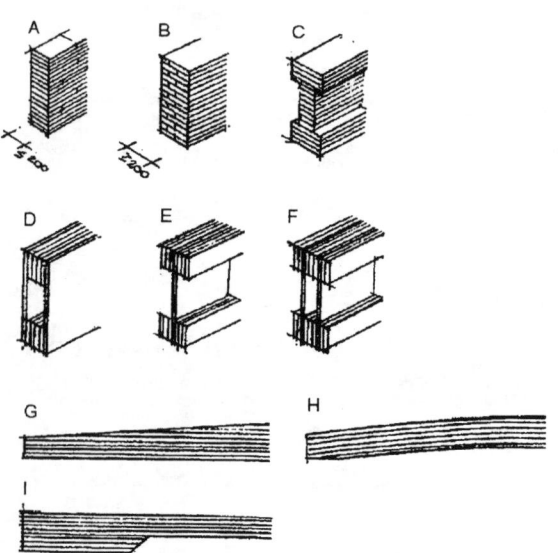

9 Profile verleimter Holzrahmen

A, B = volles Rechteckprofil aus Brettschichtholz, C = I-Profil aus Brettschichtholz, D, F = Kastenprofil mit Stegen aus wetterbeständig verleimtem Sperrholz, E = I-Profil aus Brettschichtholz mit Steg aus wetterbeständig verleimtem Sperrholz, G = Vollwandprofil aus Brettschichtholz, H = gewölbtes Vollwandprofil aus Brettschichtholz, I = Vollwandprofil aus Brettschichtholz mit sprunghafter Änderung der Querschnittshöhe.

10 Beispiele für die Ausbildung der Ecken von verleimten Holzrahmen

A = Rahmenecke aus gebogenem Schichtholz, B = Rahmenecke in Keilzinkenverbindung, C = Rahmenecke mit eingeleimtem Eckelement, D = biegesteife Verbindung des Rähms mit mehrteiligem Stiel, E = Rahmenecke mit Bolzenverbindung von Rähm und Stiel, a = verleimter Rähm, b = verleimter Stiel, c = gewölbte Rahmenecke, d = Keilzinkenverbindung, e = eingeleimtes Eckelement, f, g = Stäbe eines mehrteiligen Stiels, h = Bolzen, i = kastenförmiger Rahmenstiel

Dachbinder aus Holz

Fachwerkbinder aus Holz, Standarddetails (nach Lit. 23)

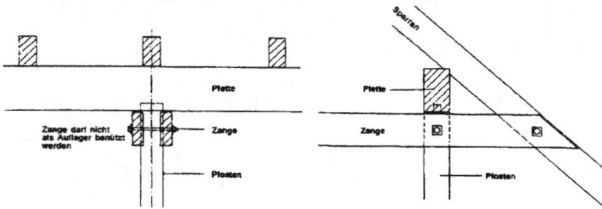
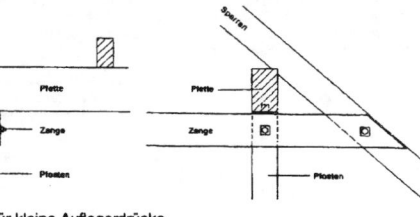
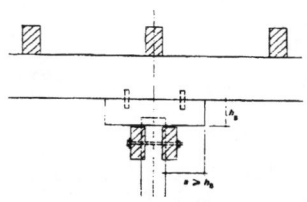
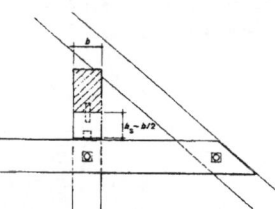

einfachste Auflagerung für kleine Auflagerdrücke   Auflager auf Sattel aus Eichen- oder Buchenholz

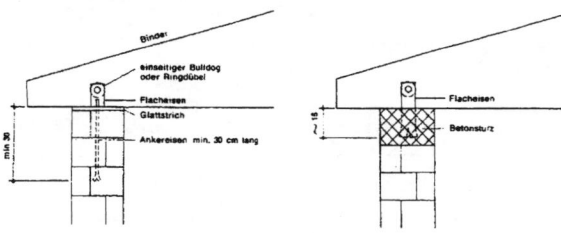
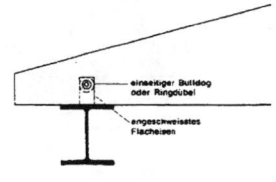

Bei festen Auflagern auf Mauerwerk oder Beton ist ein Glattstrich vorzusehen, damit die Binder ohne Schiftung versetzt werden können. Der Anschluss der Binder an die Ankereisen kann mit Bolzen, Maschinen- oder Schlossschrauben erfolgen. Der Durchmesser dieser Schrauben beträgt im Normalfall 14–18 mm. Bei größeren Aufwind- oder Sogkräften sind zum Beispiel zusätzlich Dübel anzuordnen. Die Ankereisen betragen in der Regel 6/60 bis 8/80 mm. Bei Gleitlagern sind in den Ankereisen Längslöcher vorzusehen, die die horizontale Verschiebung Δ_l des Binders vollumfänglich zulassen. Die Verankerungslänge ist so zu wählen, dass die Auftriebskräfte aufgenommen werden können. Mit Vorteil wird ein armierter Betonsturz vorgesehen.

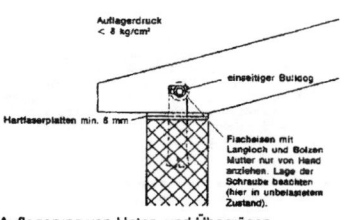
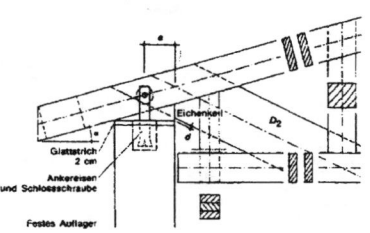

Gleitlager können für eine Auflagerpressung von $\sigma < 8$ kg/cm² aus Hartfaserplatten bestehen, die mit Graphitfett geschmiert sind. Die Platten müssen mindestens 6 mm dick sein. Als Reibungsflächen sind die glatten Seiten zu nehmen.

Für Auflagerpressungen von $\sigma > 8$ kg/cm² sind Stahl-Rollenlager, Neoprene-Deformationslager, Teflon-Gleitlager oder andere gleichwertige Konstruktionen zu verwenden. Dabei ist in jedem Fall darauf zu achten, dass die Windverankerungen so ausgebildet werden, dass die Gleitlager unbehindert funktionieren können.

Auflagerung von Unter- und Überzügen

11 Feste und bewegliche Auflager

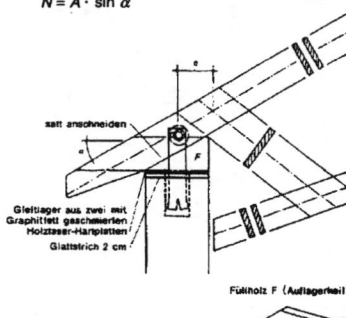

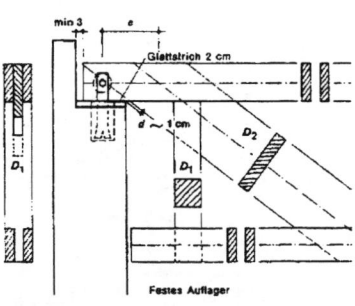

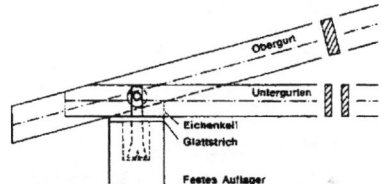

Die Strebe D_2 ist so in das Auflager zu führen, dass die Exzentrizität e möglichst klein wird. Dabei soll das Maß d, um Bauungenauigkeiten auszugleichen, mindestens 1 cm betragen. Für den Abstand e gilt:

$$e_{max} = \frac{W_{x\sigma}\,\sigma_{b\,zul}}{A} \quad (\sigma_{b\,zul} = 100 \text{ kg/cm}^2)$$

$W_{x\sigma}$ = Widerstandsmoment der Obergurten
A = Auflagerkraft

Bei Obergurtneigungen von $\alpha < 15°$ kann der Eichenkeil stumpf unter die Obergurten gesetzt werden. Bei Neigungen von $\alpha > 15°$ ist das Abgleiten der Obergurten beim Keil zu verhindern. Die auftretende Kraft beträgt:

$$N = A \cdot \sin \alpha$$

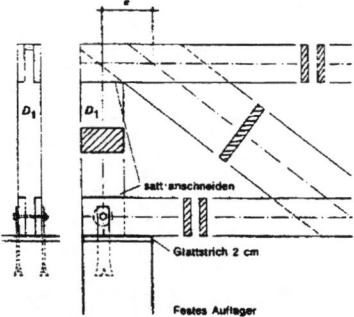
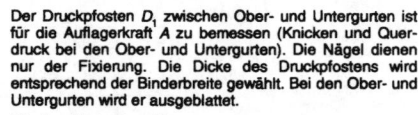

Die Strebe D_2 ist mit möglichst kleiner Exzentrizität e in das Auflager zu führen. Dabei soll das Maß d, um Bauungenauigkeiten auszugleichen, mindestens 1 cm betragen. Für den Abstand e gilt:

$$e_{max} = \frac{W_{x\sigma}\,\sigma_{b\,zul}}{A} \quad (\sigma_{b\,zul} = 100 \text{ kg/cm}^2)$$

$W_{x\sigma}$ = Widerstandsmoment der Obergurten
A = Auflagerkraft

Der Druckpfosten D_1 zwischen Ober- und Untergurten ist für die Auflagerkraft A zu bemessen (Knicken und Querdruck bei den Ober- und Untergurten). Die Nägel dienen nur der Fixierung. Die Dicke des Druckpfostens wird entsprechend der Binderbreite gewählt. Bei den Ober- und Untergurten wird er ausgeblattet.

Für den Abstand e gilt:

$$e_{max} = \frac{W_{x\sigma}\,\sigma_{b\,zul}}{A} \quad (\sigma_{b\,zul} = 100 \text{ kg/cm}^2)$$

$W_{x\sigma}$ = Widerstandsmoment der Obergurten
A = Auflagerkraft

Bei Obergurtneigungen von $\alpha < 15°$ kann der Eichenkeil stumpf unter den Obergurt gesetzt werden. Wenn $\alpha > 15°$ ist, muss das Abgleiten des Obergurtes vom Eichenkeil mit einem Versatz verhindert werden.

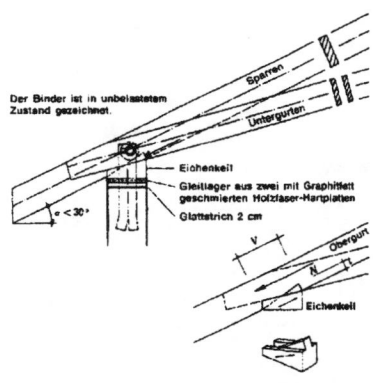

Bei Obergurtneigungen von $\alpha > 15°$ ist beim Eichenkeil die Abscherlänge V und die Einschnitttiefe t für $N = A \cdot \sin \alpha$ zu bestimmen.

Die Exzentrizität e darf höchstens

$$e_{max} = \frac{W_{x\sigma}\,\sigma_{b\,zul}}{A} \quad (\sigma_{b\,zul} = 100 \text{ kg/cm}^2)$$

$W_{x\sigma}$ = Widerstandsmoment der Obergurten
A = Auflagerkraft
betragen.

12 Auflagerknotenpunkte von genagelten Fachwerkträgern

Dachbinder aus Holz

Fachwerkbinder aus Holz, Standarddetails (nach Lit. 23)

Anordnung der Knickverbände bei Binderabständen bis 3,00 m

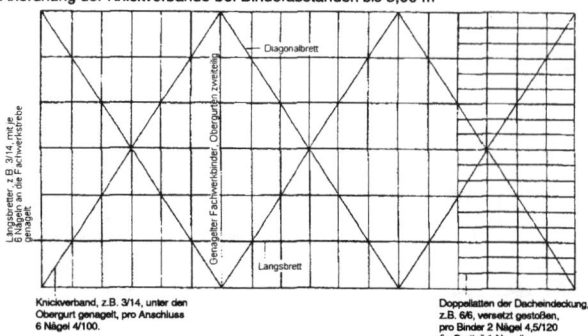

Knickverband, z.B. 3/14, unter den
Obergurt genagelt, pro Anschluss
6 Nägel 4/100.

Doppellatten der Dacheindeckung,
z.B. 6/6, versetzt gestoßen,
pro Binder 2 Nägel 4,5/120
(je Gurtteil 1 Nagel)

Anordnung der Knickverbände bei Binderabständen über 3,00 m

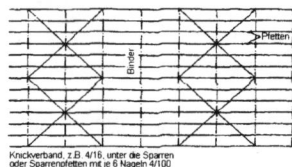

Knickverband, z.B. 4/16, unter die Sparren
oder Sparrenpfetten genagelt mit je 6 Nägeln 4/100
pro Anschluss

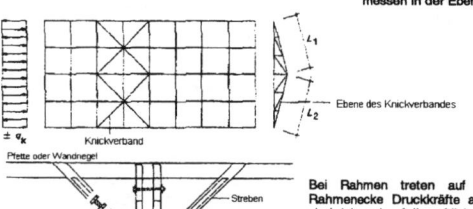

Ebene des Knickverbandes

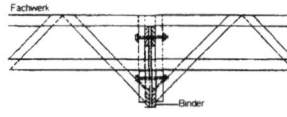

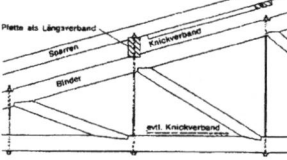

Bei Binderabständen über 3,00 m wird der
Knickverband im allgemeinen unter die Sparren
oder Sparrenpfetten genagelt. Als Längsverband
dienen die Pfetten.

Zur Bemessung der Knickverbände kann eine
gleichmäßig verteilte Seitenlast in kg/m' von

$$q_k = \frac{n \cdot N_{Gurt}}{30 \cdot L}$$

in der Knickverbandebene (rechtwinklig zur
Trägerebene), nach außen und innen wirkend,
angenommen werden.

q_k = gleichmäßig verteilte Seitenlast
n = Anzahl ausgesteifter Druckgurten
(Anzahl Binder)
N_{Gurt} = mittlere Gurtkraft für den ungünstigsten
Belastungsfall
L = Stützweite des Knickverbandes, ge-
messen in der Ebene dieses Verbandes

Bei Rahmen treten auf der Innenseite der
Rahmenecke Druckkräfte auf. Diese Eckpunkte
sind daher ebenfalls seitlich auszusteifen, was mit
Streben, Fachwerkbindern oder verleimten
Knotenplatten erfolgen kann.

Anordnung des Knickverbandes bei einem Träger
mit Druckdiagonalen und Zugstangen

13 Knickverbände

Kraftschlüssige Stoßausbildung von Wind- und
Knickverbänden

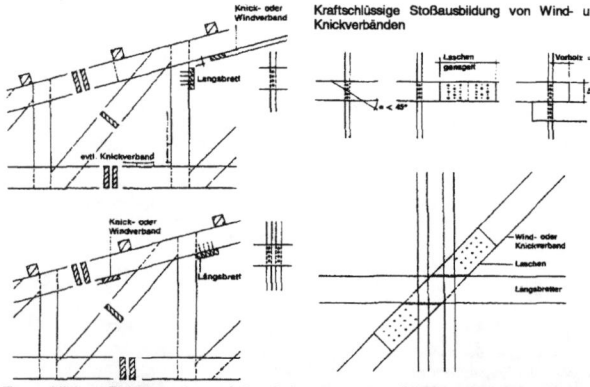

Zur seitlichen Fixierung der auf Druck beanspruchten Glieder ist ein Knickverband
(Druckverband) einzubauen. Die Standfestigkeit eines Gebäudes muss durch den
Einbau eines Windverbandes gewährleistet sein. Er muss so eingebaut werden, dass
die Stütz- und Windkräfte sicher in die Fundamente geleitet werden. Unter Umständen
kann der Windverband gleichzeitig als Knickverband dienen. Oft wird beim Aufrichten
der Dachkonstruktion ein spezieller Montageverband notwendig, der nach Möglichkeit
ebenfalls mit dem Knick- und Windverband kombiniert werden sollte.
Brettstöße von Wind- und Knickverbänden sind kraftschlüssig auszubilden. Bei
Gebäudelängen über 12,00 m sind mindestens zwei Verbände anzuordnen. Der
Abstand der Verbände soll 25,00 m nicht übersteigen.

14 Knickverbände, Windverbände

Bei Bindern auf Außenwänden können die Längs- und Giebelwände so ausgebildet
sein, dass sie die Windlasten vollständig aufnehmen. In diesem Fall kann auf Windverbände verzichtet werden. In allen anderen Fällen muss die Standfestigkeit des
Gebäudes durch den Einbau von Windverbänden gewährleistet werden.

Allseits steife Wände:
Keine Windverbände

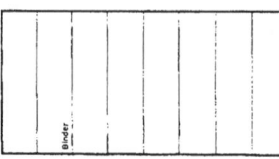

Steife Längswände:
Windverbände (die gleichzeitig als Knickverbände
benützt werden können) auf den Giebelseiten.

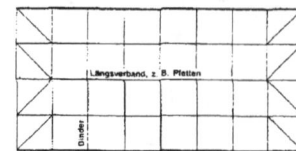

Steife Giebelwände:
Windverbände auf den Längsseiten

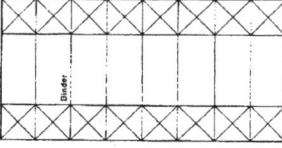

Keine steifen Außenwände:
Windverbände auf Giebel- und Längsseiten. Die
giebelseitigen Windverbände können gleichzeitig
als Knickverbände benützt werden.

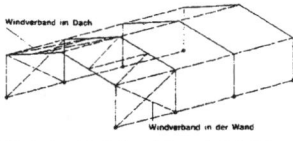

Windverband im Dach

Windverband in der Wand

Bei Rahmen werden die Windkräfte in der
Binderebene direkt durch die Binder übernommen.
Eine Windversteifung muss hier von Fall zu Fall
nur für die Giebelwände, also senkrecht zur
Binderebene geschaffen werden. Die Windlast auf
die Giebelwand wird dabei durch den Windver-
band im Dach über den Windverband in den
Wänden in die Längsfundamente abgeleitet.

Windverband als Vollwandträger, oberhalb (oder
unterhalb) der Binder eingebaut

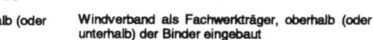

Windverband als Fachwerkträger, oberhalb (oder
unterhalb) der Binder eingebaut

Die Windverbände können oberhalb oder
unterhalb der Binder eingebaut werden. Sie
können als Fachwerk- oder Vollwandträger, als
Seilzug oder als genagelte Brettscheiben
ausgebildet werden. Die Dachlattung genügt nicht
zur Aufnahme der Windlasten.

Sofern Windverbände mit Hilfe von Pfetten,
Giebelwandeinbindern o.ä. als Fachwerkträger
ausgebildet werden, ist eine sorgfältige Überprüfung des Fachwerkes notwendig, da die Anschlüsse einschnittig sind und infolge Exzentrizitäten
Biegemomente auftreten.

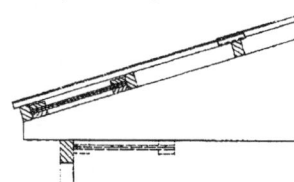

Windverband
(evtl. gleichzeitig
Knickverband)

Steife Längswand

Bei Gebäudelängen über 20,00 m und einem
Seitenverhältnis 1,5 < a/b < 3 kann der Windverband mit einem Seilzug aus Drahtseilen oder
Spanndrähten erreicht werden. Da die Seile nur
Zugkräfte aufnehmen können, muss der Seilzug
genau parabelförmig sein. Um ungleichmäßig
angreifenden Wind aufnehmen zu können, sind
diagonal unter den Sparren oder Sparrenpfetten
genagelte Windverbandbretter anzuordnen.

Windverbände als Seilzug
Steife Giebelwand

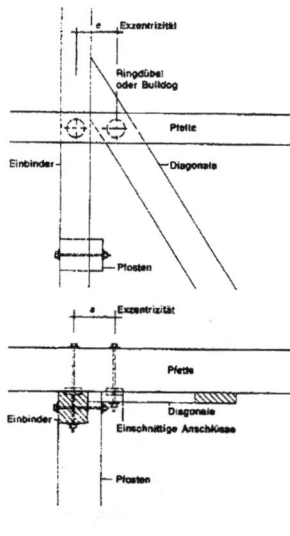

Detail Anschlusspunkt A

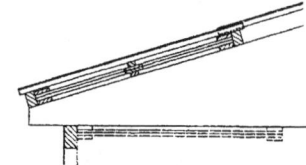

Exzentrizität
Ringdübel
oder Bulldog
Pfette
Einbinder
Diagonale
Pfosten

Exzentrizität
Pfette
Einbinder
Diagonale
Einschnittige Anschlüsse
Pfosten

Detail Anschlusspunkt A

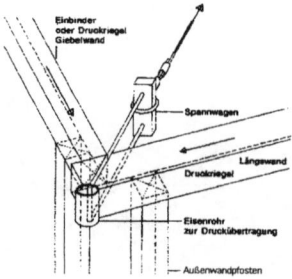

15 Windverbände

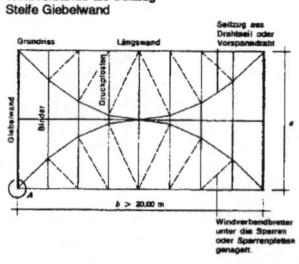

Dachbinder aus Holz

Fachwerkbinder aus Holz, Standarddetails (nach Lit. 23)

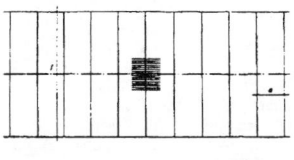

Schemaansicht Ausgleichträger

Unterbauten eines Fachwerk-Ausgleichträgers im First eines Satteldachträgers mit großer Bauhöhe

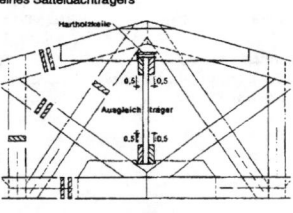

Einbau eines Fachwerk-Ausgleichträgers im First eines Satteldachträgers

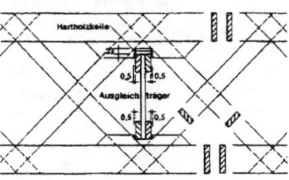

Einbau eines Fachwerk-Ausgleichträgers bei einem Parallelträger mit gekreuztem Fach

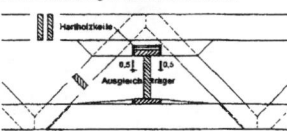

Einbau eines Fachwerk-Ausgleichträgers bei einem Parallelträger mit einfachem Fach

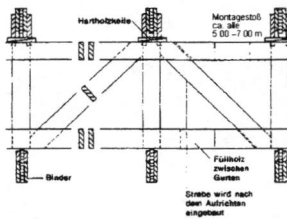

Verkeilung und Stoßausbildung eines Fachwerkausgleichträgers

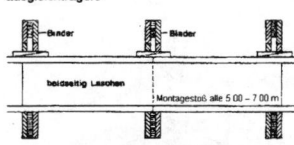

Verkeilung und Stoßausbildung eines Vollwandausgleichträgers

Die einzelnen Nagelträger sind ungleich steif, d.h. die Durchbiegung der Einzelträger kann verschieden sein. Dies führt bei kleinen Binderabständen je nach Bedachungsmaterial und Deckenverkleidung zu gut sichtbaren Unebenheiten in der Dachfläche bzw. Decke. Es ist deshalb notwendig, bei Binderabständen bis ca. 2,50 m Ausgleichträger einzubauen.

Für die Berechnung des Ausgleichträgers werden Einzellasten von

$$p = \frac{a \cdot l \cdot q}{4}$$

a = Binderabstand
l = Stützweite
q = Last per m¹ auf einen Binder angenommen.

$$v = \pm p$$

$$s = \pm \frac{p}{2 \sin \alpha}$$

$$u = o = \pm \frac{p}{2 \operatorname{tg} \alpha}$$

Der Ausgleichträger belastet bei diesen Annahmen die benachbarten Nagelträger mit je P/2. Zur Aufnahme dieser Belastung sind bei den einzelnen Nagelträgern zusätzliche Zugstreben einzubauen, die die Last P zu übertragen haben.

Als minimale Trägerhöhe gelten in Fachwerkausführung 50 cm. Niedrigere Ausgleichträger werden als Vollwandträger ausgeführt.

Ausgleichträger in Fachwerkausführung.

Dicke der Strebe in mm	Max. Trägerhöhe h in cm
24	105 · sin α
30	130 · sin α
36	156 · sin α

α = Neigungswinkel zwischen Strebe und Gurten

Bei großen Firsthöhen werden die Ausgleichträger in der Regel unterbaut. Die Ausgleichträger sind mit Hartholzkeilen satt zu unterkeilen. Alle 5,00 bis 7,00 m sind Montagestöße vorzusehen. Um das Einfahren beim Auftrichten zu erleichtern, ist bei den Laschen auf und unter den Gurten seitlich je 0,5 cm Spiel zu lassen.

16 Ausgleichträger

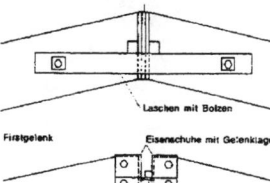

Firstgelenk

Das einfachste Firstgelenk besteht aus Knotenplatten aus Eichenholz. Die Dicke derartiger Platten beträgt ca. 30 mm. An den Platten werden seitliche Führungslatten angeleimt. Seitliche Laschen an den Trägerenden sichern die Knotenplatten in der Trägerebene und übernehmen zugleich allfällig auftretende Zugkräfte. An Stelle der Eichenplatten kann auch Neoprene oder ähnliches Material verwendet werden.

Firstgelenke in Stahl mit aufgeschweißten Nocken. Seitliche Stahlaschen verhindern das Öffnen und seitliche Verschieben des Firstgelenkes.

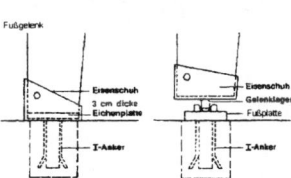

Fußgelenk

Die Drehbarkeit des Fußgelenkes wird durch Einlegen einer Eichen- oder Neopreneplatte oder durch Anschweißen von Nocken erreicht.

17 Gelenke

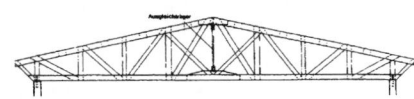

Satteldach mit flacher Neigung
Horizontaler Untergurt

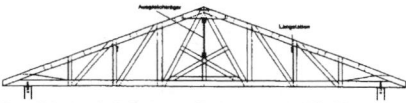

Satteldach mit Neigung zwischen ca. 12° bis 20°
Horizontaler Untergurt
Ausgleichträger eingebaut

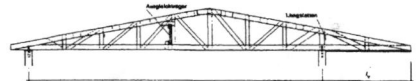

Satteldach mit Neigung bis ca. 15°
Einseitiges Vordach, je nach Spannweite l kann l 1,50–5,00 m betragen.
Horizontaler Untergurt

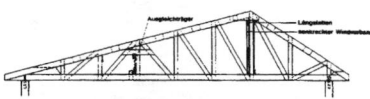

Satteldach mit ungleicher Neigung,
flachere Neigung bis ca. 15°
Horizontaler Untergurt

Satteldach mit Neigung bis ca. 15°
Horizontaler Untergurt. Der Träger läuft über zwei Felder durch.

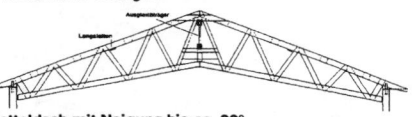

Satteldach mit Neigung bis ca. 20°
Angehobene Untergurten. Ausgleichträger unterbaut. Die Untergurten werden im First mit einer Knotenplatte zusammengeschlossen.

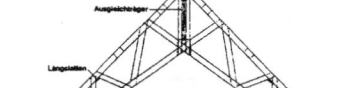

Satteldach mit beliebiger Neigung
Angehobene Untergurten. Die Untergurten werden im First überblattet und mit einer Knotenplatte zusammengeschlossen. Beim Auflager wird ebenfalls eine Knotenplatte angeordnet.

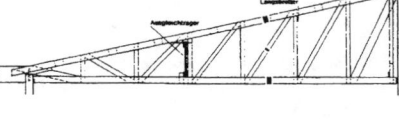

Pultdach mit Neigung bis 15°
Horizontaler, heruntergehängter Untergurt, bedingt größere Bauhöhe h.

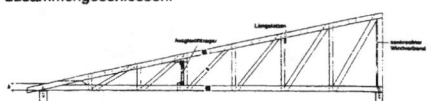

Pultdach mit Neigung bis 15°
Mit dem Obergurt zusammenlaufender, horizontaler Untergurt
Konstruktionsart mit minimaler Bauhöhe h.

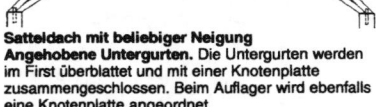

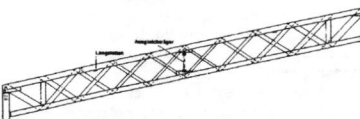

Pultdach mit beliebiger Dachneigung.
Gekreuztes Fach. Eingehängte Träger sind wirtschaftlicher als aufgelegte Träger.

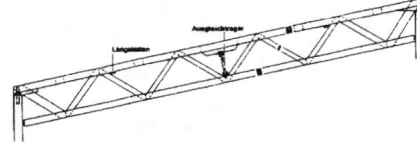

Pultdach mit beliebiger Dachneigung
Einfaches Fach

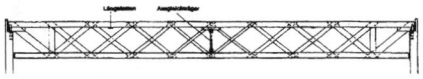

Flachdach, gekreuztes Fach

18 Standardausführungen für Fachwerkbinder aus Holz (nach Lit. 23)

Dachbinder aus Holz

Freitragende Holzbinder, Beispiele (nach Lit. 24)

19 **Flacher Drei-eckbinder**
als Gespärrebinder

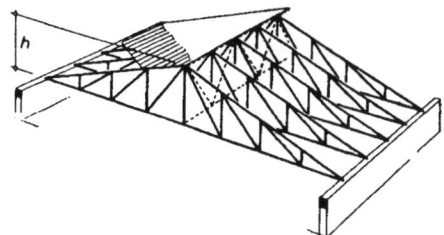

Binderstützweite	= l = 5,00 bis 15,00 m
Binderhöhe	= $h \geq 0,125\ l$
Binderabstand	= b = 0,80 bis 1,25 m
Dachkonstruktionshölzer	= nicht erforderlich
Dachdeckung	= Pappdach auf Schalung, Asbestzementwelldach auf Doppellatten, Ziegeldach auf Lattung, Metalldeckung
Decke	= ohne besondere Deckenbalken möglich
Bemerkungen	= Längsverbände, Knick- und Windverbände in Obergurtebene

20 **Flacher Drei-eckbinder**
aus Kantholz oder Bohlen

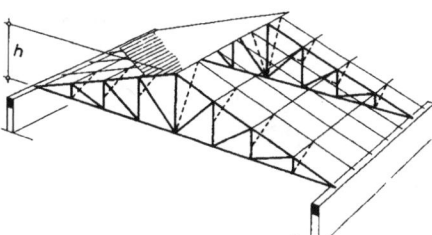

Binderstützweite	= l = 5,00 bis 25,00 m
Binderhöhe	= $h \geq 0,14\ l$
Binderabstand	= b = 2,50 bis 5,00 m
Dachkonstruktionshölzer	= Sparren auf Pfetten oder Pfettensparren
Dachdeckung	= Pappdach auf Schalung, Asbestzementwelldach, Ziegeldach auf Lattung, Metalldeckung
Decke in Höhe des Untergurtes	= besondere Deckenbalken erforderlich
Bemerkungen	= Knick- und Windverbände in Obergurtebene

21 **Dreiecksbin-der mit tief-liegendem Untergurt**
als Gespärrebinder

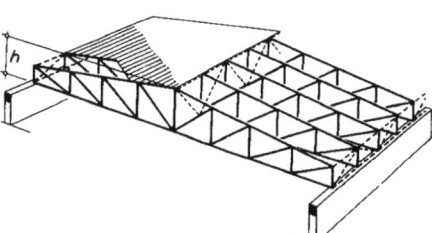

Binderstützweite	= l = 5,00 bis 15,00 m
Binderhöhe	= $h \geq 0,1\ l$ (nur für geringe Dachneigung)
Binderabstand	= b = 0,80 bis 1,25 m
Dachkonstruktionshölzer	= nicht erforderlich
Dachdeckung	= Pappdach auf Schalung, Asbestzementwelldach auf Doppellatten, Metalldeckung
Decke	= ohne besondere Deckenbalken möglich
Bemerkungen	= Längsverbände, Knick- und Windverbände in Obergurtebene

22 **Steiler Drei-eckbinder**
als Gespärrebinder

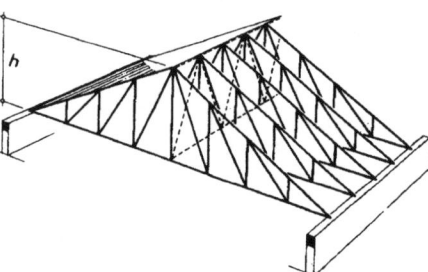

Binderstützweite	= l = 5,00 bis 15,00 m
Binderhöhe	= $h > 0,125\ l$
Binderabstand	= b = 0,80 bis 1,25 m
Dachkonstruktionshölzer	= nicht erforderlich
Dachdeckung	= Pappdach auf Schalung, Asbestzementwelldach auf Doppellatten, Ziegeldach auf Lattung, Metalldeckung
Decke	= ohne besondere Deckenbalken möglich
Bemerkungen	= Längsverbände, Knick- und Windverbände in Obergurtebene

23 **Steiler Drei-eckbinder**
aus Kantholz oder Bohlen

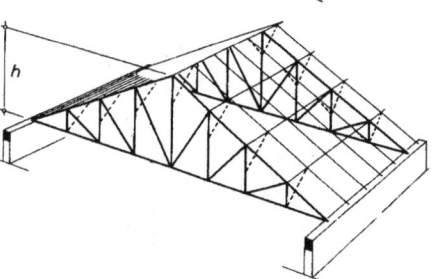

Binderstützweite	= l = 5,00 bis 25,00 m
Binderhöhe	= $h > 0,14\ l$
Binderabstand	= b = 2,50 bis 5,00 m
Dachkonstruktionshölzer	= Sparren auf Pfetten oder Pfettensparren
Dachdeckung	= Pappdach auf Schalung, Asbestzementwelldach, Ziegeldach auf Lattung, Metalldeckung
Decke in Höhe des Untergurtes	= besondere Deckenbalken erforderlich
Bemerkungen	= Knick- und Windverbände in Obergurtebene

24 **Dreiecksbin-der mit tief-liegendem Untergurt**
aus Kantholz oder Bohlen

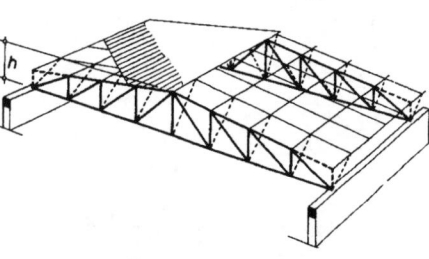

Binderstützweite	= l = 5,00 bis 25,00 m
Binderhöhe	= $h \geq 0,11\ l$ (nur für geringe Dachneigung)
Binderabstand	= b = 2,50 bis 5,00 m
Dachkonstruktionshölzer	= Sparren auf Pfetten oder Pfettensparren
Dachdeckung	= Pappdach auf Schalung, Asbestzementwelldach Metalldeckung
Decke in Höhe des Untergurtes	= besondere Deckenbalken erforderlich
Bemerkungen	= Knick- und Windverbände in Obergurtebene

25 **Vollwand-träger**
mit leicht geneigten Obergurten

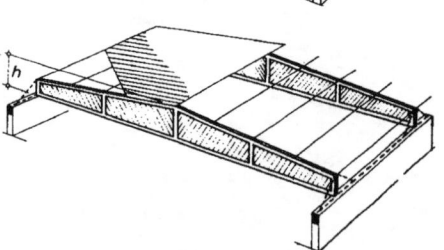

Binderstützweite	= l = 5,00 bis 25,00 m
Binderhöhe	= $h \geq$ genagelt = 0,09 l, geleimt = 0,07 l
Binderabstand	= b = 3,00 bis 5,00 m
Dachkonstruktionshölzer	= Sparren auf Pfetten oder Pfettensparren
Dachdeckung	= Pappdach auf Schalung, Asbestzementwelldach Metalldeckung
Decke	= besondere Deckenbalken erforderlich
Bemerkungen	= Knick- und Windverbände in Obergurtebene

Dachbinder aus Holz

Freitragende Holzbinder, Beispiele (nach Lit. 24)

26 Vollwand-
träger
mit parallelen Gurten

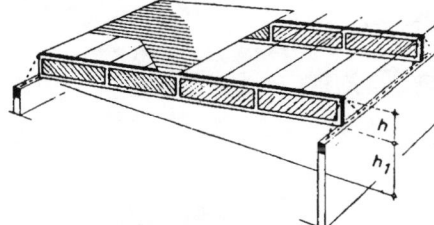

Binderstützweite	= l = 5,00 bis 25,00 m
Binderhöhe	= $h_1 \geq$ genagelt = 0,08 l, geleimt = 0,06 l
	h_1 je nach Dachdeckung
Binderabstand	= b = 3,00 bis 5,00 m
Dachkonstruktionshölzer	= Sparren auf Pfetten oder Pfettensparren
Dachdeckung	= Pappdach auf Schalung, Asbestzementwelldach, Metalldeckung
Decke	= besondere Deckenbalken erforderlich
Bemerkungen	= Knick- und Windverbände in Pfettenebene

27 Parallelbinder
als Gespärrebinder

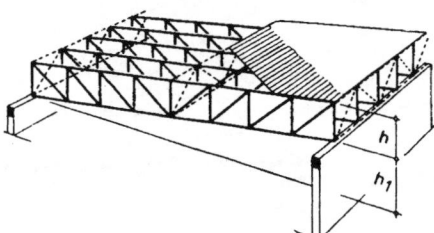

Binderstützweite	= l = 5,00 bis 15,00 m
Binderhöhe	= $h \geq 0,1$ l, h_1 je nach Dachdeckung
Binderabstand	= b = 0,90 bis 1,25 m
Dachkonstruktionshölzer	= nicht erforderlich
Dachdeckung	= Pappdach auf Schalung, Asbestzementwelldach auf Doppellatten, Metalldeckung
Decke	= ohne besondere Deckenbalken möglich
Bemerkungen	= Längsverbände, Knick- und Windverbände in Obergurtebene

28 Parallelbinder
aus Kantholz oder
Bohlen

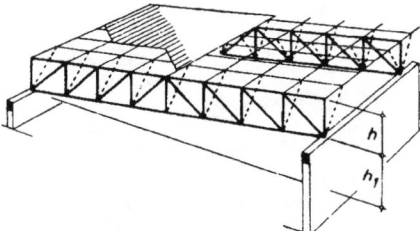

Binderstützweite	= l = 5,00 bis 25,00 m
Binderhöhe	= $h \geq 0,11$ l, h_1 je nach Dachdeckung
Binderabstand	= b = 2,50 bis 5,00 m
Dachkonstruktionshölzer	= Sparren auf Pfetten oder Pfettensparren
Dachdeckung	= Pappdach auf Schalung, Asbestzementwelldach, Metalldeckung
Decke	= besondere Deckenbalken erforderlich
Bemerkungen	= Knick- und Windverbände in Obergurtebene

29 Pultdach-
binder
als Gespärrebinder

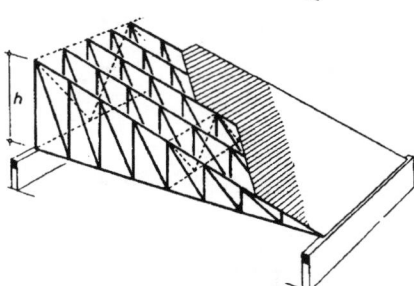

Binderstützweite	= l = 5,00 bis 15,00 m
Binderhöhe	= $h \geq 0,25$ l
Binderabstand	= b = 0,80 bis 1,25 m
Dachkonstruktionshölzer	= nicht erforderlich
Dachdeckung	= Pappdach auf Schalung, Asbestzementwelldach auf Doppellatten, Ziegeldach auf Lattung, Metalldeckung
Decke	= ohne besondere Deckenbalken möglich
Bemerkungen	= Längsverbände, Knick- und Windverbände in Obergurtebene

30 Dreigelenk-
binder
als Gespärrebinder

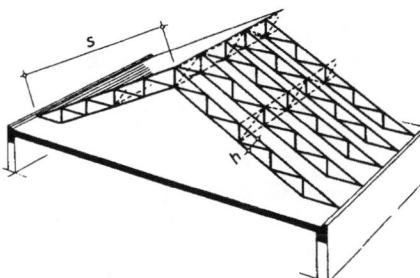

Binderstützweite	= l = 5,00 bis 15,00 m
Binderhöhe	= $h \geq 0,075$ s
Binderabstand	= b = 0,80 bis 1,25 m
Dachkonstruktionshölzer	= nicht erforderlich
Dachdeckung	= Pappdach auf Schalung, Asbestzementwelldach auf Doppellatten, Ziegeldach auf Lattung, Metalldeckung
Decke	= an Unterseite der Gespärre möglich
Bemerkungen	= Längsverbände, Knick- und Windverbände in Obergurtebene. In Decke ist Zugarmierung erforderlich

31 Dreigelenk-
binder
als Vollwandbinder

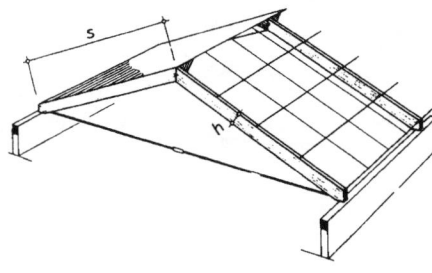

Binderstützweite	= l = 10,00 bis 40,00 m
Binderhöhe	= $h \geq$ genagelt = 0,075 s, geleimt = 0,055 s
Binderabstand	= b = 3,00 bis 5,00 m
Dachkonstruktionshölzer	= Sparren auf Pfetten oder Pfettensparren
Dachdeckung	= Pappdach auf Schalung, Asbestzementwelldach, Ziegeldach, Metalldeckung
Decke	= in Dachebene möglich
Bemerkungen	= Zugband aus Holz oder Stahl, Knick- und Windverbände in Pfettenebene

32 Dreigelenk-
binder
aus Kantholz oder
Bohlen

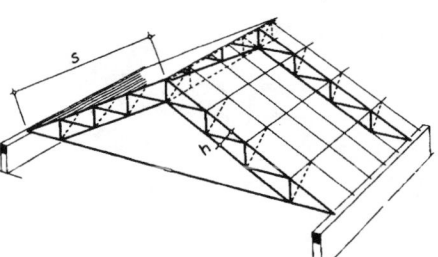

Binderstützweite	= l = 8,00 bis 30,00 m
Binderhöhe	= $h \geq 0,085$ s
Binderabstand	= b = 2,50 bis 8,00 m
Dachkonstruktionshölzer	= Sparren auf Pfetten oder Pfettensparren
Dachdeckung	= Pappdach auf Schalung, Asbestzementwelldach, Ziegeldach, Metalldeckung
Decke	= in Dachebene möglich
Bemerkungen	= Zugband aus Holz oder Stahl. Bei größeren Binderabständen = Gitterpfetten
	= Knick- und Windverbände in Pfettenebene

Vollwand- und Fachwerksysteme, Knotenpunkte

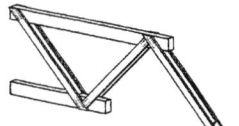
aufgenagelte dreiteilige Diagonalen

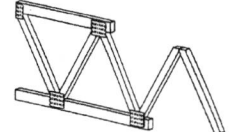
Nagelplatten

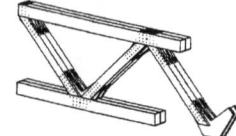
Greimbauweise

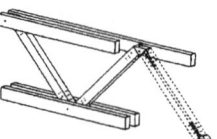
Vergussdübel mit Blechformteil

1 Fachwerkbauweise

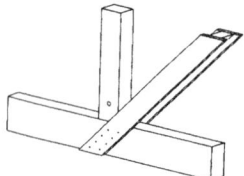
Diagonale dreiteilig, an Untergurt genagelt. Druckpfosten mit Simplex-Verbinder

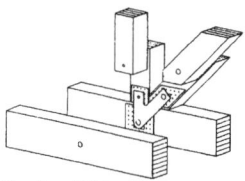
Nagel- und Einlegebleche zur Kraftübertragung Gelenkbolzen-Holz

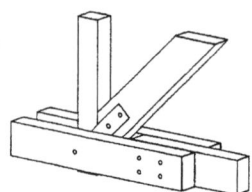
Diagonale einteilig mit Stahl-laschen und einseitigen Ring-dübeln

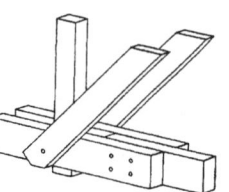
zweiteilige Gurte und Diagonalen, Untergurtstoß

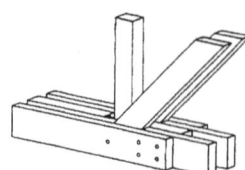
mehrteilige Gurte und Diagonalen mit Gurtstoß

2 Fachwerkknoten mit Holzdiagonalen

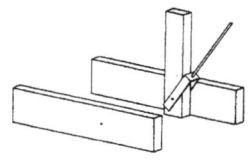
Untergurt zweiteilig, Zugstab mit Lasche

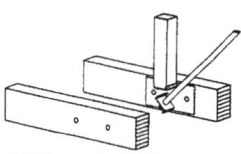
Stahldiagonale verstellbar

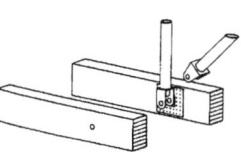
Diagonalen und Pfosten aus Stahlrohr mit Nagelplatte und Gelenkbolzen

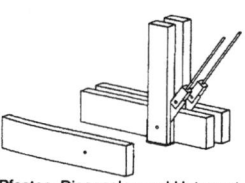
Pfosten, Diagonalen und Untergurt mehrteilig

3 Fachwerkknoten mit Stahldiagonalen

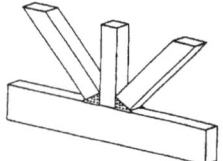
aufgenagelte Stahlschuhe oder Blechformteile

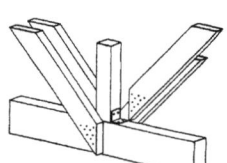
aufgenagelte Diagonalen

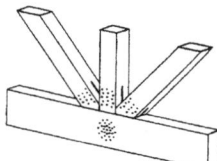
durchgenageltes Blech oder Stabdübelung mit vorgebohrtem Schlitzblech

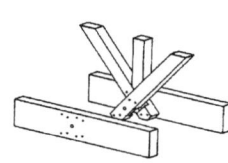
ausgeblattete Diagonalen mit Gelenkbolzen

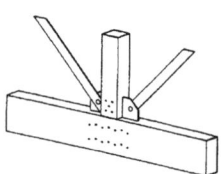
eingeschlitzte Knotenplatte mit Flachstahldiagonalen

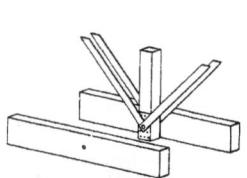
zweiteiliger Untergurt mit ver-nagelten Knotenblechen

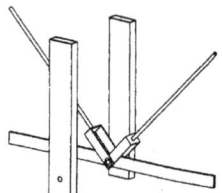
Stahlzugband und Zugdiagonalen mit Stahllaschen

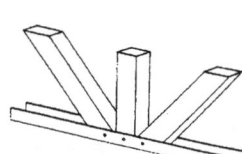
U-Zugband mit Gelenkbolzen

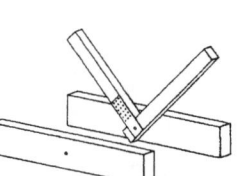
Diagonalen einteilig, Verbindung mit Nagelblech, einseitigen Ein-lassdübeln und Schraubenbolzen

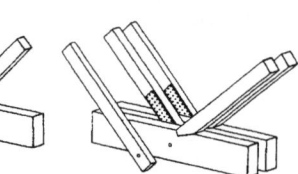
Diagonalen mehrteilig, Verbindung mit Nagelblech, Druckstab mit Versatz

Diagonalen mehrteilig, Verbindung mit Nagelblech

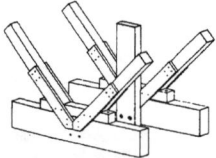
Pfosten mit Einlassdübel und Schraubbolzen an Untergurt befestigt, Diagonalen mit Holz-laschen an Unterknagge befestigt.

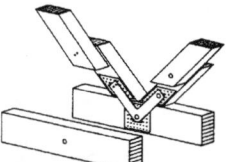
mit Nagelblechen und Gelenk-bolzen

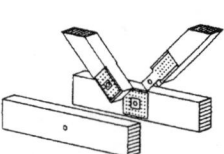
mit Nagelblechen und Gelenk-bolzen, Untergurt gespreizt

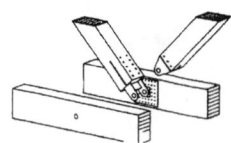
mit eingeschlitzten Blechen und Stahllaschen

4 Fachwerkknoten in Feldmitte mit Pfosten und Diagonalen

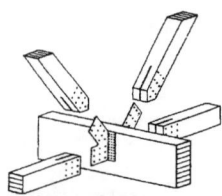
vier Stäbe rechtwinklig und diagonal an Hauptträger

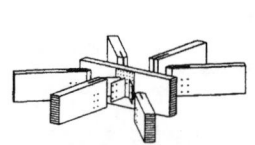
sechs Stäbe in einer Ebene

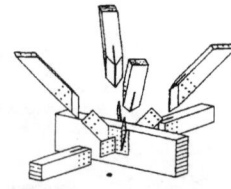
sechs Stäbe rechtwinklig und diagonal im Raum liegend an Hauptträger

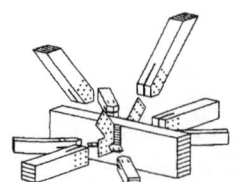
acht Stäbe an Hauptträger

5 Geometrievarianten Hauptträger – Nebenträger

Vollwand- und Fachwerksysteme, Knotenpunkte

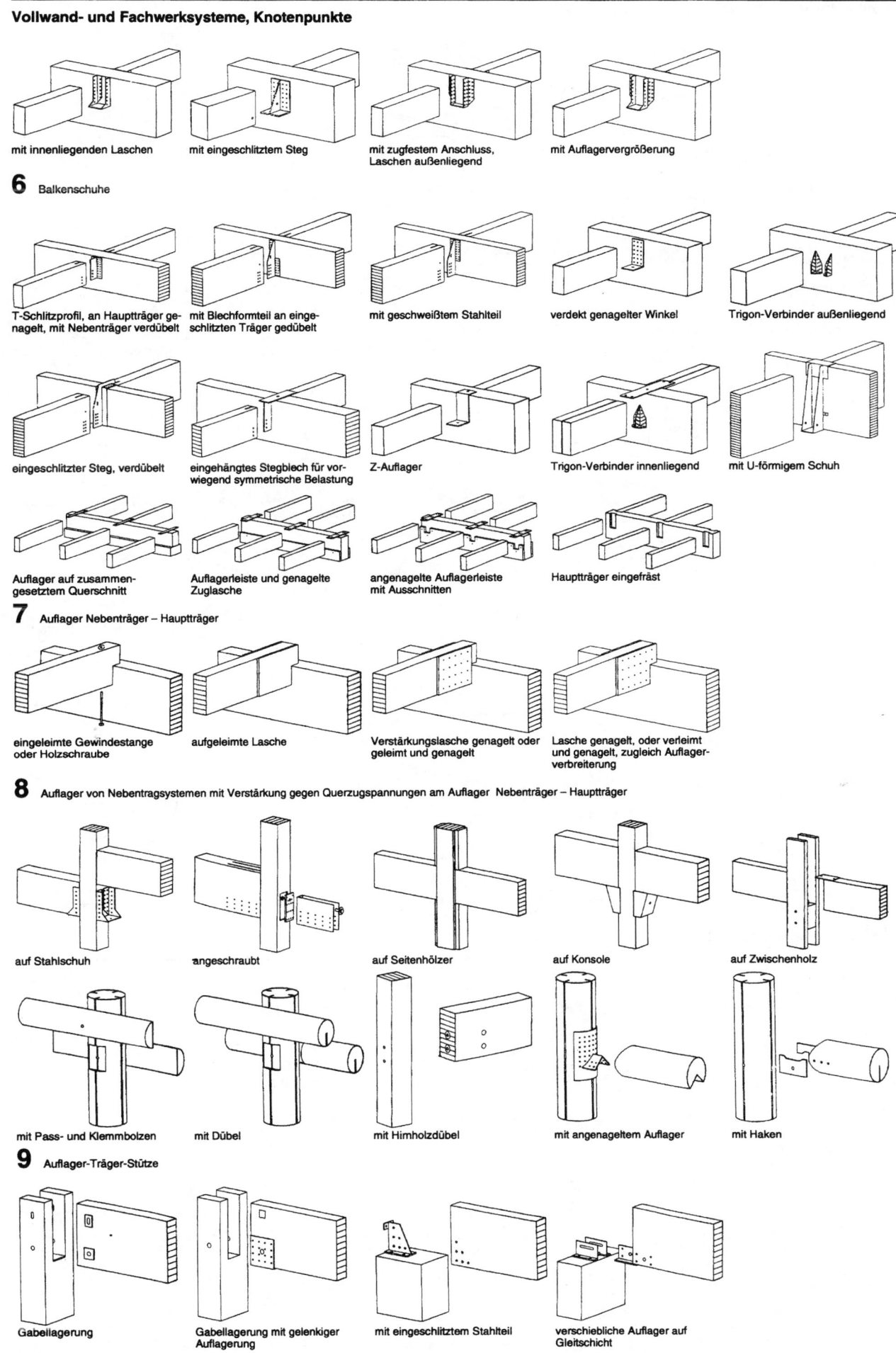

mit innenliegenden Laschen

mit eingeschlitztem Steg

mit zugfestem Anschluss, Laschen außenliegend

mit Auflagervergrößerung

6 Balkenschuhe

T-Schlitzprofil, an Hauptträger genagelt, mit Nebenträger verdübelt

mit Blechformteil an eingeschlitzten Träger gedübelt

mit geschweißtem Stahlteil

verdekt genagelter Winkel

Trigon-Verbinder außenliegend

eingeschlitzter Steg, verdübelt

eingehängtes Stegblech für vorwiegend symmetrische Belastung

Z-Auflager

Trigon-Verbinder innenliegend

mit U-förmigem Schuh

Auflager auf zusammengesetztem Querschnitt

Auflagerleiste und genagelte Zuglasche

angenagelte Auflagerleiste mit Ausschnitten

Hauptträger eingefräst

7 Auflager Nebenträger – Hauptträger

eingeleimte Gewindestange oder Holzschraube

aufgeleimte Lasche

Verstärkungslasche genagelt oder geleimt und genagelt

Lasche genagelt, oder verleimt und genagelt, zugleich Auflagerverbreiterung

8 Auflager von Nebentragsystemen mit Verstärkung gegen Querzugspannungen am Auflager Nebenträger – Hauptträger

auf Stahlschuh

angeschraubt

auf Seitenhölzer

auf Konsole

auf Zwischenholz

mit Pass- und Klemmbolzen

mit Dübel

mit Hirnholzdübel

mit angenageltem Auflager

mit Haken

9 Auflager-Träger-Stütze

Gabellagerung

Gabellagerung mit gelenkiger Auflagerung

mit eingeschlitztem Stahlteil

verschiebliche Auflager auf Gleitschicht

10 Auflager-Träger-Betonstütze

Vollwand- und Fachwerksysteme, Knotenpunkte

eingelassenes Blech mit Kopf-
platte, Stabdübelverbindung

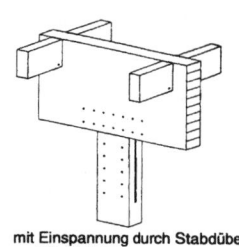
mit Einspannung durch Stabdübel
und Stahlplatte

mit sichtbarem Stahlschuh

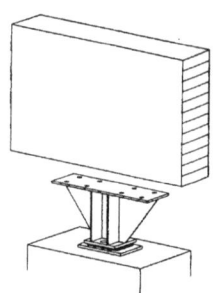
Auflagerplatte für hohe Lasten

11 Auflager von Durchlaufträgern

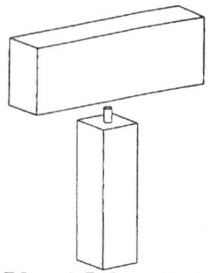
Träger mit Zapfen gesichert

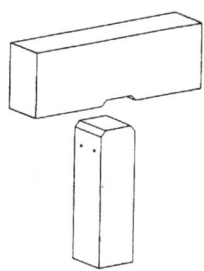
Stütze in Träger eingelassen

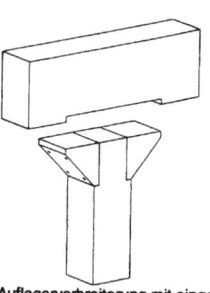
Auflagerverbreiterung mit einge-
lassenen Konsolen

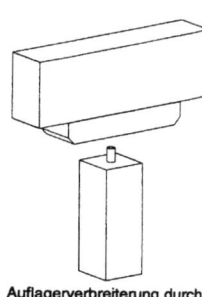
Auflagerverbreiterung durch
Hartholzblock

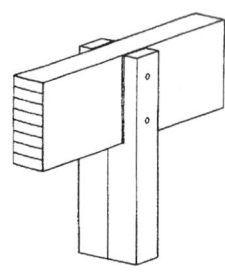
Stütze zweiteilig, Trägerauflager
ausgesägt

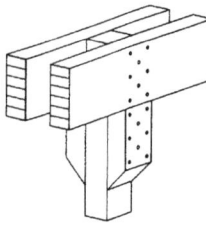
Zwillingsträger auf Stütze mit
Knaggen gelagert

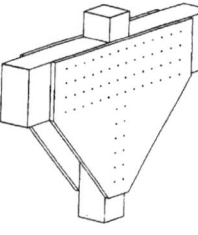
Stoß mit aufgenagelten Furnier-
platten

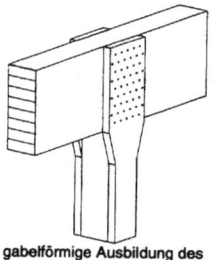
gabelförmige Ausbildung des
Stützenkopfes

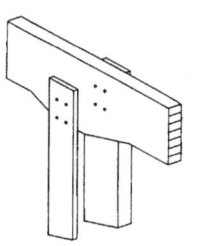
dreiteilige Stütze, Träger mit Voute

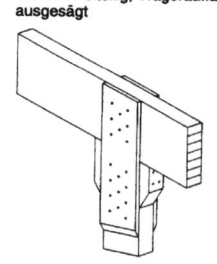
mit Laschen und Auflagerverbreite-
rung durch Knagge

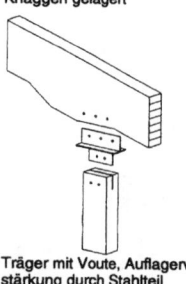
Träger mit Voute, Auflagerver-
stärkung durch Stahlteil

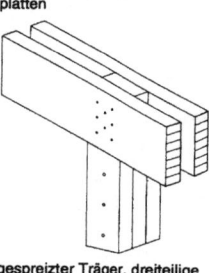
gespreizter Träger, dreiteilige
Stütze

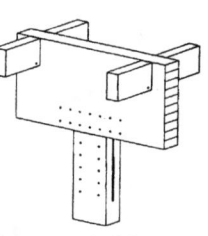
Einspannung durch Stabdübel und
Stahlplatte

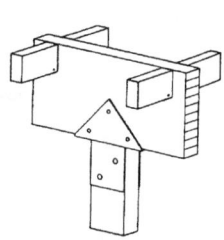
mit sichtbarem Stahlschuh

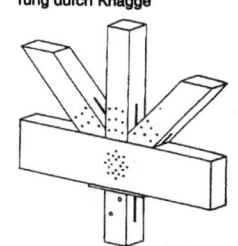
eingelassenes Blech mit Kopfplat-
te, Stabdübelverbindung

12 Auflager-Durchlaufträger-Stütze

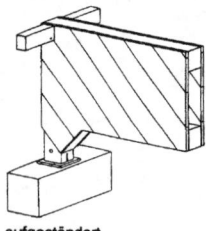
aufgeständert

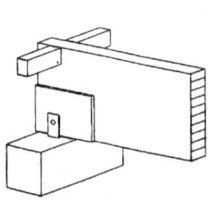
mit Auflagerverstärkung aus
Nagelblech, Sperrholz oder BFU

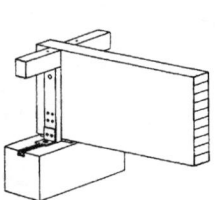
mit Auflagerverstärkung und
Befestigung auf Gleitschiene

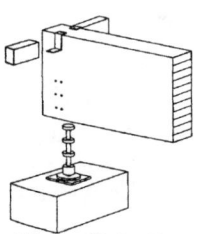
mit Vergussdübel auf Drehteil

13 Auflager-Träger-Wand

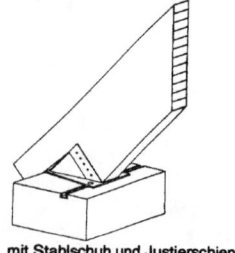
mit Stahlschuh und Justierschiene

in Betonnische mit Elastomerunterlage

mit Kopfplatte und Gelenkbolzen

Nockenauflager mit seitlichen
Stahllaschen

14 Auflager für Gelenkstabzüge

Vollwand- und Fachwerksysteme, Knotenpunkte

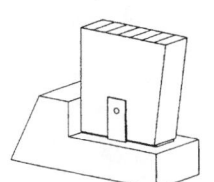 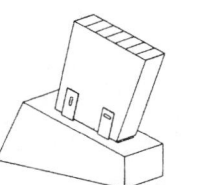 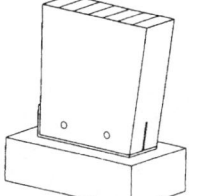 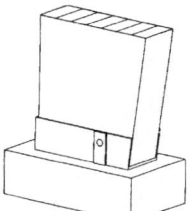

Betonwiderlager mit Stahllaschen mit einbetonierten Stahllaschen mit eingeschlitztem Stahlblech mit U-Profil

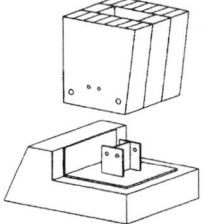 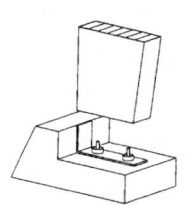 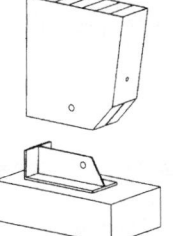 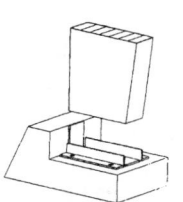

I-profil für Kastenquerschnitt mit stirnseitigen Ringdübeln mit eingeschlitztem Stahlschuh mit Betonwiderlager und Winkeln

15 Rahmenauflager

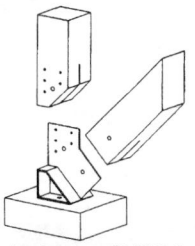 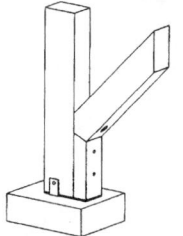 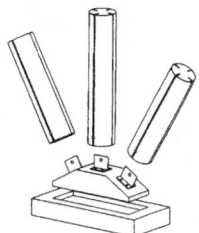 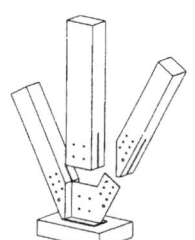

eingelassenes Stahlblech, Anschluss mit Stabdübeln mit Knagge und einbetonierter Lasche mit Hartholzklotz und T-Profilen mit eingelassenem Stahlblech für Lagesicherung und Sog-beanspruchung

16 Fußpunkte für aufgelöste Rahmen

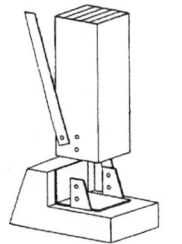 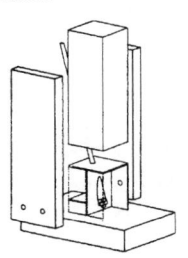 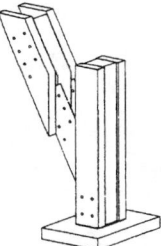 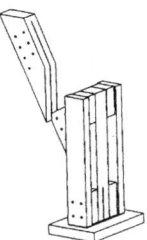

mit einbetonierten Laschen, Zugstab angeschraubt auf Stahlprofil Zugstab nachstellbar mit innenliegendem Stahlblech und Stabdübeln mit eingeschlitztem Stahlblech und Stabdübeln

17 Auflagerpunkte von aufgelösten Rahmenstielen

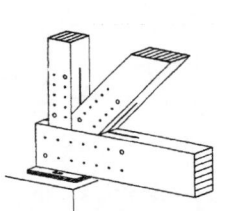 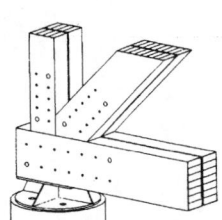 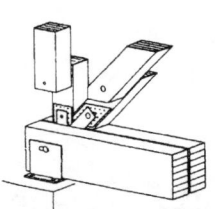 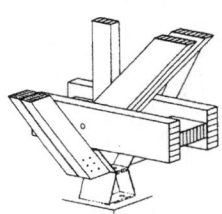

mit eingeschlitzter und verdübelter Stahlplatte zweiteilige Stäbe mit innenliegender verdübelter Stahlplatte zweiteilige Stäbe mit innenliegender Nagelplatte und Gelenkbolzen mehrteilige Gurte, räumlich angeordnet

18 Auflager für Fachwerkträger

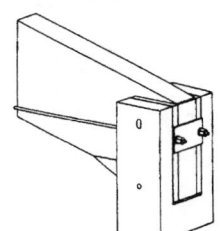 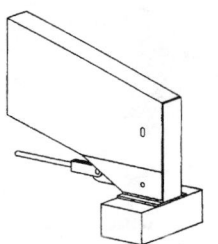 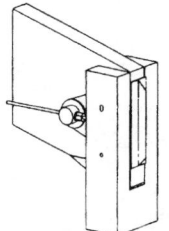 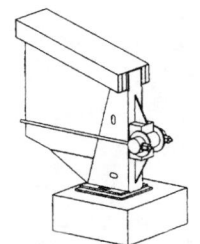

Stahlzugbänder seitlich vom Träger mit Gegenplatte Stahlzugband mittig an eingeschlitztem T-Profil angeschlossen Zugband seitlich über Gelenkrohr mit U-förmigem Schuh verbunden Zugband seitlich über Gelenkrohr am Stahlteil befestigt

19 Zugbandanschlüsse am Auflager

Vollwand- und Fachwerksysteme, Knotenpunkte

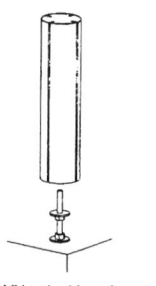
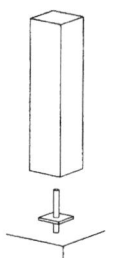
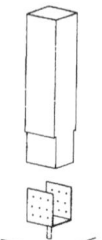
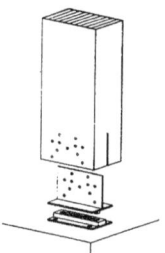

VH gelenkig gelagert, höhenverstellbar

VH gelenkig gelagert

VH gelenkig gelagert

BSH, gelenkig in x-Richtung, teileingespannt in y-Richtung mit Gleitschiene

20 Stützenfuß einteilig, Vollquerschnitte

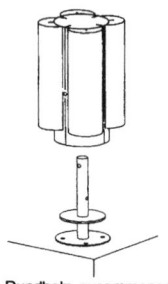
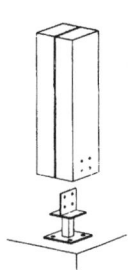

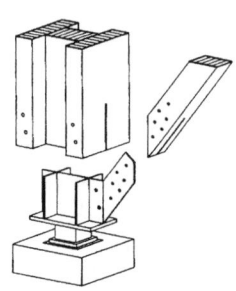

Rundholz, zusammengesetzt, mit nachgiebigen Verbindungsmitteln, gelenkig gelagert

zweiteilige Stütze aus KH

Kreuzstütze aus VH oder BSH

I-Stütze aus BSH

21 Stützenfuß mehrteilig, Vollquerschnitte

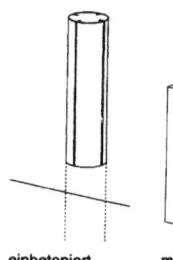
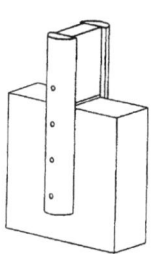
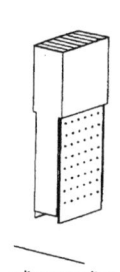
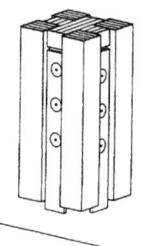
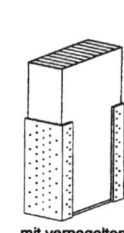
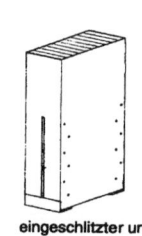
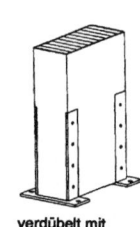
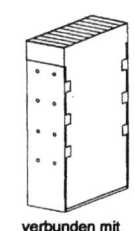

einbetoniert

mit Seitenhölzern

mit vernagelten Laschen

mit verdübelten Laschen

mit vernagelten Profilen

eingeschlitzter und verdübelter Steg

verdübelt mit außenliegenden Stahllaschen

verbunden mit Flachstahldübel

22 Stützeneinspannung

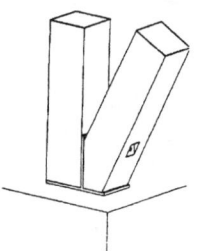
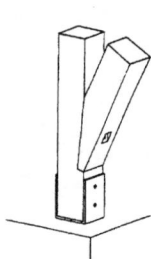
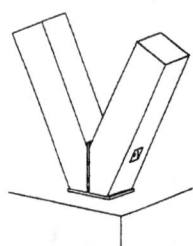
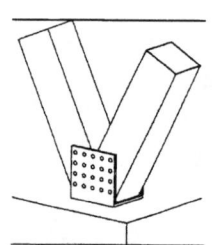

mit T-Winkel

mit Versatz

mit T-Winkel

mit vernageltem Lochblech

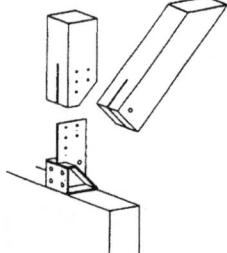
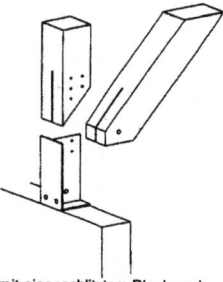
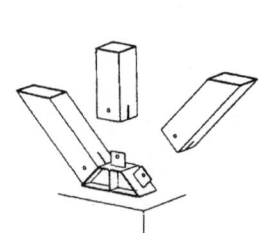
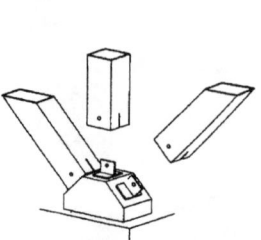

mit eingeschlitztem Blech

mit eingeschlitztem Blech und Kopfplatte

mit eingeschlitztem Blech

mit eingeschlitzten T-Profilen

23 Strebenanschlüsse

Vollwand- und Fachwerksysteme, Knotenpunkte

 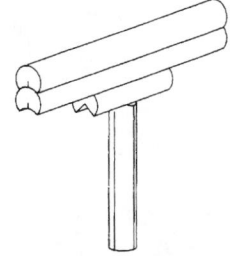 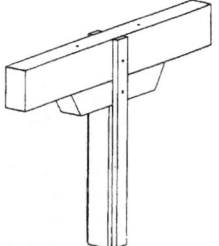 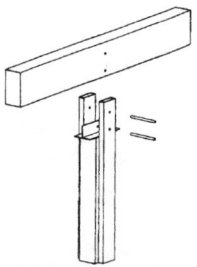

Rundholz-Dreiviertelquerschnitt | verdübelter Träger mit Auflager-verstärkung | VH-, oder BSH-Träger mit Aufla-gerverstärkung an Kreuzstütze | mit Auflagerverbreiterung an Kreuzstütze

24 Pfostenanschlüsse

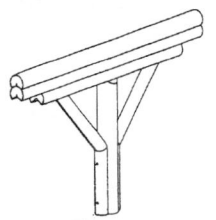 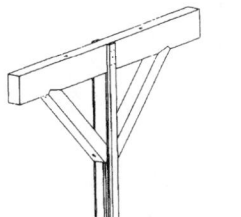 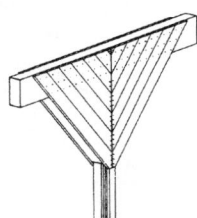 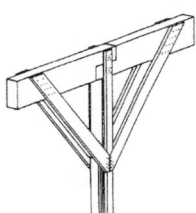

verdübelter Profilrundholzträger auf dreiteiligen Pfosten | Streben mit Versatz an Kreuzstütze | Kopfband aus Brettern | Kopfbänder aus Doppel-I Brettquerschnitt

25 Pfosten- und Kopfbandanschlüsse

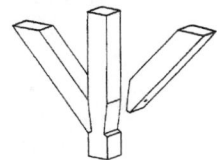   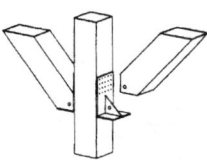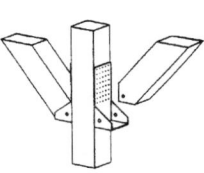

mit Versatz | mit Knaggen | mit eingeschlitztem Winkel | mit Stahlschuh

26 Kopfbandanschlüsse

 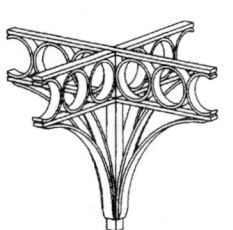 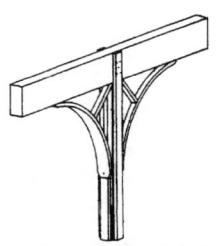 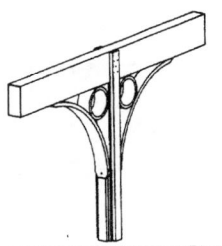 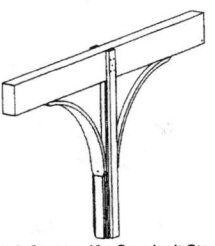

mit Brett als Knickaussteifung | radial mit doppelten Kopfbändern | gekrümmtes Kopfband mit Steg | gekrümmtes Kopfband mit Ring | gekrümmtes Kopfband mit Steg und Stegaussteifung

27 Bogenkopfbänder   **28** Kopfbandanschlüsse auch für räumliche Anordnung

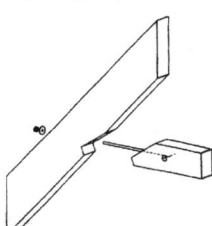 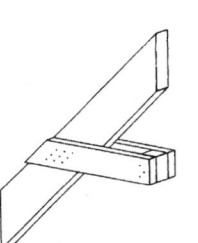 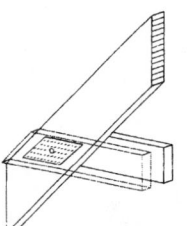 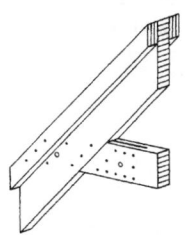 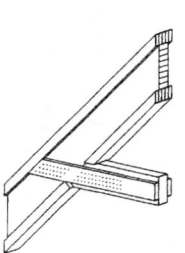

mit Versatz und "Simplex-Verbinder" | mit genagelten bzw. verdübelten Zangen | mit Zangen und Gelenkbolzenan-schluss | mit eingeschlitztem Blech | mit seitlichen Laschen und Versatz

29 Kehlbalken-Anschlüsse

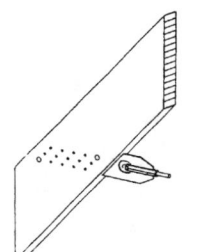 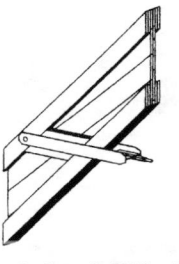 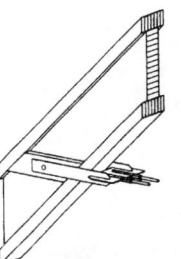 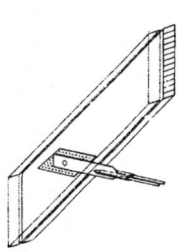

eingeschlitztes Blech und Stabdü-bel | außenliegende Stahllasche mit einseitigen Einlassdübeln | außenliegende Stahllasche mit einseitigen Einlassdübeln, Zug-band zweiteilig | Gelenkbolzenanschluss, Zugband zweiteilig

30 Anschlüsse von angehobenen Zugbändern

Vollwand- und Fachwerksysteme, Knotenpunkte

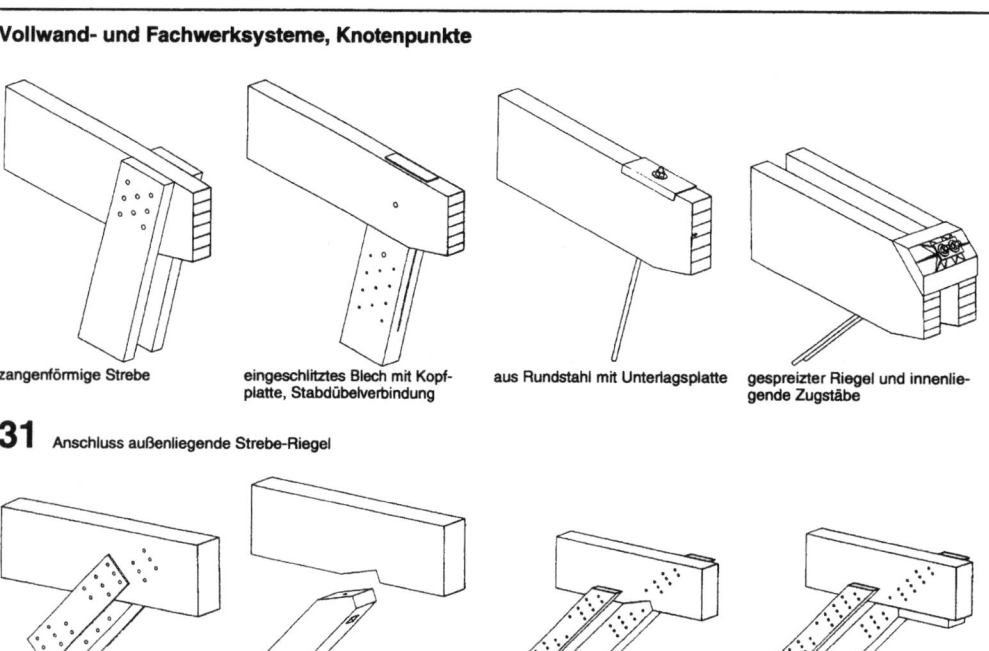

zangenförmige Strebe

eingeschlitztes Blech mit Kopf-platte, Stabdübelverbindung

aus Rundstahl mit Unterlagsplatte

gespreizter Riegel und innenlie-gende Zugstäbe

31 Anschluss außenliegende Strebe-Riegel

mit Laschen

mit Versatz

mit Holzlaschen und Versatz

mit Holzlaschen und Knagge

32 Kopfband- und Strebenanschlüsse

mit trapezförmiger Hartholzknag-ge und Holzschrauben

mit Winkelblechen angenagelt

mit Ringdübeln und Schraubbolzen

mit eingeschlitzter Platte und Stabdübeln

mit dreiteiligen Diagonalen, angenagelt

33 Anschluss von Aussteifungsstäben für Haupttragwerke aus Holz

Verband aus Stahlrohr und Rundstahldiagonalen

Verband aus Holz mit Balken-schuh, Diagonalen aus Rundstahl mit Gewinde

Verband aus Holz mit Balken-schuh, Diagonalen aus Rund- oder Flachstahl mit Spannschlössern

Holz an Z-Profil, Diagonalen an gegenüberliegendes Auflagerprofil geschraubt

Holz auf Hauptträger liegend, Anschluss über gewinkeltes Nagelblech, Diagonalen aus Flachstahl, mit Spannschrauben

34 Anschluss Windverbanddiagonale aus Rundstahl

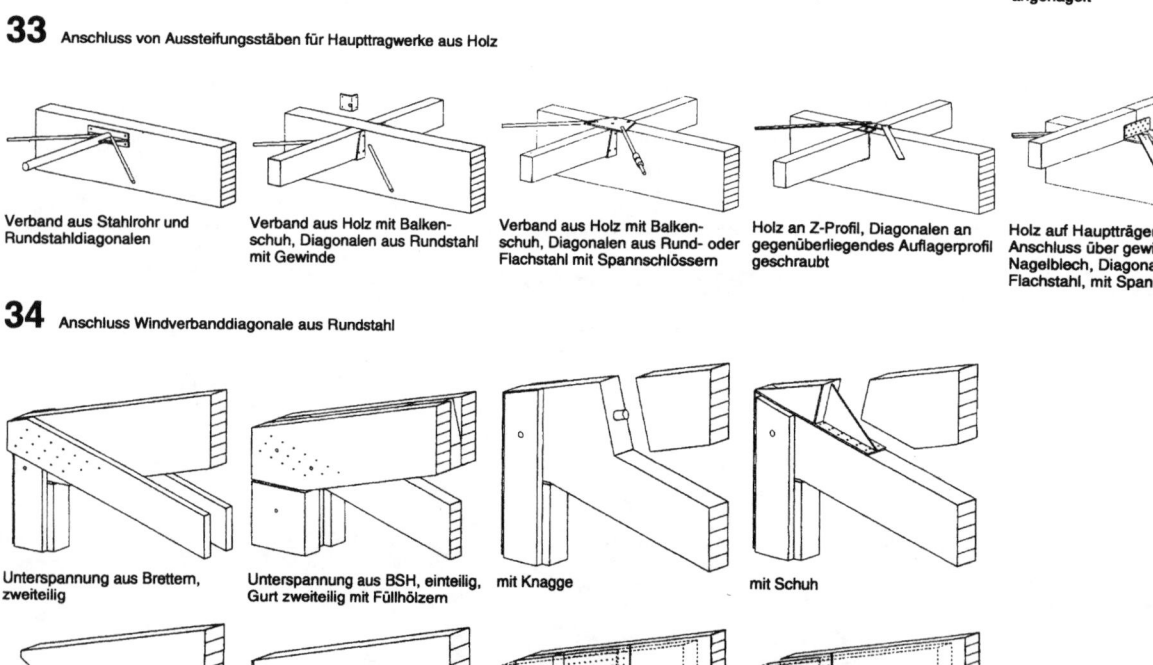

Unterspannung aus Brettern, zweiteilig

Unterspannung aus BSH, einteilig, Gurt zweiteilig mit Füllhölzern

mit Knagge

mit Schuh

mit Stahlplatte auf Hirnholz

mit eingeschlitztem Stahlwinkel auf Hirnholz

über angeschweißte Platte an Nagelblech

mit Gelenkbolzen auf verstärkter Nagelplatte

35 Anschluss Unterspannung an Druckstreben

Vollwand- und Fachwerksysteme, Knotenpunkte

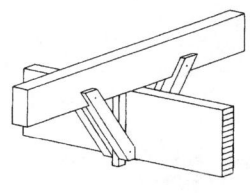
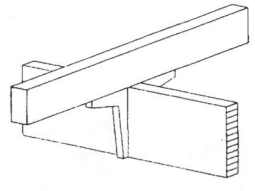
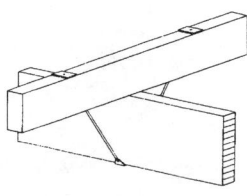

zangenförmiges Kopfband und Pfosten

Stegplatte zwischen Koppelpfetten

keilgezinkter Holzrahmen

Kopfbänder mit Knagge angeschlossen

Kopfband aus Rundstahl mit Gewinde und Ankerplatte

36 Kipphalterung für Hauptträger

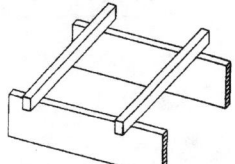
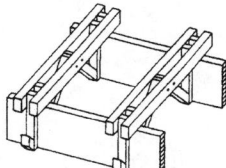
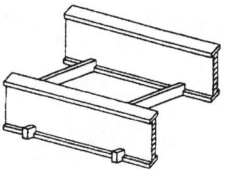
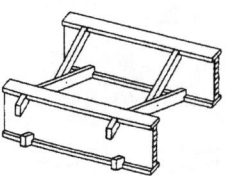

einfache Nebenträger auf Hauptträgern erfordern eine zusätzliche Kippaussteifung

gekreuzte Nebenträger kippaussteifend

K-Pfetten kippaussteifend

Nebenträger diagonal zwischen I-Trägern

kippaussteifende Nebenträger

37 Aussteifende Nebensysteme

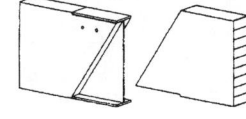
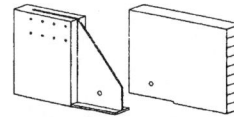
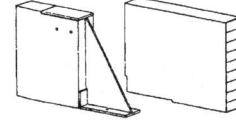
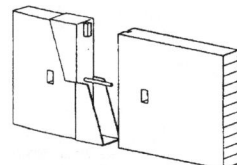

mit I-Stahlprofil ohne Exzentrizität

eingeschlitzter Steg mit Auflagerplatte

schräges Stahlprofil

Stahlschuh mit Zugverbindung

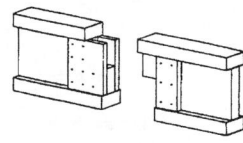
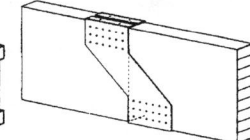
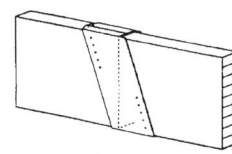
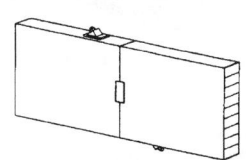

bei ausgeklinktem Stegträger

einteiliger Blechschuh

zweiteiliger Blechformschuh

mit diagonal eingelassenem Schraubbolzen und elastomerem Lager

38 Querkraftgelenke

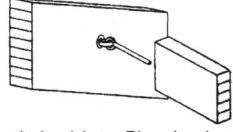
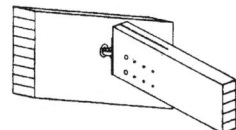
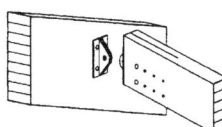
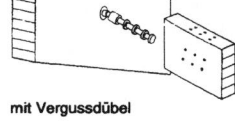

mit eingeleimten Ringschrauben

mit eingeschlitztem T-Profil und Ringschraube

mit eingeschlitzten Blechen und Gelenkbolzen

mit Vergussdübel

39 Gelenkige Verankerung von Zugrippen an Hauptträger

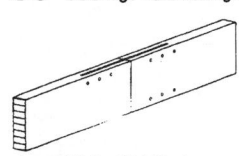
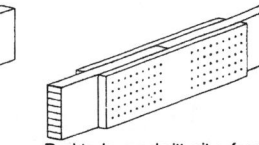
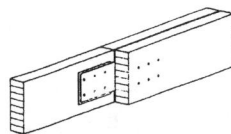
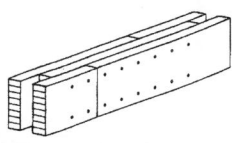

eingeschlitztes Stahlblech, verdübelt

oben und unten aufgenagelte Stahllaschen mit Querzugsicherung und Querkraftübertragung durch Hartholzdübel

Rechteckquerschnitt mit aufgenagelten Laschen

Zwillingsträger mit innenliegenden Nagelblechen und verdübelter Stahlplatte

doppelter Träger, versetzt gestoßen mit verdübeltem Mittelholz

40 Zugstöße

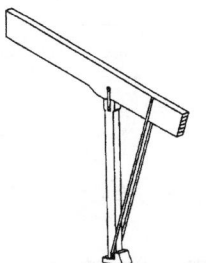
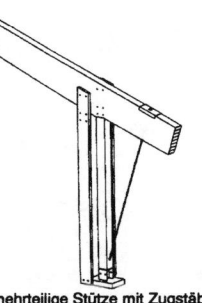
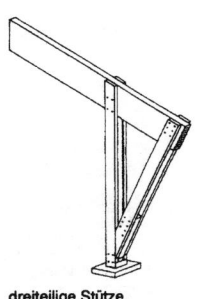
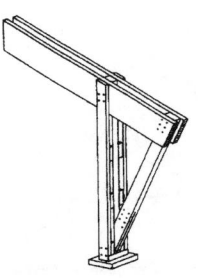

einteilige Stütze mit Zugstäben aus Flachstahl

mehrteilige Stütze mit Zugstäben aus Rundstahl

dreiteilige Stütze, zangenförmige Strebe

zweiteiliger Riegel, dreiteilige Stütze, einteilige Strebe

41 Aufgelöste Rahmenstiele

Dachkonstruktionen

Vollwand- und Fachwerksysteme, Knotenpunkte

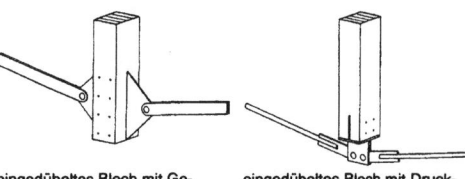  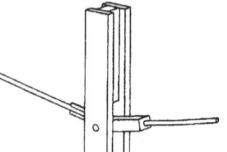 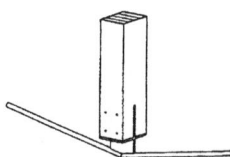 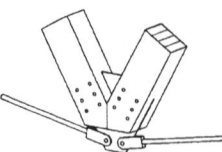

eingedübeltes Blech mit Gelenkanschlüssen

eingedübeltes Blech mit Druckplatte, Zugstab gelenkig angeschlossen

gelenkiger Anschluss an dreiteilige Strebe mit Dübeln bzw. Gelenkbolzen

eingedübeltes Blech mit Druckplatte, Zugstab angeschweißt

eingedübeltes Blech mit Gelenkanschlüssen

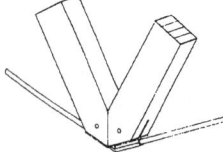 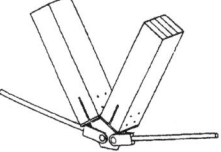 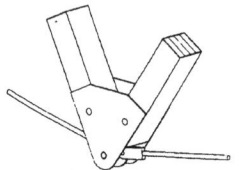 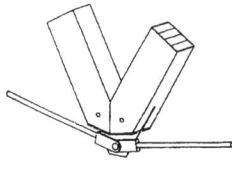 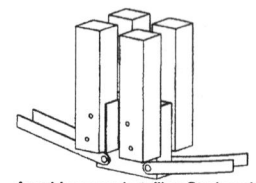

eingedübeltes Blech mit Druckplatte, Zugstab angeschweißt

eingedübeltes Blech, Druckplatte rechtwinklig zum Faserverlauf der Streben

außenanliegender Anschluss mit Stahldübel auf Stahlblech

eingedübeltes Blech mit Gelenkanschlüssen

Anschluss an vierteilige Strebe mit Stahlknoten

42 Anschluss Träger-Unterspannung

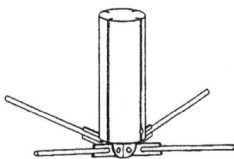 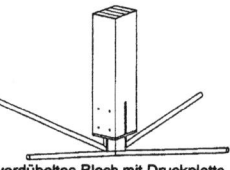 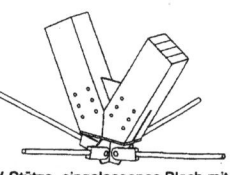 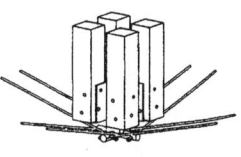

eingelassenes Blech mit Druckplatte und geschraubten Anschlüssen

verdübeltes Blech mit Druckplatte, Zugstäbe angeschweißt

V-Stütze, eingelassenes Blech mit Druckplatte

vierteilige Stütze, gespreizte Anordnung, Zugbänder aus schraubbarem Armierungsstahl

43 Anschluss Pfosten-Unterspannung in räumlicher Anordnung

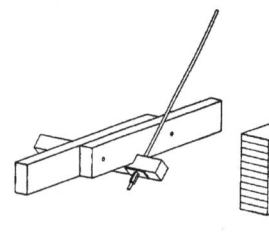 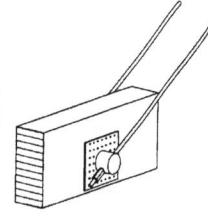 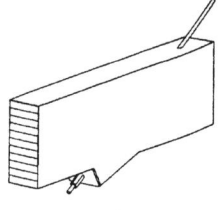 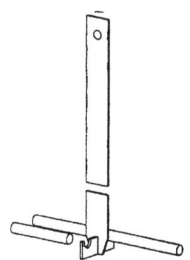 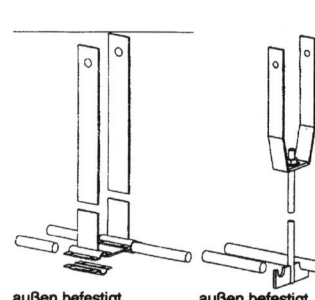

an Querträger | an Längsträger mit Gelenkwelle | an Längsträger mit Knagge | in Träger eingeschlitzt | außen befestigt | außen befestigt, höhenverstellbar

44 Anschluss Schrägseil

45 Zugbandaufhängungen

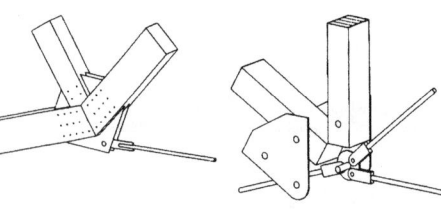 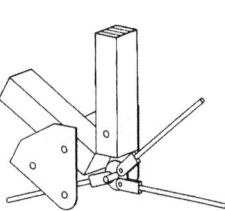 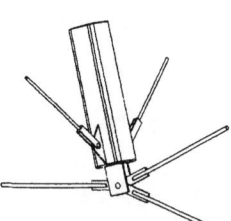 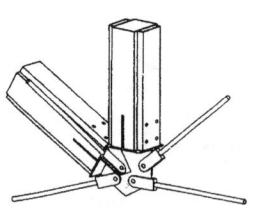

mit eingelassenen durchgenagelten Blechen

mit Stahllaschen und Gelenkbolzen

mit Druckplatte und Gelenkbolzen, Kippsicherung eingeschlitzt

mit Druckplatte und Kippsicherung

46 Anschluss Pfosten-Zugbänder

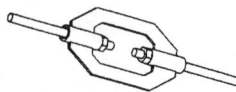 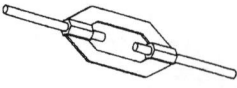 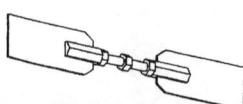 
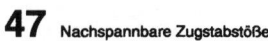

Spannring mit Mutter

Spannschloss mit gegenläufigem Gewinde

Gewindestab mit Gegengewinde, Mutter und Kontermutter

mit Spannmuffe und Kontermuttern

mit Gegengewinde nachstellbar

47 Nachspannbare Zugstabstöße

378

Vollwand- und Fachwerksysteme, Knotenpunkte

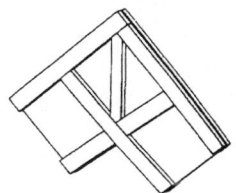 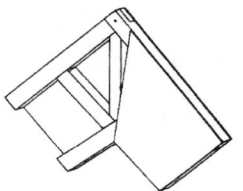  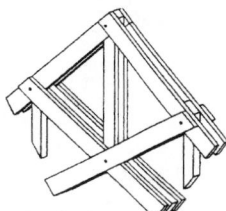 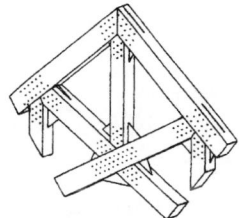

für Stegträger | für Kastenträger | für Kreisringträger | mehrteiliger Querschnitt mit Bolzen und Ringdübeln | mit eingeschlitzten Knotenblechen

48 Biegesteife Firstknoten

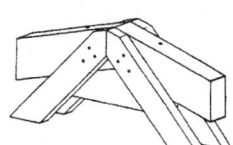 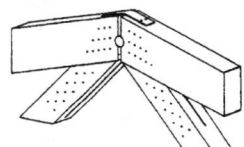 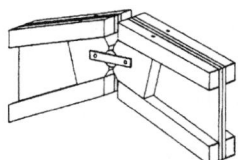 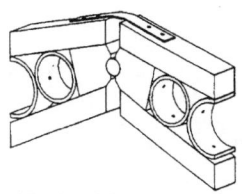 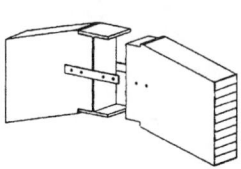

Übernahme der Querkräfte durch innenliegenden angeschraubten Klotz | mit Stahlrohr und obenliegender Zugsicherung | mit Hartholzeinlage und seitlicher Zugsicherung | mit Hartholzeinlage und obenliegender Zugsicherung | mit I-Profil und seitlicher Zugsicherung

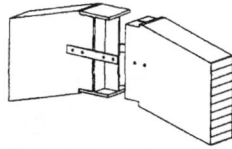 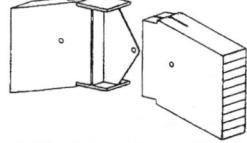 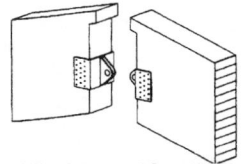

I-Profil mit eingeschlitztem Steg und Zugsicherung | mit I-Profil, Zugsicherung über eingeschlitzten Steg und Bolzen | mit Druckplatte und Gelenkbolzen

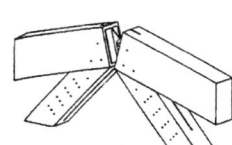 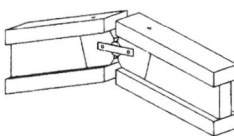 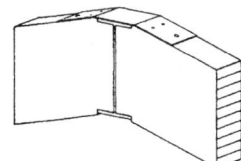 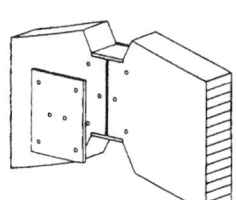

mit eingelassenem Stahlteil und Gelenkbolzen | mit Hartholzeinlage und seitlichen Laschen | mit eingelassenem I-Profil und obenliegender Zugsicherung | mit eingelassenem I-Profil und seitlicher Zugsicherung

49 Firstgelenke

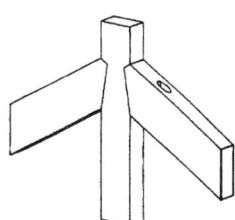 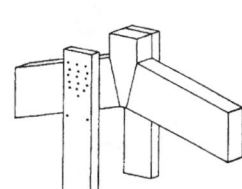 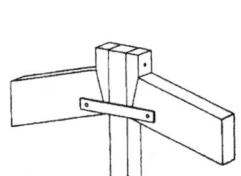 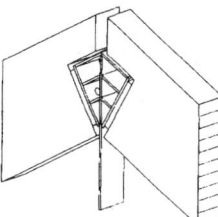 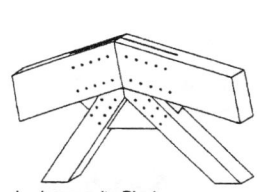

mit Versatz für einfache Hängewerke | mit Futter und zweiteiligen Pfosten | mit Versatzkeilen aus Hartholz | mit Stahl | durchgenagelte Bleche, in Sägeschnitte eingelassen

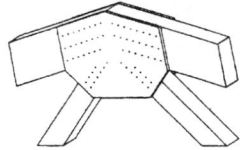 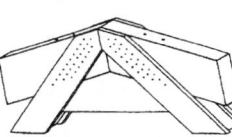 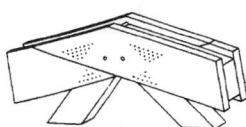 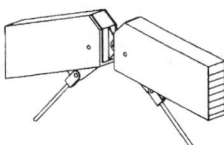 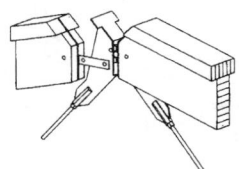

aufgenagelte Baufurnierplatte, oder aufgepresste Nagelbleche | Diagonalen dreiteilig, an Obergurte genagelt, Hartholzkeil verschraubt | genagelt mit Überblattung | mit Druckplatte und angeschweißtem Steg, Zugstab mit Laschen | mit Druckplatte und Anschlusssteg, Zugstäbe aus Gewindestahl

50 Firstknoten   **51** Zugstabanschlüsse im Firstpunkt

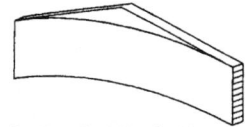 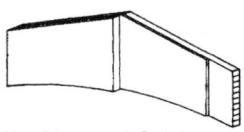 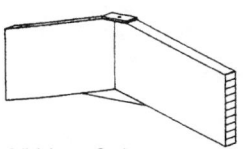 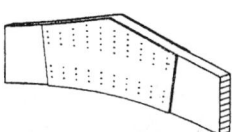

Decklamelle nicht aufgeleimt | Verstärkung durch Stegplatte | Keilzinkenstoß mit vorgespanntem Gewindestab und Tellerfeder | Flachpressplatten, Baufurnierschichtholz oder Furnierschichtholz nagelpressgeleimt

52 Querzug bei gekrümmten Trägern im Firstbereich

Vollwand- und Fachwerksysteme, Knotenpunkte

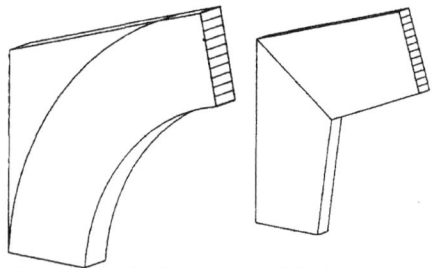 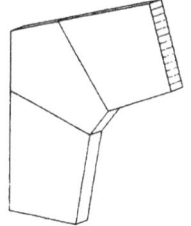 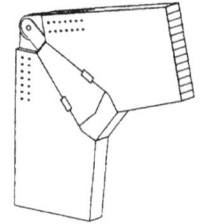 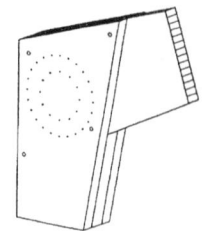

gebogene Ecke mit aufgesetztem Zwickel | mit Keilzinkung | mit doppelter Keilzinkung | eingeschlitztes Stahlteil für Zugkräfte, Hartholzkeil für Druckkräfte | mit Stabdübelkreis

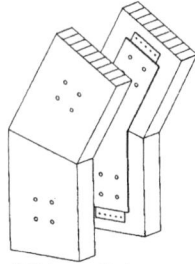 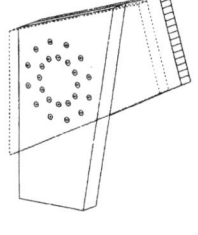 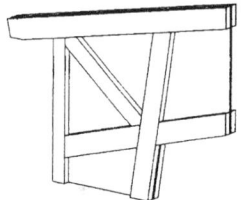 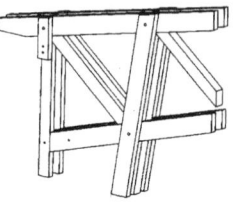

mit Bolzenverbindung | mit kreisförmig angeordneten Einlassdübeln | Stegträger, verleimt, genagelt oder Pressnagelung | mehrteilig mit Bolzen und Einlass-, bzw. Einpressdübeln | mit seitlich aufgenagelten Laschen

53 Biegesteife Rahmenecken

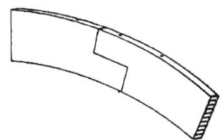 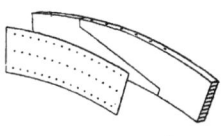 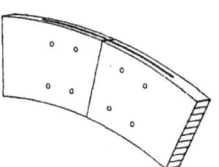 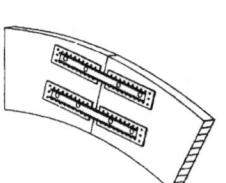

Ausklinkung und eingeleimte Gewindestangen | Überblattung und seitliche Laschen | eingeschlitztes Blech und Stabverdübelung | Nagelbleche mit Laschen aus U-Profilen und Gelenkwellen

54 Biegesteife Montagestöße

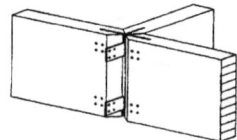 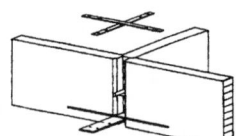 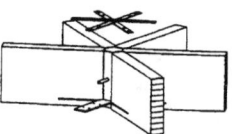 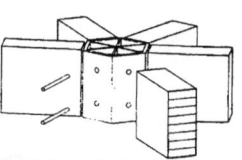

Stern aus stehenden Blechlaschen an Rohr in Trägerschlitzen verdübelt | Übertragung: Zugkraft mit eingedübelten Blechlaschen Druckkraft durch Betonfüllung Querkraft durch Dollen | Detail wie links, Druckkraftübertragung durch Furnierschichtkern | Stahlteil und eingeleimte Gewindestangen

55 Biegesteife Kreuzungspunkte von Zweigelenkrahmen, Vollquerschnitte

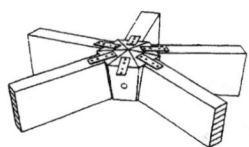 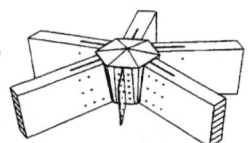 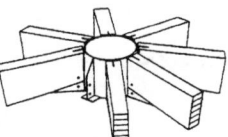 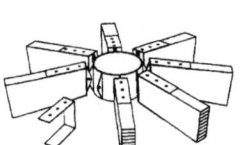

Hartholzkern mit eingeleimten Gewindestangen | eingeschlitzte T-Profile und Hartholzkern | Stahlring mit Stegen und Auflagerplatte | Stahlring mit Stegen und angeschraubten U-Profilen

56 Gelenkige Kreuzungspunkte von Dreigelenkrahmen

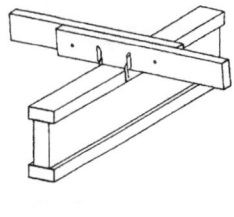 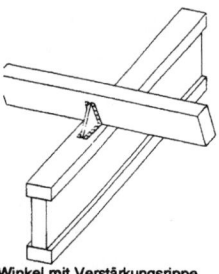 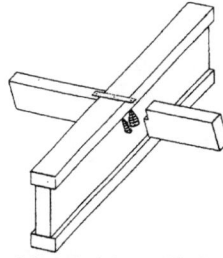 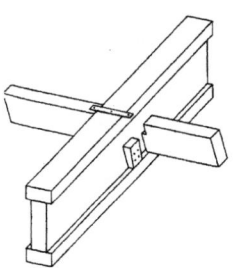

bei geringer Dachneigung Verbindung mit Sparrenpfettenanker | Winkel mit Verstärkungsrippe | mit Dreieckschuhen und Zuglasche | mit Knagge und Zuglasche

57 Anschluss Pfette an I-Träger

Dachbinder aus Stahl

Dachbinder aus Stahl werden als Vollwandbinder, Binder mit durchbrochenem Steg (Wabenbinder), mit Rahmensprossen, als Fachwerkbinder, unterspannte Binder u.ä. ausgeführt. Sie sind im Vergleich zu Betonbindern erheblich leichter, erfordern jedoch einen Korrosionsschutz und haben eine geringere Feuerbeständigkeit. Die Form der Stahlbinder ist vom konstruktiven Aufbau der Überdachung und von der Dachneigung abhängig.

Die Binder werden als Einfach- oder Verbundträger auf Pfetten oder pfettenlos auf senkrechte Stützen (Säulen) oder Wände aufgelagert.

Vollwandbinder aus Stahl

Vollwandbinder → **1** sind im Vergleich zu Fachwerkkonstruktionen weniger arbeitsaufwendig und in der Wartung einfacher. Sie sind in der Regel jedoch schwerer und damit im Stahlverbrauch ungünstiger. Sie werden für kleinere Spannweiten verwendet (15 bis 18 m).

Die Effektivität bezüglich des Werkstoffverbrauchs, ggf. bei großen Belastungen, kann durch Vorspannen erhöht werden.

Vollwandträger für kleinere Spannweiten werden aus üblichen Walz- oder dünnwandigen Profilen bzw. einzelnen Flachstahlzuschnitten hergestellt → **1 C**. Die Konstruktionshöhe einfacher Vollwandbinder wird mit 1/12 bis 1/15 der Spannweite angenommen, die von Verbundträgern mit 1/15 bis 1/20 der Spannweite.

Für größere Spannweiten werden I–Träger mit durchbrochenen Stegen (Wabenträger) verwendet. Durchbrochene Binder werden aus gewalzten trapezförmig zerschnittenen und anschließend verschweißten I–Profilen hergestellt → **1 B**.

Zur Erhöhung der Tragfähigkeit werden die Binder aus Walzprofilen zusammengesetzt, eventuell in der Kombination mit einem durchbrochenen Steg → **1 C**. Durch schräges Zerschneiden der Stege von Walzprofilen und das anschließende Verschweißen der entstandenen Teile können Binder mit veränderlicher Höhe hergestellt werden → **1 D**.

Binder für große Spannweiten und Belastungen werden aus breitem Flachstahl geschweißt. Es werden Parallelbinder oder in Bezug auf die Dachneigung und den Verlauf der Biegemomente satteldach- ggf. pultdachförmige Binder hergestellt → **1 E, F**.

Gegen das Ausbeulen dünnwandiger Vollwandbinder werden Beulsteifen angebracht.

Fachwerkbinder aus Stahl

Für Stahldachsysteme werden oft Fachwerkbinder verwendet. Sie können den Anforderungen an die Form und den funktionellen Anforderungen, dem Relief und der Neigung des Daches, den Forderungen an Beleuchtung und Lüftung leicht angepasst werden. In Bezug auf den Stahlbedarf sind Fachwerkbinder wirtschaftlich, ihre Herstellung ist jedoch arbeitsaufwendiger als die von Vollwandbindern. → **2** zeigt einige Grundtypen aus dem umfangreichen Sortiment der verwendeten Formen und geometrischen Systeme.

Fachwerkbinder werden höher bemessen als Vollwandbinder, h = etwa 1/6 bis 1/12 der Spannweite, die Neigung der Dachfläche beträgt ca. 5 %, bei Girlanden- und Dreigelenkbindern → **2 M, N** haben die Obergurte eine Neigung von ca. 20 %.

Entsprechend der Anordnung der Fachwerkstäbe werden folgende Systeme unterschieden → **3**:
- Ständerfachwerke mit steigenden und fallenden Diagonalen
- einfache Strebenfachwerke und Strebenfachwerke mit Sekundärvertikalen
- einfache rhombische Systeme und rhombische Systeme mit Sekundärvertikalen
- Mehrfachsysteme (Gitter)

Die Stabquerschnitte der Fachwerkbinder werden entsprechend dem Charakter der Beanspruchung der Elemente innerhalb des Systems gewählt. Die Anschlüsse (Knoten) der Stäbe von Fachwerkbindern werden verschweißt, Montageverbindungen werden geschraubt.

Der Querschnitt der Gurtstäbe wird oft aus zwei gleichschenkligen Winkelstählen zusammengesetzt, die dann einen T–Querschnitt bilden, in den das Knotenblech eingeschlossen ist. Er kann auch aus gleichschenkligem Winkelstahl bestehen, der dachartig (Untergurt) und rinnenartig (Obergurt) angeordnet wird, oder aus einem geschweißten T–Profil. Die Fachwerkstäbe werden meistens aus zwei Winkelprofilen mit dazwischenliegendem Knotenblech hergestellt. Die Vertikalstäbe werden an der Stelle der Längsaussteifungen und der Pfettenstreben durch Verbindung zweier Winkelprofile zu einem "Kreuzquerschnitt" gebildet → **4**.

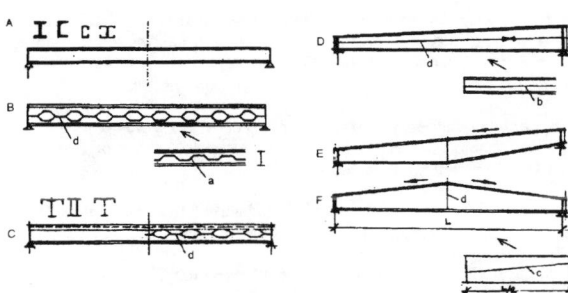

1 Vollwandbinder aus Stahl

A = Vollwand–Parallelträger aus Walzprofilen oder dünnwandigen Kaltprofilen, B = Vollwandbinder mit durchbrochenem Steg (Wabenbinder), C = Vollwand– oder Wabenbinder aus zusammengesetzten Walzprofilen, D = Vollwand–Satteldachbinder aus Walzprofilteilen, E, F = Vollwand–Pultdach– oder Satteldachbinder aus breitem Flachstahl geschweißt, a = Herstellung des Wabendurchbruchs durch Trapezschnitt im Steg eines I–Profils Trapez– Schnitt durch Steg eines Walzprofils, b = schräger Längsschnitt zur Herstellung von Satteldachbindern aus I–Profil, c = schräger Längsschnitt durch breiten Flachstahl zur Herstellung von Satteldachbindern u.dgl. d = Schweißnaht

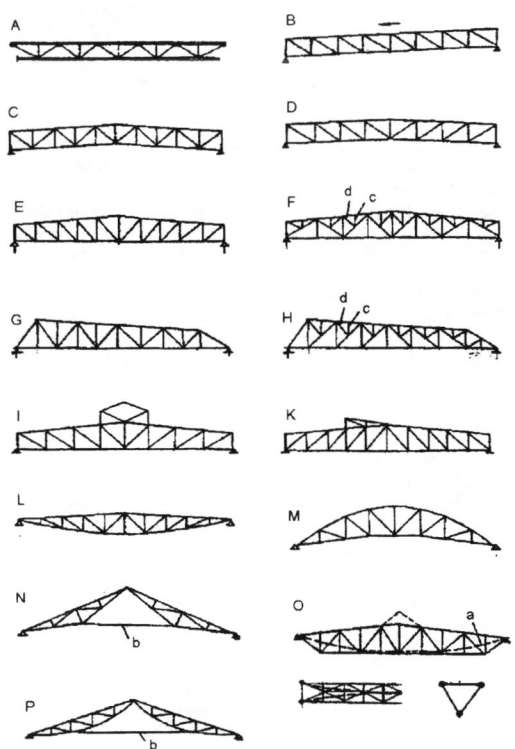

2 Verschiedene Formen von Fachwerkbindern aus Stahl

A = Parallelbinder, B = Parallelbinder für Pultdächer, C = Parallelbinder für Satteldächer, D = Satteldachbinder mit auf Zug beanspruchten Diagonalstäben, E = Satteldachbinder mit nicht parallelen Gurten, F = Satteldachbinder mit nicht parallelen Gurten und Sekundärstäben, G = Pultdachbinder mit nicht parallelen Gurten, H = Pultdachbinder mit nicht parallelen Gurten und Sekundärstäben, I = Satteldachbinder mit zweiseitigem Oberlicht (Laterne), K = Satteldachbinder mit einseitigem Oberlicht, L = Satteldachbinder mit parabolischem Untergurt, M = Bogenbinder, N = Satteldachbinder mit Zugband, O = räumlicher Satteldachbinder mit Spannseilen, P = Girlandenbinder mit Zugstange, a = Spannseil, b = Zugstange, c = sekundärer Vertikalstab, d = sekundärer Diagonalstab

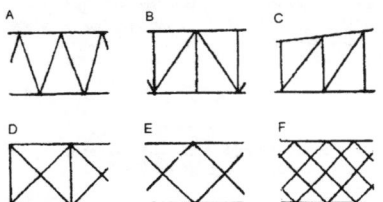

3 Anordnung der Stäbe bei Fachwerkbindern aus Stahl

A = Strebenfachwerk, B = Strebenfachwerk mit sekundären Vertikalstäben, C = Ständerfachwerk mit steigenden Diagonalen, D = Rautenfachwerk mit sekundären Vertikalstäben, E = reines Rautenfachwerk, F = Mehrfachsystem (Gitter)

Dachbinder aus Stahl

Besonders vorteilhaft sind Binder aus verschweißten Stahlrohren. Die Ausbildung räumlicher Anschnitte an den Enden der Fachwerkstäbe ermöglicht eine Schweißverbindung ohne Knotenbleche. Ein einfacher Anschluss der Rohre mit Hilfe abgeflachter Enden ist in → 5 dargestellt.

Leichte Fachwerkbinder werden oft unter Verwendung von Profilen aus Kaltprofilen, Blechen oder dünnwandigen, rechtwinkligen, vor allem geschlossenen Querschnitten hergestellt → 6.

Fachwerkbinder werden auf die Stützkonstruktion oft mit Hilfe von Auflagergelenken aufgelegt. Beispiele für ihre Ausbildung zeigt → 7.

Wirtschaftliche Binderkonstruktionen erreicht man durch:
- die Abstufung der Gurtquerschnitte
- die Wahl einer optimalen Binderhöhe
- eine geeignete Form des Binders, die sich dem Verlauf der Beanspruchung durch die Biegemomente annähert (parabolischer Untergurt)

Für große Spannweiten werden vorgespannte Fachwerkträger mit räumlich angeordneten Rohrprofilen verwendet.

Eine mittige Überhöhung von Stahlbindern wird in der Regel nur dort vorgesehen, wo dafür funktionelle Gründe bestehen (bei Dächern mit abgehängten Kränen, bei Dächern mit Senkrechtverglasung entlang der Binder, aus ästhetischen Gründen u.ä)

Werkstoffsparende Dachkonstruktionen aus Stahl

Leichte Stahldachkonstruktionen werden überwiegend aus Fachwerkelementen hergestellt. Die Längsgurte der Sparren und Pfetten bestehen oft aus dünnwandigen Profilen, die Diagonalen und Untergurte aus Rundstahlprofilen. Das untere Ende der Sparren wird auf eine Fußpfette aus Holz oder Beton aufgelagert, das obere Ende meistens auf eine Stahlfachwerkpfette, die auf Pfeilern ruht, die auf der Mittelwand des Gebäudes aufgeführt sind. Girlandensparren weisen parabolisch geformte Untergurte auf → 8.

Bei Verbundelementen mit vorgespanntem Untergurt werden bei der Ausbildung von Pfetten und Sparren Stahl und Holz kombiniert. Bei kleineren Spannweiten der Bauteile werden einfache Spannelemente verwendet, bei größeren Spannweiten doppelte oder mehrfache Spannelemente.

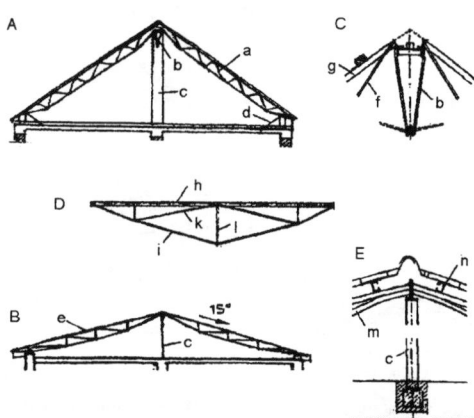

8 Stahldachkonstruktionen

A = Fachwerkkonstruktion mit Firstpfette, B = Dachkonstruktion mit Girlandensparren, C = Auflagerung der Fachwerksparren auf der Firstpfette, D = Schema der Fachwerkpfette, E = Auflagerung der Girlandensparren auf der Firstpfette, a = Fachwerksparren, b = Fachwerkpfette, c = Stiel/Pfeiler, d = Verankerung des Sparrens in der Deckenkonstruktion, e = Girlandensparren, f = Untergurt des Fachwerksparrens aus Rundstahl, g = Obergurt des Fachwerksparrens aus dünnwandigem Profil, h = Obergurt der Firstpfette aus dünnwandigem Profil, i = Untergurt der Firstpfette aus Rundstahl, k = Diagonale der Firstpfette, l = Vertikalstab der Firstpfette, m = Untergurt des Girlandensparrens aus Stahlrohrprofil, n = Obergurt des Girlandensparrens aus Stahlprofil.

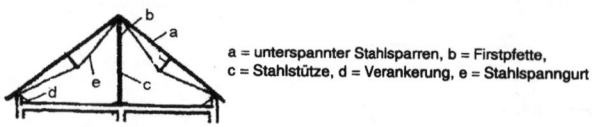

9 Dach mit unterspanntem Sparren aus Stahl

a = unterspannter Stahlsparren, b = Firstpfette, c = Stahlstütze, d = Verankerung, e = Stahlspanngurt

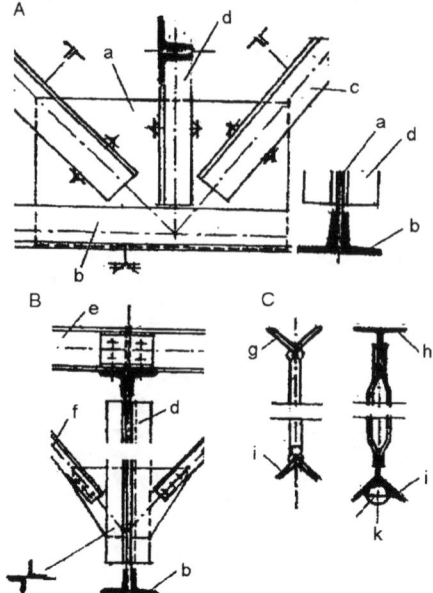

4 Querschnitts- und Knotenausbildung eines Fachwerkbinders aus Stahl

A = geschweißter Knoten mit Knotenplatte, B = Anschluss einer verstrebten Pfette an den Fachwerkbinder, C = Querschnitt durch Binder mit Gurten aus gleichschenkligem Winkelstahl oder zusammengeschweißtem Profil, a = Knotenplatte, b = Untergurt des Binders, c = Diagonalstab, d = Vertikalstab, e = verstrebte Pfette, f = Strebe, g = Obergurt des Binders aus gleichschenkligem Winkelstahl, k = Zugglied (Seil), i = Diagonalstäbe des Binders aus Rundstahl, k = Diagonal- und Vertikalstäbe aus Stahlrohren

5 Knotendetails von Fachwerkbindern aus Stahlrohren

A = Anschluss der Diagonalstäbe an den Untergurt durch Schweißverbindung der räumlichen angeschnittenen Stäbe, B, C = Anschluss der Diagonalstäbe an den Untergurt mit Hilfe verschweißter abgeflachter Rohrenden

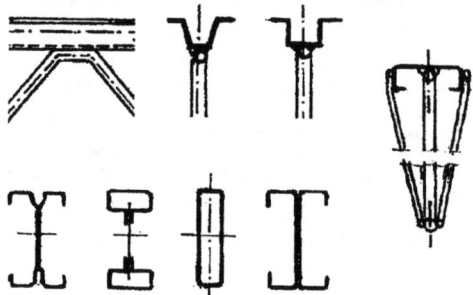

6 Beispiele für die Anwendung dünnwandiger Querschnitte für Fachwerkbinder aus Stahl

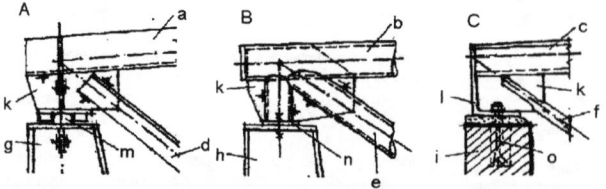

7 Beispiele für die Ausbildung von Auflagergelenken bei Fachwerkbindern

A = Ausbildung des Auflagers eines Binders aus Walzprofilen, B = Ausbildung des Auflagers eines Stahlrohrbinders, C = Ausbildung des Auflagers eines Binders aus dünnwandigen Profilen, a = Obergurt aus Walzprofil, b = Obergurt aus Stahlrohr, c = Obergurt aus Dünnwandprofil, d = Diagonalstab aus Walzprofil, e = Diagonalstab aus Stahlrohr, f = Diagonalstab aus Rundstahl, g = Kopf der Stahlstütze, h = Kopf der Stahlbetonstütze, i = Knotenblech, k = Verteilerprofil, l = Auflagergelenk, m = Verteilerplatte, n = Ankerschraube

Dachbinder aus Stahl

Rahmenbinder aus Stahl

Überdachungen mit Rahmenbindern aus Stahl haben ein weites Anwendungsgebiet. Es werden einschiffige und mehrschiffige Reihen von Rahmen mit Vollwand- und Kastenquerschnitt, auch Fachwerkrahmen, die ggf. als räumliches Tragwerk ausgebildet sind, hergestellt. Die Konstruktionssysteme sind Zwei- und Dreigelenkrahmen und eingespannte Rahmen → 10.

Überwiegend werden geschweißte Konstruktionen verwendet, die für den Transport und die Montage durch Montagefugen in Einheiten mit günstigeren Abmessungen unterteilt werden. In der Regel wird der Stiel vom Riegel getrennt, lange Riegel werden eventuell in kleinere Elemente mit Schraub- oder Schweißmontagefugen unterteilt. Ein charakteristischer Zug der Metallrahmenkonstruktionen ist die Möglichkeit einer schnellen Montage einschließlich der anschließenden Komplettierung der Bekleidung.

Rähm und Stiel von Vollwandrahmen werden aus dünnwandigen Querschnitten oder Walzprofilen hergestellt. Bei größeren Dachspannweiten werden die Profile aus geschweißten Verbundblechen und aus breitem Flachstahl, als Kastenquerschnitte u.ä. ausgebildet.

Beispiele für die konstruktive Ausbildung der Rahmenecken, der Firstgelenke und der Stielauflager zeigt → 11.

Für größere Spannweiten werden Fachwerkrahmen verwendet, ggf. auch vorgespannte Konstruktionen, die als räumliche Tragwerke ausgebildet sind. Die gedrückten Bereiche der Konstruktionen, vor allem jener, die aus schlanken Elementen bestehen, müssen konsequent gegen seitliches Ausknicken gesichert werden.

Durch eine entsprechende Aussteifung ist eine kompakte Dachkonstruktion mit ausreichender räumlicher Steifigkeit zu schaffen.

Rahmenbinder für Hallen (nach Lit. 21) → 12 bis 16

Verbindet man Stützen und Dachbinder biegesteif, dann erhält man einen Rahmen. Je nach der Formgebung und nach der Anzahl der zwischengeschalteten Gelenke kann dieser ein eingespannter Rahmen oder ein Zwei- oder Dreigelenkrahmen oder Bogen sein. Dieser Hallentyp ist besonders für weitgespannte Hallen geeignet, da die Momente aus den Dachlasten mit in die Stützen übertragen und somit die Dachbinder entlastet werden.

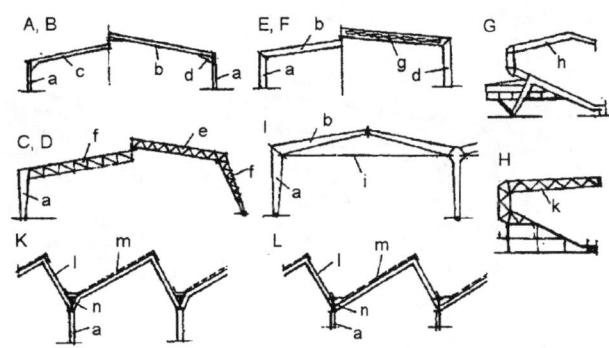

10 Stahlrahmensysteme

A = Rahmen mit Voute am Rähm, B = Rahmen mit eingesetzten Vouten, C = Rahmen mit Vollwandstiel und geknicktem Fachwerkriegel, D = Geknickter Fachwerkrahmen mit gelenkig aufgelagerten Stielen, E = Vollwandrahmen mit geknicktem Riegel, F = Rahmen mit durchbrochenem Riegel (Wabenriegel), G = Vollwand-Konsolrahmen, H = Fachwerk-Konsolrahmen, I = geknickter Vollwandrahmen mit Zugstange, K, L = Vollwand-Stahlrahmen eines Sheddaches, a = Vollwandstiel, b = Vollwandriegel, c = Vollwandriegel mit Voute, d = eingelegte Voute, e = Fachwerkriegel, f = durchbrochener Rähm (Wabenriegel), h = Vollwandkonsole, i = Zugstange, k = Fachwerkkonsole, l = geknickter Vollwandriegel, m = Längsaussteifung, n = Längsunterzug

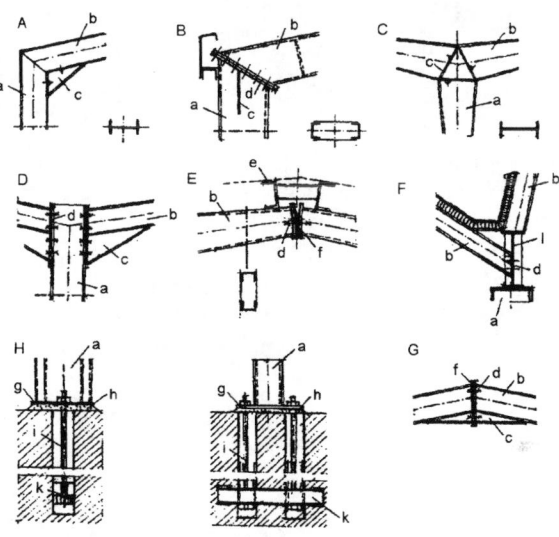

11 Beispiele für die Ausbildung der Ecken von Stahlrahmen und der Stielauflager

A = geschweißte Rahmenecke mit Eckaussteifung, B = verschraubte Rahmenecke mit schräger Stoßfuge, C = beidseitig geschweißte Rahmenecke, D = beidseitig verschraubte Rahmenecke mit vertikaler Stoßfuge, E = Ausbildung des Firstgelenks eines Stahlrahmens, F = Eckausbildung eines Sheddachrahmens, G = Eckausbildung am Knick des Rähms, H = Ausbildung des Stielauflagers, a = Stiel, b = Rähm, c = Eckaussteifung, d = Schraubverbindung, e = Pfette, f = Kontaktplatte, g = Ankerplatte, h = Mörtelbett, i = Ankerschraube, k = Spreizkopf, l = Unterzug

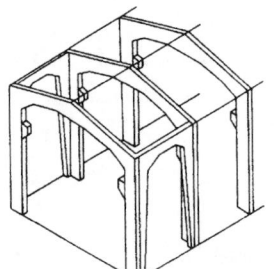

12 Eingespannter Rahmen in Stahlbeton. Ausführung auch in Stahl und Holz, meist vollwandig. Geeignet für schwere Krane. Setzt guten Baugrund voraus.

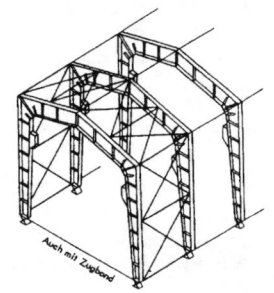

13 Zweigelenkrahmen in Stahlvollwandkonstruktion. Ausführung auch als Fachwerk möglich, ebenso in Holz. Bei Stahlbeton Ausbildung von Federgelenken üblich.

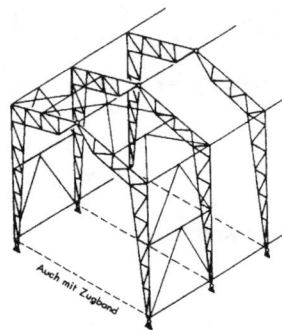

14 Dreigelenkrahmen (statisch bestimmt) als Stahlfachwerkkonstruktion. Ebenso in vollwandiger Ausbildung möglich, auch in Holz. In Stahlbeton seltener ausgeführt.

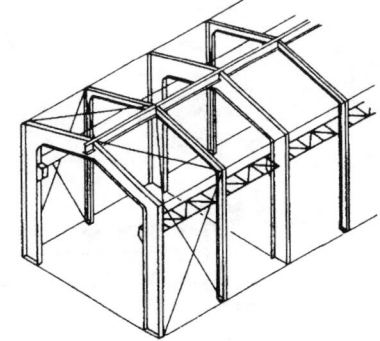

15 Wenn bei Stahlhallen der Kranbahnträger zugleich als horizontaler Windträger verwendet werden kann, braucht nicht jeder Rahmen eingespannt zu sein, sondern die Zwischenrahmen können zur Materialersparnis leichter gehalten und unten gelenkig gelagert werden (dadurch kleine Fundamente möglich).

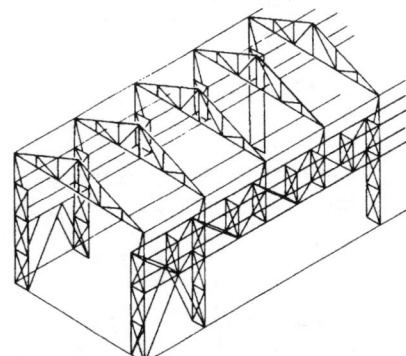

16 Bei sehr schweren Stahlhallen (große Kranlasten) ist es oft wirtschaftlich, nur jeden zweiten oder dritten Binder auf eingespannte Stützen zu stellen und die Zwischenbinder mit dem Kranbahnfachwerkträger abzufangen.

Dachbinder aus Stahl

Stahldächer, Standard-Details für Wand und Dachdecke (nach Lit. 25)

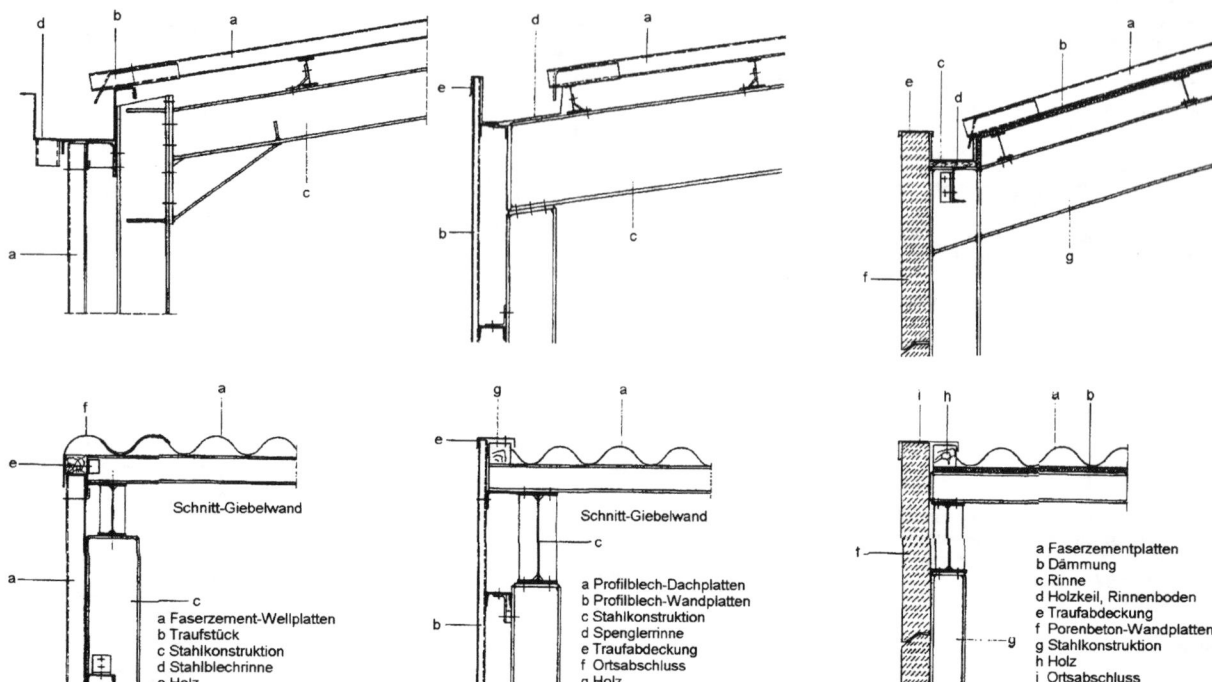

a Faserzementplatten
b Dämmung
c Rinne
d Holzkeil, Rinnenboden
e Traufabdeckung
f Porenbeton-Wandplatten
g Stahlkonstruktion
h Holz
i Ortsabschluss

Schnitt-Giebelwand

a Faserzement-Wellplatten
b Traufstück
c Stahlkonstruktion
d Stahlblechrinne
e Holz
f Ortsabschluss

Wandbekleidung und Dachdeckung
aus Faserzement-Wellplatten

Schnitt-Giebelwand

a Profilblech-Dachplatten
b Profilblech-Wandplatten
c Stahlkonstruktion
d Spenglerrinne
e Traufabdeckung
f Ortsabschluss
g Holz

Wandbekleidung und Dachdeckung aus Profilblechen

Vorgehängte Porenbeton-Wandplatten

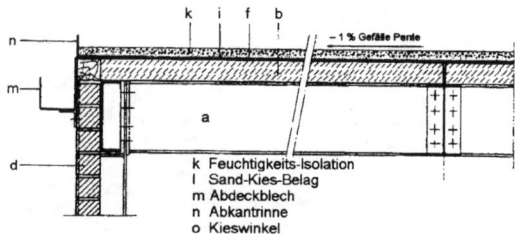

a Stahlkonstruktion
b Porenbeton-Deckenplatten
c Randkeil
d Porenbeton-Mauerblöcke
e Dachaufbau
f Dampfsperre
g Mauerblech
h Winkelblech

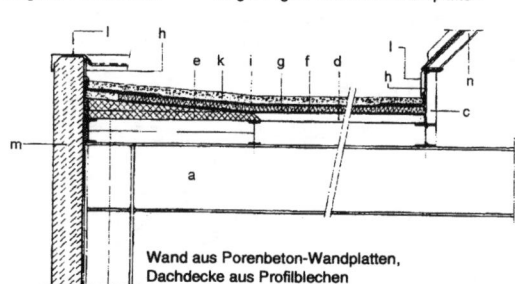

Wand aus Porenbeton-Wandplatten,
Dachdecke aus Profilblechen

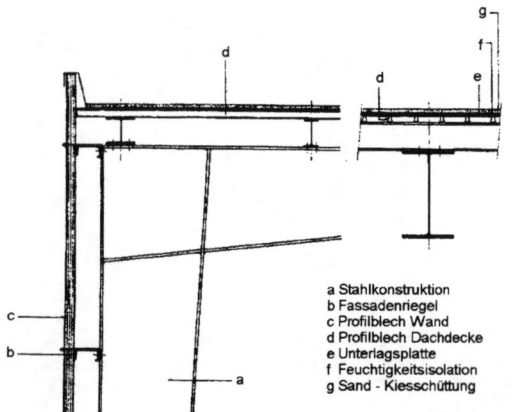

– 1 % Gefälle Pente

k Feuchtigkeits-Isolation
l Sand-Kies-Belag
m Abdeckblech
n Abkantrinne
o Kieswinkel

Wand und Dachdecke aus Porenbeton-Elementen

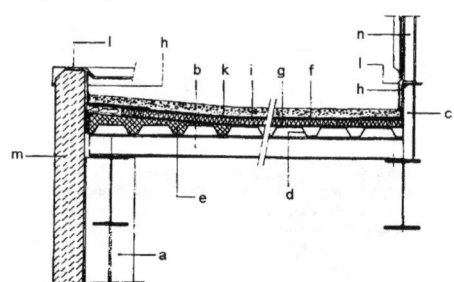

a Stahlkonstruktion	h Winkelblech
b Pfetten	i Feuchtigkeits-Isolation
c Oberlichtzarge	k Sand-Kies-Belag
d Profilbleche	l Abdeckblech
e Randkeil	m Porenbeton-Wandplatten
f Dampfsperre	n Satteloberlicht
g Thermische Isolation	

a Stahlkonstruktion
b Fassadenriegel
c Profilblech Wand
d Profilblech Dachdecke
e Unterlagsplatte
f Feuchtigkeitsisolation
g Sand - Kiesschüttung

Wand und Dachdecke aus Profilblechen

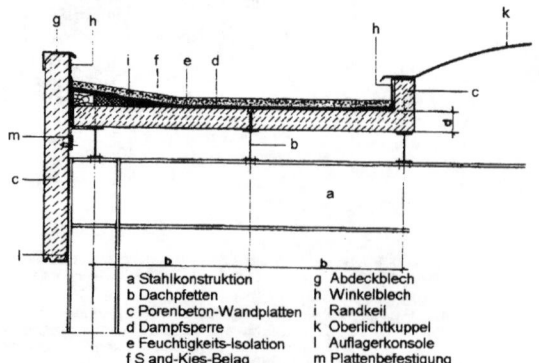

a Stahlkonstruktion	g Abdeckblech
b Dachpfetten	h Winkelblech
c Porenbeton-Wandplatten	i Randkeil
d Dampfsperre	k Oberlichtkuppel
e Feuchtigkeits-Isolation	l Auflagerkonsole
f S and-Kies-Belag	m Plattenbefestigung

Wand und Dachdecke aus Porenbeton-Elementen

Dachbinder aus Stahl

Stahlbinder, Systemübersicht und Beispiele Stahlsheds (nach Lit. 21, 26)

Systeme für Einzelsheds

Shed-Einzelsysteme mit geringem Stützenabstand (etwa 8 x 10 m) nach beiden Richtungen. Die Spannweite mit < 10 m ergibt sich nicht aus der Konstruktion, sondern aus der Forderung nach einer gleichmäßigen Beleuchtung. Meist wird sie deshalb nur 7 bis 9 m gewählt.

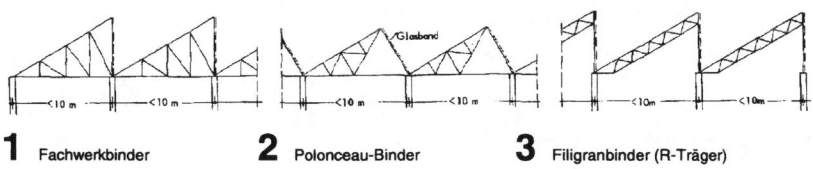

1 Fachwerkbinder   **2** Polonceau-Binder   **3** Filigranbinder (R-Träger)

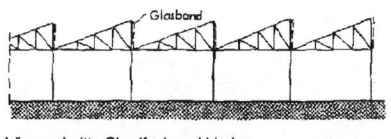

Längsschnitt - Shedfachwerkbinder

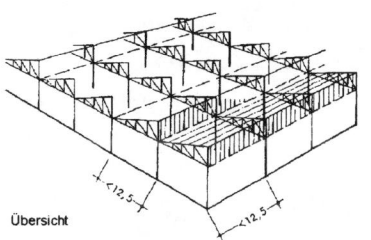

Längsschnitt - Shedrahmen (Variante)

Übersicht

4 Einzeln unterstützte Shedbinder

In einfachen Fällen werden sämtliche Shedbinder einzeln unterstützt. Die Stützweite von maximal 12,50 m ergibt sich weniger aus der Konstruktion, als aus der Forderung einer gleichmäßigen Beleuchtung. Bei niedrigen Hallen wird deshalb der Abstand der Glasbänder oft geringer (5–10 m) gewählt, weil sich sonst zu große Helligkeitsunterschiede ergeben. In Richtung des Glasbandes erfährt der Stützenabstand seine Begrenzung mit ebenfalls etwa 12,50 m durch die Spannweite der Pfetten als Gitterträger oder durch die Unterzüge an der Rinne, auf die sich die Shedbinder absetzen, wenn sie in einem engeren Abstand (etwa

2,50–3,50 m) angeordnet sind. Die Lage der Pfetten senkrecht zum First hat den Vorteil der besseren Beleuchtungsverhältnisse (keine Schatten der Pfetten) und der leichteren Eindeckung mit Beton- oder Leichtbeton-Fertigplatten. Die Nachteile der engen Stützenstellung bestehen nicht nur in der Einschränkung des freien Raumes, sondern auch in der großen Anzahl von Fundamenten und Stützen, die den Vorteil der leichten Shedkonstruktion wieder aufheben können. Bei sehr schlechtem Baugrund (aufgeschüttetem Boden) wird man eine derartig enge Stützenstellung mitunter wegen der geringen zulässigen Bodenpressung wählen müssen.

Shedsysteme bei Längsabfangung (großer Stützenabstand senkrecht zum Glasband)

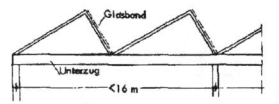 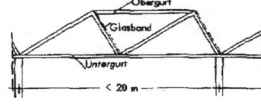 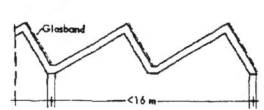

5 Einzelsheds auf leichten Unterzügen aufgesetzt   **6** Zwei Sheds zu einem Fachwerkträger zusammengefasst   **7** Zusammenfassung zweier Einzelsheds zu einem steifen Rahmen

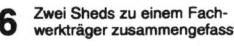 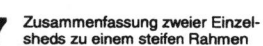

8 Schwerer durchgehender Unterzug, auf den sich die Sheds abstützen. Stützenentfernung abhängig von der Höhe und von der Ausbildung des Unterzuges.

9 Mehrere Sheds zu einem Fachwerkträger vereinigt. Obergurt ist der Witterung ausgesetzt, schwieriger Anschluss an die Dachhaut und an das Glasband.

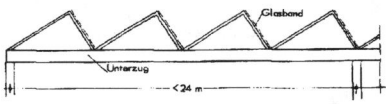 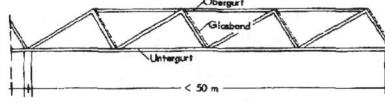

Längsschnitt - Shedfachwerkbinder

Übersicht

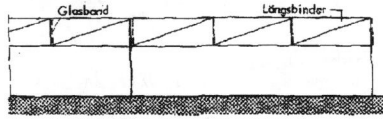

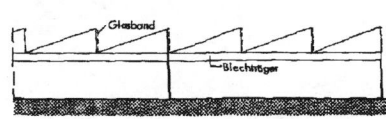

Längsschnitt - Sheds auf Blechträger (Variante)

10 Abfangung in der Längsrichtung

Eine Vergrößerung der Stützweite senkrecht zum Fensterband kann durch Anordnung von Unterzügen, auf die sich die einzelnen Sheds abstützen, erzielt werden, oder durch Zusammenfassung mehrerer Sheds zu einem Fachwerkträger.
Beim Einbau von Kranen wählt man in der Regel Vollwandträger, die zugleich als Kranbahnträger wirken. Dadurch wird jedoch die lichte Raumhöhe vermindert bzw. bei vorgeschriebener Mindesthöhe der umbaute Raum vergrößert. Während bei vollwandigen Unterzügen die wirtschaftliche Grenze der Spannweite

bei etwa 25 m liegt, kann man mit Fachwerk durch Ausnutzung der Gesamthöhe der Dachkonstruktion bis zu 50 m frei überspannen. Der Nachteil der Fachwerkbinder liegt darin, dass der Obergurt die Dachfläche durchbricht und der Witterung ausgesetzt ist. Außerdem ergibt sich bei senkrechten Glasflächen eine statisch ungünstige Anordnung der Diagonalen (nur in einer Richtung steigend), die an dem einen Auflager auf Zug, am anderen auf Druck beansprucht werden. Geneigte Glasflächen ergeben eine günstigere Fachwerkausbildung, außerdem bessere Lichtausbeute.

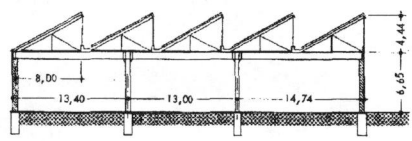

Querschnitt

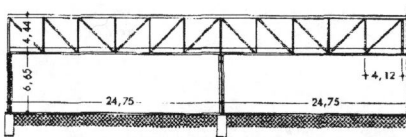

Längsschnitt

11 Reparaturwerkstatt der Schweizerischen Bundesbahn, Yverdon (Entw. SBB Bauabteilung)
Shedkonstruktion aus Stahlfachwerkbindern über Vollwandunterzügen. Fachwerkbinder in den vertikalen Fensterflächen über den geschweißten Unterzügen durchlaufend. Stützweite der Unterzüge 13,00 m bis 14,75 m, der Fachwerkträger 24,75 m. Breite der Sheds: 8,00 m. Lichte Hallenhöhe: 6,65 m. Dach: Welleternit auf Holzpfetten. Wärmedämmung: Unterdecke aus Vetroflexplatten. Gewicht der Stahlkonstruktion: 36 kg/m².

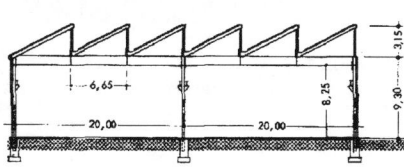

Querschnitt

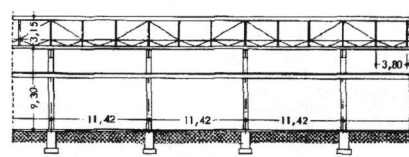

Längsschnitt

12 Fabrikationshalle der Metallwerke AG, Dornach, Schweiz (Arch. Suter & Suter)
Shedkonstruktion aus Stahlfachwerkträgern über eingespannten Rahmen. Rahmenriegel geschweißt. Ausrüstung mit 5-t-Kranbahnen. Spannweite der Rahmen: zwei Felder je 20,00 m. Binderabstand: 11,42 m. Breite der Sheds: 6,65 m. Lichte Hallenhöhe: 8,25 m. Dach: Welleternit auf Holzpfetten, Wärmedämmung: Durisol-Dachplatten. Gewicht der Stahlkonstruktion: 80,5 kg/m².

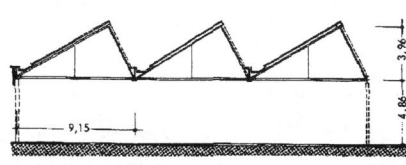

Querschnitt

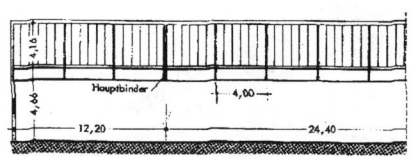

Längsschnitt

13 Fabrik für Firestone-Produkte AG, Pratteln, Schweiz, (Entw. Baubüro Firestone)
Stützenfreie Shedkonstruktion über 27,00 m Spannweite. Fachwerk-Hauptbinder mit Längsträgern. Stützweite der Längsträger: 12,20 bzw. 24,40 m. Über den Längsträgern Shedbinder im Abstand von rd. 4,00 m. Breite der Sheds: 9,15 m. Dach: Welleternit auf Holzschalung. Wärmedämmung: Glaswolle und Pavatex-Platten. Gewicht der Stahlkonstruktion: 68 kg/m².

Stahlbinder, Systemübersicht und Beispiele Stahlsheds (nach Lit. 21, 25, 26)

Dachbinder aus Stahl

Shedsysteme bei Querabfangung

→ 14 bis 16: Ausbildungsmöglichkeiten der einzelnen Shedträger bei Abfangung durch vollwandige Unterzüge unter dem Glasband oder unter der Rinne. → 17 bis 20: Verschiedene Ausbildungsmöglichkeiten der Abfangung in Richtung des Glasbandes.

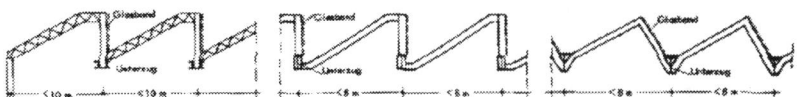

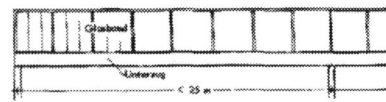

14 Gebogener Gitterträger auf zweiteiligen Unterzug (U-Profil) aufgesetzt

15 I-Profil mit steifer Ecken-ausbildung. Unterzug aus I-Profil oder Blechträger

16 Sheds als durchgehende Rahmen. Unterzug auf seitlichen Schub beansprucht.

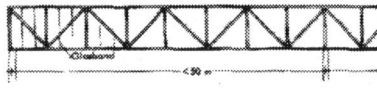

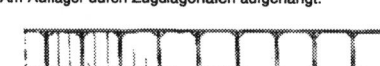

17 Vollwandiger Unterzug unterhalb des Glasbandes oder unterhalb der Rinne. Beschränkte Stützweite.

18 Niedriger Fachwerkträger unterhalb des Glas-bandes. Am Auflager durch Zugdiagonalen aufgehängt.

19 Fachwerkträger in der Ebene des Glasbandes. Beeinträchtigung des Lichteinfalls, unruhige Fensterfläche.

20 Vierendeel-Träger in der Ebene des Glasbandes. Ruhiger Gesamteindruck, bessere Lichtausbeute.

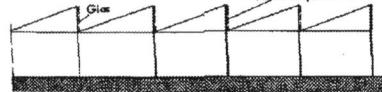

Querschnitt – Sheds zwischen Fachwerkbinder

Längsschnitt – Sheds zwischen Fachwerkbinder

21 Abfangung in der Querrichtung

Ein größerer Stützenabstand in Richtung der Glasbän-der kann durch Unterzüge unter dem Glasband oder durch Fachwerkträger innerhalb bzw. hinter der Glasfläche erzielt werden. Die Fachwerkträger in der Ebene des Fensterbandes können bis zu etwa 50 m frei gespannt werden; allerdings wird durch die Fach-

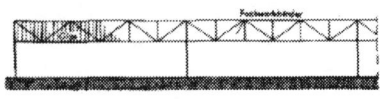

Querschnitt – Fachwerkbinder

Längsschnitt – Shed-Fachwerkbinder

22 Abfangung in beiden Richtungen

Wenn allseits große Stützenabstände gefordert wer-den, müssen entsprechende Unterzüge oder Fach-werkträger in beiden Richtungen angeordnet werden, auf die sich die einzelnen Sheds abstützen können. Bei Anordnung von Fachwerkträgern können bis 50 m frei überspannt werden, so dass für eine überbaute

werkstäbe der Lichteinfall beeinträchtigt, ganz abgese-hen davon, dass das Glasband sehr unruhig wirkt. Bei geneigtem Fensterband wird auch in der Dachebene ein Fachwerk notwendig (räumlicher Fachwerkträger). Man zieht dann meist einen Vollwandträger unter der Shedrinne vor. Dadurch beliebiger Sparrenabstand.

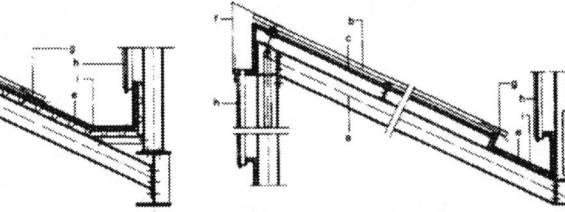

Übersicht

Fläche von 100 x 100 = 10.000 m² nur eine Stütze in Hallenmitte erforderlich wird. Zur Aufnahme der Wind-kräfte müssen Verbände in jeder Einzeldachfläche vorge-sehen werden oder die Dachplatten müssen eine starre Scheibe bilden. Die Windkräfte werden über einge-spannte Stützen oder durch Rahmenwirkung abgeleitet.

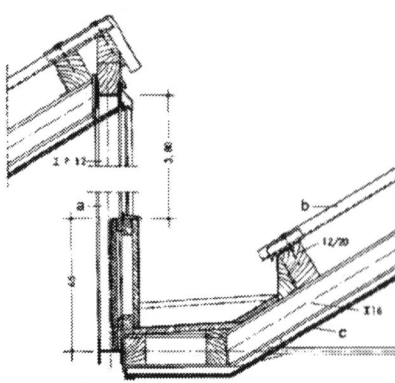

a = Fachwerkträger, b = Welleternit, c = Vetroflex

23 Werkstatt Yverdon der Schweizerischen Bundes-bahn (Entw. Bauabteilung der SBB)
Stahlfachwerkträger in der Ebene der Shedoberlichter mit Stahl-Sparren. Stützweite des Fachwerkträgers 24,75 m. Sparrenabstand 4,12 m. Dachdeckung aus Welleternit auf Holzpfetten 12/20. Unterdecke aus Vetroflex-Dämmplat-ten. Kittverglaste Stahlfenster aus einfachen Industriepro-filen.

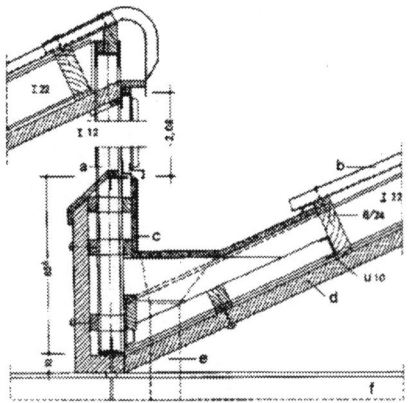

a = Fachwerkträger, b = Welleternit, c = Rinnenblech, d = Durisol 8 cm, e = Entwässerung, f = geschweißter Rahmenriegel

24 Metallwerke AG; Dornach (Arch. Suter & Suter)
Stahlfachwerkträger (Stützweite 11,42 m) in der Fenster-ebene mit Stahlsparren im Abstand von 3,80 m. Zwischen den Sparren Holzpfetten 8/24, darauf Abdeckung aus Welleternit. Unterdecke und Verkleidung der senkrechten Brüstung unter den Shedoberlichtern aus Durisol-Leichtbauplatten. Rinne aus Holzschalung mit Blechab-deckung. Kittlose Verglasung des Fensterbandes.

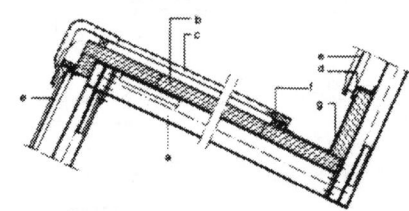

25 SZS-Standard-Detail
Dachdeckung Profilblech (Wellblech) auf Porenbeton-Dachplatten
→ Dachentlüftung, a = Stahlkonstruktion, b = Porenbe-tonplatten, c = Profilblech (Wellblech), d = Fensteran-schlagwinkel, e = Shedverglasung, f = Holzlattung, g = Blechrinne

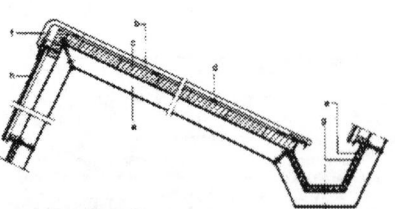

26 SZS-Standard-Detail
Dachdeckung Faserzement-Wellplatten auf Porenbeton-Dachplatten
a = Stahlkonstruktion, b = Faserzement-Wellplatten, c = Porenbeton-Dachplatten, d = Holzlattung, e = Blechrinne, f = Shed-Firstkappe, g = Sprayfaserzement, h = Shedver-glasung → Dachentlüftung

27 SZS-Standard-Detail
Dachdeckung Profilblech auf Tragprofilblechen mit Wärmedämmung
→ Dachentlüftung, a = Stahlkonstruktion, b = Profil-blech, c = Wärmedämmung, d = tragendes Dachblech, e = Blechrinne, f = Abdeckblech, g = Flugschneesiche-rung, h = Shedverglasung, i = Rinnenheizung

28 SZS-Standard-Detail
Dachdeckung Profilblech auf Pfetten mit Wärmedämmung
a = Stahlkonstruktion, b = Profilblech, c = Wärmedäm-mung, d = Blechrinne, e = Abdeckblech, f = Flug-schneesicherung, g = Shedverglasung, h = Rinnenhei-zung, → Dachentlüftung

Dachbinder aus Stahl

Stahlbinder, Beispiele für Rahmen und Bogenbinder (nach Lit. 21)

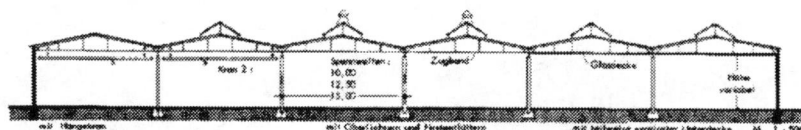

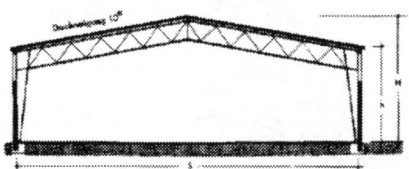

29 Standard-Hallenbinder von C.H. Jucho (Dortmund). Serienherstellung für Stützweiten von 10,00 m, 12,5 m und 15,0 m aus normalen Walzträgern. Symmetrischer Dreigelenkrahmen mit Zugband, auch für mehrschiffige Hallen geeignet. Binderabstand 2,50 m bei Auflagerung der Dachdeckung ohne Pfetten.

Die einzelnen Binder werden durch einen Längsunterzug abgefangen. Dadurch variabler Stützenabstand in der Längsrichtung. Dachdeckung aus Leichtbetonplatten mit doppelter Papplage. Beleuchtung durch Firstoberlichter, gegebenenfalls mit Entlüftungsaufbauten. Gewicht der Stahl-Binder: 12–16 kg/m² Hallenfläche.

37 SIEBAU-Normhalle (Siegener Stahlbauten GmbH., Kreuztal/W.)
Beispiel für eine Typenhalle. Normhalle aus Zweigelenkrahmen. Binderstiele vollwand-geschweißt, Riegel mit parallelen Gurten und Fachwerkstäben. Die Binder bestehen aus vier Teilen und sind leicht zu montieren. Laufkatzen und Hängekrane bis 3 t.

Spannweite	Traufhöhe	Firsthöhe		
S (m)	h (m)	H (m) bei Traufhöhe		
		4,0	5,0	6,0
15,0	4,0/5,0	5,32	6,32	–
17,5	4,0/5,0	5,24	6,54	–
20,0	4,0/5,0/6,0	5,76	6,76	7,76
22,5	5,0/6,0	–	6,98	7,98
25,0	5,0/6,0	–	7,20	8,20

Abmessungen der SIEBAU-Normhallen nach obenstehender Tabelle. Für Hallen mit Laufkatzen und Hängekranen, mit Pult- und Flachdächern und mit Mittelstütze gelten besondere Abmessungen. Binderabstände 5,00 m bei Leichtbetondachplatten, 7,50 m bei Faserzement und Wellblech. Mehrschiffige Hallen möglich.

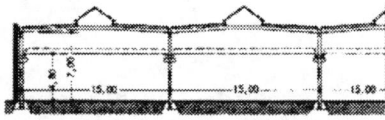

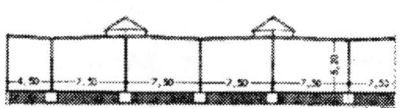

30 Werkhalle der Vereinigten Deutschen Metallwerke, Frankfurt (Ausf. MAN)
Flachbau aus Walzprofilstützen und Walzprofilbindern mit durchlaufenden Firstoberlichtern. Spannweite 15,00 m, Binderabstand 6,00 m, Abstand der Innenstützen 12,00 m. Zwischenbinder auf Walzträger-Längsunterzügen. Konstruktionsgewicht: 70 kg/m².

31 Produktionshalle der Westinghouse Bremsen-Ges., Hannover (Arch. Schneeweis, Ausf. Krupp Stahlbau, Hannover). Stahlkonstruktion auf einem Raster von 12,00 x 15,00 m. Oberlichter über 6,50 m Breite auf beiderseits auskragenden Stahlstützen. Dachdeckung: Siporexplatten 10 cm mit doppellagiger Dachpappedeckung. Gewicht der Stahlkonstruktion: 35 kg/m².

38 Dolesta-Standard-Halle (Donges-Stahlbau GmbH, Darmstadt)
Serienmäßig hergestellte Typenhallen unter Verwendung von Stahlleichtträgern. Kranhalle mit vollwandigen Stahlstützen, kranlose Halle vollständig aus Leichtprofilen als Rahmen ausgebildet. Anbauten sind ebenfalls aus Standardteilen zusammengesetzt

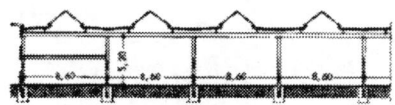

32 Motorenwerkstatt Flughafen Zürich (Arch. Casetti & Rohrer).
Ausf. Arbeitsgemeinschaft Schweizer Firmen)
Stahlkonstruktion aus eingespannten Stützen im Raster von 8,60 x 8,60 m mit durchlaufenden Hängekrananlagen von 1,0 bis 3,0 t. Satteloberlichter zwischen jeder Stützenreihe. Dachdeckung: Bimsbetonplatten, Kork, Kiespressdach. Gewicht der Stahlkonstruktion: 71 kg/m².

33 Lagerhalle der Westinghous Bremsen-Ges. Hannover, (Arch. Schneeweis, Ausf. Krupp Stahlbau, Hannover)
Stahlskelett auf einem Raster von 6,00 x 7,50 m. Stahlkonstruktion geht unter den Oberlichtern durch. Der Verwendung als Lager entsprechende geringe Beleuchtung durch Oberlichter im Abstand von 15,00 m. Dachdeckung: doppelte Papplage auf Siporex-Platten. Gewicht der Stahlbaukonstruktion: 35 kg/m².

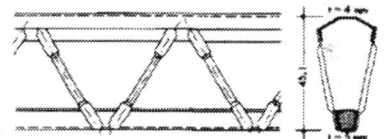

Dolesta-Tragprofil als geschweißter räumlicher Fachwerkträger ausgebildet. Gurte und Diagonalen aus kaltverfestigten Sonderprofilen hergestellt. Untergurt aus Stabilitätsgründen ausbetoniert. Binderabstand 3,00 m bei Eindeckung mit Bimsbetonplatten ohne Pfetten, 5,00 m bei Wellfaserzement-Eindeckung auf Stahlpfetten

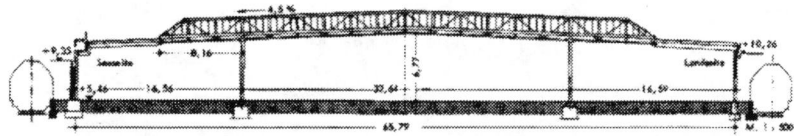

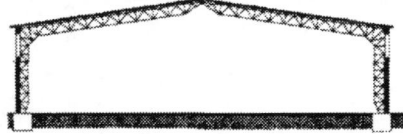

34 Lagerschuppen im Freihafen Bremen, (Ausf. MAN). Gesamtabmessungen: 66 x 440 m.
Fachwerkbinder auf eingespannten Stützen, Spannweite 32,60 m, Binderabstand 11,20 m. Der Fachwerkbinder liegt im Oberlicht und kragt beiderseits symmetrisch aus. Dadurch günstige statische Verhältnisse.

Die Seitenschiffe werden zur Hälfte von eingehängten Schleppträgern überdeckt, die mit Gelenken an die Fachwerkbinder anschließen. Dadurch Ausschaltung der zu erwartenden Setzungen der Außenstützen (aufgeschütteter Boden). Dacheindeckung: Bimsbeton-Dachplatten mit Pappe. Stahlbedarf: 37,5 kg/m².

39 Ceno-Leichtstahlkonstruktion (Siegener Stahlbauten GmbH)
Leichtstahlfachwerkträger als räumliche Konstruktionen in Rundstahlbauweise. Verwendung als einfache Träger (z.B. Pfetten), als Durchlaufträger und Rahmenkonstruktion. Große Tragfähigkeit und hohe Knicksicherheit der Dreigurtkonstruktion, geringes Gewicht.

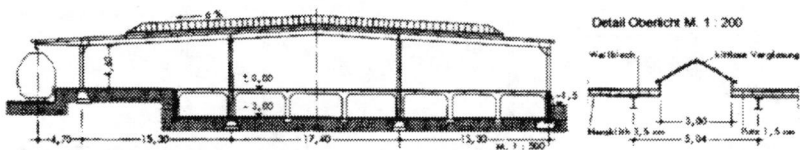

35 Werkhalle der Aerolith-Werke, Gelnhausen (Ausf. MAN). Rahmenbinder als Blechträger über vier Stützen durchlaufend. Außenstützen oben und unten eingespannt. Innenstützen als Pendelstützen. Pfetten als Träger aus zwei Stützen mit Kragarmen,

auf die sich die Oberlichter absetzen (günstiger Momentenausgleich). Dachhaut: Verzinktes Wellblech, 3,5 cm Heraklithplatte zur Wärmedämmung, 1,5 cm Unterputz. Oberlichter kittlos verglast. Kranausrüstung (7,5 t). Stahlbedarf 32 kg/m².

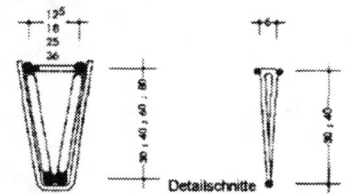

Ceno-Normalprofil mit 30 bis 80 cm Trägerhöhe; Fachwerkdiagonalen aus eingeschweißten Rundstählen, Vertikalen aus anliegenden Rundstählen. Verwendung als Träger bei größeren Lasten und Stützenweiten und für Rahmenkonstruktionen.
Ceno-V-Profil für Pfetten und leichte Sparrendächer.

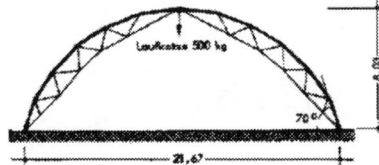

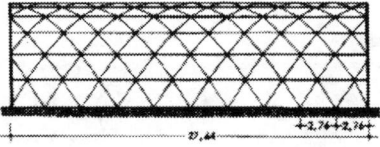

36 Tezet-Fertighalle (Theodor Wuppermann, Leverkusen). Bogenhalle in Stahlleichtbauweise.
Tragwerk als Gitternetzkonstruktion in Schalenform ausgebildet, nur an den Giebelwänden Dreigelenk-Bogenbinder angeordnet. Verwendung eines einzigen hutförmigen Leichtprofiles für sämtliche Bauglieder.

Verbindung der Knoten durch Schrauben und Knotenstücke. Im First sind Binder und selbsttragende Schale gelenkig ausgebildet. Länge der Halle im Achsmaß von 2,76 m variabel. Über 10 Achsen Teilung in zwei Abschnitte mit eigenen Giebelbindern. Dacheindeckung Wellblech, Wellaluminium oder Zeltleinwand.

Fachwerkbinder aus Stahl

Fachwerkbinder aus Stahl, Knotenpunkte (nach Lit. 25)

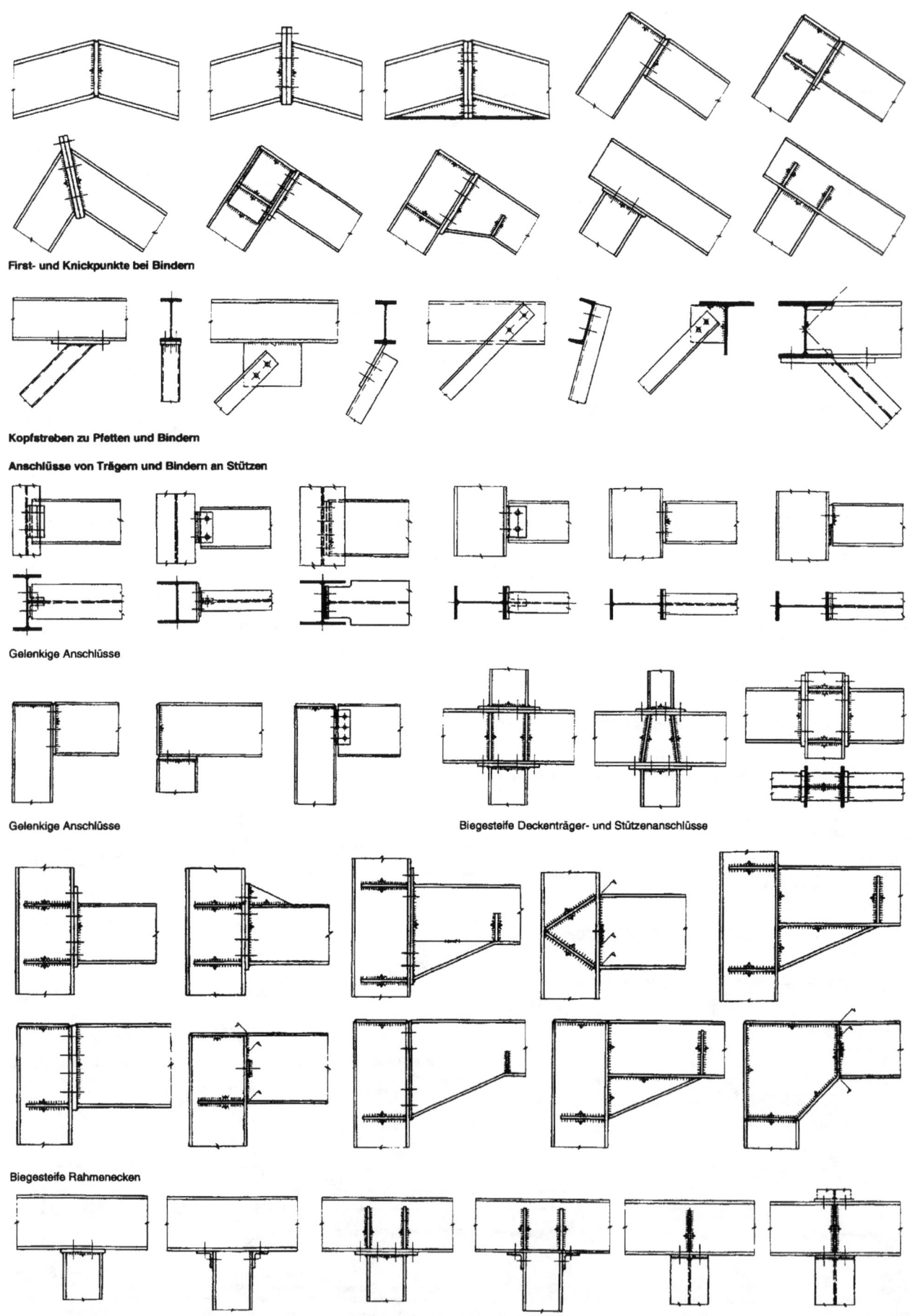

First- und Knickpunkte bei Bindern

Kopfstreben zu Pfetten und Bindern

Anschlüsse von Trägern und Bindern an Stützen

Gelenkige Anschlüsse

Gelenkige Anschlüsse

Biegesteife Deckenträger- und Stützenanschlüsse

Biegesteife Rahmenecken

Träger über Stützen durchlaufend

Fachwerkbinder aus Stahl

Fachwerkbinder aus Stahl, Knotenpunkte (nach Lit. 25)

Anschlüsse von Dach- und Deckenträgern an Binder

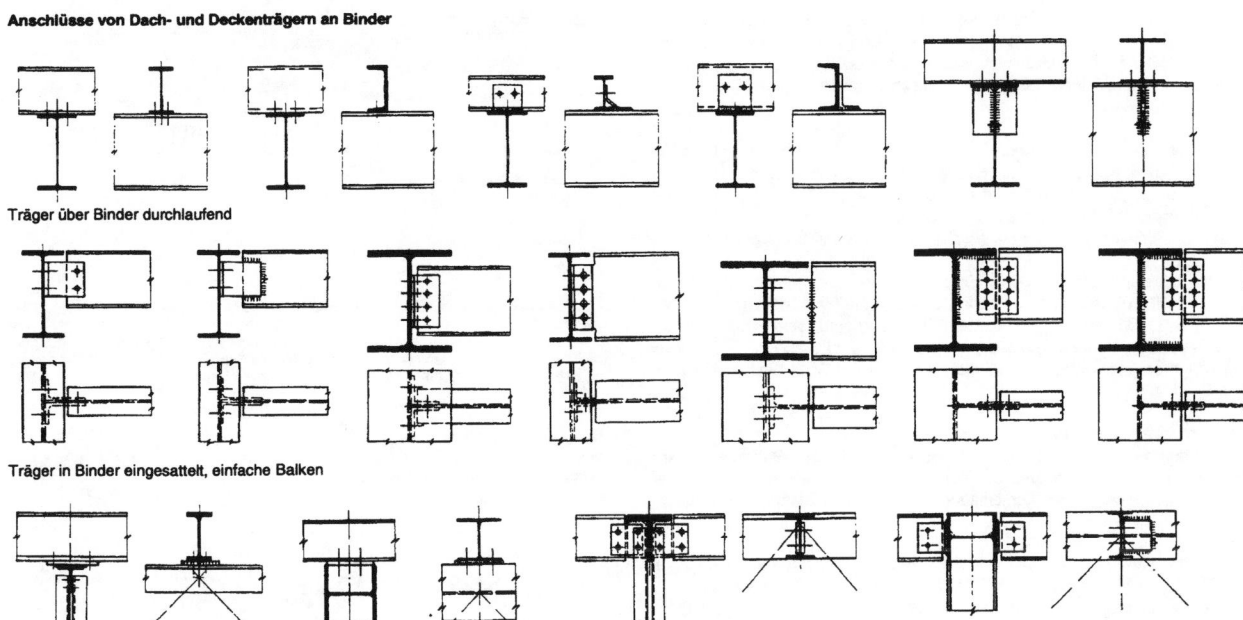

Träger über Binder durchlaufend

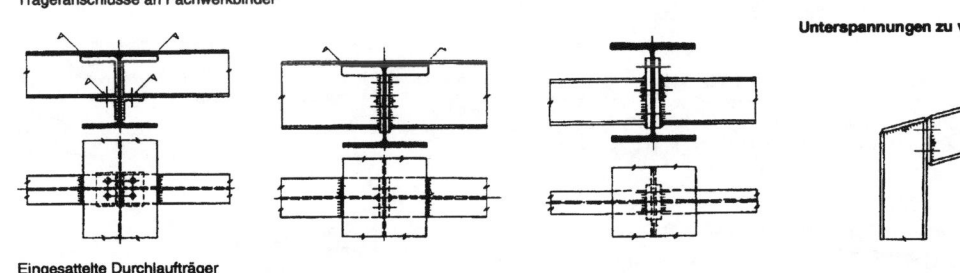

Träger in Binder eingesattelt, einfache Balken

Trägeranschlüsse an Fachwerkbinder

Unterspannungen zu vollwandigen Bindern

Eingesattelte Durchlaufträger

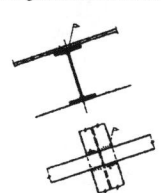
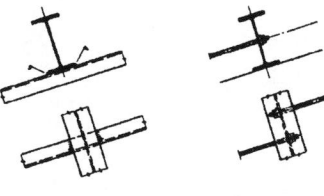
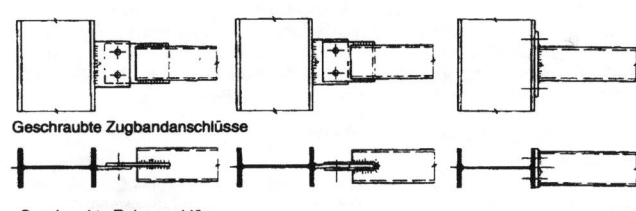

Geschraubte Zugbandanschlüsse

Zugstangen zu Pfetten

Geschraubte Rohranschlüsse

Zusätzliche Rippen und Aussteifungen für Träger, Binder und Stützen

Stegverstärkungen

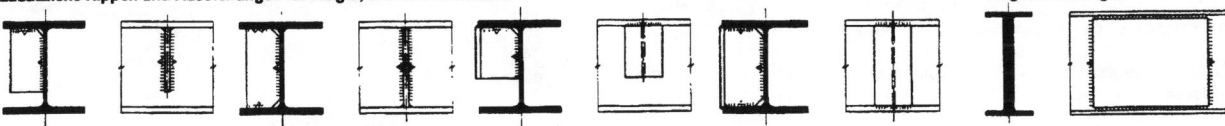

Abgesetzte Stützenprofile

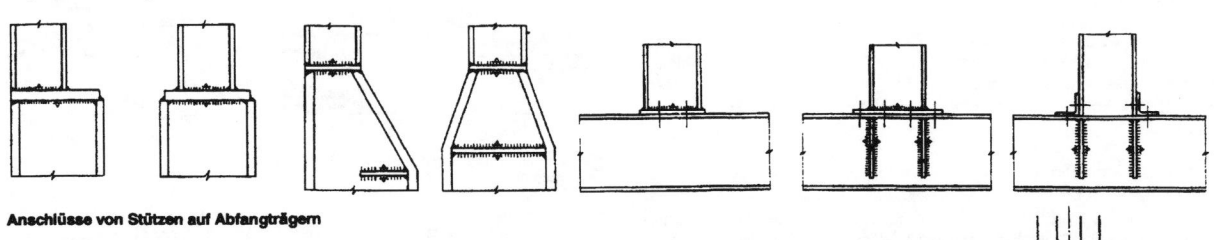

Anschlüsse von Stützen auf Abfangträgern

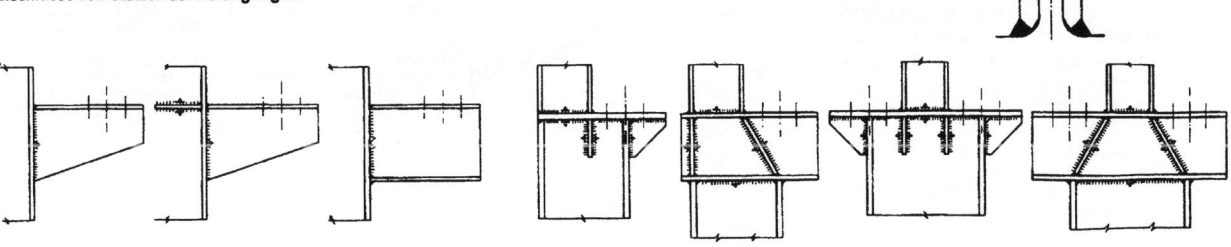

Dachbinder aus Beton

Betonbinder haben ein größeres Gewicht als Holzbinder und Stahlbinder und stellen erhöhte Anforderungen an den Transport. Zu ihren Vorteilen gehört die längere Lebensdauer, die Widerstandsfähigkeit gegen aggressive Atmosphäre, die gute Feuerbeständigkeit und die geringen Ansprüche an die Wartung. Sie werden meistens aus Hochqualitätsbeton, oft aus Spannbeton, hergestellt. Es werden statisch hoch tragfähige Formen und Querschnitte entworfen.

Stahlbeton- und Spannbetonbinder werden als Vollwandbinder, als Binder mit durchbrochenen Stegen, als Fachwerkbinder oder als Bogenbinder mit Zugstange ausgebildet. Vollwandbinder sind in der Herstellung einfacher als Fachwerkbinder, sind jedoch schwerer und benötigen 35 % mehr Stahl und Beton als Fachwerkträger für die gleiche Belastung und Spannweite.

Der Achsabstand zwischen den einzelnen Bindern hängt von der Anordnung der Stützen und der Ausbildung des Dachaufbaus ab. Um bei mehrschiffigen Hallen, die mit Betonbindern überdeckt sind, eine größere Bewegungsfreiheit im Verkehrsraum zu erreichen, können Zwischenstützen durch Unterzüge ersetzt werden. Betonbinder kommen für Spannweiten bis 25 m zum Einsatz.

Vollwandbinder aus Beton
Vollwandbinder werden als Parallelbinder, Pultdachbinder, Satteldach- oder Bogenbinder ausgebildet und aus Stahlbeton, Spannbeton, ggf. als Verbundkonstruktionen in der Kombination von Beton mit Stahl in der Zugzone hergestellt → 1.

In der Herstellung einfach sind vor allem rechtwinklige Querschnittsformen → 1 B. Eine teilweise Durchgänglichkeit der Stege (für Leitungen, technologische Einrichtungen) wird mit runden Öffnungen in der neutralen Querschnittsachse ermöglicht → 1 C.

In der Praxis werden auch Binder verwendet, die nur senkrechte Verbindungsstäbe zwischen den Gurten aufweisen → 1 D; für die Überdachung großer Spannweiten werden Bogenbinder eingesetzt → 1 E.

Zur Ausbildung unverschieblicher Gelenke der tragenden Verbindungen (Binder–Stütze, Binder–Unterzug–Stütze) werden die Binderköpfe besonders geformt oder mit Öffnungen versehen, auf Stahldollen verlegt und mit kolloidem Zementmörtel vergossen. Auch Auflager mit Gummiunterlagen, Schraubverbindungen u.ä. sind üblich.

Fachwerkbinder aus Beton
Beton–Fachwerkbinder werden ab Spannweiten von etwa 15 m verwendet, bei größeren Spannweiten wird der Beton vorgespannt → 2.

Der Vorteil von Fachwerkstegen besteht neben dem geringeren Gewicht auch in der guten horizontalen Durchgänglichkeit der Dachkonstruktion und der erheblichen Tragfähigkeit für punktförmig eingeführte Einzellasten. Nachteilig ist der hohe Arbeitsaufwand bei der Herstellung und Ausbildung der Bewehrung der Fachwerkstäbe und Knoten des Binders.

Hohe Fachwerkbinder werden aus Stabilitätsgründen gegen Umkippen in der Obergurtebene aufgelagert → 2 A, C. Bei Spannbetonbindern werden die Untergurte, ggf. auch die auf Zug beanspruchten Randdiagonalstäbe vorgespannt. Bei nachträglich vorgespannten (miteinander verspannten) Elementen kann auch der Obergurt vorgespannt werden.

Aus Gründen des Transports werden vorgespannte Binder manchmal in 3 bis 6 m lange Einzelelemente unterteilt und nachträglich verspannt → 2 C.

Die steife Einspannung der Diagonalstäbe in den Knoten verursacht die Entstehung sekundärer Biegemomente, es ist deshalb erforderlich, die Hauptgurte beidseitig mit einer Längsbewehrung zu versehen und eine ausreichende Verankerung der Bewehrung der Fachwerkstäbe in den Gurten zu gewährleisten.

Die tragenden Verbindungen zwischen Binder und Stütze, ggf. zwischen Binder, Unterzug und Stütze werden in der Regel als unverschiebliche Gelenke ausgebildet. Das geschieht mit Hilfe der Auflagerung entsprechend geformter Binderköpfe auf senkrechte Dollen und deren Vergießen, dem Auflegen auf entsprechende Lager u.ä. → 3.

Bei pfettenloser Ausführung besteht der Dachkörper aus flächigen Elementen, zum Beispiel aus Rippen- oder Kassetten-Dachplatten → 3 A. Durch die gegenseitige Verbindung dieser Elemente und das Vergießen der Fugen wird eine vorteilhafte Steifigkeit der Dachtafel erreicht. Eine leichte Bedachung (Profilblech, Dachplatten u.ä) wird in der Regel mittelbar mit Hilfe eines Pfettenrosts auf die Binder gelegt → 3 C, D, E, F.

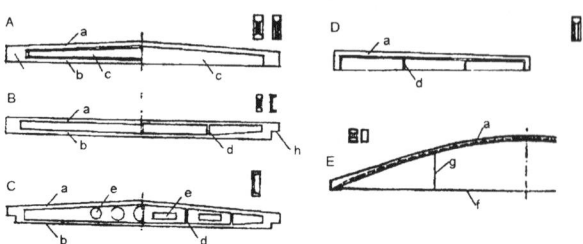

1 Vollwandbinder aus Beton

A = Satteldachbinder mit I- oder T-Querschnitt, B = Parallelbinder mit I-, ggf. U-Querschnitt, C = Satteldachbinder mit durchbrochenem Steg, D = Pultdachbinder, E = Bogenbinder mit Zugband, a = gedrückter Obergurt, b = gezogener Untergurt, c = Steg, d = Stegaussteifung, e = Durchbrüche im Steg, f = Zugstange, g = Aufhänger der Zugstange, h = geformter Binderkopf für teilweises Einlassen

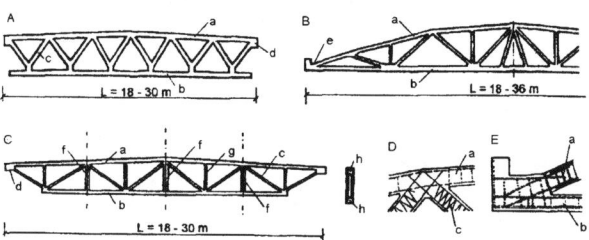

2 Fachwerkbinder aus Beton

A = Satteldach – Fachwerkbinder aus Spannbeton, B = Fachwerkbinder aus Spannbeton mit geknicktem Obergurt, C = Satteldach, D = Spannbeton–Fachwerkbinder aus nachträglich miteinander verspannten Segmenten, a = gedrückter Obergurt, b = auf Zug beanspruchter Untergurt, c = Diagonalstäbe, d = Auflagerausbildung am Obergurt des Binders, e = Binderkopf mit angeformtem Rinnenhalter, f = Verbindungsfuge der Teilelemente zwischen zwei Vertikalstäben, g = Vertikalstab, h = Kanal zum Einlegen der Spannlitzen

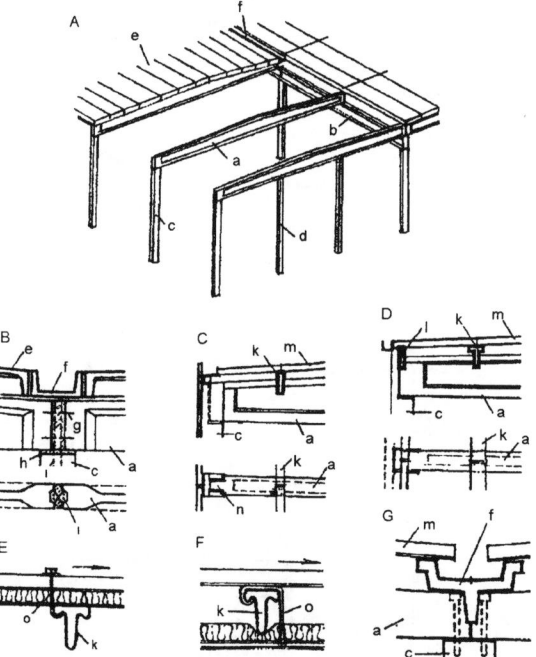

3 Verlegeschema und Einzelheiten des Dachaufbaus eines Stahlbetonbinder-Systems

A = Axonometrie des Aufbaus eines Daches aus Stahlbetonbindern, B = Auflagerung des Binders auf eine Stütze bei mehrschiffigen Hallen – pfettenloses Dach, C, D = Auflagerung des Binders auf die Stütze bei einer einschiffigen Halle – Dachplatten-Pfetten-Konstruktion, E, F = Befestigung einer leichten Bedachung an bzw. auf den Pfetten, G = Detail der Ausbildung der Innenrinne bei mehrschiffigen Hallendächern mit Pfetten, a = Binder, b = Unterzug, c = Stütze, d = Zwischenstütze am Giebel, e = Rippen–Dachpaneel, f = Rinnenträger, g = Verankerungsaussparung am Binderkopf, h = Auflagerung des Binders in Mörtelbett, i = Ankerdollen im Stützenkopf, k = Pfette, l = Randpfette, m = Dachplatte, n = ausgeklinkter Stützenkopf, o = Haken zur Befestigung der Dachplatten bzw. einer abgehängten Decke

Dachbinder aus Beton

Rahmenbinder aus Beton

Die Anwendung monolithischer Betonrahmen ist auf das Gebiet von Hallen für die Schwerindustrie beschränkt, bzw. auf Dachkonstruktionen mit ausgeprägt individueller Form. Stärker verbreitet sind montierte Rahmensysteme aus Stahlbeton höherer Betonklassen und Spannbeton → 4.

Betonrahmen werden aus feingliedrigen Einzelteilen montiert, die an den Rahmenecken verbunden werden, oder es werden verkürzte Rähm zwischen Konsolstielen verlegt, das heißt an den Stellen, an denen nur geringe Biegemomente auftreten, wird der Riegel gestoßen.

→ 5 zeigt Beispiele für die Ausbildung steifer Rahmenecken.

Werkstoffsparende Dachkonstruktionen aus Beton
Durch die Anwendung von Spannbeton und Metallschalungen beim Betonieren der Dachelemente können die einzelnen Konstruktionsteile sehr feingliedrig ausgebildet werden. Einige Beispiele für die Anwendung von Beton und Stahlbeton für Dachkonstruktionen zeigt → 6, 7.

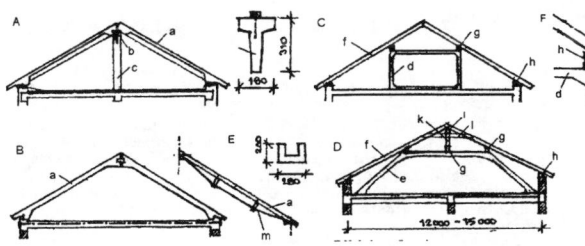

6 Dachkonstruktionen aus Beton

A = Dachkonstruktion mit Sparren und Firstpfette aus Stahlbeton, B = Dreigelenkrahmensystem eines Stahlbetondaches, C = Dach mit geschlossenem Stahlbetonrahmen, D = Dach mit Stahlbetonrahmen, E = Stahlbeton-Verbundsparren mit vorgespanntem Stahl-Untergurt, F = Auflagerung der Mittelpfette auf den Betonrahmen, a = Stahlbetonsparren, b = Stahlbetonfirstpfette, c = Stütze, d = in sich geschlossener Stahlbetonrahmen, e = Stahlbetonrahmen, f = Holzsparren, g = Mittelpfette aus Holz, h = Fußpfette aus Holz, i = Firstpfette aus Holz, k = Stiel, l = Zange, m = Stahlspanngurt des Verbundsparrens.

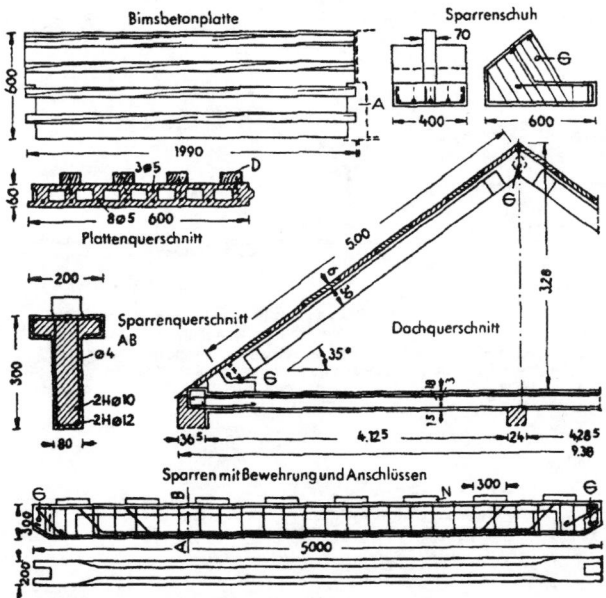

7 Sparrendach aus Stahlbeton-Fertigteilen nach Wedler-Hahn für Deckung mit großformatigen Leichtbetonplatten; Binderabstand 2 m. Sparren aus Stahlbeton (B 225), im Sparrenschuh und First mit Gelenk (G) gelagert. Bimsbetonplatte auf Sparren derart gelagert, dass in die Aussparungen der Platten (A) die Nocken der Sparren (N) eingreifen. Dachlatten (D) mit Dachplatten durch Anker (einbetonierte Leichtbauplatten-Nägel) verbunden. Eindeckung mit Dachziegeln. Bei Ausführung in B 600 lässt sich Sparrenhöhe auf 20 cm verringern.

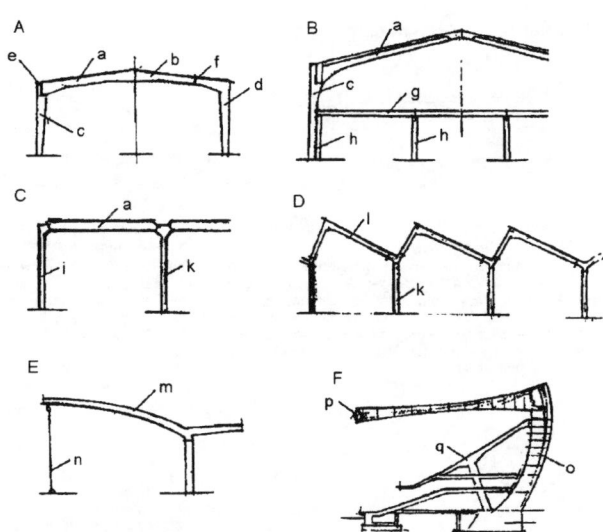

4 Montierte Stahlbetonrahmen für Dachkonstruktionen

A = Rahmensystem mit Montageverbindung an der Rahmenecke oder an der Stelle, an der das auf den Rähm wirkende Biegemoment gleich Null ist, B = Rahmensystem einer zweigeschossigen Halle, C = mehrschiffige Halle, D = mehrschiffiges Rahmensystem eines Sheddaches, E = Konsolrahmen (Halbrahmen) mit Pendelstütze, F = vorgespannter Konsolrahmen eines Tribünendaches, a Rähm, b = eingesetzter (verkürzter) Rähm, c = Rahmenstiel, d = Stiel mit Rahmenecke, e = Montageverbindung der Rahmenecke, f = Montageverbindung des Riegels, g = eingelegte Zwischendecke, h = Stützen der Zwischendecke, i = Randstiel des Rahmensystems mit einseitigem Kopf, k = Innenstiel mit zweiseitigem Kopf, l = geknickter Riegel (Shedriegel), m = gebogener Riegel eines Konsolrahmens, n = Pendelstütze eines Konsolrahmens, o = eingespannter Konsolrahmen, p = Rand–Längsträger, q = Tribünenkonstruktion

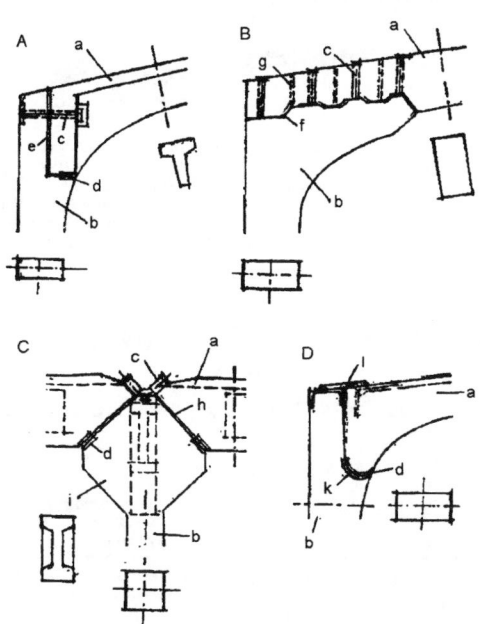

5 Ausbildung der Ecken montierter Stahlbetonrahmen

A = Schraubenverbindung der Rahmenecke mit vertikaler Stoßfuge, B = Schraubverbindung der Rahmenecke mit horizontaler Stoßfuge, C = Zweiseitige Schraubverbindung der Rahmenecke mit schräger Stoßfuge, D = Rahmenecke mit sphärisch ausgebildeter Stoßfuge, a = Rähm, b = Stiel, c = Schraubverbindung, d = Verschweißung mit Kontaktplatten, e = vertikale Stoßfuge, f = verzahnte horizontale Stoßfuge, g = Injektionsöffnung, h = schräge Stoßfuge, i = Stielkopf, k = sphärisch ausgebildete Stoßfuge, l = Schweißverbindung mit Lasche

Im gedrückten Bereich der Verbindung werden in der Regel zur Fixierung der Montageteile Kontaktplatten verschweißt. Der auf Zug beanspruchte Bereich wird mit Schrauben, ggf. mit Verschweißungen gesichert.

Dachbinder aus Beton

Stahlbetonhallen, Grundformen (nach Lit . 21)

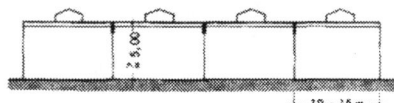

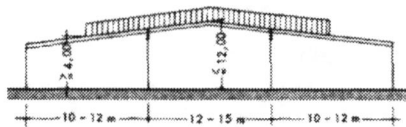

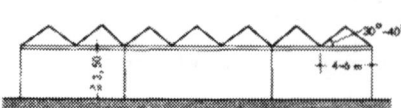

1 Flachbau mit horizontalem Dach, aus mehreren Hallenschiffen zusammengesetzt. Ausführung in Stahl oder Stahlbeton. Voraussetzung: einwandfreie Dachhaut. Entwässerung an den Unterzügen oder Ausbildung der Dachfläche als Wanne ohne Abfluss. Besonders geeignete Flachbauform bei Ausrüstung mit Hängekrananlage. Oberlichter können an beliebiger Stelle in die Dachfläche eingesetzt werden. Form der Oberlichter unabhängig von der Flachbaukonstruktion.

2 Flachbau aus mehreren, unter einem geneigten Dach zusammengefassten Hallenschiffen. Ausführung in Stahl oder Stahlbeton. Abmessungen sind begrenzt durch die Ableitung des Regenwassers. Bei Dachflächen über 25,0 m Tiefe Schwierigkeiten in der Wasserfassung, außerdem wird das Mittelschiff wegen der erforderlichen Dachneigung zu hoch. Beleuchtung durch Satteloberlichter, deren Größe und Anzahl nach den geforderten Beleuchtungsverhältnissen gewählt werden können. Für geringe Beleuchtungsstärken auch Firstoberlichter möglich.

3 Räumliches Tragwerk. Ausführung in Stahlbeton als Faltwerk. Konstruktion aus einzelnen Stahlbetonscheiben zusammengesetzt, die an den Rändern biegesteif und schubfest verbunden sind und damit räumliche Tragwirkung erhalten. Die Dachdecke ist tragend ausgebildet. Neigungen über 40° nur mit doppelter Schalung zu betonieren. Ausführung in Stahl als räumliches Fachwerk: Dachdecke nicht tragend. Verwendung von Stahlrohrkonstruktion vorteilhaft, auch für Vorspannung geeignet. Spannweiten als Stahlbeton-Faltwerk bis 30 m, als räumliches Stahlfachwerk bis 60 m.

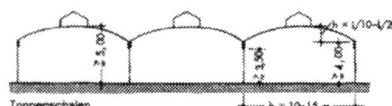

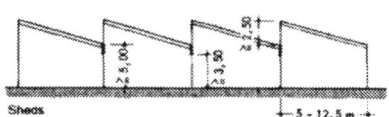

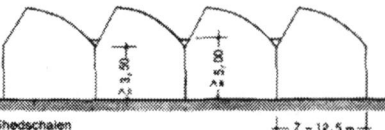

4 Flachbau aus aneinandergereihten Tonnenschalen. Ausführung in Stahlbeton. Geringer Materialbedarf, jedoch hoher Lohnanteil. Wirtschaftlich bei wiederholter Verwendung der Schalung. Räumliche Tragwirkung ermöglicht Spannweiten in Schalenlängsrichtung bis 25 m, bei vorgespannten Schalen bis 40 m. Schalen sind empfindlich gegenüber Einzellasten. Hängekranbahnen also nur begrenzt möglich. Beleuchtung durch Firstoberlichter mit biegesteifer Umrandung der Öffnungen oder durch einbetonierte Glasstahlbeton-Felder.

5 Shedhalle mit senkrechtem oder schrägem Oberlichtband. Ausführung in Stahlbeton, Stahlbetonfertigteilen oder Stahl. Übliche Form für Shedhallen aus Stahl, insbesondere auch als Stahlleichtkonstruktion. Große Spannweiten in Längsrichtung durch Ausnutzung der Fensterbänder als Fachwerkträger möglich. Gleichmäßige Ausleuchtung der Shedhalle durch nach Norden gerichtete Lichtbänder. Senkrechte Oberlichtbänder ergeben geringeren Lichteinfall als schräge, jedoch geringere Verschmutzung.

6 Shedhalle aus Stahlbetonschalen mit schrägem oder senkrechtem Oberlichtband. Übliche Ausführung in Stahlbeton. Durch Oberlichtband einseitig angehobene Tonnenschale. Rinnenträger kann zur Aufnahme des Klimakanals genutzt werden. Rinnengefälle kann entsprechend dem konischen Verlauf des Klimakanals gewählt werden. Gute Beleuchtung durch geneigte Fensterbänder, jedoch stärkere Verschmutzung der Fenster.

Standardhallen aus Stahlbeton-Fertigteilen (nach Lit. 21)

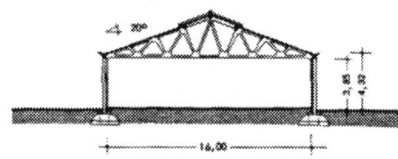

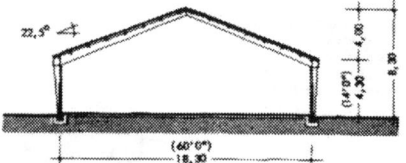

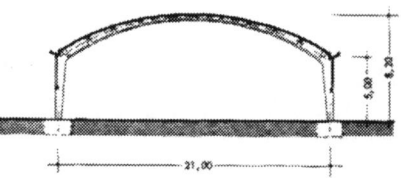

1 **Vorgespannter Stahlbeton-Fachwerkbinder** (Hersteller: Schokbeton, Düsseldorf)
Binder in zwei Hälften vorgefertigt und gelenkig gelagert auf eingespannten Stahlbetonstützen. Montageverbindung in Feldmitte.

2 **Vorgespannter Stahlbeton-Dreigelenkrahmen** (Hersteller: Woolaway Construktions Ltd. Bridport England). Eckverbindung der vorgefertigten Stützen und Riegelhälften durch die Vorspannglieder. Am First Bolzenverbindung mit Stahlplatten.

3 **Spannbeton-Bogenbinder** (Hersteller: Schokbeton, Düsseldorf)
Rahmenriegel in drei Teilen vorgefertigt und mit den Stützen verspannt. Zur Gewichtsersparnis ist der Riegel als I-Querschnitt ausgebildet. Aussteifungen des Riegels unter den Pfettenauflagern.

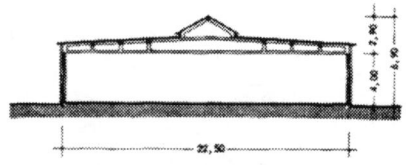

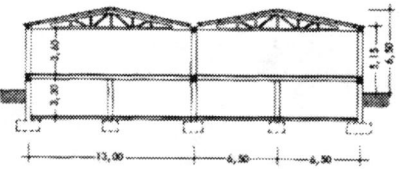

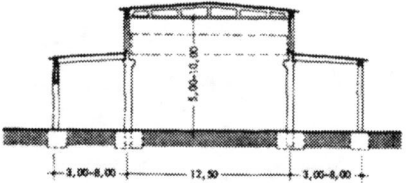

4 **Spannbeton-Trapezbinder** (Hersteller: Stewing, Dorsten)
Gelenkig aufliegender Trapezbinder mit I-Querschnitt und Aussteifungen unter den Pfettenauflagern. Eingespannte Stützen. Aufgesetztes Oberlicht, ebenfalls aus Fertigteilen hergestellt.

5 **Zweischiffige Halle mit Fachwerkbinder** (Hersteller: Imbau, Leverkusen)
Vorgespannter Stahlbeton-Fachwerkbinder auf eingespannten Stützen. Unterzüge im Kellergeschoss wegen starker Deckenbelastung mit halber Stützweite der Hallenschiffe.

6 **Dreischiffige Halle mit Vollwandbinder** (Hersteller: Stahlbeton-Fertigbau Düsseldorf)
Halle aus serienmäßig hergestellten Fertigteilen. Verschiedene Stützenhöhen möglich. Konsolen für Kranbahn und Seitenhallenbinder. Hauptstützen eingespannt. Anbauten gelenkig angehängt.

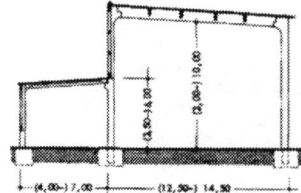

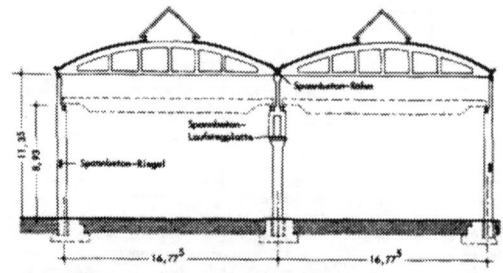

7 **Pultdachhalle mit Seitenschiff** (Hersteller: Stahlbeton-Fertigbau Düsseldorf)
Halle aus Serienteilen. Binderabstand über 6 m erfordert Pfetten; bis 5 m ohne Pfetten mit unmittelbar aufliegenden Dachplatten.

8 **Zweischiffige Halle aus Fertigteilen** (Ausf. Spannbeton Moers))
Bogenbinder aus Spannbeton, gelenkig gelagert. Zugband und Aufhängungen betonummantelt. Eingespannte Stützen mit Kranbahnkonsolen. Riegel, Rinnen und Dachplatten vorgespannt.

Typenhallen aus Stahlbeton-Fertigteilen (nach Lit. 28)

Typenhallen aus Stahlbeton-Fertigteilen (nach Lit. 28)

Dachtragwerk Pfetten (Nebenträger)

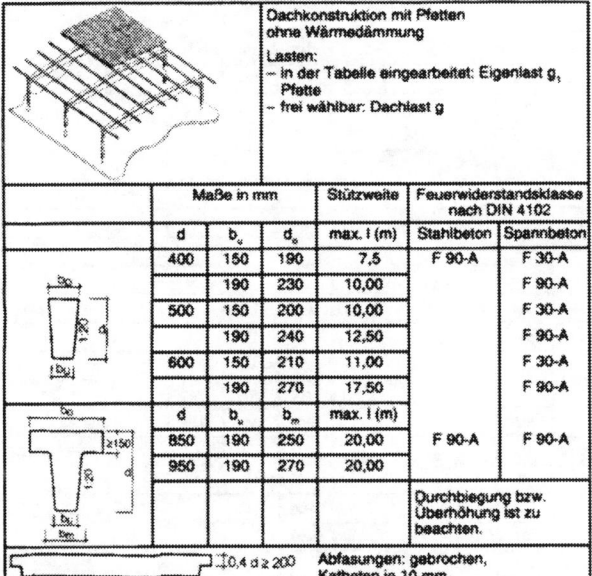

Dachkonstruktion mit Pfetten
ohne Wärmedämmung

Lasten:
– in der Tabelle eingearbeitet: Eigenlast g, Pfette
– frei wählbar: Dachlast g

Maße in mm			Stützweite	Feuerwiderstandsklasse nach DIN 4102	
d	b_u	d_o	max. l (m)	Stahlbeton	Spannbeton
400	150	190	7,5	F 90-A	F 30-A
	190	230	10,00		F 90-A
500	150	200	10,00		F 30-A
	190	240	12,50		F 90-A
600	150	210	11,00		F 30-A
	190	270	17,50		F 90-A

d	b_u	b_m	max. l (m)		
850	190	250	20,00	F 90-A	F 90-A
950	190	270	20,00		

Durchbiegung bzw. Überhöhung ist zu beachten.

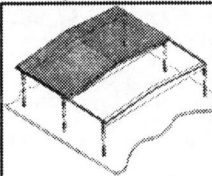

≈ 0,4 d ≥ 200

Abfasungen: gebrochen, Katheten je 10 mm für untere Kanten

Beispiel 1:
leichte Eindeckung	$g_2 \approx 0{,}50$ kN/m²
Schneelast	$s \approx 0{,}75$ kN/m²
Dachlast	$q \approx 1{,}25$ kN/m²
	$\approx 1{,}50$ kN/m²
Stützweite	$l \approx 10{,}00$ m
Abstand	$a \approx 5{,}0$ m
abgelesen	$d/b_u \approx 500/150$ mm
	(F90-A) (Stahlbeton)

Beispiel 2:
Porenbeton-Dach
Belag und Schnee	$g_1 \approx 1{,}0$ kN/m²
Eigenlast Porenbeton (d = 150 mm)	$g_2 \approx 1{,}1$ kN/m²
	$q \approx 2{,}1$ kN/m²
	$\approx 2{,}0$ kN/m²
	$l \approx 12{,}00$ m
	$\approx 12{,}50$ m
Abstand	$a \approx 4{,}0$
abgelesen	$d/b_u \approx 600/190$ mm
	(F90-A) (Spannbeton)

Dachtragwerk Stahlbeton-Binder (Hauptträger)

Dachkonstruktion ohne Pfetten
für Dachaufbau mit Wärmedämmung

Lasten:
Wenn wegen der Dachkonstruktion (z.B. bei Stahltrapezblechen mit Stützweiten ab 7,50 m, bei Porenbetonplatten mit Stützweiten ab 6,0 m) zusätzlich Pfetten angeordnet werden, sind diese mit ca. 0,75 kN/m² bei der Dachlast zu berücksichtigen.
– in der Tabelle eingearbeitet: Eigenlast g, Binder
– frei wählbar: Dachlast q

Maße in mm			Stützweite	
d	b_o	b	max. l (m)	
600	400	190	15,00	
800	400	190	20,00	Alle Abmessungen
1000	400	190	25,00	ausreichend für
1200	500	190	25,00	Feuerwiderstandsklasse
1400	600	190	30,00	F 90-A nach DIN 4102
1600	700	250	35,00	
1800	800	250	35,00	
2000	800	250	40,00	

Neigung %	Bemessungs-schnittstelle X_a	Firsthöhe d_a
bis 5,0	0,40 l	1,05 d
5,0 – 10,0	0,33 l	1,10 d
10,0 – 15,0	0,25 l	1,25 d

Satteldachbinder

Parallelbinder

Beispiel 1:
leichte Eindeckung	$g_2 \approx 0{,}50$ kN/m²
Schneelast	$s \approx 0{,}75$ kN/m²
Dachlast	$q \approx 1{,}25$ kN/m²
	$\approx 1{,}50$ kN/m²
Stützweite	$l \approx 20{,}00$ m
Abstand	$a \approx 6{,}0$ m
abgelesen	$d/b_o \approx 800/400$ mm
	(F90-A) (Stahlbeton)

Beispiel 2:
Porenbeton-Dach
	$g_2 \approx 2{,}00$ kN/m²
Schneelast	$s \approx 0{,}75$ kN/m²
Leitung etc.	$\approx 0{,}25$ kN/m²
Dachlast	$q \approx 3{,}00$ kN/m²
Stützweite	$l \approx 25{,}00$ m
Abstand	$a \approx 5{,}00$ m
abgelesen	$d/b_o \approx 1200/500$ mm
	(F90-A) (Spannbeton)

Dachtragwerk Spannbeton-Binder (Hauptträger)

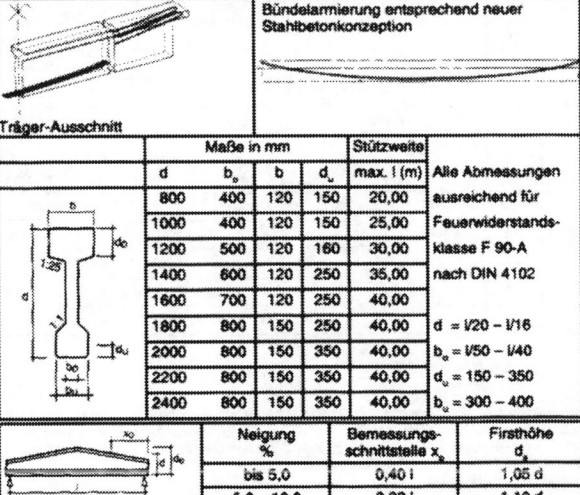

Bündelarmierung entsprechend neuer Stahlbetonkonzeption

Träger-Ausschnitt

Maße in mm				Stützweite	
d	b_o	b	d_u	max. l (m)	
800	400	120	150	20,00	Alle Abmessungen
1000	400	120	150	25,00	ausreichend für
1200	500	120	160	30,00	Feuerwiderstands-
1400	600	120	250	35,00	klasse F 90-A
1600	700	120	250	40,00	nach DIN 4102
1800	800	150	250	40,00	d = l/20 – l/16
2000	800	150	350	40,00	b_o = l/50 – l/40
2200	800	150	350	40,00	d_u = 150 – 350
2400	800	150	350	40,00	b_o = 300 – 400

Neigung %	Bemessungs-schnittstelle x_a	Firsthöhe d_a
bis 5,0	0,40 l	1,05 d
5,0 – 10,0	0,33 l	1,10 d
10,0 – 15,0	0,25 l	1,20 d

Satteldachbinder

Parallelbinder

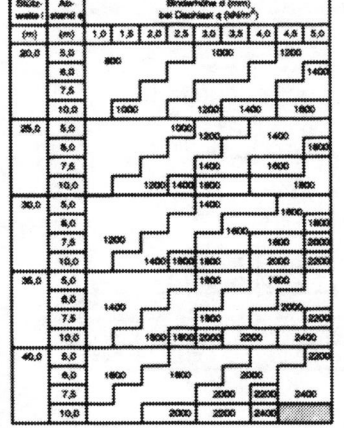

Lasten:
Wenn wegen der Dachkonstruktion (z.B. bei Stahltrapezblechen mit Stützweiten ab 7,50 m, bei Porenbetonplatten mit Stützweiten ab 6,0 m) zusätzlich Pfetten angeordnet werden, sind diese mit ca. 0,75 kN/m² bei der Dachlast zu berücksichtigen.
– in der Tabelle eingearbeitet: Eigenlast g, Binder
– frei wählbar: Dachlast q

Beispiel 1:
leichte Eindeckung	$g_2 \approx 0{,}50$ kN/m²
Schneelast	$s \approx 1{,}50$ kN/m²
Dachlast	$q \approx 2{,}00$ kN/m²
Stützweite	$l \approx 25{,}00$ m
Abstand	$a \approx 6{,}0$ m
abgelesen	$d/b_o \approx 1000/400$ mm
	(F90-A) (Stahlbeton)

Beispiel 2:
Porenbeton-Dach
	$g_2 \approx 2{,}00$ kN/m²
Schneelast	$s \approx 0{,}75$ kN/m²
Leitung etc.	$\approx 0{,}25$ kN/m²
Dachlast	$q \approx 3{,}00$ kN/m²
Stützweite	$l \approx 30{,}00$ m
Abstand	$a \approx 6{,}00$ m
abgelesen	$d/b_o \approx 1400/600$ mm
	(F90-A) (Spannbeton)

Typenhallen aus Stahlbeton-Fertigteilen (nach Lit. 28)

Typenhallen aus Stahlbeton-Fertigteilen (nach Lit. 28)

Dachtragwerk Binder (Hauptträger) T-Profil

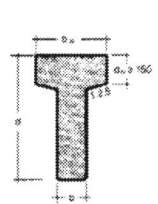

Maße in mm			Spannweite
d	b_o	b	max. l (m)
600	400	190	15,00
800	400	190	20,00
1000	400	190	25,00
1200	500	190	25,00
1400	600	190	30,00
1600	700	250	35,00
1800	800	250	35,00
2000	800	250	40,00

$d = l/20 - l/16$
$b_o = l/50 - l/40$

Dachkonstruktion ohne Pfetten für Dachaufbau mit Wärmedämmung

Parallelbinder

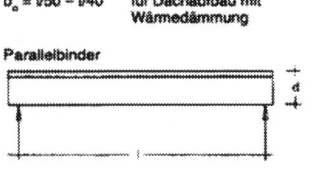
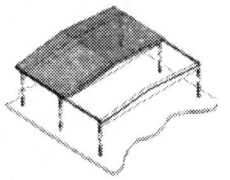

Satteldachbinder

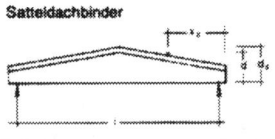

Neigung %	Bemessungs-schnittstelle x_o	Firsthöhe d_s
bis 5,0	0,40 l	1,05 d
5,0 – 10,0	0,33 l	1,10 d
10,0 – 15,0	0,25 l	1,25 d

Beispiel 1:
leichte Eindeckung $g_2 = 0{,}50$ kN/m²
Schneelast $s = 1{,}00$ kN/m²
_____
Dachlast $q = 1{,}50$ kN/m²
$\approx 1{,}50$ kN/m²
Spannweite $l = 20{,}00$ m
Abstand $a = 6{,}0$ m
abgelesen $d/b_o = 800/400$ mm

Beispiel 2:
Porenbeton-Dach $g_2 = 2{,}00$ kN/m²
Schneelast $s = 0{,}75$ kN/m²
Leitungen etc. $0{,}25$ kN/m²
_____
Dachlast $q = 3{,}00$ kN/m²
Spannweite $l = 25{,}00$ m
Abstand a $5{,}00$ m
abgelesen $d/b_o = 1200/500$ mm

Tabelle (T-Profil): Binderhöhe d (mm) bei Dachlast q (kN/m²) *(Werte jeweils am Beginn ihres Bereichs eingetragen)*

Stützweite l (m)	Abstand a (m)	1,0	1,5	2,0	2,5	3,0	3,5	4,0	4,5	5,0
15,0	5,0	600				800				1000
	6,0							1000		
	7,5	800				1000		1200		
	10,0			1000		1200		1400		1600
20,0	5,0	800			1000					
	6,0							1200	1400	
	7,5		1000			1200	1400		1600	
	10,0			1200	1400		1600		1800	2000
25,0	5,0		1000		1200					1600
	6,0					1400		1600	1800	
	7,5		1200		1400	1600	1800		2000	
	10,0			1400	1600	1800	2000			
30,0	5,0		1400						1800	2000
	6,0				1600		1800	2000		
	7,5			1600		1800	2000			
	10,0			1800	2000					
35,0	5,0					1800		2000		
	6,0		1600			1800	2000			
	7,5				1800	2000				
	10,0		1800	2000						
40,0	5,0		2000							
	6,0									
	7,5									
	10,0									

▨ I-Binderprofil wählen

Lasten:
Wenn wegen der Dachkonstruktion (z.B. bei Stahltrapezblechen mit Spannweiten ab 7,50 m, bei Porenbetonplatten mit Spannweiten ab 6,0 m) zusätzlich Pfetten angeordnet werden, sind diese mit ca. 0,75 kN/m² bei der Dachlast zu berücksichtigen.
– in der Tabelle eingearbeitet: Eigenlast g, Binder
– frei wählbar: Dachlast q

Dachtragwerk Binder (Hauptträger) I-Profil

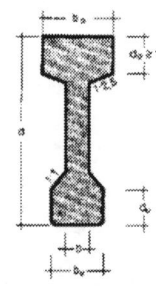

Maße in mm				Spannweite
d	b_o	b	d_u	max. l (m)
800	400	120	150	20,00
1000	400	120	150	25,00
1200	500	120	160	30,00
1400	600	120	250	35,00
1600	700	120	250	40,00
1800	800	150	250	40,00
2000	800	150	350	40,00
2200	800	150	350	40,00
2400	800	150	350	40,00

$d = l/20 - l/16$
$b_o = l/50 - l/40$
$d_u = 150 - 350$
$b_u = 300 - 400$

Bündelarmierung entsprechend neuer Stahlbetonkonzeption

Parallelbinder

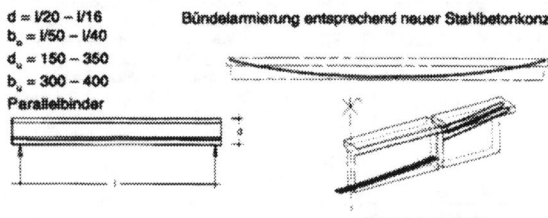

Träger-Ausschnitt

Satteldachbinder

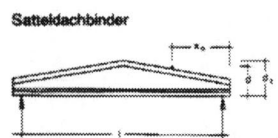

Neigung %	Bemessungs-schnittstelle x_o	Firsthöhe d_s
bis 5,0	0,40 l	1,05 d
5,0 – 10,0	0,33 l	1,10 d
10,0 – 15,0	0,25 l	1,25 d

Beispiel 1:
leichte Eindeckung $g_2 = 0{,}50$ kN/m²
Schneelast $s = 1{,}50$ kN/m²
_____
Dachlast $q = 1{,}50$ kN/m²
Spannweite $l = 25{,}00$ m
Abstand $a = 6{,}0$ m
abgelesen $d/b_o = 1000/400$ mm

Beispiel 2:
Porenbeton-Dach $g_2 = 2{,}00$ kN/m²
Schneelast $s = 0{,}75$ kN/m²
Leitungen etc. $\approx 0{,}25$ kN/m²
_____
Dachlast $q = 3{,}00$ kN/m²
Spannweite $l = 30{,}00$ m
Abstand $a = 6{,}00$ m
abgelesen $d/b_o = 1400/600$ mm

Tabelle (I-Profil): Binderhöhe d (mm) bei Dachlast q (kN/m²) *(Werte jeweils am Beginn ihres Bereichs eingetragen)*

Spannweite l (m)	Abstand a (m)	1,0	1,5	2,0	2,5	3,0	3,5	4,0	4,5	5,0
15,0	5,0	800				1000			1200	
	6,0									1400
	7,5									
	10,0		1000			1200	1400		1600	
25,0	5,0			1000	1200			1400		
	6,0	1000								1600
	7,5					1400		1600		
	10,0			1200	1400	1800				
30,0	5,0				1400				1800	
	6,0					1600				1800
	7,5		1200					1800	2000	
	10,0			1400	1600	1800		2000		2200
35,0	5,0				1600			1800		
	6,0		1400						2000	
	7,5					1800				2200
	10,0				1600	1800	2000	2200	2400	
40,0	5,0									2200
	6,0		1600		1800		2000			
	7,5						2000	2200	2400	
	10,0			2000	2200	2400				

▨ Andere Konstruktion wählen

Lasten:
Wenn wegen der Dachkonstruktion (z.B. bei Stahltrapezblechen mit Spannweiten ab 7,50 m, bei Porenbetonplatten mit Spannweiten ab 6,0 m) zusätzlich Pfetten angeordnet werden, sind diese mit ca. 0,75 kN/m² bei der Dachlast zu berücksichtigen.
– in der Tabelle eingearbeitet: Eigenlast g, Binder
– frei wählbar: Dachlast q

Typenhallen aus Stahlbeton-Fertigteilen (nach Lit. 28)

Typenhallen aus Stahlbeton-Fertigteilen (nach Lit. 28)

Dachtragwerk Pfetten (Nebenträger)

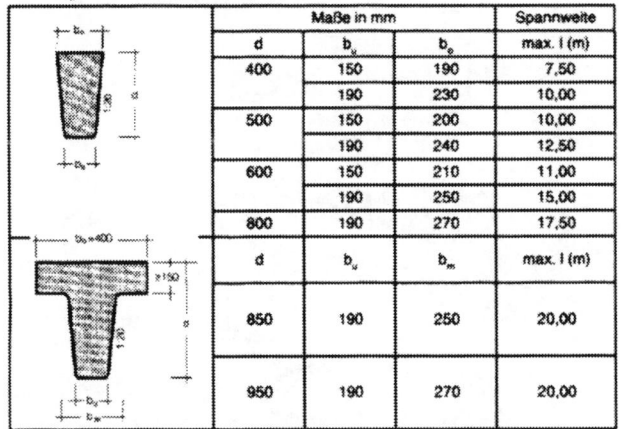

	Maße in mm			Spannweite
d	b_u	b_o		max. l (m)
400	150	190		7,50
	190	230		10,00
500	150	200		10,00
	190	240		12,50
600	150	210		11,00
	190	250		15,00
800	190	270		17,50
d	b_u	b_m		max. l (m)
850	190	250		20,00
950	190	270		20,00

$0,4\,d \approx 200$

Dachkonstruktion mit Pfetten ohne Wärmedämmung

Beispiel 1:
leichte Eindeckung $g_2 = 0,50$ kN/m²
Schneelast $s = 0,75$ kN/m²

Dachlast $q = 1,25$ kN/m²
$\approx 1,50$ kN/m²
Spannweite $l = 10,00$ m

Abstand $a = 5,0$ m
abgelesen $d/b_u = 500/150$ mm

Beispiel 2:
Porenbeton-Dach
Belag und Schnee $= 1,0$ kN/m²
Eigenlast Porenbeton
$(d = 150$ mm) $g_2 = 1,1$ kN/m²

Dachlast $q = 2,1$ kN/m²
$\approx 2,0$ kN/m²
Spannweite $l = 12,00$ m
$\approx 12,50$ m
Abstand $a = 4,0$
abgelesen $d/b_u = 600/190$ mm

Spann-weite l (m)	Ab-stand a (m)	Pfettenhöhe d (mm) bei Dachlast q (kN/m²)								
		1,0	1,5	2,0	2,5	3,0	3,5	4,0	4,5	5,0
7,5	3,0			400						
	4,0					500				
	5,0									600
	6,0									
10,0	3,0									
	4,0	400			500		600		800	
	5,0									
	6,0									
12,5	3,0	500								
	4,0				600		800			
	5,0								850	
	6,0								950	
15,0	3,0	600								
	4,0					800				
	5,0							850		950
	6,0									
17,5	3,0									
	4,0	800			850					
	5,0						950			
	6,0									
20,0	3,0									
	4,0									
	5,0	850			950					
	6,0									

 Anderes Binderprofil wählen

Lasten:
- in der Tabelle eingearbeitet:
  Eigenlast g_1 Pfette
- frei wählbar: Dachlast q

Dachdeckenplatten TT-Profil vorgespannt

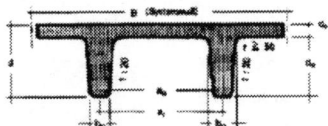

	Maße in mm						
d_u	200	300	400	500	600	700	800
b_u							
b_o	210	220	230	240	250	260	270

Alle Abmessungen ausreichend für Feuerwiderstandsklasse F 90-A nach DIN 4102

d_o	≥ 60	F 30-A
	≥ 100	F 90-A
	üblich von 60 bis 250	

B = ca. 1500 bis max. 3000 mm
a_r = Rippenabstand = $a_w + b_u$
a_w = lichte Weite zwischen den Rippen, in der Regel 1000 mm

L System (m)	Deckenhöhe d (mm) bei Auflast q (kN/m²)						
	1,0	1,5	2,0	2,5	3,0	3,5	5,0
6,00	260						
7,50							
10,00			360				
12,50			460				
15,00							560
17,50		560				660	
20,00		760					
22,50				860			
25,00		860					
Spiegel	$d_o = 60$ mm						

Lasten:
- in der Tabelle eingearbeitet: Eigenlast g_1 TT-Platte mit $d_o = 60$ mm
- frei wählbar: Auflast q   Systemmaß B = 2,50

Beispiel
leichte Eindeckung $g_2 = 0,50$ kN/m²
Schnee $s = 0,75$ kN/m²

Dachlast $q = 1,25$ kN/m²
$L = 20,00$ m

Systemmaß
abgelesen: $d = 760$ mm
$d_r = 760 - 60 = 700$ mm

Porenbeton-Dach- und Deckenplatten

Spannweite l [m]	Plattendicke d [mm] bei Dachlast q oder Auflast q (kN/m²)							
	1,0	1,5	2,0	2,5	3,0	3,5	5,0	6,0 [1]
3,0	100 (125)			125 (130)			150 (175)	
4,0	125 (150)		150 (150)		175 (175)		175 (200)	200 (200) (225)
5,0	150 (175)		175 (200)		200 (225)		250 (250) (300)	
6,0	200 (200)		225 (225)		250 (250) (275) (300)			

( ) - Werte für Feuerwiderstandsklasse F 90 nach DIN 4102

[1] Mit einem konstruktiven bewehrten Überbeton ≥ 40 mm (mind. B 15) sind Verkehrslasten bis zu 5 kN/m² zulässig.

Lasten:
- in der Tabelle eingearbeitet: Eigenlast g_1 Platte
- frei wählbar: Dachlast q oder Auflast q

Dächer:
leichte Eindeckung, z.B. 3 Lagen Bitumenbahnen + Wärmedämmung $0,35$ kN/m²
schwere Eindeckung,
z.B. 3 Lagen Bitumenbahnen + Wärmedämmung + Kiesschüttung $1,3$ kN/m²

Beispiel Dachplatte:
leichte Eindeckung $g = 0,35$ kN/m²
Schneelast $s = 0,75$ kN/m²

Dachlast $q = 1,1$ kN/m²
$\approx 1,0$ kN/m²
Spannweite $l = 5,0$ m
abgelesen $d = 150$ mm

Beispiel Deckenplatte F 90:
Estrich $g_2 = 1,10$ kN/m²
Verkehrslast $p = 3,50$ kN/m²

Auflast $q = 4,80$ kN/m²
$\approx 5,0$ kN/m²
Spannweite $l = 4,0$ m
abgelesen $d = 200$ mm

Rahmenbinderdächer

Rahmenkonstruktionen eignen sich vor allem für Hallen mittlerer Spannweite. Der Vorteil dieser Konstruktionen beruht auf ihrem erheblichen Anpassungsvermögen der Form an die Forderungen aus der Gebäudenutzung.

Konstruktionsprinzipien der Rahmensysteme

Rahmenbinder sind durch die steife Verbindung der Dachträger (Riegel) mit den Stützen gekennzeichnet. Beispiele für Rahmenbinderdächer → **1**.
In die statische Reaktion sind auch die nicht primär belasteten Rahmenteile einbezogen. Sie entlasten vorteilhaft die durch die Belastung mit Momenten beanspruchten Teile der Konstruktion → **2**.

Durch eine geeignete Konstruktionsform der Dach– und Stützteile des Rahmens kann die Verteilung der von äußeren Belastungen hervorgerufenen Biegemomente zweckmäßig reguliert werden.

Bei statisch unbestimmten Rahmen hängt das Maß des Zusammenwirkens von Rähm und Stiel von deren Biegesteifigkeit, d.h. dem Anteil des Trägheitsmoments des Querschnitts von Riegel oder Stiel und deren Länge ab.

Durch die Momentenentlastung der Rahmenecken bei Erhöhung des Riegelquerschnitts in der Mitte kann die konstruktive Schlankheit der Stützen hervorgehoben werden → **3** A. Demgegenüber wird bei Dächern mit größerer Spannweite der Einfluß der Eigenlast des Riegels in der Mitte durch die Konzentration der Momente auf die Voute in den Ecken auf ein Minimum reduziert → **3** B.

Durch die Ausbildung einer wirtschaftlicheren Rahmenform kann auch der Anteil der Übertragung der Lasteinwirkungen von Normalkräften wirksam beeinflusst werden. Durch die Änderung der Neigung → **3** C oder durch die Wölbung des Mittelteils des Rahmens und der damit verbundenen stärkeren Annäherung des Axialbereichs an den Verlauf der Resultierenden aus der überwiegenden Belastung wird ein hoher Anteil der Übertragung durch die Axialkräfte des Rahmens erreicht. Durch die Anwendung einer Zugstange zur Aufnahme der horizontalen Komponenten der Zugkräfte an den Ecken, vor allem bei Vorspannung des bogenförmigen Rähms, kann die Größe der resultierenden Biegemomente in der Mitte der Spannweite reduziert werden, bzw. können diese bis in die entgegengesetzte Richtung verändert werden → **3** D.

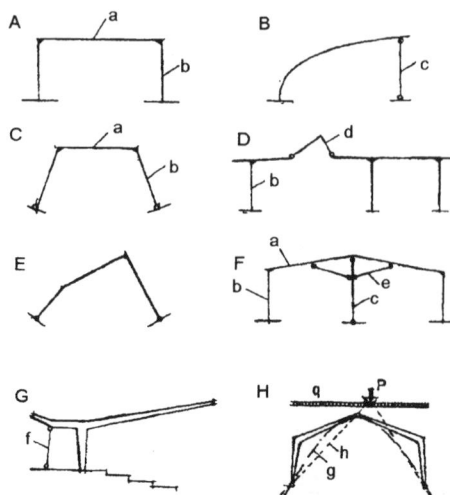

1 Beispiele für Rahmenbinderdächer

A = eingespannter Rahmen, B = Konsolrahmen (Halbrahmen) mit Pendelstütze, C = Zweigelenkrahmen mit schrägem Stiel, D = Rahmensystem mit zusätzlicher Oberlichtkonstruktion, E = geknickter Rahmen, F = Rahmenkonstruktion mit innerer Pendelstütze und Streben, G = Konsolrahmen mit Zuganker, H = Dreigelenkrahmen, a = Rähm, b = Stiel, c = Pendelstütze, d = Rahmenkonstruktion des Oberlichts, e = Strebe, f = Zuganker, g = Drucklinie bei gleichmäßig verteilter Last, h = Drucklinie bei Einzellast

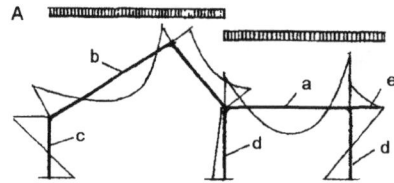

2 Beanspruchung eines zweischiffigen Rahmens durch vertikale und horizontale Belastung

A = Verlauf der Biegemomente infolge gleichmäßig verteilter Vertikallast, B = Verlauf der Biegemomente infolge gleichmäßig verteilter Horizontalkraft, a = Rähm, b = geknickter Rähm, c = Randstiel, d = Mittelstiel, e = auskragendes Ende des Rähms

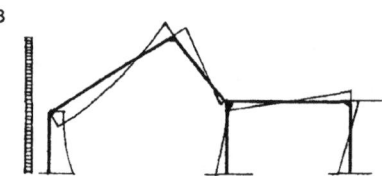

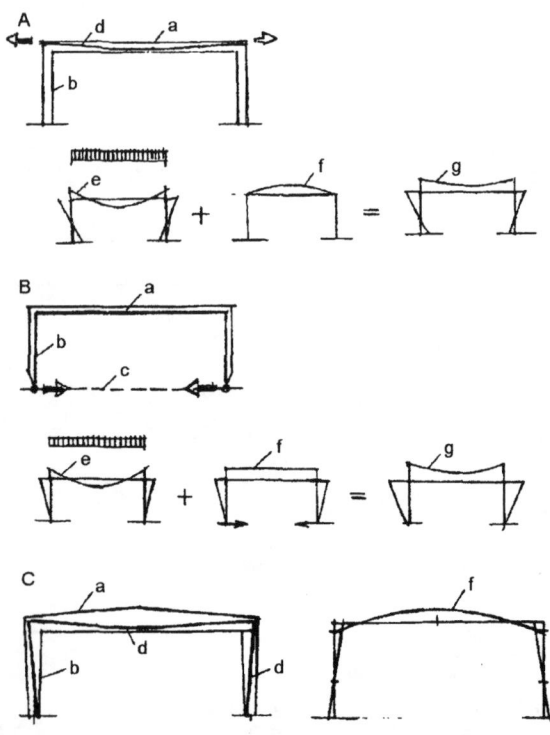

4 Vorspannen von Rahmentragwerken

A = Vorspannen des Rähms mit Hilfe einer gekrümmt geführten Spannlitze, B = Vorspannen des Rahmens in der Verbindungslinie der Stielauflager, D = Vorspannen des Rähms und des Stiels mit Hilfe einer gekrümmt geführten Spannlitze, a = Rähm, b = Stiel, c = Zugstange als Spannglied, d = Spannlitze, e = Biegemomentenverlauf bei Vertikalbelastung des Rahmens, f = Biegemomentenverlauf infolge der Vorspannung, g = Verlauf des resultierenden Biegemoments.

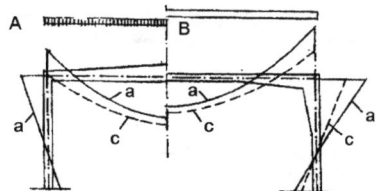

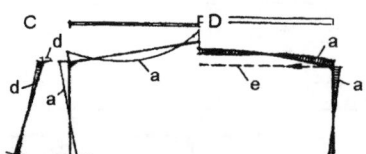

3 Einfluss der Biegesteifigkeit auf die Verteilung der Momente in der Rahmenkonstruktion

A = Einfluss einer erhöhten Steifigkeit des Rähms in der Mitte der Spannweite, B = Einfluss einer erhöhten Rahmensteifigkeit in den Ecken mit Hilfe von Vouten, C = Einfluss der Neigung des Rahmenstiels und des Abknicken des Rähms, D = Einfluss der Biegung des Rähms und des Verspannens der Rahmenecken mit einer Zugstange, a = Biegemomentenverlauf bei Vertikalbelastung, b = Biegemomentenverlauf bei Vertikalbelastung und gelenkiger Auflagerung des Rähms, c = Biegemomentenverlauf im Rahmen mit konstantem Stiel- und Riegelquerschnitt, d = Biegemomentenverlauf im Rahmen mit schrägem Stiel, e = Zugstange

Rahmenbinderdächer

Eine geeignete konstruktive Maßnahme zur Abminderung der Schnittkräfte im Rahmen kann das Vorspannen von Rahmenteilen oder des ganzen Rahmens sein. Die so hervorgerufenen Schnittkräfte können die Beanspruchung durch Verkehrs– und Eigenlasten des Rahmens kompensieren → **4**.

Der Einbau von Gelenken in die Rahmenkonstruktion senkt den Grad der statischen Unbestimmtheit und die Empfindlichkeit des Rahmens gegen Zwangsverformungen durch langzeitig wirkende Lasten, Stützensenkungen u.ä.

Gelenkverbindungen sind charakteristisch für vorgefertigte Rahmen, die aus Einzelteilen zusammengesetzt werden. Die Ausbildung von Gelenken ist gegenüber den steifen Verbindungen in der Konstruktion einfacher und weniger arbeitsaufwendig. Sie ermöglichen auch einen wirtschaftlicheren Transport der Konstruktionsteile zur Baustelle. Die Montageverbindungen sollen dort vorgesehen werden, wo kleine Biegemomente auftreten.

In Bezug auf die räumliche Steifigkeit muss vor allem die Übertragung von Horizontalkräften gewährleistet werden. In der Ebene des Rahmens kann diese Steifigkeit in der Regel durch die Wirkung der Rahmenecken erzielt werden, senkrecht zur Ebene der Rahmen wird die räumliche Steifigkeit mit Hilfe von Fachwerkaussteifungen geschaffen.

Sind die Bedachung und die Außenwandfüllungen nicht steif, werden in Längsrichtung sowohl in der Dachebene als auch in der senkrechten Ebene der Rahmenständer Fachwerkaussteifungen angebracht, Rahmensysteme → **6** bis **11**.

Bei größeren Längen und größerer Schlankheit werden Fachwerkaussteifungen nur für Zugbeanspruchung ausgebildet (Aussteifung mit Diagonalstabpaaren). Der gedrückte Diagonalstab weicht aus, und die äußere Belastung wird durch Zug in der anderen Richtung aufgenommen.

Allgemein muss eine ausreichende räumliche Steifigkeit aller gedrückten Konstruktionsteile des Rahmensystems gegen Knicken gewährleistet werden (im Bereich gedrückter Ecken, durch Windverbände in der Ebene der gedrückten Gurte u.ä.)

Rahmen in räumlicher Anordnung → **12**

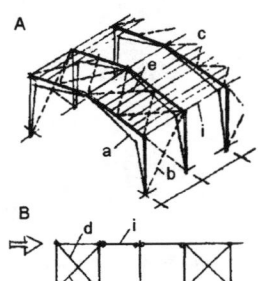 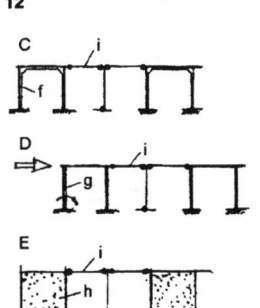

5 Aussteifung von Rahmensystemen

A = axonometrisches Schema der Aussteifung eines Rahmensystems, B = Aussteifung mit Fachwerk, C = Aussteifung durch steife Rahmenecken, D = Aussteifung durch eingespannte Stiele (Stützen), E = Aussteifung durch steife Wandfelder, a = Rahmenbinder, b = vertikale Längsaussteifung (Wandebene), c = Aussteifung in der Dachebene, d = gedrückter Diagonalstab, e = auf Zug beanspruchte Diagonale, f = Aussteifungsrahmen, g = eingespannter Stiel (Stütze), h = Aussteifungswand, i = Anschluss der nicht steifen Binder an das aussteifende Element (durch Deckenpaneel, Pfette u.ä.)

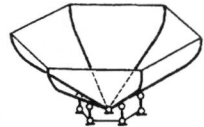 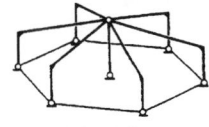

mit oben liegendem Zugband   mit Mittelstütze

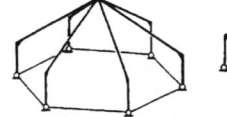 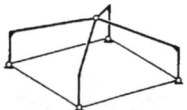 

radial-symmetrische Anordnung

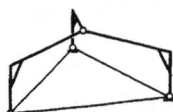 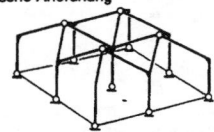

asymmetrische Anordnung   Addition radial angeordneter Rahmen

12 Rahmen in räumlicher Anordnung (nach Lit. 10)

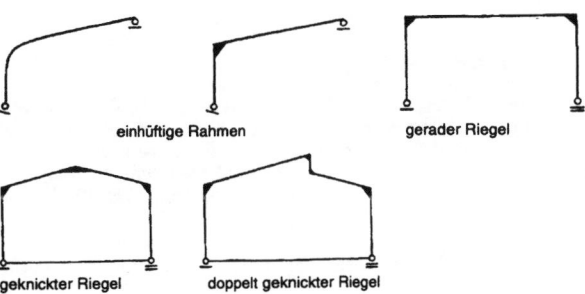

einhüftige Rahmen   gerader Riegel

geknickter Riegel   doppelt geknickter Riegel

6 Volwandsysteme

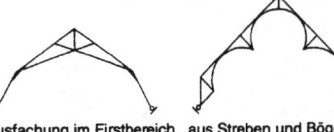 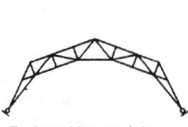

Ausfachung im Firstbereich   aus Streben und Bögen   Fachwerkkonstruktion
                              zusammengesetzt

7 Gelöste Querschnitte

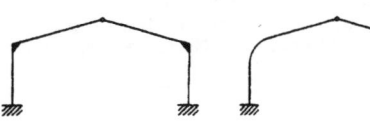

8 Eingelenkrahmen

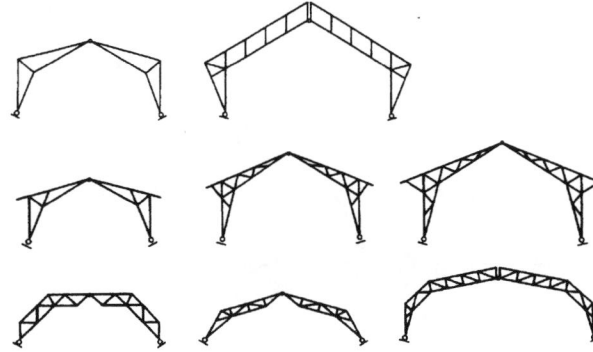

9 Dreigelenkrahmen

 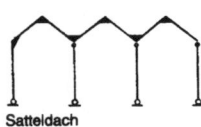

Sheddach   Satteldach

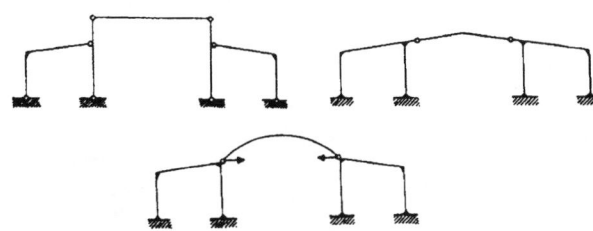

10 Rahmenbinder für mehrschiffige Hallen

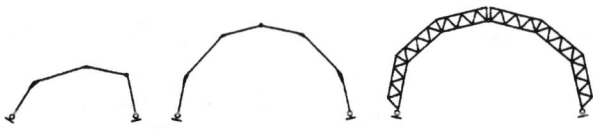

11 Rahmen mit polygonaler Stabführung

Lineare Stabwerke

Systeme von Bogentragwerken → 1 bis 4 (nach Lit 10)

Bogen–Dachsysteme

Bogendachkonstruktionen sind für die Überdachung mittlerer und vor allem großer Spannweiten wirtschaftlich. Sie eignen sich insbesondere für Bauwerke, die keine Anforderungen an eine konstante lichte Höhe des Hallenraums stellen. Für die Ausbildung gedrückter Bogendachkonstruktionen ist vor allem eine effektive Sicherung der Konstruktion gegen Knicken von Bedeutung.

Konstruktionsprinzipien von Bogendächern

Dächer, die für mittlere und vor allem große Spannweiten vorgesehen sind, machen die Wahl einer primären tragenden Konstruktion mit einer wirtschaftlichen Übertragung der Lastwirkungen in die Auflager erforderlich. Eine geeignete "momentenlose" Wirkung kann durch eine Formgebung der tragenden Dachkonstruktion in Übereinstimmung mit dem Verlauf der Resultierenden aus der überwiegenden äußeren Belastung erzielt werden → 5.

Die Wirkung der äußeren Belastung wird auf die gedrückte Bogen–Konstruktion mit unverschieblichen Auflagern vor allem durch die horizontale, statisch unbestimmte Komponente der Auflagerreaktion H übertragen, in geringerem Maße auch durch das Biegemoment M.

Zur Übertragung der Wirkungen der äußeren Lasten durch eine reine Normalkraft kommt es nur bei solchen Lastfällen, bei denen die Form der Bogenkonstruktion affin zum Verlauf der resultierenden Spannungskurve im Ergebnis der einwirkenden Lasten ist. Beim Entwurf der Form einer Bogenkonstruktion wird deshalb von der Verteilung der überwiegenden Belastung ausgegangen.

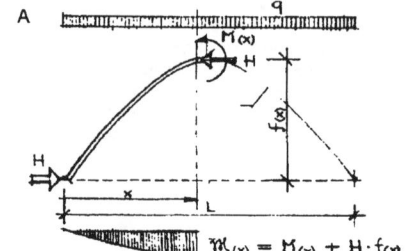

$$\mathcal{M}_{(x)} = M_{(x)} + H \cdot f_{(x)}$$

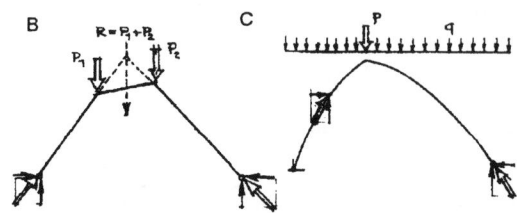

5   Beziehung zwischen dem Verlauf der resultierenden Belastungskurve und der Form der Bogenkonstruktion

A = innere Kräfte einer gedrückten Bogenkonstruktion
B = geknickter Bogen in der Form des Verlaufs der Resultante aus der Beanspruchung mit Einzellasten
C = Bogen in der Form des Verlaufs der resultierenden Spannungskurve aus der Kombination von gleichmäßig verteilter Last und Einzellast.

Vollquerschnitte

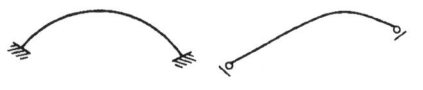

| Kreisbogenausschnitt | asymmetrischer Bogen | auf A-Bock abgestützt | auf mit Kreisringen ausgefachte A-Böcke abgestützt | Einspannung in Bogenmitte mit Hebelarm | mit aufgelöstem Querschnitt und Zugband |

Aufgelöste Querschnitte

| Fachwerk aus Brettschichtholz | Sichelträger mit Kreisringen | mit Druckdiagonalen | mit Zugdiagonalen | mit Druck- und Zugdiagonalen |

1   Druckbögen/Zweigelenkbögen

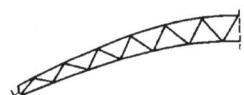   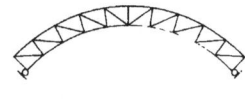

| Grundform Stützlinie für Gleichlast Parabel 2. Ordnung | Hyperbelbogen mit Anbau | asymmetrische Anordnung bei unterschiedlichen Auflagerhöhen | Durchlaufsysteme von Bögen |

2   Druckbögen/Dreigelenkbögen

Vollquerschnitte

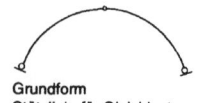  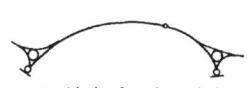 

| Grundform, Kettenlinie für Eigengewicht | Aufhängung an Auflagerkonsole | Aufhängung an eingespannter Stütze | | Aufhängung an A-Bock |

Aufgelöste Querschnitte

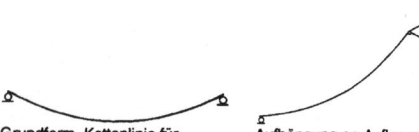  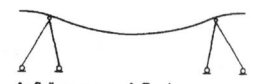

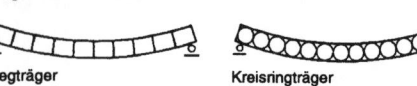  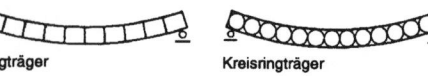 

| Stegträger | Kreisringträger | Fachwerkträger mit Druckdiagonalen | Fachwerkträger mit gekreuzten Diagonalen | Fachwerkträger mit rautenförmiger Ausfachung |

3   Hängebögen

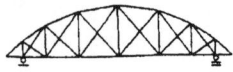 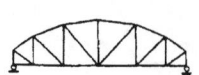 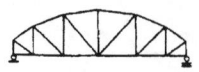

| Bogenfachwerk | Bogenfachwerk mit angehobener Traufe |

4   Bogenfachwerke

Im Gebrauchszustand kommt es aus folgenden Gründen oft zur Beeinträchtigung der momentenlosen Wirkung:
- durch Formveränderungen der einwirkenden Verkehrslast (vor allem bei leichten Dachkonstruktionen);
- durch die Verformung der Bogenmittellinie durch Zusammendrücken bei statisch unbestimmten Bögen, durch das Nachgeben der Auflager u.ä.

Lineare Stabwerke

Das zuverlässige Abfangen der horizontalen Komponenten der Stützreaktionen muß konstruktiv durch eine geeignete Ausbildung der Stützkonstruktion und der Fundamente gewährleistet werden → 6.

Die Stützkonstruktion muss in der Lage sein, neben den vertikalen Reaktionen vor allem die horizontale Bogenkraft abzufangen. Aus diesem Grund sind in sich geschlossene Stützsysteme, welche die Bogenkraft mit Hilfe eines in der Auflagerebene der Bogenkonstruktion angebrachten Zugbands abfangen, geeigneter.

Die Bogenlasten werden für eingespannte Bögen, häufiger aber für Gelenkbögen berechnet, die die statische Unbestimmtheit des Systems vermindern und sich günstig auf die Deformationsanfälligkeit auswirken.

Statische Bestimmtheit wird bei Dreigelenkbögen durch Innen- und Auflagergelenke erzielt.

Die Größe der Horizontalkräfte kann auf geeignete Weise mit der Pfeilhöhe des Bogens reguliert werden. Die Vergrößerung der Pfeilhöhe (Wölbung) beeinflusst die Größe der Bogenkraft günstig, vergrößert aber unvorteilhaft die Knicklänge des Bogens, ggf. den umbauten Raum des Gebäudes → 7 A.

Durch die asymmetrische Anordnung des inneren (Scheitel–) Gelenks kann das Verhältnis der Komponenten der Stützreaktionen reguliert werden → 5 B. Diese Konstruktionsmaßnahme kann bei der Gründung eines Teils der Konstruktion auf weniger tragfähiger Unterlage, am Rand von Aufschüttungen u.ä. angewendet werden.

Der Charakter der inneren Kräfte, vor allem der Biegemomente, hängt vom statischen Schema des Bogens ab → 5 C.

Voraussetzung für eine wirtschaftliche Anwendung überwiegend gedrückter Bögen ist die Ausbildung eines wirksamen, biegesteifen Bogenquerschnitts mit ausreichender Stabilität gegen Knicken in der Bogenebene und in den übrigen Ebenen.

Der gedrückte Obergurt von Bogenträgern wird durch Pfetten und Windverbände des Dachs gegen Ausweichen aus der Ebene gesichert, bei höheren I–förmigen Querschnitten oder Fachwerkträgern muss für den Belastungsfall, der auch im Untergurt Druck ausübt, eine Längssicherung mit Fachwerkaussteifungen, Pfettenstreben u.ä. gewährleistet werden.

Bei gewölbten Platten– bzw. Schalensystemen kann die Queraussteifung durch Wellen– oder Faltenbildung gewährleistet werden. Ausreichende räumliche Steifigkeit besitzen auch Bogenplattensysteme, die von zwei sich gegenseitig kreuzenden Bogenbindern gebildet werden → 8.

Dünne gewölbte Platten–, bzw. Schalendächer können gegen Ausknicken aus der Bogenebene auch mit Diaphragmen und Aussteifungselementen gesichert werden.

Die Stützlänge eines Bogens, und damit die kritische Größe des Knickdrucks im Bogenelement, hängt vom Charakter des Auflagers und dem Formverhältnis des Bogens ab (Tabelle 1).

Die Längssteifigkeit von Bogenkonstruktionen wird durch den Verbund der Bögen mit Hilfe von flächig steifen Dachplatten, Diagonalstabaussteifungen, Fachwerk u.ä. gewährleistet → 9.

Bei Bogendächern mit großer Spannweite und großflächigen Giebelwänden wird das Randfeld mit einer Gitteraussteifung ergänzt, welche die Windlasten des oberen Giebelbereichs in den Randbogenbinder überträgt oder sie mit Hilfe senkrechter Mittelstützen ableitet.

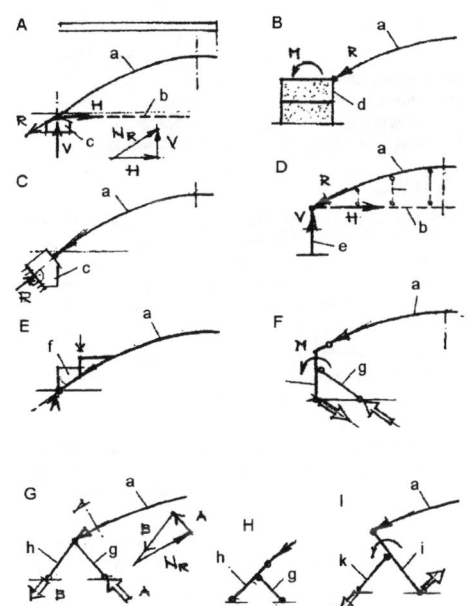

6 Stützsysteme von Bogenkonstruktionen

A = Abfangen der horizontalen Bogenkraft mit einem Zugband in der Fundamentebene, B = Stützrahmenkonstruktion, C = Widerlagerkonstruktion, D = Aufnahme der horizontalen Bogenkraft durch eine Zugstange in der Ebene der Stützenköpfe, E = Zusatzbelastung der Bogenbasis durch einen Anbau (Änderung der Reaktionsrichtung im Auflager), F = biegsame Stützkonstruktion mit Zuganker, G = von Axialkräften beanspruchte Stützkonstruktion, H = gedrückte Stützkonstruktion, I = biegsame Stützkonstruktion mit Strebe, a = Bogen, b = Zugband des Bogens, c = Fundament, d = Stützrahmenkonstruktion, e = Säulenstütze, f = Anbau, g = Zuganker, h = Strebe, i = biegsamer Stiel (Stütze)

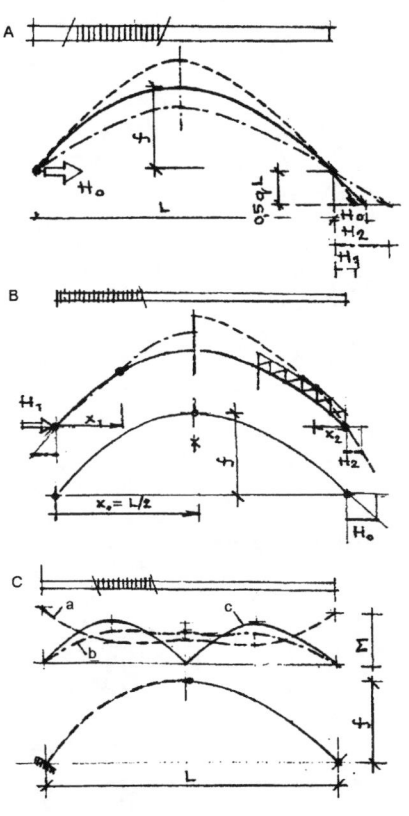

7 Form und statische Größen einer Bogenkonstruktion

A = Abhängigkeit der Größe der Horizontalkraft von der Pfeilhöhe des Bogens, B = Abhängigkeit der Größe der Horizontalkraft von der Lage des inneren Gelenks eines Dreigelenkbogens, C = Abhängigkeit der Momentenverteilung vom statischen Charakter des Systems, a = Biegemomentenverlauf beim eingespannten Bogen, b = Biegemomentenverlauf beim Zweigelenkbogen, c = Biegemomentenverlauf beim Dreigelenkbogen

Knickbeiwert β		0,05	0,2	0,3	0,4	0,5
Dreigelenkbogen	$\frac{t}{l}$	1,2	1,16	1,13	1,19	1,25
Zweigelenkbogen	$\frac{t}{l}$	1	1,06	1,13	1,19	1,25
eingespannter Bogen	$\frac{t}{l}$	0,7	0,72	0,74	0,75	0,76

Tabelle 1: Knicklänge des Bogens in Abhängigkeit von t/l.

Dachkonstruktionen

Lineare Stabwerke

Bogenkonstruktionen aus Holz

Die Hauptbogenträger, die überwiegend auf Druck beansprucht sind, ermöglichen unter Beibehaltung einer ausreichenden Schlankheit das Überbrücken großer Spannweiten. Die Konstruktionssysteme werden in der Regel als Zwei- oder Dreigelenkbögen ausgebildet, wobei die Horizontalkräfte von Zugstangen oder den Auflagern aufgenommen werden.

Tabelle 2 enthält Beispiele für Konstruktionsvarianten von Holzbögen mit den geeigneten Formparametern.

Holzbögen werden geleimt oder genagelt. Sie haben einen Vollwand- oder gegliederten Querschnitt oder sind als Fachwerk ausgebildet. Die überwiegende Mehrzahl aller Bogendächer aus Holz werden aus Vollwandleimprofilen hergestellt. Leimverbindungen schaffen eine wesentlich größere Festigkeit und Steifigkeit der Bogenprofile als Nagel- oder Bolzenverbindungen.

Die Profile geleimter Bögen entstehen durch Verleimen mehrerer Brettschichten (Brettschichtholz), die Form des Querschnitts der Bögen wird überhöht. In der Regel werden Rechteck-Vollprofile, I-Profile und Kastenprofile hergestellt.

Die Brettdicke hängt vom Radius der Bogenlinie ab. In Spannrichtung werden die Brettschichten in den stärker beanspruchten Randzonen des Profils auf Gehrung gestoßen oder keilgezinkt. Im Mittelbereich des Profils werden sie stumpf gestoßen.

Wichtige Bestandteile der Bogenkonstruktion sind die Innen-(Scheitel-) und Auflagergelenke. Beispiele für ihre konstruktive Ausbildung → **10**.

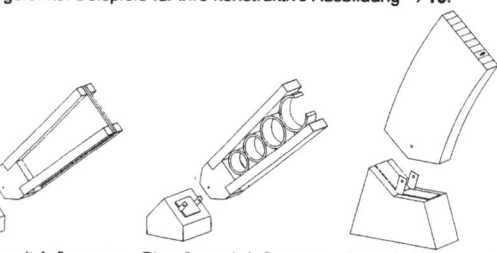

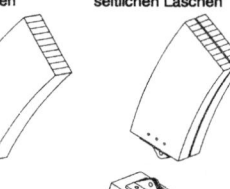 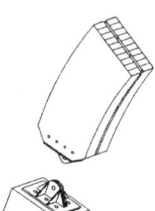

Stegträger mit Auflagerverstärkung und einbetonierten seitlichen Laschen

Ringträger mit Auflagerverstärkung und einbetonierten seitlichen Laschen

Brettschichtträger auf Elastomerlager

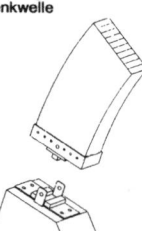 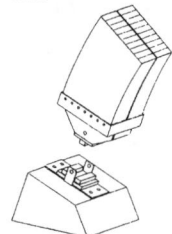 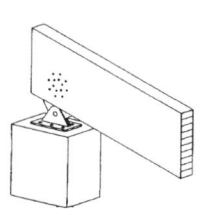

mit Nagelblech und Gelenkwelle

mit Kopfplatte und Gelenkwelle

mit Kopfplatte und Queraussteifung

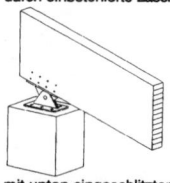  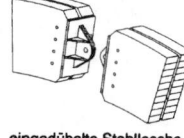

mit Kopfplatte und Nocken seitliche Lagesicherung durch einbetonierte Laschen

Stahlteil für Zwillingsträger bei großen Lasten

mit eingeschlitztem Blech und Gelenkbolzen

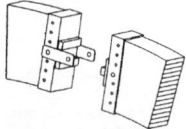 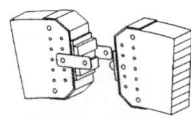 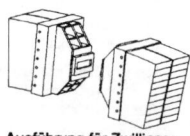

mit unten eingeschlitztem Blech und Auflager-Blech, Gelenkbolzen

zweiteiliger Querschnitt mit innenliegendem Gelenkbolzenschluss

eingedübelte Stahllasche mit Kopfplatte, verstärktem Steg und Gelenkbolzen

Kopfplatte mit Nocken und seitlichen Sicherungslaschen

verstärkte Kopfplatte mit Nocken und seitlichen Sicherungslaschen

Ausführung für Zwillingsträger mit hohen Lasten

10 Beispiele für die konstruktive Ausbildung der Auflager- und Scheitelgelenke von Holzbögen (nach Lit. 10)

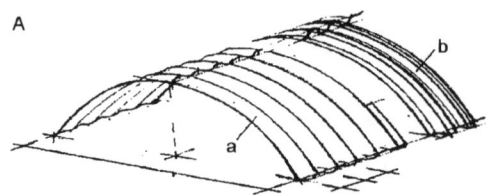

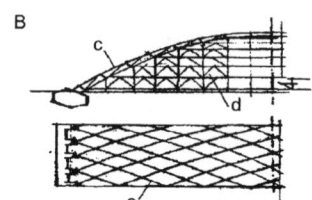

8 Sicherstellung der räumlichen Steifigkeit von Bogensystemen durch plastische Formgebung und die Ausbildung von Rippen

A = Bogenkonstruktionen, die von gewellten oder trapezförmig gefalteten Schaltelementen gebildet werden, B zweischichtige Lamellen-Bogenkonstruktion mit Giebelwand, a = gewellter Querschnitt, b = trapezförmig gefalteter Querschnitt, c = zweischichtige Lamelle, d = steife Giebelwand

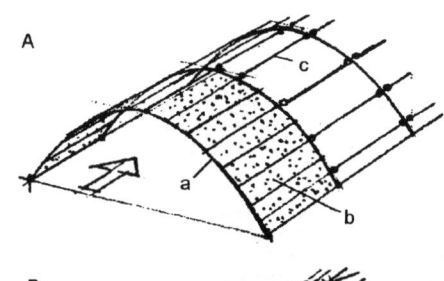

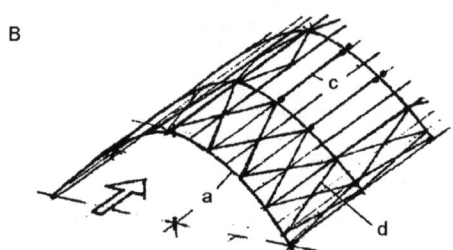

9 Sicherung der Längssteifigkeit von Bogenkonstruktionen

A = durch Verbund des Bogens mit flächig steifen Dachplatten, B = durch Fachwerkstabaussteifungen, a = Bogen, b = Dachplatten, c = Pfetten, d = Diagonalaussteifungen

Tabelle 2: Holzbogenkonstruktionen

Zweigelenkbogen mit Zugstange, verleimtes Profil	$l \approx 20 - 40$ $f \geq 0{,}1351$ $h \approx 1/50$	
Zweigelenkbogen mit konstantem oder veränderlichem, verleimtem Querschnitt	$l \approx 20 - 90$ $f = 1/4 - 1/6$ $h \approx 1/50$	
Zweigelenkbogen, Fachwerk und Profil mit Sperrholzsteg		
Dreigelenkbogen mit konstantem oder veränderlichem, verleimtem Querschnitt	$l \leq 100$ m	
Dreigelenk-Segmentbogen mit geleimtem Querschnitt	$l \leq 60$ m	

Dachkonstruktionen

Lineare Stabwerke

Die Mittellinie geleimter Bogen wird aus Gründen einer einfacheren Herstellung in der Regel kreisförmig gewählt, bei größeren Spannweiten auch parabolisch, ggf. mit veränderlicher Querschnittshöhe. Die Veränderung der Querschnittshöhe in Spannrichtung erfolgt kontinuierlich in Übereinstimmung mit der Beanspruchung durch die Kombination von Druck und Biegung. Aus Herstellungs–, Transport– und Montagegründen sind Dreigelenkbögen am günstigsten, vor allem bei der Ausbildung weitgespannter Dächer.

Bogenkonstruktionen aus Beton

Bogendächer aus Beton werden aus ebenen Tragwerksbögen, häufiger jedoch aus dünnwandigen, überwiegend auf Druck beanspruchten Schalengewölben, Druck–Translationsflächen, Kuppeln u.ä. hergestellt.

Eine Konstruktionsvariante des Bogendachs sind Betonsysteme von Querbindern, die aus ebenen Bogentragwerken montiert werden. Sie werden als eingespannte Zweigelenk– oder Dreigelenkbögen mit Vollwand– oder Fachwerkprofil ausgebildet.
Die Bogenstege mit I– oder Kastenquerschnitt werden manchmal durchbrochen → 11 A, B, C, D.

In Bezug auf die Montage und die Herstellung sind vor allem Dreigelenkbögen vorteilhaft. Sie können nach der Montage als statisch bestimmtes System erhalten bleiben, ggf. können ihre Verbindungen allmählich in steife Verbindungen überführt werden. Das ermöglicht die Elimination der Einflüsse zusätzlicher Beanspruchungen durch Montageungenauigkeiten, Setzungserscheinungen u.ä..

Beton wird auch zur Herstellung von dünnwandigen, überwiegend auf Druck beanspruchten Schalengewölben, Translationsdruckflächen, Kuppeln u.ä. verwendet. Eine geeignete Konstruktionsvariante ist die Montage von Dächern aus dünnwandigen Schalen– und Faltwerkbogenelementen (ebene Bogentragwerke) mit und ohne Zugband. Durch ihre Zusammensetzung und gegenseitige Verbindung entstehen Bogendächer mit dem Querschnitt tragender Schalen nach → 8 A und → 11 D.

Stahlbetonbögen werden bei Dachkonstruktionen manchmal als Bestandteil von Bogenbindern verwendet. Der Bogen bildet dann den Obergurt des tragenden Systems und ist mit dem Untergurt (Zugband) durch Vertikal– oder Diagonalstäbe verbunden → 12 A.

Weitere Varianten sind weitgespannte Dächer aus sog. Zweistufigen Tragwerken (Superkonstruktionen) → 12 C, mit einem Primärtragwerk, das aus Bogenelementen besteht und sich über dem eigentlich überdachten Raum des Bauwerks erhebt.

Bogenkonstruktionen aus Stahl

Auf Druck beanspruchte Metalltragwerke, die meistens aus Stahl hergestellt werden, zeichnen sich durch Leichtigkeit und Schlankheit der Konstruktionselemente und eine geeignete Wiederverwendbarkeit des Werkstoffes nach Ablauf der Lebensdauer der Konstruktion aus. Andererseits sind sie in der Herstellung energieaufwendiger und erfordern einen unverzichtbaren Feuer– und Korrosionsschutz.

Stahldächer werden aus klassischen ebenen Bindern hergestellt, in stärkerem Maße aus räumlich strukturierten Flächentragwerken. Mehrstufige Lamellengewölbe oder Fachwerkstrukturen entstehen aus einer großen Zahl räumlich angeordneter, mit Axialkräften beanspruchter Stäbe.

Ebene Bogenträger werden aus Segmenten vollwandiger verschweißter, ebener oder räumlicher Querschnitte hergestellt. Vollwandig geschlossene, torsionssteife sowie offene Querschnitte werden durch das Verschweißen der Stege und äußeren Gurte bei Einlegen von Aussteifungselementen und Diaphragmen hergestellt. Für kleinere Spannweiten reichen Kaltprofile. Bogenträger mit ebenen oder räumlichen Fachwerkstrukturen werden aus einzelnen Stabelementen zusammengesetzt und verschweißt → 13.

In Bezug auf die statische Wirkung werden statisch unbestimmte eingespannte und Zweigelenkbogen sowie Dreigelenkbögen verwendet. Für den Transport und die Montage werden die Bogenelemente in der Regel durch Montagestöße unterteilt. Die Bögen werden auf dem Boden zusammengesetzt und verbunden und anschließend aufgerichtet.

Die Bogenbindersysteme müssen ordnungsgemäß räumlich windversteift und die gedrückten Trägerpartien gegen Knicken gesichert werden. Eine gründliche konstruktive Durchbildung erfordern auch die Scheitel– und inneren Gelenke der Bögen, vor allem bei weitgespannten Konstruktionen.

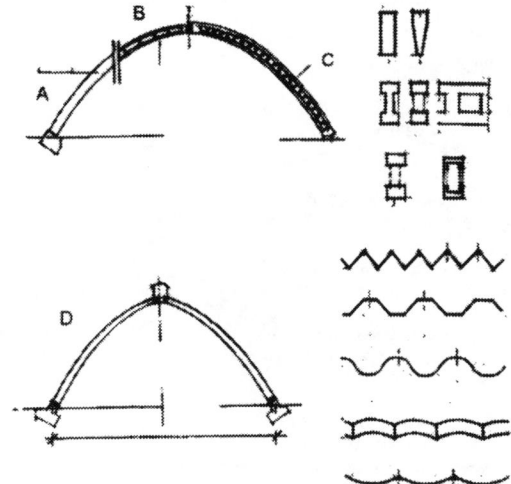

11 Bogenkonstruktionen aus Beton

A = Vollprofilbogen, B = I–Profilbogen, C = Fachwerkbogen, D = Bogen aus Well– und Faltschalenelementen

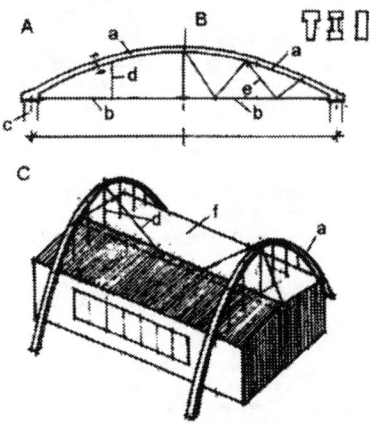

12 Stahlbetonbogensystem aus ebenen Bindern

A = Bogenbinder mit Stahlbetonobergurt, B = Bogen mit Zugstange in der Ebene der Oberkante der Stützkonstruktion, C = Beispiel für ein mehrsteifiges Tragwerk mit Verwendung eines Stahlbetonbogens, a = Stahlbetonbogenprofil, b = Zugstange, c = Auflagerung, d = vertikale Aufhängung, e = diagonale Aufhängung, f = untergehängte Dachkonstruktion

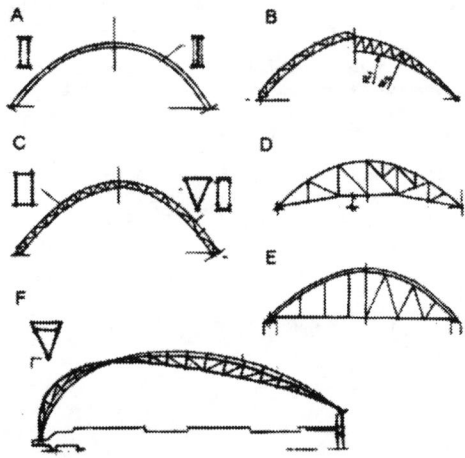

13 Beispiel für Bogenkonstruktionen aus Stahl

A = Vollwandbogen mit Kastenprofil und I–Profil, B = Dreigelenk– und Zweigelenk–Fachwerkbogen mit ebenem Querschnitt, C = Zweigelenk–Fachwerkbogen mit räumlich wirksamem Querschnitt, D = Ebener Fachwerkbinder mit auf Zug beanspruchten Diagonalstäben, ggf. mit Sekundärstäben, E = Bogen mit Zugstange in der Ebene der Oberkante der Stützkonstruktion mit vertikalen bzw. diagonalen Aufhängern, F = Dreigelenk–Fachwerkbogen mit räumlich wirksamem Querschnitt und außermittig angeordnetem Scheitelgelenk.

Stabwerke

Stabwerksysteme
Übersicht nach → **1** (nach Lit. 15)

Es werden unterschieden:

- Lineare Systeme
  - – gerade lineare Systeme
    - – – – Sparrendach, Pfettendach → 361.01.01
    - – – – Kehlbalkendach → 361.01.02
    - – – – Rahmen → 361.02.01
    - – – – Bogen → 361.02.02

- Einfache ebene Fachwerke → 361.03.02
  als Stabwerk im Dreieckverband mit mindestens drei Knotenpunkten.

- Zusammengesetzte ebene Fachwerke → 361.03.03
  aus mindestens zwei Parallelgurtfachwerken mit Dreieckverband als Grundelement.

- Gekrümmte Fachwerke → 361.03.04
  mit einfacher Krümmung (z.B. Form des Tonnengewölbes),
  mit mehrfacher Krümmung (Rotationsflächen, Translationsflächen, freie Formen),
  mit Dreieckverband aus geraden Stäben als Grundform.

- Raumfachwerke (räumliche Stabtragwerke) → 361.03.05
  aus Würfel, ½ Oktaeder oder Tetraeder als Grundelement.

Strukturdachtragwerke, Gewölbe und Kuppeln

Strukturierte Konstruktionen ermöglichen eine statisch wirksame Formgebung der Querschnitte räumlicher, auf Biegung und Druck beanspruchter Überdachungen. Die Aussparung des Querschnitts ermöglicht die Herstellung schlanker und filigraner Konstruktionen.

Konstruktionsprinzipien strukturierter Dachsysteme

Neben den ebenen Dachkonstruktionen werden auch räumliche Stabwerktafelgebilde mit regelmäßig strukturiertem Aufbau, ggf. auch strukturierte Gewölbe und Kuppeln verwendet. Strukturierte Tragwerke werden vor allem aus Metall oder in der Kombination von Metall und Holz hergestellt.

Nach dem Typ der Anordnung der Stäbe der Struktur werden die Systeme als Stabroste und Fachwerktafeln bezeichnet → **2**.

Die P l a t t e n s t r u k t u r e n bestehen aus Ober- und Untergurtstabnetzwerken, deren Zusammenwirken von Innenstäben gewährleistet wird, die zwischen den äußeren Ebenen der Tafel von den Knotenpunkten der Gurtstäbe aus verlaufen.

Bei F a c h w e r k t a f e l n sind die Knotenpunkte des oberen Netzwerks über die geometrischen Mitten des unteren Netzwerks verschoben, so dass die Diagonalen als Verbindung der oberen und unteren Knotenpunkte die Dicke des Tafelgebildes schräg durchlaufen.

Grundlegende Typen der konstruktiven Ausführung sind z w e i d i m e n s i o - n a l s t r u k t u r i e r t e F a c h w e r k t a f e l n und d r e i d i m e n s i o n a l s t r u k t u r i e r t e F a c h w e r k t a f e l n → **3**.

Bei der zweidimensional strukturierten Platte bestehen die Maschen des oberen und unteren Netzwerks aus zwei Scharen von Gurtstäben, bei der in dreidimensional strukturierten Platte bildet die in drei Richtung verlaufende Schar von Gurtstäben Maschen in Form gleichseitiger Dreiecke.

Übliche Querschnitte von Fachwerkscheiben → **4** (nach Lit. 19)
Übliche Ausfachung von Fachwerkscheiben → **5** (nach Lit. 19)
Grundrissformen ebener Trägerroste → **6** bis **9**
Räumliche Roste → **10** bis **13**

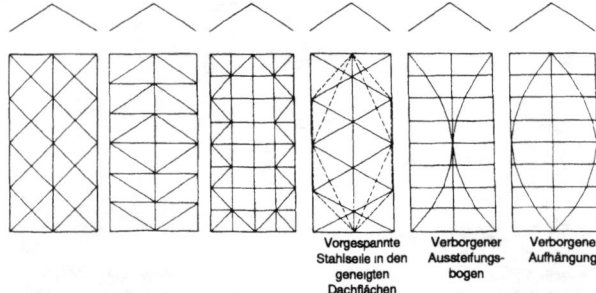

5 Ausfachung von Fachwerkscheiben

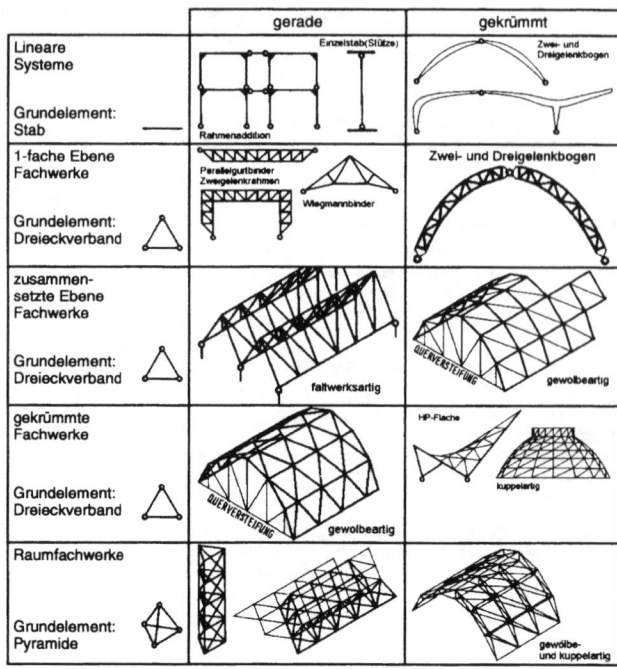

1 Stabwerksysteme, Übersicht

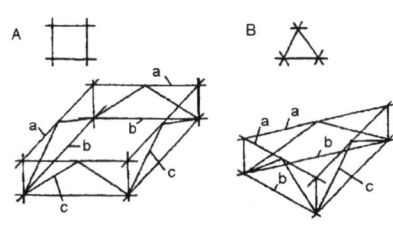

2 Stabrost- und Fachwerktafelstrukturen

A = orthogonale Fachwerkroststruktur, B = dreieckige Fachwerkroststruktur, C = orthogonale Raumfachwerkstruktur, D = Dreiecks–Raumfachwerkstruktur, a = gedrückte Obergurte des Fachwerkes, b = auf Zug beanspruchte Untergurte des Fachwerkrostes, c = Diagonale des Fachwerkrostes, d = Stäbe des oberen gedrückten Stabwerks, e = Stäbe des unteren, auf Zug beanspruchten Stabwerks, f = Raumdiagonalen

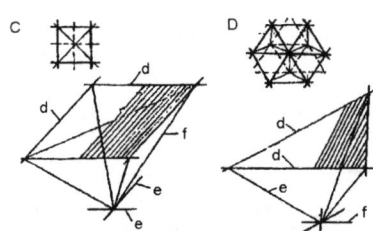

3 Zwei- und dreidimensionale Fachwerktafeln

A = Grundriss und Seitenansicht einer orthogonal strukturierten Fachwerktafel, B = Grundriss und Seitenansicht einer dreidimensional strukturierten Fachwerktafel

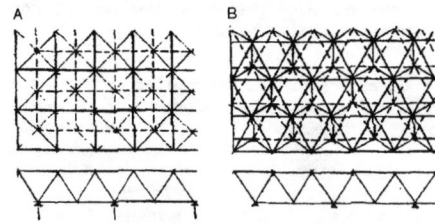

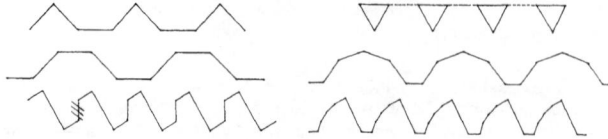

4 Anordnung von Fachwerkscheiben

Stabwerke

Formen ebener Trägerroste (nach Lit. 19)

Ausführungsbeispiele von in zweidimensional strukturierten Fachwerktafeln über einem orthogonalen und einem dreieckigen Grundriß → **14**.

Über langgestreckten Grundrissen, die sich nicht für die Überdachung mit Tafeln eignen, ist es zweckmäßig, einen verdeckten Unterzug anzubringen, der das Tragwerk in eine Verbundtafel mit inneren linienförmigen Auflagern unterteilt. Die Auskragung der Tafelränder beeinflusst allgemein die Durchbiegung des Systems günstig. Bei den reduzierten Systemen → **14 D** von Fachwerktafeln wird in der Regel die Struktur der oberen gedrückten Gurtstäbe des Netzwerks beibehalten und die Anzahl der Diagonalen und Gurtstäbe des unteren Netzwerks verringert.

Rosttafeln

Bei Rosttafeln liegen die Knotenpunkte übereinander, so dass sich die Diagonalen, welche die Knoten beider Gurte verbinden, in der Grundrissprojektion mit den Gurtsystemen überdecken → **15**.

Die zweidimensional strukturierte Rosttafel besteht aus einem orthogonalen System von Fachwerkrostträgern. Bei dieser Tafel kann es infolge des nicht steifen, rechtwinkligen Netzwerks mit Gelenkknoten zur Schrägverschiebung des Netzwerks kommen (die Tafel hat in ihrer Ebene keine eigene Steifigkeit). Zur Übertragung von Lasten, die parallel zur Tafelebene wirken (zum Beispiel Windlasten) muss deshalb bei Rosttafeln in beiden Trägerspannrichtungen ein Aussteifungselement (Windträger) angebracht werden → **15 A**.

Die dreidimensional strukturierte Rosttafel besteht aus einem Dreiecksystem von Fachwerkrostträgern. Der Vorteil dieser Struktur beruht in einer erhöhten Steifigkeit in der Dachebene.

Tragwerk-Geometrien → **16**, Trägerrostsysteme → **17**, Auflager von Trägerrosten → **18** bis **20**, Tragverhalten von Stabrosten → **21**, Gelenkstabzüge → **22**

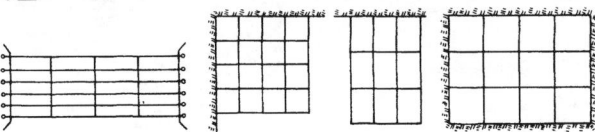

6 Rechteckige Roste

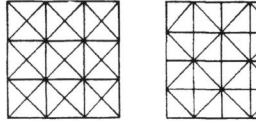

7 Kreisroste

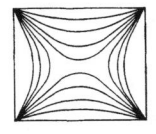
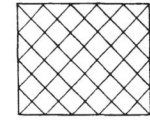

8 Dreieckroste

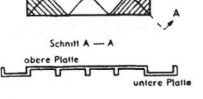

9 Diagonalroste

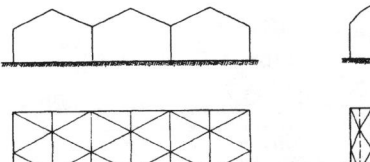

10 Rostdach mit First und Trauffaltung

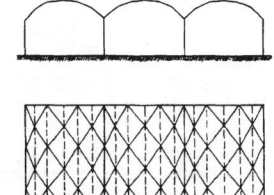

11 Hexagonaler zweilagiger räumlicher Rost

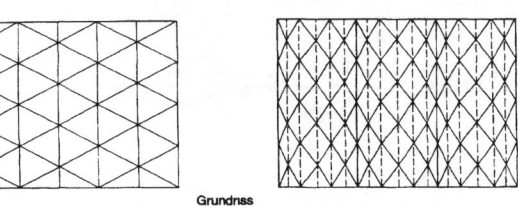

12 Walmdach-Rost   **13** Dach mit gekrümmtem Rost

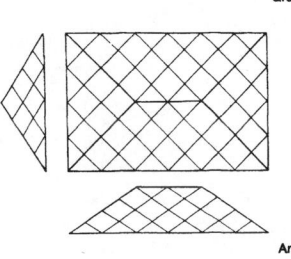
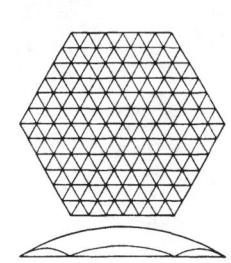

14 Ausführungsbeispiele von Fachwerktafeln

A = zweidimensional strukturierte Fachwerktafel mit rhombischem Netzwerk über dreieckigem Grundriss B = zweidimensional strukturierte Fachwerktafel mit quadratischem Netzwerk über orthogonalem Grundriss, C = zweidimensional strukturierte Fachwerkverbundtafel mit quadratischem Netzwerk über orthogonalem Grundriss, D = reduziertes System einer Fachwerktafel über orthogonalem Grundriss

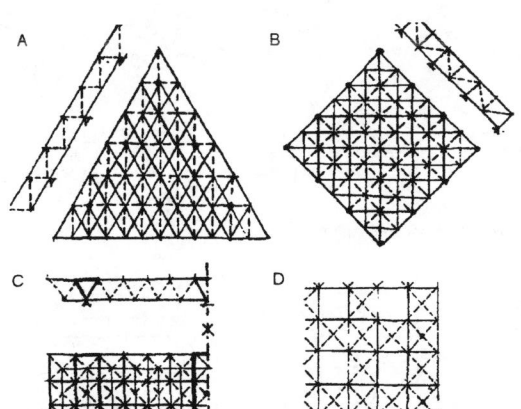
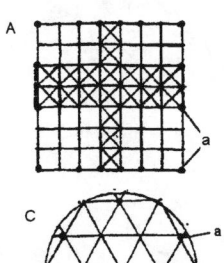
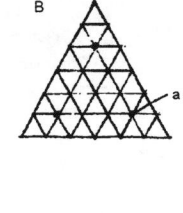

15 Beispiele für die Formen von Rosttafeln

A = zweidimensional strukturierte Rosttafel über orthogonalem Grundriss, B = dreidimensional strukturierte Rosttafel über dreieckigem Grundriss, C = dreidimensional strukturierte Rosttafel über Kreisgrundriss, a – senkrechte Stütze

Stabwerke

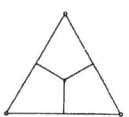 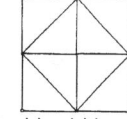 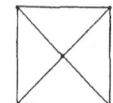 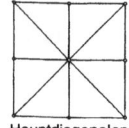  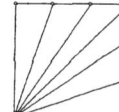 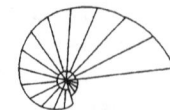

| sternförmige Anordnung | einbeschriebenes Quadrat mit Hauptdiagonalen | sich kreuzende Hauptdiagonalen | Hauptdiagonalen mit quadratischem Nebenraster | Viertelkreis | Quadratische Grundrisse | Schneckenförmige Anordnung |

Durch Querkraftanschluss von Einfeldträgern entstehen Balkenroste

Sekundärsysteme zur gleichmäßigen Lastabtragung auf den Primärrost

 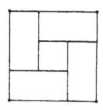 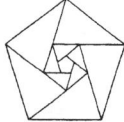 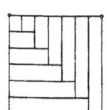 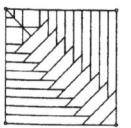 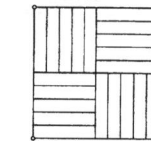  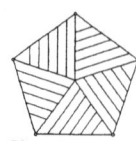

| über Dreieckgrundriss | über Quadratgrundriss | über Fünfeckgrundriss | gestaffelte Anordnung | doppelt gestaffelte Anordnung | Pfettenlage Winkel = 90° | Pfettenlage Winkel = 60° | Pfettenlage Winkel = 72° |

16 Beispiele für Tragwerk-Geometrien

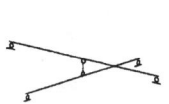  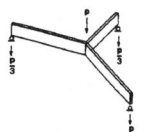 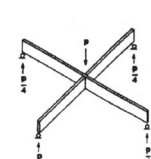 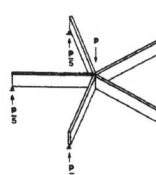 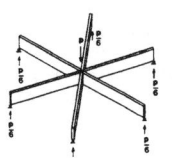 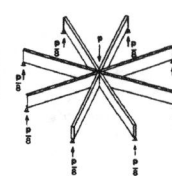

| kreuzweise übereinanderliegende Balken | mit Kreuzblattverbindung | Dreieckraster | Quadratraster | Fünfeckraster | Sechseckraster | Achteckraster |

17 Trägerrostsysteme — Geometrievarianten

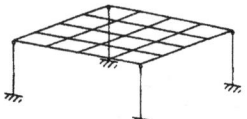 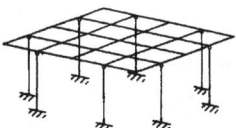 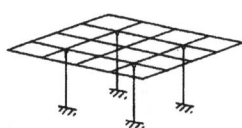 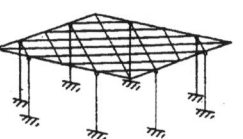

| an den Ecken des Rahmens, Stützen eingespannt in Rost oder Fundament | an Kreuzungspunkten des Trägerrost-Rahmens, Stützen eingespannt in Rost oder Fundament | an Kreuzungspunkten des Trägerrostes mit Auskragung, Stützen eingespannt in Rost oder Fundament | analog bei diagonal angeordnetem Trägerrost, Stützen eingespannt in Rost oder Fundament |

18 Räumliche Stabroste -Auflageranordnungen

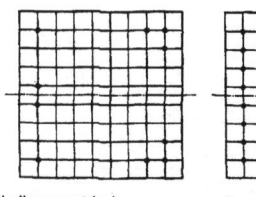 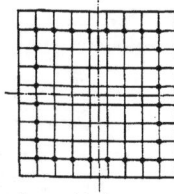 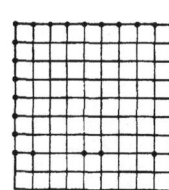 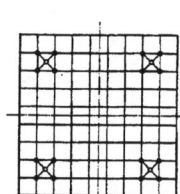 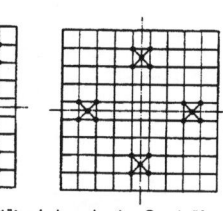 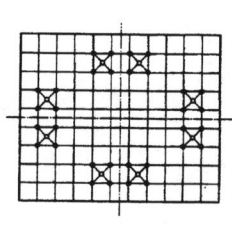

| halbsymmetrisch | vollsymmetrisch | freie Auflager-Varianten | Vierpunktlagerung je Stütze bei maximalen Querkräften |

19 Auflager-Varianten für Orthogonalroste

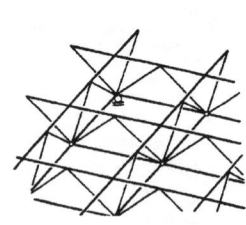  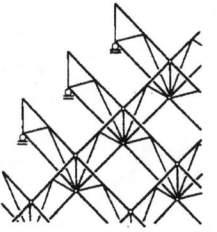 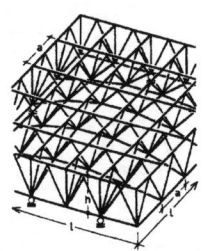

$$a = 1,20 - 12,0 \text{ m}$$

$$h = \frac{l}{8} - \frac{l}{16}$$

$$l = 8 - 60 \text{ m}$$

20 Auflager-Varianten von Fachwerkrosten

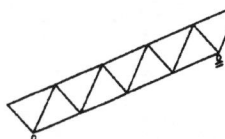 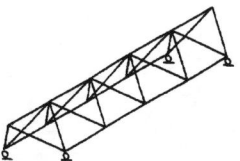 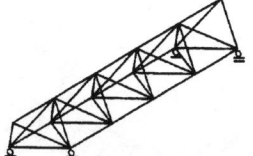 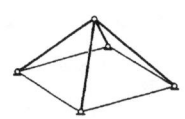 

| torsionsweich: Tragstruktur ist nur in Fachwerkebene steif, senkrecht dazu hingegen sehr weich | ohne Diagonale in Untergurtebene: torsionsweich nur die Knoten des Obergurtes können räumlich angreifende, äußere Kräfte aufnehmen | mit Diagonalen und Querriegel in allen drei Fachwerkebenen: torsionssteif; alle Knoten können räumlich angreifende Kräfte aufnehmen | symmetrische Anordnung | mit innenliegenden Zugbändern |

21 Tragverhalten räumlicher Stabroste

22 Gelenkstabzüge radial angeordnet

Stabwerke

Strukturierte Gewölbe

Über rechteckigen Grundrissen werden Verkehrsflächen oft mit Stabwerkstonnengewölben überdacht. Die Wahl der Leitlinienform des Gewölbes hängt sowohl mit dem Vergleich des Verlaufs der Resultante für die angenommene Belastung zusammen, als auch mit der Verteilung der Belastungswirkungen in ihre Teile in Abhängigkeit von der Art und Weise der Unterstützung des Gewölbes (entlang der Kämpferlinien, der Schildwände u.ä.).

Stabwerkgewölbe sind gewöhnlich statisch unbestimmte Raumtragwerke. Aus Stahl werden bis zu Spannweiten von ungefähr 35 m einlagige Gewölbe mit ein- oder zweifacher Krümmung errichtet (die Knoten des Stabwerkgewölbes liegen auf der gleichen oder abwechselnd auf zwei Zylinderflächen). Für größere Spannweiten werden zweilagige Gewölbe gewählt, die zum Beispiel aus Fachwerk- oder Vierendeel-Lamellen zusammengesetzt sind → 16.

Die Ausmaße und die Anordnung der Lamellen hängt von der Spannweite und der Pfeilhöhe des Gewölbes ab. Die Lamellen können entweder in den Hauptknoten oder in Feldmitte gestoßen werden. Die Knoten müssen so ausgebildet sein, dass sie im Bedarfsfall die Axialkräfte und Momente in beiden Dimensionen der Lamellen zuverlässig übertragen.

Stabwerkstonnengewölbe sind eine Analogie dünner, am gesamten Rand unterstützter Schalen. Die Wirkung der Stabwerksgewölbe entspricht der Wirkung kurzer zylindrischer Schalen.

Die Stabilität gedrückter strukturierter Konstruktionen gegen Knicken wird durch das Zusammenwirken mit den steifen Stirnwänden bzw. Giebeln der Strukturen erzielt. Bei größerer Länge der Zylinderstruktur muss die Stabilität durch eingefügte Bögen mit Zugstange u.ä. gewährleistet werden.

Die Biegesteifigkeit zweilagiger Lamellengewölbe macht es möglich, den Querschnitt der Struktur ohne das Zusammenwirken mit steifen Giebeln, Bögen u.ä. zu stabilisieren.

Diese Konstruktionen wirken statisch als Zweigelenkbogen – der Systemstreifen besteht in der Breite der geraden Entfernung der Gewölbekämpferstützen.

Ausführung von Fachwerktonnen → 17 bis 26 (nach Lit. 10, 19)

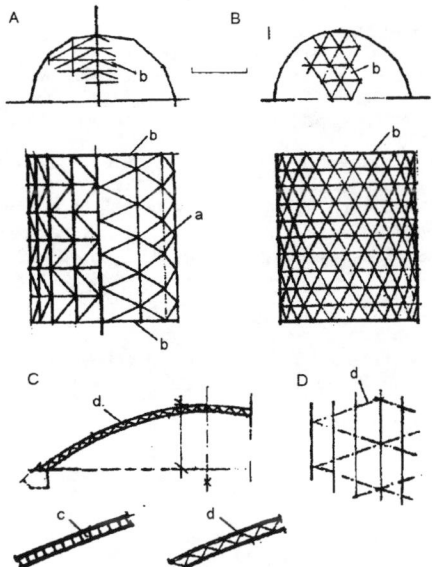

16 Ein- und zweilagige strukturierte Gewölbe

A, B = Beispiel für die Anordnung des Stabnetzwerks einlagiger strukturierter Tonnengewölbe, C, D = zweilagiges strukturiertes Gewölbe, a = Lamelle aus Rohrprofil, b = steife Giebelwand, c = durchbrochene Lamelle, d = Fachwerklamelle

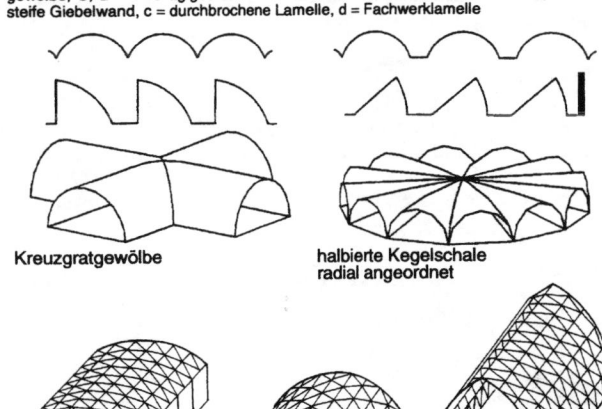

Kreuzgratgewölbe   halbierte Kegelschale radial angeordnet

Kreisausschnitt   Parabelausschnitt   Spitzbogenform

Netzartige Bogenkonstruktion

23 Formen von Tonnenschalen und Tonnensheds

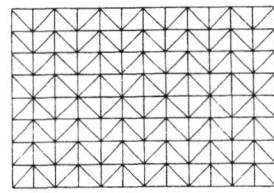

17 Anordnung nach Föppl

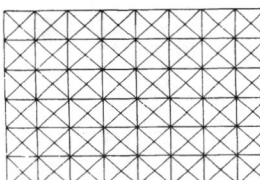

19 Anordnung mit doppelter Aussteifung

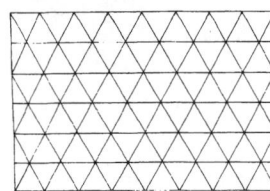

21 Ausführung nach Art dreistufiger Stabroste

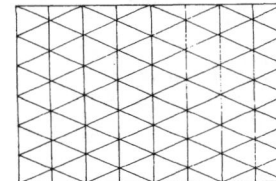

22 Anordnung mit Hexagonalfeldern

18 Leichtschale

20 Anordnung mit Lamellen

24 Fachwerktonne mit Laterne   **25** Durchlaufendes Mansarddach

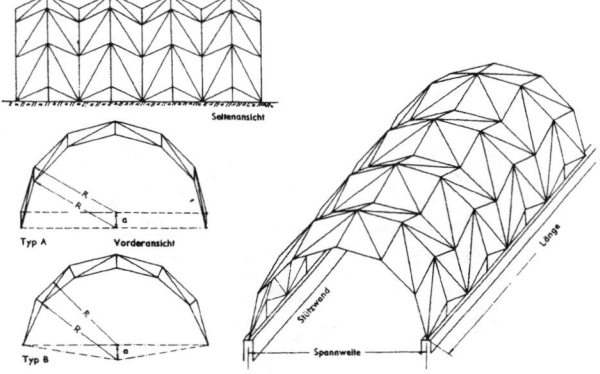

26 Fachwerktonne mt Querauffaltung

405

Stabwerke

Strukturierte Kuppeln

Kreisrunde und vieleckige Grundrisse können mit gekrümmtflächigen oder kegelförmigen strukturierten Kuppeln überdeckt werden, deren Knoten auf den formgebenden Flächen liegen. Zu den oft verwendeten Stabwerkskuppeln gehören Systeme mit geodätischem Netzwerk mit Polygonmaschen → **27**.

Strukturierte Kuppeln haben den Charakter dünner Schalen, die auf einen Kämpfer– ggf. Laternenring gestützt sind. Strukturierte Kuppeln werden in der Regel aus Metallrohren (Stahl, Aluminiumlegierungen) als einlagige Stabwerkskonstruktionen hergestellt.

Ausführung von Fachwerkkuppeln → **28** bis **34** (nach Lit. 19)

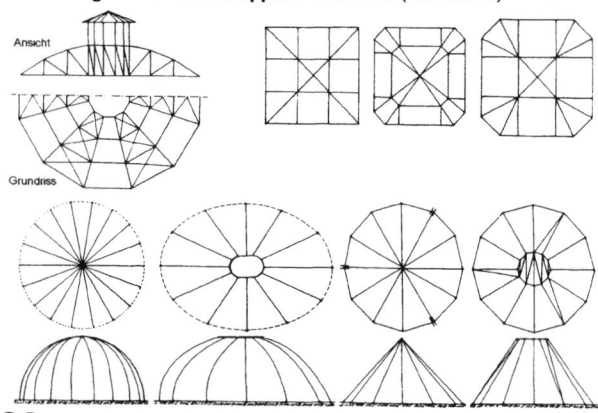

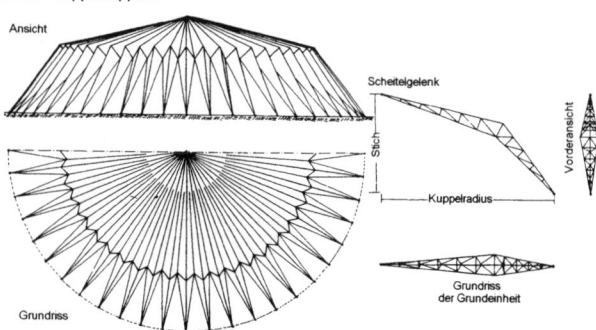

28 Rippelkuppeln

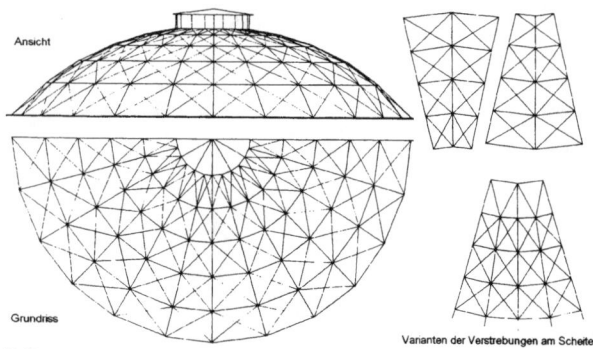

29 Vorgefertigte Dreigelenk-Rippenkuppel

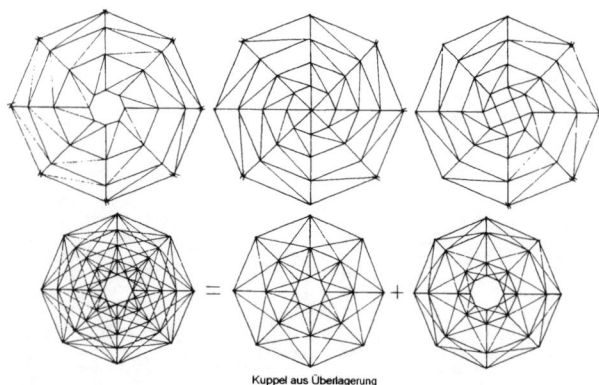

30 Schwedler-Kuppel

31 Hauptarten der Schwedler-Kuppel

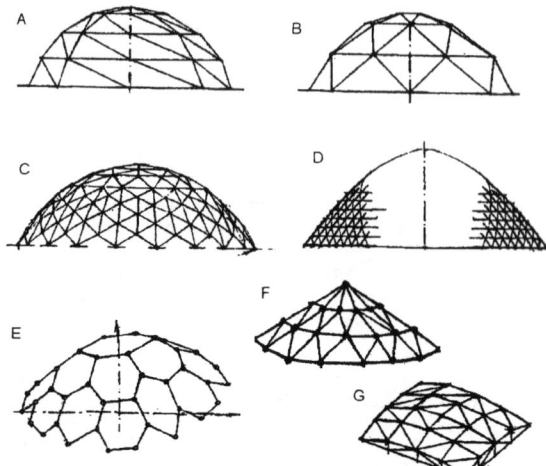

27 Beispiele für strukturierte Kuppeln

A = Schwedlersche Struktur, B = Foppische Struktur, C = Fullersche Struktur, D = Struktur der Überdachung des Pavillons Z auf dem Brünner Ausstellungsgelände, E = geodätische Struktur, F = Anwendung der Struktur für ein Kegeldach, G = Anwendung der Struktur für ein Dach mit Translationsfläche.

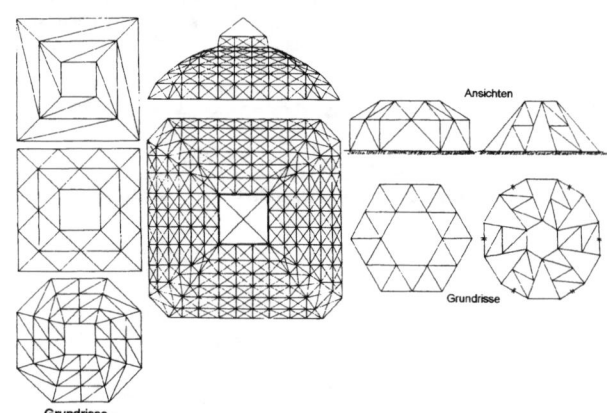

32 Scheibenkuppeln

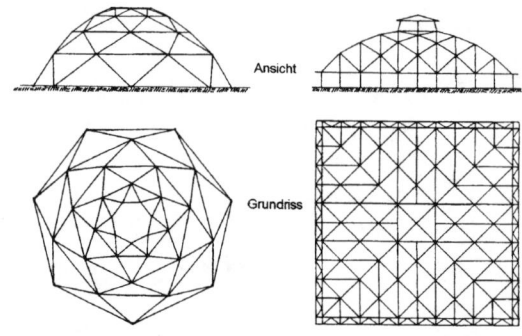

33 Netzwerk-Kuppeln

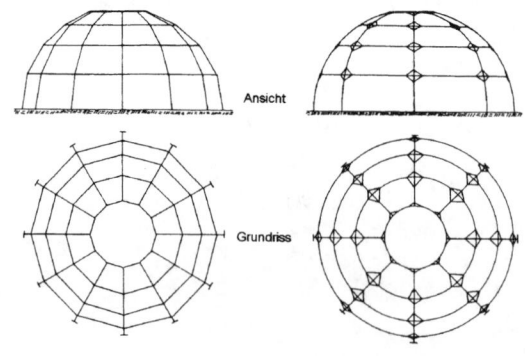

34 Rahmenkuppeln mit steifen Knoten

Stabwerke

Ausführung von Fachwerkkuppeln → 35 bis 42 (nach Lit. 19)

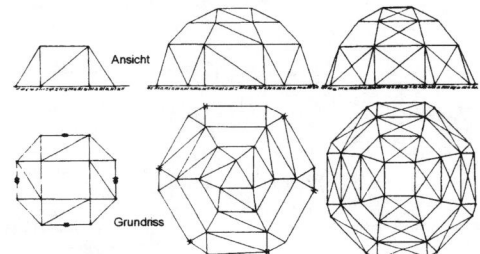

Ansicht

Grundriss

35 Zimmermann-Kuppeln

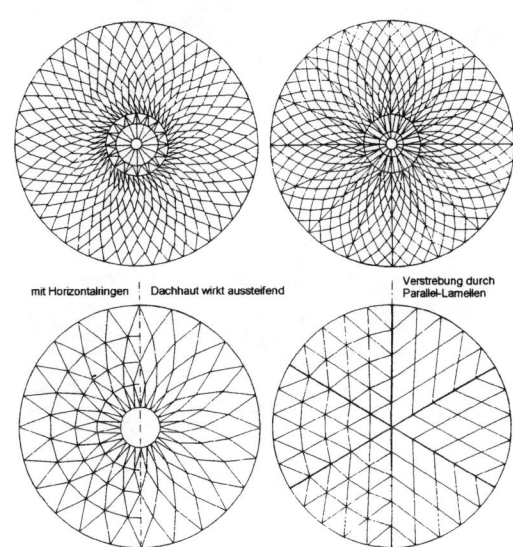

mit Horizontalringen | Dachhaut wirkt aussteifend | Verstrebung durch Parallel-Lamellen

36 Hauptarten der Lamellenkuppeln

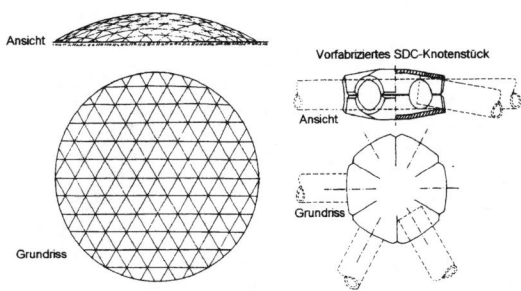

Ansicht

Vorfabriziertes SDC-Knotenstück

Ansicht

Grundriss

Grundriss

37 Dreiläufige Rost-Kuppel

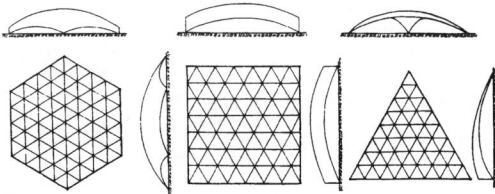

38 Verschiedene Arten dreiläufiger Rost-Kuppeln

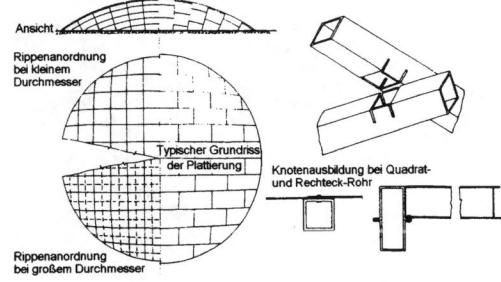

Ansicht

Rippenanordnung bei kleinem Durchmesser

Typischer Grundriss der Plattierung

Knotenausbildung bei Quadrat- und Rechteck-Rohr

Rippenanordnung bei großem Durchmesser

39 Zweiläufige Rost-Kuppel

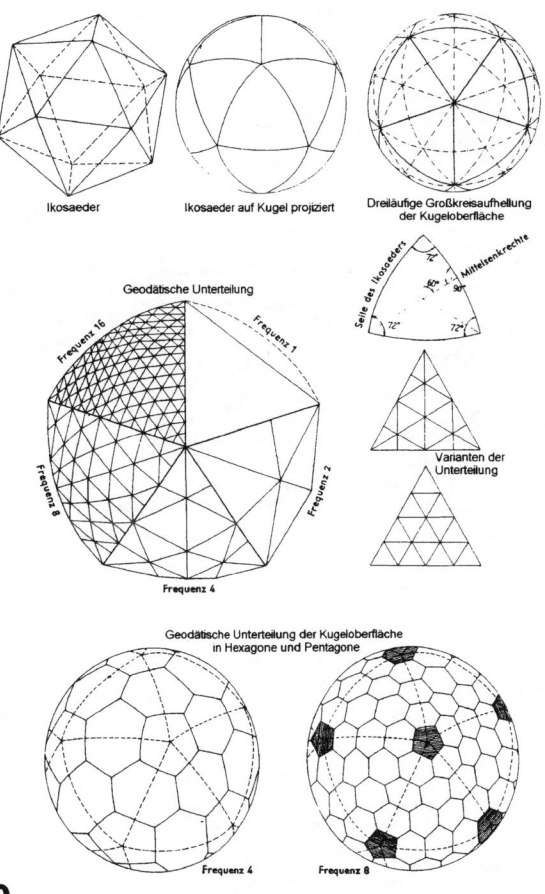

Ikosaeder

Ikosaeder auf Kugel projiziert

Dreiläufige Großkreisaufhellung der Kugeloberfläche

Geodätische Unterteilung

Frequenz 16

Frequenz 1

Frequenz 8

Frequenz 2

Frequenz 4

Varianten der Unterteilung

Geodätische Unterteilung der Kugeloberfläche in Hexagone und Pentagone

Frequenz 4

Frequenz 8

40 Geodätische Kuppeln (Fuller-Kuppeln)

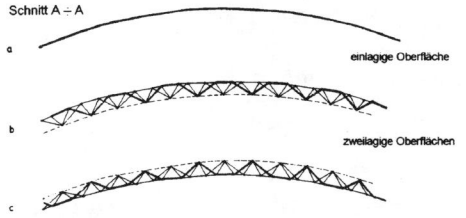

Schnitt A ÷ A

a — einlagige Oberfläche

b — zweilagige Oberflächen

c

41 Zweilagige Kuppeln

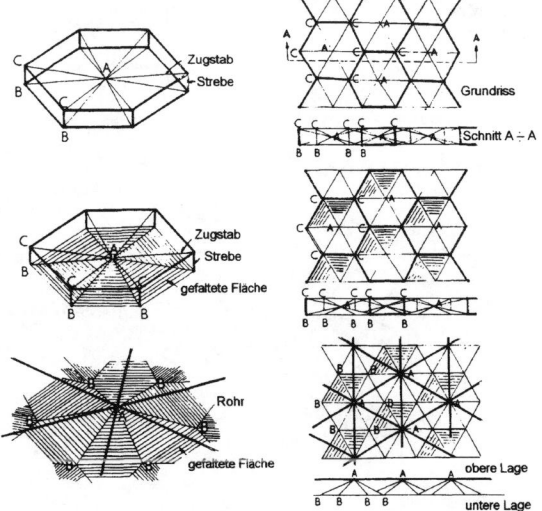

Zugstab

Strebe

Grundriss

Schnitt A ÷ A

Zugstab

Strebe

gefaltete Fläche

Rohr

gefaltete Fläche

obere Lage

untere Lage

42 Entwicklung der hexagonalen Verstrebung für zweilagige Kuppeln

Stabwerke

Geometrische Formen von Druckbögen und Kuppeln (nach Lit. 10)

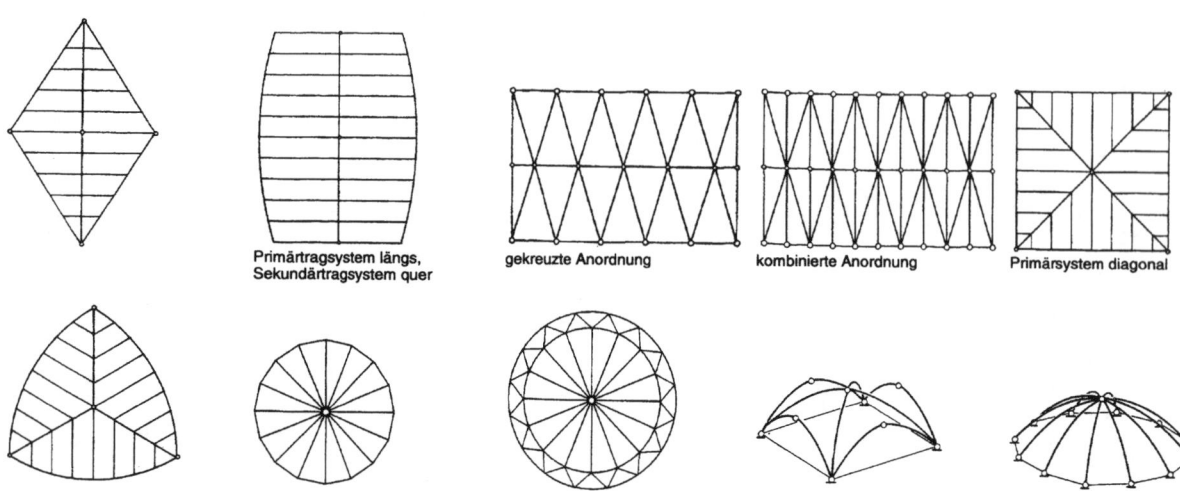

Primärtragsystem längs,
Sekundärtragsystem quer

gekreuzte Anordnung

kombinierte Anordnung

Primärsystem diagonal

Primärtragsystem dreieckförmig

ohne Abstützung am Randauflager

mit Abstützung am Randauflager

43 Druckbögen in räumlicher Anordnung

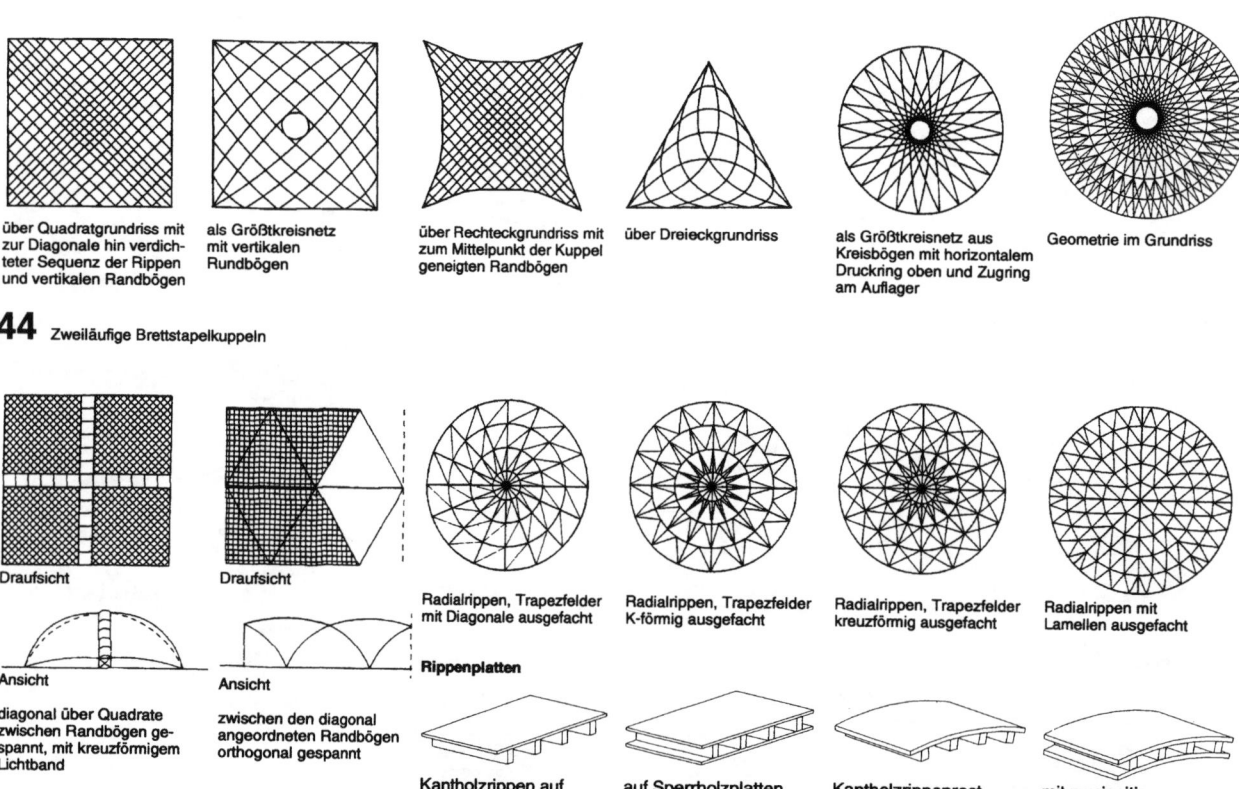

über Quadratgrundriss mit zur Diagonale hin verdichteter Sequenz der Rippen und vertikalen Randbögen

als Größtkreisnetz mit vertikalen Rundbögen

über Rechteckgrundriss mit zum Mittelpunkt der Kuppel geneigten Randbögen

über Dreieckgrundriss

als Größtkreisnetz aus Kreisbögen mit horizontalem Druckring oben und Zugring am Auflager

Geometrie im Grundriss

44 Zweiläufige Brettstapelkuppeln

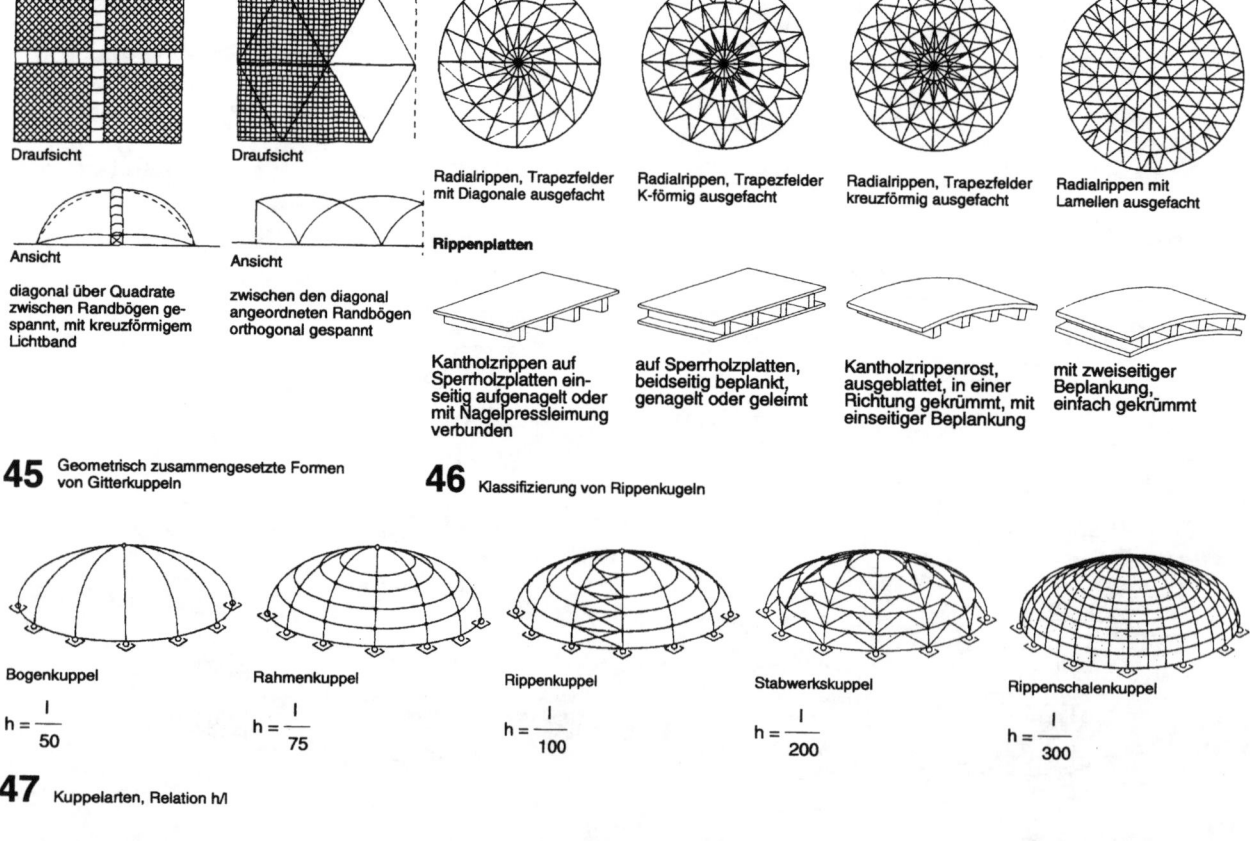

Draufsicht

Draufsicht

Radialrippen, Trapezfelder mit Diagonale ausgefacht

Radialrippen, Trapezfelder K-förmig ausgefacht

Radialrippen, Trapezfelder kreuzförmig ausgefacht

Radialrippen mit Lamellen ausgefacht

Ansicht

Ansicht

Rippenplatten

diagonal über Quadrate zwischen Randbögen gespannt, mit kreuzförmigem Lichtband

zwischen den diagonal angeordneten Randbögen orthogonal gespannt

Kantholzrippen auf Sperrholzplatten einseitig aufgenagelt oder mit Nagelpressleimung verbunden

auf Sperrholzplatten, beidseitig beplankt, genagelt oder geleimt

Kantholzrippenrost, ausgeblattet, in einer Richtung gekrümmt, mit einseitiger Beplankung

mit zweiseitiger Beplankung, einfach gekrümmt

45 Geometrisch zusammengesetzte Formen von Gitterkuppeln

46 Klassifizierung von Rippenkugeln

Bogenkuppel

$h = \dfrac{l}{50}$

Rahmenkuppel

$h = \dfrac{l}{75}$

Rippenkuppel

$h = \dfrac{l}{100}$

Stabwerkskuppel

$h = \dfrac{l}{200}$

Rippenschalenkuppel

$h = \dfrac{l}{300}$

47 Kuppelarten, Relation h/l

Stabwerke

Raumfachwerke (nach Lit. 15, 19, 21)

Raumfachwerke sind räumliche Stabtragwerke, die aus regelmäßigen Polyedern zusammengesetzt werden → **43, 44.** Regelmäßige ebene Netze sind Dreieck-, Quadrat- und Sechsecknetze.
Tetraeder (4-Flächner), Oktaeder (8-Flächner) und Ikosaeder (20-Flächner) bilden kinematisch stabile geschlossene Dreiecknetze. Hexaeder (6-Flächner) erfordern zur Stabilisierung zusätzlich 6 Stäbe, Dodekaeder (12-Flächner) 24 Stäbe.
Stabzahl zur Erreichung kinematischer Stabilität nach Föppel'scher Fachwerkformel = 3 x Knotenzahl – 6.

Räumliche Stabwerkstafeln ermöglichen die Überdachung eines beliebigen Grundrisses bei gleichzeitig großer Variabilität in der Anordnung der Stützen. Sie ermöglichen die Ausbildung der Dachneigung und die Ausbildung von Auskragungen u.ä. → **45 bis 50.**

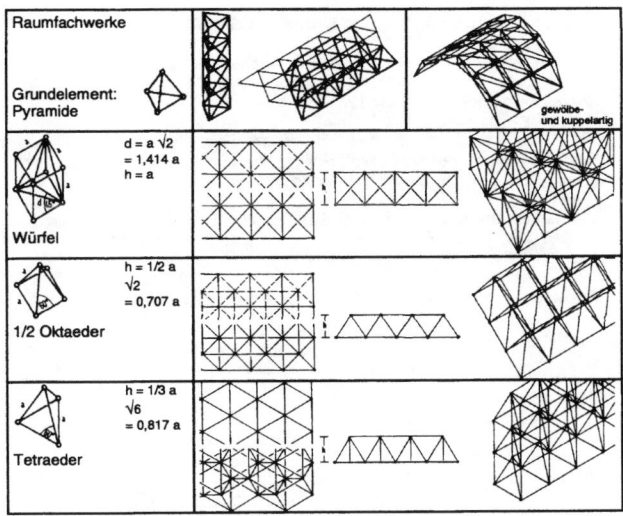

43 Grundelemente für Raumfachwerke (nach Lit. 15)

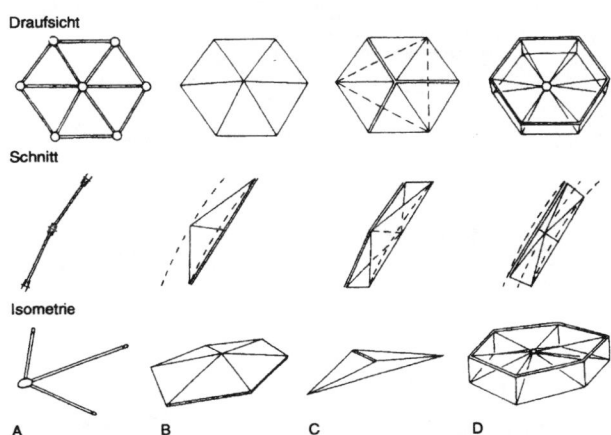

44 Ausbildung der Einzelelemente (nach Lit. 21)

A = einschalige Anordnung steifer Stäbe mit Knotenpunkten auf einer Kugeloberfläche. Dachhaut aus Kunststofffolie oder Dreieckplatten, die auf die Stäbe gelegt werden – gegebenenfalls durchscheinendes Material. Spannweiten (Durchmesser) bis 35 m.
B = einschalige Anordnung steifer Stäbe mit Knotenpunkten auf zwei verschiedenen Radien oder dreieckige Tafeln zu sechsseitigen Pyramiden zusammengesetzt. Die Kanten der Tafeln sind dabei steif auszubilden. Spannweiten (Durchmesser) bis 50 m.
C = Tetraeder-Raumfachwerk mit Knotenpunkten auf zwei Radien. Doppeltetraeder aus gefaltetem Blech bilden eine tragende Haut. Hexagonal angeordnete Druckstäbe zwischen den außenliegenden Knotenpunkten. Spannweiten (Durchmesser) bis 80 m.
D = Raumfachwerk mit Knoten auf drei Schalen. Außen und innen hexagonal angeordnete Druckstäbe. Zugstäbe zwischen äußeren und mittleren Knotenpunkten, auf Zug beanspruchte Metallhaut von der inneren zur mittleren Schale. Spannweiten (Durchmesser) über 100 m.

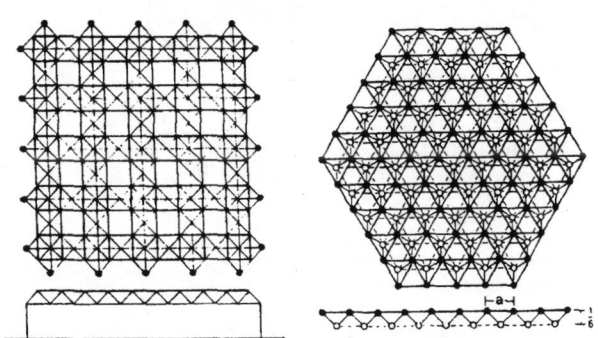

46 Raumfachwerk-Rost aus Oktaeder und Tetraeder mit gedrückter Bauhöhe

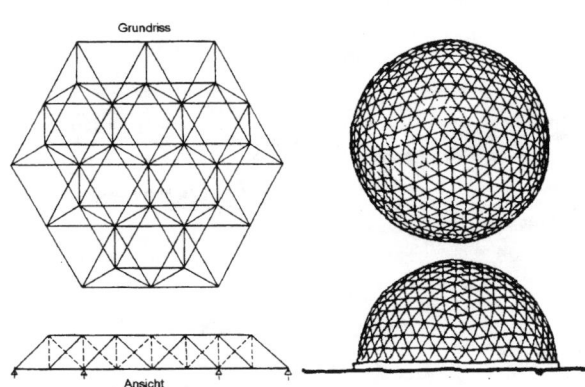

47 Hexogonale dreiläufige Rostkuppel

48 Einlagige sphärische Isokaeder-Kuppel

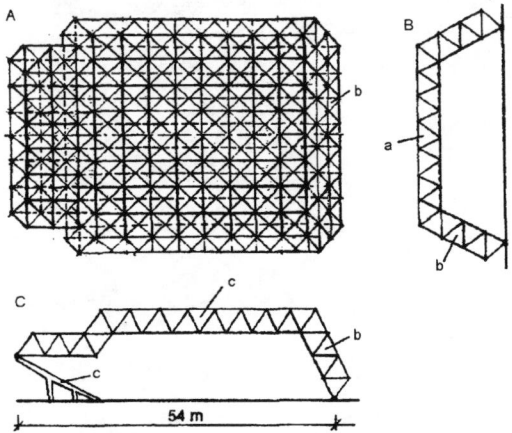

45 Beispiele für die Anwendung zweilagiger Strukturen für Überdachungen

A = Grundriss der Überdachung, B = Längsschnitt, C = Querschnitt, a = räumliche Tafelstruktur des Daches, b = schräge, räumliche Struktur der Wand, c = Tribüne

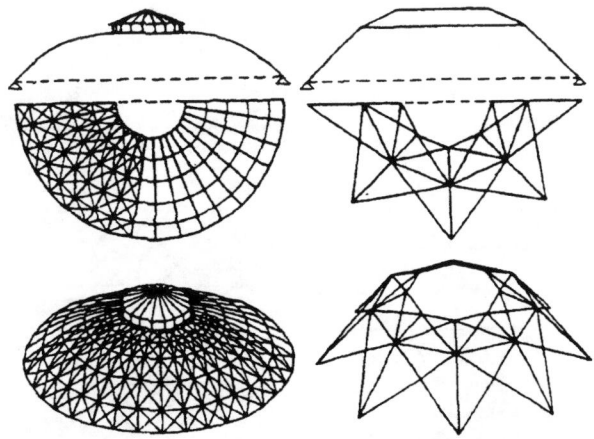

49 36-Eck-Kuppel aus Flechtwerkträgern

50 8-Eck-Sternkuppel (Schwedler'sche Vollkuppel)

Stäbe, Knoten, Auflager

Stäbe, Knoten und Auflager strukturierter Konstruktionen

Grundlegendes Konstruktionselement dieser Strukturen sind geeignet ausgebildet Knoten. Viel in Anwendung sind die Knotensysteme Mero, Keba, Unistrut, Gyro → 1 bis 12.

Die Stäbe von Fachwerktafeln sind in der Regel Rohre, die Stäbe von Rosttafeln sind meistens Walzprofile, die Gurte bestehen aus zwei I-Profilen, die Zwischenstäbe aus Winkelprofilen.

Die Metallstäbe werden oft durch Holzlamellen und Kanthölzer ersetzt. Die Knoten werden dann mit Hilfe von Klemmbolzen, eingesetzten Knotenblechen oder Kugelgelenken gebildet → 1.

Knotensysteme für Raumfachwerke (nach Lit. 22)

Die Normknoten als 18-Flächner erlaubt Anschlusswinkel von 45°, 60°, 90° und vielfache Werte hiervon. Es gibt nur einen Normknoten, eines Typs, der auf Lager in Großserie produziert wird.

Der Regelknoten hingegen, der meist als 10-Flächner ausgeführt wird, erhält nur so viele Bohrungen, wie sie zum Bau von immer wiederkehrenden, gleichen, räumlichen Fachwerkrosten benötigt werden.

Die Sonderknoten hingegen sind sowohl bezüglich der Anschlussgröße, als auch der Winkel zwischen zwei Gewindebohrungen völlig frei gestaltbar.

2 Mero-Knoten

3 Anschluss an Stäben und Knoten

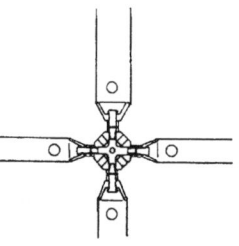

4 Aufbau des Merofachwerkes

a = Kreishohlprofil KHP (Rohr), b = Kegel, c = Gewindebolzen, d = Schlüsselmuffe, e = Knebelkerbstift, f = Schweißnaht, g = Entwässerungsbohrung, g = Bolzeneinführloch

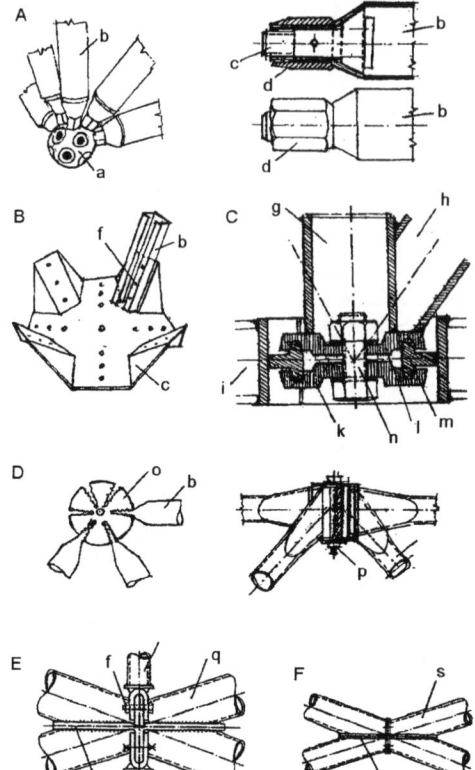

1 Knoten von Fachwerksystemen aus Metall

A = Knoten des Systems MERO, B = Knoten des Systems UNISTRUT, C = Knoten des Systems GYRO II, D = Knoten des Systems TRIODETIC, E = Knoten eines zweilagigen Gewölbes, F = Knoten eines einlagigen Gewölbes, a = Kugelknoten eines Raumtragwerks, b = Fachwerkstab, c = Schraube, d = Überwurfmutter, e = Raumtragwerksknoten aus Formblech, f = Schraubenverbindung, g = vertikaler Stabilisierungsstab, h = Innenstab, i = Untergurtstab, k = unterer Teil des Klemmplattentellers, l = oberer Teil des Klemmplattentellers, m = Ausschnittblech, n = Verbindungsmutter, o = Zylinderknoten eines Raumtragwerks, p = Klemmschraube, q = Lamelle einer zweigurtigen Struktur, r = Knotenblech, s = Lamelle einer eingurtigen Struktur

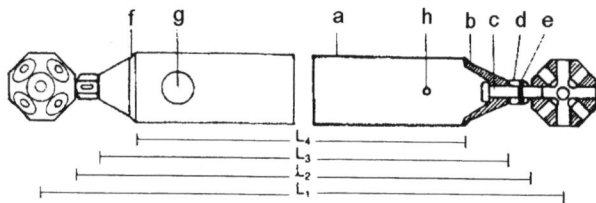

5 Auflager

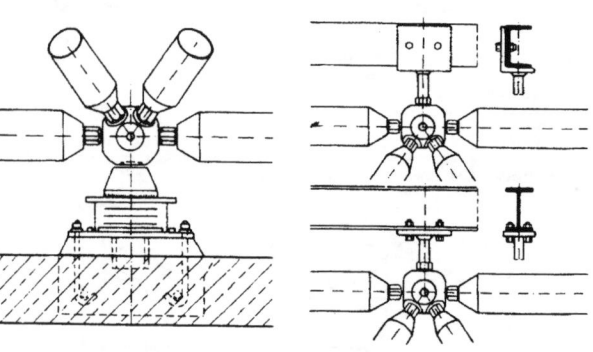

6 Pfettenauflager

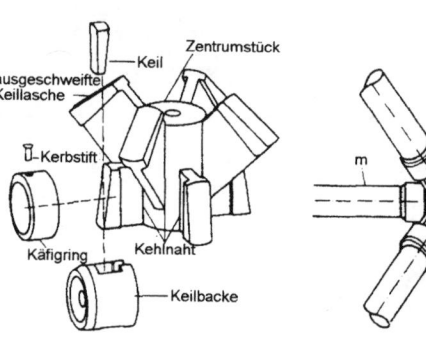

9 KEBA-Knoten

10 allgemeiner Mittelknoten Zentrumsteil mit 12 Abgängen, davon 4 x Horizontalstäbe, 8 x Diagonalstäbe

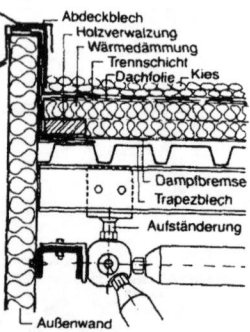

7 Konstruktionsanschlüsse Dachanschluss

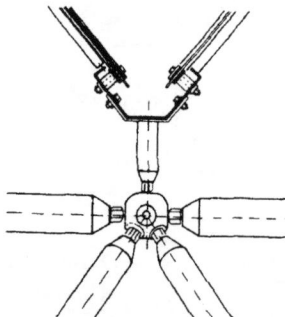

8 Konstruktionsanschlüsse Mittelrinne

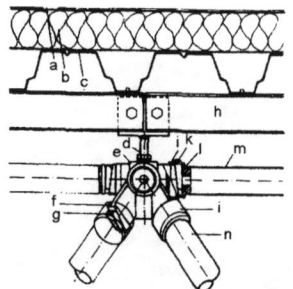

11 normaler Oberknoten

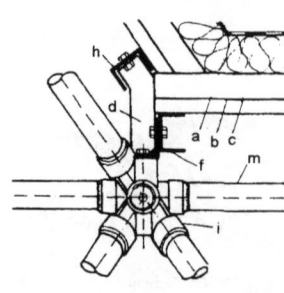

12 allgemeiner Mittelknoten

Stäbe, Knoten, Auflager

Knoten und Anschlüsse für Holzkonstruktionen (nach Lit. 10)

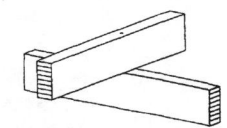
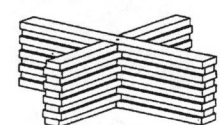
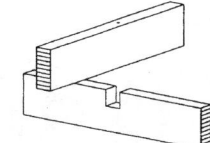
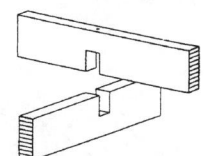

kreuzweise übereinanderliegende Balken

in Brettstapelbauweise

mit einseitigem Einschnitt

mit Kreuzblattverbindung

13 Trägerrostknoten 90 °

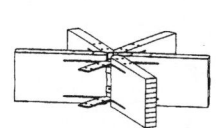
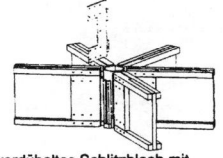
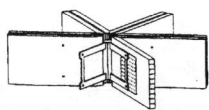
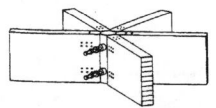

Stern aus liegenden Blechlaschen in Träger eingeschlitzt und verdübelt

verdübeltes Schlitzblech mit Nocken in Gleitschiene

Zwilligsträger mit Gelenkbolzenanschluss

Stahlrohr mit angeschraubten Vergussdübeln (System Bertsche)

14 Trägerrostknoten 60 °

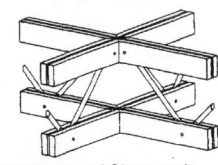
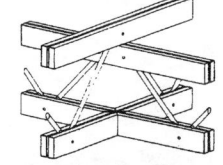
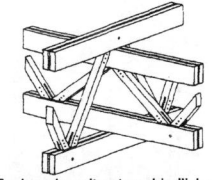
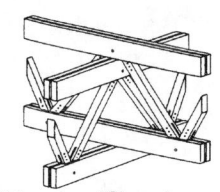

Untergurte und Obergurte in gleicher Ebene, Anschlüsse über Blechkreuze, Diagonalen aus Stahlrohren

Untergurte in gleicher Ebene, Obergurte gestapelt, unterschiedliche Konstruktionshöhen bei ungleichen Spannweiten

Fachwerke mit unterschiedlichen Konstruktionshöhen ineinandergesteckt, für Rechteckgrundrisse

Untergurte und Obergurte gestapelt, gleiche Konstruktionshöhen

15 Knoten für Fachwerkrost mit zusammengesetzten Querschnitten

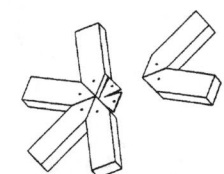
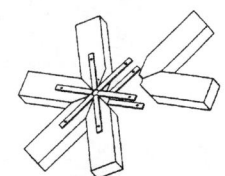
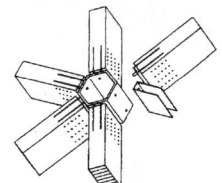
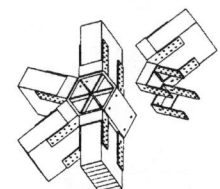
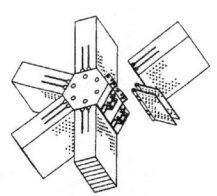

Eingeschlitzes Blech in Rippen eingedübelt

Stahlrohr mit oben- und untenliegenden Blechlaschen

Stahlknoten mit angeschraubten U-förmigen Nagelblechstegen

ausgesteiftes Stahlprofil mit angeschraubten Stahllaschen

Hartholzblock mit eingeschlitzten Stegen, Schlitzblech mit Anschlussrohr (System Blumer)

16 Knoten von Netzwerkkuppeln

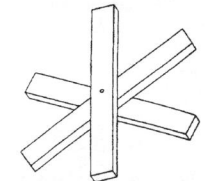
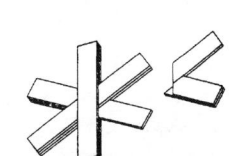
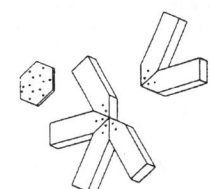
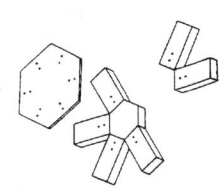

mit Schraubbolzen und Einpressdübeln

abwechselnd durchgehende Brettstapel verleimt, genagelt oder nagelpressverleimt mit Futterhölzern

aufgenagelte Furnier- oder Stahlplatte

Hartholzblock und aufgenagelte Platte

17 Anschlüsse von Gitterkuppeln

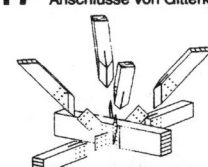

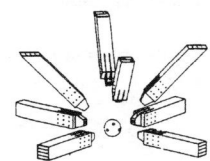
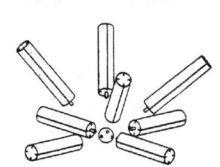
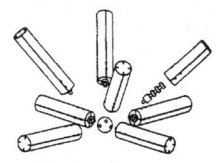

Knoten aus eingeschlitzten Stahlblechen und durchlaufendem Gurt

Knoten aus eingeschlitzten Stahlblechen, Untergurt 90°, Diagonalen um 45°verdreht

Knoten aus verdübeltem Gusseisenprofil und Metallkugel

eingeleimte Gewindestangen und Metallkugel

Metallkugel mit Vergussdübel (System Bertsche)

18 Anschlüsse räumlicher Stabroste

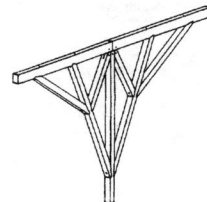
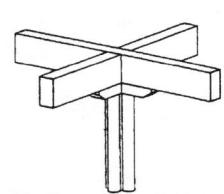
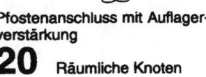
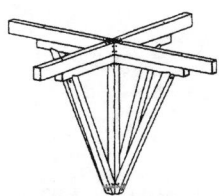
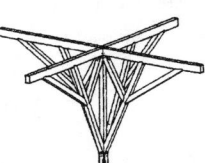

mit Verstärkungsbalken

Strebenwerk und Kopfband überlagert

Pfostenanschluss mit Auflagerverstärkung

Strebenbündel mit Verstärkungsholz und Versatz

Kopfband- und Strebenbündel

19 Strebenanschlüsse auch für räumliche Anordnung

20 Räumliche Knoten

Stäbe, Knoten, Auflager

Knoten und Anschlüsse für Holzkonstruktionen (nach Lit. 10)

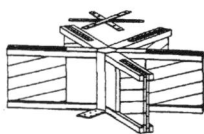
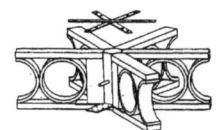
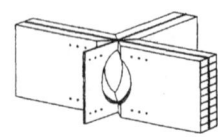
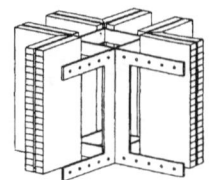

Kämpfstegträger mit Anschluss-verstärkung an Metallprofil gedübelt

Ringträger mit Anschlussverstär-kung, Metallprofil mit Laschen und angeschweißtem Stabdübel

Zwillingsträger mit stehenden Blechlaschen, Aussparung für Installationsführung

Stern aus Stahlblechen für mehrteilige Träger und Installa-tionsführung mit Nagelblech und Gelenkbolzen

21 Trägerrostknoten

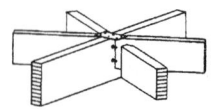
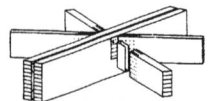
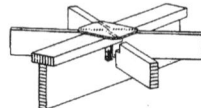
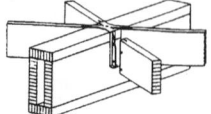

mit Einlassdübeln, eingeleimten Gewindestangen und Zuglasche

durchgenageltes U-Blech an Stahlplatte geschraubt

L-Winkel mit Steg, genagelte Zuglasche

eingehängtes Stegprofil

22 Querkraftanschlüsse von Nebenträger an Hauptträger in Rosten

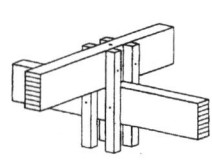
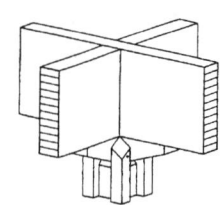
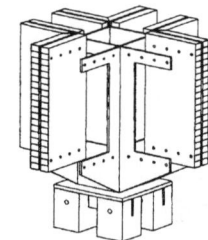

vierteilige Stütze, Anschluss mit Stabdübeln oder zwei halbseiti-gen Einpress- bzw. Einlassdübeln oder Nagelplatten

fünfteilige Stütze, mit Hartholz-block als Auflagerverstärkung

vierteilige Stütze mit Druckplatte und eingeschlitzten Stegen zur Lagesicherung

23 Trägerrostauflager

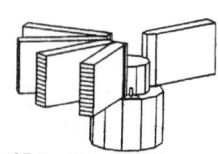
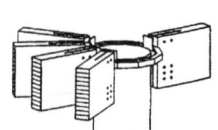
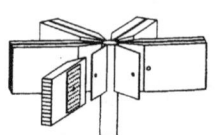
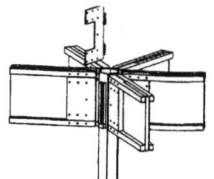
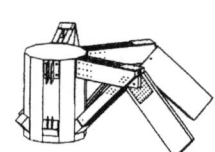

auf Betonstütze Lagesicherung durch Stahldollen

Stahlring mit umlaufender Konsole, Träger über Kopfplatte an verdübeltem Steg eingehängt

Stahlrohr mit angeschweißten Stegen, Gelenkbolzenverbindung

Stahlrohr mit angeschweißter Schiene, Träger eingehängt

radial angelegte Konsolen

24 Mittenauflager

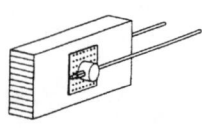
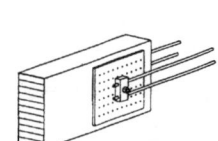
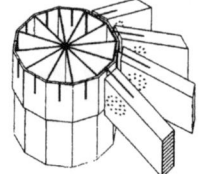
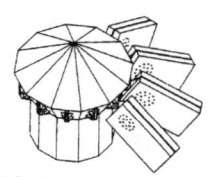
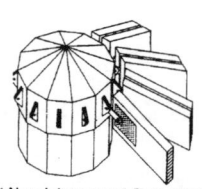

doppeltes Zugband mit Rund-stahldollen und Nagelblechver-stärkung

Träger mit Stahlzugband über Nagelplatten und Gelenkbolzen

mit eingeschlitztem T-Profil in Auflagerring eingehängt

mit Stahlplatte zwischen Doppel-träger und Stabdübelkreis

mit Nagelplatten und Gelenkbol-zen

25 Hängerrippenanschlüsse an Randglieder und Auflager

26 Hängerippenanschlüsse an Pylone

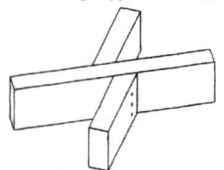
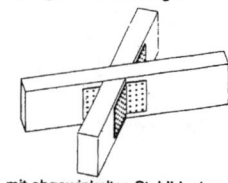
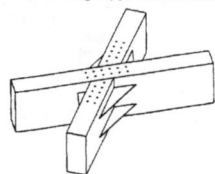
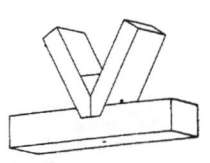
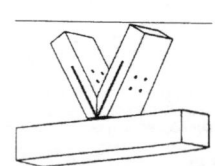

Zollingerbauweise mit versetzt angeordneten und über die Diagonale verschraubten oder genagelten Rippen

mit abgewinkelten Stahlblechen vernagelt

mit liegend eingeschlitzten Stahlblechen vernagelt

in Randträger eingelassen, Befestigung mit Keil und Schraubbolzen

K-förmiges Stahlblech, einge-schlitzt und verdübelt

27 Knotenpunkte von rautenförmig angeordneten Rippen

28 Anschluss Netzstäbe-Randträger

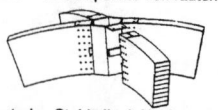
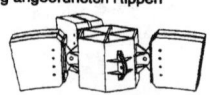
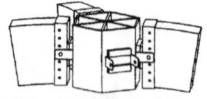

zentrales Stahlteil mit Nocke und stirnseitig eingeschlitzte Bleche

zentrales Stahlteil mit Verstär-kungsrippen, angeschweißten Stegen und Gelenkbolzen, Lasteintragung ins Holz über Kopfplatte

zentrales Stahlteil mit Verstär-kungsrippen, Lasteinleitung über Nocken auf Kopfplatte

29 Firstpunkte bei gekreuzter Anordnung

Stäbe, Knoten, Auflager

Knoten und Anschlüsse für Holzkonstruktionen (nach Lit. 10)

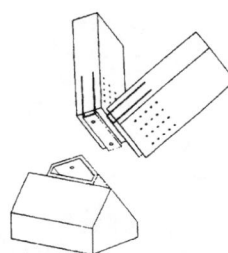 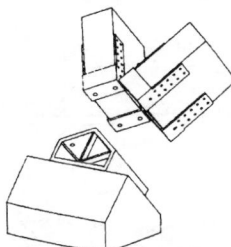 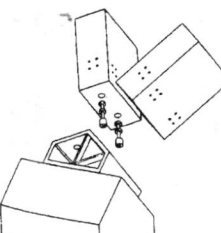 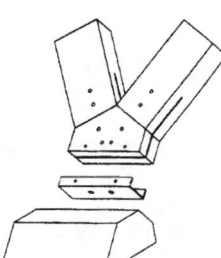 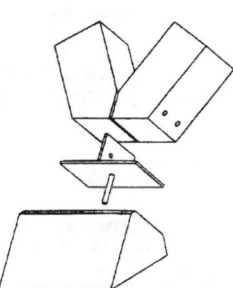

eingeschlitztes, U-förmiges Blech an Stahlprofil geschraubt, mit Epoxidharz vergossen

verdübelte Laschen an verstärktes Stahlprofil geschraubt

Vergussdübel und verstärkes Stahlprofil

mit Hartholzblock und Schlitzblech an U-Schiene befestigt

auf T-Profil mit einbetoniertem Bolzen

30 Kuppelauflager

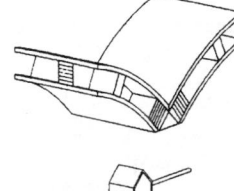 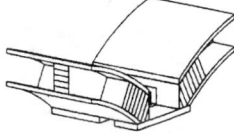 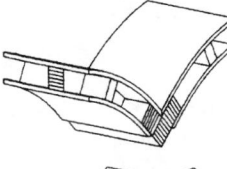 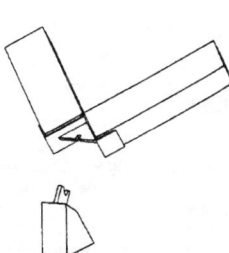 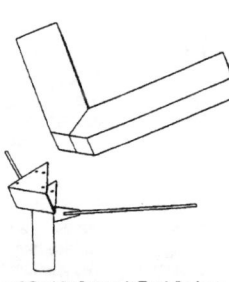

auf Stütze mit Stahlblechsattel und Zugband

auf Kreuzstütze mit Holzzugband, Übertragung der Horizontalkräfte durch Stahlwinkel

auf Stütze mit Zugband und V-förmigem Stahlschuh zur Befestigung der Kehlrippe

auf Betonwiderlager mit Kippgelenk

auf Stahlstütze mit Zugbändern als Ringanker

31 Auflager von Konoidschalen

32 Auflager von Hyparschalen

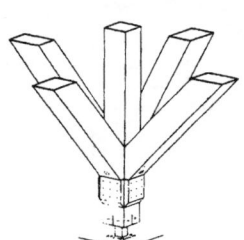 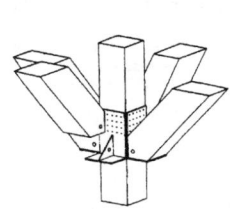 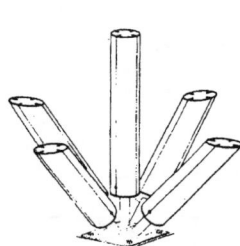 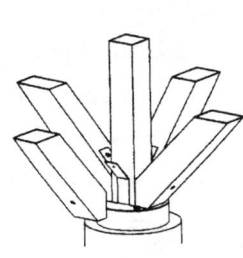 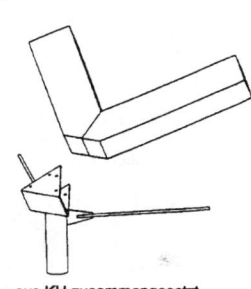

mit Knaggen

mit eingeschlitzten Stahlschuhen

aus Rundholz

aus KH oder BSH

aus KH zusammengesetzt

33 Räumliche Fußpunkte

34 Räumliche Strebenanschlüsse

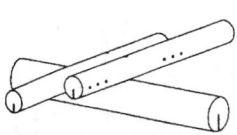 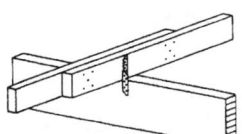 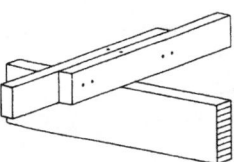 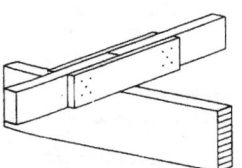

Rundholz-Koppelpfette mit Stabdübel

Kantholzkoppelpfette mit Nagelblechwinkel an Hauptträger befestigt

Kantholzkoppelpfette an Hauptträger geschraubt

Kantholzkoppelpfette mit aufgenagelten Laschen

35 Biegesteife Stöße von Mehrfeldträgern am Auflager

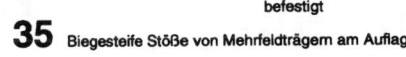
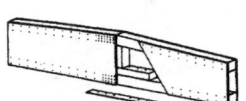 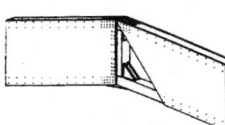 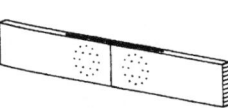 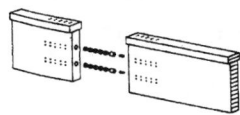

Kastenträger mit Zugverstärkung und Außenlaschen

Kastenträger geknickt mit eingelassenen Schlitzblechen vernagelt

eingeschlitzter Steg mit Stabdübelkreis

Vergussdübel

36 Biegesteifte Montagestöße für gerade und gekrümmte Träger

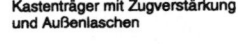
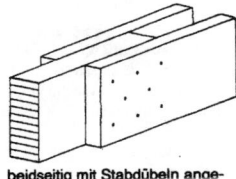 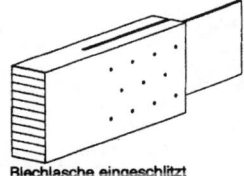

beidseitig mit Stabdübeln angeschlossen

Blechlasche eingeschlitzt

Blechlaschen beidseitig aufgenagelt

37 Biegesteife Stöße für Hängerippen

Seilbauwerke

Seilbauwerke und abgehängte Dachkonstruktionen (nach Lit. 15)

Für die Überdachung großer Spannweiten eignen sich Konstruktionen, bei denen der Werkstoff auf Zug beansprucht wird. Die schlanken, biegsamen, nicht steifen Profile (Seile) müssen gegen übermäßige Deformationen stabilisiert werden.

Konstruktionsprinzipien von Seilbauwerken und abgehängten Dachkonstruktionen

Die primären Tragelemente von Seilbauwerken und abgehängten Dachkonstruktionen übertragen die äußeren Lasten überwiegend durch Zug in die Stützen.
Hängewerksdächer sind dadurch charakterisiert, daß sich die tragenden Hauptelemente der Überdachung (tragende Seile, Membranen) in der durchhängenden Fläche des Dachs befinden, ggf. können sie im Feldverlauf noch zusätzlich belastet sein → 1 A, B.

Bei abgehängten Dächern befinden sich die Hauptzuganker (schräge oder senkrechte Aufhänger) außerhalb der Dachfläche und werden an den Zwischenpunkten nicht belastet → 1 C.

Hängewerksdachkonstruktionen

Die Belastung einer Hängewerkskonstruktion wird durch eine Normalkraft im Querschnitt der Faser oder der flächigen Membran und die horizontale Komponente der Auflagerreaktion übertragen → 2 A.

Das auf Zug beanspruchte tragende Hängewerkselement erfordert keine Stabilisierung gegen Knicken, wodurch eine wirtschaftlich vorteilhafte Konstruktion ausgebildet werden kann.
Hängewerksdachkonstruktionen belasten infolge ihrer konvexen Form das Stützsystem verhältnismäßig hoch über dem Boden mit horizontaler Zugkraft. Die Folge davon ist eine ungünstige Beanspruchung der Stützen mit Biegemomenten und die Beanspruchung der Fundamentkonstruktion auf Zug → 2 B, C.

Stabilisierung von Hängewerksdächern

Die Hängewerksfasern und Membranen ohne Biegesteifigkeit passen ihre Form der Resultantenlinie (−Fläche) der äußeren Belastung an und übertragen die Lastwirkungen nur durch Normalkräfte (Spannungen). Die Folge der Formunbestimmtheit von Hängewerkskonstruktionen ist eine hohe Deformationsanfälligkeit der tragenden Hängewerkskonstruktion.

Gegen übermäßige Deformationen können Hängewerksdachflächen stabilisiert werden durch

- **das Eigengewicht**, das lokal konzentriert oder über die Länge (Fläche) des tragenden Hängewerkselements gleichmäßig verteilt ist – durch das Gewicht des Dachkörpers, das Gewicht technologischer Einrichtungen, durch untergehängte Konstruktionen, durch passive Zusatzlasten u.ä. → 3 A;
- **die Verstärkung der Horizontalkraft** durch eine Verkürzung des Hängewerkselements (Verringerung des anfänglichen Durchhangs), ggf. auch durch seine Vorspannung (Saitendächer, sog. "Maculandächer") → 3 B;
- das Zusammenwirken der tragenden Elemente mit **Stabilisierungs−Spannlitzen** bei der Ausbildung von Seilbindern oder räumlichen Seilnetzwerken → 3 C;
- **die Biegesteifigkeit** von Hängewerkselementen, des mitwirkenden Dachkörpers mit kraftschlüssigem Verbund der tragenden Fasern mit biegesteifen Trägern → 3 D;
- **die Schubfestigkeit** der Dachflächen (Schaleneffekt) → 3 E;
- **die Kombination** miteinander zusammenwirkender biegesteifer und auf Zug beanspruchter Faserelemente → 3 F.

Seil mit einem Aufhängepunkt → 4, Seil mit zwei Aufhängepunkten → 5, Seiltragwerkselemente → 6, Kombinationen von Stabilisierungselementen → 7.

Seiltragwerkselemente → 4, 5, 6, 7, 8 (nach Lit. 15)

Die Dachlasten eines Seiltragwerks werden von den **Tragseilen** (SE-z) übernommen. Tragseile sind biegeweich und passen ihre Form widerstandslos den auftretenden Lasten an. Sie müssen daher stabilisiert werden → 6, 7. Die aus den Tragseilen herrührenden Kräfte werden meist über **Hochpunkte** in **Rückhalteseile** (SE-r) geleitet, die die Kräfte über Zuganker oder Schwergewichtsfundamente in den Baugrund abführen. Eine **Stabilisierung** wird je nach Art des Seiltragwerks durch Dacheigengewicht oder eine steife Schalenfläche oder punktuelle oder lineare Stabilisierungselemente bewirkt. Durch punktuelle Stabilisierung (P) werden einzelne Tragseilpunkte fixiert. Lineare Stabilisierungselemente (L) fixieren jeweils einen Punkt auf mehreren Tragseilen. Werden Tragseile durch Balken (L-ba) oder Spannseile (L-se) stabilisiert, so sind meist **Abspannseile** zur Fixierung der Stabilisierungselemente notwendig.

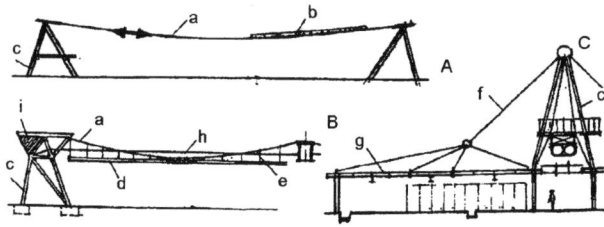

1 Hängewerk und abgehängte Dachkonstruktion

A Hängewerksdachkonstruktion, B Hängewerksdachkonstruktion mit untergehängtem Kran, C abgehängte Dachkonstruktion, a = Tragseil des Hängewerks, b = Dachmantel, c = Stützkonstruktion, d = untergehängte Laufkrankonstruktion, e = Zugstange, f = Aufhänger, g = abgehängte Dachkonstruktion, h = Vorspannseil, i = Ballast der Widerlager−Stützkonstruktion

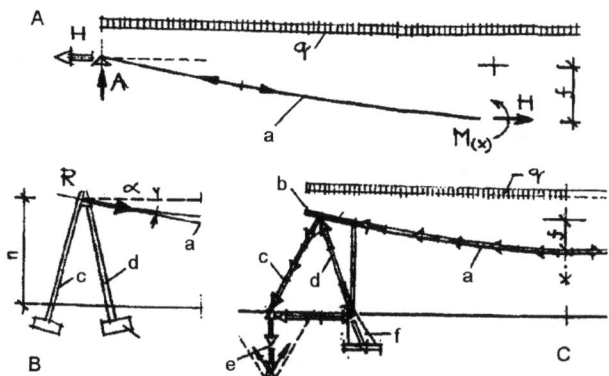

2 Innere Kräfte und Auflagerreaktionen am offenen Stützsystem einer Hängewerksdachkonstruktion

A Innere Kräfte und Auflagerreaktionen einer Hängewerksfaser, B Belastung des Stützsystems, C innere Kräfte und Beanspruchung des Stützsystems und der Fundamentkonstruktion, a = Hängewerksdach, b = Randträger, c = auf Zug beanspruchter Teil der Stützkonstruktion, d = gedrückter Teil der Stützkonstruktion, e = auf Zug beanspruchtes Fundament, f = gedrücktes Fundament

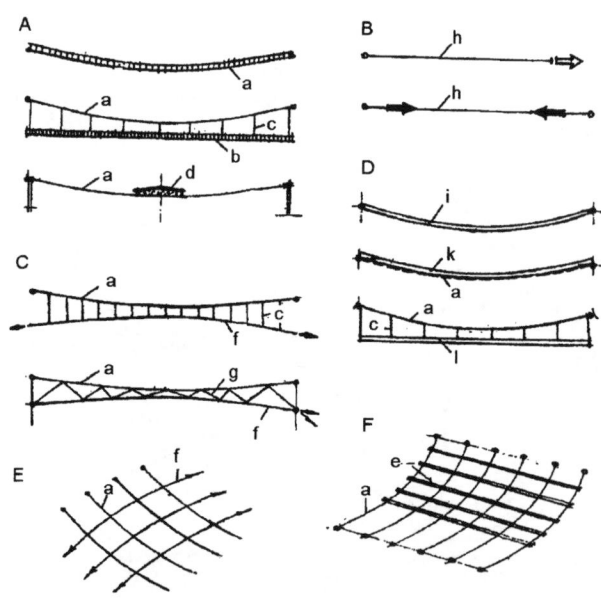

3 Stabilisierungsarten von Hängewerksdächern

A Stabilisierung durch das Eigengewicht des Dachkörpers, einer abgehängten Unterdecke, einer passiven Zusatzlast usw., B Stabilisierung durch das Vorspannen der Seilelemente (Saiten), C Stabilisierung durch Stabilisierungs−Spannlitzen, D Stabilisierung durch die Biegesteifigkeit der Hängewerkselemente, der Bedachung, einer untergehängten Konstruktion u.ä., E Stabilisierung eines räumlichen Seilnetzwerks durch Vorspannung, F Stabilisierung eines räumlichen Systems mit biegesteifen Elementen, a = tragende Hängewerksfaser, b = untergehängte Konstruktion, c = Aufhänger, d = passive Zusatzlast, e = biegesteifer Träger, f = Stabilisierungs−Spannlitze, g = Diagonalzugstab, h = Traglitze, i = biegesteifes Hängewerkselement, k =biegesteife Bedachung, l = biegesteifer untergehängter Träger

Seilbauwerke

Wenn es die Grundrisskonzeption des Objekts zulässt, ist es vorteilhaft und wirtschaftlich, **Verbundstützsysteme oder geschlossene Stützsysteme** vorzusehen → **9**.

Bei Verbundsystemen wird die horizontale Komponente der Reaktion der Nachbarfelder völlig oder teilweise eliminiert (Bild 9e). Im Gegenteil hierzu eliminieren geschlossene Stützsysteme gegenseitig die horizontalen Komponenten der Reaktion der gegenüberliegenden Stützen der Hängewerksfaser mit Druckbeanspruchung des Stützsystems → **9** A, B, C, D.

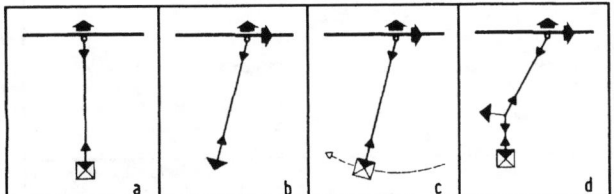

4 Seil mit einem Aufhängepunkt
a = Vertikallast, b = Schrägkraft, c = Pendel, d = biegeweiches Seil weicht bei Kraftangriff schräg zur Seite aus.

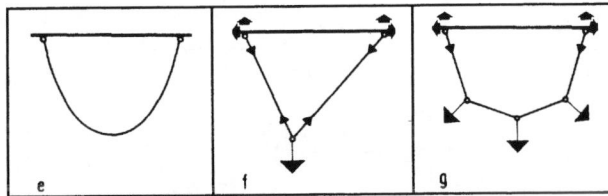

5 Seil mit zwei Aufhängepunkten
e = Kettenlinie / negative Stützlinie, f = Anpassung der Seilform an auftretende Lasten, g = Prinzip der Tragseilstabilisierung.

	Element	Kraft-größen	Verformung	Material
a Tragseil stabilisierbar durch Dach-eigengewicht steife Schalen-fläche Stabili-satoren (P+L)		Zug-kräfte	(Tragseile sind biegeweich) Längendehnung	Stahl(seile)
b Rückhalteseil in Verbindung mit Druckstab (Pylon/Mast)		Zug-kräfte	Längendehnung	Stahl(seile)
Punktuelle Stabilisierung ein Stabilisierungselement fixiert nur einen Tragseilpunkt				
c Druckstab in Verbindung mit Stabilisie-rungsseil		Druck-kräfte	Knicken symmetrische Querdehnung	Stahl Holz
d Zuganker bodenver-ankert		Zug-kräfte	symmetrische Längendehnung	Stahl
Lineare Stabilisierung ein Stabilisierungselement fixiert mehrere Tragseilpunkte				
e Balken (auch als Randglied) in Verbindung mit Zugankern		Biege-momen-te	Durchbiegung: → Druckzone: Querdehnung → Zugzone: Längen-dehnung	Stahl Holz
f Seil (auch als Randglied)		Zug-kräfte	Längendehnung	Stahl(seile)
g Druckbogen (auch als Randglied)		Druck-kräfte	Längen-stauchung	Stahl / Holz Stahlbeton (Hoch-druckschläuche aus PVC-be-schichtetem Polyestergarn-gewebe

6 Seiltragwerkselemente
a = Tragseil, stabilisierbar durch Dacheigengewicht, steife Schalenflächen, Stabilisatoren, b = Rückhalteseil in Verbindung mit Druckstab, c = Druckstab in Verbindung mit Stabilisierungsseil, d = Zuganker, bodenverankert, e = Balken in Verbindung mit Zugankern, f = Seil, g = Druckbogen.

Stabilisierungs-elemente		Kombinationen von Stabilisierungs-elementen	Stabilisierungs-elemente		Kombinationen von Stabilisierungs-elementen
primär	sekundär		primär	sekundär	
G (Dach-gewicht)			L ba quer zur Tragseil-richtung	Pz	
Pz	G		L se quer zur Tragseil-richtung		
Pd	G		L bo quer zur Tragseil-richtung	G	
Pz	L se in Trag-seil-richtung		L bo L se quer zur Tragseil-richtung		
Pd	L se in Trag-seil-richtung		L se quer zur Tragseil-richtung		

7 Seiltragwerke, Kombination von Stabilisierungselementen
SE-t = Tragseil, SE-r = Rückhalteseil, P = punktuelle Stabilisierung, L = lineare Stabilisierung, L-ba = Balken, L-se = Spannseil, G = Dachgewicht, Z = Zuganker, D = Druckstab, ba = Balken, se = Zugseil, bo = Druckbogen.

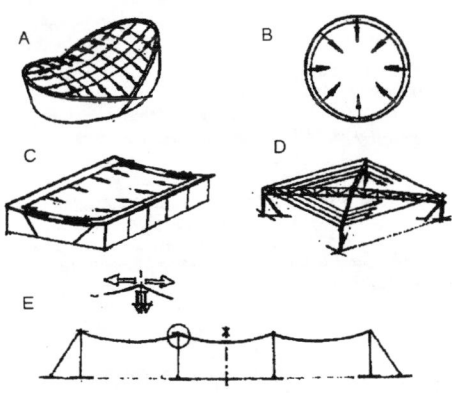

9 Geschlossene Stützsysteme und Verbundstützsysteme von Hängewerken

A Stützsystem aus schrägen Stützbögen, B radiales Stützsystem eines kreisrunden ebenen Ringträgers, C Randrahmenträger, D Axialstützsystem aus Fachwerkträgern, E Verbundstützsystem

Seiltragwerke
ohne Randglied oR

Einzelpylone stellen Hochpunkte an den Tragseilenden her. Die Pylone werden gegen den Zug der Tragseile durch Rückhalteseile fixiert.

Seiltragwerke
mit Randgliedern R

	biegebeansprucht	druckbeansprucht	zugbeansprucht	
				gleich-sinnige und einfache Krümmung
				gegen-sinnige Krümmung

[1] auch: Fangseil

8 Bausysteme für Seiltragwerke ohne und mit Randgliedern
oR = ohne Randglied, R-ba = mit Randgliedern, SE-t = Tragseil, ES-r = Rück-halteseil, P-d = punktuelle Stabilisierung mit Druckstab, R-ba = Randbalken, R-ri = Randring, R-se = Randseil, se = Zugseil, L-ba = lineare Stabilisierung mit Balken, L-se = lineare Stabilisierung mit Spannseil

Seilbauwerke

Abgehängte Dachkonstruktionen

Das grundlegende Konstruktionsprinzip abgehängter Dächer ist die punktförmige Aufhängung der Dachkonstruktion mit Hilfe von Zuggliedern, die über gedrückte Pylonen, an Bögen und Rahmen verankert sind → 10. Hauptbestandteil abgehängter Konstruktionen sind Dachträger, die mit Aufhängeseilen oder Kabeln an Pylonen, Bögen, Rahmen u.ä. aufgehängt sind. Die eigentliche Dachkonstruktion kann eine Träger–, Rahmen– u.ä. Konstruktion sein → 10 A, B, C, D.

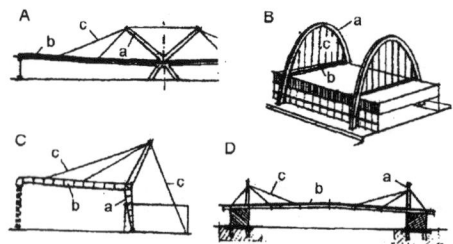

10 Beispiele für abgehängte Konstruktionen
a = gedrückter Pylon bzw. Bogen, b = Dachträger, c = Zugglied

Dachkörper und Bedachung

Für die Wahl der Bedachung und der Ergänzungsschichten des Dachkörpers ist bei Hängewerkskonstruktionen von großer Bedeutung, ob die tragende Schicht als kompakte Einheit oder gegliedert konzipiert und auf welche Weise sie an der primär tragenden Konstruktion der Überdachung befestigt ist. Allgemein sollte die tragende Schicht des Dachkörpers so ausgebildet sein, dass die Dachfläche bei Deformationen der tragenden Konstruktionen ihren Zusammenhalt nicht verliert und die gegenseitige Verdrehung der einzelnen Elemente der tragenden Konstruktion möglichst gering bleibt.

- bei einem durchgehenden Schichtenaufbau des Dachkörpers mit der Bedachung sind Möglichkeiten für gegenseitige Verschiebungen der Schichten von Scherkontaktflächen (Trennschichten) zu schaffen, die zur geometrischen Form der Dachfläche parallel liegen → 11 A.
- bei gegliederter Bedachung wird der Kontakt der tragenden Schicht mit den folgenden Schichten ausreichend nachgiebig ausgebildet, um die von der tragenden Unterlage hervorgerufenen Deformationen zu eliminieren. Da die Ergänzungsschichten und die Dachdeckung an den Elementstößen der tragenden Konstruktion stark beansprucht werden, müssen die Stoßfugen über die gesamte Höhe des Dachaufbaus als Verformungskompensatoren wirksam sein → 11 B.

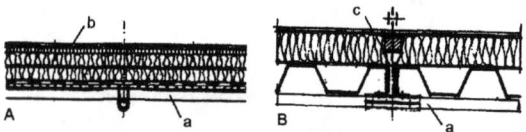

11 Gewährleistung der Dilatation des Dachkörpers bei Hängewerksdächern
a = tragende Schicht, b = Trennschicht, c =– Ausgleichsschicht

Werkstoffe für Seiltragwerke

Für die Ausbildung der primären tragenden Elemente von Hängewerks- und abgehängten Dächern eignen sich Werkstoffe mit hoher Zugfestigkeit, einem großen Elastizitätsmodul und guter Widerstandsfähigkeit gegen Korrosion und Ermüdung. Deshalb besteht die tragende Dachkonstruktion in der Regel aus Metall (Seile, Litzen, Blechmembranen). Von nicht metallischen Werkstoffen werden vor allem Brettschichtholz und Fasern, Membranen und Platten aus Kunststoffen oder Kompositen verwendet. Der Werkstoff für den Dachkörper und die Bedachung wird in Abhängigkeit vom Typ der primären Tragkonstruktion, der Stabilisierungsweise des Dachs, dem Aufbau und den Eigenschaften der Ergänzungsschichten gewählt.
Neben den pyhsikalischen Eigenschaften der Dachdeckung und der Ergänzungsschichten des Dachkörpers müssen auch die Widerstandsfähigkeit gegen verstärkte Deformationen, die Stabilität der Schichten gegen Abfließen, Abrutschen, Abheben u.ä. in Betracht gezogen werden.

Seilarten

Seile bestehen im allgemeinen aus mehreren Litzen, die in einer oder mehreren Lagen schraubenlinienförmig um eine Einlage verseilt sind.

Für ortsfeste Seiltragwerke werden ausschließlich Seile aus Stahldrähten verwendet.

Bei kaltgezogenen Rundstahldrähten eines Seils erreicht man maximale Nennzugfestigkeiten von 2200 N/mm². Bei verseilten Drähten tritt ein Festigkeitsabfall bis zu 25 % ein.

Seilverbindungen

Um Verbindungen von Seilen untereinander oder mit anderen Bauteilen herzustellen, ist eine den auftretenden Beanspruchungen entsprechende Herrichtung der Seilenden erforderlich → 12.

Beispiele für Seilverbindungen → 13.

Beschlagsart		Schemaskizzen	Anwendung	
Seillösen mit Kauschen	Kurzspleiß		Nicht für verschlossene Seile.	a
	Presshülse		Schnell herstellbar.	b
	Seil- klemmen		Nur bei untergeordneten Anforderungen. DIN 741.	c
Bolzenpressverbindung		Press- hülse / Stahlbolzen	Für Litzenseile mit Fasereinlage. In den Hohlraum der entfernten Einlage wird ein Bolzen mit aufgerolltem Gewinde gesetzt.	d
Presshülse		aufgepresster Sechskant / Gewinde	Seile ohne Fasereinlage. Möglichst nur Litzen mit parallelem Gleichschlag.	e
Ziehhülse	ohne Stahlstift	aufgepresster Sechskant / Gewinde	Seile ohne Fasereinlage und möglichst mit parallelem Gleichschlag.	f
	mit Stahlstift		Litzen mit Fasereinlage	
Verguss- kopf	Bügelhülse			g
	Gabelhülse		Für alle Seilarten (Rundseile). Verwendet u.a. auch als Kunststoff-Stahlkugel -Kaltvergussköpfe (High-Amplitude-Verankerung) für die Litzenbündel der Hauptseile des Olympiadaches in München.	h
	Gewinde- buchsen- hülse			i
Keilmuffenkopf		Gewinde / Keile	Wegen des großen Schlupfes Seillängen nicht exakt einzurichten. Das Seilende wird durch Keile aufgetrieben und mit einer Muffe verwahrt.	k

12 Seilendbeschläge (nach Lit. 15)

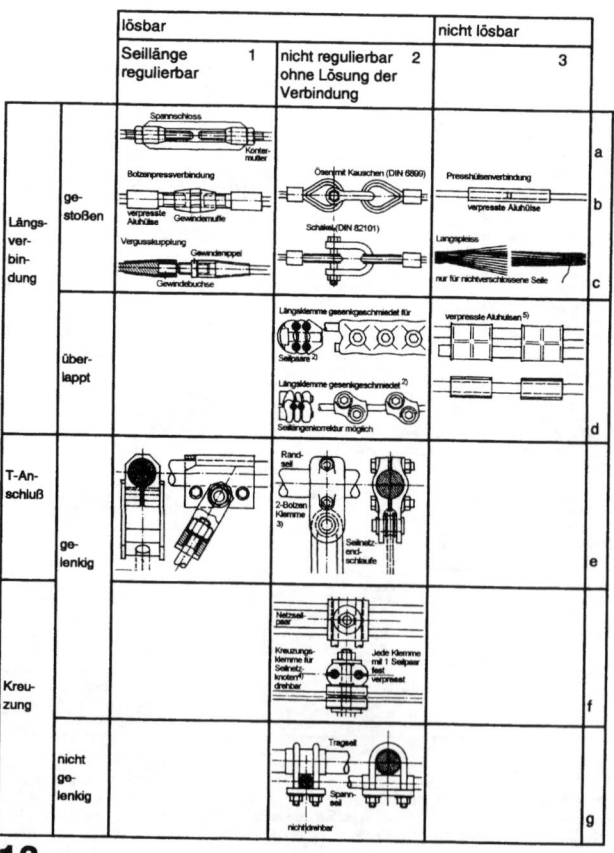

13 Seilverbindungen (nach Lit. 15)

Schalen, Faltwerke, Kuppeln

Flächentragwerke

Systematische Gliederung von Flächentragwerken:
- Ebene Flächentragwerke → 1
  - – 1-fach ebene Flächentragwerke
    Platten, Scheiben
  - – zusammengesetzt ebene Flächentragwerke, Faltwerke
    (Grat-Kehle-Faltung, Grat-Faltung)
- Gekrümmte Flächentragwerke → 2
  - – Schalen
    - – – 1-fach gekrümmte Schalen
      Zylinder (Längstonne, Quertonne), Kegel
    - – – mehrfach gekrümmte Schalen
- Membrantragwerke (siehe 361.06)
  - – Zelttragwerke
  - – pneumatisch stabilisierte Membrantragwerke

Bei der Überdachung großflächiger, stützenfreier Räume kommen Schalen- und Faltwerkkonstruktionen zur Geltung.

Das sind räumliche Flächentragwerke, die aus gekrümmten oder gefalteten dünnen Tafeln bestehen, bei denen durch eine geeignete Formgebung hohe Steifigkeit und Tragfähigkeit errreicht werden.

Das Dach besteht in der Regel aus der eigentlichen Schale – einer dünnen gewölbten Platte, die gleichzeitig auch die tragende Schicht der Bedachung bildet – und aus der Stützkonstruktion, welche die Eigenlast und die Verkehrslasten (witterungsbedingte Lasten) aus dem räumlichen Flächentragwerk aufnimmt. Die Stützkonstruktion können Randrippen, Ringanker, steife Stirnwände (Giebel), Rahmenträger, Wände u.ä. sein.

Schalen werden als tonnenförmige, gewellte, kuppelförmige Translationsflächen, verzogene, keilförmige und kombinierte Flächen ausgebildet → 3.

Die gewählte Form der Schale oder des Faltwerks hängt von der Form des zu überdeckenden Raums, von der Verteilung der senkrechten Stützen, von den Entwässerungsmöglichkeiten der Dachflächen, vom Bedarf an oberer Beleuchtung und von akustischen, betriebstechnischen und architektonischen Forderungen ab.

Aus statischer Sicht übertragen Schalen- und Faltwerkkonstruktionen die Lasten ähnlich wie biege- und druckbeanspruchte ebene Tragwerke; die räumlich geformte Konstruktion sichert darüber hinaus die Stabilität des dünnwandigen gedrückten Bereichs der Konstruktion gegen Knicken.

Faltwerke werden nach der geometrischen Form in prismatische, halbprismatische (trapezförmige), pyramidenförmige und gekrümmte Faltwerke, in Faltwerkrahmen und Faltwerkbogen unterteilt → 4.

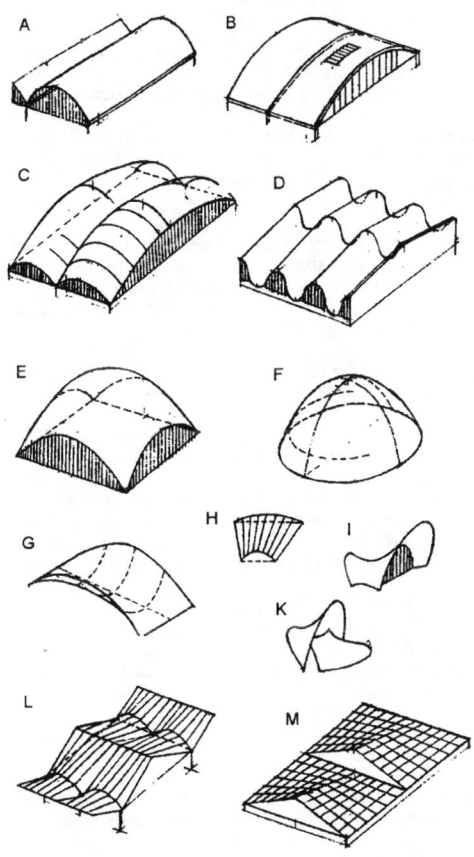

3 Beispiele für die Formen von Schalendachkonstruktionen

A = lange zylindrische Schale, B = kurze zylindrische Schale, C = Segmenttranslationsschale, D = Wellentranslationsschale, E = Translationsschale über quadratischem Grundriss, F = Kuppel, G = Rinnenschale, H = Konoidschale, I, K = Ausschnitte aus hyperbolisch-parabolischen Flächen, L = Konoid-Verbundschale, M = hyperbolisch-parabolische Verbundschale

Element		Kraftgrößen	Verformung	bevorzugtes Matrial
Platte		Biegemomente	Durchbiegung	Stahlbeton
Scheibe, wandartiger Träger		Normalkräfte	Beulen/Kippen	Stahlbeton
Falte		Normalkräfte	Das Prinzip der Faltung ist: Verformung zu behindern	Stahlbeton
längsversteifter Randträger (in Hauptrichtung)		Biegemomente	Durchbiegung	Stahlbeton
querversteifter Rahmen, Scheibe, Schotte		Normalkräfte	Beulen	Stahlbeton

1 Elemente ebener Flächentragwerke (nach Lit. 15)

Element		Kraftgrößen	Verformung	Material
Schalenfläche	Z.B.:H-P-FLÄCHE	Normalkräfte (in Randzonen auch Biegemomente)	Beulen	Stahlbeton Holz glasfaserverstärkter Kunststoff (GFK) Acrylglas Metall (Bleche)
Randversteifung	linear: Randträger	Biegemomente Normalkräfte	Durchbiegung	
	ringförmig: Druck- und Zugring	Normalkräfte	Stauchung (Druck) Dehnung (Zug)	
	Übergangsbogen	Normalkräfte Biegemomente reduziert	Beulen	
	querversteifte: Scheibe, Rahmen, Schotte	Normalkräfte (Scheibe) Biegemomente (Rahmen)	Beulen Durchbiegung	

2 Elemente gekrümmter Flächentragwerke (nach Lit. 15)

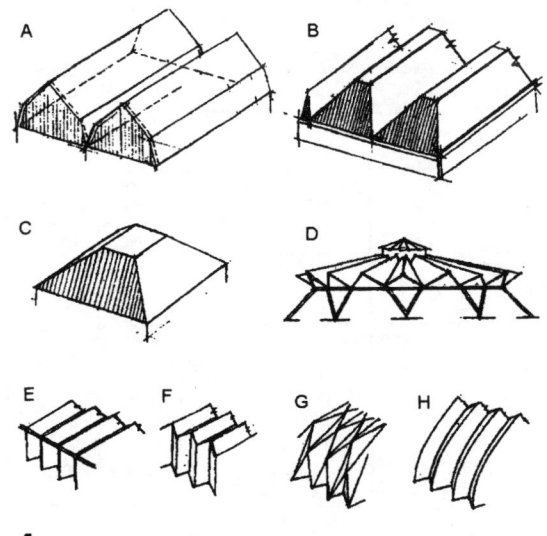

4 Beispiele für die Formen von Faltwerken

A = prismatisches Faltwerk, B = halbprismatisches Faltwerk, C = Pyramidenfaltwerk, D = Rotationsfaltwerk, E, F = Faltwerkrahmen, G, H = Faltwerkbogen

Schalen, Faltwerke, Kuppeln

Ebene Flächentragwerke (nach Lit. 15)

Eine **Platte** ist ein ebenes, flächiges Konstruktionselement von meist rechteckigem Zuschnitt, das senkrecht zur Flächenebene belastet wird. Man unterscheidet Platten nach Art ihrer Lagerung in zwei, mehrseitig und punktförmig gelagerte Platten und nach Art ihrer Tragwirkung in Einfeld-, Mehrfeld-(Durchlaufplatten) und Kragplatten und einachsig oder zweiachsig gespannte Platten.

Eine **Scheibe** ist ein ebenes flächiges Konstruktionselement von geringer Dicke und meist rechteckigem Zuschnitt, das in Richtung der Flächenebene belastet wird. Scheiben werden auch als **wandartige Träger** bezeichnet.

Das **Tragverhalten von ebenen Flächentragwerken** ist am wirksamsten, wenn der Kraftangriff in Richtung der Flächenebene (Scheibenwirkung) und am schwächsten, wenn er senkrecht zur Flächenebene erfolgt (Plattenwirkung).

Faltwerke sind aus ebenen Flächen zusammengesetzt. Die ebenen Flächen sind in den **Falten** (Kanten) kraftschlüssig zusammengefügt. Die ein Faltwerk bildenden Flächen tragen vorrangig durch Scheiben-, aber auch durch Plattenwirkung die äußeren Kräfte ab. In den Falten (Faltenwerkskanten) treten lediglich Normalkräfte auf → **5**.

Durch **Randversteifer** in Haupttragerichtung der Faltwerke werden Verformungen der durchbiegungsgefährdeten Bereiche behindert.

Querversteifer in Form aussteifender Scheiben, Schotten oder Rahmen fixieren die räumliche Lage der Faltwerksflächen zueinander → **6, 7**.

Faltwerksflächen wirken als Scheiben und als Platten. Die Plattenwirkung kann angenommen werden zwischen den als Auflager vorstellbaren Falten (Faltwerkskanten) und die Scheibenwirkung in Haupttragerichtung des Faltwerks, also in Richtung der Falten von Auflager zu Auflager. Die Scheibenwirkung wird größer, je steiler die Faltwerksflächen (V-Faltung) stehen. Die Tragfähigkeit nimmt also mit zunehmender Konstruktionshöhe zu. Werden die Falten als Gelenk angenommen, so sind die Bedingungen für ein **Gelenkfaltwerk** erfüllt, wenn außerdem die Kanten benachbarter Scheiben in den Falten schubfest miteinander verbunden sind, d.h. gleiche Dehnungen aufweisen.

Bei **steifknotigen Faltwerken** sind die Faltwerksflächen in den Falten biegesteif miteinander verbunden.

Für die Überdachung von Hallenbauwerken werden in erheblichem Maße binderlose Konstruktionen aus dünnwandigen, vorgefertigten Well- oder Falttafeln verwendet. Bei ebenen Tafeln wird die Biegesteifigkeit durch Versteifung der Tafel mit Rippen oder Trägern erzielt. Bei Well- oder Falttafeln wird die Steifigkeit durch eine geeignete Formgebung des Querschnitts oder mit der Ergänzung durch aussteifende Rippen erreicht → **8**.

Gekrümmte Flächentragwerke (nach Lit. 15, 18, 19, 20)

Schalen

Schalen sind gekrümmte Flächentragwerke mit geometrischen Merkmalen nach → **9**.

Die am häufigsten im Bauwesen verwendeten Schalenflächen sind die Rotationsflächen → **10**.

Ebenfalls große Verbreitung gefunden haben **hyperbolische Paraboloidflächen (Hypar; HP)**. Das HP ist eine Regelfläche, die aus Geraden erzeugt wird. Schalungen und Schalenflächen können durch gerade Bretter hergestellt werden → **11**.

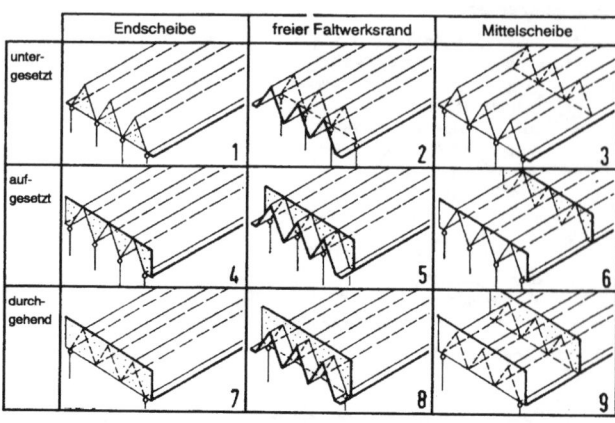

6 Faltwerke/Anordnung von Queraussteifern

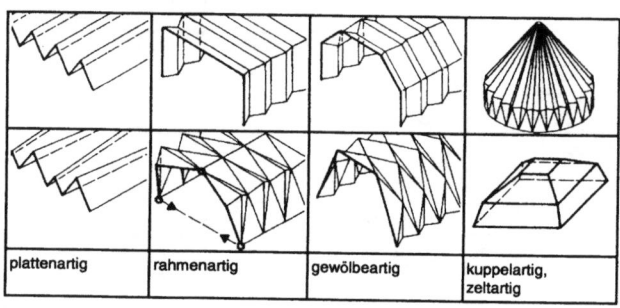

7 Faltwerke/Anordnung von Längsversteifern

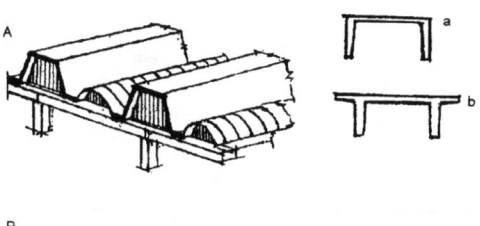

plattenartig	rahmenartig	gewölbeartig	kuppelartig, zeltartig

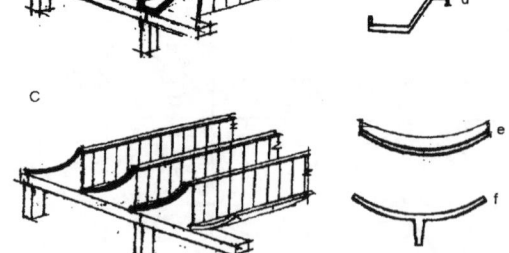

8 Beispiel für die Anwendung von Faltwerk- und Schalenelementen für binderlose Dächer

A = prismatische Faltwerkkonstruktion mit eingesetzten Oberlichten, B = prismatische Faltwerk-Sheddachkonstruktion, C = prismatische gewölbte Schale, a = prismatische Rippendachplatte mit U-Querschnitt, b = prismatische Rippendachplatte mit U-Querschnitt, c, d = prismatische Faltwerkdachplatte – symmetrisch und asymmetrisch, e = HP-Schale, f = Rippenschalenplatte

Kombinationen		keine	Addition linear	Addition konzentrisch	zusammengesetzt (Durchdringung)	Addition zusammengesetzter Formen
Faltungsart						
parallel	einfach					
	mehrfach					
konisch	einfach					
	mehrfach					

5 Faltwerke (Grat-Kehle-Faltung)

Schalen, Faltwerke, Kuppeln

Schalenflächen sind gekrümmte Flächen, die üblicherweise zur stützenlosen Überdeckung großer Räume (Hallen) und für Großbehälter (Faultürme, Wasserbehälter u.a.) verwendet werden. Der umschlossene Innenraum spiegelt sich in der äußeren Form der Schalenflächen wider. Das Tragverhalten der Schalenfläche ist von ihrer Geometrie abhängig. Es trägt im allgemeinen die ganze Schalenfläche.

Gegen Verformungen empfindlich sind meist die freien Ränder der Schalenflächen, denn dort treten häufig Biegemomente auf. Diese Verformungen sollen durch **Randversteifungen** behindert werden. Als Randversteifung wirkt auch der Rand einer weiteren Schale. Lineare Randversteifungen in Form von **Randträgern** werden insbesondere bei Längstonnenschalen (lange Tonne) (Spannrichtung der Schale senkrecht zur Schalenkrümmung) erforderlich. Ringförmige Randversteifungen sind als **Druck-** bzw. **Zugringe** oft bei Kuppelschalen notwendig.

Gegen Verformungen des Querschnittprofils von langen Tonnenschalen sind **Querversteifer** in Form von auf- oder untergesetzten Rahmen oder Scheiben (Schotten) anzuordnen.

Randzonen von Zylinder- und Kuppelschalen insbesondere können durch **Übergangsbögen** größere Steifigkeit erhalten. Biegemomente werden dadurch reduziert → **12**.

Schalen werden in Bezug auf ihr Tragverhalten in drei Gruppen gegliedert:
- Zylinderschalen (Quertonnen, Längstonnen)
- Rotationsschalen
  - – einfach gekrümmt (stehende Zylinderschalen, Kegelschalen)
  - – mehrfach gekrümmt (Kuppelschalen aus Kugel-, Ellipsoid- und Paraboloidabschnitten, Rotationshyperboloidschalen)
- Allgemeine Schalen

HP-Schalen (hyperbolische Paraboloid-Schalen)

Eine HP-Fläche entsteht durch Translation einer Parabel an einer senkrecht dazu liegenden, jedoch entgegengesetzt gekrümmten Parabel. Vertikale Schnitte durch diese Fläche ergeben Parabeln. Horizontale Schnitte ergeben Hyperbeln. Je nachdem, ob die senkrechten Schnitte parallel zur Leitparabel oder parallel zur geführten Parabel gelegt werden, erhält man stützende Parabeln oder hängende.
Während die Schale unter den Druckkräften (Gewölbewirkung) in einer Achse sich verformt, wird sie daran von den Zugkräften (Hängewirkung) in der anderen Achse gehindert. Die Resultierende der Flächenkräfte wirkt in Richtung des Randes. Der Rand bleibt daher biegefrei.
Die meist schräg gerichtete Endresultierende muß entweder durch ein Widerlager aufgefangen werden oder durch ein Zugband, das zwei Tiefpunkte miteinander verbindet → **13, 14, 15, 16, 17**.

Element			Kraftgrößen	Verformung	Material
Schalenfläche		z.B.:H-P-FLÄCHE	Normalkräfte (in Randzonen auch Biegemomente)	Beulen	Stahlbeton Holz glasfaserverstärkter Kunststoff (GFK) Acrylglas Metall (Bleche)
Randversteifung	linear: Randträger		Biegemomente Normalkräfte	Durchbiegung	
	ringförmig: Druck- und Zugring		Normalkräfte	Stauchung (Druck) Dehnung (Zug)	
Übergangsbogen			Normalkräfte Biegemomente reduziert)	Beulen	
querversteifte: Scheibe, Rahmen, Schotte			Normalkräfte (Scheibe) Biegemomente (Rahmen)	Beulen Durchbiegung	

12 Elemente gekrümmter Flächentragwerke (nach Lit. 15)

Flächenart	Geometrische Merkmale / Erzeugung der Flächen
Rotationsflächen Rotation einer ebenen Kurve (Gerade) um eine Rotationsachse (R.A.)	
Leitkurvenflächen eine flächenerzeugende Kurve (Gerade) wird an einer oder zwei Leitkurven (Geraden) (LK./LG.) entlanggeführt	
Sonderflächen Transformationen von Flächengrundformen / freie Formen	

9 Schalen (gekrümmte Flächentragwerke)

Kombinationen / Krümmungsart	Addition linear	Addition konzentrisch (Durchdringung)	zusammengesetzt (Durchdringung)	Addition zusammengesetzter Formen

10 Schalen (gekrümmte Flächentragwerke) - Rotationsflächen

	einfache -	doppelte Krümmung
plattenartig		
rahmenartig		
gewölbeartig		
kuppelartig		
Kuppeln aus Kugelflächen		

11 Schalenformen

Schalen, Faltwerke, Kuppeln

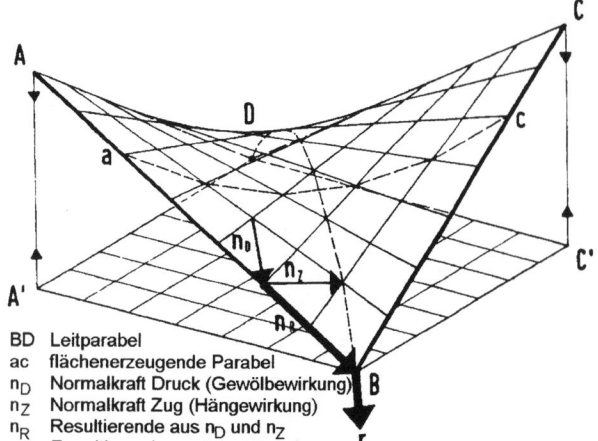

BD   Leitparabel
ac   flächenerzeugende Parabel
n_D Normalkraft Druck (Gewölbewirkung)
n_Z Normalkraft Zug (Hängewirkung)
n_R Resultierende aus n_D und n_Z
r   Resultierende aus $\sum n_{R\overline{AB}}$ und $n_{R\overline{CB}}$

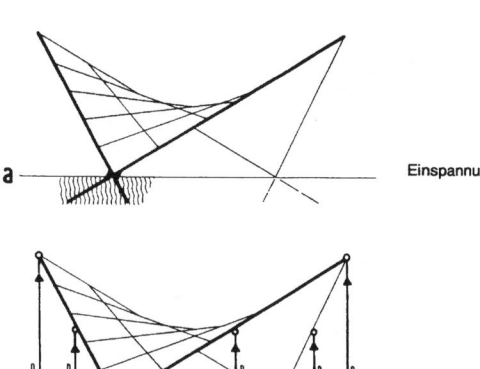

a   Einspannung

b   D Druckstab

c   Z Zuganker

13 HP-Schale /Geometrie und Tragverhalten (nach Lit. 15)

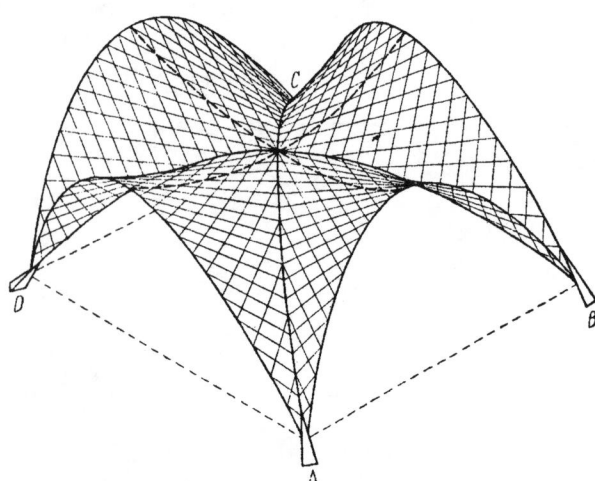

14 Geometrie des hyperbolischen Paraboloides.
Durchdringung zweier Ausschnitte aus der Sattelmitte. Die Diagonalen AC und BD sind Parabeln, da ihre Schnittebenen die z-Achse enthalten. Die Begrenzungslinien AB, BC, CD und DA sind ebenfalls Parabeln, da ihre Ebenen parallel zu Ebenen sind, welche die z-Achse enthalten (nach Lit. 20).

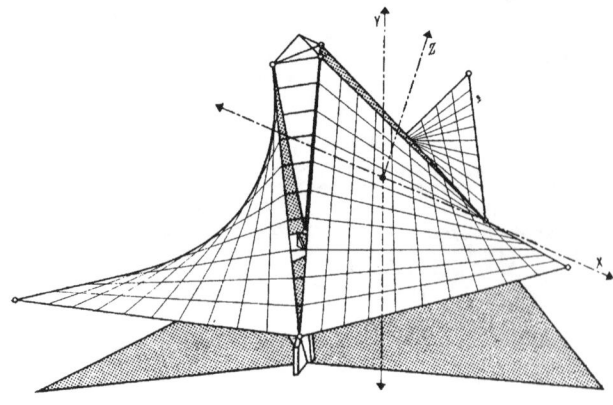

15 Geometrie des hyperbolischen Paraboloides
Schale, aus drei geradlinig begrenzten Ausschnitten des hyperbolischen Paraboloides zusammengesetzt. St. Vincenz-Kapelle, Coyacán (nach Lit. 20)

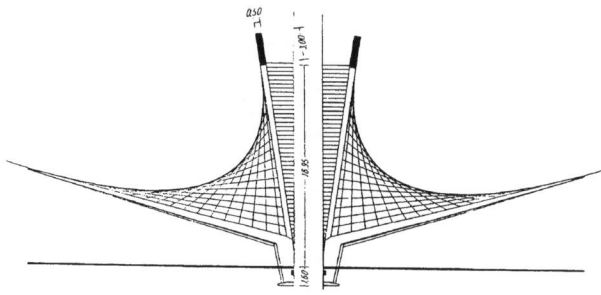

16 Geometrie des hyperbolischen Paraboloides
Schale, aus zwei geradlinig begrenzten Ausschnitten des hyperbolischen Paraboloides zusammengesetzt. Kirche San José Obrero, Monterrey (nach Lit. 20)

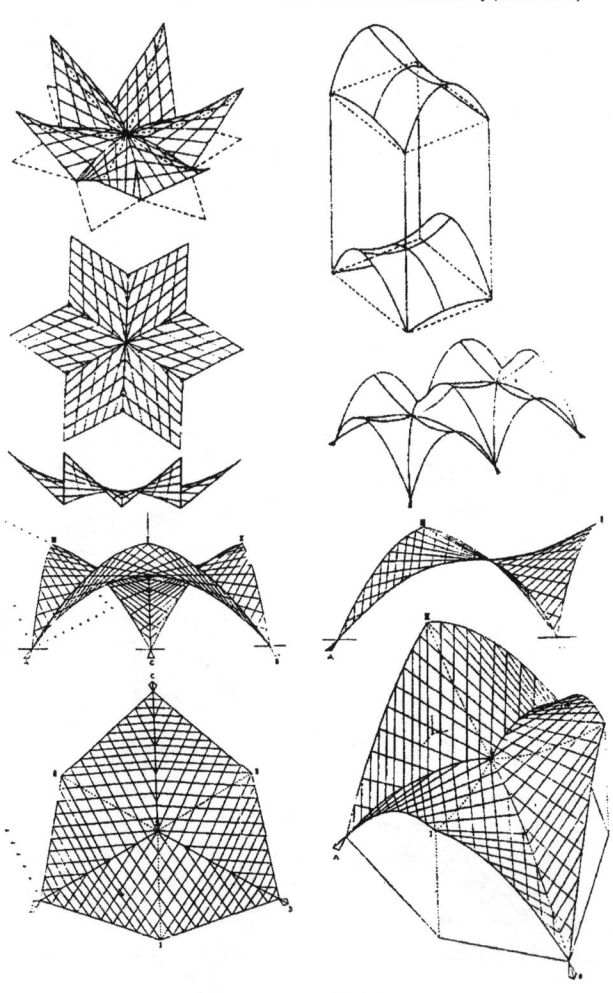

17 Verschneidung von hyperbolischen Paraboloiden.

Schalen, Faltwerke, Kuppeln

Schalenformen (nach Lit. 10)

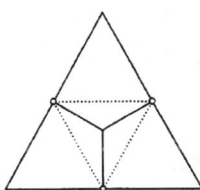
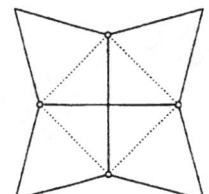
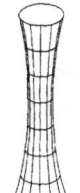
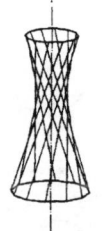

Kragschalen mit Dreipunktlagerung und Zugband

Kragschalen mit Vierpunktlagerung und Zugband

Rotations-Paraboloid, mit Kreis und Parabel auf gleichen Radien um eine Rotationsachse

Translations-Paraboloid, mit Kreis und Gerader

5 Zusammengesetzte Hyparschalen

als Regelfläche

als Translationsfläche

aus Kreisausschnitten, Sinuslinien, Parabeln oder Hyperbeln um eine Rotationsachse

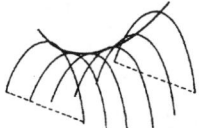

zwischen zwei stehenden Parabeln hängt eine Schar gleicher Parabeln

eine Schar gleicher stehender Parabeln hängt an einer Parabel

Radialsystem mit Druckringen

Radialsystem mit Druckringen zur Aussteifung der Schale gegen einseitige Lasten und abgespannten Hängebögen als Randträger

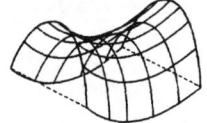
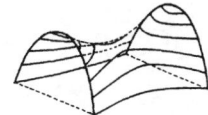

alle vertikalen Schnitte Parabeln

alle horizontalen Schnitte Hyperbeln

9 Erzeugung einer doppelt gekrümmten Form durch Rotation

6 Erzeugen einer Hyparfläche

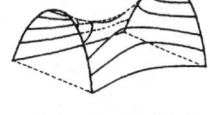

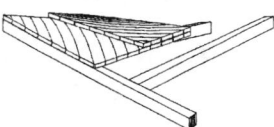

drei diagonal angeordnete Brettlagen

Randglied und Rippen aus Brettschichtholz gedrillt verleimt

10 Aufbau von Hyparschalen

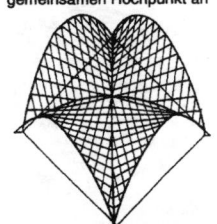

Kehlfalten fallen auf einen gemeinsamen Tiefpunkt ab

Gratfalten steigen zu einem gemeinsamen Hochpunkt an

drei sich durchdringende, gleiche Hypar-Sattelflächen mit schrägen äußeren Hyperbelbögen als Randbegrenzung

vier gleiche, radial angeordnete Hyparflächen mit senkrechten äußeren Parabelbögen

7 Zusammengesetzte Hyparschalen

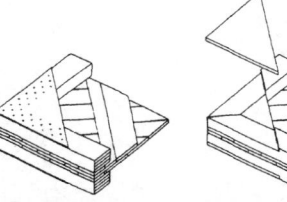
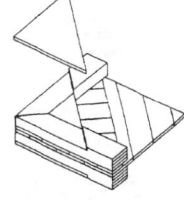
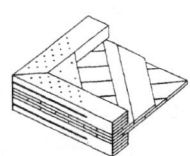

Eckverstärkung als Sperrholz oder Stahlplatte, aufgenagelt

eingelassene Platte und Holzkeil verleimt

Schlitzblech und Harholzkeil verdübelt

11 Eckausbildung von Hyparschalen

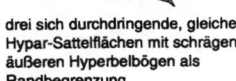
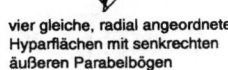
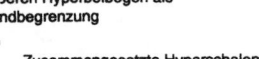

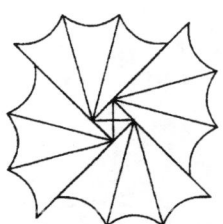

mit Lichteinfall von oben

mit Lichteinfall von der Seite

8 Zusammengesetzte Rotationsschalenelemente

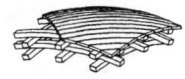
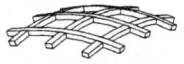

zweilagige, orthogonale Rippen mit Diagonalschalung

vierlagige, orthogonale Rippen mit Diagonalschalung

Rost in Brettstapelbauweise orthogonal mit Futterhölzern

12 Aufbau von Gitterschalen

Schalen, Faltwerke, Kuppeln

Faltwerke (nach Lit. 10, 19)

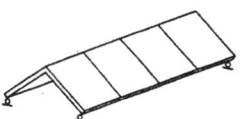
in Steg- oder Kastenbauweise

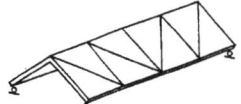
als Stabwerk

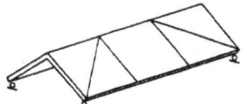
als Fachwerk

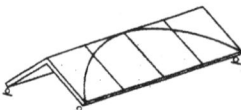
als Bogenfachwerk

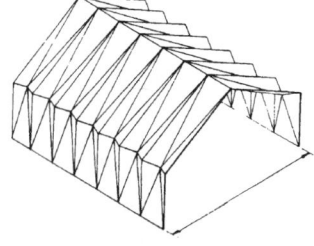

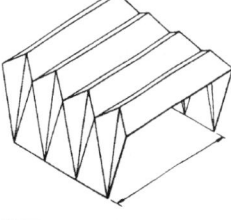

Teil-Grundrisse

Teil-Grundrisse

1 Faltwerke Ausführungsvarianten

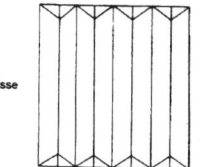

2 Faltwerkformen mit Aussteifungsfeldern

Randversteifung in Plattenebene

Randträger senkrecht zur Plattenebene

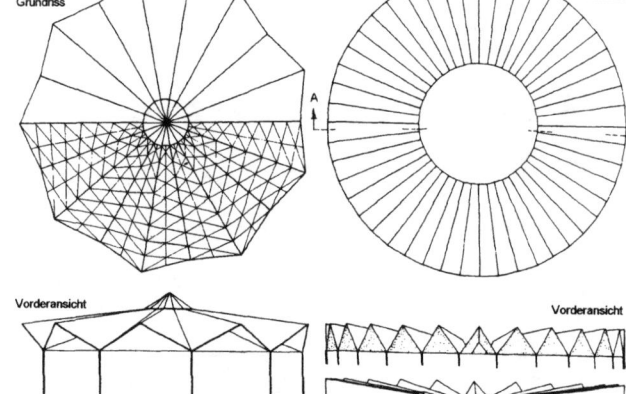

Grundriss B

Grundriss C

Vorderansicht

Vorderansicht

Schnitt A ÷ B

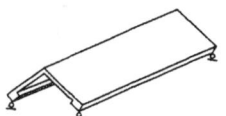
Randträger als horizontale Abstützung

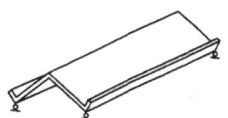
Randträger als vertikale Abstützung

3 Aussteifung gegen kritische Verformung des Außenrandes

4 Fachwerk-Faltwerkkonstruktionen mit Kreisgrundriss

auf Sperrholzplatten

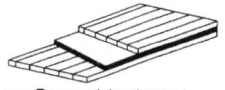
aus Poppensiekerplatte mit Brettlagen und Furnierplatte verleimt

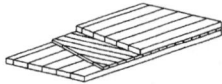
aus Mehrschichtplatten mit mindestens drei Belttalgen verleimt, Faserrichtungen 90 ° versetzt

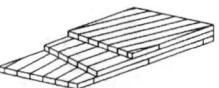
aus Kämpfstegplatte mit mindestens drei Brettlagen, Faserrichtungen der mittleren Lage um 8 – 12 ° versetzt verleimt

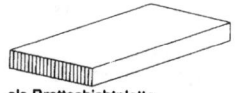
als Brettschichtplatte

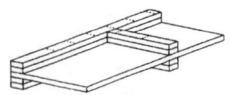
als T-Querschnitt mit Stiegen, Gurten und Sperrholzplatten

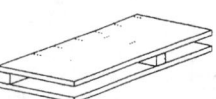
als Kastenquerschnitt mit Sperrholzplatten und Zwischenhölzern

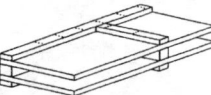
als Kastenquerschnitt mit doppeltem Steg aus Sperrholzplatten

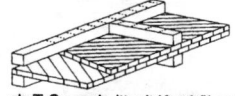
als T-Querschnitt mit Kanthölzern und diagonalen Brettern

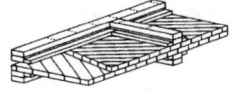
als T-Querschnitt mit gekreuzten Brettern

5 Aufbau von Platten für Faltwerke

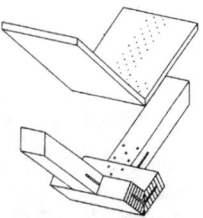
mit eingeschlitztem Nagelblech

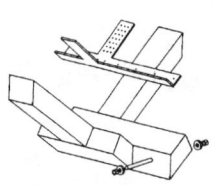
mit aufgenagelten Blechlaschen

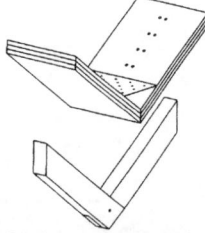
Querrippe am Stoß verblattet, darauf Stegplatten oder Furnierplatten genagelt. Kehlrippe in Längsrichtung ebenfalls genagelt

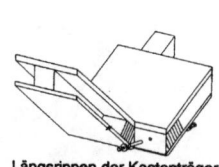
Längsrippen der Kastenträger verdübelt bzw. vernagelt oder verschraubt

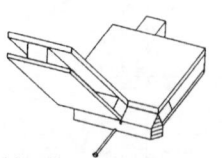
Längsrippen an Kehlholz gedübelt

6 Stöße von Faltwerkscheiben

Schalen, Faltwerke, Kuppeln

Konstruktionsprinzipien der Schalen, Faltwerke und Kuppeln

Über Grundrissen in Form von Kreisen oder regelmäßigen Vielecken entstehen vor allem Rotationskuppeln mit kreisrunder, parabolischer, elliptischer, gerader und hyperbolischer Leitlinie (Meridian), es entstehen also Kugel–, Paraboloid–, Ellipsoid–, Kegel– und Hyperboloidkappen → **18**.

Über vieleckigen Grundrissen werden oft glatte Kappen mit Stirnbögen über den Randabschnitten ausgebildet, ggf. Rippenkuppeln, deren Rippen den Mittelpunkt des Vielecks und den Scheitel der Kappe durchlaufen, und Kappen aus zylindrischen Schalen, die zwischen Gratrippen gespannt sind → **19**.

Die verschiedenen Rotationskappen werden aus Monolithbeton gegossen oder aus Beton–, Holz–, Metall– oder Kunststoff–Kombinationen montiert. Die Torkretiertechnologie macht es möglich, die Betonmischung auf eine beliebig geformte Wellen– oder Rippenfläche aufzutragen. Unterlage für das Torkretieren sind eine beliebige Schalung, eine Bewehrungsmatte, eine Tragluftkonstruktion u.ä.

Vorteilhaft sind jene Formen von Schalendächern, bei denen der überwiegende Teil der äußeren Belastung durch Druck–, Zug– und Scherspannungen in einen momentenfreien Spannungszustand in der Konstruktion übertragen werden. Die dünne Kappe wirkt bei senkrechter Belastung in Meridianrichtung (Längskreisrichtung) als System gedrückter Bögen, deren exzentrische Druckbeanspruchung die Parallelkreise in Form von axialen Druck– und Zugkrägen übernehmen → **20**.

Die Normaldruckkräfte in Richtung der Meridiane wirken auf das Stützsystem mit schrägen Drücken und müssen von einem Ringanker oder von Schrägstreben auf geeignete Weise abgefangen werden. Die Schrägdrücke werden durch die Wirkung des Ringankers in Vertikalrichtung überführt, die für das Stützsystem der Überdachung günstig ist.

Für die oft auftretenden quadratischen oder rechteckigen Grundrisse eignen sich glatte Schalenkappen mit abgeschnittenen Seiten, Kreuzgewölbe– oder Rippendächer → **21**.

Über langgestreckten Rechteckgrundrissen werden oft Schalen mit Formen von Translationsflächen errichtet, die durch das Verschieben einer geeigneten Kurve auf einer Geraden oder auf einer anderen Kurve entstehen (Ausschnitte elliptischer und hyperbolischer Paraboloide, HP–Schalen, lange oder kurze Zylinderschalen). Durch das Verschieben einer Geraden auf einer Kurve und einer Geraden entsteht ein Konoid, durch das Verschieben entlang zwei in einem bestimmten Winkel gegeneinander versetzten windschiefen Geraden entsteht eine hyperbolische Fläche, durch das Verschieben einer geknickten Linie auf einer Geraden entsteht ein prismatisches Faltwerk → **22**.

Beim Entwurf von Dächern empfiehlt es sich, geeignete räumliche Gebilde zu wählen, deren Form sich sowohl der Grundrisskontur des Bauwerks als auch den resultierenden Linien der gegebenen Belastungen anpasst.

In Anbetracht der Sicherung dünnwandiger Flächen gegen das von Normaldruckkräften verursachte Knicken, werden oft doppelt, in beiden Richtungen entgegengesetzt gekrümmte Schalen verwendet.

Architektonisch effektvoll und statisch günstig sind Kreuzflächendächer → **22c**. Ihre Fläche besteht aus verzogenen Vierecken, die an den Seiten von geraden Trägern begrenzt werden, in die die eigentliche Schale eingespannt ist. Die zwischen den gegenüberliegenden Trägern geführten Geraden bilden eine Fläche, welche die senkrechten, diagonal geführten Ebenen in Parabeln schneidet. In statischer Hinsicht stellen hyperbolischparabolische Schalen die resultierende Fläche gleichmäßig verteilter Lasten dar, die sie nur als Axialkräfte zu den Auflagern überträgt. Über großen Grundrissen können diese Flächen auf geeignete Weise aneinandergereiht werden.

Das Verlegen großflächiger Schalen– und Faltwerkelemente über die gesamte Spannweite des Dachs erfolgt in der Regel mit Hilfe von Gelenkknoten unter Anwendung elastischer Auflagerelemente → **23 bis 26**.

Durch eine geeignete und einfache Kombination von Schalen– und Faltwerkelementen werden zusammenhängende Dachkonstruktionen mit günstiger Innenraumbeleuchtung geschaffen → **27 bis 48**.

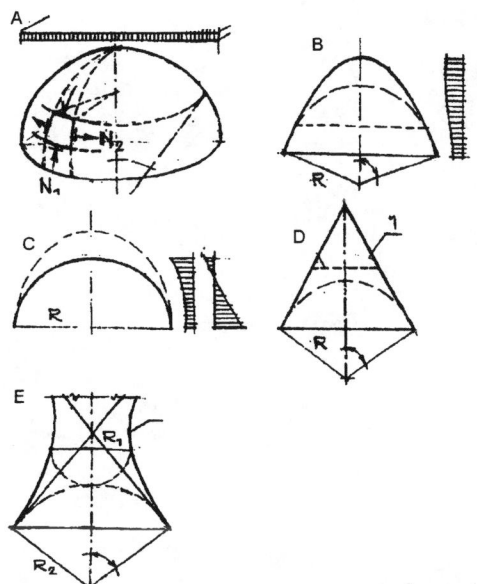

18 Beispiele für Rotationskappen

A = Kugelkappe, B = Paraboloidrotationskappe, C = Ellipsoidrotationskappe, D = Kegelschale, E = Hyperboloidkappe

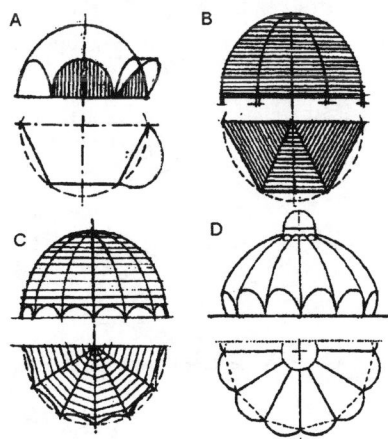

19 Beispiele für Kappen mit Stirnbögen und Rippen

A = glatte Kugelkappe mit Stirnbögen, B = Rippenkappe über sechseckigem Grundriss, C = Rippenkappe über vieleckigem Grundriss, D = aus Segmentschalen zusammengesetzte Kappe

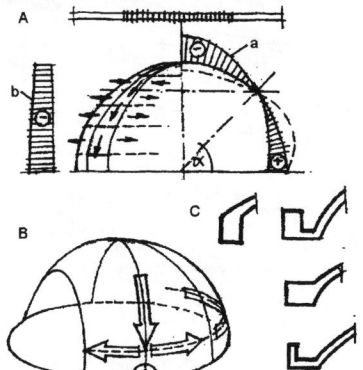

20 Charakter der Spannung einer Kugelkappe und Beispiele für die Randausbildung an der Basis

A = Verlauf der Spannungen an der Kugelkuppel, B = Meridional– und Radialspannungen an der Kugelkuppel, C = Beispiele für die Randausbildung an der Basis der Kuppel, a = radiale Normalspannung, b = meridionale Normalspannung

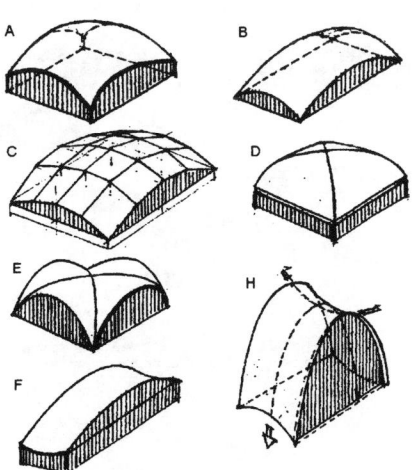

21 Schalendachkonstruktionen über orthogonalen Grundrissen

A = Translationsfläche über quadratischem Grundriss, B = Translationsfläche über rechteckigem Grundriss, C = Polygonale Translationsfläche über quadratischem Grundriss, D, E = aus Zylinderflächen zusammengesetzte Rippenschalenkonstruktion, F = langgestreckte hyperbolisch parabolische Schale, G = kurze hyperbolisch parabolische Schale

Schalen, Faltwerke, Kuppeln

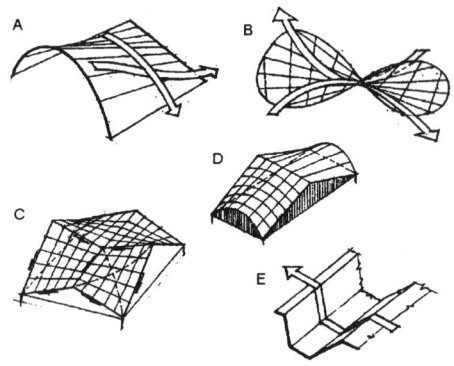

22 Konoid–, hyperbolisch–parabolische und Faltwerk–Flächen

A = Konoidfläche, B = hyperbolisch–parabolische Fläche (HP–Schale), C = hyperbolisch–parabolische Verbundfläche, D = Konoidverbundfläche, E = prismatische Faltwerk–Fläche

Stahlbetonschalen aus Fertigteilen (nach Lit. 21)

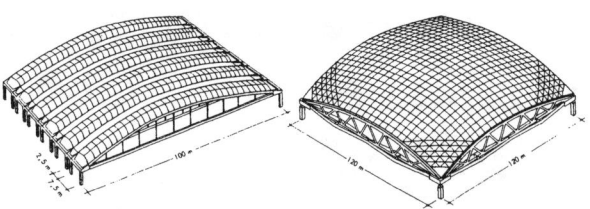

23 Tonnenhalle aus gewölbten Fertigteil-Tragelementen von 100 mm Spannweite und 7,5 m Breite mit Zugbändern.

24 Schalenkuppel von 120 x 120 mm Spannweite aus Stahlbetonfertigteilen.

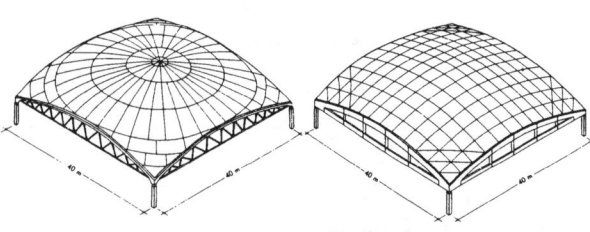

25 Stahlbeton-Schalenkuppel aus ringförmig zusammengesetzten Fertigteilen. Spannweite 40 x 40 m.

26 Stahlbeton-Schalenkuppel aus sechs aneinandergefügten Schalenkuppeln.

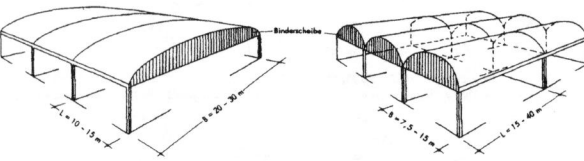

27 Einfach gekrümmte Schalen: Längstonnen, Verhältnis der Spannweiten L : B < 1

28 Einfach gekrümmte Schalen: Quertonnen, Verhältnis der Spannweiten L : B > 1

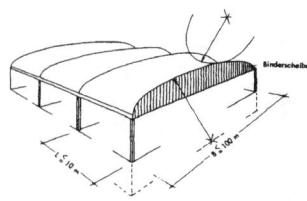
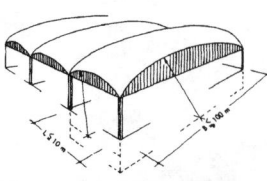

29 Doppelt gekrümmte Schalen: Hyperboloid, Krümmungsradien auf verschiedenen Seiten; L : B ~ 1 : 10

30 Doppelt gekrümmte Schalen: Paraboloid, Krümmungsradien auf derselben Seite; L : B ~ 1 : 10

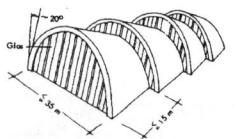
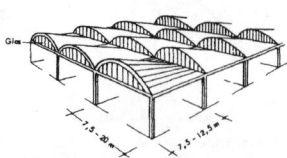

31 Geneigte Zylinderausschnitte, gezackter Grundriss

32 Konoidschalen, gerader Schalenrand als Zugband

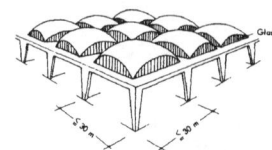
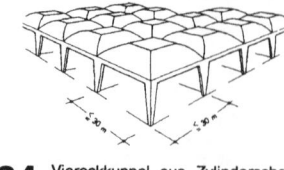

33 Zweifach gekrümmte Schalenkuppel, quadratischer Grundriss

34 Viereckkuppel aus Zylinderschalen

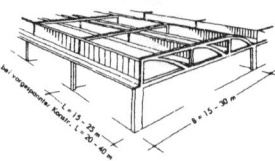
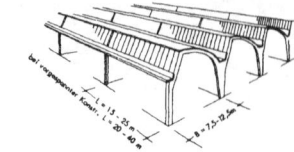

35 Shedschalen in Zylinderform mit senkrechtem Fensterband

36 Shedschalen mit geneigtem Fensterband, einzeln abgestützt

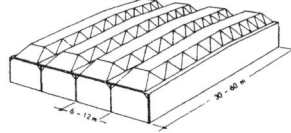
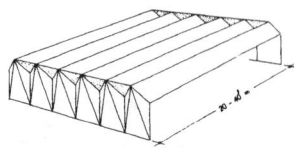

37 **Räumliches Stahlbetonfachwerk**
Ausbildung als Fachwerk erlaubt Anordnung von Oberlichtverglasungen, Tragsystem aus Fachwerkscheiben und vollen Platten zusammengesetzt.

38 **Gefalteter Rahmen**
Durch mehrfaches Abknicken können Stahlbetonfaltwerke als Rahmentragwerke ausgebildet werden. Im Bereich der Rahmenecken sind Aussteifungsscheiben notwendig.

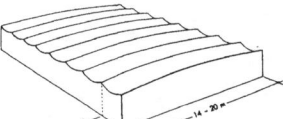
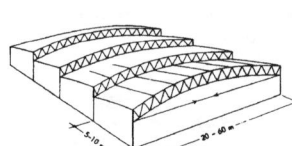

39 Dunkelhalle mit nebeneinanderliegenden Hyperboloidschalen

40 Hyperboloidschalen in der Höhe wechselnd verlegt, dazwischen Oberlichtband

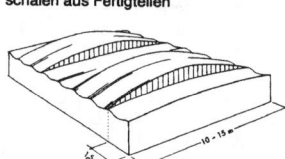
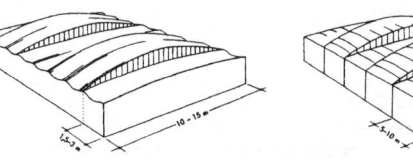

41 Shedbogenhalle mit Zugband (System Silberkuhl KS) Kegelschalen aus Fertigteilen

42 Hyperboloidschalen in geneigter Anordnung, dazwischen Oberlichtband

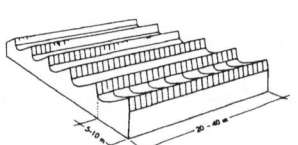
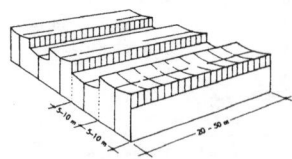

43 Wellenschalen mit verschiedenem Krümmungsradius, dazwischen sichelförmiges Oberlichtband

44 Schalenelemente mit Stahlbogenbinder im Verbund angeordnet

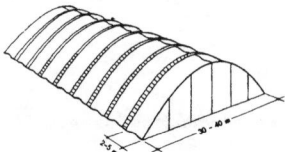
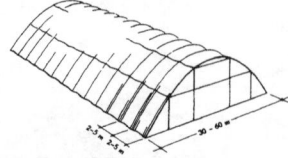

45 Hängende Shedschalen, aus Einzelteilen zusammengesetzt und vorgespannt

46 Schwingenschalen in wechselnder Höhe, aus Einzelteilen zusammengesetzt und vorgespannt

47 Bogenhalle aus zweiteiligen Wellenschalen mit zwischengeschalteten Lichtbändern

48 Bogenhalle aus Wellenschalen, Einzelbögen aus mehreren Elementen zusammengesetzt

Zugbeanspruchte Konstruktionen

Membrantragwerke sind zugbeanspruchte leichte Flächentragwerke.
Es werden unterschieden:
- Pneumatisch stabilisierte Membrantragwerke → **2**, 361.06.01
- Zelttragwerke → **1**, 361.06.02

Zur Stabilisierung großer Membranflächen und zur Erzeugung von Hoch- und Tiefpunkten, Graten und Kehlen sind punktförmige und lineare Stabilisatoren erforderlich. Die Membranflächen sind doppelt und gegenseitig gekrümmt auszubilden.

Zelttragwerke bestehen aus
- der zugbeanspruchten Membran,
- druckbeanspruchten oder zugbeanspruchten Unterstützungs- oder Stabilisierungselementen,
- Hochpunkten durch Pylone, ggf. mit Seilabspannung,
- Graten durch Innenbogen,
- Kehlen durch Kehlseile,
- Druckstäben, Tragseilen, Spannseilen, Zuganker,
  Tragwerkselemente → **1**

Zur Vermeidung von Spannungskonzentrationen werden Buckelflächen (als gas- oder flüssigkeitsgefüllte Ballons oder vorgeformte steife Flächen), Rosetten (zusammengesetzte Schlaufengruppen) und ring- oder tellerförmige Unterstützungselemente verwendet.

Die inneren Membrankräfte T_1, T_2 und T_3 müssen bei einer beliebigen Kombination der Belastung den Bedingungen in → **4** entsprechen.

Die größe des inneren Überdrucks wird deshalb so gewählt, daß er in der Saldierung mit der äußeren Belastung in der Hülle Zugbeanspruchungen hervorruft.

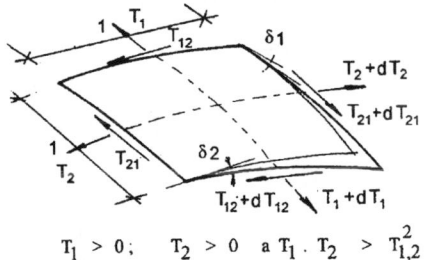

$$T_1 > 0\ ; \qquad T_2 > 0 \quad a\ T_1 \cdot T_2 > T_{1,2}^2$$

3 Bedingungen der inneren Membranspannng

Grundlegende Arten der konstruktiven Ausbildung pneumatischer Überdachungen sind:
- Konstruktionen, die den Innenraum mit einer tragenden einlagigen Membran mit innerem Überdruck überdecken,
- Konstruktionen mit innerem Überdruck in aneinandergereihten Zellen einer geschlossenen zweischichtigen Hülle,
- Konstruktionen aus pneumatisch vorgespannten Rippen, zwischen denen die tragende Folie der äußeren Dachhaut eingesetzt (zwischengespannt) ist.

Einlagige Hüllkonstruktionen mit innerem Überdruck

Bei einlagigen Hüllkonstruktionen, die vom inneren Überdruck getragen werden, wird die leichte Membran mit niedrigem Überdruck von 0,1 bis 1,5 kPa gestützt, der von einer technischen Einrichtung aufrecht erhalten wird. Diese Konstruktionen werden als Niederdruckdächer bezeichnet.
Der innere Überdruck Δp ruft eine Vorspannung hervor, die gleichmäßig und senkrecht auf die Flächenlinie der Hülle wirkt. Das Flächenelement des Ausschnitts befindet sich dann im Gleichgewicht, wenn es mit der Form des Querschnitts der Resultantenlinie der äußeren Belastung in der Saldierung mit dem inneren Überdruck entspricht → **4**.

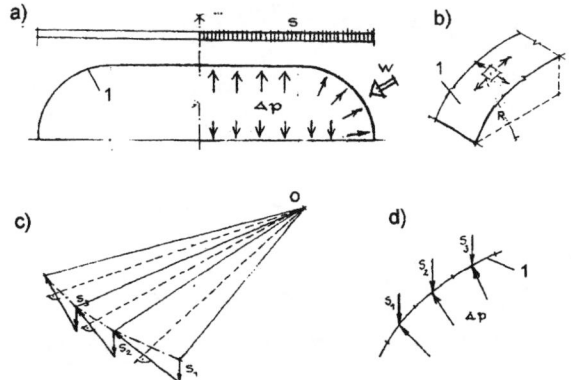

4 Einlagige Hüllkonstruktion mit innerem Überdruck (Niederdruckdach)

a) Schema der Wirkung von äußerer Belastung und innerem Überdruck, b) Schema der inneren Spannung der Hülle, c) Vektorenbild, d) Resultante (Form der Flächenlinie) der pneumatischen Überdachung, 1 – Hüllmembran

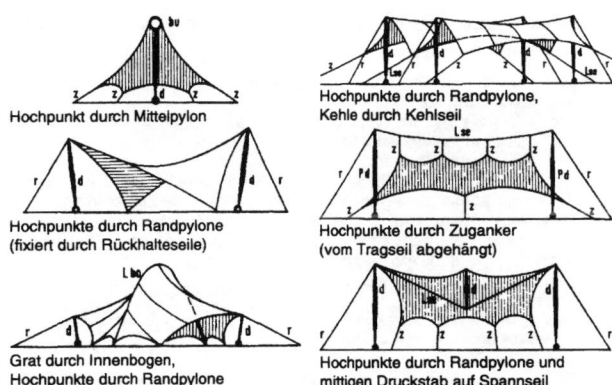

Hochpunkt durch Mittelpylon

Hochpunkte durch Randpylone (fixiert durch Rückhalteseile)

Grat durch Innenbogen, Hochpunkte durch Randpylone

Hochpunkte durch Randpylone, Kehle durch Kehlseil

Hochpunkte durch Zuganker (vom Tragseil abgehängt)

Hochpunkte durch Randpylone und mittigen Druckstab auf Spannseil

Konstruktionselemente von Membran-Zelttragwerken

Element		Kraftgrößen	Verformung	Material
	Membran Zelt	Normalkräfte (Zug)	Dehnung	PVC-beschichtetes Polyestergewebe
Stabilisator, Unterstützung				
	Druckstab d	Normalkräfte (Druck)	Knicken/ Querdehnung	Stahl/Holz
	Zuganker z	Normalkräfte (Zug)	Längsdehnung	Stahl/ Kunststofffaserseile
	bu Buckelfläche	Normalkräfte (Druck)	Stauchung	Gas- oder flüssigkeitsgefüllte Ballons
	Rosette ro	Normalkräfte (Zug)	Längsdehnung	Schlaufen aus Draht- oder Kunststofffaserseilen. Membran randverstärkt.
punktförmig	ri Ring, Teller	Normalkräfte (Zug und Druck)	Stauchung/ Dehnung/ Biegung/ Torsion	Metall/ Kunststoff
L	se Seil	Normalkräfte (Zug)	Längsdehnung	Stahl/ Kunststofffaserseile
linear	bo Bogen	Normalkräfte (Druck)	Stauchung	Holz/Stahl/ Hochdruckschläuche

1 Membran-Zelttragwerk (nach Lit. 15)
bo = druckbeanspruchter Bogen, bu = Buckelfläche, d = druckbelastetes Stabilisierungselement, L = linearer Stabilisator, p = punktförmiger Stabilisator, r = Rückhalteseil, se = Seil, z = zugbeanspruchtes Stabilisierungselement

Niederdruck	ohne zusätzliche Stabilisierung	punktförmige Stabilisierung	lineare Stabilisierung
Einfachmembran Überdruck	I ü	I ü 0	I ü P	I ü L
Unterdruck	I u	I u 0	I u P	I u L
Doppelmembran Überdruck	II ü	II ü 0	II ü P	II ü L
Unterdruck	II u	II u 0	II u P	II u L
Koppelung von Über- und Unterdrucksystemen				I ü0/I u0
Stapelung von Über- und Unterdrucksystemen		I ü0/II ü0	I üP/II üP	I u L/II u L
		I ü0/II 0	I üP/II uP	I üP/II uL

⊠ Schleuse   Druckstab mit Buckelfläche als Kopf   Zuganker

2 Pneumatisch stabilisierte Membrantragwerke (nach Lit. 15)

Zugbeanspruchte Konstruktionen

Konstruktionselemente pneumatisch stabilisierter Membrantragwerke → 5

Bestandteile des Systems **pneumatischer Niederdruckdächer** sind
- die Hüllkonstruktion
- die Gründung und die Verankerung der Hülle im Fundament
- Zu– und Eingangskonstruktionen
- ein Stabilisierungssystem

Die Dachhülle, die an der Fundament–Sockelkonstruktion befestigt ist, ruft in dieser eine ständige Zugbeanspruchung hervor. Die Zugreaktion in der Fundament–Sockelkonstruktion kann eliminiert werden durch
- das Gewicht der Fundament–/Sockelkonstruktion (passive Zusatzbelastung der Konstruktion durch Beton, Sand, Wasser usw.)
- die Aktivierung des Bodengewichts (Bodenanker, Ankerplatten und –wände)
- das Gewicht der Stützkonstruktion (Stützwände, Tribünen, Gebäudekonstruktionen, Türme u.ä)

Die Geometrie pneumatisch stabilisierter Membrantragwerke hängt ab von der Art der Druckdifferenz zwischen Stabilisierungsmedium und Außenluft: Überdruck ($\ddot{u}$) oder Unterdruck (u), dem Maß der Druckdifferenz: Hochdruck oder Niederdruck und der Art zusätzlicher Stabilisierungselemente: Punktförmige (P) oder lineare (L). Überdrucktragwerke sind auch außen (konvex) und Unterdrucktragwerke nach innen (konkav) gekrümmt → **2**. Zusätzliche Stabilisierung (Unterstützung) wird notwendig bei großen Spannweiten, um die flacher werdende Oberflächenkrümmung zu vergrößern, d.h., die Krümmungsradien der Membrankrümmung werden kleiner, damit die Membranspannungen reduziert werden. Die Zugspannung in der Membran ist proportional dem Innendruck und dem Krümmungsradius → **6**.

Häufig verwendete Typen pneumatischer Niederdruckdächer und die grundlegenden Verhältnisse für die Bestimmung der Membrankräfte zeigt → **7**.

In geringerem Umfang werden auch Dächer mit innerem Überdruck in einem durch eine zweischichtige Hülle überspanntem Raum hergestellt.

Die Stabilität der Membranform wird durch Einspannen in steife Randelemente, die Unterteilung mit inneren Zugbändern, Membranelementen, Stangen u.ä. gewährleistet. Durch die jeweilige Verbindungsweise zweier Schichten entstehen charakteristische linsenförmige, gewellte und gekrümmte Formen der Dachkonstruktionen → **8 A**.

Zur Stabilisierung der Dachkonstruktion kann auch innerer Unterdruck zwischen konkav geformten Hüllschichten verwendet werden. Durch die Kombination der Wirkung von Über– und Unterdruck entstehen konvexe und konkave Flächen → **8 C**.

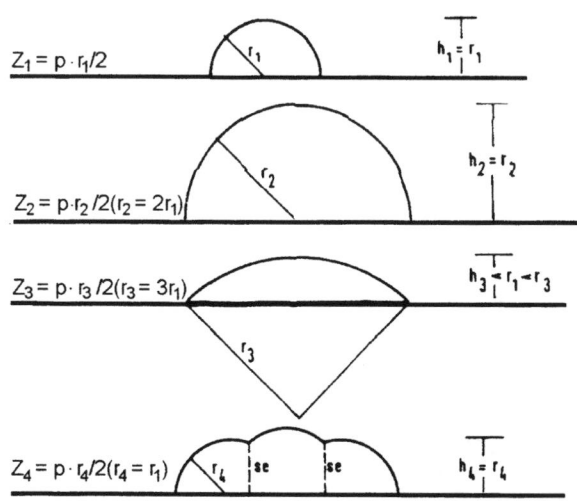

$$Z_1 = p \cdot r_1/2$$

$$Z_2 = p \cdot r_2/2 \, (r_2 = 2r_1)$$

$$Z_3 = p \cdot r_3/2 \, (r_3 = 3r_1)$$

$$Z_4 = p \cdot r_4/2 \, (r_4 = r_1)$$

6 Membranspannungen in Abhängigkeit von Membrankrümmung und Innendruck
Z = Membranspannung, r = Krümmungsradius, p = Innendruck, se = Kehlseil

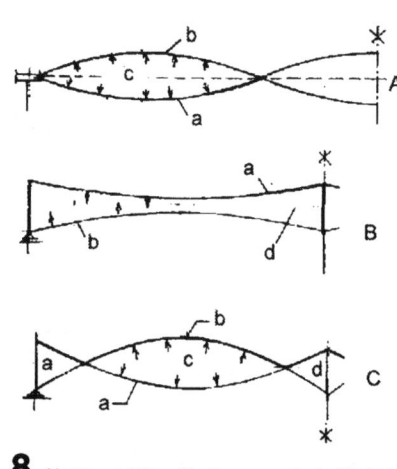

8 Linsen– und kissenförmige pneumatische Niederdruckkonstruktionen

A mit innerem Überdruck stabilisierte zweischichtige (linsenförmige) Konstruktion, B mit innerem Unterdruck stabilisierte zweischichtige (kissenförmige) Konstruktion, C durch Kombination von Unter- und Überdruck stabilisierte zweischichtige Konstruktion, a – tragende Membran, b – Stabilisierungsmembran, c – innerer Überdruck, d – innerer Unterdruck

Element		Kraftgrößen	Verformung	bevorzugtes Material
	Membran	Normalkräfte (Zug)	Dehnung (Membranspannung)	PVC-beschichtetes Polyestergewebe
	Stütz(Stabilisierungs)- oder Füllmedium	Verbindungen zwischen Medien verschiedener Dichte durch Schleusen herzustellen.		Luft 1. Niederdruck a Unterdruck (–) b Überdruck (+) 2. Hochdruck
P	Zusätz. punktförm. Stabilisatoren	Zur Verringerung der Membrankrümmungsradien und der Membranspannungen		
	Druckstab $\quad$ d	Normalkräfte (Druck)	Knicken/Querdehnung	Stahl/Holz
	Zuganker $\quad$ z	Normalkräfte (Zug)	Längsdehnung	Stahl/Kunststofffaserseile
	bu Buckelfläche	Normalkräfte (Druck)	Stauchung	Gas- oder flüssigkeitsgefüllte Ballons
	ro Rosette	Normalkräfte (Zug)	Längsdehnung	Schlaufen aus Draht- oder Kunststofffaserseilen. Membran randverstärkt.
	ri Ring, Teller	Normalkräfte (Zug und Druck) Biegekräfte	Stauchung/Dehnung/Biegung/Torsion	Metall/Kunststoff
L	Zusätzliche lineare Stabilisatoren	Zur Verringerung der Membrankrümmungsradien und der Membranspannungen		
	se Seil	Normalkräfte (Zug)	Längsdehnung	Stahl oder Kunstfaserseile (auch als Zugring)
	ba Balken	Biegekräfte	Biegung	Stahl/Holz
	bo Bogen	Normalkräfte (Druck)	Stauchung	Druckbögen und -ringe aus Holz/Stahl/Hochdruckschläuchen

5 Konstruktionselemente von pneumatisch stabilisierten Membrantragwerken (nach Lit. 15)

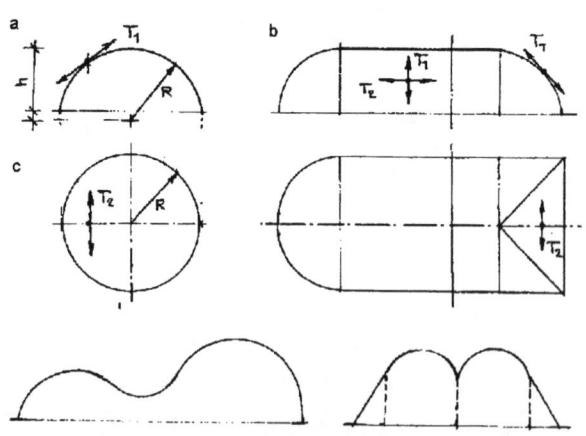

7 Häufig verwendete Typen pneumatischer Niederdruckdächer

a = kugelförmiges Niederdruckdach, b = zylinderförmiges Niederdruckdach mit Viertelkugelabschluß oder Segmentabschluß, c = beliebig geformtes Niederdruckdach, T_1, T_2 – Membrankräfte in der Hülle

Zugbeanspruchte Konstruktionen

Konstruktionselemente pneumatisch stabilisierter Membrantragwerke → 5

Zweischichtige Überdachungen mit innerem Überdruck sind technisch anspruchsvoller und in der Herstellung kostenaufwendiger als einschichtige Varianten. Ihr Vorteil beruht auf der besseren Wärmedämmfähigkeit der doppelten, mit Luftkammern versehenen Dachhülle und der einfacheren Ausbildung der Eingangsräume ohne die Notwendigkeit, Druckschleusen anzulegen. Diese Konstruktion erfordert keine auf Zug beanspruchten Gründungen → 9.

Konstruktionen mit pneumatischen Tragrippen

Die Vorspannung der Wand eines geschlossenen Zylinders durch inneren Überdruck trägt in die dünne Membran eine Zugvorspannung ein, die es der Membran ermöglicht, äußere Lasteinwirkungen zu übertragen. Dieses Konstruktionsprinzip ermöglicht die Ausbildung pneumatischer Bögen, Träger, Säulen u.ä. → 10.

Hochdruckdächer mit pneumatischen Tragrippen erfordern einen inneren Luftdruck von ungefähr 20 bis 650 kPa. Pneumatisch vorgespannte tragende Rippen bilden das tragende Skelett von Bauwerken und tragen die Hülle des Tragluftbaues → 11.

Der Innenraum des Tragluftbaues weist keinen Überdruck auf, was eine wirtschaftliche Nutzung und eine einfachere Ausbildung der Eingangskonstruktionen ermöglicht.

Der erhöhte Überdruck in den Rippen erfordert die Anwendung hochfester Werkstoffe, i.d.R. Gewebe, die mit Netz- und Flechtwerk bewehrt sind. Nachteil der Rippendächer ist die verhältnismäßig geringe Tragfähigkeit und die damit verbundene auf nur kleine Spannweiten begrenzte Anwendbarkeit.

Kombinierte pneumatische Überdachungen

Kombinierte Tragluftüberdachungen verwenden auch konstruktive "nicht pneumatische" Elemente (Seile, leichte Träger) → 12.

Bei der Überdachung von Großraumhallen mit geschlossenen Grundrissen bewähren sich Konstruktionen, bei denen die Membranhülle, mit einem System weitmaschiger Seilnetze kombiniert ist.

Für die Stabilisierung der Form der Hülle genügt in der Regel ein geringer Überdruck, der entsprechend der Außentemperatur und der Windstärke zwischen 0,1 und 0,3 kPa schwankt.

Werkstoff- und Konstruktionsvarianten von Tragluftdächern, Dachhülle

Für die Herstellung der Hülle von Tragluft-Dachkonstruktionen werden Werkstoffe mit hoher Zugfestigkeit in beiden Richtungen, mit dauerhaften mechanischen Eigenschaften und einer ausreichenden Beständigkeit und Widerstandsfähigkeit gegen die Einflüsse der äußeren Umgebung verwendet. Die Zugfestigkeit der verwendeten Materialien beträgt etwa 50 bis 150 kNm⁻¹.

Die Hüllen von Tragluft- und kombinierten Konstruktionen werden in der Regel aus Textilwerkstoffen aus synthetischen Fasern und Geweben hergestellt, in geringerem Maße kommen auch hochfeste Folien aus Metall u.ä. zur Anwendung. Auf die Oberfläche der Textilien wird eine wasserdichte Schicht aus PVC, Polyäthylen, Butylkautschuk, u.ä. aufgetragen. Manchmal werden sie auch mit Geweben aus Kunststoffen, Glasfaser, Metall u.ä. kombiniert.

Die Spannweite der Dächer hängt von der Festigkeit des verwendeten Werkstoffes und der Intensität der äußeren Lasteinwirkungen ab. Mit wachsendem Krümmungsradius des Mantels wächst auch die Membranspannung, die zur Stabilisierung der Form der Konstruktion notwendig ist, und damit erhöhen sich auch die Anforderungen an die Festigkeit und die Verankerung der Hülle. Unter Verwendung von Werkstoffen höherer Festigkeit, ggf. in der Kombination der Membran mit Stützseilen, Seilnetzen u.ä. können Dächer mit größeren Krümmungsradien ausgebildet werden.

Zur Gewährleistung einer richtigen Funktion der Hülle von Räumen mit hoher relativer Luftfeuchtigkeit werden bei Niederdruckdächern auch zweischalige Konstruktionen ausgebildet, deren Lüftungszwischenraum an die äußere Umgebung angeschlossen und deren Wärmedämmung an der Innenseite der Konstruktion angebracht ist.

Um das Aufheizen der Werkstoffe von Tragluftbauten einzuschränken, werden manchmal auch dreischalige Hüllen mit zwei Zwischenräumen ausgebildet, die im Winter und im Sommer unterschiedlich belüftet werden → 13.

Membranverbindungen

Membranen für Zelttragwerke und für pneumatisch stabilisierte Membrantragwerke werden aus Bahnen zusammengesetzt, die miteinander kraftschlüssig zu verbinden sind. Je nach Art des Material und Funktion der Verbindung kommen als Verbindungsmittel Nähte, Schweißverbindungen, Klebeverbindungen oder vulkanisierte Verbindungen für sich oder in Kombinationen miteinander zu Anwendung.

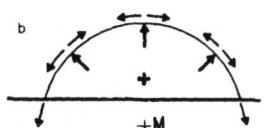
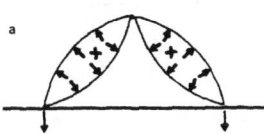

9 Einfachmembrane (a) und Doppelmembrane (b)

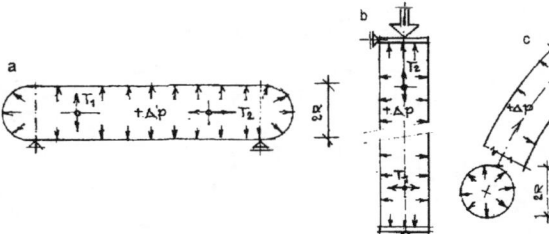

10 Beispiele für pneumatische Hochdruck-Rippenkonstruktionen

a = Schema der Lasteinwirkung und der Wirkung der inneren Kräfte auf einen pneumatischen Träger, b = Schema der Lasteinwirkung und der Wirkung der inneren Kräfte auf eine pneumatische Säule, c = Schema der Lasteinwirkung und der Wirkung der inneren Kräfte auf eine pneumatische Rippe (Bogen).

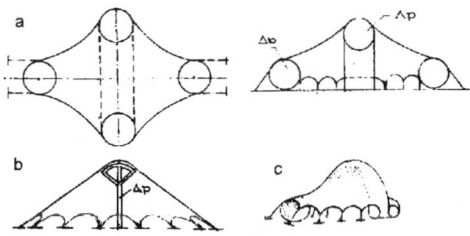

11 Pneumatische Hochdruckdächer

a = Dach mit Mittelbogen und pneumatischer Randrippe, b = Dach mit pneumatischem Mittelpylon, c = asymmetrisches Tragluftdach

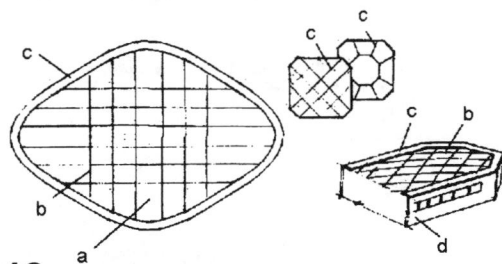

12 Beispiele für pneumatische Überdachungen, die mit einem weitmaschigen Seilnetzsystem stabilisiert sind

a = vom Überdruck der Innenluft getragene Membran, b = Stabilisierungsseile, c = stützende Randkonstruktion, d = senkrechte Unterstützung

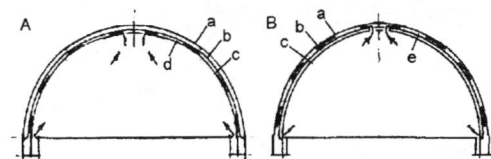

13 Ausbildung einer dreischaligen pneumatischen Niederdruckkonstruktion

A Wärmeregime im Winter, B Wärmeregime im Sommer, a = tragende Außenschicht, b = Zwischenschicht, c = Innenschicht, d = innerer Zwischenraum für Lüftung im Winter, e = äußerer Zwischenraum für Lüftung im Sommer

		unlösbar		lösbar	
		nähen	schweißen/vulkanisieren/ kleben		
ein- schnit- tig	Überlappung				Reißver- schluß
	Überlappung mit Kappnaht			MEMBRAN- SCHLAUFE	Durch- steck- ver- bindung
	Stumpfstoß mit Stoßver- bindungsbahn			MEMBRAN- SCHLAUFE	
zwei- und dreischnit- tige Verbindungen mit Stoßverbindungs- bahnen					Klemm- ver- bindung

14 Membranverbindungen

Zelttragwerke

Beispiele für nicht vorgespannte zugbeanspruchte Konstruktionen
(nach Lit. 16, 17)

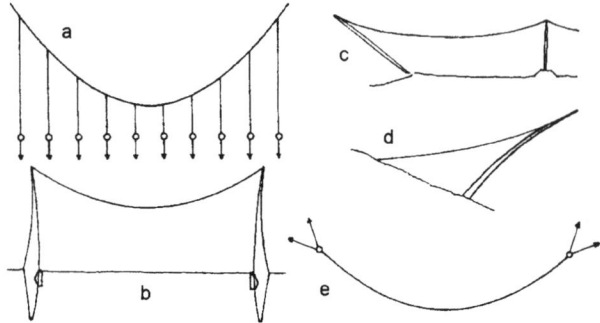

1 Einfache Seile
a = frei hängendes in gleichen Abständen belastetes Seil (Parabelform), Seil an biegefesten (b), druckfesten (c, d), zugfesten (e) Bauteilen befestigt.

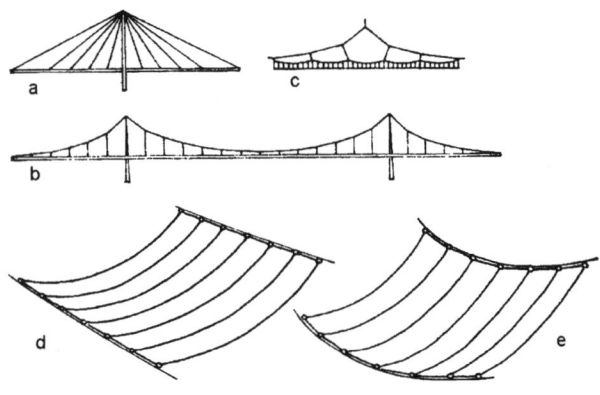

2 Seilnetze, die Flächen bilden
a, b = Hängebrücken-Tragseil über Pylone geführt, c = Hängeseile an Zwischentragseilen aufgehängt, d, e = frei hängende Seile.

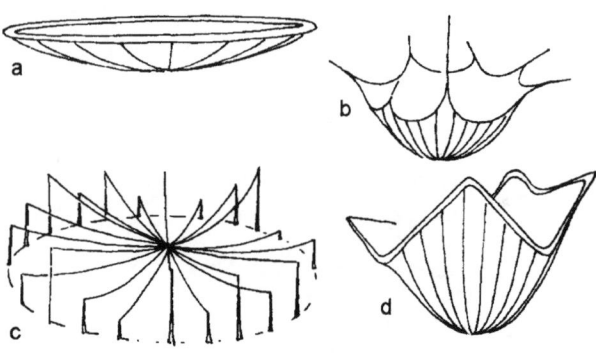

3 Einzelseile in radialer Anordnung
a = einhängen in biegesteifem Ring, b = Befestigung der Innenseile an äußeren Randseilen, c, d = Befestigungslinie, die nicht in einer Ebene verläuft.

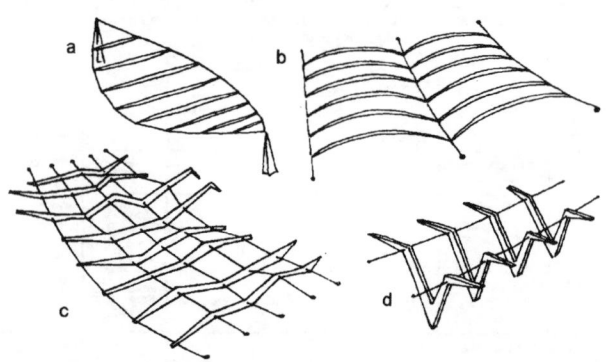

4 Netze aus Seilen und biegesteifen Gliedern
a = mit biegesteifen Druckgliedern, b = mit drucksteifen Bögen, c, d = mit geknickten Trägern.

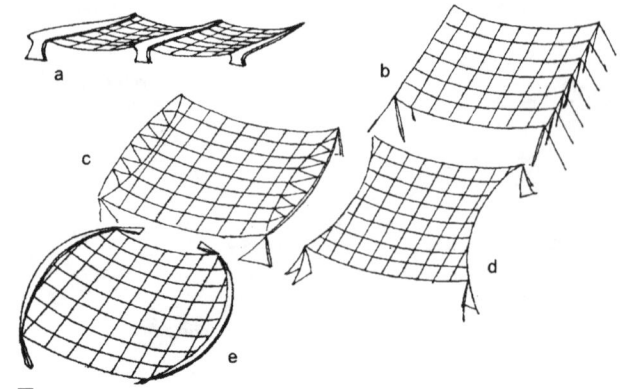

5 Randbefestigung von Netzen
a = zwischen biegebeanspruchten eingespannten Balken, b = an Seilbock, c = in Randflächenträger, d = zwischen zwei Seilen, e = zwischen zwei druckbeanspruchten Bögen.

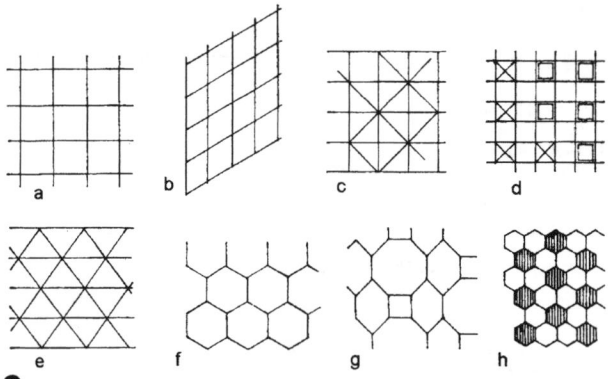

6 Netzformen
a = als Quadrat, b = als Parallelogramm, c = mit aussteifenden Seildreiecken, d, e = mit steifen Rahmen oder Platten, e, f, g = mit sechseckigen Maschen.

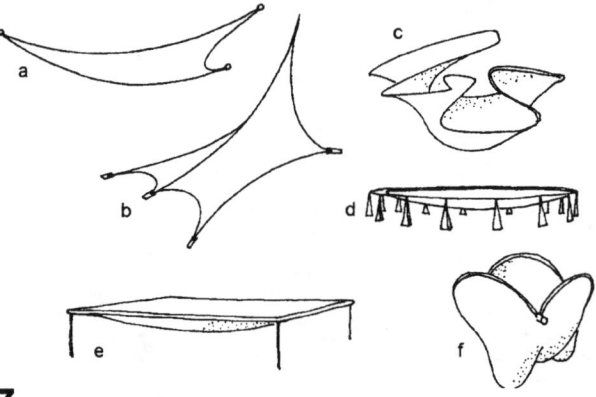

7 Frei hängende Membranen
a = zwischen drei Punkten, b = zwischen fünf niedrigen und einem hohen Punkt, c = in beliebig geformtem Ring, d = in rundem Rahmen, e = in quadratischem Rahmen, f = in verschieden geformten Bögen.

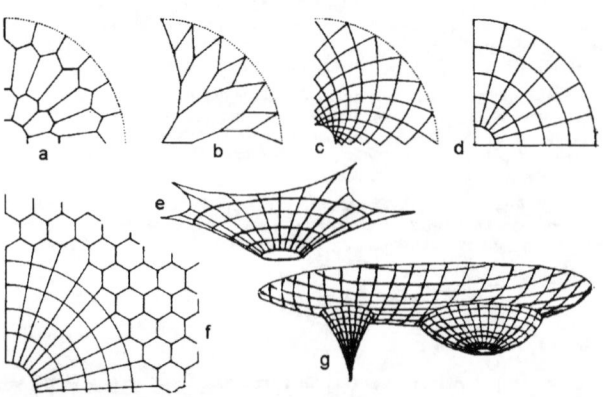

8 Radialseilnetze
a, b = mit stufenweiser Unterteilung, c, d = mit diagonal verlaufenden oder kreisförmigen Ringseilen, e = mit Netz aus Radial- und Ringseilen, f, g = mit Netzen mit viereckigen oder sechseckigen Maschen.

Zelttragwerke

Beispiele für zugbeanspruchte Konstruktionen (nach Lit. 16, 17)
Nicht vorgespannte zugbeanspruchte Konstruktionen

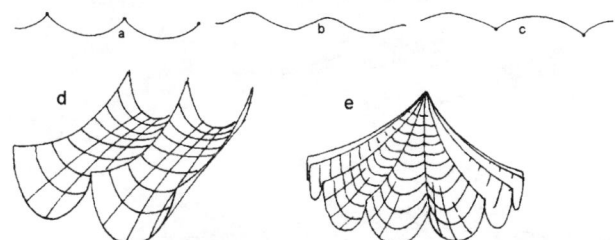

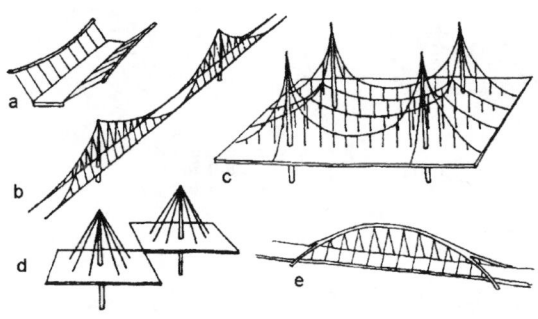

9 Wellenförmige, nicht vorgespannte Netze und Membranen
a = mit oberem Grat, unten Ausrundung, b = frei hängend mit Wellenquerschnitten, c = untere Gratausbildung, d = Aufhängung zwischen parallelen Seilen, e = Sternwellenform mit mittlerer Unterstützung.

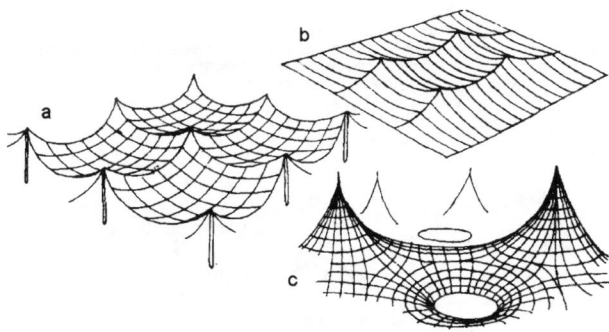

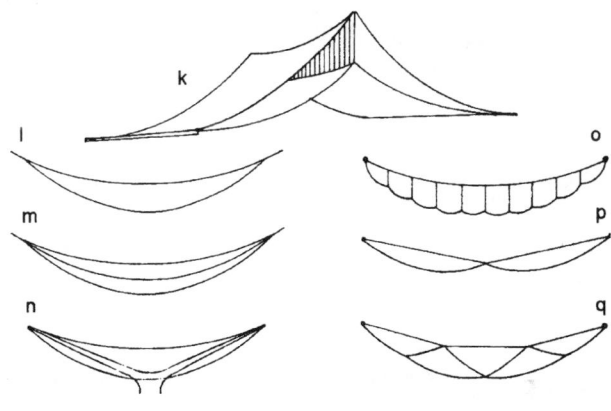

10 Nicht vorgespannte Seilnetze mit mittlerer Unterstützung
a = Addition durchhängender Seilnetze, b = parallel verlaufende Seile in Wellenform, c = freihängende Form mit mittlerer Unterstützung und tiefliegenden Ringen.

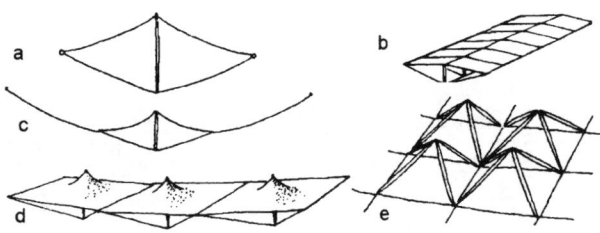

11 Druckstäbe in Seilnetzen
a, b = Aufspreizen mit Hilfe von Druckstäben, b = rotations-symmetrisches Dach mit aufgespreiztem Zentrum, d = unterspannte Membrane, e = aufgesattelte Stäbe.

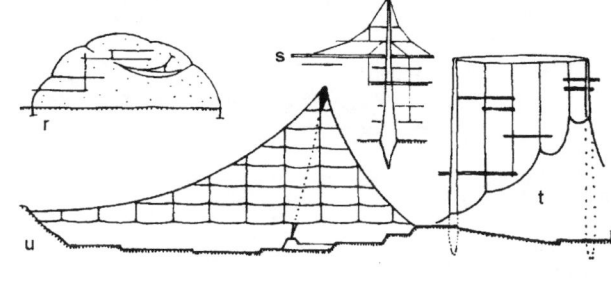

12 Schalen in Seilnetzen
a = Wellenfläche mit Schale im oberen Bereich, Seilnetze im unteren Bereich der Wellenflächen, b, c, d = Schale als Seilnetzträger.

13 Räumliche Hängekonstruktionen
a, b = Hängebrücken mit Schrägverbänden, c = Dachfläche an senkrechten und schrägen Hängeverbänden aufgehängt, d = Dachplatten an Mittelmasten, e = Bögen mit Seilen kombiniert, f, g = unterspannte Balken, h = Platten mit unterspanntem Netz, i = Platte mit unterspannten Seilen, k, l, m, n, o = übereinanderhängende Netze oder Membranen mit unterschiedlichem Durchhang, p = Doppel- und Mehrfach-Seilnetzformen, q = hängende Seildreieck-Fachwerkverbände

Vorgespannte zugbeanspruchte Konstruktionen

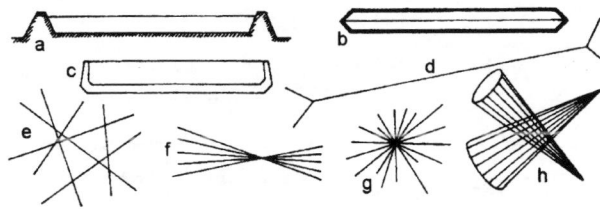

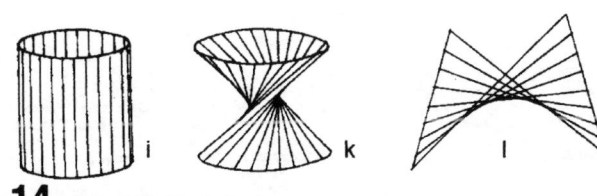

14 Vorgespannte Einzelseile
a, b, c, d = Befestigungsarten, e = beliebige Anordnung, f = Anordnung als Fächer, g = Anordnung sternförmig, h, i, k, l = Flächenformen

Zelttragwerke

Vorgespannte zugbeanspruchte Konstruktionen

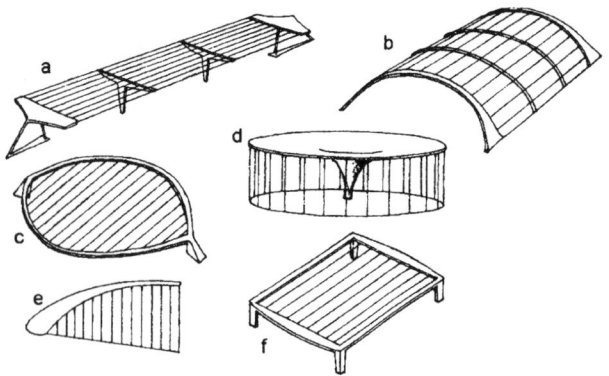

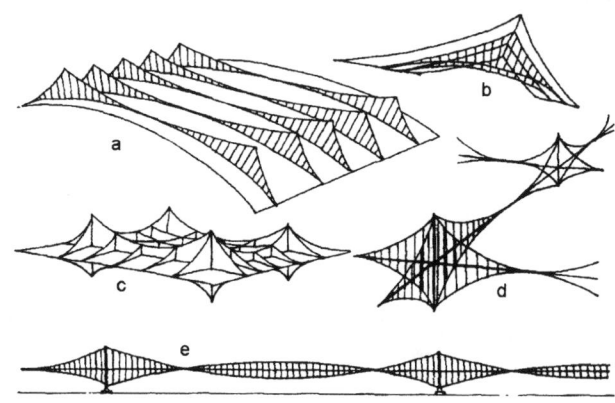

15 Konstruktionen mit flächenbildenden Einzelseilen
a, b = Dach aus vorgespannten Einzeldrähten in flächiger Anordnung als Mittelunterstützung und biegesteifem Endrahmen, T-förmig (a), bogenförmig (b), c = Einzelseile in Rahmen aus gegeneinanderwirkenden Parallelbögen eingespannt, d = Seile in Zylinderform in Drucksystem eingespannte, e = Parallelseile in Kragträger eingespannt, f = Parallelseile in rechteckigen Rahmen mit Fangträger und Druckbalken.

19 Zusammengesetzte ebene Seilsysteme
a, b = planparallel hintereinander angeordnetes Seilnetzsystem als dreidimensionales Tragwerk, c = unter rechten Winkeln gekreuzte langgestreckte seilbegrenzte Membranen, d, e = wie e, jedoch mit zusätzlichen Druckstäben.

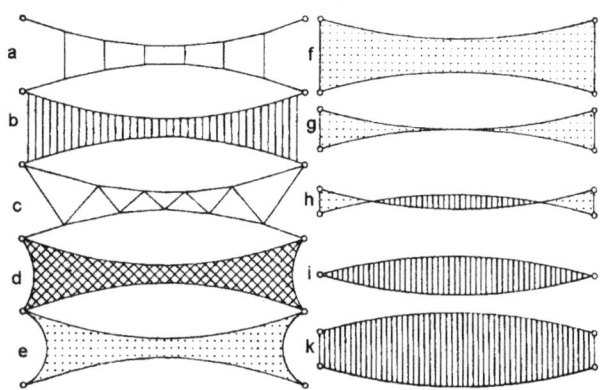

16 Ebene schlanke Seilnetze in langgestreckter Form als Seilfachwerk oder Seilnetzbalken (a, b, c, d) oder kontinuierliche Membranen (e, f, g), h, i, k = mit senkrechten Spreizstäben.

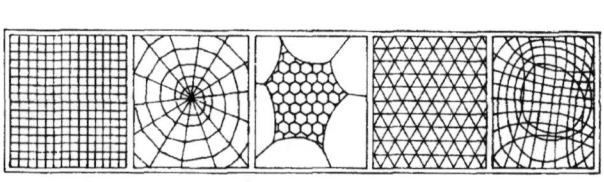

17 Netzausbildungen ebener vorgespannter Seilnetze mit verschiedenen Maschenformen.

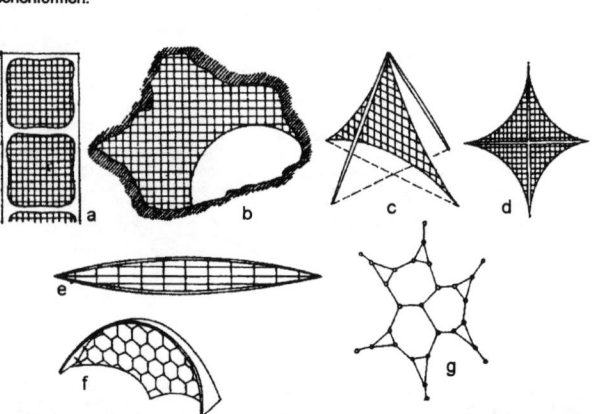

18 Verschiedene Randbegrenzungen ebener Flächentragwerke
a = Seilnetze mit quadratischen Maschen in Rahmenskelett, b = Seilnetz in massivem Widerlager, c = ebenes Seilnetz mit drei Seilen abgefangen, ausgleichende Druckstäbe als Streben, d = ebenes Seilnetz mit vier Seilen abgefangen, ausgleichende Druckstäbe im System, e = flaches langgestrecktes Seilnetz in zwei Bögen eingespannt,
f = Seilnetz mit sechseckigen Maschen, verspannt in einem Bogen, g = Netzform mit geringer Gesamtseillänge.

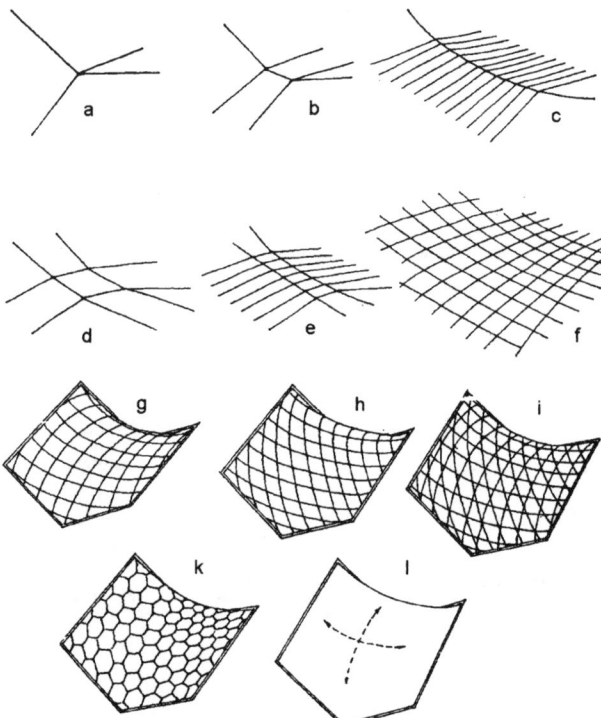

20 Vorgespannte gekrümmte Seilnetze
a, b, c, d, e, f = mit einzelnem Seilpaar bis zur Seilscharen, g, h, i, k = mit unterschiedlichem Maschenaufbau, l = als kontinuierliche Membrane.

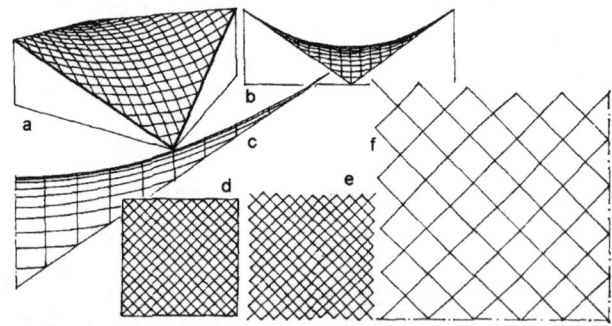

21 Seilnetz mit viereckigen Maschen, mit diagonal verlaufenden Seilen, als orthogonales Netz.
a = Draufsicht, b, c = Seitenansichten, d = Grundriss, e, f = Maschenweite wird mit zunehmender Flächenneigung größer.

Zelttragwerke

Vorgespannte zugbeanspruchte Konstruktionen

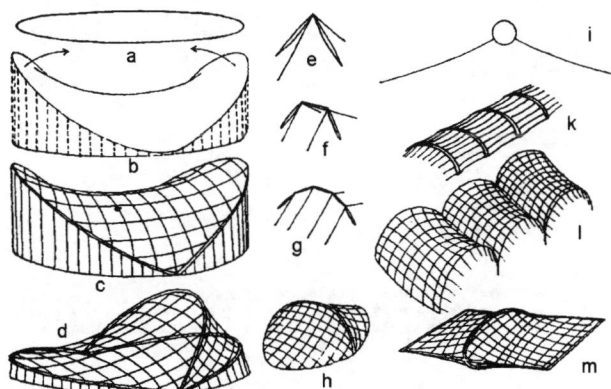

22 Seilnetze und Membranen mit druckbeanspruchten Randgliedern
a = flache Ringmembrane, b, c = Ringmembrane mit zwei angehobenen Bereichen, die zum Boden hin abgespannt oder mit Druckstäben unterstützt werden müssen, d, e, f, g = Aussteifung durch Bögen, mit Seilnetzen und Membranen, h, i = kontinuierlicher Bogen zwischen zwei Netzen oder Membranen, k, l = Aneinanderreihen mehrerer Bögen, m = rechteckiger Rahmen mit zwei aufeinanderstehenden Bögen, deren Kämpferdruck durch ein Zugband aufgenommen wird.

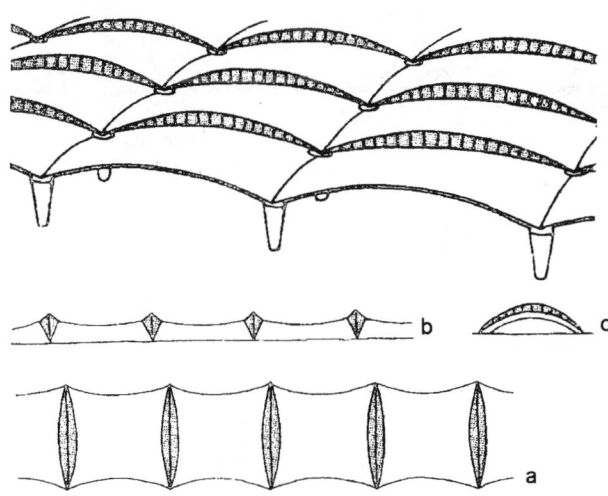

23 Dächer aus senkrechten Bögen zwischen Seilnetzen nach → **22** l, mit Sheddachwirkung eignen sich besonders für große Industriehallen.
a = Grundriss, b = Seitenansicht, d = Querschnitt.

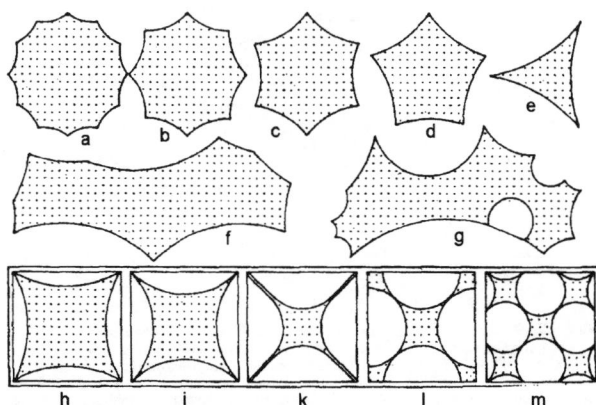

24 Seilbegrenzte ebene Membranen
a, b, c, d, e, f, g = Randbegrenzung durch Vielecke mit zugbeanspruchten Aufhängungen, h, i, k, l, m = Einspannung der Membranen in quadratischem Rahmen.

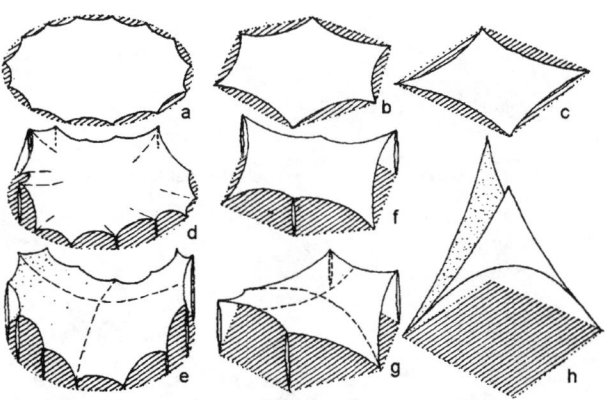

25 Gekrümmte vorgespannte Membranen und Seilnetze zwischen Seilen
a, b, c = Vielecke mit zugbeanspruchter Aufhängung, d, e = durch Anheben einzelner Aufhängepunkte ergeben sich räumlich gekrümmte Membranformen, f, g, h = durch symmetrisches Anheben ergeben sich Sattel und Kehlen.

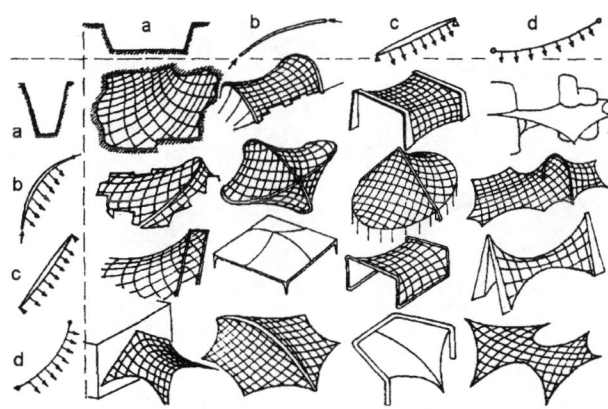

26 Kombinationen von Membranen und Seilnetzen mit verschiedenen Randbefestigungen
a bis d = Verankerungsarten: a = feste Verankerung, b = druckbeanspruchte Bögen, c = biegebeanspruchte Balken, d = zugbeanspruchte Seile.

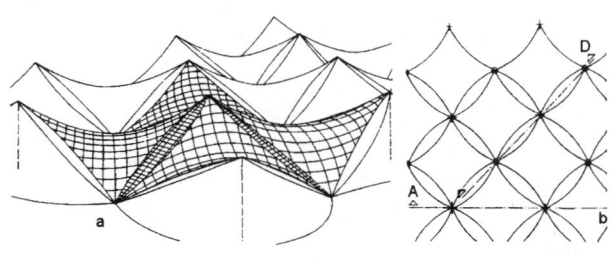

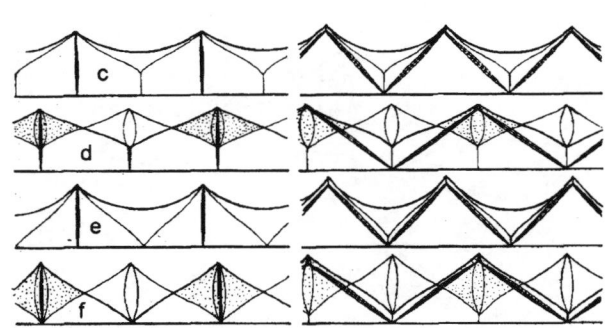

27 Addition von Seilnetz- und Membranflächen
a, b = Additionsform mit geschlossenem Auge, c = Schnitt A mit senkrechten druckbeanspruchten Masten über den Hochpunkten und zugbeanspruchten Seilen unter den Tiefpunkten, d = Schnitt CD, e, f = Schnitte A, CD mit direkter Verankerung der zugbeanspruchten Fläche im Baugrund (Seil unter den Tiefpunkten entfällt).

Zelttragwerke

Vorgespannte zugbeanspruchte Konstruktionen

28 Schlauchförmige Membranen und Seilnetze
a = Zylinder, b, c = Zylinder mit Einschnürungen, d = Hyperboloid

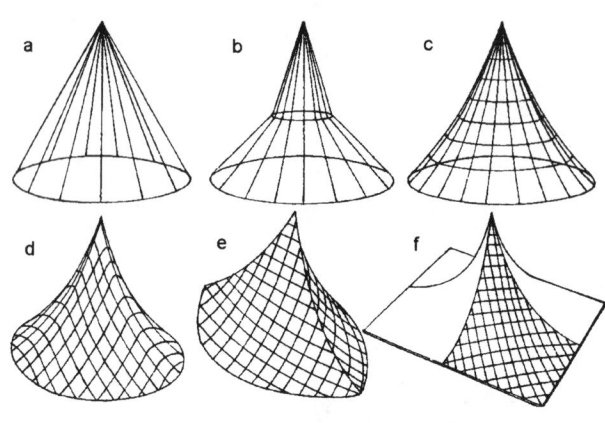

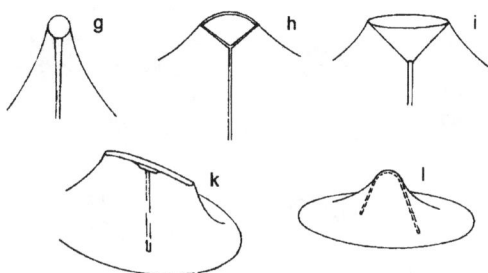

29 Membranen und Seilnetze mit mittlerer Unterstützung
a = Seilkegel, b = Seilkegel durch Ringseil zusammengezogen, c = Seilnetzform mit mehreren Ringseilen, d = Seilnetz mit viereckigen Maschen, e, f = Formen aus mehreren Seilnetzen zusammengesetzt, g, h, i, k, l = Membranen benötigen größere Auflager, z.B. unterstützende Kugel (g), Schale (h), Kegel (i), Bogen (k), Balken (l).

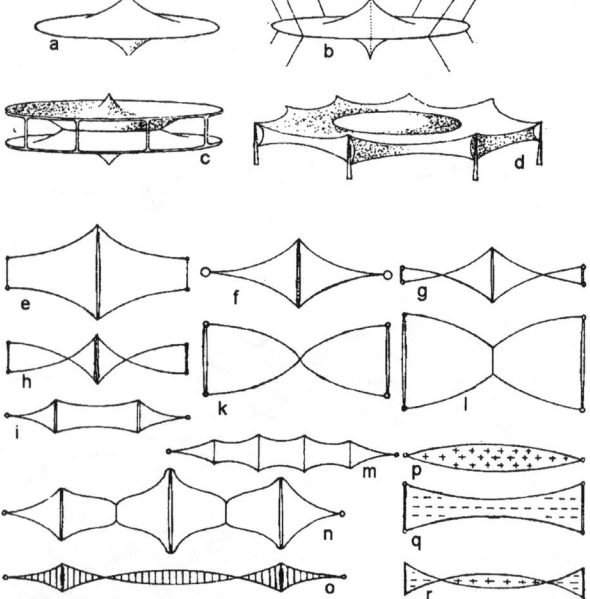

33 Kissenkonstruktionen
a = Membrane planparallel in ebenen drucksteifen Ring gespannt und in der Mitte auseinandergespreizt, b = Kissenkonstruktion in Seilsystem eingespannt, c, d = Kissenkonstruktion in Rahmensystem eingehängt, e bis q = Querschnitte von Kissenkonstruktionen mit Druckstäben und aufgespreizten Membranen bzw. Seilnetzen, r = linsenförmige Membrane mit auseinandergespreizten Druckstäben im Mittelbereich und zusammenziehenden Seilen im Randbereich.

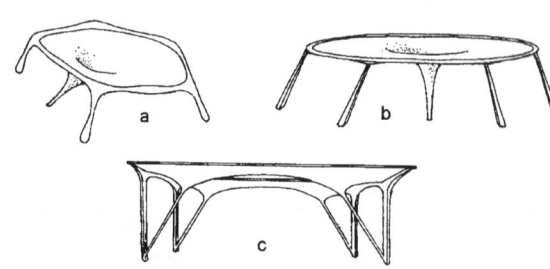

31 Membranen und Seilnetze mit tiefliegenden Punkten
a, b = Randbegrenzung durch biegesteifen Ring aus geraden Stäben, c = Membrane jeweils zwischen zwei tiefen Punkten innterhalb eines biegesteifen Rahmenfeldes eingespannt.

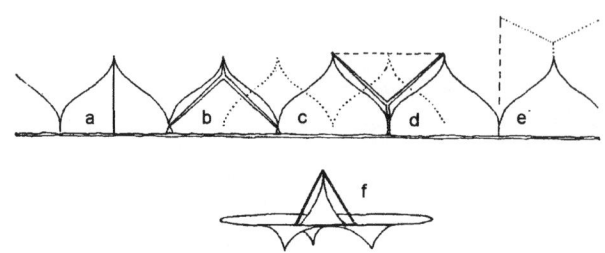

32 Membranen und Seilnetze mit hohen und niedrigen Punkten
a, b, c, d, e = Unterstützung der hohen Punkte durch Stütze (a), zwei Stützen (b), Y-artiges Stabsystem (c, d), Seilkonstruktion der Membrane (e) mit Aufhängung an Stützen, f = Membrane mit drei niedrigen und einem hohen Punkt an drucksteifem kreisrundem Ring.

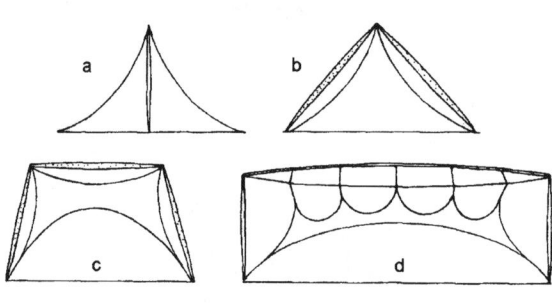

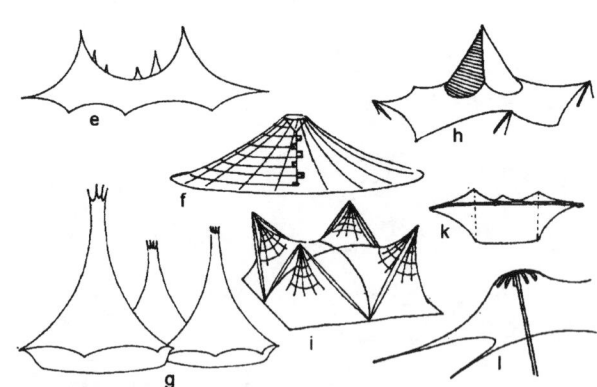

30 Unterstützung von Seilnetzen und Membranen mit hohen Punkten
a = durch druckbeanspruchten Stab, b = durch zwei Druckstäbe, c = durch drei Druckstäbe, d = durch Aufhängung an mehreren Punkten eines Fachwerkgitterbalkens, e = langgestreckter Bau mit zwei Reihen hoher Punkte, zwischen denen eine stark gekrümmte Membrane gespannt ist, f = Radialseilnetz auf Mittelmast mit kegelig aufgespreizter Spitze, g = schlauchförmige Membrane mit Masten, deren Spitzen durch kurze Druckstäbe aufgespreizt sind, h = Mast mit schalenartiger Ausrundung, i = stützenfreier Innenraum durch Unterstützung der hohen Punkte durch paarweise stehende Masten, k = obere Halterung durch drucksteifen Ring, l = Ausrundung Unterstützungspunkt durch Kugelkalotte. Verankerung der Membrane direkt im Baugrund (f, i), in Randseilen (e, g, h, l).

Zelttragwerke

Vorgespannte zugbeanspruchte Konstruktionen

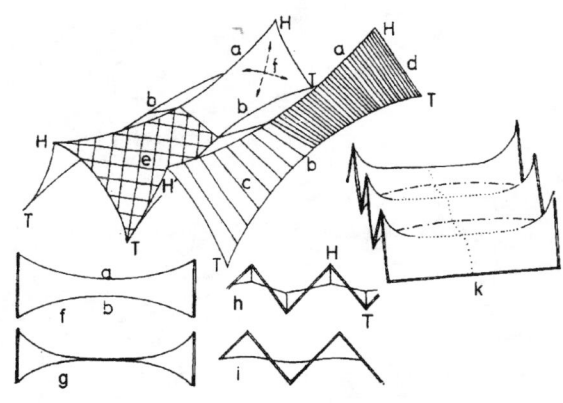

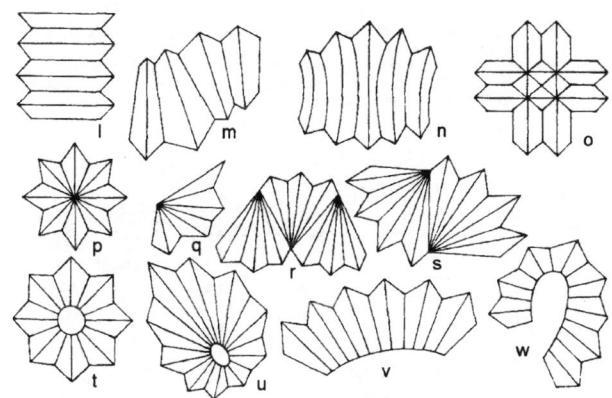

34 Vorgespannte Seilnetze und Membranen in Wellenform
H = hohe Punkte, T = tiefe Punkte, a, b = parallel gespannte Seile, c, d = zu a und b quer verlaufende Seile, e = in die Felder gespannte Seilnetze sattelförmig gekrümmt, f, g = Seitenansicht des Daches, h, i = Frontansicht des Daches, k = Seitenflächen in wellenförmig gekrümmten Rahmen eingehängt, l bis w = Grundrisse verschiedener wellenförmiger Seilnetze und Membranen.

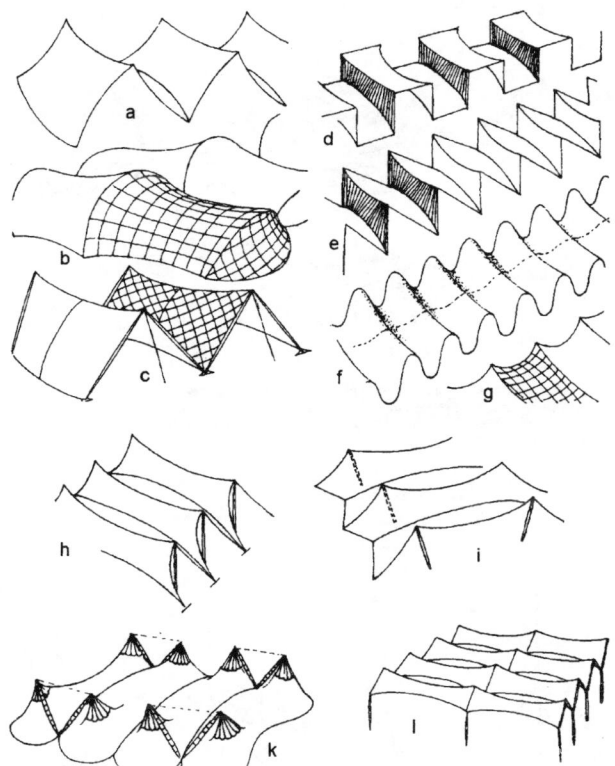

35 Dachformen für vorgespannte Seilnetze und Membranen in Wellenform.
a = Rand zugbeansprucht und von einem Seil gebildet, b = wellenförmige Seilnetzkonstruktion mit eingefügten Bögen, c = Randnetzausbildung durch geradlinige biegebeanspruchte Balken, d = Rand aus Linienzug mit rechtem Winkel (als Shed), e = Rand aus spitzwinkligem Linienzug (als Shed), f = kontinuierlich gekrümmter Linienzug, g = Linienzug mit hohen Punkten (scharfer Grat) und nach unten gekrümmt (weich ausgerundete Kehlen), h = Membranen zwischen Grate und Kehlseile gespannt, i = Membrane mit innerer Unterstützung durch Gratseil, an zwei Stellen durch Maste unterstützt,
k = wellenförmige Membrane durch acht hohe Punkte gestützt (Anordnung der Maste ohne besondere Abspannungen außerhalb der Membrane), l = Wellenform mit seitlicher Reihung, mit Y-artigen Gabelstützen.

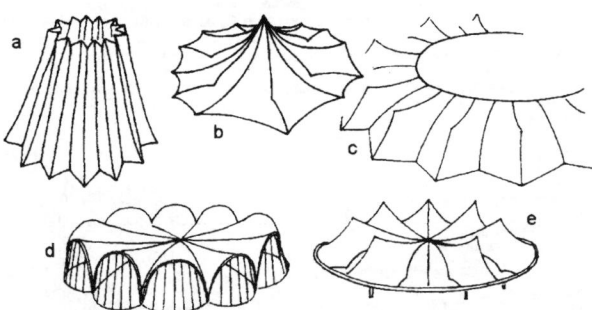

36 Sternförmige Membranen und Seilnetze
a = wellenförmige Fläche in Kreisringform, b = Sternwellenform mit mittlerer Unterstützung, c = Tribünenüberdachung eines Stadions mit Mittelöffnung durch zugbeanspruchtes Stahlseil abgefangen und am Außenrand im Baugrund verankert, d = Wellenform durch druckbeanspruchte Bögen, mit Einzelseilen abgespannt, e = Membrane in druckbeanspruchten Ring eingehängt und durch Grat- und Kehlseile unterteilt.

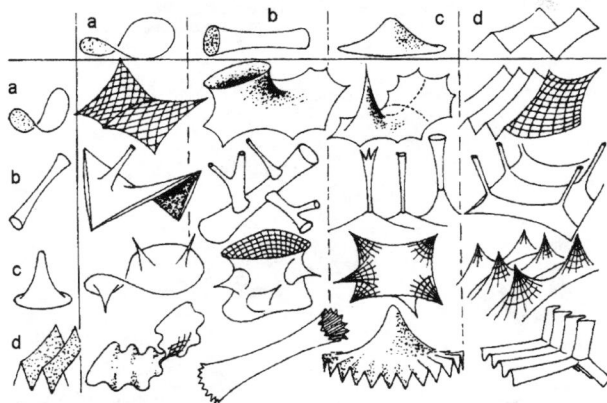

37 Kombinationsformen aus Sattelflächen (a), Schlauchflächen (b), Buckelflächen (c), Wellenflächen (d).

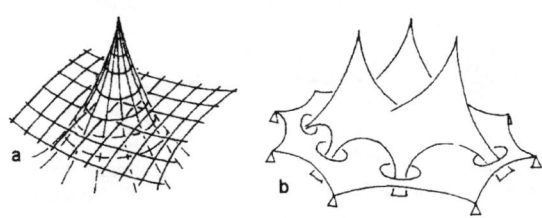

38 Durchdringungsformen
a = kegelähnliche Rotationsseilnetzform durchdringt flach gekrümmte Seilnetzform, b = mittlere Membrane mit drei hohen Punkten durchdringt tiefliegende flache Membrane.

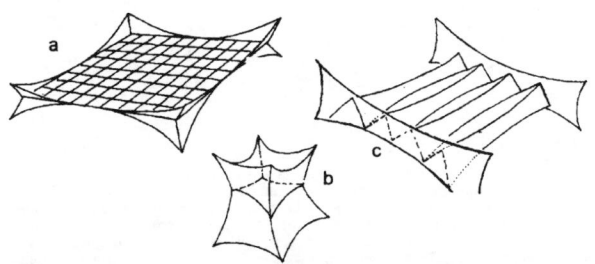

39 Membranen und Seilnetze zwischen Flächentragwerken
a = Seilnetz zwischen Membranen verankert, b = räumlich gekrümmte mittlere Membrane zwischen zwei äußeren Membranen, c = wellenförmige Membrane zwischen zwei seilbegrenzte Membranen gespannt.

433

Zelttragwerke

Vorgespannte zugbeanspruchte Konstruktionen

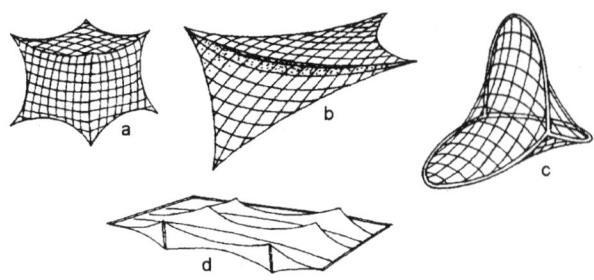

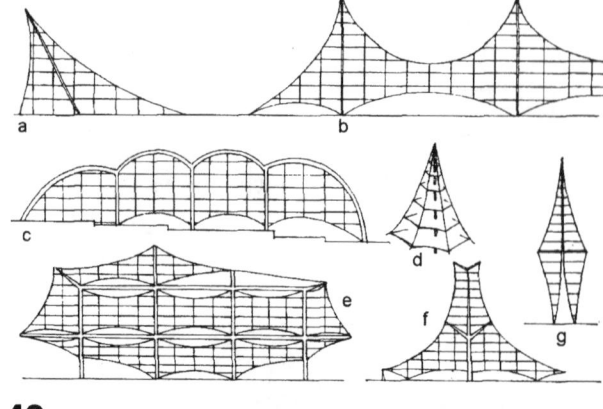

40 Hohlkörper aus vorgespannten Membranen und Seilnetzen
a = Würfel mit sechs gleichgestalteten Netzen, b, c = Hohlkörper aus zusammengesetzten Sattelflächen, d = wellenförmige Membranen und Seilnetze umschließen flache kissenförmige Hohlräume.

43 Raumseilnetze mit mittleren Unterstützungen
a = durch schrägliegenden Stab, b = durch zwei senkrechte Stäbe, c = durch druckbeanspruchte Konstruktion mit drei senkrechten mittleren Stützenkonstruktionen, d = Aussteifung Mittelmast durch horizontal verlaufende Seile, e = drucksteife Konstruktionsglieder, die im äußeren Bereich zugbegrenzt sind, f = Mittelmast mit Spreizarmen, g = Ausweitung Zugkonstruktion durch horizontale Druckscheibe in Bauwerksmitte.

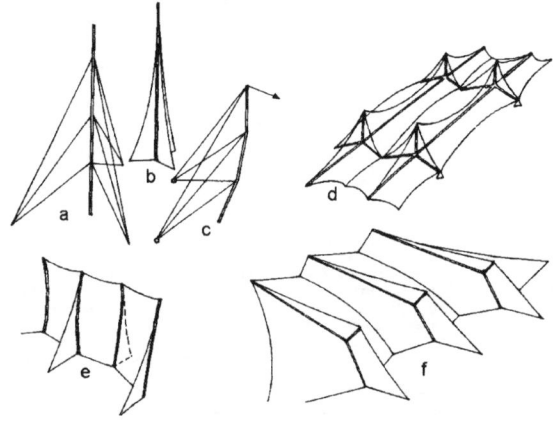

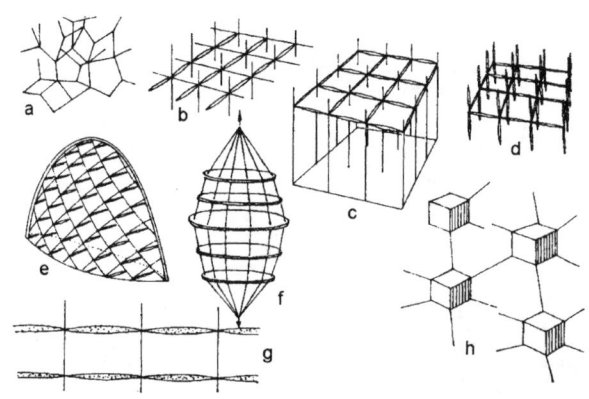

41 Dreidimensionale Tragsysteme aus vorgespannten Seilen oder Membranen
a = nach drei Richtungen mit vorgespannten Seilen (mehrfach) abgespannte Druckstäbe, b, c, d, e = Abspannung durch Membranen oder Seilnetzflächen. Durch Krümmung des Druckstabes ist dritte Abspannungsrichtung entbehrlich, wenn Druckstab ausreichende Last tragen muß (z.B. durch vorgespannte Seilnetzkonstruktionen), f = Kragkonstruktion mit leicht gekrümmtem bzw. abgeknicktem Druckstab.

44 Vorgespannte Raumseilnetze mit druck- und biegesteifen Stäben und Platten
a, b, c, d = Übergang von reinen zugbeanspruchten Systemen zu biege- und drucksteifen Skeletten, e = zwei diagonal gespannte flächige Seilnetze in einem Bogen verbunden und durch Stäbe auseinandergedrückt, f, g = Kombination von Seilnetzen (senkrecht) und biegesteifen Scheiben (waagerecht) oder mit zugbeanspruchter Kissenkonstruktion (g), h = Kombination dreidimensionaler Körper mit eindimensionalen Seilen in räumlicher Anordnung.

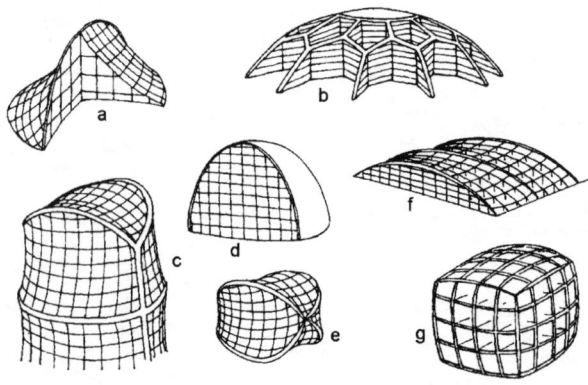

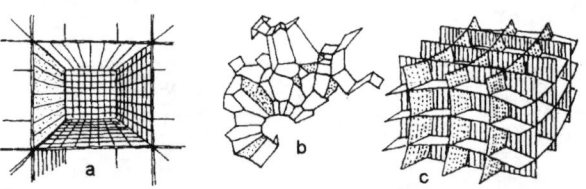

42 Randbegrenzungen von vorgespannten Raumseilnetzen
a = mittlerer senkrechter Bogen und zwei auf beiden Seiten anschließende sattelförmig gekrümmte vorgespannte Seilnetze, mit Aufteilung Hohlraum durch zusätzliche Raumseilnetze, b = weitmaschige Stabwerkskuppel mit eingehängtem Raumseilnetz, c = Rahmenkonstruktion aus Druckstäben und Ringen mit zwischengespanntem sattelförmig gekrümmtem Seilnetz und eingehängtem Raumseilnetz, d = Raumseilnetz von drucksteifer Schale umschlossen, e, f = Hohlkörper mit ausfüllendem Raumseilnetz, g = inneres Raumseilnetz durch äußere druckbeanspruchte Gitterschalenkonstruktion abgefangen.

45 Vorgespannte zugbeanspruchte Raumflächentragwerke
a = Raumseilnetz, b = räumlicher Verbund aus Membranen, c = Raumflächentragwerk aus sich durchdringenden ebenen, synklastisch und antiklastisch gekrümmten Flächen.

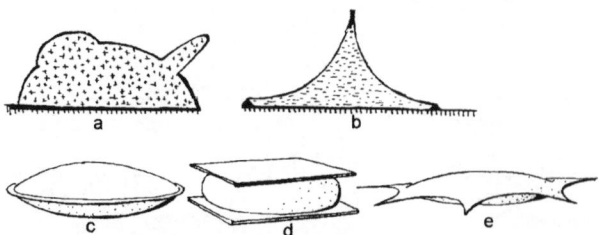

46 Vorgespannte pneumatische Membrankonstruktionen
a = Konstruktion unter Überdruck, b = Konstruktion unter Unterdruck, c = druckbeansprucht, d = biegebeansprucht, e = zugbeansprucht.

Zugverankerungen

Beispiele für Zugverankerung im Baugrund (nach Lit. 16, 17)

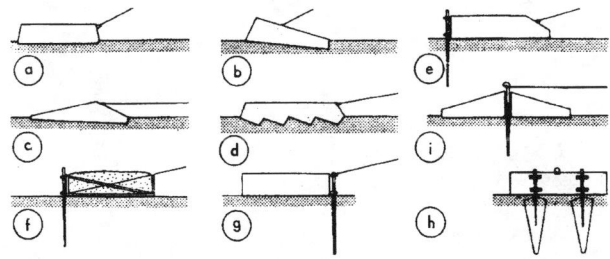

1 Aufliegender Betonklotz
$\alpha = 0^\circ - 45^\circ$

Widerstand durch Reibung, größte Tiefe: 20 cm α und Grundfläche sind veränderliche Größen.

- a = Quaderform
- b = Keilform
- c = Pyramide
- d = Betonklotz mit aufgerauhter Unterfläche
- e = Betonklotz mit rückwärtigen Ankern zur Widerstandsvergrößerung
- f = Variante zu e: stabiler Behälter mit Sand oder Wasser gefüllt
- g = Betonklotz mit vorderseitigem Anker
- h = Vorderansicht zu g
- i = Anker in der Mitte

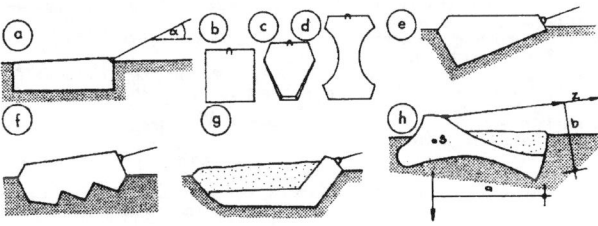

2 Vertiefter Betonklotz
$\alpha = 0^\circ - 45^\circ$

Größte Tiefe etwa 70 cm, α und Grundfläche sind veränderliche Größen.

- a = Eingegrabener Quader
- b–d = Verschiedene Grundrissformen
- e = Bergauf gleitender Klotz
- f = Bergauf gleitender Klotz mit Verzahnung
- g = Winkelform mit Erdauflast
- h = Betonklotz für Flachzug. Die Last greift hinten und außermittig an.
  $M_F = S.a$ muß größer sein als $M_Z = Z.b$!

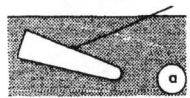  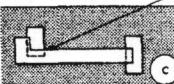

3 Betonklotz im Baugrund bei Flachzug
$\alpha = 0^\circ - 45^\circ$
- a = Keilform
- b = Winkelform
- c = Zusammengesetzt aus Fertigteilen

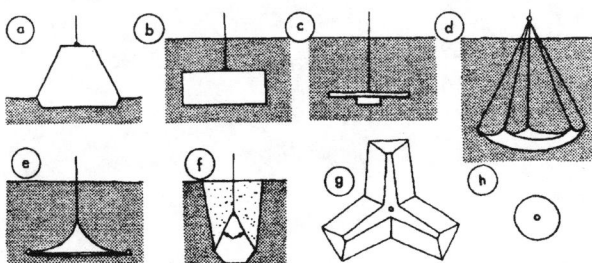

4 Verankerung zur Aufnahme senkrechter Zuglast
$\alpha = 70^\circ - 90^\circ$
- a = Aufliegender Betonklotz
- b = Betonklotz im Baugrund mit Erdauflast. Widerstand durch Eigengewicht, Erdauflast, Bruch erfolgt kegelig
- c = Die eingegrabene Ankerplatte. Der Widerstand wird nur durch Bodenauflast hervorgerufen. Eigengewicht sehr gering
- d = Eingegrabener fallschirmartiger Anker aus Blech oder Gewebe
- e = Blech- oder Drahtgewebekegel zwischen einem Stahlrohrring
- f = Keilförmiger Betonklotz, der den Baugrund seitlich verspannt und dadurch voraussichtlich einen flacheren Bodenbruch hervorruft
- g = Grundriß für Zugkegel
- h = Grundriß für keilförmigen Stern

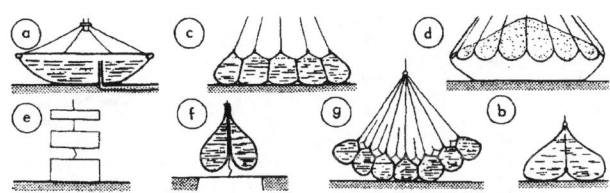

5 Gewichtsverankerungen von senkrechtem Zug
$\alpha = 80^\circ - 90^\circ$

Gewichte liegen auf dem Boden. Hierzu eignen sich Betonklötze, Eisenbarren, aber auch Sand- oder Wassersäcke.

- a = Stahlrohrring mit eingehängtem Wassersack, der durch das Regenwasser einer Innenentwässerung gespeist wird. Ein Abfluß verhindert das Überlaufen. Geeignet bei weitspannenden Großflächenüberdachungen auf dem Prinzip der aufwärts und abwärts gebuckelten Membranen
- b = Wassersack mit angehängtem Boden
- c = Einzeln angehängte Wasser- oder Sandsäcke
- d = Fallschirmartige Tuchfläche, die mit Sand oder Kies gefüllt ist

Häufig ist ein federndes Verhalten der Gewichte zum Ausgleich von Feuchtigkeit oder Wärmeschwankung im Bauwerk gewünscht.

- e = Prinzipskizze, Betonklötze werden nacheinander angehoben
- f = Ein im Baugrund verankertes Seil wird durch einen Wassersack gespannt. Erst wenn das Gewicht des Wassersacks überwunden ist, kommt die volle Tragfähigkeit zur Geltung
- g = Wasser- bzw. Sandsäcke sind so angehängt, daß sie sich allmählich vom Boden erheben und dacurch eine weiche Federstrecke erzeugen

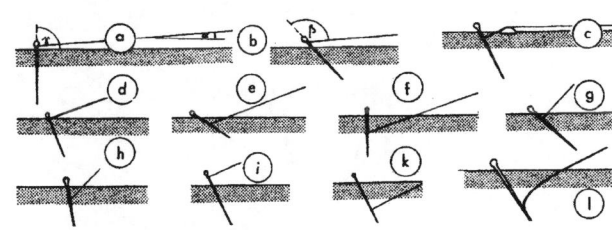

6 Ankerpfahl
Bei Horizontalzug: $\alpha = 0^\circ - 10^\circ$

- a = Senkrechter Pfahl. Last greift am Kopf an
- b = Pfahl neigt, $\beta = 100^\circ - 140^\circ$
- c = Pfahl mit Druckschwelle
  Bei Flachzug: $\alpha = 10^\circ - 40^\circ$
- d = Pfahl rechtwinklig zur Zugrichtung, $\beta = 80^\circ - 100^\circ$
- e = Pfahl sehr flach, $\beta = 100^\circ - 140^\circ$
- f = Pfahl sehr steil, $\beta = 50^\circ - 80^\circ$
  $\gamma = 80^\circ - 100^\circ$
  Bei steilerem Zug: $\alpha = 40^\circ - 65^\circ$
- g = Pfahl rechtwinklig zur Zugrichtung: $\beta = 80^\circ - 100^\circ$
- h = Pfahl sehr steil, $\alpha = 40^\circ - 80^\circ$
  $\gamma = 80^\circ - 100^\circ$

Pfähle eignen sich nicht zur Aufnahme von Steilzugkräften: $\alpha = 65^\circ - 90^\circ$
Angriffspunkt:
- i = Angriff der Last am Pfahlkopf
- k = Angriff der Last am Pfahl in verschiedener Höhe
- l = Tiefer Angriffspunkt bei eingetriebenem Seil, das sich unter der Zuglast in den Boden einschneidet

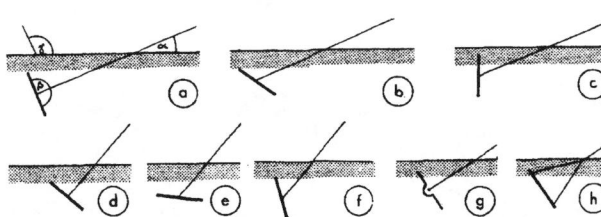

7 Ankerplatten
Bei Flachzug: $\alpha = 10^\circ - 40^\circ$

- a = Ankerplatte rechtwinklig zur Zugrichtung, $\beta = 80^\circ - 100^\circ$
- b = Ankerplatte stark geneigt, $\beta = 100^\circ - 140^\circ$ (Pflugscharwirkung)
- c = Ankerplatte annähernd senkrecht, $\gamma = 90^\circ$
  Bei steilerem Zug: $\alpha = 40^\circ - 65^\circ$
- d = Ankerplatte rechtwinklig zur Zugrichtung, $\beta = 80^\circ - 100^\circ$
- e = Ankerplatte als Pflugschar, $\beta = 100^\circ - 140^\circ$
- f = Ankerplatte annähernd senkrecht, $\gamma = 70^\circ - 90^\circ$

Angriffspunkt:
- g = Ankerplatte bei mittigem Kraftangriff
- h = Ankerplatte bei tiefem Kraftangriff

Zugverankerungen

Beispiele für Zugverankerung im Baugrund (nach Lit. 16. 17)

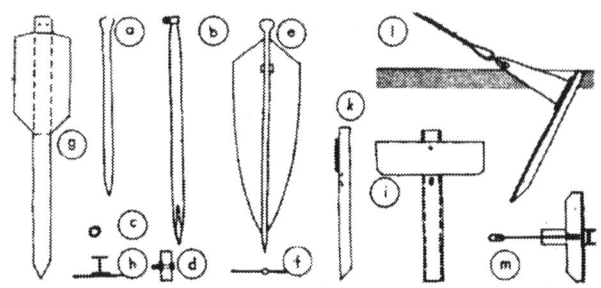

8 Der eingeschlagene Pfahl

a = Normaler Erdnagel aus Stahl
b = Holzpfahl mit Stahlspitze und Stahlfassung
c und d = Grundrisse, rund und rechteckig
e = Flügelanker mit tief ansetzendem Seil
f = Grundriss
g = Schwerer Peiner-Träger mit aufgeschweißter Stahlplatte
h = Grundriss
i = Aus zwei einzelnen Teilen bestehender Kreuzanker
k = Seitenansicht
l = Kreuzanker aus drei Teilen mit starkem Schneidblech, bei dem das Seil nicht im Baugrund liegt
m = Grundriss

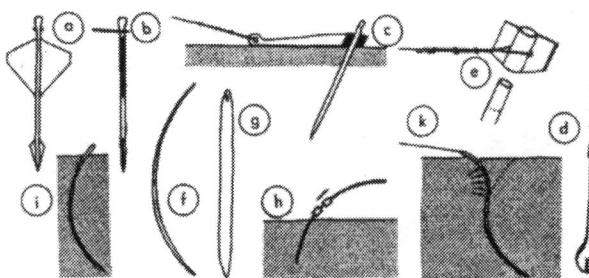

9 Der eingeschlagene Pfahl

a = Flügelanker mit kleinem Flügel an der Spitze und großem Flügel am Kopf
b = Seitenansicht
c = Winkelanker. Die Last wird nicht direkt zum Widerstandsschwerpunkt übertragen, sondern über den Pfahlkopf mittels eines schweren Gussteils oder geschweißter Konstruktion
d = Grundriss zu c
e = Pfahl mit nachträglich eingeschlagenem Flügel
f = Seitenansicht eines krummen Federstahlankers mit elastischem Kopf und steiferer Spitze
g = Vorderansicht
h = Der krumme Federstahlanker wird mit einem Schlaggerät eingetrieben
i = Der krumme Federstahlanker im Baugrund
k = Die Verformung des krummen Federstahlankers bei Belastung

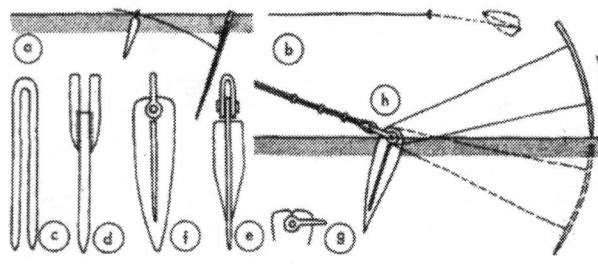

10 Der Justieranker

a = Justier- und Hauptanker im Baugrund
b = Grundriss
c – g = Verschiedene Justierankerformen
h = Die Seilkraft greift hier am Justieranker an, der durch ein eingeschlagenes Ankerblech in seiner Lage gehalten wird

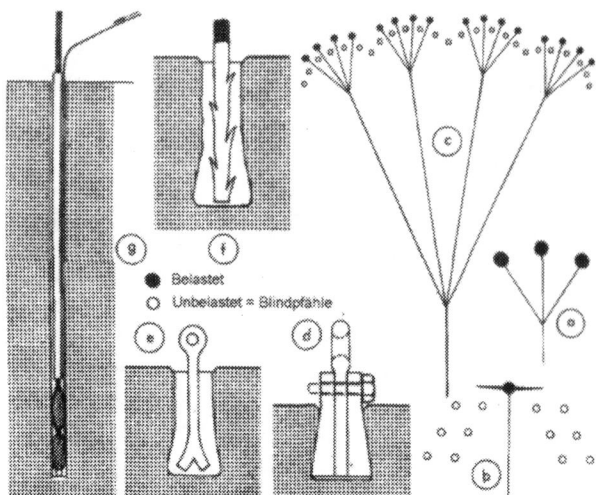

Belastet
Unbelastet = Blindpfähle

11 Pfahlgruppen bei Flachzug
a = Drei Pfähle werden belastet
b = Durch Schlagen von unbelasteten (Blind-)Pfählen wird der Baugrund vor einem schweren Flügelanker verdichtet, so dass voraussichtlich ein bedeutend größeres Gebiet zur Belastung herangezogen wird
c = Die Aufspaltung einer sehr großen Zugkraft auf 16 belastete Anker, die durch 25 Blindpfähle noch verstärkt werden
d = Alte lösbare Verankerung, die aus zwei Keilen und einem Mittelstück besteht. Die Keile werden einzeln in ein schwalbenschwanzförmiges Loch eingeführt und mit dem Mittelteil auseinandergedrückt
e und f = Eingegossener Bolzen in geschlagenen Löchern. Vergussmasse: Zementmörtel, aber auch Blei.
g = Die Verankerung eines Seiles in einem Bohrloch. Das Seil wird in Abständen vom Seilende abgebunden. Durch das Eigengewicht fächert es sich im Bohrloch auf. Man injiziert in das Bohrloch Zementmörtel unter hohem Druck. Damit die eigentliche Seilverankerung erst in großer Tiefe erfolgt, umhüllt man das Seil im oberen Teil mit Bitumen.

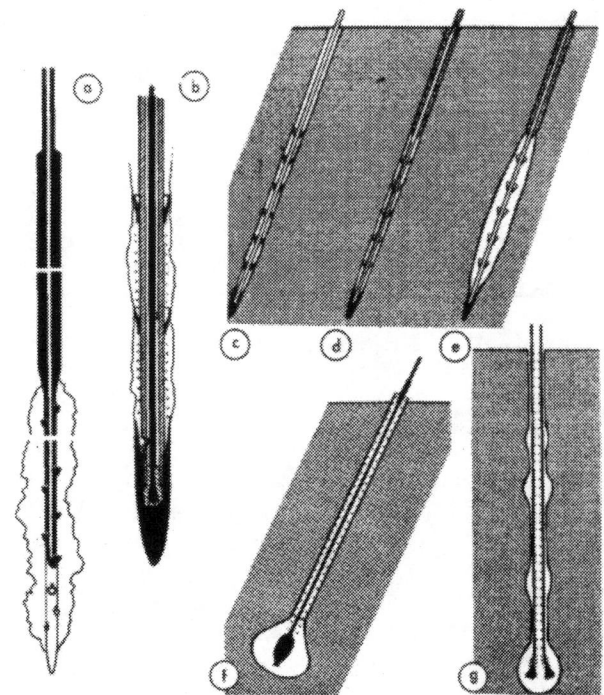

12 Ankernadeln
a = Ankernadeln für chemische Bodenverfestigung in rolligen, aber auch in bindigen Böden. Die Nadel wird eingeführt und nach der Injektion durch den verfestigten Boden festgehalten. Nocken wirken zur Vergrößerung des Widerstandes. Ein Bitumenmantel schützt den gefährdeten Teil der Nadel gegen Korrosion.
b = Ankernadel für eine Verfestigung mit Zementmörtel in rolligen Böden
c = Die Nadel ist eingetrieben
d = Mit dickflüssigem Zementmörtel wird der Hohlraum zwischen Nadel und Baugrund bis zur obersten Manschette gefüllt und propfenartig verschlossen
e = Unter hohem Druck (5-50 atü) presst man Zementmörtel durch die Nadel in den Baugrund, der dadurch verdichtet wird. Die Nadel ist fest verankert
f = Bohrpfahl nach dem System Lorenz. Glatter Schaft und dicker Fuß. Pfahlneigungen bis zur Horizontalen (z.B. als Zugpfähle für Kaimauern)
g = Rüttelbetonpfahl, System Zeissl-Mast. Der Beton wird bei gleichzeitigem Ziehen des Bohrrohres in das Bohrloch eingestampft und verspannt so den Baugrund. Hohe Mantelreibung bei Zugpfählen

Zugverankerungen

Beispiele für Zugverankerung im Baugrund (nach Lit. 16, 17)

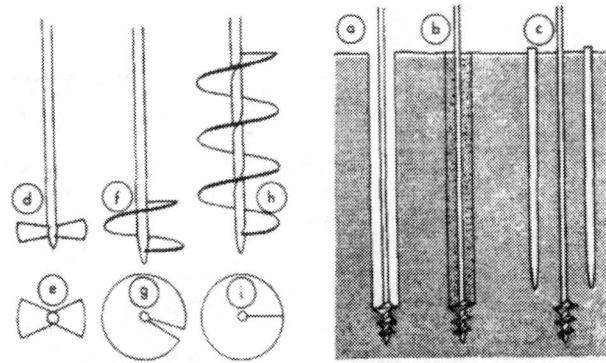

13 Eingebohrte Anker

a = Ein sich selbst vorwärtspressender Bohrer wird in das Erdreich gedreht
b = Das im Bohrloch verbliebene Erdreich wird nachgefüllt und verdichtet
c = Die Tragfähigkeit eines Bohrankers kann durch seitlich eingeschlagene Blindpfähle erhöht werden
d = Flügelbohrer
e = Grundriss
f = Spiralbohrer aus einer verzogenen Stahlscheibe
g = Grundriss
h = Langer Spiralbohrer
i = Grundriss

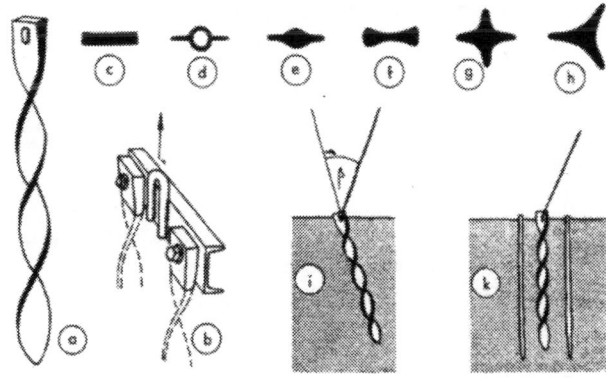

14 Anker aus gedrehten Pfählen
Für Steilzug; $\alpha = 60°–90°$

a = Gedrehter Pfahl aus einem Bandeisen
b = In Bild b ist skizziert, wie man das Herausdrehen verhindern kann.
Wird der Pfahl beim Herausziehen am Drehen gehindert, so vermag er einen
beträchtlichen Widerstand aufzunehmen, da die schiefen Ebenen der Gewinde-
fläche den passiven Erddruck mobilisieren können.
c–h = Verschiedene Querschnittsformen von gedrehten Pfählen. Formen mit großer
Drehsteifigkeit kommt eine besondere Bedeutung zu (z.B. Bild h).
i = Gedrehte Anker nicht in Achsrichtung, sondern in einem besonders günstigen
Winkel (β) auf Zug beansprucht
k = Zwei Blindpfähle zur Verdichtung und Verspannung eines gedrehten Pfahles.

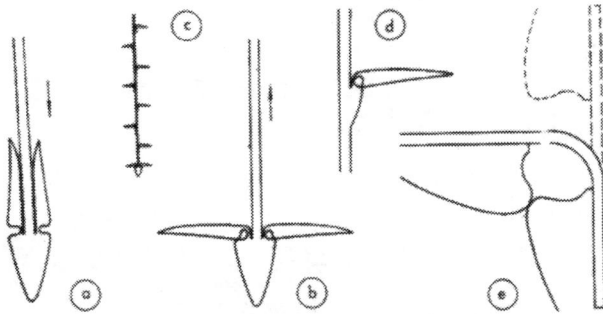

15 Der Harpunenanker

a = Der Harpunenanker beim Einschlagen
b = Nach dem Abspreizen der Widerstandsflächen
c = Ein Harpunenanker mit weiteren zusätzlichen Widerstandsflächen
d = Eine Widerstandsfläche am Ankerschaft
e = Der Drehpunkt der einzelnen Ankerflächen wird durch eine Stahlfeder mit zwei
Gussstahlbacken gebildet

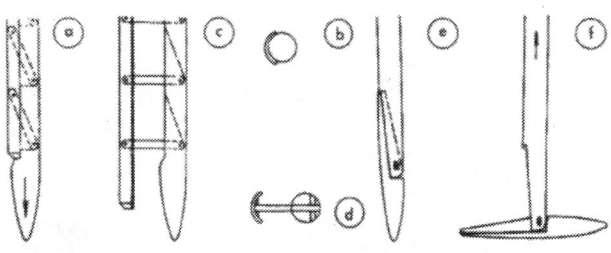

16 Ankernadel mit abspreizender Widerstandsfläche

a = Nadel beim Eintreiben
b = Grundriss zu a
c = Nadel beim Herausziehen, die Widerstandsfläche ist abgespreizt
d = Grundriss zu c

Diese Ankernadel wird eingetrieben – beim Herausziehen klappt die Spitze ab und
bildet eine Widerstandsfläche.
e = Nadel beim Hineintreiben
f = Nadel mit abgeklappter Spitze unter Zugbelastung

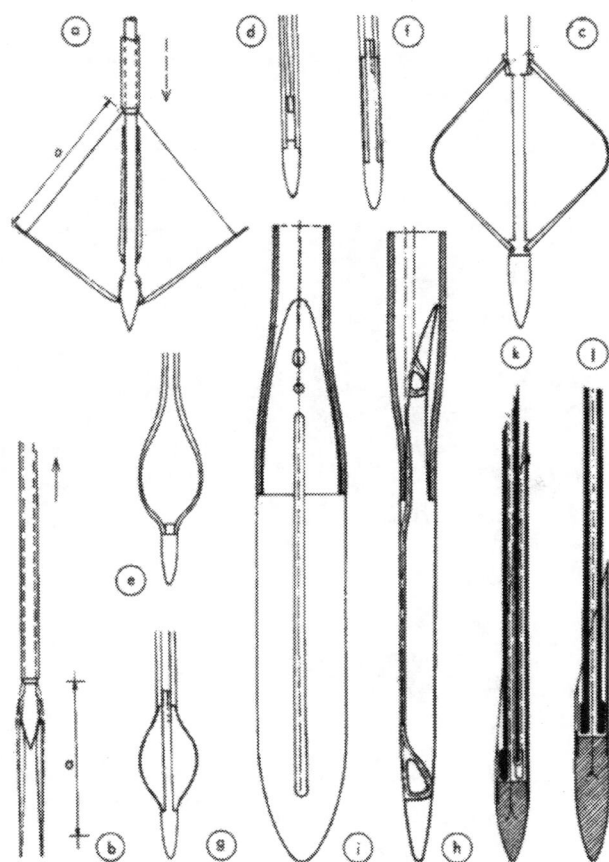

17 Ankernadel mit abspreizenden Widerstandsflächen

a = Ein Rundstahl mit Spitze steckt in einem Stahlrohr. Zwei bis sechs Widerstandsflächen sind an der Spitze angehängt. Beim Eintreiben legen sie sich an den
Rundstahl an. Beim Anziehen des Rundstahles verharrt das Stahlrohr, die Enden
der Widerstandsflächen sind mit dem Stahlrohr durch Seile verbunden und spreizen sich ab
b = Beim Ziehen klappen die Widerstandsflächen vollständig um
c = Statt Ankerflächen und Seile sind hier Stahlfedern verwendet, die beim Eintreiben
und Ziehen anliegen und im Boden aufgespreizt werden können
d = Schnitt durch eine Ankernadel mit Explosivladung
e = Die Ankernadel nach der Explosion mit Aufbauchung
f = Ankernadel mit Dünnwandmantel an der Spitze aus sehr zähem Metall oder
Kunststoff
g = Nach dem Auseinanderdrücken mit Pressluft, Presswasser oder Zementmörtel
(bei Dauerverankerung)
h = Schnitt durch eine solche Ankerplatte, die lose in ein aufgeweitetes Stahlrohr
gesteckt ist. Die Seile sind ins Rohrinnere geführt
i = Seitenansicht der Ankerplatte
k = Ankernadel mit übergeschobener Spitze und zwei Seilen (ziehbar)
l = Ankernadel mit übergeschobener Spitze und einem Seil. Beim Anziehen des
Seiles stellt sich die Spitze quer. Diese Nadel kann dann nicht mehr gezogen
werden.

Zugverankerungen

Beispiele für Zugverankerung im Baugrund (nach Lit. 16, 17)

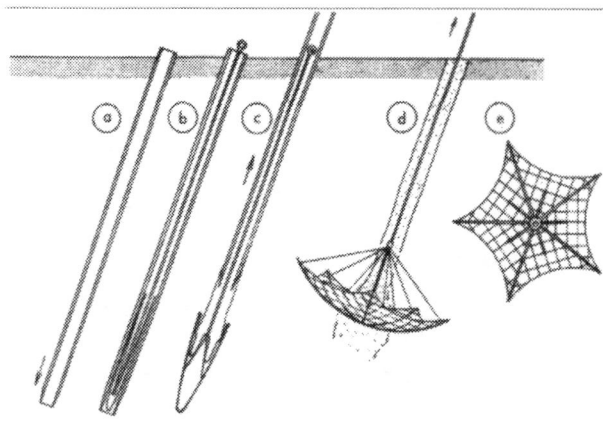

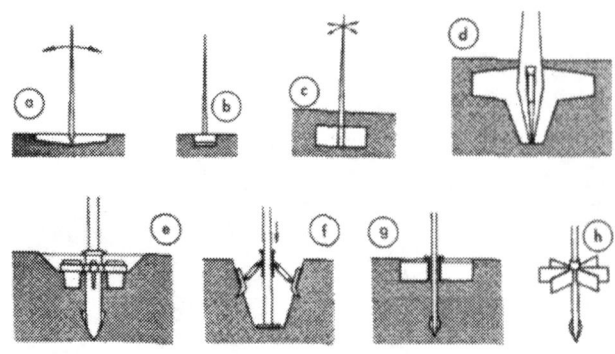

18 Der Fallschirmanker

a = Man bohrt ein Stahlrohr in den Boden
b = und führt den Anker ein
c = Man zieht das Rohr heraus
d = und versucht, den Anker mit der für ihn bemessenen Last herauszuzihen. Er spreizt sich im Boden auf
e = Grundriss des Ankers

21 Anker für eingespannte Stäbe

a = Eine rechteckige Betonplatte wirkt als schwerer Fuß
b = Seitenansicht
c = Ein sternförmiges Fundament erlaubt die Einspannung nach mehreren Seiten
d = Ausbildung des Fundamentes für einen hohen Turm mit vier großen Ankerflächen
e = Transportables Fundament zum Einspannen eines Rundstabes. Ein Stahlrohr wird eingerammt und mit vier Pfählen verkeilt
f = In eine trichterförmige Baugrube wird der einzuspannende Stab gestellt. Die Druckflächen werden gegen die Grubenwandungen gepreßt
g = Ein Stahlrohr wird durch einen Stern von sechs senkrechten Flächen gegen Umkippen gesichert
h = Perspektivische Skizze

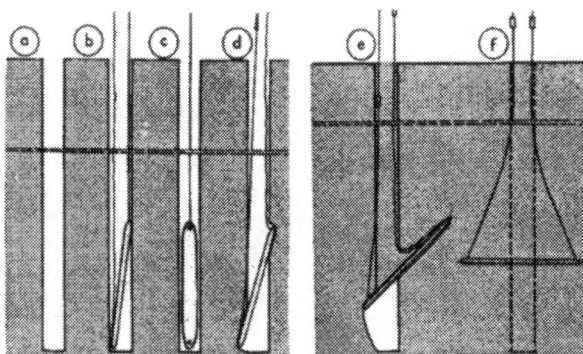

19 Die Ankerplatte im Bohrloch

a = Das Bohrloch
b = Die Ankerplatte nach dem Einlassen, von der Seite gesehen
c = Ansicht von vor
d = Das Seil an der tiefen Spitze der Ankerplatte wird gezogen
e = Der Vorgang des Querstellens
f = Die querstehende Ankerplatte

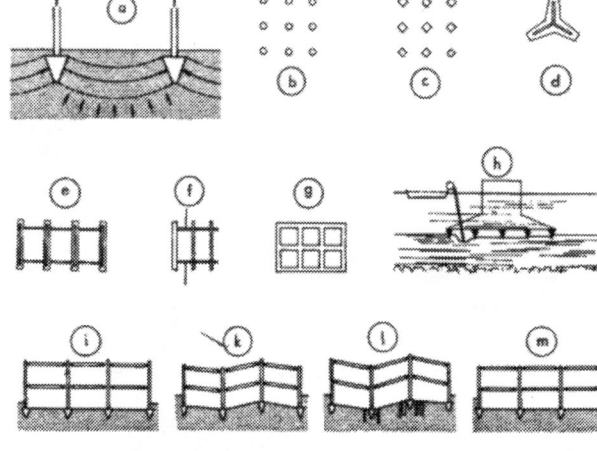

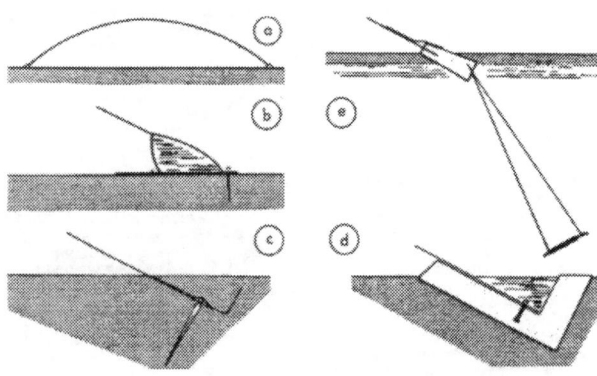

20 Druckdichte Verankerungen

a = Das Problem tritt hauptsächlich bei pneumatischen Bauten auf. Querschnitt durch eine pneumatische Kuppel
b = Verankerungsart von beweglichen pneumatischen Bauten. Am unteren Rande der kuppelförmigen Haut ist ein Wassersack eingenäht, der durch Pfähle in seiner Lage gehalten wird
c = Die Haut ist direkt verankert und eingegraben
d = Die Haut ist in einer ringförmigen Betonwanne unter Wasser verankert
e = Die Haut ist luftdicht mit einem Betonklotz verbunden, der bis in das Grundwasser reicht und bei großen Spannweiten zusätzlich mit tiefen Ankerplatten gesichert ist

22 Keilförmige Druckfundamente

a = Schnitt durch 2 Keilfundamente, die beim Eindringen in den Baugrund diesen verspannen (Gewölbedrucklinien) und dadurch ihre hohe Tragfähigkeit erzielen
b = Grundriss von kegeligen Einzelfundamenten
c = von pyramidenförmigen Fundamenten
d = Keilförmiger Stern
e = Streifenfundamente
f = Senkrechter Schnitt mit Gebäudeauflast
g = Keilrost
h = Gründung eines Brückenpfeilers unter Wasser. Der aus Stahlblech vorgefertigte Keilrost wird versenkt und mit Beton ausgedrückt. Während des Aufführens des Brückenpfeilers und der damit verbundenen ständigen Lasterhöhung baggert oder pumpt man den nicht tragfähigen Baugrund aus den Rahmenöffnungen heraus. Das Fundament wird so bis auf den guten Baugrund abgesenkt. Es kann fast ausschließlich von der Wasseroberfläche aus gearbeitet werden, man ist unabhängig von der Wassertiefe
i = Gründung eines Gebäudes auf Keilfundamenten
k = Baugrundsenkungen (z.B. Bergbau, Erdbeben) haben unterschiedliche Setzungen hervorgerufen (übertrieben gezeichnet)
l = Durch Baugrundlockerung (Herausnahme des Baugrundes in mehreren dünnen Bohrlöchern) an den hochliegenden Fundamenten und Verdichtung des Baugrundes an den tieferen Fundamenten (Einschlagen von Blindpfählen) wird erreicht, dass die höheren Fundamente sich schneller setzen als die niedrigeren
m = Das Gebäude ist gerichtet

Besonders in Verbindung mit Stahlbauten ist es durch Keilfundamente möglich, in Gebieten zu bauen, die eine Bebauung sonst sehr erschweren. Die Korrekturmöglichkeit erspart unwirtschaftliche Überdimensionierungen.

Massive Deckenkonstruktionen für Dächer

Massive Deckenkonstruktionen für Dächer
Planung und Ausführung nach DIN 18530

1 Anwendungsbereich und Zweck

Diese Norm behandelt massive oberseitig wärmegedämmte Deckenkonstruktionen von belüfteten oder nicht belüfteten Dächern über Räumen in Wohngebäuden, sowie in Gebäuden mit raumklimatisch gleichartigen Verhältnissen.

Sie bezieht sich im Wesentlichen auf Maßnahmen zur Verhinderung von Schäden an Wänden und Decken, die vornehmlich durch Formänderungen der Decken und Wände entstehen können, insbesondere auf Rissschäden in den unmittelbar unter den Dächern befindlichen Wänden.

Sie gilt nicht für massive Deckenkonstruktionen aus Leichtbeton und Gasbeton.

2 Begriffe

2.1 Massive Deckenkonstruktionen für Dächer

Massive Deckenkonstruktionen für Dächer, im folgenden kurz "Dachdecken" genannt, sind Vollbetonplattendecken, Stahlbetonrippendecken, Hohlkörperdecken, Stahlsteindecken und massive Fertigteildecken.

2.2 Nicht belüftete Dächer

Nicht belüftete Dächer sind einschalige Dächer, bei denen die zum Dachaufbau gehörenden Schichten unmittelbar aufliegen (Beispiel siehe Bild 1)

2.3 Belüftete Dächer

Belüftete Dächer sind zweischalige Dächer, bei denen die Dachhaut mit ihrer Tragkonstruktion von der Wärmedämmschicht und der Dachdecke durch einen belüfteten Raum, der auch ein nicht ausgebautes Dachgeschoss sein kann, getrennt ist (Beispiel siehe Bild 2)

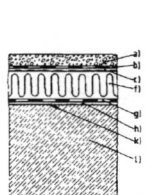 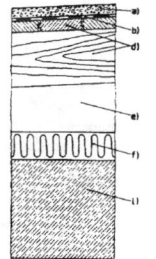

Bild 1.
Beispiel eines nicht belüfteten Daches

Bild 2.
Beispiel eines belüfteten Daches

Erklärungen zu Bild 1 und Bild 2:
a) Oberflächenschutz, z.B. Bestreuung, Anstrich (gespritzt oder gestrichen), Bekiesung, Kiesschüttung oder begehbare Beläge.
b) Dachhaut (Dichtung oder Deckung), sie verhindert das Eindringen der Niederschlagsfeuchte in die Deckenkonstruktion.
c) Dampfdruckausgleichschicht, sie soll den Ausgleich örtlicher Dampfdruckunterschiede ermöglichen.
d) Dachhautträger, Tragkonstruktion der oberen Schale.
e) Belüfteter Dachraum, er trennt die Dachhaut von der wärmegedämmten Decke und soll der Abführung der Bau- und Nutzungsfeuchte dienen.
f) Wärmedämmschicht, sie übernimmt den wesentlichen Teil des Wärmeschutzes und soll durch ihre Anordnung über der Dachdecke Wärmedehnungen gering halten.
g) Dampfsperre, sie soll das Eindringen schädlicher Feuchtigkeitsmengen in die Wärmedämmschicht verhindern.
h) Ausgleichsschicht, sie soll bei örtlichen Bewegungen in der Dachdecke Schäden in den darüber liegenden Schichten verhindern.
k) Voranstrich, er soll die Haftung der Klebemittel verbessern.
l) Dachdecke, Tragkonstruktion des Daches.

3 Verformungen

3.1 Ursachen der Verformungen

Die Verformungen der Dachdecke und der darunter befindlichen Wände werden beeinflusst durch:
a) Äußere Einflüsse
   – Belastung (Eigengewicht, Verkehrslast) – Temperatur – Feuchtigkeit.
b) Stoffeigenschaften
   – Elastizität – Wärmedehnung – Kriechen – Schwinden und Quellen.

3.2 Verformungsarten

In der Dachdecke und den darunter befindlichen Wänden entstehen Längs- und Biegeverformungen.

3.2.1 Längsverformungen

Dachdecken und die unter ihnen liegenden Wände sind aufgrund ihrer Stoffeigenschaften und der äußeren Einflüsse unterschiedlichen Längenänderungen unterworfen. Sind Dachdecke und die Wände miteinander verbunden – was in der Regel der Fall ist –, so zwingen sie sich gegenseitig Verformungen auf, (siehe Bild 3), die bei Überschreitung der Bruchdehnung zu Rissen führen.

Von Bedeutung sind für die Wände vor allem Bewegungen der Dachdecke in Richtung der Wandebene. Bewegungen rechtwinklig zur Wandebene führen wegen der geringen Biegesteifigkeit der Wände in der Regel nicht zu Rissen.

3.2.2 Biegeverformungen

Infolge der Durchbiegung der Dachdecke entstehen an den äußeren Auflagern Deckenverdrehungen (siehe Bild 4). Sofern die Dachdecke der üblichen Baupraxis entsprechend nicht zentrisch und frei drehbar gelagert ist, erhalten die darunter liegenden Wände Biegeverformungen und ungleichmäßige Normalverformungen. Ist der Drehwinkel der Dachdecke α am Deckenauflager größer als derjenige der Wand, so hebt sich die Dachdecke außen von der Wand ab. An den Ecken kann sich die Dachdecke vollständig abheben (siehe Abschnitte 4.1 und 4.2)

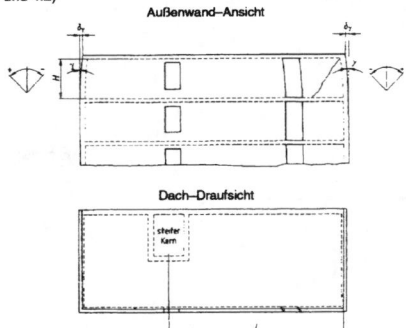

Bild 3. Längenänderung der Dachdecke gegenüber der darunterliegenden Decke

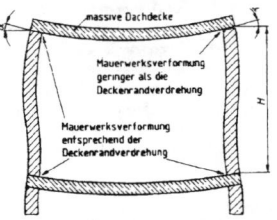

Bild 4. Verformung infolge Durchbiegen der Decken. Die maßgebende Verformung ist der Auflagerdrehwinkel α

4 Konstruktive Planungsgrundsätze

Die Gefahr des Auftretens von Rissen infolge zu großer Verformungen in den Wänden kann durch konstruktive Maßnahmen eingeschränkt werden. Solche Maßnahmen sind z.B.:
– Wahl geeigneter Baustoffkombinationen und Konstruktionsarten von Decken und Wänden bezüglich ihres Verformungsverhaltens,
– hohe äußere Wärmedämmung auf der Dachdecke,
– Anordnung von Trennschichten bzw. von Gleit- oder Verformungslagern zwischen Dachdecke und Wänden,
– Anordnung von Gebäudedehnfugen.

Außerdem ist für die einzelnen Bauteile folgendes zu beachten:

4.1 Dachdecken

Dachdecken müssen ausreichend wärmegeschützt sein. Hinsichtlich des Wärmeschutzes der angrenzenden Aufenthaltsräume siehe die Anforderungen nach DIN 4108 Teil 2.

Unbeschadet der Anforderungen der DIN 4108 Teil 2 an den Mindestwärmeschutz soll der Wärmedurchlasswiderstand der Dämmschicht auf der Dachdecke mindestens

$$1,0 \frac{K \cdot m^2}{W}$$

betragen. Der Wärmedurchlasswiderstand aller Konstruktionsteile unter der Wärmedämmschicht soll höchstens 20 % des gesamten Wärmedurchlasswiderstandes der Dachdecke und der Wärmedämmschicht betragen. Wird diese Bedingung nicht eingehalten, so sind konstruktive Maßnahmen, z.B. verschiebbare Lagerung, vorzusehen oder es ist ein rechnerischer Nachweis über die Unschädlichkeit der Verformungen zu führen.

Bei Auskragungen über die Außenwände hinaus ist die obere Wärmedämmung an den Rand der Dachdecke zu führen. Bei kleineren Auskragungen bis etwa zur doppelten Deckendicke genügt zur Beschränkung der Rissweite neben der statischen Deckenbewehrung und den Ringankern die konstruktiv übliche Randbewehrung.

Bei größeren Auskragungen ist entweder eine Bewehrung einzulegen, die eine Beschränkung der Rissweite auf 0,2 mm sicherstellt, oder es sind im Kragbereich Dehnfugen im Abstand bis etwa zur doppelten Auskragung anzuordnen.

Attiken ohne Tragfunktion sollten stets so ausgebildet werden, dass sie die Dachdecken von thermischen Beanspruchungen weitgehend freihalten. Auch bei Attiken, welche nur als Brüstungen von Dachterrassen statisch genutzt werden, empfiehlt sich die wärmetechnische Trennung von der Dachdecke. Attiken aus Stahlbeton, welche zugleich als Biegeträger über größeren Wandöffnungen und zur Verhinderung der Plattenaufwölbung an den äußeren Ecken dienen, benötigen stets eine vollständige hoch wärmedämmende Umhüllung.

Die untere Deckenbewehrung muss bis auf die in DIN 1045 vorgeschriebene Betondeckung an den Deckenrand herangeführt werden. Über allen Außenwänden und tragenden Innenwänden sind in den Dachdecken oder in den darunter liegenden Stahlbetongurten Ringanker nach DIN 1053 Teil 1 einzulegen.

Gebäudedehn- oder -bewegungsfugen sind in der Dachdecke besonders sorgfältig auszubilden, damit die Längenänderungen der Dachdecke nicht durch die Fugenfüllung behindert werden. Die Fugenbreite muss mindestens 20 mm betragen. Alle Schichten des Daches sind so auszubilden, dass sie ihre Funktionen auch bei Bewegungen der Dachdecke behalten. Die Abdichtung über die Dehnungsfuge muss die Längenänderung dauerhaft aufnehmen.

4.2 Auflager für die Dachdecke

Die Dachdecke darf auf Mauerwerk oder unbewehrten Betonwänden bei mehrgeschossigen Gebäuden mit einer maßgeblichen Verschiebungslänge $L \le 6$ m ohne Nachweis unverschieblich aufgelagert werden (siehe Bild 3).

Bei mehrgeschossigen Gebäuden mit $L > 6$ m und bei eingeschossigen Gebäuden ist entweder eine verschiebbare Lagerung anzuordnen oder ein Nachweis der Unschädlichkeit der Verformungen zu führen.

Zur Vermeidung von Rissen in den Wänden infolge Biegeverformungen der Dachdecke soll bei unverschiebbarer Dachdeckenauflagerung zwischen Dachdecke und unbewehrter Wand im allgemeinen eine Trennschicht (z.B. Bitumen- oder Kunststoffbahn) eingelegt werden. Hierauf kann erfahrungsgemäß nur verzichtet werden, wenn die Biegeschlankheit der Dachdecke auf 30 cm dickem Außenmauerwerk bei bindemittelgebundenen Steinen 2/3 des Wertes nach DIN 1045, Abschnitt 17.7.2 bzw. bei gebrannten Steinen (Ziegel) ½ dieses Wertes nicht überschreitet.

Sind Lager zwischen der Dachdecke und den Wänden erforderlich, so sollen die Deckenlasten im Kernbereich der Wände eingetragen werden. Das Lager muss so beschaffen sein, dass es die Unebenheiten der Unterlage ausgleichen kann. Im allgemeinen sind Dicken von mindestens 4 mm erforderlich.

Werden die Decken verschiebbar auf den tragenden Wänden gelagert, so müssen auch die nicht tragenden Wände so angeschlossen werden, dass sie aus Deckenbewegungen keine Rissschäden erhalten.

Bei nicht vollflächig aufgelagerten Dachdecken müssen Wand- und Deckenputz durch einen Schlitz voneinander getrennt werden. Die Trennfuge an der Außenseite des Dachdeckenauflagers kann durch eine Blende (z.B. durch Herunterziehen der Gesimsabdeckung) überdeckt werden. Diese Blende darf nicht zusätzlich mit der Wand verbunden werden.

4.3 Wände unter der Dachdecke

Wird die Dachdecke auf den Wänden verschiebbar gelagert, so muss die obere Wandende so ausgebildet werden, dass die obere Horizontalaussteifung der Wände auch ohne Dachdecke gewährleistet ist.

Wird nach dem Abschnitt 4.2 ein rechnerischer Nachweis für die Verformungen erforderlich, so kann dieser bei Mauerwerk und unbewehrten Betonwänden unter Zuhilfenahme der beiden nachstehenden charakteristischen Werte geführt werden, welche auf langjährigen praktischen Erfahrungen beruhen.

Ein Maß für die Verträglichkeit von Decken- und Wandbaustoffen bildet die Dehnungsdifferenz δ_x. Diese Dehnungsdifferenz δ_x stellt den Unterschied zwischen den unbehinderten Dehnungen von Decken und tragenden Wänden des obersten Geschosses dar, welche bei fester Deckenauflagerung durch Zwängungsspannungen ausgeglichen werden muss. Die Dehnungsdifferenz δ_x der stets langsam verlaufenden Bewegungen darf bei fester Auflagerung der Dachdecke folgende Werte nicht überschreiten:

– 0,4 mm/m Verkürzung bzw.
+ 0,2 mm/m Verlängerung.

Die Grundrissabmessungen einer Dachdecke werden durch den Grenzwert für den Verschiebewinkel γ begrenzt (siehe Bild 3). Dieser Verschiebewinkel γ zwischen Dachdecke und Decke darunter gibt auf die Geschosshöhe bezogen die Verformungsrungsdifferenz beider an, welche einen Anhaltswert für die Schubbeanspruchung der fest mit beiden Decken verbundenen Wände darstellt. Bei unbewehrten Wänden bis zu 3,5 m Höhe darf der Verschiebewinkel

$$\gamma = \frac{\delta_y}{H}$$

bei fester Auflagerung der Dachdecke höchstens folgende Werte erreichen:
– ¹/2500 bis + ¹/2500.

Massive Deckenkonstruktionen für Dächer

Belüftete Dächer nach DIN 4108 [1]

Dachneigung	Sparrenlänge	Geforderte diffusions-äquivalente Luftschicht-dicke s_d [3]	Mindestlüftungsquerschnitt [2]		
			Dachbereich (Lüftungshöhe)	Traufe	First/Grat
< 10 °	≤ 10 m [4]	≥ 10 m	≥ 5 cm [5]	≥ 2 ‰ der gesamten [6] Dachgrundrissfläche an mindestens zwei gegenüber-liegenden Traufen	
≥ 10 °	≤ 10 m ≤ 15 m > 15 m	≥ 2 m ≥ 5 m ≥ 10 m	≥ 200 cm²/m und ≥ 2 cm	≥ 2 ‰ der zugeh. Dach-fläche an zwei gegenüberl. Traufen und ≥ 200 cm²/m	≥ 0,5 ‰ der gesamten geneigten Dachfläche

[1] Bei nichtklimatisierten Wohn- und Bürogebäuden sowie vergleichbar genutzten Gebäuden.

[2] Baustellenbedingte Ungenauigkeiten, Maßtoleranzen, Querschnittseinengungen, Lüftungsgitter u.ä. sind mit ihrem Einfluss auf die Lüftungsquerschnitte bei der Planung zu berücksichtigen.

[3] Die diffusionsäquivalente Luftschichtdicke s_d läßt sich hierbei errechnen aus

$s_d = \mu \cdot s$

μ ist die Wasserdampfdiffusions-Widerstandszahl,
s ist die Schichtdicke in Meter.

Angaben über den Wasserdampfdiffusions–Widerstand sind gegebenenfalls beim Hersteller zu erfragen.

[4] Ist der Lüftungsweg länger als 10 m, sind besondere Maßnahmen erforderlich.

[5] Mindestwert nach Norm. Insbesondere bei flachen Dächern werden mindestens 15 cm empfoh-len.

[6] Empfohlen wird ein freier Lüftungsquerschnitt von mindestens 200 cm²/m.

Ableitung der Niederschläge von Flachdächern

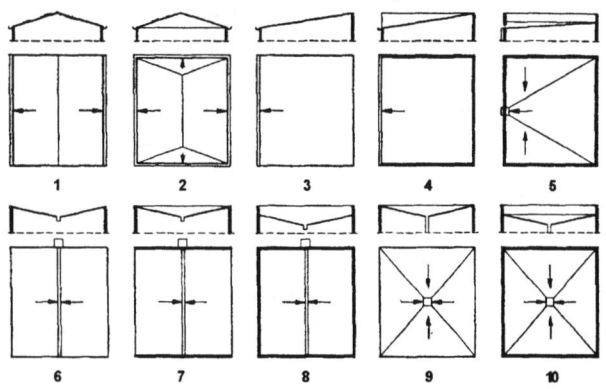

1 beim Satteldach nach 2 Traufen (Ortgangausbildung an den 2 Giebeln sorgfältig ausführen); 2 beim Walmdach nach 4 Traufen; 3 bis 5 beim Pultdach nach einer Traufe; 6 bis 8 beim konkaven Satteldach über eine innere Rinne nach einem äußeren Fallrohr; 9, 10 beim konkaven Walmdach nach einem inneren Fallrohr. Bei den Ausführungen 5 bis 10 Gefahr des Verstopfens von Leitungen durch Schnee, Eis und Laub beachten!

Konstruktionsarten der Flachdächer

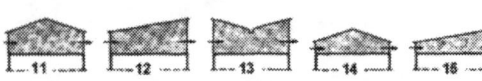

11 bis 13 begehbarer Bodenraum, 14 bis 16 Kriechboden zwischen Wohngeschossen und Flachdach.

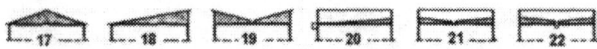

17 bis 22 Flachdach = Wohngeschossdecke, in 20 bis 22 außerdem begehbar (durch Brüstungen gesichert).

Dachauflager, Konstruktionsarten

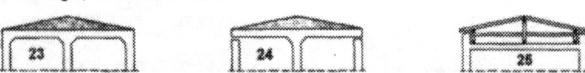

23 auf Betonrahmen mit biegefesten Rahmenecken 24 auf Betonrahmen mit biegefestem Mittelstützenanschluss und Gleitlagern auf Außenstützen 25 Holzdachbinder nicht auf Außenwänden, sondern auf besonderen, durch Doppelzangen gesicherten Stützen gelagert.

26 auf Stahlrahmen mit biegefesten Rahmenecken; 27 auf Stahlrahmen mit biegefesten Anschlüssen der Außenstützen und Gelenkanschluss der Innenstütze; 28 auf Stahlrahmen mit biegefestem Anschluss der Innenstütze und Gelenkanschlüssen der Außenstützen; 29 auf Stahlrahmen mit Gelenkanschlüssen aller Stützen.

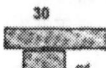 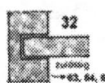

30 bis 33 Dachdeckenauflager; Decke auf Gleitlager über Umfassung greifend → 30; Decke mit Gleitlager auf Umfassung gelagert, Umfassung bis Oberkante Decke hochgezogen → 31; Decke mit Gleitlager in Umfassung eingeschoben → 32; Decke auf Randträger gelagert, von Umfassung vollkommen getrennt → 33.

Gefälle von Flachdächern, Konstruktionsarten

Gefälle durch waagerechte Dachplatte mit Gefällebeton → 34. Gefälle durch in der Höhe versetzte Dachplatten mit Gefällebeton → 35 (unterschiedliche lichte Raumhöhen!). Gefälle durch geneigte Dachplatten → 36 (schräge Deckenuntersicht kann durch untergehängte gerade Blinddecke vermieden werden!).

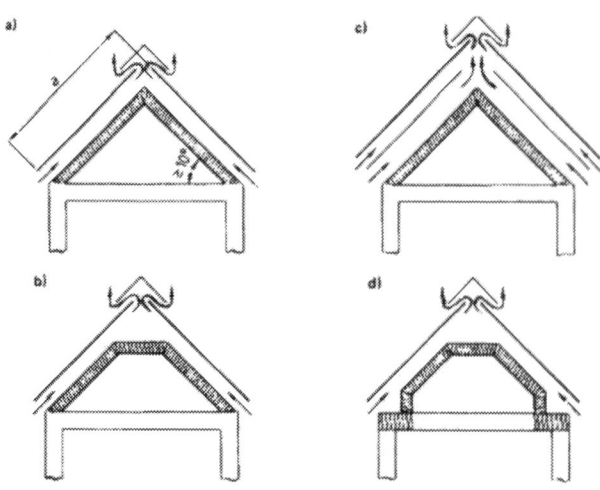

Beispiele für belüftete Dächer mit einer Dachneigung ≥ 10 ° (schematisiert)

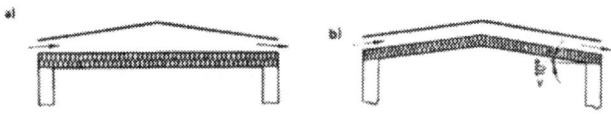

Beispiele für belüftete Dächer mit einer Dachneidung < 10 ° (schematisiert)

5 Feuchteschutz

5.1 Nicht belüftete Dächer

Zur Verhinderung einer unzulässigen Tauwasserbildung in der Wärmedämmschicht und an der Dachabdichtung als Folge von Wasserdampfdiffusion aus dem darunter liegenden Raum bzw. aus der baufeuchten Dachdecke ist zwischen Dachdecke und Wärmedämmschicht eine Dampfsperre anzuordnen. Nach DIN 4108 Teil 3, Abschnitt 3.2.3 ist ein Nachweis des Tauwasserausfalls nicht erforderlich, wenn die diffusionsäquivalente Luftschichtdicke s_d [1] der Dampfsperre mindestens 100 m beträgt. Die diffusionsäquivalente Luftschichtdicke $s_d \geq 100$ m darf bis zu einem Mindestwert von $s_d = 10$ m unterschritten werden, wenn der rechnerische Nachweis nach DIN 4108 Teil 3 und Teil 5 ergibt, dass die maximale Tauwassermasse in der Tauperiode 500 g/m² nicht überschreitet.

5.2 Belüftete Dächer

Für belüftete Dächer sind die Lüftungsöffnungen, die Lüftungsquerschnitte und die diffusions-äquivalenten Luftschichtdicken s_d der unterhalb des belüfteten Raumes angeordneten Bauteilschichten entsprechend DIN 4108 Teil 3, Abschnitt 3.2.3.3.1 einzuhalten. Die Dachkon-struktion ist darüber hinaus so auszubilden, dass kein Tauwasser von der Unterseite der Dachhaut bzw. Tragkonstruktion auf die Wärmedämmschicht abtropfen kann. Dies lässt sich durch wasseraufnahmefähige Baustoffe über dem Luftraum erreichen.

Ableitung der Niederschläge durch Gefälle in der Dachoberfläche → 1 bis 10. Lösungen, die Wasser vom Hause fortleiten → 1 bis 4 sind zu bevorzugen. Beachten: geringes Gefälle verlangsamt Abfluss; Anschluss muss auch dem Fall Rechnung tragen, dass Wasser auf den Dachflächen (besonders bei hochgeführten Brüstungen!) stehen bleibt! Anschluss muss mindestens 10 cm über höchstem Stauspiegel liegen!
Unterscheide starre und nachgiebige Anschlüsse! Starre Anschlüsse nur zulässig, wenn keine Bewegung der verbundenen Flächen gegeneinander zu erwarten ist. Bewegliche Anschlüsse bei Durchdringung der Dachfläche (z.B. Schornsteine, Dunstrohre) und bei Bewegungsfugen erforderlich.

Konstruktionsarten der Flachdächer nach Grundsätzen, die vom Bauentwurf abhängen → 11 bis 22. Begehbarer Boden → 11 bis 13 oder Kriechboden → 14 bis 16 immer vorteilhaft als Luftpolster zwischen oberstem Wohngeschoss und Dachdecke. Bei Ausführungen 11, 14, 17 können sich unter dem First Warmluftsäcke bilden, deren Stauhöhe bis Sturzhöhe Bodenfens-ter reicht (Schwitzwassergefahr am Mauerwerk über Sturz!). Deshalb First entlüften! Bei Ausführungen 12, 15, 18 unmittelbar unter höher gelegener Traufe, bei 13, 16, 19 unter beiden Traufen Entlüftung anordnen! Bei Ausführungen 20 bis 22 auf Wärmedämmung der Dachdecke und Dichtung unter Taupunktzone besonders achten!

Das **Dachdeckenauflager** muss sich organisch aus dem konstruktiven Aufbau des gesamten Bauwerkes ergeben → 23 bis 33. Tragkonstruktion des Daches in Skelettbauten in das statische System einbeziehen! Bei Massivbauten dicke massive Dachdecken anstreben (wird durch große Decken–Stützweiten oder niedrige Stahlspannung erreicht)! Kreuzweise Beweh-rung der Decken ist vorteilhaft. Auflager der Decken → 30 bis 33. Der Gefällebeton wird nach 34 bis 36 ausgeführt. Auf Spannungsunterschiede verschiedener Betondicken achten! Dehnungsfugen anordnen!

37 Dachneigungen der Flachdächer

Massive Deckenkonstruktionen für Dächer

Bewegungsfugen in Massivdächern, Arten der Anordnung

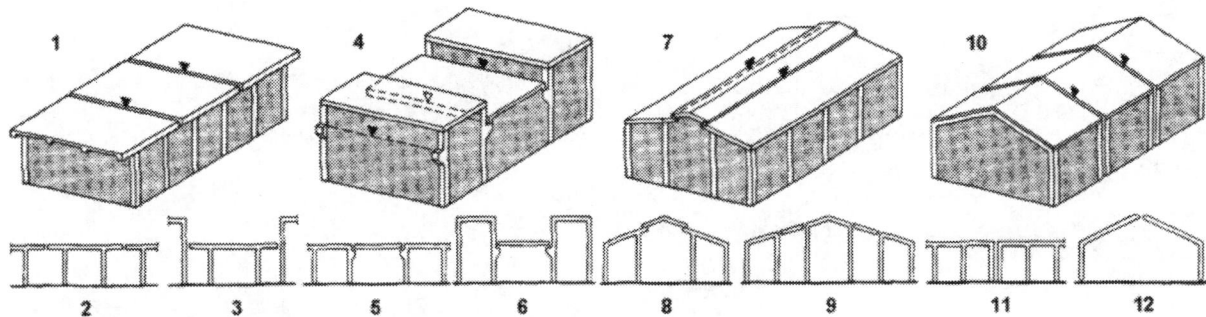

Ausführungsbeispiele der Bewegungsfugen in einem Flachdach

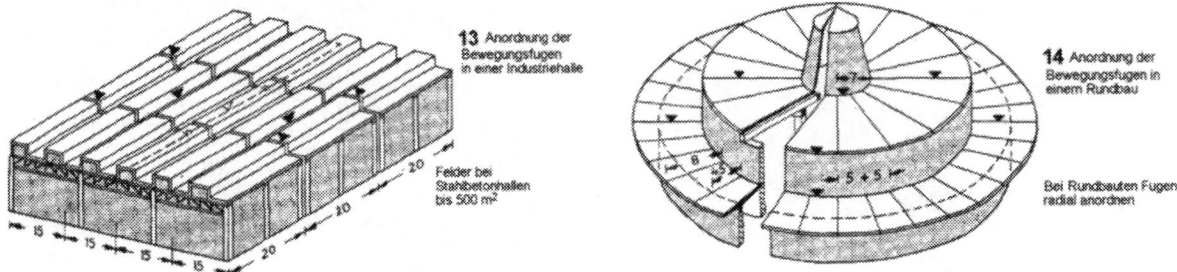

13 Anordnung der Bewegungsfugen in einer Industriehalle

Felder bei Stahlbetonhallen bis 500 m²

14 Anordnung der Bewegungsfugen in einem Rundbau

Bei Rundbauten Fugen radial anordnen

Richtige Anordnung der Bewegungsfugen in einem Flachdach

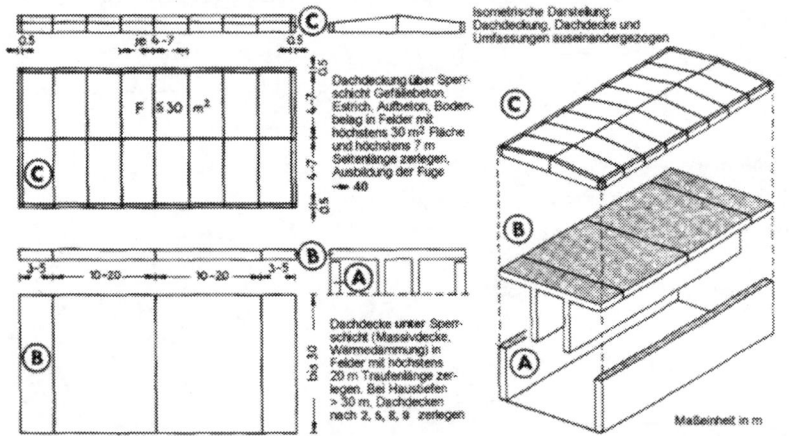

Isometrische Darstellung: Dachdeckung, Dachdecke und Umfassungen auseinandergezogen

Dachdeckung über Sperrschicht (Gefällebeton, Estrich, Aufbeton, Bodenbelag in Felder mit höchstens 30 m² Fläche und höchstens 7 m Seitenlänge zerlegen. Ausbildung der Fuge → 40

Dachdecke unter Sperrschicht (Massivdecke, Wärmedämmung) in Felder mit höchstens 20 m Traufenlänge zerlegen. Bei Hausbreiten > 30 m, Dachdecken nach 2, 5, 8, 9 zerlegen

Maßeinheit in m

15 Aufgliederung des Flachdaches in Umfassung → **A**, Dachdecke mit Tragwerk → **B** und Dachdeckung mit Gefällebeton, Estrich, Aufbeton und Bodenbelag → **C**. Die horizontalen Bewegungsfugen sind in der Isometrie gerastert dargestellt.

Bewegungsfugen in der Dachfläche, Ausführungsbeispiele

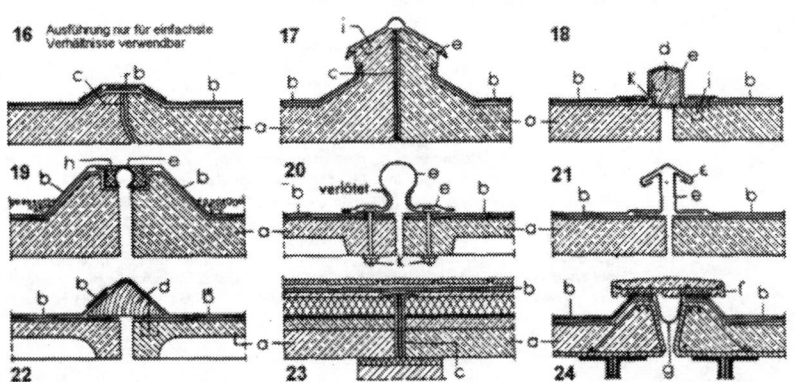

16 bis 24 Bewegungsfugen für Dachdecken nach → **1, 2**. Die Ausführung der Bewegungsfugen ist abhängig von dem Maß der in den Fugen auszugleichenden Bewegungen der Dachdecke. Für normale Verhältnisse (Gebäude ohne Erschütterungen usw.) genügen einfache Ausführungen wie → **16, 17, 18, 22, 23**. Für höhere Ansprüche (Dachdecken von Hochhäusern; durch Erschütterungen, Maschinenschwingungen usw. beanspruchte Gebäude; große Dachflächen) bessere Ausführung nach → **19, 20, 21, 24** erforderlich. a = Dachdecke; b = Dachdeckung (2-3 Papplagen, geklebt); c = Pappeinlage; d = Holzleiste; e = Zinkblech–Abdeckung; f = Stahlbetonplatte (Fertigteil) als Abdeckung; g = Kupferblechdichtung; h =Asphaltmastix; i = Dübel; k = Verankerung.

Allgemeines über Bewegungsfugen in Massivdächern:

Dächer sind dem Wärmewechsel und damit der Längenänderung der Werkstoffe mehr als andere Bauteile ausgesetzt. Deshalb ist bei der Dachkonstruktion auf den Ausgleich aller Dehnungen und Bewegungen besonders zu achten. Bei Massivbauten mit Stahltragwerk und Stahlbetonbauten sind bei mehr als 500 m² überbauter Fläche auf jeden Fall, bei kleineren Bauten nach Möglichkeit, Bewegungsfugen anzuordnen.

Anordnung der Bewegungsfugen → **1 bis 12**. Es wird danach unterschieden zwischen Aneinanderstoßen von Platten über 2 oder mehr Stützen mit Kragplatten → **1 bis 3**, Konsolauflagerung → **4 bis 6**, Gliederung der Dachdecken in Tragfelder und Einlegefelder → **7 bis 9**, Fugenausbildung durch Verdopplung der Binder → **10, 11** und Teilung der Binder (Gelenksysteme) → **12**. Bewegungsfugen sind demnach vornehmlich für starre Systeme, weniger für Gelenksysteme, erforderlich.

Die vollkommenste und konstruktiv am konsequentesten durchzuführende (aber teuerste) Lösung ist die Anordnung von Doppelbindern → **10, 11**, also die Gliederung des Baukörpers in mehrere statisch völlig selbständige Systeme. Dieser Anordnung folgt in der Vollkommenheit die Gliederung in Tragwerke mit Kragplatten → **1 bis 3**. Die Verwendung von Einlegefeldern mit Gleitlagern → **4 bis 9** ist zwar sehr beliebt und verbreitet, führt aber nicht immer zu vollkommen einwandfreien Lösungen (nicht bei dünnen Dachplatten anwenden, da richtige Ausführung von Auflager und Bewehrung nicht gewährleistet). Besonders gefährdet ist die **Verbindung** verschieden hoher Baukörper und **verschieden dicker Dachplatten**. So sind z.B. leichte Kragdachplatten → **14** von stärkeren Konstruktionsteilen zu trennen (z.B. beweglich auf auskragenden Unterzügen lagern). Um **Schwinden** bei Stahlbetonkonstruktionen **vorzubeugen** ist es vorteilhaft, beim Betonieren zunächst Streifen auszusparen, die freie Auswirkung des Schwindens des Betons abzuwarten und die Streifen nachträglich auszubetonieren.

Einseitige Sonnenbestrahlung der Gebäude **beachten!** Bei Rundbauten gleichen sich infolge einseitiger Erwärmung die Temperaturspannungen nicht aus, deshalb auch dort Bewegungsfugen (radial verlaufend!) anordnen → **14**.

Massive Deckenkonstruktionen für Dächer

Bewegungsfugen am Wandanschluss und Auflager

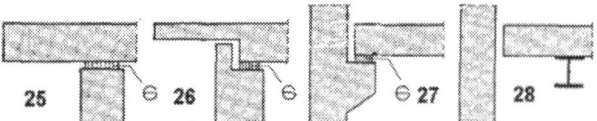

Auflager- und Wandanschlussarten; **25** Dachdecke über Wand geschoben; **26** Decke liegt auf Wand auf, Wand ist jedoch Decke z.T. vorgeblendet **27** Decke auf Wandkonsol gelagert **28** Dicke auf Träger gelagert und von Wand getrennt. G = Gleitlager.

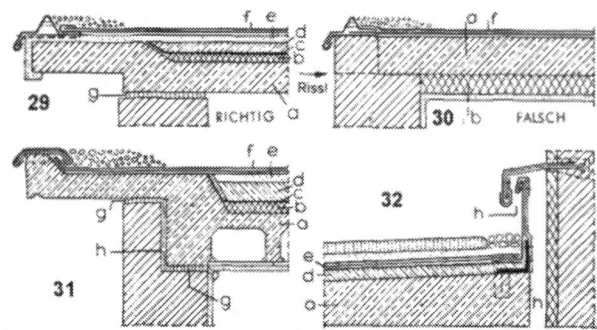

Ausführungsbeispiele: Dachdecke in Gleitlager über Wand geschoben → **29**; Decke auf Wand gelagert mit vorgeblendeter Umfassung, falsch → **30** und richtig → **31** (zwischen Decke und Verblendung ausreichend Bewegungsraum lassen!); Decke gesondert gelagert und von Wand getrennt → **32**. a = Dachdecke; b = Dämmschicht; c = Sperrschicht d = Aufbeton, Gefällebeton; e = Zementmörtelputz, Zementestrich; f = Dachdeckung (2-3 Lagen Dachpappe, geklebt); g = Gleitlager; h = Bewegungsfuge.

Bewegungsfuge durch Doppelbinder und Binderteilung

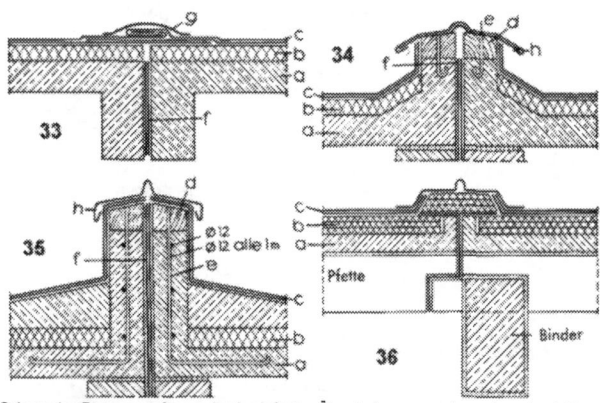

Schutz der Bewegungsfugen durch einfache Überdeckung gerade aneinanderstoßender Deckenplatten → **33** oder hochgebördelter Deckenplatten und Abdeckung des Grates → **34** bis **36**. a = Dachdecke; b = Wärmedämmung (4 cm Korkplatten); c = Dachdeckung (2 Lagen Dachpappe, geklebt); d = durchgehende Hölzer 10/8 cm; e = Verankerung der Aufbördelung; f = Dehnungsfuge, mit Asphaltpappe ausgelegt; g = Pappkappe; h = Zinkblechabdeckung.

Bewegungsfugen der Einlegeplatten

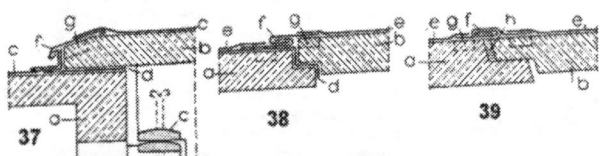

Bewegungsfugen bei Konsolauflagerungen → **37** und Einlegefeldern → **38, 39**. a = Tragplatte; b = Einlegeplatte; c = Stahlplatten, mit Dollen im Beton befestigt; d = Pappeinlage, e = 1-2 Papplagen, geklebt; f = Zinkblechfalz; g = Dübel; h = Faserkitt.

Bewegungsfugen im Aufbeton

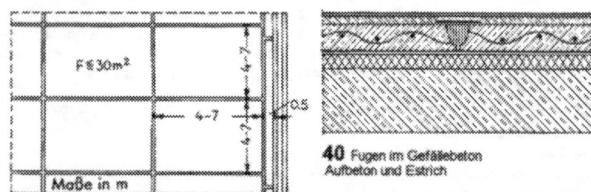

40 Fugen im Gefällebeton Aufbeton und Estrich

a = Dachdecke; b = Dämmplatte; c = 1 Lage Dachpappe, in sich geklebt; d = Gefälle- und Aufbeton, bewehrt; e = Dehnungsfuge mit Asphalt aus gegossen; f = Metallstreifen; g = Zementestrich; h = 2 Lagen Dachpappe, geklebt.

Dachdeckenanschluss

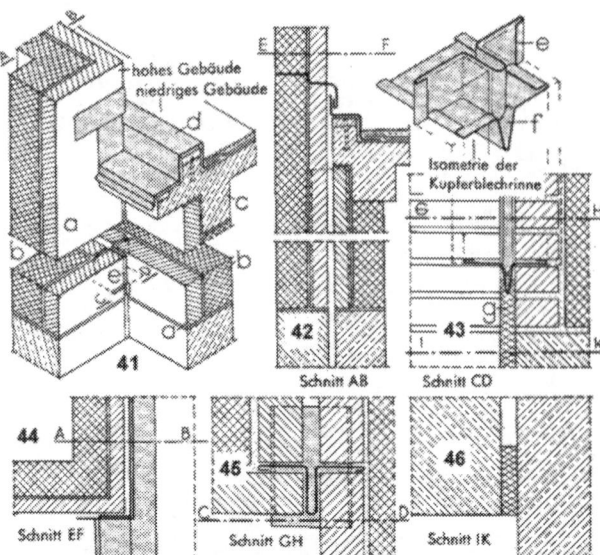

41 bis **46** Amerikanisches Beispiel für den Anschluss eines niedrigen Gebäudes an ein höheres Gebäude. a = Vormauerziegel; b = Hintermauerung; c = Dachdecke mit Randbalken; d = Kupferblech-Einfassung; e = Kupferblech-Fugeneinlage; f = Kupferblechrinne; g = Korkplatte, asphaltiert.

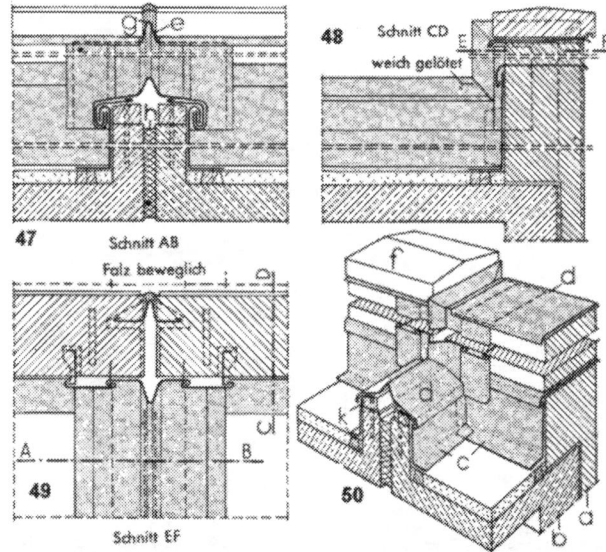

47 bis **50** Amerikanisches Beispiel für die Anordnung der Dehnungsfugen in Außenwand, Dachdecke und Brüstung. a = Mauerwerk; b = Dachdecke mit Randbalken; c = Kupferblech-Einfassung; d = Kupferblech-Abdeckung; e = durchgehende Kupferblech-Dichtung; f = Steinabdeckung, g = Asphaltmastix; h = Korkplatte, asphaltiert; i = Wandanker aus Flachkupfer; k = Holzdübel.

Ausbildung der Bewegungsfugen

Die Klaffbreite der Dehnungsfugen der Dachdecken beträgt allgemein $1/1000$ Feldlänge (auf 10 m ≈ 1 cm Fugenbreite), die der Fugen im Gefällebeton und Estrich $1/250$ Feldlänge (auf 2,5 m ≈ 1 cm Fugenbreite). Dehnungsfugen mit Pappe auslegen, zur sicheren Trennung der Dachteile und Wärmedämmung. Beweglichkeit von Gleitfugen durch Belag mit Asphaltpappe; bei schweren Belastungen durch Stahllager, Rollenlager oder Gelenke sichern. Jede Einspannung der Dachplatten in Außenmauern, höher gehende Wände usw. vermeiden (→ **25** bis **28, 41** bis **46**). Zwischen vorbeistreichenden Wänden und Platte Ausdehnungsfugen anordnen → **26** bis **28, 31, 32, 41** bis **46**.

Dichtung der Bewegungsfugen

Die Dehnungsfugen müssen von außen gedichtet werden, die Dichtung muss auch in sich die Bewegungen des Daches ausgleichen können. Deshalb für Dichtung elastische Werkstoffe wie Zinkblech, Kupfer, Leichtmetall (→ **17** bis **21, 24, 32, 34** bis **39, 41** bis **50**) verwenden. Vergussmasse für Dehnungsfugen muss Schmelzgrenze über 70 °C haben. Hochbördelung der Deckenplatten → **34** bis **36, 47** bis **50** vermeidet Wasserschäden bei undicht werdender Bewegungsfuge.

Lichtkuppeln, Standard-Details

Deckenbekleidung aus Gipsfaserplatten - Betondachplatte -
Flachdachabdichtung (Warmdach) - Aufsetzkranz wärmegedämmt -
Lichtkuppel doppelschalig - Verdunkelungsanlage

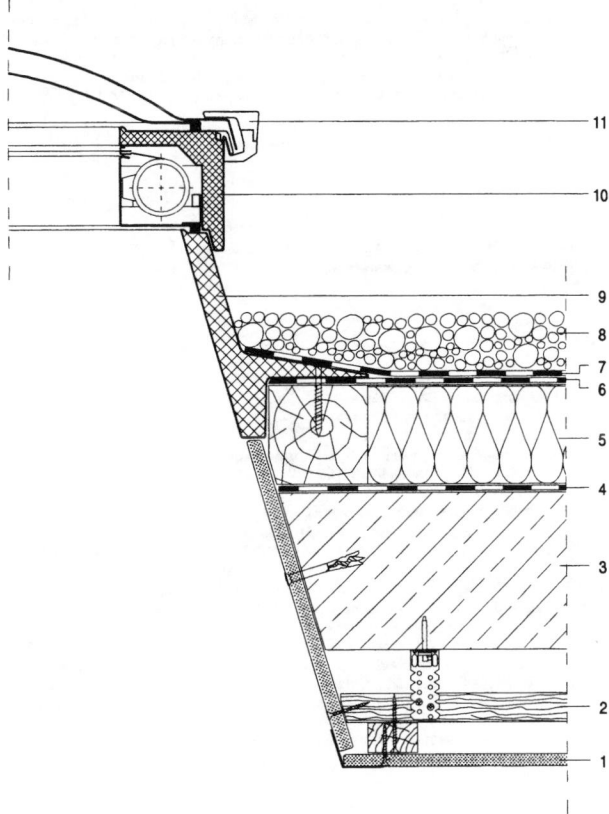

– Aufsetzkranz Syntropal, aus Polyurethan, wärmegedämmt, Höhe 21 cm, mit
  eingeschäumtem Anschlussstreifen
– Lichtkuppel Syntropal, aus Acrylglas, zweischalig opal
– Warmdach mit Betontragwerk, Dampfsperre, Wärmedämmung, mehrlagiger
  Flachdachabdichtung und Oberflächenschutz als Schüttung
– abgehängte Deckenkonstruktion mit Bekleidung aus Gipskarton-
  Feuerschutzplatten

Produkthinweise	Firmen-CODE
Alwitra KG, Klaus Göbel	ALWITRA
Gebr. Knauf Westdeutsche Gipswerke	KNAUF
J. & OTTO KREBBER GmbH	KREBBER

1 – Deckenbekleidung – *Knauf - Plattendecke GK D111*
2 – Unterkonstruktion der Deckenbekleidung
3 – Tragwerk Betondachdecke
4 – Dampfsperre – *Krebber - KREBBERIT Bitumen-Dachbahn, mit Glasvlies-
    Einlage 60 g/m² V 13*
5 – Wärmedämmschicht – *Krebber - DD-por-DPE Dämmplatten, aus Polystyrol,
    WS-20-B1, 100 mm, oben mit Bitumendachbahn mit Glasvlieseinlage
    kaschiert*
6 – 1. Lage Abdichtung – *alwitra - EVALON®V-Dachbahn, PVC+EVA, unterseitig
    kaschiert mit Polyestervlies, durchwurzelungsfest, 2,2 mm*
7 – Oberste Lage der Dachabdichtung – *alwitra - EVALON®-Dachbahn,
    PVC+EVA, 1,5 mm, durchwurzelungsfest*
8 – Oberflächenschutz Kiesschüttung 16/32, 5 cm
9 – Aufsetzkranz – *alwitra - Syntropal-Standard-Aufsetzkranz, 100/100 cm, Höhe
    21 cm, aus Polyurethan, wärmegedämmt, mit eingeschäumtem EVALON-
    Anschlussstreifen,*
10 – Verdunkelungsanlage – *alwitra - Syntropal-Verdunkelungsanlage, 100/100
    cm, mit Rahmenelement aus PUR und Wechselstrom-Rohrmotor*
11 – Lichtkuppel – *alwitra - Syntropal-Lichtkuppel, 100/100 cm, aus Acrylglas
    zweischalig opal*

Betondachplatte - Flachdachabdichtung (Warmdach) -
Aufsetzkranz wärmegedämmt mit Sicherheitsrahmen -
Lichtkuppel doppelschalig, lüftbar mit pneumatischem Öffner-System

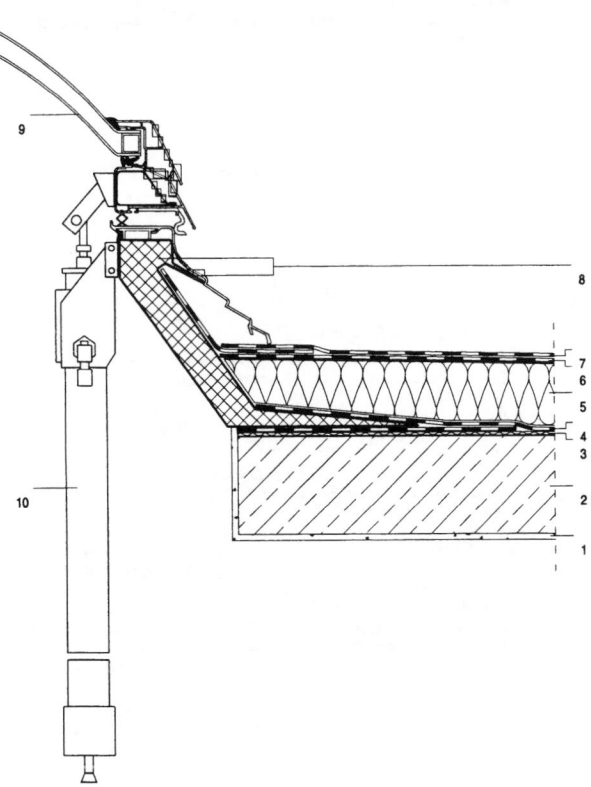

– Aufsetzkranz essertop 2000, aus Hart-PVC, wärmegedämmt, Höhe 30 cm, mit
  Sicherheitsrahmen aus Hart-PVC für hochgezogene Dachbahnen
– Lichtkuppel essertop 2000, lüftbar, aus Acrylglas, zweischalig opal, mit pneu-
  matischem Öffner-System fumilux 50
– Warmdach mit Betontragwerk, Trennschicht, Dampfsperre, Wärmedämmung
  und mehrlagiger Flachdachabdichtung

Produkthinweise	Firmen-CODE
Eternit AG, Flachdach-Elemente	ETERNITF
Roland Werke Dachbaustoffe und Bauchemie GmbH & Co KG	ROLAND

1 – Innendeckenputzsystem
2 – Tragwerk Betondachdecke
3 – Trennschicht – *Roland - Rowa Lochglasvlies-Dachbahn LV, grob besandet*
4 – Dampfsperre – *Roland - RowaFol - Plus, Systemdampfsperre, Unterseite
    PE-Schaum, Oberseite Aluminiumfolie*
5 – Wärmedämmschicht – *Roland - RowaElastoklapp Wärmedämmung V 4 E,
    aus Polystyrol, WD-20-B2, 100 mm, oben mit Elastomerbitumen-
    Schweißbahn kaschiert*
6 – 1. Lage Abdichtung – *Roland - Rowaprene Dachdichtungsbahn, PYE PV 200
    DD, Polyestervlies-Einlage 250 g/m², Oberseite besandet, Unterseite besan-
    det, 3,5 mm*
7 – Oberste Lage der Dachabdichtung – *Roland - Rowaprene Dachdichtungs-
    bahn, PYE PV 200 DD, Polyestervlies-Einlage 250 g/m², Oberseite beschie-
    fert, Unterseite besandet, 4,0 mm*
8 – Aufsetzkranz – *Eternit - essertop 2000, 120/120 cm, Höhe 21 cm, aus Hart-
    PVC, wärmegedämmt, mit Sicherheitsrahmen*
9 – Lichtkuppel – *Eternit - essertop 2000, 120/120 cm, lüftbar, aus Acrylglas
    zweischalig opal, mit Hart-PVC Einfassrahmen*
10 – Öffnungseinrichtung – *Eternit - Fumiliux 50, pneumatisches Öffner-System*

Lichtkuppeln, Standard-Details

Metalldachkonstruktion mit Dachschalung aus Spanplatten - Flachdachabdichtung (Warmdach) - Aufsetzkranz wärmegedämmt - Lichtkuppel doppelschalig, lüftbar, mit elektrischem Öffner-System, Deckenbekleidung aus Gipskarton-Fireboardplatten auf Metallunterkonstruktion

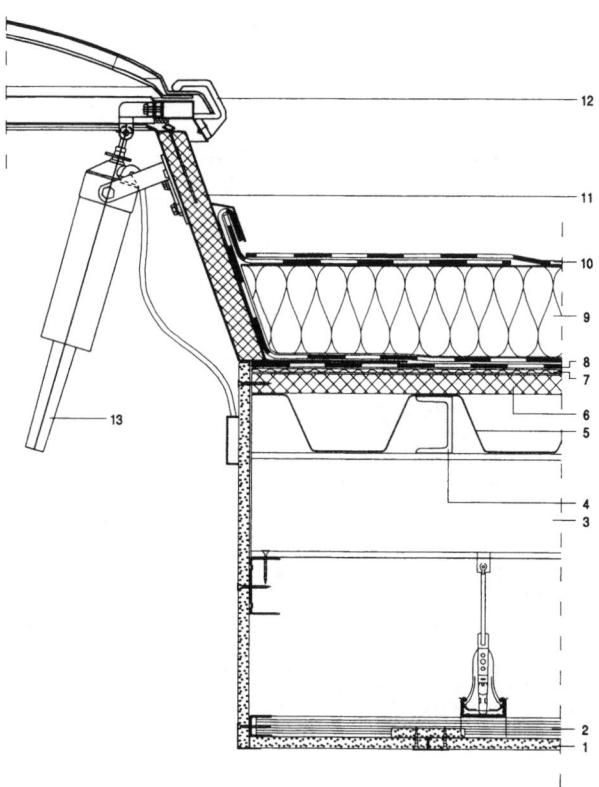

– Warmdach mit Tragkonstruktion aus Stahlprofilen mit Dachschalung aus Spanplatten, Trennschicht, Dampfsperre, Wärmedämmung und einlagiger Flachdachabdichtung
– Aufsetzkranz Greschalite, aus glasfaserverstärktem Polyester, wärmegedämmt, Höhe 30 cm, mit Folienkragen
– Lichtkuppel Greschalite, aus Acrylglas, zweischalig opal, lüftbar (mit Lüfterrahmen), mit Einfassrahmen aus Leichtmetall und mit Greschalux elektrischem Motoröffner-System
– abgehängte Deckenkonstruktion mit Bekleidung aus Gipskarton-Feuerschutzplatten und niveaugleicher Unterkonstruktion aus Metall

Produkthinweise

	Firmen-CODE
Grescha GmbH & Co. Grefe & Scharf	GRESCHA
Gebr. Knauf Westdeutsche Gipswerke	KNAUF
Vedag GmbH	VEDAG

1 – Deckenbekleidung – *Knauf - Fireboard F 90 A*
2 – Unterkonstruktion der Deckenbekleidung – *Knauf - K 215*
3 – Tragkonstruktion aus Stahl
4 – Dachkonstruktion aus Stahl
5 – Unterlage für Flachdach aus Stahltrapezprofilen
6 – Dachschalung Spanplatte V 100 G, 25 mm
7 – Trennschicht aus Polyethylenfolie (PE), 0,25 mm
8 – Dampfsperre – *Vedag - VEDATECT- AL + V 60 S4, Bitumenschweißbahn, mit Aluminium- und Glasvlies-Einlage 60 g/m², 4,0 mm*
9 – Wärmedämmschicht – *Vedag - VEDAPOR-STAR, aus Polystyrol, WD-20-B1, 120 mm, oben mit Elastomerbitumenbahn kaschiert*
10 – Oberste Lage der Dachabdichtung – *Vedag - VEDAFLOR-WS-E, Spezial-Elastomerbitumen-Schweißbahn, mit Polyestervlies-Einlage 250 g/m² mit Kupfer, Oberseite Polyesterfolie, 4,2 mm*
11 – Aufsetzkranz – *Grescha - Greschalite Aufsetzkranz, 120/150 cm, Höhe 30 cm, aus glasfaserverstärktem Polyester, wärmegedämmt, mit Folienkragen*
12 – Lichtkuppel – *Grescha - Greschalite Lichtkuppel, 120/150 cm, aus Acrylglas zweischalig opal, lüftbar (mit Lüfterrahmen), mit Einfassrahmen aus Leichtmetall*
13 – Öffnungseinrichtung – *Grescha - Greschalux-Motoröffner M.300/220 V*

Flachdachkonstruktion aus Holz - Flachdachabdichtung (Warmdach) - Aufsetzkranz wärmegedämmt - Lichtkuppel doppelschalig, lüftbar - Kehlbalkendecke mit freiliegenden Holzbalken

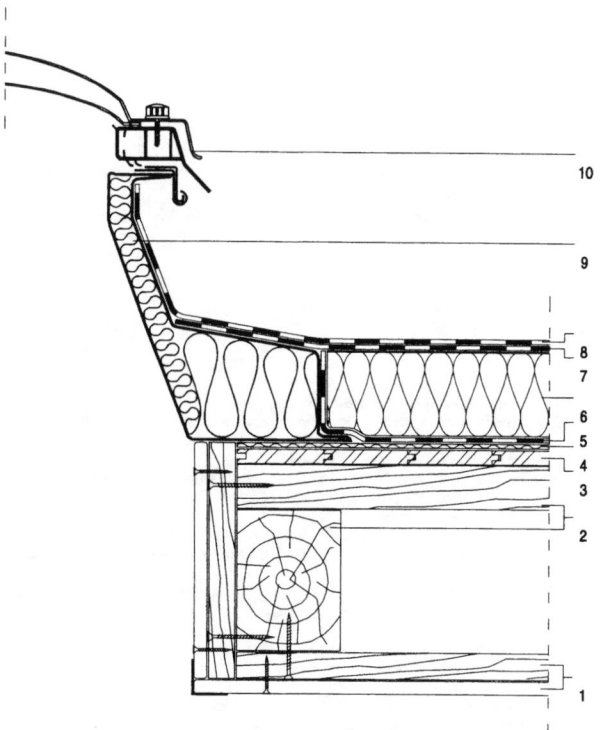

– Warmdach aus Holzkonstruktion, Holzschalung, Trennschicht, Dampfsperre, Wärmedämmung und mehrlagiger Flachdachabdichtung
– Aufsetzkranz BISOLUX, aus glasfaserverstärktem Polyester, wärmegedämmt, Höhe 30 cm, mit Einklebeflansch
– Lichtkuppel BISOLUX, aus Acrylglas, zweischalig opal, lüftbar (mit Lüfterrahmen)
– Deckenbekleidung aus Vario Feuerschutzplatten auf Holzunterkonstruktion

Produkthinweise

	Firmen-CODE
BINNÉ & Sohn GmbH & Co. KG	BINNE
Rigips GmbH	RIGIPS

1 – Deckenbekleidung – *Rigips - Kehlbalkendecke mit freiliegenden Holzbalken - Vario Feuerschutzplatten RF auf Traglatten aus Holz*
2 – Holzkonstruktion
3 – Holzschalung des Daches
4 – Trennschicht – *Binné - DURITIA Lochglasvliesdachbahn, mit Glasvlies-Einlage 50 g/m²*
5 – Dampfsperre – *Binné - BISOTEKT mit Alu-Einlage, AL + V 60 S 4, Bitumen-Schweißbahn mit Einlage aus Aluminium Folie + Glasvlies, 4,0 mm und Glasvlies-Einlage 60 g/m², 4,0 mm*
6 – Wärmedämmschicht – *Binné - MIFA-Mineralfaser Dachdämmplatten, A1, 100 mm, oben mit Elastomerbitumen-Schweißbahn PYE G 200 S 4 kaschiert*
7 – 1. Lage der Dachabdichtung – *Binné - BISOTEKT Poly G 4000, Elastomerbitumen-Schweißbahn mit Glasgewebe-Einlage 200 g/m², 4,5 mm*
8 – Oberste Lage der Dachabdichtung – *Binné - BISOTEKT Polyplan, Elastomerbitumen-Schweißbahn mit Polyestervlies-Einlage 300 g/m², 5,2 mm*
9 – Aufsetzkranz – *Binné - BISOLUX Aufsetzkranz Typ K 30, 120/150 cm, Höhe 30 cm, aus glasfaserverstärktem Polyester, wärmegedämmt, mit Einklebeflansch*
10 – Lichtkuppel – *Binné - BISOLUX Lichtkuppel Typ D, 120/150 cm, aus Acrylglas zweischalig opal, lüftbar (mit Lüfterrahmen)*

Lichtkuppeln, Standard-Details

**Betondachplatte mit Deckeneinhängeziegel und Ziegelträger -
Flachdachabdichtung (Warmdach) - Bohlenkranz wärmegedämmt, mit WD Flansch -
Lichtkuppel doppelschalig - Dachgeschoss-Bekleidung aus Gipskarton-Bauplatten,
zweilagig beplankt, auf Holzunterkonstruktion**

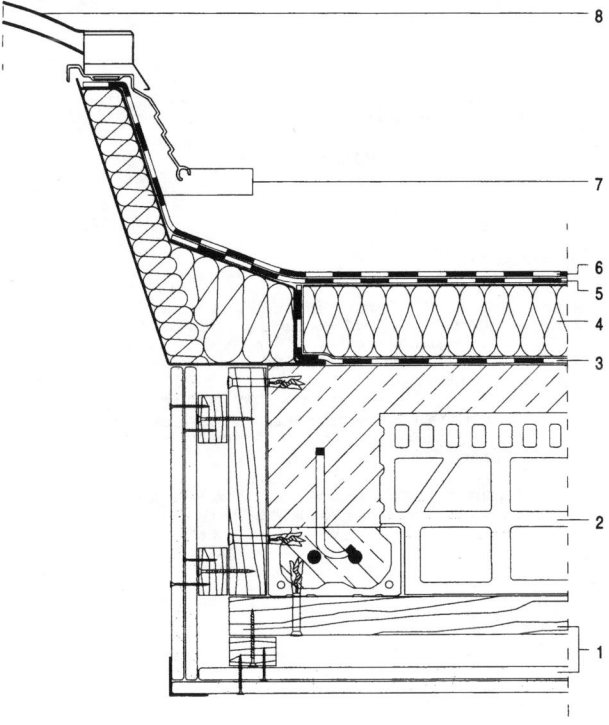

– Warmdach mit Ziegel-Rippendecke aus Deckeneinhängeziegeln und Ziegelträger, mit Ortbetonergänzung, Dampfsperre, Wärmedämmung und mehrlagiger Flachdachabdichtung
– Essmann Bohlenkranz für Bitumenanschluss, aus glasfaserverstärktem
Polyester, wärmegedämmt, Höhe 30 cm, mit wärmegedämmtem Flansch (8 cm)
und mit Sicherheitsrahmen
– Essmann Lichtkuppel Typ 810, aus Acrylglas, zweischalig opal, mit Einfassrahmen aus Hart-PVC
– Deckenbekleidung aus Gipskarton-Bauplatten, zweilagig beplankt, auf Holzunterkonstruktion aus Traglatten 50x30 mm

Produkthinweise	Firmen-CODE
Heinz Essmann GmbH	ESSMANN
Girnghuber GmbH & Co. KG	GIMA
Gebr. Knauf Westdeutsche Gipswerke	KNAUF
Roland Werke Dachbaustoffe und Bauchemie GmbH & Co KG	ROLAND

1 – Decklage/Bekleidung – *Knauf - Dachgeschoss-Bekleidung - D 611, zweilagig
beplankt mit GKB, Holzunterkonstruktion aus Traglatten*
2 – Decken aus Fertigteilen mit Ortbetonergänzung – *Girnghuber - Ziegel-
Rippendecken System LÜCKING, Typ 19+5, Deckenhöhe 24,0 cm*
3 – Dampfsperre – *Roland - Rowa Alu-Bitumen-Dampfsperre, besandet*
4 – Wärmedämmschicht – *Roland - RowaElastoklapp Wärmedämmung, aus
Polystyrol, WD-20-B2, 80 mm, oben mit Elastomerbitumen-Schweißbahn
kaschiert*
5 – 1. Lage der Dachabdichtung – *Roland - Rowaprene Schweißbahn, Elastomerbitumen-Schweißbahn PYE PV 200 S 5, mit Polyestervlies-Einlage 200 g/m²,
4,0 mm*
6 – Oberste Lage der Dachabdichtung – *Roland - Rowa Top, Elastomerbitumen-
Schweißbahn, PYE PV (125+125) T S 5 grün, mit Polyestervlies-Einlage
125+125 g/m², 5,2 mm, oben beschiefert*
7 – Aufsetzkranz – *Essmann - ESSMANN-Bohlenkranz, 125/125 cm, Höhe 30 cm,
aus glasfaserverstärktem Polyester, wärmegedämmt, mit WD Flansch und Sicherheitsrahmen*
8 – Lichtkuppel – *Essmann - Lichtkuppel Typ 810, 150/150 cm, aus Acrylglas
zweischalig opal, mit Hart-PVC Einfassrahmen*

**Flachdachabdichtung (Warmdach) - Aufsetzkranz wärmegedämmt
mit Lichtkuppel doppelschalig und manuellem Öffnersystem**

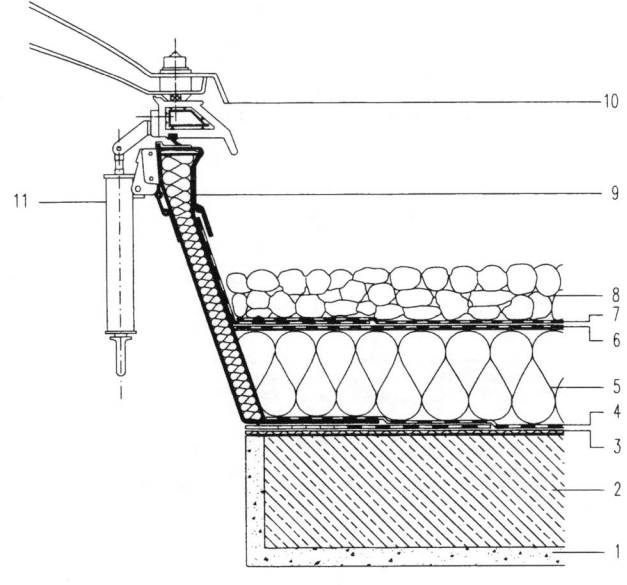

– Aufsetzkranz essernorm, wärmegedämmt, Höhe 30 cm, mit Folienkranz 2000,
– Lichtkuppel essernorm, doppelschalig, lüftbar, mit manuellem Öffnersystem -
Wanderspindel
– Warmdach mit Betontragwerk

Produkthinweise	Firmen-CODE
Eternit AG, Flachdach-Elemente	ETERNITF
Deutsche Heraklith AG	HERAKLIT

1 – Innendeckenputzsystem
2 – Tragwerk Betondachdecke
3 – Trennschicht – *Heraklith - Villox V 13*
4 – Dampfsperre – *Heraklith - Villox G 200 DD*
5 – Wärmedämmschicht – *Heraklith - Coriglas C-3, WDS-040-A1, 100 mm*
6 – 1.Lage Abdichtung – *Heraklith - Villox G 200 S4*
7 – 2.Lage Abdichtung – *Heraklith - Villox G 200 S5*
8 – Oberflächenschutz Kiesschüttung 16/32, 5 cm
9 – Aufsetzkranz – *Eternit - essernorm, 150/150 cm, Höhe 30 cm, lüftbar*
10 – Lichtkuppel – *Eternit - essernorm, 150/150 cm, lüftbar*
11 – Öffnungseinrichtung – *Eternit - Wanderspindel, solo*

Lichtkuppeln, Standard-Details

Flachdachabdichtung (Kaltdach) - Aufsetzkranz wärmegedämmt mit Lichtkuppel doppelschalig und elektrischem Öffnersystem

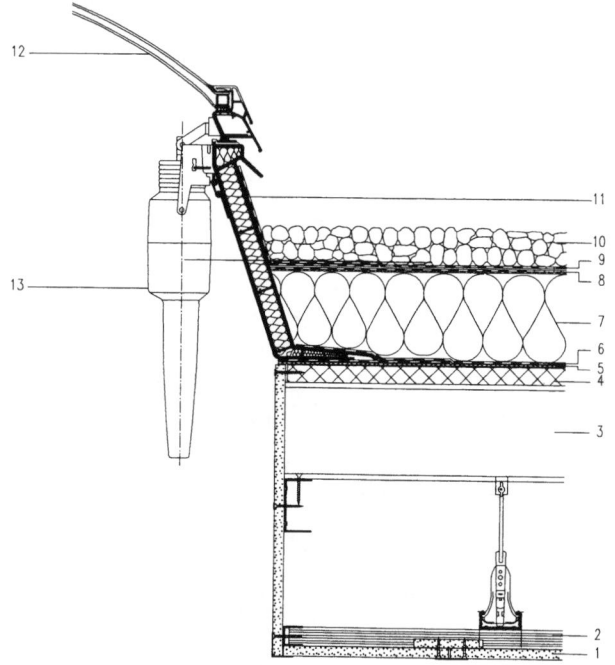

- Aufsetzkranz essertop, wärmegedämmt, Höhe 30 cm,
- Lichtkuppel essertop, doppelschalig, lüftbar, mit elektrischem Öffnersystem
- Kaltdach mit Tragkonstruktion aus Stahl
- abgehängte Deckenkonstruktion mit Bekleidung aus Gipskarton-Feuerschutzplatten

Produkthinweise	**Firmen-CODE**
Eternit AG, Flachdach-Elemente	ETERNITF
Deutsche Heraklith AG	HERAKLIT
Gebr. Knauf Westdeutsche Gipswerke	KNAUF

1 – Deckenbekleidung – *Knauf - Fireboard F 90 A*
2 – Unterkonstruktion der Deckenbekleidung – *Knauf - K 215*
3 – Dachkonstruktion aus Stahl
4 – Dachschalung Spanplatte V 100 G, 25 mm
5 – Trennschicht – *Heraklith - Villox V 13*
6 – Dampfsperre – *Heraklith - Villox G 200 DD*
7 – Wärmedämmschicht – *Heraklith – Coriglas C-3, WDS-040-A1, 120 mm*
8 – 1.Lage Abdichtung – *Heraklith - Villox G 200 S4*
9 – 2.Lage Abdichtung – *Heraklith - Villox G 200 S5*
10 – Oberflächenschutz Kiesschüttung 16/32, 5 cm
11 – Aufsetzkranz – *Eternit - essertop, 120/150 cm, Höhe 30 cm, lüftbar*
12 – Lichtkuppel – *Eternit - essertop, 120/150 cm, lüftbar*
13 – Öffnungseinrichtung – *Eternit - Elektroöffner 2000, solo*

Flachdachabdichtung (Warmdach) - Aufsetzkranz wärmegedämmt mit WD-Flansch, mit Lichtkuppel doppelschalig und manuellem Öffnersystem

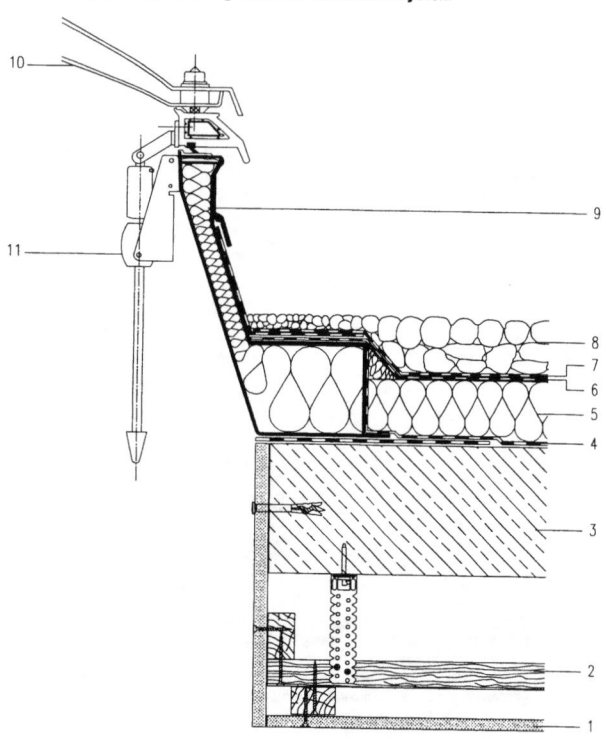

- Aufsetzkranz essernorm, wärmegedämmt, Höhe 30 cm, mit wärmegedämmtem Flansch 10 cm,
- Lichtkuppel essernorm, doppelschalig, lüftbar, mit manuellem Öffnersystem - Huböffner
- Warmdach mit Betontragwerk
- abgehängte Deckenkonstruktion mit Bekleidung aus Gipskarton-Feuerschutzplatten

Produkthinweise	**Firmen-CODE**
Paul Bauder GmbH & Co.	BAUDER
Eternit AG, Flachdach-Elemente	ETERNITF
Gebr. Knauf Westdeutsche Gipswerke	KNAUF

1 – Deckenbekleidung – *Knauf - Plattendecke GK D111*
2 – Unterkonstruktion der Deckenbekleidung
3 – Tragwerk Betondachdecke
4 – Dampfsperre – *Bauder - Bauder Super AL-E*
5 – Wärmedämmschicht – *Bauder - BauderPUR T, WD-15-B2, 60 mm*
6 – 1.Lage Abdichtung – *Bauder - BauderFLEX V3E, 3,0 mm*
7 – 2.Lage Abdichtung – *Bauder - BauderFLEX V4E, 4,0 mm*
8 – Oberflächenschutz Kiesschüttung 16/32, 6 cm
9 – Aufsetzkranz – *Eternit - essernorm, 100/100 cm, Höhe 30 cm, lüftbar, mit WD-Flansch*
10 – Lichtkuppel – *Eternit - essernorm, 100/100 cm, lüftbar*
11 – Öffnungseinrichtung – *Eternit - Huböffner, solo*

Lichtkuppeleinbau, Standard-Details

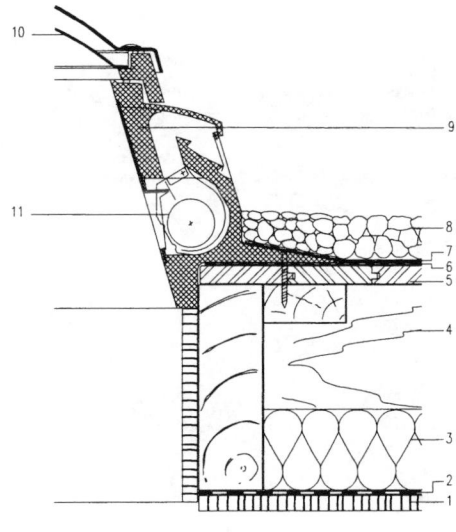

Flachdachabdichtung (Warmdach) - Lüfterkranz wärmegedämmt mit Lichtkuppel doppelschalig

– Lüfter-Aufsetzkranz, wärmegedämmt, Höhe 30 cm, mit Querstromlüfter
– Lichtkuppel, doppelschalig
– Warmdach mit Holztragwerk

Produkthinweise	Firmen-CODE
Alwitra KG, Klaus Göbel	ALWITRA
ESHA Dach- und Dämmstoffe GmbH	ESHA
Glaswolle Wiesbaden GmbH	GLASWOL
B.I.Moll GmbH & Co.KG	MOLL

1 – Deckenbekleidung, Spanplatte 13 mm
2 – Dampfsperre – *B.I.Moll - pro clima DB, 0,23 mm*
3 – Wärmedämmschicht – *Glaswolle Wiesbaden - WIEGLA-Dämmfilz, WL-A2, 100 mm*
4 – Holzkonstruktion
5 – Holzschalung
6 – 1.Lage Abdichtung – *Esha- Esha KSK 40 A, 3,6 mm*
7 – 2.Lage Abdichtung – *Esha- Esha KSK 65, 4,5 mm*
8 – Oberflächenschutz Kiesschüttung 16/32, 6 cm
9 – Aufsetzkranz – *alwitra - Syntropal-Lüfterkranz, 120/120 cm, Höhe 30 cm, lüftbar*
10 – Lichtkuppel – *alwitra - Syntropal-Lichtkuppel, 120/120 cm*
11 – Axialventilator – *alwitra - alwitra Querstromlüfter*

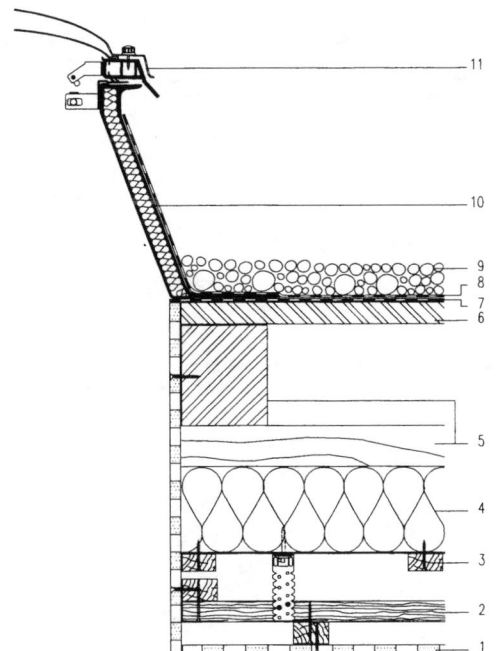

Flachdachabdichtung (Warmdach) - Aufsetzkranz wärmegedämmt mit Lichtkuppel doppelschalig und manuellem Öffnersystem

– Aufsetzkranz KLEENLUX Typ K 30, wärmegedämmt, Höhe 30 cm
– Lichtkuppel KLEENLUX Typ D, doppelschalig, mit Lüfterrahmen, mit manuellem Öffnersystem - Teleskop-Spindeltrieb, solo
– Warmdach mit Holzkonstruktion
– abgehängte Deckenkonstruktion mit Bekleidung aus Lochplatten

Produkthinweise	Firmen-CODE
Paul Bauder GmbH & Co.	BAUDER
KLEENLUX GmbH	KLEENLUX
Gebr. Knauf Westdeutsche Gipswerke	KNAUF

1 – Deckenbekleidung – *Knauf - Lochplatten*
2 – Unterkonstruktion der Deckenbekleidung
3 – Unterkonstruktion aus Lattung
4 – Wärmedämmschicht – *Bauder - BauderPUR, B2, 120 mm*
5 – Holzkonstruktion
6 – Schalung aus Holzwerkstoff
7 – 1.Lage Abdichtung – *Bauder - Bauder Schwarte PYE G 200 S4, 4,0 mm*
8 – 2.Lage Abdichtung – *Bauder - Bauder Schwarte PYE PV 200 S5, 5,0 mm*
9 – Oberflächenschutz Kiesschüttung 16/32, 5 cm
10 – Aufsetzkranz – *Kleenlux - KLEENLUX-Aufsetzkranz Typ K 30, 150/150 cm, Höhe 30 cm*
11 – Lichtkuppel – *Kleenlux - KLEENLUX-Lichtkuppel Typ D, 150/150 cm, lüftbar*

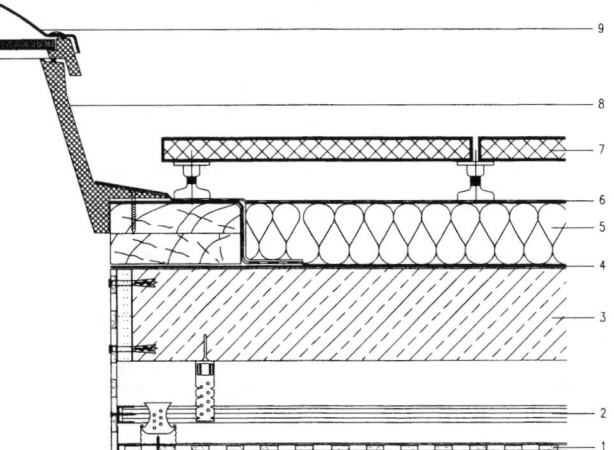

Flachdachabdichtung (Warmdach) - Aufsetzkranz wärmegedämmt mit Lichtkuppel mit Wärmedämmplatte

– Standard-Aufsetzkranz, wärmegedämmt, Höhe 30 cm
– Lichtkuppel mit Wärmedämmplatte
– Warmdach mit Betontragwerk
– abgehängte Deckenkonstruktion mit Bekleidung aus Lochplatten

Produkthinweise	Firmen-CODE
Alwitra KG, Klaus Göbel	ALWITRA
Gebr. Knauf Westdeutsche Gipswerke	KNAUF
J. & OTTO KREBBER GmbH	KREBBER

1 – Deckenbekleidung – *Knauf - Lochplatten*
2 – Unterkonstruktion der Lochplattendecke – *Knauf - D 127*
3 – Tragwerk Betondachdecke
4 – Dampfsperrschicht – *Krebber - KRELASTIC Schweißbahn, Al+G 200 S4, besandet*
5 – Wärmedämmschicht – *Krebber - DD-por-DPE Dämmplatten, WS-020-B1, 100 mm*
6 – Einlagige Dachabdichtung – *alwitra - alwitra EVALON, 1,2 mm*
7 – Bodenbelag aus Naturwerkstein auf Stelzlager
8 – Aufsetzkranz – *alwitra - Syntropal-Standardkranz, 120/120 cm, Höhe 30 cm*
9 – Lichtkuppel – *alwitra - Syntropal-Lichtkuppel mit Wärmedämmplatte, 120/120 cm*

Bedachung von strukturierten Systemen

Bei tafelförmigen Dachsystemen mit ebener Dachfläche wird der Dachkörper ausgebildet als

– einschaliges unbelüftetes Dach, bei dem alle Schichten des Dachkörpers auf dem oberen Gurtstabnetzwerk liegen
– einschaliges belüftetes Dach, bei dem alle Schichten des Dachkörpers auf dem oberen Gurtstabnetzwerk liegen
– zweischaliges belüftetes Dach, mit der Dachdeckung auf dem oberen Stabnetzwerk und mit der unteren Schale mit der Wärmedämmung am unteren Stabnetzwerk
– Bedachung mit Gefälledistanz über dem oberen Stabnetzwerk, die obere Dachschale mit der Wärmedämmung befindet sich auf dem Obergurt
– Dachdeckung und abgehängte Unterdecke mit der Wärmedämmung unter dem Untergurt des Stabnetzwerks.

Die Bedachung wird bei größeren Neigungen als ableitende Dachdeckung ausgebildet, zum Beispiel auch aus Rollenblechpaneelen größerer Längen. Bei tragenden Profilblechen können Distanzprofile befestigt und Wärmedämmungen aus Mineralmatten eingelegt werden.

Oft werden vorgefertigte, komplettierte Dachtafeln verwendet, auch Bahnendeckungen auf Dämmplatten, die auf die tragende Unterlage der Blech– und Holzschalungen u.ä. aufgeklebt werden. Beispiele für die konstruktive Ausbildung von Bedachungen auf Stabrosttafeln sind in → 53 angeführt.

Bei strukturierten Dachkonstruktionen mit einfacher oder doppelter Krümmung werden geformte Paneele verwendet, die sich der Oberflächenkrümmung der Struktur anpassen.

Die Bedachung liegt in der Regel in der Ebene der Tragkonstruktion oder wird untergehängt. Für die Belüftung des Dachmantels gekrümmter Konstruktionen eignet sich die natürliche Lüftung mit dem Abzug der Luft am Scheitel des Dachs bzw. mit der Zuführung der Luft am unteren Rand der Konstruktion.

Rippenplatten → 54, Platten für Faltwerke → 55, Randträger → 56, 57 Furnierschichtholz - Formen → 58

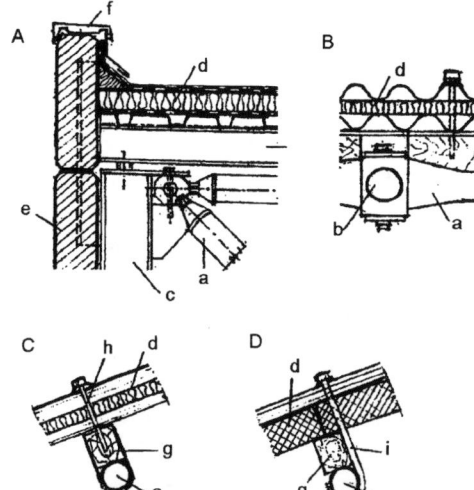

53 Beispiele für die Ausbildung des Dachmantels von strukturierten Konstruktionen

A = Anschluß des Dachkörpers an die Attika, B = Anschluß des Dachkörpers an einen Innenknoten, C, D = Beispiel für die Verankerung des Dachkörpers an einer Pfette, a = Stab der Struktur, b = Knoten der Struktur, c = Stützkonstruktion, d = Schichtenaufbau des Dachmantels, e = Außenwandelemente, f = Blechverkleidung der Attika, g = Holzpfette, h = Verbindungsschraube, i = Verbindungshaken

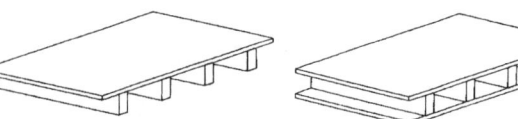

Kantholzrippen auf Sperrholzplatten, einseitig aufgenagelt oder mit Nagelpressleimung verbunden

mit Sperrholzplatten, beidseitig beplankt, genagelt oder geleimt

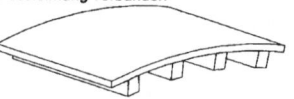

Kantholzrippenrost, ausgeblattet, in einer Richtung gekrümmt, mit einseitiger Beplankung

mit zweiseitiger Beplankung, einfach gekrümmt

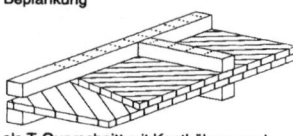

als T-Querschnitt mit Kanthölzern und diagonalen Brettern

als T-Querschnitt mit gekreuzten Brettern

als Kastenquerschnitt mit Sperrholzplatten und Zwischenhölzern

als Kastenquerschnitt mit doppeltem Steg aus Sperrholzplatten

54 Aufbau von Rippenplatten (nach Lit. 10)

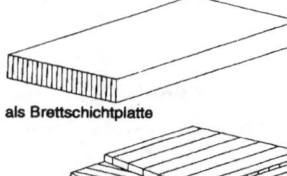

als Brettschichtplatte

aus Sperrholzplatten

aus Mehrschichtplatten mit mindestens drei Brettlagen verleimt, Faserrichtungen 90° versetzt

aus Kämpfstegplatte mit mindestens drei Brettlagen, Faserrichtungen der mittleren Lage um 8 – 12° versetzt verleimt

55 Aufbau von Platten für Faltwerke (nach Lit. 10)

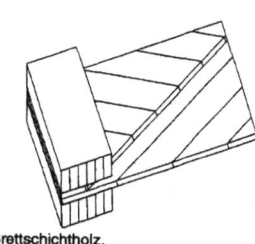

aus Brettschichtholz, Schale aufgeleimt

zweiteilig, aus Brettschichtholz, mit stehenden Lamellen, verleimt mit Schale

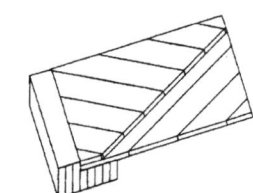

als L-Profil aus Brettschichtholz, Schale aufgeleimt

zweiteilig, aus Brettschichtholz, mit liegenden Lamellen, verleimt mit Schale

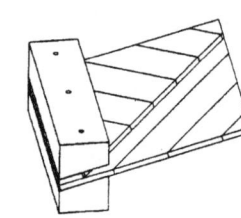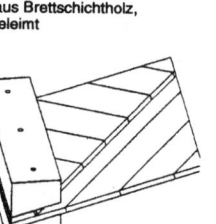

aus Kantholz mit Schale verschraubt

zweiteilig, aus Brettschichtholz, mit liegenden Lamellen, verschraubt mit Schale

56 Randträger senkrecht zur Schale (nach Lit. 10)

57 Randträger mit vertikalem Abschluss

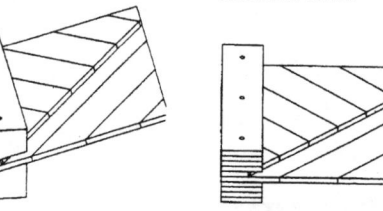

Tonnenschale

Rechteckschale, schmaler Querschnitt

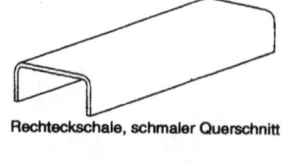

Rechteckschale, breiter Querschnitt

mehrfach gekrümmte Schale

58 Furnierschichtholz-Formen (nach Lit. 10)

Dachdeckungen für Flachdächer

Dachabdichtungen
Begriffe, Anforderungen, Planungsgrundsätze
nach DIN 18531

3 Anforderungen

3.1 Allgemeines

Dachabdichtungen müssen das Eindringen von Niederschlagswasser in das zu schützende Bauwerk verhindern. Die Art der Stoffe, die Anzahl der Lagen und deren Anordnung sowie das Verfahren zur Herstellung der Dachabdichtung müssen in ihrem Zusammenwirken und unter Berücksichtigung der Bewegungen der Unterlage die Funktion der Dachabdichtung sicherstellen.

Ihre Eigenschaften dürfen sich unter der üblichen Einwirkung von Sonne, Wasser, Wind und sonstiger atmosphärischer Bedingungen sowie von Mikroorganismen, mit denen unter den örtlichen Verhältnissen und bei dem gewählten Abdichtungsaufbau zu rechnen ist, nicht so verändern, dass die Funktion und der Bestand der Dachabdichtung beeinträchtigt werden.

Weitere Voraussetzung für die Funktion der Dachabdichtung ist eine ordnungsgemäße Wartung.

Die Beanspruchungs- und Einflussgrößen, die für die Funktion und den Bestand der Dachabdichtung von Bedeutung sind, müssen bereits bei der Planung des Bauwerks und der Dachabdichtung sowie bei der Auswahl der Stoffe berücksichtigt werden.

3.2 Eigenschaften

Dachabdichtungen müssen die auf sie einwirkenden, planmäßig zu erwartenden Lasten auf tragfähige Bauteile weiterleiten. Ferner müssen sie so geplant und ausgeführt sein, dass sie bei den Temperaturen, die in einer Dachabdichtung üblicherweise zu erwarten sind (– 20 bis + 80 °C), funktionsfähig bleiben.

3.3. Verträglichkeit

Stoffe und Bauteile der Dachabdichtung müssen mit anderen Stoffen und Bauteilen, mit denen sie in Berührung kommen, verträglich sein. Bei Unverträglichkeiten sind zur Vermeidung von Schäden geeignete Maßnahmen, z.B. die Anordnung von Trennschichten, vorzusehen.

3.4 Brandverhalten

Sofern Dachabdichtungen widerstandsfähig gegen Flugfeuer und strahlende Wärme sein müssen, ist der Nachweis nach DIN 4102 Teil 7 zu führen. Hinsichtlich bereits klassifizierter Bedachungen siehe DIN 4102 Teil 4.

3.5 Stoffe

3.5.1 Allgemeines

Die in Abschnitt 3.1 genannten allgemeinen Anforderungen an die Dachabdichtung müssen durch entsprechende Eigenschaften der zu verwendenden Stoffe sichergestellt werden. Die Stoffe müssen unter Berücksichtigung der Einbauart und der Beanspruchung im Zusammenwirken mit den anderen Teilen des Dachaufbaus insbesondere folgenden Anforderungen genügen:
- Standfestigkeit, Dehnfähigkeit und Reißfestigkeit unter den zu erwartenden Temperaturen und Verformungen,
- Widerstandsfähigkeit gegen UV-Strahlung, sofern kein besonderer Oberflächenschutz für die Dachabdichtung vorgesehen ist,
- Widerstandsfähigkeit gegen Wasser,
- Widerstandsfähigkeit gegen Angriffe durch Mikroorganismen,
- Perforationsfestigkeit bei bestimmungsgemäßem Gebrauch der Dachabdichtung.

Die Stoffe müssen ferner den planmäßig zu erwartenden mechanischen Belastungen standhalten. Sie dürfen nicht unzulässig schrumpfen oder sich verhärten, d.h. sie müssen ausreichend alterungsbeständig sein.

Die Stoffe sind so auszuwählen, dass insbesondere bei An- und Abschlüssen sowie bei Durchdringungen durch dauernde Wechselbelastung keine Schäden entstehen.

3.6 Dachabdichtungen mit Bitumenbahnen

Der Begriff Bitumenbahn beinhaltet Bitumen- und Polymerbitumenbahnen.

3.6.1 Dachabdichtungen mit Bitumenbahnen sind mehrlagig auszuführen. Als obere Lage sind Polymerbitumenbahnen z.B. mit Schiefersplittbestreuung zu verwenden.

3.6.2 Voranstrich als Haftbrücke, z.B. auf Beton oder Metall, ist mit Voranstrichmitteln auf Lösungsmittel- oder Emulsionsbasis aufzubringen.

3.6.3 Dampfsperren sind aus Bitumen-Schweißbahnen G 200 S 4 nach DIN 52131 herzustellen.

3.6.4 Dämmschichten sind aus trittfesten Wärmedämmstoffen herzustellen.

3.6.5 Der Dampfdruckausgleich ist durch punkt- oder streifenweises Aufkleben der ersten Lage der Dachabdichtung sicherzustellen.

3.6.6 Die Dachabdichtung einschließlich Oberflächenschutz ist bei einer Dachneigung von 2 % und mehr mit einer unteren Lage Bitumen-Schweißbahn G 200 S 4 nach DIN 52131 und einer oberen Lage Polymerbitumen-Schweißbahn PYE PV 200 S 5, beschiefert, nach DIN 52133 herzustellen.

3.6.7 Bei einer Dachneigung unter 2 % ist die Dachabdichtung mit einer unteren Lage Polymerbitumen-Schweißbahn PYE G 200 S 4 nach DIN 52133 und einer oberen Lage Polymerbitumen-Schweißbahn PYE PV 200 S 5, beschiefert, nach DIN 52133 herzustellen.

3.6.8 Anschlüsse an Randaufkantungen, Wände und andere Bauteile sind herzustellen aus
- Dämmstoffkeil, mindestens 50/50 mm,
- Polymerbitumen-Schweißbahn PYE G 200 S 4 nach DIN 52133, etwa 33 cm Zuschnitt und
- Polymerbitumen-Schweißbahn PYE PV 200 S 5, beschiefert, nach DIN 52133, etwa 50 cm Zuschnitt.

3.6.9 Anschlüsse an Lichtkuppeln u.ä. sind zusätzlich mit einem Streifen aus Polymerbitumen-Schweißbahn PYE PV 200 S 5 nach DIN 52133 einzukleben. Bei Scherbeanspruchungen ist zusätzlich ein Trennstreifen, 10 cm breit, zu verlegen.

3.6.10 Dachabdichtungen über Bewegungsfugen sind herzustellen aus
- zwei Dämmstoffkeilen zur Anhebung,
- Trennstreifen, etwa 33 cm breit,
- Polymerbitumen-Schweißbahn PYE PV 200 S 5 nach DIN 52133, 50 cm Zuschnitt und
- Polymerbitumen-Schweißbahn PYE PV 200 S 5, beschiefert, nach DIN 52133, etwa 75 cm Zuschnitt.

3.6.11 Bei Stoßfugen in der Tragkonstruktion sind über den Auflagern Abdeckstreifen aus Glasvlies-Bitumendachbahn V 13 nach DIN 52143, mindestens 20 cm breit, aufzulegen und gegen Verschieben durch einseitiges Verkleben zu sichern.

3.6.12 Die einzelnen Lagen sind parallel zueinander und mit Versatz herzustellen. Die Lagen müssen miteinander vollflächig verklebt werden. Die Verträglichkeit der Werkstoffe bzw. Bahnen untereinander muss auf Dauer sichergestellt sein.

3.6.13 Plastomerbitumenbahnen (PYP) werden in der Regel als Schweißbahnen hergestellt und sind im Schweißverfahren zu verarbeiten. Wird eine Plastomerbitumenbahn mit einer Bahn aus anderem Bitumen kombiniert, können sich Verträglichkeitsprobleme ergeben.

3.6.14 Bitumenbahnen, die als Kaschierung von rollbaren Wärmedämmungen verwendet werden, sind als erste Lage einer Bahn. Sie müssen aus Bahnen der Tabelle "Genormte Bitumenbahnen" bestehen oder sich entsprechend zuordnen lassen und wenn sie eine Überlänge von mindestens 2,50 m haben. Dabei sollen die Überlappungen der Kaschierung mindestens 8 cm breit sein und müssen dicht verklebt sein.

3.6.15 Bitumenbahnen mit Einlagen aus Glasvlies oder solche mit ähnlichen Eigenschaften (niedrige Höchstzugkraft und Dehnung) sind nur als zusätzliche Lagen zu verwenden.

3.6.16 Bitumenbahnen mit Trägereinlagen aus Metallbändern sind nur für die Abdichtung von befahrbaren oder begrünten Dachflächen zulässig.

3.6.17 Bitumendachbahnen mit Trägereinlagen aus Rohfilz sind nicht geeignet.

3.6.18 Dächer mit einer Neigung unter 2 % sind Sonderkonstruktionen und sollen nur in Ausnahmefällen vorgesehen werden. In diesen Fällen sind unter der oberen Lage aus Polymerbitumenbahn entweder eine weitere Polymerbitumenbahn oder zwei Lagen Bitumenbahnen zu verwenden. Vorzugsweise sollte ein schwerer Oberflächenschutz (z.B. Kies) vorgesehen werden. Teilbereiche mit Gefälle unter 2 % (z.B. Rinnen) sind entsprechend auszubilden.

Genormte Bitumenbahnen

Trägereinlage	Bezeichnung der Bitumenbahn Bitumen-Dachbahnen DIN 52143	Bitumen-Dachdichtungsbahnen DIN 52130	Bitumen-Schweißbahnen DIN 52131	Polymerbitumen-Dachdichtungsbahnen DIN 52132	Polymerbitumen-Schweißbahnen DIN 52133
Glasgewebe	–	G 200 DD	G 200 S 4 G 200 S 5	PYE–G 200 DD	PYE–G 200 S 4 PYP–G 200 S 4 PYE–G 200 S 5 PYP–G 200 S 5
Polyesterfaservlies	–	PV 200 DD	PV 200 S 5	PYE–PV 200 DD	PYE–PV 200 S 5 PYP–PV 200 S 5
Glasvlies *	V 13 *	–	V60 S 4 *	–	–

* Nur als zusätzliche Lagen

Hinweis: Zur Bildung der Normbezeichnung werden in Normen für Bitumen- bzw. Polymerbitumen-Dachbahnen, Dachdichtungsbahnen oder Schweißbahnen folgende Kurzzeichen verwendet:

G	Glasgewebe	PYP	Polymerbitumen, modifiziert mit thermoplastischen Kunststoffen
PV	Polyestervlies		
V	Glasvlies	200	Flächengewicht der Trägereinlage, z.B. 200 g/m² (nicht V 13)
PYE	Polymerbitumen, modifiziert mit thermoplastischen Elastomeren		
		DD	Dachdichtungsbahn
		S4/S5	Schweißbahn mit 4 bzw. 5 mm Dicke

Genormte Kunststoff- und Kautschukbahnen

DIN Norm	Titel — Dachbahn	Dichtungsbahn *	Bezeichnung	Nenndicke ** mindestens
7864 T 1	Elastomer-Bahnen für Abdichtungen		z.B. EPDM, CR, IIR	1,2 mm
16729	Kunststoff-Dachbahnen und Kunststoff-Dichtungsbahnen aus Ethylencopolymerisat-Bitumen		ECB	1,5 mm
16730	Kunststoff-Dachbahnen aus weichmacherhaltigem Polyvinylchlorid, nicht bitumenverträglich	–	PVC–P–NB	1,2 mm
16731	Kunststoff-Dachbahnen aus Polyisobutylen, einseitig kaschiert	–	PIB	2,5 m
16734	Kunststoff-Dachbahnen aus weichmacherhaltigem Polyvinylchlorid mit Verstärkung aus synthetischen Fasern, nicht bitumenverträglich	–	PVC–P–NB–V–PW	1,2 mm
16735	Kunststoff-Dachbahnen aus weichmacherhaltigem Polyvinylchlorid mit einer Glasvlieseinlage, nicht bitumenverträglich	–	PVC–P–NB–E–GV	1,2 mm
16736	Kunststoff-Dachbahnen und Kunststoff-Dichtungsbahnen aus chloriertem Polyethylen, einseitig kaschiert		PE–C–K–PV	1,2 mm
16737	Kunststoff-Dachbahnen und Kunststoff-Dichtungsbahnen aus chloriertem Polyethylen mit einer Gewebeeinlage		PE–C–E–PW	1,2 mm
16935	–	Kunststoff-Dichtungsbahnen aus Polyisobutylen	PIB	1,5 mm
16937	–	Kunststoff-Dichtungsbahnen aus weichmacherhaltigem Polyvinylchlorid, bitumenverträglich	PVC–P–BV	1,2 mm
16938	–	Kunststoff-Dichtungsbahnen aus weichmacherhaltigem Polyvinylchlorid, nicht bitumenverträglich	PVC–P–NB	1,2 mm

* Genormt zum Einsatz bei Bauwerksabdichtungen (Dachabdichtungen unter genutzten Flächen)
** Zum Teil einschließlich evtl. Kaschierung

Hinweis: Zur Bildung der Normbezeichnung werden in Normen für Kunststoff-Dach- und/oder -Dichtungsbahnen folgende Kurzzeichen verwendet:

K	kaschiert	E	Einlage	V	verstärkt	BV	bitumenverträglich
GV	Glasvlies	PV	Polyestervlies	GW	Glasgewebe	PPV	Polypropylenvlies
PW	Polyestergewebe	NB	nicht bitumenverträglich				

3.6.19 Verklebung

Vollflächige Verklebung

(1) Eine vollflächige Verklebung kann bei Bitumenbahnen erfolgen durch

- Gießverfahren – Schweißverfahren – Bürstenstreichverfahren – Kaltverklebung.

(2) Bei der vollflachigen Verklebung von Kunststoffbahnen auf dem Untergrund dürfen nur solche Verfahren und Klebstoffe verwendet werden, die vom jeweiligen Bahnenhersteller empfohlen werden.

(3) Für das Gießverfahren und das Bürstenstreichverfahren werden Bitumenklebemassen verwendet, deren Standfestigkeit auf die Konstruktion und das Gefälle abzustimmen ist.
Die Verarbeitungstemperatur soll ca. 100 K über dem Erweichungspunkt nach Ring und Kugel des jeweiligen Bitumens liegen.

(4) Beim Gießverfahren wird vor die fest aufgerollte Bahn ungefüllte Bitumenklebemasse so reichlich aufgegossen, dass beim Einrollen der Bahn vor der Rolle in ganzer Bahnenbreite ein Klebemassenwulst entsteht.

(5) Beim Schweißverfahren werden Bitumenschweißbahnen erhitzt, die zu verklebenden Bitumenschichten angeschmolzen und die Bahnen unter leichtem Andrücken eingerollt.

(6) Beim Bürstenstreichverfahren wird auf Bürstenstrichbreite so reichlich Bitumenklebemasse aufgetragen, dass bei dem Einrollen der Bahnen unter leichtem Druck in gesamter Rollenbreite ein Klebemassenwulst entsteht.

(7) Bei der vollflächigen Kaltverklebung werden Bitumenbahnen verwendet, die werkseitig auf der Bahnenunterseite mit einer Kaltselbstklebemasse versehen sind (Kaltselbstklebebahn). Die Hersteller–Verarbeitungsvorschriften sind zu beachten.

Teilflächige Verklebung

(1) Die teilflächige Verklebung ist eine flecken– oder unterbrochen streifenweise Befestigung auf dem Untergrund. Diese erfolgt durch drei bis vier tellergroße Klebepunkte pro Quadratmeter oder drei bis vier Klebestreifen pro Meter Bahnenbreite.

(2) Neben den entsprechend abgeänderten Verfahren der Vollverklebung konnen Kaltklebemassen auf Bitumen– oder Kunststoff–Basis, deren Eignung nachgewiesen sind, verwendet werden.

(3) Mit Kaltklebern können auch kaschierte oder unkaschierte Hartschaumdämmplatten, rollbare Wärmedammbahnen, Schaumglas sowie die erste Lage der Dachabdichtung aufgeklebt werden.

3.6.20 Überdeckung

(1) Bei Bitumendachbahnen muss die Überdeckung mindestens 8 cm betragen.

(2) Bei Kunststoffdachbahnen beträgt die Überdeckung für Baustellennähte mindestens 4 cm.

(3) Kreuzstöße sind zu vermeiden, z.B. durch versetzt angeordnete Überdeckungen.

3.6.21 Nahtverbindung von Bitumenbahnen

(1) Die Überdeckungen von Bitumenbahnen, die die Funktion einer Dampfsperre oder einer Lage der Dachabdichtung übernehmen sollen, sind zu verkleben bzw. zu verschweißen.

(2) Bei Heißverklebung soll unabhängig von dem gewählten Verfahren die Bitumenklebemasse sichtbar herausstreten.

(3) Bei Verklebung mit Adhäsivklebern sind die Hersteller–Verarbeitungsvorschriften zu beachten.

3.7 Dachabdichtungen mit Kunststoffbahnen

3.7.1 Dampfsperren sind aus Polyethylen–Folie 0,4 mm dick, normalentflammbar, lose verlegt, herzustellen.

3.7.2 Dämmschichten sind aus trittfesten Wärmedämmstoffen, lose verlegt, herzustellen.

3.7.3 Trennlagen sind aus Glasvlies von mindestens 120 g/m² herzustellen.

3.7.4 Die Dachabdichtung ist bei einer Dachneigung von 2 % und mehr mit Bahnen aus Polyvinylchlorid, PVC–P, mit Verstärkung aus synthetischen Fasern nach DIN 16734, 1,5 mm dick, lose verlegt, mit mechanischer Befestigung herzustellen.

3.7.5 Anschlüsse an Randaufkantungen, Wände und andere Bauteile sind mit den gleichen Stoffen wie die Flächenabdichtungen mit etwa 33 cm breiten Streifen im Übergangsbereich zwischen Dachfläche und Wand herzustellen.

3.7.6 Schutzlagen sind aus Chemiefaservlies von mindestens 200 g/m² herzustellen.

3.7.7 Dachabdichtungen mit Kunststoffbahnen werden in der Regel einlagig ausgeführt.

3.7.8 Bei einlagigen Dachabdichtungen muss die verwendete Bahn (Lage) die an die Abdichtung zu stellenden Anforderungen und Eigenschaften insgesamt allein erfüllen. Dabei ist den ausführungs– und nutzungsbedingten Erfordernissen wie

- Sicherheit der Nahtausführung
- Sicherheit gegen mechanische Beschädigung und
- ausreichende Witterungsbeständigkeit

in gleicher Weise Rechnung zu tragen wie bei mehrlagigen Dachabdichtungen.

3.7.9 In der Regel sind Kunststoffbahnen gemäß Tabelle "Genormte Kunststoffbahnen" zu verwenden. Nicht genormte Bahnen können entsprechend ihrer Zuordnungsfähigkeit zu den entsprechenden Bahnen eingesetzt werden, wenn sie analog güteüberwacht sind.

3.7.10 Unter der Dachabdichtung ist eine Schutzschicht, z.B. aus Kunststoffvlies, zu verlegen, wenn die Unterlage dies erfordert und die verwendete Bahn nicht unterseitig mit Kunststoffvlies kaschiert ist.

3.7.11 Eine Trennschicht, z.B. aus Rohglasvlies 120 g/m², ist notwendig, wenn die Dachabdichtung mit anderen Schichten nicht verträglich ist, z.B. bei Verlegung von PVC–Bahnen (PVC–P–/NB) auf Polystyrol oder bei ölimprägnierter Holzschalung.

3.7.12 Bei hoher mechanischer Beanspruchung, z.B. Dachabdichtungen unter Plattenbelägen, schweren Nutzschichten oder Begrünungen, ist über der Abdichtung eine Schutzlage aus z.B. geeignetem Kunststoffvlies, mindestens 300 g/m², vorzusehen.

3.7.13 Dächer mit einer Neigung unter 2 % sind Sonderkonstruktionen und sollen nur in Ausnahmefällen vorgesehen werden. Zur Verbesserung der Qualität der Dachabdichtung ist eine Erhöhung der Bahnendicke geeignet. Vorzugsweise sollte ein schwerer Oberflächenschutz (z.B. Kies) vorgesehen werden. Teilbereiche mit Neigung unter 2 % (z.B. Rinnen) sind entsprechend auszubilden.

3.8 Nahtverbindung von Kunststoffbahnen

Allgemeines

(1) Bei Kunststoffbahnen mit thermoplastischen Eigenschaften erfolgt die Nahtverbindung durch

- Quellschweißen,
- Warmgasschweißen,
- Dichtungsbänder/Abdeckbänder,
- Hochfrequenzschweißen (industrielle Fertigung),
- Heizkeilschweißen (industrielle Fertigung).

(2) Bei Kautschukbahnen erfolgt die Nahtverbindung durch

- Kontaktkleber,
- Dichtungsbander/Abdeckbänder,
- Heißvulkanisieren (Hot Bonding).

(3) Bei Kautschukbahnen, die zum Zeitpunkt der Verarbeitung thermoplastische Eigenschaften haben, erfolgt die Nahtverbindung durch

- Quellschweißen,
- Warmgasschweißen,
- Heizkeilschweißen (industrielle Fertigung).

(4) Die zu verbindenden Flächen müssen frei von Verunreinigungen sein. An T–Stößen sind wegen möglicher Kapillarbildung systemgerechte Maßnahmen erforderlich, z.B. Abschrägen der Bahnen.

(5) Nähte sind zusätzlich zu sichern, wenn dies vom Bahnenhersteller gefordert wird (Nachbehandlung). Bei Verbindungen, die in Werkstätten vorgefertigt werden, ist durch entsprechende Fertigungstechnik eine hohe Sicherheit der Nahtverbindung erzielbar.

(6) Bei der Überklebung von quellgeschweißten oder mit Kontaktklebstoffen verbundenen Nähten mit z.B. weiteren Lagen ist die Ablüftzeit zu beachten.

(7) Die Angaben der Hersteller in den Verlegehinweisen sind zu beachten.

Quellschweißverfahren

(1) Bei dem Quellschweißverfahren wird der Werkstoff mit einem hierfür geeigneten Lösungsmittel angelöst. Durch Zusammendrücken erfolgt dann eine homogene Verbindung. Die Verschweißbreite soll ca. 3 cm betragen.

(2) Quellgeschweißte Nähte erreichen bereits nach kurzer Zeit ausreichende Festigkeit und Dichtigkeit.
Zum Quellverschweißen ist das vom jeweiligen Bahnenhersteller empfohlene Quellschweißmittel zu verwenden und nach dessen Hersteller–Verarbeitungsvorschrift zu arbeiten.

Warmgasschweißen

Bei dem Warmgasschweißen wird der zu verschweißende Werkstoff mit Warmgas plastifiziert. Durch Zusammendrücken erfolgt dann eine homogene Verbindung. Die Verschweißbreite soll ca. 2 cm betragen.

Verkleben mit Kontaktklebstoffen

Kontaktklebstoffe werden in der vorgeschriebenen Schichtdicke aufgetragen und nach einer temperatur– und lüftungsabhängigen Abtrockenzeit mit leichtem Druck zusammengefügt. Es dürfen nur Klebstoffe und Reinigungsmittel verwendet werden, die vom Hersteller für den jeweiligen Werkstoff zugelassen sind. Die Breite der Überdeckung und Verklebung soll ca. 5 cm betragen.

Nahtverbindung mit Dichtungsbändern

(1) Kunststoffdachbahnen können fabrikmäßig bereits mit einem Dichtungsband ausgerüstet werden. Dieses ist im Nahtbereich aufgebracht und mit einem Schutzstreifen abgedeckt. An der Baustelle wird nach dem Ausrichten und Reinigen der Bahnen das Schutzband abgezogen und die Naht unter Druck zusammengefügt. Dabei entsteht eine selbsttätige Verklebung.

(2) Die gleiche Verbindung kann auch auf der Baustelle durch Einlegen eines Dichtungsbandes ausgeführt werden. Die Klebeflächen sind vorher zu reinigen.
Die Breite des Dichtungsbandes soll ca. 4 cm betragen.

Heißvulkanisieren

Nahtverbindung durch Heißvulkanisieren (Hot Bonding) wird vorzugsweise zur Vorfertigung von Planen angewendet. Durch Heißvulkanisieren hergestellte Nähte weisen keinen Unterschied im Materialgefüge auf und haben deshalb die gleichen Eigenschaften wie das Material in der Fläche.

3.9 Dachabdichtungen als Kombinationen aus Kunststoffbahnen mit Bitumenbahnen

(1) Dachabdichtungen können auch in der Kombination von bitumenverträglichen Kunststoffbahnen mit Bitumenbahnen mehrlagig ausgeführt werden.

(2) Kunststoffbahnen, die in Verbindung mit Bitumenbahnen verwendet werden, müssen auf Dauer und ohne Einschränkung für die Verklebung mit Bitumen geeignet sein. Die hierfür geeigneten Kunststoffbahnen sind in den Werkstoffblättern der Hersteller aufgeführt.

(3) Dachabdichtungen mit Flüssigkunststoffen werden üblicherweise an Ort und Stelle mit polymerisierenden oder abtrocknenden Flüssigkeiten hergestellt. In den meisten Fällen wird ein Trägerstoff (Verstärkung) eingearbeitet.

(4) Die Eignung soll durch ein Agreement der UEAtc, ausgestellt von der Bundesanstalt für Materialforschung und –prüfung in Berlin, nachgewiesen sein.

(5) Die Verarbeitung erfolgt unter Berücksichtigung der Bestimmungen des Agreements nach Herstellerangaben.

3.10 Dachabdichtungen mit Flüssigkunststoffen

(1) Unter den Begriff Flüssigkunststoffe fallen Mischungen aus Kunststoff und Bitumen–Kunststoff–Kombinationen.

(2) Dachabdichtungen mit Flüssigkunststoffen müssen mindestens gleiche technische Eigenschaften besitzen wie Abdichtungen aus Bitumenbahnen oder Kunststoffbahnen. Sie müssen den nutzungsbedingten Erfordernissen, wie

- Sicherheit gegen mechanische Beschädigung und
- ausreichende Witterungsbeständigkeit

in gleicher Weise Rechnung tragen wie Dachabdichtungen.

Anwendungstechnische Hinweise

Allgemeines

(1) Bei dem nach der Planung vorgesehenen Gefälle einer Dachflache konnen sich Abweichungen ergeben

- im Rahmen zulassiger Bautoleranzen,
- durch unterschiedliche Dicken der Werkstoffe sowie
- durch Überlappungen u.ä.

(2) Auf Dächern mit einem Gefälle bis ca. 3 ° (~ 5 %) ist verbleibendes Wasser unvermeidbar.

(3) An Fugen von Wärmedämmungen oder im Bereich von Randhölzern, Zargen u.ä. ergibt sich in der Regel ein von den Werten der Fläche geringfügig abweichender Wärmedurchlasswiderstand. Dadurch können bei Reif, dünner Schneedekke oder Feuchtigkeit auf der Dachflache Abzeichnungen erkennbar werden. Dies ist jedoch kein Mangel.

(4) Eine hohlraumfreie Verklebung ist unter Baustellenbedingungen nicht immer erzielbar. Einzelne, z.B. durch Unebenheiten entstehende, geringfügige Hohlräume konnen nicht ausgeschlossen werden.

(5) Schattenähnliche Abzeichnungen, Pfützen, geringfügige Blasen, Wellen oder Falten in der Dachabdichtung sowie verbleibendes Wasser hinter den Nähten stellen keinen, die Tauglichkeit des Flachdaches mindernden Mangel dar. Dies gilt auch für geringfügiges Hervortreten der Klebemassen an Nähten und Stößen bei Verwendung fabrikmäßig bestreuter Bahnen als Oberlage.

3.11 Maßnahmen zur Aufnahme horizontaler Kräfte

(1) Dachabdichtungen sollen zur Aufnahme horizontaler Kräfte an Dachrändern, Anschlüssen an aufgehende Bauteile, Bewegungsfugen, Lichtkuppeln etc. mechanisch befestigt werden. Diese Befestigungen sind nur dann voll wirksam, wenn sie in der Abdichtungsebene, am Übergang zu senkrechten oder geneigten Flächen, angeordnet und ausgeführt werden. Einbinden oder Einklemmen in höherliegende Randprofile oder unter Randabdeckungen sowie Verklebungen sind keine Befestigungen in diesem Sinne.

(2) Maßnahmen zur Aufnahme horizontaler Kräfte sind notwendig

- bei Stahltrapezprofilen sowie
- bei anderen Unterlagen,wenn unter einer Dachabdichtung ohne schweren Oberflächenschutz Wärmedämmstoffe aus Hartschaum verwendet werden und diese mit Kaltkleber mit Nachklebeeffekt verklebt sind.

(3) Maßnahmen zur Aufnahme horizontaler Kräfte sind von der Gebaudehöhe unabhangig.

(4) Die Befestigung der Abdichtung mit der Unterkonstruktion erfolgt durch Linienbefestigung oder durch lineare Befestigung.

(5) Linienbefestigungen sind kontinuierliche Bänder oder Profile zur Befestigung der Dachabdichtung. Metallbänder können dabei mit drei bis vier Schrauben pro Meter, Verbundbleche mit mindestens sieben Breitkopfstiften pro Meter mit der tragenden Unterkonstruktion, z.B. Randbohle, verbunden werden.

(6) Lineare Befestigungen sind in Reihe angeordnete punktweise Einzelbefestigungen zur Befestigung der Dachabdichtung an der tragenden Unterkonstruktion. Hierfür werden z.B. ca. 15 verzinkte Breitkopfstifte in Doppelreihe pro Meter oder drei bis vier geeignete Befestigungselemente in Linie verwendet.

(7) Bei Dachabdichtungen, die gegen Abheben durch Windkräfte durch mechanische Befestigung gesichert sind, kann auf zusätzliche Maßnahmen zur Aufnahme geringer horizontaler Kräfte verzichtet werden, wenn die Anzahl, Anordnung und Art der mechanischen Befestigung geeignet ist, durch hohen Anpressdruck und damit verbundene Reibungskräfte die horizontalen Kräfte aufzunehmen.

3.12 Zusätzliche Maßnahmen bei Gefälle über 3 °

(1) Bei Flächen mit einem Gefälle über 3 ° (~ 5 %) sind zusätzliche Maßnahmen notwendig, die verhindern, dass die Schichten des Dachaufbaues insbesondere bei Erwärmung durch Sonneneinstrahlung in Richtung des Gefälles abgleiten.

(2) Folgende Maßnahmen, einzeln oder auch kombiniert, können erforderlich werden:

- Sicherung der Dachbahnen am oberen Rand durch versetzte Nagelung mit 5 cm Nagelabstand,
- Befestigung unter Verwendung von Metallbändern bzw. Verbundblechen,
- Durchziehen der Bahnen über den First und kopfseitige Befestigung,
- Verwendung von Steildachschweißbahnen und –Dachbahnen,
- für Klebeschichten Verwendung von standfester Klebemasse oder anderer geeigneter Kleber,
- Verwendung von Dachbahnen mit hoher Zugfestigkeit (z.B. mit Glasgewebe–Trägereinlage),
- Verlegung der Bahnen in Gefällerichtung,
- Unterteilen der Bahnenlängen,
- Einbauen von Stützhölzern zur Fixierung von Dämmschichten und Abdichtungslagen,
- Einbauen von zusätzlichen Nagelleisten bei nicht nagelbarem Untergrund,
- mechanische Befestigung in der Fläche z.B. mit Tellerdübel,
- Bahnenteilung im Übergangsbereich wegen unterschiedlicher Verhältnisse durch starke Erwärmung infolge Sonneneinstrahlung und Schattenwirkung, z.B. Shedflächen.

Dachdeckungen für Flachdächer

4 Lagesicherheit gegen Abheben durch Windkräfte

4.1 Allgemeines
Dachabdichtungen müssen auf einer Unterlage flächig aufliegen. Dabei ist durch geeignete Maßnahmen sicherzustellen, dass sie auf Dauer in ihrer Lage verbleiben und nicht durch Windkräfte abgehoben werden. Durch Sicherungsmaßnahmen müssen Kräfte, die auf die Dachabdichtung einwirken, sicher in die Unterlage abgeleitet werden. Diese Anforderung gilt für Gebäude bis 20 m Höhe als erfüllt, wenn eine der in den Abschnitten 4.1 bis 4.4 beschriebenen Sicherungsmaßnahmen fachgerecht ausgeführt wird.

Für Gebäude mit mehr als 20 m Höhe ist die Lagesicherheit in jedem Fall rechnerisch nach DIN 1055 Teil 4 nachzuweisen.

4.2 Sicherung durch Aufkleben
Wenn die Lagesicherheit der Dachabdichtung durch Aufkleben auf die Unterlage hergestellt werden soll, muss die Unterlage selbst so ausreichend fest sein, dass die sich aus den Windlasten ergebenden Kräfte ohne Schaden aufgenommen werden können.

Die Verklebung ist materialspezifisch vorzunehmen. Z.B. sind Dachabdichtungen aus Bitumenbahnen ausreichend lagesicher, wenn sie mindestens zu 10 % in gleichmäßiger Verteilung mit der Unterlage verklebt sind. Bei Dachkonstruktionen aus Profilblechen sind in der Regel darüber hinaus im Randbereich mindestens 3 Stück mechanische Befestigungselemente je m² vorzusehen. [1]

Wird die Haftfestigkeit durch Versuche ermittelt und die Lagesicherheit rechnerisch untersucht, ist ein Sicherheitsfaktor von ν = 1,5 zu berücksichtigen.

4.3 Sicherung durch mechanische Befestigung
Bei geeigneten Dachabdichtungssystemen und Unterkonstruktionen darf die Lagesicherheit auch durch eine mechanische Befestigung in der statisch wirksamen Schicht des Dachaufbaus, z.B. durch Tellerdübel, Spreizdübel, Holzschrauben oder selbstbohrende Schrauben mit Haltetellern, Breitkopfstiften (Nägeln), hergestellt werden.

Die Befestigungselemente müssen so beschaffen sein und so verankert werden, dass sie die zu erwartenden Kräfte dauerhaft aufnehmen und weiterleiten können. Mit Ausnahme von Breitkopfstiften sollen die Befestigungselemente für eine dynamische Ausreißkraft von mindestens 0,5 kN konstruiert sein. Ihre Eignung muss durch ein Prüfzeugnis nachgewiesen sein.

Durch die mechanische Befestigung darf die Wasserundurchlässigkeit der Dachabdichtung nicht beeinträchtigt werden, die Befestigungsstellen sind daher in der Regel zu überkleben oder zu überschweißen. Die zu befestigenden Bahnen müssen so beschaffen sein, dass sie unter der zu erwartenden Beanspruchung nicht an den Befestigungsmitteln ausreißen.

Die nachfolgenden Ausführungsbeispiele für Dachabdichtungen mit mechanischer Befestigung gelten ohne besonderen Nachweis als lagesicher:

a) Dachaufbau auf Stahltrapezprofilen
Die Dachabdichtung ist einschließlich eventueller weiterer Schichten des Dachaufbaus, z.B. Dampfsperre, Wärmedämmung, mit Befestigungselementen auf den Obergurten der Stahltrapezprofile zu befestigen. Die Anzahl der Befestigungen muss für die verschiedenen Bereiche der Dachfläche mindestens betragen:
- Innenbereich: 4 Stück/m²
- Randbereich: 6 Stück/m²
- Eckbereich: 8 Stück/m²

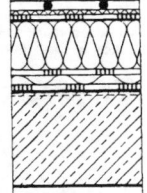

b	Gebäudebreite
r	Breite des Randbereichs
r =	1 m ≤ b/8 ≥ 2 m

Bereiche der Dachfläche

b) Dachabdichtung aus Bitumenbahnen auf Schalung aus Holz oder Holzwerkstoff
Die untere Lage der Dachabdichtung ist im Bereich der Bahnenüberdeckungen mit korrosionsgeschützten Breitkopfstiften im Abstand von etwa 10 cm auf die Unterlage zu nageln. Zur weiteren Verbesserung der Lagesicherheit kann bei Verwendung von 1 m breiten Bahnen eine weitere Nagelreihe in Bahnenmitte mit Nagelabständen von etwa 25 cm vorgesehen werden oder es können 50 cm breite Bahnen verwendet werden.

Die untere Lage darf auch durch eine Sturmverdrahtung befestigt werden. Sie ist dazu mit korrosionsgeschützten Drähten von etwa 1 mm Durchmesser kreuzweise im Abstand von etwa 33 cm zu überspannen, die an den Kreuzungspunkten durch korrosionsgeschützte Breitkopfstifte mit der Unterlage zu verbinden sind.

4.4 Sicherung durch Auflast
Bei Dachabdichtungen, die nicht aufgeklebt und nicht oder nur teilweise auf der Unterlage mechanisch befestigt sind, ist die Lagesicherheit durch eine Auflast mit ausreichender Masse herzustellen (lose verlegte Dachabdichtung).

Damit die Auflast nicht durch Einwirkung der Schwerkraft abrutschen kann, eignen sich lose verlegte Dachabdichtungen in der Regel nur für Dächer der Dachneigungsgruppe I.

Die Auflast auf lose verlegten Dachabdichtungen muss mindestens den Werten nach Tabelle Auflasten entsprechen. Sofern die Abdichtung am Rand und an den Durchdringungen in der Abdichtungsebene kraftschlüssig mit der Unterlage verbunden ist, genügen für den Randbereich die Auflasten nach Tabelle, Spalte 3. Wenn die Dachabdichtung in diesen Bereichen nicht kraftschlüssig mit der Unterlage verbunden wird, sind die erhöhten Auflasten nach Tabelle, Spalte 4 vorzusehen.

Wird Kies als Auflast verwendet, muss er aus natürlichem, ungebrochenem Gestein der Korngruppe 16/32 nach DIN 4226 Teil 1 bestehen, wobei geringe Abweichungen hinsichtlich des Über- und Unterkorns zulässig sind. Die Mindestdicke der Kiesschüttung muss – unabhängig von der erforderlichen Auflast – im Einbauzustand 5 cm betragen.

Auflasten

	1	2	3	4
			Auflast Randbereich	
Höhe der Dachfläche über Gelände m	Auflast Innenbereich kg/m²	mit Befestigung am Dachrand kg/m²	ohne Befestigung am Dachrand kg/m²
bis 8	40	80	120
über 8 bis 20	65	130	190
über 20	80	160	260

Ergänzende Hinweise zur Sicherung von Dachabdichtungen gegen Abheben durch Windkräfte nach den ZDD–Flachdachrichtlinien

Ausführungsbeispiele für geschlossene Gebäude bis 20 m

	Befestigungsart	Innenbereich	Randbereich	Eckbereich
ohne Auflast	Heißverklebung	10 % der Fläche	20 % der Fläche	40 % der Fläche
	Kaltverklebung (Adhäsivkleber 4 cm breite Streifen)	2 Streifen/m²	3 Streifen/m²	4 Streifen/m²
	Nagelung Reihenabstand Nagelabstand	90 cm 10 cm	30 cm 10 cm	30 cm 5 cm
	Befestigungselemente (Betriebsfestigkeit 0,4 kN/St)	3 St/m²	6 St/m²	9 St/m²
mit Auflast	Kiesschüttung in Kombination mit	5 cm Kiesschüttung in Kombination mit		
	a) Heißverklebung	–	10 % der Fläche	20 % der Fläche
	b) Kaltverklebung (Adhäsivkleber 4 cm breite Streifen)	–	2 Streifen/m²	3 Streifen/m²
	c) Nageln Reihenabstand Nagelabstand	– –	45 cm 10 cm	45 cm 5 cm
	d) Befestigungselemente (Betriebsfestigkeit 0,4 kN/St)	–	4 St/m²	7 St/m²

Befestigung von Randhölzern

Befestigungsart		Gebäudehöhe über Gelände	bis 8 m	über 8 m bis 20 m	über 20 m
		Abstand d. Befestigung	Abstand in m	Abstand in m	
	Befest.-mittel				
Holz auf Beton	verz. Schrauben Ø 7 mm mit Dübel		1,00	0,66	
Holz auf Gasbeton	verz. Schrauben Ø 7 mm mit Spezialdübel		0,90	0,50	Einzelnachweis
Holz auf Profilblech	verz. Blechschrauben Ø 4,2 mm		0,50	0,33	
Holz auf Vollholz	verz. Holzschrauben Ø 6 mm		0,80	0,50	

Als Auflast dürfen auch ausreichend dimensionierte Betonplatten, Betonverbundpflaster oder ähnliches verwendet werden.
Bei einer Dachhöhe über 20 m sind im Rand- und Eckbereich in jedem Fall Platten, Pflaster oder eine Kombination aus Kiesschüttung und Platten mit dem Mindestgewicht nach Tabelle vorzusehen.

4.5 Lagesicherheit bei geneigten Dächern
Falls erforderlich, sind bei geneigten Dächern zusätzliche Maßnahmen zu treffen, um ein Abgleiten der Dachabdichtung, z.B. durch Wärmeeinwirkung oder durch die Schwerkraft, zu verhindern.

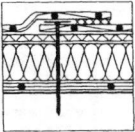

Verklebte Verlegung
Alle Schichten des Dachaufbaues werden miteinander bzw. auf dem Untergrund meist streifenweise verklebt. Dadurch bleibt der Bewegungs- und Dampfdruckausgleich erhalten, Wellen- und Blasenbildung wird vermieden.

Mechanische Saumbefestigung
Befestigung im überdeckten Bahnenrand. Die Befestigungsmemente werden im Bahnenrand gesetzt und durch die folgende Bahn überdeckt.

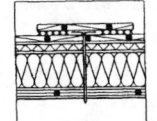

Mechanische Feldbefestigung durch die Dachbahn
Die Befestigungselemente werden durch die Dachbahn hindurchgeschraubt. Die Abdichtung der Befestigungspunkte erfolgt mit separaten Streifen oder Scheiben.

Mechanische Feldbefestigung unterhalb der Dachbahn
Die Befestigung erfolgt über separat verlegte Streifen oder Scheiben unterhalb der Dachbahn. Die Dachbahn wird anschließend auf diesen Streifen verklebt oder verschweißt.

Darstellung von Dachbauteilen in Zeichnungen

Dachbahnen, Dach–Dichtungsbahnen

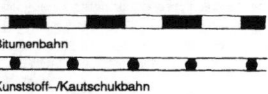

Bitumenbahn

Kunststoff–/Kautschukbahn

Kunststoff–/Kautschukbahn, einseitig vlieskaschiert

Kunststoff–/Kautschukbahn, mit Gewebeverstärkung

Kunststoff–/Kautschukbahn, mit Vlieseinlage

Kunststoff–/Kautschuk–Dampfsperrbahn, mit Metallbandeinlage

Kunststoff–/Kautschuk–Dampfsperrbahn

Kunststoff–/Kautschuk–Schutzbahn (z.B. PVC halbhart)

Zubehör

Verbundblech (kunststoffkaschiertes Blech)

Mechanische Befestigungsmittel

Mechanische Befestigungsmittel

Trenn– bzw. Schutzlage

Wärmedämmschicht

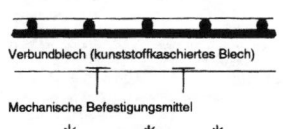

ohne Kaschierung

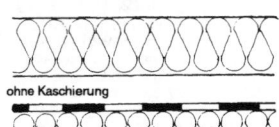

mit Kaschierung

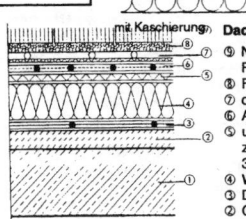

Dachterrasse
⑧ Nutzschicht, z.B. Plattenbelag
⑦ Feinkiesbett
⑥ obere Schutzlage
⑤ Abdichtung
④ untere Schutzlage, z.B. Kunststoffvlies 300 g/m²
③ Wärmedämmschicht
② Dampfsperrschicht
② Gefällebeton
① Betondecke

Parkdeck
⑦ Fahrbelag aus Beton, gleichzeitig Schutzschicht,
⑥ obere Schutzlage
⑤ Abdichtung
④ untere Schutzlage, z.B. Kunststoffvlies 300 g/m²
④ Wärmedämmschicht
③ Dampfsperrschicht
② Gefällebeton
① Betondecke

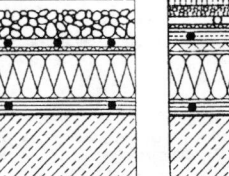

Lagesicherung durch Kies-Auflast

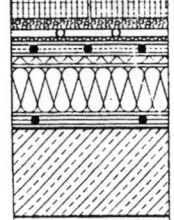

Lagesicherung: Plattenbelag im Feinkiesbett

[1] Infolge konstruktionsbedingter Luftdurchlässigkeit, z.B. durch die Randausbildung, können zusätzliche Winddruckkräfte auf die Unterseite des Dachaufbaus einwirken, die durch die erhöhten Windsogkräfte im Wand- und Eckbereich nicht abgedeckt sind.

Dachdeckungen für Flachdächer

5 Konstruktive Planungsgrundsätze

5.1 Allgemeines

Bei der Planung ist die Wechselwirkung zwischen Dachabdichtung und den darunterliegenden sowie den angrenzenden Bauteilen zu berücksichtigen. Es ist insbesondere darauf zu achten, dass sich Wasserdampfdiffusion nicht schädlich auf die Dachabdichtung auswirken kann (siehe DIN 4108 Teil 3).

Flächen, die als Unterlage der Dachabdichtung vorgesehen sind, sollen mit dem für die Ableitung des Niederschlagswassers erforderlichen Gefälle hergestellt sein. Bei Dächern der Dachneigungsgruppe I muss mit verbleibendem Wasser auf der Dachabdichtung gerechnet werden. Die Flächen müssen eben, sauber und frei von Fremdkörpern sein. Sie müssen ferner den baustoffbezogenen Anforderungen nach Abschnitt 5.2 entsprechen.

5.2 Anforderungen an die Unterlagen der Dachabdichtung

5.2.1 Beton (Ortbeton)

Flächen aus Beton müssen ausreichend erhärtet und oberflächentrocken sein. Die Oberfläche muss stetig verlaufend, geschlossen, sowie frei von Kiesnestern und Graten sein.

5.2.2 Betonfertigteile

Flächen aus Betonfertigteilen müssen nach der Verlegung eine stetig verlaufende Oberfläche aufweisen. Die Fugen zwischen den Fertigteilen müssen geschlossen sein.

5.2.3 Holzschalung

Holzschalung soll aus lufttrockenen, gespundeten Brettern bestehen, die im ungehobelten Zustand mindestens 24 mm dick sein sollen. Sie müssen der Güteklasse III nach DIN 68365 entsprechen. Die Bretter sollen zwischen 8 und 16 cm breit sein, sie müssen nach DIN 68800 Teil 3 gegen Holzschädlinge geschützt sein. Das verwendete Holzschutzmittel muss ein Prüfzeichen haben und mit den in Berührung kommenden Stoffen verträglich sein.

5.2.4 Schalung aus Spanplatten und Bau–Furniersperrholz

Für Schalung aus Spanplatten und Bau–Furniersperrholz gilt DIN 1052 Teil 1.

Spanplatten müssen Typ V 100 G nach DIN 68763 und Bau–Furniersperrholz muss Typ BFU 100 G (früher Verleimungsart AW 100) nach DIN 68705 Teil 3 entsprechen. Die Platten müssen trocken, gleichmäßig dick, tritt– und biegefest sein und dürfen keine Binde– und Schutzmittel enthalten, die den Dachaufbau schädlich beeinflussen.

Die Plattengröße soll eine maximale Kantenlänge von 2,5 m nicht überschreiten.

Die Längenänderung der Platten kann bis zu 2 mm pro Meter betragen. Zwischen den Platten sind Fugen in der Größenordnung von 2 (mm pro Meter) x Plattenlänge (Meter) anzuordnen.

An freien, nicht unterstützten Plattenrändern müssen diese Fugen zur Kraftübertragung mit Nut und Feder versehen sein (Plattenränder = quer zur Sparrenrichtung).

Die Platten müssen im Verband verlegt sein. Sogenannte Kreuzstöße sind nicht zugelassen. Ebenso sind freie, nicht unterstützte Tragstöße zu vermeiden.

Sämtliche Fugen sind im Hinblick auf die zu erwartenden Längenänderungen mit Schleppstreifen oder Trennlagen abzudecken.

5.2.5 Dämmschichten

Dämmschichten müssen aus genormten Dämmstoffen bestehen, z.B. nach DIN 18161 Teil 1, DIN 18164 Teil 1, DIN 18165 Teil 1 oder DIN 18174. Die Eignung anderer Stoffe ist z.B. durch eine allgemeine bauaufsichtliche Zulassung nachzuweisen.

Platten mit Verfalzungen müssen so ausgebildet sein, dass sich Bewegungen in der Dämmschicht nicht großflächig auswirken können.

Werden Platten verwendet, deren temperaturbedingte Längenänderung nachteilig auf die Dachabdichtung einwirkt, ist eine vollflächige Trennung zwischen Dämmschicht und Dachabdichtung vorzusehen oder es sind Platten zu verwenden, bei denen durch Unterteilung der Plattengröße die Ausdehnung in der Oberfläche verringert wird.

5.3 Dachkonstruktionen mit Stahltrapezprofilen

Bei Dachkonstruktionen mit Stahltrapezprofilen müssen die Profile mit einer Unterlage für die Dachabdichtung versehen sein. Die Stahltrapezprofile müssen DIN 18807 Teil 1, Teil 2 und Teil 3 entsprechen.

Für den Korrosionsschutz der Stahltrapezprofile gilt DIN 18807 Teil 1. Ein Voranstrich aus Bitumen zur Haftverbesserung gilt in keinem Fall als Korrosionsschutz.

Die Stahltrapezprofile müssen so verlegt sein, dass ihre Obergurte eine ebene Fläche bilden, damit die Unterlage der Dachabdichtung ebenflächig aufgeklebt oder mechanisch befestigt werden kann.

Wenn als Unterlage der Dachabdichtung auf den Stahltrapezprofilen eine Dämmschicht vorgesehen ist, muss ihre Art und ihre Dicke auf den Abstand der Obergurte der Stahltrapezprofile abgestimmt sein.

5.4 Dampfdruckausgleich Trenn– und Ausgleichsschicht, Dampfsperre

Unter Dachabdichtungen muss in der Regel ein Dampfdruckausgleich möglich sein.

Trenn– und Ausgleichsschicht

A n f o r d e r u n g e n

Trenn– und Ausgleichsschichten sollen

- geringfügige Schwind– und Spannungsrisse in der Tragkonstruktion z.B. bei Betonplatten und Schalungsflächen überbrücken,
- die Folgelage gegen Rauhigkeit und chemische Einwirkungen aus der Unterlage schützen.

A u s f ü h r u n g

Eine Trenn– und Ausgleichsschicht kann hergestellt werden durch

- lose Verlegung oder punkt– oder unterbrochen streifenweise Verklebung einer dafür geeigneten Dampfsperre,
- Lochglasvlies–Bitumenbahnen und
- Trennlagen z.B. aus Polyethylenfolie, Kunststoffvlies, Schaumstoffmatten, Ölpapier, Natronkraftpapier, Rohglasvlies, Dachbahnen u.ä.

Dampfsperre

A n f o r d e r u n g e n

(1) Die Dampfsperre soll verhindern, dass sich Wasserdampfdiffusion schädigend auf die Schichten des Daches auswirken kann. Bei nicht durchlüfteten Dächern ist in der Regel eine Dampfsperre erforderlich.

(2) Die Dampfsperre ist nach Art und Eigenschaft entsprechend der Temperaturdifferenz zwischen Innenluft und Außenluft sowie dem Feuchtigkeitsanfall durch die zu erwartende Nutzung der unter der Dachdecke gelegenen Räume und nach den sonstigen baulichen Gegebenheiten gemäß DIN 4108 vom Planer festzulegen.

(3) Der Sperrwert der Dampfsperrschicht $s_d = \mu \cdot s$ ergibt sich aus der Wasserdampf–Diffusionswiderstandszahl μ mal der Dicke des Werkstoffes s. An Ort und Stelle aufgebrachte Klebeschichten bleiben bei der Bemessung unberücksichtigt (siehe DIN 4108 Teil 3 "Wärmeschutz im Hochbau; Klimabedingter Feuchteschutz; Anforderungen und Hinweise für Planung und Ausführung").

(4) Beim Einbau einer Dampfsperre mit einem Sperrwert (wasserdampf–diffusions-äquivalente Luftschichtdicke) von mindestens 100 m in Verbindung mit einer nach DIN 4108 ausreichend bemessenen Dämmschicht ist die Dachkonstruktion von nicht klimatisierten Wohn– und Bürogebäuden ohne besonderen Nachweis ausreichend gegen Tauwasserbildung geschützt.

(5) Ist bei Gasbetondecken, Stegzementdielen u.ä. eine zusätzliche Wärmedämmung vorgesehen, so entscheidet ein Nachweis hinsichtlich Tauwasserausfall über die Anordnung einer Dampfsperre.

(6) Bei durchlüfteten Dachkonstruktionen soll die Dampfsperre darüber hinaus das Einströmen von Innenraumluft in den Dachraum vermindern.

(7) Gefälleschichten unter Dampfsperren sollen nicht aus wärmedämmenden Stoffen hergestellt werden. Andernfalls ist ein bauphysikalischer Nachweis der Funktionsfähigkeit nach DIN 4108 zu führen.

A u s f ü h r u n g

(1) Als Dampfsperrbahnen sind z.B. geeignet:

- Bitumen–Schweißbahnen, mindestens 4 mm dick, mit Aluminiumband– und Glasgewebeeinlage AL + G 200 S 5 oder AL + G 200 S 4
- Bitumen–Schweißbahnen, mindestens 4 mm dick, mit Aluminiumband– und Glasvlieseinlage AL + V 60 S 4
- Bitumen–Dampfsperrbahnen mit Aluminiumbandeinlage AL 01
- Bitumen–Dampfsperrbahnen mit Aluminiumband– und Glasvlieseinlage AL + V 60
- Bitumen–Schweißbahnen nach DIN 52131 und DIN 52133, 4 oder 5 mm dick
- Bitumen–Dachdichtungsbahnen nach DIN 52130 und DIN 52132
- Glasvlies–Bitumendachbahnen nach DIN 52143
- Dampfsperrbahnen aus Polyethylen
- Dampfsperrbahnen aus PVC–weich.

(2) Dachbahnen mit Rohfilzträgereinlage sind als Dampfsperre ungeeignet.

(3) Dampfsperren können lose aufgelegt, punktweise, streifenweise oder vollflächig auf der Unterlage aufgeklebt werden.

Die Überdeckungen müssen vollflächig verbunden werden. Bei der Verwendung von PE–Folien sollen die Nähte mit systemgerechten Klebebändern verschlossen werden.

(4) Bitumen–Dampfsperrbahnen nur mit Aluminiumbandeinlage müssen auf Betondecken auf einer zusätzlich aufzubringenden Lochglasvlies–Bitumenbahn oder einer Bitumendachbahn vollflächig aufgeklebt werden.

(5) Dampfsperren sind an An– und Abschlüssen bis über die Dämmschicht hochzuführen und anzuschließen, an Durchdringung anzuschließen.

(6) Dampfsperren aus Bitumenbahnen können vorübergehend auch als behelfsmäßige Abdichtung dienen.

(7) Auf Stahltrapezprofilen wird der Einbau einer Dampfsperre empfohlen.

Die Verklebung der Dampfsperre erfolgt mit geeigneten Klebestoffen auf den Obergurten. Bei dem Aufkleben im Schweißverfahren ist darauf zu achten, dass durch die Schweißflamme der Korrosionsschutz der Bleche nicht beschädigt wird.

(8) Auf nagelbaren Unterlagen, z.B. aus Holz oder Holzwerkstoffen, ist eine Trennschicht zwischen der Unterlage und der Dampfsperre notwendig.

Dampfdruckausgleich und/oder Trennschicht

A n f o r d e r u n g e n

Die Dampfdruckausgleichsschicht ist eine zusammenhängende Luftschicht unter der Dachabdichtung. Sie hat die Aufgabe, örtlichen Dampfdruck, der aus eingeschlossener oder einwandernder Feuchtigkeit bei Erwärmung entsteht, zu verteilen und dadurch zu entspannen, sowie die Eigenbeweglichkeit der Dachabdichtung bei Temperaturschwankungen zu ermöglichen und die Übertragung von Bewegungen und Spannungen aus den darunter liegenden Schichten zu vermindern.

A u s f ü h r u n g

(1) Der Dampfdruckausgleich unter einer Dachabdichtung wird erreicht, wenn die erste Lage der Dachabdichtung punkt– oder unterbrochen streifenweise aufgeklebt oder lose verlegt und eine selbsttätige vollflächige Verklebung verhindert wird, z.B. durch grobe Bekiesung oder andere Trennschichten auf der Unterseite.

(2) Bei Mineralfaserdämmstoffen oder ähnlich diffusionsoffenen Wärmedämmungen erfolgt der Dampfdruckausgleich im Dämmstoff. Dachabdichtungen können auf diesen Stoffen deshalb auch vollflächig verklebt werden.

(3) Bei Rolldämmbahnen erfolgt der Dampfdruckausgleich über das Streifensystem der Wärmedämmung.

(4) Werden Dämmplatten verwendet, deren temperaturbedingte Längenänderung schädigend auf die Dachabdichtung einwirken können (z.B. Hartschaumplatten mit hoher Rohdichte), ist eine vollflächige Trennung zwischen Dachabdichtung und Wärmedämmschicht herzustellen. Bei Dachabdichtungen aus Bitumenbahnen eignen sich z.B. Trennlagen aus Ölpapier oder Polyestervlies.

(5) Auf Schaumglas müssen Dachabdichtungen vollflächig, ohne Dampfdruckausgleichsschicht, aufgeklebt werden. Bei Verlegung von Schaumglas auf geschlossener Unterlage ist schwerer Oberflächenschutz zu empfehlen.

5.5 Dachabdichtung

Die dauerhafte Funktionsfähigkeit der Dachabdichtung wird durch – die Dachneigung – die Art der Beanspruchung – die Art des Einbaus – die Auswahl der verwendeten Stoffe und ihre Verarbeitung, sowie durch die Wartung beeinflusst. Dachabdichtungen sind in der Regel in mehreren Lagen auszuführen, die untereinander vollflächig zu verkleben sind.

Sie dürfen auch einlagig hergestellt werden, wenn unter Berücksichtigung der Beanspruchung die Eigenschaften der Stoffe dies zulassen.

Alle Arten der Dachabdichtung müssen jedoch den nutzungs– und ausführungsbedingten Erfordernissen, wie Sicherheit der Nahtverbindungen, Sicherheit gegen mechanische Beschädigung und ausreichende Witterungsbeständigkeit, in gleicher Weise Rechnung tragen.

Bei der Abdichtung von Dächern der Dachneigungsgruppe I muss der erhöhten Beanspruchung, z.B. durch Schmutzablagerung und langsam ablaufendes bzw. verbleibendes Niederschlagswasser, durch Auswahl hierfür geeigneter Stoffe Rechnung getragen werden.

5.6 Oberflächenschutz

Ein Oberflächenschutz ist in Abhängigkeit von der Dachneigung und/oder der Art der Bahnen der obersten Lage auszuwählen. In der Regel sind hierfür Kiesschüttungen, mindestens 5 cm dick, und Plattenbeläge nach Abschnitt 3.6.4 zu verwenden, die bei lose verlegten Dachabdichtungen gleichzeitig die erforderliche Auflast bilden.

Bei Dachabdichtungen aus Bitumenbahnen, die keine Auflast erfordern, darf der Oberflächenschutz auch aus einem werkseitig auf die Bitumenbahnen aufgebrachten oder auf der Baustelle auf die Dachabdichtung aufgeklebten mineralischen Oberflächenschutz, z.B. einer Besplittung oder Beschichtung, bestehen. Solche Beschichtungen gelten jedoch nicht als abdichtende Schicht der Dachabdichtung.

Dachabdichtungen mit einem Oberflächenschutz aus Kiesschüttung und/oder Plattenbelag erfüllen in der Regel die bauaufsichtlichen Anforderungen an das Brandverhalten von Bedachungen.

(1) Der Oberflächenschutz dämpft Temperaturschwankungen, bietet je nach Ausführung einen zusätzlichen Schutz gegen mechanische Beschädigungen, direkte Sonneneinstrahlung und erhöht die Lebensdauer der Dachabdichtung.

(2) Man unterscheidet leichten und schweren Oberflächenschutz.

(3) Schwerer Oberflächenschutz wirkt ausgleichend bei Temperaturschwankungen und bietet Schutz gegen Flugfeuer und strahlende Wärme sowie UV–Strahlung. Er verbessert auch den Schutz gegen mechanische Beanspruchung sowie gegen Verkrustungen bei Ablagerungen. Schwerer Oberflächenschutz dient bei lose verlegten Abdichtungen gleichzeitig als Sicherung gegen Abheben durch Windkräfte.

(4) Statische und konstruktive Erfordernisse, die sich aus schwerem Oberflächenschutz ergeben, müssen bei der Planung berücksichtigt werden.

(5) Bei Terrassenflächen oder anderen genutzten Flächen ist durch bautechnische Maßnahmen z.B. durch die Anordnung von Gefälle, Verlegung von Bahnen in Gefällerichtung oder durch Dränageschichten für eine wirksame Abführung des auf die Abdichtung einwirkenden Wassers zu sorgen.

Leichter Oberflächenschutz

(1) Bei Dachabdichtungen mit Bitumenbahnen muss die obere Lage aus einer Polymerbitumenbahn bestehen. Elastomerbitumen (PYE) muss, Plastomerbitumen (PYP) kann mit Splitt, Granulat oder einer geeigneten Beschichtung bedeckt sein.

(2) Anstriche oder zusätzliche Beschichtungen müssen mit der Bahn, auf die sie aufgebracht werden, verträglich sein.

(3) Besandung, Kiespressung oder Anstriche mit Heißbitumenklebemassen sind ungeeignet.

(4) Heller Oberflächenschutz wirkt abstrahlend und vermindert dadurch die Aufheizung.

Schwerer Oberflächenschutz

K i e s s c h ü t t u n g

(1) Kiesschüttung wird vorzugsweise mit Körnung 16/32 mm, zum Zeitpunkt des Einbaues mindestens 5 cm dick, hergestellt. Abweichend von DIN 4226 "Zuschlagstoffe für Beton" ist ein erhöhter Anteil von Unter– oder Überkorn sowie höhere Feinanteile oder auch nicht frostbeständige Anteile zulässig. Gebrochenes Korn im Kies ist unvermeidbar und stellt keinen Mangel dar. Die Funktion der Kiesschüttung als Oberflächenschutz und Auflast wird dadurch nicht beeinträchtigt.

(2) Übernimmt die Kiesschüttung gleichzeitig die Sicherung gegen Abheben durch Wind–Sog–Kräfte, so ist die Dicke der Schüttung auch abhängig von den anzusetzenden Soglasten.

B e g e h b a r e B e l ä g e

(1) Begehbare Beläge werden z.B. aus Betongehwegplatten oder Formsteinen auf Kies– oder Splittbett, im Mittel 3 cm dick, hergestellt. Auf Abdichtungen aus Bitumenbahnen kann, auf solchen aus Kunststoffbahnen muss eine Schutzlage verlegt werden.

(2) Die Oberfläche von Terrassenbelägen sollte ein Gefälle von mindestens 1 % aufweisen.

(3) Terrassenlager für Plattenbeläge sind nur bei Verlegung auf stabilem und annähernd ebenem Untergrund anwendbar. Für direkte Verlegung auf Abdichtungen sind sie nicht geeignet.

B e f a h r b a r e B e l ä g e

(1) Bei genutzten Dachflächen, die durch schwere Lasten oder Fahrverkehr beansprucht werden, ist über der Dachabdichtung eine nach statischen Erfordernissen bemessene lastverteilende Druckplatte aufzubringen. Unter den Betonplatten sind mindestens zwei Trennlagen oder eine Schutz– und eine Trennlage anzuordnen. Die Größen der einzelnen, durch Fugen unterteilten Felder ist abhängig von der vorgesehenen Belastung und den zu erwartenden Schubkräften aus Verkehrsbelastung, von der Neigung, von den temperaturbedingten Längenänderungen, dem Schwindmaß u.ä. Die Plattengröße sollte im allgemeinen 2,50 m x 2,50 m nicht überschreiten.

Dachdeckungen für Flachdächer

(2) Bei Schutzbeton oder Betonplatten über Abdichtungen sind im Rand- oder Anschlussbereich Fugen oder Randstreifen vorzusehen, die Beschädigungen des Abdichtungsanschlusses verhindern.

5.7 Bewegungsfugen (1 bis 4)

(1) Die Ausbildung von Bewegungsfugen im Bauwerk muss auf die Dachabdichtung sowie auf die Art, Richtung, Größe und Häufigkeit der zu erwartenden Bewegungen abgestimmt sein.

(2) Der Schnittwinkel von Fugen untereinander und mit Kehlen oder Kanten sollte nicht wesentlich vom rechten Winkel abweichen. Fugen dürfen nicht durch Bauwerksecken und in einer Kehle oder Kante verlaufen, ihr Abstand zu parallel verlaufenden Kehlen oder Kanten soll mindestens 50 cm betragen. Ist dieses Maß nicht einzuhalten, muss die Fuge mit einer Hilfskonstruktion ausgeführt werden, an die die Dachabdichtung als beweglicher Anschluss nach Abschnitt 5.9 angeschlossen werden kann.

(3) Die Dachabdichtung soll an Bewegungsfugen aus der wasserführenden Ebene herausgehoben werden, z.B. durch Anordnung von Dämmstoffkeilen oder durch Aufkantung. Teile von Dachflächen, die durch solche Anhebungen getrennt werden, sind unabhängig voneinander zu entwässern.

(4) Bei großen Dehnungs-, Setzungs- oder Scherbewegungen, z.B. in Bergsenkungsgebieten, sind Bewegungsfugen als Flanschkonstruktion mit Dehnfugenbändern aus elastomeren Werkstoffen zweckmäßig.

(5) Im einzelnen müssen sich Art und Ausbildung der Abdichtung über Bewegungsfugen nach den jeweiligen örtlichen Gegebenheiten richten. Für die Ausbildung der Dachabdichtung über Bewegungsfugen sind Werkstoffe zu verwenden, die nicht nur Bewegungen rechtwinklig, sondern auch Bewegungen parallel zur Bewegungsfuge aufnehmen können.

(6) Bei Dachabdichtungen aus Bitumenbahnen sind über Bewegungsfugen Polymerbitumenbahnen mit hoher Reißfestigkeit, hoher Flexibilität und Standfestigkeit zu verwenden.

5.8 Dachentwässerungen (5 bis 10)

(1) Dachentwässerungen sind nach DIN 1986 Teil 1, Teil 2 und Teil 4 zu planen und auszuführen.

(2) Bei nichtdurchlüfteten Dächern sowie bei Dächern der Dachneigungsgruppen I und II werden Innenentwässerungen empfohlen. Die Abläufe von Innenentwässerungen müssen an den tiefsten Stellen der Dachfläche vorgesehen werden. Dafür sind bei der Planung die am Bauwerk zu erwartenden Verformungen und Durchbiegungen zu berücksichtigen.

(3) Die Entwässerungen sollen mit ihren Flanschaußenkanten im Abstand von mindestens 50 cm zu anderen Durchdringungen, Fugen, Dachaufbauten oder zu aufgehenden Bauteilen angeordnet werden.

(4) Die Bemessung der äußeren Dachentwässerung hat gemäß DIN 18460 "Regenfalleitungen außerhalb von Gebäuden und Dachrinnen; Begriffe, Bemessungsgrundlagen" zu erfolgen.

(5) Die Entwässerung kann mit Dachabläufen oder über vorgehängte Dachrinnen mit entsprechender Traufausbildung erfolgen. Bei Dächern mit geringer Neigung (bis 5 °) wird Innenentwässerung empfohlen.

(6) Dachflächen mit nach innen abgeführter Entwässerung müssen unabhängig von der Größe der Dachfläche mindestens zwei Abläufe oder einen Ablauf und einen Sicherheitsüberlauf erhalten.

(7) Bei Terrassenflächen muss die Entwässerung in Abdichtungsebene sichergestellt sein.

Traufausbildung bei Dachrinnen (5, 6)

(1) Erfolgt die Entwässerung von Dachflächen über vorgehängte Rinnen, so ist als Übergang ein Traufblech anzuordnen.

(2) Bei nicht nagelbarem Untergrund sind Nagelleisten, bei einer vorhandenen Dämmschicht Randbohlen, vorzusehen. Randbohlen müssen 1 cm dünner als die vorhandene Dämmschicht sein und an der Dachseite mindestens 2 cm über den Rand des Traufstreifens vorstehen. Hinter der Traufblechkante ist ein Trennstreifen anzuordnen.

(3) Rinnenhalter müssen in die Deckunterlagen oder Randbohlen eingelassen werden.

Dachabläufe (7 bis 10)

(1) Zu Wartungszwecken müssen Dachabläufe frei zugänglich sein.

(2) Dachabläufe sind in der Unterlage zu befestigen.

(3) Flansche von Dachabläufen sollen in der Unterlage möglichst eingelassen werden. Bei wärmegedämmten Dachkonstruktionen mit Dampfsperre sind zweiteilige Dachabläufe zu verwenden. Befindet sich unmittelbar unter der Decke beheizte oder genutzte Räume, so sind wärmegedämmte Dachabläufe zu verwenden.

(4) Der Anschluss an Dachabläufe erfolgt mit Fest- und Losflansch, Klebeflanschen oder integrierten Anschlussbahnen. Die Anschlussbahnen müssen auf die Dachabdichtung abgestimmt sein.

(5) Fabrikmäßig vorgefertigte Dachabläufe müssen DIN 19599 "Abläufe und Abdeckungen in Gebäuden; Klassifizierung, Bau- und Prüfgrundsätze, Kennzeichnung, Überwachung" entsprechen.

(6) Bei Dachbegrünungen ist der Bereich der Dachabläufe von Begrünung freizuhalten.

(7) Bei Terrassenflächen sind über Dachabläufen herausnehmbare Gitterroste anzuordnen. Gitterroste, die im Terrassenbelag fest eingebunden sind, dürfen nicht gleichzeitig mit dem Dachablauf fest verbunden sein. Die unabhängige Eigenbeweglichkeit des Terrassenbelages gegenüber dem Ablauf muss sichergestellt sein, um Schäden zu vermeiden.

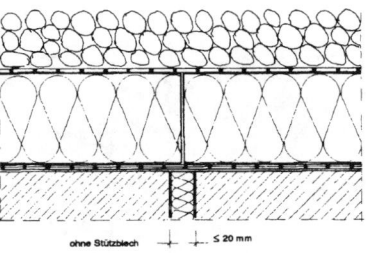

1 Bewegungsfuge mit Kunststoffbahnen – ohne/oder mit Stützblech – lose verlegt, mit Auflast

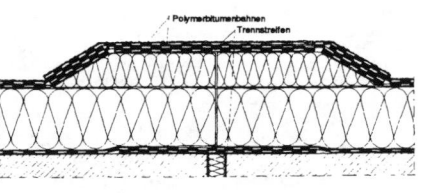

2 Bewegungsfuge mit Polymerbitumenbahnen

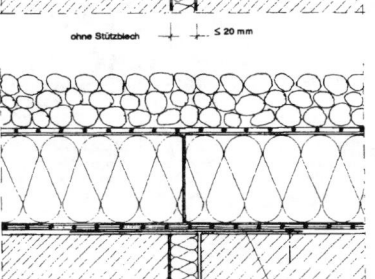

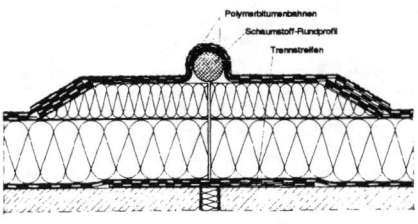

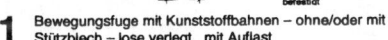

3 Bewegungsfuge mit Kunststoffbahnen, mit Hilfskonstruktion, verklebt verlegt oder lose verlegt, mechanisch befestigt

4 Bewegungsfuge mit Polymerbitumenbahnen, mit Hilfskonstruktion und Abdeckung für belüftetes und nichtbelüftetes Dach.

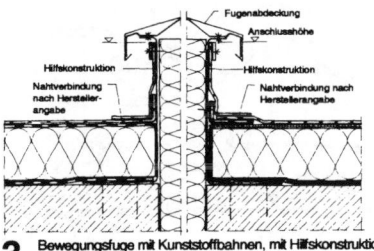

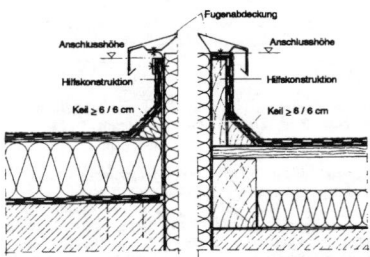

5 Dachrandabschluss mit vorgehängter Rinne und Bitumenbahnen

6 Dachrandabschluss mit vorgehängter Rinne und Kunststoffbahnen lose verlegt, mechanisch befestigt

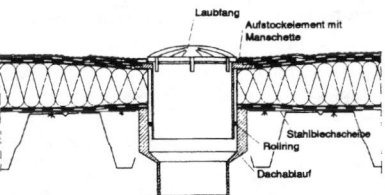

7 Dachablauf mit Bitumenbahnen im Stahltrapezprofildach

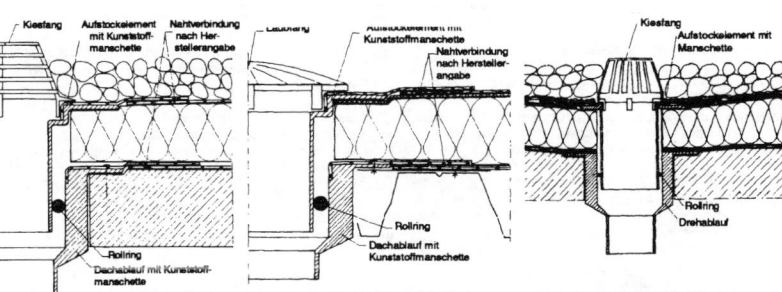

8 Dachablauf mit Kunststoffbahnen lose verlegt, mit Auflast

9 Dachablauf mit Kunststoffbahnen lose verlegt, mechanisch befestigt

10 Dachablauf mit Aufstockelement – mit Bitumenbahnen

Dachdeckungen für Flachdächer

5.9 Anschlüsse (11 bis 22)

(1) An Dachkanten von Dachabdichtungen ist, ausgenommen im Bereich von Dachrinnen ein Randabschluss erforderlich.

(2) Hierfür sind Dachrandabschlussprofile oder Dachrandabdeckungen geeignet.

(3) Zweckmäßig sind Randaufkantungen aus Holz, Beton, Mauerwerk, Metall o.ä. Als Abschluss von Dachaufkantungen können Dachrandprofile oder Dachrandabdeckungen angebracht werden. Die Abdichtungsbahnen des Anschlusses sollen bis zur Außenkante der Aufkantung hochgeführt und befestigt werden.

(4) Der Überstand von Abdeckungen oder Randprofilen muss eine Tropfkante mit mindestens 2 cm Abstand von den zu schützenden Bauwerksteilen erhalten.

(5) Stöße von Abdeckungen oder Blenden sind regensicher auszuführen und müssen so ausgebildet sein, dass durch temperaturbedingte Längenänderungen keine Schäden auftreten können.

(6) Abdeckungen oder Blenden aus abgekanteten Blechen oder Strangpressprofile werden in der Regel mit Haltebügeln befestigt. Diese müssen ausreichend biegesteif und so ausgebildet sein, dass die temperaturbedingten Längenänderungen der Abdeckungen nicht behindert werden.

(7) Die erforderliche Materialdicke von gekanteten Blechen ist abhängig von der Gesamtabwicklung und der Befestigungsart. Bei dünnen Blechen kann ein durchgehendes Einhang- bzw. Versteifungsblech notwendig werden.

(8) Dachrandabschlussprofile und Dachrandabdeckungen einschließlich ihrer Teile und Befestigungen müssen den üblicherweise zu erwartenden Beanspruchungen aus Windbelastung standhalten.

(9) An Ecken, Kreuzungen und Enden sind vorgefertigte Formteile oder handwerkliche Ausbildungen (z.B. Falzen, Schweißen) notwendig.

(10) Anschlüsse sollen bei den Dachneigungsgruppen I und II mindestens 15 cm, bei den Dachneigungsgruppen III und IV mindestens 10 cm über die fertige Dachoberfläche, z.B. Oberfläche Kiesschüttung oder Plattenbelag, hochgezogen werden. Sie sollen aus den gleichen Abdichtungsstoffen wie die Dachabdichtung hergestellt werden und müssen gegen hinterlaufendes Wasser und gegen Abrutschen, z.B. durch Überhangstreifen und Klemmschienen gesichert werden. Anschlüsse, die eine Bewegung zwischen aufgehendem Bauteil und Dachabdichtung erlauben sollen (bewegliche Anschlüsse), müssen mit besonderen Hilfskonstruktionen hergestellt werden.
Für Anschlüsse, die nicht in dem angegebenen Maße hochgezogen werden können, sind besondere Maßnahmen erforderlich.

(11) Es wird unterschieden zwischen Anschlüssen an Bauteilen, die mit der Unterlage fest verbunden sind (starrer Anschluss), und Anschlüssen an Bauteilen, die gegenüber der Unterlage Bewegungen verschiedener Art unterworfen sind (beweglicher Anschluss).

(12) Eine starre Verbindung der Abdichtung an Bauteilen, die statisch voneinander getrennt sind, ist auf jeden Fall zu vermeiden, um eine Überbeanspruchung im Anschlussbereich durch Zug-, Schub- und Scherkräfte auszuschließen. Bei Anschlüssen an beweglichen Bauteilen sind deshalb entsprechende konstruktive Maßnahmen vorzusehen.

(13) Anschlüsse von Dichtungsbahnen sind am oberen Rand mit biegesteifen Aluminiumprofilen herzustellen, die mit ca. 20 cm anzudübeln bzw. zu befestigen und zusätzlich gegen Niederschlagswasser abzudichten sind.

(14) Stütz- oder Hilfskonstruktionen aus Holz für Anschlüsse sind geschützt nach DIN 68800-3 "Holzschutz im Hochbau – Vorbeugender chemischer Holzschutz" einzubauen.

(15) Mechanische Befestigungen auf Trapezprofilen sind mit trittsicheren Befestigungselementen auszuführen.
Bei geschlossenen Gebäuden mit Höhen bis 20 m sind in der Fläche 3 Stück/m², im Randbereich 6 Stück/m² und im Eckbereich 9 Stück/m² einzubauen.

(16) Bei Dachabdichtungen, die Maßnahmen zur Aufnahme horizontaler Kräfte bedürfen, sind im Randbereich 3 Befestigungselemente pro m in Linie zu verwenden (lineare Befestigung).

Anschlüsse an aufgehende Bauteile

(1) Der obere Abschluss von Anschlüssen muss regensicher sein. Bei nicht regensicheren vorgesetzten Außenwandbekleidungen muss der Anschluss hinter dieser an der Wand hochgeführt werden. Bei Vorsatzmauerwerk muss die Horizontalsperre über dem Anschluss angeordnet sein.

(2) Bei unebenem Mauerwerk o.ä. ist die Fläche, an der die Dachbahnen des Anschlusses hochgeführt, aufgeklebt oder befestigt werden, mit einer an der Oberfläche glatten, fest haftenden Putzschicht (eventuell dünner Zementputz) vorzubereiten. Betonflächen im Anschlussbereich sollen glatt und eben sein und sollen keine Kiesnester, Risse oder ausgebrochene Kanten aufweisen.

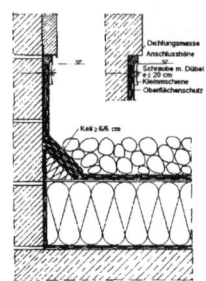
11 Wandanschluss mit Bitumenbahnen –starr– mit Unterschneidung

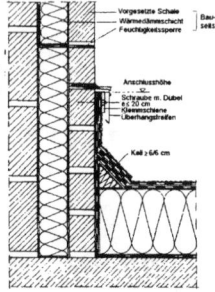
12 Wandanschluss mit Bitumenbahnen –starr–, Zweischalenmauerwerk mit Wärmedämmung

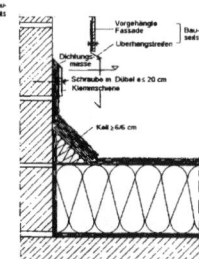
13 Wandanschluss mit Bitumenbahnen –starr– mit vorgehängter Fassade

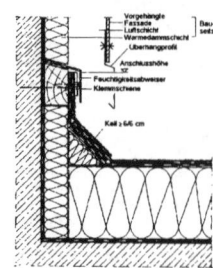
14 Wandanschluss mit Bitumenbahnen –starr– mit vorgehängter Fassade

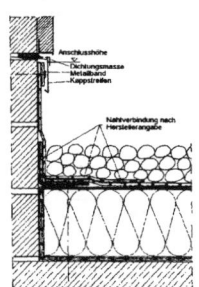
15 Wandanschluss mit Kunststoffbahnen, lose verlegt, mit Auflast

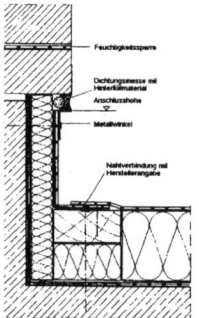
16 Wandanschluss mit Kunststoffbahnen, lose verlegt, mechanisch befestigt

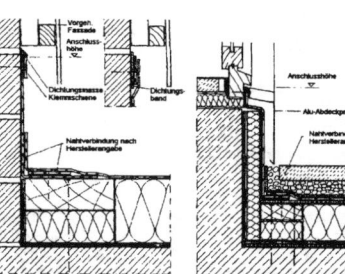
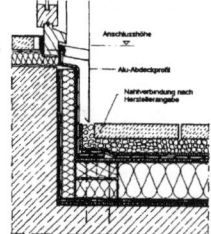
17 Wandanschluss mit Kunststoffbahnen, lose verlegt, mechanisch befestigt

18 Türanschluss mit Kunststoffbahnen, lose verlegt, mit Auflast

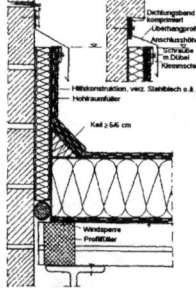
19 Wandanschluss mit Bitumenbahnen – beweglich – mit Hilfskonstruktion

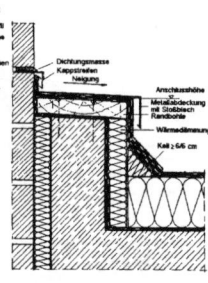
20 Wandanschluss mit Bitumenbahnen – beweglich – mit Betonaufkantung

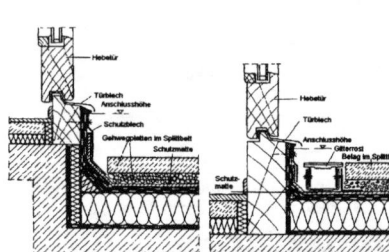
21 Terrassentüranschluss mit Bitumenbahnen

22 Terrassentüranschluss mit Bitumenbahnen und Kastenrinne

(3) Überhangstreifen sollten mit dem oberen Ende in eine Fuge mindestens 1,5 cm tief und schräg nach oben verlaufend eingeführt werden. Falls erforderlich, sind sie mit Dichtungsmasse zusätzlich zu sichern. Werden Überhangstreifen am oberen Rand z-förmig abgekantet, dürfen die Abkantungen nicht rechtwinklig ausgeführt werden. Die Kantung muss schräg verlaufend so ausgebildet sein, dass ablaufendes Niederschlagswasser nach außen abgeleitet wird.

(4) Klemmschienen, die gleichzeitig die Regensicherheit übernehmen, müssen so biegesteif sein, dass die Anschlussbahnen durchgehend angedrückt werden. Der Befestigungsabstand soll nicht mehr als 20 cm betragen. Die Befestigungsmittel (z.B. Edelstahlschrauben) müssen so fest sitzen, dass eine durchgehende Anpressung sichergestellt ist. Zusätzliche Überhangstreifen über Klemmschienen erhöhen die Regensicherheit.

(5) Bei senkrechten Fugen im Anschlussbereich, z.B. bei Fugen von Betonfertigteilen oder Bauwerksfugen muss der Anschluss so ausgebildet werden, dass eine Dehnung über dem Fugenbereich möglich ist. Klemmschienen dürfen über bewegliche Fugen nicht durchlaufen. Die Fugen selbst sind durch Verfugung, Einbau von Wasserabweisern oder Abdeckungen, so auszubilden, dass der Anschlussbereich nicht durch Niederschlagswasser hinterwandert werden kann.

(6) Bei geringfügigen Bewegungen im Anschlussbereich, z.B. bei Betonfertigteilen oder Holzaufkantungen u.ä. dürfen Anschlussbahnen im Übergangsbereich von der Dachhautebene zur Anschlussfläche nicht mit dem Untergrund fest verbunden werden. Gegebenenfalls kann der Einbau von Trennstreifen notwendig sein.

(7) Die zur Herstellung von Anschlüssen verwendeten Werkstoffe müssen witterungsbeständig sein. Gegebenenfalls sind Anschlüsse mit einem geeigneten Oberflächenschutz zu versehen.

(8) Bei genutzten Dachflächen ist der Anschlussbereich gegen mechanische Beschädigung zu schützen, z.B. Schutz- oder Abdeckbleche, Steinplatten oder dergleichen.

(9) Bei Dachabdichtungen aus Bitumenbahnen ist der Anschlussbereich vorzustreichen. Am Übergang vom Dach zum aufgehenden Bauteil sollte ein Keil, z.B. aus Dämmstoff, angeordnet werden. Anschlüsse aus Bitumenbahnen sind mindestens zweilagig auszuführen.

(10) Die Anschlussbahnen werden in die Lagen der Dachabdichtung eingebunden und an den senkrechten und schrägen Anschlussflächen bis zur erforderlichen Höhe hochgeführt. Die Lagen der Dachabdichtung dürfen nur bis auf den Keil geführt werden (absetzen).
Bei Anschlusshöhen von mehr als ca. 50 cm ist es empfehlenswert, die Anschlussbahnen zusätzlich zu unterteilen und zu befestigen.

Dachdeckungen für Flachdächer

Anschlüsse mit eingeklebten Blechen

(1) Blechanschlüsse werden aus abgekanteten Metallstreifen (z.B. Kupfer, Titanzink, verzinktes Blech oder Aluminium) hergestellt.

(2) Durch konstruktive Maßnahmen, z.B. durch den Einbau von Dehnungsausgleichern, muss vermieden werden, dass sich temperaturbedingte Längenänderungen von Metallanschlüssen schädigend auf die Dachabdichtung auswirken können.

(3) Je nach Materialart sind Blechanschlüsse an Nähten und Stößen durch Nieten oder Löten wasserdicht zu verbinden. Falzverbindungen sind nicht zulässig. Unter und hinter Blechanschlüssen muss eine Lage Dachbahn verlegt werden.

(4) Blechverwahrungen sind auf der Unterlage direkt oder indirekt zu befestigen. Die Befestigung darf nur dann durch Nagelung in ca. 5 cm Abstand erfolgen, wenn durch kurze Längen die thermische Längenänderung unberücksichtigt bleiben kann.
Bei nicht nagelbarem Untergrund sind zu diesem Zweck Nagelleisten (Randhölzer) erforderlich.
Klebeflansche dürfen nicht über Randhölzer überstehen.

(5) Bei Abdichtungen aus Bitumenbahnen muss die Einklebefläche von Blechanschlüssen mindestens 12 cm breit, frei von Verunreinigungen und trocken sein. Die Einklebefläche muss mit einem Voranstrich auf Lösungsmittelbasis vorgestrichen werden. Die Abdichtung muss vollflächig aufgeklebt und auf dem Flansch zweilagig sein, z.B. durch einen mindestens 25 cm breiten Streifen, z.B. aus Polymerbitumenbahn mit Polyestervlieseinlage.
Sind Scherbewegungen gegenüber der Dachabdichtung nicht vermeidbar, ist am Übergang vom Kleberand zur Dachabdichtung ein mindestens 10 cm breiter, lose verlegter Trennstreifen anzuordnen. Die aufgeklebte Abdichtung sollte etwa 10 mm vor der Aufkantung enden.

(6) Das obere Ende von Blechverwahrungen muss mit einem zusätzlichen und getrennt angebrachten Überhangstreifen gegen hinterlaufendes Wasser abgesichert werden, wenn dies nicht durch andere Abdeckungen verhindert wird, z.B. vorgehängte regensichere Außenwandbekleidungen.

(7) Bei Metallanschlüssen, die in wasserführenden Ebenen liegen, kann Korrosion auftreten. Ein eventuell notwendiger Korrosionsschutz muss bis mindestens 2 cm über Oberfläche Dachhaut, Kiesschüttung oder Plattenbelag geführt werden.

Anschlüsse an Türen

(1) Türen als Zugänge zu Dachterrassen und Dachflächen müssen im Bereich der Türschwellen und Türpfosten für einen einwandfreien Abdichtungsanschluss geeignet sein.

(2) Die Anschlusshöhe soll in der Regel ca. 15 cm über Oberfläche Belag oder Kiesschüttung betragen. Dadurch soll möglichst verhindert werden, dass bei Schneematschbildung, Wasserstau durch verstopfte Abläufe, Schlagregen, Winddruck oder bei Vereisung Niederschlagswasser über die Türschwelle eindringt.

(3) In Ausnahmefällen ist eine Verringerung der Anschlusshöhe möglich, wenn bedingt durch die örtlichen Verhältnisse zu jeder Zeit ein einwandfreier Wasserablauf im Türbereich sichergestellt ist. Dies ist dann der Fall, wenn sich im unmittelbaren Türbereich Terrassenabläufe oder andere Entwässerungsmöglichkeiten befinden. In solchen Fällen sollte die Anschlusshöhe jedoch mindestens 5 cm (oberes Ende der Abdichtung oder von Anschlussblechen unter der Hebeschiene) über Oberfläche Belag betragen.

(4) Laufschienen müssen so konstruiert sein, dass die Abdichtung oder die Anschlussbleche unter diese geführt werden können. Entwässerungsöffnungen von Schlagregenschienen oder ähnlichem müssen zur Außenseite des Anschlusses entwässern. Obere Anschlussenden oder Kanten von Wetterschenkeln müssen sich mindestens 3 cm in der Höhe überdecken. Türpfosten müssen so gestaltet sein, dass ein einwandfreier Dichtungsanschluss in gleicher Höhe möglich ist.

(5) Der Anschluss an Türschwellen kann durch Hochziehen der Dachabdichtung wie an Wandanschlüssen oder durch das Einbauen von Türanschlussblechen erfolgen. Anschlüsse müssen hinter Rolladenschienen und Deckleisten durchgeführt werden.

(6) An Türkonstruktionen aus Kunststoffen ist ein Anschluss mit Bitumenwerkstoffen in der Regel nicht möglich. Bei der Herstellung solcher Anschlüsse mit erhitztem Bitumen, mit Flamme oder mit Heißluft sind Verformungen oder Verfärbungen der Kunststoffteile nicht vermeidbar.

(7) Hochgezogene Abdichtungen müssen am Türrahmen mechanisch, z.B. durch Klemmschienen o.ä. befestigt und abgedichtet werden. Blechverwahrungen an Türrahmen müssen in allen Ecken sorgfältig eingepasst, alle Nähte dicht gelötet oder dicht genietet und seitlich ca. 15 cm in die gerade Wandanschlussfläche fortgeführt werden.

5.10 Abschlüsse (23 bis 30)

(1) Bei Dächern mit Innenentwässerung sollen Abschlüsse bei den Dachneigungsgruppen I und II mindestens 10 cm, bei den Dachneigungsgruppen III und IV mindestens 5 cm über die fertige Dachoberfläche, z.B. Oberfläche Kiesschüttung oder Plattenbelag, angehoben werden. Die Anhebung ist in der Regel mit Dachrandaufkantungen herzustellen. Die Abschlüsse sind bis zur Außenkante der Dachaufkantungen zu führen und gegen Abrutschen zu sichern.

(2) Abschlüsse an Dachrandaufkantungen sind in der Regel durch Bleche, Metall- oder andere Profile abzudecken. Die obere Fläche der Abdeckungen soll ein Gefälle zur Dachseite aufweisen, ihre äußeren senkrechten Schenkel sollen den oberen Rand von Putz oder Verkleidung der Fassaden je nach Gebäudehöhe zwischen 5 und 10 cm überdecken.

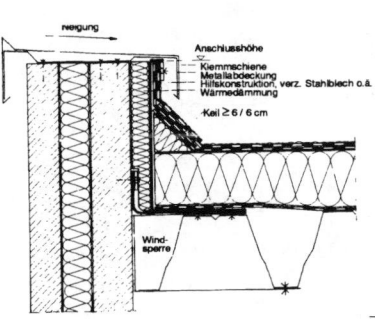

23 Dachrandabschluss mit Bitumenbahnen – Attika, beweglich

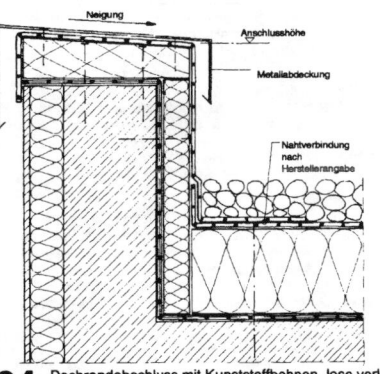

24 Dachrandabschluss mit Kunststoffbahnen, lose verlegt, mit Auflast

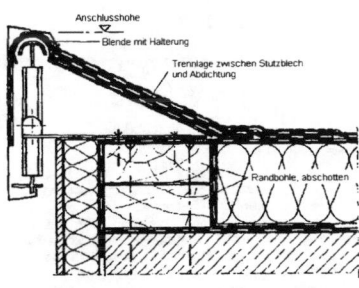

25 Dachrandabschluss mit Bitumenbahnen und mehrteiligem Profil

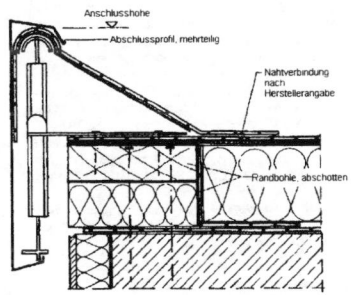

26 Dachrandabschluss mit Kunststoffbahnen und Abschlussprofil lose verlegt, mechanisch befestigt

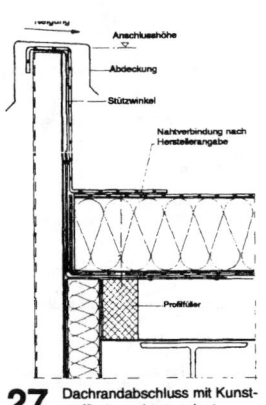

27 Dachrandabschluss mit Kunststoffbahnen lose verlegt, mechanisch befestigt

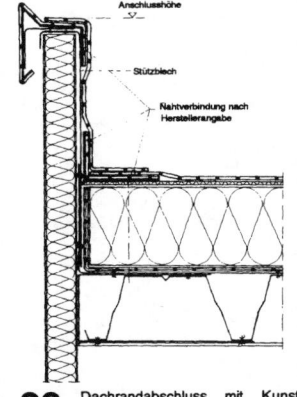

28 Dachrandabschluss mit Kunststoffbahnen lose verlegt, mechanisch befestigt

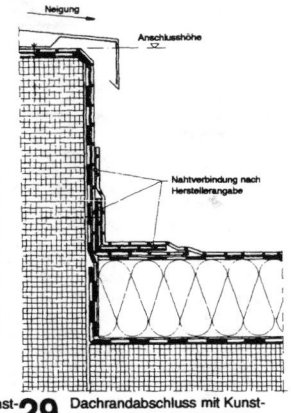

29 Dachrandabschluss mit Kunststoffbahnen verklebt verlegt

(3) Bei der Herstellung von Abschlüssen dürfen Profile nicht in Abdichtungen mit Bitumenbahnen eingeklebt werden.

(4) Hat die Dachfläche eine Attika, die wesentlich höher ist als die erforderliche Anhebung, ist anstelle des Abschlusses ein Anschluss der Dachabdichtung nach Abschnitt 5.9 vorzusehen.

(5) Bei Dächern mit Außenentwässerungen sind die Abschlüsse in der Regel durch Verwendung von Traufblechen so herzustellen, dass das Niederschlagswasser sicher in die außenliegenden Dachrinnen abgeleitet wird.

Dachrandabschlussprofile

(1) Dachrandabschlussprofile bestehen aus
- Halter, Blende und Stützblech/Keil
- gekanteten Blechen (Verbundblech) oder
- Profilen aus Faserzement.

(2) Der Anschluss von Dachabdichtungen kann mit Polymerbitumenbahnen oder mit Kunststoffbahnen entsprechend dem für die Dachabdichtung verwendeten Werkstoff hergestellt werden.

(3) Dachrandabschlussprofile, die wie Blechverwahrungen direkt in die Dachabdichtung eingeklebt werden, sind ungeeignet, weil die an den Stoßstellen auftretenden temperaturbedingten Bewegungen zu Rissen in der Dachabdichtung führen können.

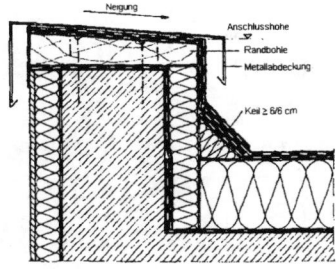

30 Dachrandabschluss mit Bitumenbahnen – Attika, starr

Dachdeckungen für Flachdächer

Dachrandabdeckungen

(1) Abdeckungen von Dachrandaufkantungen werden aus Metall als mehrfach gekantete Bleche oder als Strangpressprofile, aus Faserzement oder anderen geeigneten Werkstoffen hergestellt.

(2) Durchdringungen an Dachrandabdeckungen, z.B. Geländerstützen u.ä., sind mit ca. 5 cm hohen Rohrhülsen und angeschweißter Kappe oder mit Manschette und Spannband auszubilden. Abdichtungen mit Dichtungsmassen in diesen Bereichen sind nicht geeignet.
Blitzschutz– oder Elektroleitungen sollten unter der Dachrandabdeckung herausgeführt werden.

5.11 Durchdringungen (36, 37)

Der Abstand von Durchdringungen untereinander und zu anderen Bauteilen, z.B. Bewegungsfugen, An– und Abschlüssen soll mindestens 50 cm betragen. Sie sind sinngemäß wie Anschlüsse nach Abschnitt 5.9 auszubilden, wobei die Dachabdichtung mit Klebeflanschen, Klemmflanschen oder besonderen Einbauteilen an die durchdringenden Bauteile anzuschließen ist.

Schornsteine (Kamine) (35)

An Schornsteinen (Kaminen) erfolgt der Anschluss von Dachabdichtungen in der Regel sinngemäß wie die Ausbildung von Wandabschlüssen.

5.12 Lichtkuppeln (31 bis 34)

Lichtkuppeln und vergleichbare Einbauteile, die an die Dachabdichtung angeschlossen werden, sollen mit einem Aufsetzkranz versehen sein. Der Anschluss der Dachabdichtung soll aus der wasserführenden Ebene herausgehoben werden, z.B. durch Hochführen der Dachabdichtung am Aufsetzkranz oder durch Anordnung eines zusätzlichen Bohlenkranzes unter dem Aufsetzkranz. Ein solcher Bohlenkranz ist zur festen Montage von Lichtkuppeln auch dann vorzusehen, wenn sie auf Dämmschichten angeordnet werden. Bei Planung und Ausführung des Anschlusses von Dachabdichtungen an die Aufsatzkränze von Lichtkuppeln sind ihre unterschiedlichen, temperaturbedingten Längenänderungen zu berücksichtigen.
Sofern durch andere Bestimmungen kein größeres Maß vorgeschrieben ist, soll der Abstand der Außenkanten der Klebeflansche von Aufsatzkränzen untereinander mindestens 30 cm betragen.

Lichtkuppelemente

(1) Lichtkuppelelemente bestehen aus einem Aufsatzkranz und darauf getrennt angeordneten Lichtschalen. Einteilige Lichtkuppeln mit Kleberand sollten nicht verwendet werden.

(2) Die Oberkante des Aufsatzkranzes soll sich mindestens 15 cm über Oberfläche Belag oder Kiesschüttung befinden. Aufsatzkränze müssen auf dem Untergrund nach Herstellerangaben befestigt werden.

(3) Bei größeren Lichtkuppelelementen ist die Gefahr von Schäden als Folge der temperaturbedingten Bewegungen größer als bei Lichtkuppelelementen mit kleineren Abmessungen. Das Nennmaß des Lichtkuppelementes soll deshalb 2,50 m nicht überschreiten.

(4) Anschlüsse von Dachabdichtungen an Lichtkuppelaufsatzkränze können sowohl durch Eindichten des horizontalen Flansches als auch durch vollständiges Einfassen des Aufsatzkranzes bis zum oberen Rand hergestellt werden.

(5) Wird ein Anschluss an den Aufsatzkranz durch Eindichten des Klebeflansches hergestellt, muss dieser mindestens 12 cm breit sein. Es wird empfohlen, in diesem Fall den Aufsatzkranz ca. 5 cm aus der Abdichtungsebene anzuheben. Der Übergang wird keilförmig ausgebildet.

(6) Bei Anschlüssen mit Bitumenbahnen muss die Einklebefläche frei von Verunreinigungen und trocken sein. Sie muss mit einem Voranstrich versehen werden. Die Abdichtung muss vollflächig aufgeklebt und auf dem Klebeflansch des Aufsatzkranzes zweilagig sein, z.B. durch einen mindestens 25 cm breiten Streifen, z.B. aus Polymerbitumenbahn mit Polyestervlieseinlage.

(7) Wird der Aufsatzkranz bei Dachabdichtungen aus Bitumenbahnen vollständig eingefaßt, erfolgt diese mit z.B. Polymerbitumen–Schweißbahnen mit Polyestervlieseinlage. Der Aufsatzkranz wird mit einem Voranstrich versehen. Die erste Lage der Dachabdichtung wird unter den Befestigungsflansch geführt, die zweite Lage der Dachabdichtung auf dem Klebeflansch aufgeklebt. Die Einfassung des Aufsatzkranzes wird über die zweite Lage geführt. Die Schweißbahn wird durch vorsichtiges Anflämmen aufgeschweißt.

(8) Wird der Aufsatzkranz bei Dachabdichtungen aus Kunststoffbahnen vollständig eingefasst, wird hierfür der gleiche Werkstoff wie bei der Dachabdichtung oder Verbundbleche verwendet. Der Anschluss an den Aufsatzkranz erfolgt durch Aufkleben mit einem für den jeweiligen Werkstoff geeigneten Kleber oder mit mechanisch befestigten Verbundblechen. Für die Ausbildung der Ecken werden in der Regel Formteile verwendet. Wird die Dachabdichtung lose, ohne Auflast, verlegt, ist neben der Befestigung der Lichtkuppel zusätzlich eine mechanische Befestigung der Dachabdichtung in der Abdichtungsebene erforderlich.

Dunstrohre

Der Anschluss der Dachabdichtung an Dunstrohre erfolgt mit vorgefertigten Formstücken aus Metall, Einbauelementen aus Kunststoff, Anschlussmanschetten oder mit Kunststoffdachbahnen. Die Klebeflansche sind in die Dachabdichtung einzubinden. Das obere Ende von Formstücken muss gegen hinterlaufendes Wasser gesichert sein.

Stützen, Antennenmasten und Verankerungen

(1) Stützen für Geländer u.ä. müssen mit der Unterkonstruktion fest verankert sein. Geländerstützen sollen von Dachkanten ca. 20 cm entfernt sein.

(2) Masten für Antennen u.ä. und deren Verankerungen müssen im Untergrund oder in der Dachkonstruktion ausreichend sicher sein. Durch Windeinwirkung können an derartigen Masten starke Bewegungen auftreten. Deshalb müssen Anschlüsse beweglich ausgebildet werden.

(3) Blechanschlüsse sollen möglichst zweiteilig mit Rohrhülse und angeschweißter Kappe oder Manschette ausgebildet werden. Einfassungen in der Nähe von Dachkanten sollen ca. 10 cm über Oberfläche Belag (Kiesschüttungen) hochgeführt werden. Klebeflansche müssen in Dichtungsebene angeordnet sein und nach jeder Seite ca. 10 cm breite Klebeflächen aufweisen. Betonestrich und Plattenbeläge dürfen nicht direkt an Stützen oder Einfassungen anschließen. Sie müssen durch eine ca. 2 cm breite Fuge von diesen getrennt sein, damit durch temperaturbedingte Bewegungen des Belages der Anschluss oder die Verankerung der Stütze nicht gefährdet wird.

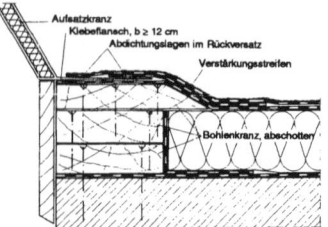

31 Lichtkuppelanschluss mit Bitumenbahnen, Klebeflansch eingeklebt

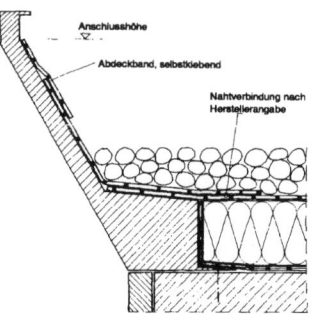

33 Lichtkuppelanschluss mit Kunststoffbahnen lose verlegt, mit Auflast

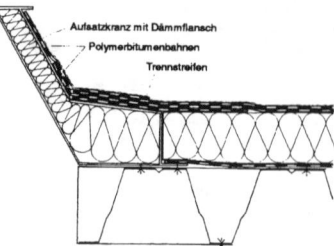

32 Lichtkuppelanschluss mit Polymertitumenbahnen, am Aufsatzkranz hochgeführt

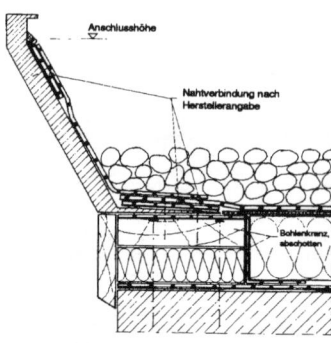

34 Lichtkuppelanschluss mit Kunststoffbahnen lose verlegt, mit Auflast

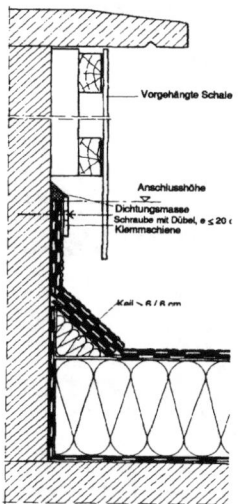

35 Schornsteinanschluss mit Bitumenbahnen und vorgehängter Schale

5.13 Blitzschutzanlagen

Halterungen von Blitzschutzanlagen dürfen nicht auf Dachabdichtungen befestigt oder aufgeklebt werden. Bei der Durchführung der Halterungen durch die Dachabdichtung ist Abschnitt 5.11 zu beachten. Im übrigen wird auf DIN VDE 0185 Teil 1 und Teil 2 verwiesen.

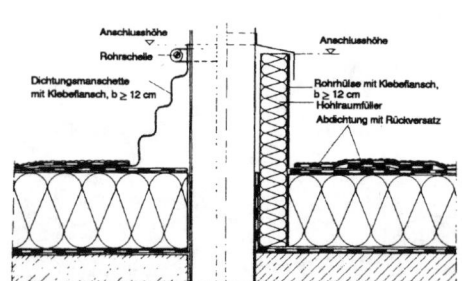

36 Anschluss an Rohrdurchführung mit Bitumenbahnen – mit Dichtungsmanschette oder mit Rohrhülse

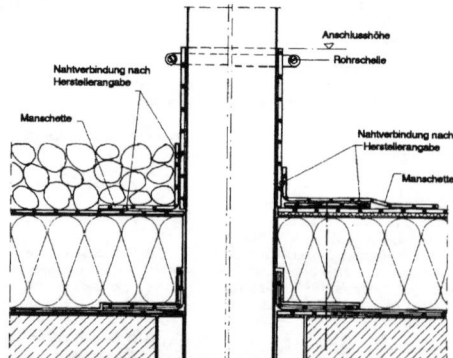

37 Anschluss an Rohrdurchführung mit Kunststoffbahnen – lose verlegt, mit Auflast oder lose verlegt, mechanisch befestigt

Dachdeckungen für Flachdächer

Standarddetail BRAAS 01
Wandanschluss Massivbau mit Außenputz
Abdichtung mit Rhepanol fk, verklebt fixiert

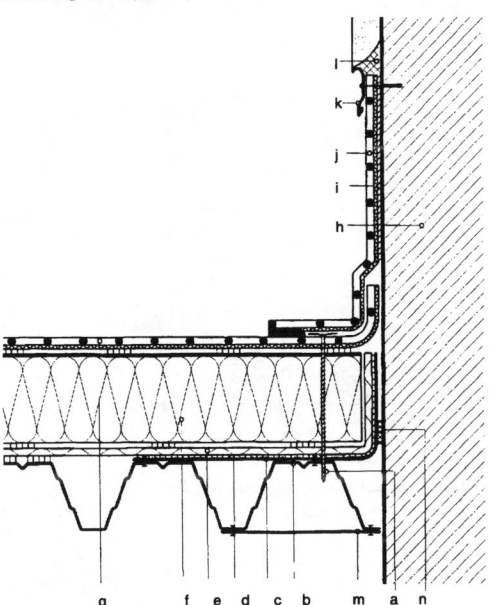

Standarddetail BRAAS 02
Wandanschluss Massivbau mit Außenputz
Abdichtung mit Rhenofol CG, lose verlegt mit Auflast

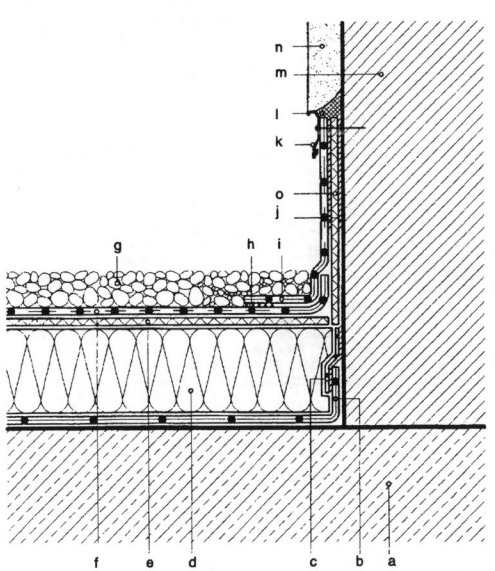

a Versteifungsblech
b Stahlprofilbleche, korrosionsgeschützt
c Stützwinkel
d Kaltbitumen-Voranstrich
e Dampfsperrschicht
f Wärmedämmschicht, z.B. aus Rolldämmbahn PS 20 SE, kaschiert mit Bitumenbahn
g Rhepanol fk, verklebt mit Rhepanol-Kleber 90
h Mauerwerk
i Rhepanol-Kontaktkleber 11
j Rhepanol fk-Anschlussstreifen
k Braas Wandanschlussprofil
l Braas Dichtungsmasse A
m Dichtungsband als Luftsperre
n Lineare Randbefestigung (4 St/m) nach Erfordernis

a Stahlbeton
b Dampfsperre PE
c Verbindungsband für Dampfsperre PE
d Wärmedämmschicht, PS 20 SE
e Trennschicht, Braas Rohglasvlies
f Rhenofol CG
g mindestens 5 cm Kiesschüttung, Rundkorn 16/32
h Nahtverschweißung
i Rhenofol-CG-Anschlussstreifen
j Rhenofol-Kontaktkleber 20 als Montagehilfe
k Braas Wandanschlussprofil
l Braas Dichtungsmasse A
m Mauerwerk
n Putz
o Trennschicht nach Erfordernis

Standarddetail BRAAS 03
Wandanschluss Stahlskelettbau mit Wandbekleidung
Abdichtung mit Rhepanol fk, mechanisch befestigt

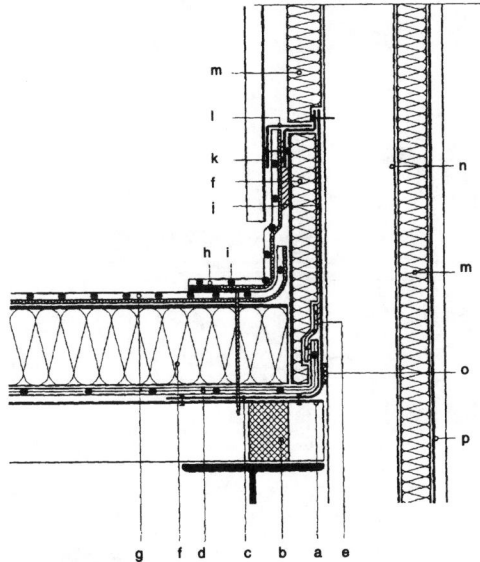

Standarddetail BRAAS 04
Dachterrasse, Anschluss an Türschwelle
Abdichtung mit Rhenofol C, lose verlegt mit Auflast

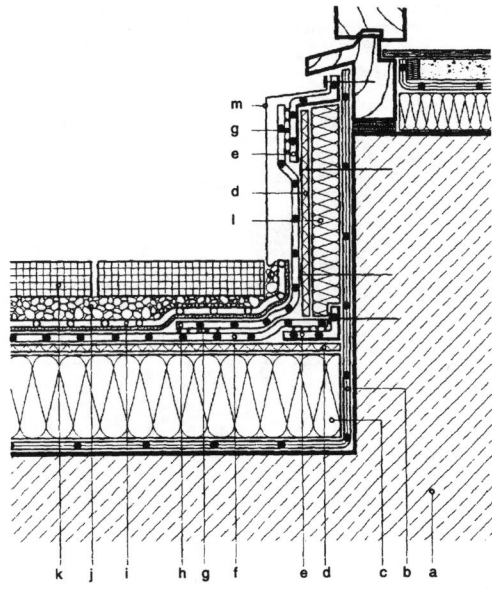

a Stahlprofilbleche, korrosionsgeschützt
b Profil-Füllstreifen
c Randversteifungsblech
d Dampfsperre fk
e Verbindungsband für Dampfsperre fk
f Rolldämmbahn PS 20 SE, kaschiert mit Bitumen-Dachbahn
g Rhepanol fk
h Rhepanol fk-Anschlussstreifen
i mechanische Befestigung
j Rhepanol-Kontaktkleber 11
k Z-Profil
l Klemmprofil
m Wärmedämmschicht
n Verbindungselement
o Dichtungsband als Luftsperre
p Stahltrapezprofil

a Stahlbeton
b Dampfsperre PE
c Wärmedämmschicht, PS 30 SE
d Trennschicht, Braas Kunststoffvlies 300 g/m²
e Rhenofol-Anschlussblech
f Rhenofol C
g Nahtverschweißung
h Rhenofol C-Anschlussstreifen
i Rhenofol TS-Schutzbahn
j Feinkiesbett
k Plattenbelag
l Vertikale Dämmung
m Überhangblech

Dachbeläge

363.03.02

Dachdeckungen für Flachdächer

Standarddetail BRAAS 05
Wandanschluss Sichtmauerwerk
Abdichtung mit Rhepanol fk, lose verlegt mit Auflast

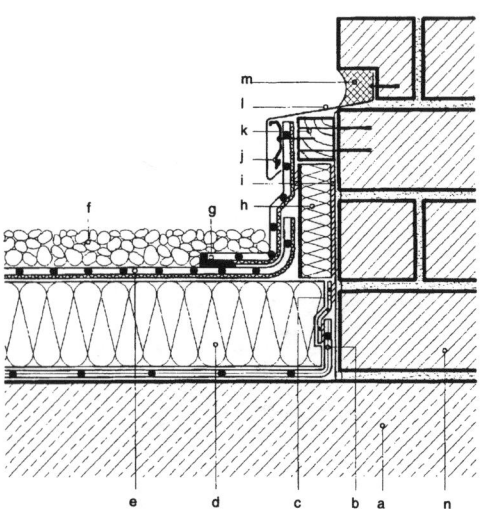

a   Stahlbeton
b   Dampfsperre fk
c   Verbindungsband Dampfsperre fk
d   Wärmedämmschicht
e   Rhepanol fk
f   mindestens 5 cm Kiesschüttung, Rundkorn 16/32
g   Rhepanol fk-Anschlussstreifen
h   Wärmedämmschicht aus PS 20 SE, kaschiert mit Bitumen-Dachbahn
i   Rhepanol-Kontaktkleber 11
j   Braas Wandanschlussprofil
k   Imprägnierte Holzbohle (Salzbasis)
l   Überhangstreifen
m   Dichtungsmasse
n   Mauerwerk, im Anschlussbereich mit Putz

Standarddetail BRAAS 06
Wandanschluss Parkdeck an Betonwand
Abdichtung mit Rhenofol C, lose verlegt mit Auflast

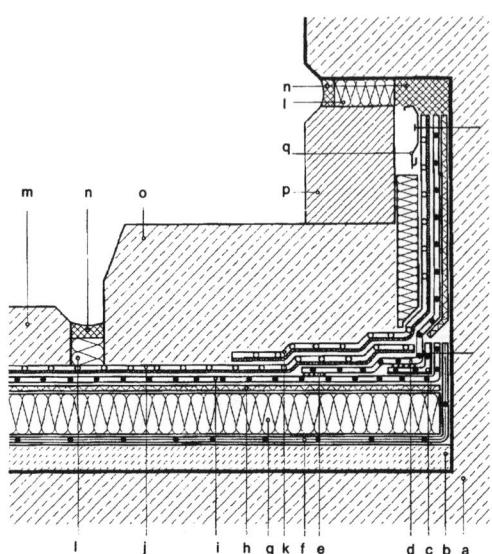

a   Stahlbeton
b   Gefällebeton
c   Rhenofol-Anschlussblech
d   Rhenofol C-Anschlussstreifen
e   Nahtverschweißung
f   Dampfsperre PE
g   Wärmedämmschicht
h   Trennschicht, Braas Kunststoffvlies 300 g/m²
i   Rhenofol C 1,5 mm
j   Rhenofol TS-Schutzbahn
k   Rhenofol TS-Schürze
l   Hinterfüllmaterial
m   Fahrbelag, gleichzeitig Schutzschicht
n   Fugendichtungsmasse
o   Schrammbord
p   Vormauerung
q   Braas Wandanschlussprofil

Standarddetail BRAAS 07
Dachtraufe mit Anschluss an vorgehängte Rinne
Abdichtung mit Rhepanol fk, verklebt fixiert

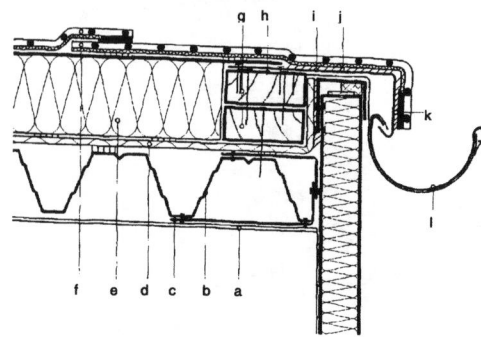

a   Unterkonstruktion
b   Stahlprofilbleche, korrosionsgeschützt
c   Stützwinkel
d   Dampfsperrschicht
e   Rolldämmbahn PS 20 SE, kaschiert mit Bitumenbahn
f   Rhepanol fk
g   Imprägnierte Holzbohlen (Salzbasis)
h   Rinnenhalter
i   Traufblech
j   Rhepanol-Kontaktkleber 11
k   Verklebung mit Rhepanol-Kontaktkleber 11, alternativ Precol-Voranstrich
l   Rinne

Standarddetail BRAAS 08
Dachtraufe mit Anschluss an vorgehängte Rinne
Abdichtung mit Rhenofol CV, mechanisch befestigt

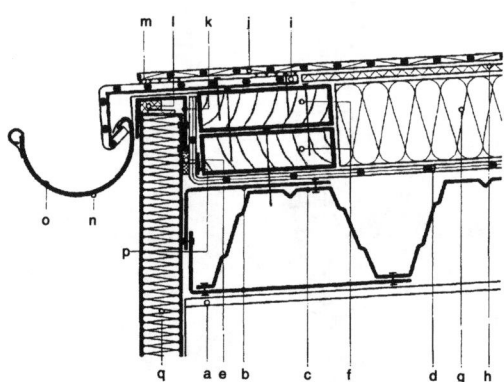

a   Stahlkonstruktion
b   Blechschuh
c   Stahlprofilbleche, korrosionsgeschützt
d   Dampfsperrschicht
e   Dichtungsband als Luftsperre
f   Imprägnierte Holzbohlen (Salzbasis)
g   Wärmedämmschicht, PS 20 SE
h   Trennschicht, Braas Rohglasvlies
i   Rhenofol-Anschlussblech
j   Rhenofol CV
k   Attikahalter
l   Dichtband
m   Nahtverschweißung
n   Rinnenhalter
o   Rinne
p   Anpressschiene
q   Wärmegedämmtes Stahl-Sandwichelement

458

Dachdeckungen für Flachdächer

Standarddetail BRAAS 09
Dachabschluss mit Gegengefälle zum Gully
Abdichtung mit Rhenofol CV, mechanisch befestigt

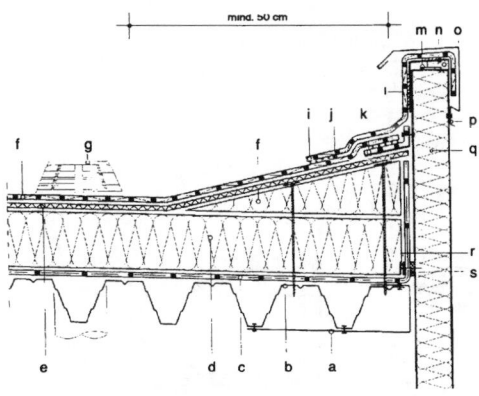

a   Blechschuh
b   Stahlprofilbleche, korrosionsgeschützt
c   Dampfsperre PE
d   Wärmedämmschicht, z.B. PS 20 SE
e   Trennschicht, Braas Rohglasvlies 120 g/m²
f   Rhenofol CV
g   Braas VarioGully
h   Wärmedämmkeil, z.B. PS 20 SE 50/10 cm
i   Rhenofol CV-Abschlussstreifen
j   Nahtverschweißung
k   Rhenofol-Anschlussblech
l   Rhenofol-Kontaktkleber 20
m   Alufolie
n   Attikahalter
o   Dichtband
p   Abdeckprofil
q   Thermowand
r   Dichtungsband als Luftsperre
s   Anpressschiene

Standarddetail BRAAS 10
Dachabschluss mit Brüstung und Dachabschlussprofil
Abdichtung mit Rhepanol fk, lose verlegt mit Auflast

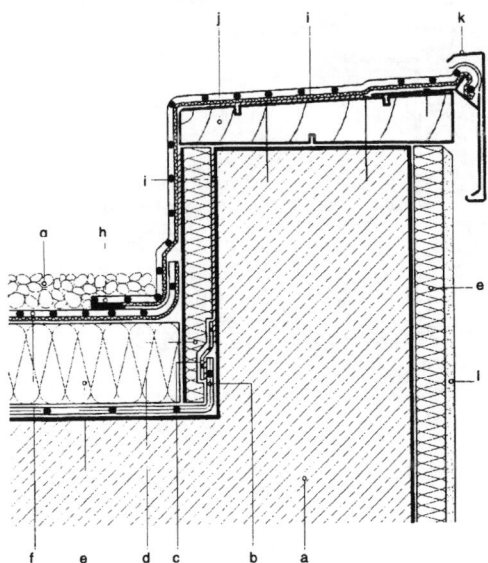

a   Stahlbeton
b   Dampfsperre fk
c   Verbindungsband für Dampfsperre fk
d   Wärmedämmschicht aus PS 20 SE, kaschiert mit Bitumen-Dachbahn
e   Wärmedämmschicht
f   Rhepanol fk
g   mindestens 5 cm Kiesschüttung, Rundkorn 16/32
h   Rhepanol fk-Abschlussstreifen
i   Rhepanol-Kontaktkleber 11
j   Imprägnierte Holzbohle (Salzbasis)
k   Braas Dachabschlussprofil
l   Putz

Standarddetail BRAAS 11
Dachabschluss mit Brüstung und Abdeckprofil
Abdichtung mit Rhepanol fk, mechanisch befestigt

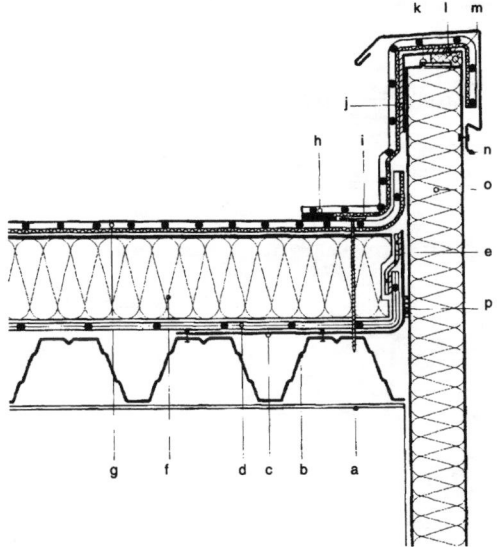

a   Unterkonstruktion
b   Stahlprofilbleche, korrosionsgeschützt
c   Stützwinkel
d   Dampfsperre fk
e   Verbindungsband für Dampfsperre fk
f   Rolldämmbahn PS 20 SE, kaschiert mit Bitumen-Dachbahn
g   Rhepanol fk
h   Rhepanol fk-Abschlussstreifen
i   mechanische Befestigung
j   Rhepanol-Kontaktkleber 11
k   Alu-Folie
l   Attikahalter
m   Dichtungsbahn
n   Abdeckprofil
o   Thermowand
p   Dichtungsband als Luftsperre

Standarddetail BRAAS 12
Dachabschluss mit Brüstung und Abdeckkappe
Abdichtung mit Rhenofol CV, mechanisch befestigt

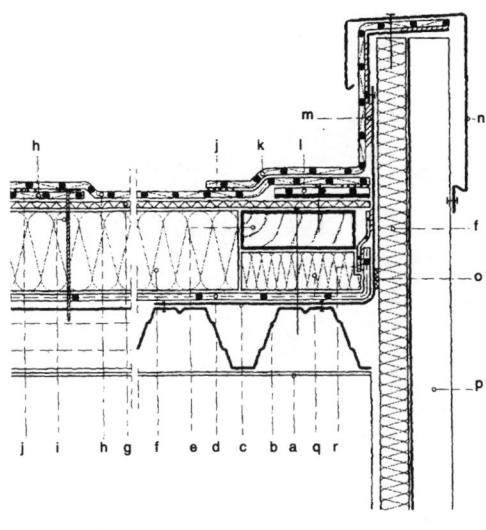

a   Unterkonstruktion
b   Stahlprofilbleche, korrosionsgeschützt
c   Stützwinkel
d   Dampfsperre PE
e   Imprägnierte Holzbohle (Salzbasis)
f   Wärmedämmschicht, PS 20 SE
g   Trennschicht, Braas Rohglasvlies
h   Rhenofol CV
i   Mechanische Befestigung
j   Nahtverschweißung
k   Rhenofol CV-Abschlussstreifen
l   Rhenofol-Anschlussblech
m   Rhenofol-Kontaktkleber 20
n   Abdeckkappe
o   Dichtungsband als Luftsperre
p   Fassadenelement
q   Verbindungsband für Dampfsperre PE
r   Druckfester Wärmedämmstoff-Streifen, z.B. extrudiertes Polystyrol

Dachdeckungen für Flachdächer

Standarddetail BRAAS 13
Bauwerksfuge in Flachdach, mit Abdeckung
Abdichtung mit Rhepanol fk, verklebt fixiert

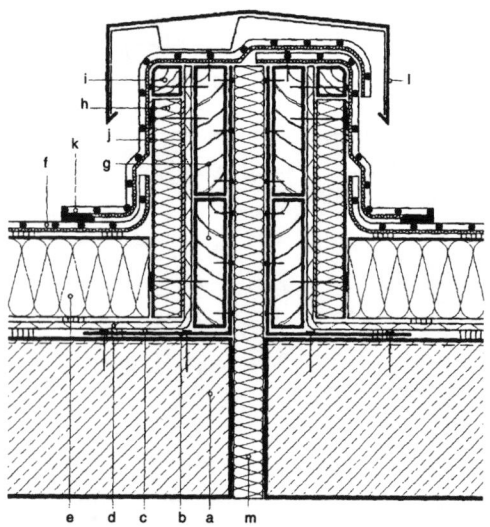

a	Stahlbeton
b	Metallhalterung im Abstand < 80 cm
c	Kaltbitumen-Voranstrich nach Erfordernis
d	Dampfsperrschicht
e	Wärmedämmschicht, kaschiert mit Bitumenbahn
f	Rhepanol fk, verklebt mit Rhepanol-Kleber 90
g	Imprägnierte Holzbohlen (Salzbasis)
h	vertikale Dämmung, PS 20 SE, kaschiert mit Bitumenbahn
i	Imprägniertes Kantholz (Salzbasis)
j	Rhepanol-Kontaktkleber 11
k	Rhepanol fk-Anschlussstreifen
l	Mauerabdeckung
m	kompressible Wärmedämmung

Standarddetail BRAAS 14
Dunstrohrdurchgang durch Flachdach, mit Aufsatz
Abdichtung mit Rhepanol fk, verklebt fixiert

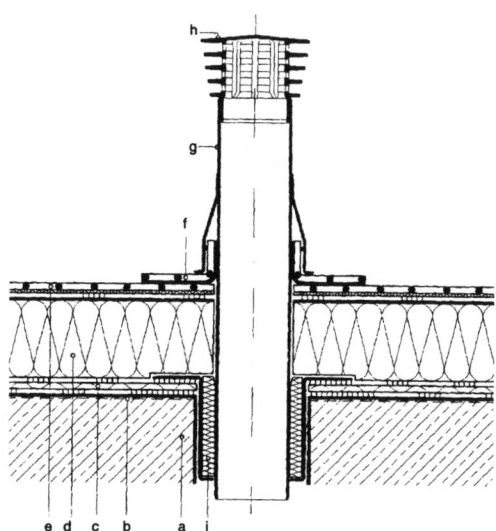

a	Stahlbeton
b	Kaltbitumen-Voranstrich nach Erfordernis
c	Dampfsperrschicht
d	Wärmedämmschicht, z.B. Rolldämmbahn aus PS 20 SE, kaschiert mit G 200 DD
e	Rhepanol fk, verklebt mit Rhepanol-Kleber 90
f	Rhepanol-Manschette im Dichtrandsystem, werkseitig befestigt
g	Braas Dunstrohraufsatz mit Dichtglocke
h	Dunstrohrhaube, abnehmbar
i	Durchgangstopf, wärmegedämmt (Bestandteil zu Pos. 9)

Standarddetail BRAAS 15
Flachdachentwässerung mit Braas VarioGully
Abdichtung mit Rhepanol fk, verklebt fixiert

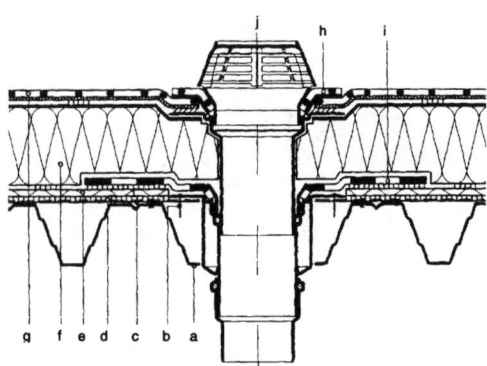

a	Stahlprofilbleche, korrosionsgeschützt
b	Gully-Befestigung (3 St./Gully)
c	Aussteifungsblech
d	Kaltbitumen-Voranstrich nach Erfordernis
e	Dampfsperrschicht
f	Wärmedämmschicht, z.B. Rolldämmbahn aus PS 20 SE, kaschiert mit G 200 DD
g	Rhepanol fk, verklebt mit Rhepanol-Kleber 90
h	Gully-Manschette im Dichtrandsystem
i	Dampfsperrmanschette
j	Braas VarioGully

Standarddetail BRAAS 16
Flachdachentwässerung mit Braas VarioGully
Abdichtung mit Rhenofol CV, mechanisch befestigt

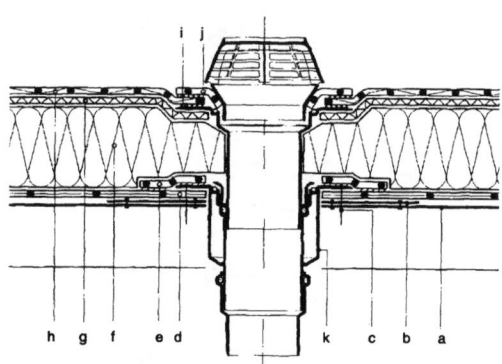

a	Stahlprofilbleche, korrosionsgeschützt
b	Aussteifungsblech
c	Gully Befestigung (3 St./Gully)
d	Dampfssperre PE
e	Verbindungsband für Dampfsperre PE
f	Wärmedämmschicht, PS 20 SE
g	Trennschicht, Braas Rohglasvlies
h	Rhenofol CV
i	Verschweißung auf Gullyflansch
j	Rhenofol C-Manschette
k	Braas VarioGully, mit Reduzierstück

Dachdeckungen für Flachdächer

Standarddetail BRAAS 17
Dacheinlauf in genutzter Dachfläche
Abdichtung mit Rhenofol C, lose verlegt mit Auflast

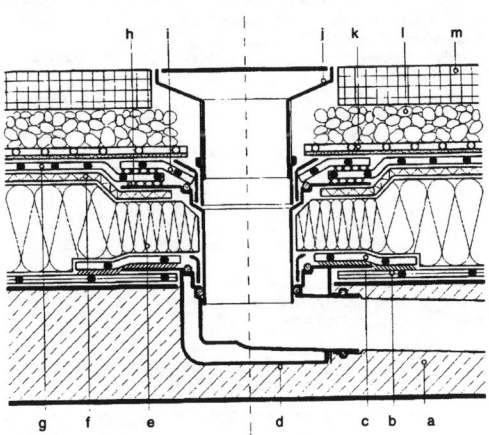

a   Stahlbeton
b   Dampfsperre PE
c   Verbindungsband für Dampfsperre PE
d   Braas VarioGully, abgewinkelt, extrem flach
e   Wärmedämmschicht, PS 30 SE
f   Trennschicht, Braas Kunststoffvlies
g   Rhenofol C
h   Verschweißung
i   Rhenofol C-Manschette
j   Terrassenaufsatz
k   Rhenofol TS
l   Feinkiesbett
m   Plattenbelag

Standarddetail BRAAS 18
Gullyausbildung in Kehle, mit seitlichem Ablauf
Abdichtung mit Rhepanol fk, fix verklebt fixiert

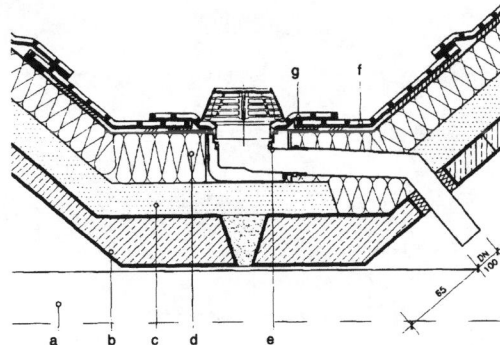

a   Riegel
b   VT-Falte
c   Altdach
d   Zusatzdämmung aus PS 20 SE, kaschiert mit Bitumen-Dachbahn V 100
e   Braas VarioGully extrem flach, abgewinkelt
f   Rhepanol fk, verklebt mit Rhepanol-Kleber 90
g   Rhepanol-Manschette im Dichtrandsystem

Standarddetail BRAAS 19
Lichtbandanschluss in Flachdach
Abdichtung mit Rhenofol CV, mechanisch befestigt

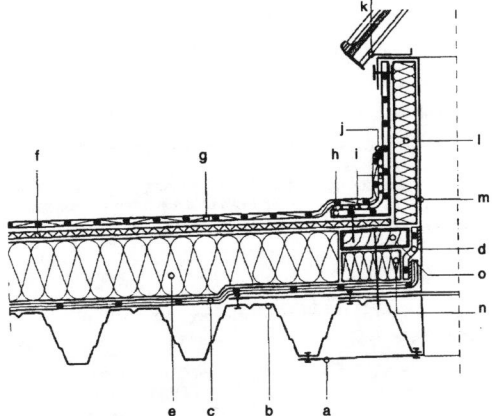

a   Blechschuh
b   Stahlprofilbleche, korrosionsgeschützt
c   Dampfsperre PE
d   Verbindungsband für Dampfsperre PE
e   Wärmedämmschicht, z.B. PS 20 SE
f   Trennschicht, Braas Rohglasvlies 120 g/m²
g   Rhenofol CV
h   Rhenofol-Anschlussblech
i   Nahtverschweißung
j   Rhenofol-Paste
k   Kuppel
l   Wärmedämmschicht, PS 20 SE
m   Blech-Aufsatzkranz
n   Druckfester Wärmedämmstoff-Streifen, z.B. extrudiertes Polystyrol
o   Imprägnierte Holzbohle (Salzbasis)

Standarddetail BRAAS 20
Lichtkuppelanschluss in Flachdach
Abdichtung mit Rhepanol fk, lose verlegt mit Auflast

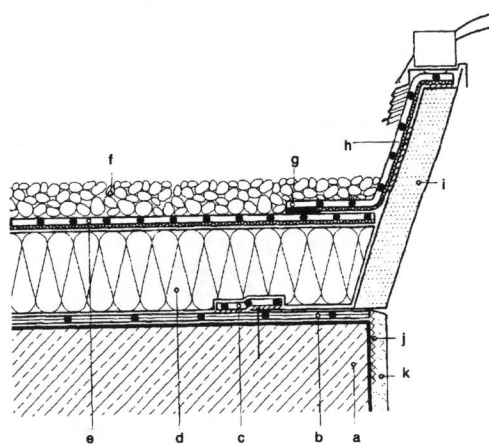

a   Stahlbeton
b   Dampfsperre fk
c   Verbindungsband für Dampfsperre fk
d   Wärmedämmschicht
e   Rhepanol fk
f   mind. 5 cm Kiesschüttung, Rundkorn 16/32
g   Rhepanol fk-Anschlussstreifen
h   Rhepanol-Kontaktkleber 11
i   Lichtkuppel-Aufsatzkranz
j   Putzträger
k   Putz

Dachdeckung für Flachdächer, Standard-Details

Stahlkonstruktion als Stütze und Pfette - Flachdachabdichtung (Warmdach) - Ausbildung der Dehnungsfuge im Flachdach mit Dehnprofil

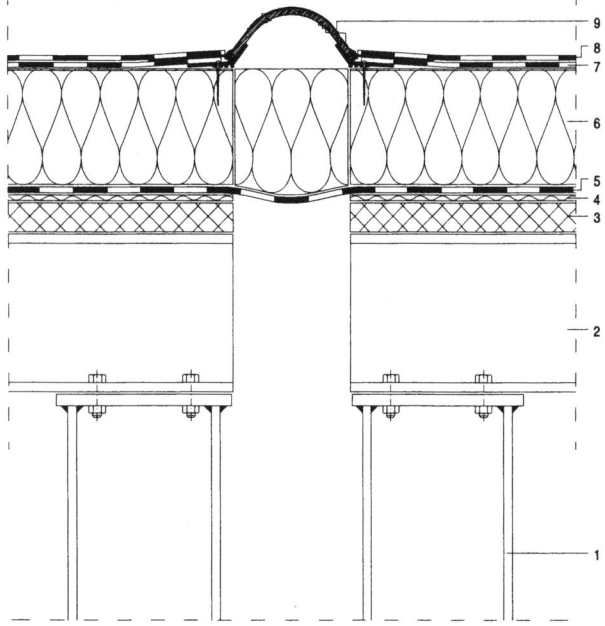

– Stahlkonstruktion als Stütze (aus Träger als Walzprofil I PBv) eingespannt auf Fundament
– Flachdach (Warmdach) als Stahlkonstruktion (Pfette aus Breitflanschträger I PBl), Dachschalung, Trennschicht, Dampfsperre, Wärmedämmung und mehrlagiger Flachdachabdichtung
– Ausbildung der Dehnungsfuge im Flachdach mit Dehnprofil aus Aluminium-Führungsschiene mit eingezogenem, gleitendem Kunststoffband

Produkthinweise   **Firmen-CODE**
Dichtungstechnik GmbH   DICHTUNG
KLEWA Dachbaustoffe   KLEWA

1 – Stahlkonstruktion als Stütze, Einbauort Fundament, Stütze eingespannt, Träger als Walzprofil I PBv 140
2 – Stahlkonstruktion als Pfette, Einbauort Dach, Breitflanschträger I PBl 140
3 – Dachschalung Spanplatte V 100 G, 25 mm
4 – Dampfsperre – *Klewa - KLEWASIEG AG 15-E, Elastomerbitumenbahn, mit Sonderglas-Vlies-Träger, 1,5 mm*
5 – Dampfsperre – *Klewa - KLEWA-STD AL-DS, Bitumen-Dampfsperrbahn, mit Alu-Einlage, 2,2 mm*
6 – Wärmedämmschicht – *Klewa - KLEWAKLAPP-PS-Wärmedämmbahn - Flex-GVS, aus Polystyrol, WD-20-B1, 100 mm, Oberseite mit Polymerbitumenbahn Flex-GVS kaschiert*
7 – 1. Lage der Dachabdichtung – *Klewa - KLEWAELAST PYE-PV200 DD besandet, Polymerbitumen-Dachabdichtungsbahn mit Polyestervlieseinlage T 200 g/m², 3,4 mm*
8 – Oberste Lage der Dachabdichtung – *Klewa - KLEWAELAST PYE-PV200 DD beschiefert, Polymerbitumen-Dachabdichtungsbahn mit Polyestervlieseinlage T 200 g/m², 3,8 mm*
9 – Schleppstreifen – *Dichtungstechnik - TRENASTIC D 9000, Dehnungsfugenprofil aus Alu-Führungsschienen mit eingezogenem, gleitendem Kunststoffband, Fugenbreite 100 mm*

Mauerwerk der zweischaligen tragenden Außenwand - Betonparkdachplatte - Parkdachabdichtung - Ausbildung der Bewegungsfuge im Estrich des Flachdaches

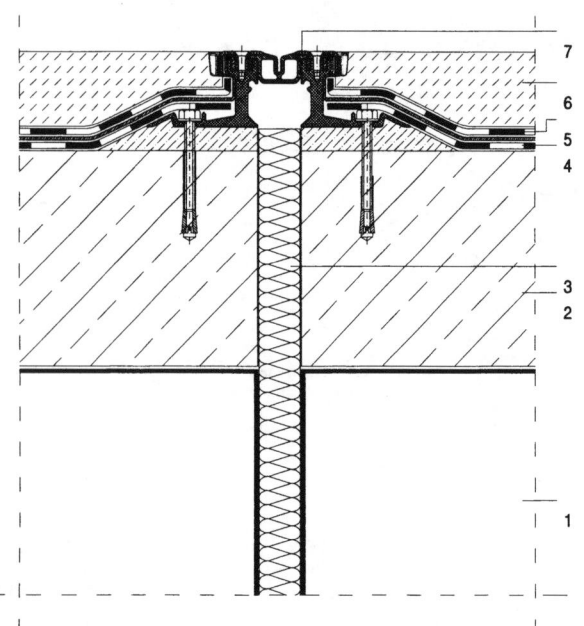

– zweischalige, tragende Innenwand aus Hochlochziegeln, mit Trennfugenplatte aus Glaswolle
– Parkdeck (Flachdach) als Betonkonstruktion mit mehrlagiger Flachdachabdichtung und Gussasphaltestrich
– Ausbildung der Bewegungsfuge im Parkdeck (Flachdach) mit Fugenkonstruktion aus Aluminium-Führungsschiene, Abdeckkappe aus Edelstahl, elastischer Dichtungseinlage und Abdichtanschlussfolien

Produkthinweise   **Firmen-CODE**
Kebulin Gesellschaft Kettler & Co.KG   KEBULIN
Migua Fugensysteme GmbH   MIGUA
Pfleiderer Dämmstofftechnik GmbH & Co.   PFLEIDER
Ziegelwerke Gleinstätten GesmbH.& Co. KG   ZGW_GLE

1 – Mauerwerk der tragenden Außenwand – *Ziegelwerke Gleinstätten - POROTON 30 K, Hochlochziegel (300x330x220), Wanddicke 30,0 cm*
2 – Tragwerk Betondachdecke
3 – Wärmedämmschicht zwischen zwei Bauteilen – *Pfleiderer - URSA-Trennfugenplatte TFP, aus Glaswolle, T-A2, nichtbrennbar, 40/35 mm*
4 – 1. Lage der Dachabdichtung – *Kebulin - Original kebu GV 4, Bitumen-Schweißbahn V 60 S4, Trägereinlage Glasvlies 60 g/m², 4,0 mm*
5 – 2. Lage der Dachabdichtung – *Kebulin - Original kebu GV 5, Bitumen-Schweißbahn V 60 S5, Trägereinlage Glasvlies 60 g/m², 5,0 mm*
6 – Gussasphaltestrich, Dicke 60 mm
7 – Bewegungsfuge in Estrich – *Migua - MIGUTAN FP 90/6000 S, Fugenkonstruktion, wasserdicht, aus Aluminium mit Alu-Befestigungswinkeln, Abdeckkappe aus Edelstahl, mit elastischer Dichtungseinlage und beidseitigen 300 mm breiten Abdichtanschlussfolien*

Dachdeckung für Flachdächer, Standard-Details

Betondachplatte - Flachdachabdichtung (Warmdach) - Vorgefertigtes Wandanschlussprofil - Außenwand aus Mauerziegeln, Wärmedämmung und Außenputz

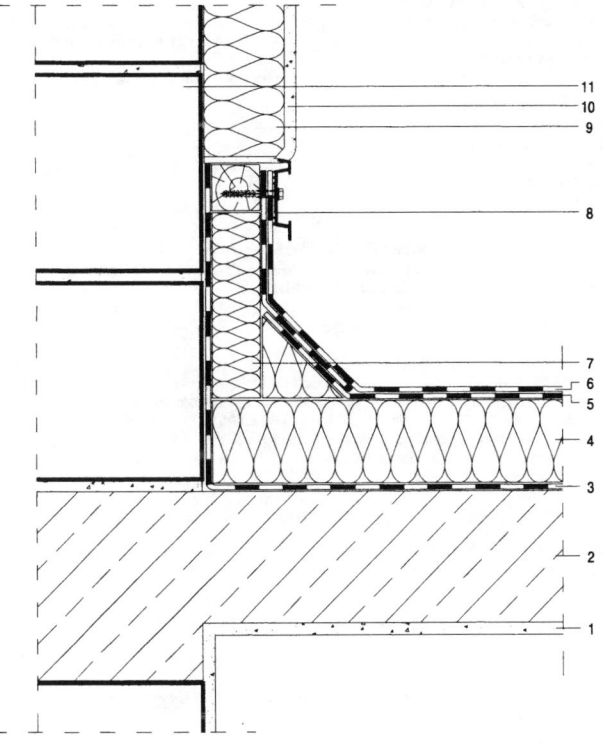

– Warmdach mit Betontragwerk, Dampfsperre, Wärmedämmung und mehrlagiger Flachdachabdichtung
– Anschluss Flachdach-Außenwand mit vorgefertigtem Wandanschlussprofil, aus Aluminium
– Außenwand aus Mauerstein aus vulkanischem Bims, Wanddicke 36,5 cm, mit Fassadendämmung und Außenwandputzsystem

Produkthinweise	Firmen-CODE
alwitra GmbH & Co.	ALWITRA
BISOTHERM GmbH	BISOTHE
ESHA Dach- und Dämmstoffe GmbH	ESHA
Heidelberger Dämmsysteme GmbH	HEIDELD
Steinwerke Kupferdreh GmbH	SWK

1 – Innendeckenputzsystem – *Steinwerke Kupferdreh - Granol Kupferdreher Grundputz GS 85*
2 – Tragwerk Betondachdecke
3 – Dampfsperrschicht – *Esha - KSK 35, Elastomerbitumen-Dampfsperr- und Ausgleichsbahn, mit Polyestervlies 180 g/m² und Aluminiumeinlage 0,1 mm, 4,2 mm*
4 – Wärmedämmschicht – *Heidelberger Dämmsysteme - Flachdachdämmplatten, aus Polystyrol, WD+WS-30-B1, 100 mm*
5 – 1. Lage der Dachabdichtung – *Esha - Eshatherm TK 40, Elastomerbitumenbahn, mit Einlage aus GGV-Verbundträger 110 g/m², 3,6 mm*
6 – Oberste Lage der Dachabdichtung – *Esha - Eshatherm TK 60, Elastomerbitumenbahn, mit Einlage aus Kombiträger 200 g/m², oben beschiefert, 4,5 mm*
7 – Wärmedämmschicht – *Heidelberger Dämmsysteme - Fassadendämmplatten WLG 040, aus Polystyrol, PS-20-B1, 60 mm*
8 – Vorgefertigtes Wandanschlussprofil – *alwitra - Wandanschlussprofil WA 1, aus Aluminium-Strangpressprofil AlMgSi 0,5, Profilhöhe 50 mm*
9 – Wärmedämmschicht – *Heidelberger Dämmsysteme - Fassadendämmplatten WLG 040, aus Polystyrol, PS-20-B1, 100 mm*
10 – Außenwandputzsystem – *Steinwerke Kupferdreh - Granol Kupferdreher Rillenputz "MRP"*
11 – Mauerwerk der tragenden Außenwand – *Bisotherm - RiKa-Dämmblock BI classic, Mauerstein aus vulkanischem Bims, mit Nut und Feder ohne Stoßfugenvermörtelung, mit elliptischer Lochung, 12 DF (247x365x238)*

Betondachplatte - Flachdachabdichtung (Warmdach) - Oberflächenschutz aus Betonwerksteinplatten - Vorgefertigtes Wandanschlussprofil - Außenwand aus Mauerziegeln, Wärmedämmung und Verblendmauerwerk

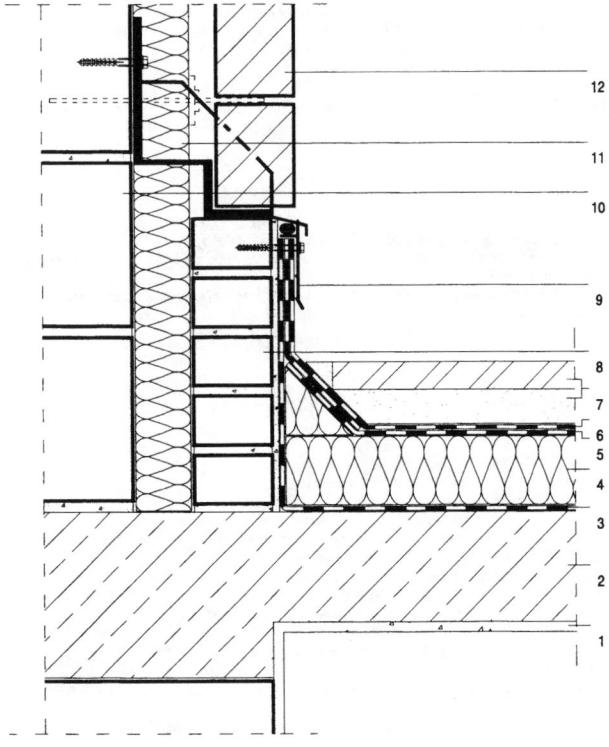

– Warmdach mit Betontragwerk, Dampfsperre, Wärmedämmung, mehrlagiger Flachdachabdichtung und Oberflächenschutz aus Betonwerksteinplatten
– Anschluss Flachdach-Außenwand mit vorgefertigtem Wandanschlussprofil, aus Aluminium
– Außenwand aus Leichthochlochziegeln, Wanddicke 25,0 cm, mit Luftschicht, Wärmedämmung und Verblendmauerwerk aus keramischen Terrakottasteinen und Verbindungselementen

Produkthinweise	Firmen-CODE
Girnghuber GmbH & Co. KG	GIMA
Pfleiderer Dämmstofftechnik GmbH & Co.	PFLEIDER
SCHEDETAL Folien GmbH	SCHEDET
ZinCo Flachdach Zubehör GmbH	ZINCO

1 – Innendeckenputz
2 – Tragwerk Betondachdecke
3 – Dampfsperrschicht – *Schedetal - Schedetal PE-Folie, mit Alukaschierung, 0,4 mm*
4 – Wärmedämmschicht – *Pfleiderer - PINGO SF, aus Polystyrol, WD+WS-B1, 100 mm*
5 – 1. Lage der Dachabdichtung – *Schedetal - Extrubit Standard, Kunststoffdachbahn, aus Ethylen-Copolymerisat-Bitumen (ECB), 2,0 mm*
6 – Oberste Lage der Dachabdichtung – *Schedetal - Extrubit-F, Kunststoffdachbahn, aus Ethylen-Copolymerisat-Bitumen (ECB), 3,0 mm*
7 – Bodenbelag aus Betonwerkstein auf vorhandenem Beton, in Splittschicht, 50x50x4 cm
8 – Einschaliges Verblendmauerwerk DIN 1053 Teil 1 – *Girnghuber - Klinker-Vormauerziegel, 1 NF (240x115x71)*
9 – Vorgefertigtes Wandanschlussprofil – *ZinCo - Klemmprofil TK 100, aus Aluminium-Strangpressprofil, Profilhöhe 100 mm*
10 – Mauerwerk der tragenden Außenwand – *Girnghuber - klimaton® SB, Leichthochlochziegel, mit Nut, (365x247x238)*
11 – Wärmedämmschicht – *Pfleiderer - URSA-Fassadendämmplatte FDP 2/V, aus Glaswolle, einseitig mit Glasvlies kaschiert, W-w-A2, 80 mm*
12 – Verblendmauerwerk DIN 1053 Teil 1, an mitzuliefernden und in der tragenden Schale zu befestigenden Verbindungselementen – *Girnghuber - Terrakottasteine, aus keramischem Rohstoff, Wanddicke 11,5 cm*

Dachdeckung für Flachdächer, Standard-Details

Deckenbekleidung aus Gipsfaserplatten - Flachdachkonstruktion aus Holz - Flachdachabdichtung (Kaltdach) - Außenwand mit Ringbalken, Wärmedämmung und abgehängten Fassadentafeln - Vorgefertigtes Dachrandabschlussprofil

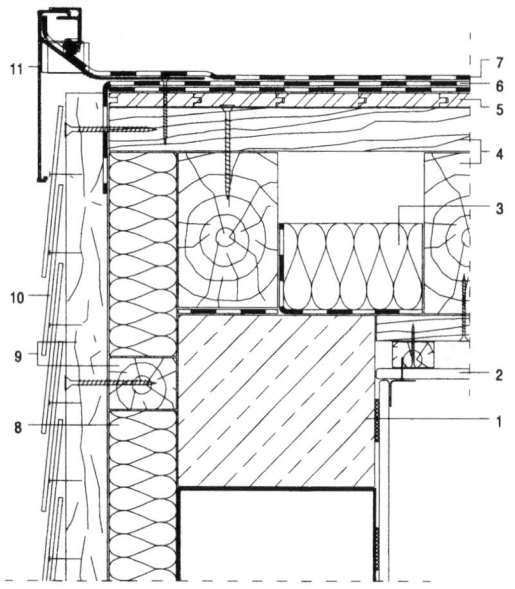

– abgehängte Deckenkonstruktion aus Holzunterkonstruktion und Bekleidung aus Vario Gipskarton-Feuerschutzplatten
– Kaltdach aus Holzkonstruktion, Holzschalung, Wärmedämmung mit Kaschierung als Dampfsperre und mehrlagiger Flachdachabdichtung
– tragende Außenwand aus Mauerziegeln mit Ringbalken aus Beton, 24,0 cm, mit Wärmedämmung und abgehängte Fassadenbekleidung aus Pelicolor Fassadenschindeln mit Holz-Unterkonstruktion
– Abschluss Flachdach-Außenwand mit vorgefertigtem Dachrandabschlussprofil, aus Aluminium, zweiteilig

Produkthinweise	Firmen-CODE
BINNÉ & Sohn GmbH & Co. KG	BINNE
BUG-Alutechnik GmbH	BUG_ALU
Eternit AG, Hochbau	ETERNITH
Glaswolle Wiesbaden GmbH	GLASWOL
Rigips GmbH	RIGIPS

1 – Ortbeton der Ringbalken, Wanddicke 24,0 cm
2 – Decklage/Bekleidung – *Rigips* - Kehlbalkendecke mit freiliegenden Holzbalken - Vario Feuerschutzplatten RF auf Trag- und Grundlatten aus Holz
3 – Wärmedämmschicht – *Glaswolle Wiesbaden* - WIEGLA-ALU-Randleistenfilz B1, aus Glaswolle, WL-B1, einseitig auf papierkaschierte Alu-Folie geklebt
4 – Holzkonstruktion
5 – Holzschalung des Daches
6 – 1. Lage der Dachabdichtung – *Binné* - BISODUR POLYMER PV 200 DD, Elastomere-bitumen-Dachdichtungsbahn mit Polyestervlieseinlage 200/250 g/m², fein besandet
7 – Oberste Lage Abdichtung – *Binné* - BISODUR POLYMER PV 200 DD 101, Elastomer-bitumen-Dachdichtungsbahn mit Polyestervlieseinlage 200/250 g/m², oben beschiefert
8 – Wärmedämmschicht – *Glaswolle Wiesbaden* - WIEGLA-Fassadendämmplatte FD 1/V, aus Glaswolle, W-A2, 80 mm
9 – Unterkonstruktion aus Holz
10 – Fassadenbekleidung – *Eternit* - Pelicolor Fassadenschindeln, Doppeldeckung in Streifen
11 – Vorgefertigtes Dachrandabschlussprofil – *BUG* - Flachdachabschlüsse OV 85, aus Aluminium, zweiteilig, Blendenhöhe 200 m

Flachdachabdichtung (Warmdach) - vorgefertigtes Dachrandabschluss-profil - Außenwand mit Verblendschalenmauerwerk ohne Luftschicht

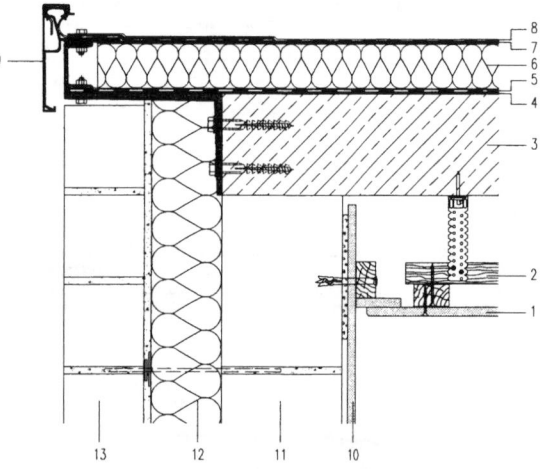

– vorgefertigtes Dachrandabschlussprofil
– Warmdach mit Betontragwerk
– abgehängte Deckenkonstruktion mit Bekleidung aus Gipskarton-Feuerschutzplatten
– Außenwand mit Verblendschalenmauerwerk ohne Luftschicht

Produkthinweise	Firmen-CODE
Kalksandstein Bauberatung Dresden GmbH	KALKSAND
KLEWA Dachbaustoffe	KLEWA
Gebr. Knauf Westdeutsche Gipswerke	KNAUF
Christian Pohl GmbH	POHL
RYGOL-Dämmstoffwerk W. Rygol KG	RYGOL

1 – Deckenbekleidung – *Knauf* - Plattendecke GK D111
2 – Unterkonstruktion der Deckenbekleidung
3 – Tragwerk Betondachdecke
4 – Trennschicht – *Klewa* - KLEWA-STD V 13
5 – Dampfsperre – *Klewa* - KLEWABIT AI + GG S4
6 – Wärmedämmschicht – *Klewa* - KLEWA-PS-Dachdämmplatte, WD-20-B1, 60 mm
7 – 1.Lage Abdichtung – *Klewa* - KLEWAELAST PYE-PV 200 DD, besandet, 3,4 mm
8 – 2.Lage Abdichtung – *Klewa* - KLEWAELAST PYE-PV 200 DD, beschiefert, 3,8 mm
9 – Flachdachabschlussprofil – *Pohl* - POHL Serie AV, 150 mm
10 – Wandbekleidung – *Knauf* - Plattendecke GK D111
11 – Mauerwerk der tragenden Außenwand
12 – Wärmedämmschicht Kerndämmung – *Rygol* - Rygol Kerndämmplatten, 100 mm
13 – Verblendschalenmauerwerk ohne Luftschicht – *Kalksandstein* - KS-Verblender KS Vb

Betondachplatte mit Deckeneinhängeziegeln und Ziegelträger - Flachdachabdichtung (Warmdach) - Außenwand aus Mauerziegeln, Wärmedämmung und Außenputz - Vorgefertigtes Dachrandabschlussprofil

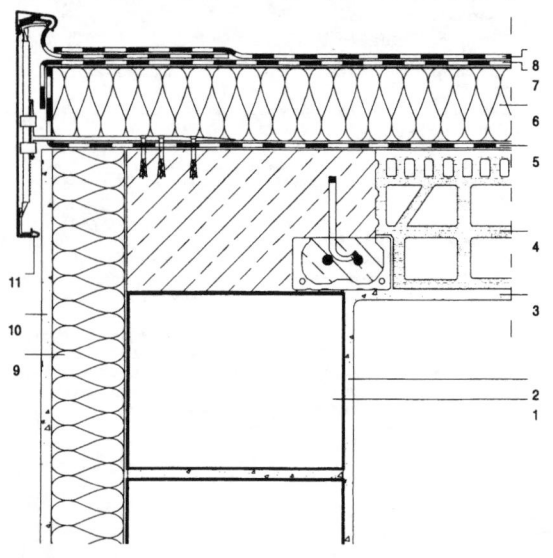

– Warmdach mit Ziegel-Rippendecke aus Deckeneinhängeziegeln und Ziegelträger, mit Ortbetonergänzung, Dampfsperre, Wärmedämmung und mehrlagiger Flachdachabdichtung
– Außenwand aus Leichthochlochziegeln, Wanddicke 30,0 cm, mit Fassadendämmung und Außenwandputzsystem
– Abschluss Flachdach-Außenwand mit vorgefertigtem Dachrandabschlussprofil, aus Aluminium, mehrteilig

Produkthinweise	Firmen-CODE
alwitra GmbH & Co.	ALWITRA
Girnghuber GmbH & Co. KG	GIMA
J. & OTTO KREBBER GmbH	KREBBER
Joseph Raab GmbH & Cie. KG	RAAB
Unidek Vertriebsgesellschaft mbH	UNIDEK

1 – Mauerwerk der tragenden Außenwand – *Girnghuber* - klimaton® P, Leichthochlochziegel, mit Nut, (300x240x238), Wanddicke 30,0 cm
2 – Innenwandputzsystem – *Raab* - KZM - Kalk-Zement-Maschinenputz
3 – Innendeckenputzsystem – *Raab* - KZM - Kalk-Zement-Maschinenputz
4 – Decken aus Fertigteilen mit Ortbetonergänzung – *Girnghuber* - Ziegel-Rippendecken System LÜCKING, Typ 19+0, Deckenhöhe 19,0 cm
5 – Dampfsperre – *Krebber* - KREBBERIT GV-Bitumen-Dachbahn mit ALU-Einlage
6 – Wärmedämmschicht – *Krebber* - DD-por-Rollbahn, aus Polystyrol, WD-20-B1, 100 mm, oben mit Bitumen-Dachbahn mit Glasvlieseinlage kaschiert
7 – 1. Lage der Dachabdichtung – *Krebber* - PROBAT-tect Dachbahn, PYE PV 200 DD, Elastomerbitumen-Dachdichtungsbahn, mit PV-Einlage 200 g/m², oben besandet, 5,0 mm
8 – Oberste Lage Abdichtung – *Krebber* - PROBAT-tect Dachbahn, PYE PV 200 DD, Elastomerbitumen-Dachdichtungsbahn, mit PV-Einlage 200 g/m², oben beschiefert, 5,0 mm
9 – Wärmedämmschicht – *Unidek* - EPS-GI Fassadendämmung, aus Polystyrol, WD-20-B1, 100 mm, N+F umlaufend
10 – Außenwandputzsystem – *Raab* - UEP - Universal-Edelputz
11 – Vorgefertigtes Dachrandabschlussprofil – *Alwitra* - Dachrandabschlussprofil TAG 300, aus rollenverformtem Aluminiumblech AlMg1, mehrteilig, Profilhöhe 300 mm

Dachdeckung für Flachdächer, Standard-Details

**Flachdachabdichtung (Warmdach) - vorgefertigtes Dachrandabschlussprofil -
Außenwand mit abgehängter Ziegelfassade**

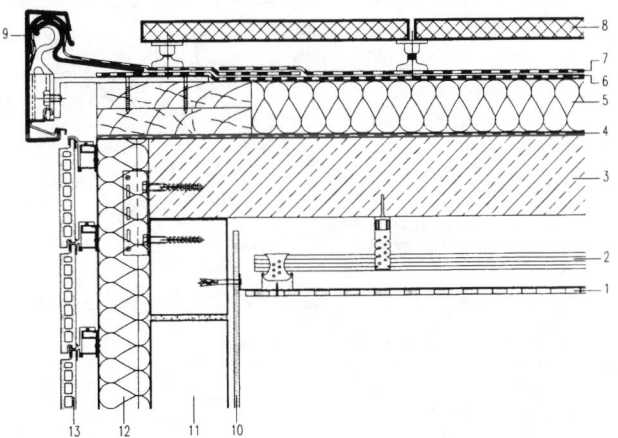

- vorgefertigtes Dachrandabschlussprofil
- Warmdach mit Betontragwerk
- abgehängte Deckenkonstruktion mit Bekleidung aus Lochplatten
- abgehängte Fassadenbekleidung aus Ziegelplatten, kleinformatig mit Alu-Unterkonstruktion

Produkthinweise	Firmen-CODE
KLEWA Dachbaustoffe	KLEWA
Gebr. Knauf Westdeutsche Gipswerke	KNAUF
Dachziegelwerk Möding GmbH & Co. KG	MOEDING
Christian Pohl GmbH	POHL
Unidek Vertriebsgesellschaft mbH	UNIDEK

1 – Deckenbekleidung – *Knauf - Lochplatten*
2 – Unterkonstruktion der Lochplattendecke – *Knauf - D 127*
3 – Tragwerk Betondachdecke
4 – Dampfsperre – *Klewa - KLEWABIT Al + GG S4*
5 – Wärmedämmschicht – *Klewa - KLEWA-PS-Dachdämmplatte, WD-20-B1, 100 mm*
6 – 1.Lage Abdichtung – *Klewa - KLEWAELAST PYE-PV 200 DD, besandet, 3,4 mm*
7 – 2.Lage Abdichtung – *Klewa - KLEWAELAST PYE-PV 200 DD, beschiefert, 3,8 mm*
8 – Bodenbelag aus Naturwerkstein auf Stelzlager
19 – Flachdachabschlussprofil – *Pohl - POHL Serie DG, 250 mm*
10 – Wandbekleidung – *Knauf - Plattendecke GK D111*
11 – Mauerwerk der tragenden Außenwand
12 – Wärmedämmung für Außenwandbekleidung – *Unidek - Unidek EPS-GI Fassadendämmung*
13 – Fassadenbekleidungen – *Möding - Original-ARGETON-Ziegelfassade*

**Flachdachabdichtung (Kaltdach) - vorgefertigtes Dachrandabschlussprofil -
Außenwand mit Verblendschalenmauerwerk ohne Luftschicht**

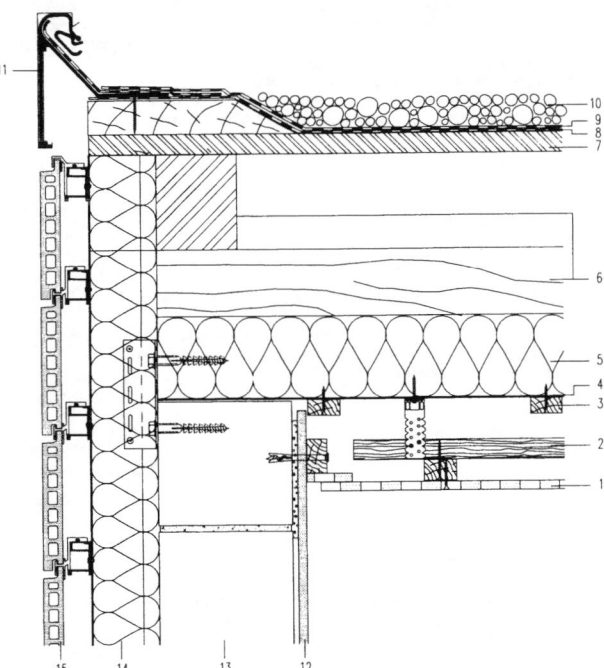

- vorgefertigtes Dachrandabschlussprofil
- Kaltdach mit Holzkonstruktion
- abgehängte Deckenkonstruktion mit Bekleidung aus Lochplatten
- abgehängte Fassadenbekleidung aus Ziegelplatten, kleinformatig mit Alu-Unterkonstruktion

Produkthinweise	Firmen-CODE
Glaswolle Wiesbaden GmbH	GLASWOL
Gebr. Knauf Westdeutsche Gipswerke	KNAUF
J. & OTTO KREBBER GmbH	KREBBER
Dachziegelwerk Möding GmbH & Co. KG	MOEDING
Christian Pohl GmbH	POHL

1 – Deckenbekleidung – *Knauf - Lochplatten*
2 – Unterkonstruktion der Deckenbekleidung
3 – Unterkonstruktion aus Lattung
4 – Dampfsperrschicht – *Krebber - KRELASTIC Schweißbahn, Al +G 200 S4, besandet*
5 – Wärmedämmung – *Glaswolle Wiesbaden - WIEGLA-Dämmfilz, WL-A2, 120 mm*
6 – Holzkonstruktion
7 – Schalung aus Holzwerkstoff
8 – 1.Lage Abdichtung – *Krebber - KRELASTIC Schweißbahn, PV 200 S5, talkumiert, 5,0 mm*
9 – Oberste Lage Abdichtung – *Krebber - JOKAPLAN S grün, PYE-PV 200 S4, beschiefert*
10 – Oberflächenschutz Kiesschüttung 16/32, 5 cm
11 – Flachdachabschlussprofil – *Pohl - POHL Serie SBK/S, 200 mm*
12 – Wandbekleidung – *Knauf - Plattendecke GK D111*
13 – Mauerwerk der tragenden Außenwand
14 – Wärmedämmung für Außenwandbekleidung – *Glaswolle Wiesbaden - WIEGLA-Fassadendämmplatte FD 1/V, W-A2, 100 mm*
15 – Fassadenbekleidungen – *Möding - Original-ARGETON-Ziegelfassade*

**Flachdachabdichtung (Warmdach) - vorgefertigtes Dachrandabschlussprofil -
Außenwand mit wärmedämmendem Außenwandputzsystem**

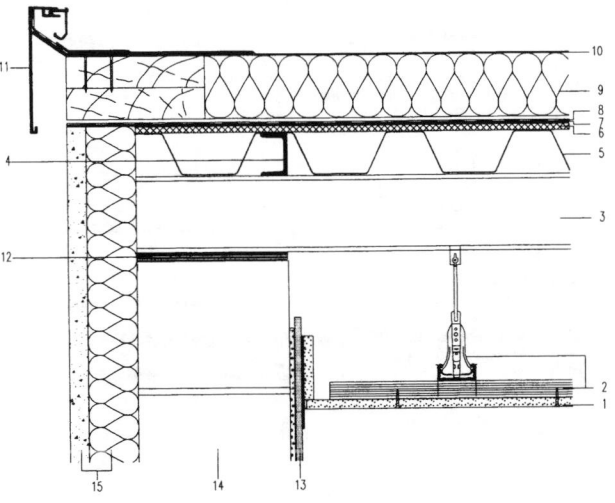

- vorgefertigtes Dachrandabschlussprofil
- Warmdach mit Tragkonstruktion aus Stahl
- abgehängte Deckenkonstruktion mit Bekleidung aus Gipskarton-Feuerschutzplatten
- Außenwand mit wärmedämmendem Außenwandputzsystem

Produkthinweise	Firmen-CODE
iso Gleitlager - Dachprofile GmbH	ISO
Gebr. Knauf Westdeutsche Gipswerke	KNAUF
Roland Werke Dachbaustoffe und Bauchemie GmbH & Co KG	ROLAND
Schierling KG	SCHIERLI

1 – Deckenbekleidung – *Knauf - Fireboard F 90 A*
2 – Unterkonstruktion der Deckenbekleidung – *Knauf - K 215*
3 – Tragkonstruktion aus Stahl
4 – Dachkonstruktion aus Stahl
5 – Unterlage für Flachdach aus Stahltrapezprofil
6 – Dachschalung Spanplatte V 100 G, 19 mm
7 – Trennschicht – *Roland - Rowa Dichtungsbahn G 200 DD*
8 – Dampfsperre – *Roland - Rowa Alu-Bitumen-Dampfsperre*
9 – Wärmedämmschicht – *Roland - Rowa Roof, WS-20-B2, 120 mm*
10 – Einlagige Abdichtung – *Schierling - unitan, 2,0 mm*
11 – Flachdachabschlussprofil – *Schierling - SYMAT Rasant, 200 mm*
12 – Gleitlager – *iso - iso Festpunktlagerstreifen Typ FT, 10 mm, 240 mm*
13 – Innenwandputzsystem
14 – Mauerwerk der tragenden Außenwand
15 – Wärmedämm-Putzverbundsystem

Dachbeläge

Dachdeckung für Flachdächer, Standard-Details

Deckenbekleidung aus Gipsfaserplatten - Betondachplatte - Flachdachabdichtung (Warmdach) - Außenwand aus Leichtbeton, Wärmedämmung und Außenputz - Vorgefertigtes Dachrandabschlussprofil

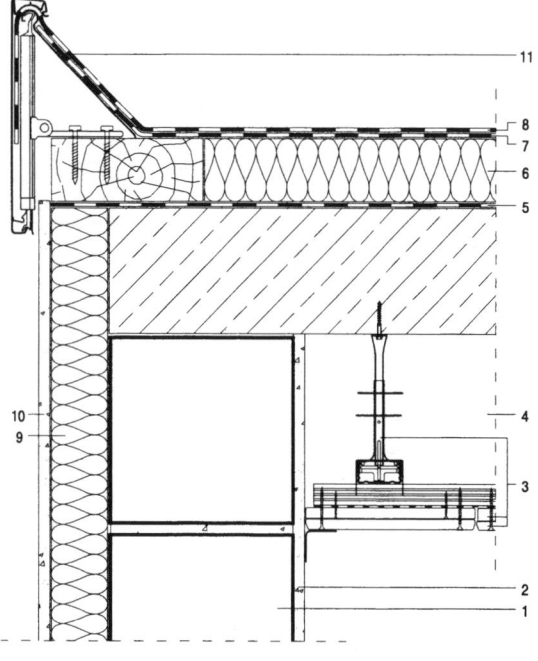

– abgehängte Deckenkonstruktion aus Metallunterkonstruktion und Bekleidung aus Gipskarton-Akustikplatten
– Warmdach mit Betontragwerk, Dampfsperre, Wärmedämmung und mehrlagiger Flachdachabdichtung
– Außenwand aus Hohlblock aus Leichtbeton, Wanddicke 24,0 cm, mit Fassadendämmung und Außenwandputzsystem
– Abschluss Flachdach-Außenwand mit vorgefertigtem Dachrandabschlussprofil, aus Aluminium, mehrteilig

Produkthinweise	Firmen-CODE
BUG-Alutechnik GmbH	BUG_ALU
FRANZ CARL NÜDLING	NUEDLING
Deutsche Heraklith AG	HERAKLIT
Gebr. Knauf Westdeutsche Gipswerke	KNAUF
W. Quandt Dachbahnen - Fabrik	QUANDT

1 – Mauerwerk der tragenden Außenwand – *F.C. Nüdling - Liapor Mauerblock, Hohlblock (Hbl) aus Leichtbeton, 12 NF (370x240x238), Wanddicke 24,0 cm*
2 – Innenwandputzsystem, mineralisch gebunden
3 – Decklage/Bekleidung – *Knauf - Knauf Akustikdecke Sto - D 125, einlagig beplankt mit schallabsorbierenden GK Platten 12,5 mm und Mineralwolle 20 mm, Metallunterkonstruktion abgehängt mit Nonius-Hänger*
4 – Tragwerk Betondachdecke
5 – Dampfsperre – *Quandt - Jumbo-Elefantenhaut Al + V 60 S4, 4,0 mm*
6 – Wärmedämmschicht – *Heraklith - Heralan-DDP-15, aus Steinwolle, WD-A1, 80 mm*
7 – 1. Lage der Dachabdichtung – *Quandt - Jumbo Elefantenhaut V 60 S4, Bitumen-Schweißbahn, mit verstärkter Glasvlieseinlage, 4,0 mm*
8 – Oberste Lage Abdichtung – *Quandt - Jumbo Elefantenhaut V 60 S4, Bitumen-Schweißbahn, mit verstärkter Glasvlieseinlage, oben beschiefert, 5,0 mm*
9 – Wärmedämmschicht – *Heraklith - Heratekta-M-3-035 B1, Mehrschicht-Leichtbauplatte aus Polystyrol, WD-20-B1, 75 mm*
10 – Außenwandputzsystem, mineralisch gebunden
11 – Vorgefertigtes Dachrandabschlussprofil – *BUG - Flachdachabschlüsse OV 2000, aus Aluminium, mehrteilig, Blendenhöhe 300 mm*

Aufgesetzte Brüstung aus Beton - Wärmedämmelement für Brüstungen mit Anschlussbewehrung - Außenwand mit abgehängten Fassadentafeln

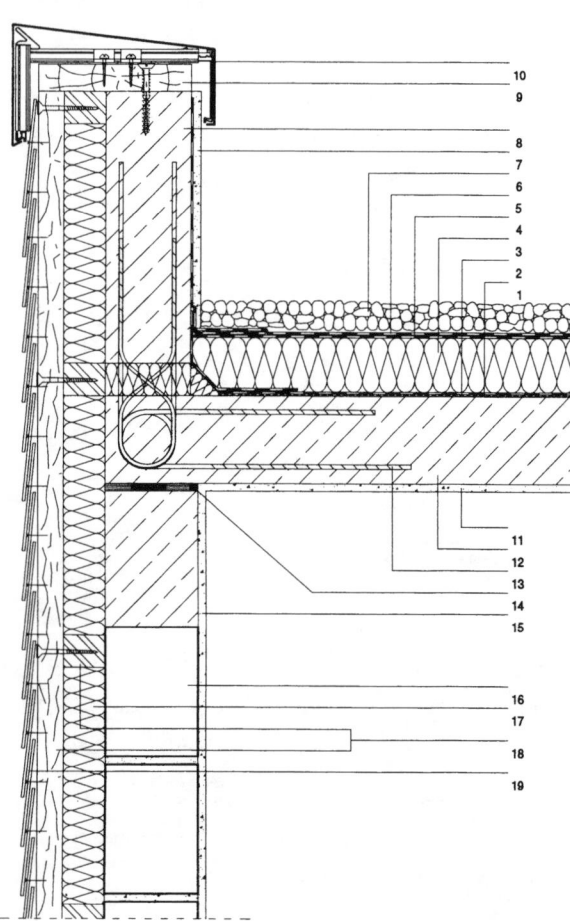

– aufgesetzte Brüstung aus Beton, mit Wärmedämmelement für Brüstungen mit Anschlussbewehrung
– tragende Außenwand mit Wärmedämmung und abgehängte Fassadenbekleidung aus Pelicolor Fassadenschindeln mit Holz-Unterkonstruktion
– Warmdach mit Betontragwerk

Produkthinweise	Firmen-CODE
Eternit AG, Hochbau	ETERNITH
Deutsche Heraklith AG	HERAKLIT
iso Gleitlager-Dachprofile GmbH	ISO
Kalksandstein Bauberatung Dresden GmbH	KALKSAND
Schierling KG	SCHIERLI
Schöck Bauteile GmbH	SCHOECK

1 – Trennschicht – *Heraklith - Villox V 13*
2 – Dampfsperre – *Heraklith - Villox Al + G 200 S5*
3 – Wärmedämmschicht – *Heraklith - Coriglas C-1, WDS-040-A1, 100 mm*
4 – 1.Lage Abdichtung – *Heraklith - Plastovill P GG, 4,0 mm*
5 – 2.Lage Abdichtung – *Heraklith - Plastovill P 4 S, 4,2 mm*
6 – Oberflächenschutz Kiesschüttung 16/32, 5 cm
7 – Außenwandputzsystem
8 – Ortbeton der Brüstung
9 – Bohle, rechteckig
10 – Mauerabdeckung – *Schierling - SYMAT Perfect, 250 mm*
11 – Innendeckenputzsystem
12 – Tragwerk Betondachdecke
13 – Wärmedämmelement mit Anschlussbewehrung – *Schöck - ISOKORB Typ A Standard*
14 – Gleitlager – *iso - Gleitlagerstreifen Typ Z*
15 – Ringbalken
16 – Mauerwerk der tragenden Außenwand – *Kalksandstein - KS-Quadro-Bausystem 1/4, 17,5 cm*
17 – Wärmedämmschicht Kerndämmung – *Heraklith - Heralan-FPL, WV-w-A1, 80 mm*
18 – Unterkonstruktion aus Holz
19 – Fassadenbekleidung – *Eternit - Pelicolor Fassadenschindeln, Doppeldeckung in Streifen*

Ziegeldeckung

Dachdeckungen mit Dachziegeln
nach DIN 18338 und DDH-Fachregeln

Werkstoffe
Dachziegel nach DIN 456 Sorte I, vorwiegend als
- Biberschwanzziegel mit Segmentschnitt, Rundschnitt, geradem Schnitt, Spitzbogenschnitt, Rautenspitzschnitt, Sechseckschnitt → 1
- Hohlpfannen mit Langschnitt und Kurzschnitt → 2
- Flachkremper → 3
- kombinierte Mönch- und Nonnenziegel → 4
- Flachdachpfannen → 5
- Falzziegel → 6
- Reformpfannen → 7

außerdem als Krempziegel ohne Verfalzung, Strangfalzziegel, Ziegel mit einfacher oder mehrfacher Seiten-, Kopf- und Fußverfalzung (Ringverfalzung), Verschiebeziegel mit variabler Höhenüberdeckung.

Sonderziegel (Kantenziegel) zum Eindecken von Dachkanten werden i.d.R. als Traufziegel, Firstziegel, Ortgangziegel, Pultdachabschlussziegel, Seitenkehlziegel, Seitenanschlussziegel und Rinnenkehlziegel hergestellt.

Dachneigung
Die Regeldachneigung beträgt:
- Biberschwanzziegeldeckung
  - – bei Doppeldeckung ≥ 30 ° (57,7 %)
  - – bei Kronendeckung ≥ 30 ° (57,7 %)
  - – bei Einfachdeckung mit Spließen ≥ 40 ° (83,9 %)
- Hohlpfannendeckung
  - – bei Aufschnittdeckung – trocken, mit Strohdocken oder mit Mörtelverstrich ≥ 35 ° (70,0 %)
  - – bei Aufschnittdeckung – bei Verwendung von Pappdocken ≥ 30 ° (57,7 %)
  - – bei Vorschnittdeckung – trocken, mit Strohdocken oder mit Mörtelverstrich ≥ 40 ° (83,9 %)
  - – bei Vorschnittdeckung – bei Verwendung von Pappdocken ≥ 35 ° (70,0 %)
- Mönch–Nonnenziegeldeckung ≥ 40 ° (83,9 %)
- Krempziegel– und Strangfalzziegeldeckung ≥ 35 ° (70,0 %)
- Falzziegeldeckungen – z.B. Doppel–Muldenfalzziegel, Reformpfannen oder Falzziegel ≥ 30 ° (57,7 %)
- Flachdachpfannendeckung ≥ 22 ° (40,4 %)
- Verschiebeziegeldeckung ≥ 35 ° (70,0 %)

Bei Unterschreitung der Regeldachneigung sind zusätzliche Maßnahmen erforderlich, z.B. Unterdächer, Vordeckung auf Schalung, Unterspannbahnen nur in Ausnahmefällen mit Zustimmung des Dachziegelherstellers.

Beachte: Ziegelneigung nicht mit Sparrenneigung verwechseln! Ziegelneigung ist je nach Lattenabstand und Ziegeldicke um 4 – 8 ° geringer als Sparrenneigung

Überdeckung
Die Seiten– und Höhenüberdeckungen sind bei Dachziegeln mit Verfalzung durch die Verfalzung vorgegeben. Bei Dachziegeln ohne Verfalzung ist die Höhen– oder Seitenüberdeckung von der Deckart und Dachneigung abhängig.

Deckungsarten
Biberschwanzdeckungen
Die Deckung kann erfolgen:
- trocken (Regelausführung nach DIN 18338)
- trocken mit Innenverstrich der Querfugen

Biberschwanzziegeldächer werden gedeckt in
- Doppeldeckung (Regelausführung nach DIN 18338, Abs. 3.2.2)
- Kronendeckung (Sonderausführung, z.B. im Rahmen der Altbausanierung)
- Einfachdeckung mit Spließen (historische Deckung, in DIN 18338 nicht erwähnt)

Doppeldeckung → 8
Bei der Doppeldeckung liegt auf jeder Latte nur eine Ziegelreihe. Sie bildet mit dem darunter und darüberliegenden Deckgebinde einen regelrechten Verband, so dass der Fugenschnitt von jedem einzelnen Gebinde unterbrochen wird. Die Deckgebinde überdecken sich so, dass das dritte Deckgebinde noch das erste überdeckt. Traufgebinde und Firstgebinde sind als Kronendeckung auszubilden, sofern nicht Trauf– oder Firstanschlussziegel vorgesehen werden.
Die Überdeckung und die Sparrenlänge bestimmen die Lattweite der Deckung. Die Mindestüberdeckung darf nicht unterschritten werden.
Mindestüberdeckung bei Doppeldeckung mit Biberschwanzziegeln
< 30 ° (57,7 %) 90 mm (zusätzliche Maßnahmen sind erforderlich)
≥ 30 ° (57,7 %), ≤ 35 ° (70,0 %) 90 mm
> 35 ° (70,0 %), ≤ 40 ° (83,9 %) 80 mm
> 40 ° (83,9 %), ≤ 45 ° (100 %) 70 mm
< 45 ° (100 %), ≤ 60 ° (173,3 %) 60 mm
> 60 ° (173,3 %) 50 mm

$$\text{max. Lattweite} = \frac{\text{Biberschwanzziegellänge} - \text{Mindestüberdeckung}}{2}$$

Kronendeckung → 9
Die Kronendeckung ist dadurch gekennzeichnet, dass auf jeder Latte 2 Reihen Biberschwanzziegel – Lager– und Deckschicht – so liegen, dass sie untereinander einen regelrechten Verband bilden. Beide Schichten zusammen bilden ein Deckgebinde und überdecken das darunterliegende Deckgebinde so, dass der Fugenschnitt der Deckschichten vom First zur Traufe in gerader Linie verläuft.
Die Überdeckung und die Sparrenlängen bestimmen die Lattweite der Kronendeckung. Die Mindestüberdeckung darf nicht unterschritten werden.
Mindestüberdeckung bei Kronendeckung mit Biberschwanzziegeln
< 30 ° (57,7 %) 90 mm (zusätzliche Maßnahmen sind erforderlich)
≥ 30 ° (57,7 %), ≤ 35 ° (70,0 %) 90 mm
> 35 ° (70,0 %), ≤ 40 ° (83,9 %) 80 mm

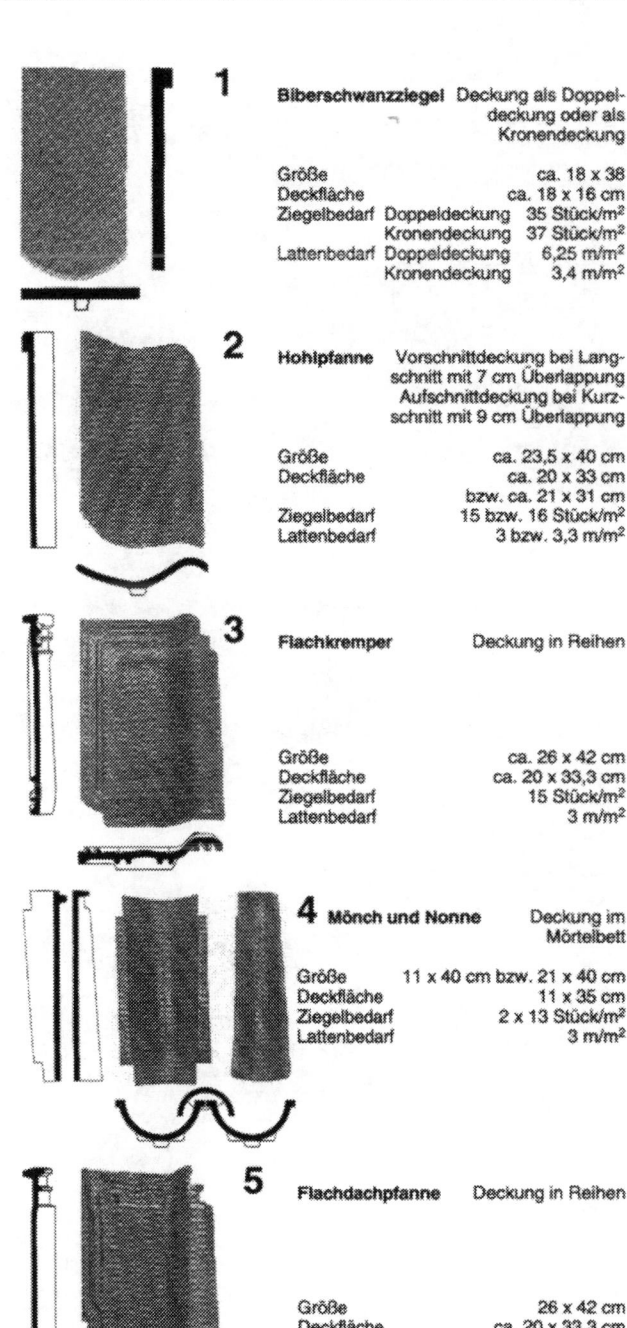

Biberschwanzziegel	Deckung als Doppeldeckung oder als Kronendeckung	
Größe	ca. 18 x 38	
Deckfläche	ca. 18 x 16 cm	
Ziegelbedarf	Doppeldeckung	35 Stück/m²
	Kronendeckung	37 Stück/m²
Lattenbedarf	Doppeldeckung	6,25 m/m²
	Kronendeckung	3,4 m/m²

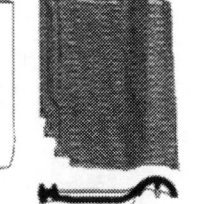

Hohlpfanne	Vorschnittdeckung bei Langschnitt mit 7 cm Überlappung Aufschnittdeckung bei Kurzschnitt mit 9 cm Überlappung
Größe	ca. 23,5 x 40 cm
Deckfläche	ca. 20 x 33 cm bzw. ca. 21 x 31 cm
Ziegelbedarf	15 bzw. 16 Stück/m²
Lattenbedarf	3 bzw. 3,3 m/m²

Flachkremper	Deckung in Reihen
Größe	ca. 26 x 42 cm
Deckfläche	ca. 20 x 33,3 cm
Ziegelbedarf	15 Stück/m²
Lattenbedarf	3 m/m²

Mönch und Nonne	Deckung im Mörtelbett
Größe	11 x 40 cm bzw. 21 x 40 cm
Deckfläche	11 x 35 cm
Ziegelbedarf	2 x 13 Stück/m²
Lattenbedarf	3 m/m²

Flachdachpfanne	Deckung in Reihen
Größe	26 x 42 cm
Deckfläche	ca. 20 x 33,3 cm
Ziegelbedarf	15 Stück/m²
Lattenbedarf	3 m/m²

Falzziegel	Deckung in Reihen oder im Verband
Größe	ca. 25 x 42 cm
Deckfläche	20 x 33,3 cm
Ziegelbedarf	15 Stück/m²
Lattenbedarf	3 m/m²

Reformpfanne	Deckung in Reihen
Größe	ca. 25 x 42 cm
Deckfläche	ca. 20 x 33,3 cm
Ziegelbedarf	15 Stück/m²
Lattenbedarf	3 m/m²

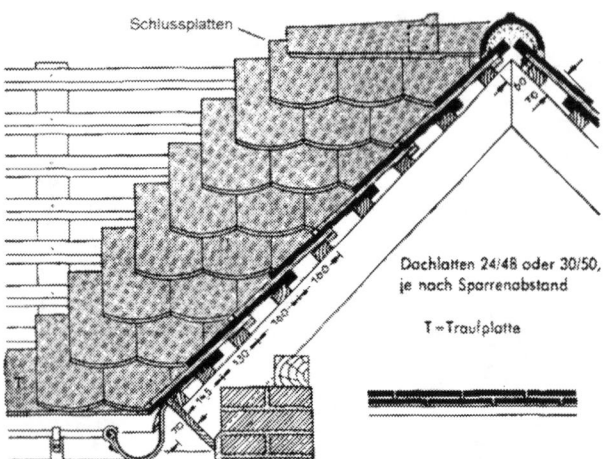

8 Biberschwanz-Doppeldach

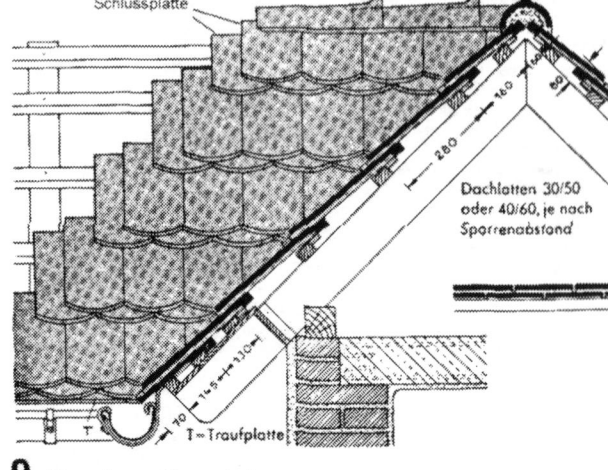

9 Biberschwanz-Kronendach

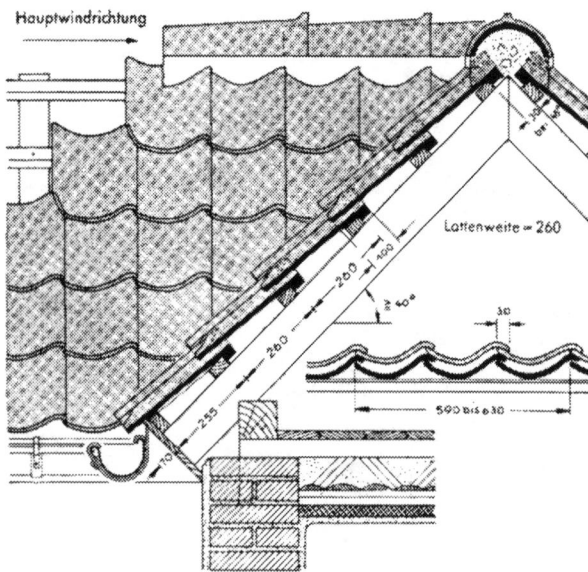

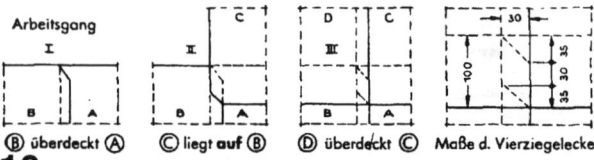

Ⓑ überdeckt Ⓐ   Ⓒ liegt **auf** Ⓑ   Ⓓ überdeckt Ⓒ   Maße d. Vierziegelecke

10 Hohlpfannen-Aufschnitt-Deckung

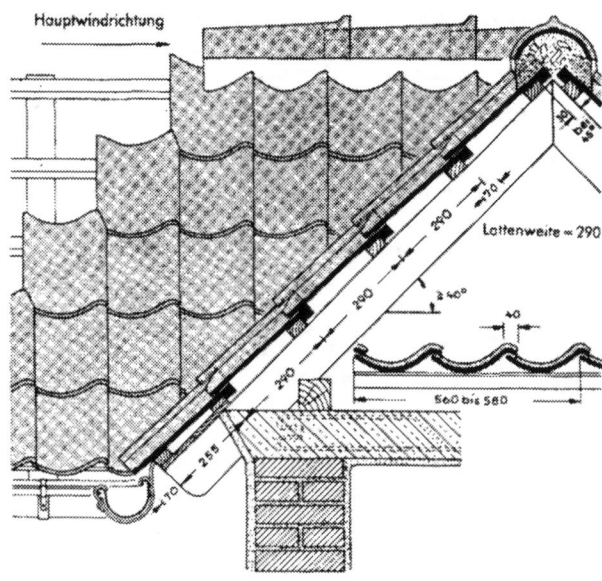

Ⓑ überdeckt Ⓐ   Ⓒ liegt **vor** Ⓑ   Ⓓ überdeckt Ⓒ   Maße d. Vierziegelecke

11 Hohlpfannen-Vorschnitt-Deckung

Kronendeckung → **9**, Fortsetzung
> 40 ° (83,9 %), ≤ 45 ° (100 %) 70 mm
< 45 ° (100 %), ≤ 60 ° (173,2 %) 60 mm
> 60 ° (173,2 %) 50 mm
Bei der Kronendeckung mit Biberschwanzziegeln ergibt sich die maximale Lattweite aus der Biberschwanzziegellänge minus der Mindstüberdeckung bei der Dachneigung.
max. Lattweite = Biberschwanzziegellänge – Mindestüberdeckung

Hohlpfannendeckungen

Es sind zu unterscheiden:
– Aufschnittdeckung (Regelausführung nach DIN 18338, Abs. 3.2.3)
– Vorschnittdeckung.
Beide Deckungsarten können erfolgen:
– trocken
– trocken mit Papp- oder Strohdocke
– trocken mit Innenverstrich (Regelausführung nach DIN 18338, Abs. 3.2.3)
– trocken auf Schalungsunterlage
– mit Querschlag und Längsfuge dort, wo ein Innenverstrich nicht möglich ist.
Die Seitenüberdeckung richtet sich nach Breite und Form der Krempe und der Art der Deckung (Vorschnitt-, Aufschnittdeckung), wobei eine ausreichende Überdeckungsbreite einzuhalten ist.

Aufschnittdeckung → **10**
Bei der Aufschnittdeckung werden Hohlpfannen mit Kurzschnitt verwendet.
Am Vierziegeleck liegen die Ziegel vierfach übereinander.
Die Überdeckung und die Sparrenlänge bestimmen die Lattweite der Deckung. Die Mindestüberdeckung darf nicht unterschritten werden.

Mindestüberdeckung bei Aufschnittdeckung mit Hohlpfannen:
< 35 ° (70,0 %) 100 mm (zusätzliche Maßnahmen sind erforderlich)
≥ 35 ° (70,0 %), ≤ 40 ° (83,9 %) 100 mm
> 40 ° (83,9 %), ≤ 45 ° (100 %) 90 mm
> 45 ° (100 %) 80 mm
max. Lattweite = Ziegellänge – Mindestüberdeckung.

Vorschnittdeckung → **11**
Bei der Vorschnittdeckung werden Hohlpfannen mit Langschnitt verwendet. Am Vierziegeleck liegen die Ziegel dreifach übereinander, die Schnitte liegen voreinander.
Die Höhenüberdeckung ist durch den Schnitt vorgegeben und beträgt mindestens 70 mm. Die maximale Lattweite ergibt sich aus der Ziegellänge minus der Überdeckung von 70 mm.
max. Lattweite = Ziegellänge – Mindestüberdeckung (70 mm).

Mönch– und Nonnenziegeldeckungen → 12

Die Nonnenziegel sind so auf die Lattung zu hängen, daß der Mönchziegel den zwischen zwei Nonnenziegeln entstehenden Zwischenraum überdecken kann.
Die Deckung der Nonnenziegel erfolgt mit Querschlag dicht am Kopf der Nonnenziegel, auf den die Nonnenziegel der darüberliegenden Ziegelschicht aufgedrückt werden.
Die Mönchziegel werden am Kopf mit Mörtel gefüllt und mit zwei Längsschlägen versehen aufgesetzt. Außerdem sind die Scheinstellen von innen zu verstreichen.
Die Mindestüberdeckung bei der Mönch–Nonnenziegeldeckung beträgt mindestens 80 mm.
Die maximale Lattweite ergibt sich aus der Nonnenziegellänge minus der Mindestüberdeckung von 80 mm.
max. Lattweite = Nonnenziegellänge – Mindestüberdeckung.

Ziegeldeckung

Krempziegeldeckungen → 13
Die Deckung erfolgt trocken.
Die Mindestüberdeckung beträgt 80 mm.
max. Lattweite = Krempziegellänge – Mindestüberdeckung.

Strangfalzziegeldeckungen
Strangfalzziegel sollen möglichst im Verband gedeckt werden.
Die Deckung erfolgt trocken.
Bei Verwendung von Strangfalzziegeln beträgt die Mindestüberdeckung 120 mm.
max. Lattweite = Strangfalzziegellänge – Mindestüberdeckung.

Deckungen mit Seiten–, Kopf– und fußverfalzten Ziegeln
Diese Deckungsart umfaßt Ziegel mit einfacher oder mehrfacher Seiten–, Kopf– und Fußverfalzung.
Die Deckung erfolgt trocken.
Beispiele:
- Klosterpfannendeckung → **14**
- Falzpfannendeckung → **15**
- Falzziegeldeckung → **16**
- Falzplattendeckung → **17**

Rand- und Sonderbauteile für die Ziegeldeckung
Für die Deckung der Dachränder und Knickstellen stellt die Ziegelindustrie Sonderbauteile her, u.a.
- First- und Gratziegel, Firstanschlußziegel, Firstendziegel, Firstan-schluss-Ortgang-Eckziegel links/rechts,
- Ortgangziegel links/rechts,
- Traufziegel, Traufe-Ortgang-Eckziegel links/rechts,
- Kehlziegel,
- Seitenanschlussziegel links/rechts, Wandanschlussziegel,
- Pultfirstziegel, Pultfirst-Ortgangziegel,
- Doppelwulstziegel, Knickbauteile, Mansardbauteile,
- Schneefangziegel, Lüfterbauteile, Standbauteile, Glasbauteile.

Beispiele für Sonderbauteile zur Biberschwanzdeckung → **18**
Beispiele für Sonderbauteile zur Falzpfannendeckung → **19**

Deckung Teilbereiche
First → **20** bis **27**, Pultfirst → **28** bis **33**, Grat → **34 A** bis **39**, Traufe → **40 A** bis **46**, Kehle → **47 A** bis **54**, Ortgang → **55 A** bis **62**, Wandanschluss → **63** bis **77**, Durchdringung → **78** bis **80**, Gaupe → **83** bis **90**, Knick → **81**, **82**, Dachflächenfenster → **91** bis **93**

Berechnungsgewichte Dachdeckungen (Rechenwert für 1 m² geneigter Dachfläche ohne Sparren, Pfetten und Dachbinder) aber einschließlich Latten. Bei Vermörtelung sind 0,1 kN/m² zuzuschlagen.

Biberschwanzziegel DIN 456 und Biberschwanz-Betondachsteine DIN 1116 bei Spließdach incl. Spließen	0,60
bei Kronen- oder Doppeldach	0,75
Strangfalzziegel nach DIN 456	0,60
Falzziegel, Reformpfannen, Falzpfannen, Flachdachpfannen nach DIN 456	0,55
Falzdachsteine nach DIN 1117	0,55
Krempziegel, Hohlpfannen DIN 456	0,45
Pfannen DIN 1118	0,50
großformatige Pfannen (bis zu 10 Stück je m²)	0,50
Mönch und Nonne mit Vermörtelung	0,90
Ebene Faserzement-Dachplatten zu Deutscher Deckung auf Schalung einschließlich Dachpappe und 22 mm Schalung	0,40
Ebene Faserzement-Dachplatten in waagerechter Deckung auf Lattung, einschl. Lattung	0,25
Faserzement-Wellplatten, ohne Pfetten	0,20
Faserzement-Kurzewellplatten, ohne Pfetten	0,25
Rohr-, Strohdach einschl. Latten	0,70
Schindeldach, einschl. Latten	0,25
Profilbauglas, einschalig	0,27
Profilbauglas, zweischalig	0,54
Plexiglas-Wellplatten, ohne Pfetten	0,08
Metalldeckung Aluminiumdach (Aluminium 0,7 mm dick) einschl. Schalung	0,25
Kupferdach mit doppelter Falzung (Kupferblech 0,6 mm dick) einschl. Schalung	0,30
Doppelstehfalzdach aus verzinkten Falzblechen (0,63 mm dick) einschl. Pappunterlage und Schalung	0,30
Schieferdeckung Deutsches Schieferdach auf Schalung einschl. Pappunterlage und Schalung	
mit großen Platten (360 mm x 280 mm)	0,50
mit kleinen Platten (etwa 200 mm x 150 mm)	0,45
Englisches Schieferdach einschl. Lattung	
auf Lattung in Doppeldeckung	0,45
auf Schalung und Pappe einschl. Schalung	0,55
Altdeutsches Schieferdach auf Schalung und Pappe	0,50
in Doppeldeckung	0,60
Stahlpfannendach (verzinkte Pfannenbleche nach DIN 59231)	
auf Lattung einschl. Latten	0,15
auf Schalung, einschl. Pappunterlage und Schalung	0,30
Wellblechdach (verzinkte Stahlbleche nach DIN 59231) einschl. Befestigungsmaterial	0,25
Kupferblechdach, doppelte Faltung, einschl. 22 mm Schalung	0,30
Zinkdach mit Leistendeckung aus Zinkblech Nr. 13 einschl. Schalung	0,30

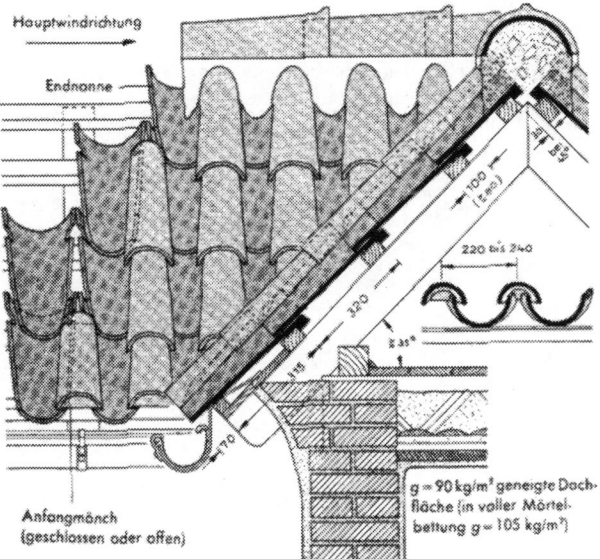

12 Mönchnonnendeckung, deutsche Form

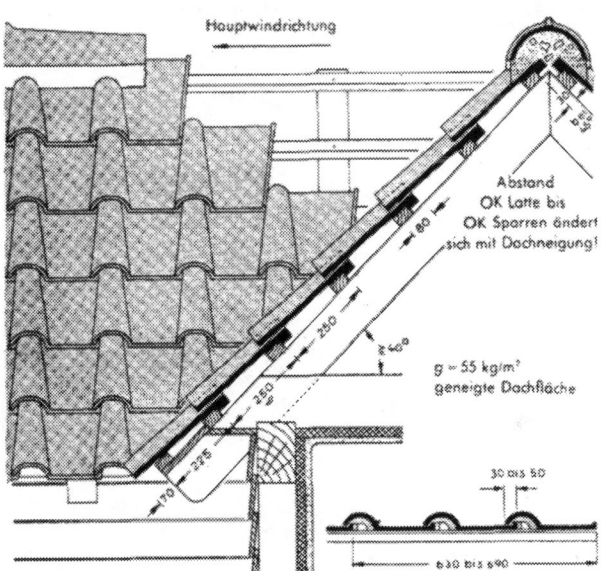

13 Krempziegeldeckung

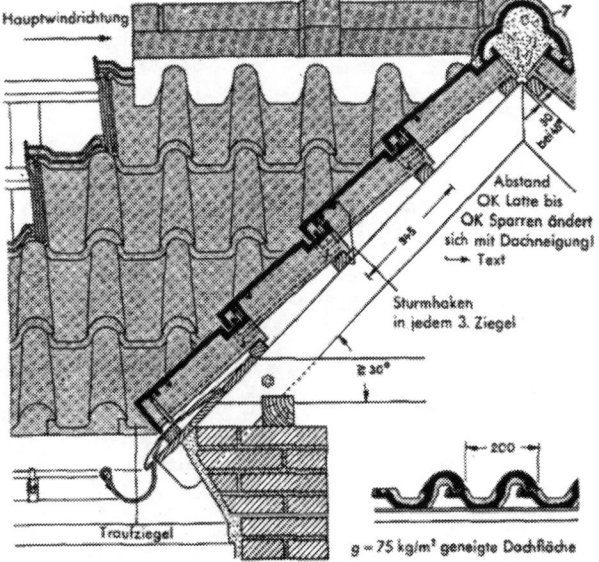

14 Klosterpfannendeckung

Ziegeldeckung

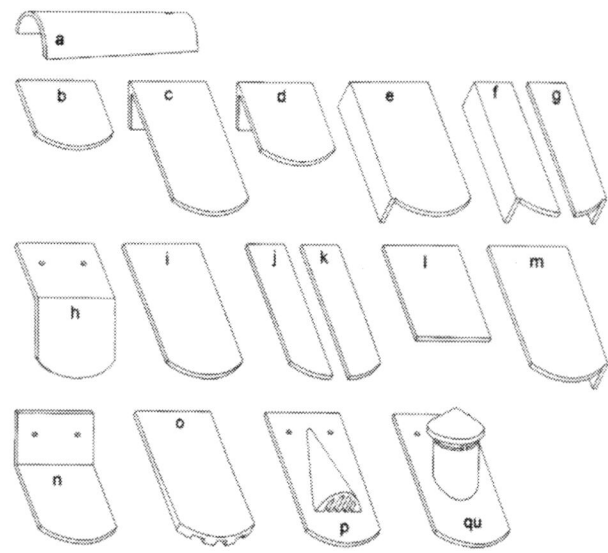

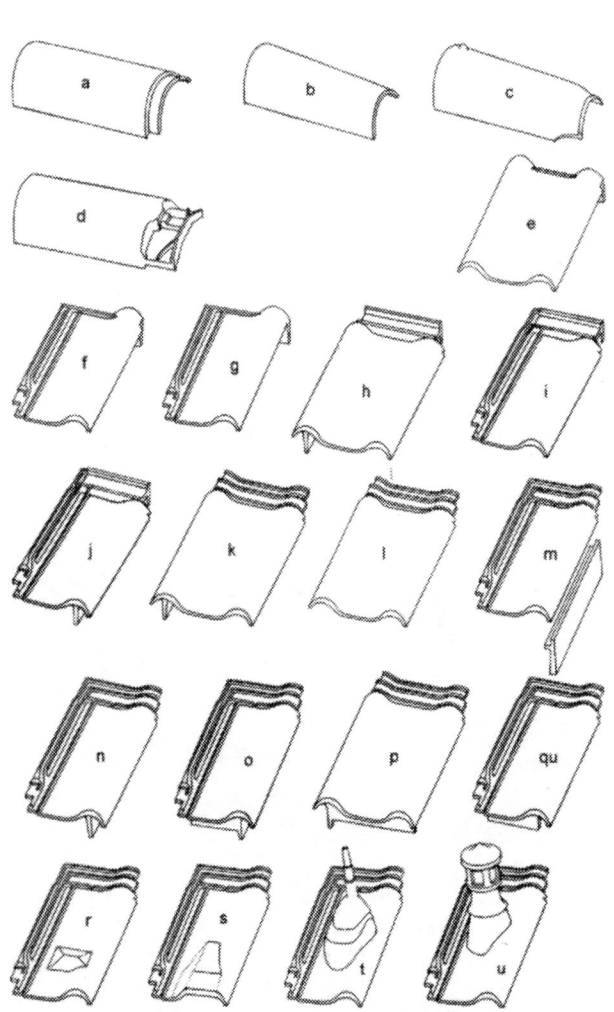

18 Bauteile zur Biberschwanzdeckung (Beispiele nach Lit. 10):
a = First- und Gratbiber, b = Firstanschlussbiber, c = Pultfirstbiber, d = halber Pultfirstbiber, e = Ortgangbiber links, f = halber Ortgangbiber rechts, g = halber Ortgangbiber rechts, h = positiver Knickbiber, i = ganzer Biber, j = halber Biber links, k = halber Biber rechts, l = Traufenbiber, m = Ortgangbiber rechts, n = negativer Knickbiber, o, p = Lüfterbiber, q = Biber mit Dunstrohraufsatz

19 Bauteile zur Falzpfannendeckung (Beispiele nach Lit. 10):
a, b, c, d = First- und Gratbauteile, e = Pultfirst-Ortgangbauteil links/ rechts, f = Pultfirstbauteil, g = Pultfirst-Ortgangbauteil links/rechts, h = Firstanschluss-Ortgangbauteil links/rechts, i = Firstanschlussbauteil, j = Firstanschluss-Ortgangbauteil links/rechts, k = Ortgangbauteil links/rechts, l = Doppelwulstbauteil, Schlussbauteil, m, n = Ortgangbauteil rechts/links, o, p = Trauf-Ortgangbauteil links/rechts, q = Traufbauteil, r = Schnee-Stoppbauteil, s = Lüfterbauteil, t = Antennenbauteil, u = Durchgangsbauteil mit/ohne Haube.

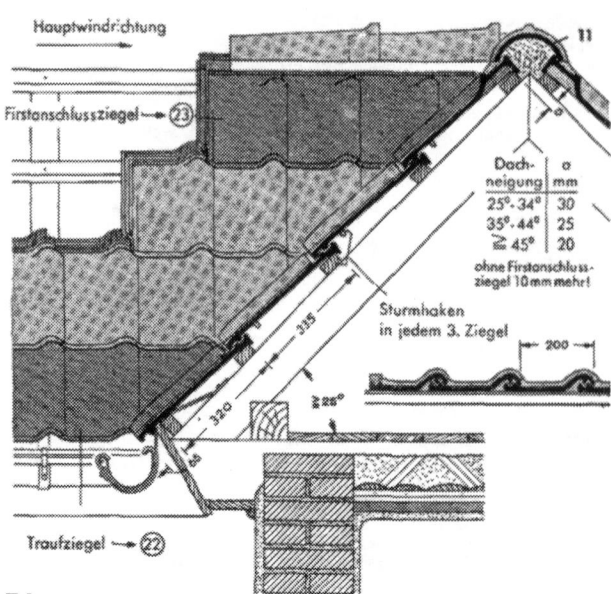

15 Falzpfannendeckung

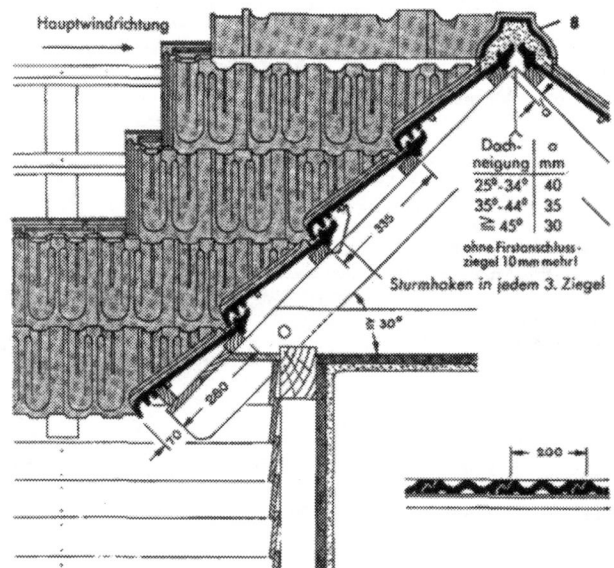

16 Falzziegeldeckung

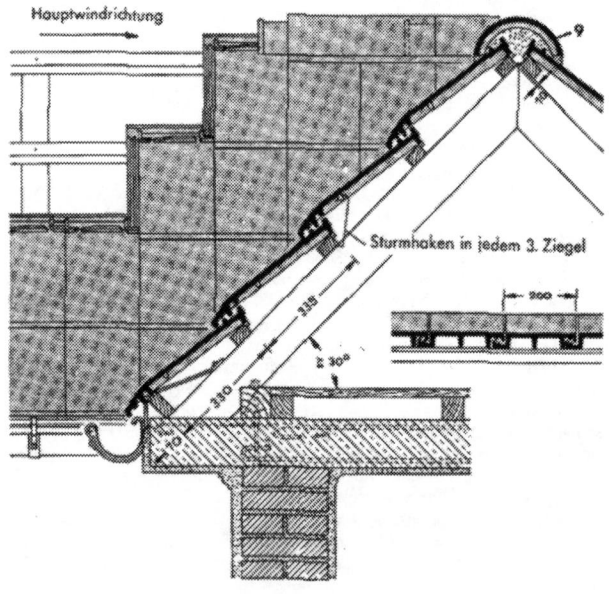

17 Falzplattendeckung

Ziegeldeckung

Beispiele für die Firstdeckung (nach Lit. 10)

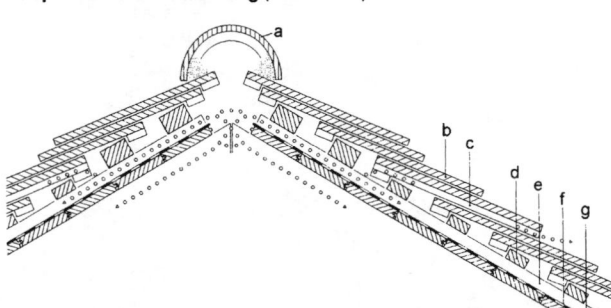

20 First für Biberschwanz-Doppeldeckung über offenem Dachraum.
a = Firstziegel vermörtelt, b = Biberschwanz lang, c = Lüfterbiber, d = Traglatte, e = Lüfterlatte, f = Unterdeckbahn, g = Schalung

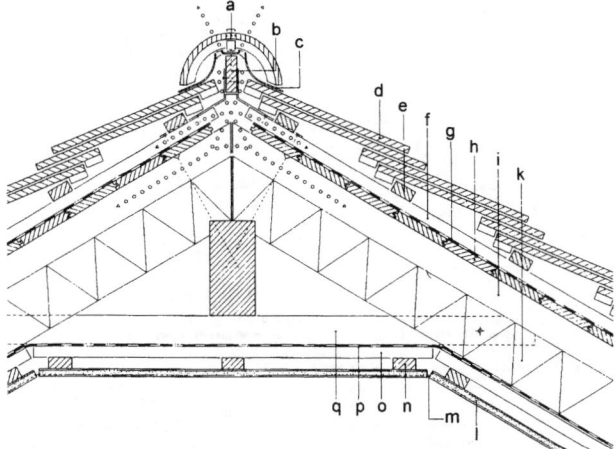

22 First für Biberschwanz-Kronendeckung über ausgebautem Dachraum mit Wärmedämmung, Dampfsperre, Firstpfette über Innenbekleidung. a = Firstlüfter geklammert, b = Firstlatte, c = Lüfter, d = Biberschwanz lang, e = Traglatte, f = Lüfterlatte, g = Unterdeckbahn, h = Schalung, i = Sparren, k = Wärmedämmung, l = Gipskartonplatte, m = Fugenband, n = Traglatte, o = Lüfterlatte, p = Dampfsperre, q = Traverse.

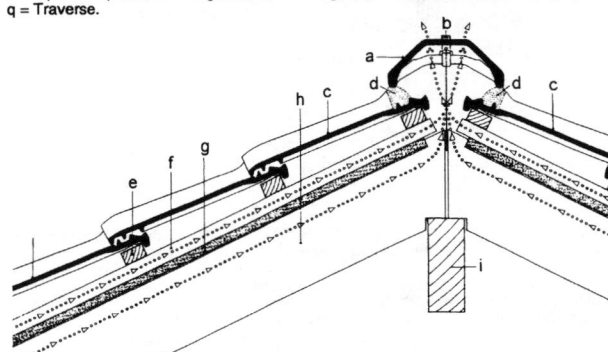

24 First für Falzpfannendeckung über offenem Dachraum mit Entlüftung durch aufgemörtelte Lüfter-Firstziegel. a = Lüfter-Firstziegel, b = Firstklammer, c = Mittelfeldziegel, d = Mörtelbett, e = Dachlatte, f = Konterlatte, g = Unterspannbahn, h = Sparren, i = Pfette

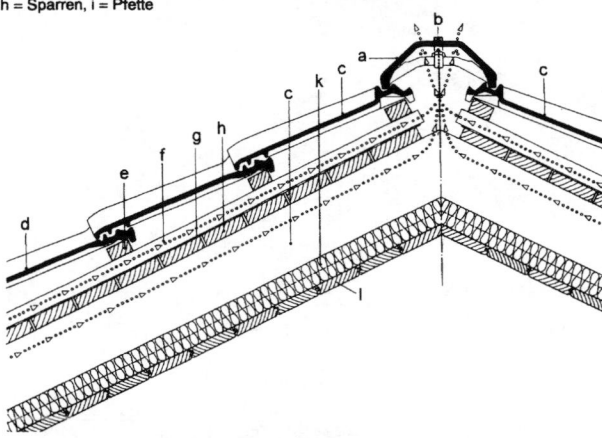

26 First für Falzpfannendeckung über ausgebautem Dachraum mit Wärmedämmung, Entlüftung durch Lüfter-Firstziegel. a = Lüfter-Firstziegel, b = Firstklammer, c = Firstanschluss-Ziegel, d = Mittelfeldziegel, e = Dachlatte, f = Konterlatte, g = Sperrschicht, h = Schalung, i = Sparren, k = Wärmedämmschicht, l = Schalung Untersicht im Dachraum.

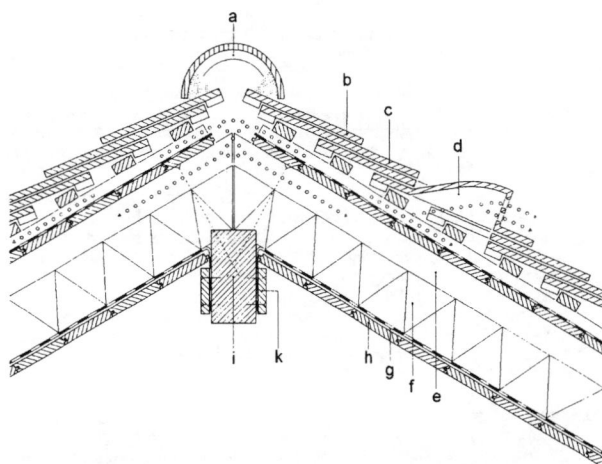

21 First für Biberschwanz-Doppeldeckung über ausgebautem Dachraum mit Wärmedämmung, Dampfsperre, sichtbarer Firstpfette. a = Firstziegel vermörtelt, b = Biberschwanz kurz, c = Biberschwanz lang, d = Einzellüfterbiber, e = Sparren, f = Wärmedämmung, g = Dampfsperre, h = Schalung, i = Pfette, k = Klemmleiste

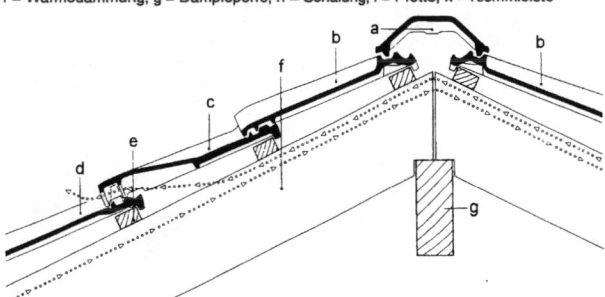

23 First für Falzpfannendeckung über offenem Dachraum mit Entlüftung durch Lüftungsziegel. a = Firstziegel, b = Firstanschlussziegel, c = Lüftungsziegel, d = Mittelfeldziegel, e = Dachlatte, f = Sparren, g = Pfette.

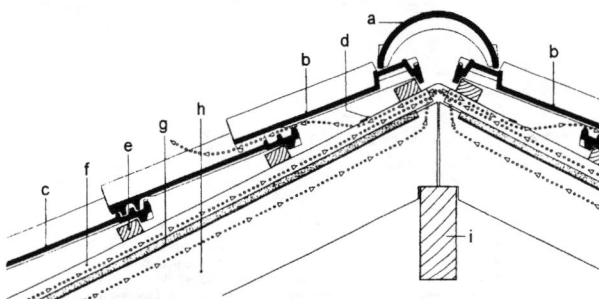

25 First für Falzpfannendeckung über offenem Dachraum mit Entlüftung durch längsverschiebbare Firstanschluss-Lüftungsziegel. a = Firstziegel, b = längsverschiebbare Firstanschluss-Lüftungsziegel, c = Mittelfeldziegel, d = Abdeckblech, e = Dachlatte, f = Konterlatte, g = Unterspannbahn, h = Sparren, i = Pfette.

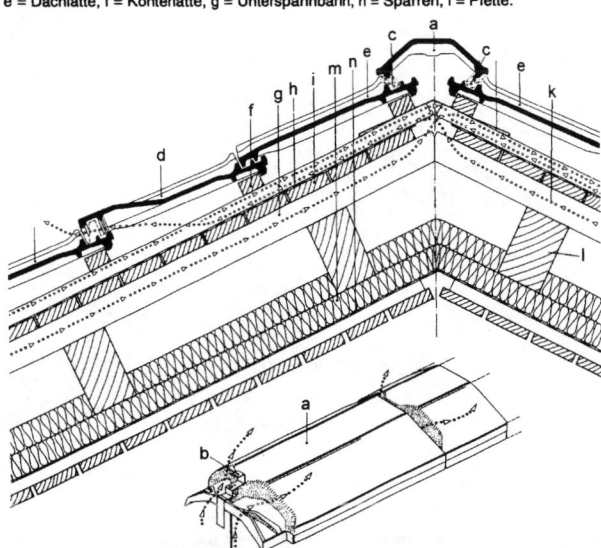

27 First für Falzpfannendeckung über zweischaligem Kaltdach mit aufgemörteltem Firstziegel, Entlüftung durch Lüftungsziegel. a = Firstziegel, b = Firstklammer, c = Mörtelbett, d = Lüftungsziegel, e = Mittelfeldziegel, f = Dachlatte, g = Konterlatte, h = Sperrschicht, i = Schalung, k = Sparren, l = Pfette, m = Wärmedämmschicht, n = Dampfsperre, o = Lüfterlatte, p = Schalung Untersicht Dachraum.

Ziegeldeckung

Deckung First

Der First von Biberschwanzdeckungen wird trocken oder in Mörtel gedeckt. Bei Doppeldeckung wird das oberste Gebinde als Kronendeckung durchgeführt. Besonders ist auf eine ausreichende Entlüftung im Firstbereich zu achten. Ausführung First in Biberschwandzdeckung über offenem Dachraum → 20, Doppeldeckung mit Lüfterbauteil, Sattelfirst gemörtelt, Wärmedämmung mit Dampfsperre über dem Tragwerk → 21, Kronendeckung mit Firstlüftern, Sattelfirst geklammert, Wärmedämmung mit Dampfsperre → 22.

Der First von Deckungen aus Hohlpfannen, insbesondere Falzpfannen, wird gemörtelt, überwiegend trocken und geklammert gedeckt. Für die zum First liegende Reihe der Deckung werden Firstanschlussbauteile und Firstanschluss-Ortbauteile links/rechts → 19 h, i, j, verwendet. Enflüftung im Firstbereich mit Lüftungsziegeln → 23, Lüfter-Firstziegeln → 24 oder längsverschiebbaren Firstanschluss-Lüftungsziegeln → 25. Freier Lüftungsquerschnitt 60 bis 80 cm²/m First. Ausführung First in Falzpfannendeckung über offenem Dachraum → 23, 24, 25, über ausgebautem Dachraum (Warmdach) → 26, über Kaltdach für Räume mit hoher relativer Luftfeuchtigkeit (z.B. Schwimmhallen) → 27.

Deckung Pultfirst

Der Pultabschluss kann mit Pultfirstbauteilen, Pultfirst-Ortgangteilen → 19 e, f, g oder aus Metallbauteilen hergestellt werden. Die Pultabschlussteile sind an der Unterlage gegen Abheben zu sichern. Entlüftung über Lüfterbauteile in der Dachfläche oder bei Pultüberstand durch die Unterkonstruktion.

Pultabschluss in Biberschwanz-Doppeldeckung → 28, in Biberschwanz-Kronendeckung → 29. Pultabschluss in Deckung aus Falzpfannen über offenem Dachraum bei knappem Dachüberstand mit Pultfirstelementen → 30, 31. Pultabschluss in Deckung aus Falzpfannen über offenem Dachraum bei größerem Dachüberstand mit auskragenden Sparren, Schalung, Stirnbrett → 32, mit Pultfirstziegeln → 33.

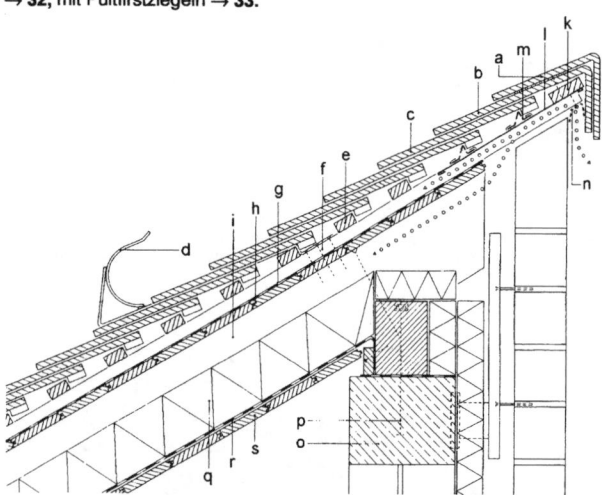

28 Pultabschluss in Biberschwanz-Doppeldeckung mit Pultfirstziegel, Pultfirst mit geringem Überstand bei Außenwand mit Vorsatzschale. a = Pultfirstziegel kurz, b = Pultfirstziegel lang, c =Biberschwanz lang, d = Leiterhaken, e = Traglatte, f = Lüfterlatte, g = Unterdeckbahn, h = Schalung, i = Sparren, k = Firstlatte, l = Unterdeckblech, m = Lochleiste, n = Lüftergitter, o = Ringanker, p = Maueranker, q = Wärmedämmung, r = Dampfsperre, s = Schalung.

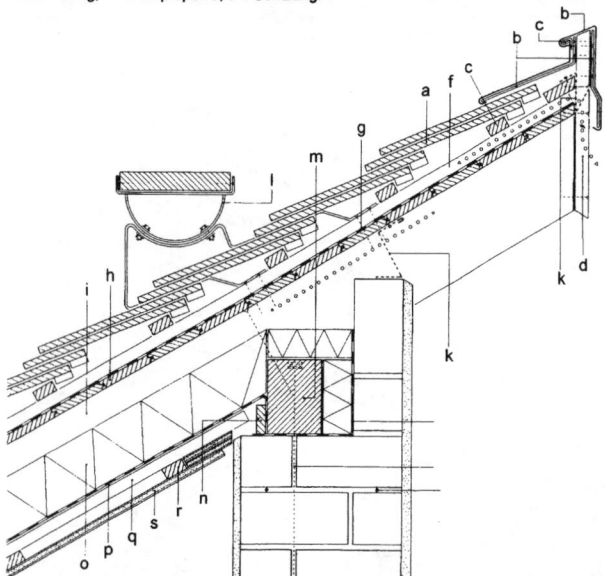

29 Pultabschluss in Kronendeckung mit Stirnbrett und Abdeckblech, Pultfirst mit größerem Dachüberstand. a = Biberschwanz lang, b = Abdeckblech, c = Hafte, d = Stirnbrett, e = Traglatte, f = Lüfterlatte, g = Unterdeckbahn, h = Schalung, i = Sparren, k = Lüftergitter, l = Trittstufe mit Halterung, m =Schwelle / Pfette, n = Klemmleiste, o = Wärmedämmung, p = Dampfsperre, q = Futterlatte, r = Traglatte, s = Gipskartonplatte.

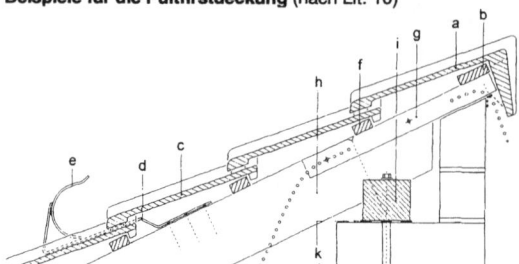

30 Pultabschluss in Deckung aus Falzpfannen über offenem Dachraum. a = Pultfirstziegel, b = Firstlatte mit Breitkopfnägeln, c = Falzpfanne, d = Halter, e = Leiterhaken, f = Latte, g = Beiholz, h = Sparren, i = Schwelle / Pfette, k = Sperrschicht, l = Ringankerbewehrung, m = Maueranker

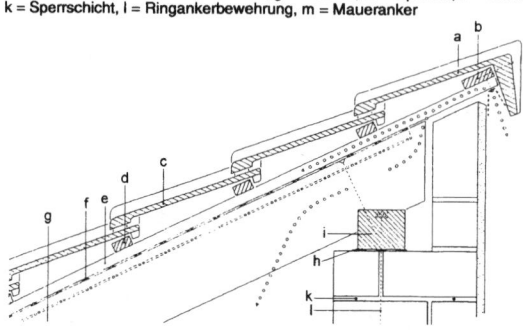

31 Pultabschluss in Deckung aus Falzpfannen mit Lüftung des Dachraumes. a = Pultfirstziegel, b = Firstlatte mit Breitkopfnägeln, c = Falzpfanne, d = Traglatte, e = Lüfterlatte, f = Unterspannbahn, g = Sparren, h = Sperrschicht, i = Schwelle / Pfette, k = Ringankerbewehrung, l = Maueranker.

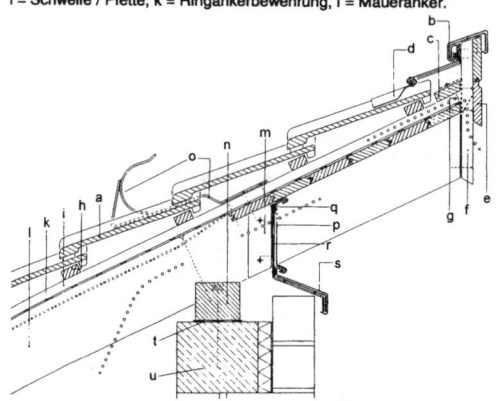

32 Pultabschluss in Deckung aus Falzpfannen mit Lüftung des Dachraumes bei größerem Dachüberstand mit Stirnbrett und Blechkappe. a = Falzpfanne, b = Blechkappe, c = Firstlatte, d = Einlaufblech, e = Deckbrett, f = Stirnbrett, g = Lüftergitter, h =Traglatte, i = Lüfterlatte, k = Unterspannbahn, m = Lasche, n =Schwelle / Pfette, o = Leiterhaken, p = Lüftergitter, q = Haftstreifen, r = Halter, s = Walzbleistreifen, t = Sperrschicht, u = Ringanker.

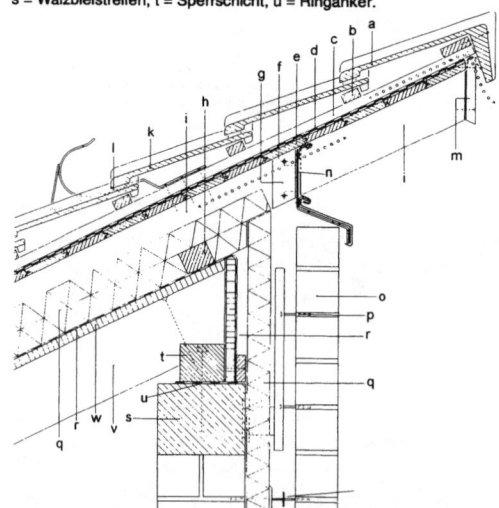

33 Pultabschluss in Deckung aus Falzpfannen über ausgebautem Dachraum mit Pultfirstziegeln. a = Pultfirstziegel, b = Traglatte, c = Lüfterlatte, d = Dichtungsbahn, e = Schalung, f = Lüftungsgitter, g = Beiholz, h = Abstandspfette, i = Sparren, k = Falzpfanne, l = Leiterhaken, m = Stirnbrett genagelt, n = Lüftergitter mit Haftstreifen, Halter und Abdeckblech, o =Vorsatzschale, p = Maueranker, q = Wärmedämmung, r = Dampfsperre, s = Ringanker, t = Schwelle / Pfette, u = Sperrschicht, v = Sparren, w = Schalung aus Holzwerkstoffplatten.

Ziegeldeckung

Deckung Grat

Die Grateindeckung erfolgt trocken oder in Mörtel sinngemäß wie die First-eindeckung. Bei Grateindeckungen in Mörtel müssen die Gratelemente mit Klammern, Nägeln, Schrauben oder Bindedraht an die Gratlatte befestigt werden → **34 A**, bei großen Gratlängen sind Entlüfter einzubauen → **34 B**. Grateindeckung in Biberschwanz-Doppeldeckung, Grat geklammert, → **35**. Grateindeckung in Biberschwanz-Kronendeckung, Grat gemörtelt → **36**. Grateindeckung in Falzpfannendeckung über offenem Dachraum mit Lüftung über Unterspannbahn → **38**. Grateindeckung in Falzpfannendeckung über Dachraum mit Unterdichtung und belüfteter Wärmedämmung → **39**.

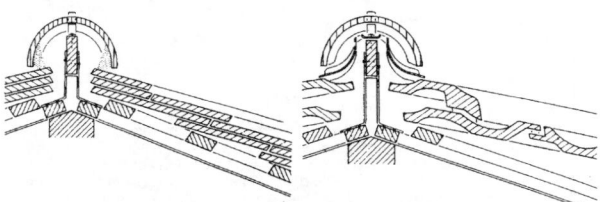

34A Geklammerter Grat in Biber-schwanz-Doppeldeckung mit Mörteldichtung **34B** Geklammerter Grat in Falz-pfannendeckung mit Kunststoff-Lüfterelementen

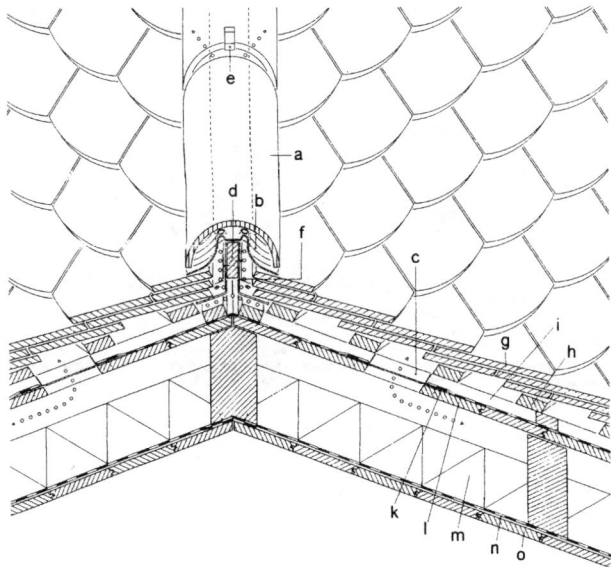

35 Grateindeckung in Biberschwanz-Doppeldeckung über ausgebautem Dach-raum mit Wärmedämmung und Entlüftung. Gratelement trocken auf Lüfter auf-gelegt und mit Klammern auf der Gratlatte befestigt. a = Gratelement, b = Lüferele-ment, c = Lüftertopf, d = Gratlatte, e = Klammer, f = Halter, g = Biberschwanz, h = Traglatte, i = Lüfterlatte, k = Unterdeckung, l = Schalung, m = Wärmedämmung, n = Dampfsperre, o = Schalung Untersicht Dachraum.

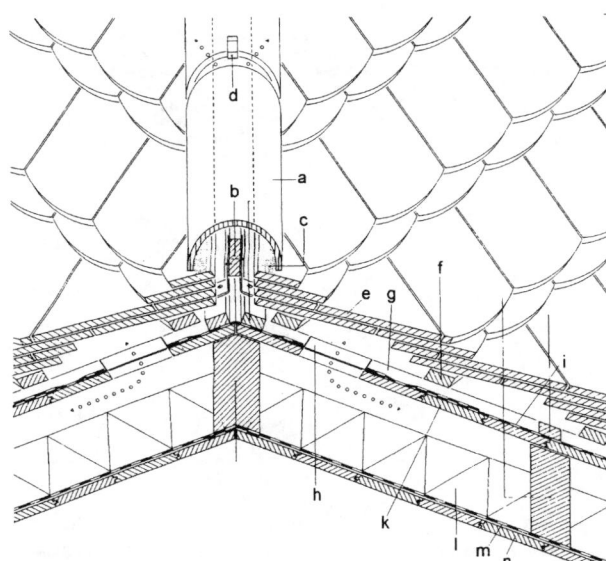

36 Grateindeckung in Kronendeckung über ausgebautem Dachraum mit Wärme-dämmung, Gratelement vermörtelt mit zusätzlicher Verklammerung auf Grat-latte. a = Gratelement, b = Gratlatte, c = Mörtelbett, d = Klammer, e = Biberschwanz, f = Traglatte, g = Lüfterlatte, h = Lüftertopf, i = Unterdeckung, k = Schalung, l = Wärmedämmung, m = Dampfsperre, n = Schalung Untersicht Dachraum.

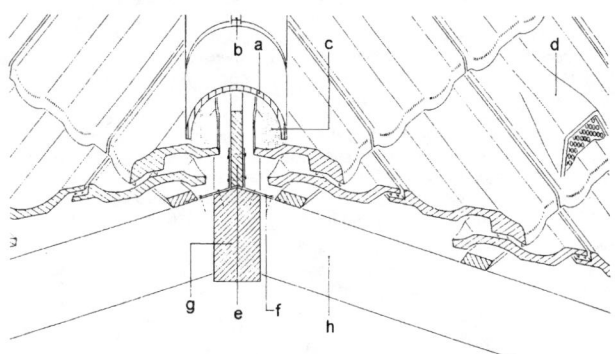

37 Grateindeckung in Falzpfannendeckung über offenem Dachraum, Gratziegel vermörtelt oder geklammert. a = Gratziegel, b = Klammer, c = Mörtelbett, d = Lüfterziegel, e = Gratbrett, f = Blechwinkel, g = Gratsparren, h = Sparren / Schiftsparren.

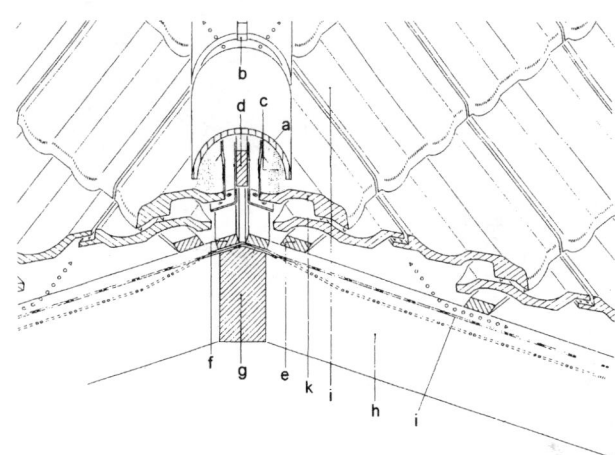

38 Grateindeckung in Falzpfannendeckung mit Unterspannbahn, Gratziegel vermörtelt und auf Gratlatte geklammert. a = Gratziegel, b = Klammer, c = Mörtelbett, d = Gratlatte, e = Traglatte, f = Lüfterlatte, g = Gratsparren, h = Sparren / Schiftsparren, i =Falzpfanne, k = Falzpfanne, geschnitten, i = Unterspannbahn.

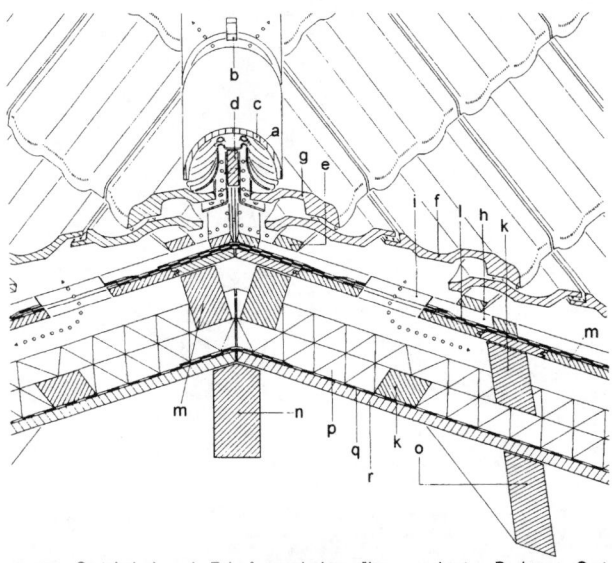

39 Grateindeckung in Falzpfannendeckung über ausgebautem Dachraum, Grat-ziegel geklammert, mit Lüfterelementen. a = Gratziegel, b = Klammer, c = Lüferelement, d = Gratlatte mit Lattenhalter auf gratparallelem Lattenpaar aufge-schraubt, e = Traglatte, f = Falzpfanne, g = Falzpfanne, geschnitten, h = Lüfterlatte, i = Lüftertopf, k = Lüftersparren, l = Dichtungsbahn, m = Schalung, n = Gratsparren, o = Sparren, Schiftsparren, p = Wärmedämmung, q = Dampfsperre, r = Gipskartonplatte.

Ziegeldeckung

Deckung Traufe

Die Traufe von Biberschwanzdeckungen und Falzpfannendeckungen muss regensicher und mit Lüftungsöffnungen hergestellt werden. Die Traufreihe ist auf die gleiche Neigung anzuheben, wie die folgenden Deckungsreihen, z.B. durch Keilbrett → **40 A** oder Doppellatten → **40 B**, geschützt durch Traufblech (Einlaufblech). Schutz gegen Abheben durch Klemmen, Verschrauben, Verdrahten. Bei Biberschwanz-Doppeldeckung wird Traufe mit Traufbiber (3/4-Biber) → **40 B** oder Kronengebinde → **40 A** gedeckt. Traufe in Biberschwanz-Doppeldeckung ohne Dachüberstand → **41**. Traufe in Kronendeckung mit Dachüberstand → **42**. Traufe in Falzpfannendeckung über offenem Dachraum ohne Überstand → **43**. Traufe in Falzpfannendeckung über offenem Dachraum mit Unterspannbahn ohne Überstand → **44**. Traufe in Falzpfannendeckung mit geschlossenem Dachraum mit Unterspannbahn mit Überstand → **45**. Traufe in Falzpfannendeckung mit ausgebautem Dachraum mit Überstand, Unterspannbahn und Wärmedämmung → **46**.

Beispiele für die Traufendeckung (nach Lit. 10)

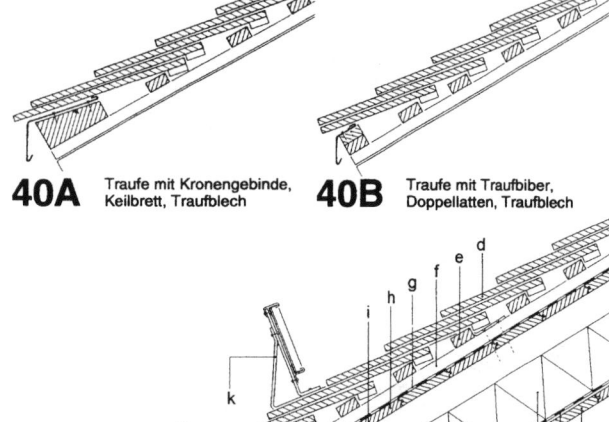

40A Traufe mit Kronengebinde, Keilbrett, Traufblech

40B Traufe mit Traufbiber, Doppellatten, Traufblech

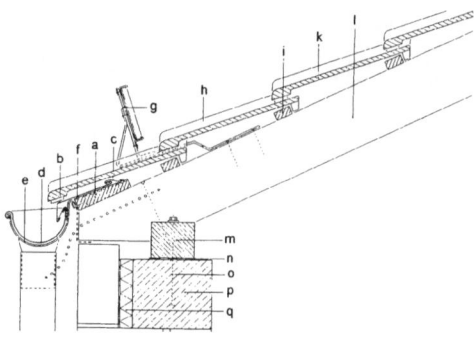

43 Traufe in Falzpfannendeckung ohne Überstand mit Schneefanggitter. Traufblech (Einlaufblech) auf Traufbrett schützt Holz vor Bewitterung und leitet Fehlwasser direkt in Dachrinne. a = Traufbohle, b = Traufblech (Einlaufblech), c = Hafte, d = Regenrinne, e = Halter für Regenrinne, f = Lüftergitter, g = Schneefanggitter, h = Halter für Schneefanggitter, i = Latte, k = Falzpfanne, l = Sparren, m = Schwelle / Pfette, n = Sperrschicht, o = Maueranker, p = Ringanker, q = Dämmstreifen.

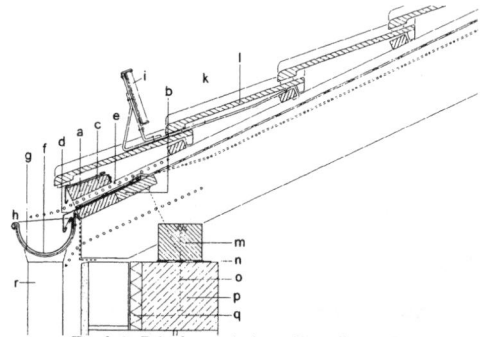

44 Traufe in Falzpfannendeckung über offenem Dachraum, ohne Überstand, mit Schneefang, mit Unterspannbahn. a = Traufbrett, b = Traufschalung, c =Tropfblech auf Traufbrett, d = Einlaufblech auf Traufschalung, e = Lüftergitter, f = Regenrinne, g = Rinnenhalter, h = Wulststab, i = Schneefanggitter, k = Halter für Schneefanggitter, l = Falzpfanne, m = Schwelle/Pfette, n = Sperrschicht, o = Maueranker, p = Ringanker, q = Dämmstreifen, r = Fallrohr.

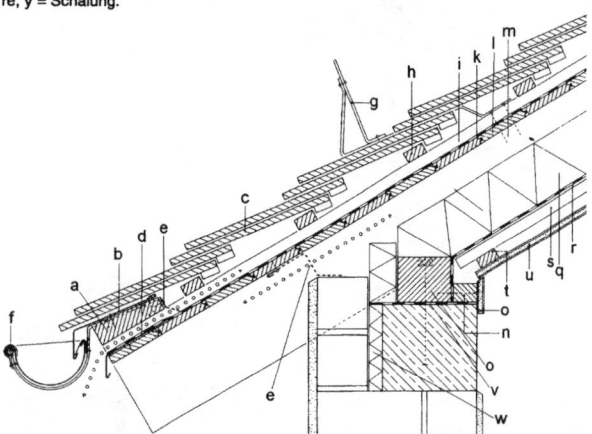

41 Traufe in Biberschwanz-Doppeldeckung, ohne Dachüberstand, mit Schneefanggitter, Unterdichtung auf Schalung, Warmdach mit Wärmedämmung und Dampfsperre. Holzschalung auf Dachinnenseite, Lüftungsschichten über und unter der Dachschalung. Dachrinnenhaken in Dachschalung eingelassen und in Sparren verschraubt. Auf ausreichende Rinnenbreite achten, damit Dachwasser nicht über Rinne hinausschießen kann. a =Traufbohle (Keilbrett), b = Tropfblech, c = Kronengebinde, d = Biberschwanz, e = Traglatte, f = Lüfterlatte, g = Unterdeckbahn, h = Schalung, i = Sparren, k = Schneefanggitter mit Halter, l = Einlaufblech, m = Hafte, n = Rinne, o = Halter, p = Lüftergitter, q = Fallrohr, r = Vorsatzschale, s = Schwelle / Pfette, t = Sperrschicht, u = Maueranker, v = Ringanker, w = Wärmedämmung, x = Dampfsperre, y = Schalung.

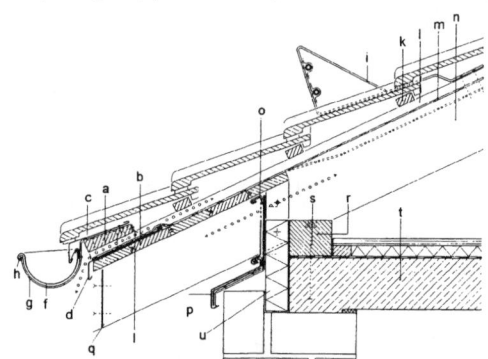

45 Traufe in Falzpfannendeckung mit geschlossenem Dachraum, mit Unterspannbahn, mit geschaltem Dachüberstand, mit Schneefanggitter. a = Traufbrett, b = Traufschalung, c = Tropfblech auf Traufbrett, d = Einlaufblech auf Traufschalung, e = Lüftergitter, f = Regenrinne, g = Rinnenhalter, h = Wulststab, i = Schneefanggitter mit Halter, k =Traglatte, l = Lüfterlatte, m = Unterspannbahn, n = Sparren, o = Lüftergitter, p = Abdeckblech, q = Stirnbrett, r = Schwelle / Pfette, s = Maueranker, t = Geschossdecke mit Wärmedämmung, Dampfsperre und Bodenbelag, u = Dämmstreifen.

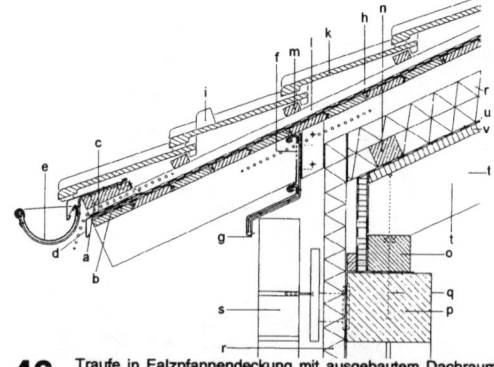

42 Traufe in Biberschwanz-Kronendeckung, mit Dachüberstand mit Schneefanggitter. Unterdichtung auf Schalung. Warmdach mit Wärmedämmung, Dampfsperre, Bekleidung Dachinnenseite mit Gipskartonplatten. Lüftungsschichten über und unter Dachschalung. Dachrinnenhalter auf Keilbrett befestigt, dadurch günstiger Einlauf des Dachwassers in die Dachrinne. a = Traufbohle (Keilbrett), b = Tropfblech, c = Kronendeckung, d = Ablaufblech, e = Lüftergitter, f = Wulststreifen (Rundstahl), g = Schneefanggitter, h = Traglatte, i = Lüfterlatte, k = Unterdeckbahn, l = Schalung, m = Sparren, n = Ringanker, o = Schwelle / Pfette, p = Klemmleiste, q = Wärmedämmung, r = Dampfsperre, s = Konterlatte, t = Traglatte, u = Gipskartonplatte, v = Sperrschicht, w = Dämmstreifen.

46 Traufe in Falzpfannendeckung mit ausgebautem Dachraum, mit geschaltem Dachüberstand. Unterdeckung auf Schalung. Warmdach mit Wärmedämmung, Dampfsperre, Bekleidung auf Dachinnenseite. a = Traufbrett, b = Traufschalung / Dachschalung, c =Tropfblech auf Traufbrett, d = Einlaufblech auf Traufschalung, e = Rinne mit Rinnenhalter, f = Lüftergitter, g = Abdeckblech, h = Dichtungsblech, i = Schneestoppziegel, k = Falzpfanne, l =Traglatte, m = Lüfterlatte, n = Abstandspfette, o = Schwelle / Pfette, p = Ringanker, q = Maueranker, r = Wärmedämmung, s = Vormauerschale mit Maueranker, t = Sparren, u = Unterspannbahn, v = Bekleidung Untersicht Dachraum.

Ziegeldeckung

Deckung von Kehlen

Kehlen werden besonders stark mit Wasser überspült, mit Biberschwanzziegeln eingebundene Kehlen müssen deshalb eine Kehlsparrenneigung von mindestens 26 ° (48,8 %) haben. Die Kehlbretter müssen mit einer Vordeckung versehen sein. Kehlen in Biberschwanzdeckungen werden als deutsch-eingebundene Kehlen, 3 Biber breit → 47 A, B, als Nockenkehle → 48, als Schwenkkehle → 49 oder als Metallkehle ausgeführt. Kehlen in Hohlpfannendeckung werden als Dreipfannenkehle → 50 ausgeführt. Kehlen in Deckungen aus verformten Schuppen (z.B. Falzpfannendeckung) werden als unterlegte Kehlen → 51 A, B, C ausgeführt.

Beispiele für die Kehlendeckung (nach Lit. 10)

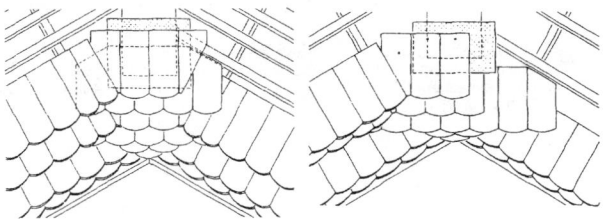

47A Deutsch eingebundene Kehle in Doppeldeckung, 3 Biber breit. **47B** Deutsch eingebundene Kehle in Kronendeckung, 3 Biber breit.

zu 47 A und B: Die Kehle wird stets in Dreifachdeckung ausgeführt. Kehlsparrenneigung nicht unter 26°. Ausrundung des Kehlbereiches durch Kehlbrett mit Unterdeckbahn. Entlüftung untere Lüftungsschicht über Lüftertöpfe.

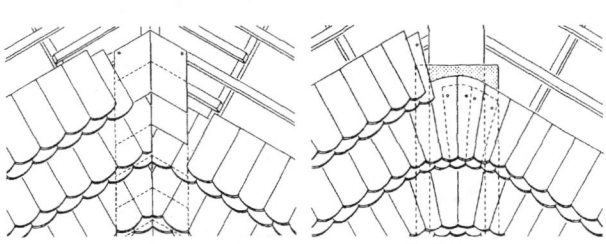

48 Nockenkehle mit Deckung aus Metallschichtstücken (Nockenbleche). Die Biber der Deckung werden bis zur Kehlmitte geführt und dort zusammengespitzt. Überdeckung der Metallschichtstücke mindestens 10 cm. Kehlsparrenneigung nicht unter 25°. Entlüftung der unteren Lüftungsschicht über Lüftertöpfe.

49 Schwenkkehlen werden mit konischen Biberschwänzen gedeckt. Kehlbrett mit Bitumenbahn vordecken. Schwenkkehlen i.d.R. nur in Kronendeckung. Konische Biberschwänze z. Zt. nur als Sonderanfertigung.

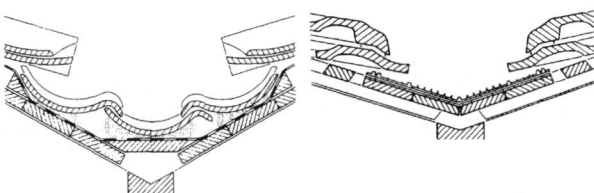

50 Dreipfannenkehle **51A** Unterlegte Kehle mit Rippenbahn

zu 50: Hohlpfannenkehlen werden in einer Breite von drei Hohlpfannen eingedeckt (= Dreipfannenkehle). Verlegung der mittleren wasserführenden Hohlpfanne auf Lattenstück oder in Längsfuge mit Querschlag. Seitenpfannen mit 4 cm Seiten- und 10 cm Höhenüberdeckung. Überstand der Dachdeckung in Kehle mindestens 10 cm.

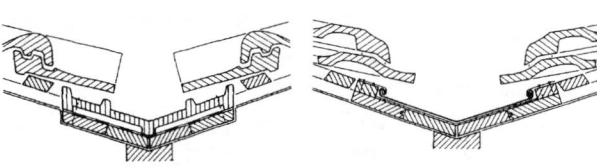

51B Unterlegte Kehle mit Formziegeln **51C** Unterlegte Kehle mit Kehlblech

zu 51 A, B, C: Metallkehlen werden als unterlegte Kehlen ausgeführt. Überstand der Dachdeckung in die Metallkehle mindestens 8 cm. Unterlegte Rippenkehlen sind Fertigkehlen aus durchgefärbtem PVC weich mit 20 cm Höhenüberdeckung. Formziegelkehlen mit verstärkten Mittel- und Seitenrippen parallel zum Kehlverlauf zur Verhinderung von seitlichem Eindringen von Wasser.

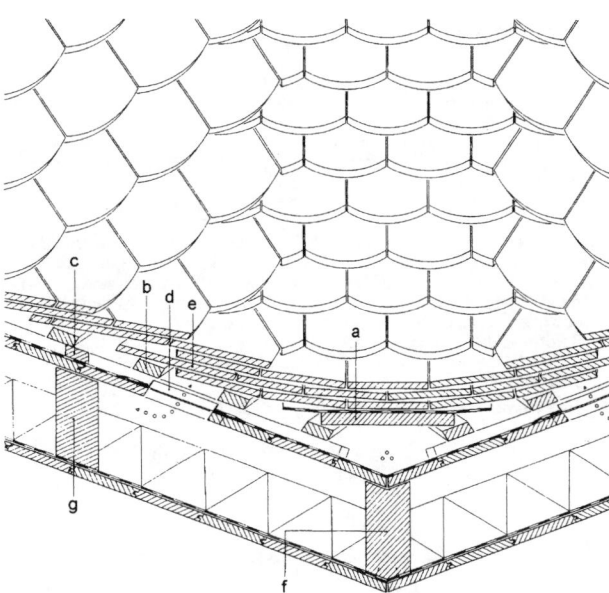

52 Deutsch eingebundene Kehle in Biberschwanz-Doppeldeckung, Kehle 3 Biber breit eingebunden. a = Kehlbrett mit Unterdeckbahn, b = Traglatte, c = Lüfterlatte, d = Lüftertopf, e = Biberschwanz, zum Teil geschnitten, f = Kehlsparren, g = Sparren, Schiftsparren.

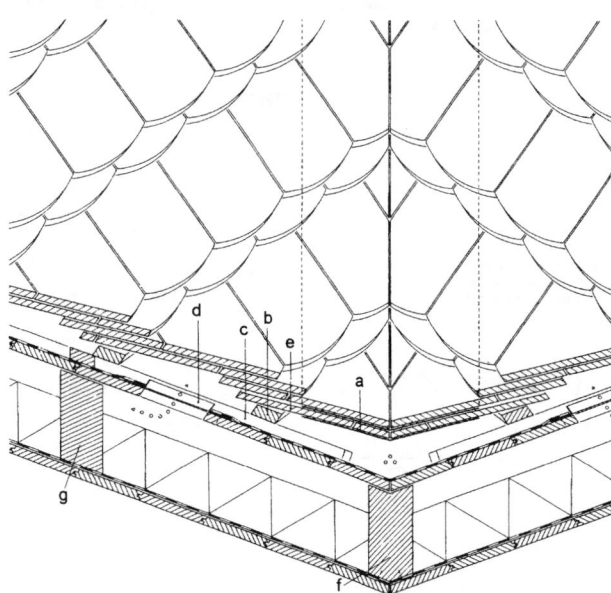

53 Nockenkehle in Biberschwanz-Kronendeckung. a = Schichtblech (Nockenblech), b = Futterbrett, Futterlatte, Futterkeil, c = Lüfterlatte, d = Lüftertopf, d = Biberschwanz, zum Teil geschnitten, f = Kehlsparren, g = Sparren, Schiftsparren.

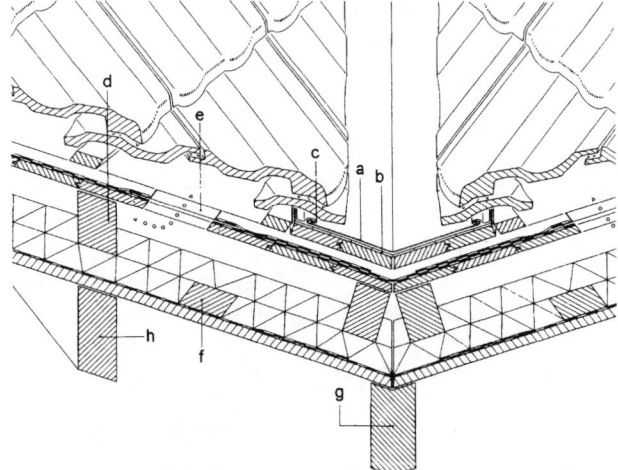

54 Unterlegte Metallkehle für Falzpfannendeckung. a = Kehlblech, b = Trennlage, c = Hafte, d = Lüfterholz, Lüftersparren, e = Lüftertopf, f = Abstandspfette, g = Kehlsparren, h = Sparren, Schiftsparren

Ziegeldeckung

Deckung Ortgang
Der Ortgang wird unterschiedlich ausgebildet:
– mit Ortgangbauteil → 55 A,
– mit Doppelwulstziegel und Zahnleiste → 55 B,
– mit Ortgangblech,
– mit Ortgangrinne → 57.
Die Ortgangelemente müssen an der Unterkonstruktion (Traglatte, Futterbrett) befestigt werden. Abstand Traglatte zu Putzkante mind. 20 mm. Abstand Innenkante Ortgangplatte zu Außenfläche Giebel mind. 10 mm. Überstand Schlussziegel über Außenfläche Giebel mind. 30 mm. Ortgang in Biberschwanzdeckung mit Unterdeckung, belüftete Wärmedämmung mit Dampfsperre, ohne Überstand, mit Formteilen → 56; ohne Überstand mit Rinne → 57; mit Überstand und Zahnbrett → 58. Ortgang in Falzpfannendeckung über offenem Dachraum, ohne Überstand, mit Formteilstück → 59. Ortgang in Falzpfannendeckung über offenem Dachraum, hinterlüftet, mit Unterspannbahn, ohne Überstand, mit Formteilstück → 60; mit Überstand, mit Formteilstück → 61. Ortgang in Falzpfannendeckung mit Unterdichtung, belüfteter Wärmedämmung und Dampfsperre über Tragwerk, mit Überstand und Deckbrett → 62.

Beispiele für die Ortgangdeckung (nach Lit. 10)

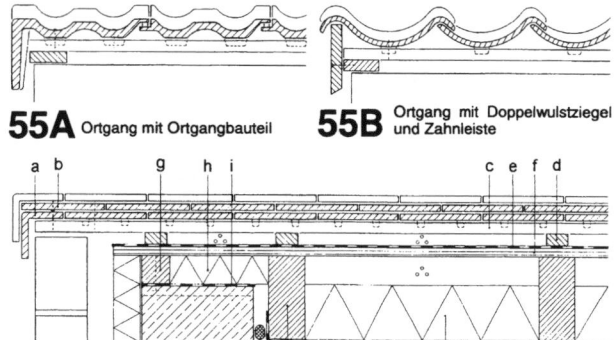

55A Ortgang mit Ortgangbauteil   **55B** Ortgang mit Doppelwulstziegel und Zahnleiste

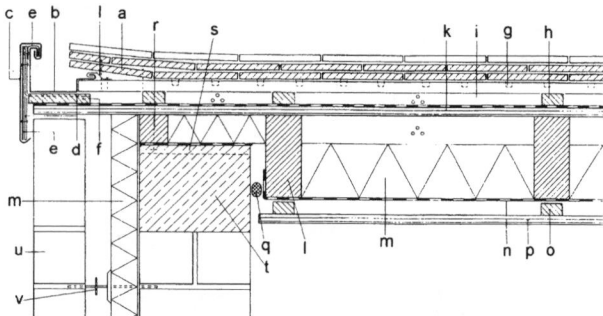

56 Ortgang in Biberschwanzdeckung mit Unterdeckung, belüftete Wärmedämmung mit Dampfsperre, Ortgangausbildung ohne Überstand mit Formteilen. a = Ortgangziegel, b = Biberschwanz, zum Teil geschnitten, c = Traglatte, d = Lüfterlatte, e = Unterdeckung, f = Schalung, g = Lagerholz, h = Wärmedämmung, i = Sperrschicht, k = Sparren, l = Dampfsperre, m = Schalung Innenseite Dachraum, n = dauerelastische Dichtung, o = Vormauerschale, p = Maueranker.

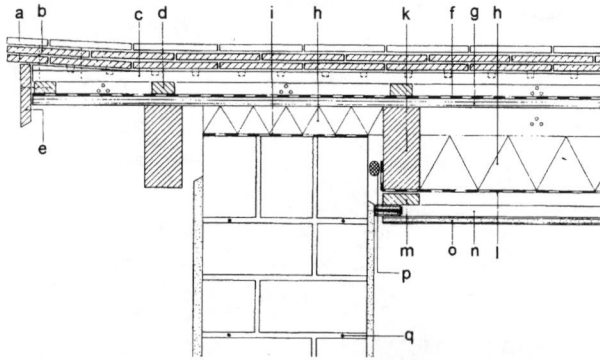

57 Ortgang in Biberschwanzdeckung mit Unterdeckung, belüftete Wärmedämmung mit Dampfsperre. Ortgangausbildung ohne Überstand mit Rinne. a = Biberschwanzdeckung, b = Rinne, c = Ortgangblech, d = Halter, e = Hafte, f = Futterbrett, g = Traglatte, h = Lüfterlatte, i = Unterdeckung, k = Schalung, l = Sparren, m = Wärmedämmung, n = Dampfsperre, o = Traglatte, p = Schalung Innenseite Dachraum, q = dauerelastische Dichtung, r = Lagerholz, s = Ankerschiene, t = Ringanker, u = Vormauerschale, v = Maueranker.

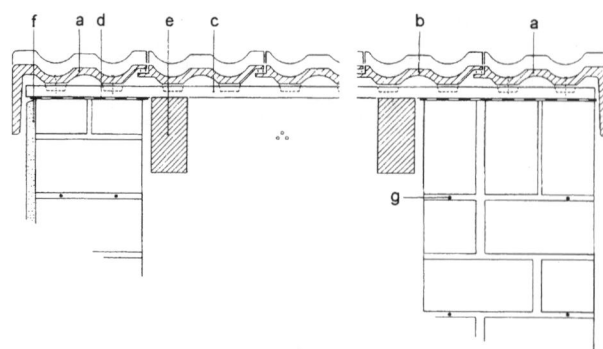

59 Ortgang in Falzpfannendeckung über offenem Dachraum, Ortgangausbildung ohne Überstand mit Formteilen. a = Ortgangziegel, Befestigung mit Breitkopfstift, b = Falzpfanne, c = Traglatte, d = Trennlage, e = Sparren, f = Außenputz, g = Ringankerbewehrung.

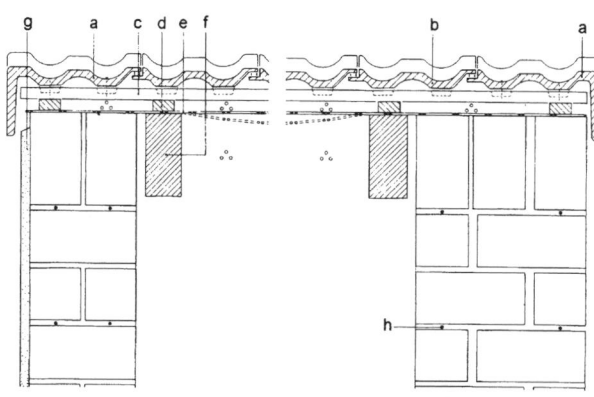

60 Ortgang in Falzpfannendeckung über offenem Dachraum, hinterlüftet mit Unterspannbahn. Ortgangausbildung ohne Überstand mit Formteilen. a = Ortgangziegel, Befestigung mit Breitkopfstift, b = Falzpfanne, c = Traglatte, d = Lüfterlatte, e = Unterspannbahn, f = Sparren, g = Außenputz, h = Ringankerbewehrung.

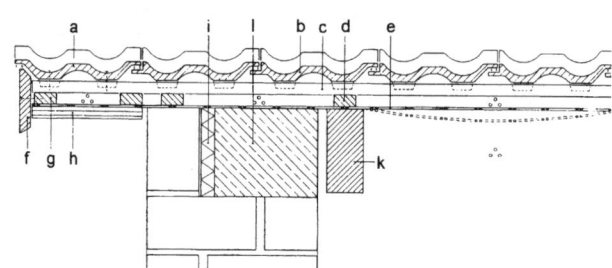

61 Ortgang in Falzpfannendeckung über offenem Dachraum, hinterlüftet mit Unterspannbahn. Ortgangausbildung mit Überstand mit Formteil. a = Ortgangziegel, Befestigung mit Breitkopfstift, b = Falzpfanne, c = Traglatte, d = Lüfterlatte, e = Unterspannbahn, f = Deckbrett, g = Randlatte, h = Schalbrett, i = Dämmstreifen, k = Sparren / Streichbalken, h = Ringanker.

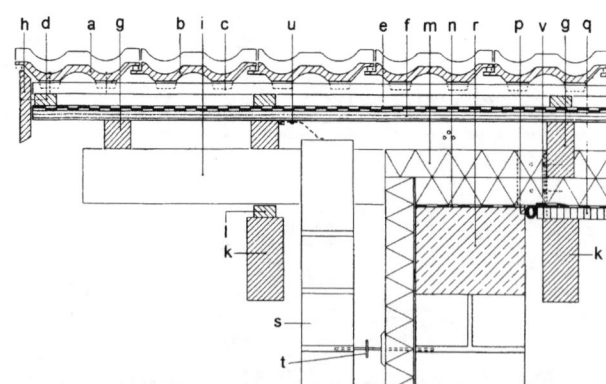

58 Ortgang in Biberschwanzdeckung mit Unterdeckung, belüftete Wärmedämmung mit Dampfsperre. Ortgangausbildung mit Überstand, Schalung mit Zahnbrett. a = Biberschwanzdeckung, b = Keilbrett für Anheben der Biberschwänze am Ortgang, c = Traglatte, d = Lüfterlatte, e = Zahnbrett, f = Unterdeckung, g = Schalung, h = Wärmedämmung, i = Sperrschicht, k = Sparren, l = Dampfsperre, m = Futterbrett, n = Lüfterlatte, o = Gipskartonplatte als Bekleidung Innenseite Dachraum, p = dauerelastische Dichtung, q = Ringankerbewehrung.

62 Ortgang in Falzpfannendeckung mit Unterdichtung, belüfteter Wärmedämmung mit Dampfsperre über dem Tragwerk. Ortgangausbildung mit Überstand und Deckbrett. a = Ortgangziegel (Doppelwulstziegel), Befestigung mit Breitkopfstift, b = Falzpfanne, c = Traglatte, d = Lüfterlatte, e = Dichtungsbahn, f = Schalung, g = Lüftersparren, h = Deckbrett, i = Abstandspfette, k = Sparren / Streichbalken, l = Futterholz, m = Wärmedämmung, n = Sperrstreifen, o = Dampfsperre, p = dauerelastisches Dichtungsprofil, q = Holzwerkstoffplatte als Bekleidung Innenseite Dachraum, r = Ringanker, s = Vormauerschale, t = Maueranker, u = Insektenschutzgitter

Ziegeldeckung

Deckung Wandanschlüsse

Wandanschlüsse werden hergestellt als
- seitlicher Wandanschluss,
- oberer Wandanschluss,
- unterer Wandanschluss (Graben).

Die Anschlüsse unterliegen meist Bewegungen (z.B. Durchbiegung, Setzungen), sie sind deshalb beweglich auszubilden und dauerelastisch zu dichten. Seitliche Wandanschlüsse werden aus Fertigelementen, Schichtblechen (z.B. Blechnocken) oder als Rinnen (unterlegt, vertieft) hergestellt → 63 bis 70. Obere Anschlüsse sind mindestens 100 mm über die Oberkante der Deckung hochzuführen und zu hinterlüften → 71 bis 74. Untere Wandanschlüsse sind als Graben auszubilden und am aufgehenden Bauteil mindestens 200 mm hochzuführen. Zwischen dem Fußpunkt der ersten Dachziegelreihe und dem aufgehenden Bauteil muss ein Freiraum von mindestens 100 mm verbleiben → 75 bis 77.

Beispiele für die Wandanschlüsse (nach Lit. 10)

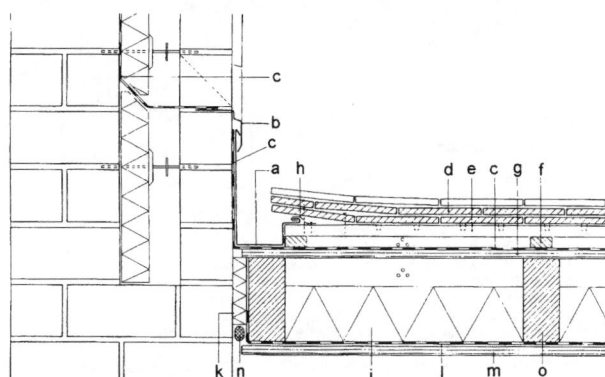

63 Seitlicher Wandanschluss in Biberschwanzdeckung über Warmdach mit vertiefter Rinne. Anschluß zur Wand durch Überhangstreifen (Kappe) mit Unterdeckung ca. 15 cm über OF Dachdeckung hochgeführt. a = Rinne, b = Blechkappe, c = Unterdeckbahn, d = Biberschwanz, e = Traglatte, f = Lüfterlatte, g = Schalung, h = Hafte, i = Wärmedämmung, k = Dämmstreifen, l = Dampfsperre, m = Deckenschalung Untersicht Dachraum, n = dauerelastische Dichtung, o = Sparren.

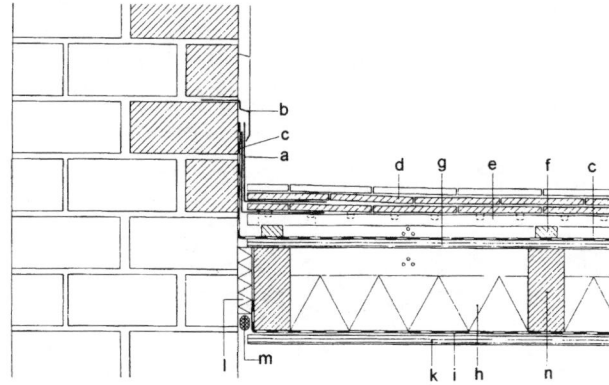

64 Seitlicher Wandanschluss in Biberschwanzdeckung über Warmdach, mit Schichtstücken (Nockenblechen), mit Unterdeckung ca. 15 cm über OF Dachdeckung hochgeführt. a = Schichtblech (Nockenblech), b = Blechkappe, c = Unterdeckbahn, d = Biberschwanz, e = Traglatte, f = Lüfterlatte, g = Schalung, h = Wärmedämmung, i = Dampfsperre, k = Deckenschalung Untersicht Dachraum, l = Dämmstreifen, m = dauerelastische Dichtung, n = Sparren.

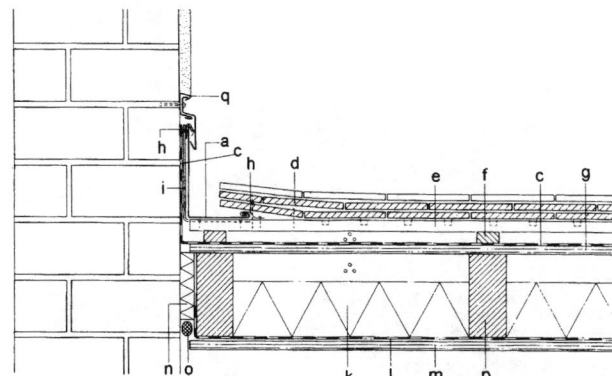

65 Seitlicher Wandanschluss in Biberschwanzdeckung über Warmdach mit flacher Rinne. Anschluss an Wand durch Blechkappe mit Unterdeckung ca. 15 cm über OF Dachdeckung hochgeführt. a = Rinne, b = Blechkappe, c = Unterdeckbahn, d = Biberschwanz, e = Traglatte, f = Lüfterlatte, g = Schalung, h = Hafte, i = Rinnenhalter, k = Wärmedämmung, l = Dampfsperre, m = Deckenschalung Untersicht Dachraum, n = Dämmstreifen, o = dauerelastische Dichtung, p = Sparren, q = Putzprofil.

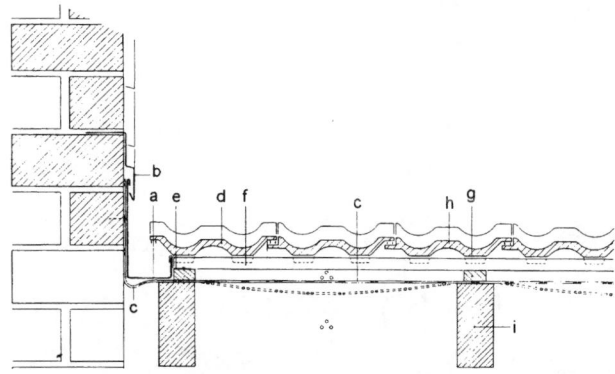

66 Seitlicher Wandanschluss in Falzpfannendeckung über Kaltdach mit vertiefter Rinne, mit Unterspannbahn. a = Rinne, b = Blechkappe, c = Unterdeckbahn, d = Ortgangstein (Doppelwulstziegel), e = Hafte, f = Traglatte, g = Lüfterlatte, h = Falzpfanne, i = Sparren.

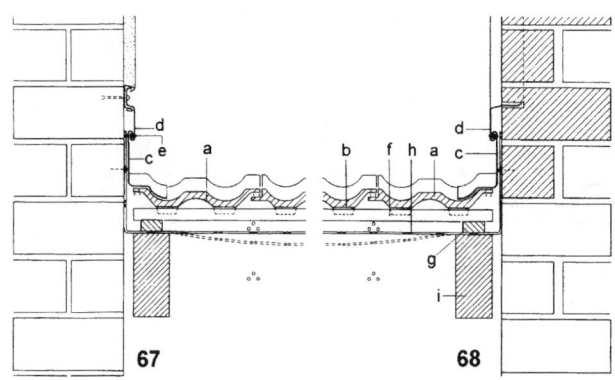

67, 68 Seitlicher Wandanschluss in Falzpfannendeckung über Kaltdach mit aufgelegtem Walzblei, mit Unterspannbahn. a = Ortgangstein (Doppelwulstziegel), b = Falzpfanne, c = Walzbleistreifen, d = Blechkappe, e = Weichblei, Niet, f = Traglatte, g = Lüfterlatte, h = Unterspannbahn, i = Sparren.

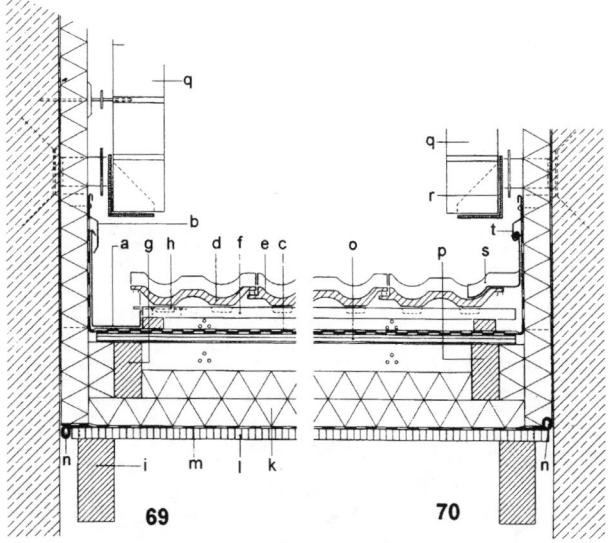

69 Seitlicher Wandanschluss in Falzpfannendeckung über Warmdach mit vertiefter Rinne.

70 Seitlicher Wandanschluss in Falzpfannendeckung über Warmdach mit aufgelegtem Walzblei.

a = Rinne, b = Blechkappe, c = Dichtungsbahn, d = Ortgangstein (Doppelwulstziegel), e = Falzpfanne, f = Lüfterlatte, g = Halter, h = Sparren, i = Wärmedämmung, k = Dampfsperre, m = Bekleidung Untersicht Dachraum, n = dauerelastische Dichtung, o = Schalung, p = Lagerholz, q = Vorsatzschale, r = Stahlwinkel als Tragwerk für Vorsatzschale mit Maueranker, s = Walzbleistreifen, t = Blechkappe mit Walzbleistreifen vernietet.

Ziegeldeckung

Beispiele für Wandanschlüsse (nach Lit. 10)

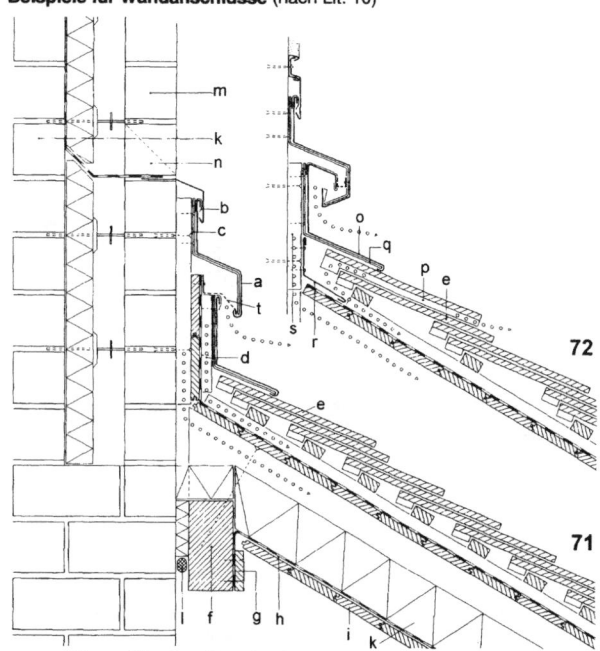

71 Oberer Wandanschluss in Biberschwanzdeckung mit einfachem Lüfter. Unterdeckung hochgeführt und mit Insektengitter gegen Schalung gepreßt.

72 Oberer Wandanschluss in Biberschwanzdeckung mit flugschneesicherer Labyrinthbelüftung. Obere Luftschicht über Lüfterbiber entlüftet, untere Luftschicht über Labyrinth an der Wand entlüftet. Schutz gegen Flugschnee durch zusätzliche Unterdeckbleche. a = Lüfterklappe, b = Hafte, c = Halter, d = Lüfterlatte, e = Biberschwanz (an Wandanschluss in Kronendeckung), f = Pfette, g = Klemmbrett, h = Dampfsperre, i = Schalung Innenseite Dachraum, k = Wärmedämmung, l = dauerelastische Dichtung, m = Vorsatzschale, n = Dränfuge, o = Anschlussblech, p = Flächenlüfterziegel, q = Halter, r = Unterdeckblech, s = Haltelatte für Labyrinthbelüftung, t = Insektengitter.

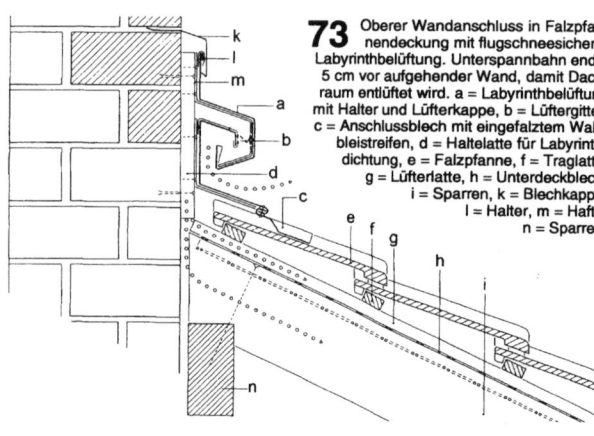

73 Oberer Wandanschluss in Falzpfannendeckung mit flugschneesicherer Labyrinthbelüftung. Unterspannbahn endet 5 cm vor aufgehender Wand, damit Dachraum entlüftet wird. a = Labyrinthbelüftung mit Halter und Lüfterkappe, b = Lüftergitter, c = Anschlussblech mit eingefalztem Walzbleistreifen, d = Haltelatte für Labyrinthdichtung, e = Falzpfanne, f = Traglatte, g = Lüfterlatte, h = Unterdeckblech, i = Sparren, k = Blechkappe, l = Halter, m = Hafte, n = Sparren.

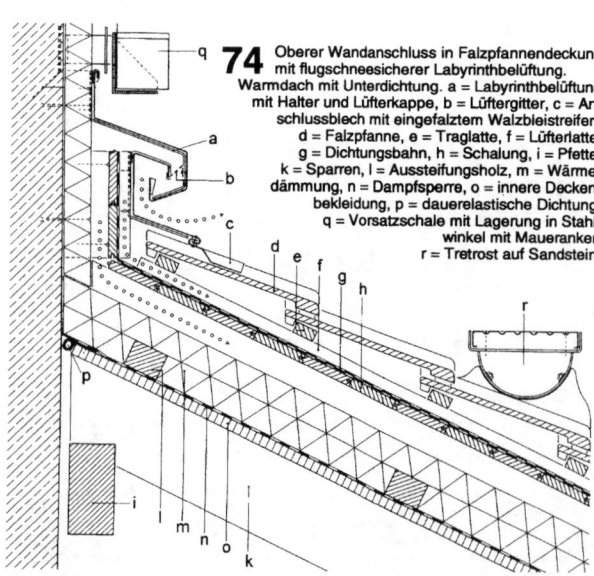

74 Oberer Wandanschluss in Falzpfannendeckung mit flugschneesicherer Labyrinthbelüftung. Warmdach mit Unterdichtung. a = Labyrinthbelüftung mit Halter und Lüfterkappe, b = Lüftergitter, c = Anschlussblech mit eingefalztem Walzbleistreifen, d = Falzpfanne, e = Traglatte, f = Lüfterlatte, g = Dichtungsbahn, h = Schalung, i = Pfette, k = Sparren, l = Aussteifungsholz, m = Wärmedämmung, n = Dampfsperre, o = innere Deckenbekleidung, p = dauerelastische Dichtung, q = Vorsatzschale mit Lagerung in Stahlwinkel mit Maueranker, r = Tretrost auf Sandstein.

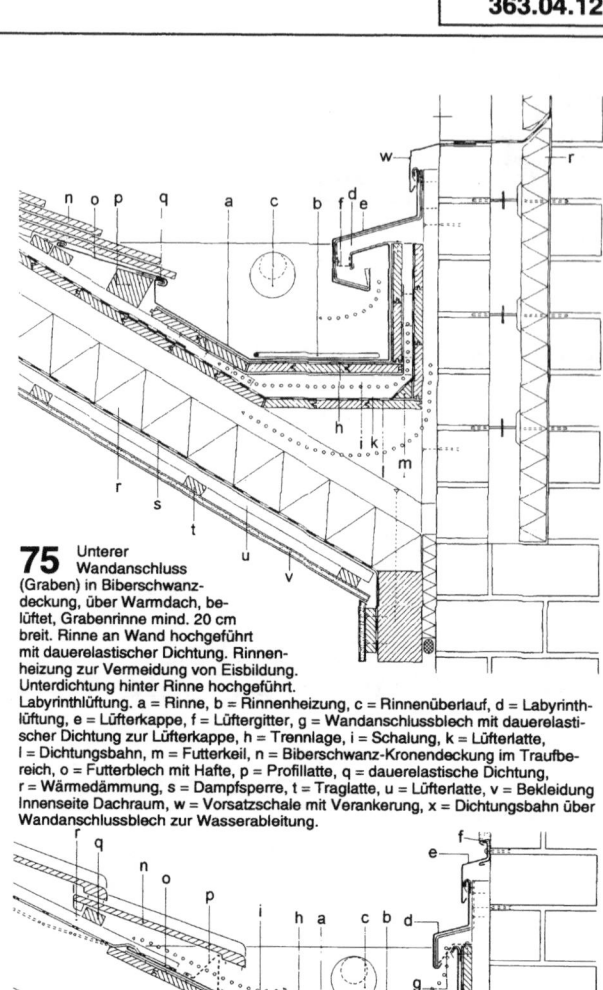

75 Unterer Wandanschluss (Graben) in Biberschwanzdeckung, über Warmdach, belüftet, Grabenrinne mind. 20 cm breit. Rinne an Wand hochgeführt mit dauerelastischer Dichtung. Rinnenheizung zur Vermeidung von Eisbildung. Unterdichtung hinter Rinne hochgeführt. Labyrinthlüftung. a = Rinne, b = Rinnenheizung, c = Rinnenüberlauf, d = Labyrinthlüftung, e = Lüfterkappe, f = Lüftergitter, g = Wandanschlussblech mit dauerelastischer Dichtung zur Lüfterkappe, h = Trennlage, i = Schalung, k = Lüfterlatte, l = Dichtungsbahn, m = Futterkeil, n = Biberschwanz-Kronendeckung im Traufbereich, o = Futterblech mit Hafte, p = Profillatte, q = dauerelastische Dichtung, r = Wärmedämmung, s = Dampfsperre, t = Traglatte, u = Lüfterlatte, v = Bekleidung Innenseite Dachraum, w = Vorsatzschale mit Verankerung, x = Dichtungsbahn über Wandanschlussblech zur Wasserableitung.

76 Unterer Wandanschluss (Graben) in Falzpfannendeckung, über Kaltdach, belüftet, Traufgebinde liegt auf Lüfterbock auf. Rinne an Wand hochgeführt, hinterlüftet und dauerelastisch eingedichtet. a = Rinne, b = Rinnenheizung, c = Rinnenüberlauf, d = Anschlussblech, e = Blechkappe, dauerelastisch mit Anschlussblech verbunden, f = Putzanschlussprofil, g = Lüftergitter, h = Trennlage, i = Schalung, k = Futterkeil, l = Sparren, m = Pfette, n = Falzpfanne, o = Unterdeckblech, p = Lüfterbock als Auflager für Traufgebinde, q = Traglatte, r = Lüfterlatte.

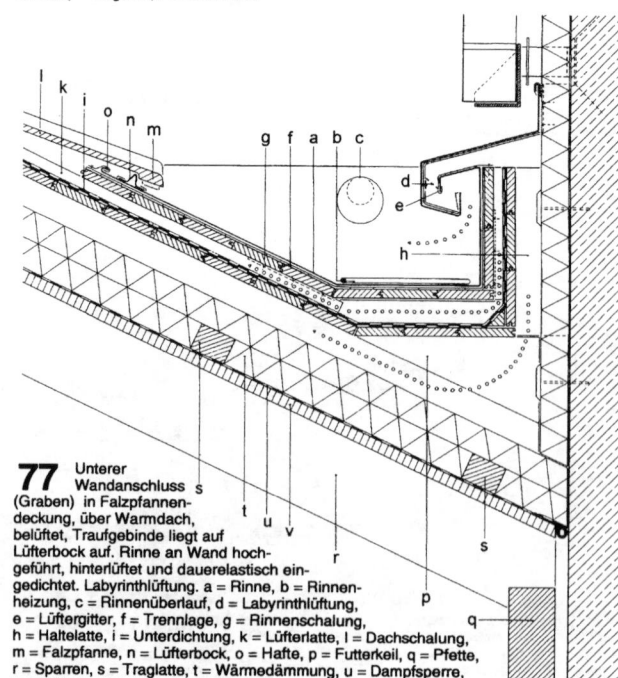

77 Unterer Wandanschluss (Graben) in Falzpfannendeckung, über Warmdach, belüftet, Traufgebinde liegt auf Lüfterbock auf. Rinne an Wand hochgeführt, hinterlüftet und dauerelastisch eingedichtet. Labyrinthlüftung. a = Rinne, b = Rinnenheizung, c = Rinnenüberlauf, d = Labyrinthlüftung, e = Lüftergitter, f = Trennlage, g = Rinnenschalung, h = Haltelatte, i = Unterdichtung, k = Lüfterlatte, l = Dachschalung, m = Falzpfanne, n = Lüfterbock, o = Hafte, p = Futterkeil, q = Pfette, r = Sparren, s = Traglatte, t = Wärmedämmung, u = Dampfsperre, v = Bekleidung Innenseite Dachraum.

Ziegeldeckung

Deckung Dachdurchdringungen, Dachknick

Dachdurchdringungen, wie z.B. Kamindurchdringungen, sind regensicher in die Dachdeckung einzubauen. Ausführung wie seitlicher, oberer und unterer Wandanschluss, jedoch wegen der begrenzten Breite bzw. Länge i.d.R. ohne Lüftungsvorkehrungen.
Dachdurchdringungen in Biberschwanzdeckung → **78** in Falzpfannendeckung → **79, 80**.

Im Bereich von Dachausbauten, z.B. Schleppgaupen, können in der Deckungsfläche Knicke entstehen. Ausführung von Dachknicken → **81, 82**.

Beispiele für Dachdurchdringungen (nach Lit. 10)

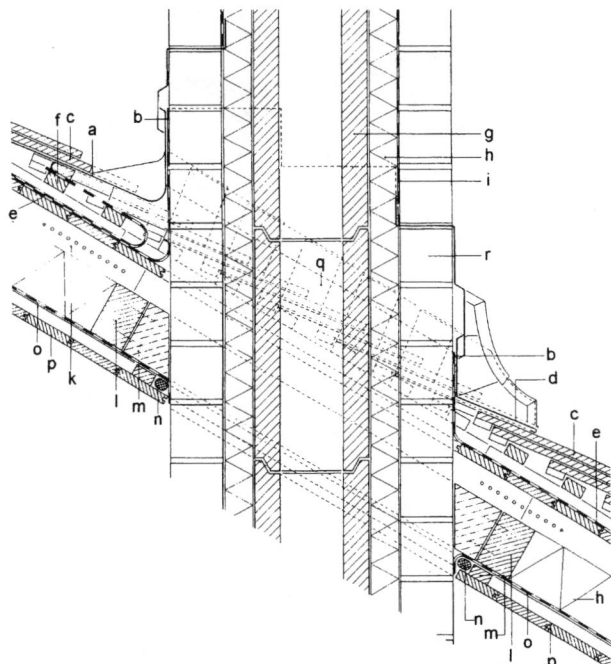

78 Kamindurchdringung in Biberschwanzdeckung über Warmdach mit Klinkerverblendung über Dach. Oberer Anschluss mit Rückenblech mit Sattel, unterer Anschluss mit Brustblech, seitlicher Anschluss mit schichtweise eingebundenen Nockenblechen oder mit Rinne. Unterdeckung mit Dichtungsbahn. Anschlüsse dauerelastisch eindichten. a = Rückenblech mit Sattel, b = Blechkappe, c = Biberschwanz-Kronengebinde, d = Brustblech, e = Dichtungsbahn auf Schalung, f = Doppellatte zum Gefälleausgleich Kronengebinde, g = Rauchrohr, h = Wärmedämmung, i = Sperrschicht, k = Sparren, l = Wechsel, m = Klemmleiste, n = dauerelastische Dichtung, o = Dampfsperre, p = Schalung Innenseite Dachraum, q = seitliche Blechverwahrung mit Nocken und Blechkappe, r = Klinkerschale.

Beispiele für Dachknicke (nach Lit. 10)

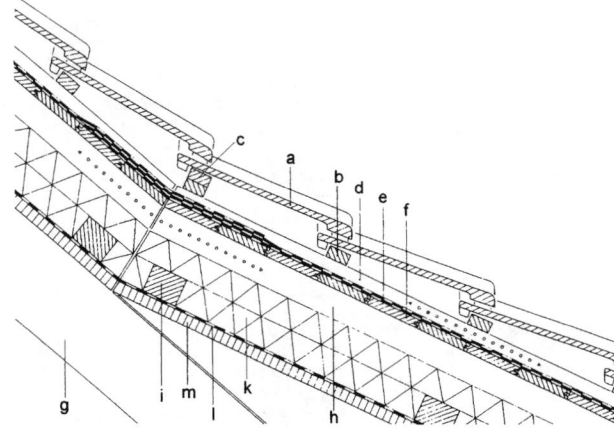

81 Dachknick in Falzpfannendeckung über Warmdach. Ausrundung durch Doppellatte. Unterdach mit Verstärkung Dichtungsbahn im Knickbereich. a = Falzpfanne, b = Traglatte, c = Doppellatte, d = Lüfterlatte, e = Dichtungsbahn, verstärkt im Knickbereich, f = Schalung, g = Sparren, h = angehobener Aufsetzsparren, i = Aussteifungslatte, k = Wärmedämmung, l = Dampfsperre, m = Bekleidung Unterseite Dachraum.

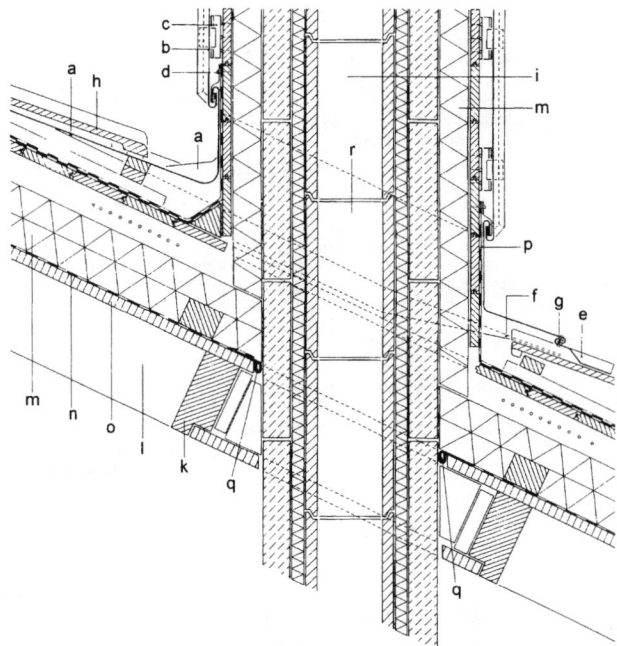

79 Kamindurchdringung in Falzpfannendeckung über Warmdach mit Blechbekleidung über Dach. Oberer Anschluss mit Rückenblech mit Sattel, unterer Anschluss mit Brustblech, seitlicher Anschluss mit Nockenblechen mit Blechbekleidung verfalzt. Unterdeckung mit Dichtungsbahn. Anschlüsse dauerelastisch eindichten.
a = Rückenblech mit Sattel, b = Blechbekleidung, c = Schiebehafte, d = Hafte, e = Brustblech, f = Blechverwahrung mit Rinne, g = Niet und Lot, h = Falzpfanne auf Doppellatte, i = Rauchrohr, k = Wechsel, l = Sparren, m = Wärmedämmung, n = Dampfsperre, o = Bekleidung Innenseite Dachraum, p = Dichtungsbahn auf Schalung, q = dauerelastische Dichtung, r = Seitenblech mit Kaminbekleidung verfalzt.

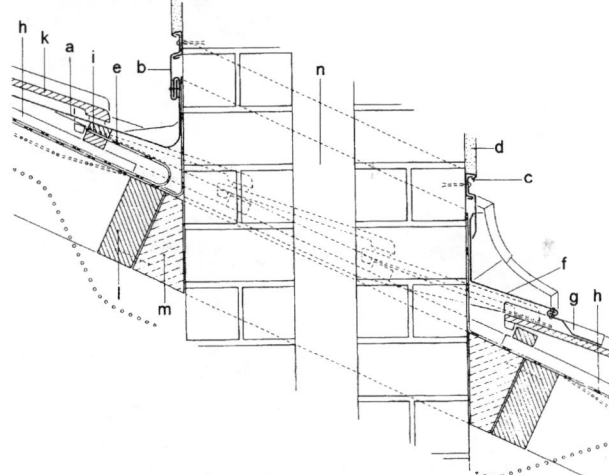

80 Kamindurchdringung in Falzpfannendeckung über Kaltdach, über Dach geputzt. Oberer Anschluss mit Rückenblech mit Sattel, unterer Anschluss mit Bruststück, seitlicher Anschluss mit Blechkragen. Unterspannbahn allseitig bis Putzleiste hochgeführt. a = Rückenblech mit Sattel, b = Blechkappe, c = Putzleiste, d = Putz, e = Folienrinne, f = Brustblech, g = Rinne, h = Unterspannbahn, i = Doppellattung als Traufziegelauflager mit eingebundener Unterspannbahn, k = Falzpfanne, l = Wechsel, m = Betonverwahrung, n = Seitenblech mit Putzleiste verfalzt.

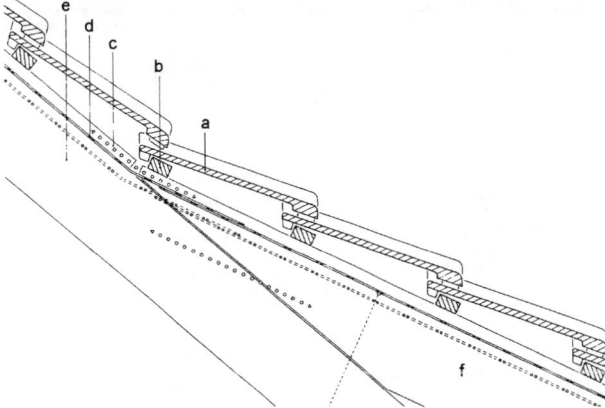

82 Dachknick in Falzpfannendeckung über Kaltdach ohne Knickausrundung. Knick liegt über Dachlatte. a = Falzpfanne, b = Traglatte, c = Lüfterlatte, d = Unterspannbahn, e = Sparren, f = angehobener Sparren.

Ziegeldeckung

Dachgaupen

Dachgaupen/Dachfenster werden ausgeführt als
– Fledermausgaupen → **83, 84,**
– Spitzgaupen → **85,**
– stehende Giebelgaupen → **86,** stehende Walmgaupen → **87,**
– Schleppgaupen → **88, 89, 90,**
– Dachflächenfenster → **91, 92, 93**

Fledermausgaupen in Biberschwanzdeckung (als Doppeldeckung oder Kronendeckung) und in Hohlpfannendeckung vermeiden obere und seitliche Dachanschlüsse. Verhältnis Höhe : Breite ≤ 1 : 5 (Biberschwanzdeckung), ≤ 1 : 8 (Hohlpfannendeckung). Neigungswinkel der Dachfläche ≤ 12 ° → **83.** Bei Sattelgaupen und Schleppgaupen → **88** bis **90** ist eine horizontale und vertikale Aufteilung der Deckfläche in der Art erforderlich, daß die letzte vor der Dachgaupe liegende Dachziegelreihe durchgedeckt werden kann und der Übergang von der Gaupendeckung in die Hauptdeckung fluchtgerecht erfolgen kann.

Beispiel für Deckung Fledermausgaupe (nach Lit. 10)

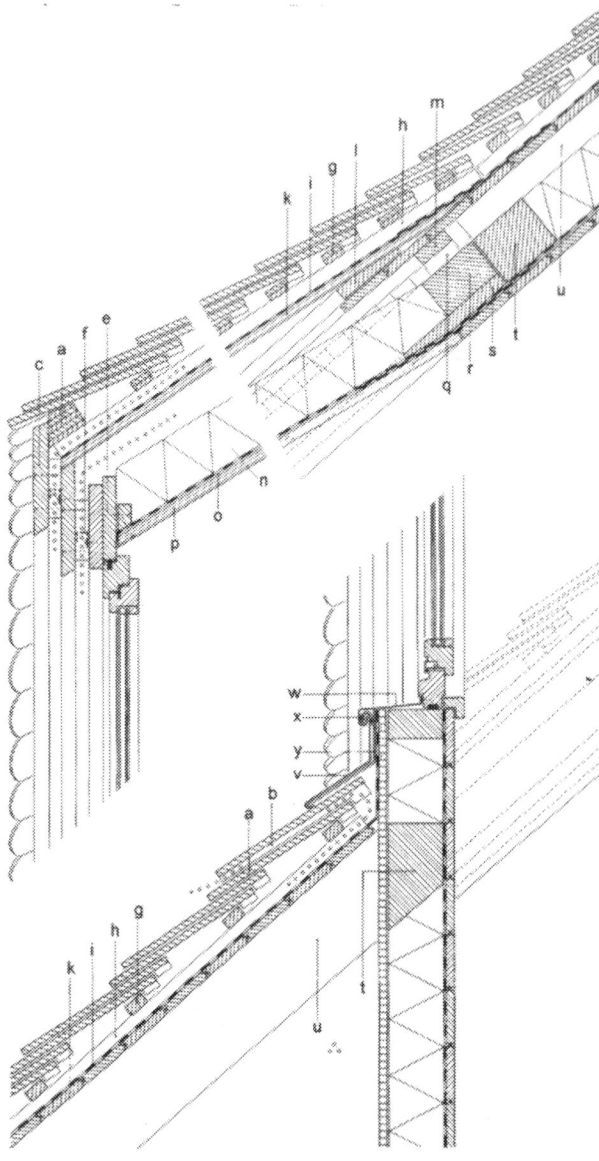

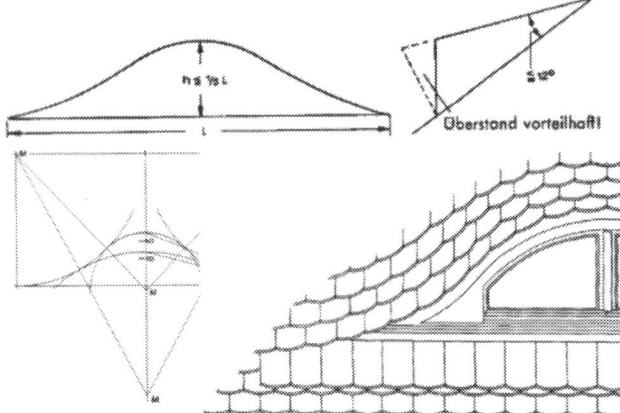

83 Grenzmaße für Fledermausgaupen.

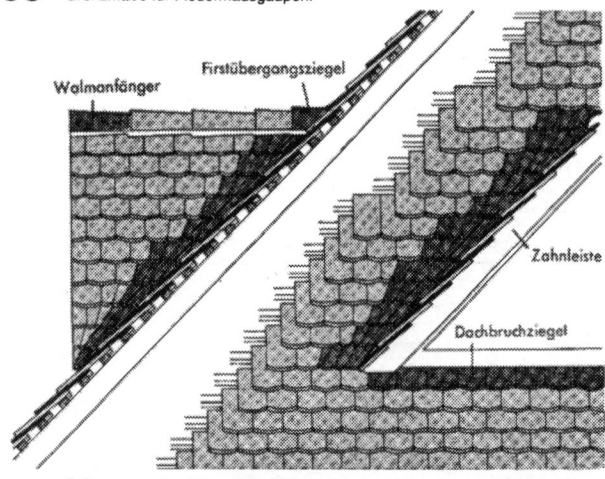

85 **Spitzgaupe** in Biberschwanz-Doppeldeckung mit herumgeführter Deckschicht. First mit Firstübergangsziegel an Hauptdachfläche anschließen. Dachfläche der Gaupe mit normalen Ziegeln, Kehle mit konischen (oder konisch zugearbeiteten normalen) Biberschwänzen decken. Unter Gaupenfirst Schlussplatten verlegen. Deckung gegen Fenster mit Zahnleiste abschließen.

84 Biberschwanzdeckung der Fledermausgaupe in Doppeldeckung (oben, Scheitelschnitt) und in Kronendeckung (unten, Brüstungsanschluss): a = Biberschwanz-Kronengebinde, b = Flächenlüfterziegel, c = Deckbrett, geschweift, d = Lamellen-Keillatte, e = Rahmen, geschweift, f = Lüftergitter, g = Traglatte, h = Lüfterlatte, i = Unterdeckbahn, k = Schalung, l = Keilbohle, geschweift, m = Auflagebrett, n = Wärmedämmung, o = Dampfsperre, p = Schalung, q = Abstandhalter, r = Strebe, s = Füllbohle, geschweift, t = Wechsel, u = Sparren, v = Anschlussblech / Brustblech, w = Sohlblech, x = Hafte, y = Halter.

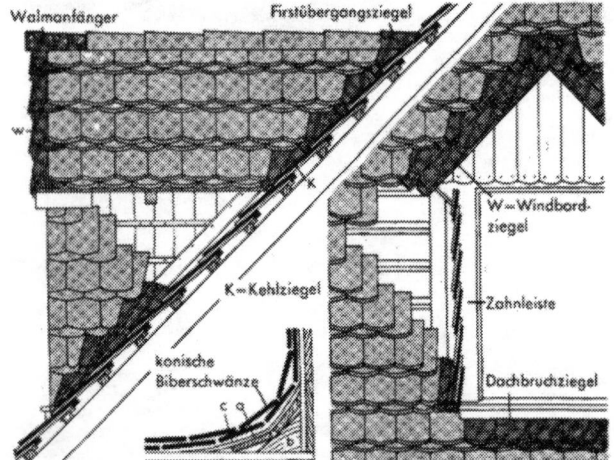

86 Stehende **Giebelgaupe** in Biberschwanz-Kronendeckunt mit in die Gaupenbekleidung herumgeführter Deckschicht,. Kehlschalung aus 2 (12 bis 15 cm breiten) Brettern (→ a) auf Brettknaggen (→ b), darauf schwache Leisten gerundet verlegt (→ c). Dachfläche und Gaupenwange mit normalen, Kehle mit konischen Biberschwänzen gedeckt. Für Anschlüsse und Übergang Formziegel.

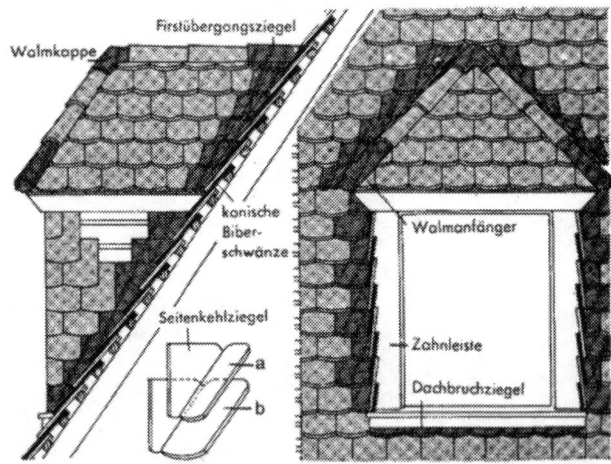

87 Stehende **Walmgaupe** in Biberschwanz-Doppeldach mit Wangenbekleidung und Kehle aus Seitenkehlziegeln nach (→ a, b). Dachfläche mit breiten, Wange mit schmalen Biberschwänzen gedeckt. Seitenkehlziegel für linken und rechten Anschluss getrennt bestellen! Für Anschlüsse und Übergänge Formziegel.

Ziegeldeckung

Beispiele für Schleppgaupen (nach Lit. 10)

88 Schleppgaupe in Falzpfannendeckung mit Wangenbekleidung aus Holzschalung, Warmdach mit Unterdach.

A = Schnitt der Gaupe mit Einordnung in die Lattung der Ziegeldeckung. Die Abschleppung setzt in der Mitte zwischen zwei Dachlatten an, sodass der Dachknick auf zwei Dachziegel-Überdeckungen verteilt wird. Der Rahmen für das Gaupenfenster ist hinter einer ganzen Ziegelreihe angeordnet.
B = Traufsicht der Schleppgaupe.
C = Schnitt a-a zur Traufsicht B. Die Konterlattung kragt über den Sparren aus und trägt den Dachüberstand. Die Sperrschicht auf der Schalung läuft auf ein abgewinkeltes Abdeckblech auf. Vogelschutzgitter sichert Zuluftschlitz.
D = Schnitt b-b zur Traufsicht B. Lüftungsziegel für Abluft. Abluftschlitz in Unterdecke.
E = Seitenansicht der Gaupe mit Dachflächenschnitt.
F = Schnitt c-c zum Gaupenschnitt A. Ausbildung Ortgang mit Stirnbrett und Ortgangziegel oder Doppelwulstziegel.
G = Schnitt d-d zum Gaupenschnitt A. Seitenanschluss mit Rinne und Ortgangziegel.
H = Schnitt e-e zur Traufsicht B.
I = Bezug zwischen Deckung der Gaupe und Deckung des umgebenden Daches.

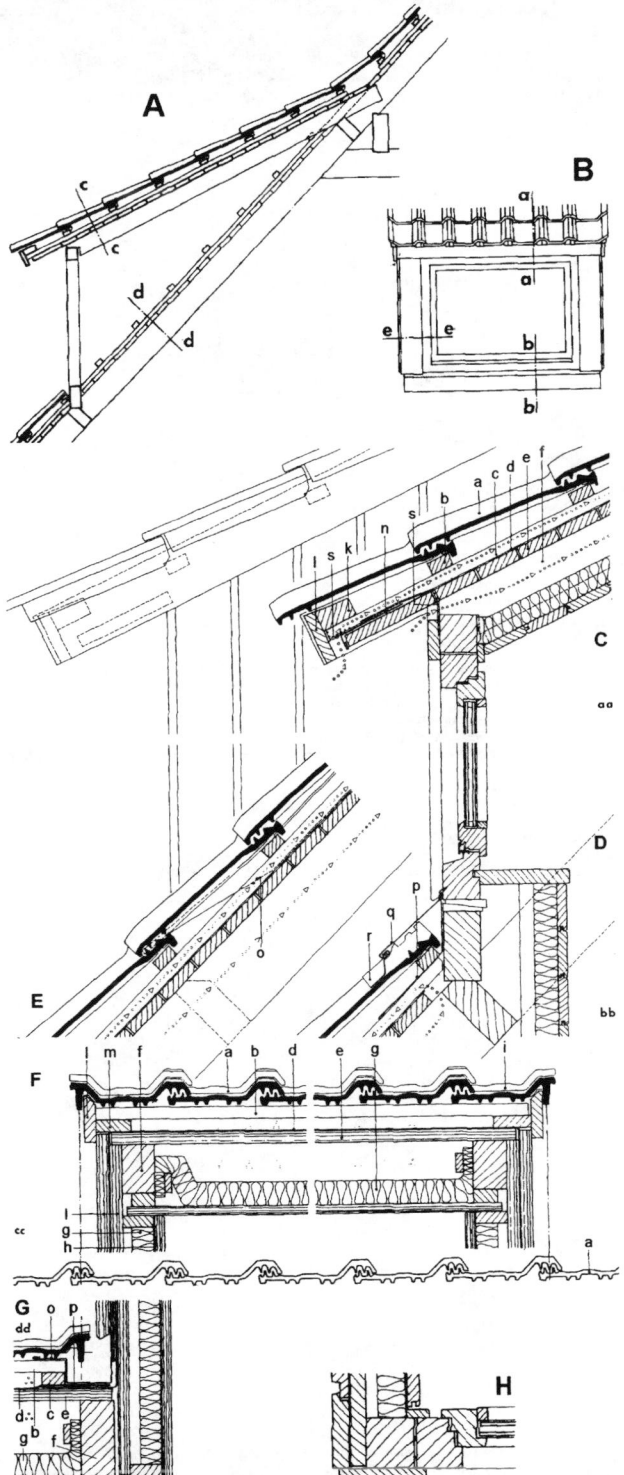

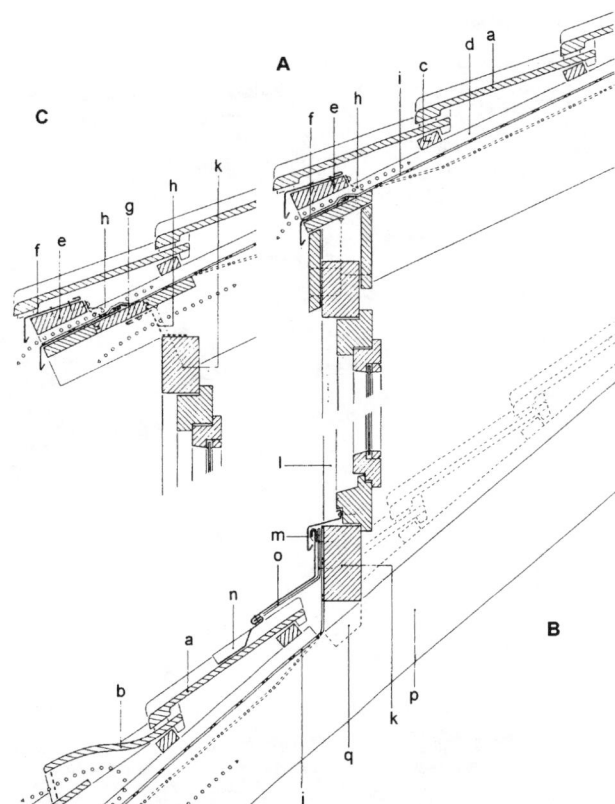

89 Schleppgaupe in Falzpfannendeckung, Kaltdach mit Unterspannbahn.
A = Traufe ohne Dachüberstand. Lüftungsöffnung über Unterspannbahn zum Herausführen von Fehlwasser.
B = Brüstung mit Dachfensteranschluss, Lüftung über Lüfterziegel,
C = Traufe mit Dachüberstand.
a = Falzpfanne, b = Lüfterziegel, c = Traglatte, d = Lüfterlatte, e = Traufbohle, f = Tropfblech, g = Traufschalung, h = Lüftergitter, i = Unterspannbahn, k = Rahmenriegel, l = Rahmenstiel, m = Sohlblech, n = Brustblech (Untergreifblech mit Walzbleistreifen), o = Halter, p = Sparren, q = Zapfen Rahmenstiel in Sparren.

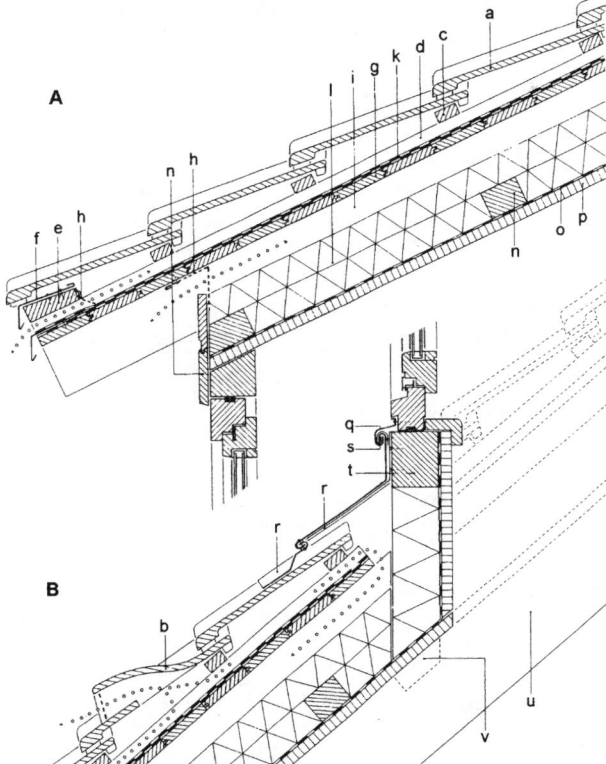

90 Schleppgaupe in Falzpfannendeckung, Warmdach.
A = Traufe mit Dachüberstand.
B = Brüstung mit Dachfensteranschluss.
a = Falzpfanne, b = Lüfterziegel, c = Traglatte, d = Lüfterlatte, e = Traufbohle, f = Tropfblech, g = Schalung, h = Lüftergitter, i = Lüftersparren, k = Dichtungsbahn, zweilagig, l = Wärmedämmung, m = Deckbrett, n = Abstandspfette, o = Dampfsperre, p = Deckenbekleidung Dachausbau, q = Sohlblech, r = Brustblech (Untergreifblech mit Walzbleistreifen) r = Halter, s = Hafte, t = Rahmenriegel, u = Sparren, v = Zapfen Rahmenriegel in Sparren.

a = Falzpfanne, b = Dachlatte, c = Konterlatte, d = Sperrschicht, e = Schalung, f = Sparren, g = Wärmedämmschicht, h = Dampfsperre, i = Ortgangziegel, k = Traufbohle, l = Stirnbrett, m = Befestigungsbrett, n = Traufblech, o = seitliche Rinne, p = Anschlussblech, q = Brustblech, r = Walzbleistreifen, s = Vogelschutzgitter.

Ziegeldeckung

Beispiele für Dachflächenfenster

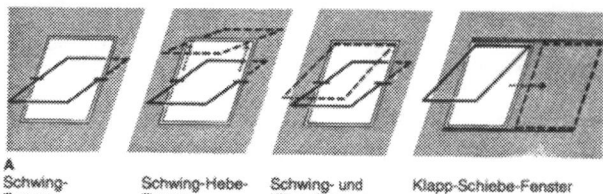

A
Schwing-
Fenster

Schwing-Hebe-
Fenster

Schwing- und
Klapp-Fenster

Klapp-Schiebe-Fenster

Öffnungsarten von Dachflächenfenstern

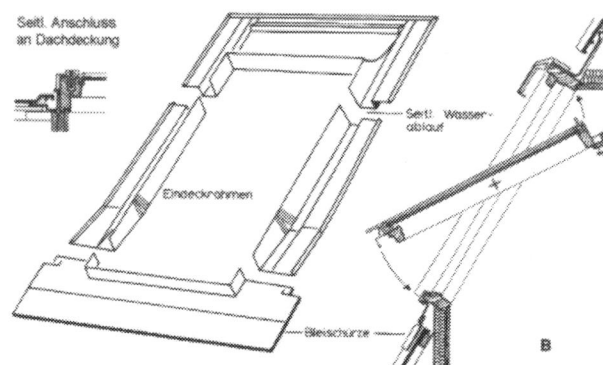

Seitl. Anschluss
an Dachdeckung

Seitl. Wasser-
ablauf

Eindeckrahmen

Blechschürze

B

C

Sichtbarer Anschluss
mit Walzbleistreifen

Sichtbarer Anschluss
mit Zinkstreifen

Verdeckter Anschluss
mit Zinkblechkehle

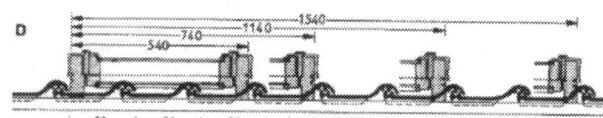

D

Einbaumaße für Falzziegel, Flachdachpfannen usw. mit 20 cm Deckbreite

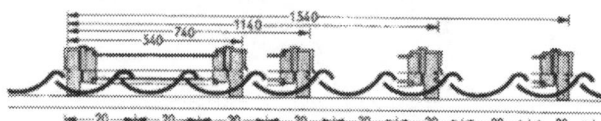

Einbaumaße für Hohlpfannen mit 20 cm Deckbreite

VELUX GDL in geschlossenem Zustand   VELUX GDL in geöffnetem Zustand

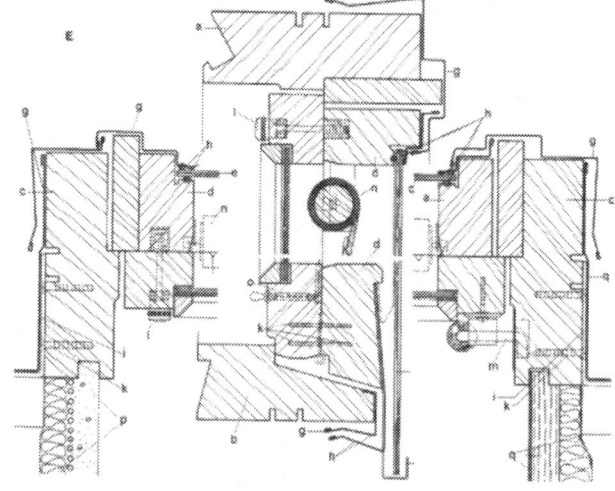

E

91 Dachflächenfenster

A = Öffnungsarten von Dachflächenfenstern.
B = Schnitte und Eindeckrahmen zu Dachflächenfenstern System VELUX.
C = Sichtbare und verdeckte Anschlussarten.
D = Einbaumaße entsprechend Dachziegelart und Ziegelbreite.
E = Zweiflügelige VELUX-GDL- Dachflächenfenster mit Austritt.
F = VELUX-Verbundfenster mit Drehhebebeschlag und Blendrahmen, mit eingebautem Rollo.

a = oberes Rahmenprofil, b = unteres Rahmenprofil (Fensterbank), c = seitliches Rahmenprofil (Blendrahmen), d = Verbundfensterprofile, e = Verglasung, f = Nirosta-Glashalter, g = Zinkblecheindichtung / Zinkblechkappe, h = dauerelastische Dichtung, i = Haltewinkel, k = Senkholzschraube, l = Verbundschraube aus Messing, m = Vorreiber, n = Rollo, o = Schnurführung, p = Wärmedämmung + Putzträger + Putz, q = Dampfsperre + Wärmedämmung + Bekleidung.

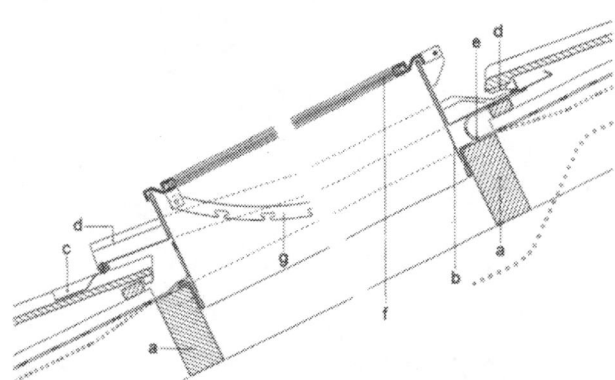

92 Dachfenster / Dachausstieg in Kaltdach. Einbau der Zarge mit allseitig hochgeführter Blechverwahrung (firstseitig aufgekantet, seitlich unter Deckung geführt, traufseitig mit Walzbleistreifen angeformt). Traufgebinde mit Lüftergitter. Unterspannbahn firstseitig als Rinne ausgebildet.
a = Wechsel, b = Fensterzarge, c = Brustblech, d = Wasserleitblech, e = Folienrinne, f = Verglasung, g = Ausstellvorrichtung (nach Lit. 10).

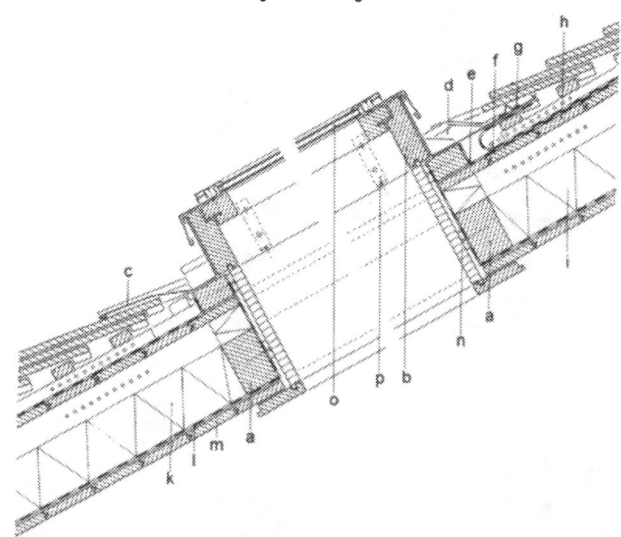

93 Dachfenster in Warmdach mit Unterdeckung. Einbau der Zarge mit allseitig hochgeführter Blechverwahrung (firstseitig aufgekantet, seitlich und traufseitig als Rinne ausgebildet und unter die Deckung geführt).
a = Wechsel, b = Fensterzarge, c = Anschlussblech / Brustblech, d = Wasserleitblech, e = Unterdeckbahn, unter Blechverwahrung geführt, f = Folienrinne, g = Rückenblech mit Sattel, h = Schalung, i = Sparren, k = Wärmedämmung, l = Dampfsperre, m = Schalung Innenseite Dachraum, n = Innenbekleidung Fensteröffnung, o = Verglasung, p = Fensterbeschlag (nach Lit. 10).

Schieferdeckung (Naturschiefer)

Altdeutsche Schieferdeckung

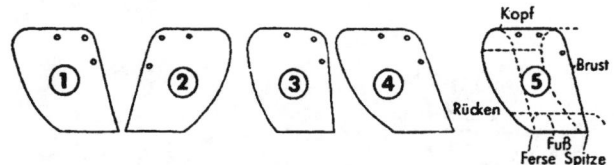

1 Rechter Deckstein (für Rechtsdeckung); **2** Linker Deckstein (für Linksdeckung); Deckstein mit stumpfem Hieb → **3** mit scharfem Hieb → **4**.

Gebindestein für Rechtsdeckung → **6**, Linksdeckung → **7**; Fußstein für Rechtsdeckung → **8**, Linksdeckung → **9**; Eckfußstein rechts → **10**, links → **11**.

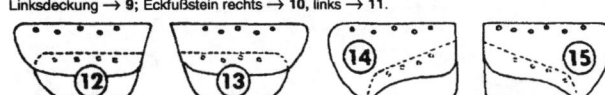

Endortstein rechts → **12**, links → **13**; geschwungener Endortstein mit Stichstein rechts → **14**, links → **15**.

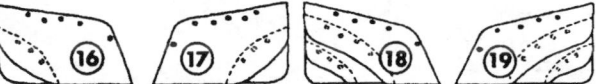

Anfangortstein mit Stichstein rechts → **16**, links → **17**; Anfangortstein mit Zwischen- und Stichstein rechts → **18**, links → **19**.

Schwärmer rechts → **20**, links → **21**; Einfäller rechts → **22**, links → **23**; Wasserstein rechts → **24**, links → **25**.

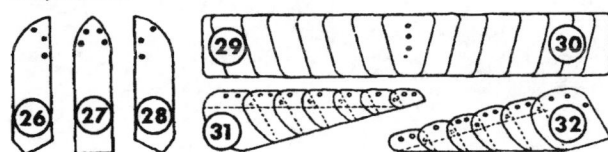

Kehlstein rechts → **26**, Herz → **27**, links → **28**; First rechts → **29**, links → **30** mit Schlussstein; **31** Ausspitzer; **32** Einspitzer.

33 Bei Rechtsdeckung; Fußgebinde mit Endortstein rechts nach → **14** beginnen

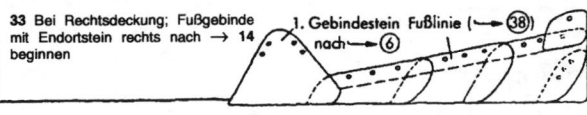

1. Gebindestein Fußlinie (→ **38**) nach → **6**

34 Ansetzen des Doppelorts (Oberländer) im 1. Deckgebinde

3 Nägel je Stein! Nägel überdecken!

35 Fußgebinde wird bis zum 2. Gebindestein verlängert

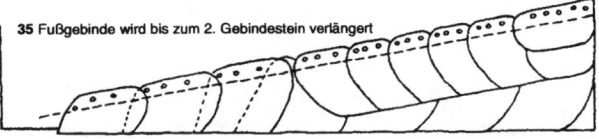

36 Angesetzter Anfangort (links) mit Anfangortstein rechts nach → **16** und 2. Deckgebinde.

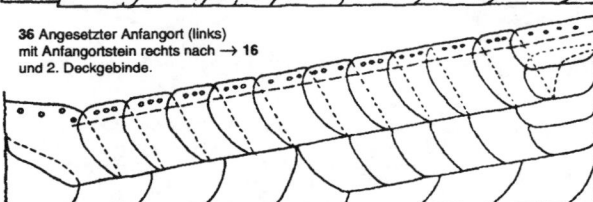

37 3. Deckgebinde mit Anfangort und Endort

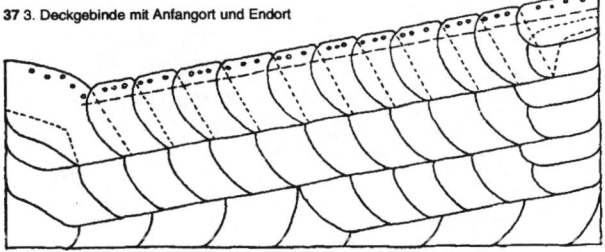

33 bis **37** Altdeutsche Schieferdeckung. Einfachdach in Rechtsdeckung. Anfangort (linke Seite) als Gleichort mit geschwungenem Rücken, Endort (rdchte Seite) als gleichmäßiger Doppelort gearbeitet.

Allgemeines, Werkstoffe: Schieferdeckung bedarf einer guten Deckunterlage, in der Regel einer 25 cm dicken gut ausgetrockneten Holzschalung. Sparrenabstand < 70 cm, damit Schalung nicht durchbiegt. Schalbretter ca. 14 cm breit, gegeneinander versetzt, damit keine durchgehenden Stoßfugen entstehen. Schalung wird meist mit 1 Lage dünner unbesandeter Dachpappe bedeckt. Papplage schützt Schalung während Bauzeit und verhindert später Eindringen von Staub, Schnee usw. Auf Regensicherheit hat Papplage keinen Einfluss. **Dachschiefer** ist wetter- und frostbeständig; Wasseraufnahme = 0,3 bis 1 Gew.-%; Druckfestigkeit > 500 kg/cm² ; Vorkommen; Rheinisches Schiefergebirge, Thüringen und benachbartes Bayern, Harz.

Gewicht einschl. Schalung bzw. Latten und Papplage: 55 kg/m² . Dachfläche (Deutsches Schieferdach, große Steine); 50 kg/m² (Deutsches Schieferdach, kleine Steine); 45 kg/m² (Englisches Schieferdach, auf Schalung); 35 kg/m² (Englisches Schieferdach, auf Latten).

Schieferarten, Maße

Bezeichnung der Schiefersorten		1/1 *)	1/2 *)	1/4 *)	1/8 *)	1/12 *)	1/16 **)	1/32
Größe der Schiefer (cm)	von	50/40	42/38	36/28	30/28	26/23	24/19	20/15
	bis	40/32	38/30	32/25	28/23	24/21	22/17	16/13
Mindest-überdeckung cm)	Breite	8	8	8	7	7	5–6	4
	Höhe	8	8	7	7	7	5–6	4
Dachneigung	≥	30°	30°	30°	35°	40°	45°	60°

Gangbare Größen: 1/8, 1/12, 1/16. Anm.: Überdeckung bei Dächern flacher als *) 40°, **) 50° je Grad Neigungsunterschied um 2 % der Tafelwerte größer.

Deckarten: Altdeutsche Schieferdeckung aus handbehauenem oder geschnittenem Schiefer auf Schalung. Steingrößen verschieden. An Traufe größte Steine, nach dem First zu werden Steine kleiner. Werkstücke → **1** bis **32**. Ansetzen der Gebinde → **33** bis **37**. Bei steilen Gebäuden flache Gebindesteigung, bei flachen Dächern steile Gebindesteigung. Ermittlung der Steigung → **38**. Eindeckung je nach Wetterrichtung als Rechtsdeckung (gebräuchlicher) oder Linksdeckung (seltener). Überdeckung, Mindestdachneidung → Tafel 1.

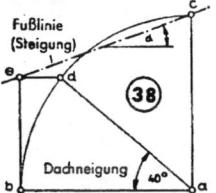

Fußlinie (Steigung)

38

Dachneigung

Das **Altdeutsche Doppeldach** ist dichter und haltbarer als das Einfachdach. Es wird so gedeckt, dass das 3. Gebinde das 1. Gebinde noch um 2–3 cm überdeckt. Seitliche Überdeckung 3–4 cm. Sonst Ausführung wie Einfachdach → **39**. **Schablonendeckung** als Einfach- oder Doppeldeckung wie altdeutsche Deckung. Die gleichmäßigen, nach Schablonen geschnittenen Steine wirken nicht so lebendig wie handbehauener Schiefer.

Dachkanten: Der First wird mit großen rechteckigen Steinen eingedeckt → **46**. Die auf der Wetterseite liegenden Schiefer stehen dabei um 5–6 cm über den First über. **Ortgänge** einbinden → **48** bis **51**. Aufgelegte Orte (Strackorte) sind hässlich und weniger haltbar. **Kehlen** mit Brettern ausfüttern und besonders sorgfältig eindecken → **56** bis **59**. **Anschlüsse** der Schornsteine und Dachgaupen mit Schiefer auskehlen → **45**, **52** bis **55**. Metalleinfassungen im Schieferdach wirken hässlich und sind im Schieferdach wenig haltbar (Schiefer enthält z.T. Schwefelkies, bei Verwitterung entsteht Schwefelsäure, die Metall zerstört!)

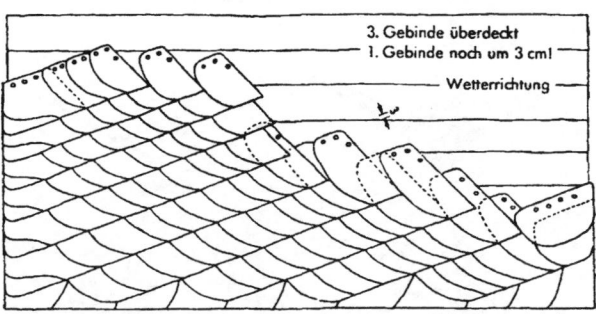

3. Gebinde überdeckt
1. Gebinde noch um 3 cm!
Wetterrichtung →

39 Altdeutsche Schieferdeckung, Doppeldach in Rechtsdeckung. Fuß, First und Anfangort einfach, Gebinde und Endort doppelt gedeckt.

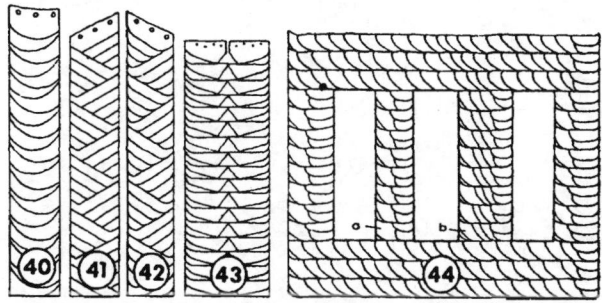

40 bis **44** Beschieferung von Wandpfeilern nur mit Ortsteinen → **40** bis **43** oder in altdeutscher Deckung → **44**. **40** bis **42** für Pfeiler bis 30 cm Breite; **43**, **44a** bis 50 cm Breite; **44b** über 50 cm Breite.

Schieferdeckung (Naturschiefer)

Ausführungsbeispiele für altdeutsche Schieferdeckung

Schornsteinbeschieferung

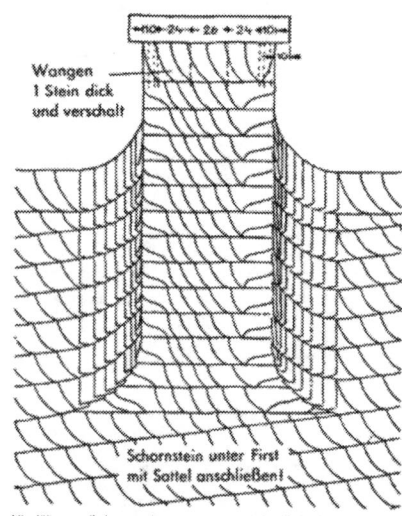

45 Wenn Schornstein verputzt wird, Schieferkehlen mit eingeputzten Bleistreifen anschließen.

Deckung am First

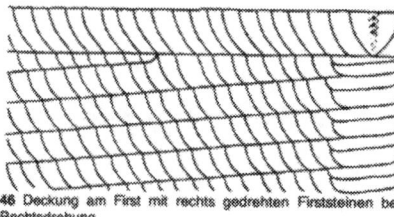

46 Deckung am First mit rechts gedrehten Firststeinen bei Rechtsdrehung.

Giebelbeschieferung

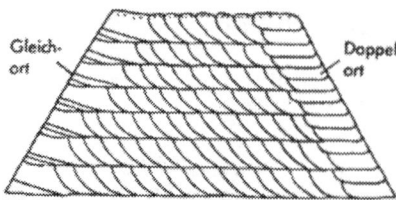

47 Giebelbeschieferung ohne Steigung d. Deckgebinde. Ausführung auch mit gleichartigen Orten möglich

Deckung der Ortgänge

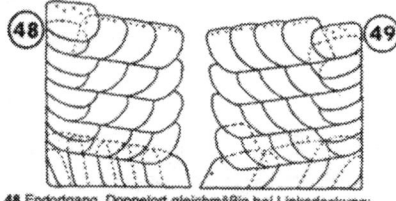

48 Endortgang, Doppelort gleichmäßig bei Linksdeckung;
49 desgl., bei Rechtsdeckung.

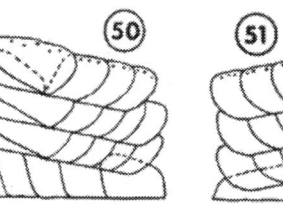

50 Endortgang, gleicher Stichort, bei Linksdeckung;
51 desgl., bei Rechtsdeckung.

Ausbildung der Anfangortgänge → 37 und 39. Die Ortgänge sind am Schieferdach am anfälligsten. Besonders sorgfältige Ausführung deshalb notwendig. Durch Stichsteine → 18, 19 geschlossene Gebindelinie herstellen, sonst einwandfreie Wasserableitung fraglich.

Deckung der Dachgaupen

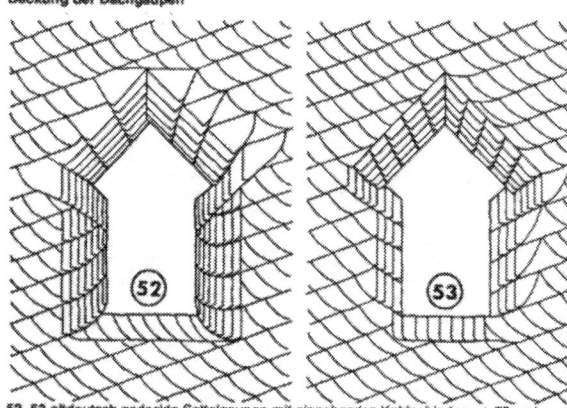

52, 53 altdeutsch gedeckte Sattelgaupen mit eingehenden Kehlgebinden → 52 und ausgehenden Kehlgebinden → 53.

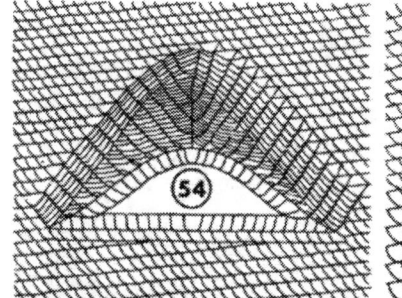

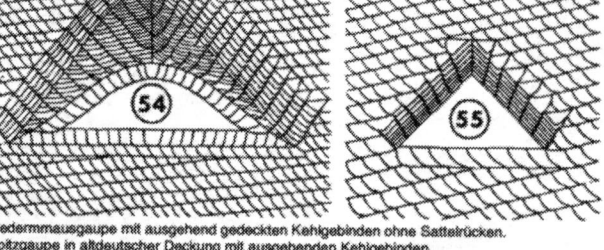

54 Fledermausgaupe mit ausgehend gedeckten Kehlgebinden ohne Sattelrücken.
55 Spitzgaupe in altdeutscher Deckung mit ausgehenden Kehlgebinden.
Schieferdeckung von Fledermausgaupen fachgerecht nur möglich, wenn Höhe ≤ 1/3 Breite und Winkel zwischen Hauptdach und Gaupenfirst ≤ 12° (→ Abb. Abschnitt Ziegeldeckung). Deckung der Gaupen mit eingehenden (nach vorn zulaufenden) → 52 oder ausgehenden (fliehenden) → 53, 54, 55 Kehlgebinden. Bei Fledermausgaupen auch Wechselkehlen möglich (wirkt aber unruhiger als → 54.

Deckung gleichhüftiger Kehlen

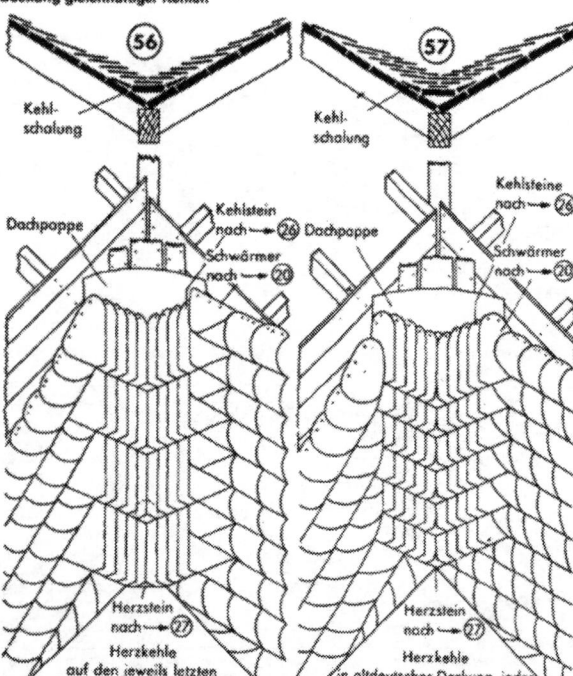

52, 53 Herzstein nach → 27
Herzkehle auf den jeweils letzten Kehlstein übergreifend gedeckt
Herzstein nach → 27
Herzkehle in altdeutscher Deckung, jedes Kehlgebinde wird eingebunden

Deckung ungleichhüftiger Kehlen

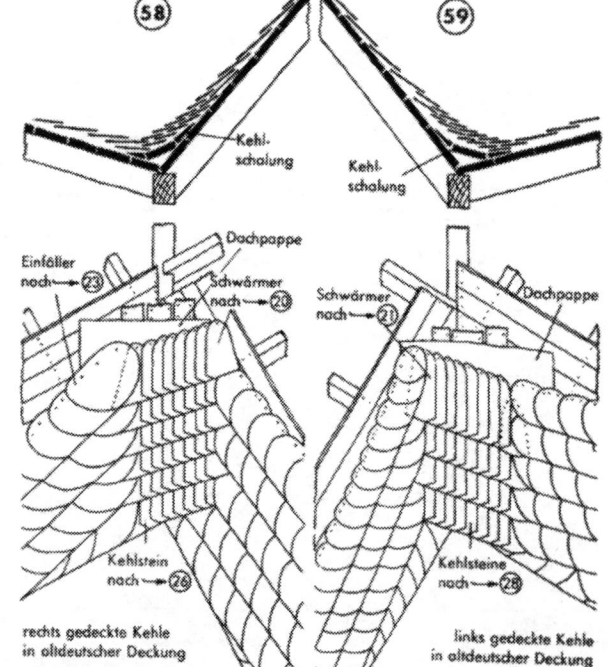

Kehlstein nach → 26
rechts gedeckte Kehle in altdeutscher Deckung
Kehlsteine nach → 28
links gedeckte Kehle in altdeutscher Deckung

Schieferkehlen gut ausfüttern (mit Kehlschalung). Längsüberdeckung der Kehlgebinde 1/3 größer als Längsüberdeckung der Deckgebinde. Seitenüberdeckung stets ½ Kehlsteinbreite. Man unterscheidet Hauptkehlen (mind. 7 Kehlsteine breit) → 56 bis 59 und Wandkehlen → 45, 52 bis 55.

Schieferdeckung (Naturschiefer, Faserzement-Dachplatten)

Richtlinie Dachdeckungen mit Schiefer (Naturschiefer) nach DIN 18338, Abs. 3.2.3 und ZDD-Fachregeln

3.2.3 Dachdeckungen mit Schiefer

3.2.3.1 Die Altdeutsche Deckung ist mit Decksteinen mit normalem Hieb geeigneter Sortierungen als Rechtsdeckung auf Vollschalung auszuführen.
Ortgänge und Grate sind eingebunden mit Überstand zu decken. Traufen sind mit eingebundenem Fußgebinde zu decken. Firste sind in einfacher Deckung mit Überstand auszuführen. Kehlen sind als eingebundene Kehlen zu decken.

3.2.3.2 Die Schuppendeckung ist mit Schuppen gleicher Größe in normalem Hieb auf Vollschalung als Rechtsdeckung auszuführen.
Ortgänge und Grate sind eingebunden mit Überstand zu decken. Traufen sind eingebunden zu decken. Firste sind in einfacher Deckung mit Überstand auszuführen. Kehlen sind als eingebundene rechte oder linke Hauptkehle zu decken.

3.2.3.3 Die Deutsche Deckung mit Bogenschnitt ist mit quadratischen Schiefern mit Bogenschnitt auf Vollschalung als Rechtsdeckung auszuführen.
Ortgänge und Grate sind eingebunden mit Überstand zu decken. Traufen sind eingespitzt auszuführen. Firste sind in einfacher Deckung mit Überstand auszuführen. Kehlen sind als eingebundene Kehlen zu decken.

3.2.3.4 Die Rechteckdoppeldeckung ist mit rechteckigen Schiefern im halben Verband mit Hakenbefestigung auszuführen.
Ortgänge sind auslaufend zu decken. Grate sind als aufgelegte Strackortdeckung in Einfachdeckung auszuführen. Traufen sind mit Ansetzerplatten zu decken. Firste sind als Einfachdeckung mit Überstand auszuführen. Kehlen sind als untergelegte Metallkehlen zu decken.

Richtlinie Dachdeckungen mit Faserzement-Dachplatten nach DIN 18338, Abs. 3.2.4, 3.2.5 und ZDD-Fachregeln

3.2.4 Dachdeckungen mit Faserzement–Dachplatten

3.2.4.1 Für die Dachdeckung sind Faserzement–Dachplatten nach DIN EN 492 zu verwenden.

3.2.4.2 Die Deutsche Deckung ist mit Dachplatten mit Bogenschnitt auf Vollschalung als Rechtsdeckung auszuführen.
Ortgänge und Grate sind eingebunden zu decken.
Traufen sind mit eingespitztem Fuß zu decken.
Firste sind mit aufgelegten Dachplatten als Einfachdeckung mit Überstand auszuführen.
Kehlen sind als untergelegte Plattenkehle zu decken.

3.2.4.3 Die Doppeldeckung ist mit Rechteckplatten im halben Verband auf Dachlattung auszuführen.
Ortgänge sind auslaufend zu decken.
Grate sind als aufgelegte Orte (Strackorte) in Einfachdeckung auszuführen.
Traufen sind mit Ansetzerplatten zu decken.
Firste sind in Einfachdeckung auszuführen.
Kehlen sind als untergelegte Metallkehlen auszuführen.

Ergänzende Hinweise zur Schieferdeckung

1 Deckunterlage
Schieferdeckung erfolgt
- auf Schalung aus Holz oder Holzwerkstoffen, mind. 24 mm dick, mit Vordeckung aus einer Lage Glasvlies-Bitumendachbahnen V 13, feinbesandet.
  Die Dachbahnen können vom First zur Traufe laufen oder auch mit der Traufe gleichlaufend gedeckt werden. Die Nähte müssen mindestens 6 cm breit überdecken.
- auf Latten mit Nagelbefestigung; Querschnitt der Latten mind. 40 x 60 mm.
- als Rechteckschablonendoppeldeckung mit Hakenbefestigung auf Latten mit einem Mindestquerschnitt von 24 x 48 mm.

2 Dachneigungen
Mindestdachneigungen:
- altdeutsche Schieferdeckung (einfache Deckung) nicht unter 25° (47 %). In Ausnahmefällen kann unter Beachtung besonderer Sorgfalt bei kleineren Flächen (Gauben, Vordächer u.ä.) bis zu 23 ° (42 %) gegangen werden;
- altdeutsche Doppeldeckung nicht unter 22 ° (40 %). In Ausnahmefällen kann unter Beachtung besonderer Sorgfalt bei kleineren Flächen (Gauben, Vordächer u.ä.) bis zu 20 ° (36 %) gegangen werden;
- deutsche Schuppenschablonendeckung (einfache Deckung) nicht unter 25 ° (47 %);
- deutsche Schuppenschablonendoppeldeckung nicht unter 22 ° (40 %);
- Rechteckschablonendoppeldeckung nicht unter 22 ° (40 %). In Ausnahmefällen kann unter Beachtung besonderer Sorgfalt bei kleineren Flächen (Gauben, Vordächer u.ä.) bis zu 29 ° (36 %) gegangen werden;
- Schablonendeckungen verschiedener Formen nicht unter 30 ° (58 %).

Die Mindestdachneigungen können bis zu einer Neigung von mindestens 15 ° unterschritten werden, wenn ein regensicheres Unterdach angeordnet wird.
Je geringer die Dachneigung und je größer die Entfernung zwischen First und Traufe sind, desto größer muss der Schiefer sein. Je steiler die Dachneigung und je kleiner die Entfernung zwischen First und Traufe sind, desto kleiner kann der Schiefer gewählt werden.

3 Deckungsarten

3.1 Altdeutsche Deckung (Einfachdeckung, Doppeldeckung)
Das Hauptmerkmal der altdeutschen Deckung ist die Verwendung von Decksteinen verschiedener Höhe und Breite in einer Fläche.
Die Deckung erfolgt in der Weise, dass über dem Fußgebinde des Daches mit den größten nach Gattungen sortierten Decksteinen begonnen wird, die in ihrer Größe nach dem First zu kleiner werden.
Die breiten und schmalen Decksteine sind in der Fläche zu verteilen.
Das Übersetzen von zwei schmalen Decksteinen auf einen breiten oder von einem breiten Deckstein auf zwei schmale ist zulässig, ist jedoch mit besonderer Sorgfalt vorzunehmen. Sämtliche Orte und Grate sind "eingebunden" zu decken.

Die Merkmale und Deckregeln der altdeutschen Doppeldeckung sind die gleichen wie bei der einfachen altdeutschen Deckung, nur dass hier das dritte Gebinde das erste noch um mindestens 2 cm überdeckt.
Im Gegensatz zur Dachfläche werden Fuß, Ort und First einfach gedeckt.

Dachneigung		Günstigste Sortierung	Schieferhöhe der Gattungen
22 bis 30 °	(40 bis 58 %)	1/1 *	50 bis 40 cm
25 bis 40 °	(47 bis 84 %)	1/2 und 1/4	42 bis 32 cm
35 bis 40 °	(70 bis 84 %)	1/8	34 bis 28 cm
35 bis 40 °	(70 bis 84 %)	1/8 und 1/12	34 bis 24 cm
40 bis 50 °	(74 bis 119 %)	1/12 und 1/16	30 bis 20 cm
von 45 ° aufw.	(100 % und mehr)	1/16 und 1/32	26 bis 16 cm
von 50 ° aufw.	(119 % und mehr)	1/32 und 1/64	22 bis 11 cm

*) nur Doppeldeckung

Die einfache altdeutsche Deckung erfolgt mit Decksteinen im "normalen Hieb" (29 % Rückenüberdeckung), Rückenführung 125°, Brustwinkel 74 ° und mit Decksteinen im "scharfen Hieb" (38 % Rückenüberdeckung), Rückenführung 135 °, Brustwinkel 65 °
Die Mindesthöhenüberdeckung und Seitenüberdeckung betragen bei der einfachen altdeutschen Deckung mit normalem Hieb 29 % der Steinhöhe, mindestens aber 5 cm.
Wird die Mindestüberdeckung von 5 cm in der Seitenüberdeckung beim normalen Hieb nicht zwangsläufig erreicht, so ist der scharfe Hieb anzuwenden.
Werden in einer Dachfläche von 22 bis 40 ° Neigung (40 bis 84 %) kleinere Schiefer als in der Übersichtstafel angegeben verwendet, so ist die Mindesthöhenüberdeckung auf 34 % und die Mindestseitenüberdeckung auf 38 % der Steinhöhe zu vergrößern.
Die Höhenüberdeckung ist
- bei der Einfachdeckung die Entfernung zwischen Kopf und Fuß zweier sich überdeckender Decksteine,
- bei der Doppeldeckung die Entfernung zwischen Kopf und Fuß jedes ersten und dritten sich überdeckenden Steines. Bei jeglicher Steingröße muss das dritte Deckgebinde das erste Deckgebinde noch um 2 cm überdecken (2 cm überdoppelt).

Die Seitenüberdeckung ist die Entfernung zwischen der Brust des untenliegenden Decksteins und dem Rücken des überdeckenden Decksteines in der Höhenüberdeckungslinie gemessen.
Es sind zu unterscheiden
- Fußsteine – Decksteine – Ortsteine – Firststeine

Die Höhenüberdeckung ist mit folgenden Mindestmaßen herzustellen:

Höhe der Schiefer cm	Höhenüberdeckung in mm bei einer Neigung in Grad (°) der zu deckenden Fläche von über 20 bis 25	26 bis 30	31 bis 35	36 bis 40	41 bis 45	46 bis 50	51 bis 90
bis 41	–	–	75	65	60	55	50
über 41 bis 55	98	91	84	77	70	63	56
über 55	112	104	96	88	80	72	64

3.2 Schablonendeckung (Einfachdeckung, Doppeldeckung)
Das Hauptmerkmal der deutschen Schuppenschablonendeckung (einfache Deckung) ist die Verwendung von Schuppenschablonen gleicher Größe. First-, Fuß- und Ortsteine sind in Größe und Form unterschiedlich.
Sämtliche Orte an der geraden Ortkante sind einzubinden. Die Grate können jedoch als aufgelegte Orte (Strackorte) gedeckt werden. Die Schieferkanten der Unterdeckungen am aufgelegten Ort müssen von oben gehauen und mit einem wasserabweisenden Schnitt versehen sein. Die Überdeckung beim aufgelegten Ort und dessen Überdeckung auf die Dachfläche muss mindestens 8 cm betragen.
Die Hauptmerkmale der Doppeldeckung mit deutschen Schuppenschablonen sind die gleichen wie bei der einfachen Schuppenschablonendeckung, jedoch überdeckt hier das dritte Gebinde das erste um wenigstens 2 cm.
Im Gegensatz zur Dachfläche werden Fuß, Ort und First einfach gedeckt. Sämtliche Orte an der geraden Ortkante sind einzubinden. Die Grate können jedoch als aufgelegte Orte (Strackorte) gedeckt werden.
Die Rechteckschablonendoppeldeckung ist dadurch gekennzeichnet, dass das dritte Gebinde das erste noch überdeckt und die Deckung im Verband erfolgt. Bei dieser Deckungsart ist als Grundsatz zu beachten: je flacher das Dach, desto größer der Schiefer.
Bei der Deckung mit Fischschuppenschablonen werden die einzelnen Schablonen im Verband gedeckt. Die Überdeckung regelt sich nach der Größe und dem Schnitt der Schiefer, wobei der Schnitt völlig überdeckt werden muss.
Bei der Deckung mit Spitzwinkelschablonen werden die Schablonen im Verband gedeckt.
Für die Deckung mit deutschen Schuppenschablonen sind für die Dachneigungen die für die Altdeutsche Deckung in Abs. 3.1 angegebenen Steingrößen sinngemäß anzuwenden. Die 29 % Seitenüberdeckungen müssen bei Schuppenschablonen durch Zurücksetzen der Ferse über die Spitze erreicht werden.
Die einfache deutsche Schuppenschablonendeckung erfolgt mit Schuppen im "normalen Hieb" (29 % Rückenüberdeckung), Rückenführung 125 °, Brustwinkel 74 °.
Die Rechteckschablonendeckung ist als Doppeldeckung im Verband auszuführen. Bei Dachneigungen unter 35 ° sind Schiefer mit einer Breite von mindestens 230 mm zu verwenden.

Es sind zu unterscheiden:
- Fußsteine – Decksteine – Ortsteine – Firststeine

3.3 Kehlen
Hauptkehlen können bis zu einer Kehlsparrenneigung von 30 ° (58 %), versetzte Kehlen bis zu 25 ° (47 %) noch regensicher gedeckt werden.
30 ° Kehlsparrenneigung = 40 ° Dachneigung
25 ° Kehlsparrenneigung = 34 ° Dachneigung
Ungleichhüftige Kehlen sind stets von der flachen in die steile Dachseite zu decken.
Die Kehlgebinde werden so eingeteilt, dass jedes Kehlgebinde von einem Deckgebinde auslaufend in die Deckgebinde der anzukehlenden Dachfläche eingebunden wird.
Die Höhenüberdeckung der Kehlgebinde muss ein Drittel mehr betragen als die der Deckgebinde. Die Seitenüberdeckung muss die Hälfte der Kehlsteinbreite betragen.
Es sind zu unterscheiden:
- Hauptkehlen
  - -- Herzkehlen werden von dem in der Mitte der Kehlen liegenden Herzwasserstein nach beiden Dachflächen, die unter gleicher Neigung liegen müssen, gedeckt.
    Die Kehlmitte (Herzwasserstein) muss genau über der Mitte des Kehlwinkels liegen.
  - -- Rechte und linke Kehlen können bei gleichen und ungleichen Dachneigungen gedeckt werden.
    Die Breite der Kehle muss mindestens sieben Kehlsteine betragen.
- Sonstige Kehlen
  - -- Die rechte und linke eingehende Kehle
    Diese Kehle wird von einer Dachfläche in eine senkrechte Wand- oder Wangenfläche gedeckt.
    Die Breite der Kehle muss mindestens sieben Kehlsteine betragen.
  - -- Die rechte und linke ausgehende (fliehende) Kehle
    Diese Kehle wird von einer senkrechten Wand– oder Wangenfläche in eine Dachfläche, die mindestens 50 ° (119 %) Dachneigung haben muss, gedeckt. Bei breiter Gesimsauslage des Sattels – von mindestens 35 cm – kann sie ab 45 ° Dachneigung (100 %) gedeckt werden.
  - -- Die Wechselkehle kommt dort zur Anwendung, wo die Dachneigung wechselt (bei Dachgauben, geschwungenen Dachflächen u.dgl.). Die Deckung erfolgt zu Anfang als rechte oder linke Kehle und wechselt in der Weise, dass die Kehle je nach der Dachneigung von der flachen in die steile Seite gedeckt wird. Kehle wechselt, wird über den Ausspitzgebinden mit einem entgegengesetzt laufenden Gebinde begonnen.
  - -- Wandkehlen bilden den Anschluss der Dachfläche an Giebeln, Schornsteinen und dergleichen. Sie können als eingehende oder ausgehende (fliehende) rechte oder linke Kehlen gedeckt werden.
    Die Breite der Kehle beträgt drei bis fünf Kehlsteine.

4 Zusätzliche Maßnahmen
für Unterspannbahnen, Vordeckung, Unterdächer und Dachlüftung sind sinngemäß den zusätzlichen Maßnahmen für Ziegeldeckung/Betondachsteindeckung auszuführen.

Faserzement-Dachplatten-Deckung

Ergänzende Hinweise zur Deckung mit Faserzement–Dachplatten

1 Deckunterlage

Deckung mit Faserzement–Dachplatten erfolgt
- auf Schalung auf Holz oder Holzwerkstoffen, mind. 24 mm dick, mit Vordeckung aus einer Lage Glasvlies–Bitumendachbahn V 13, feinbesandet.
  Die Dachbahnen können vom First zur Traufe oder auch mit der Traufe gleichlaufend gedeckt werden. Die Nähte müssen mindestens 8 cm überdecken.
- auf Latten mit Nagelbefestigung; Querschnitt der Latten mind. 30 x 50 mm bei Sparrenabstand bis 60 cm, 40 x 60 mm bei Sparrenabstand über 60 bis 80 cm.

2 Werkstoffe

Ebene Faserzement–Dachplatten sind Dachplatten aus einer Mischung von Synthetikfasern und/oder Zellulosefasern und Zement. Asbestzementfasern sind für ebene Faserzement–Dachplatten nicht mehr zugelassen.
Faserzement–Dachplatten werden mit und ohne Oberflächenstruktur hergestellt.
Formen und Maße siehe Tabelle 1.
Andere Maße für Breite und Höhe sind zulässig, jedoch dürfen jeweils 600 nicht überschritten werden.
Dachplatten müssen frostbeständig, wasserundurchlässig und nicht brennbar, Klasse A 2 gemäß DIN 4102, sein.

Tabelle 1. Zu bevorzugende Formen und Maße

Form	Breite b ± 3 mm	Höhe h ± 3 mm	Dicke mm	Eckenausbildung
	400	400		Quadrat, vollkantig (vk)
	300	300		
	400	400		Quadrat mit Bogenschnitt links (bgl) oder mit Bogenschnitt rechts (bgr)
	300	300		
	200	200		
	200	200		Quadrat mit einer gestutzten Ecke (ge)
	600	300	4 + 0,6 − 0,4	
	400	200		Rechtecker, vollkantig (vk)
	400	130		
	300	200		
	300	150		
	400	200		Rechtecker mit gestutzten Ecken (ge)
	300	150		
	200	100		
	300	600		Rechtecker, vollkantig (vk) oder mit gestutzten Ecken (ge)
vollkantig / gestutzte Ecken	200	400		

3 Deckungsarten, Dachneigungen

3.1 Deutsche Deckung

Die Deutsche Deckung ist mit Dachplatten mit Bogenschnitt entsprechend Bild 1 auszuführen.

3.2 Doppeldeckung

Die Doppeldeckung ist mit Rechteckplatten oder mit Quadratplatten im halben Verband mit Stoßfuge entsprechend Bild 2 auszuführen. Die Faserzementplatten können vollkantig sein oder gestutzte Ecken haben.
Diese Deckungsart ist auf Vollschalung mit Vordeckung oder auf Dachlattung möglich.
Plattengrößen der Faserzementdachplatten:
200/400, 300/300, 300/600, 400/400 mm.
Dachplatten 300/600 und 400/400 mm sind zusätzlich mit Plattenhaken zu befestigen.
Dieser Abschnitt gilt auch für Doppeldeckung aus Platten mit Segmentbogen (Biberformat).

Diese Deckungsart ist nur auf Vollschalung mit Vordeckung und mit Gebindesteigung auszuführen. Je geringer die Dachneigung ist, desto steiler muss die Gebindesteigung werden.
Plattengrößen der Dachplatten mit Bogenschnitt: 250/250, 250/300, 300/300, 400/400 mm.
Dachplatten 400/400 mm sind zusätzlich mit Plattenhaken zu befestigen.

3.3 Spitzschablonendeckung

Die Spitzschablonendeckung ist mit Quadratplatten mit zwei gegenüberliegenden gestutzten Ecken im halben Verband mit Stoßfugen entsprechend Bild 3 auszuführen. Die Deckung erfolgt mit 1 oder 2 cm Hängespitze.
Diese Deckungsart ist auf Vollschalung mit Vordeckung oder auf Dachlattung möglich.
Plattengröße der Faserzementdachplatten: 300/300, 400/400 mm.
Die Dachplatten sind zusätzlich mit Plattenklammern zu befestigen.

3.4 Waagerechte Deckung

Die Dachplatten für die waagerechte Deckung werden entsprechend Bild 4 in der Höhe und seitlich überdeckt. Die Deckung erfolgt entgegengesetzt zur Hauptwetterrichtung. Die Platten sind mit hängender Ferse zu decken.
Diese Deckungsart ist auf Vollschalung mit Vordeckung oder ab 35° auf Dachlattung möglich.

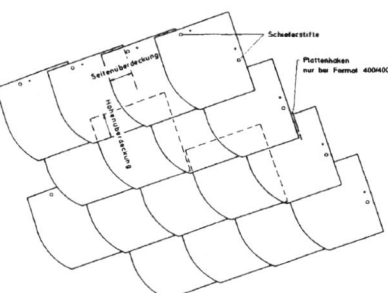

Bild 1: Deckschema Deutsche Deckung
(z.B. Format 300/300 mm)

Überdeckungen in mm bei der Deutschen Deckung.

Format Dachneigung	250/250	250/300	300/300	400/400
Regeldachneigung ≥ 25°	Seitenüberdeckung konstant 90 mm			Höhen– und Seitenüberdeckung
		Höhenüberdeckung		
≥ 25°			110	120
≥ 30°	100		100	110
≥ 35°	90		90	100
≥ 45°	80		80	90
≥ 55°	70		70	90

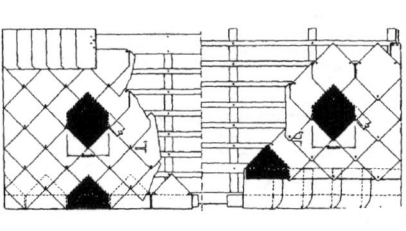

Bild 3: Deckschema: Spitzschablonendeckung
(z.B. Format 300/300 mm).

Überdeckungen in mm bei der Spitzschablonendeckung:

Format Dachneigung	300/300	400/400
Regeldachneigung ≥ 30°	Höhenüberdeckung	
≥ 30°	100	110
≥ 35°	90	100
≥ 45°	80	90
≥ 55°	70	90

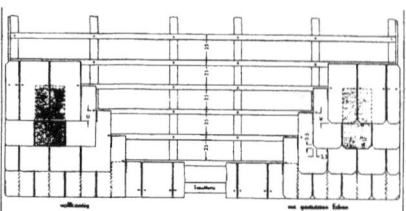

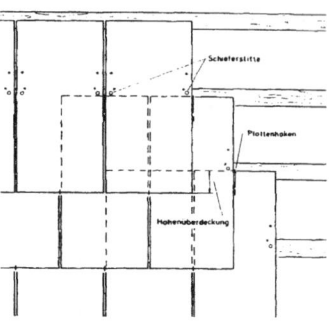

Bild 2: Deckschema: Doppeldeckung
(z.B. Format 300/600 mm)

Überdeckungen in mm bei der Doppeldeckung.

Format Dachneigung	200/400	300/300	300/600	400/400
Regeldachneigung ≥ 25°	Höhenüberdeckung			
≥ 25°			–	120
≥ 30°		100		100
≥ 40°		80		80
≥ 50°		60		70

Plattengrößen der Faserzementplatten: 600/300 mm. Die Dachplatten sind zusätzlich mit Plattenhaken zu befestigen.

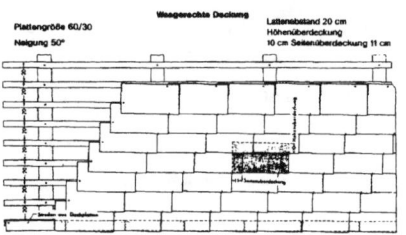

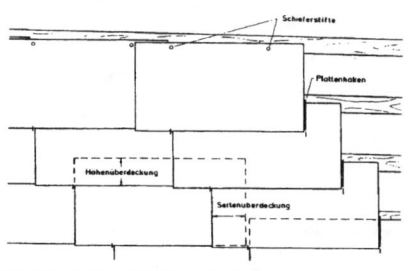

Bild 4: Deckschema: Waagerechte Deckung
(z.B. Format 600/300 mm)

Überdeckungen in mm bei der waagerechten Deckung:

Format Dachneigung	600/300	
Regeldachneigung ≥ 30°	Seitenüberdeckung	Höhenüberdeckung
≥ 30°	120	100
≥ 40°	110	90
≥ 50°	90	80

Faserzement-Dachplatten-Deckung

3.5 Kehlen

Es sind zu unterscheiden:
– Hauptkehlen
– Sattelkehlen

Die wasserführende Verschneidungslinie zweier Dachflächen ist eine Hauptkehle. Bei Sattelgauben wird diese Verschneidungslinie als Sattelkehle bezeichnet. Sattelkehlen werden wie Hauptkehlen gedeckt.

Hauptkehlen sind mit Metall oder mit Dachplatten zu decken.

Abhängig von der Art der Dachflächendeckung sind folgende Kehldeckungen möglich:

Hauptkehlen

Kehldeckung	Metall		Dachplatten		
Deckungsart	Blech-kehle	Nocken-kehle	unterlegte Plattenkehle	eingebundene Plattenkehle	rechte/linke eingebundene Kehle
Deutsche Deckung	o	o	o	–	o[2) 3)]
Doppeldeckung	o	o	o	o[1)]	–
Spitzschablonen-Deckung	o	–	o	–	–
Waagerechte Deckung	o	o	o	–	–

o möglich – nicht möglich

[1)] Nur Format 200/400 mm
[2)] Nicht Format 400/400 mm
[3)] Bei Verwendung von Faserzementplatten mit strukturierter Oberfläche ist darauf zu achten, dass die Oberflächenstruktur nicht als Wassereinträger wirkt.

Für eine regensichere Kehldeckung sind folgende besondere Neigungsgrenzen einzuhalten:
– Blechkehle   keine
– Nockenkehle   ≥ 25 ° Kehlsparrenneigung
– Dachplattenkehle   ≥ 30 ° Kehlsparrenneigung

3.6 Anschlüsse

Die Verschneidungslinie einer Dachfläche mit einem aufgehenden Bauteil, z.B. Wand, Schornstein, Gaubenwange, ist ein Anschluss. Man unterscheidet seitliche, firstseitige und traufseitige Anschlüsse.

Abhängig von der Art der Dachflächendeckung sind folgende Anschlüsse möglich:

Anschlüsse	seitliche Anschlüsse			traufseitige Anschlüsse	firstseitige Anschlüsse
Deckungsart	aus Metall	als Wand-kehle	als Wangen-kehle	aus Metall	aus Metall
Deutsche Deckung	o	o[1) 4)]	o[1) 4)]	o[3)]	o
Doppeldeckung	o	–	–	o[3)]	o
Spitzschablonen-Deckung	o[2)]	–	–	o	o
Waagerechte Deckung	o	–	–	o[3)]	o

[1)] Nicht Format 400/400 mm
[2)] Nicht Nockenanschluss
[3)] Sind auch im Einzelfall mit Dachplatten möglich

o möglich – nicht möglich

[4)] Bei Verwendung von Faserzementplatten mit strukturierter Oberfläche ist darauf zu achten, dass die Oberflächenstruktur nicht als Wassereinträger wirkt.

4 Zusätzliche Maßnahmen

für Unterspannbahnen, Vordeckung, Unterdächer und Dachlüftung sind sinngemäß den zusätzlichen Maßnahmen für Ziegeldeckung/Betondachsteindeckung auszuführen.

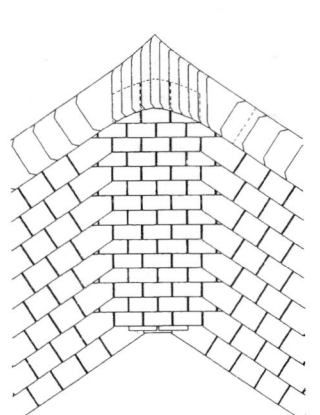

Hauptkehle: Eingebundene Plattenkehle (z.B. Format 200/400)

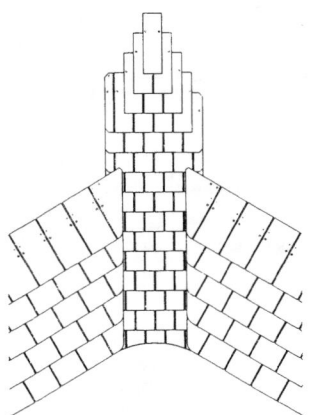

Hauptkehle: Unterlegte Plattenkehle (Fläche z.B. Format 200/400, Kehle z.B. Format 130/400)

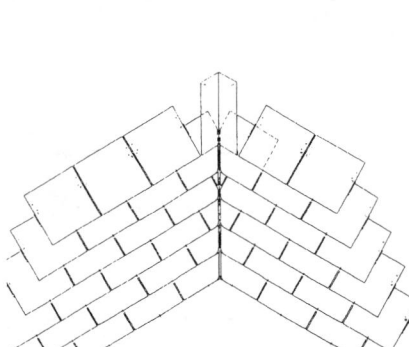

Hauptkehle: Nockenkehle (z.B. Format 400/400)

Ortgang im Verband decken!

Ortgang verschalt

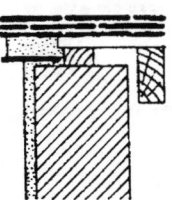

Ortgang verputzt

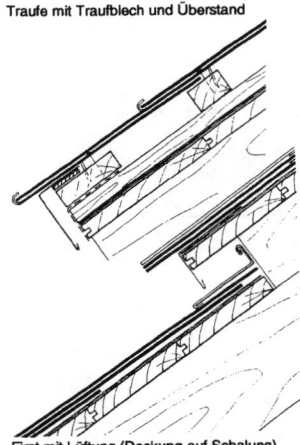

Traufe mit Traufblech und Überstand

First mit Lüftung (Deckung auf Schalung)

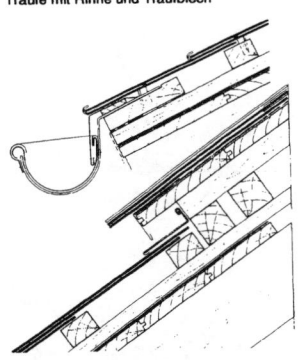

Traufe mit Rinne und Traufblech

First mit Lüftung (Deckung auf Lattung)

Seitlicher Anschluss aus Metall mit unterlegtem Anschlussblech

Seitlicher Anschluss als Wandkehle

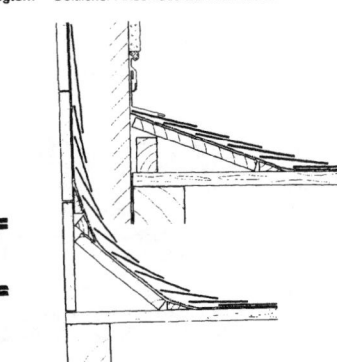

Seitlicher Anschluss aus Metall mit vertieftem Anschlussblech

Seitlicher Anschluss als Wangenkehle

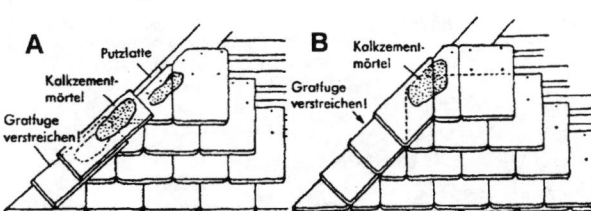

A Grat, mit aufgesattelten Gratsteinen in Doppeldeckung (weniger haltbar); B Grat mit aufgesattelten und eingebundenen Gratsteinen in Doppeldeckung (haltbarer als → A

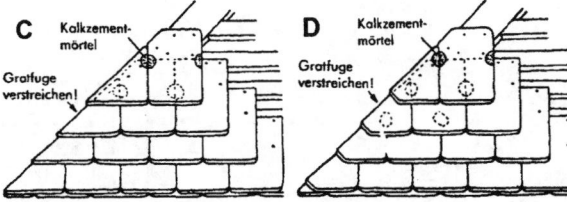

C Grat, mit in Deckschicht eingebundenen spitz auslaufenden Gratsteinen; D Grat mit in Deckschicht eingebundenen Gratsteinen mit gebrochener Spitze. Die Ausführungen C und D sind haltbarer als A und B.

Faserzement-Wellplatten-Deckung

Richtlinie Dachdeckungen mit Faserzement–Wellplatten nach DIN 18338, Abs. 3.2.5 und ZDD-Fachregeln

3.2.5.1 Für die Dachdeckung sind Faserzement–Wellplatten nach DIN EN 494 mit vorgefertigtem Eckenschnitt zu verwenden.

3.2.5.2 Bei Deckungen mit Auflagerabständen bis höchstens 500 mm (Kurzwellplatten) ist die Befestigung mit feuerverzinkten Glockennägeln auszuführen.

3.2.5.3 Ortgänge sind mit ebenen Winkeln zu decken; Grate mit Faserzement–Gratkappen.
Traufen sind mit Traufenfußstücken zu decken.
Firste sind mit mehrteiligen Formstücken auszuführen.
Kehlen sind als untergelegte Metallkehlen zu decken.

Ergänzende Hinweise zur Deckung mit Faserzement–Wellplatten

1 Werkstoff
Faserzement–Wellplatten sind Dachplatten aus einer Mischung von Synthetikfasern und/ oder Zellulosefasern und Zement mit Anforderungen sinngemäß DIN 274. Asbestzementfasern sind für Faserzement–Wellplatten nicht mehr zugelassen.
Die handelsüblichen Abmessungen der Faserzement–Wellplatten betragen:

Profil 177/51	5 Wellen mit einer Gesamtplattenbreite von 920 mm, Nutzbreite 873 mm
	6 Wellen mit einer Gesamtplattenbreite von 1097 mm, Nutzbreite 1050 mm für Kurzwellplatten
Profil 130/30	8 Wellen mit einer Gesamtplattenbreite von 1000 mm, Nutzbreite 910 mm (asymmetrische Wellen)
Profil 158/43	6 Wellen mit einer Gesamtplattenbreite von 1000 mm, Nutzbreite 940 mm für Kurzwellplatten

Die Längenabmessungen betragen:
2500 mm – 2000 mm – 1600 mm – 1250 mm
Plattendicke 6 mm

2 Überdeckungen, Dachneigungen und Pfettenabstände
Die Seitenüberdeckung richtet sich nach der Form der Welle und beträgt bei dem fünf- und sechswelligen Profil ¼ Welle und bei dem achtwelligen Profil 1 Welle.
Die Längen–(Höhen–)überdeckung muss betragen:

bei	7 ° bis 10 ° Dachneigung	= 200 mm
über	10 ° bis 20 ° Dachneigung	= 200 mm
über	20 ° bis 75 ° Dachneigung	= 150 mm

Bei einer Dachneigung von 7 ° bis 10 ° ist innerhalb der Längenüberdeckung mit zusätzlicher Kitteinlage zu decken.

Folgende Mindestdachneigungen sind einzuhalten:

Dachtiefe Entfernung Traufe–First	Dachneigung Grad	Prozent
bis 10 m	≥ 7	≥ 12
über 10 bis 20 m	≥ 8	≥ 14
über 20 bis 30 m	≥ 10	≥ 18
über 30 m	≥ 12	≥ 22

Wellplatten und Formstücke der Profile 177/51 sind stets auf dem 2. und 5. Wellenberg mit je einer Schraube oder einem Haken zu befestigen.
Wellplatten und Formstücke des Profils 130/30 sind stets auf dem 2. und 6. Wellenberg zu befestigen.
An Dachrändern müssen bei Dächern mit weniger als 35 ° Dachneigung in einem 2 m breiten Streifen die Wellplatten stets auch auf der Mittelpfette zusätzlich mit zwei Befestigungen versehen werden.

Zulässige Pfettenabstände und Belastungen:

	größte Pfettenabstände bei	
Dachneigung	Profil 177/51	Profil 130/30
< 20 °	≤ 1150	≤ 1150
≥ 20 °	≤ 1450	≤ 1175
	Belastung kp/m²	
< 20 °	≤ 370	≤ 185
≥ 20 °	≤ 245	≤ 185

Die höchstzulässige Auskragung von Wellplatten darf ¼ der höchstzulässigen Pfetten–(Auflager-)abstände nicht überschreiten.

1 Abmessungen, Plattentypen
Die Breitenabmessungen der Kurzwellplatten entsprechen den Wellplattenprofilen nach DIN 274.
Die Längenabmessungen betragen

für Normalplatten	Gesamtlänge:	625 mm
	Nutzlänge:	500 mm
für Ausgleichplatten	Gesamtlänge:	830 mm

Die Dicke der Kurzwellplatten beträgt, abweichend von DIN 274, mindestens 5 mm.
Zur Rationalisierung der Eindeckung sind, mit Ausnahme der O– und Ausgleichplatten, alle Kurzwellplatten werkseitig bereits mit dem Eckenschnitt versehen. Man unterscheidet Typen für

a) Hauptwetterrichtung von rechts — Deckung von links nach rechts = Typ R
b) Hauptwetterrichtung von links — Deckung von rechts nach links = Typ L
c) O–Platte ohne Eckenschnitt für Ortgang und Traufe = Typ O
d) Ausgleichsplatte ohne Eckenschnitt zum Ausgleich an der Traufe.

In Abhängigkeit von der jeweiligen Befestigungsart werden die mit Eckenschnitten versehenen Typen werkseitig mit vorgebohrten Lochungen versehen. Bei der Bestellung der Kurzwellplatten ist die Befestigungsart anzugeben.

2 Überdeckung, Dachneigung, Lattenabstand, Befestigung
Die Seitenüberdeckung beträgt sowohl beim fünf- als auch beim sechswelligen Profil ¼ Welle (47 mm).

Die Höhenüberdeckung beträgt stets 125 mm. Bei allen Dachneigungen ≥ 25 ° wird das Einlegen einer Kittschnur oder eines Dichtungsbandes zur Erhöhung der Regen–, Schnee- und Staubsicherheit empfohlen. Bei Dachneigungen unter 25 ° ist das Eindecken ohne Kittschnur bzw. ohne Dichtungsband unzulässig.

Die Mindestdachneigung beträgt unabhängig von der Entfernung Traufe–First 15 °. Bei geringeren Dachneigungen sind konstruktive Sondermaßnahmen zu treffen.

Kurzwellplatten werden auf Dachlatten 40/60 mm gedeckt. Der Lattenabstand beträgt für die 625 mm lange Kurzwellplatte max. 500 mm. Bei Verwendung von Ausgleichsplatten kann der Lattenabstand entsprechend der Plattenlänge verändert werden.

Für die Befestigungen werden im allgemeinen Glockennägel und Nagelklammern verwendet.

Die Befestigung erfolgt bei allen Kurzwellplatten jeweils auf dem 2. und 5. Wellenberg.

O– und Ausgleichsplatten sowie Firstformstücke sind mit Glockennägeln oder verz. Holzschrauben 7/110 zu befestigen.

Die Platten sind winkelrecht und flutrecht von der Traufe zum First oder parallel zur Traufe in Reihen zu decken. Am Ortgang auftretende Differenzen sind in der vorletzten Plattenreihe so auszugleichen, dass die Dachfläche mit einer ganzen Plattenbreite endet.
Bei der Überdeckung der Wellplatten müssen die beiden mittleren Platten in der Überdeckungsfolge an den Ecken schräg gestutzt werden, damit sie in eine Ebene zu liegen kommen.

Faserzement-Wellplatten, Abmessungen und Anordnung

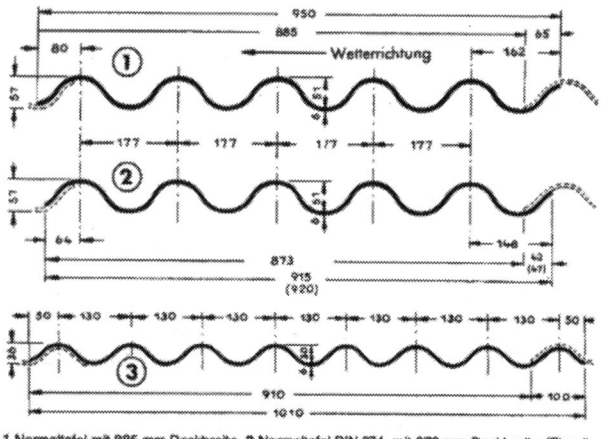

1 Normaltafel mit 885 mm Deckbreite. 2 Normaltafel DIN 274, mit 873 mm Deckbreite (Eternit, Vossit, Toschi u.a.) 3 Kleinwellige Tafel mit 910 mm Deckbreite

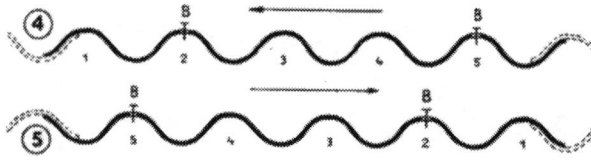

4, 5 Anordnung der Tafelbefestigung zur Wetterrichtung. Pfeilrichtung = Wetterrichtung; B = Befestigung

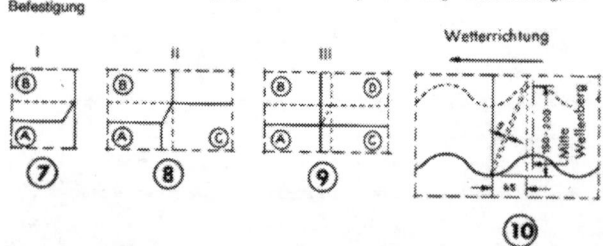

Tafel **A** mit Tafel **C** überdeckt Tafel **D** überdeckt **B** überdeckt **A** von rechts **B** und **C** von oben rechts
7 bis 9 Überdeckung der 4-Tafel-Ecke, Arbeitsgang. 10 Beim Stutzen der Tafeln sind zwischen Tafel **B** und **C** 5 mm Spiel zu geben.

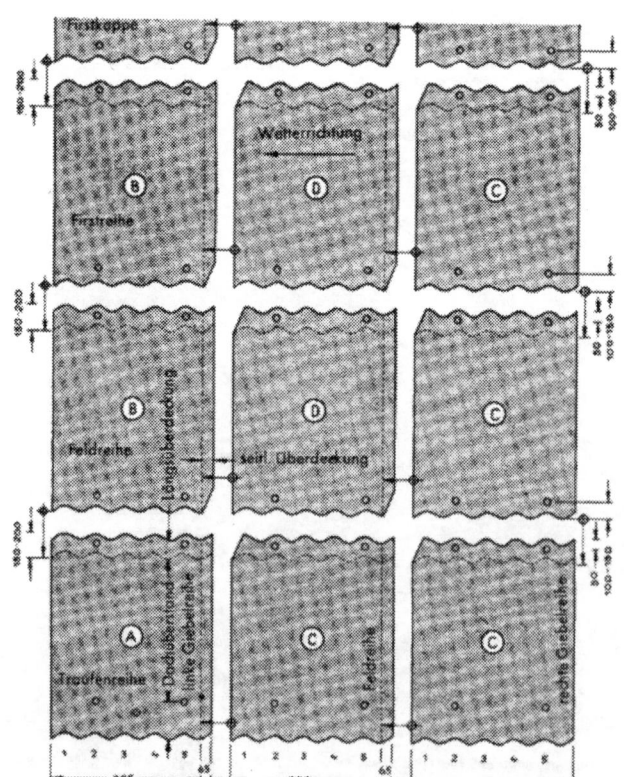

6 Stützung der Welltafeln innerhalb einer Dachfläche bei Verlegung von links nach rechts.

Faserzement-Wellplatten-Deckung

Längsüberdeckung in Abhängigkeit von der Dachneigung

(11) Die Längsüberdeckung aller Tafeln müssen innerhalb einer Dachfläche stets gleich ausgeführt werden. Abstand von Oberkante überdeckte Wellplatte bis Mitte Bohrloch stets gleich 50 mm.

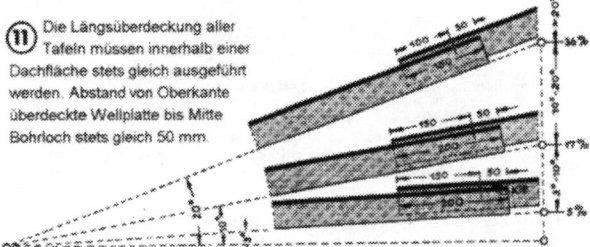

Befestigung der Faserzement-Wellplatten an den Pfetten

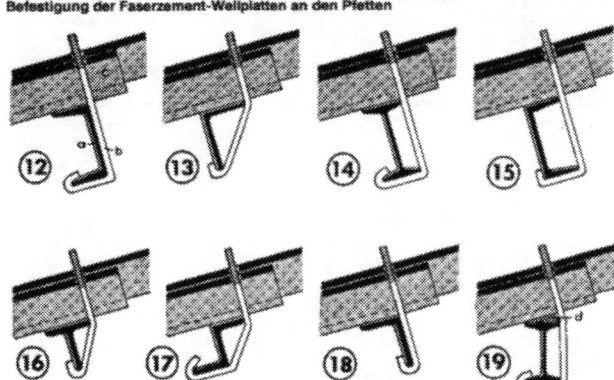

12 bis 19 Befestigung der Hakenschrauben an verschieden geformten Stahlpfetten. a = Stahlplatte, b = Hakenschraube, c = Wellplatte, d = Holzkeil.

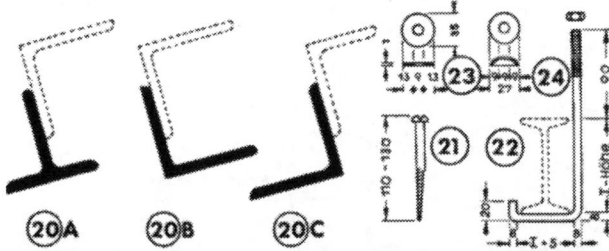

Bei Pfettenanordnung nach → 20 A bis C sind vor Beginn der Montage der Wellplatten ausreichend breite Auflageflächen durch aufgenietete Stahlwinkel zu schaffen. 21 Holzschraube, (vercadminiert nach *Vossif*); 22 Hakenschraube (nach *Vossif*); 23 Dichtungsscheibe aus Blei; 24 Zinkblechhütchen.

25 bis 27 Befestigung der Wellplatten auf Holzpfetten mit Holzschrauben → 25, Hakenschrauben → 26, Gelenkhaken → 27. a = Holzpfette, b = Wellplatte, c = Holzschraube, d = Dichtungsscheibe (aus Blei), e = Dichtungshütchen (aus Zink, Kupfer, Blei usw.), f = Hakenschraube, g = Gelenkschraube, h = Bleikappe über Mutter, i = Spezialmutter.

28 bis 30 Befestigung der Wellplatten auf I-Stahl-Pfetten mit Stahlbolzen und Hakensicherung → 28 mit einfacher Hakenschraube → 29 und Hakenschraube mit Sturmsicherung → 30. a = Holzbohle, b = Stahlpfette, c = Wellplatte, d = Gelenkschraube, e = Hakenschraube, f = Hakenschraube mit Nocken, g = Hakensicherung, h = Dichtungsscheibe, i = Dichtungshütchen, h = Bleikappe über Mutter, l = Bleikopf.

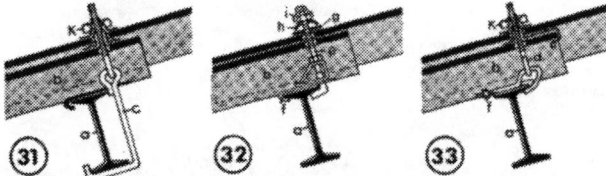

31 bis 33 Befestigung der Wellplatten auf Stahlpfetten mit Gelenkschraube mit Sturmsicherung → 31, kurzer Hakenschraube → 32 und Gelenkschraube → 33. a = Stahlpfette, b = Wellplatte, c = lange Gelenkschraube, d = kurze Gelenkschraube, e = kurze Hakenschraube, f = Sturmhakensicherung, g = Dichtungsscheibe, h = Dichtungshütchen, i = Bleikappe über Mutter, k = Spezialmutter.

Überdeckung der Wellplatten, Verlegung

Die Wellplatten und dazugehörige Formstücke müssen sich allseitig so überdecken, dass eine vollkommen wasserdichte Dachdeckung entsteht. Es ist zwischen Längsüberdeckung (der Tafelkanten parallel zur Traufe) und seitlicher Überdeckung (der Plattenkanten senkrecht zur Traufe) zu unterscheiden. Das Maß der Längsüberdeckung ist von der Dachneigung abhängig → 11. Je steiler das Dach ist, um so geringer ist die erforderliche Längsüberdeckung. Die seitliche Überdeckung ist bei allen Dachneigungen gleich groß → 6. Es ist zwischen 3 Dachneigungsgruppen (3° bis 10°, 10° bis 20°, steiler als 20°) zu unterscheiden. Mindestdachneigung = 3°. Bei den Flachdächern (3° bis 10° Neigung) ist die **Längsüberdeckung** durch einen zusätzlichen Dichtungsstreifen (Kittstreifen, wird in Rollen von ca. 1 cm Strang-Ø von den Herstellern der Platten mitgeliefert) zu dichten → 11. Im allgemeinen sollte aber die Dachneigung der Faserzement-Wellplatten-Deckung mind. 10° betragen. Gehen die Längenmaße der Platten und Formstücke nicht genau im Dachmaß auf, kann das Differenzmaß gleichmäßig auf die Längsüberdeckungen verteilt werden. Die in → 11 angegebenen Mindest-Überdeckungen dürfen dabei aber nicht unterschritten werden! Die Lage der Pfetten bzw. Latten und die erforderlichen Bohrungen der Platten müssen unbedingt vor dem Beginn des Deckens aufeinander abgestimmt werden.

Die **seitliche Überdeckung** ist genau mit 47 mm einzuhalten. Differenzmaße zwischen Plattenbreite und Traufenlänge dürfen nicht auf die seitliche Überdeckung verteilt werden! Zu viel seitliche Überdeckung führt zu Undichtigkeiten im Plattenstoß → 34 A. Zu wenig seitliche Überdeckung führt zum Anheben der Platten von der Pfette und damit zu Bruch → 34 B. Bei richtiger Verlegung müssen die Wellentäler alle fest auf den Pfetten (Latten, der Schalung) aufliegen → 34 C. Um eine geschlossene seitliche Überdeckung zu erhalten, mit dem Verlegen der Tafeln und auf der Wetterseite entgegengesetzten Dachseite anfangen. Platten von unten (Traufe) nach oben (First) verlegen.

34 A bis 34 C Falsche und richtige seitliche Überdeckung. → Text!

Bei Satteldächern darauf achten, dass auf beiden Dachseiten die Wellen nach dem gleichen Schnurschlag liegen, da sonst Firsthauben nicht dicht aufsitzen können!

Stutzen der Wellplatten

Je nachdem, ob die Wetterseite links oder rechts liegt, handelt es sich um "Verlegung von links nach rechts" oder "Verlegung von rechts nach links". Bei Satteldächern ist deshalb auf der einen Dachseite links nach rechts, auf der anderen Seite von rechts nach links einzudecken. An den Kreuzungspunkten, an denen vier Tafeln zusammentreffen, sind zwei so zu stutzen, → 6, 10, dass keine Undichtigkeit durch Anheben von Platten entstehen. Arbeitsgang beim Verlegen → 7 bis 9. Bei genauer Angabe (Zahl der Platten und Formstücke mit Maß der Längsüberdeckung, für Verlegen von links nach rechts und von rechts nach links) werden die Stutzungen und Bohrungen von den Lieferwerken vorgenommen. Auf der Baustelle Stutzung nach Schablone anzeichnen.

Aufteilung der Dachflächen

Bei der Aufteilung der Dachflächen sind folgende Maße zu beachten:

Überstand der Wellplatten über Pfetten und Traufkante höchstens 25 cm, Schenkellänge von Firstkappen 30 cm (auf Sonderbestellung bis zu 60 cm).

Bei Dachneigungen bis 10° vorzugsweise Wellplatten von 250 cm Länge verwenden; dadurch bei 20 cm Längsüberdeckung Pfettenabstand = 115 cm. Bei Dachneigungen über 10° vorzugsweise Wellplatten von 160 cm Länge verwenden; dadurch bei 20 cm Längsüberdeckung Pfettenabstand = 140 cm; bei 15 cm Längsüberdeckung Pfettenabstand = 145 cm.

Befestigung der Welltafeln

Allgemeines; Besteht der Dachbinder aus Stahl-, Holz- oder Beton-Fertigteil-Konstruktionen, werden die Wellplatten unmittelbar auf deren Pfetten befestigt. Auf der Oberseite der Pfetten sind vorspringende Kopfflaschen, Knotenbleche, Niet- und Schraubenköpfe usw. zu vermeiden, damit die Platten vollkommen eben aufliegen können.

Die **Pfetten** sind so anzuordnen, dass deren oberer Flansch eine Auflagerfläche für die Wellplatten bietet → 12 bis 20. Für die gebräuchlichsten Stahlpfetten nach → 12 bis 15, sind Hakenschrauben entsprechend → 22 ab Lager der Wellplatten-Hersteller lieferbar. Bei einer Pfettenanordnung nach → 19 muss an der Pfette durch keilförmige Lagerhölzer eine breitere Auflagerfläche für die Wellplatten geschaffen werden. Lagerung auf einer Kante ist falsch! Pfetten nach → 20 A bis C sind für Wellplattendeckungen ungeeignet und zu vermeiden. Sind solche Anordnungen bei Bindern vorhanden, die nachträglich mit Wellplatten gedeckt werden sollen, müssen durch aufgenietete Stahlwinkel ausreichend breite Auflagerflächen geschaffen werden.

Faserzement-Wellplatten-Deckung

Befestigung der Faserzement-Wellplatten an den Pfetten

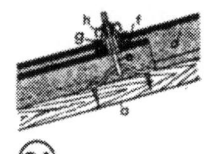

34 Befestigung der Well-
platten mittels Gelenkhaken
auf Dachschalung.

35 Dachlatten auf Holzdü-
beln als Unterlage für
Wellplatten

34 Befestigung der Wellplatten mittels Gelenkhaken auf Dachschalung. **35** Dachlatten auf Holzdübeln als Unterlage für Wellplatten. a = Dachschalung, b =Dübel, c = Dachlatte, d = Wellplatte, e = Gelenkbolzen, f = Muffe, g = Hülse, h = Spiralmutter.

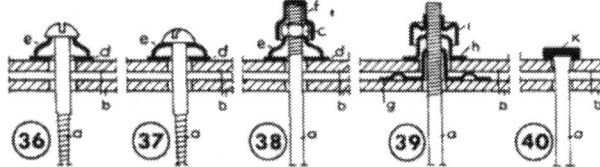

36 bis 40 Dichtung der Schraubendurchführung bei Holzschrauben → **36, 37** und Schraubenbolzen → **38, 39, 40**. a = Schraube, Schraubenbolzen, b = Wellplatte, c = Schraubenmutter, d = Bleischeibe nach → **23**, e = Dichtungshütchen nach → **24**, f = Bleikappe, g = Bleimuffe, h = Bleihülse, i = Spezialmutter mit Dichtungskappe, k = Stahlbolzen mit Bleikopf. Die Bleischeiben werden durch die Blechhütchen auf die Wellplatte aufgepresst → **36, 37, 38**. Bleikappen verhindern Rosten → **38**. Dichtung durch Spezialmutter → **39** oder Verschrauben von innen → **40**.

Befestigung der Wellplatten, Fortsetzung

Die **Anordnung der Befestigungen** hat stets auf den Mitten der Wellberge (nicht in den Wellentälern!) zu erfolgen, damit das Wasser ablaufen kann. Je Platte 2 Befestigungen auf dem 2. und 5. Wellenberg entgegen Wetterrichtung erforderlich → **4, 5**.

Befestigungsmittel: Die Befestigung erfolgt mittels Holzschrauben → **21, 25 bis 27**, auf Holzund Stahlpfetten mittels Hakenschrauben oder Schraubenbolzen → **22, 28 bis 33**. Die Holzschrauben sind auf Pfettenmitte → **25**, Hakenschrauben und Schraubenbolzen auf der dem First zugewandten Seite der Pfette → **26 bis 33** anzubringen. In Deutschland sind lange Hakenschrauben ohne → **26, 29** oder mit Sturmsicherung → **30** und kurze Hakenschrauben → **32** am meisten verbreitet. In den USA finden einfache Schraubenbolzen mit 2 Hakensicherungen → **28** Verwendung. Wenn Erschütterungen der Unterkonstruktion (Maschinenhallen, Erdbebengebiete) oder starke Dehnung der Dachbinder infolge Hitzeeinwirkung (Kesselhäuser, Siedehäuser, Gießereihallen, Dächer in den Tropen) zu erwarten sind, erfolgt Befestigung mit Gelenkhaken → **27, 31, 33**. Bei Gelenkbefestigung folgendes beachten: reichlich Pfettenüberstand geben (> 5 cm); Dachneigung > 10°, damit Kittdichtung der Längsüberdeckung vermieden wird; Gelenkhaken gegen Korrosion und Niederschlag von Dampfen schützen (Bitumenbad). Anforderung auch derart, dass unterste Wellplatte v o r der Hakenschraube endet.

Befestigung auf Dachschalung mittels Holzschrauben wie → **25** oder mit Gelenkhaken wie → **34**. Bei Betondecken Latten parallel zur Traufe eindübeln → **35**. Welltafeln wie 25 oder 34 befestigen. Raum zwischen Betondecke und Wellplatten entlüften (durch Schwitzwasserbildung Fäulnisgefahr!).

Formstücke für den First

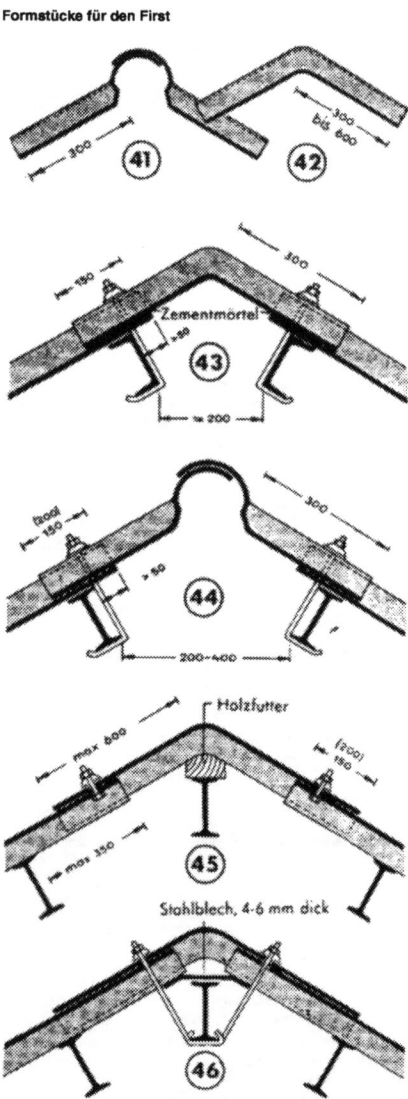

41 Firsthaube für Satteldächer, zweiteilig, für jede Dachneigung passend. Länge = 915 mm, Schenkellänge 300 mm. **42** Firsthaube für Satteldächer, einteilig, für Dachneigungen 5°, 10°, 15°, 20°, 25°, 30°, 45°. Länge = 915 mm, Schenkellänge 300 mm, auf Bestellung bis 600 mm. **43 bis 46** Anordnung und Befestigung der Firsthauben, bei normaler Pfettenanordnung, einteilig → **43**, zweiteilig → **44**, bei ungünstiger Pfettenanordnung nur einteilig, mit Ausfütterung der Firstpfette → **45** oder Auflagerblech → **46**.

Formstücke

Abdichtung des **Firstes von Satteldächern** und von Dachknicken mit einteiligen → **42** oder zweiteiligen → **43** Firstkappen. Möglichst zwei Firstpfetten derart anordnen, dass Befestigung der Firstkappen an der obersten Reihe der Wellplatten, die auf den Firstpfetten mit mind. 50 cm Überstand aufliegen, noch mit ausreichender Überdeckung (150–200 mm) möglich ist → **43, 44**. Anordnung einer mittleren Firstpfette → **45, 46** ist nicht vorteilhaft, da einwandfreie Auflage der Platten und deren Befestigung schwierig. Lässt sich mittlere Firstpfette nicht umgehen, Firstkappe behelfsmäßig nach → **45, 45** anordnen und befestigen. Verschraubung der Platten in → **45** mit verzinkten 3/8 dicken Mutterschrauben (außen gedichtet!) und Unterstützung der Firstkappe durch Holzfutter unter Firstpfette. Bessere Lösung ergibt sattelförmiges Auflagerblech für oberste Wellplattenreihe und weite Überdeckung der Firstkappe → **46**. Auflagerblech mit Firstpfette verschrauben oder vernieten. Abdichtung des **Traufenabschlusses** durch Traufenstücke → **47, 48** oder Zahnleisten → **49, 50**. Traufenstücke bestehen aus einem gewellten Schenkel und einem geraden Schenkel, der dicht an Putz, Verschalung usw. anschließen kann. Traufenstücke verstärken den Dachfuß und bilden einen guten Abschluss. Die Zahnleisten (Traufleisten) passen mit der gezahnten Seite genau in die Wellung der Platten. Sie sind billiger als Traufenstücken und werden für einfachere Bauten bevorzugt. **Anschlussstücke an Mauerwerk und Laternen** → **51** entsprechen nach Form und Ausbildung etwa den Traufenstücken. Um eine gute Dichtung der Stoßstellen zwischen je zwei Anschlussstücken zu erzielen, werden diese einseitig (der Wetterseite entgegengesetzt) gemufft. Es ist deshalb bei Bestellung die Lage der Muffe anzugeben (Wetterrichtung von links oder rechts). Anschluss an Putz beweglich halten (Bewegungsfuge! Zwischen Mauerwerk und Anschlussstück 1–2 cm Luft lassen). Zinkblechdichtung nicht an Anschlussstück befestigen → **52**! **Firststücke für Shed- und Pultdächer** ähnlich Anschlussstücke, gleichfalls mit Muffen → **53**. Einbau in Sheddächer → **54**. Bei Pultdächern bietet die gerade Seite der Firstkappe die Tropfkante. Überstand über Putzoberfläche so groß als möglich. **Grate** lassen sich durch Gratstücke mit Muffe → **55** oder Gratkappen mit Muffe → **57** eindecken. Der Gratwinkel errechnet sich aus den beiden Neigungswinkeln der anstoßenden Dachflächen (genau festlegen und angeben!). Nutzbare Länge nach Herstellerfirmen verschieden; Gratstück nach → **55** 160 cm lang, 20 cm Überdeckung, 140 cm Nutzlänge; Gratkappe → **57** 50 cm Nutzlänge.

Formstücke für die Traufe

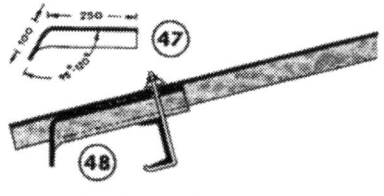

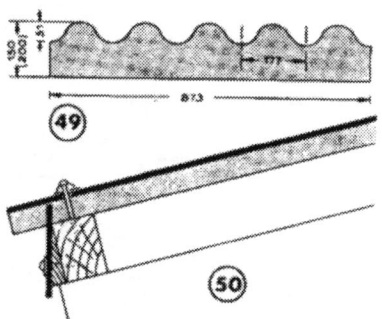

47 bis 50 Traufenabschluss durch Traufenstück → **47** (Länge ≈ 915 mm, Niegungswinkel 95°, 100°, 105°, 110°, 115°, 120°) oder Zahnleisten → **49** (für alle Dachneigungen geeignet) Beispiele für Einbau und Befestigung der Traufenstücke → **48**, der Zahnleisten → **50**.

Formstück für den Maueranschluss

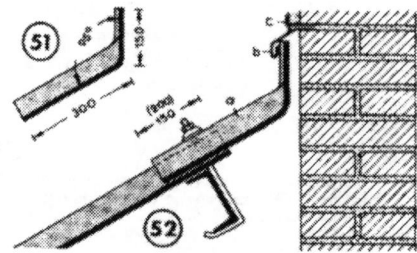

51 Maueranschlussstück (Länge ≈ 915 mm, Winkel 95°, 100°, 105°, 110°, 115°, 120°). **52** Einbaubeispiel a = Maueranschlussstein, b = Zinkabdichtung, c = Putzanschlussschiene.

Firstkappen für Shed- und Pultdächer

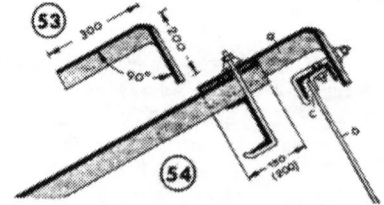

53 Firstkappe (Länge ≈ 915 mm). **54** Einbaubeispiel mit Sheddach. a = Firstkappe, b = Verglasung in Kittfalz c.

Faserzement-Wellplatten-Deckung

Formstücke für den Grat

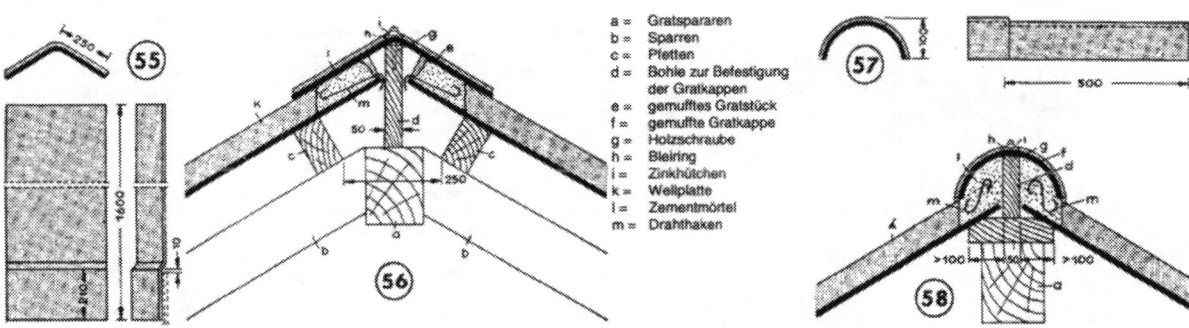

a = Gratsparren
b = Sparren
c = Pfetten
d = Bohle zur Befestigung der Gratkappen
e = gemufftes Gratstück
f = gemuffte Gratkappe
g = Holzschraube
h = Bleiring
i = Zinkhütchen
k = Wellplatte
l = Zementmörtel
m = Drahthaken

55, 57 Formstücke für das Eindecken des Dachgrates: Gratstück → **55** und Gratkappe → **57**, **56**, **58** Einbaubeispiele

Formstücke für die Kehle

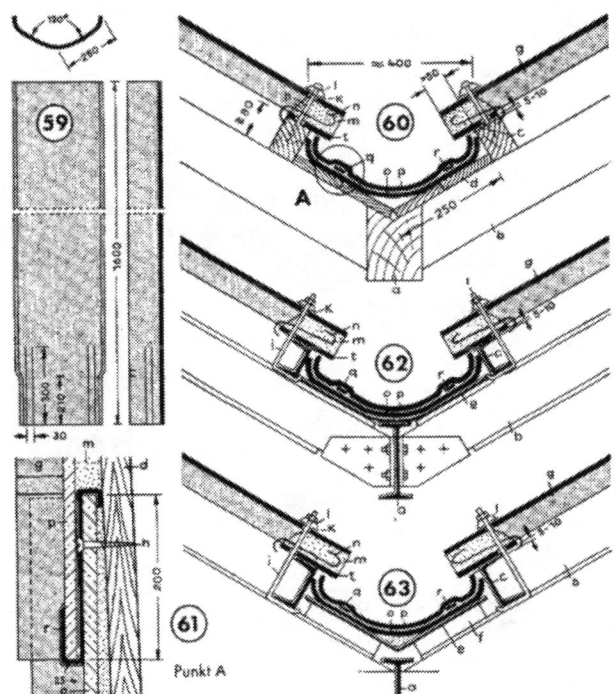

59 Kehlstück (Kehlrinne). **60, 62, 63** Einbau der Kehlrinnen in Holzkonstruktion → **60**. Stahlkonstruktion mit niedrigen Pfettenprofilen → **62**, Stahlkonstruktion mit hohen Pfettenprofilen → **63**. **61** Sicherung des Rinnenstoßes. a = Kehlsparren, b = Sparren, c = Pfette, d = Holzschalung, e = Blechunterlage, f = Futterstück, g = Wellplatte, h = Holzschraube, i = Hakenschraube, k = Bleiring, l = Zinkhütchen, m = Zementmörtel, n = Drahthaken, o = untere Kehlrinne, p = Muffe, q = Nut für Befestigungshaken, r = Befestigungshaken, t = Faserzementstreifen.

Formstücke und ihr Einbau

Beim Eindecken des **Dachgrates** ist darauf zu achten, dass parallel zum Gratsparren durch Hilfspfetten → **56** oder durch eine auf den Gratsparren genagelte abgeschrägte Bohle → **58** ein gutes Auflager für die anstoßenden Wellplatten geschaffen wird. Auf dem Gratsparren wird als Auflager der Gratkappen eine ca. 5 cm dicke oben abgerundete Bohle aufgesetzt, deren Höhe sich unter der Bedingung ergibt, dass die Schenkel nach → **55** bzw. Kanten nach → **57** dicht auf den Wellplatten aufsitzen. Formstücke nach → **55** müssen demnach nach der Gratneigung bestellt werden (aus den Neigungen der anschließenden Dachflächen zu berechnen). Formstücke nach → **57** eignen sich für alle Dachneigungen. Die in den Wellentälern entstehenden Hohlräume sind mit Zementmörtel zu füllen. Der Zementmörtel ist durch je einen in jedem Wellentale liegenden Drahthaken zu sichern → **56**, **58**. Vom Anfänger an der Traufe ist die Muffe abzusägen. Der Übergang von den Graten zum First (bei Walmdächern) bzw. die Zusammenfassung von mehreren Graten (bei Zeltdächern) ist durch Walzblei herzustellen. Das Bleiblech wird zugeschnitten und aufgelegt, die Grat- und Firstkappen werden auf das Bleiblech aufgepresst und so befestigt, dass sie das Bleiblech mit halten. Nach Befestigung wird das Bleiblech mit einem Holzhammer an die Wellbedachung angeklopft.

Dachkehlen werden mit Formstücken nach → **59** eingedeckt. Die Kehlstücke (Rinnenstücke) sind mit Muffe (zum Einschieben der nächst tieferliegenden Kehlstücke) und Nuten (zum Einsetzen der Befestigungshaken) versehen. Das obere Ende der Kehlrinne muss entsprechend der zusammenlaufenden Dachfläche gesägt werden. Parallel zum Kehlsparren müssen Hilfspfetten verlegt werden, die als Auflager für die anschließenden Wellplatten dienen. Die Kehle muss mit Holz- oder Blechschalung voll ausgekleidet werden → **60** bis **63**. Zwischen Hilfspfette und Wellplatte wird ein ebener Faserzementstreifen verlegt. Der Raum zwischen diesen Streifen und den Wellplatten ist mit Zementmörtel zu füllen, der durch Drahthaken am Herausfallen gehindert wird → **60, 62, 63**. Die Kehlstücke werden auf der Kehlschalung in Zementmörtel verlegt. Das obere Ende des Kehlstückes wird zusammen mit den S-förmigen Befestigungshaken auf die Schalung geschraubt, in den S-Haken wird das Muffenende des darüber liegenden Kehlstückes eingeschoben → **61**. Da die Kehlstücke nur in einer Form hergestellt werden (Öffnungswinkel = 120°, Seitenhöhe 45 mm), muss die Unterkonstruktion so ausgebildet werden, dass durch ein gerades → **63** oder keilförmiges Futter die abgebogenen Schenkel 5 bis 10 mm unter den ebenen Faserzementstreifen enden.

Konstruktion des Ortganges

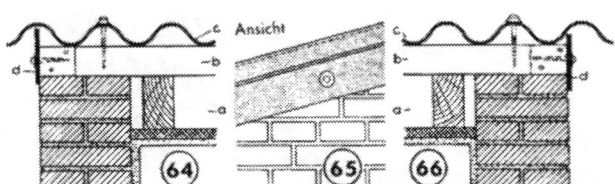

64 bis 66 Einfache Ortgangausbildung: die Deckung kragt um 1/2 Wellenbreite über, der Ortgang wird durch einen ebenen Faserzementstreifen abgeschlossen. a = Holzbalkendecke, b = Pfette, c = Wellplatte, d = ebener Faserzementstreifen (nicht im Hirnholz, sondern in an Pfette genagelte Knagge schrauben!). Dachentlüftung durch unvermörtelte Stoßfugen Mauerwerk.

67 bis 69 Ortgangausbildung mit Faserzementwinkel: Die Deckung endet über Außenkante Mauerwerk. Vor die Pfette ist ein Schalbrett genagelt, über das der Ortgangwinkel geführt wird. a = Holzbalkendecke, b = Pfette, c = Wellplatte, d = Ortgangschalung, e = Faserzementwinkel. Dachentlüftung vorsehen!

Seitlicher Wandanschluss der Faserzement-Wellplatten

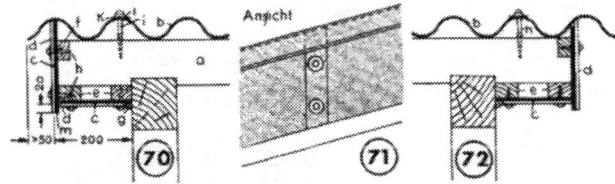
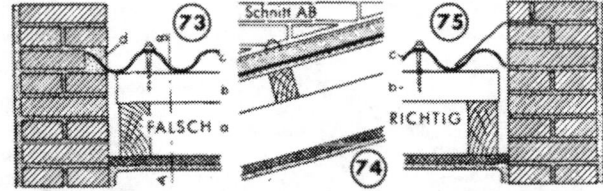

70 bis 72 Ortgangausbildung mit Giebelgesims. a = Pfette, b = Wellplatte, c = ebene Tafel, 6 mm dick, d = Deckstreifen 60/6, e = Latte 40/60, f = Latte 30/50, g = Viertelrundstab, h = Holzschraube, kurz, i = Holzschraube → **22**, k = Bleischeibe → **23**, l = Zinkhütchen → **24**, m = Tropfkante.

73 bis 75 Die Wellplatten müssen an höhergehendes Mauerwerk mit Bewegungsfuge angeschlossen werden → **75**. Einstemmen in Mauerwerk und Verstreichen mit Zementmörtel wird undicht → **73**. a = Holzbalkendecke, b = Pfette, c = Wellplatte, d = Verstrich mit Zementmörtel, e = Zinkblechdichtung, in Mauerwerk eingelassen.

Faserzement-Wellplatten-Deckung

Einbaubeispiele für Faserzement-Wellplatten-Formstücke (nach Lit. 68)

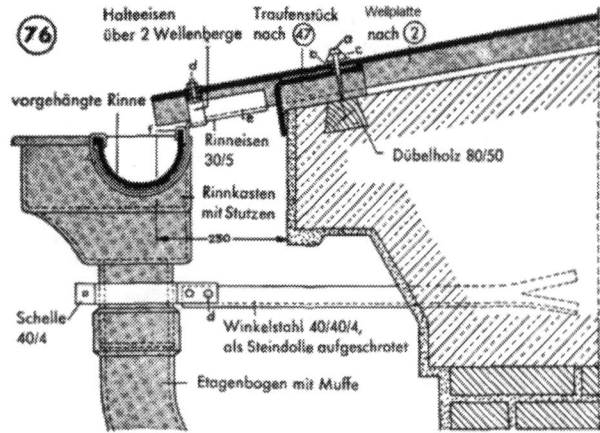

Ortgangabschlüsse, Dachanschlüsse

Ortgangabschlüsse lassen sich unter Verwendung ebener Tafeln bündig → **64** bis **66** oder mit Giebelgesims → **70** bis **72** herstellen. Das letzte Wellental muss noch gut auf der Pfette aufliegen, der ebene Faserzementstreifen schließt unmittelbar daran an → **64, 66**. Überstand der Welltafeln bei einfachem Ortgangabschluss 8–12 cm → **64, 66**; bei Giebelgesims mind. 5 cm zuzüglich ca. 20 cm Gesimsausladung. Dauerhafter Ortgangabschluss auch durch aufgesetzten glatten Winkel möglich → **67** bis **69**.

Anschlüsse an höhergehendes Mauerwerk nicht starr → **73, 74**, sondern beweglich → **75** ausbilden. Niedrige Gebäudeteile setzen sich anders als höhere Gebäudeteile, deshalb Bewegungsfuge erforderlich. Anschluss an Traufseite der Dachoberlichte durch Anschlussstücke → **77**, an die Giebelseite ähnlich 75 mit Blechstreifen → **77**.

Dachrinnen, Rinnkasten und Fallrohre werden gleichfalls als Faserzement-Formstücke hergestellt und sollten bei Faserzement-Dachdeckung verwendet werden. Anwendungsbeispiel → **76** zeigt werkstoffgerechten Traufenabschluss. **Dachfenster** werden als Faserzement-Formstücke hergestellt → **78**. Abmessungen entsprechen Plattenmaßen, Auswechslung erforderlich. Vorteilhaft ist auch Verwendung von **Well-Drahtglas**, dessen Abmessungen denen der Faserzement-Welltafeln (DIN 274) genau entsprechen. Für **Lüftungsjalousien** besondere Formstücke nach → **80** (Einbau → **79**) verwenden.

76 Werkstoffgerechte Konstruktion von Traufenabschluss, Rinne, Rinnkasten und Fallrohr. Traufenabschluss mit Traufenstück → **47**. Rinne, Rinnenkasten und Fallrohr aus Faserzement. a = Holzschrauben → **21**, b = Bleischeibe → **23**, c = Zinkhütchen → **24**, d = Sechskantschraube, e = Unterlagsblech, f = Feder 26/1,25

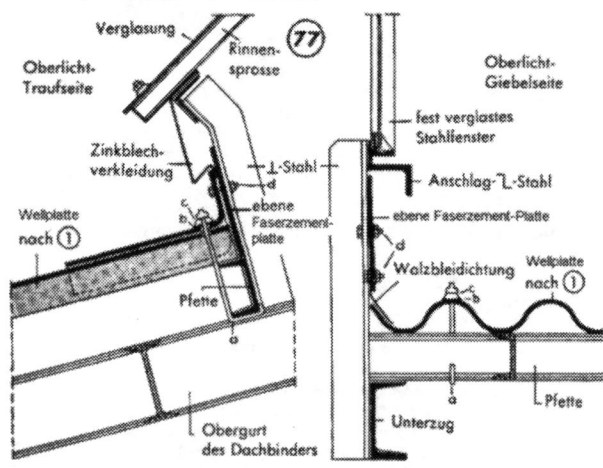

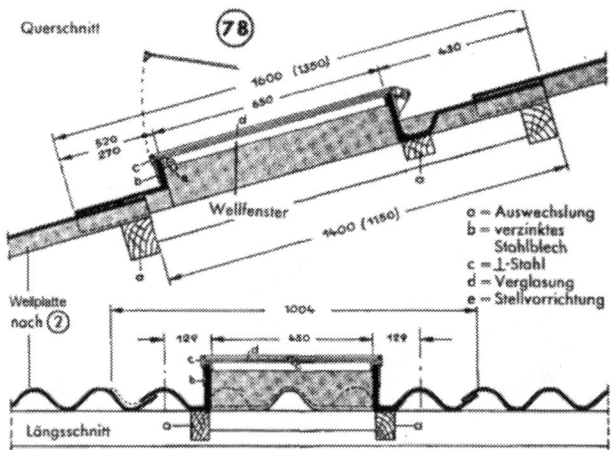

77 werkstoffgerechter Anschluss von Trauf- und Giebelseite eines Oberlichtes an die Wellplattendeckung. Traufenanschluss mit Anschluss-Formstück → **51**, Giebelanschluss mit Walzblei- oder Zinkblechdichtung. a = Hakenschraube → **22**, b = Bleischeibe → **23**, c = Zinkhütchen → **24**, d = Sechskantschraube

78 Wellfenster als Belichtungs- oder Aussteigefenster für Wellplatten-Dachdeckung. Größe entspricht einem Tafelmaß 915 x 1600 mm zuzüglich 89 mm Breite, damit Wellfenster bei Deckung von rechts nach linsk und von links nach rechts 8wie im Querschnitt → **78** besäumen!) verwendet werden kann. Unterstützung durch Auswechslung erforderlich.

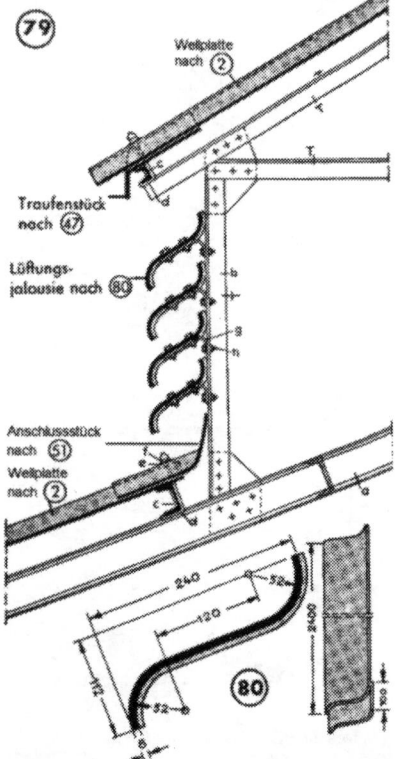

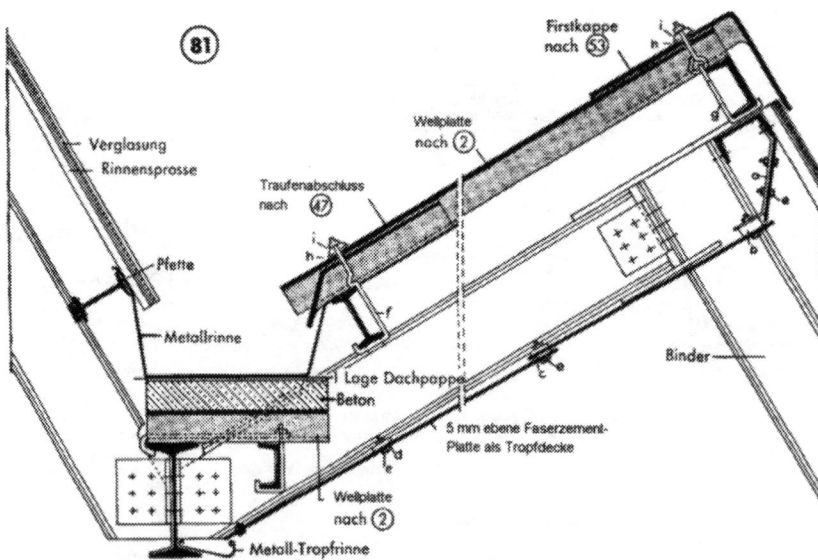

79, 80 Lüftungsjalousien zum Einbau in Dachreitern von Industriebauten. Formstücke in Baulängen bis 240 cm nach → **80** oder ähnlich. Die einzelnen Formstücke sind mit Muffen versehen und werden mit 10 cm Überdeckung verlegt. a = Dachbinder, b = Binder des Dachreiters, c = Pfetten, d = Hakenschraube → **22**, e = Bleischeibe → **23**, f = Zinkhütchen → **24**, g = Flacheisenbügel 30/5, h = Sechskantschraube 1/4 " x 35 DIN 558 mit Mutter.

81 Sheddach mit Faserzement-Wellplatten-Deckung. Firstanschluss mit Shed-Firstkappe, Rinnenanschluss mit Traufenabschluss-Formstück, Rinnen-Gefällebeton auf Welltafel-Unterlage. Gegen Schwitzwasser eingezogene Tropfdecke aus ebenen Faserzementplatten. a = Halteschelle aus Flachstahl 40/4, b = Faserzementrohr als Druckring, c = Distanzscheibe 60/60/8 mm, d = Druckscheibe 60/60/6 mm, e = Sechskantschraube 1/4 " mit Mutter und Scheibe, f = Hakenschraube → **22**, g = Haken-Gelenkschraube → **31**, h = Bleischeibe → **23**, i = Zinkhütchen → **24**.

Metall-Dachdeckung

Verbindungsmöglichkeiten für Metallbleche; Lötverbindungen → 1, Nietverbindungen → 2, Aufkantung → 3, Abkantung → 4, Einkantung → 5, Umkantung → 6, Falz → 7, Umschlag → 8, Aufkantung mit Falz → 9, Abkantung mit Falz → 10, Wulst → 11, Wulstfalz → 12, Deckleiste mit Wulst → 13

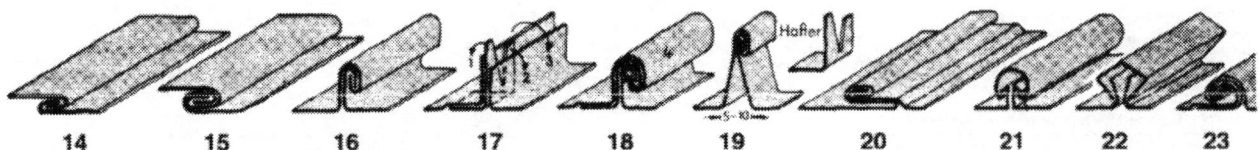

Falzausbildung am Falzdach: Einfachfalz → 14, Doppelfalz → 15, stehender Falz ohne Hafter → 16, stehender Falz mit Hafter, offen → 17, desgl. geschlossen → 18, überhöhter stehender Falz → 19, umgelegter Doppelfalz → 20, aufgekantete Bleche mit überschobener Wulst → 21, 22, Wulstfalz → 23

Leistenausbildung am Leistendach: Wulstfalz auf Leiste → 24; Leiste mit Doppelhafter, deutsches System → 25, französisches System → 27, Berliner Bauart → 28; eingefalzte Bleche, mit anliegendem Hafter → 26, desgl. mit abstehendem Hafter → 29.

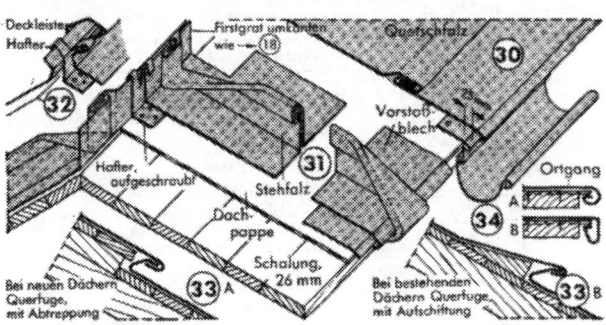

30 bis 34 Anschlüsse des Falzdaches

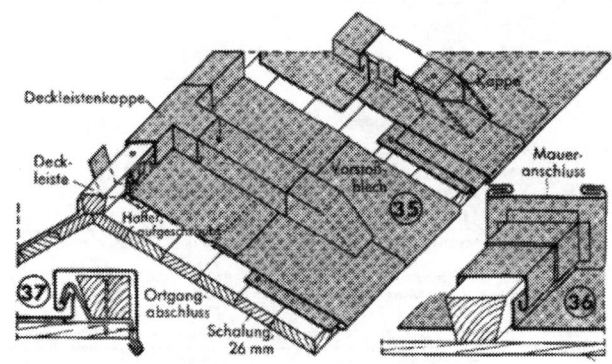

35 bis 37 Anschlüsse des Leistendaches

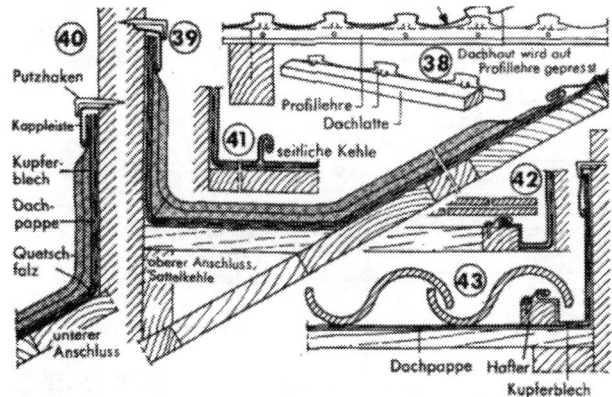

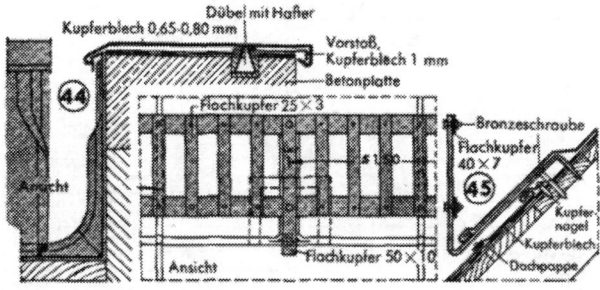

38 Aluminium-Rolldach (Fural-Dach), 39 bis 45 Kupferdeckung: Schornsteineinfassung → 39 bis 41, Kehlen an Ziegeldächern → 42, 43, Wandanschluss mit Mauerabdeckung → 44, Schneefanggitter → 45.

Allgemeines:
Die Metalldeckung kommt vornehmlich bei hohen Ansprüchen an die Haltbarkeit für flache und flachgeneigte Dächer, außerdem für schwierige Dachformen wie Kuppeln usw. zur Anwendung. Die Metalldeckung ist leichter als Stein- und Ziegeldeckungen, bei guter Ausführung haltbarer, aber auch teurer in der Herstellung (dagegen meist billiger in der Unterhaltung). Vielfach werden nur Dachanschlüsse, Dachknicke (Kehlen) in Metallblech ausgeführt, da deren handwerksgerechte Ausführung in der Stein- und Ziegeldeckung oft höheren Aufwand erfordert als in Metalldeckung. Aus formalen Gründen ist aber die Deckung des ganzen Daches einschl. aller Anschlüsse in einem Werkstoff zu empfehlen.

Bei Metalldeckungen ist zu berücksichtigen, dass sich die einzelnen Metalltafeln bei Temperaturschwankungen stark ausdehnen und zusammenziehen. Es müssen deshalb Bewegungsfugen (Dilatationsfugen angeordnet werden, in denen die Bewegung ausgeglichen wird. Kleinere Flächen werden verlötet oder vernietet → 1, 2, größere Flächen gefalzt → 3 bis 29. Bewohnte Dachräume unter Metalldächern bedürfen einer ausreichenden Wärmedämmung, außerdem ist auf Schwitzwasserbildung zu achten. Aluminiumdeckung reflektiert Wärme- und Lichtstrahlen zu einem erheblichen Teil und verringert deshalb die erforderlichen Dämm-Maßnahmen beim Dachausbau.

Dachneigung ab 1 : 25 (ca. 2 °); am günstigsten bei fester Unterlage 1 : 15 bis 1 : 20 (ca. 3 bis 5 °), bei Sparschalung 1 : 6 bis 1 : 7 (ca. 8 °).

Eigengewicht der Deckung ohne Unterkonstruktion: Leichtmetall-Doppelfalzdach 0,7 mm = 2,15 kg/m², Leichtmetall-Plattendach 0,7 mm = 2,5 kg/m², Kupferdach 0,7 mm = 7 kg/m², Zinkblechdach 0,75 mm = 7 kg/m², Eisen-Wellblechdach = 16 kg/m².

Werkstoffe für Metalldeckung: Aluminiumblech (z.T. mit Mg. legiert), Bleiblech (Walzblei), Kupferblech, Zinkblech, seltener Schwarzblech und verzinktes Eisenblech (für Wellbleche). Blechstücke, Hafter und Nägel müssen aus dem gleichen Metall bestehen wie die Deckbleche, damit keine elektrolytischen Zersetzungen auftreten.

Bauarten: Man unterscheidet die Falzdeckung (meist Doppelfalzdeckung) → 14 bis 23, 31 bis 34, 39 bis 45 und die Leistendeckung (Abart der Doppelfalzdeckung, meist für spröde Blecharten wie Zinkblech, verwendet) → 24 bis 29, 35 bis 37. Die Deckung wird durch auf die Schalung geschraubte Hafter (alle 333 mm) gehalten. Verlegen der Tafeln oder Bahnen i.d. Regel senkrecht zur Traufe. Bei Sparrenlängen > 10 bis 12 m, Bahnlänge unterbrechen → 33 A, 33 B.

493

Metall-Dachdeckung

Ausführung

3.1 Allgemeines

3.1.1 Bei Verwendung verschiedener Metalle müssen, auch wenn sie sich nicht berühren, schädigende Einwirkungen aufeinander ausgeschlossen sein; dies gilt insbesondere in Fließrichtung des Wassers.

3.1.2 Metalle sind gegen schädigende Einflüsse angrenzender Stoffe, z.B. Mörtel, Steine, Beton, Holzschutzmittel, durch eine geeignete Trennschicht z.B. aus Glasvlies-Bitumendachbahn zu schützen.

3.1.3 Verbindungen und Befestigungen sind so auszuführen, dass sich die Teile bei Temperaturänderungen schadlos ausdehnen, zusammenziehen oder verschieben können. Hierbei ist von einer Temperaturdifferenz von 100 K – im Bereich von – 20°C bis + 80°C – auszugehen.

Die Abstände von Dehnungsausgleichern sind abhängig von deren Ausführung und der Art und Anordnung der Bauteile zu wählen. Folgende Abstände der Ausgleicher untereinander dürfen nicht überschritten werden:

- in wasserführenden Ebenen für eingeklebte Einfassungen, Winkelanschlüsse, Rinneneinhänge und Shedrinnen 6 m,
- für Strangpress-Profile 6 m,
- außerhalb wasserführender Ebenen für Mauerabdeckungen, Dachrandabschlüsse, nicht eingeklebte Dachrinnen mit Zuschnitt über 500 mm 8 m, bei Stahl 14 m,
- für Scharen von Dachdeckungen und Wandbekleidungen, bei innenliegenden, nicht eingeklebten Dachrinnen mit Zuschnitt unter 500 mm, Hängedachrinnen mit Zuschnitt über 500 mm 10 m, bei Stahl 14 m,

- für Hängedachrinnen bis 500 mm Zuschnitt 15 m. Für die Abstände von Ecken oder Festpunkten gelten jeweils die halben Längen.
Für Hafte und Befestigungsmittel gelten die Anforderungen gemäß Tabelle 1.

3.1.4 Gegen Abheben und Beschädigung durch Sturm sind geeignete Sicherungsmaßnahmen zu treffen.

3.1.5 Halter für Dachrandeinfassungen und Verwahrungen im Deckbereich sind bündig einzulassen und versenkt zu verschrauben.

3.1.6 Anschlüsse an höhergeführte Bauwerksteile müssen mindestens 150 mm über die Oberkante des Dachbelages hochgeführt und regensicher verwahrt werden.

3.1.7 Durchdringungen von Dächern oder Bekleidungen sind regendicht mit der Deckung oder Bekleidung einzufassen oder zu verbinden, z.B. durch Falten, Falzen, Nieten, Löten oder Schweißen.

3.1.8 Alle einzuklebenden Metallanschlüsse müssen Klebeflansche von mindestens 120 mm Breite aufweisen. Verbindungen sind wasserdicht auszuführen. Bei Längen über 3 m ist die Befestigung indirekt auszuführen.

3.2 Metall-Dachdeckungen (Falz- und Leistendächer), Metall-Wandbekleidungen

3.2.1 Metall-Dachdeckungen sind aus Bändern herzustellen.

3.2.2 Metall-Wandbekleidungen sind aus Bändern nach dem Doppelfalzsystem herzustellen.

3.2.3 Bei Dachneigungen unter 5 % (3°) sind die Längsfalze zusätzlich abzudichten.

3.2.4 Für Metall-Dachdeckungen ist eine Trennschicht aus Glasvlies-Bitumendachbahnen, fein besandet, einzubauen.

3.2.5 Metallfalzdächer müssen senkrecht zur Traufe doppelte Stehfalze von mindestens 23 mm Höhe haben.

3.2.6 Leistendächer sind nach dem Deutschen Leistensystem auszuführen. Der Leistenquerschnitt muss mindestens 40 mm x 40 mm betragen.

3.2.7 Scharenlänge, Scharenbreite und Werkstoffdicke sowie Anzahl der Hafte sind Tabelle 2 zu entnehmen.

3.2.8 Zwischen den Unterkanten der Längsaufkantung der Scharen ist ein Abstand von 3 mm zur Aufnahme der Dehnung zwischen den Falzen vorzusehen.

3.2.9 Quernähte sind nach Tabelle 3 auszubilden.

3.2.10 Ist der Abstand zwischen First und Traufe größer als die zulässige Scharenlänge nach Tabelle 2, ist ein Gefällesprung mit mindestens 60 mm Höhe vorzusehen.

3.2.11 Die Traufe ist so auszubilden, dass die Längenänderungen der Scharen und die Windsoglasten aufgenommen werden. Die Scharenenden müssen mittels Umschlag an den als Haftstreifen ausgebildeten Traufblech befestigt sein.

3.2.12 Bei durchlüfteten Dächern (Kaltdächern) dürfen durch die Ausführung der Metalldeckung die Lüftungsquerschnitte nicht beeinträchtigt werden.

3.2.13 Bei Metall-Wandbekleidungen muss die Überdeckung in der Senkrechten bei glatten Stößen mindestens 50 mm betragen.

3.2.14 Hinterlüftete Außenwandbekleidungen sind nach DIN 18516 Teil 1 "Außenwandbekleidungen, hinterlüftet; Anforderungen, Prüfgrundsätze" auszuführen. Bei der Verwendung von Faserzementplatten sind asbestfreie Produkte, die bauaufsichtlich zugelassen sind, zu verwenden.

3.3 Kehlen

3.3.1 Kehlen aus Metall sind auf beiden Seiten mit aufgebogenem Wasserfalz auszuführen.

3.3.2 Ungelötete Überdeckungen müssen mindestens 100 mm betragen. Bei Kehlneigungen unter 26 % (15°) müssen Überdeckungen gelötet werden.

3.3.3 Metallkehlen müssen vollflächig aufliegen.

3.4 Dachrandabschlüsse, Mauerabdeckungen und Anschlüsse

3.4.1 Die erforderliche Werkstoffdicke ist in Abhängigkeit von der Größe, der Zuschnittbreite, der Formgebung, der Befestigung, der Unterkonstruktion und dem verwendeten Werkstoff zu wählen, dabei ist die Mindestdicke für gekantete Dachrandabschlüsse, Mauerabdeckungen und Anschlüsse nach Tabelle 4 einzuhalten.

Die Mindestdicke für Strangpressprofile muss 1,5 mm betragen; für auf Unterkonstruktion verlegte Metallteile gilt Tabelle 2.

3.4.2 Dachrandabschlüsse, Mauerabdeckungen und Anschlüsse sind mit korrosionsgeschützten Befestigungselementen verdeckt anzubringen. Für den Dehnungsausgleich gilt Abschnitt 3.1.3.

3.4.3 Abdeckungen müssen eine Tropfkante mit mindestens 20 mm Abstand von den zu schützenden Bauwerksteilen aufweisen.

3.4.4 Alle Ecken sind je nach Werkstoff durch Falzen, Nieten, Weichlöten, Hartlöten oder Schweißen regendicht auszuführen.

3.4.5 Aufgesetzte Kappleisten sind mindestens alle 250 mm, Wandanschlussschienen mindestens alle 200 mm zu befestigen.

Tabelle 1. Hafte und Befestigungsmittel; Anforderungen

Werkstoff [1] der zu befestigenden Teile	Hafte Werkstoff	Hafte Dicke mm	Befestigungsmittel [2] geraute Nägel Werkstoff	Befestigungsmittel [2] geraute Nägel Maße mm x mm	Befestigungsmittel [2] Senkkopfschrauben Werkstoff	Befestigungsmittel [2] Senkkopfschrauben Maße mm x mm
1	2	3	4	5	6	7
1 Titanzink	Titanzink	≥ 0,7	feuerverzinkter Stahl	(2,8x25)	feuerverzinkter Stahl	(4x25)
	feuerverzinkter Stahl	≥ 0,6				
	Aluminium [3]	≥ 0,8				
2 feuerverzinkter Stahl	feuerverzinkter Stahl	≥ 0,6	feuerverzinkter Stahl	(2,8x25)	feuerverzinkter Stahl	(4x25)
	Aluminium [3]	≥ 0,8				
3 Aluminium	Aluminium [3]	≥ 0,8	Aluminium	(3,8x25)	feuerverzinkter Stahl	(4x25)
	Edelstahl	≥ 0,4	Edelstahl	(2,5x25)	Edelstahl	(4x25)
4 Kupfer	Kupfer	≥ 0,6	Kupfer	(2,8x25)	Kupfer-Zink-Legierung	(4x25)
					Edelstahl	(4x25)
					Kupfer	(4x25)
5 Edelstahl	Edelstahl	≥ 0,4	Kupfer	(2,8x25)	Kupfer-Zink-Legierung	(4x25)
			Edelstahl	(2,8x25)	Edelstahl	(4x25)
					Kupfer	(4x25)
6 Blei	Kupfer	≥ 0,7	Kupfer	(2,8x25)	Kupfer-Zink-Legierung	(4x30)
					Edelstahl	(4x30)
					Kupfer	(4x30)

[1] Die erforderliche Schalungsdicke bei Dachdeckungen beträgt bei Blei mindestens 30 mm, bei allen anderen Werkstoffen mind. 24 mm.
[2] Je Haft mindestens 2 Stück mit einer Einbindetiefe von mindestens 20 mm.
[3] Bei Schiebehaften ist das Unterteil mindestens 1 mm dick auszuführen.

Tabelle 2. Metalldachdeckung: Breite und Länge der Scharen, Werkstoffdicken, Anzahl und Abstand der Hafte

	Gebäudehöhe m		bis 8				über 8 bis 20			über 20 bis 100	
	1	2	3	4	5	6	7	8	9	10	11
1	Scharenbreite [1] in mm ≈		520	620	720	920	520	620	720 [2]	520 [2]	620 [2]
2	Werkstoff	Scharenlänge m	Mindestwerkstoffdicke mm								
3	Aluminium	≤ 10	0,7	0,8	0,8	– [3]	0,7	0,8	– [3]	0,7	– [3]
4	Kupfer	≤ 10	0,6	0,6	0,7	– [3]	0,6	0,6	– [3]	0,6	– [3]
5	Titanzink	≤ 10	0,7	0,7	0,8	– [3]	0,7	0,7	– [3]	0,7	– [3]
6	feuerverzinkter Stahl	≤ 14	0,6	0,6	0,6	0,7	0,6	0,6	0,6	0,6	0,6
7	Hafte, Anzahl und Abstand untereinander [4]										
8	Allgemeiner Dachbereich	Anzahl Stück/m²	4				5			6	
		Abstand mm	≤500	≤420	≤360	≤280	≤400	≤330	≤280	≤330	≤280
9	Dachrandbereich nach DIN 1055 T 4 (1/8 der Gebäudebreite)	Anzahl Stück/m²	4				6		8 [5]	8	
		Abstand mm	≤500	≤420	≤360	≤280	≤330	≤280	≤240	≤250	≤210

[1] Die Scharenbreiten errechnen sich aus den Band– bzw. Blechbreiten von 600, 700, 800 und 1000 mm abzüglich ≈ 80 mm bei Falzdächern. Für Leistendächer ergibt sich eine geringere Scharenbreite in Abhängigkeit vom Leistenquerschnitt.
[2] Größere Scharenbreite unzulässig.
[3] Unzulässig.
[4] Anforderungen an Hafte siehe Tabelle 1.
[5] Für Kupferdeckung statt Nägel auch Schrauben aus Kupfer-Zink-Legierung 4 x 25,6 Stück/m² mit max. 380 mm Abstand.

Tabelle 3. Quernähte

	Dachneigung	Art der Quernaht
	1	2
1	58 % (30°) und größer	Überlappung 100 mm
2	47 % (25°) und größer	Einfacher Querfalz
3	18 % (10°) und größer	Einfacher Querfalz mit Zusatzfalz
4	13 % (7°) und größer	Doppelter Querfalz (ohne Dichtung)
5	kleiner als 13 % (7°)	Wasserdichte Ausführung je nach verwendetem Werkstoff, gelötet, genietet oder doppelt gefalzt mit Dichtung

Tabelle 4. Mindestwerkstoffdicken für gekantete Dachrandabschlüsse, Mauerabdeckungen und Anschlüsse

	Werkstoff	gekantete Dachrandabschlüsse mindestens	gekantete Mauerabdeckungen mindestens	Anschlüsse mindestens
	1	2	3	4
1	Aluminium	1,2 mm	0,8 mm	0,8 mm
2	Kupfer (halbhart)	0,8 mm	0,7 mm	0,7 mm
3	Verzinkter Stahl	0,7 mm	0,7 mm	0,7 mm
4	Titanzink	0,8 mm	0,7 mm	0,7 mm
5	Edelstahl	0,7 mm	0,7 mm	0,7 mm

Metall-Dachdeckung

Richtlinie Dachdeckungen mit vorgefertigten Dachdeckungsteilen aus Metall nach DIN 18338, Abs. 3.2.6 und ZDD-Fachregeln

3.2.6 Dachdeckungen mit vorgefertigten Elementen aus Metall

3.2.6.1 Vorgefertigte Dachdeckungselemente aus Metall sind mit Schrauben zu befestigen, deren Korrosionsbeständigkeit der der Elemente entsprechen muss.

3.2.6.2 Ortgänge, Firste, Grate, Kehlen, Anschlüsse und dergleichen sind mit Formteilen aus gleichem Stoff wie die Dachdeckung herzustellen.

Ergänzende Hinweise zur Deckung mit profilierten Blechtafeln und -bändern

1 Allgemeine Hinweise

Es werden folgende Grundarten von Deckungen mit Blechen unterschieden:

- Dachdeckungen mit profilierten Blechtafeln und -bändern als Dachhaut (Kaltdach)
- Dachdeckungen mit profilierten Blechtafeln und -bändern als Tragekonstruktion für einen weiteren Dachschichtenaufbau (Warm- oder Kaltdach).

Bei zweischaligen Dachdeckungen in Kaltdachausführung muss gewährleistet sein, dass ausreichende Zu- und Abluftöffnungen vorhanden sind.

Der Belüftungsquerschnitt soll mindestens so bemessen sein, dass er bei der Zuluft an der Traufe 1/600, bei der Abluft am First 1/500 der zu belüftenden Dachgrundfläche beträgt. Bei Querlüftung von Dachkante zu Dachkante soll der Belüftungsquerschnitt mindestens 1/300 der zu belüftenden Dachgrundfläche sein.

Wärmedämmungen, die unter der Dachhaut auf die Pfettenkonstruktion aufzubringen sind, müssen aus Plattenelementen bestehen, die in der Lage sind, freitragend die Pfettenzwischenräume zu überspannen. Die Durchbiegung darf 1/200 nicht überschreiten.

Wärmedämmplatten, die auf profilierten Blechen angebracht werden, dürfen unterseitig nicht mit der Außenluft in Verbindung stehen.

Bei Warmdächern mit Tragekonstruktion aus profilierten Tafeln und Bändern kann auf die Anordnung einer Ausgleichschicht unter der Wärmedämmung verzichtet werden, dagegen ist eine Dampfdruckausgleichschicht über der Wärmedämmung vorzusehen.

2 Werkstoffe

Dachdeckungen mit profilierten Blechtafeln und -bändern werden als vorgefertigte Elemente aus folgenden Werkstoffen geliefert:
- Stahlblech mit Korrosionsschutz, z.B. Verzinkung, Kunststoffbeschichtung, Emaillierung;
- Aluminiumblech mit und ohne Oberflächenbehandlung;
- rostfreies Edelstahlblech (Werkstoffe Nr. 1.4301, 1.4401, 1.4571).

Die profilierten Blechtafeln und -bänder müssen so dimensioniert sein, dass sie den statischen Anforderungen der DIN 1055 Lastannahmen im Hochbau entsprechen. Sie sollen ferner begehbar sein, ohne dass hierdurch im Normalfall (100 kg Einzellast) eine dauernde Deformierung der profilierten Bleche und Bänder eintritt.

Wellbleche und **Pfannenbleche** sind nach DIN 59231 genormt.

Wellbleche mit Wellenprofilen (h/b) 15/30 – 20/40 – 18/76 – 27/100 – 30/135 – 45/150 – 48/100 – 67/90 – 88/100. Blechdicke von 0,50 bis 2,50 mm, Tafellängen 2000 – 2500 – 3000 – 3500 mm.

Pfannenbleche mit Baubreite 850 mm, Profilhöhe 30 mm, Blechdicken 0,63 – 0,75 – 0,88 – 1,00 mm, Tafellänge 500 – 750 – 1000 – 1250 – 1500 – 1700 – 2000 mm.

3 Ausführung für Dachdeckungen mit profilierten Blechtafeln und -bändern als Dachhaut (Kaltdach)

3.1 Überdeckungen und Dachneigungen

Die Seitenüberdeckung richtet sich nach der Form der Welle bzw. Sicke. Bei Welltafeln unter 18 mm Wellenhöhe werden zwei Wellenberge überdeckt. Bei höheren Well- oder Trapezblechen genügt ein Wellenberg bzw. eine Sicke.

Die Höhenüberdeckung muss betragen:

unter 8 °	bzw. 13,9 %	= 200 mm
von 8 ° bis 15 °	bzw. 13,9 % – 25,9 %	= 150 mm
über 15 °	bzw. 25,9 %	= 100 mm

Bei Dachneigungen von 8 ° (13,9 %) und darunter sind innerhalb der Seiten- und Höhenüberdeckungen zusätzlich durchlaufende Dichtungen notwendig. Ferner ist es erforderlich, dass die Tafeln und Bahnen bei den Längsstößen in bestimmten Abständen (je nach Material und Materialdicke) zusätzlich durch Verschraubung, Vernietung oder Klemmung miteinander verbunden werden.

3.2 Mindestdachneigungen

bei einer Dachneigungslänge von	bei einer Profilhöhe von		
Traufe–First	18–25 mm	26–50 mm	über 50 mm
bis 6 m =	10 ° (17,4 %)	5 ° (8,7 %)	3 ° (5,2 %)
bis 10 m =	13 ° (22,5 %)	8 ° (13,9 %)	6 ° (10,5 %)
bis 15 m =	15 ° (25,9 %)	10 ° (17,4 %)	8 ° (13,9 %)
über 15 m =	17 ° (29,2 %)	12 ° (20,8 %)	10 ° (17,4 %)

Bei ungünstigen Wetterverhältnissen, an der Küste und im Gebirge sowie bei Gefahr größerer Schneeansammlungen auf dem Dach, sind diese Mindest-Dachneigungen um 3° zu erhöhen.

3.3 Befestigungen

Die Befestigung profilierter Tafeln oder Bänder auf der Unterkonstruktion kann z.B. erfolgen durch:
Schlagschrauben bzw. Schraubnägel
Hakenschrauben
Schrauben (auch selbstschneidend)
Setzbolzen
Verschraubungen auf Setzbolzen
Schweißen
Klemmbefestigungen
vgl. Bilder 1 bis 15.

Die Befestigungsmittel müssen aus korrosionsfestem, zumindest aus korrosionsgeschütztem Werkstoff bestehen und in der elektrochemischen Spannungsreihe dem Dachwerkstoff entsprechen. Befestigungsmittel aus korrosionsgeschütztem Werkstoff, soweit diese aus der Dachfläche herausragen, durch eine Abdeckung mit Aluminium, Edelstahl oder witterungsbeständigem Kunststoff zu schützen.

Bei Klemmbefestigungen werden die Profilbleche bzw. -bänder mit hinterschnittenen Profilen auf Haltestreifen oder Halteprofile geklemmt.

4 Ausführung für Dachdeckungen mit profilierten Blechtafeln und -bändern als Unterlage für einen weiteren Dach-Schichten–Aufbau (Warm- oder Kaltdach)

4.1 Überdeckungen und Dachneigungen

Die Mindestneigung richtet sich nach der Art der Dachhaut. Völlig horizontale Dachflächen sollen möglichst vermieden werden. Eine Mindestneigung von 1,5 % ist mit Rücksicht auf die Durchbiegung der Deckunterlage erforderlich.

Die Seitenüberdeckungen richten sich nach der Form der Wellen bzw. Sicken. Bei Welltafeln unter 18 mm Wellenhöhe werden zwei Wellenberge überdeckt, bei höheren Well- oder Trapeztafeln genügt ein Wellenberg bzw. eine Sicke. Die Höhenüberdeckungen sollen 100 mm betragen.

4.2 Distanzhalter und -schienen bei zweischaliger Ausführung (Kaltdach)

Als Distanzhalter und Auflagerung für die Oberschale und Träger für die Dachhaut können auf den profilierten Blechtafeln und -bändern der Deckunterlage übliche Holzleisten, Metallschienen o.ä. aufgebracht werden. Die Höhe richtet sich nach der Dicke der Wärmedämmung sowie des erforderlichen Durchlüftungsabstandes, zuzüglich 10 mm Zwischenraum für evtl. Durchbiegung der Dachhaut. Die Auflagebreite der durchlaufenden Distanzhalter soll sowohl an der Unter- als auch auf der Oberseite 40 mm nicht unterschreiten.

4.3 Befestigungen

Die Befestigung profilierter Tafeln und Bänder auf der Unterkonstruktion kann z.B. erfolgen durch:
Schlagschrauben bzw. Schraubnägel
Hakenschrauben
Schrauben (auch selbstschneidend)
Setzbolzen
Verschraubungen auf Setzbolzen
Schweißen
Klemmbefestigungen
vgl. Bilder 1 bis 15

Durch die Befestigung muss grundsätzlich gewährleistet sein, dass die Deckung
- den statischen Belastungen standhält,
- eine ausreichende Möglichkeit für Temperaturbewegungen aufweist,
- weder klappert noch flattert.

Befestigungslöcher in profilierten Tafeln und Bändern der Deckunterlage müssen mit Toleranz vorgebohrt sein, wenn mit Temperaturbewegungen unter der Wärmedämmschicht zu rechnen ist.

Bei Klemmbefestigungen werden die Profilbleche bzw. -bänder mit hinterschnittenen Profilen auf Haltestreifen oder Halteprofile geklemmt.

Die Befestigungsmittel müssen aus korrosionsfestem, zumindest aus korrosionsgeschütztem Werkstoff bestehen, der in seiner Güte und Witterungsbeständigkeit den profilierten Blechen gleichzusetzen ist und in der elektrochemischen Spannungsreihe dem Deckwerkstoff entspricht.

5 Unterschiede in der Ausdehnung

Für Deckungen mit profilierten Tafeln und Bändern sind die Unterschiede in der Ausdehnung der Unterkonstruktion bzw. des Baukörpers und der Dachdeckung zu beachten. Dachdeckungen müssen stets so befestigt werden, dass durch die Art der Befestigung evtl. auftretende unterschiedliche Längenveränderungen zwischen den profilierten Tafeln und Bändern selbst und dem Baukörper bzw. der Unterkonstruktion aufgefangen werden können.

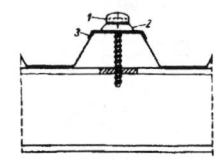

Bild 1: Befestigung durch selbstschneidende Schraube mit Spreizhülse, 1 = Kunststoffkappe, 2 = Kunststoffdichtung, 3 = Spreizhülse, zur Zeit nur bis max. 7 cm Hülsenlänge

Bild 2: Befestigung durch selbstschneidende Schraube, 1 = Kunststoffabdeckhaube, 2 = Aluminium-Unterlegscheibe bzw. Kalotte, 3 = Aluminium-Abdeckkappe, darunter Bitumendichtung

Bild 3: Befestigung durch selbstschneidende Schraube mit angeformtem Dichtungsrand, 1 = Kunststoffdichtung

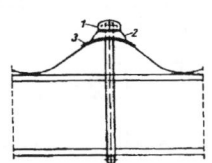

Bild 4: Befestigung durch Schlagschraube (Schraubnagel), 1 = Kunststoffdichtung

Bild 5: Befestigung durch Hakenschraube, 1 = Kunststoff-Abdeckhaube, 2 = Aluminium-Unterlegscheibe bzw. Kalotte, 3 = Aluminium-Abdeckkappe, darunter Bitumendichtung

Bild 6: Befestigung durch selbstschneidende Schraube, 1 = Unterlegscheibe, 2 = Kunststoffdichtung

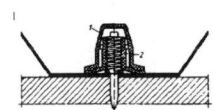

Bild 9: Befestigung durch Schießbolzen, 1 = Kunststoffkappe, 2 = Kunststoffmutter

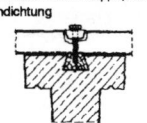

Bild 7: Befestigung auf Stahlbetonkonstruktion mittels aufgeschraubter Holzleiste

Bild 8: Befestigung auf Stahlbetonkonstruktion mittels einbetonierter Holzleiste

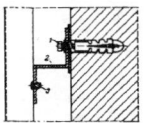

Bild 12: Befestigung durch Blindniet, 1 = Dübelschraube, 2 = Unterkonstruktion, 3 = Blindniet

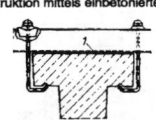

Bild 10. Befestigung auf Stahlbetonkonstruktion mittels einbetoniertem Vierkant-Stahlrohr

Bild 11. Befestigung auf Stahlbetonkonstruktion mittels versetzt angeordneten Hakenschrauben, 1 = Isolieranstrich oder -Zwischenlage

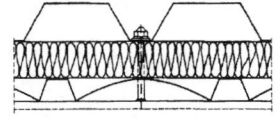

Bild 15: Befestigung einer zweischaligen, isolierten Wandkonstruktion mittels Schweißbolzen

Bild 13: Klemmbefestigung querprofilierter Aluminiumbänder in Befestigungsstreifen eingerollt

Bild 14: Klemmbefestigung längsprofilierter Aluminiumbänder in Halterungen geklemmt

Holzschindeldeckung

Richtlinie Holzschindeldeckung
nach DIN 18338, Abs. 3.2.7, den ZDD–Fachregeln und den EGH/DGfH–Empfehlungen

3.2.7 Dachdeckungen aus Holzschindeln

3.2.7.1 Die Deckung ist dreilagig auszuführen. Es sind keilförmige Normalschindeln aus Lärche, Güteklasse I, gesägt, nach DIN 68119 zu verwenden.

3.2.7.2 Jede Schindel ist mit zwei Schindelstiften aus nichtrostendem Stahl der Werkstoffnummer 1.4301 nach DIN 17440 "Nichtrostende Stähle – Technische Lieferbedingungen für Blech, Warmband, Walzdraht, gezogenen Draht, Stabstahl, Schmiedestücke und Halbzeug" zu befestigen.

3.2.7.3 Firste sind als aufgelegte Firste zu decken.

3.2.7.4 Grate sind als Schwenkgrat mit gerade herangeführten Reihen auszuführen.

3.2.7.5 Kehlen sind als eingebundene Kehlen auszuführen.

3.2.7.6 Anschlüsse sind mit Schindeln herzustellen, die entsprechend zugeschnitten sind.

Ergänzende Hinweise zur Holzschindeldeckung

1 Holzschindeln nach DIN 68119
Auszug aus Ausgabe 04.1990

Holzarten
Zur Herstellung der Schindeln werden nachfolgende Holzarten verwendet:
a) europäische Holzarten: Lärche (LA), Fichte/Tanne (FI/TA), Kiefer (KI), Eiche (EI), Buche (BU);
b) außereuropäische Holzarten: Western Red Cedar, Rot–Zeder (RCW), Eastern White Cedar, Weiß–Zeder (WCE), Yellow Cedar, Gelb–Zeder (YC).

Begriffe, Grundformen
Holzschindeln werden aus Vollholz durch Sägen (SÄ) oder Spalten (SP) bzw. durch Spalten und Sägen (SP–SÄ) in zwei Grundformen hergestellt. Sie können am Schindelfuß gefast (F) oder ungefast sein.
– Grundform K: Keilförmig in der Dicke (am Schindelfuß dicker als am Schindelkopf)
– Grundform P: Parallel (in der Dicke gleichbleibend).

Bezeichnung
Bezeichnung einer Normalschindel (NoS), keilförmig (K), Länge 400 mm, Holzart Rot–Zeder (RCW), Güteklasse 1, gesägt (SÄ):
Holzschindel DIN 68119 – NoS – K – 400 – RCW – 1 – SÄ

Anforderungen
Das Holz muss gesund und frei von holzzerstörenden Pilzen oder Insekten sein (Resistenz der Holzarten siehe DIN 68364).

Die nachfolgenden Anforderungen gelten für den Anlieferungszustand der Holzschindeln.

Bestimmung der Wuchseigenschaften nach DIN 52181 und DIN 68367.

Güteklassen nach den Tabellen 3 bis 5.

Wenn vorbeugender chemischer Holzschutz vorgesehen ist, dann muss er nach DIN 68800 Teil 3 ausgeführt werden. Bei Holzschindeln aus Buche oder Kiefer ist bei Außenverwendung eine Schutzbehandlung erforderlich.

2 Dachneigung
Die Mindestneigung der Sparren und Aufschieblinge an der Traufe beträgt:
a) zweilagige Deckung ≥ 71 ° bis 90 °
b) dreilagige Deckung ≥ 22 ° bis 90 °

Bei Dächern unter 22 ° Neigung ist ein wasserableitendes, dichtes Unterdach erforderlich. Der Grenzbereich für Holzschindeldeckungen liegt zwischen 14 ° und 18 ° Neigung.

Bei flacher werdender Dachneigung (< 30 ° Dachneigung) ist die Verwendung von längeren Schindeln vorteilhafter.

3 Hinterlüftung
Jede Schindeldeckung erfordert eine dauernde, ausreichende und gleichmäßige Be- und Entlüftung, damit die Deckung möglichst schnell wieder austrocknen kann. Be- und Entlüftung ist entsprechend DIN 4108 Teil 3 "Wärmeschutz im Hochbau; Klimabedingter Feuchteschutz" auszuführen.

Bei flach geneigten Schindeldeckungen über wasserableitenden dichten Unterdächern ist für die Hinterlüftung eine Lattung mit Konterlattung erforderlich. Die Verlegung von Schindeln direkt auf die Dachpappe des Unterdaches ist nicht zulässig.

4 Deckunterlage, Befestigung
Als direkter Nagelgrund der Schindeln sind Lattungen oder Sparschalungen geeignet.

Zur Befestigung von Holzschindeln sind Nägel mit Flachkopf und rauem, gerautem oder gerilltem Schaft geeignet. Sie müssen feuerverzinkt oder aus nichtrostendem Stahl nach DIN 17440 hergestellt sein.

Bei Schindeln aus Western Red Cedar, Eastern White Cedar und Eiche sowie bei salzimprägnierten Schindeln sind Befestigungsmittel aus rostfreiem Edelstahl mit rauhem Schaft zu empfehlen.

Geeignet sind auch Klammern aus nichtrostendem Stahl (z.B. Werkstoffnummer 1.4301 nach DIN 17440) mit einem Mindestdurchmesser von 1,5 mm und einer Rückenbreite zwischen 10 und 12 mm.

Die Befestigungsmittel müssen so lang sein, dass sie ca. 18 bis 20 mm in die tragende Unterkonstruktion eindringen.

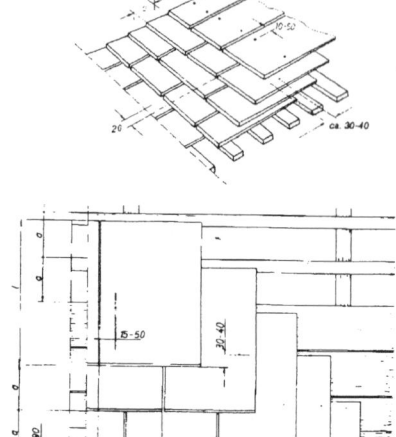

ca. 30-40

Erläuterung der Befestigungshöhe von Schindeln und Randabständen. Beginn mit kürzeren Schindeln. Bei gleich langen Schindeln ist die Anhebung der Dachkante erforderlich, z.B. durch Einsetzen eines Traufkeiles.

Schindelarten, Maße

Tabelle 1. Arten, Eignung, Länge, Breiten

Benennung		Eignung für	Länge l	Breite b	Lieferbreite
Normalschindel (Scharschindel)	NoS	Dach Wand	150 bis 600	60 bis 350	V [1] G [2]
Zierschindel	ZiS	Wand (in Ausnahmefällen für Dach)	120 bis 400	50 bis 125	G [2]
Legschindel	LeS	Dach	600 bis 800	80 bis 350	V [1]
Rückenschindel	RüS	Dach Wand	200 bis 450	80 bis 120	G [2] V [1]
Nutschindel	NuS	Dach Wand	250 bis 650	50 bis 140	V [1]

[1] V verschiedene Lieferbreiten   [2] G gleiche Lieferbreiten

Abstand der Konterlatten bzw. Sparren	≤ 700	≤ 900	≤ 1000
Dachlattung (Querlattung)	24/48	30/50	40/60
Konterlattung (Längs– oder Luftlattung)	30/50	30/50	30/50
Dachlattung direkt auf Sparren	30/50	40/60	40/60

Bewährte Lattenquerschnitte für Konter– und Dachlatten in Abhängigkeit vom Achsabstand der Unterkonstruktion (Maße in mm)

Handelsübliche Schalungsdicken (mm)		18	19,5	22	24	28	30
empf.	Rauspund-Bretter	500	600	800	1000	1250	1500
Sparrenabstand max. in mm	Sparschalung schmal 120 – 160 mm	–	500	600	700	800	1000
	breit über 160 mm	–	600	800	1000	1250	1500

Bewährte Schalungsdicken (Durchfedern beim Nageln wird weitgehend vermieden) in Abhängigkeit vom Sparrenabstand und der Schalungsart

Tabelle 2. Dicken

Länge l	Dicke t (bei keilförmigen Schindeln Dicke am Schindelfuß)
120 bis 299	4 bis 9
300 bis 450	7 bis 10
über 450	≥ 10

Tabelle 3. Einsatzbereich von Schindeln

Holzart	Schindeln für Dacheindeckungen Güteklasse	Schindeln für Wandbekleidungen Güteklasse
Buche	nicht geeignet	1,2
Eiche	1	1,2
Fichte/Tanne	nur gespalten	1,2
Kiefer	nicht geeignet	1,2
Lärche	1	1,2
Gelbzeder	1	1,2
Rotzeder	1 [1]	1,2
Weißzeder	nicht geeignet	2 [2]

[1] Bei geringen Anforderungen auch Güteklasse 2
[2] Übliche Handels-Sortierungsklassen A, B

Für besondere Zwecke werden auch andere Dicken, Längen und Breiten verwendet. Beim Verlegen sollen die Schindeln, je nach Quell– und Schwindwert der Holzart, maximal folgende Verlegebreiten haben.
- Buche   max. 100 mm
- Eiche, Fichte/Tanne, Kiefer, Lärche   max. 160 mm
- Gelbzeder, Rotzeder, Weißzeder   max. 250 mm

Tabelle 4. Gesägte Schindeln (SÄ), Formen K (keilförmig) und P (parallel)

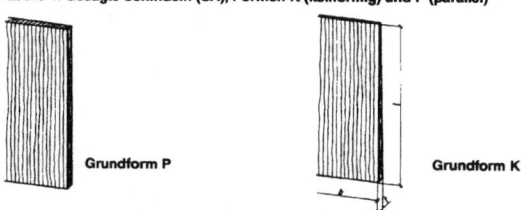

Grundform P   Grundform K

Merkmale	Güteklasse 1			Güteklasse 2		
	RCW, YC	FI/TA, KI, LA	EI,BU	RCW, WCE, YC	FI/TA, KI, LA	EI, BU
Jahrring-neigung	zulässig: Jahrringe 90 ° bis 30 °Neigung zur Schindelbreite			zulässig: auch liegende Jahrringe		
Faserab-weichung	zulässig: bis 50 mm Grenzabweichung von einer Parallelen zur Seitenkante in einem Abstand von 300 mm vom Schindelfuß (siehe Bild 1). Vorwiegend laufen die Fasern annähernd parallel zu den Seitenkanten der Schindeln.			zulässig		
Rechtwinklig-keit am Schindelfuß	zulässig: Grenzabweichung bis 8 % der Breite					
Äste	unzulässig	unzulässig: auf 60 % der Schindellänge, vom Schindelfuß aus gemessen. zulässig: festverwachsene Äste auf 40 % der Schindellänge, vom Schindelkopf aus gemessen.	unzulässig	unzulässig: auf 60 % der Schindellänge, vom Schindelfuß aus gemessen. zulässig: Äste und Astlöcher auf 40 % der Schindellänge, vom Schindelkopf aus gemessen, wenn sie die Gebrauchstauglichkeit der Schindel nicht beeinträchtigen.	zulässig: festverwachsene Äste auf 60 % der Schindellänge, vom Schindelfuß aus gemessen. Äste und Astlöcher auf 40 % der Schindellänge, vom Schindelkopf aus gemessen, wenn sie die Gebrauchstauglichkeit der Schindel nicht beeinträchtigen.
Farbe	zulässig: Farbunterschiede, die auf den natürlichen Eigenschaften der Holzarten beruhen			zulässig: Farbunterschiede		
Harzgallen	zulässig, wenn sie nicht durchgehen			zulässig auf 40 % der Schindellänge, vom Kopfende aus gemessen, wenn sie die Gebrauchstauglichkeit der Schindel nicht beeinträchtigen.		
Insektenfraß-stellen	unzulässig			zulässig: Insektenfraßstellen und andere Schadstellen im überdeckten Bereich, soweit die Festigkeit und Gebrauchstauglichkeit der Schindel nicht beeinträchtigt werden		
Risse	zulässig, sofern die Gebrauchstauglichkeit nicht beeinträchtigt wird					
Splint	unzulässig			geringer Splintanteil zulässig		
Grenzabmaße a) Länge	zulässig	+ 25 mm – 6 mm bei 10 % der Lieferung: – 6 % der Länge				
b) Breite	zulässig: ± 5 % vom Nennmaß bei Schindeln gleicher Breite					
Parallelität	zulässig: Abweichung bis 3 % der Länge					
Schindelbreite bei Normalschindeln	Normalbreite 80 mm und mehr. 20 % der Lieferung dürfen minimal 75 mm breit sein bei außereuropäischen Holzarten, 10 % der Lieferung dürfen minimal 60 mm breit sein bei europäischen Holzarten.					

Holzschindeldeckung

Zier– oder Schuppenschindel, keilförmig

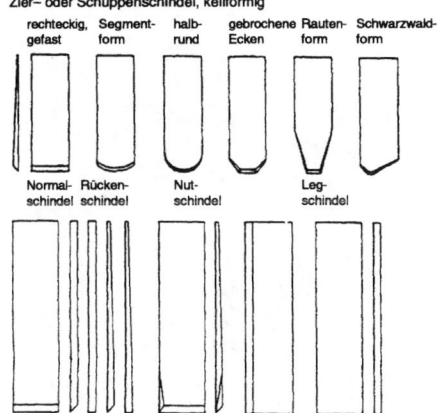

rechteckig, Segment- halbrund, gebrochene Rauten- Schwarzwald-
gefast form rund Ecken form form

Normal- Rücken- Nut- Leg-
schindel schindel schindel schindel

Schindelarten

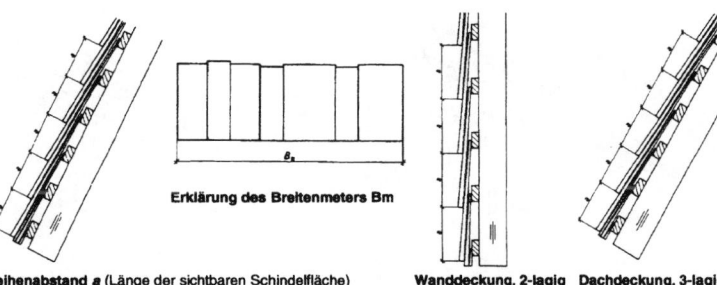

Erklärung des Breitenmeters Bm

Reihenabstand a (Länge der sichtbaren Schindelfläche)

Wanddeckung, 2-lagig Dachdeckung, 3-lagig

Tabelle 5. **Gespaltene Schindeln (SP), Formen K (keilförmig) und P (parallel)**

Merkmale	Güteklasse 1		
	RCW, YC	FI/TA, KI, LA	EI,BU
Jahrringneigung	zulässig: Jahrringe 90 ° bis 30 °Neigung zur Schindelbreite		
Faserabweichung	zulässig: bis 50 mm Grenzabweichung von einer Parallelen zur Seitenkante in einem Abstand von 300 mm vom Schindelfuß (siehe Bild 1). Vorwiegend laufen die Fasern annähernd parallel zu den Seitenkanten der Schindel.		
Rechtwinkligkeit am Schindelfuß	zulässig: Grenzabweichung bis 8 % der Breite		
Äste	unzulässig auf der Vorderseite	zulässig: festverwachsene Äste mit bis 20 mm kleinstem Durchmesser	unzulässig auf 60 % der Schindellänge, vom Schindelfuß gemessen
Farbe	zulässig: Farbunterschiede, die auf den natürlichen Eigenschaften der Holzarten beruhen		
Harzgallen	zulässig, wenn sie nicht durchgehen		
Insektenfraßstellen	unzulässig		
Risse	unzulässig		
Splint	zulässig in geringem Umfang		unzulässig
Verformung	zulässig: Grenzabweichung von der Ebene max. 4 % aus der Summe von Schindellänge und Schindelbreite		
Grenzabmaße a) Länge	zulässig: + 25 mm – 6 mm bei 10 % der Lieferung: – 6 % der Länge		
b) Breite	zulässig: ± 5 % vom Nennmaß bei Schindeln gleicher Breite		
Parallelität	zulässig: Grenzabweichung bis 3 % der Länge		
Schindelbreite bei Normal-Schindeln	Normalbreite 80 mm und mehr. 20 % der Lieferung dürfen minimal 75 mm breit sein bei außereuropäischen Holzarten, 10 % der Lieferung dürfen minimal 60 mm breit sein bei europäischen Holzarten.		

5 Werkstoffverträglichkeit

Für die Verträglichkeit verschiedener Werkstoffe der Anschlüsse und Abschlüsse mit verschiedenen Holzarten der Schindeln ist die nachfolgende Übersicht zu beachten:

Werkstoff	Lärche	Fichte/ Tanne	Kiefer	Eiche	Western Red Cedar	Alerce	Eastern[1] White Cedar	Yellow Cedar
Kupfer	V	G	G	V	V/U	V	V/U	V/U
Aluminium beschichtet	G	G	G	V	G/V	V	G/V	G/V
Zink	V	G	G	U	U	U	U	U
Nichtrostende Stähle nach DIN 17440	G	G	G	G	G	G	G	G
Blei plus	G	G	G	V	G/V	G	V/U	G/V
Bleche verzinkt	U	V	V	U	U	U	U	U
Bleche gestrichen	V	V	V	V	V	V	V	V

G = gut geeignet; V = Verfärbungen/Korrosion möglich; U = ungeschützt ungeeignet; mit geeigneten Schutzanstrichen (gemäß Empfehlungen der Hersteller) versehen, sind auch diese Werkstoffe einsetzbar.
[1] Einstufung nach ausländischen Erfahrungswerten. Im Inland noch keine ausreichende langjährige Erfahrung.

Tabelle A.1. **Maximal zulässiger Reihenabstand a sowie Schindelgrundbedarf je m² zu deckender Fläche**

Schindel- länge[1] etwa	dreilagig[2] 22 ° bis 90 °Neigung		zweilagig[3] 71 ° bis 90 °Neigung	
	Reihenabstand a[4]	Schindelgrundbedarf Bm/m²	Reihenabstand a[4]	Schindelgrundbedarf Bm/m²
120	35	28,57	50	20,00
150	45	22,22	65	15,38
200	60	16,67	90	11,11
250	75	13,33	115	8,70
300	90	11,11	135	7,41
400	125	8,00	180	5,56
450	140	7,14	200	5,00
600	180	5,56	280	3,57
700	220	4,55	330	3,03
800	250	4,00	375	2,67

[1] Für Zwischenlängen können Reihenabstände geradlinig interpoliert werden.
[2] Bei Dächern unter 22 ° Neigung ist ein wasserableitendes, dichtes Unterdach erforderlich. Bei Dachneigung unter 14 ° ist der Konstruktion und dem Holzschutz besondere Beachtung zu schenken, weil eine kürzere Lebensdauer zu erwarten ist.
[3] Bei 2-lagiger Dachdeckung dürfen nur Schindeln der Güteklasse 1 verwendet werden. 2-lagige Deckung wird nur in Ausnahmefällen angewendet, wenn geringe Anforderungen an die Dichtheit gestellt werden.
[4] Bei Rotzeder, Güteklasse 2, und bei Weißzeder, Handels-Sortierungsklasse B, sind die Reihenabstände in Abhängigkeit von der Schindellänge wie folgt zu verringern:
Schindellänge 400 mm, Reihenabstand nach dieser Tabelle abzüglich 20 mm
Schindellänge 450 mm, Reihenabstand nach dieser Tabelle abzüglich 50 mm
Schindellänge 600 mm, Reihenabstand nach dieser Tabelle abzüglich 100 mm

Dachdeckung
Dachlatte
Konterlatte auf Kitt
V13 vollflächig geklebt
(2x ≥ 5 mm besandet)
V13 genagelt
Schalung
Sparren

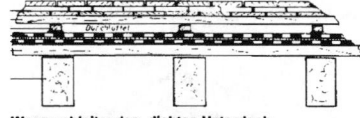

Wasserableitendes, dichtes Unterdach (normale Ausführung) mit 2-lagiger Bitumendachbahn.

Dachdeckung
Dachlatte
Schweißbahn Nähte und Stöße verschweißt
Schalung
Konterlatte und Drei- kantleisten
Sparren
V13 genagelt

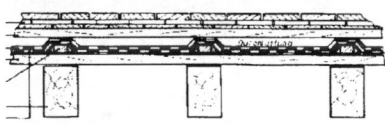

Wasserableitendes, dichtes Unterdach mit 2-lagiger Bitumendachbahn bei besonderen Anforderungen.

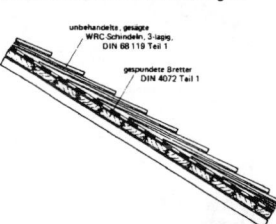

Notwendiger konstruktiver Aufbau zum Nachweis der harten Bedachung, im Sinne von DIN 4102 Teil 7 (3-lagige Schindeldeckung erforderlich)

Mögliche Variante zum konstruktiven Aufbau einer 3-lagigen Schindeldeckung für den Nachweis als harte Bedachung im Sinne von DIN 4102 Teil 7. (Wegen fehlender Hinterlüftung nur für Sonderfälle geeignet)

Möglichkeiten zur Traufenausbildung. Wird mit gleich langen Schindeln gearbeitet, muss mit einer konischen Traufbohle, wie in Abbildung b dargestellt oder einer aufgefütterten Latte begonnen werden.

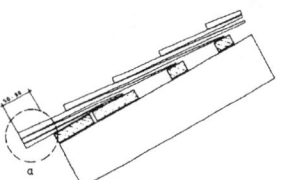

a

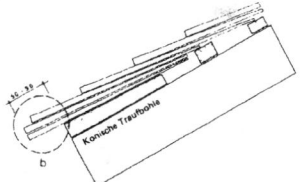

b

Konische Traufbohle

Traufenausbildung mit gleichmäßigem Überstand und Anfang mit unterschiedlichen Längen

Traufenausbildung, Anfang mit gleichlangen Schindeln, jedoch dritte Reihe zurückgesetzt

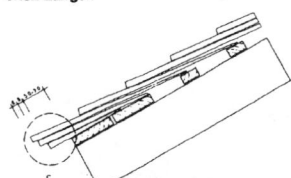

c

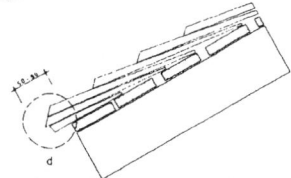

d

Traufenausbildung, Anfang mit unterschiedlichen Längen, jede Reihe jedoch nach vorn abgesetzt

Traufenausbildung, Anfang mit gefasten Schindeln

Anhang A

Schindeln nach dieser Norm erfüllen im eingebauten Zustand die Anforderungen der Baustoffklasse B 2 nach DIN 4102 Teil 1, wenn die Deckungsart so gewählt ist, dass die Schindeldeckung an jeder Stelle mindestens 5 mm dick ist.

Die nach der Empfehlung der Arbeitsgruppe Deckungsregeln in der Entwicklungsgemeinschaft Holzbau (EGH) und in der Deutschen Gesellschaft für Holzforschung (DGfH) je nach Neigungswinkel höchstzulässigen Reihenabstände und die dabei erforderlichen Breitenmeter je m² zu deckender Fläche sind in Tabelle A.1 angegeben.

Begriffe zur Bedarfsermittlung sind:
Der Reihenabstand a ist die Länge der sichtbaren Schindelfläche der verlegten Schindel.

Das Breitenmeter Bm ist das Liefermaß für dicht nebeneinander gelegte Schindeln, bezogen auf etwa 20 % Holzfeuchte. Die technisch notwendigen Verlegefugen betragen zwischen 1 und 5 mm, sie dürfen beim Liefermaß nicht mitgerechnet werden.
Beispiel: 1 Bund enthält z.B. 9 Bm, das sind 9 m in der Breite ausgelegte Schindeln.

Der Schindelgrundbedarf ist die benötigte Schindelmenge , angegeben in Breitenmetern, ohne Verschnitt und ohne den Mehrbedarf für Traufen, Firste, Grate und Kehlen, Anschlusslinien, Gauben, Fensterlaibungen usw.

Holzschindeldeckung

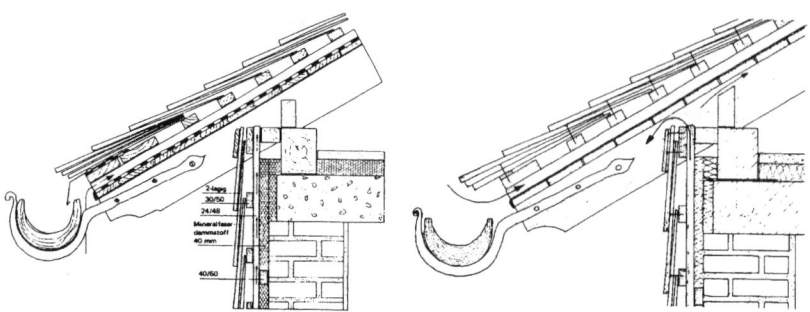

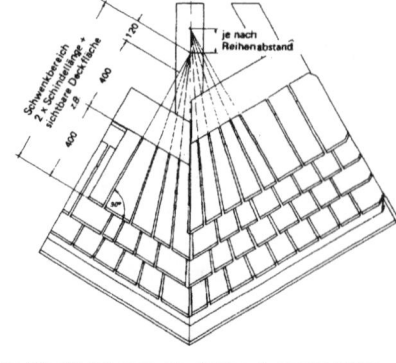

Traufausbildung mit Einlaufblech bei Holzrinne (mit Sicke). Traufausbildung Holzdachrinne ohne Traufblech

Traditionelle Schwenkgratausbildung in geraden Reihen mit Darstellung der Ermittlung des Schwenkbereiches.

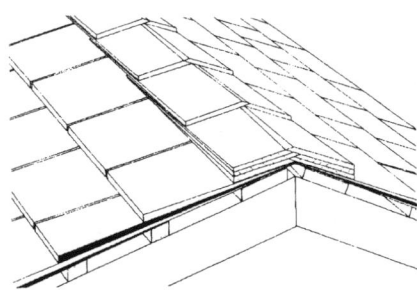

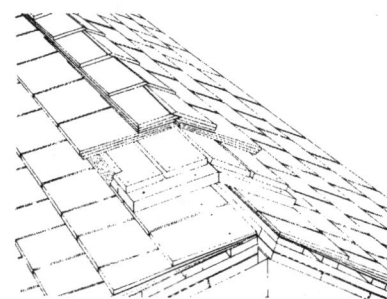

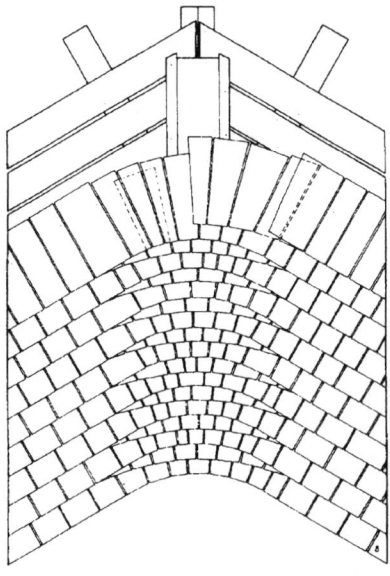

Aufgelegter First bei gespaltenen Schindeln ohne Firstentlüftung

Symmetrische Firstentlüftung (beidseitige Entlüftung)

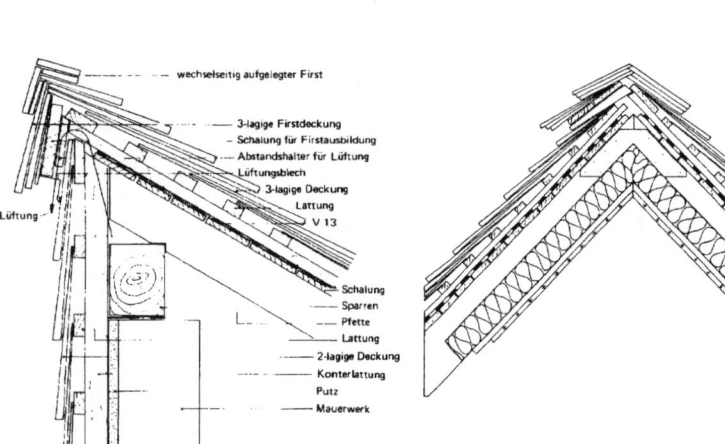

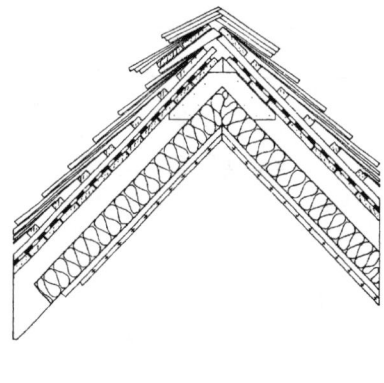

Schwenkkehle mit gleich langen Schindeln im Kehlbereich.

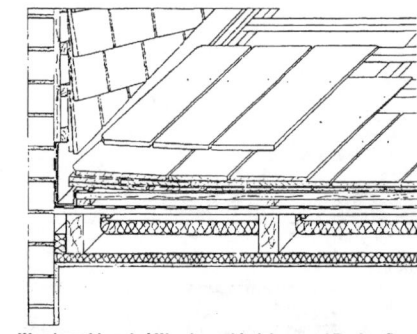

Pultdach–First.

Einseitige Firstentlüftung bei ausgebauten Dachgeschossen.

Wandanschluss bei Wandverschindelung und Dachaufbau mit Unterdach, jedoch mit vertieftem Anschluss.

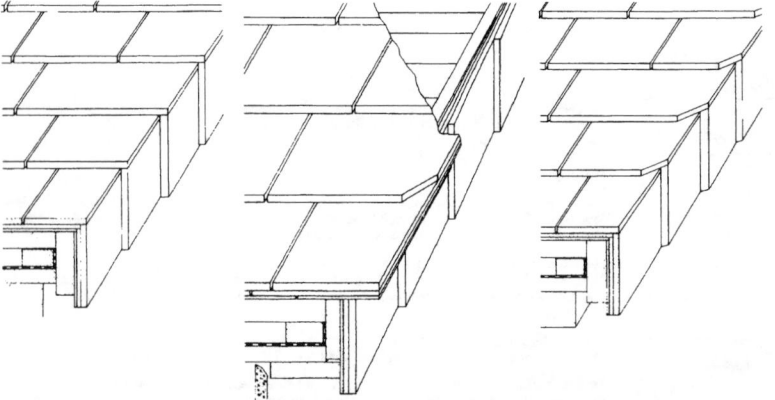

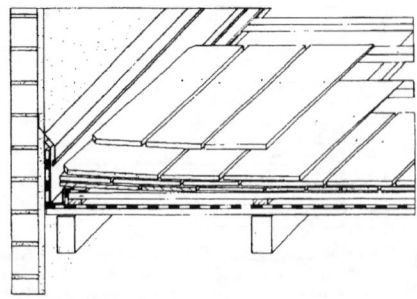

Ortgang im Verband gedeckt

Ortgangdeckung mit Überstand der Deckung

Ortgang Ausbildung mit verschindelter Blende

Wandanschluss bei verputzter Wand und vertieftem Anschluss.

Deckung mit Bitumenschindeln, Bitumenwellplatten

**Richtlinie Bitumendachschindeldeckung
nach DIN 18338, Abs. 3.2.8 und ZDD–Fachregeln**

3.2.8 Dachdeckungen mit Bitumenschindeln

3.2.8.1 Dachdeckungen mit Bitumenschindeln sind als Doppeldeckung aus Drei–Blatt–Bitumenschindeln mit Glasvliesträgereinlage herzustellen.

3.2.8.2 Die Bitumenschindeln sind mit mindestens 4 korrosionsgeschützten Breitkopfstiften nach DIN 1160 "Breitkopfstifte – Rohr–, Dachpapp–, Schiefer– und Gipsdielenstifte" je Schindel zu befestigen.

3.2.8.3 Die Deckung an der Traufe ist mit Traufblech ohne Falzabkantung, auf dem Traufblech mit unverklebtem Ansetzer und verklebtem ersten Gebinde, auszuführen.

3.2.8.4 Am Ortgang ist eine mindestens 30 mm hohe Dreikantleiste, auf den Traufen hochzuführen zu befestigen. Die Vordeckung und die Gebinde der Bitumenschindeldeckung sind darauf hochzuführen und mit Breitkopfstiften zu befestigen. Darüber ist eine Abdeckung aus Metall herzustellen.

3.2.8.5 Firste und Grate sind als seitliche Doppeldeckung mit zugeschnittenen Bitumenschindeln auszuführen.

3.2.8.6 Kehlen sind als eingebundene Bitumenschindelkehle auszuführen.

3.2.8.7 Anschlüsse an aufgehenden Bauteilen sind mit mindestens 30 mm hohen Dreikantleisten zu versehen. Die Bitumenschindeln sind hochzuführen und mit Klappleiste anzuschließen.

Ergänzende Hinweise zur Bitumenschindeldeckung

1 Werkstoffe
Bitumendachschindeln sind kleinformatige Bauteile für Dachdeckungen auf Bitumenbasis mit Trägereinlagen. Sie eignen sich für Deckungen auf allen Dachformen ab einer Neigung von ≥ 10 ° bis 85 °. Durch einfaches Zuschneiden können alle für das Decken der Traufen– und Firstgebinde, der Grate, Kehlen und Anschlüsse usw. erforderlichen Schindelformen hergestellt werden.
Bitumendachschindeln werden mit nachstehenden Trägereinlagen hergestellt:

– Glasvlies – Holzschliffpappe – Rohfilzpappe

Bitumendachschindeln müssen mit einem Oberflächenschutz versehen sein. Dieser kann bestehen aus:

– eingefärbtem, mineralischem Granulat
– Schieferbesplittung

Bitumendachschindeln sind rechteckige Dachwerkstoffe, die vorzugsweise mit zwei in den Drittelpunkten liegenden Schlitzen versehen sind. Formate:

–   900 mm x 300 mm
–   907 mm x 311 mm
–   915 mm x 305 mm
– 1000 mm x 300 mm
– 1000 mm x 333 mm

Bitumendachschindeln werden vorzugsweise in folgenden Farben hergestellt:

granulierte Oberfläche – blauschwarz – grün – rot – braun
beschieferte Oberfläche – schieferblau – schiefergrün – anthrazit

Bitumendachschindeln müssen widerstandsfähig sein gegen Flugfeuer und strahlende Wärme im Sinne der DIN 4102 und gelten dann als "harte Bedachung".
Bitumenschindeln müssen mit Klebepunkten oder Klebestreifen versehen sein.

2 Deckunterlage, Befestigungsmittel

Für die Deckung mit Bitumendachschindeln sind biegesteife, nagelbare Unterkonstruktionen erforderlich.
Bei Verwendung von Holzschalung müssen die Bretter eine Mindestdicke von 24 mm, bei Nut– und Federschalung 22 mm aufweisen und sollen in Breiten von 80 bis max. 150 mm liegen.
Bei Verwendung von Holzwerkstoff muss die Mindestdicke 22 mm betragen.
Leichtbeton–Unterkonstruktionen müssen den allgemeinen Anforderungen entsprechen. Die für die Befestigung auf Leichtbeton vorgesehenen Nägel müssen der Auszugsfestigkeit der Nägel auf Schalung oder Holzwerkstoffen entsprechen.
Für die Befestigung der Bitumendachschindeln auf Holz und Holzwerkstoff–Unterkonstruktionen sind korrosionsgeschützte Breitkopfstifte zu verwenden, die bei normaler Deckung mindestens 25 mm, bei Mehrfachüberdeckung (Grat, First usw.) mindestens 30 mm lang sein müssen.
Anstelle von Breitkopfstiften können auch korrosionsgeschützte Breitklammern mit 25 mm Rückenbreite und 25 bzw. 32 mm Länge verwendet werden.

3 Ausführung der Deckung mit Bitumendachschindeln
Durch die flexible Materialbeschaffenheit der Bitumendachschindeln passen sich diese jedem Untergrund an. Geringfügig auftretendes Wölben einzelner Bitumendachschindeln und auf der Oberseite sich abzeichnende Unebenheiten der Unterkonstruktion stellen keinen die Tauglichkeit der Schindeldeckung mindernden Mangel dar.

3.1 Dachneigungsgrenzen
Die Mindestdachneigung ist von der Dachtiefe abhängig. Die nachstehend aufgeführten Neigungen dürfen nicht unterschritten werden.

Dachtiefe Entfernung Traufe – First		Dachneigung
bis	7,50 m ≥ 10 °	18 %
bis	10,00 m ≥ 15 °	27 %
über	10,00 m ≥ 20 °	36 %

Um die Auflage der Schindeln auf der Unterlage sicherzustellen, sollte die Neigung von 85° nicht überschritten werden.

3.2 Mindestüberdeckung
Deckungen mit Bitumendachschindeln werden als Doppeldeckung ausgeführt. Das dritte Gebinde muss das erste um mindestens 50 mm überdecken. Eine max. Gebindehöhe von 145 mm darf nicht überschritten werden.

3.3 Vordeckung
Vor Beginn der Deckung ist die Unterkonstruktion mit einer Lage Bitumendachbahn mit anorganischer Trägereinlage einzudecken. Die Überdeckung beträgt an Nähten und Stößen 100 mm. Bei Neigungen über 15 ° 150 mm.
Die Stöße sind zu versetzen. Die Aufbringung der Bitumenbahn muss horizontal erfolgen. Die Befestigung der Vordeckung erfolgt mit Breitkopfstiften aus korrosionsgeschütztem Material im Abstand von ca. 100 mm.

7.4 Deckung der Dachfläche
Bitumendachschindeln werden waagerecht in 1/2 oder 1/3 Verband gedeckt. Bei 1/2 Verband liegen die Schlitze des ersten und dritten Gebindes, bei der 1/3 Verbanddeckung die des ersten und vierten Gebindes übereinander. Die Befestigung erfolgt mit Breitkopfstiften oder Klammern. Bei Dachneigungen über 60 ° sind zusätzliche Befestigungen erforderlich. Die zusätzliche Befestigung erfolgt in den oberen, äußeren Ecken.
Die Selbstverklebung der einzelnen Gebinde untereinander erfolgt mit zeitlicher Verzögerung durch Eigengewicht und Erwärmung der Selbstklebepunkte bzw. –streifen (z.B. Sonneneinstrahlung).

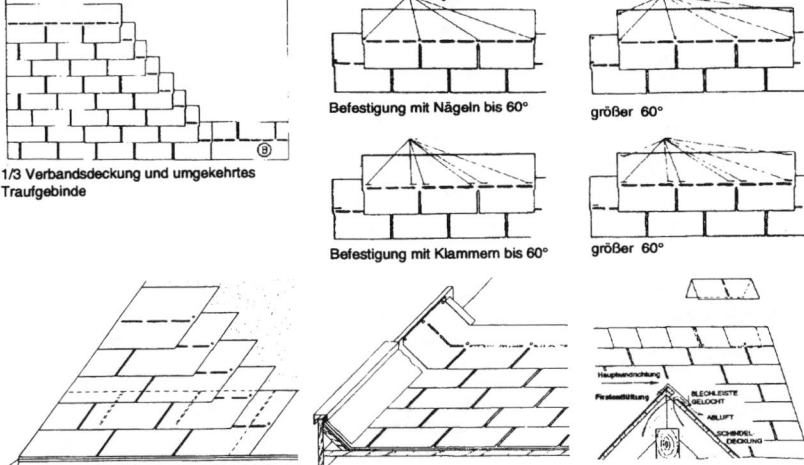

1/3 Verbandsdeckung und umgekehrtes Traufgebinde

Befestigung mit Nägeln bis 60°   größer 60°

Befestigung mit Klammern bis 60°   größer 60°

1/2 Verbandsdeckung und abgeschnittenes Traufgebinde

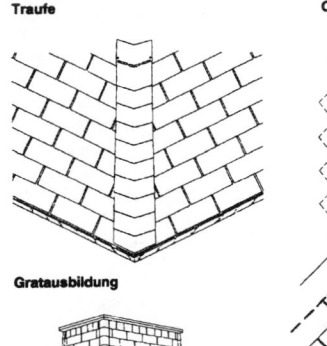

Traufe

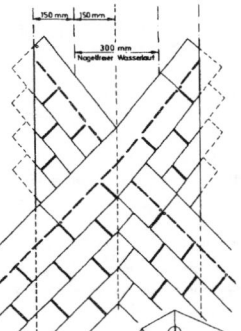

Ortgang

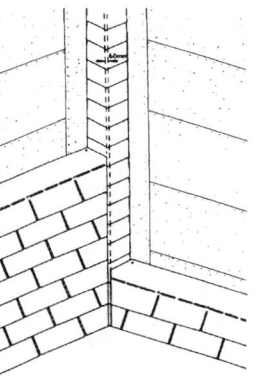

First

Gratausbildung

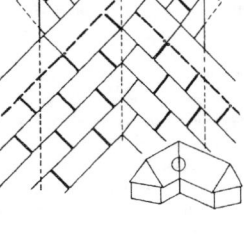

Schornsteinverkleidung   Eingebundene Kehle

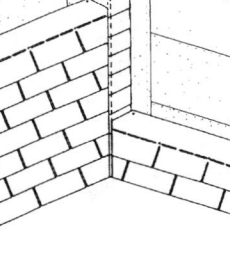

Untergelegte Kehle

**Richtlinie Dachdeckungen aus Bitumenwellplatten
nach DIN 18338, Abs. 3.2.9**

3.2.9 Dachdeckungen mit Bitumenwellplatten

3.2.9.1 Bitumenwellplatten sind im Verband zu verlegen und mit Glockennägeln zu befestigen. Im Bereich der Höhenüberdeckung erfolgt die Befestigung auf jedem Wellenberg, im Auflagerbereich zwischen den Höhenüberdeckungen auf jedem zweiten Wellenberg.

3.2.9.2 An der Traufe ist die Deckung mit freiem Überstand herzustellen und jeder Wellenberg zu befestigen.

3.2.9.3 Der Ortgang ist ohne Formstücke mit vollaufliegendem letzten Wellenberg herzustellen.

3.2.9.4 Der First ist mit einteiligen Firsthauben auszubilden.

3.2.9.5 Grate sind mit Formteilen zu decken.

3.2.9.6 Kehlen sind als untergelegte Metallkehlen auszuführen.

3.2.9.7 Anschlüsse an aufgehenden Bauteilen sind mit Anschlussstreifen aus Metall herzustellen. Die Anschlussbleche sind hochzuführen und mit Kappleiste anzuschließen.

Stroh- und Rohrdeckungen

Deckung des Firstes

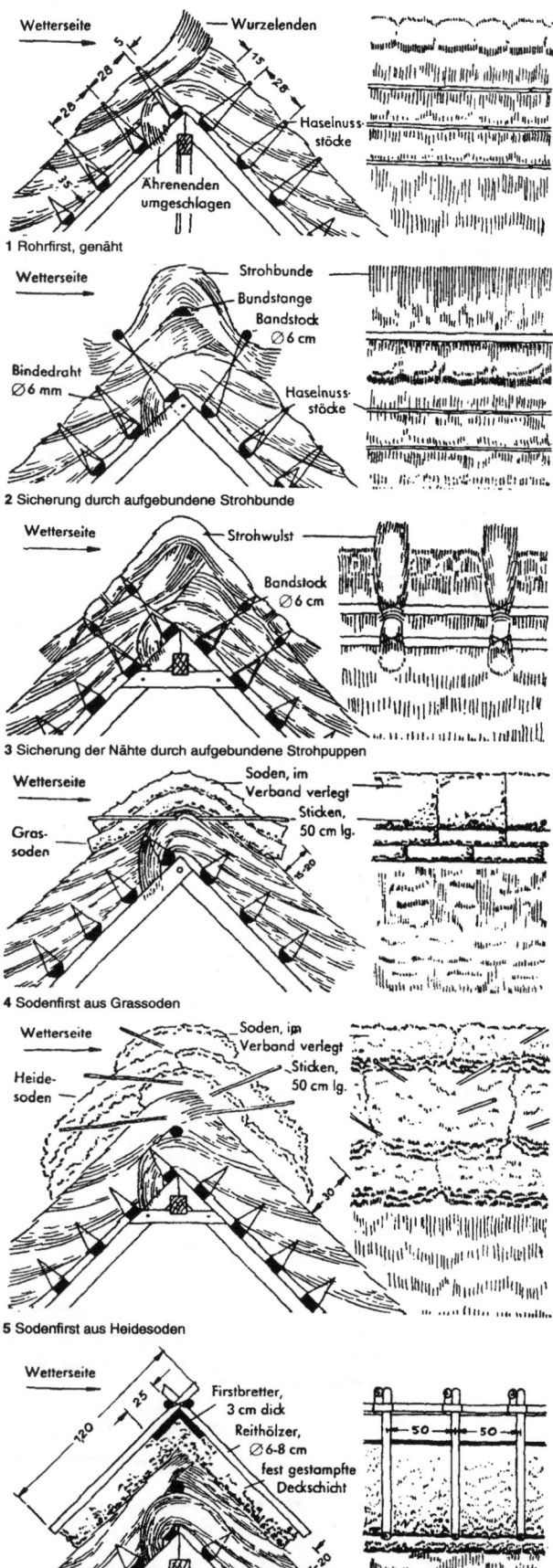

1 Rohrfirst, genäht

2 Sicherung durch aufgebundene Strohbunde

3 Sicherung der Nähte durch aufgebundene Strohpuppen

4 Sodenfirst aus Grassoden

5 Sodenfirst aus Heidesoden

6 First aus Wirrstroh mit Hängehölzern

Allgemeines, Eigenschaften

Stroh- und Rohrdeckung ist die älteste Dachdeckung. Gute Eigenschaften und gutes Aussehen rechtfertigen auch heute noch Anwendung für bestimmte Zwecke. **Dachneigung** ≥ 45°, in windreichen Gegenden ≥ 50°. Vorzüge: Gute **Wärmedämmung** hält Dachraum im Winter warm, im Sommer kühl, Schwitzwasserbildung wird vermieden. **Luftdurchlässigkeit** bei gleichzeitiger Sicherheit gegen Regen und Schnee ermöglicht Nutzung des Dachraumes als Speicher. Geringes **Eigengewicht** (70 kg/m² geneigte Dachfläche) ermöglicht einfache Dachkonstruktion (aus Rundholz). **Lebensdauer** der Rohrdächer auf West- und Südseite 40 bis 50 Jahre, auf Nord- und Ostseite 50 bis 100 Jahre; der Strohdächer 20 bis 30 bzw. 30 bis 50 Jahre. Je steiler das Dach, desto längere Lebensdauer. **Wirtschaftlichkeit** oft dadurch gegeben, dass Rohr bzw. Stroh im landwirtschaftlichen Betrieb gewonnen wird und Deckung durch betriebseigene Arbeitskräfte erfolgt. Nachteil: **Feuergefährlichkeit**, die z. T. durch Tränkmittel usw. (→ Werkstoffe) vermindert werden kann.

Werkstoffe

Rohr (im Norddeutschland Reet oder Ried genannt) wird in 2 – 4 m langen Stängeln gewonnen und zu Bünden (Schofen, Schoben, Scheeben) von 12 bis 15 cm Durchmesser mit Strohseilen gebunden. **Stroh** (möglichst Roggenstroh) muss völlig ausgewachsene, gerade, möglichst lang und von Hand mit Flegel oder in Schoofmaschine gedroschen sein. Gedroschene Garben von Unkraut und kurzen Halmen befreien und binden. **Schilf** (Rohrkolbenschilf, Typhe) kann auch verwendet werden (entsprechend Rohr), wird aber nicht gehandelt. **Tränkmittel** darf sich nicht von Regen auswaschen lassen oder Haltbarkeit des Werkstoffes mindern; wird nach Aufbinden der einzelnen Bunde aufgespritzt (z.B. Natrium-Azetat, Wasserglas + Kalkmilch 1 : 4). Guten Feuerschutz bietet Lehmtränkung der Rohrdächer. **Bindemittel:** verzinkter Eisendraht 1 bis 1,6 mm dick. **Bandstöcke** (Schächte): daumendicke Haselnussstöcke, dünne entästete Tannenstämmchen oder imprägnierte Tannenlatten 15 x 40 mm. **Dachlatten** 4/6 cm bei 1 m Sparrenabstand und 25 bis 30 cm Lattenweite (nicht scharfkantig, damit Bindedraht nicht bricht!). **Firstdeckung** mit Rasenstücken (Grassoden), Heidestücken (Heideplaggen, Heidesoden), geschnittenem Heidekraut, Seegras, Buchweizenstroh, Heu, Qecken.

Deckungsarten

Genähtes Stroh- und Rohrdach für kurzen Werkstoff (Bünde bis zu 2 m Länge) besonders geeignet. **Lattenabstand** je nach Windstärke 25 bis 40 cm (Schleswig-Holstein, Nordhannover 28 cm → 1: mecklenburgische und pommersche Küste 30 cm; Mittel- und Ostdeutschland 30–40 cm). Lattenabstand an Traufe 2 x 10 cm und einfach genäht → 8 oder 1 x 10 cm und doppelt genäht. **Deckung** derart, dass Lagen mit Wurzelende nach unten aufgelegt und je nach Windstärke in Abständen von 15 bis 25 cm (Schleswig-Holstein, Nordseeküste 15 cm; Ostseeküste 20 cm; Mittel- und Ostdeutschland 25 cm) mit Bindedraht auf Dachlatten aufgenäht werden. Dicke einer Lage 10 bis 12 cm, 3 Lagen überdecken sich (Gesamtdicke der Deckung deshalb ca. 35 cm). Genäht wird jede Lage auf 2/3 ihrer Länge nach oben, deshalb liegt Naht etwa in der Mitte der Deckung (regengeschützt). Je strammer genäht wird, desto besser liegt die Deckung. Dünnhalmiges Rohr an Traufe und First verwenden. Dachknicke mit Stroh oder Rohr unterfüttern. Ausbildung des Firstes als **Rohrfirst:** Firstlatte auf Wetterseite 5 cm, auf entgegegengesetzter Seite 15 cm unter First anschlagen. Ähren- oder Blütenenden der letzten Decklage abwechselnd über First schlagen und durch Einstopfen befestigen. Firstschicht auf Wetterseite mit Wurzelenden nach oben auflegen. Firstlage durch 6 mm dicken Draht, außen um Bandstöcke (möglichst Haselnussstöcke), innen um Latten genäht, besonders sichern → 1. Zusätzliche Sicherung durch aufgebundene Strohbunde, beiderseitig von Rundstangen gehalten, möglich → 2. In Ostdeutschland Sicherung der Drahtbindung des Firstes durch aufgebundene Strohpuppen oder -wulste üblich → 3. Der **Sodenfirst** (für niederschlagsreiche Gegenden) wird wie der Rohrfirst ausgeführt, nur die Firstschicht entfällt. Dafür werden Soden (Rasenstücke, Heideplaggen) 8 bis 10 cm dick, 25 bis 30 cm breit und 130 bis 150 cm lang (Heidesoden 50 bis 60 cm lang), in 2 Lagen im Verband aufgebracht. Die Soden werden durch Sticken (ca. 50 cm lange Holzpflöcke 25/25 mm, aus gespaltener Eiche) gesichert → 4, 5. Der **First aus Wirrstroh mit Hängehölzern** (für niederschlagsreiche Gegenden) wird wie der Rohrfirst ausgeführt und durch eine zusätzliche Abdeckung aus Buchweizenstroh, Heu, Quecken, Heidekraut, Seegras usw. gesichert. Deckschicht lose 35 cm, festgetreten 15 bis 20 cm dick. Sicherung durch Reiter aus ca. 8 cm dicken Knüppeln oder gespaltenen Eichenstangen. Firstspitze wird durch 2 imprägnierte Bohlen gesichert → 6.

Stroh- und Rohrdeckungen

Deckung der Dachkanten, Durchlässe und Gaupen

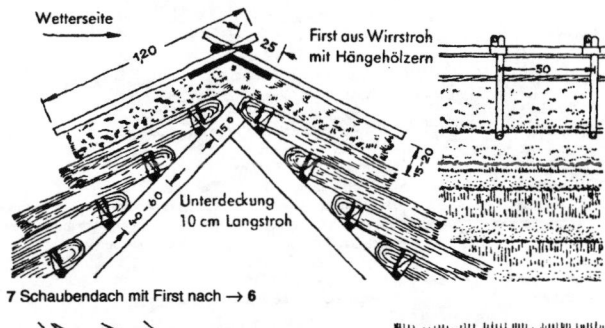

7 Schaubendach mit First nach → **6**

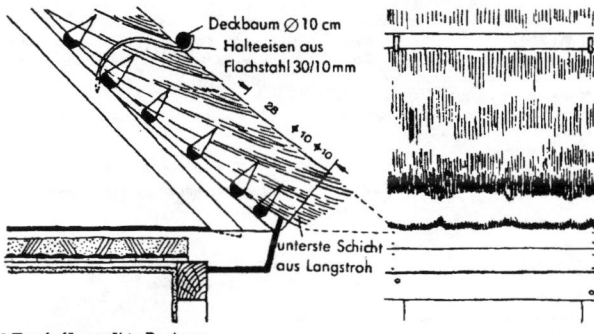

8 Traufe für genähte Deckung

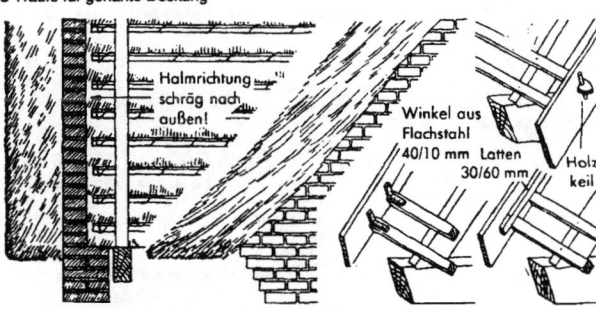

9 Ortgang, **10** bis **12** Befestigung des Windbordbrettes

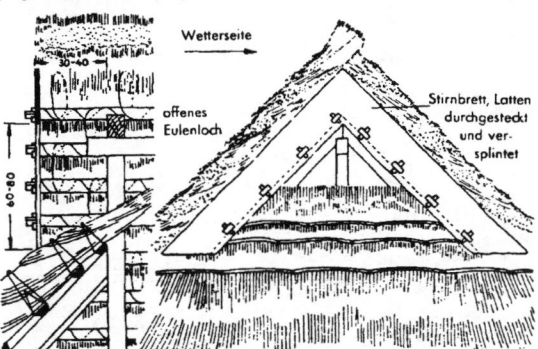

13 Eulenloch am Walm, mit genähtem Rohrfirst

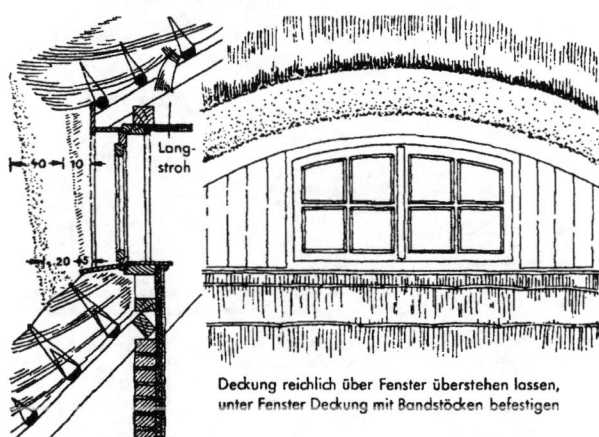

Deckung reichlich über Fenster überstehen lassen,
unter Fenster Deckung mit Bandstöcken befestigen

14 Fledermausgaupe in genähter Deckung

Gebundenes Dach für längeren Werkstoff geeignet. Lattenabstand wie beim genähten Dach. Unterschied zum genähten Dach liegt darin, dass auf jede Decklage in 50 cm Abstand ein Bandstock (Schacht) gebunden wird. Bindestellen aufeinanderfolgender Lagen versetzen. Deckung von First und Traufe wie beim genähten Dach. Beim gebundenen Dach auch Knopffirst üblich. Etwa 2 m lange verknotete Strohbündel werden auf dünnen Bandstock aufgereiht und auf First gesetzt. Befestigung beiderseits durch 2 Bandstöcke in Höhe der obersten Latten. Das **Schaubendach** kommt in Deutschland nur in Schlesien vor. Deckung besteht aus Bündeln (Schauben), die einzeln auf Dachlatten aufgebunden werden. Deckung wirkt von außen treppenförmig. Länge der Schauben: 100 bis 120 cm bei Stroh, 140 bis 160 cm bei Rohr, 150 bis 200 cm bei Schilf. Lattenweite 40 cm bei Stroh, bis 60 cm bei Rohr und Schilf. Deckung: Schauben werden mit 1,6 mm dickem Bindedraht oder Strohseilen fortlaufend auf Latten gebunden → **7**. Deckung des Firstes mit Wirrstroh → **6** oder Schindeln. Traufendeckung mit Schindeln.

Eindeckung der Dachkanten

Traufe: wird in Nordwestdeutschland waagerecht, im übrigen Deutschland rechtwinklig zur Dachneigung abgeschnitten. Sicherung der Traufe durch Deckbaum ⌀ 10 cm → **8**.

First: Ausführung bei → Deckungsarten beschrieben.

Ortgang: Ausführung mit Windbrett → **10** bis **12** oder ohne Windbrett → **9**. Befestigung des Windbrettes an den Latten durch Keilzapfen, Winkellaschen oder Nagelung auf Beihölzer → **10** bis **12**. Bei Ausführung ohne Windbrett Halme der Deckung schräg nach außen verlaufen lasen → **9**. Dachlatten müssen bis über die Giebelmauern reichen. Überstand der Deckung am Ortgang 40 cm.

Kehlen und Grate sind auszurunden (durch Ausfütterung). Halme in Richtung Kehle oder Grat legen, allmählich in Richtung der Dachfläche einschwenken lassen. Dachhaut in Kehle 1 1/2-fache Dicke. **Anfallpunkte** bei Walmdächern müsen bei Rohr- und Knopffirst als offene → **13** oder verbretterte sog. Eulenlöcher ausgebildet werden. Gratsparren nicht an First sondern tiefer anschmiegen! Dachlatten 30 bis 40 cm über Anfallpunkt auskragen lassen. Deckung strahlenförmig um Firstpunkt herumlaufen lassen. Bei Verbretterung des Eulenloches Dachhaut unterschieben. Bei Sodenfirst oder First aus Wirrstroh keine Eulenlöcher erforderlich. Soden werden halbmondförmig ausgestochen und aufgelegt (und mit Sticken gesichert).

Dachgaupen: Beim genähten und gebundenen Dach lassen sich Gaupen jeder Form decken; beim Schaubendach nur Fledermausgaupen. Alle Anschlüsse ausrunden (durch 1 1/2- bis 2-fache Dicke der Deckung)! An senkrechten Außenwänden Rohr und Stroh schräg nach außen verlaufen lassen. Latten rechtwinklig zur Halmrichtung anbringen! An senkrechten Seitenwänden überstehendes Rohr sägeförmig mit Messer abschneiden. Fledermausgaupen möglichst flach anlegen und gut ausgerundet eindecken → **14**.

Schornsteinanschluss, Durchlässe: Schornsteine, Lüftungsschächte usw. unbedingt so anordnen, dass sie am First die Deckung durchstoßen. Nach baupolizeilicher Bestimmung Schornsteinkopf 50 cm unter Dachhaut mit 1 Stein dicken Wangen ausführen. Anschluss durch Überkragen des Mauerwerks → **15** oder Auskragen einzelner Schichten. Schornsteine und Entlüftungsschächte können auch außen verschindelt werden → **16**.

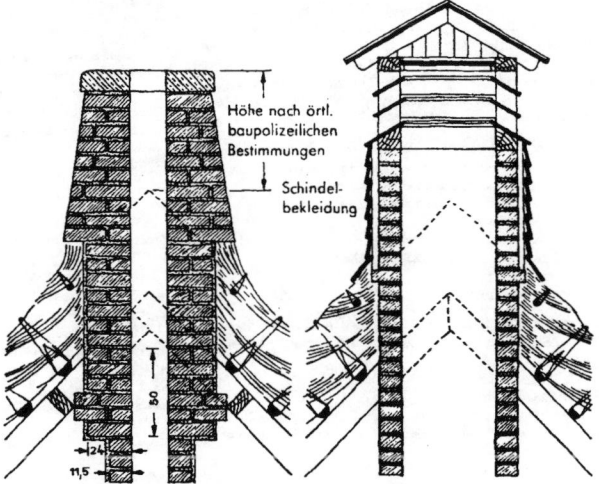

15 Schornsteinanschluss; **16** Durchlass Entlüftungsschacht

Dachbegrünung

Richtlinie Dachbegrünung

Bei der Planung und Ausführung von Dachbegrünungen sollten grundsätzlich die Zuständigkeitsbereiche (Abdichtung – Bepflanzung) klar getrennt werden.

Dachbegrünung erfolgt i.d.R. in folgendem konstruktiven Aufbau:
- Dachabdichtung
- Schutzlage
- Drainschicht
- Filterschicht
- Vegetationsschicht
- Pflanzebene
- Windsicherung
- Rand– oder Eckbereiche ohne Bepflanzung
- Kontrollschächte

Dachabdichtung

Ausführung der Dachabdichtung → KG 363.02.02

Zusätzliche Ausführungs–Richtlinien

Auf Dachflächen, die zur Begrünung oder Bepflanzung vorgesehen sind, ist aufgrund der mechanischen Beanspruchung eine hochwertige Abdichtung erforderlich.

Das Abdichtungssystem (Dampfsperre – Wärmedämmung – Abdichtung) sollte so geplant und ausgeführt werden, dass im Falle von Undichtigkeiten keine Wasserwanderung möglich ist bzw. die schadhafte Stelle ohne zu großen Aufwand geortet werden kann. Dies ist z.B. durch vollständig vollverklebte Dachaufbauten oder durch Abschottungen in Felder möglich.

Die abzudichtenden Flächen sollten ein Gefälle zu Entwässerungsstellen aufweisen. Bei intensiver Begrünung in Verbindung mit Anstaubewässerung kann es zweckmäßig sein, die Abdichtung ohne Gefälle auszubilden.

Bei einem Dach mit Begrünung verändern sich gegenüber einem Dach ohne Begrünung die bauphysikalischen Verhältnisse. Dies muss bei der Dachabdichtung mit allen funktionsbedingten Schichten berücksichtigt werden, insbesondere dann, wenn über der Dachabdichtung mit ständiger Feuchtigkeit zu rechnen ist.

An Wandanschlüssen muss die Abdichtung geschützt werden. Hier kann durch Vormauerung, vorgestellte Betonplatten oder andere Maßnahmen erfolgen.

Vor dem Aufbringen der Dachbegrünung sollte immer eine sorgfältige Prüfung der Abdichtung vorgenommen und bei getrennter Ausführung eine gemeinsame Abnahme vereinbart werden.

Arten Dachbegrünungen

Bei Dachbegrünung wird unterschieden zwischen extensiver Begrünung und intensiver Begrünung.
Die Dicke des Schichtenaufbaus ist abhängig von der Art der vorgesehenen Begrünung. Die Tragfähigkeit der Unterkonstruktion muss berücksichtigt werden.

Als **extensive Begrünung** werden flächige Bepflanzungen mit relativ dünnem Schichtenaufbau bezeichnet.
Sie wird i.d.R. mit niedrig wachsenden Pflanzen, mit einer Wuchshöhe bis 15 cm, ausgeführt.
Die extensive Begrünung stellt als Oberflächenschutzschicht eine Alternative zur Bekiesung dar. Die Funktion als Auflast zur Sicherung gegen Abheben durch Wind–Sog–Kräfte muss gesondert geprüft werden.

Als **intensive Begrünung** werden Pflanzen verwendet, die einen dickeren Bodenaufbau und ständige Pflege benötigen.
Das Gewicht des Begrünungsaufbaus muss sowohl beim Nachweis der Lagesicherheit der Dachabdichtung als auch beim statischen Nachweis für die Unterkonstruktion beachtet werden. Einzelne Bäume oder Gehölze können dabei zu Punktlasten führen und müssen gegebenenfalls gegenüber Windeinwirkung verspannt werden.

Extensiver sowie intensiver Begrünungsaufbau besteht in der Regel aus folgenden Schichten (die Reihenfolge der Schutzschichten kann sich systembedingt ändern):
- Schutzschicht über der Abdichtung (gegen mechanische Beschädigung)
- Schutzschicht gegen Wurzeldurchwuchs
- Entwässerungs– und Dränageschicht
- Filterschicht
- Vegetationsschicht.

Die gärtnerische Gestaltung, die Art der Bepflanzung und der Begrünungsaufbau sollten von einschlägigen Fachleuten geplant und ausgeführt werden.

Bauarten Gründächer

- Leichter Aufbau (60 bis 70 kg/m² Feuchtgewicht) → 2
- Mittelschwerer Aufbau (80 bis 90 kg/m² Feuchtgewicht) →1, 7
- Schwerer Aufbau (130 bis 160 kg/m² Feuchtgewicht) → 4
- Aufbau über Tiefgaragen (700 kg/m² Feuchtgewicht) → 9
- Aufbau Dachgarten mit hohem Bewuchs (280 bis 300 kg/m² Feuchtgewicht) → 4, 8
- Aufbau für Schrägdach (90 kg/m² Feuchtgewicht) → 3, 6

Schutzschichten

Schutzlagen werden i.d.R. als wurzelfeste und humusbeständige Trennlage zwischen Dachabdichtung und Gründachaufbau angeordnet.

Art der Schutzlage (Werkstoff)
- Rohglasvlies 120 g/m²
- Chemiefaservlies 250 g/m² – 300 g/m² – ....
- Polyestervlies (PES), Flächengewicht ....
- Polyethylenschaumstoff, 3 mm dick
- 2 Lagen Polyethylenfolie (PE), 0,2 mm dick
- 2 Lagen Polyethylenfolie (PE), 0,4 mm dick
- PVC–halbhart–Folie, 1 mm dick, mit einseitiger Vlieskaschierung

Die Eignung als Durchwurzelungsschutz muss nachgewiesen sein (z.B. nach FLL–Untersuchungsverfahren).
Art der Verlegung
- ganzflächig lose verlegen
- ganzflächig lose verlegen, mit Nahtverbindung

Hierbei ist besonders zu beachten, dass die Durchwurzelungsschutzschicht, insbesondere im flächigen, aber auch im Wandanschlussbereich und bei Dachdurchdringungen, nicht von Wurzeln hinterwandert werden kann.

Entwässerungs– und Dränageschichten

Als Entwässerungs– bzw. Dränageschicht finden Anwendung
- Grobkiesschüttung
- Blähton
- Fadengeflechtmatten aus Kunststoff.
- Dränageelemante aus Kunststoff–Formteilen, mit Wasserspeichermulden und unterseitigem Kanalsystem, → 1, 2, 4
  Bauhöhen 25 – 40 – 50 – 60 mm
- Dränageelemente aus EPS–Hartschaum, mit anrechenbarem Wärmedurchlasswiderstand,
  Bauhöhen 50 – 65 – 100 – 140 – 180 mm
  → 5, 6, 7
- Dränageplatten aus Kautschuk mit Noppenstruktur, für hohe Belastung unter Parkdecks, Terrassen u.dgl.
  Dicke 12 – 20 mm → 9
- Dränmatten aus Polystyrol–Noppenbahnen mit aufkaschiertem Filtervlies aus Polypropylen, mit Mehrrichtungs–Dränagekanälen.Dicke 6 – 8 – 10 mm

Filterschichten

Als Filterschichten kommen filterstabile und hydraulisch wirksame Filtervliese zur Anwendung. Die Vliese werden mit Überlappung verlegt. Sie dürfen an keiner Stelle mit stehendem Wasser in Berührung kommen. Filterschichten aus Schüttbaustoffen sind für die Dachbegrünung ungeeignet. Filterschichten bei erhöhter mechanischer Belastung werden aus vorkomprimiertem und thermisch verfestigtem Polypropylen hergestellt.

Vegetationsschichten

Die Vegetationsschicht ist maßgebend für die Wasserspeicherfähigkeit des Begrünungsaufbaus. Sie soll nicht ständig mit stauender Nässe in Berührung kommen.

Die Dicke der Vegetationsschicht ist abhängig von der Art der Begrünung. Man unterscheidet folgende Arten von Vegetationsschichten:
- Mineralsubstrate (z.B. Zincolit)
- Vegetationsplatten
- Mulchlagen u.a. aus örtlichem vorkommendem Humus, verbessertem Oberboden
- Bodenverbesserer auf der Basis von Reifkompost, rieselfähig und geruchsfrei, angereichert mit Ton (z.B. Zincohum)

Beispiele für Vegetationsschichten unterschiedlicher Dicke:
- 40 l/m² Zincolit–Mineralsubstrat und 40 l/m² Zincohum
- 70 l/m² Zincolit–Mineralsubstrat und 20 l/m² Zincohum
- 150 l/m² Zincolit–Mineralsubstrat und 20 l/m² Zincohum
- 110 l/m² Zincolit–Mineralsubstrat und 80 l/m² Zincohum
- 100 l/m² Zincolit–Mineralsubstrat und 200 l/m² Zincohum

Zincolit ist ein Schüttgut aus Recycling–Tonziegeln und Recycling–Bimssteinen, pH–neutral, frostbeständig, nicht brennbar.
Dachgartenerde ist eine Substratmischung mit hohem Sorptions– und Puffervermögen, z.B. aus Zincolit und Zincohum (Mischungsverhältnis siehe Beispiel für Vegetationsschichten).

Pflanzebene

Die Pflanzebene wird auf der Vegetationsschicht aufgebracht.

Beispiele für Pflanzebenen aus Katalog ZinCo:

- Saatgutmischung Typ Spiel– und Gebrauchsrasen
- Saatgut Typ Kräuterflur
- Saatgut Typ Blütenwiese
- Saatgut Typ Minzenflur
- Flachballenpflanzen Typ Sedumteppich
- Flachballenpflanzen Typ Steinrosenflur
- Flachballenpflanzen Typ Lavendelheide
- Flachballenpflanzen Typ Schrägdach

Saatgutbedarf ca. 50 g/m²
Pflanzenbedarf ca. 12 – 15 Pflanzen/m²
Vegetationsschicht und Pflanzebene werden zur Windsicherung durch **Jute–Erosionsgewebe** in der Wachstumsphase geschützt, insbesondere bei begrünten Schrägdächern.

Randstreifen, Anschlussbereiche

Anschlussbereiche sind zur besseren Entwässerung und Wartung von Begrünung freizuhalten. Es ist zweckmäßig, Streifen mit grober Kiesschüttung oder Plattenbelag anzuordnen.

Einbau auf Schutzlage/Drainschicht.
Breite 50 cm, Schütthöhe/Belaghöhe 6 cm

Die **Anschlusshöhen**, insbesondere an Türen, müssen bei der Planung festgelegt werden.

Wasserbecken in bepflanzten Bereichen müssen immer gesondert gestaltet und abgedichtet werden.

Im **Dachrandbereich** sind Schutzmatten und Wurzelschutzschichten hochzuführen und durch Klemm– und Schutzprofile zu sichern.

Kontrollschächte

Über Dachentwässerungseinläufe in Dachbegrünungen sind Kontrollschächte anzuordnen.
Ausführungsarten:
- aus Stahlblech, abnehmbarer Deckel 250 x 250 mm mit wärmedämmender Einlage, kunststoffbeschichtet → 5
  Bauhöhen 50 – 80 mm
- aus Leichtmetall–Guss, abnehmbarem Deckel 250 x 250 – Bauhöhe 100 mm
- aus Hartschaum, Rost 250 x 250 mm aus Leichtmetall–Guss, Bauhöhe 150 – 250 mm, Aufstockelement 125 mm
- aus Faserzement, Deckel 250 x 250 mm, Bauhöhe 250 – 500 mm

Funktionsschichten des extensiv begrünten Daches

8	Vegetationsschicht
7	Drain- und Filterschicht, gleichzeitig Schutzlage
6	Trennlage aus PE-Folie
5	Abdichtung
4	Trennschicht
3	Wärmedämmschicht
2	Dampfsperre
1	Stahlbeton

Funktionsschichten für das intensiv begrünte Dach

10	Vegetationsschicht
9	Filterschicht
8	Drainschicht
7	Obere Schutzlage
6	Abdichtung
5	Untere Schutzlage
4	Wärmedämmschicht
3	Dampfsperre
2	Gefällebeton
1	Stahlbeton

Dachbegrünung

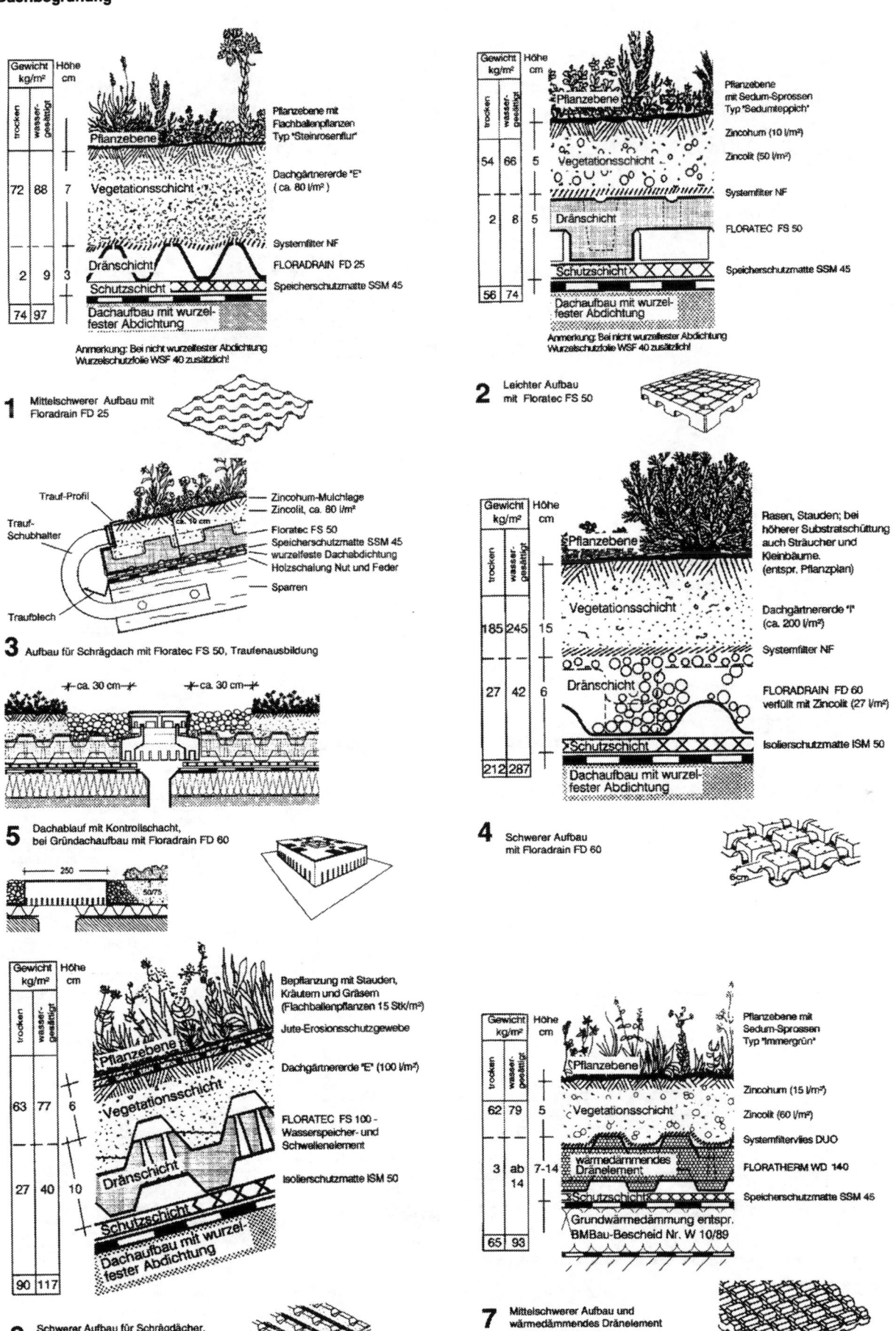

1 Mittelschwerer Aufbau mit Floradrain FD 25

Gewicht kg/m²		Höhe cm
trocken	wasser-gesättigt	
72	88	7
2	9	3
74	97	

- Pflanzebene mit Flachballenpflanzen Typ "Steinrosenflur"
- Dachgärtnererde "E" (ca. 80 l/m²)
- Systemfilter NF
- FLORADRAIN FD 25
- Speicherschutzmatte SSM 45
- Dachaufbau mit wurzel-fester Abdichtung

Pflanzebene
Vegetationsschicht
Dränschicht
Schutzschicht

Anmerkung: Bei nicht wurzelfester Abdichtung Wurzelschutzfolie WSF 40 zusätzlich!

2 Leichter Aufbau mit Floratec FS 50

Gewicht kg/m²		Höhe cm
trocken	wasser-gesättigt	
54	66	5
2	8	5
56	74	

- Pflanzebene mit Sedum-Sprossen Typ "Sedumteppich"
- Zincohum (10 l/m²)
- Zincolit (50 l/m²)
- Systemfilter NF
- FLORATEC FS 50
- Speicherschutzmatte SSM 45
- Dachaufbau mit wurzel-fester Abdichtung

Pflanzebene
Vegetationsschicht
Dränschicht
Schutzschicht

Anmerkung: Bei nicht wurzelfester Abdichtung Wurzelschutzfolie WSF 40 zusätzlich!

3 Aufbau für Schrägdach mit Floratec FS 50, Traufenausbildung

- Trauf-Profil
- Trauf-Schubhalter
- Traufblech
- Zincohum-Mulchlage
- Zincolit, ca. 80 l/m²
- Floratec FS 50
- Speicherschutzmatte SSM 45
- wurzelfeste Dachabdichtung
- Holzschalung Nut und Feder
- Sparren

4 Schwerer Aufbau mit Floradrain FD 60

Gewicht kg/m²		Höhe cm
trocken	wasser-gesättigt	
185	245	15
27	42	6
212	287	

- Rasen, Stauden; bei höherer Substratschüttung auch Sträucher und Kleinbäume. (entspr. Pflanzplan)
- Dachgärtnererde "I" (ca. 200 l/m²)
- Systemfilter NF
- FLORADRAIN FD 60 verfüllt mit Zincolit (27 l/m²)
- Isolierschutzmatte ISM 50
- Dachaufbau mit wurzel-fester Abdichtung

Pflanzebene
Vegetationsschicht
Dränschicht
Schutzschicht

5 Dachablauf mit Kontrollschacht, bei Gründachaufbau mit Floradrain FD 60

6 Schwerer Aufbau für Schrägdächer, mit Floratec FS 100

Gewicht kg/m²		Höhe cm
trocken	wasser-gesättigt	
63	77	6
27	40	10
90	117	

- Bepflanzung mit Stauden, Kräutern und Gräsern (Flachballenpflanzen 15 Stk/m²)
- Jute-Erosionsschutzgewebe
- Dachgärtnererde "E" (100 l/m²)
- FLORATEC FS 100 - Wasserspeicher- und Schwellenelement
- Isolierschutzmatte ISM 50
- Dachaufbau mit wurzel-fester Abdichtung

Pflanzebene
Vegetationsschicht
Dränschicht
Schutzschicht

7 Mittelschwerer Aufbau und wärmedämmendes Dränelement Floratherm WD 140

Gewicht kg/m²		Höhe cm
trocken	wasser-gesättigt	
62	79	5
3	ab 14	7-14
65	93	

- Pflanzebene mit Sedum-Sprossen Typ "Immergrün"
- Zincohum (15 l/m²)
- Zincolit (60 l/m²)
- Systemfiltervlies DUO
- FLORATHERM WD 140
- Speicherschutzmatte SSM 45
- Grundwärmedämmung entspr. BMBau-Bescheid Nr. W 10/89

Pflanzebene
Vegetationsschicht
wärmedämmendes Dränelement
Schutzschicht

Dachbegrünung

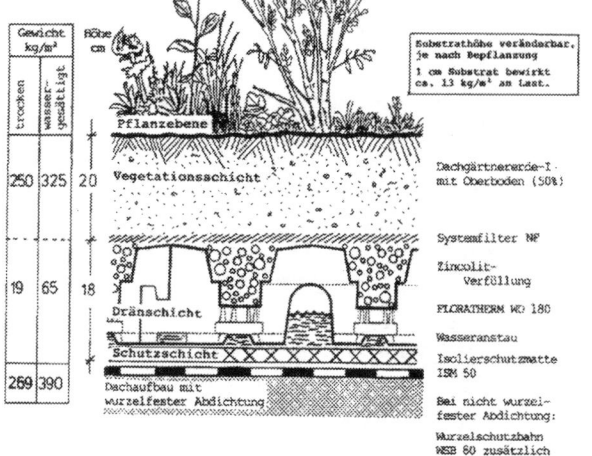

Gewicht kg/m²		Höhe cm	
trocken	wasser-gesättigt		
250	325	20	
19	65	18	
259	390		

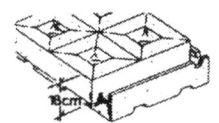

Pflanzebene

Vegetationsschicht — Dachgärtnererde-I mit Oberboden (50%)

Systemfilter NF

Zincolit-Verfüllung

Dränschicht — FLORATHERM WD 180

Wasseranstau

Schutzschicht — Isolierschutzmatte ISM 50

Dachaufbau mit wurzelfester Abdichtung

Substrathöhe veränderbar, je nach Bepflanzung
1 cm Substrat bewirkt ca. 13 kg/m² an Last.

Bei nicht wurzelfester Abdichtung:
Wurzelschutzbahn WSB 60 zusätzlich

8 Schwerer Aufbau für hohen Bewuchs, mit wärmedämmendem Dränelement Floratherm WS 180

18cm

Gewicht kg/m²		Höhe cm	
trocken	wasser-gesättigt		
310	400	25	
10	10	2	
320	410		

Pflanzebene

Vegetationsschicht

Schutz- und Dränschicht

Dachaufbau mit wurzelfester Abdichtung

Rasen, Stauden, Sträucher; bei höherer Substratschüttung auch Bäume. (entspr. Pflanzplan)

Dachgärtnererde "I", ca. 320 l/m²

Zincolit (100 l/m²)

Systemfilter NF

ELASTODRAIN EL 200

Trenn- und Gleitfolie TGF 20

9 Schwerer Aufbau über Tiefgaragen mit Elastodrain EL 200

Standarddetails zur Dachbegrünung

Standarddetail ZINCO 01
Flachdachbegrünung – Extensiv, Dachkantenprofilanschluss

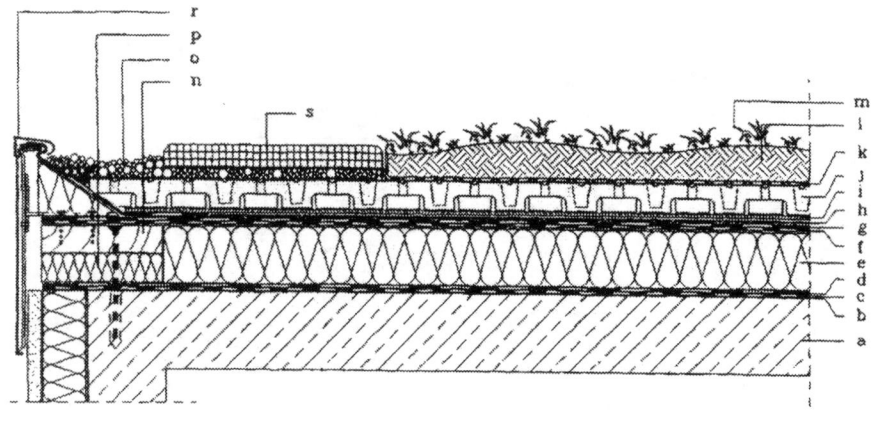

a — Tragwerk–Betondachdecke
b — Voranstrich
c — Trenn-/Ausgleichsschicht
d — Dampfsperrschicht
e — Wärmedämmschicht
f — Dampfdruckausgleichsschicht
g — Dachabdichtung
h — Wurzelschutzschicht
    ZinCo Wurzelschutzfolie WSF 40
i — Speicherschutzschicht–
    ZinCo Speicherschutzmatte SSM 45
j — Drainageschicht *ZinCo Floratec FS 50*
k — Filterschicht *ZinCo Systemfilter NF*
l — Vegetationsschicht *ZinCo Dachgartenerde-E*
m — Pflanzebene – Extensivbegrünung
    ZinCo Sedum–Sprossen
n — Holzbohle mit Befestigung
o — Randstreifen als Kiesschüttung
p — Auffütterung
r — Dachrandprofil mit Halter und Befestigung
s — Oberflächenschutz als Betonwerkstein-
    platte

Standarddetail ZINCO 02
Flachdachbegrünung – Intensiv, Dachrandabschluss mit Innendachrinne

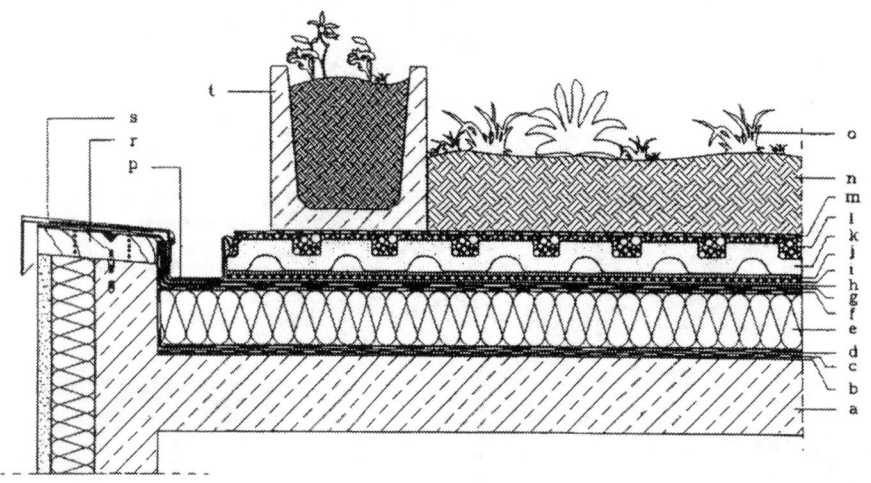

a — Tragwerk–Betondachdecke
b — Voranstrich
c — Trenn-/Ausgleichsschicht
d — Dampfsperrschicht
e — Wärmedämmschicht
f — Dampfdruckausgleichsschicht
g — Dachabdichtung
h — Schutzschicht
    ZinCo Trenn– und Gleitfolie TGF 20
i — Wurzelschutzschicht
    ZinCo Wurzelschutzbahn WSB 80 – LB
j — Speicherschutzschicht
    ZinCo Isolierschutzmatte ISM 50
k — Drainageschicht *ZinCo Floradrain FD 60*
l — Verfüllung *Zincolit*
m — Filterschicht *ZinCo Kapillarfilter KF*
n — Vegetationsschicht *ZinCo Dachgartenerde-I*
o — Pflanzebene – Intensivbegrünung
    ZinCo Samen–Sand–Mischung Blütenwiese
p — Innendachrinne mit Rinnenhalter und
    Befestigung
r — Holzbohle mit Befestigung
s — Mauerabdeckung mit Vorstoßblech und
    Befestigung
t — Pflanzgefäß

Dachbegrünung, Standard-Details

Standarddetail ZINCO 05
Tiefgaragenbegrünung – Intensiv,
Wandanschluss mit vorgehängter Fassade

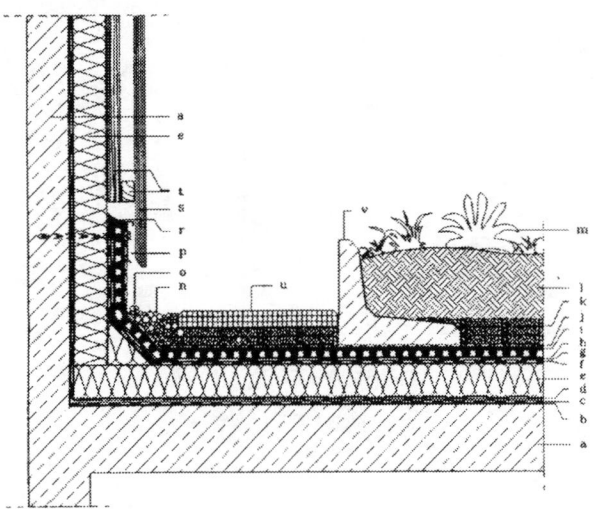

a   Tragwerk–Betondachdecke
      Tragwerk–Wand
b   Voranstrich
c   Trenn-/Ausgleichsschicht
d   Dampfsperrschicht
e   Wärmedämmschicht
      Wärmedämmschicht (der Wand)
f   Dampfdruckausgleichsschicht
g   Dachabdichtung-wurzelfest
h   Schutzschicht ZinCo Trenn- und Gleitfolie TGF 20
i   Drainageschicht ZinCo Elastodrain EL 200
j   Filterschicht ZinCo Systemfilter NF
k   Drainageschüttung Zincolit
l   Vegetationsschicht ZinCo Dachgartenerde–I
m   Pflanzebene – Intensivbegrünung ZinCo Samen-Sand-Mischung Blütenwiese
n   Randstreifen als Kiesschüttung
o   Auffütterung
p   Wandanschlussprofil mit Befestigung ZinCo Klemmprofil TK 100
r   Füllen und Abdichten der Fugen
s   Bekleidung aus Spanplatten
t   Unterkonstruktion der Bekleidung aus Holz
u   Oberflächenschutz als Betonwerksteinplatte
v   Randwinkelstein – ZinCo Betonwinkelstein

Standarddetail BRAAS 03
Flachdachbegrünung – Extensiv,
Lichtkuppelanschluss

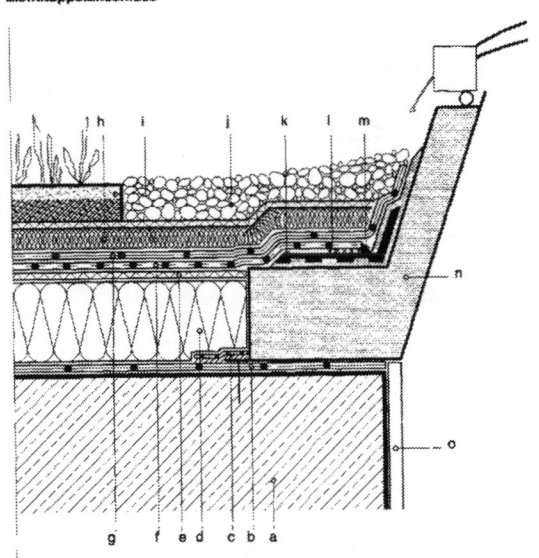

a   Tragwerk Betondachdecke
b   Dampfsperre PE
c   Verbindungsband für Dampfsperre PE
d   Wärmedämmschicht, PS 20 SE
e   Trennschicht
f   Dachabdichtung Rhenofol CG 1,5 mm
g   Trennlage, PE-Folie
h   Drain- und Filtermatte
i   Vegetationsmatte
j   Mind. 5 cm. Kiesschüttung, Rundkorn 16/32
k   Einlaminierter Streifen aus PVC hart
l   Nahtverschweißung
m   Rhenofol-Paste
n   Aufsetzkratz für Lichtkuppel
o   Blende

Standarddetail BRAAS 05
Flachdachbegrünung – Intensiv,
Gully mit Betonring

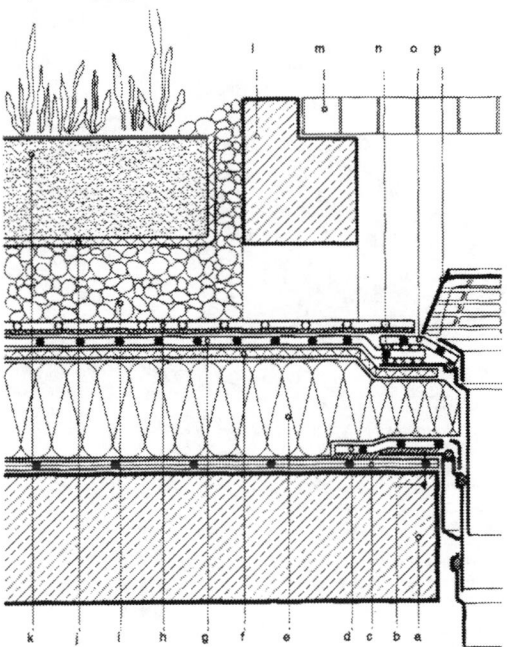

a   Tragwerk Betondachdecke
b   Gully-Befestigung (3 St/Gully)
c   Dampfsperre PE
d   Verbindungsband für Dampfsperre PE
e   Wärmedämmschicht
f   Trennschicht, Braas Kunststoffvlies 300 g/m²
g   Dachabdichtung Rhenofol C 1,5 mm
h   Dachabdichtung Rhenofol TS
i   Drainageschicht
j   Filterschicht
k   Vegetationsschicht
l   Betonring
m   Rahmen mit Rost
n   Verschweißung
o   Rhenofol C-Manschette
p   Braas VarioGully

Standarddetail BRAAS 04
Flachdachbegrünung – Extensiv,
Gullyanschluss mit Kiesschüttung

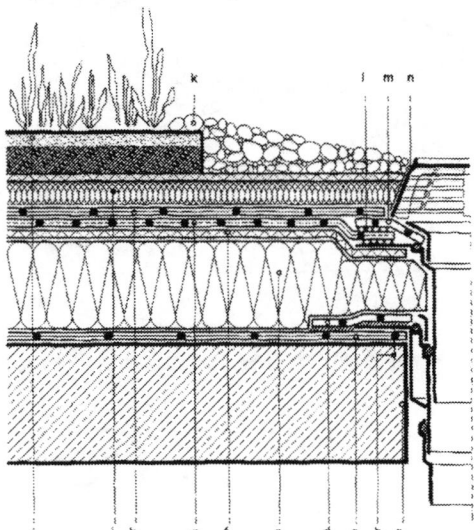

a   Tragwerk Betondachdecke
b   Gullybefestigung
c   Dampfsperre PE
d   Verbindungsband für Dampfsperre PE
e   Wärmedämmschicht, PS 20 SE
f   Trennschicht, Braas Kunststoffvlies 300 g/m²
g   Dachabdichtung Rhenofol CG 1,5
h   Trennlage Braas PE-Folie 0,25 mm
i   Drain- und Filtermatte
j   Vegetationsmatte
k   Kiesschüttung
l   Nahtverschweißung
m   Rhenofol C-Manschette
n   Braas VarioGully

Dachbeläge

Dachbegrünung, Standard-Details

Standarddetail BRAAS 01
Flachdachbegrünung – Extensiv,
Brüstungsausbildung

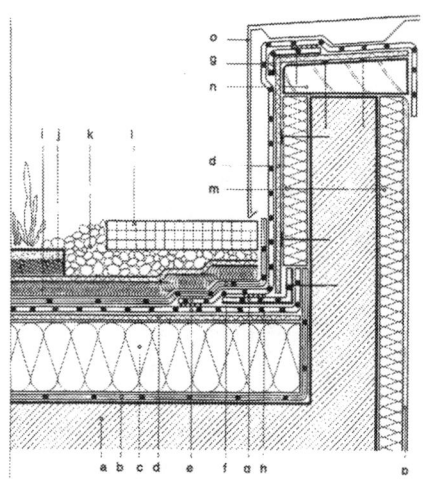

Standarddetail BRAAS 02
Flachdachbegrünung – Extensiv,
Wandanschluss

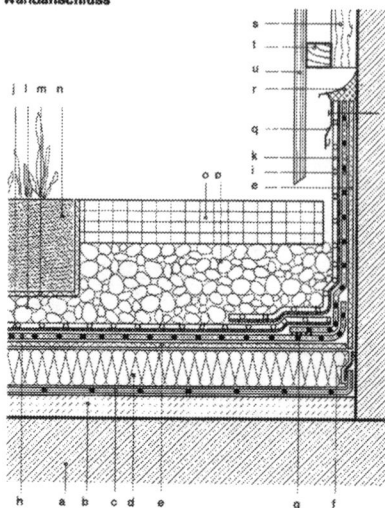

a	Tragwerk Betondachdecke
b	Dampfsperre PE
c	Wärmedämmschicht, z.B. PS 20 SE –
d	Trennschicht Braas Kunststoffvlies 300 g/m²
e	Dachabdichtung Rhenofol C 1,5 mm
f	Trennlage Braas PE-Folie 0,25 mm
g	Rhenofol-Anschlussblech
h	Nahtverschweißung
i	Drain- und Filtermatte
j	Vegetationsschicht
k	Kiesschüttung
l	Plattenbelag
m	Wärmedämmschicht
n	Imprägnierte Holzbohle (Salzbasis)
o	Mauerabdeckung
p	Putz

a	Tragwerk Betondachdecke
b	Gefällebeton
c	Dampfsperre PE
d	Wärmedämmschicht, PS 20 SE
e	Trennschicht, Braas Kunststoffvlies 300 g/m²
f	Verbindungsband für Dampfsperre PE
g	Verschweißung
h	Dachabdichtung Rhenofol CG 1,5 mm ~
i	Rhenofol CG-Anschlussstreifen
j	Rhenofol TS-Schutzbahn
k	Rhenofol TS-Schürze
l	Drainschicht
m	Filterschicht
n	Vegetationsschicht
o	Plattenbelag
p	Kiesschüttung
q	Braas Wandanschlussprofil
r	Braas Dichtungsmasse A
s	Lattung
t	Konterlattung
u	Vorgehängte Fassade

Standarddetail ZINCO 03
Flachdachbegrünung – Extensiv, Attika Dachrandanschluss, wärmegedämmt

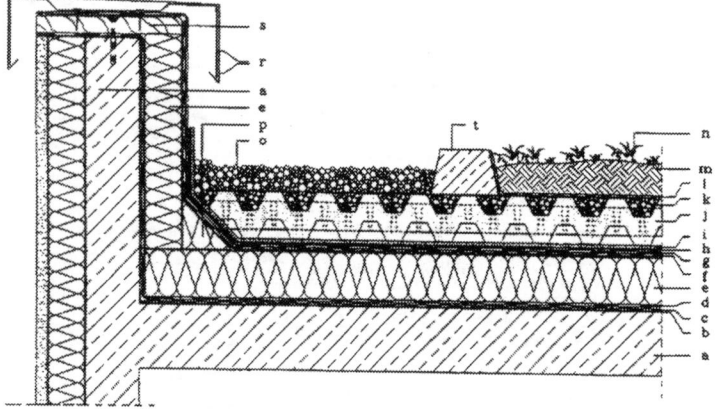

a	–	Tragwerk–Betondachdecke
	–	Tragwerk–Attika
b	–	Voranstrich
c	–	Trenn-/Ausgleichsschicht
d	–	Dampfsperrschicht
e	–	Wärmedämmschicht
	–	Wärmedämmschicht (der Attika – seitlich)
f	–	Dampfdruckausgleichsschicht
g	–	Dachabdichtung
h	–	Schutzschicht *ZinCo Trenn- und Gleitfolie TGF 20*
i	–	Speicherschutzschicht
		ZinCo Speicherschutzmatte SSM 45
j	–	Drainageschicht *ZinCo Floratherm TH 100*
k	–	Verfüllung *Zincolit*
l	–	Filterschicht *ZinCo Systemfilter NF*
m	–	Vegetationsschicht *ZinCo Dachgartenerde–U*
n	–	Pflanzebene – Extensivbegrünung
		ZinCo Samen–Sand–Mischung
o	–	Randstreifen als Kiesschüttung
p	–	Auffütterung
r	–	Attikaabdeckung mit Vorstoßblech und Befestigung
s	–	Holzbohle mit Befestigung
t	–	Betonrandstein

Standarddetail ZINCO 04
Terrassenbegrünung – Extensiv, Terrassentüranschluss

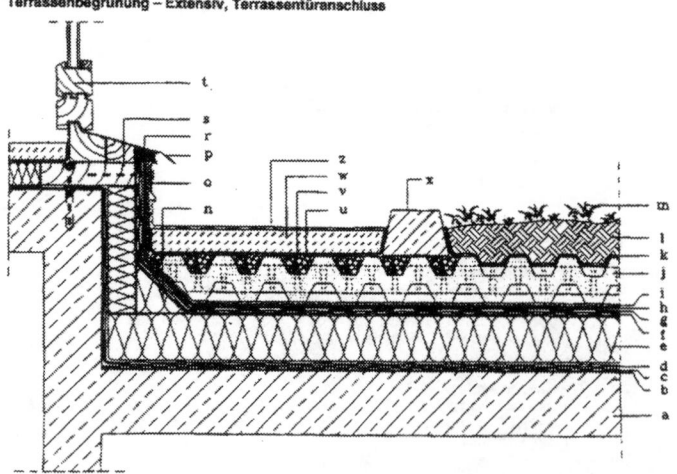

a	–	Tragwerk–Betondachdecke
b	–	Voranstrich
c	–	Trenn-/Ausgleichsschicht
d	–	Dampfsperrschicht
e	–	Wärmedämmschicht
f	–	Dampfdruckausgleichsschicht
g	–	Dachabdichtung
h	–	Wurzelschutzschicht *ZinCo Wurzelschutzfolie WSF 40*
i	–	Speicherschutzschicht *ZinCo Speicherschutzmatte SSM 45*
j	–	Drainageschicht *ZinCo Floratherm TH 100*
k	–	Filterschicht *ZinCo Systemfilter NF*
l	–	Vegetationsschicht *ZinCo Dachgartenerde–E*
m	–	Pflanzebene *ZinCo Sedum–Sprossen*
n	–	Auffütterung
o	–	Wandanschlussprofil mit Befestigung
p	–	Abdeckungsprofil–Türblech
r	–	Füllen und Abdichten der Fugen
s	–	Holzbohle mit Befestigung
t	–	Fenstertür
u	–	Verfüllung *Zincolit*
v	–	Trennschicht
w	–	Verlegemörtel
z	–	Oberflächenschutz
x	–	Betonrandstein

Dachrinnen und Regenfallrohre

Hängedachrinnen und Regenfallrohre aus Metallblech nach DIN EN 612, Auszug

4 Formen

4.1 Dachrinnen

4.1.1 Bestandteile
Eine Dachrinne, hergestellt aus einem Stück Metallblech, besteht im wesentlichen aus den folgenden vier Teilen:
- dem Wulst,
- der Rinnenvorderseite,
- der Rinnensohle und
- der Rinnenrückseite.

Diese Teile bilden zusammen eine trogartige Form mit einer oberen Öffnung zur Aufnahme des Regenwassers. Die gebräuchlichsten Formen enthält Bild 1.
Die Form einer Dachrinne wird bestimmt durch
- die Maße des Wulstes,
- die Höhe der Rinnenvorderseite,
- die äußere Breite der Rinnensohle,
- die Höhe der Rinnenrückseite,
- die obere Öffnungsweite und
- die Zuschnittbreite.

4.1.2 Allgemeine Anforderungen an die wesentlichen Teile

4.1.2.1 Wulst
Der Wulst muss zwei Funktionen erfüllen,
a) die Dachrinne in waagerechter und senkrechter Richtung aussteifen und
b) einen Befestigungspunkt für die Rinnenhalter bilden.
Die Form des Wulstes muss einer vereinbarten Zeichnung entsprechen, wobei die Maßtoleranzen nach 7.1.2 einzuhalten sind.
Drei der gebräuchlichsten Wulstformen sind in Bild 2 dargestellt. Der Wulstdurchmesser, Maß *d* in Bild 2, darf nicht geringer sein als der jeweilige Wert in Tabelle 1. Die Belastbarkeit und Steifigkeit der Wulste mit anderen Formen müssen mindestens denen eines kreisförmigen Wulstes, Form I Bild 2, sowohl in waagerechter als auch in senkrechter Richtung und bezogen auf den gleichen Werkstoff entsprechen. Dies muss durch die Berechnung des Widerstandsmoments nachgewiesen werden.

4.1.2.2 Rinnenvorderseite
Die Form und die Maße der Rinnenvorderseite müssen einer vereinbarten Zeichnung entsprechen, wobei die Maßtoleranzen nach 7.1.2 einzuhalten sind. Die senkrechte Höhe der Rinnenvorderseite, Maß *a* in Bild 1, bzw. die Summe aus Wulstdurchmesser (Form II) zuzüglich der Höhe der Rinnenvorderseite, d.h. die Summe der Maße *a* + *d* in den Bildern 1 und 2b, muss mindestens dem entsprechenden Wert der Tabelle 1 entsprechen.

4.1.2.3 Rinnensohle
Die Form und die Maße der Rinnensohle hängen vom Typ der Dachrinne ab. Sie bestimmen zusammen mit der Rinnenvorderseite und -rückseite die obere Öffnungsweite, Maß *e* in Bild 1. Wenn die äußere Breite der Rinnensohle, Maß *b* in Bild 1, festgelegt ist, gelten die Maßtoleranzen nach 7.1.2.

4.1.2.4 Rinnenrückseite
Die Form und die Maße der Rinnenrückseite müssen einer vereinbarten Zeichnung entsprechen, wobei die Maßtoleranzen nach 7.1.2 einzuhalten sind.
Wenn ein Wasserfalz vorhanden ist, muss die Höhe der Rinnenrückseite, Maß *c* in Bild 1, mindestens 6 mm größer als die der Rinnenvorderseite sein. Wenn kein Wasserfalz vorhanden ist, muss dieses Maß mindestens 15 mm betragen.

4.2 Fallrohre
Die Querschnitte und die Maße von Fallrohren werden durch die abzuleitende Regenwassermenge und durch architektonische Anforderungen bestimmt. Die gebräuchlichsten Fallrohre haben kreisförmigen und quadratischen Querschnitt. Andere Querschnitte müssen einer vereinbarten Zeichnung entsprechen, die vom Abnehmer zur Verfügung zu stellen ist.

5 Einteilung

5.1 Dachrinnen
Dachrinnen werden nach dem Wulstdurchmesser oder dem entsprechenden Widerstandsmoment in die Klassen X und Y eingeteilt (siehe Tabelle 1). Wenn ein Produkt als Klasse X ausgewiesen ist, erfüllt es auch die Anforderungen der Klasse Y.

5.2 Fallrohre
Fallrohre werden nach dem Maß der Nahtüberlappung in die Klassen X und Y eingeteilt (siehe Tabelle 2). Wenn ein Produkt als Klasse X ausgewiesen ist, erfüllt es auch die Anforderungen an Klasse Y.

6 Werkstoffanforderungen

6.1 Aluminiumblech
Aluminium oder Aluminiumlegierungen der Serien 1000, 3000, 5000 oder 6000 nach EN 573–3 in Form von Blechen nach EN 485–1, ausgenommen die Legierungen mit einem Magnesiumgehalt von mehr als 3 % oder einem Kupfergehalt von mehr als 0,3 %.

6.2 Kupferblech
Cu-DHP, Werkstoffnummer CW024A,
CuZn 0,5 Werkstoffnummer CW119C,
nach prEN 1172.

6.3 Schmelztauchveredeltes Stahlblech
- Stahlblech mit Zinküberzug (Z):
- Stahlblech mit Zink–Aluminium–Überzug (ZA):
- Stahlblech mit Aluminium–Zink–Überzug (AZ):

6.4 Schmelztauchveredeltes Stahlblech mit organischer Beschichtung
Ein Trägerwerkstoff nach 6.3 mit einer organischen Beschichtung in einer Mindest–Nenndicke auf jeder Seite von
- 25 µm bei Bandbeschichtung oder
- 60 µm bei Stückbeschichtung.

6.5 Nichtrostendes Stahlblech
X 3 CrTi 17, Werkstoffnummer 1.4510,
X 6 CrNi 19 10, Werkstoffnummer 1.4301,
X 6 CrNiMo 17 12 2, Werkstoffnummer 1.4401,
nach prEN 10088–1. Diese Stähle dürfen auch organisch beschichtet oder mit einem Schmelztauchüberzug versehen sein.

6.6 Zink
Titanzink nach prEN 988.

7 Maßanforderungen

7.1 Dachrinnen

7.1.1 Werkstoffdicke
Die Mindestwerkstoffdicke ist in Abhängigkeit von der gewählten Zuschnittbreite – bei Werkstoff S.S zusätzlich von den Klassen A und B der Nenndicke – in Tabelle 3 angegeben. Für die Maßtoleranzen gelten die entsprechenden Werkstoffnormen. Die Prüfung ist nach den Verfahren der jeweiligen Werkstoffnorm durchzuführen.

7.1.2 Maßtoleranzen
Für das Nennmaß der Zuschnittbreite und die Querschnittsmaße der Dachrinnen gelten die folgenden Maßtoleranzen:
- Zuschnittbreite *w*: ± 2 mm,
- Höhe der Rinnenvorderseite *a*: ± 2 mm,
- äußere Breite der Rinnensohle *b*: $^{\ 0}_{-2}$ mm
- Höhe der Rinnenrückseite *c*: ± 2 mm,
- Wulstdurchmesser *d*: $^{+2}_{-1}$ mm
- Geradheit des Wulstes: max. 2 mm/m Abweichung, gemessen an der umgedreht auf einer ebenen Unterlage aufliegenden Dachrinne als Abweichung von der geraden Linie.
- Herstelllänge: $^{+10}_{\ 0}$ mm

7.2 Fallrohre

7.2.1 Werkstoffdicke
Die Mindestwerkstoffdicke ist in Abhängigkeit von Form und Größe des Querschnitts – bei Werkstoff S.S zusätzlich von den Klassen A und B der Nenndicke – in Tabelle 4 angegeben. Für die Maßtoleranzen gelten die entsprechenden Werkstoffnormen. Die Prüfung ist nach den Verfahren der jeweiligen Werkstoffnorm durchzuführen.

7.2.2 Maßtoleranzen
Für die Formen gelten folgende Grenzabmaße:
- die innere Weite des Querschnitts (Durchmesser, Quadratseite oder lange Seite des Rechtsecks): ± 1 mm.
- Geradheit: max. 2,5 mm/m, Abweichung, gemessen von der Mittelachse.
- Herstelllänge: $^{+10}_{\ 0}$ mm

7.2.3 Verbindungen
Jede Herstelllänge eines Fallrohres muss entweder
- mit einem weiten Ende (Aufnahmeende) und einem engen Ende (Steckende) versehen sein, damit Aufnahme– und Steckende zweier Herstelllängen zu einer Steckverbindung von mindestens 50 mm Überdeckung zusammengesteckt werden können, oder
- mit gleich weiten Enden zur Verbindung mit losen Muffen versehen sein.

7.3 Zubehörteile
Zubehörteile sind so herzustellen, dass sie den Angaben der Hersteller entsprechend zu den zugehörigen Erzeugnissen passen.

8 Bezeichnung
Hängedachrinnen und Fallrohre aus Metallblech sind mit folgenden Angaben zu bezeichnen:
a) Querschnittsform und Beschreibung des Erzeugnisses,
b) Nummer dieser Norm (EN 612),
c) Identifizierungsblock, bestehend aus
- der Zuschnittbreite der Dachrinne bzw. dem Durchmesser oder dem Querschnitt des Fallrohres in mm,
- der Art des Materials durch Angabe des Kurzzeichens nach den Tabellen 3 und 4, und dem Buchstaben der Klasse im Fall des Werkstoffes S.S.

Beispiele:
Bezeichnung einer rechteckigen Hängedachrinne mit einer Zuschnittbreite von 333 mm aus Kupfer (Cu) mit einer Wulst der Klasse Y:
Rechteckige Hängedachrinne EN 612 – 333 – Cu – Y

Bezeichnung eines Fallrohres mit kreisförmigem Querschnitt von 100 mm Durchmesser aus nichtrostendem Stahl (S.S.) mit einer Dicke der Klasse B und mit einer Nahtüberlappung der Klasse X:
Rundes Fallrohr EN 612 – 100 – S.S.B – X

Tabelle 1: Dachrinnen, Wulstdurchmesser und Höhe der Rinnenvorderseite   Maße in Millimeter

Zuschnitt-breite w	Wulstdurchmesser d		Höhe der Rinnen-vorderseite	Summe aus Wulstdurch-messer und Höhe der Rinnen-vorderseite
	Klasse X min.	Klasse Y min.	Maß *a* nach Bild 1 min.	Maß *a* + *d* nach Bild 1 und Bild 2 min
w ≤ 200	16	14	40	70
200 < w ≤ 250	16	14	50	75
250 < w ≤ 333	18	14	55	75
333 < w ≤ 400	20	18	65	90
400 < w	20	20	75	100

Tabelle 2: Fallrohre, Nähte   Maße in Millimeter

Ausführung der Nähte	Werkstoff					Nahtüberlappung	
	Al [1]	Cu [2]	St [3]	S.S [4]	Zn [5]	Klasse X min	Klasse Y min
weichgelötet	x				x	5 [6]	1 [6]
hartgelötet	x					3 [6]	3 [6]
gefalzt	x	x	x	x	x	6 [7]	6 [7]
geschweißt	x	x	x	x	x	in Abhängigkeit vom Schweißverfahren	

[1] Aluminiumblech nach 6.1.
[2] Kupferblech nach 6.2.
[3] Schmelztauchveredeltes Stahlblech nach 6.3 und schmelz-tauchveredeltes Stahlblech mit organischer Beschichtung nach 6.4.
[4] Nichtrostendes Stahlblech nach 6.5.
[5] Zinkblech nach 6.6.
[6] Gebundene Lötnaht, Maß *L* in Bild 3a.
[7] Gesamtlänge, Maß *F* in Bild 3b.

Tabelle 3: Dachrinnen, Werkstoffdicke   Maße in Millimeter

Zuschnitt-breite w	Werkstoff-Nenndicke					
	Al [1] min.	Cu [2] min.	St [3] min.	S.S. [4]		Zn [5] min.
				Klasse A min.	Klasse B min.	
w ≤ 250	0,7	0,6	0,6	0,5	0,4	0,65
250 < w ≤ 333	0,7	0,6	0,6	0,5	0,4	0,7
333 < w	0,8	0,7	0,7	0,6	0,5	0,8

[1] Aluminiumblech nach 6.1.
[2] Kupferblech nach 6.2.
[3] Schmelztauchveredeltes Stahlblech nach 6.3 und schmelz-tauchveredeltes Stahlblech mit organischer Beschichtung nach 6.4.
[4] Nichtrostendes Stahlblech nach 6.5.
[5] Zinkblech nach 6.6.

Tabelle 4: Fallrohre, Werkstoffdicke   Maße in Millimeter

Form und Größe des Querschnitts [6]	Werkstoff-Nenndicke					
	Al [1] min.	Cu [2] min.	St [3] min.	S.S. [4]		Zn [5] min.
				Klasse A min.	Klasse B min.	
kreisförmig						
Durchmesser ≤ 100	0,7	0,6	0,6	0,5	0,4	0,65
Durchmesser > 100	0,7	0,7	0,7	0,6	0,5	0,7
quadratisch oder rechteckig (lange Seite)						
Seite < 100	0,7	0,6	0,6	0,5	0,4	0,65
100 ≤ Seite < 120	0,7	0,7	0,7	0,5	0,4	0,7
120 ≤ Seite	0,7	0,7	0,7	0,6	0,5	0,8

[1] Aluminiumblech nach 6.1.
[2] Kupferblech nach 6.2.
[3] Schmelztauchveredeltes Stahlblech nach 6.3 und schmelz-tauchveredeltes Stahlblech mit organischer Beschichtung nach 6.4.
[4] Nichtrostendes Stahlblech nach 6.5.
[5] Zinkblech nach 6.6.
[6] Am weiteren Ende gemessen.

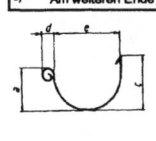
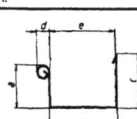
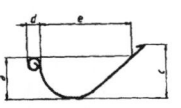
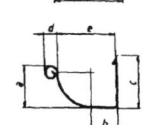
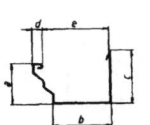
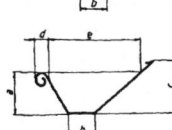

a: Höhe der Rinnenvorderseite
b: Äußere Breite der Rinnensohle
c: Höhe der Rinnenrückseite
d: Wulstmaß (Durchmesser oder Breite)
e: Obere Öffnungsweite

Bild 1: Beispiele für Dachrinnen

Dachrinnen und Regenfallrohre

Dachrinnen und Regenfallrohre
nach DIN 18339, Abs. 2.1 und 3.5

2.1 Dachrinnen und Regenfallrohre

DIN EN 607   Hängedachrinnen und Zubehörteile aus PVC–U – Begriffe, Anforderungen und Prüfung; Deutsche Fassung EN 607 : 1995

E DIN EN 612   Hängedachrinnen und Regenfallrohre aus Metallblech – Begriffe, Einteilung, Anforderungen und Prüfung; Deutsche Fassung prEN 612 : 1991

3.5 Dachrinnen, Rinnenhalter, Regenfallrohre

3.5.1 Dachrinnen, Regenfallrohre und Zubehör sind nach DIN 18460 "Regenfallleitungen außerhalb von Gebäuden und Dachrinnen; Begriff, Bemessungsgrundlagen" zu bemessen.

3.5.2 Hängedachrinnen aus Metallblech sind nach DIN EN 612, Hängedachrinnen aus PVC–U nach DIN EN 607 auszuführen.

3.5.3 Bei Metalldächern und bei Dachabdichtungen aus Bahnen sind die Halter in die Schalung bündig einzulassen und versenkt zu befestigen.

3.5.4 Für die Abführung von Regenwasser während der Bauzeit sind Wasserabweiser vorzuhalten. Sie sind so anzubringen, dass sie mindestens 50 cm über das Gerüst hinausreichen.

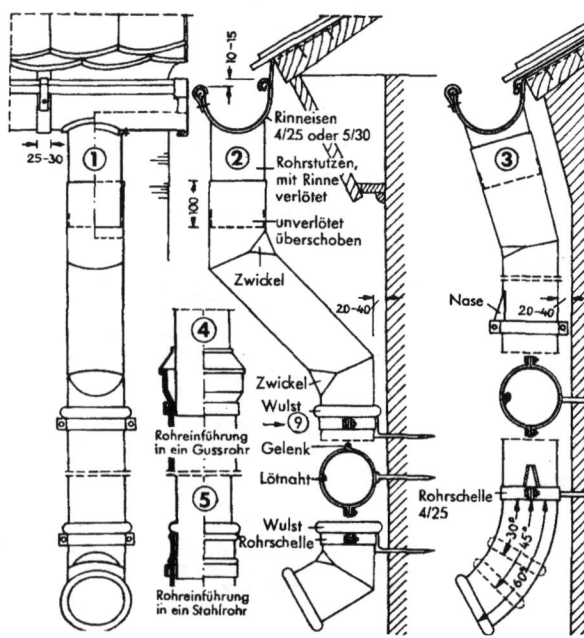

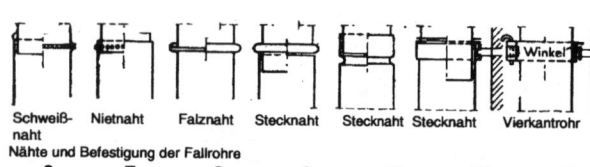

Schweiß-   Nietnaht   Falznaht   Stecknaht   Stecknaht Stecknaht   Vierkantrohr
naht
Nähte und Befestigung der Fallrohre
6   **7**   **8**   **9**   **10**   **11**   **12**

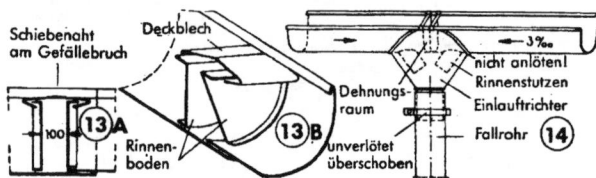

1– 14   Einzelheiten zur Vorhängerinne und zum Fallrohr

Maße für halbrunde Vorhängerinnen

Entwässerbare Dachfläche m²	Rinnen-querschnitt cm²	Rinnen-durchmesser mm	Zuschnitt mm	-teilig	Regenrohr-durchmesser mm
200–300	250	240	500	4	150
150–200	150	185	400	5	125
100–150	120	155	333	6	100
75–100	80	130	285	7	80
50–75	60	110	250	8	75
25–50	35	90	200	10	70

Regenfallleitungen außerhalb von Gebäuden
und Dachrinnen nach DIN 18460, Auszug

3 Bemessungsgrundlagen

Die Bemessung der Regenfallleitungen und damit die Zuordnung der Dachrinnengröße ist abhängig von der Regenspende, der Dachgrundfläche (Grundrissfläche) und dem Abflussbeiwert (Neigung, Oberflächenbeschaffenheit). Es gelten für die Bemessung der Regenfallleitungen und der zugeordneten Dachrinnen die aus den lichten Maßen der wasserführenden Profile errechneten Querschnittsflächen. Bei Regenfallleitungen mit rechteckigem Querschnitt muss die kleinste Seite mindestens den Wert des Durchmessers (Nenngröße) der entsprechenden Regenfallleitungen mit kreisförmigem Querschnitt haben.
Wegen der erhöhten Verschmutzungsgefahr von Dachrinnen werden Regenfallleitungen, um Eindringen von Niederschlagswasser aus der Dachrinne in das Gebäude zu vermeiden, für eine Regenspende von mindestens 300 l (s · ha) bemessen (siehe Tabellen 1 bis 3).

4 Bemessung der Regenfallleitung

Tabelle 1.   **Bemessung der Regenfallleitung mit kreisförmigem Querschnitt und Zuordnung der halbrunden und kastenförmigen Dachrinnen aus Metall**
(siehe DIN 18461)
(Auszug aus Tabelle 12 von DIN 1986 Teil 2)

Anzuschließende Dachgrundfläche bei max. Regenspende $r = 300$ l/(s · ha)[1] m²	Regen-wasser-abfluss [2] Q_r zul l/s	Regenfallleitung Nenn-größe [4]	Regenfallleitung Quer-schnitt cm²	Zugeordnete Dachrinne halbrund Nenn-größe	Zugeordnete Dachrinne halbrund Rinnen-querschnitt cm²	Zugeordnete Dachrinne kastenförmig Nenn-größe	Zugeordnete Dachrinne kastenförmig Rinnen-querschnitt cm²
37	1,1	60	28	200	25	200	28
57	1,7	70	38	–	–	–	–
83	2,5	80	50	250 / 280	43 / 63	250	42
150	4,5	100	79	333	92	333	90
243[3]	7,3	120	113	400	145	400	135
270	8,1	125	122	–	–	–	–
443	13,3	150	177	500	245	500	220

[1] Ist die örtliche Regenspende größer als 300 l/(s · ha), muss mit den entsprechenden Werten gerechnet werden (siehe Berechnungsbeispiel).

[2] Die angegebenen Werte resultieren aus trichterförmigen Einläufen. Bei zylindrischen Einläufen sind die anzuschließenden Dachgrundflächen um etwa 30 % zu reduzieren.

[3] In DIN 1986 Teil 2 nicht enthalten.

[4] Regional sind auch Regenfallrohre mit den Nenngrößen 76 und 87 noch üblich. Die anzuschließenden Dachgrundflächen sind entsprechend umzurechnen.

Tabelle 2.   **Bemessung der Regenfallleitung mit kreisförmigem Querschnitt und Zuordnung der halbrunden und kastenförmigen Dachrinnen aus PVC hart (siehe DIN 8062)**

Anzuschließende Dachgrundfläche bei max. Regenspende $r = 300$ l/(s · ha)[1] m²	Regen-wasser-abfluss [2] Q_r zul l/s	Regenfallleitung Außen-durch-messer mm	Regenfallleitung Nenn-größe	Regenfallleitung Quer-schnitt cm²	Zugeordnete Dachrinne halbrund Nenn-größe [3]	Zugeordnete Dachrinne halbrund Rinnen-quer-schnitt cm²	Zugeordnete Dachrinne kasten-förmig Rinnen-quer-schnitt cm²
20	0,6	50	50	17	80	34	22
37	1,1	63	63	28	80	34	34
57	1,7	75	70	38	100	53	53
97	2,9	90	90	56	125	73	73
170	5,1	110	100	86	150	101	100
243	7,3	125	125	113	180	137	137
483	14,5	160	150	188	250	245	225

[1] Ist die örtliche Regenspende größer als 300 l/(s · ha), muss mit den entsprechenden Werten gerechnet werden (siehe Berechnungsbeispiel).

[2] Die angegebenen Werte resultieren aus trichterförmigen Einläufen.

[3] Nenngröße entspricht der lichten Weite in mm.

Tabelle 3. Abflussbeiwerte [1]

Art der angeschlossenen Dachfläche	Abflussbeiwert Ψ
Dächer ≥ 15°	1
Dächer < 15°	0,8
Dachgärten	0,3

[1] Auszug aus DIN 1986 Teil 2/09.78, Tabelle 13: Abflussbeiwerte zu Ermittlung des Regenwasserabflusses Q_r.
Q_r (l/s) = Fläche (ha) x Regenspende r (l/s · ha)) x Abflussbeiwert Ψ.

5 Berechnungsbeispiele
nach Tabelle 1 oder 2

Berechnungsbeispiel 1:
(bei einer örtlichen Regenspende $r = 300$ l/(s · ha))

Regenspende: $r = 300$ l/(s · ha)

Dachgrundfläche:
12,5 m x 17,5 m: $A = 220$ m²

Abflussbeiwert: $\Psi = 1,0$
(Dach ≥ 15°)

Regenwasser-abfluss: $Q_r = \dfrac{220}{10\,000} \cdot 300 \cdot 1,0$

   $Q_r = 6,6$ l/s

nach Tabelle 1 gewähltes
Rohr für $Q_r \leq 7,3$ l/s: 1 Regenfallleitung mit Nenngröße 120 oder wahlweise 2 Regenfallleitungen mit Nenngröße 100

Berechnungsbeispiel 2:
(bei einer örtlichen Regenspende $r > 300$ l/(s · ha))

Regenwasser-abfluss: $Q_r = A \cdot r \cdot \Psi$ in l/s

Regenspende z.B: $r = 400$ l/(s · ha)

Dachgrundfläche:
12,5 m x 17,5 m: $A = 220$ m²

Abflussbeiwert: $\Psi = 1,0$
(Dach ≥ 15°)

Regenwasser-abfluss: $Q_r = \dfrac{220}{10\,000} \cdot 400 \cdot 1,0$

   $Q_r = 8,8$ l/s

nach Tabelle 1 gewähltes
Rohr für $Q_r \leq 13,3$ l/s: 1 Regenfallleitung mit Nenngröße 150 oder wahlweise 2 Regenfallleitungen mit Nenngröße 100

Dachrinnen und Regenfallrohre

Hängedachrinnen und Regenfallrohre
aus Metall nach DIN 18461, Auszug

1 Anwendungsbereich

Diese Norm gilt für Hängedachrinnen (im folgenden Dachrinne genannt), Rinnenhalter, Regenfallrohre außerhalb von Gebäuden, Rohrschellen, Rohrbogen und Rinneneinhangstutzen aus Aluminium, Kupfer, verzinktem Stahl, legiertem Zink und nichtrostendem Stahl.

Halbrunde Dachrinne, Maße

Nenn-größe	Zu-schnitt-breite +1 −2	d_1	d_2 +2 0	e_1	f_1	g	Nenndicke s_1				
		±1		±1	min.	±1	Al	Cu	St	Zn	nr.St
200	200	16	80	5	8	5	0,70	0,60	0,60	0,65	0,50
250	250	18	105	7	10	5	0,70	0,60	0,60	0,65	0,50
280	280	18	127	7	11	6	0,70	0,60	0,60	0,70	0,50
333	333	20	153	9	11	6	0,70	0,60	0,60	0,70	0,50
400	400	22	192	9	11	6	0,80	0,70	0,70	0,70	0,60
500	500	22	250	9	21	6	0,80	0,70	0,70	0,80	0,60

[1] Beim Vorliegen klimatisch bedingter außerordentlicher Beanspruchungen können besondere Wulst- und Wasserfalzausführungen erforderlich werden. Dies bedingt auch entsprechende Rinnenhalterausführungen.

Kastenförmige Dachrinne, Maße

Nenn-größe	Zu-schnitt-breite +1 −2	a_1	b_1 0	d_1	e_1	f_1	g	Nenndicke s_1				
		±1	−1	±1	±1	min.	±1	Al	Cu	St	Zn	nr.St
200	200	42	70	16	5	8	5	0,70	0,60	0,60	0,65	0,50
250	250	55	85	18	7	10	5	0,70	0,60	0,60	0,65	0,50
333	333	75	120	20	9	10	6	0,70	0,60	0,60	0,70	0,50
400	400	90	150	22	9	10	6	0,80	0,70	0,70	0,70	0,60
500	500	110	200	22	9	20	6	0,80	0,70	0,70	0,80	0,60

Bezeichnung einer halbrunden Dachrinne (H) mit der Nenngröße 333 aus legiertem Zink D-Znbd (Zn): Dachrinne DIN 18461 – H 333 – Zn

Kreisförmige Regenfallrohre, Maße

Nenngröße [1]	d [2] ±1	Nenndicke s_1				
		Al	Cu	St	Zn	nr.St
60	60	0,70	0,60	0,60	0,65	0,50
80	80	0,70	0,60	0,60	0,65	0,50
100	100	0,70	0,60	0,60	0,65	0,50
120	120	0,70	0,70	0,70	0,70	0,60
150	150	0,70	0,70	0,70	0,70	0,60

[1] Regional sind auch Regenfallrohre mit den Nenngrößen 76 und 87 noch üblich
[2] Innendurchmesser am oberen Ende = weites Rohrende; hier ist eine Kennzeichnung nach Wahl des Herstellers vorgeschrieben.

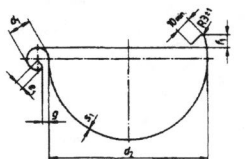

Halbrunde Dachrinne

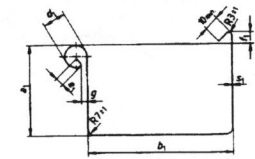

Kastenförmige Dachrinne

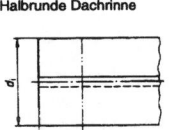

Kreisförmiges Regenfallrohr

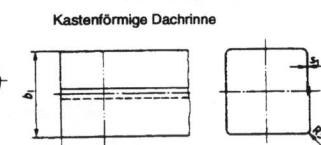

Quadratisches Regenfallrohr

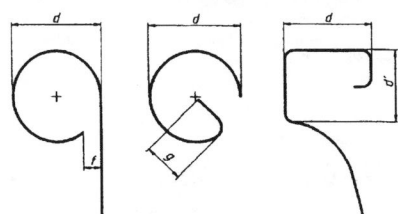

2a) Form I kreisförmig
f = max. 3 mm

2b) Form II kreisförmig mit Aussteifung g

2c) Form III rechteckig *)

Bild 2: Wulstformen (zu DIN EN 612)

*) Für die Berechnung kann $d' = d$ angenommen werden, wenn d nicht mehr als 1/3 der Höhe der Rinnenvorderseite a beträgt. Bei anderen Formen sind die Berechnungsgrundlagen für die Form I sinngemäß anzuwenden.

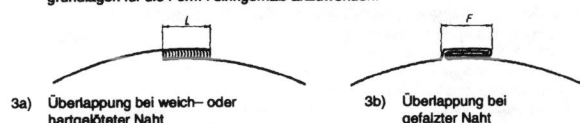

3a) Überlappung bei weich- oder hartgelöteter Naht

3b) Überlappung bei gefalzter Naht

Bild 3: Beispiele für die Nahtüberlappung (zu DIN EN 612)

Quadratische Regenfallrohre, Maße

Nenngröße [1]	b [1] ±1	Nenndicke s_1				
		Al	Cu	St	Zn	nr.St
60	60	0,70	0,60	0,60	0,65	0,50
80	80	0,70	0,60	0,60	0,65	0,50
100	100	0,70	0,70	0,70	0,70	0,50
120	120	0,70	0,70	0,70	0,80	0,60

[1] Innenmaße am oberen Ende = weites Rohrende; hier ist eine Kennzeichnung nach Wahl des Herstellers vorgeschrieben.

Werkstoff:

Al   AlMn1 F14 oder AlMg1 F 15 nach DIN 1745 Teil 1 (nach Wahl des Herstellers)
      Verwendbares Halbzeug:
      Bleche und Bänder nach DIN 1783
Cu   SF-Cu nach DIN 1787 und CuZn 0,5 nach DIN 17666 in Festigkeit F24 nach DIN 17670 Teil 1
      Verwendbares Halbzeug:
      Bleche und Bänder nach DIN 17650
St   St 02Z 275 nach DIN 17162 Teil 1
Zn   Legiertes Zink, bandgewalzt, D-Znbd nach DIN 17770 Teil 1
      Verwendbares Halbzeug nach DIN 17770 Teil 2
nr.St Nichtrostender Stahl nach DIN 17441; Werkstoffnummer 1.4301 oder 1.4401

Bezeichnung eines kreisförmigen Regenfallrohres (KR) mit der Nenngröße 100 aus St 02Z 275 (St), Falz, durchgesetzt (F)
      Fallrohr DIN 18461 – KR 100 – St-F
Regenfallrohre in Lieferlängen müssen mindestens 50 mm steckbar sein.

Rohrbogen für kreisförmige Regenfallrohre, Maße

Nenn-größe [1]	a	r [4]	d [2] ±1	Ein-steck-länge c min	Dicke [3] s min				
					Al	Cu	St	Zn	nr.St
60			60	30	0,70	0,60	0,60	0,70	0,50
80	40°	d x 1,75	80	35	0,70	0,60	0,60	0,70	0,50
100	60°	oder	100	35	0,70	0,60	0,60	0,70	0,50
120	72°	d x 1,35	120	40	0,70	0,70	0,60	0,80	0,60
150			150	40	0,70	0,70	0,70	0,80	0,60

[1] Regional sind auch Rohrbögen mit den Nenngrößen 76 und 87 noch üblich
[2] Innenmaße am oberen Ende = weites Rohrende; hier ist eine Kennzeichnung nach Wahl des Herstellers vorgeschrieben
[3] Das herstellungsbedingte Mindestmaß der Blechdicke an einzelnen Stellen des Bogens darf höchstens um 0,1 mm unterschritten werden
[4] Nach Wahl des Herstellers

Bezeichnung eines Rohrbogens für kreisförmige Regenfallrohre (B) mit der Nenngröße 100 und a = 60° aus SF-Cu F22 (Cu), geschweißt (S):
      Bogen DIN 18461 – B 100 – 60 – Cu-S

Rinneneinhangstutzen, gerade, Vorzugsmaße

Nenngröße der halbrunden Rinne	Nenngröße des kreisförmigen Rohres	Außen-durchmesser d_2 ±1	b min	h min	Einstecklänge c ±1
200	60	58	115	60	35
250	80	78	140	65	40
280	80	78	165	80	40
333	100	98	185	95	45
400	120	118	210	105	50

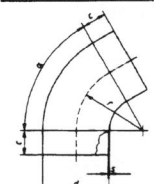

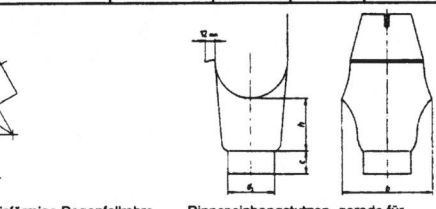

Rohrbogen für kreisförmige Regenfallrohre

Rinneneinhangstutzen, gerade für zylindrischen Anschluss (Beispiel)

Rinneneinhangstutzen, schräg, Vorzugsmaße

Nenngröße der halbrunden Rinne	Nenngröße des kreisförmigen Rohres	Außen-durchmesser d_3 ±1	b min	h min
280	80	105	120	80
333	100	125	140	93
400	120	140	170	113

Werkstoff:

Al   AlMg2Mn 0.3 W16 nach DIN 1745 Teil 1
      Verwendbares Halbzeug: Bleche und Bänder nach DIN 1783
Cu   SF-Cu nach DIN 1787 und CuZn 0,5 nach DIN 17666 in Festigkeit F22 nach DIN 17670 Teil 1
      Verwendbares Halbzeug: Bleche und Bänder nach DIN 17650
St   St 12 nach DIN 1623 Teil 1, feuerverzinkt nach DIN 50976
Zn   Legiertes Zink, bandgewalzt, D-Znbd nach DIN 17770 Teil 1 und Teil 2
nr.St Nichtrostender Stahl nach DIN 17441; Werkstoffnummer 1.4301 oder 1.4401

Bezeichnung eines Rinneneinhangstutzens Form G für halbrunde Hängedachrinnen mit der Nenngröße 333 aus St 02Z 275 (St), geschweißt (S):
      Stutzen DIN 18461 – G 333 – St-S

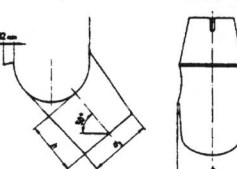

Rinneneinhangstutzen, trichterförmig für konischen Anschluss (Beispiel)

Dachentwässerung, Standard-Details

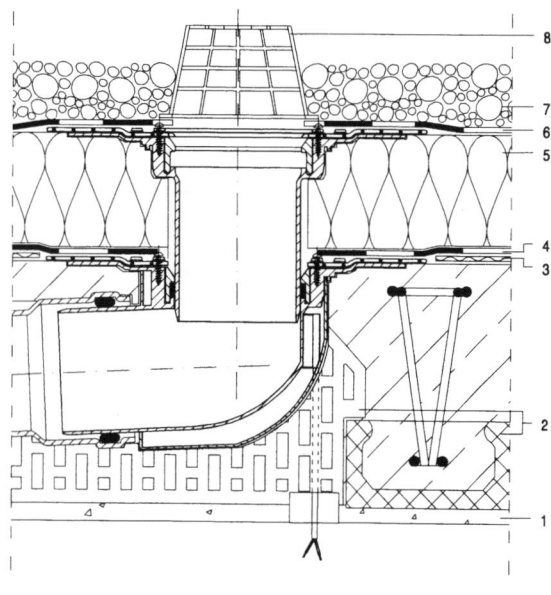

Betondachplatte mit Deckeneinhängeziegel und Ziegelträger - Flachdachabdichtung (Warmdach) - Dachgully, zweiteilig, abgewinkelt

– Flachdachablauf Essmanngully Schraubflansch, DN 125, aus Polypropylen, Dacheinlauf abgewinkelt, beheizbar, mit Aufstockelement und Kiesfang
– Warmdach mit Ziegel-Einhängedecke aus Deckeneinhängeziegelnn und Ziegelträger, mit Ortbetonergänzung, Trennschicht, Dampfsperre, Wärmedämmung, mehrlagiger Flachdachabdichtung und Oberflächenschutz als Schüttung

Produkthinweise	Firmen-CODE
Dow Deutschland Inc.	DOW_DEU
Heinz Essmann GmbH	ESSMANN
Girnghuber GmbH & Co. KG	GIMA
Sarnafil GmbH	SARNAFIL

1 – Innendeckenputzsystem, mineralisch gebunden
2 – Decken aus Fertigteilen mit Ortbetonergänzung – *Girnghuber - Ziegel-Einhängedecken, System V-TEC, Typ 20+5, Deckenhöhe 25,0 cm*
3 – Ausgleichsschicht – *Sarnafil - Sarnafelt Typ L, aus Polypropylen*
4 – Dampfsperre – *Sarnafil - Sarnavap-Dampfsperre 2000, aus PE, 0,3 mm*
5 – Wärmedämmschicht – *Dow - Roofmate E Dämmplatte, aus PS, WS-30-B1, 120 mm*
6 – Einlagige Dachabdichtung – *Sarnafil - Sarnafil-G 476-15, Kunststoffdichtungsbahn mit Glasvlieseinlage, 1,5 mm*
7 – Oberflächenschutz Kiesschüttung 16/32, 5 cm
8 – Flachdachablauf – *H. Essmann - ESSMANNGULLY Schraubflansch, DN 125, aus PP, abgewinkelt, beheizbar, mit Aufstockelement und Kiesfang*

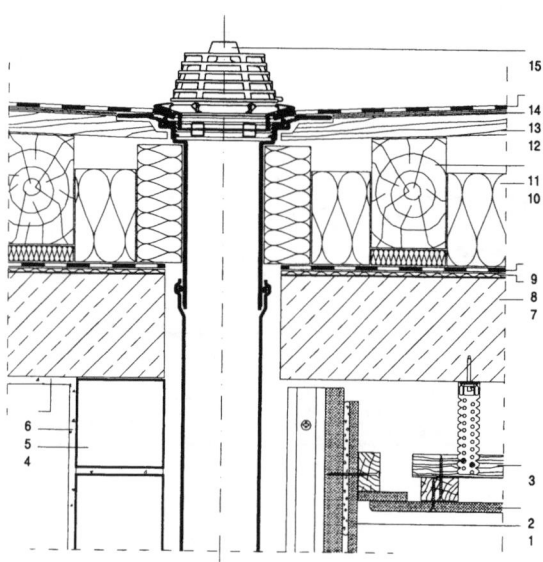

Belüftete Flachdachkonstruktion aus Betondachplatte und Holzunterkonstruktion mit Holzschalung - Sanierungsdachgully, einteilig, senkrecht - Flachdachabdichtung - Deckenbekleidung aus Gipsfaserplatten auf Holzunterkonstruktion - Schachtwand aus Mauerziegeln und Gipsfaserplatten

– Flachdachablauf Sanierungsgully Masters, DN 100, aus Polypropylen, Dacheinlauf senkrecht, mit Drehklemmring und Kiesfang
– Belüftete Flachdachkonstruktion aus Betontragwerk, Holzunterkonstruktion und Holzschalung, Trennschicht, Dampfsperre, Wärmedämmung und einlagiger Flachdachabdichtung
– Deckenbekleidung aus Gipsfaserplatten GK D111 auf Holzunterkonstruktion
– Mauerwerk der Schachtwand aus Mauerziegeln und Mauerbekleidung aus Gipsfaserplatten

Produkthinweise	Firmen-CODE
KARL EPPLE Trockenmörtel GmbH & Co. KG	EPPLE
Gebr. Knauf Westdeutsche Gipswerke	KNAUF
Josef Meindl GmbH - Mauerziegel	MEINDL_M
Schierling KG	SCHIERLI

1 – Schachtwand – *Knauf - Ständerwandsystem W 111*
2 – Deckenbekleidung – *Knauf - Plattendecke GK D111*
3 – Unterkonstruktion der Deckenbekleidung
4 – Mauerwerk der Schachtwand – *Meindl Mauerziegel - Hochlochziegel HLz A, NF (240x115x113), Wanddicke 11,5 cm*
5 – Innenwandputzsystem – *Epple - Kalk-Zement-Maschinenputz MK*
6 – Innendeckenputzsystem – *Epple - Kalk-Zement-Maschinenputz MK*
7 – Tragwerk Betondachdecke
8 – Trenn–/Ausgleichsschicht aus Chemiefaservlies 250 g/m²
9 – Dampfsperre – *Schierling - megavap-Dampfsperre, Alufolie mit PE-Bändchengewebe*
10 – Wärmedämmschicht aus Mineralfaserdämmstoff, WD–045–A1, nicht druckbelastet, 120 mm
11 – Holzunterkonstruktion
12 – Holzschalung
13 – Voranstrich – *Schierling - megamat 2000 Voranstrich*
14 – Einlagige Dachabdichtung – *Schierling - megamat 2000, Kunststoff Dach- und Dichtungsbahn, 5,0 mm*
15 – Flachdachablauf – *Schierling - rewa - Sanierungsgully System Masters 2000, DN 100, aus PP, senkrecht, mit Drehklemmring und Kiesfang*

Betondachplatte - Flachdachabdichtung (Warmdach) - Flachdachbelag aus Betonwerkstein - Flachdachgully, zweiteilig, senkrecht, mit Ablaufsieb - Mauerwerk der Schachtwand

– Flachdachablauf Systemgully, DN 125, aus Polyurethan, Dacheinlauf senkrecht, mit Ablaufsieb, Aufstockelement und Anschlussmanschette aus Dachdichtungsbahn
– Warmdach mit Betontragwerk, Dampfsperre, Wärmedämmung, mehrlagiger Flachdachabdichtung und Flachdachbelag aus Betonwerksteinplatten auf Stelzlager
– Schachtwand aus Hochlochziegeln

Produkthinweise	Firmen-CODE
alwitra GmbH & Co.	ALWITRA
Paul Bauder GmbH & Co.	BAUDER
BTS Baukeramik GmbH & Co. Holding KG	BTS
quick - mix Gruppe GmbH & Co. KG	QUICK_M
E. Schwenk Betontechnik GmbH & Co. KG	SCHWENKB

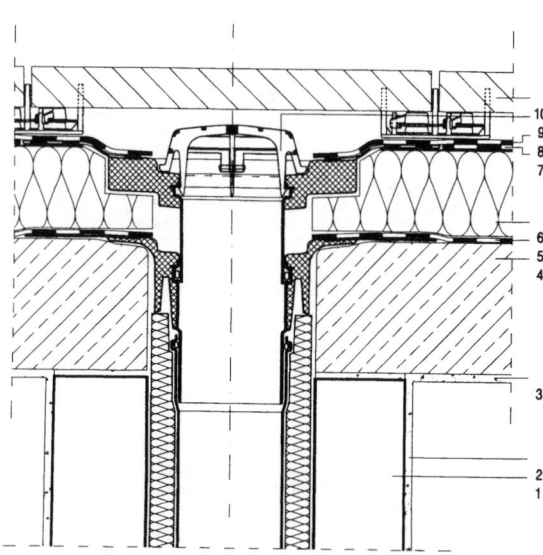

1 – Mauerwerk der Schachtwand – *BTS - Hochlochziegel HLz B Zahn, 6 DF (115x372x238), Wanddicke 11,5 cm*
2 – Innenwandputzsystem – *Quick-mix - Mineralischer Rustikalputz RKP*
3 – Innendeckenputzsystem – *Quick-mix - Mineralischer Rustikalputz RKP*
4 – Tragwerk Betondachdecke
5 – Dampfsperre – *Bauder - Super AL-E, Bitumenschweißbahn mit Aluminium- und Glasvlies-Einlage*
6 – Wärmedämmschicht – *Bauder - BauderFLEX Klappbahn, aus PS, WD-20-B1, mit Elastomer-Bitumenbahn kaschiert, 100 mm*
7 – 1. Lage der Dachabdichtung – *Bauder - BauderFLEX V3E, Elastomerbitumen-Schweißbahn, mit Glasvlies-Einlage 100 g/mm², 3,0 mm*
8 – 2. Lage der Dachabdichtung – *Bauder - BauderFLEX G4E, Elastomerbitumen-Schweißbahn, mit Glasgewebe-Einlage 200 g/mm², 4,0 mm*
9 – Flachdachablauf mit Ablaufsieb – *alwitra - Systemgully, aus PUR, DN 125, senkrecht, mit Ablaufsieb, Aufstockelement und Anschlussmanschette aus Dachdichtungsbahn*
10 – Bodenbelag aus Betonwerkstein auf Stelzlager – *Schwenk - Terrassenplatten, Serie Europa, Wien, 50x50x5 mm*

Dachentwässerung, Standard-Details

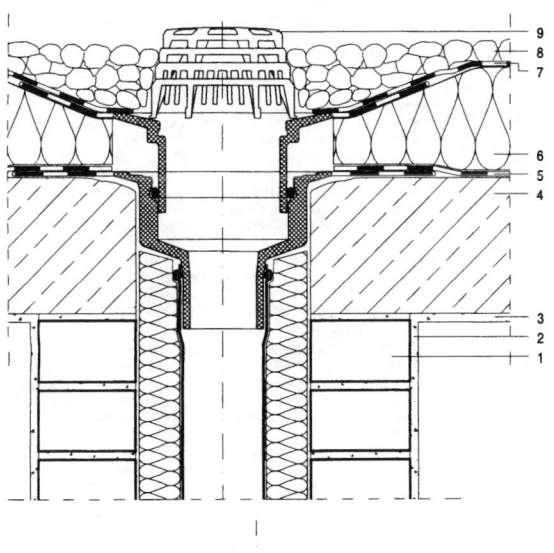

Betondachplatte - Flachdachabdichtung (Warmdach) - Dachgully, zweiteilig, senkrecht - Mauerwerk der Schachtwand

– Flachdachablauf awaplan, DN 125, aus Polyurethan, Dacheinlauf senkrecht, mit Aufstockelement K und Kiesfang
– Warmdach mit Betontragwerk, Dampfsperre, Wärmedämmung, einlagiger Flachdachabdichtung und Oberflächenschutz als Schüttung
– Schachtwand aus Hochlochziegeln

Produkthinweise	Firmen-CODE
A.W. ANDERNACH Dachbaustoffe	AWA
Koch MARMORIT GmbH	KOCH
Josef Meindl GmbH - Mauerziegel	MEINDL_M

1 – Mauerwerk der Schachtwand – *Meindl Mauerziegel - Marktheidenfelder HOCHLOCHZIE-GEL, NF (240x115x71), Wanddicke 11,5 cm*
2 – Innenwandputzsystem – *Koch MARMORIT - PC 190 Feinputz PICO*
3 – Innendeckenputzsystem – *Koch MARMORIT - PC 190 Feinputz PICO*
4 – Tragwerk Betondachdecke
5 – Dampfsperre – *A.W. Andernach - awa AL-HR Sonderdampfsperre, 4,0 mm*
6 – Wärmedämmschicht – *A.W. Andernach - awatekt-Rollbahn, aus PS, WS+WD-30-B1, Oberseite kaschiert mit GKV 150, 120 mm*
7 – Einlagige Dachabdichtung – *A.W. Andernach - awaplan 200 S, Elastomerbitumen-Schweißbahn, oben beschiefert, 3,0 mm*
8 – Oberflächenschutz Kiesschüttung 16/32, 5 cm
9 – Flachdachablauf – *A.W. Andernach - awaplan-Dachablauf, DN 125, aus PUR, senkrecht, mit Aufstockelement K, Anschlussmanschette aus Elastomer-Bitumen-Dachbahn und Kiesfang*

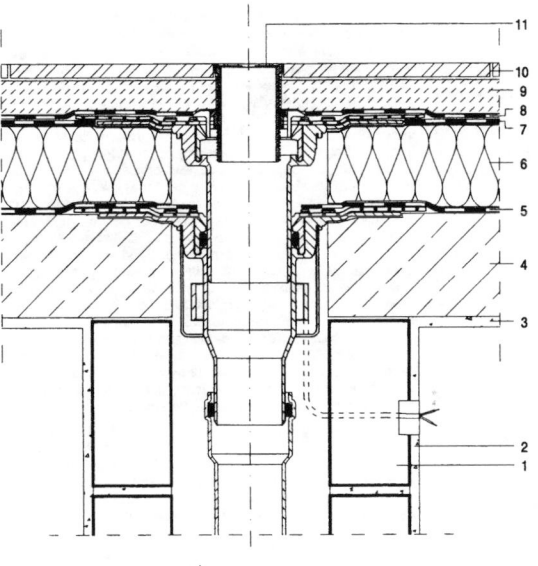

Betondachplatte - Flachdachabdichtung (Warmdach) - Terrassenbelag aus Naturwerkstein - Terrassengully, zweiteilig, senkrecht, beheizbar, mit Aufsatz und Rost begehbar - Mauerwerk der Schachtwand

– Terrassenablauf Essmanngully Multi, DN 125, aus Polypropylen, Dacheinlauf senkrecht, beheizbar, mit Aufstockelement und Terrassengully-Aufsatz mit Rost begehbar
– Warmdach mit Betontragwerk, Dampfsperre, Wärmedämmung, mehrlagiger Flachdachabdichtung und Terrassenbelag aus Naturwerksteinplatten
– Schachtwand aus Hochlochziegeln

Produkthinweise	Firmen-CODE
BTS Baukeramik GmbH & Co. Holding KG	BTS
Heinz Essmann GmbH	ESSMANN
JUMA Natursteinwerke	JUMA
KLEWA Dachbaustoffe	KLEWA

1 – Mauerwerk der Schachtwand – *BTS - Hochlochziegel HLz B Zahn, 6 DF (115x372x238), Wanddicke 11,5 cm*
2 – Innenwandputzsystem
3 – Innendeckenputzsystem
4 – Tragwerk Betondachdecke
5 – Dampfsperre – *Klewa - KLEWA-STD V 13, Bitumen-Dachdichtungsbahn, mit Trägereinlage aus Glasvlies 60 g/m², 2,3 mm*
6 – Wärmedämmschicht – *Klewa - KLEWAKLAPP-PS-VR 100, aus PS, WD-30-B1, 120 mm, Oberseite mit Glasvliesbitumenbahn VR 100 kaschiert*
7 – 1. Lage der Dachabdichtung – *Klewa - KLEWABIT G 200 S4, Bitumen-Schweißbahn, mit Glasgewebeeinlage 200 g/m², 4,0 mm*
8 – 2. Lage der Dachabdichtung – *Klewa - KLEWABIT G 200 S5, Bitumen-Schweißbahn, mit Glasgewebeeinlage 200 g/m², 5,0 mm*
9 – Zementestrich
10 – Bodenbelag aus Naturwerkstein – *JUMA - Marmor Rohplatten, 30x30 cm, Dicke 2 cm*
11 – Ablauf für Terrasse mit Rost – *H. Essmann - ESSMANNGULLY Multi, DN 125, aus PP, senkrecht, beheizbar, mit Aufstockelement und Aufsatz mit Rost*

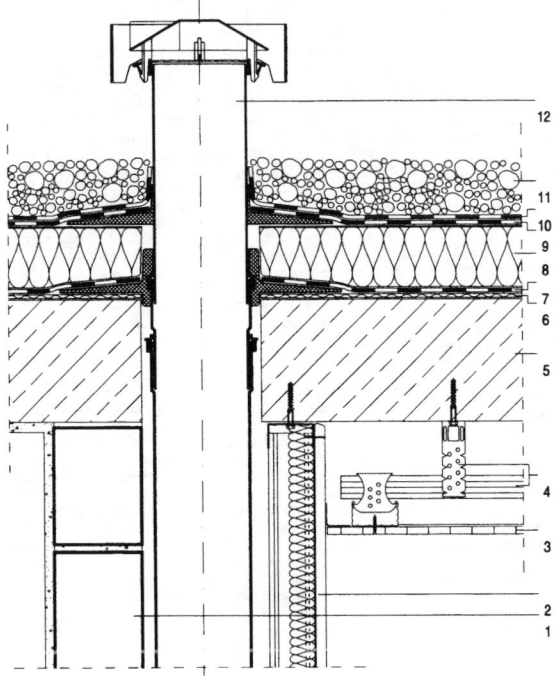

Betondachplatte - Flachdachabdichtung (Warmdach) - Flachdachentlüfter, zweiteilig - Deckenbekleidung aus Gipskartonplatten auf Metallunterkonstruktion - Schachtwand aus Mauerziegeln und freistehender Vorsatzschale auf Metallunterkonstruktion

– Warmdach mit Betontragwerk, Trennschicht, Dampfsperre, Wärmedämmung, mehrlagiger Flachdachabdichtung und Oberflächenschutz als Schüttung
– Flachdachentlüfter - Strangentlüfter, zweiteilig, DN 125, Oberteil aus Polyurethan mit eingeschäumtem EVALON-Anschlussstreifen, Unterteil aus Polyethylen mit Aluminium-Klemmring
– abgehängte Deckenkonstruktion mit Bekleidung aus Lochplatten und Metallunterkonstruktion
– Schachtwand aus Hochlochziegeln mit freistehender Vorsatzschale einlagig beplankt mit Gipskartonbauplatten auf Metallunterkonstruktion

Produkthinweise	Firmen-CODE
alwitra GmbH & Co.	ALWITRA
ESHA Dach- und Dämmstoffe GmbH	ESHA
IsoBouw Dämmtechnik GmbH	ISOBOUW
Gebr. Knauf Westdeutsche Gipswerke	KNAUF
Josef Meindl GmbH - Mauerziegel	MEINDL_M

1 – Mauerwerk der Schachtwand – *Meindl Mauerziegel - Deckenrand Hochlochziegel HLz A, (240x115x153), Wanddicke 11,5 cm*
2 – Freistehende Vorsatzschale – *Knauf - Vorsatzschale mit Metallständern W 625*
3 – Deckenbekleidung – *Knauf - Lochplatten, 12,5 mm*
4 – Unterkonstruktion der Deckenbekleidung – *Knauf - D 127, abgehängte Metallunterkonstruktion*
5 – Tragwerk Betondachdecke
6 – Trenn-/Ausgleichsschicht – *Esha - Eshavent, Polymer-Bitumenbahn, mit GGV-Verbundträgereinlage 110 g/m²*
7 – Dampfsperrschicht – *Esha - Bitumen-Schweißbahn V 60 S4 + Alu 0,1, mit Glasvlies-Einlage 60 g/m² und Aluminium 0,1mm, 4,0 mm*
8 – Wärmedämmschicht – *IsoBouw - Flachdach-Dämmplatten V-NG, aus Polystyrol, WD-20-B2, einseitig kaschiert mit Rohglasvlies (120 g/m²), 80 mm*
9 – 1. Lage der Dachabdichtung – *Esha - Genolastik PYE G 200 S 4, Elastomer-Bitumen-Schweißbahn, mit Einlage aus Glasgewebe 200 g/m², 4,0 mm*
10 – 2. Lage der Dachabdichtung – *Esha - Genolastik PYE G 200 S 5, Elastomer-Bitumen-Schweißbahn, mit Einlage aus Glasgewebe 200 g/m², 5,0 mm, talkumiert*
11 – Oberflächenschutz Kiesschüttung 16/32, 5 cm
12 – Entlüfter – *alwitra - Strangentlüfter, aus PUR, mit integriertem PVC-Rohr, DN 125, mit eingeschäumtem EVALON-Anschlussstreifen, Unterteil aus Polyethylen mit Alu-Klemmring*

Anforderungen nach DIN 18160, Teil 1

Anforderungen an Hausschornsteine nach DIN 18160, Teil 1

4 Grundsätzliche Anforderungen

4.1 Schornsteine, Feuerstätten, Aufstellräume

Schornsteine sind in solcher Zahl, Beschaffenheit und Lage herzustellen, dass die vorgesehenen Feuerstätten in den Gebäuden ordnungsgemäß an Schornsteine angeschlossen und betrieben werden können. An Schornsteine dürfen nur ordnungsgemäß beschaffene Feuerstätten angeschlossen werden; die Aufstellräume müssen sicherstellen, dass den Feuerstätten ausreichend Verbrennungsluft zuströmt.

4.2 Feuerungstechnik

Lichter Querschnitt, Höhe, Anordnung, Dichtheit und Wärmedurchlasswiderstand der Schornsteine müssen sicherstellen, dass die für die Verbrennungsluftzuführung, den Wärmeerzeuger und das Verbindungsstück notwendigen Förderdrucke zur Verfügung stehen und der Widerstandsdruck des Schornsteins überwunden wird. Für Feuerstätten mit Feuerungseinrichtungen mit Gebläse kann der notwendige Förderdruck für die Verbrennungsluftzuführung unberücksichtigt bleiben. Jedoch muss grundsätzlich, außer in Anfahrzustand der angeschlossenen Feuerstätten, der statische Druck des Abgases in den Schornsteinen und in den Verbindungsstücken geringer sein als der statische Druck der Luft in den umgebenden Räumen. Die Abgase müssen vom Schornstein so ins Freie gefördert und so gegen Abkühlung geschützt werden, dass Niederschlag dampfförmiger Abgasbestandteile in den Schornsteinen nicht zu Gefahren führen kann.

Schornsteine müssen so angeordnet und gestaltet werden, dass die Verbrennungsluftzuführung und die Abgasförderung durch Luftströmungen nicht gefährdet werden können. Die innere Oberfläche der Schornsteine muss so glatt sein, wie dies mit den verwendeten Baustoffen und der angewendeten Bauart möglich ist.

Anmerkung: Schornsteine, die derart von den Sätzen eins und drei abweichen, dass Abgasventilatoren erforderlich werden oder statischer Überdruck in Verbindungsstücken oder Schornsteinen auftritt, sind nur dann zulässig, wenn hierfür eine baurechtliche Ausnahme erteilt ist.

4.3 Immissionsschutz

Schornsteine und ihre besonderen Betriebseinrichtungen müssen feuerungstechnisch so beschaffen sein, dass das Abgas der angeschlossenen Feuerstätten möglichst wenig Schadstoffe wie Ruß, Kohlenmonoxid und Zersetzungsprodukte des Öls enthält, soweit dies von Schornsteinen beeinflusst werden kann. Die Schornsteine müssen das Abgas so hoch ins Freie fördern, dass schädliche Luftverunreinigungen, durch Abgas entsprechend dem Stand der Technik des Hausschornsteinbaus auf ein Mindestmaß beschränkt sind.

Für Schornsteine und Schornsteingruppen, an die Feuerstätten für die Brennstoffe

a) Kohle, Koks, Kohlebriketts, Torf, Holz, Holzreste, die nicht mit Kunststoffen beschichtet oder Holzschutzmittel behandelt sind,
b) Heizöle oder
c) gasförmige Brennstoffe

mit einer Gesamtfeuerungsleistung von 1 MW und mehr angeschlossen sind, sowie für Schornsteine und Schornsteingruppen, an die Feuerstätten für andere als die vorstehenden festen oder flüssigen Brennstoffe mit einer Gesamtfeuerungsleistung von 100 kW und mehr angeschlossen sind, bestehen besondere Vorschriften des Bundes-Immissionsschutzgesetzes oder aufgrund dieses Gesetzes.

4.4 Dichtheit unter Überdruck

Aus Schornsteinen darf durch die Wangen Abgas nicht in gefahrdrohender Menge austreten können, wenn der statische Druck des Abgases im Schornstein kurzzeitig, z.B. beim Anfahren des Brenners einer Feuerstätte, größer ist als der der Luft in den umgebenden Räumen. Durch Wangen und Zungen von Schornsteinen, die nicht nur kurzzeitig unter statischem Überdruck betrieben werden, darf Abgas auch nicht in kleiner Menge austreten können.

4.5 Standsicherheit des Schornsteins

Schornsteine müssen standsicher sein; die inneren Schalen mehrschaliger Schornsteine müssen von den anderen Schalen senkrecht zur Schornsteinachse entsprechend gehalten und in Richtung der Schornsteinachse entsprechend gehalten oder geführt sein. Ein-schalige Schornsteine und die innere Schale mehrschaliger Schornsteine müssen widerstandsfähig gegen Kehrbeanspruchungen sowie gegen Gasdrücke sein, die beim Anfahren und Abschalten der Brenner ordnungsgemäß beschaffener Feuerstätten auftreten. Baustoffe, Bauteile, Bauart und Anordnung der Schornsteine müssen gemeinsam sicherstellen, dass Behinderung des Schwindens oder der Wärmedehnungen nicht zu gefährlichen Schäden am Schornstein oder an angrenzenden Bauteilen führt; soweit einschalige Schornsteine und die Schalen mehrschaliger Schornsteine hierfür ohne gefährliche Beschädigung nicht ausreichend verformbar sind, müssen sie gegenüber anderen Bauteilen und gegeneinander ausreichend beweglich sein. An Schornsteine mit begrenzter Temperaturbeständigkeit und an Stahlschornsteine für verminderte Anforderungen können Schäden durch Rußbrände im Innern des Schornsteins, die keine unmittelbare Einsturzgefahr bewirken, hingenommen werden; bei mehrschaligen Schornsteinen genügt, dass für die äußere Schale keine unmittelbare Einsturzgefahr auftreten kann.

4.6 Widerstandsfähigkeit gegen Wärme, Abgas sowie Rußbrände im Innern des Schornsteins

Schornsteine müssen widerstandsfähig gegen Beanspruchung durch Wärme, Abgase sowie Rußbrände im Innern des Schornsteins sein. Hinsichtlich der Abgastemperatur sind mindestens 100 K über der Abgastemperatur zu Grunde zu legen, die in aller Regel am Abgasstutzen der Feuerstätten nicht überschritten wird, mindestens jedoch 500°C; Schornsteine mit begrenzter Temperaturbeständigkeit brauchen nur gegen Abgastemperaturen bis 350°C widerstandsfähig zu sein. Stahlschornsteine für verminderte Anforderungen brauchen nur begrenzt widerstandsfähig gegen Korrosion durch Abgas zu sein, wenn Betriebsgefahren durch Korrosionsschaden ausgeschlossen sind. Hinsichtlich der Widerstandsfähigkeit gegen Rußbrände im Innern des Schornsteins siehe jedoch Abschnitt 4.5 letzter Satz.

4.7 Brandverhalten der Baustoffe

Die Schornsteine müssen aus nichtbrennbaren Baustoffen der Baustoffklasse A1 nach DIN 4102 Teil 1 bestehen.

4.8 Brandsicherheit und Standsicherheit des Gebäudes

Die Schornsteinwangen müssen so wärmedämmend oder die Schornsteine so angeordnet sein, dass durchströmendes Abgas und Rußbrände im Innern des Schornsteins einen Brand im Gebäude nicht verursachen können. Bei Abgastemperaturen nach Abschnitt 4.6 dürfen sich die freien Außenseiten der Schornsteine auf nicht mehr als 100°C, die Oberflächen benachbarter Bauteile aus brennbaren Baustoffen auf nicht mehr als 85°C, beim Rußbrand im Innern des Schornsteins auf nicht mehr als jeweils 160°C erwärmen. Tragende und aussteifende Bauteile dürfen im Hinblick auf ihre Standsicherheit nicht gefährlich erwärmt werden können. Auf den freien Außenseiten von Stahlschornsteinen für verminderte Anforderungen können höhere Temperaturen als nach Satz zwei hingenommen werden, wenn die Brandsicherheit des Gebäudes durch seine Beschaffenheit und Nutzung sichergestellt ist.

4.9 Brandausbreitung im Gebäude

Einschalige Schornsteine und die Außenschalen mehrschaliger Schornsteine müssen bei einer Brandbeanspruchung von außen mindestens 90 Minuten standsicher bleiben. Die Schornsteinwangen bzw. die äußeren Schalen mehrschaliger Schornsteine müssen aus solchen Baustoffen bestehen, dass die Übertragung eines Brandes im Gebäude in andere Geschosse durch Wärmeleitung ausgeschlossen ist. Stahlschornsteine für verminderte Anforderungen und mehrschalige Schornsteine mit Außenschalen aus Stahl dürfen daher nur verwendet werden, wenn Bedenken wegen der Brandübertragung aus einem Geschoss in andere Geschosse nicht bestehen.

4.10 Dampfdiffusionsverhalten

Der Dampfdiffusionswiderstand der einzelnen Schalen mehrschaliger Schornsteine, hinterlüftete Schalen ausgenommen, darf nicht größer sein als der Dampfdiffusionswiderstand der Innenschale. Dies gilt sinngemäß auch für den Dampfdiffusionswiderstand zusätzlicher äußerer Beschichtungen, nicht hinterlüfteter Ummantelungen und nicht hinterlüfteter Verkleidungen, die Schornsteine großflächig bedecken.

4.11 Belästigung durch Wärme

Schornsteine müssen so angeordnet sein oder so wärmedämmende Schornsteinwangen haben, dass in Aufenthaltsräumen unzumutbare Belästigungen durch Wärme nicht entstehen können.

4.12 Reinigung und Prüfung der Schornsteine

Schornsteine müssen sicher gereinigt und auf ihren Querschnitt hin geprüft werden können.

4.13 Fremde Bauteile und Einrichtungen an und in Schornsteinen

Auf Schornsteinen sowie innerhalb ihrer Wände und ihrer lichten Querschnitte dürfen keine Bauteile (z.B. Installationen, Holzdübel, Bankeisen, Mauerhaken und Anker) und keine Einrichtungen angebracht werden, die nicht bestimmungsgemäß Bestandteil des Schornsteins sind. Dies gilt nicht für Bauteile und Einrichtungen, die zum Zwecke der Reinigung oder Prüfung der Schornsteine anzubringen sind, und nicht für besondere Einrichtungen des Schornsteins, die für den ordnungsgemäßen Betrieb einer Feuerungsanlage notwendig sind.

4.14 Unzulässige Beanspruchung der Schornsteine

Schornsteinwangen dürfen durch Decken, Unterzüge und andere Bauteile grundsätzlich nicht unterbrochen, nicht – auch nicht unplanmäßig wie durch ungleichmäßige Setzungen – belastet und nicht auf sonstige Weise gefährlich beansprucht werden. Ans Freie grenzende Schornsteinwangen, die durch die Witterung durchfeuchtet oder zerstört werden können, dürfen nicht ungeschützt der Witterung ausgesetzt werden.

5 Feuerungstechnische Anforderungen

5.1 Allgemeines

Die Bestimmungen des Abschnittes 5 füllen Bestimmungen der Abschnitte 4.1 bis 4.4 aus. Abschnitt 5.8 füllt außerdem Bestimmungen des Abschnittes 4.10 aus.

5.2 Räumliche Zuordnung von Schornsteinen und Feuerstätten

Hierzu wird auf die Vorschriften aufgrund der Landesbauordnungen über die Beschaffenheit der Aufstellräume von Feuerstätten und die Führung der Verbindungsstücke hingewiesen; zur Führung der Verbindungsstücke siehe auch DIN 18160 Teil 2. Wegen der übrigen Anforderungen an die Zuordnung von Schornsteinen und Feuerstätten siehe Abschnitt 4.1

5.3 Feuerstättenanschluss

5.3.1 Eigener Schornstein

An einen eigenen Schornstein ist anzuschließen:

- jede Feuerstätte mit einer Nennwärmeleistung von mehr als 20 kW, bei Gasfeuerstätten von mehr als 30 kW,
- jede Feuerstätte in Gebäuden mit mehr als 5 Vollgeschossen,
- jeder offene Kamin, jedes Schmiedefeuer und jede andere Feuerstätte mit offen zu betreibendem Feuerraum,
- jede Feuerstätte mit Brenner mit Gebläse,
- jede Feuerstätte, der die Verbrennungsluft durch dichte Leitungen so zugeführt wird, dass ihr Feuerraum gegenüber dem Aufstellraum dicht ist.
- jede Feuerstätte in Aufstellräumen mit ständig offener Verbindung zum Freien, z.B. mit Lüftungsöffnungen zur Verbrennungsluftzuführung, ausgenommen Feuerstätten im selben Aufstellraum,
- jede Sonderfeuerstätte; siehe auch Abschnitt 5.3.6.

Mehrere Feuerstätten dürfen abweichend von Satz eins an einen Schornstein angeschlossen werden, wenn jeweils nur eine Feuerstätte betrieben werden kann und der Schornstein für jede Feuerstätte geeignet ist. Der Anschluss mehrerer Feuerstätten nach Satz eins, die gleichzeitig betrieben werden können, an einen Schornstein kommt, sofern hierfür eine baurechtliche Ausnahme erteilt ist, nur in Betracht, wenn die Betriebssicherheit der Feuerstätten durch Typprüfungen oder anderweitig, z.B. durch Gutachten, derart nachweisbar ist, dass auch die feuerungstechnischen Belange des Schornsteins erfasst werden.

Es wird empfohlen, eigene Schornsteine stets vorzusehen, zumindest dann, wenn andere Besonderheiten der Aufstellräume, des Gebäudes oder des Schornsteins beim gemeinsamen Anschluss mehrerer Feuerstätten Störungen des ordnungsgemäßen Betriebes befürchten lassen.

5.3.2 Gemeinsamer Schornstein

An einen gemeinsamen Schornstein dürfen bis drei Feuerstätten für feste oder flüssige Brennstoffe mit einer Nennwärmeleistung von je höchstens 20 kW oder bis drei Gasfeuerstätten mit einer Nennwärmeleistung von je höchstens 30 kW angeschlossen werden, sofern Abschnitt 5.3.1 nichts anderes bestimmt oder zulässt. Jede Feuerstätte ist mit eigenem Verbindungsstück anzuschließen; die Verbindungsstücke sollten eine senkrechte Anlaufstrecke unmittelbar hinter dem Abgasstutzen der Feuerstätten haben. Verbindungsstücke dürfen nicht in gleicher Höhe in den Schornstein eingeführt werden. Der Abstand zwischen der Einführung des untersten und des obersten Verbindungsstücks darf nicht mehr als 6,5 m betragen.

Abweichend von Absatz eins Satz zwei dürfen ein Gaswasserheizer sowie ein Gasraumheizer mit einer Nennwärmeleistung von nicht mehr als 3,5 kW mit gemeinsamem Verbindungsstück angeschlossen werden, wenn sie im selben Raum aufgestellt sind; sie gelten im Sinne des Absatzes eins Satz eins als eine Feuerstätte. Ein Gaswasserheizer sowie ein Umlaufwasserheizer dürfen mit gemeinsamem Verbindungsstück angeschlossen werden, wenn sie in demselben Raum aufgestellt sind, der Schornstein und das Verbindungsstück für beide Feuerstätten geeignet sind und eine Sicherheitseinrichtung sicherstellt, dass nur jeweils eine der beiden Feuerstätten in Betrieb sein kann; sie gelten im Sinne des Absatzes eins Satz eins als eine Feuerstätte. Außerdem dürfen bei Gebäuden, die vor Erscheinen von DIN 18160 Teil 1, Ausgabe Februar 1987, errichtet wurden, abweichend von Absatz eins Satz eins, mehr als drei Feuerstätten an einen gemeinsamen Schornstein angeschlossen werden, wenn Gefahren oder erhebliche Beeinträchtigungen nicht zu befürchten sind.

Schornsteine dürfen, sofern hierfür eine baurechtliche Ausnahme erteilt ist, hinsichtlich der Brennstoffart abweichend von Absatz eins Satz eins, gemischt belegt werden, wenn die Verbindungsstücke der Feuerstätten für feste oder flüssige Brennstoffe eine senkrechte Anlaufstrecke von mindestens 1 m unmittelbar hinter dem Abgasstutzen haben.

5.3.3 Einführung von Verbindungsstücken in den Schornstein

Verbindungsstücke sollten mit einer Steigung, in Strömungsrichtung gesehen, in den Schornstein eingeführt werden.

Anmerkung: Es wird empfohlen, Steigungswinkel von 30° oder 45° gegenüber der Waagerechten vorzusehen.

5.3.4 Drosselvorrichtungen

Drosselvorrichtungen sind zulässig in Abgasstutzen von Feuerstätten für feste oder flüssige Brennstoffe mit Feuerungseinrichtungen ohne Gebläse oder in deren Verbindungsstücken; Drosselvorrichtungen sind ferner zulässig für Wechselbrandfeuerstätten, wenn sichergestellt ist, dass Feuerungseinrichtungen mit Gebläse nur bei geöffneter Drosselvorrichtung betrieben werden können. Die Drosselvorrichtungen müssen Öffnungen haben, die in zusammenhängender Fläche nicht weniger als 3 % der Querschnittsfläche des Abgasstutzens oder des Verbindungsstücks, mindestens aber 20 cm^2 groß sind. Drosselvorrichtungen dürfen die Prüfung und Reinigung der Verbindungsstücke und Schornsteine nicht behindern. Die Stellung der Drosselvorrichtung muss an der Einstellung des Bedienungsgriffs erkennbar sein.

In Abgasstutzen von Feuerstätten für feste, flüssige oder gasförmige Brennstoffe mit Feuerungseinrichtungen mit Gebläse oder in deren Verbindungsstücken sind Drosselvorrichtungen zulässig, wenn eine baurechtliche Ausnahme erteilt und die Betriebssicherheit der Feuerstätten durch Typprüfungen oder Gutachten derart nachweisbar ist, dass auch die feuerungstechnischen Belange des Schornsteins erfasst werden.

5.3.5 Absperrvorrichtungen

Absperrvorrichtungen sind zulässig in Feuerstätten oder in deren Verbindungsstücken, wenn es sich um folgende Feuerstätten handelt:

a) Feuerstätten für flüssige oder gasförmige Brennstoffe mit Feuerungseinrichtungen mit Gebläse,
b) Feuerstätten für gasförmige Brennstoffe mit Feuerungseinrichtungen ohne Gebläse,
c) offene Kamine für den Brennstoff Holzstücke oder für gasförmige Brennstoffe.

Feuerstätten für gasförmige Brennstoffe mit Feuerungseinrichtungen ohne Gebläse sollten mit einer Absperrvorrichtung ausgestattet werden, insbesondere wenn sie an gemeinsame Schornsteine angeschlossen sind; in diesem Fall sollte die Absperrvorrichtung oberhalb der Strömungssicherung angeordnet sein. Außerdem müssen Feuerstätten von Zentralheizungen mit mehreren Wärmeerzeugern eine Absperrvorrichtung haben, es sei denn, Wärmeverluste durch Feuerstätten, die nicht betriebsbereit zu sein brauchen, werden durch entsprechende Absperrvorrichtungen vom Wärmeträgerkreislauf ausgeschlossen.

Anforderungen nach DIN 18160, Teil 1

Absperrvorrichtungen dürfen die Prüfung und Reinigung der Verbindungsstücke und Schornsteine nicht behindern. Bei Absperrvorrichtungen nach Absatz eins, Aufzählung a und b muss sichergestellt sein, dass die Feuerungseinrichtungen nur bei ausreichend offener Absperrvorrichtung betrieben werden können. Vorgenannte Absperrvorrichtungen dürfen den Luftstrom durch Feuerstätten nur soweit begrenzen, dass Niederschlag dampfförmiger Abgasbestandteile in Schornsteinen während der Stillstandszeiten der Feuerungseinrichtungen abtrocknet; dementsprechend müssen die Absperrvorrichtungen ausreichend große Öffnungen haben. Dichtschließende Absperrvorrichtungen sind für Feuerstätten nach Absatz eins, Aufzählung a jedoch zulässig, wenn die Schornsteine der Wärmedurchlasswiderstandsgruppe I angehören oder bei geschlossenen Absperrvorrichtungen durch Nebenluftvorrichtungen entsprechend Abschnitt 5.3.6 ausreichend durchlüftet werden.

Die Stellung der Absperrvorrichtungen für offene Kamine muss an der Einstellung des Betätigungsgriffs erkennbar sein. Werden die offenen Kamine mit gasförmigen Brennstoffen beheizt, gilt Absatz vier Satz eins entsprechend.

Anmerkung: Im einzelnen sind die sicherheitstechnischen Anforderungen durch die einschlägigen technischen Regeln für Absperrvorrichtungen sowie für Feuerstätten, ihre Bauteile und ihre Einrichtung oder Aufstellung festgelegt; siehe insbesondere DIN 3388 Teil 2 und Teil 4. Diese Norm regelt auch die Größe der Öffnungen nach Absatz vier Satz zwei.

5.3.6 Nebenluftvorrichtungen

Nebenluftvorrichtungen sind an Feuerstätten, Verbindungsstücken oder Schornsteinen zulässig, wenn sichergestellt ist, dass

- die einwandfreie Ableitung der Abgase der Feuerstätten nicht beeinträchtigt wird,
- die Abgase bei Stau oder Rückstrom aus den Nebenluftvorrichtungen nicht in gefahrdrohender Menge austreten können und
- die Prüfung und Reinigung der Verbindungsstücke und Schornsteine nicht behindert wird.

Nebenluftvorrichtungen dürfen nur in den Aufstellräumen der Feuerstätten angeordnet werden. Sind Feuerstätten mit gemeinsamem Schornstein in verschiedenen Räumen aufgestellt, so sind Nebenluftvorrichtungen unzulässig; dies gilt nicht für Strömungssicherungen von Gasfeuerstätten mit Feuerungseinrichtung ohne Gebläse und einer höchstmöglichen Wärmeleistung von nicht mehr als 30 kW. Nebenluftvorrichtungen an Schornsteinen müssen mindestens 40 cm oberhalb der Schornsteinsohle angeordnet sein.

Nebenluftvorrichtungen dürfen die Brandsicherheit der Schornsteine nicht gefährden. Sie dürfen nicht in besonders gefährdeten Räumen (siehe Abschnitt 7.9) angeordnet werden; dies gilt nicht für Räume mit schüttbaren, brennbaren Stoffen, wenn im Bereich der Nebenluftvorrichtungen Schutzvorkehrungen wie bei Stahlschornsteinen für verminderte Anforderungen entsprechend Abschnitt 7.9.1 Absatz eins getroffen sind.

Nebenluftvorrichtungen sollen bei Anschluss von Sonderfeuerstätten an Schornsteine angeordnet werden, wenn die Feuerstätten wegen der Abgastemperatur als Sonderfeuerstätten gelten; die Nebenluftvorrichtung soll dem Abgas vor Eintritt in den Schornstein Nebenluft so zu mischen, dass die Gemischtemperatur beim regelmäßigen Betrieb der Feuerstätte nicht mehr als 400°C beträgt. An Schornsteine entsprechend den regelmäßigen Anforderungen dürfen vorgenannte Sonderfeuerstätten nur mit einer derartigen Nebenluftvorrichtung und nur dann angeschlossen werden,

- wenn sie eine schnellregelbare Beheizung und eine Sicherheitseinrichtung entsprechend den Grundsätzen für Sicherheitseinrichtungen mit erhöhter Sicherheit haben, die die Gemischtemperatur überwacht und die Feuerungseinrichtung bei Überschreiten einer Gemischtemperatur von 400°C ohne Verzögerung und selbsttätig abschaltet oder
- wenn auf andere Weise sichergestellt ist, dass vorgenannte Gemischtemperatur höchstens kurzzeitig oder höchstens geringfügig überschritten werden kann.

Abschnitt 7.8 bleibt unberührt

5.3.7 Rußabsperrer

Rußabsperrer sind nur zulässig für Feuerstätten für feste oder flüssige Brennstoffe. Diese Feuerstätten sollten sogar einen Rußabsperrer haben, wenn sie an gemeinsame Schornsteine angeschlossen sind.

Rußabsperrer müssen in Verbindungsstücken oder Schornsteinen so eingebaut sein, dass sie die Prüfung und Reinigung der Verbindungsstücke und Schornsteine nicht behindern. Rußabsperrer dürfen nur von Hand betätigt werden können; ihre Stellung muss am Betätigungsgriff erkennbar sein.

Anmerkung: Rußabsperrer dürfen nach Vorschriften aufgrund der Landesbauordnungen nur eingebaut werden, wenn sie ein bauaufsichtliches Prüfzeichen haben.

5.4 Lichter Querschnitt

5.4.1 Form und Mindestmaße

Schornsteine müssen einen kreisförmigen oder rechteckigen lichten Querschnitt haben. Der lichte Querschnitt muss mindestens 100 cm^2 betragen. Die kleinste Seitenlänge rechteckiger lichter Querschnitte muss mindestens 10 cm, bei Schornsteinen, die aus Mauersteinen gemauert sind, mindestens 13,5 cm betragen; die längere Seite darf das 1,5-fache der kürzeren nicht überschreiten.

5.4.2 Grundlagen für die Bemessung des erforderlichen lichten Querschnitts

Der lichte Querschnitt der Schornsteine ist entsprechend DIN 4705 Teil 1, Teil 2 und Teil 3 zu bemessen.

Die Bemessung des lichten Querschnitts der Schornsteine für Feuerstätten mit Brennern mit Gebläse muss vorsehen, dass bei deren Betrieb mit Nennwärmeleistung im Schornstein in Höhe der Einführung des Verbindungsstücks ein statischer Unterdruck gegenüber dem statischen Druck der Luft in den angrenzenden Räumen von mindestens 5 Pa erreicht wird; im Verbindungsstück ist statischer Überdruck gegenüber der Luft in angrenzenden Räumen unzulässig. Innerhalb von Heizräumen darf jedoch statischer Überdruck in Verbindungsstücken mit Schalldämpfern oder Abgasfiltern herrschen, wenn die Verbindungsstücke, die Schalldämpfer und die Abgasfilter bei dem auftretenden statischen Überdruck dicht sind.

Abweichend von Absatz zwei Satz eins kann die Bemessung – sofern eine entsprechende baurechtliche Ausnahme erteilt ist – statischen Überdruck gegenüber dem statischen Druck der Luft in den angrenzenden Räumen vorsehen, wenn die Schornsteine und Verbindungsstücke für den Betrieb unter Überdruck nachweislich geeignet sind (siehe Anmerkung zu Abschnitt 1) oder wenn die Schornsteine und Verbindungsstücke aus geschweißten Stahlrohren bestehen, nur durch dauernd gut durchlüftete Räume führen und diese Räume keine Aufenthaltsräume sind.

Eigene Schornsteine mit kleineren lichten Querschnitten zu den nach Absatz eins und Absatz zwei erforderlichen können, sofern eine entsprechende baurechtliche Ausnahme erteilt ist, in Verbindung mit einem Abgasventilator errichtet werden, wenn die angeschlossenen Feuerstätten schnell regelbare Feuerungseinrichtungen haben und Sicherheitseinrichtungen sicherstellen, dass die Feuerstätten bei ungenügender Förderleistung des Abgasventilators nicht betrieben werden können. Schornsteine für Feuerstätten, die mit festen Brennstoffen betrieben werden, müssen einen so großen lichten Querschnitt haben, dass die Feuerstätten bei Ausfall des Abgasventilators eine Leistung von mindestens $^1/_5$ ihrer Nennwärmeleistung und die Strömungsgeschwindigkeit des Abgases im Schornstein mindestens 0,5 m/s erreichen; dies gilt nicht für Feuerstätten mit Feuerungseinrichtungen und Sicherheitseinrichtungen nach Satz eins.

5.4.3 Größter lichter Querschnitt

Der lichte Querschnitt eigener Schornsteine soll höchstens so groß sein, dass das Abgas bei der kleinsten planmäßigen Wärmeleistung der angeschlossenen Feuerstätten mit einer Geschwindigkeit von mindestens 0,5 m/s strömt. Satz eins gilt auch für Schornsteine, an die mehrere Feuerstätten unter den Umständen des Abschnittes 5.3.1 Absatz eins Sätze zwei und drei angeschlossen sind.

5.5 Höhe

5.5.1 Kleinste wirksame Höhe

Die wirksame Höhe eigener Schornsteine, deren lichter Querschnitt nach DIN 4705 Teil 2 bemessen ist, muss mindestens 4 m betragen.

Die wirksame Höhe gemeinsamer Schornsteine muss bezüglich der Feuerstätten für feste oder flüssige Brennstoffe mindestens 5 m, bezüglich der Feuerstätten für gasförmige Brennstoffe mindestens 4 m betragen; haben die Verbindungsstücke unmittelbar hinter dem Abgasstutzen der Feuerstätte eine senkrechte Anlaufstrecke von mindestens 1 m, genügt eine um das 1,5-fache dieser Anlaufstrecke kleinere wirksame Höhe. Satz eins gilt jedoch nicht für Schornsteine, an die mehrere Feuerstätten unter den Umständen des Abschnittes 5.3.1 Absatz eins Sätze zwei und drei oder nur ein Gaswasserheizer und nur ein Gasraumheizer so angeschlossen sind, dass sie im Sinne des Abschnittes 5.3.2 Absatz zwei Satz eins als eine Feuerstätte gelten; für diese Schornsteine ist statt dessen Absatz eins anzuwenden. Aufgrund von DIN 4705 Teil 3 ergeben sich höhere Mindestwerte für die wirksame Höhe gemeinsamer Schornsteine, die schräg geführt oder mit Gasfeuerstätten belegt sind, deren Abgasrohr eine senkrechte Anlaufstrecke von mehr als 1 m enthält.

5.5.2 Größte wirksame Höhe

Die wirksame Höhe darf das 187,5-fache, bei einschaligen Schornsteinen aus Mauersteinen das 150-fache des hydraulischen Durchmessers des lichten Querschnitts nicht überschreiten.

Anmerkung: Diese Anforderung ist bei der Bemessung des erforderlichen lichten Querschnitts entsprechend DIN 4705 Teil 2 und Teil 3 stets erfüllt. Sie konnte dort wegen der gegenseitigen rechnerischen Abhängigkeit der erforderlichen Werte für den lichten Querschnitt und die wirksame Schornsteinhöhe bereits berücksichtigt werden.

5.5.3 Ermittlung der erforderlichen wirksamen Höhe

Die mindestens erforderliche Schornsteinhöhe ergibt sich bei günstiger Bemessung des lichten Querschnitts in aller Regel aus der Höhe und Dachform der Gebäude sowie aus den Anforderungen an die Höhe der Schornsteinmündungen über Dachkanten und Dachaufbauten in unmittelbarer Nähe der Schornsteinmündung. Wegen der gegenseitigen rechnerischen Abhängigkeit der erforderlichen Werte für den lichten Querschnitt und die wirksame Schornsteinhöhe können sich bei bestimmter Auswahl der Werte für den lichten Querschnitt im Zuge der Schornsteinbemessung entsprechend DIN 4705 Teil 1 und Teil 2 größere Schornsteinhöhen als die nach Satz eins bestimmten erforderlich erweisen. Jedoch können größere Schornsteinhöhen als nach den Sätzen eins und zwei bestimmte Höhen Betriebsstörungen an Schornsteinen, die entgegen den Festlegungen im Abschnitt 5.9 Satz drei angeordnet und geführt sind, in aller Regel nicht zuverlässig verhindern. Die Sätze zwei und drei gelten auch für Schornsteine, die mit Hilfe von DIN 4705 Teil 3 bemessen werden.

5.5.4 Schornsteinhöhe über Dach

Schornsteinmündungen müssen mindestens 0,40 m über den höchsten Kanten von Dächern mit einer Neigung von mehr als 20° liegen. Schornsteinmündungen müssen von Dachflächen, die 20° oder weniger geneigt sind, mindestens 1 m Abstand haben. Schornsteine, die Dachaufbauten näher liegen als deren 1,5-fache Höhe über Dach beträgt, müssen die Dachaufbauten mindestens 1 m überragen. Schornsteinmündungen über Dächern mit einer Brüstung, die nicht allseitig geschlossen ist, müssen stets mindestens 1 m über der Brüstung liegen (für allseitig geschlossene Brüstungen auf Dächern siehe Abschnitt 5.9).

5.6 Wärmedämmung der Schornsteinwände

5.6.1 Erforderlicher Wärmedurchlasswiderstand

Der Wärmedurchlasswiderstand der Schornsteine muss sicherstellen, dass die Temperatur an ihrer inneren Oberfläche unmittelbar unter der Schornsteinmündung mindestens der Wasserdampftaupunkttemperatur des Abgases entspricht. Für Schornsteinabschnitte, die über Dach oder in kalten Räumen liegen, muss außerdem der Wärmedurchlasswiderstand der Wangen mindestens der Wärmedurchlasswiderstandsgruppe II, für angebaute Schornsteine der Wärmedurchlasswiderstandsgruppe I entsprechen; dies gilt nicht für den Fall, dass beim Nachweis der ausreichenden Temperatur an der inneren Oberfläche des Schornsteins unmittelbar unter der Schornsteinmündung die erhöhte Temperaturdifferenz zwischen dem Schornsteininnern und dem Freien bzw. dem kalten Raum berücksichtigt wurde. Stellen die Feuerstätten und die Verbindungsstücke eine Abgastemperatur am Eintritt in den Schornstein von mindestens 200°C, bei Gasfeuerstätten mit Brennern ohne Gebläse von mindestens 160°C sicher, gilt Satz eins als erfüllt

- für Schornsteine der Wärmedurchlasswiderstandsgruppe I,
- für Schornsteine der Wärmedurchlasswiderstandsgruppe II mit einer hydraulischen Schlankheit von nicht mehr als 100 und
- für Schornsteine der Wärmedurchlasswiderstandsgruppe III mit einer hydraulischen Schlankheit von nicht mehr als 50; entspricht der Wärmedurchlasswiderstand des oberen Schornsteinabschnittes über mindestens $^1/_4$ der wirksamen Höhe der Wärmedurchlasswiderstandsgruppe II, tritt an die Stelle des Wertes 50 der Wert 75.

Die Sätze eins und zwei gelten nicht für Stahlschornsteine, an die hinsichtlich der Widerstandsfähigkeit gegen Korrosion durch Abgas nur verminderte Anforderungen gestellt werden. Für gemeinsame Schornsteine, an die nur Feuerstätten entsprechend DIN 4705 Teil 3, Ausgabe Juli 1984, Abschnitt 4.2, Absatz eins und zwei angeschlossen sind, genügt, dass der Wärmedurchlasswiderstand mindestens der Wärmedurchlasswiderstandsgruppe III entspricht; siehe DIN 4705 Teil 3, Ausgabe Juli 1984, Abschnitt 4.4.

5.6.2 Nachweis des ausreichenden Wärmedurchlasswiderstandes

Die Wärmedurchlasswiderstandsgruppe von Schornsteinen muss bei deren Planung und Ausführung in jedem Einzelfall durch einen vom Normenausschuß Bauwesen im DIN Deutsches Institut für Normung e.V. und der Deutschen Gesellschaft für Warenkennzeichnung GmbH ausgestellten Registrierbescheid nachgewiesen sein, soweit im folgenden nichts anderes bestimmt ist; die Gültigkeit der Registrierbescheide ist befristet. Die Wärmedurchlasswiderstandsgruppen werden aufgrund von Prüfungen nach DIN 18160 Teil 6 registriert.

Als Nachweis der Wärmedurchlasswiderstandsgruppen gelten aufgrund eines von der Deutschen Gesellschaft für Warenkennzeichnung GmbH nach Anhang A ausgestellten Registrierbescheids auch die entsprechenden Angaben

- für Formstücke nach DIN 18150 Teil 1 in den normengerechten technischen Lieferangaben des Formstückherstellers,
- für dreischalige Schornsteine mit Dämmstoffschicht und beweglicher Innenschale nach den Abschnitten 10 bis 12 in den Systembeschreibungen mit Prüfungs- und Registrierungsvermerk nach DIN 18147 Teil 1,
- für Schornsteine, die aus neuen Baustoffen, neuen Bauteilen oder in neuer Bauart hergestellt sind, jedoch in den Abschnitten 10 bis 12 nicht geregelt sind in den allgemeinen bauaufsichtlichen Zulassungen.

Für die Wärmedurchlasswiderstandsgruppen einschaliger gemauerter Schornsteine aus Steinen nach Abschnitt 10.2.1.1 gelten die Angaben der Tabelle 2 als nachgewiesen; die Nachweise haben dem Arbeitsausschuss Hausschornsteine des Normenausschusses Bauwesen bei Verabschiedung dieser Norm vorgelegen.

5.7 Dichtheit

Die Schornsteine müssen bereits ohne Oberflächenbehandlung wie Putz und dergleichen dicht sein. Die Gasdurchlässigkeit der Schornsteine darf bei einem statischen Überdruck von 40 Pa an ihrer inneren Oberfläche gegenüber der äußeren, bezogen auf die innere Schornsteinoberfläche 0,003 m^3 /(s · m^2) nicht überschreiten (Luftvolumenstrom bei etwa 20°C). Die Schornsteinwände dürfen, ausgenommen Anschlussöffnungen, Reinigungsöffnungen, Öffnungen für Nebenluftvorrichtungen und Abgasventilatoren in den Wangen, keine Öffnungen haben.

5.8 Dampfdiffusionsverhalten der Baustoffe

Hierzu wird auf Abschnitt 4.10 verwiesen. Äußere Ummantelungen und Verkleidungen mit höherem Dampfdiffusionswiderstand als dem der Schornsteinwangen müssen, sofern sie den Schornstein großflächig bedecken, so angeordnet sein, insbesondere solchen Abstand vom Schornstein haben, dass die Schornsteinoberfläche dauernd gut durchlüftet ist. Großflächige äußere Beschichtungen mit höherem Dampfdiffusionswiderstand als dem der Schornsteinwange sind unzulässig.

5.9 Anordnung der Schornsteine

Schornsteine müssen in oder an Gebäuden so angeordnet sein, dass die Schornsteinmündungen nicht in unmittelbarer Nähe von Fenstern und Balkonen liegen; insbesondere müssen die Schornsteine von terrassenförmigen Gebäuden aus dem Dach des höchsten Gebäudeteils austreten. Schornsteinmündungen dürfen über Dachflächen mit allseitig geschlossener Brüstung von mehr als 50 cm Höhe nur liegen, wenn die Brüstungen Öffnungen haben, die ein gefährliches Ansammeln von Abgasen verhindern. Schornsteine in oder an Gebäuden mit Dächern, die eine größere Neigung als 20° haben, sollen so angeordnet werden, dass die Schornsteinmündung in der Nähe der höchsten Dachkante liegt.

Anforderungen nach DIN 18160, Teil 1

Anordnung des Schornsteins über Dach

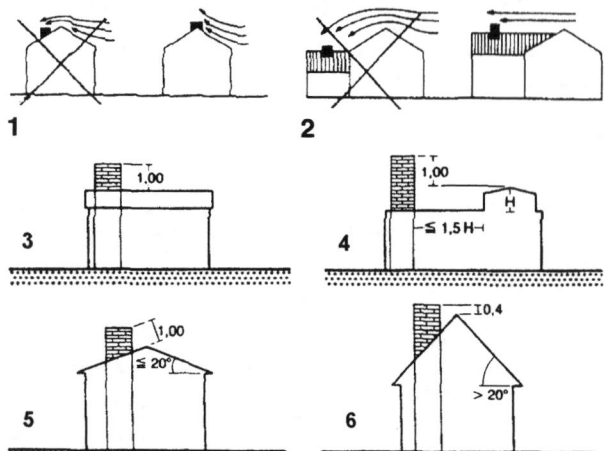

1   2

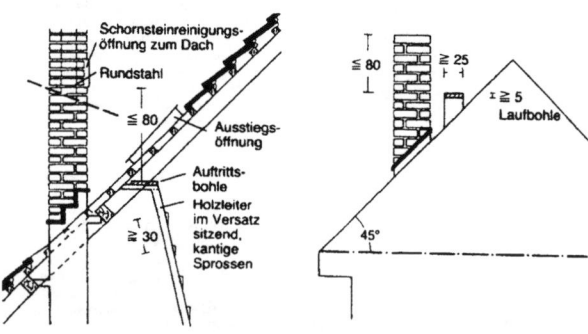

3   4

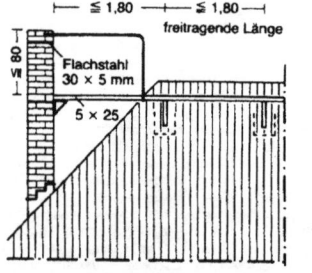 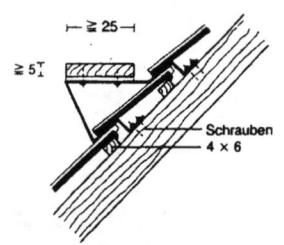

5   6

1, 2 Vermeiden von Windschatten, **3 bis 6** Schornsteinhöhe über Dach und Dachaufbauten

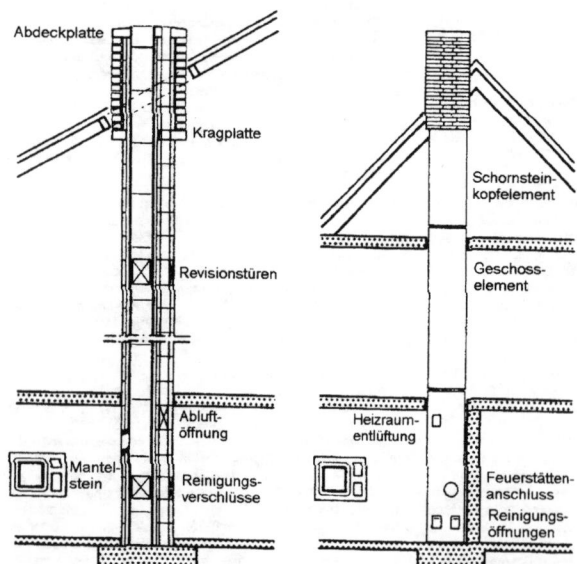

7 Ausstiegsöffnung mit Leiter und Auftrittsbohle

8 über 15° Dachneigung Laufbohlen erforderlich

9 Länge und Befestigung der Laufbohlen

10 Laufbohlen auf Sparren befestigt solider als auf Dachlatten

11 Montageschornstein

12 Fertigteilschornstein (geschosshoch)

Fertigkamine, System Schiedel

13
Isolierkamin mit Hinterlüftung - einzügig ohne Lüftung

- aus Mantelstein, Schamotterohr, Isoliermatte
  - –– Mantelstein aus Leichtbeton
  - –– Schamotterohr aus hochwertiger, feuerfester Schamotte
  - –– Isoliermatte aus Dämmplatte
- Ø (Außenmaß (cm)): Ø 12 cm (32/32) - Ø 14 cm (32/32) - Ø 16 cm (34/34) - Ø 18 cm (37/36) - Ø 20 cm (38/38) - Ø 22 (40/40) - Ø 25 (48/48) Ø 30 cm (55/55) - Ø 35 cm (60/60) - Ø 40 cm (67/67)

14
Isolierkamin mit Hinterlüftung - einzügig mit Lüftung

- aus Mantelstein, Schamotterohr, Isoliermatte
  - –– Mantelstein aus Leichtbeton
  - –– Schamotterohr aus hochwertiger, feuerfester Schamotte
  - –– Isoliermatte aus Dämmplatte
- Ø (Außenmaß (cm)): Ø 12 cm (32/46) - Ø 14 cm (32/46) - Ø 16 cm (34/48) - Ø 18 cm (36/50) - Ø 20 cm (38/54) - Ø 22 (40/56) - Ø 25 (48/62) Ø 30 cm (55/71) - Ø 35 cm (60/78) - Ø 40 cm (67/86)

15
Isolierkamin mit Hinterlüftung - zweizügig ohne Lüftung

- aus Mantelstein, Schamotterohr, Isoliermatte
  - –– Mantelstein aus Leichtbeton
  - –– Schamotterohr aus hochwertiger, feuerfester Schamotte
  - –– Isoliermatte aus Dämmplatte
- Ø (Außenmaß (cm)): 2 x Ø 12 cm (32/59) - 2 x Ø 14 cm (32/59) - 2 x Ø 16 cm (34/63) - 2 x Ø 18 cm (36/67) - 2 x Ø 20 cm (38/71)

16
Isolierkamin mit Hinterlüftung - zweizügig mit Lüftung

- aus Mantelstein, Schamotterohr, Isoliermatte
  - –– Mantelstein aus Leichtbeton
  - –– Schamotterohr aus hochwertiger, feuerfester Schamotte
  - –– Isoliermatte aus Dämmplatte
- Ø (Außenmaß (cm)): 2 x Ø 12 cm (32/72) - 2 x Ø 14 cm (32/72) - 2 x Ø 16 cm (34/76) - 2 x Ø 18 cm (36/83) - 2 x Ø 20 cm (38/88)

17
Isolierkamin mit Hinterlüftung - kombiniert ohne Lüftung

- aus Mantelstein, Schamotterohr, Isoliermatte
  - –– Mantelstein aus Leichtbeton
  - –– Schamotterohr aus hochwertiger, feuerfester Schamotte
  - –– Isoliermatte aus Dämmplatte
- Ø (Außenmaß (cm)): Ø 18/Ø 12 cm (36/64) - Ø 18/Ø 14 cm (36/64) - Ø 18/Ø 16 cm (36/66) - Ø 20/Ø 12 cm (38/65) - Ø 20/Ø 14 cm (38/65) - Ø 20/Ø 16 cm (38/67) - Ø 20/Ø 18 cm (38/69)

18
Isolierkamin mit Hinterlüftung - kombiniert mit Lüftung

- aus Mantelstein, Schamotterohr, Isoliermatte
  - –– Mantelstein aus Leichtbeton
  - –– Schamotterohr aus hochwertiger, feuerfester Schamotte
  - –– Isoliermatte aus Dämmplatte
- Ø (Außenmaß (cm)): Ø 18/Ø 12 cm (36/81) - Ø 18/Ø 14 cm (36/81) - Ø 18/Ø 16 cm (36/84) - Ø 20/Ø 12 cm (38/82) - Ø 20/Ø 14 cm (38/82) - Ø 20/Ø 16 cm (38/84) - Ø 20/Ø 18 cm (38/86)

Weiteres Zubehör:
Kaminkopf, Fuß als Fertigelement, Putztüranschluss, Rauchrohranschluss, Kragplatte, Abdeckplatte, Putztür.

Anforderungen nach DIN 18160, Teil 1

5.10 Innere Oberfläche
Die innere Oberfläche der Schornsteine darf nicht beschichtet werden; dies gilt nicht für Beschichtungen, die zur Verringerung des lichten Querschnitts zulässig sind. Wegen der Anforderungen an die Oberflächenbeschaffenheit wird auf Abschnitt 4.2 letzter Satz und Abschnitt 11.3 verwiesen.

Tabelle 2: Wärmedurchlasswiderstandsgruppen von einschaligen Schornsteinen aus Mauersteinen

Mauersteine	Rohdichte der Mauersteine kg/dm³	Wangendicke mm	Wärmedurchlasswiderstandsgruppe
Mauerziegel nach DIN 105 Teil 1 und Teil 3	≤ 1,8	≥ 115	III
außer Hochlochziegel B und C	≤ 1,4	≥ 240	II
Kalksand-Vollsteine nach DIN 106 Teil 1	≤ 1,6	≤ 115	III
Hütten-Vollsteine nach DIN 398	≤ 2,0	≥ 115	III

6 Zusätzliche betriebliche Anforderungen

6.1 Allgemeines
Die Bestimmungen des Abschnittes 6 füllen Bestimmungen der Abschnitte 4.2 bis 4.6 sowie 4.12 und 4.13 aus.

6.2 Einheitlichkeit des lichten Querschnitts
Schornsteine müssen auf ihrer ganzen Höhe einen nach Form und Fläche gleichbleibenden lichten Querschnitt haben; geringfügige Querschnittsverengungen an der Mündung durch Bauteile zum Schutz der Schornsteinwände gegen Eindringen von Niederschlagwasser sind unbedenklich. Größere Querschnittsverengungen an der Mündung von Schornsteinen, die unter Überdruck betrieben werden oder an der Mündung einen Abgasventilator haben, sind zulässig; siehe Abschnitt 5.4.2 Absätze drei und vier. Die Sätze eins und zwei sind auch auf Schornsteinaufsätze anzuwenden.

6.3 Reinigungsöffnungen

6.3.1 Erfordernis und Anordnung
Jeder Schornstein muss an seiner Sohle eine Reinigungsöffnung haben; diese muss mindestens 20 cm tiefer als der unterste Feuerstättenanschluss liegen. Schornsteine, die nicht von der Mündung aus gereinigt werden können, müssen im Dachraum oder über Dach eine weitere Reinigungsöffnung haben. Schräggeführte Schornsteine müssen außerdem in der Nähe der Knickstellen je eine Reinigungsöffnung haben, wenn diese zur ordnungsgemäßen Reinigung erforderlich sind.

6.3.2 Mindestgrößen
Reinigungsöffnungen müssen mindestens 10 cm breit und mindestens 18 cm hoch sein. Reinigungsöffnungen für Schornsteine, die zur Reinigung oder Prüfung innen bestiegen werden müssen (besteigbare Schornsteine), müssen mindestens 40 cm breit und mindestens 60 cm hoch sein.

6.3.3 Verschlüsse für Reinigungsöffnungen
Verschlüsse für Reinigungsöffnungen bedürfen aufgrund der Prüfzeichenverordnungen zu den Landesbauordnungen eines Prüfzeichens. Die Verschlüsse sind entsprechend den Besonderen Bestimmungen der Prüfbescheide des Instituts für Bautechnik, mit denen die Prüfzeichen zugeteilt wurden, auszuwählen und einzubauen.

6.4 Sohle
Schornsteine müssen eine Sohle haben. Ausgenommen sind
- Schornsteine für nur vorübergehend benutzte Feuerstätten mit einer Nennwärmeleistung von nicht mehr als 10 kW in frei stehenden eingeschossigen Gebäuden, die nur für einen vorübergehenden Aufenthalt bestimmt sind, wie Wochenendhäuser, Unterkunftshütten, Baubuden und Unterkünfte auf Baustellen,
- eigene Schornsteine für Gasfeuerstätten mit Brennern ohne Gebläse, deren Strömungssicherung und Abgasstutzen an einer Seite der Gasfeuerstätte so angeordnet sind, dass die Abgasschornsteine leicht und ohne Gefährdung der Gasfeuerstätten geprüft und gereinigt werden können; die Feuerstätten müssen im obersten Geschoss in einem Heizraum oder in einem Aufstellraum mit gleicher Brandsicherheit aufgestellt sein,
- Schornsteine für offene Kamine, die innerhalb des Aufstellraums allseitig frei stehen.

6.5 Besondere Betriebseinrichtungen

6.5.1 Abgasventilatoren
Abgasventilatoren müssen in Hinblick auf den förderbaren Abgasvolumenstrom und die erzeugbare Druckerhöhung entsprechend den grundsätzlichen Anforderungen bemessen und angeordnet sein; sie dürfen statischen Überdruck in Verbindungsstücken, Schornsteinen und Ventilatoranschlussleitungen nur bewirken, wenn die Bedingungen des Abschnitts 5.4.2 Absätze zwei und drei gegeben sind, und zwar auch in Hinblick auf die Ventilatoranschlussleitungen. Wegen der Sicherheitseinrichtungen sowie wegen des lichten Querschnitts der Schornsteine, an die Feuerstätten für feste Brennstoffe angeschlossen sind, siehe Abschnitt 5.4.2 Absatz vier. Die Abgasventilatoren und Anschlussleitungen müssen so angeordnet sein, dass sie leicht gewartet werden können; Motoren und sonstige Teile des Antriebs dürfen nicht im Abgasstrom liegen.

6.5.2 Schornsteinaufsätze einschließlich Düsen
Die grundsätzlichen Anforderungen der Abschnitte 4.2, 4.5, 4.6, 4.7 und 4.12 gelten sinngemäß auch für Schornsteinaufsätze, abweichend von Abschnitt 4.6 dürfen jedoch Schäden an Schornsteinaufsätzen durch Rußbrände im Innern des Schornsteins hingenommen werden, soweit die Standsicherheit der Schornsteinaufsätze dadurch nicht gefährdet werden kann. Wegen der lichten Querschnitte der Schornsteinaufsätze siehe Abschnitt 6.2. Die Achse der Schornsteinaufsätze muss in Verlängerung der Schornsteinachse verlaufen. Umlenkungen des Abgasstroms an der Mündung zum Freien dürfen nur vorgesehen sein, wenn anders eine ordnungsgemäße Schornsteinfunktion nicht erzielt werden kann. Schornsteinaufsätze mit beweglichen Teilen sind unzulässig; dies gilt nicht für Teile, die nur zum Zwecke der Reinigung der Schornsteine bewegt werden. Im Ganzen dürfen Schornsteinaufsätze nur zum selben Zwecke abnehmbar sein; derartige Aufsätze sind nur auf Schornsteinköpfen über Flachdächern und nur dann zulässig, wenn die Schornsteinaufsätze darauf während der Schornsteinreinigung sicher abgelegt werden können.
Düsen dürfen auf Schornsteinen angebracht werden, wenn dadurch in Schornsteinen und Verbindungsstücken statischer Überdruck gegenüber der Luft in umgebenden Räumen nicht entsteht oder Überdruck zulässig ist; Abschnitt 5.4.2 Absätze zwei und drei gelten für die Voraussetzung der Zulässigkeit von Düsen entsprechend. Düsen müssen das Abgas senkrecht ausblasen und so beschaffen sein, dass sie keine unzulässigen Geräusche erzeugen. Schornsteinaufsätze, die zur Verbesserung der Ablösung der Abgasströmung von den Schornsteinköpfen bestimmt sind (siehe Abschnitt 8.2), sollen im Verhältnis zur Wangendicke am Schornsteinkopf dünnwandig sein und die einzelnen Schornsteine mindestens um den hydraulischen Durchmesser ihres lichten Querschnitts verlängern. Diese Schornsteinaufsätze können mit der Abdeckplatte oder dem Fugenblech des Schornsteinkopfs (siehe Abschnitt 10.5) fest verbunden sein.

6.6 Kennzeichnung
Schornsteine, an die nur Feuerstätten für gasförmige Brennstoffe angeschlossen sind, müssen an den Reinigungsöffnungen und an den Schornsteinmündungen dauerhaft durch den Buchstaben "G", gemischt belegte Schornsteine durch die Buchstaben "GR" gekennzeichnet werden. Die Kennzeichnung an der Mündung von Schornsteinen kann entfallen, wenn die Schornsteine nicht von der Mündung aus gereinigt werden.

7 Zusätzliche Anforderungen zum Schutz des Gebäudes und seiner Benutzer

7.1 Allgemeines
Die Bestimmungen des Abschnittes 7 füllen Bestimmungen der Abschnitte 4.5, 4.8 und 4.9 soweit sie besondere Bestimmungen über die Anordnung der Schornsteine bedingen, sowie Bestimmungen des Abschnittes 4.11 aus.

7.2 Standsicherheit der Schornsteine
Schornsteine und Schornsteinteile müssen standsicher errichtet werden, insbesondere auf tragfähigen Fundamenten oder tragfähigen Bauteilen gestützt sein. Bauteile zur Aufnahme der Eigenlast müssen feuerbeständig sein, aus nichtbrennbaren Baustoffen bestehen und entsprechend unterstützt sein. Für Schornsteine mit begrenzter Temperaturbeständigkeit und Stahlschornsteine für verminderte Anforderungen genügt, dass vorgenannte Bauteile aus nichtbrennbaren Baustoffen bestehen.
Anmerkung: Nach Satz zwei können also Bauteile aus brennbaren Baustoffen zum Aussteifen herangezogen werden, wenn die Bestimmungen des Abschnitts 7.3 eingehalten sind.

7.3 Schornsteine und angrenzende Bauteile aus brennbaren Baustoffen
Wo Schornsteine großflächig und nicht nur streifenförmig an Bauteile mit brennbaren Baustoffen angrenzen, müssen Schornsteine einen Abstand von mindestens 5 cm, Stahlschornsteine für verminderte Anforderungen einen Abstand von mindestens 40 cm zu den Bauteilen einhalten; der Zwischenraum muss dauernd gut durchlüftet, bei Stahlschornsteinen für verminderte Anforderungen gegenüber angrenzenden Räumen vollständig offen sein. Satz eins gilt entsprechend für Verkleidungen aus brennbaren Baustoffen, nicht jedoch für Tapeten ohne Wärmedämmschicht auf Schornsteinen außer auf Stahlschornsteinen für verminderte Anforderungen.
Holzbalkendecken, Dachbalken aus Holz und ähnliche, streifenförmig an Schornsteine angrenzende Bauteile aus brennbaren Baustoffen müssen von den Außenflächen von Schornsteinen mindestens 5 cm Abstand haben; wenn der Zwischenraum belüftet ist, genügt ein Abstand von 2 cm. Für brennbare Baustoffe, die nur mit geringer Streifenbreite an Schornsteine grenzen, wie Fußböden, Fußleisten und Dachlatten, ist kein Abstand erforderlich. Der Zwischenraum zwischen vorgenannten Bauteilen aus brennbaren Baustoffen und Stahlschornsteinen für verminderte Anforderungen muss abweichend von den Sätzen eins und zwei mindestens 40 cm betragen.
Die Schornsteinmündungen müssen ungeschützte Bauteile aus brennbaren Baustoffen mindestens 1 m überragen oder von ihnen, waagerecht gemessen, einen Abstand von mindestens 1,50 m haben; dies gilt nicht für den Abstand zur Bedachung. Schornsteine in Gebäuden mit weicher Bedachung müssen im First oder in seiner unmittelbaren Nähe austreten und den First mindestens 50 cm überragen; auf die Anforderungen an die Dachdurchführung nach Absatz eins Satz eins und den dort erforderlichen Wärmedurchlasswiderstand des Schornsteins nach Abschnitt 5.6.1 Satz zwei wird hingewiesen. Schornsteine für Sonderfeuerstätten, ausgenommen Fälle nach Abschnitt 5.3.6 Absatz zwei Satz zwei, müssen in Hinblick auf die grundsätzlichen Anforderungen des Abschnittes 4.8 zu Bauteilen mit brennbaren Baustoffen größere Abstände als nach den Absätzen eins bis drei einhalten, oder es müssen andere zusätzliche Schutzvorkehrungen getroffen sein.

7.4 Reinigungsöffnungen neben Bauteilen aus brennbaren Baustoffen
Bauteile aus brennbaren Baustoffen sowie Einbaumöbel müssen mindestens 40 cm von den Reinigungsöffnungen entfernt sein; es genügt ein Abstand von 20 cm, wenn ein Schutz gegen Wärmestrahlung vorhanden ist. Fußböden aus brennbaren Baustoffen unter Reinigungsöffnungen sind durch nichtbrennbare Baustoffe zu schützen, die nach vorn mindestens 50 cm und seitlich mindestens je 20 cm über die Öffnungen vorspringen.

7.5 Schornsteine und angrenzende tragende oder aussteifende Bauteile
Schornsteine dürfen in tragende oder aussteifende Bauteile des Gebäudes nur so eingreifen, dass die Standsicherheit des Gebäudes nicht gefährdet wird. Wo Schornsteine großflächig an tragende Wände, Pfeiler oder Stützen oder an aussteifende Bauteile angrenzen, müssen solche Abstände eingehalten oder solche Schutzvorkehrungen aus nichtbrennbaren Baustoffen angeordnet werden, dass die Standsicherheit dieser Bauteile bei einer Eintrittstemperatur der Abgase in den Schornstein entsprechend der betriebsmäßig höchsten Temperatur am Abgasstutzen der Feuerstätte, mindestens jedoch von 400°C, nicht gefährdet werden kann; die Oberflächen tragender Wände, Pfeiler und Stützen aus Beton oder Stahlbeton dürfen nicht auf mehr als 50°C erwärmt werden können. Bei Schornsteinen für Sonderfeuerstätten, in denen mit gefährlicher Ansammlung brennbarer Stoffe zu rechnen ist, sind die Abstände oder Schutzvorkehrungen auch mit Rücksicht auf die besondere Gefahr von Bränden im Innern des Schornsteins festzulegen; dies gilt auch für Schornsteine von Feuerstätten, die häufige Rußbrände im Innern des Schornsteins bewirken.

7.6 Schornsteine und angrenzende Bauteile, die den Raumabschluss sicherstellen müssen
Schornsteine dürfen in Bauteile, die wegen des Raumabschlusses feuerwiderstandsfähig sein müssen, nur so eingreifen, dass die Feuerwiderstandsfähigkeit dieser Bauteile und der Raumabschluss nicht gefährdet werden; Zwischenräume zwischen Schornsteinen und vorgenannten Bauteilen müssen durch formbeständige nichtbrennbare Baustoffe dicht und brandsicher abgeschlossen sein. Zwischenräume zwischen Schornsteinen und der Dachhaut von Gebäuden sind so zu sichern, dass diese nicht durchfeuchten können.

7.7 Schornsteine in Aufenthaltsräumen
Wangen von Schornsteinen für Feuerstätten, die regelmäßig ganzjährig betrieben werden, müssen gegenüber Aufenthaltsräumen einen Wärmedurchlasswiderstand haben, der mindestens der Wärmedurchlasswiderstandsgruppe II entspricht. Dies gilt nicht, wenn die angeschlossenen Feuerstätten ganzjährig nur zur Warmwasserbereitung für nicht mehr als eine Wohnung betrieben werden.

7.8 Schornsteine für Sonderfeuerstätten
Schornsteine für Sonderfeuerstätten müssen der Wärmedurchlasswiderstandsgruppe I oder II angehören. Schornsteine, in die beim regelmäßigen Betrieb Abgase mit einer höheren Temperatur als 400°C eingeleitet werden, müssen nachweisbar widerstandsfähig gegen die höhere Abgastemperatur sein, dies gilt nicht, wenn Sicherheitseinrichtungen aufgrund Abschnitt 5.3.6 Absatz drei Satz zwei vorhanden sind.

7.9 Schornsteine und besonders gefährdete Räume

7.9.1 Schornsteine in Räumen mit schüttbaren brennbaren Stoffen
Werden Schornsteine in Lagerräumen für schüttbare brennbare Stoffe oder in anderen Räumen in Bereichen errichtet, in denen mit dem Einschütten der Schornsteine auch derartige Stoffe aus anderen Gründen gerechnet werden muss, z.B. Bereitstellung zur weiteren Verarbeitung, sind die vom Einschütten bedrohten Schornsteinabschnitte im Abstand von mindestens 10 cm, bei Stahlschornsteinen für verminderte Anforderungen im Abstand von mindestens 40 cm geschlossen und so zu ummanteln, dass der Zwischenraum zwischen Schornstein und Schutzummantelung dauernd gut durchlüftet ist. Der Zwischenraum muss zu reinigen sein, wenn die schüttbaren brennbaren Stoffe hineingelangen können. Die Schutzummantelung muss aus nicht brennbaren Baustoffen – Baustoffklasse A 1 oder A 2 nach DIN 4102 Teil 1 – bestehen.
Anmerkung: Die Schutzummantelung sollte Decken, an deren Feuerwiderstandfähigkeit Anforderungen gestellt sind, nicht durchdringen. Andernfalls muss nach allgemeinen Grundsätzen des Brandschutzes sichergestellt sein, dass im Bereich der Durchdringung im Brandfall Feuer und Rauch nicht in andere Geschosse übertragen werden können.

7.9.2 Räume, in denen Stahlschornsteine für verminderte Anforderungen unzulässig sind
Stahlschornsteine für verminderte Anforderungen dürfen nicht in Räumen angeordnet werden, in denen
- brandfördernde, leichtentzündliche oder entzündliche feste, flüssige oder gasförmige Arbeitsstoffe oder Zubereitungen im Sinne der Verordnung über gefährliche Arbeitsstoffe in gefahrdrohender Menge hergestellt, bearbeitet oder verarbeitet verwendet, wiedergewonnen, vernichtet, umgefüllt, verpackt, aufbewahrt oder feilgehalten werden,
- vorgenannte Arbeitsstoffe oder Zubereitungen in gefahrdrohender Menge entstehen können,
- Gase, Dämpfe, Nebel oder Stäube, die mit Luft explosionsfähige Gemische bilden in gefahrdrohender Menge austreten können,
- explosionsgefährliche Stoffe im Sinne des Gesetzes über explosionsgefährliche Stoffe oder der Verordnung über gefährliche Arbeitsstoffe hergestellt, be- oder verarbeitet, verwendet, wiedergewonnen, vernichtet, umgefüllt, verpackt, aufbewahrt oder feilgehalten werden,
- Brennstoffe gelagert sind; Heizöl in der für den störungsfreien Betrieb der Feuerstätten erforderlichen Menge kann außer Betracht bleiben.

7.9.3 Räume, in denen Reinigungsöffnungen unzulässig sind
In Wohnräumen, Schlafräumen, Ställen, Lagerräumen für Lebensmittel sowie in Räumen mit erhöhter Brandgefahr, wie Räumen nach den Abschnitten 7.9.1 und 7.9.2, dürfen Reinigungsöffnungen (siehe Abschnitt 6.3) nicht angeordnet werden.

Anforderungen nach DIN 18160, Teil 1

7.10 Stahlschornsteine für verminderte Anforderungen und angrenzende begehbare Flächen
Stahlschornsteine für verminderte Anforderungen, die beim regelmäßigen Betrieb der Feuerungsanlagen Oberflächentemperaturen von mehr als 110°C haben können, müssen bis zu einer Höhe von 2 m über Fußboden und über sonstigen zum Betreten bestimmten Flächen sowie bis zu einer Höhe von 2 m über der festgelegten Geländeoberfläche gegen unbeabsichtigte Berührung geschützt sein. Der Berührungsschutz muss aus nichtbrennbaren Baustoffen bestehen und so beschaffen sein, dass die Luftströmung um die Schornsteine nicht gefährlich beeinträchtigt wird. Hat der Berührungsschutz von Schornsteinen weniger als 40 cm Abstand, dürfen Gegenstände nicht darauf abgelegt oder daran aufgehängt werden können.

7.11 Körperschalldämmung an Feuerstättenanschlüssen
Die Verbindungsstücke sind an den Schornstein so anzuschließen, dass Körperschall nur geringfügig übertragen werden kann (siehe Abschnitt 11.2.3). Wegen der Anforderungen an den Schallschutz siehe DIN 4109 Teil 5.

7.12 Aufstellung von Abgasventilatoren
Abgasventilatoren sind in besonderen Räumen aufzustellen. Wände und Decken der Aufstellräume müssen aus nichtbrennbaren Baustoffen – Baustoffklasse A 1 oder A 2 nach DIN 4102 Teil 1 – bestehen und feuerbeständig sein; bei Abgasventilatoren für Schornsteine mit begrenzter Temperaturbeständigkeit genügen feuerhemmende Decken und Wände. In den Aufstellräumen sind Verkleidungen und Fußböden aus brennbaren Baustoffen unzulässig. Zugänge zu den Aufstellräumen müssen Feuerschutzabschlüsse haben, die mindestens der Widerstandsklasse T 30 nach DIN 4102 Teil 5 bzw. T 30-1 nach DIN 18082 Teil 1 entsprechen. Für die Unterstützung der Ventilatoren gelten Abschnitt 7.2, für die Körperschalldämmung der Anschlussleitungen Abschnitt 7.11 sinngemäß. Wo Stahlschornsteine für verminderte Anforderungen zulässig sind, genügt abweichend von den Sätzen eins bis drei eine Anordnung der Ventilatoren und Anschlussleitungen entsprechend den Bestimmungen, die in den Abschnitten 7.3, 7.9 und 7.10 für diese Schornsteine getroffen sind; Abschnitt 7.4 Satz zwei sowie die Abschnitte 7.5, 7.6 und 7.9 sind auf die Abgasventilatoren und Anschlussleitungen sinngemäß anzuwenden.

8 Zusätzliche Anforderungen zum Schutz der Umwelt

8.1 Allgemeines
Die Bestimmungen des Abschnittes 8 füllen Bestimmungen des Abschnittes 4.3 aus.

8.2 Schornsteine von Feuerungsanlagen, die im Sinne des BImSchG nicht genehmigungsbedürftig sind
Wegen der Festlegung der Höhen von Schornsteinen und Schornsteingruppen, an die Feuerstätten für den Brennstoff Heizöl EL nach DIN 51603 Teil 1 mit einer Gesamtfeuerungsleistung von 1 MW bis weniger als 5 MW oder für gasförmige Brennstoffe mit einer Gesamtfeuerungsleistung von 1 MW bis weniger als 10 MW angeschlossen sind, wird auf die Verordnung über Feuerungsanlagen – 1. BImSchV vom 5. Februar 1979 in der Fassung der Verordnung zur Neufassung und Änderung von Verordnungen zur Durchführung des Bundes-Immissionsschutzgesetzes vom 24. Juli 1985 hingewiesen. Darüber hinaus entsprechen folgende Bestimmungen zur Beschränkung schädlicher Luftverunreinigungen durch Emissionen aus Schornsteinen und Schornsteingruppen, an die Feuerstätten mit einer Gesamtnennwärmeleistung von mehr als 250 kW angeschlossen sind, dem Stand der Technik:
- Schornsteine in Gebäuden mit Dächern, die weniger als 10° geneigt sind, müssen in der Nähe der Außenwand des Gebäudes liegen oder, wenn Dachaufbauten wie Dachheizzentralen und Maschinenräume vorhanden sind, deren Außenwand anliegen oder aus deren Dach austreten.
- Schornsteine mit Schornsteinköpfen, deren Wangen dicker als 20 cm sind, und Schornsteine von Schornsteingruppen sollten Schornsteinaufsätze nach Abschnitt 6.5.2 Absatz drei erhalten.

8.3 Schornsteine von Feuerungsanlagen, die im Sinne des BImSchG genehmigungsbedürftig sind
Wegen der Schornsteine von Anlagen, die aufgrund von § 4 des Bundes-Immissionsschutzgesetzes in Verbindung mit den §§ 1 und 2 der Verordnung über genehmigungsbedürftige Anlagen – 4. BImSchV
- in der Fassung der Verordnung zur Neufassung und Änderung von Verordnungen zur Durchführung des Bundes-Immissionsschutzgesetzes vom 24. Juli 1985 genehmigungsbedürftig sind, wird auf die Erste Allgemeine Verwaltungsvorschrift zum Bundes-Immissionsschutz (Technische Anleitung zur Reinhaltung der Luft – TALuft –) hingewiesen.

9 Zusätzliche Anforderungen zum Schutz der Schornsteine

9.1 Allgemeines
Die Bestimmungen des Abschnittes 9 füllen die Bestimmungen des Abschnittes 4.14 aus. Siehe jedoch auch Abschnitt 11.2.2.

9.2 Schutz der Schornsteine gegen Niederschlagwasser
Die Oberflächen der Schornsteine müssen, soweit sie an diese grenzen, aus frostbeständigen Baustoffen mit einer Wasseraufnahmefähigkeit von nicht mehr als 20 Massenprozent hergestellt sein oder gegen das Eindringen von Niederschlagwasser geschützt werden, z.B. durch Putz nach DIN 18550, Ummantelung oder Verkleidung. An der Schornsteinmündung sind Wangen und Zungen von Schornsteinen aus mineralischen Baustoffen gegen Eindringen von Niederschlagwasser zu schützen.

9.3 Unzulässige Arbeiten an Schornsteinen und Schornsteinbauteilen
Stemmen an Schornsteinen und Schornsteinbauteilen und sonstige den ordnungsgemäßen Zustand von Schornsteinen gefährdende Arbeiten sind unzulässig, und zwar sowohl bei der Herstellung der Schornsteine als auch nachträglich. Bohren, Sägen, Fräsen oder Schneiden, z.B. mit der Trennscheibe, zur Herstellung von Anschlüssen in der Außenschale von dreischaligen Schornsteinen mit Dämmstoffschicht sowie zur nachträglichen Herstellung von Anschlüssen sind zulässig; Bohren ist auch zulässig zur Befestigung der Ummantelung nach Abschnitt 7.9.1 und Abschnitt 11.5 Absatz zwei und des Berührungsschutzes nach Abschnitt 7.10.

10 Baustoffe und Bauteile

10.1 Allgemeines
Die Bestimmungen des Abschnittes 10 füllen die Bestimmungen des Abschnittes 4.7 aus. Sie füllen außerdem Bestimmungen der Abschnitte 4.6, 4.9 und 4.10 aus, soweit diese Anforderungen an die Baustoffe und Bauteile bedingen.

10.2 Schornsteine für regelmäßige Anforderungen

10.2.1 Formstücke und Mauersteine

10.2.1.1 Einschalige Schornsteine
Für einschalige Schornsteine dürfen nach den Maßgaben der Tabelle 2 verwendet werden:
- Formstücke aus Leichtbeton nach DIN 18150 Teil 1,
- Mauerziegel nach DIN 105 Teil 1 und Teil 3 außer Hochlochziegel B und C,
- Kalksand–Vollsteine nach DIN 106 Teil 1,
- Hütten–Vollsteine nach DIN 398.

10.2.1.2 Dreischalige Schornsteine mit Dämmstoffschicht und beweglicher Innenschale. Für Schalen dreischaliger Schornsteine mit Dämmstoffschicht und beweglicher Innenschale dürfen nachstehend genannte Formstücke und Mauersteine verwendet werden. Dabei ist jedoch darauf zu achten, dass für die Außenschale nur solche Baustoffe oder Bauteile verwendet werden dürfen, deren oberer Grenzwert der Wasserdampf-Diffusionswiderstandszahl nach DIN 4108 Teil 4 nicht größer ist als der für die Innenschale ermittelte Dampfdiffusionswiderstand.

a) Für die Innenschalen:
   - Formstücke aus Leichtbeton nach DIN 18147 Teil 3
   - Formstücke aus Schamotte nach DIN 18147 Teil 4

   Anmerkung: Formstücke für die Innenschale gelten als neue Baustoffe im Sinne der Landesbauordnungen, bedürfen also eines besonderen Nachweises der Brauchbarkeit, z. B. durch allgemeine bauaufsichtliche Zulassung.

b) für die Außenschale:
   - Formstücke aus Leichtbeton nach DIN 18147 Teil 2,
   - Mauersteine nach Abschnitt 10.2.1.1,
   - Hochlochziegel B nach DIN 105 Teil 1 und Teil 3,
   - Kalksandsteine nach DIN 106 Teil 1 und Teil 2,
   - Hüttensteine nach DIN 398,
   - Gasbeton–Blocksteine nach DIN 4165,
   - Hohlblocksteine aus Leichtbeton nach DIN 18151 und
   - Vollsteine aus Leichtbeton DIN 18152.

10.2.2 Dämmstoffe
Für die Dämmstoffschicht dreischaliger Schornsteine mit beweglicher Innenschale dürfen Dämmstoffe nach DIN 18147 Teil 5 verwendet werden.

10.2.3 Mörtel, Kitt
Für Schornsteine aus Formstücken oder Mauersteinen darf zum Versetzen Mörtel der Gruppe II oder IIa nach DIN 1053 Teil 1 verwendet werden. Der Zuschlag des Mörtels für Innenschalen dreischaliger Schornsteine muss quarzarm sein. Diese Schalen können außerdem mit Säurekitt versetzt werden; entscheidend ist die Aussage der zugehörigen allgemeinen bauaufsichtlichen Zulassung.

10.3 Stahlschornsteine für verminderte Anforderungen

10.3.1 Stähle für Schornsteine ohne Dämmstoffschicht

Für Wände von Stahlschornsteinen ohne Dämmstoffschicht, an die nach Lage des Einzelfalls nur verminderte Anforderungen gestellt zu werden brauchen (siehe Abschnitt 3.15), haben sich Stähle nach Tabelle 3 in den dort genannten Grenzen bewährt; Schornsteine aus anderen Stählen gelten als Schornsteine aus neuen Baustoffen (siehe Anmerkung zu Abschnitt 1). Wegen der Schornsteine, in denen während des Betriebs der Feuerungsanlage nicht nur kurzzeitig statischer Überdruck gegenüber der Luft in den umgebenden Räumen herrscht, siehe Abschnitt 5.4.2 Absatz drei. Die Stähle müssen für den vorgesehenen Korrosionsschutz sowie für die vorgesehene Fügetechnik geeignet sein, z.B. zum Falzen genügend kaltverformbar sein; bei der Auswahl von Stählen für geschweißte Stahlschornsteine ist die Richtlinie 009 des Deutschen Ausschusses für Stahlbau zu beachten. Schornsteine, deren Höhe über der höchsten seitlichen Abstützung mehr als das 12-fache des lichten Durchmessers beträgt, dürfen, soweit Windkräfte die Schornsteine mit einem nicht nur geringfügigen Anteil beanspruchen, nur aus den in DIN 4133 genannten Stählen hergestellt werden; andere Stähle gelten als neue Baustoffe für tragende Bauteile (siehe Anmerkung zu Abschnitt 1).

10.3.2 Baustoffe für Stahlschornsteine mit Dämmstoffschicht

Stahlschornsteine mit Dämmstoffschicht gelten als neue Bauart, ihre Baustoffe, insbesondere werkmäßig gefertigte Bauelemente, als neue Baustoffe oder Bauteile (siehe Anmerkung zu Abschnitt 1).

10.3.3 Verbindungs – und Befestigungsmittel
Die Verbindungsmittel und Befestigungsmittel müssen baustoffgerecht sein, Kontaktkorrosion ausschließen sowie Formbeständigkeit und Standsicherheit der Schornsteine auch während eines Rußbrandes im Inneren des Schornsteins sicherstellen; für Schornsteine von Feuerstätten, die nur mit gasförmigen Brennstoffen betrieben werden können, genügt es hinsichtlich der Formbeständigkeit und Standsicherheit der Schornsteine, für die Verbindungsmittel und Befestigungsmittel Temperaturen entsprechend Abschnitt 4.6 Satz zwei zu berücksichtigen. Als Verbindungsmittel kommen Niete, Schrauben, Schweißverbindungen und Lötverbindungen mit Hartloten in Betracht. Außerdem kommen für Längsnähte Falzverbindungen, für Stöße Steckverbindungen, insbesondere Steckverbindungen mit Klemmbändern in Betracht. Wegen der Schornsteine, in denen während des Betriebes der Feuerungsanlagen nicht nur kurzzeitig statischer Überdruck gegenüber der Luft in umgebenden Räumen herrscht, siehe Abschnitt 5.4.2 Absatz drei.

10.4 Ummantelungen und Verkleidungen von Schornsteinoberfläche im Freien
Für Ummantelungen und Verkleidungen von Schornsteinoberflächen, die ans Freie grenzen, dürfen bis zu einem Abstand von 1 m von der Schornsteinmündung nur Baustoffe der Baustoffklassen A 1 und A 2 nach DIN 4102 Teil 1 verwendet werden. Für Ummantelungen und Verkleidungen kommen zum Beispiel in Betracht
- Mauersteine entsprechend Abschnitt 10.2.1.2,
- Schieferplatten, Schieferschindeln,
- Faserzementplatten, Faserzementschindeln,
- Zinkblech und Kupferblech.

Wegen der Auswahl der Baustoffe für nicht hinterlüftete Ummantelungen und Verkleidungen siehe auch Abschnitte 4.10 und 5.8.
Für die Unterstützung der Ummantelung von Schornsteinköpfen sind Auskragungen aus Leichtbeton oder Mauerwerk zu verwenden.
Für Unterkonstruktionen von Verkleidungen der Köpfe von Schornsteinen und Schornsteingruppen für Regelfeuerstätten dürfen Holzlatten verwendet werden, wenn die Unterkonstruktion zum Schutz gegen Entflammen durch Flugfeuer oder strahlende Wärme dicht mit mineralischen Baustoffen abgedeckt ist. Anderenfalls muss die Unterkonstruktion aus nichtbrennbaren Baustoffen bestehen.

10.5 Sonstige Baustoffe und Bauteile für Schornsteinköpfe
Für den Schutz der Schornsteinwangen gegen Eindringen von Niederschlagwasser an der Schornsteinmündung kommen Abdeckplatten aus Leichtbeton oder Normalbeton in Betracht; Bauteile aus anderen nichtbrennbaren, witterungsbeständigen und abgasbeständigen Baustoffen sind zulässig. Für Dehnfugenbleche an der Mündung dreischaliger Schornsteine mit Dämmstoffschicht und beweglicher Innenschale werden nichtrostende Stähle empfohlen.

10.6 Schornsteinaufsätze einschließlich Düsen
Schornsteinaufsätze können aus gebranntem Ton, Steinzeug, Leichtbeton, Normalbeton, Stahlblech oder Gusseisen bestehen. Schornsteinaufsätze für Schornsteine mit begrenzter Temperaturbeständigkeit oder für Stahlschornsteine für verminderte Anforderungen können auch aus Faserzement bestehen.

11 Bauartbedingte Anforderungen

11.1 Allgemeines
Die Bestimmungen des Abschnittes 11 füllen die Bestimmungen der Abschnitte 4.4 bis 4.6 und 4.13 und 4.14 aus, soweit diese besondere bautechnische Regelungen über die Bauarten bedingen.

11.2 Für nachstehend behandelte Bauarten gemeinsame Bestimmungen

11.2.1 Einheitlichkeit und zulässige Abweichungen
Soweit im folgenden nichts anderes zugelassen ist, sind die Schornsteine durchgehend mit einheitlichen Baustoffen in einheitlicher Bauart und lotrecht herzustellen.
Davon abweichend sind zulässig unterschiedliche Baustoffe für Sockel und übrigen Schornstein, aus statischen oder bauphysikalischen Gründen abschnittsweise unterschiedlich dick bemessene Schornsteinwände und –wandschalen, abschnittsweise zusätzliche äußere Dämmschichten, Schutzschichten und Ummantelungen sowie bei Schornsteinen und Außenschalen aus Mauersteinen, abschnittsweise unterschiedliche Mauersteine; Putzen, Beschichten, Ummanteln und Verkleiden von Schornsteinen oder Schornsteinabschnitten unter Beachtung der Abschnitte 4.5 Satz drei, 5.8 und 7.3 sind zulässig. Bauteile des Gebäudes dürfen in den Schornstein nicht eingreifen, soweit im folgenden nichts anderes bestimmt ist; wegen sonstiger fremder Gegenstände in oder auf Schornsteinen siehe Abschnitt 4.13.

11.2.2 Statische Wechselwirkungen zwischen Gebäuden und Schornsteinen
Soweit im folgenden nichts anderes bestimmt ist, sind Schornsteine gegenüber Bauteilen des Gebäudes so anzuordnen, dass die Dehnung des Schornsteinschaftes infolge Schwindens oder Erwärmung durch Reaktionskräfte aus dem Gebäude nicht gefährlich behindert ist; Bauteile des Gebäudes dürfen auf Schornsteine nicht aufgelagert, sonstige Lasten nicht eingeleitet werden. Die Schornsteine müssen unter Dach vom Gebäude in Abständen von höchstens 5 m gegen seitliches Ausweichen abgestützt sein, soweit sie nicht aufgrund der Abschnitte 11.3.2 Absatz zwei und 11.3.4.4 Absatz zwei mit anschließenden Wänden im Verband gemauert sind oder die entsprechende Sicherheit auf andere Weise hergestellt ist.

Anforderungen nach DIN 18160, Teil 1

11.2.3 Einführung von Verbindungsstücken und Anschlussleitungen für Abgasventilatoren

Verbindungsstücke und Anschlussleitungen von Abgasventilatoren sind so in den Schornstein einzuführen, dass sie die Anschlussformstücke nicht berühren können und möglichst nahe an den lichten Querschnitt des Schornsteins reichen, in diesen jedoch nicht hineinragen. Die Zwischenräume zwischen Verbindungsstücken bzw. Anschlussformstücken müssen mit nichtbrennbaren, wärmebeständigen und elastischen Dichtstoffen, z. B. Asbestschnur, dicht und so ausgefüllt sein, dass die Anschlussformstücke und Verbindungsstücke bzw. Anschlussleitungen sich ohne Gefährdung der Dichtheit entsprechend der Erwärmung der Feuerungsanlage gegeneinander verschieben können, Körperschall jedoch nicht in unzulässigem Maß (siehe DIN 4109 Teil 5) übertragen wird.

11.3 Gemauerte Schornsteine

11.3.1 Allgemeine Anforderungen
Die Fugen müssen vollständig ausgefüllt und glattgestrichen sein.

11.3.2 Einschalige Schornsteine aus Mauersteinen
Die Schornsteine sind in fachgerechtem Verband zu mauern; Zungen müssen eingebunden sein. Die Mauersteine sind an den Schornsteininnenflächen bündig zu legen. Die Fugendicke muss DIN 1053 Teil 1 entsprechen. Die Wangendicke muss mindestens 11,5 cm, bei lichten Querschnitten von mehr als 400 cm² mindestens 24 cm betragen; Zungen müssen mindestens 11,5 cm dick sein. Zur Herstellung von runden Öffnungen, insbesondere von Anschlussöffnungen, sind Abzweigstutzen wie Doppelwandfutter oder Rohrhülsen ringsum dicht in den Schornstein einzusetzen. Rechteckige Öffnungen dürfen ohne Abzweigstutzen hergestellt werden.

Schornsteine für Regelfeuerstätten und Schornsteine für Sonderfeuerstätten, die entsprechend Abschnitt 5.3.6 Absatz zwei, Satz zwei angeschlossen werden, dürfen mit Mauern aus den gleichen Mauersteinen über eine Höhe von 10 m im Verband gemauert sein, wenn Mauer und Schornstein auf einem gemeinsamen Fundament oder gemeinsam auf demselben Bauteil gegründet sind. Auf Wangen dieser Schornsteine können Stahlbetondecken nach DIN 1045 aufgelagert werden, wenn die Wangen unterhalb der Decken mindestens 11,5 cm, im Bereich des Deckenauflagers mindestens 11,5 cm dick sind.

Schornsteine für Regelfeuerstätten und Schornsteine für Sonderfeuerstätten, die nach Abschnitt 5.3.6 Absatz zwei Satz zwei angeschlossen werden, dürfen einmal schräg geführt werden, wenn die Höhe des Schornsteins bis zur Schrägführung nicht mehr als 10 m und sein lichter Querschnitt nicht mehr als 400 cm² betragen. Schornsteine für vorgenannte Feuerstätten dürfen auch dann einmal schräg geführt werden, wenn hierdurch bei Unterstellung eines homogenen und elastischen Baustoffs in jedem Schornsteinquerschnitt Zugspannungen ausgeschlossen sind, z. B. wenn die Schornsteinachsen nur geringfügig versetzt sind; vorstehende Zugspannungen gelten auch im ganzen Schornsteinbereich als ausgeschlossen, wenn die oberen Schornsteinteile entsprechend vorstehender Bedingung durch Wände gemäß Absatz zwei Satz eins unterstützt werden. Der schräg geführte Schornsteinteil muss in einem zugänglichen Raum liegen. Kleinere Winkel als 60 Grad zwischen der Schornsteinachse und der Waagerechten sind unzulässig. Die Lagerfugen müssen auch im schräg geführten Schornsteinteil im rechten

Winkel zur Schornsteinachse verlaufen. Die nach innen vorspringenden Knickkanten sind zu runden und durch einen mindestens 12 mm dicken Rundstahl gegen Ausschleifen zu sichern.
Soweit in vorliegender Norm nichts anderes bestimmt ist, gilt im übrigen DIN 1053 Teil 1.

11.3.3 Einschalige Schornsteine aus Formstücken aus Leichtbeton
Die Schornsteine sind aus Formstücken desselben Herstellers mit derselben Artikelnummer nach DIN 18150 Teil 1 zu errichten. Die Fugen dürfen nicht dicker als 10 mm sein. Zur Herstellung von Anschlussöffnungen, Reinigungsöffnungen, Öffnungen für Nebenluftvorrichtungen und Abgasventilatoren dürfen nur hierfür bestimmte werkmäßig hergestellte Formstücke verwendet werden. Die Schornsteine dürfen unter Verwendung der hierfür bestimmten werkmäßig hergestellten Formstücke nach Maßgabe des Abschnittes 11.3.2 Absatz 3 Satz eins und zwei erster Halbsatz schräggeführt werden.

11.3.4 Dreischalige Schornsteine mit Dämmstoffschicht und beweglicher Innenschale

11.3.4.1 Allgemeines
Die Schalen der Schornsteine sind gleichzeitig hochzuführen. Der Aufbau der Innenschale und Außenschale darf jeweils nur soweit voraneilen, dass die Dämmstoffschicht ordnungsgemäß eingebracht werden kann und die ordnungsgemäße Beschaffenheit vorgezeigter Schalen ist. Die Fugen der Innenschale und der Außenschale sollen in der Regel, um Mörtelbrücken zu vermeiden (siehe Abschnitt 4.5 Satz drei), gegeneinander versetzt sein.

11.3.4.2 Innenschale
Für eine Innenschale dürfen nur Formstücke desselben Herstellers mit derselben Artikelnummer (entsprechend DIN 18147 Teil 3 oder Teil 4) verwendet werden; Formstücke, deren Abmessungen zwar nur im Rahmen des zulässigen, aber dennoch derart von den planmäßigen Abmessungen abweichen, dass ordnungsgemäße Fugen oder senkrechte Schalen nicht hergestellt werden können, sind vom Versetzen auszuschließen. Vor dem Versetzen sind die Fugenflächen der Formstücke anzufeuchten. Die Fugen zwischen Formstücken aus Leichtbeton dürfen nicht dicker als 10 mm, zwischen Formstücken aus Schamotte nicht dicker als 7 mm sein. Formstücke mit Anschlussöffnungen, Reinigungsöffnungen, Öffnungen für Nebenluftvorrichtungen und Abgasventilatoren dürfen nur aus dem gleichen Baustoff wie die übrige Innenschale hergestellt werden. An der Innenschale feste Anschlussstutzen sind durch derart vergrößerte Öffnungen in die Außenschale zu führen, dass sie sich in Richtung der Schornsteinachse entsprechend der Wärmedehnung der Innenschale bewegen können. Der Wärmedehnung ist eine mittlere Temperatur der Innenschale zu Grunde zu legen, die 200 K unter der für den regelmäßigen Betrieb des Schornsteins maßgeblichen Abgastemperatur (siehe Abschnitt 4.6) liegt. Die Zwischenräume zwischen den festen Anschlussstutzen der Innenschale und der Leibung der Öffnungen der Außenschale sind durch nichtbrennbare, wärmebeständige und ausreichend elastische Dämmstoffe vollständig zu verschließen. Lose Anschlussstutzen sind in die Außenschale ringsum dicht und so einzumörteln, dass die Stirnflächen der Stutzen, die der Innenschale zugekehrt sind, deren Außenfläche nicht anliegen (Gleitfuge); durch die Gleitfuge der Innenschale entsprechend Satz sechs darf ringsum die Gleitfuge keine Öffnung in der Innenschale entstehen lassen

können. Die Innenschale muss soweit unter der Abdeckplatte enden, wie vorbeschriebener Wärmedehnung entspricht.

11.3.4.3 Dämmstoffschicht
Für eine Dämmstoffschicht dürfen nur Dämmstoffe desselben Herstellers mit derselben Artikelnummer entsprechend DIN 18147 Teil 5 verwendet werden. Dämmstoffschichten sind entsprechend den Bestimmungen der Bescheide des Instituts für Bautechnik über die allgemeine bauaufsichtliche Zulassung einzubauen; für dreischalige Schornsteine mit Systembeschreibung entsprechend DIN 18147 Teil 1 der vom Normenausschuss ein Prüfungs- und Registrierungsvermerk erteilt ist, genügt es, die Einbaubestimmungen dieser Systembeschreibung zu beachten.

11.3.4.4 Außenschale
Für eine Außenschale aus Formstücken dürfen nur Formstücke desselben Herstellers mit derselben Artikelnummer entsprechend DIN 18147 Teil 2 verwendet werden. Die Fugen dürfen nicht dicker als 10 mm sein.
Außenschalen aus Mauersteinen sind im fachgerechten Verband zu mauern; zwischen den Schornsteinen einer Schornsteingruppe sowie zwischen Schornsteinen und zur Schornsteingruppe gehörenden Lüftungsschächten sind Zungen herzustellen. Die Mauersteine sind an den Schaleninnenflächen bündig zu legen. Die Wangen und Zungen müssen mindestens 11,5 cm dick sein. Außenschalen aus Mauersteinen für Regelfeuerstätten sowie für Sonderfeuerstätten, die nach Abschnitt 5.3.6 Absatz drei Satz zwei angeschlossen werden, dürfen mit Mauern aus Mauersteinen im Verband gemauert sein, wenn Mauer und Schornstein auf einem gemeinsamen Fundament oder gemeinsam auf demselben Bauteil gegründet sind, die Mauersteine der Festigkeitsklasse 6 oder einer höheren Festigkeitsklasse angehören und der Schornstein der Wärmedurchlasswiderstandsgruppe I angehört; unter vorgenannten Umständen dürfen an die Außenschalen auch Stahlbetondecken anbetoniert werden. Soweit in vorliegender Norm nichts anderes bestimmt ist, gilt im übrigen DIN 1053 Teil 1.

11.4 Stahlschornsteine für verminderte Anforderungen

11.5 Ummantelungen und Verkleidungen von Schornsteinoberflächen zum Freien
Mit Ausnahme der geschlossenen Ummantelungen der Köpfe von Schornsteinen und Schornsteingruppen müssen Ummantelungen aus Mauerwerk mit den angrenzenden Mauerwerkswänden des Gebäudes im Verband gemauert, Ummantelungen aus Beton mit angrenzenden Betonwänden des Gebäudes monolithisch verbunden sein; mindestens müssen die Ummantelungen in den Außenwänden des Gebäudes verankert sein. Ummantelungen aus Mauerwerk oder Beton für die Köpfe von Schornsteinen und Schornsteingruppen können auf Betondachdecken oder auf dem Schornstein – auf Auskragungen – aufgesetzt sein; wegen der Planung und Ausführung gemauerter Ummantelungen siehe im übrigen DIN 1053 Teil 1, wegen der Ummantelung aus Beton DIN 1045 und DIN 4219 Teil 2.
Ummantelungen der Köpfe von Schornsteinen und Schornsteingruppen aus Schieferplatten, Schieferschindeln, Faserzementplatten, Faserzementschindeln, Zinkblech oder Kupferblech (Verkleidungen) können auf Unterkonstruktionen genagelt oder geschraubt sein. Die Unterkonstruktion kann mittels Dübel, jedoch nicht mittels Holzdübel, am Schornstein befestigt sein. Vorgefertigte rahmenartige Ummantelungen werden empfohlen.

Regeln für den Schornsteinverband (nach Lit. 66)

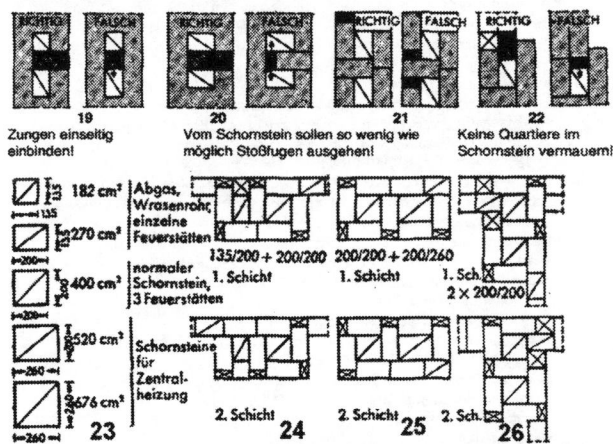

19 Zungen einseitig einbinden!

20 Vom Schornstein sollen so wenig wie möglich Stoßfugen ausgehen!

21 / **22** Keine Quartiere im Schornstein vermauern!

23 Maße der gebräuchlichsten gemauerten Schornsteine (entsprechend Neufassung DIN 105!) 24 bis 25 Beispiele für den Schornsteinverband.

28 / **29** / **30**

28 bis 30 Beispiele für den Schornsteinverband

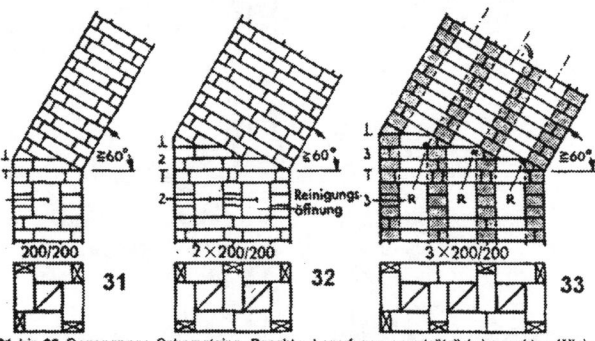

31 / **32** / **33**

31 bis 33 Gezogene Schornsteine. Beachte: Lagerfugen grundsätzlich im rechten Winkel zur Schornsteinachse anordnen. Über Knickstelle noch soviel waagerechte Schichten einbinden, wie Rauchrohre vorhanden sind; am Knickpunkt (innen) Rundstahl (R) einbauen.

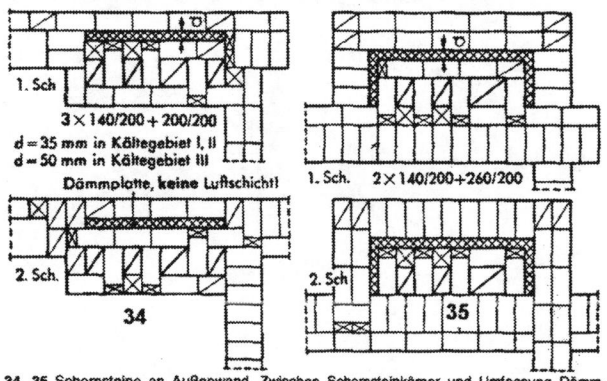

d = 35 mm in Kältegebiet I, II
d = 50 mm in Kältegebiet III
Dämmplatte, keine Luftschicht!

34 / **35**

34, 35 Schornsteine an Außenwand. Zwischen Schornsteinkörper und Umfassung Dämmplatten einmauern. Luftschichten sind wärmewirtschaftlich und konstruktiv falsch!

Standard-Details Schornsteinkopf

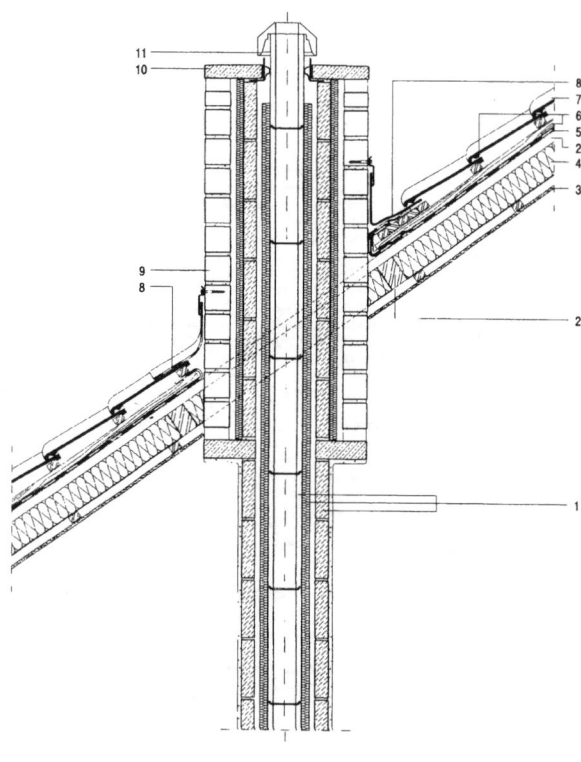

Fertigteilschornstein mit Schornsteinkopfverkleidung aus Mauerwerkschale - geneigtes Dach mit Zwischensparrendämmung - Dachdeckung aus Dachsteinen - Dachgeschoss-Bekleidung aus Gipskarton-Bauplatten, einlagig beplankt, auf Holzunterkonstruktion

– Fertigteilschornstein für trockenen Abgasbetrieb, mehrschalig, aus Leichtbetonmantelsteinen, Mineralfaserdämmschicht und Schamotteinnenrohr, mit Schornsteinkopfverkleidung aus Mauerwerkschale aus Kalksandstein, Kopfabdeckung aus Beton und Mündungsabschluss
– Dachstuhl aus Kantholz (Nadelholz), gehobelt
– geneigtes Dach mit Zwischensparrendämmung mit Alu-Kaschierung, Unterspannbahn, Dach- und Konterlattung und Dachdeckung aus Dachsteinen und Schornsteinanschluss
– Deckenbekleidung aus Gipskarton-Bauplatten, einlagig beplankt, auf Holzunterkonstruktion aus Traglatten 50x30 mm

1 – Hausschornstein für trockenen Abgasbetrieb, mehrschalig aus Leichtbetonmantelsteinen, Mineralfaserdämmschicht und Schamotteinnenrohr – *Lenz & Dörrenberg - ISOMIT 90-Schornstein - einzügig ohne Abluftschacht, lichte Weite 14/14 cm*
2 – Holzkonstruktion des Daches
3 – Decklage/Bekleidung – *Knauf - Dachgeschoss-Bekleidung D 611, einlagig beplankt mit GKB, 12,5 mm, Holzunterkonstruktion aus Traglatten*
4 – Dämmung aus Mineralfaserdämmstoff (Min) DIN 18165 Teil 1 – *Pfleiderer - URSA-Randleistenfilz RF-35/B1, aus Glaswolle, WL-B1, Dicke 120 mm, einseitig mit Aluminiumkraftpapier kaschiert*
5 – Unterspannbahn – *Braas - Divoroll, mehrschichtiger Polypropylen-SpinnVlies*
6 – Dach- und Konterlattung, Querschnitt 30 mm x 50 mm
7 – Dachdeckung mit Dachsteinen – *Braas - Donau-Pfanne, mit hochliegendem Längsfalz, muldenförmig, Größe ca. 245 x 420 mm*
8 – Schornsteinanschluss – *Braas - Wakaflex, Waka-Leiste*
9 – Mauerwerk des Schornsteinkopfes, einschalig, im Wandmauerwerk im Verband einbindend, aus Kalksandstein, 2 DF (240x115x113)
10 – Kopfabdeckung mit Überstand und Wassertropfnase – *Lenz & Dörrenberg - Kragplatte/Abdeckplatte für ISOMIT 90, aus Beton, einzügig ohne Abluftschacht, 14/14 cm*
11 – Mündungsabschluss mit Dehnungsausgleich – *Lenz & Dörrenberg - Mündungsabschlusshaube, Bauhöhe 50 cm, Querschnitt 14/14 cm*

Produkthinweise	**Firmen-CODE**
BRAAS Dachsysteme GmbH	**BRAAS**
Gebr. Knauf Westdeutsche Gipswerke	**KNAUF**
Lenz & Dörrenberg GmbH & Co.	**LENZ**
Pfleiderer Dämmstofftechnik GmbH & Co.	**PFLEIDER**

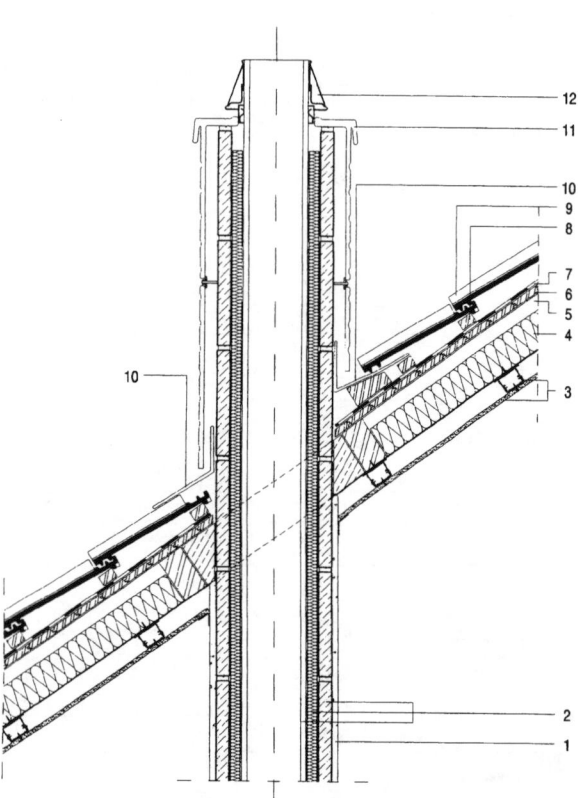

Feuchtigkeitsunempfindlicher Fertigteilschornstein aus Leichtbeton - geneigtes Dach mit Zwischensparrendämmung - Dachdeckung aus Ziegeldekkung - Dachgeschoss-Bekleidung aus Paneelelementen, einlagig beplankt, auf Metallunterkonstruktion

– feuchtigkeitsunempfindlicher Schornstein im Unterdruckbetrieb, mehrschalig aus Leichtbetonmantelstein, Isoliermatte aus Dämmplatte und Schamotteinnenrohr, mit zusätzlicher Hinterlüftung
– Dachstuhl aus Kantholz (Nadelholz), gehobelt
– geneigtes Dach mit Zwischensparrendämmung mit eingebauter Dampfbremse, Dachschalung, Unterspannbahn und Dachdeckung aus Muldenfalzziegeln
– Deckenbekleidung aus Paneelelementen, einlagig beplankt, auf Metallunterkonstruktion aus verzinktem Stahlblech-, Grund- und Tragprofilen

1 – Innenwandputzsystem
2 – Hausschornstein, mehrschalig aus Leichtbetonmantelsteinen, Mineralfaserdämmschicht und Schamotteinnenrohr mit zusätzlicher Hinterlüftung – *Schiedel - Isolierschornstein mit Hinterlüftung - einzügig ohne Lüftung Ø 16 cm (Außenmaß) 34/34 mm)*
3 – Decklage/Bekleidung – *Knauf - Dachgeschoss-Bekleidung D 612, einlagig beplankt mit Paneelelement, 20 mm, mit Metallunterkonstruktion aus verzinktem Stahlblech-, Grund- und Tragprofilen*
4 – Dämmung aus pflanzlichem Faserdämmstoff (Pfl) DIN 18165 Teil 1 – *Homann - HOMATHERM® Dämmplatte, aus Zellulose, PflP - W - B2, Dicke 100 mm, mit eingebauter Dampfbremse*
5 – Holzkonstruktion des Daches
6 – Schalung des Daches, aus gehobelten Brettern
7 – Unterspannbahn – *Klöber - "Tyvek" HD DRY*
8 – Dachlattung, Querschnitt 30 mm x 50 mm
9 – Dachdeckung mit Muldenfalzziegeln – *Erlus - ERGOLDSBACHER FLORENTO® Ziegel, Ziegelmaße ca. 261 x 420 mm*
10 – Schornsteineinfassung, aus legiertem Zink DIN EN 988 (Titanzink), Dicke 0,7 mm
11 – Kopfabdeckung mit Überstand und Wassertropfnase – *Schiedel - Schornsteinkopf, aus Ziegelstruktur, einzügig, Rasterhöhe 125 cm, für Ø 16 cm*
12 – Abdeckscheibe – *Schiedel - Kopfpaket, aus Abströmrohr, Mündungskonus, Distanzring, Dichtpaste, Versetzanleitung*

Produkthinweise	**Firmen-CODE**
Erlus Baustoffwerke AG	**ERLUS**
Homann Dämmstoffwerk GmbH & Co. KG	**HOMANN**
Klöber GmbH & Co. KG	**KLOEBER**
Gebr. Knauf Westdeutsche Gipswerke	**KNAUF**
Schiedel GmbH & Co.	**SCHIEDEL**

Schalldämmung nach DIN 4109, Beiblatt 1

9 Haustechnische Anlagen und Betriebe; Nachweis einer ausreichenden Luft- und Trittschalldämmung von Bauteilen zwischen "besonders lauten" und schutzbedürftigen Räumen

9.1 Luftschalldämmung

Die in DIN 4109, Tabelle 5, genannten Anforderungen an die Luftschalldämmung gelten als erfüllt, wenn eine der in Tabelle 35 enthaltenen Ausführungen angewandt wird. Weitere Ausführungen und Nachweismöglichkeiten sind in den Abschnitten 2, 3, 5, 6 und 7 enthalten.

9.2 Trittschalldämmung

Der bewertete Norm–Trittschallpegel $L'_{n,w,R}$ (das Trittschallschutzmaß TSM_R) ist nach Abschnitt 4 zu ermitteln. In den Fällen, wo Aufenthaltsräume gegen Geräusche aus haustechnischen Anlagen und Betrieben zu schützen sind, läßt sich der bewertete Norm–Trittschallpegel $L'_{n,w,R}$ (das Trittschallschutzmaß TSM_R) der Decken zusammen mit den räumlichen Gegebenheiten näherungsweise wie folgt berechnen:

$$L'_{n,w,R} = L_{n,w,eq,R} - \Delta L_{w,R} - K_T \text{ in dB} \quad (12)$$
$$(TSM_R = TSM_{eq,R} + VM_R + K_T)$$

Hierin bedeuten:

$L_{n,w,eq,R}$	äquivalenter bewerteter Trittschallpegel der Massivdecke, nach Tabelle 16
$(TSM_{eq,R}$	äquivalentes Trittschallschutzmaß der Massivdecke nach Tabelle 16)
$\Delta L_{w,R}$	Trittschallverbesserungsmaß des schwimmenden Estrichs nach Tabelle 17
$(VM_R$	Trittschallverbesserungsmaß des schwimmenden Estrichs nach Tabelle 17)
K_T	Korrekturwert nach Tabelle 36, der die Ausbreitungsverhältnisse zwischen der Anregestelle ("besonders lauter" Raum) und dem schutzbedürftigen Raum berücksichtigt.

Der so errechnete Wert von $L'_{n,w,R}$ muß mindestens 2 dB niedriger (beim Trittschallschutzmaß TSM_R mindestens 2 dB höher) sein, als die in DIN 4109 genannte Anforderung erf. $L'_{n,w}$ (erf. TSM).

9.3 Lüftungsschächte und –kanäle

9.3.1 Allgemeines

Durch Schächte und Kanäle (im Folgenden nur Schächte genannt), die Aufenthaltsräume untereinander verbinden, kann die Luftschalldämmung des trennenden Bauteils durch Nebenwegübertragung über die Schächte verschlechtert werden.

Die Schallübertragung von Raum zu Raum ist sowohl über die Öffnung der Schächte als auch über die Schachtwände möglich.

Die Schallübertragung durch einen Schacht, der Aufenthaltsräume miteinander verbindet, ist um so geringer,
- je weiter die Schachtöffnungen auseinanderliegen,
- je kleiner der Schachtquerschnitt und die Öffnungsquerschnitte sind,
- je größer das Verhältnis vom Umfang zur Fläche des Schachtquerschnitts ist (im Querschnitt von der Form eines flachen Rechtecks ist günstiger als ein quadratischer Querschnitt),
- je größer die Schallabsorption der Innenwände des Schachtes ist.

Für die Luftschallübertragung über die Anschlußöffnungen in den Schächten gilt die Anforderung nach DIN 4109, Abschnitt 3.1, Absatz 4, als erfüllt, wenn der Rechenwert der bewerteten Schachtpegeldifferenz $D_{K,w,R}$ folgender Bedingung genügt:

$$D_{K,w,R} \geq \text{erf. } R'_w - 10 \lg \frac{S}{S_K} + 20 \text{ dB} \quad (13)$$

Hierin bedeuten:

erf. R'_w	das vom trennenden Bauteil (Wand oder Decke) geforderte bewertete Schalldämm–Maß
S	die Fläche des trennenden Bauteils
S_K	die lichte Querschnittsfläche der Anschlußöffnung (ohne Berücksichtigung einer Minderung durch etwa vorhandene Gitterstäbe oder Abdeckungen).

Die Gleichung (13) gilt für den Fall, daß die Anschlußöffnungen mindestens 0,5 m (Achsmaß) von einer Raumecke entfernt liegen. Wird die Entfernung von 0,5 m unterschritten, dann ist eine um 6 dB höhere Schachtpegeldifferenz erf. $D_{K,w,R}$ erforderlich.

Schächte und Kanäle entsprechen den vorgenannten Anforderungen, wenn sie nach den Abschnitten 9.3.2 bis 9.3.5 ausgebildet werden. Diese Beispiele beschränken sich auf übereinanderliegende Räume mit Anforderungen an das bewertete Schalldämm–Maß erf. R'_w der Decken von 53 dB bis 55 dB nach DIN 4109.

Für andere als in den Abschnitten 9.3.2 bis 9.3.5 beschriebenen Ausführungen von Schächten und Kanälen, z.B.
- aus nicht schallabsorbierenden Werkstoffen (wie glatter Beton, Faserzement, Wickelfalzrohr aus Metall und ähnlichem),
- mit Auskleidungen aus schallabsorbierenden Stoffen,
- mit Ventiltellern oder –kegeln für die Anschlußöffnungen,

ist der Nachweis durch eine Eignungsprüfung (siehe DIN 4109, Abschnitt 6.3), zu erbringen.

Durch schallabsorbierende Auskleidungen der Schächte und Kanäle sowie durch die Begrenzung der Querschnittsfläche der Anschlußöffnungen darf die Lüftungsfähigkeit nicht unzulässig verringert werden.

9.3.2 Sammelschächte (ohne Nebenschächte)

9.3.2.1 Anschluss in jedem zweiten Geschoss

Sammelschächte ohne Nebenschächte können in jedem zweiten Geschoss einen Anschluss erhalten, wenn
- der Schachtwerkstoff genügend schallabsorbierend ist (z.B. bei verputztem Mauerwerk, haufwerksporigem Leichtbeton und ähnlichem),
- der Schachtquerschnitt höchstens 270 cm² beträgt,
- und die Querschnittsfläche der Anschlussöffnung höchstens 180 cm² (ohne Berücksichtigung etwa vorhandener Gitterstege) beträgt.

9.3.2.2 Anschluss in jedem Geschoss

Sammelschächte ohne Nebenschächte können in jedem Geschoss einen Anschluss erhalten, wenn der Schacht nach Abschnitt 9.3.2.1 ausgebildet ist, die Querschnittsfläche der Anschlussöffnung jedoch höchstens 60 cm² beträgt.

9.3.3 Sammelschachtanlagen (mit Nebenschächten)

Sammelschachtanlagen mit einem Hauptschacht und Nebenschächten können in jedem Geschoss einen Anschluss erhalten, wenn der Schachtwerkstoff genügend schallabsorbierend ist (z.B. verputztes Mauerwerk, haufwerksporiger Leichtbeton und ähnliches).

9.3.4 Einzelschächte und Einzelschachtanlagen

Einzelschächte bzw. Einzelschachtanlagen nach DIN 18017 Teil 1 sind erforderlich, wenn
- der Schachtwerkstoff nicht schallabsorbierend ist (z.B. bei gefügedichtem Beton),
- der Schacht nicht schallabsorbierend ausgekleidet ist oder
- die Querschnittsfläche der Anschlussöffnung mehr als 270 cm² beträgt.

Bei Einzelschachtanlagen mit dünnwandigen Kanälen (z.B. Faserzement–Rohre, Wickelfalzrohr aus Metall und ähnlichem) ist bei nebeneinanderliegenden Schächten ein Luftzwischenraum $\geq$ 40 mm notwendig, der mit einem weichfedernden Dämmstoff, längenbezogener Strömungswiderstand $\Xi \geq 5$ kN · s/m⁴, ausgefüllt ist.

9.3.5 Schächte und Kanäle mit motorisch betriebener Lüftung

9.3.5.1 Allgemeines

Bei Schächten und Kanälen mit motorisch betriebener Lüftung sind neben den Anforderungen nach DIN 4109, Abschnitt 3.1, Absatz 4, (siehe Abschnitt 9.3.1) auch die Anforderungen nach DIN 4109, Tabelle 4, an die höchstzulässigen Schallpegel in Aufenthaltsräumen durch Geräusche aus Lüftungsanlagen zu beachten.

Beim Einbau von Ventilatoren, Maschinen und Aggregaten müssen Maßnahmen hinsichtlich der Körperschalldämmung sowie der Luftschalldämmung und –dämpfung getroffen werden. Dies gilt sowohl für die Schallübertragung auf das Bauwerk als auch für die Übertragungen über die Schächte und Kanäle selbst.

9.3.5.2 Einzelentlüftungsanlagen

Für Einzelentlüftungsanlagen nach DIN 18017 Teil 3 für den Betrieb nach Bedarf gilt Abschnitt 9.3.1 sinngemäß.

9.3.5.3 Zentralentlüftungsanlagen

Für Zentralentlüftungsanlagen nach DIN 18017 Teil 3 für den Dauerbetrieb zur Entlüftung von Räumen mehrerer Aufenthaltsbereiche gelten sinngemäß
- bei mehreren Hauptleitungen ohne Nebenleitungen (siehe DIN 18017 Teil 3) die Abschnitte 9.3.2.1 und 9.3.2.2,
- bei einer Hauptleitung und Nebenleitungen (siehe DIN 18017 Teil 3) der Abschnitt 9.3.3,
- bei getrennten Hauptleitungen (siehe DIN 18017 Teil 3) der Abschnitt 9.3.4.

Tabelle 36: Korrekturwert K_T zur Ermittlung des bewerteten Norm–Trittschallpegels $L'_{n,w,R}$ für verschiedene räumliche Zuordnungen "besonders lauter" Räume (LR) zu schutzbedürftigen Räumen (SR)

Spalte	1	2
Zeile	Lage der schutzbedürftigen Räume (SR)	K_T dB
1	unmittelbar unter dem "besonders lauten" Raum (LR)	0
2	neben oder schräg unter dem "besonders lauten" Raum (LR)	+ 5
3	wie Zeile 2, jedoch ein Raum dazwischenliegend	+ 10
4	über dem "besonders lauten" Raum (LR) (Gebäude mit tragenden Wänden)	+ 10
5	über dem "besonders lauten" Raum (LR) (Skelettbau)	+ 20
6	über dem "besonders lauten" Kellerraum (LR)	¹⁾
7	neben oder schräg unter dem "besonders lauten" Raum (LR), jedoch durch Haustrennfuge ($d \geq 50$ mm) getrennt	+ 20

¹⁾ Angabe eines K_T–Wertes nicht möglich, es gilt $L'_{n,w,R} = 63$ dB $- \Delta L_{w,R} - 15$ dB ($TSM_R = VM_R + 15$ dB). $\Delta L_{w,R}$ (VM_R) ist das Trittschallverbesserungsmaß des im Kellerraum verwendeten Fußbodens.

⁷⁾ Hinsichtlich Fluglärm – soweit er im "Gesetz zum Schutz gegen Fluglärm" geregelt ist – wird auf die entsprechenden Ausführungsbeispiele in der "Verordnung der Bundesregierung über bauliche Schallschutzanforderungen nach dem Gesetz zum Schutz gegen Fluglärm (Schallschutzverordnung – SchallschutzV)" hingewiesen.

⁸⁾ Außenwände mit innen- oder außenseitigem Wärmeschutz sind zweischalige Wände, deren Schalldämmung schlechter sein kann als die von vergleichbaren einschaligen Außenwänden (siehe Abschnitt 2.2.4).

Schachtanlagen

Lüftungsschächte nach DIN 18017 Teil 1

2 Grundsätze für die Ausführung der Einzelschachtanlage
Für jeden zu lüftenden Raum ist ein eigener Zuluftschacht und ein eigener Abluftschacht einzubauen (→ 1 bis 4).

Liegen Bad und Toilettenraum derselben Wohnung nebeneinander, so dürfen sie einen gemeinsamen Zuluftschacht und einen gemeinsamen Abluftschacht haben. Der Zuluftschacht ist von unten bis zur Zuluftöffnung in den zu lüftenden Raum hochzuführen; an seinem unteren Ende ist er mit einem ins Freie führenden Zuluftkanal zu verbinden. Anstelle des Zuluftschachtes kann eine andere dichte Zuluftleitung zur Außenwand angeordnet werden. Der Abluftschacht ist von der Abluftöffnung im Raum nach oben über Dach zu führen.

3 Schächte
Die Schächte müssen einen nach Form und Größe gleichbleibenden lichten Schachtquerschnitt haben. Er darf kreisförmig oder rechteckig und muss mindestens 140 cm² groß sein. Bei rechteckigen lichten Schachtquerschnitten darf das Maß der längeren Seite höchstens das 1,5fache der kürzeren betragen.

Die Schächte sind senkrecht und im übrigen nach Abschnitt 2 zu führen. Sie dürfen einmal schräg geführt werden. Bei der Schrägführung darf der Winkel zwischen der Schachtachse und der Waagerechten nicht kleiner als 60 ° sein. Die Schächte sollen Dächer mit einer Neigung von mehr als 20 ° im First oder in unmittelbarer Nähe des Firstes durchdringen und müssen diesen mindestens 0,4 m überragen; über einseitig geneigten Dächern sind die Schachtmündungen entsprechend nahe über der höchsten Dachkante anzuordnen. Die Schächte müssen Dachflächen mit einer Neigung von weniger als 20 ° mindestens 1 m überragen. Schächte, die Windhindernissen auf dem Dach näher liegen, als deren 1,5fache Höhe über Dach beträgt, müssen mindestens so hoch wie das Windhindernis sein. Grenzen Schächte an Windhindernisse, müssen sie diese um mindestens 0,4 m überragen. Schächte müssen Brüstungen auf Dächern mindestens 0,5 m überragen.
Schächte müssen Revisionsöffnungen haben.

4 Zuluftkanal
Am unteren Ende sind die Zuluftschächte mit einem ins Freie führenden Zuluftkanal zu verbinden. Dieser Zuluftkanal kann auch mit zwei gegenüberliegenden Öffnungen ausgeführt werden. Der Zuluftkanal muss einen nach Form und Größe gleichbleibenden lichten Querschnitt haben. Er darf kreisförmig oder rechteckig sein. Bei rechteckigen lichten Querschnitten müssen die Rechteckseiten mindestens 90 mm lang sein. Das Maß der längeren Seite darf höchstens das 10-fache der kürzeren betragen. Die Fläche eines Zuluftkanals mit kreisförmigem lichtem Querschnitt muss mindestens 80 % der Summe aller angeschlossenen Zuluftschachtquerschnitte betragen. Die Fläche des Zuluftkanals mit rechteckigem lichten Querschnitt muss, abhängig vom Verhältnis der längeren zur kürzeren Rechteckseite, einen Anteil der gesamten Fläche der angeschlossenen Zuluftschächte nach Tabelle 1 haben.
Die Zuluftkanäle sind möglichst waagerecht und geradlinig zu führen.

Tabelle 1: Lichte Querschnitte von Zuluftkanälen

Verhältnis der längeren zur kürzeren Rechteckseite	Lichter Querschnitt des Zuluftkanals, bezogen auf die Gesamtfläche der lichten Querschnitte der angeschlossenen Zuluftschächte % min.
bis 2,5	80
über 2,5 bis 5	90
über 5 bis 10	100

5 Zuluftöffnung
Die Zuluftöffnung muss einen freien Querschnitt von mindestens 150 cm² haben.

Die Außenöffnungen der Zuluftkanäle müssen vergittert sein; das Gitter muss eine Maschenweite von mindestens 10 mm x 10 mm haben und herausnehmbar sein. Der freie Querschnitt des Gitters muss insgesamt mindestens so groß sein, wie der Mindestquerschnitt des Zuluftkanals. Zuluftkanäle dürfen am Ende, das dem Freien zugekehrt ist, entgegen vorstehender Anforderungen aufgeweitet sein.

Die Zuluftöffnung muss mit einer Einrichtung ausgestattet sein, mit der der Zuluftstrom gedrosselt und die Zuluftöffnung verschlossen werden kann.

Die Zuluftöffnung sollte nach Möglichkeit im unteren Bereich des Raumes angeordnet sein. Aus baulichen Gründen kann sie aber auch in jeder beliebigen Höhe angebracht werden. Liegen die Zu- und Abluftöffnungen unmittelbar übereinander, so ist an der Zuluftöffnung eine Luftleitvorrichtung anzubringen.

6 Abluftöffnung

Die Abluftöffnung muss einen lichten Querschnitt von mindestens 100 cm² haben und muss möglichst nahe unter der Decke angeordnet sein.

7 Reinigung

Alle Verschlussteile müssen leicht zu reinigen sein und auch die Reinigung des anschließenden Schachtes ermöglichen.

8 Anschluss von Gasfeuerstätten

Der Abgasschornstein von Gasfeuerstätten kann zugleich die Funktion des Abluftschachtes übernehmen; die TRGI (Technische Regeln für Gas–Installationen) sind zu beachten.

Zentralentlüftungsanlagen
siehe 5 bis 8.

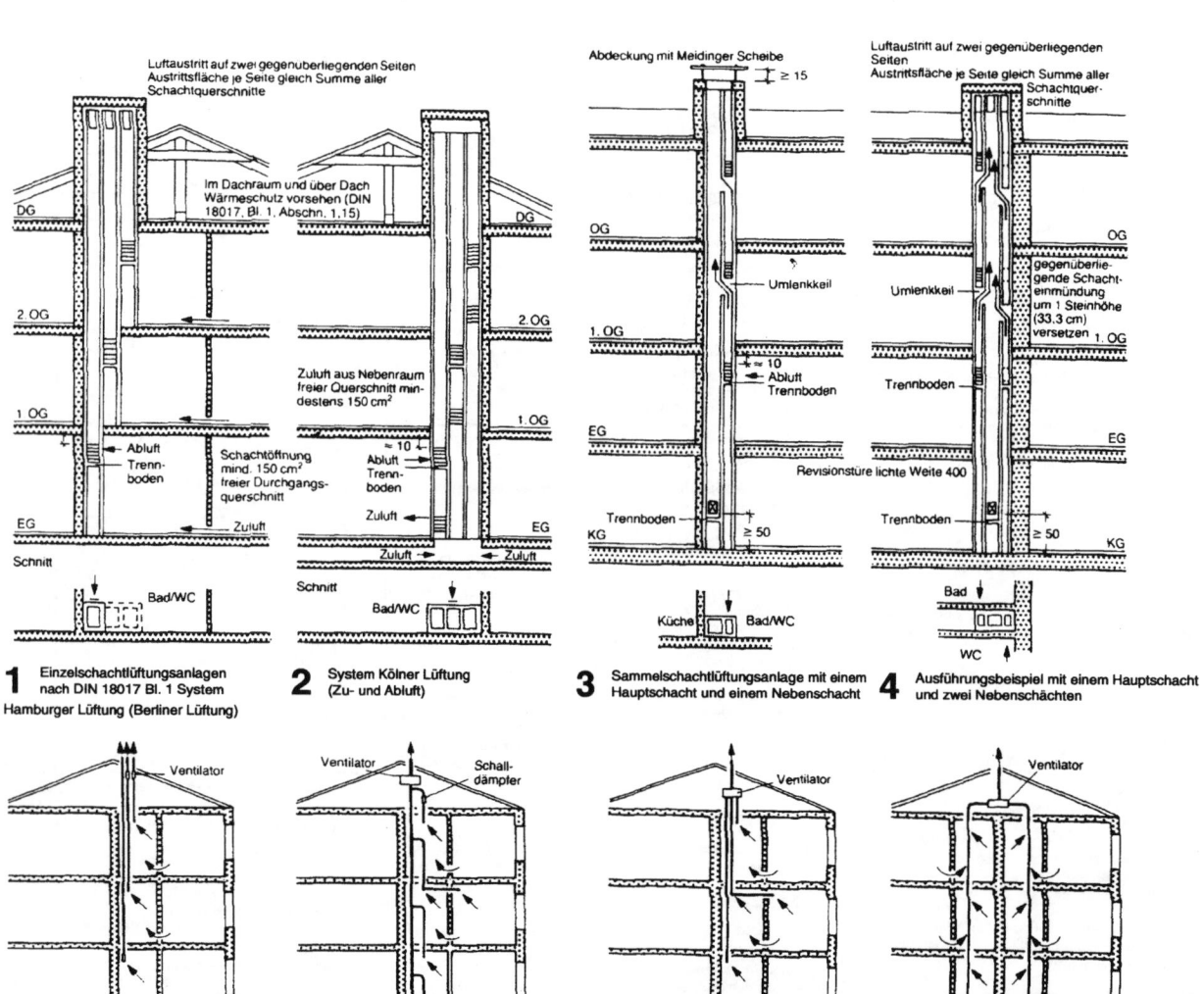

1 Einzelschachtlüftungsanlagen nach DIN 18017 Bl. 1 System Hamburger Lüftung (Berliner Lüftung)

2 System Kölner Lüftung (Zu- und Abluft)

3 Sammelschachtlüftungsanlage mit einem Hauptschacht und einem Nebenschacht

4 Ausführungsbeispiel mit einem Hauptschacht und zwei Nebenschächten

5 Zentralentlüftungsanlage mit Führung der Abluft über Dach

6 Zentralentlüftungsanlage mit einer Hauptleitung und Nebenleitungen

7 Zentralentlüftungsanlage mit getrennten Hauptleitungen

8 Zentralentlüftungsanlage mit mehreren Hauptleitungen ohne Nebenleitungen

Anhang Bautenschutz, Bauphysik

Grundlagen des Wärmeschutzes nach DIN 4108 Teil 1 und Teil 2

Zweck des Wärmeschutzes
Der Wärmeschutz im Hochbau umfasst insbesondere alle Maßnahmen zur Verringerung der Wärmeübertragung durch die Umfassungsflächen eines Gebäudes und durch die Trennflächen von Räumen unterschiedlicher Temperaturen.

Der Wärmeschutz hat bei Gebäuden Bedeutung für

- die Gesundheit der Bewohner durch ein hygienisches Raumklima
- den Schutz der Baukonstruktion vor klimabedingten Feuchteeinwirkungen und deren Folgeschäden
- einen geringeren Energieverbrauch bei der Heizung und Kühlung
- die Herstellungs- und Bewirtschaftungskosten

Grundlagen des Wärmeschutzes
Der Wärmeschutz eines Raumes ist abhängig von

- dem Wärmedurchlasswiderstand bzw. den Wärmedurchgangskoeffizienten der umschließenden Bauteile (Wände, Decken, Fenster, Türen) und deren Anteil an der wärmeübertragenden Umfassungsfläche
- der Anordnung der einzelnen Schichten bei mehrschichtigen Bauteilen sowie der Wärmespeicherfähigkeit der Bauteile (Tauwasserbildung, sommerlicher Wärmeschutz, instationärer Heizbetrieb)
- der Energiedurchlässigkeit, Größe und Orientierung der Fenster unter Berücksichtigung von Sonnenschutzmaßnahmen
- der Luftdurchlässigkeit von Bauteilen (Fugen, Spalten), vor allem der Umfassungsbauteile
- der Lüftung

Wärmedurchlasswiderstand und Wärmedurchgangskoeffizient der Bauteile
Der Wärmedurchlasswiderstand $1/\Lambda$ (auch als Wärmeleitwiderstand $R\lambda$ bezeichnet) eines Bauteiles dient der Beurteilung der Wärmedämmung. Der Wärmedurchgangskoeffizient k dient der Beurteilung des Transmissionswärmeverlustes durch Bauteile, Bauteilkombinationen oder die gesamte Gebäudeumfassungsfläche.

Die Berechnung des Wärmedurchlasswiderstandes $1/\Lambda$ und des Wärmedurchgangskoeffizienten k erfolgt nach DIN 4108 Teil 5.

Für einschichtige sowie – in Richtung des Wärmestroms geschichtete – mehrschichtige Bauteile wird der Wärmedurchlasswiderstand $1/\Lambda$ aus den Dicken der Baustoffschichten s in m und den Rechenwerten der Wärmeleitfähigkeit λ_R in W/(m · K) berechnet zu:

$$\frac{1}{\Lambda} = \frac{s_1}{\lambda_{R1}} + \frac{s_2}{\lambda_{R2}} + \frac{s_3}{\lambda_{R3}} + \ldots\ldots + \frac{s_n}{\lambda_{Rn}} \text{ in } m^2 \cdot K/W$$

Der Wärmedurchgangskoeffizient k wird aus dem Wärmedurchlasswiderstand unter Berücksichtigung der Wärmeübergangswiderstände wie folgt berechnet:

$$k = \frac{1}{\frac{1}{\alpha_i} + \frac{1}{\Lambda} + \frac{1}{\alpha_a}} \text{ in } W/(m^2 \cdot K)$$

Die Wärmeübergangswiderstände $1/\alpha_i$ und $1/\alpha_a$ (auch als R_i und R_a bezeichnet) und die Rechenwerte der Wärmeleitfähigkeit λ_R sind DIN 4108 Teil 4 zu entnehmen.

Für die Beurteilung des Transmissionswärmeverlustes durch Fenster und Verglasungen wird nur der Wärmedurchgangskoeffizient k_F bzw. k_V verwendet (siehe DIN 4108 Teil 4).

Tauwasserschutz und Schlagregenschutz
Der Wärmeschutz darf durch Tauwasserbildung und Regeneinwirkung nicht unzulässig vermindert werden. Anforderungen sowie Beispiele für Bauteilausführungen und Maßnahmen, die diesen Anforderungen genügen, enthält DIN 4108 Teil 3 .

Luftdurchlässigkeit der Bauteile, insbesondere der Außenbauteile (Fenster, Fenstertüren und Außentüren)
Durch undichte Anschlussfugen von Fenstern und Türen sowie durch sonstige Fugen insbesondere bei Außenbauteilen treten in-folge Luftaustausches Wärmeverluste auf. Eine Abdichtung dieser Fugen ist deshalb erforderlich.

Die Fugendurchlässigkeit zwischen Flügeln und Rahmen bei Fenstern und Fenstertüren wird durch den Fugendurchlasskoeffizienten a nach DIN 18055 gekennzeichnet.
Auf ausreichenden Luftwechsel ist aus Gründen der Hygiene, der Begrenzung der Luftfeuchte sowie gegebenenfalls der Zuführung von Verbrennungsluft zu achten.

Mindestwerte der Wärmedurchlasswiderstände $1/\Lambda$ und Maximalwerte der Wärmedurchgangskoeffizienten k nichttransparenter Bauteile
Die Mindestanforderungen, die an Einzelbauteile gestellt werden, sind in Tabelle 1 angegeben.
Zusätzliche Anforderungen für Außenwände, Decken unter nicht ausgebauten Dachräumen und Dächer mit einer flächenbezogenen Gesamtmasse unter 300 kg/m² (leichte Bauteile) enthält Tabelle 2. Diese Anforderungen gelten nicht für den Bereich von Wärmebrücken. Sie gelten bei Holzbauteilen (z.B. Tafelbauart) für den Gefachbereich. Die Anforderungen nach Tabelle 2 gelten auch als erfüllt, wenn im Gefachbereich des Bauteils der Wärmedurchlasswiderstand ≥ 1,75 m² · K/W bzw. der Wärmedurchganskoeffizient ≤ 0,52 W/(m² · K) (Bauteile mit nicht hinterlüfteter Außenhaut) oder ≤ 0,51 W/(m² · K) (Bauteile mit hinterlüfteter Außenhaut) beträgt.

Nichttransparente Ausfachungen von Fensterwänden, die weniger als 50 % der gesamten Ausfachung betragen, müssen mindestens die Anforderungen der Tabelle 1 erfüllen: andernfalls gelten die Anforderungen der Tabelle 2.

Die Rahmen mit nichttransparenten Ausfachungen müssen mindestens der Rahmenmaterialgruppe 2.2 nach DIN 4108 Teil 4 entsprechen.

Tabelle 1. Mindestwerte der Wärmedurchlasswiderstände $1/\Lambda$ und Maximalwerte der Wärmedurchgangskoeffizienten k von Bauteilen (mit Ausnahme leichter Bauteile nach Tabelle 2)

Spalte		1		2		3	
				2.1	2.2	3.1	3.2
Zeile		Bauteile		Wärmedurchlasswiderstand $1/\Lambda$		Wärmedurchgangskoeffizient k	
				im Mittel	an der ungünstigsten Stelle	im Mittel	an der ungünstigsten Stelle
				m² · K/W		W/(m² K)	
1	1.1	Außenwände 1)	allgemein	0,55		1,39; 1,32 2)	
	1.2		für kleinflächige Einzelbauteile (z.B. Pfeiler) bei Gebäuden mit einer Höhe des Erdgeschossfußbodens (1. Nutzgeschoss) ≤ 500 m über NN	0,47		1,56; 1,47 2)	
2	2.1	Wohnungstrennwände 3) und Wände zwischen fremden Arbeitsräumen	in nicht zentralbeheizten Gebäuden	0,25		1,96	
	2.2		in zentralbeheizten Gebäuden 4)	0,07		3,03	
3		Treppenraumwände 5)		0,25		1,96	
4	4.1	Wohnungstrenndecken 3) und Decken zwischen fremden Arbeitsräumen 6) 7)	allgemein	0,35		1,64 8); 1,45 9)	
	4.2		in zentralbeheizten Bürogebäuden 4)	0,17		2,33 8); 1,96 9)	
5	5.1	Unterer Abschluss nicht unterkellerter Aufenthaltsräume 6)	unmittelbar an das Erdreich grenzend	0,90		0,93	
	5.2		über einen nicht belüfteten Hohlraum an das Erdreich grenzend			0,81	
6		Decken unter nicht ausgebauten Dachräumen 6) 10)		0,90	0,45	0,90	1,52
7		Kellerdecken 6) 11)		0,90	0,45	0,81	1,27
8	8.1	Decken, die Aufenthaltsräume gegen die Außenluft abgrenzen 6)	nach unten 12)	1,75	1,30	0,51; 0,50 2)	0,66; 0,65 2)
	8.2		nach oben 13) 14)	1,10	0,80	0,79	1,03

1) Die Zeile 1 gilt auch für Wände, die Aufenthaltsräume gegen Bodenräume, Durchfahrten, offene Hausflure, Garagen (auch beheizte) oder dergleichen abschließen oder an das Erdreich angrenzen. Zeile 1 gilt nicht für Abseitenwände, wenn die Dachschräge bis zum Dachfuß gedämmt ist (siehe Abschnitt 4.2.1.8).

2) Dieser Wert gilt für Bauteile mit hinterlüfteter Außenhaut.

3) Wohnungstrennwände und -trenndecken sind Bauteile, die Wohnungen voneinander oder von fremden Arbeitsräumen trennen.

4) Als zentralbeheizt im Sinne dieser Norm gelten Gebäude, deren Räume an eine gemeinsame Heizzentrale angeschlossen sind, von der ihnen die Wärme mittels Wasser, Dampf oder Luft unmittelbar zugeführt wird.

5) Die Zeile 3 gilt auch für Wände, die Aufenthaltsräume von fremden, dauernd unbeheizten Räumen trennen, wie abgeschlossenen Hausfluren, Kellerräumen, Ställen, Lagerräumen usw. Die Anforderung nach Zeile 3 gilt nur für geschlossene, eingebaute Treppenräume; sonst gilt Zeile 1.

6) Bei schwimmenden Estrichen ist für den rechnerischen Nachweis der Wärmedämmung die Dicke der Dämmschicht im belasteten Zustand anzusetzen.

Bei Fußboden- oder Deckenheizungen müssen die Mindestanforderungen an den Wärmedurchlasswiderstand durch die Deckenkonstruktion unter- bzw. oberhalb der Ebenen der Heizfläche (Unter- bzw. Oberkante Heizrohr) eingehalten werden. Es wird empfohlen, die Wärmedurchlasswiderstände $1/\Lambda$ über diese Mindestanforderungen hinaus zu erhöhen.

7) Die Zeile 4 gilt auch für Decken unter Räumen zwischen gedämmten Dachschrägen und Abseitenwänden bei ausgebauten Dachräumen.

8) Für Wärmestromverlauf von unten nach oben.

9) Für Wärmestromverlauf von oben nach unten.

10) Die Zeile 6 gilt auch für Decken, die unter einem belüfteten Raum liegen, der nur bekriechbar oder noch niedriger ist, sowie für Decken unter belüfteten Räumen zwischen Dachschrägen und Abseitenwänden bei ausgebauten Dachräumen (bezüglich der erforderlichen Belüftung siehe DIN 4108 Teil 3).

11) Die Zeile 7 gilt auch für Decken, die Aufenthaltsräume gegen abgeschlossene, unbeheizte Hausflure o.ä. abschließen.

12) Die Zeile 8.1 gilt auch für Decken, die Aufenthaltsräume gegen Garagen (auch beheizte), Durchfahrten (auch verschließbare) und belüftete Kriechkeller abgrenzen.

13) Siehe auch DIN 18530.

14) Zum Beispiel Dächer und Decken unter Terrassen.

Wärmebrücken
Für den Bereich der Wärmebrücken sind die Anforderungen der Tabelle 1 einzuhalten, wobei teilweise für die "ungünstigste Stelle" geringere Anforderungen angegeben werden.
Ecken von Außenbauteilen mit gleichartigem Aufbau sind nicht als Wärmebrücken zu behandeln. Bei anderen Ecken von Außenbauteilen ist der Wärmeschutz durch konstruktive Maßnahmen zu verbessern.

Fenster, Fenstertüren und Außentüren
Außenliegende Fenster und Fenstertüren von beheizten Räumen sind mindestens mit Isolier- oder Doppelverglasung auszuführen.

Hinweis: Anforderungen an den Wärmedurchgangskoeffizienten von Fenstern, Fenstertüren und außenliegenden Türen sind in der Wärmeschutzverordnung geregelt.

Größen und Einheiten nach DIN 4108 Teil 1

Bedeutung	Formelzeichen	zu verwendende SI–Einheiten in DIN 4108 Teil 1 bis Teil 5
Dicke	s	m
Fläche	A	m²
Volumen	V	m³
Masse	m	kg
Dichte	ρ	kg/m³
Zeit	t	h, s
Wärmeschutztechnische Größen		
Temperatur	ϑ, T	°C, K
Temperaturdifferenz	$\Delta\vartheta, \Delta T$	K
Wärmemenge	Q	W · s
Wärmestrom	$\phi, \dot{Q}$	W
Transmissionswärmestrom(–verlust)	$\dot{Q}_T$	W
Wärmestromdichte	q	W/m²
Wärmeleitfähigkeit	λ	W/(m · K)
Rechenwert der Wärmeleitfähigkeit	λ_R	W/(m · K)
Wärmedurchlasskoeffizient	Λ	W/(m² · K)
Wärmedurchlasswiderstand (Wärmeleitwiderstand)	$1/\Lambda$ (R_λ)	m² · K/W
Wärmeübergangskoeffizient	α	W/(m² · K)
Wärmeübergangswiderstand innen	$1/\alpha_i$ (R_i)	m² · K/W
Wärmeübergangswiderstand außen	$1/\alpha_a$ (R_a)	
Wärmedurchgangskoeffizient	k	W/(m² · K)
Wärmedurchgangswiderstand	$1/k$ (R_k)	m² · K/W
spezifische Wärmekapazität	c	J/(kg · K)
Fugendurchlasskoeffizient	a	m³/(h·m·da Pa$^{2/3}$)
Gesamtenergiedurchlassgrad	g	1
Abminderungsfaktor einer Sonnenschutzvorrichtung	z	1
Feuchteschutztechnische Größen		
Partialdruck des Wasserdampfes (Wasserdampfteildruck)	p	Pa (N/m²)
Sättigungsdruck des Wasserdampfes (Wasserdampfsättigungsdruck)	p_s	Pa (N/m²)
relative Luftfeuchte	φ	1
massebezogener Feuchtegehalt fester Stoffe	u_m	1
volumenbezogener Feuchtegehalt fester Stoffe	u_v	1
Diffusionskoeffizient	D	m²/h
Wasserdampf–Diffusionsstrom	I	kg/h
Wasserdampf–Diffusionsstromdichte	i	kg/(m² · h)
Wasserdampf–Diffusionsdurchlasskoeffizient	Δ	kg/(m² · h · Pa)
Wasserdampf–Diffusionsdurchlasswiderstand	$1/\Delta$	m² · h · Pa/kg
Wasserdampf–Diffusionsleitkoeffizient	δ	kg/(m · h · Pa)
Wasserdampf–Diffusionswiderstandszahl	μ	1
(wasserdampf–) diffusionsäquivalente Luftschichtdicke	s_d	m
flächenbezogene Wassermasse	W	kg/m²
Wasseraufnahmekoeffizient	w	kg/(m² · h$^{1/2}$)
Gaskonstante des Wasserdampfes	R_D	J/(kg · K)

Wärmeschutz

Grundlagen des Wärmeschutzes nach DIN 4108 Teil 1 und Teil 2

Erläuterungen zu Tabelle 1

Wände

Der Mindestwärmeschutz muss an jeder Stelle vorhanden sein. Hierzu gehören u.a. auch Nischen unter Fenstern, Fensterbrüstungen von Fensterelementen, Fensterstürze, Rollkästen einschließlich Rollkastendeckel, Wandbereiche auf der Außenseite von Heizkörpern und Rohrkanäle insbesondere für ausnahmsweise in Außenwänden angeordnete wasserführende Leitungen.

Wenn Heizungs- und Warmwasserrohre in Außenwänden angeordnet werden, ist auf der raumabgewandten Seite der Rohre eine erhöhte Wärmedämmung gegenüber den Werten nach Tabelle 1, Zeile 1, in der Regel erforderlich.

Außenschale bei belüfteten Bauteilen

Der Wärmedurchlasswiderstand der Außenschale und der Luftschicht von belüfteten Bauteilen (Querschnitt der Zu- und Abluftöffnung siehe DIN 4108 Teil 3) wird bei der Berechnung der vorhandenen Wärmedämmung nicht in Ansatz gebracht.

Wegen der Berücksichtigung der Wärmedämmung der belüfteten Luftschicht von mehrschaligem Mauerwerk nach DIN 1053 Teil 1 siehe DIN 4108 Teil 4. Hierbei darf die Wärmedämmung der Luftschicht und der Außenschale mitgerechnet werden.

Fußböden (zu Tabelle 1, Zeilen 4, 5, 7 und 8.1)
Ein befriedigender Schutz gegen Wärmeableitung (ausreichende Fußwärme) soll sichergestellt werden.

Berechnung des Wärmedurchlasswiderstandes bei Bauteilen mit Abdichtungen

Bei der Berechnung des Wärmedurchlasswiderstandes $1/\Lambda$ werden nur die Schichten innenseits der Bauwerksabdichtung bzw. der Dachhaut berücksichtigt.

Nicht ausgebaute Dachräume

Bei Gebäuden mit nicht ausgebauten Dachräumen, bei denen die oberste Geschossdecke mindestens einen Wärmeschutz nach Tabelle 1, Zeile 6, oder nach Tabelle 2 erhält, ist zur Erfüllung der Mindestanforderungen ein Wärmeschutz der Dächer nicht erforderlich.

Berechnung des Wärmedurchgangswiderstandes $1/k$ bzw. Wärmedurchlasswiderstandes $1/\Lambda$ des Rippenbereichs neben belüfteten Gefachbereichen

Bei Querschnitten mit belüfteten Gefachbereichen sind für die Berechnung von $1/k$ bzw. $1/\Lambda$ im Rippenbereich die in Bild 1 in Abhängigkeit von der Anordnung der Dämmschicht eingetragenen Bereiche zu berücksichtigen.

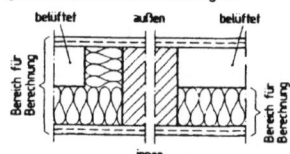

Bild 1: Berechnung des Rippenbereichs neben belüfteten Gefachbereichen

Erläuterungen zu Tabelle 2 (Beispiel für die Anwendung)

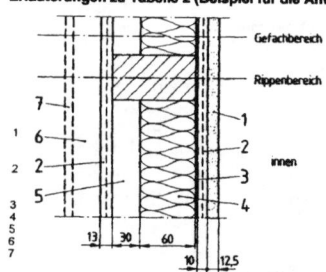

1 Gipskarton-Bauplatte,
  $\rho = 900$ kg/m³, $\lambda_R = 0,21$ W/(m · K)
2 Spanplatte
  $\rho = 700$ kg/m³, $\lambda_R = 0,13$ W/(m · K)
3 Dampfsperre (wird nicht berücksichtigt)
4 Mineralischer Faserdämmstoff $\lambda_R = 0,040$ W/(m · K)
5 Stehende Luft, $1/\Lambda = 0,17$ m² · K/W
6 Belüfteter Hohlraum
7 Wetterschutz (Bekleidung)

Flächenbezogene Masse der raumseitigen Bauteilschichten 1 und 2:

$$0,0125 \cdot 900 + 0,01 \cdot 700 \cdot 2 = 25 \text{ kg/m}^2$$

Erforderlicher Wärmedurchlasswiderstand im Gefachbereich (aus Tabelle 2 durch Interpolation):

erf. $1/\Lambda = 1,35$ m² · K/W

Vorhandener Wärmedurchlasswiderstand im Gefachbereich:

vorh. $1/\Lambda$ = 0,0125/0,21 + 0,01/0,13 + 0,06/0,040
                 + 0,17 + 0,013/0,13
                 = 1,91 m² · K/W > erf. $1/\Lambda$

Ergebnis:
Die Anforderungen der Tabelle 2 sind eingehalten.

Bild 2: Wand in Holztafelbauart

Wärmeschutz–Anforderungen nach DIN 4108, Teil 2, Tabelle 2

Mindestwerte der Wärmedurchlasswiderstände $1/\Lambda$ und Maximalwerte der Wärmedurchgangskoeffizienten k für Außenwände, Decken unter nicht ausgebauten Dachräumen und Dächer mit einer flächenbezogenen Gesamtmasse unter 300 kg/m² (leichte Bauteile)

Flächenbezogene Masse der raumseitigen Bauteilschichten [1) 2)] kg/m²	Wärmedurchlasswiderstand des Bauteils $1/\Lambda$ [1) 2)] m² · K/W	Wärmedurchgangskoeffizient des Bauteils k [1) 2)] W/(m² · K)	
		Bauteile mit nicht hinterlüfteter Außenhaut	Bauteile mit hinterlüfteter Außenhaut
0	1,75	0,52	0,51
20	1,40	0,64	0,62
50	1,10	0,79	0,76
100	0,80	1,03	0,99
150	0,65	1,22	1,16
200	0,60	1,30	1,23
300	0,55	1,39	1,32

1) Als flächenbezogene Masse sind in Rechnung zu stellen:
   – bei Bauteilen mit Dämmschicht die Masse derjenigen Schichten, die zwischen der raumseitigen Bauteiloberfläche und der Dämmschicht angeordnet sind.
     Als Dämmschicht gilt hier eine Schicht mit $\lambda_R \leq 0,1$ W/(m · K) und $1/\Lambda \geq 0,25$ m² · K/W (vergleiche auch Beispiel A in Abschnitt 5.3),
   – bei Bauteilen ohne Dämmschicht (z.B. Mauerwerk) die Gesamtmasse des Bauteils.
   Werden die Anforderungen nach Tabelle 2 bereits von einer oder mehreren Schichten des Bauteils – und zwar unabhängig von ihrer Lage – (z.B. bei Vernachlässigung der Masse und des Wärmedurchlasswiderstandes einer Dämmschicht) erfüllt, so braucht kein weiterer Nachweis geführt zu werden. Holz und Holzwerkstoffe dürfen näherungsweise mit dem 2-fachen Wert ihrer Masse in Rechnung gesetzt werden.
2) Zwischenwerte dürfen geradlinig interpoliert werden.

Wärmeschutz–Anforderungen nach DIN 4108, Teil 2, Tabelle 3

Empfohlene Höchstwerte ($g_F \cdot f$) in Abhängigkeit von den natürlichen Lüftungsmöglichkeiten und der Innenbauart

Spalte	1	2	3
		Empfohlene Höchstwerte ($g_F \cdot f$) [1)]	
Zeile	Innenbauart	Erhöhte natürliche Belüftung nicht vorhanden [2)]	Erhöhte natürliche Belüftung vorhanden [3)]
1	leicht [4)]	0,12	0,17
2	schwer [4)]	0,14	0,25

Hierin bedeuten:

g_F Gesamtenergiedurchlassgrad

f Fensterflächenanteil, bezogen auf die Fenster enthaltende Außenwandfläche (lichte Rohbaumaße):

$$f = \frac{A_F}{A_W + A_F}$$

Bei Dachfenstern ist der Fensterflächenanteil auf die direkt besonnte Dach- bzw. Dachdeckenfläche zu beziehen. Fußnote 1 ist nicht anzuwenden.

In den Höchstwerten ($g_F \cdot f$) ist der Rahmenanteil an der Fensterfläche mit 30 % berücksichtigt.

1) Bei nach Norden orientierten Räumen oder solchen, bei denen eine ganztägige Beschattung (z.B. durch Verbauung) vorliegt, dürfen die angegebenen ($g_F \cdot f$)-Werte um 0,25 erhöht werden.
   Als Nord-Orientierung gilt ein Winkelbereich, der bis zu etwa 22,5 Grad von der Nord-Richtung abweicht.
2) Fenster werden nachts oder in den frühen Morgenstunden nicht geöffnet (z.B. häufig bei Bürogebäuden und Schulen).
3) Erhöhte natürliche Belüftung (mindestens etwa 2 Stunden), insbesondere während der Nacht- oder in den frühen Morgenstunden. Dies ist bei zu öffnenden Fenstern in der Regel gegeben (z.B. bei Wohngebäuden).
4) Zur Unterscheidung in leichte und schwere Innenbauart wird raumweise der Quotient aus der Masse der raumumschließenden Innenbauteile sowie gegebenenfalls anderer Innenbauteile und der Außenwandfläche ($A_W + A_F$), die Fenster enthält, ermittelt.
   Für einen Quotienten > 600 kg/m² liegt eine schwere Innenbauart vor. Für die Holzbauweise ergibt sich in der Regel leichte Innenbauart.
   Die Massen der Innenbauteile werden wie folgt berücksichtigt:
   – Bei Innenbauteilen ohne Wärmedämmschicht wird die Masse zur Hälfte angerechnet.
   – Bei Innenbauteilen mit Wärmedämmschicht darf die Masse derjenigen Schichten angerechnet werden, die zwischen der raumseitigen Bauteiloberfläche und der Dämmschicht angeordnet sind, jedoch höchstens die Hälfte der Gesamtmasse. Als Dämmschicht gilt hier eine Schicht mit $\lambda_R \leq 0,1$ W/(m · K) und $1/\Lambda \geq 0,25$ m² · K/W.
   – Bei Innenbauteilen mit Holz und Holzwerkstoffen dürfen die Schichten aus Holz oder Holzwerkstoffen näherungsweise mit dem 2-fachen Wert ihrer Masse angesetzt werden.

Wärmeschutz–Anforderungen nach DIN 4108, Teil 2, Tabelle 4

Gesamtenergiedurchlassgrade g von Verglasungen

Zeile		Verglasung	g
1	1.1	Doppelverglasung aus Klarglas	0,8
	1.2	Dreifachverglasung aus Klarglas	0,7
2		Glasbausteine	0,6
3		Mehrfachverglasung mit Sondergläsern (Wärmeschutzglas, Sonnenschutzglas) [1)]	0,2 bis 0,8

1) Die Gesamtenergiedurchlassgrade g von Sondergläsern können aufgrund von Einfärbung bzw. Oberflächenbehandlung der Glasscheiben sehr unterschiedlich sein. Im Einzelfall ist der Nachweis gemäß DIN 67507 zu führen. Ohne Nachweis darf nur der ungünstigere Grenzwert angewendet werden.

Wärmeschutz–Anforderungen nach DIN 4108, Teil 2, Tabelle 5

Abminderungsfaktoren z von Sonnenschutzvorrichtungen [1)] in Verbindung mit Verglasung

Zeile	Sonnenschutzvorrichtung	z
1	fehlende Sonnenschutzvorrichtung	1,0
2	innenliegend und zwischen den Scheiben liegend	
2.1	Gewebe bzw. Folien [2)]	0,4 bis 0,7
2.2	Jalousien	0,5
3	außenliegend	
3.1	Jalousien, drehbare Lamellen, hinterlüftet	0,25
3.2	Jalousien, Rollläden, Fensterläden, feststehende oder drehbare Lamellen	0,3
3.3	Vordächer, Loggien [3)]	0,3
3.4	Markisen, oben und seitlich ventiliert [3)]	0,4
3.5	Markisen, allgemein [3)]	0,5

1) Die Sonnenschutzvorrichtung muss fest installiert sein (z.B. Lamellenstores). Übliche dekorative Vorhänge gelten nicht als Sonnenschutzvorrichtung.
2) Die Abminderungsfaktoren z können aufgrund der Gewebestruktur, der Farbe und der Reflexionseigenschaften sehr unterschiedlich sein. Im Einzelfall ist der Nachweis in Anlehnung an DIN 67507 zu führen. Ohne Nachweis darf nur der ungünstigere Grenzwert angewendet werden.
3) Dabei muss näherungsweise sichergestellt sein, dass keine direkte Besonnung des Fensters erfolgt. Dies ist der Fall, wenn
   – bei Südorientierung der Abdeckwinkel $\beta \geq 50$ Grad ist
   – bei Ost- und Westorientierung entweder der Abdeckwinkel $\beta \geq 85$ Grad oder $\gamma \geq 115$ Grad ist.
   Zu den jeweiligen Orientierungen gehören Winkelbereiche von ± 22,5 Grad. Bei Zwischenorientierungen ist der Abdeckwinkel $\beta \geq 80$ Grad erforderlich.

Vertikalschnitt durch Fassade — Süd

Horizontalschnitt durch Fassade — West / Ost

Empfehlungen für den Wärmeschutz im Sommer (Gebäude, für die raumlufttechnische Anlagen nicht erforderlich sind)

Für den Wärmeschutz im Sommer von Gebäuden ohne raumlufttechnische Anlagen wird empfohlen, die in Tabelle 3 angegebenen Werte einzuhalten.

Durch Einhaltung der Anforderungen nach Tabellen 1 und 2, wird ein ausreichender sommerlicher Wärmeschutz der nichttransparenten Bauteile erreicht.

Für die transparenten Bauteile werden in Tabelle 3 in Abhängigkeit von der Innenbauart, den Lüftungsmöglichkeiten im Sommer sowie der Gebäude- oder Raumorientierung raumweise Werte, die nicht überschritten werden sollen, für das Produkt aus Gesamtenergiedurchlassgrad g_F und Fensterflächenanteil f empfohlen.

Für die näherungsweise Ermittlung des Gesamtenergiedurchlassgrades g_F in Abhängigkeit von der Verglasung und zusätzlichen Sonnenschutzvorrichtungen gilt:

$$g_F = g \cdot z$$

Hierin bedeuten:

g Gesamtenergiedurchlassgrad der Verglasung nach DIN 67507

z Abminderungsfaktor für Sonnenschutzvorrichtungen; bei mehreren, hintereinandergeschalteten Sonnenschutzvorrichtungen das Produkt aus einzelnen Abminderungsfaktoren
   $(z_1 \cdot z_2 \cdot \ldots \cdot z_n)$

Die Werte für g können aus Tabelle 4 und für z aus Tabelle 5 entnommen werden.

Für Räume mit natürlicher Belüftung nach Tabelle 3, Spalte 3, kann für schwere Innenbauart (Tabelle 3, Zeile 2) bei einem Fensterflächenanteil $f \leq 0,31$ oder einem Gesamtenergiedurchlassgrad $g_F \leq 0,36$ und für leichte Innenbauart (Tabelle 3, Zeile 1) bei $f \leq 0,21$ oder $g_F \leq 0,24$ auf die Ermittlung verzichtet werden.

Berechnungsverfahren nach DIN 4108 Teil 5

Berechnung des Wärmedurchlasswiderstandes

Der Wärmedurchlasswiderstand $1/\Lambda$ (auch als Wärmeleitwiderstand R_Λ bezeichnet) wird aus der Dicke s des Bauteils und dem Rechenwert seiner Wärmeleitfähigkeit λ_R wie folgt berechnet:

$$\frac{1}{\Lambda} = \frac{s}{\lambda_R} \qquad (1)$$

$\dfrac{1}{\Lambda}$	s	λ_R
m² · K/W	m	W/(m · K)

Bei mehrschichtigen Bauteilen wird der Wärmedurchlasswiderstand $1/\Lambda$ aus den Dicken s_1, s_2, ... s_n der einzelnen Baustoffschichten und den Rechenwerten ihrer Wärmeleitfähigkeit λ_{R1}, λ_{R2}, ..., λ_{Rn} nach folgender Gleichung ermittelt:

$$\frac{1}{\Lambda} = \frac{s_1}{\lambda_{R1}} + \frac{s_2}{\lambda_{R2}} + \cdots + \frac{s_n}{\lambda_{Rn}} \qquad (2)$$

$\dfrac{1}{\Lambda}$	$s_1 \dots s_n$	$\lambda_{R1} \dots \lambda_{Rn}$
m² · K/W	m	W/(m · K)

Bei einem Bauteil, das aus mehreren, nebeneinanderliegenden Bereichen mit unterschiedlichen Wärmedurchlasswiderständen besteht – muss sofern kein genauerer Nachweis erfolgt – der mittlere Wärmedurchlasswiderstand über die Wärmedurchgangskoeffizienten k der einzelnen Bereiche gemäß Gleichungen (5) und (6) ermittelt werden. Hierbei dürfen sich die Wärmedurchlasswiderstände $1/\Lambda$ benachbarter Bereiche höchstens um den Faktor 5 unterscheiden.

Berechnung des Wärmedurchgangswiderstandes

Der Wärmedurchgangswiderstand $1/k$ eines Bauteils (auch als R_k bezeichnet) wird durch Hinzuzählen der Wärmeübergangswiderstände $1/\alpha_i$ und $1/\alpha_e$ (auch als R_i und R_e bezeichnet) zum Wärmedurchlasswiderstand $1/\Lambda$ nach folgender Gleichung berechnet:

$$\frac{1}{k} = \frac{1}{\alpha_i} + \frac{1}{\Lambda} + \frac{1}{\alpha_e} \qquad (3)$$

$\dfrac{1}{k}$	$\dfrac{1}{\alpha_i}$	$\dfrac{1}{\Lambda}$	$\dfrac{1}{\alpha_e}$
m² · K/W	m² · K/W	m² · K/W	m² · K/W

Berechnung des Wärmedurchgangskoeffizienten

Der Wärmedurchgangskoeffizient k eines Bauteils ergibt sich durch Kehrwertbildung aus Gleichung (3) wie folgt:

$$k = \frac{1}{\dfrac{1}{\alpha_i} + \dfrac{1}{\Lambda} + \dfrac{1}{\alpha_e}} \qquad (4)$$

k	$\dfrac{1}{\alpha_i}$	$\dfrac{1}{\Lambda}$	$\dfrac{1}{\alpha_e}$
W/(m² · K)	m² · K/W	m² · K/W	m² · K/W

Der mittlere Wärmedurchgangskoeffizient k für ein Bauteil, das aus mehreren, nebeneinanderliegenden Bereichen mit verschiedenen Wärmedurchgangskoeffizienten k_1, k_2, ..., k_n besteht, wird entsprechend ihren Flächenanteilen A_1/A, A_2/A, ..., A_n/A nach folgender Gleichung berechnet:

$$k = k_1 \frac{A_1}{A} + k_2 \frac{A_2}{A} + \dots + k_n \frac{A_n}{A}, \qquad (5)$$

k	$k_1 \dots, k_n$	$A_1 \dots, A_n$	A
W/(m² · K)	W/(m² · K)	m²	m²

wobei A die Summe der Flächenanteile $A_1 + A_2 + \dots + A_n$ der Bauteilbereiche bedeutet.

Der mittlere Wärmedurchlasswiderstand $1/\Lambda$ eines Bauteils mit nebeneinanderliegenden Bereichen ergibt sich mit k aus Gleichung (5) wie folgt:

$$\frac{1}{\Lambda} = \frac{1}{k} - \left(\frac{1}{\alpha_i} + \frac{1}{\alpha_e} \right) \qquad (6)$$

$\dfrac{1}{\Lambda}$	$\dfrac{1}{k}$	$\dfrac{1}{\alpha_i}$	$\dfrac{1}{\alpha_e}$
m² · K/W	m² · K/W	m² · K/W	m² · K/W

Berechnung der Wärmestromdichte

Durch ein Außenbauteil, an dessen einer Seite Innenluft mit der Temperatur ϑ_{Li} und an dessen anderer Seite Außenluft mit der Temperatur ϑ_{La} angrenzt, fließt im Beharrungszustand ein Wärmestrom mit der Dichte q. Die Wärmestromdichte wird nach folgender Gleichung berechnet:

$$q = k \, (\vartheta_{Li} - \vartheta_{La}) \qquad (7)$$

q	k	ϑ_{Li}	ϑ_{La}
W/m²	W/(m² · K)	°C	°C

Berechnung der Temperaturen

Die Temperatur ϑ_{Oi} der Bauteilinnenoberfläche wird nach folgender Gleichung ermittelt:

$$\vartheta_{Oi} = \vartheta_{Li} - \frac{1}{\alpha_i} q \qquad (8)$$

ϑ_{Oi}	ϑ_{Li}	$\dfrac{1}{\alpha_i}$	q
°C	°C	m² · K/W	W/m²

Die Temperatur ϑ_{Oa} der Außenoberfläche eines Bauteils wird nach folgender Gleichung ermittelt:

$$\vartheta_{Oa} = \vartheta_{La} - \frac{1}{\alpha_e} q \qquad (9)$$

ϑ_{Oa}	ϑ_{La}	$\dfrac{1}{\alpha_e}$	q
°C	°C	m² · K/W	W/m²

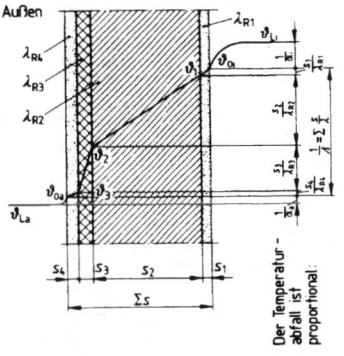

Bild 1. Temperaturverteilung über den Querschnitt eines mehrschichtigen Bauteils

Temperatur der Trennflächen

Die Temperaturen ϑ_1, ϑ_2, ..., ϑ_n nach jeweils der ersten, zweiten bzw. n-ten Schicht eines mehrschichtigen Bauteils (in Richtung des Wärmestroms gezählt) können wie folgt ermittelt werden (vergleiche auch Bild 1):

$$\vartheta_1 = \vartheta_{Oi} - \frac{1}{\Lambda_1} q \qquad \vartheta_2 = \vartheta_1 - \frac{1}{\Lambda_2} q \qquad \vartheta_n = \vartheta_{n-1} - \frac{1}{\Lambda_n} q$$

$$(10) \qquad\qquad (11) \qquad\qquad (12)$$

$\vartheta_1 \dots \vartheta_n$	$\vartheta_{Oi} \dots \vartheta_{n-1}$	$\dfrac{1}{\Lambda_1} \dots \dfrac{1}{\Lambda_n}$	q
°C	°C	m² · K/W	W/m²

Die Temperaturverteilungen in einem mehrschichtigen Bauteil in Abhängigkeit von den Schichtdicken und den Wärmeleitfähigkeiten veranschaulicht Bild 1.

Die Taupunkttemperatur ϑ_s kann aus Tabelle 1 entnommen werden.

Wärmeschutztechnische Berechnungen zur Verhinderung von Tauwasserbildung an der Innenoberfläche von Bauteilen

Der erforderliche Wärmedurchlasswiderstand $1/\Lambda$ eines Bauteils zur Verhinderung von Tauwasserbildung an der Innenoberfläche wird nach folgender Gleichung ermittelt:

$$\frac{1}{\Lambda} = \frac{1}{\alpha_i} \cdot \frac{\vartheta_{Li} - \vartheta_{La}}{\vartheta_{Li} - \vartheta_s} - \left(\frac{1}{\alpha_i} + \frac{1}{\alpha_e} \right) \qquad (13)$$

$\dfrac{1}{\Lambda}$	$\dfrac{1}{\alpha_i}$	$\vartheta_{Li}, \vartheta_{La}, \vartheta_s$	$\dfrac{1}{\alpha_e}$
m² · K/W	m² · K/W	°C	m² · K/W

Der entsprechende Wärmedurchgangskoeffizient k ergibt sich zu:

$$k = \frac{\vartheta_{Li} - \vartheta_s}{\dfrac{1}{\alpha_i} (\vartheta_{Li} - \vartheta_{La})} \qquad (14)$$

k	$\dfrac{1}{\alpha_i}$	$\vartheta_{Li}, \vartheta_{La}, \vartheta_s$
W/(m² · K)	m² · K/W	°C

Die Taupunkttemperatur ϑ_s kann aus Tabelle 1 entnommen werden.

Berechnung von Wärmebrücken

Wärmebrücken, die dadurch entstehen, dass Bereiche mit unterschiedlichen Wärmedurchlasswiderständen in einem Bauteil angeordnet werden, sind rechnerisch nach den Gleichungen (1) und (2) zu behandeln, sofern kein genauerer Nachweis erfolgt.

Wasserdampf-Diffussionsdurchlasswiderstand

Der Wasserdampf-Diffusionsdurchlasswiderstand $1/\Lambda$ einer Baustoffschicht wird für eine Bezugstemperatur von 10°C nach folgender Zahlenwertgleichung berechnet:

$$1/\Lambda = 1,5 \cdot 10^6 \cdot \mu \cdot s \qquad (15)$$

$1/\Lambda$	$R_D \dfrac{T}{D} \approx 1,5 \cdot 10^6$	μ	s
m² · h · Pa/kg	m · h · Pa/kg	–	m

Sind mehrere Baustoffschichten hintereinander angeordnet, so wird der Wasserdampf-Diffusionsdurchlasswiderstand $1/\Lambda$ des Bauteils aus den Dicken s_1, s_2, ..., s_n der einzelnen Baustoffschichten und ihrer Wasserdampf-Diffusionswiderstandszahlen μ_1, μ_2, ..., μ_n nach folgender Zahlenwertgleichung ermittelt:

$$1/\Lambda = 1,5 \cdot 10^6 \, (\mu_1 \cdot s_1 + \mu_2 \cdot s_2 + \dots + \mu_n \cdot s_n) \qquad (16)$$

$1/\Lambda$	$R_D \dfrac{T}{D} \approx 1,5 \cdot 10^6$	$\mu_1 \dots \mu_n$	$s_1 \dots s_n$
m² · h · Pa/kg	m · h · Pa/kg	–	m

Tabelle 1. Taupunkttemperatur ϑ_s der Luft in Abhängigkeit von Temperatur und relativer Feuchte der Luft

Lufttemperatur ϑ	Taupunkttemperatur ϑ_s [1] in °C bei einer relativen Luftfeuchte von														
°C	30 %	35 %	40 %	45 %	50 %	55 %	60 %	65 %	70 %	75 %	80 %	85 %	90 %	95 %
30	10,5	12,9	14,9	16,8	18,4	20,0	21,4	22,7	23,9	25,1	26,2	27,2	28,2	29,1
29	9,7	12,0	14,0	15,9	17,5	19,0	20,4	21,7	23,0	24,1	25,2	26,2	27,2	28,1
28	8,8	11,1	13,1	15,0	16,6	18,1	19,5	20,8	22,0	23,2	24,2	25,2	26,2	27,1
27	8,0	10,2	12,2	14,1	15,7	17,2	18,6	19,9	21,1	22,2	23,3	24,3	25,2	26,1
26	7,1	9,4	11,4	13,2	14,8	16,3	17,6	18,9	20,1	21,2	22,3	23,3	24,2	25,1
25	6,2	8,5	10,5	12,2	13,9	15,3	16,7	18,0	19,1	20,3	21,3	22,3	23,2	24,1
24	5,4	7,6	9,6	11,3	12,9	14,4	15,8	17,0	18,2	19,3	20,3	21,3	22,3	23,1
23	4,5	6,7	8,7	10,4	12,0	13,5	14,8	16,1	17,2	18,4	19,4	20,3	21,3	22,2
22	3,6	5,9	7,8	9,5	11,1	12,5	13,9	15,1	16,3	17,4	18,3	19,4	20,3	21,2
21	2,8	5,0	6,9	8,6	10,2	11,6	12,9	14,2	15,3	16,4	17,4	18,4	19,3	20,2
20	1,9	4,1	6,0	7,7	9,3	10,7	12,0	13,2	14,4	15,4	16,4	17,4	18,3	19,2
19	1,0	3,2	5,1	6,8	8,3	9,8	11,1	12,3	13,4	14,5	15,5	16,4	17,3	18,2
18	0,2	2,3	4,2	5,9	7,4	8,8	10,1	11,3	12,5	13,5	14,5	15,4	16,3	17,2
17	– 0,6	1,4	3,3	5,0	6,5	7,9	9,2	10,4	11,5	12,5	13,5	14,5	15,3	16,2
16	– 1,4	0,5	2,4	4,1	5,6	7,0	8,2	9,4	10,5	11,6	12,6	13,5	14,4	15,2
15	– 2,2	– 0,3	1,5	3,2	4,7	6,1	7,3	8,5	9,6	10,6	11,6	12,5	13,4	14,2
14	– 2,9	– 1,0	0,6	2,3	3,7	5,1	6,4	7,5	8,6	9,6	10,6	11,5	12,4	13,2
13	– 3,7	– 1,9	– 0,1	1,3	2,8	4,2	5,5	6,6	7,7	8,7	9,6	10,5	11,4	12,2
12	– 4,5	– 2,6	– 1,0	0,4	1,9	3,2	4,5	5,7	6,7	7,7	8,7	9,6	10,4	11,2
11	– 5,2	– 3,4	– 1,8	– 0,4	1,0	2,3	3,5	4,7	5,8	6,7	7,7	8,6	9,4	10,2
10	– 6,0	– 4,2	– 2,6	– 1,2	0,1	1,4	2,6	3,7	4,8	5,8	6,7	7,6	8,4	9,2

[1] Näherungsweise darf gradlinig interpoliert werden.

Berechnungsverfahren nach DIN 4108 Teil 5

Wasserdampfdiffusionsäquivalente Luftschichtdicke

Die diffusionsäquivalente Luftschichtdicke s_d einer Baustoffschicht wird aus ihrer Dicke s und der Wasserdampf-Diffusionswiderstandszahl μ des Baustoffes wie folgt berechnet.

$$s_d = \mu \cdot s \qquad (17)$$

s_d	μ	s
m	–	m

Wasserdampfteildruck

Der Wasserdampfteildruck p wird aus der relativen Luftfeuchte φ und dem Wasserdampfsättigungsdruck p_s bei der Temperatur ϑ (siehe Tabelle 2) wie folgt berechnet:

$$p = \varphi \cdot p_s \qquad (18)$$

p	φ	p_s
Pa	–	Pa

Die relative Luftfeuchte φ ist als Dezimalbruch in die Gleichung einzusetzen.
Der Wasserdampfsättigungsdruck p_s darf auch durch eine Formel angenähert werden, z.B.:

$$p_s = \alpha \left(b + \frac{\vartheta}{100°C}\right)^n$$

p_s	α	b	n	ϑ
Pa	Pa	–	–	°C

Dabei bedeuten α, b und n Konstanten mit folgenden Zahlenwerten:

$0 \leq \vartheta \leq 30°C$: $\alpha = 288{,}68$ Pa $\quad -20 \leq \vartheta < 0°C$: $\alpha = 8{,}02$ Pa
$\qquad\qquad\qquad\quad b = 1{,}098 \qquad\qquad\qquad\qquad\quad b = 1{,}486$
$\qquad\qquad\qquad\quad n = 8{,}02 \qquad\qquad\qquad\qquad\quad n = 12{,}30$

Wasserdampf-Diffusionsstromdichte

Der Wasserdampf-Diffusionsstrom mit der Dichte i im Beharrungszustand, im folgenden nur noch Diffusionsstromdichte i genannt, wird nach folgender Gleichung berechnet:

$$i = \frac{p_i - p_a}{1/\Lambda} \qquad (19)$$

i	p_i, p_a	$1/\Lambda$
kg/(m² · h)	Pa	m² h · Pa/kg

Gleichung (19) setzt einen Diffusionsstrom ohne Tauwasserausfall voraus.

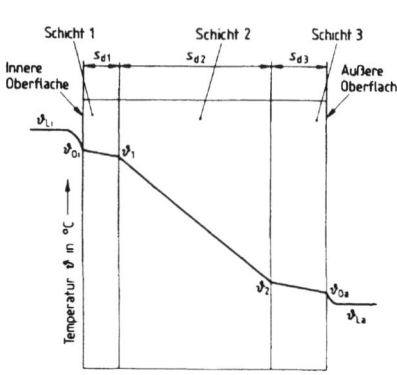

Innenraum: ϑ_{Li}, φ_i

Außenluft: ϑ_{La}, φ_a

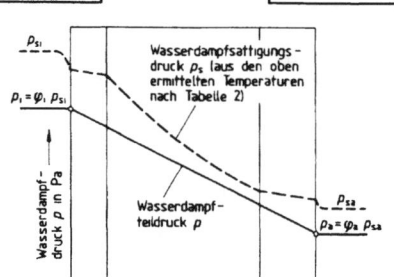

Bild 2. Schematisierte Darstellung des Verlaufs der Temperatur, des Wasserdampfsättigungs- und -teildrucks durch ein mehrschichtiges Bauteil zur Ermittlung etwaigen Tauwasserausfalls (in diesem Beispiel bleibt der Querschnitt tauwasserfrei)

Berechnung des Tauwasserausfalls

Das Verfahren für die Ermittlung eines etwaigen Tauwasserausfalls ist in Bild 2 schematisiert dargestellt.

Durch ein Bauteil mit einem Wasserdampf-Diffusionsdurchlasswiderstand $1/\Lambda$, an dessen einer Seite Luft mit einem Wasserdampfteildruck p_i und an dessen anderer Seite Luft mit einem Wasserdampfteildruck p_a angrenzt, fließt ein Wasserdampf-Diffusionsstrom.

Wenn der Wasserdampfteildruck p im Innern eines Bauteils den Wasserdampfsättigungsdruck p_s erreicht, erfolgt Tauwasserausfall.
Die Berechnung erfolgt nach dem folgenden Verfahren:

Auf der Abszisse werden in das Diagramm die im Maßstab der diffusionsäquivalenten Luftschichtdicken s_d dargestellten Baustoffschichten, auf der Ordinate der Wasserdampfteildruck p aufgetragen (vergleiche Bild 2).

In das Diagramm werden über dem Querschnitt des Bauteils der aufgrund der rechnerisch ermittelten Temperaturverteilung bestimmte Wasserdampfsättigungsdruck p_s (höchstmöglicher Wasserdampfdruck) und der vorhandene Wasserdampfteildruck p eingetragen. Der Verlauf des Wasserdampfteildruckes im Bauteil ergibt sich im Diffusionsdiagramm als Verbindungsgerade der Drücke p_i und p_a an beiden Bauteiloberflächen. Würde die Gerade den Kurvenzug des Wasserdampfsättigungsdruckes schneiden, so sind statt der Geraden von den Drücken p_i und p_a die Tangenten an die Kurve des Sättigungsdruckes zu zeichnen, da der Wasserdampfteildruck nicht größer als der Sättigungsdruck sein kann (vergleiche Bild, 3 Fälle b bis d). Die Berührungsstellen der Tangenten mit dem Kurvenzug des Wasserdampfsättigungsdruckes begrenzen den Bereich des Tauwasserausfalls im Bauteil (vergleiche Bild 3, Fall d). Berühren sich die Gerade und die Kurve des Wasserdampfsättigungsdruckes nicht, so fällt kein Tauwasser aus (vergleiche Bild 3, Fall a).

Die Größe der Tauwassermasse ergibt sich als Differenz zwischen den je Zeit- und Flächeneinheit eindiffundierenden und ausdiffundierenden Wasserdampfmassen (Differenz der Diffusionsstromdichte). Die Neigung der Tangenten ist ein Maß für die jeweilige Diffusionsstromdichte i (siehe Gleichung (19)).

Die in der Tauperiode in einem Außenbauteil ausfallende Tauwassermasse ergibt sich für die jeweiligen Fälle b bis d aus den in Bild 3 ausgeführten Gleichungen (20) bis (30).

Berechnung der Verdunstung

Nach einem vorhergehenden Tauwasserausfall im Außenbauteil wird in der Tauwasserebene bzw. in dem Tauwasserbereich Sättigungsdruck angenommen.

Die Ermittlung der durch Dampfdiffusion an die Raum- und Außenluft aus den Tauwasserebenen bzw. aus dem Tauwasserbereich abführbaren verdunstenden Wassermasse erfolgt analog zu dem beschriebenen Verfahren anhand von Diffusionsdiagrammen (vergleiche Bild 4, Fälle b bis d).

Tauwasserausfall während der Verdunstungsperiode ist rechnerisch nicht zu berücksichtigen.

Berechnungsverfahren bei Sonderfällen

Ist nach DIN 4108 Teil 3 die Auswirkung des tatsächlich gegebenen Raumklimas und des Außenklimas am Standort des Gebäudes auf den Tauwasserausfall und bei der Ermittlung der Tauwassermasse mit zu erfassen, so ist ein modifiziertes, auf diese Klimabedingungen abgestimmtes Rechenverfahren anzuwenden.

Tabelle 2. Wasserdampfsättigungsdruck bei Temperaturen von 30,9 bis – 20,9 °C

Temperatur °C	Wasserdampfsättigungsdruck Pa									
	,0	,1	,2	,3	,4	,5	,6	,7	,8	,9
30	4244	4269	4294	4319	4344	4369	4394	4419	4445	4469
29	4006	4030	4053	4077	4101	4124	4148	4172	4196	4219
28	3781	3803	3826	3848	3871	3894	3916	3939	3961	3984
27	3566	3588	3609	3631	3652	3674	3695	3717	3793	3759
26	3362	3382	3403	3423	3443	3463	3484	3504	3525	3544
25	3169	3188	3208	3227	3246	3266	3284	3304	3324	3343
24	2985	3003	3021	3040	3059	3077	3095	3114	3132	3151
23	2810	2827	2845	2863	2880	2897	2915	2932	2950	2968
22	2645	2661	2678	2695	2711	2727	2744	2761	2777	2794
21	2487	2504	2518	2535	2551	2566	2582	2598	2613	2629
20	2340	2354	2369	2384	2399	2413	2428	2443	2457	2473
19	2197	2212	2227	2241	2254	2268	2283	2297	2310	2324
18	2065	2079	2091	2105	2119	2132	2145	2158	2172	2185
17	1937	1950	1963	1976	1988	2001	2014	2027	2039	2052
16	1818	1830	1841	1854	1866	1878	1889	1901	1914	1926
15	1706	1717	1729	1739	1750	1762	1773	1784	1795	1806
14	1599	1610	1621	1631	1642	1653	1663	1674	1684	1695
13	1498	1508	1518	1528	1538	1548	1559	1569	1578	1588
12	1403	1413	1422	1431	1441	1451	1460	1470	1479	1488
11	1312	1321	1330	1340	1349	1358	1367	1375	1385	1394
10	1228	1237	1245	1254	1262	1270	1279	1287	1296	1304
9	1148	1156	1163	1171	1179	1187	1195	1203	1211	1218
8	1073	1081	1088	1096	1103	1110	1117	1125	1133	1140
7	1002	1008	1016	1023	1030	1038	1045	1052	1059	1066
6	935	942	949	955	961	968	975	982	988	995
5	872	878	884	890	896	902	907	913	919	925
4	813	819	825	831	837	843	849	854	861	866
3	759	765	770	776	781	787	793	798	803	808
2	705	710	716	721	727	732	737	743	748	753
1	657	662	667	672	677	682	687	691	696	700
0	611	616	621	626	630	635	640	645	648	653
– 0	611	605	600	595	592	587	582	577	572	567
– 1	562	557	552	547	543	538	534	531	527	522
– 2	517	514	509	505	501	496	492	489	484	480
– 3	476	472	468	464	461	456	452	448	444	440
– 4	437	433	430	426	423	419	415	412	408	405
– 5	401	398	395	391	388	385	382	379	375	372
– 6	368	365	362	359	356	353	350	347	343	340
– 7	337	336	333	330	327	324	321	318	315	312
– 8	310	306	304	301	298	296	294	291	288	286
– 9	284	281	279	276	274	272	269	267	264	262
– 10	260	258	255	253	251	249	246	244	242	239
– 11	237	235	233	231	229	228	226	224	221	219
– 12	217	215	213	211	209	208	206	204	202	200
– 13	198	197	195	193	191	190	188	186	184	182
– 14	181	180	178	177	175	173	172	170	168	167
– 15	165	164	162	161	159	158	157	155	153	152
– 16	150	149	148	146	145	144	142	141	139	138
– 17	137	136	135	133	132	131	129	128	127	126
– 18	125	124	123	122	121	120	118	117	116	115
– 19	114	113	112	111	110	109	107	106	105	104
– 20	103	102	101	100	99	98	97	96	95	94

Berechnungsverfahren nach DIN 4108 Teil 5

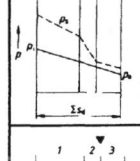

Fall a: Wasserdampfdiffusion ohne Tauwasserausfall im Bauteil. Der Wasserdampfteildruck im Bauteil ist an jeder Stelle niedriger als der mögliche Wasserdampfsättigungsdruck.

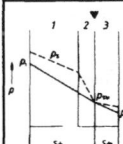

Fall b: Wasserdampfdiffusion mit Tauwasserausfall in einer Ebene des Bauteils (zwischen den Schichten 2 und 3).

Die Diffusionsstromdichte i vom Raum in das Bauteil bis zur Tauwasserebene ist:

$$i = \frac{p_i - p_{sw}}{1/\Delta_i} \quad (20)$$

Die Diffusionsstromdichte i_a von der Tauwasserebene zum Freien ist:

$$i_a = \frac{p_{sw} - p_a}{1/\Delta_a} \quad (21)$$

Die Tauwassermasse W_T, die während der Tauperiode in der Ebene ausfällt, berechnet sich wie folgt:

$$W_T = t_T \cdot (i - i_a) \quad (22)$$

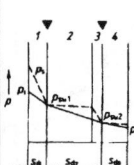

Fall c: Wasserdampfdiffusion mit Tauwasserausfall in zwei Ebenen des Bauteils (zwischen den Schichten 1 und 2 sowie zwischen den Schichten 3 und 4).

Die Diffusionsstromdichte i vom Raum in das Bauteil bis zur 1. Tauwasserebene ist:

$$i = \frac{p_i - p_{sw\,1}}{1/\Delta_i} \quad (23)$$

Die Diffusionsstromdichte i_z zwischen der 1. und 2. Tauwasserebene ist:

$$i_z = \frac{p_{sw\,1} - p_{sw\,2}}{1/\Delta_z} \quad (24)$$

Die Diffusionsstromdichte i_a von der 2. Tauwasserebene zum Freien ist:

$$i_a = \frac{p_{sw\,2} - p_a}{1/\Delta_a} \quad (25)$$

Die Tauwassermassen W_T und W_{T2}, die während der Tauperiode in den Ebenen 1 und 2 ausfallen, berechnen sich wie folgt:

$$W_T = t_T \cdot (i - i_z) \quad (26)$$

$$W_{T2} = t_T \cdot (i_z - i_a) \quad (27)$$

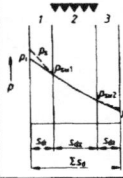

Fall d: Wasserdampfdiffusion mit Tauwasserausfall in einem Bereich im Innern des Bauteils.

Die Diffusionsstromdichte i vom Raum in das Bauteil bis zum Anfang des Tauwasserbereiches ist:

$$i = \frac{p_i - p_{sw\,1}}{1/\Delta_i} \quad (28)$$

Die Diffusionsstromdichte i_a vom Ende des Tauwasserbereiches zum Freien ist:

$$i_a = \frac{p_{sw\,2} - p_a}{1/\Delta_a} \quad (29)$$

Die Tauwassermasse W_T, die während der Tauperiode im Bereich ausfällt, berechnet sich wie folgt:

$$W_T = t_T \cdot (i - i_a) \quad (30)$$

Im Regelfall werden bei nichtklimatisierten Räumen die vereinfachten Randbedingungen nach DIN 4108 Teil 3 der Berechnung zu Grunde gelegt.

In den Gleichungen (20) bis (30) bedeuten:

p_i Wasserdampfteildruck im Raum

p_a Wasserdampfteildruck im Freien

p_{sw} Wasserdampfsättigungsdruck
- bei Fall b: in der Tauwasserebene
- bei Fall c: in der 1. und 2. Tauwasserebene ($p_{sw\,1}$, $p_{sw\,2}$)
- bei Fall d: am Anfang und am Ende des Tauwasserbereiches ($p_{sw\,1}$, $p_{sw\,2}$)

$1/\Delta$ Wasserdampf–Diffusionsdurchlasswiderstand der Baustoffschichten (nach den Gleichungen (15) und (17) proportional zu s_d)
- bei Fall b: zwischen der raumseitigen Bauteiloberfläche und der Tauwasserebene ($1/\Delta_i$)
    zwischen der Tauwasserebene und der außenseitigen Bauteiloberfläche ($1/\Delta_a$)
- bei Fall c: zwischen der raumseitigen Bauteiloberfläche und der 1. Tauwasserebene ($1/\Delta_i$)
    zwischen der 1. und 2. Tauwasserebene ($1/\Delta_z$)
    zwischen der 2. Tauwasserebene und der außenseitigen Bauteiloberfläche ($1/\Delta_a$)
- bei Fall d: zwischen der raumseitigen Bauteiloberfläche und dem Anfang des Tauwasserbereiches ($1/\Delta_i$)
    zwischen dem Ende des Tauwasserbereiches und der außenseitigen Bauteiloberfläche ($1/\Delta_a$)

t_T Dauer der Tauperiode

i, i_a, i_z	p_i, p_a, p_{sw}, $p_{sw\,1}$, $p_{sw\,2}$	$1/\Delta_i$, $1/\Delta_a$, $1/\Delta_z$	W_T, W_{T1}, W_{T2}	t_T
kg/(m² · h)	Pa	m² · h · Pa/kg	kg/m²	h

Bild 3: Schematisierte Diffusionsdiagramme und zugehörige Berechnungsgleichungen für Außenbauteile während der Tauperiode.

Tabelle A.4. Zusammenstellung der Rechengrößen für das Diffusionsdiagramm bei Tauwasserausfall

Spalte	1	2	3	4	5	6	7	8
Nr	Schicht	s	μ	s_d	λ_R	$1/\alpha$, $1/\Lambda$	ϑ	p_s
–	–	m	–	m	W/(m · K)	m² · K/W	°C	Pa
–	Wärmeübergang innen	–	–	–	–	0,13	20,0	2340
							17,8	2039
1	Stahlbeton	0,18	70	13	2,10	0,09		
							16,3	1854
2	Bitumendachbahn	0,002	15000	30				
							16,3	1854
3	Polystyrol-Partikelschaum Typ WD nach DIN 18164 Teil 1 Rohdichte ≥ 20 kg/m³	0,06	30	1,80	0,040	1,50		
							– 9,3	276
4	Dachabdichtung	0,006	100 000	600	–	–		
							– 9,3	276
–	Wärmeübergang außen	–	–	–	–	0,04		
							– 10,0	260
				$\Sigma s_d =$ 644,8		$1/k =$ 1,76		

Tauwassermasse:

$1/\Delta_i = 1,5 \cdot 2,95 \cdot 10^6 = 4,43 \cdot 10^6$ m² · h · Pa/kg
$1/\Delta_a = 1,5 \cdot 1,9 \cdot 10^6 = 2,85 \cdot 10^6$ m² · h · Pa/kg
$p_i = 1170$ Pa
$p_{sw} = 318$ Pa
$p_a = 208$ Pa
Dauer der Tauperiode: $t_T = 1440$ h

$$W_T = 1440 \left(\frac{1170 - 318}{4,43} - \frac{318 - 208}{2,85} \right) \cdot 10^{-6}$$

$W_T = 0,221$ kg/m²

Ergebnis:
Zulässige Tauwassermasse nach DIN 4108 Teil 3 (Erhöhung des massebezogenen Feuchtegehalts der Spanplatte um nicht mehr als 3 %):
zul $W_T = 0,03 \cdot 0,019 \cdot 700 = 0,399$ kg/m² > W_T

Verdunstende Wassermasse:

$1/\Delta_i = 1,5 \cdot 2,95 \cdot 10^6 = 4,43 \cdot 10^6$ m² · h · Pa/kg
$1/\Delta_a = 1,5 \cdot 1,9 \cdot 10^6 = 2,85 \cdot 10^6$ m² · h · Pa/kg
$p_i = p_a = 982$ Pa
$p_{sw} = 1403$ Pa
Dauer der Verdunstungsperiode: $t_V = 2160$ h

$$W_V = 2160 \left(\frac{1403 - 982}{4,43} + \frac{1403 - 982}{2,85} \right) \cdot 10^{-6}$$

$W_V = 0,524$ kg/m² > W_T

Ergebnis:
Die Tauwasserbildung ist im Sinne von DIN 4108 Teil 1 unschädlich, da
a) $W_T <$ zul. W_T und
b) $W_V > W_T$

Anwendungsbeispiele

A.1 Beispiel 1: Außenwand

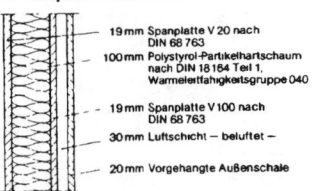

- 19 mm Spanplatte V 20 nach DIN 68 763
- 100 mm Polystyrol-Partikelhartschaum nach DIN 18164 Teil 1, Wärmeleitfähigkeitsgruppe 040
- 19 mm Spanplatte V 100 nach DIN 68 763
- 30 mm Luftschicht – belüftet –
- 20 mm Vorgehangte Außenschale

Bild A.1. Wandaufbau

Tabelle A.1. Randbedingungen

Periode	Raumklima	Außenklima
Tauperiode		
Lufttemperatur	20 °C	– 10 °C
Relative Luftfeuchte	50 %	80 %
Wasserdampfsättigungsdruck	2340 Pa	260 Pa
Wasserdampfteildruck	1170 Pa	208 Pa
Verdunstungsperiode		
Lufttemperatur	12 °C	12 °C
Relative Luftfeuchte	70 %	70 %
Wasserdampfsättigungsdruck	1403 Pa	1403 Pa
Wasserdampfteildruck	982 Pa	982 Pa

a)   Tauperiode

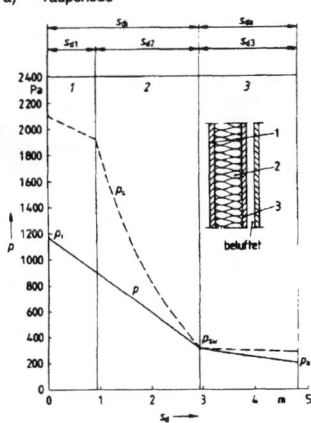

b)   Verdunstungsperiode

Bei den Randbedingungen nach Tabelle A.1 sind die Lufttemperatur ϑ und damit auch der Sättigungsdruck p_s über den ganzen Wandquerschnitt konstant.

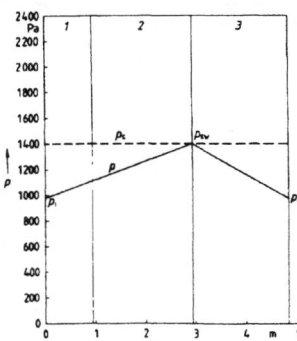

Bild A.2. Diffusionsdiagramme für die Außenwand in der Tauperiode (a) und der Verdunstungsperiode (b)

Tabelle A.2. Zusammenstellung der Rechengrößen für das Diffusionsdiagramm bei Tauwasserausfall

1	2	3	4	5	6	7	8
Schicht	s	μ	s_d	λ_R	$1/\alpha$, $1/\Lambda$	ϑ	p_s
–	m	–	m	W/(m K)	m² K/W	°C	Pa
Wärmeübergang innen	–	–	–	–	0,13	20,0	2340
Spanplatte V 20	0,019	50	0,95	0,13	0,15	18,7	2158
Polystyrol-Partikelhartschaum	0,10	20	2,00	0,04	2,50	17,2	1963
Spanplatte V 100	0,019	100	1,90	0,13	0,15	– 7,7	318
Luftschicht – belüftet –	0,03	–	–	–	–	– 9,2	279
Außenschale	0,02	–	–	–	–		
Wärmeübergang außen	–	–	–	–	0,08	– 10,0	260
		$\Sigma s_d =$ 4,85			$1/k =$ 3,01		

Berechnungsverfahren nach DIN 4108 Teil 5

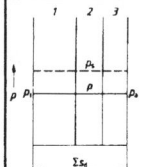

Fall a: Kein Tauwasserausfall, da an keiner Stelle $p = p_s$ ist. Eine Untersuchung der Verdunstung erübrigt sich.

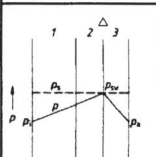

Fall b: Wasserdampfdiffusion während der Verdunstung nach Tauwasserausfall in einer Ebene des Bauteils.

Die Diffusionsstromdichte i_i von der Tauwasserebene zum Raum ist:

$$i_i = \frac{p_{sw} - p_i}{1/\Delta_i} \quad (31)$$

Die Diffusionsstromdichte i_a von der Tauwasserebene zum Freien ist:

$$i_a = \frac{p_{sw} - p_a}{1/\Delta_a} \quad (32)$$

Die verdunstende Wassermasse W_V, die während der Verdunstungsperiode aus dem Bauteil abgeführt werden kann, berechnet sich wie folgt:

$$W_V = t_V \cdot (i_i - i_a) \quad (33)$$

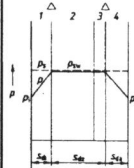

Fall c: Wasserdampfdiffusion während der Verdunstung nach Tauwasserausfall in zwei Ebenen des Bauteils [1].

Die Diffusionsstromdichte i_i von der Tauwasserebene p_{sw} zum Raum ist: p_{sw}

$$i_i = \frac{p_{sw} - p_i}{1/\Delta_i} \quad (34)$$

Die Diffusionsstromdichte i_a von der Tauwasserebene zum Freien ist:

$$i_a = \frac{p_{sw} - p_a}{1/\Delta_a} \quad (35)$$

Die verdunstende Wassermasse W_V, die während der Verdunstungsperiode aus dem Bauteil abgeführt werden kann, berechnet sich wie folgt:

$$W_V = t_V \cdot (i_i + i_a) \quad (36)$$

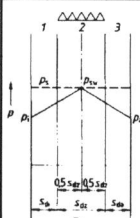

Fall d: Wasserdampfdiffusion während der Verdunstung nach Tauwasserausfall in einem Bereich im Innern des Bauteils.

Die Diffusionsstromdichte i_i von der Mitte des Tauwasserbereiches zum Raum ist:

$$i_i = \frac{p_{sw} - p_i}{1/\Delta_i + 0{,}5 \cdot 1/\Delta_z} \quad (37)$$

Die Diffusionsstromdichte i_a von der Mitte des Tauwasserbereiches zum Freien ist:

$$i_a = \frac{p_{sw} - p_a}{0{,}5 \cdot 1/\Delta_z + 1/\Delta_a} \quad (38)$$

Die verdunstende Wassermasse W_V, die während der Verdunstungsperiode aus dem Bauteil abgeführt werden kann, berechnet sich wie folgt:

$$W_V = t_V \cdot (i_i - i_a) \quad (39)$$

Die in Bild 4 dargestellten Fälle a bis d entsprechen den Fällen a bis d in Bild 3.
Im Regelfall werden bei nichtklimatisierten Räumen die vereinfachten Randbedingungen nach DIN 4108 Teil 3 der Berechnung zu Grunde gelegt.
Die Bedeutung der in den Gleichungen (31) bis (39) verwendeten Größen ist in Bild 3 angegeben.
Zusätzlich bedeutet:

t_V Dauer der Verdunstungsperiode

W_V	t_V	i_i, i_a
kg/m²	h	kg/(m² · h)

[1]   Reicht die Diffusionsstromdichte i_a für die vollständige Verdunstung der in der zweiten Ebene ausgefallenen Tauwassermasse nicht aus, z.B. bei Flachdächern mit praktisch dampfdichter Dachhaut, dann ist nach der vollständigen Verdunstung der in der ersten Ebene ausgefallenen Tauwassermasse eine Verdunstung zum Raum hin auch aus der zweiten Ebene in Rechnung zu stellen.
Daraus ergibt sich:

$$i_a = \frac{p_{sw} - p_i}{1/\Delta_i + 1/\Delta_z} \quad (35a)$$

Bild 4. Schematisierte Diffusionsdiagramme und zugehörige Berechnungsgleichungen für Außenbauteile während der Verdunstungsperiode am Beispiel von Außenwänden mit den vereinfachten Randbedingungen nach DIN 4108 Teil 3.

Tabelle A.5. Zusammenstellung der Rechengrößen für das Diffusionsdiagramm bei Verdunstung

Spalte	1	2	3	4	5	6	7	8
Nr	Schicht	s	μ	s_d	λ_R	$1/\alpha$, $1/\Lambda$	ϑ	p_s
–	–	m	–	m	W/(m · K)	m² · K/W	°C	Pa
–	Wärmeübergang innen	–	–	–	–	0,13	12,0	1403
							12,6	1460
1	Stahlbeton	0,18	70	13	2,10	0,09	13,0	1498
2	Bitumendachbahn	0,002	15000	30	–	–	13,0	1498
3	Polystyrol-Partikelschaum Typ WD nach DIN 18164 Teil 1 Rohdichte ≥ 20 kg/m³	0,06	30	1,80	0,04	1,50	20,0	2340
4	Dachabdichtung	0,006	100 000	600	–	–	20,0	2340
	$\Sigma\, s_d =$			644,8	$1/k =$	1,72		

Tauwassermasse:
$1/\Lambda_i = 1{,}5 \cdot 44{,}8 \cdot 10^6 = 67{,}2 \cdot 10^6 \ \text{m}^2 \cdot \text{h} \cdot \text{Pa/kg}$
$1/\Lambda_a = 1{,}5 \cdot 600 \cdot 10^6 = 900 \cdot 10^6 \ \text{m}^2 \cdot \text{h} \cdot \text{Pa/kg}$
$p_i = 1170$ Pa
$p_{sw} = 276$ Pa
$p_a = 208$ Pa
Dauer der Tauperiode: $t_T = 1440$ h

$$W_T = 1440 \left(\frac{1170 - 276}{67{,}2} - \frac{276 - 208}{900} \right) \cdot 10^{-6}$$

$W_T = 0{,}019$ kg/m²

Ergebnis:
Zulässige Wassermasse nach DIN 4108 Teil 3
zul $W_T = 1{,}0$ kg/m² > W_T

Verdunstende Wassermasse:
$1/\Lambda_i = 1{,}5 \cdot 44{,}8 \cdot 10^6 = 67{,}2 \cdot 10^6 \ \text{m}^2 \cdot \text{h} \cdot \text{Pa/kg}$
$1/\Lambda_a = 1{,}5 \cdot 600 \cdot 10^6 = 900 \cdot 10^6 \ \text{m}^2 \cdot \text{h} \cdot \text{Pa/kg}$
$p_i = p_a = 982$ Pa
$p_{sw} = 2340$ Pa
Dauer der Verdunstungsperiode: $t_V = 2160$ h

$$W_V = 2160 \left(\frac{2340 - 982}{67{,}2} + \frac{2340 - 982}{900} \right) \cdot 10^{-6}$$

$W_V = 0{,}047$ kg/m² > W_T

Ergebnis:
Die Tauwasserbildung ist im Sinne von DIN 4108 Teil 3 unschädlich, da
a) W_T < zul. W_T und
b) $W_V > W_T$.

A.2 Beispiel 2: Flachdach

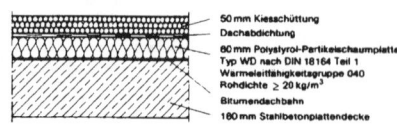

50 mm Kiesschüttung
Dachabdichtung
60 mm Polystyrol-Partikelschaumplatten Typ WD nach DIN 18164 Teil 1 Wärmeleitfähigkeitsgruppe 040 Rohdichte ≥ 20 kg/m³
Bitumendachbahn
180 mm Stahlbetonplattendecke

Bild A.3: Flachdachaufbau
Feuchtigkeitstechnische Schutzschichten (z.B. Dampfsperren, Dachhaut u.a.) werden bei der Ermittlung der Temperaturverteilung nicht mitgerechnet.

Tabelle A.3. Randbedingungen

Periode	Raumklima	Außenklima
Tauperiode		
Lufttemperatur	20 °C	– 10 °C
Relative Luftfeuchte	50 %	80 %
Wasserdampfsättigungsdruck	2340 Pa	260 Pa
Wasserdampfteildruck	1170 Pa	208 Pa
Verdunstungsperiode		
Lufttemperatur	12 °C	12 °C
Relative Luftfeuchte	70 %	70 %
Wasserdampfsättigungsdruck	1403 Pa	1403 Pa
Wasserdampfteildruck	982 Pa	982 Pa
Oberflächentemperatur des Daches	–	20 °C

a)   Tauperiode

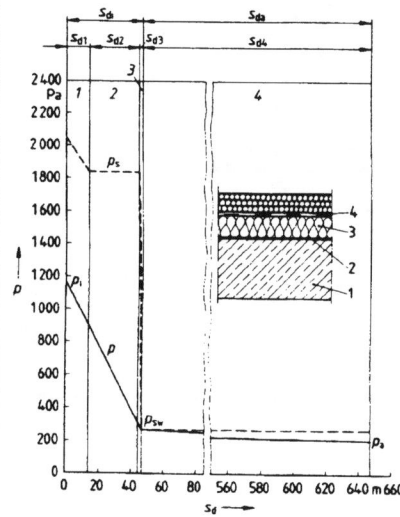

b)   Verdunstungsperiode
Erneuter Tauwasserausfall während der Verdunstungsperiode (Gerade $p_{sw} - p_i$) wird nicht berücksichtigt (siehe Abschnitt 11.2.3)

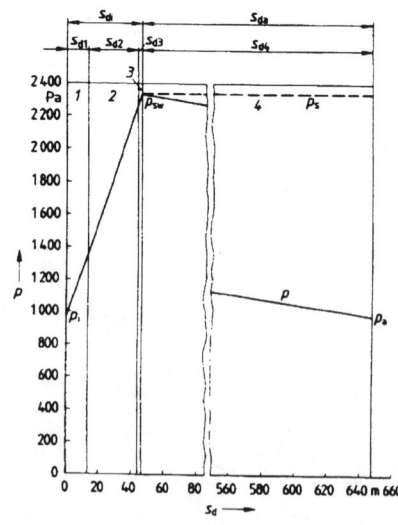

Bild A.4. Diffusionsdiagramme für das Flachdach in der Tauperiode (a) und der Verdunstungsperiode (b)

Energiesparmaßnahmen nach Wärmeschutzverordnung

Abschnitt 1: Gebäude mit normalen Innentemperaturen

§ 1 Anwendungsbereich
Bei der Errichtung der nachstehend genannten Gebäude ist zum Zwecke der Energieeinsparung der Jahres–Heizwärmebedarf dieser Gebäude durch Anforderungen an den Wärmedurchgang der Umfassungsfläche und an die Lüftungswärmeverluste nach den Vorschriften dieses Abschnittes zu begrenzen:

1. Wohngebäude,
2. Büro- und Verwaltungsgebäude,
3. Schulen, Bibliotheken,
4. Krankenhäuser, Altenwohnheime, Altenheime Pflegeheime, Entbindungs- und Säuglingsheime und Aufenthaltsgebäude in Justizvollzugsanstalten und Kasernen,
5. Gebäude des Gaststättengewerbes,
6. Waren- und sonstige Geschäftshäuser,
7. Betriebsgebäude, die nach ihrem üblichen Verwendungszweck auf Innentemperaturen von mindestens 19°C beheizt werden,
8. Gebäude für Sport– oder Versammlungszwecke, soweit sie nach ihrem üblichen Verwendungszweck auf Innentemperaturen von mindestens 15°C und jährlich mehr als drei Monate beheizt werden,
9. Gebäude, die eine nach den Nummern 1 bis 8 gemischte oder eine ähnliche Nutzung aufweisen.

§ 2 Begriffsbestimmungen
Der Jahres–Heizwärmebedarf eines Gebäudes im Sinne dieser Verordnung ist diejenige Wärme, die ein Heizsystem unter den Maßgaben des in Anlage 1 angegebenen Berechnungsverfahrens jährlich für die Gesamtheit der beheizten Räume dieses Gebäudes bereitzustellen hat.

Beheizte Räume im Sinne dieser Verordnung sind Räume, die auf Grund bestimmungsgemäßer Nutzung direkt oder durch Raumverbund beheizt werden.

§ 3 Begrenzung des Jahres–Heizwärmebedarfs Q_H
Der Jahres–Heizwärmebedarf ist nach Anlage 1 Ziffer 1und 6 zu begrenzen. Für kleine Wohngebäude mit bis zu zwei Vollgeschossen und nicht mehr als drei Wohneinheiten gilt die Verpflichtung nach Satz 1 als erfüllt, wenn die Anforderungen nach Anlage 1 Ziffer 7 eingehalten werden.
Werden mechanisch betriebene Lüftungsanlagen eingesetzt, können diese bei der Ermittlung des Jahres–Heizwärmebedarfes nach Maßgabe der Anlage 1 Ziffer 1.6.3 und 2 berücksichtigt werden.

Ferner gelten folgende Anforderungen:

1. Bei Flächenheizungen in Bauteilen, die beheizte Räume gegen die Außenluft, das Erdreich oder gegen Gebäudeteile mit wesentlich niedrigeren Innentemperaturen abgrenzen, ist der Wärmedurchgang nach Anlage 1 Ziffer 3 zu begrenzen.
2. Der Wärmedurchgangskoeffizient für Außenwände im Bereich von Heizkörpern darf den Wert der nichttransparenten Außenwände des Gebäudes nicht überschreiten.
3. Werden Heizkörper vor außenliegenden Fensterflächen angeordnet, sind zur Verringerung der Wärmeverluste geeignete nicht demontierbare oder integrierte Abdeckungen an der Heizkörperseite vorgesehen. Der K–Wert der Abdeckung darf 0,9 W/m² nicht überschreiten. Der Wärmedurchgang durch die Fensterflächen ist nach Anlage 1 Ziffer 4 zu begrenzen.
4. Soweit Gebäude mit Einrichtungen ausgestattet werden, durch die die Raumluft unter Einsatz von Energie gekühlt wird, ist der Energiedurchgang von außenliegenden Fenstern und Fenstertüren nach Maßgabe der Anlage 1 Ziffer 5 zu begrenzen.
5. Fenster und Fenstertüren in wärmetauschenden Flächen müssen mindestens mit einer Doppelverglasung ausgeführt werden. Hiervon sind großflächige Verglasungen, z.B. für Schaufenster ausgenommen, wenn sie nutzungsbedingt erforderlich sind.

§ 4 Anforderungen an die Dichtheit
Soweit die wärmeübertragende Umfassungsfläche durch Verschalungen oder gestoßene, überlappende sowie plattenartige Bauteile gebildet wird, ist eine luftundurchlässige Schicht über die gesamte Fläche einzubauen, falls nicht auf andere Weise eine entsprechende Dichtheit sichergestellt werden kann.

Die Fugendurchlasskoeffizienten der außenliegenden Fenster und Fenstertüren von beheizten Räumen dürfen die in Anlage 4 Tabelle 1 genannten Werte, die Fugendurchlasskoeffizienten der Außentüren den in Anlage 4 Tabelle 1 Zeile 1 genannten Wert nicht überschreiten.

Die sonstigen Fugen in der wärmeübertragenden Umfassungsfläche müssen entsprechend dem Stand der Technik dauerhaft luftundurchlässig abgedichtet sein.

Soweit es im Einzelfall erforderlich wird zu überprüfen, ob die Anforderungen der Absätze 1 bis 3 erfüllt sind, gilt Anlage 4 Ziffer 2.

Abschnitt 2:
Gebäude mit niedrigen Innentemperaturen

§ 5 Anwendungsbereich
Bei der Errichtung von Betriebsgebäuden, die nach ihrem üblichen Verwendungszweck auf eine Innentemperatur von mehr als 12 Grad C und weniger als 19 Grad C und jährlich mehr als 4 Monate beheizt werden, ist zum Zwecke der Energieeinsparung ein baulicher Wärmeschutz nach den Vorschriften dieses Abschnittes auszuführen.

§ 6 Begrenzung des Jahres–Transmissionswärmebedarfs Q_T
Der Jahres–Transmissionswärmebedarf ist nach Anlage 2 Ziffer 1 zu begrenzen.

Ferner gelten folgende Anforderungen:

1. Soweit die Gebäude mit Einrichtungen ausgestattet werden,bei denen die Luft unter Einsatz von Energie gekühlt, be– oder entfeuchtet wird, ist mindestens Isolier– oder Doppelverglasung vorzusehen. Wird die Luft unter Einsatz von Energie gekühlt, ist der Energiedurchgang von außenliegenden Fenstern und Fenstertüren nach Maßgabe der Anlage 1 Ziffer 5 zu begrenzen.
2. Für die Begrenzung des Jahres–Transmissionswärmebedarfs bei
   a) Flächenheizungen in Außenbauteilen gilt § 3 Abs. 3 Nr. 1 entsprechend,
   b) Außenwänden im Bereich von Heizkörpern gilt § 3 Abs. 3 Nr. 2 entsprechend,
   c) Heizkörpern im Bereich von Fensterflächen gilt § 3 Abs. 3 Nr. 3 entsprechend,

Wird für außenliegende Fenster, Fenstertüren und Außentüren in beheizten Räumen Einfachverglasung vorgesehen, so ist der Wärmedurchgangskoeffizient für diese Bauteile bei der Berechnung nach Anlage 2 Ziffer 2 mit mindestens 5,2 W/(m²·K) anzunehmen.

§ 7 Anforderungen an die Dichtheit
Die Fugendurchlasskoeffizienten der außenliegenden Fenster und Fenstertüren von beheizten Räumen dürfen den in Anlage 4 Tabelle 1 Zeile 1 genannten Wert nicht überschreiten.

Abschnitt 3:
Bauliche Änderungen bestehender Gebäude

§ 8 Begrenzung des Heizwärmebedarfs
(1) Bei der baulichen Erweiterung eines Gebäudes nach dem ersten oder zweiten Abschnitt um mindestens einen beheizten Raum oder der Erweiterung der Nutzfläche in bestehenden Gebäuden um mehr als 10 m² zusammenhängende beheizte Gebäudenutzfläche nach Anlage 1 Ziffer 1.4.2 sind für die neuen Räume bei Gebäuden mit normalen Innentemperaturen die Anforderungen nach den §§ 3 und 4 und bei Gebäuden mit niedrigen Innentemperaturen die Anforderungen nach den §§ 6 und 7 einzuhalten.

(2) Soweit bei beheizten Räumen in Gebäuden nach dem ersten oder zweiten Abschnitt

1. Außenwände,
2. außenliegende Fenster und Fenstertüren sowie Dachfenster,
3. Decken unter nicht ausgebauten Dachräumen oder Decken, (einschließlich Dachschrägen), welche die Räume nach oben oder unten gegen die Außenluft abgrenzen,
4. Kellerdecken oder
5. Wände oder Decken gegen unbeheizte Räume

erstmalig eingebaut, ersetzt (wärmetechnisch nachgerüstet) oder erneuert werden, sind die in Anlage 3 genannten Anforderungen einzuhalten. Dies gilt nicht, wenn die Anforderungen für zu errichtende Gebäude erfüllt werden oder wenn sich die Ersatz- oder Erneuerungsmaßnahme auf weniger als 20 vom Hundert der Gesamtfläche der jeweiligen Bauteile erstreckt; bei Außenwänden, außenliegenden Fenstern und Fenstertüren sind die jeweiligen Bauteilflächen in den zugehörigen Fassaden zu Grunde zulegen. Satz 1 gilt auch bei Maßnahmen zur wärmeschutztechnischen Verbesserung der Bauteile. Die Sätze 1 und 3 gelten nicht, wenn im Einzelfall die zur Erfüllung der dort genannten Anforderungen aufzuwendenden Mittel außer Verhältnis zu der noch zu erwartenden Nutzungsdauer des Gebäudes stehen.

(3) Soweit Einrichtungen bei Gebäuden nach dem ersten oder zweiten Abschnitt nachträglich eingebaut werden, durch die die Raumluft unter Einsatz von Energie gekühlt wird, ist der Energiedurchgang von außenliegenden Fenstern und Fenstertüren nach Maßgabe der Anlage 1 Ziffer 5 zu begrenzen. Außenliegende Fenster und Fenstertüren sowie Außentüren der von Einrichtungen nach Satz 1 versorgten Räume sind mindestens mit Isolier- oder Doppelverglasungen auszuführen.

Abschnitt 4: Ergänzende Vorschriften

§ 9 Gebäude mit gemischter Nutzung
Bei Gebäuden, die nach der Art ihrer Nutzung nur zu einem Teil den Vorschriften des ersten bis dritten Abschnitts unterliegen, gelten für die entsprechenden Gebäudeteile die Vorschriften des jeweiligen Abschnitts.

§ 10 Regeln der Technik
Für Bauteile von Gebäuden nach dieser Verordnung, die gegen die Außenluft oder Gebäudeteile mit wesentlich niedrigeren Innentemperaturen abgrenzen, sind die Anforderungen des Mindest–Wärmeschutzes nach den allgemein anerkannten Regeln der Technik einzuhalten, sofern nach dieser Verordnung geringere Anforderungen zulässig wären.

§ 11 Ausnahmen
(1) Diese Verordnung gilt nicht für

1. Traglufthallen, Zelte und Raumzellen sowie sonstige Gebäude, die wiederholt aufgestellt und zerlegt werden und die nicht mehr als zwei Heizperioden am jeweiligen Aufstellungsort beheizt werden.
2. unterirdische Bauten oder Gebäudeteile für Zwecke der Landesverteidigung, des Zivil– oder Katastrophenschutzes,
3. Werkstätten, Werkhallen und Lagerhallen, soweit sie nach ihrem üblichen Verwendungszweck großflächig und lang anhaltend offengehalten werden müssen,
4. Unterglasanlagen und Kulturräume im Gartenbau.

(2) Die nach Landesrecht zuständigen Stellen lassen auf Antrag für Baudenkmäler oder sonstige besonders erhaltenswerte Bausubstanz Ausnahmen von dieser Verordnung zu, soweit Maßnahmen zur Begrenzung des Jahres–Heizwärmebedarfs nach dem dritten Abschnitt die Substanz oder das Erscheinungsbild des Baudenkmals beeinträchtigen und andere Maßnahmen zu einem unverhältnismäßig hohen Aufwand führen würden.
(3) Die nach Landesrecht zuständigen Stellen lassen auf Antrag Ausnahmen von dieser Verordnung zu, soweit durch andere Maßnahmen die Ziele dieser Verordnung im gleichen Umfang erreicht werden.

§ 12 Wärmebedarfsausweis
(1) Für Gebäude nach dem ersten und zweiten Abschnitt sind die wesentlichen Ergebnisse der rechnerischen Nachweise in einem Wärmebedarfsausweis zusammenzufassen. Rechte Dritter werden durch diesen Ausweis nicht berührt. Näheres über den Wärmebedarfsausweis wird in einer Allgemeinen Verwaltungsvorschrift des Bundesministeriums für Raumordnung, Bauwesen und Städtebau mit Zustimmung des Bundesrates bestimmt. Hierbei ist auf die normierten Bedingungen bei der Ermittlung des Wärmebedarfs hinzuweisen.
(2) Der Wärmebedarfsausweis ist der nach Landesrecht für die Überwachung der Verordnung zuständigen Stelle auf Verlangen vorzulegen und ist Käufern, Mietern oder sonstigen Nutzungsberechtigten eines Gebäudes auf Anforderung zur Einsichtnahme zugänglich zu machen.
(3) Dieser Wärmebedarfsausweis stellt die energiebezogenen Merkmale eines Gebäudes im Sinne der Richtlinie 93/76/EWG des Rates vom 13. September 1993 zur Begrenzung der Kohlendioxidemmissionen durch eine effizientere Energienutzung (ABl Nr. ...) dar.

§ 13 Übergangsvorschriften
(1) Die Errichtung oder bauliche Änderung von Gebäuden nach dem ersten bis dritten Abschnitt, für die bis zum Tage vor dem Inkrafttreten dieser Verordnung der Bauantrag gestellt oder die Bauanzeige erstattet worden ist, ist von den Anforderungen dieser Verordnung ausgenommen. Für diese Bauvorhaben gelten weiterhin die Anforderungen der Wärmeschutzverordnung vom 24. Februar 1982 (BGBl. I S 209).
(2) Genehmigungs– und anzeigefreie Bauvorhaben sind von den Anforderungen dieser Verordndung ausgenommen, wenn mit der Bauausführung bis zum Tage vor dem Inkrafttreten dieser Verordnung begonnen worden ist. Für diese Bauvorhaben gelten weiterhin die Anforderungen der Wärmeschutzverordnung vom 24. Februar 1982 (BGBl. I S 209).

§ 14 Härtefälle
Die nach Landesrecht zuständigen Stellen können auf Antrag von den Anforderungen dieser Verordnung befreien, soweit die Anforderungen im Einzelfall wegen besonderer Umstände durch einen unangemessenen Aufwand oder in sonstiger Weise zu einer unbilligen Härte führen.

§ 15 Inkrafttreten
(1) Diese Verordnung tritt am 1. Januar 1995 in Kraft.
(2) Mit Inkrafttreten dieser Verordnung tritt die Wärmeschutzverordnung vom 24. Februar 1982 (BGBl. I S. 209) außer Kraft.
Der Bundesrat hat zugestimmt.

Energiesparmaßnahmen nach Wärmeschutzverordnung

Anlage 1: Anforderungen zur Begrenzung des Jahres-Heizwärmebedarfs Q_H bei zu errichtenden Gebäuden mit normalen Innentemperaturen

1. Anforderungen zur Begrenzung des Jahresheizwärmebedarfs in Abhängigkeit von A/V (Verhältnis der wärmeübertragenden Umfassungsfläche A zum hiervon eingeschlossenen Bauwerksvolumen V)

Die in Tabelle 1 angegebenen Werte des auf das beheizte Bauwerksvolumen V oder die Gebäudenutzfläche A_N bezogenen maximalen Jahres–Heizwärmebedarfs Q'_H oder Q''_H dürfen nicht überschritten werden.

Die auf die Gebäudenutzfläche bezogenen Werte nach Tabelle 1 Spalte 3 dürfen nur bei Gebäuden mit lichten Raumhöhen von 2,60 m oder weniger angewendet werden.

1.1 Berechnung der wärmeübertragenden Umfassungsfläche A eines Gebäudes

Die wärmeübertragende Umfassungsfläche A eines Gebäudes wird wie folgt ermittelt:

$$A = A_w + A_F + A_D + A_G + A_{DL}$$

Dabei bedeuten

A_w die Fläche der an die Außenluft grenzenden Wände, im ausgebauten Dachgeschoß auch die Fläche der Abseitenwände zum nicht wärmegedämmten Dachraum.

Es gelten die Gebäudeaußenmaße.

Gerechnet wird von der Oberkante des Geländes oder, falls die unterste Decke über der Oberkante des Geländes liegt, von der Oberkante dieser Decke bis zu der Oberkante der obersten Decke oder der Oberkante der wirksamen Dämmschicht.

A_F die Fläche der Fenster, Fenstertüren, Türen und Dachfenster, soweit sie zu beheizende Räume nach außen abgrenzen. Sie wird aus den lichten Rohbaumaßen ermittelt.

A_D die nach außen abgrenzende wärmegedämmte Dach- oder Dachdeckenfläche.

A_G die Grundfläche des Gebäudes, sofern sie nicht an die Außenluft grenzt. Gerechnet wird die Bodenfläche auf dem Erdreich oder bei unbeheizten Kellern die Kellerdecke. Werden Keller beheizt, sind in der Gebäudegrundfläche A_G neben der Kellergrundfläche auch die erdberührten Wandflächenanteile zu berücksichtigen.

A_{DL} die Deckenfläche, die das Gebäude nach unten gegen die Außenluft abgrenzt.

1.2 Beheiztes Bauwerksvolumen V

Das beheizte Bauwerksvolumen V in m³ ist das Volumen, das von den nach Ziffer 1.1 ermittelten Teilflächen umschlossen wird.

1.3 A/V-Werte

Das Verhältnis A/V in m^{-1} wird ermittelt, indem die nach Ziffer 1.1 unter Beachtung der Ziffern 1.5.2.3 und 6.2 errechnete wärmeübertragende Umfassungsfläche A eines Gebäudes durch das nach Ziffer 1.2 errechnete Bauwerksvolumen geteilt wird.

1.4 Bestimmung der Bezugsgrößen V_L und A_N

1.4.1 Anrechenbares Luftvolumen V_L

Das anrechenbare Luftvolumen V_L der Gebäude wird wie folgt ermittelt:

$$V_L = 0{,}80 \cdot V \qquad \text{in m}^3,$$

wobei V das beheizte Bauwerksvolumen nach Ziffer 1.2 ist.

1.4.2 Gebäudenutzfläche A_N

Die Gebäudenutzfläche wird für Gebäude, deren lichte Raumhöhen 2,60 m oder weniger betragen, wie folgt ermittelt:

$$A_N = 0{,}32 \cdot V \qquad \text{in m}^2,$$

wobei V das nach Ziffer 1.2 ermittelte beheizte Bauwerksvolumen in m³ bedeutet.

1.5 Wärmedurchgangskoeffizienten

1.5.1 Wärmedurchgangskoeffizienten k für die einzelnen Anteile der Umfassungsfläche A

Die Berechnung der Wärmedurchgangskoeffizienten k erfolgt nach den allgemein anerkannten Regeln der Technik (siehe 2.01).

Rechenwerte der Wärmeleitfähigkeit, der Wärmeübergangswiderstände, Wärmedurchlasswiderstände, Wärmedurchgangskoeffizienten, der äquivalenten Wärmedurchgangskoeffizienten für Systeme sowie der Gesamtenergiedurchlassgrade für Verglasungen für außenliegende Fenster und Fenstertüren dürfen für die Berechnung des Wärmeschutzes verwendet werden, wenn sie im Bundesanzeiger bekanntgemacht worden sind.

Die Wärmedurchgangskoeffizienten für außenliegende Fenster und Fenstertüren sowie Außentüren und die Gesamtenergielurchlassgrade für Verglasungen für außenliegende Fenster und Fenstertüren sind von Prüfanstalten zu ermitteln, die im Bundesanzeiger bekanntgemacht worden sind.

1.5.2 Berücksichtigung bauteilspezifischer Temperaturdifferenzen bei der Ermittlung des Transmissionswärmebedarfs Q_T

1.5.2.1 Für Dach– oder Dachdeckenflächen sind der Wärmedurchgangskoeffizient k_D und für Flächen der Abseitenwände zum nicht wärmegedämmten Dachraum der Wärmedurchgangskoeffizient k_w jeweils mit dem Faktor 0,8 zu reduzieren.

1.5.2.2 Für die Grundfläche des Gebäudes ist der Wärmedurchgangskoeffizient k_G mit dem Faktor 0,5 zu gewichten.

1.5.2.3 Für angrenzende Gebäudeteile mit wesentlich niedrigeren Raumtemperaturen (z.B. Treppenräume, Lagerräume) dürfen die Wärmedurchgangskoeffizienten der abgrenzenden Bauteilflächen k_{AB} mit dem Faktor 0,5 gewichtet werden. Hierbei werden für die Ermittlung der wärmeübertragenden Umfassungsfläche A und des beheizten Bauwerksvolumens V die abgrenzenden Bauteilflächen A_{AB} berücksichtigt. Die angrenzenden Gebäudeteile bleiben für die Ermittlung des Verhältnisses A/V unberücksichtigt.

1.5.3 Berücksichtigung geschlossener, nicht beheizter Glasvorbauten

Die äquivalenten Wärmedurchgangskoeffizienten $k_{eq,F}$ von außenliegenden Fenstern und Fenstertüren sowie Außentüren nach Ziffer 1.6.4.2, die im Bereich von geschlossenen, nicht beheizten Glasvorbauten in Außenwänden angeordnet sind, sowie die Wärmedurchgangskoeffizienten der im Bereich dieser Glasvorbauten liegenden Außenwandteile dürfen wie folgt vermindert werden:

Abminderungsfaktoren bei Glasvorbauten mit

Einfachverglasung	0,70,
Isolier– oder Doppelverglasung (Klarglas)	0,60,
Wärmeschutzglas ($k_V \leq 2{,}0$ W/m² · K)	0,50.

Die Berücksichtigung geschlossener, nicht beheizter Glasvorbauten auf den Wärmeschutz der außenliegenden Fenster und Fenstertüren, der Außentüren sowie der Außenwandanteile im Bereich dieser Glasvorbauten kann auch nach allgemein anerkannnten Regeln der Technik erfolgen.

1.6 Berechnung des Jahres–Heizwärmebedarfs Q_H

Der Jahres–Heizwärmebedarf Q_H für ein Gebäude wird wie folgt ermittelt:

$$Q_H = 0{,}9 \cdot (Q_T + Q_L) - (Q_I + Q_s) \text{ in kWh/a.}$$

Dabei bedeuten

Q_T der Transmissionswärmebedarf in kWh/a

den durch den Wärmedurchgang der Außenbauteile verursachten Anteil des Jahres–Heizwärmebedarfes. Bei Berücksichtigung der solaren Wärmegewinne nach Ziffer 1.6.4.2 sind die nutzbaren solaren Wärmegewinne in Q_T berücksichtigt.

Q_L der Lüftungswärmebedarf in kWh/a

den durch Erwärmung der gegen kalte Außenluft ausgetauschten Raumluft verursachten Anteil des Jahres–Heizwärmebedarfes.

Q_I die internen Wärmegewinne in kWh/a

die bei bestimmungsgemäßer Nutzung innerhalb des Gebäudes auftretenden nutzbaren Wärmegewinne.

Q_s die solaren Wärmegewinne in kWh/a

nach Ziffer 1.6.4.1 die bei bestimmungsgemäßer Nutzung durch Sonneneinstrahlung nutzbaren Wärmegewinne.

Tabelle 1: Maximale Werte des auf das beheizte Bauwerksvolumen oder die Gebäudenutzfläche A_N bezogenen Jahres–Heizwärmebedarfs in Abhängigkeit zum Verhältnis A/V

A / V	Maximaler Jahres–Heizwärmebedarf	
	bezogen auf V Q'_H [1] nach Ziff. 1.6.6	bezogen auf A_N Q''_H [2] nach Ziff. 1.6.7
in m^{-1}	in kWh/m³ a	in kWh/m² a
1	2	3
≤ 0,2	17,3	54,0
0,3	19,0	59,4
0,4	20,7	64,8
0,5	22,5	70,2
0,6	24,2	75,6
0,7	25,9	81,1
0,8	27,7	86,5
0,9	29,4	91,9
1,0	31,1	97,3
≥ 1,05	32,0	100,0

1) Zwischenwerte sind nach folgender Gleichung zu ermitteln:
$Q'_H = 13{,}82 + 17{,}32\,(A/V)$ in kWh/m · a.

2) Zwischenwerte sind nach folgender Gleichung zu ermitteln:
$Q''_H = Q'_H / 0{,}32$ in kWh/m · a.

1.6.1 Transmissionswärmebedarf Q_T

Der Transmissionswärmebedarf Q_T in kWh/a wird wie folgt ermittelt:

$$Q_T = 84 \cdot (k_W\, A_W + k_F\, A_F + 0{,}8\, k_D \cdot A_D + 0{,}5 \cdot k_G\, A_G + k_{DL} \cdot A_{DL} + 0{,}5 \cdot k_{AB} \cdot A_{AB})^{1)}.$$

Für nach Ziffer 1.5.3 abweichende Gebäudesituationen können die dort angegebenen Faktoren berücksichtigt werden.

Werden die solaren Wärmegewinne nach Ziffer 1.6.4.2 berücksichtigt, ist für die Ermittlung des Transmissionswärmebedarfs der außenliegenden Fenster und Fenstertüren sowie ggf. der Außentüren $k_F \cdot A_F$ durch $k_{eq,F} \cdot A_F$ zu ersetzen.

Der Wärmedurchgangskoeffizient im Bereich von Rollladenkästen darf den Wert 0,6 W/(m² · K) nicht überschreiten.

1.6.2 Lüftungswärmebedarf Q_L o h n e mechanisch betriebene Lüftungsanlage nach Ziffer 2.

Der Lüftungswärmebedarf Q_L wird wie folgt ermittelt:

$$Q_L = 0{,}34 \cdot \beta \cdot 84 \cdot V_L \qquad \text{in kWh/a.}$$

Dabei bedeuten

β die Luftwechselzahl (Rechenwert) in h^{-1},

V_L das anrechenbare Luftvolumen in m³ nach Ziffer 1.4.1

Für den Nachweis des Lüftungswärmebedarfs ist die Luftwechselzahl β gleich 0,8 h^{-1} zu setzen. Damit ergibt sich:

$$Q_L = 22{,}85 \cdot V_L \qquad \text{in kWh/a.}$$

1.6.3 Lüftungswärmebedarf Q_L m i t mechanisch betriebener Lüftungsanlage nach Ziffer 2

Wird ein Gebäude mit einer mechanisch betriebenen Lüftungsanlage nach Ziffer 2.1 ausgestattet, darf der nach Ziffer 1.6.2 ermittelte Lüftungswärmebedarf Q_L bei Anlagen mit Wärmerückgewinnung ohne Wärmepumpe gemäß Ziffer 2.1 mit dem Faktor 0,80 multipliziert werden, soweit je kWh aufgewendeter elektrischer Arbeit mindestens 5,0 kWh nutzbare Wärme abgegeben wird.

Für Anlagen mit Wärmepumpen darf der Lüftungswärmebedarf Q_L mit dem Faktor 0,80 multipliziert werden, soweit je kWh aufgewendeter elektrischer Arbeit mindestens 4,0 kWh nutzbare Wärme abgegeben wird.

Soweit bei Anlagen mit Wärmerückgewinnung ein Wärmerückgewinnungsgrad η_W, der größer ist als 65 vom Hundert, im Bundesanzeiger veröffentlicht worden ist, darf der Lüftungswärmebedarf Q_L mit dem Faktor

$$0{,}80 \cdot (65 / \eta_W)$$

multipliziert werden.

Wird ein Gebäude mit einer mechanisch betriebenen Lüftungsanlage nach Ziffer 2.2 (Abluftanlage) ausgestattet, darf der nach Ziffer 1.6.2 ermittelte Lüftungswärmebedarf Q_L mit dem Faktor 0,95 multipliziert werden.

Werden bei einem Gebäude nach § 1 Nr. 2 die erhöhten nutzbaren internen Wärmegewinne nach Ziffer 1.6.5 angesetzt, finden die Regelungen dieses Absatzes keine Anwendung.

---

1) Im Faktor 84 ist eine mittlere Heizgradtagzahl von 3500 K·Tage/Jahr berücksichtigt.

1.6.4 Nutzbare solare Wärmegewinne

Solare Wärmegewinne dürfen nur bei außenliegenden Fenstern und Fenstertüren sowie bei Außentüren und nur dann berücksichtigt werden, wenn der Glasanteil des Bauteils mehr als 60 vom Hundert beträgt. Die nutzbaren solaren Wärmegewinne werden entweder nach Ziffer 1.6.4.1 oder nach Ziffer 1.6.4.2 ermittelt.

Bei Fensteranteilen von mehr als 2/3 der Wandfläche darf der solare Gewinn nur bis zu dieser Größe berücksichtigt werden.

1.6.4.1 Gesonderte Ermittlung der nutzbaren solaren Wärmegewinne

Unter Berücksichtigung eines mittleren Nutzungsgrades, der Abminderung durch Rahmenanteile und Verschattungen sowie der Gesamtenergiedurchlassgrade der Verglasungen werden die nutzbaren solaren Wärmegewinne entsprechend den Fensterflächen i und der Orientierung j für senkrechte Flächen wie folgt ermittelt:

$$Q_S = \sum_{i,j} 0{,}46 \cdot I_j \cdot g_i \cdot A_{F,i,j} \text{ in kWh/a.}$$

In Abhängigkeit von der Himmelsrichtung sind folgende Werte des Strahlungsangebotes I_j anzusetzen:

I_S = 400 kWh/m² · a für Südorientierung,
$I_{W/O}$ = 275 kWh/m² · a für Ost– und Westorientierung,
I_N = 160 kWh/m² · a für Nordorientierung,
g_i der Gesamtenergiedurchlassgrad der Verglasung.

Hierbei ist unter "Orientierung" eine Abweichung der Senkrechten auf die Fensterflächen von nicht mehr als 45 Grad von der jeweiligen Himmelsrichtung zu verstehen. In den Grenzfällen (NO, NW, SO, SW) gilt jeweils der kleinere Wert für I_j. Fenster in Dachflächen mit einer Neigung von mehr als 15 Grad sind wie Fenster in senkrechten Flächen zu behandeln. Fenster in Dachflächen mit einer Neigung kleiner als 15 Grad sind wie Fenster mit Ost– und Westorientierung zu behandeln.

Sind die Fensterflächen überwiegend verschattet, so ist der Wert I_j für die Nordorientierung anzusetzen.

Energiesparmaßnahmen nach Wärmeschutzverordnung

Wärmebedarfsausweis nach § 12 Wärmeschutzverordnung
für ein Gebäude mit normalen Innentemperaturen bei
Nachweis nach Anlage 1 Ziffer 1 und 6 Wärmeschutzverordnung

Bezeichnung des Gebäudes oder des Gebäudeteils ....

Ort.. Straße und Hausnummer ....

Gemarkung .... Flurstücknummer ....

I. Jahres–Heizwärmebedarf

A/V	Maximal zulässiger Jahres–Heizwärmebedarf	Berechneter Jahres–Heizwärmebedarf
(Wärmeübertr. Umfassungsfläche A = ... m² Beheiztes Bauwerksvolumen V = ... m³) A/V) .... m⁻¹	Q'_{Hzul} = ... kWh/(m³ · a) oder Q''_{Hzul} = ... kWh/(m² · a)	Q'_H = ... kWh/(m³ · a) oder Q''_H = ... kWh/(m² · a)

Dem flächenbezogenen Wert Q''_H des Jahres-Heizwärmebedarfs liegt eine aus dem Gebäudevolumen abgeleitete Fläche (Gebäudenutzfläche A_N) zugrunde.

Folgende Angabe ist freigestellt:

Umgerechnet auf die

● Wohnfläche nach § 44 Abs. 1 II. BV
– nur bei Wohnnutzung – A* = ... m²

● Hauptnutzfläche nach DIN 277
– bei anderen Nutzungen – A* = ... m²

ergibt sich ein Jahres-Heizwärmebedarf von
$$Q^{**}_H = Q_H / A^* = ...kWh/(m^2 · a)$$

Hinweise zu den Grundlagen dieses Wärmebedarfsausweises

Die vorstehenden Werte des Jahres–Heizwärmebedarfs geben vorrangig Anhaltspunkte für die vergleichende Beurteilung der energetischen Qualität von Gebäuden. Diese Werte werden unter einheitlichen Randbedingungen ermittelt, die durch die Wärmeschutzverordnung vorgegeben sind (z.B. meterologische Daten, bestimmte Annahmen über nutzbare interne Wärmegewinne und den Luftwechsel). Insoweit, wegen des nicht einbezogenen Wirkungsgrades der Heizungsanlage und wegen der im Einzelfall unterschiedlichen Nutzergewohnheiten kann der tatsächliche Heizenergieverbrauch aus dem Jahres-Heizwärmebedarf nur bedingt abgeleitet werden.

Die vorstehenden Werte des Jahres-Heizwärmebedarfs können darüberhinaus nur dann zutreffen, wenn die Dichtheitsanforderungen und die übrigen Anforderungen der Wärmeschutzverordnung erfüllt werden.

II. Weitere energiebezogene Merkmale

Jahres–Heizwärmebedarf (insgesamt)
Q_H = ... kWh/a

Darin sind berücksichtigt:

Transmissionswärmebedarf
Q_T = ... kWh/a

Lüftungswärmebedarf
Q_L = ... kWh/a

Gebäudenutzfläche nach
Wärmeschutzverordnung A_N = ... m²

Nutzbare interne Wärmegewinne
Q_I = ... kWh/a

Nutzbare solare Wärmegewinne
● Q_S = ... kWh/a ● in Q_T enthalten

Anrechenbares Luftvolumen V_L = ... m³

Lfd. Nr.	Teilfläche	Benennung/ Orientierung der Teilflächen	Fläche A_i [m²]	Wärmedurch-gangs-koeffizient k_i [W/(m²K)]	Gesamtenergie-durchlassgrad g_i [-]	Faktor zur Be-rücksichtigung bauteilspez. Temperatur-differenzen [1]
	A_W: Außenwände					
	A_D: Dach– und Dachdeckenflächen					0,8
	A_G: unterer Gebäudeabschluss einschl. erdberührter Flächen					0,5
	A_{DL}: Decken nach unten gegen Außenluft					1,0
	A_{AB}: abgr. Flächen zu Gebäude-teilen mit niedr. Innentemperatur					0,5
	A_F: Fenster, Fenstertüren und Außentüren	Nord				
		Ost				
		West				
		Süd				

Bei der Ermittlung des Jahres-Heizwärmebedarfs wurden berücksichtigt:

● geschlossener, nicht beheizter Glasvorbau mit Einfach-verglasung /Isolier– oder Doppelverglasung / Wärme-schutzverglasung [2] bei den Flächen (lfd.Nr.): ....

● erhöhte Werte für die nutzbare interne Wärme wegen aus-schließlicher Nutzung als Büro- oder Verwaltungsgebäude

● mechanisch betriebene Lüftungsanlage mit Wärmerück-gewinnung (mit oder ohne Wärmepumpe), Wärmerück-gewinnungsgrad der Anlage η_{W} .... %

● mechanisch betriebene Lüftungsanlage ohne Wärmerückgewinnung

---

[1] Bei geschlossenen, nicht beheizten Glasvorbauten sind für die Außenbauteile im Bereich dieser Vorbauten auch die angesetzten Abminderungsfaktoren anzugeben.
● Nichtzutreffendes bitte streichen

Name und Anschrift des Aufstellers	Datum und Unterschrift
....	....

1.6.4.2 Ermittlung der nutzbaren solaren Wärmegewinne mittels äquivalenter Wärmedurchgangskoeffizienten $k_{eq,F}$

Aus den unter Ziffer 1.5.1 ermittelten Wärmedurchgangskoeffizienten k_F werden äquivalente Wärmedurchgangskoeffizienten wie folgt ermittelt:

$$k_{eq,F} = k_F - g \cdot S_F \quad \text{in W/(m}^2\text{K)}.$$

Dabei bedeuten:

S_F der Koeffizient für solare Wärmegewinne, mit
S_F = 2,40 W/m² · K für Südorientierung,
= 1,65 W/m² · K für Ost- und Westorientierung sowie für Fenster in flachen oder bis zu 15 Grad geneigten Dach-flächen,
= 0,95 W/m² · K für Nordorientierung.

Die Regelungen zur Orientierung und Verschattung der Fensterflächen in Ziffer 1.6.4.1 gelten entsprechend.

1.6.4.3 Fertighäuser

Für Fertighäuser darf der Nachweis nach Ziffer 1.6.4.1 oder Ziffer 1.6.4.2 unter Annahme einer Ost-/Westorientierung für alle Fensterflächen geführt werden.

1.6.5 Nutzbare interne Wärmegewinnung Q_I

Interne Wärmegewinne dürfen bei Gebäuden nach § 1 berücksichtigt werden, jedoch höchstens bis zu einem Wert von

$$Q_I = 8,0 \cdot V \quad \text{in kWh/a.}$$

Bei Gebäuden nach § 1 Nr. 1 darf dieser Wert in jedem Fall zu Grunde gelegt werden.

Bei lichten Raumhöhen von nicht mehr als 2,60 m können die nutzbaren, auf die Gebäudenutzfläche A_N bezogenen internen Wärmegewinne höchstens wie folgt angesetzt werden:

$$Q_I = 25 \cdot A_N \quad \text{in kWh/a.}$$

Für Gebäude und Gebäudeteile nach § 1 Nr. 2 mit vorgese-ner ausschließlicher Nutzung als Büro- oder Verwaltungsge-bäude dürfen die nutzbaren internen Wärmegewinne höch-stens mit

$$Q_I = 10,0 \cdot V \quad \text{in kWh/a}$$

bzw.

$$Q_I = 31,25 \cdot A_N \quad \text{in kWh/a.}$$

angesetzt werden.

1.6.6 Jahres–Heizwärmebedarf Q'_H je m³ beheiztes Bauwerksvolumen

Der Jahres–Heizwärmebedarf je m³ beheiztes Bauwerksvolu-men (Tabelle 1, Spalte 2) wird wie folgt ermittelt:

$$Q'_H = \frac{Q_H}{V} \quad \text{in kWh/m}^3\text{*a.} \quad .... \text{kWh/a}$$

1.6.7 Jahres–Heizwärmebedarf Q''_H je m² Gebäudenutz-fläche A_N

Der Jahres–Heizwärmebedarf je m² Gebäudenutzfläche A_N (Tabelle 1, Spalte 3) wird wie folgt ermittelt:

$$Q''_H = \frac{Q_H}{A_N} \quad \text{in kWh/m}^2\text{*a.}$$

2 Anforderungen an mechanisch betriebene Lüftungs-anlagen

Die in Ziffer 1.6.3 genannten Faktoren dürfen nur bei Lüf-tungsanlagen berücksichtigt werden, wenn die nachstehend in Ziffer 2.1 oder Ziffer 2.2 genannten Anforderungen sowie die in Anlage 4 Ziffer 1.1 genannte Anforderung an das Gebäude erfüllt werden und in diesen Anlagen die Zuluft nicht unter Einsatz von elektrischer oder aus fossilen Brennstoffen gewonnener Energie gekühlt wird.

2.1 Anforderungen an mechanisch betriebene Lüftungs-anlagen mit Wärmerückgewinnung

2.1.1 Luftwechsel

In den bei der Ermittlung des anrechenbaren Luftvolumens V_L nach Ziffer 1.4.1 zu berücksichtigenden Räumen eines Gebäudes muss ein zeitlicher Mittelwert des Außenluftwech-sels von mindestens 0,5 h⁻¹ und höchstens 1,0 h⁻¹ eingehalten werden können. Unter Außenluftwechsel ist dabei der Volu-menanteil der Raumluft zu verstehen, der je Stunde gegen Außenluft ausgetauscht wird.

2.1.2 Anteil der rückgewonnenen Wärme

Die zum Einbau gelangenden Anlagen sind mit Einrichtungen auszustatten, die geeignet sind, im Mittel 6 vom Hundert oder mehr der Wärmedifferenz zwischen Fortluft- und Außenluft-volumenstrom zurückzugewinnen. Die hierfür maßgebenden Anlageneigenschaften sind nach allgemein anerkannten Regeln der Technik zu bestimmen, soweit solche Regeln vorliegen.

2.1.3 Wärmerückgewinnung bei Gebäuden mit mehreren Nutzeinheiten

Die Wärmerückgewinnung soll für jede Nutzeinheit getrennt erfolgen. Unter Nutzeinheit ist hier die Einheit eines oder mehrerer Räume eines Gebäudes zu verstehen, deren Beheizung auf Rechnung desselben Nutzers erfolgt.

2.1.4 Regelbarkeit durch den Nutzer

Die Lüftungsanlagen müssen mit Einrichtungen ausgestattet sein, die eine Beeinflussung der Luftvolumenströme jeder Nutzeinheit durch den Nutzer erlauben.

2.1.5 Nutzung der rückgewonnenen Wärme

Es muss sichergestellt sein, dass die aus der Fortluft rückge-wonnene Wärme im Verhältnis zur der von der Heizungsanlage bereitgestellten Wärme vorrangig genutzt wird.

Wärmeschutz

Energiesparmaßnahmen nach Wärmeschutzverordnung

Wärmebedarfsausweis nach § 12 Wärmeschutzverordnung
für ein Gebäude mit normalen Innentemperaturen bei vereinfachtem Nachweis nach Anlage 1 Ziffer 7 Wärmeschutzverordnung

Bezeichnung des Gebäudes oder des Gebäudeteils ....

Ort.. Straße und Hausnummer ....

Gemarkung .... Flurstücknummer ....

I. Wärmedurchgangskoeffizienten der Außenbauteile

Für das Gebäude wurde aufgrund von § 3 Abs. 1 Satz 2 der Wärmeschutzverordnung der vereinfachte Nachweis der Anlage 1 Ziffer 7 geführt:

Teilfläche	Benennung/Orientierung der Teilflächen		maximal zulässiger Wärmedurchgangskoeffizient k$_i$ [W/(m²K)]	vorhandener
Außenwände			0,50	
Decken unter nicht ausgebauten Dachräumen und Decken (einschließlich Dachschrägen), die Räume nach oben und unten gegen Außenluft abgrenzen			0,22	
Kellerdecken, Wände und Decken gegen unbeheizte Räume sowie Decken und Wände, die an das Erdreich grenzen			0,35	

	Benennung/Orientierung der Teilflächen	Fläche [m²]	maximal zulässiger Wärmedurchgangskoeffizient k$_i$ [W/(m²K)]	vorhandener
Außenliegende Fenster, Fenstertüren sowie Dachfenster	Nord			
	Ost			
	West			
	Süd			
	mittlerer äquivalenter Wärmedurchgangskoeffizient k$_{m,Feq}$		0,7	

Die folgenden Angaben sind freigestellt:

II. Jahres–Heizwärmebedarf

A/V$_{vorh}$	Maximal zulässiger Jahres–Heizwärmebedarf entsprechend Anlage 1 Tabelle 1 der Wärmeschutzverordnung
(Wärmeübertragende Umfassungsfläche A = ... m²	Q'$_{Hzul}$ = ... kWh/(m³ · a)
Beheiztes Bauwerksvolumen V = ... m³)	oder
A/V) .... m^{-1}	Q''$_{Hzul}$ = ... kWh/(m² · a)

Hinweis zu vorstehend angegebenen Werten:

Die Werte können zur Beschreibung der energetischen Qualität eines Gebäudes als Orientierungswerte herangezogen werden; sie geben vorrangig Anhaltspunkte für die vergleichende Beurteilung von Gebäuden. Ihnen liegen einheitliche Randbedingungen zugrunde, die durch die Wärmeschutzverordnung vorgegeben sind (z.B. meterologische Daten, bestimmte Annahmen über nutzbare interne Wärmegewinne und den Luftwechsel). Insoweit, wegen des nicht einbezogenen Wirkungsgrades der Heizungsanlage und wegen der im Einzelfall unterschiedlichen Nutzergewohnheiten kann der tatsächliche Heizenergieverbrauch aus dem Jahres–Heizwärmebedarf nur bedingt abgeleitet werden.

Die vorstehend angegebenen Werte können darüberhinaus nur dann zutreffen, wenn die Dichtheitsanforderungen und die übrigen Anforderungen der Wärmeschutzverordnung erfüllt sind.

Name und Anschrift des Aufstellers	Datum der Ausfertigung und Unterschrift
....	....

Anlage 2 Anforderungen zur Begrenzung des Jahres–Transmissionswärmebedarfs Q$_T$ bei zu errichtenden Gebäuden mit niedrigen Innentemperaturen

1 Anforderungen zur Begrenzung des Jahres–Transmissionswärmebedarfs in Abhängigkeit vom Verhältnis A/V

Die in Tabelle 1 in Abhängigkeit vom Wert A/V (Anlage 1, Ziffer 1.3) angegebenen maximalen Werte des spezifischen, auf das beheizte Bauwerksvolumen bezogenen Jahres–Transmissionswärmebedarfs Q'$_T$ dürfen nicht überschritten werden.

2.0 Der Nachweis des Jahres–Transmissionswärmebedarfs Q$_T$ wird unter Anwendung der Berechnungsgrundlagen nach Anlage 1 geführt. Hierbei werden jedoch die passiven Solarenergiegewinne nicht berücksichtigt:

$$Q_T = 30 (k_W A_W + k_F \cdot A_F + 0,8 \cdot k_D \cdot A_D + f_G k_g \cdot A_g +$$
$$k_{DL} A_{DL} + 0,5 \cdot k_{AB} \cdot A_{AB}) \text{ in kWh/a.}$$

Der Reduktionsfaktor f$_G$ ist bei gedämmten Fußböden mit f$_G$ = 0,5 anzusetzen. Bei ungedämmten Fußböden ist f$_G$ in Abhängigkeit von der Größe der Gebäudegrundfläche A$_G$ aus Tabelle 2 zu ermitteln.

Der Wärmedurchgangskoeffizient k$_G$ von Fußböden gegen Erdreich braucht nicht höher als 2,0 W/m² · K angesetzt zu werden.

2.1 Der auf das beheizte Bauwerksvolumen bezogene Jahres–Transmissionswärmebedarf Q'$_T$ wird wie folgt ermittelt.

$$Q'_T = \frac{Q_T}{V} \text{ in kWh/m³·a.}$$

Tabelle 1: Maximale Werte des auf das beheizte Bauwerksvolumen bezogenen Jahres–Transmissionswärmebedarfs Q'$_T$ in Abhängigkeit vom Verhältnis A/V

A/V in m^{-1}	Q'$_T$ [1] in kWh/(m³·a)
≤ 0,20	6,20
0,30	7,80
0,40	9,40
0,50	11,00
0,60	12,60
0,70	14,20
0,80	15,80
0,90	17,40
≥ 1,00	1,00

[1] Zwischenwerte sind nach folgender Gleichung zu ermitteln:
$$Q'_T = 3,0 + 16 \; [A/V] \text{ in (kWh/m³ · a)}$$

Tabelle 2: Reduktionsfaktoren f$_G$

Gebäudegrundfläche A$_G$ in m²	Reduktionsfaktor f$_G$ [1]
≤ 100	0,50
500	0,29
1000	0,23
1500	0,20
2000	0,18
2500	0,17
3000	0,16
5000	0,14
≥ 8000	0,12

[1] Zwischenwerte sind nach folgender Gleichung zu ermitteln:
$$f_G = 2,33 / \sqrt[3]{A_G}$$

2.2 Anforderungen an mechanisch betriebene Lüftungsanlagen ohne Wärmerückgewinnung (Zu– und Abluftanlagen)

Mechanisch betriebene Lüftungsanlagen ohne Wärmerückgewinnung müssen so durch den Nutzer beinflussbar und in Abhängigkeit von einer geeigneten Führungsgröße selbsttätig regelnd sein, dass sich durch ihren Betrieb in dem bei der Ermittlung des anrechenbaren Luftvolumens V$_L$ nach Ziffer 1.4.1 zu berücksichtigenden Räumen ein Luftwechsel von mindestens 0,3 h^{-1} und höchstens 0,8 h^{-1} einstellt.

3 Begrenzung des Wärmedurchgangs bei Flächenheizungen

Bei Flächenheizungen darf der Wärmedurchgangskoeffizient der Bauteilschichten zwischen der Heizfläche und der Außenluft, dem Erdreich oder Gebäudeteilen mit wesentlich niedrigeren Innentemperaturen den Wert 0,35 W/(m² K) nicht überschreiten.

4 Anordnung von Hezkörpern vor Fenstern

Bei Anordnung von Heizkörpern vor außenliegenden Fensterflächen darf der Wärmedurchgangskoeffizient k$_F$ dieser Bauteile den Wert 1,5 W/(m² · K) nicht überschreiten.

5 Begrenzung des Energiedurchganges bei großen Fensterflächenanteilen (sommerlicher Wärmeschutz)

5.1 Zur Begrenzung des Energiedurchganges bei Sonneneinstrahlung darf das Produkt (g$_F$ *f) aus Gesamtenergiedurchlassgrad g$_F$ (einschließlich zusätzlicher Sonnenschutzeinrichtungen) und Fensterflächenanteil f unter Berücksichtigung ausreichender Belichtungsverhältnisse

a) bei Gebäuden mit einer raumlufttechnischen Anlage mit Kühlung und

b) bei anderen Gebäuden nach Abschnitt 1 mit einem Fensterflächenanteil von 50 vom Hundert oder mehr

für jede Fassade den Wert 0,25 (bei beweglichem Sonnenschutz in geschlossenem Zustand) nicht überschreiten. Ausgenommen sind nach Norden orientierte oder ganztägig verschattete Fenster.

5.2 Werden zur Erfüllung der Anforderungen Sonnenschutzvorrichtungen verwendet, sind diese mindestens teilweise beweglich anzuordnen. Hierbei muss durch den beweglichen Anteil des Sonnenschutzes ein Abminderungsfaktor z von kleiner oder gleich 0,5 erreicht werden.

5.3 Die Berechnung der Werte (g$_F$ · f) erfolgt nach allgemein anerkannten Regeln der Technik.

6 Aneinandergereihte Gebäude

6.1 Nachweis des Jahres–Heizwärmebedarfs Q$_H$ bei aneinandergereihten Gebäuden

Bei aneinandergereihten Gebäuden (z.B. Reihenhäuser, Doppelhäuser) ist der Nachweis der Begrenzung des Jahres–Heizwärmebedarfs Q$_H$ für jedes Gebäude einzeln zu führen.

6.2 Gebäudetrennwände

Beim Nachweis nach Ziffer 1.6 werden die Gebäudetrennwände als nicht wärmedurchlässig angenommen und bei der Ermittlung der Werte A und A/V nicht berücksichtigt. Werden beheizte Teile eines Gebäudes (z.B. Anbauten nach § 8 Abs. 2) getrennt berechnet, gilt Satz 1 sinngemäß für die Trennfläche der Gebäudeteile.

Bei Gebäuden mit zwei Trennwänden (z.B. Reihenmittelhaus) darf zusätzlich der Wärmedurchgangskoeffizient für die Fassadenfläche (einschließlich Fenster und Fenstertüren)

$$k_{m,W+F} = (k_W \cdot A_W + k_F \cdot A_F) / (A_W + A_F)$$

den Wert

$$1,0 \; W/(m^2 \cdot K)$$

nicht überschreiten. Diese Anforderung ist auch bei gegenüber versetzten Gebäuden einzuhalten, wenn die anteiligen gemeinsamen Trennwände 50 vom Hundert oder mehr der Wandflächen betragen.

6.3 Nachbarbebauung

Ist die Nachbarbebauung nicht gesichert, müssen die Trennwände mindestens den Wärmeschutz nach § 10 Abs. 1 aufweisen.

7 Vereinfachtes Nachweisverfahren

Für kleine Wohngebäude mit bis zu zwei Vollgeschossen und nicht mehr als drei Wohneinheiten gelten die Anforderungen der Ziffern 1 und 6 auch dann als erfüllt, wenn die in Tabelle 2 genannten maximalen Wärmedurchgangskoeffizienten k nicht überschritten werden.

Tabelle 2: Anforderungen an den Wärmedurchgangskoeffizienten für einzelne Außenbauteile der wärmeübertragenden Umfassungsfläche A bei zu errichtenden kleinen Wohngebäuden

Zeile	Bauteil	max. Wärmedurchgangskoeffizient k$_{max}$ in W/(m² K)
Spalte	1	2
1	Außenwände	k$_W$ ≤ 0,50 [1]
2	Außenliegende Fenster und Fenstertüren sowie Dachfenster	k$_{m,F,eq}$ ≤ 0,7 [2]
3	Decken unter nicht ausgebauten Dachräumen und Decken (einschließlich Dachschrägen), die Räume nach oben und unten gegen die Außenluft abgrenzen	k$_D$ ≤ 0,22
4	Kellerdecken, Wände und Decken gegen unbeheizte Räume sowie Decken und Wände, die an das Erdreich grenzen	k$_G$ ≤ 0,35

[1] Die Anforderung gilt als erfüllt, wenn Mauerwerk in einer Wandstärke von 36,5 cm mit Baustoffen mit einer Wärmeleitfähigkeit λ ≤ 0,21 W/(m · K) ausgeführt wird.

[2] Der mittlere äquivalente Wärmedurchgangskoeffizient k$_{m,F,eq}$ entspricht einem über alle außenliegenden Fenster und Fenstertüren gemittelten Wärmedurchgangskoeffizienten, wobei solare Wärmegewinne nach den Ziffern 1.6.4.2 zu ermitteln sind

Energiesparmaßnahmen nach Wärmeschutzverordnung

Wärmebedarfsausweis nach § 12 Wärmeschutzverordnung
für ein Gebäude mit niedrigen Innentemperaturen

Bezeichnung des Gebäudes oder des Gebäudeteils ....

Ort.. Straße und Hausnummer ....

Gemarkung .... Flurstücknummer ....

I. Jahres-Transmissionswärmebedarf

Wärmeübertragende Umfassungsfläche	A	=	m^2
Beheiztes Bauwerksvolumen	V	=	m^3
Jahres-Transmissionswärmebedarf (insgesamt)	Q_T	=	kWh/a

A/V	Maximal zulässiger Jahres-Transmissionsbedarf	Berechneter Jahres-Transmissionsbedarf
.... m^{-1}	Q'_{Tzul} = ... kWh/(m^3 · a)	Q'_T = ... kWh/(m^3 · a)

Hinweise zu den Grundlagen dieses Wärmebedarfsausweises

Die vorstehenden Werte des Jahres-Transmissionswärmebedarfs geben vorrangig Anhaltspunkte für die vergleichende Beurteilung der energetischen Qualität von Gebäuden. Diese Werte werden unter einheitlichen Randbedingungen ermittelt, die durch die Wärmeschutzverordnung vorgegeben sind (z.B. meterologische Daten). Insoweit, wegen nicht einbezogener weiterer energetischer Einflußgrößen und wegen der im Einzelfall unterschiedlichen Nutzergewohnheiten kann der tatsächliche Heizenergieverbrauch aus dem Jahres-Transmissionswärmebedarf nur bedingt abgeleitet werden.

Die vorstehenden Werte des Jahres-Transmissionswärmebedarfs treffen darüberhinaus nur zu, wenn die Dichtheitsanforderungen und die übrigen Anforderungen der Wärmeschutzverordnung erfüllt sind.

II. Weitere energiebezogene Merkmale

Teilfläche	Fläche A_i [m^2]	Wärmedurchgangskoeffizient k_i [W/(m^2K)]	Faktor zur Berücksichtigung bauteilspezifischer Temperaturdifferenzen
A_W: Außenwände			
A_D: Dach- und Dachdeckenflächen			0,8
A_G: unterer Gebäudeabschluss einschl. erdberührter Flächen			
A_{DL}: Decken nach unten gegen Außenluft			1,0
A_{AB}: abgr. Flächen zu Gebäudeteilen mit niedr. Innentemperatur			0,5
A_F: Fenster, Fenstertüren und Außentüren			1,0

Name und Anschrift des Aufstellers	Datum der Ausfertigung und Unterschrift
....	....

Anlage 3 Anforderungen zur Begrenzung des Wärmedurchgangs bei erstmaligem Einbau, Ersatz oder Erneuerung von Außenbauteilen bestehender Gebäude

1 Anforderungen bei erstmaligem Einbau, Ersatz und Erneuerung von Außenbauteilen

Bei erstmaligem Einbau, Ersatz oder Erneuerung von Außenbauteilen bestehender Gebäude dürfen die in Tabelle 1 aufgeführten maximalen Wärmedurchgangskoeffizienten nicht überschritten werden. Dabei darf der bestehende Wärmeschutz der Bauteile nicht verringert werden.

2 Anforderungen an Außenwände

Werden Außenwände in der Weise erneuert, dass

a) Bekleidungen in Form von Platten oder plattenartigen Bauteilen oder Verschalungen sowie Mauerwerks-Vorsatzschalen angebracht werden,

b) bei beheizten Räumen auf der Innenseite der Außenwände Bekleidungen oder Verschalungen aufgebracht werden oder

c) Dämmschichten eingebaut werden,

gelten die Anforderungen nach Tabelle 1 Zeile 1. In den Fällen a) und b) ist die Ausnahmeregelung nach § 8 Abs. 2 Satz 2 auf jede einzelne Fassadenfläche eines Gebäudes anzuwenden.

3 Anforderungen an Decken

Werden Decken unter nicht ausgebauten Dachräumen und Decken (einschließlich Dachschrägen), die Räume nach oben oder unten gegen die Außenluft abgrenzen, sowie Kellerdecken, Wände und Decken gegen unbeheizte Räume sowie Decken und Wände, die an das Erdreich grenzen, in der Weise erneuert, dass

a) die Dachhaut (einschließlich vorhandener Dachverschalungen unmittelbar unter der Dachhaut) ersetzt wird.

b) Bekleidungen in Form von Platten oder plattenartigen Bauteilen, wenn diese nicht unmittelbar angemauert, angemörtelt oder geklebt werden, oder Verschalungen angebracht werden oder

c) Dämmschichten eingebaut werden,

gelten die Anforderungen nach Tabelle 1, Zeile 3 und 4.

Tabelle 1: Begrenzung des Wärmedurchgangs bei erstmaligem Einbau, Ersatz und bei Erneuerung von Bauteilen

Zeile	Bauteil	Gebäude nach Abschnitt 1	Gebäude nach Abschnitt 2
		max. Wärmedurchgangskoeffizient k_{max} in W/(m^2 · K)	
Spalte	1	2	3
1a	Außenwände	$k_W \leq 0,50$ [b]	$\leq 0,75$
1b	Außenwände bei Erneuerungsmaßnahmen nach Ziffer 2a) und 2c) mit Außendämmung	$k_W \leq 0,40$	$\leq 0,75$
2	Außenliegende Fenster und Fenstertüren sowie Dachfenster	$k_F \leq 1,8$	–
3	Decken unter nicht ausgebauten Dachräumen und Decken (einschließlich Dachschrägen), die Räume nach oben und unten gegen die Außenluft abgrenzen	$k_D \leq 0,30$	$\leq 0,40$
4	Kellerdecken, Wände und Decken gegen unbeheizte Räume sowie Decken und Wände, die an das Erdreich grenzen	$k_G \leq 0,50$	

[a] Der Wärmedurchgangskoeffizient kann unter Berücksichtigung vorhandener Bauteilschichten ermittelt werden

[b] Die Anforderung gilt als erfüllt, wenn Mauerwerk in einer Wandstärke von 36,5 cm mit Baustoffen mit einer Wärmeleitfähigkeit $\lambda \leq 0,21$ W/(m^2 · K) ausgeführt wird.

Anlage 4 Anforderungen an die Dichtheit zur Begrenzung der Wärmeverluste

1 Anforderungen an außenliegende Fenster und Fenstertüren sowie Außentüren

1.1 Fugendurchlasskoeffizienten

Die Fugendurchlasskoeffizienten der außenliegenden Fenster und Fenstertüren bei Gebäuden nach Abschnitt 1 dürfen die in Tabelle 1 genannten Werte, die Fugendurchlasskoeffizienten von Außentüren bei Gebäuden nach Abschnitt 1 sowie von außenliegenden Fenstern und Fenstertüren bei Gebäuden nach Abschnitt 2 den in Tabelle 1 Zeile 1 genannten Wert nicht überschreiten. Werden Einrichtungen nach Anlage 1 Ziffer 2 eingebaut, dürfen die Werte der Tabelle 1 Zeile 2 nicht überschreiten.

1.2 Prüfzeugnis

Der Nachweis der Fugendurchlasskoeffizienten der außenliegenden Fenster und Fenstertüren sowie der Außentüren nach Ziffer 1.1 erfolgt durch Prüfzeugnis einer im Bundesanzeiger bekanntgemachten Prüfanstalt.

1.3 Verzicht auf Prüfzeugnis

1.3.1 Auf einen Nachweis nach Ziffer 1.2 und Tabelle 1 Zeile 1 kann verzichtet werden für Holzfenster mit Profilen nach DIN 68121 – Holzprofile für Fenster und Fenstertüren – Ausgabe Juni 1990.

1.3.2 Auf einen Nachweis nach Ziffer 1.2 und Tabelle 1 Zeile 1 und 2 kann nur bei Beanspruchungsgruppen A und B (d.h. bis Gebäudehöhen von 20 m) verzichtet werden für alle Fensterkonstruktionen mit umlaufender alterungsbeständiger, weichfedernder und leicht auswechselbarer Dichtung.

1.4 Fenster ohne Öffnungsmöglichkeiten

Fenster ohne Öffnungsmöglichkeiten und feste Verglasungen sind nach dem Stand der Technik dauerhaft und luftundurchlässig abzudichten.

1.5 Andere Lüftungsmöglichkeiten

Zum Zwecke einer aus Gründen der Hygiene und Beheizung erforderlichen Lufterneuerung sind stufenlos einstellbare und leicht regulierbare Lüftungseinrichtungen zulässig. Diese Lüftungseinrichtungen müssen im geschlossenen Zustand der Tabelle 1 genügen. Soweit in anderen Rechtsvorschriften, insbesondere dem Bauordnungsrecht der Länder, Anforderungen an die Lüftung gestellt werden, bleiben diese Vorschriften unberührt.

2 Nachweis der Dichtheit des gesamten Gebäudes

Soweit es im Einzelfall erforderlich wird zu überprüfen, ob die Anforderungen des § 4 Abs. 1 bis 3 oder des § 7 erfüllt sind, erfolgt diese Überprüfung nach den allgemein anerkannten Regeln der Technik, die nach § 10 gemacht sind.

Tabelle 1: Fugendurchlasskoeffizienten für außenliegende Fenster und Fenstertüren sowie Außentüren

Zeile	Geschosszahl	Fugendurchlasskoeffizient a in $\frac{m^3}{h \cdot m \cdot [daPa]^{2/3}}$ Beanspruchungsgruppe nach DIN 18055 [1][2]	
		A	B und C
1	Gebäude bis zu 2 Vollgeschossen	2,0	–
2	Gebäude mit mehr als 2 Vollgeschossen	–	1,0

[1] Beanspruchungsgruppe
A: Gebäudehöhe bis 8 m
B: Gebäudehöhe bis 20 m
C: Gebäudehöhe bis 100 m.

[2] Das Normblatt DIN 18055 – Fenster, Fugendurchlässigkeit, Schlagregendichtheit und mechanische Beanspruchung; Anforderungen und Prüfung – Ausgabe Oktober 1981 – ist im Beuth-Verlag GmbH, Berlin und Köln, erschienen und beim Deutschen Patentamt in München archivmäßig gesichert niedergelegt.

Berechnung Wärmebedarf Gebäude nach DIN 4701

1 Anwendungsbereich

Diese Norm gilt für Räume in durchgehend und voll bzw. teilweise eingeschränkt beheizten Gebäuden. Als vollbeheizt sind dabei solche Häuser anzusehen, bei denen mit Ausnahme weniger Nebenräume alle Räume mit üblicher Temperatur beheizt werden. Als teilweise eingeschränkt beheizt sind dabei solche Häuser anzusehen, bei denen in Nachbarräumen niedrigere Temperaturen auftreten können.

Heiztechnische Anlagen, die entsprechend dem nach dieser Norm ermittelten Wärmebedarf ausgelegt sind, können bei milderen Witterungsbedingungen, als sie der Normberechnung zu Grunde liegen, auch dann eine befriedigende Beheizung ermöglichen, wenn sie zeitweise (z.B. nachts) mit gewissen Einschränkungen oder Unterbrechungen betrieben werden.

Für selten beheizte Gebäude ist unter den Sonderfällen ein Berechnungsverfahren angegeben.

2 Formelzeichen

Im folgenden sind die wichtigsten Formelzeichen, die in dieser Norm verwendet werden, alphabetisch zusammengestellt und erläutert.

Weiterhin ist die jeweils zu verwendende Einheit angegeben.

Zeichen	Bedeutung	Einheit
A	Fläche	m^2
α	Fugendurchlasskoeffizient	$m^3/(m \cdot h \cdot Pa^{2/3})$
b	Breite	m
c	spezifische Wärmekapazität	$J/(kg \cdot K)$
D	Krischer–Wert	$W/(m^2 \cdot K)$
d	Dicke	m
H	Hauskenngröße	$W \cdot h \cdot Pa^{2/3}/(m^3 \cdot K)$
h	Höhe	m
k	Wärmedurchgangskoeffizient	$W/(m^2 \cdot K)$
k_N	Norm–Wärmedurchgangskoeffizient	$W/(m^2 \cdot K)$
l	Länge	m
$\frac{m}{\Sigma A_a}$	außenflächenbezogene Speichermasse	kg/m^2
p	Luftdruck	Pa
$\dot{Q}$	Wärmestrom	W
$\dot{Q}_{FL}$	Lüftungswärmebedarf für freie Lüftung	W
$\dot{Q}_L$	Norm–Lüftungswärmebedarf	W
$\dot{Q}_{L\,min}$	Mindestlüftungswärmebedarf	W
$\dot{Q}_N$	Norm–Wärmebedarf	W
$\dot{Q}_{N,\,Geb}$	Norm–Gebäudewärmebedarf	W
$\dot{Q}_T$	Norm–Transmissionswärmebedarf	W
$\dot{q}$	Wärmestromdichte	W/m^2
$R_k = 1/k$	Wärmedurchgangswiderstand	$m^2 \cdot K/W$
$R_a = 1/\alpha_a$	äußerer Wärmeübergangswiderstand	$m^2 \cdot K/W$
$R_i = 1/\alpha_i$	innerer Wärmeübergangswiderstand	$m^2 \cdot K/W$
R_L	äquivalenter Wärmeübergangswiderstand für Fugenlüftung	$m^2 \cdot K/W$
R_z	Aufheizwiderstand	$m^2 \cdot K/W$
R_λ	Wärmeleitwiderstand (auch Wärmedurchlasswiderstand)	$m^2 \cdot K/W$
r	Raumkennzahl	–
ϑ	Temperatur	°C
ϑ_a	Norm–Außentemperatur	°C
ϑ_a'	Außentemperatur	°C
ϑ_i	Norm–Innentemperatur	°C
ϑ_i'	Temperatur im Nachbarraum	°C
$\dot{V}$	Volumenstrom	m^3/s
V_R	Raumvolumen	m^3
α_a	äußerer Wärmeübergangskoeffizient	$W/(m^2 \cdot K)$
α_i	innerer Wärmeübergangskoeffizient	$W/(m^2 \cdot K)$
β	Luftwechsel	$m^3/(h \cdot m^3)$
Δk_A	Außenflächenkorrektur für Wärmedurchgangskoeffizient	$W/(m^2 \cdot K)$
Δk_S	Sonnenkorrektur für Wärmedurchgangskoeffizient	$W/(m^2 \cdot K)$
$\Delta \dot{Q}_{RLT}$	zusätzlicher Lüftungswärmebedarf für nachströmende Luft infolge maschineller Abluftanlagen	W
$\Delta\vartheta$	Temperaturdifferenz	K
$\Delta\vartheta_a$	Außentemperaturkorrektur	K
ζ	gleichzeitig wirksamer Lüftungswärmeanteil	–
ε	Höhenkorrektur	–
λ	Wärmeleitfähigkeit	$W/(m \cdot K)$
ρ	Dichte	kg/m^3

3 Umrechnung wichtiger Einheiten

Nachfolgend sind die Umrechnungen der wichtigsten SI–Einheiten zu den Einheiten, die bislang in der Wärmebedarfsrechnung verwendet wurden, angegeben:

- für Wärmeströme ($\dot{Q}$, $\dot{Q}_N$, $\dot{Q}_L$, $\dot{Q}_T$):
  1 W = 0,860 kcal/h
- für Wärmedurchgangs– und Wärmeübergangskoeffizienten (k, k_N, α_i, α_a=):
  $1\ W/(m^2 \cdot K) = 0{,}860\ kcal/(h \cdot m^2 \cdot grd)$
- für Wärmeleitfähigkeiten (λ):
  $1\ W/(m \cdot K) = 0{,}860\ kcal/(h \cdot m \cdot grd)$
- für Drücke (p):
  $1\ Pa = 0{,}102\ kp/m^2 \approx 0{,}102$ mm WS
- für Fugendurchlasskoeffizienten (α):
  $1\ m^3/(m \cdot h \cdot Pa^{2/3}) = 4{,}58\ m^3/(m \cdot h \cdot (kp/m^2)^{2/3})$
- für Hauskenngrößen (H):
  $1\ W \cdot h \cdot Pa^{2/3})/(m^3 \cdot K) = 0{,}188\ kcal\ (kp/m^2)^{2/3})/(m^3\ grd)$
- für spezifische Wärmekapazitäten (c):
  1 kJ/kgK = 0,239 kcal/kg grd

Eine wichtige Identität ist gegeben durch:

$1J \equiv 1\ W \cdot s \equiv 1\ Nm$

4 Übersicht über die Berechnungsverfahren und ihre Grundlagen

Es wird unterschieden zwischen dem Berechnungsverfahren für übliche Fälle und denen für Sonderfälle.

4.1 Übliche Fälle

Das Verfahren für übliche Fälle ist auf die überwiegende Mehrzahl aller in der Praxis vorkommenden Gebäude anwendbar. Als Beispiele seien genannt: Wohngebäude, Büro– und Verwaltungsgebäude, Schulen, Bibliotheken, Krankenhäuser, Pflegeheime, Aufenthaltsgebäude in Justizvollzugsanstalten, Gebäude des Gaststättengewerbes, Waren– und sonstige Geschäftshäuser, Betriebsgebäude.

4.2 Sonderfälle

Es sind Berechnungsverfahren für folgende Sonderfälle angegeben:

a) Selten beheizte Räume
b) Räume mit sehr schwerer Bauart
c) Hallenbauten mit großen Raumhöhen
d) Gewächshäuser

4.3 Grundzüge des Berechnungsverfahrens für übliche Fälle

Als Norm–Wärmebedarf eines Raumes wird die Wärmeleistung bezeichnet, die dem Raum unter Norm–Witterungsbedingungen zugeführt werden muss, damit sich die geforderten thermischen Norm–Innenraumbedingungen einstellen.

Für die Berechnung wird stationärer Zustand, d.h.zeitliche Konstanz aller Berechnungsgrößen, vorausgesetzt. Es wird ferner angenommen, dass die Oberflächentemperatur der Umgrenzungsflächen zu beheizten Nachbarräumen der Lufttemperatur gleich sind und dass die Außenwände nur mit den inneren Raumumgrenzungsflächen im Strahlungsaustausch stehen.

Der Norm–Wärmebedarf ist unter diesen Voraussetzungen eine Gebäudeeigenschaft. Er kann mit hinreichender Genauigkeit der Auslegung üblicher Heizeinrichtungen zu Grunde gelegt werden, auch wenn deren Wärmeübertragung an den Raum gewisse Abweichungen von den obigen Voraussetzungen ergibt.

Die Aufstellung von Heizflächen mit nennenswertem Strahlungsanteil (z.B. Radiatoren, Plattenheizkörper) vor Glasflächen führt dagegen beispielsweise zu so erheblichen Abweichungen, dass die Auslegung der Heizeinrichtungen nicht nach dem Norm–Wärmebedarf vorgenommen werden kann. Mit Rücksicht auf den erhöhten Energieverbrauch sollten solche Anordnungen vermieden werden.

Der Norm–Wärmebedarf eines Raumes setzt sich aus dem Norm–Transmissionswärmebedarf (Wärmeverluste durch Wärmeleitung über die Umschließungsflächen) und dem Norm–Lüftungswärmebedarf (Wärmebedarf für die Aufheizung eindringender Außenluft) zusammen.

Der Norm–Transmissionswärmebedarf muss für alle Teilflächen mit unterschiedlichen Wärmedurchgangskoeffizienten bzw. Temperaturdifferenzen getrennt berechnet werden. Dabei werden behaglichkeitsmindernde Einflüsse kalter Außenflächen und die Auswirkung der Sonneneinstrahlung durch Korrekturen für die Wärmedurchgangskoeffizienten berücksichtigt.

Die Berechnung des Norm–Lüftungswärmebedarfs geht von einer vereinfachten Ermittlung der Luftmengen aus, die über die Fugenundichtheiten des Raumes unter bestimmten Bedingungen einströmen können. Sie berücksichtigt die wirksamen Druckdifferenzen am Gebäude für die bei Norm–Außentemperaturen anzusetzenden Windverhältnisse und die thermischen Drücke sowie die Widerstände in den durchströmten Fugen der Außen– und Innenbauteile des Gebäudes. Bei Räumen mit maschineller Lüftung wird der zusätzliche Lüftungswärmebedarf für die infolge Abluftüberschuss eindringende Außenluftmenge berücksichtigt.

4.3.1 Ausreichende Beheizung

Eine ausreichende Bemessung der Heizungsanlagen wird dadurch sichergestellt, dass der Berechnung des Norm–Wärmebedarfs angemessen niedrige Außentemperaturen und zugehörige Windgeschwindigkeiten sowie hinreichend sichere Stoffwerte für die Wärmeleitfähigkeit der Baustoffe zu Grunde gelegt werden. Sie berücksichtigen bei porösen Materialien mittlere Baufeuchtigkeiten.

Von besonderer Bedeutung für die ausreichende Beheizung eines Raumes ist eine genügende Luftdichtigkeit der Außenbauteile. Es muss bauseits sichergestellt sein, dass die der Berechnung zu Grunde gelegten Fugendurchlässigkeiten – auch unter Berücksichtigung der Einbaufugen zwischen Fenstern bzw. Türen und der Baukonstruktion – in der Ausführung nicht überschritten werden. Bei den Fugendurchlasskoeffizienten für Fenster wird nach den Beanspruchungsgruppen in DIN 18055 unterschieden.

4.3.2 Gleichmäßige Beheizung

Ziel der Wärmebedarfsrechnung ist es, neben einer ausreichenden Beheizung auch eine hinreichend gleichmäßige Beheizung der Räume eines mit einer zentral geregelten Heizungsanlage oder –gruppe ausgerüsteten Gebäudes auf die der Berechnung zu Grunde gelegten Temperaturen zu erreichen. Dies ist jedoch nur innerhalb gewisser Grenzen möglich.

Selbstverständliche Voraussetzung für das Erreichen der gewünschten Temperaturen ist, dass alle Räume des Gebäudes berechnungsgemäß beheizt werden. Die Temperaturen, die sich in den einzelnen Räumen im Beharrungszustand einstellen, ergeben sich aufgrund des Gleichgewichtes zwischen der Leistung der Heizflächen und den Wärmeverlusten der Räume.

Um den Nutzern der Heizungsanlagen in Wohngebäuden möglichst weitgehend die Möglichkeit einzuräumen, den Heizenergieverbrauch durch eingeschränkte Beheizung eines Teils der beheizbaren Räume zu senken, ist es zweckmäßig, die Heizflächen und gegebenenfalls einen Teil des Rohrnetzes der Räume so zu bemessen, dass eine ausreichende Beheizung auch dann erreicht wird, wenn angrenzende Räume nur mit eingeschränkten Temperaturen betrieben werden. Die Heizflächen und gegebenenfalls ein Teil des Rohrnetzes ergeben sich dabei entsprechend größer. Der Frage einer gleichmäßigen Beheizung aller Räume des Gebäudes unter allen Betriebsbedingungen ist dabei besondere Aufmerksamkeit zu widmen (z.B. Einzelraumregelung).

Bei Erweiterung von zentral geregelten Heizungsanlagen, die nach früheren Ausgaben der DIN 4701 berechnet wurden, ist es empfehlenswert – wenn für die Erweiterung keine getrennte Regelzone vorgesehen wird –, den Erweiterungsteil nach der gleichen Ausgabe der Norm zu berechnen, nach der der Hauptteil bemessen wurde.

5 Berechnung des Norm–Wärmebedarfs für übliche Fälle

5.1 Aufbau der Berechnung

Der Norm–Wämebedarf $\dot{Q}_N$ setzt sich aus dem Norm–Transmissionswärmebedarf $\dot{Q}_T$ und dem Norm–Lüftungswärmebedarf $\dot{Q}_L$ zusammen:

$$\dot{Q}_N = \dot{Q}_T + \dot{Q}_L \qquad (1)$$

5.2 Temperaturen

5.2.1 Norm–Außentemperatur

Der Berechnung des Norm–Wärmebedarfs wird für die Außentemperatur eines Ortes der niedrigste Zweitagesmittelwert zu Grunde gelegt, der im Zeitraum von 1951 bis 1970 zehnmal erreicht oder unterschritten wurde. Diese Außentemperaturen ϑ_a' sind für alle Orte mit mehr als 20 000 Einwohnern und für solche mit einer Wetterstation, deren Daten mit ausgewertet wurden, in Tabelle 1 aufgeführt. Die Isothermenkarte in Bild 1 dient lediglich zur Orientierung bei Orten, die selbst in der Tabelle nicht enthalten sind.

Für die kurze Andauer der Norm–Witterungsbedingungen wird ein Absinken der Innentemperatur um 1 K als tragbar angesehen. Damit wird der einzusetzende Rechenwert für die Norm–Außentemperatur von der Speicherfähigkeit des Gebäudes abhängig. Man berücksichtigt dieses durch eine Außentemperatur–Korrektur $\Delta\vartheta_a$:

$$\vartheta_a = \vartheta_a' + \Delta\vartheta_a \qquad (2)$$

Hierin bedeutet:

ϑ_a Norm–Außentemperatur

Die Außentemperatur $\Delta\vartheta_a$ ergibt sich, abhängig von der Schwere der Bauart zu:

Leichte Bauart: $\Delta\vartheta_a = 0$ K
Schwere Bauart: $\Delta\vartheta_a = 2$ K
Sehr schwere Bauart: $\Delta\vartheta_a = 4$ K

Den genannten Bauarten liegt folgende bauphysikalische Zuordnung zu Grunde:

Leichte Bauart: $$\frac{m}{\Sigma A_a} < 600\ kg/m^2 \qquad (3)$$

Schwere Bauart: $$600 \leq \frac{m}{\Sigma A_a} < 1400\ kg/m^2 \qquad (4)$$

Sehr schwere Bauart: $$\frac{m}{\Sigma A_a} < 1400\ kg/m^2 \qquad (5)$$

Hierin bedeuten:

m Speichermasse des Raumes
ΣA_a Summe aller Außenflächen des Raumes (Fenster und Außenwände)

Die Außentemperatur–Korrektur wird einheitlich für das gesamte Gebäude festgelegt.

Die außenflächenbezogene Speichermasse wird deshalb nur für den ungünstigsten Raum mit maximal 2 Außenwänden ermittelt (niedrigster Wert):

$$m = \Sigma\,(0{,}5 \cdot m_{Stahl} + 2{,}5 \cdot m_{Holz} + m_{Rest})_a + 0{,}5 \cdot \Sigma\,(0{,}5 \cdot m_{Stahl} + 2{,}5 \cdot m_{Holz} + m_{Rest})_i \qquad (6)$$

Berechnung Wärmebedarf Gebäude nach DIN 4701

Hierin bedeuten:
m Masse des Bauteils
Indizes:
$\ldots_{Stahl}$ Bauteile aus Stahl
$\ldots_{Holz}$ Bauteile aus Holz
$\ldots_{Rest}$ Bauteile aus sonstigen Baustoffen
$\ldots_{a}$ Massen der Außenflächen
$\ldots_{i}$ Massen der Innenflächen

5.2.2 Norm–Innentemperatur

Als Norm–Innentemperatur wird eine "empfundene Temperatur" eingesetzt, die sowohl die Lufttemperatur als auch die mittlere Umgebungsflächentemperatur berücksichtigt. Die Norm–Innentemperaturen sind in Tabelle 2 für Räume unterschiedlicher Nutzung festgelegt.

5.3 Norm–Transmissionswärmebedarf

Der Norm–Transmissionswärmebedarf ist die Summe der Wärmeströme, die der Raum durch Wärmeleitung über Wände, Fenster, Türen, Decken, Fußboden abgibt:

$$\dot{Q}_T = \sum_j A_j \cdot \dot{q}_j \qquad (7)$$

Hierin bedeuten:
A_j Fläche des Bauteils j
$\dot{q}_j$ Wärmestromdichte des Bauteils j

Für Bauteile, die an die Außenluft oder an Nachbarräume grenzen, ergibt sich:

$$\dot{q} = k_N \cdot \Delta\vartheta \qquad (8)$$

Hierin bedeuten:
k_N Norm–Wärmedurchgangskoeffizient
$\Delta\vartheta$ Temperaturdifferenz

5.3.1 Norm–Wärmedurchgangskoeffizient

Für den Wärmedurchgangswiderstand R_k eines Bauteils gilt:

$$R_k = R_i + \sum_j R_{\lambda j} + R_a = \frac{1}{\alpha_i} + \sum_j \frac{d_j}{\lambda_j} + \frac{1}{\alpha_a} \qquad (9)$$

Hierin bedeuten:
R_i innerer Wärmeübergangswiderstand
R_a äußerer Wärmeübergangswiderstand
$R_{\lambda j}$ Wärmeleitwiderstand (auch: Wärmedurchlasswiderstand) der Schicht j
α_i innerer Wärmeübergangskoeffizient
α_a äußerer Wärmeübergangskoeffizient
d_j Dicke der Bauteilschicht j
λ_j Wärmeleitfähigkeit der Schicht j

Den Wärmedurchgangskoeffizienten k erhält man aus:

$$k = \frac{1}{R_k} \qquad (10)$$

An den Wärmedurchgangskoeffizienten sind bei Außenbauteilen Korrekturen zum Ausgleich der behaglichkeitsmindernden niedrigen Oberflächentemperaturen und bei Fenstern außerdem solche zum Ausgleich der Sonneneinstrahlung anzubringen. Mit diesen Korrekturen ergibt sich der Norm–Wärmedurchgangskoeffizient k_N zu:

$$k_N = k + \Delta k_A + \Delta k_S \qquad (11)$$

Hierin bedeuten:
Δk_A Außenflächenkorrektur für Wärmedurchgangskoeffizienten
Δk_S Sonnenkorrektur für Wärmedurchgangskoeffizienten

Die Außenflächenkorrektur Δk_A ist, abhängig vom Wärmedurchgangskoeffizienten der Außenfläche nach Tabelle 3 zu ermitteln.

Die Sonnenkorrektur berücksichtigt den Wärmegewinn durch diffuse Strahlung (bedeckter Himmel). Sie ist daher immer negativ und unabhängig von der Himmelsrichtungsorientierung (siehe Tabelle 4). Für Fenster mit Klarglas (Gesamtenergiedurchlassgrad $g_v = 0{,}85$) ergibt sich:

$$\Delta k_S = -0{,}3\ \mathrm{W/(m^2 \cdot K)} \qquad (12)$$

Für Spezialverglasungen mit stark abweichendem Gesamtenergiedurchlassgrad g_v gilt:

$$\Delta k_S = -0{,}35 \cdot g_v \text{ in } \mathrm{W/(m^2 \cdot K)} \qquad (13)$$

5.3.2 Außenbauteile

Die Wärmestromdichte $\dot{q}$ in Gleichung (8) ist für Außenbauteile zu ermitteln nach:

$$\dot{q} = k_N \cdot (\vartheta_i - \vartheta_a) \qquad (14)$$

5.3.3 Innenbauteile

Für Innenbauteile ergibt sich die Wärmestromdichte $\dot{q}$ zu:

$$\dot{q} = k \cdot (\vartheta_i - \vartheta_i') \qquad (15)$$

Hierin bedeutet:
ϑ_i' Norm–Innentemperatur im Nachbarraum

5.3.4 Erdreichberührte Bauteile

Bei Bauteilen, die mit dem Erdreich in Berührung stehen, tritt ein Wärmeverlust nicht nur über das Erdreich an die Außenluft, sondern auch an das Grundwasser auf.

Bei der Bestimmung des ersten Anteils ist jedoch wegen der großen Wärmespeicherfähigkeit des Bodens nicht die für kurze Kälteperioden gültige Norm–Außentemperatur einzusetzen, sondern eine mittlere Außentemperatur über eine längere Kälteperiode. Der Wärmeleitwiderstand durch das Erdreich bis zur Außenluft ist von der Größe der Bodenfläche und ihrem Seitenverhältnis sowie von der Tiefe bis zum Grundwasser abhängig.

Der Wärmeverlust an das Grundwasser wird vereinfachend nach dem üblichen Ansatz für planparallele Platten berechnet. Als Temperaturdifferenz ist die Differenz zwischen Innentemperatur und der mittleren Grundwassertemperatur einzusetzen. Der Wärmedurchgangswiderstand vom Raum bis zum Grundwasser setzt sich aus dem inneren Wärmeübergangswiderstand und den Wärmeleitwiderständen des Bauteils und des Erdreichs zusammen.

Für alle erdreichberührten Flächen (vertikale und horizontale) errechnet sich die Wärmestromdichte $\dot{q}$ aus:

$$\dot{q} = \frac{\vartheta_i - \vartheta_{AL}}{R_{AL}} + \frac{\vartheta_i - \vartheta_{GW}}{R_{GW}} \qquad (16)$$

mit:

$$R_{AL} = R_i + R_{\lambda B} + R_{\lambda A} + R_a \qquad (17)$$

$$R_{GW} = R_i + R_{\lambda B} + R_{\lambda E} \qquad (18)$$

$$R_{\lambda E} = \frac{T}{\lambda_E} \qquad (19)$$

Hierin bedeuten:
ϑ_{AL} mittlere Außentemperatur über eine längere Kälteperiode
ϑ_{GW} mittlere Grundwassertemperatur
R_{AL} äquivalenter Wärmedurchgangswiderstand Raum–Außenluft
R_{GW} äquivalenter Wärmedurchgangswiderstand Raum–Grundwasser
$R_{\lambda B}$ Wärmeleitwiderstand des Bauteils
$R_{\lambda A}$ äquivalenter Wärmeleitwiderstand des Erdreichs zur Außenluft (nach Bild 2)
$R_{\lambda E}$ Wärmeleitwiderstand des Erdreichs zum Grundwasser
R_i innerer Wärmeübergangswiderstand (nach Tabelle 16)
R_a äußerer Wärmeübergangswiderstand (nach Tabelle 16)
λ_E Wärmeleitfähigkeit des Erdreichs
T Tiefe bis zum Grundwasser (nach Bild 2)

In der Regel kann von folgenden Zahlenwerten ausgegangen werden:

ϑ_{AL} $= \vartheta_a + 15$ in °C
ϑ_{GW} $= +10$ °C
λ_E $= 1{,}2\ \mathrm{W/(m \cdot K)}$

Für die Bestimmung des Wärmeleitwiderstandes $R_{\lambda A}$ nach Bild 2, wird dabei stets die gesamte Bodenfläche eingesetzt; als Tiefe bis zum Grundwasser T gilt ebenfalls – auch bei höherreichenden vertikalen Flächen – das auf die Bodenfläche bezogene Maß nach Bild 2.

Sind die Bodenflächen wärmegedämmt, die vertikalen Flächen dagegen nicht, so ist für den Wärmeleitwiderstand $R_{\lambda A}$ der vertikalen an das Erdreich grenzenden Flächen nur 50 % des Wertes $R_{\lambda A}$ nach Bild 2 (Parameter wie vor), einzusetzen.

Bei einzelnen beheizten Kellerräumen sind zur Bestimmung von $R_{\lambda A}$ anstelle der Gebäudemaße l und b nach Bild 2, die entsprechenden Maße des Fußbodens des Kellerraumes einzusetzen. Bei zusammenhängenden Kellerräumen, die keinen rechteckigen Grundriss haben, ist ein flächengleiches Rechteck anzusetzen, dessen eine Seite der größten Länge im tatsächlichen Grundriss entspricht.

5.3.5 Krischer–Wert D

Der Krischer–Wert D ist ein Kennwert für die mittlere Oberflächentemperatur aller Umschließungsflächen eines Raumes, für ihn gilt:

$$D = \frac{\dot{Q}_T}{A_{ges}\,(\vartheta_i - \vartheta_a)} \qquad (20)$$

Hierin bedeutet:
A_{ges} Summe aller Innen– und Außenflächen des Raumes

Der Krischer–Wert D wird zur Ermittlung der rechnerischen Raumlufttemperatur bei gegebener Norm–Innentemperatur benötigt (siehe Erläuterungen zu Tabelle 2).

5.4 Norm–Lüftungswärmebedarf

Für den Norm–Lüftungswärmebedarf $\dot{Q}_L$ gilt:

$$\dot{Q}_L = \dot{Q}_{FL} + \Delta\,\dot{Q}_{RLT} \qquad (21)$$

bzw.

$$\dot{Q}_L = \dot{Q}_{L\,min} \qquad (22)$$

Hierin bedeuten:
$\dot{Q}_{FL}$ Lüftungswärmebedarf für freie Lüftung nach Gleichung (26) oder (27)
$\Delta\,\dot{Q}_{RLT}$ zusätzlicher Lüftungswärmebedarf für nachströmende Luft infolge maschineller Abluftanlagen nach Gleichung (30)
$\dot{Q}_{L\,min}$ Mindestwert des Norm–Lüftungswärmebedarfs nach Gleichung (28)

5.4.1 Lüftungswärmebedarf bei freier Lüftung

5.4.1.1 Grundlagen

Gebäude üblicher Bauart sind in begrenztem Rahmen luftdurchlässig. Die eindringende Außenluft muss auf Raumlufttemperatur (näherungsweise Norm–Innentemperatur) erwärmt werden.

Für diesen Wärmebedarf, den Lüftungswärmebedarf, gilt allgemein:

$$\dot{Q}_{FL} = \dot{V}_{c\rho}\,(\vartheta_i - \vartheta_a) \qquad (23)$$

Hierin bedeuten:
$\dot{V}$ Luftvolumenstrom
c spez. Wärmekapazität
ρ Dichte

Für die Luftströmung durch Fugen kann angesetzt werden:

$$\dot{V} = \sum (\alpha \cdot l) \cdot (p_a - p_i)^n \qquad (24)$$

α Fugendurchlasskoeffizient
l Fugenlänge
p_a Druck, außen
p_i Druck, innen

Bei Fugen in Bauteilen kann der Exponent n für die Druckdifferenz mit hinreichender Genauigkeit mit 2/3 eingesetzt werden.

Die Druckdifferenz $(p_a - p_i)$ kann durch Wind– und Auftriebskräfte entstehen. Für niedrige Gebäude (Höhe < 10 m) sind dabei die Auftriebskräfte vernachlässigbar.

a) Winddrücke
Durch Windanströmung eines Gebäudes entstehen auf den angeströmten Fassaden im allgemeinen Überdrücke, auf den nicht angeströmten Seiten Unterdrücke, die von der Windgeschwindigkeit, von der Gebäudeform und von den Anströmverhältnissen abhängig sind. Entsprechend strömt ohne Auftriebseinflüsse nur auf den angeblasenen Seiten Außenluft ein und hat einen Lüftungswärmebedarf zur Folge, während sie auf den anderen Seiten als erwärmte Innenluft wieder ausströmt. Mit der Höhe über dem Erdboden nehmen die Windgeschwindigkeit und entsprechend die äußeren Winddrücke zu.

b) Auftriebsdrücke
Infolge der Dichteunterschiede zwischen der kalten Außenluft und der warmen Innenluft ergeben sich in durchgehenden vertikalen Schächten hoher Gebäude (z.B. Aufzugsschächte, Treppenhäuser) thermische Differenzdrücke gegenüber der Außenluft, die der Höhe der Schächte und dem Dichteunterschied – entsprechend dem Temperaturunterschied – proportional sind. Ohne Windeinflüsse wirkt sich dieses bei etwa gleichmäßiger Verteilung der Gebäudeundichtigkeiten über die Höhe so aus, dass im Winter im unteren Teil der Gebäude gegenüber außen Unterdruck herrscht und im oberen Teil Überdruck. Entsprechend strömt unten über alle Fassaden kalte Außenluft ein, oben dagegen strömt sie als erwärmte Innenluft wieder aus. Ein Lüftungswärmebedarf entsteht ohne Windeinfluss demnach nur im unteren Gebäudeteil, und zwar auf allen Fassaden.

c) Überlagerte Wirkung von Wind und Auftrieb
Bei gleichzeitiger Wirkung von Wind– und Auftriebseinflüssen lässt sich die Durchströmung eines Gebäudes nur mit aufwendigen Rechenprogrammen beschreiben, da die Innendrücke in komplizierter Weise von der Verteilung aller äußeren und inneren Strömungswiderstände des Gebäudes abhängen. Mit einem für die Zwecke dieser Norm vertretbaren Aufwand lässt sich nur der Lüftungswärmebedarf für einige Grenzfälle ermitteln, aus denen jeweils der ungünstigste für den Normwärmebedarf zu Grunde gelegt werden muss.

Es hängt z.B. von der Windgeschwindigkeit ab, ob auf der angeblasenen Seite eines hohen Gebäudes oben Luft infolge des äußeren Windüberdruckes einströmt oder ob dort infolge des inneren thermischen Überdruckes Luft austritt. Ebenso kann man nicht allgemein sagen, ob im unteren Teil eines hohen Gebäudes auf den nicht vom Wind angeströmten Seiten Luft aufgrund des äußeren Windunterdruckes ausströmt oder ob der innere thermische Unterdruck überwiegt und damit auch dort – und nicht nur auf den angeströmten Fassaden – Außenluft einströmt.

Man unterscheidet zweckmäßig (siehe Bild 3) zwischen Gebäuden vom Schachttyp (ohne innere Unterteilung) und solchen vom Geschosstyp (mit luftdichten Geschosstrennflächen).

Schachttyp–Gebäude unterliegen gleichzeitig Wind– und Auftriebswirkungen. Der für die Durchströmung wesentliche Parameter ist jedoch nur das Verhältnis der Durchlässigkeiten $\sum(\alpha \cdot l)_A$ der angeströmten zu den Durchlässigkeiten $\sum(\alpha \cdot l)_N$ der nicht angeströmten Fassaden, den man relativ einfach bestimmten Grundrisstypen (siehe Bild 4) zuordnen kann.

Grundrisstyp I (Einzelhaustyp) $\qquad \dfrac{\sum(\alpha \cdot l)_A}{\sum(\alpha \cdot l)_N} = \dfrac{1}{3}$

Grundrisstyp II (Reihenhaustyp) $\qquad \dfrac{\sum(\alpha \cdot l)_A}{\sum(\alpha \cdot l)_N} = 1$

Schachttyp–Gebäude stellen im unteren Gebäudeteil immer den ungünstigsten Grenzfall dar.

Geschosstyp–Gebäude unterliegen nur Windeinflüssen. Sie haben demnach im oberen Gebäudeteil immer einen größeren Lüftungswärmebedarf als Schachttyp–Gebäude und stellen hier den ungünstigsten Grenzfall dar.

5.4.1.2 Berechnungsansätze

Man setzt in den Gleichungen (23) und (24):

$$c \cdot \rho\,(p_a - p_i)^{2/3}\ \mathrm{L} = H_h = \varepsilon_h \cdot H \qquad (25)$$

mit
H_h Hauskenngröße in der Höhe h
H Hauskenngröße für Windeinfluss bezogen auf 10 m Höhe
ε_h Höhenkorrekturfaktor für Wind– und Auftriebseinflüsse in der Höhe h

Für den Lüftungswärmebedarf der beschriebenen Grenzfälle erhält man damit:

Für Schachttyp–Gebäude (Gültigkeitsbereich: $\varepsilon_{SN} \geq 0$):

$$\dot{Q}_{FLS} = [\varepsilon_{SA} \cdot \sum(\alpha \cdot l)_A + \varepsilon_{SN} \cdot \sum(\alpha \cdot l)_N] \cdot H \cdot r \cdot (\vartheta_i - \vartheta_a) \qquad (26)$$

Für Geschosstyp–Gebäude

$$\dot{Q}_{FLG} = \varepsilon_{GA} \cdot \sum(\alpha \cdot l)_A \cdot H \cdot r \cdot (\vartheta_i - \vartheta_a) \qquad (27)$$

Berechnung Wärmebedarf Gebäude nach DIN 4701

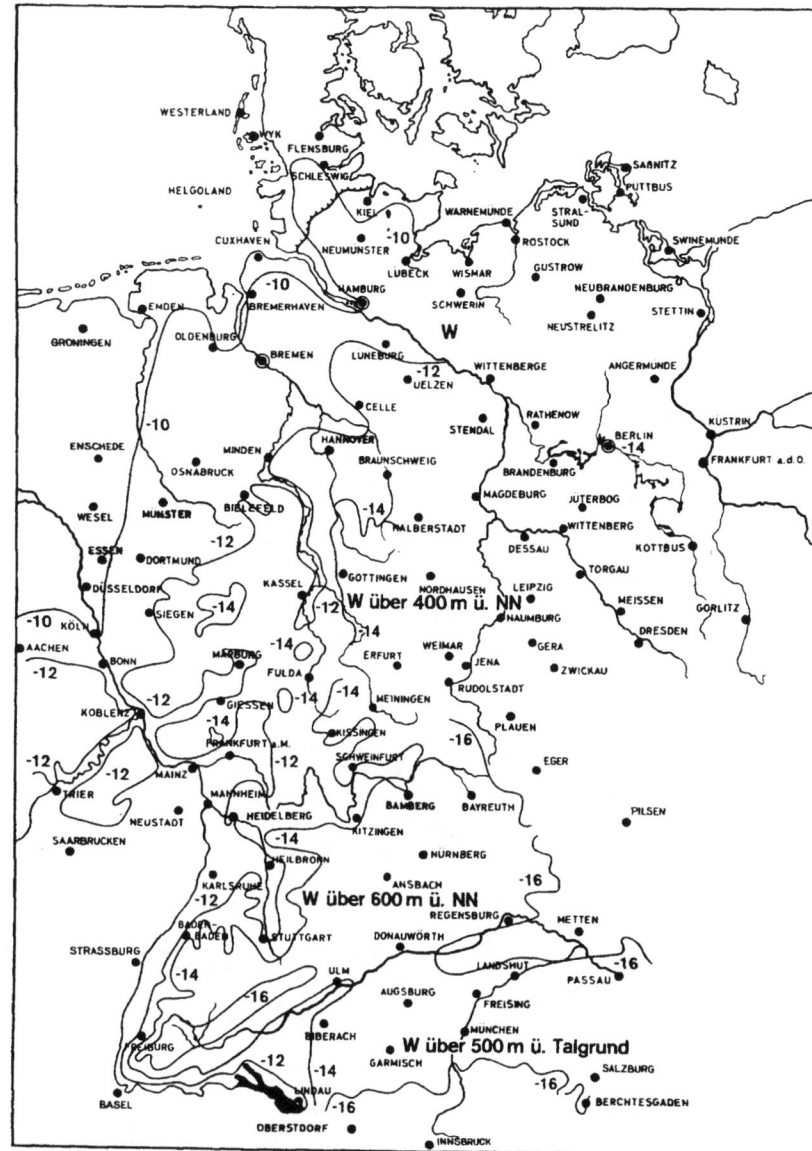

Bild 1. Isothermenkarte
Tiefstes Zweitagesmittel der Lufttemperatur in °C (10mal in 20 Jahren), Zeitraum: 1951 bis 1970
Aufgestellt vom Deutschen Wetterdienst, Zentralamt Offenbach/Main

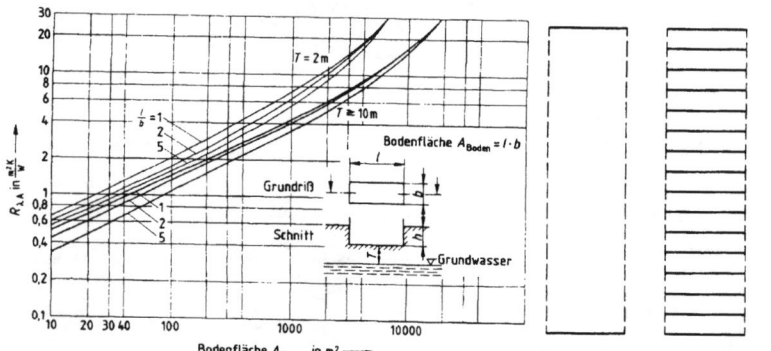

Bild 2: Äquivalenter Wärmeleitwiderstand $R_{\lambda,A}$ des Erdreichs zur Außenluft

Schachttyp Gebäude   Geschosstyp Gebäude
Bild 3: Gebäudetypen

Hierin bedeuten:
H Hauskenngröße (nach Tabelle 10)
ε Höhenkorrektur (nach Tabellen 11, 12)
α Fugendurchlasskoeffizient (nach Tabelle 9)
l Fugenlänge
ϑ_i Norm–Innentemperatur
ϑ_a Norm–Außentemperatur
r Raumkennzahl (nach Tabelle 13)

Indizes
S   Schachttyp–Gebäude
G   Geschosstyp–Gebäude
A   angeströmt (Wind)
N   nicht angeströmt (Wind)

Der größere der beiden Grenzwerte nach Gleichung (26) oder (27) gilt als Lüftungswärmebedarf Q_{FL} bei freier Lüftung.

5.4.1.3 Luftdurchlässigkeit des Bauwerks

Die maßgeblichen Luftdurchlässigkeiten liegen in den Schließfugen der zu öffnenden Fenster und Türen sowie in den Einbaufugen zwischen Fensterrahmen und Wandkonstruktionen bzw. zwischen einzelnen Außenwandelementen, insbesondere bei vorgefertigten Bauteilen.

Die Durchlässigkeit $\sum (\alpha \cdot l)_A$ ist jeweils für den ungünstigsten Fall der Windanströmung einzusetzen und zwar:

bei Eckräumen:
Für die beiden aneinanderstoßenden Außenflächen mit den größten Durchlässigkeiten

bei eingebauten Räumen mit gegenüberliegenden Außenwänden:
Beim Geschosstyp–Gebäude für die Wand mit der größten Durchlässigkeit.
Beim Schachttyp–Gebäude für die Wand mit der größeren Durchlässigkeit für die angeströmte Seite einzusetzen und die andere für die nicht angeströmte Seite.

In Tabelle 9 sind die Fugendurchlasskoeffizienten für Türen, Fenster und sonstige Bauteile angegeben.

5.4.1.4 Hauskenngröße

Die Hauskenngröße ist abhängig von der Windgeschwindigkeit. Diese wird von der geographischen Lage des Gebäudes und von seiner Lage in der Umgebung bestimmt (Rechenwerte siehe Tabelle 10).

Hinsichtlich der Windstärke unterscheidet man **windschwache** und **windstarke** Gegenden. Die windstarke Gegend umfasst das Gebiet von der Küste etwa bis zum Rand der Mittelgebirge. Das Gebiet südlich davon gilt für niedrige Lagen als windschwache Gegend. Von bestimmten Höhenlagen an, die zu den Alpen hin ansteigen, sind auch diese Regionen als windstark anzusehen (siehe Isothermen–Karte, Bild 1 und Tabelle 1).

Bei der Lage eines Hauses ist zu bedenken, dass nahe über dem Erdboden oder dicht über eng beieinander stehenden gleich hohen Gebäuden die Windgeschwindigkeit geringer ist als in größerer Höhe. Erst in einer gewissen Höhe über dem Erdboden oder über den Gebäuden herrscht Wind in voller Stärke.

Es werden unterschieden:

Normale Lage
für Häuser in dicht besiedelten Gebieten (Stadtkerngebiete) und in Gebieten mit aufgelockerter Bebauung.

Freie Lage
für Häuser auf Inseln, unmittelbar an der Küste, an großen Binnenseen, auf Berggipfeln und in freien Kammlagen.

Der Einfluss des Haustyps auf die Durchströmung und damit auf die Hauskenngröße ergibt sich aus der Winddruckverteilung am Gebäude (Überdruck auf den angeblasenen Unterdruck, auf den nicht angeblasenen Flächen) und aus der Verteilung der Durchlässigkeiten $\sum (\alpha \cdot l)$ auf die angeblasenen und die nicht angeblasenen Flächen. Je größer die Durchlässigkeit $\sum (\alpha \cdot l)_N$ der nicht angeblasenen Flächen im Verhältnis zu der angeblasenen $\sum (\alpha \cdot l)_A$ ist, desto niedriger stellt sich in einem Haus ohne Innenwiderstände der Innendruck p_i ein, d.h. um so größer wird nach Gleichung (24) das einströmende Luftvolumen auf der angeblasenen Seite.

Grundsätzlich unterschiedlich verhalten sich in dieser Beziehung Einzelhäuser und Reihenhäuser. In einem Einzelhaus (siehe Bild 4) kann die Luft bei senkrechter Anströmung einer Seite auf drei Seiten des Gebäudes wieder abströmen. Der Innendruck liegt daher in der Nähe des Unterdruckes auf den nicht angeblasenen Flächen. Die Druckdifferenz zwischen innen und außen an den angeblasenen Flächen und damit der auf $\sum (\alpha \cdot l)_A$ bezogene Luftvolumenstrom erreicht maximale Werte.

Bei einem Reihenhaus (siehe Bild 4) steht unter gleichen Anströmbedingungen nur **eine** Abströmfläche zur Verfügung.

Der Innendruck stellt sich entsprechend höher ein, und das durchströmende Luftvolumen wird geringer.

Als Häuser vom Grundrisstyp I (Einzelhaustyp) gelten solche, bei denen Luft über zwei oder mehr Außenflächen abströmen kann.

Beispiel für Grundrisstyp I:
Allseitig freistehende Häuser nach Bild 4 a (Ausnahmen siehe Grundrisstyp II)
dreiseitig freistehende Häuser nach Bild 4 b und 4 c (Eckreihenhäuser) bzw. Hausteile.

Als Häuser vom Grundrisstyp II (Reihenhaustyp) gelten solche, die durch Trennwände so unterteilt sind, dass Luft im wesentlichen nur über eine Außenfläche abströmen kann.
Beispiel für Grundrisstyp II:
Eingebaute Reihenhäuser nach Bild 4 d.
Eingebaute Wohnungen in Wohnblöcken nach Bild 4 e.
Allseitig freistehende Häuser mit einem Seitenverhältnis über 5 nach Bild 4 f.
Allseitig oder dreiseitig freistehende Häuser mit zwei Außenflächen ohne nennenswerte Durchlässigkeiten nach Bild 4 g und 4 h.

Tabelle 3: Außenflächen–Korrekturen Δk_A für den Wärmedurchgangskoeffizienten von Außenflächen

Wärmedurchgangskoeffizient der Außenflächen nach DIN 4108 Teil 4 W/(m² · K)	0,0 bis 1,5	1,6 bis 2,5	2,6 bis 3,1	3,2 bis 3,5
Außenflächen–Korrektur Δk_A W/(m² · K)	0,0	0,1	0,2	0,3

Tabelle 4: Sonnenkorrekturen Δk_S für den Wärmedurchgangskoeffizienten transparenter Außenflächen

Verglasungsart	Sonnenkorrektur Δk_S W/(m² · K)
Klarglas (Normalglas)	– 0,3
Spezialglas (Sonderglas)	– 0,35 · g_F

g_F = Gesamtenergiedurchlassgrad nach DIN 4108 Teil 2

Berechnung Wärmebedarf Gebäude nach DIN 4701

Tabelle 1: Außentemperaturen ϑₐ' [1] und Zuordnung zu "windstarker Gegend" (W) [2] für Städte mit mehr als 20.000 Einwohnern [3] (tiefstes Zweitagesmittel der Lufttemperatur, das 10mal in 20 Jahren erreicht oder unterschritten wird)

Für Orte, die hier nicht enthalten sind, ist als Außentemperatur der Wert des nächstgelegenen in der Tabelle aufgeführten Ortes ähnlicher klimatischer Lage anzusetzen.

Eine Hilfe hierfür bietet die Isothermenkarte nach Bild 1, die auch Angaben über windstarke Gegenden enthält.

[1] In den Kerngebieten großer Städte liegen die Außentemperaturen etwas höher als in den Randgebieten, auf die sich die aufgeführten Außentemperaturen beziehen. Eine allgemeine Berücksichtigung dieser Verhältnisse ist wegen der vielfältigen Unsicherheitsfaktoren (Flussläufe, Plätze; keine sichere Abgrenzung gegen Außenbezirke) nicht möglich. Es kann jedoch in Städten über 100 000 Einwohner bei dichter Bebauung eine besondere Vereinbarung getroffen werden, nach der in Bereichen mit Geschossflächenzahlen ≥ 1,8 die Außentemperatur bis zu 2 K höher als nach dieser Norm angesetzt werden kann, sofern das Gebäude seine Umgebung nicht wesentlich überragt.

[2] Windstarke Gegend: W, windschwache Gegend: keine Angabe

[3] Kleinere Orte mit Wetterstationen, deren Datenmaterial berücksichtigt wurde, sind mit aufgeführt.

Stadt	Außentemperatur °C
Aach, Hegau	– 14
Aachen	– 12
Aalen, Württ.	– 16 W
Ahlen, Westf.	– 12 W
Ahrensburg	– 12 W
Alsdorf, Rheinl.	– 12 W
Altena, Westf.	– 12 W
Alzey	– 12
Altenburg	– 14
Amberg, Oberpf.	– 16
Andernach	– 12
Anklam	– 12 W
Annaberg–Buchholz	– 16 W
Ansbach, Mittelf.	– 16
Apolda	– 14
Arnsberg	– 12 W
Arnstadt	– 14
Aschaffenburg	– 12
Aschersleben	– 14
Aue	– 16
Auerbach/Vogtl.	– 16
Augsburg	– 14
Aulendorf, Württ.	– 16 W
Backnang	– 12
Baden–Baden	– 12
Badenweiler	– 14
Bad Salzungen	– 16
Bamberg	– 16
Bautzen	– 16
Bayreuth	– 16
Beckum, Westf.	– 12 W
Beerfelden, Odenw.	– 14 W
Bensberg	– 12
Bensheim (Bensheim–Auerbach)	– 10
Berchtesgaden	– 16
Bergen/Rügen	– 10 W
Bergisch–Gladbach	– 12
Bergzabern, Bad	– 12
Berlin	– 14
Bernau b. Berlin	– 14
Bernburg/Saale	– 14
Bernkastel–Kues	– 10
Berus	– 12 W
Biberach, Riß	– 16
Biedenkopf	– 12
Bielefeld	– 12
Bingen, Rhein	– 12
Birkenfeld, Nahe	– 14 W
Bitterfeld	– 14
Blankenburg/Harz	– 14
Blankenrath	– 14 W
Bocholt	– 10 W
Bochum	– 10
Bockum–Hövel	– 12 W
Böblingen	– 14
Bonn	– 10
Bonn–Bad Godesberg	– 10
Bonn–Beuel	– 10
Borkum	– 10 W
Borna	– 14
Bottenweiler, Post Zumhaus (Wörnitz)	– 16
Bottrop	– 10 W
Brackwede	– 12
Brandenburg/Havel	– 14
Braunschweig	– 14 W
Bremen	– 12 W
Bremerhaven	– 10 W
Bremervörde	– 12 W
Brilon	– 14 W
Bruchsal	– 12
Brühl, Rheinl.	– 10
Buchen, Odenw.	– 14 W
Burg b.Magdeburg	– 14
Burghaslach	– 16
Castrop–Rauxel	– 10
Celle	– 12 W
Chemnitz	– 14
Clausthal–Zellerfeld	– 14 W
Coburg	– 14
Coesfeld	– 10 W
Coswig	– 14
Cottbus	– 16
Crailsheim	– 14
Crimmitschau	– 14
Cuxhaven	– 10 W
Dachau	– 16
Darmstadt	– 12
Datteln	– 12 W
Delitzsch	– 14
Delmenhorst	– 12 W
Dessau	– 14
Detmold	– 12
Deuselbach	– 12 W

Stadt	Außentemperatur °C
Dillenburg	– 12
Dillingen, Donau	– 16
Dinslaken	– 10 W
Döbeln	– 14
Dorsten	– 10 W
Dortmund	– 12
Dresden	– 14
Dudweiler, Saar	– 12
Dülken	– 10 W
Dülmen	– 12 W
Düren	– 12
Düsseldorf	– 10 W
Duisburg	– 10 W
Eberswalde–Finow	– 14
Ebingen (Albstadt)	– 18 W
Eckernförde	– 10 W
Edewechterdamm (Friesoythe)	– 12 W
Eilenburg	– 14
Einbeck	– 16
Eisenach	– 16
Eisenhüttenstadt	– 16
Eisleben	– 14
Ellwangen, Jagst	– 16
Elmshorn	– 12 W
Elsdorf, Rhein.	– 12
Emden	– 10 W
Ems, Bad	– 12
Emsdetten	– 12 W
Engelskirchen	– 12
Erfurt	– 14
Erlangen	– 16
Eschwege	– 14
Eschweiler, Rheinl.	– 12
Essen	– 10
Esslingen am Neckar	– 14
Ettlingen	– 12
Euskirchen	– 12
Eutin	– 10 W
Falkensee	– 14
Falkenstein, Oberpf. (Großer Falkenstein)	– 18 W
Feldberg, Schwarzwald	– 18 W
Feldberg (kleiner), Taunus	– 16 W
Fellbach, Württ.	– 12
Fichtelberg, Oberfr.	– 16 W
Finsterwalde	– 16
Flensburg	– 10 W
Forchheim, Breisg.	– 12
Forchheim, Oberfr.	– 16
Forst/Lausitz	– 16
Frankenthal, Pfalz	– 12
Frankfurt/Main	– 12
Frankfurt/Oder	– 16
Frechen	– 10
Freiberg	– 16
Freiburg i.Br.	– 12
Freising	– 16
Freital	– 14
Freudenstadt	– 16 W
Friedrichshafen	– 12
Friesdorf (Post Bad Godesberg)	– 10
Fürstenfeldbruck	– 16
Fürstenwalde/Spree	– 14
Fürth, Bay.	– 16
Fulda	– 14
Garmisch–Partenkirchen	– 18
Geesthacht	– 12 W
Geislingen, Steige	– 16
Gelnhausen	– 12
Gelsenkirchen	– 10
Gera	– 14
Gerlachsheim (Lauda–Königshofen, Baden)	– 14
Gevelsberg	– 12
Gießen	– 12
Gifhorn	– 14 W
Gilserberg	– 14
Gladbeck, Westf.	– 10 W
Glauchau	– 14
Glückstadt	– 10 W
Göppingen	– 14
Görlitz	– 16
Gössweinstein	– 16
Göttingen	– 14
Goslar	– 14
Gotha	– 14
Greifswald	– 12 W
Greiz	– 16
Greven, Westf.	– 12 W
Grevenbroich	– 10 W
Gronau, Westf.	– 10 W
Großenhain	– 16
Gschwend b. Gaildorf	– 16
Guben	– 16
Güstrow	– 12 W

Stadt	Außentemperatur °C
Gütersloh	– 12 W
Gummersbach	– 12
Hagen	– 12
Halberstadt	– 14
Haldensleben	– 14
Halle/Kröllwitz	– 14
Hamburg	– 12 W
Hameln	– 12 W
Hamm, Westf.	– 12 W
Hanau	– 12
Hannover	– 14 W
Harzburg, Bad	– 14
Hattingen, Ruhr	– 12
Hauptschwenda (Neukirchen, Knüllgeb.)	– 14 W
Heide, Holst.	– 10 W
Heidenau	– 14
Heidelberg	– 10
Heidenheim, Brenz	– 16
Heilbronn, Neckar	– 12
Heiligenhaus b. Velbert	– 12
Helmstedt	– 14 W
Hemer	– 12
Hennigsdorf b. Berlin	– 14
Herchenhain	– 14 W
Herford	– 12
Herleshausen	– 14
Herne	– 10
Herrenalb, Bad	– 14
Hersfeld, Bad	– 14
Herstein	– 12
Herten, Westf.	– 10 W
Hettstedt	– 14
Hilden	– 10
Hildesheim	– 14 W
Hilgenroth, Westerw.	– 12
Höchenschwand	– 16 W
Höllenstein (Post Degerndorf am Inn), Groß-brannenburg)	– 18
Hof, Saale	– 18 W
Hofheim, Unterfr.	– 14
Hohenlimburg	– 12
Hohenpeissenberg	– 16 W
Holzminden	– 12
Homberg, Niederrh.	– 10 W
Homburg, Bad	– 12
Homburg, Saar	– 16
Hoyerswerda	– 16
Hückelhoven	– 10
Hürth	– 10
Husum, Nordsee	– 10 W
Ibbenbüren	– 12 W
Idar–Oberstein	– 12
Ilmenau	– 16 W
Ingolstadt, Donau	– 16
Iserlohn	– 12
Itzehoe	– 12 W
Jena	– 14
Kahl am Main	– 12
Kaiserslautern	– 12
Kamen, Westf.	– 12
Kamenz	– 16
Kamp–Lintfort	– 10 W
Karlshuld	– 16
Karlsruhe	– 12
Kassel	– 12
Kaufbeuren	– 16
Kempten, Allgäu	– 16
Kiel	– 10 W
Kirchheim, Teck	– 16
Kissingen, Bad	– 14
Kleve, Niederrhein	– 10 W
Klippeneck (Denkingen, Württ.)	– 16 W
Koblenz	– 12
Köln	– 10
Königstein, Taunus	– 12
Königs Wusterhausen	– 14
Köthen/Anhalt	– 14
Kohlgrub, Bad	– 16 W
Konstanz	– 12
Kornwestheim	– 12
Krefeld	– 10 W
Kreuznach, Bad	– 12
Kronach	– 16
Künzelsau	– 14
Kulmbach	– 16
Lahr, Schwarzwald	– 12
Lampertheim, Hessen	– 12
Landau, Pfalz	– 12
Landshut, Bay.	– 16
Langen, Hessen	– 12
Langenfeld, Rheinl.	– 12
Langenhagen, Han.	– 14 W
Langeoog	– 10 W
Lauchhammer	– 16
Leer, Ostfriesland	– 10 W
Lehrte	– 14 W
Leipzig	– 14
Lemgo	– 12
Lengerich, Westf.	– 12
Leonberg, Württ.	– 12
Letmathe	– 12
Leverkusen	– 10
Limbach–Oberfrohna	– 14
Lindau, Bodensee	– 12
Lingen, Ems	– 10 W
Lippstadt	– 12 W
List auf Sylt	– 10 W
Löbau	– 16
Lörrach	– 12
Lövenich b. Frechen	– 10
Lorch, Rheingau	– 12
Luckenwalde	– 14
Ludwigsburg, Württ.	– 12
Ludwigsfelde	– 14
Ludwigshafen am Rhein	– 12
Lübbenau/Spreewald	– 16

Berechnung Wärmebedarf Gebäude nach DIN 4701

Stadt	Außentemperatur °C
Lübeck	– 10 W
Lüdenscheid	– 12 W
Lüneburg	– 12 W
Lünen	– 12 W
Magdeburg	– 14
Mainz	– 12
Mannheim	– 12
Marburg, Lahn	– 12
Markkleeberg	– 14
Marl	– 10 W
Meerane	– 14
Meersburg, Bodensee	– 12
Meiningen	– 16 W
Meißen	– 14
Memmingen	– 16
Menden, Sauerland	– 12
Mengen, Baden	– 14
Merklingen Kr. Leonberg (Weil der Stadt)	– 16 W
Merseburg/Saale	– 14
Metten, Niederbay.	– 18
Mettmann	– 12
Minden, Westf.	– 12
Mittelberg b.Oy	– 18 W
Mittenwald	– 16 W
Mittweida	– 14
Mönchengladbach	– 10
Moers	– 10 W
Monheim, Rheinl.	– 10
Mühlhausen	– 14
Mühlheim, Ruhr	– 10
München	– 16
Münsingen,Württ.	– 16 W
Münster, Westf.	– 12 W
Nauheim, Bad	– 14
Naumburg	– 14
Neheim–Hüsten	– 12
Neubrandenburg	– 14 W
Neu–Isenburg	– 12
Neukirchen–Vluyn	– 10 W
Neuland, Kr. Stade (Neuland–Watemeversdorf)	– 10 W
Neumünster	– 12 W
Neunkirchen, Saar	– 12
Neuruppin	– 14 W
Neuss	– 10 W
Neustadt, Weinstraße	– 10
Neustrelitz	– 14 W
Neu–Ulm	– 14
Neuwied	– 12
Neviges	– 12
Nienburg, Weser	– 12 W
Nördlingen	– 16
Nordenham	– 14
Norderney	– 10 W
Nordhausen	– 10 W
Nordhorn	– 10 W
Nürburg	– 14 W
Nürnberg	– 16
Nürtlingen	– 14
Oberaudorf	– 18
Oberhausen, Rheinland	– 10 W
Oberrotweil	– 12
Oberstdorf	– 20
Oberursel, Taunus	– 12
Oberviechtach	– 16
Öhringen	– 14
Oer–Erkenschwick	– 10 W
Offenbach, Main	– 12
Offenburg	– 12
Oldenburg, Oldb.	– 10 W
Opladen	– 10
Oranienburg	– 14
Oschatz	– 14
Osnabrück	– 12 W
Paderborn	– 12
Parchim	– 14 W
Parsberg, Oberfr.	– 16
Passau	– 14
Peine	– 14 W
Pforzheim	– 12
Pinneberg	– 12 W
Pirmasens	– 12
Pirna	– 14
Plauen	– 16
Plettenberg	– 12
Pommelsbrunn	– 14
Porz	– 10
Potsdam	– 14
Prenzlau	– 14 W
Puch (Post Fürstenfeldbruck)	– 16
Quedlinburg	– 14
Quickborn Post Burg	– 12 W
Radebeul	– 14
Radevormwald	– 12
Rastatt	– 12
Rathenow	– 14
Ratingen	– 10 W
Ravensburg	– 14
Recklinghausen	– 10 W
Regensburg	– 16
Reichenbach/Vogtl.	– 16
Remscheid	– 12
Rendsburg	– 10 W
Reutlingen	– 16
Rheine	– 12 W
Rheinhausen, Niederrh.	– 10 W
Rheinkamp	– 10 W
Rheydt	– 10
Riesa	– 16
Rodenkirchen	– 10
Rötgen, Eifel	– 12 W
Rosenheim, Oberbay.	– 16
Rostock	– 10 W
Rothenburg ob der Tauber	– 14
Rudolstadt	– 14
Rüsselsheim	– 12
Saalfeld/Saale	– 14
Saarbrücken	– 12

Stadt	Außentemperatur °C
Saarlouis	– 12
Salzgitter	– 14 W
Salzwedel	– 14 W
Sangershausen	– 14
St. Blasien	– 16 W
St. Ingbert	– 12
Schleswig	– 10 W
Schneeberg	– 16 W
Schömberg Kr. Freudenstadt (Loßburg)	– 14 W
Schönebeck/Elbe	– 14
Schopfloch	– 16 W
Schorndorf, Württ.	– 16
Schotten, Hess.	– 12
Schwabach, Mittelfr.	– 16
Schwäbisch Gmünd	– 16
Schwäbisch Hall	– 16
Schwarzenberg/Erzgeb.	– 16 W
Schwedt/Oder	– 16 W
Schweinfurt	– 14
Schwelm	– 12
Schwenningen, Neckar	– 16 W
Schwerin	– 12 W
Schwerte, Ruhr	– 12
Segeberg, Bad,	– 10 W
Selb	– 18 W
Senftenberg	– 16
Siegburg	– 12
Siegen	– 12
Sieglar	– 10
Sigmaringen	– 14 W
Sindelfingen	– 14
Singen, Hohentwiel	– 14
Sömmerda	– 14
Soest, Westf.	– 12 W
Solingen	– 12
Soltau	– 12 W
Sondershausen	– 14
Sonneberg	– 16
Speyer	– 12
Spremberg	– 16
Stade	– 10 W
Staßfurt	– 14
Steinbach bei Eltmann	– 14
Stendal	– 14 W
Stolberg, Rheinl.	– 12
Stralsund	– 10 W
Straubing	– 18
Strausberg	– 14
Stuttgart	– 12
Suhl	– 16 W
Sulzbach, Saar	– 12
Tölz, Bad	– 18
Torgau	– 16
Trier	– 10
Tübingen	– 16
Tuttlingen	– 16 W
Übach–Palenberg	– 12
Uelzen	– 14 W
Ulm, Donau	– 14
Unna	– 12 W
Velbert	– 12
Viernheim	– 12
Viersen	– 10 W
Villingen, Schwarzwald	– 16 W
Völklingen, Saar	– 12
Voerde, Niederrh.	– 10 W
Waiblingen	– 12
Waldeck, Hess.	– 14 W
Walsum	– 10 W
Waltrop	– 12 W
Wanne–Eickel	– 10
Waren	– 12 W
Wasserburg a.Inn	– 16
Wasserkuppe	– 16 W
Wattenscheid	– 10
Wedel, Holstein	– 10 W
Weiden, Oberpf.	– 16
Weilburg	– 12
Weimar	– 14
Weinheim, Bergstraße	– 10
Weissenburg in Bay.	– 16
Weißenfels	– 14
Weißwasser	– 16
Wendelstein, Mittelfr.	– 20 W
Werdau	– 16
Werdohl	– 12
Wermelskirchen	– 12
Werne a.d. Lippe	– 12 W
Wernigerode	– 16
Wertheim	– 14
Wesel	– 10 W
Wesseling, Rheinl.	– 10
Wetzlar	– 12
Wiesbaden	– 12
Wildbad	– 14
Wilhelmshaven	– 10 W
Willingen, Upland	– 14 W
Wismar	– 10 W
Witten	– 12
Wittenberg	– 14
Wittenberge	– 14 W
Witzenhausen	– 14
Wolfen	– 14
Wolfenbüttel	– 14 W
Wolfsburg	– 14 W
Worms	– 12
Wülfrath	– 14 W
Würselen	– 12
Würzburg	– 12
Wuppertal	– 12
Wurzen	– 14
Zeitz	– 14
Zerbst	– 14
Zittau	– 16
Zugspitze	– 24 W
Zweibrücken	– 12
Zwickau	– 14

Tabelle 2: Norm–Innentemperaturen ϑ_i für beheizte Räume

Der Berechnung des Norm–Wärmebedarfs sind, soweit vom Auftraggeber nicht ausdrücklich andere Werte gefordert werden, die nachfolgend aufgeführten Norm–Innentemperaturen zu Grunde zu legen. Bei Wohnhäusern ist zwischen Auftraggeber und Auftragnehmer jeweils zu vereinbaren, ob die Heizungsanlage für volle Beheizung aller beheizbaren Räume oder für eine teilweise eingeschränkte Beheizung dieser Räume auszulegen ist. Bei voller Beheizung sind die Heizflächen nach lfd. Nr. 1.1, bei teilweise eingeschränkter Beheizung nach lfd. Nr. 1.2 zu bemessen. Für die Berechnung des Norm–Gebäudewärmebedarfs der für die Dimensionierung der Wärmeversorgung maßgeblich ist, sind stets die Norm–Innentemperaturen nach lfd. Nr. 1.1 bzw. analoge vereinbarte Temperaturen zu Grunde zu legen.

Lfd Nr.	Raumart	Norm–Innentemperatur °C
1	**Wohnhäuser**	
1.1	**vollbeheizte Gebäude**	
	Wohn– und Schlafräume	+ 20
	Küchen	+ 20
	Bäder	+ 24
	Aborte	+ 20
	geheizte Nebenräume (Vorräume, Flure) [1]	+ 15
	Treppenräume	+ 10
[1]	Innenliegende Flure in Geschosswohnungen werden in der Regel nicht beheizt.	
1.2	**teilweise eingeschränkt beheizte Gebäude**	
	a) jeweils zu berechnender Raum wie lfd. Nr. 1.1	
	b) jeweils an den zu berechnenden Raum angrenzende Räume nach Tabelle 5	
2	**Verwaltungsgebäude**	
	Büroräume, Sitzungszimmer, Ausstellungsräume, Schalterhallen und dgl., Haupttreppenräume	+ 20
	Aborte	+ 15
	Nebenräume und Nebentreppenräume wie unter 1	
3	**Geschäftshäuser**	
	Verkaufsräume und Läden allgemein, Haupttreppenhäuser	+ 20
	Lebensmittelverkauf	+ 18
	Lager allgemein	+ 18
	Käselager	+ 12
	Wurstlager, Fleischwarenverarbeitung und Verkauf	+ 15
	Aborte, Nebenräume und Nebentreppenräume wie unter 2.	
4	**Hotels und Gaststätten**	
	Hotelzimmer	+ 20
	Bäder	+ 24
	Hotelhalle, Sitzungszimmer, Festsäle, Haupttreppenhäuser	+ 20
	Aborte, Nebenräume und Nebentreppenräume wie unter 1.	
5	**Unterrichtsgebäude**	
	Unterrichtsräume allgemein, sowie Lehrerzimmer, Bibliotheken, Verwaltungsräume, Pausenhalle und Aula als Mehrzweckräume, Kindergärten	+ 20
	Lehrküchen	+ 18
	Werkräume je nach körperlicher Beanspruchung	+ 15 bis 20
	Bade– und Duschräume	+ 24
	Arzt– und Untersuchungszimmer	+ 24
	Turnhallen	+ 20
	Gymnastikräume	+ 20
	Aborte, Nebenräume und Treppenräume wie unter 2.	
6	**Theater und Konzerträume**	
	einschließlich Vorräumen	+ 20
	Aborte, Nebenräume und Treppenräume wie unter 1.	
7	**Kirchen**	
	Kirchenraum allgemein	+ 15
	bei Kirchen mit schutzwürdigen Gegenständen	nach Vereinbarung
	Aborte, Nebenräume und Treppenräume wie unter 2.	
8	**Krankenhäuser**	
	Operations–, Vorbereitungs– und Anaesthesieräume, Räume für Frühgeborene	+ 25
	alle übrigen Räume	+ 22
9	**Fertigungs– und Werkstatträume**	
	allgemein, mindestens	+ 15
	bei sitzender Beschäftigung	+ 20
10	**Kasernen**	
	Unterkunftsräume	+ 20
	alle sonstigen Räume wie unter 5.	
11	**Schwimmbäder**	
	Hallen (mindestens jedoch 2 K über Wassertemperatur)	+ 28
	sonstige Baderäume (Duschräume)	+ 24
	Umkleideräume, Nebenräume und Treppenräume	+ 22
12	**Justizvollzugsanstalten**	
	Unterkunftsräume	+ 20
	alle sonstigen Räume wie unter 5.	
13	**Ausstellungshallen**	
	nach Angabe des Auftraggebers, jedoch mindestens	+ 15
14	**Museen und Galerien**	
	allgemein	+ 20
15	**Bahnhöfe**	
	Empfangs–, Schalter– und Abfertigungsräume in geschlossener Bauart sowie Aufenthaltsräume ohne Bewirtschaftung	+ 15
16	**Flughäfen**	
	Empfangs–, Abfertigungs– und Warteräume	+ 20
17	**frostfrei zu haltende Räume**	+ 5

Berechnung Wärmebedarf Gebäude nach DIN 4701

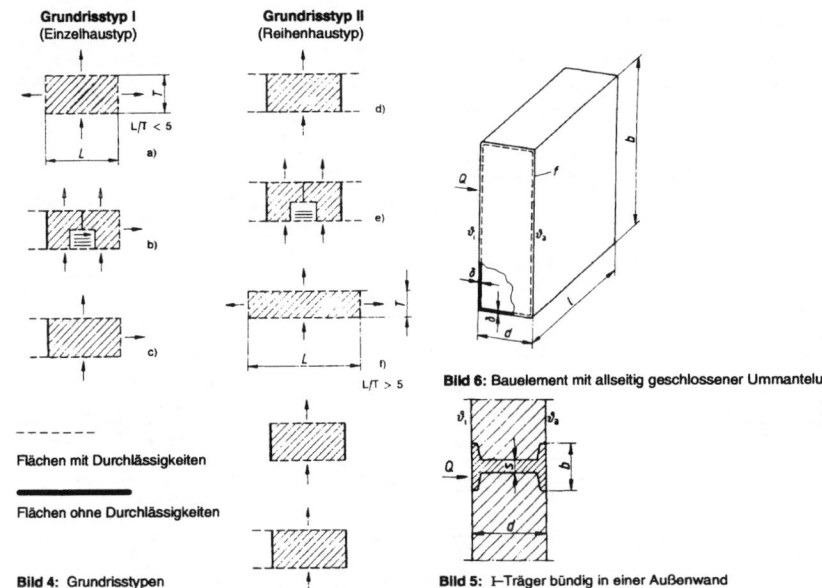

Grundrisstyp I
(Einzelhaustyp)

Grundrisstyp II
(Reihenhaustyp)

L/T < 5

a)

b)

c)

L/T > 5

Bild 6: Bauelement mit allseitig geschlossener Ummantelung

– – – – – Flächen mit Durchlässigkeiten

▬▬▬▬ Flächen ohne Durchlässigkeiten

Bild 4: Grundrisstypen

Bild 5: I–Träger bündig in einer Außenwand

5.4.1.5 Höhenkorrekturfaktor

Die Höhenkorrekturfaktoren ε berücksichtigen die Zunahme der Windgeschwindigkeit mit der Höhe und die thermischen Druckwirkungen. Sie sind von der Höhe des betrachteten Raumes über dem Erdboden, vom Gebäudetyp nach Bild 3 (Schachttyp–Gebäude, Geschosstyp–Gebäude) sowie vom Grundrisstyp (Einzelhaustyp: I, Reihenhaustyp: II) abhängig.

Im allgemeinen lässt sich aus den Werten ε_{SA}, ε_{SN} und ε_{GA} unter Berücksichtigung der Durchlässigkeiten $\sum (\alpha \cdot l)_A$ und $\sum (\alpha \cdot l)_N$ schon ohne Rechnung erkennen, ob Gleichung (26) oder Gleichung (27) den höheren Lüftungswärmebedarf ergibt. Anderenfalls müssen beide Gleichungen ausgewertet und danach der Maximalwert ausgewählt werden.

Für Gebäudehöhen bis 10 m werden keine Auftriebseinflüsse berücksichtigt. Ebenso wird in diesem Höhenbereich konstant die Windgeschwindigkeit in 10 m Höhe vorausgesetzt. Für Gebäude bis 10 m Höhe gilt daher $\varepsilon_{GA} = \varepsilon_{SA} = 1,0$ und $\varepsilon_{SN} = 0$.

Die Tabellen 11 und 12 enthalten die Höhenkorrekturfaktoren für die genannten Varianten.

5.4.1.6 Raumkennzahl

Die Raumkennzahl r ist ein Reduktionsfaktor, der die Verminderung der Gebäudedurchströmung durch Innenwiderstände (Innenwände mit Türen) berücksichtigt. Er ist – ähnlich wie die Hauskenngröße für das gesamte Gebäude – von dem Verhältnis der Durchlässigkeiten der angeströmten Außenflächen $\sum (\alpha \cdot l)_A$ zu denen der Innentüren und eventuell Fenster auf den nicht angeblasenen Gebäudeseiten $\sum (\alpha \cdot l)_N$ für den betrachteten Raum abhängig, durch die die Luft abströmen kann. Je geringer die Durchlässigkeit der Abströmwege im Verhältnis zu der der Einströmwege ist, desto niedriger wird die Raumkennzahl.

Wegen der großen Schwankungsbreite der Durchlässigkeiten genügt es, die Raumkennzahl grob zu staffeln.

Für den häufigsten Fall, dass die Luft nur über Innentüren abströmt, ist in Tabelle 13, die Raumkennzahl r in Abhängigkeit von Anzahl und Güte der Innentüren und von der auch für den übrigen Rechnungsgang (Gleichung (26) oder (27)) erforderlichen Größe $\sum (\alpha \cdot l)_A$ in Stufen ($r = 0,7$ bzw. $r = 0,9$) angegeben. Für Räume ohne Innentüren zwischen An– und Abströmseite (z.B. Säle, Großraumbüros; durchgehende Wohnräume, Flure über Haustiefe) gilt $r = 1,0$.

5.4.1.7 Temperaturdifferenz

Für Räume, bei denen ein Einströmen der Luft direkt von außen angenommen wird, ist die gleiche Temperaturdifferenz einzusetzen, wie bei der Berechnung des Transmissionswärmebedarfs von Außenflächen, für innenliegende Sanitärräume nach Maßgabe der Einströmverhältnisse (siehe Abschnitt 5.4.3).

5.4.1.8 Mindestwert des Norm–Lüftungswärmebedarfs

Für Daueraufenthaltsräume (Wohnräume, Schlafräume, Büros u.ä.) muss aus hygienischen Gründen ein erforderlicher Mindestwert für die Lufterneuerung vorausgesetzt werden. Man geht dabei für den Mindestluftvolumenstrom zweckmäßig von einem bestimmten Vielfachen des Raumvolumens aus (Mindestluftwechsel).

Für den Mindestwert des Norm–Lüftungswärmebedarfs gilt:

$$\dot{Q}_{L\,min} = \beta_{min} \cdot V_R \cdot c\,\rho\,(\vartheta_i - \vartheta_a) \qquad (28)$$

Hierin bedeuten:

β_{min} Mindestluftwechsel
V_R Raumvolumen
c spez. Wärmekapazität der Luft
ρ Dichte der Luft

Bei Daueraufenthaltsräumen ergibt sich unter der Annahme eines 0,5–fachen stündlichen Raumluftwechsels für den Mindestwert des Norm–Lüftungswärmebedarfs:

$$\dot{Q}_{L\,min} = 0,17 \cdot V_R\,(\vartheta_i - \vartheta_a) \text{ in W} \qquad (29)$$

mit
V_R in m³,
$\vartheta_i - \vartheta_a$ in K

Bei anderen Räumen und bei Räumen, deren Raumhöhe 3 m wesentlich übersteigt, ist ein angemessener Luftwechsel festzulegen.

Für Räume in Gebäuden unter 10 m Höhe in windschwacher Gegend und normaler Lage liefert Gleichung (29) unter folgenden Voraussetzungen in der Regel höhere Werte für den Norm–Lüftungswärmebedarf als Gleichung (26) bzw. (27): Raumtiefe > 3 m, Fenster nur in einer Außenwand, keine Außentüren, Fenster mit normaler Fugenlänge ($\sum (\alpha \cdot l)_A / V_R < 0,17 l/(H \cdot r)$).

5.4.2 Lüftungswärmebedarf bei maschineller Lüftung

Bei maschineller Lüftung werden die Druckverhältnisse im Gebäude und damit die durch die Undichtigkeiten eindringenden Außenluftmengen durch die raumlufttechnischen Anlagen beeinflusst.

Hierbei sind Anlagen mit und ohne Abluftüberschuss zu unterscheiden.

5.4.2.1 Anlagen ohne Abluftüberschuss

Die erreichbaren Überdrücke bei Zuluftüberschuss sind gegenüber den auftretenden Wind– oder Auftriebsdrücken in der Regel gering. Aus diesem Grunde wird bei solchen Anlagen der Lüftungswärmebedarf in gleicher Weise ermittelt wie bei freier Lüftung (Abschnitt 5.4.1):
d.h. es gilt $\Delta \dot{Q}_{RLT} = 0$.

Tabelle 5: Rechenwerte für die Temperaturen ϑ_i' in Nachbarräumen

Räume	Norm–Außentemperatur °C				
	≥ -10	-12	-14	-16	≤ -18
Angrenzende Räume in teilweise eingeschränkt beheizten Wohngebäuden					
Wohn– und Schlafräume	+ 15	+ 15	+ 15	+ 15	+ 15
Übrige Räume wie Tabelle 2 lfd. Nr. 1.1 oder nach Vereinbarung mit dem Auftraggeber					
Nicht beheizte Nachbarräume [1]					
Ohne Gebäude–Eingangstüren, auch Kellerräume	+ 7	+ 6	+ 5	+ 4	+ 3
Mit Gebäude–Eingangstüren (z.B. Vorflure, Windfänge, eingebaute Garagen)	+ 4	+ 3	+ 2	+ 1	0
Vorgebaute Treppenräume [2]	− 5	− 7	− 9	− 10	− 11
Fremdbeheizte Nachbarräume	+ 15	+ 15	+ 15	+ 15	+ 15
Heizräume	+ 15	+ 15	+ 15	+ 15	+ 15

[1] Die Tabellenwerte gelten für den Fall, dass die Nachbarräume vorwiegend an die Außenluft grenzen.
[2] Eingebaute Treppenräume siehe Tabelle 6.

Tabelle 7: Rechenwerte für die Temperaturen ϑ_i' in nicht beheizten angrenzenden Dachräumen und in der Luftschicht belüfteter Flachdächer

Räume			Norm–Außentemperatur °C				
			≥ -10	-12	-14	-16	≤ -18
Geschlossene Dachräume [1]							
Dach–außenfläche	Wärmedurchgangswiderstand R_K m² · K/W						
	nach außen	zu beheizten Räumen					
undicht [1]	0,2	0,8	− 6	− 8	− 10	− 12	− 13
		1,6	− 8	− 10	− 12	− 14	− 15
	0,4	0,8	− 4	− 6	− 7	− 9	− 11
		1,6	− 7	− 9	− 10	− 12	− 14
dicht [3]	0,2	0,8	− 6	− 8	− 9	− 11	− 13
		1,6	− 8	− 10	− 11	− 13	− 15
	0,4	0,8	− 3	− 4	− 6	− 7	− 9
		1,6	− 6	− 8	− 9	− 11	− 13
	0,8	0,8	+ 1	0	− 1	− 3	− 4
		1,6	− 3	− 5	− 6	− 8	− 9
	1,6	0,8	+ 5	+ 4	+ 3	+ 2	+ 1
		1,6	0	− 1	− 2	− 4	− 5
Luftschicht belüfteter Flachdächer [4]			− 7	− 9	− 11	− 13	− 15

[1] Die Tabelle wurde für mittlere Dachraumhöhen von 1 bis 2 m und Flächenverhältnisse A_a (nach außen) zu A_b (zum beheizten Raum) $A_a/A_b = 1,5$ berechnet.

[2] Rechnerischer stündlicher Luftwechsel $\beta = 2,5$ m³/(h · m³)

[3] Rechnerischer stündlicher Luftwechsel $\beta = 0,5$ m³/(h · m³)

[4] Der Wärmeleitwiderstand ist vom Innenraum bis zur Luftschicht zu rechnen. Der äußere Wärmeübergangswiderstand ist mit $R_a = 0,08$ m² K/W anzusetzen.

Berechnung Wärmebedarf Gebäude nach DIN 4701

Tabelle 6: Rechenwerte für die Temperaturen ϑ_i' in nicht beheizten eingebauten Treppenräumen mit einer Außenwand

Thermische Kopplung an das Gebäude	Gebäude Höhe [4] m	Geschoss	Norm–Außentemperatur °C				
			≥ − 10	− 12	− 14	− 16	≤ − 18
normal [1] [3]	bis 20	EG und KG	+ 6	+ 5	+ 4	+ 3	+ 2
		1. OG	+ 11	+ 10	+ 9	+ 9	+ 8
		2. OG	+ 12	+ 11	+ 11	+ 10	+ 10
		3. und 4. OG	+ 12	+ 12	+ 11	+ 11	+ 10
		5. bis 7. OG	+ 13	+ 12	+ 12	+ 11	+ 11
	über 20	EG und KG	+ 1	− 1	− 2	− 3	− 4
		1. OG	+ 6	+ 5	+ 4	+ 3	+ 2
		2. OG	+ 9	+ 8	+ 7	+ 6	+ 5
		3. und 4. OG	+ 10	+ 10	+ 9	+ 8	+ 7
		5. bis 7. OG	+ 11	+ 11	+ 10	+ 10	+ 9
		über 7. OG	+ 12	+ 12	+ 11	+ 11	+ 10
schlecht [2] [3]	bis 20	EG und KG	+ 4	+ 3	+ 1	0	− 1
		1. OG	+ 7	+ 6	+ 5	+ 4	+ 3
		2. OG	+ 8	+ 7	+ 6	+ 5	+ 4
		3. und 4. OG	+ 8	+ 7	+ 6	+ 6	+ 5
		5. bis 7. OG	+ 8	+ 7	+ 6	+ 6	+ 5
	über 20	EG und KG	− 1	− 2	− 4	− 5	− 6
		1. OG	+ 3	+ 2	+ 1	0	− 1
		2. OG	+ 6	+ 5	+ 4	+ 3	+ 2
		3. und 4. OG	+ 7	+ 6	+ 5	+ 4	+ 3
		5. bis 7. OG	+ 7	+ 7	+ 6	+ 5	+ 4
		über 7. OG	+ 8	+ 7	+ 6	+ 6	+ 5

[1] Annahme: $\dfrac{\Sigma\,(k \cdot A)_b}{\Sigma\,(k \cdot A)_a} = 3{,}0$ (z.B. Schmalseite Einfachfenster 2 m² je Geschoss, siehe Bild 8 b)

[2] Annahme: $\dfrac{\Sigma\,(k \cdot A)_b}{\Sigma\,(k \cdot A)_a} = 1{,}5$ (z.B. Schmalseite Einfachfenster über ganze Fläche, siehe Bild 8 c)

[3] Die Zuordnung zu den Fällen "normal" und "schlecht" ist üblicherweise an Hand von Bild 8 (a, b, c) abzuschätzen. Ein rechnerischer Nachweis gehört nicht zur Berechnung des Normwärmebedarfs.

[4] Zwischen den Werten für die verschiedenen Höhenbereiche kann bei Gebäuden nahe der Bereichsgrenze interpoliert werden.

In den Fußnoten bedeuten:

k äquivalenter Wärmedurchgangskoeffizient (einschließlich Lüftungswärmeverlust)

A Fläche

Index a: nach außen   Index b: zu beheizten Räumen

Tabelle 8: Wärmedurchgangskoeffizienten k für Außen– und Innentüren

Türen		k W/(m² · K)
Außentüren [1]		
Holz, Kunststoff		3,5
Metall, wärmegedämmt		4,0
Metall ungedämmt		5,5
Innentüren		2,0

[1] Bei einem Glasanteil von mehr als 50 % gelten die Werte für Fenster

Tabelle 9: Rechenwerte für die Fugendurchlässigkeit von Bauteilen [1]

Nr	Bezeichnung			Gütemerkmale	Fugendurchlässigkeit [2]	
					Fugendurchlasskoeffizient α m³ /(m · h · Pa²/³)	$\alpha \cdot l$
1	Fenster	zu öffnen		Beanspruchungsgruppen B,C,D [4]	0,3	−
2				Beanspruchungsgruppe A	0,6	−
3		nicht zu öffnen		normal	0,1	−
4	Türen	Außentüren	Dreh- und Schiebetüren	sehr dicht, mit umlaufendem dichten Anschlag	1	−
5				normal, mit Schwelle oder unterer Dichtleiste	2	−
6			Pendeltüren	normal	20	−
7			Karusselltüren	normal	30	−
8		Innentüren		dicht, mit Schwelle	3	−
9				normal, ohne Schwelle	9	−
10	Außenwand- elemente	durchgehende Fugen zwischen Fertigteilelementen [3]		sehr dicht (mit garantierter Dichtheit)	0,1	−
11				ohne garantierte Dichtheit	1	−
12	Rollläden und Außenjalousien	Rollmechanik von außen zugänglich		normal	−	0,2
13		Rollmechanik von innen zugänglich		normal	−	4
14	Permanentlüfter (geschlossen)			sehr dicht	4 [5]	−
15				normal	7 [5]	−

[1] Die Funktions- und Gütemerkmale sind vom Auftraggeber anzugeben. Niedrigere Fugendurchlässigkeiten als nach Tabelle 9 dürfen nur dann eingesetzt werden, wenn diese unter Berücksichtigung der Einbaudichtigkeiten bauseits für einen ausreichenden Zeitraum sichergestellt werden.

[2] In den angegebenen Werten sind die Durchlässigkeiten evtl. Einbaufugen mit berücksichtigt.

[3] Bei Rahmenbauweisen sind Fugen beiderseits der Stützen und der Riegel vorauszusetzen.

[4] Nach DIN 18055.

[5] Die Werte beziehen sich auf 1 m Schieberlänge und 100 mm Gesamthöhe.

5.4.2.2 Anlagen mit Abluftüberschuss

Hier wird außer dem Lüftungswärmebedarf bei freier Lüftung (Abschnitt 5.4.1) der Wärmebedarf berücksichtigt, der für das Aufheizen der aus der Umgebung nachströmenden Luft erforderlich ist.

Es gilt:

$$\Delta\, \dot{Q}_{RLT} = (\dot{V}_{AB} - \dot{V}_{ZU}) \cdot c\, \rho\, (\vartheta_i - \vartheta_U)\ \text{in W} \tag{30}$$

Hierin bedeuten:

$\Delta\, \dot{Q}_{RLT}$ zusätzlicher Lüftungswärmebedarf für nachströmende Luft infolge maschineller Abluftanlagen

c spezifische Wärmekapazität der Luft in J/(kg · K) ($c \approx 1000$)

$\dot{V}_{AB}$ Abluftvolumenstrom in m³/s

$\dot{V}_{ZU}$ Zuluftvolumenstrom in m³/s

ϑ_U mittlere Temperatur der nachströmenden Umgebungsluft

ρ Dichte der Luft in kg/m³ (20 °C: $\rho = 1{,}2$ kg/m³)

5.4.3 Innenliegende Sanitärräume

Innenliegende Bäder und Toiletten nach DIN 18017 Teil 1 und Teil 3 werden stets mit Einrichtungen zur freien Lüftung oder mit maschinellen Lüftungsanlagen versehen.

Sind für diese Räume Einrichtungen zur freien Lüftung vorhanden, ist für die Ermittlung des Wärmebedarfs ein vierfacher stündlicher Raumluftwechsel zu Grunde zu legen.

Damit ergibt sich für den Norm–Lüftungswärmebedarf:

$$\dot{Q}_L = \dot{Q}_{FL} = 1{,}36 \cdot V_R\, (\vartheta_i - \vartheta_U)\ \text{in W} \tag{31}$$

Hierin bedeuten:

V_R Raumvolumen in m³

$\vartheta_i - \vartheta_U$ Temperaturdifferenz in K

Die Temperatur ϑ_U der nachströmenden Umgebungsluft wird nach den Einströmverhältnissen festgelegt:

für Räume mit besonderem Zuluftschacht $\vartheta_U = + 10$ °C ,

für Räume ohne Zuluftschacht nach Maßgabe der Räume, aus denen die Luft einströmt.

5.5 Norm–Gebäudewärmebedarf

Der Transmissionsanteil des Norm–Gebäudewärmebedarfs ergibt sich als Summe der Werte des Norm–Transmissionswärmebedarfs aller Räume. Der Lüftungswärmeanteil ist dagegen geringer als die Summe der Werte des Norm–Lüftungswärmebedarfs aller Räume, weil dieser für jeden Raum unter der Voraussetzung der jeweils ungünstigsten Verhältnisse (z.B. Windrichtung) ermittelt wird. Innerhalb eines Gebäudes tritt der maximale Lüftungswärmebedarf jedoch zum gleichen Zeitpunkt nur für einen Teil der Räume auf.

Der Norm–Gebäude–Wärmebedarf $\dot{Q}_{N,Geb}$ ergibt sich danach aus:

$$\dot{Q}_{N,Geb} = \sum_j \dot{Q}_{T_j} + \zeta \cdot \sum_j \dot{Q}_{L_j} \tag{32}$$

Hierin bedeuten:

$\dot{Q}_{T_j}$ Norm–Transmissionswärmebedarf des Raumes j

$\dot{Q}_{L_j}$ Norm–Lüftungswärmebedarf des Raumes j

ζ gleichzeitig wirksamer Lüftungswärmeanteil

Der gleichzeitig wirksame Lüftungswärmeanteil ζ ist Tabelle 14 zu entnehmen.

Tabelle 13: Raumkennzahlen r

Innentüren		Durchlässigkeiten der Fassaden $\Sigma\,(\alpha \cdot l)$	Raum- kenn- zahl
Güte	Anzahl [1]	m³/(h · Pa²/³)	r
normal, ohne Schwelle	1	≤ 30	0,9
		> 30	0,7
	2	≤ 60	0,9
		> 60	0,7
	3	≤ 90	0,9
		> 90	0,7
dicht, mit Schwelle	1	≤ 10	0,9
		> 10	0,7
	2	≤ 20	0,9
		> 20	0,7
	3	≤ 30	0,9
		> 30	0,7

[1] Für Räume ohne Innentüren zwischen An- und Abströmseite (z.B. Säle, Großraumbüros u.ä.) gilt $r = 1{,}0$.

[2] α Fugendurchlasskoeffizient
   l Fugenlänge

[3] A angeblasen
   N nicht angeblasen

Es werden jeweils die Werte $\Sigma\,(\alpha \cdot l)$ eingesetzt, die der Berechnung von Q_{FL} zu Grunde gelegt werden.

Geschosstyp–Gebäude: $\Sigma\,(\alpha \cdot l) = \Sigma\,(\alpha \cdot l)_A$

Schachttyp–Gebäude:

$\varepsilon_{SN} > 0: \Sigma\,(\alpha \cdot l) = \Sigma\,(\alpha \cdot l)_A + \Sigma\,(\alpha \cdot l)_N$

$\varepsilon_{SN} = 0: \Sigma\,(\alpha \cdot l) = \Sigma\,(\alpha \cdot l)_A$

Tabelle 14: Gleichzeitig wirksame Lüftungswärmeanteile ζ

Windverhältnisse	ζ	
	Gebäudehöhe H m	
	≤ 10	> 10
windschwache Gegend, normale Lage	0,5	0,7
alle übrigen Fälle	0,5	0,5

Berechnung Wärmebedarf Gebäude nach DIN 4701

Tabelle 10 : Hauskenngröße *H*

Gegend	Lage des Gebäudes	Hauskenngröße *H* W · h · Pa$^{2/3}$/(m³ · K)		Zu Grunde liegende Windgeschwindigkeiten
		Grundrisstyp I 1)	Grundrisstyp II 2)	m/s
Windschwache Gegend	normale Lage	0,72	0,52	2
	freie Lage	1,8	1,3	4
Windstarke Gegend	normale Lage	1,8	1,3	4
	freie Lage	3,1	2,2	6

1) Einzelhaustyp nach Bild 4 a bis 4 c
2) Reihenhaustyp nach Bild 4 d bis 4 h

Tabelle 11: Hauskenngröße *H* und Höhenkorrekturfaktoren ε_{GA}, ε_{SA}, ε_{SN} Grundrisstyp I (Einzelhaustyp)

Gegend	Lage	Hauskenngröße W·h·Pa$^{2/3}$/(m³ K)	Gebäudehöhe 1)2) m	ε	Höhe *h* über Erdboden m																				
					0	5	10	15	20	25	30	35	40	45	50	55	60	65	70	75	80	85	90	95	100
				ε_{GA}	1,0			1,2	1,4	1,5	1,6	1,7	1,9	2,0		2,1	2,2	2,3	2,4		2,5	2,6	2,7		2,8
windschwach	normal	0,72	100	ε_{SA}	9,4	8,8	8,1	7,5	6,8	6,1	5,4	4,5	3,7	2,6	1,3	0									
				ε_{SN}	9,1	8,5	7,8	7,0	6,2	5,4	4,5	3,5	2,4	0,7	0										
			80	ε_{SA}	8,2	7,5	6,7	6,0	5,3	4,5	3,6	2,6	1,3	0											
				ε_{SN}	7,8	7,1	6,4	5,6	4,7	3,7	2,5	1,0	0												
			60	ε_{SA}	6,8	6,0	5,2	4,4	3,5	2,5	1,2	0													
				ε_{SN}	6,5	5,7	4,8	3,8	2,7	1,3	0														
			40	ε_{SA}	5,3	4,4	3,4	2,4	1,1	0															
				ε_{SN}	4,9	4,0	2,9	1,6	0																
			20	ε_{SA}	3,5	2,4	0,9	0																	
				ε_{SN}	3,0	1,8	0																		
			10	ε_{SA}	1,0																				
				ε_{SN}	0																				
windschwach	frei	1,8	100	ε_{SA}	3,9	3,6	3,4	3,2	3,1	2,9	2,7	2,5	2,3	2,0	1,8	1,5	1,2	0,8	0,3	0					
				ε_{SN}	3,4	3,2	2,9	2,5	2,2	1,8	1,4	0,9	0,1	0											
			80	ε_{SA}	3,4	3,2	2,9	2,7	2,5	2,3	2,1	1,9	1,6	1,3	1,0	0,6	0								
				ε_{SN}	2,9	2,6	2,3	1,9	1,5	1,1	0,4	0													
			60	ε_{SA}	2,9	2,6	2,3	2,1	1,9	1,7	1,4	1,1	0,8	0,3	0										
				ε_{SN}	2,4	2,0	1,7	1,2	0,7	0															
			40	ε_{SA}	2,4	2,0	1,7	1,5	1,2	0,9	0,5	0													
				ε_{SN}	1,7	1,4	0,9	0,1	0																
			20	ε_{SA}	1,7	1,3	0,9	0,6	0																
				ε_{SN}	1,0	0,4	0																		
			10	ε_{SA}	1,0																				
				ε_{SN}	0																				
windstark	normal	1,8	100	ε_{SA}	3,9	3,6	3,4	3,2	3,1	2,9	2,7	2,5	2,3	2,0	1,8	1,5	1,2	0,8	0,3	0					
				ε_{SN}	3,4	3,2	2,9	2,5	2,2	1,8	1,4	0,9	0,1	0											
			80	ε_{SA}	3,4	3,2	2,9	2,7	2,5	2,3	2,1	1,9	1,6	1,3	1,0	0,6	0								
				ε_{SN}	2,9	2,6	2,3	1,9	1,5	1,1	0,4	0													
			60	ε_{SA}	2,9	2,6	2,3	2,1	1,9	1,7	1,4	1,1	0,8	0,3	0										
				ε_{SN}	2,4	2,0	1,7	1,2	0,7	0															
			40	ε_{SA}	2,4	2,0	1,7	1,5	1,2	0	0,5	0													
				ε_{SN}	1,7	1,4	0,9	0,1	0																
			20	ε_{SA}	1,7	1,3	0,9	0,6	0																
				ε_{SN}		0,4	0																		
			10	ε_{SA}	1,0																				
				ε_{SN}	0																				
windstark	frei	3,1	100	ε_{SA}	2,4	2,3	2,1				2,0		1,9		1,8		1,7	1,6	1,5		1,4	1,3	1,2	1,1	1,0
				ε_{SN}	1,8	1,6	1,4	1,2	0,9	0,6	0,2	0													
			80	ε_{SA}	2,2	2,0	1,9		1,8			1,7		1,6	1,5		1,4	1,3	1,2	1,1	1,1				
				ε_{SN}	1,5	1,3	1,1	0,9	0,5	0															
			60	ε_{SA}	1,9	1,8	1,6			1,5		1,4		1,3	1,2		1,1								
				ε_{SN}	1,2	1,0	0,8	0,4	0																
			40	ε_{SA}	1,7	1,5	1,3			1,2		1,1													
				ε_{SN}	0,9	0,6	0,3	0																	
			20	ε_{SA}	1,4	1,2	1,0	1,0	0,9																
				ε_{SN}	0,4	0																			
			10	ε_{SA}	1,0																				
				ε_{SN}	0																				

1) Als Gebäudehöhe gilt die Summe der Geschosshöhen der beheizten Geschosse über Erdboden.
2) Die Gebäudehöhe 10 m kann bei Wohngebäuden generell für alle Häuser mit maximal 4 beheizten Geschossen über Erdboden eingesetzt werden

5.6 Durchführung der Berechnung

5.6.1 Unterlagen für die Berechnung

Zur Berechnung des Norm–Wärmebedarfs müssen vom Bauplaner folgende Unterlagen zur Verfügung gestellt werden:

Lageplan

Aus diesem müssen die Nordrichtung sowie die Möglichkeiten des Windzutrittes zu erkennen sein. Zusätzlich müssen also Angaben über die Höhe der Nachbargebäude und über andere Einflüsse auf die Hauskenngröße vorliegen (siehe Abschnitt 5.4.1.5).

Grundrisse und Ansichten (mindestens im Maßstab 1 : 100)

In diesen müssen die Baumaße einschließlich der Fenster– und Türmaße (größte Rohbaumaße) eingetragen sein.

Schnitte

Aus diesen müssen die lichten Raumhöhen, die Geschosshöhen von Fußbodenoberfläche zu Fußbodenoberfläche und die Höhen der Fensterbrüstungen, Fenster und Türen zu ersehen sein.

Baubeschreibung

Für alle Bauteile sind Angaben über ihre Wärmedurchgangs– bzw. Wärmeleitwiderstände (ersatzweise über deren Aufbau, Baustoffe und Schichtdicken) sowie über die die Wärmeleitwiderstände beeinflussenden Eigenschaften nach DIN 4108 Teil 4 erforderlich.

Zur Beschreibung der Fenster gehören Angaben über die Art der Verglasung, das Material der Fensterrahmen und die Länge sowie die Durchlasskoeffizienten der Fensterfugen bzw. Güteklassen der Fenster nach DIN 18055.

Für nicht zu öffnende Fensterteile und Fertigbauteile müssen Angaben über deren Fugenlängen und Dichtheit ("mit" oder "ohne garantierte Dichtheit") vorhanden sein.

Bei Türen müssen Angaben über das Material des Türblattes und den Verglasungsanteil sowie solche zur Luftdurchlässigkeit vorliegen. Bei Außentüren sind dieses die gleichen Angaben wie bei Fenstern.

Bei Innentüren genügt die Angabe eventuell vorhandener Schwellen oder sonstiger Dichtungsvorrichtungen.

Für einige vom Heizungsplaner zu benennende Räume ist zur Ermittlung der außenflächenbezogenen Speichermasse die Dichte aller Bauteile anzugeben.

Tabelle 15: Äquivalente Wärmeleitwiderstände R_λ ruhender Luftschichten

Lage der Luftschicht und Richtung des Wärmestromes	Dicke der Luftschicht *d* mm	R_λ m² · K/W
Luftschicht, senkrecht	10	0,140
	20	0,160
	50	0,180
	100	0,170
	150	0,160
Luftschicht, waagerecht		
Wärmestrom von unten nach oben	10	0,140
	20	0,150
	> 50	0,160
Wärmestrom von oben nach unten	10	0,150
	20	0,180
	> 50	0,210

Tabelle 16: Wärmeübergangswiderstände R_i, R_a

	R_i m² · K/W	R_a m² · K/W
auf der Innenseite geschlossener Räume bei natürlicher Luftbewegung an Wandflächen und Fenster	0,130	
Fußboden und Decken		–
bei einem Wärmestrom von unten nach oben	0,130	–
bei einem Wärmestrom von oben nach unten	0,170	–
an der Außenseite von Gebäuden bei mittlerer Windgeschwindigkeit	–	0,040
In durchlüfteten Hohlräumen bei vorgehängten Fassaden oder in Flachdächern (der Wärmeleitwiderstand der vorgehängten Fassade oder der oberen Dachkonstruktion wird nicht zusätzlich berücksichtigt)	–	0,090

Tabelle 17: Grenzwerte der inneren Wärmeübergangswiderstände R_i und der Wärmedurchgangswiderstände R_k einfach verglaster Stahlfenster in Hallen

	R_i m² · K/W	R_k m² · K/W
Hallen ohne Innenwände und Geschosse, wenn die lichte Höhe größer ist als die Raumtiefe	0,21 bis 0,12	0,21 bis 0,14
Hallen mit Innenwänden und Hallen mit lichten Höhen kleiner als die Raumtiefe	0,17 bis 0,12	0,19 bis 0,16

Tabelle 18: Innere Wärmeübergangswiderstände $R_{i\,Glas}$ an den transparenten Flächen von Gewächshäusern

Heizungssystem	$R_{i\,Glas}$ m² · K/W
Heizrohre im Dachraum	0,09
Heizrohre an der Stehwand	0,09
Heizrohre unter den Tischen	0,10
Heizrohre auf dem Boden	0,12
Deckenlufthelzer	0,09
Strahlluftheizung	0,10
Konvektoren	0,09
gemischtes Heizungssystem (Rohre und Luftheizung)	0,10

Tabelle 19: Wärmeleitwiderstände $R_{\lambda\,Glas}$ der transparenten Flächen von Gewächshäusern

Bedachung	$R_{\lambda\,Glas}$ m² · K/W
Einfachglas	0,01
Kunststoffplatten, gewellt, GFK 1 mm (auf Ansichtsfläche bezogen)	0,01
Doppelverglasung in Stahlrahmen	
Abstand 15 mm	0,14
Abstand 12 mm	0,11
Abstand 6 mm	0,09
Kunststoffdoppelplatten, selbsttragend (ohne Stahlrahmen) *)	
Abstand 12 mm	0,15
Abstand 5 mm	0,08
Doppelfolie, Abstand ≈ 10 mm	0,10
Einfachfolie 0,2 mm (PVC, PE)	0,01

*) Wärmebrücken müssen getrennt berechnet werden.

Tabelle 20: Äquivalenter Wärmedurchgangswiderstand R_L für Fugenlüftung von Gewächshäusern

Bedachung	R_L m² · K/W
eingeschobene Scheiben	0,5
verkittete Scheiben	1,0
Foliengewächshaus	2,0
Kittlose Verglasung in Metallrahmen mit Dichtstreifen abgedeckt	1,0

Berechnung Wärmebedarf Gebäude nach DIN 4701

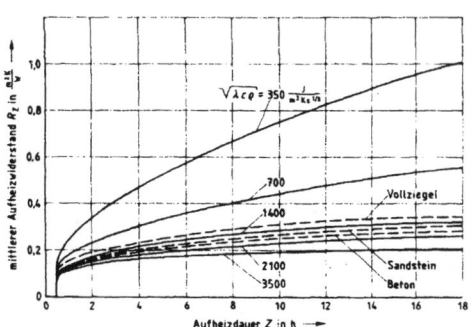

$\sqrt{\lambda c \varrho} = 350 \cdot \frac{J}{m^3 \kappa s^{1/2}}$

Vollziegel
700
1400
2100
3500
Sandstein
Beton

Bild 7: Mittlerer Aufheizwiderstand R_Z

λ = Wärmeleitfähigkeit
ϱ = Dichte
c = spezifische Wärmekapazität

Anmerkung: Die Anwendung des Diagramms ist auf folgende Höchstwerte Z_{max} der Aufheizdauer in Abhängigkeit von der Wanddicke d beschränkt:

Wanddicke d	m	0,1	0,2	0,4	0,6
max. Aufheizdauer Z_{max}	h	1	3	12	30

Nachfolgend sind, soweit vorhanden, die Algorithmen zur Berechnung der Werte für die vorstehenden Tabellen und Diagramme angegeben.

Höhenkorrekturfaktoren (Tabellen 11 und 12)

Die Höhenkorrekturfaktoren ε_{GA} für die angeströmte Fassade von Geschosstypgebäuden erhält man in allen Fällen aus (Rundung auf 1 Stelle nach dem Komma):

$$\varepsilon_{GA} = \max\left[1, \left(\frac{h}{10}\right)^{4/9}\right] \qquad (7)$$

mit

ε_{GA} Höhenkorrekturfaktor
h Höhe über Erdboden in m

Die Höhenkorrekturfaktoren ε_{SA} und ε_{SN} für die angeströmte oder nicht angeströmte Fassade von Schachttypgebäuden ergibt sich aus (Rundung auf 1 Stelle nach dem Komma):

$$\varepsilon_S = \left[\frac{\max\{0, C_1 \cdot v_0^2 \cdot \max[10, h]^{2/3} - C_3 - C_4 \cdot H - 1{,}548 \cdot h\}}{C_2 \cdot v_0^2}\right]^{2/3} \qquad (8)$$

mit

ε_S Höhenkorrekturfaktor
h Höhe über Erdboden in m
C_1 Konstante
  C_1 = 1,465 für angeströmte Fassade (ε_{SA})
  C_1 = 0,04395 für nicht angeströmte Fassade (ε_{SN})
C_2 Konstante
  C_2 = 0,6605 für Grundrisstyp I
  C_2 = 0,4012 für Grundrisstyp II
v_0 Windgeschwindigkeit in m/s nach Tabelle 10
C_3, C_4 Konstanten nach Tabelle 21
H Gebäudehöhe in m ($H > 10$ m)

Außenflächen–Korrekturen (Tabelle 3)

Die Außenflächen–Korrekturen Δk_A erhält man aus (Rundung auf 1 Stelle nach dem Komma):

$$\Delta k_A = 0{,}01848 \cdot k^{2{,}258} \qquad (1)$$

mit

Δk_A Außenflächen–Korrektur in W/(m² · K)
k Wärmedurchgangskoeffizient in W/(m² · K)

Anhang A
Berechnung des Norm–Wärmebedarfs nach DIN 4701

Algorithmen für Tabellen

Mit den vorliegenden Algorithmen erhält man die exakten Tabellenwerte im allgemeinen nur, wenn die Ergebnisse auf die in den jeweiligen Tabellen vorgegebene Stellenzahl gerundet werden (4/5–Rundung).

Temperaturen in Dachräumen (Tabelle 7)

Die Temperaturen $\vartheta_i' = \vartheta_a' + \dfrac{20 - \vartheta_a'}{1 + 1{,}5 \cdot \dfrac{R_B}{R_A} + 0{,}54 \cdot B_a \cdot R_B}$ (5)

mit

ϑ_i' Temperatur in °C
ϑ_a' berichtigte Außentemperatur nach Gleichung (3)
R_A Wärmedurchgangswiderstand der Dachaußenfläche in (m² · K)/W
R_B Wärmedurchgangswiderstand der Decke zum Dachraum in (m² · K)/W
B_a Außenluftwechsel in 1/h

Die Temperatur ϑ_i' in belüfteten Flachdächern erhält man aus:

$$\vartheta_i' = \vartheta_a' + 3 \qquad (6)$$

mit

ϑ_i' Temperatur in °C
ϑ_a' berichtigte Außentemperatur nach Gleichung (3)

Temperaturen in Nachbarräumen (Tabelle 5)

Die Temperatur $\vartheta_i' = C + \dfrac{\vartheta_a'}{2}$ (2)

mit

ϑ_i' Temperatur in °C
C Konstante
  C = 12 für Räume ohne Außentüren, auch Kellerräume
  C = 9 für Räume mit Außentüren

ϑ_a' berichtigte Außentemperatur in °C

Die berichtigte Außentemperatur ϑ_a' ist zu ermitteln aus:

$$\vartheta_a' = \min(-10, \max(-18, \vartheta_u)) \; [1] \qquad (3)$$

mit
ϑ_a Norm–Außentemperatur in °C

Die Temperatur ϑ_i' in vorgebauten Treppenräumen erhält man aus:

$$\vartheta_i' = \vartheta_a' + 5 \qquad (4)$$

mit
ϑ_i' Temperatur in °C
ϑ_a' berichtigte Außentemperatur nach Gleichung (3)

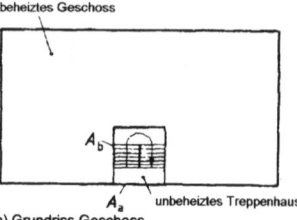

beheiztes Geschoss

A_b

A_a unbeheiztes Treppenhaus

a) Grundriss Geschoss

☐ Fenster

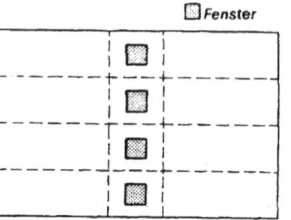

b) Ansicht teilverglastes Treppenhaus, thermische Kopplung an das Gebäude "normal"

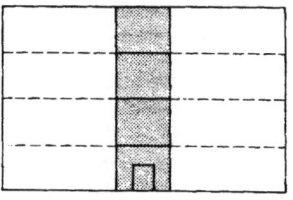

c) Ansicht vollverglastes Treppenhaus, thermische Kopplung an das Gebäude "schlecht"

Bild 8: Thermische Kopplung zwischen Treppenhäusern und übrigem Gebäude

Aufheizwiderstand (Bild 7)

Der Aufheizwiderstand R_Z ergibt sich aus:

$$R_Z = 0{,}13 + 67{,}7 \cdot \frac{\sqrt{(Z - 0{,}5)}}{\sqrt{\lambda \cdot c \cdot \varrho}} \qquad (10)$$

mit

R_Z Aufheizwiderstand in (m² · K)/W
Z Aufheizzeit in h ($Z > 0{,}5$ h)
$\sqrt{\lambda \cdot c \cdot \varrho}$ Wärmeeindringkoeffizient in J/(m² · K · s^{1/2})

Algorithmen für Diagramme

Äquivalenter Wärmeleitwiderstand des Erdreichs (Bild 2)

Den äquivalenten Wärmeleitwiderstand des Erdreichs $R_{\lambda A}$ erhält man mit genügender Näherung aus:

$$R_{\lambda A} = 0{,}24 \cdot \left[A_{Boden} \cdot T^{-0{,}44} \cdot \left(\frac{l}{b}\right)^{-0{,}36}\right]^{0{,}5} \qquad (9)$$

mit

$R_{\lambda A}$ Wärmeleitwiderstand in m² · K/W
A_{Boden} Bodenfläche in m²
T Grundwassertiefe in m
l Länge der Bodenfläche in m
b Breite der Bodenfläche in m

Projekt/Auftrag/Kommission:		Datum:	Seite:
Bauvorhaben:			
Raumnummer:	Raumbezeichnung:		

Norm-Innentemperatur:	ϑ_i = °C	Hauskenngröße:	H = $\frac{W \cdot h \cdot Pa^{2/3}}{m^2 \cdot K}$
Norm-Außentemperatur:	ϑ_a = °C	Anzahl der Innentüren:	n_T =
Raumvolumen:	V_R = m³	Höhe über Erdboden:	h = m
Gesamt-Raumumschließungsfläche:	A_{ges} = m²	Höhenkorrekturfaktor (angeströmt):	ε_{SA} =
Temperatur der nachströmenden Umgebungsluft:	ϑ_U = °C	Höhenkorrekturfaktor (nicht angeströmt):	ε_{SN} =
Abluftüberschuss:	$\Delta \dot V$ = m³/s	Höhenkorrekturfaktor (angeströmt):	ε_{GA} =

1	2	3	4	5	6	7	8	9	10	11	12	13	14	15	16	17
			Flächenberechnung					Transmissions-Wärmebedarf			Luftdurchlässigkeit					
Kurzbezeichnung	Himmelsrichtung	Anzahl	Breite	Höhe bzw. Länge	Fläche	Fläche abziehen? (−)	In Rechnung gestellte Fläche	Norm-Wärmedurchgangskoeffizient	Temperaturdifferenz	Transmissions-Wärmebedarf des Bauteils	Anzahl waagerechter Fugen	Anzahl senkrechter Fugen	Fugenlänge	Fugendurchlasskoeffizient	Durchlässigkeit des Bauteils	an- oder nicht angeströmt (A/N)
−	−	n	b	h	A	−	A'	k_N	$\Delta \vartheta$	$\dot Q_T$	n_w	n_s	l	a	$a \cdot l$	−
−	−	−	m	m	m²	−	m²	$\frac{W}{m^2 \cdot K}$	K	W	−	−	m	$\frac{m^3}{m \cdot h \cdot Pa^{2/3}}$	$\frac{m^3}{h \cdot Pa^{2/3}}$	−

angeströmte Durchlässigkeiten:	$\sum(a \cdot l)_A$ = $\frac{m^3}{h \cdot Pa^{2/3}}$	Norm-Lüftungswärmebedarf:	$\dot Q_L$ = W
nicht angeströmte Durchlässigkeiten:	$\sum(a \cdot l)_N$ = $\frac{m^3}{h \cdot Pa^{2/3}}$	Norm-Transmissions-Wärmebedarf:	$\dot Q_T$ = W
Raumkennzahl:	r =	Krischer-Wert:	D = $\frac{W}{m^3 \cdot K}$
Lüftungswärmebedarf durch freie Lüftung:	$\dot Q_{LFL}$ = W	anteiliger Lüftungswärmebedarf:	$\dot Q_L / \dot Q_T$ =
Lüftungswärmebedarf durch RLT-Anlagen:	$\Delta \dot Q_{RLT}$ = W	Norm-Wärmebedarf:	$\dot Q_N$ = W
Mindest-Lüftungswärmebedarf:	$\dot Q_{L min}$ = W		

Tabelle 21: Konstanten für Gleichung (8)

Grundrisstyp	Windgeschwindigkeit v_0 m/s	Konstanten	
		C_3	C_4
I	2	− 0,1904	− 0,7334
	4	0,8517	− 0,7123
	6	− 1,061	− 0,6316
II	2	0,4254	− 0,7198
	4	3,271	− 0,6544
	6	6,349	− 0,4971

Berechnung Wärmebedarf Gebäude nach DIN 4701

Tabelle 12: Hauskenngröße H und Höhenkorrekturfaktoren εGA, εSA, εSN für Grundrisstyp II (Reihenhaustyp)

Gegend	Lage	Hauskenngröße W·h·Pa^{2/3} (m³·K)	Gebäudehöhe m	ε	0	5	10	15	20	25	30	35	40	45	50	55	60	65	70	75	80	85	90	95	100
				εGA	1,0			1,2	1,4	1,5	1,6	1,7	1,9	2,0	2,1	2,2	2,3	2,4	2,5		2,6		2,7		2,8
windschwach	normal	0,52	100	εSA	12,9	12,0	11,0	10,2	9,2	8,2	7,2	6,0	4,7	3,2	1,2	0									
				εSN	12,5	11,6	10,6	9,5	8,4	7,3	6,0	4,5	2,8	0				0							
			80	εSA	11,2	10,2	9,1	8,2	7,1	6,0	4,7	3,2	1,2	0				0							
				εSN	10,7	9,7	8,7	7,5	6,2	4,8	3,2	0,8	0					0							
			60	εSA	9,3	8,2	7,0	5,9	4,7	3,2	1,2	0				0									
				εSN	8,8	7,7	6,5	5,1	3,5	1,4	0					0									
			40	εSA	7,2	6,0	4,6	3,1	1,0	0					0										
				εSN	6,7	5,3	3,8	1,9	0					0											
			20	εSA	4,8	3,1	0,8	0				0													
				εSN	4,1	2,1	0					0													
			10	εSA	1,0																				
				εSN	0																				
windschwach	frei	1,3	100	εSA	5,1	4,7	4,3	4,1	3,8	3,6	3,3	3,0	2,6	2,3	1,9	1,4	0,9	0							
				εSN	4,4	4,0	3,6	3,1	2,5	1,9	1,2	0,2	0						0						
			80	εSA	4,4	4,0	3,6	3,4	3,1	2,8	2,5	2,1	1,7	1,3	0,7	0									
				εSN	3,7	3,3	2,8	2,2	1,6	0,8	0						0								
			60	εSA	3,8	3,3	2,9	2,6	2,3	1,9	1,5	1,0	0,4	0					0						
				εSN	3,0	2,5	1,9	1,2	0					0											
			40	εSA	3,0	2,5	2,0	1,7	1,3	0,8	0					0									
				εSN	2,1	1,5	0,7	0				0													
			20	εSA	2,2	1,6	0,9	0,3	0				0												
				εSN	1,0	0						0													
			10	εSA	1,0																				
				εSN	0																				
windstark	normal	1,3	100	εSA	5,1	4,7	4,3	4,1	3,8	3,6	3,3	3,0	2,6	2,3	1,9	1,4	0,9	0							
				εSN	4,4	4,0	3,6	3,1	2,5	1,9	1,2	0,2	0						0						
			80	εSA	4,4	4,0	3,6	3,4	3,1	2,8	2,5	2,1	1,7	1,3	0,7	0									
				εSN	3,7	3,3	2,8	2,2	1,6	0,8	0						0								
			60	εSA	3,8	3,3	2,9	2,6	2,3	1,9	1,5	1,0	0,4	0					0						
				εSN	3,0	2,5	1,9	1,2	0					0											
			40	εSA	3,0	2,5	2,0	1,7	1,3	0,8	0					0									
				εSN	2,1	1,5	0,7	0				0													
			20	εSA	2,2	1,6	0,9	0,3	0				0												
				εSN	1,0	0						0													
			10	εSA	1,0																				
				εSN	0																				
windstark	frei	2,2	100	εSA	2,8	2,6	2,4		2,3		2,2		2,1	2,0	1,9	1,8	1,7	1,6	1,4	1,3	1,1	1,0	0,8	0,6	0,3
				εSN	1,8	1,6	1,3	0,8	0,1						0										
			80	εSA	2,5	2,1	2,0			2,0		1,9	1,8	1,7	1,6	1,5	1,4	1,3	1,2	1,0	0,8	0,6			
				εSN	1,5	1,2	0,8	0,1							0										
			60	εSA	2,2	2,0		1,7			1,6		1,5	1,4	1,3	1,1	1,0	0,9							
				εSN	1,1	0,7	0,1							0											
			40	εSA	1,9	1,6		1,3			1,2		1,1	0,9											
				εSN	0,6							0													
			20	εSA	1,6	1,3		0,9																	
				εSN		0																			
			10	εSA	1,0																				
				εSN	0																				

1) Als Gebäudehöhe gilt die Summe der Geschosshöhen der beheizten Geschosse über Erdboden.
2) Die Gebäudehöhe 10 m kann bei Wohngebäuden generell für alle Häuser mit maximal 4 beheizten Geschossen über Erdboden eingesetzt werden.

Nutzung der Räume

Für jeden Raum muss die beabsichtigte Nutzung angegeben werden, soweit diese nicht bereits aus den Grundrisszeichnungen ersichtlich ist.

5.6.2 Berechnungsgang

Zur Berechnung des Norm-Wärmebedarfs eines Raumes dient das in Anhang A beigegebene Formblatt (siehe Seite 8). Bei Verwendung von EDV-Anlagen sind die Ausdrucke analog zu gestalten, wobei der Rechengang schrittweise nachvollziehbar sein muss.

Zur Kennzeichnung der einzelnen Bauteile sind die folgenden Abkürzungen zu verwenden:

AF Außenfenster	DA Dach	IF Innenfenster
AT Außentür	DE Decke	IT Innentür
AW Außenwand	FB Fußboden	IW Innenwand

Bei den Abmessungen der Bauteile sind als Länge und Breite die lichten Rohbaumaße, als Höhen der Wände die Geschosshöhen und als Abmessungen der Fenster und Türen die Maueröffnungsmaße einzusetzen. Für die Berechnung sind Temperaturen und Wärmeströme ohne Stellen nach dem Komma, Flächen, Fugendurchlasskoeffizienten und Durchlässigkeiten mit 1 Stelle nach dem Komma sowie Längen und Wärmedurchgangskoeffizienten mit 2 Stellen nach dem Komma einzusetzen.

Die Zwischenergebnisse werden bei Handrechnung gerundet, bei Rechnung mittels programmierbarer Rechner je nach Möglichkeit der Maschine gerundet oder abgeschnitten angegeben. Die Rechnung wird jedoch mit der vollen Genauigkeit des Rechenmittels fortgeführt. Dadurch harmonieren Zwischenrechenergebnisse unter Umständen nicht genau miteinander.

Auf einige Besonderheiten des Formblattes sei hingewiesen:
Bei der Flächenberechnung werden alle abzuziehenden Flächen (z.B. Fenster) von der umgebenden Fläche (z.B. Außenwand) berechnet und in Spalte 7 durch ein Minuszeichen gekennzeichnet. Von letzterer sind dann schematisch alle so markierten Flächen abzuziehen.

Bei der Berechnung der Fugenlängen wird entweder in den Spalten 12 und 13 die Anzahl der waagerechten bzw. senkrechten Fugen angegeben, aus denen mit den Flächenabmessungen die Fugenlänge berechnet werden kann, oder die Fugenlänge wird direkt in Spalte 14 eingetragen.

Die Spalte 17 dient der Kennzeichnung angeströmter (A) oder nicht angeströmter (N) Durchlässigkeiten. Dieses kann im allgemeinen erst nach der Ermittlung aller Durchlässigkeiten des Raumes und nach der Festlegung der ungünstigsten Windrichtung erfolgen. Die Durchlässigkeiten werden dann getrennt nach angeströmten und nicht angeströmten Bauteilen aufsummiert.

5.6.3 Beispiel einer Wärmebedarfsrechnung für ein Gebäude mit einer Höhe unter 10 m

Für ein Reihenhaus in Berlin ist der Norm-Wärmebedarf der Räume 01 (Hobbyraum) und 13 (Schlafzimmer) zu ermitteln.

Das Gebäude steht in einer geschlossenen Bebauung, d.h. in normaler Lage.

Für den Dachraum gelten folgende Wärmedurchgangswiderstände; die Rechenwerte für ϑ' ergeben sich aus Tabelle 7, wobei die Dachaußenfläche als dicht zu betrachten ist:

Wärmedurchgangswiderstand nach außen $R_{ka} = 0,4$ m² · K/W
Wärmedurchgangswiderstand zu beheizten Räumen $R_{kb} = 1,6$ m² · K/W

Außenflächenbezogene Speichermasse für Raum 13 (Schlafzimmer) nach Gleichung (6):

$$m = \sum (m_{Rest})_a + 0,5 \cdot \sum (2,5 \cdot m_{Holz} + m_{Rest})_i$$
$$+ (A \cdot d \cdot \rho)_{AW} + (A \cdot d \cdot \rho)_{AF} +$$
$$+ 0,5 \{ (A \cdot d \cdot \rho)_{IW\,1} + ((A \cdot d \cdot \rho)_{IW\,2}\,***) +$$
$$+ 2,5 \cdot (A \cdot d \cdot \rho)_{Holz.\,IT} +$$
$$+ (A \cdot d \cdot \rho)_{IW\,3} + (A \cdot d \cdot \rho)_{De}\,***) +$$
$$+ 2,5 \cdot (A \cdot d \cdot \rho)_{Holz.\,De} + (A \cdot d \cdot \rho)_{FB} \}$$

Mit
IW 1: Haus-Trennwände
IW 2: Innenwand Treppenhaus
IW 3: Innenwand Bad

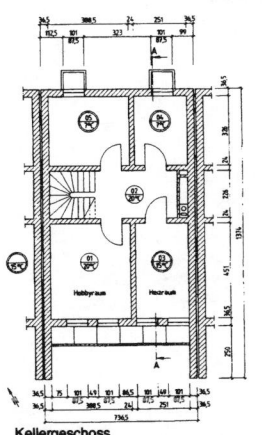
Kellergeschoss

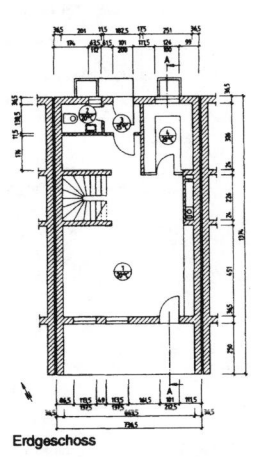
Erdgeschoss

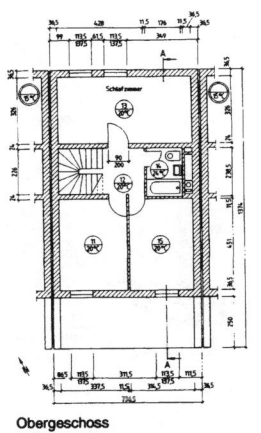
Obergeschoss

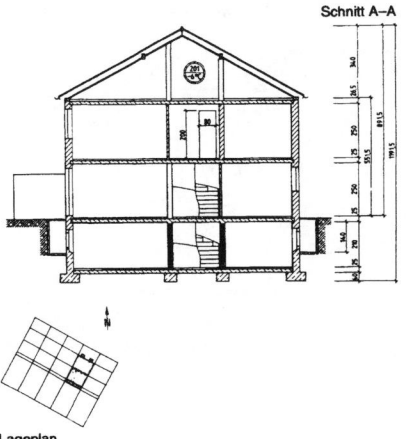
Schnitt A-A
Lageplan

Berechnung Wärmebedarf Gebäude nach DIN 4701

Tabelle B1: Ermittlung der Wärmedurchgangskoeffizienten und der außenflächenbezogenen Speichermasse

Bauteil	Baustoff	d m	ρ kg/m³	$d \cdot \rho$ kg/m²	λ W/m · K	R_λ m² · K/W	k W/(m² · K)
außen — innen Außenwand KG (Lichtschacht), EG u.OG	Innenputz (Kalkmörtel)	0,015	1800	27	0,87	0,017	
	Vollziegel (nach DIN 105)	0,365	1600	584	0,68	0,537	
	Außenputz (Kalkzementmörtel)	0,020	1800	36	0,87	0,023	
						$R_i = 0,13$	
						$R_a = 0,04$	
		0,400		647		0,747	1,34
Haus–Trennwand	Innenputz (Kalkmörtel)	0,015	1800	27	0,87	0,017	
	Vollziegel (nach DIN 105)	0,365	1600	584	0,68	0,537	
	Mineralfaserplatte nach DIN 18165 (Wärmeleitfähigkeitsgruppe 035)	0,020	30	1	0,035	0,571	
	Vollziegel (nach DIN 105)	0,365	1600	584	0,68	0,537	
	Innenputz (Kalkmörtel)	0,015	1800	27	0,87	0,017	
						$R_i = 0,13$	
						$R_i = 0,13$	
		0,780		1223		1,939	0,52
Innenwand Bad	Innenputz (Kalkmörtel)	0,015	1800	27	0,87	0,017	
	Kalksandstein (nach DIN 106)	0,240	1600	384	0,79	0,304	
	Feuchtigkeitssperre	–	–	–			
	Zementmörtel	0,025	2000	50	1,40	0,018	
	Fliesen	0,005	2000	10	1,00	0,005	
						$R_i = 0,13$	
						$R_i = 0,13$	
		0,285		471		0,604	1,66
außen — innen Außenwand KG	Innenputz (Kalkmörtel)	0,015	1800	27	0,87	0,017	
	Vollziegel (nach DIN 105)	0,365	1600	584	0,68	0,537	
	Außenputz (Zementmörtel)	0,020	2000	40	1,40	0,014	
	Bitumen	0,002	1100	2	0,17	0,012	
	Kies	0,200	1800	360	0,70	0,286	
		0,602		1013		$R_{\lambda B} = 0,866$	–
Innenwand Treppenhaus, Heizraum	Innenputz (Kalkmörtel)	0,015	1800	27	0,87	0,017	
	Vollziegel (nach DIN 105)	0,240	1600	384	0,68	0,353	
	Innenputz (Kalkmörtel)	0,015	1800	27	0,87	0,017	
						$R_i = 0,13$	
						$R_i = 0,13$	
		0,270		438		0,647	1,55
Geschossdecke	Spannteppich	0,010	700	7	0,081 *)	0,123	
	Zementestrich	0,045	2000	90	1,40	0,032	
	Mineralfaser	0,030	300	9	0,040	0,750	
	Normalbeton (nach DIN 1045)	0,150	2400	360	2,1	0,071	
	Deckenputz (Kalkmörtel)	0,015	1800	27	0,87	0,017	
						$R_i = 0,17$	
						$R_i = 0,17$	
		0,250		493		1,333	0,75
Kellerfußboden	Spannteppich	0,010	700	7	0,081 *)	0,123	
	Zementestrich	0,045	2000	90	1,40	0,032	
	PUR Hartschaum (Wärmeleitfähigkeitsgruppe 035)	0,040	30	1	0,035	1,143	
	Feuchtigkeitssperre	–	–	–		–	
	Normalbeton (nach DIN 1045)	0,150	2400	360	2,1	0,071	
	Kies	0,200	1800	360	0,70	0,286	
		0,445		818		$R_{\lambda B} = 1,655$	–
Decke zum Dachraum	Holzspanplatte (nach DIN 68761)	0,020	700	14	0,13	0,154	
	Mineralfaser	0,080	300	24	0,040	2,000	
	Normalbeton (nach DIN 1045)	0,150	2400	360	2,1	0,071	
	Deckenputz (Kalkmörtel)	0,015	1800	27	0,87	0,017	
						$R_i = 0,13$	
						$R_i = 0,13$	
		0,265		425		2,502	0,40

*) Annahme

Nach Tabelle 1 des Beispiels:

$$(A \cdot d \cdot \rho)_{AW} = [(7,365 - 2 \cdot 0,365) \cdot 2,765 - 2 \cdot (1,135 - 1,375)] \cdot 647$$
$$= [15,22] \cdot 647 = 9847$$

$$(A \cdot d \cdot \rho)_{AF} = 0,0 **)$$

$$(A \cdot d \cdot \rho)_{IW1} = 2 \cdot 3,26 \cdot 2,765 \cdot 1223$$
$$= 18,03 \cdot 1223 = 22051$$

$$(A \cdot d \cdot \rho)_{IW2} = [(4,28 + 0,115) \cdot 2,765 - (0,9 \cdot 2,0)] \cdot 438$$
$$= [10,35] \cdot 438 = 4533$$

$$(A \cdot d \cdot \rho)_{Holz,IT} = 0,0**)$$

$$(A \cdot d \cdot \rho)_{IW3} = (1,76 + 0,115 + 0,365) \cdot 2,765 \cdot 471$$
$$= 6,19 \cdot 471 = 2916$$

$$(A \cdot d \cdot \rho)_{De}***) = [7,365 - (2 \cdot 0,365)] \cdot 3,26 \cdot 425$$
$$= 21,63 \cdot 425 = 9193$$

$$(A \cdot d \cdot \rho)_{Holz,De} = 21,63 \cdot 14 = 303$$

$$(A \cdot d \cdot \rho)_{FB} = 21,63 \cdot 493 = 10664$$

$$m = 9847 + 0,5 \cdot (22051 + 4533 + 2916 + 8890 + 2,5 \cdot 303 + 10664) = 35056$$

$$A_A = 15,22 + 2 \cdot (1,135 \cdot 1,375)$$
$$= 15,22 + 3,12 = 18,3$$

$$\frac{m}{A_a} = \frac{35056}{18,3} = 1916 \text{ kg/m}^2$$

Außentemperatur nach Tabelle 1:
$$\vartheta_i = -14 \text{ °C (windschwach)}$$

Außentemperatur–Korrektur nach Gleichung (5):
$$\Delta\vartheta_a = 4 \text{ K}$$

Norm–Außentemperatur nach Gleichung (2):
$$\vartheta_a = -14 + 4 = -10 \text{ °C}$$

Grundrisstyp nach Bild 4: Grundristyp II (Reihenhaustyp)

Hauskenngröße nach Tabelle 10:
$$H = 0,52 \text{ WhPa}^{2/3}/(\text{m}^3 \cdot \text{K})$$

Höhenkorrekturfaktoren nach Tabelle 12:
$$\varepsilon_{SA} = 1,0$$
$$\varepsilon_{SN} = 0,0$$
$$\varepsilon_{GA} = 1,0$$

Raumkennzahlen r nach Tabelle 13:

Raum 01
Eine Innentür normal, ohne Schwelle, Fenster öffenbar, Beanspruchungsgruppe A nach Tabelle 9
Fugendurchlasskoeffizient α = 0,6 m³/(m · h · Pa$^{2/3}$)
Fugenlänge l = 2 · [2 · (1,01 + 0,875)] = 7,54 m
$\Sigma (\alpha \cdot l)_A$ = 4,5 m³/(h · Pa$^{2/3}$)
Raumkennzahl r = 0,9

Raum 13 Schlafzimmer
Eine Tür normal, ohne Schwelle
Fugendurchlasskoeffizient α = 0,6 m³/(m · h · Pa$^{2/3}$)
Fugenlänge l = 2 · [2 · (1,14 + 1,38)] = 10,08 m
$\Sigma (\alpha \cdot l)_A$ = 6,0 m³/(h · Pa$^{2/3}$)
Raumkennzahl r = 0,9

**) Türen und Fenster wurden bei der Berechnung der Massen wegen der geringen Massen dieser Bauteile nicht berücksichtigt, die entsprechenden Flächen wurden von den Wandflächen abgezogen.
***) Ohne Tür bzw. Holzspanplatte

Die Ermittlung der Wärmedurchgangskoeffizienten für die verschiedenen Bauteile ist in der Tabelle B1 wiedergegeben. Die Norm–Innentemperaturen nach Tabelle 5 bis 7 sind in den Plänen eingetragen.

Erdreichberührte Bauteile:
Für die erdreichberührten Bauteile des Hobbyraumes 01 ist zur Ermittlung der äquivalenten Wärmeleitwiderstandes $R_{\lambda A}$ des Erdreichs zur Außenluft als wärmeabgebende Grundfläche die der Räume 01 bis 03 aller 5 Reihenhäuser zu berücksichtigen.

$$A_{Boden} = (0,365 + 4,51 + 0,24 + 2,26 + 0,24) \cdot 7,365 \cdot 5$$
$$= 7,615 \cdot 7,365 \cdot 5 = 280,4 \text{ m}^2$$

$$l/b = \frac{7,365 \cdot 5}{7,615} = 4,8$$

Gegeben: Tiefe bis zum Grundwasser $T = 2$ m
Nach Gleichung (9) bzw. Bild 2:
$$R_{\lambda A} = 2,6 \text{ m}^2 \cdot \text{K/W}$$
Für die nicht–wärmegedämmten vertikalen Bauteile ist davon nur 50 % einzusetzen. Es ergibt sich

für den Fußboden (siehe Gleichung (17), (18), (19) und Tabelle 1):
$$R_{AL} = R_i + R_{\lambda B} + R_{\lambda A} + R_a$$
$$= 0,13 + 1,655 + 2,6 + 0,04 = 4,425 \text{ m}^2 \cdot \text{K/W}$$
$$k_{AL} = 0,23 \text{ /(m}^2 \cdot \text{K)}$$
$$R_{GW} = R_i + R_{\lambda B} + R_{\lambda E}$$
$$= 0,13 + 1,655 + 2/1,2 = 3,452 \text{ m}^2 \cdot \text{K/W}$$

für die Wände:
$$R_{AL} = R_i + R_{\lambda B} + 0,5 \cdot R_{\lambda A} + R_a$$
$$= 0,13 + 0,866 + (0,5 \cdot 2,6) + 0,04 = 2,336 \text{ m}^2 \cdot \text{K/W}$$
$$k_{AL} = 0,43 \text{ /(m}^2 \cdot \text{K)}$$
$$R_{GW} = R_i + R_{\lambda B} + R_{\lambda E}$$
$$= 0,13 + 0,866 + 2/1,2 = 2,663 \text{ m}^2 \cdot \text{K/W}$$

für die Fenster (im gesamten Haus):
Isolierverglasung mit 12 mm Scheibenabstand nach DIN 4108 Teil 4, Rahmenmaterialgruppe 1
$$k = 2,6 \text{ W/(m}^2 \cdot \text{K)}$$
Außenflächenkorrektur nach Tabelle 3
$$\Delta k_A = +0,2 \text{ W/(m}^2 \cdot \text{K)}$$
Erdgeschoss
Sonnenkorrektur nach Gleichung (12)
$$\Delta k_s = -0,3 \text{ W/(m}^2 \cdot \text{K)}$$
Norm–Wärmedurchgangskoeffizient
$$k_N = 2,6 + 0,2 - 0,3 = 2,5 \text{ W/(m}^2 \cdot \text{K)}$$
Fugendurchlasskoeffizient nach Tabelle 9
Für Beanspruchungsgruppe A nach DIN 18055:
$$\alpha = 0,6 \text{ m}^3/(\text{m} \cdot \text{h} \cdot \text{Pa}^{2/3})$$
für die Außenwand:
$$k = 1,34 \text{ W/(m}^2 \cdot \text{K)}$$
Außenflächenkorrektur nach Tabelle 3
$$\Delta k_A = 0,0 \text{ W/(m}^2 \cdot \text{K)}$$
$$k_N = 1,34 + 0,0 = 1,34 \text{ W/(m}^2 \cdot \text{K)}$$
Raum 01 (Hobbyraum)
Lüftungswärmebedarf
$$\dot{Q}_L = \dot{Q}_{FL} + \Delta\dot{Q}_{RLT} \text{ bzw.}$$
$$\dot{Q}_L = \dot{Q}_{L\,min}$$
Es sind $\varepsilon_{SN} = 0$, $\varepsilon_{SA} = \varepsilon_{GA} = 1,0$
Nach Gleichung (27)
$$\dot{Q}_{FL} = \dot{Q}_{FLG}$$
$$\dot{Q}_{FL} = \varepsilon_{GA} \cdot \Sigma (\alpha \cdot l)_A \cdot H \cdot r \cdot (\vartheta_i - \vartheta_a)$$
$$= 1,0 \cdot 4,5 \cdot 0,52 \cdot 0,9 \cdot 30 = 63 \text{ W}$$
$$\Delta\dot{Q}_{RLT} = 0,0 \text{ W}$$
$$\dot{Q}_{L\,min} = B_{min} \cdot V_R \cdot c \cdot \rho \cdot (\vartheta_i - \vartheta_a)$$
$$= 0,17 \cdot V_R \cdot (\vartheta_i - \vartheta_a)$$
$$= 0,17 \cdot 36,8 \cdot [20 - (-10)]$$
$$= 0,17 \cdot 36,8 \cdot 30 = 188 \text{ W}$$
$$\dot{Q}_{L\,min} > \dot{Q}_{FL} + \Delta\dot{Q}_{RLT}$$
Norm–Lüftungswärmebedarf
$$\dot{Q}_L = 188 \text{ W}$$
Norm–Transmissionswärmebedarf
$$\dot{Q}_T = \Sigma_j A_j \cdot q_j$$
Krischer–Wert D:
$$D = \frac{\dot{Q}_T}{A_{ges} \cdot (\vartheta_i - \vartheta_a)} = \frac{568}{70,3 \cdot [20 - (-10)]}$$
$$= 0,27 \text{ W/(m}^2 \cdot \text{K)}$$
Anteiliger Lüftungswärmebedarf
$$\dot{Q}_L/\dot{Q}_T = 188/568 = 0,33$$
Raum 13 (Schlafzimmer)
Rechengänge siehe Raum 01
$$\dot{Q}_{Lmin} = 0,17 \cdot 54,1 \cdot 30 = 276 \text{ W}$$
$$\dot{Q}_{FL} = 1,0 \cdot 6 \cdot 0,52 \cdot 0,9 \cdot 30 = 84 \text{ W}$$
$$\Delta\dot{Q}_{RLT} = 0,0 \text{ W}$$
$$\dot{Q}_L = 276 \text{ W}$$
$$D = \frac{1103}{92,7 \cdot [20 - (-10)]} = 0,40 \text{ W/(m}^2 \cdot \text{K)}$$
$$\dot{Q}_L/\dot{Q}_T = 276/1103 = 0,25$$
Der Berechnungsgang ist für die Räume 01 und 13 in den Formblättern nach Tabelle B2 und B3 wiedergegeben.

Berechnung Wärmebedarf Gebäude nach DIN 4701

Tabelle B2: Formblatt Beispielrechnung Raumnummer: 01
Berechnung des Norm–Wärmebedarfs nach DIN 4701

Projekt/Auftrag/Kommission:		Datum:	Seite: 1
Bauvorhaben: **Beispielrechnung DIN 4701**			
Raumnummer: **01**	Raumbezeichnung: **Hobbyraum**		

Norm-Innentemperatur:	ϑ_i = 20 °C	Hauskenngröße:	H = 0,52 $\frac{W \cdot h \cdot Pa^{1/2}}{m^3 \cdot K}$
Norm-Außentemperatur:	ϑ_a = -10 °C	Anzahl der Innentüren:	n_T = 1
Raumvolumen:	V_R = 36,8 m³	Höhe über Erdboden:	h = -1,18 m
Gesamt-Raumumschließungsfläche:	A_{ges} = 70,3 m²	Höhenkorrekturfaktor (angeströmt):	ε_{SA} = 1,0
Temperatur der nachströmenden Umgebungsluft:	ϑ_U = - °C	Höhenkorrekturfaktor (nicht angeströmt):	ε_{SN} = 0,0
Abluftüberschuss:	$\Delta \dot{V}$ = - m³/s	Höhenkorrekturfaktor (angeströmt):	ε_{GA} = 1,0

1	2	3	4	5	6	7	8	9	10	11	12	13	14	15	16	17
			Flächenberechnung					Transmissions-Wärmebedarf					Luftdurchlässigkeit			
Kurzbezeichnung	Himmelrichtung	Anzahl	Breite	Höhe bzw. Länge	Fläche	Fläche abziehen? (-)	In Rechnung gestellte Fläche	Norm-Wärmedurchgangskoeffizient	Temperaturdifferenz	Transmissions-Wärmebedarf des Bauteils	Anzahl waagerechter Fugen	Anzahl senkrechter Fugen	Fugenlänge	Fugendurchlasskoeffizient	Durchlässigkeit des Bauteils	an- oder nicht angeströmt (A/N)
-	-	n	b	h	A	-	A'	k_N	$\Delta\vartheta$	Q_T	n_w	n_s	l	a	$a \cdot l$	-
-	-	-	m	m	m²	-	m²	$\frac{W}{m^2 \cdot K}$	K	W	-	-	m	$\frac{m^3}{m \cdot h \cdot Pa^{2/3}}$	$\frac{m^3}{h \cdot Pa^{2/3}}$	-
AF	SW	2	0,88	1,01	0,9		1,8	2,50	30	135	2	2	7,54	0,6	4,5	A
AW	SW	1	3,89	1,65	6,4		4,6	1,34	30	185						
AW	SW	1	3,89	0,70	2,7		2,7	0,43 ¹⁾	15	17						
							2,7	0,36 ²⁾	10	10						
FB		1	3,89	4,51	17,5		17,5	0,23 ³⁾	15	60						
							17,5	0,29 ⁴⁾	10	51						
IW	SO	1	4,51	2,35	10,6		10,6	1,55	5	82						
IW	NW	1	4,51	2,35	10,6		10,6	0,52	5	28						
										568						

¹⁾ $1/R_{AL, Wand}$
²⁾ $1/R_{GW, Wand}$
³⁾ $1/R_{AL, Fußboden}$
⁴⁾ $1/R_{GW, Fußboden}$

angeströmte Durchlässigkeiten:	$\sum(a \cdot l)_A$ = 4,5 $\frac{m^3}{h \cdot Pa^{2/3}}$		Norm-Lüftungswärmebedarf:	$\dot{Q}_L$ =	188 W
nicht angeströmte Durchlässigkeiten:	$\sum(a \cdot l)_N$ = - $\frac{m^3}{h \cdot Pa^{2/3}}$		Norm-Transmissions-Wärmebedarf:	$\dot{Q}_T$ =	568 W
Raumkennzahl:	r = 0,9		Krischer-Wert:	D =	0,27 $\frac{W}{m^2 \cdot K}$
Lüftungswärmebedarf durch freie Lüftung:	$\dot{Q}_{LFL}$ = 63 W		anteiliger Lüftungswärmebedarf:	$\dot{Q}_L/\dot{Q}_T$ =	0,33
Lüftungswärmebedarf durch RLT-Anlagen:	$\Delta \dot{Q}_{RLT}$ = - W		Norm-Wärmebedarf:	$\dot{Q}_N$ =	756 W
Mindest-Lüftungswärmebedarf:	$\dot{Q}_{L min}$ = 188 W				

Tabelle B3: Formblatt Beispielrechnung Raumnummer: 13
Berechnung des Norm–Wärmebedarfs nach DIN 4701

Projekt/Auftrag/Kommission:		Datum:	Seite: 2
Bauvorhaben: **Beispielrechnung DIN 4701**			
Raumnummer: **13**	Raumbezeichnung: **Schlafzimmer**		

Norm-Innentemperatur:	ϑ_i = 20 °C	Hauskenngröße:	H = 0,52 $\frac{W \cdot h \cdot Pa^{1/2}}{m^3 \cdot K}$
Norm-Außentemperatur:	ϑ_a = -10 °C	Anzahl der Innentüren:	n_T = 1
Raumvolumen:	V_R = 54,1 m³	Höhe über Erdboden:	h = 4,00 m
Gesamt-Raumumschließungsfläche:	A_{ges} = 92,7 m²	Höhenkorrekturfaktor (angeströmt):	ε_{SA} = 1,0
Temperatur der nachströmenden Umgebungsluft:	ϑ_U = - °C	Höhenkorrekturfaktor (nicht angeströmt):	ε_{SN} = 0,0
Abluftüberschuss:	$\Delta \dot{V}$ = - m³/s	Höhenkorrekturfaktor (angeströmt):	ε_{GA} = 1,0

1	2	3	4	5	6	7	8	9	10	11	12	13	14	15	16	17
Kurzbezeichnung	Himmelrichtung	Anzahl	Breite	Höhe bzw. Länge	Fläche	Fläche abziehen? (-)	In Rechnung gestellte Fläche	Norm-Wärmedurchgangskoeffizient	Temperaturdifferenz	Transmissions-Wärmebedarf des Bauteils	Anzahl waagerechter Fugen	Anzahl senkrechter Fugen	Fugenlänge	Fugendurchlasskoeffizient	Durchlässigkeit des Bauteils	an- oder nicht angeströmt (A/N)
-	-	n	b	h	A	-	A'	k_N	$\Delta\vartheta$	Q_T	n_w	n_s	l	a	$a \cdot l$	-
-	-	-	m	m	m²	-	m²	$\frac{W}{m^2 \cdot K}$	K	W	-	-	m	$\frac{m^3}{m \cdot h \cdot Pa^{2/3}}$	$\frac{m^3}{h \cdot Pa^{2/3}}$	-
AF	NO	2	1,14	1,38	1,6		3,2	2,50	30	240	2	2	10,08	0,6	6,0	A
AW	NO	1	6,64	2,77	18,4		15,2	1,34	30	611						
FB		1	1,33	1,89	2,5		2,5	0,75	5	9						
DE		1	6,64	3,26	21,7		21,7	0,40	26	226						
IW		2	3,26	2,77	9,0		18,1	0,52	5	47						
IW		1	1,76 *⁾	2,77	4,9		4,9	1,55	-4	-30						
										1103						

*⁾ Der Wandanteil des Installationsschachtes bleibt unberücksichtigt (mit 20 °C angenommen).

angeströmte Durchlässigkeiten:	$\sum(a \cdot l)_A$ = 6,0 $\frac{m^3}{h \cdot Pa^{2/3}}$		Norm-Lüftungswärmebedarf:	$\dot{Q}_L$ =	276 W
nicht angeströmte Durchlässigkeiten:	$\sum(a \cdot l)_N$ = - $\frac{m^3}{h \cdot Pa^{2/3}}$		Norm-Transmissions-Wärmebedarf:	$\dot{Q}_T$ =	1103 W
Raumkennzahl:	r = 0,9		Krischer-Wert:	D =	0,39 $\frac{W}{m^2 \cdot K}$
Lüftungswärmebedarf durch freie Lüftung:	$\dot{Q}_{LFL}$ = 84 W		anteiliger Lüftungswärmebedarf:	$\dot{Q}_L/\dot{Q}_T$ =	0,25
Lüftungswärmebedarf durch RLT-Anlagen:	$\Delta \dot{Q}_{RLT}$ = - W		Norm-Wärmebedarf:	$\dot{Q}_N$ =	1379 W
Mindest-Lüftungswärmebedarf:	$\dot{Q}_{L min}$ = 276 W				

5.6.4 Zur Berechnung des Norm–Lüftungswärmebedarfs bei Gebäuden über 10 m Höhe

Standort: Berlin, normale Lage

5.6.4.1 Festlegung des ungünstigsten Windangriffs

Bei der Berechnung des Norm–Lüftungswärmebedarfs ist für jeden Raum von der jeweils ungünstigsten Windrichtung auszugehen. Bei Räumen mit einer Außenwand (Büros I bis IV in Bild 6) ist dieses unproblematisch. Bei Eckräumen (Konferenzraum in Bild 6) können beide Fassaden gleichzeitig durch Wind beaufschlagt sein, so dass auch in diesem Fall alle Durchlässigkeiten der Außenwände zu berücksichtigen sind.

Mit der Halle in Bild 6 ist hingegen ein Fall gezeigt, bei dem nur eine der beiden Außenwände gleichzeitig angeströmt sein kann. In diesem Fall ist die ungünstigste Windanströmung vorauszusetzen, d.h. es wird die Fassade mit der größeren Durchlässigkeit (hier die Südwand) berücksichtigt. Hätte der Konferenzraum Durchlässigkeiten auch in der Nordwand, so wäre diese zusammen mit der Ostwand einzusetzen, wenn ihre Durchlässigkeiten größer wären als die der Südwand. Im Flur tritt kein Lüftungswärmebedarf auf.

Die ungünstigste Windrichtung kann raumweise immer anhand der Verteilung der Durchlässigkeiten ($\alpha \cdot l$) festgestellt werden.

5.6.4.2 Festlegung der Raumkennzahlen

Die Raumkennzahl eines Raumes ergibt sich nach Tabelle 13, abhängig von der Dichtigkeit der Innentüren, von deren Anzahl und der Durchlässigkeiten der Außenflächen. Für normale Innentüren ohne Schwelle erhält man mit den in Bild 6 angegebenen Durchlässigkeiten folgende Verhältnisse: Für die Büros I bis IV gilt r = 0,9. Für den Konferenzraum beträgt die Durchlässigkeit der Fassaden ($\alpha \cdot l$) = 50 m³/(h · Pa²/³). Man erhält also r = 0,7. Die Raumkennzahl der Halle beträgt r = 1,0, weil hier zwischen angeströmter und nicht angeströmter Fassade keine Innenwiderstände liegen.

5.6.4.3 Festlegung der Höhenkorrekturfaktoren

Es wird von einem Hochhaus in windschwacher Gegend und normaler Lage ausgegangen, das in jeder Etage einen Grundriss entsprechend Bild 6 hat. Nach Bild 4 handelt es sich bei diesem um den Grundrisstyp I (Einzelhaustyp). Die Hauskenngröße beträgt nach Tabelle 10 also H = 0,72 W · h · Pa²/³/(m³ · K). Die in jedem Geschoss zu berücksichtigenden Höhenkorrekturfaktoren nach Tabelle 11 hängen auch von der Gebäudehöhe ab. Für diese ist die Summe der Geschosshöhen der beheizten Geschosse über Erdboden einzusetzen.

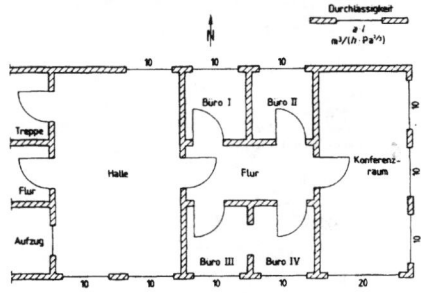

Bild 6: Schematisierter Grundriss eines Verwaltungsgebäudes

Liegt in allen Geschossen der gleiche Grundriss vor, so werden die Räume des Grundrisses gemeinhin nur einmal berechnet. Bei der Berechnung des Norm–Lüftungswärmebedarfs empfiehlt es sich dabei, zunächst mit ε = 1,0 zu rechnen. In jedem Geschoss ergibt sich dann ein Höhenkorrekturfaktor, mit dem der Lüftungswärmebedarf jedes Raumes zu multiplizieren ist. Diese Methode kann für alle Räume, die nur angeströmte Durchlässigkeiten aufweisen, uneingeschränkt angewendet werden. Der in jedem Geschoss zu berücksichtigende Höhenkorrekturfaktor ergibt sich aus Tabelle 11, wobei der größere Wert mit ε_{GA} und ε_{SA} einzusetzen ist.

6 Berechnung des Wärmedurchgangswiderstandes

Die Gleichungen für die Berechnung des Transmissionswärmebedarfs setzen eindimensionalen Wärmestrom voraus. Abweichungen von dieser Annahme in den Randzonen der Bauteile (z.B. Raumecken, Fensterleibungen) sind im Rahmen der Genauigkeit der übrigen Rechnung vernachlässigbar.

6.1 Bauteile mit hintereinanderliegenden Schichten

Bei einem Bauteil, das aus mehreren in Richtung des Wärmestromes hintereinanderliegenden Schichten besteht, ist der Wärmedurchgangswiderstand R_k die Summe der Wärmeleitwiderstände aller Schichten R_λ (nach DIN 4108 Teil 4) und der Wärmeübergangswiderstände innen R_i und außen R_a (nach Tabelle 16).

Es gilt die Gleichung (9):

$$R_k = R_i + \sum R_\lambda + R_a \qquad (33)$$

Berechnung Wärmebedarf Gebäude nach DIN 4701

6.2 Bauteile mit nebeneinanderliegenden Elementen

Bei Bauteilen mit nebeneinanderliegenden Elementen aus unterschiedlichen Baustoffen darf bei den üblichen Bauweisen mit eindimensionaler Wärmeströmung gerechnet werden, solange das Verhältnis der Wärmeleitwiderstände der einzelnen Elemente nicht größer ist als 5 (siehe Abschnitt 6.3). Der Wärmestrom durch derartige Bauteile ergibt sich dann additiv aus den Teilströmen durch die einzelnen Elemente. Somit lässt sich ein auf die Gesamtfläche bezogener mittlerer Wärmedurchgangswiderstand wie folgt errechnen:

$$R_{k,m} = \frac{\Sigma A}{\Sigma\left(\frac{A}{R_k}\right)} \qquad (34)$$

6.3 Wärmebrücken

Der zusätzliche Wärmestrom durch eine Wärmebrücke infolge zweidimensionaler Wärmeströmung ist im Rahmen der Wärmebedarfsberechnung nur in Ausnahmefällen zu berücksichtigen. Dies gilt sowohl für geometrisch bedingte Wärmebrücken mit erhöhtem Wärmestrom, z.B. in Raumecken oder an Fensterleibungen, als auch für Wärmebrücken, die durch Einbau von Trägern oder Bewehrungen in Wänden entstehen. Derartige Wärmebrücken sind nach DIN 4108 Teil 2 so zu dämmen, dass an der inneren Oberfläche keine wesentlich niedrigeren Temperaturen auftreten als an der ungestörten Wandfläche. Damit erübrigt sich im Rahmen der sonstigen Genauigkeit der Wärmebedarfsberechnung die Bestimmung von zusätzlichen Wärmeströmen durch Wärmebrücken. Bei durchgehenden Wärmebrücken ohne zusätzliche Wärmedämmung ist die Berechnung sehr aufwendig. Deshalb werden hier nur für zwei häufiger auftretende Anordnungen Näherungsformeln angegeben.

6.3.1 I-Träger bündig in einer Außenwand

Zu dem in üblicher Weise nach Gleichung (7) berechneten Wärmestrom durch die homogene Wand tritt der Wärmestrom durch den Träger:

$$\Delta\dot{Q} = \frac{A_{St}}{R_k}(\vartheta_i - \vartheta_a) \qquad (35)$$

$$\text{mit} \quad R_k = R_i \cdot \frac{s}{b} + R_\lambda + R_a \cdot \frac{s}{b} \qquad (36)$$

$$R_\lambda = \frac{d}{\lambda} \qquad (37)$$

Hierin bedeuten:

A_{St} Stegfläche des Trägers (Dicke $s \cdot$ Länge)
R_k äquivalenter Wärmedurchgangswiderstand des Trägers
λ Wärmeleitfähigkeit des Trägerwerkstoffes

Maßbezeichnungen siehe Bild 5.

6.3.2 Bauelement mit allseitig geschlossener metallischer Ummantelung

Zu dem in üblicher Weise nach Gleichung (7) berechneten Wärmestrom durch die Füllung tritt ein Wärmestrom durch die Ummantelung.

$$\Delta\dot{Q} = \frac{U \cdot \delta}{R_U}(\vartheta_i - \vartheta_a) \qquad (38)$$

$$\text{mit} \quad U = 2\,(b + l) \qquad (39)$$

$$R_U = \sqrt{R_i \cdot R_{\lambda U}} + R_{\lambda U} + \sqrt{R_a \; R_{\lambda U}} \qquad (40)$$

$$R_{\lambda U} = \frac{d}{\lambda_U} \qquad (41)$$

Hierin bedeutet:

λ_U Wärmeleitfähigkeitskoeffizient der Ummantelung

Maßbezeichnungen siehe Bild 6.

7 Hinweise für die Berechnung des Wärmebedarfs in Sonderfällen

In den hier zu behandelnden Sonderfällen der Wärmebedarfsberechnung können nur Berechnungsrichtlinien gegeben werden, da die verschiedenen Einflussgrößen in ihrer Bedeutung variieren können und von Fall zu Fall berücksichtigt werden müssen. Zu den genannten Einflüssen zählen instationäre Wärmebewegungen z.B. bei Anheizvorgängen, starke Temperaturschichtungen z.B. in hohen Räumen, besondere Strahlungsverhältnisse im Raum u.a. Die Berechnung solcher Sonderfälle ist in diesem Abschnitt soweit wie möglich auf ihre physikalischen Grundlagen zurückgeführt, doch sollte der planende Ingenieur die Anwendungsgrenzen von Fall zu Fall sorgfältig prüfen. Der so ermittelte Wärmebedarf wird nicht als Norm–Wärmebedarf bezeichnet.

7.1 Wärmebedarf selten beheizter Räume

Bei der Berechnung des Wärmebedarfs selten beheizter Räume muss unterschieden werden zwischen speichernden und nichtspeichernden Bauteilen. Während die Wärmeverluste der letzteren mit Hilfe der Gleichungen für den Beharrungszustand berechnet werden können, gehen bei speichernden Bauteilen Anheizvorgänge und damit die entsprechenden Materialeigenschaften neben der Anheizdauer in das Rechenergebnis ein. Man berechnet daher den Wärmebedarf nach dem Ansatz

$$\dot{Q} = \dot{Q}_F + \dot{Q}_W + \dot{Q}_L \qquad (42)$$

Hierin bedeuten:

$\dot{Q}_F$ Wärmebedarf für Fenster und andere nichtspeichernde Bauteile nach Gleichung (7)

$\dot{Q}_W$ Wärmebedarf zum Aufheizen speichernder Bauteile nach Gleichung (43)

$\dot{Q}_L$ Lüftungswärmebedarf nach Gleichung (21) oder (22)

Für den Aufheiz–Wärmebedarf $\dot{Q}_W$ ist die **gesamte** innere Oberfläche des Raumes, soweit sie aus warmespeicherndem Material besteht, also einschließlich des Fußbodens, etwaiger Säulen usw., maßgebend.

Es gilt:

$$\dot{Q}_W = \sum \frac{A_W}{R_Z} \cdot (\vartheta_i - \vartheta_o) \qquad (43)$$

Hierin bedeuten:

A_W Oberfläche des wärmespeichernden Bauteils
R_Z von der Aufheizdauer Z abhängiger mittlerer Aufheizwiderstand
ϑ_i Innentemperatur nach der Aufheizdauer
ϑ_o Innentemperatur vor dem Aufheizen

In Bild 7, sind die Werte R_Z für verschiedene Wärmeeindringkoeffizienten

$$\sqrt{\lambda \cdot c \cdot \rho}$$

in Abhängigkeit von der Aufheizdauer angegeben.

Sind die speicherfähigen Bauteile innen mit einer Wärmedämmschicht versehen, so wird deren mittlerer Aufheizwiderstand $R_{Z\,Dä}$ wie folgt berechnet:

$$R_{Z\,Dä} = R_Z + R_{\lambda\,Dä} \qquad (44)$$

Hierin bedeutet:

$R_{\lambda\,Dä}$ Wärmeleitwiderstand der Wärmedämmschicht

Für periodisch betriebene Kirchenheizungen wird in der Regel ϑ_o = 5 °C zu Grunde gelegt. Für ϑ_i gelten die Angaben in Tabelle 2.

7.2 Wärmebedarf bei sehr schwerer Bauart

Der Wärmebedarf für Räume mit sehr schwerer Bauart (Bunker über und unter der Erde, unterirdische Räume, geschlossene Tiefgaragen usw.) wird in gleicher Weise wie für übliche Fälle berechnet.

Aufgrund der großen Wärmespeicherfähigkeit derartiger Räume kann davon ausgegangen werden, dass auch bei unterbrochenem Heizbetrieb der Wärmebedarf über 24 Stunden etwa der gleiche bleibt wie bei durchgehender Beheizung. Die Heizflächen und die Wärmeversorgungsanlage müssen bei einem zeitweise unterbrochenen Heizbetrieb zur Deckung der Transmissionswärmeverluste näherungsweise für einen Leistungsanteil von

$$\frac{24}{Z_B} \cdot \dot{Q}_T$$

ausgelegt werden, wenn Z_B die Betriebsdauer in Stunden und $\dot{Q}_T$ den Transmissionswärmebedarf nach Gleichung (7) bedeuten.

Für die Berechnung des Lüftungswärmebedarfs gelten die Gleichungen (21) oder (22). Für die Auslegung der Heizflächen und der Wärmeversorgungsanlage ist zu prüfen, ob der Lüftungswärmebedarf nur während der Betriebszeit oder dauernd auftritt. Entsprechend ist jeweils die erforderliche Gesamtleistung zu ermitteln.

7.3 Wärmebedarf von Hallen und ähnlichen Räumen

Die Wärmebedarfsrechnung weicht hier in zwei Punkten von den üblichen Fällen ab. Erstens fehlen bei solchen Räumen weitgehend die erwärmten Innenflächen, die mit den Außenwänden und Fenstern im Strahlungsaustausch stehen. Zweitens ist zu berücksichtigen, dass bei den meisten hier verwendeten Heizverfahren die Lufttemperatur mit der Höhe stark zunimmt.

Bei Heizsystemen mit überwiegend konvektiver Wärmeabgabe (Luftheizung, Konvektoren) wird der innere Wärmeübergangswiderstand an den Außenwänden und -fenstern infolge des verminderten Strahlungsaustausches größer als im üblichen Fall, so dass auch die Wärmedurchgangswiderstände entsprechend größer anzusetzen sind.

Wird der Raum überwiegend durch Strahlung geheizt (Deckenstrahler, Strahlplatten), so kann die Minderung des Strahlungsaustausches zwischen Innenflächen und Außenbauteilen, je nach der geometrischen Anordnung von Strahlungsflächen und Außenbauteilen zueinander, ausgeglichen oder auch überkompensiert werden. Es ist dann ein innerer Wärmeübergangswiderstand abzuschätzen.

Die Grenzwerte der inneren Wärmeübergangswiderstände und der damit bestimmten Wärmedurchgangswiderstände von Stahlfenstern mit einfacher Verglasung sind in Tabelle 17, angegeben.

Die für den Wärmeverlust maßgebende Lufttemperatur in halber Raumhöhe ist wegen der erwähnten Höhenabhängigkeit höher anzusetzen, als die Temperatur in der Aufenthaltszone, und zwar je nach Raumhöhe, Innentemperatur und Heizsystem um 1 bis 4 K.

Der Wärmeverlust an das Erdreich ist in üblicher Weise nach Abschnitt 5.3.4 zu berechnen.

Der Lüftungswärmebedarf wird nach den Gleichungen (26) oder (27) berechnet, soweit damit eine ausreichende Lufterneuerung sichergestellt ist. Häufig ist die Luft in Hallen jedoch besonderen Belastungen unterworfen, so dass die freie Fugenlüftung für die erforderliche Lufterneuerung nicht ausreicht. In diesen Fällen ist entweder ein Mindestaußenluftstrom oder ein Mindestaußenluftwechsel der Berechnung des Lüftungswärmebedarfs zu Grunde zu legen, der dann nach den Gleichungen (23) oder (28) zu ermitteln ist. Hierbei sind die erforderlichen Außenluftvolumenströme bzw. die zu Grunde zu legenden Luftwechsel nach der zu erwartenden Luftverschlechterung zu bestimmen bzw. nach Erfahrung festzulegen.

Eine zuverlässige Berechnung des Wärmebedarfs ist nur für Hallen mit geschlossenen Toren durchführbar. Der Einfluss möglicherweise geöffneter Tore ist anhand der zu erwartenden Winddruckdifferenzen und der sonstigen Randbedingungen gesondert abzuschätzen und entsprechend zu berücksichtigen.

7.4 Wärmebedarf von Gewächshäusern

Die Berechnung des Wärmebedarfs für Gewächshäuser unterscheidet sich von der in üblichen Fällen dadurch, dass der Lüftungswärmebedarf auf die Glasflächen bezogen wird und dass wegen der anderen Wärmeaustauschverhältnisse die inneren Wärmeübergangswiderstände niedriger liegen.

Der Wärmeverlust an das Erdreich wird wegen seines kleinen Anteils im allgemeinen nicht in Rechnung gestellt.

7.4.1 Transmissionswärmebedarf

Der Transmissionswärmebedrf wird analog Gleichung (7) bestimmt:

$$\dot{Q}_T = \dot{Q}_{T\,Glas} + \dot{Q}_{T\,Rest} \qquad (45)$$

Hierin bedeuten:

$\dot{Q}_{T\,Glas}$ Transmissionswärmebedarf der transparenten Flächen

$\dot{Q}_{T\,Rest}$ Transmissionswärmebedarf aller übrigen Flächen

$$\dot{Q}_{T\,Glas} = \frac{A_{Glas}}{R_{k\,Glas}}(\vartheta_i - \vartheta_a) \qquad (46)$$

$$\text{mit} \quad R_{k\,Glas} = R_{i\,Glas} + R_{\lambda\,Glas} + R_{a\,Glas} \qquad (47)$$

Hierin bedeuten:

A_{Glas} transparente Flächen (einschließlich Tragkonstruktion)
$R_{i\,Glas}$ innerer Wärmeübergangswiderstand an den transparenten Flächen nach Tabelle 18
$R_{\lambda\,Glas}$ Wärmeleitwiderstand der transparenten Flächen nach Tabelle 19
$R_{a\,Glas}$ äußerer Wärmeübergangswiderstand an den transparenten Flächen (0,04 m² · K/W)

7.4.2 Lüftungswärmebedarf

Abweichend von den üblichen Fällen wird der Ansatz für den Lüftungswärmebedarf von Gewächshäusern analog dem Transmissionswärmebedarf geschrieben:

$$\dot{Q}_L = \left(\frac{A}{R_L}\right)_{Glas} \cdot (\vartheta_i - \vartheta_a) \qquad (48)$$

Hierin bedeuten:

A_{Glas} Transparente Fläche (einschließlich Tragkonstruktion)

$R_{L\,Glas}$ Äquivalenter Wärmedurchgangswiderstand für Fugenlüftung nach Tabelle 20

7.5 Das instationäre thermische Verhalten von Räumen unterschiedlicher Schwere

Das Anheiz- und Abkühlverfahren von Räumen ist in komplexer Weise von den thermischen Stoffwerten der umgebenden Bauteile und deren Schichtung abhängig. Räume sehr unterschiedlicher (insbesondere unterschiedlich schwerer) Bauweise sollten daher nicht an die gleiche Regelgruppe angeschlossen werden, wenn die Heizungsanlage mit erheblichen Unterbrechungen betrieben werden soll.

7.6 Temperaturen unbeheizter Nebenräume

Die Temperaturen unbeheizter Nebenräume sind in Tabelle 5, 6 und 7 für einige wesentliche Fälle angegeben:

Allgemein ergibt sich die Temperatur aus:

$$\vartheta_{U,R} = \frac{\Sigma\,(k \cdot A \cdot \vartheta)_i + \Sigma\,(k \cdot A \cdot \vartheta)_a + 0{,}36 \cdot V_R \cdot \beta \cdot \vartheta_a}{\Sigma\,(k \cdot A)_i + \Sigma\,(k \cdot A)_a + 0{,}36 \cdot V_R \cdot \beta} \text{ in °C} \qquad (49)$$

Hierin bedeuten:

ϑ_i	Norm–Innentemperaturen der angrenzenden beheizten Räume	in °C
ϑ_a	Norm–Außentemperatur	in °C
$\vartheta_{u,R}$	Temperatur des unbeheizten Raumes	in °C
V_R	Raumvolumen	in m³
β	Luftwechsel	in 1/h
A	Fläche	in m²
	Wärmedurchgangskoeffizient	in W/(m² · K)

Index a Bauteile, mit denen der unbeheizte Raum an die Außenluft grenzt

Index i Bauteile, mit denen der unbeheizte Raum an beheizte grenzt

Berechnung Jahresheizwärmebedarf nach DIN 4108 Teil 6

Der Jahresheizwärmebedarf stellt eine Gebäudeeigenschaft dar. Er ist jedoch kein Kennwert, der zur Auslegung des Heizsystems dient. Vgl. dazu DIN 4701.

1 Begriffe

Verbrauch: In realen Gebäuden zur Beheizung eingesetzte Menge eines Energieträgers.

Bedarf: Rechnerisch ermittelter Verbrauch.

Heizwärmebedarf: Rechnerisch ermittelter Aufwand an Wärme, die zur Aufrechterhaltung einer bestimmten Raumlufttemperatur benötigt wird. Dieser Wert wird auch als Netto–Heizenergiebedarf bezeichnet.

Heizenergiebedarf: Rechnerischer Wert der, unter Berücksichtigung von Umwandlungsverlusten, den Bedarf an Primärenergie zur Abdeckung des Heizwärmebedarfs wiedergibt. Er wird auch als Brutto–Heizenergiebedarf bezeichnet.

Nutzungsgrad der solaren und internen Wärmegewinne: Anteile der in ein Gebäude gelangten solaren Wärmegewinne und der im Gebäude anfallenden internen Wärmegewinne, die für Heizzwecke genutzt werden können.

Wirksame Wärmespeicherfähigkeit: Teilbetrag der Wärmespeicherfähigkeit eines Gebäudes, der einen Einfluss auf den Heizwärmebedarf hat.

Heizgrenztemperatur (Basistemperatur): Außenlufttemperatur, ab der ein Gebäude bei einer vorgegebenen Raumlufttemperatur nicht mehr beheizt werden muss.

Temperaturspezifischer Wärmeverlust: Auf die Differenz zwischen Raumluft– und Außenlufttemperatur bezogener Wärmeverlust eines Gebäudes infolge Transmission und Lüftung.

Bezugsvolumen: Das anhand der Außenmaße eines Gebäudes ermittelte und von der wärmeübertragenden Hülle umschlossene Volumen.

Bezugsfläche: Beheizte Fläche, die für den Ansatz der internen Wärmegewinne und des beheizten Luftvolumens eines Gebäudes repräsentativ ist.

Außentemperatur: Außenlufttemperatur

Innentemperatur: Empfundene Temperatur im Innern eines Gebäudes, die der Ermittlung des Heizwärmebedarfs zugrundgelegt wird (sie muss nicht berechnet werden).

Standard–Heizperiode: Vorgegebener Zeitraum vom 01. Oktober bis 30. April während dem ein Gebäude üblicherweise beheizt wird.

Heizzeit: Standard–Heizperiode einschließlich aller Heiztage außerhalb dieses Zeitraums.

2 Formelzeichen

Formelzeichen	Bezeichnung	Einheit
$a_{o,i}$	mittlerer Strahlungsabsorptionsgrad der opaken nichttransparenten Außenbauteil–Oberfläche i	–
$a_{Gv,i}$	mittlerer Strahlungsabsorptionsgrad der Bauteile im Glasvorbau	–
$a_{W,K}$	mittlerer Strahlungsabsorptionsgrad der Bauteile zwischen Glasvorbau und Kernhaus	
A_i	Fläche des Bauteils i, bezogen auf Außenmaße	m²
A_{FH}	Fläche des betrachteten Heizelements	m²
$A_{F,K}$	Fläche der Verglasung zwischen Glasvorbau und Kernhaus	m²
$A_{Gv,i}$	Fläche der Bauteile des Glasvorbaus gegen die Außenluft	m²
A_K	Fläche der Verglasung zwischen Glasvorbau und Kernhaus	m²
A_{KB}	Fläche des Kellerbodens, bezogen auf Außenmaße	m²
A_{KW}	Fläche der Kellerwand gegen Erdreich, bezogen auf Außenmaße	m²
$A_{W,K}$	Fläche der nicht–transparenten Bauteile zwischen Glasvorbau und Kernhaus	m²
b, b_M, b_a, b_{HP}	Nutzungsgrad–Parameter für die Wirksamkeit der thermischen Speichermassen im Monat (M), im Jahr (a) bzw. der Heizperiode (HP)	–
B'	Flächenkompaktheit des Kellerbodens	m
C_i	spezifische Wärmekapazität der Speicherschicht i	Wh(kg·K)
C_{pl}	spezifische Wärmekapazität von Luft (c_{pl} = 1,0 kJ/(kgK) = 0,28 Wh/(kgK))	Wh(kg·K)
C_{wirk}	wirksame Wärmespeicherfähigkeit eines Gebäudes	Wh/K
d_i	speicherwirksame Dicke der Bauteilschicht i	m
d_{BE}	thermisch wirksame Kellerbodendicke	m
d_{WE}	thermisch wirksame Kellerwanddicke	m
e	Windschutzkoeffizient	–
$f_{R,i}$	Rahmenanteil bei transparenter Wärmedämmung	–
$f_{V,i}$	Verglaster Anteil des Fensters i	–
$f_{V,Gv}$	Verglaster Anteil der Fenster zwischen Glasvorbau und dem Freien	–
$f_{V,K}$	Verglaster Anteil der Fenster zwischen Glasvorbau und Kernhaus	–
$f_{H,i}$	Formfaktor zwischen Oberflächenelement und Himmel	–
$g_{eq,i}$	äquivalenter Gesamtenergiedurchlassgrad des Bauteils i	–
$g_{eff,i}$	effektiver Gesamtenergiedurchlassgrad für diffuse Sonnenstrahlung der Verglasung i	–
g_i	effektiver Gesamtenergiedurchlassgrad der Verglasung i	–
$g_{TWD,i}$	Gesamtenergiedurchlassgrad der transparenten Wärmedämmschicht einschl. Witterungsschutz	–
g_K	effektiver Gesamtenergiedurchlassgrad der Verglasung zwischen Wintergarten und Kernhaus	–
g_{GV}	effektiver Gesamtenergiedurchlassgrad der Verglasung zwischen Wintergarten und dem Freien	–
Gt_x	Heizgradtagzahl zur Heizgrenztemperatur ϑ_x	Kd
h_K	Tiefe der Unterkante des Kellerfußbodens unter der Erdoberfläche	m
H	temperaturspezifischer Wärmeverlust des Gebäudes oder der beheizten Zone	W/K
$H_{o,FH}$	temperaturspezifischer Heizwärmeverlust des betrachteten Raums ohne Berücksichtigung des Einflusses des Flächenheizelements	W/K
H_L	temperaturspezifischer Lüftungswärmeverlust des Gebäudes oder der beheizten Zone	W/K
H_T	temperaturspezifischer Transmissionswärmeverlust des Gebäudes oder der beheizten Zone	W/K
H_{iu}	temperaturspezifischer Transmissions– und Lüftungswärmeverlust einer Zone mit Innentemperatur (i) in den unbeheizten Raum (u) nach Gleichung (4)	W/K
H_{ua}	temperaturspezifischer Transmissions– und Lüftungswärmeverlust einer unbeheizten Zone (u) nach außen (a) nach Gleichung (4)	W/K
H_{BE}	temperaturspezifischer Transmissionswärmeverlust über den Kellerboden und das Erdreich an die Außenluft	W/K
H_{WE}	temperaturspezifischer Transmissionswärmeverlust über die Kellerwand und das Erdreich an die Außenluft	W/K
$H_{i,Gv}$	temperaturspezifischer Wärmeverlust der Kernhauszone (i) in den Glasvorbau (Gv)	W/K
$H_{Gv,a}$	temperaturspezifischer Wärmeverlust des Glasvorbaus (Gv) nach außen (a)	W/K
$\Delta H_{T,FH}$	temperaturspezifischer Transmissionswärmeverlust über Flächenheizungen	W/K
i	Bauteilbezeichnung	
$I_{S,M,i}$	mittlere Strahlungsintensität auf absorbierende Bauteile (i) im Glasvorbau	W/m²
$I_{s,a,j}$, $I_{a,HP,j}$	mittlere Strahlungsintensität im Jahr (a) bzw. in der Heizperiode (HP)	W/m²
$I_{s,M,j}$	mittlere Strahlungsintensität im Monat (M)	W/m²
j	Bezeichnung der Himmelsrichtung	
$k_{o,FH}$	Wärmedurchgangskoeffizient des Bauteils ohne Berücksichtigung des Einflusses des Flächenheizelements	W/(m²·K)
$k_{B,TWD}$	Wärmedurchgangskoeffizient des Bauteils mit transparenter Wärmedämmung einschl. der nicht transparenten Bauteilschichten	W/(m²·K)
k_i	Wärmedurchgangskoeffizient des Bauteils i	W/(m²·K)
$k_{F,K}$	Wärmedurchgangskoeffizient der Fenster zwischen Glasvorbau und Kernhaus	W/(m²·K)
$k_{Gv,i}$	Wärmedurchgangskoeffizient der Außenbauteile des Glasvorbaus	W/(m²·K)
k_{KB}	Wärmedurchgangskoeffizient des Kellerbodens an das Erdreich	W/(m²·K)
k_{KW}	Wärmedurchgangskoeffizient der Kellerwand an das Erdreich	W/(m²·K)
k_{TWD}	Wärmedurchgangskoeffizient der transparenten Wärmedämmschicht (allein)	W/(m²·K)
$k_{W,K}$	Wärmedurchgangskoeffizient der nicht–transparenten Bauteile zwischen Glasvorbau und Kernhaus	W/(m²·K)
$l_{WB,i}$	Länge der Wärmebrücke i	m
n	Luftwechsel	h⁻¹
n_s	Standard–Luftwechsel	h⁻¹
$n_{i,GV}$	Luftwechsel zwischen Kernhaus (i) und Glasvorbau (Gv)	h⁻¹
$n_{Gv,a}$	Luftwechsel zwischen Glasvorbau (Gv) und dem Freien (a)	h⁻¹
n_z	zusätzlicher Luftwechsel infolge Lüftungsundichtigkeiten	h⁻¹
n_{50}	Luftwechsel bei 50 Pa Über– oder Unterdruck	h⁻¹
P_k	Kellerumfang (Perimeter) im Außenmaß	m
$q_{i,Vol,a}$, $q_{i,Vol,HP}$	Volumenbezogene interne Brutto–Wärmegewinne des Jahres (a) bzw. der Heizperiode (HP)	kWh/m³
$q_{i,Vol,M}$	Volumenbezogene interne Brutto–Wärmegewinne im Monat (M)	W/m³
$Q_{G,M}$	Wärmegewinn des Gebäudes im Monat (M)	kWh
Q_H	Netto–Heizwärmebedarf des Gebäudes	kWh
$Q_{H,M}$	Netto–Heizwärmebedarf im Monat (M)	kWh
$Q_{i,a}$, $Q_{i,HP}$	interne Brutto–Wärmegewinne im Jahr (a) bzw. in der Heizperiode (HP)	kWh
$Q_{s,a}$, $Q_{s,HP}$	solare Wärmegewinne im Jahr (a) bzw. in der Heizperiode (HP)	kWh
$Q_{V,M}$	Wärmeverlust des Gebäudes im Monat (M)	kWh
$Q_{V,a}$, $Q_{V,HP}$	Wärmeverlust des Gebäudes im Jahr (a) bzw. in der Heizperiode (HP)	kWh
r_i	Temperaturreduktionsfaktor des Bauteils (i)	–
r_{BE}	Temperaturreduktionsfaktor des Kellerbodens über das Erdreich an die Außenluft	–
r_G	Temperaturreduktionsfaktor des Glasvorbaus	–
r_T	Reduktionsfaktor für Teilbeheizung	–
r_{WE}	Temperaturreduktionsfaktor der Kellerwand über Erdreich an die Außenluft	–
R_a	Wärmeübergangswiderstand außen (a)	m²·K/W
R_i	Wärmeübergangswiderstand innen (i) oder bei Flächenheizungen Wärmedurchlasswiderstand zwischen der Heizflächenebene und dem Rauminneren	m²·K/W
R_i	Warmedurchlasswiderstand der Schicht i	m²·K/W
$R_{TWD,i}$	Wärmedurchlasswiderstand der transparenten Wärmedämmung	m²·K/W
s_i	Dicke der Bauteilschicht i	m
t_a	Anzahl der Heiztage im Jahr (a)	d
t_{HP}	Anzahl der Tage der Heizperiode (HP)	d
t_M	Anzahl der Tage im Monat (M)	d
V	Von den Außenflächen umschlossenes Bauwerksvolumen des beheizten Gebäudes oder der beheizten Zone	m³
$\dot{V}_{ab}$	Abluftvolumenstrom des Lüftungssystems	m³/h
$\dot{V}_{zu}$	Zuluftvolumenstrom des Lüftungssystems	m³/h
V_N	belüftetes Netto–Volumen des Gebäudes	m³
V_K	Nettoraumvolumen des Kernhauses	m³
V_{Gv}	Nettoraumvolumen des Glasvorbaus	m³
x	Anteil des Heizungsbeitrags des betrachteten Heizflächenelements am gesamten Heizungsbeitrag des betreffenden Raums	–
z_i	Minderungsfaktor durch Verschattung oder Sonnenschutz	–
z_{Gv}	Minderungsfaktor durch Verschattung oder Sonnenschutz zwischen Wintergarten und dem Freien	–
z_K	Minderungsfaktor durch Verschattung oder Sonnenschutz zwischen Wintergarten und Kernhaus	–
z_s	Minderungsfaktor infolge nicht senkrechten Strahlungsdurchgangs	–
α_Θ	Abstrahlungskoeffizient (langwellig)	W/(m²·K)
η	Nutzungsgrad interner und solarer Wärmegewinne	–
η_a	mittlerer Nutzungsgrad der internen und solaren Wärmegewinne im Jahr (a) bzw. auch in der Heizperiode (HP)	–
η_M	Nutzungsgrad der internen und solaren Wärmegewinne im Monat (M)	–
ϑ_a	Außenlufttemperatur	°C
$\vartheta_{a,M}$	Außenlufttemperatur im Monat M unter Vernachlässigung der langwelligen Abstrahlung gegen Himmel und Umgebung	°C
ϑ_i	mittlere Innentemperatur eines Gebäudes oder einer Gebäudezone unter Berücksichtigung einer Nachtabsenkung, gemittelt aus Raumlufttemperatur und mittlerer Umschließungsflächentemperatur	°C
$\vartheta_{i,K}$	mittlere Temperatur im Keller (K)	°C
$\vartheta_{i,unbeh.Raum}$	mittlere Temperatur im unbeheizten Raum	°C
ϑ_M	mittlere monatliche Außenlufttemperatur	°C
ϑ_x	Heizgrenztemperatur	°C
$\Delta\vartheta_E$	mittlere Temperaturdifferenz zwischen Außenluft und Himmelstemperatur	K
λ_i	Wärmeleitfähigkeit der Schicht	W/(m·K)
λ_E	Wärmeleitfähigkeit von Erdreich	W/(m·K)
ξ	Wärmerückgewinnungsgrad des Abluft–Wärmetauschers	–
ρ_i	Dichte der Speicherschicht i	kg/m³
ρ_L	Dichte der Luft (ρ_L = 1,2 kg/m³)	kg/m³
τ	Gebäudezeitkonstante	h
$\tau_{O,M}$, $\tau_{O,HP}$	Bezugszeitkonstante des Gebäudes bezogen auf den Monat M bzw. die Heizperiode HP	h
$\chi_{P,i}$	Wärmedurchgangskoeffizient einer punktförmigen, dreidimensionalen Wärmebrücke i	W/K
$\Psi_{l,i}$	Wärmedurchgangskoeffizient einer linienförmigen, zweidimensionalen Wärmebrücke i	W/(m·K)
$\Phi_{i,M}$	interne Brutto–Wärmegewinne als Mittelwert im Monat (M)	W
$\Phi_{s,M}$	solare Wärmegewinne im Monat (M)	W
$\Phi_{s,tr,M}$	solare Wärmegewinne über transparente Bauteile im Monat (M)	W
$\Phi_{a,o,M}$	solare Wärmegewinne über opake Bauteile im Monat (M)	W
$\Phi_{s,Gv,M}$	solare Wärmegewinne des Kernhauses über den Glasvorbau (GV) im Monat (M)	W
$\Phi_{s,GV,d,M}$	direkte (d) solare Wärmegewinne des Kernhauses über den Glasvorbau (GV)	
$\Phi_{s,GV,id,M}$	indirekte (id) solare Wärmegewinne des Kernhauses über den Glasvorbau (GV) im Monat (M)	W
Φ_ε	langwellige Abstrahlung	

Berechnung Jahresheizwärmebedarf nach DIN 4108 Teil 6

3 Grundlagen der Heizwärmebedarfsberechnung

3.1 Energetische Einflussgrößen

Der Heizwärmebedarf eines Gebäudes (Netto–Heizwärmebedarf) hängt von folgenden Einflussfaktoren ab:

- Transmissionswärmeverluste infolge Wärmeleitung in den Bauteilen und Wärmeübergang an den Oberflächen,
- Lüftungswärmeverlust infolge Luftaustausch warmer Raumluft durch kalte Außenluft,
- sonstige Wärmeverluste, z.B. durch Abwasser und Raumluftfeuchte,
- solare Wärmegewinne infolge direkter Strahlungstransmission durch transparente Bauteile bzw. durch Strahlungsabsorption an den Oberflächen nicht–transparenter Bauteile,
- interne Wärmegewinne infolge Betrieb elektrischer Geräte, künstlicher Beleuchtung, Körperwärme von Mensch und Tier und durch Verluste des Heizsystems.

3.2 Weitere Einflussgrößen

Die Transmissions– und Lüftungswärmeverluste hängen von den in der betrachteten Zeiteinheit zu Grunde gelegten Innen– und Außenlufttemperaturen ab. Sofern sich Räume mit unterschiedlichem Temperaturniveau in einem Gebäude befinden, beeinflussen sie sich gegenseitig und müssen daher berücksichtigt werden.

Innenlufttemperaturen und Luftaustausch hängen vom Nutzerverhalten ab, so dass für energetische Vergleichsrechnungen ein bestimmtes Nutzerverhalten angenommen wird. Solche Effekte werden vereinfacht mit einem Korrekturfaktor erfasst.

Die Wärmespeicherfähigkeit der Bauteile geht bei strenger stationärer Betrachtung nicht in die Wärmebilanz ein. Ihr Einfluss wird aber in dem hier dargestellten Verfahren in Zusammenhang mit dem Nutzungsgrad der solaren und internen Wärmegewinne berücksichtigt. Es werden nur die für Heizzwecke nutzbaren Gewinne an solarer und interner Wärme bilanziert.

Bei den internen Wärmegewinnen wird der haus– und nutzungstypische Energieverbrauch zu Grunde gelegt, der sich aus angenommenen Betriebszeiten und dem spezifischen Verbrauch der Geräte ergibt. In die Wärmegewinne infolge Wärmeabgabe von Menschen und Tieren geht nur die fühlbare Wärme ein; Latentwärme infolge Feuchteabgabe wird nicht berücksichtigt. Wegen des geringen Betrags der Wärmeverluste eines Gebäudes durch Abwasser und Raumfeuchte werden diese Einflussgrößen vernachlässigt.

4 Berechnungsverfahren

Das Berechnungsverfahren basiert auf einer Energiebilanz in stationärem Zustand unter Berücksichtigung der dynamischen Einwirkung von internen und solaren Wärmegewinnen. Ein Teil der zur Aufrechterhaltung einer gewünschten Innentemperatur ϑ_i benötigten Wärme wird von den nutzbaren internen und solaren Wärmegewinnen gedeckt. Das vorliegende Verfahren berechnet den Netto–Heizwärmebedarf Q_H, also die restliche Wärmemenge, die das Heizungssystem liefern muss.

4.1 Bilanzierungszeiträume

Für die Ermittlung des Heizwärmebedarfs wird in der Regel von einer monatlichen Wärmebilanz ausgegangen. Durch Aufsummierung der monatlichen Werte, sofern diese positiv sind, ergibt sich der Heizwärmebedarf für die Heizperiode (Monatsbilanzverfahren).

Für Überschlagrechnungen kann das Berechnungsverfahren verkürzt werden, indem die Wärmebilanz nicht monatlich, sondern nur für die Heizperiode durchgeführt wird. Man wendet dann das sogenannte Heizperiodenbilanzverfahren (HP–Verfahren) an.

Zum Nachweis der Anforderungen an den Jahresheizwärmebedarf [z.B. nach Wärmeschutzverordnung (WSchV)] wird ein dem HP–Verfahren entsprechendes Jahresbilanzverfahren durchgeführt, in dem auch Heiztage außerhalb der eigentlichen Heizperiode – sogenannte sommerliche Heiztage – im Heizwärmebedarf mit erfasst werden. Dabei sind beim Jahresbilanzverfahren vorgegebene Heizgradtagzahlen zu verwenden, die nur für bestimmte Heizgrenztemperaturen gelten und vom Wärmebedarfsniveau des Gebäudes abhängen (Tabelle 9 enthält die standardmäßig zu verwendenden Heiztage t_a und Heizgradtagzahlen Gt_x jeweils unter Einbeziehung der sommerlichen Heiztage).

4.2 Systemgrenzen

Die nachstehenden Berechnungsverfahren gelten für gleichmäßig beheizte Gebäude. Unterscheiden sich die durchschnittlichen Innentemperaturen in Teilbereichen des Gebäudes um weniger als 4 K, dann kann den Berechnungen die mittlere, flächengewichtete Innentemperatur des Gebäudes zu Grunde gelegt werden. Bei größeren Unterschieden ist das Gebäude in zwei oder mehr Temperaturzonen aufzuteilen, wobei die Wärmebilanz für jede Temperaturzone aufzustellen ist und am Ende die Ergebnisse jeder Zone zu addieren sind.

4.3 Wärmebilanz

4.3.1 Monatsbilanzverfahren

Der Heizwärmebedarf Q_H eines Gebäudes wird aus der Wärmebilanz der einzelnen Monate des Gebäudes bzw. der Gesamtheit der einzelnen Zonen ermittelt. Die Wärmebilanz setzt sich aus den monatlichen Wärmeverlusten $Q_{V,M}$ und Wärmegewinnen $Q_{G,M}$ sowie dem Nutzungsgrad der Wärmegewinne η_M zusammen.

$$Q_{H,M} = Q_{V,M} - \eta_M \cdot Q_{G,M} \tag{1}$$

Die Wärmeverluste $Q_{V,M}$ errechnen sich aus dem temperaturspezifischen Wärmeverlust H, der Temperaturdifferenz zwischen Innenlufttemperatur ϑ_i und der Außenlufttemperatur $\vartheta_{a,M}$ sowie der Anzahl der Tage des betreffenden Monats t_M:

$$Q_{V,M} = 0{,}024 \cdot H \cdot (\vartheta_i - \vartheta_{a,M}) \cdot t_M \tag{2}$$

Die Wärmegewinne im Monatsmittel $Q_{G,M}$ errechnen sich aus der Summe der mittleren monatlichen Strahlungsgewinne durch die Sonne $\Phi_{S,M}$, den Gewinnen aus internen Wärmequellen $\Phi_{i,M}$ sowie aus der Anzahl der Tage des betreffenden Monats t_M:

$$Q_{G,M} = 0{,}024 \cdot (\Phi_{s,M} + \Phi_{i,M}) \cdot t_M \tag{3}$$

Der temperaturspezifische Wärmeverlust H errechnet sich aus den temperaturspezifischen Transmissionswärmeverlusten H_T und den temperaturspezifischen Lüftungswärmeverlusten H_L:

$$H = H_T + H_L \tag{4}$$

Der Heizwärmebedarf einer Heizperiode bzw. eines Jahres ergibt sich aus der Beziehung:

$$Q_H = \sum_{\text{Monate}} Q_{H,M}\,|_{pos} \tag{5}$$

Der Vermerk $|_{pos}$ in Gleichung (5) bedeutet, dass nur Monate mit einer positiven Wärmebilanz $Q_{H,M} > 0$ berücksichtigt werden.

4.3.2 Jahresbilanz– bzw. Heizperiodenbilanzverfahren

Unter der Voraussetzung, dass die Dauer der Heizperiode bzw. die Heizgradtagzahl für die betreffende Region und das Gebäude bekannt sind, kann der Heizwärmebedarf vereinfacht nach dem Heizperiodenbilanzverfahren (HP–Verfahren) ermittelt werden.

Wenn für ein Gebäude der Jahresheizwärmebedarf, also der Heizwärmebedarf während der gesamten Heizzeit ermittelt werden soll, sind zusätzlich zu den Tagen der Heizperiode auch die sommerlichen Heiztage zu erfassen. Zur Ermittlung des Jahresheizwärmebedarfs bieten sich drei Alternativen:

- Verwendung der Standardgradtagzahl (Tabelle 9).
- Verwendung der standortspezifischen Heizgradtagzahlen (Anhang 1 Tabelle 2).
- Berechnung der Heizgradtagzahl nach Ziffer 6.7.

Der Jahresheizwärmebedarf wird näherungsweise wie folgt ermittelt:

$$Q_H = Q_{V,a} - \eta_a \cdot (Q_{s,a} + Q_{i,a}) \tag{6}$$

Dabei errechnet sich der Wärmeverlust $Q_{V,a}$ aus der , auf die Heizgrenztemperatur ϑ_x bezogenen, Gradtagzahl Gt_x:

$$Q_{V,a} = 0{,}024 \cdot Gt_x \cdot (H_T \cdot H_L) \tag{7}$$

$$\text{mit } H_T = \sum_i r_i \cdot k_i \cdot A_i \tag{8}$$

$$H_L = \rho_L \cdot c_{pl} \cdot n \cdot V_N \tag{9}$$

$$\text{und } Q_{s,a} = \sum_{j(\text{Orientierung})} I_{s,a,j} \cdot \Big(\sum_{i(\text{Bauteil})} f_{V,i} \cdot z_i \cdot g_{\text{eff},i} \cdot A_i\Big)_j \tag{10}$$

$$Q_{i,a} = q_{i,\text{Vol},a} \cdot V \tag{11}$$

Bei der Berechnung des Heizwärmebedarfs kann der Nutzungsgrad η_a nach Abschnitt 6.5 verwendet werden. Bei der Ermittlung der solaren Wärmegewinne sind beim Jahresbilanzverfahren die Strahlungsintensitäten $I_{s,a}$ und beim Heizperiodenbilanzverfahren die Strahlungsintensitäten $I_{s,HP}$ zu verwenden. Gleiches gilt auch für die volumenbezogenen internen Brutto–Wärmegewinne $q_{i,\text{Vol},a}$ bzw. $q_{i,\text{Vol},HP}$.

4.4 Berechnungsschritte

4.4.1 Monatsbilanzverfahren

Die erforderlichen Werte sind schrittweise wie folgt zu ermitteln:

a) Umfassungsflächen (Systemgrenzen) des Gebäudes die beheizte Räume nach außen oder gegen Räume mit anderen Raumlufttemperaturen abgrenzen bestimmmen sowie das hiervon eingeschlossene Volumen aus den Außenmaßen.

b) Temperaturspezifische Wärmeverluste H nach Abschnitt 5.1 und 5.2 ermitteln.

c) Innentemperaturen festlegen (gegebenenfalls für mehrere Zonen) oder – wenn Nachtabsenkung vorgesehen ist oder die Innentemperaturen sich frei ergeben – berechnen.

d) durchschnittliche monatliche Außenlufttemperatur anhand der meteorologischen Daten einer bestimmten Region (siehe Anhang) oder Innentemperatur angrenzender Zonen festlegen.

e) Mittelwert der internen Wärmegewinne und der solaren Wärmegewinne für den gesamten Monat nach Abschnitt 5.3 und 5.4 berechnen.

f) Monatlicher Nutzungsgrad η_M nach Abschnitt 5.5 bestimmen.

g) Heizgrenztemperatur (Basistemperatur) ϑ_x nach Abschnitt 6.7 ermitteln.
Vergleich zwischen ϑ_x und der Monatsmitteltemperatur $\vartheta_{a,M}$ der Außenluft.
Falls: a) $\vartheta_x \geq \vartheta_{a,M}$ zählt der betreffende Monat zur Heizperiode ($Q_{H,M} > 0$).
Falls: b) $\vartheta_x < \vartheta_{a,M}$ ist $Q_{H,M} = 0$ zu setzen.

h) Berechnung des monatlichen Heizwärmebedarfs nach Gleichung (1) bis (4); die Summe aller Monatswerte mit $Q_{H,M} \geq 0$ ergibt nach Gleichung (5) den jährlichen Heizwärmebedarf.

i) Erstellen eines Berichts mit der Angabe der zugrundegelegten Randbedingungen nach Abschnitt 7.

4.4.2 Jahresbilanz– bzw. Heizperiodenbilanzverfahren

Die erforderlichen Werte sind schrittweise wie folgt zu ermitteln:

a) Umfassungsflächen (Systemgrenzen) des Gebäudes bestimmen, die beheizte Räume nach außen oder gegen Räume mit anderen Raumlufttemperaturen abgrenzen sowie das hiervon eingeschlossene Volumen aus den Außenmaßen.

b) Temperaturspezifische Wärmeverluste H nach Abschnitt 6.1 und 6.2 ermitteln, wobei Wärmebrückeneffekte nicht berücksichtigt werden.

c) Innentemperatur festlegen (in der Regel ϑ_i = 20 °C).

d) Ermittlung der Heizgradtagzahl nach Tabelle 9 oder Anhang A Tabelle A.2 oder Ziffer 6.7.

e) Ermittlung der solaren Wärmegewinne nach Gleichung (10).

f) Berechnung der internen Wärmegewinne nach Gleichung (11) mit den Werten der Tabelle 4.2

g) Bestimmung des jährlichen Nutzungsgrads nach Abschnitt 6.5 oder Berechnung nach Abschnitt 5.5.

h) Berechnung des Jahresheizwärmebedarfs nach Gleichung (6), mit eventuellen Korrekturen für Teilbeheizung, Nachtabsenkung oder Nachtabschaltung.

i) Erstellen eines Berichts mit der Angabe der zu Grunde gelegten Randbedingungen nach Abschnitt 7.

5 Bestimmung der Einzelgrößen nach dem Monatsbilanzverfahren

5.1 Transmissionswärmeverluste

Der temperaturspezifische Transmissionswärmeverlust H_T eines Gebäudes nach Abschnitt 4.3.1, Gleichung (4) wird wie folgt ermittelt:

$$H_T = \sum_{i\,\text{Bauteile}} r_i\,(k_i \cdot A_i) + \sum_{i\,\text{in WB}} r_i\,(\Psi_{l,i} \cdot l_{w,B,i}) + \sum_{\text{punkt WB}} r_i\,\chi_{P,i} + \Delta H_{T,FH} \tag{12}$$

Die k–Werte der Bauteile sind nach DIN 4108–5 zu bestimmen. Die Temperatur–Reduktionsfaktoren r_i sind Tabelle 1 zu entnehmen. Bei Fenstern dürfen Vorrichtungen zum temporären Wärmeschutz nach E DIN EN 30077 berücksichtigt werden.

Der temperaturspezifische Heizwärmeverlust für Bauteile mit integrierter Flächenheizung $\Delta H_{T,FH}$ ist, falls benötigt, nach Abschnitt 5.1.3 zu berechnen.

5.1.1 Berücksichtigung der Wärmebrücken

Bei Gebäuden mit hohem Wärmeschutz können Wärmeverluste über Wärmebrücken im Vergleich zu den gesamten Wärmeverlusten relativ groß werden und können in diesem Fall nicht vernachlässigt werden. Energetisch wirksame Wärmebrücken sind z.B. auskragende Balkonplatten, Decken/Wand–Anschlüsse ohne flächendeckende Außendämmung, Wandanschlüsse mit Innendämmung, ungedämmte Fensterleibungen sowie schwach gedämmte Rolladenkästen. Die Wärmebrückenverlustkoeffizienten können Wärmebrückenkatalogen entnommen oder mit geeigneten mehrdimensionalen Rechenverfahren nach E DIN EN 32573 berechnet werden.

Wenn zur Ermittlung der wärmeübertragenden Bauteilflächen Außenmaße verwendet werden, kann der Einfluss energetisch unbedeutender Wärmebrücken, z.B. zwei– oder dreidimensionale Ecken, vernachlässigt werden.

5.1.2 Reduktionsfaktoren

Um die Wärmeverluste in unbeheizte Räume oder über Flächen die an das Erdreich angrenzen, vereinfacht berechnen zu können,sind Temperatur–Reduktionsfaktoren anzuweden.

$$r_i = \frac{\vartheta_i - \vartheta_{i,\text{unbeh Raum}}}{\vartheta_i - \vartheta_a} \tag{13}$$

In Tabelle 1 sind Rechenwerte von Temperatur–Reduktionsfaktoren angegeben.

5.1.2.1 Unbeheizte Räume (ohne direkte solare Wärmegewinne)

In der Regel weisen unbeheizte Räume eines Gebäudes Temperaturen auf, die zwischen der Innentemperatur der beheizten Zone und der Außenlufttemperatur liegen. Die Wärmeverluste der Temperaturzonen die an unbeheizte Räume grenzen, können mit Hilfe von Temperatur–Reduktionsfaktoren ermittelt werden. Für unbeheizte Räume ohne solare Wärmegewinne und ohne Luftwechsel mit dem unbeheizten Raum gilt:

$$r_i = \frac{H_{iu}}{(H_{iu} + H_{ua})} \tag{14}$$

Vereinfachend können bei unbeheizten Räumen, wie :

- Keller,
- ausgebautes Dachgeschoss,
- Drempelräume,
- unbeheizter Glasvorbau,
- Wärmeverluste durch Kellerfußböden und –wände

Reduktionsverfahren nach Tabelle 1 verwendet werden,sofern solche Räume in ihrer energetischen Wirkung nicht genauer erfasst werden müssen. Ist dies der Fall, müssen die entsprechenden Reduktionsfaktoren nach Gleichung (14) ermittelt werden. Die Reduktionsfaktoren für unbeheizten Glasvorbau (Tabelle 1) stellen nur eine grobe Abschätzung dar und ergeben im allgemeinen höhere Werte für den Heizwärmebedarf als genauere Berechnung nach Gleichung (14).

5.1.2.2 Flächen beheizter Räume, die an das Erdreich angrenzen

Die Transmissionswärmeverluste durch erdreichberührte Bauteile, wie Kelleraußenwände und Kellerfußböden, hängen neben dem Wärmedurchlasswiderstand der jeweiligen Bauteile im wesentlichen von der Tiefe h_K des Kellergeschosses unter Oberkante Erdreich, der Kellergrundfläche A_{KB} und der Wärmeleitfähigkeit des Erdreichs λ_E ab.

Der temperaturspezifische Transmissionswärmeverlust des Kellerfußbodens H_{BE} und der Kellerwand H_{WE} errechnet sich wie folgt:

$$H_{BE} = r_{BE} \cdot k_{KB} \cdot A_{KB} \tag{15}$$

$$H_{WE} = r_{WE} \cdot k_{KW} \cdot A_{KW} \tag{16}$$

Die Ermittlung des Wärmedurchgangskoeffizienten des Kellerbodens k_{KB} und der Kellerwand k_{KW} wurden aus E DIN EN 32573 abgeleitet:

$$k_{KB} = \frac{1}{R_i + \sum_i \frac{s_{i,KB}}{\lambda_{i,KB}}} \tag{17}$$

$$k_{KW} = \frac{1}{R_i + \sum_i \frac{s_{i,KW}}{\lambda_{i,KW}}} \tag{18}$$

Berechnung Jahresheizwärmebedarf nach DIN 4108 Teil 6

Für den Wärmeübergangswiderstand der Kellerdecke und des Kellerfußbodens gilt:

$R_i = 0{,}14$ m²K/W

Für den äußeren Wärmeübergangswiderstand der Erdoberfläche an die Außenluft gilt:

$R_a = 0{,}04$ m²K/W

a) Verluste durch den Kellerfußboden

$$\text{Mit } B' = \frac{2 \cdot A_{KB}}{P_K} \qquad (19)$$

$$\text{und } d_{BE} = s_{KW} + \lambda_E \cdot \left(\frac{1}{k_{KB}} + R_a\right) + \frac{h_K}{2} \qquad (20)$$

wobei A_{KB} die Kellerfußbodenfläche (Außenmaße), P_K den Umfang der massiven Kellerbodenplatte und h_K die Tiefe des Kellerfußbodens (Unterkante) unter Oberkante Erdreich darstellt.

Aufgrund des vereinfachten Ansatzes müssen zwei Fälle in Abhängigkeit vom Wärmedämmniveau des Kellers unterschieden werden:

Falls $d_{BE} < B'$ ist

$$r_{BE} = \frac{2\,\lambda_E}{k_{KB} \cdot (\pi B' + d_{BE})} \cdot \ln\left(\frac{\pi B'}{d_{BE}} + 1\right) \cdot \left(\frac{\vartheta_{i,K} - \vartheta_a}{\vartheta_i - \vartheta_a}\right) \qquad (21)$$

Falls $d_{BE} \geq B'$ ist

$$r_{BE} = \frac{\lambda_E}{k_{KB} \cdot (0{,}457 \cdot B' + d_{BE})} \cdot \left(\frac{\vartheta_{i,K} - \vartheta_a}{\vartheta_i - \vartheta_a}\right) \qquad (22)$$

b) Verluste durch die Kellerwand

$$\text{Mit } d_{WE} = \lambda_E \cdot \left(\frac{1}{k_{KW}} + R_a\right) \qquad (23)$$

erhält man näherungsweise nach Gleichung (24):

$$r_{WE} = \frac{2\,\lambda_E}{k_{KB}\,\pi h_K} \cdot \left(1 + \frac{d_{BE} - h_K}{2(d_{BE} + h_K/2)}\right) \cdot \ln\left(\frac{h_K}{d_{WE}} + 1\right) \cdot \left(\frac{\vartheta_{i,K} - \vartheta_a}{\vartheta_i - \vartheta_a}\right)$$

Die Wärmeverluste über das Erdreich können vereinfacht auch durch die Reduktionsfaktoren nach Tabelle 1 erfasst werden.

Zur genaueren Ermittlung der Wärmeverluste durch Bodenplatten ohne Keller – z.B. durch aufgeständerte Fußbodenplatten – ist E DIN EN 1190 anzuwenden.

5.1.3 Transmissionswärmeverluste von Bauteilen mit integrierter Flächenheizung

Die temperaturspezifischen Transmissionswärmeverluste von Flächenheizungen, die in Fußböden, Decken und vertikalen Bauteilen integriert sind, die an die Außenluft, das Erdreich oder unbeheizten Räumen grenzen, können, wie im folgenden beschrieben, berechnet werden.

Dabei ist zu berücksichtigen, dass

- in den Wärmedurchlasswiderstand R_i, der sich auf die Bauteile zwischen der Heizflächenebene und dem Rauminneren bezieht, der innere Wärmeübergangswiderstand einzurechnen ist,
- wenn keine genaueren Angaben zum Anteil x des Heizungsbeitrags des betrachteten Heizflächenelements am gesamten Heizungsbeitrag des betreffenden Raums gegeben sind, dieser Wert abgeschätzt werden kann.

5.1.3.1 Ermittlung des spezifischen Wärmeverlusts

Der temperaturspezifische Transmissionswärmeverlust von Bauteilen mit integrierter Flächenheizung $\Delta H_{T,FH}$ wird wie folgt ermittelt:

- Bei Bauteilen, die an die Außenluft grenzen:

$$\Delta H_{T,FH} = R_i \cdot H_{o,FH} \cdot x / \left(\frac{1}{k_{o,FH}} - R_i\right) \qquad (25)$$

- bei Bauteilen, die an das Erdreich grenzen:

$$\Delta H_{T,FH} = R_i \cdot H_{o,FH} \cdot x / \left(\frac{A_{FH}}{H_{BE} + H_{WE}} - R_i\right) \qquad (26)$$

mit H_{BE} und H_{WE} nach Abschnitt 5.1.2.2

- bei Bauteilen, die an unbeheizte Räume grenzen:

$$\Delta H_{T,FH} = R_i \cdot H_{o,FH} \cdot x / \left(\frac{1}{k_{o,FH}(1 - r)} - R_i\right) \qquad (27)$$

mit r nach Gleichung (14).

5.2 Lüftungswärmeverluste

Die Lüftungswärmeverluste eines Gebäudes hängen in unterschiedlicher Weise von der Windgeschwindigkeit, der Windrichtung, der Temperaturdifferenz zwischen innen und außen, der Gebäudeform, der Dichtheit des Gebäudes, den Lüftungsgewohnheiten der Nutzer und vom Lüftungssystem ab. Es ist derzeit mit begrenztem Aufwand nicht möglich alle diese Einflüsse mit genügender Genauigkeit zu erfassen. Die Nutzereinflüsse können sehr stark variieren und wirken sich damit auf die Lüftungswärmeverluste aus. Daher wird im folgenden näherungsweise von einem in der Zeiteinheit (z.B. Monat) konstanten Luftwechsel ausgegangen.

Der temperaturspezifische Lüftungswärmeverlust H_L wird bei freier Lüftung wie folgt berechnet:

$$H_L = \rho_L \cdot c_{pL} \cdot n \cdot V_N = 0{,}34 \frac{\text{Wh}}{\text{m}^3\text{K}} \cdot n \cdot V_N \qquad (28)$$

Die Werte ρ und c variieren geringfügig in Abhängigkeit von Temperatur und Druck; dieser Einfluss wird jedoch vernachlässigt.

Näherungsweise kann das Netto-Volumen V_N anhand des über Außenmaße berechneten Brutto-Volumens wie folgt ermittelt werden:

$$V_N = 0{,}8 \cdot V \qquad (29)$$

5.2.1 Luftwechsel bei freier Lüftung

Für die Anzahl der Luftwechsel pro Stunde ist (sofern keine genaueren Angaben vorliegen), auch für dichte Gebäude bei freier Lüftung als Planungsgrundlage folgende Standard Lüftungsrate n_a anzusetzen:

$n_a = 0{,}8\ \text{h}^{-1}$

5.2.2 Luftwechsel bei mechanischer Lüftung

Bei mechanischen Lüftungssystemen (Entlüftungsanlagen oder Be- und Entlüftungsanlagen mit und ohne Wärmerückgewinnung) errechnet sich die mittlere Lüftungsrate bei kontinuierlichem Betrieb nach Gleichung (30):

$$n = V_{ab} / V_N (1 - \xi) + n_z \qquad (30)$$

n_z berücksichtigt die zusätzliche Lüftungsrate infolge Wind und Auftrieb bei Betrieb der Lüftungsanlage. Liegen keine besonderen Messwerte vor, ist $n_z = 0{,}24\ \text{h}^{-1}$ zu setzen.

5.2.3 Luftwechsel bei Gebäuden mit Dichtigkeitsprüfung

Werden Dichtigkeitspüfungen nach ISO/DIS 9972 durchgeführt, kann n_z mit folgender Beziehung für entsprechende Gebäude und Zonen mit einer Be- und Entlüftungsanlage nach E DIN EN 832 genauer ermittelt werden:

$$n_z = \frac{n_{50} \cdot e}{1 + \frac{15}{e}\left[\left(\mathring{V}_{zu} - \mathring{V}_{ab}\right) / \left(n_{50} \cdot V_N\right)\right]^2} \qquad (31)$$

Tabelle 2 enthält Windschutzkoeffizienten e für verschiedene Windexpositionen. In Tabelle 3 sind Anhaltswerte für n_{50} aufgeführt.

5.3 Interne Wärmegewinne

Die infolge innerer Wärmequellen anfallenden Wärmegewinne hängen vom Gebäude und seiner Nutzung (Wohngebäude, Bürogebäude) sowie von seiner technischen Ausstattung, der Personenbelegung und vom Betrieb vorhandener Anlagen ab. Die mittleren internen Brutto-Wärmegewinne errechnen sich wie folgt:

$$\Phi_{i,M} = q_{i,Vol,M} \cdot V \qquad (32)$$

Durchschnittliche Werte für die mittleren internen Brutto-Wärmegewinne der einzelnen Monate $q_{i,\,Vol,\,M}$ pro m³ Gebäudevolumen sind Tabelle 4.2 zu entnehmen.

5.4 Solare Wärmegewinne

Solare Wärmegewinne tragen wesentlich zur Reduzierung des Heizwärmebedarfs bei. Dabei sind folgende Einflussfaktoren zu berücksichtigen:

- Die durchschnittliche solare Einstrahlung auf Bauteiloberflächen in Abhängigkeit von deren Orientierung und Neigung (Anhang A, Tabelle A.1),
- der Gesamtenergiedurchlassgrade transparenter Bauteile (Tabelle 5).
- Verschattungs–, Sonnenschutzfaktoren (Tabelle 6 und 7) und Rahmenanteile,
- Absorptionsgrade nicht–transparenter Bauteile (Tabelle 8).

5.4.1 Gesamtenergiedurchlassgrad von Verglasungen

Da die Sonne nicht senkrecht auf die Verglasungsflächen fällt, sind die nach DIN 67507 ermittelten g–Werte für das hier anzuwendende Rechenverfahren um 15 % zu reduzieren, um den effektiv wirksamen g–Wert zu ermitteln:

$$g_{eff,i} = 0{,}85 \cdot g_i \qquad (33)$$

Tabelle 5 enthält Richtwerte für g–Werte verschiedener Verglasungsarten.

5.4.2 Solare Wärmegewinne über Außenbauteile

Die mittleren monatlichen solaren Wärmegewinne $\Phi_{S,M}$ über transparente Außenbauteile $\Phi_{S,tr,M}$, opake Außenbauteile $\Phi_{S,o,M}$ oder unbeheizte Glasvorbauten $\Phi_{S,Gv,M}$ werden wie folgt ermittelt:

$$\Phi_{S,M} = \Phi_{S,tr,M} + \Phi_{S,o,M} + \Phi_{S,Gv,M} \qquad (34)$$

5.4.2.1 Solare Wärmegewinne über transparente Bauteile, die an die Außenluft grenzen

Die mittleren monatlichen solaren Wärmegewinne über transparente Bauteile, die an die Außenluft grenzen $\Phi_{S,tr,M}$ werden wie folgt ermittelt:

$$\Phi_{S,tr,M} = \sum_{J(\text{Orientierung})} I_{S,M,J} \cdot \left(\sum_{i(\text{Bauteil})} z_i \cdot f_{V,i} \cdot g_{eff,i} \cdot A_i\right) \qquad (35)$$

Minderungsfaktor von Sonnenschutzeinrichtungen z_i sind in den Tabellen 6 und 7 angegeben. Bei mehreren Einrichtungen an einem Bauteil ist für z_i das Produkt der Einzelwerte anzusetzen.

Die Strahlungsintensitäten $I_{S,M}$ sind in Abhängigkeit der Orientierungen eines Bauteils und seiner Neigungen gegen die Horizontale für eine typische Region in der Bundesrepublik Deutschland in Anhang A Tabelle A.1 dargestellt. Dabei ist unter der Orientierung eine Abweichung der Senkrechten auf die betrachtete Bauteilfläche von nicht mehr als 22,5 Grad von der jeweiligen Himmelsrichtung zu verstehen. In den Grenzfällen ist jeweils der kleinere Wert zu verwenden.

5.4.2.2 Solare Wärmegewinne über unbeheizten Glasvorbau

Wird ein Glasvorbau beheizt und ist eine wärmetechnisch wirksame Trennfläche zwischen Kernhaus und Glasvorbau vorhanden, ist er als Teil des beheizten Volumens zu betrachten. Die solaren Gewinne sind nach Gleichung (35) zu ermitteln.

Beim nicht beheizten Glasvorbau werden die über den jeweiligen Monat gemittelten solaren Wärmegewinne $\Phi_{S,Gv,M}$ des Kernhauses, die über den Glasvorbau erzielt werden, wie folgt berechnet:

$$\Phi_{S,Gv,M} = \Phi_{S,Gv,d,M} + r_G \cdot \Phi_{S,Gv,id,M} \qquad (36)$$

Der Reduktionsfaktor r_G wird für einen unbeheizten Glasvorbau analog zu Gleichung (14) wie folgt ermittelt:

$$r_G = H_{i,Gv} / (H_{Gv} + H_{i,Gv,a}) \qquad (37)$$

Dabei ist $H_{Gv,a}$ der temperaturspezifische Wärmeverlust des unbeheizten Glasvorbaus nach außen und $H_{i,Gv}$ der temperaturspezifische Wärmeverlust des Kernhauses in den unbeheizten Glasvorbau:

$$H_{i,Gv} = A_{F,K} \cdot k_{F,K} + A_{W,K} \cdot k_{W,K} + n_{i,Gv} \cdot V_K \cdot \rho_L \cdot c_{pL} \qquad (38)$$

$$H_{Gv,a} = \sum_{I(\text{Baut. Gv})} (A_{Gv,I} \cdot k_{Gv,I}) + n_{Gv,a} \cdot V_{Gv} \cdot \rho_L \cdot c_{pL} \qquad (39)$$

Sofern keine genaueren Angaben vorliegen, ist

$n_{i,Gv} = 0{,}3\ \text{h}^{-1}$ und $n_{Gv,a} = 1{,}0\ \text{h}^{-1}$ zu setzen.

Für den Monat M ist der direkte solare Wärmegewinn des Kernhauses über den unbeheizten Wintergarten $\Phi_{S,Gv,d,M}$ und der indirekte Gewinn des Kernhauses über den unbeheizten Wintergarten $\Phi_{S,Gv,id,M}$ wie folgt zu ermitteln:

$$\Phi_{S,Gv,id,M} = I_{S,M,J} \cdot z_s \cdot z_{Gv} \cdot f_{V,Gv} \cdot g_{Gv} \cdot (z_K \cdot f_{V,K} \cdot g_K \cdot A_{F,K} + a_{W,K} \cdot A_{W,K} \cdot k_{W,K} \cdot R_i) \qquad (40)$$

$$\Phi_{S,Gv,id,M} = z_s \cdot z_{Gv} \cdot f_{V,Gv} \cdot g_{Gv} \cdot \left[\sum_{L(\text{Baut.Gv})} (I_{S,M,I} \cdot A_{Gv,I} \cdot a_{Gv,I}) - a_{W,K} \cdot I_{S,M,J} \cdot A_{W,K} \cdot k_{W,K} \cdot R_i\right] \qquad (41)$$

Mit $I_{S,M,J}$ als mittlere monatliche Strahlungsintensität der Orientierung (j), der Trennwand zwischen unbeheiztem Glasvorbau und dem Kernhaus sowie $I_{S,M,I}$ als mittlere Strahlungsintensität auf absorbierende Bauteile (i) im unbeheizten Glasvorbau.

R_i ist gleich 0,13 m²K/W zu setzen.

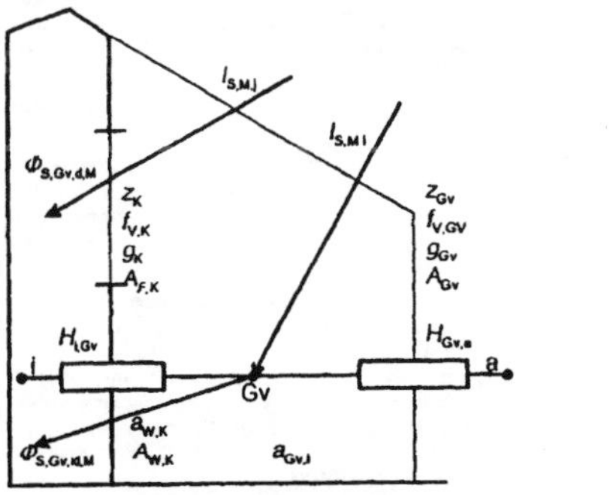

Bild 1. Schematische Darstellung des Glasvorbaus zur Erläuterung der Gleichungen (36) bis (41)

Dabei steht der Index K für die Trennfläche zwischen Kernhaus und Glasvorbau und der Index Gv für die Flächen des Glasvorbaus gegen Außenluft. Die Faktoren z und f stehen für die Verschattung bzw. die Rahmenanteile. Der Faktor $a_{Gv,i}$ ist der mittlere Strahlungsabsorptionsgrad des Fußbodens im Glasvorbau und weiterer nicht–transparenter Bauteile im Inneren des Glasvorbaus (siehe Tabelle 8). Die Werte der durchschnittlichen monatlichen Strahlungsintensitäten $I_{S,M,J}$ sind, in Abhängigkeit der Himmelsrichtung und der Neigung, dem Anhang A zu entnehmen.

5.4.2.3 Solare Wärmegewinne über nicht–transparente Bauteile gegen Außenluft

Die Solarwärmegewinne durch nicht–transparente (opake) Bauteile werden mit dem äquivalenten g–Wert nach der folgenden Gleichung ermittelt:

$$\Phi_{S,o,M} = \sum_J I_{S,M,J} \cdot \left[\sum_I z_i \cdot (1 - f_{R,i}) \cdot g_{eq,i} \cdot A_i\right]_J - \Phi_\varepsilon \qquad (42)$$

Für rein opake Bauteile gilt:

$$g_{eq,i} = a_{o,i} \cdot k_i \cdot R_a \qquad (43)$$

Für opake Bauteile mit transparenter Wärmedämmung gilt:

$$g_{eq,i} = a_{o,i} \cdot g_{TWD,i} \cdot k_{e,TWD} \cdot (R_{TWD,i} + R_a) \qquad (44)$$

Dabei wird die Auswirkung der zeitlich verzögerten Wärmegewinne durch transparente Wärmedämmsysteme auf den solaren Ausnutzungsgrad nach E DIN EN 832 vernachlässigt.

Langwellige Abstrahlung:
Wenn der langwellige Abstrahlungseffekt berücksichtigt werden soll, kann dieser nach Gleichung (45) ermittelt werden:

$$\Phi_\varepsilon = \sum_i (k_i \cdot R_a \cdot A_i \cdot F_{H,i} \cdot \alpha_{\varepsilon i} \cdot \Delta\vartheta_\varepsilon) \qquad (45)$$

Dabei ist:
$F_{H,i} = 1$ bei horizontalen und flach geneigten Bauteilen
$F_{H,i} = 0{,}5$ bei senkrechten und steil geneigten Bauteilen

Wenn keine näheren Angaben über Oberflächentemperaturen und Gegenstrahlungstemperaturen vorliegen, können für den äußeren Strahlungskoeffizienten $\alpha_{\varepsilon i}$ und $\Delta\vartheta_\varepsilon$ folgende Werte angesetzt werden:

$\alpha_{\varepsilon i} = 5 \cdot \varepsilon_i$ in W/(m²K)
$\Delta\vartheta_\varepsilon = 10$ K (gültig in Mitteleuropa)

Wärmeschutz

A 001.05.04

Berechnung Jahresheizwärmebedarf nach DIN 4108 Teil 6

5.4.3 Sonnenminderungsfaktoren

Permanente Verschattungen infolge Nachbarbebauung, Horizontalverschattung (Berge) oder vorspringende Fassadenteile können die solaren Gewinne eines Gebäudes deutlich vermingern und sind daher im Gegensatz zur nichtpermanenten Verschattung zu berücksichtigen. Diese Minderung hängt allerdings vom Sonnenstand und der Häufigkeit der direkten Einstrahlung ab und kann nur mit relativ großem Aufwand ermittelt werden. Liegen keine genaueren Werte vor, sind für horizontale und vertikale permanente Verschattungselemente Pauschalwerte nach Tabelle 7 zu verwenden, sofern ein Schattenwurf auf die betrachtete Fläche in den Heizmonaten möglich ist. Sonnenschutzelemente, wie Jalousien, Markisen oder Vorhänge, müssen dann berücksichtigt werden, wenn ihr Einsatz zu erwarten ist. Wenn keine genaueren Werte für bestimmte Elemente vorliegen, kann von Werten nach Tabelle 7 ausgegangen werden.

5.4.4 Rahmenanteile

Rahmenanteile an transparenten Bauteilen und bei transparenter Wärmedämmung können in Einzelfällen stark variieren und damit zu unterschiedlichen strahlungsabweisenden Effekten führen. Liegen keine konkreten Angaben vor, ist von einem Rahmenanteil von 30 % auszugehen, so dass $f_{V,i}$ = 0,7 zu setzen ist.

5.5 Nutzungsgrade solarer und interner Wärmegewinne

Der Nutzungsgrad η hängt in starkem Maß vom Verhältnis der Wärmegewinne zu den Wärmeverlusten des Gebäudes ab. Ein wesentlicher Parameter für den Nutzungsgrad ist die zuässige Überheizung über die Sollwert–Innentemperatur und die wirksame Speicherfähigkeit des Gebäudes. Der Einfluss der Gebäudegröße kann im vorliegenden Rechenverfahren vernachlässigt werden.

5.5.1 Thermische Zeitkonstante

Wärmespeichereinflüsse können in Bezug auf die Nutzung solarer Energie nur bis zu einer bestimmten Schichtdicke berücksichtigt werden, da beispielsweise Wärmedämmschichten dahinterliegende Speichermassen abschotten. In die Berechnung des Nutzungsgrades η geht daher nicht das gesamte Wärmespeichervermögen eines Bauteils ein,sondern nur die wirksame Speicherfähigkeit C_{wirk}.

$$C_{wirk} = \sum_i (c_i \cdot \rho_i \cdot d_i \cdot A_i) \tag{46}$$

Die Summation erfolgt über alle Teilflächen i des Gebäudes, die mit der Raumluft in Berührung kommen, wobei nur die wirksamen Schichtdicken d_i berücksichtigt werden. Zur Bestimmung der wirksamen Schichtdicken gelten folgende Regelungen:

- bei Schichten mit einer Wärmeleitfähigkeit λ_i ≥ 0,1 W/(mK) die beidseitig an die Raumluft grenzen, ist die halbe Bauteildicke anzusetzen; dabei gilt $d_{i,max}$ = 0,10 m.
- Schichtdicken bis 0,1 m, die raumseitig vor Wärmedammschichten liegen (z.B. Estrich auf Dämmschicht). Als Dämmschichten gelten Baustoffe mit Wärmeleitfähigkeiten λ_i < 0,1 W/(mK) und einem Wärmedurchlasswiderstand R_i ≥ 0,25 m²K/W.

Die Auswirkungen der Wärmespeicherfähigkeit auf die Ausnutzbarkeit der solaren und internen Wärmegewinne werden durch die thermische Zeitkonstante τ des Gebäudes beschrieben:

$$\tau = \frac{C_{wirk}}{H} \tag{47}$$

wobei C_{wirk} die wirksame Wärmespeicherfähigkeit nach Gleichung (46) und H den temperaturspezifischen Wärmeverlust nach Gleichung (4) darstellt.

Bei vereinfachten Rechnungen können für C_{wirk} folgende Werte angenommen werden:

Für leichte Gebäude: $C_{wirk} = 15 \frac{\text{Wh}}{\text{m}^3\text{K}} \cdot V$

für schwere Gebäude: $C_{wirk} = 60 \frac{\text{Wh}}{\text{m}^3\text{K}} \cdot V$

Als leichte Gebäude können eingestuft werden:

- Gebäude in Holztafelbauart ohne massive Innenbauteile.
- Gebäude mit abgehängten Decken und überwiegend leichten Trennwänden.
- Gebäude mit hohen Räumen (Turnhallen, Museen, usw.).

Als schwere Gebäude können eingestuft werden:

- Gebäude mit massiven Innen– und Außenbauteilen.

5.5.2 Näherungsfunktion für den Nutzungsgrad

Unter Zugrundelegung von 2 K zulässiger Überheizung ist der Nutzungsgrad nach den folgenden Gleichungen näherungsweise zu bestimmen:

$$\eta = \frac{1-(Q_{G,M}/Q_{V,M})^{b}}{1-(Q_{G,M}/Q_{V,M})^{b+1}} \quad \text{bei } Q_{G,M}/Q_{V,M} \neq 1 \tag{48}$$

$$\eta = \frac{b}{b+1} \quad \text{bei } Q_{G,M}/Q_{V,M} = 1 \tag{49}$$

Der Nutzungsgrad–Parameter b hängt von der thermischen Gebäude–Zeitkonstanten ab, die ein Maß ist für die Wirksamkeit der thermischen Speichermassen eines Gebaudes. Bei monatlicher Bilanzierung gilt:

$$b_M = 1 + \tau / \tau_{0,M} \tag{50}$$

mit der Bezugszeitkonstante $\tau_{0,M}$ = 16 h

Bei Bilanzierung der Heizperiode ergibt sich für b_{HP} und $\tau_{0,HP}$:

$$b_{HP} = 0{,}8 + \tau / \tau_{0,HP} \tag{51}$$

mit der Bezugszeitkonstanten $\tau_{0,HP}$ = 28 h

Bei der Berechnung nach dem Jahresbilanzverfahren kann b_a = b_{HP} gesetzt werden.

5.6 Nachtabsenkung und Heizunterbrechung

Durch Nachtabschaltung der Heizung bzw. durch reduzierten Nachtheizbetrieb (Nachtabsenkung) wird die Raumlufttemperatur eines Gebäudes vermindert. Bei gut wärmegedämmten Gebäuden sind die energetischen Auswirkungen infolge Nachtabsenkung bzw. Nachtabschaltung gering (siehe E DIN EN 832) und konnen daher vernachlässigt werden.

6 Ermittlung der Einzelgrößen für das Jahres– bzw. das Heizperiodenbilanzverfahren

Im folgenden wird die Berechnung nach dem Jahresbilanzverfahren dargestellt, d.h. die verwendete Heizzeit schließt auch die sommerlichen Heiztage in den Berechnungszeitraum mit ein. Die hierfür erforderlichen Parameter werden mit dem Index a gekennzeichnet.

Der Berechnungsgang zur Ermittlung der Heizperiodenbilanz erfolgt analog dem des Jahresbilanzverfahrens. Es müssen in diesem Fall jedoch die dazugehörigen, d.h. die auf die Heizperiode ohne sommerliche Heiztage abgestimmten Parameter verwendet werden. Diese Größen werden mit dem Index HP gekennzeichnet.

6.1 Transmissionswärmeverluste

Der temperaturspezifische Transmissionswärmeverlust H_T eines Gebäudes wird, ohne die Berücksichtigung von Wärmebrückeneffekten, wie folgt berechnet:

$$H_T = \sum_i (r_i \cdot k_i \cdot A_i) + \Delta H_{T,FH} \tag{52}$$

Die Wärmedurchgangskoeffizienten (k–Werte) der Bauteile j sind nach DIN 4108–5 zu ermitteln. Die Temperatur–Reduktionsfaktoren r_i sind Tabelle 1 zu entnehmen. Die Flächen A_i sind anhand der Außenmaße der Bauteile zu bestimmen.

Die Transmissionswärmeverluste von Flächenheizungen $\Delta H_{T,FH}$ werden nach Abschnitt 5.1.3 berechnet.

6.2 Lüftungswärmeverluste

Die Lüftungswärmeverluste werden, wie im Monatsbilanzverfahren, nach Gleichung (28) ermittelt:

$$H_L = \rho_L \cdot c_{pL} \cdot n \cdot V_N = 0{,}34 \frac{\text{Wh}}{\text{m}^3\text{K}} \cdot n \cdot V_N \tag{28}$$

Die Werte ρ und c variieren geringfügig in Abhängigkeit von Temperatur und Druck; dieser Einfluss wird jedoch nicht berücksichtigt.

Näherungsweise kann das Netto–Volumen V_N an Hand des über Außenmaße berechneten Brutto–Volumens wie folgt ermittelt werden:

$$V_N = 0{,}8 \cdot V \tag{29}$$

Sofern keine genaueren Angaben über den Luftwechsel vorliegen, ist ein 0,8–facher Standard–Luftwechsel anzusetzen:

n_S = 0,8 h⁻¹

Ist eine Be– und Entlüftungsanlage mit und ohne Wärmerückgewinnung (Wärmerückgewinnungsgrad ξ) im Gebäude vorgesehen, darf Gleichung (53) analog zu Gleichung (30) wie folgt geschrieben werden:

$$n = \mathring{V}_{ab} / V_N \cdot (1-\xi) + n_z \tag{53}$$

Dabei liegt der Term $\mathring{V}_{ab}$ / V_N nach Gleichung (53) in einem Bereich von 0,5 h^{-1} bis 0,9 h^{-1}. n_Z berücksichtigt die zusätzliche Lüftungsrate infolge Wind und Auftrieb bei Betrieb der Lüftungsanlage. Liegen keine besonderen Meßwerte vor, ist n_z = 0,2 h^{-1} und ξ = 0,6 zu setzen.

6.3 Interne Wärmegewinne

Die internen Brutto–Wärmegewinne werden aus den volumenbezogenen, interne Brutto–Wärmegewinne der Heizperiode nach Tabelle 42 und dem Bruttovolumen wie folgt ermittelt:

$$Q_{i,a} = Q_{i,Vol,a} \cdot V \tag{54}$$

6.4 Solare Wärmegewinne

6.4.1 Strahlungsangebot

Solarwärmegewinne tragen wesentlich zur Reduzierung des Heizwärmebedarfs bei. Dabei sind folgende Einflussfaktoren zu berücksichtigen:

- Die durchschnittliche solare Einstrahlung auf Bauteiloberflächen in Abhängigkeit von deren Orientierung und Neigung (Anhang A, Tabelle A.1),
- die Gesamtenergiedurchlassgrade transparenter Bauteile (Tabelle 5),
- Verschattungs– und Sonnenschutzfaktoren (Tabelle 6 und 7).

In Anhang A Tabelle A.1 sind, für einen repräsentativen Ort in der Bundesrepublik Deutschland, die Strahlungsintensitäten $I_{S,a}$ und $I_{S,HP}$ aufgeführt, wobei sowohl Werte für die Jahresheizzeit (einschließlich sommerlicher Heiztage) als auch für die Heizperiode (ohne sommerliche Heiztage) angegeben werden.

Unter der Orientierung ist die Abweichung der Senkrechten auf die betrachtete Bauteilfläche von nicht mehr als 22,5 Grad von der jeweiligen Himmelsrichtung zu verstehen. In den Grenzfällen ist jeweils der kleinere Wert zu verwenden.

6.4.2 Gesamtenergiedurchlassgrad

Im Jahres– bzw. Heizperiodenbilanzverfahren sind g_{eff}–Werte zu verwenden. Diese werden näherungsweise wie folgt berechnet:

$$g_{eff} = z_s \cdot g_i \text{ mit } z_s = 0{,}85 \tag{55}$$

Werte für den Gesamtenergiedurchlassgrad g von Verglasungen können Tabelle 5 entnommen werden. Gültigkeit besitzen auch g–Werte, die nach DIN 67507 ermittelt wurden.

6.4.3 Minderungsfaktoren infolge Verschattung, Sonnenschutz und Rahmenanteilen

Sofern keine genaueren Angaben gemacht werden können, gilt für die Minderungsfaktoren aus Sonnenschutz und permanenter Verschattung z_i:

z_i = 0,9

Aus dem Rahmenanteil von 30 % ergibt sich $f_{V,i}$:

$f_{V,i}$ = 0,7

6.5 Nutzungsgrad der Wärmegewinne

Der Nutzungsgrad der internen und solaren Wärmegewinne hängt von der wirksamen Wärmespeicherfähigkeit eines Gebäudes ab (s.a. Abschnitt 5.5). Im Jahresbilanz– und Heizperiodenbilanzverfahren kann der Nutzungsgrad mit ausreichender Genauigkeit wie folgt abgeschätzt werden:

η_a = 0,85

Für Gebäude mit einer hohen raumseitig wirksamen Wärmespeicherfähigkeit kann nach Abschnitt 5.5 ein genauerer Wert η_a ermittelt werden.

6.6 Teilbeheizung und Nachtabsenkung

Zur Berücksichtigung nicht im einzelnen nachzuweisender Effekte wie z.B. Teilbeheizung, Nachtabsenkung oder Heizunterbrechung kann bei den Wärmeverlusten (Transmissions– und Lüftungswärmeverluste) ein Reduktionsfaktor r_T in Ansatz gebracht werden. Der Heizwärmebedarf Q_H eines Gebäudes errechnet sich dann nach Gleichung (56):

$$Q_H = r_T \cdot Q_{V,a} - \eta_a (Q_{i,a} + Q_{s,a}) \tag{56}$$

Hierbei ist zu berücksichtigen, dass dieser Ansatz nicht der Vorgehensweise nach E DIN EN 832 entspricht und daher nur für Überschlagsrechnungen oder beim Nachweis von Anforderungen an den Heizwärmebedarf von Gebäuden verwendet werden sollte. In solchen Fällen kann der Reduktionsfaktor mit ausreichender Genauigkeit

r_T = 0,9

gesetzt werden.

6.7 Heizgradtagzahl

Die Heizgradtagzahl Gt_x hängt nicht nur von der Differenz der mittleren Innen– und Außenlufttemperatur ab, sondern auch vom gebäudespezifischen Heizwärmebedarfsniveau. Man spricht daher im Unterschied zur Standard–Heizgradtagzahl auch von einer Gebäude–Heizgradtagzahl.

Soll in einer genaueren Berechnung der gebäudespezifische Einfluss berücksichtigt werden, sind die Gleichungen (57) und (58) anzuwenden:

$$Gt_x = \sum_{\text{Monate}} (\vartheta_i - \vartheta_{a,M}) \cdot t_M \tag{57}$$

mit

$$\vartheta_{x,M} = \vartheta_i - \frac{\Phi_{i,M} + \Phi_{S,M}}{H_T + H_L} \tag{58}$$

Dabei ist Gt_x aus der Summe der Monate $\vartheta_{a,M} < \vartheta_{x,M}$ zu bilden. Zur Berechnung des Heizwärmebedarfs nach dem Jahresbilanzverfahren – unter Einbeziehung der sommerlichen Heiztage – enthält Tabelle 9 auf ein mittleres Klima in der Bundesrepublik Deutschland bezogene Angaben für (Standard–) Heizgradtagzahlen in Abhängigkeit der Heizgrenztemperatur. Für eine Heizgrenztemperatur von ϑ_x = 12 °C ist demgemäß folgende (Standard–) Heizgradtagzahl anzusetzen:

$Gt_{12,a}$ = 3500 Kd

Soll der Heizwärmebedarf der Heizperiode, d.h. ohne die Berücksichtigung der sommerlichen Heiztage ermittelt werden, ist für das mittlere Klima der Bundesrepublik bei einer Heizgrenztemperatur von ϑ_x = 12 °C, folgende Heizgradtagzahl zu verwenden:

$Gt_{12,HP}$ = 3400 Kd

Berechnung Jahresheizwärmebedarf nach DIN 4108 Teil 6

7 Bericht

Der Bericht über die Berechnung des Heizwärmebedarfs muss mindestens folgende Angaben enthalten:

a) Temperaturzonen (Anzahl und jeweilige Solltemperatur)
b) Systemgrenze (Skizze)
c) Orientierung des Gebäudes (Lageskizze)
d) Interne Wärmegewinne
e) durchschnittlicher Luftwechsel
f) Wärmerückgewinnungsgrad
g) Meteorologische Daten (Bezugsort)
h) Angabe von Flächen, Wärmedurchgangskoeffizienten und Reduktionsfaktoren der wärmeübertragenden Bauteile
i) Berücksichtigung von Wärmebrücken: j/n, falls j: außen- oder innenmaßbezogen
j) Sonnenminderungsfaktoren
k) Rahmenteile
l) Temperatur–Reduktionsfaktoren von Flächen, die an das Erdreich angrenzen (pauschal oder berechnet)
m) Angaben über die Berücksichtigung der Strahlungsabsorption
n) Angaben über die Berücksichtigung der langwelligen Emission.

Tabelle 1: Rechenwerte der Temperatur–Reduktionsfaktoren von Bauteilen

Wärmestrom nach außen über	Temperaturbezogener Reduktionsfaktor r
Außenwand	1,0
Dach	1,0; 0,8 [1]
Dachgeschossdecke (Dachraum nicht ausgebaut)	0,8
Abseitenwand (Drempel)	0,8
Wände zu unbeheizten Räumen	0,5
Wände und Fenster zu unbeheiztem Glasvorbau bei einer Verglasung des Glasvorbaus aus:	
– Einfachverglasung	0,7
– Zweischeibenverglasung	0,6
– Wärmeschutzverglasung	0,5
Kellerdecke (Decke gegen unbeheizten Keller)	
– bei Kellerwänden mit $k \geq 0,6$ W/(m² · K)	0,5
– bei Kellerwänden mit $k < 0,6$ W/(m² · K)	0,4
Erdberührte Wände beheizter Räume ohne drückendes Wasser von außen nach DIN 18195–4 und DIN 18195–5, mit h_K der Kellerwand (h_K ist der Abstand der Unterkante des Kellerfußbodens unter Oberkante Erdreich):	
– $h_K \leq 3$ m	0,5
– $h_K > 3$ m	0,4
Erdberührte Böden beheizter Räume ohne drückendes Waser von außen nach DIN 18195–4 und DIN 18195–5	
– mit einem Wärmedurchgangskoeffizienten $k_G \leq 0,93$ W/(m² · K)	0,5
– mit einem Wärmedurchgangskoeffizienten [2] $k_G > 0,93$ W/(m² · K) und	
• $A_G \leq 100$ m²	0,5
• $100 < A_G < 8000$ m²	$2,3 / \sqrt[3]{A_G}$ mit A_G in m²
• $A_G > 8000$ m²	0,12
Erdberührte Böden beheizter Räume ohne drückendes Waser von außen nach DIN 18195–4 und DIN 18195–5, mit einer Grundfläche (Außenmaße):	
$A_G < 100$ m²	0,5
$100 \leq A_G \leq 1000$ m²	0,3
$A_G > 1000$ m²	0,2
Erdberührte Wände und Böden beheizter Räume mit drückendem Wasser von außen nach DIN 18195–6	0,6

[1] Dieser Wert ist beim Jahresbilanzverfahren anzusetzen.

[2] Für die weitere Berechnung ist ein Wärmedurchgangskoeffizient der erdberührten Bodenplatte von $k_G = 2,0$ W/(m² · K) zu verwenden.

Tabelle 2: Windschutzkoeffizient für unterschiedliche Lagen eines Gebäudes

Windschutz	Windschutzkoeffizient
freie Lage	0,10
halbfreie Lage	0,07
geschützte Lage	0,04

Tabelle 3: Richtwerte für die Dichtheit von Gebäuden bei einem Drucktest mit 50 Pa Druckdifferenz

Dichtheit des Gebäudes	Mehrfamilienwohnhaus n_{50} h^{-1}	Einfamilienwohnhaus n_{50} h^{-1}
sehr dicht	0,5 bis 2,0	1,0 bis 3,0
mittel dicht	2,0 bis 4,0	3,0 bis 8,0
wenig dicht	4,0 bis 10,0	8,0 bis 20,0

Tabelle 4.1: Richtwerte für interne Brutto–Wärmegewinne verschiedener Wärmequellen in Wohngebäuden bzw. für verschiedene Nutzungsarten

Wärmequelle	Durchschnittliche Wärmeleistung W
Personen (Np = Anzahl)	65 Np
Warmwasser	25 + 15 Np
Kochen	110
Technische Geräte:	
– Fernsehapparat	35
– Kühlschrank	40
– Wasserkocher	20
– Gefriertruhe	90
– Waschmaschine	10
– Geschirrspüler	20
– Wäschetrockner	20
Beleuchtung bei Wohneinheiten:	
– 50 bis 100 m²	30
– > 100 m²	45

Tabelle 4.2: Standardwerte für Brutto–Wärmegewinne

Nutzungsart	Durchschnittliche interne Brutto–Wärmegewinne $q_{i,Vol}$ je m³ Bruttogebäudevolumen und		
	Monat W/m³	Heizperiode Oktober – April kWh/(m³ · HP)	Jahr kWh/(m³ · a)
Wohngebäude	1,75	8,90	9,40
Verwaltungsgebäude	2,20	11,20	11,80

Tabelle 5: Richtwerte für den Gesamtenergiedurchlassgrad transparenter Bauteile

Verglasungen	g
Einfachverglasung	0,87
Doppelverglasung	0,76
Wärmeschutzverglasung (doppelverglast mit selektiver Beschichtung)	0,60 bis 0,70
Dreifachverglasung normal	0,60 bis 0,70
Dreifachverglasung (mit 2–fach selektiver Beschichtung)	0,50
Sonnenschutzverglasung	0,20 bis 0,50

Materialien der transparenten Wärmedämmung (TWD) [1]	Dicke mm	g
Acrylglasschaum	50	0,30
Polycarbonat–Kapillaren	50	0,60
Polycarbonat–Waben	100	0,80

[1] Die g–Werte für TWD–Materialien gelten einschließlich Deckschichten

Tabelle 6. Sonnenminderungsfaktoren durch vorspringende Bauteile (z.B. Balkonplatten, Vordächer oder seitliche Wandvorsprünge)

Vorsprung–Tiefe d	Sonnenminderungsfaktor				
	Horizontaler und vertikaler Vorsprung und Orientierung	Nur horizontaler Vorsprung W_1 / W_2			
	Fassadenorientierung von West nach Ost über				
m	Süd	Nord	< 0,6	0,6 – 0,8	> 0,8
< 1,0	0,5	0,4	0,9	0,8	0,7
1,0 bis 1,5	0,4	0,3	0,8	0,7	0,6
1,5 bis 2,0	0,4	0,3	0,7	0,6	0,5
2,0 bis 3,0	0,3	0,2	0,6	0,5	0,4
> 3,0	0,2	0,1	0,5	0,4	0,3

Bild 2: Horizontale und vertikale Vorsprünge

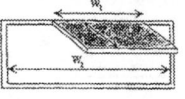

Bild 3: Nur horizontale Vorsprünge

Tabelle 7: Richtwerte für Sonnenminderungsfaktoren infolge Sonnenschutzvorrichtungen

Sonnenschutzvorrichtung (Absorptionsgrad a)	Transmission	Sonnenminderungsfaktor Lage der Sonnenschutzvorrichtung	
		raumseitig	außenseitig
helle Jalousie ($a = 0,1$)	5	0,75	0,90
	10	0,70	0,85
	30	0,55	0,65
helle Vorhänge ($a = 0,1$)	50	0,35	0,45
	70	0,20	0,25
	90	0,05	0,05
farbige Textilien ($a = 0,3$)	10	0,58	0,83
	30	0,43	0,63
	50	0,23	0,43
aluminierte Textilien ($a = 0,2$)	5	0,80	0,92

Tabelle 8: Richtwerte für den Strahlungsabsorptionsgrad a verschiedener Oberflächen im energetisch wirksamen Spektrum des Sonnenlichts

Oberfläche	Strahlungsabsorptionsgrad a
Verputzte Oberflächen:	
– heller Anstrich	0,4
– gedeckter Anstrich	0,6
– dunkler Anstrich	0,8
Klinkermauerwerk	0,8
helles Sichtmauerwerk	0,5
Dächer:	
– ziegelrot	0,5
– dunkle Oberfläche	0,8
– Metall	0,2
– Bitumenpappe	0,4

Tabelle 9: Repräsentative Heizgrenztemperatur, Standard–Heizperiode und Standard–Heizgradzahl einschließlich sommerlicher Heiztage in Abhängigkeit des Wärmebedarfsniveaus von Gebäuden

Wärmebedarfsniveau	0	1	2
Heizperioden–Kennwerte	Wärmeschutz–Verordnung 1984	Niedrigenergiehausniveau I Wärmeschutz–Verordnung 1985	Niedrigenergiehausniveau II
Heizgrenztemperatur °C	15	12	10
Standard–Heizperiode einschl. sommerlicher Heiztage d	280	224	193
Standard–Heizgradzahl Kd	3800	3500	3250

Berechnung Jahresheizwärmebedarf nach DIN 4108 Teil 6

Tabelle A.1: Repräsentative Mittelwerte der Strahlungsintensitäten und der Außenlufttemperaturen in der Bundesrepublik Deutschland

Anhang A: Meteorologische Daten

Orientierung	Monat / Neigung [ ]	Jan	Feb	Mrz	Apr	Mai	Jun	Jul	Aug	Sep	Okt	Nov	Dez	Heizperiode Okt-Apr 212 d kWh/m² HP	Jahr 223,6 d kWh/m² a
		Durchschnittliche monatliche Strahlungsintensität [W/m²]													
Horizontal	0	33	52	82	190	211	256	255	179	135	75	39	22	358	400
Süd	30	51	67	99	210	213	250	252	186	157	93	55	31	440	490
	45	57	71	101	205	200	231	235	178	157	97	59	34	453	500
	60	60	71	98	190	179	203	208	162	150	95	60	35	442	490
	90	56	61	80	137	119	130	135	112	115	81	54	33	365	400
SW/SO	30	45	62	93	203	211	248	251	183	149	87	49	28	411	460
	45	49	63	92	198	200	232	236	175	148	88	51	30	414	460
	60	49	62	88	185	182	208	213	161	140	85	51	30	399	440
	90	44	52	70	140	132	146	153	120	109	69	44	26	323	360
W/O	30	33	51	78	181	199	238	239	170	129	72	38	21	344	390
	45	32	49	74	172	187	221	224	160	123	69	37	20	328	370
	60	30	46	68	160	171	200	205	148	114	64	35	19	306	350
	90	25	37	53	125	131	150	156	115	90	51	28	15	242	270
NW/NO	30	22	39	63	151	180	222	220	150	105	57	28	16	273	310
	45	19	35	56	132	158	194	194	133	91	51	26	14	241	275
	60	18	32	49	116	139	168	170	118	81	46	23	13	215	250
	90	14	25	38	89	105	124	128	90	62	35	18	10	166	190
Nord	30	20	33	54	136	173	217	214	142	90	49	26	15	241	280
	45	18	31	47	101	143	184	180	115	66	45	24	14	203	230
	60	17	29	43	79	109	143	139	90	59	41	22	13	177	200
	90	14	23	34	64	81	99	100	70	48	33	18	10	142	160
Außenluft- temperatur		−1,3	0,6	4	9,5	12,9	15,7	18	18,3	14,4	9,1	4,7	1,3	4,0	4,5

Durchschnittliche Strahlungsintensitäten auf Flächen unterschiedlicher Orientierung und Neigung in der Bundesrepublik Deutschland nach Tabelle A.1 und skizzenhafte Darstellung verschiedener Regionen der Strahlungsintensität sowie Heizgradtagzahlen und Heizgrenztemperaturen repräsentativer Standorte nach Tabelle A.2

Tabelle A.2: Standortspezifische Heiztage t_a und Heizgrenztemperaturen Gt_x einschließlich sommerlicher Heiztage in Abhängigkeit von der Heizgrenztemperatur ϑ_x für repräsentative Standorte in der Bundesrepublik Deutschland. Die angegebenen Region–Nummern beziehen sich auf die Referenzregionen der durchschnittlichen Strahlungsintensität nach Bild 1.

Standort [1]	Region–Nr.	Heizgrenztemperatur °C					
		15		12		10	
		t_a d	Gt_{15} Kd	t_a d	Gt_{12} Kd	t_a d	Gt_{10} Kd
Aachen	7	280,5	3601	221,8	3227	184,6	2900
Berlin	5	264,5	3748	216,8	3445	189,8	3206
Braunlage	6	326,7	5040	285,3	4772	248,9	4449
Bremen	3	288,4	3868	229,5	3493	197,6	3211
Bremerhaven	1	287,3	3814	226,7	3430	196,5	3164
Chemnitz	8	295,1	4287	243,5	3957	210,0	3659
Cottbus	5	271,2	3904	223,9	3603	195,1	3351
Dresden	8	274,8	3898	224,4	3576	194,7	3315
Düsseldorf	7	265,9	3397	210,7	3043	178,9	2763
Erfurt	6	294,3	4273	240,4	3928	209,2	3652
Essen	7	280,7	3661	222,5	3287	188,2	2984
Frankfurt/M.	9	265,6	3640	215,2	3322	187,8	3080
Freiburg i.Br.	12	249,1	3309	199,6	2996	169,3	2729
Fulda	9	296,9	4211	244,3	3874	209,7	3568
Garmisch–Part.	14	307,0	4701	259,0	4395	226,2	4104
Görlitz	8	285,1	4164	234,3	3839	204,9	3579
Hamburg	3	293,3	3982	234,7	3612	201,7	3322
Hannover	4	287,0	3909	229,4	3543	197,4	3260
Hof	10	314,7	4856	269,6	4564	234,7	4256
Husum	1	310,3	4230	240,0	3781	208,0	3495
Kassel	4	282,5	3896	227,3	3544	196,8	3273
Kiel	2	299,5	4044	239,4	3660	205,5	3359
Köln	7	273,5	3585	218,8	3239	185,8	2948
Leipzig	6	274,4	3854	222,4	3524	192,9	3265
Magdeburg	5	281,4	3952	227,4	3610	197,7	3348
Mannheim	9	254,6	3436	206,3	3130	179,1	2890
Marienberg, Bad	9	316,4	4703	268,7	4393	232,9	4074
München	13	288,1	4246	223,9	3939	191,1	3654
Münster	3	282,7	3696	240,1	3321	207,9	3032
Nürnberg	11	276,2	3983	229,1	3685	198,9	3421
Passau	13	284,4	4249	236,6	3942	205,0	3663
Regensburg	11	280,6	4183	233,8	3884	202,4	3606
Saarbrücken	9	282,5	3896	230,9	3565	198,0	3275
Schwerin	4	293,0	4093	234,7	3722	205,7	3464
Stuttgart	12	278,6	3938	228,4	3618	197,4	3344
Ückermünde	2	287,4	4135	235,5	3807	208,5	3570
Ulm	13	290,7	4308	243,1	4004	210,9	3720
Warnemünde	2	292,7	4030	234,4	3664	205,8	3408
Wittenberg	5	277,7	3980	227,0	3657	198,7	3409
Würzburg	11	274,1	3861	222,8	3535	193,1	3272

[1] Die aufgeführten Standorte stellen nur eine repräsentative Auswahl dar.

Quelle: Deutscher Wetterdienst

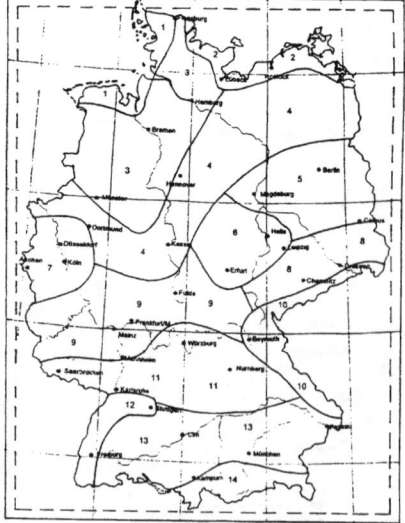

Bild 1: Skizzenhafte Darstellung von Referenzregionen der durchschnittlichen Strahlungsintensitäten in der Bundesrepublik Deutschland.

Quelle: Deutscher Wetterdienst

Berechnung Jahresheizwärmebedarf nach DIN 4108 Teil 6

Beispiel B.1: Monatsbilanzverfahren

Tabelle B.1.1: Spezifische Wärmeverluste des Gebäudes

Spezifischer Transmissionswärmeverluste H_T

Bauteil	Fläche A m²	k–Wert k W/(m²K)	Temperatur–Reduktionsfaktor r	H_T W/K
Außenwand (Nord)	98,0	0,51	1,0	50,0
Außenwand (Süd)	123,0	0,51	1,0	62,7
Außenwand (Ost/West)	190,0	0,51	1,0	96,9
Dach (Nord)	70,5	0,27	1,0	19,0
Dach (Süd)	57,0	0,27	1,0	15,4
Kellerdecke	310,0	0,29	0,4	36,0
Dachgeschossdecke	242,0	0,20	0,8	38,7
Fenster (Nord)	36,0	2,00	1,0	72,0
Fenster (Süd)	60,0	2,00	1,0	120,0
Fenster (Ost/West)	43,5	2,00	1,0	87,0
Dachfenster (Nord)	6,0	2,00	1,0	12,0
Dachfenster (Süd)	3,0	2,00	1,0	6,0
Treppenhausfenster	22,5	2,60	1,0	58,5
Treppenhaustüre	4,0	2,60	1,0	10,4

Lineare Wärmebrücken	Länge	Verlustkoeffizient		
j	l_{WB} m	Ψ_l W/(mK)		
	75,0	0,10	1,0	7,5

Spezifischer Transmissionswärmeverlust H_T in W/K:

Spezifische Lüftungswärmeverluste H_L
(Lüftungsanlage mit Wärmerückgewinnung)

Brutto–Raumvolumen V in m³:	2513,0
Netto–Raumvolumen V_N in m³:	2010,4

Anlagenparameter:

$V_{ab} - V_N$:	2010,4 in m³
Wärmerückgewinnungsgrad ξ:	0,6
Zusätzlicher Luftwechsel n_z:	0,2 in l/h
Luftwechsel n:	0,6 in l/h

Spezifischer Lüftungswärmeverlust H_L in W/K:

Spezifischer Gesamtwärmeverlust H in W/K:

Anhang B: Berechnungsbeispiel

Der Heizwärmebedarf eines Personalwohnheimes soll für den Standort Würzburg beispielhaft berechnet werden.

Die Bilder B.1 bis B.4 vermitteln einen groben Eindruck vom Grundriss des Erdgeschosses und den Seitenansichten des zweigeschossigen Gebäudes mit Krüppelwalm–Mansarddach. Spitzboden und Untergeschoss sind nicht beheizt, das verglaste Treppenhaus (Einfachverglasung) befindet sich auf der Nordseite, alle Wohnungsfenster besitzen eine Wärmeschutzverglasung ($k_F = 2,0$ W/(m²K), $g_\perp = 0,65$).
Die Nord– und Ostseite des Gebäudes ist unverschattet, durch Nachbarbebauungen ist im Süden der Sonnenminderungsfaktor $z = 0,9$, im Westen wird z für Mai bis September mit 0,85, von November bis Februar mit 0,75 und in den restlichen Monaten mit 0,8 abgeschätzt.

Die Flächen der wärmeübertragenden Bauteile und ihr Wärmedurchgangskoeffizient sind in der Tabelle B.1.1 aufgeführt. Die Hüllfläche des beheizten Brutto–Volumens (im Außenmaß $V = 2513$ m³) beträgt 1266 m². Damit ist A/V = 0,5 1/m.

Das Gebäude ist zentralbeheizt. Die Lüftung erfolgt durch eine Lüftungsanlage mit Wärmerückgewinnung. Zu– und Abluft – Volumenstrom sind gleich, der Wärmerückgewinnungsgrad des Wärmetauschers beträgt $\xi = 0,6$.

Für das Gebäude kann eine volumenbezogene wirksame Wärmespeicherfähigkeit von $c_{wirk}/V = 60$ Wh/(m³K) angenommen werden, womit in diesem Fall $c_{wirk} = 60 \cdot 2513$ Wh/K = 150780 Wh/K ist.

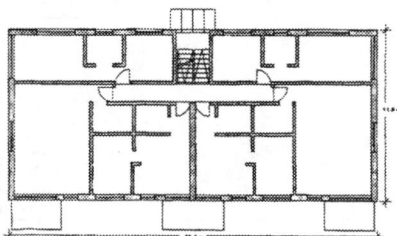

Bild B.1: Grundriss Personalwohnheim

Tabelle B.1.2: Monatliche spezifische Gesamtwärmeverluste des Gebäudes

Monat	Tage d	Monatliche Heizstunden t_M h	Temperaturen ϑ_a °C	Temperaturen ϑ_i °C	Monatliche Wärmeverluste $Q_{V,M}$ kWh
Jan	31	744	– 1,3	20,0	17467
Feb	28	672	0,6	20,0	14370
Mär	31	744	4,0	20,0	13121
Apr	30	720	9,5	20,0	8333
Mai	31	744	12,9	20,0	5822
Jun	30	720	15,7	20,0	3413
Jul	31	744	18,0	20,0	1640
Aug	31	744	18,3	20,0	1394
Sep	30	720	14,4	20,0	4444
Okt	31	744	9,1	20,0	8939
Nov	30	720	4,7	20,0	12142
Dez	31	744	1,3	20,0	15335

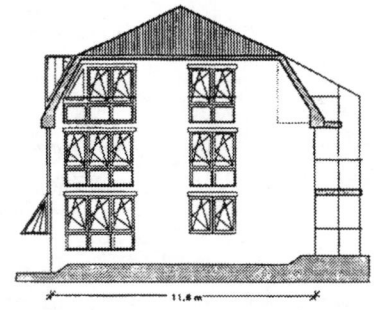

Bild B.2: Ost–Westansicht

Tabelle B.4: Monatliche Gesamtwärmegewinne

Monat	Tage d	Stunden h	Solare Wärmegewinne transparente Bauteile $\Phi_{S,tr,M}$ W	Solare Wärmegewinne nicht transparente Bauteile $\Phi_{S,o,M}$ W	Solare Wärmegewinne Gesamt $\Phi_{S,M}$ W	Interne Wärmegewinne (V-2513 m²) $q_{i,Vol,M}$ W/m²	Interne Wärmegewinne $\Phi_{i,M}$ W	Monatliche Wärmegewinne $Q_{G,M}$ kWh
Jan	31	744	2034	174	2208	1,49	3744,4	4428
Feb	28	672	2604	225	2829	1,49	3744,4	4418
Mär	31	744	3627	316	3943	1,49	3744,4	5719
Apr	30	720	6927	631	7558	1,49	3744,4	8137
Mai	31	744	7223	654	7878	1,49	3744,4	8647
Jun	30	720	8353	754	9107	1,49	3744,4	9253
Jul	31	744	8575	776	9351	1,49	3744,4	9743
Aug	31	744	6460	583	7043	1,49	3744,4	8026
Sep	30	720	5440	490	5930	1,49	3744,4	6966
Okt	31	744	3581	310	3892	1,49	3744,4	5681
Nov	30	720	2158	184	2343	1,49	3744,4	4383
Dez	31	744	1257	106	1364	1,49	3744,4	3800

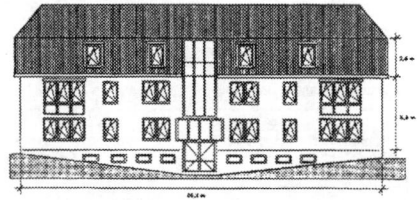

Bild B.3: Nordansicht

Bild B.4: Südansicht

Berechnung Jahresheizwärmebedarf nach DIN 4108 Teil 6

Tabelle B.2: Monatliche Wärmegewinne transparenter Bauteile

Südorientierung:

Fensterfläche A_F (nach Außenmaß):	60,0 in m²
Verglaster Anteil der Fenster f_V:	0,7
Gesamtenergiedurchlassgrad g:	0,65
effektiker Gesamtenergiedurchlassgrad g_{eff}:	0,55

Monat	Strahlungsintensität W/m²	z	$\Phi_{S,tr,M}$ W
Jan	56	0,9	1170
Feb	61	0,9	1274
Mär	80	0,9	1671
Apr	137	0,9	2861
Mai	119	0,9	2485
Jun	130	0,9	2715
Jul	135	0,9	2819
Aug	112	0,9	2339
Sep	115	0,9	2402
Okt	81	0,9	1692
Nov	54	0,9	1128
Dez	33	0,9	689

Südorientierung: (Dachfenster 60 ° Schrägverglasung)

Fensterfläche A_F (nach Außenmaß):	3,0 in m²
Verglaster Anteil der Fenster f_V:	0,7
Gesamtenergiedurchlassgrad g:	0,65
effektiker Gesamtenergiedurchlassgrad g_{eff}:	0,55

Monat	Strahlungsintensität W/m²	z	$\Phi_{S,tr,M}$ W
Jan	60	1,0	70
Feb	71	1,0	82
Mär	98	1,0	114
Apr	190	1,0	220
Mai	179	1,0	208
Jun	203	1,0	236
Jul	208	1,0	241
Aug	162	1,0	188
Sep	150	1,0	174
Okt	95	1,0	110
Nov	60	1,0	70
Dez	35	1,0	41

Westorientierung:

Fensterfläche A_F (nach Außenmaß):	21,8 in m²
Verglaster Anteil der Fenster f_V:	0,7
Gesamtenergiedurchlassgrad g:	0,65
effektiker Gesamtenergiedurchlassgrad g_{eff}:	0,55

Monat	Strahlungsintensität W/m²	z	$\Phi_{S,tr,M}$ W
Jan	25	0,75	158
Feb	37	0,75	233
Mär	53	0,80	357
Apr	125	0,80	841
Mai	131	0,85	937
Jun	150	0,85	1073
Jul	156	0,85	1115
Aug	115	0,85	822
Sep	90	0,85	644
Okt	51	0,80	343
Nov	28	0,75	177
Dez	15	0,75	95

Ostorientierung:

Fensterfläche A_F (nach Außenmaß):	21,8 in m²
Verglaster Anteil der Fenster f_V:	0,7
Gesamtenergiedurchlassgrad g:	0,65
effektiker Gesamtenergiedurchlassgrad g_{eff}:	0,55

Monat	Strahlungsintensität W/m²	z	$\Phi_{S,tr,M}$ W
Jan	25	1,0	210
Feb	37	1,0	311
Mär	53	1,0	446
Apr	125	1,0	1051
Mai	131	1,0	1102
Jun	150	1,0	1262
Jul	156	1,0	1312
Aug	115	1,0	967
Sep	90	1,0	757
Okt	51	1,0	429
Nov	28	1,0	236
Dez	15	1,0	126

Nordorientierung:

Fensterfläche A_F (nach Außenmaß)	36,0 in m²
Verglaster Anteil der Fenster f_V:	0,7
Gesamtenergiedurchlassgrad g:	0,65
effektiver Gesamtenergiedurchlassgrad g_{eff}:	0,55

Monat	Strahlungsintensität W/m²	z	$\Phi_{S,tr,M}$ W
Jan	14	1,0	195
Feb	23	1,0	320
Mär	34	1,0	473
Apr	64	1,0	891
Mai	81	1,0	1128
Jun	99	1,0	1378
Jul	100	1,0	1392
Aug	70	1,0	975
Sep	48	1,0	668
Okt	33	1,0	459
Nov	18	1,0	251
Dez	10	1,0	139

Nordorientierung (Treppenhausverglasung + Tür):

Fensterfläche A_F (nach Außenmaß):	26,5 in m²
Verglaster Anteil der Fenster f_V:	0,7
Gesamtenergiedurchlassgrad g	0,87
effektiver Gesamtenergiedurchlassgrad g_{eff}:	0,74

Monat	Strahlungsintensität W/m²	z	$\Phi_{S,tr,M}$ W
Jan	14	1,0	192
Feb	23	1,0	316
Mär	34	1,0	466
Apr	64	1,0	878
Mai	81	1,0	1111
Jun	99	1,0	1358
Jul	100	1,0	1372
Aug	70	1,0	960
Sep	48	1,0	658
Okt	33	1,0	453
Nov	18	1,0	247
Dez	10	1,0	137

Nordorientierung: (Dachfenster 60 ° Schrägverglasung)

Fensterfläche A_F (nach Außenmaß)	6,0 in m²
Verglaster Anteil der Fenster f_V:	0,7
Gesamtenergiedurchlassgrad g:	0,65
effektiver Gesamtenergiedurchlassgrad g_{eff}	0,55

Monat	Strahlungsintensität W/m²	z	$\Phi_{S,tr,M}$ W
Jan	17	1,0	39
Feb	29	1,0	67
Mär	43	1,0	100
Apr	79	1,0	183
Mai	109	1,0	253
Jun	143	1,0	332
Jul	139	1,0	323
Aug	90	1,0	209
Sep	59	1,0	137
Okt	41	1,0	95
Nov	22	1,0	51
Dez	13	1,0	30

Tabelle B.3: Monatliche Wärmegewinne n i c h t transparenter Bauteile

Südorientierung Außenwand

Wandfläche A_W (nach Außenmaß):	123,0 in m²
Mittlerer Absorptionsgrad a_0	0,600
Wärmedurchgangskoeffizient k:	0,510 in W(m²K)
Wärmeübergangswiderstand außen R_a:	0,040 in m³ K/W
Gesamtenergiedurchlassgrad g_{eq}:	0,012

Monat	Strahlungsintensität W/m²	z	$\Phi_{S,o,M}$ W
Jan	56	0,9	76
Feb	61	0,9	83
Mär	80	0,9	108
Apr	137	0,9	186
Mai	119	0,9	161
Jun	130	0,9	176
Jul	135	0,9	183
Aug	112	0,9	152
Sep	115	0,9	156
Okt	81	0,9	110
Nov	54	0,9	73
Dez	33	0,9	45

Südorientierung Dachschräge 60 °

Dachfläche A_D (nach Außenmaß):	75,0 in m²
Mittlerer Absorptionsgrad a_0	0,500
Wärmedurchgangskoeffizient k:	0,270 in W(m²K)
Wärmeübergangswiderstand außen R_a:	0,040 in m³ K/W
Gesamtenergiedurchlassgrad g_{eq}:	0,005

Monat	Strahlungsintensität W/m²	z	$\Phi_{S,o,M}$ W
Jan	60	1,0	24
Feb	71	1,0	29
Mär	98	1,0	40
Apr	190	1,0	77
Mai	179	1,0	72
Jun	203	1,0	82
Jul	208	1,0	84
Aug	162	1,0	66
Sep	150	1,0	61
Okt	95	1,0	38
Nov	60	1,0	24
Dez	35	1,0	14

Ostorientierung Außenwand

Wandfläche A_G (nach Außenmaß):	95,0 in m²
Mittlerer Absorptionsgrad a_0	0,600
Wärmedurchgangskoeffizient k:	0,510 in W(m²K)
Wärmeübergangswiderstand außen R_a:	0,040 in m³ K/W
Gesamtenergiedurchlassgrad g_{eq}:	0,012

Monat	Strahlungsintensität W/m²	z	$\Phi_{S,o,M}$ W
Jan	25	1,0	29
Feb	37	1,0	43
Mär	53	1,0	62
Apr	125	1,0	145
Mai	131	1,0	152
Jun	150	1,0	174
Jul	156	1,0	181
Aug	115	1,0	134
Sep	90	1,0	105
Okt	51	1,0	59
Nov	28	1,0	33
Dez	15	1,0	17

Westorientierung Außenwand

Wandfläche A_W (nach Außenmaß):	95,0 in m²
Mittlerer Absorptionsgrad a_0	0,600
Wärmedurchgangskoeffizient k:	0,510 in W(m²K)
Wärmeübergangswiderstand außen R_a:	0,040 in m³ K/W
Gesamtenergiedurchlassgrad g_{eq}:	0,012

Monat	Strahlungsintensität W/m²	z	$\Phi_{S,o,M}$ W
Jan	25	0,75	22
Feb	37	0,75	32
Mär	53	0,80	49
Apr	125	0,80	116
Mai	131	0,85	129
Jun	150	0,85	148
Jul	156	0,85	154
Aug	115	0,85	114
Sep	90	0,85	89
Okt	51	0,80	47
Nov	28	0,75	24
Dez	15	0,75	13

Nordorientierung Außenwand

Wandfläche A_W (nach Außenmaß):	98,0 in m²
Mittlerer Absorptionsgrad a_0	0,600
Wärmedurchgangskoeffizient k:	0,510 in W(m²K)
Wärmeübergangswiderstand außen R_a:	0,040 in m³ K/W
Gesamtenergiedurchlassgrad g_{eq}:	0,012

Monat	Strahlungsintensität W/m²	z	$\Phi_{S,o,M}$ W
Jan	14	1,0	17
Feb	23	1,0	28
Mär	34	1,0	41
Apr	64	1,0	77
Mai	81	1,0	97
Jun	99	1,0	119
Jul	100	1,0	120
Aug	70	1,0	84
Sep	48	1,0	58
Okt	33	1,0	40
Nov	18	1,0	22
Dez	10	1,0	12

Nordorientierung Dachschräge 60 °

Wandfläche A_W (nach Außenmaß):	70,5 in m²
Mittlerer Absorptionsgrad a_0	0,500
Wärmedurchgangskoeffizient k:	0,270 in W(m²K)
Wärmeübergangswiderstand außen R_a:	0,040 in m³ K/W
Gesamtenergiedurchlassgrad g_{eq}:	0,005

Monat	Strahlungsintensität W/m²	z	$\Phi_{S,o,M}$ W
Jan	17	1,0	6
Feb	29	1,0	11
Mär	43	1,0	16
Apr	79	1,0	30
Mai	109	1,0	41
Jun	143	1,0	54
Jul	139	1,0	53
Aug	90	1,0	34
Sep	59	1,0	22
Okt	41	1,0	16
Nov	22	1,0	8
Dez	13	1,0	5

Berechnung Jahresheizwärmebedarf nach DIN 4108 Teil 6

Tabelle B.5: Monatliche Wärmebilanz ohne Teilbeheizung

Parameter zur Berechnung des Nutzungsgrades η_M:

Wirksame Speicherfähigkeit $c_{wrk} = 60°$ V:		c_{wrk}	=	150780	in Wh/K
Spezifischer Wärmeverlust:		H	=	1102,2	in W/K
Thermische Zeitkonstante:		τ	=	136,8	in h
Bezugszeitkonstante:		$\tau_{0,M}$	=	16,0	in h
Nutzungsgradparameter		b_M	=	9,5	

Monat	Wärmeverluste $Q_{V,M}$ kW/h	Wärmegewinne $Q_{G,M}$ kW/h	$Q_{G,M}$ / $Q_{V,M}$	η_M	$\vartheta_{a,M}$ °C	ϑ_x °C	Heizwärmebedarf $Q_{H,M}$ kWh
Jan	17467	4428	0,25	1,00	− 1,3	16,0	13039
Feb	14370	4418	0,31	1,00	0,6	16,0	9952
Mär	13121	5719	0,44	1,00	4,0	14,8	7403
Apr	8333	8137	0,98	0,92	9,5	12,6	882
Mai	5822	8647	1,49	0,67	12,9	12,2	--
Jun	3413	9253	2,71	0,37	15,7	11,6	--
Jul	1640	9743	5,94	0,17	18,0	11,2	--
Aug	1394	8026	5,76	0,17	18,3	12,7	--
Sep	4444	6966	1,57	0,63	14,4	13,7	--
Okt	8939	5681	0,64	1,00	9,1	14,8	3285
Nov	12142	4383	0,36	1,00	4,7	16,0	7760
Dez	15335	3800	0,25	1,00	1,3	16,6	11535
							53856

Anmerkung: Die gegebene unterschiedlich starke Verschattung wurde im Monatsverfahren berücksichtigt, nicht jedoch im Jahres(Heizperioden)–Verfahren. Die Ergebnisse in Tabelle B.5 sind ohne Ansatz einer Teilbeheizung, diese müsste über entsprechend berechnete monatliche Innentemperaturen berücksichtigt werden.

Tabelle B.6: Wärmeverluste

Spezifische Transmissionswärmeverluste H_T

Bauteil	Fläche A m²	k–Wert k W/(m²K)	Temperatur–Reduktionsfaktor r	H_T W/K
Außenwand (Nord)	98,0	0,51	1,0	50,0
Außenwand (Süd)	123,0	0,51	1,0	62,7
Außenwand (Ost/West)	190,0	0,51	1,0	96,9
Dach (Nord)	70,5	0,27	0,8	15,2
Dach (Süd)	57,0	0,27	0,8	12,3
Kellerdecke	310,0	0,29	0,4	36,0
Dachgeschossdecke	242,0	0,20	0,8	38,7
Fenster (Nord)	36,0	2,00	1,0	72,0
Fenster (Süd)	60,0	2,00	1,0	120,0
Fenster (Ost/West)	43,5	2,00	1,0	87,0
Dachfenster (Nord)	6,0	2,00	1,0	12,0
Dachfenster (Süd)	3,0	2,00	1,0	6,0
Treppenhausfenster	22,5	2,60	1,0	58,5
Treppenhaustüre	4,0	2,60	1,0	10,4
Spezifischer Transmissionswärmeverlust H_T in W/K:				677,7

Spezifische Lüftungswärmeverluste H_L (Lüftungsanlage mit Wärmerückgewinnung)	
Brutto–Raumvolumen V in m³:	2513,0
Netto–Raumvolumen V_N in m³:	2010,4
Anlagenparameter:	
$V_{ab} - V_N$:	2010,4 in m³
Wärmerückgewinnungsgrad ξ:	0,6
Zusätzlicher Luftwechsel n_z:	0,2 in l/h
Luftwechsel n:	0,6 in l/h
Spezifischer Lüftungswärmeverlust H_L in W/K:	410,1

Spezifischer Gesamtwärmeverlust $H = H_T + H_L$ in W/K:	1088
Heizgradtagzahl Gt_x in Kd:	3400
Wärmeverlust $Q_{V,HP}$ in kWh/HP:	88769

Tabelle B.7: Wärmegewinne

Solare Wärmegewinne $Q_{S,HP}$

mittlere Strahlungsintensität in der Heizperiode HP kWh/m² HP	z	f_v	g	g_{eff}	A_F m²	$Q_{S,HP}$ kWh/HP
Südorientierung	365	0,9	0,7	0,65	0,55	60,0	7623
Ostorientierung	242	1,0	0,7	0,65	0,55	21,8	2040
Westorientierung	242	0,85	0,7	0,65	0,55	21,8	1734
Nordorientierung	142	1,0	0,7	0,65	0,55	36,0	1977
Südorientierung Dachfenster 60 °	442	1,0	0,7	0,65	0,55	3,0	513
Nordorientierung Dachfenster 60 °	177	1,0	0,7	0,65	0,55	6,0	411
Nordorientierung Treppenhaus + Tür	142	1,0	0,7	0,87	0,74	26,5	1948
Solare Wärmegewinne $Q_{S,HP}$ in kWh/HP:							16246

Volumenbezogene interne Wärmegewinne $q_{i,VOL}$ in kWh/m²:	7,6
Interne Wärmegewinne $Q_{i,HP}$ in kWh/HP: (Gebäudevolumen V-2513 m³)	19099
Gesamte Wärmegewinne in der Heizperiode $Q_{S,HP} + Q_{i,HP}$ in kWh/HP	35345

Tabelle B.8: Wärmebilanz

Parameter zur Berechnung des Nutzungsgrades η_{HP}:

Wirksame Speicherfähigkeit $c_{wrk} = 60°$ V:		c_{wrk}	=	150780	in Wh/K
Spezifischer Wärmeverlust:		H	=	1088	in W/K
Thermische Zeitkonstante:		τ	=	138,6	in h
Bezugszeitkonstante über die Heizperiode:		$\tau_{0,HP}$	=	28,0	in h
Nutzungsgradparameter		b_{HP}	=	5,8	

Wärmeverluste $Q_{V,HP}$ kW/HP	Wärmegewinne $Q_{S,HP}$ / $Q_{i,HP}$ kW/HP	η_{HP}	Teilbeheizungsfaktor f_T		Heizwärmebedarf $Q_{H,HP}$ kWh/HP
88769	35345	0,85	ohne	1,0	58726
			mit	0,9	49849
		1,00 (berechnet)	ohne	1,0	53531
			mit	0,9	44654

Anmerkung: Die Ergebnisse des Heizperiodenverfahrens und des Monatsverfahrens stimmen überein. Mit dem Ansatz einer 90%-igen Teilbeheizung ergibt sich ein um etwa 15 % bis 16 % niedrigerer Jahresheizwärmebedarf.

Luftdichtheit nach DIN V 4108-7

Nachweis der Luftdichtheit

Werden Messungen der Luftdichtheit von Gebäuden oder Gebäudeteilen durchgeführt, so darf der nach ISO 9972 gemessene Luftvolumenstrom bei einer Druckdifferenz zwischen innen und außen von 50 Pa

- bei Gebäuden mit natürlicher Lüftung:
    - – bezogen auf das Raumluftvolumen 3 h⁻¹ nicht überschreiten bzw.
    - – bezogen auf die Netto-Grundfläche 7,5 m³ (m² · h) nicht überschreiten;

- bei Gebäuden mit raumlufttechnischen Anlagen (auch einfache Abluftanlagen):
    - – bezogen auf das Raumluftvolumen 1 h⁻¹ nicht überschreiten oder
    - – bezogen auf die Netto-Grundfläche 2,5 m³ (m² · h) nicht überschreiten.

Luftdichte Bauteile

Mauerwerk und Betonbauteile

Betonbauteile, die nach DIN 1045 hergestellt werden, gelten als luftdicht.

Bei Mauerwerk wird es zum Herstellen einer ausreichenden Luftdichtheit meist erforderlich sein, eine Putzschicht aufzubringen.

Trapezbleche

Verlegte Trapezbleche sind wegen der Stöße und Überlappungen nicht ausreichend luftdicht.

Kunststofffolien, Kunststoffbahnen und bituminöse Dachbahnen

Bei einer Luftdichtheitsschicht, die der Sonneneinstrahlung ausgesetzt wird, ist auf eine ausreichende UV-Beständigkeit zu achten.

Kunststofffolien sind üblicherweise dicht, wenn sie nicht durch Nadelstiche perforiert sind.

Plattenmaterialien

Holzwerkstoffe, Gipsfaser- oder Gipskarton-Bauplatten und Faserzementplatten sind luftdicht.

Feuchteschutztechnische Aspekte sind zu beachten.

Fugen

Als Dichtungsmaterialien können konfektionierte Schnüre, Streifen, Bänder und Spezialprofile eingesetzt werden. Die Luftdichtheit wird bei Dichtungsbändern erst bei einer ausreichenden Kompression erreicht. Als Fugendichtungsmaterialien können beispielsweise folgende Stoffe verwendet werden:

- Polyurethan (PUR)
- Polyethylen (PE)
- Butylkautschuk (BR)
- Ethylen-Propylen-Kautschuk (EPDM)
- Polychloropren (CR)

Ein- und Zweikomponenten-Fugendichtungsmassen und Fugenfüllmaterialien, z.B. Montageschäume und Silikone, sind aufgrund ihrer Eigenschaften nur in begrenztem Maße in der Lage, Schwind- und Quellbewegungen sowie Bauteilverformungen aufzunehmen. Sie sind daher, z.B. beim Anschluss von Sparren an Giebel, für die Gewährleistung der Luftdichtheit ungeeignet.

Anschlüsse

Anschlüsse von raumseitigen Folien können insbesondere durch die Kombination von Latten und vorkomprimierte Dichtbänder gesichert werden.

Anpresslatten zur Sicherung von Anschlüssen sind zu verschrauben.

Durchdringungen normal zu Bauteilen können durch Flansche gesichert werden.

Im Bereich von geneigten Dächern können Durchdringungen durch Schellen bzw. Manschetten aus Klebebändern luftdicht abgedichtet werden.

Planungsempfehlungen

Stöße und Überlappungen sind auf ein Minimum zu reduzieren.

Unvermeidbare Fugen sind so zu planen, dass sie dauerhaft luftdicht verschlossen werden können.

Um Durchdringungen zu reduzieren, sollten Installationsebenen für die Aufnahme von Installationen aller Art raumseitig vor der Luftdichtheitsschicht vorgesehen werden.

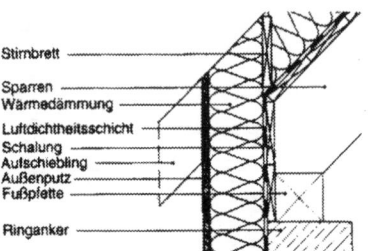

Bild 1: Beispiel für eine umlaufende Luftdichtheitsschicht

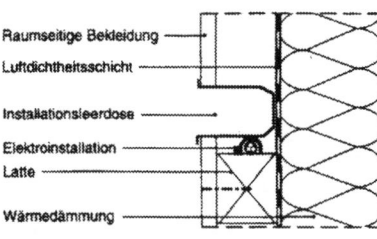

Bild 2: Beispiel für Installation

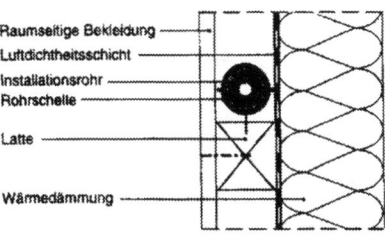

Bild 3: Beispiel für Installation

Prinzipskizzen für Überlappungen, Anschlüsse, Durchdringungen und Stöße (Beispiele)

Luftdichtheitsschicht aus Kunststofffolien [1] und Bahnen

Die Luftdichtung der Überlappungen erfolgt beispielsweise durch vorkomprimierte Dichtbänder und Anpresslatte, beidseitig selbstklebende Butyl-Kautschukbänder sowie durch Verschweißen.

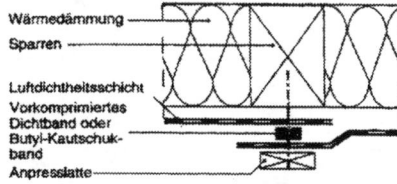

Bild 4: Beispiel für die Ausbildung von Überlappungen

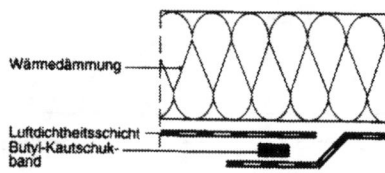

Bild 5: Beispiel für die Ausbildung von Überlappungen

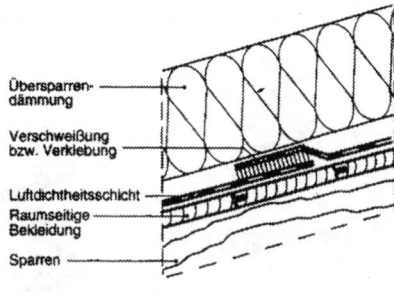

Bild 6: Beispiel für die Ausbildung von Überlappungen

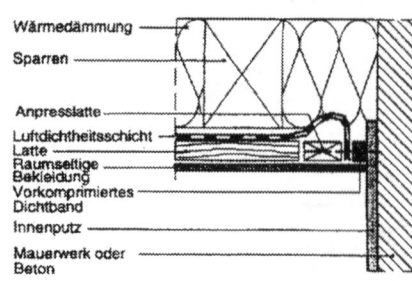

Bild 7: Anschluss der Folie an eine Wand aus Mauerwerk oder Beton

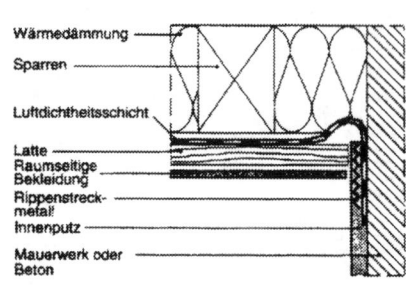

Bild 8: Anschluss der Folie an eine Wand aus Mauerwerk oder Beton

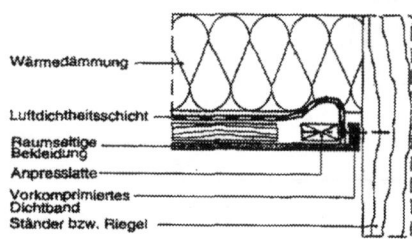

Bild 9: Anschluss der Folie an Holz

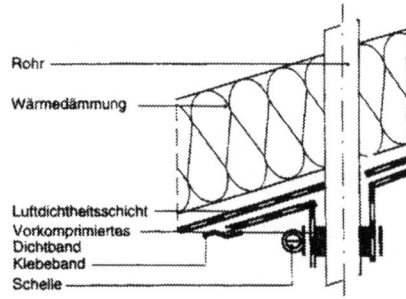

Bild 10: Anschluss der Folie an ein Rohr

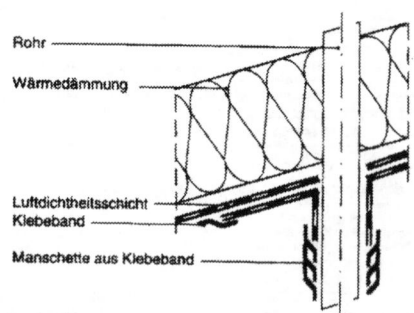

Bild 11: Anschluss der Folie an ein Rohr

[1] Die Schraffur ist unabhängig vom Material

Luftdichtheit nach DIN V 4108-7

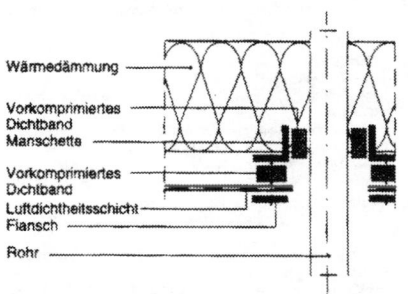

Wärmedämmung
Vorkomprimiertes Dichtband Manschette
Vorkomprimiertes Dichtband
Luftdichtheitsschicht
Flansch
Rohr

Bild 12: Anschluss der Folie an ein Rohr normal zur Außenwand Luftdichtheitsschicht aus Holzwerkstoffen [2]

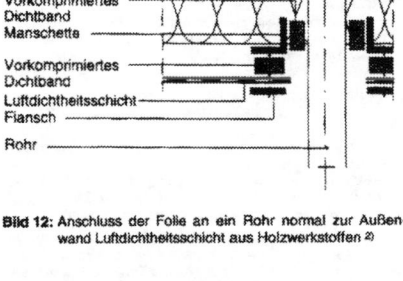

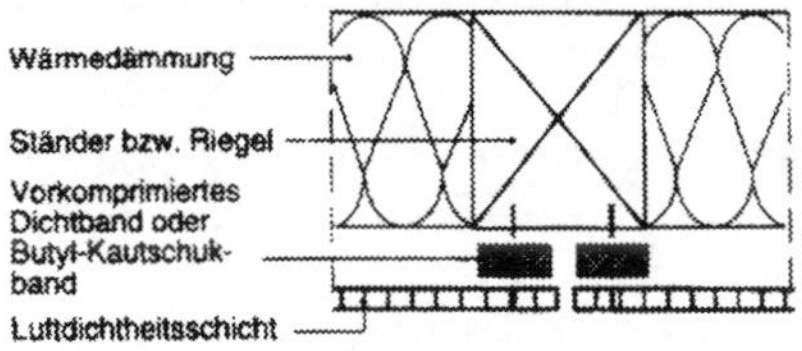

Wärmedämmung
Ständer bzw. Riegel
Vorkomprimiertes Dichtband oder Butyl-Kautschukband
Luftdichtheitsschicht

Bild 13: Sicherung des Stoßes durch Verschraubung im Ständer-/Riegelbereich von Außenwänden

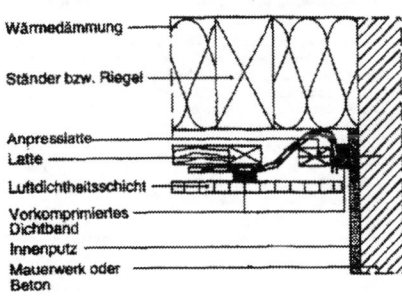

Wärmedämmung
Ständer bzw. Riegel
Anpresslatte
Latte
Luftdichtheitsschicht
Vorkomprimiertes Dichtband
Innenputz
Mauerwerk oder Beton

Bild 14: Anschluss der Holzwerkstoffplatte an eine Wand aus Mauerwerk

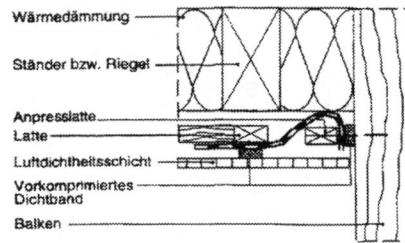

Wärmedämmung
Ständer bzw. Riegel
Anpresslatte
Latte
Luftdichtheitsschicht
Vorkomprimiertes Dichtband
Balken

Bild 15: Anschluss der Holzwerkstoffplatte an Holz

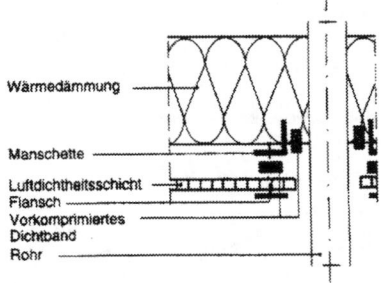

Wärmedämmung
Manschette
Luftdichtheitsschicht
Flansch
Vorkomprimiertes Dichtband
Rohr

Bild 16: Anschluss zwischen Holzwerkstoffplatte und Rohr mit Manschette und Flansch in Außenwänden

[2] Bei Installationen muss zusätzlich eine separate Installationsebene eingebaut werden.

Luftdichtheitsschicht aus Gipsfaserplatten und Gipskarton-Bauplatten [2]

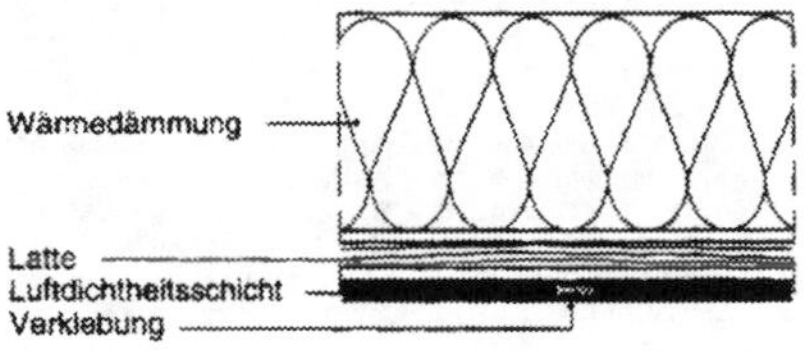

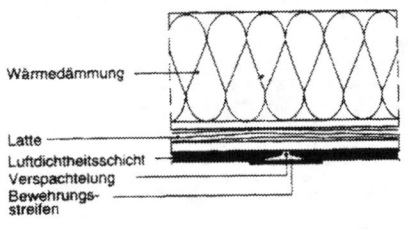

Wärmedämmung
Latte
Luftdichtheitsschicht
Verklebung

Bild 17: Sicherung der Stöße durch Verkleben

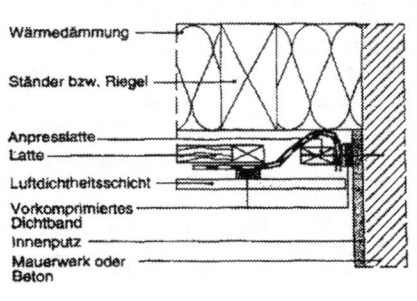

Wärmedämmung
Latte
Luftdichtheitsschicht
Verspachtelung
Bewehrungsstreifen

Bild 18: Abdichtung der Stöße durch Bewehrungsstreifen und Fugenfüller

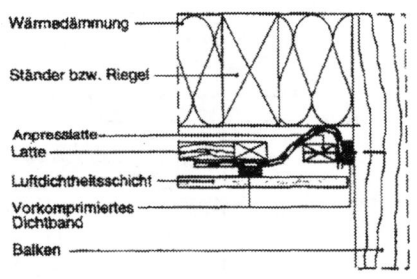

Wärmedämmung
Ständer bzw. Riegel
Anpresslatte
Latte
Luftdichtheitsschicht
Vorkomprimiertes Dichtband
Innenputz
Mauerwerk oder Beton

Bild 19: Anschluss der Gipskarton-Bauplatte an eine Wand aus Mauerwerk oder Beton

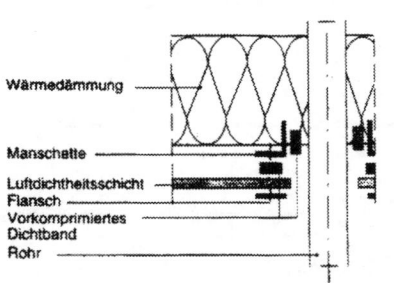

Wärmedämmung
Ständer bzw. Riegel
Anpresslatte
Latte
Luftdichtheitsschicht
Vorkomprimiertes Dichtband
Balken

Bild 20: Anschluss der Gipskarton-Bauplatte an Holz

Wärmedämmung
Manschette
Luftdichtheitsschicht
Flansch
Vorkomprimiertes Dichtband
Rohr

Bild 21: Anschluss zwischen Gipsfaserplatte und Rohr mit Manschette und Flansch

Bauteilfuge

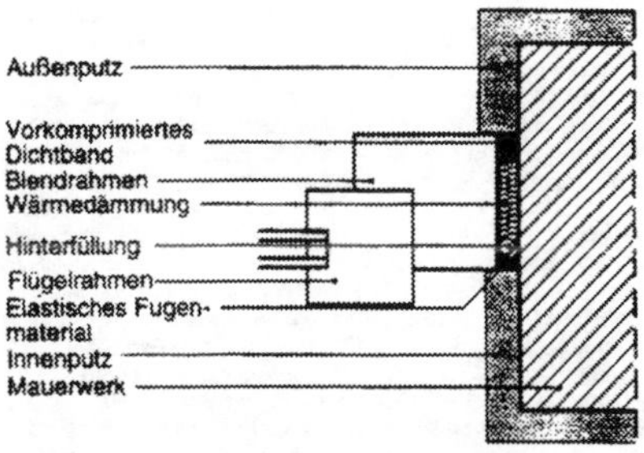

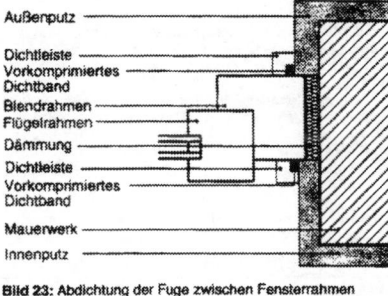

Außenputz
Vorkomprimiertes Dichtband
Blendrahmen
Wärmedämmung
Hinterfüllung
Flügelrahmen
Elastisches Fugenmaterial
Innenputz
Mauerwerk

Bild 22: Abdichtung der Fuge zwischen Fensterrahmen und Mauerwerk

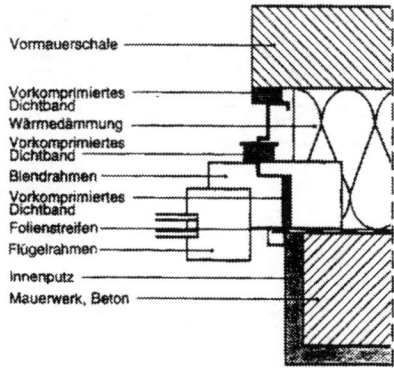

Außenputz
Dichtleiste
Vorkomprimiertes Dichtband
Blendrahmen
Flügelrahmen
Dämmung
Dichtleiste
Vorkomprimiertes Dichtband
Mauerwerk
Innenputz

Bild 23: Abdichtung der Fuge zwischen Fensterrahmen und Mauerwerk

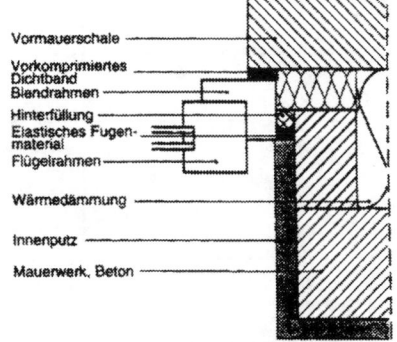

Vormauerschale
Vorkomprimiertes Dichtband
Wärmedämmung
Vorkomprimiertes Dichtband
Blendrahmen
Vorkomprimiertes Dichtband
Folienstreifen
Flügelrahmen
Innenputz
Mauerwerk, Beton

Bild 24: Abdichtung der Fuge zwischen Fensterrahmen und Mauerwerk oder Beton

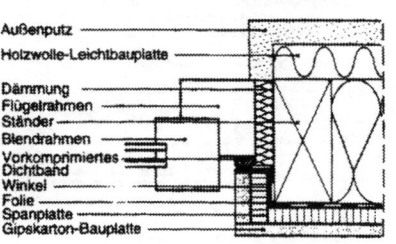

Vormauerschale
Vorkomprimiertes Dichtband
Blendrahmen
Hinterfüllung
Elastisches Fugenmaterial
Flügelrahmen
Wärmedämmung
Innenputz
Mauerwerk, Beton

Bild 25: Abdichtung der Fuge zwischen Fensterrahmen und Mauerwerk

Außenputz
Holzwolle-Leichtbauplatte
Dämmung
Flügelrahmen
Ständer
Blendrahmen
Vorkomprimiertes Dichtband
Winkel
Folie
Spanplatte
Gipskarton-Bauplatte

Bild 26: Abdichtung der Fuge zwischen Fensterrahmen und Ständer

Klimabedingter Feuchteschutz nach DIN 4108 Teil 3

Tauwasserschutz

Tauwasserbildung auf Oberflächen von Bauteilen

Bei Einhaltung der Mindestwerte des Wärmedurchlasswiderstandes nach DIN 4108 Teil 2 werden bei Raumlufttemperaturen und relativen Luftfeuchten, wie sie sich in nicht klimatisierten Aufenthaltsräumen, z.B. Wohn– und Büroräumen, einschließlich häuslicher Küchen und Bäder, bei üblicher Nutzung und dementsprechender Heizung und Lüftung einstellen, Schäden durch Tauwasserbildung im allgemeinen vermieden. In Sonderfällen (z.B. dauernd hohe Raumluftfeuchte) ist der unter den jeweiligen raumklimatischen Bedingungen erforderliche Wärmedurchlasswiderstand nach DIN 4108 Teil 5 rechnerisch zu ermitteln. Dabei sind eine Außentemperatur von – 15 °C und ein raumseitiger Wärmeübergangswiderstand $1/\alpha_i$ = 0,17 m² · K/W der Berechnung zu Grunde zu legen, soweit nicht besondere Bedingungen, z.B. bei stark behindertem Wärmeübergang durch Möblierung, die Wahl eines größeren Wärmeübergangswiderstandes erfordern. Im übrigen gelten die Wärmeübergangswiderstände nach DIN 4108 Teil 4.

Tauwasserbildung im Innern von Bauteilen

Anforderungen

Eine Tauwasserbildung in Bauteilen ist unschädlich, wenn durch Erhöhung des Feuchtegehaltes der Bau– und Dämmstoffe der Wärmeschutz und die Standsicherheit der Bauteile nicht gefährdet werden. Diese Voraussetzungen liegen vor, wenn folgende Bedingungen erfüllt sind:

a) Das während der Tauperiode im Innern des Bauteils anfallende Wasser muss während der Verdunstungsperiode wieder an die Umgebung abgegeben werden können.

b) Die Baustoffe, die mit dem Tauwasser in Berührung kommen, dürfen nicht geschädigt werden (z.B. durch Korrosion, Pilzbefall).

c) Bei Dach– und Wandkonstruktionen darf eine Tauwassermasse von insgesamt 1,0 kg/m² nicht überschritten werden. Dies gilt nicht für die Bedingungen d) und e).

d) Tritt Tauwasser an Berührungsflächen von kapillar nicht wasseraufnahmefähigen Schichten auf, so darf zur Begrenzung des Ablaufens oder Abtropfens eine Tauwassermasse von 0,5 kg/m² nicht überschritten werden (z.B. Berührungsflächen von Faserdämmstoff– oder Luftschichten einerseits und Dampfsperr– oder Betonschichten andererseits).

e) Bei Holz ist eine Erhöhung des massebezogenen Feuchtegehaltes um mehr als 5 %, bei Holzwerkstoffen um mehr als 3 % unzulässig (Holzwolle–Leichtbauplatten nach DIN 1101 und Mehrschicht–Leichtbauplatten aus Schaumkunststoffen und Holzwolle nach DIN 1104 Teil 1 sind hiervon ausgenommen).

Angaben zur Berechnung der Tauwassermasse

Die Berechnung ist nach DIN 4108 Teil 5 durchzuführen, sofern das Bauteil nicht ohne besonderen Nachweis die Anforderungen erfüllt.

In nicht klimatisierten Wohn– und Bürogebäuden sowie vergleichbar genutzten Gebäuden können der Berechnung folgende vereinfachte Annahmen zu Grunde gelegt werden:

Tauperiode

Außenklima	– 10 °C, 80 % relative Luftfeuchte
Innenklima	20 °C, 50 % relative Luftfeuchte
Dauer	1440 Stunden (60 Tage)

Verdunstungsperiode

a) Wandbauteile und Decken unter nicht ausgebauten Dachräumen

Außenklima	12 °C, 70 % relative Luftfeuchte
Innenklima	12 °C, 70 % relative Luftfeuchte
Klima im Tauwasserbereich	12 °C, 100 % relative Luftfeuchte
Dauer	2160 Stunden (90 Tage)

b) Dächer, die Aufenthaltsräume gegen die Außenluft abschließen

Außenklima	12 °C, 70 % relative Luftfeuchte
Temperatur der Dachoberfläche	20 °C
Innenklima	12 °C, 70 % relative Luftfeuchte
Klima im Tauwasserbereich	Entsprechend dem Temperaturgefälle von außen nach innen
Relative Luftfeuchte	100 %
Dauer	2160 Stunden (90 Tage)

Vereinfachend dürfen bei diesen Dächern auch die Klimabedingungen für Wandbauteile nach Aufzählung a) zu Grunde gelegt werden.

Bei scharferen Klimabedingungen (z.B. Schwimmbäder, klimatisierte Räume, extremes Außenklima) sind diese vereinfachten Annahmen nicht zulässig. Es sind dann das tatsächliche Raumklima und das Außenklima am Standort des Gebäudes mit deren zeitlichen Verlauf zu berücksichtigen.

Die Rechenwerte der Wärmeleitfähigkeit und die Richtwerte der Wasserdampf–Diffusionswiderstandszahlen sind DIN 4108 Teil 4 zu entnehmen. Es sind die für die Tauperiode ungünstigeren Werte auch für die Verdunstungsperiode anzuwenden.

Die Wärmeübergangswiderstände sind DIN 4108 Teil 4, Ausgabe August 1981, Tabelle 5 zu entnehmen.

Tabelle 1. **Beispiele für die Zuordnung von genormten Wandbauarten und Beanspruchungsgruppen**

Spalte	1	2	3
Zeile	Beanspruchungsgruppe I geringe Schlagregenbeanspruchung	Beanspruchungsgruppe II mittlere Schlagregenbeanspruchung	Beanspruchungsgruppe III starke Schlagregenbeanspruchung
1	Mit Außenputz ohne besondere Anforderung an den Schlagregenschutz nach DIN 18550 Teil 1verputzte – Außenwände aus Mauerwerk, Wandbauplatten, Beton o.ä. – Holzwolle–Leichtbauplatten, ausgeführt nach DIN 1102 (mit Fugenbewehrung) – Mehrschicht–Leichtbauplatten, ausgeführt nach DIN 1104 Teil 2 (mit ganzflächiger Bewehrung)	Mit wasserhemmendem Außenputz nach DIN 18550 Teil 1 oder einem Kunstharzputz verputzte – Außenwände aus Mauerwerk, Wandbauplatten, Beton o.ä. – Holzwolle–Leichtbauplatten, ausgeführt nach DIN 1102 (mit Fugenbewehrung) oder Mehrschicht–Leichtbauplatten mit zu verputzenden Holzwolleschichten der Dicken ≥ 15 mm, ausgeführt nach DIN 1104 Teil 2 (mit ganzflächiger Bewehrung) – Mehrschicht–Leichtbauplatten mit zu verputzenden Holzwolleschichten der Dicken < 15 mm, ausgeführt nach DIN 1104 Teil 2 (mit ganzflächiger Bewehrung) unter Verwendung von Werkmörtel nach DIN 18557	Mit wasserabweisendem Außenputz nach DIN 18550 Teil 1 oder einem Kunstharzputz verputzte
2	Einschaliges Sichtmauerwerk nach DIN 1053 Teil 1, 31 cm dick [1]	Einschaliges Sichtmauerwerk nach DIN 1053 Teil 1, 37,5 cm dick [1]	Zweischaliges Verblendmauerwerk mit Luftschicht nach DIN 1053 Teil 1 [2]; Zweischaliges Verblendmauerwerk ohne Luftschicht nach DIN 1053 Teil 1 mit Vormauersteinen
3		Außenwände mit angemörtelten Bekleidungen nach DIN 18515	Außenwände mit angemauerten Bekleidungen mit Unterputz nach DIN 18518 und mit wasserabweisendem Fugenmörtel [3]; Außenwände mit angemörtelten Bekleidungen mit Unterputz nach DIN 5158 und mit wasserabweisendem Fugenmörtel [3]
4			Außenwände mit gefügedichter Betonaußenschicht nach DIN 1045 und DIN 4219 Teil 1 und Teil 2
5			Wände mit hinterlüfteten Außenwandbekleidungen nach DIN 18515 und mit Bekleidungen nach DIN 18516 Teil 1 und Teil 2 [4]
6		Außenwände in Holzbauart unter Beachtung von DIN 68800 Teil 2 mit 11,5 cm dicker Mauerwerks–Vorsatzschale [5]	Außenwände in Holzbauart unter Beachtung von DIN 68800 Teil 2 a) mit vorgesetzter Bekleidung nach DIN 18516 Teil 1 und Teil 2 [4] oder b) mit 11,5 cm dicker Mauerwerks–Vorsatzschale mit Luftschicht [5] [6]

1) Übernimmt eine zusätzlich vorhandene Wärmedämmschicht den erforderlichen Wärmeschutz allein, so kann das Mauerwerk in die nächsthöhere Beanspruchungsgruppe eingeordnet werden.

2) Die Luftschicht muss nach DIN 1053 Teil 1 ausgebildet werden. Eine Verfüllung des Zwischenraumes als Kerndämmung darf nur nach hierfür vorgesehenen Normen durchgeführt werden oder bedarf eines besonderen Nachweises der Brauchbarkeit, z.B. durch allgemeine bauaufsichtliche Zulassung.

3) Wasserabweisende Fugenmörtel müssen einen Wasseraufnahmekoeffizienten $w \leq 0{,}5$ kg/(m² h$^{1/2}$) aufweisen, ermittelt nach DIN 52617.

4) Es gelten z.Z. die "Richtlinien für Fassadenbekleidungen mit und ohne Unterkonstruktion".

5) Durch konstruktive Maßnahmen (z.B. Abdichtung des Wandfußpunktes, Ablauföffnungen in der Vorsatzschale) ist dafür zu sorgen, dass die hinter der Vorsatzschale auftretende Feuchte von den Holzteilen ferngehalten und abgeleitet wird.

6) Die Luftschicht muss mindestens 4 cm dick sein. Die Vorsatzschale ist unten und oben mit Lüftungsöffnungen zu versehen, die jeweils eine Fläche von mindestens 150 cm² auf etwa 20 m² Wandfläche haben. Bezüglich ausreichender Belüftung für den Tauwasserschutz siehe DIN 68800 Teil 2.
Für den Nachweis des Wärmeschutzes und der Tauwasserbildung an der raumseitgen Oberfläche dürfen jedoch die Luftschicht und die Vorsatzschale nicht in Ansatz gebracht werden

Tabelle 2. **Beispiele für die Zuordnung von Fugenabdichtungsarten und Beanspruchungsgruppen**

Spalte	1	2	3	4
Zeile	Fugenart	Beanspruchungsgruppe I geringe Schlagregenbeanspruchung	Beanspruchungsgruppe II mittlere Schlagregenbeanspruchung	Beanspruchungsgruppe III starke Schlagregenbeanspruchung
1	Vertikalfugen			Konstruktive Fugenausbildung [1]
2				Fugen nach DIN 18540 Teil 1 [1]
3	Horizontalfugen	Offene, schwellenförmige Fugen, Schwellenhöhe $h \geq 60$ mm (siehe Bild 3)	Offene, schwellenförmige Fugen, Schwellenhöhe $h \geq 80$ mm (siehe Bild 3)	Offene, schwellenförmige Fugen, Schwellenhöhe $h \geq 100$ mm (siehe Bild 3)
4				Fugen nach DIN 18540 Teil 1 mit zusätzlichen konstruktiven Maßnahmen, z.B. mit Schwelle $h \geq 50$ mm

1) Fugen nach DIN 18540 Teil 1 dürfen bei Bauten im Bergsenkungsgebiet verwendet werden. Bei Setzungsfugen ist die Verwendung nur dann zulässig, wenn die Verformungen bei der Bemessung der Fugenmaße berücksichtigt werden.

Bauteile mit ausreichendem Wärmeschutz nach DIN 4108 Teil 2, für die kein rechnerischer Nachweis des Tauwasserausfalls infolge Dampfdiffusion erforderlich ist

Außenwände

– Mauerwerk nach DIN 1053 Teil 1 aus künstlichen Steinen ohne zusätzliche Wärmedämmschicht als ein– oder zweischaliges Mauerwerk, verblendet oder verputzt oder mit angemörtelter oder angemauerter Bekleidung nach DIN 18515 (Fugenanteil mindestens 5 %), sowie zweischaliges Mauerwerk mit Luftschicht nach DIN 1053 Teil 1, ohne oder mit zusätzlicher Wärmedämmschicht.

– Mauerwerk nach DIN 1053 Teil 1 aus künstlichen Steinen mit außenseitig angebrachter Wärmedämmschicht und einem Außenputz mit mineralischen Bindemitteln nach DIN 18550 Teil 1 und Teil 2 oder einem Kunstharzputz, wobei die diffusionsäquivalente Luftschichtdicke s_d der Putze ≤ 4,0 m ist, oder mit hinterlüfteter Bekleidung.

– Mauerwerk nach DIN 1053 Teil 1 aus künstlichen Steinen mit raumseitig angebrachter Wärmedämmschicht mit – einschließlich eines Innenputzes – $s_d \geq 0{,}5$ m und einem Außenputz oder mit hinterlüfteter Bekleidung.

– Mauerwerk nach DIN 1053 Teil 1 aus künstlichen Steinen mit raumseitig angebrachten Holzwolle–Leichtbauplatten nach DIN 1101, verputzt oder bekleidet, außenseitig als Sichtmauerwerk (keine Klinker nach DIN 105) oder verputzt oder mit hinterlüfteter Bekleidung.

– Wände aus gefügedichtem Leichtbeton nach DIN 4219 Teil 1 und Teil 2 ohne zusätzliche Wärmedämmschicht.

– Wände aus bewehrtem Gasbeton nach DIN 4223 ohne zusätzliche Wärmedämmschicht mit einem Kunstharzputz mit $s_d \leq 4{,}0$ m oder mit hinterlüfteter Bekleidung oder mit hinterlüfteter Vorsatzschale.

– Wände aus haufwerksporigem Leichtbeton nach DIN 4232, beidseitig verputzt oder außenseitig mit hinterlüfteter Bekleidung, ohne zusätzliche Wärmedämmschicht.

– Wände aus Normalbeton nach DIN 1045 oder gefügedichtem Leichtbeton nach DIN 4219 Teil 1 und Teil 2 mit außenseitiger Wärmedämmschicht und einem Außenputz mit mineralischen Bindemitteln nach DIN 18550 Teil 1 und Teil 2 oder einem Kunstharzputz oder einer Bekleidung oder Vorsatzschale.

– Wände in Holzbauart mit innenseitiger Dampfsperrschicht ($s_d \geq 10$ m), äußerer Beplankung aus Holz oder Holzwerkstoffen ($s_d \leq 10$ m) und hinterlüftetem Wetterschutz.

Nichtbelüftete Dächer

– Dächer mit einer Dampfsperrschicht ($s_d \geq 100$ m) unter oder in der Wärmedämmschicht (an Ort aufgebrachte Klebemassen bleiben bei der Berechnung von s_d unberücksichtigt), wobei der Wärmedurchlasswiderstand der Bauteilschichten unterhalb der Dampfsperrschicht höchstens 20 % des Gesamtwärmedurchlasswiderstandes beträgt (bei Dächern mit nebeneinanderliegenden Bereichen unterschiedlicher Wärmedämmung ist der Gefachbereich zu Grunde zu legen)

– Einschalige Dächer aus Gasbeton nach DIN 4223 ohne Dampfsperrschicht an der Unterseite.

Belüftete Dächer

– Dächer mit einem belüfteten Raum oberhalb der Wärmedämmung, die folgende Bedingungen erfüllen:

a) Bei Dächern mit einer Dachneigung ≥ 10 °C (siehe Bild 1) beträgt

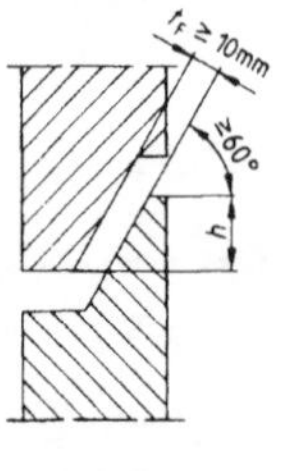

Bild 3. Schwellenhöhe *h*

Klimabedingter Feuchteschutz nach DIN 4108 Teil 3

- der freie Lüftungsquerschnitt der an jeweils zwei gegenüberliegenden Traufen angebrachten Öffnungen mindestens je 2 ‰ der zugehörigen geneigten Dachfläche, mindestens jedoch 200 cm² je m Traufe.
- die Lüftungsöffnung am First mindestens 0,5 ‰ der gesamten geneigten Dachfläche
- der freie Lüftungsquerschnitt innerhalb des Dachbereiches über der Wärmedämmschicht im eingebauten Zustand mindestens 200 cm² je m senkrecht zur Strömungsrichtung und dessen freie Höhe mindestens 2 cm
- die diffusionsäquivalente Luftschichtdicke s_d der unterhalb des belüfteten Raumes angeordneten Bauteilschichten in Abhängigkeit von der Sparrenlänge α
  $\alpha \leq 10$ m: $s_d \geq$ 2 m
  $\alpha \leq 15$ m: $s_d \geq$ 5 m
  $\alpha > 15$ m: $s_d \geq$ 10 m

b) Bei Dächern mit einer Neigung < 10 ° (siehe Bild 2) beträgt
   - der freie Lüftungsquerschnitt der an mindestens zwei gegenüberliegenden Traufen angebrachten Öffnungen mindestens je 2 ‰ der gesamten Dachgrundrissfläche
   - die Höhe des freien Lüftungsquerschnitts innerhalb des Dachbereiches über der Wärmedämmschicht im eingebauten Zustand mindestens 5 cm
   - die diffusionsäquivalente Luftschichtdicke s_d der unterhalb des belüfteten Raumes angeordneten Bauteilschichten mindestens 10 m.

c) Bei Dächern mit etwa vorhandenen Dampfsperrschichten ($s_d \geq$ 100 m) sind diese so angeordnet, dass der Wärmedurchlasswiderstand der Bauteilschichten unterhalb der Dampfsperrschicht höchstens 20 % des Gesamtwärmedurchlasswiderstandes beträgt (bei Dächern mit nebeneinanderliegenden Bereichen unterschiedlicher Wärmedämmung ist der Gefachbereich zu Grunde zu legen).

d) Bei Dächern mit massiven Deckenkonstruktionen sowie bei geschichteten Dachkonstruktionen ist die Wärmedämmschicht als oberste Schicht unter dem belüfteten Raum angeordnet.

- Dächer aus Gasbeton nach DIN 4223 ohne zusätzliche Wärmedämmschicht und ohne Dampfsperrschicht an der Unterseite.

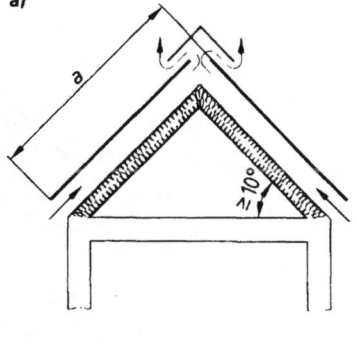
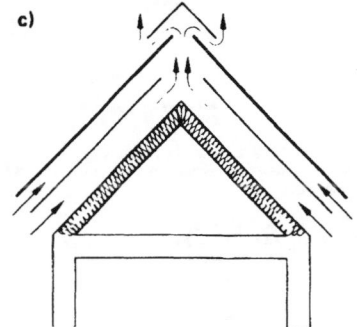
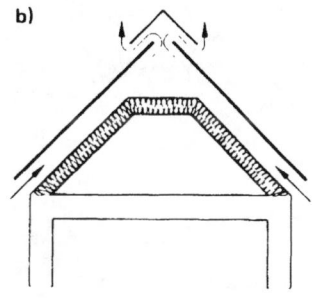
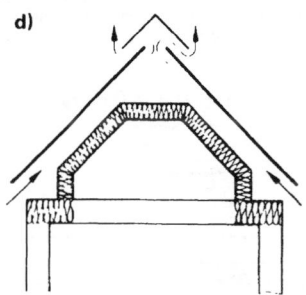

Bild 1. Beispiele für belüftete Dächer mit einer Dachneigung ≥ 10 °C (schematisiert)

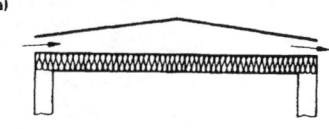

Bild 2. Beispiele für belüftete Dächer mit einer Dachneigung < 10 °C (schematisiert)

Schlagregenschutz von Wänden

Allgemeines

Bei Beregnung kann Wasser in Außenbauteile durch Kapillarwirkung eindringen. Außerdem kann unter dem Einfluss des Staudruckes bei Windanströmung durch Spalten, Risse und fehlerhafte Stellen im Bereich der gesamten der Witterung ausgesetzten Flächen Wasser in oder durch die Konstruktion geleitet werden.

Maßnahmen zur Begrenzung der kapillaren Wasseraufnahme von Außenbauteilen können darin bestehen, dass der Regen an der Außenoberfläche des wärmedämmenden Bauteils durch eine wasserdichte oder mit Luftabstand vorgesetzte Schicht abgehalten wird oder, dass die Wasseraufnahme durch wasserabweisende oder wasserhemmende Putze an der Außenoberfläche oder durch Schichten im Innern der Konstruktion vermindert oder auf einen bestimmten Bereich (z.B. Vormauerschicht) beschränkt wird. Dabei darf aber die Wasserabgabe (Verdunstung) nicht unzulässig beeinträchtigt werden.

Nach Einstufung in die zugehörige Beanspruchungsgruppe nach Abschnitt 4.2 ist sicherzustellen, dass das Niederschlagswasser schnell und sicher wieder abgeleitet wird (z.B. durch Anordnung von Dachüberständen, Abdeckungen und Sperrschichten, Fensteranschläge).

Hinweise zur Erfüllung des Schlagregenschutzes

Außenwände

Beispiele für die Anwendung genormter Wandbauarten in Abhängigkeit von der Schlagregenbeanspruchung gibt Tabelle 1, die andere Bauausführungen entsprechend gesicherter praktischer Erfahrungen nicht ausschließt.

Fugen und Anschlüsse

Der Schlagregenschutz des Gebäudes muss auch im Bereich der Fugen und Anschlüsse sichergestellt sein.

Zur Erfüllung dieser Anforderungen können die Fugen und Anschlüsse entweder durch Fugendichtungsmassen oder durch konstruktive Maßnahmen gegen Schlagregen abgedichtet werden.

Empfehlungen für die Ausbildung von Fugen zwischen vorgefertigten Wandplatten in Abhängigkeit von der Schlagregenbeanspruchung gibt Tabelle 2.

Die Möglichkeit der Wartung von Fugen (einschließlich der Fugen von Anschlüssen) ist vorzusehen.

Für Wandbekleidungen wird auf DIN 18515 und DIN 18516 Teil 1 und Teil 2 verwiesen.

Beanspruchungsgruppen

Die Beanspruchung von Gebäuden oder von einzelnen Gebäudeteilen durch Schlagregen wird durch die Beanspruchungsgruppen I, II oder III definiert. Bei der Wahl der Beanspruchungsgruppe sind die regionalen klimatischen Bedingungen (Regen, Wind), die örtliche Lage und die Gebäudeart zu berücksichtigen. Die Beanspruchungsgruppe ist daher im Einzelfall festzulegen. Hierzu dienen folgende Hinweise:

Beanspruchungsgruppe I

Geringe Schlagregenbeanspruchung:
Im allgemeinen Gebiete mit Jahresniederschlagsmengen unter 600 mm sowie besonders windgeschützte Lagen auch in Gebieten mit größeren Niederschlagsmengen.

Beanspruchungsgruppe II

Mittlere Schlagregenbeanspruchung:
Im allgemeinen Gebiete mit Jahresniederschlagsmengen von 600 bis 800 mm sowie windgeschützte Lagen auch in Gebieten mit größeren Niederschlagsmengen. Hochhäuser und Häuser in exponierter Lage in Gebieten, die auf Grund der regionalen Regen- und Windverhältnisse einer geringen Schlagregenbeanspruchung zuzuordnen wären.

Beanspruchungsgruppe III

Starke Schlagregenbeanspruchung:
Im allgemeinen Gebiete mit Jahresniederschlagsmengen über 800 mm sowie windreiche Gebiete auch mit geringeren Niederschlagsmengen (z.B. Küstengebiete, Mittel- und Hochgebirgslagen, Alpenvorland). Hochhäuser und Häuser in exponierter Lage in Gebieten, die auf Grund der regionalen Regen- und Windverhältnisse einer mittleren Schlagregenbeanspruchung zuzuordnen wären.

Anmerkung: Für die Ermittlung der Jahresniederschlagsmengen kann Bild A-1 dienen.

Fenster

Die Schlagregensicherheit von Fenstern wird in DIN 18055 geregelt.

Fenster, Fugendurchlässigkeit, Schlagregendichtheit und mechanische Beanspruchung nach DIN 18055

Fugendurchlässigkeit

Die Fugenduchlässigkeit V ist ein Volumenstrom, der in m³/h gemessen wird. Sie kennzeichnet den über die Fugen zwischen Flügel und Blendrahmen in der Zeit stattfindenden Luftaustausch, der die Folge einer am Fenster vorhandenen Luftdruckdifferenz ist.

Fugendurchlasskoeffizient

Der Fugendurchlasskoeffizient α kennzeichnet die über die Fugen zwischen Flügel und Blendrahmen eines Fensters je Zeit, Meter Fugenlänge und Luftdruckdifferenz von 10 Pa ausgetauschte Luftmenge.

Zwischen Fugendurchlässigkeit V und Fugendurchlasskoeffizient α besteht folgende Beziehung:

$$V = \alpha \cdot l \cdot \Delta p^n \text{ in } \frac{m^3}{h} \qquad (1)$$

wobei bedeuten

α Fugendurchlasskoeffizient, der im Rahmen dieser Norm auf eine Luftdruckdifferenz von 10 Pa bezogen wird

l Fugenlänge des Fensters in m (Flügelumfang)

Δp Druckdifferenz in daPa

n Exponent, der den nicht linearen Zusammenhang zwischen Druckdifferenz und Luftstrom kennzeichnet, im Rahmen dieser Norm gilt $n = 2/3$

V Luftvolumenstrom $\frac{m^3}{h}$

Die Anforderungen an die Fugendurchlässigkeit und die Schlagregendichtheit werden in vier Beanspruchungsgruppen gegliedert (siehe Tabelle 2).

Die Zuordnung der Gebäudehöhe zu einer bestimmten Beanspruchungsgruppe nach Tabelle 2 gilt für den Regelfall.

Feuchteschutz

Klimabedingter Feuchteschutz nach DIN 4108 Teil 3

Längenbezogene Fugendurchlässigkeit

Die längenbezogene Fugendurchlässigkeit V_1 ist der auf die Fugenlänge bezogene Luftvolumenstrom der Fugendurchlässigkeit V.

$$V_1 = \frac{V}{l} \text{ in } \frac{m^3}{hm} \qquad (2)$$

In Bild 1 ist die längenbezogene Fugendurchlässigkeit V_1 als Funktion der Luftdruckdifferenz Δp (Prüfdruckdifferenz) dargestellt.

Zwischen der Luftmenge V_1, gemessen in m^3/h und dem Fugendurchlasskoeffizienten α wird im Rahmen dieser Norm folgende Beziehung angenommen.

$$V_1 = \alpha \cdot \frac{\Delta p^{2/3}}{10^{2/3}} = 0{,}22 \cdot \alpha \cdot \Delta p^{2/3} \qquad (3)$$

Anmerkung: Da aus praktischen Gründen der Fugendurchlasskoeffizient nicht auf die Druckeinheit von 1 Pa, sondern auf die Luftdruckdifferenz von 10 Pa bezogen wird, ergibt sich in der Gleichung für die Berechnung der längenbezogenen Fugendurchlässigkeit der Faktor 0,22

Tabelle 1. Angleichung an die vorhandenen α–Werte Pa

Druckdifferenz Δp	V_1
150	$\alpha \cdot 6{,}21$
300	$\alpha \cdot 9{,}86$
600	$\alpha \cdot 15{,}65$

Die längenbezogene Fugendurchlässigkeit V_1 darf die in Bild 1 für die einzelnen Beanspruchungsgruppen eingetragenen Bereiche nicht überschreiten

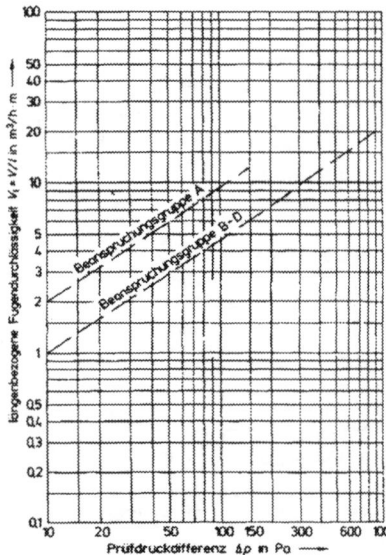

Bild 1. Längenbezogene Fugendurchlässigkeit

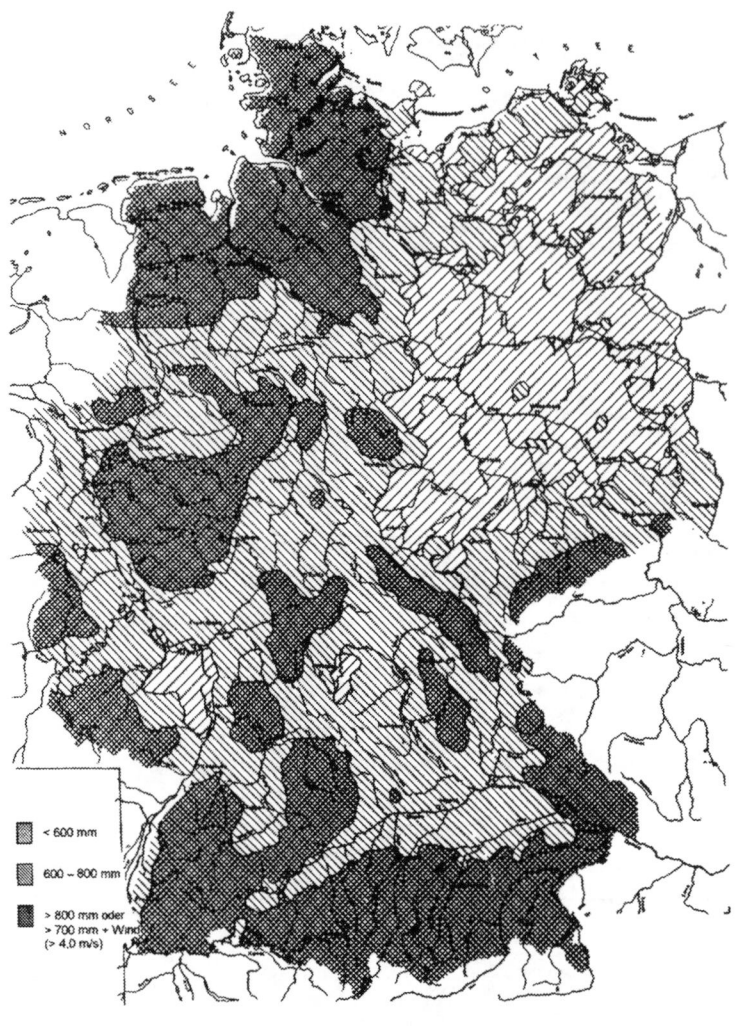

Bild A-1: Mittlere jährliche Niederschlagshöhe, in mm

< 600 mm

600 – 800 mm

> 800 mm oder > 700 mm + Wind (> 4,0 m/s)

Mechanische Beanspruchung

Windbeanspruchung

Windbeanspruchung ist die Einwirkung von Wind auf das Bauwerk.

Sie ist unter anderem abhängig von Gebäudeform, Gebäudelage und Gebäudehöhe.

Unter Windlast nach DIN 1055 Teil 4 darf die Durchbiegung der Rahmenteile, die nicht in den Geltungsbereich von DIN 18056 fallen (Flügel, Blendrahmen, Pfosten, Riegel), 1/300 der Stützweite, jedoch bei Isolierglas zwischen den Scheibenkanten 8 mm, nicht überschreiten.

Beanspruchungen bei gebrauchsmäßiger Nutzung

Diese Beanspruchungen sind gekennzeichnet durch Einwirkungen von Kräften, wie sie beim Gebrauch des Fensters beim Öffnen und Schließen, Stoßen usw. entstehen.

Anforderungen bei gebrauchsmäßiger Nutzung

siehe Tabelle 3

Schlagregendichtheit

Schlagregendichtheit ist die Sicherheit, die ein geschlossenes Fenster bei gegebener Windstärke, Regenmenge und Beanspruchungsdauer gegen das Eindringen von Wasser in das Innere des Gebäudes bietet.

Unter gleichzeitiger Beanspruchung durch Wind und Regen (Schlagregen) darf nach den gegebenen Prüfbedingungen kein Wasser durch das geschlossene Fenster in den Raum eindringen.

Es muss sichergestellt sein, dass in die Rahmenkonstruktion eingedrungenes Wasser unmittelbar und kontrollierbar abgeführt wird, um Schäden am Fenster und am Baukörper zu vermeiden. Die Schlagregendichtheit muss sichergestellt sein für die Beanspruchungsgruppe entsprechend Tabelle 2.

Tabelle 2. Beanspruchungsgruppen

Beanspruchungsgruppen[1]	A	B	C	D[3]
Prüfdruck in Pa entspricht etwa einer Windgeschwindigkeit bei Windstärke[2]	bis 150 bis 7	bis 300 bis 9	bis 600 bis 11	Sonderregelung
Gebäudehöhe in m (Richtwert)	bis 8	bis 20	bis 100	

[1] Die Beanspruchungsgruppe ist im Leistungsverzeichnis anzugeben.

[2] Nach der Beaufort–Skala.

[3] In die Beanspruchungsgruppe D sind Fenster einzustufen, bei denen mit außergewöhnlicher Beanspruchung zu rechnen ist. Die Anforderungen sind im Einzelfall anzugeben.

Tabelle 3. Anforderungen bei gebrauchsmäßiger Nutzung

Prüfung	Lasten	Anforderungen
Verformung	300 N	Nach der Prüfung dürfen die Einzelteile des Fensters keine Schäden aufweisen (Beschlagbefestigung, Verglasung usw.). Das Glas darf nicht brechen. Die Verformungen oder Absenkungen müssen so gering sein, dass der Flügel einwandfrei geschlossen werden kann.
Last an der Flügelecke	500 N	
Torsion	200 N	
Diagonale Verformung	400 N	
Prüfung der Arretierungen	min 10mal Durchführung der Prüfung	
Prüfung der Blockierungen	200 N	Diese Last darf den Flügel nicht aus seiner Lage bringen.

Brandschutz nach DIN 4102

1 Begriffe, Anforderungen

1.1 Baustoffklassen

Die Baustoffe werden nach ihrem Brandverhalten in folgende Klassen eingeteilt:

Baustoffklasse	Bauaufsichtliche Benennung
A A1 A2	nichtbrennbare Baustoffe
B B1 B2 B3	brennbare Baustoffe schwerentflammbare Baustoffe normalentflammbare Baustoffe leichtentflammbare Baustoffe

1.2 Feuerwiderstandsklasse

Das Brandverhalten von Bauteilen wird durch die Feuerwiderstandsdauer und durch weitere, nachfolgend aufgeführte Eigenschaften gekennzeichnet.

Feuerwiderstandsklassen F

Feuerwiderstandsklasse	Feuerwiderstandsdauer in Minuten
F 30	≥ 30
F 60	≥ 60
F 90	≥ 90
F 120	≥ 120
F 180	≥ 180

1.3 Brandwände

Brandwände sind Wände zur Trennung oder Abgrenzung von Brandabschnitten. Sie sind dazu bestimmt, die Ausbreitung von Feuer auf andere Gebäude oder Gebäudeabschnitte zu verhindern.

Brandwände müssen aus Baustoffen der Klasse A bestehen.

Brandwände müssen bei mittiger und ausmittiger Belastung die Anforderungen mindestens der Feuerwiderstandsklasse F 90 erfüllen.

Nach den Bestimmungen des Verbandes der Sachversicherer gelten als "Komplextrennwände" Brandwände, die der Feuerwiderstandsklasse F 180 angehören und unter einer Stoßbeanspruchung von 4000 Nm standsicher und raumabschließend bleiben.

1.4 Nichttragende Außenwände

Nichttragende Außenwände sind raumhohe, raumabschließende Bauteile wie Außenwandelemente, Ausfachungen usw. – im folgenden kurz Außenwände genannt –, die auch im Brandfall nur durch ihr Eigengewicht beansprucht werden und zu keiner Aussteifung von Bauteilen dienen.

Zu den nichttragenden Außenwänden rechnen auch

a) brüstungshohe, nichtraumabschließende, nichttragende Außenwandelemente – im folgenden kurz Brüstungen genannt – und
b) schürzenartige, nichtraumabschließende, nichttragende Außenwandelemente – im folgenden kurz Schürzen genannt –,

die jeweils den Überschlagsweg des Feuers an der Außenseite von Gebäuden vergrößern.

Feuerwiderstandsklassen W

Feuerwiderstandsklasse	Feuerwiderstandsdauer in Minuten
W 30	≥ 30
W 60	≥ 60
W 90	≥ 90
W 120	≥ 120
FW180	≥ 180

Anforderungen an Außenwände

Außenwände dürfen bei Brandbeanspruchung entsprechend ihrer Feuerwiderstandsklasse nicht zusammenbrechen.

Anforderungen an Brüstungen

Brüstungen, die oberhalb der Unterkante der Rohdecke angebracht werden, dürfen bei Brandbeanspruchung entsprechend ihrer Feuerwiderstandsklasse nicht zusammenbrechen.

Anforderungen an Schürzen

Schürzen, die unterhalb der Oberkante der Rohdecke angebracht werden, dürfen bei Brandbeanspruchung entsprechend ihrer Feuerwiderstandsklasse nicht zusammenbrechen; sie müssen so als Einheit erhalten bleiben, dass der nach bauaufsichtlichen Bestimmungen geforderte Überschlagsweg erhalten bleibt.

Anforderungen an Brüstungen in Kombination mit Schürzen

Brüstungen in Kombination mit Schürzen dürfen bei Brandbeanspruchung entsprechend ihrer Feuerwiderstandsklasse nicht zusammenbrechen.

2.2 Baustoffe der Klasse A

2.2.1 Baustoffe der Klasse A1

Zur Baustoffklasse A1 gehören:

a) Sand, Kies, Lehm, Ton und alle sonstigen in der Natur vorkommenden bautechnisch verwendbaren Steine.
b) Mineralien, Erden, Lavaschlacke und Naturbims.
c) Aus Steinen und Mineralien durch Brenn- und/oder Blähprozesse gewonnene Baustoffe wie Zement, Kalk, Gips, Anhydrit, Schlacken-Hüttenbims, Blähton, Blähschiefer und Blähglas sowie Blähperlite und -vermiculite.
d) Mörtel, Beton, Stahlbeton, Spannbeton, Porenbeton, Leichtbeton, Steine und Bauplatten aus mineralischen Bestandteilen, auch mit üblichen Anteilen von Mörtel- oder Betonzusatzmitteln – siehe DIN 1053 Teil 1, DIN 1045 und DIN 18550 Teil 2.
e) Mineralfasern ohne organische Zusätze.
f) Ziegel, Steinzeug und keramische Platten.
g) Glas.
h) Metalle und Legierungen in nicht fein zerteilter Form mit Ausnahme der Alkali- und Erdalkalimetalle und ihrer Legierungen.

2.2.2 Baustoffe der Klasse A2

Zur Baustoffklasse A2 gehören:
Gipskartonplatten nach DIN 18180 mit geschlossener Oberfläche.

2.3 Baustoffe der Klasse B

2.3.1 Baustoffe der Klasse B1

Zur Baustoffklasse B1 gehören:

a) Holzwolle-Leichtbauplatten (HWL-Platten) nach DIN 1101.
Die Platten können auch ein- oder beidseitig mit mineralischem Porenverschluss der Holzwollestruktur als Oberflächen-Beschichtung versehen werden.
b) Mineralfaser-Mehrschicht-Leichtbauplatten (Mineralfaser-ML-Platten) nach DIN 1101 aus einer Mineralfaserschicht und einer oder beidseitigen Schicht aus mineralisch gebundener Holzwolle.
c) Gipskartonplatten nach DIN 18180 mit gelochter Oberfläche.
d) Kunstharzputze nach DIN 18558 mit ausschließlich mineralischen Zuschlägen auf massivem mineralischem Untergrund.
e) Wärmedämmputzsysteme nach DIN 18550 Teil 3.
f) Rohre und Formstücke aus
– weichmacherfreiem Polyvinylchlorid (PVC-U) nach DIN 19531 mit einer Wanddicke (Nennmaß) ≤ 3,2 mm,
– chloriertem Polyvinylchlorid (PVCC) nach DIN 19538 mit einer Wanddicke (Nennmaß) ≤ 3,2 mm,
– Polypropylen (PP) nach DIN V 19560.
g) Fußbodenbeläge:
– Eichen-Parkett aus Parkettstäben sowie Parkettriemen nach DIN 280 Teil 1 und Mosaik-Parkett-Lamellen nach DIN 280 Teil 2 jeweils auch mit Versiegelungen.
– Bodenbeläge aus Flex-Platten nach DIN 16950 und PVC-Bodenbeläge nach DIN 16951, jeweils aufgeklebt mit handelsüblichen Klebern auf massivem mineralischen Untergrund.
– Gussasphaltestrich nach DIN 18560 Teil 1 ohne weiteren Belag bzw. ohne weitere Beschichtung.
– Walzasphalt nach DIN 55946 Teil 1, Nr. 3.2, und DIN 18317, Abschnitt 3.3.1, ohne weiteren Belag und ohne weitere Beschichtung.

2.3.2 Baustoffe der Klasse B2

Zur Baustoffklasse B2 gehören:

a) Holz sowie genormte Holzwerkstoffe, soweit in Abschnitt 2.3.2 nicht aufgeführt, mit einer Rohdichte ≥ 400 kg/m³ und einer Dicke > 2 mm oder mit einer Rohdichte von ≥ 230 kg/m³ und einer Dicke > 5 mm.
b) Genormte Holzwerkstoffe, soweit in Abschnitt 2.3.2 nicht aufgeführt, mit einer Dicke > 2 mm, die vollflächig durch eine nicht thermoplastische Verbindung mit Holzfurnieren oder mit dekorativen Schichtpressstoffplatten nach EN 438 Teil 1 beschichtet sind.
c) Kunststoffbeschichtete dekorative Flachpressplatten nach DIN 68765 mit einer Dicke ≥ 4 mm.
d) Kunststoffbeschichtete dekorative Holzfaserplatten nach DIN 68751 mit einer Dicke ≥ 3 mm.
e) Dekorative Schichtpressstoffplatten nach DIN EN 438 Teil 1.
f) Gipskarton-Verbundplatten nach DIN 18184.
g) Hartschaum-Mehrschicht-Leichtbauplatten (Hartschaum-ML-Platten) nach DIN 1101 aus einer Hartschaumschicht und einer ein- oder beidseitigen Schicht aus mineralisch gebundener Holzwolle.
h) Tafeln aus weichmacherfreiem Polyvinylchlorid nach DIN 16927.
i) Rohre und Formstücke aus
– weichmacherfreiem Polyvinylchlorid (PVC-U) nach DIN 8061 mit einer Wanddicke (Nennmaß) > 3,2 mm,
– Polypropylen (PP) nach DIN 8078,
– Polyethylen hoher Dichte (PE-HD) nach DIN 8075 und DIN 19535 Teil 2,
– Styrol-Copolymerisaten (ABS/ASA/PVC) nach DIN 19561,
– Acrylnitril- Butadien-Styrol (ABS) oder Acrylester-Styrol-Acrylnitril (ASA) nach DIN 16890.

j) Gegossene Tafeln aus Polymethylmethacrylat (PMMA) nach DIN 16957 mit einer Dicke ≥ 2 mm.
k) Polystyrol-(PS)-Formmassen nach DIN 7741 Teil 1, ungeschäumt, plattenförmig, mit einer Dicke ≥ 1,6 mm.
l) Gießharzformstoffe nach DIN 16946 Teil 2 auf Basis von Epoxidharzen oder von ungesättigten Polyesterharzen.
m) Polyethylen-(PE-)Formmassen nach DIN 16776 Teil 1, ungeschäumt, mit einer Rohdichte ≤ 940 kg/m³ und einer Dicke ≥ 1,4 mm sowie mit einer Rohdichte > 940 kg/m³ und einer Dicke ≥ 1,0 mm.
n) Polypropylen-(PP-)Formmassen nach DIN 16774 Teil 1, ungeschäumt, Typ PP-B-M, mit einer Dicke ≥ 1,4 mm.
o) Polyamid-(PA-)Formmassen nach DIN 16773 Teil 1 und Teil 2 mit einer Dicke ≥ 1,0 mm.
p) Fugendichtstoffe im Sinne von DIN EN 26927, ungeschäumt, auf der Basis Polyurethan ohne Teer- oder Bitumenzusätze sowie Polysulfid, Silikon und Acrylat jeweils im eingebauten Zustand zwischen Baustoffen mindestens der Klasse B2.
q) Fußbodenbeläge auf beliebigem Untergrund:
– Bodenbeläge aus Flex-Platten nach DIN 16950 (z.Z. Entwurf),
– PVC-Beläge nach DIN 16951 und DIN 16952 Teil 1 bis Teil 4,
– homogene und heterogene Elastomer-Beläge nach DIN 16850,
– Elastomer-Beläge mit profilierter Oberfläche nach DIN 16852,
– Linoleum-Beläge nach DIN 18171 und DIN 18173,
– textile Fußbodenbeläge nach DIN 66090 Teil 1.
r) Hochpolymere Dach- und Dichtungsbahnen nach DIN 16729, DIN 16730, DIN 16731, DIN 16734, DIN 16735, DIN 16737, DIN 16935, DIN 16937 und DIN 16938.
s) Bitumen-, Dach- und Dichtungsbahnen nach DIN 18190 Teil 4, DIN 52128, DIN 52130, DIN 52131, DIN 52132, DIN 52133 und DIN 52143.
t) Kleinflächige Bestandteile von Bauprodukten (z.B. in oder an Feuerstätten oder Feuerungseinrichtungen).
u) Elektrische Leitungen.

3 Klassifizierte Betonbauteile mit Ausnahme von Wänden

3.1 Grundlagen zur Bemessung von Beton-, Stahlbeton- und Spannbetonbauteilen

3.1.1 Normalbeton

Bei Angaben über Normalbeton handelt es sich immer um Normalbeton nach DIN 1045.

3.1.2 Leichtbeton und Porenbeton

3.1.2.1 Bei Angaben zu tragenden Bauteilen aus Konstruktionsleichtbeton handelt es sich um Leichtbeton mit geschlossenem Gefüge nach DIN 4219 Teil 1 und Teil 2.

3.1.2.2 Der Begriff "Porenbeton" ersetzt den früher verwendeten Begriff "Gasbeton".

3.1.3 Kritische Temperatur crit T des Bewehrungsstahls

3.1.3.1 Die kritische Temperatur crit T des Bewehrungsstahls ist die Temperatur, bei der die Bruchspannung des Stahls auf die im Bauteil vorhandene Stahlspannung absinkt. Die im Bauteil vorhandene Stahlspannung verändert sich während der Brandeinwirkung.

Für die Ermittlung von crit T ist die im Bruchzustand bei Brandeinwirkung vorhandene Stahlspannung maßgebend. Sie darf näherungsweise

a) für Bauteile, die nach DIN 1045 und DIN 4227 Teil 1 bemessen werden, der Stahlspannung unter Gebrauchslast und
b) für Bauteile, die nach DIN 4227 Teil 6 bemessen werden, der Stahlspannung $v = 0,5 \cdot \beta_z$

gleichgesetzt werden.

Die in Tabelle 1 angegebenen crit-T-Werte beziehen sich auf die vorhandene Stahlspannung.

a) $0,572 \cdot \beta_s$ bei Betonstählen und
b) $0,555 \cdot \beta_z$ bei Spannstählen.

Tabelle 1: crit T von Beton- und Spannstählen sowie Δu-Werte

Zeile	1	2	3	4
	Stahlsorte		crit T	Δu
	Art	Festigkeitsklasse	°C	mm
1	Betonstahl	nach DIN 1045 [1]	500 [1]	0
2	Spannstahl, warmgewalzt, gereckt und angelassen	St 835/1030 St 885/1080	500	
3	Spannstahl, vergütete Drähte	St 1080/1230 St 1325/1470 St 1420/1570	450	+ 5
4	Spannstahl, kaltgezogene Drähte und Litzen	St 1470/1670 St 1375/1570 St 1570/1770	375 350	+ 12,5 + 15

[1] Betonstahl BSt 220/340
crit T = 570 °C
Δu = - 7,5 mm

Brandschutz nach DIN 4102

3.1.3.2 Sofern aus der Bemessung die im Bruchzustand bei Brandeinwirkung im Bauteil vorhandene Stahlspannung bekannt ist, darf crit T in Abhängigkeit vom Ausnutzungsgrad der Stähle

    a) vorh. σ/β_S (20 °C) bei Betonstählen und
    b) vorh. σ/β_Z (20 °C) bei Spannstählen

nach den Kurven der Bilder 1 und 2 bestimmt werden. Die aus Brandschutzgründen erforderlichen u–Werte dürfen hierauf abgestimmt werden – das heißt:

Die in den Abschnitten 3 und 4 angegebenen Mindest–u–Werte dürfen in Abhängigkeit von der kritischen Temperatur crit T – ermittelt nach den Kurven der Bilder 1 und 2 – vermindert werden. Als Korrektur gilt:

$$\Delta u = 10 \text{ mm für crit } \Delta T = 100 \text{ K} \qquad (1)$$

crit ΔT ist dabei als Differenz zu den Angaben von Tabelle 1 zu bestimmen.

Bei der Verminderung der u–Werte nach Gleichung (1) dürfen die in den Abschnitten 3 und 4 jeweils für F 30 angegebenen u–Werte (u_{F30}) nicht unterschritten werden.

3.1.3.3 Die kritische Temperatur für Beton– und Spannstählen, die nicht in den Bildern 1 und 2 erfasst ist, ist durch Warmkriechsuche in Abhängigkeit vom Ausnutzungsgrad zu bestimmen; andernfalls muss eine auf der sicheren Seite liegende Zuordnung zu den in den Bildern 1 und 2 angegebenen Kurven erfolgen.

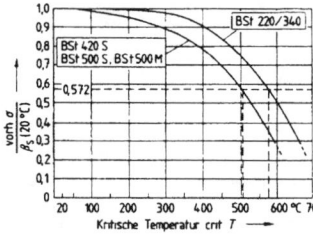

Bild 1: Abfall des Verhältnisses vorh. σ/β_S (20 °C) von Betonstählen in Abhängigkeit von der Temperatur.

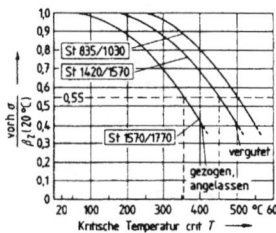

Bild 2: Abfall des Verhältnisses vorh. σ/β_Z (20 °C) von Spannstählen in Abhängigkeit von der Temperatur.

3.1.4 Achsabstand der Bewehrung

3.1.4.1 Der Achsabstand u der Bewehrung ist der Abstand zwischen der Längsachse der tragenden Bewehrungsstäbe (Längsstäbe) oder Spannglieder und der beflammten Betonoberfläche (Bild 3).

Nach der Lage werden weiter unterschieden:

    $u_s = u_{seitlich}$ und
    $u_o = u_{oben}$

Alle Achsabstände sind Nennmaße nach DIN 1045.

3.1.4.2 Sofern Stabbündel verwendet werden, beziehen sich alle Werte von u auf die Achse der Bündel.

3.1.4.3 Alle in Abschnitt 3 angegebenen Bemessungstabellen gelten für eine kritische Stahltemperatur von crit $T = 500$ °C.

Bei Verwendung von Spannstählen mit crit $T = 450$ °C, 375 °C oder 350 °C bzw. von Betonstahl mit crit $T = 570$ °C sind die in den Bemessungstabellen von Abschnitt 3 enthaltenen Mindestachsabstände u bzw. u_s und u_o um die in Tabelle 1 angegebenen Δu–Werte zu verändern.

3.1.4.4 Wenn in den Tabellen von Abschnitt 3 keine Angaben für Achsabstände u gemacht werden, gilt nom c nach DIN 1045, Abschnitt 13.2.

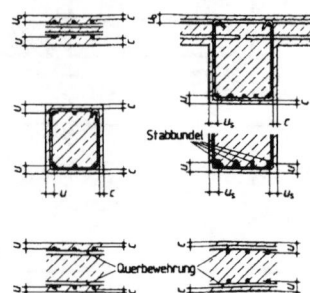

Bild 3: Achsabstände u, u_o und u_s sowie Betondeckung c

3.1.5 Betondeckung der Bewehrung

3.1.5.1 Die Betondeckung c ist entsprechend der Definition in DIN 1045, Abschnitt 13.2, der Abstand zwischen der Staboberfläche der Bewehrungsstäbe (unterschiedlich für Längsstäbe und Querbewehrungsstäbe) und der Bauteiloberfläche (Bild 3).

Die Betondeckung c in dieser Norm entspricht nom c nach DIN 1045, Abschnitt 13.2.

3.1.5.2 Wenn die Betondeckung des am nächsten zur Bauteiloberfläche liegenden Bewehrungsstabes bei biegebeanspruchten Bauteilen $c > 50$ mm ist, ist die Betondeckung an der Unterseite mit kreuzweise angeordneten, an den Knotenpunkten fest verbundenen Stäben, das heißt mit einer Schutzbewehrung zu bewehren:

Stabdurchmesser	$\geq 2{,}5$ mm
Maschenweite	$\geq 150 \times 150$ mm und
	$\leq 500 \times 500$ mm
Betondeckung	$=$ nom c

3.1.5.3 Bügel dürfen als Schutzbewehrung herangezogen werden.

3.1.5.4 Als Abstandhalter für die Bewehrung dürfen auch übliche Kunststoffabstandhalter der Baustoffklasse B verwendet werden, ohne dass die Klassifizierung – Benennung – verlorengeht.

3.1.6 Putzbekleidungen

3.1.6.1 Wenn bei Stahlbeton– oder Spannbetonbauteilen der mögliche Achsabstand der Bewehrung konstruktiv begrenzt ist und wenigstens den Mindestwerten für F 30 entspricht oder Bauteile in brandschutztechnischer Hinsicht nachträglich verstärkt werden müssen, so kann der für höhere Feuerwiderstandsklassen notwendige Achsabstand – zum Teil auch die erforderlichen Querschnittsabmessungen – nach den Angaben von Abschnitt 3.1.6 durch Putzbekleidungen ersetzt werden.

3.1.6.2 Sofern in den Abschnitten 3.2 bis 3.14 keine einschränkenden Angaben gemacht werden, gelten als Ersatz für den Achsabstand u oder eine Querschnittsabmessung die in Tabelle 2 angegebenen Werte. Die Putzdicke darf die in der letzten Spalte der Tabelle 2 jeweils angegebene Maximaldicke nicht überschreiten.

3.1.6.3 Als Putze ohne Putzträger können Putze der Mörtelgruppe P II oder P IV a, P IV b und P IV c nach DIN 18550 Teil 2 verwendet werden.

Voraussetzung für die brandschutztechnische Wirksamkeit ist eine ausreichende Haftung am Putzgrund. Sie wird sichergestellt, wenn der Putzgrund

  a) die Anforderungen nach DIN 18550 Teil 2 erfüllt.
  b) einen Spritzbewurf nach DIN 18550 Teil 2 erhält und
  c) aus Beton und/oder Zwischenbauteilen der folgenden Arten besteht:
    – Beton nach DIN 1045 unter Verwendung üblicher Schalungen, z.B. unter Verwendung von Holzschalung, Stahlschalung oder kunststoffbeschichteten Schaltafeln.
    – Beton nach DIN 1045 in Verbindung mit Zwischenbauteilen nach DIN 4158, DIN 4159 und DIN 278.
    – haufwerksporiger Leichtbeton, z.B. Bimsbeton.
    – Porenbeton

Anmerkung: Die Brauchbarkeit von Putzbekleidungen, die brandschutztechnisch notwendig sind und die nicht durch Putzträger (Rippenstreckmetall, Drahtgewebe o.ä.) am Bauteil gehalten werden – d.h. Putzbekleidungen ohne Putzträger, die die Anforderungen des Abschnittes 3.1.6.3 nicht erfüllen –, ist besonders nachzuweisen, zum Beispiel durch eine allgemeine bauaufsichtliche Zulassung.

3.1.6.4 Als Putze auf Putzträgern der Baustoffklasse A können Putze der Mörtelgruppe P I, II, III oder P IV a, P IV b und P IV c nach DIN 18550 Teil 2 sowie Putze nach Abschnitt 3.1.6.5 verwendet werden.

Als Putzträger eignen sich zum Beispiel Drahtgewebe, Ziegeldrahtgewebe oder Rippenstreckmetall.

Voraussetzungen für die brandschutztechnische Wirksamkeit der genannten Putze auf nichtbrennbaren Putzträgern sind:

  a) Der Putzträger muss ausreichend am zu schützenden Bauteil verankert werden, zum Beispiel durch Anschrauben oder Anrödeln – auch unter Zuhilfenahme von abstandhaltenden Stahlschienen.
  b) Die Spannweite der Putzträger muss ≤ 500 mm sein.
  c) Stöße von Putzträgern sind mit einer Überlappungsbreite von etwa 10 cm auszuführen; die einzelnen Putzträgerbahnen sind mit Draht zu verrödeln.
  d) Der Putz muss die Putzträger ≥ 10 mm durchdringen.

3.1.6.5 Als brandschutztechnisch geeignete Dämmputze, die auf Putzträgern gemäß Abschnitt 3.1.6.4 aufzubringen sind, gelten:
Zweilagige Vermiculite– oder Perlite–Zementputze oder zweilagige Vermiculite– oder Perlite–Gipsputze mit folgenden Mischungsverhältnissen:

Der Mörtel für den mindestens 10 mm dicken Unterputz muss aus 1 Rtl. Zement nach DIN 1164 Teil 1 oder 3 Rtl. Baugips nach DIN 1168 Teil 1 und Teil 2 und 4 bis 5 Rtl. geblähtem (expandiertem) Vermiculite, etwa der Körnung 3/6 mm, oder Perlite, etwa der Körnung 0/3 mm, bestehen. Der Mörtel für den etwa 5 mm dicken geglätteten Oberputz muss entsprechend aufgebaut sein, wobei Vermiculite– oder Perlite–Körnungen 0/3 mm mit einem Anteil von mindestens 70 % der Körnung 1/3 mm zu verwenden sind.

Zur besseren Verarbeitung darf sowohl beim Ober– als auch beim Unterputz bis zu 20 % des Zements durch Kalkhydrat ersetzt werden. Die Rohdichte des expandierten Vermiculites und Perlites darf bei loser Einfüllung höchstens 0,13 kg/dm³ betragen.

3.1.6.6 Die in Abschnitt 3.1.6.4 aufgezählten Putze können auch auf Holzwolle–Leichtbauplatten nach DIN 1101 aufgebracht werden.
Voraussetzungen für die brandschutztechnische Wirksamkeit der genannten Putze auf einen derartigen Putzträger der Baustoffklasse B sind:
  a) Ausführung von dichten Stößen und
  b) Befestigung der Holzwolle–Leichtbauplatten mit ≥ 6 Haftsicherungsankern/m² aus Stahl.

3.1.7 Feuchtegehalt und Abplatzverhalten

3.1.7.1 Alle in den Abschnitten 3 und 4 für Bauteile aus Normalbeton nach DIN 1045 oder aus Leichtbeton mit geschlossenem Gefüge nach DIN 4219 Teil 1 und Teil 2 angegebenen Mindestquerschnittsabmessungen, zulässigen Spannungen usw. wurden so festgelegt, daß bei Brandbeanspruchung geringfügige Oberflächenabplatzungen möglich sind, zerstörende Abplatzungen für den Regelfall (Feuchtegehalt, angegeben als Massenanteil ≤ 4 %) jedoch ausgeschlossen werden.

Ein Feuchtegehalt > 4 % liegt nur in Sonderfällen vor, z.B. bei Bauteilen nach DIN 1045, Tabelle 10, Zeile 3; er führt im allgemeinen zu zerstörenden Abplatzungen.

3.1.7.2 Über das Abplatzverhalten von tragenden Bauteilen aus Leichtbeton mit geschlossenem Gefüge nach DIN 4219 Teil 1 und Teil 2 liegen nur begrenzte Erkenntnisse vor, weshalb bei Verwendung dieser Betonart auch weitergehende Einschränkungen gemacht werden.

Tabelle 2: Putzdicke als Ersatz für den Achsabstand u oder eine Querschnittsabmessung

Zeile	Putzart	Erforderliche Putzdicke in imm als Ersatz für 10 mm		maximal zulässige Putzdicke in mm
		Normalbeton	Leicht– oder Porenbeton	
1	Putze ohne Putzträger nach Abschnitt 3.1.6.3:			
1.1	Putzmörtel der Gruppe P II und P IV c	15	18	20
1.2	Putzmörtel der Gruppe P IV a und P IV b	10	12	25
2	Putze nach Abschnitt 3.1.6.4	8	10	25 [1]
3	Putze nach Abschnitt 3.1.6.5	5	6	30 [1]
4	Putze auf Holzwolle–Leichtbauplatten nach den Angaben von Abschnitt 3.1.6.6	Angaben hierzu siehe Abschnitt 3.4		
[1] Gemessen über Putzträger				

Schallschutz nach DIN 4109

1 Anwendungsbereich und Zweck

Diese Norm gilt zum Schutz von Aufenthaltsräumen

- gegen Geräusche aus fremden Räumen, z.B. Sprache, Musik oder Gehen, Stühlerücken und den Betrieb von Haushaltsgeräten,
- gegen Geräusche aus haustechnischen Anlagen und aus Betrieben im selben Gebäude oder in baulich damit verbundenen Gebäuden,
- gegen Außenlärm wie Verkehrslärm (Straßen–, Schienen–, Wasser– und Luftverkehr) und Lärm aus Gewerbe– und Industriebetrieben, die baulich mit den Aufenthaltsräumen im Regelfall nicht verbunden sind.

Diese Norm gilt nicht zum Schutz von Aufenthaltsräumen

- gegen Geräusche aus haustechnischen Anlagen im eigenen Wohnbereich,
- in denen infolge ihrer Nutzung ständig oder nahezu ständig stärkere Geräusche vorhanden sind, die einem Schalldruckpegel L_{AF} von 40 dB(A) entsprechen,
- gegen Fluglärm, soweit er im "Gesetz zum Schutz gegen Fluglärm" geregelt ist.

Ausführungsbeispiele für schallschutztechnisch ausreichende Bauteile sowie Hinweise für Planung und Ausführung enthalten Beiblatt 1 und Beiblatt 2 zu DIN 4109.

2 Kennzeichnende Größen für die Anforderungen an den Schallschutz

2.1 Luft– und Trittschalldämmung von Bauteilen

Zur zahlenmäßigen Kennzeichnung dienen die Größen nach Tabelle 1, Einzahl–Angaben nach Abschnitt A.8.1.

2.2 Schalldruckpegel haustechnischer Anlagen und aus Betrieben

Zur zahlenmäßigen Kennzeichnung dienen die Angaben der Tabelle 2.

3 Schutz von Aufenthaltsräumen gegen Schallübertragung aus einem fremden Wohn– oder Arbeitsbereich; Anforderungen an die Luft– und Trittschalldämmung

3.1 Allgemeines

Die in Tabelle 3 angegebenen Anforderungen sind mindestens einzuhalten.

Die für die Schalldämmung der trennenden Bauteile angegebenen Werte gelten nicht für diese Bauteile allein sondern für die resultierende Dämmung unter Berücksichtigung der an der Schallübertragung beteiligten Bauteile und Nebenwege im eingebauten Zustand; dies ist bei der Planung zu berücksichtigen.

Bei Türen und Fenstern gelten die Werte für die Schalldämmung bei alleiniger Übertragung durch Türen und Fenster.

Sind Aufenthaltsräume oder Wasch– und Aborträume durch Schächte oder Kanäle miteinander verbunden (z.B. bei Lüftungen, Abgasanlagen und Luftheizungen), so dürfen die für die Luftschalldämmung des trennenden Bauteils in Tabelle 3 genannten Werte durch Schallübertragung über die Schacht– und Kanalanlagen nicht unterschritten werden.

4 Schutz gegen Geräusche aus haustechnischen Anlagen und Betrieben

4.1 Zulässige Schalldruckpegel in schutzbedürftigen Räumen

Werte für die zulässigen Schalldruckpegel in schutzbedürftigen Räumen sind in Tabelle 4 angegeben. Einzelne, kurzzeitige Spitzenwerte des Schalldruckpegels dürfen die in Zeilen 3 und 4 angegebenen Werte um nicht mehr als 10 dB(A) überschreiten.

Der Installations–Schallpegel L_{In} der Wasserinstallationen wird nach DIN 52219 bestimmt; von anderen haustechnischen Anlagen wird der Schalldruckpegel L_{AF} in Anlehnung an DIN 52219 bestimmt.

Nutzergeräusche [2] unterliegen nicht den Anforderungen nach Tabelle 4; allgemeine Planungshinweise siehe Beiblatt 2 zu DIN 4109.

Anmerkung 1: **Schutzbedürftige Räume** sind Aufenthaltsräume, soweit sie gegen Geräusche zu schützen sind. Nach dieser Norm sind es

- Wohnräume, einschl. Wohndielen,
- Schlafräume, einschließlich Übernachtungsräume in Beherbergungsstätten und Bettenräume in Krankenhäusern und Sanatorien,
- Unterrichtsräume in Schulen, Hochschulen und ähnlichen Einrichtungen,
- Büroräume (ausgenommen Großraumbüros), Praxisräume, Sitzungsräume und ähnliche Arbeitsräume.

Anmerkung 2: **"Laute" Räume** sind

- Räume, in denen häufigere und größere Körperschallanregungen als in Wohnungen stattfinden, z.B. Heizungsräume,
- Räume, in denen der maximale Schalldruckpegel L_{AF} 75 dB(A) nicht übersteigt und die Körperschallanregung nicht größer ist als in Bädern, Aborten oder Küchen.

Anmerkung 3: **"Besonders laute" Räume** sind

- Räume mit "besonders lauten" haustechnischen Anlagen oder Anlageteilen, wenn der maximale Schalldruckpegel des Luftschalls in diesen Räumen häufig mehr als 75 dB(A) beträgt,
- Aufstellräume für Auffangbehälter von Müllabwurfanlagen und deren Zugangsflure zu den Räumen vom Freien,
- Betriebsräume von Handwerks– und Gewerbebetrieben einschließlich Verkaufsstätten, wenn der maximale Schalldruckpegel des Luftschalls in diesen Räumen häufig mehr als 75 dB(A) beträgt,
- Gasträume, z.B. von Gaststätten, Cafés, Imbissstuben,
- Räume von Kegelbahnen,
- Küchenräume von Beherbergungsstätten, Krankenhäusern, Sanatorien, Gaststätten; außer Betracht bleiben Kleinküchen, Aufbereitungsküchen sowie Mischküchen,
- Theaterräume,
- Sporthallen,
- Musik– und Werkräume,

Anmerkung 4: **Haustechnische Anlagen** sind nach dieser Norm dem Gebäude dienende

- Ver– und Entsorgungsanlagen,
- Transportanlagen,
- fest eingebaute, betriebstechnische Anlagen.

Als haustechnische Anlagen gelten außerdem

- Gemeinschaftswaschanlagen,
- Schwimmanlagen, Saunen und dergleichen,
- Sportanlagen,
- zentrale Staubsauganlagen,
- Müllabwurfanlagen,
- Garagenanlagen.

Außer Betracht bleiben Geräusche von ortsveränderlichen Maschinen und Geräten (z.B. Staubsauger, Waschmaschinen, Küchengeräte und Sportgeräte) im eigenen Wohnbereich.

Anmerkung 5: **Betriebe** sind Handwerksbetriebe und Gewerbebetriebe aller Art, z.B. auch Gaststätten und Theater.

4.2 Anforderungen an die Luft– und Trittschalldämmung von Bauteilen zwischen "besonders lauten" und schutzbedürftigen Räumen

Über die in Tabelle 4 festgelegten Anforderungen hinaus sind für die Luft– und Trittschalldämmung von Bauteilen zwischen "besonders lauten" Räumen einerseits und schutzbedürften Räumen andererseits die Anforderungen an das bewertete Schalldämm–Maß erf. R'_w und den bewerteten Norm–Trittschallpegel erf. $L'_{n,w}$ in Tabelle 5 angegeben.

---

[2] Unter Nutzergeräuschen werden z.B. das Aufstellen eines Zahnputzbechers auf Abstellplatte, hartes Schließen des WC–Deckels, Spureinlauf, Rutschen in Badewanne usw. verstanden.

Bei der Luftschallübertragung müssen – entsprechend der Definition des bewerteten Schalldämm–Maßes R'_w – auch die Flankenübertragung über angrenzende Bauteile und sonstige Nebenwegübertragungen, z.B. über Lüftungsanlagen, beachtet werden.

Anforderungen an den Trittschallschutz zwischen "besonders lauten" und schutzbedürftigen Räumen dienen zum einen dem unmittelbaren Schutz gegen häufiger als in Wohnungen auftretende Gehgeräusche, zum anderen auch als Schutz gegen Körperschallübertragung anderer Art, die von Maschinen oder Tätigkeiten mit großer Körperschallanregung, z.B. in Großküchen, herrühren.

Um die in Tabelle 4 genannten zulässigen Schalldruckpegel einzuhalten, sind Schallschutzmaßnahmen entsprechend den Anforderungen in Tabelle 5 zwischen den "besonders lauten" und schutzbedürftigen Räumen vorzunehmen.

In vielen Fällen ist zusätzlich eine Körperschalldämmung von Maschinen, Geräten und Rohrleitungen gegenüber den Gebäudedecken und –wänden erforderlich. Sie kann zahlenmäßig nicht angegeben werden, weil sie von der Größe der Körperschallerzeugung der Maschinen und Geräte abhängt, die sehr unterschiedlich sein kann.

4.3 Anforderungen an Armaturen und Geräte der Wasserinstallation; Prüfung, Kennzeichnung

4.3.1 Anforderungen an Armaturen und Geräte

Für Armaturen und Geräte der Wasserinstallation – im nachfolgenden Armaturen genannt – sind Armaturengruppen festgelegt, in die sie aufgrund des nach DIN 52218 Teil 1 bis Teil 4 gemessenen Armaturengeräuschpegels L_{ap} entsprechend Tabelle 6 eingestuft werden.

Für Auslaufarmaturen und daran anzuschließende Auslaufvorrichtungen (Strahlregler, Rohrbelüfter in Durchflussform, Rückflussverhinderer, Kugelgelenke und Brausen) sowie für Eckventile sind in Tabelle 7 Durchflussklassen mit maximalen Durchflüssen festgelegt. Die Einstufung in die jeweilige Durchflussklasse erfolgt aufgrund des bei der Prüfung nach DIN 52218 Teil 1 bis Teil 4 verwendeten Strömungswiderstandes oder festgestellten Durchflusses.

Tabelle 7: Durchflussklassen

Spalte	1	2
Zeile	Durchflussklasse	maximaler Durchfluss Q in l/s (bei 0,3 MPa Fließdruck)
1	Z	0,15
2	A	0,25
3	B	0,42
4	C	0,5
5	D	0,63

4.3.2 Prüfung

Die Prüfung muss bei einer hierfür geeigneten Prüfstelle durchgeführt werden, die in einer Liste, die beim Institut für Bautechnik geführt wird, enthalten ist.

Der Prüfbericht muss zusätzlich zu den nach DIN 52218 Teil 1 erforderlichen Angaben enthalten:

- Bei allen Armaturen die Feststellung, ob die Anforderungen nach Tabelle 6 eingehalten werden, sowie die Einstufung in Armaturengruppe I oder II;
- bei Auslaufarmaturen sowie diesen nachgeschalteten Auslaufvorrichtungen nach Tabelle 6, Zeile 10, außerdem noch die Einstufung in Durchflussklasse A, B, C, D oder Z, bei Eckventilen in Durchflussklassen A oder B;
- bei allen Armaturen Angaben über die Verwendungsbeschränkungen (z.B. S–Anschluss mit Schalldämpfer), welche der Einstufung für das Geräuschverhalten zu Grunde liegen.

4.3.3 Kennzeichnung

Armaturen, die nach Abschnitt 4.3.2 geprüft worden sind und die vorstehenden Anforderungen erfüllen, sind mit einem Prüfzeichen, der Armaturengruppe, ggf. der Durchflussklasse und dem Herstellerkennzeichen zu versehen. Die Kennzeichnung der Armaturen muss so angebracht sein, dass sie bei eingebauter Armatur sichtbar, mindestens leicht zugänglich ist. Bei Armaturen mit mehreren Abgängen (z.B. Badewannenbatterien) sind die Durchflussklassen der einzelnen Abgänge hintereinander anzugeben,wobei der erste Buchstabe für den unteren Abgang (z.B. Badewannenauslauf), der zweite Buchstabe für den oberen Abgang (z.B. Brauseanschluss) gilt. Falls damit keine Eindeutigkeit herzustellen ist, sind die Kennbuchstaben für die Durchflussklassen unmittelbar an den Abgängen anzubringen.

5 Schutz gegen Außenlärm; Anforderungen an die Luftschalldämmung von Außenbauteilen

5.1 Lärmpegelbereiche

Für die Festlegung der erforderlichen Luftschalldämmung von Außenbauteilen gegenüber Außenlärm, werden verschiedene Lärmpegelbereiche zu Grunde gelegt, denen die jeweils vorhandenen oder zu erwartenden "maßgeblichen Außenlärmpegel" (siehe Abschnitt 5.5) zuzuordnen sind.

5.2 Anforderungen an Außenbauteile unter Berücksichtigung unterschiedlicher Raumarten oder Nutzungen

Für Außenbauteile von Aufenthaltsräumen – bei Wohnungen mit Ausnahmen von Küchen, Bädern und Hausarbeitsräumen – sind unter Berücksichtigung der unterschiedlichen Raumarten oder Raumnutzungen die in Tabelle 8 aufgeführten Anforderungen der Luftschalldämmung einzuhalten.

Tabelle 1: Kennzeichnende Größen für die Anforderungen an die Luft– und Trittschalldämmung von Bauteilen

R'_w: bewertetes Schalldämm–Maß in dB mit Schallübertragung über flankierende Bauteile
R_w: bewertetes Schalldämm–Maß in dB ohne Schallübertragung über flankierende Bauteile
$L'_{n,w}$: bewerteter Norm–Trittschallpegel in dB (*TSM:* Trittschallschutzmaß in dB)

Spalte	1	2	3	
Zeile	Bauteile [1]	Berücksichtigte Schallübertragung	Kennzeichnende Größe für	
			Luftschalldämmung	Trittschalldämmung
1	Wände	über das trennende und die	erf. R'_w	–
2	Decken	flankierenden Bauteile sowie	erf. R'_w	erf. $L'_{n,w}$ (erf. *TSM*)
3	Treppen	gegebenenfalls über Nebenwege	–	erf. $L'_{n,w}$ (erf. *TSM*)
4	Türen	nur über die Tür bzw.	erf. R_w	–
5	Fenster	über das Fenster		

[1] Im betriebsfertigen Zustand.

Tabelle 2: Kennzeichnende Größen für die Anforderungen nach Tabelle 4

Spalte	1	2
Zeile	Geräuschquelle	Kennzeichnende Größe
1	Wasserinstallationen (Wasserversorgungs– und Abwasseranlagen gemeinsam)	Installations–Schallpegel L_{In} nach DIN 52219
2	Sonstige haustechnische Anlagen	max. Schalldruckpegel $L_{AF,max}$ in Anlehnung an DIN 52219
3	Betriebe	Beurteilungspegel L_r nach DIN 45645 Teil 1 (nachts = lauteste Stunde) bzw. VDI 2058 Blatt 1

Schallschutz nach DIN 4109

Tabelle 3: Luft– und Trittschalldämmung zum Schutz gegen Schallübertragung aus einem fremden Wohn– oder Arbeitsbereich (nach DIN 4109 und DIN 4109 Bbl. 2)

Zeile		Bauteile	Anforderungen		Bemerkungen	Vorschläge für erhöten Schallschutz		Bemerkungen
			erf R'_w dB	erf. $L'_{n,w}$ (erf. TSM) [1] dB		erf R'_w dB	erf. $L'_{n,w}$ (erf. TSM) [1] dB	
1 Geschosshäuser mit Wohnungen und Arbeitsräumen								
1	Decken	Decken unter allgemein nutzbaren Dachräumen, z.B Trockenböden, Abstellräumen und ihren Zugängen	53	53 (10)	Bei Gebäuden mit nicht mehr als 2 Wohnungen betragen die Anforderungen erf R'_w = 52 dB und erf. $L'_{n,w}$ = 63 dB (erf TSM = 0 dB).	≥ 55	≤ 46 (≥ 17)	
2		Wohnungstrenndecken (auch –treppen) und Decken zwischen fremden Arbeitsräumen bzw. vergleichbaren Nutzungseinheiten	54	53 (10)	Wohnungstrenndecken sind Bauteile, die Wohnungen voneinander oder von fremden Arbeitsräumen trennen. Bei Gebäuden mit nicht mehr als 2 Wohnungen beträgt die Anforderung erf. R'_w = 52 dB. Weichfedernde Bodenbeläge dürfen bei dem Nachweis der Anforderungen an den Trittschallschutz nicht angerechnet werden; in Gebäuden mit nicht mehr als 2 Wohnungen dürfen weichfedernde Bodenbeläge, z.B. nach Beiblatt 1 zu DIN 4109, Tabelle 18, berücksichtigt werden, wenn die Beläge auf dem Produkt oder auf der Verpackung mit dem entsprechenden ΔL_w (VM) nach Beiblatt 1 zu DIN 4109, Tabelle 18, bzw nach Eignungsprüfung gekennzeichnet sind und mit der Werksbescheinigung nach DIN 50049 ausgeliefert werden.	≥ 55	≤ 46 (≥ 17)	Weichfedernde Bodenbeläge dürfen für den Nachweis des Trittschallschutzes angerechnet werden.
3		Decken über Kellern, Hausfluren, Treppenräumen unter Aufenthaltsräumen	52	53 (10)	Die Anforderung an die Trittschalldämmung gilt nur für die Trittschallübertragung in fremde Aufenthaltsräume, ganz gleich, ob sie in waagerechter, schräger oder senkrechter (nach oben) Richtung erfolgt.	≥ 55	≤ 46 (≥ 17)	Der Vorschlag für den erhöhten Schallschutz an die Trittschalldämmung gilt nur für die Trittschallübertragung in fremde Aufenthaltsräume, ganz gleich, ob sie in
4		Decken über Durchfahrten, Einfahrten von Sammelgaragen und ähnliches unter Aufenthaltsräumen	55	53 (10)	Weichfedernde Bodenbeläge dürfen bei dem Nachweis der Anforderungen an den Trittschallschutz nicht angerechnet werden.	–	≤ 46 (≥ 17)	waagerechter, schräger oder senkrechter (nach oben) Richtung erfolgt.
5		Decken unter/über Spiel– oder ähnlichen Gemeinschaftsräumen	55	46 (17)	Wegen der verstärkten Übertragung tiefer Frequenzen können zusätzliche Maßnahmen zur Körperschalldämmung erforderlich sein			
6		Decken unter Terrassen und Loggien über Aufenthaltsräumen	–	53 (10)	Bezüglich der Luftschalldämmung gegen Außenlärm siehe aber Abschnitt 5.		≤ 46 (≥ 17)	
7		Decken unter Laubengängen	–	53 (10)	Die Anforderung an die Trittschalldämmung gilt nur für die Trittschallübertragung in fremde Aufenthaltsräume, ganz gleich, ob sie in waagerechter, schräger oder senkrechter (nach oben) Richtung erfolgt.		≤ 46 (≥ 17)	Der Vorschlag für den erhöhten Schallschutz an die Trittschalldämmung gilt nur für die Trittschallübertragung in fremde Aufenthaltsräume, ganz gleich, ob sie in waagerechter, schräger oder senkrechter (nach oben) Richtung erfolgt.
8		Decken und Treppen innerhalb von Wohnungen, die sich über zwei Geschosse erstrecken		53 (10)	Die Anforderung an die Trittschalldämmung gilt nur für die Trittschallübertragung in fremde Aufenthaltsräume, ganz gleich, ob sie in waagerechter, schräger oder senkrechter (nach oben) Richtung erfolgt. Weichfedernde Bodenbeläge dürfen bei dem Nachweis der Anforderungen an den Trittschallschutz nicht angerechnet werden.	–	≤ 46 (≥ 17)	Der Vorschlag für den erhöhten Schallschutz an die Trittschalldämmung gilt nur für die Trittschallübertragung in fremde Aufenthaltsräume, ganz gleich, ob sie in waagerechter, schräger oder senkrechter (nach oben) Richtung erfolgt. Weichfedernde Bodenbeläge dürfen für den Nachweis des Trittschallschutzes angerechnet werden.
9		Decken unter Bad und WC ohne/mit Bodenentwässerung	54	53 (10)	Die Prüfung der Anforderungen an das Trittschallschutzmaß nach DIN 52210 Teil 3 erfolgt bei einer gegebenenfalls vorhandenen Bodenentwässerung nicht in einem Umkreis von r = 60 cm. Bei Gebäuden mit nicht mehr als 2 Wohnungen betragt die Anforderung erf. R'_w = 52 dB und erf $L'_{n,w}$ = 63 dB (erf. TSM = 0 dB).	≥ 55	≤ 46 (≥ 17)	Bei Sanitärobjekten in Bad oder WC ist für eine ausreichende Körperschalldämmung zu sorgen (siehe Abschnitt 2.4.3).
10		Decken unter Hausfluren	–	53 (10)	Die Anforderung an die Trittschalldämmung gilt nur für die Trittschallübertragung in fremde Aufenthaltsräume, ganz gleich, ob sie in waagerechter, schräger oder senkrechter (nach oben) Richtung erfolgt. Weichfedernde Bodenbeläge dürfen bei dem Nachweis der Anforderungen an den Trittschallschutz nicht angerechnet werden.	–	≤ 46 (≥ 17)	
11	Treppen	Treppenläufe und –podeste	–	58 (5)	Keine Anforderungen an Treppenläufe in Gebäuden mit Aufzug und an Treppen in Gebäuden mit nicht mehr als 2 Wohnungen	–	≤ 46 (≥ 17)	
12	Wände	Wohnungstrennwände und Wände zwischen fremden Arbeitsräumen	53		Wohnungstrennwände sind Bauteile, die Wohnungen voneinander oder von fremden Arbeitsräumen trennen.	≥ 55	–	
13		Treppenraumwände und Wände neben Hausfluren	52		Für Wände mit Türen gilt die Anforderung erf R'_w (Wand) = erf. R_w (Tür) + 15 dB. Dann bedeutet erf. R_w (Tür) die erforderliche Schalldämmung der Tür nach Zeile 16 oder Zeile 17. Wandbreiten ≤ 30 cm bleiben dabei unberücksichtigt.	≥ 55	–	Für Wände mit Türen gilt R'_w (Wand) = $R_{w, P}$ (Tür) + 15 dB. Dann bedeutet $R_{w, P}$ (Tür) die erforderliche Schalldämmung der Tür nach Zeile 16 oder Zeile 17. Wandbreiten ≤ 30 cm bleiben dabei unberücksichtigt.
14		Wände neben Durchfahrten, Einfahrten von Sammelgaragen u.ä.	55					
15		Wände von Spiel– oder ähnlichen Gemeinschaftsräumen	55					
16	Türen	Türen, die von Hausfluren oder Treppenräumen in Flure und Dielen von Wohnungen und Wohnheimen oder von Arbeitsräumen führen.	27		Bei Türen gilt nach Tabelle 1 erf. R_w.	≥ 37	–	Bei Türen gilt DIN 4109, Tabelle 1, erf. R_w.
17		Türen, die von Hausfluren oder Treppenräumen unmittelbar in Aufenthaltsräume – außer Flure und Dielen – von Wohnungen führen.	37					
2 Einfamilien–Doppelhäuser und Einfamilien–Reihenhäuser								
18	Decken	Decken	–	48 (15)	Die Anforderung an die Trittschalldämmung gilt nur für die Trittschallübertragung in fremde Aufenthaltsräume, ganz gleich, ob sie in waagerechter, schräger oder senkrechter (nach oben) Richtung erfolgt.	–	≤ 38 (≥ 25)	Der Vorschlag für den erhöhten Schallschutz an die Trittschalldämmung gilt nur für die Trittschallübertragung in fremde Aufenthaltsräume, ganz gleich, ob sie in waagerechter, schräger oder senkrechter (nach oben) Richtung erfolgt.
19		Treppenläufe und –podeste und Decken unter Fluren	–	53 (10)	Bei einschaligen Haustrennwänden gilt: Wegen der möglichen Austauschbarkeit von weichfedernden Bodenbelägen nach Beiblatt 1 zu DIN 4109, Tabelle 18, die sowohl dem Verschleiß als auch besonderen Wünschen der Bewohner unterliegen, dürfen diese bei dem Nachweis der Anforderungen an den Trittschallschutz nicht angerechnet werden.	–	≤ 46 (≥ 17)	Weichfedernde Bodenbeläge dürfen für den Nachweis des Trittschallschutzes angerechnet werden.
20	Wände	Haustrennwände	57			≥ 67	–	

[1] Zur Berechnung der bisher benutzten Größen TSM, TSM_{eq} und VM aus den Werten von $L'_{n,w}$, $L_{n,w,eq}$ und ΔL_w gelten folgende Beziehungen: TSM = 63 dB – $L'_{n,w}$, TSM_{eq} = 63 dB – $L_{n,w,eq}$, VM = ΔL_w.

Schallschutz nach DIN 4109

Tabelle 3: Luft- und Trittschalldämmung zum Schutz gegen Schallübertragung aus einem fremden Wohn- oder Arbeitsbereich (nach DIN 4109 und DIN 4109 Bbl. 2)

3 Beherbergungsstätten

Nr.								
21	Decken	Decken	54	53 (10)		≥ 55	≤ 46 (≥ 17)	
22		Decken unter/über Schwimmbädern, Spiel- oder ähnlichen Gemeinschaftsräumen zum Schutz gegenüber Schlafräumen	55	46 (17)	Wegen der verstärkten Übertragung tiefer Frequenzen können zusätzliche Maßnahmen zur Körperschalldämmung erforderlich sein.			
23		Treppenläufe und -podeste	–	58 (5)	Keine Anforderungen an Treppenläufe in Gebäuden mit Aufzug. Die Anforderung gilt nicht für Decken, an die in Tabelle 5, Zeile 1, Anforderungen an den Schallschutz gestellt werden.	–	≤ 46 (≥ 17)	
24		Decken unter Fluren	–	53 (10)	Die Anforderung an die Trittschalldämmung gilt nur für die Trittschallübertragung in fremde Aufenthaltsräume, ganz gleich, ob sie in waagerechter, schräger oder senkrechter (nach oben) Richtung erfolgt.	–	≤ 46 (≥ 17)	Der Vorschlag für den erhöhten Schallschutz an die Trittschallübertragung gilt nur für die Trittschallübertragung in fremde Aufenthaltsräume, ganz gleich, ob sie in waagerechter, schräger oder senkrechter (nach oben) Richtung erfolgt.
25		Decken unter Bad und WC ohne/mit Bodenentwässerung.	54	53 (10)	Die Anforderung an die Trittschalldämmung gilt nur für die Trittschallübertragung in fremde Aufenthaltsräume, ganz gleich, ob sie in waagerechter, schräger oder senkrechter (nach oben) Richtung erfolgt. Die Prüfung der Anforderungen an den bewerteten Norm-Trittschallpegel nach DIN 52210 Teil 3 erfolgt bei einer gegebenenfalls vorhandenen Bodenentwässerung nicht in einem Umkreis von r = 60 cm.	≥ 55	≤ 46 (≥ 17)	Der Vorschlag für den erhöhten Schallschutz an die Trittschallübertragung gilt nur für die Trittschallübertragung in fremde Aufenthaltsräume, ganz gleich, ob sie in waagerechter, schräger oder senkrechter (nach oben) Richtung erfolgt. Weichfedernde Bodenbeläge dürfen für den Nachweis des Trittschallschutzes angerechnet werden. Bei Sanitärobjekten in Bad oder WC ist für eine ausreichende Körperschalldämmung zu sorgen (siehe Abschnitt 2.4.3).
26	Wände	Wände zwischen Übernachtungs- bzw. Krankenräumen	47			≥ 52	–	Das erf. R'_w gilt für die Wand allein.
		Wände zwischen Fluren und Übernachtungs- bzw. Krankenräumen						
27	Türen	Türen zwischen Fluren und Krankenräumen	32		Bei Türen gilt nach Tabelle 1 erf. R_w.	≥ 37	–	Bei Türen gilt nach DIN 4109, Tabelle 1 erf. R_w.
		Türen zwischen Fluren und Übernachtungsräumen						

4 Krankenanstalten, Sanatorien

Nr.								
28	Decken	Decken	54	53 (10)		≥ 55	≤ 46 (≥ 17)	
29		Decken unter/über Schwimmbädern, Spiel- oder ähnlichen Gemeinschaftsräumen	55	46 (17)	Wegen der verstärkten Übertragung tiefer Frequenzen können zusätzliche Maßnahmen zur Körperschalldämmung erforderlich sein.			
30		Treppenläufe und -podeste	–	58 (5)	Keine Anforderungen an Treppenläufe in Gebäuden mit Aufzug.	–	≤ 46 (≥ 17)	Der Vorschlag für den erhöhten Schallschutz an die Trittschalldämmung gilt nur für die
31		Decken unter Fluren	–	53 (10)	Die Anforderung an die Trittschalldämmung gilt nur für die Trittschallübertragung in fremde Aufenthaltsräume, ganz gleich, ob sie in waagerechter, schräger oder senkrechter (nach oben) Richtung erfolgt.	–	≤ 46 (≥ 17)	Trittschallübertragung in fremde Aufenthaltsräume, ganz gleich, ob sie in waagerechter, schräger oder senkrechter (nach oben) Richtung erfolgt.
32		Decken unter Bad und WC ohne/mit Bodenentwässerung	54	53 (10)	Die Anforderung an die Trittschalldämmung gilt nur für die Trittschallübertragung in fremde Aufenthaltsräume, ganz gleich, ob sie in waagerechter, schräger oder senkrechter (nach oben) Richtung erfolgt. Die Prüfung der Anforderungen an den bewerteten Norm-Trittschallpegel nach DIN 52210 Teil 3 erfolgt bei einer gegebenenfalls vorhandenen Bodenentwässerung nicht in einem Umkreis von r = 60 cm.	–	≤ 46 (≥ 17)	Der Vorschlag für den erhöhten Schallschutz an die Trittschallübertragung gilt nur für die Trittschallübertragung in fremde Aufenthaltsräume, ganz gleich, ob sie in waagerechter, schräger oder senkrechter (nach oben) Richtung erfolgt. Weichfedernde Bodenbeläge dürfen für den Nachweis des Trittschallschutzes angerechnet werden. Bei Sanitärobjekten in Bad oder WC ist für eine ausreichende Körperschalldämmung zu sorgen (siehe Abschnitt 2.4.3).
33	Wände	Wände zwischen – Krankenräumen, – Fluren und Krankenräumen, – Untersuchungs- bzw. Sprechzimmern, – Fluren und Untersuchungs- bzw. Sprechzimmern, – Krankenräumen und Arbeits- und Pflegeräumen	47			≥ 52	–	Das erf. R'_w gilt für die Wand allein.
34		Wände zwischen – Operations- bzw. Behandlungsräumen, – Fluren und Operations- bzw. Behandlungsräumen	42					
35		Wände zwischen – Räumen der Intensivpflege, – Fluren und Räumen der Intensivpflege	37					
36	Türen	Türen zwischen – Untersuchungs- bzw. Sprechzimmern, – Fluren und Untersuchungs- bzw. Sprechzimmern	37		Bei Türen gilt nach Tabelle 1 erf. R_w.	≥ 37	–	Bei Türen gilt nach DIN 4109, Tabelle 1 erf. R_w.
37		Türen zwischen – Fluren und Krankenräumen, – Operations- bzw. Behandlungsräumen, – Fluren und Operations- bzw. Behandlungsräumen	32					

5 Schulen und vergleichbare Unterrichtsbauten

Nr.								
38	Decken	Decken zwischen Unterrichtsräumen oder ähnlichen Räumen	55	53 (10)				Keine Vorschläge nach DIN 4109 Bbl. 2
39		Decken unter Fluren	–	53 (10)	Die Anforderung an die Trittschalldämmung gilt nur für die Trittschallübertragung in fremde Aufenthaltsräume, ganz gleich, ob sie in waagerechter, schräger oder senkrechter (nach oben) Richtung erfolgt.			
40		Decken zwischen Unterrichtsräumen oder ähnlichen Räumen und "besonders lauten" Räumen (z.B. Sporthallen, Musikräume, Werkräume)	55	46 (17)	Wegen der verstärkten Übertragung tiefer Frequenzen können zusätzliche Maßnahmen zur Körperschalldämmung erforderlich sein.			
41	Wände	Wände zwischen Unterrichtsräumen oder ähnlichen Räumen	47					
42		Wände zwischen Unterrichtsräumen oder ähnlichen Räumen und Fluren	47					
43		Wände zwischen Unterrichtsräumen oder ähnlichen Räumen und Treppenhäusern	52					
44		Wände zwischen Unterrichtsräumen oder ähnlichen Räumen und "besonders lauten" Räumen (z.B. Sporthallen, Musikräumen, Werkräumen)	55					
45	Türen	Türen zwischen Unterrichtsräumen oder ähnlichen Räumen und Fluren	32		Bei Türen gilt nach Tabelle 1 erf. R_w.			

[1] Zur Berechnung der bisher benutzten Größen TSM, TSM_{eq} und VM aus den Werten von $L'_{n,w}$, $L_{n,w,eq}$ und ΔL_w gelten folgende Beziehungen: $TSM = 63\ dB - L'_{n,w}$; $TSM_{eq} = 63\ dB - L_{n,w,eq}$; $VM = \Delta L_w$

Schallschutz nach DIN 4109

Tabelle 4: Werte für die zulässigen Schalldruckpegel in schutzbedürftigen Räumen von Geräuschen aus haustechnischen Anlagen und Gewerbebetrieben

Spalte	1	2	3
		Art der schutzbedürftigen Räume	
Zeile	Geräuschquelle	Wohn- und Schlafräume	Unterrichts- und Arbeitsräume
		Kennzeichnender Schalldruckpegel dB(A)	
1	Wasserinstallationen (Wasserversorgungs- und Abwasseranlagen gemeinsam)	≤ 35 [1]	≤ 35 [1]
2	Sonstige haustechnische Anlagen	≤ 30 [2]	≤ 35 [2]
3	Betriebe tags 6 bis 22 Uhr	≤ 35	≤ 35 [2]
4	Betriebe nachts 22 bis 6 Uhr	≤ 25	≤ 35 [2]

[1] Einzelne, kurzzeitige Spitzen, die beim Betätigen der Armaturen und Geräte nach Tabelle 6 entstehen, sind z.Z. nicht zu berücksichtigen.

[2] Bei lüftungstechnischen Anlagen sind um 5 dB(A) höhere Werte zulässig, sofern es sich um Dauergeräusche ohne auffällige Einzeltöne handelt

Tabelle 5: Anforderungen an die Luft- und Trittschalldämmung von Bauteilen zwischen "besonders lauten" und schutzbedürftigen Räumen

Spalte	1	2	3	4	5
Zeile	Art der Räume	Bauteile	Bewertetes Schalldämm-Maß erf. R'_w dB		Bewerteter Norm-Trittschallpegel erf. $L'_{n,w}$ (Trittschallschutzmaß erf. TSM) dB
			Schalldruckpegel $L_{AF} = 75$ bis 80 dB(A)	Schalldruckpegel $L_{AF} = 81$ bis 85 dB(A)	
1.1	Räume mit "besonders lauten" haus-	Decken, Wände	57	62	–
1.2	technischen Anlagen oder Anlageteilen	Fußböden	–	–	43 [3] (20) [3]
2.1	Betriebsräume von Handwerks- und	Decken, Wände	57	62	–
2.2	Gewerbebetrieben; Verkaufsstätten	Fußböden	–	–	43 (20)
3.1	Küchenräume der Küchenanlagen von Beherbergungsstätten, Krankenhäusern,	Decken, Wände	55		–
3.2	Sanatorien, Gaststätten, Imbissstuben und dergleichen	Fußböden	–		43 (20)
3.3	Küchenräume wie vor, jedoch auch nach 22.00 Uhr in Betrieb	Decken, Wände	57 [4]		–
		Fußböden	–		33 (30)
4.1	Gasträume, nur bis	Decken, Wände	55		–
4.2	22.00 Uhr in Betrieb	Fußböden	–		43 (20)
5.1	Gasträume (maximaler Schalldruckpegel	Decken, Wände	62		–
5.2	$L_{AF} ≤ 85$ dB(A)), auch nach 22.00 Uhr in Betrieb	Fußböden	–		33 (30)
6.1	Räume von Kegelbahnen	Decken, Wände	67		–
6.2		Fußböden a) Keglerstube b) Bahn	– –		33 (30) 13 (50)
7.1	Gasträume (maximaler Schalldruckpegel 85 dB(A) ≤ L_{AF} ≤ 95 dB(A)),	Decken, Wände	72		–
7.2	z.B. mit elektroakustischen Anlagen	Fußböden	–		28 (35)

[1] Jeweils in Richtung der Lärmausbreitung.

[2] Die für Maschinen erforderliche Körperschalldämmung ist mit diesem Wert nicht erfasst; hierfür sind gegebenenfalls weitere Maßnahmen erforderlich – siehe auch Beiblatt 2 zu DIN 4109, Abschnitt 2.3. Ebenso kann je nach Art des Betriebes ein niedrigeres erf. $L'_{n,w}$ (beim Trittschallschutzmaß ein höheres erf. TSM) notwendig sein, dies ist im Einzelfall zu überprüfen.

[3] Nicht erforderlich, wenn geräuscherzeugende Anlagen ausreichend körperschallgedämmt aufgestellt werden.

[4] Handelt es sich um Großküchenanlagen und darüberliegende Wohnungen als schutzbedürftige Räume, gilt erf $R'_w = 62$ dB.

Tabelle 6: Armaturengruppen

Spalte	1	2	3
Zeile		Armaturengeräuschpegel L_{ap} für kennzeichnenden Fließdruck oder Durchfluss nach DIN 52218 Teil 1 bis Teil 4 [1]	Armaturengruppe
1	Auslaufarmaturen		
2	Geräteanschluss-Armaturen		
3	Druckspüler	≤ 20 dB(A) [2]	I
4	Spülkasten		
5	Durchflusswassererwärmer		
6	Durchgangsarmaturen, wie – Absperrventile, – Eckventile, – Rückflussverhinderer		
7	Drosselarmaturen, wie – Vordrosseln, – Eckventile	≤ 30 dB(A) [2]	II
8	Druckminderer		
9	Brausen		
10	Auslaufvorrichtungen, die direkt an die Auslaufarmatur angeschlossen werden, wie – Strahlregler, – Durchflussbegrenzer, – Kugelgelenke, – Rohrbelüfter, – Rückflussverhinderer	≤ 15 dB(A)	I
		≤ 25 dB(A)	II

[1] Dieser Wert darf bei den in DIN 52218 Teil 1 bis Teil 4 für die einzelnen Armaturen genannten oberen Grenzen der Fließdrucke oder Durchflüsse um bis zu 5 dB(A) überschritten werden.

[2] Bei Geräuschen, die beim Betätigen der Armaturen entstehen (Öffnen, Schließen, Umstellen, Unterbrechen u.a.) wird der A-bewertete Schallpegel dieser Geräusche, gemessen bei Zeitbewertung "FAST" der Messinstrumente, erst dann zur Bewertung herangezogen, wenn es die Messverfahren nach DIN 52218 Teil 1 bis Teil 4 zulassen.

Die erforderlichen Schalldämm-Maße sind in Abhängigkeit vom Verhältnis der gesamten Teilfläche eines Raumes $S_{(W+F)}$ zur Grundfläche des Raumes S_G nach Tabelle 9 zu erhöhen oder zu mindern. Für Wohngebäude mit üblichen Raumhöhen von etwa 2,5 m und Raumtiefen von etwa 4,5 m oder mehr darf ohne besonderen Nachweis ein Korrekturwert von – 2 dB herangezogen werden.

Auf Außenbauteile, die unterschiedlich zur maßgeblichen Lärmquelle orientiert sind, sind grundsätzlich die Anforderungen der Tabelle 8 jeweils separat anzuwenden.

Bei Außenbauteilen, die aus mehreren Teilflächen unterschiedlicher Schalldämmung bestehen, gelten die Anforderungen nach Tabelle 8 an das aus den einzelnen Schalldämm-Maßen der Teilflächen berechnete resultierende Schalldämm-Maß $R'_{w, res}$.

[5] Berechnung des resultierenden Schalldämm-Maßes erf. $R'_{w, res}$ siehe Beiblatt 1 zu DIN 4109, Abschnitte 11 und 12.

5.3 Anforderungen an Decken und Dächer

Für Decken von Aufenthaltsräumen, die zugleich den oberen Gebäudeabschluss bilden, sowie für Dächer und Dachschrägen von ausgebauten Dachräumen gelten die Anforderungen an die Luftschalldämmung für Außenbauteile nach Tabelle 8.

Bei Decken unter nicht ausgebauten Dachräumen und bei Kriechböden sind die Anforderungen durch Dach und Decke gemeinsam zu erfüllen. Die Anforderungen sind als erfüllt, wenn das Schalldämm-Maß der Decke allein um nicht mehr als 10 dB unter dem erforderlichen resultierenden Schalldämm-Maß $R'_{w, res}$ liegt.

Für Räume in Wohngebäuden mit
– üblicher Raumhöhe von etwa 2,5 m,
– Raumtiefe von etwa 4,5 m oder mehr,
– 10 % bis 60 % Fensterflächenanteil,

gelten die Anforderungen an das resultierende Schalldämm-Maß erf. $R'_{w, res}$ als erfüllt, wenn die in Tabelle 10 angegebenen Schalldämm-Maße $R'_{w,R}$ für die Wand und $R_{w,R}$ für das Fenster erf. $R'_{w, res}$ jeweils einzeln eingehalten werden. [5]

5.4 Einfluss von Lüftungseinrichtungen/Rolladenkästen

Bauliche Maßnahmen an Außenbauteilen zum Schutz gegen Außenlärm sind nur voll wirksam, wenn die Fenster und Türen bei der Lärmeinwirkung geschlossen bleiben und die geforderte Luftschalldämmung durch zusätzliche Lüftungseinrichtungen/Rolladenkästen nicht verringert wird. Bei der Berechnung des resultierenden Schalldämm-Maßes sind zur vorübergehenden Lüftung vorgesehene Einrichtungen (z.B. Lüftungsflügel und -klappen) im geschlossenen Zustand, zur dauernden Lüftung vorgesehene Einrichtungen (z.B. schallgedämpfte Lüftungsöffnungen, auch mit mechanischem Antrieb) im Betriebszustand zu berücksichtigen.

Bei der Anordnung von Lüftungseinrichtungen/Rolladenkästen ist deren Schalldämm-Maß und die zugehörige Bezugsfläche bei der Berechnung des resultierenden Schalldämm-Maßes zu berücksichtigen. Bei Anwendung der Tabelle 10 muss entweder die für die Außenwand genannte Anforderung von der Außenwand mit Lüftungseinrichtung/Rolladenkasten oder, es muss die für das Fenster genannte Anforderung von dem Fenster mit Lüftungseinrichtung/Rolladenkasten eingehalten werden; im ersten Fall gehören Lüftungseinrichtung/Rolladenkasten zur Außenwand, im zweiten Fall zum Fenster. Wegen der Berechnung der resultierenden Schalldämmung siehe Beiblatt 1 zu DIN 4109, Abschnitt 11.

5.5 Ermittlung des "maßgeblichen Außenlärmpegels"

5.5.1 Allgemeines

Für die verschiedenen Lärmquellen (Straßen-, Schienen-, Luft-, Wasserverkehr, Industrie/Gewerbe) werden nachstehend die jeweils angepaßten Meß- und Beurteilungsverfahren angegeben, die den unterschiedlichen akustischen und wirkungsmäßigen Eigenschaften der Lärmarten Rechnung tragen.
Zur Bestimmung des "maßgeblichen Außenlärmpegels" werden die Lärmbelastungen in der Regel berechnet.
Für die von der maßgeblichen Lärmquelle abgewandten Gebäudeseiten darf der "maßgebliche Außenlärmpegel" ohne besonderen Nachweis
– bei offener Bebauung um 5 dB(A),
– bei geschlossener Bebauung bzw. bei Innenhöfen um 10 dB(A),
gemindert werden.
Bei Vorhandensein von Lärmschutzwänden oder -wällen darf der "maßgebliche Außenlärmpegel" gemindert werden; Nachweis siehe DIN 18005 Teil 1.

5.5.2 Straßenverkehr

Sofern für die Einstufung in Lärmpegelbereiche keine anderen Festlegungen, z.B. gesetzliche Vorschriften oder Verwaltungsvorschriften, Bebauungspläne oder Lärmkarten, maßgebend sind, ist der aus dem Nomogramm in Bild 1 ermittelte Mittelungspegel zugrunde zu legen.

Für die Fälle, in denen das Nomogramm nicht anwendbar ist, können die Pegel aber auch ortsspezifisch berechnet oder gemessen werden. Bei Berechnungen sind die Beurteilungspegel für den Tag (6.00 bis 22.00 Uhr) nach DIN 18005 Teil 1 zu bestimmen, wobei zu den errechneten Werten 3 dB(A) zu addieren sind.

5.5.3 Schienenverkehr

Bei Berechnungen sind die Beurteilungspegel für den Tag (6.00 bis 22.00 Uhr) nach DIN 18005 Teil 1 zu bestimmen, wobei zu den errechneten Werten 3 dB(A) zu addieren sind.

5.5.4 Wasserverkehr

Bei Berechnungen sind die Beurteilungspegel für den Tag (6.00 bis 22.00 Uhr) nach DIN 18005 Teil 1 zu bestimmen, wobei zu den errechneten Werten 3 dB(A) zu addieren sind.

5.5.5 Luftverkehr

Für Flugplätze, für die Lärmschutzbereiche nach dem "Gesetz zum Schutz gegen Fluglärm" festgesetzt sind, gelten innerhalb der Schutzzonen die Reglungen dieses Gesetzes.
Für Gebiete, die nicht durch das "Gesetz zum Schutz gegen Fluglärm" erfasst sind, für die aber aufgrund landesrechtlicher Vorschriften äquivalente Dauerschallpegel nach DIN 45643 Teil 1 in Anlehnung an das FluglärmG ermittelt wurden, sind diese in Regelfall die zu legenden Pegel.

Wird in Gebieten, die durch Absatz 1 und 2 nicht erfasst sind, vermutet, daß die Belastung durch Fluglärm vor allem von sehr hohen Spitzenpegeln herrührt, so sollte der mittlere maximale Schalldruckpegel $L_{AF,max}$ bestimmt werden. Ergibt sich, dass im Beurteilungszeitraum (nicht mehr als 16 zusammenhängende Stunden eines Tages)
– der äquivalente Dauerschallpegel L_{eq} häufiger als 20mal oder mit 1mal durchschnittlich je Stunde um mehr als 20 dB(A) überschritten wird auch

der mittlere maximale Schalldruckpegel $L_{AF,max}$ den äquivalenten Dauerschallpegel L_{eq} um mehr als 20 dB(A) oder
– der Wert von 82 dB(A) häufiger als 20mal oder mehr als 1mal durchschnittlich je Stunde überschritten wird,
so wird für den "maßgeblichen Außenlärmpegel" der Wert

$L_{AF,max} - 20$ dB(A) zu Grunde gelegt.
In Sonderfällen kann dieses Verfahren auch in Gebieten nach Abschnitt 2 angewendet werden.

Anmerkung: Geräuschbelastungen durch militärische Tiefflüge werden in dieser Norm nicht behandelt.

Schallschutz nach DIN 4109

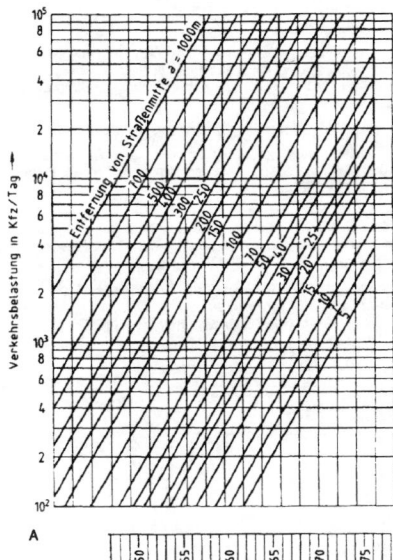

A   Autobahnen und Autobahnzubringer (25 % Lkw-Anteil)
B   Bundes-, Landes-, Kreis-, Gemeindeverbindungsstraßen außerhalb des Ortsbereiches; Straßen in Industrie- und Gewerbegebieten (20 % Lkw-Anteil)
C   Gemeinde-(Stadt-)straßen; Hauptverkehrsstraßen (2- bis 6-streifig, 10 % Lkw-Anteil)
D   Gemeinde-(Stadt-)straßen; Wohn- und Wohnsammelstraßen (5 % Lkw-Anteil)

Bild 1: Nomogramm zur Ermittlung des "maßgeblichen Außenlärmpegels" vor Hausfassaden für typische Straßenverkehrssituationen.

Zu den Mittelungspegeln sind gegebenenfalls folgende Zuschläge zu addieren:

+ 3 dB(A), wenn der Immissionsort an einer Straße mit beidseitig geschlossener Bebauung liegt,
+ 2 dB(A), wenn die Straße eine Längsneigung von mehr als 5 % hat,
+ 2 dB(A), wenn der Immissionsort weniger als 100 m von der nächsten lichtsignalgeregelten Kreuzung oder Einmündung entfernt ist.

Anmerkung: Die in dem Nomogramm angegebenen Pegel wurden für einige straßentypische Verkehrssituationen nach DIN 18005 Teil 1, Abschnitt 6, berechnet. Hierbei ist der Zuschlag von 3 dB(A) gegenüber der Freifeldausbreitung berücksichtigt.

5.5.6 Gewerbe- und Industrieanlagen

Im Regelfall wird als "maßgeblicher Außenlärmpegel" der nach der TALärm im Bebauungsplan für die jeweilige Gebietskategorie angegebene Tag- Immissionsrichtwert eingesetzt.
Besteht im Einzelfall die Vermutung, dass die Immissionsrichtwerte der TALärm überschritten werden, dann sollte die tatsächliche Geräuschimmission nach der TALärm ermittelt werden.
Weicht die tatsächliche bauliche Nutzung im Einwirkungsbereich der Anlage erheblich von der im Bebauungsplan festgesetzten baulichen Nutzung ab, so ist von der tatsächlichen baulichen Nutzung unter Berücksichtigung der vorgesehenen baulichen Entwicklung des Gebiets auszugehen.

5.5.7 Überlagerungen mehrerer Schallimmissionen

Rührt die Geräuschbelastung von mehreren (gleich- oder verschiedenartigen) Quellen her, so berechnet sich der resultierende Außenlärmpegel $L_{a,res}$ aus den einzelnen "maßgeblichen Außenlärmpegeln" $L_{a,i}$ nach folgender Gleichung:

$$L_{a,res} = 10 \lg \sum_{i=1}^{n} (10^{\,0,1\,L_{a,i}}) \, dB(A) \qquad (1)$$

6 Nachweis der Eignung der Bauteile

6.1 Kennzeichnende Größen für die Schalldämmung der Bauteile

Zur zahlenmäßigen Kennzeichnung der Luft- und Trittschalldämmung dienen die Größen nach den Tabellen 11 und 12, Einzahl-Angaben nach Abschnitt A.8.1.

6.2 Nachweis der Eignung ohne bauakustische Messungen

Bauteile, die den in den Abschnitten 3, 4 und 5 gestellten Anforderungen genügen müssen, gelten ohne bauakustische Messungen als geeignet, wenn

– in massiven Bauten ihre Ausführung dem Beiblatt 1 zu DIN 4109, Abschnitte 2 bis 4, entsprechen,
– bei Skelettbauten mit Skeletten aus Stahlbeton, Stahl oder Holz oder mit leichtem Ausbau ein rechnerischer Nachweis nach Beiblatt 1 zu DIN 4109, Abschnitt 5, geführt wird oder die Bauteile den Ausführungsbeispielen nach Beiblatt 1 zu DIN 4109, Abschnitte 6 bis 8, entsprechen,
– Außenbauteile den Ausführungen nach Beiblatt 1 zu DIN 4109, Abschnitt 10, entsprechen.

Bei der Ermittlung der Werte für die Luftschalldämmung in massiven Bauten nach Beiblatt 1 zu DIN 4109 ist der Einfluss der flankierenden Bauteile zu berücksichtigen, wenn die mittlere flächenbezogene Masse $m'_{L,Mittel}$ der vier flankierenden Bauteile von (300 ± 25) kg/m² abweicht (siehe Beiblatt 1 zu DIN 4109, Abschnitt 3).
Bei den Ausführungsbeispielen für Massivdecken wird im Beiblatt 1 zu DIN 4109, Abschnitt 4.1, nach Massivdecken ohne/mit Deckenauflagen bzw. ohne/mit biegeweicher Unterdecke und nach Deckenauflagen allein unterschieden. Dort ist angegeben, mit welcher Deckenauflage Massivdecken versehen werden können, damit die geforderte Schalldämmung erreicht wird.

6.3 Nachweis der Eignung mit bauakustischen Messungen (Eignungsprüfungen)

Bei Bauteilen, für die kein Nachweis nach dem Beiblatt 1 zu DIN 4109 geführt werden kann, ist die Eignung durch die Eignungsprüfung I oder II aufgrund von Messungen nach DIN 52210 Teil 1 bis Teil 4 nachzuweisen.

7 Nachweis der schalltechnischen Eignung von Wasserinstallationen

7.1 Kennzeichnende Größen für das Geräuschverhalten

Die kennzeichnenden Größen sind in Tabelle 13 aufgeführt.

Tabelle 13. Kennzeichnende Größen für das Geräuschverhalten

Spalte	1	2
Zeile	Geräuschquelle	Kennzeichnende Größe
1	Armaturen und Geräte Wasserinstallationen	Armaturengeräuschpegel L_{ap} nach DIN 52218 Teil 1
2	Installationen am Bau (Installationsgeräusch normal IGN)	IGN-Schallpegel L_{IGN} nach DIN 52219

7.2 Nachweis ohne bauakustische Messungen

Im Regelfall kann der Nachweis zur Erfüllung der Anforderungen ohne bauakustische Messungen geführt werden.
Der Nachweis, dass die Höchstwerte für die zulässigen Schalldruckpegel von Armaturen nach Tabelle 4 nicht überschritten werden, gilt als erbracht, wenn die Bedingungen nach den Abschnitten 7.2.1 und 7.2.2 eingehalten werden.

7.2.1 Armaturen und Geräte

Es dürfen nur Armaturen und Geräte verwendet werden, die nach Abschnitt 4.3.2 geprüft und nach Abschnitt 4.3.3 gekennzeichnet sind.

7.2.2 Anforderungen an Installation und Betrieb

7.2.2.1 Zulässiger Ruhedruck

Der Ruhedruck der Wasserversorgungsanlage nach Verteilung in den Stockwerken vor den Armaturen darf nicht mehr als 5 bar (0,5 MPa) betragen; ein höherer Druck ist durch Einbau von Druckminderern entsprechend zu verringern.

7.2.2.2 Betrieb von Durchgangsarmaturen

Durchgangsarmaturen (z.B. Absperrventile, Ecksabsperrventile, Vorabsperrventile bei bestimmten Armaturen und Geräten) müssen im Betrieb immer voll geöffnet sein; sie dürfen nicht zum Drosseln verwendet werden.

7.2.2.3 Zulässiger Durchfluss von Armaturen

Beim Betrieb der Armaturen darf der für ihre Eingruppierung zu Grunde gelegte Durchfluss (Durchflussklasse) nicht überschritten werden. Daher müssen Auslaufvorrichtungen, wie Strahlregler, Brausen und Durchflussbegrenzer den Durchfluss durch die Armaturen entsprechend begrenzen, d.h., die Auslaufvorrichtungen dürfen keiner höheren Durchflussklasse angehören als der zugehörige Armaturenabgang. Dies gilt auch für die den Armaturen nachgeschalteten Auslaufvorrichtungen, wie Kugelgelenke, Rohrbelüfter in Durchflussform und Rückflussverhinderer. Eckventile vor Armaturen dürfen keiner niedrigeren Durchflussklasse angehören als durch Armatur und Auslaufvorrichtung gegeben ist.

7.2.2.4 Anforderungen an Wände mit Wasserinstallationen

Einschalige Wände, an oder in den Armaturen oder Wasserinstallationen (einschließlich Abwasserleitungen) befestigt sind, müssen eine flächenbezogene Masse von mindestens 220 kg/m² haben.
Wände, die eine geringere flächenbezogene Masse als 220 kg/m² haben, dürfen verwendet werden, wenn durch eine Eignungsprüfung nachgewiesen ist, dass sie sich – bezogen auf die Übertragung von Installationsgeräuschen – nicht ungünstiger verhalten.

7.2.2.5 Anordnung von Armaturen

Armaturen der Armaturengruppe I und deren Wasserleitung dürfen nur an Wänden nach Abschnitt 7.2.2.4 angebracht werden (siehe Bild 2). Armaturen der Armaturengruppe II und deren Wasserleitungen dürfen an Wänden angebracht werden, die im selben Geschoss, in den Geschossen darüber oder darunter an schutzbedürftige Räume grenzen (siehe Bild 2). Armaturen der Armaturengruppe II und deren Wasserleitungen dürfen außerdem nicht an Wänden angebracht sein, die auf vorgenannte Wände stoßen.

7.2.2.6 Anforderungen an die Verlegung von Abwasserleitungen

Abwasserleitungen dürfen an Wänden in schutzbedürftigen Räumen nicht freiliegend verlegt werden.

Tabelle 8: Anforderungen an die Luftschalldämmung von Außenbauteilen (gilt nicht für Fluglärm)

Spalte	1	2	3	4	5
			Raumarten		
Zeile	Lärmpegelbereich	"Maßgeblicher Außenlärmpegel" dB(A)	Bettenräume in Krankenanstalten und Sanatorien	Aufenthaltsräume in Wohnungen, Übernachtungsräume in Beherbergungsstätten, Unterrichtsräume und ähnliches	Büroräume [1] und ähnliches
			erf. $R'_{w,res}$ des Außenbauteils in dB		
1	I	bis 55	35	30	–
2	II	55 bis 60	35	30	30
3	III	61 bis 65	40	35	30
4	IV	66 bis 70	45	40	35
5	V	71 bis 75	50	45	40
6	VI	76 bis 80	[2]	50	45
7	VII	> 80	[2]	[2]	50

[1] An Außenbauteile von Räumen, bei denen der eindringende Außenlärm aufgrund der in den Räumen ausgeübten Tätigkeiten nur einen untergeordneten Beitrag zum Innenraumpegel leistet, werden keine Anforderungen gestellt.
[2] Die Anforderungen sind hier aufgrund der örtlichen Gegebenheiten festzulegen.

Tabelle 9: Korrekturwerte für das erforderliche resultierende Schalldämm-Maß nach Tabelle 8 in Abhängigkeit vom Verhältnis $S_{(W+F)}/S_G$

Spalte/Zeile	1	2	3	4	5	6	7	8	9	10
1	$S_{(W+F)}/S_G$	2,5	2,0	1,6	1,3	1,0	0,8	0,6	0,5	0,4
2	Korrektur	+ 5	+ 4	+ 3	+ 2	+ 1	0	– 1	– 2	– 3

$S_{(W+F)}$: Gesamtfläche des Außenbauteils eines Aufenthaltsraumes in m²
S_G: Grundfläche eines Aufenthaltsraumes in m²

Tabelle 10: Erforderliche Schalldämm-Maße erf. $R'_{w,res}$ von Kombinationen von Außenwänden und Fenstern

Spalte	1	2	3	4	5	6	7
Zeile	erf. $R'_{w,res}$ in dB nach Tabelle 8	Schalldämm-Maße für Wand/Fenster in ... dB/... dB bei folgenden Fensterflächenanteilen in %					
		10 %	20 %	30 %	40 %	50 %	60 %
1	30	30/25	30/25	35/25	35/25	50/25	30/30
2	35	35/30 40/25	35/30	35/32 40/30	40/30	40/32 50/30	45/32
3	40	40/32 45/30	40/35	45/35	45/35	40/37 60/35	40/37
4	45	45/37 50/35	45/40 50/37	50/40	50/40	50/42 60/40	60/42
5	50	55/40	55/42	55/45	55/45	60/45	–

Diese Tabelle gilt nur für Wohngebäude mit üblicher Raumhöhe von etwa 2,5 m und Raumtiefe von etwa 4,5 m oder mehr, unter Berücksichtigung der Anforderungen an das resultierende Schalldämm-Maß erf. $R'_{w,res}$ des Außenbauteiles nach Tabelle 8 und der Korrektur von – 2 dB nach Tabelle 9, Zeile 2.

Schallschutz nach DIN 4109

Tabelle 11: Kennzeichnende Größen der Luftschalldämmung für den Nachweis der Eignung von Bauteilen
R'_w: bewertetes Schalldämm–Maß in dB mit Schallübertragung über flankierende Bauteile
R_w: bewertetes Schalldämm–Maß in dB ohne Schallübertragung über flankierende Bauteile
$R_{L,w}$: bewertetes Labor–Schall–Längsdämm–Maß in dB
$D_{K,w}$: bewertete Schachtpegeldifferenz in dB

Spalte	1	2	3	4	5
Zeile	Bauteile	Berücksichtigte Schallübertragung	Eignungs-prüfung I in Prüfständen nach DIN 52210 Teil 2	Eignungs-prüfung III in ausge-führten Bauten	Rechenwert [1]
1	Wände, Decken als trennende Bauteile	über das trennende und die flankierenden Bauteile sowie gegebenenfalls über Neben-wege	$R'_{w,P}$	$R'_{w,B}$	$R'_{w,R}$
2	Wände, Decken als flankierende Bauteile	nur über das trennende Bauteil	$R_{w,P}$	$R_{w,B}$	$R_{w,R}$
3		nur über das flankierende Bauteil	$R_{L,w,P}$	$R_{L,w,B}$	$R_{L,w,R}$
4	Fenster	nur über das	$R_{w,P}$	$R_{w,B}$	$R_{w,R}$
5	Türen	trennende Bauteil			$R_{w,R}$ [1]
6	Schächte, Kanäle	nur über Nebenwege	$D_{K,w,P}$	$D_{K,w,B}$	$D_{K,w,R}$

[1] Der Rechenwert für ein Bauteil ergibt sich
 – für Ausführungen nach Beiblatt 1 zu DIN 4109 aus den dortigen Angaben,
 – bei Eignungsprüfungen in Prüfständen nach DIN 52210 Teil 2 aus den Angaben in Spalte 3, vermindert um das Vorhaltemaß von 2 dB (z.B. $R'_{w,R} = R'_{w,P} - 2$ dB), ausgenommen Türen (siehe Fußnote 2),
 – bei Eignungsprüfungen in ausgeführten Bauten aus den Angaben in Spalte 4 (z.B. $R'_{w,R} = R'_{w,B}$).

[2] Der Rechenwert $R_{w,R}$ für Türen ergibt sich bei Eignungsprüfungen in Prüfständen nach DIN 52210 Teil 2 aus $R_{w,R} = R_{w,P} - 5$ dB.

Tabelle 12: Kennzeichnende Größen der Trittschalldämmung für den Nachweis der Eignung von Bauteilen
$L_{n,w}$: bewerteter Norm–Trittschallpegel in dB (TSM: Trittschallschutzmaß in dB)
ΔL_w: Trittschallverbesserungsmaß in dB (VM: Trittschallverbesserungsmaß in dB)

Spalte	1	2	3	4
Zeile	Bauteile	Eignungsprüfung I in Prüfständen nach DIN 52210 Teil 2	Eignungsprüfung III in ausgeführten Bauten	Rechenwert [1]
1	Decken im gebrauchsfertigen Zustand	$L_{n,w,P}$, $L'_{n,w,P}$ (TSM_P)	$L'_{n,w,B}$ (TSM_B)	$L'_{n,w,R}$ (TSM_R)
2	Treppen im gebrauchsfertigen Zustand	–	$L'_{n,w,B}$ (TSM_B)	$L'_{n,w,R}$ (TSM_R)
3	Massivdecken ohne Deckenauflage	$L_{n,w,eq,P}$ ($TSM_{eq,P}$)	–	$L_{n,w,eq,R}$ [2] $TSM_{eq,R}$ [2]
4	Deckenauflage für Massivdecken [3]	$\Delta L_{w,P}$ (VM_P)	–	$\Delta L_{w,R}$ (VM_R)

[1] Der Rechenwert für ein Bauteil ergibt sich
 – für Ausführungen nach Beiblatt 1 zu DIN 4109 aus den dortigen Angaben,
 – bei Eignungsprüfungen in Prüfständen nach DIN 52210 Teil 2 aus den Angaben in Spalte 2, vermindert um das Vorhaltemaß 2 dB, ausgenommen Zeile 3 (siehe Fußnote 2),
 – bei Eignungsprüfungen in ausgeführten Bauten aus den Angaben in Spalte 3 (gilt nicht für Zeilen 3 und 4).

[2] Der Rechenwert $L_{n,w,eq,R}$ ($TSM_{eq,R}$) ergibt sich bei Eignungsprüfungen in Prüfständen nach DIN 52210 Teil 2 aus $L_{n,w,eq,P}$ ($TSM_{eq,P}$).

[3] Gilt auch für massive Treppenläufe und –podeste.

Empfehlungen für normalen und erhöhten Schallschutz; Luft- und Trittschalldämmung von Bauteilen zum Schutz gegen Schallübertragung aus dem eigenen Wohn– und Arbeitsbereich nach DIN 4109 Bbl. 2

Spalte	1	2	3	4	5	6
		Empfehlungen für normalen Schallschutz		Empfehlungen für erhöhten Schallschutz		
Zeile	Bauteile	erf. R'_w dB	erf. $L'_{n,w}$ (erf. TSM) dB	erf. R'_w dB	erf. $L'_{n,w}$ (erf. TSM) dB	Bemerkungen
1 Wohngebäude						
1	Decken in Einfamilienhäusern, ausgenommen Kellerdecken und Decken unter nicht ausgebauten Dachräumen	50	56 (7)	≥ 55	≤ 46 (≥ 17)	Bei Decken zwischen Wasch– und Aborträumen nur als Schutz gegen Trittschallübertragung in Aufenthalts-räumen. Weichfedernde Bodenbeläge dürfen für den Nachweis des Trittschallschutzes angerechnet werden.
2	Treppen und Treppenpodeste in Einfamilienhäusern	–	–	–	≤ 53 (≥ 10)	Der Vorschlag für den erhöhten Schallschutz an die Trittschalldämmung gilt nur für die Trittschallübertragung in fremde Aufenthaltsräume, ganz gleich, ob sie in waagerechter, schräger oder senkrechter (nach oben) Richtung erfolgt. Weichfedernde Bodenbeläge dürfen für den Nachweis des Trittschallschutzes angerechnet werden.
4	Wände ohne Türen zwischen „lauten" und „leisen" Räumen unterschiedlicher Nutzung, z.B. zwischen Wohn– und Kinderschlafzimmer	40	–	≥ 47	–	
2 Büro-und Verwaltungsgebäude						
5	Decken, Treppen, Decken von Fluren und Treppenraumwände	52	53 (10)	≥ 55	≤ 46 (≥ 17)	Weichfedernde Bodenbeläge dürfen für den Nachweis des Trittschallschutzes angerechnet werden.
6	Wände zwischen Räumen mit üblicher Bürotätigkeit	37	–	≥ 42	–	Es ist darauf zu achten, dass diese Werte nicht durch Nebenwegübertra-gung über Flur und Türen verschlechtert werden.
7	Wände zwischen Fluren und Räumen nach Zeile 6	37	–	≥ 42	–	
8	Wände von Räumen für konzen-trierte geistige Tätigkeit oder zur Behandlung vertraulicher Angele-genheiten, z.B. zwischen Direktions– und Vorzimmer	45	–	≥ 52	–	
9	Wände zwischen Fluren und Räumen nach Zeile 8	45	–	≥ 52	–	
10	Türen in Wänden nach Zeile 6 und 7	27	–	≥ 32	–	Bei Türen gelten die Werte für die Schalldämmung bei alleiniger Übertra-gung durch die Tür.
11	Türen in Wänden nach Zeile 8 und 9	37	–	–	–	

7.3 Nachweis mit bauakustischen Messungen in ausgeführten Bauten

Für bestimmte Bauausführungen, die nicht dem Abschnitt 7.2.2 entsprechen, kann die Einhaltung der Anforderungen nach Tabelle 4, Zeile 1, auch durch eine Eignungsprüfung am Bau nachgewiesen werden.

8 Nachweis der Güte der Ausführung (Güteprüfung)

Güteprüfungen dienen zum Nachweis, dass die erforderlichen Werte für den Schallschutz in dem betreffenden Bauwerk eingehalten werden.

Güteprüfungen sollten z.B. durchgeführt werden, wenn Zweifel an dem erreichten Schallschutz bestehen, oder die Güteprü-fung durch vertragliche oder anderweitige Regelungen vorgeschrieben ist.

Anordnung von Räumen mit Wasserinstallationen und schutzbedürftigen Räumen

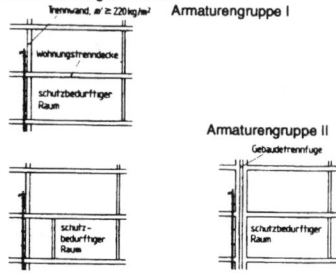

Bild 2: Anordnung von Armaturen

Vorschläge für einen erhöhten Schallschutz nach DIN 4109, Bbl. 2

Vorschläge für einen erhöhten Schallschutz gegen Schall-übertragung aus einem fremden Wohn– oder Arbeitsbereich

In bestimmten Fällen (z.B. größeres Schutzbedürfnis, beson-ders geringes Hintergrundgeräusch) kann ein über die Anforderungen nach DIN 4109 hinausgehender erhöhter Schallschutz wünschenswert sein; hierdurch kann die Beläs-tigung durch Schallübertragung weiter gemindert werden.

Die nachstehend zur Orientierung für den Planer aufgeführten Vorschläge sind so ausgelegt, dass sowohl der Luftschall-schutz als auch der Trittschallschutz im Vergleich mit den Anforderungen nach DIN 4109 zu einer deutlichen Minderung des Lautstärkeempfindens führen (die nur geringfügig verbes-serten Werte für den Luftschallschutz von Wohnungstrenn-decken sind durch wirtschaftliche Gründe bestimmt).

Ein erhöhter Schallschutz einzelner oder aller Bauteile nach diesen Vorschlägen muss ausdrücklich zwischen dem Bau-herrn und dem Entwurfsverfasser vereinbart werden, wobei hinsichtlich Eignungs– und Gütenachweis auf die Regelungen in DIN 4109 Bezug genommen werden soll.

Wird ein erhöhter Schallschutz vereinbart, muss dies bereits bei der Planung des Gebäudes berücksichtigt werden. Bei der Ausführung ist auf eine enge Abstimmung der beteiligten Gewerke zu achten.

Die für die Luftschalldämmung der trennenden Bauteile angegebenen Werte gelten für die resultierende Schalldäm-mung unter Berücksichtigung der an der Schallübertragung beteiligten Bauteile und Nebenwege im eingebauten Zustand.

Vorschläge für einen erhöhten Schallschutz von Bauteilen zwischen „besonders lauten" Räumen und schutzbedürftigen Räumen (siehe DIN 4109, Tabelle 5) werden wegen der stark unterschiedlichen Geräusche nicht festgelegt.

Empfehlungen für den Schallschutz gegen Schallübertra-gung im eigenen Wohn– und Arbeitsbereich

In besonderen Fällen können wegen unterschiedlicher Nutzung und Schallquellen in einzelnen Räumen, unterschied-lichen Arbeits– und Ruhezeiten einzelner Bewohner oder wegen sonstiger erhöhter Schutzbedürftigkeit auch Schall-schutzmaßnahmen im eigenen Wohn– und Arbeitsbereich wünschenswert sein.

Um den Planer einer Orientierung für schallschutztechnisch sinnvolle Maßnahmen zu geben, werden in den Empfehlungen dieses Beiblatts Vorschläge für einen normalen und für einen erhöhten Schallschutz zum Schutz gegen Schallübertragung aus dem eigenen Wohn– oder Arbeitsbereich gemacht.

Der Schallschutz einzelner oder mehrerer Bauteile nach diesen Vorschlägen muss ausdrücklich zwischen dem Bauherrn und dem Entwurfsverfasser vereinbart werden, wobei hinsichtlich Eignungs– und Gütenachweis auf die Regelung in DIN 4109 Bezug genommen werden soll.

Wird ein Schallschutz nach den Empfehlungen dieses Beiblatts vereinbart, muss dies bereits bei der Planung berücksichtigt werden. Bei der Ausführung ist auf eine enge Abstimmung der beteiligten Gewerke zu achten. Bei „offener" Grundrissgestaltung ist die Anwendung der Empfehlungen häufig nicht möglich.

Vorschläge für einen erhöhten Schallschutz gegen Geräu-sche aus haustechnischen Anlagen

Werden vom Bauherrn für den Schalldruckpegel bessere Werte als nach DIN 4109, Tabelle 4, gefordert, bedürfen diese der ausdrücklichen Vereinbarung und zahlenmäßigen Festlegung zwischen dem Bauherrn und dem Entwurfsverfasser, wobei hinsichtlich Eignungs– und Gütenachweis auf die Regelungen nach DIN 4109 Bezug genommen werden soll.

Schalldruckpegelwerte, die 5 dB(A) und mehr unter den in DIN 4109, Tabelle 4, angegebenen Werten liegen, können als wirkungsvolle Minderung angesehen werden. In diesem Fall können zusätzliche Maßnahmen für den Luft– und Trittschall-schutz erforderlich werden.

Im Einzelfall muss vorher geklärt werden, ob derartige erhöhte Anforderungen wegen sonstiger vorhandener Störgeräusche sinnvoll und mit vertretbarem Aufwand realisierbar sind.

Schallschutz nach DIN 4109

A.7 Trittschalldämmung

A.7.1 Trittschallpegel L_T

Trittschallpegel nach dieser Norm ist der Schallpegel je Terz, der im Empfangsraum entsteht, wenn das zu prüfende Bauteil mit einem Norm–Hammerwerk nach DIN 52210 Teil 1 angeregt wird.

Der Begriff Trittschallpegel wird auch dann angewendet, wenn die mit dem Norm–Hammerwerk angeregte Decke nicht die Decke über dem Empfangsraum ist, z.B. bei Diagonal– und Horizontalübertragung sowie bei Treppenläufen und –podesten.

Die Messung des Trittschallpegels dient nicht nur dazu, die Dämmung gegenüber Gehgeräuschen zu erfassen, man charakterisiert damit auch das Verhalten einer Decke gegenüber jeder anderen Art einer unmittelbaren punktweisen Körperschallanregung.

A.7.2 Norm–Trittschallpegel L_n

Norm–Trittschallpegel nach dieser Norm ist der Trittschallpegel, der im Empfangsraum vorhanden wäre, wenn der Empfangsraum die Bezugs–Absorptionsfläche A_0 = 10 m² hätte. Er hängt mit dem gemessenen Trittschallpegel L_T zusammen:

$$L_n = L_T + 10 \lg \frac{A}{A_0} \text{ dB} \qquad (A.8)$$

Der Norm–Trittschallpegel kennzeichnet das Trittschallverhalten eines Bauteils ohne oder mit Deckenauflage.

A.7.3 Trittschallminderung ΔL

Trittschallminderung nach dieser Norm ist die Differenz der Norm–Trittschallpegel einer Decke ohne und mit Deckenauflage (z.B. schwimmender Estrich, weichfedernder Bodenbelag):

$$\Delta L = L_{no} - L_{n1} \qquad (A.9)$$

Hierin bedeuten:

L_{no} Norm–Trittschallpegel im Empfangsraum, gemessen ohne Deckenauflage,

L_{n1} Norm–Trittschallpegel im Empfangsraum, gemessen mit Deckenauflage,

jeweils gemessen im gleichen Empfangsraum.

A.7.4 Nebenweg–Übertragung bei Trittschallanregung

Nebenweg–Übertragung bei Trittschallanregung ist die Körperschallübertragung längs angrenzender, flankierender Bauteile (Flankenübertragung). Sie tritt gegenüber der direkten Schallabstrahlung der Decke insbesondere bei Decken mit untergehängter, biegeweicher Schale in Erscheinung. Die Nebenweg–Übertragung umfasst aber auch die Übertragung durch zu Körperschall angeregte Rohrleitungen und ähnliches.

A.8. Bewertung und Kennzeichnung der Luft– und Trittschalldämmung

A.8.1 Einzahl–Angaben

Zur Bewertung der frequenzabhängigen Luft– und Trittschalldämmung von Bauteilen dienen Bezugskurven, mit deren Hilfe Einzahl–Angaben ermittelt werden:

Für die Luftschalldämmung
– die bewertete Norm–Schallpegeldifferenz $D_{n,w}$,
– das bewertete Schalldämm–Maß R_w bzw. R'_w,
für die Luftschalldämmung von Schächten und Kanälen
– die bewertete Schachtpegeldifferenz $D_{K,w}$,
für die Trittschalldämmung
– der bewertete Norm–Trittschallpegel $L_{n,w}$ bzw. $L'_{n,w}$,
– der äquivalent bewertete Norm–Trittschallpegel $L_{n,w,eq}$,
– das Trittschallverbesserungsmaß ΔL_w.

Mit für die Praxis hinreichender Genauigkeit gelten die Beziehungen:

$$
\begin{aligned}
L_w &= 63 \text{ dB} - TSM \\
\Delta L_w &= VM \\
L_{n,w,eq} &= 63 \text{ dB} - TSM_{eq}
\end{aligned}
\qquad (A.10)
$$

A.8.2 Bezugskurve

Bezugskurve ist die Festlegung von Bezugswerten der Schalldämm–Maße R und R' und der Norm–Trittschallpegel L_n und L'_n in Abhängigkeit von der Frequenz.

A.8.3 Bewertetes Schalldämm–Maß R_w und R'_w

Bewertetes Schalldämm–Maß ist die Einzahl–Angabe zur Kennzeichnung der Luftschalldämmung von Bauteilen. Das bewertete Schalldämm–Maßes beruht auf der Bestimmung des Schalldämm–Maßes mittels Terzfilter–Analyse.

Zahlenmäßig ist R_w und R'_w der Wert, der entsprechend DIN 52210 Teil 4 um ganze dB verschobenen Bezugskurve bei 500 Hz.

A.8.4 Bewertetes Labor–Schall–Längsdämm–Maß $R_{L,w}$

Bewertetes Labor–Schall–Längsdämm–Maß ist die Einzahl–Angabe zur Kennzeichnung der Luftschalldämmung von Bauteilen mit einem Schall–Längsdämm–Maß nach Abschnitt A.6.8. Das bewertete Schall–Längsdämm–Maß beruht auf der Bestimmung des Schall–Längsdämm–Maßes mittels Terzfilter–Analyse.

Zahlenmäßig ist $R_{L,w}$ der Wert, der entsprechend DIN 52210 Teil 4 um ganze dB verschobenen Bezugskurve bei 500 Hz.

A.8.5 Bewerteter Norm–Trittschallpegel $L_{n,w}$ und $L'_{n,w}$

Bewerteter Norm–Trittschallpegel ist die Einzahl–Angabe zur Kennzeichnung des Trittschallverhaltens von gebrauchsfertigen Bauteilen. Der bewertete Norm–Trittschallpegel beruht auf der frequenzabhängigen Norm–Trittschallpegels mittels Terzfilter–Analyse.

Zahlenmäßig ist $L_{n,w}$ und $L'_{n,w}$ der Wert, der entsprechend DIN 52210 Teil 4 um ganze dB verschobenen Bezugskurve bei 500 Hz.

A.8.6 Äquivalenter bewerteter Norm–Trittschallpegel $L_{n,w,eq}$ von Massivdecken ohne Deckenauflage

Äquivalenter bewerteter Norm–Trittschallpegel von Massivdecken ohne Deckenauflage nach dieser Norm ist die Einzahl–Angabe zur Kennzeichnung des Trittschallverhaltens einer Massivdecke ohne Deckenauflage für die spätere Verwendung als gebrauchsfertige Decke mit einer Deckenauflage. Der äquivalente bewertete Norm–Trittschallpegel beruht auf der Bestimmung des Norm–Trittschallpegels der Massivdecke mittels Terzfilter–Analyse und unter Berücksichtigung des grundsätzlichen Verlaufs der Trittschallminderung durch eine Deckenauflage.

Der bewertete Norm–Trittschallpegel $L_{n,w}$ einer gebrauchsfertigen Decke ergibt sich aus $L_{n,w,eq}$ und dem Verbesserungsmaß ΔL_w der verwendeten Deckenauflage nach der Beziehung:

$$L_{n,w} = L_{n,w,eq} - \Delta L_w \qquad (A.11)$$

A.8.7 Trittschallverbesserungsmaß ΔL_w einer Deckenauflage

Trittschallverbesserungsmaß einer Deckenauflage nach dieser Norm ist die Einzahl–Angabe zur Kennzeichnung der Trittschallverbesserung einer Massivdecke durch eine Deckenauflage. Das Trittschallverbesserungsmaß ΔL_w beruht auf der Bestimmung von Norm–Trittschallpegeln mittels Terzfilter–Analyse.

Zahlenmäßig ist ΔL_w die Differenz der bewerteten Norm–Trittschallpegel einer in ihrem Frequenzverlauf festgelegten Bezugsdecke ohne und mit Deckenauflage. Es kennzeichnet die frequenzabhängige Trittschallminderung ΔL der geprüften Deckenauflage durch eine Zahl (in dB).

A.9 Bauakustische Kennzeichnung von Bauteilen

A.9.1 Einschalige Bauteile

Einschalige Bauteile sind Bauteile, die als Ganzes schwingen. Sie können bestehen aus:
– einem einheitlichen Baustoff (z.B. Beton, Mauerwerk, Glas)
oder
– mehreren Schichten verschiedener, aber in ihren schalltechnischen Eigenschaften verwandter Baustoffe, die fest miteinander verbunden sind (z.B. Mauerwerk– und Putzschichten).

A.9.2 Mehrschalige Bauteile

Mehrschalige Bauteile sind Bauteile aus zwei und mehreren Schalen, die nicht starr miteinander verbunden, sondern durch geeignete Dämmstoffe oder durch Luftschichten voneinander getrennt sind.

A.9.3 Grenzfrequenz f_g von Bauteilen

Grenzfrequenz von Bauteilen ist die Frequenz, bei der die Wellenlänge des Luftschalls mit der Länge der freien Biegewelle der Bauteile übereinstimmt (Spuranpassung). Im Bereich oberhalb der Grenzfrequenz tritt eine Spuranpassung auf: das Luftschalldämmung wird verringert.

Die Grenzfrequenz wird bestimmt durch das Verhältnis der flächenbezogenen Masse zur Biegesteifigkeit des Bauteils.

Für Platten von gleichmäßigem Gefüge gilt näherungsweise:

$$f_g = \frac{60}{d} \sqrt{\frac{\rho}{E}} \text{ in Hz} \qquad (A.13)$$

Hierin bedeuten:
d Dicke der Platte in m
ρ Rohdichte des Baustoffs in kg/m³
E Elastizitätsmodul in MN/m².

A.9.4 Biegeweiche Platten

Biegeweiche Platten gelten im akustischen Sinne als "biegeweich" bei einer Grenzfrequenz oberhalb 2000 Hz.

A.9.5 Eigenfrequenz f_0 zweischaliger Bauteile (Eigenschwingungszahl, Resonanzfrequenz)

Eigenfrequenz zweischaliger Bauteile ist die Frequenz, bei der die beiden Schalen unter Zusammendrücken einer als Feder wirkenden Zwischenschicht (Luftpolster oder Dämmstoff) gegeneinander mit größter Amplitude schwingen.

A.9.6 Dynamische Steifigkeit s' von Zwischenschichten

Dynamische Steifigkeit von Zwischenschichten kennzeichnet das Federungsvermögen der Zwischenschicht (Luftpolster oder Dämmstoff) zwischen zwei Schalen. Sie ergibt sich aus der Luftsteifigkeit und gegebenenfalls aus der Gefügesteifigkeit des Dämmstoffes.

A.10 Schallabsorption

Schallabsorption ist der Verlust an Schallenergie bei der Reflexion an den Begrenzungsflächen eines Raumes oder an Gegenständen oder Personen in einem Raum.

Der Verlust entsteht vorwiegend durch Umwandlung von Schall in Wärme (Dissipation). Die Schallabsorption unterscheidet sich von der Schalldämmung (siehe Abschnitt A.5).

Die Schallabsorption braucht jedoch nicht allein auf Dissipation zu beruhen. Auch wenn der Schall teilweise in Nachbarräume oder (durch ein offenes Fenster) ins Freie gelangt (Transmission), geht er für den Raum verloren.

Die für die Schallabsorption wichtigsten Begriffe sind in den Abschnitten A.10.1 bis A.10.5 genannt.

A.10.1 Schallabsorptionsgrad a

Schallabsorptionsgrad ist das Verhältnis der nicht reflektierten (nicht zurückgeworfenen) zur auffallenden Schallenergie. Bei vollständiger Reflexion ist a = 0, bei vollständiger Absorption ist a = 1.

A.10.2 Nachhall–Vorgang

Nachhall–Vorgang ist die Abnahme der Schallenergie in einem geschlossenen Raum nach beendeter Schallsendung.

Für die Schallabsorption im Raum ist die Nachhallzeit T kennzeichnend.

A.10.3 Nachhallzeit T

Nachhallzeit ist die Zeitspanne, während der der Schalldruckpegel nach Beenden der Schallsendung um 60 dB abfällt.

Aus der Nachhallzeit T und dem Raumvolumen V ergibt sich die äquivalente Absorptionsfläche A.

A.10.4 Äquivalente Schallabsorptionsfläche A

Äquivalente Schallabsortionsfläche ist die Schallabsorptionsfläche mit dem Schallabsorptionsgrad a = 1, die den gleichen Anteil der Schallenergie absorbieren würde wie die gesamte Oberfläche des Raumes und die in ihm befindlichen Gegenstände und Personen. Sie wird nach folgender Gleichung berechnet:

$$A = 0{,}163 \frac{V}{T} \text{ in m}^2 \qquad (A.14)$$

Hierbei ist V in m³ und T in s einzusetzen.

A.10.5 Pegelminderung ΔL durch Schallabsorption

Pegelminderung durch Schallabsorption ist die Minderung des Schalldruckpegels L, die in einem Raum durch Anbringen von schallabsorbierenden Stoffen oder Konstruktionen gegenüber dem unbehandelten Raum erreicht wird.

Für sie gilt:

$$\Delta L \approx 10 \lg \frac{A_2}{A_1} \text{ dB} = 10 \lg \frac{T_1}{T_2} \text{ dB} \qquad (A.15)$$

Der Index 1 gilt für den Zustand des unbehandelten, der Index 2 für den Zustand des behandelten Raumes.

A.10.6 Längenbezogener Strömungswiderstand Ξ

Längenbezogener Strömungswiderstand nach dieser Norm ist eine von der Schichtdicke unabhängige Kenngröße für ein schallabsorbierendes Material.

Schallschutz

Schallschutz nach DIN 4109

Anhang A zu DIN 4109: Begriffe

A.1 Schall
Schall sind mechanische Schwingungen und Wellen eines elastischen Mediums, insbesondere im Frequenzbereich des menschlichen Hörens von etwa 16 Hz bis 16.000 Hz (siehe Abschnitte A.2.1.1 und A.2.2).
In dieser Norm wird nach den Abschnitten A.1.1 bis A.1.3 nach Luftschall, Körperschall und Trittschall unterschieden.

A.1.1 Luftschall
Luftschall ist der in Luft sich ausbreitende Schall.

A.1.2 Körperschall
Körperschall ist der in festen Stoffen sich ausbreitende Schall.

A.1.3 Trittschall
Trittschall ist der Schall, der beim Begehen und bei ähnlicher Anregung einer Decke, Treppe o.ä. als Körperschall entsteht und teilweise als Luftschall in einen darunterliegenden oder anderen Raum abgestrahlt wird.

A.2 Ton und Geräusch

A.2.1 Einfacher oder reiner Ton
Einfacher oder reiner Ton ist die Schallschwingung mit sinusförmigem Verlauf.

A.2.1.1 Frequenz f (Schwingungszahl)
Frequenz nach dieser Norm ist die Anzahl der Schwingungen je Sekunde.

Mit zunehmender Frequenz nimmt die Tonhöhe zu. Eine Verdopplung der Frequenz entspricht einer Oktave. In der Bauakustik betrachtet man vorwiegend einen Bereich von 5 Oktaven, nämlich die Frequenzen von 100 Hz bis 3150 Hz.

A.2.1.2 Hertz
Hertz ist die Einheit der Frequenz 1/s: 1 Schwingung je Sekunde = 1 Hertz (Hz).

A.2.2. Geräusch
Geräusch ist der Schall, der aus vielen Teiltönen zusammengesetzt ist, deren Frequenzen nicht in einfachen Zahlenverhältnissen zueinander stehen; ferner Schallimpulse und Schallimpulsfolgen, deren Grundfrequenz unter 1 Hz liegt (z.B. Norm-Hammerwerk nach DIN 52210 Teil 1).
Die Frequenzzusammensetzung eines Geräusches wird nach den Abschnitten A.2.2.1 und A.2.2.2 ermittelt durch:

A.2.2.1 Oktavfilter-Analyse
Oktavfilter-Analyse ist die Zerlegung eines Geräusches durch Filter in Frequenzbereiche von der Breite einer Oktave.

A.2.2.2 Terzfilter-Analyse
Terzfilter-Analyse ist die Zerlegung eines Geräusches durch Filter in Frequenzbereiche von der Breite einer Terz (Drittel-Oktave).

A.3 Schalldruck und Schallpegel

A.3.1 Schalldruck p
Schalldruck ist der Wechseldruck, der durch die Schallwelle in Gasen oder Flüssigkeiten erzeugt wird, und der sich mit dem statischen Druck (z.B. dem atmosphärischen Druck der Luft) überlagert (Einheit: 1 Pa ≈10 μbar).

A.3.2 Schalldruckpegel L (Schallpegel)
Schalldruckpegel nach dieser Norm ist der zehnfache Logarithmus zum Verhältnis des Quadrats des jeweiligen Schalldrucks p zum Quadrat des festgelegten Bezugs-Schalldrucks p_0:

$$L = 10 \lg \frac{p^2}{p_0{}^2} \text{ dB} = 20 \lg \frac{p}{p_0} \text{ dB} \qquad (A.1)$$

Der Effektivwert des Bezugsschalldruckes p_0 ist international festgelegt mit:

$$p_0 = 20 \,\mu Pa \qquad (A.2)$$

Der Schalldruckpegel und alle Schallpegeldifferenzen werden in Dezibel (Kurzzeichen dB) angegeben.
Dezibel ist ein wie eine Einheit benutztes Zeichen, das zur Kennzeichnung von logarithmierten Verhältnisgrößen dient. Der Vorsatz "dezi" besagt, daß die Kennzeichnung "Bel", die für den Zehnerlogarithmus eines Energieverhältnisses verwendet wird, zehnmal größer ist.

A.3.3 A-bewerteter Schalldruckpegel L_A (A-Schalldruckpegel)
A-bewerteter Schalldruckpegel nach dieser Norm ist der mit der Frequenzbewertung A nach DIN IEC 651 bewertete Schalldruckpegel. Er ist ein Maß für die Stärke eines Geräusches und wird in dieser Norm in dB(A) angegeben.

A.3.3.1 Zeitabhängiger AF-Schalldruckpegel $L_{AF}(t)$
Zeitabhängiger AF-Schalldruckpegel ist der Schalldruckpegel, der mit der Frequenzbewertung "A" und der Zeitbewertung "F" ("Schnell", englisch: "Fast"), als Funktion der Zeit gemessen wird.

A.3.3.2 Taktmaximalpegel $L_{AFT}(t)$ in dB
Taktmaximalpegel ist der in Zeitintervallen (Takten) auftretende und für den ganzen Text geltende maximale Schalldruckpegel, gemessen mit der Frequenzbewertung A und der Zeitbewertung F, als Funktion der Zeit t.

A.3.3.3 Mittelungspegel L_{AFm}
Bei zeitlich schwankenden Geräuschen wird aus den Messwerten $L_{AF}(t)$ der Mittelungspegel gebildet.

A.3.3.4 Äquivalenter Dauerschallpegel L_{eq}
Äquivalenter Dauerschallpegel ist der nach dem "Gesetz zum Schutz gegen Fluglärm" gültige Schallpegel.

A.3.3.5 Beurteilungspegel L_r
Beurteilungspegel ist das Maß für die durchschnittliche Geräuschimmission während der Beurteilungszeit T. Er setzt sich zusammen aus dem Mittelungspegel L_{AFm} (energieäquivalenter Dauerschallpegel) und Zuschlägen für Impuls- und Tonhaltigkeit.

A.3.3.6 "Maßgeblicher Außenlärmpegel"
"Maßgeblicher Außenlärmpegel" ist der Pegelwert, der für die Bemessung der erforderlichen Schalldämmung zu benutzen ist. Er soll die Geräuschbelastung außen vor dem betroffenen Objekt repräsentativ unter Berücksichtigung der langfristigen Entwicklung der Belastung (5 bis 10 Jahre) beschreiben. Die entsprechenden Pegelwerte werden nach Abschnitt 5.5 berechnet.

A.3.3.7 Maximalpegel $L_{AF,max}$
Maximalpegel sind die mit der Zeitbewertung F gemessenen Schallpegelspitzen bei zeitlich veränderlichen Geräuschen.

A.3.3.8 Mittlerer Maximalpegel $\overline{L_{AF,max}}$
Mittlerer Maximalpegel ist hier durch folgende Gleichung definiert:

$$\overline{L_{AF,max}} = 10 \lg \left(\frac{1}{n} \sum_{i=1}^{n} 10^{0.1\, L_{AF,max i}} \right) \qquad (A.3)$$

A.3.3.9 Armaturengeräuschpegel L_{ap}
Armaturengeräuschpegel ist der A-bewertete Schalldruckpegel als charakteristischer Wert für das Geräuschverhalten einer Armatur.

A.3.3.10 Installations-Schallpegel L_{in}
Installations-Schallpegel L_{in} ist der am Bau beim Betrieb einer Armatur oder eines Gerätes gemessene A-Schallpegel.

A.4 Vorhaltemaß
Vorhaltemaß soll den möglichen Unterschied des Schalldämm-Maßes am Prüfobjekt im Prüfstand und den tatsächlichen am Bau, sowie eventuelle Streuungen der Eigenschaften der geprüften Konstruktionen berücksichtigen.

A.5 Schallschutz

Unter Schallschutz werden einerseits Maßnahmen gegen die Schallentstehung (Primär-Maßnahmen) und andererseits Maßnahmen, die die Schallübertragung von einer Schallquelle zum Hörer vermindern (Sekundär-Maßnahmen) verstanden.

Bei den Sekundär-Maßnahmen für den Schallschutz muss unterschieden werden, ob sich Schallquelle und Hörer in verschiedenen Räumen oder in demselben Raum befinden. Im ersten Fall wird Schallschutz **hauptsächlich** durch **Schalldämmung** (siehe Abschnitt A.6 bis A.8), im zweiten Fall durch **Schallabsorption** (siehe Abschnitt A.10) erreicht. Bei der Schalldämmung unterscheidet man nach der Art der Schwingungsanregung der Bauteile zwischen Luftschalldämmung und Körperschalldämmung. Unter Körperschalldämmung versteht man Maßnahmen, die geeignet sind, Schwingungsübertragungen von einem Bauteil zum anderen zu vermindern. Besonders wichtige Fälle der Körperschalldämmung sind der Schutz gegen Anregung durch Trittschall – die Trittschalldämmung – und die Körperschalldämmung, z.B. von Sanitärgegenständen gegenüber dem Baukörper.

A.6 Luftschalldämmung

A.6.1 Schallpegeldifferenz D
Schallpegeldifferenz nach dieser Norm ist die Differenz zwischen dem Schallpegel L_1 im Senderaum und dem Schallpegel L_2 im Empfangsraum:

$$D = L_1 - L_2 \qquad (A.4)$$

Diese Differenz hängt auch davon ab, wie groß die Schallabsorption durch die Begrenzungsflächen und Gegenstände im Empfangsraum ist. Um diese Einflüsse auszuschalten, bestimmt man die äquivalente Absorptionsfläche A (siehe Abschnitt A.10.4), bezieht sich auf eine vereinbarte Bezugs-Absorptionsfläche A_0 und erhält so die Norm-Schallpegeldifferenz D_n:

A.6.2 Norm-Schallpegeldifferenz D_n
Norm-Schallpegeldifferenz nach dieser Norm ist die Schallpegeldifferenz zwischen Sende- und Empfangsraum, wenn der Empfangsraum die Bezugs-Absorptionsfläche A_0 hätte:

$$D_n = D - 100 \lg \frac{A}{A_0} \text{ dB} \qquad (A.5)$$

Die Norm-Schallpegeldifferenz D_n kennzeichnet die Luftschalldämmung zwischen zwei Räumen, wobei beliebige Schallübertragungen vorliegen können. Sofern nichts anderes festgelegt ist wird $A_0 = 10 \text{ m}^2$ gesetzt.

A.6.3 Schalldämm-Maß R
Schalldämm-Maß nach dieser Norm kennzeichnet die Luftschalldämmung von Bauteilen.
Bei der Messung zwischen zwei Räumen wird R aus der Schallpegeldifferenz D, der äquivalenten Absorptionsfläche A des Empfangsraumes und der Prüffläche S des Bauteils bestimmt:

$$R = D + 10 \lg \frac{S}{A} \text{ dB} \qquad (A.6)$$

A.6.4 Schachtpegeldifferenz D_K
Schachtpegeldifferenz ist der Unterschied zwischen dem Schallpegel L_{K1} und dem Schallpegel L_{K2} bei Vorhandensein eines Schachtes oder Kanales:

$$D_K = L_{K1} - L_{K2} \qquad (A.7)$$

Hierin bedeuten:

L_{K1} mittlerer Schallpegel in der Nähe der Schachtöffnung (Kanalöffnung) im Senderaum

L_{K2} mittlerer Schallpegel in der Nähe der Schachtöffnung (Kanalöffnung) im Empfangsraum

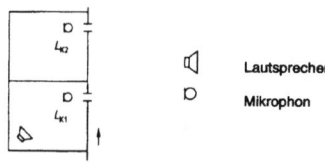

Bild A.1. Beispiel für eine Schachtanordnung

A.6.5 Nebenweg-Übertragung bei Luftschallanregung
Nebenweg-Übertragung ist jede Form der Luftschallübertragung zwischen zwei aneinandergrenzenden Räumen, die nicht über die Trennwand oder Trenndecke erfolgt. Sie umfasst z.B. auch die Übertragung über Undichtheiten, Lüftungsanlagen, Rohrleitungen und ähnliches.

A.6.6 Flankenübertragung
Flankenübertragung ist der Teil der Nebenweg-Übertragung, der ausschließlich über die Bauteile erfolgt, d.h. unter Ausschluss der Übertragung über Undichtheiten, Lüftungsanlagen, Rohrleitungen und ähnliches.

A.6.7 Flankendämm-Maß
Flankendämm-Maß nach dieser Norm ist das auf die Trennfläche (Trennwand oder Trenndecke) bezogene Schalldämm-Maß eines flankierenden Bauteils, das sich ergeben würde, wenn der Schall auf dem jeweils betrachteten Flankenweg übertragen würde.
Das Flankendämm-Maß ist von Bedeutung für den Schallschutz in Gebäuden in Massivbauart.

A.6.8 Labor-Schall-Längsdämm-Maß R_L
Schall-Längsdämm-Maß nach dieser Norm ist das auf eine Bezugs-Trennfläche und eine Bezugs-Kantenlänge zwischen flankierendem Bauteil und Trennwand bzw. Trenndecke bezogene Flankendämm-Maß, wenn die Verzweigungsdämmung an der Verbindungsstelle zwischen trennendem und flankierendem Bauteil gering ist.
Das Schall-Längsdämm-Maß ist vor allem von Bedeutung für den Schallschutz in Skelettbauten und Holzhäusern.

Beleuchtung im Freien (Horizontalbeleuchtung - Vertikalbeleuchtung)

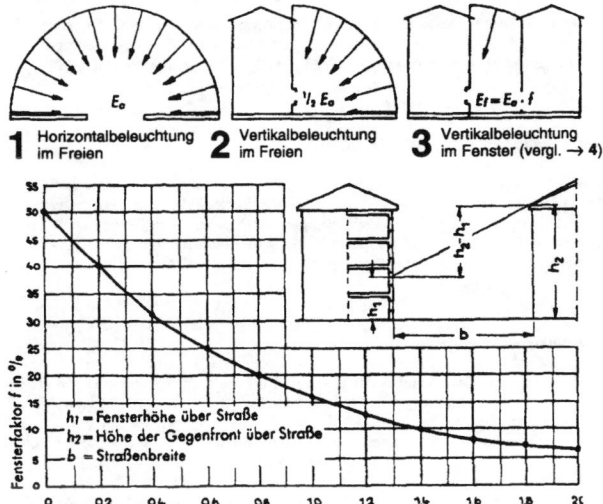

1 Horizontalbeleuchtung im Freien

2 Vertikalbeleuchtung im Freien

3 Vertikalbeleuchtung im Fenster (vergl. → 4)

4 Fensterfaktoren (f) in % (nach *Simon*, Lit. 73)

Qotient $(h_2 \cdot h_1)/b$

h_1 = Fensterhöhe über Straße
h_2 = Höhe der Gegenfront über Straße
b = Straßenbreite

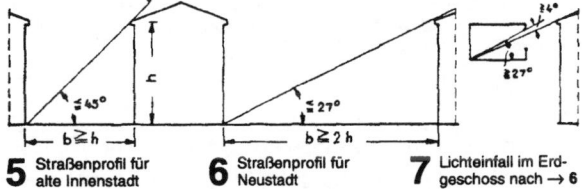

5 Straßenprofil für alte Innenstadt

6 Straßenprofil für Neustadt

7 Lichteinfall im Erdgeschoss nach → 6

Raumausleuchtung in Abhängigkeit von Fensterform (nach *O. Völkers*, Lit. 72)

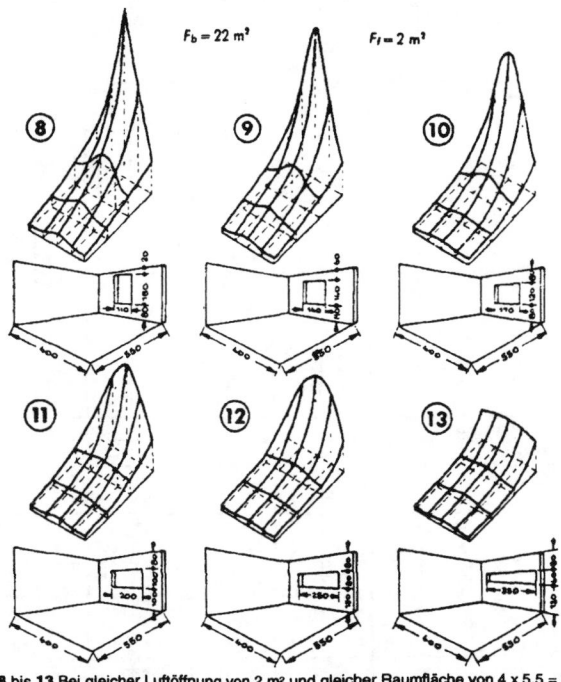

$F_b = 22\ m^2$ $F_f = 2\ m^2$

8 **9** **10** **11** **12** **13**

8 bis 13 Bei gleicher Luftöffnung von 2 m² und gleicher Raumfläche von 4 x 5,5 = 22 m² ergibt sich bei verschiedener Fensterform eine unterschiedliche Raumausleuchtung. Je breiter das Fenster ist, um so stumpfer wird die Pyramide des Lichtkörpers.

Fensterhöhe in Abhängigkeit von Stockwerkslage (nach *W. Arndt*, Lit. 71)

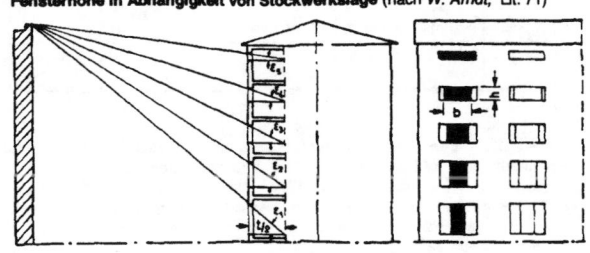

14, 15 Im Erdgeschoss hohe, im Obergeschoss breite Fenster anordnen!

Beleuchtung im Freien

Die Beleuchtungsstärke im Freien schwankt je nach Tages- und Jahreszeit zwischen 0 bis 1 000 000 Lux. Zur Berechnung von Fensteröffnungen wird nach DIN 5034 "Leitsätze für Tagesbeleuchtung" ein Mittelwert von Ea = 3000 Lux angenommen. Auf Oberlichter, die nicht von seitlichen Wänden beschattet werden, wirkt Ea → 1, auf Fenster in senkrechten Hauswänden 1/2 Ea → 2; auf Fenster mit gegenüberliegenden Wänden, Baumreihen usw. Ef = Ea · f → 3, 4.

Beleuchtung im Raum

Im Raum werden nach DIN 5034 folgende Mindest-Beleuchtungstärken gefordert:

für grobe Arbeit	$Em =$	40 Lux = 0,0133	Ea
für mittelfeine Arbeit	$Em =$	80 Lux = 0,0266	Ea
für feine Arbeit	$Em =$	150 Lux = 0,05	Ea
für sehr feine Arbeit	$Em =$	300 Lux = 0,1	Ea

Grobe Arbeit = Packen, Eisengießen, Schmieden, Ofenarbeiten.
Mittelfeine Arbeit = Drehen, Sägen, Hobeln, Grobmontage, Küchenarbeiten, Waschen.
Feine Arbeiten = Feindrehen, Feinmontage, Polieren, Lesen, Schreiben, Drucken, Nähen.
Sehr feine Arbeiten = Zeichnen, graphische Arbeiten, feinmechanische Arbeiten.

Die Mindest-Beleuchtung wird für den Arbeitsplatz gefordert. Ist dieser bei der Fensterberechnung noch nicht bekannt, gilt sie als Raumbeleuchtung in 1 m Höhe und in 2 m Abstand von Fenstermitte bei Seitenfenstern bzw. in Raummitte bei Oberlichtern.

Nach dem "Hygienischen Memorandum zum Wiederaufbau des deutschen Wohnungswesens" muss in halber Raumtiefe und mind. 1/2 Grundfläche von Wohnräumen eine Mindest-Beleuchtungsstärke von 30 Lux = 0,01 Ea vorhanden sein.

Berechnung der Fenstergröße (nach *Büning, Arndt*, Lit. 71)

Die erforderliche Fensterfläche wird nach der Formel $Ff = \dfrac{Em \cdot Fb}{Ea \cdot f \cdot \eta} \cdot z$

berechnet (Ff = Scheibenfläche in m²; Em = Beleuchtungsstärke im Raum, z. B. 30 Lux; Fb = Grundfläche des Raumes in m²; Ea = 3000 Lux; f = Fensterfaktor → 4; η = Verhältnis der Beleuchtungstärken im ganzen Raum zu der durch das Fenster einfallenden Lichtstärke in %, normal 50 %; z = Wirkungsgrad der Verglasung infolge Lichtdurchlässigkeit und Reflexion, in %.

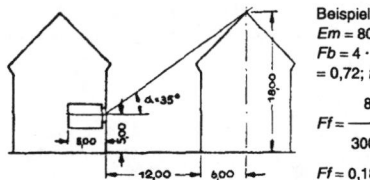

Beispiel:
Em = 80 Lux; Ea = 3000 Lux;
Fb = 4 · 5 = 20 m² $(h_1-h_2)/b$ = (18−5)/18
= 0,72; f = 0,24; η = 0,5, z = 0,8;

$$Ff = \frac{80 \cdot 20 \cdot 0,8}{3000 \cdot 0,24 \cdot 0,5} = 3,56\ m^2$$

Ff = 0,18 Fb

Bei städtischer Verbauung → 5 bis 7 wendet man folgende (nur bedingt richtige → Tafel 1) Faustformeln an: Erdgeschoss; Fb = 1/8 Ff; 1. Obergeschoss: Fb = 1/9 Ff; 2. Obergeschoss: Fb = 1/10 Ff; 3. Obergeschoss: Fb = 1/11 Ff; weitere Obergeschosse: Fb = 1/12 Ff. Bei Bestimmung der Fenster-Rohbauöffnung Einfluss der Sprossen usw. beachten → Seite 163.

Fensterlage und Fensterform

Die oben genannte Formel erfasst nur die Ausleuchtung des Innenraumes in der **Raumtiefe t, aber nicht in der Raumbreite r** und der Raumfläche r · t. Die Horizontalbeleuchtung im Raum ist aber nicht nur von der Fenstergröße sondern auch von der Lage des Fensters in der Wand und dem Verhältnis Fensterbreite : Fensterhöhe abhängig.

Je breiter das Fenster, um so gleichmäßiger ist die Raumausleuchtung → 8 bis 13. Hoch sitzende Fenster leuchten den Raum besser aus, als niedrig sitzende Fenster (Sturzhöhe deshalb ≤ 30 cm) Fensterbreite und -höhe sind keine lichttechnisch gleichwertigen Faktoren! Bei Mehrgeschossbauten sind deshalb für die unteren Geschosse hohe (schmale), für die oberen Geschosse breite (niedrige) Fenster beleuchtungstechnisch vorteilhaft → 14, 15. Nach Angaben von W. Arndt → Lit. 71 sind die in Tafel 1 angegebenen Fensterbreiten und -höhen (Scheibenmaße!) für Wohnräume ausreichend (Scheibenunterkante 1 m über Fußboden; Em = 30 Lux für 1/2 Raumfläche; in halber Raumtiefe in Tischhöhe noch unmittelbares Himmelslicht wirksam). Die Fensterbreiten können auf mehrere Fenster aufgeteilt werden (Pfeilerbreite < Fensterbreite). Fensterbreite und -höhe kann überschritten werden (meist ist dies unumgänglich!); die Räume erhalten dann eine über das erforderliche Maß hinausgehende Tagesbeleuchtung, die auf Kosten der Wirtschaftlichkeit des Baues geht (größere Fenster erfordern mehr Heizung, 1 m² Fenster ist teurer als 1 m² Umfassungswand!).

Tafel 1: Optimale Fenstermaße (in cm) für Wohnbauten, nach *W. Arndt* → Lit. 71

Raum-breite	ε =	0°			15°			30°			45°		
r	t	400	450	500	400	450	500	400	450	500	400	450	500
250	h	55	77	110	85	102	130	165	194	225	286	–	–
	b	217	150	105	154	127	100	85	72	67	63	–	–
300	h	–	61	80	80	88	112	152	181	210	250	306	–
	b	–	262	200	215	196	155	125	105	90	98	80	–
350	h	–	–	–	65	77	86	145	167	189	228	274	343
	b	–	–	–	340	290	260	172	150	132	138	115	92
400	h	–	–	–	–	76	130	151	172	218	260	310
	b	–	–	–	–	380	240	205	180	183	154	129

Lichtverteilung im Raum (nach *H. Frühling*, Lit. 74)

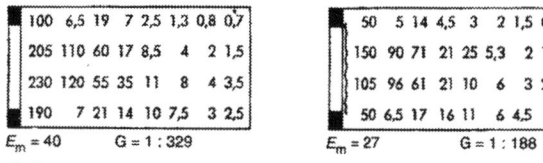

100	6,5	19	7	2,5	1,3	0,8	0,7
205	110	60	17	8,5	4	2	1,5
230	120	55	35	11	8	4	3,5
190	7	21	14	10	7,5	3	2,5

$E_m = 40$ $G = 1:329$

16 ohne Vorhängen

50	5	14	4,5	3	2	1,5	0,8
150	90	7½	21	25	5,3	2	1,5
105	96	61	21	10	6	3	2,5
50	6,5	17	16	11	6	4,5	3

$E_m = 27$ $G = 1:188$

17 mit Vorhängen

Sonnenbahn in 50° nördl. Breite

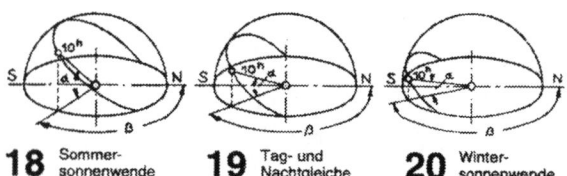

18 Sommer-sonnenwende   **19** Tag- und Nachtgleiche   **20** Winter-sonnenwende

Schattenbildung in 50° nördl. Breite, 13 Uhr

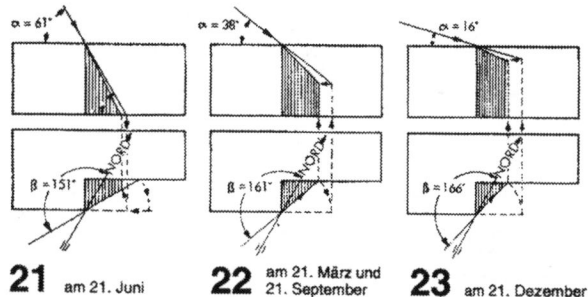

$\alpha = 61°$ $\alpha = 38°$ $\alpha = 16°$

$\beta = 151°$ $\beta = 161°$ $\beta = 166°$

21 am 21. Juni   **22** am 21. März und 21. September   **23** am 21. Dezember

Ermittlung der Schattenwinkel und Schattenlängen, mit *Baker-Funaro-Sunfinder*, Lit. 75

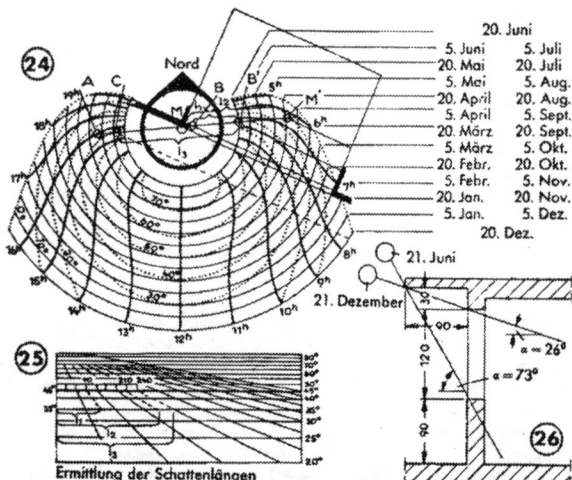

24 Nord

5. Juni — 5. Juli
20. Mai — 20. Juli
5. Mai — 5. Aug.
20. April — 20. Aug.
5. April — 5. Sept.
20. März — 20. Sept.
5. März — 5. Okt.
20. Febr. — 20. Okt.
5. Febr. — 5. Nov.
20. Jan. — 20. Nov.
5. Jan. — 5. Dez.
20. Dez.

21. Juni
21. Dezember
$\alpha = 26°$
$\alpha = 73°$

25 Ermittlung der Schattenlängen   **26**

Mit dem *Baker-Funaro-Sunfinder* → **24, 25** lässt sich auch der Sonneneinfall in einen Raum durch Fenster feststellen. Die Projektion der einzelnen Punkte mit den Werten entsprechend Tafel 2 ist dafür zu umständlich. Der *Sunfinder* ist für 25° bis 50° N handelsüblich und gestattet das Ablesen der Richtung der Sonnenstrahlen und Länge der Schattenkanten für alle Jahreszeiten und Stunden. Die praktische Nutzanwendung des *Sundfinders* liegt vor allem in einer genauen Ermittlung der notwendigen Dachüberstandes zum Zwecke des Sonnenschutzes. Der Dachüberstand soll am 21.6., 12.00 Uhr, alle Sonnenstrahlen abschirmen, am 21. 12, 12.00 Uhr, aber alle Sonnenstrahlen einlassen → **26**. Zahlenmäßige Auswirkung auf Wärmehaushalt des Fensters → 163.

Beispiel: Aufgabe: Es ist ein Dachüberstand zu berechnen, der möglichst viel Sommersonne abschirmt und möglichst viel Wintersonne einlässt. Fenstermaße nach → **26** (Fensterbreite ohne Einfluss). **Lösung:** Bauplan mit Mitte Fensteröffnung auf Mitte Kompass in → **24** legen. Nordrichtung Bauplan und Kompass müssen übereinstimmen! Durch Überlegung feststellen, an welchem Tag zu welcher Zeit Sonnenstrahlen im Sommer am tiefsten in Raum eindringen, z.B. am 20. Juli, 16.00 Uhr. Nach dieser Vorüberlegung nordwestlich (linken) Fensteranschlag über Mitte Kompass. Punkt A (20.7., 16.00 Uhr) mit M verbinden (= Richtung der Sonnenstrahlen). Wahre Sturz- und Sohlbankhöhen in → **25** auf 45°-Linie auftragen. Maße für Schattenpunkte am entsprechenden Meridianwinkel ablesen (im Beispiel auf 35°-Linie) und in → **24** von M nach M' (Sturz) bzw. B nach B' (Sohlbank) antragen. Parallele durch B' und M' zur Fensterflucht ergeben Umriss des Sonnenstreifens im Raum. Abblendung des Sonnenstreifens erfolgt derart, dass in → **25** Schattenlänge der 2,40 m hohen Traufe gemessen und in → **24** von B' über M angetragen wird. So erhält man Punkt C, durch den parallel zur Fensterflucht Vorderkante Traufgesims (= Sonnenblende) laufen muss. Maßnehmen ergibt 90 cm Gesimsausladung → **26**.

Vorhänge

Durch stark lichtdurchlässige Vorhänge (Scheibengardinen, Tüllvorhänge usw.) oder lichtstreuende Gläser wird die mittlere Beleuchtungsstärke (E_m) wohl verringert, die Gleichmäßigkeit der Beleuchtung (= $G = E_{max} : E_{min}$) aber verbessert → **16, 17**.

Innere Reflexion, Innenanstrich

Nach Untersuchungen von *W. Kleffner* → Lit. 76 ist die Reflexion der Raumumfassungen in der Reihenfolge Seitenwände–Decke–Rückwand–Fußboden–Fensterwand von wesentlichem Einfluss auf die Gleichmäßigkeit der Beleuchtung. Durch hellen Innenanstrich dafür sorgen, dass an gleicher Stelle des Raumes Beleuchtungsstärke im Schatten ≥ 20 % der Beleuchtungsstärke ohne Schatten beträgt.

Besonnung – Sonnenschutz

Die Wirkung der Sonnenstrahlung auf den Menschen erfolgt durch UV-Strahlung (= 1 % der Sonnenstrahlungsenergie), sichtbare Lichtstrahlung (= 39 %) und ultrarote Wärmestrahlung (= 60 %). Die **UV-Strahlung** ist nur bei geöffnetem Fenster und direkter Strahlung in Wohnräumen wirksam und kann deshalb im Wohnungsbau kaum genutzt werden (in Krankenhäusern kommt dagegen z.T. UV-durchlässiges Sonderglas zur Verwendung!) Für die Bemessung des Tageslichtes ist die Lage des Fensters zur Himmelsrichtung ohne Bedeutung, da als Lichtquelle eine gleichmäßige Horizontalbeleuchtung von 3000 Lux angenommen wird. Zu intensive Lichtstrahlung wirkt als lästige Blendung und muss abgeschirmt werden. Zur Ausnutzung der Wärmestrahlen sind ständig beschattete Flächen von Wohnräumen möglichst klein zu halten.

Die Stellung der Sonne lässt sich nach **18** bis **20** und Tafel 2 für die verschiedenen Jahreszeiten in 30° bis 55° nördlicher Breite leicht ermitteln. Die angegebenen Zeiten sind Ortszeit (nicht zu verwechseln mit Normalzeit!).

Tafel 2 Sonnenwinkel in 30° bis 55° nördlicher Breite, nach *US Hydrographic Publication No. 214* und Ergänzungen (Uhrzeit bezogen auf wahre Sonnenzeiten).

nördl. Breite	Datum	Uhrzeit	4 / 20	5 / 19	6 / 18	7 / 17	8 / 16	9 / 15	10 / 14	11 / 13	12
30°	21. März } 21. Sept.	α	–	–	0°	13°	26°	38°	49°	57°	60°
		β	–	–	90°	98°	105°	117°	131°	152°	180°
	21. Juni	α	–	0°	11°	24°	37°	50°	53°	75°	83°
		β	–	62°	69°	76°	82°	88°	96°	112°	180°
	21. Dez.	α	–	–	–	0°	11°	21°	29°	35°	36°
		β	–	–	–	117°	130°	136°	148°	163°	180°
35°	21. März } 21. Sept.	α	–	–	0°	12°	24°	35°	45°	52°	55°
		β	–	–	90°	99°	108°	120°	135°	155°	180°
	21. Juni	α	–	0°	13°	25°	37°	49°	62°	73°	78°
		β	–	61°	70°	78°	85°	94°	106°	127°	180°
	21. Dez.	α	–	–	–	0°	8°	18°	25°	30°	31°
		β	–	–	–	119°	127°	137°	150°	164°	180°
40°	21. Marz } 21. Sept.	α	–	–	0°	11°	23°	33°	42°	48°	50°
		β	–	–	90°	100°	110°	123°	138°	157°	180°
	21. Juni	α	–	0°	15°	30°	37°	49°	60°	69°	73°
		β	–	59°	72°	80°	89°	100°	114°	138°	180°
	21. Dez.	α	–	–	–	0°	5°	14°	21°	25°	26°
		β	–	–	–	121°	127°	138°	151°	165°	180°
45°	21. März } 21. Sept.	α	–	–	0°	11°	21°	30°	38°	43°	45°
		β	–	–	90°	101°	112°	125°	141°	159°	180°
	21. Juni	α	0°	7°	16°	27°	37°	48°	58°	65°	68°
		β	55°	63°	73°	83°	93°	105°	121°	145°	180°
	21. Dez.	α	–	–	–	–	0°	10°	16°	20°	22°
		β	–	–	–	–	124°	139°	151°	165°	180°
50°	21. März } 21. Sept.	α	–	–	0°	10°	19°	27°	34°	38°	40°
		β	–	–	90°	102°	114°	127°	143°	161°	180°
	21. Juni	α	0°	9°	18°	27°	37°	46°	55°	61°	63°
		β	51°	64°	74°	85°	97°	110°	127°	151°	180°
	21. Dez.	α	–	–	–	–	0°	6°	12°	16°	17°
		β	–	–	–	–	128°	139°	152°	166°	180°
55°	21. März } 21. Sept.	α	–	–	0°	9°	16°	24°	30°	34°	35°
		β	–	–	90°	103°	116°	129°	145°	162°	180°
	21. Juni	α	4°	11°	19°	24°	33°	42°	50°	56°	58°
		β	51°	65°	76°	87°	100°	115°	133°	157°	180°
	21. Dez.	α	–	–	–	–	0°	2°	8°	11°	12°
		β	–	–	–	–	127°	140°	152°	166°	180°

Zur Feststellung von Besonnung und Beschattung eines Gebäudes wird der horizontale Sonnenwinkel β (= Azimutwinkel) im Grundriss von der Nordrichtung aus angetragen und zwar für die Zeit vor 12 Uhr nach Osten und für die Zeit nach 12 Uhr nach Westen. Der senkrechte Sonnenwinkel α (= Sonnenhöhe) wird im Aufriss in der Ebene angetragen, die senkrecht auf der Erdoberfläche und auf dem freien Schenkel des Winkels steht → **21** bis **23**.

LITERATURVERZEICHNIS
Quellenangaben, ergänzende Fachliteratur

Abkürzungen:

DIN	DIN-Norm, Deutsches Institut für Normung e.V.
SIA	Schweizer Ingenieur- und Architekten-Verein
DBZ	Deutsche Bauzeitschrift, C. Bertelsmann Verlag, Gütersiohn
SZS	Schweizerische Zentralstelle für Stahlbau, Zürich

Seite	Literatur-Hinweis	Verfasser, Titel, Verlag
11	Lit. 62	Kleinlogel, A.: Bewegungsfugen im Beton- und Stahlbetonbau. W. Ernst & Sohn Verlag, Berlin
12-19		DIN 1054: Baugrund, Gründungen
20-31	Lit. 61	Lufsky, K.: Bituminöse Bauabdichtung. B. G. Teubner Verlag, Leipzig
	Lit. 64	K. Simmer: Grundbau. Teubner Verlag, Stuttgart
21		DIN 18195-3: Bauwerksabdichtungen, Stoffe
23-24		DIN 18195-4: Bauwerksabdichtung gegen Bodenfeuchtigkeit
25-26		DIN 18195-5: Bauwerksabdichtung gegen nicht drückendes Wasser
27-28		DIN 18195-6: Bauwerksabdichtung gegen drückendes Wasser
29		DIN 18195-7: Bauwerksabdichtung gegen von innen drückendes Wasser
30		DIN 18195-8: Bauwerksabdichtung über Bewegungsfugen
31		DIN 18195-9: Bauwerksabdichtung, Durchdringungen, Übergänge, Abschlüsse
32		DIN 18195-10: Bauwerksabdichtung, Schutzschichten und Schutzmaßnahmen
42-43	Lit. 29	SIA-Dokumentation 0123
44-49		DIN 4108, Bbl. 2: Wärmeschutz; Wärmebrücken
50-56		DIN 4102-4: Brandschutz; Klassifizierte Wände aus Beton, Mauerwerk
57-64		DIN 4102-4: Brandschutz; Klassifizierte Wände aus Holzbauteilen
65-70		DIN 4102-4: Brandschutz; Klassifizierte Träger und Stützen, Stahlbauteile
71		DIN 4102-4: Brandschutz; Sonderbauteile (Fenster, Türen)
72-74		DIN 4109, Bbl.1: Schallschutz; Schalldämmung Außenwände
76-86, 92		DIN 1053-1: Mauerwerk
79-81		Staufenbiel, G.: Mauerwerksverbände, in Ziegelbau-Taschenbuch. O.K. Krauskopf Verlag, Wiesbaden
87-91	Lit. 31	Standard-Details der Ziegel-Bauberatung. Bundesverband der Deutschen Ziegelindustrie, Bonn
93		Stoller, A.: Die Bauweise in Naturstein. Selbstverlag, Kandersteg
96	Lit. 32	Hers, F.: Konstruktion und Form im Bauen. Verlag J. Hoffmann, Stuttgart
96	Lit. 33	Ramsey-Sleeper: Architectural Graphic Standards. J. Wiley & Sons, Inc., New York
97	Lit. 35	Poelzig, H.: IG-Verwaltungsgebäude, Frankfurt a.M. Bauzeitung 7/1951
97	Lit. 36	Klepthor, H.: Hanemann-Haus, Düsseldorf. Bauen und Wohnen 10/1951
98,99	Lit. 40	Rettig, H.: Einbaubeispiele für Fenster, Manuskript
98	Lit. 37	Werkstein-Merkblätter. Deutscher Marmorverband
98	Lit. 33	Remsey-Sleeper: Architectural Graphic Standards. J. Wiley & Sons, Inc., New York
99	Lit. 38	Gaugele, E.: Ausbauarbeiten. Verlag J. Hoffmann, Stuttgart
99	Lit. 39	Fensterumrahmungen in Baukeramik. Firmenkatalog Schütte AG
100, 101		DIN 1053-3: Bewehrtes Mauerwerk
102-107	Lit. 69	Standard-Details Porenbeton. Firmenkatalog Hebel-AG
108		Bölkow, L. Einbau von Fenster und Türen im Schüttbetonbau. Neue Bauwelt 34/1950
108		DIN 4232: Geschüttete Leichtbetonwände
109-115	Lit. 59	Empfehlungen der Fachvereinigung Deutscher Betonfertigteilbau
116-118		Stahl im Hochbau, Verlag Stahleisen, Düsseldorf
119-123	Lit. 25	SZS-Typenkatalog Konstruktionsdetails im Stahlskelettbau
124-128	Lit. 69	Standard-Details Porenbeton, Firmenkatalog Hebel-AG
129-135	Lit. 42	Standard-Details für Holzskelettbau. Schweizerische Beratungsstelle LIGNUM
136-139	Lit. 41	Holzbau-Handbuch der Arbeitsgemeinschaft Holz e.V. und der Entwicklungsgemeinschaft Holzbau (EGH). Deutsche Gesellschaft für Holzforschung e.V.
164		DIN 4109, Bbl. 1: Schallschutz; Ausführungsbeispiele Fenster und Glassteinwände
165		DIN 18355: Holzfenster; Ausführung
165		DIN 18055: Fenster; Fugendurchlässigkeit, Schlagregendichtheit, mechanische Beanspruchung
165-168		DIN 68121-1: Fenster und Fenstertüren; Holzprofile
169		DIN 18054: Einbruchhemmende Fenster
176		DIN 18360: Metallfenster; Ausführung
186		DIN 18103: Einbruchhemmende Türen
191		DIN 18361: Verglasungsarbeiten, Ausführung
192		DIN 18545: Abdichten von Verglasungen mit Dichtstoffen
193		DIN 1249: Flachglas im Bauwesen
194		DIN 18515: Außenwandbekleidungen, unmittelbar angesetzt
194-196		DIN 18516: Außenwandbekleidungen, hinterlüftet

Seite	Literatur-Hinweis	Verfasser, Titel, Verlag
345		Fonrobert, F.: Grundzüge des Holzbaues im Hochbau. W. Ernst & Sohn Verlag, Berlin
346	Lit. 42	Standard-Details für Holzdäucher. Schweizerische Beratungsstelle LIGNUM
349-351		Wedler, B.: Hölzerne Hausdächer. Verlagsges. M. Lipfert, Berlin
353-354	Lit. 41	Holzbau-Handbuch der Arbeitsgemeinschaft Holz e.V. und der Entwicklungsgemeinschaft Holzbau (EGH). Deutsche Gesellschaft für Holzforschung e.V.
356-360	Lit 10	Holzbau-Atlas 1: Institut für internationale Architektur-Dokumentation, München
363-367	Lit. 23	Dachbinder aus Holz. Schweizerische Beratungsstelle LIGNUM
368, 369	Lit. 24	Hempel, G.: Der Entwurf von freitragenden Holzbindern. DBZ 5/1962
370-380	Lit. 10	Holzbau-Atlas 1: Institut für internationale Architektur-Dokumentation, München
383-387	Lit. 21	Henn, W.: Entwurfs- und Konstruktionsatlas Industriebau. Verlag Georg D.W. Callway, München
384	Lit. 25	SZS-Typenkatalog Konstruktionsdetails im Stahlskelettbau
385	Lit. 26	Bauen in Stahl. Schweizer Stahlbauverlag, Zürich
388, 389	Lit. 25	SZS-Typenkatalog Konstruktionsdetails im Stahlskelettbau
392	Lit. 21	Henn, W.: Entwurfs- und Konstruktionsartlas Industriebau. Verlag Georg D.W. Callway, München
393-395	Lit. 28	Typenkatalog Stahlbeton-Fertigteile. Fachvereinigung Deutscher Betonfertigteilbau
397, 398, 400	Lit. 10	Holzbau-Atlas 1: Institut für internationale Architektur-Dokumentation, München
402	Lit. 15	Wormuth, R.: Grundlagen der Holzbaukonstruktionen. Werner Verlag, Düsseldorf
403-409	Lit. 19	Makowski, Z.S.: Räumliche Tragwerke aus Stahl. Verlag Stahleisen, Düsseldorf
405, 408	Lit. 10	Holzbau-Atlas 1: Institut für internationale Architektur-Dokumentation, München
409	Lit. 15	Wormuth, R.: Grundlagen der Holzbaukonstruktionen. Werner Verlag, Düsseldorf
409	Lit. 21	Henn, W.: Entwurfs- und Konstruktionsatlas Industriebau. Verlag Georg D.W. Callway, München
410	Lit. 22	Neufert, E.: Bauentwurfslehre, Vieweg Verlag, Wiesbaden
411-413	Lit. 10	Holzbau-Atlas 1: Institut für internationale Architektur-Dokumentation, München
414-420	Lit. 15	Wormuth, R.: Grundlagen der Holzbaukonstruktionen. Werner Verlag, Düsseldorf
418	Lit. 18	Angerer, F.: Bauen mit tragenden Flächen. Verlag Georg D.W. Callway, München
418	Lit. 20	Joedicke, J.: Schalenbau. Karl Krämer Verlag, Stuttgart
421, 422	Lit. 10	Holzbau-Atlas 1: Institut für internationale Architektur-Dokumentation, München
424	Lit. 21	Henn, W.: Entwurfs- und Konstruktionsatlas Industriebau. Verlag Georg D.W. Callway, München
425, 425	Lit. 15	Wormuth, R.: Grundlagen der Holzbaukonstruktionen. Werner Verlag, Düsseldorf
428-438	Lit. 16	Otto F. und Büber E.: Hängende Dächer. DBZ-Entwurfsstudie
428-438	Lit. 17	Otto F. und Schleyer, F.K.: Zugbeanspruchte Konstruktionen, Band 2. Ullstein-Fachverlag, Berlin
439, 440		DIN 18530: Massive Deckenkonstruktionen für Dächer
440		DIN 4108: Wärmeschutz; Belüftete Dächer
441, 442		Kleinlogel, A.: Bewegungsfugen im Beton- und Stahlbetonbau. W. Ernst & Sohn Verlag, Berlin
442		Ramsey - Sleeper: Architectural Graphic Standards. J. Wiley & Sons Inc., New York
448	Lit. 10	Holzbau-Atlas 1: Institut für internationale Architektur-Dokumentation, München
449-456		DIN 18531: Dachabdichtungen; Begriffe, Anforderungen, Planungsgrundsätze
467		DIN 18338: Dachdeckungen mit Dachziegeln
467-499		DDH-Fachregeln des Dachdeckerhandwerks. Rudolf Müller Verlag, Köln
471-482	Lit. 10	Holzbau-Atlas 1: Institut für internationale Architektur-Dokumentation, München
485		DIN 18338: Dachdeckung mit Schiefer (Naturschiefer)
485-487		DIN 18338: Dachdeckung mit Faserzement-Dachplatten
488		DIN 18338: Dachdeckung mit Faserzement-Wellplatten
492	Lit. 68	Graetz, W.: Das Well-Asbestzement-Dach, Firmendruckschrift Fulgurit
494, 495		DIN 18338: Metall-Dachdeckung
496, 497		DIN 18338: Holzschindeldeckung
499		DIN 18338: Bitumen-Dachschindeldeckung
499		DIN 18338: Dachdeckung aus Bitumenwellplatten
502		Richtlinie Dachbegrünungen. Forschungsgemeinschaft Landschaftsentwicklung und Landschaftsbau e.V.
502-504		Dachbegrünung. Firmenkatalog ZinCo
507		DIN EN 612: Hängedachrinnen und Regenfallrohre
508		DIN 18339: Dachrinnen und Regenfallrohre
509		DIN 18461: Hängedachrinnen und Regenfallrohre aus Metall
512-517		DIN 18160: Hausschornsteine; Anforderungen
514, 517	Lit. 66	Hasenbein, A.: Der Schornsteinmauerverband. Verlagsgesellschaft R. Müller, Köln
519		DIN 4109, Bbl. 1: Schalldämmung in haustechnischen Anlagen
520		DIN 18017-1: Lüftungsschächte
523, 524		DIN 4108-1/2: Wärmeschutz, Grundlagen
525-528		DIN 41085-5: Wärmeschutz, Berechnungsverfahren
529-533		Energiesparmaßnahmen nach Wärmeschutzverordnung
534-546		DIN 4701: Berechnung Wärmebedarf Gebäude
547-555		DIN 4108-6: Wärmeschutz, Berechnung Jahresheizwärmebedarf
556, 557		DIN 4108-7: Wärmeschutz, Luftdichtheit
558-560		DIN 4108-3: Klimabedingter Feuchteschutz
561, 562		DIN 4102: Brandschutz
563-570		DIN 4109: Schallschutz
571		Arndt, W.: Die lichttechnisch günstigsten Fenstermaße. Bauwirschaft 47, 48/1951
572		Frühling, H.: Die Beleuchtung von Innenräumen durch Tageslicht. Hefte der Deutschen Beleuchtungstechnischen Gesellschaft e.V., Berlin
572		Baker, G. und Funaro, B.: Windows in modern architecture. Architectural Book Publishing G., Inc. New York

DIN NORMBLATT-VERZEICHNIS

der im vorstehenden Textteil behandelten und bezeichneten Normblätter, abgeschlossen am 31. Dezember 1999.
Für Normengenauigkeit nach dem neuesten Stand ist die letzte Ausgabe des angeführten Normblattes maßgebend.

FIRMENVERZEICHNIS

Die Standard-Details sind aus handelsüblichen Baustoffen, Halbzeugen und Fertigteilen entwickelt. Die entsprechenden Hersteller- bzw. Lieferfirmen sind durch Firmen-Codes gekennzeichnet.

Ausführliche aktuelle Produktinformationen enthalten die jährlich erscheinenden Ergänzungsbände zur Baukonstruktionslehre.

Die Seitenzahlen hinter den Firmenangaben beziehen sich auf die Fundstellen der Standard-Details.

Übersicht der Firmen

Stichwortverzeichnis

Stichwortverzeichnis

Stichwortverzeichnis

Stichwortverzeichnis

Stichwortverzeichnis

Stichwortverzeichnis

Weltweit beachtetes und genutztes Standardwerk der Bauentwurfslehre

Ernst Neufert

Bauentwurfslehre

Grundlagen, Normen, Vorschriften
über Anlage, Bau, Gestaltung,
Raumbedarf, Raumbeziehungen,
Maße für Gebäude, Räume,
Einrichtungen, Geräte mit dem
Menschen als Maß und Ziel.
Handbuch für den Baufachmann,
Bauherrn, Lehrenden
und Lernenden

36., erw. und überarb. Auflage 2000. XIV, 640 S. mit
über 6400 Abb. und Tab. Geb.
Ladenpreis bis 31.07.00 DM 208,00; danach DM 258,00
ISBN 3-528-88651-X

Inhalt: Erklärung der Zeichen - Grundnormen
- Maßgrundlagen, Maßverhältnisse - Entwer-
fen - Bauleitung - Bauteile - Heizung, Lüftung -
Bauphysik, Bautenschutz - Beleuchtung,
Belichtung, Glas, Tageslicht - Fenster, Türen -
Treppen, Aufzüge - Straßen, Verkehrsräume -
Gärten, Gewächshäuser - Hausnebenräume,
Eingänge - Wirtschafträume - Hausräume -
Hallenbad - Wäscherei - Balkone - Wege -

Ferienwohnungen, Hausarten, Ökologisches
Bauen, Geschossbau, Holzhausbau - Altbau-
sanierung - Schulen - Hochschulen, Labor -
Kindergarten, Spielplätze, Jugendherbergen -
Bibliothek, Verwaltungsbau, Banken - Glas-
passagen - Läden, Supermärkte, SB-Geschäfte -
Lagertechnik - Werkstätten, Industriebau -
Umnutzung - Hofanlagen, Tierhaltung - Eisen-
bahnen - Parkplätze, Garagen, Parkbauten,
Tankstellen - Flughäfen - Gaststätten - Hotel,
Motel - Kongressgebäude - Zoo - Theater, Kinos,
Zirkus, Multifunktionszentrum - Sportanlagen -
Krankenhäuser, Arztpraxen, Bauen für Behin-
derte - Altenheime, Altenzentrum - Kirchen,
Museen, Synagoge, Moschee - Friedhöfe -
Brandschutz - Maße, Gewichte, Normen - Litera-
turverzeichnis - Stichwörter

In der 36. Auflage wurden folgende Abschnitte
neu aufgenommen:
Fluchtleitern und Rettungswege, Musterbei-
spiele von Gärten und Schwimmteiche, Eingänge und Garderoben, Sozialer Mietwohnungs-
bau, Studentenwohnheime, Kongressgebäude,
Multifunktionszentren, stationärer Zirkusbau,
neue deutsche Rechtschreibung und die Markierung der auf der CD-ROM „Allgemeiner
Bauentwurf" verfügbaren CAD-fähigen Zeichnungen.

Abraham-Lincoln-Straße 46
D-65189 Wiesbaden
Fax: 0611. 78 78-400
www.vieweg.de

Stand 1.3.00. Änderungen vorbehalten.
Erhältlich im Buchhandel oder beim Verlag.

Das Multimedia-Produkt aus Teilen der Print-Version der Bauentwurfslehre von Neufert

Peter Neufert

Bauentwurfslehre

Allgemeiner Bauentwurf

CD-ROM

2000. CD-ROM. DM 248,00*
ISBN 3-528-02560-3

Inhalt: Grundnormen - Maßgrundlagen, Maßverhältnisse - Entwerfen - Bauleitung - Bauteile - Heizung, Lüftung - Bauphysik, Bautenschutz - Beleuchtung, Belichtung, Glas, Tageslicht - Fenster, Türen - Treppen, Aufzüge - Gärten, Gewächshäuser - Hausnebenräume - Wirtschaftsräume - Hausräume - Balkone - Wege - Ferienwohnungen, Hausarten, Ökologisches Bauen, Holzhausbau - Altbausanierung - Parkplätze, Garagen - Bauen für Behinderte - Brandschutz - Maße, Gewichte, Normen

Ausgewählte Grundrisse und Detailzeichnungen für die tägliche Arbeit des Architekten aus der weltweit eingeführten Bauentwurfslehre von Ernst Neufert sind auf dieser CD-ROM enthalten. Textstellen und Bilder lassen sich durch Inhaltsverzeichnis, Schlagwortsuche und Volltextsuche einfach recherchieren, Hinweise durch die Notiz-Funktion an der gewünschten Stelle individuell hinterlegen. Die Texte und Tabellen können in Textverarbeitungsprogrammen bearbeitet werden. Insgesamt sind auf dieser CD-ROM 3.724 Bilder erfasst. Die davon für den Entwurf erforderlichen 672 Bilder können als Vektorgrafiken direkt in CAD-Programme integriert werden. Alle anderen Bilder können als Bitmap weiterverarbeitet werden. Die einfache Anwendung der CD-ROM Allgemeiner Bauentwurf bringt eine enorme Zeitersparnis und Entlastung im Entwurf. Der Entwurf wird einfacher, schneller und fehlerfreier mit den Daten aus der Bauentwurfslehre.

Abraham-Lincoln-Straße 46
D-65189 Wiesbaden
Fax: 0611. 78 78-400
www.vieweg.de

Stand 1.3.00. Änderungen vorbehalten.
Erhältlich im Buchhandel oder beim Verlag.
* unverbindliche Preisempfehlung

Printed in the United States
By Bookmasters